机 械 工 程 师 手 册

第 3 版

机械工程师手册编委会 编

机 械 工 业 出 版 社

本手册是在《机械工程师手册》第 2 版的基础上，将近年来比较成熟的新技术成就和发展动向，采精摘要，面向生产实际，更新了现用的名词、符号、标准，以实用、便查、便携为特点编写的单卷小型综合性工具书。

全书从机械设计、机械零件设计与计算、机械制造、装配过程开始，突出机械工程师的日常工作需要，内容包括常用的工程材料、测量与控制、常用其他设备、工业工程、劳动安全与卫生以及电工、电子和力学、数学等基础知识备查的资料。与第 2 版相比，内容有了重组、补充和更新。

本书主要为机械工程师现场备查引据使用，也适合于广大工程技术人员和院校师生的案头浏览、提示方向、创新思维、编制软件、扩大知识面、综合快速处理技术问题之用。

图书在版编目（CIP）数据

机械工程师手册/机械工程师手册编委会编 . —3 版 . —北京：机械工业出版社，2007.1（2021.10 重印）

ISBN 978 – 7 – 111 – 20047 – 5

Ⅰ. 机… Ⅱ. 机… Ⅲ. 机械工程 – 技术手册 Ⅳ. TH – 62

中国版本图书馆 CIP 数据核字（2006）第 121876 号

机械工业出版社（北京市百万庄大街 22 号 邮政编码 100037）
责任编辑：曲彩云 版式设计：冉晓华 责任校对：张莉娟 魏俊云
封面设计：马精明 责任印制：常天培
盛通（廊坊）出版物印刷有限公司印刷
2021 年 10 月第 3 版 · 第 8 次印刷
169mm × 239mm · 105.5 印张 · 2 插页 · 3082 千字
17 501—19 500 册
标准书号：ISBN 978 – 7 – 111 – 20047 – 5
定价：160.00 元

电话服务 网络服务
客服电话：010-88361066 机 工 官 网：www.cmpbook.com
010-88379833 机 工 官 博：weibo.com/cmp1952
010-68326294 金 书 网：www.golden-book.com
封底无防伪标均为盗版 机工教育服务网：www.cmpedu.com

机械工程师手册编委会

第 3 版 序

　　《机械工程师手册》第 2 版出版已经 5 年多了，几经印刷仍无法满足日益扩大的新的机械工程师和广大机械行业读者的需求。由于现代技术的飞速发展，也出现了很多新名词、新标准、新符号、新技术和新的软、硬件等。为此，有必要在第 2 版的基础上重新组合和更新、吐故纳新、与时共进，形成新一版的工具书。

　　本书仍秉承以前的编辑方针，即"采辑精华、注重发展、卷小面广、实用便查"。考虑到出版工作应与当前经济发展相适应，要使个人能够买得起，便携、便查、现场实用，卷本适量，编改要快，内容能反映时代的需求。

　　本书的主要特点是：

　　1. 卷小面广，加强综合。注重精炼内容，压缩篇幅，力求在有限的篇幅内，覆盖更广泛的专业面，包容机械工程技术领域经常使用的内容，以提高手册的综合水平。

　　2. 技术先进，注重发展。更新内容是修订的主要出发点。除总结我国机械工程技术领域近年来的巨大成就和经验外，也积极吸收了国外的先进科学技术，结合新颁发的标准和技术规范，手册内容有较大的更新和重组，增加了新的章节。

　　3. 突出重点，务求实用。结构上注重机械工程师从设计到制造工艺以及管理和经济核算等全过程的内容。精简了基础理论部分，但适量增补了近期的新内容，以启发自主创新的思维。

　　为了便于协调，研讨共议，提高质量，加快编写进度，参加编审的人员以天津大学有关院系的资深学者为主，并组织邀请了天津、北京、南京等地的研究院、设计院和高等院校的工程技术专家参加。值此手册出版之际，谨向所有参加本手册的编审人员、有关单位和出版工作人员表示诚挚的谢意。由于水平和时间有限，难免有一些不尽人意之处，殷切希望广大读者批评指正，提出宝贵意见，以便在今后的工作中改进。

机械工程师手册编委会

第3版编辑说明

本手册是在原《机械工程师手册》第2版的基础上，为适应当前自主创新、快速吸纳高新技术的发展以及日益扩大的青年机械工程师队伍的需求而修订的便携、便查、实用的小型综合性工具书。

本手册的编辑方针仍然是：采辑精华、注重发展、卷小面广、实用便查。为各类现场工作中的机械工程师提供备查引据、提示方向、扩大知识面和提高综合处理技术问题的能力。

本书的内容编排以数据表格为主，说明简炼，区别于专业教科书。因此，本书能以单卷本形式出版，便于现场携带、案头备查，使广大读者个人有能力购置，以扩大使用面。

这次修订将《机械工程师手册》第2版的内容做了重要的重组、修改和更新。以机械工程师基本工作为重点（包括机械的创新设计方法、设计原理、机械零部件设计计算、机械制造、特种工艺、材料、测量与控制，以及机械工厂的运营、设施、工效、质量和成本等）；其次为常用的热力机械（内燃机）、制冷设备和流体机械（包括通用的液压传动设备）以及物料搬运设备等；一些基础性的经典理论和知识（包括电工、电子、刚体力学、材料力学和数学等）放在卷后备查或复习，全书共14篇。

本书以各篇为独立编写单位，节为核心技术内容，各篇相互协调呼应，隐含联系、避免重复。各篇末附有参考文献，既为资料来源，又为内容的延伸和线索，以备读者深入研究时参考。

全书贯彻执行我国法定计量单位和标准。一些领域或地区的有关标准、量值、单位和符号列在附录中，一些复杂的单位换算值可以用软件 Excel 转换为活用的动态表格，附录中有简明的叙述。为了一般使用方便起见，附录中仍给出相应的表格。现有已作为"科学计算器"或计算机软件中的公式、数据和换算的内容等，不再编入篇章和附录中。

各篇的主编人、编写人，依次排在篇名页中，其中编写人按章节次序排列。编委会成员署名于本书前面。

本书在编辑和一些具体问题的处理上仍有许多不尽人意之处，欢迎广大读者批评指正。

第1版　有关编写人员名单

第1篇　计量单位和常用数据

主　编　　王光大　（机械电子工业部机械科学技术情报研究所）

审稿人　　杜荷聪　（国家计量局）

第2篇　数学

主　编　　杨锡安　（厦门大学）

编写人　　洪乃端　（厦门大学）

　　　　　杨锡安　（厦门大学）

第3篇　刚体力学

主　编　　费伟智　（上海交通大学）

编写人　　包宏稼　（上海交通大学）

　　　　　费伟智　（上海交通大学）

第4篇　材料力学

主　编　　夏有为　（上海交通大学）

编写人　　李秀治　（上海交通大学）

　　　　　夏有为　（上海交通大学）

第5篇　热工学和流体力学

主　编　　叶大均　（清华大学）

编写人　　林兆庄　（清华大学）

　　　　　陈佐一　（清华大学）

第6篇　工程材料

编写人　　林慧国　（冶金工业部钢铁研究总院）

　　　　　郑　鲁　（冶金工业部钢铁研究总院）

　　　　　王维仁　（上海市机械制造工艺研究所）

　　　　　黄玉祥　（中国有色金属工业总公司技术经济研究中心）

　　　　　王振常　北京市粉末冶金研究所

　　　　　李祖德　（北京市粉末冶金研究所）

　　　　　袁裕生　（机械电子工业部上海材料研究所）

　　　　　陈尔春　（机械电子工业部上海材料研究所）

　　　　　顾里之　（机械电子工业部上海材料研究所）

第7篇　机械设计基础

主　编　　邱宣怀　（天津大学）

副主编　　卜　炎　（天津大学）

编写人　　郑启鸿　（天津大学）

　　　　　陆锡年　（天津大学）

　　　　　卜　炎　（天津大学）

　　　　　陈志荣　（天津大学）

　　　　　朱梦周　（天津大学）

　　　　　周开勤　（天津大学）

　　　　　谢庆森　（天津大学）

第8篇　机械零件

主　编　　邱宣怀　（天津大学）

副主编　　周武声　（天津大学）

编写人　　郑启鸿　（天津大学）

　　　　　周武声　（天津大学）

　　　　　张桂芳　（天津大学）

　　　　　卜　炎　（天津大学）

第9篇　传动设计

主　编　　邱宣怀　（天津大学）

副主编　　张桂芳　（天津大学）

编写人　　张桂芳　（天津大学）

　　　　　汤绍模　（天津大学）

　　　　　周开勤　（天津大学）

　　　　　郑启鸿　（天津大学）

第10篇　机械制造工艺（一）

编写人　　安阁英　（哈尔滨工业大学）

　　　　　霍文灿　（哈尔滨工业大学）

　　　　　沈元彬　（北京印刷学院）

　　　　　范富华　（哈尔滨工业大学）

樊东黎　（机械电子工业部北京机电研究所）

审稿人　冯　子　（机械电子工业部机械科学技术情报研究所）

陆仁发　（机械电子工业部哈尔滨焊工培训中心）

王英加　（国营西南车辆厂职工大学）

高彩桥　（哈尔滨工业大学）

第 11 篇　机械制造工艺（二）

主　编　叶仲仁　（机械电子工业部北京机床研究所）

编写人　李自通　（机械电子工业部北京机床研究所）

雷鸣达　（机械电子工业部北京机床研究所）

瞿景明　（机械电子工业部北京机床研究所）

章天僖　（机械电子工业部北京机床研究所）

周广德　（中国科学院电工研究所）

张魁武　（机械电子工业部北京机床研究所）

第 12 篇　测量技术

主　编　王春和　（天津大学）

史美记　（上海工业自动化仪表研究所）

第 13 篇　自动控制

主　编　叶正明　（中国科学院自动化所）

编写人　叶正明　（中国科学院自动化所）

张平平　（中国科学院数学物理研究所）

莫少敏　（总参 61 所）

易允文　（中国科学院沈阳自动化所）

审稿人　严筱钧　（机械电子工业部北京自动化研究所

曾　英　机械电子工业部北京自动化研究所

罗江一　（北京市自动化系统成套设计研究所）

第 14 篇　热工设备与机械

主　编　叶大均　（清华大学）

编写人　曾瑞良　（清华大学）

叶大均　（清华大学）

孔宪清　（清华大学）

彦启森　（清华大学）

第 15 篇　流体机械

主　编　张超武　（中国通用机械技术设计成套公司）

编写人　张超武　（中国通用机械技术设计成套公司）

姚兆生　（中国通用机械技术设计成套公司）

第 16 篇　物料搬运及其设备

主　编　裘家驹　（机械电子工业部北京起重运输机械研究所）

编写人　周显德　（机械电子工业部北京起重运输机械研究所）

黄文林　（机械电子工业部北京起重运输机械研究所）

陈树国　（机械电子工业部北京起重运输机械研究所）

陈宏勋　（交通部交通科学研究院水运研究所）

审稿人　洪致育　（上海交通大学）

第 17 篇　电工技术

主　编　王鸿明　（清华大学）

第 18 篇　电子计算机应用

主　编　周　斌　（机械电子工业部机械科学技术情报研究所）

阮家栋　（上海工程技术大学）

第 19 篇　环境工程与安全技术

主　编　林言训　（北京市劳动保护研究所）

编写人　林言训　（北京市劳动保护研究所）

蔡文源　（机械电子工业部设计总院）

蔡德洪　（机械电子工业部机械科学

技术情报研究所)

附录 技术转让、国际贸易法和知识产权法知识

主　编　宋矩之（机械电子工业部机械科技情报研究所）

编写人　孙秋昌（中国机械设备进出口总公司）

第 2 版　有关编写人员名单

第 1 篇　数学

主　编　齐植兰
审稿人　陈荣胜

第 2 篇　刚体力学

主　编　邓惠和
审稿人　毕学涛

第 3 篇　材料力学

主　编　苏翼林
审稿人　羡若恺

第 4 篇　工程材料

主　编　方洞浦
编写人　耿香月
　　　　陈贻瑞
　　　　方洞浦

第 5 篇　机械设计基础

主　编　陆锡年
编写人　王凤岐
　　　　张宝兴
　　　　陆锡年
　　　　卜　炎

第 6 篇　机械零部件

主　编　卜　炎

第 7 篇　机械制造工艺

主　编　张世昌
编写人　张世昌
　　　　陈金水
　　　　张振纯
　　　　杜则裕

　　　　任成祖

第 8 篇　测量与控制

主　编　王春和
编写人　王春和
　　　　樊玉铭
审稿人　陈林才
　　　　罗南星

第 9 篇　热工机械

主　编　程　熙
编写人　张国勋
　　　　程　熙
　　　　由世俊

第 10 篇　流体机械

主　编　朱企新
编写人　谭　蔚
　　　　朱企新
　　　　陈国桓
　　　　曹玉平
审稿人　陈国桓

第 11 篇　物料搬运及其设备

主　编　须　雷
编写人　须　雷
　　　　祁庆民
　　　　孙吉泽
　　　　张尊敬
　　　　沈万全

第 12 篇　电工与电子技术

主　编　吉崇庆
审稿人　董宝亮

第13篇 劳动安全与工业卫生技术

主　编　汪元辉

编写人　汪元辉　汪文津
　　　　陈　鸿　冯登洲
　　　　毛建军

第14篇 工业工程

主　编　齐二石
　　　　卢　岚

编写人　齐二石
　　　　陈毅然
　　　　卢　岚
　　　　黄兆骝
　　　　潘家轺
　　　　刘广弟
　　　　刘子先
　　　　蔚林巍

附录

主　编　朱梦周

目　　录

第2篇　机械零部件设计

第3篇　机械制造工艺

第4篇　工　程　材　料

第5篇 测量与控制

第 6 篇 流 体 机 械

第7篇　热工机械

第8篇　物料搬运及其设备

第9篇　工　业　工　程

第 10 篇　劳动安全与工业卫生技术

第12篇　刚体力学

第 13 篇　材 料 力 学

第 14 篇　数　　学

附 录

第1篇　机械设计

主　　编　　陆锡年

编 写 人　　王凤岐

　　　　　　陆锡年

　　　　　　卜　炎

1 机械设计总论

1.1 概述[1,2]

1.1.1 机械设计的定义

机械设计是设计人员为满足社会和人们对机械产品的需求，运用科技知识和方法对机械的工作原理、结构、运动方式、力和能量的传递方式、各个零件的材料和形状尺寸、润滑方式及外观等进行构思、分析和计算并将之转化为具体的描述，作为制造依据的工作过程。

机械设计具有多解性、系统性和创新性的特点。机械学科日益受到材料、电子、计算机、光学和生物等众多学科的影响，机械产品向着自动化、系统化、集成化、柔性化和智能化的方向发展。机电一体化的研究方法、手段和内容将渗透到机械设计中去。此外，机械设计目前正处在由静态设计到动态设计、由单机到系统、由依靠单学科知识经验到多学科知识与技术综合，由传统设计方法到现代设计方法的发展过程。

1.1.2 机械设计的类型

机械设计按其创新程度可以分为开发性设计、适应性设计和变参数设计(变型设计)三类。

1. 开发性设计　在全部功能或主要功能的实现原理和结构未知的情况下，运用成熟的科学技术所进行的新型机械系统或产品的设计。这类设计有很强的创新性，它要求产品的主功能、主功能的工作原理或主功能载体的结构三者之中至少有一项是首创的。如最初的蒸汽机车就属于开发性设计。

2. 适应性设计　在主功能的实现原理或者结构方案保持基本不变的情况下，增补或减少产品的某些功能，或局部更改某些功能的原理和结构，使产品适应特定使用条件或者用户的特殊要求的设计。

3. 变参数设计（变型设计）　在功能、原理和结构都保持不变的情况下，变动产品部分零部件技术性能和结构尺寸参数，扩大规格或补齐系列，以满足更大范围功能参数需要的设计。变参数设计是产品系列化的手段。

1.1.3 机械设计的进程

表 1.1-1 为机械新产品开发的基本程序。该程序适合于大批量生产，对小批生产和一次性生产的大型产品，开发的基本程序中某些环节可合并或没有。

机械设计阶段是机械产品开发进程的一个组成部分。通常，机械产品的设计过程由三个相互影响的步骤组成，称为方案设计阶段（或称概念设计阶段）、技术设计阶段（或称初步设计阶段）和施工设计阶段（或称详细设计阶段）。图 1.1-1 表示了机械设计进程的一般模式。

表 1.1-1　机械新产品开发的基本程序

阶段	工 作 程 序	工　作　内　容
决策阶段	市场调查和预测	根据社会需要，通过对市场和用户的调查研究，预测国内外产品的发展动态和进行水平对比，寻求产品开发的方向和目标；根据市场需求或用户订货，提出新产品市场预测报告
	技术调查	通过调查、分析、对比，写出调查报告，其内容：国内外产品水平与发展趋势；功能分析；采用新原理、新结构、新技术、新材料、新工艺的论述；经济效果初步分析；用户要求；对同类产品质量信息的分析和归纳；新产品的性能、安装布局应执行的标准或法规等设想；根据需要提出攻关课题及先行试验大纲
	先行试验	根据先行试验大纲进行先行试验，并写出先行试验报告
	可行性分析	进行产品设计制造的可行性分析，并写出可行性分析报告，其内容：分析确定产品的总体方案；分析产品的主要技术参数；提出攻关项目并分析其实现的可能性；技术可行性分析；产品经济寿命分析；分析提出产品设计周期和制造周期；企业生产能力的分析；产品成本预估和利润预估

（续）

阶段	工作程序		工 作 内 容
决策阶段	开发决策		对可行性分析报告等文件进行评审，提出评审报告及开发项目建议书；批准开发项目建议书
设计阶段	方案设计	总体方案设计并编制技术任务书	提出对所设计的机器的工作要求，提出多种设计方案；进行技术-经济指标论证，对多种设计方案加以比较；选择最优方案
		研究试验	根据提出的攻关项目及需要编制研究试验大纲，进行新材料、新结构、新原理试验
		绘制总图	绘制草图（总图）
		方案设计评审	对方案设计进行评审，并编写方案设计评审报告
	技术设计	研究试验	根据需要提出研究试验大纲，进行主要零部件结构试验，并编写研究试验报告
		设计计算	根据需要，进行设计计算，并编写计算书
		技术经济分析	根据需要，进行技术经济分析，并编制技术经济分析报告
		修正总体方案	修正并绘制总图，提出技术设计说明书
		主要零部件设计	绘制主要零部件草图
		提出特殊外购件和特殊材料	编制特殊外购件清单和特殊材料清单
		技术设计评审	对技术设计进行评审，编写技术设计评审报告
	施工设计	全部零部件设计及编制设计文件	提出全部产品工作图样；包装图样及设计文件
		图样及设计文件审批	对图样进行标准化审查和工艺性审查；按规定程序对图样及设计文件进行审批
试制阶段	样机试制	工艺方案设计	编制试制工艺方案
		工艺规程、工艺定额及工装设计	工艺规程设计，编制试制工艺文件；必要的工装设计；编制材料及工时定额
		生产准备	原材料准备；外购外协件准备；工装准备；设备准备
		样机试制	加工，装配，调试；编写样机试制总结报告
		用户试用	试用，并编写试用报告
		样机试制鉴定	进行样机试制鉴定，编写样机试制鉴定书
		设计改进，最终设计评审并定型	按样机试制鉴定意见，研究并提出设计改进方案；对设计改进方案及设计文件进行最终设计评审并编写评审报告；产品图样及设计文件修改并定型
	小批试制	工艺方案设计及评审	编制试制工艺方案；工艺方案评审，并编写工艺方案评审报告；初步确定工序质量控制点
		工艺规程、工艺定额及工装设计	工艺规程设计，编制工艺文件；设计工装；编制材料定额；编制工序质量控制点文件
		生产准备	原材料准备；外购件准备；工装制造；检测工具。仪器准备；设备准备；设置工序质量控制点
		小批试制	验证工艺规程，工序能力及工装；加工、装配和调试；编写小批试制总结报告
		型式试验	通过产品型式试验，编制型式试验报告
		小批试制鉴定	进行小批试制鉴定，编写小批试制鉴定书
		试销	收集用户试销产品意见；故障分析；编写产品质量信息反馈报告
		完善设计	按小批试制鉴定意见和反馈的质量信息，修改产品图样及设计文件
定型投产阶段	工艺文件定型		工艺文件改进并定型；材料定额定型；工时定额定型、工序质量控制点文件完善并定型
	工艺装备定型		刀具、夹具、模具、量具、检具、辅具等的必要改进并定型
	设备的配置与调试		主要生产设备（如机床、加热炉等）的配置与调试
	检测仪器的配置与标定		产品主要检测仪器的配置与标定
	外协点的设置		主要外协点的选定与设置

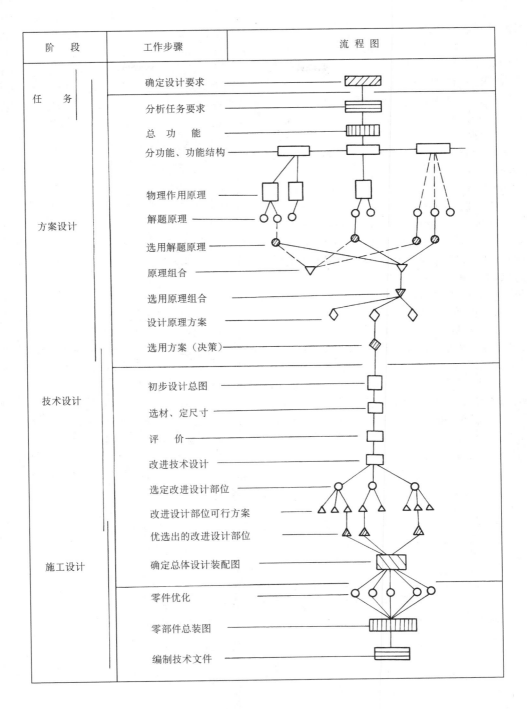

阶　段	工作步骤	流 程 图
任　务	确定设计要求	
	分析任务要求	
	总　功　能	
方案设计	分功能、功能结构	
	物理作用原理	
	解题原理	
	选用解题原理	
	原理组合	
	选用原理组合	
	设计原理方案	
	选用方案（决策）	
技术设计	初步设计总图	
	选材、定尺寸	
	评　　价	
	改进技术设计	
	选定改进设计部位	
	改进设计部位可行方案	
施工设计	优选出的改进设计部位	
	确定总体设计装配图	
	零件优化	
	零部件总装图	
	编制技术文件	

图 1.1-1　机械设计进程的一般模式

1.2 产品规划[3]

1.2.1 产品规划的任务

产品规划的任务是在掌握技术发展和市场走向的基础上,系统地寻找和选择有前途的产品作为开发对象,进而明确开发目标和要求,并制订企业产品开发的远期和近期计划,如图 1.1-2 所示。

1.2.2 产品规划的步骤和方法

1. 分析形势 利用市场学、预测学、技术经济学及信息工程等方法和手段,在调查研究的基础上,对产品开发的形势进行预测分析,主要包括市场分析、环境分析和企业分析。图 1.1-3 表示了市场调查和分析的内容,表 1.1-2 为企业分析的内容。环境分析包括对国内外经济和政治形势的分析,新技术、新材料、新工艺对产品影响的分析,环境净化及生态平衡和保护要求的提高带来的影响,以及对新的技术标准、规范及各种限制条件影响的分析。

2. 确定产品领域 在分析形势基础上,通过开发策略的决策(表 1.1-3)以及对企业追求目标、企业优势、周围环境的综合分析权衡,确定产品的领域。

3. 选择开发对象 产品规划的核心是确定开发的对象,并提出可行性研究报告。可行性研究是针对新产品的设想对其市场适应性,技术适宜性,经济合理性和开发的可能性进行的综合分析研究和全面的科学论证。

4. 定义产品 经可行性研究并经企业决策部门确定的产品,必须给出确切、全面的定义作为设计师进行产品设计的依据。首先要明确产品应有的功能和功能水平,但对作用原理、结构方案和制造工艺仅仅提出原则性的限制要求,避免束缚设计者的思路。此外,还要根据环境、资源、经济、时间等条件制订设计的约束空间。这一步骤的工作结果是提出产品开发建议书和产品开发任务书。

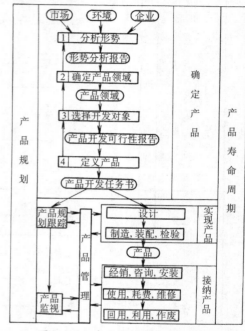

图 1.1-2 产品规划的内容和步骤

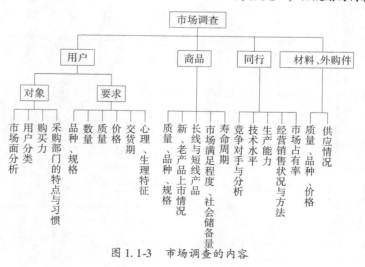

图 1.1-3 市场调查的内容

表 1.1-2 企业内部调查的主要内容

	开 发 能 力	生 产 能 力	采 集 能 力	销 售 能 力
信息	已开发的产品水平与经验教训 开发新产品、新技术的能力 已取得和将取得的科研成果、专利权和许可证 产品开发的组织管理方法和经验 掌握情报资料的能力等	制造产品的工艺水平与经验教训 毛坯制造、加工、材料处理、检测和装配的能力 生产过程的组织管理方法与经验 动力供应能力 设备维修能力 生产协作能力等	开辟资源和建立供货关系的能力 谈判供货条件的能力与经验 选择材料、外购件和生产手段的能力与经验 采购的组织管理方法与经验等	宣传和开辟市场的能力与经验 联系用户的能力 为用户服务的能力 销售的组织管理方法与经验等
手段	情报手段 试验研究手段 设计、制图辅助手段	建筑及其它永久性设施 生产与检测设备 起重、运输设备 信息手段	存储、运输手段 信息手段	存储运输手段 信息手段 包装手段
人员	试验、研究、设计、制图和管理人员的素质和数量	生产、技术、管理和辅助人员的素质和数量	采购、技术、管理和辅助人员的素质和数量	销售、技术、管理与辅助人员素质和数量
资金	资金筹措、积累与偿付能力			

表 1.1-3 产品开发策略

	开 发 策 略
开发类型决策	1. 改进型　有参考样机，把握大、花费少、风险小；但进步不大，无突破，效益可能不显著 2. 引进型　引进先进的产品和技术，可促进企业技术进步，但需考虑企业消化吸收能力和资金能力 3. 政策型　开发适应政策要求的产品，如节能和减少环境污染的产品 4. 迂回型　避开实力雄厚企业的锋芒或针对其它企业尚注意到的市场，开发具有特色产品 5. 风险型　瞄准先进水平，开发高水平产品，一般需投资大、周期长、有风险，但开发成功后可获高效益
功能成本决策	1. 既提高产品功能，又降低成本 2. 提高产品功能，而成本保持不变 3. 成本虽有所提高，但功能大为提高 4. 功能不变，降低成本 5. 功能减少或略有降低，而成本大幅下降

1.3 方案设计

方案设计阶段的主要任务是根据产品开发任务书，在经调研进一步确定设计要求的基础上，通过创造性思维和试验研究，克服技术难关，经过分析、综合与技术经济评价，使构思和目标完善化，从而确定出产品的工作原理与总体设计方案。

方案设计的步骤见图 1.1-1。

1.3.1 明确设计要求

在产品开发任务书的基础上，进一步收集来自市场、用户、政府法令、政策等的要求和限制以及企业内部的要求和限制，抽象辨明对产品的技术性、经济性和社会性的具体要求及设计开发的具体期限，并以设计要求表的形式予以确认。在设计要求表中，设计要求可分为："必达"和"期望"两类。必达要求对产品给出严格的约束，只有满足这些要求的方案才是可行方案。期望要求体现了对产品的追求目标，只有较好地满足这些要求的方案才是一较优的方案。

设计要求表所包括的内容见表 1.1-4。

表 1.1-4 主要设计要求

设计要求	主 要 内 容
1. 功能要求	功能是系统的用途或能完成的任务，包括主要功能、辅助功能和人机功能的分配等
2. 使用性能要求	如精度、效率、生产能力、可靠性指标等
3. 工况适应性要求	指工况在预定范围内变化时，产品适应的程度和范围，包括作业对象特征和工作状况等的变化，如物料的形状、尺寸、理化性质、温度、负载、速度等，提出为适应这些变化的设计要求

（续）

设计要求	主 要 内 容
4. 宜人性要求	系统符合人机工程学要求，适应人的生理和心理特点，使操作简单、准确、方便、安全、可靠。为此需根据具体情况提出诸如显示与操作装置的选择及布局、防止偶发事故的装置等要求
5. 外观要求	包括外观质量和产品造型要求，它是产品形体结构、材料质感和色彩的总和
6. 环境适应性要求	指环境在预定的范围内变化时，产品适应的程度和范围，如温度、粉尘、电磁干扰、振动等在指定范围内变动时，产品应保持正常运行
7. 工艺性要求	为保证产品适应企业的生产条件，应对毛坯和零件加工、处理和装配工艺性提出要求
8. 法规与标准化要求	对应遵守的法规（如安全保护、环境保护法等）和采用的标准以及系列化、通用化、模块化等提出要求
9. 经济性要求	对研究开发费用、生产成本以及使用经济性提出要求
10. 包装与运输要求	包括产品的保护、装潢以及起重、运输方面的要求
11. 供货计划要求	包括研制时间、交货时间等

1.3.2 功能分析

技术系统由构造体系和功能体系构成。建立构造体系是为了实现功能要求。对技术系统从功能体系入手进行分析，有利于摆脱现有结构的束缚，形成新的更好的方案。功能分析阶段的目标是通过分析，建立对象系统的功能结构，通过局部功能的联系，实现系统的总功能。

1. 功能的含义 功能是对于某一产品的特定工作能力的抽象化描述。当人们把机械、设备、仪器看作一个系统时，功能就是一个技术系统在以实现某种任务为目标时其输入量和输出量之间的关系。输入和输出可以抽象为能量、物料和信息三要素。其中能量包括机械能、热能、电能、光能、化学能、核能、生物能等，物料可分为材料、毛坯、半成品、固体、气体、液体等；而信息往往表现为数据，控制脉冲和测量值等。能量、物料、信息三要素在系统中形成能量流、物料流和信息流。系统的输入量

和输出量出现不同，说明在系统内部物理量发生了转换。实现预定的的能量、物料和信息的转换就体现了机械系统的功能。

一种产品中必然有一种转换是该产品主要使用目的所直接要求的，它就构成了该产品的主要功能，简称主功能。为实现产品主功能服务的、由产品主功能所决定的一种手段功能称为辅助功能。产品实现的全部转换，包括全部主功能和辅助功能称总功能。

2. 功能分析 确定总功能，将总功能分解为分功能，并用功能结构来表达分功能之间的相互关系，这一过程称为功能分析。功能分析过程是设计人员初步酝酿功能原理设计方案的过程。这个过程往往不是一次能够完成的，而是随着设计工作的深入而需要不断修改，完善。

（1）总功能分析——构思的抽象，建立黑箱模型。将设计的对象系统看成是一个不透明的、不知其内部结构的"黑箱"，只集中分析比较系统中三个基本要素（能量、物料和信息）的输入输出关系，就能突出地表达系统的核心问题——系统的总功能，如表1.1-5所示。

表1.1-5 黑 箱 模 型

黑箱模型	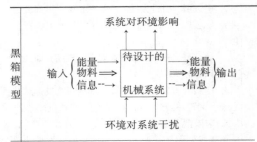
三要素内容	能量：机械能，热能，电能，光能，化学能，核能 物料：材料，毛坯，气体，液体等 信息：数据，控制脉冲，信号，波形，指示值等
实例	
目标	使物质、能量与信息有序地最佳地流动；如金属机床加工出优质产品，包装机械完成优质的包装任务，印刷机械印出好的印刷品等

（2）功能分解——构思的扩展，建立树状功能图和功能结构图。总功能可以分解为分功能，分功能继续分解，直至功能元。功能元是不能再分解的最小功能单位，是直接能从物理效应、逻辑关系等方面找到解法的基本功能。功能分解可用树状结构予以图示，称为功能树（或称树状功能图）。功能树起于总功能，分为一级功能、二级功能，直至能直接求解的功能元。前级功能是后级功能的目的功能，后级功能是前级功能的手段功能。图1.1-4给出了一个用功能树方法对一个陆地运输工具进行功能分解的例子。

上述功能树方式不能充分表达各分功能之间的分界和有序性联系。用功能结构图来表示各分功能之间关系，其中各功能之间用矢量连接，矢尾端所在功能块的输出正是矢头端功能块的输入，功能结构图表明了总功能要求的转换是如何逐步得以最终实现的，它反映了设计师实现产品总功能的基本思路和策略。建立功能结构对于复杂产品的开发是十分必要的，图1.1-5表示了虾仁分档机功能结构的建立过程。

1.3.3　功能原理设计[1,3]

把总功能分解成一系列分功能（功能元）之后，构思的着重点在以下方面：

（1）确定这些分功能，即工艺动作的运动规律，不同的运动规律匹配不同的机构；

（2）同一种运动规律，可用（选用或创造）不同的机构形式来实现；

（3）同一种功能，可选用不同的工作原理，不同的机构来满足功能要求；

（4）同一种工作原理，可选用、创造不同的机构及其组合来实现。

（5）将以上求得的分功能（或功能元）的原理解按照功能结构组合成总功能原理解。

（6）在多个可行总功能原理解中确定出最佳原理方案。

功能原理设计的落脚点是为不同的功能、不同的工作原理、不同的运动规律匹配不同的机构，这就是通常说的型、数综合，而且通过上述的排列组合，会出现非常多的功能原理解，产生很多的运动方案，这就为优选方案提供了基础。

机构的型、数综合是一项难度大、富于创造性的工作，涉及到如何选定工作原理、运动规律，如何选择或创造不同机构形式来满足这些功能或运动规律要求，如何从功能、原理、机构造型的多解中优化筛选出好的方案。表1.1-6列出了进行创造性设计的几种方法。

表1.1-7为应用形态矩阵由功能元解组合成总功能原理解的例子。

方案设计阶段的每一个步骤都为设计师提供了产生多解的机会，产生多解为得到新解，进而为实现产品创新奠定了基础。表1.1-8对产生多解的方法进行了系统描述。

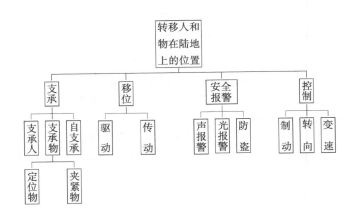

图 1.1-4　功能树示例

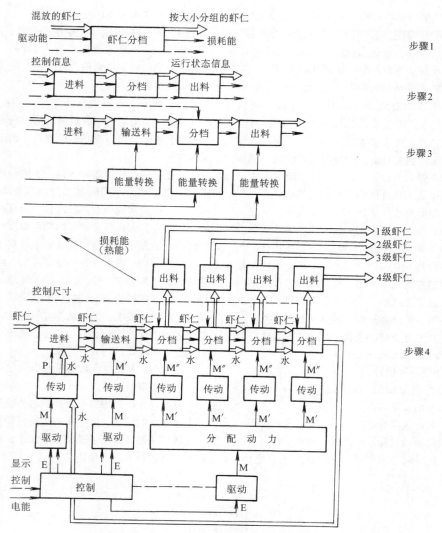

图 1.1-5 虾仁分档机功能结构的建立过程
P—水压 M—转矩 E—电能

表 1.1-6 创造性设计的几种方法

方法	目 标	特 征 或 特 例
集智法	在很短的时间内建立许多概念，获得多种设想、方案，而不管其实用性	集体努力，各抒己见，自由发言，提出各种新思路、新概念、新方案，不深入讨论，不限制"异想天开"，不评论别人的设想
推理法	构成创意性的概念设计或经改变以改良设计	以提问方式询问设计能否改善、变更、重新配置、反向、允许新的使用、变大、变小、组合功能、更方便、更安全、更轻等
形态矩阵法	考虑所有可能的选择，搜索出好的设计方案	把系统分解成几个独立因素，并列出每个因素所包含的几种可能状态（作为列元素）构成形态矩阵，通过组合，找出可实施的方案
联想创造法	通过启发、类比、联想、综合创造出新的设计方案	由相似类比、齿轮啮合传动发展为同步齿形带传动；受滑动轴承发展到滚动轴承的启发，把丝杠发展到滚子丝杠

（续）

方 法	目 标	特 征 或 特 例
抽象类比法	把问题加以抽象，对其实质进行类比，以扩大思路寻求解法	如要发明一种开罐头的新方法，先抽象出"开"的概念：打开、拧开、撕开、割开，然后获得开的设想
仿生法	通过自然界生物机能的分析和类比，创造出新的设想	如已创造出了仿人手的机械手，仿动物行走的四足步行机器人
组合法	把已有知识和现有的成果进行新的组合，从而产生新的方案	例：日本本田摩托车是对国外几十种摩托车进行剖析研究后，综合其优点而设计出来的
逆向探求法	对现有解决方案作系统否定，或寻求其相反的功能，从而获得新的设想和方案	例：电话由声音使音膜振动，逆向探求，同样的振动能否使之转换为原来的声音？爱迪生由此发明了留声机
机械演绎法	对某一种单环链、多环链的机构形式，通过变更机架，把移动副演变成转动副，变更三副杆（或多副杆）的相对排列、位置等，可以演绎出多种机构方案，以扩展思路	例：由司蒂芬型六杆机构，可以演绎出多种六杆机构，从中创造发明出多种窗门操纵机构，不少已获得专利

表 1.1-7　挖掘机的形态学矩阵

分 功 能	解 法					
	1	2	3	4	5	6
a. 动力源	电动机	汽油机	柴油机	汽轮机	液力马达	气动马达
b. 移位传动	齿轮传动	蜗杆传动	带传动	链传动	液力偶合器	
c. 移位	轨道及车轮	轮胎	履带	气垫		
d. 取物传动	拉杆	绳传动	气缸	液压缸		
e. 取物	挖斗	抓斗	钳式斗			

表 1.1-8　设计中产生多解的方法

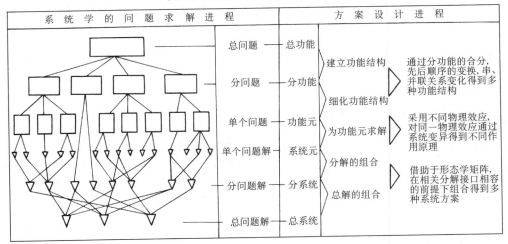

1.4　技术设计

技术设计的任务是在功能原理设计所取得的优化方案的基础上，使原理构思转化为具有实用水平的具体结构，其中包括确定基本技术参数，进行总体布局设计和结构装配图设计。对所设计的产品应满足如下要求：制造和维护经济、操纵方便、安全、可靠性高、使用寿命合理。为了达到这些要求，零件应满足强度、刚度、抗振性、耐磨性、耐热性及工艺性等准则。

1.4.1　确定基本技术参数

1. 主要尺寸参数　工作尺寸标志着机械的工作范围和主要性能，一般包括工作尺寸、外形尺寸、工作装置尺寸等。应根据产品需满足的工艺要求及尺寸范围来确定。

2. 质量参数 包括整机质量、各主要部件质量、质心位置等。

3. 功率参数（包括运动参数、动力参数）机械的运动参数有移动速度、加速度和调速范围等，主要取决于机器要实现的工艺要求。机器的动力参数包括承载力、原动机功率。工作装置是载荷直接作用的构件，力参数是其设计计算的依据，也是机械性能的主要标志，如30M水压机。原动机功率反映了机械的动力级别，它与其他参数有函数关系，常是机械分级的标志，也是机械中各零部件的尺寸设计计算的依据。

4. 技术经济指标 包括机械的生产率，机械的精度、效率、寿命、成本等。技术经济指标是评价机械设备性能优劣的主要依据，也是设计应达到的基本要求。

1.4.2 机械结构设计

机械结构设计的任务就是依据所确定的原理方案，在总体设计的基础上给出具体的结构图。结构设计包括机器的总体结构设计和零部件的结构设计。

1. 结构设计的基本原则 确定和选择结构方案时应遵循三项基本原则：明确、简单和安全可靠，见表1.1-9。

2. 结构设计原理 在结构设计中常应用表1.1-10中各项原理。结构设计原理提供了用具体结构实现预定功能的策略和方法。

表 1.1-9 结构设计的基本原则

原则	说　　　明
明确	指对产品设计中所应考虑的问题都应在结构方案中获得明确的体现与分担 　1）功能明确。所确定的结构方案应能明确地体现产品所要求的功能的分担情况，既不能遗漏，也不应重复。对于每个具体结构件，应能明确可靠地实现所分担的功能 　2）工作原理明确。所依据的工作原理应预先考虑到可能出现的各种物理效应，以免出现使载荷、变形或磨损超出允许范围的有害情况 　3）使用工况及应力状态明确。材料选择和尺寸计算要依据载荷情况进行 　4）其他。凡与结构设计有关的其他方面都应在图样或技术文件中予以明确体现

（续）

原则	说　　　明
简单	在确定结构时，应使其所含零件数目和加工工序类型尽可能减少，零件几何形状力求简单，尽量减少零件机械加工面、机械加工次数及热处理程序，减少并简化与相关零件的装配关系及调整措施
安全可靠	安全性包括以下范围：1）结构构件的安全性；2）功能的安全性；3）运行的安全性；4）工作的安全性；5）环境的安全性。这五个范围是相互关联的，应该统一考虑 　在结构设计时主要采用直接安全技术、间接安全技术和指示安全技术来解决产品的安全问题

表 1.1-10 结构设计原理

应用的原理	说　　　明
等强度原理	通过合理选择材料和形状，力求结构在规定时间内各处强度得到同样充分的利用
合理力流原理	力在其传递路线上形成所谓力线，这些力线汇成力流。如果要力流引起的结构变形尽可能小，那么应该取尽可能直接，也即尽可能短的传力路线。按力流最短路线设计的零件形状，材料也可得到有效利用
变形协调原理	所谓变形协调，就是使相连接的两零件在外载荷的作用下所产生的变形的方向相同，并且使其相对变形尽可能小
力平衡原理	在机器工作时，常产生一些无用的力，如惯性力，斜齿轮轴向力等，这些力增加了轴和轴承负荷，降低了精度和寿命，也降低了传动效率。这些力也称为无功力 　所谓力平衡原理就是指采取结构措施全部或部分地平衡掉无功力，以减轻或消除其不良影响。这些结构措施主要有采用平衡元件，采取对称布置等
任务分配原理	结构设计中必须根据所要求的分功能合理地选择载体，即选择载体或构件以承担功能。任务分配也就是功能与载体之间关系的确定 　分配有三种可能：1）一载体承担多种功能，可以简化结构，降低成本；2）一载体承担一种功能，便于做到"明确"、"可靠"，便于实现结构优化及准确计算；3）多载体共同承担一种功能，可以减轻零件负荷，延长使用寿命。设计时应根据具体情况进行任务分配

（续）

应用的原理	说　　明
自补偿原理	通过选择系统元件及其在系统中的配置来自行实现加强功能的相互支持作用，称为自补偿。自补偿在正常情况（额定载荷）下有加强功能、减载和平衡的含义，而在紧急情况（超载）下有保护和救援的含义 　　常见的自补偿原理的应用形式有：自增强、自平衡和自保护
稳定性原理	所谓系统的结构稳定性是指当出现干扰使系统状态发生改变的同时，会产生一种与干扰作用相反的、使系统恢复稳定的效应。结构设计中必须考虑干扰的影响

1.5　评价和决策

设计进程的每一阶段都是相对独立的一个问题的解决过程，都存在多解，都需要评价和决策。评价过程是对各方案的价值进行比较和评定，而决策是根据目标选定最佳方案，作出行动的决定。

1.5.1　评价目标

评价的依据是评价目标（评价准则），评价目标制订得是否合理是保证评价的科学性的关键问题之一。评价目标一般包括三个方面的内容：

1. 技术评价目标　评价方案在技术上的可行性和先进性，包括工作性能指标，可靠性、使用维护性等。

2. 经济评价目标　评价方案的经济效益，包括成本、利润、实施方案的措施费用及投资回收期等。

3. 社会评价目标　评定方案实施后对社会带来的效益和影响，包括是否符合国家科技发展的政策和规划，是否有益于改善环境（环境污染、噪声等），是否有利于资源开发和新能源的利用等。

通过对设计总目标的分析、选择设计要求和约束条件中最重要的几项作为评价目标。同时根据各评价目标的重要程度分别设置加权系数、加权系数大表示重要性高，各目标加权系数之和常取为1。当评价目标数量较多，具体化程度不同时常对它们进行分级，用一个多级树枝状目标系统作为评价目标的一种手段，称为评价目标树，如图1.1-6所示。目标树的最后分枝即为总目标的各具体评价目标，子目标的加权系数之和为上级目标的加权系数。通过目标树的分析使人对总目标、各评价目标及其重要性一目了然，使用起来很方便。

1.5.2　评价方法

1. 经验评价法　当方案不多，问题不太复杂时，可根据评价者的经验，采用简单的评价方法，对方案作定性的粗略评价。例如排队法，将方案两两对比，优者给1分，劣者给0分，求总分后以高者为佳。

2. 数学分析法　运用数学工具进行分析、推导和计算，得到定量的评价参数供决策作参考，这种方法在评价过程中应用最广泛，有排队计分法、评分法、技术经济评价法及模糊评价法等。其中模糊评价法用于在方案评价过程中有一部分评价目标，如美观、安全性、舒适性、便于加工等只能用好、差、受欢迎等模糊概念来评价的场合。

3. 试验评价法　对于一些比较重要的方案环节，采用分析计算不够有把握时，应通过模拟试验或样机试验，对方案进行试验评价。这种方法得到的评价结果准确，但代价较高。

详细评价方法见表1.1-11。

1.5.3　设计中产品成本的估算

成本估算是产品设计过程中的重要工作。在设计过程中进行成本估算的目的是对产品及零部件方案的经济性进行评价；寻求在设计中降低产品成本的依据和方向；判断产品及零部件成本是否能达到预期目标。

1. 产品成本的组成　产品成本组成如图1.1-7所示。从用户使用观点看，产品的总成本应指产品的寿命周期成本，即除产品自身成本外，还包括运行成本和维修成本，这些都是要由用户支付的。设计师的工作不仅影响生产成本，也影响产品的运行成本和维修成本。

2. 成本估算方法　由于产品使用中情况千差万别，产品自身成本、运行成本、维修成本的构成也不同，下述成本估算方法是指对产品制造成本的估算。

（1）系数法　根据以往研制或已经投产的同类产品，或系列型谱中的基型产品的成本及成本构成比例，来预计新技术方案成本的方法。例如根据类似产品的材料成本在产品成本中所占的比例统计值（见表1.1-12），可以把设计成本的材料成本转化为产品成本，此时称材料成本折算法；根据以前制造过的类似产品的单位质量成本和新设计产品的质量进行新产品的估算，此时也称为质量成本估算法。

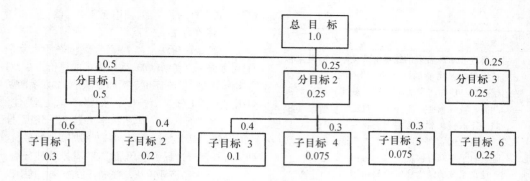

图 1.1-6 一个多级评价目标系统(目标树)

表 1.1-11 评价方法

评价方法		说　明
简单评价法	总评价法	各方案按评价目标逐项作初步评价,用可行(+)、不行(-)、信息不足(?)表示,最后总评
	名次计分法	m 个专家评价 n 个方案,每人对每一方案排出名次。最高 n 分,最低 1 分,最后把每个方案得分相加得每个方案总分 x_i。专家们意见的一致性,用一致性系数 c 表示:$c = \dfrac{12\left[\sum x_i^2 - \dfrac{(\sum x_i)^2}{n}\right]}{m^2(n^3 - n)}$
评分法	直接计值法	根据 n 个评价目标的允许分值、要求分值和理想分值分别定为 0、8、10(10 分制)或 0、4、5(5 分制);再根据 m 个方案各评价目标的具体参数值线性插入,求得相对应的评分值 p_i m 个方案的总分值: 相加总分值 $Q_1 = \sum\limits_{i=1}^{n} p_i$(计算简单) 连乘总分值 $Q_2 = \prod\limits_{i=1}^{n} p_i$(各方案总分值差异大,便于比较) 平均总分值 $Q_3 = \dfrac{1}{n}\sum\limits_{i=1}^{n} p_i$(计算简单直观) 相对总分值 $Q_4 = \dfrac{\sum\limits_{i=1}^{n} p_i}{nQ_0} \leqslant 1$($Q_0$ 为理想方案总分值,能看出与理想方案的差距)
	有效值法	确定 n 个评价目标的加权系数矩阵 G $\qquad G = \begin{bmatrix} g_1 & g_2 \cdots g_n \end{bmatrix}$　$g_i < 1,\ \sum g_i = 1,\ i = 1 \sim n$ m 个方案对 n 个评价目标的评分值矩阵 P $P = \begin{pmatrix} P_1 \\ P_2 \\ \vdots \\ P_j \\ \vdots \\ P_m \end{pmatrix} = \begin{bmatrix} p_{11} & p_{12} \cdots p_{1n} \\ p_{21} & p_{22} \cdots p_{2n} \\ \vdots & \\ p_{j1} & p_{j2} \cdots p_{jn} \\ \vdots & \\ p_{m1} & p_{m2} \cdots p_{mn} \end{bmatrix}$ m 个方案的有效值矩阵 N $N = GP^{\mathrm{T}} = \begin{bmatrix} N_1 N_2 \cdots N_j \cdots N_m \end{bmatrix}$ 第 j 个方案的有效值 N_j $N_j = GP_j^{\mathrm{T}} = g_1 p_{j1} + g_2 p_{j2} + \cdots + g_n p_{jn}$ 比较各方案的有效值,最大者为最佳方案

（续）

评价方法		说　明
技术经济评价法	相对价法	某方案的技术价 W_t： $$W_t = \frac{\sum\limits_{i=1}^{n} p_i g_i}{p_{max}} \leqslant 1 \ (p_{max} \text{ 为最高分值})$$ 一般 $W_t < 0.6$ 为不合格 某方案的经济价 W_w，由实际生产成本 H、理想生产成本 H_I、允许生产成本 H_p 决定 $$H_I \approx 0.7 H_p$$ $$W_w = \frac{H_I}{H} \leqslant 1$$ 一般 $W_w < 0.7$ 为不合格 某方案相对价 W $$W = \sqrt{W_t W_w}$$ 一般 $W < 0.65$ 为不合格
	优度图法	以技术价 W_t 与经济价 W_w 构成平面坐标系。$W_t \geqslant 0.6$，$W_w \geqslant 0.7$ 为许用区。可看出各方案的技术—经济综合性能，便于提出改进方向
模糊评价法	单评价目标	用集合与模糊数学，将模糊信息数值化，进行定量评价 统计法求隶属度：例如一群顾客中，对某产品性能的评价（优、良、中、差）的百分率分别为 $x_1 \%$、$x_2 \%$、$x_3 \%$、$x_4 \%$，则隶属度组成的模糊评价集 x 为 $$x = \{x_1, x_2, x_3, x_4\} = \{优、良、中、差\}$$ 由隶属函数求隶属度：选择模糊数学中合适的典型隶属函数，求得特定条件下的隶属度
	多评价目标	n 个评价目标，m 个模糊评价，n 个加权系数 评价目标集　　　$Y = \{y_1, y_2, \cdots, y_n\}$ 模糊评价集　　　$X = \{x_1, x_2, \cdots, x_m\}$ 加权系数集　　　$G = \{g_1, g_2, \cdots, g_n\} \ (\sum\limits_{i=1}^{n} g_i = 1)$ z 个方案中第 k 个方案对 n 个评价目标的模糊评价矩阵 $\boldsymbol{R}_k$ $$\boldsymbol{R}_k = \begin{pmatrix} R_1 \\ R_2 \\ \vdots \\ R_i \\ \vdots \\ R_n \end{pmatrix} = \begin{pmatrix} r_{11} & r_{12} \cdots r_{1j} \cdots r_{1m} \\ r_{21} & r_{22} \cdots r_{2j} \cdots r_{2m} \\ \vdots \\ r_{i1} & r_{i2} \cdots r_{ij} \cdots r_{im} \\ \vdots \\ r_{n1} & r_{n2} \cdots r_{nj} \cdots r_{nm} \end{pmatrix} \quad (k = 1 \sim z)$$ 各方案加权的综合模糊评价 $$B_k = GR_k = [\begin{matrix} b_1 & b_2 \cdots b_j \cdots b_m \end{matrix}] \quad (k = 1 \sim z)$$ 求 b_j 的方法有： 1. $M(\wedge, \vee)$　按取小（$\wedge$）取大（$\vee$）运算合成矩阵 $$g \wedge b = \min(g, b)$$ $$g \vee b = \max(g, b)$$ $$b_j = \bigvee_{i=1}^{n} (g_i \wedge r_{ij})$$ 2. $M(\cdot, +)$　按乘（$\cdot$）加（$+$）运算进行矩阵合成 $$b_j = \sum_{i=1}^{n} g_i r_{ij} \quad j = 1, 2, \cdots, m$$ 对各 B_k 值进行归一化处理，折算为按百分率表示的隶属度，按最大隶属度原则判断方案优劣顺序

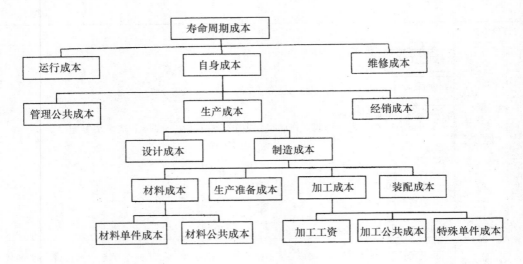

图 1.1-7 产品成本组成

表 1.1-12 各类产品的材料成本在产品成本中的比例 u（%）

产品类型	u	产品类型	u
吸尘器	80	柴油发动机	53
起重机	78	蒸汽轮机	44 ~ 49
小汽车	65 ~ 75	挂钟	47
载货汽车	68 ~ 72	电动机	45 ~ 47
铁路货车	68	重型机床	44
缝纫机	62	电视机	38
台式电话	58	电测仪	26 ~ 38
铁路客车	57	中型机床	34
水轮机	56	精密钟表	31

（2）类比费用法 类比费用方法是建立在与过去类似的产品和技术经验进行类比的基础上的方法。如果新设计方案的功能、结构、性能和制造方法与某个已有项目相类似，则可利用类似项目的现有成本数据库，并考虑到新设计方案中的差异予以相应修正，从而估计出新设计方案的成本。

（3）特征参数费用法 参数法是广泛采用的方法，它以一定量的表征产品特征的参数组成本估算方程或方程组，只需输入很少量的产品特征参数，即可估算出产品的成本，也可由参数成本关系式直观地了解其中某些特征参数的变化对成本的影响，从而在设计方案的选择及设计方案变更时对成本的影响作出评估。

参数成本模型可通过回归方法（用在大样本时）和灰色系统预测方法（用在样本较小时）建立。

（4）工程费用法 根据产品的结构树，自下而上逐项估算每个零（部）件的制造成本，然后计算出其总和，再加上将其组装在一起的装配费、管理费等。这种方法工作量较大，用在设计后期和生产阶段，可得到较高的精确度。

1.6 现代设计技术和方法

传统设计方法是一种以静态分析、近似计算、经验设计、手工劳动为特征的设计方法，已难以满足当今时代的要求，从而迫使设计领域不断研究和发展新的设计方法和技术。现代设计是以满足市场产品的质量、性能、时间、成本、价格综合效益最优为目的，以计算机辅助设计技术为主体，以知识为依托，以多种科学方法及技术为手段，研究、改进、创造产品活动过程所用到的技术群体的总称。

1.6.1 现代设计技术体系

现代设计技术体系如图 1.1-8 所示。现代设计技术的整个体系由基础技术、主体技术、支撑技术和应用技术 4 个层次组成。

（1）基础技术 指传统的设计理论与方法，特别是运动学、静力学与动力学、材料力学、结构力学、热力学、电磁学、工程数学的基本原理与方法等方面。基础技术不仅为现代设计技术提供了坚实的理论基础，也是现代设计技术发展的源泉。现代设计技术是在传统设计技术的基础上，以新的形式和更丰富的内涵对传统设计技术的发展与延伸。

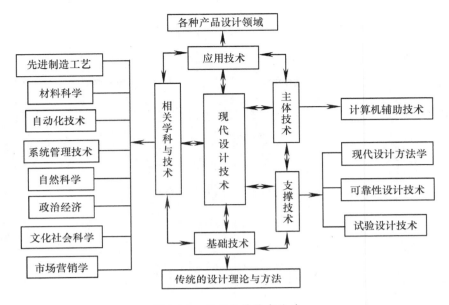

图 1-1-8　现代设计技术体系

（2）主体技术　现代设计技术的诞生和发展与计算机技术的发展息息相关、相辅相成,计算机辅助设计技术以它对数值计算和对信息与知识的独特处理能力,成为现代设计技术群体的主干。

（3）支撑技术　设计方法学、可靠性设计技术及试验设计技术所包含的内容,可视为现代设计技术群体的支撑技术。无论是设计对象的描述,设计信息的处理、加工、推理与映射及验证,都离不开设计方法学、产品的可靠性设计技术及设计试验技术所提供的多种理论与方法及手段的支撑。

（4）应用技术　应用技术是针对适用性的目的,解决各类具体产品设计领域的技术,如机床、汽车、工程机械等的知识和技术。

现代设计已扩展到产品规划、制造、营销和回收等各个方面。因而,所涉及的相关学科和技术除了先进制造技术、材料科学、自动化技术、系统管理技术外,还涉及到政治、经济、法律、人文科学、艺术科学等领域。表 1.1-13 列出现代设计所指主要的设计理论、技术和方法。表 1.1-14 对常用的一些现代设计方法进行了介绍。

表 1.1-13　现代设计方法

计算机辅助设计技术	1）有限元法 2）优化设计 3）CAD、DFX 4）模拟仿真与虚拟设计 5）智能计算机辅助设计 6）工程数据库 7）计算机辅助创新 8）计算机辅助设计过程管理技术
现代设计方法学	1）系统设计 2）价值工程 3）功能设计 4）并行设计 5）模块化设计 6）质量功能配置 7）反求设计 8）绿色设计 9）模糊设计 10）面向对象的设计 11）工业造型设计 12）大规模定制设计

表 1.1-14　常用的一些现代设计方法简介

现代设计方法	定义和说明
计算机辅助设计	计算机辅助设计（Computer Aided Design——CAD）是指在设计活动中,利用计算机作为工具,帮助工程技术人员进行设计的一切适用技术的总和 　　计算机辅助设计是人和计算机相结合、各尽所长的新型设计方法。在设计过程中,人可以进行创造性的思维活动,完成设计方案构思、工作原理拟定等,并将设计思想、设计方法经过综合、分析,转换成计算机可以处理的数学模型和解析这些模型的程序。在程序运行过程中,人可以评价设计结果,控制设计过程;计算机则可以发挥其分析计算和存储信息的能力,完成信息管理、绘图、模拟、优化和其他数值分析任务。一个好的计算机辅助设计系统既能充分发挥人的创造性作用,又能充分利用计算机的高速分析计算能力,找到人和计算机最佳结合点

（续）

现代设计方法	定义和说明
有限元法	有限元法是以计算机为工具的一种现代数值计算方法，其基本思想是把要分析的连续体假想地分割成有限个单元所组成的组合体，简称离散化。这些单元仅在顶角处相互连接，称这些连接点为结点。离散化的组合体与真实弹性体的区别在于：组合体中单元与单元之间的连接除了结点之外再无任何关联。但是这种连接要满足变形协调条件，即不能出现裂缝，也不允许发生重叠。显然，单元之间只能通过结点来传递内力。通过结点来传递的内力称为结点力，作用在结点上的载荷称为结点载荷。当连续体受到外力作用发生变形时，组成它的各个单元也将发生变形，因而各个结点要产生不同程度的位移，这种位移称为结点位移。在有限元中，常以结点位移作为基本未知量，并对每个单元根据分块近似的思想，假设一个简单的函数近似地表示单元内位移的分布规律，再利用力学理论中的变分原理或其他方法，建立结点力与位移之间的力学特性关系，得到一组以结点位移为未知量的代数方程，从而求解结点的位移分量。然后利用插值函数确定单元集合体上的场函数。显然，如果单元满足问题的收敛性要求，那么随着缩小单元的尺寸，增加求解区域内单元的数目，解的近似程度将不断改进，近似解最终将收敛于精确解 目前，该方法不仅能用于工程中复杂的非线性问题（如结构力学、流体力学、热传导、电磁场等方面问题）的求解，而且还可用于工程设计中复杂结构的静态和动力学分析，并能精确地计算形状复杂零件的应力分布和变形，成为复杂零件强度和刚度计算的有力分析工具
工业造型设计	工业产品艺术造型设计是指用艺术手段按照美学法则对工业产品进行造型工作，使产品在保证使用功能的前提下，具有美的、富于表现力的审美特征。不仅要求以其所具有的功能适应人们工作的需要，提供人们使用，而且要求以其形象表现的式样、形态、风格、气氛给人以美的感觉和艺术的享受，起到美化生产、生活环境，满足人们审美要求的作用，因而成为具有精神和物质两种功能的造型。工业造型设计有着实用性、科学性和艺术性3个显著的特征 造型设计的3要素，使用功能是产品造型的出发点和产品赖以生存的主要因素；艺术形象是产品造型的主要成果；物质技术条件是产品功能和外观质量的物质基础 关于工业造型设计，特别是机电产品造型设计的内容，通常包括以下几个方面： 1）机电产品的人机工程设计，或称宜人性设计：产品与人的生理、心理因素相适应，以求得人—机—环境的协调与最佳搭配，使人们在生活与工作中达到安全、舒适与高效的目的 2）产品的形态设计：使产品的形态构成符合美学法则，通过正确的选材及采用相应的加工工艺，形成优良表面质量与质感机理，获得能给人以美的感受的产品款式 3）产品的色彩设计：综合本产品的各种因素，制造一个合适的色彩配置方案，它是完美造型效果的另一基本要素 4）产品标志、铭牌、字体等的设计：以形象鲜明、突出、醒目的标志，给人以美好、强烈、深刻的印象
虚拟设计	虚拟现实（Virtual Reality—VR）是近20年发展起来的一门新技术。它采用计算机技术和多媒体技术，营造一个逼真的，具有视、听、触等多种感知的人工虚拟环境，使置身于该环境的人，可以通过各种多媒体传感交互设备与这一虚构的环境进行实时交互作用，产生身临其境的感觉。这种虚拟环境可以是对真实世界的模拟，也可以是虚构中的世界。虚拟现实技术在机械制造领域有广泛的应用，如虚拟设计、虚拟制造等 产品设计，如果把设计理解为在实物原型出现之前的产品开发过程，虚拟设计的基本构思则是用计算机来虚拟完成整个产品开发过程。设计者经过调查研究，在计算机上建立产品模型，并进行各种分析，改进产品设计方案。通过建立产品的数字模型，用数字化形式来代替传统的实物原型试验，在数字状态下进行产品的静态和动态性能分析，再对原设计进行集成改进。由于在虚拟开发环境中的产品实际上只是数字模型，可对它随时进行观察、分析、修改、通信及更新，使新产品开发中的形象及结构构思、分析、可制造性、可装配性、易维护性、运动适应性、易销售性等都能同时相互配合地进行。虚拟设计可以与企业的各个部门，甚至是全球化合作的几个企业中的工作者可同时在同一个产品模型上工作和获取信息，也可并行连续工作，以减少互相等待的时间，避免或减少传统产品设计过程中反复制作、修改原型、反复对原型进行手工分析与试验等工作所投入的时间和费用，在设计过程中发现和解决问题，按照规划的时间、成本和质量要求将新产品推向市场，并继续对顾客的需要变化作出快速灵活的响应 新产品的数字原型经反复修改确认后，即可开始虚拟制造。虚拟制造或称数字化制造的基本构思是在计算机上验证产品的制造过程。设计者在计算机上建立制造过程和设备模型，与产品的数字原型结合，对制造过程进行全面的仿真分析，优化产品的制造过程、工艺参数、设备性能、车间布局等。虚拟制造可以预测制造过程中可能出现的问题，提高产品的可制造性和可装配性，优化制造工艺过程及其设备的运行工况及整个制造过程的计划调度，使产品及其制造过程更加合理和经济
模块化设计	模块是一组同时具有相同功能和结合要素，而具有不同性能或用途，甚至不同结构特征，但能互换的单元。模块化设计是在对产品进行市场预测、功能分析的基础上，划分并设计出一系列通用的功能模块；根据用户的要求，对这些模块进行选择和组合，就可以构成不同功能，或功能相同但性能不同、规格不同的产品。这种设计方法称为模块化设计 模块化设计基于模块的思想，将一般产品设计任务转化为模块化产品方案。它包括两方面的内容：一是根据新的设计要求进行功能分析，合理创建出一组模块——模块创建；二是根据设置要求将一组已存在的特定模块组合成模块化产品方案——模块综合 采用模块化设计方法的产品有着重要的技术经济意义： 1）缩短产品的设计和制造周期，从而显著缩短供货周期，有利于争取客户； 2）有利于产品更新换代及新产品的开发，增加企业对市场的快速应变能力； 3）有利于提高产品质量和可靠性； 4）具有良好的可维修性

（续）

现代设计方法	定义和说明
价值工程	价值工程是以功能分析为核心，以开发创造性为基础，以科学分析为工具，寻求功能与成本的最佳比例，以获得最优价值的一种设计方法或管理科学 价值工程包括 3 个基本要素，即价值、功能和成本。价值是产品功能与成本的综合反映。用数学式来表示，就可以写成：$$V = \frac{F}{C}$$式中　F——功能评价值（Function Worthy）； 　　　C——总成本（Total Cost）； 　　　V——价值。 从上述公式可以看出：所谓价值就是某一功能与实现这一功能所需成本之间的比例。为了提高产品的实用价值，可以采用或增加产品的功能，或降低产品的成本，或既增加产品的功能，又同时降低成本等多种多样的途径。总之，提高产品的价值就是用低成本实现产品的功能，而产品的设计问题就变为用最低成本向用户提供必要功能的问题了 价值工程中关于价值的概念正确反映了功能和成本的关系，为分析与评价产品的价值提供了一个科学的标准。树立这样一种价值观念就能在企业的生产经营中正确处理质量和成本的关系，生产适销对路产品，不断提高产品的价值，使企业和消费者都获得好处 开展价值分析、价值工程的研究可以取得巨大的经济效益
反求工程	反求工程是针对消化吸收先进技术的一系列工作方法和应用技术的组合。反求工程包括设计反求、工艺反求、管理反求等各个方面。以先进产品的实物、软件（图样、程序、技术文件等）或影像（图像、照片等）作为研究对象，应用现代设计的理论方法、生产工程学、材料学和有关专业知识，进行系统地分析研究，探索掌握其关键技术，进而开发出同类产品
三次设计法	三次设计法是日本著名学者田口玄一博士于 20 世纪 70 年代创立的一种现代设计方法。该设计法提出，可将产品的设计过程分为三个阶段进行：系统设计、参数设计和容差设计。由于该设计法是分三个阶段进行新产品、新工艺设计，故称三次设计法 系统设计的目的在于选择一个基本模型系统，确定产品的基本结构，使产品达到所要求的功能。它包括材料、元件、零件的选择以及零部件的组装系统 参数设计，亦称第二次设计，是在专业人员提出的初始设计方案的基础上，对各零部件参数进行优化组合，使系统的参数值实现最佳搭配，使得产品输出特性稳定性好、抗干扰能力强、成本低廉。在参数设计阶段，一般是用公差范围较宽的廉价元件组装出高质量的产品，使产品在质量和成本两方面均得到改善 容差设计，亦称第三次设计。在参数设计提出的最佳设计方案的基础上，进一步分析导致产品输出特性波动的原因，找出关键零部件，确定合适的容差（进而确定公差），并求得质量和成本二者的最佳平衡 大量应用实例表明，采用 3 次设计法设计出的新产品（或新工艺）性能稳定、可靠，成本低廉，在质量和成本两方面取得最佳平衡，在市场上具有较强的竞争力
优化设计	优化设计亦称为最优化设计，它是以数学规划理论为基础，以电子计算机为辅助工具的一种设计方法。他首先将设计问题按规定的格式建立数学模型，并选择合适的优化算法，选择或编制计算机程序，然后通过计算机自动获得最优设计方案 对机械工程来说，优化使机械设计的改进和优选速度大大提高。例如为提高机构性能的参数优化，为减轻重量或降低成本的机械结构优化，各种传动系统的参数优化和发动机机械系统的隔振与减振优化等。优化技术不仅用于产品成形以后的再优化设计过程中，而且已经渗透到产品的开发设计过程中，同时与可靠性设计、模糊设计、有限元法等其他设计方法有机结合，取得新的效果
可靠性设计	可靠性（Reliability）是产品的一种属性。可靠性的定义通常是指产品在规定的条件下、规定的时间内，完成规定的功能的能力。可靠性设计是为了保证所设计的产品可靠性而采用的一系列分析与设计技术。它的任务是在预测与预防产品所有可能发生的故障的基础上，使所设计的产品达到规定的可靠性目标值，可靠性设计是传统设计方法的深化和完善。它具有如下特点：可靠性设计在零件上的载荷和材料的性能都是随机变量，具有明显的离散性质，在数学上必须用分布函数来描述。由于载荷和材料的性能都是随机变量，所以必须用概率统计的方法求解。可靠性设计法认为所设计的任何产品都存在一定的失效可能性，并且可以定量地回答产品在工作中的可靠性程度，从而弥补了常规设计方法的不足

1.6.2　现代设计方法的特点

现代设计具有以下特点：

（1）设计手段的计算机化　计算机在设计中的应用已从早期的辅助分析、计算机绘图，发展到现在的优化设计、并行设计、三维建模、设计过程管理、设计制造一体化、仿真和虚拟制造等。计算机、特别是网络和数据库技术的应用，加速了设计进程，提高了设计质量，便于对设计进程的管理，方便了各有关部门及协作企业间的

信息交换。

（2）设计范畴的扩大化　现代设计将产品设计扩展到整个产品生命周期，发展了"面向X"的技术，即在设计过程中同时考虑制造、维修、成本、包装发运、回收、质量等因素。

（3）设计过程的并行化　工程设计的组织方式由传统的顺序方式逐渐过渡到并行设计方式。与产品有关各种过程的并行交叉的设计，可以减少各种修改工作量，有利于加速工作进程，

提高设计质量。并行设计的团队工作精神，有关专家协同工作，有利于得到整体最优解。

（4）设计手段的拟实化　三维造型技术、仿真及虚拟制造技术以及快速成形技术，使得人们在零件被制造之前就可以看到它的形状甚至摸到它，可以大大改进设计的效果。

（5）强调设计的逻辑性和系统性　用系统化的方法寻求最佳方案。

（6）进行动态多变量的优化　考虑载荷谱、负载率等随机变量，进行动态多变量最优化设计。

（7）设计过程智能化　借助于人工智能和专家系统技术，由计算机完成一部分原来必须由设计者进行的创造性工作。

（8）分析手段的精确化　考虑载荷应力的分布特征，利用有限元法等功能强大的分析工具，准确模拟系统的真实工作情况，得到符合实际情况的最佳解。现代设计还运用概率论和统计学方法进行产品的可靠性设计。

（9）多种手段综合应用　现代设计利用高速计算机，可以将各种不同目的的设计方法、各种不同的设计手段综合起来，以求得系统的整体最佳解。

（10）强调产品的精神功能　现代设计除强调产品内在质量外，还特别强调产品的外观商品化设计和宜人性设计。

（11）强调产品的环保性　要求设计出绿色产品。重视环保的设计已成为现代设计的一个主要发展趋势。

（12）强调顾客参与　现代设计强调顾客参与设计过程，这样设计出的产品才能准确无误地反映顾客要求。

（13）强调设计阶段的质量控制　使设计出来的产品在质量上无先天不足。

（14）设计和制造一体化　强调产品设计制造的统一数据模型和计算机集成制造。

1.6.3　现代设计方法的应用

表1.1-15～表1.1-18介绍了一些现代设计方法和技术在设计进程各个步骤中的适用性[1]。

表 1.1-15　分析和目标规划方法在设计各阶段的适用性

分析和目标规划方法		确定设计要求	建立功能结构	寻找解的原理	总体设计	结构设计	完成技术文件
市场分析		●				●	●
预测法（用户，需要，趋势，……）		●		●			
竞争者分析		●	○	○	○	○	●
外界产品分析		●	○			○	●
企业分析（财政，人事，加工制造能力，……）		●		○	○	●	
问题分析（ABC分析，潜在问题分析，……）		●	○	○	●	●	○
目标规划（功能，价格，成本，市场，目标组，……）		●		●	●	●	●
产品功能描述	用名词和动词作口头定义	○	●	●	●	●	
	物理描述		●	●	●		
	数学描述		●	●			
	图形描述	○	●	●	●	●	
产品功能结构化	功能树		●	●	●		
	功能结构		○	○	○		
	数学模型					○	
要求表（任务书）		●	●	●	●	●	○
仿真计算和相似计算			○	●		●	
产品规划		●	○			○	●

注：●—很适用；○—适用。

表 1.1-16　评价和决策方法在设计各阶段的适用性

评价和决策方法	确定设计要求	建立功能结构	寻找解的原理	总体设计	结构设计	完成技术文件
三级选择（适用，也许适用，不适用）适用于解的粗糙分类	○	○	●	●	●	
三标准评价（优点，缺点，成本），用于对解作相互比较性的评价	○	○	●	●	●	●
两元比较：一系列解中的每两个解之间按一个评价标准进行成对方式的比较	○	○	●	●	●	○

（续）

评价和决策方法	工作步骤					
	确定设计要求	建立功能结构	寻找解的原理	总体设计	结构设计	完成技术文件
成本效益分析	●	○	○	○	●	●
有效值分析	○	○	●	●	●	●
技术经济评价		○	●	●	●	●
错误树分析			●	○	●	●
专家评估或用问题表回答：是直觉评价法，特别适用于评价难以结构化的问题。采用其他方法评价的结果的可信性应该用此法检验	○			○	○	○
决策标准矩阵：对决策标准加以权衡，然后对不同方案用点值或线值进行判断			●	●	●	●
重要性树/决策树			●	●	○	

注：●—很适用；○—适用。

表 1.1-17　成本和经济性计算方法在设计各阶段的适用性

成本和经济性计算方法	工作步骤					
	确定设计要求	建立功能结构	寻找解的原理	总体设计	结构设计	完成技术文件
成本比较计算：为了比较解决方案，只考虑不同的成本部分	○		○		●	●
全成本计算：在企业中出现的成本全部计入产品				○	●	●
补偿款计算：用高于产品可变成本的那部分售货收入来抵偿企业的固定成本	○	○		●	●	
附加费计算：在一个与产品种类有关的成本（如工资、活动成本、材料成本等）基数上设置附加百分率，用以清偿固定成本					●	●
极限成本计算：只考虑与产品有关的活动成本，不顾及清偿固定成本，从而定义一个可能的最低价格	○				●	●
成本早期认识法：尽可能早地在产品产生期间确定一个产品的绝对或相对成本	○	○	●		●	
相对成本目录：把材料、形状复杂性和制造复杂性等作为成本特征值，对不同方案进行成本比较，但不能了解其绝对成本					●	●
简短计算：在考虑到用来描述甚至复杂对象的很多参数的条件下估算绝对成本				○	●	●
考虑到物理相似性的成本增长计算，同时考虑到制造过程、企业结构等方面的相似性				○	●	●
成本-效益计算：把产品作为总系统进行计算，系统界限从产生效益（在寿命期间）直至其报废	●		○		●	●
投资计算：调查为实现一个产品所需的投资及收回投资所需时间	●				○	●

注：●—很适用；○—适用。

表 1.1-18　综合设计方法在设计各阶段的适用性

综合设计方法	工作步骤					
	确定设计要求	建立功能结构	寻找解的原理	总体设计	结构设计	完成技术文件
设计方法学	●	●	●	●	●	○
创造性设计学		●	●	●	●	
价值工程	●	●	●	●	●	●
优化设计				●	●	
可靠性设计					●	
疲劳设计					●	
动态设计			○	●	●	
造型设计	●		○	●	●	○
有限元法					●	
模块化设计	○	○		●	●	●
三次设计				●	●	
反求工程	●	●	●	●	●	●
并行工程	●	●	●	●	●	●
计算机辅助设计			○	●	●	●

注：●—很适用；○—适用。

2 机械制图和公差[6~8]

2.1 机械制图

2.1.1 一般规定

1. 图纸幅面及图框格式 （表 1.2-1 和表 1.2-2，摘自 GB/T 14689—1993）

2. 比例 比例是指图中图形与其实物相应要素的线性尺寸之比，其符号以"："表示。比值为 1 的比例，称原值比例，以 1:1 表示。比值大于 1 的比例称为放大比例，常用为 5:1 和 2:1。比值小于 1 的比例称为缩小比例，常用为 1:2、1:5 和 1:10。不论放大或缩小比例，图样上的尺寸数字都应按机件的基本尺寸标注。

表 1.2-1 图纸基本幅面 （单位：mm）

幅面代号		A0	A1	A2	A3	A4	A5
宽度×长度（$B×L$）		841×1189	594×841	420×594	297×420	210×297	148×210
留装订边	装订边宽 a	25					
	其他周边宽 c	10			5		
不留装订边	周边宽 e	20		10			

注：应优先采用表 1.2-1 所示图纸幅面尺寸，必要时也允许加长幅面，其幅面尺寸是由基本幅面的短边成整数倍增加得出。

表 1.2-2 图 框 格 式

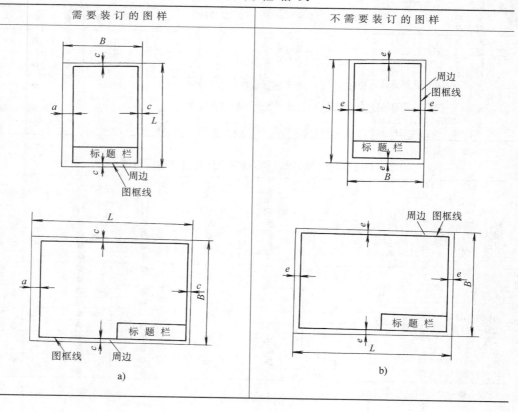

| 需要装订的图样 | 不需要装订的图样 |

a)   b)

3. 图线 机械图样中常用的图线名称、形式、宽度及其应用见表1.2-3。

2.1.2 尺寸注法（GB/T 4458.4—2003 GB/T 16675.2—1996）

1. 尺寸线、尺寸界线、尺寸数字和尺寸终端（表1.2-4）。

表1.2-3 图线及其应用（GB/T 17450—1998、GB/T 4457.4—2002）

名称	形式	宽度	主要用途及线素长度	
粗实线	——————	粗（d）	表示可见轮廓线	
细实线	——————		表示尺寸线、尺寸界线、通用剖面线、引出线、重合断面的轮廓线、过渡线	
波浪线	～～～～	细 $\left(\dfrac{d}{2}\right)$	表示断裂处的边界线、视图与剖视图的分界线	
双折线	—✗—✗—		表示断裂处的边界线	
虚 线	– – – – – –		表示不可见轮廓线，长画长 $12d$、短间隔长 $3d$	
细点划线	—·—·—·—		表示轴线、圆中心线、对称中心线	长画长 $24d$，短间隔长 $3d$，短画长 $6d$
粗点划线	—·—·—·—	粗（d）	限定范围表示线	
双点划线	—··—··—	细 $\left(\dfrac{d}{2}\right)$	表示相邻辅件零件的轮廓线、轨迹线	

注：1. 图线宽度 d 应根据图形的大小和复杂程度，在 $0.5\sim2\text{mm}$ 间选择。细线的宽度约为 $d/2$。

2. 图线宽度的推荐系列为：0.13mm、0.18mm、0.25mm、0.35mm、0.5mm、0.7mm、1mm、1.4mm、2mm。

表1.2-4 尺寸线、尺寸界线和尺寸数字

项目	规 定	图 例
尺寸线	1. 尺寸线用细实线绘制，不能用其他图线代替，也不得与其他图线重合或画在其他线的延长线上 2. 尺寸线与所标注线段平行；尺寸线与轮廓线的间距、相同方向上尺寸线之间的间距应大于5mm	
尺寸界线	1. 尺寸界线用细实线绘制，并应由图形的轮廓线、轴线或对称中心线处引出，也可直接利用它们作尺寸界线 2. 尺寸界线一般应与尺寸线垂直，当尺寸界线贴近轮廓线时，允许与尺寸线倾斜 3. 在光滑过渡处标注尺寸时，必须用细实线将轮廓线延长，从它们的交点处引出尺寸界线	

（续）

项目	规　定	图　例
尺寸数字	1. 尺寸数字一般应标注在尺寸线的上方，也允许标注在尺寸线的中断处（图 a） 2. 线性尺寸数字一般应按图 b 示方向标注，并尽可能避免在图示 30°范围内标注；若无法避免时，可按图 c 的形式标注。在不致于引起误解时，非水平方向上的尺寸，也允许其数字水平标注在尺寸线的中断处（图 d） 3. 尺寸数字不可被任何图线所通过，否则必须将该图线断开（图 e）	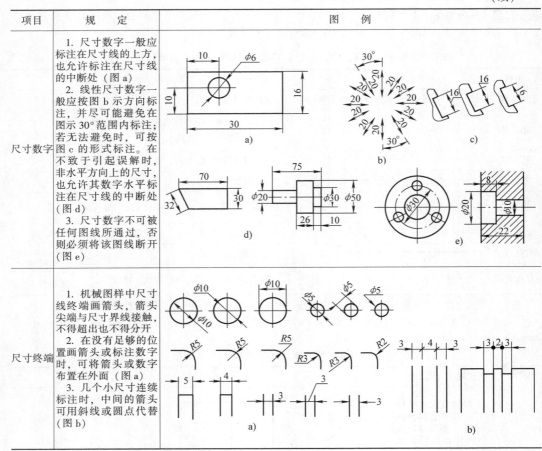
尺寸终端	1. 机械图样中尺寸线终端画箭头，箭头尖端与尺寸界线接触，不得超出也不得分开 2. 在没有足够的位置画箭头或标注数字时，可将箭头或数字布置在外面（图 a） 3. 几个小尺寸连续标注时，中间的箭头可用斜线或圆点代替（图 b）	

2. 不同类型的尺寸标注法（表 1.2-5）

表 1.2-5　不同类型的尺寸标注法

类型	规定说明	图　例
直径与半径	1. 标注半径或直径时，应分别在尺寸数字前加注符号"R"或 φ（图 a） 2. 当圆弧的半径过大或在图纸范围内无法注出其圆心位置时，可按图 b 示形式标注；若不需要标出其圆心位置时，可按图 c 示形式标注，但尺寸线应指向圆心 3. 标注球面半径或直径时，应分别在符号 R 或 φ 前加注符号"S"（图 d）；对于螺钉和铆钉等，在不致引起误解的情况下，可省略符号"S"（图 e）	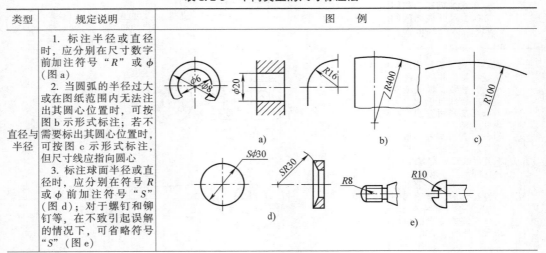

（续）

类型	规定说明	图　例
角度	尺寸界线应沿径向引出，尺寸线画成圆弧，圆心是角的顶点，尺寸数字应一律水平书写（图 a），且一般注在尺寸线的上方，必要时也可按图 b 的形式标注	
弦长与弧长	标注弦长或弧长时，尺寸界线应平行于弦的垂直平分线；标注弧长尺寸时，尺寸线用圆弧，并应在尺寸数字前加注符号"⌒"	
斜度与锥度	标注斜度或锥度时，符号的方向应与斜度或锥度的方向一致；必要时，可在标注锥度的同时，在括号中注出其角度值	
正方形结构	表示断面为正方形结构尺寸时，可在正方形边长尺寸数字前加注符号"□"，如□14，或用 14×14 代替□14	
板厚	标注板状零件的厚度时，可在尺寸数字前加注符号"t"	
对称机件	当对称机件的图形只画出一半或略大于一半时，尺寸线应略超过对称中心线或断裂处的边界线，并仅在尺寸线的一端画出箭头	

3. 尺寸简化注法（表 1.2-6）

表 1.2-6　尺寸简化注法

名称	规 定 说 明	图　　例
倒角	1. 倒角为 45°时应按图 a、b 示标注形式标注 2. 非 45°倒角应按图 c 示形式标注 3. 在不致引起误解时，倒角可省略不画，其尺寸也可简化标注（图 d）	
退刀槽	可按"槽宽×直径"（图 a）或"槽宽×槽深"（图 b）的形式标注	
相同要素的注法	在同一图形中，对于尺寸相同的长圆孔槽等成组要素，可仅在一个要素上注出尺寸和数量	
均布要素的注法	均匀分布的成组要素（如孔等）的尺寸按图 a 所示方法标注。当成组要素的定位和分布情况在图形中已明确时，按图 b 所示方法标注	
重复要素的注法	在同一图形中具有几种尺寸数值相近而又重复的要素（如孔等）时，可采用标记（如涂色等）的方法（图 a）或采用标注字母的方法（图 b）来区别	
同一基准的注法	对于不连续的同一表面，可用细实线连接后，由同一基准出发标注一次尺寸	

（续）

名称	规 定 说 明	图　　　　例
链式尺寸注法	间隔相等的链式尺寸标注	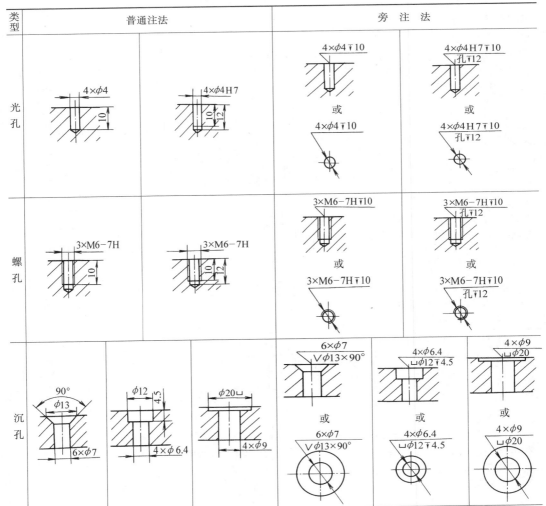

4. 各类孔的标注方法（表 1.2-7）

表 1.2-7　各类孔的标注法

类型	普通注法	旁注法
光孔		
螺孔		
沉孔		

（续）

类型	普通注法	旁注法
锥销孔	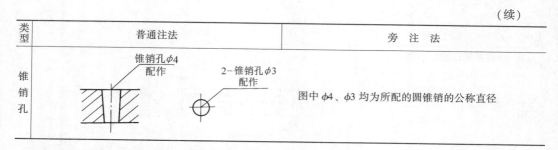 锥销孔$\phi 4$ 配作　　2-锥销孔$\phi 3$ 配作	图中$\phi 4$、$\phi 3$均为所配的圆锥销的公称直径

2.1.3　机械图样中几种特殊结构和通用零部件的表示法

1. 螺纹及螺纹紧固件表示法（GB/T 4459.1—1995、表1.2-8）

表1.2-8　螺纹及螺纹紧固件表示法

名称	规定画法说明	图　例
外螺纹与内螺纹	1. 螺纹牙顶圆的投影用粗实线表示；牙底圆的投影用细实线表示，在螺杆的倒角或倒圆部分也应画出。在垂直于螺纹轴线的投影面的视图中，表示牙底的细实线圆只画约3/4圈，此时螺杆或螺孔上的倒角投影不应画出（图a、b） 2. 有效螺纹的终止界限（简称螺纹终止线）用粗实线表示（图a、b、c） 3. 当需要表示螺尾时，该部分用与轴线成30°的细实线画出（图a） 4. 不可见螺纹的所有图线用虚线绘制（图d） 5. 无论是外螺纹或内螺纹，在剖视或剖面图中的剖面线都应画到粗实线（图b、c） 6. 绘制不穿通的螺孔时，一般应将钻孔深度与螺纹部分的深度分别画出（图c） 7. 当需要表示螺纹牙型时，可按图e、f的形式绘制	a)　　　　　b) c)　　　d) 5:1 e)　　　f)
圆锥螺纹	圆锥外螺纹和圆锥内螺纹的表示法分别如图a、b所示	a)　　　　b)
螺纹连接	以剖视图表示内外螺纹的连接时，其旋合部分应按外螺纹的画法绘制，其余部分仍按各自的画法表示	

（续）

名称	规定画法说明	图　　例
螺纹紧固件	1. 在装配图中，当剖切平面通过螺杆的轴线时，对于螺柱、螺栓、螺钉、螺母及垫圈等均按未剖切绘制（图a）也可采用图b示的简化画法 2. 在装配图中，内六角螺钉可按图c绘制，螺钉头部的一字槽、十字槽可按图d、图e的方法绘制 3. 在装配图中，对于不穿通的螺纹孔，可以不画出钻孔深度仅按螺纹部分的深度（不包括螺尾）画出（图b、c、d）	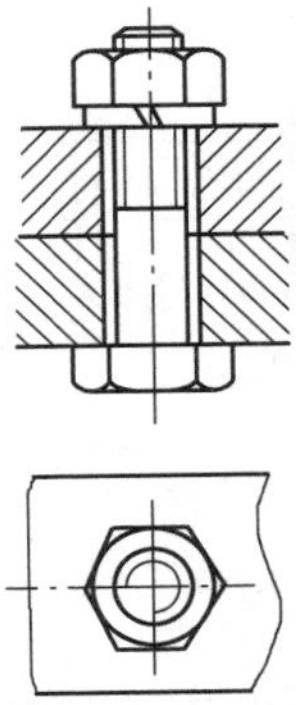 a) 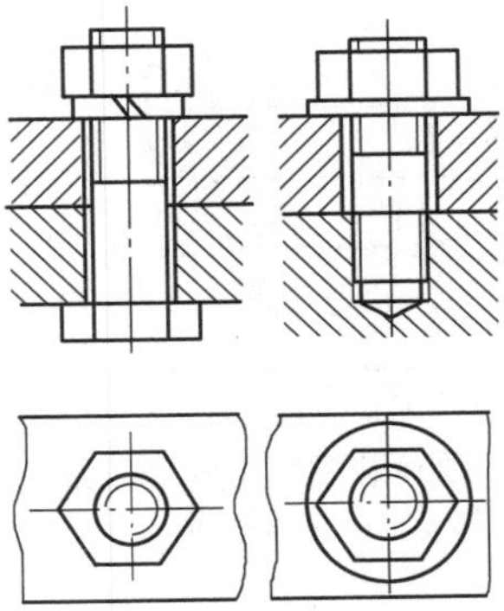　　　　　b) 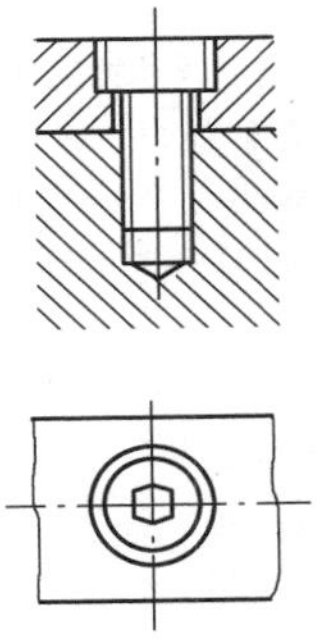 c) 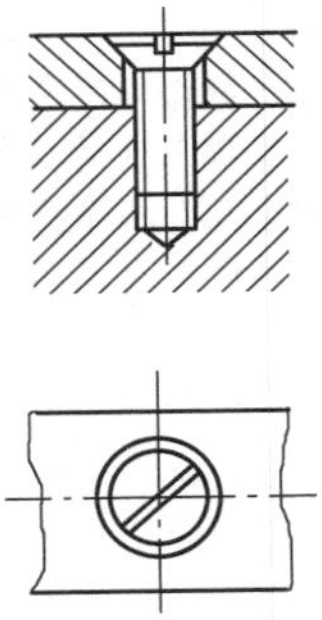　　　　　d) 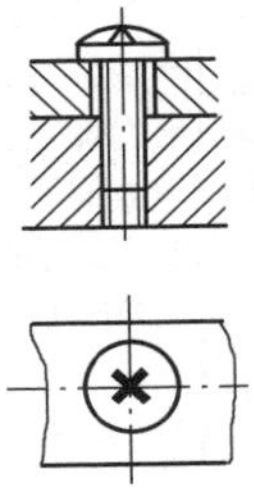　　　　　e)

2. 弹簧表示法（GB/T 4459.4—2003）　　　　　（1）弹簧画法（表1.2-9）

表 1. 2-9　弹 簧 画 法

名称	视　　图	剖　视　图	示　意　图
圆柱螺旋压缩弹簧	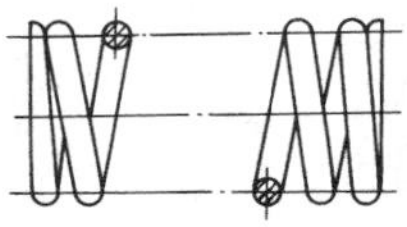	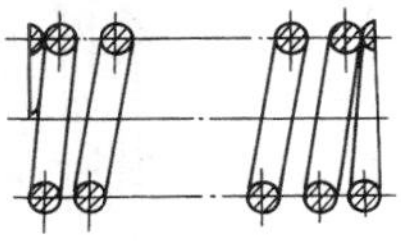	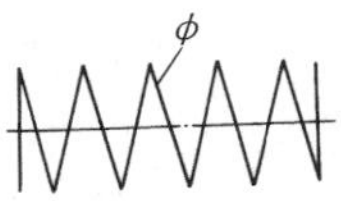
圆柱螺旋拉伸弹簧	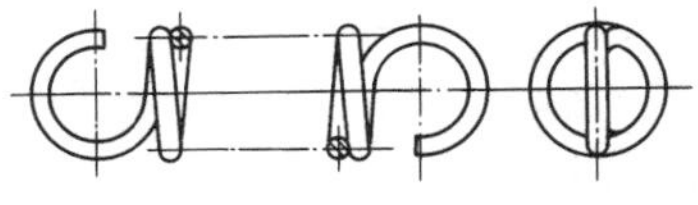	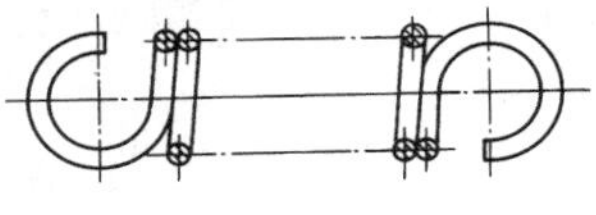	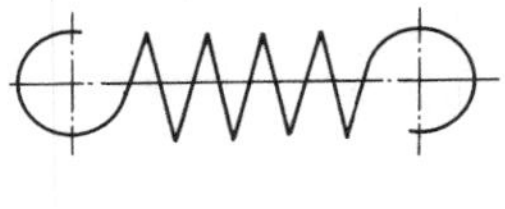

（续）

名称	视 图	剖 视 图	示 意 图
圆柱螺旋扭转弹簧			

注：螺旋弹簧均可画成右旋，但对必须保证的旋向要求应在技术要求中注明。

（2）装配图中弹簧的画法（表1.2-10）

表1.2-10 装配图中弹簧的画法

规定画法	被弹簧挡住的结构一般不画出，可见部分应从弹簧的外轮廓线或从弹簧钢丝剖面的中心线画起（图a） 型材直径或厚度在图形上等于或小于2mm的螺旋弹簧、碟形弹簧、片弹簧允许用示意图绘制（图b）。当弹簧被剖切时，剖面直径或厚度在图样上等于或小于2mm时也可用涂黑表示（图c） 被剖切弹簧的直径在图形上等于或小于2mm，并且弹簧内部还有零件，为了便于表达，可按图d的示意图形式绘制 板弹簧允许仅画出外形轮廓（图e）
图 例	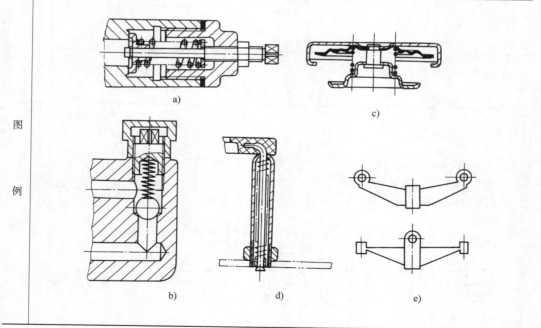 a)　　　c) b)　　　d)　　　e)

3. 花键表示法（GB/T 4459.3—2000，表1.2-11）

表 1.2-11　花键及花键连接的画法

类型		规定画法说明	图　例
矩形花键	外花键	1. 在平行于花键轴线的投影面的视图中，大径用粗实线、小径用细实线绘制，并在用断面图中画出一部分或全部齿形（图 a） 2. 花键工作长度的终止端和尾部长度的末端均用细实线绘制，并与轴线垂直，尾部则画成斜线，其倾斜角度一般与轴线成 30°（图 a），必要时可按实际情况绘制	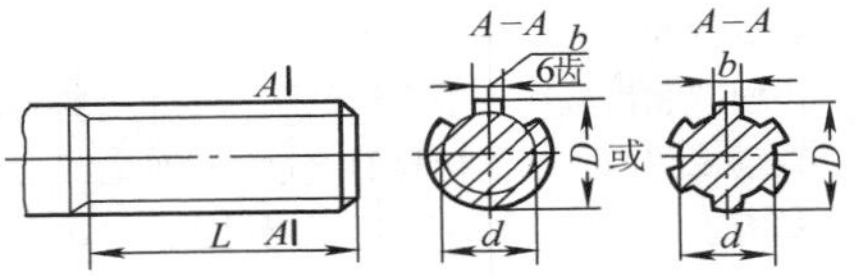 a)
	内花键	在平行于花键轴线的投影面的剖视图中，大径及小径均用粗实线绘制，并用局部视图画出一部分或全部齿形（图 b）	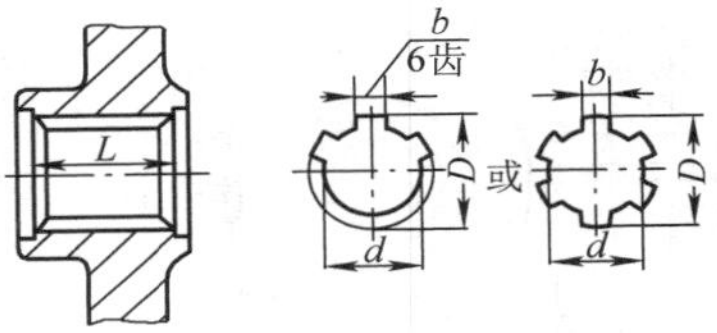 b)
	尺寸注法	1. 大径、小径及键宽采用一般尺寸注法标注时，如图 a 和图 b 所示 2. 花键的长度有三种注法：1）标注工作长度；2）标注工作长度及尾部长度；3）标注工作长度及全长（图 c）	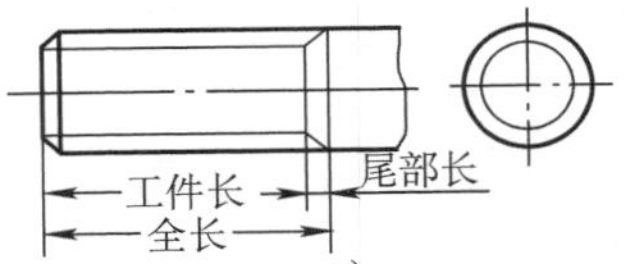 c)
渐开线花键		1. 分度线及分度圆用点划线绘制（图 d），其余部分与矩形花键画法相同 2. 渐开线花键的尺寸标注与矩形花键相同	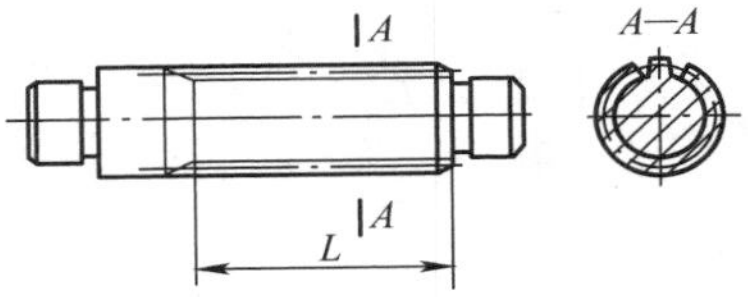 d)
花键连接		1. 在装配图中，当花键连接用剖视图表示时，其连接部分按外花键绘制。图 e 和 f 分别表示了矩形和渐开线花键连接 2. 当需要时，可在花键连接图中，按规定注写相应的花键标记	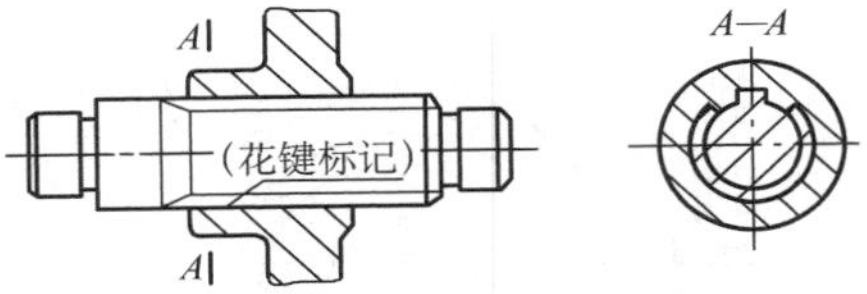 e) 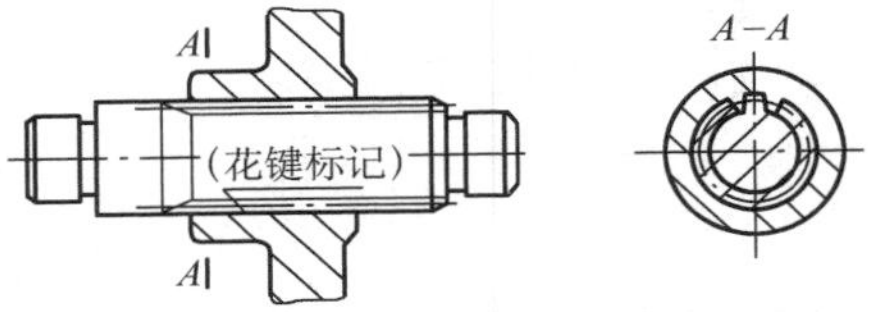 f)

4. 齿轮表示法（GB/T 4459.2—2003）

（1）齿轮、齿条、蜗杆、蜗轮及链轮的基本表示方法（表1.2-12）

表1.2-12 齿轮、齿条、蜗杆、蜗轮及链轮的画法

画法规定说明	1. 齿顶圆和齿顶线用粗实线绘制 2. 分度圆和分度线用细点划线绘制 3. 齿根圆和齿根线用细实线绘制，也可省略不画；在剖视图中，齿根线用粗实线绘制 4. 在剖视图中，当剖切平面通过齿轮的轴线时，轮齿一律按不剖处理（图a、b） 5. 如需表明齿形，可在图形中用粗实线画出一个或两个齿；或用适当比例的局部放大图表示（图d、e、f） 6. 当需要表示齿线的特征时，可用三条与齿线方向一致的细实线表示（图d、e、g），直齿则不需表示

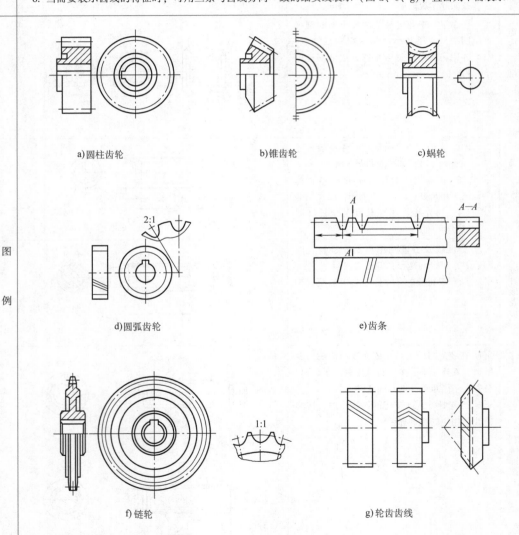

a)圆柱齿轮　　　　　b)锥齿轮　　　　　c)蜗轮

d)圆弧齿轮　　　　　e)齿条

f)链轮　　　　　g)轮齿齿线

（2）齿轮啮合、蜗杆蜗轮啮合表示法（表1.2-13）

表 1.2-13 齿轮啮合、蜗杆蜗轮啮合画法

<table>
<tr>
<td rowspan="1">画法规定说明</td>
<td>

1. 在垂直于圆柱齿轮轴线的投影面的视图中，啮合区内的齿顶圆均用粗实线绘制（图 a、d、e），其省略画法如图 b 所示

2. 在平行于圆柱齿轮、锥齿轮轴线的投影面的视图中，啮合区的齿顶线不需画出，节线用粗实线绘制；其他处的节线用细点划线绘制（图 c、g）

3. 在圆柱齿轮啮合、齿轮齿条啮合和锥齿轮啮合的剖视图中，当剖切平面通过两啮合齿轮的轴线时，在啮合区内，将一个齿轮的轮齿用粗实线绘制，另一个齿轮的轮齿被遮挡的部分用虚线绘制（图 a、d）；也可省略不画（图 e、f）

当剖切平面不通过啮合齿轮的轴线时，齿轮一律按不剖绘制

</td>
</tr>
</table>

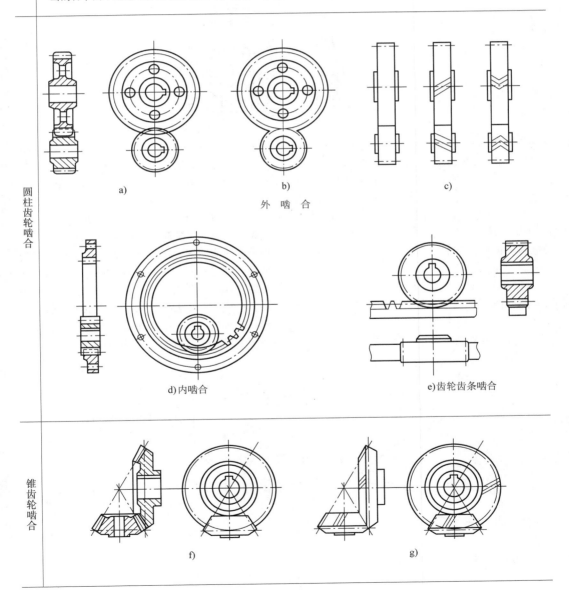

圆柱齿轮啮合

a)   b)

外 啮 合

c)

d) 内啮合

e) 齿轮齿条啮合

锥齿轮啮合

f)

g)

（续）

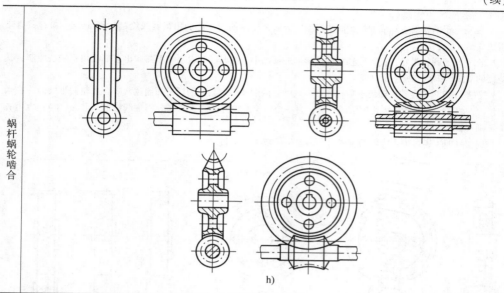

蜗杆蜗轮啮合

h)

2.1.4 第三角投影法（GB/T 14692—1993）

1. 第三角投影法的形成 在绘制机件图样时，世界各国都采用正投影法来表达机件的结构形状，但画法却有所不同，我国、英国和德国等国采用的是第一角投影法（有时又称为第一角画法），而美国和日本等国则采用第三角投影法。

如图 1.2-1 所示，空间两个相互垂直的投影面将空间分成了四个分角Ⅰ、Ⅱ、Ⅲ和Ⅳ。如使机件置于第一分角Ⅰ内进行投射，则称为第一角投影法；而将机件置于第三分角内进行投射，则称为第三角投影法。

采用第三角投影法时，将机件置于第三分角内（见图 1.2-2a），即投影面处于观察者与机件之间，形成"观察者—投影面—机件"的位置关系，然后进行投射，在 V 面上形成由前向后投射所得的前视图，在 H 面上形成由上向下投射所得的顶视图，在 W 面上形成由右向左投射所得的右视图。各投影面展开的方法是：V 面不动，H 面、W 面分别绕它们与 V 面的交线向上、向右转90°，使三个投影面展成同一平面，从而得到了该机件的三视图，如图 1.2-2b 所示。

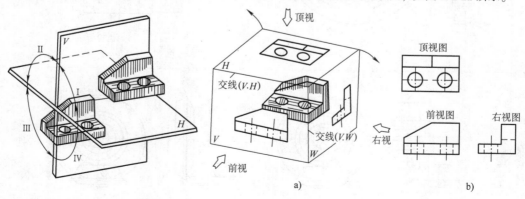

图 1.2-1 第三角投影中的分角

图 1.2-2 第三角投影法视图的形成
a）展开 b）视图

采用第三角投影法所得的三视图也具有与第一角画法相类似的投影特性，即多面正投影的投影规律；前视图和顶视图的长对正；前视图和右视图的高平齐，顶视图和右视图的宽相等。

2. 第三角投影法的视图配置　采用第三角投影法时，也可将机件置于正六面体中，并分别从机件的前、后、左、右、上和下六个方向向六个基本投影面投射，得到六个基本视图，并按图1.2-3a所示方向展开，展开后各视图的名称和配置关系如图1.2-3b所示。

3. 第三角投影法与第一角投影法的比较　第一角投影法，是将机件置于观察者与投影面之间，从投射方向看是：观察者→机件→投影面（投影图）；而第三角投影法，是将投影面（称为透明玻璃）置于观察者与机件之间，从投射的方向看是：观察者→投影面（投影图）→机件。图1.2-4分别是同一机件（图a）采用第一角投影法和第三角投影法所得的三视图（见图b和图c）。

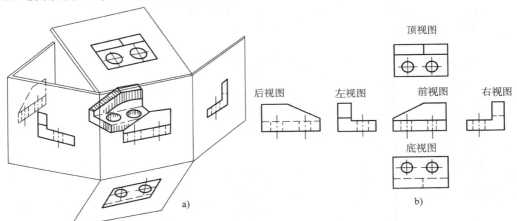

图 1.2-3　第三角投影法六个基本视图的配置
a）第三角投影法展开　b）视图配置

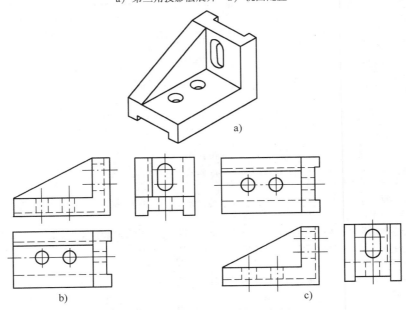

图 1.2-4　第三角投影法与第一角投影法的视图比较
a）机件　b）第一角投影法视图　c）第三角投影法视图

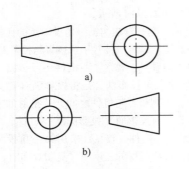

a)

b)

图 1.2-5 两种投影法的标识符号
a) 第一角投影法 b) 第三角投影法

4. 第三角投影法的标识 国际标准（ISO）中规定，可以采用第一角投影法，也可以采用第三角投影法。为了区别两种方法，规定在标题栏中专设的格内用规定的识别符号表示。GB/T 14692—1993 中规定的识别符号如图 1.2-5 所示。

2.2 极限与配合

2.2.1 极限与配合的常用术语和定义（GB/T 1800.1—1997，表 1.2-14）

表 1.2-14 极限与配合的术语和定义

术语名称	术语定义和说明
基准轴	在基准制配合中选作基准的轴，即上偏差为零的轴
基准孔	在基准制配合中选作基准的孔，即下偏差为零的孔
基本尺寸	设计者给定的尺寸称基本尺寸。通过它应用上、下偏差可算出极限尺寸的尺寸
零线	极限与配合的图解中确定偏差的一条基准线即零偏差线称为零线，通常零线表示基本尺寸
极限尺寸	允许尺寸变化的两个界限值，较大的一个称为最大极限尺寸，较小的一个称为最小极限尺寸，它以基本尺寸为基数来确定
尺寸偏差	某一尺寸减其基本尺寸所得的代数差称尺寸偏差，简称偏差
上偏差	最大极限尺寸减其基本尺寸所得的代数差，称为上偏差（孔为 ES，轴为 eS）
下偏差	最小极限尺寸减其基本尺寸所得代数差称为下偏差（孔为 EI，轴为 ei）
极限偏差	上、下偏差统称为极限偏差。偏差可以为正、负或零
基本偏差	用以确定公差带相对于零线位置的那个极限偏差，它可以是上偏差或下偏差。它基本与公差等级无关，只表示公差带的位置
尺寸公差	允许尺寸变动的量称为尺寸公差。它等于最大极限尺寸与最小极限尺寸代数差的绝对值，也等于上偏差与下偏差代数差的绝对值，简称公差
标准公差	用以确定公差带大小的任一公差称标准公差。标准公差数值是根据不同的尺寸分段和公差等级确定
公差等级	确定尺寸精确程度的等级称公差等级。属于同一公差等级的公差，对所有基本尺寸，虽数值不同，却具有同等的精确程度
尺寸精度	零件要素的实际尺寸接近理论尺寸的准确程度称为尺寸精度。它由公差等级决定，精度愈高，公差等级愈小
尺寸公差带	限制尺寸变动量的区域。在公差带图解中，由代表上偏差和下偏差或最大极限尺寸和最小极限尺寸的两条直线所限定的一个区域。它是由公差大小和其相对零线的位置（如基本偏差）确定

（续）

术语名称	术语定义和说明
间隙	孔的尺寸减去相配合的轴的尺寸之差，为正（图 a）
最小间隙	在间隙配合中，孔的最小极限尺寸减去轴的最大极限尺寸之差（图 b）
最大间隙	在间隙配合或过渡配合中，孔的最大极限尺寸减去轴的最小极限尺寸之差（图 b、c）
过盈	孔的尺寸减去相配合的轴的尺寸之差，为负（图 d）
最小过盈	孔的最大极限尺寸减去轴的最小极限尺寸之差（图 c、e）
最大过盈	孔的最小极限尺寸减去轴的最大极限尺寸之差（图 c、e）
配合	基本尺寸相同的、相互结合的孔和轴公差带之间的关系称配合
间隙配合	具有间隙（包括最小间隙等于零）的配合。孔的公差带在轴的公差带之上（图 f）
过盈配合	具有过盈（包括最小过盈等于零）的配合。孔的公差带在轴的公差带之下（图 g）
过渡配合	可能具有间隙或过盈的配合。孔的公差带与轴的公差带相互交叠（图 h）
配合公差	组成配合的孔、轴公差之和，它是允许间隙或过盈的变动量（为一个没有符号的绝对值）

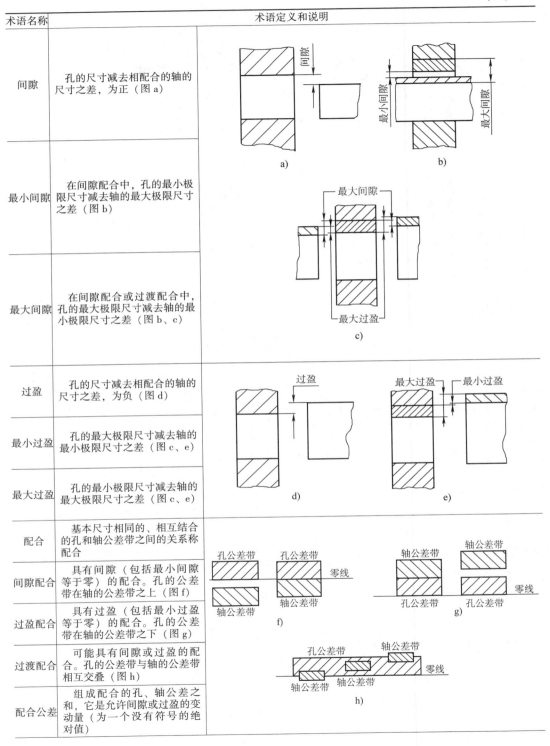

（续）

术语名称	术语定义和说明	
基轴制配合	基本偏差为一定的轴的公差带，与不同基本偏差的孔的公差带形成各种配合的一种制度 在极限与配合制中，基轴制的轴为基准轴，轴的最大极限尺寸与基本尺寸相等，轴的上偏差为零，即基本偏差为 h 的轴（图 i）	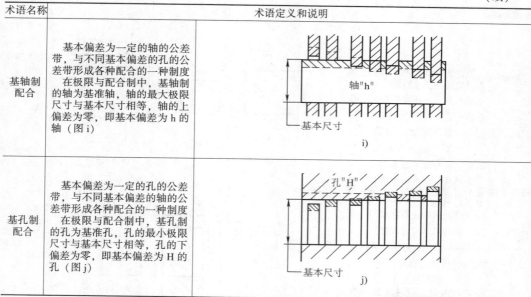
基孔制配合	基本偏差为一定的孔的公差带，与不同基本偏差的轴的公差带形成各种配合的一种制度 在极限与配合制中，基孔制的孔为基准孔，孔的最小极限尺寸与基本尺寸相等，孔的下偏差为零，即基本偏差为 H 的孔（图 j）	

2.2.2 公差、偏差和配合的基本规定（GB/T 1800.2—1998，GB/T 4458.5—2003、表 1.2-15）

表 1.2-15 公差、偏差和配合的基本规定

名称	说明
标准公差等级	标准公差等级共分 20 级，其等级代号用字母 IT（国际公差符号）和数字组成，即 IT01、IT0、IT1、…、IT18；等级依次降低，公差依次增大
基本偏差代号	对孔和轴各规定了 28 种基本偏差，分别用大写和小写字母 A；…，ZC 以及 a，……，zc 表示。其中基本偏差 H 代表基准孔，h 代表基准轴
上偏差代号	对孔用大写字母"ES"表示；对轴用小写字母"es"表示
下偏差代号	对孔用大写字母"EI"表示；对轴用小写字母"ei"表示
基本偏差计算式	轴：$ei = es - IT$，$es = ei + IT$；孔：$ES = EI + IT$，$EI = ES - IT$
尺寸公差带代号	公差带的代号用基本偏差代号与公差等级数字组成，如 H9、F8、P7 为孔的公差带代号；h7、f8、p6 为轴的公差带代号
尺寸偏差注法	注公差的尺寸用基本尺寸后紧接所要求的公差带或（和）对应的偏差值表示，如 $\phi50F8$ 或 $\phi50^{+0.064}_{+0.025}$。也可同时采用标注公差带代号和相应的极限偏差，但后者应加圆括号，如 $\phi65k6\left(\begin{array}{c}+0.021\\+0.002\end{array}\right)$

（续）

名称	说　明
配合的标注	在图样上标注配合时，可用相同的基本尺寸后接孔、轴公差带来表示。孔轴公差带写成分数形式，分子为孔公差带，分母为轴公差带（图a），凡分子中基本偏差为 H 者为基孔制，凡分母中基本偏差为 h 者为基轴制。当标注相配零件的极限偏差值时，孔的基本尺寸和极限偏差注写在尺寸线上方，轴的基本尺寸和极限偏差注写在尺寸线下方（图b）。当需明确指出装配件代号时，可按图c示形式标注。标注与标准件相配合的零件（轴或孔）的配合要求时，可仅标注该零件公差带代号 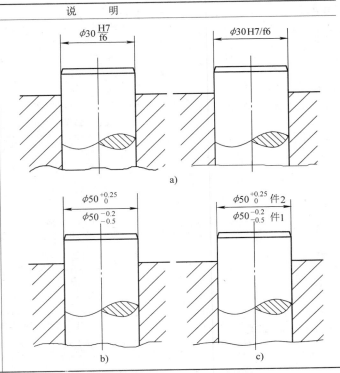

2.2.3　标准公差和基本偏差（GB/T 1800.3—1998）

1. 常用标准公差值（表1.2-16）

2. 基本偏差

（1）基本偏差代号及系列（表1.2-17）

（2）轴的各种基本偏差应用（基孔制配合时，表1.2-18）

表1.2-16　常用标准公差值

基本尺寸 /mm		公　差　等　级												
大于	至	IT1	IT2	IT3	IT4	IT5	IT6	IT7	IT8	IT9	IT10	IT11	IT12	IT13
		/μm											/mm	
—	3	0.8	1.2	2	3	4	6	10	14	25	40	60	0.10	0.14
3	6	1	1.5	2.5	4	5	8	12	18	30	48	75	0.12	0.18
6	10	1	1.5	2.5	4	6	9	15	22	36	58	90	0.15	0.22
10	18	1.2	2	3	5	8	11	18	27	43	70	110	0.18	0.27
18	30	1.5	2.5	4	6	9	13	21	33	52	84	130	0.21	0.33
30	50	1.5	2.5	4	7	11	16	25	39	62	100	160	0.25	0.39
50	80	2	3	5	8	13	19	30	46	74	120	190	0.30	0.46
80	120	2.5	4	6	10	15	22	35	54	87	140	220	0.35	0.54
120	180	3.5	5	8	12	18	25	40	63	100	160	250	0.40	0.63
180	250	4.5	7	10	14	20	29	46	72	115	185	290	0.46	0.72
250	315	6	8	12	16	23	32	52	81	130	210	320	0.52	0.81
315	400	7	9	13	18	25	36	57	89	140	230	360	0.57	0.89
400	500	8	10	15	20	27	40	63	97	155	250	400	0.63	0.97

注：1. 基本尺寸大于500mm 的 IT1 至 IT5 的标准公差值为试行的。

　　2. 基本尺寸小于或等于1mm 时，无 IT14 至 IT18。

表 1. 2-17　基本偏差代号及系列

孔或轴		基 本 偏 差 代 号	注
孔	下偏差 EI	A、B、C、CD、D、E、EF、F、FG、G、H	H 代表下偏差为零的孔,即基准孔
	上偏差或下偏差	JS = ± IT/2	
	上偏差 ES	J、K、M、N、P、R、S、T、U、V、X、Y、Z、ZA、ZB、ZC	
轴	上偏差 es	a、b、c、cd、d、e、ef、f、fg、g、h	h 代表上偏差为零的轴,即基准轴
	上偏差或下偏差	js = ± IT/2	
	下偏差 ei	j、k、m、n、p、r、s、t、u、v、x、y、z、za、zb、zc	

表 1. 2-18　轴的各种基本偏差的应用

配合	基本偏差	配 合 特 性 及 应 用
间隙配合	a、b	可得到特别大的间隙,应用很少
	c	可得到很大的间隙,一般适用于缓慢、松弛的动配合。用于工作条件较差(如农业机械),受力变形,或为了便于装配,而必须保证有较大的间隙时,推荐配合为 H11/c11。其较高等级的配合,如 H8/c7 适用于轴在高温工作的紧密配合,例如内燃机排气阀和导管
	d	配合一般用于 IT7 ~ IT11 级,适用于松的转动配合,如密封盖,滑轮、空转带轮等与轴的配合。也适用于大直径滑动轴承配合,如透平机、球磨机、轧滚成形和重型弯曲机及其他重型机械中的一些滑动支承
	e	多用于 IT7、IT8、IT9 级,通常适用于要求有明显间隙,易于转动的支承配合,如大跨距支承、多支点支承等配合。高等级的 e 轴适用于大的、高速、重载支承,如涡轮发电机、大电动机的支承及内燃机主要轴承,凸轮轴支承、摇臂支承等配合
	f	多用于 IT6、IT7、IT8 级的一般转动配合。当温度差别不大,对配合基本上影响不大时,被广泛用于普通润滑油(或润滑脂)润滑的支承,如齿轮箱、小电动机、泵等的转轴与滑动支承的配合
	g	配合间隙很小,制造成本高,除很轻负荷的精密装置外,不推荐用于转动配合。多用 IT5、IT6、IT7 级,最适合不回转的精密滑动配合,也用于插销等定位配合。如精密连杆轴承、活塞及滑阀、连杆销等
	h	多用 IT4 ~ IT11 级。广泛用于无相对转动的零件,作为一般的定位配合。若没有温度、变形影响,也用于精密滑动配合
过渡配合	js	为完全对称偏差(±IT/2),平均起来为稍有间隙的配合,多用于 IT4 ~ IT7 级,要求间隙比 h 轴配合时小,并允许略有过盈的定位配合。如联轴器齿圈与钢制轮毂,可用手或木锤装配
	k	平均起来没有间隙的配合,适用 IT4 ~ IT7 级。推荐用于稍有过盈的定位配合。例如为了消除振动用的定位配合。一般用木锤装配
	m	平均起来具有不大过盈的过渡配合。适用 IT4 ~ IT7 级。一般可用木锤装配,但在最大过盈时,要求相当的压入力
	n	平均过盈比 m 轴稍大,很少得到间隙,适用 IT4 ~ IT7 级。用锤或压力机装配,通常推荐用于紧密的组件配合。H6/n5 配合时为过盈配合
过盈配合	p	与 H6 或 H7 配合时是过盈配合,与 H8 孔配合时则为过渡配合。对非铁类零件,为较轻的压入配合,当需要时易于拆卸。对钢、铸铁或铜、钢组件装配是标准压入配合。对轻合金等弹性材料,往往要求很小过盈,可采用过渡配合
	r	对铁类零件为中等打入配合;对非铁类零件,为轻打入的配合,当需要时可以拆卸。与 H8 孔配合,直径在 100mm 以上时为过盈配合,直径小时为过渡配合
	s	用于钢和铁制零件的永久性和半永久性装配,过盈量充分,可产生相当大的结合力。当用弹性材料,如轻合金时,配合性质与铁类零件的 p 相当。例如套环压装在轴上、阀座等配合。尺寸较大时,为了避免损伤配合表面,需用热胀或冷缩法装配
	t、u、v x、y、z	过盈量依次增大,一般不推荐

　　(3) 轴、孔 的 基 本 偏 差 数 值 (GB/T 1800.3—1998)

轴的基本偏差数值见表 1.2-19。
孔的基本偏差数值见表 1.2-20。

表 1.2-19　轴的基本偏差数值（GB/T1800.3—1998）　　　（单位：μm）

上偏差（es）

基本偏差		a	b	c	cd	d	e	ef	f	fg	g	h	js	基本偏差	j（下偏差 ei）	
基本尺寸/mm		公　差　等　级														
大于	至	所有标准公差等级												IT5 和 IT6	IT7	IT8
—	3	-270	-140	-60	-34	-20	-14	-10	-6	-4	-2	0		-2	-4	-6
3	6	-270	-140	-70	-46	-30	-20	-14	-10	-6	-4	0		-2	-4	—
6	10	-280	-150	-80	-56	-40	-25	-18	-13	-8	-5	0		-2	-5	—
10	14	-290	-150	-95	—	-50	-32	—	-16	—	-6	0		-3	-6	
14	18	-290	-150	-95	—	-50	-32	—	-16	—	-6	0		-3	-6	
18	24	-300	-160	-110	—	-65	-40	—	-20	—	-7	0		-4	-8	
24	30	-300	-160	-110	—	-65	-40	—	-20	—	-7	0		-4	-8	
30	40	-310	-170	-120	—	-80	-50	—	-25	—	-9	0	偏差 = $\pm\dfrac{IT_n}{2}$	-5	-10	
40	50	-320	-180	-130	—	-80	-50	—	-25	—	-9	0		-5	-10	
50	65	-340	-190	-140	—	-100	-60	—	-30	—	-10	0		-7	-12	
65	80	-360	-200	-150	—	-100	-60	—	-30	—	-10	0		-7	-12	
80	100	-380	-220	-170	—	-120	-72	—	-36	—	-12	0		-9	-15	
100	120	-410	-240	-180	—	-120	-72	—	-36	—	-12	0		-9	-15	
120	140	-460	-260	-200	—	-145	-85	—	-43	—	-14	0		-11	-18	
140	160	-520	-280	-210	—	-145	-85	—	-43	—	-14	0		-11	-18	
160	180	-580	-310	-230	—	-145	-85	—	-43	—	-14	0		-11	-18	
180	200	-660	-340	-240	—	-170	-100	—	-50	—	-15	0		-13	-21	
200	225	-740	-380	-260	—	-170	-100	—	-50	—	-15	0		-13	-21	
225	250	-820	-420	-280	—	-170	-100	—	-50	—	-15	0		-13	-21	

下偏差（ei）

基本偏差		k		m	n	p	r	s	t	u	v	x	y	z	za	zb	zc
基本尺寸/mm		公　差　等　级															
大于	至	IT4 至 IT7	≤IT3 >IT7	所有标准公差等级													
—	3	0	0	+2	+4	+6	+10	+14	—	+18	—	+20	—	+26	+32	+40	+60
3	6	+1	0	+4	+8	+12	+15	+19	—	+23	—	+28	—	+35	+42	+50	+80
6	10	+1	0	+6	+10	+15	+19	+23	—	+28	—	+34	—	+42	+52	+67	+97
10	14	+1	0	+7	+12	+18	+23	+28	—	+33	—	+40	—	+50	+64	+90	+130
14	18	+1	0	+7	+12	+18	+23	+28	—	+33	+39	+45	—	+60	+77	+108	+150
18	24	+2	0	+8	+15	+22	+28	+35	—	+41	+47	+54	+63	+73	+98	+136	+188
24	30	+2	0	+8	+15	+22	+28	+35	+41	+48	+55	+64	+75	+88	+118	+160	+218
30	40	+2	0	+9	+17	+26	+34	+43	+48	+60	+68	+80	+94	+112	+148	+200	+274
40	50	+2	0	+9	+17	+26	+34	+43	+54	+70	+81	+97	+114	+136	+180	+242	+325
50	65	+2	0	+11	+20	+32	+41	+53	+66	+87	+102	+122	+144	+172	+226	+300	+405
65	80	+2	0	+11	+20	+32	+43	+59	+75	+102	+120	+146	+174	+210	+274	+360	+480
80	100	+3	0	+13	+23	+37	+51	+71	+91	+124	+146	+178	+214	+258	+335	+445	+585
100	120	+3	0	+13	+23	+37	+54	+79	+104	+144	+172	+210	+254	+310	+400	+525	+690
120	140	+3	0	+15	+27	+43	+63	+92	+122	+170	+202	+248	+300	+365	+470	+620	+800
140	160	+3	0	+15	+27	+43	+65	+100	+134	+190	+228	+280	+340	+415	+535	+700	+900
160	180	+3	0	+15	+27	+43	+68	+108	+146	+210	+252	+310	+380	+465	+600	+780	+1000
180	200	+4	0	+17	+31	+50	+77	+122	+166	+236	+284	+350	+425	+520	+670	+880	+1150
200	225	+4	0	+17	+31	+50	+80	+130	+180	+258	+310	+385	+470	+575	+740	+960	+1250
225	250	+4	0	+17	+31	+50	+84	+140	+196	+284	+340	+425	+520	+640	+820	+1050	+1350

注：1. js 的值数，对 IT7 至 IT11，若 IT_n 的值数（μm）为奇数，则取 js $= \pm\dfrac{IT_n-1}{2}$，式中 IT_n 是 IT 值数。

　　2. 基本尺寸≤1mm 时，基本偏差 *a* 和 *b* 均不采用。

表 1.2-20 孔的基本偏差数值（GB/T1800.3—1998）

（单位：μm）

基本偏差		下偏差（EI）											上偏差（ES）									
		A	B	C	CD	D	E	EF	F	FG	G	H	Js	J			K		M		N	
基本尺寸/mm		所有标准公差等级												IT6	IT7	IT8	≤IT8	>IT8	≤IT8	>IT8	≤IT8	>IT8
大于	至																					
—	3	+270	+140	+60	+34	+20	+14	+10	+6	+4	+2	0		+2	+4	+6	0	0	-2	-2	-4	-4
3	6	+270	+140	+70	+46	+30	+20	+14	+10	+6	+4	0		+5	+6	+10	-1+Δ	—	-4+Δ	-4	-8+Δ	0
6	10	+280	+150	+80	+56	+40	+25	+18	+13	+8	+5	0		+5	+8	+12	-1+Δ	—	-6+Δ	-6	-10+Δ	0
10	14	+290	+150	+95	—	+50	+32	—	+16	—	+6	0		+6	+10	+15	-1+Δ	—	-7+Δ	-7	-12+Δ	0
14	18	+290	+150	+95	—	+50	+32	—	+16	—	+6	0		+6	+10	+15	-1+Δ	—	-7+Δ	-7	-12+Δ	0
18	24	+300	+160	+110	—	+65	+40	—	+20	—	+7	0		+8	+12	+20	-2+Δ	—	-8+Δ	-8	-15+Δ	0
24	30	+300	+160	+110	—	+65	+40	—	+20	—	+7	0		+8	+12	+20	-2+Δ	—	-8+Δ	-8	-15+Δ	0
30	40	+310	+170	+120	—	+80	+50	—	+25	—	+9	0		+10	+14	+24	-2+Δ	—	-9+Δ	-9	-17+Δ	0
40	50	+320	+180	+130	—	+80	+50	—	+25	—	+9	0		+10	+14	+24	-2+Δ	—	-9+Δ	-9	-17+Δ	0
50	65	+340	+190	+140	—	+100	+60	—	+30	—	+10	0		+13	+18	+28	-2+Δ	—	-11+Δ	-11	-20+Δ	0
65	80	+360	+200	+150	—	+100	+60	—	+30	—	+10	0		+13	+18	+28	-2+Δ	—	-11+Δ	-11	-20+Δ	0
80	100	+380	+220	+170	—	+120	+72	—	+36	—	+12	0		+16	+22	+34	-3+Δ	—	-13+Δ	-13	-23+Δ	0
100	120	+410	+240	+180	—	+120	+72	—	+36	—	+12	0		+16	+22	+34	-3+Δ	—	-13+Δ	-13	-23+Δ	0
120	140	+460	+260	+200	—	+145	+85	—	+43	—	+14	0		+18	+26	+41	-3+Δ	—	-15+Δ	-15	-27+Δ	0
140	160	+520	+280	+210	—	+145	+85	—	+43	—	+14	0		+18	+26	+41	-3+Δ	—	-15+Δ	-15	-27+Δ	0
160	180	+580	+310	+230	—	+145	+85	—	+43	—	+14	0		+18	+26	+41	-3+Δ	—	-15+Δ	-15	-27+Δ	0
180	200	+660	+340	+240	—	+170	+100	—	+50	—	+15	0		+22	+30	+47	-4+Δ	—	-17+Δ	-17	-31+Δ	0
200	225	+740	+380	+260	—	+170	+100	—	+50	—	+15	0		+22	+30	+47	-4+Δ	—	-17+Δ	-17	-31+Δ	0
225	250	+820	+420	+280	—	+170	+100	—	+50	—	+15	0		+22	+30	+47	-4+Δ	—	-17+Δ	-17	-31+Δ	0
250	280	+920	+480	+300	—	+190	+110	—	+56	—	+17	0		+25	+36	+55	-4+Δ	—	-20+Δ	-20	-34+Δ	0
280	315	+1050	+540	+330	—	+190	+110	—	+56	—	+17	0		+25	+36	+55	-4+Δ	—	-20+Δ	-20	-34+Δ	0

Js 列：偏差 $= \pm \dfrac{\mathrm{IT}_n}{2}$

（续）

基本偏差：P 至 ZC（≤7 级：在 IT7 级的相应数值上增加一个 Δ 值；所有大于 IT7 的标准公差等级）

上偏差 (ES)　公差等级（μm）

基本尺寸/mm 大于	至	P	R	S	T	U	V	X	Y	Z	ZA	ZB	ZC	Δ IT3	IT4	IT5	IT6	IT7	IT8
—	3	-6	-10	-14	—	-18	—	-20	—	-26	-32	-40	-60	0	0	0	0	0	0
3	6	-12	-15	-19	—	-23	—	-28	—	-35	-42	-50	-80	1	1.5	1	3	4	6
6	10	-15	-19	-23	—	-28	—	-34	—	-42	-52	-67	-97	1	1.5	2	3	6	7
10	14	-18	-23	-28	—	-33	—	-40	—	-50	-64	-90	-130	1	2	3	3	7	9
14	18	-18	-23	-28	—	-33	-39	-45	—	-60	-77	-108	-150	1	2	3	3	7	9
18	24	-22	-28	-35	—	-41	-47	-54	-63	-73	-98	-136	-188	1.5	2	3	4	8	12
24	30	-22	-28	-35	-41	-48	-55	-64	-75	-88	-118	-160	-218	1.5	2	3	4	8	12
30	40	-26	-34	-43	-48	-60	-68	-80	-94	-112	-148	-200	-274	1.5	3	4	5	9	14
40	50	-26	-34	-43	-54	-70	-81	-97	-114	-136	-180	-242	-325	1.5	3	4	5	9	14
50	65	-32	-41	-53	-66	-87	-102	-122	-144	-172	-226	-300	-405	2	3	5	6	11	16
65	80	-32	-43	-59	-75	-102	-120	-146	-174	-210	-274	-360	-480	2	3	5	6	11	16
80	100	-37	-51	-71	-91	-124	-146	-178	-214	-258	-335	-445	-585	2	4	5	7	13	19
100	120	-37	-54	-79	-104	-144	-172	-210	-254	-310	-400	-525	-690	2	4	5	7	13	19
120	140	-43	-63	-92	-122	-170	-202	-248	-300	-365	-470	-620	-800	3	4	6	7	15	23
140	160	-43	-65	-100	-134	-190	-228	-280	-340	-415	-535	-700	-900	3	4	6	7	15	23
160	180	-43	-68	-108	-146	-210	-252	-310	-380	-465	-600	-780	-1000	3	4	6	7	15	23
180	200	-50	-77	-122	-166	-236	-284	-350	-425	-520	-670	-880	-1150	3	4	6	9	17	26
200	225	-50	-80	-130	-180	-258	-310	-385	-470	-575	-740	-960	-1250	3	4	6	9	17	26
225	250	-50	-84	-140	-196	-284	-340	-425	-520	-640	-820	-1050	-1350	3	4	6	9	17	26
250	280	-56	-94	-158	-218	-315	-385	-475	-580	-710	-920	-1200	-1550	4	4	7	9	20	29
280	315	-56	-98	-170	-240	-350	-425	-525	-650	-790	-1000	-1300	-1700	4	4	7	9	20	29

注：1. Js 的数值：对 IT7 至 IT11，若 IT_n 的值数（μm）为奇数，则取 $Js = \pm \dfrac{IT_n - 1}{2}$，式中 IT_n 为 IT 值数。

2. 特殊情况，当基本尺寸大于 250 至 315mm 时，M6 的 ES 等于 -9μm（代替 -11μm）。

3. 对小于或等于 IT8 的 K、M、N 和小于或等于 IT7 的 P 至 ZC，所需 Δ 值从表内右侧栏选取。例如：大于 6 至 10mm 的 P6，Δ=3μm，所以 ES=（-15+3）μm=-12μm。

2.2.4 公差与配合的选择

1. 基准制的选择（表1.2-21）

表1.2-21 基准制的选择

基准制	选择原则	图 例
基孔制	1. 在常用尺寸（小于500mm）范围以内，一般应优先选用基孔制，这样可减少刀具量具数量，降低生产成本，提高加工的经济性 2. 与标准件相配合时，如与滚动轴承内孔相配合的轴，应选用基孔制（图a）	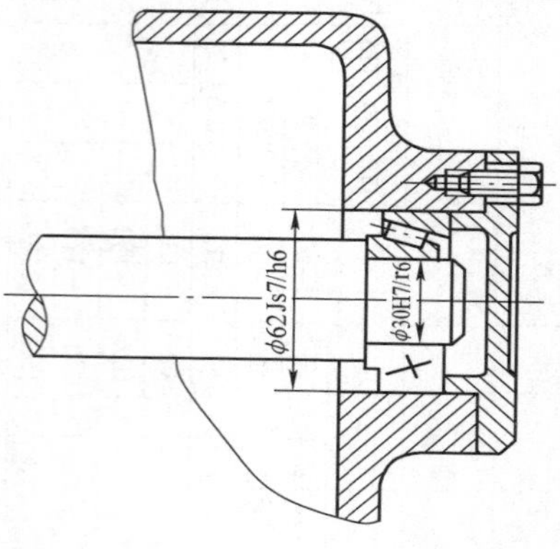 $\phi62.1s7/h6$　$\phi30\mathrm{I}7/r6$ a)
基轴制	1. 当所用配合的公差等级要求不高（一般为IT8或更低或直接采用冷拉棒料制造光轴，其配合表面不经切削加工即能满足产品性能要求时，与其相配的孔宜采用基轴制） 2. 基本尺寸相同的同一轴上与几个具有不同配合性质的孔相配合时，采用基轴制（图b） 3. 与标准件相配合时，如与滚动轴承外圈相配合的孔（图a）、轴键和键槽的配合等均采用基轴制	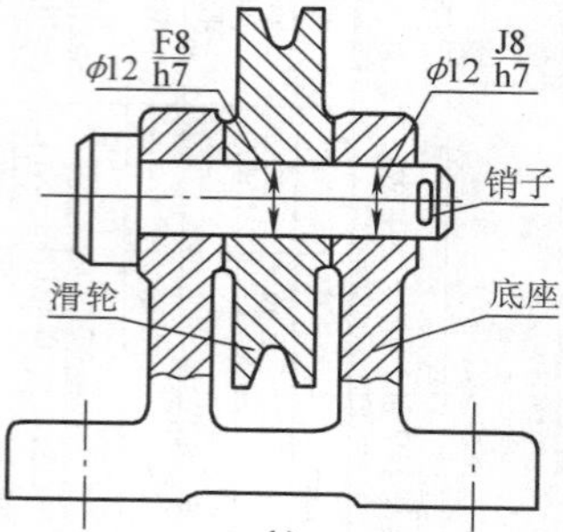 $\phi12\frac{F8}{h7}$　$\phi12\frac{J8}{h7}$　销子　滑轮　底座 b)
混合基准制	在某些情况下，为了满足配合的特殊需要，允许采用混合配合。此种配合只用于同一孔（或轴）与几个轴（或孔）组成不同性能要求的配合，而孔（或轴）又需按基轴制（或基孔制）的某种配合制造的情况而定。图c和d分别表示一孔与几轴以及一轴与几孔的混合配合	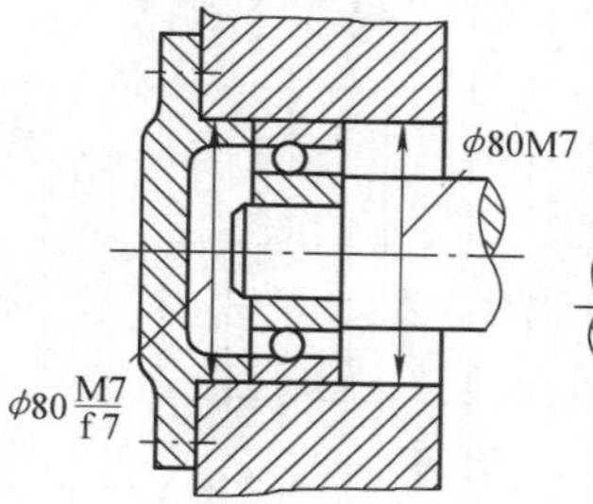 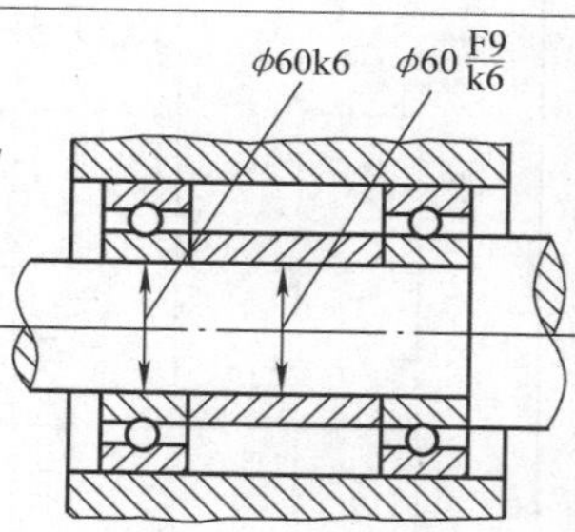 $\phi80M7$　$\phi80\frac{M7}{f7}$　c)　　$\phi60k6$　$\phi60\frac{F9}{k6}$　d)

2. 公差等级的选择

（1）公差等级的应用范围（表1.2-22）

表1.2-22 公差等级的应用范围

应 用	公 差 等 级 (IT)																		
	01	0	1	2	3	4	5	6	7	8	9	10	11	12	13	14	15	16	17	18
块 规																				
量 规																				
配合尺寸																				
特别精密零件的配合																				
非配合尺寸（大制造公差）																				
原材料公差																				

（2）各种加工方法所能达到的公差等级（表1.2-23）

表1.2-23 各种加工方法所能达到的公差等级

加工方法	公 差 等 级 （IT）																		
	01	0	1	2	3	4	5	6	7	8	9	10	11	12	13	14	15	16	17	18
研磨	■	■	■	■	■	■	■													
珩						■	■	■	■											
圆磨							■	■	■	■										
平磨							■	■	■	■										
金刚石车							■	■	■											
金刚石镗							■	■	■											
拉削							■	■	■	■										
铰孔								■	■	■	■	■								
车									■	■	■	■	■							
镗									■	■	■	■	■							
铣										■	■	■	■							
刨,插										■	■	■	■							
钻孔												■	■	■						
滚压,挤压								■	■	■	■									
冲压												■	■	■	■	■				
压铸													■	■	■	■				
粉末冶金成形								■	■	■										
粉末冶金烧结									■	■	■									
砂型铸造,气割																	■	■	■	■
锻造																	■	■		

（3）标准公差等级的选择 选择公差等级的原则是在满足零件使用要求的前提下，尽可能选用较低的公差等级。公差等级的大致应用范围见表1.2-22，常用公差等级的选择可参照表1.2-24的使用说明和示例，通过对比分析来选择公差等级。

表1.2-24 常用标准公差等级的选择

公差等级	使用条件说明	应用实例
IT5	用于配合公差要求很小、形状公差要求很高的条件下，这类公差等级能使配合性质较稳定，但对加工要求较高，一般机械中较少应用	与D级、E级滚动轴承相配的主轴和箱体孔；精密机械及高速机械的轴径，分度头主轴，精密丝杆基准轴颈，发动机主轴外径，5级精度齿轮的基准孔和基准轴颈
IT6	广泛用于机械制造中的重要配合，配合表面有较高均匀性的要求，能保证相当高的配合性质，使用稳定可靠	与E级滚动轴承相配的外壳孔及机床主轴轴颈，机床丝杆支承轴颈；装配式齿轮、蜗轮、联轴器、带轮、凸轮的孔径；精密仪器的精密轴；6级精度齿轮的基准孔，7级、8级精度齿轮的基准轴径，以及1、2级精度齿轮顶圆直径
IT7	在一般机械制造业中广泛应用，应用条件与IT6相类似，但精度要求稍低	机械制造中装配式青铜蜗轮轮缘孔径，联轴器、带轮、凸轮等的孔径，车床丝杆轴承孔，仪表中的重要孔；7、8级精度齿轮的基准孔，9、10级精度齿轮的基准轴
IT8	在机械制造业中属于中等精度，在仪器、仪表及钟表制造中，由于基本尺寸较小，所以属于较高精度范畴。在农机、纺织、印染机械、自行车、缝纫机、医疗器械中应用最广	轴承座衬套沿宽度方向的尺寸配合，无线电仪表工业中的一般配合，电子仪器仪表中较重要的内孔，发动机活塞油环槽宽，连杆轴瓦内径，低精度（9~12级精度）齿轮的基准孔和11~12级精度齿轮基准轴，6~8级精度齿轮齿顶孔径
IT9	应用条件与IT8类似，但精度要求低于IT8	机床中轴套外径与孔，操作系统的轴与轴套等的配合，操纵件与轴，空转带轮与轴，仪器仪表中的一般配合，单键连接中键宽配合尺寸；打字机中运动件配合尺寸
IT10	应用条件与IT9类似，但精度要求低于IT9	电子仪器仪表中支架上的配合，打字机中铆合件的配合尺寸，闹钟机构中的轴套与孔，手表中基本尺寸小于18mm时要求一般的未注尺寸公差及大于18mm时要求较高的未注尺寸公差
IT11	广泛用于间隙较大，且有显著变动而不会引起危险的场合，亦可用于配合精度较低、装配后允许有较大间隙的场合	机床上法兰盘止口与孔，滑块与滑移齿轮、凹槽等，农机、机车车箱部件及冲压加工的配合零件，钟表制造中不重要的零件，纺机中较粗糙的活动配合，不作测量用的齿轮顶圆直径公差
IT12	配合精度要求很低，装配后有很大间隙，适用于基本上无配合要求的部位，要求较高的未注公差的尺寸极限偏差	非配合尺寸及工序间尺寸，手表制造中工艺装备的未注公差的尺寸，计算机行业切削加工中未注公差尺寸的极限偏差，机床制造中，扳手及扳手座的连接
IT13	应用条件与IT12相类似	非配合尺寸及工序间尺寸，计算机、打字机中切削加工零件及圆片孔，两孔中心距的未注公差尺寸

3. 配合的选择　选择配合时应根据使用要求确定配合类别、配合公差和配合代号。

(1) 配合类别　若工作时配合件有相对运动，则选择间隙配合，其间隙可根据相对运动的速度大小来选择。速度大时，配合的间隙需大些，反之可小些。若要求保持零件间不产生相对运动，则应选用过盈配合。若配合件有定位要求，则基本上选用过渡配合。当结合零件间有键、销或螺钉等外加紧固件紧固时，根据情况可以采用间隙配合、过渡配合或过盈配合。

(2) 配合公差　它是允许间隙或过盈的变动量。对于有相对运动要求的配合件，要考虑相对运动的方向、速度、结构和工作条件等因素；对于不能有相对运动，且完全要依靠过盈传递力或转矩的配合件，要考虑其传递力或转矩的大小、材料、结构和工作条件等因素；对于有定位要求的配合件，要考虑定位精度、结构、装拆要求等因素来确定适宜的间隙或过盈的变动量。此外，配合件受载的大小以及有无冲击和振动，也是选择配合应考虑的因素。单位压力大，间隙要小；在静连接中，传动力大或有冲击振动时，过盈也要大。

(3) 配合代号　当配合类别和配合公差确定后，按标准选用适当的配合代号。选用配合代号时，要同时确定选用基准制、标准公差等级以及非基准件的基本偏差代号。选择配合时，若采用基孔制，则选择配合时首先要确定轴的基本偏差代号；采用基轴制时要确定孔的基本偏差代号。同时，按配合公差要求确定轴、孔公差等级。对于间隙和过盈配合，可分别按要求的最小间隙和最小过盈来选择基本偏差代号。

(4) 对基本尺寸至500mm的常用尺寸段，应尽可能选用优先配合　当优先配合不能满足要求时，可选用基孔制常用配合或基轴制常用配合。如果优先、常用配合尚不能满足要求时，则再选用标准推荐的一般用途的孔、轴公差带，组成所需的配合。

国家标准规定了基孔制优先配合和常用配合（表1.2-25）以及基轴制优先配合和常用配合（表1.2-26）。优先配合和常用配合的特性及使用条件见表1.2-27。

表1.2-25　基孔制优先、常用配合（GB/T1801—1999）

基准孔	轴																				
	a	b	c	d	e	f	g	h	js	k	m	n	p	r	s	t	u	v	x	y	z
	间隙配合								过渡配合				过　盈　配　合								
H6						$\frac{H6}{f5}$	$\frac{H6}{g5}$	$\frac{H6}{h5}$	$\frac{H6}{js5}$	$\frac{H6}{k5}$	$\frac{H6}{m5}$	$\frac{H6}{n5}$	$\frac{H6}{p5}$	$\frac{H6}{r5}$	$\frac{H6}{s5}$	$\frac{H6}{t5}$					
H7						$\frac{H7}{f6}$	$\frac{H7}{g6}$	$\frac{H7}{h6}$	$\frac{H7}{js6}$	$\frac{H7}{k6}$	$\frac{H7}{m6}$	$\frac{H7}{n6}$	$\frac{H7}{p6}$	$\frac{H7}{r6}$	$\frac{H7}{s6}$	$\frac{H7}{t6}$	$\frac{H7}{u6}$	$\frac{H7}{v6}$	$\frac{H7}{x6}$	$\frac{H7}{y6}$	$\frac{H7}{z6}$
H8					$\frac{H8}{e7}$	$\frac{H8}{f7}$	$\frac{H8}{g7}$	$\frac{H8}{h7}$	$\frac{H8}{js7}$	$\frac{H8}{k7}$	$\frac{H8}{m7}$	$\frac{H8}{n7}$	$\frac{H8}{p7}$	$\frac{H8}{r7}$	$\frac{H8}{s7}$	$\frac{H8}{t7}$	$\frac{H8}{u7}$				
				$\frac{H8}{d8}$	$\frac{H8}{e8}$	$\frac{H8}{f8}$		$\frac{H8}{h8}$													
H9			$\frac{H9}{c9}$	$\frac{H9}{d9}$	$\frac{H9}{e9}$	$\frac{H9}{f9}$		$\frac{H9}{h9}$													
H10			$\frac{H10}{c10}$	$\frac{H10}{d10}$				$\frac{H10}{h10}$													
H11	$\frac{H11}{a11}$	$\frac{H11}{b11}$	$\frac{H11}{c11}$	$\frac{H11}{d11}$				$\frac{H11}{h11}$													
H12		$\frac{H12}{b12}$						$\frac{H12}{h12}$													

注: 1. $\frac{H6}{n5}$、$\frac{H7}{p6}$ 在基本尺寸小于或等于3mm和 $\frac{H8}{r7}$ 在小于或等于100mm时，为过渡配合。

2. 标注 ▼ 的配合为优先配合。

表 1.2-26　基轴制优先、常用配合（GB/T1801—1999）

基准轴	孔																				
	A	B	C	D	E	F	G	H	JS	K	M	N	P	R	S	T	U	V	X	Y	Z
	间 隙 配 合								过 渡 配 合			过 盈 配 合									
h5						$\frac{F6}{h5}$	$\frac{G6}{h5}$	$\frac{H6}{h5}$	$\frac{JS6}{h5}$	$\frac{K6}{h5}$	$\frac{M6}{h5}$	$\frac{N6}{h5}$	$\frac{P6}{h5}$	$\frac{R6}{h5}$	$\frac{S6}{h5}$	$\frac{T6}{h5}$					
h6						$\frac{F7}{h6}$	$\frac{G7}{h6}$	$\frac{H7}{h6}$	$\frac{JS7}{h6}$	$\frac{K7}{h6}$	$\frac{M7}{h6}$	$\frac{N7}{h6}$	$\frac{P7}{h6}$	$\frac{R7}{h6}$	$\frac{S7}{h6}$	$\frac{T7}{h6}$	$\frac{U7}{h6}$				
h7					$\frac{E8}{h7}$	$\frac{F8}{h7}$		$\frac{H8}{h7}$	$\frac{JS8}{h7}$	$\frac{K8}{h7}$	$\frac{M8}{h7}$	$\frac{N8}{h7}$									
h8				$\frac{D8}{h8}$	$\frac{E8}{h8}$	$\frac{F8}{h8}$		$\frac{H8}{h8}$													
h9				$\frac{D9}{h9}$	$\frac{E9}{h9}$	$\frac{F9}{h9}$		$\frac{H9}{h9}$													
h10				$\frac{D10}{h10}$				$\frac{H10}{h10}$													
h11	$\frac{A11}{h11}$	$\frac{B11}{h11}$	$\frac{C11}{h11}$	$\frac{D11}{h11}$				$\frac{H11}{h11}$													
h12		$\frac{B12}{h12}$						$\frac{H12}{h12}$													

注：标注■的配合为优先配合。

表 1.2-27　优先、常用配合特性及使用条件

配合制		装配方法	配合特性及使用条件
基孔制	基轴制		
$\frac{H6}{z6}$，$\frac{H7}{y6}$，$\frac{H7}{x6}$		温差法	特重型压入配合。用于承受很大的转矩或变载、冲击、振动负荷处，配合处不加紧固件，材料的许用应力要求很大
$\frac{H6}{v6}$，$\frac{H7}{u6}$，$\frac{H8}{u7}$	$\frac{U7}{h6}$	压力机或温差法	重型压入配合。用于传递较大转矩，配合处不加紧固件即可得到十分牢固的连接，材料的许用应力要求较大
$\frac{H6}{t5}$，$\frac{H7}{t6}$，$\frac{H8}{t7}$　$\frac{H6}{s5}$，$\frac{H7}{s6}$，$\frac{H8}{s7}$	$\frac{T6}{h5}$，$\frac{T7}{h6}$　$\frac{S6}{h5}$，$\frac{S7}{h6}$	压力机或温差法	中型压入配合。不加紧固件可传递较小的转矩，当材料强度不够时，可用来代替重型压入配合，但需加紧固件
$\frac{H7}{r6}$，$\frac{H6}{p5}$，$\frac{H7}{p6}$	$\frac{R7}{h6}$，$\frac{P6}{h5}$，$\frac{P7}{h6}$	压力机或温差法	轻型压入配合。用于不拆卸的轻型过盈连接，不依靠配合过盈量传递摩擦载荷，传递转矩时要增加紧固件以及用于以高的定位精度达到部件的刚性及对中性要求
$\frac{H8}{p7}$，$\frac{H6}{n5}$　$\frac{H7}{n6}$，$\frac{H8}{n7}$	$\frac{N6}{h5}$，$\frac{N7}{h6}$　$\frac{N8}{h7}$	压力机压入	用于承受很大转矩、振动及冲击（但需附加紧固件）且不经常拆卸处。同心度及配合紧密性较好
$\frac{H6}{m5}$，$\frac{H7}{m6}$，$\frac{H8}{m7}$	$\frac{M6}{h5}$，$\frac{M7}{h6}$，$\frac{M8}{h7}$	铜锤打入	用于配合紧密不经常拆卸的地方。当配合长度大于1.5倍直径时，用来代替H7/n6，同心度好

（续）

配合制		装配方法	配合特性及使用条件
基孔制	基轴制		
$\dfrac{H6}{k5}$, $\dfrac{H7}{k6}$, $\dfrac{H8}{k7}$	$\dfrac{K6}{h5}$, $\dfrac{K7}{h6}$, $\dfrac{K8}{h7}$	锤子打入	用于受不大的冲击载荷处，同心度较好，用于常拆卸的部位，为广泛采用的一种过渡配合
$\dfrac{H6}{js5}$, $\dfrac{H7}{js6}$, $\dfrac{H8}{js7}$	$\dfrac{JS5}{h5}$, $\dfrac{JS7}{h6}$, $\dfrac{JS8}{h7}$	手或木锤装卸	用于频繁拆卸且同心度要求不高的地方，是最松的一种过渡配合，大部分都将得到间隙
$\dfrac{H6}{h5}$, $\dfrac{H7}{h6}$, $\dfrac{H8}{h7}$	$\dfrac{H6}{h5}$, $\dfrac{H7}{h6}$, $\dfrac{H8}{h7}$	加油后用手旋进	配合间隙较小，能较好的对准中心。一般多用于常拆卸或在调整时需移动或转动的连接处，或用于工作时滑移较慢并要求较好导向精度的地方，和对同心度有一定要求且通过紧固件传递转矩的固定连接处
$\dfrac{H8}{h8}$, $\dfrac{H9}{h9}$ $\dfrac{H10}{h10}$, $\dfrac{H11}{h11}$	$\dfrac{H8}{h8}$, $\dfrac{H9}{h9}$ $\dfrac{H10}{h10}$, $\dfrac{H11}{h11}$	加油后用手旋进	间隙定位配合，适用于同心度要求较低、工作时一般无相对运动的配合及负载不大、无振动、拆卸方便、加键可传递转矩的情况
$\dfrac{H6}{g5}$, $\dfrac{H7}{g6}$, $\dfrac{H8}{g7}$	$\dfrac{G6}{h5}$, $\dfrac{G7}{h6}$	手旋进	具有很小间隙，适用于有一定相对运动、运动速度不高且精密定位的配合，以及运动中可能有冲击但又能保证零件同心度或紧密性的配合
$\dfrac{H6}{f5}$, $\dfrac{H7}{f6}$, $\dfrac{H8}{f7}$	$\dfrac{F6}{h5}$, $\dfrac{F7}{h6}$, $\dfrac{F8}{h7}$	手推滑进	具有中等间隙，广泛用于普通机械中转速不大用普通润滑油或润滑脂润滑的滑动轴承，以及要求在轴上自由转动或移动的配合场合
$\dfrac{H8}{f8}$, $\dfrac{H9}{f9}$	$\dfrac{F8}{h8}$, $\dfrac{F9}{h9}$	手推滑进	配合间隙较大，能保证良好润滑，允许在工作中发热，故可用于高转速或大跨度或多支点的轴和轴承以及精度低、同心度要求不高的在轴上转动零件与轴的配合
$\dfrac{H8}{e7}$, $\dfrac{H8}{e8}$	$\dfrac{E8}{h7}$, $\dfrac{E8}{h8}$	手轻推进	配合间隙较大，适用于高转速、载荷不大、方向不变的轴与轴承的配合，或虽是中等转速但轴跨度长或三个以上支点的轴与轴承的配合
$\dfrac{H9}{e9}$	$\dfrac{E9}{h9}$	手轻推进	用于精度不高且有较松间隙的转动配合
$\dfrac{H8}{d8}$, $\dfrac{H9}{d9}$	$\dfrac{D8}{h8}$, $\dfrac{D9}{h9}$	手轻推进	配合间隙较大，用于精度不高、高速及负荷不大的配合或高温条件下的转动配合，以及由于装配精度不高而引起偏斜的连接
$\dfrac{H11}{c11}$	$\dfrac{C11}{h11}$	手轻推进	间隙非常大，用于转动很慢很松的配合；用于大公差与大间隙的外露组件；要求装配方便的很松的配合

2.3　形状和位置公差

　　零件要素是指零件上的特征部分即点、线或面，这些要素可以是实际存在的，也可以是由实际要素取得的轴线或中心平面。零件单一实际要素的形状所允许的变动全量称为形状公差。关联实际要素（指对其他要素有方向或位置功能关系的实际要素）的位置对基准所允许的变动全量称为位置公差。形状和位置公差简称为形位公差。

2.3.1 形位公差的符号（GB/T 1182—1996）

1. 形位公差特征项目的符号（表1.2-28）

表 1.2-28 形位公差特征项的符号

公差		特征项目	符号	有或无基准要求
形状公差	形状	直线度	—	无
		平面度	▱	无
		圆度	○	无
		圆柱度	⌭	无
	轮廓	线轮廓度	⌒	有或无
		面轮廓度	⌓	有或无
位置公差	定向	平行度	∥	有
		垂直度	⊥	有
		倾斜度	∠	有
	定位	位置度	⊕	有或无
		同轴（同心）度	◎	有
		对称度	⊜	有
	跳动	圆跳动	↗	有
		全跳动	⌰	有

2. 被测要素、基准要素的符号以及公差框格的内容说明（表1.2-29）

表 1.2-29 被测和基准要素符号及说明

被测要素、基准要素符号及说明		
说 明		符 号
被测要素的标注	直 接	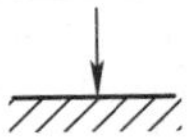
	用字母	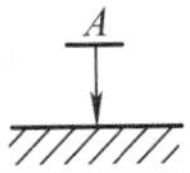 A
基准要素的标注		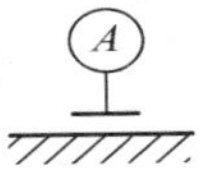 Ⓐ
基准目标的标注（圆圈内上半部填写给定的局部表面尺寸；下半部填写基准字母和基准目标①序号）		 φ2/A1
理论正确尺寸		50

公差框格内容及说明	
注法及要求	图 例
1. 公差框格用细实线绘出，形状公差分两格，位置公差分三格或三格以上	— 0.1
2. 框格中第1格（从左到右）填写公差符号；第2格填写公差值及有关符号；第3格及以后填写基准代号	⊕ φ0.1 ⊕ Sφ0.1 ∥ 0.1 A
3. 用带箭头的指引线（可从框格的左端或右端垂直引出）将公差框格与被测要素相连	⊕ Sφ0.1 A B C
当一个以上要素作为被测要素（如6个要素）则应在框格上方标明，如"6×"、"6槽"等	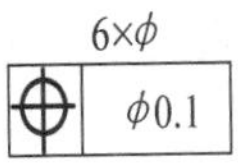 6×φ ⊕ φ0.1
如对同一要素，有一个以上的公差特征项目要求时，为方便起见可将一个框格放在另一个框格上面	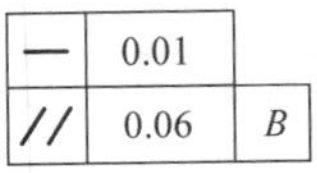 — 0.01 ∥ 0.06 B

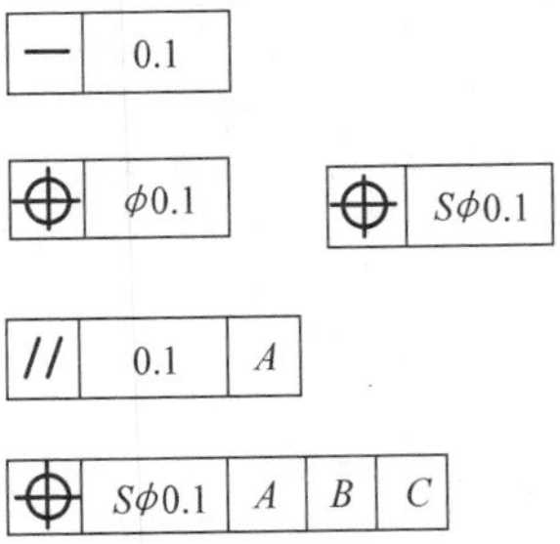

① 基准目标为构成基准体系的各基准平面而在要素上指定的点、线、面。

2.3.2 形位公差的标注方法（GB/T 1182—1996）

1. 被测要素的标注方法（表1.2-30） 被测

要素由带箭头的指引线与公差框格的左端或右端相连。指引线引向被测要素时可以弯折，但不能多于两次。

表 1.2-30 被测要素的标注方法

被测要素		标注方法	标注示例
轮廓要素		指引线的箭头应指向被测表面的轮廓线上，也可指在轮廓线的延长线上，但必须与尺寸线错开	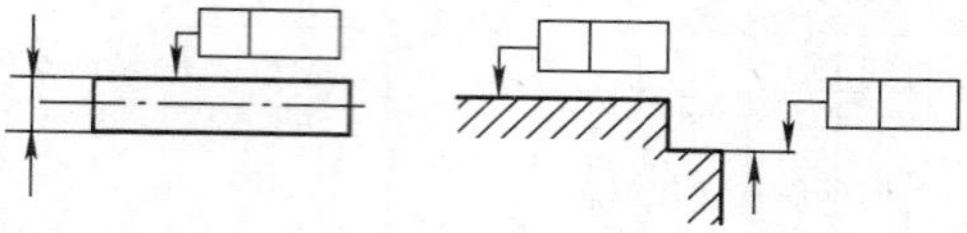
		表示图中一个面的形位公差要求时，可在面上用一小黑点引出参考线，指引线箭头指在参考线上	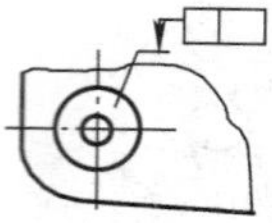
中心要素	中心点 圆心 轴线 中心线 中心平面	指引线箭头应与尺寸线对齐，即与尺寸线的延长线重合，指引线的箭头也可代替尺寸线的一个箭头	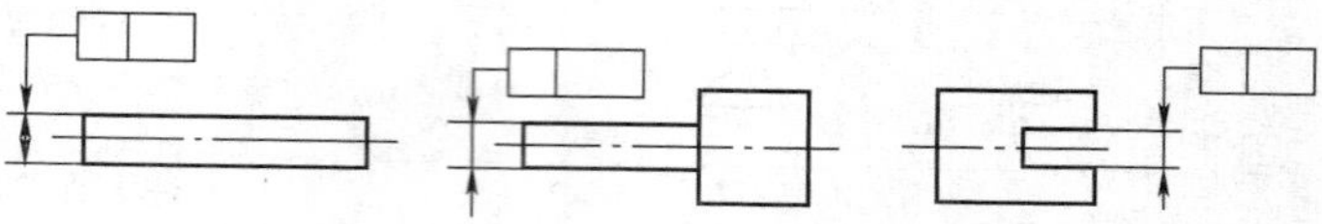
	圆锥体轴线	指引线箭头应与圆锥体的大端或小端尺寸线对齐，必要时，箭头也可与圆锥体上任一部位的空白尺寸线对齐	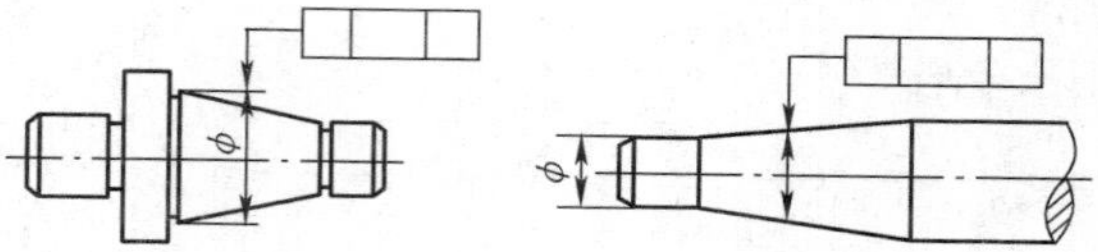
局部要素		当被测要素为某一局部时，应采用粗点划线画出其局部范围，并注上这个范围必要的尺寸	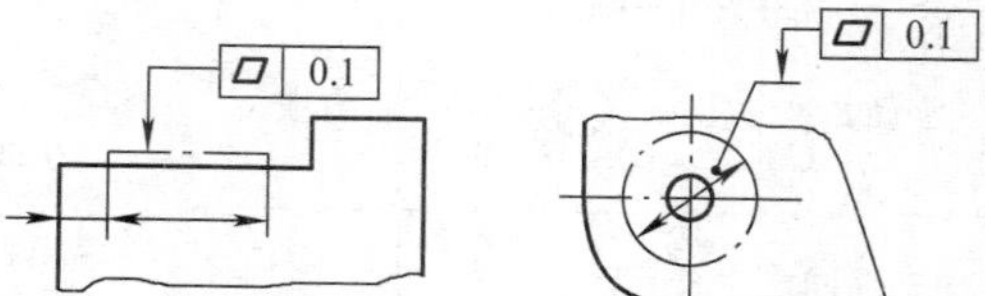

2. 基准要素的标注方法 相对于被测要素的基准，基准要素由基准字母表示，并将其写在细实线的小圆内（圆圈内的字母一律水平书写），该小圆用细实线与粗的短横线相连。表示基准的字母也应注在公差框格内，不同基准要素时的标注方法见表1.2-31。

表 1.2-31 基准要素的标注方法

基准要素		标注方法	标注示例
轮廓要素	线或表面	基准代号中短横线应画在靠近该要素的轮廓线或轮廓面，也可画在轮廓的延长线上，但应与尺寸线错开	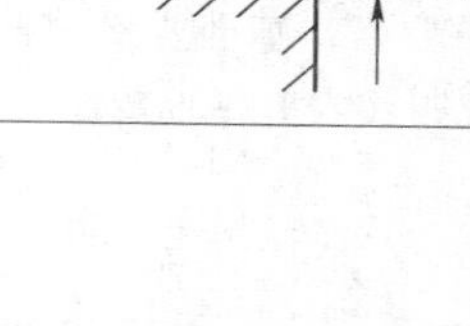

（续）

基准要素		标注方法	标注示例
轮廓要素	受到图形限制时	基准代号也可直接注在实际表面上，此时应在面上画一小黑点，并以此引出指引线和基准符号	
中心要素	中心点 轴线 中心平面	基准代号的连线应与该要素的尺寸线对齐。基准代号中的短横线。可代替尺寸线的一个箭头	
	圆锥体 轴线	基准代号中的连线应与轴线垂直，短横线应与圆锥面的方向一致	
	局部要素	当基准要素指某一局部时，应采用粗点划线画出其局部范围，并加注必要的尺寸	
多个要素	两个要素	当要求两个要素一起作为公共基准时，应在这两个要素上分别标注基准符号，并在框格中注上用短线相连的两个字母	
	三个互相垂直要素	当三个要素组成一个基准体系时，应在每一个基准要素上标注基准符号，并按基准的优先次序从左至右分别注在公差框格内	

（续）

基 准 要 素	标 注 方 法	标 注 示 例
基准目标	当需要在基准要素上指定某些点、线或局部表面来体现各基准平面时，应标注基准目标 　1. 基准目标为点时，用"×"表示（图 a） 　2. 基准目标为线时，用细线表示，并在棱边上加"×"（图 b） 　3. 基准目标为局部表面时，用双点划线绘出该局部表面图形，并画上与水平线成45°的细实线（图 c）	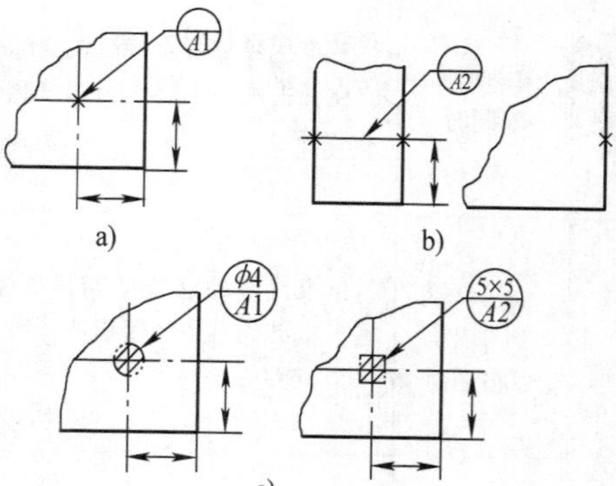

3. 形位公差要求的标注方法（表 1.2-32）

表 1.2-32　形位公差要求的标注

要　　　求	标 注 方 法	标 注 示 例
公差框格填写方式	在技术图样中，形位公差采用框格标注，框格用细实线绘出，框格中的内容从左到右按以下次序填写： 　1）公差特征的符号； 　2）公差值（采用线性值，如公差带为圆形或圆柱形则在公差值前加注"φ"，如为球形则加注"Sφ"）； 　3）基准要素或基准体系	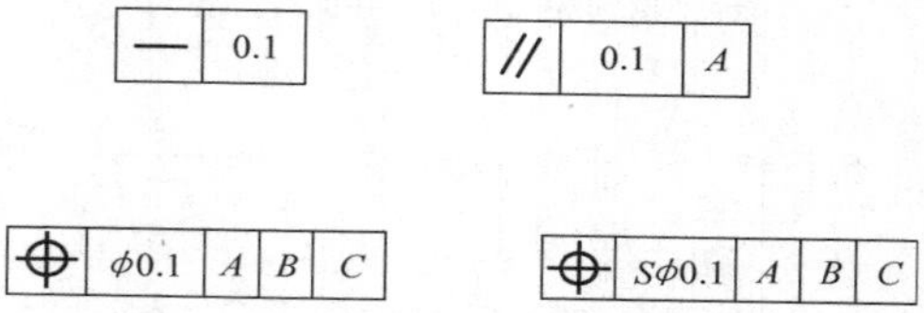
被测范围仅为被测要素的某一部分	用粗点划线表示其范围，并加注尺寸	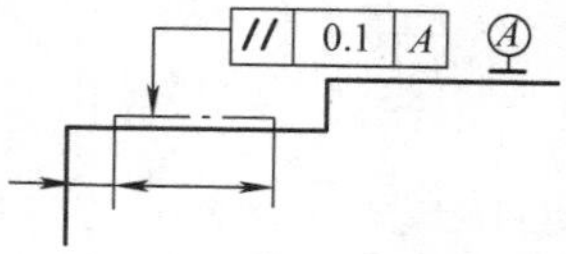
给定被测要素任一长度（或范围）的公差值	任一长度的公差值用分数表示	
同时给出全长和任一长度的公差值	全长上的公差值框格置于任一长度的公差值框格上面	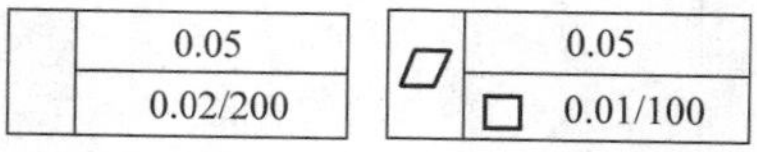

（续）

要　　求	标注方法	标注示例

对同一要素有一个以上的公差特征项目要求	可将一个框格置于另一框格的下面	
		`—  0.01`
		`//  0.06  B`

被测范围不仅包括被测要素的整个表面或全长，而且延长到被测要素之外	应采用延伸公差带标注，延伸公差带的延伸部分用双点划线绘制，应标注其相应的尺寸，并在延伸部分的尺寸数值前及在框格中公差数值后加注符合"Ⓟ"	 8×φ25H7 `⊕ φ0.02Ⓟ B A` φ225　φ　Ⓟ40

对形位公差有附加要求	应在相应的公差数值后加注有关的符号
	1）只许中间的材料向外凸起加注（＋）
	2）只许中间的材料向内凹下，加注（－）
	3）只许按符号的小端方向逐渐减小，加注（▷）或（◁）
		`—  0.01(+)`　　`⌖ 0.08(-)`
		
		`//  0.05 (▷)  A`　`//  0.05 (◁)  A`

理论正确尺寸	理论正确尺寸应围以框格，零件实际尺寸仅是由在公差框格中的位置度、轮廓度或倾斜度公差来限定	`⊕ φt A B`　　`∠ t C`　α
螺纹、齿轮和花键的标注	在一般情况下，螺纹轴线作为被测要素或基准要素均为中径轴线，如采用大径轴线则应用"MD"表示，采用小径轴线用"LD"表示 由齿轮和花键轴线作为被测要素或基准要素时，节径轴线用"PD"表示，大径或小径轴线则分别用"MD"或"LD"表示	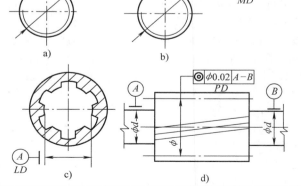

（续）

要 求	标 注 方 法	标 注 示 例
公共公差带	某些零件上的要素，由于功能（如共线和共面）的要求，需要由同一公差带来控制，这个公差带称为"公共公差带" 用同一公差带控制几个被测要素时，应在公差框格上方标注"共面"或"共线"	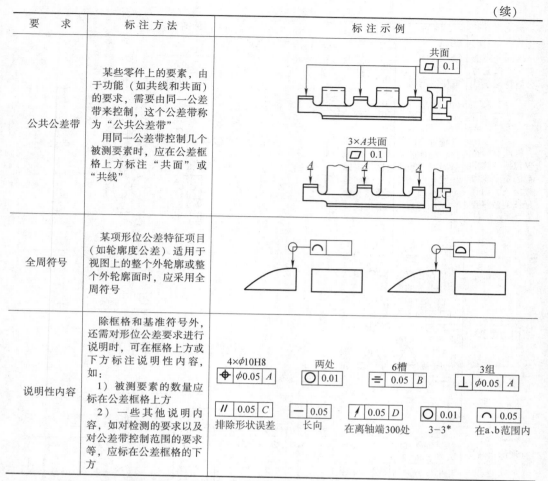
全周符号	某项形位公差特征项目（如轮廓度公差）适用于视图上的整个外轮廓或整个外轮廓面时，应采用全周符号	
说明性内容	除框格和基准符号外，还需对形位公差要求进行说明时，可在框格上方或下方标注说明性内容，如： 1）被测要素的数量应标在公差框格上方 2）一些其他说明内容，如对检测的要求以及对公差带控制范围的要求等，应标在公差框格的下方	

2.3.3 形位公差的选用及注出公差值（GB/T 1184—1996）

1. 公差等级和公差值的选择原则

（1）要根据零件的功能要求，综合考虑加工经济性、结构特性和测试条件。

1）形位公差等级共分12级。1级为最高；5级和6级应用最广；8级和9级适于一般精度要求，通常按尺寸精度4～6级制造的零件；11和12级用于无特殊要求，一般按尺寸精度7级制造的零件。在满足零件功能要求的情况下尽量选用较低的公差等级。

2）考虑零件的结构特点和工艺性。对于刚性差的零件（如细长件、薄壁件等）以及距离较远的孔、轴等，由于加工和测量时都较难保证形位精度，故在满足零件功能要求的情况下，形位公差可适当降低1～2级精度使用。如：孔相对于轴；细长比较大的轴或孔；距离较大的轴或孔；宽度较大（一般＞1/2长度）的零件表面；线对线和线对面相对于面对面的平行度；线对线和线对面相对于面对面的垂直度。

（2）综合考虑形状、位置和尺寸等3种公差的相互关系；在同一要素上给出的形状公差值应小于位置公差值。如两个平行的表面，其平面度公差值应小于平行度公差值。

圆柱形零件的形状公差（轴线的直线度除外）在一般情况下应小于其尺寸公差值。

平行度公差值应小于其相应的距离公差值。

2. 注出公差值

（1）直线度和平面度（表1.2-33）。

（2）圆度和圆柱度（表1.2-34）。

表 1.2-33　直线度和平面度公差值

主参数 L/mm	公差等级											
	1	2	3	4	5	6	7	8	9	10	11	12
	公差值 /μm											
≤10	0.2	0.4	0.8	1.2	2	3	5	8	12	20	30	60
>10~16	0.25	0.5	1	1.5	2.5	4	6	10	15	25	40	80
>16~25	0.3	0.6	1.2	2	3	5	8	12	20	30	50	100
>25~40	0.4	0.8	1.5	2.5	4	6	10	15	25	40	60	120
>40~63	0.5	1	2	3	5	8	12	20	30	50	80	150
>63~100	0.6	1.2	2.5	4	6	10	15	25	40	60	100	200
>100~160	0.8	1.5	3	5	8	12	20	30	50	80	120	250
>160~250	1	2	4	6	10	15	25	40	60	100	150	300
>250~400	1.2	2.5	5	8	12	20	30	50	80	120	200	400
>400~630	1.5	3	6	10	15	25	40	60	100	150	250	500
>630~1000	2	4	8	12	20	30	50	80	120	200	300	600
>1000~1600	2.5	5	10	15	25	40	60	100	150	250	400	800
>1600~2500	3	6	12	20	30	50	80	120	200	300	500	1000
>2500~4000	4	8	15	25	40	60	100	150	250	400	600	1200
>4000~6300	5	10	20	30	50	80	120	200	300	500	800	1500
>6300~10000	6	12	25	40	60	100	150	250	400	600	1000	2000

主参数 L 图例

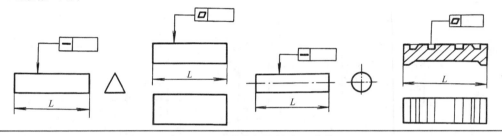

表 1.2-34　圆度和圆柱度公差值

主参数 d (D) /mm	公差等级											
	1	2	3	4	5	6	7	8	9	10	11	12
	公差值 /μm											
≤3	0.2	0.3	0.5	0.8	1.2	2	3	4	5	10	14	25
>3~6	0.2	0.4	0.6	1	1.5	2.5	4	5	8	12	18	30
>6~10	0.25	0.4	0.6	1	1.5	2.5	4	6	9	15	22	36
>10~18	0.25	0.5	0.8	1.2	2	3	5	8	11	18	27	43
>18~30	0.3	0.6	1	1.5	2.5	4	6	9	13	21	33	52
>30~50	0.4	0.6	1	1.5	2.5	4	7	11	16	25	39	62
>50~80	0.5	0.8	1.2	2	3	5	8	13	19	30	46	74
>80~120	0.6	1	1.5	2.5	4	6	10	15	22	35	54	87
>120~180	1	1.2	2	3.5	5	8	12	18	25	40	63	100
>180~250	1.2	2	3	4.5	7	10	14	20	29	46	72	115
>250~315	1.6	2.5	4	6	8	12	16	23	32	52	81	130
>315~400	2	3	5	7	9	13	18	25	36	57	89	140
>400~500	2.5	4	6	8	10	15	20	27	40	63	97	155

主参数 d (D) 图例

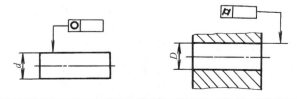

（3）平行度、垂直度和倾斜度（表 1.2-35）。

表 1.2-35　平行度、垂直度和倾斜度公差值

主参数 L、d（D）/mm	公　差　等　级											
---	1	2	3	4	5	6	7	8	9	10	11	12
	公　差　值　/μm											
≤10	0.4	0.8	1.5	3	5	8	12	20	30	50	80	120
>10～16	0.5	1	2	4	6	10	15	25	40	60	100	150
>16～25	0.6	1.2	2.5	5	8	12	20	30	50	80	120	200
>25～40	0.8	1.5	3	6	10	15	25	40	60	100	150	250
>40～63	1	2	4	8	12	20	30	50	80	120	200	300
>63～100	1.2	2.5	5	10	15	25	40	60	100	150	250	400
>100～160	1.5	3	6	12	20	30	50	80	120	200	300	500
>160～250	2	4	8	15	25	40	60	100	150	250	400	600
>250～400	2.5	5	10	20	30	50	80	120	200	300	500	800
>400～630	3	6	12	25	40	60	100	150	250	400	600	1000
>630～1000	4	8	15	30	50	80	120	200	300	500	800	1200
>1000～1600	5	10	20	40	60	100	150	250	400	600	1000	1500
>1600～2500	6	12	25	50	80	120	200	300	500	800	1200	2000
>2500～4000	8	15	30	60	100	150	250	400	600	1000	1500	2500
>4000～6300	10	20	40	80	120	200	300	500	800	1000	1500	2500
>6300～10000	12	25	50	100	150	250	400	600	1000	1500	2500	4000

主参数 L、d（D）图例

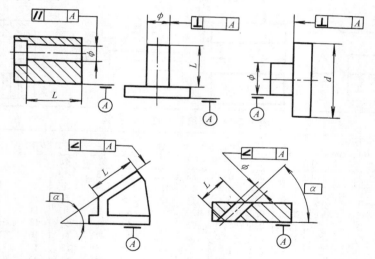

（4）同轴度、对称度、圆跳动和全跳动（表 1.2-36）

表 1.2-36　同轴度、对称度、圆跳动和全跳动公差值

主参数 d（D）、B、L/mm	公　差　等　级											
---	1	2	3	4	5	6	7	8	9	10	11	12
	公　差　值　/μm											
≤1	0.4	0.6	1.0	1.5	2.5	4	6	10	15	25	40	60
>1～3	0.4	0.6	1.0	1.5	2.5	4	6	10	20	40	60	120
>3～6	0.5	0.8	1.2	2	3	5	8	12	25	50	80	150
>6～10	0.6	1	1.5	2.5	4	6	10	15	30	60	100	200
>10～18	0.8	1.2	2	3	5	8	12	20	40	80	120	250
>18～30	1	1.5	2.5	4	6	10	15	25	50	100	150	300
>30～50	1.2	2	3	5	8	12	20	30	60	120	200	400
>50～120	1.5	2.5	4	6	10	15	25	40	80	150	250	500
>120～250	2	3	5	8	12	20	30	50	100	200	300	600

（续）

主参数 d (D)、B、L/mm	公　差　等　级											
	1	2	3	4	5	6	7	8	9	10	11	12
	公　差　值　/μm											
>250 ~ 500	2.5	4	6	10	15	25	40	60	120	250	400	800
>500 ~ 800	3	5	8	12	20	30	50	80	150	300	500	1000
>800 ~ 1250	4	6	10	15	25	40	60	100	200	400	600	1200
>1250 ~ 2000	5	8	12	20	30	50	80	120	250	500	800	1500
>2000 ~ 3150	6	10	15	25	40	60	100	150	300	600	1000	2000
>3150 ~ 5000	8	12	20	30	50	80	120	200	400	800	1200	2500
>5000 ~ 8000	10	15	25	40	60	100	150	250	500	1000	1500	3000
>8000 ~ 10000	12	20	30	50	80	120	200	300	600	1200	2000	4000

主参数 d (D)、B、L 图例

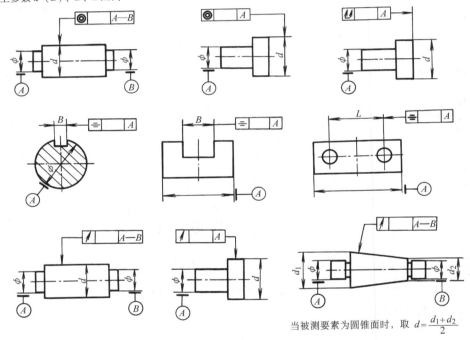

当被测要素为圆锥面时，取 $d = \dfrac{d_1 + d_2}{2}$

2.4　表面粗糙度

零件加工后在加工表面上具有较小间距和较小峰谷所形成的微观几何形状特征称为表面粗糙度。零件表面粗糙度是评定零件表面质量的重要指标，它对零件的抗腐蚀性、耐磨性、配合性质的稳定性以及使用寿命都有很大影响。

2.4.1　表面粗糙度常用术语（GB/T 3505—2000，表 1.2-37）

表 1.2-37　表面粗糙度常用术语

名称	符号	定　　义
取样长度	l_r	用于判别被评定轮廓的不规则特征的 x 轴方向上的长度。评定表面粗糙度的取样长度 l_r，在数值上与轮廓滤波器 λ_c 的标志波长相等
评定长度	l_n	用于判别被评定轮廓的 x 轴方向上的长度。评定长度可包含一个或几个取样长度

（续）

名称	符号	定　义
纵坐标值	$Z(x)$	被评定轮廓在任一位置距 x 轴的高度。若纵坐标位于 x 轴下方,该高度被视作负值,反之则为正值
中线		具有几何轮廓几何形状并划分轮廓的基准线
粗糙度轮廓中线		用轮廓滤波器 λ_c 抑制了长波轮廓成分相对应的中线
轮廓峰高	Z_P	轮廓最高点距 x 轴线的距离
轮廓谷深	Z_V	x 轴线与轮廓谷最低点之间的距离
轮廓的最大高度	R_z	在一个取样长度内,最大轮廓峰高 Z_P 和最大轮廓谷深 Z_V 之和的高度

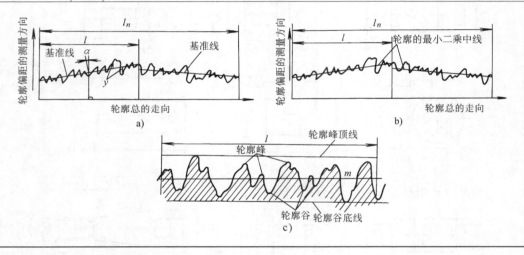

2.4.2　表面粗糙度评定参数（GB/T 3505—2000,表 1.2-38）

表 1.2-38　表面粗糙度评定参数

评定参数及其代号	定　义	计算公式	图　例
轮廓算术平均偏差 R_a	在一个取样长度内,纵坐标值 $Z(x)$ 绝对值的算术平均值	$R_a = \dfrac{1}{l_r}\displaystyle\int_0^{l_r} \lvert Z(x) \rvert\,dx$	

（续）

评定参数及其代号	定 义	计算公式	图 例
轮廓最大高度 $R_z^{①}$	在一个取样长度内，最大轮廓峰高 Z_p 和最大轮廓谷深 Z_v 之和的高度		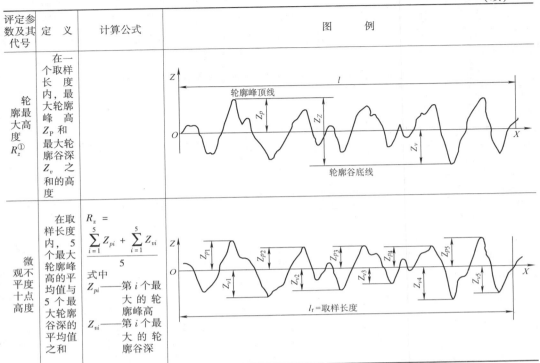
微观不平度十点高度	在取样长度内，5个最大轮廓峰高的平均值与5个最大轮廓谷深的平均值之和	$R_z = $ $$\dfrac{\sum\limits_{i=1}^{5} Z_{pi} + \sum\limits_{i=1}^{5} Z_{vi}}{5}$$ 式中 Z_{pi}——第 i 个最大的轮廓峰高 Z_{vi}——第 i 个最大的轮廓谷深	

① 在 GB/T 3505—1983 中，R_z 是指"微观不平度的十点高度"，而在 GB/T 3505—2000 中，R_z 是指"轮廓的最大高度"，微观不平度的十点高度未作规定。

2.4.3 表面粗糙度评定参数数值系列（GB/T 1031—1995）

表面粗糙度的评定参数应从轮廓算术平均偏差 R_a、轮廓最大高度 R_z 和微观不平度十点高度中选取。在高度特性参数常用的参数值范围内（R_a 为 $0.025 \sim 6.3\,\mu m$，R_z 为 $0.1 \sim 25\,\mu m$）推荐优先选用 R_a。表面粗糙度参数数值系列相应的取样长度和评定长度参见表 1.2-39。

表 1.2-39 评定表面粗糙度参数数值系列及取样长度、评定长度

名称	评定参数/μm		取样长度 l_r/mm	评定长度 l_n/mm
	数值系列	范围		
R_a	0.012、0.025、0.05、0.1、0.2、0.4、0.8、1.6、3.2、6.3、12.5、25、50、100	$\geqslant 0.008 \sim 0.02$	0.08	0.4
		$> 0.02 \sim 0.1$	0.25	1.25
		$> 0.1 \sim 2.0$	0.8	4.0
		$> 2.0 \sim 10.0$	2.5	12.5
		$> 10.0 \sim 80.0$	8.0	40.0

（续）

名称	评定参数/μm		取样长度 l_r/mm	评定长度 l_n/mm
	数值系列	范围		
R_z	0.025、0.05、0.1、0.2、0.4、0.8、1.6、3.2、6.3、12.5、25、50、100、200、400、800、1600	$\geqslant 0.025 \sim 1.0$	0.08	0.4
		$> 0.10 \sim 0.50$	0.25	1.25
		$> 0.50 \sim 10.0$	0.80	4.0
		$> 10.0 \sim 50.0$	2.5	12.5
		$> 50.0 \sim 320$	8.0	40.0

注：1. 表中评定长度 $l_n = 5 l_r$；如被测表面均匀性较好，测量时可选用小于 $5 l_r$ 的评定长度值；反之，可选用大于 $5 l_r$ 的评定长度值。

2. 表中所列数值系列为优先选用的基本系列；当其不能满足要求时，可选用补充系列（见 GB/T 1031—1995）。

3. 微观水平度十点高度的数值系列及取样长度、评定长度与轮廓最大高度相同。

2.4.4 表面粗糙度数值的选择

零件表面粗糙度评定参数的数值越小，表面越光滑，表面质量越高，但加工成本也越高。因此，选择时既要满足零件的功能要求，又要符合加工的经济性，即在满足零件功用的条件下，评定参数的数值越大越好。表 1.2-40 为轮廓算术平均偏差 R_a 的常用数值 $0.2 \sim 50\mu m$ 区段的获取方法及应用举例。

表 1.2-40 表面粗糙度 R_a 的常用数值段及其获取方法和应用

表面粗糙度 $R_a/\mu m$	名称	表面外观情况	获得方法举例	应用举例
	毛面	除净毛口	铸、锻、轧制等经清理的表面	如机床床身、主轴箱、溜板箱、尾座体等未加工表面
50	粗面	明显可见刀痕	毛坯经粗车、粗刨、粗铣等加工方法所获得的表面	一般的钻孔、倒角，没有要求的自由表面
25		可见刀痕		
12.5		微见刀痕		
6.3	半光面	可见加工痕迹	精车、精刨、精铣、刮研和粗磨	支架、箱体和盖等的非配合表面，一般螺栓支承面
3.2		微见加工痕迹		箱、盖、套筒等，要求紧贴的表面，键和键槽的工作表面
1.6		看不见加工痕迹		要求有不精确定心及配合特性的表面，如支架孔、衬套、胶带轮工作面
0.8	光面	可辨加工痕迹方向	金刚石车刀精车、精铰、拉刀和压刀加工、精磨、珩磨、研磨、抛光	要求保证定心及配合特性的表面，如轴承配合表面、锥孔等
0.4		微辨加工痕迹方向		要求能长期保持规定的配合特性的公差等级为 7 级的孔和 6 级的轴
0.2		不可辨加工痕迹方向		主轴的定位锥孔，$d < 20mm$ 淬火的精确轴的配合表面

2.4.5 表面粗糙度的符号（GB/T 131—1993）

1. 表面粗糙度的符号表示方法（表 1.2-41）

表 1.2-41 表面粗糙度符号及说明

符 号	说 明	符 号	说 明
 ✓	基本符号，表示表面可用任何方法获得。当不加注粗糙度参数值或有关说明（例如：表面处理、局部热处理状况等）时，仅适用于简化代号标注	 ✓（加一小圆）	基本符号加一小圆，表示表面是用不去除材料的方法获得。例如：铸、锻、冲压变形、热轧、冷轧、粉末冶金等或者是用于保持原供应状况的表面
 ✓（加一短划）	基本符号加一短划，表示表面是用去除材料的方法获得。例如：车、铣、钻、磨、剪切、抛光、腐蚀、电火花加工、气割等	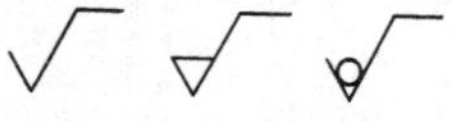 ✓ ✓ ✓	在上述三个符号的长边上均可加一横线，用于标注有关参数和说明

（续）

符　号	说　明	符　号	说　明
$\sqrt{}$ $\triangledown$ $\triangledown$（带小圆）	在上述三个符号上均可加一小圆，表示所有表面具有相同的表面粗糙度要求	a_1 $\frac{a_2\ c/f}{(e)\ d}$ b	a_1、a_2—粗糙度、高度参数代号及其数值（单位为 μm） b—加工要求、镀覆、涂覆、表面处理或其他说明等 c—取样长度（单位为 mm）或波纹度（单位为 μm） d—加工纹理方向符号 e—加工余量（单位为 mm） f—粗糙度间距参数值（单位为 mm）或轮廓支承长度率

2. 表面粗糙度评定参数的标注（表 1.2-42）

表 1.2-42　表面粗糙度评定参数的标注

R_a		R_z、R_y	
代号	说　明	代号	说　明
3.2 $\sqrt{}$	用任何方法获得的表面粗糙度，R_a 的上限值为 3.2 μm	$R_y3.2$ $\sqrt{}$	用任何方法获得的表面粗糙度，R_y 的上限值为 3.2 μm
3.2 $\triangledown$	用去除材料方法获得的表面粗糙度，R_a 的上限值为 3.2 μm	$R_y3.2\text{max}$ $\sqrt{}$	用任何方法获得的表面粗糙度，R_y 的最大值为 3.2 μm
3.2 $\triangledown$（带小圆）	用不去除材料方法获得的表面粗糙度，R_a 的上限值为 3.2 μm	R_z200 $\sqrt{}$	用不去除材料方法获得的表面粗糙度 R_z 的上限值为 200 μm
3.2 1.6 $\triangledown$	用去除材料的法获得的表面粗糙度，R_a 的上限值为 3.2 μm，R_a 的下限为 1.6 μm	$R_z200\text{max}$ $\sqrt{}$	用不去除材料方法获得的表面粗糙度，R_z 的最大值为 200 μm
3.2max $\sqrt{}$	用任何方法获得的表面粗糙度，R_a 的最大值为 3.2 μm	$R_z3.2$ $R_z1.6$ $\triangledown$	用去除材料方法获得的表面粗糙度，R_z 的上限值为 3.2 μm，下限值为 1.6 μm
3.2max $\triangledown$	用去除材料方法获得的表面粗糙度，R_a 的最大值为 3.2 μm	$R_z3.2\text{max}$ $R_z1.6\text{min}$ $\sqrt{}$	用去除材料方法获得的表面粗糙度，R_z 的最大值为 3.2 μm，最小值为 1.6 μm
3.2max $\triangledown$（带小圆）	用不去除材料方法获得的表面粗糙度，R_a 的最大值为 3.2 μm	3.2 $R_y12.5$ $\triangledown$	用去除材料方法获得的表面粗糙度，R_a 的上限值为 3.2 μm，R_y 的上限值为 12.5 μm
3.2max 1.6min $\triangledown$	用去除材料方法获得的表面粗糙度，R_a 的最大值为 3.2 μm，R_a 的最小值为 1.6 μm	3.2max $R_y12.5\text{max}$ $\sqrt{}$	用去除材料方法获得的表面粗糙度，R_a 的最大值为 3.2 μm，R_y 的最大值为 12.5 μm

注：1. 代号中参数值前可省略参数 R_a 的标注。

2. 在 GB/T 3505—2000 中，轮廓最大高度用 R_z 代替 R_y，微观不平度十点高度未作规定。故表中参数 R_y 可理解为表面微观不平度十点高度的标记代号。

3. 表面粗糙度在图样上的标注方法（表 1.2-43）

表 1.2-43 表面粗糙度的图样标注法

标注方法	图　　例
表面粗糙度符号、代号一般注在可见轮廓线、尺寸界线、引出线或它们的延长线上。符号的尖端必须从材料外指向表面 　　表面粗糙度代号中数字及符号的方向必须按图 a、b 的规定标注，带有横线的表面粗糙度符号应按图 c 的规定标注	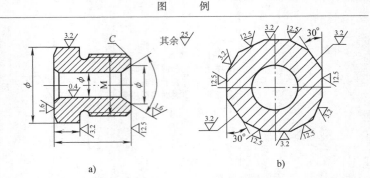
在同一图样上，每一表面一般只标注一次符号、代号，并尽可能靠近有关的尺寸线，见图 a。当地位狭小或不便标注时，符号代号可以引出标注（图 d）	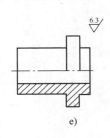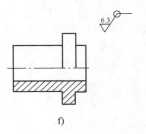
当零件所有表面具有相同的表面粗糙度要求时，其符号、代号可在图样的右上角统一标注，见图 e 或图 f。当零件的大部分表面具有相同的表面粗糙度要求时，对其中使用最多的一种符号、代号可以统一注在图样的右上角，并加注"其余"两字，见图 a 和图 d	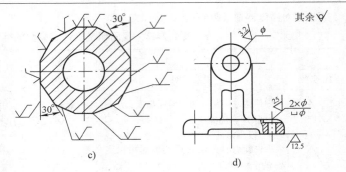
为了简化标注方法或者标注位置受到限制时，可以标注简化代号，也可采用省略的注法，但必须在标题栏附近说明这些简化符号、代号的意义，见图 g）和图 h）	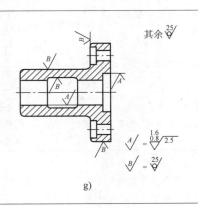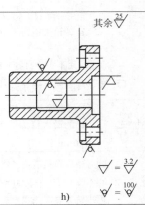

（续）

标注方法	图 例
中心孔的工作表面、键槽工作面、倒角、圆角的表面粗糙度代号，可以简化标注（图 i）	i)
零件上连续表面及重复要素（孔、槽、齿）等的表面（图 j 和 k）和用细实线连接的同一表面（图 d），其表面粗糙度符号、代号只标注一次	j)　　　　　k)
同一表面上有不同的表面粗糙度要求时，须用细实线画出其分界线，并注出相应的表面粗糙度代号和尺寸（图 l） 需要规定表面粗糙度测量截面的方向时，其标注方法见图 m	l)　　　　　m)　测量方向
齿轮、渐开线花键、螺纹等工作表面没有画出齿（牙）形时，其表面粗糙度代号可按图 n、图 o 和图 p 的方式标注	n)　　　　　o)　M8×1-6h　M8×1-6h p)
需要将零件局部热处理或局部镀（涂）覆时，应用粗点划线画出其范围并标注相应的尺寸，也可将其要求注写在表面粗糙度符号长边的横线上（图 q 和 r）	q) 35~40HRC　　r) 渗碳深度 0.7~0.9 56~62HRC

3　常　用　机　构

3.1　连杆机构[4,9,10]

连杆机构是最常用的机构之一，它是由刚性构件用低副连接而成。可用于实现从动件给定的运动规律（运动形式、位置、速度和加速度）或实现从动件上点的给定轨迹。连杆机构加工容易，装配简单；从动件运动形式多样；机构可调性好；运动副元素为面接触，磨损轻，能承受高载和冲击载荷。但与凸轮机构相比，由于机构参数较少，一般只能近似实现预期的运动规律和轨迹，且设计较繁难，随着设计方法和手段的日益发展和完善，连杆机构的应用范围将日益扩大。

3.1.1　平面连杆机构

机构中各构件相互作平面平行运动，该机构的基本型式为由四个构件和四个低副组成的平面四连杆机构（简称平面四杆机构），它是应用最广和结构最简单的机构，同时又是构成平面多杆机构的基础。平面四杆机构中，与机架相连的运动构件称为连架杆，不与机架相连的构件称为连杆。能相对机架作整周转动的连架杆称为曲柄，相对机架仅能作往复摆动的连架杆称为摇杆。组成移动副的两构件分别称为滑块和导杆，导杆可以作摆动、转动或平面运动，导杆固定时称为导路。平面四杆机构常以结构特征和运动特征命名；以结构特征命名时可分为铰链四杆机构（四个运动副均为转动副），单移动副四杆机构和双移动副四杆机构。

1. 铰链四杆机构　根据两连架杆运动特征的不同情况，可将铰链四杆机构分为曲柄摇杆机构，双曲柄机构和双摇杆机构三种类型，其特性和应用见表1.3-1。

表1.3-1　铰链四杆机构的类型、特点及应用

机构类型	机构运动简图及尺寸条件	机构特性	机构传动函数及应用
曲柄摇杆机构	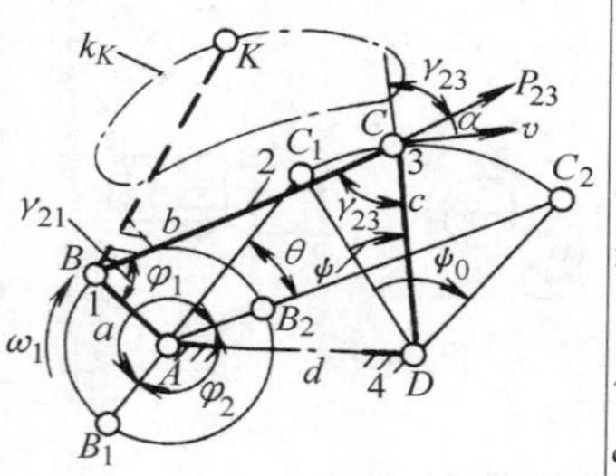 1. 机构中各杆杆长分别为a、b、c和d，且杆长a为最短 2. 最短杆杆长与最长杆杆长之和小于其余两杆杆长之和 3. 最短杆1为连架杆，且为曲柄，另一连架杆3为摇杆	1. 曲柄1作匀速转动时，摇杆3作往复摆动 2. 主动曲柄1和连杆2共线时从动摇杆3处于极限位置C_1D和C_2D，摇杆摆角为$\psi_0 = \angle C_1DC_2$ 3. 与摇杆两极限位置相对应的曲柄位置为AB_1和AB_2，其间夹角为φ_1和φ_2；对应于小转角φ_2的摇杆行程为急回行程（如图示转向时） 4. 摇杆急回行程平均速度增大系数（急回系数或行程速比系数）为 $$k = \frac{180° + \theta}{180° - \theta},$$ 式中极位夹角$\theta = \left\vert \dfrac{\varphi_1 - \varphi_2}{2} \right\vert$ 5. 曲柄1主动时，传动角γ_{23}愈大，传动愈有利，当摇杆为主动且连杆与从动曲柄共线时，$\gamma_{21} = 0$，机构处于死点而无法运动	1. 机构传动函数 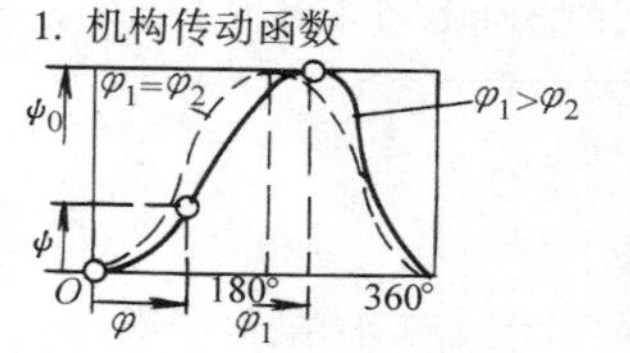 当曲柄转角$\varphi_1 = \varphi_2$时为对心曲柄摇杆机构，$\theta = 0$，$k = 1$ 2. 机构应用 （1）用于将主动曲柄1的匀速转动转换为从动摇杆具有或不具有急回运动特性的往复摆动 （2）利用连杆2上点K的轨迹k_K（连杆曲线）来满足生产要求 （3）利用主动摇杆的往复摆动转换为从动曲柄的整周转动（要增添渡过死点位置的手段和措施） （4）利用极限位置和死点位置的特性作夹压机构

（续）

机构类型	机构运动简图及尺寸条件	机构特性	机构传动函数及应用
双曲柄机构	一般双曲柄机构 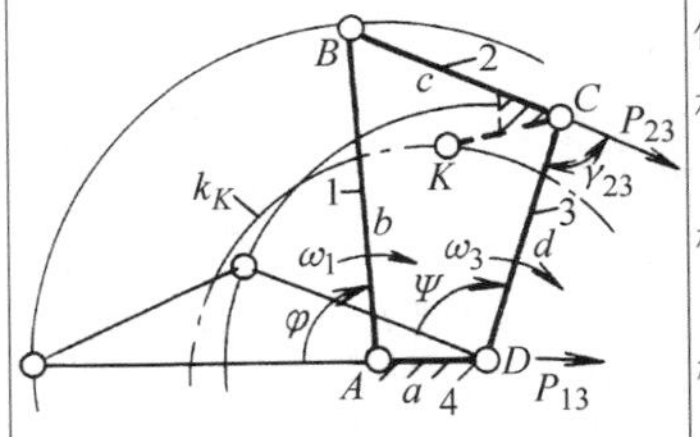 1. 机构各杆杆长分别用 a、b、c 和 d 表示，且杆长 a 为最短 2. 最短杆杆长与最长杆杆长之和小于其余两杆杆长之和 3. 最短杆为机架	1. 当主动曲柄 1 或 3 作匀速转动时，从动曲柄 3 或 1 作变速转动，但平均传动比 $\bar{i}_{13}=1$，即两个曲柄整周转动相对应，参见机构传动函数 2. 当主、从动轴（曲柄）轴间距或机架长 $\overline{AD}$（a）改变时传动并不中断 3. 任一连架杆为主动件时，从动曲柄无极限位置，机构无死点 4. 当曲柄与机架相重合时，传动角 γ_{23} 有可能出现最小值	1. 机构传动函数 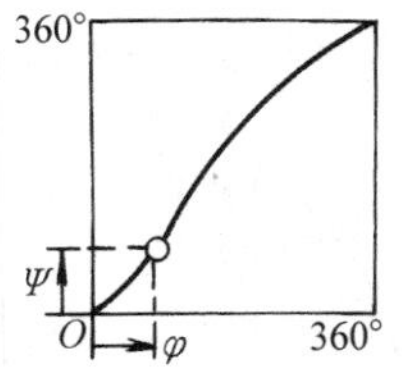 2. 机构应用 （1）利用从动曲柄的变速转动来满足生产要求 （2）利用连杆 2 上连杆点 K 的轨迹 k_K 来实现工艺要求 （3）利用机架 4 杆长 a 变化时传动并不中断的特性而用作联轴器及改变传动函数或轨迹特性等
	平行四边形机构 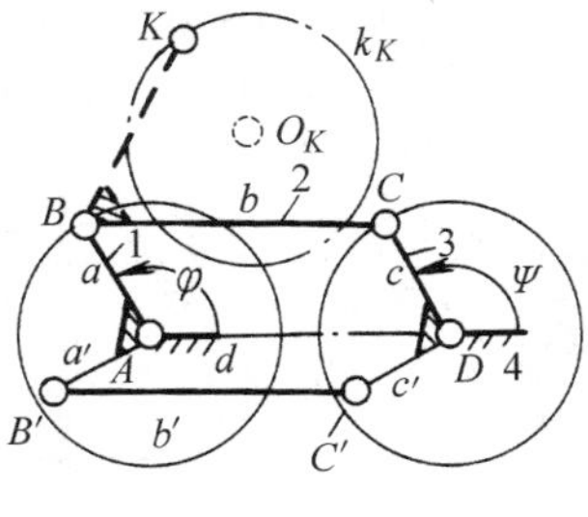 1. 机构中的相对杆平行且相等，即 $a \underline{\underline{\,/\!/\,}} c$，$b \underline{\underline{\,/\!/\,}} d$ 2. 两连架杆 1 和 3 均为曲柄，能作整周转动	1. 主、从动曲柄运动完全相同，即 $\omega_1 = \omega_3$ 2. 连杆 2 作圆周平行移动，即 $\omega_2 = 0$ 3. 连杆 2 上任一点的连杆曲线为圆，图示点 K 的轨迹为圆 k_K，半径长为 a，圆心为点 O_K 4. 当曲柄与机架共线时为机构死点位置，若 $a<d$，又为机构运动不定位置，从动曲柄有可能反向转动（与主动曲柄转向相反）；为克服不定位置，可在原机构 $ABCD$ 基础上添加另一平行四边形机构 $AB'C'D$	1. 机构传动函数 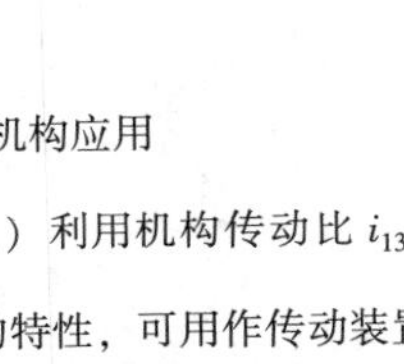 2. 机构应用 （1）利用机构传动比 $i_{13} = \dfrac{\omega_1}{\omega_3} = 1$ 的特性，可用作传动装置 （2）利用连杆作平移的运动特性，常用于天平，仪表和操纵装置 （3）利用连杆点轨迹为圆的特性，常用作间歇送进和切削装置等

（续）

机构类型	机构运动简图及尺寸条件	机构特性	机构传动函数及应用
双曲柄机构	反平行四边形机构 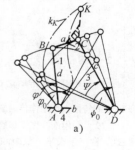（图中a)、b)） 1. 机构中对边杆长相等但不彼此平行 2. 依据固定最短杆（图a）或最长杆（图b）的两种情况，可分为两连架杆同向（图a）和反向（图b）转动两种反平行四边形机构，两连架杆均为曲柄	1. 主动曲柄1或3等速转动时，从动曲柄3或1作同向（图a）或反向（图b）变速转动 2. 机构传动比 $$i_{13} = \frac{\omega_1}{\omega_3} = \pm \frac{1 + 2\frac{a}{b}\cos\varphi + \left(\frac{a}{b}\right)^2}{1 - \left(\frac{a}{b}\right)^2}$$ $$\bar{i}_{13} = \frac{n_1}{n_3} = \pm 1$$（同向为'+'，反向为'-'） 3. 当 $\varphi = 0°$ 或 $\varphi = 180°$ 时，从动曲柄角速度有极值 4. 当主动曲柄与机架共线时，传动角 $\gamma_{23min} = 0$，机构处于死点位置（有两个），为保持反平行四边形机构特性，应采用渡过机构死点的结构，分别在连杆 B' 和 B'' 处以及机架上 M' 和 M'' 处设置拨销和凹穴（见左图a和b）	1. 机构传动函数 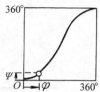 同向转动反平行四边形机构 反向转动平行四边形机构 2. 机构应用 （1）用于要求两轴相距较远且具有联动作用的操纵或控制机构 （2）用于传递两轴间的反向变速转动以代替非圆齿轮 （3）用于要求使从动轴作同向变速转动的场合
双摇杆机构	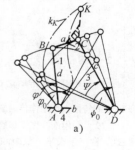 a)	1. 主动摇杆1或3作往复摆动时，从动摇杆3或1也作往复摆动。图a示机构中杆2主动时，杆1和3的极限摆角分别为 φ_0 和 Ψ_0 2. 杆1和3的极限（最大）摆角 φ_0 和 Ψ_0 值可分别根据机构杆长关系求得 3. 任一摇杆为主动且连杆与从动摇杆共线时，机构处于死点，最小传动角为零，因此实际使用此类机构时，摇杆摆角范围应小于其极限摆角两位置所限定的范围	1. 机构传动函数 图a示双摇杆机构

（续）

机构类型	机构运动简图及尺寸条件	机构特性	机构传动函数及应用
双摇杆机构	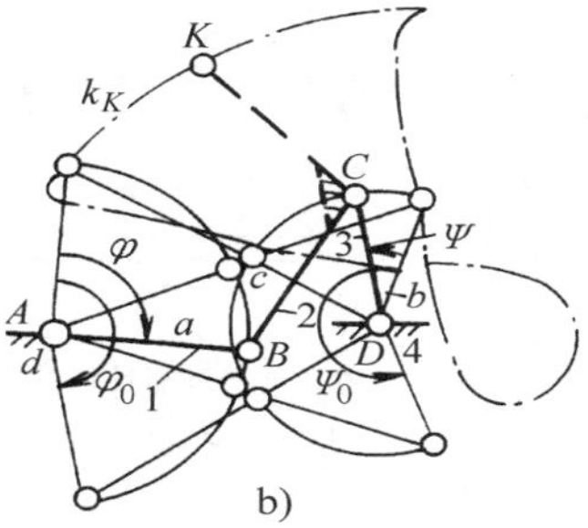 b) 1. 最短杆杆长与最长杆杆长之和小于其余两杆杆长之和，且最短杆的对边杆为机架（图a）；或最短杆杆长与最长杆杆长之和大于其余两杆杆长之和（图b） 2. 图a示双摇杆机构中连杆2相对其余构件可作整周转动；图b示双摇杆机构中的连杆则不能相对其余构件整周转动		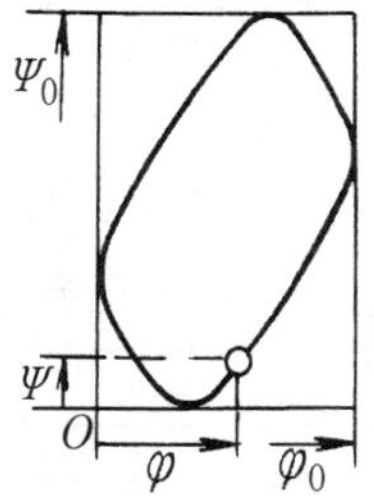 图b示双摇杆机构 注：除图a机构以杆2为主动的传动外，一般只能实现函数的某一段传动函数 2. 机构应用 （1）用于要求两摇杆间转角具有非线性关系的场合，如仪表机构、汽车前轮转向机构等 （2）利用两摇杆间的摆角对应关系，如各种机械中的操纵装置 （3）利用连杆2上点k轨迹k_K，实现生产要求，如直线轨迹用于港口起重机

2. 单移动副四杆机构　在含有一个移动副（由滑块和导杆或导路组成）的四杆机构中，依据机构中两连架杆的不同运动特征，可将其分为曲柄（或摆杆）滑块机构和曲柄导杆机构，其运动简图、特性和应用见表 1.3-2。

表 1.3-2　单移动副四杆机构类型、特点和应用

机构类型	机构运动简图和尺寸条件	机构特性	机构传动函数和应用
曲柄（摆杆）滑块机构	曲柄滑块机构（$b > a + e$） 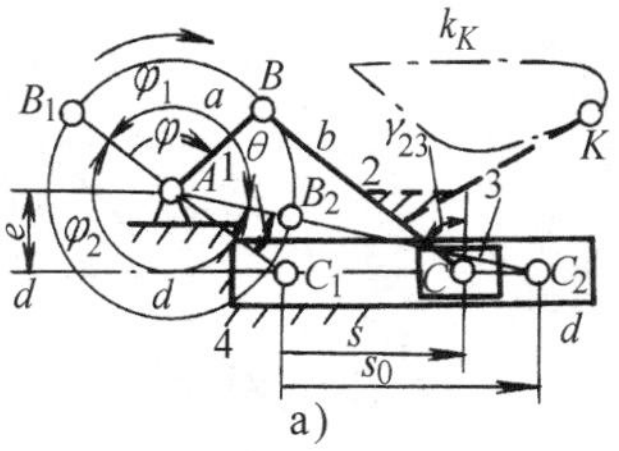 a)	1. 曲柄滑块机构（图a） （1）曲柄1等速转动，滑块3沿导路dd往复变速移动 （2）滑块行程为 $$s_0 = b\left[\sqrt{(1+\lambda)^2 - \varepsilon^2} - \sqrt{(1-\lambda)^2 - \varepsilon^2}\right]$$ （3）滑块3急回行程平均速度增大系数为 $$k = \frac{\varphi_2}{\varphi_1} = \frac{180° + \theta}{180° - \theta}$$ 式中　$\theta = \arccos\dfrac{\varepsilon}{1+\lambda} - \arccos\dfrac{\varepsilon}{1-\lambda}$ （4）当曲柄转至与导路相垂直时，传动角γ_{23}有最小值	1. 机构传动函数 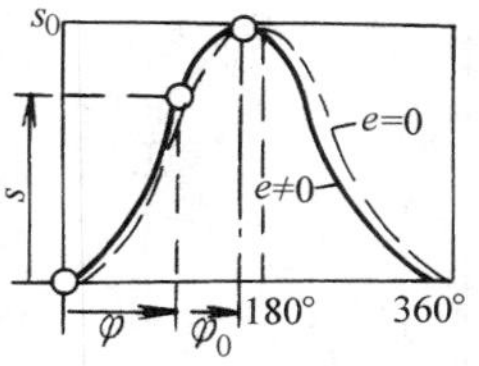 图a示曲柄滑块机构

（续）

机构类型	机构运动简图和尺寸条件	机构特性	机构传动函数和应用
曲柄（摆杆）滑块机构	等腰曲柄滑块机构（$a=b$） 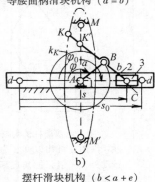 b) 摆杆滑块机构（$b<a+e$） 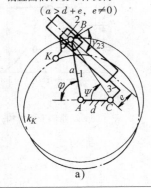 c) 1. 曲柄（摆杆）1、连杆2的杆长分别为 a 和 b，偏距为 e，且令 $\lambda=\dfrac{a}{b}$ 和 $\varepsilon=\dfrac{e}{b}$ 2. 杆1整周转动条件为 $$b\geqslant a+e$$ 3. $b<a+e$（$e\neq0$ 或 $e=0$）时为摆杆滑块机构 4. $e\neq0$ 或 $e=0$ 时的机构分别称为偏置或对心曲柄（摆杆）滑块机构	$\gamma_{23\min}=\arccos(\lambda+\varepsilon)$ （5）当滑块3为主动、且连杆2与从动曲柄1共线时，机构处于死点 2. 等腰曲柄滑块机构（图b） （1）$\lambda=1$，$\varepsilon=0$；滑块行程 $s_0=4a$ （2）当曲柄1主动、且与连杆2重叠时，$\gamma_{23\min}=0$，机构处于死点。为渡过死点分别在连杆2上安装圆销 K' 和在机架上安置凹穴 M 和 M' （3）连杆2上各点（除点 B 外）轨迹为椭圆 3. 摆杆滑块机构（图c） （1）摆杆1往复摆动，滑块3往复移动 （2）连杆2垂直于滑块导路时机构处于死点 （3）摆杆1极限摆角为 $$\varphi_0=2\arccos\dfrac{\varepsilon-1}{\lambda}$$ （4）滑块最大行程为 $$s_0=2b\sqrt{(1+\lambda)^2-\varepsilon^2}$$	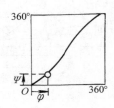 图c示摆杆滑块机构 注：摆杆滑块机构通常仅能实现一段函数 2. 机构应用 （1）用于将曲柄1的等速转动转换为滑块3具有或没有急回运动特性的往复移动，如各种曲柄压力机和空压机等 （2）用于将滑块3的往复运动转换为从动曲柄1的连续转动或摆动，如内燃机和仪表机构等 （3）利用连杆2上点 K 的轨迹来满足点位导引要求 （4）与其他机构组合成各种用途的多杆机构
转动导杆机构	偏置曲柄转动导杆机构 （$a>d+e$，$e\neq0$） 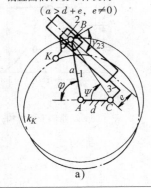 a)	1. 依据机构尺寸 a（曲柄长）、d（机架长）和 e（偏距）的不同，转动导杆机构可分为偏置、对心和等腰曲柄转动机构 2. 当曲柄1等速转动时，导杆3作变速转动（图a，b所示机构）和匀速转动（图c示机构） 3. 机构平均传动比 $$\bar{i}_{13}=\dfrac{n_1}{n_3}=1$$（图a和b） $$\bar{i}_{13}=\dfrac{n_1}{n_3}=2$$（图c）	1. 机构传动函数 （图） 对心与偏置曲柄转动导杆机构

（续）

机构类型	机构运动简图和尺寸条件	机构特性	机构传动函数和应用
转动导杆机构	对心曲柄转动导杆机构 （$a > d$，一般 $a > 2d$，$e = 0$） 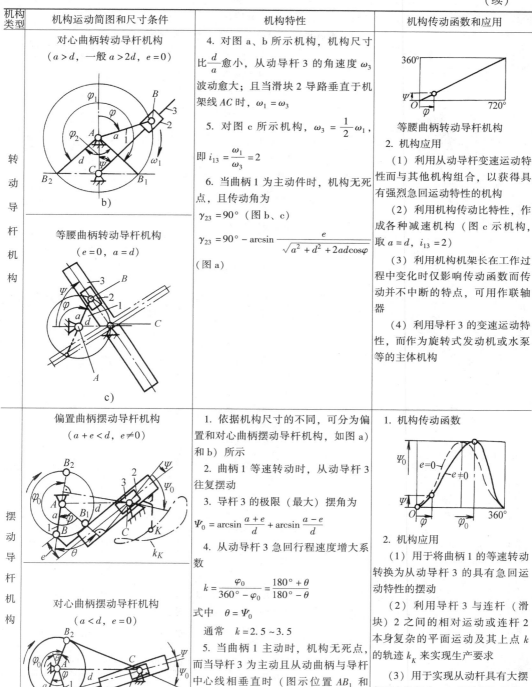 b) 等腰曲柄转动导杆机构 （$e = 0$，$a = d$） c)	4. 对图 a、b 所示机构，机构尺寸比 $\dfrac{d}{a}$ 愈小，从动导杆 3 的角速度 ω_3 波动愈大；且当滑块 2 导路垂直于机架线 AC 时，$\omega_1 = \omega_3$ 5. 对图 c 所示机构，$\omega_3 = \dfrac{1}{2}\omega_1$，即 $i_{13} = \dfrac{\omega_1}{\omega_3} = 2$ 6. 当曲柄 1 为主动件时，机构无死点，且传动角为 $\gamma_{23} = 90°$（图 b、c） $\gamma_{23} = 90° - \arcsin\dfrac{e}{\sqrt{a^2 + d^2 + 2ad\cos\varphi}}$ （图 a）	$\begin{array}{c}\text{（图示传动函数曲线）}\end{array}$ 等腰曲柄转动导杆机构 2. 机构应用 （1）利用从动导杆变速运动特性而与其他机构组合，以获得具有强烈急回运动特性的机构 （2）利用机构传动比特性，作成各种减速机构（图 c 示机构，取 $a = d$，$i_{13} = 2$） （3）利用机构机架长在工作过程中变化时仅影响传动函数而传动并不中断的特点，可用作联轴器 （4）利用导杆 3 的变速运动特性，而作为旋转式发动机或水泵等的主体机构
摆动导杆机构	偏置曲柄摆动导杆机构 （$a + e < d$，$e \neq 0$） 对心曲柄摆动导杆机构 （$a < d$，$e = 0$）	1. 依据机构尺寸的不同，可分为偏置和对心曲柄摆动导杆机构，如图 a）和 b）所示 2. 曲柄 1 等速转动时，从动导杆 3 往复摆动 3. 导杆 3 的极限（最大）摆角为 $\Psi_0 = \arcsin\dfrac{a + e}{d} + \arcsin\dfrac{a - e}{d}$ 4. 从动导杆 3 急回行程速度增大系数 $k = \dfrac{\varphi_0}{360° - \varphi_0} = \dfrac{180° + \theta}{180° - \theta}$ 式中　$\theta = \Psi_0$ 通常　$k = 2.5 \sim 3.5$ 5. 当曲柄 1 主动时，机构无死点，而当导杆 3 为主动且从动曲柄与导杆中心线相互垂直时（图示位置 AB_1 和 AB_2），机构处于死点位置	1. 机构传动函数 $e = 0$　$e \neq 0$ 2. 机构应用 （1）用于将曲柄 1 的等速转动转换为从动导杆 3 的具有急回运动特性的摆动 （2）利用导杆 3 与连杆（滑块）2 之间的相对运动或连杆 2 本身复杂的平面运动及其上点 k 的轨迹 k_K 来实现生产要求 （3）用于实现从动杆具有大摆角要求的场合，如气液摆缸机构

3. 双移动副四杆机构 依据导杆的运动特征，可将含有两个移动副的四杆机构分为移动、转动、摆动和固定导杆机构，其特点、传动函数和应用见表 1.3-3。

表 1.3-3 双移动副四杆机构类型、特点和应用

机构类型	机构运动简图及尺寸	机构特性	机构传动函数及应用
移动导杆机构	曲柄移动导杆机构 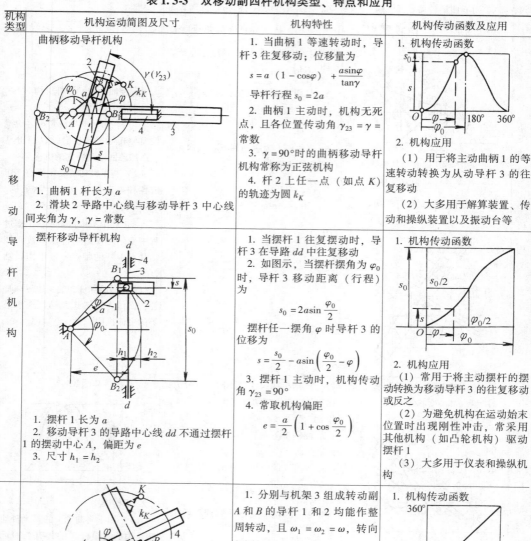 1. 曲柄 1 杆长为 a 2. 滑块 2 导路中心线与移动导杆 3 中心线间夹角为 γ，γ = 常数	1. 当曲柄 1 等速转动时，导杆 3 往复移动；位移量为 $$s = a\,(1 - \cos\varphi) + \frac{a\sin\varphi}{\tan\gamma}$$ 导杆行程 $s_0 = 2a$ 2. 曲柄 1 主动时，机构无死点，且各位置传动角 $\gamma_{23} = \gamma$ = 常数 3. $\gamma = 90°$ 时的曲柄移动导杆机构常称为正弦机构 4. 杆 2 上任一点（如点 K）的轨迹为圆 k_K	1. 机构传动函数 （图） 2. 机构应用 （1）用于将主动曲柄 1 的等速转动转换为从动导杆 3 的往复移动 （2）大多用于解算装置、传动和操纵装置以及振动台等
移动导杆机构	摆杆移动导杆机构 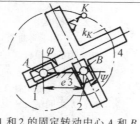 1. 摆杆 1 长为 a 2. 移动导杆 3 的导路中心线 dd 不通过摆杆 1 的摆动中心 A，偏距为 e 3. 尺寸 $h_1 = h_2$	1. 当摆杆 1 往复摆动时，导杆 3 在导路 dd 中往复移动 2. 如图示，当摆杆摆角为 φ_0 时，导杆 3 移动距离（行程）为 $$s_0 = 2a\sin\frac{\varphi_0}{2}$$ 摆杆任一摆角 φ 时导杆 3 的位移为 $$s = \frac{s_0}{2} - a\sin\left(\frac{\varphi_0}{2} - \varphi\right)$$ 3. 摆杆 1 主动时，机构传动角 $\gamma_{23} = 90°$ 4. 常取机构偏距 $$e = \frac{a}{2}\left(1 + \cos\frac{\varphi_0}{2}\right)$$	1. 机构传动函数 （图） 2. 机构应用 （1）常用于将主动摆杆的摆动转换为移动导杆 3 的往复移动或反之 （2）为避免机构在运动始末位置时出现刚性冲击，常采用其他机构（如凸轮机构）驱动摆杆 1 （3）大多用于仪表和操纵机构
双转动导杆机构	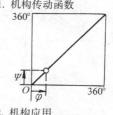 导杆 1 和 2 的固定转动中心 A 和 B 间距离为偏距 e	1. 分别与机架 3 组成转动副 A 和 B 的导杆 1 和 2 均能作整周转动，且 $\omega_1 = \omega_2 = \omega$，转向相同 2. 当两导杆间的轴偏距 e 改变时，机构传动并不中断，且杆 1 和 2 的角速度仍相等 3. 当偏距 e 加大时，滑块 4 相对导杆 1 和 2 的滑动速度也增大，其值为 $$v_{A_1A_4} = \omega e\cos\varphi;\quad v_{B_2B_4} = \omega e\sin\varphi$$	1. 机构传动函数 （图） 2. 机构应用 （1）常用于连接两传动轴以满足定传动比且两轴距经常发生变化要求的传动装置，如十字沟槽联轴器 （2）利用滑块 4 作平面运动时其上点 k 的轨迹 k_K，如用作车椭圆体的夹具

（续）

机构类型	机构运动简图及尺寸	机构特性	机构传动函数及应用
双滑块（固定导杆）机构	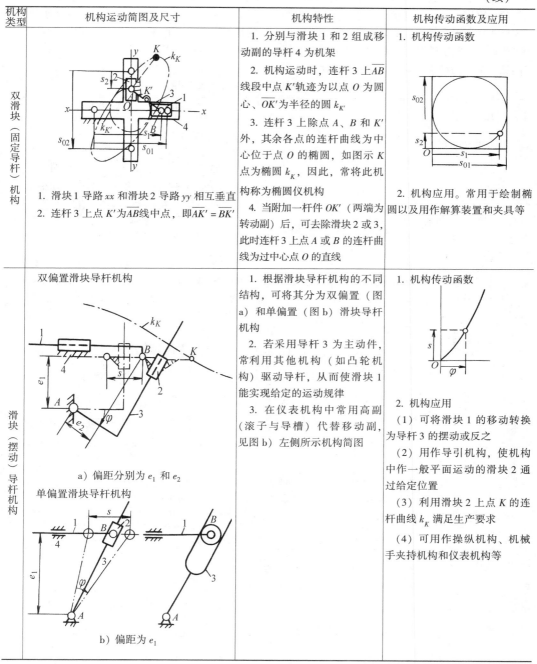 1. 滑块 1 导路 xx 和滑块 2 导路 yy 相互垂直 2. 连杆 3 上点 K' 为 $\overline{AB}$ 线中点，即 $\overline{AK'} = \overline{BK'}$	1. 分别与滑块 1 和 2 组成移动副的导杆 4 为机架 2. 机构运动时，连杆 3 上 $\overline{AB}$ 线段中点 K' 轨迹为以点 O 为圆心、$\overline{OK'}$ 为半径的圆 $k_{K'}$ 3. 连杆 3 上除点 A、B 和 K' 外，其余各点的连杆曲线为中心位于点 O 的椭圆，如图示 K 点为椭圆 k_K，因此，常将此机构称为椭圆仪机构 4. 当附加一杆件 OK'（两端为转动副）后，可去除滑块 2 或 3，此时连杆 3 上点 A 或 B 的连杆曲线为过中心点 O 的直线	1. 机构传动函数 2. 机构应用。常用于绘制椭圆以及用作解算装置和夹具等
滑块（摆动）导杆机构	双偏置滑块导杆机构 a) 偏距分别为 e_1 和 e_2 单偏置滑块导杆机构 b) 偏距为 e_1	1. 根据滑块导杆机构的不同结构，可将其分为双偏置（图a）和单偏置（图b）滑块导杆机构 2. 若采用导杆 3 为主动件，常利用其他机构（如凸轮机构）驱动导杆，从而使滑块 1 能实现给定的运动规律 3. 在仪表机构中常用高副（滚子与导槽）代替移动副，见图 b）左侧所示机构简图	1. 机构传动函数 2. 机构应用 （1）可将滑块 1 的移动转换为导杆 3 的摆动或反之 （2）用作导引机构，使机构中作一般平面运动的滑块 2 通过给定位置 （3）利用滑块 2 上点 K 的连杆曲线 k_K 满足生产要求 （4）可用作操纵机构、机械手夹持机构和仪表机构等

3.1.2 空间连杆机构

空间连杆机构中各运动构件不都在同一平面或相互平行的平面内运动，某些构件间的相对运动为空间运动。组成空间连杆机构的运动副由转动副（R）、移动副（P）、球面副（S）、圆柱副（C）和球销副（S'）等组成。空间连杆机构可以使从动件获得给定的位置、行程或某种运动规律，也可使连杆点满足给定的位置或空间曲线。

与平面连杆机构相比，空间连杆机构构件数少，结构简单紧凑，而且具有运动多样性，能实现平面连杆机构所无法或难以实现的某些运动。但由于机构运动的复杂性和运动副形式的多样性，故空间连杆机构的结构、运动和动力分析及设计较困难。空间连杆机构广泛用于轻工、农机、仪器仪表以及机器人和机器手机构中。空间连杆机构的基本形式为空间四杆机构，常见空间四杆机构的类型及应用见表1.3-4。

表1.3-4　空间四杆机构的类型及应用

机构类型	机构运动简图	机构应用及说明
空间曲柄滑块机构	RSSP 机构 从动滑块3导路中心线 ll 与曲柄2轴线 dd 不在同一平面，两线垂直距离为 h	主动轴1上装有两个旋转斜盘（曲柄）2，斜盘2用球面副与连杆4连接，连杆4用球面副与滑块3相连。当曲柄2（轴1）转动时，通过斜盘2使左右两组滑块同时往复移动
空间曲柄摇杆机构	RSSR 机构 主动曲柄1的连续转动转换为从动曲柄5的往复摆动。主、从动轴轴线 aa 和 bb 空间交错，两线垂直距离为 h	在缝纫机弯针机构中，由两套串接的空间连杆机构（空间曲柄摇杆机构 0-1-6-5-0 和空间双摇杆机构 0-5-4-3-0）以及平面摆动导杆机构 0-1-2-3 组成使构件（弯针）3 获得复合运动，其上点 P 实现所需的球面运动轨迹 k_P
空间液压摆缸机构	RSCS 机构 液压缸2和活塞1组成圆柱副 C，从动摆杆3的轴线为 OO	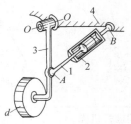 在收降飞机起落架的空间导杆机构中，当液压系统的缸体2和活塞1作相对运动时，使杆3及其上轮子 d 绕轴线 OO 转动，从而使起落架收降

（续）

机构类型	机构运动简图	机构应用及说明
空间曲柄摆移杆机构	**RRSC 机构** 　　主动杆 1 相对机架 4 作定轴转动时，通过连杆 2 使从动杆 3 作摆动兼移动。杆 3 和机架 4 组成圆柱副	 　　在缝纫机弯针传动机构中，当件 1 转动时，与构件 3 相固结的弯针 3′ 同时作摆动和往复移动，从而使弯针 3′ 上的点 P 在圆柱半径为 R 的表面上运动，以满足缝纫要求
空间双摇杆机构	**RCCR 机构** 　　主、从动摇杆 1 和 3 分别同机架 4 组成转动副，连杆 2 分别同杆 1 和 3 组成圆柱副	 　　在该空间四杆机构中，当主动摇杆 1 绕轴线 AA 摆动时，通过连杆 2 使从动摇杆 3 绕轴线 BB 也作往复摆动，轴线 AA 与 BB 在空间垂直交错
球面四铰链机构	**RRRR 机构** 　　1. 四个构件用四个转动副连接而成 　　2. 四个转动副轴线 z_1、z_2、z_3、z_4 汇交于一点 O，构件间相对运动为球面运动 　　3. 主、从动轴线 Oz_3 和 Oz_4 间所夹锐角为 α	 　　1. 当机构运转过程中轴夹角 α 变化时机构传动并不中断 　　2. 主动轴 1 转过一整周时，从动轴 3 也转过一整周，但 $i_{31} = \dfrac{\omega_3}{\omega_1} \neq$ 常数（$\alpha \neq 0$ 时） 　　3. 当 α 角增大时，i_{31} 变化幅度增大，一般应使 $\alpha < 35° \sim 45°$

3.1.3 气液连杆机构

气液连杆机构是利用气体或液体作为介质进行驱动的连杆机构。机构中常采用由一个或多个缸体和活塞组成的移动副作为主动副。

最简单的气液连杆机构是由两个构件组成。缸体固定，与活塞相固连的从动执行构件作往复移动或摆动；为满足行程、摆角、速度和作用力等方面的要求，将气液双杆机构扩展为气液四杆机构或多杆机构。应用最广也是组成气液多杆机构基础的是缸体可绕定轴摆动的气液四杆机构（或简称为摆缸机构）。

气液连杆机构运转平稳可靠；能吸收冲击和振动；易防止过载；操作方便，易于实现自动化和远距离操纵；但气液连杆机构因压力损失和介质易泄漏等原因，机构效率较低；且要求构成主动副的液压件有较高的精度以及整套包括气液源在内的辅助装置。

1. 常见气液连杆机构的型式及特点（表1.3-5）

2. 气液四杆摆缸机构的位置参数和传动角计算（表1.3-6）

3. 气液四杆摆缸机构运动和动力参数的计算（表1.3-7）

表 1.3-5　气液连杆机构的型式和特点

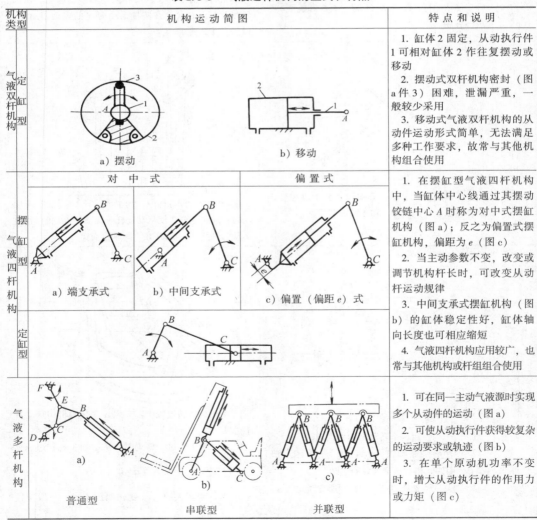

机构类型	机构运动简图		特点和说明
气液双杆机构 定缸型	a）摆动	b）移动	1. 缸体2固定，从动执行件1可相对缸体2作往复摆动或移动 2. 摆动式双杆机构密封（图a件3）困难，泄漏严重，一般较少采用 3. 移动式气液双杆机构的从动件运动形式简单，无法满足多种工作要求，故常与其他机构组合使用
摆缸型 气液四杆机构	对中式 a）端支承式　b）中间支承式	偏置式 c）偏置（偏距e）式	1. 在摆缸型气液四杆机构中，当缸体中心线通过其摆动铰链中心A时称为对中式摆缸机构（图a）；反之为偏置式摆缸机构，偏距为e（图c） 2. 当主动参数不变，改变或调节机构杆长时，可改变从动杆运动规律 3. 中间支承式摆缸机构（图b）的缸体稳定性好，缸体轴向长度也可相应缩短 4. 气液四杆机构应用较广，也常与其他机构或杆组组合使用
定缸型			
气液多杆机构	普通型 a）	串联型 b）　　并联型 c）	1. 可在同一主动气液源时实现多个从动件的运动（图a） 2. 可使从动执行件获得较复杂的运动要求或轨迹（图b） 3. 在单个原动机功率不变时，增大从动执行件的作用力或力矩（图c）

表 1.3-6　摆缸机构位置参数和传动角计算

机 构 类 型	对 中 式	偏 置 式
机构运动简图		
符 号 说 明	r—摆杆 1 杆长；d—机架 4 长；e—缸体偏距；γ_i—传动角；L_1、L_i、L_2—在初始位置、任意位置和终止位置时机构动铰链点 B 至定铰链点 C 之间的距离；ϕ_i—从动摆杆 1 在任意位置时的位置角；i—符号角码，表示任意位置；λ'—沿缸体中心线方向活塞杆终止位置伸长长度相对活塞杆初始位置时伸出长度之比	
计算参数及符号	$\lambda = L_2/L_1$；$\sigma = r/d$；$\rho_1 = L_1/d$；$\rho_2 = L_2/d = \lambda\rho_1$；$\rho_i = L_i/d$	
任意位置 ϕ_i 时的 L_i 和 ρ_i 值	$L_i = \sqrt{r^2 + d^2 - 2rd\cos\phi_i}$；$\rho_i = \sqrt{\sigma^2 + 1 - 2\sigma\cos\phi_i}$	
从动摆杆初始位置角 ϕ_1	$\cos\phi_1 = \dfrac{1 + \sigma^2 - \rho_1^2}{2\sigma}$	
从动摆杆终止位置角 ϕ_2	$\cos\phi_2 = \dfrac{1 + \sigma^2 - \lambda^2\rho_1^2}{2\sigma}$	
从动摆杆工作摆角 ϕ_{12}	$\phi_{12} = \phi_2 - \phi_1 = \arccos\dfrac{1 + \sigma^2 - \lambda^2\rho_1^2}{2\sigma} - \arccos\dfrac{1 + \sigma^2 - \rho_1^2}{2\sigma}$	
活塞 2 相对缸体 3 的工作行程 H_{12}	$H_{12} = L_2 - L_1$	$H_{12} = \sqrt{L_2^2 - e^2} - \sqrt{L_1^2 - e^2}$
传动角 γ_i　给定 ρ_i 和 σ	$\cos\gamma_i = \dfrac{\rho_i^2 + \sigma^2 - 1}{2\rho_i\sigma}$；$\sin\gamma_i = \dfrac{\sqrt{4\rho_i^2\sigma^2 - (\rho_i^2 + \sigma^2 - 1)}}{2\rho_i\sigma}$	
传动角 γ_i　给定 ϕ_i 和 σ	$\cos\gamma_i = \dfrac{\sigma - \cos\phi_i}{\sqrt{1 + \sigma^2 - 2\sigma\cos\phi_i}}$；$\sin\gamma_i = \dfrac{1}{\sqrt{\left(\dfrac{\sigma - \cos\phi_i}{\sin\phi_i}\right)^2 + 1}}$	
偏置角 β_i	$\beta = 0$	$\beta_i = \arcsin\dfrac{e}{L_i}$
活塞杆伸出系数 λ'	$\lambda' = \dfrac{L_2}{L_1} = \lambda$	$\lambda' = \sqrt{\dfrac{\lambda^2 - (e/L_1)^2}{1 - (e/L_1)^2}}$

表1.3-7 摆缸机构运动和动力参数计算公式

机 构 类 型	对中式摆缸机构	偏置式摆缸机构
机构运动简图		
从动摆杆1角速度 ω_1	$\omega_1 = \dfrac{v_{23}}{r\sin\gamma_i} = \dfrac{L_i v_{23}}{rd\sin\varphi_i}$	$\omega_1 = \dfrac{v_{23}\cos\beta_i}{r\sin\gamma_i} = \dfrac{L_i v_{23}\cos\beta_i}{rd\sin\varphi_i}$
缸体3角速度 ω_3 （$=\omega_2$）	$\omega_3 = \dfrac{v_{23}}{L_i \tan\gamma_i}$	$\omega_3 = \dfrac{v_{23}(\cos\gamma_i \cos\beta_i - \sin\beta_i)}{L_i}$
所需活塞推力 P	$P = \dfrac{M_1}{r\sin\gamma_i}$	$P = \dfrac{M_1}{r\sin\gamma_i}\cos\beta_i$
缸体和活塞间横向力 P_{32}	$P_{32} = 0$	$P_{32} = P'_{32} + P''_{32} = \dfrac{M_1}{r\sin\gamma_i}\sin\beta_i$
所能克服阻力矩 M_1	$M_1 = Pr\sin\gamma_i$	$M_1 = Pr\dfrac{\sin\gamma_i}{\cos\beta_i}$
所传递阻力矩 M_1 的相对值	$\dfrac{M_1}{Pr} = \sin\gamma_i$	$\dfrac{M_1}{Pr} = \dfrac{\sin\gamma_i}{\cos\beta_i}$
相对速度 v_{23}	活塞2相对缸体3的移动速度，一般为定值且为已知	

4. 气液四杆摆缸机构的参数选择

（1）活塞杆伸出系数 λ' λ' 增大时，活塞杆伸出缸体的长度也增加，从而导致不稳定现象。因此，值 λ' 应按活塞杆稳定性要求确定。对表图所示摆缸机构，常取 $\lambda' = 1.5 \sim 1.7$。

（2）摆缸机构的传动角 γ 传动角 γ 与传力效果有关，γ 愈大，机构工作时愈省力，效率也愈高；反之，即使负载（摆杆所受阻力矩）不大，也需很大推力。若传动角 γ 过小，甚至小于许用值，机构将自锁。机构传动角 γ 值随机构位置的改变而变化。为使机构有良好的传力效果，一般在机构低速工作时取许用传动角 $[\gamma] \geqslant 30° \sim 40°$，高速时可取 $[\gamma] \geqslant 45°$。

当作用于从动摆杆上的阻力矩相同时，偏置式摆缸机构的传力效果较好，其活塞推力要比对中式的推力小，但由于偏置式的缸体与活塞间存在横向作用力而使密封条件恶化，造成移动副元素磨损加剧，这不仅增加泄漏，也导致使用寿命降低。

基本参数 σ、φ_1 和 φ_2 或 σ、ρ_1 和 ρ_2 可根据对摆缸机构工作位置和传力性能的要求，由图1.3-1所示图线选取。设已知机构参数 $\rho = 2.4$ 和 $\sigma = 2.0$，则由图线查得 $\sin\gamma = 0.41$，即 $\gamma = 24°20'$ 和 $\varphi = 100°$；设已知摆杆摆角 $\varphi = 80°$ 和 $\sigma = 1.5$，则由图线查得 $\sin\gamma \approx 0.6$，即 $\gamma = 37°$ 和 $\rho = 1.64$。

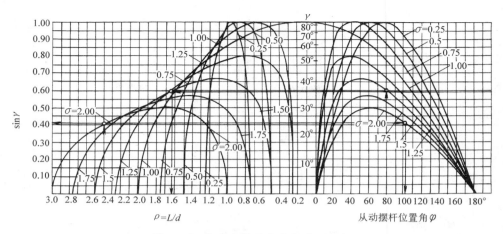

图 1.3-1　摆缸机构基本参数选用图线

3.2　凸轮机构[4、11、12]

典型的凸轮机构是由主动凸轮、从动推杆和机架所组成的三构件高副机构。凸轮机构是生产中最常用的机构之一，它广泛用于内燃机、轻工机械和自动机等各种机械。机构结构简单紧凑，设计较方便；几乎能实现从动推杆为任何预期运动规律的往复移动或往复摆动；但高副元素接触处的润滑条件较差，接触应力大，易磨损；且当凸轮机构用于高速时，动力特性较复杂，相应的机构精确分析和设计也较困难。

3.2.1　凸轮机构的基本类型

凸轮机构按凸轮运动平面和从动推杆运动平面是否重合，或是否平行，可分为平面凸轮机构和空间凸轮机构；按从动推杆运动形式可分为直动推杆和摆动推杆；按推杆底部形状可分为尖端、滚子和平底三种型式；按保证凸轮与推杆维持高副元素接触的方式分，可分为力锁合（封闭）和结构锁合（封闭）两种方式。

1. 平面凸轮机构的基本类型　在平面凸轮机构中，凸轮和推杆具有相同或相互平行的运动平面。采用不同类型的凸轮以及不同运动形式的推杆及其不同的底部形式可组合成不同类型的平面凸轮机构，见表 1.3-8。

表 1.3-8　平面凸轮机构的基本类型

凸轮型式	推杆型式	推 杆 底 部 型 式			说　明
		尖端	滚子	平底	
盘形凸轮	直动推杆				1. 从动推杆导路中心线到凸轮轴心 O 的距离为偏距 e，$e \neq 0$ 和 $e = 0$ 分别称为偏置和对心 2. 中图示 $e \neq 0$ 的机构可称为偏置滚子直动推杆盘形凸轮机构 3. 右图示机构常采用 $e = 0$，其偏置不影响推杆运动规律
	摆动推杆				1. 摆动推杆凸轮机构结构简单，摩擦阻力小，不易自锁，应用较广 2. 设计机构时，必须给定从动件推程时的凸轮转向 3. 经验设计时，摆杆长 l 和中心距 L 之比取为 $0.95 \sim 1.05$

（续）

凸轮推杆型式型式		推杆底部型式			说　明
		尖端	滚子	平底	
移动凸轮	直动推杆				1. 移动凸轮机构设计制造简单；制造精度较高 2. 由于凸轮体作往复直线运动，故不宜用于高速 3. 摆动从动推杆凸轮机构受力情况较好，不易自锁
	摆动推杆				

2. 空间凸轮机构的基本类型　在空间凸轮机构中，凸轮和推杆的运动平面常互相垂直，其类型见表1.3-9。

3. 凸轮机构高副的封闭（锁合）方式

保证凸轮与从动推杆高副元素接触的方式有力封闭和结构（形）封闭两种，见表1.3-10。

表1.3-9　空间凸轮机构的基本类型

凸轮类型	机构运动简图		说　明
	直动推杆	摆动推杆	
圆柱沟槽凸轮			1. 与平面直动推杆盘形凸轮机构相比，直动推杆圆柱凸轮机构结构紧凑，而从动推杆所能实现的行程较大 2. 在摆动推杆圆柱凸轮中，摆杆的摆角不宜过大 3. 仅能采用滚子推杆。由于滚子和沟槽间存在间隙，高速运转时易产生冲击，故不宜用于高速 4. 圆柱沟槽凸轮体加工较困难
圆柱端面凸轮			1. 必须用外力维持推杆与凸轮端面相接触 2. 可以采用尖端或滚子从动推杆 3. 凸轮体加工较简单

表1.3-10　凸轮机构高副的基本封闭形式

封闭形式	图　例			说　明
力封闭				1. 利用弹簧力，重力和气液力使推杆和凸轮维持接触 2. 力封闭方法简便，结构紧凑，但运动副元素间的作用力加大 3. 用重力封闭仅适于推杆垂直安置场合

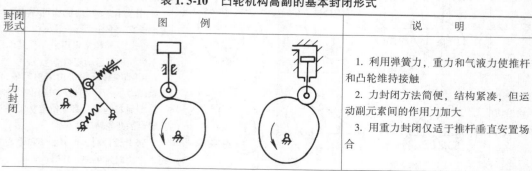

（续）

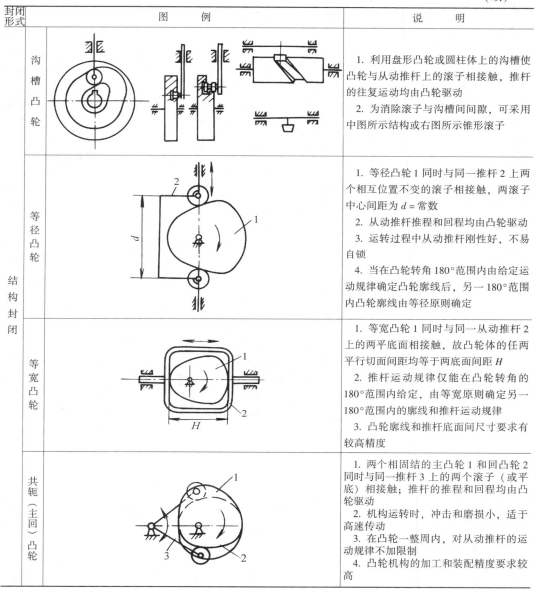

封闭形式		图　例	说　明
结构封闭	沟槽凸轮		1. 利用盘形凸轮或圆柱体上的沟槽使凸轮与从动推杆上的滚子相接触，推杆的往复运动均由凸轮驱动 2. 为消除滚子与沟槽间间隙，可采用中图所示结构或右图所示锥形滚子
	等径凸轮		1. 等径凸轮 1 同时与同一推杆 2 上两个相互位置不变的滚子相接触，两滚子中心间距为 d = 常数 2. 从动推杆推程和回程均由凸轮驱动 3. 运转过程中从动推杆刚性好，不易自锁 4. 当在凸轮转角 180°范围内由给定运动规律确定凸轮廓线后，另一 180°范围内凸轮廓线由等径原则确定
	等宽凸轮		1. 等宽凸轮 1 同时与同一从动推杆 2 上的两平底面相接触，故凸轮体的任两平行切面间距均等于两底面间距 H 2. 推杆运动规律仅能在凸轮转角的 180°范围内给定，由等宽原则确定另一 180°范围内的廓线和推杆运动规律 3. 凸轮廓线和推杆底面间尺寸要求有较高精度
	共轭（主回）凸轮		1. 两个相固结的主凸轮 1 和回凸轮 2 同时与同一推杆 3 上的两个滚子（或平底）相接触；推杆的推程和回程均由凸轮驱动 2. 机构运转时，冲击和磨损小，适于高速传动 3. 在凸轮一整周内，对从动推杆的运动规律不加限制 4. 凸轮机构的加工和装配精度要求较高

3.2.2　从动推杆的运动规律

推杆运动规律是指推杆的（角）位移、（角）速度、（角）加速度等随凸轮转角（φ）或时间（t）变化的规律。一般当凸轮转过一整周时推杆完成一个运动循环。在设计凸轮机构前，一般应先给定推杆的运动规律，因为推杆运动规律不仅关系到凸轮的廓线形状和尺寸，同时还影响凸轮机构的动力特性和使用。

1. 推杆常用运动规律（表 1.3-11）

2. 推杆运动规律的运动特性值　为了说明推杆运动规律的运动特性及其适用性，常常采用无量纲的 V_m、A_m、J_m 和 Q_m 等特性值来表示推杆的最大速度、最大加速度、最大跃度和凸轮轴的最大转距。推杆常用运动规律的运动特性值见表 1.3-12。

表 1.3-11 推杆常用运动规律方程、曲线和特点

规律名称	运 动 方 程	运 动 曲 线	特 点 和 应 用
等速（直线）运动规律	区间：$0 \leqslant \varphi \leqslant \varphi_0$ $s = \dfrac{h}{\varphi_0}\varphi$ $v = \dfrac{h}{\varphi_0}\omega_1$ $a = 0$		1. 在行程始末因 $a = \infty$ 而产生刚性冲击。为此，可在行程始末用圆弧等曲线加以修正 2. 与其他运动规律相比，在相同的 φ_0、h 和 ω_1 条件下，v_{max} 最小 3. 适用于低速轻载以及要求推杆实现等速进给运动的机械（如机床）中
等加速等减速（抛物线）运动规律	区间：$0 \leqslant \varphi \leqslant \dfrac{\varphi_0}{2}$ $s = \dfrac{2h}{\varphi_0^2}\varphi^2$ $v = \dfrac{4h\varphi}{\varphi_0^2}\omega_1$ $a = \dfrac{4h}{\varphi_0^2}\omega_1^2$ $j = 0$ 区间：$\dfrac{\varphi_0}{2} \leqslant \varphi \leqslant \varphi_0$ $s = h - \dfrac{2h}{\varphi_0^2}(\varphi_0 - \varphi)^2$ $v = \dfrac{4h}{\varphi_0^2}(\varphi_0 - \varphi)\omega_1$ $a = -\dfrac{4h}{\varphi_0^2}\omega_1^2$ $j = 0$		1. 行程始末及中间位置因 a 发生有限值突变而产生柔性冲击 2. 本运动规律适于正、负加速度绝对值相等时的情况 3. 在相同 φ_0、h 和 ω_1 时，a_{max} 值较小 4. 用于中低速场合
余弦加速度（简谐）运动规律	区间：$0 \leqslant \varphi \leqslant \varphi_0$ $s = \dfrac{h}{2}\left(1 - \cos\dfrac{\pi}{\varphi_0}\varphi\right)$ $v = \dfrac{\pi h\omega_1}{2\varphi_0}\sin\dfrac{\pi}{\varphi_0}\varphi$ $a = \dfrac{\pi^2 h\omega_1^2}{2\varphi_0^2}\cos\dfrac{\pi}{\varphi_0}\varphi$ $j = -\dfrac{\pi^3 h\omega_1^3}{2\varphi_0^3}\sin\dfrac{\pi}{\varphi_0}\varphi$		1. 推杆行程始末有柔性冲击，适用于中低速场合；当推杆作升—降—升运动时，加速度运动曲线连续无突变，不产生柔性冲击，可适于高速场合 2. v_{max} 较小 3. 采用直动推杆时，导路侧压力和力封闭弹簧尺寸较小，运转平稳

（续）

规律名称	运 动 方 程	运 动 曲 线	特点和应用
正弦加速度（摆线）运动规律	区间：$0 \leq \varphi \leq \varphi_0$ $s = h\left(\dfrac{\varphi}{\varphi_0} - \dfrac{1}{2\pi}\sin\dfrac{2\pi}{\varphi_0}\varphi\right)$ $v = \dfrac{h\omega_1}{\varphi_0}\left(1 - \cos\dfrac{2\pi}{\varphi_0}\varphi\right)$ $a = \dfrac{2\pi h\omega_1^2}{\varphi_0^2}\sin\dfrac{2\pi}{\varphi_0}\varphi$ $j = \dfrac{4\pi^2 h\omega_1^3}{\varphi_0^3}\cos\dfrac{2\pi}{\varphi_0}\varphi$		1. 加速度曲线连续无突变，不存在柔性和刚性冲击；行程始末的 j 为有限值；适于高速及从动件质量较大的场合 2. 起动平稳，导路侧压力小；噪声、磨损和冲击较轻 3. 最大加速度值较大 4. 凸轮廓线加工精度要求较高
等压力角运动规律	区间：$0 \leq \varphi \leq \varphi_0$ $s = r_0\left(e^{\varphi\tan\alpha_0} - 1\right)$ $v = \omega_1\left(r_0 + s\right)\tan\alpha_0$ $a = \omega_1^2\tan^2\alpha_0\left(r_0 + s\right)$ $j = \omega_1^3\tan^3\alpha_0\left(r_0 + s\right)$ （适于直动推杆）		1. 在 φ_0 区间内推杆推程任一位置时的 $\alpha = \alpha_0 =$ 常数，外载不变时受力不变 2. 对心直动推杆盘形凸轮廓线为对数螺线 3. 行程始末有刚性冲击 4. 当 r_0、h 和 α_0 已知时，凸轮动程角 $\varphi_0 = \dfrac{\ln\left(h/r_0\right)}{\tan\alpha_0}$ 5. 适用于低速且要求受力不变的自锁及夹紧装置

注：1. 表中所列推杆运动方程和运动曲线相应为推杆作停—升—停运动。
　　2. 表中的 ω_1、h、φ_0、r_0、α_0 分别为凸轮角速度（常数）、推杆升程、凸轮动程角、凸轮基圆半径、推杆定压力角。
　　3. 表中的直动推杆运动参数 s、v、a 和 j 分别为位移、速度、加速度和跃度 $\left(=\dfrac{da}{dt}\right)$；对摆动推杆，应将表中的 s 换成 Ψ，v 换成 ω_2，a 换成 ε_2，h 换成 Ψ_0；Ψ、ω_2、ε_2 和 Ψ_0 分别为摆动推杆的角位移、角速度、角加速度和最大摆角。

表 1.3-12　推杆运动规律的运动特性值

运动特性值	推 杆 运 动 规 律					说　明
	等速	等加等减速	余弦加速度	正弦加速度	等压力角	
$V_m\left(\dfrac{h\omega_1}{\varphi_0}\right)$	1.00	2.00	1.57	2.00	$\left(\dfrac{r_0}{h}+1\right)\varphi_0\tan\alpha_0$	降低 V_m 可减小机构压力角及结构尺寸；还可降低从动系统的最大动量，以保证机构工作安全、可靠
$A_m\left(\dfrac{h}{\varphi_0^2}\omega_1^2\right)$	$\pm\infty$	± 4.00	± 4.93	± 6.28	$\left(\dfrac{r_0}{h}+1\right)\varphi_0^2\tan^2\alpha_0$	A_m 是决定惯性力大小、凸轮接触力高低以及影响机构振动的主要因素；高速凸轮机构应选用较小 A_m 的运动规律
$J_m\left(\dfrac{h\omega_1^3}{\varphi_0^3}\right)$	—	∞	± 15.8 （作升—降—升运动） ∞	± 39.5	∞	J_m 值影响机构的振动和运动精度。高速凸轮机构要求 j 连续，且 J_m 值应尽量小
$Q_m\left(\dfrac{mh^2\omega_1^2}{\varphi_0^3}\right)$	$\pm\infty$	± 8.00	± 3.88	± 8.16	$\left(\dfrac{r_0}{h}+1\right)^2\varphi_0^3\tan^3\alpha_0$	凸轮轴转矩 Q 正比于从动推杆速度与加速度之积 (VA)，因而降低 (VA)，有利于减小凸轮轴转矩

3. 推杆运动规律的选用原则

（1）满足机构工作要求（如仿形机床靠模凸轮），推杆运动规律即由被加工零件形状决定，运动规律毋需选择。

（2）机械工作时，仅要求在凸轮推程角 φ_0 内从动推杆完成某一推程 h，在运动过程中无其他运动要求，则可按凸轮廓线加工方便原则来确定凸轮廓线形状，由此得推杆的实际运动规律。

（3）机械工作时，既要求从动推杆完成某一推程 h，又要求在推程过程中以一定的运动规律运动，这时应选用所要求的运动规律。

（4）对高速凸轮，应使整个机构具有良好的动力性能，无论在推杆推程中有无运动要求，必须使推杆在工作时无冲击以及具有较小的运动特性值。

（5）对动力性能要求较高或具有其他特殊要求（如位移曲线不对称以及边界条件指定等）的凸轮机构，可采用常用运动规律相拼接的组合型运动规律（如摆线—直线—摆线规律）或多项式运动规律。

3.2.3　凸轮机构的压力角

1. 推杆压力角　推杆压力角是指当凸轮为主动件时凸轮对推杆的法向作用力与推杆在该点绝对速度方向间所夹的锐角，以 α 表示。在外载和推杆运动规律相同的情况下，压力角增大，可减小凸轮基圆半径和凸轮尺寸，但将使机构传力性能变差；当压力角 α 超过某一临界值 α_c 时，机构将产生自锁。各种类型凸轮机构推杆压力角的计算见表 1.3-13。

表 1.3-13　凸轮机构推杆压力角计算

机构名称	图　例	压力角计算	说　明
尖端直动推杆盘形凸轮机构		1. 作用力 F $F = \dfrac{Q}{\cos(\alpha+\varphi_1) - \mu_2\left(1+\dfrac{2l}{b}\right)\sin(\alpha+\varphi_1)}$ 2. 临界压力角 α_c $\alpha_c = \arctan\dfrac{1}{\mu_2\left(1+\dfrac{2l}{b}\right)} - \varphi_1$ 3. 任一位置压力角 α $\alpha = \arctan\dfrac{\dfrac{ds}{d\varphi} \mp e}{\sqrt{r_0^2 - e^2} + s}$ 4. 自锁条件 $\alpha \geqslant \alpha_c$	1. 对滚子推杆，应将滚子中心视为从动推杆尖端 2. 凸轮和推杆接触点各自绝对速度方向夹角为锐角时为正偏置，在压力角 α 计算式中偏距 e 前用"$-$"号；钝角时为负偏置，用"$+$"号 3. 改善机构受力情况或增大 α_c 的方法为：降低 μ_1 和 μ_2，用滚子代替尖端推杆；减小推杆悬伸端长 l，加大导路长 b 和推杆直径（或宽度）d；提高构件刚度，减小运动副间隙 4. 增大 α_c 可增大许用压力角 $[\alpha]$，减小凸轮尺寸或改善受力条件
尖端摆动推杆盘形凸轮机构		1. 作用力 F $F = \dfrac{Q}{\cos(\alpha+\varphi_1) - \dfrac{1.27\mu_2 r_a}{l}}$ 2. 临界压力角 α_c $\alpha_c = 90° - \varphi_1 - \varphi_2$ φ_1—推杆与凸轮间摩擦角 φ_2—推杆摆轴与轴承间摩擦角 $\varphi_2 = \arctan\dfrac{1.27\mu_2 r_a}{l}$（$r_a$ 为摆杆轴半径） 3. 任一位置压力角 α $\alpha = \arctan\dfrac{l\dfrac{d\psi}{d\varphi} \mp e}{L\sin(\psi+\psi_0)}$ $e = L\cos(\psi+\psi_0) - l$ $\psi_0 = \arccos\dfrac{L^2 + l^2 - r_0^2}{2lL}$ 4. 自锁条件 $\alpha \geqslant \alpha_c$	1. 摆动推杆盘形凸轮机构的 α_c 较大，故不易自锁；且受力情况较好 2. 计算式中计及了摆动推杆轴颈摩擦（跑合轴颈） 3. 当推杆和凸轮接触各自绝对速度方向间夹角为锐角时压力角 α 的计算式中"e"前用"$-$"号，钝角时用"$+$"号 4. 加大 r_0 或加大中心距 L 和 ψ_0 可减小 α 5. $Q = \dfrac{M_c}{l}$（l 为摆杆长）

（续）

机构名称	图 例	压力角计算	说 明
平底直动推杆盘形凸轮机构		1. 作用力 F $$F=\frac{b}{\cos\varphi_1(b-2\mu_2l)+\mu_2\sin\varphi_1(2a+b-\mu_2d)}Q$$ 2. 自锁条件 $$l\geqslant\frac{b}{2}\left(\frac{1}{\mu_2}+\mu_1\right)+\mu_1 a$$ 或 $$a\geqslant\frac{b}{2\mu_1\mu_2}+\frac{l}{\mu_1}$$ 3. 任一位置压力角　$\alpha=0°$	1. 一般可使推杆平底与其运动方向成 $90°$，且导路通过凸轮轴心 2. 由于 $\alpha=0°$，故机构自锁条件将由推杆结构尺寸和摩擦因数确定 3. 尺寸 l 为高副元素间接触点至导路中心线间距离，为变数 4. 尺寸 a 和 b 分别为推杆悬伸长和导路长
直动推杆移动（圆柱）凸轮机构		1. 作用力 F $$F=\frac{Q}{\cos(\alpha+\varphi_1)-\mu_2\left(1+\dfrac{2a}{b}\right)\sin(\alpha+\varphi_1)}$$ 2. 任一位置压力角 α $$\alpha=\arctan\left(\frac{\dfrac{ds_2}{ds_1}\mp\sin\delta}{\cos\delta}\right)$$ 3. 圆柱凸轮在平均半径 R_p 上的压力角 α $$\alpha=\arctan\left(\frac{ds/d\varphi}{R_p}\right)$$	1. 临界压力角和自锁条件讨论与直动推杆盘形凸轮相似 2. 移动凸轮压力角公式中"$\sin\delta$"前用"$-$"号时为速度 V_{K1} 和 V_{K2} 夹角为锐角；"$+$"号适于钝角 3. 角 δ 为偏置角 4. 最大压力角 α_{max} 出现的位置与 $\left(\dfrac{ds_2}{ds_1}\right)_{max}$ 或 $\left(\dfrac{ds}{d\varphi}\right)_{max}$ 的位置相对应 5. 加大移动凸轮推杆行程 H 或圆柱半径 R_p 可减小推杆压力角 α
摆动推杆移动（圆柱）凸轮机构		1. 作用力 F $$F=\frac{Q}{\cos(\alpha+\varphi_1)-\dfrac{1.27\mu_2 r_a}{l}}$$ 2. 任一位置压力角 α $$\alpha=\arctan\frac{l\dfrac{d\Psi}{ds_1}\mp\cos(\Psi+\Psi_0)}{\sin(\Psi+\Psi_0)}$$ 3. 圆柱凸轮在平均半径 R_p 上的压力角 α $$\alpha=\arctan\frac{\dfrac{l}{R_p}\dfrac{d\Psi}{d\varphi}\mp\cos(\Psi+\Psi_0)}{\sin(\Psi+\Psi_0)}$$	1. 临界压力角和自锁条件的讨论与摆动推杆盘形凸轮相似 2. 移动凸轮压力角公式中 $\cos(\Psi+\Psi_0)$ 前用"$-$"号时为速度 v_{K1} 和 v_{K2} 夹角为锐角；"$+$"号适于钝角 3. 最大压力角 α_{max} 出现的位置与 $\left(\dfrac{d\Psi}{ds_1}\right)_{max}$ 的位置并不对应 4. 加大移动凸轮推杆行程 H 或圆柱半径 R_p 可减小推杆压力角 α
符号说明		μ_1,μ_2—分别为推杆与凸轮和导路间的摩擦因数；Q—外载$\left(\text{摆动推杆 }Q=\dfrac{Mc}{l}\right)$；$R_p$—圆柱凸轮平均半径，$R_p=\dfrac{D+d}{4}$；$\varphi_1$—为推杆与凸轮和导路间的摩擦角；$F$—凸轮对推杆作用力；$\varphi$—凸轮转角；$r_0,r_a$—分别为盘形凸轮基圆半径和摆动推杆转轴抽半径；$nn$—接触点 K 的公法线；s,Ψ—分别为直动和摆动推杆位移	

2. 许用压力角[α]（见表 1.3-14）

表 1.3-14 许用压力角[α]推荐值

运动过程	直动推杆		摆动推杆	
	力封闭	形封闭	力封闭	形封闭
推程	$[\alpha]_s \leqslant 30° \sim 45°$		$\alpha_s \leqslant 35°$	
回程	$[\alpha]_h \leqslant 70° \sim 80°$	$[\alpha]_h \leqslant 30°$	$[\alpha]_h \leqslant 70° \sim 80°$	$[\alpha]_h \leqslant 35°$

3.2.4 凸轮的基圆半径

凸轮基圆半径 r_0 是凸轮机构的一个重要参数。对尖端和平底推杆盘形凸轮机构，它是凸轮实际廓线上的最小向径；而对滚子推杆盘形凸轮机构则为理论廓线上的最小向径。对圆柱凸轮，则为与基圆半径 r_0 相等价的平均半径 R_p。基圆半径 r_0 与机构的紧凑性、机构的传动性能以及高副元素间的接触强度有关。减小基圆半径，可使机构变得紧凑，但传动性能变坏，且由于凸轮廓线曲率半径减小而使接触强度减弱。正确确定基圆半径的方法见表 1.3-15。

表 1.3-15 基圆半径的确定方法

机构类型		基圆半径确定准则		计 算 说 明
尖端推杆盘形凸轮机构	直动推杆	推程	$\alpha_{max} \leqslant [\alpha]_s$	据已知 $s(\varphi)$、$\dfrac{ds}{d\varphi}(\varphi)$、$h$、$[\alpha]_s$、$[\alpha]_h$ 和凸轮转向用图解法确定 r_0，然后验算结构尺寸和接触强度是否满足要求
		回程	$\alpha_{max} \leqslant [\alpha]_h$	
	摆动推杆	推程	$\alpha_{max} \leqslant [\alpha]_s$	据已知 $\Psi(\varphi)$、$\dfrac{d\Psi}{d\varphi}(\varphi)$、摆杆长 l，最大摆角 Ψ、$[\alpha]_s$、$[\alpha]_h$ 和凸轮转向，用图解法确定 r_0，然后验算结构尺寸和接触强度是否满足要求
		回程	$\alpha_{max} \leqslant [\alpha]_h$	
平底直动推杆	盘形凸轮机构	凸轮轮廓表面不应出现尖点或内凹廓线，要求廓线最小曲率半径 $\rho_{min} > 0$，即应使 $$r_0 > -\left[s + \frac{d^2 s}{d\varphi^2}\right]$$		在推杆推程回程的凸轮转角 φ 的区间内求出 $\left[s + \dfrac{d^2 s}{d\varphi^2}\right]$ 的最小值，一般发生在推杆的最大负加速度位置。然后验算结构尺寸和接触强度是否满足要求
圆柱凸轮	直动推杆	$\alpha_{max} \leqslant [\alpha]_s$ $$R_p \geqslant \frac{(ds/d\varphi)_{max}}{\tan[\alpha]_s} \text{ 或 } R_p \geqslant \frac{V_m}{\tan[\alpha]_s} \cdot \frac{h}{\varphi_1}$$		在推杆推程中求出最大类速度 $\left(\dfrac{ds}{d\varphi}\right)_{max}$，或由运动特性值 V_m、推杆推程 h 和相应凸轮推程角 φ_1 进行计算；然后验算结构尺寸

（续）

机构类型		基圆半径确定准则	计 算 说 明
圆柱凸轮	摆动推杆	$\alpha_{max} \leq [\alpha]_s$ $R_p \geq \dfrac{l \ (d\Psi/d\varphi)_{max}}{\tan [\alpha]_s}$ 或 $R_p \geq \dfrac{V_m}{\tan [\alpha]_s} \cdot \dfrac{l\Psi}{\varphi_1}$	在推杆推程中求出最大类角速度 $\left(\dfrac{d\Psi}{d\varphi}\right)_{max}$，或由运动特性值 V_m，摆杆长 l、摆杆最大摆角 Ψ 及相应凸轮推程角 φ_1 进行计算。然后验算结构尺寸
盘形凸轮		 a）凸轮与轴一体 b）凸轮装在轴上	图 a 结构： $r_0 \geq r_s + r_g + (2 \sim 5)$ mm 图 b 结构 $r_0 \geq r_h + r_g + (2 \sim 5)$ mm 式中 r_g—滚子半径 r_s—凸轮轴半径 r_h—凸轮轮毂半径 验算压力角及接触强度
圆柱凸轮		 c）凸轮与轴一体 d）凸轮装在轴上	图 c 结构： $r_p \geq r_s + \dfrac{b}{2} + (2 \sim 5)$ mm 图 d 结构 $r_p \geq r_h + \dfrac{b}{2} + (2 \sim 5)$ mm 式中 r_p—平均半径 b—滚子宽度 验算压力角及接触强度

注：1. 图解确定尖端推杆盘形凸轮机构基圆 r_0 的方法见 [4]。

    2. 形封闭圆柱凸轮推、回程的压力角 $[\alpha]_s = [\alpha]_h = [\alpha]$。

3.2.5 凸轮工作轮廓的过切

在滚子和平底推杆的盘形凸轮机构中，常因滚子尺寸或基圆半径选择不当而使凸轮轮廓加工时产生过切。过切后的轮廓将使推杆运动规律产生失真。为防止过切：

1. 滚子推杆端部的滚子半径 $r_g \leq 0.8\rho_{min}$（ρ_{min} 为理论廓线上的最小曲率半径）；若为保证结构合理，可选 $r_g \leq 0.4 r_0$（r_0 为基圆半径）。

2. 平底推杆凸轮机构的凸轮基圆半径 r_0 应足够大，以防止所设计的凸轮廓线自交而在加工时产生过切。

3.2.6 凸轮廓线方程和刀具中心轨迹

在已知推杆运动规律和推杆尺寸、凸轮基圆半径和角速度以及凸轮和推杆相互配置（即偏置方向和偏距或中心距）等的条件下，一般可用图解法或解析法确定凸轮廓线和刀具中心轨迹。当用解析法设计凸轮廓线时，可借助反转法，使凸轮固定不动或以凸轮作为参考系，推杆连同机架反向转动，与此同时，推杆相对机架以给定的运动规律运动，推杆尖端在复合运动中的轨迹或推杆底部运动副元素的包络线即为凸轮廓线。各种类型凸轮机构的凸轮廓线方程和刀具中心轨迹（坐标）见表1.3-16。

表 1.3-16　凸轮廓线方程和刀具中心坐标

机构名称	坐标系和机构运动简图	廓线方程和刀具中心坐标	说　明
偏置滚子直动推杆盘形凸轮		1. 滚子中心（理论廓线）方程 $$\begin{cases} x = [s_0 + s(\varphi)]\sin\varphi + e\cos\varphi \\ y = [s_0 + s(\varphi)]\cos\varphi - e\sin\varphi \end{cases}$$ $$s_0 = \sqrt{r_0^2 - e^2}$$ 2. 实际（工作）廓线方程 $$\begin{cases} x_C = x \pm r_g y' / \sqrt{x'^2 + y'^2} \\ y_C = y \mp r_g x' / \sqrt{x'^2 + y'^2} \end{cases}$$ $$x' = [s_0 + s(\varphi)]\cos\varphi + \left(\frac{ds}{d\varphi} - e\right)\sin\varphi$$ $$y' = -[s_0 + s(\varphi)]\sin\varphi + \left(\frac{ds}{d\varphi} - e\right)\cos\varphi$$ 3. 刀具中心坐标（轨迹） $$\begin{cases} x_T = x + (r_g - r_T)y' / \sqrt{x'^2 + y'^2} \\ y_T = y - (r_g - r_T)x' / \sqrt{x'^2 + y'^2} \end{cases}$$	1. 对于对心推杆可在中式中令 e $=0$ 2. 实际廓线中滚子半径 r_g 前上下两组符号分别对应于外凸轮和内凸轮两种情况 3. 刀具中心坐标公式为加工外凸轮时的情况 4. $s(\varphi)$ 为推杆运动规律 5. r_T 为刀具半径
平底直动推杆盘形凸轮		1. 推杆平底中点 B 的轨迹方程 $$\begin{cases} x = [r_0 + s(\varphi)]\sin\varphi \\ y = [r_0 + s(\varphi)]\cos\varphi \end{cases}$$ 2. 工作廓线方程 $$\begin{cases} x_C = [r_0 + s(\varphi)]\sin\varphi + \frac{ds}{d\varphi}\cos\varphi \\ y_C = [r_0 + s(\varphi)]\cos\varphi - \frac{ds}{d\varphi}\sin\varphi \end{cases}$$ 3. 刀具中心轨迹 $$\begin{cases} x_T = x_C + r_T\sin\varphi \\ y_T = y_C + r_T\cos\varphi \end{cases}$$	1. 平底面长为 L $$L = 2\left|\frac{ds}{d\varphi}\right|_{max} + (2\sim5)\,mm$$ 2. $s(\varphi)$ 为推杆运动规律 3. r_T 为刀具半径

（续）

机构名称	坐标系和机构运动简图	廓线方程和刀具中心坐标	说 明
滚子摆动推杆盘形凸轮	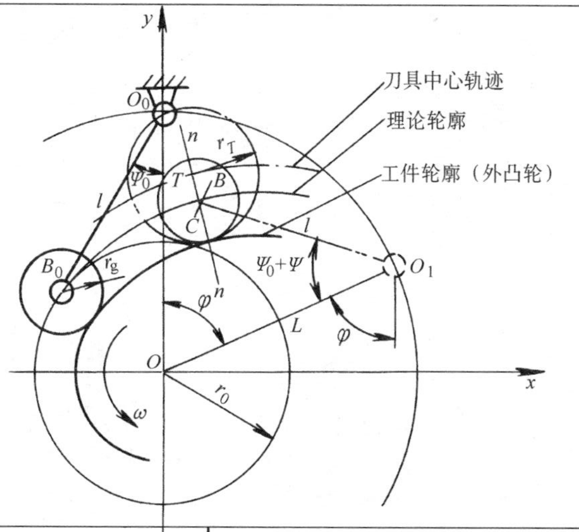 刀具中心轨迹 理论轮廓 工件轮廓（外凸轮）	1. 滚子中心轨迹或凸轮理论廓线方程 $$\begin{cases} x = L\sin\varphi - l\sin[\Psi_0 + \Psi(\varphi) + \varphi] \\ y = L\cos\varphi - l\cos[\Psi_0 + \Psi(\varphi) + \varphi] \end{cases}$$ $$\Psi_0 = \arccos\frac{L^2 + l^2 - r_0^2}{2Ll}$$ 2. 工作（实际）廓线方程 $$\begin{cases} x_c = x \pm r_g\dot{y} / \sqrt{\dot{x}^2 + \dot{y}^2} \\ y_c = y \mp r_g\dot{x} / \sqrt{\dot{x}^2 + \dot{y}^2} \end{cases}$$ $$\begin{cases} \dot{x} = L\cos\varphi - l\left(1 + \dfrac{\mathrm{d}\Psi}{\mathrm{d}\varphi}\right)\cos[\Psi_0 + \Psi(\varphi) + \varphi] \\ \dot{y} = -L\sin\varphi + l\left(1 + \dfrac{\mathrm{d}\Psi}{\mathrm{d}\varphi}\right)\sin[\Psi_0 + \Psi(\varphi) + \varphi] \end{cases}$$ 3. 刀具中心轨迹方程 $$\begin{cases} x_T = x + (r_g - r_T)\dot{y} / \sqrt{\dot{x}^2 + \dot{y}^2} \\ y_T = y - (r_g - r_T)\dot{x} / \sqrt{\dot{x}^2 + \dot{y}^2} \end{cases}$$	1. $\Psi(\varphi)$ 为摆动推杆运动规律 2. l, L 分别为摆杆长和中心距 3. r_g, r_T 分别为滚子和滚子和刀具半径
平底摆动推杆盘形凸轮	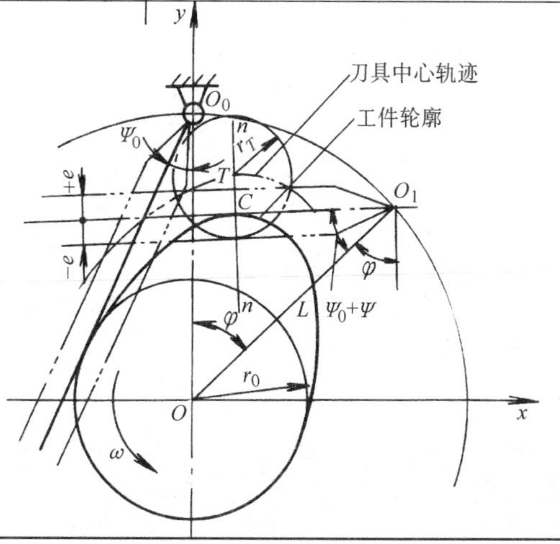 刀具中心轨迹 工件轮廓	1. 工作（实际）廓线方程 $$x_c = L\left\{\sin - \frac{\cos[\Psi_0 + \Psi(\varphi)]}{\dfrac{\mathrm{d}\Psi}{\mathrm{d}\varphi} + 1}\sin[\Psi_0 + \Psi(\varphi) + \varphi]\right\}$$ $$\quad - e\cos[\Psi_0 + \Psi(\varphi) + \varphi]$$ $$y_c = L\left\{\cos - \frac{\cos[\Psi_0 + \Psi(\varphi)]}{\dfrac{\mathrm{d}\Psi}{\mathrm{d}\varphi} + 1}\cos[\Psi_0 + \Psi(\varphi) + \varphi]\right\}$$ $$\quad + e\sin[\Psi_0 + \Psi(\varphi) + \varphi]$$ $$\Psi_0 = \arcsin(r_0/L)$$ 2. 刀具中心轨迹方程 $$\begin{cases} x_T = x_C - r_T\cos[\Psi_0 + \Psi(\varphi) + \varphi] \\ y_T = y_C + r_T\sin[\Psi_0 + \Psi(\varphi) + \varphi] \end{cases}$$	1. $\Psi(\varphi)$ 为摆动推杆运动规律 2. L 为中心距 3. r_T 为刀具半径 4. e 为摆杆偏距；图中"$+e$"偏置时代入正值，"$-e$"偏置时代入负值

3.3 间歇和步进运动机构[4、12～15]

间歇和步进运动机构是指主动件作连续转动或往复运动时，从动件作具有一定运动规律的单向间歇转动或移动（步进运动）的机构。常见的间歇和步进运动机构为棘轮机构、槽轮机构、不完全齿轮机构以及平行和弧面分度凸轮机构。在设计任何一种间歇和步进运动机构时应满足动停时间比、可靠的定位锁紧和良好的动力特性。

3.3.1 棘轮机构

1. 棘轮机构的类型和特点　根据传动原理的不同，可将棘轮机构分为齿啮式和摩擦式两类（见表 1.3-17）：齿啮式棘轮机构由从动棘轮、主动摆杆、驱动棘爪和止回棘爪以及机架组成，锁合弹簧使棘爪和棘轮保持接触。摩擦式棘轮机构是靠偏心楔块和圆柱面或滚子和楔形槽间的楔紧作用产生的摩擦力来传递运动。

2. 齿式棘轮机构的结构和尺寸参数（见表 1.3-18）

表 1.3-17　棘轮机构的类型和特点

机构类型		机 构 简 图	机构特点及应用
齿啮式棘轮机构	外接	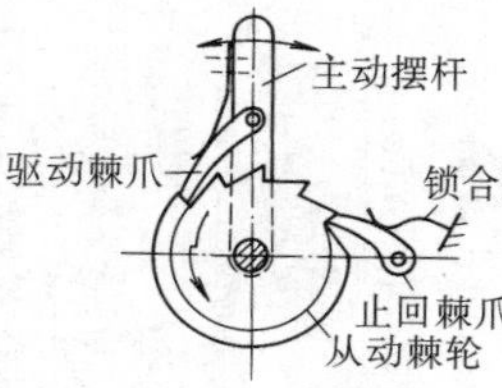 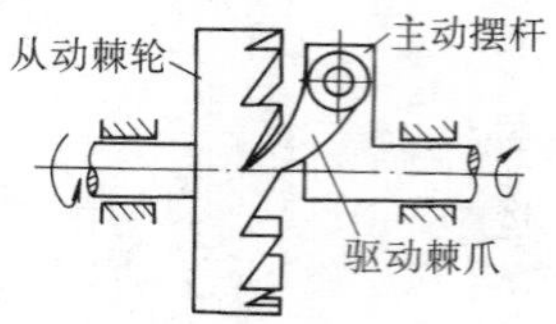	1. 主动摆杆（轮）往复摆动时，使从动棘轮实现单向间歇转动。止回棘爪用于锁止从动棘轮，防止其反向逆转 2. 依靠棘爪、棘轮啮合传动。运动可靠，制造简单 3. 棘轮运动角只能有级变化，最小运动角为从动轮一个齿距所对中心角 4. 棘爪沿齿面回滑时引起噪音和齿尖磨损 5. 存在刚性冲击和空程 6. 承载能力受棘齿弯曲强度和挤压强度的限制 7. 棘轮转角一般小于 45° 8. 用于低速场合；常用作制动、进给装置以及停止器等
	内接和棘条		
摩擦式棘轮机构	外接	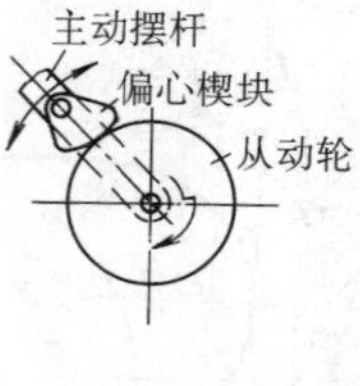 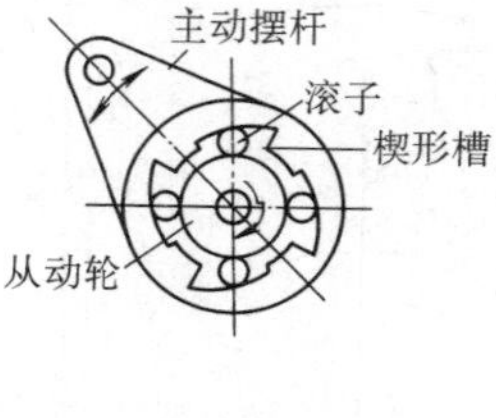	1. 当主动杆（轮）往复摆动时，通过偏心楔块或滚子（柱）使从动轮作单向间歇转动 2. 从动棘轮转角可无级调节 3. 工作时噪声较小 4. 由于靠摩擦力传递运动，运动精度不高，可靠性较差 5. 承载能力受工作表面接触强度的限制 6. 为增大摩擦力，可在从动轮摩擦表面上做出梯形槽 7. 在滚子摩擦式棘轮机构中，主动件和从动件的地位可互易 8. 可适于中速场合；常用作单向或超越离合器等
	内接		

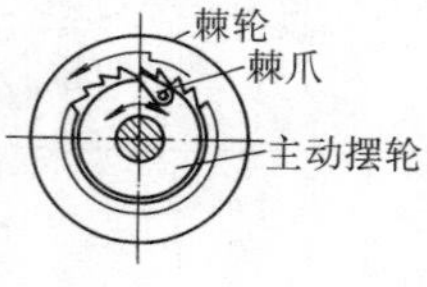

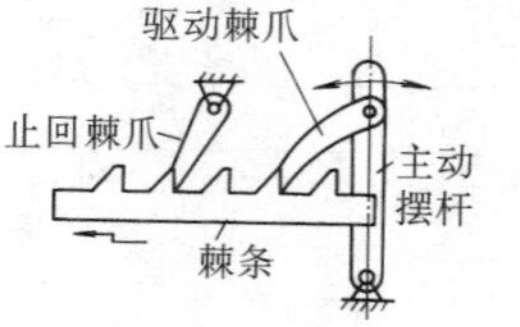

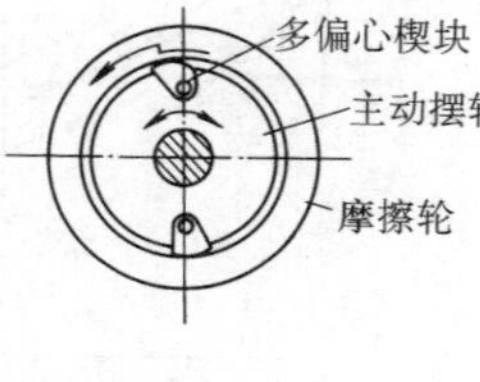

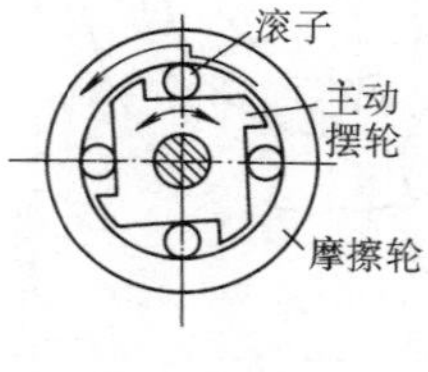

表 1.3-18 齿式棘轮机构的结构和尺寸参数

项 目	图 例	说 明
棘轮齿形	a) b) c) d) 圆弧 直线	1. 单向驱动的棘轮机构一般选用不对称矩形齿（图 a） 2. 载荷较小时可选用直线形三角齿（图 c）和圆弧形三角形齿（图 b） 3. 双向驱动的棘轮机构常选用对称矩形齿（图 d）
自动啮紧条件		$\beta \geqslant \varphi$ β—棘爪方位线 O_1A 与 nn 线夹角 φ—摩擦角 $$\varphi = tg^{-1}f$$ f—摩擦因数 nn—齿面法线
棘爪轴轴心 O_1 位置		为使棘爪受力最小，应使 $\angle O_1AO_2 = 90°$
棘轮轮齿齿面倾角 α		1. 当 $\angle O_1AO_2 = 90°$ 时，$\alpha = \beta$ 2. α 值应据强度确定，当载荷较大时应取小值 3. $\alpha = 10° \sim 30°$
棘爪数 j	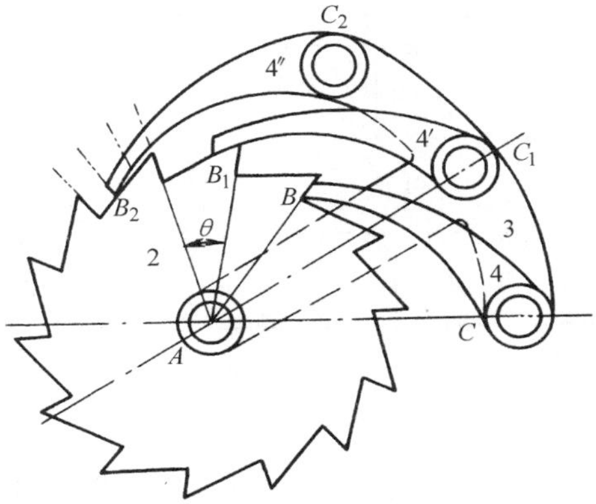	1. 一般取 $j = 1$ 2. 当载荷较大且受尺寸限制而棘轮齿数 z 较少时，齿距角 θ 较大，棘爪每次摆角（工作要求）可能小于 θ，此时棘爪无法拨动棘轮，不得不采用多个棘爪 3. 图示三个棘爪工作端在棘轮圆周上相隔 $\frac{4\theta}{3}$，棘轮每次转角为 $\frac{1}{3}\theta$

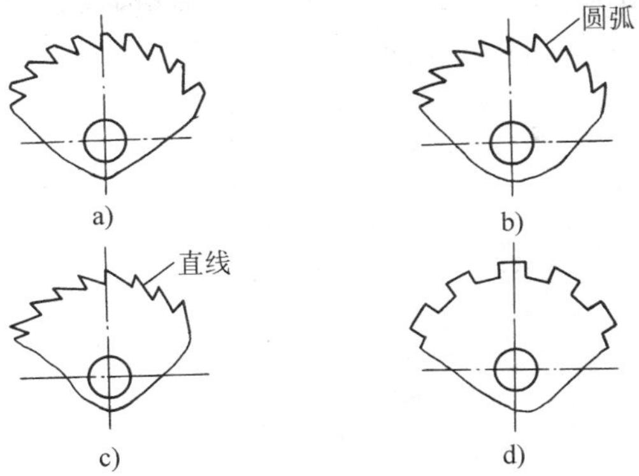

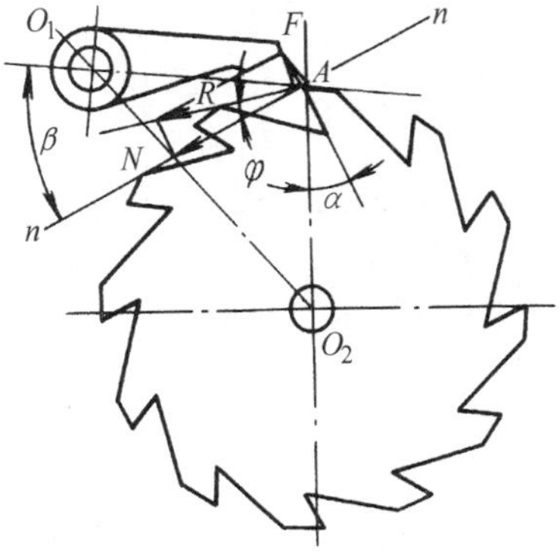

棘轮齿数 z	6 ~ 8	齿条式顶重机	1. 齿数 z 与棘轮最小转角 θ 有关，$\theta = 2\pi/z$，由工艺条件确定 2. 选择齿数 z 时，应兼顾齿距 p 的大小；p 太小影响轮齿强度。为增大 p 值，应同时增加 z 和棘轮直径 d_a 3. 一般情况 $z = 8 \sim 30$
	6 ~ 8	蜗轮蜗杆滑车	
	12 ~ 20	棘轮停止器	
	16 ~ 25	带棘轮的制动器	

（续）

项　目	图　例	说　明
棘轮　模数 m /mm	0.6　0.8　1　1.25　1.5　2　2.5　3　4　5　6　8　10　12　14　16　18　20	1. m 已标准化，据齿根部弯曲强度和接触强度决定 2. $m = d_a/z$，d_a—顶圆直径
齿距 p	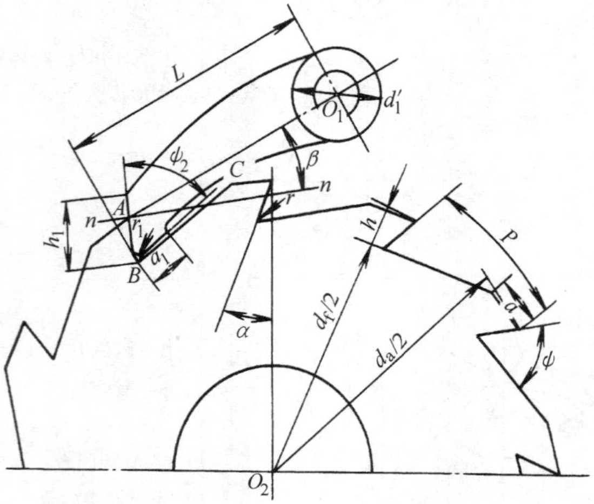	$p = \pi m$
齿顶弦厚 a		$m < 3, a = (1.2 \sim 1.5)m$ $m \geqslant 3, a = m$
齿槽角 ψ		$m \leqslant 1, \psi = 55°$ $m > 1, \psi = 60°$
顶圆直径 d_a		$d_a = mz$
根圆直径 d_f		$d_f = d_a - 2h$，h—齿高
轮宽 b		$b = (1.5 \sim 6)m$　铸铁 $b = (1.5 \sim 4)m$　铸钢 $b = (1 \sim 2)m$　锻钢
齿高 h	0.8　1.0　1.2　1.5　1.8　2.0　2.5　3　3.5　4　4.5　6　7.5　9　10.5　12　13.5　15	
齿根圆角半径 r	0.3　0.3　0.3　0.5　0.5　0.5　0.5　1　1　1　1.5　1.5　1.5　1.5　1.5　1.5　1.5　1.5	
棘爪　工作面边长 h_1	3　　4　　5　5　5　6　6　8　10　12　14　14　16　18	
非工作面边长 a_1	1 ~ 2　　　2　3　4　4　6　6　8　8　12　12	
爪尖圆角半径 r_1	0.4　　0.8　　1.5　2　2　2　2　2　2　2	
齿形角 ψ_2	50°　　55°　　　　60°	
棘爪长度 L	按结构确定　　　　$L \approx 2p$	

注：1. 表中长度单位为 mm。
　　2. 表中数据仅用于不对称梯形齿棘轮和棘爪。

3.3.2　槽轮机构

槽轮机构由主动拨盘（装有拨销）、从动槽轮和机架组成。通常拨盘作等速连续转动，通过拨销带动从动槽轮作间歇单向转动。槽轮机构结构简单，制造方便，且工作可靠。主动件在进入和脱离槽轮时机构运动较棘轮机构平稳，但从动槽轮转角大小不能调节。在运动过程中外槽轮机构中的从动槽轮角加速度变化较大，且冲击交替发生。槽轮机构常用于速度不高的间歇分度装置。

1. 平面槽轮机构的类型和特点（表1.3-19）

表 1.3-19　平面槽轮机构的类型和特点

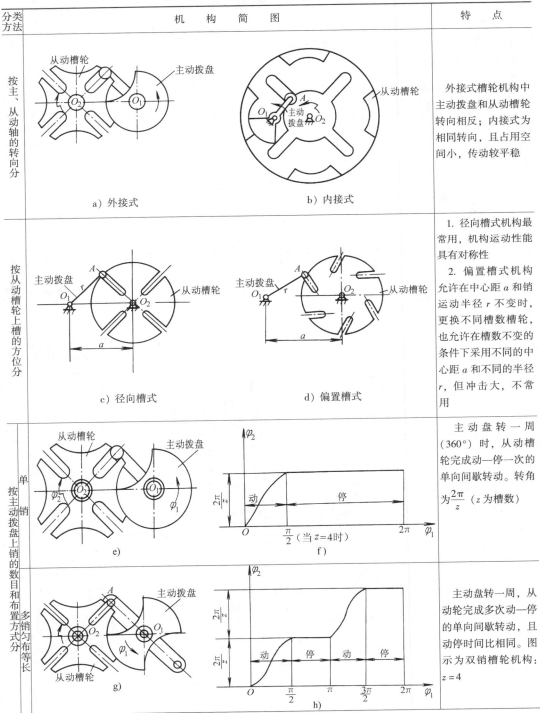

分类方法	机　构　简　图	特　点
按主、从动轴的转向分	a) 外接式　　　b) 内接式	外接式槽轮机构中主动拨盘和从动槽轮转向相反；内接式为相同转向，且占用空间小，传动较平稳
按从动槽轮上槽的方位分	c) 径向槽式　　　d) 偏置槽式	1. 径向槽式机构最常用，机构运动性能具有对称性 2. 偏置槽式机构允许在中心距 a 和销运动半径 r 不变时，更换不同槽数槽轮，也允许在槽数不变的条件下采用不同的中心距 a 和不同的半径 r，但冲击大，不常用
按主动拨盘上销的数目和布置方式分　单销　多销匀布等长	e)　　f)	主动盘转一周（360°）时，从动槽轮完成动—停一次的单向间歇转动。转角为 $\frac{2\pi}{z}$（z 为槽数）
	g)　　h)	主动盘转一周，从动轮完成多次动—停的单向间歇转动，且动停时间比相同。图示为双销槽轮机构：$z=4$

（续）

分类方法		机 构 简 图	特 点
按主动拨盘上销的数目和布置方式分	多销非匀布不等长	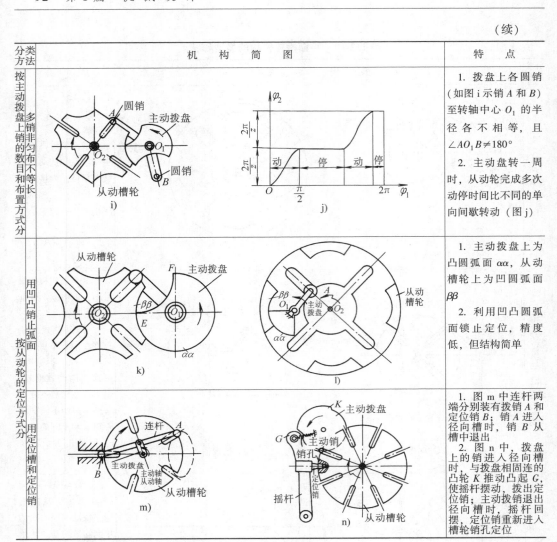	1. 拨盘上各圆销（如图 i 示销 A 和 B）至转轴中心 O_1 的半径各不相等，且 $\angle AO_1B \neq 180°$ 2. 主动盘转一周时，从动轮完成多次动停时间比不同的单向间歇转动（图 j）
按从动轮的定位方式分	用凹凸销止弧面		1. 主动拨盘上为凸圆弧面 $\alpha\alpha$，从动槽轮上为凹圆弧面 $\beta\beta$ 2. 利用凹凸圆弧面锁止定位，精度低，但结构简单
	用定位槽和定位销		1. 图 m 中连杆两端分别装有拨销 A 和定位销 B；销 A 进入径向槽时，销 B 从槽中退出 2. 图 n 中，拨盘上的销进入径向槽时，与拨盘相固连的凸轮 K 推动凸起 G，使摇杆摆动，拨出定位销；主动拨销退出径向槽时，摇杆回摆，定位销重新进入槽轮销孔定位

2. 平面槽轮机构的几何尺寸和运动参数（表 1.3-20）

表 1.3-20　槽轮机构的几何尺寸和运动参数

机构类型	外接槽轮机构	内接槽轮机构
机构结构简图	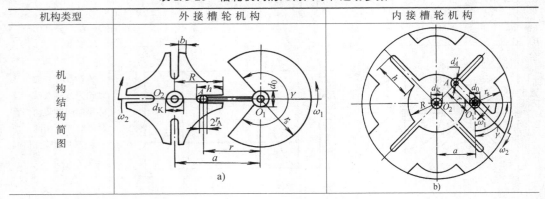	

a)　　　　　　　　　　　　　b)

（续）

机构类型	外接槽轮机构	内接槽轮机构
机构运动简图	 c)	 d)
槽数 z	应根据生产要求决定，常取 $4 \leqslant z \leqslant 18$；$z$ 减少时机构尺寸减小但动力性能变坏	
主动圆销的入槽和出槽方向	为了避免槽轮在起动和停歇时产生刚性冲击，销 A 应由径向槽的方向进入和退出，即取 $\angle O_1 A O_2 = 90°$（图 c、d）	
槽轮运动角 2β	$2\beta = \dfrac{2\pi}{z}$，即槽轮转位角	
主动件运动角 $2\alpha_1$	$2\alpha_1 = 180° - 2\beta = 180°\left(1 - \dfrac{2}{z}\right)$	$2\alpha_1 = 180° + 2\beta = 180°\left(1 + \dfrac{2}{z}\right)$
中心距 α	$\alpha = \overline{O_1 O_2}\mu_l$，一般应由机构结构条件确定，$\mu_l$ 为长度比例尺	$\alpha = \overline{O_1 O_2}\mu_l$，一般应由机构结构条件确定，$\mu_l$ 为长度比例尺
主动曲柄半径 r	$r = \overline{O_1 A} \cdot \mu_l = a\sin\beta$	$r = \overline{O_1 A} \cdot \mu_l = a\sin\beta$
主动圆销半径 r_A	通常取 $r_A = \dfrac{1}{6}r$（据接触强度决定）	$r_A = \dfrac{1}{6}r$
槽轮名义半径 R	$R = \sqrt{(a\cos\beta)^2 + r_A^2}$	$R = \sqrt{(a\cos\beta)^2 + r_A^2}$
槽深 h	$h > R + r + r_A - a$	$h > a + r + r_A - R$
槽顶厚 b	与尺寸 r、r_A 有关，应在选取 r_s 时保证，$b = (0.6 \sim 0.8)r_A$，一般 $b > 3 \sim 5\mathrm{mm}$	
槽轮轮毂半径 r_K	$r_K < a - r - r_A$（悬臂安装时可不受此条件限制）	$r_K < a - r - r_A$
曲柄轴半径 r_0	$r_0 < a - R$	不受几何条件限制
锁止凸圆弧张角 γ	$\gamma = 360°/k - 2\alpha_1$	$\gamma = 360°/k - 2\alpha_1$
锁止凸圆弧半径 r_s	$r_s < r - r_A - b$	$r_s > r - r_A$
圆销数 k	$k < \dfrac{2z}{z - 2}$	$k = 1$
运动循环和周期 T	主动件转一周为一运动循环，总时间为 $T(\mathrm{s})$ $T = \dfrac{60}{n_1}$，n_1—主动件转速（r/min）	$T = \dfrac{60}{n_1}$
一个运动循环中槽轮运动时间 t_d	$t_d = \dfrac{30}{n_1}\left(1 - \dfrac{2}{z}\right)k$	$t_d = \dfrac{30}{n_1}\left(1 + \dfrac{2}{z}\right)$
一个运动循环中槽轮静止时间 t_j	$t_j = \dfrac{30}{n_1}\left(2 - k + \dfrac{2k}{z}\right)$	$t_j = \dfrac{30}{n_1}\left(1 - \dfrac{2}{z}\right)$
一个运动循环中槽轮动—停时间比 τ'	$\tau' = \dfrac{z - 2}{\dfrac{2z}{k} - (z - 2)}$； 单销时 $k = 1$，$\tau' = \dfrac{z - 2}{z + 2} < 1$	$\tau' = \dfrac{z + 2}{z - 2}$，$\tau' > 1$

（续）

机构类型	外 接 槽 轮 机 构	内 接 槽 轮 机 构
运动特性系数 τ	$\tau = \dfrac{t_d}{t_d + t_j} = \dfrac{k\,(z-2)}{2z}$，应满足 $0 < \tau < 1$	$\tau = \dfrac{z+2}{2z} = 0.5 + \dfrac{1}{z}$，应满足 $0 < \tau < 1$
槽轮角位移 φ_2	$\varphi_2 = \arctan \dfrac{r\sin\varphi_1}{a - r\cos\varphi_1}$，$0 < \varphi_1 < \alpha_1$	$\varphi_2 = \arctan \dfrac{r\sin\varphi_1}{a + r\cos\varphi_1}$，$0 < \varphi_1 < \alpha_1$
槽轮角速度 ω_2	$\omega_2 = \dfrac{r\,(a\cos\varphi_1 - r)}{a^2 - 2ar\cos\varphi_1 + r^2}\omega_1$ $\varphi_1 = 0°$时，$\omega_2 = \omega_{2max} = \dfrac{r}{a-r}\omega_1$	$\omega_2 = \dfrac{r\,(a\cos\varphi_1 + r)}{a^2 + 2ar\cos\varphi_1 + r^2}\omega_1$ $\varphi_1 = 0°$时，$\omega_2 = \omega_{2max} = \dfrac{r}{a+r}\omega_1$
槽轮角速度 ω_2 变化图线	e)	f)
槽轮角加速度 ε_2	$\varepsilon_2 = \dfrac{ar\,(r^2 - a^2)\,\sin\varphi_1}{(a^2 - 2ar\cos\varphi_1 + r^2)^2}\omega_1^2$ $\varphi_1 = \arccos\left[-\left(\dfrac{1+\lambda^2}{4\lambda}\right) + \sqrt{\left(\dfrac{1+\lambda^2}{4\lambda}\right)^2 + 2}\right]$时，$\varepsilon_2 = \varepsilon_{2max}$，$\lambda = \dfrac{r}{a}$	$\varepsilon_2 = \dfrac{ar\,(r^2 - a^2)\,\sin\varphi_1}{(a^2 + 2ar\cos\varphi_1 + r^2)^2}\omega_1^2$ $\varphi_1 = \pm\alpha$时，$\varepsilon_2 = \varepsilon_{2max}$
槽轮角加速度 ε_2 变化图线	g)	h)
槽轮机构 动力性能	常以 ε_{2max} 及其变化率表示。外接槽轮机构 Z 愈少，动力性能变坏，ε_{2max} 加大，ε_2 变化加剧	内接槽轮机构 ε_2 变化平缓，在相同槽数 Z 时，动力性能优于外接槽轮机构
驱动力矩 M	1）不计惯性力矩，低速工作时 $M_{1max} = M_2\left(\dfrac{\lambda}{1-\lambda}\right)$ M_2——槽轮轴上平均扭矩 $\lambda = \dfrac{r}{a}$ 2）不计阻力矩，仅考虑惯性力矩时 $M_1 = J_e\varepsilon_2\omega_2/\omega_1$ J_e——等效至主动拨盘轴上的转动惯量 M_{1max} 应通过计算不同位置确定	1）$M_{1max} = M_2\left(\dfrac{\lambda}{1+\lambda}\right)$ M_2——槽轮轴上平均扭矩 $\lambda = \dfrac{a}{r}$ 2）不计阻力矩，仅考虑惯性力矩时 $M_1 = J_e\varepsilon_2\omega_2/\omega_1$ J_e——等效至主动拨盘上的转动惯量 M_{1max} 应通过不同位置计算确定

（续）

机构类型	外接槽轮机构	内接槽轮机构
改善槽轮机构动力性能的措施	1. 采用槽数较多的槽轮，以代替动力性能较差的槽数较少的槽轮机构，但应后置增速齿轮机构 2. 采用前置椭圆齿轮机构，与从动椭圆齿轮相固接的主动拨盘作变速转动。从而在不降低拨盘转速的情况下，降低槽轮的角加速度 3. 改变主动拨盘上拨销的回转半径，使拨销在拨动槽轮过程中其回转半径不为固定值。如采用曲柄摇块机构，圆销装置于作一般平面运动的导杆上；或使圆销沿固定凸轮的导槽运动，均可使圆销在工作过程中改变主动曲柄半径 r，从而改善了槽轮的运动不均匀性	

3.3.3 凸轮型分度机构

凸轮型分度机构是近几十年来开发的一种新型分度机构。常用的有平行分度凸轮机构、圆柱分度凸轮机构和弧面分度凸轮机构等 3 种型式。当主动凸轮作连续等速转动时，装有若干滚子并与凸轮相啮合的从动转盘作单向间歇转动。凸轮型分度机构动力性能好，分度精度较高，适于高速分度的装置。目前已广泛应用于印刷、包装和冲压等各种多工位自动机构中的分度传动装置。

1. 凸轮型分度机构的概况（表 1.3-21）

表 1.3-21　凸轮型分度机构概况

机构类型	平行分度凸轮机构	圆柱分度凸轮机构	弧面分度凸轮机构
机构简图	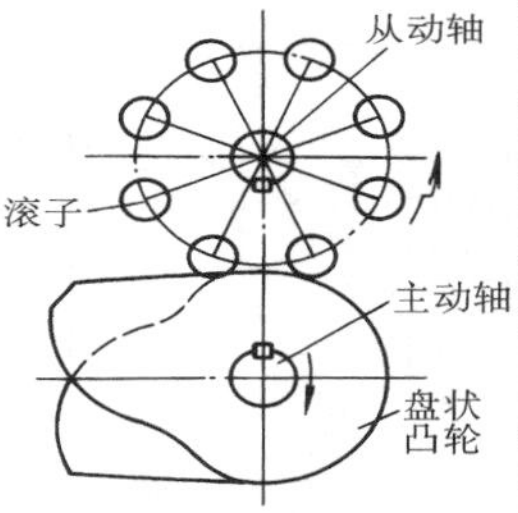	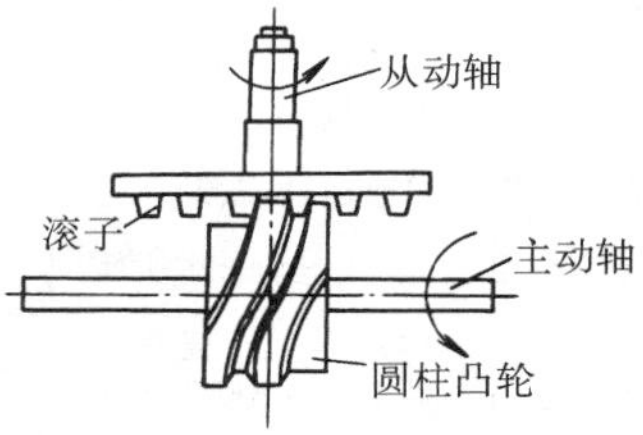	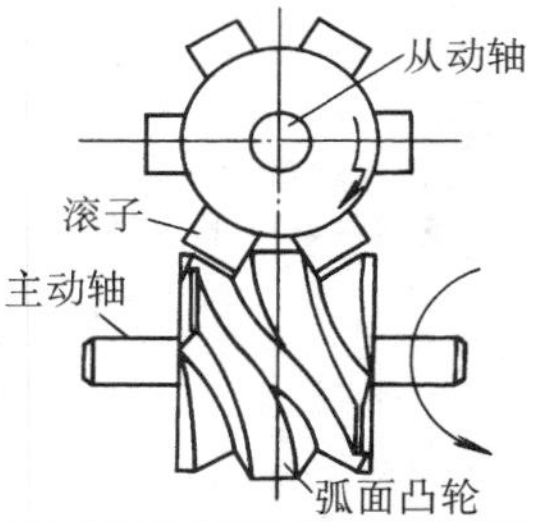
主、从动轴线相对位置	两轴线平行	两轴线垂直交错	两轴线垂直交错
从动件分度期运动规律	可按转速和负荷等要求设计和选用		
从动件分度数	一般为 1 ~ 8 最大不超过 16	一般 6 ~ 24 亦可达 48 或 60	一般 3 ~ 12 最大可达 48
主动件最高转速 /r · min⁻¹	最大 1000	最大 300	最大可达 3000 常用为 60 ~ 350
预紧情况	易实现	不易实现	易实现
分度精度	15″~30″	15″~30″	10″~20″
刚性	一般	高	高
加工凸轮的机床	数控铣床	加工中心或专用机床	加工中心或专用机床
适用场合	中高速；轻载	中、低速；中、轻载	高速；高精度；中、重载

2. 凸轮型分度机构常用运动规律　从动转盘在分度转位运动过程中的运动规律，通常决定了凸轮的廓线或廓面，它应按机构工作时的转速和负荷等要求进行设计或选用。从动转盘的运动规律常用量纲为 1 的时间 T、位移 S、速度 V、加速度 A 和跃度 J 来表示。常用运动规律的名称

和运动规律特性值见表1.3-22。

表1.3-22　凸轮型分度机构常用运动规律

运动规律名称	运动规律组成	运动规律特性值				适用场合
		V_m	A_m	J_m	$(AV)_m$	
改进等速运动规律	1. 中间段为等速运动规律 2. 首末段各为 $T = \dfrac{1}{4}$ 同为半个周期的正弦加速度	1.33	±8.38	±105.28	±7.25	中、低速重载
改进等速运动规律	1. 中间段为等速运动规律 2. 首段为由 $T_1 = \dfrac{1}{16}$ 和 $T_2 = \dfrac{1}{4}$ 且均为 $\dfrac{1}{4}$ 个周期的正弦加速度 3. 末段为由 $T_3 = \dfrac{1}{4}$ 和 $T_4 = \dfrac{1}{16}$ 且均为 $\dfrac{1}{4}$ 个周期的正弦加速度	1.28	±8.01	+201.38 -67.13	±5.73	中、低速重载
改进梯形加速度运动规律	1. 由五段曲线组成 2. 第一和五段均为 $T = \dfrac{1}{8}$、且为 $\dfrac{1}{4}$ 个周期的正弦加速度 3. 第二段为等加速运动规律 4. 第三段为 $T = \dfrac{1}{4}$、且为半个周期的正弦加速度运动规律 5. 第四段为等减速运动规律	2.00	±4.89	±61.43	±8.09	高速、轻载
改进正弦加速度运动规律	1. 由三段曲线组成 2. 中间段为周期较长、$T = \dfrac{3}{4}$ 的半个周期的正弦加速度运动规律 3. 首末两段均为 $T = \dfrac{1}{8}$ 的且为 $\dfrac{1}{4}$ 个周期的正弦加速度运动规律	1.76	±5.53	+69.47 -23.16	±5.46	中、高速中载或重载
备　注	1. 分度凸轮从动转盘的运动规律常用量纲为1的时间 T、位移 S、速度 V、加速度 A 和跃度 J 来表示 2. $T = \dfrac{t}{t_f} = \dfrac{\theta}{\theta_f}$；$S = \dfrac{\phi_i}{\phi_f}$；$V = \dfrac{t_f\omega_2}{\phi_f} = \dfrac{\theta_f\omega_2}{\phi_f\omega_1}$；$A = \dfrac{t_f^2\varepsilon_2}{\phi_f} = \dfrac{\theta_f^2\varepsilon_2}{\phi_f\omega_1^2}$；$J = \dfrac{t_f^3 j_2}{\phi_f} = \dfrac{\theta_f^3 j_2}{\phi_f\omega_1^3}$；表和图中 V_m、A_m、J_m 和 $(AV)_m$ 分别表示相应参数的最大值 3. t、t_f 分别为从动转盘转动时间和分度运动时间 　θ、θ_f 分别为主动凸轮角位移和转盘分度运动期间主动凸轮角位移 　ϕ_i、ϕ_f 分别为从动转盘角位移和从动转盘分度角 　ω_1、ω_2 分别为主动凸轮和从动转盘角速度 　ε_2、j_2 分别为从动转盘的角加速度和跃度					

3. 凸轮型分度机构基本结构和工作原理（表1.3-23）

表 1.3-23 凸轮型分度机构基本结构和工作原理

机构名称	平行分度凸轮机构	圆柱分度凸轮机构	弧面分度凸轮机构
机构简图	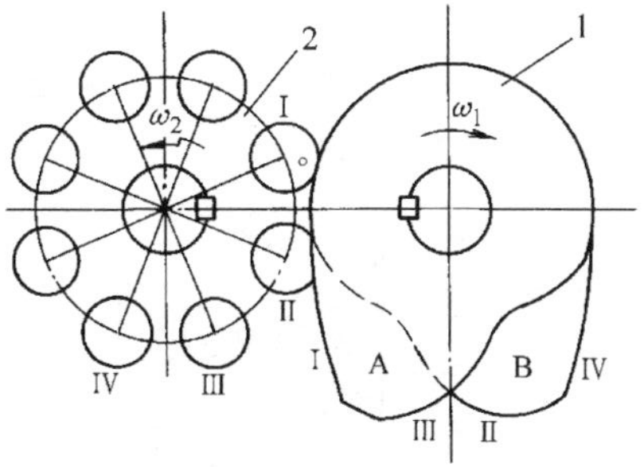	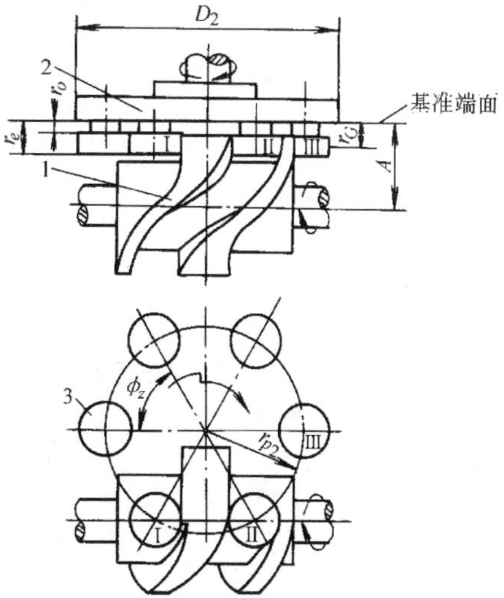	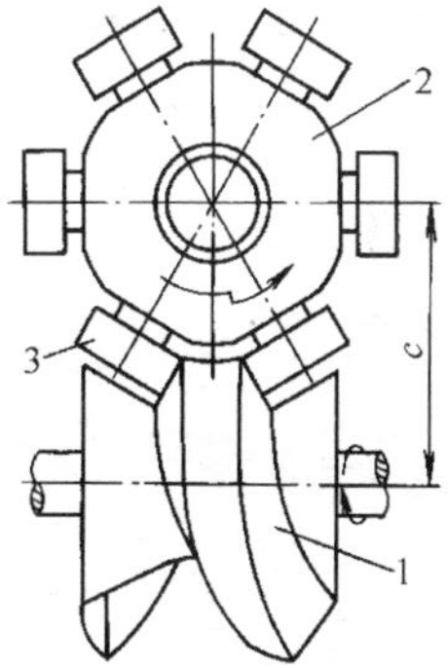
工作原理	主动凸轮 1 和从动转盘 2 分别由上下两片相互固结的盘形凸轮 A、B 以及两个端面上各装有均布的数量相同的圆柱滚子所组成。图中所示滚子Ⅰ、Ⅲ与凸轮 A 的Ⅰ、Ⅲ段轮廓相接触;滚子Ⅱ、Ⅳ与凸轮 B 的Ⅱ、Ⅳ段轮廓相接触。轮廓Ⅰ和Ⅱ为推动滚子(转盘)转动的升程轮廓,称为主轮廓;轮廓Ⅲ和Ⅳ为起闭锁作用的回程轮廓,称为副轮廓;当凸轮 A、B 上的圆弧段与滚子相接触时,从动盘 2 静止不动,凸轮 1 连续转动时,从动盘 2 作间歇步进分度传动。根据凸轮盘上凸起的数量,可分为单头,双头和多头,图示为双头 由于机构工作时,是由两片凸轮按设计要求同时控制从动盘的转动与停歇,因此凸轮与滚子之间能保持良好的几何封闭,使从动盘有较高的定位精度,且可调整件 1 和 2 间中心距,以消除间隙和补偿磨损	主动凸轮 1 为圆柱体,凸轮工作面由定位环面和分度曲面两部分组成。从动转盘 2 上装有若干沿转盘圆周方向均布的滚子 3,其轴线均与转盘轴线平行,并与凸轮工作面相啮合 当凸轮连续转动时,其分度曲面段推动滚子,从而使转盘转动;而当凸轮的定位环面与滚子相啮合时,形成形锁合,两相邻滚子跨夹在定位环面的凸脊两侧,从而使转盘静止不动。以达到良好的定位作用。但由于滚子与凸轮轮廓面间的间隙较难补偿,故易产生越位和冲击等现象 圆柱凸轮类似于变螺旋角蜗杆,其分度段也有左、右旋和单、多头之分,常用为单头 凸轮与转盘间的转向关系,可按蜗轮蜗杆传动的判断方法分析	主动凸轮 1 为圆弧回转体,其工作廓面由分度曲面段和定位环面段两部分组成。从动转盘 2 上装有若干径向均匀分布的滚子 3,其轴线与转盘径向线重合,且其中始终有两个滚子和凸轮工作廓面相接触。当凸轮连续转动时,其分度曲面段推动滚子连同从动转盘转动;当转至定位环面段时,转盘上的两个滚子跨夹在定位环面的凸脊两侧,形成形锁合,转盘停止不动 弧面分度凸轮类似于具有变螺旋角的弧面蜗杆,滚子相当于蜗轮(转盘)上的轮齿;弧面分度凸轮有单头、多头以及左旋、右旋之分。凸轮和转盘间转向关系可按蜗杆传动的方法加以分析 滚子与凸轮凸脊间的间隙可通过调整中心距来消除,从而补偿磨损,且定位精度较高

4. 凸轮型分度机构的参数（表 1.3-24）

表 1.3-24 凸轮型分度机构的参数

主要参数和符号	机构名称		
	平行分度凸轮机构	圆柱凸轮分度机构	弧面分度凸轮机构
凸轮角速度 ω_1	$\omega_1 = 2\pi n/60$，n 为主动凸轮转速		
凸轮头数 凸轮分度廓线头数 H	头数常用值为 1、2、3、4 一般选用 $H=2$	常用分度廓线头数 $H=1$	常用分度廓线头线 $H=$ 1 或 2，$H \geqslant 3$ 较少用
从动转盘 分度数 I	根据生产要求确定，常用值与 H 有关	常用为 $I = 6 \sim 60$	由设计条件定 一般 $I = 6 \sim 24$；常用为 $I = 4 \sim 12$
从动转盘上 滚子数 Z	$Z = HI$，常用值与 H 和 I 有关		
分度期凸轮转角 θ_f	见表 1.3-25	较常用为 $\theta_f = \dfrac{2\pi}{3} \sim \pi$	较常用为 $\theta_f = \dfrac{\pi}{2} \sim \dfrac{5\pi}{3}$
停歇期凸轮转角 θ_d	$\theta_d = \pi - \theta_f (H=1)$ $\theta_d = 2\pi - \theta_f (H=2)$	$\theta_d = 2\pi - \theta_f$	
分度期机构运转时间 t_f	$t_f = \theta_f / \omega_1$		
停歇期机构 运转时间 t_d	$t_d = \theta_d / \omega_1$		
分度期转盘转位角 ϕ_f	$\phi_f = 2\pi/I = 2\pi H/Z$		
分度期转盘运动规律	根据工作要求确定或由表 1.3-22 选用		
分度期转盘角位移 ϕ_i	$\phi_i = S\phi_f$；S 为分度期量纲为 1 的转盘角位移		
分度期转盘角 速度 ω_2	$\omega_2 = \dfrac{\phi_f \omega_1}{\theta_f} V$；$V$ 为分度期量纲为 1 的转盘速度		
分度期转盘与凸轮 角速比 i_{21}	$i_{21} = \dfrac{\omega_2}{\omega_1} = \dfrac{\phi_f}{\theta_f} V$		
分度期角速比 最大值 i_{21max}	$i_{21max} = \left(\dfrac{\omega_2}{\omega_1}\right)_{max} = \dfrac{\phi_f}{\theta_f} V_m$；$V_m$ 为量纲为 1 的最大速度		
动停比 k	$k = \dfrac{t_f}{t_d}$		
运动系数 τ	$\tau = \dfrac{t_f}{t_f + t_d}$		
重合度 ε			$\varepsilon = 1 + \dfrac{\theta_e}{\theta_f}$ θ_e 为在分度期间凸轮有两条同侧廓面同时推动两个滚子时所对应的凸轮转角；通常取 $\varepsilon = 1.1 \sim 1.3$

5. 凸轮型分度机构的几何尺寸（表 1.3-25）

表 1.3-25　凸轮型分度机构的几何尺寸

	平行分度凸轮机构		圆柱凸轮分度机构		弧面凸轮分度机构

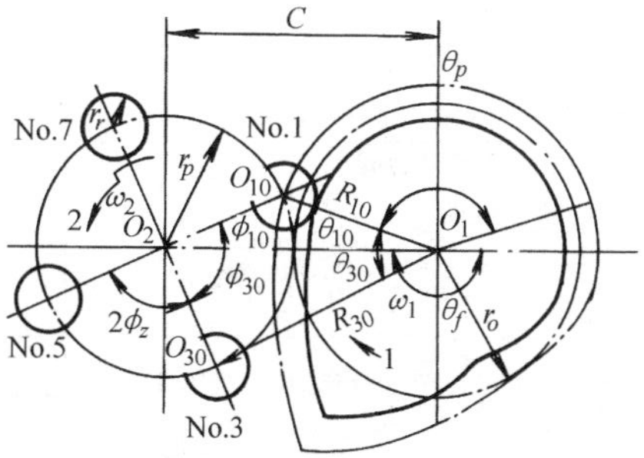

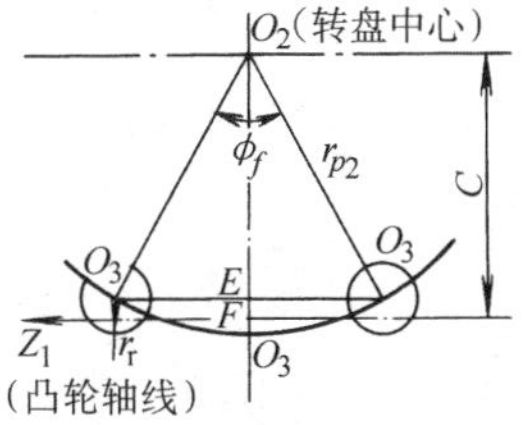

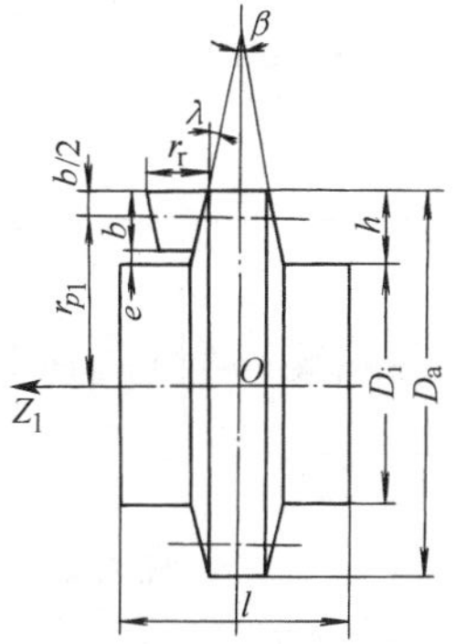

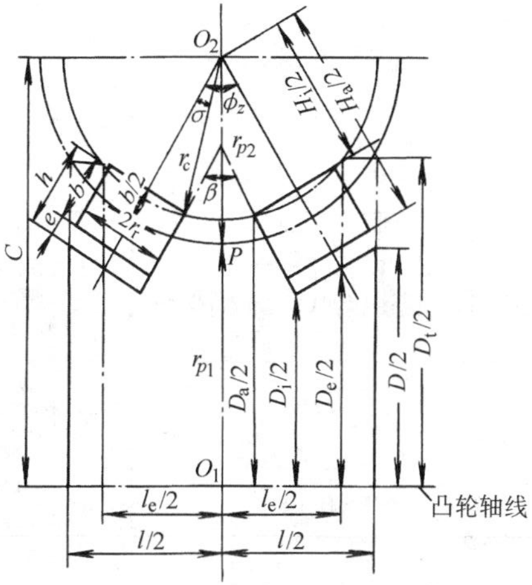

平行分度凸轮机构

尺寸名称	符号	计算式和说明
中心距	C	一般可根据结构条件选定
许用压力角	$[\alpha]$	$[\alpha]=45°\sim60°$ 或 $[\alpha]=60°\sim70°$
转盘节圆半径	r_p	根据工艺、结构等要求设定初值,由设计计算确定最终值
转盘的基准起始角	ϕ_{10}	$\phi_{10}=\dfrac{\pi}{z}$;由中心线起时针逆转向量取

圆柱凸轮分度机构

尺寸名称	符号	计算式和说明
中心距	C	$C=\dfrac{r_{p2}}{2}\left(1+\cos\dfrac{\phi_f}{2}\right)$ 或据结构条件确定
许用压力角	$[\alpha]$	一般取 $[\alpha]=30°\sim40°$
转盘节圆半径	r_{p2}	$r_{p2}=\dfrac{2C}{1+\cos\dfrac{\phi_f}{2}}$
凸轮节圆半径	r_{p1}	$r_{p1}\geq\dfrac{\phi_f V_m r_{p2}}{\theta_f\tan[\alpha]}$

弧面凸轮分度机构

尺寸名称	符号	计算式和说明
中心距	C	$C=r_{p1}+r_{p1}$,由结构选定
许用压力角	$[\alpha]$	一般取 $[\alpha]=30°\sim40°$
转盘节圆半径	r_{p2}	$r_{p2}\leq\dfrac{C\tan[\alpha]}{\dfrac{\phi_f}{\theta_f}V_m+\tan[\alpha]\cos\left(\phi_0+\dfrac{p\phi_f}{2}\right)}$ 式中 p——分度期凸轮分度廓线旋向系数;左旋 $p=1$,右旋 $p=-1$

（续）

尺寸名称	符号	计算式和说明
凸轮基准起始向径	R_{10}	$R_{10}=\sqrt{r_p^2+C^2-2r_pC\cos\phi_{10}}$；位于凸轮理论廓线上
凸轮的基准起始位置角	θ_{10}	$\theta_{10}=\arcsin\left(\dfrac{r_p}{R_{10}}\sin\phi_{10}\right)$
凸轮基圆半径	r_o	$r_o=C-r_p$ 应使 $r_o>(0.75\sim1)d+r_r+(2\sim5)$ mm 式中 d 为凸轮轴直径，r_r 为滚子半径
滚子圆心角	ϕ_z	$\phi_z=\dfrac{2\pi}{Z}$ ϕ_z 为两相邻滚子轴线间夹角
滚子半径	r_r	$r_r\le(0.4\sim0.6)r_p\sin\dfrac{\pi}{Z}$ 或 $r_r\le\rho_{min}-(3\sim5)$ mm 式中 ρ_{min} 为凸轮理论廓线最小曲率半径
滚子宽度	b	$b=(1.0\sim1.4)r_r$
两片凸轮的安装相位角	θ_p	$H=1,\theta_p=\pi-\theta_f-2\theta_{10}$ $H=2,\theta_p=2\pi-\theta_f-2\theta_{10}$
凸轮定位环面两侧夹角	β	圆柱滚子 $\beta=0$ 圆锥滚子 $\beta=2\lambda$；λ 为圆锥滚子半锥角
凸轮的定位环面径向深度	h	$h=b+e$
滚子与凸轮槽底面间的间隙	e	$e=(0.2\sim0.3)b$ $e\ge(5\sim10)$ mm
滚子圆心角	ϕ_z	$\phi_z=\dfrac{2\pi}{Z}$（见表1.3-23图）
滚子半径	r_r	$r_r=(0.4\sim0.6)r_{p2}\sin\dfrac{\pi}{Z}$，指大端半径
滚子宽度	b	$b=(1.0\sim1.4)r_r$
凸轮定位环面外圆尺寸	D_a	$D_a=2r_{p1}+b$
软盘节圆半径	r_{p2}	ϕ_0—转盘上滚子的起始位置角，分别取1号和2号滚子，计算 $\cos\left(\phi_0+\dfrac{pd_f}{2}\right)$，取大值代入上式
凸轮节圆半径	r_{p1}	$r_{p1}=C-r_{p2}$
滚子半径	r_r	$r_r=(0.5\sim0.7)r_{p2}\sin\dfrac{\pi}{Z}$
滚子宽度	b	$b=(1.0\sim1.4)r_r$
相邻滚子轴线夹角	ϕ_z	$\phi_z=\dfrac{2\pi}{Z}$
滚子端至凸轮槽底间隙	e	$e=(0.2\sim0.3)b$，沿滚子轴线方向 $e_{min}\ge(5\sim10)$ mm
凸轮顶面圆弧半径	r_c	$r_c=\sqrt{\left(r_{p2}-\dfrac{b}{2}\right)^2+r_r^2}$
凸轮定位环面两侧夹角	β	$\beta=\phi_z=\dfrac{2\pi}{Z}$
凸轮定位环面侧高	h	$h=b+e$

（续）

左部分

尺寸名称	符号	计算式和说明
各个滚子的起始位置角	ϕ_{no}	$\phi_{no} = \dfrac{2\pi}{Z}(1.5 - n)$，式中 n 为滚子的代号

参数 H、I、Z 和 θ_f 的常用值：

符号	1	2	3	4
H				
I	6,8,10,12,16	3,4,5,6,8	2,4	1,2,3
Z	6,8,10,12,16	6,8,10,12,16	6,12	4,8,12
θ_f	60 75 90 120 150	90 120 150 180 210 240 270	150 180 210 240 270	180 210 240 270

确定 $\dfrac{r_p}{C}$ 的条件：

$$K_3 \le \frac{r_p}{C} \le K_1\,(K_2)$$

式中 $K_1 = \dfrac{\sin\left(\dfrac{\theta_f}{4}\right)}{\sin\left(\dfrac{\theta_f + 3\phi_f}{4}\right)}$

$K_2 = \dfrac{\phi_f V_m + \theta_f}{\theta_f} - \tan[\alpha]\sin\phi_{no}$

$K_3 = \cos\phi_{no} - \tan[\alpha]\sin\phi_{no}$

在可能条件下，应尽量选用较大的 $\dfrac{r_p}{C}$ 值，以减小 α_{max} 和选用性能较好的改进正弦运动的滚子规律

转盘运动规律：一般选用综合性能较好的改进正弦运动规律

中部分

尺寸名称	符号	计算式和说明
凸轮定位环面内圆尺寸	D_i	$D_i = D_a - 2h$
凸轮宽度	l	$2r_{p2}\sin\dfrac{\phi_f}{2} < l < 2r_{p2}\sin\dfrac{\phi_f}{2} + 2r_r$
转盘外圆直径	D_2	$D_2 \ge 2(r_{p2} + r_r)$，见表 1.3-23 图
转盘基准端面到滚子中宽度中点的轴向距离	r_G	$r_G = A - r_{p1}$，见表 1.3-23 图
转盘基准端面到滚子上端间的轴向距离	r_o	$r_o = r_G - \dfrac{b}{2}$，见表 1.3-23 图
转盘基准端面到滚子下端间的轴向距离	r_e	$r_e = r_G + \dfrac{b}{2}$，见表 1.3-23 图
凸轮工作啮面曲面		可参阅相关文献

右部分

尺寸名称	符号	计算式和说明
凸轮定位环面外圆直径	D_a	$D_a = 2\left[C - r_c\cos\left(\dfrac{\phi_z}{Z} - \sigma\right)\right]$，式中 $\sigma = \arcsin(r_r/r_e)$
凸轮理论宽度	l_e	$l_e = 2\left(r_{p2} + \dfrac{b}{2} + e\right)\sin\dfrac{\phi_z}{2}$
凸轮实际宽度	l	$l_e < l < l_e + 2r_r\cos\dfrac{\phi_z}{2}$
凸轮理论端面直径	D_e	$D_e = 2\left[C - \left(r_{p2} + \dfrac{b}{2} + e\right)\cos\dfrac{\phi_z}{2}\right]$
凸轮实际端面直径	D	$D = D_e + (l - l_e)\tan\dfrac{\phi_z}{2}$
凸轮理论端面外径	D_i	$D_i = 2\left[C - \sqrt{r_e^2 - (l_e/2)^2}\right]$
凸轮定位环面内圆直径	D_i	$D_i = D_a - 2h\cos\dfrac{\beta}{2}$
转盘上径向对称两滚子外侧端面间距离	H_a	$H_a = 2r_{p2} + b$
转盘上径向对称两滚子内侧端面间距离	H_i	$H_i = 2r_{p2} - b$
凸轮工作啮面		可参阅相关文献

3.4 行星传动机构[16~21]

3.4.1 渐开线齿轮行星传动

1. 常用的渐开线齿轮行星传动型式和特点　渐开线齿轮行星传动是一种具有动轴线的齿轮系传动，亦称周转轮系传动，可用作减速、增速和差速传动装置。其常用型式和特点见表1.3-26。

表1.3-26　常用的渐开线齿轮行星传动型式与特点

序号	传动型式及代号	机构运动示意简图	传动特性				特点
			传动比		传动效率概略值	最大功率/kW	
			范围	推荐值			
1	2K-H 型（NGW 型）负号机构（$i^H<0$）		1.13 ~ 13.7	$i_{aH}^b=2.7\sim9$	$\eta_{aH}^b=$ 0.97~0.99	不限	效率高，体积小，重量轻，结构简单，制造方便，轴向尺寸小，便于串联成多级传动　广泛用于动力和辅助传动中，工作制度不限，可作为减速、增速和差速装置。但单级传动比范围小
2	2k-H 型（NW 型）负号机构（$i^H<0$）		1~50	$i_{aH}^b=5\sim25$	$\eta_{aH}^b=$ 0.97~0.99	不限	当 $\lvert i_{aH}^b\rvert>7$ 时，径向尺寸比 NGW 型小，传动比范围较 NGW 型大，可用于各种工作条件。但双联行星齿轮的制造、装配较 NGW 型复杂，故 $\lvert i_{aH}^b\rvert\leqslant7$ 时不宜采用
3	2k-H 型（WW 型）正号机构（$i^H>0$）		从1.2到几千		η_{Ha}^b 很低，且随传动比 i_{Ha}^b 增加而下降	很少用于动力传动，短时工作制时功率≤20	当传动比要求大而效率要求不高时采用，较小传动比时可用作差速传动　装配不便，运动精度低　行星架 H 为从动件时，当 $\lvert i_{aH}^b\rvert$ 大于某一值后，传动将发生自锁
4	2K-H 型（NN 型）正号机构（$i^H>0$）		≤1700	周向布置一个行星轮时：$i_{Ha}^b=30\sim100$　三个行星轮时：$i_{Ha}^b<30$	η_{Ha}^b 值随传动比$\lvert i\rvert$增加而下降	≤40	传动比范围大，效率比 WW 型高，但仍然较低。可用于短时、间断性工作制的动力传动　当行星架 H 为从动时，从 $\lvert i_{aH}^b\rvert$ 大于某一值后机构传动发生自锁
5	3K 型（NGWN 型）		≤500	$i_{ae}^b=20\sim100$	η_{ae}^b 随传动比$\lvert i\rvert$增大而下降	≤100	结构紧凑，体积小，传动比范围大，但效率低于 NGW 型。适用于中、小功率的短时工作制传动。工艺性较差　当 a 从动时，当 $\lvert i_{ea}^b\rvert$ 大于某一值后，机构将发生自锁

（续）

序号	传动型式及代号	机构运动示意简图	传动特性				特　点
			传动比		传动效率概略值	最大功率/kW	
			范围	推荐值			
6	K-H-V 型（N 型）	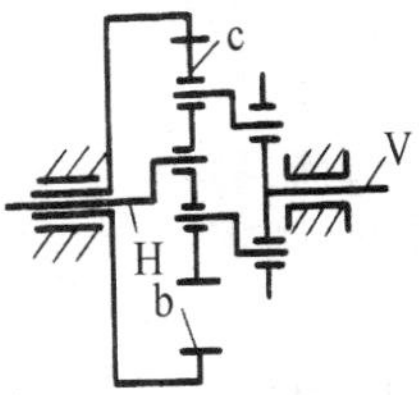	7～100		$\eta_{HV}^b = 0.8 \sim 0.94$	≤75	传动比范围较大，结构紧凑，体积及重量小，但效率比 NGW 型低，且行星轮轴承受的径向力大。适用于中小功率或短期工作制传动
7	2K-H 型（ZUWGW 型）负号机构（$i^H < 0$）	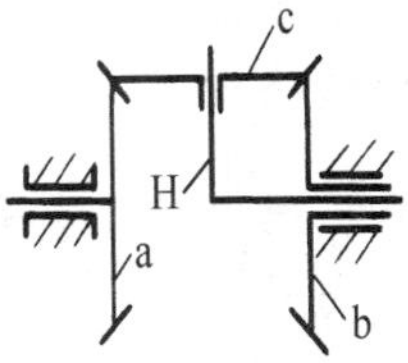	1～2	7	当 $n_a = 0$ 或 $n_b = 0$，并用滚动轴承时，$\eta = 0.98$	≤60	一般用于差速装置

注：1. K—中心（太阳轮）；H—系杆（行星架）；V—输出轴；N—内啮合；W—外啮合；G—公用行星轮；2K-H—基本构件是两个中心轮和系杆；3K—基本构件中有三个中心轮；K-H-V—基本构件是中心轮、系杆和输出轴。

2. i^H—视系杆 H 为机架时轮系的传动比；η_{aH}^b—视内齿轮 b 为固定件、太阳轮 a 主动和行星架 H 为从动时轮系的效率，以此类推。

3. 传动类型栏内的"正号"、"负号"机构，系指当行星架（系杆）固定时，主动和从动齿轮转向相同时为正号机构，反之为负号机构。

4. 表中所列效率包括啮合效率、轴承效率和润滑油搅动飞溅效率等在内的传动效率。

5. 渐开线齿轮行星传动减速器已制订国家标准。厂家批量生产，可选用。

2. 渐开线齿轮行星传动的效率　其效率主要由啮合效率、轴承效率和润滑油搅动飞溅效率所组成。总效率的概略值参见表 1.3-26，也可据传动类型和传动比值由表 1.3-27 中相应的图线确定。

表 1.3-27　渐开线齿轮行星传动效率图线

传动类型	传动效率图线	说　明
NGW 型和NW 型（负号机构）	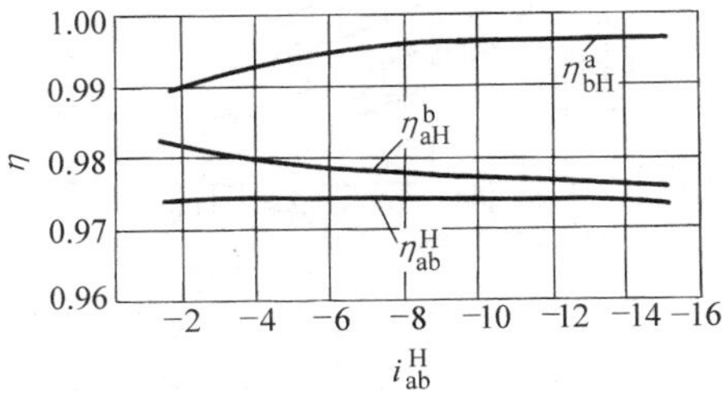	1. i_{ab}^H 为假想系杆 H 固定时的转化机构传动比 2. 符号 η_{ij}^k 的上角标 K 表示固定件，i 为主动件，j 为从动件 3. $\eta_{ij}^k - i_{ab}^H$ 曲线有 3 条分别适应 3 种传动方式 4. 计算出 i_{ab}^H 后，根据传动方式由图线确定效率

（续）

传动类型	传动效率图线	说　明
WW 型 （正号机构）	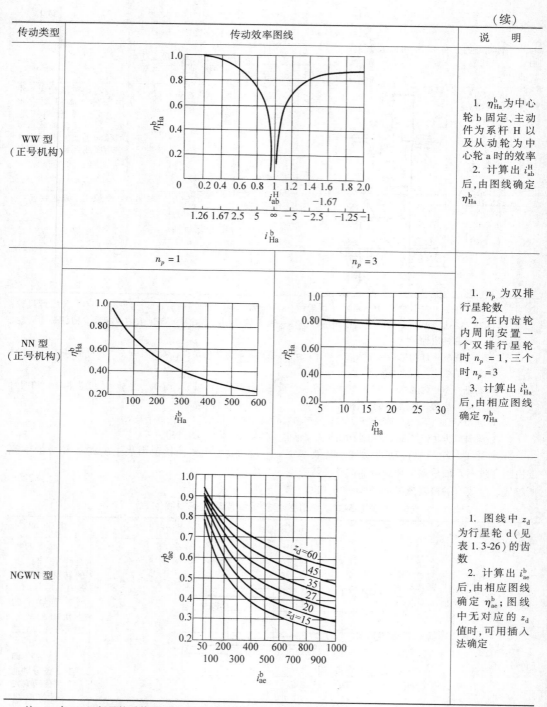	1. η_{Ha}^{b} 为中心轮 b 固定、主动件为系杆 H 以及从动轮为中心轮 a 时的效率 2. 计算出 i_{ab}^{H} 后，由图线确定 η_{Ha}^{b}
NN 型 （正号机构）		1. n_p 为双排行星轮数 2. 在内齿轮内周向安置一个双排行星轮时 $n_p=1$，三个时 $n_p=3$ 3. 计算出 i_{Ha}^{b} 后，由相应图线确定 η_{Ha}^{b}
NGWN 型		1. 图线中 z_d 为行星轮 d（见表 1.3-26）的齿数 2. 计算出 i_{ae}^{b} 后，由相应图线确定 η_{ae}^{b}；图线中无对应的 z_d 值时，可用插入法确定

注：1. 在 2K-H 行星轮系传动中，正号机构的效率较低；特别当 i_{ab}^{H} 趋近于 1 时，效率急剧下降；负号机构效率较高。所以，若无特殊需要，在工程上一般多采用负号机构的行星传动。

2. 同一类型行星传动机构，采用不同主动件时，传动效率也有所不同。

3. 渐开线齿轮行星传动中各轮齿数的确定

为了提高行星传动的承载能力和减小传动装置的尺寸和重量等，往往在太阳轮周围对称布置多个行星轮。由此，在设计渐开线齿轮行星传动时，除了其齿轮齿数必须满足所要求的传动比条件外，还应满足下列条件：

（1）邻接条件 为使相邻两个行星轮的齿顶圆不互相碰撞，应保证两轮齿顶之间在连心线上至少有 $\frac{m}{2}$（m 为模数）的空隙。

（2）同心条件 行星架（系杆）回转轴线应与中心轮的几何轴线相重合。对于 2K-H 和 3K-H 类行星传动，3 个基本构件的轴线必须重合于主轴线，即由中心轮和行星轮组成的所有齿轮副的实际中心距必须相等。

（3）装配条件 装在行星架上的各行星轮必须能同时与两中心轮正确啮合。

满足上述条件时的齿数关系见表 1.3-28。

表 1.3-28 行星齿轮传动齿数确定

传动类型	条件名称			
	同心条件		装配条件	邻接条件
	标准齿轮	变位齿轮		
NGW 型	$2z_c = z_b - z_a$	$\dfrac{z_a + z_c}{\cos\alpha'_{ac}} = \dfrac{z_b - z_c}{\cos\alpha'_{bc}}$	$\dfrac{z_a + z_b}{n_p} = M$ 或 $\dfrac{z_a}{n_p} = M'$ 和 $\dfrac{z_b}{n_p} = M''$	$(z_a + z_c)\sin\dfrac{180°}{n_p} > z_c + 2(h_a^* + x_c)$
NW 型	$z_a + z_c = z_b - z_d$	$\dfrac{z_a + z_c}{\cos\alpha'_{ac}} = \dfrac{z_b - z_d}{\cos\alpha'_{bd}}$	$\dfrac{z_a z_d + z_b z_c}{s n_p} = M$	$z_c > z_d$ $(z_a + z_c)\sin\dfrac{180°}{n_p} > z_c + 2(h_a^* + x_c)$ $z_c < z_d$ $(z_b - z_d)\sin\dfrac{180°}{n_p} > z_d + 2(h_a^* + x_d)$
WW 型	$z_a + z_c = z_b + z_d$	$\dfrac{z_a + z_c}{\cos\alpha'_{ac}} = \dfrac{z_b + z_d}{\cos\alpha'_{bd}}$	$\dfrac{z_a z_d - z_b z_c}{s n_p} = M$	$z_c > z_d$ $(z_a + z_c)\sin\dfrac{180°}{n_p} > z_c + 2(h_a^* + x_c)$ $z_c < z_d$ $(z_b - z_d)\sin\dfrac{180°}{n_p} > z_d + 2(h_a^* + x_d)$
NN 型	$z_a - z_c = z_b - z_d$	$\dfrac{z_a - z_c}{\cos\alpha'_{ac}} = \dfrac{z_b - z_d}{\cos\alpha'_{bd}}$	$\dfrac{z_a z_d - z_b z_c}{s n_p} = M$	$z_c > z_d$ $(z_a - z_c)\sin\dfrac{180°}{n_p} > z_c + 2(h_a^* + x_c)$ $z_c < z_d$ $(z_b - z_d)\sin\dfrac{180°}{n_p} > z_d + 2(h_a^* + x_d)$
NGWN 型	$z_a + z_c = z_b - z_c$ $= z_e - z_d$	$\dfrac{z_a + z_c}{\cos\alpha'_{ac}} = \dfrac{z_b - z_c}{\cos\alpha'_{bc}}$ $= \dfrac{z_e - z_d}{\cos\alpha'_{ed}}$	$\dfrac{z_a + z_b}{n_p} = M$ $\dfrac{z_b z_c - z_e z_d}{s n_p} = M$	$z_c > z_d$ $(z_a + z_c)\sin\dfrac{180°}{n_p} > z_c + 2(h_a^* + x_c)$ $z_c < z_d$ $(z_e - z_d)\sin\dfrac{180°}{n_p} > z_d + 2(h_a^* + x_d)$

注：1. M 为整数；s 为双联行星轮 z_c 和 z_d 的公因子，α'_{ij} 为齿轮副 i 和 j 的啮合角。

2. 齿轮 a、b、c、d 和 e 详见表 1.3-26 的标注。

3. 推导同心条件时均假定各轮模数相等。

4. 邻接条件中 x_c 和 x_d 分别为齿轮 c 和 d 的变位系数。

3.4.2 渐开线少齿差行星齿轮传动

渐开线少齿差行星齿轮传动由主动行星架 H、中心轮 K 和行星轮以及输出机构和输出轴 V 组成，因此属 K-H-V 传动。组成内啮合齿轮副的内齿（中心）轮和外齿（行星）轮的齿数差很少（一般为 1～4），故称为少齿差行星齿轮传动；若齿数差为 1，则称其为渐开线一齿差行星齿轮传动。该传动的传动比大（单级传动比约为 7～100 以上）；体积小；质量轻；效率高（η = 0.8～0.9）；主动轴与从动轴的同轴性好，便于装配。该传动已制订了国家标准，并由专业厂家批量生产，以供选用。

1. 渐开线少齿差行星齿轮传动的类型和传动比计算（见表1.3-29）。

2. 渐开线少齿差行星齿轮传动的主要参数和设计要点 由于在传动中采用了齿数差较少的内啮合齿轮副，设计时常选取短齿和变位齿轮传动，并应验算齿轮传动的重合度和齿形重叠干涉。当重合度小于1或发生齿形重叠干涉时，应重选变位系数进行验算，直至满足要求为止。传动的主要参数及其选用见表1.3-30。

表1.3-29 渐开线少齿差行星齿轮传动常用类型及传动比

传动类型	运动示意图和结构图	传动比和说明
K-H-V N 型	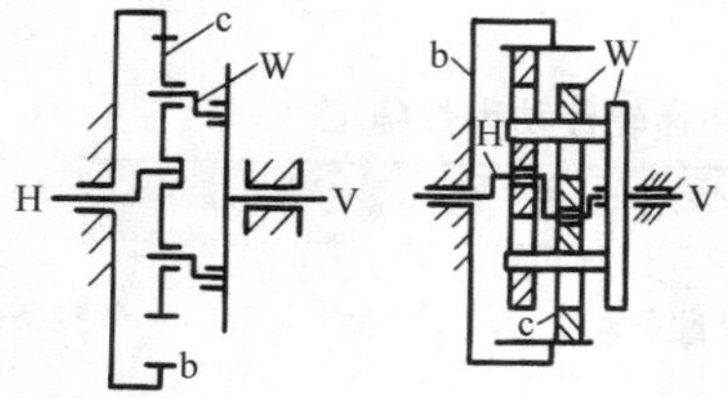 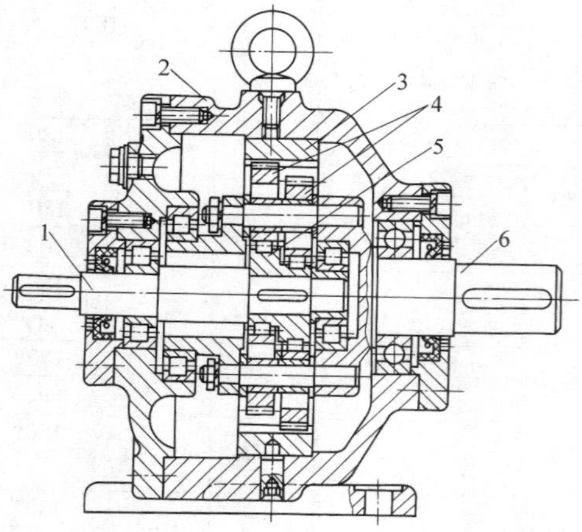 1—输入轴（H） 2—机体 3—内齿中心轮 b 4—行星轮 c 5—双偏心套 6—输出轴（V）	1. 在图示机构中，行星架 H 为主动件，空套于其上的行星轮 c 作行星运动。为了能将行星轮 c 的运动传至从动轴 V。可通过输出机构（又称 W 机构，图示为销轴式）将行星轮的运动传至输出轴 V，件 c 和 V 的角速度相等 2. 传动比 （1）$i_{HV}^{b} = \dfrac{1}{1-i_{Vb}^{b}} = -\dfrac{z_c}{z_b - z_c}$ （中心轮 b 为固定件） 传动比式中，因 $z_b > z_c$，故 i_{HV}^{b} 为负，即主动件 H 与从动件 V 的转向相反 （2）$i_{Hb}^{V} = \dfrac{1}{1-i_{bV}^{H}} = +\dfrac{z_b}{z_b - z_c}$ （件 V 为固定件） 传动比式中，因 $z_b > z_c$，故 i_{Hb}^{V} 为正，即主动件 H 与从动件 b 的转向相同 3. 为达到传动平衡，常采用相位差为180°的双偏心轴 H 和两个相同的行星轮 c（图 b 和图 c）
2K-H-V NN 型	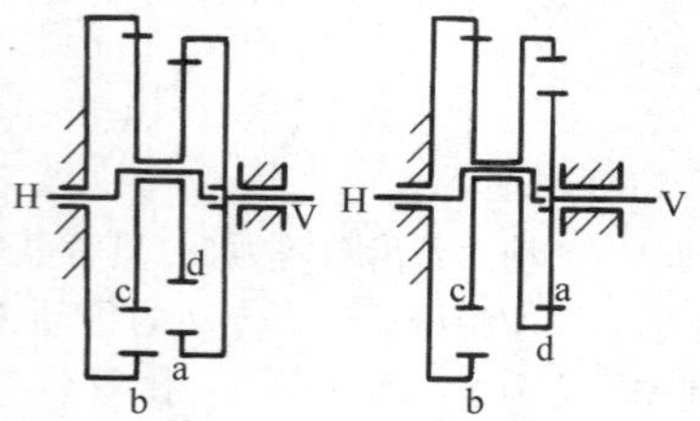	1）该类机构不属 K-H-V 传动，毋需采用输出机构；两对内啮合齿轮副的齿数差很少，故与一般 2K-H 型行轮齿轮传动在设计方法方面有所不同，并定名为 2K-H-V 型传动 2）传动比可从 10 到几千，但传动效率不高，且随着 i 值增加而降低，在 $i = 30 \sim 100$ 范围内其结构最合理 3）通常当传动比 $i \leqslant 28$ 时，宜用 NN 型外齿轮（图 e）输出，$i > 28$ 时则用 NN 型内齿轮（图 d）输出

表 1.3-30　渐开线少齿差行星齿轮传动主要参数及其选用

名称	符号	计 算 式 选 用						说　明
模数	m	有标准化的系列值						由强度和结构尺寸确定
压力角	α	已标准化						一般为 20°
齿顶高系数	h_a^*	$h_a^* = 0.6 \sim 0.8$						一般取 0.8
顶隙系数	c^*	已标准化						一般取 0.3
齿数	z_1	由给定的传动比计算确定						z_1 为外齿轮即行星轮齿数
	z_2							z_2 为内齿轮即中心轮齿数
变位系数	x_1							外齿轮变位系数，参照同类型传动试选
	x_2	$x_2 = \dfrac{z_2 - z_1}{2\tan\alpha}(\text{inv}\alpha' - \text{inv}\alpha) + x_1$						

名称	符号	齿数差 z_d	齿顶高系数 h_a^*			重合度 ε_α	齿廓重叠干涉验算 G_s	说　明
			0.6	0.7	0.8			
啮合角	α'		啮合角 α'					1. 按表中所选 α' 可保证 $\varepsilon_\alpha > 1$ 和 $G_s > 0$
		1	49°	51.5°	53.5°	1.05		2. 设计时若将中心距圆整，则需按调整后中心距重新计算 α'
		2	35.5°	37.5°	39°	1.10		
		3	28.5°	29.5°	30.5°	1.125	≥0.05	3. 啮合角 α' 计算式为
		4	24°	25°	25.5°	1.15		$\text{inv}\alpha' = \dfrac{2(x_2 - x_1)}{z_2 - z_1}\tan\alpha + \text{inv}\alpha$
		5	21°	21.5°	22°	1.175		

名称	符号											说　明
插齿刀齿数 z_0 和被切内齿轮齿数 $z_{\min}$	z_0	10	12	14	16	18	20	22	24	26	28	1. 表中 z_0 供用插齿刀加工内齿轮而不产生顶切时选用 被加工轮 $\alpha = 20°$, $h_a^* = 0.8$
	$z_{\min}$	22	26	29	32	34	37	39	42	45	47	
	z_0	30	32	36	40	44	48	52	56	60	64	2. 当被加工的内齿轮采用较大正变位时，对于表列插齿刀齿数 z_0，插刀的可加工的内齿轮最少齿数小于表列内齿轮的 $z_{\min}$ 值
	$z_{\min}$	50	52	57	62	66	71	75	80	84	90	

名称	符号	计 算 式 选 用	说　明
插齿刀变位系数	x_0		计算时取 $x_0 = 0$
制造啮合角	α_o'	滚制外齿轮：$\alpha_o' = \alpha$ 插制外齿轮：$\text{inv}\alpha_o' = \text{inv}\alpha_c + \dfrac{2(x_0 + x_1)}{z_0 + z_1}\tan\alpha$ 插制内齿轮：$\text{inv}\alpha_o' = \text{inv}\alpha_c + \dfrac{2(x_2 - x_0)}{z_2 - z_0}\tan\alpha$	式中 α_c 是指 $x = 0$ 时的制造啮合角
重合度	ε_α	$\varepsilon_\alpha = \dfrac{1}{2\pi}[z_1(\tan\alpha_{a_1} - \tan\alpha') - z_2(\tan\alpha_{a_2} - \tan\alpha')] > 1$	1. α_{a_1} 和 α_{a_2} 为齿顶圆压力角 2. α' 为啮合角
齿顶不相碰条件		$r_{a_2} + a - r_{a_1} > 0$	1. a 为标准中心距 2. r_{a_1} 和 r_{a_2} 为齿顶圆半径
齿形不重叠干涉条件	G_s	$G_s = z_1(\text{inv}\alpha_{a_1} + \delta_1) + (z_2 - z_1)\text{inv}\alpha' - z_2(\text{inv}\alpha_{a_2} + \delta_2) > 0$ 式中　$\delta_1 = \arccos\dfrac{r_{a_2}^2 - r_{a_1}^2 - a'^2}{2a'r_{a_1}}$　　$\delta_2 = \arccos\dfrac{r_{a_2}^2 - r_{a_1}^2 - a'^2}{2a'r_{a_2}}$	a' 为实际安装中心距

注：1. 标准和变位内啮合齿轮传动的有关安装尺寸和齿轮尺寸计算参见第 6 篇。

　　2. 当齿数差 $z_d = 1 \sim 4$ 时，为装配方便，内齿轮齿数应尽量取偶数；且当齿数差 z_d 为奇数时，行星轮齿数宜选奇数；当齿数差为偶数时，行星轮齿数宜选偶数。

3.4.3 摆线针轮行星传动

摆线针轮行星传动的工作原理和结构与渐开线少齿差行星齿轮传动基本相同，同属 K-H-V 型行星传动，但摆线针轮行星传动的行星齿轮齿廓曲线是变态外摆线的等距曲线，而与之相啮合的中心内齿轮的齿廓是与上述曲线相共轭的圆柱形针齿。该传动的主要特点是传动比范围大，单级传动比为 6～119；传动效率高，一般单级传动效率可达 0.9～0.95；结构紧凑、体积小、重量轻，输入与输出轴在同一轴线上，可与电动机直联成一体；运转平稳、噪声低；工作可靠、故障少、使用寿命长。摆线针轮传动已广泛用作各种机械传动的减速机构。目前，多用于高速轴转速 $\eta_H \leqslant 1500 \sim 1800 \text{r/min}$，传递功率 $P \leqslant 132 \text{kW}$ 的场合。

我国已制订了摆线针轮减速器的国家标准，专业工厂可批量生产各种系列，以供选用。

1. 摆线针轮行星传动的组成和结构 该传动主要由行星架、行星轮、中心轮和输出机构 4 部分组成，见表 1.3-31。

表 1.3-31 摆线针轮行星传动基本组成和结构

基本组成	行星架 H	摆线(行星)齿轮 C	针轮(中心轮)P	输出机构(销孔式)W
组成示意图				
结构说明	行星架 H 由主动轴和固结于其上的双偏心套所组成；双偏心套的两个偏心的相位互成180°(图 a 和 d)	为使输入轴达到静平衡和提高承载能力，常采用两个完全相同的奇数齿摆线(行星)轮套装在互为180°的双偏心套上。为减少摩擦，偏心套与行星轮间装有滚子轴承(图 b 和 d)	针轮一般为固定的中心轮，在针齿壳的针齿孔中，装有带针齿套的针齿销，从而组成针齿壳和针轮；针轮与两个摆线轮相啮合(图 b 和 d)	由摆线齿轮和带有从动圆盘的输出轴组成。在摆线轮和从动盘上分别设有 z 个等分孔和柱销，柱销外为柱销轴套。摆线轮运动时，其上的各孔同时和从动盘上的销轴(套)相接触。销孔直径 d_W 和销套直径 d_{rW} 之差为 $2a$(a 为偏心距。)由于偏心套轴线 O_c、输出轴线 O_p 以及销孔轴线 O_W、销轴轴线 O_{rW} 间构成了 z 个平行四边形机构，故摆线轮的运动与从动轴相同(图 c)

（续）

基本组成	行星架 H	摆线（行星）齿轮 C	针轮（中心轮）P	输出机构（销孔式）W
	基本构件名称	**减速器结构图**		
摆线针轮行星减速器结构	1—机座 2—输出轴（从动轴） 3—针齿套 4—针齿壳 5—针齿销 6—摆线齿轮（行星轮） 7—销轴套 8—柱销 9—双偏心套 10—输入轴（主动轴）	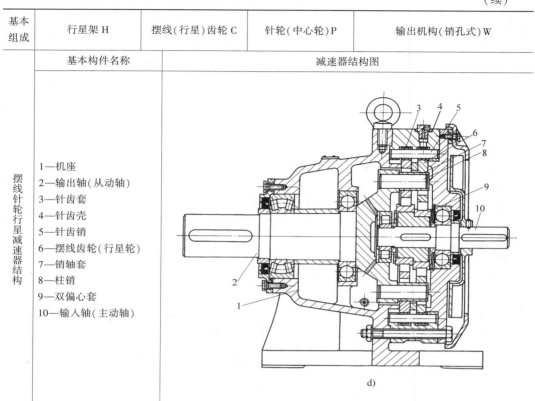 <div align="center">d)</div>		

2. 摆线针轮行星传动齿廓曲线　表 1.3-32　表示了用内切外滚（环抱滚动）法所形成的齿廓曲线以及连续传动要求。

表 1.3-32　摆线针轮行星传动的齿廓曲线及连续传动要求

名称	齿廓曲线	形成过程及说明
理论廓线		1. 内圆圆心为 O_c、半径为 r'_c 的基圆与圆心为 O_p、半径为 r'_p 的外滚圆相切于点 p；两圆偏距为 $e = r'_p - r'_c = a$ 2. 当外滚圆沿内基圆作纯滚动时，外滚圆上点 C 轨迹 $C_1C'C''C'''p_1$ 为一条外摆线 3. 在外滚圆外与之相固连点 M 的轨迹 $M_1M'M''M'''M''''$ 为一条变态外摆线，即短幅外摆线 4. 摆线齿轮的理论廓线即为短幅外摆线；M_1 点即为针轮的理论廓线，针轮齿廓为一点时，实际上无法参与工作和传动

（续）

名称	齿廓曲线	形成过程及说明
实际廓线	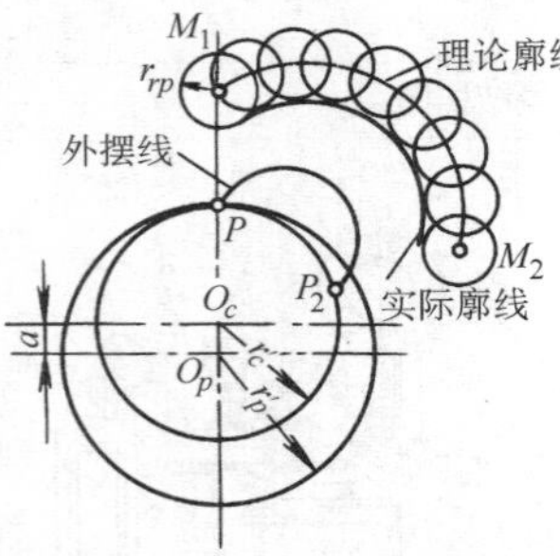	1. 针轮实际廓线是以 M_1 为圆心、r_{rp} 为半径的圆柱 2. 摆线齿轮的实际廓线是以理论廓线上各点为圆心、r_{rp} 为半径所作一系列圆的内包络线,即理论廓线的等距曲线
连续传动要求	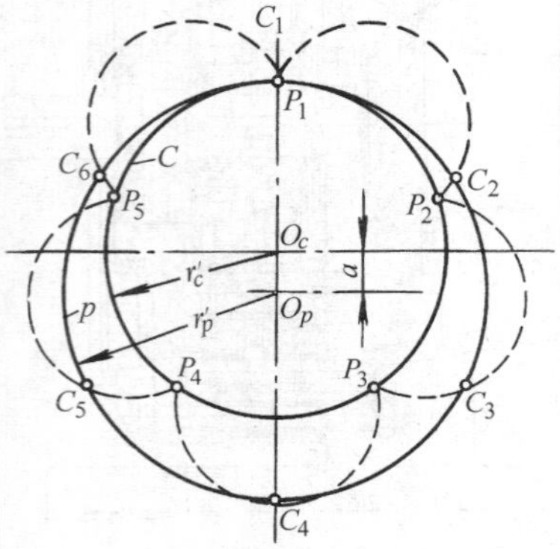	1. 摆线轮的齿廓是用整条短幅外摆线的等距曲线来作齿廓的,欲保证连续传动,摆线轮的齿数应为整数,故摆线齿轮上的短幅外摆线条线也应为整数,如左图所示 2. 外滚圆沿内基圆每滚过滚圆周长 $2\pi r'_p$ 时,滚圆上一点在基圆上就形成一条完整的外摆线或短幅外摆线,它在基圆上对应的弧长称为齿距 p,两轮在节圆 p 和 c 上的齿距相等 3. 齿距 $p = 2\pi(r'_p - r'_c) = 2\pi a$ 4. 摆线轮齿数 $z_c = \dfrac{2\pi r'_c}{p} = \dfrac{r'_c}{a}$ 针轮齿数 $z_p = \dfrac{2\pi r'_p}{p} = \dfrac{r'_c + a}{a} = z_c + 1$

3. 摆线针轮行星传动的传动比和短幅、针径系数（表 1.3-33）

表 1.3-33　摆线针轮行星传动的传动比和短幅、针径系数

传 动 比 计 算		
传动类型	计 算 式	说 明
针齿中心轮 P　固定 行星架 H　主动 输出构件 V　从动	$i_{HV}^{P} = \dfrac{1}{1 - i_{VP}^{H}} = -\dfrac{z_c}{z_p - z_c}$	1）齿数 z_p、z_c 分别为针齿中心轮 P 和行星轮 c 的齿数（表 1.3-31 图） 2）传动比的"＋"、"－"号分别表示主、从动件转向相同或相反
构件 V　固定 行星架 H　主动 针齿中心轮 P　从动	$i_{HP}^{V} = \dfrac{1}{1 - i_{PV}^{H}} = +\dfrac{z_p}{z_p - z_c}$	

短幅系数和针径系数				
名称	计算式	说 明	推 荐 值	
短幅系数 k_1	$k_1 = \dfrac{r'_p}{r_p}$	1）r'_p 和 r_p 分别为针轮节圆(外滚圆)半径和针齿中心圆半径(见表图) 2）当摆线齿数 z_c 和 r_p 已确定时,k_1 是影响齿廓曲线和承载能力的主要参数,即不宜过大也不宜过小,最佳取值范围为 0.5～0.75;推荐值见表列数值	z_c	k_1
			≤11	0.42～0.55
			13～23	0.48～0.74
			25～59	0.65～0.9
			61～87	0.75～0.9

（续）

短幅系数和针径系数				
名称	计算式	说　明	推　荐　值	
针径系数 k_2	$k_2 = \dfrac{t_x}{d_{rp}}$ $= \dfrac{r_p}{r_{rp}} \sin \dfrac{180°}{z_p}$	1）t_x 和 d_{rp} 分别为相邻两针齿中心之间的弦长和针齿套直径 2）k_2 的大小表明针齿在针轮上的密集程度 3）为避免相邻针齿相碰和保证针齿与针齿壳的强度，一般可取 $k_2 = 1.25 \sim 1.4$ 4）k_2 值最佳范围为 $k_2 = 1.5 \sim 2.0$，最大不超过 4；推荐值见表列数值	z_p	k_2
			< 12	$3.85 \sim 2.85$
			$12 \sim 24$	$2.8 \sim 2.0$
			$24 \sim 36$	$2.0 \sim 1.25$
			$36 \sim 60$	$1.6 \sim 1.0$
			$60 \sim 88$	$1.5 \sim 0.99$

4. 摆线针轮传动的几何尺寸和参数　传动的基本参数和几何尺寸见表 1.3-34。

表 1.3-34　摆线针轮传动的基本参数和几何尺寸

基　本　参　数							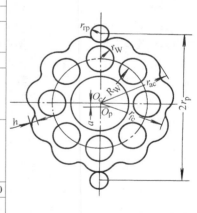
名称	符号	计　算　式			说　明		
摆线轮齿数	z_c	$z_c = i$ 由给定传动比 i 决定			一般 $z_c = 9 \sim 87$ 取奇数齿		
针轮齿数	z_p	$z_p = z_c + 1$			取偶数齿		
针轮针齿中心圆半径	r_p	$r_p = (0.8 \sim 1.3)^3 \sqrt{T}$			经验公式 T 为输出转矩（N·mm）		
短幅系数	k_1	$k_1 = \dfrac{r_p'}{r_p} = az_p / r_p$			见表 1.3-33		
针径系数	k_2	$k_2 = \dfrac{r_p}{r_{rp}} \sin(180°/z_p)$					
柱销孔数	z_W	$2r_p / \text{mm}$	< 100	$\geqslant 100 \sim 200$	$> 200 \sim 300$	$> 300 \sim 400$	> 400
		z_W	6	8	10	12	$\geqslant 12$

几　何　尺　寸			
几何尺寸名称	符号	计算式与推荐值	说　明
摆线轮节圆半径	r_c'	$r_c' = k_1 r_p z_c / z_p = a z_c$	
针轮节圆半径	r_p'	$r_p' = k_1 r_p = a z_p$	
偏心距	a	$a = r_p' - r_c' = r_p' / z_p = k_1 r_p / z_p$	据现有磨齿机要求，a 值可采用 0.65mm、0.75mm、1mm、1.25mm、1.5mm、2mm 等值
节圆上齿距	p	$p = 2\pi a$	
摆线齿轮齿高	h	$h = 2a$	
摆线轮齿顶圆半径	r_{ac}	$r_{ac} = r_p + a - r_{rp}$	

（续）

几 何 尺 寸

几何尺寸名称	符号	计算式与推荐值									说　明
摆线轮齿根圆半径	r_{fc}	$r_{fc}=r_p-a-r_{rp}$									
柱销孔中心圆半径	R_W	$R_W=\dfrac{1}{2}(r_{fc}+r_1)$									r_1 为行星架轴承外圆半径
摆线轮上柱销孔直径	d_W	$d_W=d_{rW}+2a$									d_{rW} 为柱销套直径
W 机构上柱销直径/mm	d_{sW}	12	14	17	22	26	32	35	45	55	由抗弯强度决定
W 机构上柱销套直径/mm	d_{rW}	17	20	26	32	38	45	50	60	75	$d_{rW}=(1.3\sim1.5)d_{sW}$ 见表 1.3-31 图标注
中心轮针齿套直径/mm	d_{rp}	不带套		14	18	22	27	32	36		1. 针齿套半径增大,易使摆线齿轮齿廓产生根切或尖角
中心轮针齿销直径/mm	d_{sp}	8	10	10	12	16	20	24	26		2. $d_{rp}=\dfrac{2r_p}{k_2}\sin\left(\dfrac{180°}{z_p}\right)$ 3. 见表 1.3-33 图标注

3.4.4　渐开线谐波齿轮行星传动

渐开线谐波齿轮行星传动是一种依靠柔轮弹性变形时产生的径向位移和伴随发生的切向位移,以实现运动或动力传递的传动装置,简称谐波传动。

谐波传动的主要优点是:传动比大且范围宽,单级传动比为 50~500;同时参与啮合的齿数多,承载能力大,与一般减速器相比,在相同的输出力矩条件下,体积小,质量轻;齿面滑动速度较小,磨损均匀,传动效率较高,单级传动效率为 65%~90%;传动精度高,传动平稳无噪声,当柔轮的扭转刚度较高时,可实现无侧隙的高精度啮合传动;传动的输入和输出轴具有同一轴线,结构简单,安装方便;

谐波传动已广泛用于航空、航天和工业机器人、纺织和冶金等各个领域的传动装置;精密谐波传动的运动精度可达 10″以下,而动力谐波传动的输出转矩可达 80kN·m。目前,国内已能生产系列产品,供选用。

1. 谐波传动的组成、啮合过程和结构（参见表 1.3-35）。

表 1.3-35　谐波传动组成、啮合过程和结构

组成基本构件	谐波发生器(发生器)H	刚性齿轮(刚轮)G	柔性齿轮(柔轮)R
	组成说明		组成示意图
组成示意图	1. 谐波齿轮传动由波发生器 H、柔轮 R 和刚轮等 3 个基本构件组成 2. 发生器 H 是使柔轮产生可控弹性变形波的元件,常用的为凸轮型波发生器,它由形似椭圆盘的凸轮和柔性滚动轴承组成 3. 柔轮 R 是一个易变形的薄壁杯形结构的外齿轮 4. 刚轮 G 是一个刚性的内齿圈 5. 柔轮和刚轮的工作齿廓为直线三角形或渐开线齿廓 6. 3 个基本构件中任一作为主动件,其余两个中一个为从动件,另一为固定件,通常 H 件为主动件 7. 发生器转一周,柔轮上某点变形的循环次数称为波数,以 H 示之		

（续）

组成 基本构件	谐波发生器（发生器）H	刚性齿轮（刚轮）G	柔性齿轮（柔轮）R
	啮合过程说明	啮合过程示意图	
啮合 过程	1. 表图示为刚轮 G 固定、发生器 H 为输入、柔轮 R 为输出时的情况 2. 柔轮 R 的原始形状为圆形，柔轮与刚轮的齿距相等而齿数不等，柔轮的齿数 z_R 比刚轮齿数 z_G 少 2 个或 3 个齿 3. 当发生器装入柔轮内孔时，迫使柔轮产生弹性变形而成为椭圆形，长轴两端齿与刚轮齿完全啮合，短轴两端齿与刚轮齿完全脱开，处于发生器长轴和短轴之间的齿均处于不同的啮入和啮出的过渡状态 4. 当发生器沿图示箭头方向回转时，随着柔轮变形部位的改变，通过变形转换，使齿的啮入、啮合、啮出和脱出这 4 种状态不断变化，从而导致柔轮相对刚轮沿发生器转向的相反方向转动		
组成 结构图	1—高速（输入）轴 2—发生器 H 3—柔性轴承 4—刚轮 G 5—柔轮 R 6—低速（输出）轴	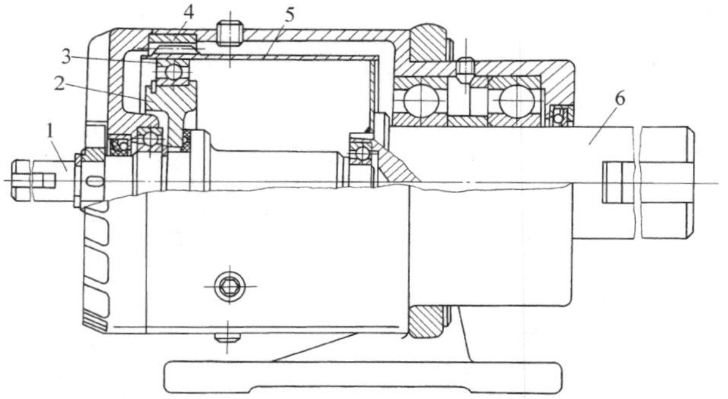	

2. 谐波传动类型及其传动比 谐波传动是一种具有柔性齿轮的新型少齿差传动，与一般行星传动类似，谐波传动可以作成行星式和差动式，在工程应用中，常采用行星式谐波传动。若将组成谐波传动的 3 个基本构件的性质（主动、从动或固定）加以更换，便可得到不同类型的单级谐波传动；若在单级谐波传动的基础上，将基本构件的位置、性质以及相互连接方式作适当变换，便可产生各种类型的双级和复级谐波传动。常用谐波传动的类型及其传动比见表 1.3-36。

表 1.3-36 常用谐波传动的类型及其传动比

类型	构件性质			运动示意简图	传动比		变速状况	特点及应用
	主动	从动	固定		计 算 式	范围		
单级	H	R	G	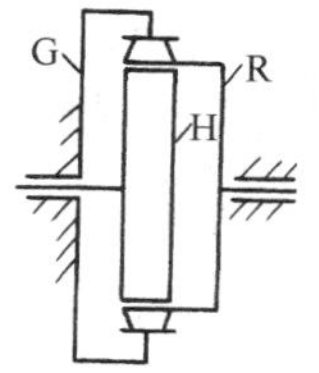	$i_{HR} = \dfrac{n_H}{n_R} = \dfrac{z_R}{z_R - z_G}$	50 ~ 500	减速	结构简单，效率高（可达 0.80 ~ 0.90）；应用广泛，常用作中小型减速器

（续）

类型	构件性质			运动示意简图	传 动 比		变速状况	特点及应用
	主动	从动	固定		计 算 式	范围		
单级	H	G	R		$i_{HG}=\dfrac{n_H}{n_G}=\dfrac{z_G}{z_G-z_R}$	50~500	减速	结构简单，效率高；较常用，可用作中小型减速器
	R	G	H		$i_{RG}=\dfrac{n_R}{n_G}=\dfrac{z_G}{z_R}$	1.002~1.02	微小减速	传动比精确，体积小，承载能力高；适用于高精度微调装置
	G	R	H		$i_{GR}=\dfrac{n_G}{n_R}=\dfrac{z_R}{z_G}$	$\dfrac{1}{1.002}\sim$ $\dfrac{1}{1.015}$	微小增速	传动比精确，体积小，承载能力高；适用于高精度微调传动装置
双级	H_1	G_2	R_1 和 R_2		$i_{H_1G_2}=i_{H_1G_1}\cdot i_{H_2G_2}$ 式中 $i_{H_1G_1}=\dfrac{z_{G_1}}{z_{G_1}-z_{R_1}}$ $i_{H_2G_2}=\dfrac{z_{G_2}}{z_{G_2}-z_{R_2}}$ G_1 相当于 H_2	$5.6\times10^3\sim$ 2.5×10^5	减速	两级串联，径向双级传动，径向尺寸较大 两级输出的转向相同，主、从动轴转向一致 可用作双速减速装置
	H_1	R_2	G_1 和 G_2		$i_{H_1R_2}=i_{H_1R_1}\cdot i_{H_2R_2}$ 式中 $i_{H_1R_1}=\dfrac{z_{R_1}}{z_{R_1}-z_{G_1}}$ $i_{H_2R_2}=\dfrac{z_{R_2}}{z_{R_2}-z_{G_2}}$ R_1 相当于 H_2 G_1 和 G_2 为一体	$5.6\times10^3\sim$ 2.5×10^5	减速	两级串联，轴向双级传动，两级输出轴的转向相反，主、从动轴转向一致 可用作双速减速装置

3.5 组合机构与机构的发展

采用前述的单一的基本机构（如连杆、齿轮、凸轮等机构）通常在完成简单、低廉、高速、可靠、环境较为恶劣的情况下比较适合。要完成较为复杂的运动时、有时要将几种机构组合起来，有时是同类基本机构的组合，如两种不同凸轮机构组合成联动凸轮机构；也可以是不同类型的基本机构的组合，如挠性机构和连杆机构组合成链——连杆机构。组合方式可以是串联的、并联的、反馈的、两机构各自运动后再迭加的或者按时间顺序控制的等。

由于数控技术的迅速发展、要实现一些二维的或三维的复杂轨迹的运动已经不是很难的了。因此，很多本来很难于实现的运动都由数控和编程完成了，过去的凸轮（鼓轮）控制的自动车床已经被数控车床或加工中心淘汰了。分度机构也可以由电动机直接完成了。数控还可以用误差补偿的方法提高运动轨迹的精度、分度的精度。

但是，目前数控设备和操作技能的要求、环境的适应、控制元件的可靠性等都还有一定的难度，要综合评价、择优取舍。

设计和计算机构时，现在也有很多计算机软件，可以动态模拟机构的运动轨迹、修改构件的参数，从而使机构达到最佳化。

4　摩擦学设计

4.1　摩擦及其定律

两相互接触的物体有相对运动或运动趋势时，在接触处产生阻力的现象称为摩擦。按摩擦副的运动形式，摩擦分滑动摩擦和滚动摩擦；按摩擦副的运动状态，摩擦分静摩擦和动摩擦。

4.1.1　滑动摩擦定律

一物体在另一物体上作相对滑动或有滑动趋势时，产生滑动阻力，称为滑动摩擦力 F_μ（图1.4-1）。

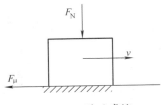

图 1.4-1　滑动摩擦

1. 古典摩擦定律　1699 年法国人阿蒙顿首先提出、1781 年由库仑完善的滑动摩擦定律的主要内容是：

（1）静摩擦力的最大值与表观接触面积无关；

（2）静摩擦力的最大值与接触物体的材质和表面状况（粗糙度、温度、湿度等）有关；

（3）静摩擦力的最大值 F_μ 与法向载荷 F_N 成正比，即

$$F_\mu = \mu F_N \qquad (1.4-1)$$

式中　μ——比例常数，称为静（滑动）摩擦因数。

上述 3 条定律也适用于动滑动摩擦，相应的

μ 称为动（滑动）摩擦因数。为了区别，将静摩擦因数记作 μ_{st}，将动摩擦因数记作 μ_{sl}。

关于动滑动摩擦还有另外 3 条定律：

（1）动摩擦力的方向与接触物体的运动方向相反；

（2）动摩擦因数小于静摩擦因数；

（3）动摩擦力与接触物体的相对滑动速度无关。

古典的滑动摩擦定律没有阐明摩擦的机理，其计算式又有一定的近似性，但该计算式至今仍在工程与科学计算中普遍使用。

2. 摩擦二项式定律　固体表面接触产生摩擦的原因有二。一是固体表面接触后，产生一些粘着结点，剪切开这些粘着结点的切向力，构成摩擦阻力。一是接触的两表面中，较硬表面上的轮廓峰将刺入较软表面，当其相对运动时，轮廓峰将在较软表面上犁出沟纹，犁削力构成摩擦阻力。

剪切开粘着结点的切向力与实际接触面积 A_r 成正比，犁削力与法向载荷 F_N 成正比。于是可以写成

$$F_\mu = aA_r + \beta F_N \qquad (1.4-2)$$

上式称为滑动摩擦的摩擦二项式定律。由此，滑动摩擦因数 μ 为

$$\mu = \alpha \frac{A_r}{F_N} + \beta$$

对于油润滑的表面，犁削力可能成为摩擦力的主要部分。这时，在摩擦因数中 β 为主要部分，其值取决于轮廓峰的形状。对清洁的表面，结点的剪切力可能起主要作用，在摩擦因数中 α 为主

要部分，其值取决于表面材料的抗剪强度。

4.1.2 滚动摩擦

滚动时的阻力表现为力矩形式，参照滑动摩擦定律，令滚动摩擦阻力矩

$$T = \mu_k F_N \qquad (1.4-3)$$

式中 μ_k——滚动摩擦系数；

F_N——法向载荷。

由图1.4-2可知，阻力矩等于 $F_N \times k$，k 是法向反力偏离滚动体中心的距离，因此，有

$$\mu_k = k \qquad (1.4-4)$$

μ_k 与滑动摩擦因数 μ 不同，它是有量纲的量（量纲为m），故称为滚动摩擦系数。

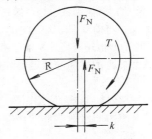

图 1.4-2 滚动摩擦

为了与滑动摩擦因数一致，克拉盖尔斯基定义驱动力在单位距离上做的功与法向载荷之比为滚动摩擦因数，即

$$\mu_k^* = \frac{T \Delta \varphi}{F_N \Delta l} \qquad (1.4-5)$$

式中，$\Delta \phi$ 为滚动体的转角，代入 $\Delta l = R \Delta \phi$，得

$$\mu_k^* = \frac{\mu_k}{R} \qquad (1.4-6)$$

滚动摩擦系数值与接触表面材料、表面状况、几何形状和尺寸有关。

4.1.3 摩擦因数值

摩擦因数值是计算摩擦力的重要参数，目前它只能通过实验获得。

由于实验条件间有差异，实验条件与实际工作条件还有差异，所以下面介绍的摩擦因数值仅供参考。

1. 无润滑接触表面的滑动摩擦因数 一般情况下常用材料摩擦副的摩擦因数值见表1.4-1；

洁净金属材料摩擦副的摩擦因数值见表1.4-2；各种工程塑料摩擦副和它们与钢组成的摩擦副的摩擦因数值见表1.4-3。

表 1.4-1 一般情况下常用材料摩擦副的摩擦因数值

摩擦副材料		摩擦因数	
I	II	μ_{st}	μ_{sl}
钢	钢	0.15	0.10
	退火钢	0.2	
	工具钢	0.18	
	铸铁	0.2 ~ 0.3	0.16 ~ 0.18
	黄铜	0.19	
	青铜	0.15 ~ 0.18	
	铝	0.17	
	锡锑合金	0.2	
	酚醛层压布材	0.22	
	粉末冶金材	0.35 ~ 0.55	—
	冰	0.027	0.014
钢铁材料	皮革	0.30 ~ 0.50	
	硬木	0.20 ~ 0.35	
	软木	0.30 ~ 0.50	
	毛毡	0.22	
	石棉基材	0.25 ~ 0.40	
铸铁	铸铁	0.15	
	青铜	0.28	0.15 ~ 0.21
	皮革	0.55	0.28
铜	橡胶	0.8	
	工具钢	0.15	
	铜	0.20	
黄铜	工具钢（未淬火）	0.19	
	工具钢（淬火）	0.14	
	黄铜	0.17	
	硬橡胶	0.25	
	石材	0.25	
青铜	工具钢（未淬火）	0.18	
	工具钢（淬火）	0.16	
	黄铜	0.16	
	青铜	0.15 ~ 0.20	
	酚醛层压布材	0.23	
	塑料	0.21	
	硬橡胶	0.36	
	石材	0.33	
铝硅合金	酚醛层压布材	0.34	
	塑料	0.28	
	硬橡胶	0.25	
	石材	0.26	

（续）

摩擦副材料		摩擦因数	
I	II	μ_{st}	μ_{sl}
铝	工具钢（淬火）	0.17	
	黄铜	0.27	
	青铜	0.22	
	酚醛层压布材	0.26	
退火钢	青铜	0.20	0.18
	铸铁		

表 1.4-2　洁净金属材料摩擦副的摩擦因数值

摩擦副材料		摩擦因数
I	II	μ
铅、银、钼、锌、镍		0.4
锡锑合金、铅锑合金	退火钢	0.30～0.35
铜、镉、磷青铜		0.30～0.35
退火钢		0.35～0.40
淬硬钢	淬硬钢	0.35～0.40
银	银	1.4
铜	铜	1.4
镍	镍	0.7
铂	铂	1.2～1.3

**表 1.4-3　各种工程塑料摩擦副和它们
与钢组成的摩擦副的摩擦因数**

摩擦副材料 I	摩擦副材料 II			
	钢		工程塑料	
	摩擦因数			
	μ_{st}	μ_{sl}	μ_{st}	μ_{sl}
聚四氟乙烯	0.10	0.05	0.04	0.04
聚全氟乙丙烯	0.25	0.18	—	—
聚偏二氟乙烯	0.33	0.25	—	—
聚三氟氯乙烯	0.45	0.33	0.43	0.32
低密度聚乙烯	0.27	0.26	0.33	0.3
高密度聚乙烯	0.18	0.08～0.12	0.12	0.11
聚氯乙烯	0.45	0.40	0.50	0.40
聚偏二氯乙烯	0.68	0.45	0.90	0.52
聚对苯二甲酸乙二醇酯	0.29	0.28	0.27	0.20
聚己二酰己二胺	0.37	0.34	0.42	0.35
聚壬酸胺（填充二硫化钼）	—	0.57		
聚壬酸胺（填充玻璃纤维）	—	0.48		
聚葵二酰葵二胺（填充玻璃纤维）	—	0.39		
聚甲醛	0.14	0.13		

摩擦副材料 I	摩擦副材料 II			
	钢		工程塑料	
	摩擦因数			
	μ_{st}	μ_{sl}	μ_{st}	μ_{sl}
聚碳酸酯	0.60	0.53	—	—
氯化聚醚	—	0.35	—	—
苯乙烯-丁二烯-丙烯腈共聚体	—	0.35～0.46		

2. 有润滑接触表面的滑动摩擦因数　有润滑的接触表面摩擦因数均会下降，见表 1.4-4；润滑剂的品种对摩擦因数数值的影响不同，见表 1.4-5。

密封材料的摩擦因数见表 1.4-6。

3. 滚动摩擦因数与滚动摩擦系数　滚动摩擦因数与滚动摩擦系数的典型数值分别见表 1.4-7 和表 1.4-8。

**表 1.4-4　几种材料润滑表面摩擦
副的摩擦因数值**

摩擦副材料		摩擦因数	
I	II	μ_{st}	μ_{sl}
钢	钢	0.10～0.12	0.05～0.10
	退火钢	0.1～0.2	
	工具钢（未淬火）	0.03	
	铸铁	0.05～0.15	
	黄铜	0.03	
	青铜	0.10～0.15	0.07
	铝	0.02	
	锡锑合金	0.04	
钢	石棉基材料	0.08～0.12	
	皮革	0.12～0.15	
	硬木	0.12～0.16	
	软木	0.15～0.25	
	毛毡	0.18	
淬硬钢	聚甲醛	0.016	
	聚碳酸酯	0.03	
	聚酰胺	0.02	
退火钢	铸铁	0.05～0.15	
	青铜	0.07～0.15	
铸铁	铸铁	0.15～0.16	0.07～0.12
	青铜	0.16	0.07～0.15
	皮革	0.15	0.12
	橡胶	0.5	
	工具钢	0.03	
青铜	青铜	0.04～0.10	

（续）

摩擦副材料		摩擦因数	
I	II	μ_{st}	μ_{sl}
黄铜	工具钢（未淬火）	0.03	
	工具钢（淬火）	0.02	
	黄铜	0.02	
铝	工具钢（未淬火）	0.03	
	工具钢（淬火）	0.02	
	黄铜	0.02	

表 1.4-5　不同润滑剂下润滑表面的摩擦因数值

润滑剂	静摩擦因数 μ_{st}		粘度 $\eta_{20℃}$ /Pa·s
	摩擦副材料		
	退火钢-铸铁	退火钢-铅青铜	
蓖麻子油	0.183	0.159	0.75
橄榄油	0.119	0.196	0.082
菜籽油	0.119	0.136	0.09
鲸油	0.127	0.180	0.033
猪油	0.123	0.152	0.089
全损耗用油	0.211	0.294	0.028
汽缸油	0.193	0.236	1.95
主轴油	0.183	0.262	0.055

表 1.4-6　密封材料的摩擦因数值

密封材料	润滑油			摩擦因数			
	运动粘度 $\nu_{40℃}$ /mm²·s⁻¹	添加剂		工作温度/℃			
				18		100	
				润滑油供给情况			
				供油充分	供油不足	供油充分	供油不足
鞣制皮革	46	抗氧添加剂		0.09	0.06	0.16	0.08
	100	无		0.06	0.06		
铬鞣皮革	46	抗氧添加剂		0.13	0.06		
氯丁橡胶	46	抗氧添加剂		0.02	0.07	0.12	
	100	无		0.01	—	—	—
	220	10%菜籽油		0.01	0.06		
特殊橡胶	46	抗氧添加剂		0.03	0.06	0.16	0.17
	100	无		0.02	—	0.15	—

表 1.4-7　滚动摩擦因数的典型值

滚动体	$\phi1.5875$mm 钢球							
滚道材料	淬硬钢	退火钢	黄铜	铜	铝	锡	铅	玻璃
滚动摩擦因数 μ_k^*	0.00002	0.00004 ~ 0.00010	0.000045	0.00012	0.001	0.0012	0.0014	0.000014

表 1.4-8　滚动摩擦系数的典型值

滚轮材料	铁梨木	榆木	钢				充气轮胎		实心轮胎	
滚道材料	柞木	钢	钢	木	碎石路	软土路	优质路	泥土路	优质路	泥土路
滚动摩擦系数 μ_k/mm	0.5	0.8	0.2~0.4	1.5~2.5	1.2~5.0	75~125	0.50~0.55	1.0~1.5	1.0	2.2~2.8

4.1.4　机械零件中的摩擦力

机构零件构成的运动副目前均按式（1.4-1）计算摩擦力。摩擦力可以是机械零件的工作基础，如车辆行驶、摩擦传动和摩擦制动。但它更经常地是有害阻力，造成机器的功率损耗。

1. 滑动的摩擦　滑块在斜面上移动构成摩擦副，其作用力、效率、自锁条件等的计算式见

表 1.4-9。

2. 楔的摩擦　楔连接是常用的连接方式之一，构成静摩擦副，其楔紧力、松脱力和自锁条件的计算式见表 1.4-10。对钢制楔连接零件，楔的摩擦因数值见表 1.4-11。

3. 螺旋中的摩擦　螺旋中的旋紧力矩、松退力矩、效率和自锁条件的计算见表 1.4-12。

表 1.4-9 滑块的摩擦

滑块类型	平面滑块		楔形滑块	
	等速上升	等速下降	等速上升	等速下降
力平衡图				
作用力	$F = F_n \tan(\alpha + \rho)$	$F = F_n \tan(\alpha - \rho)$	$F = F_n \tan(\alpha + \rho')$	$F = F_n \tan(\alpha - \rho')$
效率	$\eta = \dfrac{\tan\alpha}{\tan(\alpha+\rho)}$ $\eta_{max} = \tan^2\left(45° - \dfrac{\rho}{2}\right)$	$\eta = \dfrac{\tan(\alpha-\rho)}{\tan\alpha}$	$\eta = \dfrac{\tan\alpha}{\tan(\alpha+\rho')}$ $\eta_{max} = \tan^2\left(45° - \dfrac{\rho'}{2}\right)$	$\eta = \dfrac{\tan(\alpha-\rho')}{\tan\alpha}$
效率最高斜角	$\alpha = 45° - \dfrac{\rho}{2}$	—	$\alpha = 45° - \dfrac{\rho'}{2}$	—
自锁条件	$\alpha \geqslant \dfrac{\pi}{2} - \rho$	$\alpha \leqslant \rho$	$\alpha \geqslant \dfrac{\pi}{2} - \rho'$	$\alpha \leqslant \rho'$

注：$\tan\rho = \mu$；$\tan\rho' = \dfrac{\mu}{\sin\beta}$；$\rho'$ 为当量摩擦角。

表 1.4-10 楔的摩擦

类型	楔 连 接	调 整 楔
力平衡图		
楔紧力	$F = F_n\left[\tan(\alpha_1+\rho_1) + \tan(\alpha_2+\rho_2)\right]$	$F = F_n \dfrac{\sin(\rho_2+\rho_3+\alpha)\cos\rho_1}{\cos(\rho_1+\rho_2+\alpha)\cos\rho_3}$ 若 $\rho_1=\rho_2=\rho_3$，则 $F = F_n\tan(\alpha+2\rho)$
松退力	$F = F_n\left[\tan(\alpha_1-\rho_1) + \tan(\alpha_2-\rho_2)\right]$	$F = F_n \dfrac{\sin(\alpha-\rho_2-\rho_3)\cos\rho_1}{\cos(\alpha-\rho_1-\rho_2)\cos\rho_3}$ 若 $\rho_1=\rho_2=\rho_3$，则 $F = F_n\tan(\alpha-2\rho)$
自锁条件	$\alpha_1 + \alpha_2 \leqslant \rho_1 - \rho_2$	$\alpha \leqslant \rho_2 + \rho_3$

表 1.4-11 钢楔的摩擦因数

楔的表面状况	仔细加工、涂脂	刨削、涂脂	涂油	无油、脂
摩擦因数 μ	0.04	0.07	0.15	0.20~0.22

4. 滑动轴承的摩擦

（1）径向轴承的摩擦　轴承间隙较大时，载荷为集中载荷；轴承间隙很小时，载荷为均布载荷。它们的摩擦转矩、功耗等的计算式见表 1.4-13。

（2）推力轴承的摩擦　推力轴承有多种形式，它们的摩擦转矩、功耗等的计算式见表 1.4-14。

表 1.4-12　螺旋中作用力矩的计算式

螺纹类型	矩形螺纹	三角螺纹
简图	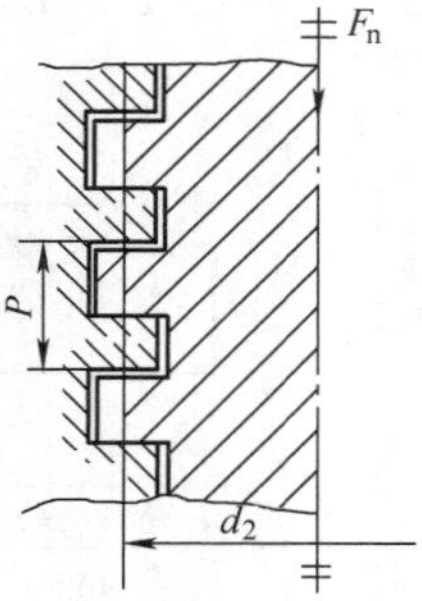	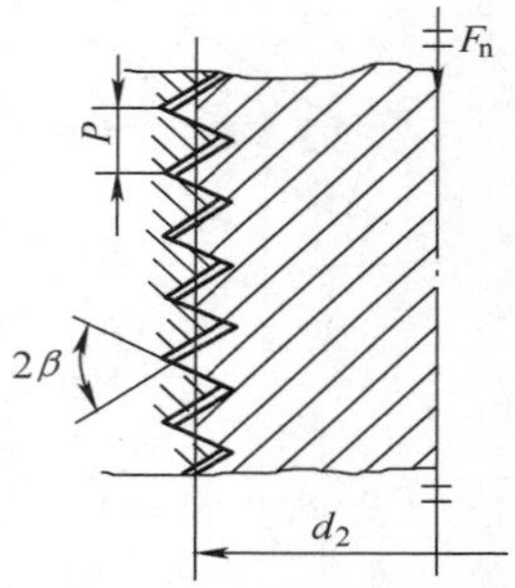
旋紧力矩	$T = F_n \dfrac{d_2}{2}\left(\dfrac{nP + \pi d_2\mu}{\pi d_2 - nP\mu}\right)$	$T = F_n \dfrac{d_2}{2}\left(\dfrac{nP\cos\beta + \pi d_2\mu}{\pi d_2\cos\beta - nP\mu}\right)$
松退力矩	$T = F_n\left(\dfrac{d_2}{2}\dfrac{nP + \pi d_2\mu}{\pi d_2 + nP\mu}\right)$	$T = F_n \dfrac{d_2}{2}\left(\dfrac{P\cos\beta + \pi d_2\mu}{\pi d_2\cos\beta + nP\mu}\right)$
自锁条件	$P \leqslant \dfrac{\pi d_2\mu}{n}$	$P \leqslant \dfrac{\pi d_2\mu}{n\cos\beta}$
效率	$\eta = \dfrac{nP}{\pi d_2}\left(\dfrac{\pi d_2 - nP\mu}{\pi d_2\mu + nP}\right)$ 当 $P = \pi d_2\mu$ 时，$\eta = \dfrac{1-\mu^2}{2}$	$\eta = \dfrac{nP}{\pi d_2}\left(\dfrac{\pi d_2\cos\beta - nP\mu}{\pi d_2\mu + nP\cos\beta}\right)$ 当 $P = \dfrac{\pi d_2\mu}{\cos\beta}$ 时，$\eta = \dfrac{1 - \dfrac{\mu^2}{\cos^2\beta}}{2}$

注：n 为螺旋线数。

表 1.4-13　径向滑动轴承中的摩擦转矩、功耗和摩擦圆半径的计算式

载荷类型	集中载荷	均布载荷	
		非磨合轴颈	磨合轴颈
图示	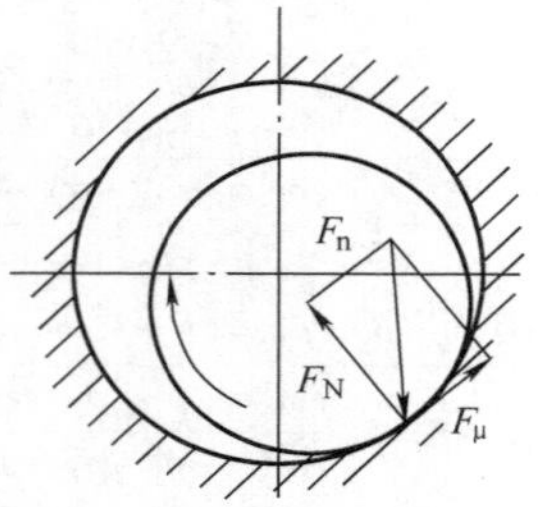	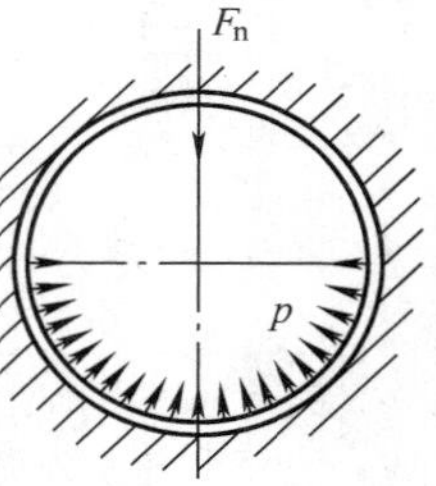	
摩擦转矩	$T = \dfrac{F_n d}{2}\dfrac{\mu}{\sqrt{1+\mu^2}}$	$T = \dfrac{F_n d}{2}\dfrac{\pi\mu}{2}$	$T = \dfrac{F_n d}{2}\dfrac{4\mu}{\pi}$
摩擦功耗	$P = F_n\pi dn\dfrac{\mu}{\sqrt{1+\mu^2}}$	$P = \dfrac{F_n\pi^2 dn\mu}{2}$	$P = 4F_n dn\mu$
摩擦圆半径	$r = \dfrac{d}{2}\dfrac{\mu}{\sqrt{1+\mu^2}}$	$r = \dfrac{\pi d\mu}{4}$	$r = \dfrac{2d\mu}{\pi}$

表 1.4-14 推力轴承的摩擦转矩和功耗的计算式

轴承类型	平面推力轴承	环面推力轴承	锥面推力轴承	截锥面推力轴承
图示				
摩擦转矩	$T=\dfrac{F_{n}\mu d}{3}$	$T=\dfrac{F_{n}\mu}{3}\left(\dfrac{D_{o}^{3}-D_{i}^{3}}{D_{o}^{2}-D_{i}^{2}}\right)$	$T=\dfrac{F_{n}\mu}{3}\dfrac{d}{\sin\alpha}$	$T=\dfrac{F_{n}\mu}{3}\left(\dfrac{D_{o}^{3}-D_{i}^{3}}{D_{o}^{2}-D_{i}^{2}}\right)\dfrac{1}{\sin\alpha}$
摩擦功耗	$P=\dfrac{2\pi n\mu F_{n}}{3}d$	$P=\dfrac{2\pi n\mu F_{n}}{3}\left(\dfrac{D_{o}^{3}-D_{i}^{3}}{D_{o}^{2}-D_{i}^{2}}\right)$	$P=\dfrac{2\pi n\mu F_{n}}{3}\dfrac{d}{\sin\alpha}$	$P=\dfrac{2\pi n\mu F_{n}}{3}\left(\dfrac{D_{o}^{3}-D_{i}^{3}}{D_{o}^{2}-D_{i}^{2}}\right)\dfrac{1}{\sin\alpha}$

5. 滚动轴承的摩擦 滚动轴承中的摩擦是滚动摩擦和滑动摩擦的复合摩擦,其摩擦转矩的粗略计算式为

$$T=0.5\mu Fd \qquad (1.4\text{-}7)$$

式中 F——滚动轴承上的载荷;
　　　d——滚动轴承内径;
　　　μ——滚动轴承的摩擦因数,其概略值见表 1.4-15。

表 1.4-15 滚动轴承的摩擦因数值

轴承类型		摩擦因数 μ	轴承类型		摩擦因数 μ	轴承类型	摩擦因数 μ
深沟球轴承		0.0015	圆柱滚子轴承	有保持架	0.0011	推力球轴承	0.0013
调心球轴承		0.0010		满装滚子	0.0020	推力圆柱滚子轴承	0.0050
角接触球轴承	单列	0.0020	滚针轴承		0.0025	推力滚针轴承	0.0050
	双列	0.0024	调心滚子轴承		0.0018	推力调心滚子轴承	0.0018
	四点接触	0.0024	圆锥滚子轴承		0.0018		

6. 齿轮的摩擦 啮合的渐开线齿轮,齿廓间既有滚动又有滑动。滚动摩擦损失通常很小,故计算齿轮传动的摩擦功耗时,可以只考虑滑动摩擦损失。

齿廓间的相对滑动速度为

$$v_{ck}=(\omega_{1}+\omega_{2})\overline{PK}$$

在节点处,啮合线长度之半

$$\overline{PK}=\frac{\varepsilon\pi m\cos\alpha}{4}$$

因此,摩擦功耗为

$$P_{\mu}=\mu F_{N}(\omega_{1}+\omega_{2})\frac{\varepsilon\pi m\cos\alpha}{4} \qquad (1.4\text{-}8)$$

齿轮传动的效率为

$$\eta=1-\varepsilon\pi\mu\frac{\dfrac{1}{z_{1}}\pm\dfrac{1}{z_{2}}}{2} \qquad (1.4\text{-}9)$$

7. 绳与卷筒的摩擦 绳绕在卷筒上两端拉力 F_{1} 和 F_{2} 的关系式为

$$F_{1}=F_{2}e^{\mu_{ef}\alpha} \qquad (1.4\text{-}10)$$

式中 α——绳在卷筒上的包角;
　　　μ_{ef}——绳与卷筒的有效摩擦因数。

绳与卷筒不同接触形式下的有效摩擦因数见表 1.4-16。

表 1.4-16   绳与卷筒的有效摩擦因数

卷筒槽形	平面	U形	V形	下切V形
有效摩擦因数 μ_{ef}	μ	$\dfrac{4\mu}{\pi}$	$\mu\sin\dfrac{\varphi}{2}$	$\dfrac{4\mu\left(1-\sin\dfrac{\varphi}{2}\right)}{\pi-\varphi-\sin\varphi}$

8. 车轮与路面的摩擦   车轮与路面的滑动摩擦力为车辆的牵引力 F_T，而车轮与路面的滚动摩擦力是车辆的运行阻力 F_{zr}。环境和设计参数对它们的影响见表 1.4-17。

表 1.4-17   各种因素对车辆的牵引力 F_T 和运行阻力 F_{zr} 的影响

车轮类型	钢轮箍	充气橡胶轮胎	实心轮胎
载荷 F	$F_{zr}\propto F^{9/10}$；$F_T\propto F$	F_{zr} 随载荷 F 增加而增加；$F_T\propto F$	$F_{zr}\propto F^{4/3}$；$F_T\propto F$
速度 v	随速度 v 增加 F_{zr} 增加，而 F_T 稍有减少	拐弯时速度才有影响	适宜速度 $v\leqslant 40km/h$
温度 θ	影响不大，除非局部出现高温烧蚀摩擦面上污染物	橡胶的摩擦因数随温度升高而下降，每升高 15℃ 约降低 10%	随轮胎材料性质而变
雨水	小雨对 F_T 有不利影响，大雨因其清洁作用牵引力 F_T 反而增大	F_T 有较大降低	F_T 有更大降低
车轮直径 d	$F_{zr}\propto d^\gamma$，$\gamma=0.5\sim1.0$	随 d 增大 F_{zr} 减小，而 F_T 增大	$F_{zr}\propto d^{-0.6}$
车轮宽度 B	影响甚小	随 B 增大 F_{zr} 稍降低而 F_T 增加	$F_{zr}\propto B^{-0.3}$
踏面材料	影响甚小	橡胶成分比踏面的形式更重要	$F_{zr}\propto E^{1/3}$，E 是材料的弹性模量
路面状况	清除轨道的污染物或撒砂子能增加牵引力 F_T	路面极为关键	只适用于光滑路面
其他	驱动转矩均匀时牵引力较大	在潮湿的路面上，磨光踏面的牵引力只有未磨光踏面的一半	—

4.2 磨损与磨损定律

4.2.1 磨损类型

相应于动摩擦产生的磨损有下述类型：粘附磨损、磨粒磨损、表面疲劳磨损和腐蚀磨损；相应于静摩擦产生的磨损是一种综合性磨损，称为微动磨损。

上述 4 种型式磨损形成的损伤特征见表 1.4-18。

表 1.4-18   磨损表面的外观

磨损类型	粘附磨损	磨粒磨损	表面疲劳磨损	腐蚀磨损
磨损表面外观	锥刺、鳞尾、麻点	擦伤、沟纹、条痕	裂纹、点蚀	反应产物、麻点

4.2.2 磨损定律

1. 磨损的度量   磨损造成表层材料的损耗，以长度（深度）、体积、质量等参数表示的损耗称为磨损量。单位时间的磨损量称为磨损率。不管速度的影响，单位滑移距离或单位摩擦功的磨损量称为磨损度。

单位摩擦功的体积磨损量称为能量磨损度 K_E，其表达式为

$$K_E=\frac{\Delta V}{F_\mu l} \tag{1.4-11}$$

式中 ΔV——体积磨损量；

l——滑移距离。

2. 磨损因数 将能量磨损度 K_E 与表面布氏硬度 H 的乘积定义为磨损因数 ξ，即 $\xi = K_E H$。

单位滑移距离的磨损深度称为线磨损度，即 $K_l = \dfrac{\Delta h}{l}$，于是，线磨损度 K_l 可表述为

$$K_l = \xi \frac{F_\mu}{AH} \qquad (1.4\text{-}12)$$

目前，还不能根据材料性能计算出磨损因数，通常需通过试验求得。表 1.4-19 列出了不同金属组合在不同滑动条件下粘附磨损的磨损因数。

表 1.4-19 金属间粘附磨损的磨损因数 ξ

滑动条件	金属组合类型			
	同样金属	相容金属	部分相容金属	不相容金属
	$\xi/10^{-6}$			
洁净表面	1500	500	100	15
润滑不良	300	100	20	3
润滑良好	30	10	2	0.3
润滑极好	1	0.3	0.1	0.03

注：本表数值不适用于贵金属、含软组元的合金、六方结构金属。

表中金属组合的定义如下：

(1) 同样元素组合、同样合金组合以及金属与以它为主要组元的合金的组合，称为同样金属组合；

(2) 冶金上相容金属组合，如银和钯，称为相容金属组合；

(3) 室温下只有有限固溶性（低于 1%）的金属组合，如银与铜、铝与锡，称为部分相容金属组合；

(4) 熔化时形成两相的金属组合，如银与镍，称为不相容金属组合。

因而，应尽量选用不相容金属组成摩擦副，避免采用同样金属组成摩擦副。同时，可以通过典型试件测出 ξ 值的数量级来判断摩擦副选材及接触表面的粘着情况。显然，当 ξ 值接近 10^{-3} 时，表明设计中磨损问题已成为一个重要的问题，甚至需要更换材料。

3. 磨损三定律

(1) 材料的磨损量与滑动距离成正比；

(2) 材料的磨损量与法向载荷成正比；

(3) 材料的磨损量与较软材料的屈服强度或硬度成反比。

4.2.3 耐磨损设计

1. 耐磨性设计准则 磨损的类型多，且工程上常常是在一个摩擦副上几种磨损同时发生；影响磨损的因素也较多，且关系复杂。因此，提高某一摩擦副的耐磨性，需要根据具体情况采取有效措施。下面给出的仅是被公认且能定量描述的几点，不是完备的耐磨损设计准则。

(1) 粘附磨损的耐磨损设计准则 影响粘附磨损的主要因素有：材料特征、滑动速度、载荷、温度和润滑剂。磨损率随载荷、温度增加而增大，但却随滑动速度增加先减小而后增大。设计时应注意的两点是：

1) 摩擦副为金属材料时，应通过两表层材料的选择或表面处理方法，使摩擦副成为多相、异种、部分相容或不相容金属的组合。

2) 以 MPa 计的载荷不应超过较软表层材料布氏硬度的 10/3 倍。

(2) 磨粒磨损的耐磨损设计准则 摩擦副表层和磨粒的硬度是影响磨粒磨损最重要的参数，提高摩擦副的表面硬度是降低磨粒磨损率、增加摩擦副耐磨性的最佳措施。

获得较高磨粒磨损寿命的条件是摩擦副材料的表面硬度最少为磨粒硬度的 1.3 倍。

(3) 表面疲劳磨损的耐磨损设计准则 影响表面疲劳磨损的因素有：材质、硬度和表面粗糙度。材质越好，疲劳寿命越长；表面粗糙参数值越小，疲劳寿命越长。

需要注意的是：表面硬度为 62HRC 时，表面疲劳磨损寿命最长。

2. 耐磨性等级 以线磨损度的指数值确定耐磨损的等级，见表 1.4-20。

表 1.4-20 耐磨性等级

等级	0	I	II	III	IV	V	VI	VII	VIII	IX
$(\lg K_l)_{min}$	−13	−12	−11	−10	−9	−8	−7	−6	−5	−4
$(\lg K_l)_{max}$	−12	−11	−10	−9	−8	−7	−6	−5	−4	−3
接触状态	弹性变形						弹塑性变形		微切削作用	

4.3 润滑设计与计算

在摩擦副两接触表面间加入能减小摩擦、减少磨损的润滑剂谓之润滑。

润滑可分为流体润滑和固体润滑。

4.3.1 流体润滑

1. 润滑状态

（1）膜厚比与润滑状态 流体润滑按流体膜厚度不同，有3种润滑状态：即流体膜润滑、混合润滑和边界润滑。令润滑膜厚度与两表面轮廓算术平均偏差和之比为膜厚比 h^*，即 $h^* = \dfrac{h_{min}}{R_{a1} + R_{a2}}$。它不仅表明润滑状态，且与摩擦副零件的寿命有直接关系。各种润滑状态下的 h^* 值见表1.4-21。

表 1.4-21 流体润滑状态与膜厚比 h^*

膜厚比 h^*	≤1	1~5	5~10	10~100
润滑状态	边界润滑	混合润滑	流体膜润滑	
		弹性流体动力润滑	流体动力静力润滑	

（2）摩擦因数与润滑状态 流体润滑膜的厚度随摩擦副的工况变化而改变，因此润滑状态亦随工况变化而转换。同时，摩擦因数随工况的变化而变化。以参数 $\dfrac{\eta v}{F}$ 代表工况，图1.4-3是摩擦因数随工况的变化曲线，表明摩擦因数随流体润滑状态而改变的特性。

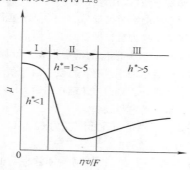

图 1.4-3 摩擦特性曲线
Ⅰ—边界润滑区 Ⅱ—混合润滑或部分弹性流体动力润滑区 Ⅲ—流体膜润滑区

2. 边界（膜）润滑 边界膜是一层极薄的膜，有吸附膜和反应膜两种。

（1）影响边界膜润滑性能的因素

1）温度 各种吸附膜的吸附强度随温度升高而下降，并会出现失向、散乱直至脱吸，降低以至丧失润滑性能。导致吸附膜脱吸的温度称为边界润滑的临界温度。反应膜与此相反，它必须在一定的温度下方能形成，该温度谓之反应温度。

图1.4-4是温度对边界膜摩擦因数的影响曲线。曲线Ⅰ是采用含油性剂（脂肪酸）的润滑油在金属表面上形成的化学吸附膜的 μ-θ 曲线；曲线Ⅱ是采用含极压耐磨剂的润滑油在金属表面上形成的反应膜的 μ-θ 曲线；曲线Ⅲ是采用既含油性剂又含极压耐磨剂的润滑油所形成的边界膜的 μ-θ 曲线；曲线Ⅳ是采用纯矿物润滑油时的情况，其摩擦因数最大。

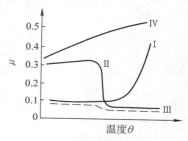

图 1.4-4 边界润滑摩擦因数与温度的关系

若既含油性剂又含极压耐磨剂的润滑油的临界温度接近反应温度，则该润滑油能在很大温度范围内有较好的润滑性能。

2）膜厚 在一定厚度范围内，摩擦因数随边界膜厚度增厚而下降。吸附分子层数越多、分子越长，边界膜越厚，则摩擦因数越低。图1.4-5是吸附分子层数与摩擦因数的关系曲线。

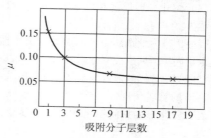

图 1.4-5 摩擦因数与吸附层数之关系

由图可见：3层吸附膜的摩擦因数约为单分子层的50%。分子层数超过10层之后，层数对摩擦因数的影响已不显著了。

3）极性分子浓度　各种极性分子在金属表面的吸附量都有一个最大值，称为饱和吸附量。达到饱和吸附量前，摩擦因数随极性分子浓度的增加而下降，尔后，浓度对摩擦因数的影响甚微。图 1.4-6 表明脂肪酸分子浓度对摩擦因数的影响。

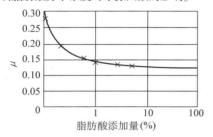

图 1.4-6　脂肪酸添加量对摩擦因数的影响

（2）提高边界膜强度的方法　合理选择摩擦副材料匹配和润滑剂、降低表面粗糙度，都能有效提高边界润滑膜的强度。但是，最简单、最有效的方法是在润滑剂中添加一定量的油性剂或（和）极压耐磨剂。

3. 流体动力润滑　在一定条件下，靠摩擦面的运动，用粘性流体将两摩擦表面完全隔开，用流体流动产生的动压力平衡外载荷，将摩擦面间的固体外摩擦转变为流体内摩擦，称之为流体动力润滑。

（1）雷诺方程　流体动力润滑理论的基本方程是润滑膜压力分布的微分方程，即雷诺方程。牛顿流体、层流流动、忽略重力和惯性力的普遍二维雷诺方程为

$$\frac{\partial}{\partial x}\left(\frac{\rho h^3}{\eta}\cdot\frac{\partial p}{\partial x}\right)+\frac{\partial}{\partial z}\left(\frac{\rho h^3}{\eta}\cdot\frac{\partial p}{\partial z}\right)=$$

$$6(u_1-u_2)\cdot\frac{\partial(\rho h)}{\partial x}+6\rho h\frac{\partial(u_1+u_2)}{\partial x}+12\frac{\partial(\rho h)}{\partial t}$$

$$(1.4\text{-}13)$$

式中　ρ——流体密度；

η——流体粘度；

p——流体膜压力。

其他符号的意义见表 1.4-22 中的附图。

（2）油膜压力的产生　由雷诺方程右边项可以分析出流体动力润滑膜产生压力的原因，把这些原因称为动压效应，列于表 1.4-22。

在这些效应中，最主要、最有实用价值的是油楔效应，挤压效应有少量实际应用，如挤压膜轴承。

（3）雷诺方程的应用　针对具体润滑问题，雷诺方程还可作些简化，得到各种不同形式的雷诺方程，再根据方程中的未知数和具体问题，建立一些补充方程，如膜厚方程、能量方程、粘温方程和状态方程等，即可用数值方法求解雷诺方程，求出油膜中的压力分布曲线。

表 1.4-22　动压效应的类型

名　　称	简　　图	表达式	说　　明
主要效应　油楔效应		$(u_1-u_2)\rho\dfrac{\partial h}{\partial x}$	两表面距离沿滑动方向逐渐缩小，为保持流动的连续性必须形成图示压力分布
挤压效应		$\rho\dfrac{\partial h}{\partial t}$	流体进入两个正在靠近的表面间就产生这种效应，它对短时间内的超载起到有效的软垫作用

（续）

名　　称	简　　图	表达式	说　　明
次要效应 伸缩效应		$\rho h \dfrac{\partial(u_1 + u_2)}{\partial x}$	表面速度变化使流量有变化的趋势，为保持流动的连续性产生压力
密度楔效应		$(u_1 - u_2)h \dfrac{\partial \rho}{\partial x}$	为维持质量流的连续性，必须产生压力抵销密度变化对流量的影响
次要效应 粘度楔效应			润滑剂温度沿膜厚方向改变时粘度亦变化，使流速分布改变。进、出口流速变化规律不同而产生压力
膨胀效应		$h \dfrac{\partial \rho}{\partial t}$	密度随时间变化则会发生体积膨胀，产生压力使过量的润滑剂从两侧排出

4. 弹性流体动力润滑　普通流体动力润滑理论中，把摩擦表面视作刚体，并忽略润滑剂粘度随油膜压力的改变。在某些实际问题中，例如齿轮轮齿的啮合、滚动轴承中滚动体与滚道的接触以及凸轮与从动件的接触等，必须把摩擦表面按弹性体对待，并计入粘度随压力的变化，这样的理论称为弹性流体动力润滑理论（EHD）。

求解弹性流体动力润滑问题一般只能采用数值计算方法，比较简单的计算过程见图 1.4-7。

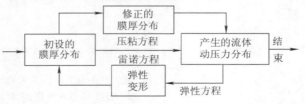

图 1.4-7　弹性流体动力润滑
计算迭代过程

（1）**齿轮传动的 EHD 计算**　圆柱齿轮传动

节点啮合最小油膜厚度计算公式为

$$h_{\min} = 4.38 \frac{\alpha^{0.54}(d_1' \sin\alpha_n)^{1.13}(\eta_0 n_1)^{0.7}}{E'^{0.03}\cos^{1.56}\beta} \times$$

$$\left(\frac{u}{u \pm 1}\right)^{0.43}\left(\frac{bd_1'\cos\alpha_n}{2T_1}\right)^{0.13} \quad (1.4\text{-}14)$$

$$E' = \frac{2E_1E_2}{(1-\nu_1^2)E_2 + (1-\nu_2^2)E_1};$$

式中　$h_{\min}$——节点处最小油膜厚度（m）；

α——润滑油的压粘系数（m²/N）；

d_1'——小齿轮节圆直径（m）；

α_n——法面压力角；

η_0——润滑油在大气压下的粘度（Pa·s）；

n_1——小齿轮转速（r/s）；

u——齿数比；

b——齿轮啮合宽度（m）；

T_1——小齿轮转矩（N·m）；

β——齿轮螺旋角。

（2）滚动轴承的 EHD 计算 径向接触球和滚子轴承最小油膜厚度的简化计算公式为

$$h_{\min} = KD(\alpha\eta_0 n)^{0.74} \qquad (1.4\text{-}15)$$

式中 $h_{\min}$——最小油膜厚度（μm）；

K——取决于轴承类型的系数，其值见表 1.4-23；

n——滚动轴承转速（r/s）；

D——轴承外径（m）。

此简化公式只适用于接触应力最大值不超过 1.72GPa 的径向接触轴承，误差不会超过 ± 10%。

5. 流体静力润滑 利用泵将润滑剂泵入摩擦副中，依靠泵压力将两个摩擦表面隔开，称之为流体静力润滑。

表 1.4-23 滚动轴承的 K 值

轴承类型	$K/10^6$	
	内圈	外圈
向心球轴承	2.47	2.69
调心轴承和圆柱滚子轴承	2.39	2.57
圆锥滚子轴承和滚针轴承	2.29	2.42

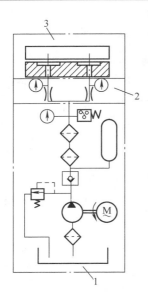

图 1.4-8 静力润滑的润滑系统
1—供油装置部分 2—节流器部分
3—油垫部分

（1）润滑系统组成 润滑系统由供油装置、节流器和油垫组成（图 1.4-8）。

在一个摩擦表面上制出凹坑，谓之油腔，油腔周围的摩擦表面称为封油面。被环境压力包围的，油腔与封油面的总和称为油垫。

（2）供油装置 用得最普遍的是定压供油装置。该装置用一个泵集中供油，由溢流阀调节压力的大小，再经单向阀、精滤器，分流至各油垫的节流器，然后进入油腔。

（3）节流器 常用节流器有固定节流式和可变节流式两类。固定节流器中有管式、孔式和缝式；可变节流器中有膜片反馈式和柱塞反馈式。它们的节流特性见表 2.10-7 和 2.10-8。

4.3.2 固体润滑

固体润滑就是在两摩擦表面间加入固体润滑剂进行润滑。

把固体润滑剂挤出接触区需要的载荷越大，表明该固体润滑膜承载能力越高。通过理论分析和实验，克拉盖尔斯基提出如下计算固体润滑膜承载能力（极限载荷）F_d 的近似公式

$$F_d^* = \frac{F_d}{\sigma_{bc}R^2} \approx 145 \left(\frac{\delta}{R}\right)^{0.3} \left(\frac{\tau_{sh}}{\sigma_{bc}}\right)^{0.3} \left(\frac{\sigma_{bc}}{E}\right)^{0.45}$$

$$(1.4\text{-}16)$$

式中 F_d^*——极限载荷数；

σ_{bc}——基体材料的压溃强度；

R——触头半径；

δ——固体润滑膜厚度；

E——基体材料的弹性模量；

τ_{sh}——固体润滑膜的抗剪强度。

用式（1.4-16）可以评价每个几何和强度因素对固体润滑膜强度的影响。试验表明，固体润滑膜的承载能力随表面温度升高而下降。

4.4 润滑方法及润滑剂

4.4.1 用润滑油（脂）的润滑方法

用润滑油、脂的各种润滑方法在复杂程度、装置成本、可靠性、冷却与清洁摩擦副能力等方面有很大差别。润滑油、脂常用润滑方法及其性能见表 1.4-24。

表 1.4-24 油、脂润滑常用润滑方法及其特性

序号	润滑方法	供油质量	可靠性	冷却能力	耗油量	装置复杂性	维护工作量	油的回收	低速限制	应用举例
1	手工加脂	中	中	差	中	小	中	不能	无	低速轻载滚动轴承,重载高温滑动轴承、导轨
2	集中压力供脂	好	好	差	中	大	小	不能	无	低速高温滚动轴承,重载高温滑动轴承、导轨,低速重载齿轮
3	手工加油	差	差	差	多	低	大	不能	无	不要求起冷却作用的各种摩擦副
4	滴油	中	中	差	多	中	中	不能	无	中载、中速轴承、导轨、气缸、齿轮传动
5	油环、油盘	好	好	中	少	中	小	能	有	中载、中速轴承、齿轮传动
6	油绳、油垫	中	中	差	中	中	中	不能	无	低速滚动轴承,一般滑动轴承、导轨
7	油浴、飞溅	好	好	好	少	中	中	能	有	重要轴承、导轨、齿轮箱
8	油雾	优	好	极优	极少	高	—	不能	无	高速滚动轴承、齿轮箱
9	压力供油	优	好	优	中	高	中	能	无	主要的高速轴承、齿轮箱、导轨
10	油气	优	—	极优	极少	高	—	无需	无	极高速滚动轴承

油气润滑（Oil-air lubrication）是一种较新的润滑方法。它是利用具有一定压力的压缩气流，将微量的润滑油均匀、连续地喷入要润滑的摩擦副内的一种润滑方法。其特点是润滑与冷却作用分别由润滑油和空气去完成，用油量极少，大约 $1cm^3/h$，故不会像油雾润滑那样造成污染，也没有像喷油润滑那样的搅动损耗，特别适用于高速摩擦副，如高速滚动轴承（$dn > 10^6 mm \cdot r/min$）的润滑。

润滑油（脂）润滑方法的选用见表 1.4-25。

表 1.4-25 油（脂）润滑润滑方法的选择

摩擦副名称	运 转 条 件								
	高温	常温	低温	高速	中速	低速	尘土污物	潮气	真空
滚动轴承	1,2,**8**,**9**	1,2,4,7,**8**,**9**	4,7,**8**,9	4,**8**,9,10	1,2,4,6,**8**,**9**	**1**,**2**,**4**,**6**,7,**8**,**9**	**1**,**2**,4,**9**	1,2,4	6
动压轴承	4,**8**,**9**	1,2,4,5,6,7,9	4,5,6,7,9	4,7,**8**,9	4,5,6,7,**9**	1,2,3,4,5,6,7,9	1,2,4,9	1,2,3,**4**	1,6
普通滑动轴承	**1**,**2**,9	**1**,**2**,3,4,5,6	1,3,4,7	—	—	**1**,**2**,3,4,6,7,8	1,2,3,4,6	**1**,**2**	**1**
滑块与导轨	**2**,7,**9**	**1**,2,3,4,6,9	1,3,4,6,7,9	1,2,3,4,7,9	**1**,**2**,3,4,5,6,7,9	**1**,**2**,3,4,6,8	1,2,3,4	1,2,3,4,9	**1**,6
螺旋传动	1,2,7,**9**	**1**,**2**,3,4,6,7,9	1,2,7,9	1,2,7,**8**,9	1,2,3,4,7,8,9	**1**,**2**,3,4,7,9	1,2	1,2,3,4,6,9	**1**,**2**,6
齿轮传动	1,2,7,**9**	2,6,8,**9**	1,2,3,4,7,8,9	3,4,8,**9**	1,2,3,4,7,8,9	1,3,4,6,7,9	1,2,9	**1**,**2**,3,4,9	**1**,**2**
链传动	1,2,7,9	4,7,8,9	4,7,8,9	7,9	4	3	7,9	7,9	1,2

注：1. ＞150℃为高温。

2. ＜ -20℃为低温。

3. 表中数字为可供选择的润滑方法编号（见表1.4-24），应优先选用黑体字的编号。

4.4.2 用固体润滑剂的润滑方法

固体润滑剂的使用方法通常有两种，一种是使固体润滑剂在摩擦表面上形成薄膜，即固体润滑膜，另一种是将固体润滑剂粉末与机件材料混合在一起。

经常采用的形成固体润滑膜的方法有：

（1）直接使用固体润滑剂，将其涂抹在摩擦表面上；

（2）将固体润滑剂粉末分散于水、酒精、乙醇、丙酮等挥发性溶剂中，制成固体润滑剂的分散剂使用；

（3）以固体润滑剂为主体，以油或脂为载体，制成润滑膏、润滑糊使用；

（4）将固体润滑剂粉末与粘结剂混合，制成粘结型干膜润滑剂，然后喷涂于摩擦表面；

（5）用离子镀、溅射、真空沉积、电泳、等离子喷涂等物理方法，使固体润滑剂在摩擦表面形成固体润滑膜；

（6）与有机材料（各种塑料）、无机材料（金属、陶瓷等）制成复合材料使用。

将固体润滑剂粉末与机件材料混合的方法有：

（1）与机件材料的粉末相混合，然后烧结成机件；

（2）与金属粉末混合，然后烧结在机件摩擦表面上；

（3）在多孔质机件材料中浸入固体润滑剂。

4.4.3 润滑剂

1. 润滑油与润滑脂的分类　这类润滑剂及其相关产品是石油产品中的一大类，国家标准规定用符号 L 表示。L 类产品按国家标准的总分组见表 1.4-26。

表 1.4-26　润滑剂和有关产品（L 类）的分类：总分组（GB/T 7631.1—1987）

组别	应 用 场 合	各组分类标准
A	全损耗系统	GB/T 7631.13—1995
B	脱模	
C	齿轮	GB/T 7631.7—1995
D	压缩机（包括冷冻机和真空泵）	GB/T 7631.9—1997

（续）

组别	应 用 场 合	各组分类标准
E	内燃机	GB/T 7631.3—1995
		GB/T 7631.17—2003
F	主轴、轴承和有关离合器	GB/T 7631.4—1989
G	导轨	GB/T 7631.11—1994
H	液压系统	GB/T 7631.2—2003
M	金属加工	GB/T 7631.5—1989
N	电器绝缘	
P	风动工具	
Q	热传导	
R	暂时保护防腐蚀	GB/T 7631.6—1989
T	汽轮机	GB/T 7631.10—1992
U	热处理	
X	用润滑脂场合	GB/T 7631.8—1990
Y	其他应用场合	
Z	蒸汽汽缸	
S	特殊润滑剂应用场合	

注：S 组包括合成润滑油、脂，但不包括 L 类中其他各组已经规定了的合成润滑油、脂，也不包括固体润滑剂。

2. 工业机械用润滑油　工业机械常用润滑油的性能与应用场合见表 1.4-27。

3. 润滑油粘度的掺配

如果现有润滑油的粘度不能满足要求时，可选用一种粘度大于需要值，一种粘度小于需要值的两种润滑油，掺配成粘度为需要值的润滑油。掺配时最好选用品种相同的润滑油，如用品种不同的油，必须注意两种油中的添加剂是否会发生化学反应。

掺配比例的近似计算式为

$$K = \frac{\nu - \nu_2}{\nu_1 - \nu_2} \qquad (1.4\text{-}17)$$

式中　ν——需要的掺配油粘度；

　　　ν_1——大粘度润滑油的粘度；

　　　ν_2——小粘度润滑油的粘度。

根据上式计算出 K 值后，由表 1.4-28 查出大粘度油应占的比例 ζ。

表1.4-27 常用工业润滑油的性能与应用场合

润滑油品种	组别		粘度等级	粘度指数	倾点/℃	闪点/℃	要求的性能	主要应用场合
全损耗系统用油	AN		5~150		≤-5	≥80~180	除降凝剂外不含任何添加剂	轻载普通机械的全损耗润滑系统(包括一次润滑),不适用于循环润滑系统
	AY	冬	30~40		≤-40	145	低的凝点;较高的粘度指数;较少的水分和机械杂质	车辆、铁路设施、粗加工用油
		夏	66~81		≤-10	150		
工业齿轮油	CKB		100~320		≤-8		高的抗乳化性、无腐蚀性,良好的粘温特性、极压耐磨性、油性、热氧化安定性、储存安定性、抗泡性,以及与密封材料的适应性	正常油温下运转的轻载闭式齿轮
	CKC		68~680		≤-8, ≤-5	≥180,200		中等油温、重载、无冲击下运转的矿井、冶金和船舶海港等机械的齿轮传动装置
	CKD		100~680					高温、重载、有冲击下运转的轧钢,井下采掘等机械的齿轮传动
	CKE		220~1000	>90	≤-6, -12			轻载,平稳无冲击的蜗杆传动
	CKE/P				≤-6			重载,有冲击的蜗杆传动
	CKH					≥200,210		中等环境温度下的轻载开式齿轮
	CKJ							偶尔在重载下工作的开式齿轮
	CKM		68~320					
	CKS						在极低和极高温度下使用,具有抗氧、耐擦伤性、无腐蚀性	在极低或极高的恒定流体温度下的轻载齿轮
	CKT							在极低或极高温度下的重载齿轮
车辆齿轮油	CLC			90	≤-10	≥170	高的抗乳化性、不腐蚀性,良好的粘温特性、极压耐磨性、油性、热氧化安定性、储存安定性、抗泡性,以及与密封材料的适应性	手动变速器、曲齿锥齿轮的驱动桥
	CLD			90		≥150		手动变速器、弧齿锥齿轮和使用条件不太苛刻的准双曲面齿轮的驱动桥
	CLE			报告	报告	≥150		准双曲面齿轮及其他各种齿轮的驱动桥
汽油机油	QB				≤-18	≥170	良好的粘温特性、热安定性、润滑性、抗泡性、耐磨性和清净分散作用;抗氧化能力强;腐蚀性小,并有中和酸性物质的能力;优良的抑制生成和分散低温油泥的能力	轻负荷汽油机
	EQC				≤-10	≥180		中等负荷汽油机
	EQD			75,80	≤-10	≥180		适用于装有正压换气装置的汽油机
	EQE			75,80	≤-10	≥180		适用于装有废气循环装置和排气催化转化器的汽油机
	EQF			75,80	≤-10	≥180		适用于高级轿车的汽油机
柴油机油	ECC				≤-10	≥180		适用于低增压柴油机
	ECD				≤-10	≥180		适用于高增速、重负和、大功率柴油机

（续）

润滑油		粘度等级	粘度指数	倾点/℃	闪点/℃	要求的性能	主要应用场合
品种	组别						
主轴油	FC	2~100		≤-1~-6	≥60~120	良好的浸润能力、润滑能力和流动性	抗氧缓蚀型油,滑动轴承、滚动轴承和有关离合器的压力、油浴和油雾润滑
	FD		—	—			耐磨极压型油,滑动轴承和滚动轴承的压力、油浴和油雾润滑。不适用于离合器
汽轮机油	TSA	32~100	90	≤-7	≥180~≥195	良好的抗氧化安定性、抗乳化性和不腐蚀性	汽轮机
	TGA			—			燃气轮机
导轨油	G	32~320	报告	≤-9,-3	≥150,≥180	良好的防爬性、无腐蚀性和抗剪切能力	横向或垂直的精密机床进给导轨的润滑
液压油	HG	32,68	95	≤-6	≥160,≥180	良好的粘温特性、无腐蚀性、抗乳化性、耐磨性、抗泡性、抗剪切性、清净性;对密封材料的适应性;低温下的流动性、起动性和泵送性	液压与导轨、滑动轴承润滑系统合用的润滑油
	HH	15~150					一般液压与润滑系统
	HL	15~100	90,95	≤-12~-6	≥140~≥180		低压液压系统,不适用于叶片泵
	HM	15~150	95	≤-18~-9	≥140~180		低、中、高压液压系统
	HR	15,32,46					
	HV	10~100	130,150	≤-39~-21	≥100~160		环境温度变化较大、工作条件恶劣的低、中、高压液压系统
	HS	10~46	130	≤-45,-39	≥100~160		用此油液压泵低温起动性好
	HETG						
	HEPG						一般可移式液压系统
	HEES						
	HEPR						

表 1.4-28　润滑油掺配比例

K	0.05	0.10	0.15	0.20	0.25	0.3	0.35	0.40	0.45	0.50	0.55	0.60	0.65	0.70	0.75
ζ	0.147	0.260	0.350	0.432	0.507	0.572	0.630	0.681	0.724	0.762	0.800	0.828	0.856	0.883	0.911

4. 润滑脂

（1）分类　我国等效采用 ISO 分类法，制定了润滑脂分类的国家标准（GB/T 7631.8—1990），见表 1.4-29。润滑脂的稠度等级按锥入度值划分，从 000 级到 6 级，共 9 个级别，见表 1.4-30。

一种润滑脂的标记是由代号字母 X（GB/T 7631.1—1987 中的组别代号）与其他 4 个字母及稠度等级代号等组成的，例如：

最低操作温度 0℃；最高操作温度 120℃；淡水洗环境下缓蚀；载荷高选用极压型；稠度等级 0，这种润滑脂的标记为：L—XACHB0。

（2）常用润滑脂及其性能与应用　常用润滑脂的性能及其应用见表 1.4-31。

表1.4-29 X组（用润滑脂场合）的分类

代号 字母 1	总 用 途	使 用 要 求						字母 4	载荷 EP	字母 5	稠度 等级
		操作温度范围				水污染 （表示在水污染的条件下,润滑 脂的润滑性、抗水性和缓蚀性）					
		最低温度① /℃	字母 2	最高温度② /℃	字母 3						
X	用 润 滑 脂 的 场 合	0	A	60	A	干燥环境	不缓蚀	A	非极压型	A	000
		−20	B	90	B		淡水下缓蚀	B	极压型	B	00
		−30	C	120	C		盐水下缓蚀	C			0
		−40	D	140	D	静态 潮湿环境	不缓蚀	D			1
		< −40	E	160	E		淡水下缓蚀	E			2
				180	F		盐水下缓蚀	F			3
				>180	G	水洗	不缓蚀	G			4
							淡水下缓蚀	H			5
							盐水下缓蚀	I			6

① 设备起动或运转时,或泵送润滑脂时,所经历的最低温度。
② 使用时被润滑部件的最高温度。

表1.4-30 润滑脂的稠度等级和相应的锥入度范围

稠度等级	000	00	0	1	2	3	4	5	6
锥入度/0.1mm	475～445	430～400	385～335	340～310	295～265	250～220	205～175	160～130	115～85

表1.4-31 常用润滑脂及其性能与应用

名称	稠度等级	基础油粘度 $\nu/mm^2 \cdot s^{-1}$	滴点 /℃	标准号	特性与应用
钠基润滑脂	2 3	41.4～165	≥160	GB/T 492— 1989	适用于−10～110℃温度范围,一般中等载荷机械设 备。耐水性差,不适用于与水接触的润滑部位
钙基润滑脂	1 2 3 4	28.8～74.8	≥80 ≥85 ≥90 ≥95	GB 491— 1987	适用于−10～60℃温度范围,转速在3000r/min以内, 汽车、拖拉机、冶金、纺织等机械设备的润滑。耐水性好
钙钠基润 滑脂	2 3	41.4～74.8	≥120 ≥135	SH/T 0360 —1992	最高工作温度为100℃,不适用于低温。铁路机车和 客车、货车,小型电动机与发电机等的滚动轴承的润滑
石墨钙基 润滑脂			≥80		适用于60℃以下的温度。有压延性质、较粗糙、重载 荷的部位
通用锂基 润滑脂	1 2 3	800Pa·s 1000Pa·s 1500Pa·s	≥170 ≥175 ≥180	GB 7324— 1994	良好的抗水性、机械安定性、氧化安定性、缓蚀性。适 用于−20～120℃温度范围,各种机械设备的滚动、滑动 轴承及其他部位的润滑。代号为L-XBCHA
汽车通用 锂基润滑脂		285～295	≥180		性能比通用锂基润滑脂好。适用于−30～120℃温度 范围内汽车各摩擦部位的润滑
极压复合 锂基润滑脂	1 2 3	500① 800 1200	≥250 ≥260 ≥260	SH/T 0535 —1993	适用于−20～120℃温度范围,重载机械设备的轴承及 齿轮的润滑。代号为:L—XBEHB 1～L—XBEHB 3
二硫化钼 极压锂基润 滑脂	0 1 2	150① 250 500	≥170 ≥170 ≥175	SH/T 0587 —1994	适宜于−20～120℃温度范围,轧钢、矿山和重型起重 机械等重载荷齿轮、轴承以及有冲击载荷部位的润滑。 代号为:L—XBCHB 0～L—XBCHB 2
通用润滑 脂	62～72②		≥200		用于标致、雪铁龙汽车。可代替锂基润滑脂

（续）

名称	稠度等级	基础油粘度 $\nu/mm^2 \cdot s^{-1}$	滴点 /℃	标准号	特性与应用
齿轮润滑脂	7408	000 00 0	≥160		适用于 -20~100℃温度范围,000等级半流体脂可用于节圆速度小于9m/s的齿轮传动
	7412	00 0	≥200		适用于 -40~150℃温度范围,可用于蜗杆减速箱
高转速用润滑脂	7007 7018	55~76② 64~78②	≥160 ≥260		用于2000r/min以下的磨床,寿命3a 用于6000r/min以下的磨床,寿命1000h
精密机床主轴润滑脂		2 3	≥180	SH/T 0382—1992	适用于精密机床和磨床的高速磨头轴承的润滑
耐油密封润滑脂	7903	55~70②	≥250	SH/T 0011—1990	适用于机械设备、机床、变速器、管路、阀门以及飞机燃油过滤器等与燃料、润滑油、天然气、水或乙醇等介质接触的装配贴合面、轴封、螺纹接头、阀芯等部位的密封与润滑

① 相似粘度(-10℃,10s⁻¹)/Pa·s。
② 为1/4锥入度,它与锥入度的换算关系为:锥入度值 = (1/4 锥入度值) × 3.75 + 24。

5. 固体润滑剂 对固体润滑剂的要求是:

(1) 使摩擦副具有低且稳定的摩擦因数;

(2) 在规定的温度范围内具有化学稳定性,不会侵蚀和损伤摩擦副表面材料;

(3) 能牢固地粘附在摩擦副表面上,不会因载荷的作用而被挤出两表面的接触区;

(4) 有足够的耐磨性;

(5) 无毒、经济、便于控制。

可作为固体润滑剂的材料有（见表1.4-32）:具有层状晶格的化合物、聚合物、金属和无机物。它们全都具有层状结构,例如石墨、二硫化钼和云母等,是由光滑的分子或原子片组成的层状结构,聚四氟乙烯等聚合物,是由长的平行直分子链组成的层状结构。

这类材料在垂直于层的方向上抗压强度高,而在平行于层的方向抗剪强度低,故能减小摩擦因数。

表 1.4-32　固体润滑剂

（续）

类型	名称	$\theta_{max}/℃$	特点
层状固体	MoS₂	350	1150℃时在真空中分解
	MoSe₂		
	WSe₂	370	耐热能力高于 MoS₂
	WS₂	400	抗氧化能力高于 MoS₂
层状固体	NbSe₂	370	导电
	酞青染料	400	粘附性良好
	石墨	500	在真空中无效
	氟化石墨		低摩擦
	TaS₂	550	低电阻
	CaF₂	1000	在350℃以下无效
其他无机物	MoO₃	1000	在300℃以下无效
	PbO/SiO₂	750	在250℃以下无效
	BN	750	在300℃以下无效
软金属	铅	327	摩擦因数为0.3左右,能在真空中使用
	金	1048	
	银	961	
	锡	232	
	铟	155	
聚合物	聚四氟乙烯	275	摩擦因数低,耐蚀性强
	聚全氟代乙丙烯	210	
	聚三氧氯乙烯		易加工
	聚酰胺		一般不耐磨
	乙缩醛		
	聚氨酯		摩擦因数较高
	聚酰亚胺		难加工
	聚苯硫醚		最好加水润滑

注: θ_{max} 为最高使用温度,对软金属为熔点。

5 机械的结构工艺性[2、4、25、26]

在设计机械时，不仅要使所设计的机械具有良好的工作性能，而且要综合考虑制造、装配、使用、维修和经济等方面的技术要求和条件。符合这种要求和条件的机械设计，称为具有设计工艺性。机械（机器及其零部件）的设计工艺性在结构设计中的体现称为结构设计工艺性（简称结构工艺性）。

5.1 铸件的结构工艺性

铸件的结构设计除了使所设计的铸件满足其工作性能外，还应根据合金种类、生产批量、铸造方法和经济性等方面综合分析后加以确定。

5.1.1 铸件的结构要素

1. 铸件的最小壁厚 合理的铸件壁厚能保证铸件的力学性能和防止产生浇注不足、冷隔等缺陷。铸件的最小允许壁厚与合金种类、铸造方法、铸件尺寸和铸件形状有关。各类铸件的最小允许壁厚的参考值见表1.5-1。

2. 加强肋 为避免铸件截面过厚，常采用加强肋，并选择合理的截面形状（如T字形、工字形、槽形和箱形结构等），以保证铸件的刚度和强度。灰铸铁铸件外壁、内壁和加强肋的厚度的参考值见表1.5-2。

表 1.5-1 铸件最小允许壁厚　　　　　　　　　　（单位：mm）

铸型种类	铸件平均轮廓尺寸	铸件材料						
		灰铸铁	球墨铸铁	可锻铸铁	铸钢		铝合金	铜合金（锡青铜）
					碳素钢	低合金结构钢		
砂型	<200	4~6	5~7	3~5	5~6	6~8	3~5	3~5
	200~400	5~8	6~10	4~6	8~10	8~10	5~6	5~7
	400~800	6~10	8~12	5~8	8~10	10~12	6~8	6~8
	800~1250	7~12	10~14	—	10~12	12~16	8~12	—
	1250~2000	8~16	—	—	12~16	16~20	—	—
金属型	<70×70	4	—	2.5~3.5		5	2~3	3
	70×70~150×150	5	—	3.5~4.5		—	4	4~5
	>150×150	6	—	—		10	5	6~8

注：1. 结构复杂的铸件及灰铸铁牌号较高时，选取偏大值。

2. 若有特殊需要，并有较好铸造条件时，灰铸铁铸件最小允许壁厚可不大于3mm。

3. 特大型铸件的最小允许壁厚可适当增加。

表 1.5-2 灰铸铁外壁、内壁和加强肋厚度　　　　　（单位：mm）

铸件质量/kg	铸件最大尺寸	外壁厚度	内壁厚度	肋条厚度	铸件常用范围
≤5	300	7	6	5	盖，拨叉，轴套，端盖
6~10	500	8	7	5	挡板，支架，箱体，门，盖
>10~60	750	10	8	6	箱体，电机支架，溜板箱托架
>60~100	1250	12	10	8	箱体，油缸体，溜板箱
>100~500	1700	14	12	8	油盘，带轮，镗模架
>500~800	2500	16	14	10	箱体，床身，盖，滑座
>800~1200	3000	18	16	12	小立柱，床身，箱体，油盘

注：铸件内、外壁和肋条间合适的厚度比关系近似取为 $\dfrac{外壁厚}{内壁厚}=\dfrac{6}{5}$；$\dfrac{外壁厚}{肋厚}=\dfrac{3}{2}$。

3. 铸件壁的连接与过渡 铸件壁的连接部分易形成热节点，并产生较大的铸造应力，出现裂纹、缩孔和粘砂等缺陷。为此，应使连接部分圆滑过渡，热节不应过大。铸造内圆角半径 R 值及过渡尺寸见表1.5-3；铸造外圆角半径 R 值见表1.5-4；铸件壁的连接与过渡形式和尺寸见表1.5-5。

表 1.5-3　铸造内圆角半径 R　　　　（单位：mm）

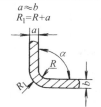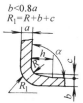

$\dfrac{a+b}{2}$	内　圆　角　α											
	≤50°		51°~75°		76°~105°		106°~135°		136°~165°		>165°	
	钢	铁	钢	铁	钢	铁	钢	铁	钢	铁	钢	铁
≤8	4	4	4	4	6	4	8	6	16	10	20	16
9~12	4	4	4	4	6	6	10	8	16	12	25	20
13~16	4	4	6	4	8	6	12	10	20	16	30	25
17~20	6	4	8	6	10	8	16	12	25	20	40	30
21~27	6	6	10	8	12	10	20	16	30	25	50	40
28~35	8	6	12	10	16	12	25	20	40	30	60	50
36~45	10	8	16	12	20	16	30	25	50	40	80	60
46~60	12	10	20	16	25	20	35	30	60	50	100	80
61~80	16	12	25	20	30	25	40	35	80	60	120	100
81~110	20	16	25	20	35	30	50	40	100	80	160	120
111~150	20	16	30	25	40	35	60	50	100	80	160	120
151~200	25	20	40	30	50	40	80	60	120	100	200	160
201~250	30	25	50	40	60	50	100	80	160	120	250	200
251~300	40	30	60	50	80	60	120	100	200	160	300	250
>300	50	40	80	60	100	80	160	120	250	200	400	300

过渡尺寸 c 和 h 值	b/a		<0.4		0.5~0.65		0.66~0.8		>0.8	
	c		0.7（$a-b$）		0.8（$a-b$）		$a-b$		—	
	h	钢	8c							
		铁	9c							

注：对于高锰钢铸件，内圆角半径 R 应比表中数值增大 1.5 倍。

4. 法兰铸造过渡斜度和结构斜度　法兰铸造过渡斜度一般适用于减速器壳体、机盖、连接管和气缸等连接法兰的铸铁和铸钢件部分，其尺寸参考值见表 1.5-6。为便于起模，在内外侧面顺铸型分型面垂直的方向上，应具有一定的斜度（铸造或结构斜度），其参数的参考值见表 1.5-7。

5.1.2　铸件结构与铸造工艺

铸造工艺对铸件结构的基本要求及其示例见表 1.5-8。

表 1.5-4　铸造外圆角半径 R　　　　（单位：mm）

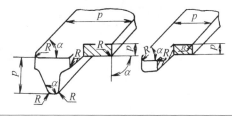

表面的最小边尺寸 p	外　圆　角　α					
	≤50°	51°~75°	76°~105°	106°~135°	136°~165°	>165°
≤25	2	2	2	4	6	8
>25~60	2	4	4	6	10	16
>60~160	4	4	6	8	16	25
>160~250	4	6	8	12	20	30
>250~400	6	8	10	16	25	40

（续）

表面的最小边尺寸 p	外 圆 角 α					
	$\leqslant 50°$	$51° \sim 75°$	$76° \sim 105°$	$106° \sim 135°$	$136° \sim 165°$	$> 165°$
$> 400 \sim 600$	6	8	12	20	30	50
$> 600 \sim 1000$	8	12	16	25	40	60
$> 1000 \sim 1600$	10	16	20	30	50	80
$> 1600 \sim 2500$	12	20	25	40	60	100
> 2500	16	25	30	50	80	120

表 1.5-5　铸件壁的连接与过渡形式和尺寸　　（单位：mm）

形式	图例	连接与过渡尺寸									
两壁斜向相联 $\alpha < 75°$		$b = a$　$R = \left(\dfrac{1}{3} \sim \dfrac{1}{2}\right)a$　$R_1 = R + a$									
两壁斜向相交 $\alpha < 75°$		$b \approx 1.25a$　$R = \left(\dfrac{1}{3} \sim \dfrac{1}{2}\right)\left(\dfrac{a+b}{2}\right)$　$R_1 = R + b$									
两壁垂直相连	两壁厚相等时	$R \geqslant \left(\dfrac{1}{3} \sim \dfrac{1}{2}\right)a$　$R_1 \geqslant R + a$									
两壁垂直相交	三壁厚相等时	$R \geqslant \left(\dfrac{1}{3} \sim \dfrac{1}{2}\right)a$									
两壁圆弧过渡 $b \leqslant 2a$		铸铁	$R \geqslant \left(\dfrac{1}{3} \sim \dfrac{1}{2}\right)\left(\dfrac{a+b}{2}\right)$								
		铸钢 可锻铸铁 非铁合金	$\dfrac{a+b}{2}$	< 12	$12 \sim 16$	$16 \sim 20$	$20 \sim 27$	$27 \sim 35$	$35 \sim 45$	$45 \sim 60$	$60 \sim 80$	$80 \sim 110$	$110 \sim 150$
			R	6	8	10	12	15	20	25	30	35	40
两壁直线过渡 $b > 2a$		铸铁	$L \geqslant 4(b-a)$								
		铸钢	$L \geqslant 5(b-a)$								
两壁圆弧过渡 $b \leqslant 1.5a$		$R \geqslant \dfrac{2a+b}{2}$									

（续）

形式	图　例	连接与过渡尺寸
两壁直线过渡 $b > 1.5a$	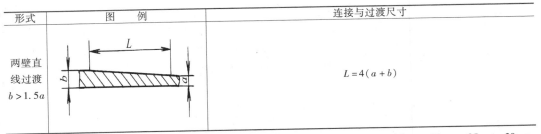	$L = 4(a + b)$

注：1. 圆角半径标准系列为：2mm、4mm、6mm、8mm、10mm、12mm、16mm、20mm、25mm、30mm、35mm、40mm、50mm、60mm、80mm、100mm。

2. 当壁厚大于50mm时，R 取式中系数的小值。

3. 当两壁厚不等时，其连接和过渡形式及尺寸见参考文献 [4] 中的相关内容。

表 1.5-6　法兰铸造过渡斜度　（单位：mm）

简图	尺　寸												
	δ	10 ~ 15	>15 ~ 20	>20 ~ 25	>25 ~ 30	>30 ~ 35	>35 ~ 40	>40 ~ 45	>45 ~ 50	>50 ~ 55	>55 ~ 60	>60 ~ 65	>65 ~ 70	>70 ~ 75
	k	3	4	5	6	7	8	9	10	11	12	13	14	15
	h	15	20	25	30	35	40	45	50	55	60	65	70	75
	R	5	5	5	8	8	10	10	10	10	15	15	15	15

表 1.5-7　结　构　斜　度

图例	斜度 $a:h$	角度 β	应　用　范　围
	1:5	11°30′	$h < 25$mm 时钢和铁的铸件
	1:10 1:20	5°30′ 3°	$h = 25 \sim 500$mm 时钢和铁的铸件
	1:50	1°	$h > 500$mm 时钢和铁的铸件
	1:100	30′	非铁合金铸件

注：当设计不同壁厚的铸件时，转折处的斜角最大可增大到30° ~ 45°。

表 1.5-8　铸造工艺对铸件结构的要求和图例

基本要求	图　例		说　明
	改　进　前	改　进　后	
造型方便			铸件外形应使分型方便，如图示三通管，在不影响使用时，各管口截面宜在同一平面内

（续）

基本要求	图　例		说　明
	改　进　前	改　进　后	
造型方便	孔不铸出　上　下　阶梯分型面	孔不铸出　上　下　直分型面	应尽量避免出现阶梯分型面
	上　下		铸件外壳的相邻凸台应连成一片
		上　下	合理布置加强肋，便于起模
制芯方便			铸件内腔形状应尽量简单；减少型芯数量，并简化芯盒结构
	内凹		铸件内凹处易掉砂。改进后，既保证质量，又方便制芯
	A—A　A	A—A　A	将箱形结构改进为肋骨形结构，可省去型芯，但刚性和强度较箱形结构略差
合箱、下芯和排气方便	上　下　排气方向	上	改进后，有利于型芯的固定和排气

（续）

基本要求	图 例		说 明
	改 进 前	改 进 后	
合箱、下芯和排气方便	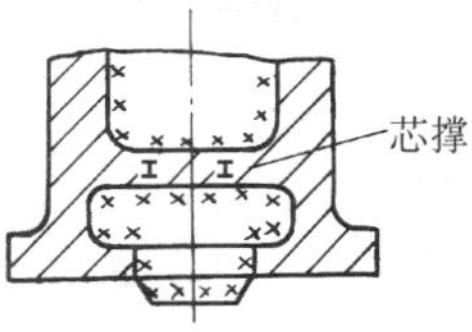 芯撑	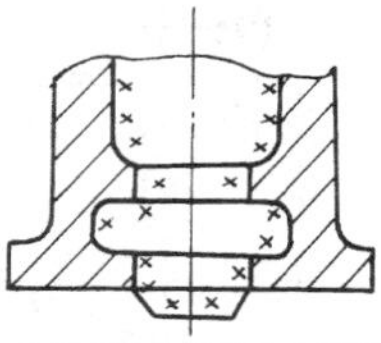	改进后，用一个型芯，不用芯撑，有利于型芯的固定和排气
	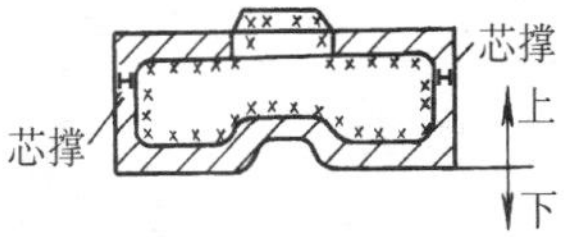 芯撑 芯撑 上 下	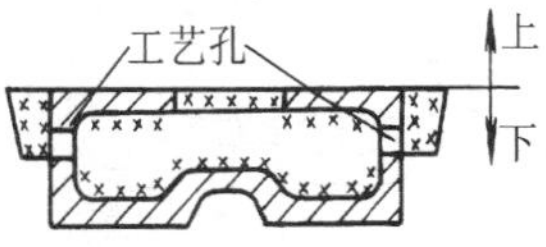 工艺孔 上 下	避免采用吊芯或芯撑。改进后，操作简便，且容易保证铸件壁厚

5.2 锻件的结构工艺性

设计锻件时，应根据生产批量、锻件的形状和尺寸要求以及生产条件，选择技术上可行，且经济合理的锻造方法，然后根据所选用的锻造方法和工艺要求进行锻件结构设计。

5.2.1 自由锻件的结构工艺性

自由锻造所用的设备和工具通用性强，操作简单，锻件质量可以较大；但劳动强度大，生产率低，锻件形状简单，精度低，表面形态差，消耗金属较多。自由锻造方法仅适用于单件小批量生产。自由锻件结构设计时应满足的基本要求见表1.5-9。

表1.5-9 自由锻件结构设计的要求和图例

基本要求	图 例	
	改 进 前	改 进 后
应避免锥形和楔形表面	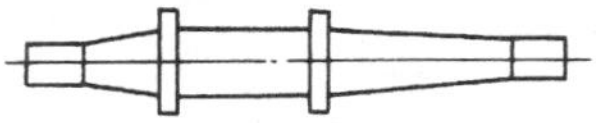	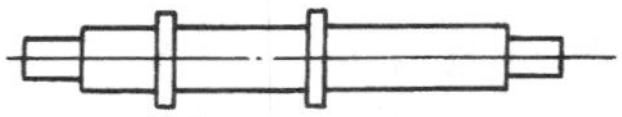
应避免出现加强肋、工字形截面等复杂结构	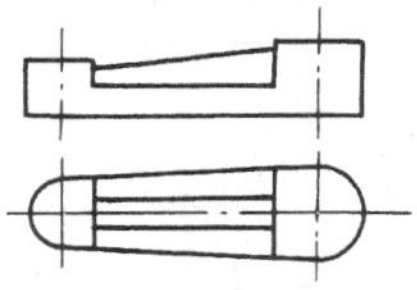	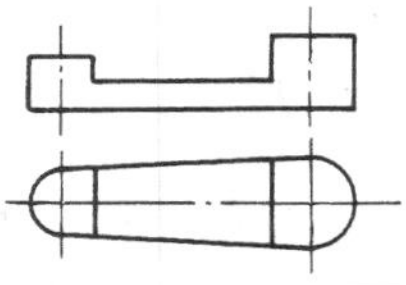
应力求简化两形面的交接	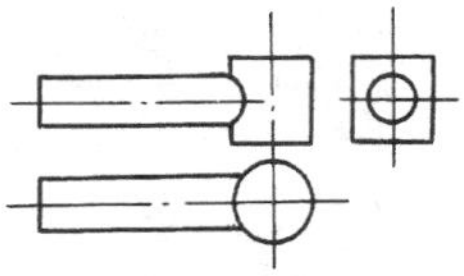	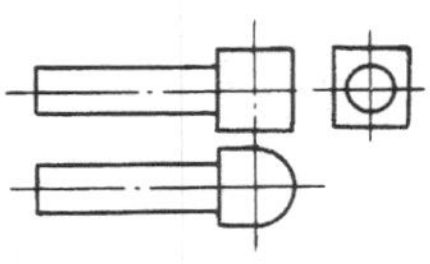
应力求简化两形面的交接，避免复杂的相贯线和交接线	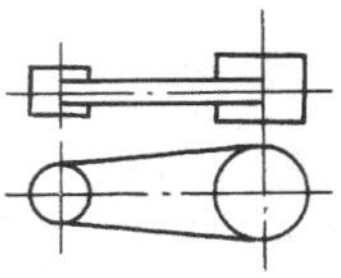	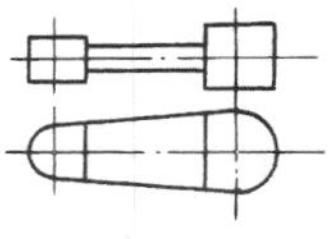

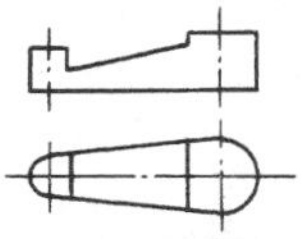

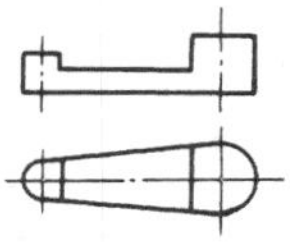

(续)

基本要求	图 例	
	改 进 前	改 进 后
应避免出现形状复杂的凸台及叉形件的内凸台等	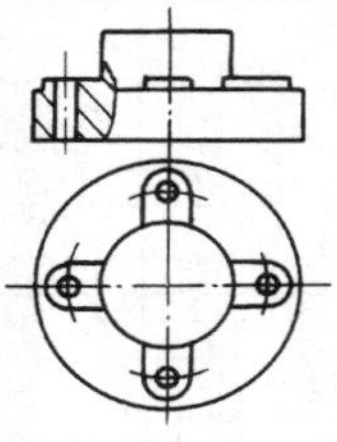	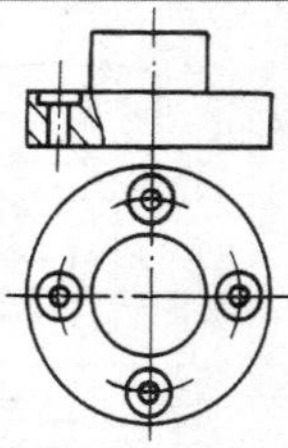

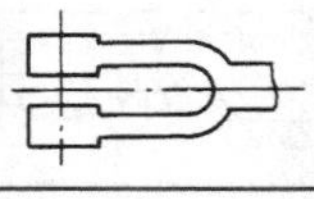

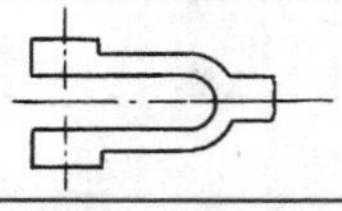

注：如锻件必须有锥度、工字形断面或其他复杂结构形状时，锻件可添加工艺余块，锻后将其切除，对具有骤变横截面的自由锻件可改用其他锻造方法或采用焊接结构、锻件组合。

5.2.2 模锻件的结构工艺性

模锻法可锻出形状较复杂、尺寸精度较高和表面形态较好的锻件，可适于批量和大量生产。

锤和压力机上模锻件设计的基本要求见表1.5-10；模锻斜度和圆角半径见表1.5-11。

表 1.5-10 锤和压力机上模锻件的要求和图例

基本要求	图 例		说 明
	改 进 前	改 进 后	
应合理设计分模面	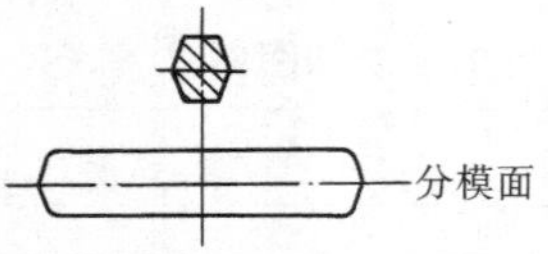	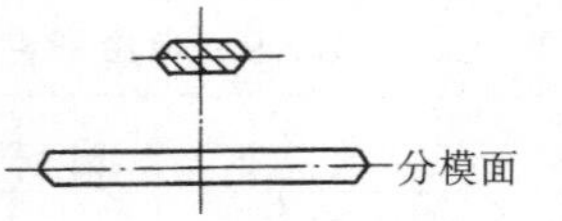	利于坯料充满模膛
	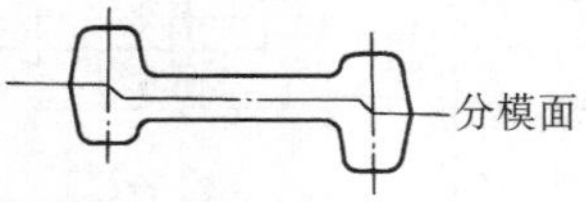	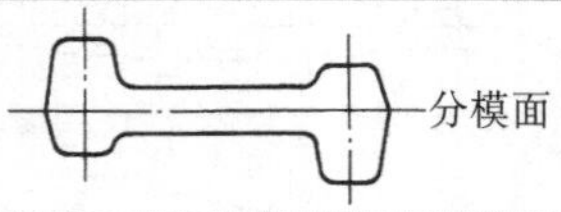	简化模具制造，减少错移力
	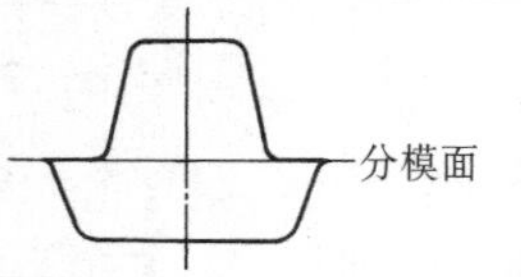	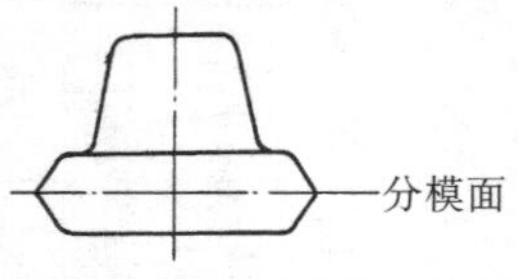	便于检查上下模的相对错移，保证上下模腔在分模面上外形相同
	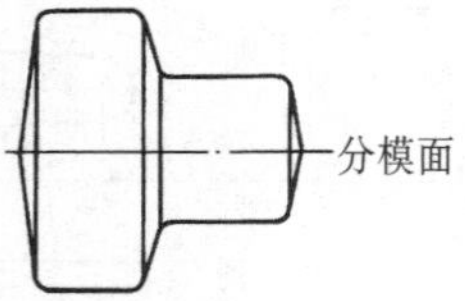	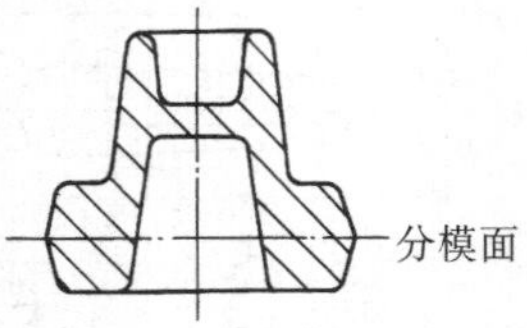	节约金属材料，便于模具加工
	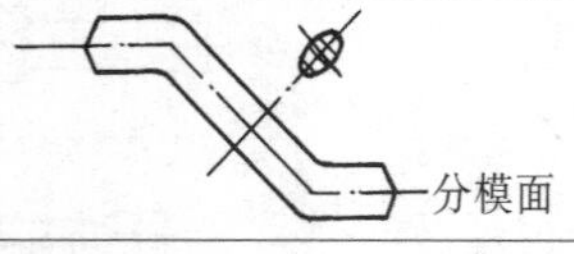	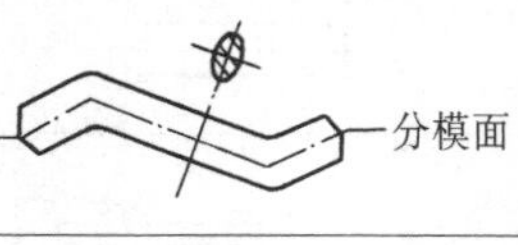	平衡模锻错移力，减少错移量
应具有适当的模锻斜度和截面形状	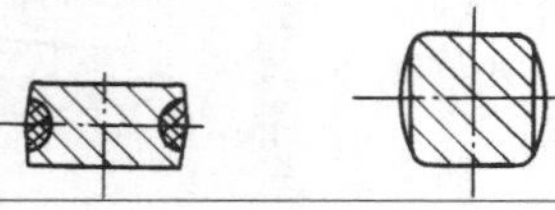	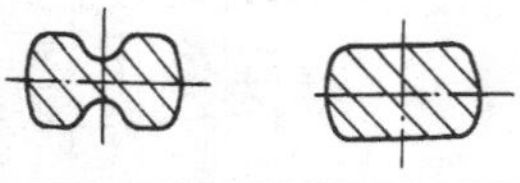	便于脱模

（续）

基本要求	图例		说　明
	改　进　前	改　进　后	
应具有适当的模锻斜度和截面形状			便于脱模
应具有适当的圆角半径	$R<K$　　$R<0.25b$	$R\geqslant 2K$　　$R\geqslant b$	有利于金属充满模膛，便于脱模和提高锻模寿命
应尽量具有对称结构			利于简化模具的设计与制造
不宜在锻件上设计出过高、过窄的肋板或过薄辐板	5　90		减少模锻劳动量，简化模具制造，提高模具寿命

表 1.5-11　外模锻斜度 α 和模锻件圆角半径

$\dfrac{L}{B}$	外模锻斜度 α					$\dfrac{H}{B}$	圆角半径	
	$\dfrac{H}{B}$						r/mm	R/mm
	$\leqslant 1$	$>1\sim 3$	$>3\sim 4.5$	$>4.5\sim 6.5$	>6.5			
$\leqslant 1.5$	$5°$	$7°$	$10°$	$12°$	$15°$	$\leqslant 2$	$0.05H+0.5$	$2.5r+0.5$
>1.5	$5°$	$5°$	$7°$	$10°$	$12°$	$>2\sim 4$	$0.06H+0.5$	$3.0r+0.5$
						>4	$0.07H+0.5$	$3.5r+0.5$

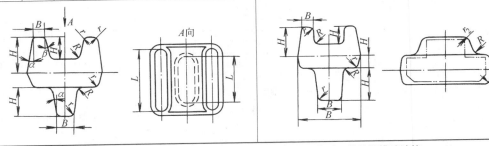

注：1. 内模锻斜度 β，可按表中数值加大 $2°$ 或 $3°$；上下模膛深不等时，按较深模膛计算。
　　2. 为保证锻件凸角处的最小余量（表中右图），取圆角半径 $r_1=$ 余量 $+$ 零件倒角值；若无倒角，取 $r_2=$ 余量。
　　3. 圆角半径应按标准系列选取：1.0mm，1.5mm，2.0mm，2.5mm，3.0mm，4.0mm，5.0mm，6.0mm，8.0mm，10.0mm，…。
　　4. 非铁合金锻件的圆角半径，可查阅参考文献 [2] [4]。

5.3 热处理件的结构工艺性

正确设计热处理件的结构，对提高热处理工艺的生产效率、保证热处理质量和降低生产成本具有重要的意义。减小热处理件的变形和防止热处理件的开裂是热处理件结构设计的基本要求。

热处理件结构设计的基本要求见表 1.5-12 和表 1.5-13。

5.3.1 一般热处理件的结构工艺性（见表 1.5-12）

5.3.2 高频感应加热淬火件的结构工艺性（见表 1.5-13）

表 1.5-12 一般热处理件的结构要求和图例

基本要求	图 例		说 明
	改 进 前	改 进 后	
应尽量避免锐边尖角，可将其倒钝或改成圆角	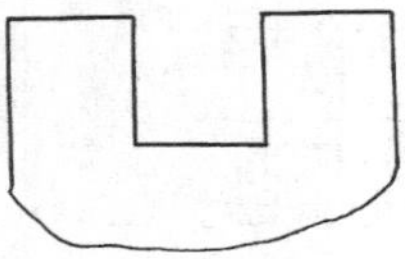	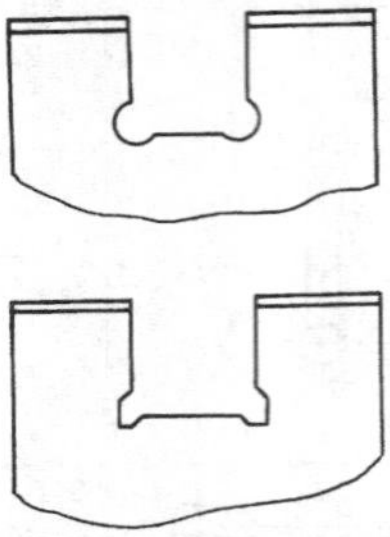	零件的尖角和棱角是淬火应力最集中的地方，往往成为淬火裂纹的起点
几何形状力求简单，结构尽可能对称	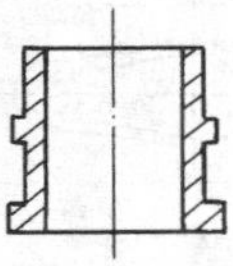	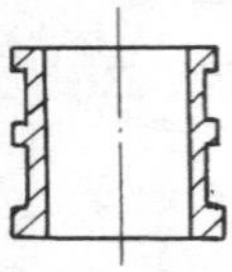	一端有凸缘的薄壁套筒类零件热处理后变形成喇叭口，可在另一端增加工艺凸缘
			磨床主轴，一侧有键槽，淬火变形大，在对称部位加一工艺槽，使变形大大减小
			几何形状力求对称，使变形减小或使变形有规律，表中上、下图分别为镗床用摩擦片和精密刻线尺
尽量使截面均匀；避免截面突变或厚薄悬殊	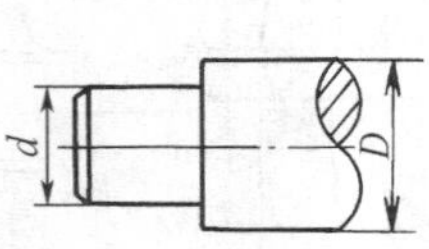	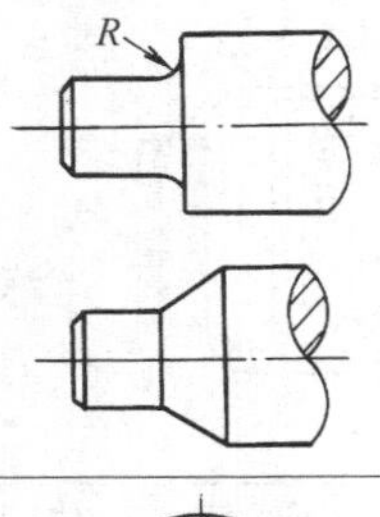	阶梯轴粗加工圆角 R（单位：mm） $D-d$：< 10，2；11 ~ 15，5；16 ~ 50，10 $D-d$：51 ~ 125，15；126 ~ 300，20 氮化零件轴肩圆角半径 $R \geqslant 0.5mm$
			加开工艺孔，使零件截面趋于均匀

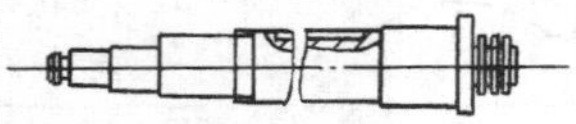

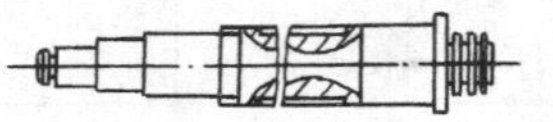

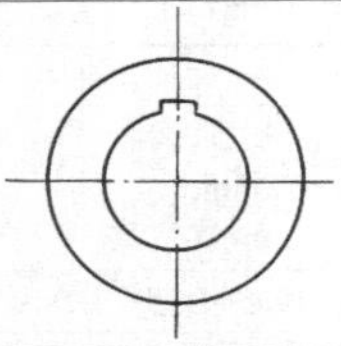

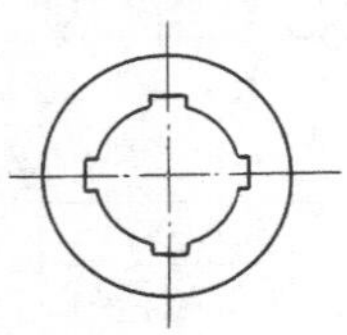

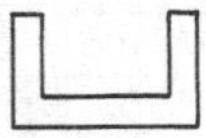

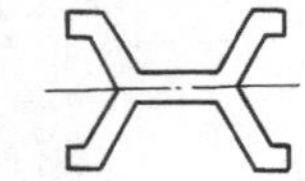

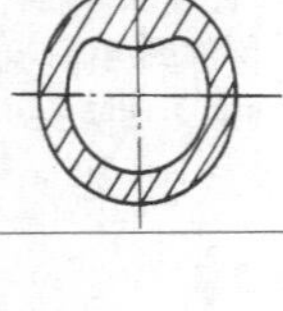

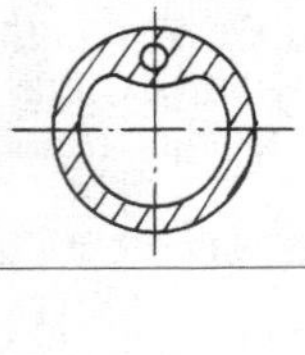

（续）

基本要求	图 例		说 明
	改 进 前	改 进 后	
尽量使截面均匀；避免截面突变或厚薄悬殊	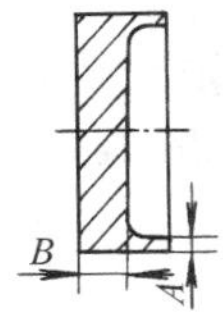 *B*	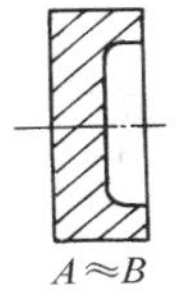 $A \approx B$	调整尺寸，使凹坑边缘厚度更合理
	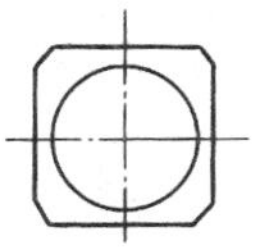	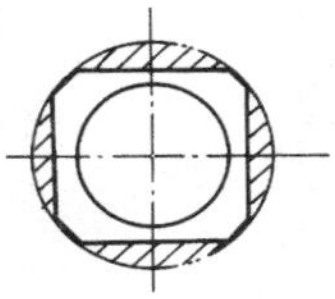	应避免出现危险的尺寸或太薄边缘。当无法避免时，可在热处理后成形（加工去除图示阴影部分）
	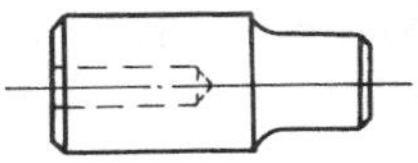	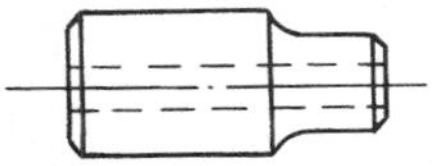	变盲孔为通孔
形状特别复杂，或零件不同部位有不同性能要求时，可改用组合结构	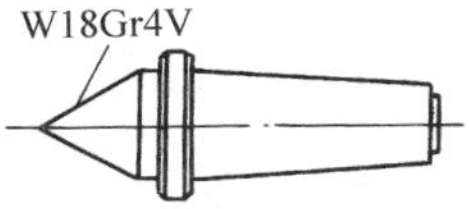 W18Gr4V	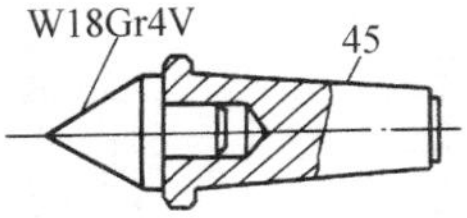 W18Gr4V　45	顶尖两端部分工作条件不同，可改成组合结构，不同部位用不同材料，既提高加工工艺性，又节约高合金材料
	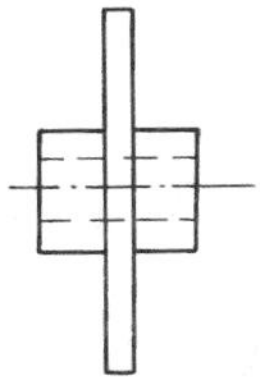	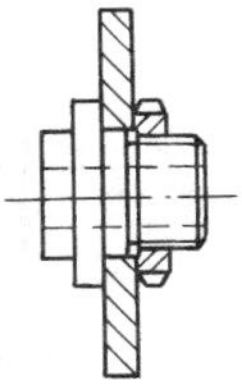	截面直径大小悬殊。对形状复杂或不对称零件可采用组合结构

表 1.5-13　高频感应加热淬火件的结构要求和图例

零件类型	结构图例	要 求		
轴类	高频感应加热淬火 *f* *D* *d*	阶梯轴从小端到大端过渡处，不淬火带的宽度 f 由 $(D-d)$ 确定 （单位：mm）		
		$D-d$	<15　　$10 \sim 20$	>20
		f	$1.5 \sim 3$　　$3 \sim 5$	$5 \sim 12$
	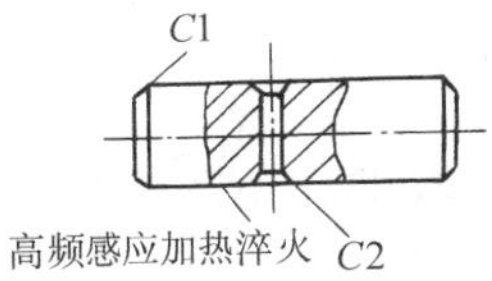 C1 高频感应加热淬火 C2	带有径向孔的轴端高频感应加热淬火时，轴端与孔边应有倒角，以防止高频感应加热淬火时过热，甚至熔化		
	2×45° 高频感应加热淬火 *f*=6~8	当键槽两端轴表面高频感应加热淬火时，为防止键槽端部高频感应加热淬火时过热或熔化，应留有 $f=6 \sim 8$mm 宽的不淬火带。不淬火带硬度值范围为		

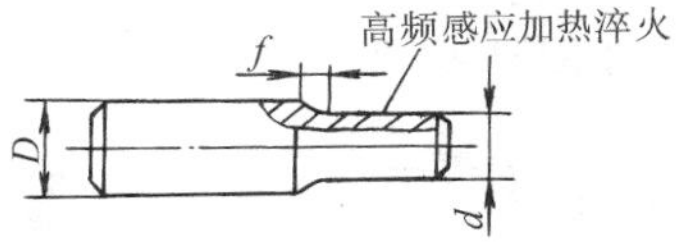

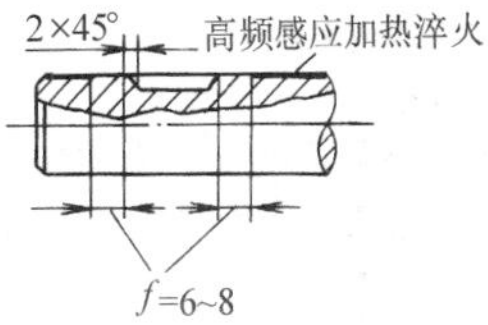

钢号	35	45	40Cr
硬度 HRC	$25 \sim 30$	$30 \sim 33$	$33 \sim 36$

（续）

零件类型	结构图例	要　求
轴 类		键槽两端分别距轴端和退刀槽较近，约为 1～8mm 时，淬火部分长度应比键槽长度短 10～16mm
齿 轮 类		全部齿一次加热，高频感应加热淬火时，尺寸 t 要足够大，一般 $t \geqslant 2.5h$；尺寸 b 不宜太大，一般 $b \leqslant 55$mm；尺寸 h 为全齿高
		齿轮要求端面淬火时，淬火部位应凸起的尺寸 f 不小于 1mm，并应有倒角。当端面和齿部均要求淬火时尺寸 $f > 5$mm
		双联或三联齿轮高频感应加热淬火时，齿部两端面间距 $b_2 \geqslant 8$mm，尺寸 b_1 和 b_3 要相近
		尺寸比 t/D 不宜太小（一般在 0.1～0.2 以上）；尺寸 l_2 不要太小（约为 $2l_1$），圆角半径 R 要大。渗碳齿轮可在轮辐上加开工艺孔，增厚 t，以减小变形
平 板 类		平板高频感应加热淬火时，平板厚应不小于 15mm；平板上不应有尖锐棱角，带孔平板端面或侧面高频感应加热淬火时孔处壁厚 t 为 （单位：mm）

壁厚	材料	带孔平板顶面	带孔平板侧面
t	钢件	≥5	≥8
	铸铁	≥9	≥12

| | | 平板上淬火表面附近有高台时，靠近高台处应有 5～6mm 不淬火带 |
| | | 平板上凹槽面两侧需高频感应加热淬火时，距槽底应留有 5～6mm 不淬火带，槽宽应在 28～300mm 范围内 |

（续）

零件类型	结构图例	要　　求
平板类	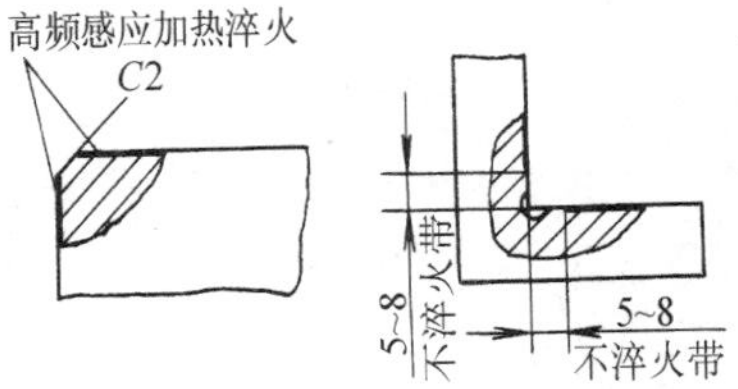	两平面交角处应有较大倒角或圆角，并有 5～8mm 不淬火带

5.4　切削加工件的结构工艺性

机械中零件的结构是根据工作要求进行设计的，设计是否合理和完善，除应满足机械的使用性能外，还应考虑其是否能够在切削加工机床上制造或便于制造，即是否具有良好的切削加工工艺性。其表现可从下列几方面说明：

（1）有利于提高切削加工件的精度。切削加工件的精度与工件是否便于装夹以及装夹次数有关。提高加工件精度的结构设计和示例见表 1.5-14。

表 1.5-14　提高加工件精度的结构要求及图例

基本要求	图例		说　明
	改　进　前	改　进　后	
应便于在机床或夹具上装夹	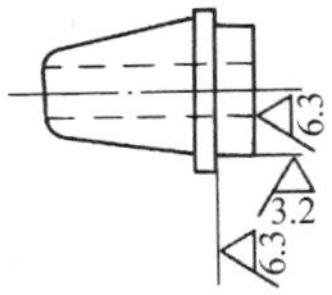	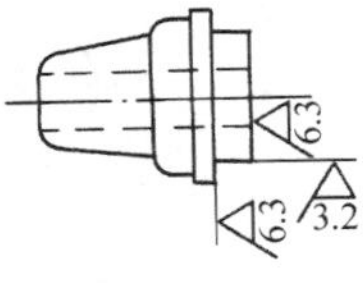	在零件的锥形部分作出部分圆柱形装夹工艺面
	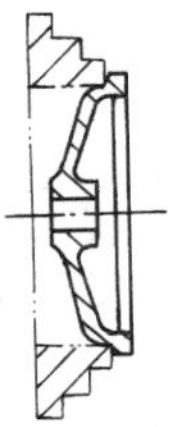	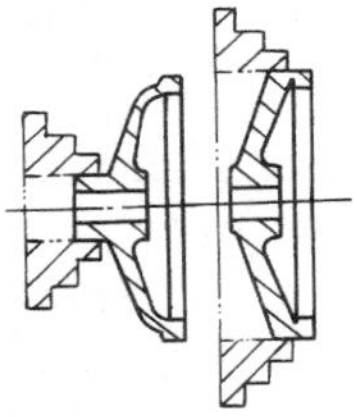	改进零件结构，增大卡爪与被加工零件间的接触面，使装夹可靠
	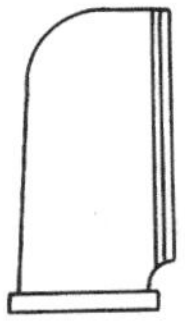	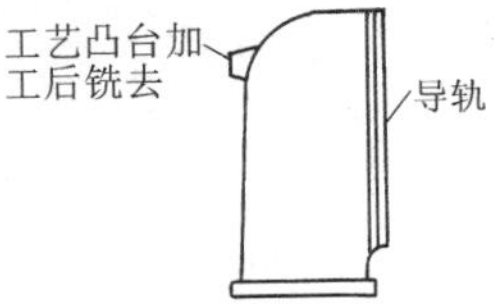	为了便于加工立柱导轨面，在曲面上作出工艺凸台，便于装夹。在完成加工后铣去工艺凸台
	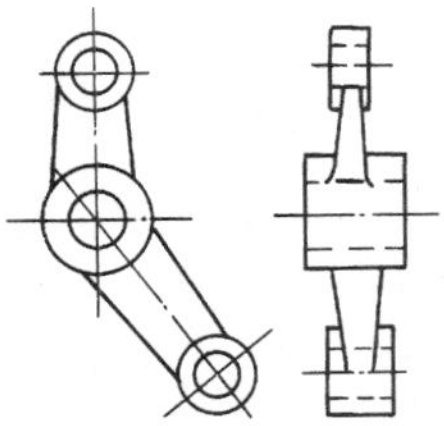	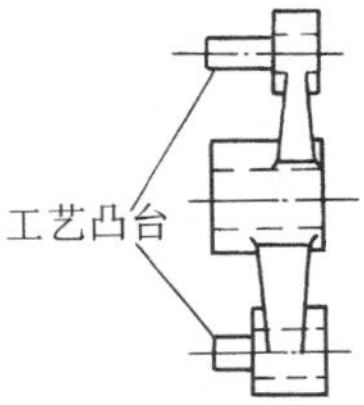	改进后零件的结构是使三个右端面位于同一平面内。同时在左侧设置两个工艺凸台，便于装夹，其直径小于被加工孔，孔钻通时两凸台自然脱落

（续）

基本要求	图 例		说　明
	改　进　前	改　进　后	
应在一次装夹中加工出具有相互位置精度要求的工件表面			零件结构改进后可在一次装夹中同时加工出两个内孔表面
	锥面	柱面	结构改进（锥面改为柱面）后的齿轮毛坯，可在一次装夹中同时加工出外圆、端面及内孔
	$\phi60$　$\phi80$　$\bigcirc$ $\phi0.02$ A	或	零件外圆与内孔有同轴度要求，零件结构改进后可在一次装夹后同时加工出外圆与内孔
			改进零件结构后可在一次装夹后同时加工出三个内孔，以保证同轴度

（2）便于切削加工。在零件结构设计时，必须考虑该零件便于用相应的切削加工方法加工（见表1.5-15）。

（3）便于提高切削加工效率。为提高切削加工效率，零件结构设计的基本要求见表1.5-16。

（4）改善加工条件。加工零件时，加工条件的好坏将直接影响加工质量和加工精度。加工条件对零件结构设计的要求见表1.5-17。

表1.5-15　便于切削加工时零件结构设计要求和图例

基本要求	图 例		说　明
	改　进　前	改　进　后	
尽量避免内凹面及内表面加工			避免将加工面设置在低凹处

（续）

基本要求	图 例		说 明
	改 进 前	改 进 后	
尽量避免内凹面及内表面加工			箱体类零件的外表面比内表面容易加工，零件的安装配合表面，应尽量为外表面
			加工外圆表面要比内圆表面容易；加工阀杆凹槽要比加工阀套沉割槽方便，且精度易保证
加工时便于退刀和进刀	a) b) c)	a) b) c)	加工外螺纹时应留有退刀槽（图 a）；不通的内螺纹孔应留有退刀槽或螺纹尾扣（图 b）；有的可改成通的螺纹孔（图 c）
	0.2 0.2 0.2 0.4	0.2 0.2 0.4	外圆、内圆和平面磨削时，各表面间的过渡部位，应设计出越程槽，保证砂轮自由退出和留出加工空间
			应留有较大的钻出空间，以保证快速钻削

（续）

基本要求	图　例		说　明
	改　进　前	改　进　后	
减少加工表面数量和缩小加工表面面积	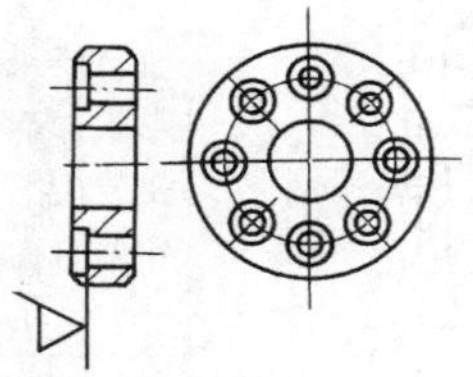	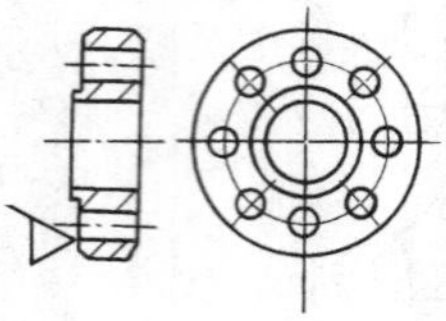	用车削加工端面代替锪八个端平面
	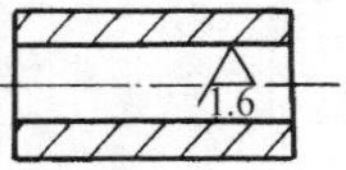	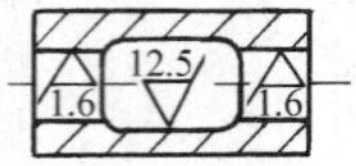	内圆孔中间部位直径加大，减少精车表面长度
	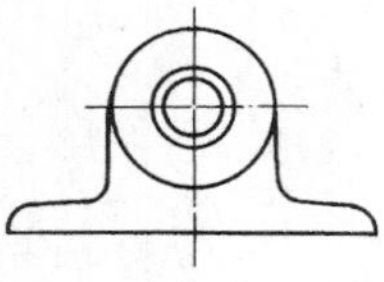	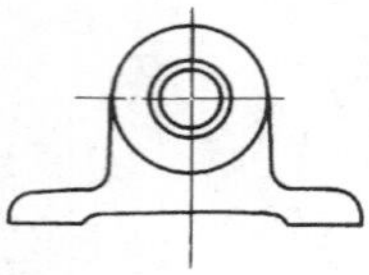	将轴承座底面改成台阶支承面，减少加工面
	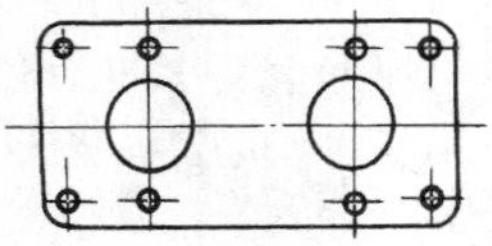	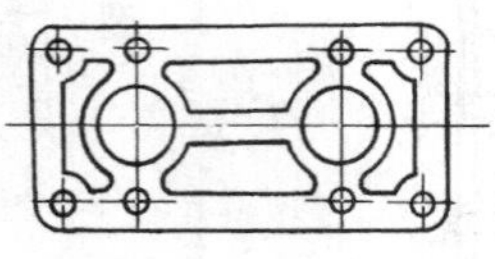	对面积较大的底座加工平面，改为图示结构后，可减少磨削加工面
	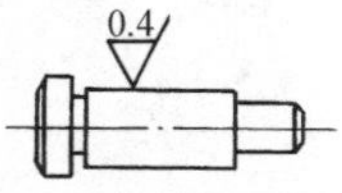	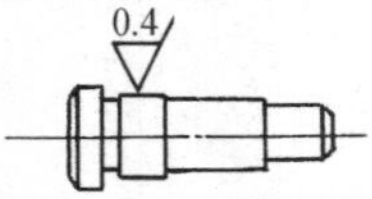	若仅要求一小段长度较短且精度要求较高的轴外圆表面时，应采用阶梯轴

表 1.5-16　提高切削加工效率的零件结构要求和图例

基本要求	图　例		说　明
	改　进　前	改　进　后	
应尽量减少工件的装夹次数	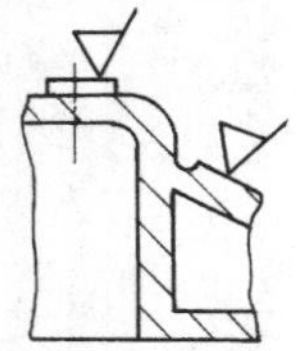	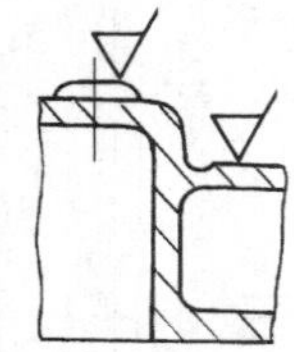	设计零件时，尽量避免倾斜加工面，以保证一次装夹后同时加工出各平面
	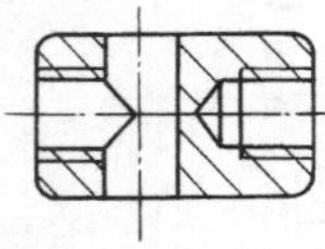	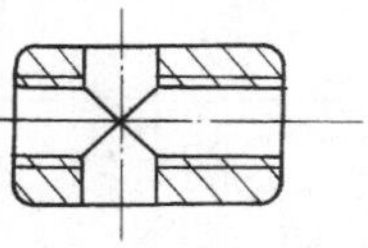	加工件改为通孔后，可减少装夹次数，且可保证同轴度
	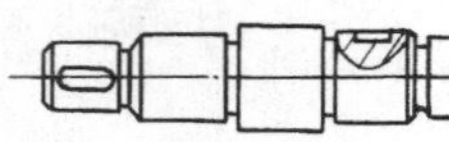	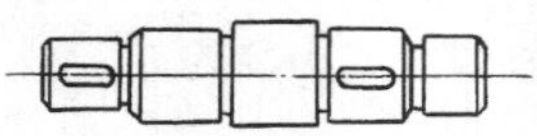	改进后，只需装夹一次即可铣削出两键槽

（续）

基本要求	图　例		说　明
	改　进　前	改　进　后	
			轴上的沉割槽或键槽的形式与宽度应尽量一致，以减少刀具种类
应尽量采用标准刀具，减少刀具种类			箱体上的各螺孔尺寸和规格应尽量一致
			改进工件结构，使尺寸 S > $D/2$，以免采用接长钻头等非标准刀具
			工件圆角半径应与标准刀具（铣刀）规格尺寸相一致
尽量减少刀具调整与走刀次数			被加工表面应尽量位于同一平面，便于一次走刀加工，减少调整时间
			尽量使工件上两锥面的锥度相同，只需作一次调整即能加工出两锥面
			工件底部为圆弧形，只能单件垂直进刀加工；底部改为平面后，可多件同时加工

表 1.5-17　加工条件对零件结构的要求和图例

基本要求	图　例		说　明
	改　进　前	改　进　后	
应尽量改善刀具工作条件			应避免在斜面上钻孔和钻头单面切削，以防止刀具损坏和造成加工误差
			应避免深孔加工，因钻深孔时冷却、排屑困难，孔易偏斜，钻头易折断。可改为阶梯孔
			钻眼镜状孔时，可加工完一个后，镶嵌相同材料，再钻另一孔，以免钻头单面受力
			设计出工艺孔，便于钻孔和攻螺纹
尽量减少加工量			工件在改进前，采用实心毛坯深孔加工；改进后可改用无缝钢管，两端外缘焊上套环，可减少工作量
			成批生产的尺寸较大的齿轮，其齿坯改用精密锻造，既节省原材料，又减少加工量

（续）

基本要求	图 例		说 明
	改 进 前	改 进 后	
应尽量增大工件刚性			对尺寸较大的薄壁件或箱体零件，应设置肋板以增强工件刚度，减少加工变形
			加工批量较大的齿轮轮齿时，可采用改进后的结构，以提高加工时的刚性，保证加工质量
			为减少工件的装夹变形，在端盖表面上设置三个匀布凸台端盖内加肋
			加工长度较长的床身时，可增设支承用工艺凸台，以提高刚性，且有利于装夹

5.5 装配件的结构工艺性

零部件结构的装配性称为装配件的结构工艺性，它也是评价零件结构设计好坏的重要标志之一。装配过程的难易、装配成本的高低以及装配质量的优劣，在很大程度上取决于装配件的结构工艺性，其评价原则表现于下列几个方面：

（1）有利于保证装配质量。为保证装配质量，对装配件结构设计的基本要求见表1.5-18。

（2）有利于保证顺利装配、拆卸和维修。

为保证顺利装配、拆卸和维修的结构设计要求见表1.5-19。

（3）有利于缩短装配周期和提高装配效率。为实施平行的装配作业、缩短装配周期和提高装配效率的结构设计要求见表1.5-20。

（4）有利于进行密封。密封在机器中具有重要的作用。装配不当，不但容易损坏密封件，也影响密封效果。对密封件进行合理装配的结构设计的基本要求见表1.5-21。

表 1.5-18 保证装配质量的结构要求和图例

基本要求	图 例		说 明
	改 进 前	改 进 后	
应有正确的装配基面		装配基面	两装配件有同轴度要求时，应有装配基面
	游隙 1 2	2 1 装配基面	两锥轮支架 1 和 2 同机架之间不应有径向游隙，应设置装配基面
	螺纹联接 缸盖 缸体	装配基面 缸盖 缸体	螺纹连接不能保证气缸盖与缸体孔的同轴度，活塞杆易偏移。改进后另设置装配基面
选择合理的调整补偿环		1 2	修配两调整垫 1、2 厚度，可保证两锥齿轮的正确啮合
		调整垫片	用调整垫片来调整丝杠支承与螺母之间的同轴度
	蜗轮齿冠中线 蜗杆轴线	a	蜗杆传动装配时，需保证蜗杆轴线与蜗轮齿冠的中线相重合，利用调整垫厚 a 的变化来调整蜗杆轴向位置，以保证蜗轮、蜗杆啮合精度

（续）

基本要求	图 例		说 明
	改 进 前	改 进 后	
选择合理的调整补偿环	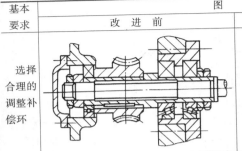	调整垫	调整垫应设在易拆卸的部位

表 1.5-19　顺利装拆和维修的结构要求和图例

基本要求	图 例		说 明
	改 进 前	改 进 后	
应有合理的装配结构			改进前，不易将两件紧固而连接在一起
			改进前由于两零件（轴和平板）的圆角不可能相一致而无法使轴肩贴紧于平面
			圆锥面和轴肩不能同时起轴向定位作用；宜用锥面定位，或使轴肩与锥孔端面间留有间隙
			定位销孔宜钻成通孔，便于拆卸，若结构不允许，则应采用易拆销
	3~5		为保证装配方便，改进后右轴承进入孔 3~5mm 后，左轴承才进入箱体孔
			相配合的两零件在同一方向（图示为轴向）的接触面不能造成超定位

(续)

基本要求	图 例		说 明
	改 进 前	改 进 后	
应有合理的装配结构			应留出足够的放置螺钉的高度空间和留出足够的扳手活动空间
			改进前,螺栓装配困难,改进后的两种结构均便于装配
			在轴套上加工出环形油槽,装配时勿需找正油孔
			装配轴承时,轴承与轴的接触面不宜过长
应便于拆卸	静配合		为便于拆卸静配合的零件,应配置拆卸螺钉或具有拆卸螺孔的锥销
	孔台肩		为便于拆卸轴承,轴承座(或套筒),孔台肩处的直径 d_1 应大于轴承外环内径 d_2

（续）

基本要求	图 例		说 明
	改 进 前	改 进 后	
应便于拆卸		工艺螺孔	端盖上应留有工艺螺孔，以便易于拆卸端盖，避免用非正常拆卸方法而损坏零件
应便于修配			齿轮内孔应加轴承套，磨损后易更换
		轴套	将润滑油孔不设置在箱体内壁凸缘上，而改为设置在轴套上，便于维修、注油
			活塞和活塞杆由锥销连接改为圆螺母连接，便于拆卸与维修

表 1.5-20 缩短周期和提高效率的结构要求和图例

基本要求	图 例		说 明
	改 进 前	改 进 后	
应尽量组成单独的部件或装配单元			改进前轴承孔径小于齿轮外径，必须在箱内将齿轮装于轴上；改进后，轴上各零件可先行组装，后装入箱内，既提高了工效，又便于维修
			将传动齿轮预先组成单独的齿轮箱，然后装入箱体。便于调整和装配

（续）

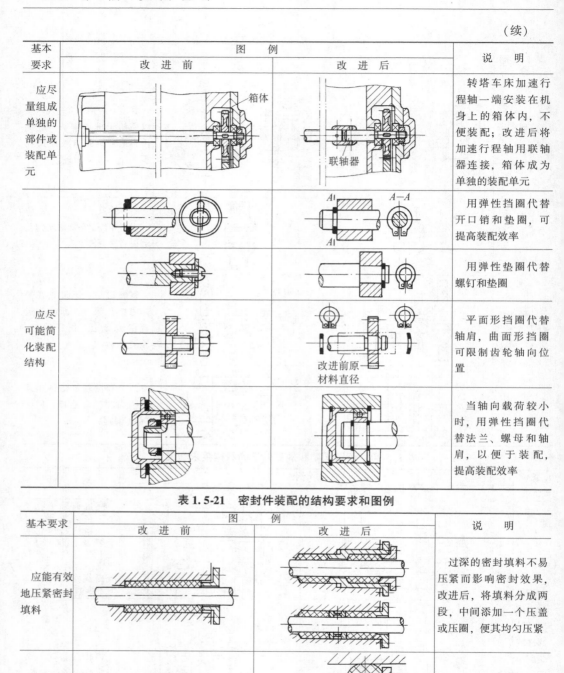

基本要求	图 例		说 明
	改 进 前	改 进 后	
应尽量组成单独的部件或装配单元			转塔车床加速行程轴一端安装在机身上的箱体内，不便装配；改进后将加速行程轴用联轴器连接，箱体成为单独的装配单元
应尽可能简化装配结构			用弹性挡圈代替开口销和垫圈，可提高装配效率
			用弹性垫圈代替螺钉和垫圈
			平面形挡圈代替轴肩，曲面形挡圈可限制齿轮轴向位置
			当轴向载荷较小时，用弹性挡圈代替法兰、螺母和轴肩，以便于装配，提高装配效率

表 1.5-21 密封件装配的结构要求和图例

基本要求	图 例		说 明
	改 进 前	改 进 后	
应能有效地压紧密封填料			过深的密封填料不易压紧而影响密封效果，改进后，将填料分成两段，中间添加一个压盖或压圈，便其均匀压紧
应尽可能保证密封件不被压坏或损坏			为保证高压时O形密封圈不变形，应增加两半环粘接而成的垫圈

（续）

基本要求	图 例		说 明
	改 进 前	改 进 后	
应尽可能保证密封件不被压坏或损坏	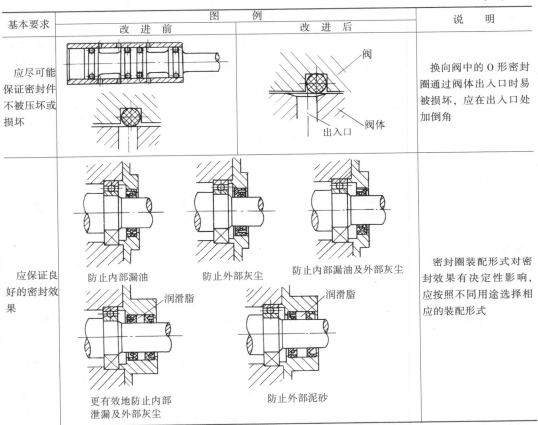		换向阀中的 O 形密封圈通过阀体出入口时易被损坏，应在出入口处加倒角
应保证良好的密封效果			密封圈装配形式对密封效果有决定性影响，应按照不同用途选择相应的装配形式

（5）有利自动装配。要实现自动装配作业，零件结构尽量简单，形状力求规则对称；零件不对称的应扩大其不对称性，以利于定向；零件尺寸能完全互换，并易于定位；避免采用易缠结或易套叠在一起的零件结构。装配基面和主要配合面形状应规则，以利于装入和保证装配质量，并减少不必要的装配零件数；自动装配时尽量减少螺纹连接，多采用粘接和焊接等连接方法；零件的组装方向尽可能一致，以便从一个方向完成装配作业，以简化装配工艺和保证装配质量。表 1.5-22 从几个方面以图例说明了自动装配对零件结构的要求。

表 1.5-22　自动装配对零件结构的要求及图例

基本要求	图 例		说 明
	改 进 前	改 进 后	
应简化零件结构，便于装配			将零件改为对称型，便于确定正确位置，避免错装

（续）

基本要求	图　例		说　明
	改进前	改进后	
应易于使零件定向			内孔孔径不同，宜在小孔径处切槽或倒角，以利识别
			自由装配时，宜将夹紧处车削为圆柱面，使与内孔同心
			为保证零件上偏心孔的位置，宜在外圆柱面上添加一小平面
			完全对称的零件（如球、圆柱体类）经常处于一种定向状态，最为理想；形状不对称零件，尽量使其对称
			形状或质量有明显极性特征的零件，差异越大就越易定向
			无明显定向特征的零件，应增加定向标志面
应便于输送			在自动输送带上传送零件时，由于其端部结构不当而引起歪斜，影响输送
			由于零件结构、形状的原因，其直接滚动性能差，不便于自动输送

（续）

基本要求	图例		说明
	改进前	改进后	
应便于输送	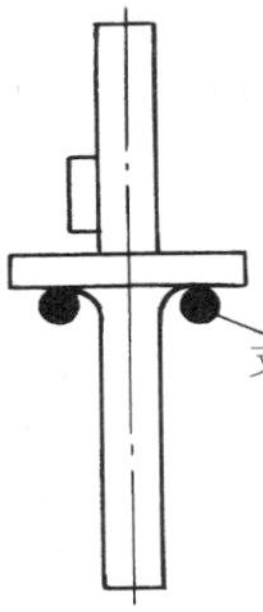 支托	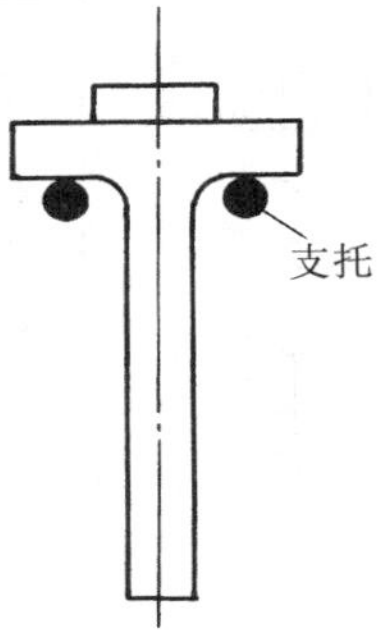 支托	左图示零件结构，由于重心偏高，稍有振动，易从支托上翻落下来；右图示零件结构在输送过程中较平稳
	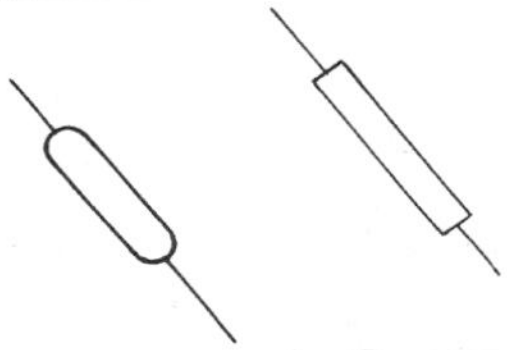	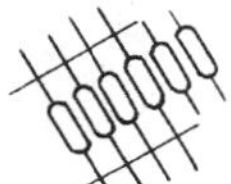 装在金属线带上的半导体器件 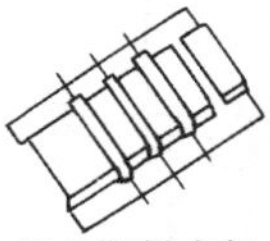　装在塑料支架中的舌簧元件	单个半导体器件或精细元件不易实现自动输送，可将其装在金属（塑料）带、架中
应避免零件相互缠结、错位	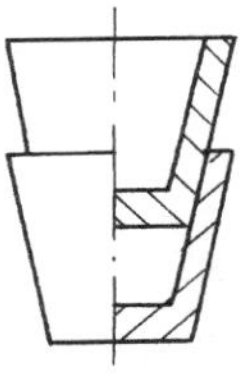	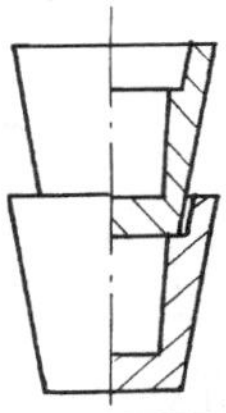	使两相邻零件的内外锥不等，两者不易叠套
	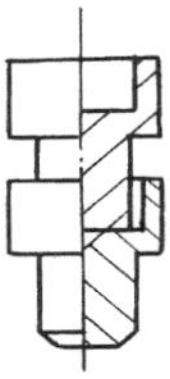	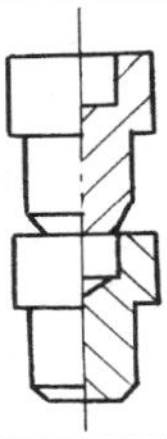	使相邻零件的外径大于孔径
	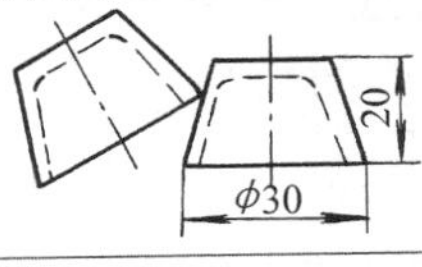 φ30　20	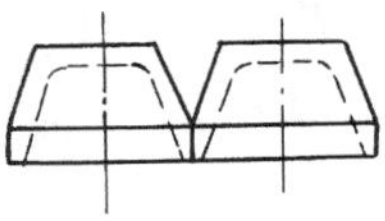	改进前，零件易重叠；改进后，零件底部设计成圆柱形，防止重叠及堵塞
	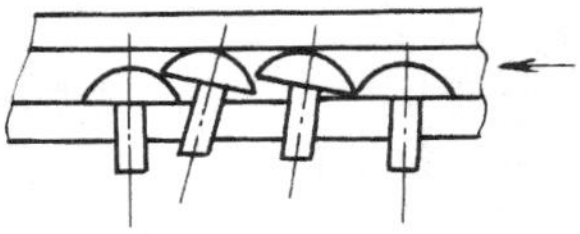	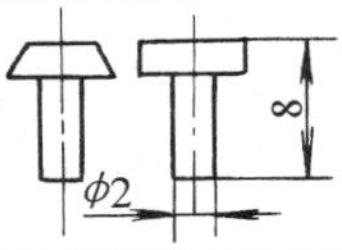 φ2　8	半圆头零件比圆柱（圆锥）头零件更易搭叠
	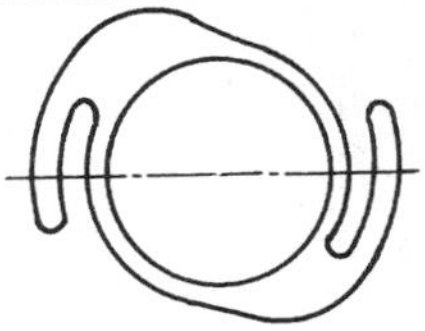	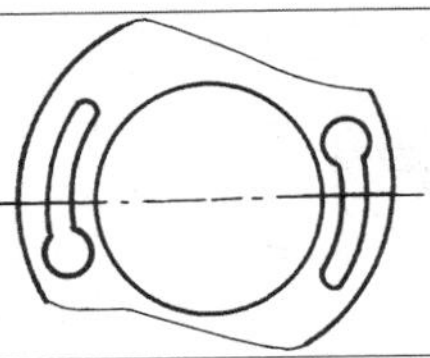	改进前的零件容易缠结套勾而需额外分离工作

（续）

基本要求	图 例		说 明
	改 进 前	改 进 后	
应简化装配			螺钉与垫圈成一体，可简化送料机构
			改进后的结构，是小轴上制出环形槽，可简化装配时的径向调整机构
			轴一端用滚花与其他件作为过盈配合
			统一装配方向，减少部件翻转，简化装配工艺
			用铆、焊和粘接等代替螺钉连接，简化自动装配
			改进前的封盖是螺纹连接，装配作业时要多次旋转；改进后结构靠摩擦力连接，简化了运动，插入即可，在无内压时具有简化装配的优越性

6　计算机辅助设计[3、4、5、27、28、29]

6.1　概述

6.1.1　计算机辅助设计基本概念

计算机辅助设计（CAD）是指工程技术人员以计算机为工具,用各自的专业知识、对产品进行设计、绘图、分析和编写技术文档等设计活动的总称。CAD 支持设计过程的方案设计、总体设计和详细设计等各个阶段,把整个设计过程、作为一个信息处理系统,计算机作为这个系统的中心环节,对设计信息进行有效的存储、传递、分析和控制,对设计对象完成计算机内部和外部的描述。

完整的 CAD 系统具有图形处理、几何建模、工程分析、仿真模拟及工程数据库的管理与共享等功能, 见表 1.6-1。

表 1.6-1　CAD 系统的功能

功能	功　能　说　明
图形处理	完成图形绘制、编辑、图形变换、尺寸标注及技术文档生成等
几何建模	几何建模指在计算机上对一个三维物体进行完整几何描述。几何建模是实现计算机辅助设计的基本手段, 是实现工程分析、运动模拟及自动绘图的基础
工程分析	是对设计的结构反参数进行分析计算和优化。应用范围最广、最常用的分析是利用几何模型进行质量特性和有限元分析。质量特性分析提供被分析物体的表面积、体积、质量、重心、转动惯量等特性。有限元分析可对设计对象进行应力和应变分析及动力学分析、和热传导、结构屈服、非线性材料蠕变分析。利用优化软件, 可对零部件或系统设计任务建立最优化问题的数字模型, 自动解出最优设计方案
仿真模拟	在产品设计的各个阶段, 对产品的运动特性、动力学特性进行数值模拟从而得到产品的结构、参数、模型对性能等的影响情况, 并提供设计依据
数据库的管理与共享	数据库存放产品的几何数据、模型数据、材料数据等工程数据, 并提供对数据模型的定义、存取、检索、传输、转换

目前,以计算机系统为支持的技术活动正向更大范围的集成化方向发展。将 CAD、CAPP、CAM 组织在一起,称之为 CAD/CAM 集成系统,见图 1.6-1。在整个制造系统范围内,将设计、制造、管理、销售等环节信息通过计算机集成统一处理,称之为计算机集成制造系统（CIMS）,见图 1.6-2。在 CAD/CAM、CIMS 中,CAD 都是其中的核心部分,它通过公共数据库与其他部分相连接。

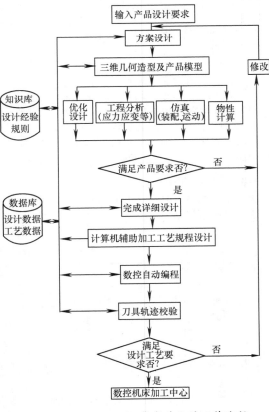

图 1.6-1　CAD/CAM 集成系统的工作流程

6.1.2　计算机辅助设计的优点

计算机辅助设计有如下主要优点:

（1）提高设计效率。结构设计和工程制图的速度大大提高, 尤其修改设计非常方便, 并可广泛应用标准图和标准设计。

（2）提高设计质量。CAD 系统可对产品进行精确计算分析，可以完成某些人工不易或不能完成的设计任务，对设计结果可进行仿真模拟，便于发现设计的不足并进行实时修改，从而提高了设计水平。

（3）使设计人员从繁重的设计计算和绘图工作中解放出来，可更多地进行创造性的研究与开发工作，有利于提高生产力。

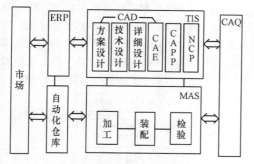

图 1.6-2　计算机集成制造系统（CIMS）
MIS—管理信息系统　TIS—技术信息系统
CAQ—计算机辅助质量控制　MAS—制
造自动化系统

（4）有利于促进产品设计的标准化、系列化工作，从而加速产品的开发和投产进程，使新产品更快地投放市场。

（5）是实现 CAD/CAM 集成和计算机集成制造（CIM）的基础。

6.2　CAD 系统的组成及配置

CAD 系统是由硬件、软件和设计者组成的人机一体化系统。硬件是 CAD 系统运行的基础。软件是系统的核心。设计者在系统中起着关键的作用。目前各类 CAD 系统基本都采用人机交互的工作方式。在设计策略、信息组织、创造性和灵感思维方面，设计者占有主导地位。计算机在信息的存储与检索、分析与计算、图形与文字处理方面发挥着特有的功能。

6.2.1　CAD 系统的硬件

CAD 系统的硬件组成如图 1.6-3 所示，表1.6-2 表示了硬件各个部分的功能。

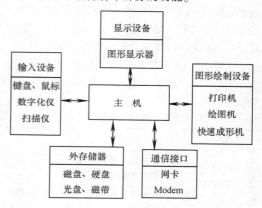

图 1.6-3　CAD 系统的硬件组成

表 1.6-2　CAD 系统硬件及其功能

组　成		功　　　　　能	备　　注
主机	中央处理器（CPU）	CPU 是计算机的心脏，由控制器和运算器组成 CPU 中的控制器从内存中取出指令，并按照指令指挥和控制整个计算机工作；CPU 中的算术-逻辑运算器对数据进行各种算术和逻辑运算，运算的数据从内存中提取，运算的结果又存回内存	市场上提供的计算机有单处理结构和多处理结构之分，具有多处理结构的计算机可以实现并行计算，提高计算速度。图形工作站多采用多处理结构
	内存储器	内存是主机内部的 CPU 可以直接访问的存储器，有一定的容量，用以存储控制计算机运行的指令（程序）和要处理的数据，CPU 可在执行指令中随时按地址提取和存储内存中的信息	内存储器的存取速度快，但成本高，受 CPU 直接寻址能力限制，存储容量有限制，存储的信息掉电后即消失，不能长期保存
	输入/输出接口	用以实现计算机与外界之间的通信联系	有串行接口、并行接口、网卡、Modem、USB 等
外存储器		外存储器是经过通道与 CPU 连接，用来存放大量暂时不用而等待调用的程序或数据，它可以永久性地储存信息，并可实现较大的容量	最常用的是磁带、软磁盘、硬磁盘和光盘
输入装置	键盘	操作者常使用键盘键入字符或精确的数据。字符键盘上还设有一些附加键，经过定义可用来执行特定的功能。有的计算机还配有功能键盘，经过配置时定义，当按下某个按键时，就会激活已存储在机内的某个功能程序，执行某项工作	通用字符键盘是最基本的输入装置

（续）

组　成		功　　　　能	备　　注
输入装置	数字化仪	图形数字化仪是将各种几何图形转换成精确的坐标位置并直接送入计算机。其外形很像一块绘图板，探头在矩形板上的位置，即定位点的坐标值	有电磁感应式、磁致伸缩式、超声式等。利用数字化仪输入图形时很费时
	鼠标器	是一种手动输入的屏幕指示装置，用于控制光标在屏幕上的位置，以便在该位置上输入图形、字符或激活屏幕菜单	鼠标有带旋转球的机械式和利用光电反射的光电式两种，按照鼠标按键的数量，又分两键鼠标和三键鼠标。在 CAD 系统中，通常选用三键鼠标
	光笔	光笔的笔端有一光敏探测器，可用于在屏幕上指示图形的图素和位置；对显示出的图形元素或字符串作删除；能指点调用某个子程序进行某项运算或增补图形	实现上述光笔功能需要有软件的配合，预先编制相应的子程序并存放在计算机内
	图形扫描仪	图形扫描仪以扫描方式把一幅图顺序读入其点阵图形数据，并存储到计算机内，然后用专门的矢量化识别程序将其处理成矢量文件。能够处理具有不同色彩不同灰度的图像	适用于将已有的图样输入计算机，是建立大型图库的有效方法
	数码相机	一种计算机真实图像录入设备，它采用光电装置将光学图像转换成数字图像，然后存储在磁性存储介质中，并且可以直接与计算机连接，对录入的图像进行显示和编辑修改	
输出装置	图形显示器	显示器能把计算机的输出信息直接在屏幕上以字符、曲线、图形及图像的方式显示出来，它具有直观性好、可修改、可清除等优点，但无法保存，需应用打印机和绘图机的硬复制来保存结果	显示器的类型有阴极射线管显示器、直观存储显像管显示器、液晶显示器、等离子板显示器等。图形显示器的性能指标包括：屏幕的尺寸大小、最高分辨率、点距以及扫描频率等
	打印机	用作技术文档的输出，打印文字为主，也能输出图形	分为撞击式与非撞击式两种不同形式。非撞击式打印机包括喷墨打印机和激光打印机。这类打印机打印速度快、质量好、噪声低，是打印机市场的主流
	自动绘图仪	一种高速、高精度的图形输出装置。可将已输入到系统中的工程图样，或将图形显示屏上完成的结构图绘制到图纸上，进行硬复制	按原理可分为笔式和非笔式绘图仪，按结构上它分为滚筒式和平板式两种

6.2.2　CAD 系统的软件

CAD 系统的软件分为三个层次：系统软件、支撑软件和应用软件，其关系见图 1.6-4。系统软件与硬件和操作系统环境相关，支撑软件主要指各种工具软件；应用软件指以支撑软件为基础的各种面向工程应用的软件。

CAD 系统的各种软件的功能见表 1.6-3。

6.2.3　CAD 系统的配置

CAD 系统常以其硬件组成特征分类。按主机功能等级，CAD 系统可分为大中型机系统、小型机系统、工程工作站和微型机系统。

通常，把用户可以进行 CAD 工作的独立硬件环境称作工作站，根据主机和工作站之间的配置情况，CAD 系统可分为独立配置系统，集中式系统和分布式系统，见表 1.6-4。

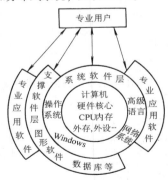

图 1.6-4　CAD 软件的层次结构

表 1.6-3　CAD 系统的软件

组　成		功　　能	备　　注
系统软件	操作软件	操作系统是系统软件的核心，是管理计算机软、硬件资源的程序集合。它具有 5 大管理功能，即处理器管理、存储管理、设备管理、文件管理和作业管理。操作系统密切依赖计算机系统的硬件，用户通过操作系统使用计算机，任何程序需经操作系统分配必要的资源后才能执行	操作系统按其提供的功能及工作方式的不同可分为单用户、批处理、实时、分时、网络和分布式操作系统 6 类。常用的操作系统有 DOS、Windows、UNIX、Linux 等。微软公司的 Windows 9x 系列、NT 系列，以及 Windows XP 是 PC 使用最广泛的多用户网络操作系统

（续）

组 成		功 能	备 注
系统软件	语言编译软件	语言编译系统用于将高级语言编写的程序翻译成计算机能够直接执行的机器指令。从功能的角度来划分，可以将高级语言划分为：程序设计语言、数据库语言、仿真语言、人工智能语言等多种 常用的程序设计语言有 Visual Basic、Visual C++、C++ Bulid、Delphi 等	程序编写者可根据具体情况选用某种高级语言，例如 FORTRAN 语言计算功能强，适于科学计算，C/C++ 是目前最流行的软件开发语言
	网络通信及管理软件	支持联网 CAD 系统用户能共享网内全部硬/软件资源，可以使工作小组协同进行产品设计开发	
CAD支撑软件	图形软件	二维图形软件主要用于绘制机械制图图样，主要具有基本图形的绘制、图形绘制导航、零件形状定义、图形的编辑及图层管理等功能	目前，微机上广泛应用的 Autodesk 公司的 AutoCAD 就属于这类支撑软件。国产的二维绘图软件有高华 CAD、开目 CAD、凯思 PICAD、CAXA-EB 电子图板等支持不同专业的图形软件
	三维几何建模软件	在计算机上对三维物体进行完整几何描述，具有消隐、着色、浓淡处理、实体参数计算、质量特性计算等功能，是实现工程分析，运动模拟及自动绘图的基础	微机上的三维几何建模软件有 Autodesk 公司的 MDT 和 Inventor、UG 公司的 SolidEdge、SolidWorks 公司的 SolidWorks 等最具代表性。国产的三维几何建模软件有 CAXA-3D、金银花 MDA、浙江大天电子信息工程有限公司开发基于特征的参数化造型系统 GS-CAD98 等
	工程分析软件	对所设计的产品和结构性能进行工程分析、仿真、评价和优化，并根据分析和评价的结果对设计的初始模型进行修改，获得最终设计结果	常用的有：有限元分析软件，机构运动分析和综合计算软件，优化计算软件，动力系统分析软件等
	数据库管理软件和数据交换接口软件	是有效地存储、管理、使用数据的一种软件。在集成化的 CAD/CAM 系统中，数据库管理系统能够支持各子系统间的数据传递与共享	工程数据库是 CAD 系统中的重要组成部分。目前比较流行的数据库管理系统有 SQL SERVER、ORACLE、INFORMIX、SYBASE、DB2、ACCESS、FOXPRO 等
	CAD/CAM集成软件	集几何建模、绘图、有限元分析、产品装配、公差分析、机构运动学分析、动力学分析、NC 自动编程等功能分系统为一体的集成软件系统。由数据库进行统一的数据管理，使各分系统间全关联，支持并行工程，并提供产品数据描述功能，使信息描述完整，从文件管理到过程管理都纳入有效的管理机制之中，为用户建造了一个统一界面风格、统一数据结构、统一操作方式的工程设计环境	这类软件功能强大，具有集成性、先进性而受到越来越普遍的关注和重视。常用的 CAD/CAM 集成软件有：UG、Pro/Engineer、I-DEAS、CATIA、Cimatron 等
	应用软件	应用软件是在系统软件和支撑软件基础上，针对专门应用领域的需要而研制的软件。这类软件通常由用户结合实际设计工作需要自行开发，如模具设计 CAD 软件、机械零件设计 CAD 软件、汽车车身设计 CAD 软件等	它可以是一个用户专用，也可以为许多用户通用

表 1.6-4 CAD 系统配置的分类

（续）

类别	系统配置说明	备 注	类别	系统配置说明	备 注
集中式系统	主机常为大中型机，以一个集中的主机同时支持若干个工作站。这种系统具有比较强的功能，除直接用于 CAD/CAM 外，还可支持管理、办公自动化工作	1. 具有高速大容量的内存和外存，可配置高精度、高速度、大幅面图形输入输出设备 2. 是一个多用户的 CAD/CAM 系统，有一个集中的数据库，所有数据统一管理与维护 3. 配备有较强的图形支撑软件和较多的应用软件 4. 主机失误会影响到所有用户；当系统用户增加时，系统响应将变慢 5. 价格较贵	分布式系统	是以个人计算环境与分布式网络环境相结合的高性能计算机系统，通常由工程工作站及高档微机组成	为用户提供了分布处理和共享各个节点软硬件资源的条件，且具有响应速度快、可靠性好、易于扩充等优点
			独立配置系统	独立地用一个主机支持一个工作站，主机可以是工程工作站或高档微机	硬件配置简单，价格低；操作方便简单，系统培训时间短；技术普及，微机上软件包种类繁多，价格低，应用范围广

6.3　工程图样计算机绘制

在常规人工设计中，结构设计及绘制设计图样工作是设计工作的主要内容，其工作量要占整个设计工作量的 60% ~ 70% 以上。采用计算机生成和绘制设计图样，可以显著地提高设计效率和质量。

6.3.1　交互式绘图

交互式绘图是指在交互式绘图系统的支持下，用户使用键盘，鼠标等输入设备通过人机对话进行工程绘图的方法。这种方法最大的优点在于：用户输入绘图命令及有关参数后，能实时地在图形显示设备上得到所绘图形，并能直接对图形进行编辑修改，直到满意为止，整个绘图过程直观、灵活。现有的多种商品绘图软件，尽管其运行环境要求以及具体操作命令不同，但都有下述基本绘图功能：

1. 基本图形元素生成和绘制功能　软件包提供的基本图形元素，按形状分有：点、直线段、圆及圆弧、由直线段组成的多边形、由直线和圆弧相接组成的多段线、样条曲线、字符和符号等。基本图素除具有不同形状外，还可以定义其具有不同线型和层两项几何属性。

（1）线型　机械制图标准中规定了多种线型，如粗实线、细实线、点划线、虚线、双点划线等。在生成图形元素时要指明其线型。图形软件包一般还具有根据需要自行定义线型规格的功能，并可在屏幕上分别选用不同颜色显示不同线型，以作明显区别。

（2）层　是人为地赋与图素的属性，具有相同层属性的图素可具有相同线型、颜色和可见性（人为地指明那些层上的图形元素要显示或不显示）。一个工程图样分别在不同层上定义储存，可想象为该图系由多张透明纸绘制覆盖叠在一起组成，同一层上的图素绘在同一张透明纸上。采用同一层图素表达空间同一高度的几何轮廓或表达具有某种相同特性的图素，会给图形的编辑和理解带来方便。

2. 图形的编辑、修改和子图形定义功能　将欲生成工程图样中多次重复出现部分定义为子图形，有时又称为图块，然后通过拼合子图形并进行编辑修改构建图样，可显著提高生成图样效率。

典型的图形编辑和修改处理功能见表 1.6-5。

3. 辅助作图功能　为方便观察和定义图形，图形软件包常具有下列辅助作图功能：

（1）放缩和摇视　放缩命令用以改变显示的比例。摇视命令则用以改动显示部位。

（2）屏幕显示网格化状态　在屏幕上显示有供作图参考对比的辅助性网格点或线，网格划分的疏密由输入的参数控制。在网格化屏幕状态下构造图形就如同人工设计制图时采用方格纸绘制设计图。

（3）自动对准网格状态　在这种状态下，采用移动光标位置输入点的坐标时，点的位置会自动被限制在假想的网格节点上，这样就容易比较精确的控制输入坐标值。

（4）正交状态　在这种状态下，用光标在屏幕上引直线只有水平和垂直两种正交状态，其情况类似于人工绘图时采用丁字尺和直角三角板引直线。

表 1.6-5　典型的图形编辑和修改处理功能

功　　能	说　　明	图　　示
移动 （Move）	将基本图形元素或图块从图上的某个位置移至另一位置	
复制 （Copy）	将基本图形元素或块复制到图上另一位置，有的软件包还具有可以改动比例、旋转位置及镜像反射变换的功能	

（续）

功　能	说　　明	图　　示
阵列 （Array）	按给定的排列规律，一次将图形元素或块复制到多处	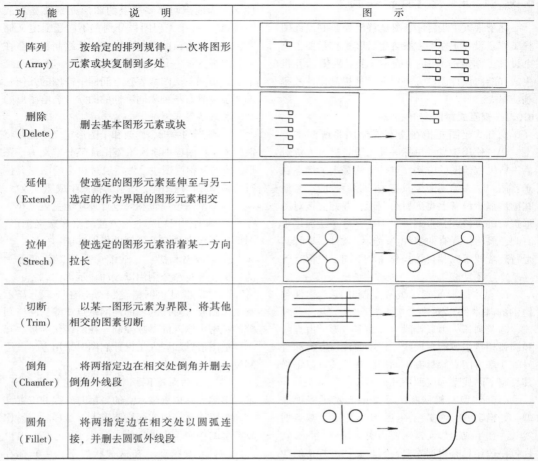
删除 （Delete）	删去基本图形元素或块	
延伸 （Extend）	使选定的图形元素延伸至与另一选定的作为界限的图形元素相交	
拉伸 （Strech）	使选定的图形元素沿着某一方向拉长	
切断 （Trim）	以某一图形元素为界限，将其他相交的图素切断	
倒角 （Chamfer）	将两指定边在相交处倒角并删去倒角外线段	
圆角 （Fillet）	将两指定边在相交处以圆弧连接，并删去圆弧外线段	

4. 半自动尺寸标注、查询和属性定义功能

半自动尺寸标注功能，首先具有将标注尺寸中引用的有关图素及符号（尺寸线、尺寸边界线、字符、箭头等）自动安排的功能；其次，它能自动提供被标注尺寸的默认值，该默认值是按照被标注对象（或尺寸界限），由图形数据库中储存的坐标值计算得到。查询要求，指软件包可以对用户提出的查询要求，列出图形数据库中被查询图素的有关数据，并可以在作一些计算之后回答诸如图中两指定点之间距离、由指定边组成的多边形的面积和周长等类似问题。机械设计图作为设计内容的表达，还应包含有许多非几何图形性信息，例如表面的加工工艺要求、材料、件数、相关零件和部件的代号等。软件包所提供的属性定义功能，可以将上述非图形信息定义为属性内容，赋给相关的图形单元，可以进行查询管理，经过软件接口，还可以将上述信息提取并传递到其他模块。属性定义功能为将几何模型扩大为包括其他物理功能、工艺等特性的产品模型提供了具体工具。

6.3.2　参数化绘图

分为程序参数化绘图和尺寸驱动式参数化绘图。

以交互方式绘图时，设计人员必须严格依据图形实体的准确值以及它们之间的相对位置关系，通过人机交互逐条线地生成所需的图形，人机干预多，绘图效率低。在机械工程中，很多零部件的形状是相似的，例如键、销、螺钉、螺母、滚动轴承等，这类零部件视图采用程序参数化方法绘制具有较高效率。程序参数化绘图需为每类图形预先编制一个绘图程序，存储在计算机

中。当用户绘图时，只要输入有关参数，由程序自动完成图形绘制工作。

尺寸驱动式参数化绘图是将尺寸参数转化为图形的尺寸约束关系，并结合图形的几何拓扑约束关系，构造图形的约束模型，通过对模型的分析，计算机完成对图形中几何元素尺寸和几何元素间位置变动的求解计算，从而实现参数化设计。

利用参数化绘图，可以方便地改变图形，特别适用于成组设计、系列化产品的设计。常见的参数化绘图方法见表1.6-6。

表 1.6-6　参数化设计方法举例

方　法	过　程　简　述	局　限　性
变元绘图程序	编写一绘图程序，运行时改变程序的变元值来得到不同的图形	要求用户精通系统语言，绘一图要编一程序
操作日志	记录用户绘制原图的每个步骤及参数，通过修改参数和步骤来得到不同的图形	不便于任意修改原图
约束方程	将尺寸约束关系转化为方程组，求解方程组来求得图形元素的形位尺寸值，给定不同尺寸，求解方程，就可得到不同图形	有可能无解
参数样板图程序	编程定义零件族系列典型图，可以出现该系列所有可能出现的图例，零件族中的某个子图形在某次调用中可能不出现	不便于改变图形的结构（要改程序）
交互修改图形交换文件	编制交互程序，直接生成图形系统可接受的某图形的图形交换标准格式的文件，交互程序被调用时，则可改变图形	使用不便
交互建立参数草图	程序系统有完善的几何图形的数据定义结构和利用其他已知图形的几何关系（如相切）定义结构的数据结构，可以方便地对这些定义实施所需操作，并保持结构的一致性。程序调用时，自动分辨相交、垂直、平行、相切等几何约束，并有生成尺寸约束及角度网格的能力，先绘出带有约束的草图，然后指定尺寸，程序自动将草图转化为所需图形	建立程序需要广泛的知识
局部参数化修改	应用程序分析尺寸参数与图形元素的关系，识别与尺寸变化相关的图形元素之尺寸约束、几何约束，建立关键图形元素与相关图形元素的约束，分类要集中修改的图形，关键图元与相关图元的约束关系在修改前后保持不变。选择基准点和基准体来解约束方程。求出被修改图形元素的几何定义值	每次只可修改少数参数
约束识别与几何推理	识别尺寸变化对图形的约束关系，区分几何约束的类型，建立图形的约束模型，保证正确约束，找出尺寸变化引起的尺寸链中参数和变化元素的相对基准，确定修改顺序，按约束关系求解变动后的几何元素的定义值，以相对基准为基准修改几何元素，直到全部修改完	不能改变图形的几何拓扑结构
约束分析求解法	建立图形拓扑关系，图元描述，关键点（图元描述基准），控制参数（图元定义参数）。按形位尺寸关系确定图元的部分位置和形状控制参数，按图形关系求解相应的控制参数，直到全部求出图形控制参数	尺寸约束不足时求解失败
参数化实体建模	用户管理几何元素，特征和零件定义间的约束和关系。将用户所做的修改加入到用户所设约束中，有统一的数据结构，先定义参数化几何元素，定义时可动态改变，通过修改控制尺寸。修时时，系统调出图形，同时显示出全部控制尺寸，改变尺寸值，相关尺寸按新值自动更新，特征也被尺寸修改所控制	

6.3.3　工程图的自动生成

利用商用 CAD 软件系统提供的丰富的三维造型功能，用户可以快速构建设计对象的三维实体模型。根据所建的模型，通过系统提供的投影、剖切功能可自动生成所需的二维工程图样。同时，通过参数关联技术，无论是对三维实体模型的修改还是对二维工程图形的修改都能在另一方面得到相关的修改，彻底解决了由于设计修改引起的图档更新问题。

6.4　CAD 的建模技术

6.4.1　几何建模的概念和过程

所谓几何建模实际上就是用计算机来表示和构造形体的几何形状，建立计算机内部模型的过程。CAD/CAM 系统中的几何模型就是把三维实体的几何形状及其属性用合适的数据结构进行描述和存储，供计算机进行信息转换与处理的数据模型。

在传统的机械设计与加工中，技术人员通过二维工程图样交换信息。应用计算机辅助设计后，所有工程信息，如几何形状、尺寸、技术要求等都是以数字形式进行存取和交换的。正是由于将工程信息数字化、才使得计算机辅助设计的各个环节，如结构设计、分析计算、工艺规划、数控加工、生产管理使用同一个产品数据模型，从而实现 CAD/CAE/CAPP/CAM 系统的集成。由此可知，设计对象的计算机内部表示是 CAD/

CAM系统的核心部分。所谓计算机内部表示就是要决定采用什么样的模型来描述、表达和存储现实世界中的物体。模型一般由数据、结构和算法三部分组成。

对于现实世界中的物体,从人们的想象出发,到完成它的计算机内部表示的这一过程称之为建模。建模步骤如图1.6-5所示,即首先研究物体的描述方法,得到一种想象模型(亦称外部模型),它表示了用户所理解的事物及事物之间的关系。然后将这种想象模型转换成用符号或算法表示的形式,最后形成计算机内部模型,这是一种数据模型。因此建模过程是一个产生、存储、处理、表达现实世界的过程。

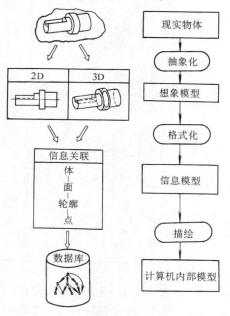

图1.6-5 建模过程

建模技术是CAD/CAM系统的核心技术,是实现计算机辅助制造的基本手段。就机械产品CAD而言,最终产品信息的描述包括形状信息、物理信息、功能信息及工艺信息等。其中形状信息是最重要、最基础的,对产品形状信息的处理表达称为几何建模(Geometric Modeling)。所谓几何建模方法,即物体的描述和表达是建立在几何信息和拓扑信息处理基础上的。几何信息一般是指构成三维形体的各个几何元素在欧氏空间中形状、位置和大小,而拓扑信息则是物体各分量

的数目及其相互间的连接关系。

6.4.2 几何建模方法

计算机内部的模型可以是二维模型,$2\frac{1}{2}$维模型和三维模型,这主要取决于应用场合和目的。如果任务仅局限于计算机辅助绘制三视图或是对回转体零件进行数控编程,则可采用二维几何建模系统。$2\frac{1}{2}$维模型能表示一个等截面的产品形体,即一个平面轮廓在深度方向延伸或绕一轴旋转形成三维的表示方法。三维模型可在空间任一角度,准确地、全面地描述产品形体,并且可进行任意组合和分析。根据描述的方法及存储的几何信息和拓扑信息的不同,可将三维几何建模分为如图1.6-6所示的三种类型。

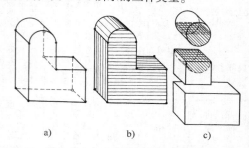

图1.6-6 三维建模系统的类型
a)线框模型 b)表面模型 c)实体模型

1. 线框(又称线素)几何模型 线框模型是CAD/CAM技术发展过程中最早应用的三维模型,这种模型表示的是物体的棱边,由物体上的点、直线和曲线组成,在计算机内部以边表和点表表达和存储。实际物体是边表和点表的三维映象,计算机可以自动实现视图变换和空间尺寸协调。线框模型具有数据结构简单、对硬件要求不高和易于掌握等特点,但也存在着严重缺陷,比如所表示的图形有时含义不清楚,如图1.6-7中左方所示透视图就可以有两种理解,如图中右方两图所示。线框模型不能进行物体几何特性(体积、面积、重量、惯性矩等)计算,不便于消除隐藏线,不能满足表面特性的组合和存储及多坐标数控加工刀具轨迹的生成等方面的要求。

2. 表面(又称面素)几何模型 表面模型除了储存有线框几何模型的线框信息外,还储存了各个外表面的几何描述信息。利用表面模型,就可以对物体作剖面、消隐、获得NC加工所需

的表面信息等。表面几何模型仍然没有对物体构建起完整的三维模型，仍然缺乏体的信息及体与面之间的拓扑关系，不能自动进行体积质量、质心的计算等。

图 1.6-7　线框几何模型

随着曲线曲面理论的发展和完善，曲面建模替代了初始的表面建模，称为曲面造型。它是 CAD 和计算机图形学中最活跃，最关键的学科分支之一，这是因为三维形体的几何表示处处都要用到它，从飞机、汽车、船舶、叶轮的流体动力学分析，家用电器、轻工产品的工业造型设计，山脉、水浪等自然景物模拟，地形、地貌、矿产资源的地理分布描述，科学计算中的应力、应变、温度场、速度场的直观显示等，无不需要强有力的曲面造型工具。表 1.6-7 列出了一些常用曲面定义方法及其特点[3]。STEP 产品数据表达和交换国际标准选用了非均匀有理 B 样条 NURBS 作为曲面描述的主要方法。

表 1.6-7　常用自由曲面定义方法

类型	特点	曲面名称	曲面定义	图示	曲面特点
内插法	必须给出形状的控制曲面切矢的方向与大小，曲面形状不易控制，不如近似法便于进行对话式曲面设计	孔斯曲面（Coons）	一般常用双三次 Coons 曲面，其数学表达式：$$S_c(\mu,\omega)=UM_hGM_h^TW^T$$ $$0\leqslant\mu,\omega\leqslant1$$ 式中　$U=(u^3,u^3,u,1)$，$W=(\omega^3,\omega^2,\omega,1)$ 是参数矢量 其中：$$G=\begin{bmatrix}位置矢量&\omega\,方向切矢\\\mu\,方向切矢&扭矢\end{bmatrix}$$ $$=\begin{bmatrix}P_{00}&P_{01}&P_{\omega00}&P_{\omega01}\\P_{10}&P_{11}&P_{\omega10}&P_{\omega11}\\P_{u00}&P_{u01}&P_{u\omega00}&P_{u\omega01}\\P_{u10}&P_{u11}&P_{u\omega10}&P_{u\omega11}\end{bmatrix}$$ $$M_h=\begin{bmatrix}2&-2&1&1\\-3&3&-2&-1\\0&0&1&0\\1&0&0&0\end{bmatrix}$$ 是 Coons 曲面对应的哈尔米特（Hermite）基矩阵	 双三次Coons参数曲面	1. 曲面片的各坐标分量是参数 u、v 的双三次多项式，次数不高，便于计算　2. 曲面片形状决定于角点信息矩阵 G。由于角点扭矢与曲面片边界形状无关，它只是对曲面片内部形状有影响，因此，当角点的位置矢量和切矢确定之后（从而边界曲线也就定了），可以通过调整扭矢来控制曲面形状，但扭矢的调整比较困难　3. Coons 双三次曲面片拼成的曲面，只能达到一阶连续
		费格森曲面（Ferguson）	Fergerson 曲面（简称 F 曲面）是扭矢等于 0 的 Coons 曲面，因为曲面扭曲条件不变，所以曲面不十分光顺，但曲面定义与形状控制比较简单		1. 它是最早的一种曲面分析方法，它与传统方法的区别是：在定义曲面时，采用参数方法，而不是笛卡儿坐标法。这种方法使人们从对坐标学的依附中解放出来，使所要描述的几何形状与参数系统无关。这种参数方法已成为标准方法　2. 可用简单的数学表达式描述曲面　3. 坐标变换变得很简单，并避免了固定坐标系中垂直切线的问题

（续）

类型	特点	曲面名称	曲 面 定 义	图 示	曲 面 特 点
近似法	以各顶点位矢的大小控制曲面，曲面易控制，适于对话式曲面设计	贝赛尔曲面（Bezier）	双三次 Bezier 参数曲面的数学表达式为 $S_b = UM_bP_bM_b^TW^T$　$0 \leqslant \mu, \omega \leqslant 1$，这里，$M_b = \begin{bmatrix} -1 & 3 & -3 & 1 \\ 3 & -6 & 3 & 0 \\ -3 & 3 & 0 & 0 \\ 1 & 0 & 0 & 0 \end{bmatrix}$ 是对应 Bezier 曲面的 Bernstein 基矩阵 $P_b = \begin{bmatrix} P_{00} & P_{01} & P_{02} & P_{03} \\ P_{10} & P_{11} & P_{12} & P_{13} \\ P_{20} & P_{21} & P_{22} & P_{23} \\ P_{30} & P_{31} & P_{32} & P_{33} \end{bmatrix}$ 是 Bezier 曲面的矢量矩阵	双三次贝塞尔参数曲面	1. Bezier 方法直观、方便，便于进行人机交互设计　2. 因曲面与特征多边形、特征网格相距较远，且边界连接条件复杂等，改动一个顶点会影响曲面的整体形状　3. 是 CAGD 中重要的数学方法之一
		B样条曲面（B-Spline）	双三次 B 样条参数曲面的数学表达式为 $S_B = UM_BP_BM_B^TW^T$，$0 \leqslant \mu, \omega \leqslant 1$，这里 $M_B = \dfrac{1}{6}\begin{bmatrix} -1 & 3 & -3 & 1 \\ 3 & -6 & 3 & 0 \\ -3 & 0 & 3 & 0 \\ 1 & 4 & 1 & 0 \end{bmatrix}$ 是 B-Spline 基矩阵 $P_B = \begin{bmatrix} P_{00} & P_{01} & P_{02} & P_{03} \\ P_{10} & P_{11} & P_{12} & P_{13} \\ P_{20} & P_{21} & P_{22} & P_{23} \\ P_{30} & P_{31} & P_{32} & P_{33} \end{bmatrix}$ 是 B-Spline 曲面的矢量矩阵	双三次 B 样条参数曲面	1. 双三次 B-Spline 曲面是最重要的一种 B-Spline 曲面　2. 曲面片连接方便，达到二阶连续　3. B-Spline 曲面的局部性良好，与特征多边形接近，便于曲面做局部修改　4. B-Spline 曲面是当前应用最广的 CAGD 数学方法。这种方法综合样条函数曲面片较好的连接性与 Bezier 方法易于控制曲面形状的特点　5. Coons、Bezier 和 B-Spline 曲面是等价的，它们之间可相互转换　6. 有理非均匀 B-Spline 曲面即 NURBS 曲面应用日益广泛

3. **实体几何模型**　实体几何模型储存的是物体的完整三维几何信息，它可以区别物体的内部和外部，可以提取各部几何位置和相互关系的信息。实体几何模型典型应用为：支持绘制真实感强的自动消去隐藏线的透视图和浓淡图，可以生成指定位置、方向和剖面剖视图；自动计算体积、质量、重心；可以将有关的零部件组装在一起，动态显示其运动状态并检查是否发生干涉；支持三维有限元网格自动划分和计算分析等。

实体造型以立方体、圆柱体、球体、锥体、环状体等多种基本体素为单位元素，通过集合运算，生成所需要的几何形体。这些形体具有完整的几何信息，是真实而唯一的三维物体。目前常用的实体造型的表示方法主要有：边界表示法、构造实体几何法和扫描法等，见表 1.6-8。

表 1.6-8　常用实体建模方法

名称	描述
边界表示法	是以物体边界为基础的定义和描述三维物体的方法，它能给出完整的界面体表、面表、环表和边表及顶点表 5 层描述，它对物体几何特征的整体描述能力弱，不能反映物体的构造过程和特点，不能记录物体的组成元素的原始信息。目前边界表示是实体造型系统中使用最广泛的表示方法之一
构造实体几何法	一种由简单的几何形体（通常称为体素，例如球、圆柱、圆锥等）通过正则布尔运算（并，交，差），来构造复杂三维物体的表示方法。用 CSG 方法表示，一个复杂物体可以描述为一棵树，树的叶结点为基本体素，中间结点为正则集合运算，这棵树称为 CSG 树，树中的叶结点对应于一个体素并记录体素的基本定义参数；树的根结点和中间结点对应于一个正则集合运算符；一棵树以根结点作为查询和操作的基本单元，它对应于一个物体名。CSG 表示的物体具有唯一性和明确性。CSG 表示的主要缺点是不具备物体的面、环、边、点的拓扑关系和表示法不具有唯一性
扫描法	扫描表示法是基于一个点、一条曲线、一个表面或一个三维体沿某一路径运动而产生所要表达的三维形体。扫描有两种常见特例：平移扫描和旋转扫描。平移扫描的扫描轨迹是直线。平移与旋转扫描表示都是把对三维物体的表示转化为二维或一维物体的表示
单元分解法	单元分解表示法是把一个几何体有规律地分割为有限个单元，单元分解是非二义性的，却不是唯一的

6.4.3　特征建模

所谓特征是指从工程对象中高度概括和抽象后得到的具有工程语义的功能要素。特征建模（Feature Modeling）即通过特征及其集合来定义、描述零件模型的过程。

三维实体模型完整、准确地定义了三维实体的几何和拓扑信息，可成功地解决许多工程应用的问题。但实体模型缺少产品开发、制造过程中所需的其他信息，如材料、精度要求、表面粗糙度、热处理等工艺信息，也不具备产品的功能信息及其他的工程特征，致使后续的计算机应用系统，如 CAPP、CAM、CAE 等将很难从中提取、识别所需信息，特征建模技术的出现是 CAD/CAM 技术、CIMS 技术进步和发展的需要。常用的特征信息主要包括：

（1）形状特征：与公称几何相关的概念；

（2）精度特征：可接受公称形状和大小的偏移量；

（3）技术特征：性能参数；

（4）材料特征：材料、热处理和条件等；

（5）装配特征：零件相关方向、相互作用面和配合关系；

（6）管理特征：描述零件管理信息。

其中形状特征按几何形状的构造特点可分为：通道、凹陷、凸起、过渡、面域、变形；按特征在设计中所起的作用又可把形状特征分为五类：①基本类：零件的主要形状；②附加类：形状局部修正特征；③交特征类：基本特征和附加特征相交的性质；④总体形状类：整个零件的属性；⑤宏类：基本类的复合。

与传统的几何造型方法相比，特征造型具有如下特点：

（1）特征造型着眼于更好地表达产品的完整的技术和生产管理信息，为建立产品的集成信息服务，其目的是用计算机可以理解和处理的统一产品模型支持工程项目或机电产品的并行设计。

（2）它使产品设计工作在更高的层次上进行，设计人员的操作对象不再是原始的线条和体素，而是产品的功能要素，如螺纹孔、定位孔、键槽等。特征的引用体现了设计意图，建立的产品模型容易为别人所理解和应用。设计人员可以将更多的精力用在创造性构思上。

（3）它有助于加强产品设计、分析、工艺规划、加工、检验各个部门间的联系，更好地将产品的设计意图惯彻到各个后续环节，并且及时得到后者的意见反馈，为实现新一代基于统一产品信息模型的 CAD/CAPP/CAM 集成系统奠定了基础。

6.5　图形软件标准及数据交换规范

图形是描述几何形状的基本形式，也是计算机与用户进行交换信息最主要的和最自然的方式。随着计算机图形学和 CAD 技术的发展，已制定了若干有关图形软件及产品模型间数据交换标准。实现图形软件标准化有以下意义：

（1）在组建 CAD/CAM 系统时，可自由选择各种软硬件进行组合。

（2）在开发通用图形软件包时，可不受具体运行硬件的牵制。按通用标准开发的软件具有较好的适应性，通过标准接口连接，可以在各种硬件环境下运行。

（3）借助公共标准作为联系媒介，可在系

统内部不同功能模块之间以及不同的 CAD/CAM 系统之间有效地进行信息交换。

图形软件标准化是对有关图形处理功能、图形的描述定义以及接口格式等作出标准化规定。图 1.6-8 表示了目前已制定的有关图形标准在图形系统中所处的层次和功能。

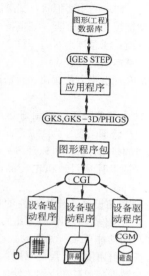

图 1.6-8　不同层次图形标准及其应用

1. 不同 CAD 系统之间信息交换标准　在这个层次标准中，应用最广泛的是美国标准局主持制定的原始图形信息交换规范（IGES）。这个标准以产品设计图形为直接处理对象，规定了图形数据交换文件的格式规范，它是独立于具体系统的。几乎所有国际上知名 CAD 商品软件都开发有将内部图形数据库与 IGES 文件相互转换的功能，IGES 文件在不同系统数据转换中起着中介的作用（图 1.6-9）。由于 IGES 标准是针对产品的几何模型数字化定义，还未覆盖产品投产所需要的全部信息，如材料、制造公差、表面粗糙度要求和生产管理信息等，目前国际标准化组织正在制定和逐步完善产品模型数据交换标准 STEP，将在若干年内根据标准中各部分内容的成熟程度，分期分批地颁布。很多 CAD 软件公司为了争取时间，已经着手并开发出基于 STEP 标准的新一代 CAD/CAM 集成系统。STEP 标准总结了前一阶段各个工业发达国家在产品信息建模技术上取得的研究成果，同时又为下一轮 CAD 集成

软件的产品竞争设立了新的起跑线。

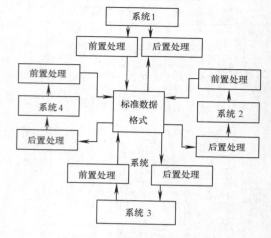

图 1.6-9　通过标准数据格式的
文件交换产品信息

2. 应用程序和图形功能子程序之间的连接标准　规定这个层次标准的目的是使图形应用程序具有可移植性和对设备的不依赖性。在这个层次的标准中最著名的是图形核心系统（GKS）。GKS 原是只处理二维图形数据的。GKS-3D 是在 GKS 基础上进行扩充，包含有处理三维数据功能的新标准。

程序员层次交互图形系统（PHIGS）是另一个重要标准，它具有三维处理功能，并且克服了 GKS 的某些不足，可以以层次结构储存和定义图形数据或产品模型数据。

3. 图形功能子程序和图形输入输出装置接口标准　这一层次的主要标准有：计算机图形接口（CGI）和计算机图形元文件 CGM。制定这个层次的标准的目的在于实现图形程序相对于图形输入输出设备的独立性。CGI 是图形命令与图形硬件系统输入和输出设备的接口，当被图形软件调用时，可在输出设备上绘出基本图形元素或从输入装置上读入几何信息。采用 CGI 标准后，当更换输入输出设备时，不需修改图形应用程序，而只需重写外围设备驱动程序，CGM 则是对静态图像储存文件的规定，它为图像从一个硬件输出设备传递到另一输出设备显示或从一个系统传送到另一系统提供了工具。

表 1.6-9 列出了当前图形及 CAD 系统中应用的一些标准。

表 1.6-9　当前图形及 CAD 系统应用的标准

序号	标准名称	国家标准代号	采用或相应国际、国外标准号	备注
1	信息技术—计算机图形—计算机图形参考模型		ISO/IEC 11072—1992	ISO/IEC 11072 对复杂的图形系统从整体方面进行约束，使得其中各个部分能够协调一致
2	信息技术—计算机图形和图像处理—图形核心系统（GKS）	GB/T 9544—88	ISO 7942—1994	图形系统又称为应用编程接口（API），它提供应用程序和图形输入、输出设备间的功能接口。ISO 7942 规定二维图形系统，ISO 8805 和 ISO/IEC 9592 规定三维图形系统
3	信息处理系统—计算机图形—三维图形核心系统（GKS-3D）的功能描述		ISO 8805—1988	
4	信息处理系统—计算机图形—程序员层次交互式图形系统（PHIGS）		ISO/IEC 9592—1989	
5	信息处理系统—计算机图形—图形核心系统（GKS）语言联编		ISO 8651—1988	语言联编标准是针对不同图形系统和不同语言环境（FORTRAN、Pascal、C、Ada）为系统开发提供图形系统标准功能调用的能力
6	信息技术—计算机图形—三维图形核心系统（GKS）语言联编		ISO/IEC 8806—1991	
7	信息处理系统—计算机图形—程序员层次交互式图形系统（PHIGS）语言联编		ISO/IEC 9593—1990	
8	信息技术—计算机图形—图形描述信息的存储和转换的图形元文件		ISO 8632—1992	本标准定义了图形数据物理文件的标准格式，用于元文件的生成和解释的标准化。图形系统通过元文件的生成/解释器对图形元文件进行读写
9	信息技术—计算机图形—与图形设备对话的接口技术（CGI）—功能规范		ISO/IEC 9636—1991	本标准用于图形终端和其他绘图机等设备接口的标准化。CGI 的应用可以使图形设备的驱动程序最小
10	信息技术—计算机图形和图像处理—图形标准实现的一致性测试		ISO 10641—1993	规定图形标准实现的一致性测试应采用的标准。适用于一致性测试的基本概念、测试套件开发的原则、建立测试服务系统方法、对测试实验室和委托人的要求等
11	初始图形交换规范	GB/T 14213	ANSI/US PRO/IPO 100—1996	CAD 数据的表达与交换标准。CAD 数据交换接口开发有两个标准可以采用：ANSI/US PRO/IPO 100—1996，即 IGES 标准和 GB/T 16656（即 ISO 10303，STEP 标准）。当开发者需要选择这两个标准之一做为 CAD 数据交换接口开发标准的时候，则推荐采用 GB/T 16656
12	工业自动化系统与集成—产品数据的表达与交换系列标准	GB/T 16656	ISO 10303	
13	事物特性表定义和原理	GB/T 10091.1—1995	DIN 4000/Teil 1:92	这两个标准是零件库开发应采用的标准。企业零件库的建立应该符合 GB/T 15049 和 GB/T 10091。符合上述标准的零件库在企业用于产品设计，也可用于产品设计过程的标准化管理、零件系列化管理和库存管理
14	CAD 标准件图形文件系列标准	GB/T 15049	DIN 4001	
15	超高速集成电路硬件描述语言（VHDL 语言）		IEEE Std 10761993	电子设计自动化描述语言标准。ANSI/EIA 618—1994：电子设计交换格式（EDIF）（版本 300）。电子行业的设计自动化系统开发中，超高速集成电路硬件描述语言采用 IEEE Std 1076（VHDL）标准，集成电路的设计与制造的接口采用 ANSI/EIA 618（EDIF）标准
16	电子设计交换格式（EDIF）（版本 300）		ANSI/EIA 618—1994	

6.6　常用的 CAD 软件

常用的 CAD 系统软件见表 1.6-10。

表 1.6-10 常用的 CAD 系统软件

软件名称	开发公司	软件说明
Unigraphics（UG）	起源于美国麦道（MD）公司的产品，1991 年 11 月并入美国通用汽车公司 EDS 分部。如今 EDS 是全世界最大的信息技术（IT）服务公司，UG 由其独立子公司 Unigraphics Solutions 开发	UG 是一个集 CAD、CAE 和 CAM 于一体的集成系统，UG 采用基于特征的实体造型，具有尺寸驱动编辑功能和统一的数据库，实现了 CAD、CAE、CAM 之间无数据交换的自由切换，它具有很强的数控加工能力，可以进行 2 轴~2.5 轴、3 轴~5 轴联动的复杂曲面加工和镗铣。UG 还提供了二次开发工具 GRIP、UFUNG、ITK，允许用户扩展 UG 的功能。该系统广泛应用于航空航天器、汽车、通用机械以及模具等的设计、分析及制造工程
SolidEdge	美国 EDS 公司开发。1997 年 10 月 Unigraphics Solutions 公司与 Intergraph 公司合并，将微机版的 SolidEdge 软件统一到 Parasolid 平台上	SolidEdge 是基于参数和特征实体造型的新一代机械设计 CAD 系统，它是为机械设计专门开发的，易于理解和操作的实体造型系统。SolidEdge 具有友好的用户界面，它采用一种称为 Smart Ribbon 的界面技术，可动态扑捉设计意图，用户只要按下一个命令按钮，既可以在 Smart Ribbon 上看到该命令的具体的内容和详细的步骤，同时在状态条上提示用户下一步该做什么
Pro/Engineer	美国参数技术公司（Parametric Technology Corporation 简称 PTC）	以其先进的参数化设计、基于特征设计的实体造型而深受用户的欢迎。Pro/Engineer 系统独立于硬件，便于移植；该系统用户界面简洁，概念清晰，符合工程人员的设计思想与习惯。Pro/Engineer 整个系统建立在统一的数据库上，具有完整而统一的模型，能将整个设计至生产全过程集成在一起，它一共有 20 多个模块供用户选择。Pro/Engineer 已成为三维机械设计领域里最富有魅力的系统之一
I-DEAS	美国 SDRC（Structural Dynamics Research Corporation）公司	I-DEAS 采用 VGX 技术，极大地改进了交互操作的直观性和可靠性。它帮助工程师以极高的效率，在统一模型中完成从产品设计、仿真分析，测试直至数控加工的产品研发全过程。软件内含有结构分析、热力分析、优化设计、耐久性分析等提高产品性能的高级分析功能。I-DEASCAMAND 可以方便地仿真刀具及机床的运动，可以从简单的 2 轴、2.5 轴加工到以 5 轴联动方式来加工极为复杂的工件表面，并可以对数控加工过程进行自动控制和优化
CATIA	法国达索（Dassault）飞机公司 Dassault Systems 工程部开发	CATIA 为集成化的 CAD/CAE/CAM 系统，它具有统一的用户界面、数据管理以及兼容的数据库和应用程序接口，并拥有 20 多个独立计价的模块。美国波音飞机公司的波音 777 飞机是该系统的杰作之一
EUCLID	法国 MATRA 公司信息部的产品，它是由法国国家科学研究中心为英法联合研制的协和超声速客机而开发的软件	软件具有统一的面向对象的分布式数据库，在三维实体、复杂曲面、二维图形及有限元分析模型间不需作任何数据的转换工作。由于数据是彼此引用，而不是简单的复制，所以用户在修改某部分设计时，其他相关数据会自行更新。该软件主要在 SGI、DEC、Sun 和 HP 工作站上运行
SolidWorks	美国 SolidWorks 公司	SolidWorks 是基于 Windows 平台的全参数化特征造型软件，它可以方便地实现复杂的三维零件实体造型、复杂装配和生成工程图。该软件采用自底向上和自顶向下的装配模式，可动态模拟装配过程。图形界面友好，用户上手快。该软件主要应用于以规则几何形体为主的机械产品设计及生产准备工作
AutoCAD	美国 Autodesk 公司	AutoCAD 系统是美国 Autodesk 公司为微机开发的一个交互式绘图软件，具有较强的绘图、编辑、剖面线和图案绘制、尺寸标注以及方便用户的二次开发功能，也具有部分的三维图形造型功能。AutoCAD 是当今最流行的二维绘图软件，它在二维绘图领域拥有广泛的用户群。AutoCAD 提供 AutoLISP、ADS、ARX、VBA 作为二次开发的工具
MDT	美国 Autodesk 公司	MDT（Mechanical Desktop）是 Autodesk 公司在机械行业推出的基于参数化特征实体造型和曲面造型的微机三维 CAD 软件，用户可以方便地实现二维向二维的转换。MDT 是在 AutoCAD 基础上建立的，在 MDT 中包含有 AutoCAD 以及大量的标准件库
Inventor	美国 Autodesk 公司	Inventor 是 Autodesk 公司重新开发的微机平台的三维 CAD 软件，与 MDT 不同的是 Inventor 完全独立于 AutoCAD，其中包含 Autodesk 公司最新研制的新技术，软件突出了易学易用性、自适应设计以及适用于大型装配
Cimatron	以色列 Cimatron 公司	运行环境 Windows NT/UNIX 操作系统，为集成化的 CAD/CAE/CAM 系统，可以为用户提供从数据到产品的解决方案，用户可以完成从数据接口到面向制造的设计，再到 NC 加工的整个过程。其曲面和实体造型工具可满足任何复杂而详细的处理要求，为实际零件产生精确的加工轨迹

（续）

软件名称	开发公司	软件说明
高华 CAD	北京高华计算机有限公司，由清华大学和广东科龙（容声）集团联合创建	高华 CAD 系列产品包括计算机辅助绘图支撑系统 GHDrafting、机械设计及绘图系统 GHMDS、工艺设计系统 GHCAPP、三维几何造型系统 GHGEMS、产品数据管理系统 GHPDMS 及自动数控编程系统 GHCAM。其中 GHMDS 是基于参数化设计的 CAD 集成系统，具有全程导航、图形绘制、明细表的处理、全约束参数化设计、参数化图素拼装、尺寸标注、标准件库、图像编辑等功能模块
CAXA（Computer Aided X Advanced）、电子图板和 CAXA-ME 制造工程师	北航海尔软件有限公司	CAXA 是面向我国工业界推出的包括数控加工、工程绘图、注塑模具设计、注塑工艺分析及数控机床通信等一系列 CAD/CAM/CAE 软件的品牌总称。它包括 CAXA-EB、IPD、IMD、WEDM、MILL、ME 6 个系列，其中 CAXA-EB（Electronic Board 电子图板）是一个高效、方便、智能化的通用二维绘图软件，可帮助设计人员进行零件图、装配图、工艺图表及平面包装等设计。CAXA 电子图板全面采用国标设计，几乎所有的图形功能都支持直观的拖画方式，它还拥有工程标注以及国际机械零件图库。CAXA 电子图板提供局部参数化设计和一个全开放的二维开发平台。CAXA-ME 是面向机械制造业的自主开发的、中文界面、三维 CAD/CAM 软件
GS-CAD98	浙江大天电子信息工程有限公司	基于特征的参数化造型系统。GS-CAD98 是基于微机的三维 CAD 系统。该软件是在国家"七五"重大攻关及 863/CIMS 主题目标产品开发成果的基础上，参照 SolidWorks 的用户界面风格及主要功能开发完成的。它实现了三维零件设计与装配设计，工程图生成的全程关联
金银花（Lonicera）系统	广州红地技术有限公司	基于 STEP 标准的 CAD/CAM 系统。该系统是国家科委 863/CIMS 主题在"九五"期间科技攻关的研究成果。该软件主要应用于机械产品设计和制造中，它可以实现设计/制造一体化和自动化。该软件采用面向对象的技术，使用先进的实体建模、参数化特征造型、二维和三维一体化，具备机械产品设计、工艺规划设计和数控加工程序自动生成等功能；同时还具有多种标准数据接口，支持产品数据管理（PDM）。目前金银花系统的系列产品包括：机械设计平台 MDA、数控编程系统 NCP、产品数据管理 PDS、工艺设计工具 MPP
开目 CAD	武汉开目信息技术有限责任公司	基于微机平台的 CAD 和图样管理软件，它面向工程实际，模拟人的设计绘图思路，操作简便。开目 CAD 支持多种几何约束种类及多视图同时驱动，具有局部参数化的功能。开目 CAD 实现了 CAD、CAPP、CAM 的集成，适合我国设计人员的习惯，是全国 CAD 应用工程推广产品之一
PICAD	由中国科学院凯思软件集团及北京凯思博宏应用工程公司开发	PICAD 系统及系列软件是二维 CAD 软件。该软件具有智能化、参数化和较强的开放性，对特征点和特征坐标有自动捕捉及动态导航；系统提供局部图形参数化、参数化图素拼装及可扩充的参数图符库；提供交互环境下的开放的二次开发工具

6.7　CAD 系统开发

6.7.1　机械 CAD 系统的选型

在 CAD 技术发展日新月异的今天，无论对企业还是对研究部门来说，都需要建立适合自己需要的计算机系统。尤其对于产品和工程设计行业，对于那些设计、制造工作相对复杂、繁重的单位，更应该在客观、科学、务实的需求分析及应用规划的指导下，进行科学、合理的 CAD 系统的选型，为 CAD 技术的成功运用打下良好的基础，推动 CAD 技术的应用沿着良性循环的轨道健康地发展。

从宏观角度看，CAD 系统的选型应该考虑以下的问题：

（1）明确系统的需求　设计者应根据所处行业领域、产品设计开发特点、企业综合制造水平，来确定通过 CAD 系统配置所要达到的目标、解决问题的深度以及关键技术。

（2）确定近期目标和长远目标　根据现有人力、资金、技术水平等各方面条件的约束，确定近期目标。同时，也应该兼顾未来发展的长远目标，从而解决现在与未来、专用与通用、实用与先进等几个矛盾，并处理好相互之间的关系。

（3）确定 CAD 系统的集成应用水平　CAD 系统并不是孤立的技术系统，应该将其与数据库技术、网络技术、数据交换技术、CAM 技术以及各种接口技术良好地匹配与适应，CAD 系统只是其中的重要一环。按照这些观点考虑系统的集成问题，才能够解决好 CAD 系统的选型问题。

表 1.6-11 列出了机械 CAD 系统选型要考虑的因素。

表 1.6-11 机械 CAD 系统选型要考虑的因素

	考虑的因素	说 明
硬件选型	硬件的系统性能	包括：CPU 主频、数据处理能力、运算精度和运算速度；内存、外存容量；输入/输出性能；图形显示和处理能力；与多种外部设备的接口；通信联网能力等
	硬件系统的开放性与可移植性	开放性包括为各种应用软件、数据、信息提供交互操作界面和相互移植界面；可移植性是指应用程序可以从一个平台移植到另一个平台上的方便程度
	硬件系统的升级扩展能力	由于硬件的更新发展很快，进行硬件配置时，应充分考虑随着应用规模的扩大而应具备的升级扩展的能力
	硬件系统的可靠性、可维护性与服务质量	可靠性指的是在给定时间内，系统运行不出错的概率。注意了解欲购产品的质量状况及市场的占有率。可维护性是指排除系统故障以及满足新的要求的难易程度。除此之外，还要考虑供应商的规模、今后的发展和资产可信程度，是否具有良好的售后服务，维护服务响应效率如何，能否提供有效的技术支持、培训、故障检修和技术文档
软件选型	软件的建模能力	包括工程制图能力、三维建模能力、装配设计等。工程制图能力指生成二维视图的能力，如各种投影方向的视图、尺寸标注、符号标注、中文输入、符合国家标准等；三维建模能力包括草图设计、实体建模、特征建模、曲面造型、系列化产品设计、工程更改等；装配设计指装配工具、干涉检验、配对操作、爆炸操作装配管理、明细表生成等
	专业设计工具	根据专业要求需要的工具，如模具设计、管路设计与布局设计、电路设计、线路板设计以及其他专业工具
	软件与硬件的匹配	不同的软件往往要求不同的硬件环境支持。如果软、硬件都需配置，则要先选软件，再选硬件，硬件决定着 CAD/CAM 系统的功能。如果已有硬件，只配软件，则要考虑硬件能力，配备相应档次的软件。对于微机版软件，要注意所购软件适用的操作系统是 Windows NT 还是 Windows 9x
	软件的二次开发环境	为了更有效地发挥 CAD/CAM 软件的作用以及特定应用领域的特殊需求，通常需要进行软件的二次开发，为此需要了解所选软件是否提供二次开发工具，以及进行软件的二次开发时所使用的计算机语言
	软件的开放性	所选软件应具有与其他 CAD/CAM 系统的接口及数据转换能力，与通用数据库的接口，提供绘图机以及其他相应硬件设备的驱动程序和应用开发工具，以便于系统的应用和扩展
	软件的性能价格比	根据 CAD/CAM 应用的功能需要，选择能够满足使用要求、运行可靠稳定、具有友好的人机界面、价格相对合理的软件。注意所购软件的最新版本号及新增功能
	软件商的综合实力	包括软件销售商的信誉、经济实力、技术培训、软件版本升级等技术支持能力等

6.7.2 CAD 系统支撑软件的用户化应用开发

支撑软件一般具有较强的通用性，对特定的用户条件，往往运行效率不高，有时甚至不能满足用户的特殊功能的应用要求。因此，对支撑软件进行用户化开发，是 CAD 软件开发的主要环节。典型开发工作见表 1.6-12，这些开发性工作，一般称作二次开发。CAD 系统的开发途径见表 1.6-13。

表 1.6-12 二次开发工作的内容

开 发 项 目	功 能 及 意 义
构建用户化工作菜单	通用图形软件包提供的标准菜单，是按照菜单命令功能分类编排的。对于特定的应用范围（例如某些具体产品部件设计），按照设计工作的次序重新组织安排菜单，可以提高工作效率和方便用户
西文软件的汉化和国标化	汉化的内容有：汉字标注的绘制，汉字菜单的显示。西文软件中制图规格不符合我国制图国标的都应按国标修改
构建用户化宏命令	宏命令指将通用软件包中提供的若干个功能命令组合成的命令。采用宏命令可以减少输入和响应回答的次数，因而提高了工作效率。如用户经常重复的固定次序操作命令组合构建为宏命令并列入用户化工作菜单中，效果尤佳
建立用户典型图形库和符号库	通过调用已有的子图形拼合构建图样，是计算机绘图高效率工作的主要方式。为此，用户应对本单位的设计工作内容进行详细的剖析，将经常重复出现的图形和符号合理的划分和组织，并事先绘制好储存在系统中，供生成图样时调用
参数化绘图	成熟的产品设计，其工作原理和结构相对较稳定。实用中的新设计任务，很多是属于变参数型或适应性型设计，与已有的设计相比，其主要差异在各部尺寸参数不同。如果在计算机内建立参数化模型，每次进行变参数设计，只须输入新的参数即可得到新的设计图样。采用参数化技术，可以大大提高相似产品的设计工作效率
图形软件与外部程序接口开发	图样生成是一个与其他计算机辅助处理有联系的过程。图样所表达设计内容的信息应能为工程数据库所提取；设计分析仿真的结果应能反馈回设计图样作修改；绘制图样的智能化和自动化功能也需要由外部程序实现，然后嵌到图样生成中。由于通用绘图包往往是一个封闭系统，商品软件又不提供源程序，绘图包中图样信息和外界的交换以及外界对绘图生成的干涉就必须经接口实现。接口开发是其他智能性二次开发的基础

表 1.6-13　CAD 系统开发途径

开发平台	途 径	特 点
基于高级语言的开发	利用高级语言的图形函数功能，开发图形系统，并自行开发相应的数据管理、绘图、设计分析等程序模块	适用于简单设计对象的 CAD，开发工作量较大
基于图形支撑上的开发	以标准图形包为基础，开发图形管理系统，如 GKS、PHIGS、CORE、GDI 等，开发相应的数据库管理系统和应用程序模块，人机交互界面	适用于小型系统，设计易于移植
基于通用软件上的开发	利用通用软件包的开发工具，集成数据库系统，包括数据处理与接口设计，集成有限元及其前后处理程序模块，利用开发工具构造人机交互界面，构造用户的 CAPP 模块（如基于工艺特征、几何造型特征）集成商业模块 APT 或 NC 模块	功能强大，适应性好，开发周期短，软件投资大

6.7.3　CAD 系统的集成化开发

　　机械设计过程可分为概念设计、技术设计和详细设计等不同阶段，在每个阶段又包括相互关联的不同的专业设计（机械、电器、液压、仪表等），各专业设计在不同阶段要应用不同的软件。此外，对于一个产品设计——制造的全过程而言，产品设计完成后，还需要进行计算机辅助编制工艺过程（CAPP）以及编制数控加工程序（CAM）。这些软件目前大都处于单独使用状态，只能产生局部效益。CAD 系统的集成化开发主要涉及到两方面的工作：①在 CAD 系统内部各个应用模块之间的集成；②CAD 系统与外部其他应用系统的集成，如与 CAPP、CAM 系统等。将不同功能模块之间、不同系统之间的信息实现连续传递，在计算机内部连接成一个整体的软件系统，以最佳的方式应用于产品设计、制造的全过程，获得全局的最佳效益。

　　图 1.6-10 是一个集成系统的理想模式，所有的 CAD、CAM 功能都跟一个公用数据库连接，用户利用图形终端与计算机对话，使用储存在公用数据库里的信息，实现 CAD、CAM 的一体化。由于设计这样一种数据库的模式并实现有效存取技术的难度很大，因而是当前 CAD/CAM 集成研究的关键课题。

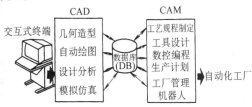

图 1.6-10　集成化的设计、
制造系统理想模式

　　利用数据传输结构进行集成是目前 CAD 系统集成化开发的主要方法。用这种方法集成起来的 CAD/CAM 系统，其各子系统都在各自独有的数据模式的数据库上工作，当需要其他子系统数据时，由数据库管理系统提供从一个数据库到另一个数据库传输不同数据结构的接口程序。图 1.6-11 和 1.6-12 分别表示了利用专用接口和利用公用接口进行数据传输的结构。CAD 系统的集成化开发的主要任务就是进行这些接口程序的设计开发以及对主控模块的开发。主控模块的任务是协调集成系统中各模块之间的关系，负责各模块的连接与加载运行，解决系统运行中可能出现的故障，向用户提供使用系统的统一界面。

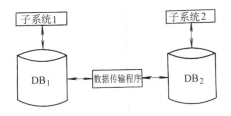

图 1.6-11　专用接口直接传输结构

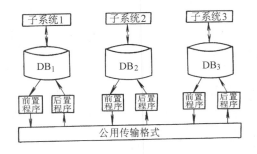

图 1.6-12　通过公用数据格式
进行传输的结构

参 考 文 献

[1]　徐灏. 新编机械设计师手册[M]. 北京：机械工业出版社, 1995.

[2]　徐灏. 机械设计手册：第 1 卷, 第 2 卷, 第 3 卷[M]. 北京：机械工业出版社, 1991.

[3]　辛一行. 现代机械设备设计手册：第 1 卷[M]. 北京：机械工业出版社, 1996.

[4]　机械工程手册电动机工程手册编辑委员会. 机械工程手册：机械设计基础卷, 机械零部件设计卷, 机械传动卷[M]. 2 版. 北京：机械工业出版社, 1996.

[5]　张根宝, 王时龙, 徐宗俊. 先进制造技术[M]. 重庆：重庆大学出版社, 1996.

[6]　成大先. 机械设计手册：机械制图、极限与配合[M]. 北京：化学工业出版社, 2004.

[7]　何镜民. 公差配合实用指南[M]. 北京：机械工业出版社, 1991.

[8]　同济大学、上海交通大学等院校《机械设计制图手册》编写组. 机械设计制图手册[M]. 上海：同济大学出版社, 1991.

[9]　孟宪源. 现代机构手册[M]. 北京：机械工业出版社, 1994.

[10]　J Volmer, 等. 连杆机构[M]. 石则昌, 等译. 北京：机械工业出版社, 1989.

[11]　牧野洋. 自动机械机构学[M]. 胡茂松, 译. 北京：科学出版社, 1980.

[12]　彭国勋, 肖正扬. 自动机械的凸轮机构设计[M]. 北京：机械工业出版社, 1990.

[13]　殷鸿梁, 朱邦贤. 间歇运动机构设计[M]. 上海：上海科学技术出版社, 1996.

[14]　詹启贤. 自动机械设计[M]. 北京：轻工业出版社, 1987.

[15]　机床设计手册编写组. 机床设计手册：第 3 册部件、机构及总体设计[M]. 北京：机械工业出版社, 1986.

[16]　卜炎. 机械传动装置设计手册：上册[M]. 北京：机械工业出版社, 1999.

[17]　张展. 实用机械传动设计手册[M]. 北京：科学出版社, 1994.

[18]　饶振纲. 行星传动机构设计[M]. 2 版. 北京：国防工业出版社, 1994.

[19]　马从谦, 等. 渐开线行星齿轮传动设计[M]. 北京：机械工业出版社, 1987.

[20]　少齿差减速器编写组. 渐开线少齿差行星齿轮减速器[M]. 北京：机械工业出版社, 1978.

[21]　库德里亚采夫. 行星齿轮传动手册[M]. 江耕华, 等译. 北京：冶金工业出版社, 1986.

[22]　尼尔. 摩擦学手册：摩擦、磨损、润滑[M]. 王自新, 等译. 北京：机械工业出版社, 1984.

[23]　Крагельский ИВ. Основы Расчетов На Трение н Износ[M]. Москва：Машиностроение, 1977.

[24]　陈铁飞. 工业机械用润滑油[J]. 机械工人, 1995(1) ~ 1995(8).

[25]　江耕华, 等. 机械传动设计手册：上册[M]. 修订本. 北京：煤炭工业出版社, 1991.

[26]　杨文彬. 符合装配要求的结构设计准则[M]. 机械设计, 1999(3) ~ 1999(5).

[27]　电子工程师手册编辑委员会. 电子工程师手册[M]. 北京：机械工业出版社, 1995.

[28]　王隆太. 先进制造技术[M]. 北京：机械工业出版社, 2005.

[29]　田美丽. 机械 CAD/CAM[M]. 北京：中国电力出版社, 2005.

第 2 篇　机械零部件设计

主　编　卜　炎

1 螺栓连接

1.1 螺纹副中力的关系

1.1.1 螺纹副力矩

螺纹副力矩 T_1 的计算公式为

$$T_1 = \frac{Fd_2}{2}\tan(\psi \pm \rho)$$

$$\psi = \arctan\frac{nP}{\pi d_2} \qquad (2.1\text{-}1)$$

$$\rho \approx \arctan(1.15\mu)$$

式中　F——螺纹副上的轴向载荷；

　　　d_2——螺纹中径；

　　　ψ——螺纹升角；

　　　n——螺纹线数；

　　　P——螺距；

　　　ρ——当量摩擦角；

　　　μ——螺纹副的摩擦因数。

"＋"、"－"号分别用于螺母拧紧和松退的情况。

1.1.2 螺母承压面力矩

螺母承压面力矩 T_2 的计算公式为

$$T_2 = \frac{\mu_c F}{3}\frac{D_o^3 - D_i^3}{D_o^2 - D_i^2} \qquad (2.1\text{-}2)$$

式中　μ_c——螺母与被连接件承压面的摩擦因数；

　　　D_o——承压面外径；

　　　D_i——承压面内径。

1.1.3 螺母拧紧力矩

螺母拧紧力矩 T 的计算公式为

$$T = T_1 + T_2 = k_T Fd$$

$$k_T = \frac{d_2}{2d}\tan(\psi + \rho) + \frac{\mu_c}{3d}\frac{D_o^3 - D_i^3}{D_o^2 - D_i^2} \quad (2.1\text{-}3)$$

式中　k_T——拧紧力矩因子。

一般的螺栓连接在拧紧后才承受工作载荷，拧紧时螺栓上的轴向载荷就是预紧力 F'，于是，螺母拧紧力矩 T 与预紧力 F' 的关系为

$$T = k_T F'd \qquad (2.1\text{-}4)$$

1.1.4 摩擦因数和拧紧力矩因子

钢制螺栓、螺母不同涂层、不同润滑剂下的摩擦因数见表 2.1-1，拧紧力矩因子见表 2.1-2。

实验证实，一般可取 $k_T \approx 0.2$。

1.1.5 允许的最大预紧力

不出现屈服的最大预紧力为

$$F'_{max} = \frac{3\pi d_1^2 \sigma_s}{16} \qquad (2.1\text{-}5)$$

表 2.1-1　钢制螺栓、螺母不同涂层、不同润滑剂下的摩擦因数

涂　层	无涂层		氧化		镀锌		磷化		镀镉	
	μ	μ_c	μ	μ_c	μ	μ_c	μ	μ_c	μ	μ_c
无润滑	0.40	0.20	0.64	0.34	0.40	0.09	0.20	0.10	0.29	0.17
全损耗系统用油	0.21	0.12	0.45	0.26	0.19	0.10	0.18	0.11	0.21	0.11
钙基润滑脂	0.19	0.13	0.44	0.26	0.17	0.09	0.17	0.11	0.18	0.11
全损耗系统用油加 20% MoS_2	0.13	0.09	0.18	0.09	0.17	0.08	0.16	0.09	0.14	0.06

表 2.1-2　钢制螺栓、螺母不同涂层或润滑剂下的拧紧力矩因子 k_T

表面涂层	无涂层	镀镉	涂钼基脂	磷化、涂油	涂轻质原油	涂油和磷酸酯
k_T	0.158 ~ 0.267	0.106 ~ 0.250	0.10 ~ 0.16	0.177	0.099 ~ 0.150	0.15 ~ 0.23

1.2 螺栓组连接的设计

1.2.1 设计要点

（1）螺栓一般对称布置，并应根据结构和力流方向，使螺栓受力合理，加工与安装方便。

（2）螺栓组形心与结合面的形心应重合。

（3）采用铰制孔螺栓（受剪螺栓）承受横向载荷时，沿力流方向的螺栓数应不多于 6 个。

（4）同一组螺栓的直径和长度应尽量相同。

（5）一组中每个螺栓的预紧力应相同。

（6）螺栓中心间的最小距离 $L_{min}=(1.5 \sim 2.0)s$，s 为六角螺母的对边宽度。最大距离与连接用途有关，可参考表 2.1-3 选取。

（7）应有拧螺母所需要的最小扳手空间。

（8）只计算承受载荷最大那个螺栓的强度。

1.2.2　典型螺栓组连接的工作载荷分析

表 2.1-4 给出受典型载荷作用的螺栓组连接的螺栓工作载荷分析。

表 2.1-3　螺栓最大间距

连接类型	普通连接	容器、法兰连接				
		工作压力/MPa				
		≤1.6	>1.6 ~ 4.0	>4.0 ~ 10	>10 ~ 16	>16 ~ 20	>20 ~ 40
最大间距 L_{max}	$10d$	$7d$	$4.5d$		$4d$	$3.5d$	$3d$

注：d 为螺栓标称直径。

表 2.1-4　典型螺栓组连接的螺栓工作载荷分析

载　荷	图　例	工作要求	螺栓工作载荷 F（轴向）和 F_t（横向）
垂直于连接结合面，其合力 F_{Q1} 通过结合面的形心	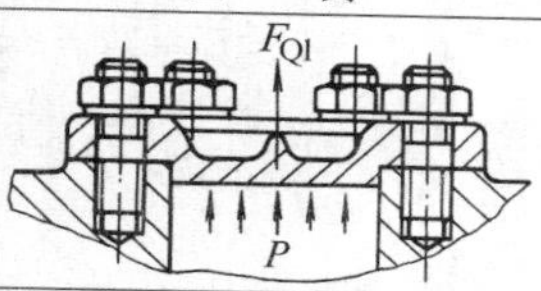	连接需要预紧；受载后应保证连接的紧密性	各螺栓承受的轴向工作载荷均等 $$F=\frac{F_{Q1}}{z}$$ 式中　z—螺栓数
作用在连接结合面上并通过螺栓组形心的力 F_{Qt}	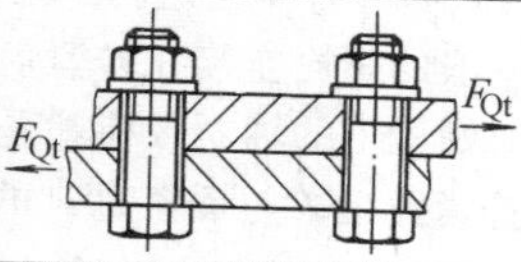		各螺栓承受的横向工作载荷均等 $$F_t=\frac{F_{Qt}}{z}$$ 式中　z—螺栓数
作用在连接结合面上的转矩 T	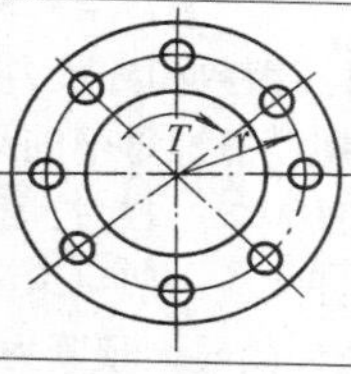	连接需要预紧；受载后被连接件不得有相对滑动	各螺栓承受的横向工作载荷均等 $$F_t=\frac{T}{zr}$$ 式中　z—螺栓数
	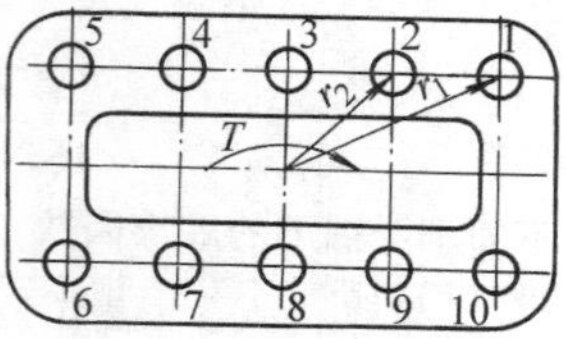		采用普通螺栓时，各螺栓需要的预紧力 $$F'=\frac{K_R T}{\mu m(r_1+r_2+\cdots+r_z)}$$ 式中 μ 为结合面摩擦因数，K_R 为可靠性因子，可取为 1.2 ~ 1.5，m 为结合面数 采用铰制孔螺栓时，距螺栓组形心最远的螺栓受力最大，其切向力为 $$F_{tmax}=\frac{Tr_{max}}{r_1^2+r_2^2+\cdots+r_z^2}$$
倾覆力矩 M	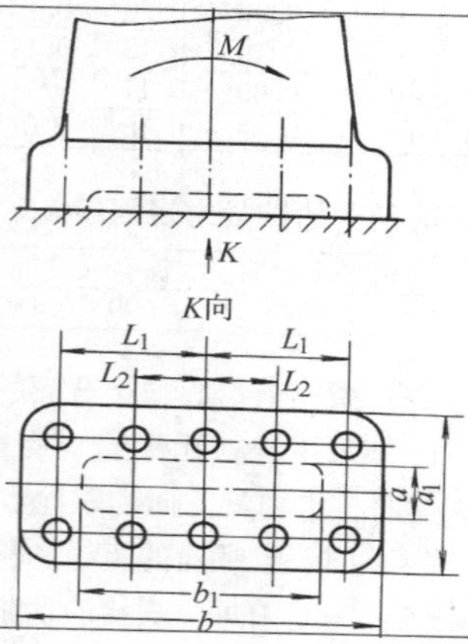	连接需要预紧；受载后结合面不允许离缝和压溃	受拉侧距结合面对称轴最远的螺栓受力最大，螺栓的预紧力 $$F'\geqslant\frac{MA}{Wz}$$ $$A=ab-a_1 b_1,\quad W=\frac{ab^2-a_1 b_1^2}{6}$$ 螺栓的工作载荷 $$F_{max}=\frac{ML_{max}}{i(L_1^2+L_2^2+\cdots+L_n^2)}$$ 式中　i—螺栓行数；n—每行螺栓数

（续）

载　荷	图　例	工作要求	螺栓工作载荷 F（轴向）和 F_t（横向）
传递转矩 T 或轴向力 F_a		连接需要预紧；受载后轮毂与轴不许有相对运动	传递转矩 T 时，预紧力 $$F' = \frac{K_R T}{z \mu D}$$ 传递轴向力 F_a 时，预紧力 $$F' = \frac{K_R F_a}{z \mu}$$ 式中　K_R—可靠性因子，可取为 $1.2 \sim 1.5$

1.3　螺栓的强度计算

1.3.1　螺栓上的总载荷

螺栓上的总载荷 F_b 值与螺栓组上的载荷类型有关，其计算公式见表 2.1-5。

1.3.2　螺栓的强度计算公式

1. 承受横向载荷的铰制孔螺栓

校核公式
$$\frac{4F_t}{m \pi d^2} \leq \tau_P$$ (2.1-6a)
$$\frac{F_t}{d \delta} \leq \sigma_{pP}$$

表 2.1-5　螺栓上的总载荷 F_b

载荷类型	横向载荷	转　矩	轴向载荷和（或）倾覆力矩
F_b	$$F_b = F'$$ $$F' \geq \frac{K_R F_t}{\mu m}$$ 式中　m—结合面数	$$F_b = F'$$ $$F' \geq \frac{K_R T}{\mu m \sum_{i=1}^{z} r_i}$$ 式中　m—结合面数	$$F_b = F' + K_c F = F + F''$$ 式中　K_c—刚度因子，其值见表 2.1-6 F''—剩余预紧力，连接需要的剩余预紧力值见表 2.1-7

表 2.1-6　刚度因子 K_c 值

连接形式	连杆螺栓	钢板连接			
		金属垫	皮革垫	铜皮石棉垫	橡胶垫
K_c	0.2	0.2 ~ 0.3	0.7	0.8	0.9

表 2.1-7　推荐的剩余预紧力与轴向工作载荷之比

连接的情况	紧固连接		紧密连接		
	静载荷	动载荷	软垫	金属成型垫	金属平垫
F''/F	0.2 ~ 1.0	1.0 ~ 3.0	0.5 ~ 1.5	1.5 ~ 2.5	2.0 ~ 3.5

注：紧密连接为有气密性要求的连接。

设计公式
$$d \geq \sqrt{\frac{4F_t}{m \pi \tau_P}}$$ (2.1-6b)
$$d \geq \frac{F_t}{\delta \sigma_{pP}}$$

式中　d——螺栓剪切面的直径；

　　　δ——计算对象的接触厚度（长度），见图 2.1-1；

　　　m——剪切面数；

　　　τ_P——螺栓的许用切应力，查表 2.1-10；

σ_{pP}——计算对象的许用挤压应力，查表 2.1-10。

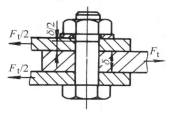

图 2.1-1　用铰制孔螺栓的连接

2. 承受横向载荷和轴向载荷的普通螺栓

校核公式
$$\frac{5.2 F_b}{\pi d_1^2} \leq \sigma_P$$ (2.1-7a)

设计公式
$$d_1 \geq \sqrt{\frac{5.2 F_b}{\pi \sigma_P}}$$ (2.1-7b)

式中　F_b——螺栓上的总载荷（见表 2.1-5）；

　　　d_1——螺栓的螺纹小径；

　　　σ_P——螺栓的许用拉应力，查表 2.1-10。

3. 承受轴向循环载荷的普通螺栓

校核公式

$$\frac{2K_cF}{\pi d_1^2} \le \sigma_{aP}$$

$$\frac{5.2F_b}{\pi d_1^2} \le \sigma_P \qquad (2.1\text{-}8a)$$

设计公式

$$d_1 \ge \sqrt{\frac{2K_cF}{\pi \sigma_{aP}}}$$

$$d_1 \ge \sqrt{\frac{5.2F_b}{\pi \sigma_P}} \qquad (2.1\text{-}8b)$$

式中　σ_{aP}——螺栓的许用应力幅，查表 2.1-10。

每种情况下，两个校核公式必须同时满足，计算螺栓直径时，应取两种计算结果的大值。

1.4　螺纹紧固件的力学性能等级及许用应力

1.4.1　力学性能等级

螺栓、螺钉和螺柱的力学性能等级见表 2.1-8，螺母的力学性能等级见表 2.1-9。

1.4.2　螺栓连接的许用应力

螺栓的许用应力见表 2.1-10，结合面的许用挤压应力见表 2.1-14。

表 2.1-8　钢制螺栓、螺钉和螺柱的力学性能等级（摘自 GB/T 3098.1—2000）

力学性能		性能等级										
		3.6	4.6	4.8	5.6	5.8	6.8	8.8 ≤M16	8.8 >M16	9.8	10.9	12.9
抗拉强度 σ_b/MPa	标称	300	400		500		600	800		900	1000	1200
	最小	330	400	420	500	520	600	800	830	900	1040	1220
屈服点 σ_s/MPa	标称	180	240	320	300	400	480	640		720	900	1080
	最小	190	240	340	300	420	480	640	660	720	940	1100
保证应力 S_p/MPa		180	230	310	288	380	440	580	600	660	830	970

表 2.1-9　钢制螺母的力学性能等级（摘自 GB/T 3098.2—2000）

螺纹直径 d/mm	性能等级								
	04	05	4	5	6	8	9	10	12
	保证应力 S_p/MPa								
>7~10	380	500	—	590	680	830	940	1040	1160
>10~16				610	700	840	950	1050	1190
>16~39			510	630	720	920		1060	1200

表 2.1-10　螺栓的许用应力

螺栓种类		许用应力		安全因数
静载荷	普通螺栓	$\sigma_P = \sigma_s/S$		控制预紧力时：$S = 1.2 \sim 1.5$；不控制预紧力时：S 查表 2.1-11
	铰制孔螺栓	$\tau_P = \tau_s/S_\tau$	$\sigma_{pP} = \sigma_s^{①}/S_\sigma$	钢：$S_\sigma = 1.25$、$S_\tau = 2.5$；铸铁：$S_\sigma = 1.5 \sim 2.5$；$S_\tau = 2.5 \sim 4.0$
循环载荷	普通螺栓　按应力幅	$\sigma_{aP} = \dfrac{\varepsilon \sigma_{-1}}{S_a K_\sigma}$		控制预紧力时：$S_a = 1.5 \sim 2.5$；不控制预紧力时：$S_a = 2.5 \sim 5.0$
	按最大应力	$\sigma_P = \sigma_s/S$		控制预紧力时：$S = 1.2 \sim 1.5$；不控制预紧力时：S 查表 2.1-11
	铰制孔螺栓	$\tau_P = \tau_s/S_\tau$	$\sigma_{pP} = \sigma_s/S_\sigma$	$S_\tau = 3.5 \sim 5.0$，S_σ 按静载荷加大 30%~50%
说明	σ_b—材料的抗拉强度；σ_s—材料的屈服点；σ_{-1}—螺栓材料在拉压对称循环下的疲劳强度；ε—尺寸因数，查表 2.1-12；K_σ—疲劳缺口因数，查表 2.1-13			

① 计算对象为铸铁时用 σ_b。

表 2.1-11　不控制预紧力螺栓的安全因数 S

材料	静载荷			循环载荷	
	螺纹直径				
	M6~M16	M16~M30	M30~M60	M6~M16	M16~M30
	安全因数 S				
碳钢	4~3	3~2	2.0~1.3	10.0~6.5	6.5
合金钢	5~4	4.0~2.5	2.5	7.5~5.0	5

表 2.1-12　螺栓的尺寸因数 ε

螺纹直径 d/mm	≤12	16	20	24	30	36	42	48	56	64
ε	1.00	0.87	0.80	0.74	0.68	0.65	0.62	0.58	0.55	0.53

表 2.1-13　M12 螺纹的疲劳缺口因数 K_σ

螺栓材料的抗拉强度 σ_b/MPa	400	600	800	1000
K_σ	3.0	3.9	4.8	5.2

表 2.1-14　连接结合面的许用挤压应力 σ_{pP}

结合面材料	钢	铸铁	混凝土	水泥浆砖砌面	木材
σ_{pP}	$\sigma_s/1.25$	$\sigma_b/(2.0 \sim 2.5)$	$2 \sim 3MPa$	$1.5 \sim 2.0MPa$	$2 \sim 4MPa$

1.5　螺栓连接的防松

　　螺栓连接的防松方法有摩擦锁合防松、形锁合防松和材料锁合防松，见表 2.1-15。

表 2.1-15　螺栓连接常用防松方法

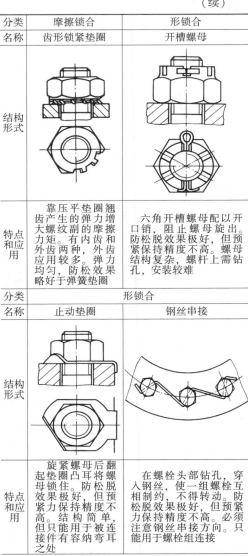

分类	摩擦锁合	
名称	弹簧垫圈	对顶螺母
结构形式		
特点和应用	靠垫圈压平后产生的弹力增大螺纹副的摩擦力矩。结构简单、使用方便。由于弹力不均，防松效果极差，应尽可能不用	利用两螺母拧紧时的对顶作用增大螺纹副的摩擦力矩。结构简单、防松效果最好。质量、尺寸增大，经济性稍差
分类	摩擦锁合	
名称	金属锁紧螺母	聚酰胺嵌件锁紧螺母
结构形式		聚酰胺嵌件
特点和应用	螺母一端经非圆形收口或开槽后径向收口，拧入螺栓后胀开，靠弹力增大螺纹副的摩擦力矩。结构简单、防松效果中等，但不稳定	在螺母螺纹处嵌入无螺纹的聚酰胺环，旋入螺栓后聚酰胺环压紧螺栓螺纹。结构简单、防松效果极好，是首选的防松措施。工作温度需低于100℃

（续）

分类	摩擦锁合	形锁合
名称	齿形锁紧垫圈	开槽螺母
结构形式		
特点和应用	靠压平垫圈翘齿产生的弹力增大螺纹副的摩擦力矩。有内齿和外齿两种，外齿应用较多。弹力均匀，防松效果略好于弹簧垫圈	六角开槽螺母配以开口销，阻止螺母脱出。防松脱效果极好，但预紧保持度不高。螺母结构复杂，螺杆上需钻孔，安装较难
分类	形锁合	
名称	止动垫圈	钢丝串接
结构形式		
特点和应用	旋紧螺母后翻起垫圈凸耳将螺母锁住。防松脱效果极好，但预紧力保持精度不高。结构简单，但只能用于被连接件有容纳弯耳之处	在螺栓头部钻孔，穿入钢丝，使一组螺栓互相制约，不得转动。防松脱效果极好，但预紧力保持精度不高。必须注意钢丝串接方向。只能用于螺栓组连接

（续）

分类	材料锁合
名称	粘接
结构形式	—
特点和应用	拧入螺母前，在旋合螺纹表面涂粘结剂，拧紧螺母后粘结剂固化，粘住。防松效果极佳。粘结剂可按松退力矩配方或选取

1.6　连接螺纹的基本尺寸

GB/T 196—2003 推荐的常用粗牙普通螺纹的基本尺寸摘录在表 2.1-16 中。

表 2.1-16　常用粗牙普通螺纹的基本尺寸

（单位：mm）

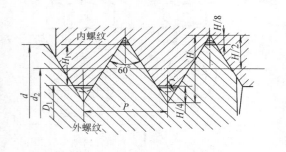

（续）

$$H = 0.866P \quad d_2 = D_2 = d - 0.6495P$$

$$d_1 = D_1 = d - 1.0825P \quad H_1 = \frac{5}{8}H = 0.5413P$$

$$r_{min} = 0.125P$$

标称直径 d	螺距 P	中径 d_2、D_2	小径 d_1、D_1
5	0.8	4.480	4.134
6	1.0	5.350	4.917
8	1.25	7.188	6.647
10	1.5	9.026	8.376
12	1.75	10.863	10.106
(14)	2.0	12.701	11.835
16	2.0	14.701	13.835
(18)	2.5	16.376	15.294
20	2.5	18.376	17.294
24	3.0	22.051	20.752
(27)	3.0	25.051	23.752
30	3.5	27.727	26.211
(33)	3.5	30.727	29.211
36	4.0	33.402	31.670
(39)	4.0	36.402	34.670
42	4.5	39.077	37.129
(45)	4.5	42.077	40.129
48	5.0	44.752	42.588
(52)	5.0	48.752	46.588
56	5.5	52.428	50.046

注：标称直径 d 分为第一、二、三系列，第三系列未录，括号内为第二系列，其余为第一系列，应优先选用第一系列。

2　键、花键、销和成形连接

2.1　键连接

2.1.1　键的类型、特点和应用

键的类型、特点和应用见表 2.2-1。

表 2.2-1　键的类型、特点和应用

类型		图示	标准	特点		应用
松键	平键	普通型平键　A型 B型	GB/T 1096—2003	靠键的侧面传递转矩对中良好，装拆方便。不能实现轴上零件的轴向固定	键与键槽的配合较紧。A型键在槽中轴向固定良好，但键槽处的应力集中较大；B型键键槽处的应力集中较小；C型键用于轴端	应用最广。适用于较高精度、较高速度、传递有冲击、循环转矩的场合
	薄型平键	C型	GB/T 1567—2003			用于薄壁零件

（续）

类 型		图 示	标 准	特 点	应 用
松键	平键 导向型平键	A型 B型	GB/T 1097—2003	靠键的侧面传递转矩。对中良好，装拆方便。不能实现轴上零件的轴向固定	键用螺钉固定在轴槽中，与毂槽为间隙配合，轴上零件能作轴向移动 · 用于轴上零件轴向移动量不大的场合，如变速器中的滑移齿轮
	滑键				键固定在毂槽中，轴上零件与键一起能作轴向移动 · 用于轴上零件轴向移动量较大的场合
	普通型半圆键		GB/T 1099.1—2003	靠键的侧面传递转矩。键在轴槽中能绕弧形槽底的曲率中心摆动，装配方便。键槽深，对轴的削弱大	一般用于传递小转矩，适用于锥形轴伸
紧键	楔键 普通型楔键	1:100	GB/T 1564—2003	键的上下面是工作面，装配时需打入，靠楔紧作用传递转矩。能实现轴上零件的轴向固定，传递单向轴向力。键能使轴上零件的中心偏离轴心并倾斜	用于在精度要求不高、转速较低时传递较大、双向或有振动的转矩
	钩头型楔键	1:100	GB/T 1565—2003		钩头供拆卸用，注意加保护罩
	切向键	1:100	GB/T 1974—2003	由两个单边楔键组成，其上下面（窄面）为工作面，其中一个工作面在通过轴心线的平面内。工作面上的压力作用在轴的切线方向，能传递很大转矩 一副切向键只能传递单向转矩，传递双向转矩时，需用两副切向键。键能使轴上零件的中心偏离轴心并倾斜	用于在精度要求不高、转速较低时传递较大平稳转矩的场合

2.1.2 键连接的强度校核

键连接的强度校核公式见表 2.2-2。

表 2.2-2　键连接的强度校核

类型	平键	半圆键	楔键	切向键
受力简图	$y \approx \dfrac{d}{2}$	$y \approx \dfrac{d}{2}$	$y \approx \dfrac{d}{2}$，$x \approx \dfrac{b}{6}$	$y \approx \dfrac{d-t}{2}$，$t \approx \dfrac{d}{10}$
强度校核公式	$\dfrac{2T}{dkl} \leqslant p_P$，$\dfrac{2T}{dkl} \leqslant \sigma_{pP}$	$\dfrac{2T}{dkl} \leqslant \sigma_{pP}$	$\dfrac{12T}{bl(6\mu d + b)} \leqslant \sigma_{pP}$	$\dfrac{T}{dl(0.5\mu + 0.45)(t-c)} \leqslant \sigma_{pP}$
说明	T—转矩；d—轴径；k—键与毂槽的接触高度；l—键的工作长度，对于 A 型平键 $l = L - b$；b—键宽；μ—摩擦因数，对钢和铸铁，$\mu = 0.12 \sim 0.17$；c—切向键倒角宽度；t—切向键工作面宽度；σ_{pP}—许用挤压应力，查表 2.2-3，按连接中零件材料的力学性能较弱者选取；p_P—许用压力，查表 2.2-3

表 2.2-3　键连接的许用应力 σ_{pP} 和许用压力 p_P

（单位：MPa）

工作方式	轮毂材料	许用应力（压力）	转矩性质		
			单向、变化小	经常起停	双向
静连接	钢铸铁	σ_{pP}	$125 \sim 150$ $70 \sim 80$	$100 \sim 120$ $50 \sim 60$	$60 \sim 90$ $30 \sim 45$
动连接	钢	p_P	50	40	30

2.2　花键连接

2.2.1　花键的类型、特点和应用

有矩形花键和渐开线花键两种。

矩形花键的基本参数有小径 d、大径 D、键宽 B 和键数 N，GB/T 1144—2001 对其基本尺寸系列和键槽截面尺寸作了规定。

渐开线花键最基本的参数是模数 m、压力角 α_D 和齿数 z，GB/T 3478.1—1995 规定了模数和压力角的标准值，见表 2.2-4。

两种花键的特点和应用见表 2.2-5。

表 2.2-4　花键的标准模数 m 和压力角 α_D

标准压力角 α_D	标准模数 m
30°，37.5°	0.5，（0.75），1，（1.25），1.5，（1.75），2，2.5，3，（4），5，（6），（8），10
45°	0.25，0.5，（0.75），1，（1.25），1.5，（1.75），2，2.5

注：括号内为第二系列，优先采用第一系列。

表 2.2-5　花键的类型、特点和应用

类　型	特　点	应　用
矩形花键	键两侧面为平行于通过轴线的径向平面。加工方便，可用磨削法获得较高的精度 按小径定心，定心精度高	应用广泛，主要用于要求定心精度较高、传递中等转矩的轴毂连接

（续）

类　型	特　点	应　用
渐开线花键 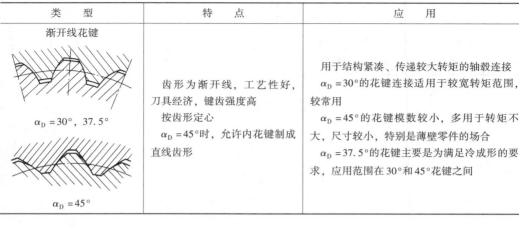 $\alpha_D = 30°, 37.5°$ $\alpha_D = 45°$	齿形为渐开线，工艺性好，刀具经济，键齿强度高 按齿形定心 $\alpha_D = 45°$时，允许内花键制成直线齿形	用于结构紧凑、传递较大转矩的轴毂连接 $\alpha_D = 30°$的花键连接适用于较宽转矩范围，较常用 $\alpha_D = 45°$的花键模数较小，多用于转矩不大、尺寸较小，特别是薄壁零件的场合 $\alpha_D = 37.5°$的花键主要是为满足冷成形的要求，应用范围在30°和45°花键之间

2.2.2 强度校核

校核公式

$$\frac{2T}{K_z z l D_m} \leqslant p_P$$

式中　T——传递的转矩；

　　K_z——键齿间载荷分布不均匀因子，一般取 $K_z = 0.7 \sim 0.8$；

　　z——齿数，若对矩形花键，应代以键数 N；

　　l——键的工作长度；

　　D_m——平均直径，矩形花键 $D_m = \dfrac{D+d}{2}$，渐开线花键 $D_m = D$；

　　h——键齿工作高度，其值见表 2.2-6；

　　p_P——许用压力，见表 2.2-7。

表 2.2-6　花键键齿工作高度 h

花键类型	矩形花键	渐开线花键		
		$\alpha_D = 30°$	$\alpha_D = 37.5°$	$\alpha_D = 45°$
h	$\dfrac{D-d}{2} - 2c$	m	$0.9m$	$0.8m$

注：c 为键齿倒角尺寸；m 为花键模数。

表 2.2-7　花键连接的许用压力 p_P

连接 工作方式	使用和 制造情况	p_P/MPa	
		齿面未经 热处理	齿面经 热处理
固定连接	不良 中等 良好	35～50 60～100 80～120	40～70 100～140 120～200
空载下移动的 滑动连接	不良 中等 良好	15～20 20～30 25～40	20～35 30～60 40～70

（续）

连接 工作方式	使用和 制造情况	p_P/MPa	
		齿面未经 热处理	齿面经 热处理
载荷作用下移 动的滑动连接	不良 中等 良好	—	3～10 5～15 10～20

注：1. 使用和制造情况'不良'，系指受循环载荷、有双向冲击、振动频率高和振幅大、润滑不良（滑动连接）、材料硬度不高和精度不高等。

　　2. 较小值用于工作时间长和较重要的场合。

2.2.3 矩形花键的配合与标记

1. 公差与配合　GB/T 1144—2001 规定了两种场合的矩形花键尺寸公差：一种是与国际标准一致的一般用矩形花键尺寸公差；另一种是与齿轮标准相协调的精密传动用矩形花键尺寸公差，它们的尺寸公差带见表 2.2-8。

矩形花键的定心直径为小径。

2. 标记方法　矩形花键的标记依次由键数 N、小径 d、大径 D、键宽 B 及花键公差带代号组成。例如，花键 $N = 6$，$d = 23\dfrac{H7}{f7}$，$D = 26\dfrac{H10}{a11}$，$B = 6\dfrac{H11}{d10}$，其标记如下：

花键副　$6 \times 23\dfrac{H7}{f7} \times 26\dfrac{H10}{a11} \times 6\dfrac{H11}{d10}$

GB/T 1144—2001

内花键　$6 \times 23H7 \times 26H10 \times 6H11$

GB/T 1144—2001

外花键　6 × 23f7 × 26a11 × 6d10

GB/T 1144—2001

表 2.2-8　矩形花键的尺寸公差带

（摘自 GB/T 1144—2001）

内花键				外花键			装配形式
d	D	B		d	D	B	
		拉削后不处理	拉削后热处理				
公差带							
一般用							
H7	H10	H9	H11	f7	d10		滑动
				g7	a11	f9	紧滑动
				h7		h9	固定

（续）

内花键				外花键			装配形式
d	D	B		d	D	B	
		拉削后不处理	拉削后热处理				
公差带							
精密传动用							
H5	H10	H7、H9		f5	d8		滑动
				g5	f7		紧滑动
				h5	h8		固定
H6				f6	d8	a11	滑动
				g6	f7		紧滑动
				h6	h8		固定

2.2.4　渐开线花键的标注

在有内或外花键的零件图上,应该给出制造花键时所需的全部参数、尺寸和公差,列出参数表（表 2.2-9）。公差值在 GB/T 3478.1—1995 给出。

表 2.2-9　渐开线花键的参数标注

内花键参数表			外花键参数表		
参数名称	符号	计算或说明	参数名称	符号	计算或说明
齿数	z	选取	齿数	z	选取
模数	m	选取	模数	m	选取
压力角	α_D	选取	压力角	α_D	选取
公差等级和配合类别		选取	公差等级和配合类别		选取
大径	D_{ei}	$m(z+1.5)$[①]	大径	D_{ee}	$m(z+1)$[①]
渐开线终止圆直径最小值	D_{Fimin}	$m(z+1)+2C_F$[①]	渐开线起始圆直径最大值	D_{Femax}	导出
小径	D_{ii}	$D_{Femax}+2C_F$[②]	小径	D_{ie}	$m(z-1.5)$[①]
齿根圆弧最小曲率半径	R_{imin}	$0.2m$	齿根圆弧最小曲率半径	R_{emin}	$0.2m$
实际齿槽宽最大值	E_{max}	$0.5\pi m+(T+\lambda)$	作用齿厚最大值	S_{Vmax}	$0.5\pi m+e_{SV}$
作用齿槽宽最小值	E_{Vmin}	$0.5\pi m$	实际齿厚最小值	S_{min}	$S_{Vmax}-(T+\lambda)$

① 仅适用于 30°平齿根。

② 所有花键齿侧配合类别均按 $\dfrac{H}{h}$ 取 D_{Femax} 值。

2.3　销连接

销连接的典型结构和强度校核计算公式见表 2.2-10。

销的材料通常为 35、45 钢,并进行硬化处理,其许用切应力 $\tau_P = 80 \sim 100\mathrm{MPa}$,许用弯曲应力 $\sigma_{bbP} = 120 \sim 150\mathrm{MPa}$,弹性圆柱销多采用 65Mn,其许用切应力 $\tau_P = 120 \sim 130\mathrm{MPa}$。

表 2.2-10　销连接的强度校核计算

销的类型	圆　柱　销		圆　锥　销
结构与受力简图			

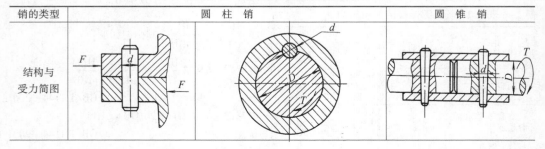

（续）

销的类型	圆 柱 销			圆 锥 销
计算内容	销的抗剪强度	销或被连接件工作面的抗挤压强度	销的抗剪强度	销的抗剪强度
计算公式	$\tau = \dfrac{4F}{\pi d^2 z} \le \tau_P$	$\sigma_p = \dfrac{4T}{Ddl} \le \sigma_{pP}$	$\tau = \dfrac{2T}{Ddl} \le \tau_P$	$\tau = \dfrac{4T}{\pi d^2 D} \le \tau_P$
销的类型	销 轴			安全销
结构与受力简图	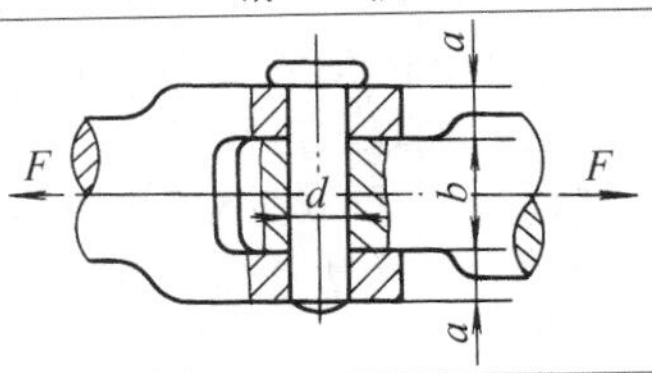 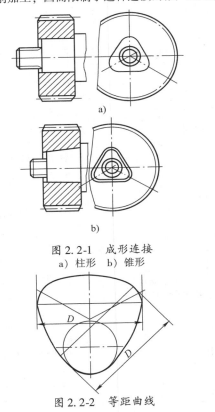			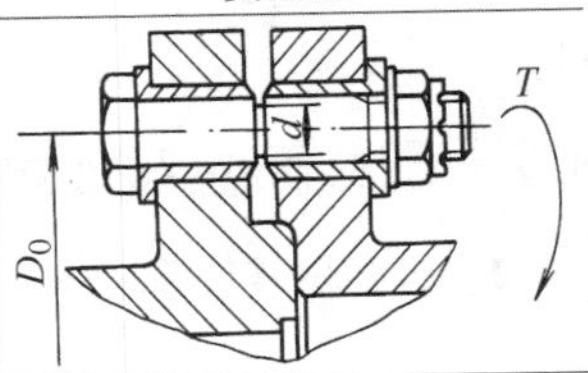
计算内容	销轴或拉杆工作面的挤压强度	销轴的抗剪强度	销轴的抗弯强度	销的直径
计算公式	$\sigma_p = \dfrac{F}{2ad} \le \sigma_{pP}$ 或 $\sigma_p = \dfrac{F}{bd} \le \sigma_{pP}$	$\tau = \dfrac{2F}{\pi d^2} \le \tau_P$	$\sigma_{bb} = \dfrac{F(a+0.5b)}{0.4d^3} \le \sigma_{bbP}$	$d = 1.6\sqrt{\dfrac{T}{D_0 z \tau_b}}$
说明	T—转矩；z—销的数量；d—销的直径，对于圆锥销 d 为平均直径；l—销的工作长度；D—轴径；D_0—安全销中心圆直径；τ_P—销的许用切应力；σ_{pP}—销连接的许用挤压应力；σ_{bbP}—销的许用弯曲应力；τ_b—销材料的抗剪强度			

安全销的材料可选用 35、45、50、T8A 或 T10A 钢，热处理后硬度为 30～36HRC。安全销材料的抗剪强度可取 $\tau_b = (0.6 \sim 0.7)\sigma_b$（$\sigma_b$—销材料的抗拉强度）。

销连接的许用挤压应力可参照表 2.2-3 选取。

2.4 成形连接

成形连接是利用非圆截面的轴与形面相同的毂孔所构成的轴毂连接（图 2.2-1）。轴头和毂孔可以是柱形的（图 2.2-1a），也可以是锥形的（图 2.2-1b）。柱形的易加工，既可用于静连接，也可用于动连接；锥形的装卸容易，同时能承受单向轴向力，但加工困难。

这种连接无需键或花键，故亦称无键连接。

常用的成形曲线之一为等距曲线（图 2.2-2），这种曲线轮廓两侧任意两条平行切线之间的距离相等，故加工与测量比较方便。

此外，还有摆线轮廓、方形、六方形和带缺口的圆形等截面的轴毂连接也属于成形连接，但它们定心精度不高。

成形连接装拆方便，能保证良好的对中性。结合面上没有键槽及尖角等应力集中源，因而承载能力高。缺点是加工困难，特别是为了保证配合精度，最后一道工序需要在专用机床上进行磨削加工，因而限制了这种连接的推广应用。

图 2.2-1 成形连接
a）柱形 b）锥形

图 2.2-2 等距曲线

3 过 盈 连 接

过盈连接分圆柱面过盈连接和圆锥面过盈连接。

3.1 圆柱面过盈连接

3.1.1 分类及其计算

圆柱面过盈连接根据装配方法不同，分为用压入法装配的纵向过盈连接和用胀缩法装配的横向过盈连接。

GB/T 5371—2004 推荐的圆柱面过盈连接的计算见表 2.3-1。

表 2.3-1 圆柱面过盈连接的计算

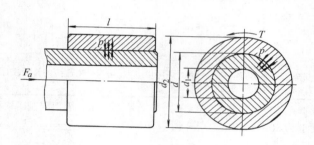

计算内容		计算公式	备 注
结合面的压力 p	传递载荷需要的最小压力 p_{min}	传递转矩 $p_{min} = \dfrac{2T}{\mu \pi d^2 l}$ 传递轴向力 $p_{min} = \dfrac{F_a}{\mu \pi d l}$ 同时传递转矩和轴向力 $p_{min} = \dfrac{\sqrt{F_a^2 + \left(\dfrac{2T}{d}\right)^2}}{\mu \pi d l}$	T—转矩 F_a—轴向力 d—结合圆柱直径 l—结合圆柱长度 μ—结合面的摩擦因数，查表 2.3-4
	零件不产生塑性变形允许的最大压力 p_{max}	包容件 塑件材料 $p_{max2} = a\sigma_{s2}$，$a = \dfrac{\left(1 - \dfrac{d}{d_2}\right)^2}{\sqrt{3 + \left(\dfrac{d}{d_2}\right)^4}}$ 脆性材料 $p_{max2} = \dfrac{b\sigma_{b2}}{2 \sim 3}$，$b = \dfrac{1 - \left(\dfrac{d}{d_2}\right)^2}{1 + \left(\dfrac{d}{d_2}\right)^2}$ 被包容件 塑性材料 $p_{max1} = a'\sigma_{s1}$，$a' = \dfrac{\left(1 - \dfrac{d_1}{d}\right)^2}{2}$ 脆性材料 $p_{max1} = \dfrac{a'\sigma_{b1}}{2 \sim 3}$	σ_s—材料的屈服点 σ_b—材料的抗拉强度 d_2—包容件外径 d_1—被包容件内径

（续）

计算内容		计算公式	备注
配合过盈 δ	传递载荷需要的最小过盈量	最小计算过盈 δ_{cmin}	$\delta_{cmin} = p_{min} d \left(\dfrac{C_1}{E_1} + \dfrac{C_2}{E_2} \right)$ $C_1 = \dfrac{1 + \left(\dfrac{d_1}{d} \right)^2}{1 - \left(\dfrac{d_1}{d} \right)^2} - \nu_1 , \quad C_2 = \dfrac{1 + \left(\dfrac{d}{d_2} \right)^2}{1 - \left(\dfrac{d}{d_2} \right)^2} + \nu_2$	E—材料的弹性模量，查表 2.3-2 ν—材料的泊松比，查表 2.3-2 R_a—轮廓算术平均偏差 C_1、C_2 也可由表 2.3-3 查出
		考虑压平最小过盈 δ_{min}	压入法装配：$\delta_{min} = \delta_{cmin} + 3.2(R_{a1} + R_{a2})$ 胀缩法装配：$\delta_{min} = \delta_{cmin}$	
	零件不产生塑性变形允许的最大过盈量		$\delta_{max} = p_{max} d \left(\dfrac{C_1}{E_1} + \dfrac{C_2}{E_2} \right) = \delta_{cmin} \dfrac{p_{max}}{p_{min}}$	不考虑装入压平的影响
	选择配合类别		保证传递载荷 $\delta_{ymin} > \delta_{cmin}$ 保证连接件不产生塑性变形 $\delta_{ymax} \leqslant \delta_{max}$	δ_{ymin}、δ_{ymax} 是所选配合的最小和最大过盈 按 GB/T 1800.4—1999 选择适当的配合类别
压入法装配（纵向过盈连接）的装拆力 F_y			$F_y = \pi d l \mu p'_{max}$ $p'_{max} = p_{max} \dfrac{\delta_{ymax}}{\delta_{max}}$	p'_{max} 是过盈量为 δ_{ymax} 时结合面上的压力（不考虑装入压平的影响）
胀缩法装配（横向过盈连接）的装配温度 θ_H 或 θ_c		加热包容件：$\theta_H = \dfrac{\delta_{ymax} + \Delta}{\alpha_{l2} d} + \theta$ 冷却被包容件：$\theta_c = \dfrac{\delta_{ymax} + \Delta}{\alpha_{l1} d} + \theta$		α_l—材料的线胀系数，可查表 2.3-2 θ—装配环境温度 Δ—装配间隙，当 $d \leqslant 30mm$ 时可取 $\Delta = 0.001d$；当 $d > 30mm$ 时可取为 H7/g6 配合的最大间隙
直径变化	包容件外径增大量 Δd_2		$\Delta d_2 = \dfrac{2pd^2 d_2}{E_2(d_2^2 - d^2)}$	—
	被包容件内径减小量 Δd_1		$\Delta d_1 = \dfrac{2pd^2 d_1}{E_1(d^2 - d_1^2)}$	

注：角标 1 代表被包容件；角标 2 代表包容件。

表 2.3-2 材料的弹性模量 E、泊松比 ν 和线胀系数 α_l

材　　料		弹性模量 E/GPa	泊松比 ν	线胀系数 $\alpha_l/10^{-6} ℃^{-1}$	
				加热	冷却
碳钢、低合金钢合金结构		$200 \sim 235$	$0.30 \sim 0.31$	11	-8.5
灰铸铁	HT150 HT200	$70 \sim 80$	$0.24 \sim 0.25$	10	-8
	HT250 HT300	$105 \sim 130$	$0.24 \sim 0.26$		
可锻铸铁		$90 \sim 100$	0.25		
非合金球墨铸铁		$160 \sim 180$	$0.28 \sim 0.29$		
青铜		85	0.35	17	-15
黄铜		80	$0.36 \sim 0.37$	18	-16
铝合金		69	$0.32 \sim 0.36$	21	-20
镁合金		40	$0.25 \sim 0.30$	25.5	-25

表 2.3-3 C_1 和 C_2

$\dfrac{d_1}{d}$ 或 $\dfrac{d}{d_2}$	C_1		C_2	
	$\nu = 0.30$	$\nu = 0.25$	$\nu = 0.30$	$\nu = 0.25$
0.0	0.70	0.75	—	—
0.1	0.72	0.77	1.32	1.27
0.2	0.78	0.83	1.38	1.33
0.3	0.90	0.95	1.50	1.45
0.4	1.08	1.13	1.68	1.63
0.5	1.37	1.42	1.97	1.92
0.6	1.83	1.88	2.43	2.38
0.7	2.62	2.67	3.22	3.17
0.8	4.25	4.30	4.85	4.80
0.9	9.23	9.28	9.83	9.78

表 2.3-4 纵向过盈连接的摩擦因数

材　　料		无润滑	有润滑
		摩擦因数 μ	
钢	钢	$0.07 \sim 0.16$	$0.05 \sim 0.13$
	铸钢	0.11	0.08
	结构钢	0.10	0.07
	优质结构钢	0.11	0.08
	青铜	$0.15 \sim 0.20$	$0.03 \sim 0.06$
	铸铁	$0.12 \sim 0.15$	$0.05 \sim 0.10$
铸铁	铸铁	$0.16 \sim 0.25$	$0.05 \sim 0.10$

3.1.2 结合面的摩擦因数

纵向过盈连接的摩擦因数与润滑状况有关，其值见表 2.3-4。横向过盈连接的摩擦因数与结合方式有关，其值见表 2.3-5。

表 2.3-5 横向过盈连接的摩擦因数

材料		结合方式、润滑	摩擦因数 μ
钢	钢	用矿物油油压扩径	0.125
		用甘油油压扩径，结合面排油干净	0.13
		电炉加热包容件至300℃	0.14
		电炉加热包容件至300℃后，结合面脱脂	0.2
	铸铁	用矿物油油压扩径	0.1
铝镁合金		无润滑	0.10~0.15

3.1.3 结构

为改善零件的应力状况,可采取下列结构措施。

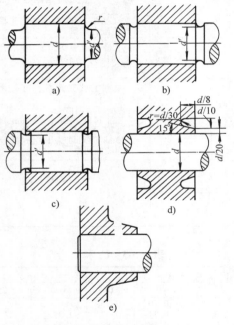

图 2.3-1 过盈连接的合理结构

（1）使非结合部分的直径小于结合直径（图 2.3-1a），并以较大的圆弧过渡。通常可取结合直径 d 与非结合直径 d' 之比 $d/d' \leqslant 1.05$；过渡圆弧半径可取为 $r \geqslant (0.1 \sim 0.2)d$。

（2）在被包容件上包容件两端面处，加工出卸载槽（图 2.3-1b、c），槽的直径可取为 $d' = (0.92 \sim 0.95)d$。必要时应对卸载槽进行滚压处理，以提高其疲劳强度。

（3）在包容件两端面上，靠近结合部位，加工出卸载槽（图 2.3-1d），或减小包容件的厚度（图 2.3-1e）。

3.2 圆锥面过盈连接

3.2.1 结构

液压装卸的圆锥面过盈连接分无中间套（图 2.3-2a）和有中间套（图 2.3-2b）两种结构。

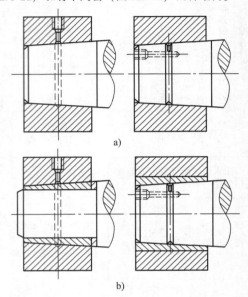

图 2.3-2 液压装拆的圆锥面过盈连接
a) 无中间套 b) 有中间套

3.2.2 结构参数

结合面锥度一般取为（1:50）~（1:30）。排油槽的结构尺寸见图 2.3-3。

中间套和油沟尺寸见表 2.3-6。

3.2.3 计算要点

圆锥面过盈连接的计算方法与圆柱面过盈连接相同，但应注意以下几点。

（1）应以圆锥面的平均直径作为结合面直径。

（2）过盈量 δ 由轴向压入量 s 来保证，s 值由下式确定：无中间套时 $s = (\delta + 16R_a)/K$

有中间套时

$$s = (\delta + \Delta + 32R_a)/K \qquad (2.3-1)$$

式中 K——结合面的锥度；

Δ——中间套圆柱结合面的装配间隙。

（3）装配油压 p_r 常较结合面的实际压力高 20%~30%。因此，按表 2.3-1 计算允许的最大过盈 δ_{max} 时，零件不产生塑性变形允许的最大压力 p_{max} 应降低 20%~30%。

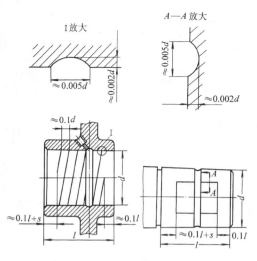

图 2.3-3　圆锥面过盈连接排油槽尺寸

s—轴向压入量

表 2.3-6　圆锥面过盈连接中间套和油沟尺寸

（单位：mm）

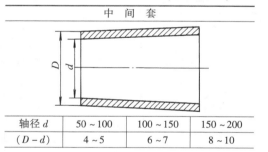

中　间　套			
轴径 d	50 ~ 100	100 ~ 150	150 ~ 200
$(D-d)$	4 ~ 5	6 ~ 7	8 ~ 10

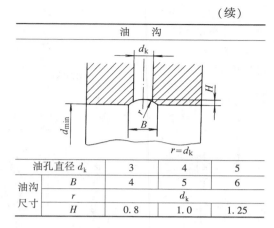

（续）

油　沟			
油孔直径 d_k	3	4	5
油沟尺寸 B	4	5	6
r	d_k		
H	0.8	1.0	1.25

（4）装拆力 F_y 为

$$F_y = \pi d l p_r \left(\mu \pm \frac{K}{2} \right) \qquad (2.3\text{-}2)$$

式中　μ——装拆时结合面的摩擦因数，因结合面间有油膜，故一般取 $\mu = 0.02$。

"－"号用于拆卸。由于较小，且 $\mu < K/2$，所以拆卸时并不需要轴向拆卸力，当高压油泵入结合面后，连接即可自动分离。

3.3　胀套连接

　　与有中间套的圆锥面过盈连接相似，以锥面相互贴合并挤紧在轴和毂之间的弹性钢环所组成的连接称为胀紧连接套连接，简称胀套连接。它定心性好，装拆方便，承载能力高，还可避免零件因加工键槽而削弱强度。

表 2.3-7　胀套的结构类型

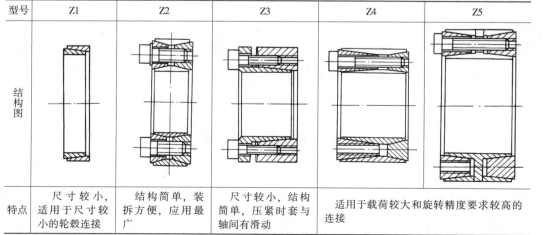

型号	Z1	Z2	Z3	Z4	Z5
结构图					
特点	尺寸较小，适用于尺寸较小的轮毂连接	结构简单，装拆方便，应用最广	尺寸较小，结构简单，压紧时套与轴间有滑动	适用于载荷较大和旋转精度要求较高的连接	

JB/T 7934—1999 对 5 种胀套连接的结构类型、尺寸和额定载荷作了规定，它们的结构和特点见表 2.3-7。与胀套结合的、轴和毂孔直径的公差带及表面粗糙度见表 2.3-8。

Z_2 型胀套的基本尺寸和额定载荷见表 2.3-9，可以用几组串联来增大承载能力。

表 2.3-8 与胀套结合的、轴和毂孔直径的公差带及表面粗糙度

胀套类型	Z1		Z2	Z3	Z4	Z5
胀套内径 d/mm	≤38	>38	所有直径			
轴公差带	h6	h8	h7 或 h8	h8	h9 或 k9	h8
毂孔公差带	H7	H8	H7 或 H8	H8	N9 或 H9	H8
R_a/μm		1.6		3.2		

表 2.3-9 Z2 型胀紧连接套的基本尺寸和参数（摘自 JB/T 7934—1999）

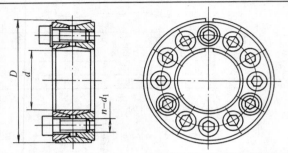

标记示例：

内径 d = 130mm，外径 D = 180mm 的 Z2 型胀紧连接套

胀套 Z2—130×180　JB/T 7934—1999

基本尺寸							额定载荷			胀套与轴结合面上的压力 p_f/MPa	螺栓上的拧紧力矩 T_A/N·m	质量 m/kg
d	D	l	L	L_1	d_1	n	轴向力 F_a/kN		转矩 T/kN·m			
mm												
20	47	17	20	27.5	M6	8	27		0.27	210	14	0.24
22									0.30	195		0.23
25	50					9	30		0.38	190		0.25
28	55					10	33		0.47	185		0.30
30									0.50	175		0.29
35	60					12	40		0.70	180		0.32
38	63					14	46		0.88	185		0.33
40	65								0.92	180		0.34
42	72	20	24	33.5	M8	12	65		1.36	200	35	0.48
45	75						72		1.62	210		0.57
50	80						71		1.77	190		0.60
55	85					14	83		2.27	200		0.63
60	90								2.47	180		0.69
65	95					16	93		3.04	190		0.73
70	110	24	28	39.0	M10	14	132		4.60	210	70	1.26
75	115						131		4.90	195		1.33
80	120								5.20	180		1.40
85	125					16	148		6.30	195		1.49
90	130						147		6.60	180		1.53
95	135					18	167		7.90	195		1.62
100	145	29	33	47.0	M12	14	192		9.60	195	125	2.01

4　齿 轮 传 动

4.1　类型和适用范围

齿轮传动的类型见表 2.4-1。选择齿轮传动类型时，主要依据它们的结构特点和动力参数，表 2.4-1 给出了各类齿轮传动的结构特点和适用范围。

表 2.4-1　各类齿轮传动的结构特点和适用范围

传动类型			结　构　特　点	适用范围			
				效率 η	单级传动比 i	功率 P_{max}/kW	速度 $v_{max}/m \cdot s^{-1}$
渐开线圆柱齿轮传动	平行轴传动		适用功率和速度范围大，通用性强，工作可靠，效率高，对中心距误差的敏感性小。易于制造和精确加工，可进行变位和修形	0.96 ~ 0.99	~ 10	50000	200
圆弧圆柱齿轮传动			接触强度高，磨损小，无挖根现象。只能使用斜齿轮，轮齿抗弯强度相对较差	0.97 ~ 0.99		6000	140
圆柱销齿传动			可制成外啮合、内啮合和齿条啮合，结构简单，加工容易，造价低，维修方便	0.90 ~ 0.95	5 ~ 30	大多用于小功率	0.5
锥齿轮传动	相交轴传动	直齿	比曲线齿锥齿轮轴向力小，制造也容易	0.97 ~ 0.995	~ 8	373	5
		斜齿	比直齿锥齿轮总重合度大，平稳性较好				
		曲线齿	比直齿锥齿轮传动平稳，噪声低，承载能力大。支承要承受较大的轴向力			746	50
准双曲面齿轮传动			比曲线齿锥齿轮传动更平稳。利用偏置距增大小轮直径，因而小轮刚性增大，避免悬臂结构。沿齿长方向有滑动，传动效率比直齿锥齿轮低	0.90 ~ 0.98	~ 10	1000	30
蜗杆传动	交错轴传动	普通圆柱	传动比大，运转平稳，噪声低，结构紧凑，可实现自锁	0.7 ~ 0.9	8 ~ 80	150	15
		圆弧圆柱	主平面共轭齿面为凹凸齿啮合，接触线形状有利于形成润滑油膜，传动效率和承载能力均高于普通圆柱蜗杆传动			250	
		环面	接触线和相对速度夹角接近于90°，有利于形成润滑油膜。接触齿数多，当量曲率半径大，承载能力比普通圆柱蜗杆传动约大 2 ~ 3 倍。但制造工艺要复杂些		5 ~ 100	4500	
		锥蜗杆	—	—	10 ~ 359	—	—
普通渐开线行星传动			体积小，质量轻，承载能力大，效率高，工作平稳、可靠。但结构比较复杂，制造成本较高	0.97 ~ 0.99	3 ~ 12	6500	
少齿差传动	平行轴传动	渐开线	结构简单，齿轮加工容易，价格较低。但转臂轴承受径向力较大。承受过载、冲击的能力较强，寿命长	0.8 ~ 0.9	10 ~ 100	10 ~ 100	
		摆线	多齿啮合，承载能力大，运转平稳，故障少，寿命长，结构紧凑。但加工精度要求高，制造成本较高。齿形检测和大直径摆线轮加工困难	0.90 ~ 0.98	11 ~ 87	220	
		圆弧	行星轮的齿廓曲线为凹圆弧，它和销齿的曲率半径相差很小，故接触强度高		11 ~ 71	30	
		活齿	行星轮上的各轮齿为单个的活动构件（如钢球），当主动偏心盘转动时，它们将在输出盘上的径向槽中活动，驱动输出轴	0.86 ~ 0.87	20 ~ 80	18	
		锥齿			~ 200		
谐波齿轮传动			传动比大且范围宽，元件少，体积小，质量轻。同时啮合的齿数多，故承载能力高。运动精度高，运转平稳，噪声低。传动效率较高。柔轮的制造工艺较复杂	0.7 ~ 0.9	60 ~ 320	60 ~ 320	
内齿行星齿轮传动（三环减速器）			可双轴或单轴输入。多对内外齿轮啮合，承载能力大，轴承寿命长。轴向尺寸小，径向尺寸大。三片内齿轮误差可相互补偿，整机精度高。还不能用于高速传动	0.94 ~ 0.96	11 ~ 99	2000	

4.2　渐开线圆柱齿轮传动

　　渐开线圆柱齿轮传动按工作条件分为开式传动和闭式传动；按齿面硬度分为软齿面（硬度≤350HBS）传动和硬齿面（硬度＞350HBS）传动。

4.2.1　基本齿廓与模数

　　1. 基本齿廓　GB/T 1356—2001 推荐的渐开线圆柱齿轮的基本齿廓见表 2.4-2。

　　2. 模数系列　GB/T 1357—1987 推荐的渐开线圆柱齿轮模数系列见表 2.4-3。

表 2.4-2　基 本 齿 廓

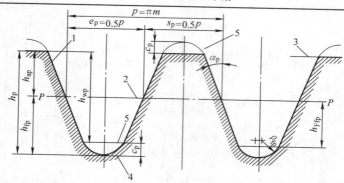

1—标准基本齿条齿廓　2—基准线　3—齿顶线　4—齿根线　5—相啮合标准齿条齿廓

符　号	意　　义	数　值
α_p	压力角	20°
h_{ap}	标准基本齿条轮齿齿顶高	$1.0m$
c_p	标准基本齿条轮齿与相啮合标准基本齿条轮齿之间的顶隙	$0.25m$
h_{fp}	标准基本齿条轮齿齿根高	$1.25m$
ρ_{fp}	基本齿条的齿根圆角半径	$0.38m$

表 2.4-3　渐开线圆柱齿轮模数 m　　　（单位：mm）

第一系列	1	1.25	1.5	2	2.5	3	4	5	6
	8	10	12	16	20	25	32	40	50
第二系列	1.75	2.25	2.75	(3.25)	3.5	(3.75)	4.5	5.5	(6.5)
	7	9	(11)	14	18	22	28	36	45

注：1. 对于斜齿圆柱齿轮是指法向模数 m_n。

2. 优先选用第一系列，括号内的数值尽可能不用。

3. 非标准齿廓　一般说来，采用大压力角（如25°，28°等）可提高齿面和齿根强度，采用小压力角（如14.5°、15°等）可增大重合度，降低噪声；采用长齿（齿顶高 $h_a = 1.2m$、$1.25m$等），特别当 $\alpha < 20°$、重合度 $\varepsilon > 2$ 和有足够制造精度时，不仅能降低噪声，而且也能提高齿轮强度，因此长齿应用有超过短齿的趋势。短齿（如 $h_a = 0.8m$）齿顶的滑动速度小，所以抗胶合能力强。

4.2.2　几何计算

1. 几何尺寸计算　渐开线圆柱齿轮传动几何尺寸计算项目与公式见表 2.4-4。

表 2.4-4　渐开线圆柱齿轮传动几何计算

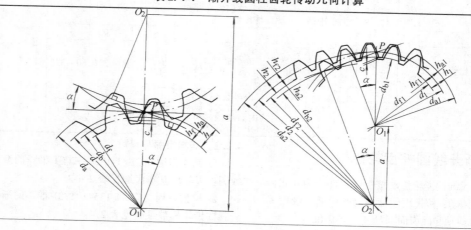

（续）

参数名称		符号		计算公式和说明
几何尺寸计算				
模数	法向模数	m	m_n	m、m_n 按 GB/T 1357—1987 取值，$m_t = \dfrac{m_n}{\cos\beta}$，由强度计算或结构设计确定
	端面模数		m_t	直齿轮：$m_t = m_n = m$
分度圆柱螺旋角		β		选定，直齿轮：$\beta = 0°$
基圆柱螺旋角		β_b		$\cos\beta_b = \dfrac{\cos\beta\cos\alpha_n}{\cos\alpha_t}$
分度圆压力角	法向压力角	α	α_n	$\alpha_n = 20°$（按 GB/T 1356—2001）；$\tan\alpha_t = \dfrac{\tan\alpha_n}{\cos\beta}$；直齿轮：$\alpha_t = \alpha_n = \alpha$
	端面压力角		α_t	
齿数（当量齿数）		$z(z_v)$		选定：$z_v = \dfrac{z}{\cos^3\beta}$
变位因子（法向变位因子）		$x(x_n)$		选定：直齿轮：$x = x_n$
总变位因子		x_Σ		$x_\Sigma = x_{n2} \pm x_{n1} = \dfrac{(z_2 \pm z_1)(\mathrm{inv}\alpha_t' - \mathrm{inv}\alpha_t)}{\tan\alpha_n}$ [1]
分度圆直径		d		$d = \dfrac{m_n z}{\cos\beta}$
中心距		a		$a = \dfrac{d_2 \pm d_1}{2}$ [1]
端面啮合角		α_t'		$\cos\alpha_t' = \dfrac{r_{b2} \pm r_{b1}}{a'}$ 或 $\mathrm{inv}\alpha_t' = \dfrac{2x_\Sigma \tan\alpha_n}{z_2 \pm z_1} + \mathrm{inv}\alpha_t$ [1]
啮合中心距		a'		$a' = \dfrac{r_{b2} \pm r_{b1}}{\cos\alpha_t'}$ [1]
齿顶高因子		h_a^*		$h_a^* = 1$（按 GB/T 1356—2001）
齿顶高		h_a		$h_a = h_a^* m_n$
齿顶圆直径	外啮合	标准传动	d_a	$d_a = d + 2h_a^* m_n$
		变位传动		$d_{a1} = 2a' - d_2 + 2m_n(h_a^* - x_{n2})$，$d_{a2} = 2a' - d_1 + 2m_n(h_a^* - x_{n1})$
	内啮合	标准传动		$d_{a1} = d_1 + 2h_a^* m_n$；$d_{a2} = d_2 - 2h_a^* m_n + \Delta d_a$ [2]
		变位传动		$d_{a1} = d_1 + 2h_a^* m_n$；$d_{a2} = \sqrt{d_{b2}^2 + \left[d_2\sin\alpha_t - \dfrac{2m_n(h_a^* - x_{n2})}{\sin\alpha_t}\right]^2}$
顶隙因子		c^*		$c^* = 0.25$（按 GB/T 1356—2001）
齿根高		h_f		$h_f = (h_a^* + c^*)m_n$
齿根圆直径	外啮合	d_f		$d_f = d - 2(h_a^* + c^*)m_n$
	内啮合			$d_{f1} = d_1 - 2(h_a^* + c^*)m_n$；$d_{f2} = d_2 + 2(h_a^* + c^*)m_n$
全齿高		h		$h = h_a + h_f = (2h_a^* + c^*)m_n$
基圆直径		d_b		$d_b = d\cos\alpha_t$
齿数比		u		$u = z_2/z_1$
啮合要素验算				
齿顶圆压力角		α_{at}		$\cos\alpha_{at} = \dfrac{r_b}{r_a}$
齿顶圆齿廓曲率半径		ρ_a		$\rho_a = \sqrt{r_a^2 - r_b^2}$
端面重合度		ε_α		$\varepsilon_\alpha = \dfrac{1}{2\pi}\left[z_1(\tan\alpha_{a1} - \tan\alpha_t') - z_2(\tan\alpha_{a2} - \tan\alpha_t')\right]$

（续）

参数名称	符号	计算公式和说明
纵向重合度	ε_β	$\varepsilon_\beta = \dfrac{b}{\pi m_n} \sin\beta$
小齿轮齿顶厚度	s_{a1}	$s_{a1} = d_{a1}\left(\dfrac{\pi + 4x_{n1}\tan\alpha_n}{2z_1} + \mathrm{inv}\alpha_t - \mathrm{inv}\alpha_{at1}\right)$

① "＋"号用于外啮合，"－"号用于内啮合。

② $\Delta d_a = \dfrac{2h_a^* m_n \cos^3\beta}{z_2 \tan\alpha_n}$，是当 $h_a^* = 1$、$z_1 \geq 22$ 时，按该式计算 d_{a2} 为避免过渡曲线干涉将齿顶圆增大的增量。

2. 齿轮传动的变位 齿轮变位是提高齿轮强度和增大重合度的有效方法。变位齿轮传动的分类及其与标准齿轮传动的比较见表 2.4-5。

针对齿轮各种使用条件合理选择变位因子的方法很多，利用线图选择是一种简单、明了的方法。图 2.4-1 是用齿条型刀具加工外齿轮（$z_1 \geq 12$）时选择变位因子的一种线图。总变位因子位于图中阴影线围成的许用区内，传动将能满足下列要求：

（1）加工时不挖根；

（2）齿顶厚 $s_a > 0.4m$〔个别情况下 $s_a = (0.25 \sim 0.4)\, m$〕；

（3）重合度 $\varepsilon \geq 1.2$（在线图上方边界线上个别情况下 $\varepsilon = 1.1 \sim 1.2$）；

（4）啮合时不产生过渡曲线干涉；

（5）两轮最大滑动率相等或接近；

（6）在模数限制线下方选取变位因子，用标准滚刀加工该模数的齿轮不会出现不完全切削现象。

已知啮合角 α' 及齿数 z_Σ 时，可自零点向右侧，与图边角度坐标上相应于啮合角 α' 值的点作射线，在横坐标上按 z_Σ 值作垂线，两线交点 A 的纵坐标即为 x_Σ 值。自该点作水平线与左侧斜线相交，与齿数比 u 相应的那条斜线的交点 C，其横坐标即为变位因子 x_1，而 $x_2 = x_\Sigma - x_1$。

若需高的接触强度，则应使啮合角最大，这时可按 z_Σ 值作垂线，与上边界线相交，交点的纵坐标即为 x_Σ 值，变位因子的分配方法同前。由该点和零点相连的射线，可在右侧角度坐标上，读出啮合角 α' 值。高变位时 $x_\Sigma = 0$，与齿数比 u 对应的斜线在横坐标上的交点，即为 x_1 值。

表 2.4-5 变位齿轮传动的分类与比较

参数名称	标准齿轮传动	类型		
		变位齿轮传动		
		高变位 $x_\Sigma = x_1 + x_2 = 0$（零传动）	角变位 $x_\Sigma = x_1 + x_2 \neq 0$	
			正传动 $x_\Sigma > 0$	负传动 $x_\Sigma < 0$
分度圆直径	$d = mz$	不变		
基圆直径	$d_b = d\cos\alpha$	不变		
齿距	$p = \pi m$	不变		
啮合角	$\alpha' = \alpha$	不变	增大	减小
节圆直径	$d' = d$	不变	增大	减小
中心距	$a = \dfrac{m\,(z_1 + z_2)}{2}$	不变	增大	减小
分度圆齿厚	$s = \dfrac{\pi m}{2}$	正变位：增大；负变位：减小		
顶圆齿厚	s_a	正变位：增大；负变位：减小		
齿高	h	不变	保证和标准齿轮传动相同径向间隙时略增	
重合度	ε	略减小	减小	增大
滑动率	η	η_{max} 减小可使 $\eta_1 = \eta_2$		增大
齿数限制	z_{min}	$x_\Sigma = x_1 + x_2 \geq 2z_{min}$	x_Σ 可小于 $2z_{min}$	$x_\Sigma > 2z_{min}$

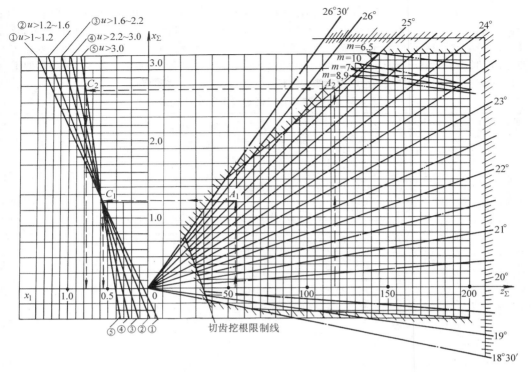

图 2.4-1 选择变位因子线图

$\alpha = 20°$，$h_a^* = 1$

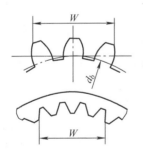

图 2.4-2 渐开线齿轮的公法线

3. 测量尺寸的计算 渐开线圆柱齿轮的测量尺寸主要有：公法线长度（图 2.4-2）、分度圆弦齿厚、固定弦齿厚和量柱（球）测量距等。测量公法线长度的方法广泛用于各种齿轮，但受量具的限制，不常用来测量大型齿轮。测量分度圆弦齿厚和固定弦齿厚的方法适用于大型齿轮，但前者测量精度不高。测量量柱（球）测量距的方法多用于内齿轮和小模数齿轮。

表 2.4-6 给出公法线长度的计算公式。

表 2.4-6 公法线长度的计算公式

参 数	直 齿 轮	斜 齿 轮
公法线跨齿数（跨齿槽数）k	$k = \dfrac{\alpha z}{\pi} + 0.5 + 2x\cot\alpha$ k 值四舍五入取整数	$k = \dfrac{\alpha_n z'}{\pi} + 0.5 + \dfrac{2x_n\cot\alpha_n}{\pi}，z' = \dfrac{\mathrm{inv}\alpha_t}{\mathrm{inv}\alpha_n}$ k 值四舍五入取整数
公法线长度 $W_k (W_{kn})$	$W_k = (W_k^* + \Delta W^*)m$ $W_k^* = \cos\alpha[\pi(k-0.5) + z\,\mathrm{inv}\alpha]$ $\Delta W^* = 2x\sin\alpha$	$W_k = (W_{kn}^* + \Delta W_n^*)m_n$ $W_{kn}^* = \cos\alpha_n[\pi(k-0.5) + z'\mathrm{inv}\alpha_n]，z' = \dfrac{\mathrm{inv}\alpha_t}{\mathrm{inv}\alpha_n}$ $\Delta W^* = 2x\sin\alpha$

注：1. 公式中 α 用弧度。

2. 公法线跨齿数（跨齿槽数）k 和公法线长度 $W_k (W_{kn})$ 也可查表或查图。

4. 干涉校核　齿轮传动有可能出现渐开线干涉、过渡曲线干涉、齿廓重叠干涉和径向干涉。实际啮合线的端点如果落在理论啮合线的端点之外，便会发生渐开线干涉；当一齿轮的齿顶与另一齿轮根部的过渡曲线接触时，就不能保证其传动比为常数，此种情况称为过渡曲线干涉；结束啮合的小齿轮的齿顶在退出内齿轮齿槽时，与内齿轮齿顶发生干涉称为齿廓重叠干涉。

表 2.4-7 给出平行轴渐开线齿轮传动的干涉校核条件。

表 2.4-7　平行轴渐开线齿轮传动的干涉校核条件

啮合类型	干涉种类	加工情况	干涉部位	避免干涉的条件
外啮合	过渡曲线	用齿条型刀具加工	小齿轮齿根	$\tan\alpha_t' - \dfrac{z_2}{z_1}(\tan\alpha_{a2} - \tan\alpha_t') \geqslant \tan\alpha_t - \dfrac{4(h_a^* - x_{n1})\cos\beta}{z_1\sin2\alpha_t}$
			大齿轮齿根	$\tan\alpha_t' - \dfrac{z_1}{z_2}(\tan\alpha_{a1} - \tan\alpha_t') \geqslant \tan\alpha_t - \dfrac{4(h_a^* - x_{n2})\cos\beta}{z_2\sin2\alpha_t}$
		用插齿刀加工	小齿轮齿根	$\tan\alpha_t' - \dfrac{z_2}{z_1}(\tan\alpha_{a2} - \tan\alpha_t') \geqslant \tan\alpha_{t01}' - \dfrac{z_0}{z_1}(\tan\alpha_{a0} - \tan\alpha_{t01}')$
			大齿轮齿根	$\tan\alpha_t' - \dfrac{z_1}{z_2}(\tan\alpha_{a1} - \tan\alpha_t') \geqslant \tan\alpha_{t02}' - \dfrac{z_0}{z_2}(\tan\alpha_{a0} - \tan\alpha_{t02}')$
内啮合	渐开线	用插齿刀加工	内齿轮顶部	$\dfrac{z_0}{z_2} \geqslant 1 - \dfrac{\tan\alpha_{a2}}{\tan\alpha_0'}$
	过渡曲线	用插齿刀加工	内齿轮齿根	$(z_2 - z_0)\tan\alpha_{t02}' + z_0\tan\alpha_{a0} \geqslant z_1\tan\alpha_{a1} + (z_2 - z_1)\tan\alpha_t'$
		用插齿刀加工	小齿轮齿根	$z_2\tan\alpha_{a2} - (z_2 - z_1)\tan\alpha_t' \geqslant (z_1 + z_0)\tan\alpha_{t01}' - z_0\tan\alpha_{a0}$
		用齿条型刀具加工	小齿轮齿根	$z_2\tan\alpha_{a2} - (z_2 - z_1)\tan\alpha_t' \geqslant z_1\tan\alpha_t - \dfrac{4(h_a^* - x_{n1})\cos\beta}{\sin2\alpha_t}$
	齿廓重叠	—	—	$z_1(\text{inv}\alpha_{a1} + \delta_1) + (z_2 - z_1)\text{inv}\alpha_t' - z_2(\text{inv}\alpha_{a2} + \delta_2) \geqslant 0$ $\cos\delta_1 = \dfrac{d_{a2}^2 - 4a'^2 - d_{a1}^2}{4a'd_{a1}}, \cos\delta_2 = \dfrac{d_{a2}^1 - 4a'^2 - d_{a1}'^2}{4a'd_{a2}}$
	径向干涉	—	—	$\arcsin\sqrt{\dfrac{1 - \left(\dfrac{\cos\alpha_{a1}}{\cos\alpha_{a2}}\right)^2}{1 - \left(\dfrac{z_1}{z_2}\right)^2}} + \text{inv}\alpha_{a1} - \text{inv}\alpha' - \dfrac{z_2}{z_1}\left[\arcsin\sqrt{\dfrac{\left(\dfrac{\cos\alpha_{a2}}{\cos\alpha_{a1}}\right)^2 - 1}{\left(\dfrac{z_2}{z_1}\right)^2 - 1}} + \text{inv}\alpha_{a2} - \text{inv}\alpha'\right] \geqslant 0$
说明				α_{t01}'、α_{t02}'—插齿刀切削齿轮1、2时的啮合角；α_{a0}—插齿刀顶圆压力角；h_a^*—插齿刀齿顶高因子；z_0—插齿刀齿数

4.2.3　载荷计算

1. 载荷计算　传递功率为 $P(\text{kW})$，主动轮转速为 $n_1(\text{r/min})$ 时，主动轴上的转矩 $T_1(\text{N·m})$ 为

$$T_1 = 9550\frac{P}{n_1} \qquad (2.4-1)$$

当载荷稳定时，以额定功率下的转矩作为齿轮载荷。当载荷变化时：以最大功率下的转矩作静强度计算，以当量循环次数将各级载荷折算成当量载荷进行疲劳强度计算。

2. 齿轮上作用力计算　一般情况下齿轮上的作用力按额定转矩计算，见表 2.4-8，载荷的非稳定因素由使用因数 K_A 考虑。

在循环载荷下，则应按当量转矩计算齿轮上的作用力。这时应取 $K_A = 1$。

当量转矩的计算公式为

$$T_{eq} = \left(\frac{N_1T_1^p + N_2T_2^p + \cdots + N_kT_k^p}{N_1 + N_2 + \cdots + N_k}\right)^{\frac{1}{p}}$$

$$(2.4-2)$$

式中　T_i——载荷图谱中的各级转矩；

N_i——与 T_i 对应的应力循环次数；$(i = 1,$ $2, \cdots k)$

p——齿轮材料的试验指数，其值列于表 2.4-9。

表 2.4-8　圆柱齿轮轮齿上的作用力计算

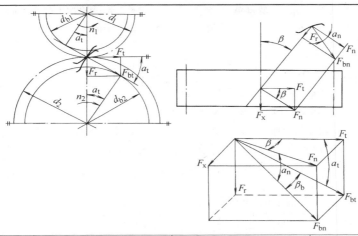

作用力	直齿轮	斜齿轮	人字齿轮
分度圆上的切向力 F_t	$F_t = \dfrac{2T_1}{d_1}$　主动轮 F_t 的方向与节点线速度方向相反； 从动轮 F_t 的方向与节点线速度方向相同		
径向力 F_r	$F_r = F_t \tan\alpha_n$ 方向指向齿轮轴心	$F_r = F_t \dfrac{\tan\alpha_n}{\cos\beta}$　方向指向齿轮轴心	
轴向力 F_a	$F_a = 0$	$F_a = F_t \tan\beta$ 方向决定于轮齿的倾斜方向、齿轮转向和主动还是从动	F_a 相互抵消， 轴不受轴向力作用
法向力 F_{bn}	$F_{bn} = \dfrac{F_t}{\cos\alpha_n}$ 沿啮合线方向指向齿面	$F_{bn} = \dfrac{F_t}{\cos\alpha_n\cos\beta}$ 沿啮合线方向指向齿面	

表 2.4-9　常用齿轮材料的 N_0 和 p

计算方法	齿轮材料及热处理方法		$N_0^{①}$	应力循环次数 N_L	p
接触强度	结构钢，调质钢，珠光体、贝氏体球墨铸铁，珠光体可锻铸铁，经表面淬火的调质钢、渗碳钢	允许有一定量点蚀	6×10^5	$6 \times 10^5 < N_L \leqslant 10^7$	6.77
				$10^7 < N_L \leqslant 10^9$	8.78
				$10^9 < N_L \leqslant 10^{10}$	7.08
		不允许		$10^6 < N_L \leqslant 5 \times 10^7$	6.61
				$5 \times 10^7 < N_L \leqslant 10^{10}$	16.30
	经渗氮处理的调质钢、渗氮钢，灰铸铁，铁素体球墨铸铁		10^5	$10^5 < N_L \leqslant 2 \times 10^6$	5.71
				$2 \times 10^6 < N_L \leqslant 10^{10}$	26.20
	经碳氮共渗处理的调质钢、渗碳钢			$10^5 < N_L \leqslant 2 \times 10^6$	15.72
				$2 \times 10^0 < N_L \leqslant 10^{10}$	26.20
抗弯强度	调质钢，珠光体、贝氏体球墨铸铁，珠光体可锻铸铁		10^4	$10^4 < N_L \leqslant 3 \times 10^6$	6.23
				$3 \times 10^6 < N_L \leqslant 10^{10}$	49.91
	经表面淬火的调质钢、渗碳钢			$10^3 < N_L \leqslant 3 \times 10^6$	8.74
				$3 \times 10^6 < N_L \leqslant 10^{10}$	49.91
	经渗氮处理的调质钢、渗氮钢，结构钢，灰铸铁，铁素体球墨铸铁		10^3	$10^3 < N_L \leqslant 3 \times 10^6$	17.03
				$3 \times 10^6 < N_L \leqslant 10^{10}$	49.91
	经碳氮共渗处理的调质钢、渗碳钢			$10^3 < N_L \leqslant 3 \times 10^6$	84.00
				$3 \times 10^6 < N_L \leqslant 10^{10}$	49.91

① 疲劳破坏最少应力循环次数。

3. 计算载荷　考虑各种影响载荷的因素修正标称载荷,修正后谓之计算载荷。计算载荷 F_{tc} 为

$$F_{tc} = K_A K_v K_\beta K_\alpha F_t \qquad (2.4-3)$$

式中　K_A——使用因数;

K_v——动载因数;

K_β——齿向载荷分布因数;

K_α——齿间载荷分配因数。

(1) 使用因数 K_A　考虑非啮合因素引起的附加动载荷的因数。这种外部附加动载荷取决于原动机和工作机的特性、轴系的质量和刚度,以及机器的运行状态。表 2.4-10 中的数据可供参考。

表 2.4-10　使用因数 K_A

驱动机及其工作特性	工作机工作特性			
	均匀平稳	轻微振动	中等振动	强烈振动
	使用因数 K_A			
均匀平稳 (直流电动机、小型汽轮机)	1.00	1.25	1.50	1.75
轻微振动 (电动机、小型汽轮机、液压装置)	1.10	1.35	1.60	1.85
中等振动 (多缸内燃机)	1.25	1.50	1.75	2.00
强烈振动 (单缸内燃机)	1.50	1.75	2.00	≥2.25

注:1. 表中数值不适用于共振区。

2. 对于增速传动,根据经验建议取表中数值的 1.1 倍。

3. 当外部机械与齿轮间有挠性连接时,表中数值可适当减小。

(2) 动载因数 K_v　考虑齿轮制造误差、运转速度等造成啮合振动所产生的内部附加动载荷影响的因数。在一般的计算中,K_v 可按下式计算

$$K_v = 1 + \left[\frac{K_1}{\dfrac{K_A F_t/\mathrm{N}}{b/\mathrm{mm}}} + K_2 \right] \frac{z_1 v/\mathrm{m} \cdot \mathrm{s}^{-1}}{100} \sqrt{\frac{u^2}{u^2+1}}$$

$$(2.4-4)$$

式 (2.4-4) 中的 K_1、K_2 值见表 2.4-11。

表 2.4-11　式 (2.4-4) 中的 K_1、K_2 值

齿轮种类	齿轮 Ⅱ 组公差等级[①]					各种公差等级
	5	6	7	8	9	
	K_1					K_2
直齿轮	7.5	14.9	26.8	39.1	52.8	0.0193
斜齿轮	6.7	13.3	23.9	34.8	47.0	0.0087

① 指 GB/T 10095—1988 规定的齿轮公差组。

(3) 齿向载荷分布因数 K_β　考虑载荷沿齿宽分布不均匀对轮齿强度影响的因数。对接触应力、弯曲应力和抗胶合能力的影响各不相同,分别以 $K_{H\beta}$、$K_{F\beta}$ 和 $K_{B\beta}$ 表示计算接触应力、弯曲应力和抗胶合能力时的齿向载荷分布因数。

在一般计算中,可利用表 2.4-12 (用于软齿面齿轮) 和表 2.4-13 (用于硬齿面齿轮) 中的简化公式计算 $K_{H\beta}$ 值。

表 2.4-12　软齿面齿轮 $K_{H\beta}$ 的简化计算式

是否调整	公差等级	结构布局及限制条件		
		对称支承 $s/l < 0.1$	非对称支承 $0.1 < s/l < 0.3$	悬臂支承 $s/l < 0.3$
		$K_{H\beta}$ 的简化计算式		
装配时不作检验调整	5	$1.14 + 0.18 b_d^{*2} + 0.23 \times 10^{-3} b$	$1.14 + 0.18 b_d^{*2} + 0.018 b_d^{*4} + 0.23 \times 10^{-3} b$	$1.14 + 0.18 b_d^{*2} + 1.206 b_d^{*4} + 0.23 \times 10^{-3} b$
	6	$1.15 + 0.18 b_d^{*2} + 0.30 \times 10^{-3} b$	$1.15 + 0.18 b_d^{*2} + 0.018 b_d^{*4} + 0.30 \times 10^{-3} b$	$1.15 + 0.18 b_d^{*2} + 1.206 b_d^{*4} + 0.30 \times 10^{-3} b$
	7	$1.17 + 0.18 b_d^{*2} + 0.47 \times 10^{-3} b$	$1.17 + 0.18 b_d^{*2} + 0.018 b_d^{*4} + 0.47 \times 10^{-3} b$	$1.17 + 0.18 b_d^{*2} + 1.206 b_d^{*4} + 0.47 \times 10^{-3} b$
	8	$1.23 + 0.18 b_d^{*2} + 0.61 \times 10^{-3} b$	$1.23 + 0.18 b_d^{*2} + 0.018 b_d^{*4} + 0.61 \times 10^{-3} b$	$1.23 + 0.18 b_d^{*2} + 1.206 b_d^{*4} + 0.61 \times 10^{-3} b$
装配时检验调整或对研磨合	5	$1.10 + 0.18 b_d^{*2} + 0.12 \times 10^{-3} b$	$1.10 + 0.18 b_d^{*2} + 0.018 b_d^{*4} + 0.12 \times 10^{-3} b$	$1.10 + 0.18 b_d^{*2} + 1.206 b_d^{*4} + 0.12 \times 10^{-3} b$
	6	$1.11 + 0.18 b_d^{*2} + 0.15 \times 10^{-3} b$	$1.11 + 0.18 b_d^{*2} + 0.018 b_d^{*4} + 0.15 \times 10^{-3} b$	$1.11 + 0.18 b_d^{*2} + 1.206 b_d^{*4} + 0.15 \times 10^{-3} b$
	7	$1.12 + 0.18 b_d^{*2} + 0.23 \times 10^{-3} b$	$1.12 + 0.18 b_d^{*2} + 0.018 b_d^{*4} + 0.23 \times 10^{-3} b$	$1.12 + 0.18 b_d^{*2} + 1.206 b_d^{*4} + 0.23 \times 10^{-3} b$
	8	$1.15 + 0.18 b_d^{*2} + 0.31 \times 10^{-3} b$	$1.15 + 0.18 b_d^{*2} + 0.018 b_d^{*4} + 0.31 \times 10^{-3} b$	$1.15 + 0.18 b_d^{*2} + 1.206 b_d^{*4} + 0.31 \times 10^{-3} b$

注:1. 本表适用于结构钢 (正火)、调质钢和球墨铸铁齿轮,中等或较重载荷工况。

2. 经过齿向修形的齿轮,可取 $K_{H\beta} = 1.2 \sim 1.3$。

3. 表中齿宽因子 $b_d^* = b/d_1$,b_d^* 应小于 2,$b = 50 \sim 400$mm。

4. 表中公差等级属 GB/T 10095—1988 规定的第 Ⅲ 公差组。

表 2.4-13　硬齿面齿轮 $K_{H\beta}$ 的简化计算式

是否调整	公差等级	限制条件	对称支承 $s/l<0.1$	非对称支承 $0.1<s/l<0.3$	悬臂支承 $s/l<0.3$
			$K_{H\beta}$ 的简化计算式		
装配时不作检验调整	5	$K_{H\beta}\le1.34$	$1.09+0.26b_d^{*2}+0.20\times10^{-3}b$	左式 $+0.156b_d^{*4}$	左式 $+1.742b_d^{*4}$
		$K_{H\beta}>1.34$	$1.05+0.31b_d^{*2}+0.23\times10^{-3}b$	左式 $+0.186b_d^{*4}$	左式 $+2.077b_d^{*4}$
	6	$K_{H\beta}\le1.34$	$1.09+0.26b_d^{*2}+0.33\times10^{-3}b$	左式 $+0.156b_d^{*4}$	左式 $+1.742b_d^{*4}$
		$K_{H\beta}>1.34$	$1.05+0.31b_d^{*2}+0.38\times10^{-3}b$	左式 $+0.186b_d^{*4}$	左式 $+2.077b_d^{*4}$
装配时检验调整或对研磨合	5	$K_{H\beta}\le1.34$	$1.05+0.26b_d^{*2}+0.10\times10^{-3}b$	左式 $+0.156b_d^{*4}$	左式 $+1.742b_d^{*4}$
		$K_{H\beta}>1.34$	$0.99+0.31b_d^{*2}+0.12\times10^{-3}b$	左式 $+0.186b_d^{*4}$	左式 $+2.077b_d^{*4}$
	6	$K_{H\beta}\le1.34$	$1.05+0.26b_d^{*2}+0.16\times10^{-3}b$	左式 $+0.018b_d^{*4}$	左式 $+1.742b_d^{*4}$
		$K_{H\beta}>1.34$	$1.00+0.31b_d^{*2}+0.19\times10^{-3}b$	左式 $+0.018b_d^{*4}$	左式 $+2.077b_d^{*4}$

注：1. 本表适用于中等或较重载荷工况。不推荐采用低精度的硬齿面齿轮。

  2. 经过齿向修形的齿轮，可取 $K_{H\beta}=1.2\sim1.3$。

  3. 表中齿宽因子 $b_d^*=b/d_1$，b_d^* 应小于 1.5，$b=50\sim400\text{mm}$。

  4. 表中公差等级属 GB/T 10095—1988 规定的第Ⅲ公差组。

一般可取 $K_{F\beta}=K_{H\beta}$。如需要比较准确确定 $K_{F\beta}$ 时，可按 $K_{H\beta}$ 和比值 b/h 从图 2.4-3 查取 $K_{F\beta}$ 值。图中 b 是工作齿宽，h 是齿高。

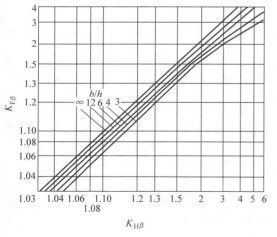

图 2.4-3　齿向载荷分布因数 $K_{F\beta}$

（4）齿间载荷分配因数 K_α　考虑载荷在同时啮合的各对轮齿间分配不均匀对轮齿强度影响的因数。对接触应力、弯曲应力和抗胶合能力的影响各不相同，分别以 $K_{H\alpha}$、$K_{F\alpha}$ 和 $K_{B\alpha}$ 表示计算接触应力、弯曲应力和抗胶合能力时的齿向载荷分布因数。

对于单位齿宽载荷小于 350N/mm、$\beta\le30°$ 的钢、灰铸铁和球墨铸铁制齿轮，一般计算可按表 2.4-14 选取。

4.2.4　承载能力计算

1. 齿面接触强度计算　齿面接触强度的强度条件是

$$\sigma_H \le \sigma_{HP}$$

$$S_H = \frac{\sigma_{Hlim}}{\sigma_H} \ge S_{HP}$$

（1）接触应力　齿面接触应力的基本计算公式为

$$\sigma_H = Z_H Z_E Z_\varepsilon Z_\beta \sqrt{\frac{F_{tc}}{d_1 b}\frac{u\pm1}{u}} \qquad (2.4\text{-}5)$$

表 2.4-14 齿间载荷分布因数 $K_{H\alpha}$、$K_{F\alpha}$

$\dfrac{K_A F_t}{b}$ /N·mm^{-1}			≥100						<100
公差等级 Ⅱ组①		5	6	7	8	9	10	11~12	6级及更低
硬齿面直齿轮	$K_{H\alpha}$	1.0	1.1	1.2	$\max\left(\dfrac{1}{Z_\varepsilon^2},\ 1.2\right)$				
	$K_{F\alpha}$				$\max\left(\dfrac{1}{Y_\varepsilon},\ 1.2\right)$				
硬齿面斜齿轮	$K_{H\alpha}$	1.0	1.1	1.2	1.4	$\max\left(\dfrac{\varepsilon_\alpha}{\cos^2\beta_b},\ 1.4\right)$			
	$K_{F\alpha}$								
软齿面直齿轮	$K_{H\alpha}$	1.0			1.1	1.2	$\max\left(\dfrac{1}{Z_\varepsilon^2},\ 1.2\right)$		
	$K_{F\alpha}$						$\max\left(\dfrac{1}{Y_\varepsilon},\ 1.2\right)$		
软齿面斜齿轮	$K_{H\alpha}$	1.0			1.1	1.2	1.4	$\max\left(\dfrac{\varepsilon_\alpha}{\cos^2\beta_b},\ 1.4\right)$	
	$K_{F\alpha}$								

① 指 GB/T 10095—1988 规定的齿轮公差组。

注：1. 经修形的 6 级或更高精度硬齿面齿轮，取 $K_{H\alpha}=K_{F\alpha}=1$。

2. 表中 $\dfrac{\varepsilon_\alpha}{\cos^2\beta_b}$ 计算值如大于 $\dfrac{\varepsilon_\gamma}{\varepsilon_\alpha Y_\varepsilon}$，则取 $K_{F\alpha}=\dfrac{\varepsilon_\gamma}{\varepsilon_\alpha Y_\varepsilon}$。

3. 如果硬齿面齿轮和软齿面齿轮相啮合的齿轮副，齿间载荷分布因数取平均值。

4. 如果大小齿轮精度不同，则按公差等级较低的取 $K_{H\alpha}$、$K_{F\alpha}$ 值。

1）节点区域因数 Z_H：考虑节点处齿廓曲率对接触应力影响，并将分度圆上的切向力折算为节圆上的法向力的因数。以节点为危险点计算时

$$Z_H = \sqrt{\frac{2\cos\beta_b}{\cos^2\alpha_t \tan\alpha_t'}} \qquad (2.4\text{-}6)$$

2）弹性系数 Z_E：考虑材料弹性模量 E 和泊松比 ν 对接触应力影响的系数，其计算式为

$$Z_E = \sqrt{\frac{1}{\pi\left(\dfrac{1-\nu_1^2}{E_1}+\dfrac{1-\nu_2^2}{E_2}\right)}} \qquad (2.4\text{-}7)$$

常用齿轮材料组合的 Z_E 值可由表 2.4-15 查取。

表 2.4-15 钢铁材料齿轮的弹性系数 Z_E

齿轮 1		齿轮 2		$Z_E / \sqrt{\text{MPa}}$
材料	弹性模量 E_1/GPa	材料	弹性模量 E_2/GPa	
钢	206	钢	206	189.8
		铸钢	202	188.9
		球墨铸铁	173	181.4
		灰铸铁	118~126	162.0~165.4
铸钢	202	铸钢	202	188.0
		球墨铸铁	173	180.5
		灰铸铁	118	161.4
球墨铸铁	173	球墨铸铁	173	173.9
		灰铸铁	118~126	156.6
灰铸铁	118~126	灰铸铁	118~126	143.7~146.0

注：泊松比 ν 近似取为 0.30。

3）重合度因数 Z_ε：考虑重合度 ε 对接触应力影响的因数，可按下式计算

直齿轮：

$$Z_\varepsilon = \sqrt{\frac{4-\varepsilon_\alpha}{3}} \qquad (2.4\text{-}8a)$$

斜齿轮：$\varepsilon_\beta < 1$ 时

$$Z_\varepsilon = \sqrt{\frac{4-\varepsilon_\alpha}{3}(1-\varepsilon_\beta)+\frac{\varepsilon_\beta}{\varepsilon_\alpha}} \qquad (2.4\text{-}8b)$$

$\varepsilon_\beta \geqslant 1$ 时

$$Z_\varepsilon = \sqrt{\frac{1}{\varepsilon_\alpha}} \qquad (2.4\text{-}8c)$$

4）螺旋角因数 Z_β 考虑螺旋角造成的接触线倾斜对接触应力影响的因数，按下式计算

$$Z_\beta = \sqrt{\cos\beta} \qquad (2.4\text{-}9)$$

（2）接触疲劳极限 σ_{Hlim} 是齿轮经长期运转后（$N_L \geqslant N_C$）齿面不失效时的极限接触应力。图 2.4-4 的极限接触应力曲线是按失效概率为 1%，由试验得出的。

（3）许用接触应力 σ_{HP} 许用接触应力 σ_{HP} 的计算公式为

$$\sigma_{HP} = Z_{NT}Z_{LvR}Z_w Z_x \frac{\sigma_{Hlim}}{S_{Hmin}} \qquad (2.4\text{-}10)$$

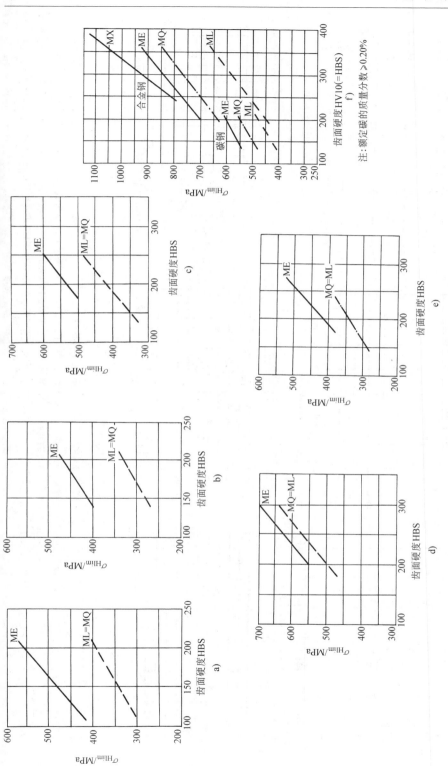

图 2.4-4 齿轮的接触疲劳极限

a) 正火结构钢 b) 铸钢 c) 可锻铸铁 d) 球墨铸铁 e) 灰铸铁 f) 调质钢

ML—对齿轮材料和热处理质量要求适中的值 MQ—以合理的生产成本达到质量要求的值 ME—有高可靠度要求的值

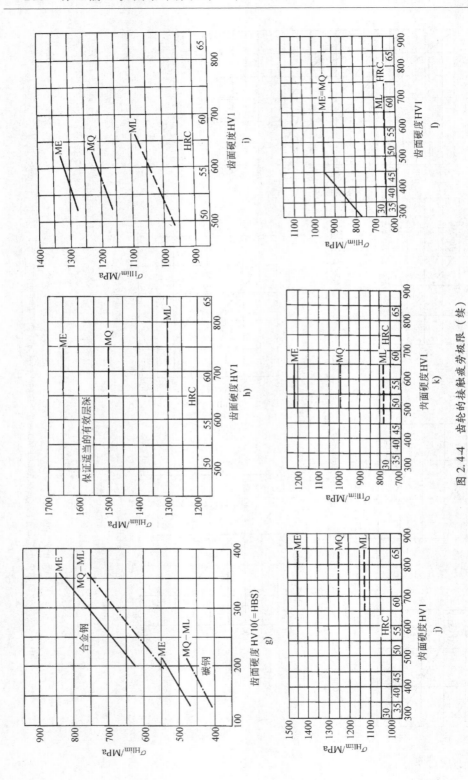

图 2.4-4 齿轮的接触疲劳极限（续）

g) 铸钢 h) 渗碳淬火钢 i) 火焰或感应加热淬火钢 j) 调质，气体渗氮处理的渗氮钢
k) 调质、气体渗氮处理的调质钢 l) 调质或正火、氮碳共渗处理的调质钢

ML—对齿轮材料和热处理质量要求达到的最低值 MQ—以合理的生产成本达到的值 ME—有高可靠度要求的值

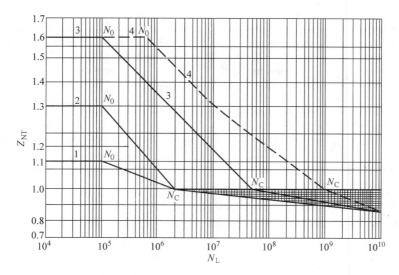

图 2.4-5　接触强度计算的寿命因数 Z_{NT}

1—氮碳共渗的调质钢、渗碳钢　2—灰铸铁；铁素体球墨铸铁；渗氮的渗氮钢、
调质钢、渗碳钢　3—结构钢；调质钢；渗碳淬火的钢；火焰或感应加热
淬火的钢；珠光体、贝氏体、球墨铸铁；珠光体可锻铸铁　4—结构钢；
调质钢；渗碳淬火的渗碳钢；珠光体、贝氏体、球墨铸铁；
珠光体可锻铸铁（允许一定点蚀）

1）寿命因数 Z_{NT}　考虑有限寿命齿轮的许用应力可以提高的因数，可根据应力循环次数由图 2.4-5 查出（大、小轮应分别确定）。

当齿轮在稳定载荷工况下运转时，应力循环次数 N_L 为齿轮在其设计寿命期内单侧齿面的啮合次数，即

$$N_L = 60nkL_h$$

式中　n——每分钟转数；

　　　k——齿轮每转接触次数；

　　　L_h——齿轮的工作小时数。

若齿轮双向工作，按啮合次数较多的一侧计算。

当齿轮在循环载荷工况下运转时，N_L 应为各级载荷循环次数之和。

2）润滑油膜影响因数 Z_{LvR}　考虑润滑油粘度、齿面相对速度以及齿面粗糙度，通过润滑油膜，影响齿面承载能力的因数。

静强度（$N_L \leqslant N_0$）的 $Z_{LvR} = 1$。$N_L \geqslant N_C$（持久强度，无限寿命）时的 Z_{LvR} 值见表 2.4-16。

在有限寿命计算时，Z_{LvR} 值可由持久强度 Z_{LvR} 值和静强度 Z_{LvR} 值，利用 Z_{NT} 曲线（图 2.4-5），按线性插值确定。

表 2.4-16　润滑油膜影响因数 Z_{LvR}

加工工艺及齿面粗糙度 R_a	Z_{LvR}
经展成法滚、插或刨削加工的齿轮副（$R_a > 0.8\mu m$）	0.85
研、磨或剃齿的齿轮副（$R_a > 0.8\mu m$）；研、磨或剃齿齿轮（$R_a > 0.8\mu m$）与磨或剃齿齿轮（$R_a \leqslant 0.8\mu m$）组成的齿轮副	0.92
磨削或剃齿的齿轮副（$R_a \leqslant 0.8\mu m$）	1.00

3）齿面工作硬化因数 Z_w　考虑经光整加工的硬齿面小齿轮在运转过程中使调质大齿轮齿面发生冷作硬化，提高了许用接触应力的因数。因此，始终有 $Z_{w1} = 1$。

当硬齿面小齿轮齿面粗糙度 $R_a \leqslant 0.8\mu m$，大齿轮齿面硬度在 130～470HBS 范围内时，大齿轮的齿面工作硬化因数 Z_{w2} 可由图 2.4-6 查取，若不满足则 $Z_{w1} = Z_{w2} = 1$。可以认为，冷作硬化对接触疲劳强度和静强度具有相同的影响。

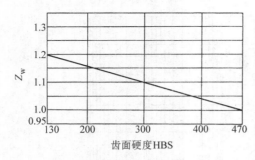

图 2.4-6　齿面工作硬化因数 Z_w

4）尺寸因数 Z_x　考虑齿轮尺寸与试验条件不同对许用接触应力影响的因数，可根据材料和齿轮模数，从图 2.4-7 中查得。

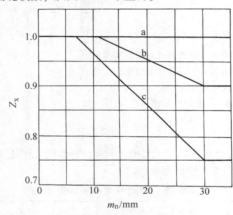

图 2.4-7　接触强度计算的尺寸因数 Z_x

a—静强度计算的所有材料，结构钢、调质钢　b—快速液体渗氮钢　c—渗碳淬火钢，感应加热或火焰加热淬火表面硬化钢

5）最小安全因数 S_{Hmin}　表 2.4-17 给出最小安全因数的参考值。

2. 轮齿抗弯强度计算　轮齿抗弯强度计算的强度条件是

$$\sigma_F \leqslant \sigma_{FP}$$

$$S_F = \frac{\sigma_{Flim}}{\sigma_F} \geqslant S_{FP}$$

（1）齿根弯曲应力 σ_F　齿根弯曲应力的计算公式为

$$\sigma_F = Y_{FS} Y_\varepsilon Y_\beta \frac{F_{tc}}{bm_n} \qquad (2.4\text{-}11)$$

表 2.4-17　最小安全因数参考值

最大失效概率	1/10000 高可靠度	1/1000 较高可靠度	1/100 一般可靠度	1/10 低可靠度
S_{Hmin}	1.50 ~ 1.60	1.25 ~ 1.30	1.00 ~ 1.10	0.85
S_{Fmin}	2.00	1.60	1.25	1.00

注：1. 在经过使用验证或对材料强度、载荷工况及制造精度有较准确的数据时，可取表中 S_{Hmin} 的下限值。

2. 一般齿轮传动不推荐采用低可靠度的安全因数值。

3. 在采用低可靠度的 S_{Hmin}（ = 0.85）值时，可能在点蚀前先出现齿面塑性变形。

1）复合齿形因数 Y_{FS}　综合考虑齿形和齿根应力集中对齿根弯曲应力影响的因数，可根据齿数 z（或当量齿数 z_v）和变位因子 x，从图 2.4-8 和图 2.4-9（有磨削台阶的齿轮）中查得。

内齿轮的 Y_{FS} 用替代齿条（ $z = \infty$ ）中的参数确定。

2）重合度因数 Y_ε　是将载荷作用于齿顶时的齿根弯曲应力折算为载荷作用在单对齿啮合区上界点的齿根弯曲应力的因数，Y_ε 由下式计算

$$Y_\varepsilon = 0.25 + 0.75 \frac{\cos^2 \beta_b}{\varepsilon_\alpha} \qquad (2.4\text{-}12)$$

式中　ε_α——端面重合度；

β_b——基圆柱螺旋角。

3）螺旋角因数 Y_β　考虑螺旋角造成的接触线倾斜对齿根弯曲应力影响的因数，Y_β 按下式计算

$$Y_\beta = \max \left[1 - \varepsilon_\beta \frac{\beta / (°)}{120}, 1 - 0.25 \varepsilon_\beta \right]$$

$$(2.4\text{-}13)$$

式中　ε_β——纵向重合度。

上式中当 $\varepsilon_\beta > 1$ 时，取 $\varepsilon_\beta = 1$。

（2）弯曲疲劳极限 σ_{Flim}　齿轮经长期运转（ $N_L \geqslant N_C$ ）后，齿根保持不破坏的极限齿根弯曲应力。图 2.4-10 的极限齿根弯曲应力曲线是按失效概率为 1% 由试验得出的。

图 2.4-10 中的 σ_{Flim} 值适用于轮齿单向弯曲的受载情况，受对称双向弯曲的齿轮（如中间轮）应将图中的 σ_{Flim} 值乘以 0.7，双向运转的齿轮将图中的 σ_{Flim} 值乘以稍大于 0.7 的数值。

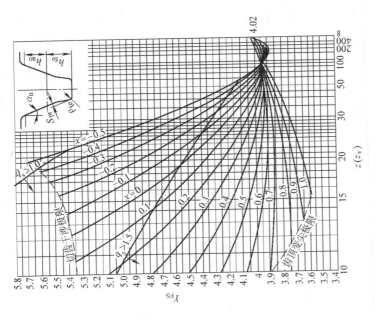

图 2.4-9 外齿轮（有磨削台阶）复合齿形因数 Y_{FS}

$\alpha_n = 20°$；$h_{ao}/m_n = 1.0$；$h_{fo}/m_n = 1.4$；$\rho_{fo}/m_n = 0.4$；$S_{pr} = 0.02 m_n$

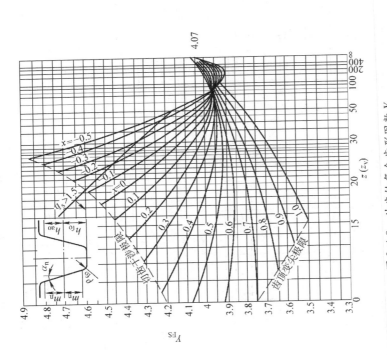

图 2.4-8 外齿轮复合齿形因数 Y_{FS}

$\alpha_n = 20°$；$h_{ao}/m_n = 1.0$；$h_{fo}/m_n = 1.25$；$\rho_{fo}/m_n = 0.38$

对内齿轮，当 $h_{ao}/m_n = 1.0$；$h_{fo}/m_n = 1.25$；$\rho_{fo}/m_n = 0.15$ 时，$Y_{FS} = 5.44$

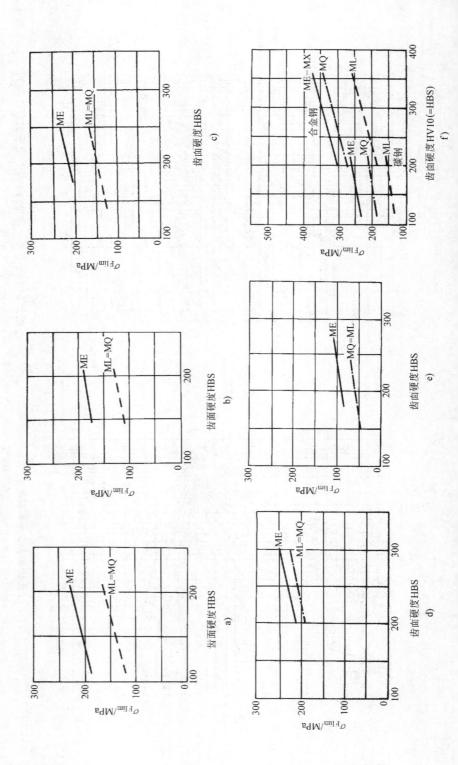

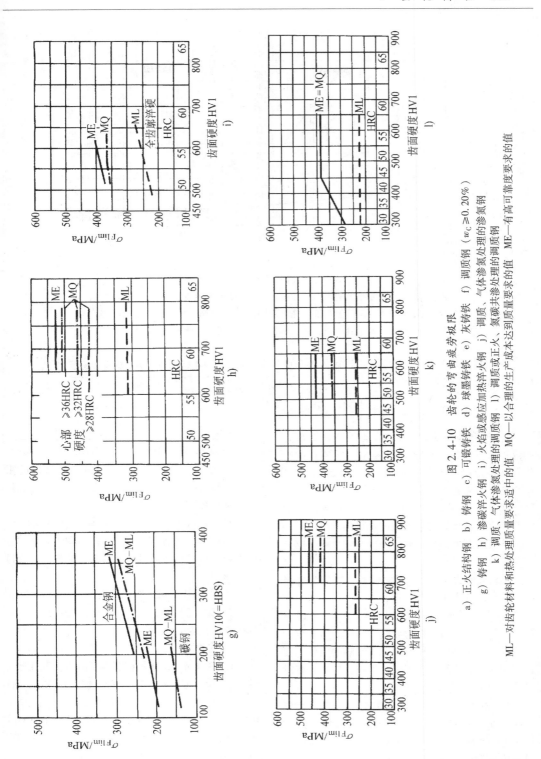

图 2.4-10　齿轮的弯曲疲劳极限

a) 正火结构钢　b) 铸钢　c) 可锻铸铁　d) 球墨铸铁　e) 灰铸铁　f) 调质钢 ($w_C \geqslant 0.20\%$)
g) 铸钢　h) 渗碳淬火钢　i) 火焰或感应加热淬火钢　j) 调质、气体渗氮处理的渗氮钢
k) 调质、气体渗氮处理的调质钢　l) 调质或正火、氮碳共渗处理的调质钢
ML—对齿轮材料和热处理质量要求适中的值　MQ—以合理的生产成本达到的质量要求的值　ME—有高可靠度要求的值

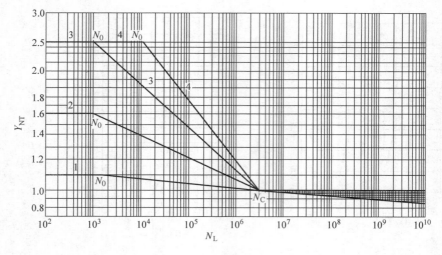

图 2.4-11　寿命因数 Y_{NT}

1—氮碳共渗的调质钢、渗碳钢　2—灰铸铁；铁素体球墨铸铁；渗氮的渗氮钢、结构钢

3—渗碳淬火的渗碳钢；全齿廓火焰或感应加热淬火的钢；球墨铸铁　4—调质钢；

珠光体、贝氏体、球墨铸铁；珠光体可锻铸铁

（3）许用齿根弯曲应力 σ_{FP}　许用齿根弯曲应力 σ_{FP} 的计算式为

$$\sigma_{FP} = 2Y_{NT}Y_{\delta relT}Y_{RrelT}Y_x \frac{\sigma_{Flim}}{S_{Fmin}} \quad (2.4\text{-}14)$$

1）寿命因数 Y_{NT}　考虑在有限寿命时齿轮的许用齿根弯曲应力可以提高的因数，可以根据齿轮材料和寿命（应力循环次数），从图 2.4-11 中查得。当齿轮在稳定载荷工况下运转时，应力循环次数 N_L 为齿轮在其设计寿命期内单侧齿面的啮合次数，计算与接触强度计算相同。

若齿轮双向工作，按啮合次数较多的一侧计算。

当齿轮在循环载荷下运转时，N_L 应为各级载荷循环次数之和。

2）相对齿根圆角敏感因数 $Y_{\delta relT}$　考虑材料、几何尺寸等对齿根弯曲应力的敏感度与试验齿轮不同，对许用齿根弯曲应力影响的因数，其对疲劳强度和静强度有不同的影响，近似计算时可按表 2.4-18 选取 $Y_{\delta relT}$ 值。

3）相对齿根表面状况因数 Y_{RrelT}　考虑齿根表面状况（主要是粗糙度）与试验齿轮不同对许用齿根弯曲应力影响的因数。齿根表面状况只对疲劳强度有影响，对静强度无影响。

表 2.4-18　相对齿根圆角敏感因数 $Y_{\delta relT}$

齿根圆角参数	疲劳强度计算	静强度计算
	$Y_{\delta relT}$	
$q_s \geq 1.5$	1	1
$q_s < 1.5$	0.95	0.7

注：q_s 为危险截面半齿厚与齿根圆角半径之比。

持久寿命时的 Y_{RrelT} 值可根据齿根表面的粗糙度参数 R_a 和材料种类，从图 2.4-12 中查得。静强度计算时，取 $Y_{RrelT} = 1$。

4）尺寸因数 Y_x　考虑齿轮尺寸（法向模数）与试验齿轮不同对许用齿根弯曲应力影响的因数。齿轮尺寸只对疲劳强度有影响，对静强度无影响。

Y_x 可由图 2.4-13 中的曲线确定。

5）最小安全因数 S_{Fmin}　最小安全因数 S_{Fmin} 的推荐值见表 2.4-17。

4.2.5　参数选择

1. 模数 m　在满足抗弯强度的前提下选择齿轮模数。传递动力的齿轮，一般模数应不小于 2mm。

通常对软齿面外啮合齿轮取 $m = (0.007 \sim 0.002)a$，对硬齿面外啮合齿轮取 $m = (0.016 \sim 0.0315)a$，载荷平稳、中心距 a 大者取小值。开式齿轮传动，$m \approx 0.02a$。

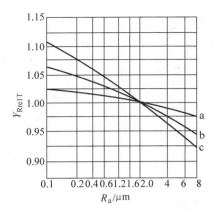

图 2.4-12 相对齿根表面状况因数 Y_{RrelT}
a—灰铸铁，铁素体球墨铸铁，渗氮处理
的渗氮钢、调质钢 b—结构钢 c—调
质钢，珠光体球墨铸铁，渗碳淬火钢，
全齿廓感应或火焰加热淬火钢

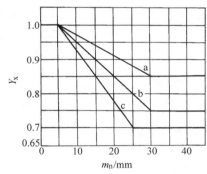

图 2.4-13 持久寿命的尺寸因数 Y_x
a—结构钢，调质钢，珠光体、贝氏体球
墨铸铁，珠光体可锻铸铁 b—渗碳淬火
钢和全齿廓感应或火焰加热淬火钢，渗氮
或氮碳共渗处理的钢 c—灰铸
铁，铁素体球墨铸铁

2. 齿数 z 标准齿轮不挖根的最少齿数为
17，采用变位齿轮可减少至 12，甚至更少。一
般齿轮传动按表 2.4-19，根据齿数比 u 选小齿轮
齿数，可获得较小的传动尺寸。

表 2.4-19 小齿轮齿数 z_1 的推荐值

u	2	3	4	5	6	7	8	9	10
z_1	23、24	25	26	27		28		29	

3. 螺旋角 β 螺旋角越大，齿轮上轴向力越
大，而斜齿轮的优越性越明显。斜齿轮一般取
$\beta = 8° \sim 20°$；人字齿轮一般取 $\beta = 25° \sim 40°$。

4. 齿宽 b 称 b/a、b/d_1、b/m_n 为齿宽因
数，分别记作 b_a^*、b_d^*、b_m^*，表示齿宽的相对
值。它们之间的关系为

$$b_d^* = \frac{i \pm 1}{2} b_a^* = \frac{b_m^*}{z_1} \qquad b_m^* = \frac{i \pm 1}{2} b_a^* z_1$$

通用标准圆柱齿轮减速器规定的齿宽因数
b_a^* 值为：0.2，0.25，0.3，0.35，0.4，0.45，
0.5，0.6；变速箱的换挡齿轮常取 $b_a^* = 0.12 \sim$
0.15；开式齿轮取 $b_a^* = 0.1 \sim 0.3$。

一般机械中的 b_d^* 值可参考表 2.4-20 选取，
$b_d^* = \dfrac{2b_\delta^*}{i \pm 1}$。

4.2.6 齿轮精度

1. 齿轮及齿轮副的误差与符号 齿轮及齿
轮副的误差与符号见表 2.4-21。

表 2.4-20 齿宽因数 b_d^*

齿轮相对支承的布置[3]	载荷情况	齿面硬度			
		软齿面	硬齿面	软齿面	硬齿面
		b_d^* 的最大值		b_d^* 的推荐值	
对称布置	接近平稳	1.8 (2.4)	1.1 (1.4)	0.8 ~ 1.4	0.4 ~ 0.9
	不平稳	1.4 (1.9)	0.9 (1.2)	—	—
不对称布置	接近平稳	1.4 (1.9)	0.9 (1.2)	0.6 ~ 1.2[1]	0.3 ~ 0.6[1]
	不平稳	1.15 (1.65)	0.7 (1.1)	0.4 ~ 0.8[2]	0.2 ~ 0.4[2]
悬臂布置	接近平稳	0.85	0.55		
	不平稳	0.6	0.4		

注：表中括号中的数值用于人字齿轮。
① 用于结构刚性很大时。
② 用于结构刚性较小时。
③ 参见表 2.4-12。

表 2.4-21 齿轮及齿轮副的误差与符号

误差种类	名称		符号	定义
齿距偏差	单个齿距偏差		f_{pt}	在端平面上，在接近齿高中部的一个与齿轮轴线同心的圆上，实际齿距与理论齿距的代数差
	齿距累积偏差		F_{pk}	任意 k 个齿距的实际弧长与理论弧长的代数差。理论上它等于这 k 个齿距的各单个齿距偏差的代数和
	齿距累积总偏差		F_p	齿轮同侧齿面任意弧段（$k=1\sim z$）内的最大齿距累积偏差。它表现为齿距累积偏差曲线的总幅值
齿廓偏差	齿廓总偏差		F_α	在计值范围内，包容实际齿廓迹线的两条设计齿廓迹线间的距离
	齿廓形状偏差		$f_{f\alpha}$	在计值范围内，包容实际齿廓迹线的两条与平均齿廓迹线完全相同的曲线间的距离，且两条曲线与平均齿廓迹线的距离为常量
	齿廓倾斜偏差		$f_{H\alpha}$	在计值范围的两端与平均齿廓迹线相交的两条设计齿廓迹线间的距离
螺旋线偏差	螺旋线总偏差		F_β	在计值范围内，包容实际螺旋线迹线的两条设计螺旋线迹线间的距离
	螺旋线形状偏差		$f_{f\beta}$	在计值范围内，包容实际螺旋线迹线的两条与平均螺旋线迹线完全相同的曲线间的距离，且两条曲线与平均螺旋线迹线的距离为常量
	螺旋线倾斜偏差		$f_{H\beta}$	在计值范围的两端与平均螺旋线迹线相交的两条设计螺旋线迹线间的距离
切向综合偏差	切向综合总偏差		F_i'	被测齿轮与测量齿轮单面啮合检验时，被测齿轮一转内，齿轮分度圆上实际圆周位移与理论圆周位移的最大差值
	一齿切向综合偏差		f_i'	在一个齿距内的切向综合偏差
径向综合偏差	径向综合总偏差		F_i''	在径向（双面）综合检验时，产品齿轮的左右齿面同时与测量齿轮接触，并转过一整圈时出现的中心距最大值和最小值之差
	一齿切向综合偏差		f_i''	当产品齿轮啮合一整圈时，对应一个齿距（$2\pi/z$）的径向综合偏差
径向跳动	径向跳动		F_r	测头相继置于齿槽内时，从它到齿轮轴线的最大和最小径向距离之差
齿厚与公法线偏差	齿厚极限偏差	上偏差	E_{ss}	分度圆柱面上实际齿厚与标称齿厚之差
		下偏差	E_{si}	
	齿厚极限偏差公差		T_s	
	公法线平均长度极限偏差	上偏差	E_{wms}	齿轮一周内公法线平均值与标称值之差
		下偏差	E_{wmi}	
	公法线平均长度极限偏差		T_{wm}	
齿轮副侧隙	法向侧隙		j_{bn}	两相啮合齿轮工作齿面接触时，在两非工作齿面间的最短距离
	圆周侧隙		j_{wt}	两相啮合齿轮中的一个齿轮固定时，另一个齿轮能转过的节圆弧长的最大值
	最小圆周侧隙		j_{wtmin}	节圆上的最小圆周侧隙。即具有最大允许实效齿厚的齿轮与也具有最大允许实效齿厚的配对齿轮相啮合时，在静态条件下，在最紧允许中心距时的圆周侧隙
	最大圆周侧隙		j_{wtmiax}	节圆上的最大圆周侧隙。即具有最小允许实效齿厚的齿轮与也具有最小允许实效齿厚的配对齿轮相啮合时，在静态条件下，在最大允许中心距时的圆周侧隙
接触斑点	接触斑点			装配（在箱体或实验台上）好的齿轮副，在轻微制动力下运转后齿面的接触痕迹
中心距偏差	中心距偏差		f_a	在齿轮副的齿宽中间平面内，实际中心距与标称中心距之差
平行度偏差	轴线平面内的轴线平行度偏差		$f_{\Sigma\delta}$	一对齿轮的轴线在两轴线的公共平面上投影的平行度偏差
	垂直平面内的轴线平行度偏差		$f_{\Sigma\beta}$	一对齿轮的轴线在两轴线的公共平面的垂直平面上投影的平行度偏差

注：本表摘自 GB/T 10095—2001。

2. 公差组、公差等级及其选择

（1）公差等级与公差组 GB/T 10095.1—2001 对轮齿同侧齿面公差规定了精度由高到低依次为 0 级～12 级，共 13 级。GB/T 10095.2—2001 对径向综合公差规定了精度由高到低依次为 4 级～12 级，共 9 级，对径向跳动规定了精度由高到低依次为 0 级～12 级，共 13 级。如果要求的齿轮精度为 GB/T 10095—2001 的某一级，而无其他规定时，则齿距、齿廓、螺旋线、径向综合公差与径向跳动的各项偏差均按该公差等级确定。

齿轮的公差等级也可根据供需双方的协议规定不同的公差。选用的径向综合公差的公差等级不一定与齿距、齿廓、螺旋线等相同。

齿轮副中的两个齿轮公差等级可以相同，也允许不同。

在 GB/T 10095—1988 中将齿轮副的误差项目分成了 3 个公差组。一般情况，一个齿轮的 3 个公差组应为相同的公差等级，但也允许根据使用要求的不同，3 个公差组采用不同的公差等级。

表 2.4-22 齿轮公差组

公差组	公差与极限偏差项目	误差性质	对传动性能的影响
I	F'_i、F_p、F_{pk}、F''_i、F_r、F_W	在齿轮一转范围内的转角误差	运动的准确性
II	f'_i、f''_i、f_α、f_{pt}	在齿轮一个齿距角内的转角误差	传动平稳性、噪声、振动
III	F_β、接触斑点	接触痕迹	载荷分布的均匀性

表 2.4-22 是用 GB/T 10095—2001 所规定的误差项目符号，表示 GB/T 10095—1988 规定的公差组。

（2）公差等级的选择 选择公差等级有计算法、经验法和表格法。表 2.4-23 和表 2.4-24 可供设计人员参考。

表 2.4-23 各类机器传动齿轮的公差等级范围

机器名称	公差等级
测量齿轮	2~5
汽轮机传动装置	3~6
金属切削机床	3~8
内燃机车	6~7
电气机车	6~7
轻型汽车	5~8
载货汽车	6~9
航空发动机	4~7
拖拉机	6~9
通用减速器	6~9
轧钢机	6~10
矿用绞车	8~10
起重机械	7~10
农业机械	8~10

表 2.4-24 各级精度渐开线圆柱齿轮传动的应用范围

公差等级	圆周速度 $v/m \cdot s^{-1}$ 直齿	斜齿	单级传动效率	应用范围
4	>35	>70	≥0.99	超精密分度机构齿轮，超高速、超高平稳性、极低噪声的齿轮，高速汽轮机齿轮，检验 7 级精度齿轮的测量齿轮
5	>20	>35	≥0.99	精密分度机构齿轮，高速、高平稳性、低噪声的齿轮，高速汽轮机齿轮，印刷机辊子用齿轮，重型机械进给机构中的齿轮，船用柴油机齿轮，检验 8~9 级公差齿轮的测量齿轮
6	~20	~35		高速、较高平稳性、高效率、低噪声齿轮，分度机构齿轮，航空、轿车、机车、机床中的重要齿轮和有高可靠性要求的齿轮，重型机械、起重机械的动力传动齿轮，读数装置中的精密传动齿轮
7	~5	~25	≥0.98	一般高速、大功率传动齿轮，金属切削机床进给机构齿轮，重型矿山、工程机械中的重载齿轮，普通机床传动齿轮，变速齿轮，一般船用柴油机齿轮，有可靠性要求的小型工业齿轮箱，起重运输机械齿轮，印刷机驱动齿轮
8	~10	~15	≥0.97	中速、平稳传动齿轮，一般工业机械中的齿轮，分度链以外的机床齿轮，载货汽车、拖拉机齿轮，普通减速器、起重运输机械齿轮，农业机械中的重要齿轮，印刷机一般驱动齿轮
9	~4	~6	≥0.96	一般的齿轮，轻载传动齿轮，载货汽车、拖拉机、联合收割机的齿轮，速度较高的开式传动齿轮和转盘齿轮

注：表中效率不包括轴承效率。

（3）公差等级的标注 若齿轮的检验项目都为同一等级，则可直接注明公差等级；若齿轮的各检验项目等级不同，则应分别标明，例如：齿廓总偏差 F_α 为 6 级，齿距累积总偏差 F_p 和螺旋线总偏差 F_β 均为 7 级时，应注明，6 （F_α）、7 （F_p、F_β） GB/T 10095—2001。

3. 侧隙 侧隙与齿轮精度没有直接的关系，但在齿轮设计与制造中很重要。应根据工作条件，以最大侧隙 j_{bnmax} 或最小侧隙 j_{bnmin} 来规定侧隙。

齿轮副法向最小侧隙由保证正常润滑而必需的侧隙和因温度变化引起的侧隙变化量两部分组成，即

$$j_{bnmin} = j_{bn1min} + j_{bn2min}$$

保证正常润滑需要的最小侧隙 j_{bn1min}，可参考表 2.4-25 根据润滑方式和齿轮圆周速度确定。

表 2.4-25　渐开线圆柱齿轮传动保证正常润滑需要的侧隙 j_{bn1min}

润 滑 方 式	油浴润滑	喷油润滑			
		齿轮圆周速度 $v/\mathrm{m \cdot s^{-1}}$			
		~10	10~25	25~60	>60
$j_{bn1min}/\mu m$	$(5~10)\ m_n/\mathrm{mm}$	$10m_n/\mathrm{mm}$	$20m_n/\mathrm{mm}$	$30m_n/\mathrm{mm}$	$(30~50)\ m_n/\mathrm{mm}$

温度变化引起的侧隙增量 j_{bn2min} 可由下式估算

$$j_{bn2min} = 2a\sin\alpha_n(\alpha_{t1}\Delta\theta_1 - \alpha_{t2}\Delta\theta_2)$$
$$(2.4-15)$$

式中　　a——齿轮副中心距;

α_{t1}、α_{t2}——齿轮、壳体材料的线胀系数;

$\Delta\theta_1$、$\Delta\theta_2$——齿轮和壳体工作温度与标准温度之差(标准温度一般为20℃);

α_n——法向压力角。

船舶工业推荐的最小侧隙值见表 2.4-26。

表 2.4-26　船舶工业推荐的最小侧隙值

m_n/mm	最小中心距 a/mm					
	50	100	200	400	800	1600
	$j_{bnmin}/\mu m$					
1.5	90	110	—	—	—	—
2	100	120	150	—	—	—
3	120	140	170	240	—	—
5	—	180	210	280	—	—
8	—	240	270	340	470	—
12	—	—	350	420	550	—
18	—	—	—	540	670	940

对于无严格要求的一般情况,可参考表 2.4-27 选取最小侧隙值。

表 2.4-27　最小侧隙 j_{bnmin} 参考值

a/mm	$j_{bnmin}/\mu m$		
	较小	中等	较大
~80	74	120	190
>80~125	87	140	220
>125~180	100	160	250
>180~250	115	185	290
>250~315	130	210	320
>315~400	140	230	360
>400~500	155	250	400
>500~630	175	280	440
>630~800	200	320	500
>800~1000	230	360	550
>1000~1250	260	420	660
>1250~1600	310	500	780
>1600~2000	370	600	920
>2000~2500	440	700	1100
>2500~4000	600	950	1500

注: 1. 中等侧隙所规定的 j_{bnmin} 值,对于钢或铸铁齿轮传动,当齿轮与壳体的温差为25℃时,不会由于发热而卡住。

2. 本表非国家标准,仅供参考。

4. 齿厚极限偏差　齿轮副的实际侧隙决定于齿轮副中心距偏差和两齿轮的齿厚偏差。在齿轮副中心距极限偏差 f_a 确定后,齿轮副的侧隙决定了齿厚极限偏差。

根据最小侧隙计算齿厚上偏差的公式为

$$E_{ss} = -f_a\tan\alpha_n - \frac{j_{bnmin}+j_n}{z\cos^2\alpha_n} \quad (2.4-16)$$

$$j_n = \sqrt{f_{pb1}^2 + f_{pb2}^2 + (1.25\cos^2\alpha_n + 1)\ F_\beta}$$

计算所得 E_{ss} 应为两齿轮齿厚上偏差之和的一半。通常,齿厚下偏差 E_{si} 可利用齿厚公差 T_s 求得,而 T_s 可由下式计算

$$T_s = 2\tan\alpha_n\sqrt{F_r^2 + b_r^2} \quad (2.4-17)$$

式中　F_r——齿圈径向圆跳动公差;

b_r——切齿径向进刀公差,见表 2.4-28。

表 2.4-28　切齿径向进刀公差

公差等级	4	5	6	7	8	9
b_r	1.26IT7	IT8	1.26IT8	IT9	1.26IT9	IT10

5. 表面粗糙度　齿轮工作齿面表面粗糙度的推荐值见表 2.4-29,其他各主要表面的粗糙度推荐值见表 2.4-30。

表 2.4-29　工作齿面表面粗糙度 R_a 推荐极限值

公差等级		5	6	7	8	9	10
模数 m_n /mm	~6	0.5	0.8	1.25	2.0	3.2	5.0
	6~25	0.63	1.0	1.6	2.5	4.0	6.3
	>25	0.80	1.25	2.0	3.2	5.0	8.0

$R_a/\mu m$

表 2.4-30　齿轮主要表面的粗糙度 R_a 推荐值

表面部位	公差等级				
	5	6	7	8	9
	$R_a/\mu m$				
基准孔	0.2~0.8	0.8~1.6		1.6~3.2	
齿轮轴基准轴颈	0.2~0.4	0.4~0.8		0.8~1.6	
基准端面	0.4~0.80	0.8~1.6	0.8~3.2		3.2~6.3
顶圆	0.8~1.6		1.6~3.2		3.2~6.3

6. 推荐的检验项目　根据 GB/T 10095. 1—2001 和 GB/T 10095. 2—2001 两项标准，齿轮的检验可分为单项检验和综合检验，综合检验又分为单面啮合和双面啮合综合检验。表 2.4-31 给出具体检验项目。

表 2.4-31　齿轮的检验项目

单项检验项目	综合检验项目	
	单面啮合	双面啮合
齿距偏差 f_{pt}、F_{pk}、F_p	切向综合总偏差 F_i'	径向综合总偏差 F_i''
齿廓总偏差 F_α	一齿切向综合偏差 f_i'	一齿径向综合偏差 f_i''
螺旋线总偏差 F_β	—	—
齿厚偏差	—	—
径向圆跳动 F_r	—	—

注：标准未推荐齿厚极限偏差，设计者可按齿轮副侧隙计算确定。

7. 齿轮图样

（1）齿轮图样标注

1）需要在图样上标注的一般尺寸数据　顶圆直径及其公差、分度圆直径、齿宽、孔（或轴）径及其公差、定位面及其要求、齿轮各表面的粗糙度等。

2）需要在参数表中列出的数据　法向模数、齿数、齿廓类型、齿顶高因子、螺旋角、螺旋方向、径向变位因子、齿厚标称值及其上下偏差、公差等级、齿轮副中心距及其极限偏差、配对齿轮的图号及其齿数、检验项目符号及其公差（或极限偏差）值。

（2）工作图例　齿轮工作图例见图 2.4-14。

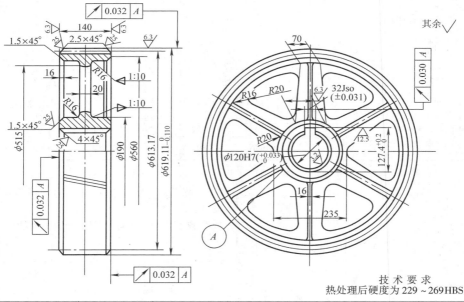

技 术 要 求
热处理后硬度为 229~269HBS

法向模数	m_n	5	配对齿轮	图　号		
齿数	z	121		z		17
压力角	α_n	20°	检验项目	符号		公差值
齿顶高因子	h_a^*	1				
螺旋角	β	9°22′	齿圈径向跳动公差	F_r		0.090
螺旋方向		右	螺旋线形状偏差	f_f		0.028
径向变位因子	x_n	−0.405	单个齿距偏差	f_{pt}		±0.028
全齿高	h	11.25	螺旋总偏差	F_β		0.020
公差等级		8（F_p、F_α）、7（F_β） GB/T 10095—2001	法向固定弦齿厚	s_{cn}		$5.634_{-0.336}^{-0.224}$
齿轮副中心距及其极限偏差	$a \pm f_a$	350±0.045	法向固定弦齿高	h_{cn}		1.949

图 2.4-14　图样尺寸标注

4.3　圆弧圆柱齿轮传动

4.3.1　基本齿廓与模数系列

1. 基本齿廓　单圆弧圆柱齿轮基本齿廓没有国家标准,只有行业标准。GB/T 12759—1991《双圆弧圆柱齿轮　基本齿廓》标准中规定的基本齿廓见图 2.4-15,该标准适用于法向模数 1.5 ~ 50mm 的双圆弧圆柱齿轮传动,其齿廓参数见表 2.4-32。

表 2.4-32　双圆弧圆柱齿轮基本齿廓及其参数（摘自 GB/T 12759—1991）

参数名称	符号	法向模数 m_n/mm					
		>1.5 ~ 3	>3 ~ 6	>6 ~ 10	>10 ~ 16	>16 ~ 32	>32 ~ 50
压力角	α	24°					
齿高因子	h^*	2					
齿顶高因子	h_a^*	0.9					
齿根高因子	h_f^*	1.1					
凸齿齿廓圆弧半径因子	ρ_a^*	1.3					
凹齿齿廓圆弧半径因子	ρ_f^*	1.420	1.410	1.3995	1.380	1.360	1.340
凸齿齿廓圆心移距因子	x_a^*	0.0163					
凹齿齿廓圆心移距因子	x_f^*	0.0325	0.0285	0.0224	0.0163	0.0081	0.0000
凸齿齿廓圆心偏移因子	l_a^*	0.6289					
凸齿接触点处弦齿厚因子	$\bar{s}_a^*$	1.1173					
接触点到节线的距离因子	h_k^*	0.5450					
凹齿齿廓圆心偏移因子	l_f^*	0.7068	0.6994	0.6957	0.6820	0.6638	0.6455
过渡圆弧和凸齿圆弧的切点到节线的距离因子	h_{ja}^*	0.16					
过渡圆弧和凹齿圆弧的交点到节线的距离因子	h_{jf}^*	0.20					
凹齿接触点处槽宽因子	$\bar{e}_f^*$	1.1773			1.1573		
凹齿接触点处弦齿厚因子	$\bar{s}_f^*$	1.9643			1.9843		
凸齿工艺角	δ_1	6°20′52″					
凹齿工艺角	δ_2	9°25′31″	9°19′30″	9°10′21″	9°0′59″	8°48′11″	8°35′01″
过渡圆弧半径因子	r_j^*	0.5049	0.5043	0.4884	0.4877	0.4868	0.4858
齿根圆弧半径因子	r_g^*	0.4030	0.4004	0.3710	0.3663	0.3595	0.3520
齿根圆弧和凹齿圆弧的切点到节线的距离因子	h_g^*	0.9861	0.9883	1.0012	1.0047	1.0095	1.0145

注:表中参数为图 2.4-16 中相应参数与模数之比,如 $h^* = h/m_n$。

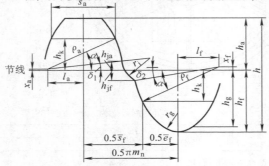

图 2.4-15　双圆弧圆柱齿轮基本齿廓
α—压力角　h—全齿高　h_a—齿顶高　h_f—齿根高
ρ_a—凸齿齿廓圆弧半径　ρ_f—凹齿齿廓圆弧半径
x_a—凸齿齿廓圆心移距量　x_f—凹齿齿廓圆心移距量
s_a—凸齿接触点处弦齿厚　h_k—接触点到节线的距离
l_a—凸齿齿廓圆心偏移量　l_f—凹齿齿廓圆心偏移量
h_{ja}—过渡圆弧和凸齿圆弧的切点到节线的距离
h_{jf}—过渡圆弧和凹齿圆弧的交点到节线的距离
$\bar{e}_f$—凹齿接触点处齿槽宽　$\bar{s}_f$—凹齿接触点处弦齿厚
r_j—过渡圆弧半径　r_g—齿根圆弧半径
h_g—齿根圆弧和凹齿圆弧的切点到节线的距离

侧隙 j 由基本齿廓决定,对侧隙的规定见表 2.4-33。

表 2.4-33　双圆弧圆柱齿轮传动的侧隙 j

m_n/mm	>1.5 ~ 6	>6 ~ 50
j	$0.06m_n$	$0.04m_n$

2. 模数系列　GB/T 1840—1989《圆弧圆柱齿轮模数》规定的模数系列（表 2.4-34）适用于单圆弧和双圆弧圆柱齿轮。

4.3.2　几何参数和尺寸计算

1. 几何参数和尺寸计算　圆弧齿轮几何参数和尺寸计算见表 2.4-35。

2. 测量尺寸计算　圆弧齿轮测量尺寸计算见表 2.4-36。

4.3.3　主要参数选择

1. 模数 m_n　在通用减速器中,通常取 $m_n = (0.01 ~ 0.02)a$, a 为传动中心距。工作平稳、连续运转的传动可取较小值。轧钢机齿轮机座等特殊传动,推荐取 $m_n = (0.025 ~ 0.04)a$。

表 2.4-34　圆弧圆柱齿轮模数 *m* 系列　　　　（单位：mm）

第一系列	1.5	2		2.5		3		4		5		6		8	
第二系列			1.25		2.75		3.5		4.5		5.5			7		9
第一系列	10	12		16		20		25		32		40		50	
第二系列			14		18		22		28		36		45		

表 2.4-35　圆弧齿轮几何参数和尺寸计算

参数名称	符号	计算公式 单圆弧齿轮	计算公式 双圆弧齿轮
中心距	a	$a = \dfrac{d_1 + d_2}{2} = \dfrac{m_n(z_1 + z_2)}{2\cos\beta}$ 由强度计算或结构设计确定	
法向模数	m_n	$m_n = (0.01 \sim 0.02)a$，最大 $0.04a$ 由抗弯强度计算或结构设计确定	
齿数和	z_Σ	$z_\Sigma = \dfrac{2a\cos\beta}{m_n}$，按初选螺旋角 β 计算	
齿数	z	$z_1 = \dfrac{z_\Sigma}{1+i} = \dfrac{2a\cos\beta}{m_n(1+i)}$，$z_2 = iz_1$，$i$ 为传动比	
齿数比	u	$u = z_2/z_1$	
螺旋角	β	$\beta = \arccos\left[\dfrac{m_n(z_1+z_2)}{2a}\right]$，准确到秒	
齿宽	b	$b_a^* = b/a$　单斜齿 $b_a^* = 0.4 \sim 0.8$；人字齿（单边）$b_a^* = 0.3 \sim 0.6$	
纵向重合度	ε_β	$\varepsilon_\beta = \dfrac{b_c}{p_x} = \dfrac{b_c\sin\beta}{\pi m_n}$，$b_c$—有效齿宽（扣除齿端修薄）	
同一齿上凸齿和凹齿两接触点间的轴向距离	q_{TA}	—	$q_{TA} = \dfrac{0.5(\pi m_n - j) + 2(l_a + x_a\cot\alpha)}{\sin\beta}$ $2\left(\rho_a + \dfrac{x_a}{\sin\alpha}\right)\cos\alpha\sin\beta$
接触点距离因子	λ	$\lambda = q_{TA}/p_x$	
总重合度	ε_r	$\varepsilon_r = \varepsilon_\beta$	$\varepsilon_r = \varepsilon_\beta + \lambda$（当 $\varepsilon_\beta \geqslant \lambda$）
分度圆直径	d	小齿轮：$d_1 = \dfrac{2az_1}{z_1+z_2} = \dfrac{m_n z_1}{\cos\beta}$；大齿轮：$d_2 = \dfrac{2az_2}{z_1+z_2} = \dfrac{m_n z_2}{\cos\beta}$	
齿顶高	h_a	凸齿 $h_{a1} = 1.2m_n$；凹齿 $h_{a2} = 0$	$h_a = 0.9m_n$
齿根高	h_f	凸齿 $h_{f1} = 0.3m_n$；凹齿 $h_{f2} = 1.36m_n$	$h_a = 1.1m_n$
全齿高	h	凸齿 $h_1 = h_{a1} + h_{f1} = 1.5m_n$；凹齿 $h_2 = h_{a2} + h_{f2} = 1.36m_n$	$h = h_a + h_f = 2m_n$
齿顶圆直径	d_a	凸齿 $d_{a1} = d_1 + 2h_{a1}$；凹齿 $d_{a2} = d_2$	小齿轮 $d_{a1} = d_1 + 2h_a$；大齿轮 $d_{a2} = d_2 + 2h_a$
齿根圆直径	d_f	凸齿 $d_{f1} = d_1 - 2h_{f1}$；凹齿 $d_{f2} = d_2 - 2h_{f2}$	小齿轮 $d_{f1} = d_1 - 2h_f$；大齿轮 $d_{f2} = d_2 - 2h_f$

表 2.4-36　圆弧齿轮测量尺寸计算

参数名称	示　意　图	计　算　公　式	说　明
齿根圆斜径 L_f		$L_f = d_f \cos\left(\dfrac{\pi}{2z}\right)$	控制奇数齿齿轮的切齿深度
公法线长度 W		$W = \dfrac{d\sin^2\alpha_t + 2x}{\sin\alpha_n} \pm 2\rho$	单圆弧齿轮只能分别测量凸齿和凹齿的公法线长度；双圆弧齿轮只需测量凸齿公法线长度
跨齿数 k_a、k_f	凸齿　　凹齿	$k_a = \left(\alpha_{t0} + \dfrac{1}{2}\tan^2\beta\sin2\alpha_{t0}\right)\dfrac{z}{\pi} + \dfrac{2(l_a + x_a\cot\alpha)}{\pi m_n} + 1$ $k_f = \left(\alpha_0 + \dfrac{1}{2}\tan^2\beta\sin2\alpha_{t0}\right)\dfrac{z}{\pi} - \dfrac{2(l_f + x_f\cot\alpha)}{\pi m_n}$	
弦齿深（法向）$\bar{h}$	凸齿　　　凹齿	$\bar{h} = h - h_G + \dfrac{d_a' - d_a}{2}$	加工大模数齿轮时控制切齿深度，以齿顶圆为基准
接触点处弦齿厚（法向）$\bar{s}_k$ 和弦齿高（法向）$\bar{h}_k$		单、双圆弧凸齿 $\bar{s}_{ak} = 2\rho_a\cos(\alpha + \delta_{ak}) - (m_n z_v + 2x_a)\sin\delta_{ak}$ $\bar{h}_{ak} = h_a - h_k + \dfrac{\bar{s}_{ak}^2}{4(m_n z_v + 2h_k)}$	单圆弧要分别测量凸齿和凹齿；双圆弧只测量凸齿。h_a 是凸齿齿顶高

（续）

参数名称	示 意 图	计 算 公 式	说 明
接触点处弦齿厚（法向）$\bar{s}_k$ 和弦齿高（法向）$\bar{h}_k$	$\bar{s}_a$ $\bar{h}_a$	单圆弧凹齿 $$\bar{s}_{fk} = m_n z_v \sin\left(\frac{\pi}{z_v} + \delta_{fk}\right) - 2\left(\rho_f - \frac{x_f}{\sin\alpha}\right)$$ $$\cos\left[\alpha - \left(\frac{\pi}{z_v} + \delta_{fk}\right)\right]$$ $$\bar{h}_f = h_a + h_k + \frac{\bar{s}_{fk}^2}{4(m_n z_v - 2h_k)}$$	单圆弧要分别测量凸齿和凹齿；双圆弧只测量凸齿。h_a 是凸齿齿顶高
备 注	α_t—测点端面压力角，其计算请参阅《机械工程手册》；α_n—测点法向压力角；h_G—弓高：单圆弧凸齿、双圆弧齿轮 $h_G = 0.25(z_v m_n + 2h_a)\left(\dfrac{\pi}{z_v} - \dfrac{s_a}{z_v m_n + 2h_a}\right)^2$，单圆弧凹齿 $h_G = \dfrac{\left[\sqrt{\rho_f^2 - (h_e + x_f)^2} + h_e \tan\gamma_e - l_f\right]^2}{z_v m_n}$；$s_a$—齿顶厚：双圆弧 $s_a = m_n\left(0.6491 - \dfrac{0.61}{z_v}\right)$，单圆弧凸齿 $s_a = m_n\left(0.742 - \dfrac{0.43}{z_v}\right)$；$d_a$—齿顶圆直径实测值；$z_v$—当量齿数 $\left(z_v = \dfrac{z}{\cos^3\beta}\right)$；$\gamma_e$—凹齿齿顶角；$h_e$—凹齿齿顶倒角高度；$\delta_{ak} = \dfrac{2l_a}{m_n z_v + 2x_a}$，$\delta_{fk} = \dfrac{2(l_f - x_f \cot\alpha)}{m_n z_v}$；单圆弧 $h_k = \left(0.75 \pm \dfrac{1.688}{z_v \pm 1.5}\right)m_n$，双圆弧 $h_k = \left(0.545 \pm \dfrac{1.498}{z_v \pm 1.09}\right)m_n$，+ 号用于凸齿，− 号用于凹齿		

2. 齿数 z 不存在挖根现象，最少齿数不受挖根限制，但齿数也不宜过少。一般中、低速传动，z_1 多取为 10～35，高速传动通常取更多的齿数（可取至 50 左右）。

3. 纵向重合度 ε_β 纵向重合度可分为整数和尾数两部分，即

$$\varepsilon_\beta = \mu_\varepsilon + \Delta\varepsilon \qquad (2.4\text{-}18)$$

通常取 $\mu_\varepsilon = 1 \sim 6$，高精度、大螺旋角的人字齿轮，或能承受大推力的单斜齿轮，可取较大值。一般中、低速传动，取 $\mu_\varepsilon = 2$，高速传动，取 $\mu_\varepsilon = 3 \sim 4$。

尾数常取 $\Delta\varepsilon = 0.25 \sim 0.40$。

4. 螺旋角 β 螺旋角推荐值如下：

单斜齿 $\quad \beta = 10° \sim 20°$；

人字齿 $\quad \beta = 25° \sim 35°$。

5. 齿宽因子 b^* 通常推荐减速器的齿宽因子取为：

单斜齿 $\quad b_a^* = b/a = 0.4 \sim 0.8$；

人字齿 $\quad b_a^* = b/a = 0.3 \sim 0.6$（单侧）。

6. 参数综合选取 设计时可先确定 b_a^*，再调整 z_1、β、ε_β。也可以先确定 z_1、β 和 ε_β，再校核 b_a^*。对于常用的 $\varepsilon_\beta = 1.25$，2.25，3.25 等，可用图 2.4-16 来选取一组合适的 z_1、β、ε_β 值。

4.3.4 强度计算

1. 计算转矩 小齿轮转矩 T_1（N·m）与额定功率和转速的关系为

$$T_1 = 9550\frac{P_1}{n_1}$$

式中 P_1——小齿轮传递的额定功率（kW）；

n_1——小齿轮转速（r/min）。

小齿轮的计算转矩

$$T_{1c} = \frac{K_A K_v K_1 K_2}{2\mu_\varepsilon + K_{\Delta\varepsilon}} \cdot T_1 \qquad (2.4\text{-}19)$$

（1）使用因数 K_A 是考虑非啮合因素引起的附加动载荷的因数，缺乏这种资料时可参考表 2.4-10 选取。

（2）动载因数 K_v 是考虑齿轮制造误差、运转速度等造成啮合振动所产生的内部附加动载荷影响的因数。K_v 值可根据齿轮的圆周速度及平稳性公差由图 2.4-17 查取。

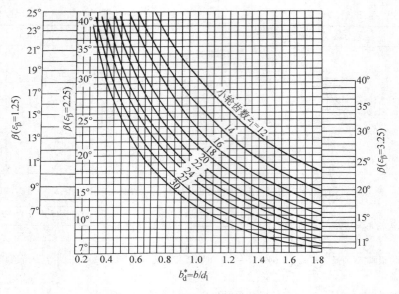

图 2.4-16　z_1、β、ε_β 和 b_a^* 的关系

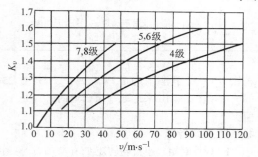

图 2.4-17　动载因数 K_v

（3）接触迹间载荷分配因数 K_1　考虑由于齿向和齿距误差、轮齿和轴系受载变形等引起载荷沿齿宽方向在各接触迹之间分配不均对强度影响的因数，K_1 值可由图 2.4-18 查取。

（4）接触迹内载荷分布因数 K_2　考虑由于齿面接触迹位置沿齿高的偏移而引起应力分布状态改变对强度影响的因数。应力状态的改变对接触强度和抗弯强度的影响各不相同，分别记为 K_{H2} 和 K_{F2}，其值可按接触精度由表 2.4-37 查取。

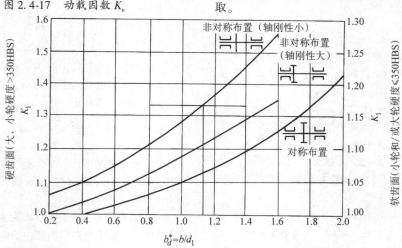

图 2.4-18　接触迹间载荷分配因数 K_1

表 2.4-37　接触迹内载荷分布因数 K_2

公差等级	4	5	6	7	8
K_{H2}	1.05	1.15	1.23	1.39	1.49
K_{F2}	1.05	1.08			1.10

（5）接触迹因数 $K_{\Delta\varepsilon}$　考虑纵向重合度尾数 $\Delta\varepsilon$ 对轮齿应力影响的因数，其值可根据 $\Delta\varepsilon$ 及 β 由图 2.4-19 查取，当 $20° < \beta < 25°$ 时，采用插值法选取。

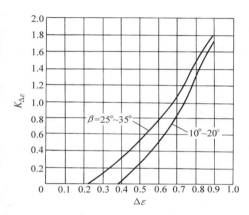

图 2.4-19　接触迹因数 $K_{\Delta\varepsilon}$

2. 齿面接触强度计算　接触强度计算的强度条件是：

$$\sigma_H \leqslant \sigma_{HP} \qquad S_H \geqslant S_{Hmin}$$

（1）接触应力 σ_H　齿面接触应力的基本计算公式为

$$\sigma_H = Z_E Z_u Z_\beta Z_a \frac{T_{1c}^{0.73}}{z_1 m_n^{2.19}} \qquad (2.4\text{-}20)$$

式中　σ_H——接触应力；

Z_E——弹性系数；

Z_u——齿数比因数；

Z_β——螺旋角因数；

Z_a——接触弧长因数；

T_{1c}——计算转矩；

z_1——小齿轮齿数；

m_n——法向模数。

1）弹性系数 Z_E　考虑材料弹性模量 E 和泊松比 ν 对齿轮接触应力影响的系数，其值可由表 2.4-38 选取。

表 2.4-38　弹性系数 Z_E

弹性系数	齿轮副材料			
	钢-钢	钢-铸钢	钢-球墨铸铁	其他材料
$Z_E / MPa^{0.27}$	31.346	31.263	30.584	$1.123 E_0^{0.27}$
$Y_E / MPa^{0.14}$	2.079	2.076	2.053	$0.370 E_0^{0.14}$
说明	$E_0 = \dfrac{2}{\dfrac{1-\nu_1^2}{E_1} + \dfrac{1-\nu_2^2}{E_2}}$			

2）齿数比因数 Z_u　考虑不同齿数比具有不同的齿向相对曲率半径，从而影响齿面接触应力的因数，其计算式为

$$Z_u = \left(\frac{u+1}{u}\right)^{0.27} \qquad (2.4\text{-}21)$$

3）螺旋角因数 Z_β　考虑螺旋角影响齿向相对曲率半径，从而影响齿面接触应力的因数，其计算式为

$$Z_\beta = (\sin^2\beta\cos\beta)^{0.27} \qquad (2.4\text{-}22)$$

4）接触弧长因数 Z_a　考虑齿面接触弧的有效工作长度对齿面接触应力影响的因数。Z_a 应取两个齿轮的平均值，即 $Z_a = \dfrac{Z_{a1} + Z_{a2}}{2}$，$Z_{a1}$、$Z_{a2}$ 的数值可根据大、小齿轮的当量齿数查图 2.4-20。

（2）许用齿面接触应力 σ_{HP}

$$\sigma_{HP} = Z_N Z_L Z_v \frac{\sigma_{Hlim}}{S_{Hmin}} \qquad (2.4\text{-}23)$$

1）寿命因数 Z_N　考虑齿轮只要求有限寿命时可以提高齿轮许用接触应力的因数。可根据应力循环次数 N_L 查图 2.4-21。在循环载荷下工作的齿轮，应根据当量应力循环次数 N_v 查图 2.4-21。

2）润滑剂因数 Z_L　考虑计算齿轮所用润滑剂种类及粘度与试验齿轮的试验条件不同时，对齿面许用接触应力之影响的因数，其值可根据润滑剂粘度从图 2.4-22 查取。

3）速度因数 Z_v　考虑计算齿轮齿面间相对滑动速度 v_g（ $= v/\tan\beta$）与试验齿轮的试验条件不同时，对齿面许用接触应力之影响的因数，其值可根据齿面间相对滑动速度 v_g 从图 2.4-23 查取。

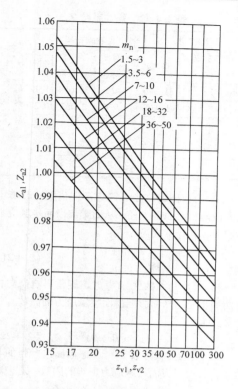

图 2.4-20　接触弧长因数 Z_a

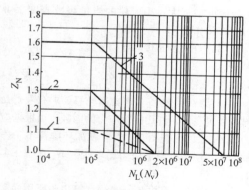

图 2.4-21　接触强度计算的
寿命因数 Z_N

1—液体渗氮的调质钢　2—气体渗氮的调
质钢或渗氮钢　3—调质钢、球墨铸铁

4) 试验齿轮的接触疲劳极限 σ_{Hlim}　一定材料、经一定热处理的试验齿轮,承受一定周期持续的循环载荷后,齿面保持不损伤时的极限应力。σ_{Hlim} 也可由经验和统计数据得出。当缺乏这

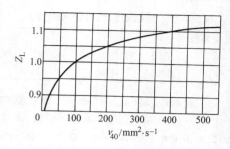

图 2.4-22　润滑剂因数 Z_L

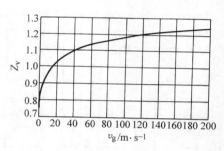

图 2.4-23　速度因数 Z_v

方面的资料时,可参考图 2.4-24。

材料、工艺、热处理性能良好时,可在图中极限应力区上半部取值,一般取中间值。

(3) 齿面接触强度设计式

$$d_1 \geqslant \frac{Z_E Z_u Z_\beta Z_a T_{1c}^{0.73}}{m_n^{1.19} \sigma_{HP} \cos\beta} \qquad (2.4\text{-}24)$$

3. 轮齿抗弯强度计算　抗弯强度计算的强度条件是:

$$\sigma_F \leqslant \sigma_{FP} \qquad S_F \geqslant S_{Fmin}$$

(1) 计算齿根弯曲应力 σ_F

$$\sigma_F = Y_E Y_u Y_\beta Y_F Y_{End} \frac{T_{1c}^{0.86}}{z_1 m_n^{2.58}} \qquad (2.4\text{-}25)$$

式中　σ_F——计算弯曲应力;

Y_E——弹性系数;

Y_u——齿数比因数;

Y_β——螺旋角因数;

Y_F——齿形因数;

Y_{End}——齿端因数;

T_{1c}——计算转矩;

z_1——小齿轮齿数;

m_n——法向模数。

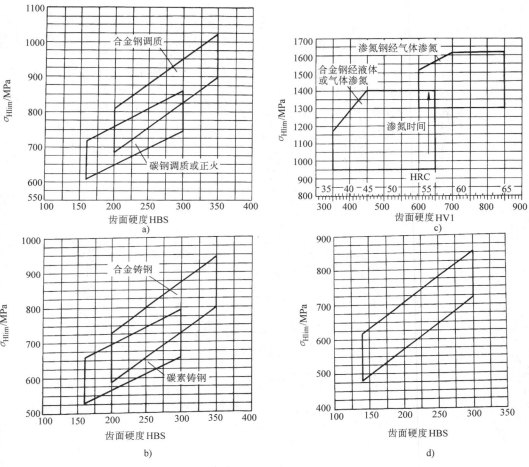

图 2.4-24　接触疲劳极限 σ_{Hlim}

a）钢调质　b）铸钢　c）渗氮钢　d）球墨铸铁

1）弹性系数 Y_E　考虑材料弹性模量 E 和泊松比 ν 对齿根弯曲应力影响的系数，其值可由表 2.4-38 选取。

2）齿数比因数 Y_u　考虑不同齿数比具有不同的齿向相对曲率半径，从而影响齿根弯曲应力的因数，其计算式为

$$Y_u = \left(\frac{u+1}{u}\right)^{0.14} \qquad (2.4\text{-}26)$$

3）螺旋角因数 Y_β　考虑螺旋角影响齿向相对曲率半径，从而影响齿根弯曲应力的因数，其计算式为

$$Y_\beta = (\sin^2\beta\cos\beta)^{0.14} \qquad (2.4\text{-}27)$$

4）齿形因数 Y_F　考虑轮齿几何形状对齿根弯曲应力影响的因数，计入应力集中影响后，其值可根据当量齿数由图 2.4-25 查出。

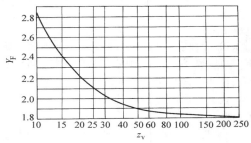

图 2.4-25　齿形因数 Y_F

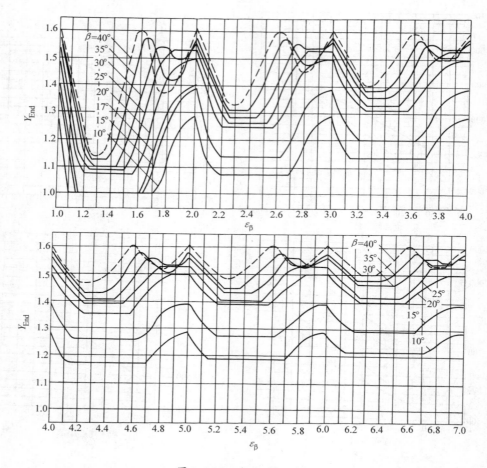

图 2.4-26 齿端因数 Y_{End}

5) 齿端因数 Y_{End} 考虑接触迹在齿端部时端面以外没有齿根来参与承担弯矩，以致端部齿根应力增大的因数。Y_{End} 值可根据 β 和 ε_β 由图 2.4-26 查取。

（2）许用齿根弯曲应力 σ_{FP}

$$\sigma_{FP} = Y_N Y_x \frac{\sigma_{Flim}}{S_{Fmin}} \qquad (2.4-28)$$

1) 寿命因数 Y_N 考虑齿轮只要求有限寿命时，可以提高齿轮许用弯曲应力的因数。可根据应力循环次数 N_L 查图 2.4-27。在循环载荷下工作的齿轮，应根据当量应力循环次数 N_v 查图 2.4-27。

2) 尺寸因数 Y_x 考虑计算齿轮的模数大于试验齿轮模数而使许用齿根弯曲应力降低的因数，其值见图 2.4-28。

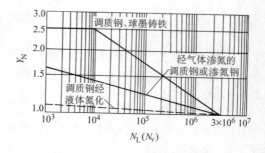

图 2.4-27 抗弯强度计算的寿命因数 Y_N

3) 试验齿轮的弯曲疲劳极限 σ_{Flim} 一定材料，经一定热处理的试验齿轮，承受一定周期持续的循环载荷后，齿根保持不损伤时的极限应力。σ_{Flim} 也可由经验和统计数据得出。当缺乏这方面的资料时，可参考图 2.4-29。

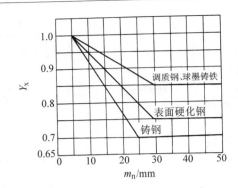

图 2.4-28　抗弯强度计算的尺寸因数 Y_x

材料、工艺、热处理性能良好时，可在图中极限应力区上半部取值，一般取中间值。受对称双向弯曲的齿轮（如中间轮），应将图中查得的 σ_{Flim} 值乘以 0.7。

（3）轮齿抗弯强度设计式

$$m_n \geqslant \sqrt[3]{T_{1c}} \times \sqrt[2.58]{\frac{Y_E Y_u Y_\beta Y_F Y_{End}}{z_1 \sigma_{FP}}} \qquad (2.4\text{-}29)$$

4. 最小安全因数 S_{Hmin}、S_{Fmin}　推荐接触强度计算的最小安全因数 $S_{Hmin} \geqslant 1.3$；抗弯强度计算的最小安全因数 $S_{Fmin} \geqslant 1.6$。

4.3.5　精度

GB/T15753—1995 规定圆弧齿轮的公差等级精度由高到低依次为 4～8 级，其中 4、5 级为高精度级，4 级适用于圆周速度 $v > 120\text{m/s}$，5 级适用于圆周速度 $v \leqslant 120\text{m/s}$；6 级为精密级，适用于圆周速度 $v \leqslant 100\text{m/s}$；7 级为中等精度级，适用于圆周速度 $v \leqslant 25\text{m/s}$；8 级为低精度级，适用于圆周速度 $v \leqslant 10\text{m/s}$。

每级均分为 3 个公差组，分别代表运动准确性、工作平稳性和载荷分布均匀性的公差。

公差指标的分组及推荐检验项目见表 2.4-39。各级公差大致对应的表面粗糙度见表 2.4-40。

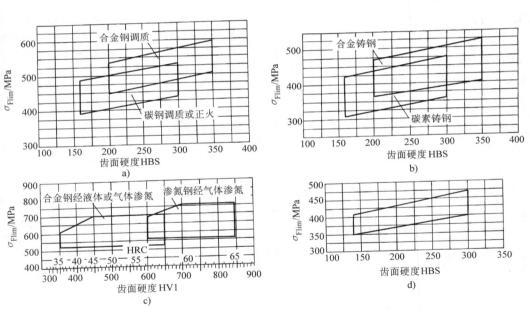

图 2.4-29　弯曲疲劳极限 σ_{Flim}

a）锻钢调质　b）铸钢　c）渗氮钢　d）球墨铸铁

表 2.4-39　圆弧圆柱齿轮公差分组及推荐检验项目

公差组	公差和极限偏差项目	误差特性及其影响	推荐的检验项目及说明
I	F_i'、F_p、(F_{pk})、F_r、F_W	以齿轮一转为周期的误差，主要影响传递运动的准确性和产生低频的振动、噪声	推荐用 F_p；F_r、F_W 可用于 7、8 级齿轮，当其中有 1 项超差时，应按 F_p 鉴定和验收

（续）

公差组	公差和极限偏差项目	误差特性及其影响	推荐的检验项目及说明
Ⅱ	f_i'、f_α、f_{pt}、f_{px}、$f_{f\beta}$	在齿轮一周内，多次周期性重复出现的误差，影响传动的平稳性和产生高频的振动、噪声	推荐用f_{pt}与f_α（或f_{px}）；对于公差不低于6级的齿轮加检f_{fB}，8级公差齿轮允许只检验f_{pt}
Ⅲ	F_β、F_{px}、E_{df}、E_h	齿向误差、轴向齿距偏差，主要影响载荷沿齿向分布的均匀性 齿形径向位置误差，影响齿高方向的接触部位和承载能力	推荐用F_β与E_{df}（或E_h），或用F_{px}与E_{df}（或E_h），必要时加检验E_W或F_s
齿轮副	F_{ic}'、f_{ic}' 接触迹位置偏差、接触斑点和齿侧间隙	综合性误差，影响工作平稳性和承载能力	可用传动误差测量仪检查接触迹位置和侧隙，合格后进行磨合，然后检查接触斑点

表 2.4-40　圆弧圆柱齿轮的齿面粗糙度

公差等级	5、6	7		8	
法向模数 m_n/mm	1.5 ~ 10		> 10	1.5 ~ 10	> 10
磨合前的齿面粗糙度 R_a/μm	0.4	2.5		3.2	5.0

4.4　锥齿轮传动

锥齿轮用于轴线相交的传动，轴线间交角通常为90°。锥齿轮的类型及其特性见表 2.4-41。

4.4.1　基本齿廓和模数系列

1. 基本齿廓　GB/T 12369—1990 规定了直齿与斜齿锥齿轮的标准基本齿廓。该标准适用于大端端面模数 $m \geqslant 1\text{mm}$、主要用于通用与重型机械的、齿高沿齿线方向收缩（顶隙相等）、产形面为平面的展成法切削或磨削的直齿及斜齿锥齿轮。

表 2.4-41　锥齿轮的类型及其特性

分类方法	类型	示意图	特点和应用
按齿线形状	直齿锥齿轮	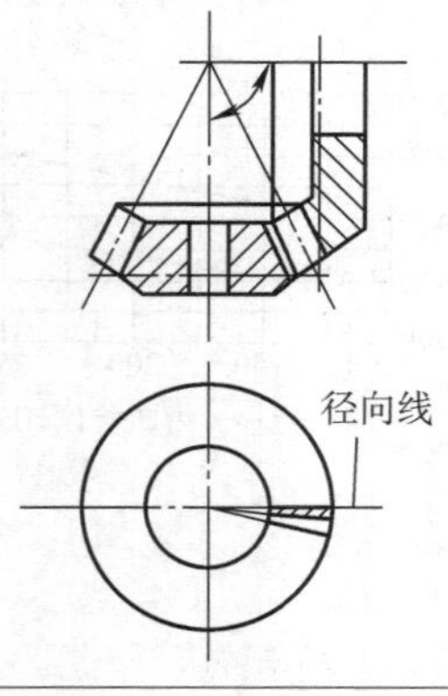 径向线	制造容易，成本低；对安装误差和变形很敏感，为减小载荷集中可制成鼓形齿；承载能力低；噪声大 多用于低速、载荷轻而稳定的传动，一般速度 $v_m \leqslant 5\text{m/s}$；对大型锥齿轮，当用仿形加工时，$v_m \leqslant 2\text{m/s}$，磨削加工的锥齿轮 $v_m \leqslant 75\text{m/s}$
	斜齿锥齿轮	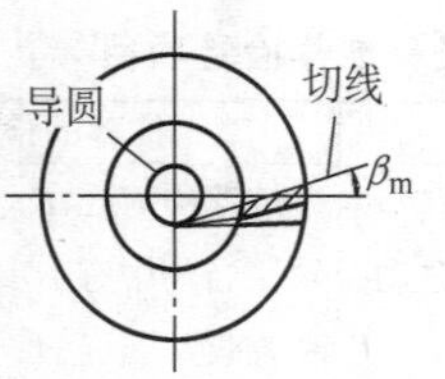 导圆　切线　β_m	产形轮上的齿线是与导圆相切而不通过锥顶的直线；制造较容易，承载能力较高，噪声较小；轴向力大，且随转向变化 多用于大型（$m > 15\text{mm}$）的锥齿轮；在 $v_m \leqslant 12\text{m/s}$、重载或有冲击的传动中，用弧齿锥齿轮在制造上有困难时，可用这种齿轮代替

（续）

分类方法	类 型	示意图	特点和应用
按齿线形状	弧齿锥齿轮		产形轮上的齿线是圆弧；承载能力高，运转平稳，噪声小；对安装误差和变形不敏感；轴向力大，且随转向变化 用于 $v_m \geq 5\text{m/s}$ 或转速 $n > 1000\text{r/min}$ 及重载的传动；适于成批生产；磨齿后可用于高速（$v_m = 40 \sim 100\text{m/s}$）
	零度锥齿轮		齿线是一段圆弧，齿宽中点螺旋角 $\beta_m = 0°$；承载能力略高于直齿，轴向力与转向无关；运转平稳性好 可用以代替直齿锥齿轮，适用于 $v_m \leq 5\text{m/s}$，$n < 1000\text{r/min}$ 的传动；经磨削的齿轮可用于 $v_m \leq 50\text{m/s}$
	摆线齿锥齿轮		齿线是长幅外摆线；加工时机床调整方便，计算简单；不能磨齿 应用范围与弧齿锥齿轮相同，虽不能磨齿，但采用刮削，在硬齿面的条件下所得到的精度和表面粗糙度不亚于磨齿；尤其适于单件或小批生产
按齿高形式	不等顶隙收缩齿		顶锥、根锥和分锥的顶点相重合；齿轮副的顶隙由大端到小端逐渐减小；齿根圆角较小，齿根强度较弱；小端齿顶薄弱 以往广泛地应用于直齿锥齿轮中，因缺点较严重，近来有被等顶隙收缩齿代替的趋势
	等顶隙收缩齿		齿轮副的顶隙沿齿长保持与大端相等（即一齿轮的顶锥母线与配对齿轮的根锥母线平行），顶锥的顶点不与分锥和根锥的顶点重合；齿根的圆角半径增大，应力集中减小，齿根强度提高；同时可增大刀具刀尖圆角，提高了刀具寿命；小端齿顶厚度增大；减少因齿轮错位而造成小端‘咬死’的可能性 直齿锥齿轮推荐使用这种齿形 弧齿锥齿轮、$m > 2\text{mm}$ 的零度锥齿轮大多采用等顶隙收缩齿

（续）

分类方法	类　型	示意图	特点和应用
按齿高形式	双重收缩齿	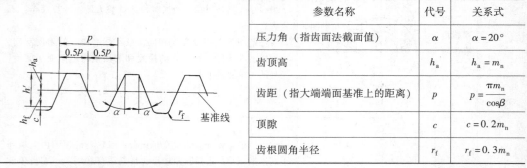	顶锥、根锥和分锥的顶点不重合、分别与轴线交于3点；顶隙沿齿长保持相等，齿高收缩显著。特点与等顶隙收缩相同 　　格利森零度锥齿轮和 $m < 2.5$mm 的弧齿锥齿轮一般都采用双重收缩齿
	等高齿		大端与小端的齿高相等，即齿轮的顶锥角、分锥角和根锥角都相等；加工时机床调整方便，计算简单；小端易产生挖根和齿顶过薄 　　摆线齿锥齿轮都采用等高齿；弧齿锥齿轮也可采用 　　齿宽因子 $b_R^* \leqslant 0.28$；小轮齿数 $z_1 \geqslant 9$；假想平面齿轮齿数 $z_c \geqslant 25$

基本齿廓的形状和尺寸见表2.4-42。

2. 模数系列　GB/T 12368—1990〈锥齿轮模数〉规定了锥齿轮大端端面模数，适用于直齿、斜齿、曲线齿锥齿轮。模数系列见表2.4-43。

表 2.4-42　锥齿轮基本齿廓尺寸

参数名称	代号	关系式
压力角（指齿面法截面值）	α	$\alpha = 20°$
齿顶高	h_a	$h_a = m_n$
齿距（指大端端面基准上的距离）	p	$p = \dfrac{\pi m_n}{\cos\beta}$
顶隙	c	$c = 0.2 m_n$
齿根圆角半径	r_f	$r_f = 0.3 m_n$

注：1. 大端端面基准线上的齿厚和齿槽宽相等。

2. 当需要齿廓修缘时，原则上只允许在齿顶修缘，修形量在齿高方向上不超过 $0.6 m_n$，在齿厚方向不超过 $0.02 m_n$。

3. 压力角 $\alpha = 20°$ 为基本压力角，根据需要允许采用压力角 $\alpha = 14°30'$ 或 $\alpha = 25°$。

4. 齿根圆角半径在啮合条件允许的情况下可取到 $0.35 m_n$。

5. 齿距 p 系由机床分齿运动形成。

表 2.4-43　锥齿轮模数 m　　　　（单位：mm）

1	1.5	1.75	2	2.25	2.5	2.75	3	3.25	3.5	3.75	4	4.5	5	5.5	6	6.5　7
8	9	10	11	12	14	16	18	20	22	25	28	30	32	36	40	45　50

4.4.2　直齿锥齿轮传动

1. 几何计算　标准和高变位直齿锥齿轮几何参数的计算见表2.4-44。

表 2.4-44　直齿锥齿轮的几何计算（轴交角 $\Sigma = 90°$）

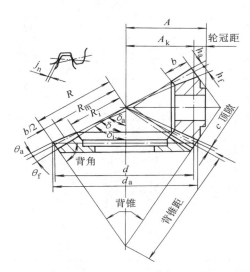

R—外锥距　R_m—中点锥距　R_i—内锥距　A—安装距　A_k—冠顶距　b—齿宽　h_a—齿顶高

h_f—齿根高　θ_a—齿顶角　θ_f—齿根角　δ—分圆锥角　δ_a—顶圆锥角　δ_i—根圆锥角　d_a—大端外径

参数名称		符号	计 算 公 式		说 明
			小　轮	大　轮	
大端模数		m	由强度计算或结构设计确定		应符合标准
齿数比		u	由传动链设计确定		
齿数		z	z_1 选取	$z_2 = uz_1$	不挖根的最少齿数为 13
分锥角		δ	$\delta_1 = \arctan \dfrac{z_1}{z_2}$	$\delta_2 = 90° - \delta_1$	
分度圆直径		d	$d_1 = mz_1$	$d_2 = mz_2$	
锥距		R	$R = \dfrac{m}{2} \sqrt{z_1^2 + z_2^2}$		精确到 0.01mm
齿宽		b	$b < 10m; b < R/3$		
齿宽中点分度圆直径		d_m	$d_{m1} = d_1 - b\sin\delta_1$	$d_{m2} = d_2 - b\sin\delta_2$	
齿宽中点模数		m_m	$m_m = d_{m1}/z_1 = d_{m2}/z_2$		
高变位因子		x	$x_1 = 0.46\left(1 - \dfrac{\cos\delta_2}{u\cos\delta_1}\right)$	$x_2 = -x_1$	
切向变位因子		x_t	x_{t1} 可按图 2.4-30 选	$x_{t2} = -x_{t1}$	
大端齿顶高		h_a	$h_{a1} = (1 + x_1)m$	$h_{a2} = (1 + x_2)m$	x_1, x_2 要代入本身的符号
大端齿根高		h_f	$h_{f1} = (1.2 - x_1)m$	$h_{f2} = (1.2 - x_2)m$	格里森制 1.2 改为 1.188
大端齿高		h	$h = h_1 = h_2 = 2.2m$		格里森制为 2.188m
大端齿顶圆直径		d_a	$d_{a1} = d_1 + 2h_{a1}\cos\delta_1$	$d_{a2} = d_2 + 2h_{a2}\cos\delta_2$	
齿根角		θ_f	$\theta_{f1} = \arctan(h_{f1}/R)$	$\theta_{f2} = \arctan(h_{f2}/R)$	
齿顶角	等顶隙收缩齿	θ_a	$\theta_{a1} = \theta_{f2}$	$\theta_{a2} = \theta_{f1}$	
	不等顶隙收缩齿		$\theta_{a1} = \arctan(h_{a1}/R)$	$\theta_{a2} = \arctan(h_{a2}/R)$	

（续）

参数名称		符号	计 算 公 式		说　明
			小　轮	大　轮	
顶锥角	等顶隙收缩齿	δ_a	$\delta_{a1} = \delta_1 + \theta_{f2}$	$\delta_{a2} = \delta_2 + \theta_{f1}$	
	不等顶隙收缩齿		$\delta_{a1} = \delta_1 + \theta_{a2}$	$\delta_{a2} = \delta_2 + \theta_{a1}$	
根锥角		δ_f	$\delta_{f1} = \delta_1 - \theta_{f1}$	$\delta_{f2} = \delta_2 - \theta_{f2}$	
冠顶距		A_k	$A_{k1} = \dfrac{d_2}{2} - h_{a1}\sin\delta_1$	$A_{k2} = \dfrac{d_1}{2} - h_{a2}\sin\delta_2$	
大端分度圆弧齿厚[①]		s	$s_1 = m\left(\dfrac{\pi}{2} + 2x_1\tan\alpha + x_{t1}\right)$	$s_2 = m\left(\dfrac{\pi}{2} + 2x_2\tan\alpha + x_{t2}\right)$	代入 x 和 x_t 本身的符号
大端分度圆弦齿厚		$\bar{s}$	$\bar{s}_1 = s_1 - \dfrac{s_1^3}{6d_2^2}$	$\bar{s}_2 = s_2 - \dfrac{s_2^3}{6d_2^2}$	
大端分度圆弦齿高		$\bar{h}$	$\bar{h}_1 = h_{a1} + \dfrac{s_1^2\cos\delta_1}{4d_1}$	$\bar{h}_2 = h_{a2} + \dfrac{s_2^2\cos\delta_2}{4d_2}$	

①　此式计算值为无齿侧间隙的弧齿厚,实际齿厚尺寸要考虑齿侧间隙。

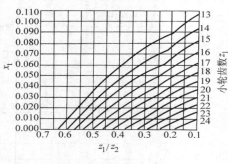

图 2.4-30　直齿锥齿轮切
向变位因子（$z_1 \geqslant 13$）

2. 当量圆柱齿轮参数　直齿锥齿轮的强度计算按齿宽中点处的当量直齿圆柱齿轮进行, 其重合度也按该当量直齿圆柱齿轮的重合度公式计算, 且齿数代入当量齿数 z_v。

直齿锥齿轮的当量圆柱齿轮参数见表 2.4-45。

3. 受力分析　直齿锥齿轮齿宽中点分度圆上的作用力见表 2.4-46。

4. 计算载荷 F_{mtc}　计算载荷的计算式为

$$F_{mtc} = K_A K_v K_{H\beta} K_{H\alpha} F_{mt} \qquad (2.4\text{-}30)$$

表 2.4-45　直齿锥齿轮当量圆柱齿轮的参数

参数名称	符号	计 算 公 式	
		小　轮	大　轮
齿数	z_{v1}	$z_{v1} = z_1\sqrt{\dfrac{u^2+1}{u}}$	$z_{v2} = z_2\sqrt{u^2+1}$
齿数比	u_v	$u_v = z_{v2}/z_{v1} = u^2$	
分度圆直径	d_v	$d_{v1} = d_{m1}\sqrt{\dfrac{u^2+1}{u}}$	$d_{v2} = u^2 d_{v1}$
中心距	α_v	$\alpha_v = (d_{v1} + d_{v2})/2$	
齿顶圆直径	d_{va}	$d_{va1} = d_{v1} + 2h_{am1}$	$d_{va2} = d_{v2} + 2h_{am2}$
高变位因子	x_{vm}	$x_{vm1} = \dfrac{h_{am1} - h_{am2}}{2m_m}$	$x_{vm2} = \dfrac{h_{am2} - h_{am1}}{2m_m}$
半齿宽切向变位因子	x_t	$x_{tm1} = \dfrac{s_m}{2m_m} - \dfrac{\pi}{4} - x_{vm1}\tan\alpha$	$x_{tm2} = \dfrac{s_m}{2m_m} - \dfrac{\pi}{4} - x_{vm2}\tan\alpha$

（续）

参 数 名 称	符号	计 算 公 式	
		小 轮	大 轮
基圆直径	d_{vb}	$d_{vb1} = d_{v1}\cos\alpha$	$d_{vb2} = d_{v2}\cos\alpha$
重合度	ε_v	$\varepsilon_v = \dfrac{\sqrt{d_{va1}^2 - d_{vb1}^2} + \sqrt{d_{va2}^2 - d_{vb2}^2}}{2\pi m_m\cos\alpha}$	
齿宽中点分度圆圆周速度	v_{mt}	$v_{mt} = \pi d_{m1}n_1$	

注：u—锥齿轮的齿数比；h_{am}—锥齿轮齿宽中点齿顶高；m_m—锥齿轮齿宽中点模数；s_m—锥齿轮齿宽中点弧齿厚

表 2.4-46　直齿锥齿轮齿宽中点分度圆上的作用力

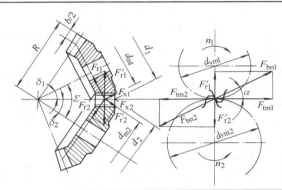

作 用 力	计 算 公 式	
	小 轮	大 轮
圆周（切向）力 F_{mt}	$F_{mt} = \dfrac{2T}{d_m}$	
径向力 F_{mr}	$F_{mr1} = F_{mt}\tan\alpha\cos\delta_1$	$F_{mr2} = F_{mt}\tan\alpha\cos\delta_2 = F_{ma1}$
轴向力 F_{ma}	$F_{ma1} = F_{mt}\tan\alpha\sin\delta_1$	$F_{ma2} = F_{mt}\tan\alpha\sin\delta_1 = F_{mr1}$

注：T—标称转矩；d_m—齿宽中点分度圆直径。

（1）使用因数 K_A 是考虑非啮合因素引起的附加动载荷的因数，其取值可参照表 2.4-10。

（2）动载因数 K_v 是考虑齿轮制造误差、运转速度等造成啮合振动所产生的内部附加载荷影响的因数。K_v 值可按下式近似计算

$$K_v = \left(\frac{0.85bK}{K_A F_{mt}} + 0.0193\right)z_1 v_{mt}\sqrt{\frac{u^2}{u^2+1}+1} \qquad (2.4\text{-}31)$$

式中　F_{mt}——标称载荷（N）；

　　　K——系数，其值查表 2.4-47；

　　　b——齿宽（mm）；

　　　v_{mt}——齿宽中点圆周速度（m/s）。

（3）齿向载荷分布因数 $K_{H\beta}$ 载荷沿齿宽分布不均匀对接触应力的影响因数，$K_{H\beta}$ 值可按下式近似计算

$$K_{H\beta} = 1.5K_{H\beta be} \qquad (2.4\text{-}32)$$

式中　$K_{H\beta be}$——支承因子，在运转条件下有最佳接触印痕时，可按表 2.4-48 选取。

表 2.4-47　直齿锥齿轮的系数 K

第Ⅱ公差组公差等级	4	5	6	7	9	10	11	12
K	3.59	5.83	10.11	16.33	28.76	62.20	113.52	155.50	233.25

表 2.4-48 支承因子 $K_{H\beta be}$

应用场合	大、小齿轮的支承		
	两者都是两端支承	一个两端支承一个悬臂支承	两者都是悬臂支承
	$K_{H\beta be}$		
一般机械	1.20	1.32	1.50
飞机、车辆、精密机械	1.00	1.10	1.25

（4）齿间载荷分配因数 $K_{H\alpha}$ 载荷在同时啮合的各对轮齿间分配不均匀对接触应力影响之因数，$K_{H\alpha}$ 的近似值可用 $\dfrac{K_A K_v K_{H\beta} F_{mt}}{b_{Hef}}$ 代替 $\dfrac{K_A F_t}{b}$ 查表 2.4-14，其中 b_{Hef} 是接触强度计算时所用的有效齿宽，通常取 $b_{Hef} = 0.85b$。

5. 初步设计

（1）根据小齿轮上转矩 T_1 由图 2.4-31 确定分度圆直径 d_1。按图 a 根据接触强度初步选出一个小轮分度圆直径，再按图 b 根据抗弯强度初步选出一个小轮分度圆直径，然后取 1.2 倍图 a 查出的直径与图 b 查出的直径中的大者。

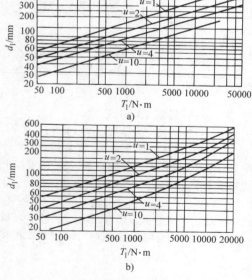

a)

b)

图 2.4-31 按强度初步
确定小轮分度圆直径
a）根据接触强度确定小轮分度圆直径
b）根据抗弯强度确定小轮分度圆直径

（2）根据分度圆直径 d_1 由图 2.4-32 确定小齿轮齿数 z_1。

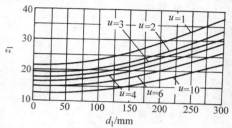

图 2.4-32 直齿锥齿轮的小轮齿数

6. 齿面接触强度计算 接触强度计算的强度条件是

$$\sigma_H \leqslant \sigma_{HP} \qquad S_H \geqslant S_{Hmin}$$

（1）接触应力 σ_H 接触应力的计算式为

$$\sigma_H = Z_E Z_H Z_\varepsilon Z_\beta Z_K \sqrt{\frac{F_{mte}}{d_{m1} b_{Hef}} \cdot \frac{\sqrt{u^2+1}}{u}}$$

$$(2.4\text{-}33)$$

1）弹性系数 Z_E 考虑材料弹性模量 E 和泊松比 ν 对接触应力影响的系数，其值见表 2.4-15。

2）节点区域因数 Z_H 考虑节点处齿廓曲率半径对接触应力的影响，并将分度圆上的切向力折算为节圆上法向力的因数。对标准和高变位锥齿轮

$$Z_H = 2\sqrt{\frac{1}{\sin(2\alpha)}} \qquad (2.4\text{-}34)$$

3）重合度因数 Z_ε 考虑重合度 ε 对单位齿宽载荷影响的因数，其计算公式为

$$Z_\varepsilon = \sqrt{\frac{4 - \varepsilon_{v\alpha}}{3}} \qquad (2.4\text{-}35)$$

4）螺旋角因数 Z_β 考虑螺旋角引起接触线倾斜对接触应力影响的因数，对直齿锥齿轮 $Z_\beta = 1$。

5）锥齿轮因数 Z_K 考虑锥齿轮齿形与渐开线齿形的差异，以及轮齿刚度沿齿宽变化对接触应力影响的因数。当齿顶和齿根修形适当时，取 $Z_K = 0.85$。

（2）许用接触应力 σ_{HP} 大、小齿轮的许用接触应力 σ_{HP} 应按下式分别计算

$$\sigma_{HP} = Z_{NT} Z_{LvR} Z_w Z_x \frac{\sigma_{Hlim}}{S_{Hmin}} \qquad (2.4\text{-}36)$$

1) 寿命因数 Z_{NT} 考虑有限寿命时许用接触应力可以提高的因数，其值可查图2.4-5。

2) 润滑油膜影响因数 Z_{LvR} 考虑润滑油粘度、齿面相对速度以及齿面粗糙度，通过润滑油膜对齿面承载能力的影响的因数。

它们按当量圆柱齿轮取值，即：当 $N_L \geqslant N_C$（持久强度，无限寿命）和 $N_L \leqslant N_0$（静强度）时，Z_{LvR} 值见表2.4-16；在有限寿命计算时，Z_{LvR} 值可由持久强度 Z_{LvR} 值和静强度 Z_{LvR} 值，利用 Z_{NT} 曲线（图2.4-5），按线性插值确定。

3) 齿面工作硬化因数 Z_W 考虑经光整加工的硬齿面小齿轮在运转过程中使调质大齿轮齿面发生冷作硬化，提高了许用接触应力的因数。

Z_W 的取值与圆柱齿轮相同。

4) 尺寸因数 Z_x 考虑尺寸增大使材料强度降低的因数，可根据材料和齿轮模数，按表2.4-49中的公式计算。

表 2.4-49 锥齿轮尺寸因数 Z_x 计算公式

齿轮材料	计 算 公 式	极 限 范 围
经渗碳淬火或火焰、感应加热淬火处理的钢	$Z_x = 1.05 - 0.005 m_m$	$0.9 \leqslant Z_x \leqslant 1.0$
经渗氮处理的钢	$Z_x = 1.08 - 0.011 m_m$	$0.75 \leqslant Z_x \leqslant 1.0$
结构钢、调质钢、铸铁	$Z_x = 1$	—

5) 试验齿轮的接触疲劳极限 σ_{Hlim} 是试验齿轮经长期持续的循环载荷作用后（通常不少于 50×10^6 次），齿面不破坏的极限应力。不同材料有不同的极限应力，没有专门的资料可用时，其值可查图2.4-4。

6) 接触强度计算的安全因数 S_H

$$S_H = \frac{Z_{NT} Z_{LvR} Z_w Z_x \sigma_{Hlim}}{\sigma_H}$$

应满足

$$S_H \geqslant S_{Hmin}$$

最小安全因数通常可参考表2.4-17选取。

7. 轮齿抗弯强度计算 轮齿抗弯强度计算的强度条件是

$$\sigma_F \leqslant \sigma_{FP} \qquad S_F \geqslant S_{Fmin}$$

(1) 计算齿根弯曲应力 σ_F

$$\sigma_F = Y_{Fa} Y_{Sa} Y_{\varepsilon} Y_K \frac{F_{mtc}}{m_m b_{Fef}} \qquad (2.4-37)$$

1) 齿形因数 Y_{Fa} 考虑载荷作用于齿顶时，齿形对弯曲应力之影响的因数，大、小齿轮的齿形因数需分别计算。

展成法加工的锥齿轮，其 Y_{Fa} 的计算公式及相关公式见表2.4-50。

2) 应力修正因数 Y_{Sa} 考虑齿根过渡曲线处的应力集中效应以及弯曲应力以外的应力对齿根弯曲应力的影响，将名义弯曲应力转换成齿根局部应力的因数。Y_{Sa} 值可按下式计算

$$Y_{Sa} = \left(1.2 + 0.13 \frac{s_F}{h_F} \right) \left(\frac{s_F}{2\rho_f} \right)^{\frac{1}{1.21 + \frac{2.3 s_F}{h_F}}}$$

$$(2.4-38)$$

式（2.4-38）的适用范围是 $1 \leqslant \dfrac{s_F}{2\rho_f} \leqslant 8$。

3) 重合度因数 Y_{ε} 将载荷作用于齿顶时的齿根弯曲应力，转换成载荷作用于单对齿啮合区上界点时齿根弯曲应力的因数。Y_{ε} 值可按下式计算

$$Y_{\varepsilon} = \min \left[\left(0.25 + \frac{0.75}{\varepsilon_v} \right), 0.625 \right] \qquad (2.4-39)$$

4) 锥齿轮因数 Y_K 考虑锥齿轮与圆柱齿轮的差异对齿根弯曲应力之影响的因数，通常取 $Y_K = 1$。

(2) 许用齿根弯曲应力 σ_{FP} 大、小齿轮的许用齿根弯曲应力应分别按下式计算

$$\sigma_{FP} = Y_{NT} Y_{\delta relT} Y_{RrelT} Y_x \frac{\delta_{Flim}}{S_{Fmin}} \qquad (2.4-40)$$

1) 寿命因数 Y_{NT} 考虑在有限寿命时齿轮的许用齿根弯曲应力可以提高的因数，和圆柱齿轮相同，可以根据齿轮材料和寿命（应力循环次数），从图2.4-11中查得。

2) 相对齿根圆角敏感因数 $Y_{\delta relT}$ 考虑材料、几何尺寸等对齿根弯曲应力的敏感度与试验齿轮不同，对许用齿根弯曲应力影响的因数，其对疲劳强度和静强度有不同的影响，和圆柱齿轮相同，近似计算时可按表2.4-18选取 $Y_{\delta relT}$ 值。

表 2.4-50　展成法加工锥齿轮的齿形因数 Y_{Fa} 的相关公式

图　示	项目名称	计算公式
 当量圆柱齿轮基圆 a)　　　b) 刀具齿廓尺寸	刀具圆心到刀具对称线的距离	$E = \dfrac{\pi m_m}{4} - x_{tm} m_m - h_{a0}\tan\alpha + \dfrac{P_{r0}}{\cos\alpha} - \dfrac{\rho_{a0}\ (1-\sin\alpha)}{\cos\alpha}$
	辅助值	$G = \dfrac{\rho_{a0}}{m_m} - \dfrac{h_{a0}}{m_m} + x_{vm}$
	辅助值	$H = \dfrac{2}{z_v}\left(\dfrac{\pi}{2} - \dfrac{E}{m_m} \right) - \dfrac{\pi}{3}$
	辅助值	$\theta = \dfrac{2}{z_v} G\tan\theta - H$ [①]
	危险截面齿厚与模数之比	$\dfrac{s_F}{m_m} = z_v \sin\left(\dfrac{\pi}{3} - \theta \right) + \sqrt{3}\left(\dfrac{G}{\cos\theta} - \dfrac{\rho_{a0}}{m_m} \right)$
	30°切线处曲率半径与模数之比	$\dfrac{\rho_f}{m_m} = \dfrac{\rho_{a0}}{m_m} + \dfrac{2G^2}{\cos\theta\ (z_v\cos^2\theta - 2G)}$
	辅助角	$\cos\alpha_a = \dfrac{d_{vb}}{d_{va}}$
	辅助角	$\gamma_a = \dfrac{2}{z_v}\left[\dfrac{\pi}{4} + 2\ (x_{vm}\tan\alpha + x_{tm}) \right] + \mathrm{inv}\alpha - \mathrm{inv}\alpha_a$
	当量圆柱齿轮法向载荷作用角	$\alpha_{Fa} = \alpha_a - \gamma_a$
	弯曲力臂与模数之比	$\dfrac{h_F}{m_m} = \dfrac{1}{2}\left[(\cos\gamma_a - \sin\gamma_a\tan\alpha_{Fa})\dfrac{d_{va}}{m_m} - z_v\cos\left(\dfrac{\pi}{3} - \theta \right) - \dfrac{G}{\cos\theta} + \dfrac{\rho_{a0}}{m_m} \right]$
	齿形因数	$Y_{Fa} = \dfrac{6\dfrac{h_F}{m_m}\cos\alpha_{Fa}}{\left(\dfrac{s_F}{m_m} \right)^2 \cos\alpha}$

① 需采用叠代法计算, 可取 $\theta_0 = 50$ 。

3) 相对齿根表面状况因数 Y_{RrelT} 考虑齿根表面状况 (主要是粗糙度) 与试验齿轮不同对许用齿根弯曲应力影响的因数。齿根表面状况只对疲劳强度有影响, 对静强度无影响。

和圆柱齿轮相同, 持久寿命时的 Y_{RrelT} 值可根据齿根表面的粗糙度参数 R_a 和材料种类, 从图 2.4-12 中查得。静强度计算时, 取 $Y_{RrelT} = 1$ 。

4) 尺寸因数 Y_x 考虑齿轮尺寸 (法向模数) 与试验齿轮不同对许用齿根弯曲应力影响的因数。齿轮尺寸只对疲劳强度有影响, 对静强度无影响。和圆柱齿轮相同, Y_x 可由图 2.4-13 中的曲线确定。

5) 试验齿轮弯曲疲劳极限 σ_{Flim} 是试验齿轮经长期运转 (对大多数齿轮材料 $N_L = N_C = 3 \times 10^6$) 后, 齿根保持不破坏的极限齿根弯曲应力, 没有专门的资料可用时, 可参考图 2.4-10 的极限齿根弯曲应力曲线。

(3) 计算安全因数 S_F

$$S_F = Y_{NT} Y_{\delta relT} Y_{RrelT} Y_X \dfrac{\sigma_{Flim}}{\sigma_F} \qquad (2.4\text{-}41)$$

应满足 $S_F \geqslant S_{Fmin}$ 。最小安全因数 S_{Fmin} 的推荐值见表 2.4-17。

4.4.3　精度

GB/T 11365—1989 对中点法向模数 $m_{mn} \geqslant 1mm$ 的直齿、斜齿、曲线齿锥齿轮和准双曲面齿轮的公差等级作了规定。

1. 公差等级 标准对锥齿轮和齿轮副公差依次设置了 12 个等级，1 级精度最高，12 级精度最低，其中 1~3 级未规定公差数值。

应根据使用条件如圆周速度、传递功率、运动的精确性、平稳性等，选择锥齿轮精度。

2. 公差组和检验组 标准将公差分成 3 个公差组，每个公差组有几个检验组，每个检验组适用于一定的公差等级范围，见表 2.4-51。

表 2.4-51 各检验组适用的公差等级

公差组	检验对象	检 验 组		适用公差等级	备 注
		符号	名 称		
第 I 公差组	齿轮	F_i'	切向综合公差	4~8	
		$F_{i\Sigma}''$	轴交角综合公差	7~12	斜齿、曲线齿：9~12
		F_p 与 F_{pk}	齿距累积公差与 k 个齿距累积公差	4~6	
		F_p	齿距累积公差	7~8	
		F_r	齿圈跳动公差	7~12	7、8 用于 $d>1600$mm
	齿轮副	F_{ic}'	齿轮副切向综合公差	4~8	
		$F_{i\Sigma c}''$	齿轮副轴交角综合公差	7~12	斜齿、曲线齿：9~12
		F_{vj}	齿轮副侧隙变动公差	9~12	
第 II 公差组	齿轮	f_i'	一齿切向综合公差	4~12	
		$f_{i\Sigma}''$	一齿轴交角综合公差	7~12	斜齿、曲线齿：9~12
		f_{zk}'	周期公差	4~8	纵向重合度 ε_β 大于界限值
		f_{pt} 与 f_c	齿距极限偏差与齿形相对误差的公差	4~6	
		f_{pt}	齿距极限偏差	7~12	
	齿轮副	f_{ic}'	齿轮副一齿切向综合公差	4~8	
		$f_{i\Sigma c}''$	齿轮副轴交角综合公差	7~12	斜齿、曲线齿：9~12
		f_{zkc}'	齿轮副周期误差的公差	4~8	纵向重合度 ε_β 大于界限值
		f_{zzc}'	齿轮副齿频周期误差的公差	4~8	纵向重合度 ε_β 小于界限值
第 III 公差组	齿轮		接触斑点	4~12	
	齿轮副		接触斑点	4~12	

3. 齿轮副侧隙 侧隙代表齿轮传动结合尺寸的精度，GB/T11365—1989 设置了 6 种最小法向侧隙，即 a、b、c、d、e 和 h，最小法向侧隙 j_{nmin} 值 a 最大，h 为零。

齿轮副的法向侧隙公差有 5 种，即 A、B、C、D 和 H。

标准推荐了一般情况下侧隙公差种类与最小法向侧隙种类的关系。

4.5 齿轮材料与热处理硬度选配

4.5.1 齿轮材料

1. 齿轮用钢 调质和表面淬火齿轮常用钢的牌号见表 2.4-52，渗碳处理齿轮常用钢的牌号见表 2.4-53，渗氮处理齿轮常用钢的牌号见表 2.4-54。

2. 齿轮用铸铁 铸铁成本低、切削性能好、耐磨性高、噪声小，但灰铸铁强度低、塑性差，故常用来制作对强度要求不高，但需耐磨的齿轮。常用牌号有：HT200、HT250、HT300、HT350、HT400。

球墨铸铁具有较高的强度、耐磨性和一定的塑性与韧性，适宜制作开式齿轮和某些对噪声控制较严的齿轮。常用的球墨铸铁牌号有：QT400-17、QT500-5、QT700-2、QT1200-1。

3. 齿轮用非铁金属 齿轮用非铁金属主要是铜合金，且多为制作蜗轮。常用铜合金为锡青铜和铝铁青铜，具体牌号见表 2.5-8。

4. 齿轮用非金属材料 用作齿轮的非金属材料主要是工程塑料，其性能与应用范围见表 2.4-55。

4.5.2 热处理硬度选配

各类齿轮副的硬度选配方案见表 2.4-56。

表 2.4-52　调质和表面淬火齿轮常用钢的选择

齿 轮 种 类		选 择 钢 号	热 处 理 方 式
汽车、拖拉机及机床中的不重要齿轮		45	调质再高频感应加热淬火
中速、中等载荷车床、钻床变速箱非重要齿轮 高速、中等载荷磨床砂轮轴传动齿轮			
中速、中等载荷大型机床齿轮		40Cr、42SiMn、35SiMn、45MnB	调质
中速、中等但伴有一定冲击载荷的变速箱齿轮			调质再高频感应加热淬火
高速、重载并要求齿面硬度高的齿轮			
起重机械、运输机械、建筑机械、水泥机械、冶金机械、矿山机械、工程机械、石油机械等设备中的低速、重载大齿轮	轻载、小尺寸、要求不高的齿轮　Ⅰ	40Mn、50Mn2、40Cr、35SiMn、42SiMn	少数轻载、低速、大尺寸的末级传动大齿轮可采用 SiMn 钢正火 根据设计，要求表面硬度大于 40HRC 者，采用调质再表面淬火
	中等载荷、中等尺寸、要求较高的齿轮　Ⅱ	35SiNiMo、35SiMo、42CrMo、35CrMnSi、40CrNi、40CrMnMo、45CrMnMoV	
	重载、大尺寸、要求有足够韧性的重要齿轮　Ⅲ	35CrNi2Mo、40CrNi2Mo	
		Ⅳ 30CrNi3、34CrNi3Mo、37SiMn2MoV	

注：从 Ⅰ 到 Ⅳ 淬透性逐渐提高。

表 2.4-53　渗碳处理齿轮常用钢的选择

齿 轮 种 类	选 择 钢 号
汽车变速器、分动器、起动机及驱动桥的各类齿轮；拖拉机动力传动装置中的各类齿轮；机床变速箱、龙门铣床及立式车床等的高速、重载、受冲击载荷的齿轮	20Cr、20CrMn、20MnVB、20CrMnTi、20CrMnMo、20MnTiB
起重、运输、矿山、通用、化工、机车等机械中的变速箱小齿轮；化工、冶金、电站、铁路、宇航、海运等设备中的汽轮发电机、工业汽轮机、燃气轮机、高速鼓风机、汽轮压缩机等的要求长期安全可靠运行的高速齿轮	12CrNi3、12Cr2Ni4、20CrNi2Mo
大型轧钢机减速器齿轮、人字机座轴齿轮、大型带式输送机传动齿轮、锥齿轮，大型挖掘机传动器主动齿轮、采煤机传动齿轮、坦克用齿轮等低速、重载并受冲击载荷的齿轮	20Cr2Ni4、18Cr2Ni4W、20Cr2Mn2Mo

表 2.4-54　渗氮处理齿轮常用钢的选择

齿 轮 种 类	性 能 要 求	选 择 钢 号
一般齿轮	表面耐磨	20Cr、20CrMnTi、40Cr
在冲击载荷下工作的齿轮	表面耐磨，心部韧性高	18CrNiWA、18Cr2Ni4WA、30CrNi3、35CrMo
在重载荷下工作的齿轮	表面耐磨，心部强度高	30CrMnSi、35CrMoV、25Cr2MoV、42CrMo
在重载荷并有冲击条件下工作的齿轮	表面耐磨，心部韧性和强度均高	30CrNiMoA、40CrNiMoA、30CrNi2Mo
精密、耐磨齿轮	表面耐磨	38CrMoAlA、30CrMoAl

表 2.4-55　齿轮用工程塑料的性能与应用范围

塑 料 名 称	性 能	适 用 范 围
聚酰胺 6、聚酰胺 66	有较高的疲劳强度和抗振性，但吸湿性大	在轻到中等载荷、少或无润滑、温度低于 80℃ 的条件下工作
聚酰胺 610、聚酰胺 9、聚酰胺 1010	强度与耐热性较聚酰胺 6 略差，但吸湿性小、尺寸稳定性好	在轻到中等载荷、少或无润滑、温度低于 80℃，并可在湿度波动较大的情况下工作
单体浇铸聚酰胺	强度、刚度较前两种高，耐磨性亦更好	适宜铸造大尺寸齿轮
玻璃纤维增强聚酰胺	强度、刚度和耐热性均有提高，尺寸稳定性有显著提高	在重载、高温下使用，传动效率高。速度较高时应用油润滑
聚甲醛	耐疲劳，刚性高于聚酰胺，吸湿性小，耐磨性好，但成形收缩率较大	在轻到中等载荷、少或无润滑、温度低于 100℃ 的条件下工作
聚碳酸酯	成形收缩率小、精度高，但疲劳强度较低且有应力下开裂的倾向	适宜制作大量生产、一次加工的齿轮。速度较高时应用油润滑
玻璃纤维增强聚碳酸酯	强度、刚度和耐热性均与增强聚酰胺相同，而尺寸稳定性更好，耐磨性精差	在较重载荷、较高温度下使用；适宜制作精密齿轮；速度较高时应用油润滑
改性聚苯醚	强度、耐热性较好，成形精度高，耐蒸汽性优异，有应力下开裂的倾向	在高温水或蒸汽环境下工作的精密齿轮
聚酰亚胺	强度和耐热性最好，但成本较高	在 260℃ 以下能长期工作

表 2.4-56 各类齿轮副的硬度选配方案

齿面硬度	齿轮种类	热 处 理		两轮最小硬度差	工作齿面硬度举例	
		小齿轮	大齿轮		小 齿 轮	大 齿 轮
软齿面组合	直齿	调质	正火或调质	20～25HBS	260～290HBS 270～300HBS	180～210HBS 200～230HBS
	斜齿和人字齿	调质	正火或调质	40～50HBS	240～270HBS 260～290HBS 270～300HBS	160～190HBS 180～210HBS 200～230HBS
中硬齿面组合	斜齿和人字齿	调质	调质	40～50HBS	310～340HBS 350～380HBS	240～270HBS 280～310HBS
硬、软齿面组合 硬、中硬齿面组合	斜齿和人字齿	表面淬火	调质	—	40～45HRC	200～230HBS 250～280HBS
		渗碳或渗氮	调质	—	56～62HRC	250～280HBS 270～300HBS 290～320HBS

注：齿面硬度为350HBS左右的齿轮称为中硬齿面齿轮。

5 蜗 杆 传 动

5.1 蜗杆传动的类型

蜗杆传动的类型与特点见表 2.5-1

表 2.5-1 蜗杆传动的类型与特点

类 型	代号	齿 形 图	特 点
普通圆柱蜗杆传动 阿基米德蜗杆	ZA	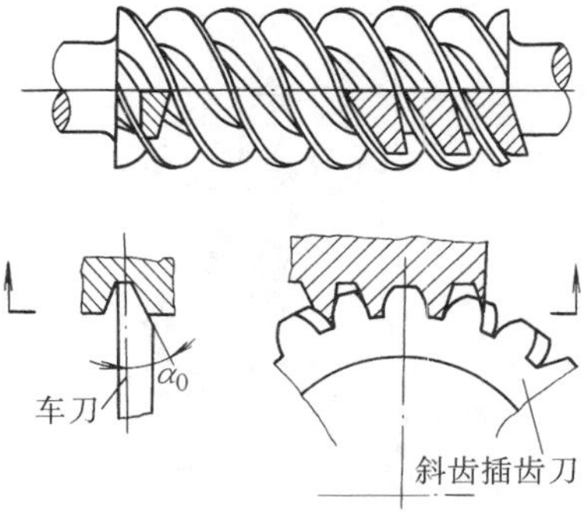 车刀 α_0 斜齿插齿刀	1. 垂直蜗杆轴线的截面上，齿廓为阿基米德螺旋线 2. 蜗杆含轴截面上，齿廓为直线（齿条） 3. 法截面上，齿廓为外凸曲线 4. 蜗杆的加工与普通梯形螺纹相似 5. 难以磨削，精度不高
法向直廓蜗杆	ZN	α_0 车刀 铣刀	1. 垂直蜗杆轴线的截面上，齿廓为延伸渐开线 2. 法截面上，齿廓为直线 3. 蜗杆含轴截面上，齿廓为外凸曲线 4. 便于磨削

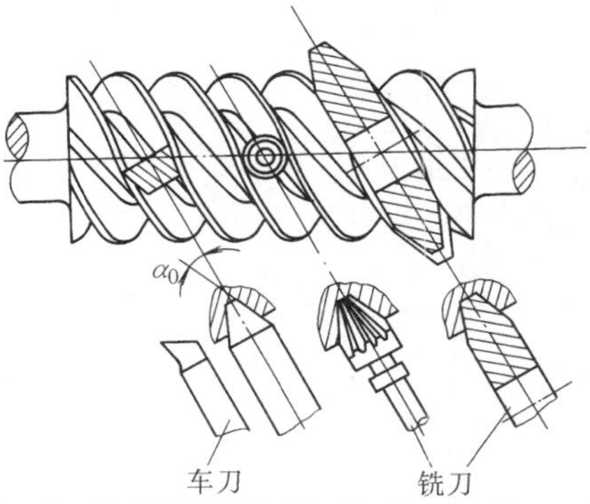

（续）

类　型	代号	齿　形　图	特　点
普通圆柱蜗杆传动 — 渐开线蜗杆	ZI		1. 垂直蜗杆轴线的截面上，齿廓为渐开线 2. 切于基圆柱的截面上，一侧齿廓为直线 3. 便于滚切与磨削，加工精度较高
普通圆柱蜗杆传动 — 锥面包络蜗杆	ZK		1. 齿廓在各个截面均为曲线形 2. 便于铣削和磨削，加工精度较高
圆弧圆柱蜗杆传动	ZC		1. 蜗杆含轴截面上，齿廓为凹圆弧，或法截面上，齿廓为凹圆弧 2. 蜗轮用蜗杆滚刀以展成法切制，其齿廓为凸弧形 3. 承载能力较 ZA 蜗杆传动高 50% ~ 150%
环面蜗杆传动 — 直廓蜗杆	TA		1. 蜗杆螺旋面是不可展直纹面 2. 蜗杆含轴截面上，齿廓为直线 3. 同时包容齿数多，承载能力比普通圆柱蜗杆传动高 1.5 ~ 3.0 倍
环面蜗杆传动 — 平面包络蜗杆	TP		1. 蜗杆螺旋面是可展直纹面 2. 加工简单，可达到很高精度。但加工多头蜗杆时，蜗杆螺旋面易被挖根 3. 蜗杆两端齿顶会变尖 4. 同时包容齿数多、形成动压油膜的条件好，承载能力比普通圆柱蜗杆传动高

（续）

类　型	代号	齿　形　图	特　点
环面蜗杆传动 · 锥面包络蜗杆	TK	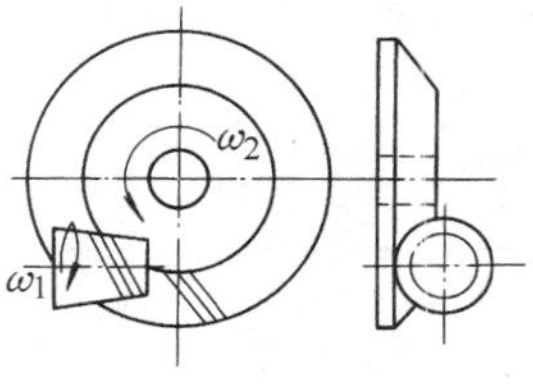	1. 蜗杆螺旋面是可展直纹面 2. 加工简单，可达到很高精度。但加工多头蜗杆时，蜗杆螺旋面易被挖根 3. 蜗杆两端齿顶会变尖 4. 同时包容齿数多、形成动压油膜的条件好，承载能力比普通圆柱蜗杆传动高
锥蜗杆传动	—	—	1. 锥蜗杆是等导程锥形螺纹 2. 同时接触的齿对数多，重合度大，传动平稳 3. 易于形成动压油膜，承载能力和效率较高 4. 加工工艺性较好

5.2 普通圆柱蜗杆传动

5.2.1 主要参数和几何尺寸计算

1. 基本齿廓　GB/T 10087—1988 规定的普通圆柱蜗杆传动的基本齿廓见表 2.5-2。

2. 模数、蜗杆分度圆直径和传动中心距　普通圆柱蜗杆传动的模数、分度圆直径（GB/T 10088—1988）和中心距（GB/T 10085—1988）见表 2.5-3。

3. 几何尺寸计算　普通圆柱蜗杆传动的几何尺寸计算公式见表 2.5-4。

5.2.2 作用力的计算

蜗杆传动作用力的计算公式见表 2.5-5。

表 2.5-2　普通圆柱蜗杆传动基本齿廓

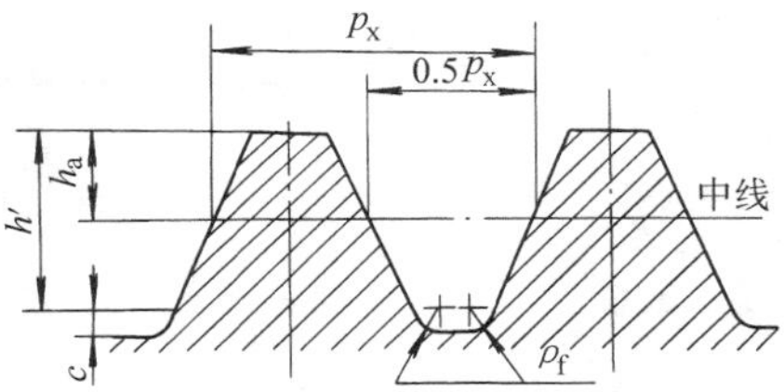

参数名称和符号	标　准　齿	短　齿
压力角 α	20°	
齿顶高 h_a	m	$0.8m$
工作高度 h'	$2m$	$1.6m$
顶隙 c	$0.25m$，必要时 $0.15m \leqslant c \leqslant 0.30m$	
齿距 p_x	πm	
齿根圆角半径 ρ_f	$0.3m$，必要时 $0.15m \leqslant \rho_f \leqslant 0.4m$	

注：1. 齿顶允许倒圆，但圆角半径不应大于 $0.2m$。

2. ZA 蜗杆 $\alpha = \alpha_t$，其他蜗杆 $\alpha = \alpha_n$。

3. 在动力传动中，导程角 $\gamma \geqslant 30°$ 时，允许增大齿形角，推荐用 25°；在分度传动中，允许减小压力角，推荐用 15°或 12°。

表 2.5-3　蜗杆模数 m、分度圆直径 d_1 和传动中心距 a　　（单位：mm）

模数 m	第一系列	1	1.25		1.6	2	2.5		3.15		4		5	
	第二系列			1.5			3			3.5		4.5		5.5
	第一系列		6.3		8	10		12.5		16	20	25	31.5	40
	第二系列	6		7			12		14					

（续）

分度圆直径 d_1	第一系列	18 20 22.4 25	28	31.5	35.5 40 45	50	56	63	71	80
	第二系列		30		38	48	53	60	67	75 85
	第一系列	90 100 112	125	140 160	180	200 224 250 280	315		355	400
	第二系列	95 106 118	132	144	170 190	300			
中心距 a		40 50 63	80	100	125	160 (180)	200			
		(225) 250 (280)	315	(355)	400	(450)	500			

注：优先采用第一系列，括号内的数值尽可能不采用。

表 2.5-4　普通圆柱蜗杆传动的几何尺寸计算公式

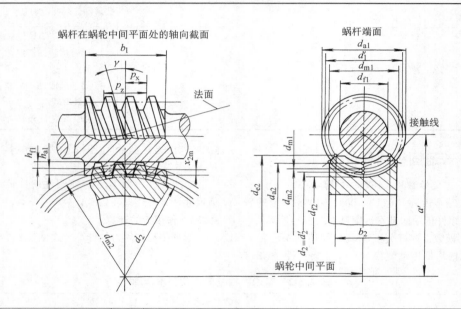

参　数　名　称	符号	计　算　公　式
标准传动中心距	a	$a = \dfrac{d_1 + d_2}{2}$
啮合中心距	a'	$a' = \dfrac{d_1 + d_2 + 2x_2 m}{2}$
传动比	i	$i = \dfrac{n_1}{n_2} = \dfrac{z_2}{z_1}$
齿数比	u	$u = \dfrac{z_1}{z_2}$
蜗轮变位因子	x_2	$x_2 = \dfrac{a' - a}{m}$；常用范围 $-0.5 \leqslant x_2 \leqslant +0.5$、极限范围：$-1 \leqslant x_2 \leqslant +1$
蜗杆轴向模数	m	即蜗轮端面模数，取标准值
法向模数	m_n	$m_n = m\cos\gamma$
端面重合度	ε_a	$\varepsilon_a \approx \dfrac{\dfrac{\sqrt{d_{a2}^2 - d_{b2}^2}}{2} + m\,\dfrac{1 - x_2}{\sin\alpha_x} - \dfrac{d_2\sin\alpha_x}{2}}{\pi m\cos\alpha_n}$
分度圆处滑动速度	v_s	$v_s = \dfrac{v_1}{\cos\gamma}$

（传动）

（续）

	参 数 名 称	符号	计 算 公 式
传动	节圆处滑动速度	v_s'	$v_s' = \dfrac{v_1'}{\cos\gamma}$
蜗 杆	头数	z_1	推荐 z_1 取为 1、2、4、6
	轴向齿距	p_{x1}	$p_{x1} = \pi m$
	螺旋线导程	p_{z1}	$p_{z1} = p_{x1}z_1 = \pi m z_1$
	轴向齿形角	α_x	$\alpha_x = 20°$（对于 ZA 蜗杆）
	法向齿形角	α_n	当 $\gamma < 30°$，$\alpha_n = 20°$，当 $30° \leqslant \gamma \leqslant 45°$，$\alpha_n = 25°$（对 ZN、ZI、ZK 蜗杆）$\tan\alpha_n = \tan\alpha_x \cos\gamma$
	分度圆直径	d_1	$d_1 \approx (0.3 \sim 0.5)a$，齿数比小时取小值，并取成标准值
	节圆直径	d_1'	$d_1' = d_1 + 2x_2 m = 2 - a'mz_1$
	分度圆柱导程角	γ	$\tan\gamma = \dfrac{mz_1}{d_1}$，$\gamma$ 常用范围 $3° \sim 30°$，γ 大则效率高，当 $\gamma \leqslant 3°30'$时，蜗杆传动自锁
	节圆柱导程角	γ'	$\tan\gamma' = \dfrac{mz_1}{d_1 + 2x_2 m}$
	齿顶高	h_{a1}	$h_{a1} = h_a^* m = m$
	齿根高	h_{f1}	$h_{f1} = (h_a^* + c^*)m = 1.2m$
	全齿高	h_1	$h_1 = h_{a1} + h_{f1} = (d_{a1} - d_{f1})/2 = h_2$
	齿根圆角半径	ρ_f	$\rho_f = 0.3m$
	齿顶圆直径	d_{a1}	$d_{a1} = d_1 + 2h_{a1}$
	齿根圆直径	d_{f1}	$d_{f1} = d_1 - 2h_{f1}$
	齿宽	b_1	$b_1 \approx 2.5m\sqrt{z_2 + 1}$
渐开 线蜗 杆	基圆柱导程角	γ_b	$\cos\gamma_b = \cos\alpha_n \cos\gamma$
	基圆直径	d_{b1}	$d_{b1} = \dfrac{mz_1}{\tan\gamma_b} = \dfrac{d_1\tan\gamma}{\tan\gamma_b}$
	法向基节	p_{bn}	$p_{bn} = \pi m \cos\gamma_b$
蜗 轮	分度圆（节圆）螺旋角	β_2	$\beta_2 = \gamma'$
	中圆螺旋角	β_{m2}	$\beta_{m2} = \gamma$
	齿数	z_2	$z_2 = uz_1$ 一般动力传动推荐取 $z_2 = 29 \sim 70$
	分度圆（节圆）直径	d_2	$d_2 = d_2' = mz_2$
	中圆直径	d_{m2}	$d_{m2} = 2a' - d_1 = (z_2 + 2x_2)m = d_2 + 2x_2 m$
	齿顶高	h_{a2}	$h_{a2} = (h_a^* + x_2)m = (1 + x_2)m = (d_{a2} - d_2)/2$
	齿根高	h_{f2}	$h_{f2} = (h_a^* + c^* - x_2)m = (1.2 - x_2)m = (d_2 - d_{f2})/2$
	全齿高	h_2	$h_2 = h_{a2} + h_{f2} = (d_{a2} - d_{f2})/2 = h_1$ 当 $\gamma > 30°$，如 $\alpha_n = 20°$，齿高应当减小；如 $\alpha_n = 25°$，则不需减小
	齿顶圆（喉圆）直径	d_{a2}	$d_{a2} = d_2 + 2h_{a2}$
	齿根圆直径	d_{f2}	$d_{f2} = d_2 - 2h_{f2}$
	外圆直径	d_{e2}	$d_{e2} \approx d_{a2} + m$
	齿宽	b_2	$b_2 \approx m + 2\sqrt{d_1 m + m^2}$
	齿宽（包容）角	θ	$\sin\dfrac{\theta}{2} = \dfrac{b_2}{d_1}$
	喉母圆半径	r_{g2}	$r_{g2} = a' - \dfrac{d_{a2}}{2}$
蜗杆测量尺寸	分度圆轴向弦齿厚	$\bar{s}_{x1}$	$\bar{s}_{x1} = \dfrac{\pi m}{2}$
	分度圆法向弦齿厚	$\bar{s}_{n1}$	$\bar{s}_{n1} = \dfrac{\pi m \cos\gamma}{2}$

（续）

参 数 名 称		符号	计 算 公 式
蜗杆测量尺寸	法向测齿高度	$\bar{h}_{an1}$	$\bar{h}_{an1} = h_a^* m + \dfrac{s_{n1}}{2}\tan\left[\dfrac{1}{2}\arcsin\left(\dfrac{s_{n1}\sin^2\gamma}{d_1}\right)\right]$
	测棒直径	D_M	$D_M \approx 1.67m$，D_M 选标准值
	跨棒距	M_{d1}	$M_d = d_1 - \left(p_{x1} - \dfrac{\pi m}{2}\right)\dfrac{\cos\gamma}{\tan\alpha_n} + D_M\left(\dfrac{1}{\sin\alpha_n} + 1\right)$
			对 ZA 蜗杆，$\tan\alpha_n = \tan 20°\cos\gamma$

表 2.5-5   蜗杆传动作用力的计算公式

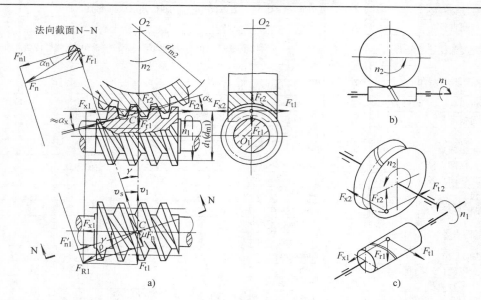

作用力	符 号	计 算 公 式	
		已知蜗杆转矩	已知蜗轮转矩
圆周力	F_t	$F_{t1} = \dfrac{2T_1}{d_1} = F_{a2}$	$F_{t2} = \dfrac{2T_2}{d_{m2}} = F_{a1}$
轴向力	F_a	$F_{a1} = \dfrac{F_{t1}}{\tan(\gamma+\rho)} = F_{t2}$	$F_{s2} = \dfrac{F_{t2}}{\tan(\gamma+\rho)} = F_{t1}$
径向力	F_r	$F_{r1} \approx F_{a1}\tan\alpha_x = F_{r2}$	
说明		$T_1 = \dfrac{T_2}{u\eta_1} = T_2\dfrac{\tan(\gamma+\rho_v)}{u\tan\gamma}$：$T_1$—蜗杆转矩；$T_2$—蜗轮转矩；$\eta_1$—啮合效率；$\rho_v$—当量摩擦角	

5.2.3 承载能力计算

1. 接触强度计算 接触强度计算的强度条件是

$$\sigma_H \leqslant \sigma_{HP} \qquad S_H \geqslant S_{Hmin}$$

（1）计算接触应力 σ_H

$$\sigma_H = Z_E Z_\rho \sqrt{\dfrac{K_A T_2}{a'^3}} \qquad (2.5\text{-}1)$$

式中 Z_E——材料弹性系数，根据蜗轮材料查表 2.5-6；

Z_ρ——接触因数，根据蜗杆分度圆直径与中心距之比查图 2.5-1；

K_A——使用因数，查表 2.5-7。

（2）许用接触应力 σ_{HP}

$$\sigma_{HP} = Z_N \sigma_{HNP} \qquad (2.5\text{-}2)$$

式中 Z_N——寿命因数,根据应力循环次数 N_L 查图 2.5-2;

σ_{HNP}——持久寿命下的许用接触应力,常用蜗轮材料的 σ_{HNP} 值列于表 2.5-8。

表 2.5-6 弹性系数 Z_E

蜗杆材料	蜗轮材料			
	铸锡青铜	铸铝铁青铜	灰铸铁	球墨铸铁
	$Z_E / \sqrt{MPa}$			
钢	155	156	162	181.4

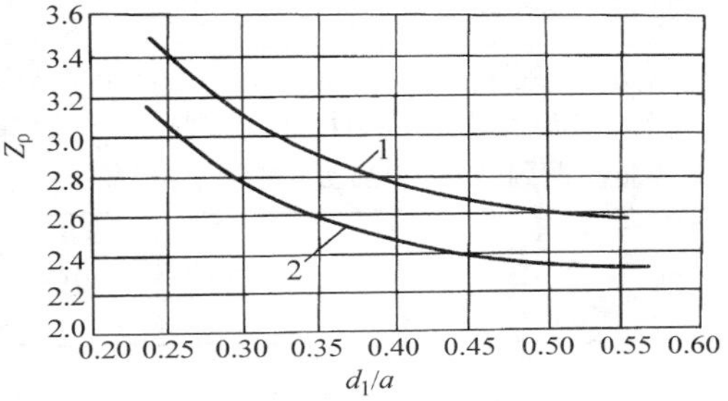

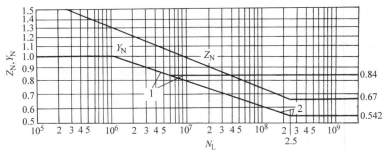

图 2.5-1 蜗杆传动的接触因数 Z_ρ

1——蜗杆的 Z_ρ 曲线是按刀具齿形角 $\alpha_0 = 20°$,变位因子 $x_2 = 0$ 算得的,$x_2 \neq 0$ 时亦可近似查用。该曲线亦能近似用于 ZA、ZN、ZK 蜗杆;

2——蜗杆的 Z_ρ 曲线是按刀具齿形角 $\alpha_0 = 24°$,变位因子 $x_2 \approx 0.5$ 算得的。

(3) 最小安全因数 S_{Hmin} 按机器要求的可靠度和由失效引起的后果严重性而定,一般可取 $S_{Hmin} = 1.0 \sim 1.3$。

2. 温升计算

(1) 蜗杆传动总的功率损耗 P 蜗杆主动时

$$P = P_1(1-\eta) = P_2 \frac{1-\eta}{\eta}$$

$$\eta = \eta_1 \eta_2 \eta_3 \qquad (2.5-3)$$

$$\eta_1 = \frac{\tan\gamma}{\tan(\gamma + \rho_v)}$$

式中 η——蜗杆传动的总效率;

η_2——轴承效率,对每对滚动轴承可取 $\eta_2 \approx 0.99$,每对滑动轴承可取 $\eta_2 \approx 0.97$;

γ——分度圆柱导程角;

ρ_v——当量摩擦角,初步设计时可根据节圆的滑动速度 v_s 近似由表 2.5-9 查取。

表 2.5-7 使用因数 K_A

每天工作时间/h	载荷状况			
	平稳	轻度振动	重度振动	极度振动
	K_A			
0.5	0.6	0.8	0.9	1.1
1.0	0.7	0.9	1.0	1.2
2.0	0.9	1.0	1.2	1.3
10.0	1.0	1.2	1.3	1.5
24.0	1.2	1.3	1.5	1.75

图 2.5-2 寿命因数 Z_N 和 Y_N

1——适用于铸铁 2——适用于青铜和黄铜

表 2.5-8 持久寿命下蜗轮材料的许用接触应力 σ_{HNP}

蜗轮材料	铸造方法	抗拉强度 σ_b/MPa	σ_{HNP}/MPa							
			滑动速度 v_s/m·s^{-1}							
			0.25	0.5	1	2	3	4	6	8
ZCuSn10P1	砂模	220	200			194	190	184	178	170
	金属模	310	220			213	209	202	196	187
ZCuSn5Pb5Zn5	砂模	200	125			121	119	115	111	106
	金属模	250	150			146	143	138	134	128

（续）

蜗轮材料	铸造方法	抗拉强度 σ_b/MPa	σ_{HNP}/MPa 滑动速度 v_s/m·s^{-1}							
			0.25	0.5	1	2	3	4	6	8
ZCuAl10Fe3	砂模	490	—	250	230	210	180	160	120	90
	金属模	540		250	230	210	180	160	120	90
ZCuAl10Fe3Mn2	砂模	490		250	230	210	180	160	120	90
	金属模	540		250	230	210	180	160	120	90
ZCuZn38Mn2Pb2	砂模	245		215	200	180	150	135	95	75
	金属模	345		215	200	180	150	135	95	75
HT200	砂模	200	160	130	115	90	—			
HT250	砂模	250	160	130	115	90				

注：1. 表中许用应力适用于淬硬蜗杆，蜗杆如未经淬火，σ_{HNP} 值需降低 10%（锡青铜）~20%（其他材料）。

2. 表中锡青铜的许用接触应力适用于油浴润滑，当采用喷油润滑时可适当提高许用接触应力。

表 2.5-9　钢制圆柱蜗杆和锡青铜蜗轮啮合的当量摩擦因数 μ_v 和当量摩擦角 ρ_v

滑动速度 v_s/m·s^{-1}	<0.5	1	2	4	6	10	>10
μ_v	0.06	0.05	0.04	0.035	0.025	0.020	0.018	0.015
ρ_v/(°)	3.5	3	2.3	2	1.4	1.1	1

当蜗杆传动传递的功率随时间变化时，用平均功率代入（2.5-3）式计算 P，平均功率 P_{2m} 的计算式为

$$P_{2m} = \frac{\sum P_{2i}t_i}{\sum t_i} \qquad (2.5-4)$$

（2）蜗杆传动箱的散热面积 A_{ca}　蜗杆传动箱的散热面积就是箱体与周围空气接触的表面积，在设计完成之前无法准确计算，可按下式估算：

箱体有较多散热肋片面积（m^2）

$$A_{ca} \approx 9 \times 10^{-5}a^{1.95} \qquad (2.5-5a)$$

箱体有较少散热肋片面积（m^2）

$$A_{ca} \approx 9 \times 10^{-5}a^{1.8} \qquad (2.5-5b)$$

式中　a——中心距（mm）。

（3）蜗杆传动箱的传热系数 k_{ca}　固定使用的蜗杆减速器，当蜗杆浸入油中时

有风扇 $\left(\dfrac{kw}{m^2 \cdot K}\right)$

$$k_{ca} \approx 6.6 \times 10^{-3}[1 + 0.4n_1^{3/4}]$$

无风扇 $\left(\dfrac{kw}{m^2 \cdot K}\right)$

$$k_{ca} \approx 6.6 \times 10^{-3}[1 + 0.23n_1^{3/4}] \qquad (2.5-6)$$

式中　n_1——蜗杆转速（r/s）。

当蜗轮浸入油中时，将上式 k_{ca} 乘以 0.8。

装在车辆上，行走中风冷的蜗杆减速器

$$k_{ca} \approx 6.6 \times 10^{-3}(1 + 0.1v_{air}) \qquad (2.5-7)$$

式中　v_{air}——风速，可取为车速（m/s）。

（4）油浴润滑的润滑油温 θ_{oil}　油浴润滑时蜗杆传动箱油池内润滑油温度的（K）计算式为

$$\theta_{oil} = \left(\frac{P_v}{A_{ca}k_{ca}} + 1.5\right) \times \left[1.03 + 0.1\sqrt{\frac{n_1}{16.67}}\right] + \theta_{air} \qquad (2.5-8)$$

式中　θ_{air}——油箱周围空气的温度（K）。

油池油温 θ_{oil} 最好不要超过 70~80 ℃，最高不得超过 90~100 ℃。增加传动箱散热表面积（增加散热肋片），可以降低油池油温 θ_{oil}。

（5）压力循环润滑的出口润滑油温 θ_{out}　出口油温的计算式为

$$\theta_{out} = \frac{P_v}{c\rho q} + \theta_i \qquad (2.5-9)$$

式中　c——润滑油的比热容，$c \approx 1700$J/（kg·K）；

ρ——润滑油的密度，$\rho \approx 900$kg/m^3；

q——润滑油体积流量；

θ_i——流入传动箱的润滑油温。

出口油温 θ_{out} 一般不得超过 70~90 ℃。调节润滑油流量，可以调节出口油温 θ_{out}。

5.2.4　精度

GB/T 10089—1988 规定圆柱蜗杆传动有 12 个公差等级，1 级精度最高，12 级精度最低。选用公差等级时可参考表 2.5-10。

表 2.5-10　圆柱蜗杆传动的精度选用

表 2.5-10　圆柱蜗杆传动的精度选用

公差等级		应 用 范 围
蜗杆、蜗轮及箱体	中心距	
4~5	6	机床、调速器、瞄准器分度机构,要求运转非常平稳,$v > 10\text{m/s}$
5~7	7	升降机、回转机构,要求运转平稳的动力传动,$v \leqslant 10\text{m/s}$
8~9	8	对运转平稳性无特殊要求的工业用传动,$v \leqslant 5\text{m/s}$
10~12	10	辅助传动机构、手动机构、调整机构

5.3　直廓环面蜗杆传动

5.3.1　几何参数和尺寸计算

直廓环面蜗杆和蜗轮几何参数与符号见图 2.5-3。计算见表 2.5-11。

5.3.2　承载能力计算

蜗杆轴上的计算功率为 P_{c1},其许用功率为 P_{1P},承载能力的计算准则是

$$P_{c1} \leqslant P_{1P}$$

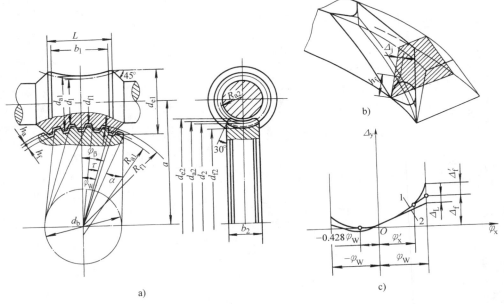

图 2.5-3　直廓环面蜗杆副几何参数

a)几何参数　b)入口修缘图　c)修形曲线

1—蜗杆抛物线修形曲线　2—高次方产形蜗杆修形曲线

（续）

表 2.5-11　直廓环面蜗杆副的几何参数和尺寸计算

参数名称	符号	计 算 公 式
中心距	a	由承载能力计算确定,选标准值
齿数比	u	$u = \dfrac{z_2}{z_1}$
蜗杆包容蜗轮齿数	K	$K = \dfrac{z_2}{10}$
成形圆直径	d_b	$d_b = 0.625a$　圆整或按表 2.5-12 选取
分度圆压力角	α	$\alpha = \arcsin\dfrac{d_b}{d_2}$

参数名称	符号	计 算 公 式
齿侧间隙半角	α_j	$\alpha_j = \arcsin\dfrac{E_{ss1}}{d_2}$
径向间隙	c	$c = 0.16m_t$
齿顶高	h_a	$h_a = h_a^* m_t$
齿根高	h_f	$h_f = h_a + c$
产形蜗杆螺纹牙入口偏离量	Δ_L	$\Delta_L = (0.0005 \sim 0.001)L$
产形蜗杆齿形凹入量	H	$H = (0.01 \sim 0.02)h_a$

（续）

参数名称		符号	计 算 公 式
蜗杆	头数	z_1	可按表 2.5-13 选用
	齿顶圆直径	d_{a1}	中心距为标准值时按表 2.5-12 选取
	齿宽包角之半	ϕ_w	$\phi_w = 0.5\tau(K - 0.45)$
	齿宽	b_1	$b_1 = d_2\sin\phi_w$
	螺纹部分长度	L	$L = b_1 + m_t$
	齿顶圆弧半径	R_{a1}	$R_{a1} = a - 0.5d_{a1} + 0.2m_t$
	齿顶圆最大直径	d_{e1}	$d_{e1} = 2\left(a - \sqrt{R_{a1}^2 - \dfrac{b_1^2}{4}}\right)$，或按表 2.5-12 选取
	分度圆直径	d_1	$d_1 = d_{a1} - 2h_a$
	齿根圆直径	d_{f1}	$d_{f1} = d_1 - 2h_f$
	螺纹包角之半	ϕ_β	$\phi_\beta = \arctan\left(\dfrac{L}{2a - d_{e1}}\right)$
	分度圆柱导程角	γ_m	$\gamma_m = \arctan\left(\dfrac{d_2}{ud_1}\right)$
	平均导程角	γ_w	$\gamma_w = \arctan\left(\dfrac{d_2}{K_\gamma ud_1}\right)$
	螺纹牙入口修形量	Δ_f	$\Delta_f = (0.0003 + 0.000034u)a$
	喉部齿厚修薄量	$\Delta\bar{s}_{n1}$	$\Delta\bar{s}_{n1} = 2\Delta_f\left(0.3 - \dfrac{0.9896}{z_2\phi_w}\right)^2\cos\gamma_m$
	螺纹牙入口修缘深度	Δ_j	$\Delta_j = 0.06h_a$
	螺纹牙入口修缘高度	h_j	$h_j = h_a$
	中间平面上压力半角	α_1	$\alpha_1 = \alpha + 0.225\tau - \alpha_j$
蜗轮	齿数	z_2	按表 2.5-13 选取
	轮缘宽度	b_2	$b_2 = 0.315a$，标准传动按表 2.5-12 选取
	齿距角	τ	$\tau = \dfrac{2\pi}{z_2}$
	端面模数	m_t	$m_t = \dfrac{2a - d_{a1}}{z_2 - 2h_a^*}$
	分度圆直径	d_2	$d_2 = 2a - d_1$
	喉圆直径	d_{a2}	$d_{a2} = d_2 + 2h_a$
	齿根圆直径	d_{f2}	$d_{f2} = d_2 - 2h_f$
	喉母圆半径	r_{g2}	$r_{g2} = \dfrac{a}{\cos\phi_\beta} - \dfrac{d_{a2}}{2}$
	外圆直径	d_{e2}	作图确定

（续）

参数名称	符号	计 算 公 式
蜗杆喉部法向弦齿厚	$\bar{s}_{n1}$	$\bar{s}_{n1} = d_2\sin(0.225\tau)\cos\gamma_m - \Delta\bar{s}_{n1}$
蜗轮喉部法向弦齿厚	$\bar{s}_{n2}$	$\bar{s}_{n2} = d_2\sin(0.275\tau)\cos\gamma_m$
蜗杆法向弦齿厚测齿高	$\bar{h}_{a1}$	$\bar{h}_{a1} = h_a - d_2\sin^2(0.125\tau)$
蜗轮法向弦齿厚测齿高	$\bar{h}_{a2}$	$\bar{h}_{a2} = h_a + d_2\sin^2(0.125\tau)$

注：1. 当 $u \leqslant 16$ 时，齿顶高因子 h_a^* 取为 0.67，其余取为 0.7。

2. E_{ss1} 是蜗杆齿厚上偏差。

3. 平均导程角因子 K_γ 按下列原则选取：

1）$1250\text{mm} \leqslant a \leqslant 1600\text{mm}$，$u = 8 \sim 60$ 时，$K_\gamma = 1.15$；2）$200\text{mm} \leqslant a \leqslant 1000\text{mm}$，$u = 8 \sim 60$ 时，$K_\gamma = 1.19$；3）$u < 8$ 或 $u > 60$ 时，$K_\gamma = 1.14$。

表 2.5-12　直廓环面蜗杆传动几何参数搭配表

a	d_{a1}	b_2	d_{e1}	L	b_1	R_{a1}	d_b
50	24	14	28.34	29	26	40	32
63	30	18	35.49	37	33	51	40
80	36	22	42.97	47	42	65	52
100	45	28	53.80	59	53	82	65
125	56	36	66.97	73	66	102	82
160	71	45	85.17	93	85	131	105
200	80	56	98.17	117	109	168	135
250	100	70	122.63	146	136	210	170
315	125	85	153.80	184	172	264	214
400	155	100	191.92	236	220	337	273
500	185	110	231.63	298	278	426	344

表 2.5-13　齿数比搭配推荐值

标称齿数比 u_n		10.0	12.5	16.0	20.0	25.0
实用齿数比 u		10	12	16	20	24
中心距 a/mm	50 ~ 160	40/4	48/4	32/2	40/2	48/2
	160 ~ 630	40/4	48/4	32/2	40/2	48/2
标称齿数比 u_n		31.5	40.0	50.0	63.0	80.0
实用齿数比 u		32	40	48	64	80
中心距 a/mm	50 ~ 60	32/1	40/1	48/1	64/1	
	160 ~ 630	32/1	40/1	48/1	64/1	80/1

注：中间两行 z_2/z_1。

1. 蜗杆轴上的计算功率 P_{c1}　若蜗杆轴上的输入功率为 P_1，蜗轮轴上的输出功率为 P_2，则

$$P_{c1} = \frac{K_A}{K_F K_{MP}}P_1 = \frac{K_A}{K_F K_{MP}}\frac{P_2}{\eta} \qquad (2.5\text{-}10)$$

式中 K_A——使用因数，见表 2.5-7；

K_F——制造精度因数，见表 2.5-14；

K_{MP}——材料匹配因数，见表 2.5-15；

η——蜗杆传动效率。

表 2.5-14 制造精度因数 K_F

公差等级	6	7	8
K_F	1.0	0.9	0.8

表 2.5-15 材料匹配因数 K_{MP}

蜗轮材料	蜗杆硬度	适用齿面滑动速度 $v_s/m \cdot s^{-1}$	K_{MP}
ZCuSn10P1	≥53HRC	<30	1.0
ZCuSn10Zn2 ZCuSn5Pb5Zn5	≤280HBS	<10	0.85
ZCuAl10Fe3Mn2	32～38HRC	<8	0.80
ZCuAl10Fe3	≤280HBS	<4	0.75
HT150	32～38HRC	<3	0.40
	≤280HBS	<2	0.30

2. 蜗杆轴上的许用功率 P_{1P} 可以查阅制造商提供的资料或设计手册，亦可按下式计算

$$P_{1P} = K_a K_b K_u K_v \frac{n_1}{1.341u} \qquad (2.5-11)$$

式中系数 K_a、K_b、K_u 和 K_v 的数值见表 2.5-16。

3. 寿命计算 根据实际使用经验，蜗轮轮齿磨损量的允许值为设计齿厚的 35%，这时，蜗杆传动的寿命为

$$L_h = 0.65 \frac{s_{n2}}{\zeta_{nw}} \qquad (2.5-12)$$

其中

$$s_{n2} = \frac{\pi d_2 \cos\gamma_m}{2z_2}$$

$$\zeta_{nw} = 0.6344 \frac{(P_{c1})^{1.4} u^{1.45} \eta^{1.4}}{a^{1.8} n_1^{0.8}}$$

式中 L_h——蜗杆副寿命（h）；

s_{n2}——蜗轮分度圆法向齿厚（mm）；

ζ_{nw}——齿厚磨损率（mm/h）。

n_1——螺杆转速（r/min）。

表 2.5-16 系数 K_a、K_b、K_u 和 K_v 的计算式

系数名称	计算式
中心距系数 K_a	$K_a = 1.97707 \times 10^{-6} \times a^{2.71571}$
齿宽与材料系数 K_b	$K_b = 0.377945 + 5.74835 \times 10^{-3} \times a - 1.3153 \times 10^{-5} \times a^2 + 1.37559 \times 10^8 \times a^3 - 5.2533 \times 10^{12} \times a^4$
齿数比因数 K_u	当 $8 \leq u \leq 16$ 时，$K_u = 0.806 \dfrac{u}{u + 1.7}$；当 $16 \leq u \leq 80$ 时，$K_u = 0.758 \dfrac{u}{u + 0.54}$
齿面滑动速度系数 K_v	$K_v = \dfrac{2c}{2 + 0.9838 v_s^{0.85}}$；当 $v_s = 0 \sim 0.6m/s$ 时，取 $c = 0.75$；当 $v_s = 1 \sim 1.8m/s$ 时，取 $c = 0.80$；其余场合，取 $c = 0.78$

6 带 传 动

带传动由一挠性带和主、从动带轮组成，分为摩擦型和啮合型两种，V 带、平带和圆带传动属摩擦型带传动，同步带传动属啮合型带传动。

6.1 传动带的类型、特点与应用

传动带的类型、特点与应用见表 2.6-1。

表 2.6-1 传动带的类型、特点与应用

类型		结构	简图	特点	应用范围
平带	普通平带	由数层挂胶帆布粘合而成		抗拉强度较大，预紧力保持性较好，带长可根据需要截取，价廉，开边式较柔软；过载能力较小，耐热、耐油性能差	$v < 30m/s$、$i < 6$、$P < 500kW$、轴间距较大的传动，如造纸机械、纺织机械、通用机械等

（续）

类型		结　构	简　图	特　点	应用范围
平带	编织带	有棉、毛、丝、麻、聚酰胺编织带。带面有覆胶和不覆胶两种		曲挠性好，可在较小的带轮上运转，对循环载荷的适应能力较强；传递功率小，易松弛	小功率传动；丝、麻、聚酰胺编织带用于高速传动
	聚酰胺片复合带	承载层为聚酰胺片（有单层和多层），工作面贴有铬鞣革、弹性胶体或特殊织物	聚酰胺片 特殊织物 聚酰胺片 铬鞣革	强度高，工作面摩擦因数大，曲挠性好，不易松弛	中、大功率传动，薄型可用于高速传动，如大型压缩机、压延机等
	高速环形胶带	承载层为涤纶绳。橡胶带表面覆耐磨、耐油胶布	橡胶带 聚氨酯带	带体薄而软，曲挠性好、强度较高，传动平稳、耐油、耐磨性好，不易松弛	速度达 100m/s 的高速传动，如搅拌机、离心分离机、磨床等
V带	普通V带	承载层为绳芯或胶帘布，楔角为 40°，相对高度约为 0.7 的梯形截面环形带		当量摩擦因数大，工作面与轮槽面粘附性好，允许包角小、传动比大，预紧力可以小，绳芯结构带体较柔软，抗曲挠疲劳性好	$v < 25 \sim 30$m/s、$i < 10$、$P < 500$kW、轴间距较小的传动。应用广泛
	窄V带	承载层为绳芯，楔角为 40°、相对高度约为 0.9 的梯形截面环形带		除具有普通 V 带的特点外，能承受较大的预紧力，允许的运转速度和曲挠次数高，传递功率大，耐热性好	$v < 40$m/s、$P < 700$kW、结构紧凑的传动。应用很广
	联组V带	将 2～5 根带型相同的普通 V 带或窄 V 带，在顶面用胶帘布等距粘结而成		带间载荷分配均匀，可避免带在轮槽中扭转，增加传动的稳定性，耐冲击性能好	结构紧凑、载荷变动大、要求高的传动，如石油机械、冲剪机床、纺织机械等
	齿形V带	结构与普通 V 带和窄 V 带相同，承载层为绳芯，而内周制成齿形		曲挠性最好的 V 带，散热性、与轮槽的粘附性亦好	与普通 V 带和窄 V 带相同
	大楔角V带	承载层为绳芯，楔角为 60°的梯形截面环形带		质量均匀，摩擦因数大，传递功率大，外廓尺寸小，运转平稳，耐磨性、耐油性好	速度较高、要求特别紧凑的传动，如办公机械、轻型机械等
	宽V带	承载层为绳芯，相对高度约为 0.3 的梯形截面环形带		曲挠性、耐热性及耐侧压性都很好	无级变速传动

类型		结 构	简 图	特 点	应 用 范 围
特殊带	多楔带	在绳芯结构平带的基体下有几条纵向V形楔的环形带。工作面是楔形的侧面。有橡胶和聚氨酯两种		同时具有平带柔软、V带摩擦力大的特点，比V带传动平稳，外廓尺寸小	结构紧凑的传动，特别是用于要求V带根数多或轮轴垂直地面的传动；还可用于多轴传动
	双面V带	截面为六角形，4个侧面均为工作面，承载层为绳芯，位于截面中部		可正、反面工作，带体较厚，曲挠性差，寿命与效率较低	需要V带正、反面工作的传动，如农业机械中的多从动轮传动
	圆形带	截面为圆形，材料有皮革、绳，聚酰胺等，带的直径 $d_b = 2 \sim 12mm$		结构简单，装卸容易	$v < 15m/s$、$i = 1/2 \sim 3$ 的小功率传动，如空间换向传动、缝纫机等
同步带	梯形齿同步带	工作面有梯形齿，承载层为玻璃纤维绳芯、钢丝绳芯等的环形带，基体为氯丁橡胶和聚氨酯两种		靠啮合传动，承载层保证带齿的节距不变，传动比准确，轴压力小，结构紧凑、耐油、耐磨性好；安装、制造要求高	$v < 60m/s$、$i < 10$、$P < 300kW$、要求准确的传动；低速传动；载荷大应选用橡胶同步带，要求耐油的应选用聚氨酯同步带
	弧齿同步带	工作面有弧形齿，承载层为玻璃纤维绳芯、合成纤维绳芯等的环形带，基体为氯丁橡胶		与梯形齿同步带相同，但齿根应力集中小	大功率传动

6.2 摩擦型带传动的作用力、滑动率和效率

6.2.1 作用力

摩擦型带传动中力的关系是（参见图2.6-1）

$$F_1 + F_2 = 2F_0 \tag{2.6-1}$$

$$F_1 - F_2 = F = \frac{2T_1}{d_1} \tag{2.6-2}$$

$$F_1 = \frac{Fe^{\mu\alpha}}{e^{\mu\alpha} - 1} + \rho_l v^2 \tag{2.6-3}$$

$$F_2 = \frac{F}{e^{\mu\alpha} - 1} + \rho_l v^2 \tag{2.6-4}$$

式中　F——有效作用力，即圆周力（N）；

T_1——主动带轮转矩（Nmm）；

d_1——主动带轮直径（mm）；

F_1——紧边拉力（N）；

F_2——松边拉力（N）；

F_0——带的预紧力（N）；

α——带在带轮上的包角；

μ——带与带轮间的当量摩擦因数；

ρ_l——带的线质量；

v——带速。

6.2.2 滑动率

弹性滑动将使从动带轮圆周速度降低，用滑动率 ε 表示其速度降低率，即

$$\varepsilon = \frac{v_1 - v_2}{v_1}$$

式中　v_1——主动带轮的圆周速度，$v = v_1$；

v_2——从动带轮的圆周速度。

ε 值一般为 $0.01 \sim 0.02$。

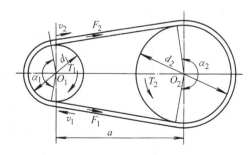

图 2.6-1　带传动的作用力

6.2.3 效率

带传动的效率约为 $87\% \sim 98\%$。

6.3　一般工业用 V 带传动

6.3.1　普通 V 带和窄 V 带（基准宽度制）的尺寸规格

V 带及其带轮有两种尺寸制，即基准宽度制和有效宽度制。普通 V 带传动为基准宽度制，窄 V 带和联组 V 带传动则两种尺寸制并存。

1. V 带的尺寸规格　GB/T 11544—1997 规定了基准宽度制 V 带的截面尺寸，见表 2.6-2。

2. V 带轮的尺寸规格　GB/T 10412—2002 规定了基准宽度制 V 带轮的轮缘尺寸，见表 2.6-3。

表 2.6-2　V 带（基准宽度制）的截面尺寸和特性数据

带的型号 普通 V 带	带的型号 窄 V 带	截面尺寸 节宽 b_p/mm	截面尺寸 顶宽 b/mm	截面尺寸 带高 h/mm	截面尺寸 楔角 φ	特性数据 基准长度范围 L_d/mm	特性数据 单根 V 带最大额定功率 P/kW	特性数据 带轮最小基准直径 d_{dmin}/mm
Y		5.3	6	4		200 ~ 500	0.6	20
Z		8.5	10	6		405 ~ 1540	2.3	50
	SPZ	8.0	10	8		630 ~ 3550	10	63
A		11.0	13	8		630 ~ 2700	3.3	75
	SPA	11.0	13	10		800 ~ 4500	15	90
B		14.0	17	11	40°	930 ~ 6070	6.4	125
	SPB	14.0	17	14		1250 ~ 8000	25	140
C		19.0	22	14		1565 ~ 10700	14	200
	SPC	19.0	22	18		2000 ~ 12500	40	224
D		27.0	32	9		2740 ~ 52004	32	355
E		32.0	38	25		4660 ~ 16080	50	500

表 2.6-3　V 带轮（基准宽度制）的轮缘尺寸（摘自 GB/T 10412—2002）

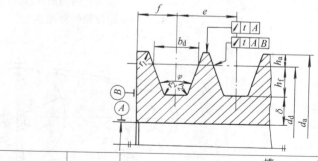

项　　目	符　　号	槽　型 Y	槽　型 Z,SPZ	槽　型 A,SPA	槽　型 B,SPB	槽　型 C,SPC	槽　型 D	槽　型 E
基准宽度	b_d/mm	5.3	8.5	11	14	19	27	32
基准线上槽深	h_{amin}/mm	1.6	2	2.75	3.5	4.8	8.1	9.6
基准线下槽深	h_{fmin}/mm	4.7	7,9	8.7,11	10.8,14	14.3,19	19.9	23.4
槽间距及其极限偏差	e/mm	8 ± 0.3	12 ± 0.3	15 ± 0.3	19 ± 0.4	25.5 ± 0.5	37 ± 0.6	44.5 ± 0.7
槽间距的累积极限偏差		± 0.6	± 0.6	± 0.6	± 0.8	± 1.0	± 1.2	± 1.4

（续）

项 目	符号	槽 型						
		Y	Z, SPZ	A, SPA	B, SPB	C, SPC	D	E
槽边距	f_{min}/mm	6	7	9	11.5	16	23	28
最小轮缘厚	δ_{min}/mm	5	5.5	6	7.5	10	12	15
带轮宽	B/mm	$B = (z-1)e + 2f$ $\quad z$—轮槽数						
外径	d_a/mm	$d_a = d_d + 2h_a$						
槽角 ϕ /(°) 32 34 36 38 相应的基准直径	d_d/mm	≤60 >60 —	≤80 >80	≤118 >118	≤190 >190	≤315 >315	≤475 >475	≤600 >600
槽角极限偏差/(′)		±30						

6.3.2 设计计算

表 2.6-4 是根据 GB/T 13575—1992 推荐的普通 V 带和窄 V 带（基准宽度制）的设计计算方法拟定的。

表 2.6-4 普通 V 带和窄 V 带（基准宽度制）的设计计算

计算项目	符号	单位	参数选定和计算公式	备 注
设计功率	P_d	kW	$P_d = K_A P$	P—传递功率；K_A—使用因数，见表 2.6-5
选定带型			根据 P_d 和 n_1 查图 2.6-2 或图 2.6-3	n_1—从动带轮转速（r/min）
传动比	i		$i = \dfrac{n_1}{n_2} = \dfrac{d_{p1}}{(1-\varepsilon)d_{p2}}$	n_2—从动带轮转速；d_{p1}—主动带轮节径；d_{p2}—从动带轮节径；ε—滑动率
主动带轮的基准直径	d_{d1}	mm	选定	按结构尺寸限制选尽可能大的带轮直径
从动带轮的基准直径	d_{d2}	mm	$d_{d2} = i(1-\varepsilon)d_{d1}$	应取相近的标准值
带速	v	m/s	$v = \dfrac{\pi d_{p1} n_1}{60000} \leq v_{max}$	一般不得低于 5m/s，最佳值约为 20m/s，普通 V 带 $v_{max}=30$m/s，窄 V 带 $v_{max}=40$m/s
初定轴间距	a_0	mm	$0.7(d_{d1}+d_{d2}) \leq a_0 \leq 2(d_{d1}+d_{d2})$	亦可根据结构要求定
所需带的基准长度	L_{d0}	mm	$L_{d0} = 2a_0 + \dfrac{\pi}{2}(d_{d1}+d_{d2}) + \dfrac{(d_{d2}-d_{d1})^2}{4a_0}$	应取相近的标准值，成为 L_d
实际轴间距	a	mm	$a \approx a_0 + \dfrac{L_d - L_{d0}}{2}$	安装需要的最小轴间距 $a_{min} = a - 2b_d - 0.009L_d$ 补偿伸长需要的最大轴间距 $a_{max} = a + 0.02L_d$
小带轮包角	α_{min}	rad	$\alpha_{min} = \pi - \dfrac{d_{d2}-d_{d1}}{a}$	$\alpha_{min} \geq \dfrac{\pi}{2}$
单根 V 带的基本额定功率	P_1	kW	根据带型、d_{d1} 和 n_1 由表 2.6-6 确定	是在包角为 π、特定基准长度、载荷平稳的试验条件下得到的
$i \neq 1$ 时额定功率附加值	ΔP_1	kW	普通 V 带根据带型、n_1 和 i 由表 2.6-7 确定，窄 V 带根据带型、n_1 和 i 由表 2.6-8 确定	
V 带根数	z		$z = \dfrac{P_d}{(P_1 + \Delta P_1)K_\alpha K_L}$	K_α—包角修正因数，见表 2.6-9；K_L—带长修正因数，见图 2.6-4
单根 V 带的预紧力	F_0	N	$F_0 = 500\left(\dfrac{2.5}{K_\alpha} - 1\right)\dfrac{P_d}{zv} + \rho_l v^2$	
轴压力	F_r	N	$F_r = 2F_0 z\sin\dfrac{\alpha_{min}}{2}$	

表 2.6-5　使用因数 K_A（工作时间≤10h/d）

载荷情况	工　作　机　械	软起动		负载起动	
		平带,V 带	同步带	平带,V 带	同步带
		K_A			
载荷平稳	办公机械、家用电器、轻型实验室设备	1.0	1.0	1.0	1.2
载荷变动微小	液体搅拌机、小型通风机和鼓风机（≥7.5kW）、离心式水泵和压缩机、轻型输送机	1.0	1.4	1.1	1.6
载荷变动小	链式和带式输送机（不均匀载荷）、通风机（>7.5kW）、旋转式水泵和压缩机、发电机、金属切削机床、印刷机、旋转筛、锯木机和木工机械	1.1	1.5	1.2	1.7
载荷变动较大	制砖机、斗式提升机、往复式水泵和压缩机、起重机、磨粉机、冲剪机床、橡胶机械、振动筛、纺织机械、造纸机械、重型输送机	1.2	1.6	1.4	1.8
载荷变动很大	旋转式和颚式破碎机、磨碎机（球磨、棒磨或管磨）、轧光机、挖掘机	1.3	1.7	1.5	1.9

注：1. 当工作时间为 10~16h/d 时，K_A 增加 0.1；工作时间 >16h/d 时，K_A 增加 0.2。

2. 反复起动、正反转频繁、工作条件恶劣等场合，K_A 应乘 1.2。

3. 对增速传动，K_A 应乘下列因子：

$1/i$	1.25~1.74	1.75~2.49	2.50~3.49	≥3.50
$K_A \times$	1.05	1.11	1.18	1.28

4. 属软起动的有：以星-三角降压起动的交流电动机、并励直流电动机、4 缸以上的内燃机等为动力机的传动；装有离心式离合器、液力联轴器的传动等。属负载起动的是以直接起动交流电动机、高起动转矩和高滑差率电动机、串励和复励直流电动机、4 缸以下的内燃机等为动力机的传动。

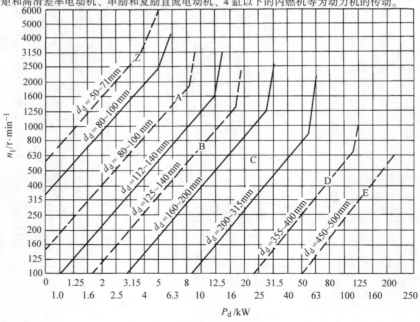

图 2.6-2　普通 V 带选型图

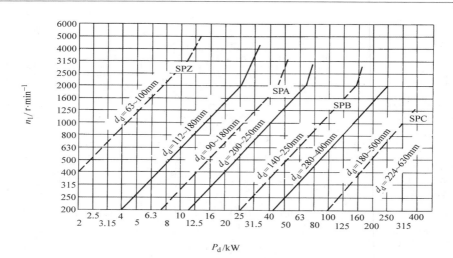

图 2.6-3 窄 V 带（基准宽度制）选型图

表 2.6-6 单根 V 带的基本额定功率 P_1（摘自 GB/T 13575.1—1992）

（$i=1$、载荷平稳、特定基准长度）

带型	主动带轮基准直径 d_{d1}/mm	主动带轮转速 n_1/r·min^{-1}					
		400	800	1200	1600	2000	2400
		P_1/kW					
Z (SPZ)	63	0.08 (0.35)	0.15 (0.60)	0.22 (0.81)	0.27 (1.00)	0.32 (1.17)	0.37 (1.32)
	71	0.11 (0.44)	0.20 (0.78)	0.27 (1.08)	0.33 (1.35)	0.39 (1.59)	0.46 (1.81)
	80	0.14 (0.55)	0.22 (0.99)	0.30 (1.38)	0.39 (1.73)	0.44 (2.05)	0.50 (2.34)
A (SPA)	90	0.39 (0.75)	0.68 (1.30)	0.93 (1.76)	1.15 (2.16)	1.34 (2.49)	1.50 (2.77)
	100	0.47 (0.94)	0.83 (1.65)	1.14 (2.27)	1.42 (2.80)	1.66 (3.27)	1.87 (3.67)
	125	0.67 (1.40)	1.19 (2.52)	1.66 (3.50)	2.07 (4.38)	2.44 (5.15)	2.74 (5.80)
B (SPB)	140	1.05 (1.92)	1.82 (3.35)	2.47 (4.55)	3.00 (5.54)	3.42 (6.31)	3.70 (6.86)
	180	1.59 (3.01)	2.81 (5.37)	3.85 (7.38)	4.68 (9.05)	5.30 (10.34)	5.67 (11.21)
	224	2.17 (4.18)	3.86 (7.52)	5.26 (10.33)	6.33 (12.59)	7.02 (14.21)	7.25 (15.10)
C (SPC)	250	3.62 (6.31)	6.23 (11.02)	8.21 (14.61)	9.38 (16.92)	9.62 (17.70)	(16.69)
	280	4.32 (7.59)	7.52 (13.31)	9.81 (17.60)	11.06 (20.20)	11.04 (20.75)	(18.86)
	315	5.14 (9.07)	8.92 (15.90)	11.53 (20.88)	12.72 (23.58)	12.14 (23.47)	(19.98)
D	400	11.45	18.46	21.20	18.31		
	450	13.85	22.25	24.84	19.59	—	
	560	18.95	29.55	29.67	15.13		
E	560	22.49	33.03	28.40			
	630	26.95	38.52	29.17	—	—	
	710	31.83	43.52	25.91			

表 2.6-7 普通 V 带 $i \neq 1$（减速传动）时的额定功率增量 ΔP_1

带型	主动带轮转速 n_1/r·min^{-1}	传动比 i								
		1.00 ~ 1.01	1.02 ~ 1.04	1.05 ~ 1.08	1.09 ~ 1.12	1.13 ~ 1.18	1.19 ~ 1.24	1.25 ~ 1.34	1.35 ~ 1.51	1.52 ~ 1.99	≥2.0
		ΔP_1/kW								
Y	1200	0						0.01		
	1600	0					0.01			

（续）

带型	主动带轮转速 n_1/r·min⁻¹	传动比 i									
		1.00~1.01	1.02~1.04	1.05~1.08	1.09~1.12	1.13~1.18	1.19~1.24	1.25~1.34	1.35~1.51	1.52~1.99	≥2.0
		ΔP_1/kW									
Y	2000	0							0.01		0.02
	2400	0						0.01		0.02	
Z	400	0								0.01	
	800	0					0.01				0.02
	1200	0			0.01				0.02		0.03
	1600	0		0.01				0.02			0.03
	2000	0	0.01			0.02			0.03		0.04
	2400	0	0.01			0.02		0.03		0.04	
A	400	0	0.01		0.02		0.03		0.04		0.05
	800	0	0.01	0.02	0.03	0.04	0.05	0.06	0.08	0.09	0.10
	1200	0	0.02	0.03	0.05	0.07	0.08	0.10	0.11	0.13	0.15
	1600	0	0.02	0.04	0.06	0.09	0.11	0.13	0.15	0.17	0.19
	2000	0	0.03	0.06	0.08	0.11	0.13	0.16	0.19	0.22	0.24
	2400	0	0.03	0.07	0.10	0.13	0.16	0.19	0.23	0.26	0.29
B	400	0	0.01	0.03	0.04	0.06	0.07	0.08	0.10	0.11	0.13
	800	0	0.03	0.06	0.08	0.11	0.14	0.17	0.20	0.23	0.25
	1200	0	0.04	0.08	0.13	0.17	0.21	0.25	0.30	0.34	0.38
	1600	0	0.06	0.11	0.17	0.23	0.28	0.34	0.39	0.45	0.51
	2000	0	0.07	0.14	0.21	0.28	0.35	0.42	0.49	0.56	0.63
	2400	0	0.08	0.17	0.25	0.34	0.42	0.51	0.59	0.68	0.76
C	400	0	0.04	0.08	0.12	0.16	0.20	0.23	0.27	0.31	0.35
	800	0	0.08	0.16	0.23	0.31	0.39	0.47	0.55	0.63	0.71
	1200	0	0.12	0.24	0.35	0.47	0.59	0.70	0.82	0.94	1.06
	1600	0	0.16	0.31	0.47	0.63	0.78	0.94	1.10	1.25	1.41
	2000	0	0.20	0.39	0.59	0.78	0.98	1.17	1.37	1.57	1.76
	2400	0	0.23	0.47	0.70	0.94	1.18	1.41	1.65	1.88	2.12
D	400	0	0.14	0.28	0.42	0.56	0.70	0.83	0.97	1.11	1.25
	800	0	0.28	0.56	0.83	1.11	1.39	1.67	1.95	2.22	2.50
	1200	0	0.42	0.84	1.25	1.67	2.09	2.50	2.92	3.34	3.75
	1600	0	0.56	1.11	1.67	2.23	2.78	3.33	3.89	4.45	5.00
E	400	0	0.28	0.55	0.83	1.00	1.38	1.65	1.93	2.20	2.48
	800	0	0.55	1.10	1.65	2.21	2.76	3.31	3.86	4.41	4.96
	1200	0	0.80	1.61	2.40	3.21	4.01	4.81	5.61	6.41	7.21

注：对增速传动，表中传动比 i 应为 $1/i$；额定功率增量 ΔP_1 为负值。

表2.6-8　窄V带 $i \neq 1$（减速传动）时的额定功率增量 ΔP_1

带型	主动带轮转速 n_1/r·min⁻¹	传动比 i									
		1.00~1.01	1.02~1.05	1.06~1.11	1.12~1.18	1.19~1.26	1.27~1.38	1.39~1.57	1.58~1.94	1.95~3.38	≥3.39
		ΔP_1/kW									
SPZ	400	0		0.01	0.02	0.03	0.04		0.05	0.06	
	800	0	0.01	0.03	0.05	0.06	0.08	0.09	0.10	0.11	0.12
	1200	0	0.02	0.04	0.07	0.09	0.11	0.13	0.15	0.16	0.17
	1600	0	0.02	0.05	0.09	0.13	0.15	0.18	0.20	0.22	0.23
	2000	0	0.02	0.07	0.12	0.16	0.19	0.22	0.25	0.27	0.29
	2400	0	0.03	0.08	0.14	0.19	0.23	0.27	0.30	0.33	0.35
SPA	400	0	0.01	0.03	0.05	0.07	0.08	0.10	0.11	0.12	0.13
	800	0	0.02	0.06	0.10	0.14	0.17	0.20	0.22	0.24	0.25
	1200	0	0.03	0.09	0.15	0.21	0.25	0.29	0.33	0.36	0.38
	1600	0	0.04	0.12	0.20	0.27	0.33	0.39	0.44	0.48	0.51
	2000	0	0.05	0.14	0.25	0.34	0.41	0.49	0.55	0.60	0.63
	2400	0	0.06	0.17	0.30	0.41	0.50	0.59	0.66	0.72	0.76

（续）

带型	主动带轮转速 n_1/r·min⁻¹	传动比 i									
		1.00~1.01	1.02~1.05	1.06~1.11	1.12~1.18	1.19~1.26	1.27~1.38	1.39~1.57	1.58~1.94	1.95~3.38	≥3.39
		ΔP_1/kW									
SPB	400	0	0.02	0.06	0.10	0.14	0.17	0.20	0.22	0.25	0.26
	800	0	0.04	0.12	0.21	0.28	0.34	0.40	0.45	0.49	0.52
	1200	0	0.07	0.18	0.31	0.42	0.51	0.60	0.68	0.74	0.78
	1600	0	0.08	0.24	0.41	0.56	0.68	0.80	0.90	0.98	1.04
	2000	0	0.11	0.30	0.52	0.70	0.85	1.00	1.13	1.23	1.30
	2400	0	0.13	0.36	0.62	0.84	1.02	1.20	1.35	1.47	1.56
SPC	400	0	0.05	0.14	0.25	0.34	0.41	0.49	0.55	0.60	0.63
	800	0	0.11	0.29	0.50	0.68	0.83	0.97	1.10	1.19	1.26
	1200	0	0.16	0.43	0.75	1.02	1.24	1.46	1.64	1.78	1.89
	1600	0	0.21	0.58	1.00	1.36	1.64	1.94	2.19	2.38	2.52
	2000	0	0.26	0.72	1.25	1.71	2.07	2.43	2.74	2.97	3.15
	2400	0	0.32	0.86	1.51	2.05	2.48	2.92	3.28	3.57	3.79

注：对增速传动，表中传动比 i 应为 $1/i$；额定功率增量 ΔP_1 为负值。

表 2.6-9 包角修正因数 K_α

小带轮包角 α/(°)	平 带	V 带	多楔带
	K_α		
220	1.12		
210	1.08		
200	1.05	—	—
190	1.03		
180	1.00	1.00	1.00
170	0.97	0.98	0.97
160	0.94	0.95	0.94
150	0.90	0.92	0.91
140	0.86	0.89	0.87
130	0.82	0.86	0.84
120	0.78	0.82	0.80
110			0.76
100			0.72
90			0.68

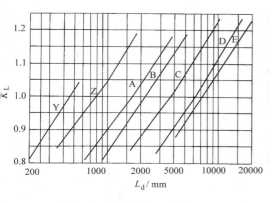

图 2.6-4 带长修正因数 K_L

6.4 平带传动

平带有胶帆布带和聚酰胺片基复合带两种，胶帆布带又称普通平带，聚酰胺片基复合带一般称聚酰胺片基平带。

6.4.1 聚酰胺片基平带的类型

聚酰胺片基平带的品种有：LL—两面粘铬鞣革；LT—工作面粘铬鞣革、非工作面粘特殊织物层；LR—工作面粘铬鞣革 L 或弹性胶体 R（有些制造厂用 G 表示），非工作面粘保护层；RR—两面均粘弹性胶体（有些制造厂用 GG 表示）。

重载、循环载荷以及在油、水或粉尘环境下工作的传动，宜选用 LL、LR、LT 类，轻、中载以及载荷变动不大的传动，选 RR 类。

6.4.2 平带尺寸规格型号

平带只对宽度和厚度尺寸作了规定。普通平带（胶帆布带）的尺寸规格见表 2.6-10，可根据计算选用。

聚酰胺片复合平带的尺寸规格有：轻型 L、中型 M、重型 H 和特轻型 EL、加重型 EH、超重型 EEH 等（见表 2.6-11），GB/T 11063—2003 只规定了 L、M、H3 种带型，可根据图 2.6-5 选择。

表 2.6-10 普通平带的尺寸规格

带型[1]	190	240	290	340	385	425	450	500	560
胶帆布层数 z	3	4	5	6	7	8	9	10	12
带厚[2]δ/mm	3.6	4.8	6.0	7.2	8.4	9.6	10.8	12.0	14.4
带宽范围 b/mm	16~20	20~315	63~315	63~500	200~500				355~500

（续）

带型[1]		190	240	290	340	385	425	450	500	560
最小带轮直径 d_{min}/mm	推荐	160	200	250	315	355	400	450	500	630
	许用	112	160	180	224	280	315	355	400	450
宽度系列		16　20　25　32　40　50　63　71　80　90　100　112　125　140　160　180　200　224								
		250　280　315　355　400　450　500								

① 带型是用全厚度的最小抗拉强度（N/mm）来表示的，见 GB/T 524—1989。

② 带厚为参考值。

表 2.6-11　聚酰胺片基平带的尺寸规格　（单位：mm）

带　型	聚酰胺片厚 δ_N	带厚[1] ≈	宽度范围 b	带轮允许最小直径 d_{min}	带　型[1]	聚酰胺片厚 δ_N	带厚[2] ≈	宽度范围 b	带轮允许最小直径 d_{min}
LL-EL	0.25	2.4		40	LT(LR)-H	1.00	3.7(3.3)		112
LL-L	0.50	3.2		45	LT(LR)-EH	1.40	4.5(4.1)	16~300	180
LL-M	0.70	4.0		71	LT(LR)-EEH	2.00	5.2(4.8)		250
LL-H	1.00	4.2		112	RR-EL	0.25	1.6		30
LL-EH	1.40	4.8	16~300	180	RR-L	0.50	1.8		40
LL-EEH	2.00	6.0		250	RR-M	0.70	2.0	10~280	63
LT(LR)-EL	0.25	1.9(1.7)		35	RR-H	1.00	2.3		100
LT(LR)-L	0.50	2.5(2.1)		45	RR-EH	1.40	2.8		160
LT(LR)-M	0.70	2.9(2.5)			RR-EEH	2.00	3.4		224
宽度系列	10　16　20　25　32　40　50　63　71　80　90　100　112　125　140　160　180　200　224								
	250　280　315								

① 为适应不同工作需要，表面层覆盖材料不同，同一带型的厚度也不尽相同。

② 带厚为参考值。

注：本表是根据制造厂样本综合而成，选用时应以制造厂给定的参数为准。

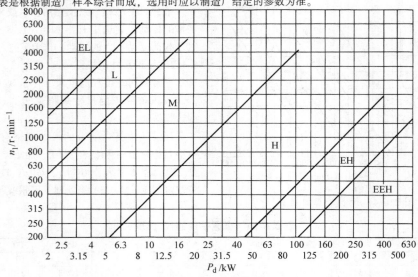

图 2.6-5　聚酰胺片基平带选型图

平带长度可根据需要截取，再将两端连接起来。平带的接头形式见表2.6-12。

(续)

表2.6-12 平带的接头形式

接头种类	硫化接头	
	普通平带硫化接头	聚酰胺片基平带硫化接头
结构形式	50~150 200~400	80~150 60°
特点	接头平滑、可靠，连接强度高，但硫化粘接技术要求高 用于不需经常改接的高速、大功率和有张紧轮的传动 接头效率80%～90%	连接迅速、方便，但端部被削弱，运行中有冲击 用于经常改接的中、小功率传动。普通平带带扣接头用于 $v<20m/s$ 的场所，铁丝钩接头用于 $v<25m/s$ 的场所 接头效率85%～90%
接头种类	带扣接头	铁丝钩接头
结构形式		
接头种类	机械接头	
	螺栓接头	
结构形式		
特点	连接方便，接头强度高，只能单面传动 用于 $v<10m/s$ 的大功率普通平带传动接头效率30%～65%	

平带轮的尺寸规格见表2.6-13和表2.6-14。

6.4.3 设计计算

平带传动的设计计算见表2.6-15。

表2.6-13 平带轮的直径系列（摘自 GB/T 11358—1999） （单位：mm）

直径	50	56	63	71	80	90	100	112	125	140	160	180	200	224	250
公差	±0.6	±0.8		±1.0		±1.2			±1.6		±2.0		±2.5		
h[1]				0.3					0.4		0.5		0.6		0.8
直径	280	315	335	400	450	500	560	630	710	800	900	1000	1120	1250	1400
公差		±3.2		±4.0			±5.0			±6.3			±8.0		
h[1]	0.8		1.0				1.2			1.2、1.5[2]			1.5、2.0[2]		

[1] h 为轮冠高度，参见表6.5-14附图。

[2] 轮宽 $B \geqslant 280mm$ 时，取大值。

表2.6-14 平带轮轮缘尺寸（摘自 GB/T 11358—1999）

轮缘厚 $\delta = 0.005d + 3mm$

带宽 b/mm	基本尺寸	16	20	25	32	40	50	63	71	80	90	100	112	125
	公差				±2						±3			
轮缘宽 B/mm	基本尺寸	20	25	32	40	50	63	71	80	90	100	112	125	140
	公差				±1						±1.5			
带宽 b/mm	基本尺寸	140	160	180	200	224	250	280	315	355	400	450	500	
	公差				±4						±5			
轮缘宽 B/mm	基本尺寸	160	180	200	224	250	280	315	355	400	450	500	560	
	公差				±2						±3			

表 2.6-15　平带传动的设计计算

计算项目	符号	单位	参数选定或计算公式	备　注
主动带轮直径	d_1	mm	$d_1 = (1100 \sim 1300)\sqrt[3]{\dfrac{P}{n_1}}$ $d_1 = 60000\dfrac{v}{\pi n_1}, v = 10 \sim 20\text{m/s}$ $d_1 = (710 \sim 910)\sqrt[3]{\dfrac{P}{n_1}}$，聚酰胺片基平带	P—传递的功率(kW)； n_1—主动带轮转速(r/min)； d_1 按表 2.6-13 取标准值
从动带轮直径	d_2	mm	$d_2 = i(1-\varepsilon)d_1 = d_1(1-\varepsilon)\dfrac{n_1}{n_2}, \varepsilon = 0.01 \sim 0.02$	n_2—从动带轮转速； d_2 按表 2.6-13 取标准值
带速	v	m/s	$v = \dfrac{\pi d_1 n_1}{60000} \leqslant v_{max}$	普通平带 $v_{max} = 30\text{m/s}$ 较好速度范围 $10 \sim 20\text{m/s}$
轴间距	a	mm	$1.5(d_1 + d_2) \leqslant a \leqslant 5(d_1 + d_2)$；或根据结构要求定	
带长	L	mm	$L = 2a + \dfrac{\pi}{2}(d_1 + d_2) + \dfrac{(d_2 \pm d_1)^2}{4a}$ + 号用于交叉传动，– 号用于开口传动	需根据接头形式另外考虑接头长度
小带轮包角	α_{min}	rad	$\alpha_{min} = \pi - \dfrac{d_2 \pm d_1}{a}$，①	$\alpha_{min} \geqslant 2.6180$
曲挠次数	y	1/s	$y = \dfrac{mv}{L}$，聚酰胺片基平带 $y_{max} = 15 \sim 50$，普通平带 $y_{max} = 6 \sim 10$	m—带轮数
带型			聚酰胺片基平带根据 GB/T 11063—2003 和按图 2.6-5 选带型；普通平带按带厚 δ 选带型，$\delta = (1/40 \sim 1/30)d_2$	
带宽	b	mm	$b = \dfrac{K_A P}{P_0 K_\alpha K_\beta}$	K_A—使用因数，见表 2.6-5； P_0—单位宽度的基本额定功率，见表 2.6-16 和表 2.6-17； K_α—包角修正因数，见表 2.6-9； K_β—传动布置因数，见表 2.6-18
预紧力	F_0	N	$F_0 = F_0' bz$ 或 $F_0 = 500\left(\dfrac{3.2}{K_\alpha} - 1\right)\dfrac{P_d}{v} + \rho_l b v^2$	z—胶帆布层数； F_0'—每层胶帆布单位宽度的预紧力，推荐取 2.25N/mm； ρ_l—平带单位宽度线质量
轴压力	F_r	N	$F_r = 2zF_0' b\sin\dfrac{\alpha_{min}}{2}$	

① "＋"号用于交叉传动，"－"号用于开口传动。

表 2.6-16　胶帆布带单位宽度传递的基本额定功率 P_0

（$\alpha = \pi$、载荷平稳、每层胶帆布单位宽度的预紧力 $F_0' = 2.25\text{N/mm}$）

带型	主动带轮直径 d_1/mm	带速 v/m·s^{-1}												
		6	8	10	12	14	16	18	20	22	24	26	28	30
		P_0/kW·mm^{-1}												
190	125	0.045	0.059	0.073	0.086	0.098	0.109	0.118	0.127	0.135	0.142	0.146	0.149	0.149
	160	0.052	0.069	0.085	0.100	0.114	0.127	0.138	0.148	0.157	0.165	0.170	0.174	0.173
	≥200	0.053	0.071	0.087	0.102	0.117	0.129	0.141	0.151	0.160	0.169	0.174	0.178	0.178
240	180	0.068	0.090	0.111	0.130	0.149	0.166	0.180	0.193	0.205	0.216	0.223	0.227	0.226
	224	0.069	0.092	0.114	0.134	0.154	0.169	0.185	0.198	0.211	0.222	0.228	0.233	0.233
	≥280	0.071	0.094	0.116	0.136	0.156	0.173	0.188	0.202	0.214	0.225	0.233	0.237	0.237
290	250	0.086	0.113	0.140	0.165	0.188	0.208	0.227	0.244	0.259	0.272	0.280	0.286	0.286
	315	0.088	0.116	0.144	0.170	0.194	0.214	0.233	0.251	0.266	0.280	0.288	0.294	0.294
	≥400	0.090	0.120	0.146	0.172	0.196	0.218	0.237	0.254	0.270	0.284	0.293	0.299	0.298

（续）

带型	主动带轮直径 d_1/mm	带速 v/m·s^{-1}												
		6	8	10	12	14	16	18	20	22	24	26	28	30
		P_0/kW·mm^{-1}												
340	315	0.104	0.137	0.170	0.200	0.229	0.253	0.275	0.296	0.314	0.331	0.340	0.348	0.347
	500	0.105	0.139	0.173	0.204	0.232	0.258	0.280	0.301	0.320	0.336	0.347	0.353	0.353
	≥500	0.108	0.142	0.176	0.207	0.236	0.262	0.285	0.306	0.325	0.342	0.353	0.360	0.359
385	400	0.120	0.160	0.200	0.235	0.269	0.298	0.324	0.348	0.370	0.389	0.400	0.409	0.408
	500	0.124	0.165	0.204	0.240	0.275	0.303	0.330	0.355	0.377	0.397	0.408	0.417	0.416
	≥630	0.127	0.168	0.207	0.243	0.278	0.308	0.335	0.360	0.382	0.403	0.414	0.423	0.422

表 2.6-17 聚酰胺片基平带单位宽度传递的基本额定功率 P_0（$\alpha = \pi$、载荷平稳）

带型	带速 v/m·s^{-1}											
	10	15	20	25	30	35	40	45	50	55~60	65	70
	P_0/kW·mm^{-1}											
EL	0.038	0.056	0.073	0.089	0.103	0.117	0.128	0.137	0.141	0.146	0.143	0.136
L	0.060	0.089	0.116	0.143	0.166	0.187	0.204	0.219	0.228	0.234	0.230	0.218
M	0.105	0.156	0.204	0.249	0.290	0.327	0.357	0.383	0.399	0.410	0.403	0.382
H	0.150	0.223	0.291	0.356	0.414	0.467	0.510	0.547	0.570	0.586	0.575	0.546
EH	0.210	0.312	0.407	0.499	0.580	0.654	0.714	0.765	0.798	0.820	0.805	0.764
EEH	0.300	0.446	0.582	0.713	0.828	0.935	1.020	1.094	1.140	1.170	1.150	1.092

表 2.6-18 传动布置因数 K_β

两轮轴连心线与水平线夹角 β/(°)		自动张紧传动	开口传动	交叉传动
β /(°)	0~60	1.0	1.0	1.0
	60~80	1.0	0.9	0.8
	80~90	0.9	0.8	0.7

P_b 是在规定的张紧力下，同步带纵向截面上相邻两齿在节线上的对称距离。GB/T 10414—2002 对梯形齿同步带的尺寸作了规定（表 2.6-19 ~ 表 2.6-21）。

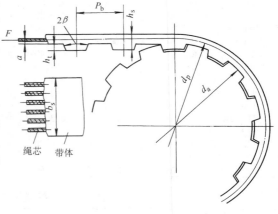

图 2.6-6 同步带传动

6.5 同步带传动

同步带传动（见图 2.6-6）属于非共轭啮合传动，可以在两轴或多轴间几乎同步地传递动力与运动。同步带传动预紧力小，轴承载荷轻，且可以在其背面制出各种形状的突起，进行物料输送、零件的整理与选别，以及开关的启闭等。

6.5.1 梯形齿同步带的尺寸

我国规定梯形齿同步带采用节距制，节距

表 2.6-19 梯形齿同步带的齿形尺寸和特性数据

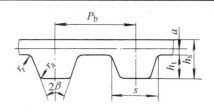

（续）

带　型 [①]	MXL	XXL	XL	L	H	XH	XXH
节距 P_b/mm	2.032	3.175	5.080	9.525	12.700	22.225	31.750
齿形尺寸 2β/（°）	40	50	50	40	40	40	40
齿形尺寸 s/mm	1.14	1.73	2.57	4.65	6.12	12.57	19.05
齿形尺寸 h_t/mm	0.51	0.76	1.27	1.91	2.29	6.35	9.53
齿形尺寸 h_s/mm	1.14	1.52	2.30	3.60	4.30	11.20	15.70
齿形尺寸 r_r/mm	0.13	0.38	0.38	0.51	1.02	1.57	2.29
齿形尺寸 r_a/mm	0.13	0.38	0.38	0.51	1.02	1.19	1.52
齿形尺寸 a/mm	0.254	0.254	0.254	0.381	0.686	1.397	1.524
带宽范围/mm	3～6.4		6.4～10	13～25	20～76	50～100	50～127
25mm 带宽的最大基本额定功率 P_0/kW			3.5	4.7	16	17	20
荐用最小带轮节径 d_p/mm	6	10	16	36	63	125	220
节线长范围 L_p/mm	91～500	127～560	150～660	315～1525	610～4320	1290～4445	1780～4570
带齿数范围	45～250	40～176	30～130	33～160	48～340	58～200	56～144

① 带型含义：MXL—最轻型；XXL—超轻型；XL—特轻型；L—轻型；H—重型；XH—特重型；XXH—超重型。

表 2.6-20　梯形齿同步带的节线长度系列

带长代号	标称长度 L_p/mm	带长代号	标称长度 L_p/mm	带长代号	标称长度 L_p/mm	带长代号	标称长度 L_p/mm
36	91.44	130	330.20	300	762.00	750	1905.00
40	101.65	140	355.60	322	819.15	770	1955.80
44	111.76	150	381.00	330	838.20	800	2032.00
48	121.92	160	406.40	345	876.30	840	2133.60
50	127.00	170	431.80	360	914.40	850	2159.00
56	142.24	180	457.20	367	933.45	900	2286.00
60	152.40	187	476.25	390	990.60	980	2489.20
64	162.56	190	482.60	420	1066.80	1000	2540.00
70	177.80	200	508.00	450	1143.00	1100	2794.00
72	182.88	210	533.40	480	1219.20	1120	2844.00
80	203.20	220	558.80	507	1289.05	1200	3048.00
88	223.52	225	571.50	510	1295.40	1250	3175.00
90	228.60	230	584.20	540	1371.60	1260	3200.40
100	254.00	240	609.60	560	1422.40	1400	3556.00
110	279.40	250	635.00	570	1447.80	1540	3911.60
112	284.48	255	647.70	600	1524.00	1600	4064.00
120	304.80	260	660.40	630	1600.20	1700	4318.00
124	314.33	270	685.80	660	1676.40	1750	4445.00
124	314.96	285	723.90	700	1778.00	1800	4572.00

表 2.6-21　梯形齿同步带的宽度系列

宽度带号	012	019	025	031	037	050	075	100	150	200	300	400	500
带宽 b_s/mm	3.2	4.8	6.4	7.9	9.5	12.7	19.1	25.4	38.1	50.8	76.2	101.6	127.0

梯形齿同步带的标记由带长代号、带型、带宽代号和标准号组成，如：

450　H　100　GB/T 10414

└─ 带宽代号100，带宽25.4mm

└─ 带型 H(重型)，节距12.7mm

└─ 带长代号450，节线长1143mm

6.5.2　设计计算

GB/T 11362—1989 给出了梯形齿同步带传动的设计计算方法，主要是限制单位带宽的拉力，必要时才校核工作齿面的压力，其设计计算公式和程序见表2.6-22。

表 2.6-22　梯形齿同步带传动的设计计算

计算项目	符号	单位	参数选定和计算公式	备　注
设计功率	P_d	kW	$P_d = K_A P$	P—传递功率；K_A—使用因数，查表 2.6-5
选定带型			按 P_d 和 n_1 由图 2.6-7 选定带型	n_1—主动带轮转速(r/min^{-1})
主动带轮齿数	z_1		$n_1 < 1000$r/min 取 $z_1 \geqslant z_{min}$；$n_1 > 1000$r/min 取 $z_1 \geqslant 1.3z_{min}$	z_{min} 见表 2.6-23。带速和安装尺寸允许时尽可能取较大的 z_1
主动带轮节圆直径	d_{P1}	mm	$d_{P1} = \dfrac{z_1 P_d}{\pi}$	计算到小数点后两位
从动带轮齿数	z_2		$z_2 = iz_1 = z_1 n_1 / n_2$	i—传动比；n_2—从动带轮转速
从动带轮节圆直径	d_{P2}	mm	$d_{P2} = \dfrac{z_2 P_d}{\pi}$	
带速	v	m/s	$v = \dfrac{\pi d_{P1} n_1}{60000}$	
初定轴间距	a_0	mm	$0.7(d_{P1} + d_{P2}) \leqslant a_0 \leqslant 2(d_{P1} + d_{P2})$	
带长	L_{P0}	mm	$L_{P0} = 2a_0 + \dfrac{\pi}{2}(d_{P1} + d_{P2}) + \dfrac{(d_{P2} - d_{P1})^2}{4a_0}$	按表 2.6-20 取标准带长 L_P
带齿数	z		$z = \dfrac{L_P}{P_b}$	按标准带长定带齿数
实际轴间距	a	mm	精确计算(轴间距不可调整时)：$a = \dfrac{d_{P2} - d_{P1}}{2\cos\dfrac{\alpha_1}{2}}$，$inv\dfrac{\alpha_1}{2} = \tan\dfrac{\alpha_1}{2} - \dfrac{\alpha_1}{2} = \dfrac{L_P - \pi d_{P1}}{d_{P2} - d_{P1}}$ 近似计算(轴间距可调整时)：$a \approx a_0 + \dfrac{L_P - L_{P0}}{2}$	α_1—主动带轮包角；当 $i \approx 1$ 时，所列精确计算式不宜采用；轴间距的调整范围参见表 2.6-24
主动带轮啮合齿数	z_m		$z_m = ent\left(\dfrac{z_1}{2} - z_1 P_b \dfrac{z_2 - z_1}{2\pi^2 a}\right)$	
带宽	b_s	mm	$b_s = b_{s0} \sqrt[1.14]{\dfrac{1000 P_d}{K_z(T_a - \rho_l v^2)v}}$	b_{s0}—所选带型的基准宽度，见表 2.6-25；T_a—基准宽度 b_{s0} 的许用拉力(N)，见表 2.6-26；K_z—啮合齿数因子；$z_m \geqslant 6$　$K_z = 1$、$z_m = 5$　$K_z = 0.8$，$z_m = 4$　$K_z = 0.6$；b_s 应按表 2.6-21 取标准值，一般 $b_s < d_{P1}$
轴压力	F_r	N	$F_r = \dfrac{1000 P_d}{v}$	

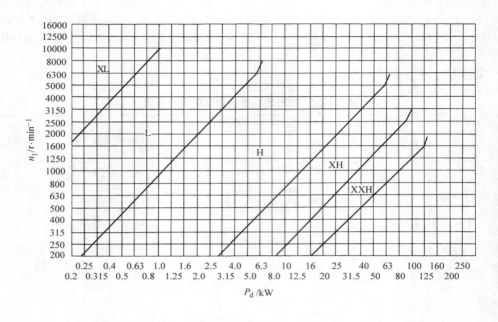

图 2.6-7　梯形齿同步带选型图

表 2.6-23　小带轮的最少齿数 z_{min}

小带轮转速	带 型						
	MXL	XXL	XL	L	H	XH	XXH
$n/r \cdot min^{-1}$	z_{min}						
<900	10	10	10	12	14	22	22
900~1200	12	12	10	12	16	24	24
1200~1800	14	14	12	14	18	26	26
1800~3600	16	16	12	16	20	30	—
>3600	18	18	15	18	22	—	—

表 2.6-24　同步带传动轴间距调整值

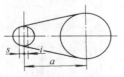

$\alpha_{max} = a + s$　　$\alpha_{min} = a - j$

带型	P_b /mm	从动带轮 有挡圈	主动带轮 有挡圈	无挡圈	s
		j			
MXL	2.032	2.5P_b	1.3P_b	0.9P_b	0.005L_p
XXL	3.175	2.5P_b			

（续）

带型	P_b /mm	从动带轮 有挡圈	主动带轮 有挡圈	无挡圈	s
		j			
XL	5.08	1.8P_b			
L	9.525	1.5P_b			
H	12.700	1.5P_b	1.3P_b	0.9P_b	0.005L_p
XH	22.225	2.0P_b			
XXH	31.750	2.0P_b			

表 2.6-25　梯形齿同步带的基准宽度

带 型	MXL XXL	XL	L	H	XH	XXH
b_{s0}/mm	6.4	9.5	25.4	76.2	101.6	127.0

6.5.3　同步带轮

　　梯形齿同步带传动的带轮，其齿廓形状可以采用渐开线或直边形。渐开线齿形用展成法加工，齿形取决于刀具。表 2.6-26 和表 2.6-27 给出直边齿同步带轮的尺寸和公差。

表 2.6-26 直边齿同步带轮的轮缘尺寸和公差（摘自 GB/T 11361—1989）

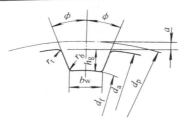

项 目	符号	单位	槽 型						
			MXL	XXL	XL	L	H	XH	XXH
节圆直径	d_p	mm	$d_p = \dfrac{zP_b}{\pi}$						
外圆直径	d_a	mm	$d_a = d_p - 2a$						
齿槽底宽	d_w	mm	0.84 ± 0.05	1.14 ± 0.05	1.32 ± 0.05	3.05 ± 0.05	4.19 ± 0.05	7.90 ± 0.05	12.17 ± 0.05
齿槽深	h_g	mm	0.69 $_{-0.05}$	0.84 $_{-0.05}$	1.65 $_{-0.08}$	2.67 $_{-0.10}$	3.05 $_{-0.13}$	7.14 $_{-0.13}$	10.31 $_{-0.13}$
齿槽半角	ϕ	(°)	20 ± 1.5	25 ± 1.5			20 ± 1.5		
齿根圆角半径	r_{bmax}	mm	0.35		0.41	1.19	1.60	1.98	3.96
齿顶圆角半径	r_t	mm	0.13 $^{+0.05}$	0.30 $^{+0.05}$	0.64 $^{+0.05}$	1.17 $^{+0.13}$	1.60 $^{+0.13}$	2.39 $^{+0.13}$	3.18 $^{+0.13}$
节顶距	$2a$	mm	0.508			0.762	1.372	2.794	3.048
根圆直径	d_f	mm	$d_f = d_a - 2h_g$						

表 2.6-27 梯形齿同步带轮的宽度（摘自 GB/T 11361—1989）

槽型	轮宽代号	带宽 b_s/mm	最小轮宽 b_f/mm		
			双边挡圈	单边挡圈	无挡圈
MXL XXL	012，3.2	3.2	3.8	4.7	5.6
	019，4.8	4.8	5.3	6.2	7.1
	025，6.4	6.4	7.1	8.0	8.9
XL	025	6.4	7.1	8.0	8.9
	031	7.9	8.6	9.5	10.4
	037	9.5	10.4	11.1	12.7
L	050	12.7	14.0	15.5	17.0
	075	19.1	20.3	21.8	23.3
	100	25.4	26.7	28.2	29.7
H	075	19.1	20.3	22.6	24.8
	100	25.4	26.7	29.0	31.2
	150	38.1	39.4	41.7	43.9
	200	50.8	52.8	55.1	57.3
	300	76.2	79.0	81.3	83.5
XH	200	50.8	56.6	59.6	62.6
	300	76.2	83.8	86.9	89.8
	400	101.6	110.7	113.7	116.7
XXH	200	50.8	56.6	60.4	64.1
	300	76.2	83.8	87.3	91.3
	400	101.6	110.7	114.5	118.2
	500	127.0	137.2	141.5	145.2

7　链　传　动

链传动属有中间挠性件的啮合传动，它兼有齿轮传动和带传动的一些特点。

链传动的应用范围很广，一般用于中心距较大、多轴、只要求平均传动比准确，环境恶劣等的开式传动。一般可用于低速、重载传动，润滑良好也可用于高速传动。

传动链有套筒链、滚子链、齿形链和成型链几种。

7.1　滚子链传动

滚子链是链传动中用得最多的传动链，主要有短节距精密滚子链（GB/T 6069—2002）、主双节距精密滚子链（GB/T 5269—1999）、重载传动用弯板滚子链（GB/T 5858—1997）等。

通常，滚子链传动功率可达100kW，线速度可达15m/s。现代最优质的滚子链传动，功率可达5000kW，线速度可达30m/s。滚子链传动的效率约为94%～96%。

7.1.1　短节距滚子链的基本参数与主要尺寸

短节距传动用精密滚子链有 A、B 两个系列，A 系列用于设计，B 系列用于维修。

节距是传动链的基本特性参数，滚子链的标称节距是指链条相邻两个铰链副理论中心间的距离，通常将其简称为节距，并由它决定链轮分度圆直径。滚子链的测量节距是指链条在规定测量力作用下，相邻滚子同侧母线的距离，它表达出链条由于制造误差或磨损后的实际节距尺寸。

短节距滚子链的基本参数与主要尺寸见表 2.7-1。

7.1.2　链轮

1. 滚子链链轮的基本参数和主要尺寸　链轮的基本参数、主要尺寸、端面齿廓（齿槽形状）和轴向齿廓见表 2.7-2。

2. 链轮材料及热处理　滚子链链轮的荐用材料及热处理方式见表 2.7-3。

表 2.7-1　短节距滚子链的基本参数与主要尺寸（摘自 GB/T 6069—2002）

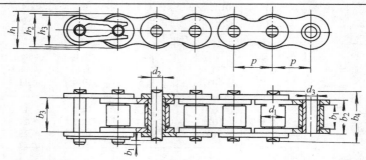

链号	节距 p/mm	排距 p_t/mm	滚子外径 d_{1max}/mm	内链节内宽 b_{1min}/mm	内链板高度 h_{2max}/mm	单排极限拉伸载荷 Q/kN	单排线质量 q_1/kg · m^{-1}
08A	12.70	14.38	7.92	7.85	12.07	13.8	0.60
10A	15.875	18.11	10.16	9.40	15.09	21.8	1.00
12A	19.05	22.78	11.91	12.57	18.08	31.1	1.50
16A	25.40	29.29	15.88	15.75	24.13	55.6	2.60
20A	31.75	35.76	19.05	18.90	30.18	86.7	3.80
24A	38.10	45.44	22.23	25.22	36.20	124.6	5.60
28A	44.45	48.87	25.40	25.22	42.24	169.0	7.50
32A	50.80	58.55	28.58	31.55	48.26	222.4	10.10
05B	8.00	5.64	5.00	3.00	7.11	4.4	0.18
06B	9.525	10.24	6.35	5.72	8.26	8.9	0.40
08B	12.70	13.92	8.51	7.75	11.81	17.8	0.70

（续）

链号	节距 p/mm	排距 p_t/mm	滚子外径 d_{1max}/mm	内链节内宽 b_{1min}/mm	内链板高度 h_{2max}/mm	单排极限拉伸载荷 Q/kN	单排线质量 q_1/kg·m^{-1}
10B	15.875	16.59	10.16	9.65	14.73	22.2	0.95
12B	19.05	19.46	12.07	11.68	16.13	28.9	1.25
16B	25.40	31.88	15.88	17.02	21.08	60.0	2.70
20B	31.75	36.45	19.05	19.56	26.42	95.0	3.60
24B	38.10	48.36	25.40	25.40	33.40	280.0	6.70

注：1. 使用过渡链节会降低链条强度，其极限拉伸载荷按表列数值80%计算。

2. 标记示例：B系列、节距19.05mm、单排、88节的滚子链，标记为：12B-1×88 GB/T 6069—2002。

表 2.7-2 滚子链链轮的基本参数和主要尺寸

参数名称	符号	计算公式	备注
		基本参数	
链轮齿数	z		见表2.7-4
配用链条 节距	p		
配用链条 滚子外径	d_1		见表2.7-1
配用链条 排距	p_t		

滚子定位圆弧半径	r_i	$r_{imin} = 0.505d_1$；$r_{imax} = 0.505d_1 + 0.069\sqrt[3]{d_1}$
滚子定位角	α	$\alpha_{min} = \dfrac{2\pi}{3} - \dfrac{\pi}{2z}$；$\alpha_{max} = \dfrac{7\pi}{9} - \dfrac{\pi}{2z}$
齿侧圆弧半径	r_e	$r_{emin} = 0.008d_1(z^2 + 180)$；$r_{emax} = 0.12d_1(z+2)$

齿宽	单排		$0.93b_1$ [①]	$0.95b_1$ [②]
齿宽	双排、三排	b_{f1}	$0.91b_1$ [①]	$0.93b_1$ [②]
齿宽	四排及以上		$0.88b_1$ [①]	$0.93b_1$ [②]
倒角宽		b_a	$b_a = (0.10 \sim 0.15)p$	
倒角半径		r_x	$r_x \geqslant p$	
倒角深		h	$h = 0.5p$	
齿侧凸缘圆角半径		r_a	$r_a \approx 0.04p$	
链轮齿总宽		b_{fm}	$b_{fm} = (m-1)p_t + b_{f1}$	

备注：b_1—内链节内宽，见表2.7-1；m—排数

（续）

参 数 名 称	符号	计 算 公 式	备 注
		主要尺寸	

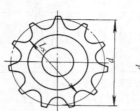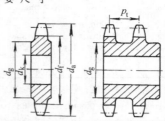

参 数 名 称	符号	计 算 公 式	备 注
分度圆直径	d	$d = \dfrac{p}{\sin\dfrac{\pi}{z}}$	
齿顶圆直径	d_a	$d_{a\max} = d + 1.25p - d_1$ $d_{a\min} = d + p\left(1 - \dfrac{1.6}{z}\right) - d_1$	
齿根圆直径	d_f	$d_f = d - d_1$	
分度圆弦齿高	h_a	$h_{a\max} = 0.625p - 0.5d_1 + 0.8\dfrac{p}{z}$ $h_{a\min} = 0.5(p - d_1)$	见轴向齿廓附图
最大齿根距离	L_x	奇数齿 $L_x = d\cos\dfrac{\pi}{2z} - d_1$ 偶数齿 $L_x = d_f = d - d_1$	
齿侧凸缘直径	d_g	$d_g < p\cot\dfrac{\pi}{z} - 1.04h_2 - 0.76$	h_2—内链板高度， 见表2.7-1

① 用于 $p \leqslant 12.7$mm 的场合。

② 用于 $p > 12.7$mm 的场合，经制造厂同意，亦可使用 $p \leqslant 12.7$mm 时的齿宽。

表 2.7-3 滚子链链轮荐用材料及热处理

材 料	热 处 理	齿面硬度	应 用 范 围
15、20	渗碳、淬火、回火	50～60HRC	$z \leqslant 25$ 的、有冲击载荷的链轮
35	正火	160～200HBS	$z > 25$ 的主、从动链轮
45、50、45Mn、ZG310-570	淬火、回火	40～50HRC	无剧烈冲击振动和要求耐磨的主、从动链轮
15Cr、20Cr	渗碳、淬火、回火	55～60HRC	$z < 30$ 的、传递较大功率的重要链轮
40Cr、35SiMn、35CrMo	淬火、回火	40～50HRC	要求较高强度和耐磨性的重要链轮
Q235-A、Q275	焊接后退火	≈140HBS	中、低速，功率不大的较大链轮
不低于 HT200 的灰铸铁	淬火、回火	260～280HBS	$z > 50$ 的从动链轮，强度要求一般的链轮
酚醛布棒或酚醛层压布材	—	—	$P < 6$kW、速度较高、要求传动平稳、噪声低的链轮

7.1.3 设计计算

滚子链传动设计计算步骤与计算公式见表2.7-4

表 2.7-4 滚子链传动的设计计算

参 数	符号	单位	参数选取、计算公式				备 注
主动链轮齿数	z_1		$z_{\min} = 9$；$z_{\max} = 114 - 120$ 减速传动推荐：$z_1 = 29 - 2i$ 或按速度如下选取				z 少，运动的不均匀性大
			$v/\text{m} \cdot \text{s}^{-1}$	0.6～3（低速）	3～8（中速）	>8（高速）	
			z_1	15～17	19～21	23～25	

（续）

参　数	符号	单位	参数选取、计算公式	备　注
从动链轮齿数	z_2		$z_2 = iz_1$	z 多,链节允许伸长率减小,传动的磨损寿命降低
传动比	i		$i = n_1/n_2 = z_2/z_1$;通常 $i \leqslant 7$;推荐取 $i = 2 \sim 3.5$;当 $v < 2\text{m/s}$ 且载荷平稳时,i 可达 10	n_1、n_2—主、从动链轮的转速
设计功率	P_d	kW	$P_\text{d} = \dfrac{K_\text{A} K_z}{K_\text{m}} P$	P—传动功率; K_A—使用因数,见表 2.7-5; K_z—齿数因数,见图 2.7-1; K_m—排数因数,见表 2.7-6
节距	p	mm	根据 P_d 和 n_1,由图 2.7-2 或图 2.7-3 选 p（将 P_d 视为单排额定功率）	宜选较小节距,功率大时可采用多排链以减小节距
轮毂孔径	d_K	mm	d_K 由支承轴的设计确定;应满足 $d_\text{K} \leqslant d_\text{Kmax}$,否则需增大 z_1 或 p	d_Kmax—许用最大轮毂孔径,见表 2.7-7
初定轴间距	a_0	mm	$a_0 = (30 \sim 50) p$ 为最好,脉动载荷、无张紧装置场合允许 $a_0 < 25p$;$a_0 \geqslant a_\text{min}$ <table><tr><td>i</td><td>< 4</td><td>$\geqslant 4$</td></tr><tr><td>a_min</td><td>$0.20z_1(i+1)p$</td><td>$0.33z_1(i-1)p$</td></tr></table>$a_\text{max} = 80p$	有张紧装置或托板的场合,a_max 可大于 $80p$;轴间距不能调整的传动,$a_\text{max} \approx 30p$
链节数	L_p		$L_\text{p} = \dfrac{2a_0}{p} + \dfrac{z_1 + z_2}{2} + \left(\dfrac{z_2 - z_1}{2\pi}\right)^2 \dfrac{p}{a_0}$	L_p 必须取为整数,且最好为偶数,以避免采用过渡链节
链长	L	mm	$L = pL_\text{p}$	L_p—取成整数后的链节数
理论轴间距	a	mm	$a = (2L_\text{p} - z_1 - z_2) p K_\text{a}$ $K_\text{a} = \dfrac{1}{2\pi\cos\theta\left[\dfrac{2(L_\text{p} - z_1)}{z_2 - z_1} - 1\right]}$ $\text{inv}\theta = \pi\left(\dfrac{L_\text{p} - z_1}{z_2 - z_1} - 1\right)$	
实际轴间距	a'	mm	$a' = a - \Delta a$;通常 $\Delta a = (0.002 \sim 0.004) a$	轴间距不可调且无张紧装置、有冲击振动、倾斜布置的传动,Δa 取小值
链速	v	m/s	$v = \dfrac{z_1 n_1 p}{60000}$	
有效圆周力	F	N	$F = 1000 \dfrac{P}{v}$	
轴压力	F_r	N	$F_\text{r} = (1.05 \sim 1.20) K_\text{A} F$	两轮轴心连线与水平线夹角大者取小值;反之取大值

表 2.7-5　使用因数 K_A

拖 动 机 械		驱动机械特性		
特　性	示　例	平稳运转	轻微冲击	中等冲击
平稳运转	离心式泵和压缩机、印刷机械、均匀给料的带式输送机、纸张压光机、自动扶梯、液体搅拌机、风机	1.0	1.1	1.3
中等冲击	多缸泵和压缩机、水泥搅拌机、载荷非恒定的输送机、固体搅拌机、滚筒筛	1.4	1.5	1.7
严重冲击	刨煤机、电铲、轧机、橡胶加工机械、压力机、剪床、单缸和双缸泵和压缩机、石油钻机	1.8	1.9	2.1

注：属平稳运转的驱动机有：电动机、汽轮机和燃气轮机、装有液力偶合器的内燃机;

　　属轻微冲击的驱动机有：频繁起动的电动机、六缸和六缸以上带机械式联轴器的内燃机;

　　属中等冲击的驱动机有：小于六缸带机械式联轴器的内燃机。

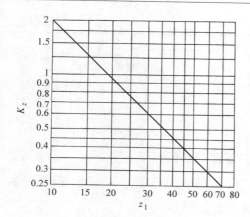

图 2.7-1 小链轮齿数因数 K_z

传动,应按链条的静强度进行计算。链条静强度的计算式为

$$S = \frac{Q}{K_A F + F_c + F_f} \geqslant S_P$$

$$F_c = qv^2$$

$$F_f = (K_f + \sin\theta)q_1 ga$$

式中　S——静强度安全因数;

Q——链条极限拉伸载荷,见表 2.7-1;

K_A——使用因数,见表 2.7-5;

F——有效圆周力,见表 2.7-4;

F_c——惯性离心力引起的拉力;

q_1——链条线质量,见表 2.7-1;

v——链速;

F_f——悬垂拉力;

K_f——因子,见图 2.7-4;

a——传动轴间距;

θ——两轮轴心连线对水平面的倾角;

S_P——静强度许用安全因数,一般为 4 ~ 8。

表 2.7-6　排数因数 K_m

排数 m	1	2	3	4	5	6
排数因数 K_m	1	1.75	2.5	3.3	4.0	4.6

7.1.4　静强度计算

低速、重载,或要求使用寿命较短的滚子链

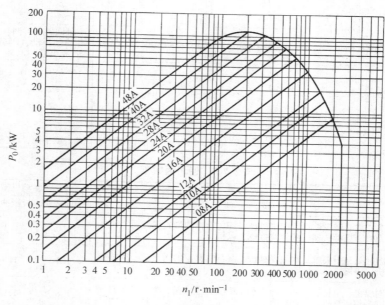

图 2.7-2　A 系列滚子链功率曲线图

小链轮齿数 $z_1 = 19$,传动比 $i = 3$,链节数 $L_p = 120$ 节,润滑充分,载荷平稳,

15000h 使用寿命下的额定功率曲线

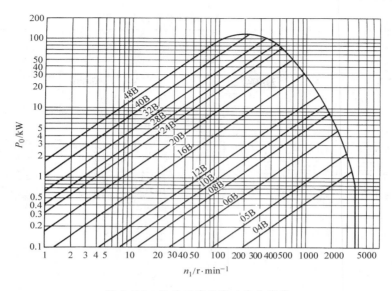

图 2.7-3 B 系列滚子链功率曲线图

小链轮齿数 $z_1 = 19$，传动比 $i = 3$，链节数 $L_p = 120$ 节，润滑充分，载荷平稳，15000h 使用寿命下的额定功率曲线

表 2.7-7 许用最大轮毂孔径 d_{Kmax}

齿数 z	节 距 P/mm									
	9.525	12.70	15.875	19.05	25.40	31.75	38.10	44.45	50.80	63.50
	d_{Kmax}/mm									
11	11	18	22	27	38	50	60	71	80	103
13	15	22	30	36	51	64	79	91	105	132
15	20	28	37	46	61	80	95	111	129	163
17	24	34	45	53	74	93	112	132	152	193
19	29	41	51	62	84	108	129	153	177	224
21	33	47	59	72	95	122	148	175	200	254
23	37	51	65	80	109	137	165	196	224	278
25	42	57	73	88	120	152	184	217	249	310

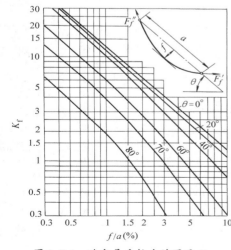

图 2.7-4 确定悬垂拉力的因子 K_f

7.2 齿形链传动

有外侧啮合和内侧啮合两种齿形链传动。铰链形式有圆销式、轴瓦式和滚销式。GB/T 10855—2003 规定的齿形链属外侧啮合、滚销式齿形链。

7.2.1 基本参数与主要尺寸

GB/T 10855—2003 规定的齿形链，其基本参数与主要尺寸见表 2.7-8。

7.2.2 链轮

齿形链链轮的齿形、基本参数与轴向齿廓尺寸见表 2.7-9。

7.2.3 设计计算

齿形链传动设计计算步骤与计算公式见表 2.7-10。

表 2.7-8　齿形链的基本参数与主要尺寸

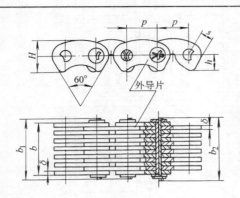

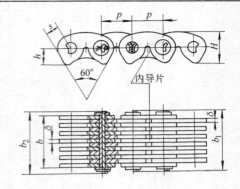

									60°	外导片		60°	内导片

a）外导式齿形链　　　　　　　　b）内导式齿形链

链号	节距 p/mm	链宽 b_{min}/mm	s/mm	H_{min}/mm	h/mm	δ/mm	b_{1max}/mm	b_{2max}/mm	导向形式	片数 n	极限拉伸载荷 F_{Qmin}/kN	链条线质量 q_1/kg·m^{-1}
CL06	9.525	19.5	3.57	10.1	5.3		24.5	26	外	13	15.00	0.85
		22.5					27.5	29	外	15	17.50	1.00
		28.5					33.5	35	内	19	22.50	1.26
		34.5					39.5	41	内	23	27.50	1.53
		40.5					45.5	47	内	27	32.50	1.79
CL08	12.70	25.5	4.76	13.4	7.0	1.5	30.5	32	外	17	31.30	1.50
		28.5					33.5	35	内	19	35.20	1.68
		34.5					39.5	41	内	23	43.00	2.04
		40.5					45.5	47	内	27	50.80	2.39
		46.5					51.5	53	内	31	58.60	2.74
		52.5					57.5	59	内	35	66.40	3.10
		58.5					63.5	65	内	39	74.30	3.45
CL10	15.875	46	5.95	16.7	8.7		53	55		23	71.70	3.39
		54					61	63		27	84.70	3.99
		62					69	71		31	97.70	4.58
CL12	19.05	54	7.14	20.1	10.5	2.0	61	63		27	102.00	4.78
		62					69	71		31	117.00	5.50
		70					77	79		35	133.00	6.20
		78					85	87		39	149.00	6.91
CL16	25.40	57	9.52	26.7	14.0		65	68	内	19	141.00	6.73
		69					77	80		23	172.00	8.15
		81					89	92		27	203.00	9.57
		93					101	104		31	235.00	10.98
CL20	31.75	69	11.91	33.4	17.5	3.0	79	82		23	201.00	10.19
		81					91	94		27	237.00	11.96
		93					103	106		31	273.00	13.73
CL24	38.10	93	14.29	40.1	21.0		105	108		31	328.00	16.48
		105					117	120		35	371.00	18.61
		117					129	132		39	415.00	20.73

表 2.7-9　齿形链链轮的齿廓与主要尺寸

参　数	符号	计 算 公 式	备注
齿楔角	α	$60°_{-30'}$	必须是负偏差
分度圆直径	d	$d = \dfrac{p}{\sin\dfrac{\pi}{z}}$	
齿顶圆直径	d_a	$d = \dfrac{p}{\tan\dfrac{\pi}{z}}$	
齿槽定位圆半径	r_d	$r_d = 0.375p$	
分度角	ϕ	$\phi = \dfrac{2\pi}{z}$	
齿槽角	β	$\beta = \dfrac{\pi}{6} - \dfrac{\pi}{z}$	
齿形角	γ	$\gamma = \dfrac{\pi}{6} - \dfrac{2\pi}{z}$	
齿面工作段最低点至节距线的距离	h	$h = 0.55p$	
齿根间隙（h 方向）	e	$e = 0.08p$	
齿根圆直径	d_f	$d_f = d - \dfrac{2(h+e)}{\cos\dfrac{\pi}{z}}$	参考尺寸
接触终止圆直径	d_j	$d_j = p\sqrt{1.515213 + \left(\cot\dfrac{\pi}{z} - 1.1\right)^2}$	

轴向齿廓尺寸

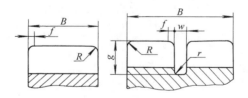

节　距		p/mm	9.525	12.70	15.875	19.05	25.40	31.75	38.10
			外导式		外导式				
链轮宽度	外导	B	$b - 3\delta$						
	内导		$B + 2\delta$						
导槽宽度及偏差		w/mm	3 ± 0.6		4 ± 0.6			6 ± 0.6	
倒角宽度及偏差		f/mm	$1^{+0.5}$		$1.5^{+0.5}$			$2^{+0.5}$	
大圆角		R/mm	3		4			5	
小圆角		r/mm	0.5		0.8			1.0	
导槽深度及偏差		g/mm	$7^{+1.0}$	$9^{+1.0}$	$11^{+1.0}$	$13^{+1.0}$	$16^{+1.0}$	$20^{+1.0}$	$24^{+1.0}$

注：1. 摘自 GB/T 10855—2003。

2. 线性尺寸计算精确到 0.01mm；角度值精确到分。

3. 齿根圆角半径约为 0.08p。

4. d_j 仅供设计刀具用。

表 2.7-10　齿形链传动的设计计算

参　数	符号	单位	参数选取、计算公式	备　注
主动链轮齿数	z_1		$z_{min} = 15$、$z_{max} = 150$；推荐：$z_1 \approx 38 - 3i$；减速传动通常 $z_1 \geqslant 21$，并取奇数齿	如空间允许，z_1 宜取较大值
传动比	i		$i = \dfrac{n_1}{n_2} = \dfrac{z_2}{z_1}$	n_1、n_2—主、从动链轮的转速
从动链轮齿数	z_2		$z_2 = iz_1$；减速传动通常 $z_2 \leqslant 100$	
节距	p	mm	可参照主动链轮转速 n_1 选取： <table><tr><td>$n_1/\text{r} \cdot \text{min}^{-1}$</td><td>2000 ~ 5000</td><td>1500 ~ 3000</td><td>1200 ~ 2500</td><td>1000 ~ 2000</td><td>800 ~ 1500</td><td>600 ~ 1200</td><td>500 ~ 900</td></tr><tr><td>p/mm</td><td>9.525</td><td>12.70</td><td>15.875</td><td>19.05</td><td>25.40</td><td>31.75</td><td>38.10</td></tr></table>	节距的选取应综合考虑传动功率、小链轮转速和传动空间尺寸的限制等因素
设计功率	P_d	kW	$P_d = K_A K_z P$	P—传动功率；K_A—使用因数，见表 2.7-5；K_z—齿数因数，见 2.7-11
额定功率	P_0	kW	根据 p 和 n_1，由图 2.7-5 查出	
链宽	b	mm	$b \geqslant \dfrac{P_d}{P_0}$	应按表 2.7-8 取值
轮毂孔径	d_K	mm	d_K 由支承轴的设计确定；应满足 $d_K \leqslant d_{Kmax}$，否则需增大 z_1 或 p	d_{Kmax}—许用最大轮毂孔径，见表 2.7-7
初定轴间距	a_0	mm	$a_0 = (30 \sim 50)p$ 为最好，脉动载荷、无张紧装置场合允许 $a_0 < 25p$；$a_0 \geqslant a_{min}$ <table><tr><td>i</td><td><4</td><td>$\geqslant 4$</td></tr><tr><td>a_{min}</td><td>$0.20z_1(i+1)p$</td><td>$0.33z_1(i-1)p$</td></tr></table>$a_{max} = 80p$	有张紧装置或托板的场合，a_{max} 可大于 $80p$；轴间距不能调整的传动，$a_{max} \approx 30p$
链节数	L_p		$L_p = \dfrac{2a_0}{p} + \dfrac{z_1 + z_2}{2} + \left(\dfrac{z_2 - z_1}{2\pi}\right)^2 \dfrac{p}{a_0}$	L_p 必须取为整数，且最好为偶数，以避免采用过渡链节
链长	L	mm	$L = pL_p$	L_p—取成整数后的链节数
理论轴间距	a	mm	$a = (2L_p - z_1 - z_2)pK_a$ $K_a = \dfrac{1}{2\pi\cos\theta\left[\dfrac{2(L_p - z_1)}{z_2 - z_1} - 1\right]}$，$\text{inv}\theta = \pi\left(\dfrac{L_p - z_1}{z_2 - z_1} - 1\right)$	
实际轴间距	a'	mm	$a' = a - \Delta a$；通常 $\Delta a = (0.002 \sim 0.004)a$	轴间距不可调且无张紧装置、有冲击振动、倾斜布置的传动，Δa 取小值
链速	v	m/s	$v/\text{m} \cdot \text{s}^{-1} = \dfrac{z_1 n_1 p}{60000}$	
有效圆周力	F	N	$F = 1000\dfrac{P}{v}$	
轴压力	F_r	N	$F_r = (1.05 \sim 1.20)K_A F$	两轮轴心连线与水平线夹角大者取小值；反之取大值

表 2.7-11　齿形链传动的齿数因数

z_1	17	19	21	23	25	27	29	31	33	35	37
K_z	1.30	1.12	1.0	0.90	0.82	0.75	0.69	0.64	0.60	0.56	0.53

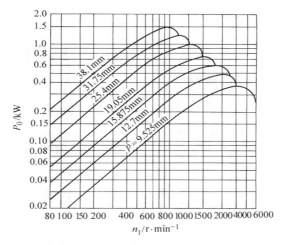

图 2.7-5　齿形链传动额定功率曲线图

$z_1 = 21$, $b = 1\mathrm{mm}$

8　轴

根据轴线形状不同，轴有直轴、曲轴和软轴 3 大类；直轴根据所受载荷不同，又分为转轴、心轴和传动轴；根据外形不同，又分为光轴和阶梯轴，实心轴和空心轴。

根据运转速度不同，轴分为刚性轴和挠性轴，转速比转子固有频率低的为刚性轴，反之为挠性轴。

设计轴的主要问题是强度计算、刚度（变形）计算、结构设计和临界转速计算。

8.1　结构设计

8.1.1　结构及其设计原则

轴由轴颈、轴头和轴身组成，安装滚动轴承和与滑动轴承轴瓦配合的部位称为轴颈，其尺寸应符合相应的轴承标准和配合尺寸；安装其他零件的部位称为轴头，输入端和输出端的轴头称为轴伸，为了便于零件的装配，对轴伸制定了国家标准。轴伸有圆柱形和圆锥形两种，每种又有长、短两个系列。

轴的结构设计原则是：

（1）受力合理，力求等强度，尽量减小应力集中；

（2）轴上零件定位准确、简便，惟一、固定可靠，装拆方便；

（3）有良好的工艺性。

8.1.2　轴上零件在轴上的定位与固定

轴上零件（包括轴承）在轴上的位置应该确定，即位置准确，固定牢靠。轴再通过轴承确定自身在机器中的径向和轴向位置，从而确定了轴上零件在机器中的径向和轴向位置。

零件在轴上的径向定位靠轴与毂孔的配合，轴向定位方法见表 2.8-1，零件在轴上的轴向固定方法见表 2.8-2。

表 2.8-1　零件在轴上的轴向定位方法

名称	简　图	说　明
轴肩		结构简单、定位精度高。圆角半径 r 应小于零件孔端倒角 c_1 或圆角半径 R。结构上无其他要求时，轴肩、轴环的高度 a 较 c_1 或 R 略大即可，使滚动轴承定位的轴肩，其 a 值有规定
轴环		

（续）

名称	简　图	说　　明
夹紧环		夹紧环结构较复杂、定位精度差，并破坏了转子的平衡，但轴的结构简单，适用于光轴上零件的定位
弹性挡圈		结构简单紧凑，只能承受很小的轴向力
锁紧挡圈		结构简单，只能承受较小的轴向力。不宜用于高速。适宜于光轴上零件的定位
过盈配合		结构简单，兼有固定作用，定位精度差。作轴向固定时也作了周向固定

（续）

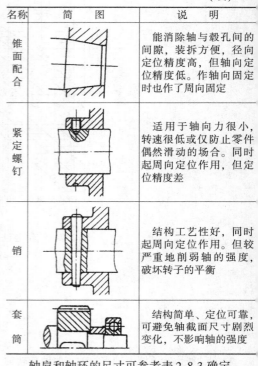

名称	简　图	说　　明
锥面配合		能消除轴与毂孔间的间隙，装拆方便，径向定位精度高，但轴向定位精度低。作轴向固定时也作了周向固定
紧定螺钉		适用于轴向力很小，转速很低或仅防止零件偶然滑动的场合。同时起周向定位作用，但定位精度差
销		结构工艺性好，同时起周向定位作用。但较严重地削弱轴的强度，破坏转子的平衡
套筒		结构简单、定位可靠，可避免轴截面尺寸剧烈变化，不影响轴的强度

　　轴肩和轴环的尺寸可参考表 2.8-3 确定。
　　零件在轴上的周向固定可采用键、花键、销、过盈配合和胀套连接等。

表 2.8-2　零件在轴上的轴向固定方法

名称	螺母	轴端压板	锁紧挡圈	弹性挡圈
简图				
说明	轴表面需制出螺纹，削弱了轴的强度。承受载荷的能力强，固定可靠	轴端钻螺纹孔，不削弱轴的强度。承受载荷的能力强，固定可靠。只能用于轴端	结构简单，只能承受较小的轴向力。不宜用于高速。适用于光轴上零件的固定	结构简单紧凑，只能承受很小的轴向力
名称	过盈配合	紧定螺钉		销
简图	见表 2.8-1 附图	见表 2.8-1 附图		见表 2.8-1 附图
说明	结构简单，固定可靠性随过盈量增加而增大	同时起周向和轴向固定作用。适用于轴向力很小，转速很低或仅防止零件偶然滑动的场合		同时起周向和轴向固定作用。但轴上要钻孔，较严重地削弱轴的强度，破坏转子的平衡

表 2.8-3　轴肩和轴环尺寸　　　　　　（单位：mm）

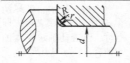
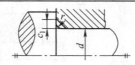
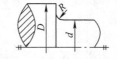

$a \approx 0.07d + 3\text{mm}$

$a > R$ 和 c_1

$b \approx (1.0 \sim 1.5)a$

（续）

配 合 表 面						
轴直径 d	>10～18	>6～10	>18～30	>30～50	>50～80	>80～120	>120～180
r	0.5	1	1.5	2	2.5	3	4
R 和 c_1	1	1.5	2	2.5	3	4	5
轴直径 d	>180～260	>260～360	>360～500	>500～630	>630～800	>800～1000	>1000～1250
r	5	6	8	10	12	16	20
R 和 c_1	6	8	10	12	16	20	25
自 由 表 面						
$D-d$	2	5	8	10	15	20	25
r	1	2	3	4	5	8	10
$D-d$	30	40	55	70	100	140	180
r	12	16	20	25	30	40	50

注：滚动轴承的定位轴肩和轴环，其尺寸按滚动轴承的要求确定。

8.1.3 提高轴疲劳强度的结构措施

  轴的疲劳破坏往往发生在有应力集中之处，减小应力集中的结构措施都能提高轴的疲劳强度，这些结构措施见表2.8-4。

表2.8-4 减小轴应力集中的结构措施

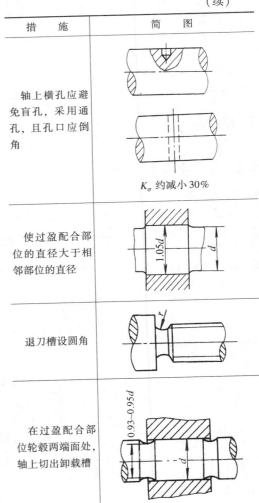

措　施	简　图
在轴环和轴肩上切出内凹圆角	
花键切出退刀槽	
轮毂上切出卸载槽	K_σ 约减小 15%～25%
加大轴环和轴肩的圆角半径，必要时可设中间环	

（续）

措　施	简　图
轴上横孔应避免盲孔，采用通孔，且孔口应倒角	K_σ 约减小 30%
使过盈配合部位的直径大于相邻部位的直径	
退刀槽设圆角	
在过盈配合部位轮毂两端面处，轴上切出卸载槽	

（续）

措　　施	简　　图
减小轮毂两侧厚度	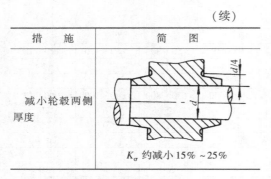 K_σ 约减小 15% ~ 25%

8.1.4　轴的加工和装配工艺性

为了轴的加工和装配，设计轴时要考虑如下几点：

（1）考虑加工工艺必需的结构要素，如退刀槽、越程槽、中心孔等；

（2）确定各轴段长度时，必需保证运转、装配和调整所需要的空间；

（3）轴上所有零件都应能无过盈地到达配合的部位；

（4）除结构有特别要求之外，轴两端及各个台阶处都应制出倒角；

（5）轴上倒角和圆角尽可能取相同的尺寸。

8.2　强度和变形计算

8.2.1　传动轴

弯矩为零或很小，只传递转矩的轴为传动轴，它的直径可按抗扭强度或扭转刚度确定。

1. 按许用扭应力计算　传动轴受转矩作用后，扭应力应小于许用扭应力，因此，轴的最小直径（mm）应满足

$$d \geqslant \sqrt[3]{9.55 \times 10^6 \frac{P}{0.2 n \tau_p (1 - \gamma^4)}} \quad (2.8\text{-}1)$$

式中　P——轴传递的功率（kW）；

　　　n——轴的转速（r/min）；

τ_p——轴的许用扭应力（MPa），轴常用材料的 τ_p 值见表 2.8-5；

γ——空心轴的外径与孔径之比，实心轴 $\gamma = 0$。

若截面处有符合 GB/T 1095—2003 规定的标准平键槽，应将求得的直径按表 2.8-6 中的值增大。

表 2.8-5　几种常用轴材料的 τ_p

轴材料	Q235，20	Q255，35	45	40Cr,35SiMn 42SiMn,38SiMnMo 20CrMnTi,2Cr13
τ_p/MPa	12 ~ 20	20 ~ 30	30 ~ 40	40 ~ 52

表 2.8-6　考虑平键槽轴径的增大值

轴径 d/mm		~ 30	30 ~ 100	> 100
增大值/%	1 个键槽	7	5	3
	2 个键槽	15	10	7

注　两个键槽相隔 180°布置。

2. 扭转刚度计算　计算扭转变形时，阶梯轴的当量直径 d_e 为

$$d_e = \sqrt[4]{\frac{l}{\sum \dfrac{l_i}{d_i^4 (1 - \gamma_i^4)}}} \quad (2.8\text{-}2)$$

式中　l——轴受转矩段的长度（mm）；

　　　l_i——各同一轴径轴段的长度（mm）；

　　　d_i——各同一轴径轴段的直径（mm）；

　　　γ_i——各同一轴径轴段的孔、外径比。

根据允许的扭转角 ϕ_p，轴的当量直径（mm）应满足

$$d_e \geqslant \sqrt[4]{5.58 \times 10^6 \frac{Pl}{nG\phi_p}} \quad (2.8\text{-}3)$$

式中　G——轴材料的切变模量（MPa）；

ϕ_p——轴允许的扭转角（(°)/m），见 2.8-7。

表 2.8-7　轴允许的挠度 y_p、偏转角 θ_p 和扭转角 ϕ_p

轴的类型	一般用途轴	刚度要求高的轴	感应电动机轴	齿轮轴	蜗轮轴
y_p	$(0.0003 ~ 0.0005)l$	$0.0002l$	0.1δ	$(0.01 ~ 0.03)m_n$	$(0.03 ~ 0.05)m_n$
截面位置	滑动轴承处	深沟球轴承处	调心球轴承处	圆柱滚子轴承处	圆锥滚子轴承处	安装齿轮处
θ_p/rad	0.001	0.005	0.05	0.0025	0.0016	0.001 ~ 0.002
轴的类型	一般传动轴		精密传动轴		重型机床进给轴	
ϕ_p/(°)·m^{-1}	0.5 ~ 1.0		0.25 ~ 0.50		0.08	

注：δ 是电动机定子与转子间的气隙。

此计算方法也用来估算转轴的最小直径。

8.2.2 心轴

只承受弯矩的轴为心轴，因此，它们的直径主要取决于轴的抗弯强度或弯曲刚度。

1. 按许用弯曲应力计算 轴受弯矩作用后产生的弯曲应力应小于许用弯曲应力，故轴的直径 d（mm）应满足

$$d \geqslant \sqrt[3]{1.02 \times 10^4 \frac{M}{\sigma_p(1 - \gamma^4)}} \quad (2.8-4)$$

式中 M——轴计算截面处的弯矩（N·m）；

σ_p——许用弯曲应力（MPa）。

对转动心轴取 $\sigma_p = \sigma_{-1p}$，$\sigma_{-1p} \approx 0.1\sigma_b$；对不转动心轴取 $\sigma_p = \sigma_s/S$，S 是安全因数，载荷平稳时，取 $S = 2 \sim 3$。

2. 弯曲刚度计算 计算弯曲变形时，实心阶梯轴的当量直径 d_e 为

$$d_e = \frac{\sum d_i l_i}{\sum l_i} \quad (2.8-5)$$

根据允许的挠度 y_p 与偏转角 θ_p，用表 2.8-8 所列不同受载情况时的计算公式计算 d_e。

各类轴、不同截面的 y_p 和 θ_p 见表 2.8-7。

表 2.8-8 按弯曲变形计算实心轴径的公式

轴受载情况简图	按允许偏转角 θ_p 计算	按允许挠度 y_p 计算
	$d_e \geqslant \sqrt[4]{32 \dfrac{Fab(l+b)}{3\pi El\theta_{pA}}}$，$d_e \geqslant \sqrt[4]{32 \dfrac{Fab(l+a)}{3\pi El\theta_{pB}}}$，$d_e \geqslant \sqrt[4]{64 \dfrac{Fab(a-b)}{3\pi El\theta_{pD}}}$	$d_e \geqslant \sqrt[4]{64 \dfrac{Fa^2 b^2}{3\pi Ely_{pD}}}$
	$d_e \geqslant \sqrt[4]{32 \dfrac{Fal}{3\pi E\theta_{pA}}}$，$d_e \geqslant \sqrt[4]{64 \dfrac{Fal}{3\pi E\theta_{pB}}}$，$d_e \geqslant \sqrt[4]{32 \dfrac{Fa(2l+3a)}{3\pi E\theta_{pD}}}$	$d_e \geqslant \sqrt[4]{64 \dfrac{Fa^2(l+a)}{3\pi Ey_{pD}}}$
	$d_e \geqslant \sqrt[4]{32 \dfrac{M(l^2-3b^2)}{3\pi El\theta_{pA}}}$，$d_e \geqslant \sqrt[4]{32 \dfrac{M(l^2-3a^2)}{3\pi El\theta_{pB}}}$，$d_e \geqslant \sqrt[4]{64 \dfrac{M(ab-a^2-b^2)}{3\pi El\theta_{pD}}}$	$d_e \geqslant \sqrt[4]{32 \dfrac{Mab(a-b)}{3\pi Ely_{pD}}}$
	$d_e \geqslant \sqrt[4]{32 \dfrac{Ml}{3\pi E\theta_{pA}}}$，$d_e \geqslant \sqrt[4]{64 \dfrac{Ml}{3\pi E\theta_{pB}}}$，$d_e \geqslant \sqrt[4]{64 \dfrac{M(l+3a)}{3\pi E\theta_{pD}}}$	$d_e \geqslant \sqrt[4]{32 \dfrac{Ma(2l+3a)}{3\pi Ey_{pD}}}$

8.2.3 转轴

同时承受弯矩和转矩作用，且都不能忽略的轴为转轴。它的直径可以用当量弯矩法、安全因数法等计算或校核，或根据弯曲、扭转刚度确定。

1. 当量弯矩法

（1）轴的力学简化计算

1）轴上作用力的简化 非过盈配合面简化为一个集中力，见图2.8-1a，过盈配合面简化为二个集中力，见图2.8-1b。

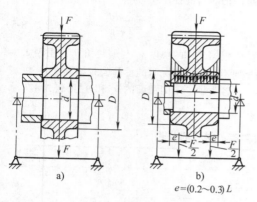

图 2.8-1 轴上作用力的简化

a）非过盈配合 b）过盈配合

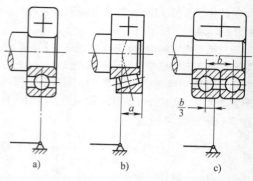

图 2.8-2 滚动轴承的支点简化

a）单列径向接触轴承 b）单列角接触轴承
c）双列轴承

2）支点位置的简化 采用滚动轴承的支点，其支点位置的简化见图2.8-2，其中尺寸 a 可在滚动轴承样本或设计手册中查出；采用滑动轴承的支点，其支点位置的简化见图2.8-3。

（2）按许用弯曲应力计算 转轴按当量弯矩和许用弯曲应力的计算公式见表2.8-9。

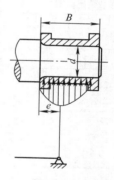

图 2.8-3 滑动轴承的支点简化

$B/d < 1, e = 0.5B; B/d > 1, e = \max(0.5d, 0.25B)$；
调心轴承，$e = 0.5B$

表 2.8-9 按许用弯曲应力的计算公式

轴的材料	受载情况	实心圆轴	空心圆轴
塑性材料	主要受弯矩、转矩	$d \geqslant \sqrt[3]{\dfrac{10\sqrt{M^2 + (\alpha T)^2}}{\sigma_{-1p}}}$	$d \geqslant \sqrt[3]{\dfrac{10\sqrt{M^2 + (\alpha T)^2}}{\sigma_{-1p}(1-\gamma^4)}}$
	弯矩、转矩和较大轴向力	$\sigma = \sqrt{\left(\dfrac{M}{0.1d^3} + 4\beta\dfrac{F_a}{\pi d^2}\right)^2 + 4\left(\dfrac{\alpha T}{0.2d^3}\right)^2} \leqslant \sigma_{-1p}$	—
脆性材料	主要受弯矩、转矩	$d \geqslant \sqrt[3]{\dfrac{5\left[M + \sqrt{M^2 + (\alpha T)^2}\right]}{\sigma_{-1p}}}$	$d \geqslant \sqrt[3]{\dfrac{5\left[M + \sqrt{M^2 + (\alpha T)^2}\right]}{\sigma_{-1p}(1-\gamma^4)}}$
说 明	σ—轴计算截面上的工作应力；M—轴计算截面上的合成弯矩；T—轴计算截面上的转矩；F_a—轴计算截面上的轴向力；σ_{-1p}—许用弯曲应力，可取 $\sigma_{-1p} \approx 0.1\sigma_b$；$\alpha$、$\beta$—应力校正因子；扭应力或轴向应力对称循环变化时，$\alpha = \beta = 1$；扭应力或轴向应力脉动循环变化时，$\alpha \approx \beta \approx 0.6$；扭应力或轴向应力不变化时，$\alpha \approx \beta \approx 0.3$		

2. 按弯曲变形计算 计算轴的弯曲变形需要先绘出弯矩图、外形图（图 2.8-4）。转轴多为阶梯轴，需用能量法计算轴的弯曲变形。这样，如需计算 A 处的挠度 y_A，则在 A 处加一单位力 $F_i = 1$，并绘出其弯矩 M' 图；如需计算 B 处的偏转角 θ_B，则在 B 处加一单位力矩 $M_i = 1$，并绘出其弯矩 M' 图。然后，按 M、M′ 及截面的连续性，把轴分为几段。轴的挠度 y 和偏转角 θ 的计算式为

$$y(\theta) = \Sigma \int_{l_i} \frac{MM'}{EI} dl_i \qquad (2.8\text{-}6)$$

式中 E——材料弹性模量；

I——截面惯性矩。

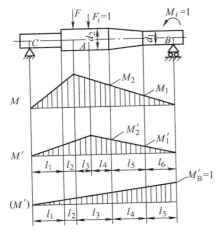

图 2.8-4　计算轴弯曲变形用图

对圆柱实心轴段

$$\Sigma \int_{l_i} \frac{MM'}{EI} dl_i = \frac{l_i}{0.294 E d^4} \big[M_1(2M_1' + M_2') + M_2(2M_2' + M_1') \big] \qquad (2.8\text{-}7)$$

若轴段为圆柱空心轴，且内孔直径 d_0 为定值，则将式（2.8-7）的计算结果除以 $(1 - \gamma^4)$ 即可。

对锥柱实心轴段

$$\Sigma \int_{l_i} \frac{MM'}{EI} dl_i = \frac{l_i}{0.294 E d_1^3 d_2^3} \big[2d_2^2 M_1 M_1' + d_1 d_2 \times (M_1 M_2' + M_2 M_1') + 2d_1^2 M_2 M_2' \big] \qquad (2.8\text{-}8)$$

若轴段为锥柱空心轴，且内孔直径 d_0 为定值，则将式（2.8-8）的计算结果除以

$$\left[1 - 16 \frac{d_0^4}{(d_1 + d_2)^4} \right]$$ 即可。

若弯矩 M 和 M′ 两方向相反，则其中一个取正，一个取负。

本计算方法忽略了切应力的影响，对短轴（如 $l/d < 7 \sim 8$）引起的误差较大，可能达到 $15\% \sim 20\%$。

3. 按扭转变形计算 阶梯轴扭转角 ϕ 的近似计算公式为

$$\phi = \frac{584}{G} \Sigma \frac{T_i l_i}{d_i^4 - d_{0i}^4} \qquad (2.8\text{-}9)$$

式中 T_i——阶梯轴第 i 段上所传递的转矩；

l_i——阶梯轴第 i 段的长度；

d_i——阶梯轴第 i 段的直径；

d_{0i}——阶梯轴第 i 段的孔径。

8.3　转子的振动与临界转速

轴与随轴转动的轴上零件一起称为转子。它的振动有横向振动、轴向振动和扭转振动，大多数直轴构成的转子，横向振动是主要的振动。

出现横向共振的转子转速称为转子的临界转速，记作 n_c，其中最低的为一阶临界转速 n_{c1}，由低到高依次为二阶临界转速 n_{c2}、三阶临界转速 $n_{c3}\cdots$。

简单地说，转子的振动计算就是计算其临界转速，使轴的工作转速避开各阶临界转速以防止轴发生共振。

刚性轴的设计准则是 $n \leq 0.75 n_{c1}$；挠性轴的设计准则是 $1.4 n_{c1} \leq n \leq 0.7 n_{c2}$。

8.3.1　支座形式

转子的临界转速与支座形式有关，根据支承对轴的约束不同，支座分为铰支支座和固定支座。不同类型和结构的轴承，它们构成的支座形式见表 2.8-10。

8.3.2　两支承、受均布载荷转子的临界转速

光轴的自重是最典型的均布载荷。不同支座形式下受均布重力载荷转子的临界转速，其计算公式见表 2.8-11。

表 2.8-10　各种轴承构成的支座形式

支座形式		
滑动轴承	$B/D<2$ 的径向轴承、调心轴承	$B/D\geqslant2$ 的径向轴承、径向-推力组合轴承
滚动轴承	单列向心轴承 双列深沟球轴承 成对面对面安装向心角接触轴承 调心轴承	多列径向接触轴承 成对背对背安装向心角接触轴承 向心——推力组合轴承

表 2.8-11　均布重力载荷下的转子的临界转速

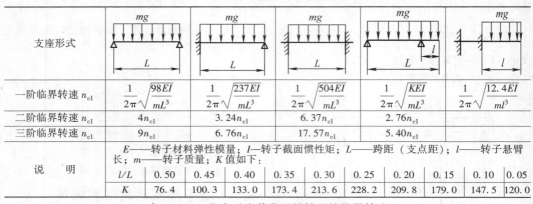

支座形式					
一阶临界转速 n_{c1}	$\dfrac{1}{2\pi}\sqrt{\dfrac{98EI}{mL^3}}$	$\dfrac{1}{2\pi}\sqrt{\dfrac{237EI}{mL^3}}$	$\dfrac{1}{2\pi}\sqrt{\dfrac{504EI}{mL^3}}$	$\dfrac{1}{2\pi}\sqrt{\dfrac{KEI}{mL^3}}$	$\dfrac{1}{2\pi}\sqrt{\dfrac{12.4EI}{ml^3}}$
二阶临界转速 n_{c1}	$4n_{c1}$	$3.24n_{c1}$	$6.37n_{c1}$	$2.76n_{c1}$	
三阶临界转速 n_{c1}	$9n_{c1}$	$6.76n_{c1}$	$17.57n_{c1}$	$5.40n_{c1}$	

说　明　E——转子材料弹性模量；I——转子截面惯性矩；L——跨距（支点距）；l——转子悬臂长；m——转子质量；K 值如下：

l/L	0.50	0.45	0.40	0.35	0.30	0.25	0.20	0.15	0.10	0.05
K	76.4	100.3	133.0	173.4	213.6	228.2	209.8	179.0	147.5	120.0

表 2.8-12　集中重力载荷下的转子的临界转速

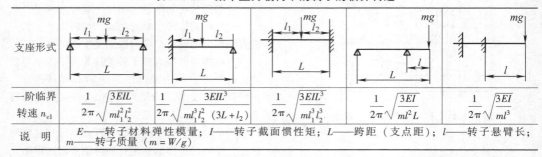

支座形式					
一阶临界转速 n_{c1}	$\dfrac{1}{2\pi}\sqrt{\dfrac{3EIL}{ml_1^2l_2^2}}$	$\dfrac{1}{2\pi}\sqrt{\dfrac{3EIL^3}{ml_1^3l_2^2(3L+l_2)}}$	$\dfrac{1}{2\pi}\sqrt{\dfrac{3EIL^3}{ml_1^3l_2^3}}$	$\dfrac{1}{2\pi}\sqrt{\dfrac{3EI}{ml^2L}}$	$\dfrac{1}{2\pi}\sqrt{\dfrac{3EI}{ml^3}}$

说　明　E——转子材料弹性模量；I——转子截面惯性矩；L——跨距（支点距）；l——转子悬臂长；m——转子质量（$m=W/g$）

对于直径不等的阶梯转子，可近似按当量光轴计算，当量光轴直径的计算式为

$$d_{eq}=K_{\alpha}\frac{\sum d_il_i}{L} \qquad (2.8-10)$$

式中　d_i——阶梯转子各段直径；

l_i——阶梯转子各段长度；

L——跨距（支点距）；

K_{α}——经验修正因子。

当阶梯转子最粗或次粗一段长度超过跨距的 50% 时，可取 $K_{\alpha}=1$。一般的压缩机、离心机、鼓风机转子可取 $K_{\alpha}=1.094$。

8.3.3　两支承、受单集中载荷转子的临界转速

带单圆盘的转子，不计轴的质量，认为质量集中在盘中心，是最典型的单集中重力载荷。不同支座形式下受均布重力载荷转子的临界转速，其计算公式见表 2.8-12。

8.3.4　两支承、受多集中载荷转子的临界转速

带多圆盘的转子，或轴自重不能忽略的转子，可用分解代换法近似计算转子临界转速，计算式为

$$n_{c1}=\sqrt{\frac{1}{\sum\limits_{i=1}^{z}\dfrac{1}{n_{c1i}^2}}} \qquad (2.8-11)$$

式中 n_{c1i} 为各集中载荷和均布载荷单独作用时的一阶临界转速。

若需精确计算转子的临界转速可采用传递矩车法。

8.4 钢丝软轴

根据用途不同，钢丝软轴分功率型（G 型）和控制型（K 型）两种。常用钢丝软轴的规格见表 2.8-13。

软轴直径应根据传递的转矩、转速、转向、工作中的弯曲半径等选取。软轴转速低于额定转速，按恒转矩传递动力；高于额定转速，按恒功率传递动力

软轴的额定转速 n_0、最高转速 n_{max} 和在额定转速下能传递的最大转矩 T_0，见表 2.8-11。软轴在不同转速下能传递的转矩可按下式计算

$$T = \frac{n_0}{n} \frac{T_0 \eta}{K_1 K_2 K_3} \qquad (2.8-12)$$

式中　n——软轴工作转速；

η——软轴传动效率，通常 $\eta = 1.0 \sim 0.7$，软轴无弯曲工作时 $\eta = 1.0$，弯曲半径越小、弯曲段越多，η 值越接近下限；

K_1——过载因数：当短时最大转矩小于软轴无弯曲时能传递的最大转矩 T_0 时（见表 2.8-14），$K_1 = 1$；当大于此值时，K_1 等于短时最大（过载）转矩与 T_0 之比；

K_2——转向因数：软轴旋转使其最外层钢丝趋于绕紧时，$K_2 = 1$；反之取 $K_2 = 1.5$；

K_3——支承情况因数：当软轴在软管内，其支承跨距与软轴直径之比小于 50 时，$K_3 \approx 1$；当该比值大于 150 时，$K_3 \approx 1.25$。

软轴能传递的转矩应大于需要传递的转矩，据此选取软轴直径。

表 2.8-13　钢丝软轴的直径规格 （单位：mm）

类　　型	K		型		G				型		
标称直径	5	6	6.5	8	10	13	16	19	22	25	30
允许偏差	±0.1				±0.1	±0.15	±0.2		±0.3		

表 2.8-14　软轴的额定转速 n_0、最高转速 n_{max} 和在额定转速下能传递的最大转矩 T_0

直径 d/mm	工作中的弯曲半径 R/mm										额定转速 n_0 /r·min⁻¹	最高转速 n_{max} /r·min⁻¹
	∞	1000	750	600	450	350	250	200	150	120		
	T_0/N·m											
6	1.5	1.4	1.3	1.2	1.0	0.8	0.6	0.5	0.4	0.3	3200	13000
8	2.4	2.2	2.0	1.8	1.6	1.4	1.2	0.9	0.6	—	2500	10000
10	4	3.6	3.3	3.0	2.6	2.3	1.9	1.5	—	—	2100	8000
13	7	6	5.2	4.6	4	3.4	2.8	—	—	—	1750	6000
16	13	12	10	8	6	4.5	—	—	—	—	1350	4000
19	20	17	14	11	8	5.5	—	—	—	—	1150	3000
25	33	26	19	13	9	—	—	—	—	—	950	2000
30	50	38	25	16	10	—	—	—	—	—	800	1600

9　滚 动 轴 承

9.1 类型和代号

9.1.1 类型与结构

（1）按接触角 β 不同，滚动轴承分向心轴承和推力轴承。

1）标称接触角为 0°～45°者为向心轴承，其中：$\beta = 0°$ 的轴承称为径向接触轴承；$\beta \neq 0°$ 的轴承称为向心角接触轴承。

2）标称接触角为 >45°～90°者为推力轴承，其中：$\beta = 90°$ 的轴承称为轴向接触轴承；$\beta \neq 90°$

的轴承称为推力角接触轴承。

（2）按滚动体不同，滚动轴承分球轴承、圆柱滚子轴承、圆锥滚子轴承、调心滚子轴承和滚针轴承。

（3）按有无调心性能，滚动轴承分刚性轴承和调心轴承。

同类轴承中又有多种结构型式。最常用的滚动轴承基本结构型式见表2.9-1。

表 2.9-1 常用滚动轴承基本结构型式与类型代号

按接触角	按 滚 动 体			
	球 轴 承		滚 子 轴 承	
向心轴承	深沟球轴承 6，16	双列深沟球轴承 4	圆柱滚子轴承 N①	双列圆柱滚子轴承 NN②
	外球面球轴承 U③	调心球轴承 1	滚针轴承 NA④	
	四点接触球轴承 QJ	角接触球轴承 7	调心滚子轴承 2	圆锥滚子轴承 3
推力轴承	推力球轴承 5	推力角接触球轴承 56	推力圆柱滚子轴承 8	推力调心滚子轴承 2

① N 为外圈无挡边，内圈无挡边为 NU，内圈单挡边为 NJ，外圈单挡边为 NF，内圈单挡边并带平挡圈为 NUP。
② NN 为外圈无挡边，内圈无挡边为 NNU。
③ UC 为带紧定螺钉的，UEL 为带偏心套的，UK 为有圆锥孔的。
④ 滚针和保持架组件为 K，推力滚针和保持架组件为 AXK，穿孔型冲压外圈滚针轴承为 HK，封口型冲压外圈滚针轴承为 BK。

9.1.2 代号

根据 GB/T 272—1993 规定，一般用途滚动轴承的代号由基本代号、前置代号和后置代号构成。

1. 基本代号 基本代号表示轴承的类型、结构和尺寸，由类型代号、尺寸系列代号和内径代号依次排列构成。类型代号见表2.9-1简图的下方，尺寸系列代号见表2.9-2，内径代号见表2.9-3。

表 2.9-2 滚动轴承尺寸系列代号

直径系列代号	向心轴承宽度系列代号								推力轴承高度系列代号			
	8	0	1	2	3	4	5	6	7	9	1	2
	尺　寸　系　列　代　号											
7	—	—	17	—	37	—	—	—				
8	—	08	18	28	38	48	58	68				
9	—	09	19	29	39	49	59	69				
0	—	00	10	20	30	40	50	60	70	90	10	
1	—	01	11	21	31	41	51	61	71	91	11	
2	82	02	12	22	32	42	52	62	72	92	12	22
3	83	03	13	23	33	—	—	—	73	93	13	23
4	—	04	—	24	—	—	—	—	74	94	14	24
5	—	—	—	—	—	—	—	—	95			

表 2.9-3 内径代号

标称内径 d/mm		内径代号	示例
0.8 ~ 10（非整数）		用内径毫米数直接表示，在内径与尺寸系列代号之间用"/"隔开	深沟球轴承 618/0.6，d = 0.6mm
1 ~ 9（整数）		用内径毫米数直接表示，对深沟球轴承 7、8、9 直径系列，内径与尺寸系列代号之间用"/"隔开	深沟球轴承 62 5，618/5，d = 5mm
10 ~ 17	10 12 15 17	00 01 02 03	深沟球轴承 62 00 d = 10mm
20 ~ 480（22，28，32 除外）		用标称内径毫米数除以 5 的商表示，商数为个位数时需在商数左边加"0"，如 08	调心滚子轴承 232 08 d = 40mm
≥500，以及 22，28，32		用内径毫米数直接表示，但内径与尺寸系列代号之间用"/"隔开	调心滚子轴承 230/500 d = 500mm 深沟球轴承 62/22 d = 22mm

2. 前置代号　前置代号用大写拉丁字母表示，它表明成套的轴承分部件。

3. 后置代号　后置代号用大写拉丁字母或再加阿拉伯数字表示，它依次表明：内部结构变化；密封、防尘与外部形状变化；保持架及其材料；轴承零件材料改变；公差等级；游隙；配置形式；其他特性等。

公差等级代号、游隙代号和配置代号分别见表 2.9-4 ~ 表 2.9-6。公差等级代号与游隙代号需要同时表示时，可以简化，取公差等级代号加游隙组号组合表示，如 P63 表示公差等级为 P6 组，径向游隙 3 组。

表 2.9-4 公差等级代号及其含义

代号	含　义	示例
/P0	公差等级为标准中的 0 级	6203
/P6	公差等级为标准中的 6 级	6203/P6
/P6x	公差等级为标准中的 6x 级	30210/P6x
/P5	公差等级为标准中的 5 级	6203/P5
/P4	公差等级为标准中的 4 级	6203/P4

（续）

代号	含　义	示例
/P2	公差等级为标准中的 2 级	6203/P2
/SP	尺寸精度相当于 P5 级，旋转精度相当于 P4 级	234420/SP
/UP	尺寸精度相当于 P4 级，旋转精度高于 P4 级	234730/UP

注：1. /P0 省略不记。

2. /P6x 只用于圆锥滚子轴承。

表 2.9-5 游隙代号及其含义

代号	含　义	示例
/C1	游隙符合标准规定的 1 组	NN3006/C1
/C2	游隙符合标准规定的 2 组	6201/C2
—	游隙符合标准规定的 0 组	6210
/C3	游隙符合标准规定的 3 组	6210/C3
/C4	游隙符合标准规定的 4 组	NN3006/C4
/C5	游隙符合标准规定的 5 组	NN3006/C5
/CNH	0 组游隙减半，位于上半部	
/CNM	0 组游隙减半，位于中部	
/CNL	0 组游隙减半，位于下半部	
/CNP	游隙在 0 组的上半部和 3 组的下半部	
/C9	轴承游隙不同于现标准	6205-2RS/C9

表 2.9-6 配置代号

代号	含义	示例
/DB	成对背对背安装	7210C/DB
/DF	成对面对面安装	32208/DF
/DT	成对串联安装	7210C/DT

9.2 滚动轴承的选用

9.2.1 类型的选用

滚动轴承的使用特性见表 2.9-7 和表 2.9-8。

9.2.2 尺寸的选用（寿命计算）

1. 当量载荷 当量动载荷 P 的计算公式为

$$P = XF_r + YF_a \qquad (2.9\text{-}1$$

式中 F_r——径向载荷；

F_a——轴向载荷；

X——径向因子，见表 2.9-9 或表 2.9-10；

Y——轴向因子，见表 2.9-9 或表 2.9-10。

表 2.9-7 滚动轴承的使用性能

轴承类型		深沟球轴承	调心球轴承	角接触球轴承	圆柱滚子轴承	调心滚子轴承	滚针轴承	圆锥滚子轴承	推力球轴承
承载能力	径向	小及中	小及中	中	大	极大	大	大	—
	轴向	小及中	小	中及大	—	小及中	—	中及大	小及中
调心范围		2′~10′	1.5°~3°	—	3′~4′	1°~2.5°	—	<3′	—
摩擦因数		0.0015	0.0010	0.0020	0.0011	0.0018	0.0025	0.0018	0.0013

表 2.9-8 常用滚动轴承承载能力比较

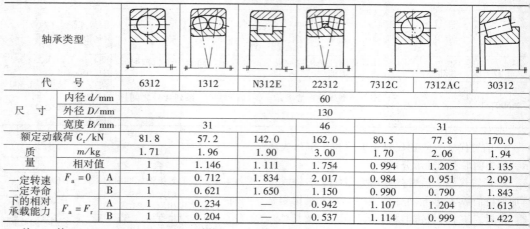

轴承类型		代 号	6312	1312	N312E	22312	7312C	7312AC	30312
尺寸		内径 d/mm	60						
		外径 D/mm	130						
		宽度 B/mm	31			46			31
额定动载荷 C_r/kN			81.8	57.2	142.0	162.0	80.5	77.8	170.0
质量	m/kg		1.71	1.96	1.90	3.00	1.70	2.06	1.94
	相对值		1	1.146	1.111	1.754	0.994	1.205	1.135
一定转速 一定寿命 下的相对 承载能力	$F_a = 0$	A	1	0.712	1.834	2.017	0.984	0.951	2.091
		B	1	0.621	1.650	1.150	0.990	0.790	1.843
	$F_a = F_r$	A	1	0.234	—	0.942	1.107	1.204	1.613
		B	1	0.204	—	0.537	1.114	0.999	1.422

注：1. 按 $n = 1000\text{r/min}$，$L_h = 10000\text{h}$ 计算。

2. A 为相对 6 类轴承的承载能力；B 为相对 6 类轴承的单位质量承载能力。

表 2.9-9 向心轴承的径向因子 X 和轴向因子 Y

轴承类型	$f_0 F_r$ /C_{0r}	单 列 轴 承				双 列 轴 承				e
		$F_a/F_r \leqslant e$		$F_a/F_r > e$		$F_a/F_r \leqslant e$		$F_a/F_r > e$		
		X	Y	X	Y	X	Y	X	Y	
深沟球轴承	0.172				2.30				2.30	0.19
	0.345				1.99				1.99	0.22
	0.689				1.71				1.71	0.26
	1.03				1.55				1.55	0.28
	1.38	1	0	0.56	1.45	1	0	0.56	1.45	0.30
	2.07				1.31				1.31	0.34
	3.45				1.15				1.15	0.38
	5.17				1.04				1.04	0.42
	6.89				1.00				1.00	0.44

（续）

轴承类型	$f_0 F_r / C_{0r}$	单列轴承 $F_a/F_r \leqslant e$ X	Y	单列轴承 $F_a/F_r > e$ X	Y	双列轴承 $F_a/F_r \leqslant e$ X	Y	双列轴承 $F_a/F_r > e$ X	Y	e
角接触球轴承 $\beta=15°$	0.178	1	0	0.44	1.47	1	1.65	0.72	2.39	0.38
	0.357				1.40		1.57		2.28	0.40
	0.714				1.30		1.46		2.11	0.43
	1.07				1.23		1.38		2.00	0.46
	1.43				1.19		1.34		1.93	0.47
	2.14				1.12		1.26		1.82	0.50
	3.57				1.02		1.14		1.66	0.55
	5.35				1.00		1.12		1.63	0.56
	7.14				1.00		1.12		1.63	0.56
$\beta=25°$		1	0	0.41	0.87	1	0.92	0.67	1.41	0.68
$\beta=40°$		1	0	0.35	0.57	1	0.55	0.57	0.93	1.14
调心球轴承		1	0	0.4	$0.4\cot\beta$	1	$0.42\cot\beta$	0.65	$0.65\cot\beta$	$1.5\tan\beta$
调心滚子轴承						1	$0.45\cot\beta$	0.67	$0.67\cot\beta$	$1.5\tan\beta$
圆锥滚子轴承		1	0	0.4	$0.4\cot\beta$	1	$0.45\cot\beta$	0.67	$0.67\cot\beta$	$1.5\tan\beta$

注：1. C_{0r} 为向心轴承基本额定静载荷。

2. f_0 为取决于轴承零件几何形状和应力水平的因子，见表 2.9-11。

表 2.9-10　推力角接触轴承的径向因子 X 和轴向因子 Y

轴承类型	单向轴承 $F_a/F_r > e$ X	Y	双向轴承 $F_a/F_r \leqslant e$ X	Y	双向轴承 $F_a/F_r > e$ X	Y	e
推力球轴承	$1.25\tan\beta\left(1-\dfrac{2}{3}\sin\beta\right)$	1	$\dfrac{20}{13}\tan\beta\left(1-\dfrac{1}{3}\sin\beta\right)$	$\dfrac{10}{13}\left(1-\dfrac{1}{3}\sin\beta\right)$	$1.25\tan\beta\left(1-\dfrac{2}{3}\sin\beta\right)$	1	$1.25\tan\beta$
推力滚子轴承	$\tan\beta$	1	$1.5\tan\beta$	0.67	$\tan\beta$	1	$1.5\tan\beta$

注：对于单向轴承 $F_a/F_r \leqslant e$ 不适用。

表 2.9-11　深沟和角接触球轴承的 f_0 值

$\dfrac{D_w\cos\beta}{D_{pw}}$	0	0.01	0.02	0.03	0.04	0.05	0.06	0.07	0.08	0.09	0.10	0.11	0.12	0.13
f_0	14.7	14.9	15.1	15.3	15.5	15.7	15.9	16.1	16.3	16.5	16.4	16.1	15.9	15.6
$\dfrac{D_w\cos\beta}{D_{pw}}$	0.14	0.15	0.16	0.17	0.18	0.19	0.20	0.21	0.22	0.23	0.24	0.25	0.26	0.27
f_0	15.4	15.2	14.9	14.7	14.4	14.2	14.0	13.7	13.5	13.2	13.0	12.8	12.5	12.3
$\dfrac{D_w\cos\beta}{D_{pw}}$	0.28	0.29	0.30	0.31	0.32	0.33	0.34	0.35	0.36	0.37	0.38	0.39	0.40	
f_0	12.1	11.8	11.6	11.4	11.2	10.9	10.7	10.5	10.3	10.0	9.8	9.6	9.4	

注：1. 此表基于 Hertz 点接触公式，取弹性模数 $E = 2.07\text{GPa}$，泊松比 $\nu = 0.3$。

2. 假设轴承中的最大球载荷为 $5\dfrac{F_r}{Z\cos\alpha}$，对于 $\dfrac{D_w\cos\alpha}{D_{pw}}$ 的中间值，f_0 值可用线性插入法求取。

3. D_w 是球或滚子直径，D_{pw} 是球或滚子组节圆直径。

2. 向心角接触轴承的载荷计算 使用向心角接触轴承，在计算其支反力时，应取各个滚动体载荷向量与轴承中心线的汇交点作为载荷作用中心（图 2.9-1）。支反力作用点到轴承端面的距离 a 值可查滚动轴承样本或滚动轴承手册。

向心角接触轴承承受径向载荷时，滚动体与套圈滚道间会产生轴向分力，称为内部轴向力 F_s，其计算公式为：

角接触球轴承 $F_S = eF_r$

圆锥滚子轴承

$$F_S = \frac{F_r}{2Y} \qquad (2.9\text{-}2)$$

式中 e 为判断因子，见表 2.9-9，Y 应取非零值。

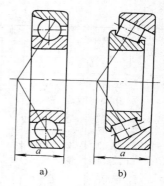

图 2.9-1 向心角接触轴承的载荷作用中心
a）角接触球轴承 b）圆锥滚子轴承

考虑内部轴向力 S 的方向后，成对安装的向心角接触轴承的轴向载荷计算公式见表 2.9-12。

表 2.9-12 成对安装向心角接触轴承轴向载荷计算公式

安装示意图	载荷条件	$F_{a\text{I}}$	$F_{a\text{II}}$	备 注
轴承 I F_A 轴承 II $F_{r\text{I}}$ $F_{r\text{II}}$	$F_{S\text{I}} \leq F_{S\text{II}}, F_A \geq 0$ $F_{S\text{I}} > F_{S\text{II}}, F_A \geq F_{S\text{I}} - F_{S\text{II}}$	$F_{S\text{II}} + F_A$	$F_{S\text{II}}$	
轴承 II F_A 轴承 I $F_{r\text{II}}$ $F_{r\text{I}}$	$F_{S\text{I}} > F_{S\text{II}}$, $F_A < F_{S\text{I}} - F_{S\text{II}}$,	$F_{S\text{I}}$	$F_{S\text{I}} - F_A$	$F_{S\text{I}}, F_{S\text{II}}$—轴承 I、II 的内部轴向力；$F_{a\text{I}}$,
轴承 I F_A 轴承 II $F_{r\text{I}}$ $F_{r\text{II}}$	$F_{S\text{I}} \geq F_{S\text{II}}, F_A \geq 0$ $F_{S\text{I}} < F_{S\text{II}}, F_A \geq F_{S\text{II}} - F_{S\text{I}}$	$F_{S\text{I}}$	$F_{S\text{I}} + F_A$	$F_{a\text{II}}$—轴承 I、II 承受的轴向载荷；F_A—外加轴向载荷
轴承 II F_A 轴承 I $F_{r\text{II}}$ $F_{r\text{I}}$	$F_{S\text{I}} > F_{S\text{II}}$, $F_A < F_{S\text{II}} - F_{S\text{I}}$	$F_{S\text{II}} - F_A$	$F_{S\text{II}}$	

注：表列公式不适用于预紧的向心角接触轴承。

3. 选择计算公式（额定动载荷计算公式）
确定了需要的滚动轴承工作寿命，其额定动载荷 C（N）的计算式为

$$C = \sqrt[\varepsilon]{\frac{60 n L_h K_A}{10^6}} \frac{P}{K_\theta} \qquad (2.9\text{-}3)$$

式中 P——当量动载荷（N）；

n——轴承转速（r/min）；

L_h——轴承寿命（h）；

ε——指数，球轴承 $\varepsilon = 3$；滚子轴承 $\varepsilon = 10/3$；

K_A——使用因数，见表 2.9-13；

K_θ——温度影响因数，见表 2.9-14。

表2.9-13 使用因数 K_A

载荷性质	K_A	示　例
无或轻微冲击	1.0~1.2	电动机、空调器、汽轮机、通风机、水泵
中等振动、冲击	1.2~1.5	车辆、机床、传动装置、起重机、冶金设备、内燃机、减速器、造纸机械
强烈振动、冲击	1.5~3.0	破碎机、轧钢机、石油钻机、振动筛、工程机械

表2.9-14 温度影响因数 K_θ

$\theta/℃$	125	150	175	200	225	250	300
K_θ	0.95	0.90	0.85	0.80	0.75	0.70	0.60

注：温度 θ 不超过100℃时 $K_\theta=1.0$。

计算所得额定动载荷必需小于滚动轴承的基本额定动载荷，才能保证轴承的工作寿命。

4. 极限转速 在一定载荷和润滑条件下，滚动轴承有一个允许的最高转速，称为极限转速，其值与轴承类型、尺寸、精度、游隙、保持架材料和结构有关。滚动轴承样本通常分别给出 $C/P \geqslant 10$ 时的油、脂润滑下的极限转速。

当 $C/P < 10$ 时，应将查得的极限转速值乘以载荷因子 f_1；向心轴承受径向和轴向联合载荷时，还应乘以载荷分布因子 f_2。

f_1 和 f_2 分别见图2.9-2和图2.9-3。

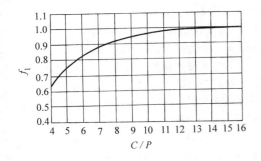

图2.9-2 载荷因子 f_1

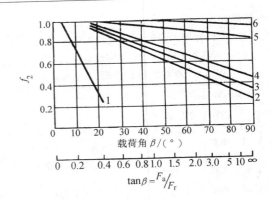

图2.9-3 载荷分布因子 f_2

1—圆柱滚子轴承 2—调心滚子轴承 3—调心球轴承 4—圆锥滚子轴承 5—深沟球轴承 6—角接触球轴承

9.3 滚动轴承组合设计

支承的作用是使转子在限定径向和轴向位置的条件下旋转。轴向位置的限定一般有3种型式，即两端固定（单向）支承、固定（双向）-游动支承和两端游动支承。

9.3.1 两个深沟球轴承的组合

图2.9-4是两个深沟球轴承的组合，其中a是两端固定支承方式，b是固定-游动支承方式。

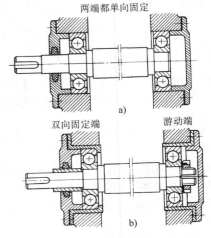

两端都单向固定

a)

双向固定端　　　游动端

b)

图2.9-4 两个深沟球轴承的组合

a) 两端固定支承 b) 固定-游动支承

1. 应用场合 最常用的组合。它能同时承受径向和轴向载荷，又能承受纯径向载荷或纯轴向载荷。

2. 设计原则　设计原则见表 2.9-15。

表 2.9-15　两个深沟球轴承组合的设计原则

套圈状况		配　　合	轴向位置	
内圈转动	内圈	压入配合	两个都固定	
	外圈	定位配合或滑动配合	一个固定，一个必须游动	两个都单侧限定
外圈转动	内圈	滑动配合		
	外圈	压入配合	两个都固定	

注：压入配合、定位配合和滑动配合的含义见图 2.9-11。

3. 限制因素　轴不能完全没有轴向窜动和径向游隙，不能保证有精确的轴向位置。

9.3.2　深沟球轴承和圆柱滚子轴承的组合

图 2.9-5 是典型的深沟球轴承和圆柱滚子轴承的组合，深沟球轴承构成固定支承，圆柱滚子轴承构成游动支承。

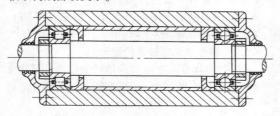

图 2.9-5　深沟球轴承和圆柱滚子轴承的组合

1. 应用场合　可以承受纯径向、纯轴向或径向轴向联合载荷。下列情况应考虑选用这种组合：

（1）一个支承上的载荷大于深沟球轴承的额定能力时；

（2）工作温度较高，因而两支承间轴的伸长量较大，需要有轴向自由度时；

（3）运转状况需要两外圈都采用压入配合时；

（4）装配、拆卸需要时。

2. 设计原则　设计原则见表 2.9-16。

3. 限制因素　轴不能完全没有轴向窜动和径向游隙，不能保证有精确的轴向位置。注意组合的装配与拆卸。

表 2.9-16　深沟球轴承和圆柱滚子轴承组合的设计原则

套圈状况	内圈转动		外圈转动	
	内圈	外圈	内圈	外圈
配合	压入配合	滑动配合定位配合	滑动配合定位配合	压入配合
轴向位置	所有套圈都需固定			

注：压入配合、定位配合和滑动配合的含义见图 2.9-11。

9.3.3　两个圆柱滚子轴承和一个定位深沟球轴承的组合

这种组合，有定位深沟球轴承的支承为固定支承，另一个支承为游动支承（图 2.9-6）。

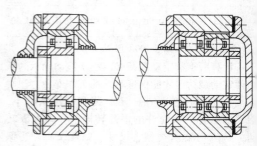

图 2.9-6　两个圆柱滚子轴承和一个定位深沟球轴承的组合

1. 应用场合　受纯径向或径向、轴向联合载荷时，若径向载荷超过了深沟球轴承的额定承载能力时，则采用这种组合。

当两个支点之间的距离足够大时，定位球轴承布置在滚子轴承外侧。如果两个支点挨得过近，或者径向载荷作用在支点外侧，则必须把定位球轴承布置在两滚子轴承之间。

2. 设计原则　见表 2.9-17。

9.3.4　两个角接触球轴承的组合

两个角接触球轴承的组合有"面对面"（图 2.9-7a）"背对背"（图 2.9-7b）两种布置形式。为了使角接触球轴承正常运转，装配时必须能用适当的轴向力或轴向移动以调整径向游隙。

1. 应用场合　可以承受纯径向、纯轴向或径向轴向联合载荷。能按具体需要调整轴的轴向窜动，只至完全消除轴向窜动，因而，也完全没有径向游隙。

表 2.9-17　两个圆柱滚子轴承和一个定位深沟球轴承组合的设计原则

套圈状况		配　　合	轴向位置
定位深沟球轴承	内圈转动	内圈　定位配合或滑动配合	固定
		外圈　外圈的外径小于轴承座孔径，并不与轴承座孔壁接触	
圆柱滚子轴承		内圈　压入配合	
		外圈　定位配合或滑动配合	
定位深沟球轴承	外圈转动	内圈　滑动配合或定位配合	
		外圈　外圈的外径小于轴承座孔径，并不与轴承座孔壁接触	
圆柱滚子轴承		内圈　滑动配合或定位配合	
		外圈　压入配合	

注：压入配合、定位配合和滑动配合的含义见图 2.9-11。

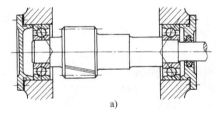

a)

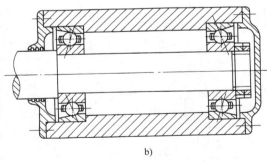

b)

图 2.9-7　两个角接触球轴承的组合
a）面对面布置　b）背对背布置

2. 设计原则　设计原则见表 2.9-18。

3. 限制因素　如果两个支点距离较近，面对面装法不能获得刚性组合。背对背装法（无预紧），只有在轴没有热膨胀时，轴方能不出现

过大轴向窜动。

表 2.9-18　两个角接触球轴承组合的设计原则

套圈状况		配合	轴向位置	安装方式
内圈转动	内圈	压入配合	两个都固定	面对面
	外圈	滑动配合	一个固定，一个轴向可调	
外圈转动	内圈	滑动配合	一个固定，一个轴向可调	背靠背
	外圈	压入配合	两个都固定	

注：压入配合、定位配合和滑动配合的含义见图 2.9-11。

9.3.5　成对安装角接触球轴承的组合

成对角接触球轴承有面对面、背对背和串联 3 种安装方式（图 2.9-8）。当需要轴有准确的轴向位置或不允许有轴向窜动时，应采用预紧的成对安装角接触球轴承（图 2.9-8c、d）。

不能将市售单个角接触球轴承组成成对安装角接触球轴承使用。

采用脂润滑时，若转速较高，应在两个轴承之间加放不厚的分隔元件，使两轴承稍许分开一些。

一组成对安装角接触球轴承只能计作一个支承，必须采用第三个轴承作为另一个支承，它可以是深沟球轴承或圆柱滚子轴承。

1. 应用场合　这种组合的应用场合见表 2.9-19。

2. 设计原则　设计原则见表 2.9-20。

9.3.6　圆锥滚子轴承的组合

图 2.9-9 是典型的面对面圆锥滚子轴承组合。圆锥滚子轴承的特性与角接触球轴承相似，只是滚动体和滚道的变形与载荷成正比。因此，圆锥滚子轴承组合的应用场合、设计原则和限制因素与角接触球轴承完全一样。也可以采用成对安装的圆锥滚子轴承加第三个轴承的组合，只是通常不组成有预紧载荷的组合。

9.3.7　立轴的轴承组合

卧轴轴承组合的设计原则完全适用于立轴。考虑立轴的特点，要尽可能用上支承的轴承使轴轴向定位（固定支承），见图 2.9-10。因为支点在旋转质量的质心之上有较大的稳定性。另外，要注意润滑，要有适当的保存润滑剂的措施。

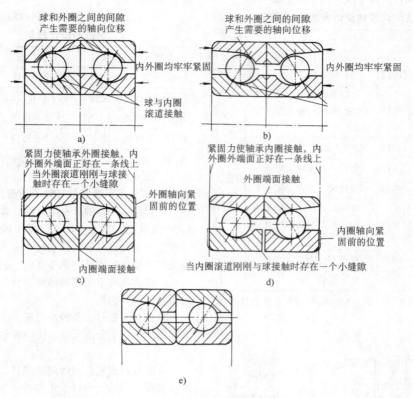

图 2.9-8　成对安装角接触球轴承的组合

a）面对面无预紧安装　b）背对背无预紧安装　c）面对面有预紧安装

d）背对背有预紧安装　e）串联安装

表 2.9-19　成对安装角接触球
轴承组合的应用场合

轴承组合特性	背对背安装		面对面安装	
	无预紧	有预紧	无预紧	有预紧
受纯径向载荷	适用			
受纯轴向载荷	适用			
要求轴有准确的轴向位置	不适用	适用	不适用	适用
对中精度较低	不适用	适用	不适用	
要求大的刚度	不适用	适用	不适用	
径向载荷大于单个角接触球轴承的额定能力	不适用	适用	不适用	适用

表 2.9-20　成对安装角接触球轴
承组合的设计原则

套圈状况		配　合	轴向位置
成对安装角接触球轴承	内圈转动	内圈　压入配合	固定
		外圈　滑动配合、定位配合①	固定
第三个轴承		内圈　定位配合	固定
		外圈　视轴承类型而定	
成对安装角接触球轴承	外圈转动	内圈　滑动配合、定位配合①	固定
		外圈　压入配合	固定
第三个轴承		内圈　视轴承类型而定	
		外圈　定位配合	固定

注：压入配合、定位配合和滑动配合的含义见图
2.9-11。

①　不允许有径向游隙时采用。

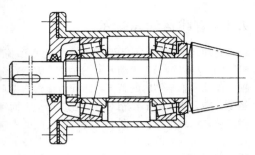

图 2.9-9　圆锥滚子轴承的组合

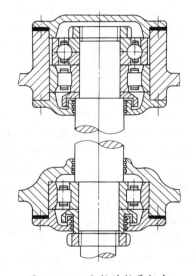

图 2.9-10　立轴的轴承组合

9.3.8　套圈的配合、定位与紧固

1. 配合的类型　套圈的配合分为压入配合、定位配合和滑动配合 3 种，它们与基本偏差和配合的关系见图 2.9-11。

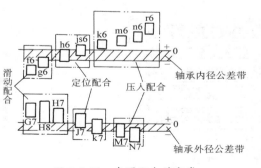

图 2.9-11　套圈配合的分类

2. 定位和紧固面的直径　轴和轴承座中定位与紧固轴承套圈的表面，无论是轴肩、轴环、轴承座孔台肩、套筒、圆螺母、端盖或垫圈，它们端（侧）面的直径必须使之与轴承套圈端面有足够大的接触面积，以保证正确地定位和可靠地紧固，同时，其直径又不能超过套圈滚道的直径，以防止紧固时使滚道变形。通常可按下述关系确定直径：

内圈的定位与紧固面直径

$$d_{1max} = d + 5r, \quad d_{1min} = d + 3.5r$$

外圈的定位与紧固面直径

$$D_{2max} = D - 3.5r, \quad D_{2min} = D - 5r$$

式中　d——轴承内径；

D——轴承内径；

r——轴承套圈的圆角半径（倒角尺寸）。

定位和紧固端面必须与轴线垂直，并且不能有毛刺，正确设计该表面的圆角（倒角）有助于消除毛刺。

3. 套圈紧固方法　最常用的套圈紧固方法见表 2.9-21。

表 2.9-21　最常用的紧固方法

紧固方法示图	说　明
	用轴肩定位，靠配合的过盈量紧固内圈；用轴承盖单向限制外圈
	用轴肩定位，圆螺母牢固地紧固内圈；用轴承座孔台肩定位，轴承盖紧固外圈
	用轴肩定位，弹性挡圈紧固内圈；用止动环定位，轴承盖紧固外圈。此结构成本低、装配快，但紧固力小

（续）

紧固方法示图	说　　明
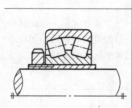	用轴肩定位，弹性挡圈紧固内圈；用带防松装置的旋入式轴承盖移动外圈，以调整游隙。此结构能承受较大轴向力，适用于向心角接触轴承
	用轴肩定位，套筒紧固内圈；用轴承座孔台肩定位，轴承盖紧固外圈。内圈的紧固力依靠其他零件，通过套筒传递过来
	用轴肩定位，轴端压板牢固地紧固内圈；用轴承座孔台肩定位，轴承盖紧固外圈。此结构仅适用于装在轴端的轴承
	用紧定衬套、圆螺母和止动垫圈紧固内圈。这是在光轴上安装滚动轴承的一种方法。可以调整轴承的位置和径向游隙。适用于不便加工轴肩的多支点轴

9.4　直线运动球轴承

直线运动球轴承是为实现沿轴作直线运动而设计的一种以钢球作滚动元件的轴承。钢球在绕轴的圆柱形轴承体内的若干条封闭滚道内作循环运动，它只能在轴上作相对直线往复运动，而不能旋转。承载球与轴外圆表面为凸圆之间的点接触，因而它的承载能力较低。但它移动轻便、灵活，精度较高，无爬行，能实现平稳、低摩擦的直线运动。

它价格较低，维护方便，更换省事，在机床、测量装置、控制装置、电子计算机外部设备、纺织机械、绘图机等设备的移动输送系统中应用广泛。

9.4.1　结构与形式

直线运动球轴承由外套筒 4、保持架 3、钢球以及镶有橡胶密封垫的挡圈 5 构成（见图 2.9-12）。钢球在承载区 1 与轴接触，当轴承沿轴作轴向移动时，钢球在保持架的长圆形封闭滚道内滚动，由承载区转入空载区 2，然后继续滚动，又转入承载区 1。

直线运动球轴承有 3 种结构形式（图 2.9-13），即闭型、调整型（AJ）和开口型（OP）。

1. 闭型　闭型轴承的外套筒是完整的，通过选择轴承与轴承座的配合、轴的公差，以调整钢球组内径与轴之间的游隙。

2. 调整型　调整型轴承的外套筒和挡圈上有轴向切口，因而具有弹性，允许对钢球组内径与轴之间的游隙作机械调整。适用于要求调整游隙的场合，可以方便地获得零游隙或负游隙。

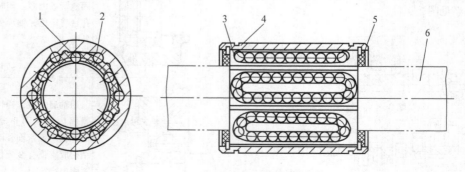

图 2.9-12　直线运动球轴承

1—承载区钢球　2—空载区钢球　3—保持架　4—外套筒　5—挡圈　6—轴

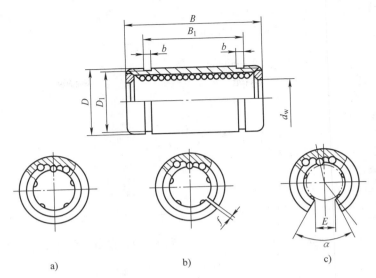

图 2.9-13　直线运动球轴承的结构形式
a) 闭型　b) 调整型　c) 开口型

3. 开口型　开口型轴承的外套筒和挡圈沿轴向有扇形切口，以此提供其在支承导轨轴上的游隙，适用于多支承、长行程的场合。

9.4.2　代号、尺寸系列和公差等级

1. 代号　直线运动球轴承的代号由基本代号、补充代号和公差等级代号组成。

基本代号在前：前部用 LB（LBP）表示直线运动球轴承；中部用毫米数依次表示钢球组标称内径（d_w）、标称外径（D）和标称宽度（B），尺寸为非整数时，可在它们之间加'/'以示区别；后部的字母表示结构变形，闭型无代号，调整型为 AJ，开口型为 OP（其中 4 系列开口型为 WOP）。

补充代号在中间，用字母表示材料、密封、内部结构等的变化。

公差等级代号放在最后，并用'/'隔开。

2. 尺寸系列　直线运动球轴承有 1、2、3 和 4 四个尺寸系列，对相同的钢球组内径，不同尺寸系列的直线运动球轴承，其外径与宽度不同。

3. 公差等级　直线运动球轴承的制造公差等级分为 L9、L7A、L7、L6M、L6A 和 L6，6 级最高，9 级最低。

L9 适用于 1、2 系列闭型和调整型轴承；L7 和 L6 适用于 1、2 和 3 系列闭型轴承；L7A 和

L6A 适用于 3 系列开口型和调整型轴承；L6M 适用于 4 系列开口型轴承。

9.4.3　配合选择

闭型和调整型直线运动球轴承，与导轨轴和轴承座孔的配合可参照表 2.9-22 选取。

表 2.9-22　与轴和轴承座孔的配合

直线运动球轴承		轴		轴承座孔	
类型	公差等级	一级间隙	小间隙	间隙配合	过渡配合
闭型	L9、L7	f6、g6	h6	H7	J7
	L6	f5、g5	h5	H6	J6
调整型	—	h6	j6	H7	J7

9.4.4　选用计算

1. 疲劳寿命　直线运动球轴承的疲劳寿命计算与普通滚动轴承基本相同。

a. 疲劳里程寿命的计算　疲劳里程寿命 L 的计算式为

$$L = f_L \left(\frac{K_H K_\theta K_c K_a C}{K_A P} \right)^3 \qquad (2.9\text{-}4)$$

式中　f_L——里程寿命系数，对直线运动球轴承，$f_L = 50km$；

K_H——考虑滚道硬度与实验不同的硬度因

数，K_H = （滚道实际洛氏硬度/58)$^{3.6}$，当滚道硬度大于 58HRC 时取 K_H = 1；

K_θ——考虑工作温度与实验不同的温度因数，见表 2.9-23；

K_c——考虑轴承数目与实验不同的接触因数，见表 2.9-24；

K_a——考虑轴承公差等级的精度因数，按公差等级由低到高，在 0.8 ~ 1.0 间选取；

K_A——使用因数，见表 2.9-25；

C——额定动载荷，见表 2.9-26；

P——当量动载荷，一般为最大载荷。

表 2.9-23 温度因数 K_θ

工作温度/℃	≤100	>100~150	>150~200	>200~250
K_θ	1.00	0.90	0.73	0.60

表 2.9-24 接触因数 K_C

z	1	2	3	4	5
K_c	1.00	0.81	0.72	0.66	0.61

注：z 为一条导轨轴上的直线运动球轴承数。

表 2.9-25 使用因数 K_A

工　作　条　件	K_A
无外部冲击或振动，速度小于 15m/min 的场合	1.0 ~ 1.5
无明显外部冲击或振动，速度为 15 ~ 60m/min 的场合	1.5 ~ 2.0
有外部冲击或振动，速度大于 60m/min 的场合	2.0 ~ 3.5

b. 疲劳时间寿命的计算 将疲劳里程寿命 L 折算为疲劳时间寿命 L_h（h）的计算式为

$$L_h = \frac{L}{0.120 \times L_a \times n} \qquad (2.9\text{-}5)$$

式中 L_a——行程长度（m）；

L——疲劳里程寿命（km）；

n——往复次数（r/min）。

2. 额定动载荷和静载荷 直线运动球轴承额定动载荷和额定静载荷的计算方法与普通滚动轴承完全相同。表 2.9-26 给出一些具体数值。

表 2.9-26 直线运动球轴承额定动、静载荷

外形尺寸代号	C/kN	C_0/kN
61219	68.6	127.4
81524	107.8	215.6
101726	156.8	284.2
121928	264.6	480.2
162430	421.4	725.2
202830	558.6	921.2
253540	872.2	1568.0
304050	1274.0	2156.0
405260	2058.0	3528.0
506270	4018.0	6958.0
607585	4802.0	8036.0

9.5 滚动轴承的润滑

滚动轴承常用的润滑剂有润滑脂、润滑油和固体润滑剂。速度参数 dn 值是选择润滑剂的主要参数。

9.5.1 脂润滑

大多数滚动轴承采用填脂润滑。典型填脂润滑轴承座见图 2.9-14。

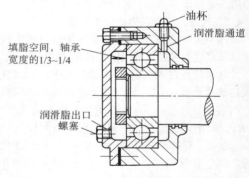

油杯

润滑脂通道

填脂空间，轴承宽度的1/3~1/4

润滑脂出口螺塞

图 2.9-14 脂润滑的轴承座结构

填脂量是个很重要的问题，不应该将滚动轴承内部自由空间填满，一般地说，填入 1/3 ~ 2/3 即可，也可参照下述关系式计算大致合理的填脂量 q(g)

$$q = \frac{d^{2.5}}{k_q} \qquad (2.9\text{-}6)$$

式中 d——轴承内径（mm）；

k_q——系数，对球轴承，k_q = 900，对滚子轴承，k_q = 350。

为保证大型滚子轴承的承载能力，可采用连续注脂的润滑方法，注脂速度 q_h(g/h) 可近似取为

$$q_h = (0.3 \sim 0.5) D \times B \times 10^{-4} \quad (2.9\text{-}7)$$

式中 D、B 为轴承的外径与宽度（mm）。

润滑脂的使用寿命 L_s（h），即换脂周期，可按下述关系式估算

$$L_s = k \left(\frac{14 \times 10^6}{n \sqrt{d}} - 4d \right) \quad (2.9\text{-}8)$$

式中 d——轴承内径（mm）；

n——轴承转速（r/min）；

k——系数，对调心球轴承、调心和圆锥滚子轴承，$k = 1$；对圆柱滚子轴承和滚针轴承，$k = 5$；对深沟和角接触球轴承，$k = 10$。

滚动轴承运转中定期注入新润滑脂可以逐步替换旧脂。每次脂的注入量 q_c（g）为

$$q_c = (0.002 \sim 0.005) D \times B \quad (2.9\text{-}9)$$

9.5.2 油润滑

当滚动轴承的 dn 值超过脂润滑时的允许值，或轴承工作温度超过93℃，或要求最小摩擦阻力矩时，滚动轴承一般选用油润滑。

采用油润滑的润滑方式有：滴油、油浴、飞溅、循环、喷油和喷雾等。

轴承转速越低，润滑油粘度应越高。通常，要求的最低（运转温度下的）粘度为

调心滚子轴承	$20 \text{mm}^2/\text{s}$
其他向心轴承	$12 \text{mm}^2/\text{s}$
推力角接触滚子轴承	$32 \text{mm}^2/\text{s}$

油浴润滑时，只要工作温度不超过50℃，并且无污染，1年换1次润滑油即可。

9.5.3 固体润滑

对滚动轴承来说，固体润滑主要用于油润滑和脂润滑受限制的某些特殊场合。

此外，对特高速的滚动轴承还可采用油气润滑。它是一种将微量的润滑油滴混入压缩空气，再喷向润滑表面的润滑方法。

9.6 滚动轴承的过早损伤及维修

滚动轴承有一定的工作寿命，到期疲劳损伤失效是正常的，过早损伤为非正常现象。轴承在运转过程中必然有声音、温升和振动等现象出现，因此，可以通过听、摸、观和使用滚动轴承故障诊断仪等方法发现轴承的异常变化，判断轴承是否处于正常工作状态。通常产生异常的原因见表2.9-27。

表2.9-27 滚动轴承过早损伤的原因及其预防措施

原　　因		说　　明	预防与改进措施
轴承系统	污染	外来污染物有尘埃、杂物和潮气等，自身污染物有磨屑。磨屑、尘埃、颗粒杂物似磨料，使滚动体和滚道产生擦痕和压痕；潮气使轴承出现锈斑	改善润滑与密封；储存、搬运和装配时注意保持轴承的清洁
	套圈变形	轴承座孔或轴颈制造精度过低，在间隙小的部位，滚道出现剥落	提高轴承座孔或轴颈的制造精度
	两支承不同轴	轴弯曲、轴肩不垂直、轴承座孔同轴度误差大。滚道和滚动体上磨出不对称的凹痕。对滚子轴承危害尤其严重	检查、分析、判断具体损伤原因，针对性的提高加工和装配精度予以纠正，否则更换新轴承后还会过早损伤
	配合不当	包括配合选择不当、支承面积过小、轴向定位不良等。内圈配合过紧可能出现裂纹；套圈配合过松会引起配合表面磨损与锈蚀	改选合适的配合
	润滑不良	润滑剂品种、粘度、供给量不适当均会导致摩擦表面早期磨损；润滑剂水分超标将引起锈蚀	改用合适的润滑剂；改进润滑系统
	异常载荷	超载、转子不平衡等异常载荷将引起早期磨损	消除产生异常载荷的原由
	外部振源	静止时外部振源引起振动，因撞击表面出现凹痕	消除振源
	电蚀	电流通过轴承会产生电弧而导致表面损坏	消除漏电原因；改进
轴承	选型不当	包括结构、公差等级、游隙等	换新轴承
	制造缺陷	包括材料、热处理、机加工、装配各方面。在有缺陷处出现剥落	换新轴承
	装配工艺不当	装配滚动轴承时使用不合适的工具、方法，使套圈出现裂纹、变形	严格工艺纪律，按规定的装配工艺与方法进行机器装配

10 滑 动 轴 承

10.1 类型、特性与选用

滑动轴承的类型繁多,有多种分类方法。

(1) 按润滑状态不同,分为固体润滑轴承、边界润滑轴承、混合润滑轴承、动力润滑(动压)轴承和静力润滑(静压)轴承等。

(2) 按润滑剂不同,分为无润滑轴承、固体润滑轴承、脂润滑轴承、油润滑轴承、水润滑轴承和气体润滑轴承等。

(3) 按轴瓦材料不同,分为金属轴承、粉末冶金含油轴承、炭-石墨轴承、塑料轴承、橡胶轴承、木轴承和陶瓷轴承等。

(4) 按轴瓦结构不同,分为普通(圆柱、平面)轴承、多瓦轴承、可倾瓦轴承、螺旋槽轴承、箔轴承等。

(5) 按能承受的载荷方向不同,分为径向轴承、径向推力轴承和推力轴承。

10.1.1 承载能力与极限转速

图 2.10-1 和图 2.10-2 给出固体润滑轴承、含油轴承,液体动压轴承和滚动轴承(为了比

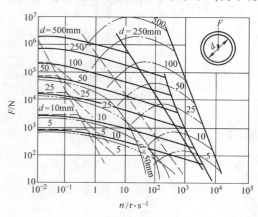

图 2.10-1 径向轴承的极限载荷
与转速($B/D=1$)
-----固体润滑轴承 — · —液体动压轴承
— · · —粉末冶金含油轴承 ——滚动轴

较),共 4 类轴承的极限承载能力和转速,可[供]选择滑动轴承类型时参考。

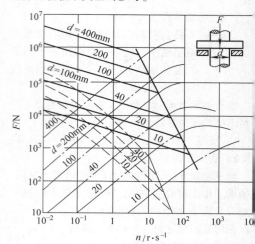

图 2.10-2 推力轴承的极限载荷
与转速($D_o/D_i=2$)
-----固体润滑轴承 — · —液体动压轴承
——滚动轴承

无润滑轴承和固体润滑轴承,在润滑状态[上]没有什么不同,该曲线也适用于无润滑轴承。[粉]末冶金含油轴承基本上代表了混合润滑轴承。

静压轴承,理论上在材料强度允许的载荷[和]转速范围内均可应用。

图中曲线的计算原则是:动压轴承按中等[黏]度润滑油;固体润滑轴承和粉末冶金含油轴承[按]10^4h 磨损寿命;滚动轴承按 10^4h 疲劳寿命。

10.1.2 其他性能比较

表 2.10-1 给出不同润滑状态滑动轴承以[及]滚动轴承其他性能的比较。

10.1.3 一般设计资料

滑动轴承的一般参数有:载荷 p、速度 v[、]转速 n、润滑油黏度 η、相对轴承间隙 ψ(轴[承]半径间隙 C_R 与轴承半径间 R 之比)、相对轴[承]宽度 B^*(轴承宽度 B 与轴承直径 D 之比)等。

表 2.10-2 给出滑动轴承的一般性设计资料。

表 2.10-1　不同润滑状态滑动轴承的性能比较

性能项目		轴承类型				
		动压轴承	静压轴承	含油轴承	固体润滑轴承	滚动轴承
运转性能	起动转矩	中~大	最小	大	最大	小
	摩擦功耗	小~大。与润滑剂粘度、转速成正比	最小~中。与润滑剂粘度、转速成正比，另有泵功耗	较大，与载荷有较大关系	最大，与轴瓦材料或润滑剂有较大关系	较小
	旋转精度	高	最高	中	低	高
	运转噪声	很小	轴承本身很小，但泵还有噪声	很小	稳定载荷下很小	小~中
	抗振性	好			一般	
环境适应性能	高温	一般。可以在润滑剂或轴瓦材料温度极限下运转		差。温度受润滑剂氧化的限制	好。可以在轴瓦材料温度极限以下运转	温度限制决定于轴承零件材料
	低温	好。温度限制决定于起动转矩		一般。温度限制决定于起动转矩	优。温度限制决定于轴瓦材料	
	真空	一般。但要用专用润滑剂	差	好。但要用专用润滑剂	优	一般。但要用专用润滑剂
	潮湿	好			好。轴承材料需耐腐蚀	一般。需注意密封
	尘埃	一般。需注意密封和润滑剂过滤	好。需注意润滑系统密封和润滑剂过滤	必须密封	好。需注意密封	一般。需注意密封
制造维护性能	误差敏感性	差	中	好		中
	标准化程度	较差	最差	好	较好	最好
	润滑	循环润滑,润滑剂用量多,润滑装置复杂	循环润滑,润滑剂用量最多,润滑装置复杂	简单,润滑剂用量少	运转期间无需润滑及润滑装置	大多数简单,润滑剂用量有限
	维护	需经常检查,定期清洗润滑系统和更换润滑油		定时补充润滑剂	无需维护	定期清洗和更换润滑油
	成本	制造成本高,运转成本决定于润滑系统		较低	最低	低

表 2.10-2　滑动轴承设计资料

机器名称	轴承	许用压力 p_p/MPa①	许用速度 v_p/m·s⁻¹	$(\overline{pv})_p$/MPa·m·s⁻¹	适宜粘度 η/Pa·s	$\left(\dfrac{\eta n}{p}\right)_{min}$ /10⁻⁹	相对轴承间隙 ψ	相对轴承宽度 B^*
金属切削机床	主轴承	0.5~5.0		1~5	0.04	2.5	<0.001	1~3
传动装置	轻载轴承	0.15~0.30	1~2		0.025~0.06	230	0.001	1~2
	重载轴承	0.5~1.0				66		
减速器	所有轴承	0.5~4.0	1.5~6.0	3~20	0.03~0.05	83	0.001	1~3
轧钢机	轧辊轴承	5~30	0.5~30	50~80	0.05	23	0.0015	0.8~1.5
冲压机和剪床	主轴承	28			0.1		0.001	1~2
	曲柄轴承	55						
铁路车辆	货车轴承	3~5	1~3	10~15	0.1	116	0.001	1.4~2.0
	客车轴承	3~4						
发动机、电动机、离心压缩机	转子轴承	1~3	—	2~3	0.025	416	0.0013	0.8~1.5
汽轮机	主轴承	1~3	5~60	85	0.002~0.016	250	0.001	0.8~1.25
活塞式压缩机和泵	主轴承	2~10	—	2~3	0.03~0.08	66	0.001	0.8~2
	连杆轴承	4~10		3~4		46	<0.001	0.9~2
	活塞销轴承	7~13		5		23	<0.001	1.5~2
精纺机	锭子轴承	0.01~0.02	—	—	0.002	25000	0.005	0.35~0.70
汽车发动机	主轴承	6~15	6~8	>50	0.007~0.008	33	0.001	0.5~0.8
	连杆轴承	6~20	6~8	>80		23	0.001	0.5~0.8
	活塞销轴承	18~40				16	<0.001	0.8~1.0

（续）

机器名称	轴承	许用压力 p_p/MPa[①]	许用速度 v_p/m·s^{-1}	$(\overline{pv})_p$/MPa·m·s^{-1}	适宜粘度 η/Pa·s	$\left(\dfrac{\eta n}{\overline{p}}\right)_{min}$/10^{-9}	相对轴承间隙 ψ	相对轴承宽度 B^*
二冲程柴油机	主轴承	5~9	1~5	10~15		58	0.001	0.60~0.75
	连杆轴承	7~10	1~5	15~20	0.02~0.065	28	<0.001	0.5~1.0
	活塞销轴承	9~13	—	—		23	<0.001	1.5~2.0
四冲程柴油机	主轴承	6~13		15~20		47	0.001	0.45~0.90
	连杆轴承	12~15	1~5	20~30	0.02~0.065	23	<0.001	0.5~0.8
	活塞销轴承	15~20		—		12	<0.001	1~2

注：本表仅供参考。

① 与轴瓦的材料和润滑方法有关：小值用于滴油、油环或飞溅润滑，轴瓦材料强度较低者；大值用于压力供油润滑，轴瓦材料强度较高者。

10.2　油润滑普通径向（圆柱）滑动轴承

10.2.1　主要参数

圆柱轴承的轴瓦为圆筒形，它形状简单，加工方便，是最普通的一种径向滑动轴承，其示意图见图2.10-3。

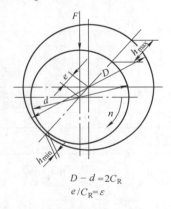

$$D - d = 2C_R$$
$$e/C_R = \varepsilon$$

图2.10-3　普通径向（圆柱）轴承示意图

轴承的主要参数有：轴颈直径 d；轴瓦孔径 D；轴承宽度 B；轴承半径间隙 C_R；轴承轴颈中心与轴瓦孔中心之间的距离，偏心距 e；轴承上的作用力 F；轴颈转速 n 和润滑剂粘度 η。

10.2.2　润滑状态与承载能力

一般，轴颈在轴瓦中处于偏心状态（图2.10-3）。令 h_{min} 为最小油膜厚度（间隙），有

$$h_{min} = C_R(1 - \varepsilon) \qquad (2.10\text{-}1)$$

式中 $\varepsilon = e/C_R$，称为偏心率。

h_{lim} 为最小极限油膜厚度，当 $h_{min} \geq h_{lim}$ 时轴承处于流体动力润滑状态，否则处于混合润滑状态。

轴承载荷 F 与轴承投影面积 $B \times D$ 之比为轴承单位投影面积载荷 $\overline{p}$，也称轴承（平均）压力；轴承压力 $\overline{p}$、润滑油粘度 η、轴颈转速 n 和相对轴承间隙 ψ 组成的量纲为1的数 $F^* = \dfrac{\overline{p}\psi^2}{\eta n}$，称为轴承载荷特性数。

轴承宽度 B 与轴瓦孔径 D 之比为相对轴承宽度 B^*。B^*、F^* 和 ε 是动压轴承最主要的运转参数，它们之间的关系见图2.10-4。

根据已知条件，选择了轴承参数，计算出轴承载荷特性数 F^* 后，若与相对轴承宽度 B^* 值的交点落在Ⅴ区，则根据曲线查出偏心率 ε 或 h_{min}/C_R，计算出的最小油膜厚度 h_{min} 大于最小极限值 h_{lim}，轴承有完整的动压油膜，属动压轴承。

反之，根据 h_{lim} 可以计算出允许的最大偏心率 ε，再从曲线查出最大的 F^* 值，即可计算出动压轴承的承载能力。

不能形成动压油膜的轴承则根据许用值 $(\overline{pv})_p$ 或 $\overline{p}_p$ 确定轴承的承载能力，$(\overline{pv})_p$ 和 $\overline{p}_p$ 可参考表2.10-2确定。

10.2.3　摩擦损失

普通滑动轴承的摩擦功耗可按下式近似计算

$$P_\mu = 6.3\mu Fnd \qquad (2.10\text{-}2)$$

式中　μ——摩擦因数，近似计算公式为

$$\varepsilon < 0.4 \quad \mu = 18.6\frac{BD\eta n}{F\psi}$$

$$\varepsilon \geq 0.4 \quad \mu = 18.6\frac{BD\eta n}{F\psi} + 0.55\psi\sqrt{B^{*3}}$$

$$(2.10\text{-}3)$$

F——载荷（N）；

n——转速（r/min）；

d——轴径直径（mm）。

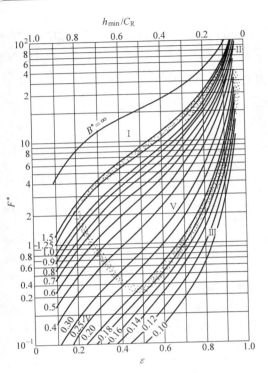

图 2.10-4 F 和 ε 的关系曲线及其适宜区域

Ⅰ—轴承过宽　Ⅱ—载荷过大　Ⅲ—轴承过窄
Ⅳ—涡动不稳定　Ⅴ—适宜使用区

10.2.4 主要参数的选择

设计径向圆柱动压轴承时相对轴承间隙和润滑油粘度可以按下述选择。

1. 相对轴承间隙 ψ 载荷重、速度低者选取较小的 ψ 值，反之取较大的 ψ 值。一般轴承可依据转速由图 2.10-5 选取，也可按机器类型从表 2.10-2 中选取。

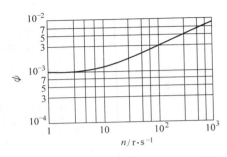

图 2.10-5 推荐的相对轴承间隙 ψ 值

2. 润滑油粘度 η 粘度高，则承载能力高，但摩擦功耗大，轴承温升高。所以，轴颈转速高者应选用低粘度油，反之选高粘度油。依据转速由图 2.10-6 选取粘度，一般可以保证轴承的温升不超过 20℃，图中给出的粘度应为轴承平均运转温度下的粘度。也可按机器类型从表 2.10-2 中选取。

10.2.5 润滑方法

1. 供油方法 表 2.10-3 给出普通滑动轴承常见供油方法，应根据轴承的运转环境、要求的运转性能等因素选用。不同的供油方法可能获得不同润滑状态，重要的动压轴承应该采用压力循环供油。

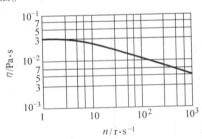

图 2.10-6 推荐的润滑油粘度 η 值

表 2.10-3 油润滑普通滑动轴承常用的供油方法

供油方法	压力循环供油	滴油供油	油环供油	油垫供油	油绳供油
示意图					
机理	润滑泵压力	重力	附件的运动	毛细作用	
成本	需要较贵的供油设备	供油装置简单、便宜	供油装置中等	供油装置较简单、便宜	

（续）

供油方法	压力循环供油	滴油供油	油环供油	油垫供油	油绳供油
运转与维护	无需经常注意供油系统	需要贮油池，并要定期补充润滑油	需要油池，无需经常注意油面高度	无需经常补充注油	需要贮油池，无需经常补充注油
对环境的要求	封闭系统，对环境无特别要求	对环境要求较高	封闭在壳体内，对环境无特别要求	毡垫起过滤作用，对环境要求不高	油绳起过滤作用，对环境要求不高
润滑油流动特性	流量充足，可在较大范围内调节。当用单独电动机驱动润滑泵时，可以单独起动和停止	供油量较少，可调节。润滑油不能自动循环。流量与转速无关	供油量与转速有关。轴开始转动，则开始供油，停止转动就停止供油。油循环使用	供油量很有限，随转速略有变化，并随使用时间而下降。轴停止转动就停止供油	供油量很有限，大约 3cm³/min，随转速略有变化，可以控制
应用	高速、重载轴承，速度可达 50m/s，载荷可达 40MPa。通常供油压力为 0.07 ~ 0.35MPa	线速度不超过 4 ~ 5m/s 的轻、中载轴承。油应从非承载区滴入	轴颈线速度在 1 ~ 7m/s 范围内的重载轴承	轴颈线速度不超过 4 ~ 5m/s 的轻、中载轴承	

　　2. 油孔、油槽、油穴

　　（1）油孔　位置应尽可能远地避开承载区，若为有缝卷制轴套，油孔应开在距缝 45°角处。油孔直径 d_L 依轴瓦孔径而定，见表 2.10-4。

表 2.10-4　卷制轴套油孔和油槽尺寸

（单位：mm）

周向油槽			斜轴向油槽		
D	d_L	b_1	D	e	b_2
14 ~ 22	3	4 ~ 5	18 ~ 26	32	3 ~ 4
22 ~ 40	4	5 ~ 6	26 ~ 36	45	
40 ~ 50	5	6 ~ 7	36 ~ 50	70	5 ~ 6
50 ~ 100	6	7 ~ 8	50 ~ 70	100	
			70 ~ 100	130	6 ~ 7
>100	7	8 ~ 9	>100	140	7 ~ 8
s_3	0.75	1	1.5	2	2.5
s_4	0.65	0.7 ~ 0.85	1.1 ~ 1.3	1.6 ~ 1.7	2.1 ~ 2.2
R	—	6	8	10	12

　　注：摘自 GB/T 12613.3—2002，参见图 2.10-7。

　　（2）油槽　油润滑油槽有周向环槽和轴向斜、直槽两种布置方式（图 2.10-7），可与油孔共同使用（相通），也可单独使用。

　　1）卷制轴套的油槽：卷制轴套采用周向或斜轴向油槽，槽宽 b 和槽间距 e 的推荐尺寸见表 2.10-4。单层金属轴瓦槽深为 0.10 ~ 0.30mm，双层金属轴瓦槽深为 0.30 ~ 0.40mm。

　　2）铸造轴套的油槽：铸造轴套采用与油孔连通的轴向或直轴向油槽，其截面形状与推荐尺寸见表 2.10-5。

　　3）推力瓦块的油槽：推力瓦上的油槽形状及推荐尺寸见表 2.10-6。

　　（3）油穴　厚度大于 1mm 的卷制轴瓦（套）可制出油穴。润滑油穴用于非动力润滑轴承，可单独使用，也可与油孔或（和）油槽共同使用。油穴的形状有圆形、椭圆形和菱形 3 种，它们的直径为 1.5 ~ 3mm，深为 0.4 ~ 0.55mm，分布见图 2.10-8。

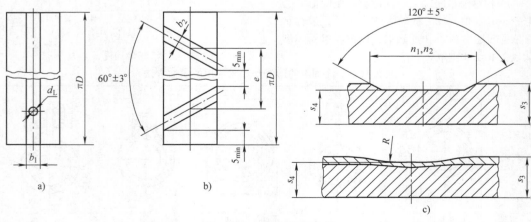

图 2.10-7　卷制轴套油槽
a）周向油槽　b）斜轴向油槽　c）油槽截面

表 2. 10-5 铸造轴套油槽形状及其推荐尺寸

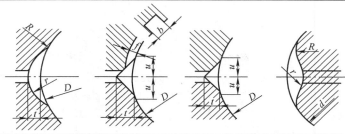

D/mm	~60	60 ~ 80	80 ~ 90	90 ~ 100	110 ~ 140	140 ~ 180	180 ~ 260	260 ~ 380	380 ~ 500
r/mm	3	4	5	6	7	8	10	12	16
f/mm		1.5		2		2.5		3	4
t					0.5r				
u					1.5r				
R					3r				
b					2r				

表 2. 10-6 推力轴瓦油槽的推荐尺寸

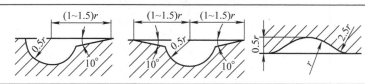

轴瓦内径 D/mm	r /mm	轴瓦内径 D/mm	r /mm	轴瓦内径 D/mm	r /mm
< 60	3	90 ~ 110	6	180 ~ 260	10
60 ~ 80	4	110 ~ 140	7	260 ~ 380	12
80 ~ 90	5	140 ~ 180	8	380 ~ 500	16

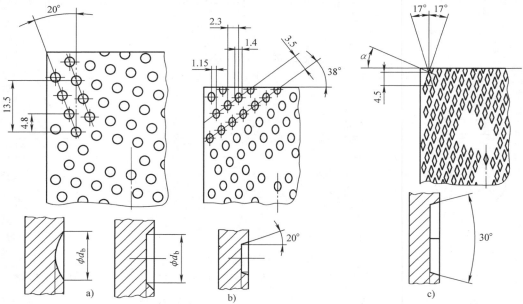

图 2. 10-8 油穴的形状与分布
a) 圆形 b) 椭圆形 c) 菱形

10.3　推力滑动轴承

承受轴向载荷的为推力滑动轴承，其轴承压力

$$\bar{p} = \frac{4F}{K_k \pi (D_o^2 - D_i^2)} \tag{2.10-4}$$

式中　D_o——止推轴瓦外径；

　　　D_i——止推轴瓦内径；

　　　K_k——止推轴瓦沟槽使承载面积减少的因子。

推力轴承以止推轴颈的平均线速度为其计算速度，即

$$v = \frac{\pi (D_o + D_i) n}{2} \tag{2.10-5}$$

10.3.1　主要结构类型

按止推轴颈的形状不同，有圆形止推轴颈、环形止推轴颈、单止推环止推轴颈和多止推环止推轴颈等推力轴承（图2.10-9）。

按止推瓦的形状不同，有平面、阶梯面、斜-平面、螺旋槽和可倾瓦块等推力轴承（图2.10-10）。

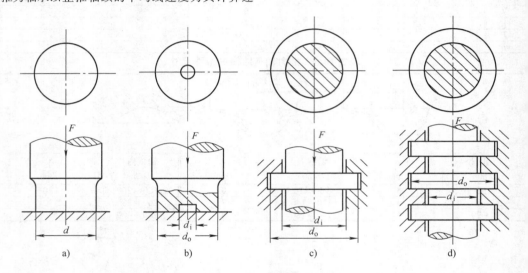

图2.10-9　止推轴颈

a）圆形止推轴颈　b）环形止推轴颈　c）单止推环止推轴颈　d）多止推环止推轴颈

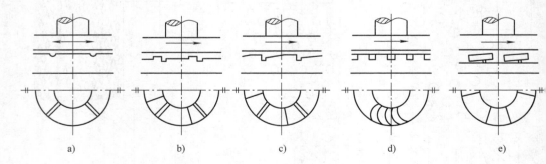

图2.10-10　止推轴颈

a）平面推力轴承　b）阶梯面推力轴承　c）斜-平面推力轴承　d）螺旋槽推力轴承　e）可倾瓦块推力轴承

10.3.2　球支承式可倾瓦块推力轴承

这是一种典型的动压推力轴承（图2.10-11）。通常，轴承相对宽度 $B^* (= B/L)$ 为 0.75 ~ 1.5，建议取 $B^* \approx 1$。

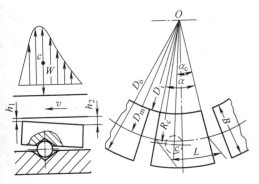

图 2.10-11 可倾瓦块推力轴承示意图

支承点的位置应为

$$\alpha_c = 0.6\alpha$$

$$R_c = (0.97 \sim 1.05)D_m/2$$

式中 D_m——止推轴瓦平均直径 $[=(D_o + D_i)/2]$。

摩擦因数和最小油膜厚度用下述公式近似计算

$$\mu = 7.67\sqrt{\frac{\eta D_m^2 n}{F}} \qquad (2.10\text{-}6)$$

$$h_{min} = 1.86\sqrt{\frac{\eta D_m^3 n}{Fz^2}} \qquad (2.10\text{-}7)$$

式中 z 为瓦块数。一个轴承最少需要 3 块，通常取为 $3 \sim 12$。

10.4 液体静压轴承

静压轴承由外部的润滑泵提供压力油来形成压力油膜以承受载荷。

静压轴承的润滑系统由油箱、润滑泵、滤油器、溢流阀、安全阀、蓄能器、节流器、油腔和封油面等组成（图 2.10-12）。

10.4.1 油垫

1. 油垫组成 摩擦副表面的凹坑称为油腔，油腔四周的摩擦表面称为封油面。环境压力包围的封油面与油腔的组合称为油垫。润滑油泵提供的压力油通过节流器进入油腔，再经封油面与轴颈表面间的间隙（油垫间隙）流出。所以，油腔最好开在静止表面上，故通常开在轴瓦上。可以将静压轴承的轴瓦视为油垫的组合。

静压轴承计算的原理是根据流动连续性原理，在通过节流器的流量与通过轴承油腔的流量必定平衡的基础上，建立油腔压力的计算公式。然后，根据油垫上的压力分布，求出油垫的有效承载面积。该面积与油腔压力的乘积，就是油垫的承载能力。

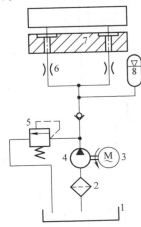

图 2.10-12 液体静压轴承的润滑系统
（恒压力供油）
1—油箱 2—滤油器 3—电动机 4—润滑泵
5—溢流阀 6—节流器 7—油垫 8—蓄能器

2. 油垫尺寸

（1）油腔深度 油腔深度 h_q 可取为 $(30 \sim 60)C_0$，C_0 为油垫原始（设计）间隙。

（2）封油面宽度 同样尺寸的油垫，封油面宽度减小，油垫面积增大，则有效承载面积增大，摩擦功耗减少，流量增多，温升下降，但泵功耗增加。

令封油面宽度 b 和 l 与油垫尺寸 B 和 L 之比为封油面相对宽度，例：$b^* = b/B$，$l^* = l/L$。速度较低的油垫按泵功耗最小原则，通常取 $b^* = l^* = 0.25$。速度较高的油垫，为了减少摩擦功耗，宜取较小的封油面宽度，最小封油面宽度可取为 $b^* = 0.1$，甚至小至 $100C_0$。

10.4.2 节流器

节流器作为补偿元件是静压轴承的最重要的元件，静压轴承的性能主要决定于节流器的性能。节流器的类型与性能见表 2.10-7。

节流器流量的计算式见表 2.10-8。

10.4.3 基本参数

表 2.10-7　节流器类型与特性 [1]

类型	缝式节流器	管式节流器	孔式节流器	定量泵（阀）	柱塞节流器	膜片节流器
示意图	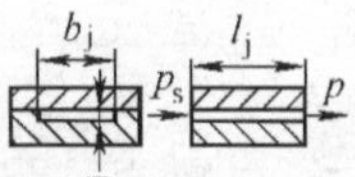	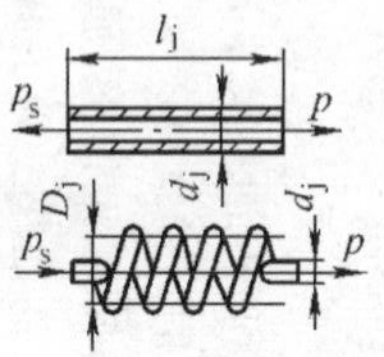	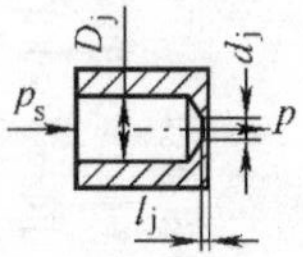	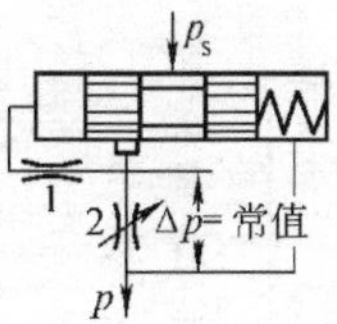	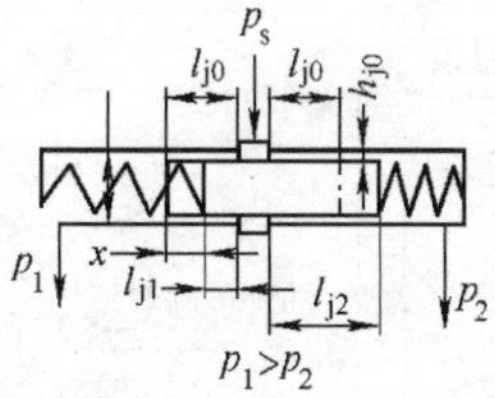	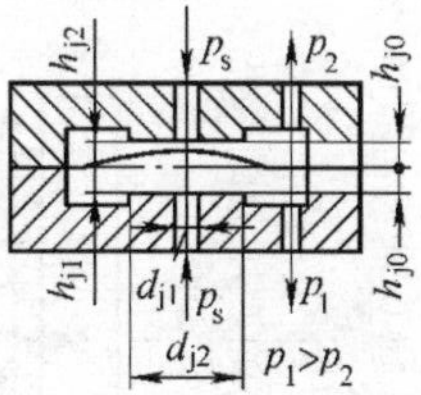
节流尺寸	为一狭长缝，节流尺寸为缝宽 b_j，缝高 h_j 和缝长 l_j	为一细长管，节流尺寸为管径 d_j 和管长 l_j。可为直管或螺旋管	为一锐边小孔（$l_j <$ $0.5d_j$），节流尺寸为孔径 d_j 或环面积 $\pi d_j h$[2]	—	为一柱塞阀，节流尺寸为滑阀间隙 h_j 和长度 l_j，滑阀移动 l_j 改变	为一膜片阀，节流尺寸为膜片阀间隙 h_j 和 $\ln(d_{j2}/d_{j1})$
特性	结构较简单，轴承性能稳定，不受润滑油粘度变化的影响	轴承性能稳定，不受润滑油粘度变化的影响	占用空间小，润滑油粘度变化将影响轴承性能	结构较复杂，制造费用较高，轴承刚度大	流量与节流长度成反比，反馈灵敏性较低。结构较复杂，制造费用较高	流量与节流间隙的 3 次方成正比，反馈灵敏性较高，但稳定性较差，结构较复杂，制造费用较高
载荷位移曲线	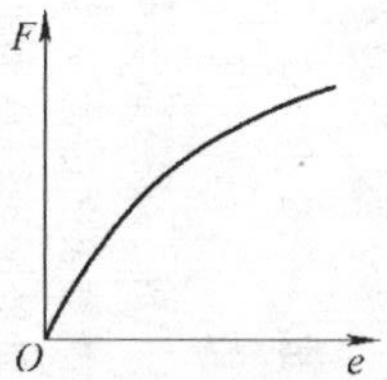		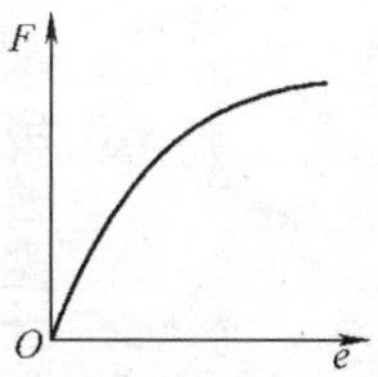	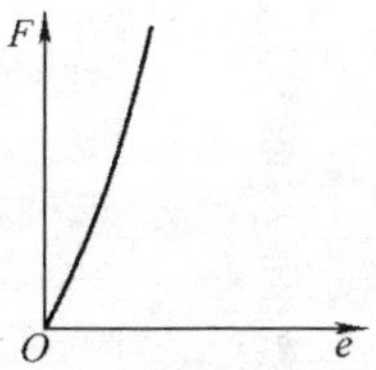	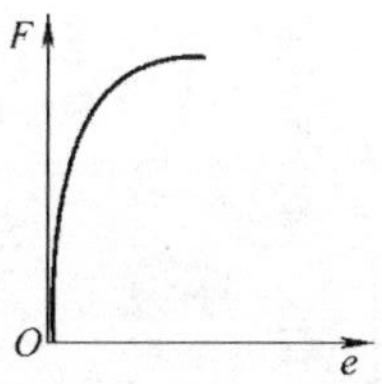	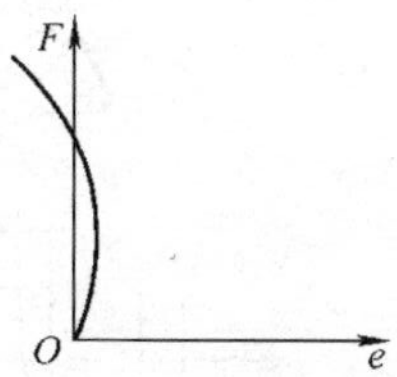

① 图中 1 为稳定节流器，2 为工作节流器。

② h 为小孔端面至轴颈表面的距离，h 较大时节流尺寸为孔径 d_j，称为小孔节流。h 较小时，节流尺寸为 $\pi d_j h$，称为环面节流。

表 2.10-8　节流器流量计算公式

节流器类型	流量 q_j	流量系数 K_{qj}
缝式节流器	$q_j = K_{qj} \dfrac{p_s - p}{\eta}$	$K_{qj} = \dfrac{b_j h_j^3}{12 l_j}$
管式节流器		$K_{qj} = \dfrac{\pi d_j^4}{128 l_j}$
小孔节流器	$q_j = K_{qj} \sqrt{\dfrac{p_s - p}{\rho}}$	$K_{qj} = \dfrac{(0.6 \sim 0.7) \pi d_j^2}{2\sqrt{2}}$
柱塞节流器	$q_j = K_{qj} \dfrac{p_s - p}{\eta} \dfrac{l_{j0}}{l_j}$	$K_{qj} = \dfrac{\pi d_j h_j^3}{12 l_{j0}}$
膜片节流器	$q_j = K_{qj} \dfrac{p_s - p}{\eta} \left(\dfrac{h_j}{h_{j0}} \right)^3$	$K_{qj} = \dfrac{\pi h_j^3}{6 \ln \dfrac{d_{j2}}{d_{j1}}}$

1. 压力比　油腔压力 p 与供油压力 p_s 之比为压力比 p^*。径向轴承在同心状态或推力轴承在设计间隙 C_0 状态，其压力比为

$$p_0^* = p_0 / p_s$$

它对轴承性能有很大影响，是个极重要的参数。

压力比的常用范围是 0.4 ~ 0.7。载荷变化大而又要求位移较小的场合，可取较小的压力比（如 0.2），流量亦可相应减小。

为了简化计算公式，引入压力比因子

$$a = \frac{1 - p_0^*}{p_0^*} \qquad (2.10\text{-}8)$$

2. 节流尺寸计算　选定压力比后，依据流量相等原则，即可计算出需要的节流尺寸，公式如下

管式节流　$\dfrac{l_j}{d_j} = \dfrac{\pi a}{128 q^*} \left(\dfrac{d_j}{C_0} \right)^3$

缝式节流　$\dfrac{l_j}{b_j} = \dfrac{a}{12 q^*} \left(\dfrac{h_j}{C_0} \right)^3$

小孔节流　$d_j = \sqrt{2.83 \dfrac{C_0^3 q^*}{\pi a \eta} \sqrt{\dfrac{\rho p_s}{a\,(a+1)}}} \quad (2.10\text{-}9)$

滑柱塞节流　$h_j = C_0 \sqrt[3]{12 \dfrac{l_{j0} q^*}{\pi a d_j}}$

膜片节流　$h_{j0} = C_0 \sqrt[3]{6 \dfrac{q^* \ln \dfrac{d_{j2}}{d_{j1}}}{\pi a}}$

上述各式中的 C_0，对径向轴承为半径间隙 C_R；q^* 为油垫流量数，见表 2.10-10；其他各符号的意义见表 2.10-7。

3. 轴承间隙　由油膜厚度最小极限值 h_{lim} 与最大偏心率 ε_{max} 决定的轴承间隙为

$$C = h_{lim} / (1 - \varepsilon_{max})$$

h_{lim} 取决于轴承尺寸、形状偏差、表面粗糙度和偏斜量等因素，建议取下列各值中的大者：

$h_{lim} / \mu m \geq 25 (L/m)^{1/4}$　　[L 为油垫长度]

$h_{lim} \geq 3 \times$ 几何形状偏差

$h_{lim} \geq 40 R_a$

$h_{lim} \geq 2 \times$ 预计偏斜量

径向轴承的间隙也可参考表 2.10-9 选取。

表 2.10-9　径向轴承的间隙

轴承直径 D/mm	≤50	> 50 ~ 100	> 100 ~ 200
相对轴承间隙 $\Psi / 10^{-3}$	0.6 ~ 1.0	0.5 ~ 0.8	0.6 ~ 0.7

4. 供油压力　一般可按承载能力选定的压力比选取供油压力，这时

$$p_s = \frac{F}{p^* A_e} \qquad (2.10\text{-}10)$$

式中　A_e——油垫的有效承载面积。

满足上述条件下，不宜选用过高的供油压力，以免增大功耗和温升。一般的静压轴承供油压力均在 1 ~ 2MPa 范围内。

5. 宽径（长宽）比　径向轴承宽径比为轴瓦宽度与轴承直径之比，即 $B^* = B/D$，B^* 值的常用范围为 0.5 ~ 1.5，通常取 $B^* = 1$。

圆环形推力轴承的长宽比 L^* 为圆环中径弧长 L 与宽度 B 之比（见表 2.10-11 附图），即 $L^* = L/B$，常取 $L^* = 1 \sim 2$。

10.4.4　径向轴承

1. 径向轴承油垫　径向轴承油垫是柱面油垫，有单腔和多腔两种，因而，油润滑静压径向轴承有垫式和腔式两种。

两腔之间有轴向回油槽者，回油槽把圆柱内

表面分割成若干独立的单腔柱面油垫（图 2.10-13a），构成单腔多垫式径向轴承，称为垫式轴承；两腔之间无轴向回油槽者，则内圆柱面是单个柱面油垫（图 2.10-13b），构成多腔单垫式径向轴承，称为腔式轴承。

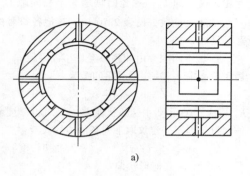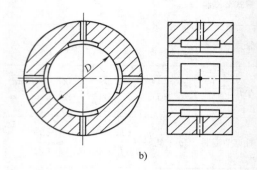

图 2.10-13　静压径向轴承的基本形式

a）垫式轴承　b）腔式轴承

径向轴承的垫（腔）数可根据设计要求在 3~8 范围内选取。垫（腔）数愈多，轴承刚度愈大，且各个半径方向上刚度愈均匀，同时，腔数多，腔式轴承的承载能力亦大一些。但是，考虑到制造工艺性，常用的是 3~6 个等油垫（腔）的径向轴承，其中 4 个等油垫（腔）的径向轴承用得最多。

（1）油垫流量　通过油垫封油面上的流量可用下式近似计算

$$q = q^* \frac{p C_R^3 (1 - \varphi \varepsilon)^3}{\eta} \qquad (2.10\text{-}11)$$

$$\varphi = \frac{\sin\beta_m + \dfrac{B-b}{D} \times \dfrac{b}{l}\cos\beta_m}{\beta_m + \dfrac{B-b}{D} \times \dfrac{b}{l}} |\cos\beta_m|$$

式中　q^*——油垫流量数，与油垫形状和尺寸有关，其表达式见表 2.10-10；

　　　φ——柱面油垫直径因子，表达式中的符号意义见图 2.10-14；

　　　C_R——半径间隙；

　　　ε——偏心率。

（2）油垫有效承载面积　柱面油垫的有效承载面积 A_e 为与载荷方向垂直的投影面积，计算公式见表 2.10-10。

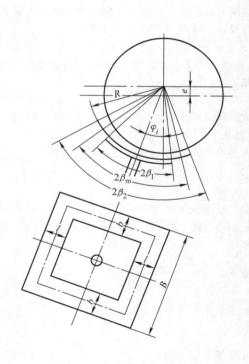

图 2.10-14　柱面油垫

表 2. 10-10 径向轴承油垫流量 q 和有效承载面积 A_e

油垫类型	多腔式油垫	单腔式油垫
示意图	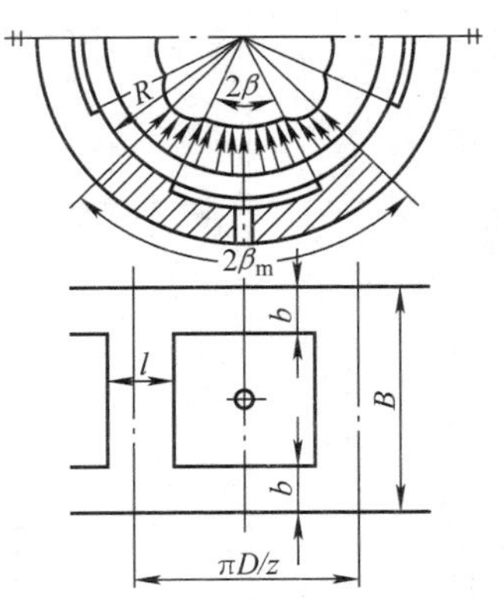	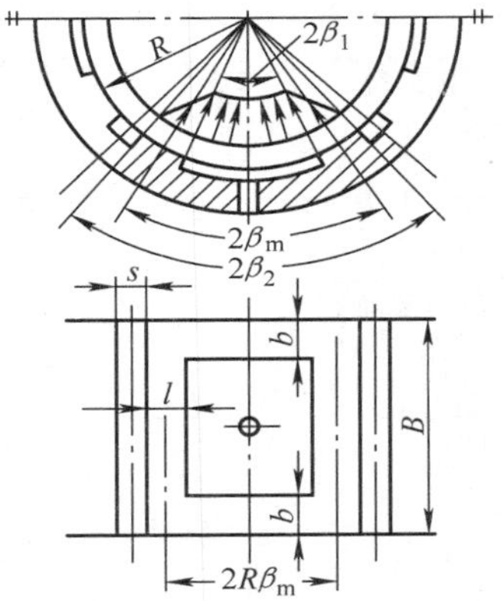
流量数 q^*	$q^* \approx q_0^* = \dfrac{\pi D}{6bz}$	$q^* \approx q_0^* = \dfrac{[\pi D - zB(s+l)](1+\Gamma)}{6bz}$
有效承载面积 A_e	$A_e = D(B-b)\sin\beta_m$	
阻力比 Γ	$\Gamma = \dfrac{(B-b)bz}{\pi Dl}$	$\Gamma = \dfrac{(B-b)bz}{[\pi D - z(s+l)]l}$

（3）油垫承载能力 单腔径向轴承油垫的承载能力为

$$F = F^* p_s A_e \qquad (2.10\text{-}12)$$

各种节流方式载荷数 F^* 的计算式为

缝式和管式节流
$$F^* = \frac{1}{1+a(1-\varphi\varepsilon)^3}$$

小孔节流
$$F^* = \frac{1}{1+\sqrt{1+4a(a+1)(1-\varphi\varepsilon)^3}}$$

定量阀供油
$$F^* = \frac{p_0^*}{(1-\varphi\varepsilon)^3}$$

定量泵供油
$$F^* = \frac{1}{(1-\varphi\varepsilon)^3}$$

2. 管式节流 4 垫径向轴承 载荷正对油垫中心时，轴承的承载能力为

$$F = F^* p_s A_e$$

$$F^* = \frac{1}{1+a(1-\varphi\varepsilon)^3} - \frac{1}{1+a(1+\varphi\varepsilon)^3}$$

10.4.5 推力轴承

推力轴承油垫为平面油垫。油垫的类型有：单腔圆形、单腔环形、多腔环形和多垫环形油垫。

各种平面油垫的流量、有效承载面积的计算公式见表 2.10-11。

表 2.10-11 推力轴承油垫流量数 q^* 和有效承载面积 A_e

油垫类型	单腔式圆形油垫	单腔式环形油垫
示意图	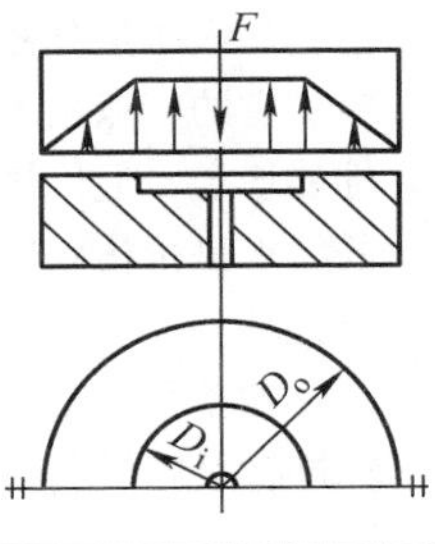	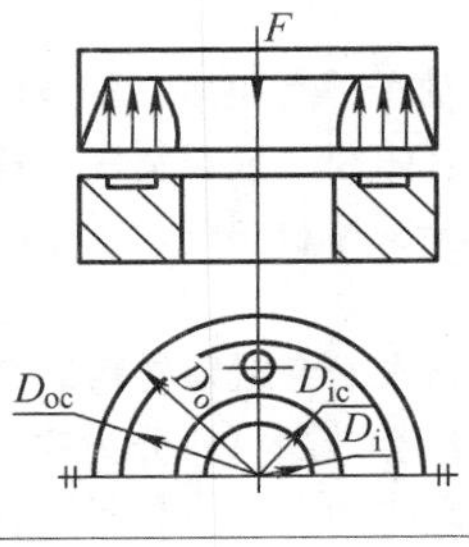

（续）

油垫类型	单腔式圆形油垫	单腔式环形油垫
流量数	$q^* = \dfrac{\pi}{6\ln\dfrac{D_o}{D_i}}$	$q^* = \dfrac{\pi}{6}\left(\dfrac{1}{\ln\dfrac{D_o}{D_{oc}}} + \dfrac{1}{\ln\dfrac{D_i}{D_{ic}}}\right)$
有效承载面积	$A_e = \dfrac{\pi D_i(D_o - D_i)}{8\ln\dfrac{D_o}{D_i}}$	$A_e = \dfrac{\pi}{8}\left(\dfrac{D_o^2 - D_{oc}^2}{\ln\dfrac{D_o}{D_{oc}}} - \dfrac{D_{ic}^2 - D_i^2}{\ln\dfrac{D_{ic}}{D_i}}\right)$
示意图		
流量数	$q^* = \dfrac{\pi}{6}\left(\dfrac{1}{\ln\dfrac{D_o}{D_{oc}}} + \dfrac{1}{\ln\dfrac{D_i}{D_{ic}}}\right)$	$q^* = \dfrac{z\gamma_m}{6}\left(\dfrac{1}{\ln\dfrac{D_o}{D_{oc}}} + \dfrac{1}{\ln\dfrac{D_i}{D_{ic}}}\right)$ [1]
有效承载面积	$A_e = \dfrac{\pi}{8}\left(\dfrac{D_o^2 - D_{oc}^2}{\ln\dfrac{D_o}{D_{oc}}} - \dfrac{D_{ic}^2 - D_i^2}{\ln\dfrac{D_{ic}}{D_i}}\right)$	$A_e = \dfrac{z\gamma_m}{8}\left(\dfrac{D_o^2 - D_{oc}^2}{\ln\dfrac{D_o}{D_{oc}}} - \dfrac{D_{ic}^2 - D_i^2}{\ln\dfrac{D_{ic}}{D_i}}\right)$ [1]

① γ_m—周向封油面中点之中心角（rad），z—油垫数。

10.5 粉末冶金含油轴承

利用材质的多孔特性或与润滑油的亲和特性，使润滑油浸润轴瓦材料，这种轴承称为含油轴承。

含油轴承种类很多，均以轴瓦材料分类，所用材料有：木材、成长铸铁、铸铜合金、聚合物和粉末冶金减摩材料等。粉末冶金含油轴承用得最多。

10.5.1 粉末冶金减摩材料的性能

粉末冶金减摩材料分为铁基、铜基和铝基三种。铁基粉末冶金减摩材料以铁为主，有时加入少量铜（ω_{Cu}：2%～20%），以改善边界润滑性能。它的特点是强度高、价格便宜，但轴承摩擦性能较差，且会生锈，仅适用于低速场合，并且轴颈必须淬火；铜基粉末冶金减摩材料以青铜为主，加入质量分数6%～10%的锡、少量的锌和铅。它的特点是不会生锈，在中速、轻载下轴承性能稳定，但价格较贵；铝基粉末冶金减摩材料的特点是价格较低、强度适中，但耐磨性和抗胶合性较差。

铁基和铜基粉末冶金减摩材料已制定了国家标准，其牌号和物理、力学性能见表2.10-12。

表 2.10-12　粉末冶金减摩材料的物理、力学性能

轴瓦材料		牌号	含油密度 $\rho/\text{g}\cdot\text{cm}^{-3}$	$\phi_{油}$ (%)	线胀系数 $\alpha_l/10^{-6}\cdot\text{℃}^{-1}$	热导率 $\lambda/\text{W}(\text{m}\cdot\text{K})^{-1}$	弹性模量 E/GPa	径向抗压强度 σ_{bc}/MPa	表观硬度 (HBS)
铁基	铁	FZ1160	5.7~6.2	≥18	11~12	41.9~125.6	80~100	>196	30~70
		FZ1165	>6.2~6.6	≥12				>245	40~80
	铁-碳	FZ1260	5.7~6.2	≥18				>245	50~100
		FZ1265	>6.2~6.6	≥12				>294	60~110
	铁-碳-铜	FZ1360	5.7~6.2	≥18				>343	60~10
		FZ1365	>6.2~6.6	≥12				>392	70~120
	铁-铜	FZ1460	5.8~6.3	≥18				>294	50~100
		FZ1465	>6.3~6.7	≥12				>343	60~120
铜基	铜-锡-锌-铅	FZ2170	6.6~7.2	≥18	16~18	41.9~58.6	60~70	>147	20~50
		FZ2175	>7.2~7.8	≥12				>196	30~60
	铜-锡	FZ2265	6.2~6.8	≥18				>147	25~55
		FZ2270	>6.8~7.4	≥12				>196	35~65
	铜-锡-铅	FZ2365	6.3~6.9	≥18				>147	20~50

　　粉末冶金含油轴承的载荷和速度使用极限见图 2.10-15。

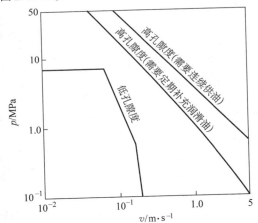

图 2.10-15　粉末冶金含油轴承的使用极限

10.5.2　润滑与润滑剂

　　1. 润滑油　含油轴承最常用的润滑油是汽油机油和主轴油，适宜的粘度见图 2.10-16。

　　2. 重新浸油周期　因为润滑油会损耗和变质，所以粉末冶金含油轴承浸好油使用一段时间后，需要拆下重新浸油。浸一次润滑油能工作的时间与转速和工作温度有关，大致可按图 2.10-17 根据线速度和工作温度确定。

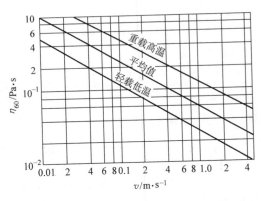

图 2.10-16　含油轴承适宜的润滑油粘度

10.5.3　计算准则

　　含油轴承绝大多数场合处于混合摩擦状态，其计算准则是根据 $(\overline{pv})_p$ 或 $\overline{p}_p$ 确定轴承的承载能力。粉末冶金含油轴承的 $\overline{p}_p$、v_p 和 $(\overline{pv})_p$ 可查表 2.10-13。

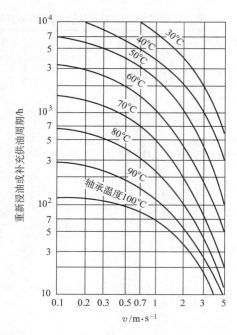

图 2.10-17　粉末冶金含油轴承重新浸油周期

表 2.10-13　粉末冶金含油轴承的 $\overline{p}_p$、v_p 和 $(\overline{p}v)_p$

材料	$\overline{p}_p$/MPa						$(\overline{p}v)_p$/MPa·m·s^{-1}		v_p/m·s^{-1}
	v/m·s^{-1}						间断加油	连续加油	
	≤0.125	>0.125~0.25	>0.25~0.25	>0.125~0.5	>0.5~0.75	>0.75~1.0			
铁基粉末冶金	23	13	3.2	2.1	1.8	0.5/v	0.5	0.7	4.1
铜基粉末冶金	22.5	14	3.9	2.6	2.0	0.3/v			7.6

10.6　无润滑轴承

采用有自润滑性的材料，或者含固体润滑剂成分的材料制造，在使用前和使用中都不必加入润滑剂，以干摩擦状态运转的滑动轴承，称为无润滑轴承。

采用这种轴承时：轴颈表面粗糙度参数 R_a 应不超过 0.20μm，并应有较高的硬度；应有较大的轴承间隙，因为聚合物吸潮和应力松弛后，尺寸会变化，且线胀系数较钢大；轴瓦厚度应尽量薄，以利散热。轴承常用宽径比为 0.5~1.5。

10.6.1　轴瓦材料及其主要性能

无润滑轴承轴瓦材料主要有聚合物、炭-石墨和特种陶瓷三大类。表 2.10-14 给出几种无润滑轴承轴瓦材料的主要性能。

表 2.10-14　几种无润滑轴承材料的性能

材　料	最大静载荷 $\overline{p}_p$/MPa	最高工作温度 θ/℃	线胀系数 α_l/10^{-6}℃$^{-1}$	热导率 λ/W(m·℃)$^{-1}$	摩擦因数 μ	说　　明
聚酰胺	10	85~120	140~170	0.04~0.16	0.10~0.43	价廉

（续）

材　料	最大静载荷 $\overline{p}_p$/MPa	最高工作温度 θ/℃	线胀系数 α_l/10^{-6}·℃$^{-1}$	热导率 λ/W(m·℃)$^{-1}$	摩擦因数 μ	说　　明
聚酰胺 + MoS$_2$ 或石墨	14	90 ~ 158	80	0.24	0.20 ~ 0.42	用固体润滑剂能降低摩擦
玻璃、锡青铜、石墨或炭纤维增强聚四氟乙烯	7	250	13 ~ 17	0.33	0.16 ~ 0.20	低摩擦
酚醛层压石棉布材或酚醛层压布材	35	85 ~ 170	80/25①	0.38	0.16 ~ 0.20	加纤维能提高强度
炭-石墨	2	300 ~ 450	1.4 ~ 2.7	11 ~ 40	0.13 ~ 0.49	化学性能稳定
炭-石墨-金属（Cu、Ag、Sb、Sn）	3 ~ 4	200 ~ 350	4.9 ~ 5.5	15 ~ 23	0.15 ~ 0.32	强度提高
青铜-石墨-MoS$_2$	30 ~ 70	250 ~ 500	10 ~ 20	50 ~ 100		高热容
Si$_3$N$_4$		1100 ~ 1400	3.0	16.7		

① 分子为垂直瓦面方向之值，分母为顺瓦面方向之值。

10.6.2 计算准则

保证一定磨损寿命是设计无润滑轴承的主要准则，所以，给定磨损率下的 $\overline{p}$-v 曲线是其主要指标。承受稳定载荷的径向轴承，磨损率为 0.25μm/h 时的，几种无润滑轴承材料的 $\overline{p}$-v 曲线见图 2.10-18，设计时，应使轴承的 $\overline{p}$、v 值处于曲线左下方。

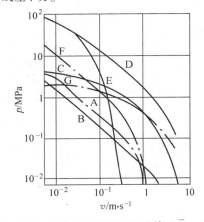

图 2.10-18　几种无润滑轴承材料的 $\overline{p}$-v 曲线

A—热塑性塑料　B—聚四氟乙烯　C—增强聚四氟乙烯　D—多孔青铜加聚四氟乙烯和铅　E—聚四氟乙烯加玻璃纤维和热固性塑料　F—热固性塑料加 MoS$_2$ 和填充料　G—炭-石墨加热固性塑料和聚四氟乙烯

10.7　固体润滑轴承

在轴瓦或轴颈上，人为地加入固体润滑剂，以减小摩擦，这种轴承称为固体润滑轴承。

使用固体润滑剂能够节约电力、石油产品和非铁金属，避免润滑油污染环境。固体润滑轴承适用的场合为：

（1）高温、高压工作环境，如挤压、冲压、拉制、轧制等；

（2）低速条件，如机床导轨；

（3）宽的工作温度范围；

（4）高真空条件，润滑不破坏其真空度；

（5）强辐照条件，固体润滑剂在强辐照下变质缓慢；

（6）腐蚀条件，固体润滑剂与空气、溶剂、燃料、助燃剂等不起反应，可在酸、碱、海水等环境下工作；

（7）有尘土的环境；

（8）需严格避免润滑油污染产品的场合，如食品、纺织、造纸、医药、印刷等设备；

（9）油脂易被冲刷流失的场合；

（10）供油很不方便的场合。

10.7.1　固体润滑剂与润滑方法

1. 种类　可以用作润滑剂的固体有无机物、软金属和聚合物 3 类。最常用的有：二硫化钼（MoS$_2$）、石墨、氧化铅（PbO）、铅、银、聚四氟乙烯（PTFE）等。

2. 润滑方法　使用固体润滑剂的方法有：覆膜法、烧结法、浸渍法和镶嵌法等，相应地称这些轴承为覆膜轴承、烧结轴承、浸渍复合轴承和镶嵌轴承。

10.7.2 类型

1. 覆膜轴承 使固体润滑剂在轴瓦基体材料上形成一层薄膜，构成覆膜轴承。覆膜轴承的性能和固体润滑膜的厚度、抗剪强度、与基体材料的结合强度等有关，也与成膜方法有关。

经常采用的形成固体润滑剂膜的方法有以下几种：1）涂抹固体润滑剂粉末；2）喷、涂固体润滑剂悬浮液；3）使用糊状或膏状润滑剂；4）喷涂干膜润滑剂；5）物理方法（离子镀、溅射、真空沉积、电泳、等离子喷涂等）。

2. 烧结轴承 将固体润滑剂粉末与粉末状轴瓦基体材料混合、成型、加热，制成烧结轴瓦，与轴颈构成烧结轴承。这种轴承在摩擦过程中会向摩擦表面连续提供固体润滑剂。

烧结轴承的强度与润滑剂的质量分数成反比，综合考虑轴瓦强度和摩擦学性能，工业生产中多限制润滑剂的质量分数在 10% 以下。

3. 复合轴承 以多孔质材料为基体，浸渍固体润滑剂，构成浸渍复合轴承。

浸渍的方法有：1）使浸渍物成为熔融状态进行真空浸渍；2）用硬化性液体作载体，浸渍物置于其中进行浸渍；3）用挥发性液体作载体，浸渍物分散其中进行浸渍，然后使液体挥发；4）使浸渍物气化后进行浸渍。

典型的聚四氟乙烯复合轴承，国内生产的商品名为 SF-1 轴承。不同速度、不同温度下其 $\bar{p}_p$ 和 $(\bar{p}v)_p$ 值分别见表 2.10-15 和表 2.10-16。

表 2.10-15　不同速度下 SF-1 轴承的 $\bar{p}_p$ 和 $(\bar{p}v)_p$ 值

$v/\text{m·s}^{-1}$	无润滑		油润滑	
	$\bar{p}_p$ /MPa	$(\bar{p}v)_p$ /MPa·m·s^{-1}	$\bar{p}_p$ /MPa	$(\bar{p}v)_p$ /MPa·m·s^{-1}
<0.01	50a	0.5	—a	—
0.01	—	—	120	1.2
0.1	6	0.6	30	3.0
0.5	1.5	0.75	10	5.0
1.0	1.2	1.2	7	7.0
5.0	0.4	2.0	5	25
10.0	0.2	2.0	3	30

表 2.10-16　不同温度下 SF-1 轴承的 $(\bar{p}v)_p$ 值

温度/℃	20	100	200
v /m·s^{-1}	$(pv)_p$/MPa·m·s^{-1}		
<0.01	0.5	0.3	0.16
0.1	0.6	0.35	0.12
1.0	1.2	0.72	0.24
5.0	2.0	1.0	0.4
10.0	2.0	1.2	0.4
20.0	1.0	0.9	0.2

4. 镶嵌轴承 在轴瓦基体金属摩擦面上，开出排列有序、大小适当的孔穴或槽，嵌入成形的固体润滑剂，构成镶嵌轴承。也有用固体润滑剂乳液（如 PTFE 乳液）注入这些孔穴或槽，经固化而成的。它的特点是承载能力高、工作寿命长。与烧结轴承相比，虽然它的摩擦因数较高，但磨损率却低一个数量级；与覆膜轴承相比，它具有更高的使用寿命和耐热性；与炭石墨轴承相比，它的磨损率较低。

用作镶嵌轴承的基体金属有：铸铁、不锈钢、锡青铜、黄铜和铅锑合金等。镶嵌轴承的镶嵌体多数采用复合成分的固体润滑剂，主要是石墨、PTFE 和 MoS_2。应用不同的配方可以制成线胀系数与基体材料相同的镶嵌体，以适应高温条件下使用，也可以制成能承受低速重载、耐水、耐化学溶剂的镶嵌体等。

嵌入的固体润滑剂的摩擦表面面积应占轴瓦

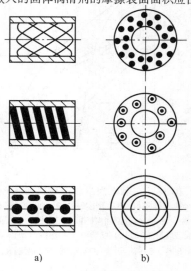

图 2.10-19　镶嵌轴承
a）径向轴瓦　b）推力轴瓦

整个摩擦面积的 30% 左右，常用排列形式见图
.10-19。

国内生产的镶嵌轴承的性能见表 2.10-17。

表 2.10-17　镶嵌轴承的性能

轴承型号	运转状态	项目			
		$\overline{p}_p$ /MPa	v_p /m·s^{-1}	θ_p/℃	μ
ZRHQ	无润滑	15	0.42	400	0.05
	油润滑		2.50		
ZRHH	无润滑	25	0.25	250	
	油润滑		1.00		
ZRHT	无润滑	5	1.00	300	
	油润滑	8	1.67		

注：ZRHQ 以 ZCuSn5Pb5Zn5 为基材；
　　ZRHH 以 ZCuSn25Al6Fe3Mn3 为基材；
　　ZRHT 以 HT200 为基材。

10.8　轴瓦及其材料

10.8.1　轴瓦

轴瓦是易损件，应便于更换；轴瓦材料昂贵，应尽量节约。

普通滑动轴承的轴瓦有圆筒形和半圆形两种，前者又称为轴套。轴套，根据制造方法有：整体轴套、卷制轴套和烧结轴套；根据形状有：圆柱轴套、翻边（带挡边）轴套和球面轴套（图 2.10-20）。

轴瓦，根据壁厚有：薄壁轴瓦和厚壁轴瓦；根据形状有：普通轴瓦和翻边（带挡边）轴瓦（图 2.10-21）。

常用普通形式整体轴套、卷制轴套，薄壁轴瓦和厚壁轴瓦的特点见表 2.10-18。

滑动轴承轴瓦的标准化程度不高，目前仅有如下国家标准：GB/T 18324—2001 滑动轴承　铜合金轴套；GB/T18323—2001 滑动轴承　T/18324—2001 滑动轴承　烧结轴套的尺寸和公差；T/18324—2001 滑动轴承整体轴套；GB/T 12613.1—

2002 滑动轴承　卷制轴套的尺寸和公差；GB/T3162—1991 滑动轴承　薄壁轴瓦的尺寸和公差；GB/T12949—1991 滑动轴泵　聚四氟乙烯覆膜卷制轴套的形式、尺寸和公差。

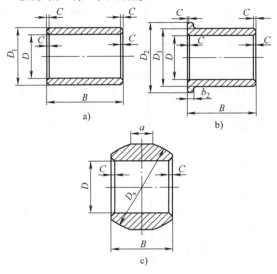

图 2.10-20　轴套

a) 圆柱轴套　b) 翻边（带挡边）轴套　c) 球面轴套

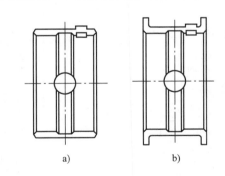

图 2.10-21　轴瓦

a) 普通轴瓦　b) 翻边（带挡边）轴瓦

表 2.10-18　常用普通形式轴瓦（套）的特点

	轴套			轴瓦		
图示	车制	卷制	卷制	薄壁	中厚壁	厚壁
轴承座	整体式			剖分式		
定位结构	没有(可以设置)			錾痕	錾痕或挡块	定位销或挡块

（续）

材料	单金属	双金属		双金属或三金属	单金属、双金属或三金属	双金属或三金属
毛坯制造	铸造或从实体切削加工	由板带卷制		由板带冲压	在预成形的瓦背上浇铸衬层	
外径成形法	切削	冲压	磨削	冲压	切削、磨削	切削
备注	一般直径不大于50mm	大量生产时较便宜	较高精度	大量生产时最便宜	适宜批量10~100个	适宜批量1~10对

10.8.2　轴瓦材料及其选用

混合润滑轴承、无（固体）润滑轴承的计算还都是条件性的，即计算平均载荷 p、线速度 v 及其乘积 pv。而动压轴承在起动和停车过程亦处于混合润滑状态，因此，除静压轴承外，选择轴瓦材料时，均需考虑材料的 p、v 及 pv 特性。

此外，轴瓦材料还需具备下列特性：1）摩擦相容性，即轴颈材料不与轴瓦材料发生粘附的性能；2）嵌入性，即轴瓦材料允许硬质颗粒嵌入而减轻刮伤或（和）磨粒磨损的性能；3）磨合性，即在磨合过程中减小轴颈或轴瓦加工误差、同轴度误差、表面粗糙度参数值，使接触均匀，从而降低摩擦力、磨损率的性能；4）摩擦顺应性，即材料靠表层的弹塑性变形，使之与轴颈吻合的性能；5）耐磨性，即成副材料抵抗磨损的性能；6）抗疲劳性，即在循环载荷下材料抵抗疲劳破坏的性能；7）耐蚀性，即材料延抗腐蚀的性能；8）抗压强度，即承受载荷而不被挤坏或尺寸不变化的性能。

GB/T12613.4—2002 对卷制轴套的材料作了规定。油润滑轴承常用金属轴瓦材料及其性能见表 2.10-19。

表 2.10-19　常用金属轴瓦材料及其性能

轴瓦材料		最小轴颈硬度（HBS）	设计数据				摩擦相容性	顺应性	耐蚀性	抗疲劳性	应　用
名称	牌号		$\bar{p}_p$ /MPa	v_p /m·s^{-1}	$(\overline{pv})_p$ /MPa·m·s^{-1}	θ_p /℃					
锡锑合金	ZSnSb11Cu6	150	25	80	20	150	优	优	优	劣	用于高速、重载下的重要轴承。常用作减摩层以改善其抗疲劳性
	ZSnSb8Cu4		20	60	15						
铅锑合金	ZPbSb16Sn16Cu2		15	12	10		优	优	中	劣	用于中速、中等载荷下的轴承。常用作减摩层以改善其抗疲劳性
	ZPbSb15Sn15Cu3Cd2		5	8	5						
	ZPbSb15Sn10	180	20	15							
锡青铜	ZCuSn5Pb5Zn5	250	8	3	15	280	中	劣	良	优	用于中速、中等载荷下的轴承
	ZCuSn10P1	300	15	10	15		中	劣	良	优	用于中速、重载及变载荷下的轴承
铅青铜	ZCuPb17Sn4Zn4		10	5			中	差	差	良	用于铲车轴承
铜铅合金	ZCuPb30	270	25	12	30		中	差	差	良	用于高速、重载下的轴承
铝青铜	ZCuAl10Fe3	280	15	4	12		劣	劣	劣	良	用于低速、重载、高温下的轴承，但润滑应充分
	ZCuAl10Fe3Mn2		20	5	15						
锰黄铜	ZCuZn338Mn2Pb2	200	10	1	10	200	中	劣	优	优	用于低速、中等载荷下的轴承
铝基合金	AlSn20Cu	250	28	14	—	140	差	中	优	良	用于内燃机双金属轴承

0.9　滑动轴承用润滑剂

0.9.1　润滑剂品种

　　滑动轴承可以用气体、固体、水、润滑油或润滑脂等润滑，大多数用润滑油。常用矿物润滑油及其性能见表 2.10-20。

0.9.2　供油量

　　动压和静压轴承的供油量应根据润滑计算确定，然后依此选择适当的润滑方法。

　　混合润滑轴承供油量最好达到下式算出的值

$$q = 5 \times \sqrt[100]{B} \frac{\sqrt[3]{FC_R^5 d^2 n^2}}{\sqrt[3]{\eta}10^k}$$

式中　k——指数，其值见表 2.10-21；

B、C_R、d——形状尺寸（m）；

F——载荷（N）；

n——转速（r/s）；

η——粘度（Pa·s）。

表 2.10-20　滑动轴承常用矿物润滑油及其性能

名称	符号	粘度指数	倾点/℃	闪点/℃	主要用途
全损耗系统油	L-AN	—	−5	80～180	用于手工加油、滴油润滑等消耗型润滑系统润滑的普通滑动轴承
主轴、轴承和有关离合器油	L-F	报告	−18～−6	70～180	L-FC2 用于间隙 0.002～0.006mm 的轴承 L-FC5 用于间隙 0.006～0.010mm 的轴承及线速度大于 5m/s 的静压轴承 L-FC7 用于间隙 0.010～0.030mm 的轴承及线速度小于 5m/s 的静压轴承 L-FC10,15 用于间隙 0.03～0.06mm 的轴承 L-FC32,46 用于 0.3m/s＜v＜5m/s 的轴承 L-FC68,100 用于 v＜0.1m/s 的轴承
汽轮机油	L-T	90	−7	180～195	L-TSA32 用于 n＞3000r/min 的汽轮机、水轮机和发电机轴承 L-TSA46 用于 n＜3000r/min 的汽轮机、水轮机和发电机轴承
汽油机油	L-E	—	−20～−5	180～220	L-EQC32,68,100 用于汽油发动机轴承
压缩机油	L-D	—	−9～−3	165～220	L-DAA,L-DAB 用于往复式压缩机轴承
齿轮油	L-C	90	−8	180～220	L-CKB32,46 用于齿轮传动装置的轴承

表 2.10-21　供油量计算用指数 k

h_{min}/C_R	0.20	0.18	0.16	0.14	0.12	0.10	0.08	0.06	0.04	0.02
k	1.50	1.59	1.66	1.78	1.89	2.02	2.17	2.38	2.65	3.12

11　联 轴 器

1.1　类型与选择

1.1.1　分类

　　GB/T 12458—2003 对联轴器分类作了规定，按照联轴器的性能，将其分为刚性联轴器和挠性联轴器。

　　1. 刚性联轴器　又称固定式刚性联轴器。它不具备补偿两轴线相对位置差的能力，但结构简单、制造容易、不需维护、成本低廉。

　　2. 挠性联轴器　这类联轴器又分为无弹性元件（可移式刚性联轴器）和有弹性元件联轴器两种，后者又称弹性联轴器。在弹性联轴器中，按弹性元件的材质，又再分为金属弹性元件和非金属弹性元件两种。金属弹性元件的主要特点是强度高、传递转矩能力大、使用寿命长、不易变质且性能稳定。非金属弹性元件的优点是制造方便，易获得复杂结构形状，且具有较高的阻尼性能。

　　挠性联轴器具有补偿两轴位置差的能力，而且，有弹性元件的联轴器还具有缓冲和减振作用。

11.1.2　类型的选择

选择联轴器类型的依据是：

（1）驱动机和工作机的机械特性。

（2）所传递转矩的大小和性质。转矩变化较大，经常起动或反转的，应选用能承受较大瞬时过载，并能缓冲、吸振的有弹性元件的挠性联轴器。

（3）转速的高低。常用联轴器适用的转速范围见图 2.11-1。转速变化的应选转动惯量小的联轴器。

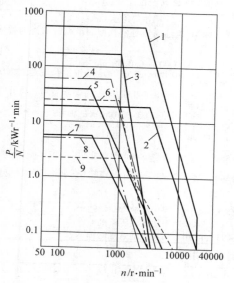

图 2.11-1　联轴器适用转速

1—齿式联轴器　2—膜片联轴器　3—簧片联轴器　4—弹性柱销联轴器　5—蛇形弹簧联轴器　6—弹性环联轴器　7—滚子链联轴器　8—轮胎式联轴器　9—弹性套柱销联轴器

（4）两轴线相对位置差。位置差极小，可选用刚性联轴器，否则，应选用挠性联轴器。

（5）联轴器的结构和特性。它们应与连接机组的要求相适应。

11.1.3　型号和尺寸的选择

JB/T 7511—1994 推荐了联轴器尺寸选用的计算方法，原则是所需传递的计算转矩 T_c 要小于所选联轴器的许用转矩 T_p。此外，转速要在所选联轴器的适宜范围内，轴孔范围能适应轴的要求。

按计算转矩选择联轴器尺寸的计算式为

$$T_c = K_A K_w K_z K_\theta T \leqslant T_p$$

式中　K_A——考虑工作机机械特性的使用因数，其值见表 2.11-1；

K_w——考虑驱动机机械特性的驱动机因数，其值见表 2.11-2；

K_z——考虑起动次数影响的起动因数，其值见表 2.11-3；

K_θ——考虑温度对橡胶弹性元件影响的温度因数，其值见表 2.11-4。

表 2.11-1　联轴器的使用因数 K_A

载荷性质	工作机类型	K_A
均匀载荷	离心式鼓风机、泵、风扇；给料机，废水处理设备，食品机械，离心式压缩机；轴流式鼓风机、风扇；造纸设备，印刷机械等	1.0～1.5
中等冲击载荷	木材加工机械，搅拌机，工具机，旋转式筛石机；起重机，卷扬机；往复式压缩机，旋转式粉碎机；橡胶机械等	1.5～2.5
重冲击载荷	往复式给料机，可逆输送辊道，摆动输送机；碎石机；初轧机，中厚板轧机等	≥2.5

表 2.11-2　驱动机因数 K_w

驱动机	电动机、汽轮机	内燃机		
		4 缸以上	双缸	单缸
K_w	1.0	1.2	1.4	1.6

表 2.11-3　起动因数

起动次数	~120	120～240	>240
K_z	1	1.3	由制造厂定

表 2.11-4　温度因数

橡胶品种	环境温度/℃			
	-20～30	>30～40	>40～60	>60～80
天然橡胶	1.0	1.1	1.4	1.8
聚氨基甲酸乙酯弹性体	1.0	1.2	1.5	不允许
丁腈橡胶		1.0		1.2

11.1.4　轴孔和连接型式尺寸

1. 联轴器轴孔形式及其代号　GB/T 3852—1997 推荐的联轴器轴孔形式有圆柱形和圆锥形两种，其中圆柱形有 Y、J、J_1 等 3 种形式，圆锥形有 Z、Z_1、Z_2、Z_3 等 4 种形式（图 2.11-2）。

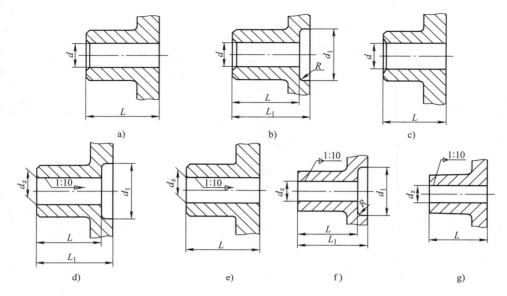

图 2.11-2　联轴器的轴孔形式

a）Y 型长圆柱形　b）J 型有沉孔的短圆柱形　c）J$_1$ 型无沉孔的短圆柱形　d）Z 型有沉孔的长圆锥形

e）Z$_1$ 型无沉孔的长圆锥形　f）Z$_2$ 型有沉孔的短圆锥形　g）Z$_3$ 型无沉孔的短圆锥形

圆柱形轴孔加工容易，应用较广泛。Y 型一般与轴伸采用过渡配合或过盈配合，装拆有些不便，且经过多次装拆后，过盈量会减少而影响配合性质。故 Y 型仅限用于电动机。

圆锥形轴孔，装拆较方便，能保证半联轴器与轴伸有良好的同轴度。因此，它们适用于转矩较大、有冲击或频繁换向的场合。但圆锥形轴孔制造较麻烦。

2. 联轴器轴孔键槽形式及其代号　联轴器轴孔与轴伸的连接可以采用键连接、花键连接或过盈连接等。

采用键连接时有 5 种形式，即：圆柱形轴孔单平键键槽的 A 型；圆柱形轴孔 120°布置双平键键槽的 B 型；圆柱形轴孔 180°布置双平键键槽的 B$_1$ 型；圆锥形轴孔单平键键槽的 C 型；圆柱形轴孔切向键键槽的 D 型。

3. 联轴器轴孔与轴伸的配合　当联轴器轴孔与轴伸采用无键的过盈连接时，其配合过盈量应按过盈连接计算确定。

当联轴器轴孔与轴伸采用键连接时，其配合可按表 2.11-5 确定。

表 2.11-5　联轴器轴孔与轴伸的配合

直径 d/mm	6 ~ 30	>30 ~ 50	>50
配合代号	$\dfrac{H7}{j6}$	$\dfrac{H7}{k6}$	$\dfrac{H7}{m6}$
	根据使用要求也可选用 H7/r6 或 H7/n6 配合		

11.1.5　联轴器的性能比较

表 2.11-6 给出几种联轴器的性能比较。

表 2.11-6　几种联轴器的性能比较

类别	联轴器名称	转矩范围 /kN·m	轴径范围 /mm[①]	最高转速 /r·min^{-1}	允许两轴线位置差			特点及应用说明
					轴向 Δx_P /mm	径向 Δy_P /mm	角向 $\Delta \alpha_P$ /(°)	
刚性固定式可移式联轴器	凸缘联轴器 GB/T 5843—2003	0.010 ~ 20	10 ~ 180	13 000 ~ 2 300	无补偿性能，要求两轴严格精确对中			结构简单，制造容易，装拆方便；工作可靠，刚性好，传递转矩大；但无缓冲、吸振性能，要求高的对中精度，转速越高，要求也越高。适用于工作平稳、可以准确对中的一般两轴连接

（续）

类别	联轴器名称		转矩范围 /kN·m	轴径范围 /mm①	最高转速 /r·min⁻¹	允许两轴线位置差			特点及应用说明
						轴向 Δx_P /mm	径向 Δy_P /mm	角向 $\Delta \alpha_P$ /（°）	
可移式刚性联轴器	齿式联轴器 JB/T 5514—1991 JB/T 8854—2001	TGL	0.010～2.5	6～125	10 000～2 120	±1	0.3～1.1	1.0	承载能力大,补偿两轴线相对位置差性能好,工作可靠;但制造困难,运转时需良好润滑。适用于频繁换向、起动的传动轴系,其中 TGL 型有缓冲、吸振性能。适用于中、小功率的两轴连接
		G Ⅰ CL(Z)	0.630～2 800	16～620	4 000～500	较大	1.96～21.7	3.0	
		G Ⅱ CL(Z)	0.400～5 000	16～1 000	4 000～460		1.0～8.5		
		GCLD	0.120～5	22～200	4 000～2100		0.4～6.3		
	滚子链联轴器 GB/T 6069—2002		0.040～25	16～190	4 500～900	1.4～9.5	0.19～1.27	1.0	结构简单,制造容易;采用标准件,工艺性好;对安装精度要求不高,且有一定补偿两轴线相对位置差性能;对环境适应范围广;但吸振和缓冲能力差,安全性也差。可用于连续运转的一般水平轴连接
	十字轴式万向联轴器 JB/T 5901—1991 JB/T 5513—1991 JB/T 3241—2005 JB/T 3242—1993	WS,WSD	0.011～1.120	8～42				≤45	径向外形尺寸小,紧凑,维修方便;传递转矩大,传动效率高,使用寿命长,噪声低,允许两轴有较大的夹角(角向位置差);传递空间两相交轴之间的传动时,若采用单个万向联轴器,从动轴转速出现周期性波动
		SWC	1.25～1 000	100～620				≤25	
		SWP	16～1 250	160～640				≤10	
		SWZ	18～800	160～550					
	球笼式同步万向联轴器 GB/T 7549—1987		0.18～10	25～160	1 120～340			14～18	轴向尺寸小,结构紧凑;不管两轴轴线夹角大小,均能保证主、从动轴同步转动;但结构复杂,制造困难,要求高的加工精度。主要用于要求结构紧凑的相交轴之间的连接
金属弹性元件联轴器	簧片联轴器 GB/T 12922—1991		4.29～586	—	3 600～1 100	1.5～4.0	0.24～1.3	0.2	弹性好,阻尼大,缓冲、减振能力强;安全可靠;但结构复杂,制造困难,成本高。主要用于转矩变化大或有扭振动的两轴连接,例如大功率内燃机
	蛇形弹簧联轴器 JB/T 8869—2000	JS	0.045～800	18～500	4 500～540	±0.3～±1.3	0.31～1.02	0.15～0.95	弹性好,缓冲、减振能力强;工作可靠;径向尺寸小,具有较好的补偿两轴线相对位置差的能力,且寿命长,承载能力大;结构形式多,但结构复杂,且需润滑。主要用于有严重冲击载荷的中、大功率的两轴连接。工作温度范围 -30℃～150℃
		JSB	0.045～63	18～260	6 000～1 600				
		JSS,JSD	0.045～160	18～380	3 600～900				
		JSJ	0.14～160	22～360		±0.3～±1.3			
		JSG	0.14～25	12～200	10 000～3 300				
		JSZ	0.125～9		3 820～820				
非金属弹性元件联轴器	弹性套柱销联轴器 GB/T 4323—2002		0.063～16	9～170	8 800～1150	较大	0.1～0.3	0.25～0.75	结构紧凑,装配方便,具有一定的弹性和缓冲性能;能补偿的两轴线相对位置差不大,当其超过允许值时,弹性圈易损坏。主要用于一般的中、小功率的两轴连接,工作温度范围 -20～70℃

（续）

类别	联轴器名称	转矩范围 /kN·m	轴径范围 /mm[①]	最高转速 /r·min⁻¹	允许两轴线位置差 轴向 Δx_P /mm	允许两轴线位置差 径向 Δy_P /mm	允许两轴线位置差 角向 $\Delta \alpha_P$ /(°)	特点及应用说明
非金属弹性元件挠性联轴器	弹性柱销联轴器 GB/T 5014—2003	0.16 ~ 160	12 ~ 340	7 100 ~ 850	±0.5 ~ ±3.0	0.15 ~ 0.25	0.5	结构简单，制造容易，更换方便，柱销较耐磨；但弹性差，能补偿的两轴线相对位置差不大。主要用于载荷较平稳，起动频繁，轴向窜动量较大，对缓冲要求不高的两轴连接，工作温度范围 –20 ~ 70℃
	轮胎式联轴器 GB/T 5844—2002	0.01 ~ 25	11 ~ 180	5 000 ~ 800	1.0 ~ 8.0	1.0 ~ 5.0	1.5	结构简单，弹性好，扭转刚度小，减振能力强，能补偿的两轴线相对位置差大；但径向外形尺寸大，传动时有附加轴向载荷。主要用于有较大冲击载荷，频繁换向、起动的两轴连接，工作温度范围 –20 ~ 80℃
	梅花形弹性联轴器 GB/T 5272—2002	0.016 ~ 25	12 ~ 160	15 300 ~ 1 900	1.2 ~ 5.0	0.2 ~ 0.8	1.0 ~ 0.5	结构简单，维修方便，有缓冲、吸振性能；安全可靠，耐磨；对加工精度要求不高，适应范围广。可用于各种中、小功率的水平和垂直轴连接，工作温度范围 –35 ~ 80℃

1.2　固定式刚性联轴器

这类联轴器结构简单，成本低。固定式刚性联轴器有凸缘式、套筒式和夹壳式等。

1.2.1　凸缘联轴器的结构形式

凸缘联轴器的结构见表 2.11-7 附图。根据对中方式不同分为：利用铰制孔螺栓实现对中并传递转矩的 GY 型凸缘联轴器；利用两半联轴器结合端面制出凹的榫槽和凸的榫头对中，结合面上的摩擦力传递转矩的 GYS 型有对中榫凸缘联轴器，利用一个剖分环对中，结合面上的摩擦力传递转矩的 GYH 型有对中环凸缘联轴器。

11.2.2　凸缘联轴器的主要尺寸和特性参数

表 2.11-7 给出几个常用凸缘联轴器型号的主要尺寸和特性参数。

表 2.11-7　常用凸缘联轴器型号主要尺寸和特性参数

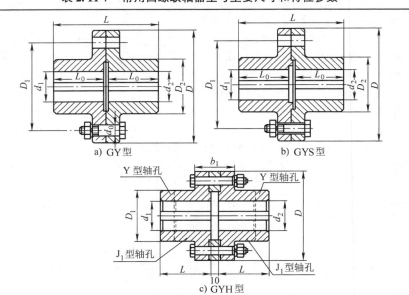

a) GY 型　　　b) GYS 型　　　c) GYH 型

（续）

型号	许用转矩 T_p/N·m	许用转速 n_p/r·min^{-1}	轴孔直径 $d_1(d_2)$/mm	轴孔长度 L/mm		D/mm	D_1/mm	$b(b_1)$/mm	转动惯量 J/kg·m^2	质量 m/kg
				Y 型	J$_1$ 型					
GY2	63	10 000	16～25	42～62	30～44	90	40	28(44)	0.001 5	1.72
GY3	112	9 500	20～28	52、62	38、44	100	45	30(46)	0.002 5	2.38
GY4	224	9 000	25～35	62、82	44、60	105	55	32(48)	0.003	3.15
GY5	400	8 000	30～42	82、112	60、84	120	68	36(52)	0.007	5.43
GY6	900	6 800	38～50			140	80	40(56)	0.015	7.59
GY7	1 600	6 000	48～63	112、142	84、107	160	100		0.031	13.1
GY8	3 150	4 800	60～80	142、172	107、132	200	130	50(68)	0.103	27.5

注：1. GYS、GYH 型的尺寸和特性参数与 GY 型相同。

2. 质量、转动惯量是按 GY 型联轴器 Y/J$_1$ 轴孔组合型式和最小轴孔直径计算的。

3. 要求螺栓的性能等级为 8.8 级。

4. 摘自 GB/T 5843—2003。

11.3 无弹性元件挠性联轴器

这类联轴器靠连接元件间相对可移性来补偿两轴线相对位置差，补偿能力取决于它们的可移性。选用此类联轴器时，应考虑其补偿能力，并注意保持良好的润滑。

11.3.1 齿式联轴器

齿式联轴器靠齿侧间隙补偿两轴线之间的角向和径向相对位置差，是可移式刚性联轴器中应用最广的一种。

1. 结构形式　齿式联轴器有多种结构形式。一种是由两个外齿轮轴套和两个内齿轮圈组成的，见图 2.11-3a，其中内齿轮圈较宽的为 G Ⅰ CL 型，较窄的为 G Ⅱ CL 型；另一种是由两个联轴器和将它们连接起来的中间轴组成，见图 2.11-3b。此外，还有内齿轮圈材质为塑料的 TGL 型，与电动机轴伸相配的 GCLD 型。

齿式联轴器外齿轴套的齿形有直线齿和鼓形齿两种。鼓形齿可以避免轮齿发生边缘接触，改善啮合面上压力分布的均匀性，并可增加角向位置差的补偿能力，且已有专用加工设备，故宜采用鼓形齿式联轴器。

2. 主要尺寸和特性参数　表 2.11-8 给出几种 G Ⅰ CL 型鼓形齿式联轴器的主要尺寸和特性参数。

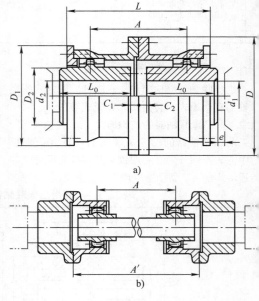

图 2.11-3　齿式联轴器

a) G Ⅰ CL 型　b) G Ⅱ CLZ 型

表 2.11-8　几种 G Ⅰ CL 型鼓形齿式联轴器的主要尺寸和特性参数

型号	许用转矩 T_p/N·m	许用转速 n_p/r·min^{-1}	轴孔直径 $d_1(d_2)$/mm	轴孔长度 L/mm		D/mm	B/mm	A/mm	e/mm	转动惯量 J/kg·m^2	质量 m/kg
				Y 型	J、Z$_1$ 型						
C Ⅰ CL6	7 100	3 000	48～80	112～172	84～132	241	109	80	30	0.27	48.2
C Ⅰ CL7	10 000	2 680	60～100	142～212	107～167	265	122	90	30	0.45	68.9
C Ⅰ CL8	14 000	2 500	65～100	142～212	107～167	285	132	96	30	0.65	83.3
C Ⅰ CL9	18 000	2 350	70～120	142～212	107～167	314	142	104	30	1.04	110
C Ⅰ CL10	31 500	2 150	80～130	172～252	132～202	346	165	124	30	1.88	157
C Ⅰ CL11	40 000	1 880	100～160	212～302	167～242	385	180	133	40	3.28	217
C Ⅰ CL12	56 000	1 680	120～170	212～302	167～242	442	208	156	40	5.08	305

注：1. 联轴器质量和转动惯量是按轴孔最小直径和最大长度计算的近似值。

2. 摘自 JB/T 8854.3—2001。

1.3.2 滚子链联轴器

滚子链联轴器是由两链轮式半联轴器与公用滚子链啮合实现两半联轴器连接而组成的,见图2.11-4。为了改善润滑条件并防止污染,一般都将联轴器密封在罩壳内。

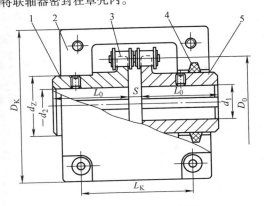

图 2.11-4 滚子链联轴器

1、5—半联轴器(链轮) 2—罩壳
3—双排滚子链 4—密封圈

这种联轴器工作可靠,装拆方便,容易维护,价廉,质量轻。可用于潮湿、多尘、高温场合,但不宜用于频繁起动、换向,或有冲击的场合,也不宜用于立轴传动。

1. 允许的两轴线相对位置差 滚子链联轴器允许的两轴线相对位置差与所用滚子链的节距 p 有关,当采用 GB/T 6069—2002 推荐的双排滚子链时,其值为

径向 $\Delta y = 0.02p$

轴向 $\Delta x \approx 0.15p$

角向 $\Delta \alpha = 1°$

2. 主要尺寸关系 半联轴器的链轮齿数一般取偶数齿,$z = 12 \sim 22$,取较少齿数,则每个齿上的作用力增大,取较多齿数,则节距减小,补偿能力下降。

半联轴器链轮的分度圆直径

$$D_1 = (3 \sim 3.5)d$$

联轴器的长度

$$L = (2.5 \sim 3.5)d$$

表 2.11-9 给出常用标准滚子链联轴器的主要尺寸和基本参数。

11.3.3 十字轴式万向联轴器

万向联轴器用于两轴轴线有较大夹角(可达 35° ~ 45°)的场合。按其运动特性分同步和非同步两种。

被连接两轴有角向位置偏差时,图 2.11-5 所示单万向联轴器主、从动轴的角速度关系为

$$\omega_2 = \frac{\omega_1 \cos\alpha}{1 - \sin^2\alpha\cos^2\phi_1}$$

由上式看出:单万向联轴器的瞬时传动比 ω_2/ω_1 不是常数,而是两轴线夹角 α 和主动轴转角 ϕ_1 的函数。故单万向联轴器是非同步联轴器。

采用双万向联轴器(图 2.11-6)或双联万向联轴器(图 2.11-7)可以消除从动轴角速度的波动,构成同步万向联轴器。

表 2.11-9 常用滚子链联轴器的主要尺寸和基本参数

型号	许用转矩 $T_P/N \cdot m$	许用转速 $n_P/r \cdot min^{-1}$ 无罩壳	有罩壳	轴孔直径 $d_1(d_2)/mm$	轴孔长度 L/mm Y 型	J_1 型	链号	链节距 p/mm	齿数 z	D/mm	D_k/mm	质量 m/kg
GL4	160	1 000	4 000	24 ~ 32	52 ~ 82	44,60	08B	12.7	16	76.91	95	1.8
GL6	400	630	2 500	32 ~ 50	82,112	60,84	10A	15.875	20	116.57	140	5.0
GL7	630			40 ~ 60	112,142	84,107	12A	19.05	18	127.78	150	7.4
GL9	1 600	400	2 000	50 ~ 80	112 ~ 142	84 ~ 132	16A	25.40	20	186.50	215	20.0
GL10	2 500	315	1 600	60 ~ 90	142,172	107,132	20A	31.75	18	213.02	245	26.1
GL12	6 300	250	1 250	85 ~ 120	172,212	132,167	28A	44.45	16	270.08	310	59.4
GL13	10 000	200	1 120	100 ~ 140	212,252	167,202	32A	50.8	18	340.80	380	86.5

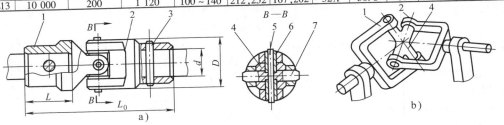

图 2.11-5 单万向联轴器
a) WSD 型单万向联轴器 b) 结构简图
1、2—半联轴器 3—圆锥销 4—十字轴 5—销钉 6—套筒 7—圆柱销

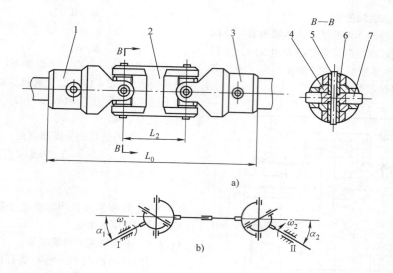

图 2.11-6　双万向联轴器

a）WS 型双万向联轴器　b）结构简图

1,3—半联轴器　2—叉形接头　4—十字轴　5—销钉　6—套筒　7—圆柱销

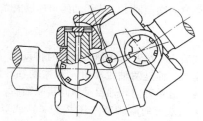

图 2.11-7　双联同步万向联轴器

行业标准 JB/3241—2005、JB/3242—1993、JB/5513—1991 和 JB/5901—1991 分别推荐了SWP 型剖分轴承座十字轴式万向联轴器、SWZ型整体轴承座十字轴式万向联轴器、SWC 型整体叉头十字轴式万向联轴器和十字轴万向联轴器的结构、主要尺寸和基本参数。

表 2.11-10 给出常用 WSD 型十字轴万向联轴器的主要尺寸和基本参数。

表 2.11-10　常用 WSD 型十字轴万向联轴器的主要尺寸和基本参数

型号	许用转矩 $T_P/N \cdot m$	d/mm (H7)	D /mm	L_0/mm		L/mm		L_2 /mm	转动惯量 $J/kg \cdot m^3$		质量 m/kg	
				Y 型	J_1 型	Y 型	J_1 型		Y 型	J_1 型	Y 型	J_1 型
WS2	22.4	10,11,12	20	96,110	90,100	25,32	22,27	26	0.15	0.15	0.93	0.88
WS3	45	12,14	25	122	112	32	27	32	0.24	0.22	2.10	1.95
WS4	71	16,18	32	154	130	42	30	38	0.56	0.49	8.56	6.48
WS5	140	19,20,22	40	192	164	42,52	30,38	48	1.04	0.91	24.0	20.6
WS6	280	24,25,28	50	152,172	210,330	52,62	38,44	58	1.89	1.64	68.9	59.7

注：当两轴轴线夹角 $\alpha \neq 0°$ 时，联轴器的许用转矩应将表中数值乘以 $\cos\alpha$。

11.4　金属弹性元件挠性联轴器

金属弹性元件强度高、弹性模量大而稳定、受温度影响小、使用寿命长，但成本较高。它有恒刚度和变刚度两种，通常采用 60Si2Mn、50CrVA 等材料。

11.4.1　簧片联轴器

图 2.11-8 为 GB/T 129221—1991 推荐的 BC型簧片联轴器，簧片组两侧的空隙中充满润滑油，故有良好的阻尼性能，主要用于转矩变化较大并有扭振的两轴连接，连接方式为法兰连接。

表 2.11-11 给出常用簧片联轴器的主要尺寸和特性参数。

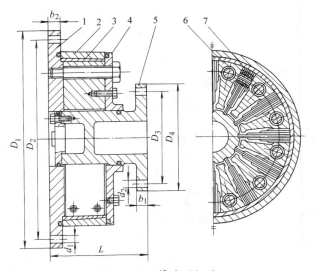

图 2.11-8　簧片联轴器
1—连接盘　2—外套圈　3—弹性锥环　4—侧板
5—花键轴　6—支承块　7—簧片组

表 2.11-11　常用簧片联轴器的主要尺寸和特性参数

规格	许用转矩 $T_p/\mathrm{N \cdot m}$	静扭转刚度 $C/\mathrm{kN \cdot m \cdot rad^{-1}}$	固有频率 $\omega_n/\mathrm{rad \cdot s^{-1}}$	连接尺寸/mm					转动惯量 $J/\mathrm{kg \cdot m^2}$		质量 m/kg	
				L	D_1	D_2	D_3	D_4	内部	外部	内部	外部
72×15	72 600	875	280	380	885	810	400	475	2.70	66.0	169	780
72×17.5	84 700	1 020	320	405					2.75	70.9	176	845
90×20	147 000	1 760	260	475	1085	1000	500	590	8.15	192.0	310	1 490
90×22.5	165 000	1 980	290	500					8.35	204.0	325	1 590
100×20	184 000	2 230	240	493	1205	1115	555	655	12.85	305.0	365	1 890
00×22.5	207 000	2 510	280	520					13.15	323.0	380	2 015
110×20	221 000	2 640	220	530	1330	1225	605	720	21.20	479.0	520	2 430
110×25	276 000	3 300	210	580					22.20	532.0	570	2 730

1.4.2　蛇形弹簧联轴器

蛇形弹簧联轴器（图 2.11-9）是在两半联轴器凸缘上加工出特定形状的齿，将弯曲的弹簧片嵌入齿槽而构成的。通过弹簧片将转矩从一个半联轴器传至另一个半联轴器。

该联轴器有恒刚度和变刚度两种，后者适用于转矩变化较大的场合。

蛇形弹簧联轴器主要尺寸关系如下：

联轴器外径　$D = (4.0 \sim 5.5)d$（d—轴伸直径）

平均齿厚处的直径　$D_m = (0.7 \sim 0.8)D$

半联轴器的齿数　$z = 50 \sim 100$

半联轴器的齿厚　$B = 2.1\dfrac{D_m}{z}$

半联轴器的齿宽　$H = 3.5B$

半联轴器的齿距　$p = \dfrac{\pi D_m}{z}$

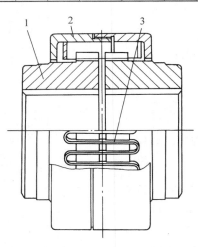

图 2.11-9　蛇形弹簧联轴器
1—半联轴器　2—罩壳　3—蛇形弹簧

对称面至弹簧圆弧开始部分的距离 $l = 5p$
对称面至弹簧上力作用点的距离 $a = (0.4 \sim 0.5)l$
弹簧的宽度 $b = (0.8 \sim 1.0)p$
弹簧的厚度 $h = (0.20 \sim 0.25)b$。

JB/T 8869—2000 推荐有：JS 型—轴孔轴伸配合、罩壳径向安装（基本型）；JSB 型—轴孔轴伸配合、罩壳轴向安装；JSS 型—双法兰连接；JSD 型—单法兰连接；JSJ 型—接中间轴型；JSG 型—高速型；JSZ 型—带制动轮型；JSP 型—带制动盘型；JSA 型—安全型等不同连接形式和不同运转要求的蛇形弹簧联轴器的主要尺寸和基本参数。

11.5 非金属弹性元件挠性联轴器

用作弹性元件的非金属材料主要有橡胶和塑料，它们的特点是：弹性模量比金属小；容易获得变刚度特性；质量比金属轻，单位体积储存的变形能大，阻尼性能好；无机械摩擦，不需润滑。

11.5.1 弹性套柱销联轴器

弹性套柱销联轴器（图 2.11-10）的柱销上，套有橡胶套，借此获得补偿两轴线相对位置差的能力。

GB/T 4323—2002 推荐有 LT 普通型和 LTZ 带制动轮型弹性套柱销联轴器。常用普通型弹性套柱销联轴器的主要尺寸和特性参数见表 2.11-12

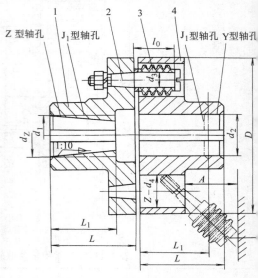

图 2.11-10 弹性套柱销联轴器
1，4—半联轴器 2—柱销 3—弹性套

表 2.11-12 常用弹性套柱销联轴器的主要尺寸和特性参数（摘自 GB/T 4323—2002）

型号	许用转矩 $T_p/\text{N·m}$	许用转速 $n_p/\text{r·min}^{-1}$ 铁	许用转速 $n_p/\text{r·min}^{-1}$ 钢	轴孔直径 $d_1(d_2,d_Z)/\text{mm}$ 铁	轴孔直径 $d_1(d_2,d_Z)/\text{mm}$ 钢	轴孔长度/mm Y型 L	轴孔长度/mm J、J_1、Z型 L_1	轴孔长度/mm J、J_1、Z型 L	D /mm	A /mm	质量 m/kg	转动惯量 $J/\text{kg·m}^2$	Δy_{aP} /mm	$\Delta\alpha_{aP}$ /(°)
LT3	31.5	4 700	6 300	16,18,19	16,18,19	42	30	42	95	35	2.20	0.002 3	0.1	0.75
				20	20,22	52	38	52						
LT4	63	4 200	5 700	20,22,24	20,22,24	52	38	52	106	35	2.84	0.003 7	0.1	0.75
					25,28	62	44	62						
LT5	125	3 600	4 500	25,28	25,28	62	44	62	130	45	6.05	0.012	0.15	0.75
				30,32	30,32,35	82	60	82						
LT6	250	3 300	3 800	32,35,38	32,35,38	82	60	82	160	45	9.75	0.028	0.15	0.75
				40	40,42									
LT7	500	2 800	3 600	40,42,45	40,42,45,48	112	84	112	190	45	14.01	0.055	0.15	0.5
LT8	710	2 400	3 000	45,48,50,55	45,48,50,55	112	84	112	224	65	23.12	0.340	0.2	0.5
				—	56									
					60,63	142	107	142						
LT9	1 000	2 100	2 850	50,55,56	50,55,56	112	84	142	250	65	30.69	0.213	0.2	0.5
				60,63	60,63	142	107							
				—	65,70,71									
LT10	2 000	1 700	2 300	63,65,70,71,75	63,65,70,71,75	172	132	172	315	80	61.40	0.660	0.2	0.5
				80,85	80,85,90,95									

注：1. 从 LT3 到 LT10 推荐的轴孔长度 L 依次为 38、40、50、55、65、70、80、100mm，应优先选用之。
2. 质量、转动惯量是按材料为钢、最大轴孔、推荐轴孔长度计算的近似值。
3. 联轴器因运转因素造成的位置差，其允许值与允许安装位置差等量。
4. 联轴器短时过载不得超过许用转矩的 2 倍。

11.5.2 轮胎式联轴器

轮胎式联轴器采用形状似轮胎的橡胶弹性元件（图 2.11-11），它无摩擦，无噪声，能适应潮湿和多尘的环境。

轮胎式联轴器的主要尺寸关系为：

联轴器外径 $D = 28.3 \sqrt[3]{\dfrac{T_c}{\tau_p}}$

橡胶元件的壁厚 $\delta = 0.05D$

橡胶元件可变形部分的宽度 $b = 0.25D$

橡胶元件的最大宽度 $b_1 = 1.06b$

橡胶元件夹紧部分的外径 $D_1 = 0.75D$

橡胶元件夹紧部分的内径 $D_2 = 0.6D$

夹紧螺栓中心分布圆直径 $D_0 = (0.5 \sim 0.52)D$

压紧螺栓数 z

当 $D < 300$mm 时，取 $z = 4$

当 $D = 300$mm 时，取 $z = 6$

当 $D > 300$mm 时，取 $z = 8$

GB/T 5844—2002 推荐的常用 UL 型轮胎式联轴器的主要尺寸和基本参数见表 2.11-13。

11.5.3 弹性柱销联轴器

弹性柱销联轴器采用聚酰胺柱销作弹性元件（图 2.11-12），它适用于轴向窜动较大、频繁起动、换向，负载起动的高、低速的两轴连接。

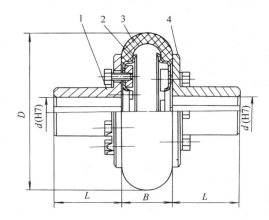
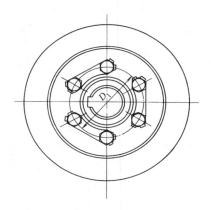

图 2.11-11 轮胎式联轴器

1，4—半联轴器 2—金属环 3—弹性元件

表 2.11-13 常用 UL 型轮胎式联轴器的主要尺寸和基本参数（摘自 GB/T 5844—2002）

型号	许用转矩 T_P/N·m	许用转速 n_P/r·min^{-1} 铁	许用转速 钢	轴孔直径 d(H7)/mm 铁	轴孔直径 钢	轴孔长度 L/mm	D/mm	B/mm	质量 m/kg	转动惯量 J/kg·m^2	允许轴线位置差 Δy_P/mm	Δx_P/mm	$\Delta\alpha_P$/(°)
UL2	10	5 000		14		27(32)	100	26	1.2	0.000 8	1	1	
				16,18,19		30(42)							
				20	20,22	38(52)							
UL3	63	3 000	4 800	18,19		30(42)	120	32	1.8	0.002 2			1
				20,22	20,22,24	38(52)							
				—	25	44(62)							
UL4	100		4 500	20,22,24		38(52)	140	38	3.0	0.004 4	1.6	2.0	
				25	25,28	44(62)							
				—	30	60(82)							
UL5	160		4 000	24		38(52)	160	45	4.6	0.008 4			
				25,28		44(62)							
				30	30,32,35	60(82)							

（续）

型号	许用转矩 T_P/N·m	许用转速 n_P/r·min^{-1}		轴孔直径 d(H7)/mm		轴孔长度 L/mm	D/mm	B/mm	质量 m/kg	转动惯量 J/kg·m^2	允许轴线位置差		
		铁	钢	铁	钢						Δy_P/mm	Δx_P/mm	$\Delta \alpha_P$/(°)
UL6	250	2 500	3 600	28		44(62)	180	50	7.1	0.016 4	1.6	2.0	1
				30,32,35	30,32 35,38	60(82)							
				—	40	84(112)							
UL7	315	2 500	3 200	32,35,38		60(82)	200	56	10.9	0.029	2.0	2.5	1
				40,42	40,42, 45,48	84(112)							
UL8	400	2 000	3 000	38		60(82)	220	63	13	0.044 8	2.5	3.0	1.5
				40,42,45	40,42,45, 48,50	84(112)							
UL9	630	2 000	2 800	42,45,48, 50,55	42,45,48 50,55,56	84(112)	250	71	20	0.089 8	2.5	3.0	1.5
				—	60	107(142)							

注：1. 轴孔长度括号内的数值是 Y 型轴孔的长度。
　　2. 质量、转动惯量是按各型号中最大值计算的近似值。

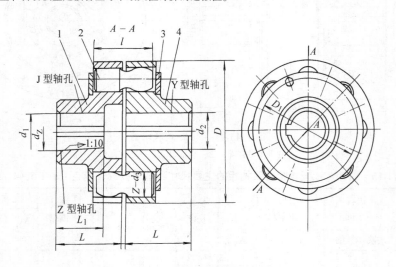

图 2.11-12　弹性柱销联轴器
1，4—半联轴器　2—柱销　3—挡板

弹性柱销联轴器的主要尺寸关系为：
柱销中心分布圆直径
$$D_0/\text{mm} = (10 \sim 15) \sqrt[3]{T_c/\text{N·m}}$$
柱销直径　$d_3 = (0.10 \sim 0.14)D_0$
柱销长度　$l = 2d_3$

柱销数　$z = 6 \sim 16$
联轴器外径　$D = (1.2 \sim 1.4)D_0$

GB/T 5014—2003 推荐的有 LX 型弹性柱销联轴器和 LXZ 型带制动轮弹性柱销联轴器。表 2.11-14 给出常用 LX 型弹性柱销联轴器的主要尺寸和基本参数。

表 2.11-14　常用 LX 型弹性柱销联轴器的主要尺寸和基本参数(摘自 GB/T 5014—2003)

型号	许用转矩 T_P /N·m	许用转速 n_P /r·min^{-1}	轴孔直径 $d_1(d_2,d_z)$/mm	轴孔长度/mm			D /mm	D_1 /mm	转动惯量 J/kg·m^2	质量 m/kg	允许轴线位置差		
				Y 型	J、J_1、Z 型						Δy_P /mm	Δx_P /mm	$\Delta \alpha_P$ /(°)
				L	L_1	L							
X4	2 500	3 870	40~56	112	84	112	195	100	0.109	22	0.15	±1.5	
			60,63	142	107	142							
X5	3 150	3 450	50,55,56	112	84	112	220	120	0.191	30			
			60~75	142	107	142							
X6	6 300	2 720	60~75	142	107	142	280	140	0.543	53			0.5
			80,85	172	132	172							
X7	11 200	2 360	70,71,75	142	107	142	320	170	1.314	98	0.20	±2.0	
			80,85,90,95	172	132	172							
			100,110	212	167	212							
X8	16 000	2 120	80,85,90,95	172	132	172	360	200	2.023	119			
			100~125	212	167	212							
X9	22 400	1 850	100~125	212	167	212	410	230	4.386	197			
			130,140	252	202	252							

注：1. 质量、转动惯量是按 J/Y 轴孔组合形式和最小轴孔直径计算的。

　　2. 半联轴器材料 45；柱销材料 MC 聚酰胺；螺栓性能等级 8.8 级。

1.5.4　梅花形弹性块联轴器

梅花形弹性块联轴器的弹性元件是一个多瓣的整体弹性块，各瓣置于两半联轴器端面的凸爪之间（图 2.11-13）。图示为其基本结构，弹性块的材料可以是聚酰胺、聚氨酯或丁腈橡胶。

梅花形弹性块联轴器的主要尺寸关系为：

联轴器外径　$D = (2.5~4.0)d_1$

弹性元件瓣中心圆分布圆直径　$D_1 = (1.5~3.0)d_1$

弹性元件的瓣数　$z = 4~14$

弹性元件瓣的直径　$d = (0.2~0.4)D_1$

弹性元件的(轴向)厚度　$h = (0.2~0.5)D_1$

联轴器的总长　$L_0 = (4.5~5.5)d_1$

GB/T 5272—2002 推荐的有：LM 基本型、LMD 单法兰型、LMS 双法兰型和 LMZ 带制动轮型梅化形弹性块联轴器。

表 2.11-15 给出常用 LM 基本型梅花形弹性块联轴器的主要尺寸和基本参数。

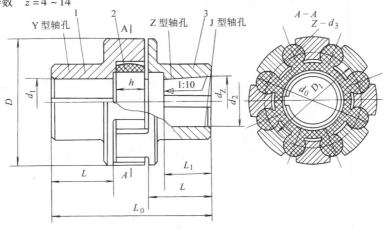

图 2.11-13　梅花形弹性块联轴器
1,3—半联轴器　2—弹性元件

表 2.11-15　常用 LM 基本型梅花形弹性块联轴器的主要尺寸和基本参数
（摘自 GB/T 5272—2002）

型号	许用转矩 T_P /N·m 弹性件硬度 80HSA	许用转矩 T_P /N·m 弹性件硬度 90HSD	许用转速 n_P /r·min⁻¹	轴孔直径 $d_1(d_2,d_z)$ /mm	轴孔长度 L/mm Y型	轴孔长度 L/mm J、Z型	L_0 /mm（推荐）	D /mm	转动惯量 J/kg·m²	质量 m/kg	Δy_{aP} /mm	Δx_{aP} /mm	$\Delta\alpha_{aP}$ /(°)
LM3	100	200	10 900	20,22,24	52	38	103 (40)	70	0.000 9	0.93		1.5	
				25,28	62	44							
				30,32	82	60							
LM4	140	280	9 000	22,24	52	38	114 (45)	85	0.002	2.18	0.4	2	1
				25,28	62	44							
				30,32,35,38	82	60							
				40	112								
LM5	350	400	7 300	25,28	62	44	127 (50)	105	0.005	3.6		2.5	
				30,32,35,38	82	60							
				40,42,45	112	84							
LM6	400	710	6 100	30,32,35,38	82	60	143 (55)	125	0.011 4	6.07		3	
				40,42,45,48	112	84							
LM7	630	1 120	5 300	35,38	82	60	159 (60)	145	0.023 2	9.09	0.5	3	
				40,42,45 48,50,55	112	84							
LM8	1 120	2 240	4 500	45,48,50, 55,56	112	84	181 (70)	170	0.046 8	13.56		3.5	0.7
				60,63,65	142	107							
LM9	1 800	3 550	3 800	50,55,56	112	84	208 (80)	200	0.104 1	21.40	0.7	4	
				60,63,65	142	107							
				70,71,75	142	107							
				80	172	132							

注：1. 联轴器长度 L_0（推荐）栏括号内数字为轴孔长度 L 的推荐值，L_0（推荐）与 L（推荐）相对应，应优先选用 L（推荐）。

2. 质量、转动惯量是按推荐轴孔长度、最小轴孔计算的近似值。

3. 联轴器因运转因素造成的位置差，其允许值与允许安装位置差等量。

11.6　软起动安全联轴器

许多机器，如球磨机、搅拌机、输送机、空气压缩机、离心水泵、采油机和矿粉烧结机等都是负载起动的。这时，采用软起动安全联轴器可以使得起动平稳、转速逐步上升，避免或减少起动时的振动和冲击。它还具有过载安全保护的功能。

软起动安全联轴器能够传递的转矩与转速平方成正比，传递的功率与转速立方成正比。

钢球离心式联轴器是软起动安全联轴器的代表，根据 JB/T 5987—1992，钢球离心式软起动安全联轴器有 3 种结构型式：AQ 基本型、AQZ 带制动轮型和 AQD 带 V 带轮型。AQ 基本型钢球离心式软起动安全联轴器的结构见图 2.11-14。

表 2.11-15 给出部分 AQ 型钢球离心式软起动安全联轴器的主要尺寸和基本参数。

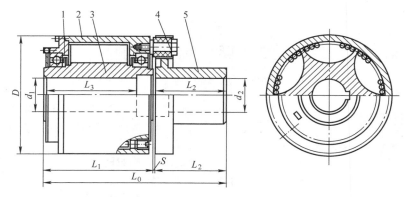

图 2.11-14　AQ 型钢球离心式软起动安全联轴器

1—端盖　2—壳体　3—转子（主动半联轴器）4—柱销　5—从动半联轴器

1.7　安全联轴器

为了防止意外过载造成零部件损坏，可选用安全联轴器。当传递的转矩超过预设的限定值时，安全联轴器中的连接件被剪断、分离或打滑，使传动中断或使传递的转矩保持在限定值内。

图 2.11-15 是剪销式安全联轴器，当传递的转矩一超过限定值，销钉被切断而使连接中断。销钉材料宜选用抗剪强度 $\sigma_b = 600\text{MPa}$ 的钢，并经热处理使其硬度达 $30 \sim 36\text{HRC}$。与销钉配合的套筒一般用 40Cr 钢制造，硬度达 $50 \sim 56\text{HRC}$。销钉剪断处的直径按抗剪强度计算确定，通常取抗剪强度 $\tau_b = (0.7 \sim 0.8)\sigma_b$。

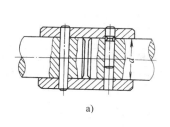

a)

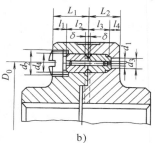

b)

图 2.11-15　剪销式安全联轴器

a）径向式　b）轴向式

表 2.11-16　部分 AQ 型钢球离心式软起动安全联轴器的主要尺寸和基本参数

型号	能传递的功率 P/kW					主要尺寸/mm							允许轴线位置差	
	转速 $n/\text{r}\cdot\text{min}^{-1}$					D	L_0	L_1	L_2	d_1	d_2	S	Δy_p /mm	$\Delta\alpha_p$ /(°)
	600	750	1 000	1 500	3 000									
Q05	0.77	1.5	3.6	12	96	180	262	150	107	65	65	4～5	0.2	1.5
Q06	1.3	2.53	6	20	162	200				70	70			
Q07	2	3.9	9.2	31	294	220	277	165		75	75		0.3	1.0
Q08	3.9	7.6	18	61	489	250	317	180	132	80	85			
Q09	8.2	16	38	128	1 028	280	342	210	132	90	95	4～5	0.3	
Q10	10.4	20	48	162.5	1 300	300	403	230	167	100	110			1.0
Q11	23	46	110	360	2 950	350	423	250		110	120	5～6	0.4	
Q12	54	106	250	850	6 800	400	508	300	202	130	140			

12　离　合　器

12.1　设计概述

12.1.1　分类和对离合器的基本要求

1. 分类　离合器分类有 5 个层次。

（1）类别　按操纵方式，有操纵离合器和自控离合器；

（2）组别　操纵离合器按操纵方法，有机械、气压、液压、电磁离合器等；自控离合器按控制方法，有超越、离心、安全离合器等；

（3）品种　按接合元件，有嵌合式、摩擦式、电磁感应式等；

（4）型式　如：三角牙型、锯齿牙型、干式单片型、湿式多片型、接触型、非接触型等；

（5）规格　尺寸由小到大有若干规格。

2. 对离合器的基本要求

（1）接合平稳，分离彻底，动作准确可靠；

（2）结构简单，外廓尺寸小，质量轻，从动部件转动惯量小；

（3）操纵省力，施加于接合元件的压紧力最好处于内力平衡状态；

（4）散热量大；

（5）接合元件耐磨，使用寿命长。

12.1.2　类型选择

（1）在低速或静止状态下离合，且离合频率不高，可采用嵌合式接合元件；需要在高速下离合或离合频率高，在较大转速差下、经过较长时间完成的接合，以及要利用离合器起缓冲、减振作用的场合，则应采用摩擦式接合元件。

（2）离合频率很低、传递转矩不大的场合，可选用手动机械操纵；对于传递中、小转矩，但要求离合迅速、离合频率高、需远距离操纵或纳入程序控制的离合，应采用电磁操纵；对于传递较大转矩的离合，可采用气压或液压操纵；要求防止逆转或能软起动，以及具有安全保护功能的离合，可采用自控离合器。

（3）要求不污染环境、能防尘、防腐蚀的

离合器，则应采用外壳封闭结构。

（4）根据工作机的特性选择常开或常闭式结构。

12.1.3　选择计算

在转矩平稳、离合频率不高的一般情况下可按离合器计算转矩 T_c 小于离合器许用转矩 T 选择离合器规格型号。

计算转矩的计算式为

嵌合式离合器　　$T_c = K_A T$ 　　　　（2.12-1

摩擦式离合器　　$T_c = K_A K_z K_v T$ 　（2.12-2

式中　T——离合器的理论转矩；

K_A——离合器的使用因数，查表 2.12-1；

K_z——离合器接合频率因数，查表 2.12-2

K_v——摩擦副相对滑动速度因数，查表 2.12-3。

表 2.12-1　离合器使用因数 K_A

机械种类	K_A	机械种类	K_A
金属切削机床	1.3 ~ 1.5	轻纺机械	1.2 ~ 2.
曲柄压力机	1.1 ~ 1.3	农业机械	2.0 ~ 3.
汽车、车辆	1.2 ~ 3.0	挖掘机械	1.2 ~ 2.
拖拉机	1.5 ~ 3.5	钻探机械	2.0 ~ 4.
船舶	1.3 ~ 2.5	活塞泵、通风机	1.3 ~ 1.
起重运输机械	1.2 ~ 1.5	冶金矿山机械	1.8 ~ 3.

表 2.12-2　离合器接合频率因数 K_z

接合频率 z/h^{-1}	≤100	120	180	240	300	≥350
K_z	1	1.04	1.20	1.40	1.66	2

表 2.12-3　摩擦副相对滑动速度因数 K_v

滑动速度 $v_m/m \cdot s^{-1}$	K_v	滑动速度 $v_m/m \cdot s^{-1}$	K_v	滑动速度 $v_m/m \cdot s^{-1}$	K_v
1	0.74	3	1.07	8	1.47
1.5	0.84	4	1.16	10	1.70
2	0.93	5	1.25	13	1.70
2.5	1.00	6	1.33	15	1.8

2.1.4 接合元件

接合元件分嵌合式和摩擦式两种。

1. 嵌合式接合元件 结构简单，能传递的转矩大，外廓尺寸小，可保证主、从动轴同步转动。但是，刚性嵌合有冲击，只能在静止和转速差不超过 100～150r/min 的情况下接合。

图 2.12-1 是常见嵌合元件的结构形式。牙嵌式和齿轮式能传递的转矩较大，滑销式适于频繁离合，拉键式用于传递转矩不大的场合。

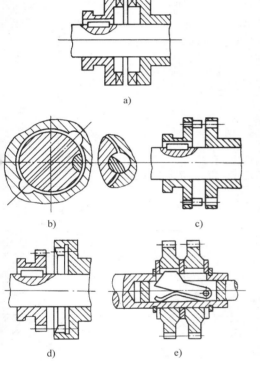

图 2.12-1　嵌合式接合元件的结构形式
a）牙嵌式　b）转键式　c）滑销式
d）齿轮式　e）拉键式

嵌合式接合元件的常用材料见表 2.12-4。

表 2.12-4　嵌合元件的常用材料

材料牌号	热处理方式与硬度	应用范围
HT200、HT300	170～240HBS	低速、轻载的齿轮牙和牙嵌牙
5	淬火 38～46HRC 高频感应加热淬火 48～55HRC	

（续）

材料牌号	热处理方式与硬度	应用范围
20Cr、20MnB 20Mn2B	渗碳层深 0.5～1.0mm，淬火回火 56～62HRC	中速、中载的齿轮牙和牙嵌牙
45Cr、45MnB	高频感应加热淬火回火 48～58HRC	重载、有冲击的齿轮牙、牙嵌牙和滑销
20CrMnTi 12Cr2Ni4 12CrNi3	渗碳层深 0.8～12mm，淬火回火 58～62HRC	高速、中载、有冲击的齿轮牙和牙嵌牙
T7	淬火 52～57HRC、淬火回火 40～50HRC	转键、滑销

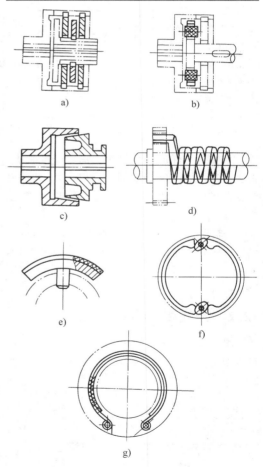

图 2.12-2　摩擦式接合元件的结构形式
a）摩擦片式　b）摩擦块式　c）圆锥盘式
d）扭簧式　e）闸块式　f）胀圈式　g）闸带式

2. 摩擦式接合元件　允许在较高转速差下接合，离、合平稳，过载时多数接合元件可以自动打滑。但是，它不能保证主、从动轴严格同步，且接合时会产生摩擦热。

图 2.12-2 为常见摩擦式接合元件的结构形式。

按工作条件，摩擦式离合器有干式和湿式两种。干式摩擦副无润滑油，摩擦因数较高，摩擦副分离较彻底，但温升也较高，磨损严重，寿命短；湿式摩擦副浸入润滑油中，摩擦因数较低，摩擦副分离有时不彻底，但摩擦热可被润滑油带走，摩擦副较耐磨，使用寿命长。

离合器常用摩擦副材料的摩擦因数，许用压力和最高工作温度见表 2.12-5。

表 2.12-5　离合器常用摩擦副材料的摩擦因数、许用压力和最高工作温度

材料		摩擦因数 μ		许用压力 p_P/MPa		最高工作温度 θ_{max}/℃	
摩擦面 I	摩擦面 II	干式	湿式	干式	湿式	干式	湿式
淬火钢	淬火钢	0.15 ~ 0.20	0.05 ~ 0.10	0.2 ~ 0.4	0.6 ~ 1.0	260	120
铸铁	铸铁	0.15 ~ 0.25	0.06 ~ 0.12	0.2 ~ 0.4	0.6 ~ 1.0	300	
	钢	0.15 ~ 0.20	0.05 ~ 0.12	0.2 ~ 0.4	0.6 ~ 1.0	260	
青铜	青铜、铸铁、钢	0.15 ~ 0.20	0.06 ~ 0.12	0.2 ~ 0.4	0.6 ~ 1.0	150	
铜基粉末冶金	铸铁、钢	0.25 ~ 0.35	0.08 ~ 0.10	1.0 ~ 2.0	1.5 ~ 2.5	560	
铁基粉末冶金		0.3 ~ 0.4	0.10 ~ 0.12	1.5 ~ 2.5	2.0 ~ 3.0	680	
石棉基摩擦材料		0.25 ~ 0.35	0.08 ~ 0.12	2.0 ~ 3.0	0.4 ~ 0.6	260	
酚醛层压布材		—	0.10 ~ 0.12	—	0.4 ~ 0.6	150	
皮革		0.3 ~ 0.4	0.12 ~ 0.15	0.07 ~ 0.15	0.15 ~ 0.28	110	
软木		0.3 ~ 0.5	0.15 ~ 0.25	0.05 ~ 0.10	0.01 ~ 0.15	110	

3. 接合元件的操纵　根据离合器的种类、传递转矩的大小和使用条件，采用不同的机构操纵接合元件，其动力可用人力，惯性力，气压力，液压力，电磁力等。

手柄操纵力一般为 80 ~ 160N（最大 400N），动作行程不超过 250mm；踏板操纵力一般为 100 ~ 200N，动作行程 100 ~ 150mm，最大不超过 250mm。

12.2　牙嵌离合器

图 2.12-3 为普通的牙嵌离合器，它的牙形可以是矩形、梯形、锯齿形、斜梯形等（图 2.12-4）。

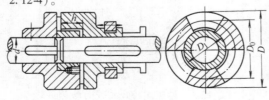

图 2.12-3　牙嵌离合器

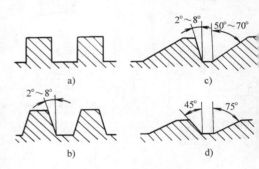

图 2.12-4　牙嵌离合器牙形

a）矩形　b）梯形　c）锯齿形　d）斜梯形

12.2.1　设计计算

1. 传递转矩的计算　牙嵌离合器能传递的转矩决定于牙面的许用压力 p_P 和牙根的许用弯曲应力 σ_{bP}。

a. 按牙面受力确定的许用转矩　对常用的矩形和梯形牙，牙面受力应小于许用压力，于是许用转矩 T_P 的计算式为

$$T_P = z_c D_m b h p_P / 2 \qquad (2.12\text{-}3$$

$$D_m = \frac{D_o + D_i}{2}$$

$$b = \frac{D_o - D_i}{2}$$

式中 b——牙的高度；

　　　h——牙的宽度；

　　　D_m——牙嵌盘的中径；

　　　z_c——计算牙数，通常认为只有 1/3 ~ 1/2 牙参与工作；

　　　p_P——牙材料的许用压力，淬火钢牙见表 2.12-6。

表 2.12-6　淬火钢牙的许用压力 p_P

接合速度差/m·s⁻¹	≈0	0 ~ 0.8	0.8 ~ 1.5
许用压力 p_P/MPa	90 ~ 120	50 ~ 70	35 ~ 45

牙根弯曲应力应小于许用弯曲应力，于是许用转矩 T_P 的计算式为

$$T_P = \frac{z_c D_m l_m^2 b \sigma_{bP}}{6h} \qquad (2.12\text{-}4)$$

式中，l_m 是中径处牙的厚度，对矩形牙

$$l_m = D_m \sin\frac{\varphi_2}{2}$$

梯形牙

$$l_m = D_m \sin\frac{\varphi_2}{2} + 2(h - h_m)\tan\alpha$$

其他符号的意义见图 2.12-5。

许用弯曲应力 $\sigma_{bP} = \sigma_s/S$：静止接合时 $S = 1.5$；有速度差下接合时 $S = (3 ~ 4)$。

2. 接合力和脱开力的计算　接合力或脱开力 F_Q 的计算公式为

$$F_Q = \frac{2T_c}{D_m}\left[\frac{D_m}{d}\mu_1 \pm \tan(\alpha \pm \rho)\right] \quad (2.12\text{-}5)$$

式中 d——轴的直径；

　　　μ_1——滑键连接的摩擦因数，一般可取 $\mu_1 = 0.15 ~ 0.17$；

　　　α——牙形角，见图 2.12-4；

　　　ρ——牙面摩擦角，一般可取 $\rho = 5° ~ 6°$；

上式中用 '+' 号，计算出的是接合力，用 '-' 号，计算出的是脱开力。

3. 自锁条件计算　自锁条件的计算式为

$$\alpha \leqslant \arctan(\mu + \mu_1 D_m/d) \qquad (2.12\text{-}6)$$

12.2.2　牙嵌离合器的主要尺寸关系

离合器外径　　$D = (2 ~ 3)d$

离合器内径　　$D_1 = (0.70 ~ 0.75)D$

牙高　　$h = (0.5 ~ 1.0)b$

牙宽　　$b = \dfrac{D - D_1}{2}$

中径处的牙高　　$h_m = 0.4h$

半离合器长度：

　　有操纵环槽　$L_1 = (1.5 ~ 2.0)d$

　　无操纵环槽　$L_1 = 1.4d + (25 ~ 50)\text{mm}$

操纵环槽宽度　$a = (2 ~ 3)h$

操纵环槽外径　$D_2 = (0.75 ~ 0.85)D$

牙数　z 由 D、h、b 等尺寸关系确定，可取单数牙的中心角：

梯形牙　$\varphi_1 = \varphi_2 = \dfrac{\pi}{z}$

矩形牙　$\varphi_1 = \dfrac{180°}{z} + (1° ~ 2°)$；$\varphi_2 = \dfrac{360°}{z} - \varphi_1$

12.3　圆锥摩擦离合器

圆锥摩擦离合器有单锥面和双锥面两种，它多为干式，适用于中、小功率，离合频繁的场合，一般用于精度较低的机械设备。图 2.12-6 为普通单锥面圆锥摩擦离合器。

12.3.1　设计计算

1. 许用转矩的计算　圆锥摩擦离合器能传递的转矩决定于摩擦面的许用压力 p_P。根

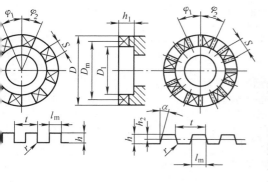

图 2.12-5　牙嵌离合器牙部尺寸

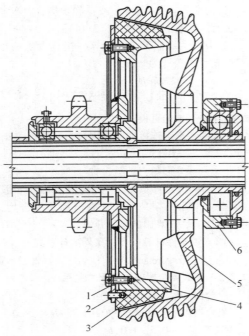

图 2.12-6 单锥面圆锥摩擦离合器
1—连接圆盘 2—圆柱销 3—摩擦衬垫
4—外锥盘 5—内锥盘 6—加压环

据许用压力计算许用转矩 T_p 的计算式为

单锥面 $\qquad T_P = \pi D_m^2 \mu b p_P / 2 \qquad$ (2.12-7)

双锥面 $\qquad T_P = \pi D^2 \mu b p_P / 2 \qquad$ (2.12-8

式中 $\quad D_m$——圆锥摩擦面的平均直径;

$\quad D$——圆锥摩擦面的外径;

$\quad \mu$——摩擦面的摩擦因数,见表 2.12-7

$\quad b$——圆锥摩擦面母线工作宽度;

$\quad p_P$——摩擦面的许用压力,见表 2.12-7

2. 轴向压紧力(接合力)的计算

(1)单锥面 轴向压紧力的计算公式为

$$F_Q = \frac{2 T_P}{D_m \mu}(\mu \cos\alpha \pm \sin\alpha) \qquad (2.12\text{-}9$$

式中 $\quad \alpha$——圆锥摩擦面的半锥角。

式中采用 ' $-$ ' 号计算出的是脱开力。

(2)双锥面 轴向压紧力的计算公式为

$$F_Q = \frac{T_P(\sin\alpha + \mu\cos\alpha)}{D\mu(\cos\alpha - \mu\sin\alpha)} \qquad (2.12\text{-}10$$

12.3.2 主要尺寸关系

为避免接合后不易脱开,锥面不能自锁,

通常取摩擦锥半角

表 2.12-7 圆锥摩擦离合器常用摩擦材料组合及其性能

材料组合	材料牌号及热处理	静摩擦因数 μ		许用压力
		干式	湿式	p_P/MPa
钢-钢	45 高频感应加热淬火:内锥 45~50HRC;外锥 40~45HRC 45MnB 淬火回火 50~55HRC 20Mn2B 渗碳淬火回火 56~62HRC,渗碳层深度 0.5mm	—	0.12	1.2
钢或铸铁-铸铁	45 高频感应加热淬火:内锥 45~50HRC;外锥 40~45HRC 45MnB 淬火回火 50~55HRC 20Mn2B 渗碳淬火回火 56~62HRC,渗碳层深度 0.5mm HT200、HT300 等 硬度≥210HBS	0.16	0.12	1.0
钢-青铜	45 高频感应加热淬火:内锥 45~50HRC;外锥 40~45HRC 45MnB 淬火回火 50~55HRC 20Mn2B 渗碳淬火回火 56~62HRC,渗碳层深度 0.5mm ZCuSn5Pb5Zn5、ZCuSn10Pb1、ZCuAl10Fe3 等	0.18	0.12	0.6
铸铁-青铜	HT200、HT300 等 硬度≥210HBS ZCuSn5Pb5Zn5、ZCuSn10Pb1、ZCuAl10Fe3 等	0.17	0.14	0.4
钢或铸铁-石棉制品	45 高频感应加热淬火:内锥 45~50HRC;外锥 40~45HRC 45MnB 淬火回火 50~55HRC 20Mn2B 渗碳淬火回火 56~62HRC,渗碳层深度 0.5mm HT200、HT300 等 硬度≥210HBS 石棉和金属丝交织物:石棉纤维、铜丝及粘结剂的层压材	0.3~0.4	—	0.3

$$\alpha > \arctan\mu$$

金属-金属 $\quad \alpha \geqslant 8° \sim 15°$

金属-石棉制品 $\quad \alpha \geqslant 20° \sim 25°$

摩擦面母线工作宽度:

一般机械 $\quad b = \psi D_m = (0.4 \sim 0.7) D_m$

机床 单锥面 $\quad b = \psi D_m = (0.18 \sim 0.25) D_m$

双锥面 $\quad b = \psi D = (0.32 \sim 0.45) D$

摩擦面的平均直径:

一般机械 $\quad D_m = (6 \sim 10) d$

机床 $\quad D_m = (2 \sim 4) d$

或者:单锥面 $\quad D_m = \sqrt[3]{\dfrac{2T_P}{\pi p_P \psi \mu}}$

双锥面 $\quad D = \sqrt[3]{\dfrac{2T_P}{\pi p_P \psi \mu}}$

当摩擦表面无涂覆层时,取分离后摩擦面间隙 δ $= 0.5 \sim 1.0$mm;当摩擦表面有涂覆层时,取 $\delta = 1.5 \sim 2.0$mm。

各符号的意义参见图 2.12-7。

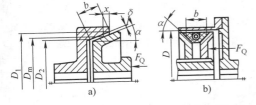

图 2.12-7 圆锥摩擦离合器计算简图

a) 单锥面 b) 双锥面

12.4 圆盘摩擦片离合器

圆盘摩擦片离合器有单摩擦片和多摩擦片两种结构形式,根据摩擦副的润滑状态,有干式和湿式之分。单片离合器多为干式,图 2.12-8 是一无集电环干式单盘电磁摩擦离合器。多片离合器多为湿式,图 2.12-9 是一活塞式气压多片摩擦离合器。

12.4.1 设计计算

1. 许用转矩的计算 圆盘摩擦片离合器能传递的转矩决定于摩擦面的许用压力 p_P 和摩擦片数 z。摩擦片数 z 确定之后,根据许用压力计算许用转矩 T_P 的计算式为

$$T_P = 16\pi\mu m(D_o + D_i)(D_o^2 - D_i^2) p_P$$

$$(2.12-11)$$

式中 μ——摩擦副的摩擦因数,见表 2.12-5;

$\quad m$——摩擦副数目,$m = z - 1$;

$\quad D_o$——摩擦片的摩擦面外径;

$\quad D_i$——摩擦片的摩擦面内径;

$\quad p_P$——摩擦面材料的许用压力,查表 2.12-5。

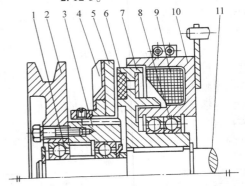

图 2.12-8 无集电环干式单盘电磁摩擦离合器

1、8—滚动轴承 2—带轮 3—连接套
4—通风盘 5—衔铁 6—摩擦衬面
7—摩擦盘 9—线圈 10—磁轭 11—从动轴

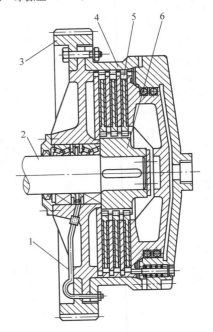

图 2.12-9 活塞式气压多片摩擦离合器

1—软管 2—主轴 3—齿轮
4—外毂 5—摩擦盘 6—内片连接套

2. 轴向压紧力（接合力）的计算　圆盘摩擦离合器轴向压紧力按下式计算

$$F_Q = \frac{4T_P}{\mu(z-1)(D_o + D_i)} \qquad (2.12\text{-}12)$$

3. 摩擦片数的计算　若需要传递的转矩为已定数值，则需计算离合器需要多少摩擦片，其计算公式为（计算后必须取整数）

$$z \geqslant \frac{12T_P}{\pi\mu p_P K_m(D_o^3 - D_i^3)} \qquad (2.12\text{-}13)$$

式中，K_m 是摩擦副数因子，它是考虑接合频率和摩擦副数目对离合器传递转矩能力影响的因子。每小时接合次数少于 50 次的干式和湿式摩擦片离合器，取 $K_m = 1$；每小时接合次数多于 50 次的湿式摩擦片离合器，按表 2.12-8 选取。

表 2.12-8　摩擦副数因子 K_m

摩擦副数目 m	K_m	摩擦副数目 m	K_m	摩擦副数目 m	K_m
3	1.00	6	0.91	9	0.82
4	0.97	7	0.88	10	0.79
5	0.94	8	0.85	11	0.76

12.4.2　主要尺寸关系

摩擦片的内径与轴径的关系：

轴装式　$D_i = d + (2 \sim 6)\,\text{mm}$

套装式　干式　$D_i = (2 \sim 3)d$

湿式　$D_i = (1.5 \sim 2.0)d$

摩擦片的外径

$$D_o = (1.25 \sim 2.0)D_i$$

设计者应尽可能选用标准摩擦片，见 JB/9190—1999。选择摩擦片的参考数据见表 2.12-9。

表 2.12-9　选择摩擦片的参考数据

参数	湿式片	干式片
摩擦片数量 z/片	$5 \sim 16$（一般）；$25 \sim 30$（最大）	$2 \sim 10$
摩擦片厚度 b/mm	$1 \sim 2$（冲压钢片）；$3 \sim 5$（青铜片）；$4 \sim 8$（酚醛层压布片）	$3 \sim 6$（冲压钢片）；$10 \sim 15$（厚钢片）；$5 \sim 20$（铸铁片）

（续）

参数	湿式片	干式片
片间间隙（空转时）δ/mm	$0.2 \sim 1.0$（无衬面）；$0.4 \sim 1.2$（有衬面）	$0.4 \sim 1.2$（无衬面）；$0.6 \sim 1.5$（有衬面）
衬面层厚度 b_c/mm		石棉基材料：$3 \sim 10$；粉末冶金料：$0.25 \sim 6$；酚醛层压布材、皮革：$3 \sim 5$
最大圆周速度 v_{max}/m·s^{-1}		机床类：$20 \sim 30$；汽车类：$50 \sim 70$
金属表面粗糙度 R_a/μm		一般不低于 1.6；平均圆周速度大于 5m/s、接合频率超过 60 次/h 的钢片为 $0.2 \sim 0.4$

12.5　离心离合器

离心离合器主要由主动件、离心体和从动件三部分组成，通常装在机械的高速部分，离心体在惯性离心力的作用下使离合器自动接合或分离，且其能传递的转矩随转速而改变，因而可以限制原动机的起动转矩，实现过载保护。因此，大惯量且负载起动的工作机，如大型鼓风机、空

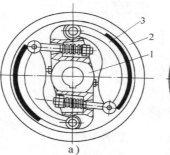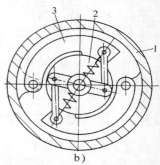

　　　　a)　　　　　　　　　　b)

图 2.12-10　离心离合器
a) 常开式　b) 常闭式
1—主动件　2—从动件　3—离心体（闸块）

气压缩机、压力机、油田采油机、煤炭和砂石输送机等，常采用离心离合器。

离心离合器采用的离心体有刚性闸块和钢球、钢砂等散状物，相应称为闸块式离心离合器、钢球式离心离合器、钢砂式离心离合器。闸块式离心离合器又有自由闸块式离心离合器和弹簧闸块式离心离合器两种。

闸块式离心离合器还有静止时接合的常闭式和静止时离开的常开式两种。图 2.12-10 为弹簧

闸块式离心离合器。

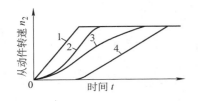

图 2.12-11　不同离合器从动件
在起动过程的转速变化
1—摩擦离合器　2—自由闸块式离心离合器
3—钢球式离心离合器　4—弹簧闸块式离心离合器

不同结构形式的离心离合器，其工作特性也有差异，在起动过程中从动件转速变化情况见图2.12-11。

12.6　安全离合器

安全离合器用作过载保护装置，对它的要求是：动作灵活可靠、精度高，极限转矩可在一定范围内调节。和其他离合器一样，安全离合器按接合元件结构形式有嵌合式和摩擦式两种。嵌合式以嵌合牙、钢球或销钉等为接合元件，见图2.12-12；摩擦式以摩擦圆盘或摩擦圆锥等为接合元件，见图2.12-13。

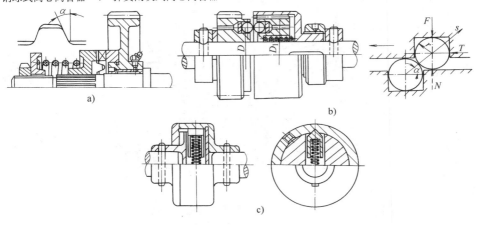

图 2.12-12　嵌合式安全离合器
a）端面牙嵌安全离合器　b）钢球安全离合器　c）滑销安全离合器

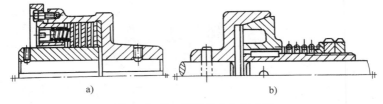

图 2.12-13　摩擦式安全离合器
a）圆盘式　b）圆锥盘式

12.7　超越离合器

超越离合器用来传递定向转矩，在转矩方向改变时能自行离合。

按工作原理，超越离合器分为嵌合式和摩擦式两类。嵌合式超越离合器利用棘轮-棘爪、滑销、嵌合牙等接合元件传递转矩；摩擦式超越离合器利用滚柱、偏心楔块的楔紧作用传递转矩。

图 2.12-14 是最基本的超越离合器结构图。

图 2.12-15 是楔块式低副超越离合器的结构简图。当拨盘 5 相对内环 1 顺时针转动时，拨盘 5 上的拨盘销 4 便拨动楔块 2 也作顺时针转动，从而楔紧内环和外环，使其同步转动。

当拨盘 5 相对内环 1 逆时针转动时，拨盘 5 上的拨盘销 4 便拨动楔块 2 也作逆时针转动，从而使内环和外环分离。

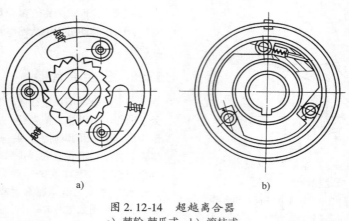

图 2.12-14 超越离合器
a）棘轮-棘爪式 b）滚柱式

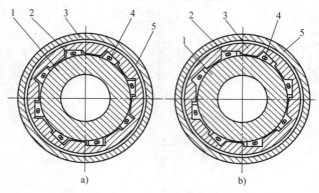

图 2.12-15 楔块式低副超越离合器
a）接合状态 b）分离状态
1—内环 2—楔块 3—外环 4—拨盘销 5—拨盘

13 制 动 器

13.1 类型、特点与应用

制动器主要由制动元件、驱动装置和支架 3 部分组成。根据制动原理，制动部分为摩擦式和非摩擦式。按摩擦元件的结构有外抱块式、内张蹄式、带式和盘式；非摩擦式有磁粉式、磁涡流式和水涡流式。按工作状态有经常处于制动（合闸）状态的常闭式和经常处于非制动（松闸）状态的常开式。

常用制动器的特点及应用见表 2.13-1。

表 2.13-1 常用制动器的特点及应用

类 型	特点及应用
外抱块式制动器 （简称块式制动器）	结构较简单，工作可靠，散热好。制动瓦与制动轮间的间隙（退距）较均匀、充分，调节间隙方便。制动轴受力状态较好（不承受弯矩）。制动瓦对制动轮的包角受结构限制，制动转矩较小，外廓尺寸较大。适用于制动频繁而空间尺寸不受限制的场所
内张蹄式制动器 （简称蹄式制动器）	结构紧凑，散热好，容易密封。常用于空间尺寸受限制的场所，如汽车、拖拉机和轮式起重机的车轮中

（续）

类　型	特点及应用
带式制动器	结构最简单。制动带对制动轮的包角可以很大（甚至超过 2π），因而，制动转矩可以很大，但制动转矩值与制动轮的转向有关。制动带与制动轮间的压力不均匀，因而磨损也不均匀。制动轴受力状态不好（承受很大弯矩）。散热条件较差。适用于要求制动转矩很大的场所
盘式制动器	结构较紧凑，可以做成封闭型式。磨损较均匀。制动轴受力状态较好（不承受弯矩）。钳盘式散热条件好，封闭型全盘式散热条件较差。适用于空间尺寸受限制的场所，如车辆车轮
磁粉制动器	以磁粉为介质，利用磁化后形成的磁粉链连接转动部分和固定部分实现制动。体积小，质量轻，励磁功率小，无噪声。常用于自动控制系统和试验设备
磁涡流制动器	坚固耐用，维修方便，调速范围大。低速时效率低，温升高，必须采取散热措施。常用于有垂直负载的机械中（如起重机械的起升机构），吸收停车前的动能，以减轻停止式制动器的负载
水涡流制动器	制动转矩可调，用水量很大，外廓尺寸也大。常用于试验机的加载装置

13.2　制动转矩的确定

13.2.1　负载转矩的计算

在给定条件下的负载转矩，其计算公式如下。

（1）在制动时间 t 内将制动轴的转速从 n_1 降至 n_0 时，按下式计算负载转矩 T_t

$$T_t = \frac{16 J_{eq}(n_1 - n_0)}{25t} \qquad (2.13\text{-}1)$$

式中　J_{eq}——换算到制动轴上的被制动旋转部分和直动部分的等效转动惯量；

n_1、n_0——制动开始和终了时制动轴的转速，要求完全停止，则 $n_0 = 0$。

（2）在制动转角 ϕ 内将制动轴的转速从 n_1 降至 n_0 时，按下式计算负载转矩 T_t

$$T_t = \frac{6 J_{eq}(n_1^2 - n_0^2)}{179\phi} \qquad (2.13\text{-}2)$$

（3）在车辆等行走距离 L 内将车速 v_1 降至 v_0 时，按下式计算负载转矩 T_t

$$T_t = \frac{J_{eq} i (v_1^2 - v_0^2)}{0.283 \times 10^6 LR} \qquad (2.13\text{-}3)$$

式中　R——车轮半径；

i——制动轴到车轮的传动比。

v_1、v_0——制动开始和终了时的车速，要求完全停止，则 $v_0 = 0$。

13.2.2　制动转矩的计算

1. 水平制动　被制动的只是惯性质量，如车辆的制动，其制动转矩为

$$T = T_t - T_f \qquad (2.13\text{-}4)$$

式中　T_f——换算到制动轴上的总摩擦阻力矩。

2. 垂直制动　被制动的有惯性质量和垂直载荷，且垂直载荷是主要的，如提升设备的制动，其制动转矩为

$$T = S T_t \qquad (2.13\text{-}5)$$

式中　S——保证重物可靠悬吊的制动安全因数，见表 2.13-2。

表 2.13-2　制动安全因数 S（推荐值）

设备类型		S	JC 值(%) $\approx$
起重机械的提升机构	手动、机动的轻级工作制	1.5	15
	机动的中级工作制	1.75	25
	机动的重级工作制	2.0	40
起重机械的提升机构	机动的特重级工作制	2.5	60
	双制动中的每台制动器	1.25	—
矿井提升机		3.0	—

注：1. 双制动指同时配备两台制动器。

2. JC 值为工作率，指在 10min 内机构的工作时间与整个工作周期之比。

13.3　制动摩擦材料

13.3.1　品种

制动器制动元件常用摩擦材料有：金属摩擦材料，如钢、铸铁、青铜、粉末冶金材料等；石棉摩擦材料，它由石棉（布或绒）、树脂或橡胶粘结剂和用以调节摩擦性能的各种有机或无机填料组成，如石棉橡胶、石棉树脂、石棉铜丝、石棉浸油等；有机摩擦材料，如皮革、木材、橡胶和纸基摩擦材料等；新型摩擦材料，如烧结陶瓷、碳基摩擦材料等。

13.3.2　摩擦副计算用数据

各种摩擦材料组成的制动摩擦副，其计算用数据的推荐值见表 2.13-3。

表 2.13-3　制动摩擦副计算用数据的推荐值

材料	I	铸铁	钢	青铜	石棉			
材料	II				树脂	橡胶	铜丝	浸油
					钢			
摩擦因数 μ	干式	0.17~0.20	0.15~0.18	0.15~0.20	0.35~0.40	0.40~0.43	0.33~0.35	0.30~0.35
	湿式	0.06~0.08		0.06~0.11	0.10~0.12	0.12~0.16	—	0.08~0.12
允许工作温度 θ/℃		260		150	250			250
块式制动 停止式	p_P/MPa	2	2	—	0.6			0.6
	$(pv)_P$/MPa·m·s^{-1}	5	—		5			
块式制动 滑摩式	p_P/MPa	1.5			0.3			0.3
	$(pv)_P$/MPa·m·s^{-1}	2.5			—			0.3
带式制动 停止式	p_P/MPa	1.5			2.5			
	$(pv)_P$/MPa·m·s^{-1}				0.6			
带式制动 滑摩式	p_P/MPa	1.0			2.5			
	$(pv)_P$/MPa·m·s^{-1}	1.5			0.3			
盘式制动 干式	p_P/MPa	0.2~0.3						0.2~0.3
	$(pv)_P$/MPa·m·s^{-1}	—			1.4			
盘式制动 湿式	p_P/MPa	0.6~0.8						0.6~0.8
	$(pv)_P$/MPa·m·s^{-1}							0.6~0.8

13.4　块式制动器

外抱块式制动器由制动瓦、制动轮、紧闸装置、驱动（松闸）装置和制动架等组成，用制动轮的外圆柱面制动。它广泛应用于起重运输机械中，且多为常闭式，用弹簧或重锤紧闸，用电磁铁或电力液压推动器等松闸。

图 2.13-1 是一弹簧紧闸、常闭式、侧簧、长行程、电磁液压块式制动器。

已知需要的制动转矩 T 后，所需弹簧力 F_0 为

$$F_0 \geq \frac{T}{\mu D \eta i} \qquad (2.13\text{-}6)$$

式中　μ——摩擦因数，见表 2.13-3；

　　　D——制动轮直径；

　　　η——操纵杆系统的机械效率，$\eta = 0.90$ ~0.95；

　　　i——杠杆比。

于是，摩擦面上压力 p 的强度条件为

$$p = \frac{2F_0 i}{BD\alpha} \leq p_P \qquad (2.13\text{-}7)$$

式中　B——制动瓦宽度；

　　　α——制动瓦包角；

　　　p_P——摩擦副的许用压力，见表 2.13-3。

13.5　蹄式制动器

内张蹄式制动器由制动鼓、制动蹄和驱动装置等组成，用制动鼓的内圆表面制动。它广泛应用于各种车辆，有双蹄、多蹄和软管多蹄等型式，其中双蹄式应用较广。按制动蹄的属性分，双蹄式制动器可分为 6 种，见图 2.13-2。

图 2.13-3 是一领从蹄式双蹄制动器。

通常，双蹄制动器两个蹄上的张开力是相等的，这时，已知需要的制动转矩 T 后，制动蹄所需张开力 F 为

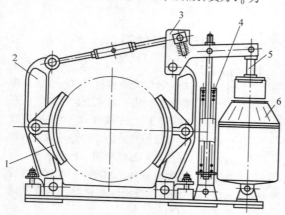

图 2.13-1　侧簧长行程电磁液压块式制动器

1—制动瓦　2—制动臂　3—杠杆
4—主弹簧　5—推杆　6—推动器

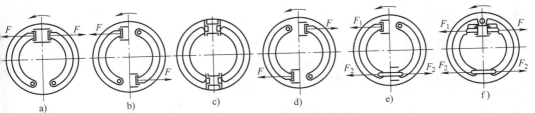

图 2.13-2 双蹄式制动器示意图

a) 领从蹄式　b) 双领蹄式　c) 双向双领蹄式　d) 双从蹄式　e) 单向增力式　f) 双向增力式

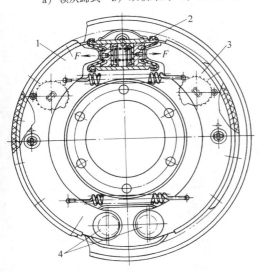

图 2.13-3　领从蹄式双蹄制动器

1、3—制动蹄　2—制动分泵　4—支承销

$$F = \frac{2(T_1 + T_2)}{DK_t} \qquad (2.13\text{-}8)$$

式中　D——制动鼓直径；

T_1、T_2——分别为两个制动蹄的制动转矩，$T_1 + T_2 = T$；

K_t——制动器效能因子。

对双领蹄和双从蹄式，$K_t = 2K_{t1} = 2K_{t2}$；对领从蹄式和增力式，$K_t = K_{t1} + K_{t2}$。其中 K_{t1}、K_{t2} 分别为领蹄和从蹄的效能因子，其表述式见表 2.13-4。

摩擦面上压力的计算式及强度条件为

$$p = \frac{4T_1}{D^2 b\alpha\mu} \leqslant p_P \qquad (2.13\text{-}9)$$

式中　b——摩擦衬瓦宽度；

α——摩擦衬瓦包角；

p_P——摩擦材料的许用压力，见表 2.13-3。

表 2.13-4　蹄式制动器的效能因子 K_t

类型	计算简图	属性	效能因子	说　明
支点固定的制动器		领蹄	$K_{t1} = \dfrac{\xi}{\dfrac{\kappa\cos\lambda_1}{\gamma\cos\beta\sin\rho} - 1}$	$\xi = \dfrac{2h}{D}, \kappa = \dfrac{2f}{D}, \varepsilon = \dfrac{2a}{D}$
		从蹄	$K_{t2} = \dfrac{\xi}{\dfrac{\kappa\cos\lambda_2}{\gamma\cos\beta\sin\rho} + 1}$	$\gamma = \dfrac{4\sin\dfrac{\alpha}{2}}{\alpha + \sin\alpha}, \quad \beta = \arctan\left(\dfrac{\alpha - \sin\alpha}{\alpha + \sin\alpha}\tan\alpha\right)$ $\lambda_1 = \rho + \beta - \theta_1, \lambda_2 = \rho - \beta + \theta_1$
支点浮动的制动器			$K_{t1} = \dfrac{\xi}{\dfrac{\varepsilon}{\gamma\cos\theta_2\sin\rho} - 1}$	$\theta_1 = \dfrac{\pi}{2} - \dfrac{\alpha}{2} - \alpha_1 \quad \theta_2 = \dfrac{\pi}{2} + \rho - \dfrac{\alpha}{2} - \alpha_2$ $\theta_3 = \rho - \dfrac{\pi}{2} - \dfrac{\alpha}{2} + \alpha_2$
			$K_{t2} = \dfrac{\xi}{\dfrac{\varepsilon}{\gamma\cos\theta_3\sin\rho} + 1}$	$\rho = \arctan\mu \quad \mu$—摩擦因数，见表 2.13-3

13.6 带式制动器

用挠性钢带绕在制动轮上，带的一端或两端连接在一杠杆上，构成带式制动器。它常用于中、小型起重运输机械和车辆等机械中，作为手操纵的制动装置。

图 2.13-4 是一简单带式制动器，弹簧 3 的弹簧力使制动器紧闸，驱动装置的电磁铁使其松闸。

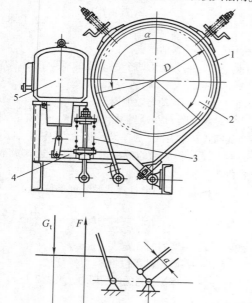

图 2.13-4 简单带式制动器

1—钢带 2—制动轮 3—紧闸弹簧

4—杠杆系 5—驱动装置

已知需要的制动转矩 T 后，如果忽略杠杆系的重力，则紧闸所需弹簧力的计算式为

$$F = \frac{2aT}{Dl\eta(e^{\mu\alpha}-1)} - \frac{F_{G_t}c}{l} \qquad (2.13\text{-}10)$$

式中 a——制动器出端拉力到制动杠杆销轴的垂直距离；

D——制动轮直径；

μ——摩擦因数；

α——制动钢带包角；

F_{G_t}——驱动器衔铁所受重力；

c——衔铁重心到制动杠杆销轴的距离；

l——弹簧力作用点到制动杠杆销轴的距离。

制动带两端安装位置不同，则制动效果不同，因而分为简单式、差动式和综合式（见图 2.13-5）。

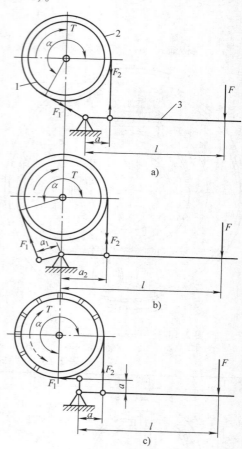

图 2.13-5 带式制动器的类型

a) 简单式 b) 差动式 c) 综合式

制动钢带摩擦衬面上压力的计算式及强度条件为

$$p = \frac{4Te^{\mu\alpha}}{D^2 b(e^{\mu\alpha}-1)} \leqslant p_P \qquad (2.13\text{-}11)$$

式中 b——制动带宽度；

p_P——摩擦副许用压力，见表 2.13-3。

摩擦钢带固定端抗拉强度的校核式为

$$\sigma_b = \frac{2Te^{\mu\alpha}}{D\delta(b-zd)(e^{\mu\alpha}-1)} \leqslant \sigma_{bP} \qquad (2.13\text{-}12)$$

式中 δ——制动钢带厚度；

z——钢带危险截面上的铆钉孔数；

d——铆钉直径。

σ_{bP} 是制动钢带的许用拉应力，钢带材料为 Q235A、Q275 和 45 钢并有摩擦衬面时，取 $\sigma_{bP} = 80 \sim 100\text{MPa}$，无摩擦衬面时，取 $\sigma_{bP} = 60\text{MPa}$。

13.7 盘式制动器

用制动盘代替制动轮，利用制动盘两侧面制动，构成盘式制动器。它径向尺寸小，制动轴不受弯矩，制动性能稳定。常用的盘式制动器有钳盘式、全盘式和锥盘式 3 种。图 2.13-6 是一常开式、固定卡钳钳盘式制动器。

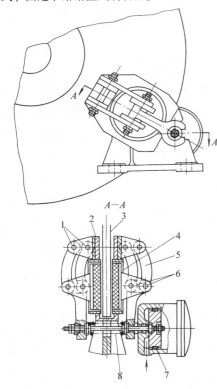

图 2.13-6 常开式钳盘制动器

1、6—销轴 2—机架 3—制动盘 4—摩擦块底板
5—平行杠杆组 7—液压缸 8—弹簧

已知该制动器需要的制动转矩后，所需卡钳的夹紧力为

$$F = \frac{T}{z\mu R} \qquad (2.13\text{-}13)$$

式中 z——摩擦面数，图示为 2；

R——摩擦面中心到制动盘轴向的距离。

摩擦面上压力的强度条件为

$$p = F/A \leqslant p_p \qquad (2.13\text{-}14)$$

式中 A——一个摩擦面的面积；

p_p——摩擦副的许用压力，见表 2.13-3。

13.8 制动器摩擦元件的温度计算

制动器摩擦副的热力学计算是设计及选用中的重要环节，计算的目的是保证制动摩擦衬垫的工作温度不超过许用值，防止摩擦因数降低而不能保持稳定的制动转矩，避免摩擦元件的加速磨损。

1. 摩擦副的重叠比 K 摩擦元件滑动接触表观面积与元件参与摩擦的全部表面积之比称为摩擦副的重叠比 K，一般 $K \leqslant 1$。

2. 热流分配因子 α_{hf} 它是表征摩擦热在摩擦副两个摩擦元件中如何分配的因子。热流的分配与摩擦副两表面的表面粗糙度有关，引入特征数 d_r

$$d_r = \sqrt{\frac{8r_1 h_1}{\zeta}\left(\frac{F}{A_c bH}\right)^{\frac{1}{2\zeta}}}$$

式中 r_1、h_1——摩擦副较硬表面轮廓峰的曲率半径和最大高度；

ζ、b——摩擦副较硬表面支承长度率曲线参数；

A_c——轮廓接触面积；

F——摩擦副表面上的压力；

H——摩擦副较硬表面的布氏硬度。

将摩擦线速度 v、热导率 λ、密度 ρ、比定压热容 c_p 和特征数 d_r 组成量纲为 1 的数群 $P_e = \dfrac{v d_r \rho c_p}{\lambda}$，它与热流分配有关。表 2.13-5 给出在不同速度 v、不同重叠比 K 和不同 P_e 下热流分配因子 α_{hf} 的计算公式。

表 2.13-5 热流分配因子 α_{hf} 的计算公式

参数范围	α_{hf} 计算公式
$K \approx 1$，$v \leqslant 3\text{m/s}$，$P_e \leqslant 0.4$，两摩擦元件体积大体相等	$\alpha_{hf} = \dfrac{\sqrt{\lambda_2 c_2 \rho_2}}{\sqrt{\lambda_1 c_1 \rho_1} + \sqrt{\lambda_2 c_c \rho_2}}$

（续）

参数范围	α_{hf}计算公式
$0.6 < K < 1, v \geqslant 3m/s, P_e > 0.4$，两摩擦元件体积可以有差异	$\alpha_{hf} = \dfrac{1}{1 + \dfrac{s_1 c_1}{s_2 c_2}\sqrt{\dfrac{\lambda_1 \rho_2 c_2}{\lambda_2 \rho_1 c_1}}}$
$0.2 < K < 0.6, v \geqslant 3m/s$ $P_e > 0.4, s > 1.73\sqrt{\dfrac{\lambda t}{\rho c}}$ 两摩擦元件体积可以有相当大差异	$\alpha_{hf} = \dfrac{1}{1 + \dfrac{\lambda_1}{K\lambda_2}\sqrt{\dfrac{\lambda_2 \rho_1 c_1}{\lambda_1 \rho_2 c_2}}}$
$K \ll 1, v \geqslant 3m/s, P_e \geqslant 20$	$\alpha_{hf} = \dfrac{4\lambda_1}{4\lambda_1 + \lambda_2\sqrt{\dfrac{\pi v d_r \rho c}{\lambda}}}$
说明	ρ—密度；λ 热导率；s—摩擦元件散热方向的尺寸；c—比热容；t—散热时间

注：1. 脚标1、2 代表摩擦元件1、2。

2. $\dfrac{v d_r \rho c_p}{\lambda}$ 中的 ρ、c、λ 代入摩擦副较硬表面的值。

3. 摩擦元件的体积温度 θ_V 摩擦副中一个摩擦元件的体积温度的计算公式为

$$\theta_V = \theta_{V0} + \frac{\alpha_{hf}W}{mc}\left(\frac{e^{-kt} - e^{-nkt}}{1 - e^{-kt}}\right) \quad (2.13\text{-}15)$$

$$k = \frac{hA}{mc}$$

式中 θ_{V0}——摩擦元件的初始体积温度；

W——摩擦功；

m——摩擦元件的质量；

h——表面传热系数；

A——传热（冷却）面积；

n——每小时制动次数；

t——冷却时间（两次制动的间隔时间）。

计算另一个摩擦元件的体积温度时，可将计

算式中的 α_{hf} 代为 $1 - \alpha_{hf}$。

主要通过对流使热从摩擦装置的外表面传给周围介质，如果摩擦元件体积温度超过 500 ~ 600℃，则必须采用强制冷却。

13.9 磁粉和磁涡流制动器

1. 磁粉制动器 磁粉制动器由转动部分（转子）、固定部分（定子）和填充在它们间隙中的磁粉组成，利用励磁线圈通电后磁粉磁化而形成的磁粉链制动。图 2.13-7 是磁粉制动器的结构图。

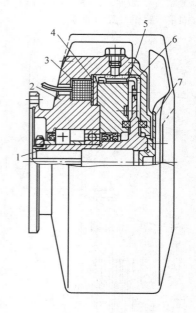

图 2.13-7 磁粉制动器

1—非磁性铸铁套筒 2、5—定子组件 3—励磁线圈 4—非磁性圆盘 6—转子（薄壁圆筒） 7—风扇

JB/T 5989—1992 给出了推荐的 FZ 型磁粉制动器的性能参数。

2. 磁涡流制动器 它的构造、工作原理、磁路计算与转差式电磁离合器基本相同，只是将磁极固定在机壳上，成为定子。电枢与制动轴相连接。

JB/T 7561—2002 给出了推荐的 WZ 型磁涡流制动器的性能参数和主要尺寸。

14 弹 簧

14.1 类型及特性

弹簧承受载荷后产生较大的变形，使弹簧产生单位变形所需要的载荷称为弹簧的刚度，即弹簧刚度 $k = \dfrac{\mathrm{d}F}{\mathrm{d}f}\left(k_{\mathrm{T}} = \dfrac{\mathrm{d}T}{\mathrm{d}\varphi}\right)$。载荷与变形之间的关系曲线称为弹簧特性线，因此，弹簧特性线的切线表征其刚度值。不同结构的弹簧，其特性线亦不同，各种弹簧的特性线见表 2.14-1。

弹簧变形后储存的能称为变形能，各种弹簧变形能的计算公式及其相对值见表 2.14-2。

表 2.14-1　常用弹簧的类型与特性

名称	圆柱螺旋弹簧			
	圆截面压缩弹簧	矩形截面压缩弹簧	变节距压缩弹簧	多股压缩弹簧
简图				
特性线				
性能	特性线呈线性，结构简单，制造方便，应用广泛	在所占空间相同时，矩形截面弹簧比圆截面弹簧吸收的能量多，特性线线性更好（刚度更接近常量）	当弹簧压缩到开始有簧圈接触后，特性线变为非线性，刚度及固有频率均为变量，利于消除或缓和共振。可作为变载荷机构的支承或弹性元件	当载荷大到一定程度后，特性线出现折点。比截面面积相等的普通圆截面螺旋弹簧强度高、吸收能量多，减振作用大。在武器和航空发动机中常有应用
名称	圆柱螺旋弹簧		变径螺旋弹簧	
	拉伸弹簧	扭转弹簧	圆锥压缩弹簧	涡卷压缩弹簧
简图				

(续)

名称	圆柱螺旋弹簧		变径螺旋弹簧	
	拉伸弹簧	扭转弹簧	圆锥压缩弹簧	涡卷压缩弹簧
特性线				
性能	结构简单，制造方便，刚度为常量。应用广泛	承受力矩，产生扭转变形。主要用于各种装置中的压紧和储能	当弹簧压缩到开始有簧圈接触后，特性线变为非线性，刚度及固有频率均为变量，消除共振能力比变节距压缩弹簧强。结构紧凑。多用于承受较大载荷和减振	特性与圆锥压缩弹簧相似，但能吸收更多的能量

名称	变径螺旋弹簧			板弹簧	
	中凹形压缩弹簧	中凸形压缩弹簧	混合压缩弹簧	单板弹簧	多板弹簧
简图					
特性线					
性能	特性与圆锥压缩弹簧相似，主要用于坐垫和床垫	特性与圆锥压缩弹簧相似	在需要获得特定的特性线情况下使用	缓冲和减振性能好，尤其多板弹簧减振能力强。主要用于汽车、拖拉机、铁路和其他车辆的悬架装置	

名称	扭杆弹簧	碟形弹簧	环形弹簧	片弹簧	
				线性片弹簧	非线性片弹簧
简图					

（续）

名称	扭杆弹簧	碟形弹簧	环形弹簧	片弹簧	
				线性片弹簧	非线性片弹簧
特性线					
性能	单位体积变形能大。主要用于车辆的悬架装置和稳定器，在高速内燃机上用作阀门弹簧	结构简单，缓冲和减振能力强。采用不同的组合可以得到不同的特性线。多用于重型机械的缓冲和减振装置、车辆牵引钩和压力安全阀	阻尼作用很大，有很高的减振能力。多用于空间受限制的重型设备的缓冲装置，如锻锤、机车牵引装置	用金属薄片制成。主要用于载荷和变形小的场所，如仪器仪表、家用电器等	

名称	平面涡卷弹簧		空气弹簧	橡胶弹簧
	非接触型平面涡卷弹簧	接触型平面涡卷弹簧		
简图				
特性线				
性能	圈数多，变形角大，能储存的变形能量多。多用作压紧弹簧和仪器、钟表中的储能弹簧（发条、游丝）		可按需要设计特性线和调节高度。多用于车辆悬架装置	弹性模量小，容易得到所需要的非线性特性线。形状不受限制，各方向刚度可自由选择。可承受来自多方向的载荷

表 2.14-2 各种弹簧变形能的计算公式及其相对值

弹簧类型	拉压杆	悬臂形板弹簧	弓形板弹簧	圆截面螺旋扭转弹簧	矩形截面螺旋扭转弹簧	平面涡卷弹簧	圆截面螺旋压弹簧	方截面螺旋拉压弹簧	圆截面扭杆弹簧
变形能	$\dfrac{K_0 V \sigma^2}{E}$						$\dfrac{K_0 V \tau^2}{G}$		
因子 K_0	1/2	1/18	1/6	1/8	1/6	1/6	1/4	1/6	1/4
相对值(%)	100	11	33	25	33	33	43	29	43
说明	V—弹簧材料的体积;σ、τ—弹簧的应力;E—弹簧材料的弹性模量;G—弹簧材料的切变模量								

14.2 圆柱螺旋弹簧

圆柱螺旋弹簧是应用最广泛的一种弹簧。

14.2.1 压缩弹簧

绝大多数圆柱螺旋压缩弹簧为簧圈有间隙的等节距弹簧。

表 2.14-3 圆截面簧丝圆柱螺旋弹簧中径 D 系列

3.5	3.8	4	4.2	4.5	4.8	4	5.5	6	6.5	7	7.5	8	8.5	9	10	12
14	16	18	20	22	25	28	30	32	38	42	45	48	50	52	55	58
60	65	70	75	80	85	90	95	100	105	110	115	120	125	130	135	140
145	150	160	170	180	190	200	210	220	230	240	250	260	270	280	290	300

1. 结构设计

(1) 中径 D 圆截面簧丝螺旋弹簧的中径 D 即簧丝中心所在圆柱的直径见表 2.14-3。

(2) 旋绕比 C 弹簧中径 D 与簧丝直径 d 之比为旋绕比 C,它对弹簧的质量、几何尺寸及制造都有很大影响。一般推荐的 C 值见表 2.14-4,使质量、体积和高度最小的 C 值可由图 2.14-1 查取。

(3) 圈数 n 最少有效圈数为 2,但一般不少于 3 圈。弹簧的有效圈数 n 也有标准(见表 2.14-5)。

支承圈数 n_z 取决于端部结构形式。

(4) 端部结构 GB/T 1239.2—1989 规定的冷卷螺旋压缩弹簧和 GB/T 1239.4—1989 规定的热卷螺旋压缩弹簧的端部结构见表 2.14-6,其中 YⅢ 为开口型,其余为接触型。矩形截面压缩弹簧的端部一般采用接触型。

等节距圆柱螺旋压缩弹簧基本参数的关系式见表 2.14-7。

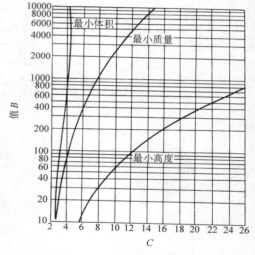

图 2.14-1 使圆柱螺旋压缩弹簧的质量、体积和高度最小的旋绕比 C

$$B = \frac{fG}{n_z \sqrt{8F\pi\tau_p}}$$

表 2.14-4 旋绕比 C 的荐用值

$d(a)/\text{mm}$	0.2 ~ 0.4	0.5 ~ 1	1.5 ~ 2.2	2.5 ~ 6	7 ~ 16	18 ~ 50
C	7 ~ 14	5 ~ 12	5 ~ 10	4 ~ 9	4 ~ 8	4 ~ 6

表 2.14-5 压缩弹簧有效圈数 n 系列(摘自 GB/T 1358—1993)

2	2.25	2.5	2.75	3	3.25	3.5	3.75	4	4.25	4.5	4.75	5	5.5	6	6.5	7	7.5
8	8.5	9	9.5	10	10.5	11.5	12.5	13.5	14.5	15	16	18	20	22	25	28	30

表 2.14-6　压缩弹簧的端部结构

类型	冷卷压缩弹簧			热卷压缩弹簧	
结构形式	端圈并紧且磨平	端圈并紧而不磨	端圈不并紧，磨平或不磨	端圈并紧且磨平	端圈制扁并紧，不磨或磨平
代号	Y I	Y II	Y III	RY I	RY II
简图					
支承圈数	1 或 1.25	0.75 或 1	端面磨平 0.75 端面不磨 0.5	1 或 1.5	

表 2.14-7　等节距圆柱螺旋压缩弹簧的结构及基本参数关系式

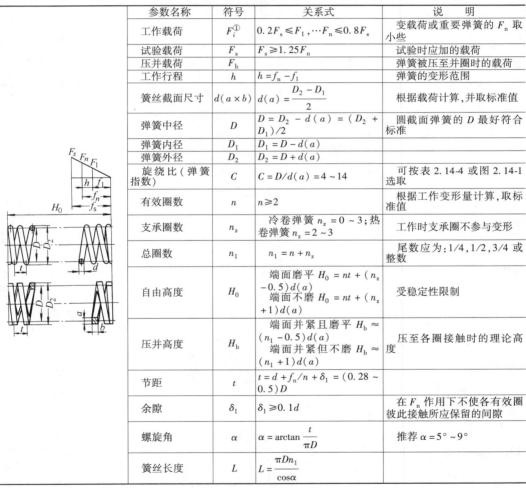

参数名称	符号	关系式	说　明
工作载荷	F_i[①]	$0.2F_s \leqslant F_1, \cdots F_n \leqslant 0.8F_s$	变载荷或重要弹簧的 F_n 取小些
试验载荷	F_s	$F_s \geqslant 1.25F_n$	试验时应加的载荷
压并载荷	F_b		弹簧被压至并圈时的载荷
工作行程	h	$h = f_n - f_1$	弹簧的变形范围
簧丝截面尺寸	$d(a \times b)$	$d(a) = \dfrac{D_2 - D_1}{2}$	根据载荷计算，并取标准值
弹簧中径	D	$D = D_2 - d(a) = (D_2 + D_1)/2$	圆截面弹簧的 D 最好符合标准
弹簧内径	D_1	$D_1 = D - d(a)$	
弹簧外径	D_2	$D_2 = D + d(a)$	
旋绕比（弹簧指数）	C	$C = D/d(a) = 4 \sim 14$	可按表 2.14-4 或图 2.14-1 选取
有效圈数	n	$n \geqslant 2$	根据工作变形量计算，取标准值
支承圈数	n_z	冷卷弹簧 $n_z = 0 \sim 3$；热卷弹簧 $n_z = 2 \sim 3$	工作时支承圈不参与变形
总圈数	n_1	$n_1 = n + n_z$	尾数应为：1/4,1/2,3/4 或整数
自由高度	H_0	端面磨平 $H_0 = nt + (n_z - 0.5)d(a)$ 端面不磨 $H_0 = nt + (n_z + 1)d(a)$	受稳定性限制
压并高度	H_b	端面并紧且磨平 $H_b \approx (n_1 - 0.5)d(a)$ 端面并紧但不磨 $H_b \approx (n_1 + 1)d(a)$	压至各圈接触时的理论高度
节距	t	$t = d + f_n/n + \delta_1 = (0.28 \sim 0.5)D$	
余隙	δ_1	$\delta_1 \geqslant 0.1d$	在 F_n 作用下不使各有效圈彼此接触所应保留的间隙
螺旋角	α	$\alpha = \arctan\dfrac{t}{\pi D}$	推荐 $\alpha = 5° \sim 9°$
簧丝长度	L	$L = \dfrac{\pi D n_1}{\cos\alpha}$	

注：对矩形截面弹簧，表中的 d 应相应地改用 a 或 b。

① $i = 1, 2, \cdots, n$

2. 设计计算　为了计算的方便引入曲度因子 K 和 K'，它们的表达式为

$$K = \frac{4C - 1}{4C - 4} + \frac{0.615}{C} \qquad (2.14\text{-}1)$$

$$K' = 1 + \frac{1.2}{C} + \frac{0.56}{C^2} + \frac{0.5}{C^3} \qquad (2.14\text{-}2)$$

圆柱螺旋压缩弹簧的设计计算公式见表 2.14-8，表中公式亦适用于螺旋拉伸弹簧。

表 2.14-8　圆柱螺旋压缩和拉伸弹簧计算公式

计算项目	簧丝截面形状		
	圆形	方形	矩形
极惯性矩 I_P	$I_P = \dfrac{\pi d^4}{32}$	$I_P = \dfrac{\sqrt{2}\,a^4}{10}$	$b>a$ 时　$I_P = K_2 a^3 b$ $a>b$ 时　$I_P = K_2 ab^3$
抗扭截面系数 Z_t	$Z_t = \dfrac{\pi d^3}{16}$	$Z_t = 0.208a^3$	$b>a$ 时　$Z_t = K_3 a^2 b$ $a>b$ 时　$Z_t = K_3 ab^2$
变形 f	$f = \dfrac{8D^2 nF}{Gd^4} = \dfrac{8C^4 nF}{GD}$ $= \dfrac{\pi d C^2 n\tau}{KG}$	$f = \dfrac{5.57D^3 nF}{Ga^4} = \dfrac{5.57C^3 nF}{Ga}$ $= \dfrac{2.32aC^2 n\tau}{K'G}$	$f = \dfrac{\pi D^3 nF}{4GI_P}$
扭应力 τ	$\tau = \dfrac{8KDF}{\pi d^3} = \dfrac{8KCF}{\pi d^2}$ $= \dfrac{KGf}{\pi d C^2 n}$	$\tau = \dfrac{2.4K'DF}{a^3} = \dfrac{2.4K'CF}{a^2}$ $= \dfrac{K'Gf}{2.32aC^2 n}$	$\tau = \dfrac{KDF}{2Z_t}$
簧丝尺寸 $d(a)$	$d \geqslant \sqrt{\dfrac{8KCF}{\pi \tau_P}}$	$a \geqslant \sqrt{\dfrac{2.4K'CF}{\tau_P}}$	$b>a$ 时　$a^2 b \geqslant \dfrac{KDF}{2K_3 \tau_P}$ $a>b$ 时　$ab^2 \geqslant \dfrac{KDF}{2K_3 \tau_P}$
刚度 k	$k = \dfrac{Gd^4}{8D^3 n} = \dfrac{GD}{8C^4 n}$	$k = \dfrac{Ga^4}{5.57D^3 n} = \dfrac{Ga}{5.57C^3 n}$	$k = \dfrac{4GI_P}{\pi D^3 n}$
工作圈数 n	$n = \dfrac{Gd^4 f}{8FD^3} = \dfrac{KGf}{\pi d C^2 \tau}$ $= \dfrac{GD}{8kC^4}$	$n = \dfrac{Ga^4 f}{5.57FD^3} = \dfrac{K'Gf}{2.32aC^2 \tau}$ $= \dfrac{Ga}{5.57kC^3}$	$n = \dfrac{4GI_P f}{\pi FD^3}$
变形能 U	$U = \dfrac{\tau^2 V}{4G}$	$U = \dfrac{\tau^2 V}{6.5G}$	$U = \dfrac{K_3 \tau^2 V}{2K_1 G}$

注：1. V—簧丝有效长度的体积。
　　2. K_1、K_2、K_3—因子，其值见表 2.14-9。
　　3. τ_P—簧丝材料的许用扭应力。

表 2.14-9　矩形截面簧丝圆柱螺旋弹簧和扭杆弹簧计算公式中的因子 K_1、K_2、K_3

$b/a(a/b)$	1.00	1.05	1.10	1.15	1.20	1.30	1.40	1.50	1.60	1.70	1.80
K_1	0.6753	0.6979	0.7200	0.7400	0.7588	0.7920	0.8223	0.8476	0.8694	0.8880	0.9043
K_2	0.1406	0.1474	0.1540	0.1602	0.1661	0.1771	0.1869	0.1958	0.2037	0.2109	0.2174
K_3	0.2082	0.2112	0.2139	0.2165	0.2189	0.2236	0.2273	0.2310	0.2343	0.2375	0.2404
$b/a(a/b)$	1.90	2.00	2.25	2.50	2.75	3.00	3.50	4.00	4.50	5.00	10.0
K_1	0.9182	0.9300	0.9523	0.9682	0.9787	0.9854	0.9935	0.9968	0.9986	0.9997	1.0000
K_2	0.2233	0.2287	0.2401	0.2494	0.2570	0.2633	0.2733	0.2808	0.2866	0.2914	0.3123
K_3	0.2432	0.2459	0.2520	0.2576	0.2626	0.2672	0.2751	0.2817	0.2870	0.2915	0.3123

注：1. 当 $b>a$ 时，取 b/a；反之，取 a/b。
　　2. $K_1 = K_2/K_3$。

3. 循环载荷下的强度校核　受循环载荷的圆柱螺旋弹簧，其疲劳强度安全因数 S 的计算公式为

$$S = \frac{\tau_0 + 0.75\tau_{min}}{\tau_{max}} \geq S_P \quad (2.14-3)$$

式中　τ_0——脉动疲劳极限，可查表 2.14-10。

表 2.14-10　脉动疲劳极限 τ_0

载荷循环次数 N	10^4	10^5	10^6	10^7
τ_0/σ_b	0.45	0.35	0.33	0.30

注：对于硅青铜、不锈钢丝，$N = 10^4$ 时，$\tau_0/\sigma_b = 0.35$。

静强度的安全因数 S_s 的计算式为

$$S_s = \frac{\tau_s}{\tau_{max}} \geq S_{sP} \quad (2.14-4)$$

式中　τ_s——簧丝材料的屈服点。

4. 稳定性验算　用参数高径比 $H_0^* = H_0/D$ 表征螺旋弹簧的压缩稳定性，弹簧不失稳的极限高径比 H_{0lim}^* 见表 2.14-11，当 H_0^* 大于表列数值时，要进行稳定性验算。

对于圆截面簧丝，稳定的临界载荷 F_c 的计算公式为

$$F_c = K_B k H_0 \geq (2.0 \sim 2.5)F_{max} \quad (2.14-5)$$

式中　K_B——不稳定因子，可由图 2.14-2 查取。

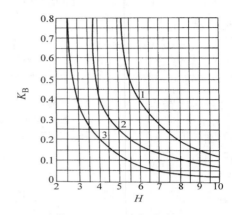

图 2.14-2　不稳定因子 K_B
1—两端固定支承　2——端固定、一端回转支承　3—两端回转支承

表 2.14-11　弹簧不失稳的极限高径比 H_{0lim}^*

支承情况	簧丝截面形状及其相对于轴线的布置					
	—	$a/b=1$	$a/b=2$	$a/b=3$	$a/b=1/2$	$a/b=1/3$
	H_{0lim}^*					
两端回转支承，$\mu=1$	2.6	2.8	2.85	2.85	2.65	2.5
一端固定、一端回转支承，$\mu=0.7$	3.7	4.0	4.07	4.07	3.78	3.45
两端固定支承，$\mu=0.5$	5.3	5.6	5.7	5.7	5.3	5.0

14.2.2　拉伸弹簧

螺旋拉伸弹簧一般为闭圈，卷制后簧圈之间有压力，称为初拉力。卷制成形后经淬火回火则压力消失，称为无初拉力拉伸弹簧。初应力的大小取决于材料、簧丝直径、旋绕比和加工方法，其值通常在图 2.14-3 给出的范围内。

1. 结构设计　圆柱螺旋拉伸弹簧的中径 D 和旋绕比 C 的设计原则与压缩弹簧相同。

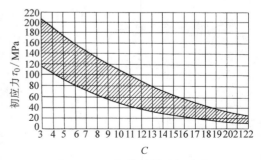

图 2.14-3　拉伸弹簧的初应力

（1）圈数 有效圈数 n 应符合 GB/T1358—1993 的规定，见表 2.14-12。由于两钩环相对位置不同，除表列值外，其尾数也可取为 1/4、1/2 和 3/4。

有钩和环两种形式，GB/T 1239.1—1989 和 GB/T1239.4—1989 对其作了规定，见表 2.14-13。

圆柱螺旋拉伸弹簧基本参数的关系式见表 2.14-14。

2. 设计计算 拉伸弹簧强度、变形、圈数等的设计计算式与压缩弹簧完全相同，见表 2.14-8。只是对有初拉力的拉伸弹簧，变形计算公式中的 F 应代以 $F - F_0$。

疲劳强度的校核也与压缩弹簧相同，见14.2.1 节，3。

表 2.14-12   拉伸弹簧有效圈数 n 的系列值

2	3	4	5	6	7	8
9	10	11	12	13	14	15
16	17	18	19	20	22	25
28	30	35	40	45	50	55

（2）端部结构 螺旋拉伸弹簧的端部结构

表 2.14-13   拉伸弹簧的端部结构

结构形式	半圆钩环	圆钩环	圆钩环压中心	偏心圆钩环
代号	L I ,RL I	L II ,RL II	L III ,RL III	L IV
简图				

结构形式	长臂半圆钩环	长臂小圆钩环	可调式钩环	两端可转式钩环
代号	L V	L VI	L VII	L VIII
简图				

注：1. 推荐采用 I 、II 、III 三种结构形式。
　　2. 代号中有 R 的为热卷弹簧，其余为冷卷弹簧。

表 2.14-14   圆柱螺旋拉伸弹簧的结构及基本参数关系式

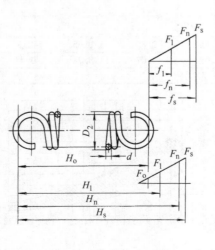

参数名称	符号	关系式	说　　明
工作载荷	F_i[①]	$0.2F_s \leq F_1 , \cdots F_n \leq 0.8F_s$	循环载荷或重要弹簧的 F_r 取小些
试验载荷	F_s	$F_s \geq 1.25F_n$	试验时应加的载荷
初拉力	F_0	$F_0 = \dfrac{\pi d^3 \tau_0}{8D}$	制成后的并紧力，τ_0 见图2.14-3
工作行程	h	$h = f_n - f_1$	弹簧的变形范围
簧丝截面尺寸	d $(a \times b)$	$d(a) = \dfrac{D_2 - D_1}{2}$	$d(a \times b)$ 根据载荷计算，并取标准值
弹簧中径	D	$D = D_2 - d(a) = \dfrac{D_2 + D_1}{2}$	圆截面弹簧的 D 最好符合标准

（续）

参数名称	符号	关系式	说　明
弹簧内径	D_1	$D_1 = D - d(a)$	
弹簧外径	D_2	$D_2 = D + d(a)$	
旋绕比	C	$C = \dfrac{D}{d} = 4 \sim 14$	可按表 2.14-4 或图 2.14-1 选取
有效圈数	n	$n \geqslant 2$	按工作变形量计算,取标准值
总圈数	n_1	$n_1 = n$	
自由长度	H_0	半圆钩环 $\quad H_0 = (n+1)d + D_1$ 圆钩环 $\quad H_0 = (n+1)d + 2D_1$ 圆钩环压中心 $\quad H_0 = (n+1.5)d + 2D_1$	
节距	t	$t \approx d$	
螺旋角	α	$\alpha = \arctan \dfrac{t}{\pi D}$	
簧丝长度	L	$L = \pi Dn +$ 钩环部长度	

注：对矩形截面弹簧，表中的 d 应相应地改用 a 或 b。

① $i = 1,\ 2,\ \cdots,\ n$。

14.2.3 扭转弹簧

1. 结构设计　图 2.14-4 是圆柱螺旋扭转弹簧的一般形式，其中：a 为常用的普通形式；b 为并列双扭转弹簧，其变形为 a 式的 1/4；c 为内、外串列双重扭转弹簧，其变形约为 a 式的 2 倍。

GB/T 1239.3—1989 对扭转弹簧的端部结构作了规定，见表 2.14-15。

当扭臂长度大于一圈的展开长度时，扭转弹簧的变形必须计入扭臂的变形，扭臂变形角的计算式为

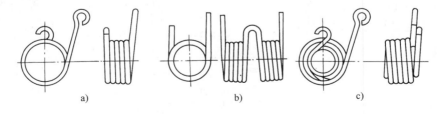

a)　　　　　　　　　b)　　　　　　　　　c)

图 2.14-4　扭转弹簧的结构形式

a) 普通式　b) 并列式　c) 串列式

表 2.14-15 常用扭转弹簧的端部结构

端部结构	外臂扭转	内臂扭转	中心臂扭转
代号	N I	N II	N III
简图	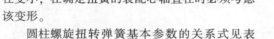		
端部结构	平列双臂扭转	直臂扭转	单臂弯曲扭转
代号	N IV	N V	N VI
简图			

$$\varphi_b = \varphi_F - \varphi_0 = \frac{64\left(\pi Dn + \dfrac{l_1 + l_2}{3}\right)T}{\pi E d^4} \qquad (2.14\text{-}6)$$

式中 T——力矩；

l_1、l_2——扭臂长度，见图 2.14-5；

E——簧丝材料的弹性模量。

扭簧在扭转变形的同时簧圈向轴心收缩，内径变小，在确定扭簧的装配心轴直径时必须考虑该变形。

圆柱螺旋扭转弹簧基本参数的关系式见表 2.14-16。

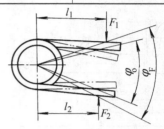

图 2.14-5 扭臂的变形

2. 设计计算 圆柱螺旋扭转弹簧的设计计算公式见表 2.14-17。

表 2.14-16 圆柱螺旋扭转弹簧的基本参数关系式

参数名称	符号	关系式	说 明
工作扭矩	T_i	$0.2T_s \leq T_1 , \cdots T_n \leq 0.8T_s$	安装时必须预加扭矩 T_1
试验扭矩	T_s	$T_s \geq 1.25T_n$	对应于最大试验弯曲应力 σ_s 的扭矩，对应的扭转角为 ϕ_s
工作扭转角	ϕ	$\phi = \phi_n - \phi_1$	变形范围
有效圈数	n	$n \geq \left(\dfrac{\varphi_s}{123.1}\right)^4$	所需的最少圈数
间距	δ	$\delta = 0 \sim 0.5\,mm$	无间距的制造容易，有间距的特性线精度高
节距	t	$t = d + \delta$	
螺旋角	α	$\alpha = \arctan\dfrac{t}{\pi D}$	
自由长度	H_0	$H_0 = (d + \delta)n +$ 挂钩部分长度	
簧丝长度	L	$L = \pi Dn +$ 挂钩部分长度	

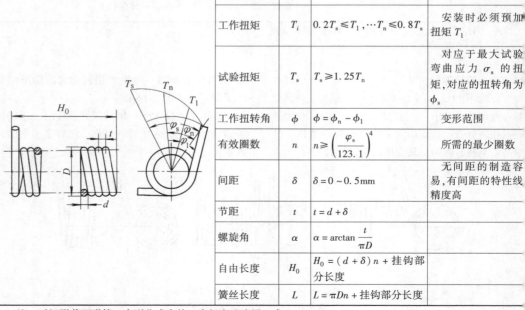

注：对矩形截面弹簧，表列公式中的 d 应相应地改用 a 或 b。

表 2.14-17 圆柱螺旋扭转弹簧的计算公式

计算项目	簧丝截面形状		
	圆形	方形	矩形
抗弯截面系数 Z_m	$Z_m = \dfrac{\pi d^3}{32}$	$Z_m = \dfrac{a^2 b}{6}$	$Z_m = \dfrac{a^3}{6}$
惯性矩 I	$I = \dfrac{\pi d^4}{64}$	$I = \dfrac{a^3 b}{12}$	$I = \dfrac{a^4}{12}$
扭转角 $\phi/(°)$	$\varphi = 3670 \dfrac{nDT}{Ed^4} = 360 \dfrac{nD\sigma}{k_t Ed}$	$\varphi = 2160 \dfrac{nDT}{Ea^3 b} = 360 \dfrac{nD\sigma}{K_t' Ea}$	$\varphi = 2160 \dfrac{nDT}{Ea^4} = 360 \dfrac{nD\sigma}{K_t' Ea}$
弯曲应力 σ	$\sigma = 10.2 \dfrac{K_t T}{d^3} = \dfrac{K_t Ed\varphi}{360nD}$	$\sigma = 6 \dfrac{K_t' T}{d^2 b} = \dfrac{K_t' Ea\varphi}{360nD}$	$\sigma = 6 \dfrac{K_t' T}{a^3} = \dfrac{K_t' Ea\varphi}{360nD}$
簧丝直径 d	$d \geqslant \sqrt[3]{\dfrac{10.2 K_t T}{\sigma_P}}$	$a^2 b \geqslant \dfrac{6 K_t' T}{\sigma_P}$	$a \geqslant \sqrt[3]{\dfrac{6 K_t' T}{\sigma_P}}$
刚度 k_t	$k_t = \dfrac{Ed^4}{3670 Dn} = \dfrac{Ed^3}{3670 Cn}$	$k_t = \dfrac{Ea^3 b}{2160 Dn}$	$k_t = \dfrac{Ea^4}{2160 Dn}$
圈数 n	$n = \dfrac{Ed^4 \varphi}{3670 DT} = \dfrac{Ed^3}{3670 Ck_t}$	$n = \dfrac{Ea^3 b\varphi}{2160 DT}$	$n = \dfrac{Ea^4 \varphi}{2160 DT}$

注：K_t、K_t' 为扭转弹簧的曲度因子，$K_t = \dfrac{4C-1}{4C-4}$；$K_t' = \dfrac{3C-1}{3C-3}$。

14.2.4 材料和许用应力

1. 常用材料及其性能 螺旋弹簧常用材料有碳素弹簧钢丝、合金弹簧钢丝、不锈弹簧钢丝、铜合金丝和弹性合金丝等，它们的弹性性能、硬度和使用温度见表 2.14-18。

GB/T1358—1993 对弹簧钢丝的直径系列作了规定，见表 2.14-19。

2. 常用弹簧钢丝的抗拉强度 常用的碳素弹簧钢丝的抗拉强度见表 2.14-20，合金弹簧丝的抗拉强度见表 2.14-21，表 2.14-22 是油淬火回火碳素和硅锰合金弹簧钢丝的抗拉强度，表 2.14-23 是阀门用油淬火回火碳素和铬矾合金弹簧钢丝的抗拉强度，弹簧用不锈钢丝的抗拉强度见表 2.14-24。

表 2.14-18 螺旋弹簧常用材料的性能和用途

材料		切变模量 $G/$GPa	弹性模量 $E/$GPa	推荐硬度（HRC）	使用温度 $/$℃	特性与用途
类别	牌号					
碳素弹簧钢丝	65，70 65Mn	81.4～78.7 78.7[①]	203.5～ 201.1 196.2[①]	45～50	-40～120	价廉，加工性能好，但淬透性差。适宜做小尺寸，不重要的弹簧

（续）

材料		切变模量	弹性模量	推荐硬度	使用温度	特性与用途
类别	牌号	G/GPa	E/MPa	（HRC）	/℃	
合金弹簧钢丝	60Si2Mn 60Si2MnA 70Si3MnA	78.7	196.2	47~50	-40~250	弹性极限、屈强比、淬透性和抗回火稳定性均较高，但脱碳倾向大。用作安全阀弹簧、机车升弓钩弹簧
	60Si2CrA			45~50	-40~300	比硅锰钢屈强度高。用作汽轮机汽封弹簧、调节弹簧
	50CrVA	78.7	196.2	45~50	-40~300	有良好的工艺性、淬透性和抗回火稳定性。用作气门弹簧、油嘴弹簧和安全阀弹簧
	30W4Cr2VA			43~47	-40~500	淬透性好。用作锅炉安全阀弹簧、蝶阀弹簧
不锈弹簧钢丝	1Cr18Ni9 1Cr18Ni9Ti	71.5	198	42~48	-250~300	工艺性能好，只能通过加工硬化方法提高强度。适宜制造小截面尺寸弹簧，如仪表中的垫圈、挡圈和胀圈
	4Cr13	75.7	206	48~53	-40~300	耐大气、蒸气、水和弱酸腐蚀。适宜作较大尺寸的弹簧，成形后进行淬火、回火
	0Cr17Ni7Al 1Cr17Ni7	73.5	183.4	45~50	-200~350	有很高的硬度，加工性能好。适宜制造形状复杂、表面状态要求高的弹簧
弹性合金丝	Ni36CrTiAl（3J1）	68.6~78.9	186.3~206	42~48	-40~250	强度、耐蚀性和抗磁性均高。用于航空仪表、精密仪表的弹性元件
	Ni42CrTi（3J53）	63.7~73.5	176.5~191.2	37~46	-60~100	恒弹性，加工性能好，耐腐蚀。用作灵敏恒弹性元件，如计时仪表和手表的游丝
	Ni44CrTiAl			42		恒弹性。用于频率元件
	Co40CrNiMo	73.5~83.4	196.2~215.8	—	-40~400	强度高，弹性后效低，耐腐蚀，无磁。用作钟表发条
铜合金丝	QSi3-1	40.2		90~100 （HBS）	-40~120	强度和耐磨性均高，低温时不降低塑性
	QSn4-3 QSn6.5-0.1	39.2	93.2			强度和耐磨性均高，冷、热加工性能好，防磁、耐腐蚀。用作电表游丝
	QBe2	42.2		37~40		强度、硬度、疲劳强度和耐磨性均高，防磁、耐腐蚀，导电性好，撞击时无火花。用作电表游丝

①　前者为簧丝直径 $d \leqslant 4$mm 时的值，后者为 $d > 4$mm 时的值。

表 2.14-19　簧丝直径系列　　（单位：mm）

0.5	(0.55)	0.6	(0.65)	0.7	0.8	0.9	1	1.2	(1.4)	1.6	(1.8)	2	(2.2)	2.5	(2.8)
3	(3.2)	3.5	(3.8)	4	(4.2)	4.5	5	(5.5)	6	(7)	8	(9)	10	12	(14)
16	(18)	20	(22)	25	(28)	30	(32)	35	(38)	40	(42)	45	50	(55)	60

注：1. 括号内为第二系列，其余为第一系列。
　　2. 摘自 GB/T 1358—1993。

表 2.14-20　碳素弹簧钢丝的抗拉强度

簧丝直径	抗拉强度 σ_b/MPa			簧丝直径	抗拉强度 σ_b/MPa		
d/mm	B 级	C 级	D 级	d/mm	B 级	C 级	D 级
0.3	2010~2400	2300~2700	2640~3040	2.5	1420~1710	1660~1960	1760~2060
0.6	1760~2160	2110~2500	2450~2840	3.0	1370~1670	1570~1860	1710~1960
0.8	1710~2060	2010~2400	2400~2840	3.5	1320~1620	1570~1810	1660~1910
1.0	1660~2010	1960~2300	2300~2690	4.0	1320~1620	1520~1760	1620~1860
1.2	1620~1960	1910~2250	2250~2550	5.0	1320~1570	1470~1710	1570~1810
1.6	1570~1860	1810~2160	2110~2400	6.0	1220~1470	1420~1660	1520~1760
2.0	1470~1760	1710~2010	1910~2200	8.0	1170~1420	1370~1570	—

注：1. 摘自 GB/T 4357—1989。
　　2. B级用于一般弹簧，C级用于低应力弹簧，D级用于较高应力弹簧。

表 2.14-21 合金弹簧钢丝的抗拉强度

材料	类别	硅锰弹簧钢丝	铬矾弹簧钢丝	（阀门用）铬矾弹簧钢丝		
	牌号	60Si2MnA		50CrVA		
状态		冷拉退火		退火	冷拉	淬火回火
抗拉强度 σ_b/MPa		≤1030(d>5mm)		784	1029	1470~1760

表 2.14-22 油淬火回火碳素和硅锰合金弹簧钢丝的抗拉强度

簧丝直径 d/mm	抗拉强度 σ_b/MPa				
	碳素弹簧钢丝[①]		硅锰合金弹簧钢丝[①]		
	A 类	B 类	A 类	B 类	C 类
2.0	1618~1765	1716~1863	1569~1716	1667~1814	1765~1912
2.2	1569~1716	1667~1814			
2.5					
3.0	1520~1667	1618~1765	1520~1667	1618~1765	1716~1863
3.2	1471~1618	1569~1716			
3.5					
4.0	1422~1569	1520~1667	1471~1618	1569~1716	1667~1814
4.5	1373~1520	1471~1618			
5.0	1324~1471	1422~1569			
6.0	1275~1422	1373~1520			
7.0	1226~1373	1324~1471	1422~1569	1520~1667	1618~1765
8.0					
9.0					
10.0	1177~1324	1275~1422	1373~1520	1471~1618	1569~1716
12.0					

注：碳素弹簧钢丝 A 类为一般强度，B 类为较高强度；硅锰合金弹簧钢丝 A 类作一般弹簧用，B 类作一般及汽车悬架弹簧用，C 类作汽车悬架弹簧用。

① 摘自 GB/T 18983—2003。

表 2.14-23 阀门用油淬火回火碳素和铬矾合金弹簧钢丝的抗拉强度

材料类别	碳素弹簧钢丝[①]			铬矾合金弹簧钢丝[①]					
簧丝直径范围/mm	2~4	4.5~5.0	6.0	2~3	3.2~3.5	4.0~4.5	5.0~6.0	7.0	8~10
抗拉强度 σ_b/MPa	1422~1569	1373~1520	1324~1471	1618~1765	1569~1716	1520~1667	1471~1618	1422~1569	1373~1520

① 摘自 GB/T 18983—2003。

表 2.14-24 弹簧用不锈钢丝的抗拉强度

簧丝直径范围/mm		0.5~0.7	0.8~1.0	1.2~1.4	1.6~2.0	2.2	2.8~4.0	4.5~6.0	6.0~8.0
抗拉强度 σ_b/MPa	A 组	1569	1471	1373	1324	1275	1177	1079	981
	B 组	1961	1863	1765	1667	1569	1471	1373	1275
	C 组	1814	1765	1667	1569	1471	1373	1275	—

3. 许用应力 根据工作情况将圆柱螺旋弹簧所受载荷分成三类：Ⅰ类，作用在弹簧上的载荷循环次数在 10^6 以上；Ⅱ类，作用在弹簧上的载荷循环次数在 $10^3 \sim 10^6$ 之间；Ⅲ类，作用在弹簧上的载荷循环次数在 10^3 以下，直至静载荷。

各种簧丝绕制的弹簧，在各类载荷下的许用应力见表 2.14-25 和表 2.14-26。

表 2.14-25 各种簧丝卷制的螺旋弹簧的许用应力

簧丝种类		油淬火回火钢丝	碳素钢丝	不锈钢丝	青铜丝
许用应力 τ_P 压缩弹簧	Ⅲ类	$0.55\sigma_b$	$0.50\sigma_b$	$0.45\sigma_b$	$0.40\sigma_b$
	Ⅱ类	$(0.40\sim0.47)\sigma_b$	$(0.38\sim0.45)\sigma_b$	$(0.34\sim0.38)\sigma_b$	$(0.30\sim0.35)\sigma_b$
	Ⅰ类	$(0.35\sim0.40)\sigma_b$	$(0.35\sim0.38)\sigma_b$	$(0.28\sim0.34)\sigma_b$	$(0.25\sim0.30)\sigma_b$

（续）

簧丝种类		油淬火回火钢丝	碳素钢丝	不锈钢丝	青铜丝
许用应力 τ_P	拉伸弹簧				
	Ⅲ类	$0.44\sigma_b$	$0.40\sigma_b$	$0.36\sigma_b$	$0.32\sigma_b$
	Ⅱ类	$(0.32\sim0.38)\sigma_b$	$(0.30\sim0.36)\sigma_b$	$(0.27\sim0.30)\sigma_b$	$(0.24\sim0.28)\sigma_b$
	Ⅰ类	$(0.28\sim0.32)\sigma_b$	$(0.24\sim0.30)\sigma_b$	$(0.22\sim0.27)\sigma_b$	$(0.20\sim0.24)\sigma_b$
	扭转弹簧				
	Ⅲ类	$0.80\sigma_b$		$0.75\sigma_b$	
	Ⅱ类	$(0.60\sim0.68)\sigma_b$		$(0.55\sim0.65)\sigma_b$	
	Ⅰ类	$(0.50\sim0.60)\sigma_b$		$(0.45\sim0.55)\sigma_b$	

注：1. 本表不适用于直径 $d<1mm$ 的簧丝。
　　2. 表中 σ_b 值取抗拉强度的下限值。
　　3. 对受Ⅰ类载荷的弹簧，表中给出的是 τ_s。

表 2.14-26　热卷螺旋弹簧的许用应力

材料牌号	许用应力 τ_P/MPa					
	压缩弹簧			拉伸弹簧		
	Ⅲ类	Ⅱ类	Ⅰ类	Ⅲ类	Ⅱ类	Ⅰ类
65Mn	570	355	340	380	325	285
55Si2Mn,55Si2MnB,50CrVA,60Si2Mn,60Si2MnA	740	590	445	495	420	310
55CrMnA,60CrMnA	710	570	430	475	405	360

注：对受Ⅰ类载荷的弹簧，表中给出的是 τ_s。

14.3　板弹簧

14.3.1　类型与结构

图 2.14-6 所示为一载货汽车悬架用板弹簧，它由主板、副板、弹簧卡、中心螺栓（或簧箍）等组成。

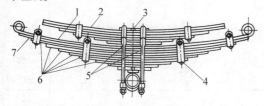

图 2.14-6　载货汽车悬架用板弹簧
1—主弹簧　2—副弹簧　3—中心螺栓　4—弹簧卡
5—骑马螺栓　6—副板　7—主板

1. 结构

（1）板片的截面形状　板弹簧常用板片的截面形状有：矩形截面、双凹弧截面、带凸肋矩形截面和带梯形槽矩形截面，见图 2.14-7。在汽车与铁路车辆中，矩形截面和双凹弧截面应用最多。

（2）主板端部结构　主板端部结构供安装板弹簧用，主要形式是卷耳，图 2.14-8a～c 是卷耳的 3 种基本形式。承受较重载荷的板弹簧，为了提高卷耳强度，再用第二主板弯成包耳，见

图 2.14-8d～f。

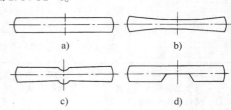

图 2.14-7　板片截面形状
a）矩形截面　b）双凹弧截面
c）带凸肋矩形截面　d）带梯形槽矩形截面

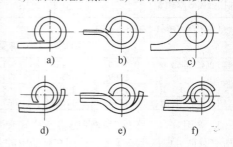

图 2.14-8　卷耳

（3）副板端部结构　好的副板端部结构能使板间压力分布均匀，摩擦小。图 2.14-9 是常见的副板端部结构，其中：图 a 制作最简单，但板间压力分布不均匀；图 b 应用较广；图 c 能改善压力分布和减少板间摩擦；图 d 能大大减少板间摩擦。

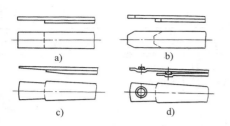

图 2.14-9　副板端部结构
a）直角形　b）梯形　c）斜面式
d）带润滑衬垫式

（4）中部固定结构　中部固定结构有中心螺栓式（见图 2.14-6）和簧箍式，汽车常用中心螺栓式，铁路车辆常用簧箍式，簧箍结构见图 14-10。

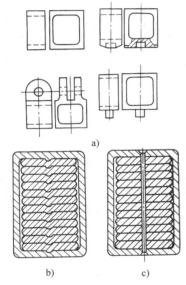

图 2.14-10　簧箍的结构
a）簧箍的外形　b）带凸肋的簧箍
c）带销钉孔的簧箍

（5）两侧固定结构　中部采用中心螺栓式固定结构的板弹簧，为了消除板片的侧向位移，常在两侧装置弹簧卡作固定用，其结构见图 2.14-11。

2. 类型　板弹簧分单板板弹簧和多板板弹簧，多板板弹簧有悬臂形、伸臂弓形、对称弓形和非对称弓形等，见表 2.14-27。

14.3.2　多板板弹簧的计算

多板板弹簧的主要参数有：伸直状态下弹簧的工作长度 l、板片数量 n、板片截面尺寸（宽×厚）$b \times \delta$、板弹簧静载荷下的挠度 f 和自由状态下的弧高 H_0 等。l 由其结构和车辆布置确定，f 根据车辆行驶平稳性要求给定。

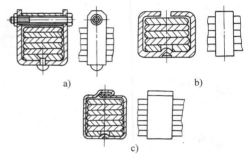

图 2.14-11　弹簧卡的结构
a）套管螺栓式　b）冲压封闭式
c）薄板冲压封闭式

根据给定 l 的和 f，利用表中的公式，可求得板弹簧所需的截面总惯性矩 I_0。

采用相同厚度板片时，取 $b/\delta = 6 \sim 10$，b 和 δ 要符合扁钢的规格。于是，板片数量的计算式为

$$n = \frac{12I_0}{b\delta^3} \qquad (2.14\text{-}7)$$

n 一般为 $6 \sim 14$，也可以超过 20。

然后，验算板片的弯曲应力 σ。

各种类型等厚度多板板弹簧的总惯性矩 I_0、挠度 f 和弯曲应力 σ 的计算公式见表 2.14-27。

板弹簧的材料应用得最多的是 55Si2Mn、60Si2MnA 和 55SiMnVB。板弹簧的许用应力可查表 2.14-28。

表 2.14-27　多板板弹簧总惯性矩 I_0、挠度 f 和应力 σ 的计算式

多板弹簧类型	计算公式	
	有骑马螺栓（图 a）	无骑马螺栓（图 b）
悬臂型	$f = \dfrac{4K_x F \left(l - \dfrac{s}{4}\right)^3}{Enb\delta^3}$; $I_0 = \dfrac{K_x F\left(l - \dfrac{s}{4}\right)^3}{3Ef}$; $\sigma = \dfrac{6F\left(l - \dfrac{s}{2}\right)}{nb\delta^2}$	$f = \dfrac{4K_x Fl^3}{Enb\delta^3}$; $I_0 = \dfrac{K_x Fl^3}{3Ef}$; $\sigma = \dfrac{6Fl}{nb\delta^2}$

（续）

多板弹簧类型	计算公式	
	有骑马螺栓（图a）	无骑马螺栓（图b）
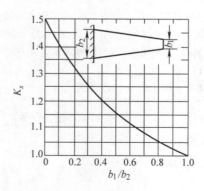 伸臂弓形	$$f = \frac{4K_x F\left[\left(l_1 - \dfrac{s}{4}\right)^3 + \left(\dfrac{l_1}{l_2}\right)^2\left(l_2 - \dfrac{s}{4}\right)^3\right]}{Enb\delta^3}$$ $$I_0 = \frac{K_x F\left[\left(l_1 - \dfrac{s}{4}\right)^3 + \left(\dfrac{l_1}{l_2}\right)^2\left(l_2 - \dfrac{s}{4}\right)^3\right]}{3Ef}$$ $$\sigma = \frac{6F\left(l_1 - \dfrac{s}{2}\right)}{nb\delta^2} = \frac{6F\left(\dfrac{l_1}{l_2}\right)\left(l_2 - \dfrac{s}{2}\right)}{nb\delta^2}$$	$$f = \frac{4K_x F l_1^2 l}{Enb\delta^3}$$ $$I_0 = \frac{K_x F l_1^2 l}{3Ef}$$ $$\sigma = \frac{6F l_1}{nb\delta^2}$$
对称弓形	$$f = \frac{K_x F\left(l - \dfrac{s}{2}\right)^3}{4Enb\delta^3}; \quad I_0 = \frac{K_x F\left(l - \dfrac{s}{2}\right)^3}{48Ef};$$ $$\sigma = \frac{6F(l - s)}{nb\delta^2}$$	$$f = \frac{K_x F l^3}{4Enb\delta^3}$$ $$I_0 = \frac{K_x F l^3}{48Ef}$$ $$\sigma = \frac{6Fl}{nb\delta^2}$$
非对称弓形	$$f = \frac{4K_x F\left[l_2^2\left(l_1 - \dfrac{s}{4}\right)^3 + l_1^2\left(l_2 - \dfrac{s}{4}\right)^3\right]}{Enbl^2\delta^3}$$ $$I_0 = \frac{K_x F\left[l_2^2\left(l_1 - \dfrac{s}{4}\right)^3 + l_1^2\left(l_2 - \dfrac{s}{4}\right)^3\right]}{3Efl^2}$$ $$\sigma = \frac{6Fl_2(l_1 - s)}{nbl\delta^2} = \frac{6Fl_1(l_2 - s)}{nbl\delta^2}$$	$$f = \frac{4K_x F l_1^2 l_2^2}{Enbl\delta^3}$$ $$I_0 = \frac{K_x F l_1^2 l_2^2}{3Efl}$$ $$\sigma = \frac{6F l_1 l_2}{nbl\delta^2}$$

注：K_x—变形修正因子，其值见图 2.14-12。

表 2.14-28　板弹簧主板的许用应力 σ_P

板弹簧应用场所	σ_P/MPa
轿车后板弹簧	500～600
机车、货车、电车等的板弹簧 轿车前板弹簧 载货汽车、拖车的后板弹簧	450～500
载货汽车的前板弹簧	350～450
缓冲器的板弹簧	300～400

图 2.14-12　变形修正因子 K_x

板片长度可用作图法求得（图 2.14-13）
将中心螺栓至主板卷耳中心的距离取为 $l/2$，得
A 点。沿垂线方向依次截取 δ^3，根据结构确定最

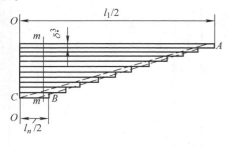

图 2.14-13 板片长度确定法

板片长度，得 B 点，连接 A、B，即得各板片长度。

14.4 碟形弹簧

碟形弹簧（图 2.14-14）是承受轴向载荷的弹簧。它的主要特点是承载能力高、占用空间小、刚度大、缓冲减振能力强，常用于重型机械设备（如锻压机、锅炉吊架、打桩机等），飞机，武器中，作强力缓冲和减震弹簧。

碟形弹簧分为无支承面（图 2.14-14a）和有支承面（图 b）两种结构形式。轴向载荷 F 与轴向变形 f 的关系随 h_0/δ 值的变化有很大的不同（图 2.14-15）。

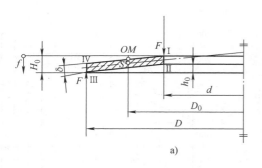
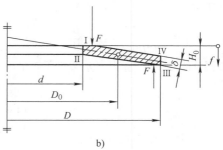

a)　　　　　　　　　　　　　b)

图 2.14-14 单片碟形弹簧结构形式

a）无支承面 b）有支承面

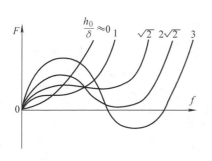

图 2.14-15 单片碟形弹簧特性曲线

14.4.1 组合方式

同样的碟片采用不同的组合方式或（和）碟片数量，能使弹簧特性在很大范围内变化，见图 2.14-16。

14.4.2 选用

GB/T 1972—2005 对碟形弹簧的主要几何参数 D、d、δ、h_0、H_0 作了规定，分 3 个系列，即 $D/\delta = 18$、$h_0/\delta = 0.4$ 的系列 1；$D/\delta = 28$、$h_0/\delta = 0.75$ 的系列 2；$D/\delta = 40$、$h_0/\delta = 1.3$ 的系列 3。

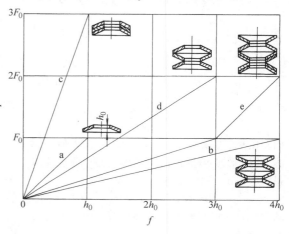

图 2.14-16 碟形弹簧的组合方式与特性曲线

若碟形弹簧的载荷在总工作时间内循环次数未达 10^4 者属静载荷，载荷循环次数在 10^4 以上者属循环载荷。

1. 静载荷下的应力计算 静载荷下的特征应力为

$$\sigma_{OM} = \frac{12E}{\pi(1-\nu^2)} \frac{K_2 \delta f}{K_1 D^2} \qquad (2.14\text{-}8)$$

$$K_1 = \frac{1}{\pi} \frac{\left(\dfrac{C-1}{C}\right)^2}{\left(\dfrac{C+1}{C-1} - \dfrac{2}{\ln C}\right)}$$

$$K_2 = \sqrt{\sqrt{\left(\frac{C_1}{2}\right)^2 + C_1 + 1} - \left(\frac{C_1}{2}\right)^2}$$

$$C_1 = \frac{6.4\delta^2}{(H_0 - \delta)^2}; \quad C = \frac{D}{d}$$

强度条件为压平时的特征应力小于屈服点，即

$$\sigma_{OM} = \frac{12E}{\pi(1-\nu^2)} \frac{K_2 \delta^2}{K_1 D^2} \leqslant \sigma_s \qquad (2.14\text{-}9)$$

式中 E——碟片材料的弹性模量；

ν——碟片材料的泊松比；

δ——碟片厚度；

D——碟片外径。

2. 循环载荷下的应力计算 这时应计算两个点的应力以备校核，即

$$\sigma_2 = \frac{4Ef\delta}{K_1 D^2 (1-\nu^2)} \left[K_4 - K_3 \left(\frac{h_0}{\delta} - \frac{f}{2\delta} \right) \right]$$

$$\sigma_3 = \frac{4Ef\delta}{K_1 C D^2 (1-\nu^2)} \left[(2K_4 - K_3) \left(\frac{h_0}{\delta} - \frac{f}{2\delta} \right) - K_4 \right]$$

$$K_3 = \frac{6\left(\dfrac{C-1}{\ln C} - 1\right)}{\pi \ln C} \qquad (2.14\text{-}10)$$

$$K_4 = \frac{3(C-1)}{\pi \ln C}$$

以预压变形量 $f_1 = (0.15 \sim 0.20) h_0$ 求得最小应力，以工作变形量 f_2 求得最大应力，分别验算最大应力 σ_{max} 和应力幅 σ_a，满足

$$\sigma_{max} \leqslant \sigma_{rmax}, \sigma_a \leqslant \sigma_{ra} \qquad (2.14\text{-}11)$$

式中，σ_{rmax} 和 σ_{ra} 是碟形弹簧疲劳极限最大应力和应力幅。

50CrVA 钢的疲劳极限见图 2.14-17。

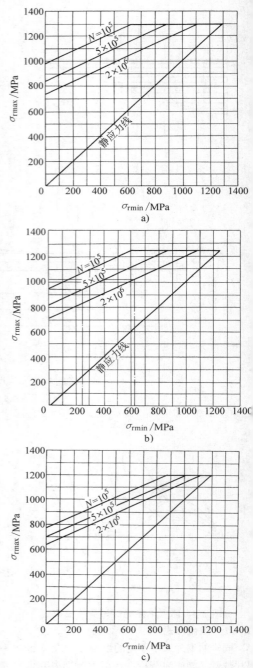

图 2.14-17 50CrVA 碟形弹簧极限应力曲线

a) 碟片厚度 $\delta = 0.3 \sim 0.9\text{mm}$ b) 碟片厚度 $\delta = 1 \sim 3.5\text{mm}$ c) 碟片厚度 $\delta = 4 \sim 16\text{mm}$

14.5 环形弹簧

环形弹簧由带内锥面的外圆环和带同样锥角之内锥面的内圆环组成,见图2.14-18。内、外圆环的数量由承受载荷的大小和变形量的要求来决定。

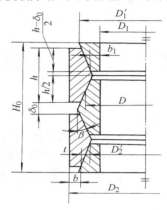

图 2.14-18 环形弹簧

由于内、外圆环沿轴线相对运动时,在相互接触的圆锥面上有很强烈的摩擦,卸载时摩擦力阻碍弹簧弹性变形的恢复,因此环形弹簧的加载特性曲线与卸载特性线不重合。

14.5.1 参数选择与几何尺寸计算

1. 圆锥角 2β β 必须大于摩擦角。β 小,弹簧刚度小,β 大,缓冲减振能力低。一般取 $\beta = 13°$ ~ 20°,润滑条件差、表面较粗糙时,取大值。

2. 圆环高度 h h 小,接触面积小,h 大,制造较困难。通常取

$$h = \left(\frac{1}{6} \sim \frac{1}{5}\right)D_2$$

3. 自由高度 H_0 和并紧高度 H_b 弹簧的自由高度为

$$H_0 = \frac{n}{2}(h + \delta_0) = \frac{n}{2}(h + \delta) + f$$

式中 n——接触面对数,等于内、外环总数减1;

δ_0——自由状态下相邻两外或内环的间距,一般取 $\delta_0 \approx h/4$;

δ——加载后相邻两外或内环的间距。

f——弹簧变形(轴向位移)量。

环形弹簧的并紧高度为

$$H_b = \frac{nh}{2} \qquad (2.14-12)$$

H_b 应不小于 $4f$。

4. 圆环直径

内环内径 D_1 由结构确定

外环外径 $D_2 = D_1 + 2(b + b_1) + (h - \delta_0)\tan\beta$

外环内径 $D_2' = D_2 - 2\left(b + h\tan\dfrac{\beta}{2}\right)$

内环外径 $D_1' = D_1 + 2\left(b_1 + h\tan\dfrac{\beta}{2}\right)$

接触面平均直径 $D = \dfrac{D_2 - 2b + D_1 + 2b_1}{2}$

14.5.2 应力计算

内、外环圆锥表面上的作用力为

$$F_n = \frac{F}{\sin\beta + \mu\cos\beta} \qquad (2.14-13)$$

式中 μ——摩擦因数,在良好状态下 $\mu = 0.12$ ~ 0.16。

外环产生拉应力,其计算公式为

$$\sigma = \frac{F}{\pi\left(hb + \dfrac{h^2}{4}\tan\beta\right)\tan(\beta + \rho)} \qquad (2.14-14)$$

式中 ρ——摩擦角。

因此,满足强度条件的外环厚度为

$$b = \frac{F}{\pi h\tan(\beta + \rho)\sigma_P} - \frac{h}{4}\tan\beta \qquad (2.14-15)$$

式中 σ_P——外环材料许用拉应力,通常取 $\sigma_P = 800\text{MPa}$。

同时,在压并载荷下该应力不应超过材料的弹性极限。

内环产生压应力,其计算公式为

$$\sigma_c = \frac{F}{\pi\left(hb_1 + \dfrac{h^2}{4}\tan\beta\right)\tan(\beta + \rho)} \qquad (2.14-16)$$

因此,满足强度条件的内环厚度为

$$b_1 = \frac{F}{\pi h\tan(\beta + \rho)\sigma_{cP}} - \frac{h}{4}\tan\beta \qquad (2.14-17)$$

式中 σ_{cP}——内环材料许用压应力,通常取 $\sigma_{cP} = 1200\text{MPa}$。

初选时可取 $b = 1.3b_1$,$b = (1/5 \sim 1/3)h$。

14.5.3 环数计算

给定总变形量 f 后,环形弹簧接触面对数可

由下式求出

$$n = \frac{2\pi f E \tan(\beta + \rho)\tan\beta}{FD\left(\dfrac{1}{hb + \dfrac{h^2}{4}\tan\beta} + \dfrac{1}{hb_1 + \dfrac{h^2}{4}\tan\beta}\right)}$$

(2.14-18)

于是，内、外环总数为

$$n_1 = n + 1$$

15 密 封

密封件与密封循环保护系统构成的工业密封装置，简称密封。它的作用是阻止工作流体（液体、气体）从零件结合面间泄漏，并防止外界灰尘、潮气等侵入。造成泄漏的主要原因是密封面间有间隙、密封面两侧有压力差或浓度差，其中间隙对密封有本质的影响。用不同的方式消除或减轻任一因素的影响均可减少泄漏。

15.1 类型、特点与应用

15.1.1 类型

按密封面有无相对运动，分静密封和动密封；按密封面有无间隙（是否接触），分接触密封和非接触式密封；接触密封根据密封件的材料不同，分垫密封、胶密封和填料密封；非接触密封根据密封原理不同，分流阻型密封和动力型密封。

15.1.2 密封能力

密封能力是指密封装置能胜任的工况参数技术指标。动、静密封能适应的线速度、泄漏量、压力、温度和寿命等单项指标见表 2.15-1；各类密封装置密封能力的综合技术指标见表 2.15-2 和表 2.15-3。

表 2.15-1 密封能力单项的技术指标

项　　目	工作条件			泄漏量 $q/\text{mg} \cdot \text{h}^{-1}$	寿命 L/a
	温度 $\theta/℃$	压力 p/MPa	线速度 $v/\text{m} \cdot \text{s}^{-1}$		
动密封	$-240 \sim 600$	$13.3 \times 101^{-5} \sim 10^3$	< 150	0.1	$1 \sim 5$
静密封	$-240 \sim 900$	$1.33 \times 101^{-5} \sim 10 \times 10^3$	0	0	$1 \sim 5$

表 2.15-2 静密封的密封能力

密封种类		真空/Pa	压力/MPa	温度/℃	适用流体种类	尺寸/mm	典型用例
塑性垫片	纤维质垫片	13.3	2.5	200(450)	油,水,气,酸,碱	不限	设备法兰,管法兰
	橡胶垫片	0.133×10^{-3}	1.6	$-70 \sim 200$	真空,油,水,气		真空设备
	金属包垫片		6.4	450(600)	油,蒸汽,燃气		内燃机气缸垫
	金属缠绕垫片		100				炼油厂设备,管道连接
	金属平垫片	13.3×10^{-9}	20	600	油,合成原料气	100	化工设备,超高真空
	橡胶 O 形圈	0.133×10^{-3}		$-70 \sim 200$	油,水,气,酸,碱	不限	液压元件,真空设备
	密封胶				油,水,气		机壳中分面
弹性接触	金属环形垫		>6.4	600		800	化工高压设备
	卡扎里密封		32	350	油,合成原料气	>1000	
	单锥密封		150			<500	高压管接头
	金属空心 O 形圈		300	600	放射性高压气	<600	核电站容器封口
研合密封面			$0.01 \sim 100$	550	油,水,气	不限	闸板,气缸中分面

表 2.15-3　动密封的密封能力

密封种类			真空/Pa	压力/MPa	温度/℃	线速度/m·s⁻¹	泄漏量/cm³·h⁻¹	寿命/a	运动方式	介质	典型用例
接触式	软填料密封		1333	32	-240~600	20	10~1000		往复旋转	气液	清水离心泵、柱塞泵、阀杆
	成型填料	挤压型	0.13	100	-45~230	10	0.001~0.1	0.5~1			液压缸
		唇形	1.33×10^{-3}								
	油封		0.3		-30~150	12	0.1~10	0.25~0.5	旋转		轴承油封
								0.25~1	往复		活塞杆
	硬填料密封	往复		300	-45~400	—		0.5~1	旋转		航空发动机轴封
		旋转						0.25~1	往复		汽油机、柴油机、压缩机、液压缸轴封
	活塞环密封	往复	1333			12	0.2%~1%①	0.25~1			
		旋转		0.2					旋转		
	机械密封	普通式	0.13	8	-196~400	30	0.1~150				离心泵
		非接触式 液膜		32	-30~150	-30~100	100~5000	>1			涡轮压缩机
		气膜		2	不限	不限	—			气	航空发动机
非接触式	迷宫密封		13	20	600	不限	大	>3	旋转	气液粉	汽轮机、燃气轮机
	间隙密封	液膜浮环		32	—	80	内漏	>1	往复旋转		泵、化工涡轮机
		气体浮环		1	-30~150	70	<8333	≈1		气	制氧机
		套筒		1000	-30~100	2				气液	液压泵、高压泵
	动力密封	离心密封 背叶轮	1333	0.25	0~50	30		>1	旋转	液粉	矿浆泵
		甩油环	—	0.01	不限	不限		非易损件			轴承
		螺旋密封	1333	2.5	-30~100	30		取决于轴承	往复旋转	气液	轴承、鼓风机,锅炉给水泵
		螺旋迷宫密封				70				液	
	磁流体密封									气液	

① 指泄漏与吸气容积之比。

15.1.3　材料

密封材料的分类与应用见表 2.15-4。

表 2.15-4　密封材料的分类与应用

类　别		材　料	用　途
纤维	植物纤维	棉、麻、纸、软木	垫片、软填料、防尘密封件、密封件的增强填料
	动物纤维	毛、毡、皮革	垫片、软填料、成型填料、油封、防尘密封件
	矿物纤维	石棉	垫片、软填料、停车密封
	人造纤维	有机合成纤维、玻璃纤维、石墨纤维、陶瓷纤维、金属纤维	垫片、密封件的增强填料、无油润滑密封件
弹塑性体	橡胶	合成橡胶、天然橡胶	垫片、软填料、成型填料、油封、防尘密封件、全封闭密封件、机械密封、停车密封
	塑料	氟塑料、聚酰胺、聚乙烯、酚醛塑料、氯化聚醚、聚苯醚、聚苯硫醚	垫片、软填料、成型填料、油封、硬填料、活塞环、防尘密封件、全封闭密封件、机械密封
	柔性石墨	柔性石墨	垫片、软填料、成型填料

（续）

类　别		材　料	用　途
非弹塑性体	无机材料　炭石墨	焙烧炭、电化石墨、硅化石墨	机械密封、硬填料、间隙密封
	无机材料　工程陶瓷	氧化铝、滑石瓷、金属陶瓷、氮化硅、硼化铬、碳化硅、碳化硼、微晶玻璃	机械密封
	金属　钢铁	碳钢、铸铁、不锈钢、硬合金、高弹性合金	垫片、成型填料、硬填料、活塞环、防尘密封件、封闭密封件、机械密封、间隙密封、动力密封
	金属　非铁金属	铜、铝、铅、锌、锡及其合金	垫片、软填料、硬填料、机械密封、迷宫密封、间隙密封
	金属　硬质合金	钨钴及钨钴钛类硬质合金、刚结硬质合金、镍基耐腐蚀硬质合金	机械密封
	金属　磁性材料	马氏体磁钢、铝镍钴磁钢、铁氧体磁钢、稀土钴磁钢	磁流体密封
	金属　贵金属	金、银、铟、钽、汞、镓	高真空密封、高压密封、低温密封、磁流体密封
液体	密封胶	液态密封胶、厌氧胶	垫片、接头、螺纹、中分面密封
	胶粘剂	有机胶粘剂、无机胶粘剂	无压堵漏、带压堵漏
	磁流体	磁微粉、非金属或金属载体、表面活性剂	磁流体密封
	油水类	水、油、脂、酯	密封系统、液封、软填料浸渍
气体	气体与蒸汽	惰性气体、水蒸气	密封系统、气封、迷宫系统

15.2　动密封

动密封装置的摩擦与密封功耗密切相关，其摩擦因数值随摩擦状态不同而异。表 2.15-5 给出动密封摩擦因数的概略值。

表 2.15-5　动密封摩擦因数

摩擦状态	固体摩擦	混合摩擦	流体摩擦
摩擦因数	0.35~0.80	0.005~0.35	0.001~0.005

15.2.1　成型填料密封

1. 挤压型密封圈　密封圈受安装沟槽的预压缩作用，在摩擦面上产生初始接触压力，获得密封效果。作用介质压力后有自紧作用。密封圈材料有橡胶、氟塑料、聚酰胺和聚乙烯等。

（1）挤压型密封圈类型　挤压型密封圈的类型见表 2.15-6。

表 2.15-6　挤压型密封圈类型

类型	简　图	说　明
O 形圈	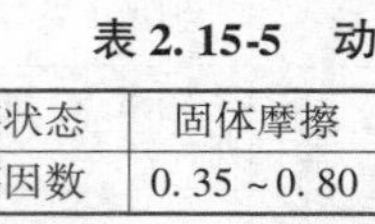	典型形式。能作各种运动条件下的动密封件，也能作静密封件。高压时需用挡圈防止被挤出而破坏

（续）

类型	简　图	说　明
方形圈	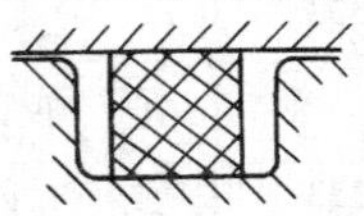	装填不如 O 形圈方便，摩擦阻力较大，常作密封件使用。4 个角圆后性能可获改善
D 形圈	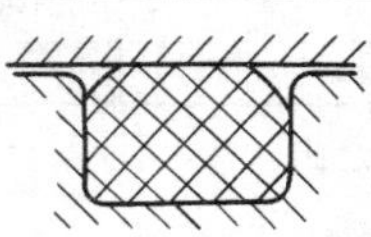	在沟槽中位置稳定，无滚动、扭曲现象。适用于变压力的场所。高压时需用挡圈防止被挤出而破坏
T 形圈	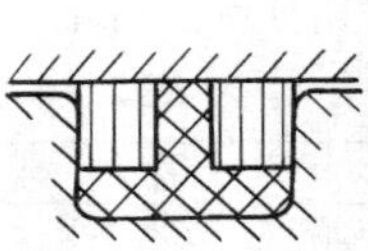	在沟槽中位置稳定，无滚动、扭曲现象，抗振动。5% 的沟槽压缩率即能保持密封，摩擦阻力小。用于中、低压有振动的场所。需用挡圈防止被挤出而破坏
W 形圈	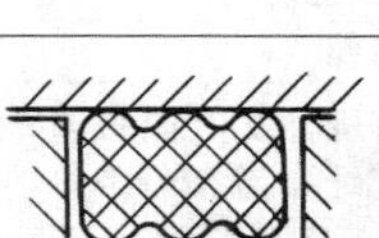	相当 3 个 O 形圈的叠加，共有 6 个突起，外侧的突起较高，压缩率较大。工作压力达 210MPa
心形圈	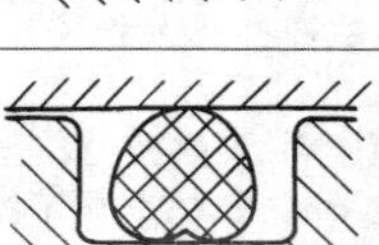	在沟槽中位置稳定，不易滚动、扭曲。应当用挡圈防止被挤出而破坏。适宜作低压旋转密封件

（续）

类型	简图	说明
多边形圈		在沟槽中位置稳定，不易滚动、扭曲。泄漏量比 O 形圈少，摩擦阻力比 O 形圈低。当工作压力超过 10 MPa 后应采用挡圈。常用于液压缸、气动缸的柱塞密封。
X 形圈		相当两个 O 形圈的叠加，在沟槽中位置稳定，无滚动、扭曲现象。1% 的沟槽压缩率即能密封，摩擦阻力较高。允许线速度较高。用于旋转运动及要求低摩阻的场所。应防止挤出。

（2）O 形橡胶密封圈　O 形橡胶密封圈是应用得最多的挤压型密封圈，GB/T 3452.1—1992 规定了其尺寸系列。它的工作参数范围：

工作压力　　静密封，100MPa；动密封，35MPa

工作温度　　−60～250℃

轴径　　　　3000mm

密封面线速度 3m/s

1）安装沟槽的形式见表 2.15-7。

表 2.15-7　O 形圈沟槽形式

型式	简图	说明
矩形槽		静、动密封均适宜，应用普遍
三角形槽		尺寸紧凑，静密封用
燕尾形槽		O 形圈牢固处于沟槽内，不脱落。适宜装在上法兰
半圆形槽		仅用于旋转轴，应用不普遍
斜底形槽		用于燃料类介质，O 形圈有较大膨胀的场所

2）沟槽内径 d_0、外径 D_0 按下式计算确定（图 2.15-1）

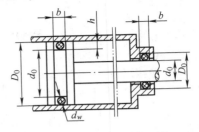

图 2.15-1　O 形圈沟槽几何参数

沟槽内径

$$d_0 = a(d + d_w) - d_w \qquad (2.15\text{-}1)$$

式中　a——O 形圈拉伸率，见表 2.15-7；

　　　d——自由状态下 O 形圈的内径；

　　　d_w——自由状态下 O 形圈的截面直径。

沟槽外径

$$D_0 = 2d_w(1 - \beta) + d_0 \qquad (2.15\text{-}2)$$

式中　β——O 形圈压缩率，见表 2.15-8。

表 2.15-8　橡胶 O 形圈的拉伸率与压缩率

密封形式	介质	拉伸率 α（%）	压缩率 β（%）
静密封	油	1.03～1.04	15～25
	空气	<1.01	
往复密封	油	1.02	12～17
	空气	<1.01	
旋转密封	油	0.95～1.0	5～10

3）矩形槽槽深

$$h = (1 - \beta)d_w \qquad (2.15\text{-}3)$$

三角形槽槽深

$$h = 1.33d_w \qquad (2.15\text{-}4)$$

4）沟槽侧壁与 O 形圈间应有间隙，故沟槽宽度应为：矩形槽，$b = (1.3～1.5)d_w$，有挡圈者槽宽应加挡圈厚度；三角形槽，$b = h = 1.33d_w$。

GB/T 3452.3—1988 对沟槽尺寸和设计计算准则作了规定。

5）正确选择沟槽内（外）径处的间隙是防止 O 形橡胶密封圈被挤出而破坏的主要保证措施之一，推荐的该间隙值见表 2.15-9。

6）沟槽粗糙度对密封性和寿命影响很大，推荐的 R_a 值如下：

静密封　1.8～3.2μm，在压力波动小时可加大到

6. 3μm；

动密封　底面 0. 8μm，侧面 1. 8 ~ 3. 2μm。

7）O 形橡胶密封圈的摩擦阻力为

$$F_t = \pi D b_0 \mu p_0 \qquad (2.15\text{-}5)$$

式中　D——O 形圈摩擦面直径；

　　　b_0——O 形圈摩擦面宽度；

　　　μ——摩擦因数，往复运动时，$\mu = 0.02$ ~ 0. 30；旋转运动时，$\mu = 0.05$ ~

0. 90；

　　　p_0——O 形圈摩擦面平均接触压力，可

　　　　　　为介质压力。

O 形圈密封的起动摩擦阻力是运动摩擦阻[力]

的 3 ~ 10 倍。

2. 唇形密封圈　它的截面中有一个或数[个]

唇口，具有比挤压型密封圈更显著的自紧作用[。]

唇形密封圈的类型见表 2. 15-10。

表 2. 15-9　O 形圈沟槽内（外）径处的间隙

胶料硬度（HS）		60 ~ 70		70 ~ 80		80 ~ 90	
截面直径 d_w/mm		1. 8 ~ 3. 55	4. 6 ~ 8. 6	1. 8 ~ 3. 55	4. 6 ~ 8. 6	1. 8 ~ 3. 55	4. 6 ~ 8. 6
介质压力/MPa	< 2.5	0. 14 ~ 0. 17	0. 20 ~ 0. 25	0. 18 ~ 0. 20	0. 22 ~ 0. 25	0. 20 ~ 0. 23	0. 22 ~ 0. 25
	2. 5 ~ 8	0. 08 ~ 0. 11	0. 10 ~ 0. 15	0. 10 ~ 0. 15	0. 13 ~ 0. 20	0. 14 ~ 0. 18	0. 20 ~ 0. 23
	8 ~ 16	间隙/mm		0. 06 ~ 0. 08	0. 08 ~ 0. 11	0. 08 ~ 0. 11	0. 10 ~ 0. 13
	16 ~ 32					0. 04 ~ 0. 07	0. 07 ~ 0. 09

表 2. 15-10　唇形橡胶密封圈的类型

类型	V 形圈	U 形圈	L 形圈
简图			
说明	典型形式。可密封孔或轴。能多个重迭使用，但不紧凑。广泛用于高、低压水压机和油压机，特别适用于高压、大直径、高速、长冲程等苛刻条件。线速度可达 0. 5m/s；工作压力可达：纯胶 30MPa，夹布橡胶 60MPa	可密封孔或轴。单个使用，结构简单，摩擦阻力小。要配支承环。既可作往复运动密封件，亦可作缓慢旋转运动密封件。用于油压机和水压机，工作压力可达：纯胶 0MPa，夹布橡胶 32MPa	只能密封孔。用于直径不太大的低、中压液压缸或气缸活塞密封

类型	J 形圈	Y 形圈	高低唇 Y 形圈	
			封轴用	封孔用
简图				
说明	只能密封轴。用于低、中压液压缸或气缸活塞杆的密封。亦可作为低、中速的旋转运动密封件	可密封孔或轴。结构简单、紧凑，抗根部磨损能力强。工作位置较稳定，仅在压力波动大时需配支承环。高压时应加挡圈。用于液压和气动往复密封，工作压力可达 25MPa，线速度可达 0. 5m/s	以长唇保护短唇（工作唇），防止唇口[损]伤。不需配支承环。除此之外，其特性与[Y]形圈相同。广泛用于液压和气动往复密封	

15. 2. 2　油封

油封也是一种唇型密封，其特点是密封压力靠唇口的弹簧力产生，且品种繁多，故另列一类。

油封的工作参数范围：

工作压力　　0. 3MPa（耐压型可达 0. 8MPa）

工作温度　　- 60 ~ 150℃

密封面线速度　普通型，< 4m/s；

　　　　　　　　高速型，< 25m/s

介质　　　　油、水、弱腐蚀性液体

寿命　　　　500 ~ 2000h

1. 类型　按材质，有橡胶油封，皮革油封[，]塑料油封。按唇口密闭方向，油封可分为内向[型]和外向型，油封的类型及应用特点见表 2. 15-11[。]

表 2.15-11 油封类型及应用特点

类型	普通型	双唇形	包铁型	无簧型	J型
简图					
说明	带金属骨架和螺旋弹簧的单唇油封。一般线速度小于4m/s,高速型小于12~15m/s	和普通型性能相同,单具有防水、防尘的副唇	骨架外露成金属壳,装配简便,定位准确,同轴度好	仅有骨架而无弹簧,常用作防尘密封件。尺寸紧凑,油封高度为4~7mm	仅有弹簧而无骨架,常用于大轴径的低速机械。装填时外圈需用压板固定
类型	S型	端面油封	往复型	单向动力型	双向动力型
简图					
说明	无骨架,无弹簧,尺寸紧凑。装填在与毡封相似的梯形槽中作为防尘密封件	唇口作用于轴端面,主要作为防尘密封件	用于低压往复柱塞杆密封,压力不大于0.7MPa,速度不超过1m/s	唇口气侧面上有螺纹或斜坡等浅花纹。正转时产生动力回流作用,使将要滴漏的油回流到油侧	唇口气侧面上有对称的浅花纹,如三角突块等。正、反转时均有动力回流作用

2. 安装结构

（1）安装沟槽 橡胶油封安装沟槽的形式和尺寸见图 2.15-2,图中 D、d、H 尺寸按油封标称尺寸。

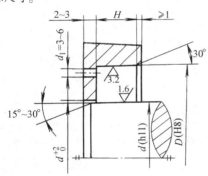

图 2.15-2 内包骨架油封安装沟槽

（2）安装方式 包胶式油封采用压入方式安装,GB/T 13871—1992 规定了内包骨架、外露骨架和装配式旋转轴唇形油封的尺寸系列。

包铁式油封允许轻轻敲打安装。

5.2.3 机械密封

机械密封是通过相对转动的动环和静环相互贴合,并使端面间维持一层极薄的流体膜而起密封作用的密封装置。机械密封又称端面密封,乃旋转轴用动密封。图 2.15-3 是一种机械密封的结构图。

它密封性能良好,摩擦功耗少,对轴的磨损轻微,工作状况稳定,可在高压、真空、高温、深冷、高速、大直径、腐蚀、易燃、易爆、有毒、放射性及稀有贵重介质等条件下应用。机械密封的缺点是结构复杂、材料品种多、加工和安装工艺要求高、维修不便等。

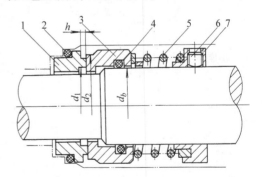

图 2.15-3 机械密封结构
1—静环 2—静环密封圈 3—动环 4—动环密封圈 5—弹簧 6—固定螺钉 7—弹簧座

1. 类型 接触面是机械密封的关键,按其数目分单端面和多端面,按其位置分内装式和外装式,按其构成分旋转式和静止式,按其受压状态分平衡式和非平衡式,按其随动性分密封圈式和波纹管式。

2. 应用

（1）当工作温度超过150℃时，视为高温机械密封，此时应注意选择密封件材料。浸铜或铝的石墨最高可达400℃，聚四氟乙烯最高可达250℃。同时，应采取有效的冷却措施；

（2）当工作压力超过3MPa时，视为高压机械密封。此时必须选用平衡式结构或非接触式机械密封；

（3）当线速度超过25～30m/s时，视为高速机械密封。此时应加强对摩擦副的润滑与冷却，注意摩擦副材料的组对，采用静止式结构及非接触式机械密封。

（4）当工作温度低于0℃时，视为普冷机械密封；当工作温度低于－50℃时，视为深冷机械密封。普冷机械密封可以采用氟橡胶密封圈（工作温度下限－20℃）、硅橡胶及聚四氟乙烯密封圈（工作温度下限－50℃）。深冷机械密封

必须采用金属波纹管式机械密封。

3. 机械密封标准产品　标准机械密封产品有：JB/T 1472—1994 泵用机械密封、JB/T 7372—1994 耐酸泵用机械密封、JB/T 7371—199 耐碱泵用机械密封、JB/T 5966—1995 潜水电泵用机械密封、JB/T 6614—1993 锅炉给水泵用机械密封、JB/T 6616—1993 橡胶波纹管机械密封等。

15.2.4 硬填料密封

硬填料密封的密封件一般由金属、石墨等弹性材料制成，为补偿密封面的磨损和随轴的跳动，采用分瓣环、开口环和唇形环等结构。

分瓣环的结构形式见表 2.15-12，弹性开口环的结构形式见表 2.15-13。

当硬填料密封作为旋转密封件应用时，称为圆周密封。硬填料密封比软填料和成型填料密封更耐热、耐压，适应更高的速度，其应用范围见表 2.15-14。

表 2.15-12　分瓣式平面密封环

名称	三瓣斜口密封环	三六瓣密封环
结构简图	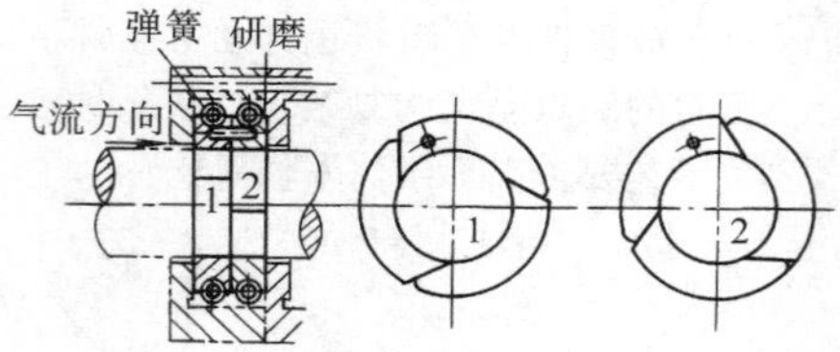	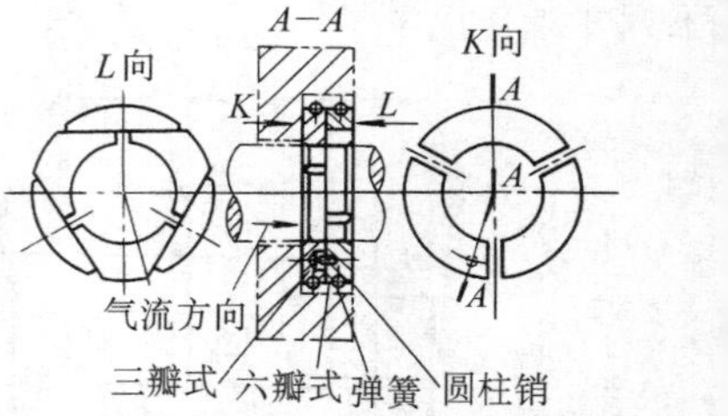
说明	结构简单,坚固,工艺性好,适用于低压压缩机	工艺性好,所有剖分面均可研磨,是平面密封环的标准设计,常用于10MPa以下的气体和蒸汽密封

名称	四楔块密封环	小楔块密封环	斜肩榫接密封环
结构简图	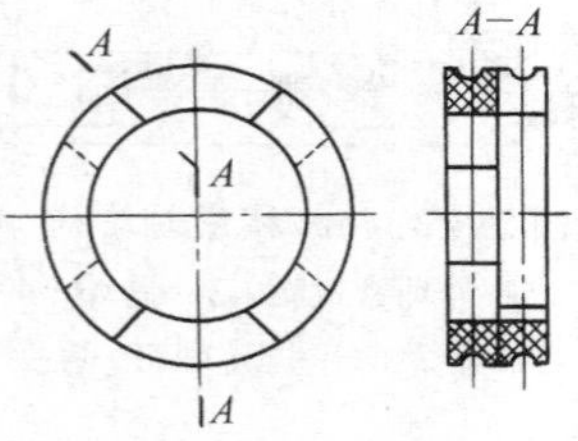	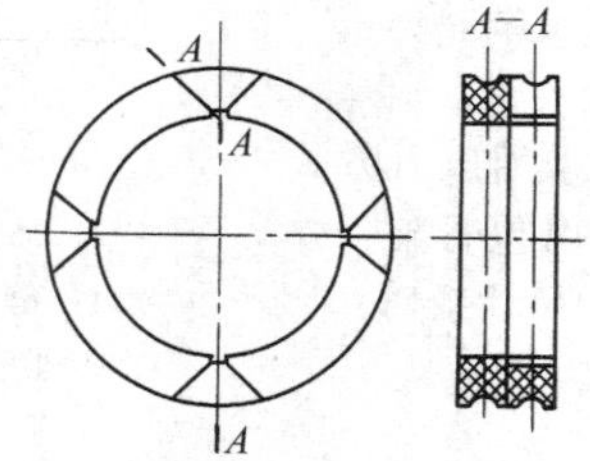	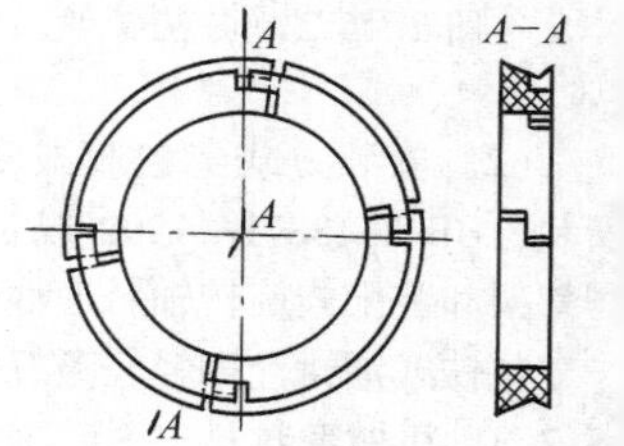
说明	比切线开口的更坚固,适合做石墨密封环	切口布置合理,间隙小,严密性好,泄漏量只相当于标准设计的一半	箍紧弹簧有轴向分力。榫舌遮断了泄漏通道,每级只需一个环,轴向尺寸小。但榫易折断,结合面难研磨。主要用来做石墨环

表 2.15-13　弹性开口环

名称	活塞环式	锥形	平面紧缩式
结构简图	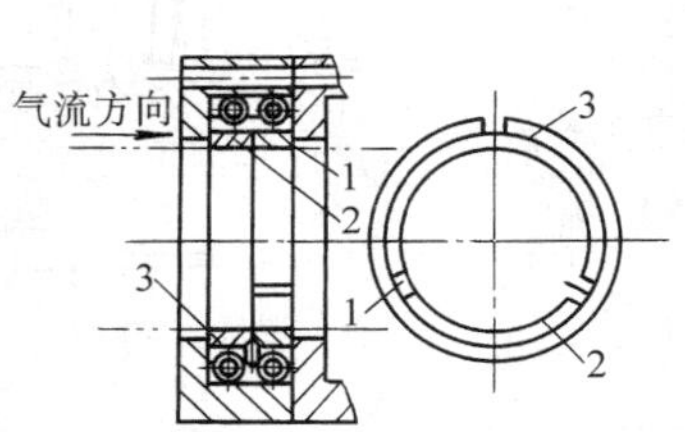	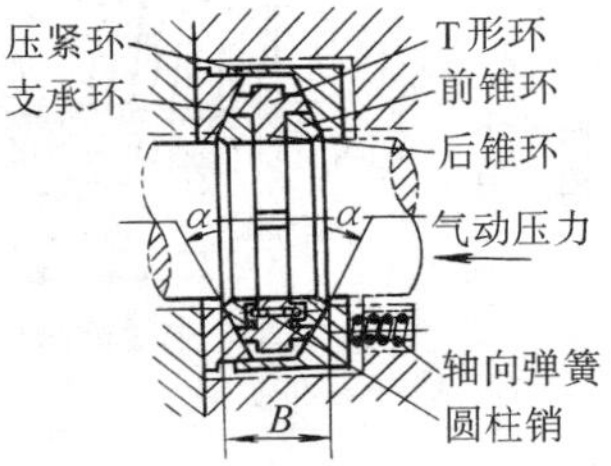	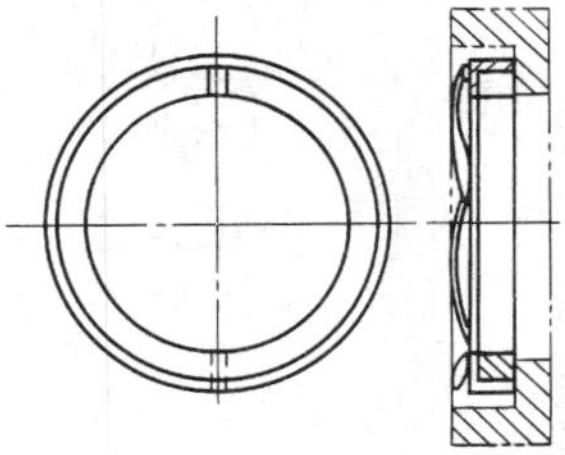
说明	外圈 3 为弹性环，内圈 1、2 由锡锑合金、青铜或增强聚四氟乙烯制成，三环一组，切口错开	内锥环由锡锑合金或聚酰胺制成，外锥环由青铜制成。轴向预紧。高压端用 10°锥角。多用于小型高压压缩机	外圈弹力环为角铁形截面，可遮盖内环切口间隙。结构简单，但严密性较差

表 2.15-14　硬填料密封应用范围

填料品种	压力/MPa	温度/℃	速度/m·s⁻¹	润滑方式	应　用
金属平面填料	50	200	5	滴注	活塞式压缩机
金属三角形填料	3	400	3	热油	热油泵
金属 U 形填料	20	200	1	压力供油	搅拌釜
石墨圆周密封	1	350	110	少油	航空发动机
填充聚四氟乙烯开口环	15	100	3	无油	氧气压缩机（无油）

15.2.5　螺旋密封

在轴或孔的密封表面上制出螺旋槽，当轴与孔相对转动时，螺旋式密封间隙内的流体产生泵送压力，与被密封介质的压力相平衡，从而阻止泄漏。因而又称粘滞密封。

它属非接触式密封，无固体摩擦，可在较高速度下使用，寿命较长。

螺旋密封用于密封液体可达零泄漏，用于密封气体泄漏量可低于 $10^{-4} \sim 10^{-5}$ mL/s。螺旋密封在低密封压差下使用时，功耗与发热都很小，用冷却水套散热已足够，无需封液强制循环冷却，系统简单，优于浮动环密封。

螺旋密封的工作速度受封液乳化的限制。

螺旋密封往往需要辅以停车密封，使密封系统结构和控制复杂、尺寸增大。

螺旋密封主要用于核技术和宇航技术，例如气冷堆压缩机的密封，增殖堆钠泵的密封等，在石油化工方面用于原油、渣油和重油输送泵的轴封中。

1. 工作方式　螺旋密封有 3 种工作方式，见表 2.15-15。

表 2.15-15   螺旋密封工作方式

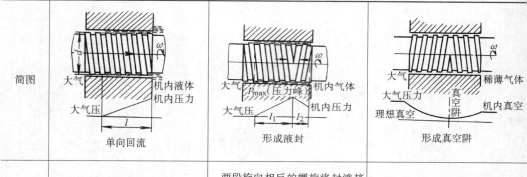

简图	单向回流	形成液封	形成真空阱
特点	用单端螺旋将漏液推回,用于密封液体或液气混合物;无需外加封液;常用于轴承封油	两段旋向相反的螺旋将封液挤向中间,产生超过被封压力的压力峰,形成液封;常用于密封气体或真空密封	在高转速下,两段旋向相反的螺旋将气体向两侧排出,中间形成高真空阱;可作为真空密封

2. 设计要点

(1)赶油方向　在设计螺旋密封时,应特别注意赶油方向,若把方向弄错,则不但不能密封,反而将加速泄漏。表 2.15-16 列出了螺纹种类、旋向和密封轴转向之间的关系。

表 2.15-16   螺旋密封的螺纹旋向和轴的转向

轴转向	顺时针				逆时针			
螺旋种类	外螺纹(螺杆)		内螺纹(螺套)		外螺纹(螺杆)		内螺纹(螺套)	
螺纹旋向	右旋	左旋	右旋	左旋	右旋	左旋	右旋	左旋
高压侧位置	右边	左边	左边	右边	左边	右边	右边	左边
低压侧位置	左边	右旋	右边	左边	右边	左旋	左边	右旋
流向	→	←	←	→	←	→	→	←

(2)设置回油路　如果螺旋密封较长时,最好在其中部设置回油路,见图 2.15-4。图 2.15-4a 中螺纹衬套 2 的中部有环槽通向回油孔,图 b 中将螺纹衬套分为两个,中间有很大的回油空间。

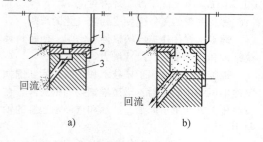

a)　　　　　　　b)

图 2.15-4   回油油路

(3)密封间隙　间隙越小,对密封越有利。为了尽可能减小间隙,又能避免工作中因轴变形而与壳体相碰产生磨损,可在壳体内表面涂一层石墨。

(4)螺纹形式和线数　螺杆或螺套的螺纹形式有普通三角形螺纹,锯齿形螺纹,矩形螺纹;螺纹可以是单线的,也可以是多线的,对于转速较低的螺旋密封,最好选用多线螺纹。

3. 封液选择　对封液的要求是:与被密封介质及环境物质应有相容性;应具有适当粘度及粘温特性;适当的表面张力,以便获得稳定的气液界面。

15.3   静密封

15.3.1   类型

静密封的类型见图 2.15-5。

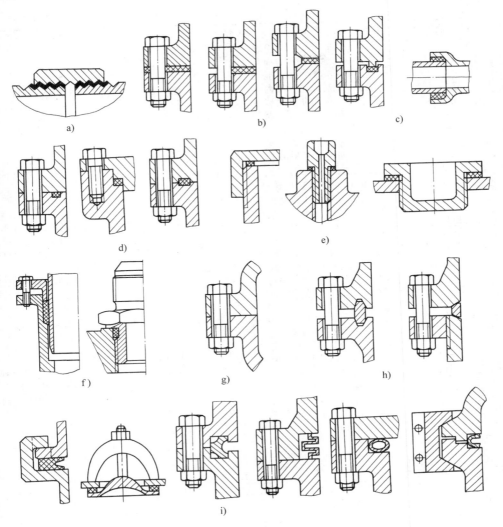

图 2.15-5 各种静密封

a) 螺纹密封 b) 螺栓法兰连接密封 c) 承插连接密封 d) 硬靠垫片密封 e) 螺纹连接密封
f) 填料密封 g) 研合面密封 h) 线接触密封 i) 自紧式密封

15.3.2 螺栓法兰连接密封

1. 法兰密封面 法兰密封面的结构型式及其特点见表 2.15-17。

2. 密封垫片 密封垫片应具有良好的回弹性能和较高的承载能力，与法兰必须匹配。

常用垫片种类有：平垫片、缠绕垫片、波形垫片、齿形垫片、八角垫、椭圆垫、透镜垫、实心和空心 O 形圈等，见图 2.15-6。

平垫片采用的材料多种多样，它们的适用范围见表 2.15-18。

表 2.15-17 法兰密封面的结构型式及其特点

名称	简图	特点
平密封面		结构简单，加工方便，便于进行防腐衬里。配用非金属软垫片，可使用到 1.6MPa；配用缠绕垫片或金属包垫片，可使用到 6.4MPa

（续）　　　　　　　　　　　　　　　（续）

名称	简图	特　点	名称	简图	特　点
凹凸密封面		密封性能比平密封面好，便于安装对中，能防止非金属软垫片被内压挤出。配用非金属软垫片、缠绕垫片或金属包垫片，可使用到6.4MPa；配用金属齿形垫片，可使用到20MPa	梯形槽密封面		与金属八角垫或金属椭圆垫配用，密封可靠。多用于压力高于6.4MPa的场所
榫槽密封面		密封面窄，易压紧。垫片不会被内压压变形而挤出，密封可靠。法兰对中困难，拆卸时不易取出垫片。多用于剧毒介质或密封要求严格的场所。配用非金属软垫片、缠绕垫片或金属包垫片，可使用到6.4MPa	透镜式密封面		要求高的尺寸精度和低的表面粗糙度，加工困难。与金属透镜垫配用，密封可靠。多用于压力高于6.4MPa的场所
平沟槽密封面		密封面加工要求较高。法兰面硬靠紧，耐冲击振动，不因垫片影响装配尺寸基准。配用橡胶O形圈，可使用到32MPa或更高，密封性好。广泛用于液压系统和真空系统	研合密封面		两密封面需要配研，中间不设垫片。多用于气缸中分面和阀板密封

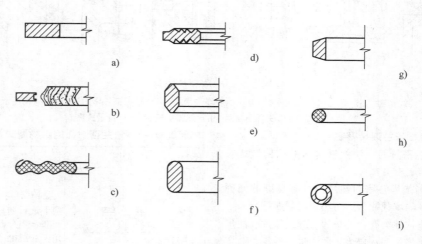

图 2.15-6　静密封常用垫片

a) 平垫片　b) 缠绕垫片　c) 金属包波形垫片　d) 齿形垫片

e) 金属八角垫　f) 金属椭圆垫　g) 金属透镜垫　h) O形橡胶圈　i) 金属空心O形圈

表 2.15-18 常用平垫片的材料及其适用范围

垫片材料	适用范围		
	压力/MPa	温度/℃	介 质
牛皮或浸油、蜡、合成橡胶、合成树脂牛皮	< 0.4	< 120	燃料油、润滑油、水等
软钢纸板		−60 ~ 100	水、油、空气等
橡胶 天然橡胶	$0.133 \times 10^{-9} \sim 0.6$		水、海水、空气、惰性气体、盐类水溶液、稀盐酸
丁腈橡胶	1.6	−60 ~ 120	石油产品、苯、甲苯、水、酸、碱等
硅橡胶		−70 ~ 260	水、酸、酒精、氯化物、溶剂、磷酸酯
氟橡胶		−30 ~ 220	石油产品、水、酸、酒精
合成橡胶	~0.6	−40 ~ 60	空气、水、制动液等
夹布橡胶		−30 ~ 60	空气、水、海水、燃料油、润滑油等
高压橡胶石棉	≤6.0	≤450	空气、压缩空气、惰性气体、蒸汽、氨、变换气、焦炉气、裂解气、水、海水、液态氨、冷凝水、≤98%硫酸、≤35%盐酸、硝氨液、硫氨液、甲胺液、烧碱、氟利昂、氢氰酸
中压橡胶石棉	≤4.0	≤350	
低压橡胶石棉	≤1.5 ~ 4.0	≤200 ~ 350	
耐油橡胶石棉	≤4.0	≤400	油品、油气、溶剂、≤30%尿素、氢气、硫化催化剂
软聚氯乙烯	≤1.6	< 60	酸碱稀溶液及氨,具有氧化性的气体
聚四氟乙烯	≤3.0	−180 ~ 250	浓酸、碱、溶剂、油类
聚四氟乙烯包橡胶或石棉橡胶			
夹金属丝(铜、钢或不锈钢)石棉	—		燃料油、润滑油、水等
金属包石棉、石棉橡胶、聚四氟乙烯等	≤6.4	~600	压缩空气、氢气、蒸汽、裂解气、天然气、变换气、油品、溶剂、渣油、蜡油、重油、液化气、水
退火铜、退火铝、铅、低碳钢、不锈钢、合金钢	$1.33 \times 10^{-6} \sim 20$		

15.3.3 管道连接密封

管道口径在 50mm 以下者,大多采用螺纹连接密封,大口径管道则多采用法兰连接密封。管道连接密封的型式见表 2.15-19。

表 2.15-19 管道连接密封型式

名称	螺纹连接密封	平垫片密封	胶圈密封
简图	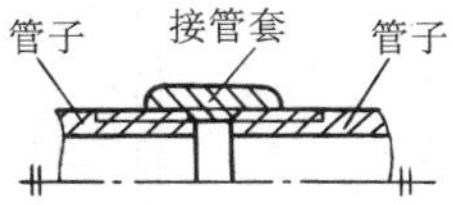	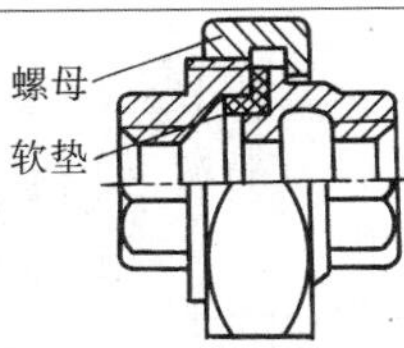	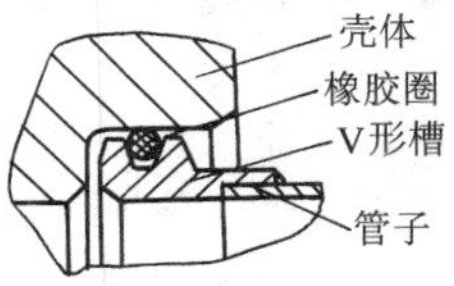
特点	结构简单,加工方便。由于螺纹的配合间隙大,需在螺纹处放置密封材料(麻、液态密封胶或聚四氟乙烯带)。最高使用压力为 1.6MPa,适用口径为 8 ~ 150mm	又称"活接头",结构紧凑,使用方便。由拧紧螺纹产生轴向力,实现密封。采用非金属软垫片时,使用压力可达 1.6MPa,适用垫片压紧作用圆直径 8 ~ 150mm;采用金属平垫片时,使用压力可达 32MPa,适用垫片压紧力作用圆直径 6 ~ 30mm	结构简单,质量轻,密封可靠,适于要求快速装拆的场所。由于采用橡胶圈,使用温度限制在 200℃ 以内。工作压力在 0.4MPa 以下时,只用一个胶圈即可,若压力较高,可用两个胶圈

（续）

名称	扩口锥面密封	轴向膨胀密封	轴线偏斜密封
简图	接头体　螺母　压套　管子	接头体　螺母　橡胶垫　垫圈	连接套　球头　管子
特点	螺母通过压套压紧管子的扩口锥面实现密封。适用于薄壁钢管和软金属管（如铝、铜管）连接。一般用于压力5MPa以下，适用锥面压紧力作用圆直径3～25mm	结构简单。允许管子相对于接头体作轴向位移。需用橡胶垫	球头与连接套之间的配合有不大的过盈，以保证密封。管子既可以沿轴向伸缩，也允许轴线略有偏斜

名称	箭形圈密封	衬套密封	锥形垫密封
简图	壳体　螺母　箭形圈　接头体	接头体　螺母　衬套　管子	法兰　透镜垫 a)　内外螺母　锥形垫　螺套　接头螺母 b)
特点	拧紧螺母，使箭形圈与壳体、接头体、螺母端面产生线接触以实现密封。工作压力可达72MPa，工作温度范围为－180～540℃	拧紧螺母后衬套弯曲成腰鼓形，它相当于一个弹性垫圈，当受到振动时可防止螺母松动，故适用于恶劣的振动环境。允许的工作压力为72MPa	图a适用的工作压力为72MPa，垫片压紧力作用圆直径6～200mm；图b适用的工作压力为250MPa，垫片压紧力作用圆直径3～15mm，用于密封乙烯和聚乙烯等中性介质

15.3.4　高压容器密封

压力大于10 MPa的容器为高压容器，其密封必须安全可靠，能适应温度、压力的波动，装拆方便，密封垫片能重复使用。

1. 金属平垫密封　金属平垫密封所用平垫片的材料为退火铝（硬度为15～30HBS）、退火纯铜（硬度为30～50HBS）和20钢。金属平垫密封的结构见图2.15-7，平垫片和结构尺寸根据设计压力、封口内径由表2.15-20查取。

平垫密封螺栓的预紧载荷F计算公式为

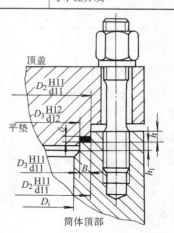

图2.15-7　平垫密封

$$F = \frac{\pi}{4}D_m^2 p + \pi D_m By \qquad (2.15\text{-}6)$$

式中　D_m——垫片的平均直径；

　　　p——容器内的压力；

　　　y——密封压力：退火铝 $y = 50\text{MPa}$；退
火纯铜 $y = 85\text{MPa}$。

表 2.15-20　平垫片和结构尺寸

设计压力 p/MPa	封口内径 D_i/mm	垫片尺寸 宽度 B/mm	垫片尺寸 厚度 δ/mm	结构尺寸 D_3/mm	结构尺寸 h/mm	结构尺寸 h_1/mm
10 ~ 16	≤100	6	3	$D_i + 6$	7	7.5
	~200	6	3	$D_i + 8$	7	7.5
	~300	7	5	$D_i + 10$	11	12.5
	~400	7	5		11	12.5
	~500	8	5		11	12.5
	~600	9	5		11	12.5
	~700	10	6	$D_i + 12$	13	15
	~800	10	6		13	15
	~1000	12	6		13	15
>16 ~22	≤100	6	3	$D_i + 6$	7	7.5
	~200	6	3	$D_i + 8$	7	7.5
	~300	7	5	$D_i + 10$	11	12.5
	~400	8	5		11	12.5
	~500	9	5		11	12.5
	~600	10	6	$D_i + 12$	13	15
	~700	10	6		13	15
	~800	12	6		13	15
>22 ~30	≤100	6	5	$D_i + 6$	7	7.5
	~200	7	5	$D_i + 8$	11	12.5
	~300	8	5	$D_i + 10$	11	12.5
	~400	9	5		11	12.5
	~500	10	6	$D_i + 12$	13	15
	~600	12	6		13	15

2. 双锥密封　双锥密封和双锥环的结构见
图 2.15-8，其材料可选用 20、25、35、16Mn、
20MnMo、15CrMo、1Cr18Ni9Ti 等钢。

双锥环结构尺寸关系为

高度　　　　　　　$A = 2.7\sqrt{D_i}$

外侧面高度　　　$C = (0.5 \sim 0.6)A$

有效高度　　　　$b = \frac{A - C}{2}$

密封锥面平均直径　$D_G = D_i + 2B - b\tan\alpha$

厚度　　　$B = \frac{A + C}{2}\sqrt{\frac{0.75p}{\sigma_m}}$

截面积　　　$A_f = AB - b_2\tan\alpha$

式中　p——设计压力；

　　　σ_m——双锥环中点处的弯曲应力，可取为
50 ~ 100MPa。

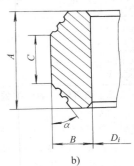

图 2.15-8　双锥密封

a) 双锥密封　b) 双锥环

螺栓预紧载荷 F 为

$$F = \pi D_G by \frac{\sin(\alpha + \rho)}{\cos\alpha\cos\rho} \qquad (2.15\text{-}7)$$

式中　y——密封压力；

　　　α——密封面锥角；

　　　ρ——摩擦角。

工作状态下螺栓上的载荷为

$$F = \frac{\pi}{4}D_G^2 p + \frac{\pi}{2}D_G bp\tan(\alpha - \rho) + \frac{2\pi}{D_i}A_f hE\tan(\alpha - \rho)$$
$$(2.15\text{-}8)$$

式中　h——径向间隙，取 $h = (0.0010 \sim 0.0015)D_i$；

　　　E——平均壁温下材料的弹性模量。

15.4　磁流体密封

设置磁极，其内孔与轴构成密封副，在磁极与
轴的间隙内注入铁磁性流体作为密封剂，由外加
磁场在间隙内形成一个强磁场回路，约束密封剂，
使之在间隙内成为液态 O 形圈，将间隙填塞住，
从而实现密封。这种密封称为磁流体密封。

磁流体密封可达到无泄漏、几乎无磨损、无噪
声，对轴的密封表面粗糙度要求不高，允许较大的

密封间隙,不需要复杂的外润滑系统,无需停车密封。适于高真空、高速度、长寿命的密封。

15.4.1 磁流体密封剂

磁流体密封剂由铁磁性微粒(固相)、载液(液相)和分散剂(液相)组成。它具有超顺磁特性,磁微粒被分散剂和载液分隔开而不聚胶,仍保持液体特性,对轴不形成固体摩擦。

对磁流体密封剂的基本性能要求是:软磁性、低挥发性、长期不聚胶沉淀、适当的粘性、高磁饱和强度、较好的耐热和耐腐蚀性。表 2.15-21 给出几种磁流体密封剂的性能。

表 2.15-21   几种磁流体密封剂的性能

牌号	W-35	HC-50	DEA-40	DES-40	NS-45	L-25	FX-10
外观	黑色液态	黑褐色液态	黑色液态	黑色液态	黑色液态	黑色液态	黑色液态
磁化强度/$A \cdot m^{-1}$	2.86×10^{-3}	3.34×10^{-3}	3.18×10^{-3}	3.18×10^{-3}	2.39×10^{-3}	1.43×10^{-3}	0.80×10^{-3}
密度/$g \cdot cm^{-3}$	1.35	1.30	1.40	1.40	1.27	1.10	1.24
粘度/$Pa \cdot s$	0.03	0.03	0.02	0.03	1.00	0.30	—
沸点/℃	100	180~212	335	377	—	—	—
流动点/℃	0	-27.5	-72.5	-62	-35	—	240~260
着火点/℃	—	65	192	215	225	-55	-35
蒸汽压/Pa	—	—	333.31	66.66	3.3×10^{-9}	244	233
载液	水	煤油	二酯	二酯	醇酸奈	合成油	磷酸二酯

15.4.2 磁流体密封结构的基本形式

磁流体密封的主要结构组成包括:磁流体密封剂、外加磁场、磁极、轴和非导磁外套。

轴若是导磁的,则外加磁场、磁极、磁流体密封剂和轴构成磁路,见图 2.15-9a,这时可以采用平环形磁极。若轴是非导磁的,则须采用 L型磁极,由外加磁场、磁极和磁流体密封剂构成磁路,见图 2.15-9b。

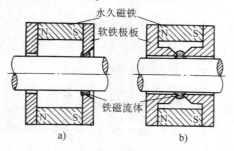

图 2.15-9   磁流体密封的基本形式
a) 磁通经过轴   b) 磁通不经过轴

磁流体密封剂形成一个 O 形圈称为 1 级。可以将磁极内孔加工出多个凹槽(见图 2.15-10),一个凸台构成一级密封,从而构成多级密封。

15.4.3 磁流体密封性能

1. 密封间隙 对小直径 ($d < 50mm$) 的密封,半径间隙可取为 0.050~0.125mm,大直径或跳动量较大的轴,半径间隙可取至 0.25mm。

2. 密封能力 磁流体密封能承受的压力 p 主要与磁场力有关,每级能承受的压力 p 由下式确定

$$p = 7.958BH \qquad (2.15-9)$$

式中 B——密封间隙内的磁通密度;

H——密封间隙内的磁场强度。

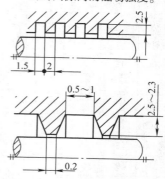

图 2.15-10   多级磁流体密封

式(2.15-9)在 H 值不大于磁饱和强度 H_0 值时才有效,即磁流体密封能承受的压力有极限值。若间隙中的磁场强度达 150~200A/m,磁流体的磁感应强度为 0.05T,1 级密封能承受的压力不超过 0.035MPa,小直径的密封每级轴向尺寸约为 1mm,则在 25mm 内可以承受 0.7MPa 的压力。

3. 功率损耗 磁流体密封功率损耗的计算式为

$$P = 31 \frac{l_t}{h} d^3 n^2 z \eta \qquad (2.15-10)$$

式中 l_t——单级磁流体密封剂与轴的接触长度;

h——半径间隙;

d——轴的直径;

n——轴的转速;

z——密封级数;

η——磁流体密封剂的粘度。

16 传动装置（减速器与变速器）

现代机器由驱动机、工作机、传动装置、操纵装置和感知装置组成。传动装置是机械的重要组成部分，它的作用是把驱动机的运动和动力转变成工作机所需要的形式和速度。

大多数机械的传动装置往往是独立的部件。传动装置有定速与变速两种，定速传动装置中又有减速和增速之分，变速传动装置中又有有级变速和无级变速之分。通常将定速传动装置称为减速器，变速传动装置称为变速器。

16.1 减速器

减速器主要由传动件、轴、轴承、箱体及附件组成，传动件有齿轮、蜗杆、蜗轮等，其基本结构见图2.16-1。

16.1.1 常用减速器的型式和应用

减速器的种类很多，按传动类型可分为普通

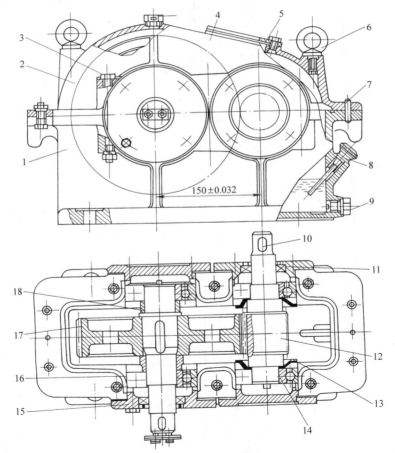

图2.16-1 减速器的基本结构

1—箱座 2—箱盖 3—箱体连接螺栓 4—通气器 5—检查孔盖板 6—吊环螺钉
7—定位销 8—油标尺 9—放油螺塞 10—平键 11—油封 12—齿轮轴
13—挡油盘 14—轴承 15—轴承端盖 16—轴 17—齿轮 18—套筒

齿轮减速器、蜗杆减速器和行星齿轮减速器；按传动的级数有单级减速器和多级减速器；按齿轮形状分为圆柱齿轮减速器、圆锥齿轮减速器和圆柱—圆锥齿轮减速器；按传动的布置形式有展开式、分流式和同轴式减速器等。

常用减速器的型式、特点和应用见表2.16-1。

表2.16-1　常用减速器的型式、特点和应用

名　称			简图	推荐传动比 i	特点及应用
单级减速器	圆柱齿轮减速器		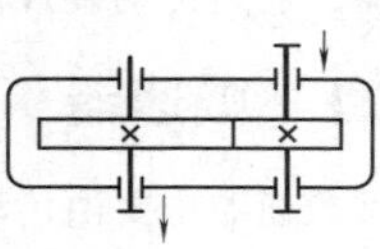	调质齿轮≤7.1 淬硬齿轮≤6.3 较佳≤5.6	直齿用于速度较低(≤8m/s)、载荷较轻的场合；斜齿用于速度较高的场合；人字齿用于载荷较重的场合。结构简单，齿轮布置对称，受力情况较好。传动比有限
单级减速器	圆锥齿轮减速器		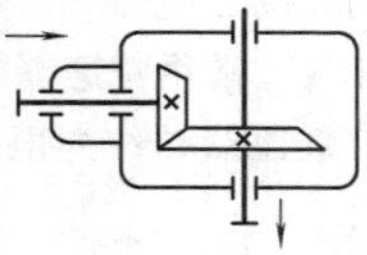	直齿≤5 斜齿、曲线齿≤8	制造、安装复杂，成本高。仅在设备布置需要时采用
单级减速器	蜗杆减速器	蜗杆下置	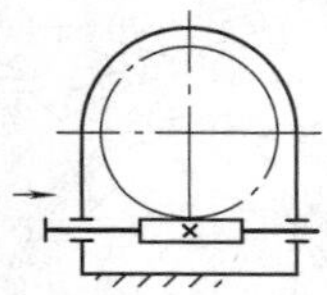	8～80	啮合处的冷却和润滑较好，蜗杆轴承润滑也方便，但当蜗杆圆周速度较大时，润滑油的搅动损失较大。一般用于蜗杆圆周速度小于5 m/s的场所
单级减速器	蜗杆减速器	蜗杆上置	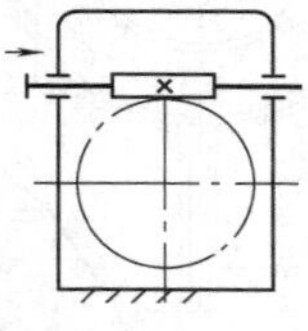	8～80	装拆方便，蜗杆的圆周速度可以高一些。但蜗杆轴承润滑不方便
单级减速器	蜗杆减速器	蜗杆侧置	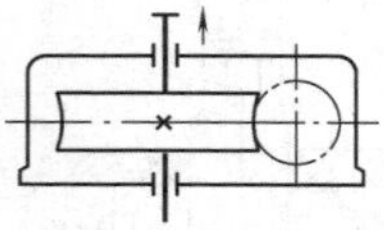	8～80	一般蜗轮轴是竖直的，故蜗轮轴的密封较复杂
单级减速器	行星齿轮减速器		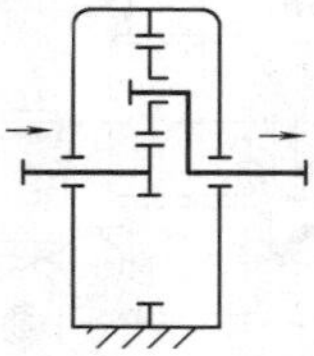	2.8～12.5	比普通齿轮减速器尺寸小，质量轻，但制造精度要求较高，结构较复杂，应用于要求结构紧凑的动力传动
单级减速器	摆线针轮减速器		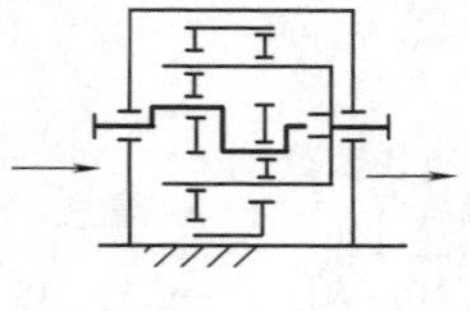	11～87	传动比大，传动效率高，结构紧凑，体积小、质量轻，噪声低。结构复杂，制造精度要求较高。适用于中、小功率、运转平稳的动力传动

（续）

名　　称		简图	推荐传动比 i	特点及应用
单级齿轮减速器	谐波齿轮减速器 刚轮固定		50～500	传动比大，范围宽。在相同条件下零件比一般减速器少一半，体积和质量可减少20%～50%。承载能力大，运动精度高，能做到无侧隙啮合。运转平稳，噪声低，效率高。可通过密封壁传递运动。柔轮的制造工艺较复杂。主要用于小功率、大传动比或仪表及控制系统中
	柔轮固定			
两级减速器	圆柱齿轮减速器 展开式		调质齿轮7.1～50 淬硬齿轮7.1～31.5 较佳7.1～20	两极圆柱齿轮传动的基本形式。结构简单。齿轮相对于轴承的位置不对称，因此要求轴的刚度要大。高速轴齿轮应远离输入端。硬齿面齿轮大多采用此型式
	分流式			结构复杂。齿轮相对于轴承的位置对称，轴、轴承受力情况较好。适用于载荷变动的场合
	同轴式			减速器长度尺寸较小，两对齿轮浸油深度大致相同，但轴向尺寸较大，且质量较重。中间轴较长，刚度差。高速级的承载能力难以充分利用
	同轴分流式			每对齿轮和中间轴仅承受全部载荷的一半，输入、输出轴仅承受转矩，故与传递同样功率的其他型式减速器相比，轴颈尺寸较小
	圆锥—圆柱齿轮减速器		直齿6.3～31.5 曲线齿、斜齿8～40	制造、安装复杂，成本高。圆锥齿轮应在高速级，以使其尺寸不致太大，否则加工困难

（续）

名　称		简图	推荐传动比 i	特点及应用
蜗杆减速器			00 ~ 4000	传动比大,结构紧凑,但效率低。为使两极浸油深度大致相同,建议取 $a_1 \approx a_2/2$
两级减速器	齿轮—蜗杆减速器	齿轮高速级		15 ~ 480	结构比蜗杆高速级紧凑
		蜗杆高速级		传动效率比齿轮高速级高
行星齿轮减速器			14 ~ 160	比普通齿轮减速器尺寸小、质量轻,但制造精度要求较高,结构较复杂。应用于要求结构紧凑的动力传动
摆线针轮减速器			121 ~ 7569	传动比大,传动效率高,结构紧凑,体积小、质量轻,噪声低。结构复杂,制造精度要求较高。适用于中、小功率、运转平稳的动力传动
三级减速器	圆柱齿轮减速器	展开式		调质齿轮 28 ~ 31 淬硬齿轮 20 ~ 180 较佳 20 ~ 100	三极圆柱齿轮传动的基本形式。结构简单。齿轮相对于轴承的位置不对称,因此要求轴的刚度要大。高速轴齿轮应远离输入端。硬齿面轮大多采用此型式
		分流式		结构复杂。齿轮相对于轴承的位置对称,轴、轴承受力情况较好。适用于载荷变动的场合

（续）

名　称	简图	推荐传动比 i	特点及应用
三级减速器 圆锥—圆柱齿轮减速器		35.5 ~ 160	制造、安装复杂，成本高。圆锥齿轮应在高速级，以使其尺寸不致太大，否则加工困难
三环减速器		单级 11 ~ 99 两级 ≤9810	结构紧凑，体积小，质量轻。传动比大，效率高，单级为 92% ~ 98%。承载能力高，过载性能强。不用输出机构，轴承直径方向空间大。使用寿命长。零件种类少，齿轮加工精度要求不高，成本低，适应性广

16.1.2　多级减速器传动比的分配

多级减速器传动比的分配直接影响减速器的尺寸、质量、以及润滑与维护的方便性。传动比分配的原则是：

（1）各级传动的承载能力应接近相等；

（2）各级传动的大齿轮直径应接近相等或能使浸油深度接近相等；

（3）减速器应该外形尺寸最小或质量最轻。

1. 两级圆柱齿轮减速器

（1）按齿面接触强度相等　高速级的传动比 i_1 应为

$$i_1 = \frac{i - c^3\sqrt{i}}{c^3\sqrt{i} - 1} \qquad (2.16\text{-}1)$$

$$c = \frac{a_2}{a_1}\sqrt{\left(\frac{\sigma_{HP1}}{\sigma_{HP2}}\right)^2 \frac{b_{a2}^*}{b_{a1}^*}}$$

式中　i——总传动比；

a——齿轮传动的中心距；

σ_{HP}——齿轮传动的许用接触应力；

b_a^*——齿轮的齿宽因子。

角标 '1' 代表高速级，角标 '2' 代表低速级。

当两极齿轮的材料和热处理条件

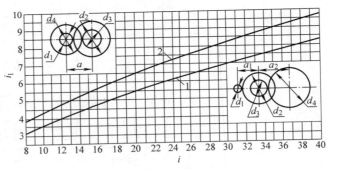

图 2.16-2　两级圆柱齿轮减速器按接触强度
相等传动比分配线图
1—展开式　2—同轴式

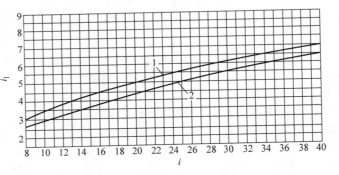

图 2.16-3　两级圆柱齿轮减速器按大齿轮
直径相等传动比分配线图
1—展开式　2—同轴式

相同时，传动比可按图 2.16-2 分配。

（2）按两大齿轮直径相等　高速级的传动比 i_1 应为

$$i_1 = \sqrt{i} - (0.01 \sim 0.05)i \qquad (2.16-2)$$

也可按图 2.16-3 分配。此时，为达到等强度，应取 $b_{a2}^* > b_{a1}^*$。

2. 圆锥—圆柱齿轮减速器　分配的原则是尽量避免圆锥齿轮尺寸过大，制造困难。通常取 $i_1 \approx 0.25i$，最好使 $i_1 \leqslant 3$。

3. 三级圆柱和圆锥—圆柱齿轮减速器　按各级齿轮齿面接触强度相等，并能获得较小的外形尺寸和质量的原则，三级圆柱齿轮减速器的传动比可按图 2.16-4 分配，三级圆锥—圆柱齿轮减速器的传动比可按图 2.16-5 分配。

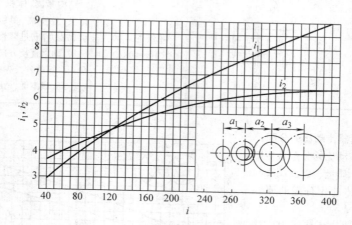

图 2.16-4　三级圆柱齿轮减速器传动比分配线图

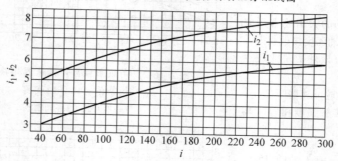

图 2.16-5　三级圆锥—圆柱齿轮减速器
传动比分配线图

4. 两级蜗杆减速器　为使两级传动浸油深度大致相等，应取 $a_1 \approx a_2/2$，为此，通常取

$$i_1 = i_2 = \sqrt{i} \qquad (2.16-3)$$

5. 齿轮—蜗杆和蜗杆—齿轮减速器　齿轮传动的传动比 i_c 选取如下：

$i_c \leqslant 2 \sim 2.5$　齿轮在高速级

$i_c = (0.03 \sim 0.06)i$　齿轮在低速级

16.1.3　标准减速器的选用

1. 标准普通齿轮减速器的选用　这种减速器的承载能力受机械强度和热平衡两种功率的限制，机械强度限制的功率称为许用输入功率 P_{1P}，热平衡限制的功率称为许用热功率 P_{GP}（无冷却措施为 P_{G1P}；有冷却措施为 P_{G2P}）。

因此，按机械强度需要满足

$$P_2 K_A S_A \frac{n_{1a}}{n_1} \leqslant P_{1P}$$

式中 P_2——负载功率；

K_A——减速器使用因数，见表2.16-2；

S_A——减速器安全因数，见表2.16-3；

n_1——减速器标称输入转速；

n_{1a}——减速器实际输入转速。

表 2.16-2 减速器使用因数 K_A

驱动机	工作时间 /h·d^{-1}	K_A		
		轻微冲击	中等冲击	强烈冲击
齿轮减速器				
电动机 汽轮机 液压马达	~3	0.8	1	1.5
	>3~10	1.0	1.25	1.75
	>10	1.25	1.5	2.0
4缸以上 内燃机	~3	1.0	1.25	1.75
	>3~10	1.25	1.5	2.0
	>10	1.5	1.75	2.25
3缸以下 内燃机	~3	1.25	1.5	2.0
	>3~10	1.5	1.75	2.25
	>10	1.75	2.0	2.5
蜗杆减速器				
电动机 汽轮机 液压马达	0.5	0.8	0.9	1.0
	2	0.9	1.0	1.25
	>2~10	1.0	1.25	1.50
	>10	1.25	1.5	1.75
4缸以上 内燃机	0.5	0.9	1.0	1.25
	2	1.0	1.25	1.50
	>2~10	1.25	1.5	1.75
	>10	1.5	1.75	2.0
3缸以下 内燃机	0.5	1.0	1.25	1.5
	2	1.25	1.5	1.75
	>2~10	1.5	1.75	2.0
	>10	1.75	2.0	2.25

表 2.16-3 减速器安全因数 S_A

重要性与安全要求	S_A
一般设备，减速器失效仅引起单机停产且易更换备件	1.1~1.3
重要设备，减速器失效引起机组、生产线或全厂停产	1.3~1.5
高度安全要求，减速器失效引起设备、人身事故	1.5~1.7

按热平衡需要满足

$$P_2 f_1 f_2 f_3 \leqslant P_{GP}$$

式中 f_1——环境温度因子，见表2.16-4；

f_2——负荷率因子，见表2.16-5；

f_3——功率利用率因子，见表2.16-6。

表 2.16-4 环境温度因子 f_1

冷却条件	环境温度/℃				
	10	20	30	40	50
	f_1				
无冷却	0.9	1.0	1.15	1.35	1.65
冷却管冷却	0.9	1.0	1.1	1.2	1.3

表 2.16-5 负荷率因子 f_2

小时负荷率(%)	100	80	60	40	20
f_2	1.0	0.94	0.86	0.74	0.56

表 2.16-6 功率利用率因子 f_3

P_2/P_{1P}	~0.4	0.5	0.6	0.7	≥0.8
f_3	1.25	1.15	1.1	1.05	1.0

2. 蜗杆减速器的选用 蜗杆减速器可以通过许用输入功率，也可以通过许用输出转矩选用，其计算公式为：

$$P_1 K_A K_f \leqslant P_{1P} \quad \text{或} \quad T_2 K_A K_f \leqslant T_{2P}$$

$$P_1 f_1 f_2 \leqslant P_{1P} \quad \text{或} \quad T_2 f_1 f_2 \leqslant T_{2P}$$

式中 K_A——减速器使用因数，见表2.16-2；

K_f——减速器起动频率因数，见表2.16-7；

f_1——环境温度因子，见表2.16-8；

f_2——负荷率因子，见表2.16-5。

表 2.16-7 起动频率因数 K_f

起动频率 /h^{-1}	0~10	>10~60	>60~240	>240~400
K_f	1.0	1.1	1.2	1.3

表 2.16-8 环境温度因子 f_1

环境温度 /℃	>10~20	>20~30	>30~40	>40~50
f_1	1	1.14	1.33	1.6

16.2 （有级）变速器

在一定转速范围内，实现若干不连续的、固定转速输出的传动装置称为有级（或分级）变速器。它不能在运转中变速，不能选择最佳转速。这种变速器广泛应用于机床、汽车等机械中。图2.16-6是典型的有4个前进档和1个倒档的汽车变速器。

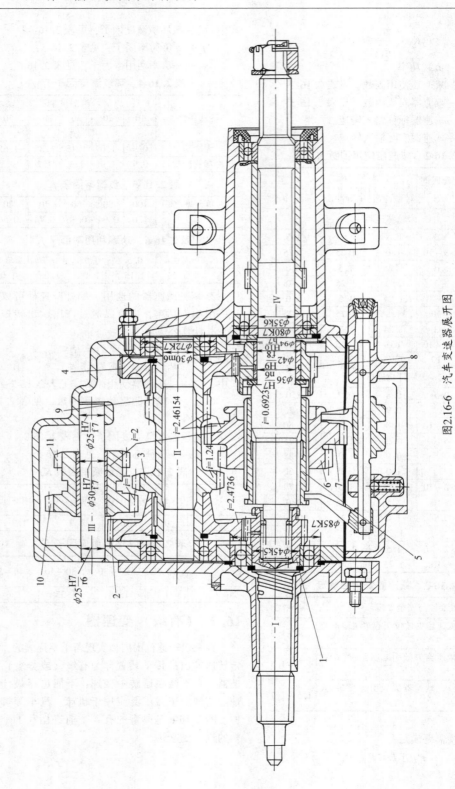

图2.16-6 汽车变速器展开图

1、2、3、4、8、9—固定齿轮 5—拨动套 6、7、10、11—移动齿轮

动力由轴 I 传入，轴 IV 传出。拨动套 5 左移与齿轮 1 啮合得到四挡（直接挡），右移与齿轮啮合得到三挡。拨动齿轮 6 与齿轮 3 啮合得二挡，齿轮 7 与 9 啮合得到一挡。拨动齿轮 10 与 3 啮合，齿轮 11 与 7 啮合得到倒挡。

16.2.1 变速方式

一般采用齿轮或带轮进行有级变速，其变速方式见表 2.16-9。

表 2.16-9　齿轮带轮变速方式

变速方式		简　图	特　点
齿轮变速	滑移齿轮		操作方便,非工作齿轮不啮合,空转损失和磨损小,可传递较大功率和转矩,应用普遍。多轴传动变速范围大。大尺寸齿轮滑移困难
	交换齿轮		更换齿轮副调变速,结构简单,不需要操纵机构,轴向尺寸小。但更换齿轮费时费力。齿轮悬臂安装,受力条件差。适用于不经常变速,却要求结构简单、紧凑的变速机构
	离合器接通的齿轮		变速时齿轮不移动,可采用斜齿和人字齿齿轮传动。运转平稳,操纵省力。机器运转时,各齿轮都处于啮合状态,磨损严重,噪声大,传动装置效率低,发热高 嵌合式离合器操纵省力;摩擦式离合器可以在运转中离合,能实现变速自动化
	塔齿轮		齿轮个数少,轴向尺寸小。通过摆移齿轮变速,齿轮啮合间隙不易控制,摆移架刚度较差,不能传递较大功率和转矩。适用于等差转速数列的变速器
	回曲齿轮		摆移齿轮可与 II 轴上所有齿轮啮合,得到成倍数关系的若干传动比,传动比大,变速范围宽。轴向尺寸小。但各齿轮都处于啮合状态,传动装置效率低,摆移架刚度较差。适于要求成倍变速的变速器
	拉键接通的齿轮		通过拉键接通相应的齿轮啮合,变速方便省力。轴向尺寸小。但全部齿轮处于啮合状态,传动装置效率低。拉键不能传递较大功率和转矩。适用于要求等差转速数列的变速器

（续）

变速方式		简　图	特　点
齿轮变速	行星齿轮	B_1 B_2 C_2 C_1 F_2 C_3 F_1 C_4 B—制动器　C—离合器　F—滑动轮	系由 2～3 排行星齿轮组成,各排分别与主动件和被动件连接,即组成不同的转速比。适于自动变速
带轮变速	交换带轮	I　d_1　II　d_2	更换带轮对变速,结构简单,不需要操纵机构,轴向尺寸小。但更换带轮费时费力。带轮悬臂安装,受力条件差。适用于不经常变速,中心距较大的高速变速传动
	塔带轮	I　d_1　d_i　d_1 II　d_2 d_3 d_4　d_i　d_k	平带传动轴向尺寸较大。适用于中心距较大的高速变速传动

16.2.2　运动设计

1. 标准公比　有级变速器的输出转速不可能是最佳转速,为了尽可能接近最佳转速,多采用等比数列。转速为等比数列时,任意相邻两转速之比为一常数,称为转速数列的公比 ϕ,即

$$\phi = \frac{n_1}{n_2} = \frac{n_2}{n_3} = \cdots = \frac{n_z}{n_{z-1}}$$

公比已标准化,标准公比有 7 个,即 1.06、1.12、1.26、1.41、1.58、1.78 和 2.00。

2. 变速范围　变速器最高输出转速与最低输出转速之比称为变速范围 R_b,它与公比 ϕ 和转速级数 z 之间的关系为

$$R_b = \phi^z - 1 \qquad (2.16\text{-}4)$$

16.2.3　齿轮变速机构

1. 滑移齿轮变速机构

a. 滑移齿轮的设计要点

（1）为避免两对齿轮同时啮合,变速组的最小轴向尺寸应符合表2.16-10中的要求。

表 2.16-10　滑移齿轮变速组的最小轴向长度

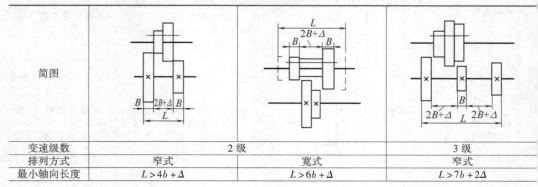

简图	 		
变速级数	2 级		3 级
排列方式	窄式	宽式	窄式
最小轴向长度	$L > 4b + \Delta$	$L > 6b + \Delta$	$L > 7b + 2\Delta$

（续）

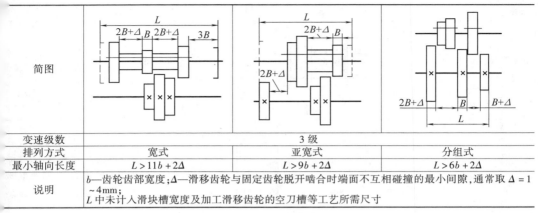

变速级数	3级		
排列方式	宽式	亚宽式	分组式
最小轴向长度	$L > 11b + 2\Delta$	$L > 9b + 2\Delta$	$L > 6b + 2\Delta$
说明	b—齿轮齿部宽度；Δ—滑移齿轮与固定齿轮脱开啮合时端面不互相碰撞的最小间隙，通常取 $\Delta = 1$ ~4mm； L 中未计入滑块槽宽度及加工滑移齿轮的空刀槽等工艺所需尺寸		

（2）三联滑移齿轮（3级变速组）采用窄式和宽式排列时，为避免齿轮齿顶相碰，最大和次大齿轮的齿数应相差4个齿以上（模数相同时）。

（3）滑移齿轮应尽可能装在高速轴上，以减轻其质量，减小操纵力。

b. 多联齿轮的结构形式　齿轮变速器中的多联齿轮有整体式和装配式两种。设计时根据齿轮的精度要求、工艺方法和结构尺寸要求等选择。

2. 离合器接通的齿轮变速器　齿轮变速器常用离合器有：牙嵌、齿轮等嵌合式离合器和多摩擦片离合器。采用摩擦离合器，接合平稳，可在运转中结合，便于实现自动化，例如汽车自动变速器，奔驰、奥迪的自动变速器均采用摩擦离合器接通的齿轮变速器。

离合器应尽量装在转速较高的轴上，以减小其尺寸，安装位置要便于调整。

常用的离合器接通的齿轮变速机构见表2.16-11。

表 2.16-11　离合器接通的齿轮变速机构

类型	示　意　图	说　明
两轴 两级	a)　b)　c)　d)	图中离合器可用牙嵌离合器代替
两轴 三级	a)　b)　c)	图中离合器可用牙嵌离合器代替。能顺序变速，若离合器装在主动轴上可能出现加速逆传动现象
两轴 四级	a)　b)　c)	齿轮个数少。图a不出现加速逆传动现象；图b中M_2和M_4啮合或图c中M_3和M_4啮合时，可能出现加速逆传动现象

（续）

类型	示意图	说明
两轴 六级	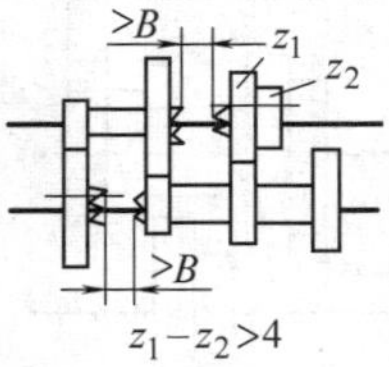	轴向尺寸小,齿轮个数少
三轴 两级	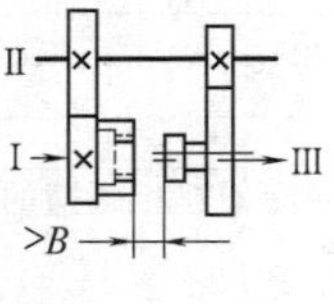 a) 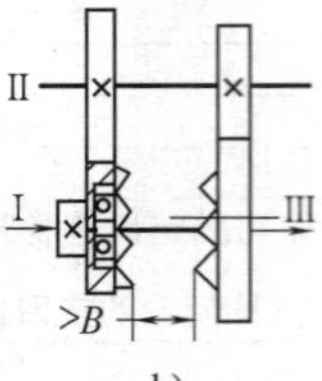 b)	I 轴输入,II 轴输出,可得到较大的传动比,变速范围大

16.3 机械无级变速器

机械无级变速器能在输入转速一定的情况下实现在一定范围内连续变化的转速输出（一般只能在运转中调速），它由变速传动机构、调速机构及加压装置等组成。

机械无级变速器的变速传动机构绝大多数是摩擦传动，能具有恒功率机械特性、传动效率较高，易于实现自动化，且结构简单、维修方便、价格便宜，广泛应用于纺织、机床、冶金、矿山、石油、化工、制药等领域，并已开始在汽车中应用。

16.3.1 类型与应用

无级变速传动主要应用于下列场合：

（1）为适应工艺参数多变或连续变化的要求，运转中需经常或连续地改变速度，且不在某一固定转速下长时运转的场合，如卷绕机；

（2）探求最佳工作速度的场合，如试验机、自动线等；

（3）几台机器协调运转的场合；

机械无级变速器的类型、机械特性与应用见表 2.16-12。

表 2.16-12 机械无级变速器的类型、机械特性与应用

名称			简图	机械特性	特性与应用
固定轴刚性无级变速器	无中间滚动体	滚动平盘式	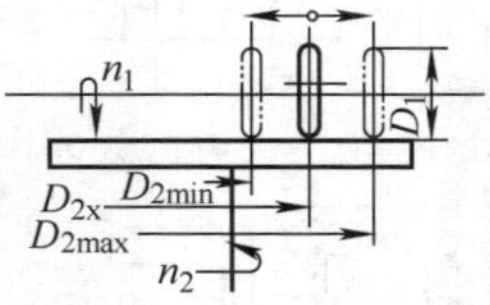	滚轮主动,恒功率;盘2主动,恒转矩	$i_P = 0.5 \sim 2.0$;$R_{bP} = 4$(单滚),15(双滚);$P_{1P} \leqslant 4kW$;$\eta = 0.80 \sim 0.85$;相交轴,增、减速型,可逆转;用于机床、计算机构、测速机构等
	锥盘环盘式	Prym-SH	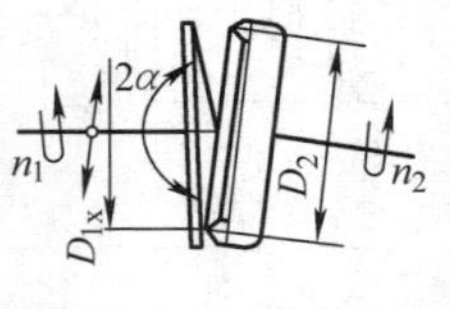	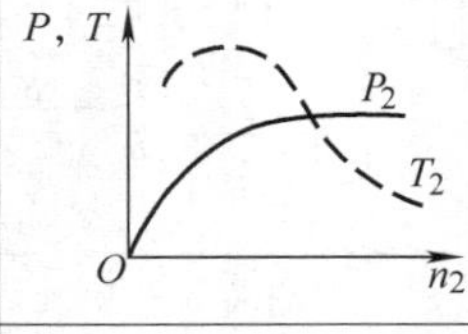	$i_P = 0.8 \sim 4.0$;$R_{bP} \leqslant 5$;$P_{1P} \leqslant 11kW$;$\eta = 0.50 \sim 0.92$;平行轴或相交轴,增、减速型,可在停车时调速;用于食品机械、机床、变速电机等
		FK	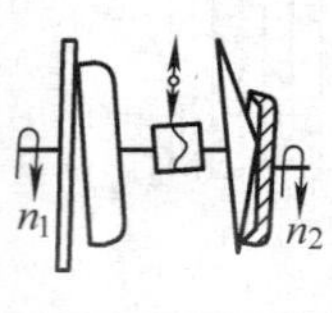	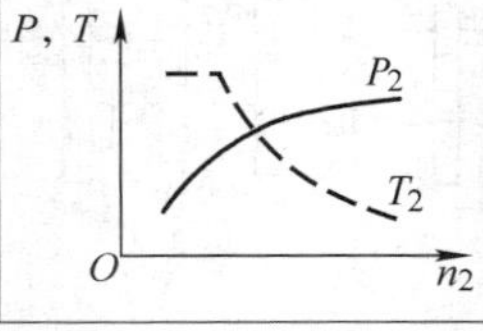	$i_P = 0.8 \sim 8.0$;$R_{bP} = 10$;$P_{1P} \leqslant 15kW$;$\eta = 0.85 \sim 0.95$;同轴或平行轴,增、减速型;用于船用辅机,变速电机等

（续）

		名称	简图	机械特性	特性与应用
固定轴刚性无级变速器	无中间滚动体无级变速器	多盘式 Beier			$i_P = 1.25 \sim 5.0$（单级），$1.32 \sim 13.16$（双级）；$R_{bP} = 3 \sim 6$（单级），$10 \sim 12$（双级）；$P_{1P} \leq 150kW$；$\eta = 0.75 \sim 0.87$；$\varepsilon \leq 2\% \sim 5\%$（单级），$4\% \sim 9\%$（双级）；同轴，减速型，可逆转；用于化纤、纺织、造纸、橡塑、电缆等机械
		光轴转环式 Uhing			$v_2 = 0.0183 \sim 1.16m/min$；$n_1 = 100 \sim 1\,000r/min$；$F = 50 \sim 1\,800N$；直线移动，可正、反转，停车时调速；用于电缆机械、举重器等
固定轴刚性无级变速器	有中间滚动体改变输入、输出轮工作直径调速	滚锥平盘式 FU			$i_P = 0.68 \sim 5.88$；$R_{bP} \leq 8.5$；四滚锥；$P_{1P} \leq 26.5$（$R_b \approx 8.5$）~ 104（$R_b \geq 2$）kW；$\eta = 0.87 \sim 0.93$；单滚锥；$P_{1P} \leq 3kW$；$R_b \leq 10\eta = 0.77 \sim 0.92$；同轴或平行轴，增、减速型；用于实验设备机床主传动、运输、印染及化工机械等
		钢球平盘式 PIV-KS			$i_P = 0.67 \sim 20.0$；$R_{bP} \leq 25$；$P_{1P} \leq 3kW$；$\eta \leq 0.85$；平行轴，增、减速型；用于计算机、办公及医疗设备、小型机床等
		长锥钢环式			$i_P = 0.5 \sim 2.0$；$R_{bP} \leq 4$；$P_{1P} \leq 3.7kW$；$\eta \leq 0.75 \sim 0.90$；平行轴，增、减速型；用于机床、纺织机械等。有自紧作用，不需加压装置
		钢环分离锥式 RC			$i_P = 0.31 \sim 3.2$；$R_{bP} \leq 10$；$P_{1P} \leq 10kW$；$\eta = 0.85$；平行轴，对称调速型，钢环自紧加压；用于机床、纺织机械等
		杯轮环盘式			$i_P = 0.29 \sim 10.0$；$R_{bP} \leq 12$；$P_{1P} \leq 30kW$；$\eta = 0.80 \sim 0.95$；同轴，增、减速型；用于航空工业、汽车
		弧锥环盘式			$i_P = 0.45 \sim 4.55$；$R_{bP} \leq 10$；$P_{1P} \leq 12kW$；$\eta = 0.90 \sim 0.92$；同轴或相交轴，增、减速型；用于机床、拉丝机、汽车等。汽车用单环 P 可达 $75kW$，双环 P 可达 $190kW$

（续）

名称			简图	机械特性	特性与应用
固定轴刚性无级变速器	有中间滚动体	改变中间轮工作直径调速	钢球外锥轮式 Kopp-B		$i_P = 0.33 \sim 3.0$；$R_{bP} \leqslant 9$；$P_{1P} \leqslant 12kW$；$\eta = 0.8 \sim 0.9$；同轴，对称调速；用于机床、电影、纺织机械等
			钢球内锥轮式 Free Ball		$i_P = 0.5 \sim 10.0$；$R_{bP} \leqslant 12$；$P_{1P} \leqslant 5kW$；$\eta = 0.85 \sim 0.90$；同轴，增、减速型，可逆转；用于机床、电工机械、钟表、转速表等
			菱锥式 Kopp-K		$i_P = 0.59 \sim 7.0$；$R_{bP} \leqslant 12$；$P_{1P} \leqslant 88kW$；$\eta = 0.80 \sim 0.93$；同轴，增、减速型；用于机床主传动、化工、印染、工程机械、试验台等
行星无级变速器			内锥轮输出行星菱锥式 BUS		$i_P = -3 \sim -115$；$R_{bP} \leqslant 38.5$；$P_{1P} \leqslant 2.2kW$；$\eta = 0.60 \sim 0.70$；同轴，减速型，可在停车时调速；用于机床进给系统等
			外锥输出行星锥环式 RX		$i_P = 0 \sim -1.75$；$R_{bP} \leqslant 33$；$P_{1P} \leqslant 7.5kW$；$\eta = 0.6 \sim 0.8$；同轴，减速型；用于食品、机床、化工、印刷、包装、造纸、建筑机械等。低速时效率低于 60%
			系杆输出行星菱锥式 SC		$i_P = 4.0 \sim 6.0$；$R_{bP} \leqslant 4$；$P_{1P} \leqslant 15kW$；$\eta = 0.6 \sim 0.8$；同轴，减速型；用于机床、变速电动机等

（续）

名称	简图	机械特性	特性与应用
系杆输出封闭行星锥盘式 Disco	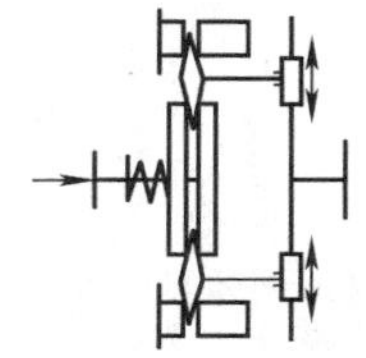	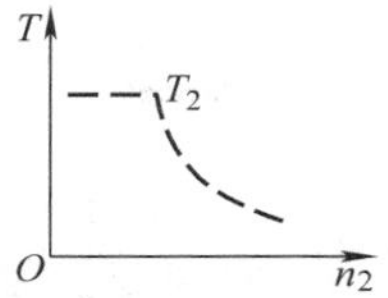	$i_P = 1.39 \sim 8.33$；$R_{bP} \leqslant 6$；$P_{1P} \leqslant 22\text{kW}$；$\eta = 0.75 \sim 0.84$；同轴、减速型；用于陶瓷、制烟等机械、变速电动机
行星长锥式 Grabam	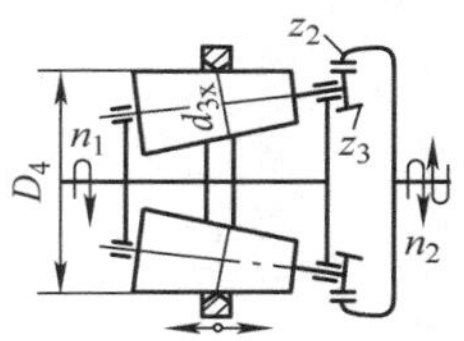	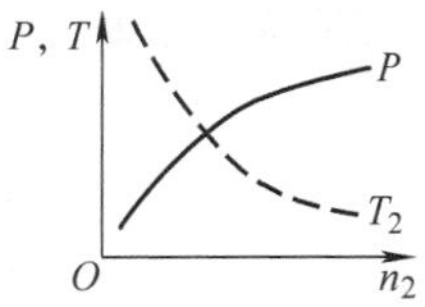	$i_P = 3.0 \sim -100$；$P_{1P} \leqslant 4\text{kW}$；$\eta = 0.85 \sim 0.90$；同轴、减速型，可逆转，有零输出转速但特性不佳，可在停车时调速；用于变速电动机等
行星弧锥式 NS	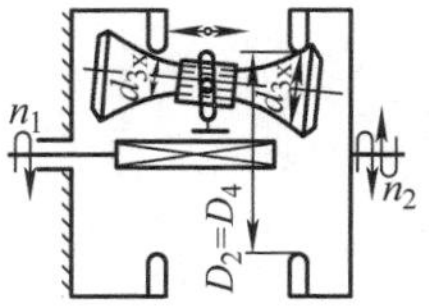	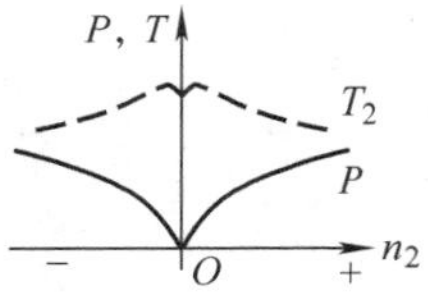	$i_P = 1.18 \sim 4.0$；$R_{bP} \approx \infty$；$P_{1P} \leqslant 5\text{kW}$；$\eta = 0.75$；同轴、减速型，可逆转，有零输出转速但特性不佳，可在停车时调速；用于化工、塑料机械、试验设备等
封闭行星菱锥式 OM	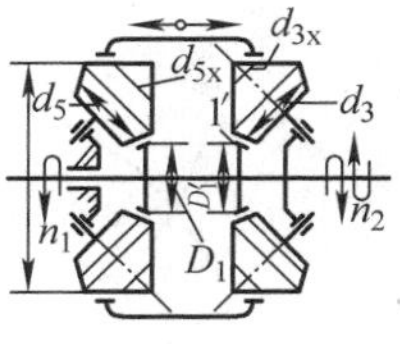	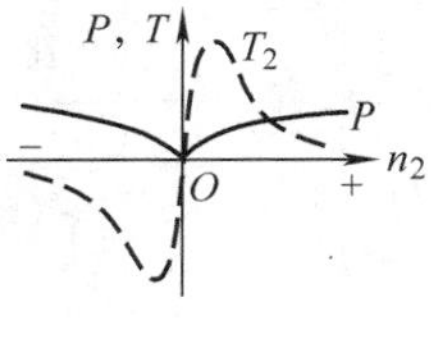	$i_P = 6.0 \sim -5.0$；$R_{bP} \approx \infty$；$P_{1P} \leqslant 3.7\text{kW}$；$\eta = 0.65$；同轴、减速型，可逆转，有零输出转速但特性不佳；用于机床、变速电机等
单变速带轮式	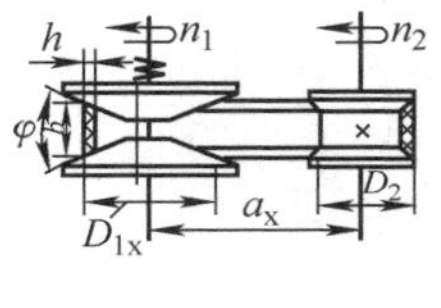	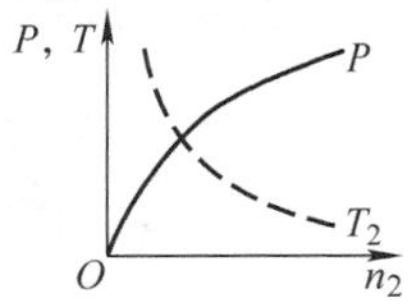	$i_P = 0.8 \sim 2.0$；$R_{bP} \leqslant 2.5$；$P_{1P} \leqslant 25\text{kW}$；$\eta \leqslant 0.92$；平行轴、增、减速型，中心距可变；用于食品工业等
长锥移带式	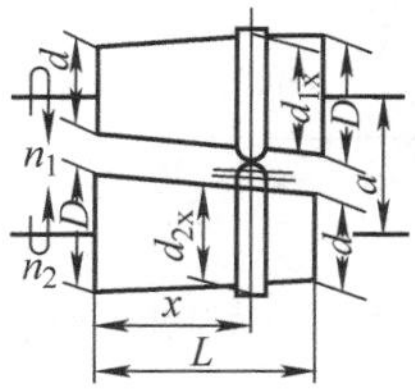	基本为恒功率	平行轴、增、减速型，尺寸大，锥体母线应为曲线；用于纺织机械、混凝土制管机等

（左侧竖排）行星无级变速器

（左侧竖排）带式无级变速器

（续）

名称	简图	机械特性	特性与应用
带式无级变速器　普通 V 带、宽 V 带、块带式		视加压弹簧位置而异，在主动轮上为近似恒功率，在从动轮上为近似恒转矩	宽 V 带、块带：$i_P = 0.25 \sim 4.0$； 宽 V 带：$R_{bP} = 3 \sim 6$；$P_{1P} \leqslant 55kW$； 块带：$R_{bP} = 2 \sim 20(16)$；$P_{1P} \leqslant 44kW$； 普通 V 带：$R_{bP} = 1.6 \sim 2.5$；$P_{1P} \leqslant 40kW$；$\eta \leqslant 0.92$； 平行轴，对称调速，尺寸大；用于机床、印刷、电工、橡胶、农业、纺织等机械
链式无级变速器　齿链式 PIV-A，PIV-AS，FMB			$i_P = 0.4 \sim 2.5$；$R_{bP} \leqslant 6$；$\eta = 0.90 \sim 0.95$； A 型，压靴加压：$P_{1P} \leqslant 22kW$； AS 型，剪式杠杆加压：$P_{1P} \leqslant 7.5kW$； 平行轴，对称调速；用于纺织、化工、重型机械、机床等
链式无级变速器　光面轮链式 RH，RK，RS			$i_P = 0.42 \sim 2.63$；$R_{bP} = 2.7 \sim 10$；$\eta \leqslant 0.93$； 摆销链 RH：$P_{1P} = 5.5 \sim 175kW$；$R_{bP} = 2 \sim 6$； RK：$P_{2P} = 3.7 \sim 16kW$；$R_{bP} = 3.6 \sim 10$； 滚柱链 RS：$P_{2P} = 3.5 \sim 17kW$（恒功率用）； $P_{2P} = 1.9 \sim 19kW$（恒转矩用）； 讨还连 RS：$P_{2P} = 20 \sim 50kW$（恒功率用）； $P_{2P} = 11 \sim 64kW$（恒转矩用）； 平行轴，增、减速型，可停车时调速；用于重型机械、机床等

注：1. 传动比 $i = \dfrac{n_1}{n_2}$，i_P 为允许使用的传动比。

2. 变速比 $R_b = \dfrac{n_{2max}}{n_{2min}}$ 表示表速器的变速能力，R_{bP} 为变速器允许使用的变速比。

3. 对称调速是指最大传动比与最小传动比对称于传动比为 1 的调速。

6.3.2 选用

1. 类型选择 根据工作机的工作转速范围和功率（转矩）输出的要求，选择机械特性曲线符合要求的无级变速器类型。

2. 容量（技术参数）选择 商品机械无级变速器通常给出如下性能参数：

输入转速 n_1 （r/min）；

可用调速范围 R_{bP}；

输出转速 n_{2max} 和 n_{2min} （r/min）；

许许输出功率 P_{2P} （kW）（在 n_{2max} 和 n_{2min} 下）；

许许输出转矩 T_{2P} （N·m）（在 n_{2max} 和 n_{2min} 下）。

作恒功率使用者，按最低转速下的输出功率选用；作恒转矩使用者，按最高转速下的输出转矩选用。要求：

（1）工作机转速变化范围应小于变速器的调速范围，即 $R_b \leqslant R_{bP}$。

（2）工作机的计算功率与转矩必须小于变速器的许用功率和许用转矩，即 $P_{2P} \geqslant P_c$，$T_{2P} \geqslant T_b$。

工作机的计算功率为

$$P_c = K_S K_A P \qquad (2.16-5)$$

式中 K_S——传动可靠性因子，动力传动时 $K_S = 1.2 \sim 1.5$，运动传动时 $K_S = 3.0$；

K_A——使用因数，可查表 2.16-13。

表 2.16-13 机械无级变速器使用因数 K_A

载荷性质	工作状态	
	间歇工作	连续工作[①]
载荷平稳、最大载荷不超过额定载荷，开停、倒转次数少	1.0	1.50
惯性较大、有冲击、最大载荷不超过额定载荷的125%	1.25	1.75
冲击较大、最大载荷为额定载荷的150%以下，经常正、反转	1.50	2.0

① 连续工作指连续工作不少于10h。

3. 配置 变速器的输出转速应能符合工作机的要求，如果不合要求，可以配用合适的减（增）速器或有级变速器。当要求恒功率输出时，应将无级变速器配置在传动链的高速段，最好直接与电动机相连（对称调速的例外）；若要求恒转矩输出时，无级变速器在传动系统中的位置不受限制。

4. 压紧力 大多数无级变速器是摩擦传动，合适的压紧力至关重要。压紧力 F_Q 的大小决定于计算有效圆周力 F_{ec}，恒功率特性的变速器按最低输出转速状态计算有效圆周力，恒转矩特性的按最高输出转速状态计算有效圆周力。

压紧力的计算式为

$$F_Q = \frac{F_{ec}}{\mu} \qquad (2.16-6)$$

式中 μ——摩擦因数，在湿式无级变速器中又称牵引因数，湿式变速器的牵引因数查表 2.16-14。

5. 润滑 湿式摩擦传动又称牵引传动，故其润滑油又称牵引油。正确选择专用牵引油对变速器的传动能力至关重要，不能随意采用普通润滑油。无级变速器常用牵引油见表 2.16-14。

表 2.16-14 无级变速器常用牵引油及其牵引因数 μ

牵引油名称	牵引因数 μ[①]
多元醇酯（Mil-L-23699）	0.035
双酯（Mil-L-808）	0.040
硅酸酯、聚乙二醇	0.045
石蜡基矿物油	0.050
芳香族变速器油	0.055
磷酸酯	0.060
环烷基矿物油（Mobil No62）	0.058 ~ 0.065
硅油、氯苯基硅油	0.075 ~ 0.078
合成环己基油	0.090 ~ 0.095
Santotrac-30	0.084
Santotrac-40、50、70	0.095
中国石油科学研究院 S-20、30、80	0.095
聚异丁烯	0.043 ~ 0.052
聚丁烯	0.042 ~ 0.044
氢化环烷系矿物油	0.042
无级变速器油	Ub-1	0.105 ~ 0.110
	Ub-2	0.065 ~ 0.080
	Ub-3	0.074 ~ 0.090
	Ub-4	0.086 ~ 0.102

① 平均最大值。

16.3.3　国产产品

我国已经标准化的机械无级变速器产品有：

1. 定轴无级变速器　齿链式（JB/T 6952—1993），锥盘环盘式（JB/T 7686—1995），多盘式（JB/T 7254—1994）。

2. 行星无级变速器　（系杆输出）行星锥盘式（JB/T 6950—1993），外锥输出行星锥环式（JB/T 7010—1993）。

16.4　传动装置箱体

箱体是支承和包容运动构件的重要零件，是传动装置的基座，又是其保护外壳，大多数还兼作润滑油池，应具有足够的强度、刚度、振动稳定性和密封性。

16.4.1　类型与构造

1. 类型　按制造方法，箱体分为：

（1）铸造箱体　它的特点是便于制造结构和形状较复杂的箱体，减振性、加工工艺性好。采用铸造法，故仅适用于批量生产。箱体通常用灰铸铁铸造，重载或有冲击载荷的传动装置，其箱体用铸钢铸造，小型、轻载的也可采用铝合金铸造。

（2）焊接箱体　它的特点是要求结构简单，生产周期短，适用于单件和少量生产，特别是大型箱体。

（3）粘结箱体　以粘接代替焊接，可以避免制造中的热变形，但粘接强度不稳定，可靠性不高。

（4）冲压箱体　受工艺限制，强度和刚度较差，仅适用于大批量、轻载荷、结构简单的小型箱体。

按结构传动装置箱体有整体式和剖分式两种。

剖分式箱体沿轴心线水平剖分成箱盖和箱座，便于轴系部件的安装和拆卸。

整体式支承刚度较大。

2. 截面形状　传动装置箱体的典型纵截面形状多为矩形和圆环形（图 2.16-7）。

矩形截面箱体承受弯矩的能力较强，其宽高比 b/h 最好取 0.5～1.5。通常独立的传动装置采用这种截面形状。

圆环形截面箱体承受扭力矩的能力较强，通常用于和电动机直连的减速电动机和变速电动机。

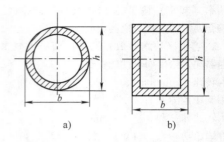

图 2.16-7　典型箱体纵截面

a）矩形截面　b）圆环形截面

3. 壁厚

（1）铸造箱体的壁厚　铁或钢液的流动性限定了铸造箱体的最小壁厚，其值见表 2.16-15

表中当量尺寸 N 按下式计算

$$N = \frac{2l + b + h}{3000}$$

式中　l——箱体长度（箱体最大尺寸）（mm）；

　　　b——箱体宽度（mm）；

　　　h——箱体高度（mm）。

表 2.16-15　铸造箱体的最小壁厚

（单位：mm）

当量尺寸 N	箱体材料			
	灰铸铁	铸钢	铸铝合金	铸铜合金
0.30	6	10	4	6
0.75	8	10～15	5	8
1.00	10	15～20	6	—
1.50	12	20～25	8	—
2.00	16	25～30	10	—
3.00	20	30～35	12	—
4.00	24	35～40	—	—
5.00	26	40～45	—	—
6.00	28	45～50	—	—
8.00	32	55～70	—	—
10.00	40	＞70	—	—

上表给出的壁厚是箱体的外壁厚，内壁厚一般较外壁厚薄，铸铁件约为外壁厚的 80%～90%，铸钢件约为外壁厚的 70%～80%。

（2）焊接箱体的壁厚　焊接箱体壁厚一般不宜小于 3 mm，且壁厚应尽可能均匀，可参照铸箱体确定壁厚。

4. 轴承座　箱壁上要有安装轴承的轴承座。常轴承座的宽度比壁厚大得多，而且轴承座孔两端面往往需要机械加工，故轴承座突出箱，在两侧形成凸台（图 2.16-8a）。当 $h/\delta > 2$，为增大轴承座的刚度，应设加强肋（图 16-8b）。

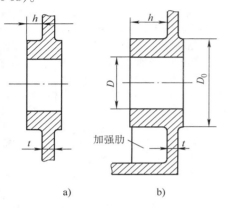

图 2.16-8　箱壁上的轴承座

4.2　连接与固定

1. 箱座与箱盖的连接　用螺栓连接将箱座箱盖连接成一体，为保证支承刚度，在轴承座侧，尽量靠近轴承的部位应设置连接螺栓。为，在箱盖和箱座剖分面处均有凸缘。

箱座与箱盖的结合面有密封的要求，但为保轴承座孔的装配精度，该接合面不得有垫片，不允许涂密封胶。为此，结合面对平面度和表粗糙度的要求很高。

凸缘上应有定位销。

2. 传动装置的固定

传动装置通常用螺栓固定在基础上，为承托接螺栓，固定结合面也有凸缘。为了减少机械工量和增大结合面的压紧力，传动装置与基础结合面做成图 2.16-9 所示形状。

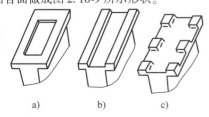

图 2.16-9　箱体固定结合面的形状

3. 搬运　当传动装置的质量超过 25kg 时，为了便于搬运，需在箱体上设置起吊装置，如吊环螺钉、吊耳等。

16.4.3　润滑与密封

1. 传动件的润滑　封闭在箱体内的传动件通常在线速度低时用油浴法，在线速度高时用或飞溅法润滑。

油浴润滑允许的最高圆周速度为 12.5 m/s，传动件浸入油中适宜的深度见表 2.16-16。

表 2.16-16　推荐的传动件浸油深度

浸油传动件		圆柱齿轮	锥齿轮	蜗轮	蜗杆	链轮
浸油深度	min	$2h$	$0.5b$	h	$0.75h$	6mm
	max	$d/6$	b	$d/6$	h	$1.5p$

油池中所需润滑油量可按 0.35 ~ 0.7L/kW 估算。由浸油深度确定油面，再按油量确定箱座底面尺寸，还应注意，传动件最大外圆表面距箱座底面的距离不得小于 30 ~ 50mm。

2. 轴承的润滑　传动装置一般采用滚动轴承，重载或特别高速时才采用滑动轴承。

当传动装置中浸油运动件的圆周速度不低于图 2.16-10 中曲线给出的值时，通常用飞溅法润滑滚动轴承，这时，箱体上应有结构措施将飞溅到箱壁上的润滑油引入轴承。

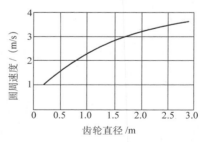

图 2.16-10　轴承飞溅润滑的浸油件
最低圆周速度

当浸油运动件速度不够高时，滚动轴承常采用填脂润滑，这时要避免油池中润滑油进入轴承。

3. 密封

a. 剖分面的密封　剖分式箱体箱盖与箱座

连接后剖分面（结合面）不得有漏泄，该接合面不得设任何密封垫片（包括密封胶）。若必须设置密封件，盖密封件不得影响结合刚度，以保证轴承座孔的精度。

b. 轴承座的密封 轴承座外侧应设轴承盖，以防止润滑剂流出和外界对轴承的污染。轴承采用脂润滑，轴承座内侧还需密封，以防润滑脂漏入油池和润滑油进入轴承座。

参 考 文 献

[1] 机械工程手册电机工程手册编辑委员会. 机械工程手册 [M]. 2 版: 机械零部件卷. 北京: 机械工业出版社, 1996.

[2] 机械工程手册电机工程手册编辑委员会. 机械工程手册 [M]. 2 版: 传动设计卷. 北京: 机械工业出版社, 1996.

[3] 机械设计手册编委会. 机械设计手册（新版）: 第 3 卷 [M]. 北京: 机械工业出版社, 2004.

[4] 机械设计手册编委会. 机械设计手册（新版）: 第 4 卷 [M]. 北京: 机械工业出版社, 2004.

[5] 中国机械工程学会, 中国机械设计大典编委会. 第 3 卷机械零部件设计 [M]. 南昌: 江西科学技术出版社, 2002.

[6] 中国机械工程学会, 中国机械设计大典编委会. 第 4 卷机械传动设计 [M]. 南昌: 江西科学技术出版社, 2002.

[7] 《紧固件连接设计手册》编写委员会. 紧固件连接设计手册 [M]. 北京: 国防工业出版社, 1990.

[8] 卜炎. 螺纹连接设计与计算 [M]. 北京: 高等教育出版社, 1995.

[9] 邵家辉. 圆弧齿轮. 第 2 版 [M]. 北京: 机械工业出版社, 1994.

[10] Erickson W D. Belt Selection and Application for Engineers [M]. New York: Marcel Dekker, 1987.

[11] 郑志峰等. 链传动 [M]. 北京: 机械工业出版社, 1984.

[12] 卜炎. 机械传动装置设计手册 [M]. 北京: 机械工业出版社, 1999.

[13] Peck H. Ball and Parallel Roller Bearings Design

Apprication. London: Pitman publishing, 197

[14] 卜炎. 实用轴承技术手册 [M]. 北京: 机械业出版社, 2004.

[15] 刘泽九. 滚动轴承应用手册 [M]. 北京: 机工业出版社, 1996.

[16] 丹羽小三郎. 滑り軸受の適用限界とトライロジー [J]. トライボジ, 1991（4）: 76 77.

[17] 张恒. 复合材料轴承 [M]. 北京: 科学出社, 1996.

[18] 施高义等. 联轴器. 北京: 机械工业出版 1988.

[19] 花家寿主编. 新型联轴器与离合器 [M]. 海: 上海科学技术出版社, 1989.

[20] 曲秀全等. 超越离合器综述 [J]. 机械传动 2005（1）: 69 ~ 72

[21] 张英会. 弹簧 [M]. 北京: 机械工业出版 1982.

[22] 张英会等. 弹簧手册 [M]. 北京: 机械工业版社, 1997.

[23] （美）沃尔. 机械弹簧 [M]. 谭惠民等译. 京: 国防工业出版社, 1981.

[24] 陆文遂. 碟形弹簧的计算、设计与制造 [M 上海: 复旦大学出版社, 1990.

[25] 汪德涛, 广廷洪. 密封件使用手册 [M]. 京: 机械工业出版社, 1994.

[26] 陈匡民等. 流体动密封 [M]. 成都: 成都科大学出版社, 1990.

[27] 胡国桢等. 化工密封技术 [M]. 北京: 化学业出版社, 1990.

第3篇　机械制造工艺

主　　编　　张世昌

编 写 人　　张世昌

陈金水

张振纯

杜则裕

任成祖

1 机械制造工艺总论

机械制造工艺是将原材料、半成品制造成合格产品的方法和过程，是机械工业的基础技术之一。采用先进适用的制造工艺及设备是保证产品质量、节能节材、降低成本、提高劳动生产率、减轻环境污染、提高企业经济和社会效益的主要途径。

1.1 机械制造工艺分类

机械制造工艺的内涵十分丰富，可按多种特征进行分类。我国现行的行业标准 JB/T 5992—1992《机械制造工艺方法分类与代码》，将工艺方法按大类、中类、小类和细分类四个层次划分，见表 3.1-1。表中各类均留有空项，以备扩展。

表 3.1-1 机械制造工艺方法类别划分及代码（JB/T 5992—1992）

大类 名称	代码马	中类 代码	中类 名称	0	1	2	3	4	5	6	7	8	9
								小 类 名 称					
铸造	0	01	砂型铸造		湿型铸造	干型铸造	表面干型铸造	自硬型铸造					其他
		02	特种铸造		金属型铸造	压力铸造	离心铸造	熔模铸造	壳型铸造	实型铸造	连续铸造		其他
压力加工	1	11	锻造		自由锻	胎模锻	模锻	平锻	镦锻	辊锻			其他
		12	轧制			冷轧	热轧						
		13	冲压		冲裁	弯曲	成形	精整					
		14	挤压		冷挤压	温挤压	热挤压						其他
		15	旋压		普通旋压	变薄旋压							
		16	拉拔		冷拔	热拉拔							
		19	其他		其他成形方法								
焊接	2	21	电弧焊		无气体保护电弧焊	埋弧焊	溶化极气体保护电弧焊	非溶化极气体保护电弧焊	等离子弧焊			其他电弧焊	
		22	电阻焊		点焊	缝焊	凸焊		电阻对焊				其他
		23	气焊		氧燃气焊	空气燃气焊	氧-乙炔喷焊				气割		
		24	压焊		超声波焊	摩擦焊	锻焊	高机械能	扩散焊		气压焊	冷压焊	
		27	特种焊接		铝热焊	电渣焊	气电立焊	感应焊	光束焊	电子束焊	储能焊	螺柱焊	
		29	钎焊		硬钎焊			软钎焊			钎接焊		
切削加工	3	31	刃具切削	车削	铣削	刨削	插削	钻削	镗削	拉削	刮剃削		其他
		32	磨削	砂轮磨削	砂带磨削		珩磨	研磨	超精加工				其他
		34	钳加工	划线	手工锯削	錾削	锉削	手工刮削	手工打磨	手工研磨	平衡		其他
特种加工	4	41	电物理加工		电火花加工	电子束加工	离子束加工	等离子加工		激光加工	超声加工		其他
		42	电化学加工		电解加工			电铸					其他
		43	化学加工										
		46	复合加工①		电解磨削	加热机械切削		振动切削	超声研磨		超声电火花加工		
		49	其他		高压水切割②		爆炸索切割						
热处理	5	51	整体热处理		退火	正火	淬火	淬火与回火	调质	稳定化处理	固溶处理	时效	
		52	表面热处理		表面淬火	物理气相沉积	化学气相沉积		等离子体化学气相沉积				

（续）

大类代码	大类名称	中类代码	中类名称	0	1	2	3	4	5	6	7	8	9
				小类名称									
5	热处理	53	化学热处理		渗碳	碳氮共渗	渗氮	氮碳共渗	渗其他非金属	渗金属	多元共渗	熔渗	
6	覆盖层	61	电镀		镀单金属	镀合金	镀复合层	镀复合材料层					
		62	化学镀		无电流镀		接触镀						
		63	真空沉积		化学气相沉积	物理气相沉积	离子溅射	离子注入					
		64	热浸镀										
		65	转化膜		化学转化	电化学转化							
		66	热喷涂		熔体热喷涂	燃气热喷涂	电弧喷涂	等离子喷涂	电热喷涂	激光喷涂	喷焊		
		67	涂装		手工涂	喷涂	浸涂	淋涂	机械辊涂	电泳			
		69	其他		包覆	衬里	搪瓷	机械镀					
8	装配与包装	81	装配		部件装配	总装							
		82	试验与检验		试验	检验							
		85	包装		内包装	外包装							
9	其他	91	粉末冶金		轴向压实	等静压压实	挤压与轧制						
		92	冷作		弯形	扩胀	收缩	整形					
		93	非金属材料成形		聚合材料成形	橡胶材料成形	玻璃成形	复合材料成形					
		94	表面处理		清洗	粗化	光整	强化					
		95	防锈		水剂防锈	油剂防锈	气相防锈	环境封存防锈	可剥性塑料防锈				
		96	缠绕		弹簧缠绕	绕组绕制							
		97	编织		筛网编织								
		99	其他		粘接	铆接							

注：“堆积成形”（其中最有代表性的是“快速原型制造”）是最近几年迅速发展起来的一种新工艺方法，在制定本标准时未被列入，本篇将在第7章对此方法进行简要介绍。

① 近年来在半导体工业中广泛应用的“光刻加工”属于“化学-光”复合加工，还未列入标准。

② 又称“水喷射加工”，除用于切割外，也可用于孔加工等。

1.2　机械制造工艺过程设计

机械制造工艺过程设计，是产品设计完成之后投入制造之前最重要的工作阶段，它是产品生产工艺准备工作的核心内容。机械制造工艺过程设计一般包括产品结构工艺性审查及工艺方案的初步设计、工艺方案设计与评价、工艺方法选择、工艺流程设计、工序优化、工艺规程编制等主要阶段。

1.2.1　产品结构工艺性审查及工艺方案的初步设计

产品结构工艺性是指所设计的产品在满足使用要求的前提下，制造、维修的可行性和经济性。产品结构工艺性审查及工艺方案的初步设计要点是：

（1）在新产品设计开发阶段，产品设计人员与工艺人员一起共同找出从工艺角度看是关键的零部件，并共同研究和决定其工艺方案初步设计。

（2）发现工艺上有疑难问题，应与产品设计上的问题同步安排科研开发课题。

（3）在工艺方案设计中要大胆设想多种可行方案，但在决定前要客观地论证和评价，既要敢于创新，又必须立足于科学分析和试验验证。

1.2.2　工艺方案设计

工艺方案是指导产品工艺准备工作的技术依据和纲领，是工艺方法选择和工艺流程设计的基础。

1. 工艺方案设计的原则

（1）在满足产品使用要求，保证产品质量的同时，充分考虑生产周期、工艺成本和环境保护。

（2）根据本企业的能力，充分发挥现有设备的作用，并积极采用先进工艺技术和设备，不断提高企业工艺水平。

（3）满足当前生产批量的要求，并适当考虑产品的发展和销售前景。

2. 不同生产类型的工艺方案　根据产品生产类型不同，工艺方案主要有两种类型。

a. 单件小批生产的工艺方案　对于单件小批生产的全新和变型产品，其工艺方案设计的主要内容有：

（1）在产品设计过程中就对关键零部件的设计进行工艺性审查与工艺方案初步设计。

（2）在产品设计完成后，进行全部零部件的工艺方案和工艺路线设计，工艺规程等工艺文件及工艺定额的编制。

（3）通用工艺装备和工艺材料的准备，专用工艺装备设计、准备和验证。

b. 大批大量生产的工艺方案　对于批量生产，特别是大批大量生产的全新产品（包括变型程度较大的变型性新产品），其工艺方案设计的主要内容有：

（1）在产品设计过程中对关键零部件的设计进行工艺性审查与工艺方案初步设计。

（2）在设计完成后，按单件小批生产条件，为样机编制全部零部件的工艺方案、工艺路线、工艺规程和其他工艺文件、工艺定额等，设计和准备必不可少的专用设备。

（3）在产品设计的功能水平通过样机试验而得到验证和准备投产后，按规定的批量生产条件，编制全部正式工艺方案和其他工艺文件（包括外协件的技术条件、选择外协件的生产单位），设计和准备专用工艺装备，并按正式工艺试制小批量样机进行全面试验，以验证产品设计的工艺性及工艺设计的可行性、加工质量的稳定性及生产的工效等。

（4）在总结工艺试验样机的试制和验证的基础上，修正试制工艺。

3. 工艺方案评价　工艺方案的评价一般要考虑产品质量的稳定性和工艺成本的降低，对于能达到同一质量稳定性要求而经济效果不同的工艺方案的比较，通常采用比较工艺成本的方法。

工艺成本所包含的费用，按其与产量的关系可分为变动费用和固定费用两部分。变动费用是指在一定范围内随产量变化而变化的费用，如原材料费、工时费、动力费等；固定费用是指在一定范围内不随产量变化的费用，如专用设备、工装折旧费、管理费等。工艺成本计算公式如下：

$$C = F + NV$$

式中　C——年度工艺成本；

F——年度固定工艺成本；

N——产品（零部件）年产量；

V——单位产品变动工艺成本。

当比较 A、B 两个工艺方案时，首先计算方案不同产量水平时的年度工艺成本，并求出两方案年度工艺成本相等时的产量，即临界产量。然后把产品计划产量水平与临界产量相比较，最后以最小年度工艺成本为标准进行方案取舍。在图 3.1-1 中，显示了 A、B 两种工艺方案的工艺成本随年产量变化的情况，图中 N_0 为临界产量。若计划产量 $N_1 < N_0$ 时，$C_A < C_B$，应取 A 方案；当计划产量 $N_2 > N_0$ 时，$C_A > C_B$，应取 B 方案。

1.2.3　工艺方法选择

工艺方法的合理选择是工艺方案设计及实施的重要环节，也是制定工艺路线或工艺流程的依据。

1. 影响工艺方法选择的因素

（1）零件的材料、形状和尺寸；

（2）产品的生产类型；

（3）不同工艺方法的特点及适用范围；

（4）企业的现有生产条件及发展潜力。

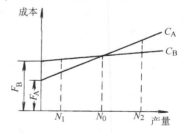

图 3.1-1　两方案工艺成本比较

C—年度工艺成本　F—年度固定工艺成本

2. 不同生产类型的工艺特征　表 3.1-2 给出了不同生产类型对应的零件年产量，产品实例及不同生产类型的工艺特征。

3. 工艺方法选择实例　仅以齿轮为例，说明工艺方法选择的多样性，见表 3.1-3。

表 3.1-2　各种生产类型的工艺特征

<table>
<tr><th colspan="2" rowspan="2">工艺特征</th><th colspan="3">生　产　类　型</th></tr>
<tr><th>单件小批生产</th><th>成批生产</th><th>大量生产</th></tr>
<tr><td rowspan="3">同类零件年产量（件）</td><td>重型零件
零件质量
＞2000kg</td><td>＜5</td><td>5～100（小批）
100～300（中批）
300～1000（大批）</td><td>＞1000</td></tr>
<tr><td>中型零件
零件质量
100～2000kg</td><td>＜10</td><td>10～200（小批）
200～500（中批）
500～5000（大批）</td><td>＞5000</td></tr>
<tr><td>轻型零件
零件质量
＜100kg</td><td>＜100</td><td>100～500（小批）
500～5000（中批）
5000～50000（大批）</td><td>＞50000</td></tr>
<tr><td colspan="2">毛坯成型</td><td>1. 型材锯床、热切割下料
2. 木模手工砂型铸造
3. 自由锻造
4. 弧焊（手工、通用焊机）
5. 冷作（旋压等）</td><td>1. 型材下料（锯、剪）
2. 砂型机器造型
3. 模锻
4. 冲压
5. 弧焊（专机）、钎焊
6. 压制（粉末冶金）</td><td>1. 型材剪切
2. 机器造型生产线
3. 压铸
4. 热模锻生产线
5. 多工位冲压、冲压生产线
6. 电焊、弧焊生产线</td></tr>
<tr><td colspan="2">机械加工</td><td>1. 通用工艺装备，设备按机群式排列
2. 数控机床、加工中心</td><td>1. 通用和专用机床，成组加工
2. 柔性制造系统（多品种小批量生产）</td><td>1. 组合机床、刚性生产线
2. 柔性生产线（多品种大量生产）</td></tr>
<tr><td colspan="2">热处理</td><td>周期式热处理炉，如：
1. 密封箱式多用炉
2. 盐浴炉（中小件）
3. 井式炉（细长件）</td><td>1. 真空热处理炉
2. 密封箱式多用炉
3. 感应热处理炉</td><td>1. 连续式渗碳炉，多用炉生产线
2. 网带炉、铸链炉、滚棒炉、滚筒式炉
3. 感应热处理炉</td></tr>
<tr><td colspan="2">涂装</td><td>1. 喷漆室
2. 搓涂、刷涂</td><td>1. 混流涂装生产线
2. 喷漆室</td><td>涂装生产线（静电喷涂、电泳涂漆等）</td></tr>
<tr><td colspan="2">装配</td><td>1. 以修配法及调整法为主
2. 固定装配或固定式流水装配</td><td>1. 以互换法为主，调整法、修配法为辅
2. 流水装配或固定式流水装配</td><td>1. 互换法装配
2. 流水装配线、自动装配机或自动装配线</td></tr>
<tr><td colspan="2">物流设备</td><td>叉车、桥式起重机、手推车</td><td>叉车、各种输送机</td><td>各种输送机、搬运机器人、自动化立体仓库等</td></tr>
<tr><td colspan="2">辅助工装</td><td>按画线工作，采用通用夹具、组合夹具，通用刀具、量具</td><td>广泛采用夹具，多采用专用刀具、量具</td><td>广泛采用高效专用夹具、刀具、量具</td></tr>
<tr><td colspan="2">工人熟练程度</td><td>高</td><td>中等</td><td>低，但需熟练程度高的调整工</td></tr>
<tr><td colspan="2">工艺文件</td><td>简单</td><td>中等</td><td>详细</td></tr>
<tr><td colspan="2">生产成本</td><td>高</td><td>中等</td><td>低</td></tr>
<tr><td colspan="2">产品实例</td><td>重型机器、重型机床、汽轮机、大型内燃机、大型锅炉、机修配件</td><td>机床、工程机械、水泵、风机、阀门、机车车辆、起重机、中小锅炉、液压件</td><td>汽车、拖拉机、摩托车、自行车、内燃机、滚动轴承、电器开关</td></tr>
</table>

表 3.1-3　齿轮制造的各种工艺方法

<table>
<tr><th rowspan="2">材料</th><th colspan="2">成形工艺</th><th rowspan="2">热处理工艺</th><th rowspan="2">适用范围</th><th rowspan="2">零件举例</th></tr>
<tr><th>齿坯</th><th>齿面</th></tr>
<tr><td>尼龙</td><td>注塑</td><td>注塑</td><td></td><td>轻载小型自润滑齿轮</td><td>家用电器齿轮</td></tr>
<tr><td>粉末冶金</td><td>压制</td><td>压制、磨齿</td><td></td><td>轻载小型齿轮，摩擦特性好</td><td>液压泵齿轮</td></tr>
<tr><td>薄钢板</td><td>冲压</td><td>冲压</td><td></td><td>小型、薄型齿轮</td><td>钟表齿轮</td></tr>
<tr><td>灰铸铁</td><td>砂型铸造</td><td>切齿</td><td></td><td>低速轻载齿轮、蜗轮</td><td>正时齿轮</td></tr>
<tr><td>球墨铸铁</td><td>砂型铸造</td><td>切齿</td><td>等温淬火</td><td>中速中载齿轮</td><td>中型减速器齿轮</td></tr>
<tr><td>铸钢</td><td>砂型铸造</td><td>切齿</td><td>正火、调质</td><td>结构复杂、尺寸很大、不易锻造的低速轻载和中速中载齿轮</td><td>重型减速器齿轮</td></tr>
<tr><td>型钢棒料</td><td>锯、切割、剪切</td><td>切齿、挤齿</td><td>正火、调质、渗碳淬火</td><td>单件小批生产，尺寸较小、结构简单的齿轮</td><td></td></tr>
</table>

（续）

材料		成形工艺		热处理工艺	适用范围	零件举例
		齿坯	齿面			
锻钢	40 45 50 40Cr 50Mn2 35SiMn 40MnB	自由锻 模锻 精锻（小直径）	切齿 热轧 冷打	正火	直径很大，低速轻载齿轮	
				调质	中速中载齿轮	机床齿轮 汽车齿轮
				调质＋高频淬火	中速中载齿轮、高速中载齿轮	机床齿轮 汽车齿轮
	40Cr	模锻 精锻	切齿 磨齿	调质	中速中载齿轮	精密机床齿轮
				调质＋高频淬火	中速中载，无猛烈冲击	
	20CrMnTi	模锻 精锻	切齿	渗碳淬火 碳氮共渗	高速重载，大模数	汽车后桥齿轮
	渗碳 （氮）齿轮钢	自由锻 模锻	滚-磨 滚-刮-珩	渗碳淬火 调质＋深层渗氮	高速重载，大模数	冷热连轧机齿轮 鼓风机齿轮
镶圈齿轮 （锻钢＋铸钢）		锻造（轮缘） 铸造（轮毂）	切齿	调质（轮缘） 退火（轮毂）	大型复杂中速中载齿轮	大型工程 机械齿轮
剖分齿轮（铸钢）		铸造	切齿	调质		
拼焊齿轮 （锻钢＋铸钢 ＋钢板）		锻造（轮缘） 铸造（轮毂） 下料（辐板）	切齿	调质（轮缘） 退火（轮毂、 辐板）	特大型、复杂中速中载齿轮	重型机床齿轮
非铁合金 （青铜、锌铝合金）		砂型铸造 离心铸造	切齿		蜗轮	动力蜗轮 分度蜗轮

1.3　工艺管理

工艺管理是科学地计划、组织和控制各项工艺工作的全过程，是对制造技术工作所实施的科学的、系统的管理行为。在产品生产的全过程中，最主要的内容就是产品及零部件的工艺（制造）过程。工艺管理工作像一条纽带融会贯通于生产过程始终，将生产系统的各项工作有机地联系在一起。

1.3.1　工艺管理系统

企业的工艺管理系统示于图 3.1-2，从图中可以看出：生产管理系统中各子系统的管理工作都与工艺管理工作有着密切的联系。企业工艺管理根据其不同的功能和作用，可分为工艺基础工作、产品生产工艺准备、生产现场工艺管理三个方面。

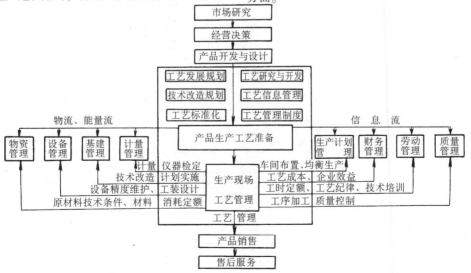

图 3.1-2　企业工艺管理系统

1.3.2 工艺基础工作

工艺基础工作是指为提高企业工艺技术水平和工艺工作质量而开展的一些基础性、方向性、综合性、经常性的工作。主要有以下几方面内容。

1. **工艺发展规划** 工艺发展规划包括工艺研究开发、新工艺推广应用、工艺路线调整、工艺装备更新等。编制工艺发展规划应贯彻远近结合、先进与适用结合、技术与经济结合的方针。

2. **技术改造规划** 企业的技术改造，是实现以内涵为主扩大再生产的主要途径。把先进适用的制造技术导入技术改造，用先进的工艺和设备代替落后的工艺和设备是企业技术改造的核心。

3. **工艺标准化** 工艺标准化是根据国内外工艺技术成就和先进管理方法并结合生产实际，对工艺工作中一些重复使用的方法和要素，通过优选、简化、协调，制定出各类工艺标准并加以贯彻实施的全部活动，是提高工艺技术水平，保证产品质量、缩短生产工艺准备周期、具体实施现场工艺管理的重要手段。

工艺标准分为国家标准、行业标准、行业指导性技术文件和企业技术标准四个级别。按标准贯彻的法律效力不同，分为强制性标准和推荐性标准两类。各级工艺标准均可转化为企业标准。根据工艺灵活多变的特点，企业应重点制定如下几种不宜在全国和部门硬性统一的工艺标准：

(1) 工艺操作方法标准。

(2) 工艺参数标准。

(3) 工艺管理标准。

(4) 工艺装备标准。

另外，为了提高产品质量和企业的竞争能力，企业可以根据自身的条件和能力，制定高于ISO、GB、JB水平的工艺技术条件、工艺试验与检验标准。

4. **工艺管理制度和工艺纪律** 企业应制定各种工艺管理规章制度，以统一工艺工作的行动法则，明确各有关部门的工艺责任和权限。同时应制定工艺纪律，明确各类人员应遵守的工艺秩序。

5. **工艺信息系统** 工艺信息系统是指利用

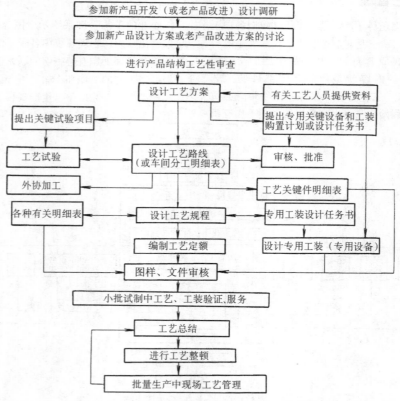

图 3.1-3 产品工艺准备的内容及工艺工作程序

计算机和信息技术，对工艺及其相关数据进行采集、传递、加工和处理的系统，是实现工艺管理工作自动化，提高工艺管理工作科学性、准确性、有效性的重要方法。各企业均应根据自身的条件，逐步地建立起实用有效的工艺信息系统，并应使其与企业的设计信息系统、生产管理信息系统等有机地结合在一起，以提高企业的技术水平和管理水平。

1.3.3 产品生产工艺准备

为实现机械产品的设计要求，在新产品投产前需进行一系列的生产技术准备工作，其中工艺准备所占比例最大。一般在单件小批生产中，工艺准备占全部生产技术准备工作量的 20% ~ 25%，成批生产 40% ~ 45%，大批大量生产占 60% ~70%。产品生产工艺准备的主要内容及工艺工作程序见图 3.1-3。

1.3.4 生产现场工艺管理

工艺实施过程即制造过程，是各种生产技术，特别是工艺文件实施于生产现场的过程。这一阶段工艺管理工作的主要内容有：

（1）科学分析毛坯、零件和产品的工艺流程，合理确定投产批次和批量。

（2）按作业计划的安排，组织毛坯、原材料、半成品、工位器具、工艺材料、工艺装备的按质按量和适时供应。

（3）指导和监督工艺文件的正确实施。

（4）及时发现和纠正工艺设计上的差错，不断总结工艺过程中的各种合理化建议和先进经验，按规定的程序加以实施和推广，以求不断改进工艺。

（5）确定工序质量控制点，规定有关管理和控制的技术内容，进行工序质量重点控制。

（6）搞好文明生产和现场定置管理。

（7）搞好现场工艺纪律管理。

2 铸 造

铸造是制造机器零件毛坯或成品的一种工艺方法，铸造的实质是熔炼金属，制造铸型，将熔融金属浇入铸型，凝固冷却后获得一定形状和性能的铸件。

铸造在我国已有 6000 年的历史[3]，与其他工艺方法相比，具有原材料来源广，成本低，生产周期短，工艺灵活，可以不受铸件合金的种类、产量、尺寸大小和结构复杂程度的限制等优点。但是，铸件尺寸精度较低，表面较粗糙；内在质量比锻件差；工作环境差，劳动强度大。

2.1 铸造方法分类、特点及应用

铸造方法可分为砂型铸造和特种铸造两大类。

2.1.1 砂型铸造

砂型铸造又分为手工造型和机器造型。

手工造型特点：工艺装备简单，适应性强，可按铸件尺寸、结构形状、批量和现场生产条件灵活选用造型方法。但生产率低，劳动强度大，尺寸精度和表面粗糙度较差。手工造型适用于单件小批量生产，特别是大型铸件和复杂铸件的生产。手工造型特点及应用见表 3.2-1。

表 3.2-1 手工造型的各种方法

	主要特点	应用范围
整模造型	模样可直接从砂型中取出，操作简便，避免由上下型对位引起的尺寸误差	单件或批量生产的大、中、小铸件
分模造型	上、下模样分别在上下砂箱内成形，然后组装起来，操作方便	单件或批量生产的大、中、小铸件
叠箱造型	将多个铸型重叠起来浇注，可节约金属，充分利用生产面积	成批生产的中、小铸件
脱箱造型	造型后将砂箱取走，在无箱或加套箱的情况下浇注，操作简便，节约砂箱	单件或成批生产的小件
劈箱造型	将模样和砂型分成若干块，分别造型，然后组装起来浇注，使造型、烘干、搬运、合箱、检验等操作方便	常用于成批生产的大型复杂铸件，如机床床身

（续）

	主要特点	应用范围
组芯造型	铸型由多个砂芯组装而成，可在砂箱、地坑中或用夹具组装起来浇注	成批生产的、结构复杂的大、中型铸件，如机床、柴油机铸件
地坑造型	在地坑中造型，不用砂箱或只用盖箱。操作麻烦，劳动量大，生产周期长，但可节约砂箱	在无合适砂箱时单件生产大、中型铸件时采用
刮板造型	用刮板代替模样刮制铸型，可省模样材料及工时，但操作麻烦，生产率低	用于外形简单或回转体铸件的单件或小批量生产

机器造型特点：生产效率高，劳动强度低，质量稳定，便于组织自动化生产，机器造型特点及应用见表 3.2-2。

表 3.2-2　机器造型各种方法的特点及适用范围

造型方法	主要特点	应用范围
震实造型	利用震击紧实铸型。设备简单，但噪声大，生产率低，铸型出现上松下紧现象，常需人工补充压实上表面，劳动强度大	适用于成批大量生产的中小铸件
压实造型	用较低比压压实铸型。设备简单，噪声小，生产率高，但铸型紧实度上下部位差别较大，所以铸件不可太高	适用于成批大量生产的矮小铸件
震压造型	在震击后加压紧实铸型。铸型上下部位紧实度较均匀，设备简单，生产率高，但噪声较大	适用于成批大量生产中小铸件，多用于脱箱造型
微震压实造型	在微震的同时加压紧实铸型。铸型紧实度较均匀，生产率较高，但机器结构复杂，仍有噪声	成批大量生产的中小型铸件
高压造型	用较高的比压（一般大于 0.7MPa）压实铸型。生产率高，铸件尺寸精度高，易于自动化，但设备和工装投资大	大批量生产的中小型铸件
射压造型	用射砂法填砂和预紧实，再用高比压压实铸型。生产率高，铸件精度高，易于自动化，可以是有箱和无箱水平分型的造型方法，但设备投资大	大批量生产的中小型铸件

（续）

造型方法	主要特点	应用范围
挤压造型	是垂直分型的射压造型。不用砂箱，生产率高，铸件精度高，占地面积小	适用于大批量生产小型铸件
吸压造型	负压填砂，再用压板压实，使树脂砂在负压下气体硬化的无箱造型。铸件质量好，设备简单	用于批量生产中型铸件的造型和制芯
喷砂造型	用喷枪将树脂砂喷射到砂箱或芯盒的同时逐层紧实。操作灵活、方便，设备简单	用于冷树脂砂单件或小批量生产中大型铸件的造型和制芯
抛砂造型	用抛砂方法填砂并紧实铸型。操作灵活、方便，设备简单	用于批量生产的大型铸件
真空密封造型	用塑料薄膜将砂箱内无粘结剂的干砂密封，利用负压紧实并形成铸型。生产率高，表面光洁，易于落砂，便于自动化生产	用于成批大量生产大、中、小型铸件，如配重、澡盆等

制芯方法的特点及适用范围见表 3.2-3。

表 3.2-3　制芯各种方法的特点及适用范围

制芯方法		主要特点	适用范围
手工制芯	芯盒制芯	操作灵活，可制造小而复杂的砂芯	适用于各种形状、尺寸和批量的粘土砂、合脂砂、桐油砂、水玻璃砂的制芯
	刮板制芯	操作麻烦，但可省芯盒	单件小批量生产的形状简单或回转体砂芯
机器制芯	震实式震压式等	见表 3.2-2	批量生产的粘土砂、合脂砂、桐油砂、水玻璃砂的各种砂芯
	射砂法	砂芯尺寸准确，生产率高，主要采用热芯盒和冷芯盒法制芯	多用于树脂砂制芯，成批大量生产中小型砂芯
	壳芯法	砂芯为中空薄壳体。砂芯透气性好，节约树脂和芯砂	多用于树脂砂制芯，成批大量生产中小型砂芯

砂型铸造中，常用的铸型有湿型、干型、表面干型、自硬型和铁模覆砂型等，其特点及应用范围见表3.2-4。

表3.2-4 铸型的种类及应用范围

铸型种类	主 要 特 点	应 用 范 围
湿型	铸型不烘干，生产周期短，成本低，便于机械化自动化。但容易出现气孔、粘砂、夹砂等铸造缺陷	适用于各种批量的中、小型铸件生产
干型	铸型经烘干，水分少，强度高，透气性好，易保证质量。但生产周期长，成本高，不易实现自动化生产	适用于结构复杂、质量要求较高的单件小批量大、中型铸件生产
表面干型	铸型表面层烘干，综合湿型和干型的优点，降低了成本，提高生产率	适用于结构复杂、质量要求较高的单件小批量大、中型铸件生产
自硬型	用树脂、水玻璃、水泥为粘合剂，在硬化剂作用下型砂（芯砂）建立强度，自硬型强度高，粉尘少，效率高，铸件质量稳定，表面光洁。但成本较高	各种铸件均可采用。但是铸铁件应用树脂自硬砂较多，铸钢件应用水玻璃自硬砂较多

2.1.2 特种铸造

特种铸造是采用特殊工艺方法（相对砂型铸造）使金属液成形的一种铸造方法，能获得铸件尺寸精确、表面光洁、力学性能高的各种铸件，常用的特种铸造特点及其应用范围见表3.2-5。

表3.2-5 各种特种铸造方法及应用

种 类	主 要 特 点	应 用 范 围
熔模铸造（失蜡铸造）	用蜡模代替木模，在蜡模外用涂料和耐火材料交替结成薄壳铸型，加热熔掉蜡模后重力浇注。铸件精度高，表面质量好。但工序多，成本高，手工操作劳动条件差	适用于批量生产各种碳钢、合金钢等高熔点合金的复杂铸件，以及表面质量高、难于加工、结构复杂的其他合金铸件。铸件质量一般小于10kg
压力铸造	液态金属在高压高速下充填金属铸型，压力下凝固，是生产率高，内、外质量高的金属成形方法。但设备、工装费用高	适用于大批量生产各种非铁合金、中、小型薄壁铸件，也可用于钢铁铸件
低压铸造	用金属型、石墨型、砂型，在气体压力下充型及凝固。铸件组织致密，表面光洁，金属收得率高，设备较简单	适用于以非铁合金为主的大中薄壁铸件

种 类	主 要 特 点	应 用 范 围
金属型铸造	用金属铸型，重力浇注成形。冷却快，有细化组织作用，生产率高，但金属型费用较高，劳动条件差，灰铸铁件易出白口	以非铁合金为主，也可用于铸钢、铸铁成批大量生产
离心铸造	用金属型或砂型，在离心力作用下浇注成形。设备简单，成本低，铸件组织致密，生产率高	单件或成批生产铁管、铜套、轧辊、轴瓦、气缸套等回转体铸件
连续铸造	铸型是水冷结晶器，金属液连续浇入后，凝固的铸件不断地从结晶器另一端拉出。生产率高，但设备费用高	大批量生产各类合金的铸管、铸锭、铸杆等
真空吸铸	在结晶器内抽真空，利用负压吸入液态金属成形。铸件内在质量好，生产率高，设备简单	大批量生产铜、铝合金的筒形和棒类铸件
挤压铸造	先在金属铸型中注入金属液，迅速合型并在压力下凝固。铸件无气孔，组织致密，但设备、模具投资大	以非铁合金为主的形状简单、内部质量要求高、轮廓尺寸大的薄壁铸件，适合批量生产

注：特种铸造还有磁型铸造、实型铸造、陶瓷型铸造、石膏型铸造、石墨型铸造、壳型铸造。

2.2 造型材料

制造砂型与型芯的材料称为造型材料，用来制造砂型的材料称为型砂，用于制造型芯的材料称为芯砂，统称型砂。由型砂的质量不好产生的气孔、砂眼、粘砂和夹砂等铸造缺陷约占铸件总废品率的50%左右。为保证铸件质量，降低铸件成本，必须合理选用型砂种类，严格控制型砂性能。

2.2.1 型砂的主要性能

型砂（含芯砂）的主要性能要求有强度、透气性、耐火度、退让性、流动性、紧实率和溃散性等。砂型铸造使用的铸型有湿型、干型和表面干型。湿型是指砂型（芯）造型后没有经过烘干就直接合箱浇注；干型是指砂型（芯）造型后要经过充分烘干以后才能合箱浇注；表面干型是指砂型造型后合箱浇注前，型腔表面要进行表面烘干，使型腔表面具有干型性能。因此，型砂性能分湿态性能和干态性能，若无特殊标明，一般指湿态性能。

（1）湿强度 湿强度是指型砂和芯砂抵抗外力破坏的能力，湿型铸造用型砂湿压强度一般控制在 $4\sim10N/cm^2$。强度低，砂型容易产生塌箱、掉块和涨箱，也不便于造型、修型、起模和合箱操作；强度过高，会使型砂和芯砂的透气性、退让性和溃散性下降，铸件容易产生气孔、裂纹等缺陷。

（2）透气性 透气性是指气体通过紧实后的型砂和芯砂内部空隙的能力。透气性差，说明高温金属浇入铸型时产生的大量气体不能及时从砂型中排出，使铸件形成呛火、气孔和浇不足等缺陷；透气性过高，则铸件表面粗糙，甚至出现机械粘砂。湿型铸造用型砂的湿透气性一般控制在 $40\sim80$ 以上。

（3）耐火度 耐火度是指型砂和芯砂承受高温金属液热作用的能力。型砂耐火度的高低主要决定于型砂中原砂的 SiO_2 含量。

（4）流动性 型砂在重力或外力的作用下，砂粒间相对移动的能力称为流动性。流动性好的型砂易于充填、紧实后铸型紧实度均匀、型腔表面光洁、轮廓清晰。

（5）溃散性 型砂的溃散性是指落砂清理铸件时铸型容易溃散的程度。溃散性好，型砂容易从铸件上清除，铸件表面光洁，节约落砂清理的工作量。型砂的溃散性与铸型的紧实度、粘结剂的种类和加入量有关。

目前在铸造生产车间，对手工造型的湿型铸造，一般只检测型砂的湿强度、透气性和含水率；对机器造型用型砂，除检测型砂的湿强度、透气性和含水率外，往往要检测型砂的紧实率。因此型砂的紧实率与型砂的含水率和型砂的流动性有着十分密切的关系。

2.2.2 型砂的种类及制备

1. 型砂的种类 型砂由原砂、粘接剂和附加物组成。铸造用原砂要求含泥量少、颗粒均匀、形状为圆形和多角形的海砂、河砂或山砂等。铸造用粘接剂有粘土（普通粘土和膨润土）、水玻璃砂、树脂、合脂油和植物油等，分别称为粘土砂、水玻璃砂、树脂砂、合脂油砂和植物油砂等。为了进一步提高型（芯）砂的某些性能，往往要在型（芯）砂中加入一些附加物，如煤粉、锯末、纸浆等。

（1）粘土砂 粘土砂由原砂、粘土、水和附加物按一定配比混制而成。铸造用原砂是以 SiO_2 为主要成分的硅砂。铸钢用原砂中的 SiO_2 含量的质量分数应大于98%，铸铁用原砂中的 SiO_2 含量应大于85%。铸造用粘土有膨润土和普通粘土。粘土粘接剂必须有适量的水才能发挥粘接作用，所以，型砂中应加入适量的水。为了改善型砂的某些性能和提高铸件质量，型砂中还要加入一些附加物。如在湿型砂中加入煤粉以降低铸件表面粗糙度，防止机械粘砂和化学粘砂；在干型砂中加入锯末以提高型砂的退让性，防止铸件产生裂纹和应力。

由于湿型铸造的铸型不用烘干，节约烘干设备和燃料，工序简单，生产率高，铸件成本低，便于组织机械化自动化生产等优点，被广泛应用于中小铸件生产。铸铁件常用的湿型砂配比和性能要求见表3.2-6。干型铸造由于铸型经烘干后强度高、透气性好。所以，铸件质量稳定，成品率高，但需烘干设备和消耗燃料，生产周期长，铸件成本较高，适用于大型铸铁件和中大型铸钢件生产。

表 3.2-6 铸铁件常用的湿型砂配比及性能

型砂种类	型砂成分（%）（质量分数）			
	新砂	旧砂	膨润土	煤粉
手工造型面砂	$40\sim50$	$50\sim60$	$4\sim5$	$4\sim5$
机器造型单一砂	$10\sim20$	$80\sim90$	$1.0\sim1.5$	$3\sim4$

型砂种类	型砂性能			
	水分（%）	紧实率（%）	透气性	湿压 /$N\cdot cm^{-2}$
手工造型面砂	$4\sim6$	$45\sim55$	$40\sim80$	$4\sim10$
机器造型单一砂	$3\sim5$	$40\sim50$	$80\sim$	$7\sim$

（2）水玻璃砂 用水玻璃（硅酸钠水溶液）为粘接剂配制而成的型砂称为水玻璃砂。水玻璃加入量为砂子质量的5%～8%。水玻璃来源广，价格低，铸型强度高，无需烘干，所以广泛应用于中、大型铸钢件和大型铸铁件生产。

（3）树脂砂 以人工合成树脂为粘接剂配制而成的型（芯）砂称为树脂砂。常用的合成树脂有呋喃树脂、糠醛树脂和酚醛树脂等，其加入量为砂子质量的1.5%～3%。树脂砂铸型具有硬化快、强度高、发气量大、流动性好、溃散性好等特点。因此，采用树脂砂生产的铸件尺寸精确、表面光洁，清砂容易。由于树脂砂的流动性好和快干自硬特点，便于实现造型与制芯的机械化和自动化生产，所以树脂砂是一种很有发展前景的新型造型材料。目前，为了提高铸件在国际市场的竞争力，广泛应用树脂砂生产出口铸件。

2. 型砂的选用及配制 生产不同类型的铸件，需要选用不同的型砂和芯砂。单件小批量生产的中小型铸铁件和小型铸钢件，常用湿型干芯的粘土砂生产；大型铸铁件和中大型铸钢件采用干型干芯或水玻璃砂生产；批量生产的中小型铸铁件采用机器造型，选用湿型和树脂砂芯生产；对于铸件尺寸和表面质量要求高的铸件，或各种复杂型芯采用树脂砂生产。

型砂的配制工艺对型砂的性能有很大影响。型砂配制是在混砂机中进行，各种原材料在混砂机中经碾轮的碾压、搓揉与均匀混合而形成如图3.2-1所示的型砂结构。粘土砂的混砂工艺是：先加入新砂、旧砂、粘土和煤粉等干混 2～3min，再加水湿混 5～10min，性能符合要求后出砂并堆放 4～5h 后使用。型砂性能是否符合要求，要用型砂性能测定仪进行检测，生产现场一般只检测湿压强度、透气性和含水率。

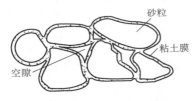

图 3.2-1 型砂结构示意图

砂粒
粘土膜
空隙

2.3 铸造工艺设计

铸造工艺设计是保证铸件质量、提高生产率、降低生产成本和简化操作工序的关键，铸造工艺设计应在具体分析铸件结构及技术要求、合金特点、生产批量及生产条件下进行。

2.3.1 零件结构的铸造工艺性分析

铸造工艺性分析是审查零件结构是否符合铸造生产的工艺要求，如发现结构设计有不够合理的地方，应及时与有关方面协商，或更改结构设计；或采取特殊工艺措施，以保证铸件质量。一般应注意以下几方面：

（1）零件壁厚力求均匀，注意壁厚的过渡和铸造圆角，防止形成热节。

（2）铸件收缩时不应有严重阻碍，内壁厚度应小于外壁，以防止应力集中，引起裂纹缺陷。

（3）对于壁厚不均、合金收缩较大的铸件，应便于安放冒口、冷铁，实现顺序凝固，避免缩孔、缩松缺陷。

（4）避免水平方向出现较大平面，以防止夹砂、浇不足或翘曲变形。

（5）改进铸件内腔结构，以减少型芯数量，有利于型芯的固定和排气。

（6）尽量简化铸件外表结构，使分型面减少、简化，便于造型、起模和模具制造。

（7）复杂铸件可采用分体铸造，简单小铸件可采用联合铸造。

2.3.2 浇注位置和分型面的选择

浇注位置是指浇注时铸件所处的位置；分型面是指上下铸型接触的表面。为了保证铸件质量，一般先确定浇注位置。

1. 浇注位置的选定原则

（1）铸件重要加工面或主要工作面应朝下或侧面，以避免气孔、砂眼、缩孔及夹渣等缺陷出现在工作面上，见图 3.2-2a。

（2）尽可能让大平面朝下，以避免出现夹砂和夹渣缺陷，见图 3.2-2b。

（3）使铸件的薄形部分处于下面或侧面，以免形成浇不足、冷隔等缺陷，见图 3.2-2c。

（4）对于易形成缩孔、缩松的铸件，应有利于顺序凝固。为此，应使厚大部分置于上方，以便安放冒口，见图 3.2-2d。

（5）应尽量避免吊砂、吊芯或悬臂型芯。

（6）应使合箱位置、浇注位置和冷却位置相一致。

2. 分型面的选定原则

（1）应尽量使铸件全部或大部置于同一砂箱内，以保证铸件尺寸精度，见图 3.2-3a。

（2）应尽量减少分型面数目，并力求选用平面分型面，见图 3.2-3b。

（3）尽量减少型芯或活块的数量，并注意降低砂箱高度，见图 3.2-4a，方案 2 较方案 1 可降低砂箱高度。

（4）便于下芯、合箱及检查型腔尺寸。通常把主要型芯放在下半砂箱中，见图3.2-4b。

（5）应注意减少落砂、清理和机加工的工作量，见图3.2-4c。

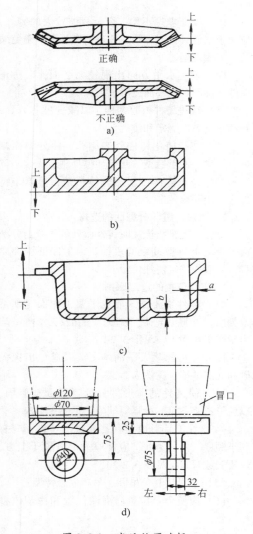

图 3.2-2　浇注位置选择

a) 齿轮　b) 大平面结构　c) 盖　d) 缸头

2.3.3　型芯设计

型芯设计包括确定型芯形状和数目，设计芯头结构和下芯顺序等。型芯设计应考虑以下几点：

（1）型芯划分应使造芯、烘干、下芯、合箱、排气等过程方便，并保证每个型芯有足够的强度。

（2）应尽量减少型芯数目。

（3）应尽量使型芯的分盒面与分型面一致，以保证铸件壁厚均匀，见图3.2-5。

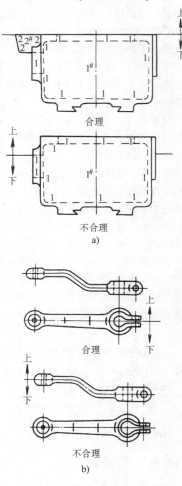

图 3.2-3　分型面的选择（一）

a) 壳体　b) 起重臂

（4）要求定位严格或下芯时不易辨别方向的型芯，芯头要有一定的定位结构，见图3.2-6。

（5）正确设计芯头长度、斜度、间隙以及压环、防压环、积砂槽等芯头结构，以利于下芯、合箱、排气等，保证铸件质量，见图3.2-7。

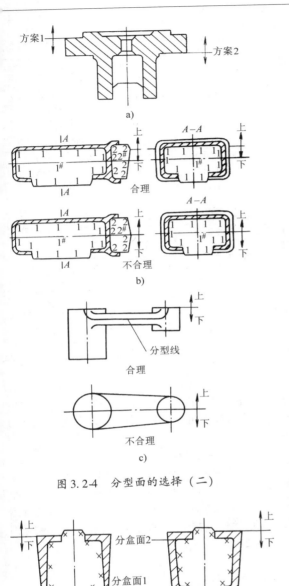

图 3.2-4 分型面的选择（二）

图 3.2-5 分盒面和分型面一致的实例

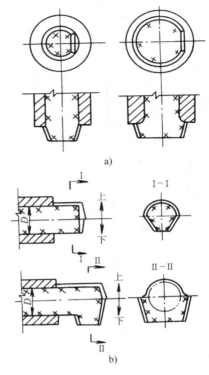

图 3.2-6 特殊定位芯头

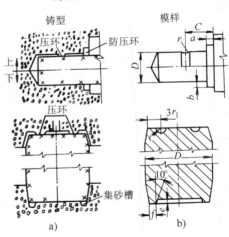

图 3.2-7 典型芯头结构
a）水平芯头 b）垂直芯头

2.3.4 铸造工艺参数

1. 铸造收缩率 由于铸造收缩率受合金成分、冷却条件、收缩阻力等因素的影响；起模、烘型和浇注过程也可能改变型腔尺寸。故十分准确地给出铸造收缩率是很困难的。表 3.2-7 数据可供选用时参考。

2. 加工余量 机械加工余量过大，浪费金属和机械加工工时；过小，则不能去除铸件表面的缺陷，达不到零件设计要求。影响机械加工余量的主要因素有：铸造合金、铸造方法、加工表面所处的浇注位置、铸件结构和公称尺寸等几方面。

表 3.2-7 常用合金铸造收缩率

铸件的种类			收缩率（%）	
			障碍收缩	自由收缩
灰铸铁	中小型铸件		0.9	1.0
	大中型铸件		0.8	0.9
	特大型铸件		0.7	0.8
灰铸铁	特殊圆	长度方面	0.8	0.9
	筒形铸件	直径方面	0.5	0.7
球墨铸铁	珠光体球墨铸铁		0.8~1.2	1.0~1.3
	铁素体球墨铸铁		0.6~1.2	0.8~1.2
可锻铸铁	珠光体可锻铸铁		1.2~1.8	1.5~2.0
	铁素体可锻铸铁		1.0~1.3	1.2~1.5
白口铸铁			1.5	1.7
铸钢	铸钢和低合金结构钢铸件		1.3~1.7	1.6~2.0
	奥氏体、铁素体铸钢件		1.2~1.9	1.8~2.0
非铁铸件	锡青铜		1.2	1.4
	无锡青铜		1.7	2.1
	锌黄铜		1.6	1.9
	硅黄铜		1.7	1.8
	铝硅合金		0.8~1.0	1.0~1.2
	铝铜合金		1.4	1.6
	铝镁合金		1.6	1.6

3. 起模斜度、为了便于起模，在模样、芯盒的出模方向留有一定斜度，称起模斜度。起模斜度应根据模样高度、尺寸、表面粗糙度以及造型方法确定。表3.2-8为常用的砂型铸造用起模斜度。

4. 最小铸出孔及槽 最小铸出孔及槽的尺寸与合金种类、铸件大小、孔的长度及孔的直径和铸造方法有关，见表3.2-9。对于不加工孔，一般情况下应尽量铸出。

表 3.2-8 砂型铸造用起模斜度

测量面高度/mm	金属模	
	a/mm	α°
<20	0.5~1.0	1°30′~3°
20~50	0.5~1.2	0°45′~2°
50~100	1.0~1.5	0°45′~1°
100~200	1.5~2.0	0°30′~0°45′
200~300	2.0~3.0	0°20′~0°45′
300~500	2.5~4.0	0°20′~0°30′
500~800	3.5~6.0	0°20′~0°30′
800~1200	4.0~6.0	0°15′~0°20′
1200~1600	—	
1600~2000	—	
2000~2500	—	
>2500	—	

（续）

测量面高度/mm	木模	
	a/mm	α°
<20	0.5~1.0	1°30′~3°
20~50	1.0~1.5	1°30′~2°30′
50~100	1.5~2.0	1°~1°30′
100~200	2.0~2.5	0°45′~1°
200~300	2.5~3.5	0°30′~0°45′
300~500	3.5~4.5	0°30′~0°40′
500~800	4.5~5.5	0°20′~0°30′
800~1200	5.5~6.5	0°20′
1200~1600	7.0~8.0	0°20′
1600~2000	8.0~9.0	0°20′
2000~2500	9.0~10.0	0°15′
>2500	10.0~11.0	0°15′

表 3.2-9 铸件的最小铸出孔

生产批量	最小铸出孔直径/mm	
	灰铁铸件	铸钢件
大量生产	12~15	—
成批生产	15~30	30~50
单件、小批生产	30~50	50

注：最小铸出孔的直径指的是毛坯直径。

此外，在铸造工艺设计时，有些铸件还可以采用工艺补正量、分型负数、砂芯负数和反变形量等工艺措施来提高铸件的尺寸精度。

2.3.5 浇注系统设计

浇注系统应保证金属液快速、连续、平稳的充满型腔；阻止熔渣和气体的卷入。合理选择金属引入位置对调节铸件温度分布、消除铸件缩孔、缩松和应力有一定作用。浇注系统结构见图3.2-8。

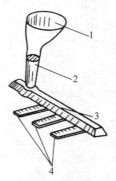

图 3.2-8 浇注系统结构
1—浇道盆 2—直浇道 3—横浇道 4—内浇道

1. 浇注系统的类型及选用

a. 按浇道各断面比例分类（表 3.2-10）

b. 按内浇道位置分类 一般形式的浇注系统见表 3.2-11，对形状特殊或有特殊要求的铸件则采用特殊形式的浇注系统，如雨淋式、压边式、集渣包式、牛角式、阻流式、滤渣网式等。

2. 浇注系统各部分尺寸的确定

a. 铸铁件浇注系统最小断面积的计算 浇注系统可近似看成是一个液体流动的管道，其最小断面总面积由水利学公式（阿暂公式）得

$$F_{min} = \frac{G}{0.31\mu\, t\, \sqrt{H_p}} \times 10^{-6}$$

式中 F_{min}——最小断面总面积（m^2）；

　　　G——铸型中铁水总重力（包括浇冒口重力）（N）；

　　　μ——流量因数，见表 3.2-12；

　　　H_p——平均压力头（m），见图 3.2-9；

　　　t——浇注时间（s），见表 3.2-13。

表 3.2-10　浇注系统各单元断面比例、特点及应用

型　式	断面比例	特　点	应　用
开放式 （$F_z < F_h < F_n$）	$F_z : F_h : F_n$ 1 : (1.2~3) : (2~4)	充型平稳,冲刷力小,易带入渣和气体	镁合金、铝合金、锡青铜大件;铸钢漏包浇注式;1t 以上灰铸铁件
封闭式 （$F_z > F_h > F_n$）	$F_z : F_h : F_n$ (1.2~1.4) : (1.1~1.2) : 1	充型快,冲刷力大,有一定挡渣作用	灰铸铁件(干型、湿型),可锻铸铁件
半封闭式 （$F_h > F_z > F_n$）	$F_z : F_h : F_n$ (1.1~1.2) : (1.3~1.5) : 1	系统呈充满状态,有挡渣作用,$F_h > F_n$,冲刷力小	灰铸铁件、锡青铜、薄壁球铁件
封闭-开放式	$F_z > F_{zu} < F_h < F_n$	在横浇道口阻流片前封闭,起挡渣作用。后段开放,充型平稳	流水线上成批生产
	$F_b > F_z < F_h < F_n$	在直交道根部处封闭,靠浇口盆挡渣,后段开放,充型平稳	中小型铸铁件及铝合金铸件
	$F_b > F_z > F_j < F_h < F_n$	在集渣包处封闭,靠渣包挡渣,后开放,充型平稳	重要的大中型铸铁件

注：F_z、F_h、F_n、F_{zu}、F_b、F_j 分别为直浇道、横浇道、内浇道、阻流片、浇口盆根部、集渣包出口处的总断面面积。

b. 铸钢件浇注系统 铸钢熔点高、流动性差、易氧化、收缩大,故要求浇道断面尺寸较大,充型快而平稳,并有利于铸件的收缩和补缩。

表 3.2-11　一般形式的浇注系统

（续）

注入形式	特　点	应　用
顶注式	金属液由上注入,实现自下而上顺序凝固,有利充型与补缩,但易产生铁豆、气孔、氧化皮等缺陷	要求致密、顶部补缩、简单矮小的中小型铸件
中间注入式	金属液由分型面（型腔中间）注入,冲击力小,较平稳,造型操作方便	各种合金,结构复杂、壁厚均匀的中小型铸件
底注式	金属液由型腔底部注入,冲击力小,但补缩效果差,造型操作麻烦,金属损耗多	易氧化的非铁金属及铸钢件,以及要求较高的形状复杂的铸铁件
阶梯注入式	金属液自下向上逐层充填,充型平稳,冲击力小,有利于补缩,但金属消耗多,造型麻烦	形状较复杂的铸件

表 3.2-12　流量因数参考值

铸型种类	铸型内阻力		
	大	中	小
湿　型	0.35	0.42	0.5
干型	0.41	0.48	0.60

注：雨淋式浇注系统 $\mu = 0.75$。

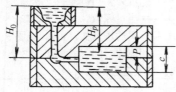

图 3.2-9　平均压力头 H_p 示意图
（注：$H_p = H_0 - P^2/2c$）

表 3.2-13　浇注时间 t 的计算公式

铸件质量 /kg	计算公式	经验因数		
<100	$t = S\sqrt{G}$	δ/mm	3~5　6~8	9~15
		S	1.6　1.9	2.2
100~10000	$t = S_1\sqrt[3]{\delta G}$	$S_1 = 1.5 \sim 2.0$ 需要快浇时，S_1 取偏小值		
>10000	$t = S_2\sqrt{1.2G}$	δ/mm	<10　11~12　21~40	>40
		S	1.1　1.4　1.7	1.9

注：1. S、S_1、S_2—经验因数；δ—铸件平均壁厚（mm）。

2. 与铁液面上升速度（表3.2-14）校核，相差很大时，须调整经验因数。

表 3.2-14　一般允许铁液的最小上升速度范围 v 的参考数值

公式	铸件平均壁厚/mm	上升速度 v/mm·s^{-1}
$v = \dfrac{c}{t}$	>40 或大型平面铸件水平浇注时	5~15
	40~10	10~20
	10~4	20~30
	<4	30~100

铸钢件通常采用漏包浇注（铸钢小件采用转包浇注）。用漏包浇注的铸钢件浇注系统尺寸可以经验确定。包孔断面与浇注系统各单元断面的经验比例为：

$$F_k : F_z : F_h : F_n = 1 : (1.8 \sim 2.0) : (1.8 \sim 2.0) : 2.0$$

F_k 为包孔断面积，其大小与钢液包容量有关，见表 3.2-15。

表 3.2-15　钢液包容量与包孔直径

钢液包容量 /t	包孔直径 /mm	钢液包容量 /t	包孔直径 /mm
3	30~50	12	40~60
5	35~45	30	45~70
8	35~50	40	50~80
10	35~55	90	55~100

为了避免冲刷和烤坏铸型，大中型铸件浇道一般采用成形耐火砖管，钢液在铸型中的上升速度不应小于表 3.2-16 中的数据。

表 3.2-16　钢液在铸型中的上升速度

铸件质量/t	<5	5~15		15~35			35~55			55~160		
铸件结构特点	—	复杂	简单	复杂	一般	实体	复杂	一般	实体	复杂	一般	实体
上升速度(不小于)v/mm·s^{-1} ≥	25	20	10	15	12	8	12	9	6	10	7	4

注：对于大型合金铸钢件或试压铸件，钢液上升速度应比表中数值增加 30%～35%。

c. 非铁合金铸件浇注系统

1）铝合金　熔点低、密度小、导热系数大、收缩大、易氧化，要求充型平稳、充型时间短、挡渣能力强的浇注系统。一般采用底注式、缝隙式以及蛇形直浇道。

铝合金铸件常用开放式浇注系统，最小断面为直浇道，其总面积计算公式为

$$F_{\min} = \frac{G}{\mu t \sqrt{H_p}} \times 10^{-6}$$

$$t = S\sqrt[3]{G}$$

式中　G——浇注总重力（包括浇冒口）（N）；
　　　μ——因数，一般取 0.04～0.07，当型内

阻力大时取下限；
　　　t——浇注时间（s）；
　　　S——因数，见表 3.2-17；
　　　H_p——平均压力头（m）。

表 3.2-17　S 值

铸件壁厚/cm	<6	6~10	10~15	>15
S	1.4	1.5	1.7	1.9

浇注系统各单元比例参考表 3.2-10。为防止夹渣缺陷，可在浇注系统中设置过滤器。

2）铜合金　浇注系统各单元比例和应用范围见表 3.2-18，直浇道总断面面积可查图 3.2-10 的数据再换算得出。

表 3.2-18　铜合金浇注系统各单元断面比例及应用范围

合金种类	各单元断面比例	适用范围
锡青铜类	$F_z : F_h : F_n = 1 : (1.2 \sim 2) : (1.2 \sim 3)$	复杂的大、中铸件，采用底部注入式，且内浇道处不设暗冒口
锡青铜类	$F_z : F_w : F_h : F_n = 1 : 0.9 : (1.2 \sim 2) : (1.2 \sim 3)$	阀体类铸件，采用雨淋式浇注系统，或内浇道处设暗冒口补缩
锡青铜类	$F_z : F_h : F_n = 1.2 : (1.5 \sim 2) : 1$	阀体类铸件，采用带滤渣网的浇注系统
锡青铜类	$F_z : F_w : F_h : F_n = 1.2 : 1.1 : 1.5 : (2 \sim 3)$	复杂的铸件
无锡青铜及黄铜	$F_z : F_w : F_h : F_n = 1 : 0.9 : 1.2 : (3 \sim 10)$	中、小型简单铸件
无锡青铜及黄铜	$F_z : F_w : F_h : F_n = 1 : 0.9 : 1.2 : (1.5 \sim 2)$	螺旋桨
特殊黄铜	$F_z : F_z' : F_h : F_w : F_n = 1 : 0.8 : (2 \sim 2.5) : 1 : (10 \sim 30)$	

注：F_z'—直浇道出口处的总面积，F_w—滤渣网眼的总面积。

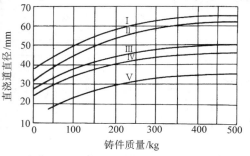

图 3.2-10　直浇道直径和铸件质量的关系
　Ⅰ—适用于锡青铜类壁厚为 3~7mm 的铸件
　Ⅱ—适用于锡青铜类壁厚为 8~30mm 的铸件
　Ⅲ—适用于锡青铜类壁厚>30mm 的铸件
　Ⅳ—适用于无锡青铜和黄铜铸件
　Ⅴ—适用于特殊黄铜铸件

3.6　冒口、冷铁和铸肋设计

1. 冒口　冒口的主要作用是补缩，并兼有出气和集渣作用。冒口必须满足以下基本条件：冒口凝固时间应大于或等于铸件被补缩部分的凝固时间；有足够的金属液补充铸件被补缩部分的收缩；冒口与被补缩部位有补缩通道。

（1）冒口种类　冒口分普通冒口和特种冒口。普通冒口有明冒口和暗冒口，顶冒口和边冒口；特种冒口有易割冒口，加压冒口（大气压力冒口、压缩空气冒口、发气压力冒口），加热冒口（发热保温冒口、加氧冒口）等。

（2）冒口形状　以补缩效果和造型方便考虑，一般都采用圆柱形冒口和椭圆形冒口。

（3）冒口尺寸　确定冒口尺寸的方法有：比例法、模数法、形状因素法和补缩液量法。但常用的是比例法和模数法。

1）比例法　根据热节圆大小，按一定比例确定冒口的尺寸。

2）模数法　铸件的凝固时间取决于模数（体积/散热总面积），冒口的模数应略大于铸件被补缩部分的模数，冒口尺寸根据冒口模数计算。

（4）冒口位置　为了充分发挥冒口的补缩效果，冒口应尽量放在铸件最高最厚的地方，或者热节点的旁边，在条件允许的情况下，应尽量使内浇道靠近或通过冒口。

（5）冒口有效补缩距离　冒口有效补缩距离是合理计算冒口个数的依据。影响冒口有效补缩距离大小的主要因素有合金的化学成分，铸件结构形状，是否采取冷铁或补贴等工艺措施。此外，生产中常依据铸件质量调整冒口的有效补缩距离。

（6）提高冒口补缩效率的措施　提高冒口补缩压力（如加压式冒口）和延长冒口凝固时间（如加热式冒口）等都能充分发挥冒口的补缩效率。

2. 冷铁和补贴　设置冷铁和补贴可局部地控制铸件的冷却速度，创造顺序凝固或同时凝固的条件；在冒口下面增加工艺补贴，能显著增加冒口的有效补缩距离。冒口与冷铁或补贴配合使用是消除缩孔和缩松的有效措施。

3. 铸肋　铸肋分割肋和拉肋两类。

割肋是防止铸钢件产生热裂的工艺之一，见表 3.2-19。拉肋（加强肋）用于防止铸件变形，于热处理后去除，见表 3.2-20。

表 3.2-19　几种常用割肋的形式和尺寸

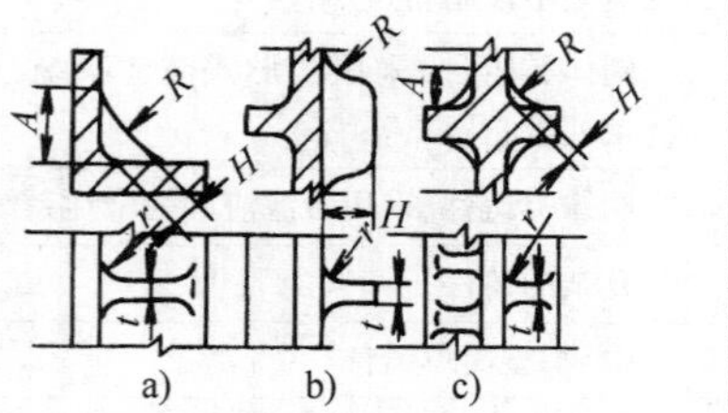

简　图	尺　　　寸/mm						
	主壁厚度	t	H	肋间距离	R	A	r
	6 ~ 10	<3.5	20	40	30	45	2
	11 ~ 15	5	30	60	50	65	3
	16 ~ 25	6 ~ 7	35	80	70	75	4
	26 ~ 40	8 ~ 10	45	140	90	100	5
	41 ~ 60	12 ~ 14	55	160	120	125	5
	61 ~ 100	16 ~ 18	65	180	160	140	6
	101 ~ 200	20 ~ 24	70 ~ 80	200	160	170	8
	201 ~ 300	25 ~ 30	85 ~ 100	200	160	210	10

注：主壁厚度是指铸件在凝固收缩时受拉应力的壁厚。

表 3.2-20　铸钢件拉肋形式和尺寸

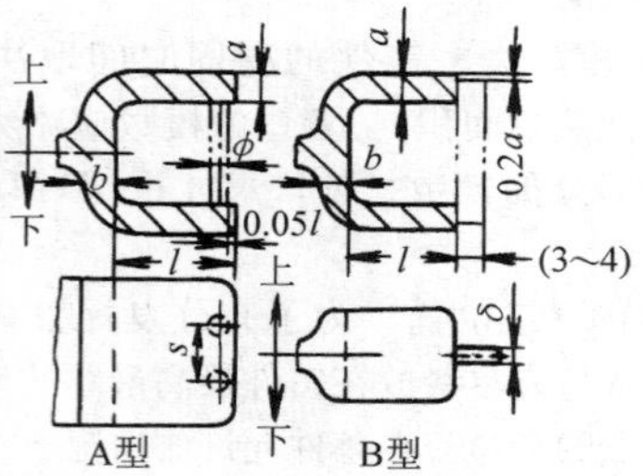

简　图	分类	尺　寸/mm			
		a	A　型		B　型
			ϕ	s	δ
	小型铸钢件	10 ~ 30	0.5a	2a	4 ~ 8
	中、大型铸钢件	拉肋的厚度为拉肋处铸件壁厚的40% ~ 60%			

2.4　合金的熔化与浇注

液态金属的熔化和浇注是铸造生产的重要环节之一，对铸件质量有重要影响。若熔化工艺控制不当，会使铸件因成分和力学性能不合格而报废；若浇注工艺不当，会引起浇不足、冷隔、夹渣、气孔和缩孔等缺陷。不同的铸造合金要选用不同的熔化设备和熔化工艺。铸造生产中常用的熔化设备有：冲天炉、感应电炉、三相电弧炉、电阻炉和焦碳炉等。

2.4.1　铸铁熔化

铸铁是由铁、碳和硅等组成的合金材料。根据铸铁中的石墨存在形态的不同，铸铁可分为普通灰铸铁（呈片状石墨），球墨铸铁（呈球状石墨），可锻铸铁（呈团絮状石墨）和蠕墨铸铁（蠕虫状石墨）。为了进一步提高铸铁的某些性能，铸铁中还可以加入铬、钼、铜、铝等合金元素，制成具有某些特殊性能的各种合金铸铁。

为了获得不同铸铁的合格铁水，应选用不同的熔化设备。工业上常用的铸铁熔化工艺有：冲天炉熔化、电炉熔化和冲天炉与电炉双联熔化等。灰铸铁、可锻铸铁和蠕墨铸铁用冲天炉熔化；球墨铸铁用冲天炉熔化、冲天炉与电炉双联熔化或电炉熔化；高牌号合金铸铁用冲天炉与电炉双联熔化或电炉熔化。

1. 冲天炉熔化　冲天炉是铸铁车间的主要熔化设备。冲天炉熔化操作方便，可连续生产，生产率高，投资少，成本低，被广泛应用于普通铸铁的生产。冲天炉结构如图3.2-11所示。冲天炉熔化的铁水出炉温度一般在1400 ~ 1550℃左右。

2. 感应电炉熔化　对于质量要求高的铸件，应选用感应电炉熔化。铸铁车间用的感应电炉有工频感应电炉和中频感应电炉。电炉熔化由于铁水出炉温度高、便于铁水成分控制和炉前处理，被广泛应用于生产球墨铸铁和合金铸铁。感应电炉的结构示意图如图3.2-12所示。由于电炉熔化铁水出炉温度高、便于铁水成分控制和炉前处理。因此，生产球墨铸铁和合金铸铁时往往采用冲天炉与电炉双联熔化。

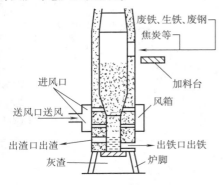

图 3.2-11 冲天炉结构示意图

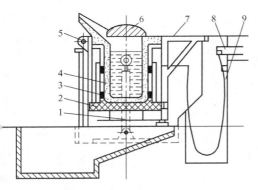

图 3.2-12 感应电炉结构示意图
1—液压倾倒装置 2—隔热砖 3—线圈
4—坩埚 5—转动轴 6—炉盖 7—作业板
8—水电引入系统 9—软管线

4.2 铸钢熔化

铸造用钢称为铸钢。铸钢具有较高的强度、塑性和冲击韧度，较好的导热性、导电性和导磁性，焊接性能好，被广泛应用于性能要求较高的、结构形状复杂的铸件生产。

铸钢的熔点高、铸造性能差，常用的熔化设备用电弧炉和感应电炉。电弧炉能以废钢为原料熔炼出符合铸件要求的各种钢水，熔炼周期短，开炉和停炉方便，容易与造型工艺配合、便于组织生产，被广泛应用于铸钢车间。三相电弧炉如图3.2-13所示，是铸钢车间的主要熔炼设备。

对于产量不大的铸钢车间，往往使用感应电炉作为铸钢熔化设备。

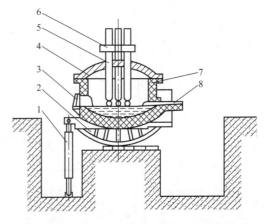

图 3.2-13 三相电弧炉示意图
1—倾炉液压缸 2—倾炉摇架 3—炉门 4—炉盖
5—电极 6—电极夹持装置 7—炉体 8—出钢槽

2.4.3 非铁金属熔化

除铁及其合金以外的金属（合金）称为非铁金属或非铁合金，简称非铁金属。常用的铸造非铁金属有铸造铝合金、铸造铜合金、铸造镁合金和铸造锌合金等。

非铁金属的熔点低，其常用的熔化炉有坩埚炉和反射炉两类，用电、油、煤气或焦碳等作为燃料。中、小工厂普遍采用坩埚炉熔化，如电阻坩埚炉、焦碳坩埚炉等，生产大型铸件时一般使用反射炉熔化，如重油反射炉、煤气反射炉等。图3.2-14是坩埚炉和反射的结构示意图。

2.4.4 浇注

把金属液从浇包注入铸型的操作过程称为浇注。浇注操作不当会引起浇不足、冷隔、气孔、缩孔和夹渣等铸造缺陷。

浇注时应根据铸件大小、铸件结构的复杂程度和铸型条件正确控制浇注温度，生产上要遵循高温出炉，低温浇注的原则。因为提高金属液的出炉温度有利于夹杂物的彻底熔化、熔渣上浮，便于清渣和除气，减少铸件的夹渣和气孔缺陷；采用较低的浇注温度，则有利于降低金属液中的气体溶解度、液态收缩量和高温金属液对型腔表面的烘烤，避免产生气孔、粘砂和缩孔等缺陷。因此，在保证充满铸型型腔的前提下，尽量采用较低的浇注温度。

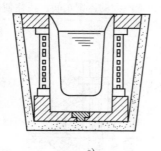

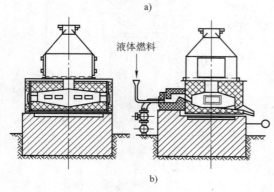

图 3.2-14 坩埚炉和反射炉的结构示意图

a) 坩埚炉 b) 重油反射炉

2.5 铸件缺陷及防止措施

2.5.1 表面缺陷及防止措施（表 3.2-21）

表 3.2-21 表面缺陷

名 称	特 征	防 止 措 施
鼠尾	铸件表面上有较浅带有锐角的凹痕，凹痕内常夹有型砂	1. 在砂型中加入煤粉、沥青、木屑等材料，减少型砂的膨胀 2. 增加膨润土含量，以提高型砂强度 3. 选用较粗粒度的砂型，减少热应力 4. 型砂水分不宜过高，同时提高型砂的透气性 5. 降低浇注温度，缩短浇注时间 6. 型型紧实度均匀，上型多扎气眼
沟槽	铸件表面上有边缘光滑的 V 形凹痕，通常有分枝
夹砂 (结疤)	铸件表面上有凸起的金属片状物，表面粗糙，出缘锐利，有一小部分与铸件本体相连
机械粘砂	铸件表面上粘附着一层金属和砂粒的机械混合物，多发生在厚壁或热节处，清除后可见金属光泽	1. 选粒度较小的原砂，同时提高型砂的紧实度 2. 选择优质涂料，或面砂中加入煤粉、重油等 3. 适当降低浇注温度，减少压头高度

（续）

名 称	特 征	防 止 措 施
化学粘砂	铸件表面上粘附着一层金属氧化物、砂子和粘土作用而生成的低熔点化合物等。多发生在厚壁和热节处，化学粘砂很难清除，要用砂轮才能磨掉	1. 防止产生金属氧化物，在砂型中加入煤粉等附物，或使用优质涂料 2. 合理设计浇注系统，防止型芯局部过热 3. 在铸铁件型芯砂中加入赤铁矿粉（Fe_2O_3）等，有利于低熔点化合物层形成玻璃体结构 4. 选用耐火度高或冷却能力大的造型材料，提高型砂的紧实度

2.5.2 孔洞类缺陷及防止措施（表 3.2-22）

表 3.2-22 孔洞类缺陷

名称	特 征	防 止 措 施
气孔	主要为梨形、圆形、椭圆的光滑孔洞，形状不规则	1. 保证炉料、工具和孕育剂的干燥无锈无油污 2. 严格控制型芯砂的含水量和附加物的发气量，增加型砂透气性 3. 设置出气冒口，保证铸型排气通畅 4. 严格控制合金成分中有害元素含量
针孔	大小在 1mm 以下的气孔，常出现在铸件表层，机加工 1～2mm 后可以去掉
缩孔	形状不规则的孔洞，孔壁粗糙，并带有枝状晶，常出现在最后凝固部位	1. 合理设计浇冒系统，保证液态金属顺序凝固，可采用高效率的发热冒口补缩 2. 采用冷铁，加速厚大断面和热节的冷却速度 3. 采用补贴增厚的办法，保证补缩通道通畅，形成顺序凝固 4. 减少液态金属的含气量，以利补缩 5. 提高铸型紧实度和砂型高温强度，防止型壁向外扩张
缩松	在铸件断面上出现的分散而细小的缩孔，出现在铸件厚壁中心部位
疏松	形状类似缩松，但孔洞更细小

2.5.3 裂纹、冷隔类缺陷及防止措施（表 3.2-23）

表 3.2-23 裂纹、冷隔类缺陷

名称	特 征	防 止 措 施
热裂	断口呈氧化色，裂纹沿晶界产生和发展，形状曲折而不规则；外裂表面宽而内部窄。一般在铸件最后凝固部位	1. 铸件结构要合理，避免厚薄变化太大，在易产生拉应力部位增设加强肋 2. 提高型芯砂的退让性，以减少收缩应力 3. 浇注系统要合理，避免阻碍合金的正常收缩 4. 严格控制铁液中的硫、磷含量

（续）

名称	特　征	防止措施
冷裂	断口有轻微氧化色，裂纹穿过晶体而不是沿晶界开裂	1. 力求铸件壁厚均匀，内外圆角和加强肋要合理，减少应力集中 2. 合理设置浇冒系统，使铸件各部位冷却速度趋于一致 3. 提高型芯砂的退让性 4. 严格控制铁液中的硫、磷含量 5. 落砂清理和搬运过程中避免碰撞 6. 进行失效处理
冷隔	在远离浇道处有穿透或不穿透的缝隙，其边缘呈圆角。常出现在远离浇道金属流股汇合处或激冷部位	1. 提高浇注温度 2. 改善熔炼工艺，减少铁水氧化，提高流动性 3. 增加压头高度 4. 大平面件采用倾斜浇注

2.5.4 夹杂类缺陷及防止措施（表3.2-24）

表3.2-24　夹杂类缺陷

名称	特　征	防止措施
金属夹杂物	铸件加工后，表面上有大小不等、形状不规则、色泽与基本金属不同的金属夹杂物	1. 保证炉料清洁 2. 合金添加剂要全部熔化后再浇注 3. 防止熔炼时混入金属夹杂物 4. 保证充填平稳，采用浇道除渣措施
冷豆	位于铸件下表面或嵌入铸件内部，未完全与铸件熔合，表面氧化	1. 改善浇注系统，使金属液体平稳流动 2. 浇注时，包嘴要对准浇口盆，防止飞溅和断流
砂眼	铸件表面或内部有充满砂粒的孔洞	1. 提高砂型表面强度 2. 合箱前要把砂型内的落砂吹净 3. 砂芯有足够的强度，下芯时要把型芯表面清理干净
夹渣	铸件表面或内部有形状不规则、颜色不同的渣眼	1. 浇注前要把铁水包中的熔渣清除净 2. 浇注系统应使铁液流动平稳并设有集渣装置 3. 提高铁液出炉温度，降低硫的含量

2.5.5 多肉类缺陷及防止措施（表3.2-25）

表3.2-25　多肉类缺陷

名称	特　征	防止措施
披缝、毛刺	在铸件分型面和芯头部位有厚薄不均的薄片状金属突起物	1. 造型时分型面要平整，制芯时芯座和芯头要修平整，合箱时泥条不能垫得过厚 2. 制造模样和芯盒时，间隙要合适，不要太大

（续）

名称	特　征	防止措施
抬型（抬箱）	铸件在分型面部位高度和宽度增大	1. 上下箱要卡紧；压铁重量要足够，并且压放位置要适当 2. 液态金属凝固后再取压铁和卡子 3. 充型要平稳，减小充型动压力
胀砂	铸件内外表面局部胀大，形成不规则的瘤状金属突起物	1. 提高型芯的紧实度，且紧实度要均匀 2. 提高砂箱和芯骨的刚度 3. 适当降低压头高度和浇注速度
冲砂	位于浇道附近的金属表面有不规则的瘤状金属物	1. 提高型芯砂的强度；避免烘烤过度 2. 避免内浇道直冲型壁或拐角处 3. 型芯薄弱部位要采取加固措施
掉砂	铸件表面上的块状金属突起物	

2.5.6 残缺类缺陷及防止措施（表3.2-26）

表3.2-26　残缺类缺陷

名称	特　征	防止措施
浇不到（浇不足）	因金属液未充满铸型而使铸件上部缺肉或边角圆滑	1. 提高浇注温度和浇注速度 2. 提高型芯的排气能力
跑火	铸件分型面以上的部分有严重的残缺，沿型腔面有金属壳	1. 铸件要有足够的吃砂量 2. 避免液态金属产生过大的冲击力 3. 准确计算抬型力，保证铸型有足够的压铁和夹紧力 4. 提高型砂的强度和型芯的紧实度
漏箱	铸件虽有完整的外形，但其内部的金属已经漏空，铸件呈壳状	

2.5.7 尺寸、形状和质量差错及防止措施（表3.2-27）

表3.2-27　尺寸、形状和质量差错

名称	特　征	防止措施
尺寸和质量差错	铸件的部分尺寸或质量与图样有差别	1. 正确选定合金收缩率 2. 提高型芯砂的退让性，消除阻碍收缩的因素 3. 起模斜度要适当，起模时，松动量不应过量
变形	铸件两端翘起，中间凸起或扭曲变形，形状与图样不符	1. 改进铸件结构设计，或用反翘度抵消变形量 2. 合理设计浇冒系统，使部件各部分冷却速度均匀一致 3. 选择合适的碳当量

（续）

名称	特征	防止措施
错箱	铸件的一部分与另一部分在分型面处相互错开	1. 模样、模板、砂箱等定位装置要加强检查和维修 2. 合箱标记要明显
偏芯	铸件内腔尺寸，一面壁厚另一面壁薄或穿透	1. 芯座和芯头尺寸间隙要合理，不能过大 2. 提高芯砂的强度、芯骨的刚度和芯座处砂子的紧实度 3. 选好型芯撑的尺寸和位置

2.5.8　性能、成分、组织不合格及防止措施
（表 3.2-28）

表 3.2-28　性能、成分、组织不合格

名称	特征	防止措施
性能、成分不合格	铸件的化学成分和力学性能不符合技术要求	1. 正确掌握配料的计算方法及元素的烧损量 2. 选用符合铸造标准的焦炭 3. 加强炉料化学成分的检验工作 4. 试棒应符合技术要求
金相组织不合格	金相组织不合格，如组织粗大，石墨粗大、漂浮	1. 严格控制碳、硅含量（对铸铁而言） 2. 高温熔炼，低温浇注，使厚壁处快冷 3. 对铁液进行孕育处理，并防止孕育衰退 4. 合理设计浇冒系统，使漂浮层集中到冒口中去

（续）

名称	特征	防止措施
偏析	铸件整体或部分出现化学成分、金相组织不一致，重度偏析和区域偏析	1. 细化晶粒，防止枝晶偏析 2. 减少液态合金的放置时间熔炼时和浇注前应充分搅拌，低温浇注，快速冷却，防止重度偏析 3. 正确选择合金成分，精心除气，控制厚断面冷却速度，可减少区域偏析
白口	铸铁件断面出现亮白色组织，白口组织硬度高，加工困难	1. 正确配料，碳硅当量要合适 2. 适当增加孕育剂量 3. 限制反石墨化元素，如硫、铬等 4. 合理使用冷铁
球化不良	球铁件断面上有大块黑斑或明显的小黑点，越靠近中心越密，金相组织中有较多的厚片状石墨	1. 用低碳生铁和焦碳 2. 防止铁液氧化，交界面铁液要分离干净 3. 球化剂加入量要合适 4. 厚大件可加入钼、铜等合金元素，热节处放冷铁加速顺序凝固

2.6　铸造方法的选用

不同铸造方法有其不同的工艺特点和适用范围。表 3.2-29 表示几种常用铸造方法的适用范围、铸件精度和经济性分析的比较情况。在选择铸造方法时，必须根据铸造合金种类、铸件结构形状和大小、生产批量、生产现场设备条件和工艺条件、环境保护及经济性等因素综合考虑。

表 3.2-29　常用铸造方法比较

比较项目 ＼ 铸造方法	砂型铸造	熔模铸造	金属型铸造	压力铸造	离心铸造
适用金属	不限	不限，但以铸钢为主	以非铁合金为主	铝、锌等低熔点合金	钢铁材料、铜合金等
铸件的大小及质量范围	不限	一般小于 25kg	中小铸件	一般为 10kg 以下小件	不限
生产批量	不限	成批、大量，也可单件生产	大批、大量	大批、大量	成批、大量
铸件尺寸精度（CT）	9	4	6	4	—
铸件表面粗糙度 R_a/μm	较粗糙	3.2～12.5	6.3～12.5	0.8～3.2	（内孔粗糙）
铸件内部晶粒大小	粗	粗	细	细	细
铸件机械加工余量	大	较小	较大	较小	内孔加工余量大
生产率（取决于机械化程度）	中、高	中	中、高	高	中、高
设备费用	手工造型（低）、机械造型（高）	较高	较低	较高	中等
工艺出品率（%）	65～85	60～85	70～80	90～95	80～90

（续）

铸造方法 比较项目	砂型铸造	熔模铸造	金属型铸造	压力铸造	离心铸造
应用举例	各种铸件	刀具、叶片、自行车零件、机床零件、刀杆、风动工具等	铝活塞、水暖器材、水轮机叶片、一般非铁合金铸件等	汽车化油器、喇叭、电器、仪表、照相机零件等	各种铁管、套管、环、辊、叶轮、滑动轴承等

3 锻 压

1 锻压方法的分类、特点及应用

锻压是依靠外力使金属材料产生塑性变形，而得到预定形状、尺寸与性能的制件的各种成形方法的总称。

根据原材料的供应形式不同，一般将锻压加工分成两大工艺类型。以锭料或棒料为原材料时称为锻造；以板料为原材料时称为冲压。

锻造又可根据金属材料在塑性变形时的温度不同分成热锻、冷锻与温锻三类。在金属材料的再结晶温度以上进行锻造时，称为热锻；热锻时，材料的变形抗力很低，可锻制大型锻件。在常温下进行锻造时，一般称为冷锻；冷锻时，材料的变形抗力很高，但锻件的精度较高，并使材料在变形过程中被强化，多用于小锻件。为了降低冷锻时材料的变形抗力并仍能保持较高的锻件精度，可在材料尚未强烈氧化的温度以下进行锻造，称为温锻。

热锻还可根据是否采用模具分成自由锻与模锻两大类。其中，模锻又可按变形方式、锻件精度等的不同分为开式模锻（有毛边模锻）、闭式模锻（无毛边模锻）、镦锻、轧锻、挤压及精锻等工艺类型。

各种锻造方法的特点及应用见表3.3-1。

冲压是在常温下进行的，可按变形方式的不同分成冲裁、弯曲、拉深及精冲等工艺类型。

各种冲压方法的特点及应用见表3.3-2。

表 3.3-1 各种锻造方法的特点及应用

工艺类型与变形方式		特　点			应　用
		锻造设备	坯料形式	工步特点及类型	
自由锻	水压机上自由锻	12.5～120MN 自由锻造水压机	3～300t 镇静钢钢锭	压把、倒棱、切底、镦粗、拔长、冲孔等	<150t 的转子轴、轧辊、模块、轮、盘、筒体等
	锤上自由锻	1～5t 蒸汽-空气自由锻锤	小钢锭、钢坯、钢材	镦粗、拔长、冲孔、扩孔、切断等	<3t 的轴、套、轮、盘、曲轴、起重吊钩等
	径向锻造	径向锻造机	棒料、管料	多对锤头自动进给	细长实心或空心台阶轴等
模锻（开式模锻与闭式模锻）	热模锻曲柄压力机上开式模锻	10～120MN 热模锻曲柄压力机	热轧棒料或辊锻制坯的坯料	2～4 工位，镦粗、卡压、弯曲、预锻、终锻等	<150kg 的长、短轴线件及局部挤压件，但长轴线件需辊锻制坯工序
	锤上开式模锻	1～16t 蒸汽-空气模锻锤	热轧棒料（圆料或方料）	2～6 工步，镦粗、拔长、滚挤、弯曲、预锻、终锻等	<150kg 的长、短轴线件，不需任何制坯设备，各种工步均可在锤上完成
		200～1000kN·m 无砧座模锻锤	经过制坯的坯料	单工位，终锻	小批生产大型模锻件，一般需配有制坯设备
	螺旋压力机上顶镦或开式模锻	630kN～16MN 摩擦螺旋压力机	热轧棒料、预制的坯料	一般为单工位，顶镦、终锻	顶镦大螺栓，精锻锥齿轮；长轴线件终锻前需有制坯工序
		4～63MN 液压螺旋压力机	预制的坯料	单工位，终锻	汽轮机与涡轮机叶片精锻，大件精锻等

（续）

工艺类型与变形方式		特　　点			应　　用
		锻造设备	坯料形式	工步特点及类型	
热锻　锻　模锻（开式模锻与闭式模锻）	模锻水压机上开式或闭式模锻	30~700MN模锻水压机	轻合金大型锭料	单工位，镦粗、预锻、终锻	轻合金大型锻件，飞机大梁、起落架等
		8~300MN多向模锻水压机	轻合金大型锭料、钢坯等	单工位多向闭式模锻，终锻、挤冲、穿孔等	导弹喷管、飞机起落架、螺旋桨壳、原子能用高压容器、高压阀体、筒形件等
模锻（镦锻）	平锻机上镦锻与闭式或开式模锻	2.25~20MN垂直分模平锻机	定长或不定长的长棒料一端局部加热的坯料	2~6工位，聚集、预锻、终锻、冲孔、穿孔、挤压、切边、卡细、扩径、切断等	具有两个相互垂直的分模面，用于带有粗大头部的轴线件（如汽车半轴等）通孔件（如环、套）、管件及挤压件等
		3.15~20MN水平分模平锻机			
	多工位热镦机镦锻	多工位热镦自动机	热轧棒料感应加热坯料	4工位，镦粗、冲孔、穿孔、切离等	角接触球轴承的内、外圈等，大量生产
	电镦机上顶镦	电热顶镦自动机	冷拔棒料端面磨平	单工位，顶镦段长径比达15	汽车、拖拉机的进、排气门等的顶镦制坯
模锻（轧锻）	辊锻机上纵轧	D160~1000辊锻机	热轧棒料	1~5工位，拔长、成形	多用于长轴线件制坯，可成形叶片等
	扩孔辊轧	D160~1000扩孔机	有通孔的坯料	单工位连续辊轧	轴承内、外圈，锥齿轮等
	楔形模横轧	板式、辊式楔横轧机	热轧棒料	单工位连续辊轧成形、切断	台阶轴成形，扳手等长轴线件制坯
	螺旋孔型斜轧	双辊、三辊斜轧机	实心或空心热轧棒料	单工位，穿孔、成形、切断	轴承内圈、钢球、小齿坯、轴套等
	三辊仿形斜轧	三辊仿形斜轧机	热轧棒料	单工位仿形辊轧，无模具	为医疗器械、餐具、工具等制坯
	摆动辗压	旋转式摆动辗压机	预制的坯料	单工位连续进给摆动辗压	铣刀、碟形弹簧、盘形件等
	圆柱齿轮热轧	圆柱齿轮热轧机	已加工的带孔坯料	坯料与辊轧轮同步啮合辊轧	齿形精度要求不高的圆柱齿轮齿形成形
模锻（其他模锻工艺）	气瓶挤压制坯	专用或通用水压机	方或圆柱形坯料	单工位，热反挤压	反挤出厚壁杯形件作为变薄热拉深的坯料
	气瓶变薄拉深	长行程卧式水压机	反挤压的杯形坯料	单工位，多道次变薄拉深	氧气瓶等瓶体的半成品（还需缩口等）
	热弯曲成形	热弯机	棒、板、型材	自动多向弯曲成形	载货卡车或拖拉机框架卡板等
		卷簧机	条料坯	自动卷簧	大型螺旋弹簧
	胎模锻	自由锻造水压机或锤	钢坯或棒料	单工位开或闭式多工步模锻	小批生产大、中、小锻件，曲轴全纤维弯曲镦锻等
	冲床上模锻	350~6300kN单点冲床	小直径热轧棒料	单工位，开、闭式模锻或顶镦	小锻件开、闭式模锻，螺栓、螺钉等热顶镦
特种模锻	粉末锻造	通用锻造设备	粉末压制坯	单工位，终锻	形状复杂件或工具钢小件
	液态模锻	液压机	液态铝合金等	单工位，终锻	形状复杂的铝合金大件
	超塑性模锻	液压机	预制的坯料	单工位，低速成形	形状复杂件精密模锻
热精锻	直齿锥齿轮小毛边开式热精锻	3~10MN螺旋压力机、切边锯下料机，8~20MN精锻机	热轧棒料带锯下料后，需磨外圆（剥皮）与端面（采用专用无心磨床与端面磨床自动机组）	单工位预锻→单工位终锻→切边→温或冷整形，生产线共4台设备	拖拉机、载货卡车用行星齿轮、半轴齿轮等（齿面不需切削加工，传动精度8~10级）
	热闭塞模锻	闭塞模锻专用液压机或通用液压机加装专用模架		单工位闭塞模锻（凹模横向分模式闭式模锻）	载货卡车用锥齿轮（齿面不需切削加工，传动精度8级）、三销轴、十字轴、星形套等

（续）

工艺类型与变形方式		特 点			应 用
		锻造设备	坯料形式	工步特点及类型	
冷挤（含温挤）	低碳钢、非铁金属冷挤	1.6～12.5MN 冷挤压机械压力机、冷挤压液压机或冲床	冷拔棒料、已加工的实心或空心坯料、管料、坯料经退火及润滑处理	单工位，正挤、反挤、复合挤、径向挤、斜向挤、开式挤	低碳合金钢或非铁金属轴、套、杯形件、管件，如汽车活塞销、二轴、转向横拉杆、半轴套管等
	不锈钢、高合金钢温挤	冷挤压压力机感应加热炉或其他加热炉	不锈钢加热至250～350℃ 或700～850℃；其他钢 700～850℃	单工位，正挤、反挤、复合挤、径向挤、斜向挤、开式挤	高强度、低塑性或硬化指数高的材料的挤压件，如不锈钢、轴承钢、碳素工具钢、高速钢挤压件
	静液挤压	静液挤压机	已加工的坯料	单工位，正挤压	喷管等
	模具型腔冷挤压	31.5～50MN 型腔挤压液压机	已加工并退火的模块	单工位，只有凸模慢速挤压	小件的热锻模具、各种塑料模具（一个母模批量生产）
冷镦	标准紧固件等冷镦	双击冷镦自动机、多工位冷镦自动机	冷拔条料（> φ16）、盘料（≤ φ16）	1～5 工位，切料、初镦、终镦、冲孔、搓丝等	标准连接件、紧固件与小挤压件等
	气、液管接头冷镦	专用管件冷镦自动机	冷拔钢、非铁金属管料	1～2 工位，聚集、镦凸缘、缩径等	汽车、冰箱、空调等用油或气管件与接头
冷轧	外花键齿形冷轧	花键齿形搓轧机（模数≤1.5）	已加工的阶梯轴	单工位，连续搓轧	一次行程中可轧出各段上的花键齿形，如汽车二轴等
	螺纹冷轧	搓丝或滚丝机	已加工的坯料	单工位搓轧或滚轧	各种外螺纹件（≤M30）
	圆柱齿轮精轧	圆柱齿轮冷轧机机床	已加工齿形的齿轮	辊轮与工件同步啮合冷精轧	圆柱齿轮齿形冷精轧（高频淬火的）
	冷摆动辗压	回转式或往复式摆辗机	已加工的坯料	连续回转或往复摆动辗压	盘形件、圆锥齿轮、汽车变节距齿条等
冷精锻	圆柱齿轮坯冷精锻	多工位自动曲柄压力机	已加工的坯料经退火处理	多工步，镦粗、冲孔、终锻等	汽车用各种圆柱齿轮的精锻毛坯（齿形未锻出）
	圆锥齿轮齿形精锻	多动液压自动机	已加工的棒料经退火处理	单工位齿形精锻自动化生产	轿车用半轴齿轮、行星齿轮等齿形精锻成形（传动精度 6～8 级）
冷变形强化	无相变钢扩孔强化	自由锻造水压机	已加工的环形坯料	单工步或多工步扩孔	大型发电机用无相变、无磁性高锰奥氏体钢护环强化
	轴肩圆角滚压强化	轴肩圆角滚压强化自动机床	已加工的阶梯轴、曲轴等	成形滚轮或进给式滚轮滚压强化	承受高频交变载荷的阶梯轴、曲轴、高强螺栓等

注：表列方法详见参考文献 [7]～[11]。其他各种模锻方法详见参考文献 [8]、[10]、[12]、[13]、[14]、[16]。

表3.3-2 各种冲压方法的特点及应用

类型		特 点		应 用
	冲压设备	坯料形式	工序（工步）特点及类型	
冲裁	单动压力机①	金属、非金属的板、卷带料及半成品件	单工位、连续工位或复合工位，金属有切断、落料、冲孔、切口、切边、剖切等工步，非金属及低塑性金属无切口工步	硅钢片、塑料或纸垫片等成品冲压件；各种半成品板件；在半成品冲压件上冲孔、切百叶窗（切口）、切除拉深件上的工艺废料（切边）；将成对成形的冲压件剖分为两件（剖切）等
弯曲	单动压力机、弯管机	板料、管料、线材等	单工位、连续工位或复合工位，弯曲、卷曲、扭曲等工步，但管料与线材无扭曲工步	板料可制成半成品或成品弯曲板件，如弯板、支架等；管材可制成各向弯曲的管件，如汽车、冰箱等用的各种油气管；线材可制成异形钢丝弹簧等
拉深	双动、三动压力机②等	板料或拉深件半成品	单工位、连续工位或复合工位，有或无凸缘拉深，变薄拉深，覆盖件拉深	有或无凸缘的圆筒或方筒形件或盒形件，如汽车油箱、炊事用具；覆盖件如汽车车身、车门等

（续）

类型	特　　点			应　　用
	冲压设备	坯料形式	工序（工步）特点及类型	
半成品成形	单动压力机	冲裁、拉深的半成品、管坯	单工步，内孔翻边、外缘翻边、扩口、缩口、胀形、起伏、校平、整形、精整、压印等	翻边用于在孔口或外缘翻出垂直壁；拉深件经缩口可制军用水壶、灭火器瓶等；管坯胀形可制自行车五通；校平、整形、精整可提高制件精度
滚弯	多辊连续滚弯机	定宽的带料或条料	多工步连续横向滚弯，使带料或条料横向弯曲成各种截面	有焊缝的管材、自行车轮圈、拖拉机轮缘、各种断面的型材等
旋压	旋压机	板料、拉深坯	坯料转动，滚轮进给，连续地局部变形	厚板制作大型油罐封头，拉深坯旋压成曲线轮廓的容器
精冲	精冲压力机	厚板料	在三向压应力下塑性剪切，断面光滑	汽车、摩托车、仪表等用的齿轮、齿条、底板、支架等
装配	单动压力机等	多个冲压件	冲压件与冲压件或外购件装配（不可拆）	汽车油箱与进油口装配，汽车水箱装配，罐头盒底与盖装配等

注：详见参考文献 [9]、[15]。

① 单动压力机只有一个滑块，规格为 600~31500kN。

② 双动或三动压力机有两个或三个滑块，规格为 600~25000kN。

3.2 热锻

3.2.1 大锻件自由锻

1. 零件图、粗加工取试样图与锻件图（表 3.3-3）

2. 大锻件生产流程　一般为冶炼与铸锭－加热→锻造→锻后热处理与冷却→锻件检验→粗加工与取冒口端试样→组织与性能检验→调质热处理→检验→包装。流程经过的车间、工序及所用设备见表 3.3-4。

表 3.3-3　零件图、粗加工图与锻件图

图　名	内容与用途	水轮机轴图例
零件图	根据用户提供的零件图制订锻造工艺	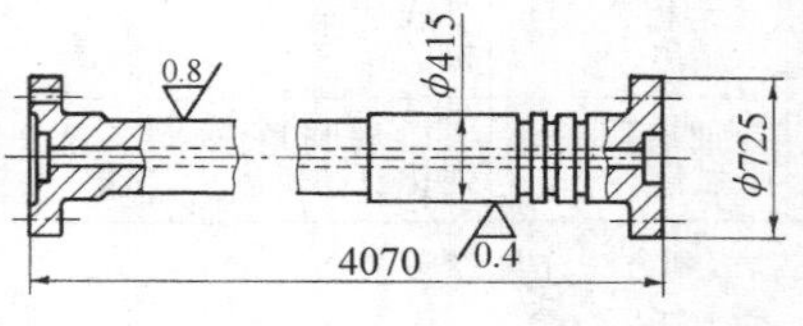
粗加工取试样图	根据零件图，增加了工艺敷料、精加工余量及切取检验用试件的材料（冒口端作为锻造厂检验用料，另一端为用户检验用料）。按此图供货	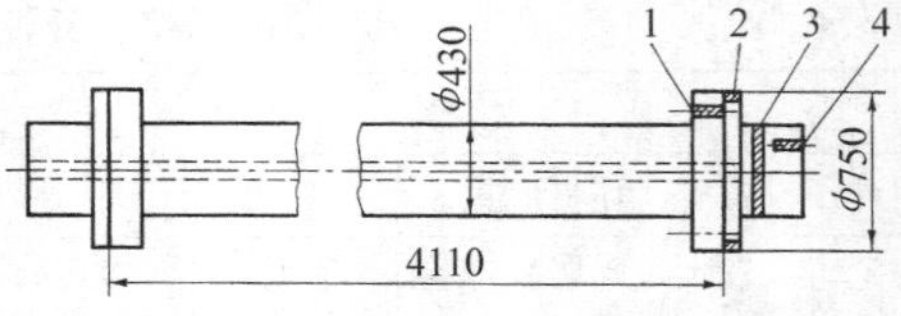 \n1—孔内取凸缘纵向试样　2—应力环与切向试样\n3—低倍试样　4—轴部纵向试样
锻件图	根据粗加工图再加上锻造敷料及粗加工余量。按此图锻造	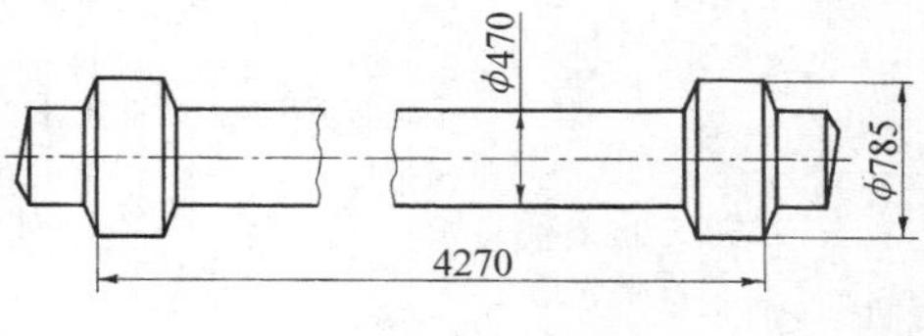

表 3.3-4　大锻件生产流程

车 间	工序及其类型		设 备	工具、辅具
铸钢车间	冶炼	常规冶炼	平炉、电弧炉	大钢锭模（上注法用）、小钢锭模（下注法用）
		真空精炼	真空精炼炉	
	铸锭	常规注锭	常规注锭设备	
		真空吸注	真空吸注设备	
		电渣重熔	电渣重熔设备	
自由锻造水压机车间	加热	冷锭加热	台车式锻造加热炉（3～7 台）	运输起重机或装出炉操作机
		热锭加热		
	锻造	压把	12.5～120MN 自由锻造水压机、锻造专用起重机与翻料机（或 5～300t 锻造操作机）	平砧
		倒棱		平砧
		切底		切刀
		镦粗		镦粗台与垫板
		拔长		平砧或 V 形砧
		冲孔		空心冲头等
		芯棒扩孔		马架、芯棒
		芯棒拔长		V 形砧与芯棒
		切肩		三角形压棍
		压痕		半圆形压棍
		校正		平砧或 V 形砧
	锻后热处理与锻件冷却		台车式热处理炉（3～5 台）	运输起重机或操作机、冷却坑
	锻件检验		运输起重车	量具、验具
机加工车间	轴类加工中心检验孔		专用深孔加工机床	钻孔镗孔刀具与特长刀杆
	粗加工、取冒口端试样		各种重型加工机床	各种刀具、量具
中心实验室	外观缺陷检验		深孔加工机床	潜望镜等
	力学性能检验		拉伸等试验机	
	内部缺陷检验	无损检验	超声探伤机等	各种显微镜、含氢量测试仪等
		取断面试样检验	酸蚀设备、硫印设备等	
热处理车间	调质热处理等		大型井式炉等	大型淬火池等
包装车间	终检		检验设备	
	包装		起重设备	

注：详见参考文献［8］、［9］、［17］。

3. 大锻件自由锻工艺实例　表 3.3-5 为小型水轮机主轴的锻造工艺卡（已简化）。该锻件质量约 8.5t，采用 14t 钢锭在 25MN 自由锻造水压机上用平砧锻造，共加热 3 次。

表 3.3-5　水轮机主轴锻造工艺卡

火次	工序	简　　图	工具
	钢锭		
1	1)压把		平砧
	2)倒棱		平砧
	3)切底		切刀
2	4)镦粗		镦粗台镦粗帽
	5)拔长		平砧

（续）

火次	工序	简　　图	工具
		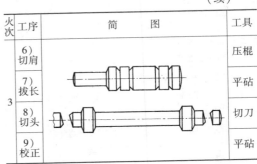	
3	6)切肩		压棍
	7)拔长		平砧
	8)切头		切刀
	9)校正		平砧

注：水轮机主轴锻件图见表 3.3-3。

4. 大锻件自由锻工艺的锻比　锻比是表示大锻件宏观变形程度的工艺参数，用变形前后截面积的比值（>1）来表示。为了充分改善钢锭的组织与性能，对于一般锻件，锻比取 2～4；对于重要锻件，一般应取 4～8。允许在锻件的不同部位选定不同的锻比。各种工序的锻比与总锻比的计算方法见表 3.3-6。

表 3.3-6 锻造工序锻比的计算方法 （续）

锻造工序	变形过程简图	锻比的计算方法
拔长		$K_L = \dfrac{D_1^2}{D_2^2} = \dfrac{L_2}{L_1}$
镦粗		轮毂 $K_H = \dfrac{H_0}{H_1}$ 轮缘 $K_H = \dfrac{H_0}{H_2}$

注：1. 钢锭倒棱不计锻比。
    2. 连续拔长或连续镦粗时，总锻比等于各分锻比之积。
    3. 两次拔长之间有中间镦粗或两次镦粗之间有中间拔长时，中间镦粗或中间拔长的锻比不计，且总锻比等于两次拔长或两次镦粗的分锻比之和。

5. 自由锻造水压机规格选定　根据钢锭质量参照表 3.3-7 选定。

表 3.3-7 自由锻造水压机规格选定

水压机公称压力/MN	12.5	25	31.5	60	120
可镦粗钢锭质量/t	6	24	30	70	150
可拔长钢锭质量/t	12	45	50	130	300

3.2.2 中小锻件自由锻与胎模锻

1. 中小锻件自由锻与胎模锻的工艺流程一般为下料→加热→锻造→锻后热处理→检验。各工序均在锻造车间完成。各工序或工步所用设备、工具见表 3.3-8。

表 3.3-8 中小锻件自由锻与胎模锻各工序设备与工具

工序或工步		设备	工具与说明
下料	热切	锤上开坯热切	切刀（剁刀）
	冷切	各种锯床	锯条、片砂轮等
	冷折	液压机	两个支承辊与压头
加热		室式加热炉	（燃煤气或煤）
锻造	镦粗	空气锤或蒸汽-空气自由锻锤或快锻水压机，大型自由锻锤需配有锻造操作机	（多次局部镦粗）
	拔长		（多次径向镦粗）
	冲孔		冲头、漏盘
	芯棒扩孔		芯棒、马架
	芯棒拔长		芯棒、V 形垫块
	扭转		专用扳手、起重机
	摔光		摔子
	切断		切刀

工序或工步	设备	工具与说明
胎模锻	各种锤	胎模
锻后热处理	室式煤气炉等	（正火、退火）
检验		量具

2. 自由锻锤规格选定　蒸汽-空气自由锻锤的规格选定见表 3.3-9。

表 3.3-9 自由锻锤规格选定

自由锻锤规格/t	1	2	3	5
可锻钢锭或钢材质量/kg	500	1000	1500	2500

3.2.3 开式模锻

开式模锻（有毛边模锻）应用最广泛，约占模锻生产的 70% ~ 80%。

1. 制定锻件图　根据产品零件图制定锻件图（又称冷锻件图）。内容见表 3.3-10。

2. 锻件类型与模锻工序或工步（表 3.3-11）

表 3.3-10 锻件图的内容

内容	说明
选定分模面	平面分模面，曲面分模面
加工余量与锻造公差	GB/T 12362—1990 规定余量、尺寸的公差、残留毛边公差，厚度公差，表面缺陷，形位公差，错差等
模锻斜度	外斜度与内斜度，5° ~ 15°
圆角半径/mm	外圆角与内圆角，R1 ~ 30
冲孔连皮	平底连皮、斜底连皮、带仓连皮与拱底连皮

注：详见参考文献 [8] 或 [13]。

表 3.3-11 锻件类型与模锻工序或工步

锻件类型	模锻设备	制坯工序	可完成的工步
短轴线件（轮、盘、座等）	热模锻曲柄压力机	不需要制坯	镦粗、预锻、终锻、（切边、冲孔）
	螺旋压力机		（镦粗）、终锻
	模锻锤		镦粗、终锻
长轴线类（直轴、弯轴、叉形、枝芽形等）	热模锻曲柄压力机	需要	（卡压、弯曲）、预锻、终锻、（切边、冲孔）
	螺旋压力机	需要	终锻
	模锻锤	不需要	（拔长）、滚挤、（弯曲、卡压、成形、预锻）、终锻

注：括号内工步为非必选工步。工步选定原则详见参考文献 [8] 或 [13]。

3. 开式模锻的工艺流程　一般为下料→加热→（制坯）→模锻→切边→冲孔→（热校正）→锻后热处理→清理→冷校正→（冷精压）→检

验。各工序全部在模锻车间内完成，工艺流程封 闭。其中，带括号者为非必选工序。

开式模锻各工序中所用的设备与工具、模具等见表 3.3-12。

表 3.3-12 开式模锻各工序设备与工、模具

工序类型		设 备	工、模具	说 明
下料	冷剪	2.5～16MN 棒料剪床	圆形刃口剪切模（用于圆棒料）、方形刃口剪切模（用于方棒料）	可剪＜φ80mm 中碳钢，＜φ50mm 合金钢
	热剪	棒料预热炉与 2.5～16MN 棒料剪床		预热至材料的蓝脆区温度，可剪最大直径 φ170～220mm
	锯切	弓、盘、带锯床	锯条、锯片	批量小时使用
加热	锤上模锻	推杆式半连续炉	短或长推杆推料机	小直径料人工装、出料
		转底式连续炉	装出料机械手	大直径料机械手装、出料
	热模锻曲柄压力机上模锻	中频加热炉	变频电源	小直径棒料用（φ20～150）
			感应加热器	
		工频加热炉	变压器等	大直径棒料用（＞φ150）
制坯	热模锻曲柄压力机上模锻	D200～1000 辊锻机	辊锻模（完成拔长）	压力机只能完成镦粗、卡压、弯曲；不能完成拔长
		热模锻曲柄压力机	镦粗、卡压、弯曲模块	
	模锻锤上模锻	不需任何制坯设备	锤锻模	可完成各种制坯工步
	螺旋压力机上模锻	需用辊锻机或空气锤制坯	辊锻模或空气锤用制坯胎模	辊锻可拔长；空气锤可镦粗、拔长、弯曲
模锻	预锻与终锻	热模锻曲柄压力机	预、终锻模	必须有预锻
		模锻锤	预、终锻模	可不需预锻
	终锻	螺旋压力机	终锻模	只有终锻
切边与冲孔	切边	1000～12000kN 切边压力机或冲压用曲柄压力机（冲床）	切边模	只切除毛边
	冲孔		冲孔模	只冲除连皮
	切边并冲孔		切边—冲孔连续模或复合模	连续模两个工位，复合模一个工位
热校正		切边压力机等	热校正模	大件用热校正
锻后热处理	正火	振底式连续炉	料盘	用于低碳合金钢
	调质	双联振底式连续炉	淬火槽与自动上料机	用于调质钢
	退火	箱式电炉	料筐	用于高合金钢
清理	滚筒清理	滚筒	多角铁块	用于形状简单件
	抛丸清理	抛丸滚筒、抛丸转台等	悬挂链等	用于大、中型件
	酸洗	酸洗槽等	悬挂链等	细长、深孔件
冷校正	冷校正	螺旋压力机或锤	冷校正模	各种中、小件
	冷校直	校正液压机	卡具、量具	长轴线件
冷精压	平面冷精压	4～20MN 精压机（曲柄—肘杆式精压机）	平面精压模	精压 1～2 对平行平面
	体积冷精压		体积精压模	用于极个别小件
检验	表面质量检验	磁粉探伤机等		检验折纹、发裂、夹渣等
	形状尺寸检验	校正液压机等	卡具、仪表	检验弯曲同时校直等

注：详见参考文献 [8]、[9]。

4. 开式模锻各工序所用模具的结构（表3.3-13）

表3.3-13　开式模锻各工序模具的结构

类型	结构简图	说明
棒料剪切模		图示为圆形刃口模，剪切圆料用；剪切方料时改用方形刃口切模
辊锻制坯模		两块扇形模上可设1~4个辊锻模槽。人力或机械力夹料逆向送入并依次转90°向下送至下工位
热模锻曲柄压力机上锻模	1—镦粗台　2—预锻模块　3—终锻模块	导柱导向，通用模架上设4个工位中位，两侧设预锻、终锻工位；预锻工位可设镦粗、弯曲、切边、冲孔等工位；终锻必进行热压
螺旋压力机上锻模		通用模架上只设一个工位，开式锻模设顶杆；开式顶镦时应由滑动的下顶镦置带杆

（续）

类型	结构简图	说明
模锻锤上锻模	1—上模　2—分模面　3—检验角　4—下模　5—键槽　6—燕尾　7—起重孔	整体模块上加工出1~6个模槽；终锻部设预锻模槽；两侧设镦扁、滚压、弯曲、切断等制坯模槽。分模面可设定位锁扣或导锁导键；模块键垫片进行安装位置微调
切边模	1—毛边　2—凸模　3—凹模　4—底座	件边无孔只需切边模位(一个)；有孔件应采用连续切孔(两位)或切边、冲孔合模(一工位)
冷校正模		整体模块。单面校正一个模槽；双面需校正两个模槽，校正换需转90°
平面精压模	1—上模　2—锻件　3—下模　4—模座	可对精压件的平行面(图示)进行精压或压平，一时件对平面表面可取切削加工

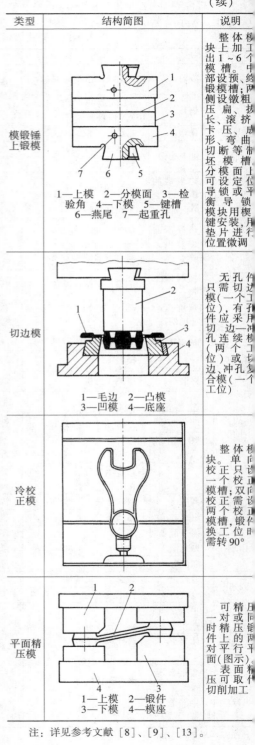

注：详见参考文献 [8]、[9]、[13]。

5. 三种设备上开式模锻的工艺对比（表
.3-14）

表 3.3-14　三种设备上开式模锻的工艺对比

设备类型	曲柄压力机	螺旋压力机	模锻锤
辊锻制坯	长轴线件必须辊锻制坯		不需要
切边压力机	可不要	必须有	必须有
上、下顶杆	有	可装下顶杆	无
模锻斜度	小	较大	大
打击次数	1 次/工位	1~2 次/工位	多次/工位
生产率	高	低	较高
自动化	易实现	很难	不可能
毛边槽形式[①]	仓部半敞开式或敞开式		仓部封闭式
挤压工位	可设置	很难	不可能
顶镦工位	较难设置	可设置	不可能
锻件精度	高	中	低
振动、噪声	小	小	大
劳动条件	好	较好	差
机组成本	很高	低	较高

① 仓部如下图：

半敞开式　　　敞开式　　　封闭式

6. 曲柄压力机上开式模锻工艺实例　图
3.3-1 所示为汽车中间常啮合齿轮（短轴线锻件）
的成形过程简图。锻件质量约 3.5kg，坯料直径
为 φ70mm，下料长度为 155mm。在 25MN 热模锻
曲柄压力机上经镦粗→预锻→终锻三工步成形。

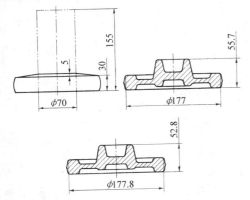

图 3.3-1　短轴线锻件成形过程实例

图 3.3-2 所示为汽车推力杆（直长轴线锻
件）的成形过程简图。锻件质量约 9kg，坯料为
φ80mm×310mm 棒料。首先在 D400 辊锻机上经
四道辊锻工步进行制坯（采用椭圆→方→椭圆
→圆的孔型系）；然后在 31.5MN 热模锻曲柄压

力机上经卡压→预锻→终锻三工步成形（卡压
无图）。

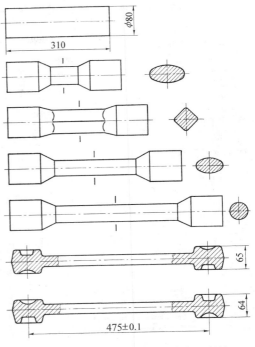

图 3.3-2　直长轴线锻件成形过程实例

7. 开式模锻常见锻件缺陷及其产生原因
（见表 3.3-15）

表 3.3-15　开式模锻件常见缺陷

缺陷名称	产 生 原 因
折纹	各工步模槽间配合不当等
凹坑	模槽中的氧化皮等未清除干净等
局部未充满	坯料尺寸小；毛边槽阻力小，制坯模槽设计不当，终锻模槽磨损超差等
欠压（锻不足）	坯料尺寸过大，加热温度过低，毛边槽阻力过大等均可导致锻件厚度超差
错模	模具安装不当，模架导向精度差等
翘曲	从模槽中撬出锻件时变形，切边、冲孔时变形，细长件传送时变形等
微裂纹	原材料缺陷，加热温度过高等
端部裂纹	冷剪下料不当等
压伤	坯料未放正，设备连击等
残余毛边	切边模设计不当或刃口变钝等

3.2.4　平锻机上镦锻与闭式模锻

平锻机上模锻简称平锻。平锻机是专用于顶
镦与闭式模锻（无毛边模锻）的设备，其应用
范围仅次于开式模锻，约占模锻生产的 10%~
20%。特殊情况下，平锻机也可进行开式模锻；
但由于平锻机上可设置切边工位，故不需配备切边压力机。另外,对于短轴线锻件,由于采用不定长的棒料并只对棒料一端进行端部局部加热,故可省去下料工序;锻件终成形时与棒料冲脱或成形后切离。

1. 平锻件的类型与模锻工步 (表 3.3-16)

表 3.3-16 平锻件的类型与模锻工步

锻件类型	简图	工步特点与类型
具有粗大头部的杆类锻件		定长棒料,后定位,聚集(1~3次)、预锻、终锻、切边等
具有通孔或不通孔的锻件		不定长棒料,前定位,聚集、通孔预成形与终成形、卡细或扩径、切断等
管件		定长管料,后定位,聚集(1~3次)、预成形、终成形等
挤压件		定长的短棒料,不需挡板定位,正挤、反挤、复合挤、径向挤

注:各类锻件的工步选定原则与各种模槽设计方法等详见参考文献 [9]、[13]。

2. 平锻模的结构设计要点 平锻机上模锻采用对开式凹模,因此有两个互相垂直的分模面:对开凹模与凸模之间为主分模面;两个半凹模之间为凹模分模面。根据凹模分模面的方向不同平锻机可分为垂直分模平锻机(旧式,不易实现自动化,规格为 2250~20000kN。)与水平分模平锻机(新式,容易实现自动化,规格为 3150~16000kN)两种。

图 3.3-3 是在 16MN 水平分模平锻机上锻制汽车半轴的模具简图。平锻模主要由凸模、凸模夹持器、凹模镶块、凹模体与坯料定位挡板组成。该模具设 4 个工位,顺序完成聚集→聚集→预锻→终锻 4 个工步。闭式终锻无毛边。

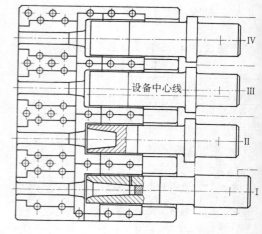

图 3.3-3 汽车半轴平锻模简图

平锻模各组成部分的结构设计要点见表 3.3-17。

表 3.3-17 平锻模结构设计要点

零、部件名称		设计要点(参见图 3.3-3)
凸模		一般为组合式,由凸模体和凸模柄组成;特殊情况采用整体式
凸模夹持器	水平分模平锻机用	组合式,即每个凸模单独设置一个夹持器
	垂直分模平锻机用	整体式,即多个凸模全部安装在一个整体式夹持器上
凹模镶块	模槽镶块	聚集、预锻、终锻、冲孔、穿孔、扩径、卡细、切边、切断等
	夹紧镶块	有平滑式和带肋式两种,平滑式用于锻件杆部不允许压痕时
凹模体		整体式,其上安装凹模镶块与后挡板、切断刀等
坯料定位挡板	前挡板	由滑块推动,工作时可自动弹出,位置可调,不需设计
	后挡板	杆部长时,采用框架式或支架式;杆部短时,采用钳口式或横挡板

注:平锻模结构设计详见参考文献 [8]、[13] 及 JB/T 5111.1—1991 ~ JB/T 5111.4—1991。

3. 顶镦(聚集)方式与规则 顶镦有三种方式,其规则见表 3.3-18。

3.2.5 楔形模横轧工艺

楔形模横轧工艺简称楔横轧工艺,是一种锻制阶梯轴类锻件的高效轧锻工艺。图 3.3-4 是汽车变速箱二轴成形过程及模具孔型展开的示意图。该锻件长度为 275mm,最大直径为 $\phi45$mm,最小直径为 $\phi23$mm,采用 $\phi45$mm 的坯料轧锻。在模具孔型的末段设有切刀,可在工件两端切除料头(工艺废料)。

表 3.3-18 顶镦方式与规则

自由顶镦方式	规则	设棒料上待镦粗段（不受模具约束的自由段 l_B）的长径比为 φ（$\varphi = l_B/d_0$），则镦粗后不会产生折纹的限制条件是 $\varphi < \varphi_g$			

简图与 φ_g	冲头形式	棒料直径/mm	棒料下料后端面斜度 α	
			$0° \sim 3°$（锯切）	$3° \sim 6°$（剪切）
	平冲头	$d_0 \leqslant 50$	$\varphi_g = 2.5 + 0.01 d_0$	$\varphi_g = 2 + 0.01 d_0$
		$d_0 > 50$	$\varphi_g = 3$	$\varphi_g = 2.5$
	冲孔冲头	$d_0 \leqslant 50$	$\varphi_g = 1.5 + 0.01 d_0$	$\varphi_g = 1 + 0.01 d_0$
		$d_0 > 50$	$\varphi_g = 2$	$\varphi_g = 1.5$

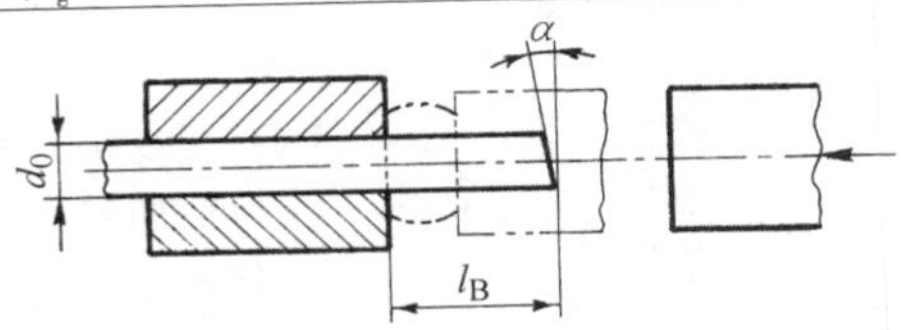

凹模内顶镦方式

规则：在给定 φ 值时，凹模直径 d 不能过大，镦后不产生折纹的条件是 $d/d_0 \leqslant n$，n 值的限制曲线见下图。此种顶镦方式的缺点是凹模分模面处产生飞刺，故此种方式较少应用

简图与 n

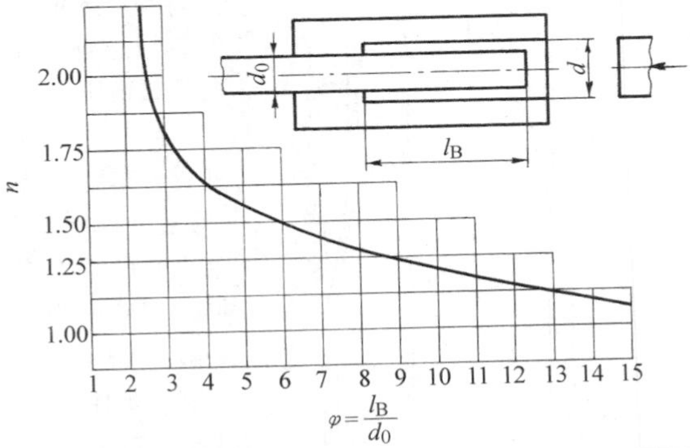

凸模上的锥形模槽内顶镦

规则：在给定 φ 和 η 值时，锥孔大端直径（$D_k = \varepsilon d_0$）与坯料上敞开段长度（$a = \beta d_0$）均不能过大，即 ε 与 β 不能过大；ε 与 β 的限制线见下图：

简图与 ε 和 β

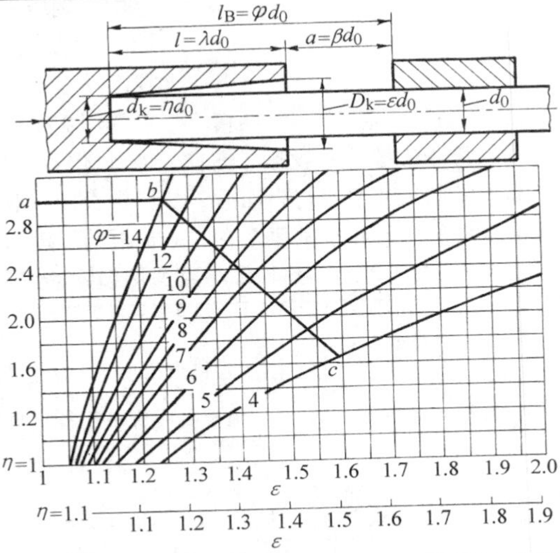

注：聚集工步次数选定与聚集模槽结构设计等详见参考文献 [8] 或 [13]。

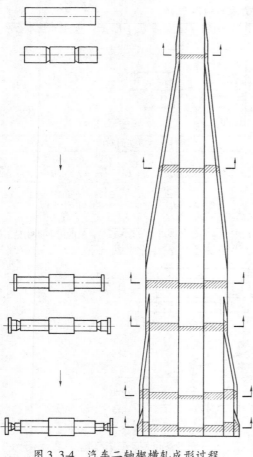

图 3.3-4 汽车二轴楔横轧成形过程
及模具孔型展开示意图

3.2.6 热精锻

1. 热精锻与普通热模锻的工艺对比 热精锻工艺的锻造工艺流程与普通模锻的一般工艺流程基本相同；为了提高锻件的尺寸精度与表面质量，其各工序所采用的设备、模具和技术要求有

较大差别。热精锻与普通热模锻的工艺对比见表3.3-19。

2. 直齿锥齿轮热精锻工艺实例

(1) 精锻件图制定 图3.3-5为载货卡车用行星齿轮的精锻件简图。中心部位的孔不锻出分模面取在背锥面上，为曲面分模面。齿面不留切削加工余量(常称净形)，公差按齿轮零件图；其余加工表面的余量与公差按 GB/T 12362—2003密级。齿轮传动精度为8级。材料为20CrMnTi。

(2) 精锻工艺流程与模具类型 带锯下料→磨床剥皮并磨端面→中频加热 (950±20)℃→预锻 (4MN 摩擦螺旋压力机上安装预锻模预锻不锻出毛边)→终锻 (4MN 摩擦螺旋压力机上安装终锻模，锻出毛边)→切边同时切出大端齿背倒角 (切边压力机或通用单点冲床上安装切边模→温 (约750℃) 或冷精整 (8MN肘杆式精压机安装精整模)。

(3) 终 (预) 锻模结构要点 图3.3-6为载货卡车用行星齿轮终锻模工作部分的结构简图 (导柱式模架等未画出)。齿形部分设置在下模毛边槽设置在上模；上、下模材料为 3Cr2W8，热处理硬度为 48~52HRC。新终锻下模的寿命一般为 4000~6000 件；终锻下模的齿形磨损差后，可作预锻下模继续使用；预锻下模磨损废后，可连续翻新 2~3 次；预锻下模翻新后，又可作终锻下模用。下模块翻新后总高度减少但因螺旋压力机的工作行程不固定，因此仍可在原导柱式模架上使用。顶杆材料可选用 W18Cr4V，热处理硬度为 56~60HRC。顶块材料可选用 T7，热处理硬度为 50~54HRC。上、下垫板材料可选用 T7，热处理硬度 50~54HRC；垫板直径可取为模块直径与两倍垫板厚度之和，垫板与下模座间承压面上的压力可取 <150MPa。

表 3.3-19 热精锻与普通热模锻的工艺对比

对比项目	普通热模锻	热 精 锻	
		直齿锥齿轮小毛边开式精锻	热闭塞模锻
锻件类型	各种短轴线与长轴线类大、中、小件	拖拉机或货车用行星齿轮、半轴齿轮等	短轴线中心对称件(汽车三销轴、十字轴等)
加工余量与公差	加工余量单边 1~6mm，根据经验数据或由供需双方协商确定，公差按 GB/T 12362—2003普通级	齿形不留加工余量(常称净形[①])，公差按零件图公差；其余表面留精加工余量，按 GB/T 12362—2003 精密级	零件上的加工表面仅留精加工余量，锻件公差可参照 GB/T 12362—2003 精密级确定

（续）

对比项目	普通热模锻	热精锻	
		直齿锥齿轮小毛边开式精锻	热闭塞模锻
坯料制备方式	原材料为热轧棒料，采用棒料剪床下料	热轧棒料采用带锯下料→专用无心磨床剥皮（单边0.5~2mm）→磨两端面	
坯料表面质量与形位偏差	柱面有锈蚀层和表面缺陷，端面有剪切斜度、马蹄形变形和毛刺	表面缺陷层已完全去除，端面平直、光洁、无毛刺	
坯料体积偏差	要求不严格，一般大于±2%	要求较严格，一般为±2%	要求很严格，一般应小于±1%
加热设备	火焰加热炉或中、工频炉	中频加热炉	
始锻温度	约1200℃（氧化、脱碳严重）	一般取（950±20）℃（轻微氧化，基本无脱碳层）	
模锻机组设备	各种制坯设备、模锻设备、切边设备等	通用螺旋压力机（2台）、切边压力机、精压机（整形用）	专用双动闭塞模锻液压机或通用液压机加装专用模架
模锻工序与工步	制坯工序或工步→预、终锻工序或工步→切边工序	预锻工序→终锻工序→切边工序②→精整工序③	只有终锻工序
工艺类型与变形方式	普通开式模锻，以镦粗变形方式为主	小毛边开式模锻，以镦粗变形方式为主	凹模横向分模式闭式模锻，以径向挤压变形为主
终锻模结构特点	上、下两模块对开模，热模锻曲柄压力机上采用多工位导柱式模架	上、下两模块对开模，单工位导柱式模架；毛边槽截面面积小	凸、凹间为主分模面，上、下凹模间为凹模分模面；无毛边槽

① 仅锥齿轮的齿形适于净形热锻，因锻件锻后冷缩变形后，齿轮的各锥角不变，可保证齿轮的传动精度。

② 切边工序可同时切出齿形大端端面上的倒角。

③ 在精压机上进行温（约750℃）或冷精整可消除切边时的翘曲变形并进行体积精压，保证齿轮精度。

图3.3-5 载货卡车用
行星齿轮精锻件简图

（4）终锻模齿形模槽加工用电极 图3.3-7 为齿形加工用精加工电极简图。电极的材料一般选用纯铜。电极的齿形尺寸应根据放电间隙与放电烧损量进行修正。终锻模齿形模槽一般需经过粗、半精、精三次电火花加工；精加工电极使用一次后，仍可作为半精加工电极使用；最后用作粗加工电极。精加工电极的齿形精度至少应比锻件的齿形精度高两级，即8级精度的齿轮其终锻模槽的精加工电极应为5~6级精度；电极的齿形精度不直接进行检验，一般采用专用的钢制校样齿轮进行综合检验。

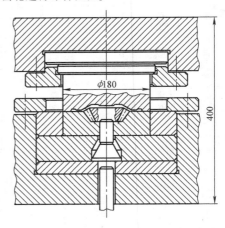

图3.3-6 行星齿轮终锻模工作部分简图

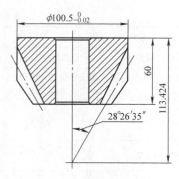

图3.3-7   齿形精加工用电极简图

3.3 冷锻与温锻

　　冷锻是在室温下进行塑性成形的工艺；温锻是坯料加热至尚未强烈氧化的温度以下的塑性成形工艺。温锻时，金属材料的塑性比冷锻时高，而变形抗力比冷锻时低，故可用于大型件或高合金钢件。

　　与热锻相比较，冷锻的主要优点是金属的组织被强化和制件的尺寸精度很高。

3.3.1 冷挤与温挤

　　1. 冷挤压的工艺流程　一般为下料→软化处理→润滑处理→挤压。各工序的设备与方法见表3.3-20。

　　2. 冷（温）挤压件的类型与模具（表3.3-21）

表3.3-20   冷挤压各工序的设备与方法

工序名称	设备	方法
下料（冲裁）	冲床、冲裁模	板料→薄实心或空心坯，生产率很高，坯料精度较高。如电池外壳坯料
下料（锯切）	带锯	冷拔棒料→厚实心圆柱坯，生产率较低，坯料精度较高
下料（剪切）	冲床、棒料剪切模	小直径冷拔棒料→厚实心圆柱坯，生产率很高，坯料端面有斜度和马蹄形变形，需增加整形工步
下料（车切）	车床	棒料→厚圆柱实心或空心坯，生产率很低，坯料尺寸精度很高。如汽车活塞销坯料
软化处理	退火炉	不同材料采用不同的热处理规范进行退火处理
润滑处理	非铁金属坯料滚筒、浸渍池	硬脂酸锌、机油、动物油等润滑剂沾敷或氢氧化钠溶液浸蚀等

（续）

工序名称	设备	方法
润滑处理	钢坯料磷化—皂化设备	清洁去脂→冷流水洗→酸洗→冷流水洗→磷酸盐处理→冷流水洗→皂化处理→干燥
冷挤压（正挤压）	冷挤压力机（下传动曲柄压力机或冷挤压液压机）或通用冲床（必须首先根据冲床的行程—压力曲线校核挤压行程，不能只根据冲床的公称压力选定冲床）	金属挤出方向与凸模运动方向相同（实心件与空心件）
冷挤压（反挤压）		金属挤出方向与凸模运动方向相反（空心件与实心件）
冷挤压（径向挤压）		金属挤出方向与凸模运动方向垂直（一般为离心流出）
冷挤压（复合挤压）		同时进行正挤压和反挤压
冷挤压（开式挤压）		变形过程中，坯料的尚未变形段始终是敞开的（即不受凹模的约束）；开式挤压的变形力小于尚未变形段的镦粗力，一般为多工步挤压，单工步的直径减少程度应小于15%；模具结构简单，不需要凸模

注：详见参考文献[11]。

表3.3-21   冷（温）挤压件的类型与模具简图

类型	挤压件简图	坯料简图	模具简图
实心件			
正挤压件（通孔件）			
正挤压件（盲孔件）			

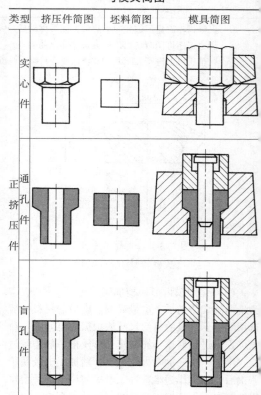

（续）　　　　　　　　　　　　　　　　　　　　　　　　（续）

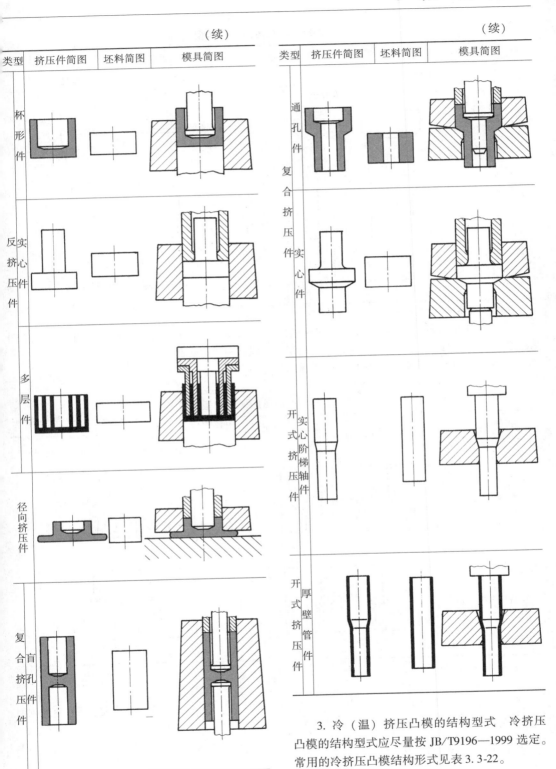

类型	挤压件简图	坯料简图	模具简图
杯形件			
反挤压件 实心件			
多层件			
径向挤压件			
复合盲挤孔压件			

类型	挤压件简图	坯料简图	模具简图
复合挤压件 通孔件			
复合挤压件 实心件			
开式挤压件 实心阶梯轴件			
开式挤压件 厚壁管件			

　　3. 冷（温）挤压凸模的结构型式　冷挤压凸模的结构型式应尽量按 JB/T9196—1999 选定。常用的冷挤压凸模结构形式见表 3.3-22。

表 3.3-22 冷挤压凸模结构型式

凸模类型	正挤压凸模常用型式		反挤压凸模常用型式	
	实心件用	空心件用	锥台底式	锥底式
简图	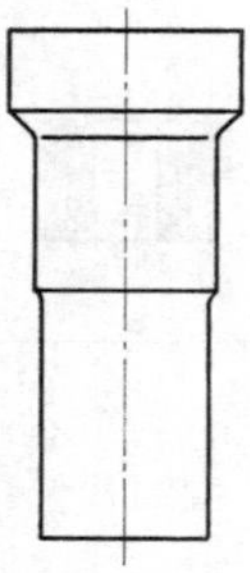	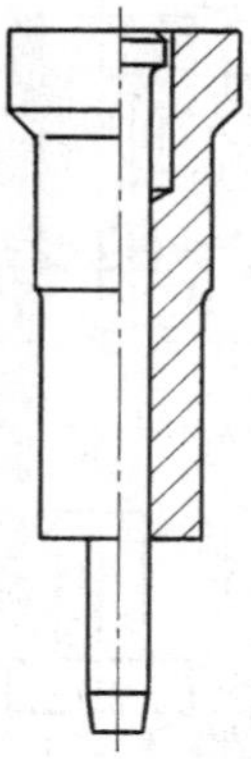	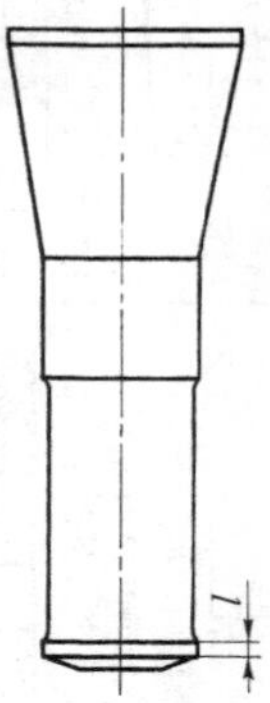	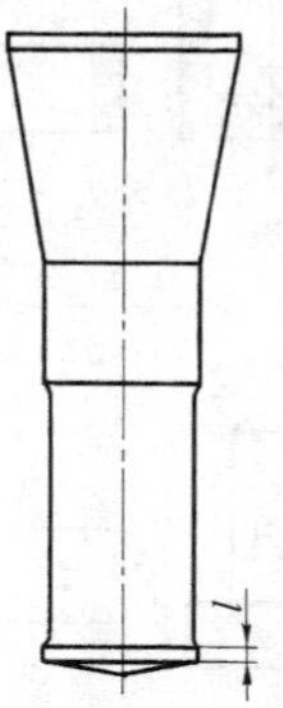

注：l 是反挤压凸模工作带。

4. 冷挤压凹模的结构型式 冷挤压凹模的结构型式应尽量按 JB/T9196—1999 选定；两层或三层预应力组合凹模的设计与计算应尽量按 JB/T5112—1991 的规定进行。常用的冷挤压凹模结构型式见表 3.3-23。

表 3.3-23 冷挤压凹模结构型式

类 型	预应力组合凹模结构型式	
	横向不剖分型式	横向剖分型式
正挤压凹模	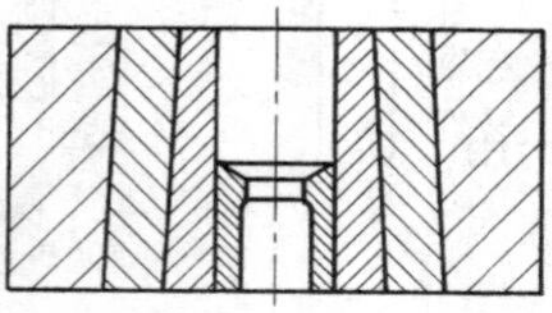	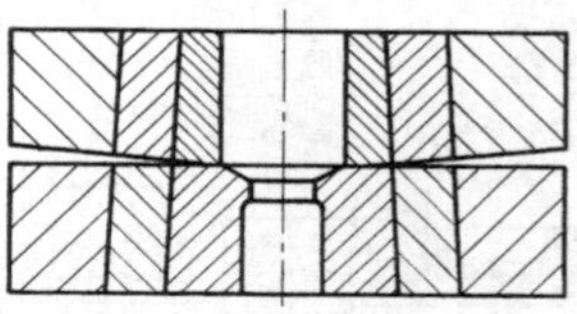
反挤压凹模	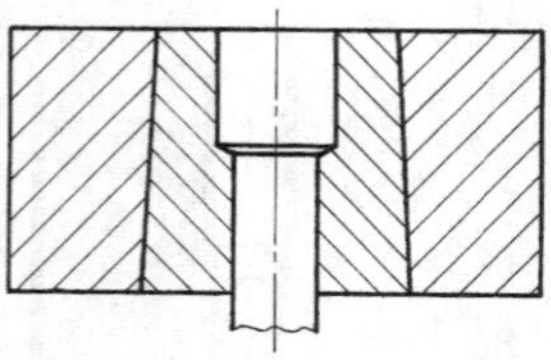	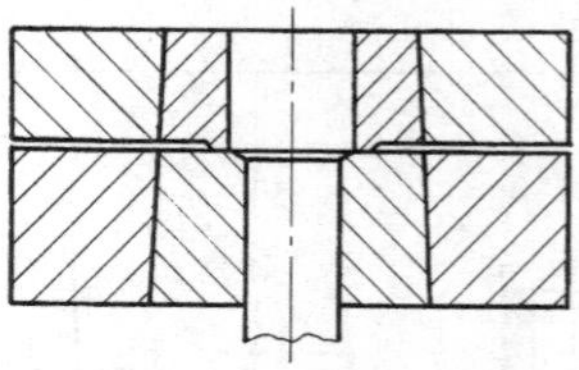

注：详见参考文献 [13]。

5. 冷、温挤压变形程度计算方法 冷、温挤压的变形程度用截面缩减率 ε_F 表示，其值为

$$\varepsilon_F = \frac{F_0 - F_1}{F_0} \times 100\%$$

式中 F_0、F_1——分别为挤压前、后坯料的截面积。

各种冷、温挤压件的 ε_F 计算方法见表 3.3-24。

表 3.3-24　冷、温挤压件变形程度计算方法

工件类型	工件简图	截面缩减率 ε_F
正挤压实心件		$\varepsilon_F = \dfrac{d_0^2 - d_1^2}{d_0^2} \times 100\%$
正挤压空心件		$\varepsilon_F = \dfrac{d_0^2 - d_1^2}{d_0^2 - d_2^2} \times 100\%$
反挤压杯形件		$\varepsilon_F = \dfrac{d_1^2}{d_0^2} \times 100\%$
反挤压带芯件		$\varepsilon_F = \dfrac{d_1^2 - d_2^2}{d_0^2} \times 100\%$

6. 冷挤压的许用变形程度 (表 3.3-25)

表 3.3-25　常用材料的许用变形程度

材 料 名 称		截面缩减率 ε_F	
		正挤压	反挤压
钢	10	82 ~ 87	75 ~ 80
	15	80 ~ 82	70 ~ 73
	35	55 ~ 62	50
	45	45 ~ 48	40
	15Cr	53 ~ 63	42 ~ 50
	34CrMo	50 ~ 60	40 ~ 45
铝、防锈铝等		95 ~ 99	90 ~ 99
纯铜、黄铜、硬铝、镁		90 ~ 95	75 ~ 90

注: 对于非铁金属, 低强度的材料取上限, 高强度的材料取下限。

7. 温挤钢件时坯料加热温度与单位挤压力　常用钢料的温挤加热温度与该温度下的单位挤压力值可参照表 3.3-26 选定; 表中未列出的其他材料的温挤单位压力见参考文献 [11] 或 [13] 中的温挤单位压力计算图。

表 3.3-26　钢温挤压加热温度与单位挤压力

材　料		坯料加热温度/℃	凸模单位挤压力/MPa		
			$\varepsilon_F = 40\%$	$\varepsilon_F = 60\%$	$\varepsilon_F = 80\%$
正挤压	10	700 ~ 800	404 ~ 308	512 ~ 398	592 ~ 462
	20	700 ~ 800	440 ~ 342	570 ~ 425	756 ~ 514
	35	700 ~ 800	535 ~ 373	685 ~ 495	862 ~ 667
	45	700 ~ 800	535 ~ 408	686 ~ 550	880 ~ 710
	40Cr	700 ~ 800	570 ~ 394	800 ~ 640	1110 ~ 750
	T10	700 ~ 800	695 ~ 480	806 ~ 600	1060 ~ 726
	GCr15	700 ~ 800	875 ~ 655	1035 ~ 702	1170 ~ 875
	40CrNi	700 ~ 750	564 ~ 425	720 ~ 687	800 ~ 785
反挤压	10	700 ~ 800	650 ~ 512	694 ~ 512	
	20	700 ~ 800	679 ~ 576	855 ~ 635	1150 ~ 890
	35	700 ~ 800	821 ~ 640	955 ~ 685	1220 ~ 870
	45	700 ~ 800	803 ~ 740	1013 ~ 810	1120 ~ 844
	40Cr	700 ~ 800	986 ~ 710	1050 ~ 751	1240 ~ 960
	T10	800 ~ 850	882 ~ 686	976 ~ 740	1220 ~ 1152
	GCr15	800 ~ 850	932 ~ 764	1410 ~ 750	1330 ~ 1290
	40CrNi	750 ~ 850	890 ~ 730	985 ~ 785	1092 ~ 936

注: 摘自参考文献 [13] 718 ~ 719 页。

8. 冷、温挤压模具结构设计要点　以 20 钢气门顶杆的反挤压模具为例, 其模具图、坯料图及挤压件图见图 3.3-8, 主要零、部件的结构设计要点见表 3.3-27。

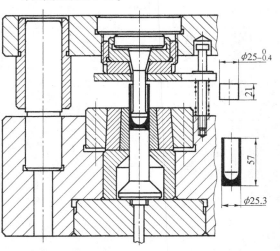

图 3.3-8　气门顶杆反挤模

表 3.3-27　冷、温挤压模具结构设计要点　　　　　　　　　　　　（续）

零、部件名称	结构设计要点
精密导柱模架	上、下模座心部的装配孔采用通孔，使上、下垫板分别与滑块及工作台垫板接触，可保证各垫板间的平行度以便于模座加工
凸、凹模垫板	上、下大垫板直径应保证垫板与滑块或工作台垫板有效承压面间的压力 <150MPa，垫板厚度应取垫板半径与模具接触部分半径之差
凸、凹模的固定零件	凹模一般用压圈或直接用凹模的外层预应力套（如图 3.3-8）固定在下模上。凸模一般应采用压套固定在上模座上；当凸模的轴线定位精度要求不高时，也可用螺纹压套固定（如图 3.3-8）

9. 开式冷挤压与正、反冷挤压的工艺对比（表 3.3-28）

表 3.3-28　开式冷挤压与正、反冷挤压的工艺对比

对比项目	开式冷挤压	正、反冷挤压等
对原材料表面缺陷的要求	热轧棒料（外表面有锈蚀层等缺陷）、无缝厚壁管料（外、内表面均有缺陷）允许直接进行开式挤压	热轧棒料必须剥皮后才能进行正、反、复合、径向挤压
对坯料尺寸尺偏差的要求	对供应状态的棒料或管料直径尺寸偏差与下料长度偏差无特殊要求或要求不严格，但严格要求承压端面垂直度	对实心坯外径、空心坯外径与孔径、下料长度等尺寸偏差均要求严格
锻件类型	长、特长轴线类，可挤出各种齿形花键	短、较短轴线类
坯料长径比	不限（个别件长径比达50）	一般 <3
坯料软化处理	一般不需软化处理，连续缩径次数 <（3～5）次时也不需中间退火处理	结构钢、不锈钢、非铁金属等均需进行严格地无氧化退火处理
坯料表面润滑处理	钢料单工步挤压可涂敷水剂石墨乳，多工步连续挤压需经磷、皂化处理	结构钢必须磷、皂化处理，不锈钢需草酸盐处理，非铁金属需表面涂润滑剂处理
单工步极限允许变形程度	与材料类型基本无关。对任何材料，其单工步截面缩减率均应 <28%；否则，尚未成形段将轴向失稳，工艺将不可行	结构钢的单工步允许截面缩减率为 40%～87%，非铁金属为 75%～99%

对比项目	开式冷挤压	正、反冷挤压等
工步数量	一般为多工步	一般为单工步
模具结构	不需要凸模，凹模为单层整体模或两层式预应力组合凹模，管件有芯棒开式挤压需设置芯棒	必须有凸模（见表 3.3-22），凹模为两层式（单位挤压力 <1500MPa）或三层式（单位挤压力 1500～2500MPa）。一般需有导柱模架
凹模锥角	一般为 8°～20°	正挤压时为 90°～120°
凹模工作带长度	一般取凹模工作孔径的 0.5～2 倍；取大值有利于挤出段校直，而单位挤压力值增加甚微	根据材料种类与工作带尺寸，正挤凹模取 0.6～4mm，反挤凸模取 0.5～3mm。工作带长度增加时，单位挤压增加显著
单位挤压力值	很小，小于被挤材料的屈服强度，结构钢仅为 200～400MPa	很大，无论结构钢或非铁合金，根据变形程度不同，均可达到 1000～2500MPa

10. 开式冷挤压工艺实例

（1）厚壁管件无芯棒开式冷挤压实例　图 3.3-9 为汽车转向横拉杆的冷锻件图，锻件材料为 35 钢冷拔管（$\phi30mm \times 5mm$）。挤压设备为专用单工位双向开式冷挤压自动液压机，可进行两端同时开式挤压，设备公称压力为 $2 \times 250kN$；由于工件上不需变形段的长径比很大，因此设置了防止坯料轴向失稳的间隙式（单边间隙 0.5mm）特长卡料滑块。由于受单工步极限允许变形程度的限制，必须采用两工步开式挤压；两工步之间，应更换挤压凹模和顶杆等零件。工步 1 与工步 2 的凹模入模半锥角均为 4°，凹模工作带直径分别为 $\phi27^{+0.021}_{0}mm$ 与 $\phi24.8^{+0.021}_{0}mm$。冷挤压工艺流程见表 3.3-29。

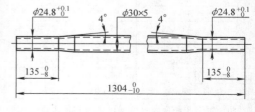

图 3.3-9　汽车转向横拉杆冷锻件简图

表 3.3-29　汽车转向横拉杆开式冷挤压工艺流程

工序或工步	说　明
下料	带锯下料, 下料长度 (1249 ± 0.5) mm
润滑处理	两端变形段涂敷水剂石墨乳→自然晾干
工步 1	$\phi30\text{mm}\rightarrow\phi27\text{mm}$, 外径缩减率 10%
润滑处理	两端变形段涂敷水剂石墨乳→自然晾干
工步 2	$\phi27\text{mm}\rightarrow\phi24.8^{+0.1}_{0}\text{mm}$, 外径缩减率 8.1%

（续）

工序或工步	说　明
润滑处理	磷→皂化处理
工步 1	4000kN 通用液压机, 开式冷挤与闭式冷镦复合成型, 直径缩减率 11%
工步 2	1000kN 通用液压机, 直径缩减率 9%
工步 3	1000kN 通用液压机, 直径缩减率 11.3%

（2）阶梯轴开式冷挤、镦复合工艺与模具举例　图 3.3-10 为汽车变速箱二轴三工步开式冷挤压各工步的工步尺寸简图, 二轴的原材料为□□CrMn 冷拔料（$\phi36.2\text{mm}$）, 冷挤、镦复合成□工艺流程见表 3.3-30。工步 1 用开式冷挤与闭□冷镦模具简图见图 3.3-11。工步 2、3 通用开□冷挤压模具简图见图 3.3-12；图中, 工步 2 与□步 3 所用凹模的高度相同, 仅凹模工作带孔径□同；另外, 工步 2 模具不需装入接长顶杆。

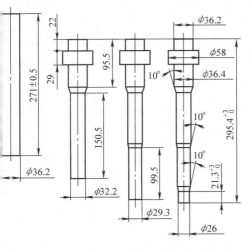

图 3.3-10　汽车二轴冷挤、镦工步尺寸图

表 3.3-30　汽车二轴冷挤、镦工艺流程

工序或工步	说　明
下料	带锯下料, 下料长度 (271 ± 0.5) mm
软化处理	退火处理, 避免镦粗时产生表面纵向裂纹

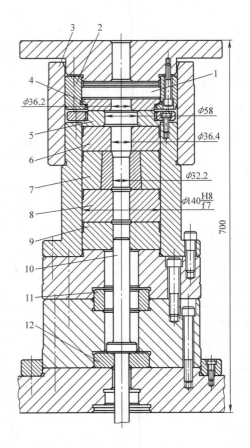

图 3.3-11　二轴开式冷挤闭式冷镦复合模
1—上垫板　2—上导向环　3—下导向套
4—上凹模　5—镦粗凹模　6—镦粗模座
7—预应力组合式开式挤压模（缩径模）
8—上接长模块　9—下接长模块
10—顶件杆　11—模座定位环
12—顶件杆垫板

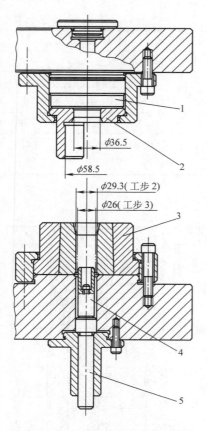

图 3.3-12　二轴 2、3 工步开式挤压通用模
1—淬硬压板　2—工件定位套　3—工步 2 或工步 3
开式挤压凹模　4—工步 3 用接长顶杆　5—顶杆

3.3.2　冷镦

1. 冷镦件的类型、使用的设备与工步（表 3.3-31）

表 3.3-31　冷镦件类型、使用的
设备与工步

冷镦件类型		使用的设备	工步类型
标准紧固件	铆钉	单击整模冷镦机	切料、镦头
	螺钉	双击整模自动冷镦机（M2.5~16）	切料、初镦、终镦
	螺栓	多工位自动冷镦机（M6~30）	切料、初镦、终镦、缩径、切边、搓螺纹等
	螺母	三或四工位螺母冷镦机（M4~30）	切料、镦球、镦六角、冲孔、切边等
非标准件	小轴、弹簧座等	多工位自动冷镦机	切料、镦球、挤压等
管件	汽车等用管件接头	专用小型冷镦自动液压机	镦凸缘、缩径、扩径等

注：详见参考文献 [13]。

2. 迄今已标准化的冷镦模具（表 3.3-32）

表 3.3-32　迄今已标准化的冷镦模具

类型与标准代号	标准件名称
冷镦模具通用件（JB/T 4208.1 ~ 4208.18—1996）	切料刀 A 型、B 型、C 型、D 型、E 型、F 型、G 型；切料刀压板 A 型、B 型；切料模 A 型、B 型、C 型、D 型；缩径模 A 型、B 型；顶料杆 A 型、B 型、C 型
冷镦六角头螺栓模具（JB/T 4209.1 ~4209.13—1996）	初镦冲头、终镦冲头；切边冲头；初镦凹模、细杆凹模 A 型、B 型；全螺纹缩径凹模 A 型、B 型；标准杆凹模 A 型、B 型；切边凹模 A 型、B 型
冷镦六角螺母模具（JB/T 4210.1 ~ 4210.25—1996）	整形冲头、整形凹模、整形顶杆；镦球冲头 A 型、B 型；镦球凹模 A 型、B 型；镦球推杆 A 型、B 型；镦六角上冲头 A 型、B 型；镦六角下冲头 A 型、B 型；镦六角凹模（硬质合金）A 型、B 型；镦六角凹模（六片组合硬质合金）A 型；镦六角凹模 D 型；冲孔冲头 A 型、B 型、C 型、D 型；冲孔凹模 A 型、B 型、C 型、D 型
冷镦螺钉模具（JB/T 4211.1 ~ 4211.12—1996）	终镦冲头 A 型、B 型、C 型、D 型、E 型、F 型、G 型、H 型；凹模 A 型、B 型、C 型、D 型
冷镦内六角圆柱头螺钉模具（JB/T 4212.1 ~ 4212.13—1996）	初镦冲头 A 型、B 型；初镦冲头顶杆 A 型；成形冲头、内六角冲头 A 型、B 型、C 型、D 型；初镦成形凹模片；初镦凹模、成形凹模镦六角凹模；六角凹模片
紧固件冷镦模具技术条件（JB/T 4213—1996）	

注：尚未标准化模具的结构见参考文献 [13]。

3.4　冲压

3.4.1　冲压生产的工序、设备与工艺流程

1. 冲压生产的工序类型（表 3.3-33）

表 3.3-33　冲压生产的工序类型

工序类型	工序名称
备料工序	开卷、校平、剪切
基本工序	落料、冲孔、切口、切边、切断、弯曲、拉深、翻边、胀形、缩口、扩口、起伏、校平、整形、精整、压印、滚弯、旋压等
辅助工序	清理、焊接（如汽车油箱）、装配（如汽车水箱）、喷漆、电镀、检验等

2. 常用曲柄压力机选用　锻压设备共分八大类，机械压力机属于第一类，用汉语拼音字母 J 表示；第一类又分为十列，前四列是常用的曲柄压力机；每列又细分为十组，常用曲柄压力机的列、组代号及应用见表 3.3-34。

3. 冲压生产的一般工艺流程　按冲压车间的产品特点，冲压车间一般可分为只生产单个冲

件的简单车间与生产部件或成品的综合性车间
（如汽车厂的车架车间、车身车间、水箱车间、
轮圈车间等）两大类；后者工艺流程较完整，
如图 3.3-13 所示。

表 3.3-34 常用机械压力机的列、组代号及应用

类别	列 别		组 别		应 用
	代号	含义	代号	含 义	
机械压力机（代号 J）	1	开式单柱	1 2 3	固定台压力机 活动台压力机 柱形台压力机	1、2、3 列为通用（只有一个滑块）压力机；用于不需压边的工艺（冲裁、弯曲、成形等）
	2	开式①双柱	1 2 3 4 5	固定台压力机 活动台压力机 可倾式压力机 转台式压力机 双点式压力机	
	3	闭式	1 6 9	单点压力机② 双点压力机 四点压力机	
	4	拉深	3 4 5 6 7 8	开式双动压力机③ 底传动双动压力机 闭式双动压力机 闭式双点双动压力机 闭式四点双动压力机 闭式三动压力机	4 列为专用于拉深的压力机（有压边滑块）

注：曲柄压力机型号及意义，以 J31—250 为例，
J31 为型号，表示机械压力机第 3 列第 1 组，
即闭式单点压力机；250 为公称压力规格，即
$250 \times 10 \text{kN} = 2500 \text{kN}$。

① 开式表示工作台前后方向与左右方向都敞开；
闭式只前后方向敞开。

② 单点表示一个连杆，几点表示有几个连杆；多
点压力机允许偏心负荷。

③ 双动或三动表示有两个或 3 个滑块；外滑块
为专用的压边滑块。压边滑块在下死点处停
留 >90°（以曲轴转角为参照坐标）。

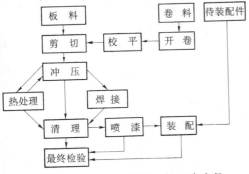

图 3.3-13 冲压生产的一般工艺流程

3.4.2 冲压生产常用工序的模具简图（表 3.3-35）

3.4.3 常用冲压模具设计要点

1. 基本工艺参数选定（表 3.3-36）

2. 模具结构类型选定（表 3.3-37）

表 3.3-35 冲压常用工序的模具简图

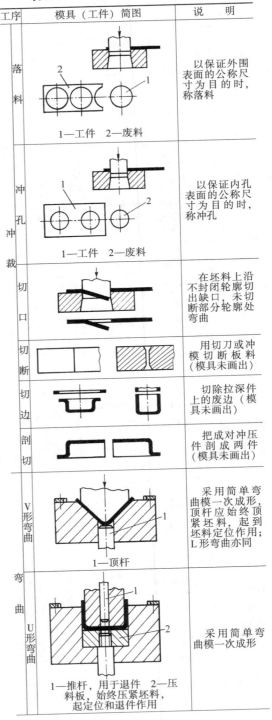

工序	模具（工件）简图	说 明
落料	1—工件 2—废料	以保证外围表面的公称尺寸为目的时，称落料
冲孔	1—工件 2—废料	以保证内孔表面的公称尺寸为目的时，称冲孔
切口（冲裁）		在坯料上沿不封闭轮廓切出缺口，未切断部分轮廓处弯曲
切断		用切刀或冲模切断板料（模具未画出）
切边		切除拉深件上的废边（模具未画出）
剖切		把成对冲压件剖成两件（模具未画出）
V形弯曲（弯曲）	1—顶杆	采用简单弯曲模一次成形，顶杆应始终顶紧坯料，起到坯料定位作用，L形弯曲亦同
U形弯曲（弯曲）	1—推杆，用于退件 2—压料板，始终压紧坯料，起定位和退件作用	采用简单弯曲模一次成形

（续）

工序		模具（工件）简图	说　明
弯曲	Z形弯曲	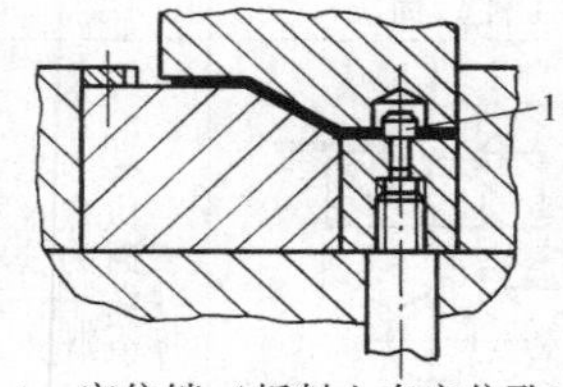1 1—定位销（板料上有定位孔）	采用简单弯曲模一次成形
弯曲	卷曲	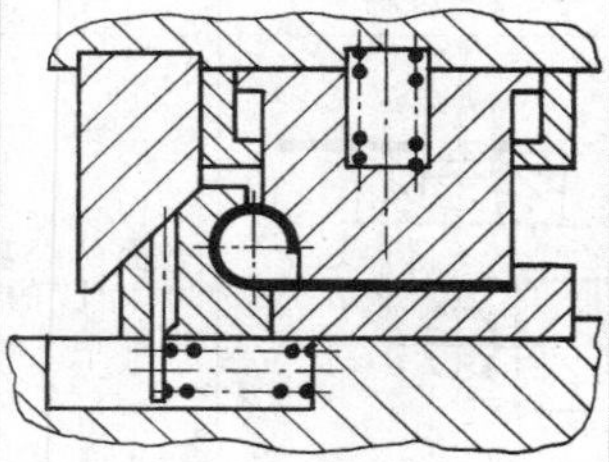	采用由侧楔推动的凹模移动式弯曲模，一次卷曲成形；采用浮动凸模压紧坯料
弯曲	扭曲	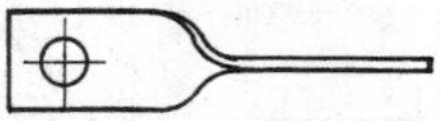	一次扭曲一定角度（模具未画出）
弯曲	两序弯曲	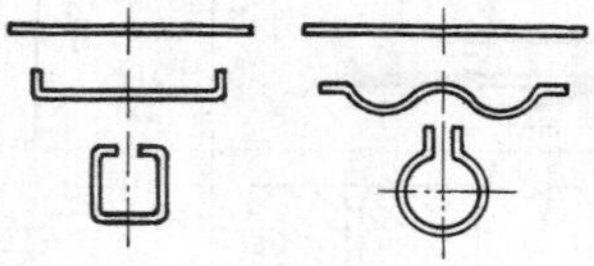	采用简单弯曲模时需两个工序；采用复合弯曲模可一个工序（模具未画出）
弯曲	三序弯曲	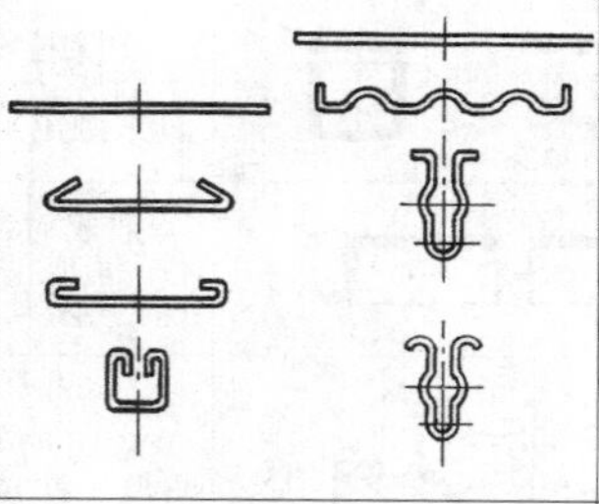	采用简单弯曲模时需三个工序；采用复合弯曲模可减少工序（模具未画出）
拉深	无凸缘或有凸缘拉深	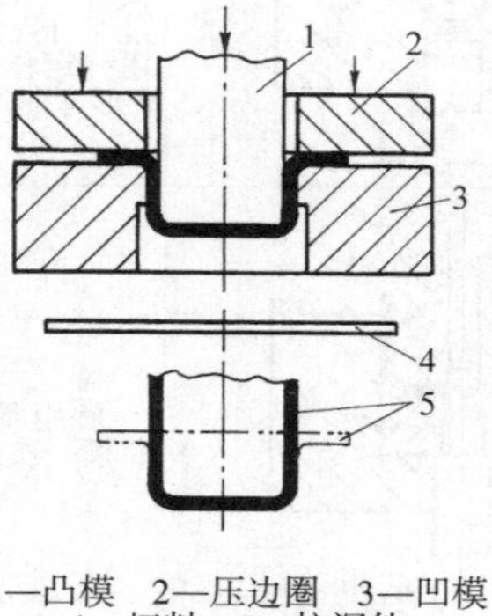1 2 3 4 5 1—凸模　2—压边圈　3—凹模　4—坯料　5—拉深件	坯料全部拉入凹模中时为无凸缘拉深，未完全拉入时为有凸缘拉深；压边圈由双动压力机的外滑块带动，也可在单动压力机上采取反向拉深模具（未画出）由压力机下的气垫带动

（续）

工序		模具（工件）简图	说　明
拉深	深拉深件多工序拉深	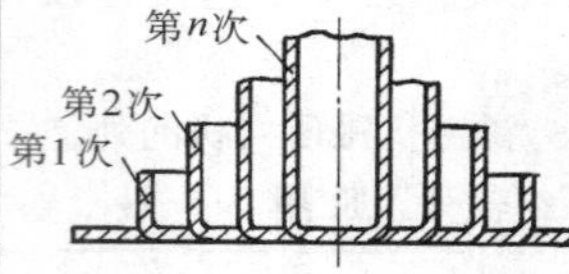第n次 第2次 第1次	无凸缘深筒形件，拉深次数n见参考文献［15］
拉深	深拉深件多工序拉深	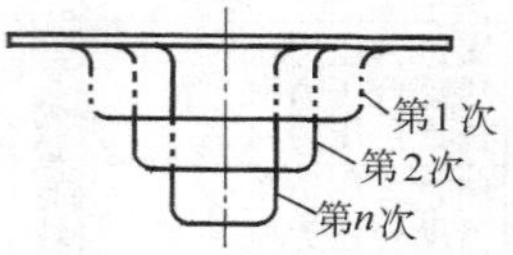第1次 第2次 第n次	有宽凸缘深筒形件，拉深次数n见参考文献［15］
拉深	深拉深件多工序拉深	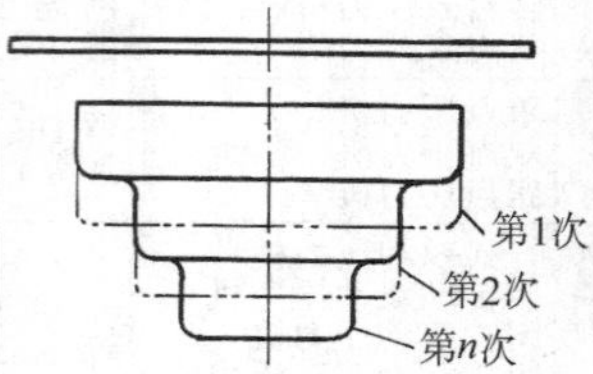第1次 第2次 第n次	阶梯筒形件无论有、无凸缘均需多工序拉深，直径由大到小（模具未画出）
拉深	覆盖件拉深	大型覆盖件主要指汽车、拖拉机的车身外壳的大尺寸拉深件，表面质量要求高（模具与工件未画出）	表面不得有皱纹、印痕等缺陷，因此必须采用一次拉深成形，后续工序有切边翻边、冲孔等
拉深	变薄拉深	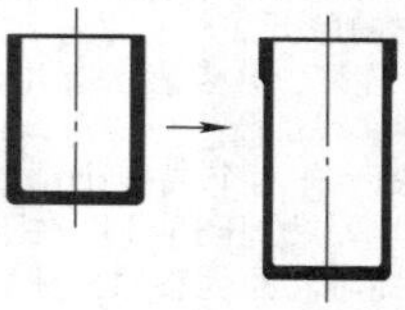	把拉深件的侧壁再一次减薄而底部厚度不变（模具未画出），单或多工步（序）
翻边	内孔翻边	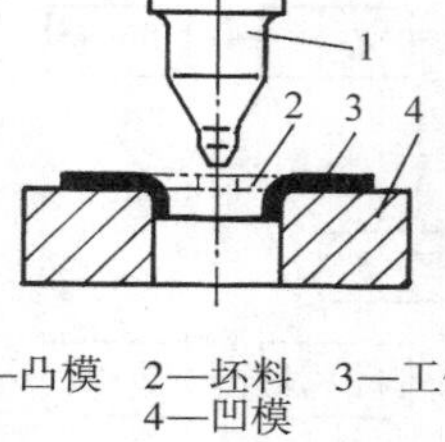1 2 3 4 1—凸模　2—坯料　3—工件　4—凹模	凸模可改用橡胶板（未画出）
翻边	外缘翻边	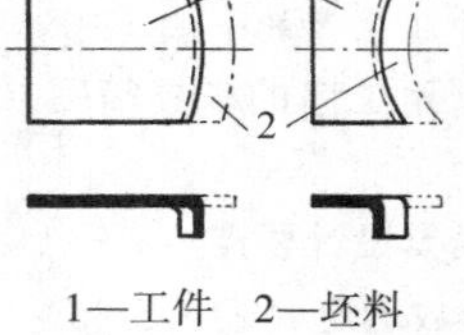1 2 1—工件　2—坯料	左图为压缩变形，右图为拉伸变形（模具未画出）

（续）

工序	模具（工件）简图	说 明
胀形 橡胶胀形	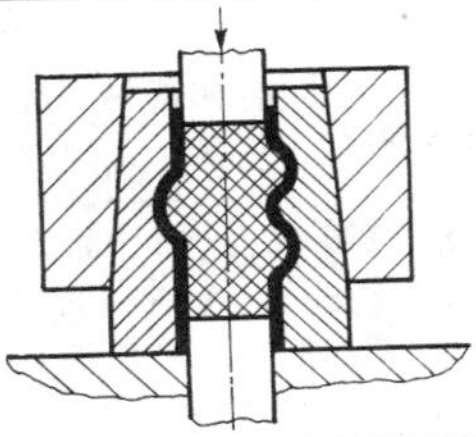	橡胶采用聚氨脂；凹模为两半模，用锥形套需压紧，出件需打开两半模
胀形 液压胀形	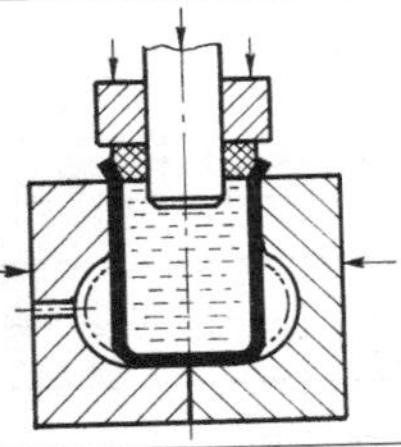	坯料为杯形件；用橡胶圈进行密封；凹模为两半模，用侧压块（未画出）自动压紧，打开后出件
其他成形工序 扩口	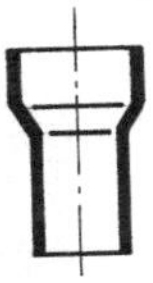	扩大管口或杯形件口部直径，工步数 n = 1～3
其他成形工序 缩口		把口部直径缩小，工步数 n = 1～6
其他成形工序 滚弯	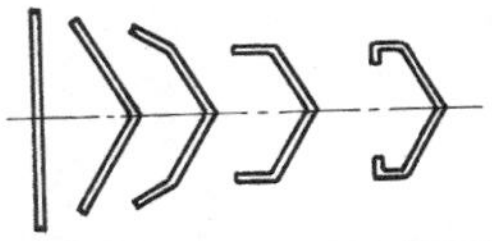	用多辊连续地将卷料或环坯横向滚弯
其他成形工序 起伏	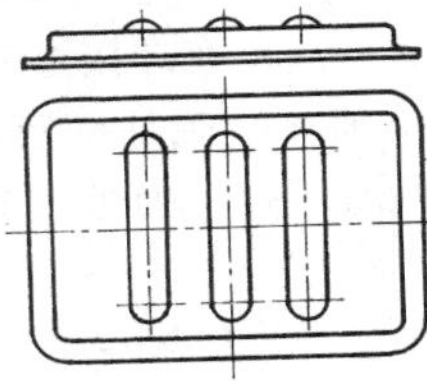	在半成品冲压件上压肋或凸字等
其他成形工序 卷边	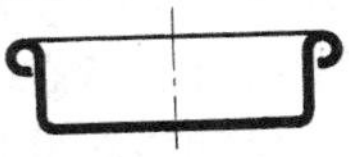	把拉深件口部向外侧卷边
其他成形工序 旋压	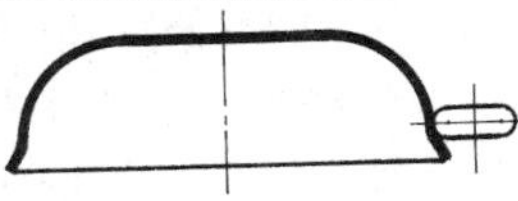	用小辊轮连续地局部变形（薄或厚板）
其他成形工序 整形	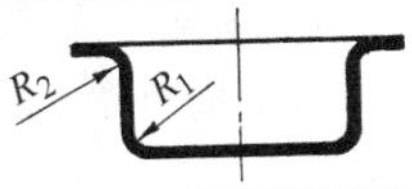	校正尺寸偏差与形位偏差

（续）

工序	模具（工件）简图	说 明
其他成形工序 校平		校正平面度偏差
压印	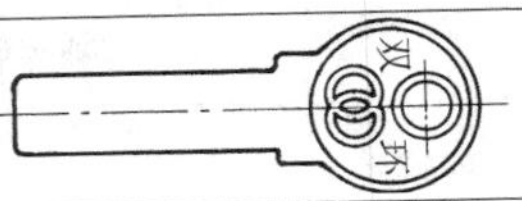	压出文字或花纹（一般为双面）
整修	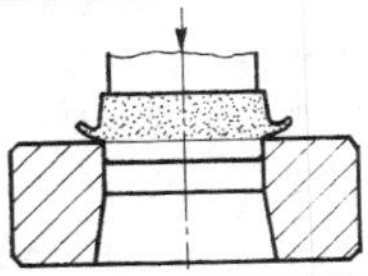	切除粗糙的剪断面，提高尺寸精度，降低表面粗糙度
精整 挤光	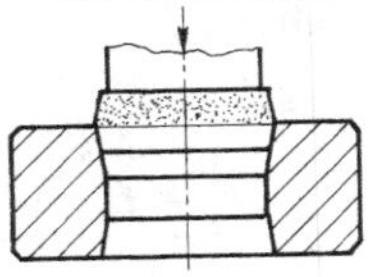	挤光余量单边小于 0.04～0.06mm，只适用于软料
精冲	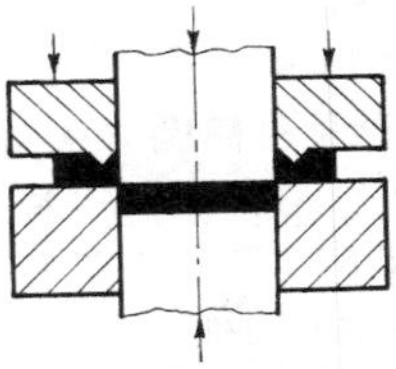	采用专用精冲压力机（已国产化）或采用由通用液压机改装的精冲液压机；在三向压应力下进行塑性剪切，断面光洁、尺寸精确

表 3.3-36 冲压基本工艺参数选定

工序	基本工艺参数	说 明
冲裁	工艺限制参数	最小孔径、最小孔间距、最小圆角、合理精度等
	排样与搭边值	有搭边排样、无搭边排样
	冲裁间隙 Z	最小间隙 Z_{min}
	冲裁力 P	平刃 $P = 1.3Lt\tau \approx Lt\sigma_b$
弯曲	工艺限制参数	最小弯曲半径、最小弯边高度、最小孔边距等
	工步次数 n	一般 n≤3
	回弹 Δα	整形弯曲时，r 越大、t 越小时，Δα 越大
	弯曲力 P	整形弯曲时，$P = Fq_1$
拉深	工艺限制参数	最小圆角、合理精度等
	工步次数 n	按允许的拉深系数计算
	拉深力 P_1	不变薄拉深 $P_1 = (0.6～1.1)Lt\sigma_b$
	压边力 P_2	$P_2 = Fq_1$
半成品成形	缩口力 P	$P = (2.4～3.4)\pi t\sigma_b \Delta D$
	翻边力 P	内孔翻边 $P = (1.5～2.0)\pi t\sigma_b \Delta D$
	胀形力 P	$P = 2.3t\sigma_b F_1/D$
	起伏力 P	$P = (0.7～1)L_1 t\sigma_b$
	校平力 P	$P = Fq_2$
	压印力 P	$P = Fq_3$

注：1. 表中：L—周边长，t—板厚，r—弯曲圆角半径，F—水平投影面积，F_1—胀形面积，L_1—肋周边长，q_1—整形弯曲单位压力，q_2—校平单位压力，q_3—压印单位压力，q_4—翻边单位压力。

2. 各参数值选定与计算方法详见参考文献[15]。

表 3. 3-37　冲压模具结构类型选定

模具结构类型			选用说明
通用模	按工序组合方式分类	简单模	压力机一次行程只完成一个工序,结构简单、易自动化
		复合模	单工位一次行程可完成两种以上工序,结构复杂,难自动化;如落料→冲孔、落料→拉深、落料→拉深→冲孔→翻边等复合模
		连续模	压力机一次行程中可同时在两个以上工位上完成不同的工步,结构较复杂,易自动化;如冲孔→落料、冲孔→压弯→落料、切口→多工位拉深→落料等连续模
	按导向方式分类	导柱模	导向精度高,安装方便,使用寿命长,模架已标准化、商品化
		导板模	导向精度高,安装不便,使用寿命低,导板可兼作卸料板
		无导向模	导向精度决定于冲床导轨的导向精度,安装不便,小批生产用
专用模	精冲模		详见参考文献[15]
	聚氨脂橡胶板冲裁模		胶板厚 12～20mm,落料时可带替凹模,冲孔时可代替凸模;多用于薄板冲裁
	胀形模		凹模为两半模,出件不便
	装配模		根据装配要求采用特殊结构
	自动化模		模具上设置自动进料、自动退件、记数器等装置

3.4.4　精密冲裁要点

1. 精冲主要技术指标　可冲材料的强度 σ_b ≤880MPa,剪切面表面粗糙度 R_a 0.4～0.8μm,尺寸精度可达 IT7;精冲模一次刃磨寿命可达万次,总寿命可达 50 万次。

2. 专用精冲设备的选用（表 3.3-38）

表 3. 3-38　专用精冲设备选用

设备类型	应用特点	说明
全自动高性能精冲压力机	自动生产线,适于大量生产	进口设备,投资大
全自动精冲压力机	自动生产线,适于大量生产	国产设备,投资较大
用通用液压机改装的精冲压力机	人工上、下料,适于中、小批量生产	技术成熟,投资小

4　焊接、切割、粘接

4.1　焊接方法分类、特点及应用

焊接是通过加热或加压,或两者并用,并且用或不用填充材料,使工件达到结合的一种方法。采用焊接工艺,可以将金属材料按所需的形状、尺寸及技术条件的要求连接在一起,制成各种焊接结构及产品,以满足该结构及产品的质量标准与使用性能要求[18]。

焊接工艺是使被焊材料之间建立了原子间的联系而实现连接的。通常根据焊接过程中焊件所获能量来源的不同,把焊接方法分为熔焊、压焊及钎焊三大类[1]。

1. 熔焊　这类焊接方法的特点是利用局部加热的方法,将焊件的待焊部位加热到熔化状态,冷凝后形成焊缝,使两块材料焊接在一起。常见的熔焊工艺方法如气焊、焊条电弧焊等。

2. 压焊　压焊的特点是在焊接过程中,必须对焊件（加热或不加热）施加一定的压力使焊件的待焊部位紧密接触,从而实现两块材料的焊接。如电阻焊、摩擦焊等。

3. 钎焊　采用比焊件母材熔点低的金属材料作为钎料,将焊件和钎料加热到高于钎料熔点、低于母材熔点的温度,利用液态钎料润湿母材,填充接头间隙并与母材相互扩散实现连接焊件的方法。在钎焊过程中,母材始终不熔化。钎焊按照使用的钎料可以分为硬钎焊（钎料熔点高于 450℃）及软钎焊（钎料熔点低于 450℃）两大类。钎焊工艺可分为烙铁钎焊、火焰钎焊等。

熔焊、压焊及钎焊的连接原理、方法分类特点及应用范围列于表 3.4-1。

表 3.4-1　熔焊、压焊及钎焊的连接原理、方法分类、特点及适用范围

连接方法名称	连接原理	方法分类	特点及适用范围
熔焊	将焊件待焊部位加热至熔化状态，不加压力以完成焊接的方法	气焊、焊条电弧焊、埋弧焊、气体保护焊、电渣焊、等离子弧焊、电子束焊、激光焊等	用于机械制造业中所有同种金属、部分异种金属及某些非金属材料的焊接。是最基本的焊接方法，在焊接生产中占主导地位
压焊	对于焊件通过施加压力（加热或不加热），以完成焊接的方法	电阻焊（对焊、缝焊、点焊、凸焊）、摩擦焊、冷压焊、扩散焊、高频焊、爆炸焊、超声波焊等	电阻焊在压焊中占主导地位，主要用于汽车等薄板构件的装配、焊接；摩擦焊更适于圆形、管形截面的工件焊接
钎焊	利用熔点比焊件低的钎料与焊件共同加热至钎焊温度（高于钎料熔点，低于焊件熔点），液态钎料润湿母材、填充接头间隙并与母材相互扩散以实现连接的方法	钎焊分为硬钎焊与软钎焊两大类。钎焊工艺分为：烙铁钎焊、火焰钎焊、电阻钎焊、感应钎焊、浸沾钎焊、炉中钎焊等	适用于金属、非金属、异种材料之间的钎焊，可焊接复杂结合面的工件，焊接变形小

4.2　熔焊

4.2.1　气焊

气焊是利用气体火焰作为热源的焊接方法，最常用的是氧乙炔焊，采用石油液化气或丙烷燃气的焊接也已迅速发展。乙炔气（C_2H_2）与氧气混合燃烧而形成的火焰称氧-乙炔焰，它的最高温度可达 3300℃。氧-乙炔焰的温度分布是不均匀的，其焰心的温度最高。由于气焊火焰温度比电弧温度低，热输入调节方便，设备简单，操作方便，因此广泛用于厚度为 6mm 以下的薄板、薄壁管及小直径管的焊接，并适用于维修焊接。由于气焊火焰热量比较分散，工件受热面积较大，所以造成工件的变形量较大，焊接生产率较低。

氧-乙炔焰根据氧气与乙炔气的比例不同，可分为碳化焰（还原焰）、中性焰（正常焰）、氧化焰三种基本形式。氧-乙炔焰的种类、焊接特性及应用举例列于表 3.4-2。

低碳钢和结构钢气焊时，选用 H08、H08A、H08Mn、H08MnA、H08MnREA、H10Mn2 等焊丝。对于强度要求不高的低碳钢构件常用 H08、H08A 焊丝。其他钢、铸铁及非铁金属气焊时应选用相应成分的焊丝。气焊焊剂的作用是防止熔化金属氧化、去除氧化物等杂质、改善熔池金属的润湿性等。低碳钢气焊时不需要使用焊剂，其他金属材料气焊时常用焊剂的牌号、特性及用途如表 3.4-3 所示。因此，使用焊剂的气焊完成之后，应当清除残渣。气焊接头形式及坡口形状见图 3.4-1。

表 3.4-2　氧-乙炔火焰的种类、焊接特性及应用举例

火焰种类	O_2/C_2H_2	焊接特性	操作条件	可焊接的金属举例
碳化焰	<1	乙炔过剩，火焰中有游离碳和多量的氢，焊接低碳钢时，熔池沸腾，且不清澈，焊缝有渗碳现象 最高温度 2700～3000℃	用距离焰芯 3～5mm 部位进行焊接	镍、高碳钢、高速钢、硬质合金、蒙乃尔合金、司太立合金、碳化钨、合金铸铁、铸铁（焊后保温）等
轻微碳化焰（还原焰）	≈1	乙炔稍多，但不产生渗碳现象，焊接时与中性焰一样，不需搅拌 最高温度 2930～3040℃		低碳钢、低合金钢、灰铸铁、球墨铸铁、铝及铝合金等
中性焰	1～1.2	无乙炔和氧过剩，熔池不沸腾、清澈且洁净，液态金属易流动 最高温度 3050～3150℃		低碳钢、低合金钢、铬镍不锈钢、紫铜、灰铸铁、锡青铜、铝及铝合金、铅、锡、镁合金等
氧化焰	>1.2	氧过剩，具有氧化性，使熔池中的合金元素烧损 最高温度 3100～3300℃	用距离焰芯 3～10mm 的部位进行焊接	黄铜、青铜等

表 3.4-3   常用气焊焊剂的牌号、特性及用途

牌号	名称	适用材料	基本特性
CJ101	不透钢气焊焊剂	不锈钢及高合金耐热钢	熔点：≈900℃，润湿性良好，防止氧化，清渣容易
CJ201	铸铁气焊焊剂	铸铁	熔点：≈650℃，呈碱性反应，可去除硅酸盐和氧化物加速金属熔化
CJ301	铜气焊焊剂	铜及其合金	熔点：≈650℃，呈酸性反应，能熔解氧化铜和氧化亚铜
CJ401	铝气焊焊剂	铝及其合金	熔点：≈560℃，呈碱性反应，能破坏氧化铝膜，焊后须清渣

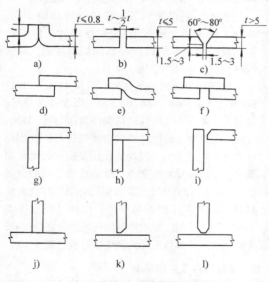

图 3.4-1   气焊接头形式及坡口形状

a) 卷边坡口对接接头   b) I 形坡口对接接头   c) V 形坡口对接接头   d) ~ f) 搭接接头   g) ~ i) 角接接头   j) ~ l) T 形接头

焊炬是气焊的主要设备之一。它的作用是将氧气与可燃气体混合，以及调节通向喷嘴的气体流量，产生适合焊接要求的、燃烧稳定的火焰。通用的焊炬有两类：正压式（等压式）和射吸式（低压式）。正压式焊炬的燃气压力应大于 7kPa（表压），氧气压力应大致相等。最常用的是射吸式焊炬，它的燃气压力可小于 7kPa，而氧气压力高于燃气压力，为 70 ~ 800kPa。常用的射吸式焊炬规格和特性参数见表 3.4-4。

4.2.2   焊条电弧焊

焊条电弧焊是用手工操纵焊条进行焊接的电弧焊方法[18]。焊接时焊条与焊件之间产生的电弧热能将母材及焊条加热及熔化，形成焊接接头。由于电弧的温度较高、热量集中、操作方便、设备简单、焊接质量优良等特点，它广泛应用于碳钢、合金钢、耐热钢、不锈钢、铸铁以及非铁金属的焊接。适用于金属材料不同厚度、不同位置的焊接，以及用于异种金属的焊接。

焊条电弧焊要求使用下降外特性的交流或直流弧焊电源。交流弧焊变压器设备简单、维修方便、成本低廉，应用面广。其缺点是交流电弧燃烧不很稳定，必须采用药皮内含有稳弧剂的酸性药皮焊条。直流电源主要有：硅二极管弧焊整流器、晶闸管弧焊整流电源和逆变式焊接电源等。逆变式弧焊电源是新一代的弧焊电源，其特点是反应速度快，电弧稳定，质量小、体积小，能耗低（比晶闸管整流电源低 20% ~ 50%），是较为理想的焊条电弧焊电源。

焊条按其用途可分为十类。其中，碳钢焊条、低合金钢焊条等已纳入相应的国家标准。在焊接施工中，为方便起见经常使用焊条的商业牌号。焊条标准型号和商业牌号的对照表如表 3.4-5 所示。

表 3.4-4   射吸式焊炬的规格和特性参数（JB/T 6969—1993）

型号	氧气工作压力/MPa					乙炔压力/MPa	焊嘴个数	喷嘴孔径/mm					焊炬总长度/mm
	1#	2#	3#	4#	5#			1#	2#	3#	4#	5#	
H01-2	0.1	0.125	0.15	0.2	0.25			0.5	0.6	0.7	0.8	0.9	300
H01-6	0.2	0.25	0.3	0.35	0.4	0.001 ~ 0.1	5	0.9	1.0	1.1	1.2	1.3	400
H01-12	0.4	0.45	0.5	0.6	0.7			1.4	1.6	1.8	2.0	2.2	500
H01-20	0.6	0.66	0.7	0.75	0.8			2.4	2.6	2.8	3.0	3.2	600

表 3.4-5 焊条型号大类与焊条牌号大类对照表

焊 条 型 号			焊 条 牌 号			
焊条大类(按化学成分分类)			焊条大类(按用途分类)			
国家标准或行业标准编号	名 称	代 号	类 别	名 称	代 号 字 母	汉 字
GB/T 5117—1995	碳钢焊条	E	一	结构钢焊条	J	结
			二	结构钢焊条	J	结
GB/T 5118—1995	低合金钢焊条	E	二	钼和铬钼耐热钢焊条	R	热
			三	低温钢焊条	W	温
GB/T 983—1995	不锈钢焊条	E			G	铬
			四	不锈钢焊条	A	奥
GB/T 984—1985	堆焊焊条	ED	五	堆焊焊条	D	堆
GB/T 10044—1988	铸铁焊条及焊丝	EZ	六	铸铁焊条	Z	铸
GB/T 13814—1992	镍及镍合金焊条	ENi	七	镍及镍合金焊条	Ni	镍
GB/T 3670—1995	铜及铜合金焊条	ECu	八	铜及铜合金焊条	T	铜
GB/T 3669—1983	铝及铝合金焊条	TAl	九	铝及铝合金焊条	L	铝
JB/T 6964—1993	特细碳钢焊条	E	十	特殊用途焊条	TS	特

焊条的选用原则是:

(1) 根据产品设计对于焊接接头的力学性能、工作条件的要求选用;

(2) 根据焊件材料的焊接性、焊件形状、母材厚度及杂质含量等方面综合考虑。例如,母材厚度大、刚度大、焊件形状复杂、在低温环境下焊接等,应当选用抗裂性能优良的焊条。

(3) 根据焊接接头形式、坡口形状、焊接位置、焊接电源等综合考虑后,再进行选用焊条。

(4) 对于须经热加工或焊后须进行热处理的焊件,应选择能保证热加工或热处理后焊缝强度及韧性的焊条。

(5) 对于压力容器、管道对接焊缝的打底焊道,可选用底层焊专用焊条。这样就很容易获得单面焊双面成形的打底焊道。

(6) 在保证接头综合性能的前提下,应当尽量选用高效率、低尘低毒、经济性好的焊条。

碳钢焊条直径按 GB/T 5117—1995 规定有:1.6、2.0、2.5、3.2、4.0、5.0、5.6、6.0、6.4、8.0mm 等。焊条直径的选择按照焊件板厚、接头形式、焊接位置、热输入量、焊工熟练程度而定。比如,薄板焊接应选用细焊条。平面堆焊或平角焊时可选用直径较大的焊条;立焊、仰焊及焊管时应选直径较小的焊条。生产中最常用的焊条直径为 4 或 5mm。立焊、仰焊及难焊位置的焊接,建议采用直径为 3.2 或 4mm 的焊条。薄板及小直径管对接焊缝建议采用直径为 2.5 或 3.2mm 的焊条。

焊接电流的数值与生产效率和焊接质量有着密切关系。生产中采用的焊接电流值主要根据焊条直径和焊接位置选择或参考焊条产品说明书的推荐确定。焊接电流与焊条直径大致为下列关系:

$$I = (30 \sim 50)d$$

式中 I——焊接电流 (A);

d——焊条直径 (mm)。

$(30 \sim 50)$ 为因数,由焊条性质所决定。对于不锈钢焊条应取较低的因数。立焊、横焊时,焊接电流应比平焊要低 $10\% \sim 15\%$;仰焊的电流值应比平焊时低 $15\% \sim 20\%$。

电弧电压由弧长决定。通常弧长应略小于焊芯直径。使用低氢型焊条时,应尽量缩短电弧。电弧电压应控制在 $20 \sim 22V$。使用酸性药皮焊条时,应保持适当长度的电弧,使药皮能充分熔化,进行冶金反应、对焊接区实现良好的保护。通常酸性焊条焊接时电弧电压的最佳范围是 $25 \sim 28V$。

焊条的烘干参数列于表 3.4-6。各类焊条烘干后允许存放时间及反复烘干的允许次数列于表 3.4-7。

表 3.4-6 焊条的烘干参数

焊条类型	母材强度等级 σ_s/MPa	烘干温度 /℃	保温时间 /h
碱性焊条	≥600	450 ~ 470	2
	450 ~ 550	400 ~ 420	2
	≤400	350 ~ 400	2
酸性焊条	300 ~ 400	150 ~ 250	1 ~ 2
熔炼焊剂	300 ~ 800	300 ~ 450	2

表 3.4-7 焊条的再烘干参数

药皮类型		焊 条 种 类	烘干温度 /℃	再 烘 干 条 件		
				烘干时间 /min	烘干后允许存放时间/h	允许反复烘干次数/次
非低氢型	非纤维素型	碳钢焊条 低合金钢焊条	70 ~ 100	30 ~ 60	8	5
	纤维素型	碳钢焊条 ≤600MPa 级高强度钢焊条	570 ~ 800	30 ~ 60	6	3
低氢型		碳钢及≤500MPa 级的高强度钢焊条	300 ~ 400	30 ~ 60	4	3
		≤600MPa 级高强度钢焊条	350 ~ 400	60	4	3
		≤800MPa 级高强度钢焊条	350 ~ 400	60	2	3
	耐候钢	500MPa 级焊条	300 ~ 400	30 ~ 60	4	3
		600MPa 级焊条	350 ~ 400	60	4	3
		低温钢焊条	350 ~ 400	60	4	3
		耐热钢焊条	350 ~ 400	60	4	3

注：1. 大直径焊条采用上限温度及时间烘干。

　　2. 表中烘干时间为 60min 的焊条是指最短时间，但应避免时间过长。

各种药皮类型的结构钢焊条冶金性能列于表 3.4-8。

4.2.3　埋弧焊

埋弧焊是电弧在焊剂层下燃烧进行焊接的方法。电弧热量熔化焊剂、焊丝和母材金属而形成焊缝。埋弧焊的优点是：焊接速度快、熔敷效率高；焊缝质量优良；由于采用焊剂保护，焊丝伸出长度较短，可以采用大电流焊接，从而获得深熔的焊缝；埋弧焊的生产效率高；并且易于实现焊接生产过程的机械化与自动化。埋弧焊的缺点是：设备费用较高、占地面积较大，只适用于平焊位置焊接。埋弧焊主要用于碳钢、低合金钢、高强钢、耐热钢、以及不锈钢、紫铜等中、厚板的长道焊接。这种焊接方法已成为工业上最常用的焊接工艺方法之一。

埋弧焊可分为单丝、双丝并列、多丝、热丝、带极、窄间隙等工艺方法。单丝埋弧焊应用比较普遍。埋弧焊示意图如图 3.4-2 所示。由于埋弧焊的电弧在焊剂层下燃烧，焊接操作人员看不到它，因此，对于埋弧焊接头的加工与装配要求比较严格。注意装配一定长度的引弧板及收弧板；选用钢、铜、陶瓷等材质的焊接衬垫，以保证焊接质量。

埋弧焊设备可分为小车式、操作机式、龙门架式及组合式等多种形式。埋弧焊机由焊接电源、焊接机头、送丝系统、焊剂输送及回收处理系统、行走机构控制系统、操作盘及指示仪表等组成。

埋弧焊的焊接电源可分为直流电源、交流电源两大类。常用的埋弧焊直流电源有硅整流焊接电源、晶闸管弧焊整流电源等。埋弧焊交流电源是大容量弧焊变压器，其容量比焊条电弧焊电源大得多。埋弧焊电源的外特性可以是陡降的，或者是缓降的。陡降特性的电源应与弧压反馈的送丝系统相配合；缓降特性的电源应与等速送丝系统相配合。

埋弧焊的送丝系统有以下两种：

(1) 电弧自身调节系统。该系统又称等速送丝系统，当送丝速度调定后，焊接过程中保持不变。弧长靠电源的外特性实现自身调节。电弧自身调节作用的强弱与焊丝直径及焊接电流值有关。当焊丝直径增大或焊接电流减小时，电弧的自身调节作用逐渐减弱。等速送丝系统只适用于大电流密度范围。当焊丝直径小于 4mm，在生产实践中使用的焊接电流范围内，均可实现电弧的自身调节作用。

(2) 弧压反馈送丝系统。该系统中，弧长的调节通过专门设计的自动控制电路来完成。由电弧的两端检测实际的电弧电压并与给定的电压相比较。当实际弧压高于给定值时，则加快送丝速度使弧压恢复到给定值。反之，当实际弧压低于给定值时，则降低送丝速度，使弧压回升至给定值。因此，弧压反馈系统应当与陡降外特性的电源配用，以保证焊接过程中的焊接电流值保持恒定。

表 3.4.8　各种药皮类型结构钢焊条的冶金性能

焊条型号	焊条牌号	所属渣系	熔渣碱度 B_1	焊缝金属化学成分的质量分数(%)						焊缝中气体		焊缝金属力学性能				Mn/S	Mn/Si	氧化物-硅酸盐夹杂物总含量的质量分数(%)	抗热裂性	抗气孔性	备注
				C	Si	Mn	S	P	N(%)	O(%)	[H] (mL/100g)	σ_b/MPa	δ(%)	ψ(%)	A_{KV}/J						
E4313	J421	钛型 TiO_2-SiO_2-CaO-Al_2O_3	0.40~0.50	0.07~0.10	0.15~0.20	0.25~0.35	0.018~0.030	0.02~0.032	0.025~0.03	0.06~0.08	25~30	430~490	20~28	60~65	常温 50~75 0℃≥47	8~12	1.5~1.8	0.109~0.131	一般	一般:大电流或焊接含Si的钢时,气孔敏感性强,对铁锈水分不太敏感	以Mn为脱氧主
E4303	J422	钛钙型 TiO_2-CaO-SiO_2	0.65~0.76	0.07~0.08	0.10~0.15	0.35~0.5	0.015~0.025	0.02~0.030	0.024~0.030	0.06~0.1	25~30	430~490	22~30	60~70	0℃ 70~115 -20℃ ≥47	13~16	2.5~3.0		尚好	一般:同上,药皮易出现CO气孔,脱氧增强,易出现H气孔	氧化性较多
E4301	J423	钛铁矿型 TiO_2-FeO-MnO-SiO_2	1.06~1.30	0.07~0.10	<0.10	0.4~0.50	0.016~0.028	0.022~0.035	0.025~0.030	0.08~0.11	24~30	420~480	20~30	60~68	0℃ 60~110	12~18	4~5	0.134~0.203	尚好	与 J422 差不多	氧化性合金游离数较低
E4320	J424	氧化铁型 FeO-MnO-SiO_2	1.02~1.40	0.8~0.10	~0.10	0.52~0.8	0.018~0.025	0.030~0.05	0.02~0.025	0.10~0.12	26~30	430~470	25~30	60~68	常温 60~110	14~28	6~8		较好	较好:对铁锈水分不敏感	对铁属气保护
E4311	J425	纤维素型 FeO-MnO-SiO_2	1.10~1.34	0.08~0.10	0.06~0.10	0.25~0.40	0.016~0.022	0.025~0.035	0.01~0.020	0.06~0.09	30~40	430~490	20~28	60~65	-30℃ 100~130	8~14	3.5~4.0	~0.10	一般	一般:点敏感性强,对铁锈水分等不太敏感	氢白:氢水分敏感
E4316	J426	低氢碱性 CaO-CaF_2-SiO_2	1.60~1.80	0.07~0.10	0.35~0.45	0.70~1.10	0.015~0.025	0.025~0.028	0.01~0.022	0.025~0.035	8~10	470~540	22~30	68~72	-30℃ 80~180	30~38	2~2.5	0.028~0.090	良好	一般:水分产生气孔,铁锈敏感;对铁锈时有CO气孔	正接或交流电源时易出现气孔
E4315	J427	低氢碱性 CaO-CaF_2-SiO_2	1.60~1.80	0.07~0.10	0.35~0.45	0.70~1.1	0.012~0.025	0.020~0.025	0.007~0.020	0.025~0.035	6~8	470~540	24~35	70~75	-20℃ 80~230 -30℃ 80~180	30~38	2~2.5		良好	良好:对铁锈水分很敏感,有水长弧焊时易出现气孔	直接时易出现气孔

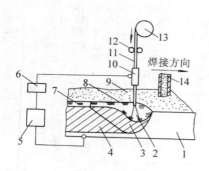

图 3.4-2 埋弧焊示意图

1—焊件 2—电弧 3—金属熔池 4—焊缝金属 5—焊接电源 6—控制箱 7—凝固熔渣 8—液态熔渣 9—焊剂 10—导电嘴 11—焊丝 12—送丝机构 13—焊丝盘 14—焊剂输送导管

埋弧焊常用的焊丝直径为 2.0，3.0 (3.2) 4.0，5.0，6.0mm 等。碳钢、合金结构钢及不锈钢埋弧焊焊丝已列入国家标准 GB/T 5293—1999 GB/T 14957—1994、GB/T 3429—2002、GB/T 17854—1999。铜焊丝、镍焊丝已列入国家标准 GB/T 9460—1988、GB/T 15620—1995。表 3.4-9 列出了几种常用埋弧焊焊丝的标准化学成分。

埋弧焊用焊剂有熔炼焊剂、陶质焊剂、烧结焊剂三种类型。生产中常用的焊剂主要是熔炼焊剂和烧结焊剂。

熔炼焊剂的优点是：化学成分均匀；焊剂颗粒强度高，可以多次重复使用；吸潮性低。其缺点是：制造工艺能耗大、劳动条件差；由于熔炼温度高，致使焊剂成分中难以加入还原剂及铁合金；焊剂组分不能按焊接冶金及焊接工艺要求任意选配。

表 3.4-9 几种最常用埋弧焊焊丝的标准化学成分

序号	焊丝牌号	化学成分的质量分数(%)								
		C	Mn	Si	Cr	Ni	Mo	其他	S	P
1	H08A	≤0.10	0.30~0.55	≤0.03	≤0.20	≤0.30	—	—	≤0.030	≤0.030
2	H08MnA	≤0.10	0.80~1.10	≤0.07	≤0.20	≤0.30	—	—	≤0.030	≤0.030
3	H10Mn2	≤0.12	1.50~1.90	≤0.07	≤0.20	≤0.30	—	—	≤0.040	≤0.040
4	H08MnMoA	≤0.10	1.20~1.60	≤0.25	≤0.20	≤0.30	0.30~0.50	Ti0.15(加入量)	≤0.030	≤0.030
5	H08Mn2MoA	0.06~0.11	1.60~1.90	≤0.25	≤0.20	≤0.30	0.50~0.70	Ti0.15(加入量)	≤0.030	≤0.030
6	H10Mn2MoA	0.08~0.13	1.70~2.0	≤0.40	≤0.20	≤0.30	0.60~0.80	Ti0.15(加入量)	≤0.030	≤0.030
7	H08CrMoA	≤0.10	0.40~0.70	0.15~0.35	0.80~1.10	≤0.30	0.40~0.60	—	≤0.030	≤0.030
8	H08CrMoVA	≤0.10	0.40~0.70	0.15~0.35	1.0~1.30	≤0.30	0.50~0.70	V0.15~0.35	≤0.030	≤0.030
9	H00Cr19Ni9	≤0.03	1.0~2.0	≤1.00	18.0~20.0	8.0~10.0	—	—	≤0.020	≤0.030
10	H0Cr19Ni9	≤0.06	1.0~2.0	0.50~1.0	18.0~20.0	8.0~10.0	—	—	≤0.020	≤0.030
11	H1Cr19Ni10Nb	≤0.09	1.0~2.0	0.30~0.80	18.0~20.0	9.0~11.0	—	Nb1.20~1.50	≤0.020	≤0.030
12	H0Cr19Ni11Mo3	≤0.06	1.0~2.0	0.50~1.0	18.0~20.0	9.0~11.0	2.0~3.0	—	≤0.020	≤0.030
13	H1Cr25Ni13	≤0.12	1.0~2.0	0.40~0.70	23.0~26.0	12.0~14.0	—	—	≤0.020	≤0.030
14	H1Cr21Ni10Mn6	≤0.10	5.0~7.0	0.20~0.60	20.0~22.0	9.0~11.0	—	—	≤0.020	≤0.030

表 3.4-10 常用埋弧焊熔炼焊剂和烧结焊剂成分及适用范围

焊剂牌号	适用范围	化学成分的质量分数(%)									
		SiO$_2$	CaF$_2$	CaO	Al$_2$O$_3$	TiO$_2$	FeO	MnO	R$_2$O	S	P
HJ130	碳钢及低合金钢交直流两用	35~40	4~7	10~18	12~16	7~11	~2.0	—	—	≤0.05	≤0.05
HJ230	碳钢及低合金钢交直流两用	40~46	7~11	8~14	10~17	—	≤1.5	5~10	—	≤0.05	≤0.05
HJ250	低合金钢直流反接	18~22	23~30	4~8	18~23	—	≤1.5	5~8	≤3	≤0.05	≤0.05
HJ260	不锈钢直流反接	29~34	20~25	4~7	19~24	—	≤1.0	2~4	—	≤0.07	≤0.07
HJ330	碳钢低合金钢交直流两用	44~48	3~6	≤3	≤4	—	≤1.5	22~26	≤1	≤0.06	≤0.08

（续）

焊剂牌号	适用范围	化学成分的质量分数（%）									
		SiO_2	CaF_2	CaO	Al_2O_3	TiO_2	FeO	MnO	R_2O	S	P
HJ350	低合金钢交流直流两用	30～35	14～20	10～18	13～18	—	≤1.0	14～19	—	≤0.06	0.07
HJ431	碳钢、低合金钢交流直流两用	40～44	3～7	≤6	≤4	—	≤1.8	34～38	—	≤0.06	0.08
SJ101	低合金钢、窄间隙焊交流直流两用	$SiO_2 + TiO_2 = 25$，$CaO + MgO = 30$，$Al_2O_3 + MnO = 25$，$CaF_2 = 20$									
SJ301	碳钢、低合金钢交流直流两用	$SiO_2 + TiO_2 = 40$，$CaO + MgO = 25$，$Al_2O_3 + MnO = 25$，$CaF_2 = 10$									
SJ501	碳钢、低合金钢交流直流两用	$SiO_2 + TiO_2 = 30$，$Al_2O_3 + MnO = 55$，$CaF_2 = 5$									

烧结焊剂的制造工艺比较简单。按照配方比将各种配料混合搅拌，加入粘结剂粒化，经□0～900℃高温烧结而成。烧结焊剂的优点是：□造工艺简单、能耗低；可按设计要求灵活调整□剂的配方组成，以满足技术要求及焊接工艺的□求；焊剂密度小，便于自动回收，焊剂堆积量□、渣壳薄，利于脱渣，焊剂消耗少。烧结焊剂□缺点是：焊剂颗粒强度低，易于破碎，因而焊□回收率低；由于吸潮性高于熔炼焊剂，使用前□须经高温烘焙。

陶质焊剂是将各种配料与粘结剂按照配方比□制成颗粒状的机械混合物，经300～400℃干□固结而成。又称粘结焊剂。它适用于焊接高强□、不锈钢及堆焊工艺。其特点是：焊剂比较疏□、极易吸潮。因此，使用前必须经400℃烘焙□～3h。

以上三种焊剂综合比较表明：烧结焊剂的综□技术经济指标优于同类型的熔炼焊剂，目前已□现逐渐取代熔炼焊剂的趋势。

熔炼焊剂牌号以 HJ 表示；烧结焊剂以 SJ 表□。碳钢埋弧焊用焊剂已列入国家标准 GB/T□□93—1999。低合金钢、不锈钢埋弧焊用焊剂的□家标准是 GB/T 12470—2003、GB/T 17854—□99。工程上常用的埋弧焊熔炼焊剂和烧结焊剂□成分及适用范围列于表 3.4-10。

工程中常用碳钢、低合金钢及不锈钢埋弧焊□艺的焊接材料选用实例见表 3.4-11。

表 3.4-11　常用钢种埋弧焊焊接材料选用实例

所焊钢号	焊接材料	
	焊丝牌号	焊剂牌号
Q235，Q255 20，25，20g	H08A，H08MnA	HJ431 SJ501

（续）

所焊钢号	焊接材料	
	焊丝牌号	焊剂牌号
16Mn，16MnCu 09Mn2，09MnV	H08MnA H10Mn2	HJ431 HJ230 SJ501
15MnV，15MnTi 15MnVCu，16MnNb	H10Mn2 H08MnMoA	HJ431，SJ301 HJ350，SJ301
12CrMo，15CrMo	H08CrMoA	HJ350，SJ301
12CrMoV	H08CrMoVA	HJ350，SJ301
1Cr18Ni9	H0Cr18Ni9	HJ260
00Cr19Ni11	H00Cr19Ni9	HJ260
0Cr19Ni11Ti	H1Cr19Ni10Nb	HJ260
0Cr17Ni12Mo2	H0Cr19Ni11Mo3	HJ260

厚度小于12mm的薄板对接接头，可 I 形坡口，压紧在焊剂垫或焊剂—铜衬垫上，进行单面焊双面成形埋弧焊的工艺参数列于表 3.4-12。

表 3.4-12　薄板对接接头单面焊双面成形埋弧焊工艺参数

板厚/mm	接缝间隙/mm	焊丝直径/mm	焊接电流/A	电弧电压/V	焊接速度/m·h^{-1}	焊剂垫压力/kPa
5	2～2.5	4	500～550	28～30	40～46	80
6	2～3	4	600～650	28～30	38～40	80
7	2～3	4	650～700	30～32	36～38	80
8	2.5～3.5	4	700～750	32～34	34～36	80
10	3～4	4	750～800	34～36	32～34	100
12	4～5	4	800～850	36～38	30～32	100

厚度14～30mm的中厚板对接埋弧焊工艺参数列于表 3.4-13 和表 3.4-14。

表 3.4-13　中厚板 I 形坡口双面对接自动埋弧焊工艺参数

焊件厚度/mm	接缝间隙/mm	焊丝直径/mm	焊道层次	焊接电流/A	电弧电压/V	焊接速度/m·h^{-1}
14	0.5～1	5	1	700～750	34～36	35～36
			2	750～800	34～36	30～28

（续）

焊件厚度/mm	接缝间隙/mm	焊丝直径/mm	焊道层次	焊接电流/A	电弧电压/V	焊接速度/m·h⁻¹
16	0.5~1	5	1	750~800	34~36	34~35
			2	800~850	36~38	26~24
18	0.5~1	5	1	800~850	36~38	32~34
			2	850~900	38~40	26~24
20	1~2	5	1	850~900	38~40	30~32
			2	900~1000	40~42	26~24

**表 3.4-14　中厚板 V 形和 X 形坡口对
接埋弧焊工艺参数**

焊件厚度/mm	坡口形式	焊丝直径/mm	焊接电流/A		电弧电压/V	焊接速度/m·h⁻¹
			第一层	其余各层		
14~16	单面 V 形	4	600~650	700~750	34~36	22~25
		5	650~700	750~800	36~38	25~30
18~22	单面 V 形	4	600~650	750~800	36~38	22~25
		5	650~700	800~850	38~40	25~30
24~30	X 形	4	600~650	750~800	36~38	22~25
		5	650~700	800~850	38~40	25~30

埋弧焊缺陷产生的原因及防止措施列于表
3.4-15。

**表 3.4-15　埋弧焊缺陷产生的原因及
防止措施**

缺陷	主要原因	防止措施
裂纹	1. 焊丝和焊剂配合不当(母材的含碳量高时,焊缝含锰量减少) 2. 焊接接头急速冷却时热影响区的硬化 3. 多层焊打底焊道上的裂纹是焊道收缩应力引起的 4. 焊接施工不当,母材拘束大 5. 不适当的焊道形状,焊道高而窄(由于梨形焊道的收缩产生裂纹) 6. 焊缝冷却方法不当	1. 选取适当的焊丝与焊剂配合,母材含碳量高时,应预热 2. 增大焊接电流,减小焊接速度,母材预热 3. 加大打底焊道 4. 注意施工方法 5. 使焊道的宽度与高度近似相等(减小焊接电流、增加电弧电压) 6. 进行焊后热处理
咬边	1. 焊接速度过大 2. 衬垫与焊件的间隙过大 3. 焊接电流、电弧电压不合适 4. 焊丝位置偏移	1. 减小焊接速度 2. 使衬垫与焊件靠紧 3. 调整焊接电流及电弧电压 4. 调整焊丝位置
焊瘤	1. 焊接电流过大 2. 焊接速度过小 3. 电弧电压过低	1. 减小焊接电流 2. 加大焊接速度 3. 提高电弧电压

（续）

缺陷	主要原因	防止措施
夹渣	1. 焊件沿焊接方向倾斜,熔渣下淌 2. 多层焊时焊丝与坡口面的距离太小 3. 焊缝起始端起皱(有引弧板时更易产生) 4. 焊接电流过小,多层焊时不易清渣 5. 焊接速度过小,熔渣溢流	1. 逆向施焊或将焊件置于水平位置 2. 焊丝与坡口面的距离应大于焊丝直径 3. 使引弧板的厚度与坡口形状与焊件相同 4. 加大焊接电流使夹渣充分熔化 5. 加大焊接电流和焊接速度
余高过大	1. 焊接电流过大 2. 电弧电压过低 3. 焊接速度过小 4. 衬垫与焊件的间隙太小 5. 焊件非水平位置	1. 降到适当的电流值 2. 提高电弧电压 3. 加大焊接速度 4. 加大间隙 5. 焊件水平放置
余高过小	1. 焊接电流过小 2. 电弧电压过高 3. 焊接速度过大 4. 焊件非水平位置	1. 加大焊接电流 2. 降低电弧电压 3. 减小焊接速度 4. 焊件水平放置
余高窄而凸出	1. 焊剂铺撒宽度不够 2. 电弧电压过低 3. 焊接速度过大	1. 加大焊剂铺撒宽度 2. 提高电弧电压 3. 减小焊接速度
气孔	1. 接头处有锈及油污 2. 焊剂受潮(烧结型) 3. 焊剂被污损(混入刷子上的刷毛等)	1. 将接头打磨、烘烤干净 2. 150~300℃烘干 1h 3. 采用钢丝刷收集焊剂
焊道表面粗糙	1. 焊剂铺撒过高 2. 焊剂粒度选择不当	1. 减小铺撒高度 2. 选择与焊接电流相适应的焊剂粒度
麻点①	1. 坡口表面有锈、油污、水垢 2. 焊剂吸潮(烧结型) 3. 焊剂铺撒过高	1. 清理坡口表面 2. 150~300℃烘干 1h 3. 减小铺撒高度
人字裂纹	1. 坡口表面有锈、油污、水垢 2. 焊剂受潮(烧结型)	1. 清理坡口 2. 150~300℃烘干 1h

①　埋弧焊特有的缺陷。

4.2.4　气体保护焊

用外加气体作为电弧介质并保护电弧和焊接
区的电弧焊,简称气体保护焊。气体保护焊的示
意图如图 3.4-3 所示。

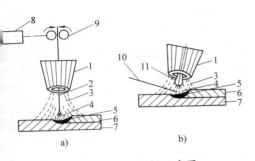

图 3.4-3　气体保护焊示意图

a) 熔化极气体保护焊　b) 非熔化极气体保护焊

1—喷嘴　2—焊丝　3—保护气体　4—电弧

5—熔池　6—焊缝　7—焊件　8—送丝电机

9—送丝机构　10—填充焊丝　11—电极

与熔渣保护比较，气体保护的优点是：

（1）电弧可见，焊接时便于操作，容易对中。

（2）由于电弧受气流压缩而使热量集中，所以熔池小，热影响区较窄，焊件变形较小。

（3）电弧气氛的含氢量比较容易控制，使焊接冷裂纹倾向减小。

（4）适于焊接钢铁及非铁金属。

气体保护焊可分为非熔化极气体保护焊（如 TIG）和熔化极气体保护焊（如 MIG、MAG）两大类。前者主要用于薄板，后者常用于厚度大于 2mm 的薄板和中厚板。常用的保护气体有二氧化碳及氩气。此外，还有氮气、氦气、氢气（氢原子焊）及各种混合气体等。金属材料熔化极气电焊时的保护气体列于表 3.4-16。

表 3.4-16　金属材料熔化极气电焊时的保护气体

被焊材料	保护气体	说明
碳钢及低合金钢	CO_2	效率高，成本低。采用短路过渡适宜焊薄板，颗粒过渡适宜焊中、厚板。对于某些性能要求较高的低合金钢应慎用
	$CO_2 + (15 \sim 20)\% O_2$	可以增加熔深，提高生产率。焊缝含氢量低于纯 CO_2 保护焊
	$Ar + (15 \sim 20)\% CO_2$	既能实现熔滴过渡频率稳定的短路过渡，也能实现稳定的、无飞溅的喷射和脉冲喷射过渡，焊缝成形比纯 Ar 或纯 CO_2 时更好。可焊接 $\sigma_s >$ 500MPa 的细晶结构钢，焊缝力学性能优于纯 Ar 及 $Ar + O_2$
	$Ar + 10\% CO_2$	适合于镀锌钢板的焊接，焊渣较少
	$Ar + (1 \sim 2)\% O_2$	可降低焊缝金属含氢量并提高低合金高强度钢焊接接头韧性
	$Ar + 5\% CO_2 + 2\% O_2$	可实现喷射过渡及脉冲电弧焊
碳钢及低合金钢	$Ar + 5\% CO_2 + 6\% O_2$	适于各种板厚的喷射及短路过渡焊接，特别适合于薄板焊接。能达到很高的焊接速度，飞溅极少。可以焊接 $\sigma_s \leqslant$ 500MPa 的细晶结构钢、船板钢、锅炉钢及某些高强度钢
	$Ar + 15\% CO_2 + 5\% O_2$	与上述相似，但熔深较大，焊缝成型良好
不锈钢	Ar	一般不用（熔滴过渡及焊缝成形不如混合气体）
	$Ar + (1 \sim 5)\% O_2$	可进行喷射及脉冲电弧焊，可以改善熔滴过渡，增大熔深，减少飞溅，减少或消除气孔
	$Ar + 2\% O_2 + 5\% CO_2$	可改善短路或脉冲焊熔滴过渡，但焊缝可能少量增碳
铝及铝合金	Ar	最常应用，可进行喷射过渡及脉冲电弧焊，焊缝质量好
	$Ar + He$	He 量 <10%，可以提高热输入量，适宜厚铝板的焊接。He 量 >10% 时，产生过多的飞溅
	$Ar + (1 \sim 3)\% CO_2$	可简化焊丝及工件的表面清理，获得无气孔、强度及塑性较好的焊缝，焊缝外观较平滑
	$Ar + 0.2\% N_2$	适宜焊接含镁量不大的铝合金，可提高热功率，稳定电弧
	$Ar + 2\% O_2$	特别有利于消除气孔
铜及铜合金	Ar	可进行稳定的喷射过渡焊接，板厚 >6.5mm 时，应预热
	$Ar + 20\% N_2$	可提高热功率，降低工件的预热温度，但飞溅较大
钛、锆及其合金	Ar	适用于水平位置喷射过渡电弧焊
	$Ar + 25\% He$	可提高输入热量，使焊缝金属的润湿性得到改善。适用于水平位置射流过渡电弧焊及全位置脉冲电弧及短路过渡电弧焊
镍基合金	Ar	是焊接镍基合金的主要气体，可实现喷射，短路过渡及脉冲电弧焊
	$Ar + (15 \sim 20)\% He$	可提高热输入量及改善熔化特性，同时可消除熔化不足的缺陷
	$Ar + 6\% H_2$	可提高热功率，焊缝波纹美观。焊接时金属流动性较纯 Ar、纯 He 好，钨极寿命长

注：此表百分数指占混合气体总体积的百分比。

1. 非熔化极气体保护焊

非熔化极气体保护焊的电极大多采用钨棒，所以又称为钨极惰性气体保护焊。由于工程上大多采用氩气保护，又简称为钨极氩弧焊。它是利用钨极与焊件之间的电弧热熔化母材和填充金属而形成焊接接头的一种熔焊工艺。氩气从焊枪喷嘴送入焊接区，对于钨极、电弧、熔池、填充金属和周围加热区进行保护，隔离了空气而形成优质的焊接接头。

钨极惰性气体保护焊的优点是：

（1）惰性气体与任何金属都不发生化学反应，与熔池金属也不进行冶金反应。因此，简化了焊接材料的研制和选用。

（2）这种工艺方法几乎可以焊接所有的金属和合金。

（3）电弧在惰性气体中燃烧相当稳定。即使在 $10 \sim 30A$ 的较低电流下，电弧仍然可以引燃及维持。因此，适用于薄板及各种难焊位置的焊接。

（4）焊接电弧气氛中的氢含量极低，它是超低氢的焊接方法之一。适于焊接氢致裂纹敏感性强的钢材。

（5）焊接过程中没有熔渣形成，避免了夹渣缺陷。

（6）焊缝成形美观、平整光滑。

钨极氩弧焊的缺点是：

（1）钨极承载电流的能力较低。填充冷丝时，熔敷率较小，焊接效率低于其他熔焊方法。

（2）惰性气体及钨极的价格较贵，焊接成本比较高。

为了克服这些缺点，研制成功的热丝钨极氩弧焊，其熔敷率可与相同直径焊丝的熔化极气体保护焊相比。此外，还开发了窄间隙钨极氩弧焊，可用于厚壁工件的焊接。

钨极惰性气体保护焊的分类：

（1）按照所使用的电流种类可分为：直流、交流、直流脉冲电弧焊接法。

（2）按照所采用的惰性气体种类可分为：氩弧、氦弧、氩氦混合气体、氩氢混合气体保护焊。

（3）按照焊接过程的自动化程度可分为：手工、机械、半自动和全自动焊。

钨极惰性气体保护焊所用的焊接材料有：钨极、填充焊丝及保护气体。钨极的种类、牌号、特点列于表 3.4-17。纯钨极的电流承载能力低、抗污染性能较差。钍钨极和铈钨极的电子发射能力高、电流承载能力强、钨极使用寿命较长。但钍钨极具有放射性。铈钨极的放射性很小，在生产中的应用日益广泛。各种直径钨极的电流范围如表 3.4-18 所示。填充焊丝一般可用与母材相同成分的材料或按技术要求选择合适的焊丝牌号。由于惰性气体保护，熔池金属不发生氧化和还原反应。填充焊丝中的 Si、Mn、Al 等脱氧元素和合金成分基本上不会被烧损，所以不应选用硅含量过高的熔化极气体保护焊焊丝。最合适的硅、锰质量分数应分别为 $0.2\% \sim 0.4\%$ 及 $0.5\% \sim 0.7\%$。对于手工钨极惰性气体保护焊，多采用直径为 $2.5 \sim 3.0mm$ 的焊丝；对于机械化全自动的钨极惰性气体保护焊，适用的焊丝直径为 0.8 或 1.2mm。这种工艺方法的保护气体主要有氩和氦。各种材料适用的保护气体及特点如表 3.4-19 所示。焊缝表面色泽与气体保护效果列于表 3.4-20。

表 3.4-17　钨极的种类、牌号、特点和规格

钨极种类	牌　号	特　点
纯钨	W_1、W_2	熔点和沸点都很高，缺点：要求焊机有较高的空载电压，长时间工作会出现钨极熔化现象
钍钨极	WTh7、WTh10、WTh15、WTh30	由于加入了一定量的氧化钍，使上述纯钨极的缺点得以克服，但有微量放射性
铈钨极	WCe20	纯钨中加一定量的氧化铈，其优点为：引弧电压低，电弧柱压缩程度较好，寿命长，放射性剂量极低

表 3.4-18　各种直径钨极的电流范围

电源种类	各种钨极直径（mm）的允许焊接电流/A				
	$1 \sim 2$	3	4	5	6
交　流	$20 \sim 100$	$100 \sim 160$	$140 \sim 220$	$200 \sim 280$	$250 \sim 300$
直流正接	$65 \sim 150$	$140 \sim 180$	$250 \sim 340$	$300 \sim 400$	$350 \sim 450$
直流反接	$10 \sim 30$	$20 \sim 40$	$30 \sim 50$	$40 \sim 80$	$60 \sim 100$

注：当采用钍钨极或铈钨极时，电流值可提高30%

表 3.4-19 各种材料适用的保护气体及特点

材质	适用的保护气体及特点
铝合金	氩气——采用交流焊接具有稳定电弧和良好的表面清理作用 氩、氦混合气体——具有良好的清理作用和较高的焊接速度和熔深，但电弧稳定性不如纯氩 氦气——（直流正接）对化学清洗的材料能产生稳定的电弧和具有较高的焊接速度
铝青铜	氩气——在表面堆焊中，可减少母材的熔深
黄铜	氩气——电弧稳定，蒸发较少
镍基合金	氩气——电弧稳定且容易控制
铜-镍合金	氩气——电弧稳定且容易控制，也适用于铜镍合金与钢的焊接
无氧铜	氦气——具有较大的热输入量。氦75%、氩25%的混合气体，电弧稳定，适合焊接薄件
因康镍	氩气——电弧稳定且容易控制 氦气——适合高速自动焊
低碳钢	氩气——适合手工焊，焊接质量取决于焊工的操作技巧 氦气——适合高速自动焊，熔深比氩气保护更大
镁合金	氩气——采用交流焊接，具有良好的电弧稳定性和清理作用
马氏体时效钢	氩气——电弧稳定且容易控制
钽-0.5钛合金	氩气、氦气——两种气体同样适用，要得到良好塑性的焊缝，必须把焊接气氛中含氮量保持在0.1%以下，含氧量保持在0.005%以下，因此，必须保护适当
蒙乃尔	氩气——电弧稳定且容易控制
镍基合金	氩气——电弧稳定且容易控制 氦气——适合高速自动焊
硅青铜	氩气——可减少母材和焊缝熔敷金属的热脆性
硅钢	氩气——电弧稳定且容易控制
不锈钢	氦气——电弧稳定并可得到比氩更大的熔深
铁合金	氩气——电弧稳定且容易控制 氦气——适用于高速自动焊

表 3.4-20 焊缝表面色泽与气体保护效果

焊接材料	最好	良好	较好	不良	最坏
不锈钢	银白、金黄	蓝色		红灰	黑色
钛合金	亮银白色	橙黄色	蓝紫（带乳白的蓝紫）	青灰色	有一层白色氧化钛粉
镁及铝合金	银白、光亮	白色无光	—	灰白	灰黑
紫铜	金黄	黄	—	灰黄	灰黑
低碳钢	灰白有光亮	灰	—		灰黑

钨极惰性气体保护焊的焊前准备工作包括：细清理焊接区母材及填充金属表面的油污、氧化膜等；严格检查坡口尺寸公差，对于要求全部透的接头钝边公差应≤0.5mm；工件的装配间

隙对于手工焊，最大值为3mm，对于自动焊应≤0.5mm。焊接电流值应当根据焊件的厚度及形状、位置进行选择。使用直流电源时，极性有两种接法：

（1）直流正接：是钨极接负极，焊件接正极，电子从钨极向焊件高速冲击，使得70%的热量集中在焊件上，形成深而窄的焊接熔池。由于钨极的温度较低，则提高了钨极可承受的电流值。因此直流正接极性应用最为普遍，可以焊接除铝、镁以外的所有金属和合金。

（2）直流反接：是钨极接正极，焊件接负极，电子从焊件向钨极冲击，结果造成钨极温度剧增，加速了钨极损耗。电弧不易稳定。焊件受热区较宽，温升较慢，且熔深较浅。离子流对工件表面的轰击会产生铝、镁焊接时所需要的表面清理作用。

交流电弧的特性介于直流正接和反接之间，但在每次交变中，电压通过0点时，电弧将会熄灭。为了在每半周重新引燃电弧，必须在交流电上叠加高频电流。交流电与直流反接相似，具有清除金属表面氧化膜的作用。

钨极惰性气体保护焊的工艺参数主要有：焊接电流、电流极性、电弧电压、焊接速度、钨极直径及尖端形状、填充焊丝直径、保护气体流量等。焊接工艺参数应当以确保焊接区良好的保护，以及获得优质的焊接接头为选择原则。表3.4-21列出了不锈钢对接接头手工钨极氩弧焊的典型工艺参数。

2. 熔化极气体保护焊　熔化极气体保护焊是采用实心焊丝或药芯焊丝作为电极，以CO_2、Ar、Ar+O_2或Ar+CO_2作为保护气体，利用电弧为热源的熔焊工艺方法。可以采用半自动或全自动焊接设备进行焊接。焊接时，焊丝连续向焊接熔池送进，保护气体从焊枪喷嘴连续喷出，排除焊接区的空气，从而保护电弧及熔池不受空气污染，获得优质的焊缝。

熔化极气体保护焊的优点是：熔敷效率高；省去了清渣等辅助工时，提高了焊接效率；可进行全位置焊接，工艺适应性强；焊缝金属含氢量低，适于焊接冷裂敏感性强的钢种；焊接材料的利用率高、电源耗电量低，节能节材性好；便于实现焊接过程的自动化。这种工艺的缺点是：焊

接设备比较复杂，维修费用较高：气体保护易受外来气流破坏，在现场工地施焊时，必须在焊接区周围搭建挡风屏障，以确实保护焊接区。

熔化极气体保护焊采用平外特性电源，配用直径2mm以下的细焊丝。按照所选用的保护气体种类、焊丝直径、焊接电流等工艺参数，焊丝

熔化后的金属熔滴过渡形式有四种：短路过渡、粗滴过渡、喷射过渡及脉冲喷射过渡。利用这些熔滴过渡形式，形成了四种工艺方法。也就是短路、粗滴、喷射、脉冲喷射焊接法。表3.4-22列出了这四种焊接方法与惰性气体保护焊的比较。

表 3.4-21　不锈钢对接接头手工钨极氩弧焊典型工艺参数

板厚/mm	接头形式	焊缝层次	焊接电流/A	电弧电压/V	焊接速度/m·h⁻¹	钨极直径/mm	焊丝直径/mm	气体流量/L·min⁻¹
1.0	直边对接	1	50~70	8~10	6~7	1.6	1.6	5~6
2.0	直边对接	1	80~100	10~11	5~6	1.6	1.6	5~6
3.0	直边对接	1	100~120	10~11	5~6	1.6	2.5	5~7
4.0	60°V形坡口间隙0.5~1mm	1	90~110	10~11	6~7	2.5	2.5	5~7
		2	120~130	11~12	6~7	2.5	2.5	5~7
5.0	60°V形坡口间隙2~2.5mm	1	90~110	10~11	5~6	2.5	2.5	5~7
		2	120~130	11~12	6~7	2.5	2.5	5~7
		3	120~130	11~12	8~10	2.5	2.5	5~7

表 3.4-22　各种熔化极气体保护焊接法的工艺特性及适用范围

工艺方法	惰性气体保护焊	CO₂粗滴焊接法	短路过渡焊接法	喷射过渡焊接法	脉冲喷射焊接法
保护气体	惰性气体Ar、He	CO₂	CO₂ 或 CO₂ + Ar	Ar + O₂ 或 Ar + CO₂	Ar、He、Ar + O₂
金属熔滴过渡形式	多种形式	粗滴	短路	喷射	脉冲喷射
可焊接的金属种类	铝及其合金,不锈钢,镍及其合金,铜合金,钛	低碳钢,中碳钢,低合金高强度钢	低碳钢,中碳钢,低合金高强度钢,某些不锈钢	低碳钢,中碳钢,低合金高强度钢	铝,镍及其合金
可焊接工件厚度	3~10mm 厚板可I形坡口,最大厚度不限	3~13mm 板材可I形坡口	1~6mm 薄板厚板立焊、仰焊	6~13mm 板材可I形坡口,最大厚度不限	厚度不限
焊接位置	全位置	平焊、横焊	全位置	平焊、横焊细焊丝全位置	全位置
主要优点	可焊大多数非铁金属,焊后清理工作量最小	成本低,焊速高,深熔	可焊薄板材,焊后清理少	焊缝表面平滑,深熔,焊速高	可使用粗焊丝
局限性	气体成本高	清除飞溅费时	焊厚板不经济	焊接位置受限制	电源价格高
焊缝表面成形	表面相当平滑,凸形	较平滑,有些飞溅	表面平滑,飞溅较少	表面平滑,飞溅最少	表面平滑
焊丝直径范围/mm	0.9,1.2,1.6,2.4	1.2,1.6,2.0,2.4	0.8,0.9,1.2	0.9,1.2,1.6,2.4	1.6,2.0,2.4,3.0

熔化极气体保护焊设备分为两大类：

（1）半自动气体保护焊设备：由焊接电源、送丝系统、焊枪及附件、气瓶及送气系统等四部分组成。它是由手工操作控制焊接速度的。

（2）自动气体保护焊设备：是在半自动焊设备的基础上增加一套行走机构及其控制系统，实现焊接过程的自动化。

熔化极气体保护焊的电源必须是直流电源。它与等速送丝机构相配合。电源有：硅整流式、晶闸管整流式、晶体管整流式、逆变式等四种形

式。送丝机构大多是等速送丝型。送丝速度在焊前调整好，焊接过程中不随其他工艺参数变化。送丝机构有推丝式、拉丝式、推拉丝式三种。其中，推丝式送丝机构应用最广；拉丝式适用于直径1mm以下的细丝；推拉丝式只用于送丝软管相当长的情况下。

熔化极气体保护焊焊丝的化学成分应与保护气体的种类相匹配。当采用 CO₂、Ar + CO₂、Ar + O₂ 等活性气体作为保护气体时，要求焊丝必须含有 Si、Mn、Al、Ti、Zr 等脱氧元素。

用惰性气体保护时，可选用与母材成分相当的焊丝。气体保护焊用碳钢、低合金钢焊丝的国家标准列于 GB/T 8110—1995。生产中常用的气体保护焊钢焊丝牌号及成分列于表 3.4-23。熔化极气体保护焊常用的保护气体成分、化学特性及主要用途列于表 3.4-24。

表 3.4-23 常用气体保护焊钢焊丝牌号及成分的质量分数 （%）

牌 号	C	Mn	Si	Cr	Mo	S	P	Cu	Ni	其 他
H08Mn2SiA	<0.11	1.8~2.10	0.65~0.95	≤0.20	—	≤0.03	≤0.03	<0.5	<0.30	—
H08Mn2Si	<0.11	1.70~2.10	0.65~0.95	≤0.20	—	≤0.04	≤0.04	<0.5	<0.30	—
H10MnSiMoTiA	0.08~0.12	1.0~1.30	0.40~0.70	≤0.20	0.20~0.40	≤0.025	≤0.03	<0.5	≤0.30	Ti0.05~0.15
H08Mn2SiMoA	0.06~0.10	1.6~2.0	0.7~0.9	≤0.20	0.45~0.60	≤0.025	≤0.03	<0.5	≤0.30	—
H08CrMnSiMo	0.06~0.10	1.3~1.6	0.6~0.8	1.25~1.50	0.45~0.60	≤0.025	≤0.03	<0.5	≤0.30	—
H08CrMnSiMoV	0.06~0.10	1.3~1.6	0.6~0.8	1.25~1.50	0.45~0.60	≤0.025	≤0.03	<0.5	≤0.30	V0.15~0.35

表 3.4-24 熔化极气体保护焊用保护气体 （续）

保护气体成分及其质量分数	化学特性	主要用途	保护气体成分及其质量分数	化学特性	主要用途
纯氩	惰性	适用于焊接除碳钢、低合金钢以外的所有金属材料	Ar + CO₂(20%~50%)	氧化	各种钢的短路过渡焊接
纯氦	惰性	铝、镁和铜合金	Ar + CO₂10% + O₂5%	氧化	碳钢及低合金钢
Ar + He(20%~80%)	惰性	铝、镁和铜合金	He90% + Ar7.5% + CO₂2.5%	轻微氧化	耐蚀不锈钢
纯氮		铜及铜合金	He(60%~70%) + Ar(25%~35%) + CO₂(4%~5%)	轻微氧化	耐热钢和低温镍钢
Ar + N₂(25%~30%)		铜及铜合金	Ar + H₂(≈3%)	弱还原性	小直径薄壁管
Ar + O₂(1%~2%)	轻微氧化	不锈钢，合金钢，还原铜合金			
Ar + O₂(3%~5%)	氧化	碳钢及低合金钢			
CO₂	氧化	碳钢及低合金钢			

对接接头短路过渡熔化极气体保护焊工艺参数列于表 3.4-25。对接接头喷射过渡熔化极气体保护焊工艺参数列于表 3.4-26。

表 3.4-25 对接接头短路过渡熔化极气体保护焊工艺参数

板厚/mm	焊接位置	坡口形式焊缝层数	根部间隙/mm	钝边/mm	焊丝直径/mm	送丝速度/m·h⁻¹	焊接电流/A	电弧电压/V	焊接速度/m·h⁻¹
0	平焊	直边对接 单层	0.8 0.8	— —	0.9 1.2	403~417 227~245	150~155 160~165	18~20 18~19	21~29 21~29
	横焊 立，仰焊	直边对接 直边对接1层	0.8 0.8	— —	0.9 0.9	335~350 335~350	130~135 130~135	17~18 17~18	18~29 18~29
	平焊	直边对接1层 45°V形坡口	4.8 2.4	— 1.6	1.2 1.2	335~350 335~350	210~215 210~215	19~20 19~20	21~36 18~36
0	横焊	直边对接2层 45°V形坡口	4.8 2.4	— 1.6	1.2 1.2	274~288 274~288	175~185 175~185	18~20 18~20	18~25 21~29
	立、仰焊	45°V形坡口	2.4	1.6	0.9	306~320	120~125	17~18	14~18

（续）

板厚 /mm	焊接 位置	坡口形式 焊缝层数	根部 间隙 /mm	钝边 /mm	焊丝 直径 /mm	送丝速度 /m·h⁻¹	焊接电流 /A	电弧电压 /V	焊接速度 /m·h⁻¹
6.5	平焊	45°V 形坡口 2 层	2.4	1.6	1.2	356 ~ 374	220 ~ 225	20 ~ 21	18 ~ 25
	横焊	45°V 形坡口 2 层	2.4	1.6	1.2	274 ~ 288	175 ~ 185	18 ~ 20	10 ~ 18
	立仰焊		2.4	1.6	0.9	306 ~ 320	120 ~ 125	17 ~ 18	7 ~ 10
9.5	横焊	45°V 形坡口 4 层	2.4	1.6	1.2	274 ~ 288	175 ~ 185	18 ~ 20	18 ~ 25
	立焊	45°V 形坡口 2 层	2.4	1.6	0.9	410 ~ 425	150 ~ 155	19 ~ 20	18 ~ 29
	仰焊	45°V 形坡口 3 层	2.4	1.6	0.9	443 ~ 457	165 ~ 175	19 ~ 21	14 ~ 21
13.0	横焊	X 形坡口 4 层	2.4	1.6	1.2	274 ~ 288	175 ~ 185	18 ~ 20	10 ~ 18
	立焊	X 形坡口 4 层	2.4	1.6	0.9	410 ~ 425	150 ~ 155	19 ~ 20	10 ~ 14
	仰焊	45°V 形坡口 5 层	2.4	1.6	0.9	443 ~ 457	165 ~ 175	19 ~ 21	10 ~ 18

表 3.4-26　对接接头喷射过渡熔化极气体保护焊工艺参数

板厚 /mm	焊接 位置	坡口形式及 焊缝层数	根部 间隙 /mm	钝边 /mm	焊丝 直径 /mm	送丝速度 /m·h⁻¹	焊接电流 /A	电弧电压 /V	焊接速度 /m·h⁻¹
6.5	平焊	直边对接 1 层	4.8		1.6	280 ~ 295	310 ~ 320	26 ~ 27	10 ~ 18
		45°V 形坡口 2 层	2.4	—	1.6	259 ~ 274	290 ~ 300	25 ~ 26	18 ~ 25
			2.4		1.2	608 ~ 648	320 ~ 330	29 ~ 31	25 ~ 32
9.5	平焊	45°V 形坡口 2 层	2.4		1.6	327 ~ 342	340 ~ 350	26 ~ 27	18 ~ 25
		X 形坡口	1.6	2.4	1.2	554 ~ 587	300 ~ 310	29 ~ 30	18 ~ 25
			1.6	2.4	1.6	259 ~ 274	290 ~ 300	25 ~ 26	14 ~ 21
13	平焊	45°V 形坡口 4 层	1.6	2.4	1.6	295 ~ 320	320 ~ 330	26 ~ 27	25 ~ 32
		X 形坡口 4 层	1.6	2.4	1.6	259 ~ 274	310 ~ 320	26 ~ 27	25 ~ 32
16	平焊	X 形坡口 4 层	1.6	2.4	1.6	295 ~ 320	320 ~ 330	26 ~ 27	25 ~ 32
20	平焊	X 形坡口 4 层	2.4	1.6	1.6	295 ~ 320	320 ~ 330	26 ~ 27	25 ~ 32

4.2.5　等离子弧焊

　　等离子弧焊是借助水冷喷嘴对电弧的拘束作用，获得较高能量密度的等离子弧进行焊接的方法。电弧经过水冷喷嘴孔道，受到机械压缩、热收缩和磁收缩效应的作用，使得弧柱截面减小、电流密度增大、弧内电离度提高，成为等离子弧。

　　等离子弧焊有熔透型焊和穿透型焊两种。熔透型焊主要靠熔池的热传导实现熔透，多用于板厚 3mm 以下的焊接。穿透型焊又称"小孔法"焊接，示意图如图 3.4-4 所示。穿透型焊主要靠强劲的等离子弧在熔池前穿透母材形成小孔，随着热源移动在小孔后形成焊道。多用于 3 ~ 12mm 板厚的焊接。

　　根据焊接电流的种类和大小，等离子弧焊分为直流等离子弧焊、交流等离子弧焊、微束等离子弧焊。微束等离子弧焊常使用 30A 以下的焊接电流焊接 0.01 ~ 1mm 厚的微小工件。

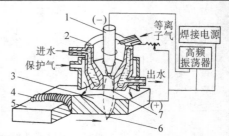

图 3.4-4　小孔法等离子弧焊接示意图
1—钨极　2—喷嘴　3—小孔　4—焊缝
5—母材　6—尾焰　7—等离子弧

　　等离子弧焊的特点是：能量密度大、弧柱温度高、穿透能力强，12mm 厚的板材可 I 形坡口一次焊透实现双面成形；焊接电流小到 0.1A 时，在有非转移弧同时存在的情况下，电弧仍能稳定燃烧，并保护良好的挺度与方向性；弧长变化对工件表面加热点的能量密度影响较小；焊接度快、生产率高。主要应用于焊接碳钢、合金钢、耐热钢、不锈钢，以及铜、铝、镍、钛及其合金。在充氩箱内还可焊接钨、钼、钽、铌、锆及其合金等。

等离子弧焊接设备由焊接电源、控制系统、焊枪、焊接小车（或转胎、行走机构）、气路及水路等组成。焊接电源应具有陡降或垂降特性，一般空载电压为75V以上。多采用直流正极性焊接，在焊接铝材的薄、小工件时，可采用反极

性，钨极在反极性时的许用电流值是正极性时的$1/4 \sim 1/3$左右。

各种材料适于等离子弧焊的厚度见表3.4-27。大电流等离子弧焊工艺参数见表3.4-28。

表3.4-27 "小孔法"等离子弧焊适于焊接的厚度　（单位：mm）

碳钢	合金钢	不锈钢	镍及镍合金	钛及钛合金	铜及铜合金
≤8	≤8	≤10	≤10	≤12	≈2.5

表3.4-28 大电流等离子弧焊工艺参数

焊接方式	材料	焊件厚度/mm	焊接电流/A	电弧电压/V	焊接速度/mm·min⁻¹	离子气流量/L·min⁻¹ 基本气流	离子气流量/L·min⁻¹ 衰减气	保护气流量/L·min⁻¹ 正面	保护气流量/L·min⁻¹ 尾罩	保护气流量/L·min⁻¹ 反面	孔道比 l/d /(mm/mm)	钨极内缩/mm	备注
熔透型焊接	低碳钢	1	105	—	700	2.5		7	—	—	2.5/2.5	1.5	悬空焊
		1.5	85		270	0.5		3.5			2.5/2.5	1.5	
		2	100		270	1.2		4			3/3	2	
		2.5	130		270	1.2		4			3/3	2	
	不锈钢	1	60	—	270	0.5		3.5			2.5/2.5	1.5	
	低碳钢	3	140	29	260	3		14+1	—	—	3.3/2.8	3	保护气为 Ar+CO₂
		5	200	28	190	4		14+1			3.5/3.2	3	
		8	290	27	180	4.5		14+1			3.5/3.2	3	
	30CrMnSiA	3.5	140	28	326	1.7	2.3	17	—	—	3.2/2.8	3	喷嘴带两个φ0.8mm小孔，间距6mm
		6.5	240	30	160	1.3	3.3	17			3.2/2.8	3	
		8	310	30	190	1.7	3.3	20			3.2/3	3	
	不锈钢	3	170	24	600	3.8	—	25			3.2/2.8	3	
		5	245	28	340	4.0	—	27	8.4		3.2/2.8	3	
		8	280	30	217	1.4	2.9	17			3.2/2.9	3	
		10	300	29	200	1.7	2.5	20			3.2/3	3	

4.2.6 电渣焊

电渣焊是利用电流通过液体熔渣所产生的电阻热进行焊接的方法。电渣焊过程示意图如图3.4-5所示。根据使用的电极形状，电渣焊可分为丝极、板极、熔嘴电渣焊三种。电渣焊工艺也可用于表面堆焊。

电渣焊的特点是：适用于大厚度工件的I形坡口焊接，焊接生产率高；焊接热输入量大、焊缝及近缝区冷却速度慢，适于焊接淬硬倾向较大的低合金钢及中合金钢；焊接熔池体积较大，冷却缓慢，不易形成气孔和夹渣等缺陷，焊缝质量较高。电渣焊的缺点是：焊缝及热影响区在高温停留时间长，易使晶粒粗大和出现过热组织，使接头韧性下降；因此，焊后需进行正火处理，细化晶粒及改善接头的组织与性能；电渣焊施工的

焊缝多为垂直位置，或倾斜度最大为30°左右。

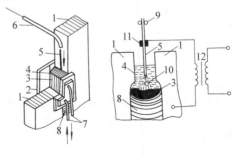

图3.4-5 电渣焊过程示意图

1—焊件 2—焊缝成形滑块 3—金属熔池
4—渣池 5—电极（焊丝） 6—导丝管
7—冷却水管 8—焊缝金属 9—送
丝轮 10—熔滴 11—导电嘴
12—焊接变压器

电渣焊可以焊接碳钢、低合金高强钢、合金
结构钢、珠光体钢、铬镍不锈钢及铝等。厚度30
~450mm 的均匀断面多采用丝极电渣焊。厚度大
于450mm 的均匀断面以及变断面焊件可以采用熔
嘴电渣焊。电渣焊接头形式如图 3.4-6 所示。

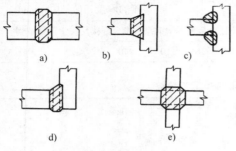

图 3.4-6　电渣焊接头形式

a) 对接接头　b)、c) T 形接头
d) 角接接头　e) 十字接头

电渣焊设备由焊接电源、机头、焊车、控制
系统、成形滑块及水冷系统等组成。电源应具有
平外特性，二次空载电压应有较宽的调节范围。
一般多采用交流电源，在 100% 负载持续率下的
额定电流应不小于 750A，通常为 1000A。机头
多采用直流电机驱动的等速送丝机构，丝极电渣
焊的焊车应能满足机头的垂直升降、沿焊件厚度
方向的横向摆动以及空行程时的快速升降。熔嘴
电渣焊机不需要焊车。

电渣焊用的焊接材料有焊丝、焊剂、熔嘴及
其绝缘材料。电渣焊焊缝的成分取决于填充金属
成分、母材成分及其熔合比。施工中可以利用焊
接材料来控制焊缝的最终化学成分与力学性能。
焊丝直径为 2.0 ~ 4.0mm，通常使用的是 2.4 和
3.0mm。碳钢、低合金钢的电渣焊焊丝选用实例
列于表 3.4-29。电渣焊专用焊剂为 HJ170、
HJ360 等。埋弧焊焊剂 HJ430、HJ431、HJ250、
HJ350 等也常应用于碳钢和低合金钢的电渣焊。
熔嘴一般采用标准管材。熔嘴绝缘层在熔池中熔
化后不应与熔化金属产生不良的冶金反应。

表 3.4-29　电渣焊焊丝选用示例

钢　　号	焊丝牌号
Q235，Q255	H08MnA，H10Mn2，
20，20g，25	H08Mn2Si，H10MnSi
Q295（09Mn2，09MV）	H10MnMo

（续）

钢　　号	焊丝牌号
Q345（16Mn，16MnCu）	H08MnMoA
Q390（15MnV，16MnNb）	H10MnMo，H08Mn2MoVA
Q420（15MnVN）	H10Mn2MoVA
Q460（18MnMoNb，14MnMoV）	H10Mn2MoVA

4.2.7　电子束焊

电子束焊是利用加速和聚焦的电子束轰击
于真空或非真空中的焊件所产生的热能进行焊接
的方法。电子束焊原理图如图 3.4-7 所示。在真
空中，从炽热阴极发射的电子，被高压静电场加
速和聚焦后，又进一步由电磁场会聚成高能密度
的电子束（常用束径 0.25 ~ 0.75mm，能量密度
$\approx 1.5 \times 10^5 \text{W/cm}^2$）。当电子束轰击工件表面时，
电子的动能在瞬间变成热能，使金属加热及熔
化，并在工件表面的下部产生一深熔空腔。电子
束和工件相对移动时，使熔化金属向电子束的后
方转移，形成窄而深的焊缝。

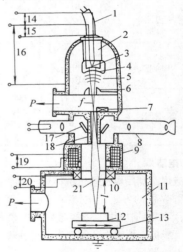

图 3.4-7　电子束焊原理图

1—高压电缆　2—绝缘瓷瓶　3—灯丝（阴极）
4—控制极（阴极）　5—高压静电场　6—阳极
7—枪隔阀　8—光学观察系统　9—磁透镜
10—偏转线圈　11—焊接真空室　12—工件
13—传动卡具　14—灯丝电源　15—偏压
电源　16—高压电源　17—反射镜
18—气阻管　19—聚焦电源
20—偏转电源　21—电子束
l—工件距离　f—静电交点　P—排气

电子束焊具有如下特点：

（1）热源能量密度高、焊速快，焊接热输入。

（2）焊缝深而窄，焊缝深宽比最大可达 20 $1 \sim 50 : 1$。焊接热影响区小，工件变形小。

（3）焊接工艺参数调节范围宽，再现性好。

（4）大批量生产条件下，焊接成本较低。

（5）设备复杂、造价高，焊件尺寸受真空室限制。使用维护技术要求高，并需注意防护 X 射线。

电子束焊机按焊接工作室的真空系统可分为高真空、低真空、局部真空及非真空焊机等。表 3.4-30 列出了电子束焊机类型及特点。高真空电子束焊机由于真空室尺寸不能太大，以及抽高真空耗时较长而受到限制。低真空电子束焊已应用于汽车工业的齿轮、柱套、侧梁的焊接。电子束焊适用于除锌含量高的材料（如黄铜）、低级铸铁以及未脱氧处理的普通低碳钢以外的绝大多数金属及合金。可用于焊接包括熔点、热导相差很大的异种金属。可进行单道 I 形坡口、要求变形量小、焊缝位置可达性差的焊接。适用于真空器件、密封器件的焊接。此外，也可用于金属表面热处理、熔化、合金化和堆焊，以及散焦后用于钎焊等。

表 3.4-30 电子束焊机类型及特点

类型	高真空型	低真空型	局部真空型	非真空型
焊接室真空压力 /Pa	1.333×10^{-2} ~ 1.333×10^{-3}	$13.333 \sim 1.333$	13.333	$101\ 325$
真空室	真空室尺寸大于焊件	真空室尺寸大于焊件	真空室尺寸小于焊件	
真空室用真空泵	扩散泵、机械泵	机械泵	机械泵	
抽真空时间	$1 \sim 15$min	几 s ~ 几 min	几 s	
加速电压 /kV	$30 \sim 150$	$60 \sim 150$	$60 \sim 150$	$150 \sim 200$
工作距离 /mm	$50 \sim 800$	$25 \sim 500$	$25 \sim 500$	$4 \sim 12.5$
一次穿透不锈钢深度/mm（25kW）	> 100	100	100	20
备注	需考虑材料各成分的蒸气压及蒸发	因电子枪需高真空不能采用室内动枪	局部真空室和焊件间需特殊的密封结构	一般需保护气体

4.2.8 激光焊

激光焊是利用经聚焦后具有高能量密度（$10^6 \sim 10^{12}$ W/cm²）的激光束为能源轰击焊件所产生的热量进行焊接的方法。激光焊的焊接速度快，热输入小，因而焊点小或焊缝窄、热影响区小、焊接变形小，焊缝平整光滑。由于激光束指向性十分稳定，不受电、磁场及气流的影响，光束的焦斑位置可精确定位，所以激光焊适用于精密结构件及热敏感器件的装配焊接。激光焊可以焊接一般金属，以及钨、钼、钽、锆等难熔金属和异种金属。它可以对薄的金属板材进行搭接、对接、角接及端接焊。并可对于细的金属线材进行对接、搭接、十字交叉接头及丁字接头形式的焊接。

激光焊接设备应具有较大的单个脉冲输出能量或较大的连续输出功率。焊接用激光器的部分参数列于表 3.4-31。按照激光器的工作方式，激光焊分为脉冲激光点焊和连续激光焊两种。脉冲激光点焊的加热过程极短（以 ms 计），焊点小（几十至几百 μm）。能隔着透明窗进行焊接。连续激光焊的光束焦斑极小，能量密度高。$10 \sim 20$kW 的 CO_2 激光束可快速穿透焊接 $5 \sim 10$mm 不锈钢板，焊缝深宽比可达 5:1 至 6:1。大功率 CO_2 激光束已成功地焊接碳钢、不锈钢、硅钢铝、镍、钛等金属及其合金。小功率 CO_2 激光束对于陶瓷、玻璃、石英、塑料等非金属材料的焊接提供了可能性。

表 3.4-31 焊接用激光器的部分参数

激光介质		工作方式	波长 /μm	光束发散度 /mrad	输出	效率（大约值）（%）
固体	红宝石	脉冲	0.69	$1 \sim 10$	$1 \sim 20$（J）	0.5
	钕玻璃	脉冲	1.06	$1 \sim 10$	$1 \sim 20$（J）	4
	钇铝石榴石	脉冲	1.06	$1 \sim 10$	$1 \sim 50$（J）	3
		连续	1.06	$1 \sim 10$	$10 \sim 1000$（W）	3
气体	二氧化碳	连续	10.6	$1 \sim 10$	$100 \sim 20000$（W）	10

激光焊的设备造价高、能量转换率低是他的缺点。但是激光焊的高生产率及易于实现生产自动化的优点，在大规模生产中仍有可能使焊接产品的生产成本相对较低。在激光焊与其他焊接方法的生产成本相等或略高时，如果激光焊产品能获得更好的技术性能（如外观优良、使用寿命长

等），则采用激光焊仍然是合适的。

4.3 压焊

4.3.1 电阻焊

电阻焊是工件组合后通过电极施加压力，利用电流通过接头的接触面及邻近区域产生的电阻热进行焊接的方法。电阻焊分类如图 3.4-8 所示。通常将电阻焊分为点焊、缝焊、对焊等三种基本形式。电阻焊示意图如图 3.4-9 所示。

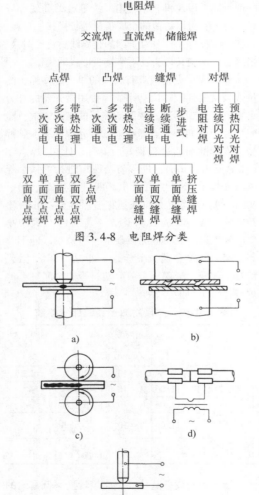

图 3.4-8 电阻焊分类

图 3.4-9 电阻焊示意图
a) 点焊 b) 凸焊 c) 缝焊 d) 对焊 e) T 形焊

1. 点焊 点焊是将工件装配成搭接接头，压紧在两电极之间，利用电阻热熔化母材金属形成焊点的电阻焊方法（图 3.4-9a）。点焊工艺适用于薄板冲压件搭接、薄板与型钢构架和蒙皮结构焊接、空间构架及交叉钢筋连接、以及缝焊之前的定位焊等。适合采用点焊的最大厚度是低碳钢为 2.5～3mm，小型构件为 5～6mm，特殊情况可达 10mm；钢筋和棒料直径为 25mm。铝、镁、镍、钼、铜及其合金均可采用点焊工艺。

点焊件均为搭接接头，设计时应注意：

（1）应有足够的搭接边；

（2）电极容易达到；

（3）焊点尽量布置于刚度较小处；

（4）焊点应主要承受剪力；

（5）为限制电流分流，焊点之间应保持一定距离，推荐点距尺寸如表 3.4-32；

表 3.4-32 点焊接头推荐的点距尺寸

（单位：mm）

最薄焊件厚度	结构钢	耐热钢及其合金	铝合金
0.5	10	8	15
1.0	12	10	15
1.5	14	12	20
2.0	16	14	25
3.0	20	18	30
4.0	24	22	35

（6）要求密封的接头，焊点间应有 50% 以上的重叠；

（7）搭接材料的厚度应尽量相同或相近，若不等厚，其厚度比一般不应超过 1:3；

（8）三层材料点焊时，最好是两外层等厚中间层薄，其次是两边等薄中间层厚，应当避免对称情况。

2. 缝焊 将焊件装配成搭接或对接接头并置于两滚轮电极之间，滚轮电极加压工件并转动，连续或断续送电，形成一条连续焊缝的电阻焊方法是缝焊（图 3.4-9c）。主要应用于焊缝规则、要求密封的薄壁结构。板厚一般在 2mm 以下，焊点应相互重叠 50% 以上。常用于焊接油箱、散热器、桶、罐等各种容器。

缝焊的接头设计及工艺与点焊类似。工艺参数中增加了焊接速度（即滚轮转动时的轮缘线速度）及休止时间，以确定各焊点的中心距。

3. 对焊　对焊是以整个接触面实现焊接的电阻焊方法（图3.4-9d）。要求焊接处的断面形状相同，并且圆棒直径、方棒边长以及管子壁厚之间的尺寸偏差不应超过15%。对焊工艺可分为电阻对焊及闪光对焊两种。

（1）电阻对焊　将工件装配成对接接头，使其端面紧密接触，利用电阻热加热至塑性状态，然后迅速施加顶锻力完成焊接。为了保证焊接质量，焊件在焊前应严格清理，焊接时应快速加热并使接口处产生较大的塑性变形。

（2）闪光对焊　工件装配成对接接头，接通电源，并使其端面逐渐移近达到局部接触，利用电阻热加热这些接触点（产生闪光），使端面金属熔化，直至端部在一定深度范围内达到预定温度时，迅速施加顶锻力完成焊接。闪光对焊时，虽产生液体金属，但在闪光和顶锻时与氧化物一起被排挤出来，因此也属于固相连接。为了获得高质量的接头，必须使闪光过程连续而剧烈地进行，使整个断面得到均匀的加热；顶锻时应保证足够而又适当的塑性变形，并排除接口处的氧化物。它适用于大断面的焊接。可焊接碳钢、合金钢、不锈钢、铜合金以及铜与钢、黄铜与钢、铝与铜等异种金属。

4. 凸焊与T形焊　凸焊是点焊的一种变形形式。他是在一工件的贴合面上预先加工出一个或多个突起点，使其与另一工件表面相接触并通电加热，然后压塌，使这些接触点形成焊点的电阻焊方法。为保证各点加热均匀，各突起点高度差应≤±0.1mm。各突起点间及突起点到焊件边缘的距离，应不小于突起点直径的两倍。凸焊也可焊不等厚度工件，凸点应在厚板上；当厚度比超过3:1时，凸点应在薄板上。异种金属凸焊时，凸点应在导电、导热性较好的金属上。

T形焊类似电阻焊，能焊断面相差悬殊的焊件。须采用专用焊机或具有垂直行程的电极。

4.3.2　摩擦焊

摩擦焊是利用焊件表面相互摩擦所产生的热，使端面达到热塑性状态，然后迅速顶锻，完成焊接的一种压焊方法。摩擦焊的基本形式如图3.4-10所示。

摩擦焊的特点是：可焊接的金属范围较广，尤其适用于异种金属的焊接；接头组织细密、焊接质量稳定；焊件焊后的几何尺寸精度高；劳动条件好；节能、节材、高效、无污染。特别适于圆形、管形截面工件的对接，在这些领域有逐步取代闪光焊的趋势。

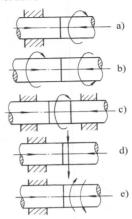

图3.4-10　摩擦焊的基本形式
a）一侧旋转　b）二侧旋转　c）中间件旋转
d）往复振动　e）旋转振动

焊接钢时（除含硅、硫较高的特殊用钢外），均可得到与母材性能相同的接头。随碳当量的提高，需选用较弱的工艺参数，以减少接头的硬化程度。淬硬倾向较低的金属需用较强的焊接参数。高合金钢焊接工艺参数范围较窄。焊接常温及高温物理性能相差很大的异种材料时，为使它们变形均匀，可在易变形材料的焊接端加一环形模，以增大其抗塑变阻力。某些异种金属，如铜—铝、钢—铝，当焊接面的温度超过共晶点时，将产生大量的脆性相，使接头脆化。因此，焊接面的温度应限制在共晶点以下，并尽量缩短焊接时间，以确保焊接质量。

近年来出现的搅拌摩擦焊工艺，是利用特殊形状的搅拌头，旋转插入焊件，并且沿待焊部位高速旋转着向前移动。通过搅拌头对于工件的挤压、摩擦及搅拌作用，形成了焊件之间的固相连接。可以实现钢铁、有色金属的连接。

4.3.3　冷压焊

冷压焊不需要外加热源，仅借助于压力使金属产生塑性变形，把结合界面的氧化膜及其他杂质挤出，使纯洁的金属接近到原子间距（4～6）$\times 10^{-8}$cm，形成固态焊接的方法。

冷压焊的特点是：工艺过程简单，容易掌握；设备简单；消耗的电能仅为电阻焊的$\frac{1}{20}$～$\frac{1}{50}$；接头没有热影响区及软化区，也很少产生脆性金属中间相；劳动条件好。缺点是：冷压焊的局部变形量大，搭接时有压坑；焊接压力比电阻焊大好几倍。焊接大截面焊件时，所需设备的吨位较大。

塑性材料原则上都可进行冷压焊。其中，铝的焊接性最好，其次是钛。特别适用于异种材料，如铝—铜、铝—钛、铜—铁、铜—钛、钛—钢、锡—铝等焊接。冷压焊适用于焊接不允许近缝区退火、软化的材料以及施焊中不允许有温升的零件。可用于板材、带材、箔材、棒材、异形型材、管件等各类型材的焊接。冷压焊的接头形式有对接及搭接两种。冷压焊产品已广泛应用于电子工业、制冷工业、电气工程、汽车制造、交通部门，以及日用品工业等。

4.3.4　真空扩散焊

真空扩散焊是借助温度（低于母材熔点）、压力、时间以及真空的条件，促使固态金属接合面达到原子间距离，进行原子间互相扩散而实现焊接的固相结合过程。

在扩散焊过程中，加压使焊件表面接触后，在凸起部分产生塑性变形，表面氧化膜及污染被破碎分解并在真空中挥发。加热可加速原子扩散，即位错移动使原子间紧密接触和原子的接近。氧化物弥散球化并被金属溶解吸收。由于晶界移动和再结晶组织生长横穿结合面，出现新晶界。焊接过程中的扩散时间保证上述全部过程得以充分进行；真空条件保证金属表面净化，以及获得优质的焊接接头。

真空扩散焊的特点：不需要填充金属和熔剂；无重熔液相和铸态组织；可焊接性质差别较大的异种金属；可进行形状复杂、薄厚差别大的、相互接触的面与面的焊接；焊件变形小；焊接的同时还可进行真空热处理及真空表面净化。扩散焊的缺点：焊前表面准备要求较高；焊件尺寸受真空室尺寸的限制；焊接时间长；焊接设备及焊接费用比较高。

扩散焊几乎可以连接所有的异种金属材料。

4.3.5　高频焊

高频焊是利用高频电流通过工件接合面产生的电流热并加一定的压力达到连接的焊接方法。由于将熔化层挤出，高频焊实质上是塑态压焊。高频焊示意图如图3.4-11所示。

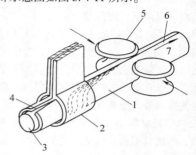

图3.4-11　高频焊示意图
1—管坯　2—感应器　3—阻抗器　4—V形接口　5—压力辊轮　6—焊缝
7—焊接管运动方向

高频焊是利用高频电流的两大特性，即集肤效应和邻近效应。集肤效应是高频电流倾向于在金属导体表面流动。邻近效应是通过交流电的导体附近若有反向电流导体，则两导体内侧交链的磁力线最少，导体的感抗也就最小，使电流集于内侧表面；两导体越接近，其相对内侧表面上的电流密度越大。即可以利用感应器式反向电阻控制加热器。与工频电流相比，高频电流可在较低的电流和较高的电压下获得比较高的表面加热速度。

高频焊的基本特点是热量高度集中，能在很短的时间内将接缝边缘加热至焊接温度；生产率很高；热影响区很小；不需要任何填充金属；节能、节材、低成本；适于连续性生产。是有缝金属管的先进制造工艺，如果管壁厚度及断面尺寸大，则使用上将会受到限制。

低碳钢的高频焊效果最好。此外，还可以焊接低合金钢、工具钢、铜及铜合金、蒙乃尔合金，以及铝、镍、锆、钛及其合金。并且可用于异种金属焊接。

4.3.6　爆炸焊

爆炸焊是利用炸药爆炸产生的冲击力造成焊件的迅速碰撞，实现连接的一种压焊方法。界面没有或仅有少量熔化，无热影响区，属于固相焊接。爆炸焊在工程上主要用于制造金属复合材、以及异种金属的连接。

爆炸焊通常采用接触爆炸，即炸药直接敷在复板表面上，有时在复板与炸药之间放一缓冲层，基板与复板间留有间隙。间隙平行的称为平行法；构成一定角度的称角度法（如图3.4-12所示）。

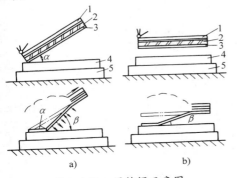

图 3.4-12 爆炸焊示意图
a）角度法 b）平行法
1—炸药 2—缓冲层材料 3—复板
4—基板 5—基础
α—装配角 β—动态角

选择合适起爆点放置雷管，用起爆器点火。炸药爆炸驱动复板作高速运动，并以适当的碰撞角和碰撞速度与基材发生倾斜碰撞，碰撞压力可达数万 MPa，在两板间形成高速金属射流，称为再入射流。它有清除表面污染的作用。在高压下纯净的金属表面产生剧烈的塑性流动，从而实现金属界面牢固的冶金结合。

爆炸焊适用于各种可塑性金属，包括异种金属的焊接。对于熔点、热胀系数、强度等差别很大的金属之间采用爆炸焊，可以得到优良的冶金结合。爆炸焊适用于广泛的材料组合，有良好的焊接性及接头力学性能。如果接头用于对应力腐蚀敏感的场合时，应当注意爆炸焊复合板中剩余应力的影响。

4.4 钎焊

采用比母材熔点低的金属材料作钎料，将焊件和钎料加热到高于钎料熔点，低于母材熔化温度，利用液态钎料润湿母材，填充接头间隙并与母材相互扩散实现连接焊件的方法称为钎焊。

钎焊的焊件加热温度较低，其组织和力学性能变化小，焊件变形较小，接头光滑平整。钎焊可以一次焊多工件、多接头、生产率高。可以焊接异种材料。目前，钎焊广泛应用于制造铝、铜散热器，航空器件，电真空器件等。

钎焊可分为两大类：温度高于450℃的钎焊称为硬钎焊，低于450℃的称为软钎焊。所使用的钎料，则相应称为硬钎料及软钎料。

常用材料的钎焊性以及钎料、钎剂的选择见表3.4-33。材料的钎焊性指的是材料对于钎焊加工的适应性，也就是材料在一定的钎焊条件下，获得优质钎焊接头的难易程度。

表 3.4-33 常用材料的钎焊性及钎料、钎剂的选择

材　料	钎焊性		钎　料	钎　剂	备　注
	硬钎焊	软钎焊			
碳钢、低合金结构钢	优	优	H62，BCu60ZnSn-R 紫铜 银基钎料 锡铅钎料	硼砂或硼砂、硼酸混合物 硼砂、保护气体、真空钎焊 QJ102，QJ103，QJ104 氧化锌与氧化铵水溶液	
碳素工具钢	良		H62，BCu60ZnSn-R 紫铜 银基钎料	硼砂或硼砂、硼酸混合物 硼砂、保护气体、真空钎焊 QJ102，QJ103，QJ104	
高速钢	良		高碳锰铁，Cu-30Ni，Cu-12Ni-13Fe-4.5Mn-1.5Si	硼砂	钎焊温度应与高速钢淬火温度相适应
硬质合金	良		BCu48ZnNi-R， BCu58ZnMn BCu57ZnMnCo BAg50CuZnCdNi	硼砂或硼砂、硼酸混合物 QJ102	
铸铁	良		BCu60ZnSn-R 银基钎料	硼砂或硼砂、硼酸混合物 QJ102	钎焊前应清除干净被钎表面的石墨

（续）

材　料	钎焊性		钎　料	钎　剂	备　注
	硬钎焊	软钎焊			
1Cr18Ni9Ti, 1Cr13	良	良	HLCuNi30-2-0.2 铜 HLAuNi17.5 银基钎料 镍基钎料 锰基钎料 锡铅钎料	QJ201 QJ201,气体保护,真空钎焊 气体保护、真空钎焊 QJ102,QJ103,QJ104 QJ201,气体保护,真空钎焊 保护气体或真空钎焊 磷酸水溶液,氯化锌盐酸水 溶液	
高温合金	良		银基钎料 铜 镍基钎料 HLAuNi17.5	QJ102 保护气体或真空钎焊 保护气体或真空钎焊 保护气体或真空钎焊	含铝和（或）钛的高 温合金应表面镀镍
银	优	优	银基钎料 锡铅钎料	QJ102,QJ103,QJ104 松香酒精溶液	
铜、黄铜、青铜	优	优	铜磷钎料、铜磷银钎料、铜磷 锡钎料 铜锌钎料 银基钎料 镉基钎料 铅基钎料 锡铅钎料	钎铜不用钎剂。钎铜合金 用硼砂、硼酸混合物,QJ102 硼砂或硼砂、硼酸混合物 QJ102,QJ103,QJ104 QJ205 氯化锌水溶液 松香酒精溶液,氯化锌与氯 化铵水溶液	
铝和铝合金	1060,3A21	优	优	铝基钎料 BA190SiMg,BA188SiMg BA186SiMg HL501 HL502 HL607 HL505 铝钎焊板	QJ201,QJ206,1 号,2 号 真空钎焊 刮擦法,QJ203 QJ203 QJ204 QJ202 浸沾钎焊用钎剂 1 号、2 号	
	5A02 5A05、5A06 6A02	良 差 良	良 差	铝钎焊板 铝基钎料	浸沾钎焊用钎剂 1 号、2 号 QJ201,QJ202,1 号,2 号	润湿性很差 注意防止过烧
	2A50,2B50	困难		BA186SiCu	1 号,2 号	易过烧,建议用浸 沾钎焊
	2A12,7A04	差	差			极易过烧,不宜硬 钎焊
铸铝合金	Al-Cu 系	困难		HL505	QJ202	容易过烧
	Al-Si 系	困难		BA167CuSi,HL505	QJ201,QJ202	润湿性差
	Al-Mg 系	差				表面氧化物难除, 润湿性很差
	Al-Zn 系 压铸件	良 差		铝基钎料	QJ201,QJ206	母材表面起泡
钛和钛合金	良		BAg94Al Ti-15Cu-15Ni	气体保护或真空钎焊	接头抗蚀性较差 接头延性较差
金刚石与钢	良	—	BCu58ZnMo BCu60ZnSn-R BCu57ZnMnCo	硼砂	注意防止裂纹

（续）

材　　料	钎焊性		钎　料	钎　剂	备　注
	硬钎焊	软钎焊			
铝与铜	良		90Sn-10Zn，HL501 HL502 铝基钎料	QJ203，QJ205 QJ201，QJ206	也可以铝表面镀铜、镍后进行钎焊
铝和钢	良	—	HL502 90Sn-10Zn	QJ203，QJ205 QJ203	也可以铝表面镀锌、铜、镍后进行钎焊
陶瓷-陶瓷、 陶瓷-金属	—	—	70Ag-27Cu-Ti-Cu	真空或气体保护钎焊	或在陶瓷表面金属化后钎焊
石墨	—	—	70Ag-27Cu-3Ti Ti-Cu，Ti-Ni	真空或气体保护钎焊	

钎焊质量决定于钎焊方法、钎料、钎剂、保护气氛。此外，钎焊前的表面清理、接头间隙的控制精度、焊后清洗等也是影响接头质量的重要因素。

由于钎料强度比母材低，所以钎焊接头多采用搭接形式。为使接头与母材有相等的承载能力，搭接长度通常为母材厚度的 2～3 倍，对于薄壁件可取 4～5 倍，但搭接长度不得大于15mm。接头设计应考虑钎料的放置，以及钎焊时容易流入接头的间隙。因此，接头间隙应当合理选择，如表 3.4-34 所示。

表 3.4-34　常用金属钎焊接头的合适间隙和接头抗剪强度

钎焊 金属	钎　料	间　隙 /mm	抗剪强度 σ_τ/MPa
碳钢	铜 黄铜 银基钎料 锡铅钎料	0.000～0.05① 0.05～0.20 0.05～0.15 0.05～0.20	100～150 200～250 150～240 38～51
不锈钢	铜 铜镍钎料 银基钎料 镍基钎料 锰基钎料	0.02～0.07 0.03～0.20 0.05～0.15 0.05～0.12 0.04～0.15	370～500 190～230 190～210 ～300
铜和铜合金	铜锌钎料 铜磷钎料 银基钎料 锡铅钎料 镉基钎料	0.05～0.13 0.02～0.15 0.05～0.13 0.05～0.20 0.05～0.20	⎰铜 170～190 ⎱黄铜 270～400 ⎰铜 160～180 ⎱黄铜 160～220 ⎰铜 21～46 ⎱黄铜 28～46 40～80
铝和铝合金	铝基钎料 钎焊铝用软钎料	0.1～0.3 0.1～0.3	60～100 40～80

① 必要时用负间隙（过盈配合），强度最大。

4.5　金属材料的焊接

4.5.1　碳钢的焊接

低碳钢的焊接性良好。中碳钢焊接性较差，预热可降低热影响区的淬硬倾向，防止冷裂纹，改善接头性能。尽可能采用碱性低氢型焊条。在无强度要求时，尽量选用强度等级低的焊条。也可选用铬镍不锈钢焊条。焊接时应使用小电流、慢速焊或多层焊。高碳钢的焊接性更差，焊后淬硬及冷裂倾向更大。因此，这类钢很少用来制造焊接结构，一般只作为补焊用。焊接时应预热更高温度；严格烘干焊条；焊后将焊件保温缓冷。碳钢的焊接工艺列于表 3.4-35。

表 3.4-35　碳钢焊接工艺

钢号	板厚 /mm	预热及 层间温 度/℃	焊条选用	清除应力 回火温度 /℃
10 20 Q235	<50		E4301 E4303 E4312 E4313 E4315 E4316	
	50～100	>100	E4320 E4322	600～650
25 30 35	≤25	>50	E4315 E4316 E5015 E5016	
			E4315 E5015 E5016	600～650
	25～50	>100	E4315 E5015	600～650
		>150	E4315 E5015	600～650
	50～100	>150	E4315 E5015	600～650
45 55	≤100	>200	E5015 E5016 E5515	600～650
		>250		
60	≤100	>250	E5515 E6015	600～650

4.5.2 低合金高强度钢的焊接

$\sigma_s = 300 \sim 400$MPa 级低合金钢的塑性、韧性好，碳当量低，焊接性好。一般不需要采取特殊的焊接工艺措施。

$\sigma_s \geqslant 450$MPa 级低合金钢的焊接热影响区易出现马氏体组织，硬度明显增高，冷裂倾向增大。热影响区的淬硬程度主要决定于 800 ~ 500℃ 或 800 ~ 300℃ 温度区间的冷却速度（或冷却时间）。

$\sigma_s = 450 \sim 550$MPa 的正火或正火 + 回火处理的钢（碳当量为 0.4% ~ 0.6%）有明显的淬硬倾向。焊接时应控制热影响区的冷却速度，以保证其硬度值为 350 ~ 450HV。同时还应注意防止热输入的增加。否则，导致晶粒长大，使得热影响区性能下降。

$\sigma_s \geqslant 600$MPa 的调质钢属于高淬硬倾向钢。低碳调质高强度钢（$\sigma_s = 600 \sim 1000$MPa）具有较高的塑性和韧性，焊接性良好。中碳调质钢（如 30CrMnSi、34CrNi3Mo 等）的焊接特点参见超高强度钢的焊接。低合金高强度钢的焊接材料选用列于表 3.4-36。

表 3.4-36　低合金高强度钢焊接材料选用表

强度等级 σ_s/MPa	钢　号	电焊条	自动埋弧焊		电　渣　焊		CO_2 气体保护焊丝
			焊　丝	焊剂	焊　丝	焊剂	
300	09Mn2 09Mn2Si 09MnV 12Mn	E4301 E4303 E4315 E4316	H08A H08MnA	HJ431			H10MnSi H08Mn2Si
350	16Mn 16MnRE 14MnNb	E5001[1] E5003[1] E5015 E5016	I 形坡口对接：H08A 中板开坡口：H08MnA H10Mn2、H10MnSi 厚板深坡口：H10Mn2	HJ431	H08MnMoA H10MnSi H10Mn2	HJ360 HJ431	H08Mn2Si
400	15MnV 15MnTi 14MnMoNb	E5015 E5016 E5515 E5516	I 形坡口对接：H08MnA 中板开坡口：H10MnSi H10Mn2	HJ431	H08Mn2MoVA	HJ360 HJ431	H08Mn2Si
			厚板深坡口： H08MnMoA	HJ250 HJ350			
450	15MnVN 14MnVTiRE	E5515 E5516 E6015 E6016	H08MnMoA H10Mn2 H10Mn2Si[2]	HJ431 HJ350	H10Mn2MoVA	HJ360 HJ431	
500	18MnMoNb 14MnMoV	E6015 E7015	H08Mn2MoA H08Mn2MoVA H08Mn2NiMo[2]	HJ250 HJ350	H10Mn2MoVA H10Mn2Mo H10Mn2NiMoA[2]	HJ360 HJ431	
550	14MnMoVB	E6015 E7015	H08Mn2MoVA H10MnMoVA[2]	HJ250 HJ330 HJ350			
600	12Ni3CrMoV	65C-1[2]	H10MnSiMoTiA	HJ350 HJ350			
	12MnCrNiMoVCu	803[2]	H08MnNi2CrMo[2]				
700	14MnMoNbB	H14[2]	H08Mn2Ni2CrMo[2]	HJ350	H08Mn2Ni2CrMo[2]	HJ360 HJ431	
800	12Ni5CrMoV	840[2]	H10Mn2Ni3CrMo[2]	804[2]			

① 只适用于板厚≤14mm 的焊件。

② 为非标准的焊条与焊丝。

4.5.3 超高强度钢的焊接

低合金超高强度钢含碳量较高，冷裂倾向大。马氏体时效钢具有高韧性，对冷裂纹不敏感，不需预热和后热。焊接低、中合金超高强度钢时，一般应预热和焊后保温。对于含碳量较高、刚度较大的构件，预热及层间温度应不低于350℃，保温时间为30min，或焊后立即650℃回火。在不发生冷裂纹的情况下，也可150～250℃预热；当含碳较低、拘束度不大时，也可不预热，焊后应进行消除应力回火。通常情况下，超高强度钢焊后都需要热处理，使强度与韧性有良好的配合。

焊接方法的选用，以钨极氩弧焊为好，熔化极氩弧焊次之。焊条电弧焊、自动埋弧焊也可使用。超高强度钢的焊接工艺举例列于表3.4-37。

4.5.4 珠光体耐热钢的焊接

珠光体耐热钢焊接时，如冷速过大则易形成淬硬组织，常导致裂纹。钢中含碳量、含铬量越多，则淬硬倾向越大。预热可防止裂纹的产生。这类钢在焊后热处理时也有再热裂纹的倾向，需要注意防止。一般焊前预热150～450℃，可根据碳当量、结构刚度等确定。厚板宜采用多层多道焊，增加焊缝的自回火作用。焊后应保温缓冷。为了消除焊接应力，改善焊接接头的性能，焊后应进行热处理，一般用650～750℃的高温回火。回火温度不应超过母材的调质回火温度。对于气焊、电渣焊工件，有时采用正火加回火处理。

珠光体耐热钢主要采用焊条电弧焊和自动埋弧焊工艺，焊接材料的选择列于表3.4-38。

表3.4-37 超高强度钢的焊接工艺举例

焊接方法	母材厚度/mm	焊丝(焊条)直径/mm	电弧电压/V	焊接电流/A	焊速/m·h⁻¹	送丝速度/m·h⁻¹	焊剂或保护气体/L·min⁻¹	试验用钢	备注
焊条电弧焊	4	3.5	20～25	90～110				30CrMnSiA	
	10	3.0,4.0	21～32	130～140 200～220				30CrMnSiNi2A	预热350℃焊后680℃回火
自动埋弧焊	7	2.5	21～38	290～400	27		HJ431	30CrMnSiA(3层)	
	26	4.0,5.0	30～35	280～450			HJ350+KG4	30CrMnSiNi2A(13层)	
CO₂保护焊	2	0.8	17～19	75～85		120～150	CO₂ 7～8	30CrMnSi	短路过渡
	4	0.8	17～19	85～110		150～180	CO₂ 10～14	30CrMnSi	短路过渡
TIG焊(钨极惰性气体保护焊)	2.5	1.6	9～12	100～200	6.75	30～52.5	Ar 10～20	45CrNiMoV	预热260℃焊后650℃回火
	23	1.6	12～14	250～300	4.5	30～57	Ar14+He5	45CrNiMoV	预热300℃焊后670℃回火
	12.5	1.6	8.5～10	150～180	9～15	27～36	Ar12	18Ni马氏体时效钢	

表3.4-38 常用珠光体耐热钢焊接材料选择

焊接钢材	焊条	自动埋弧焊 焊丝	自动埋弧焊 焊剂	气焊丝	CO₂焊丝
12CrMo	E5515-B1	H10MoCr	HJ350 HJ430	H10MoCr	
15CrMo	E5515-B2 E5516-B2	H08CrMo H13CrMo	HJ350 HJ250	H08CrMo H13CrMo	H08Mn2SiCrMo
12Cr1MoV	E5515-B2-V	H08CrMoV	HJ250 HJ251	H08CrMoV	H08MnSiCrMoV
12MoVWBSiRE	E5515-B2-V E5515-B3-VWB			H08CrMoV	

（续）

| 焊接钢材 | 焊　条 | 自动埋弧焊 | | 气焊丝 | CO₂ 焊丝 |
		焊　丝	焊剂		
12Cr2MoWVB	E5515-B3-VWB			H08Cr2MoVNb	
Cr2.25Mo	E5515-B3-VNb	H08Cr2Mo	HJ250 HJ251	H08Cr2Mo	
12Cr3MoVSiTiB	新 R417			H08Cr2MoVNb	
ZG20CrMo	E5515-B1 E5515-B2	H08CrMo	HJ250 HJ251		H08Mn2SiCrMo
ZG20CrMoV	E5515-B2-V	H08CrMoV	HJ250 HJ251		H08Mn2SiCrMoV
ZG15Cr1MoV	E5515-B3-WB				H08MnSiCr1Mo1V

4.5.5　不锈钢的焊接

1. 马氏体不锈钢的焊接　由于这类钢具有强烈的淬硬及延迟裂纹倾向，应当采取预热及保持层间温度 200～450℃。为获得具有足够韧性的细晶组织，焊后应冷却到 150～120℃ 保温 2h，使奥氏体的主要部分转变为马氏体，然后及时进行 730～790℃ 高温回火，以防止粗晶组织及裂纹。通常选用与母材成分及组织相近的焊条。

2. 铁素体不锈钢的焊接　这类钢具有脆化与冷裂倾向。焊接时，过热区晶粒长大不能通过热处理细化，应采用小的热输入焊接。在 850～400℃ 区间应较快冷却，以防止 475℃ 脆化及 σ 相析出。当出现脆化时，可采取 600℃ 以上短时加热后空冷消除 475℃ 脆化；加热到 930～980℃ 急冷可消除 σ 相析出。

3. 奥氏体不锈钢的焊接　这类钢焊接的关注重点是热裂纹、脆化、晶间腐蚀及应力腐蚀。

不锈钢焊接可选用各种熔焊方法，以焊条电弧焊、氩弧焊、等离子弧焊工艺较为常用。焊接材料的选用如表 3.4-39 所示。

表 3.4-39　焊接材料的选用表

| 钢种 | 钢　号 | 焊　条 | | 氩弧焊焊丝 | 埋弧焊 | |
		国　标	统一牌号		焊　丝[①]	焊剂
奥氏体不锈钢、奥氏体·铁素体不锈钢	00Cr18Ni10	E308L	A002	H00Cr19Ni9	H00Cr22Ni10	HJ260 HJ772
					H00Cr19Ni9	GZ-1[②]
	1Cr18Ni9	E349	A112 A117	H0Cr19Ni9	H0Cr19Ni9	GZ-5[②]
	0Cr18Ni9Ti 1Cr18Ni9Ti	E347	A132 A137	H0Cr19Ni9Ti	H0Cr19Ni9Si2 H0Cr19Ni9V3Si2 H0Cr18Ni9TiAl	HJ260 HJ772 HJ260
					H0Cr19Ni9Ti	GZ-1[②]
	0Cr18Ni12Mo2Ti 1Cr18Ni12Mo2Ti	E318	A212	H0Cr19Ni10Mo3Ti	H00Cr19Ni11Mo3	HJ260 HJ772
					H0Cr19Ni10Mo3Ti	GZ-1[②]
					H0Cr19Ni9Ti	GZ-2[②]
	0Cr18Ni12Mo3Ti 1Cr18Ni12Mo3Ti	E317	A242	H0Cr19Ni10Mo3Ti	H0Cr19Ni9Ti	GZ-2[②]
	00Cr17Ni14Mo2 00Cr17Ni14Mo3	E316L	A022	H00Cr19Ni11Mo3	H00Cr19Ni11Mo3	HJ260 HJ772
	0Cr18Ni18Mo2Cu2Ti	—	A802			
	0Cr17Mn13Mo2N	—	A707			
	0Cr25Ni20	E310 E310Mo	A402 A407 A412			

①　当选用熔炼焊剂时，因 Cr 烧损，应注意焊丝成分选配。

②　GZ-1、GZ-2、GZ-5 为陶质焊剂（非标准）。

.5.6 铸铁的焊接

铸铁焊接应当注意的是：热应力裂纹；熔合区的白口组织；焊缝金属的热裂纹。采取整体预热或合理的局部预热，减少焊接的热输入等措施可以防止热应力裂纹。解决白口组织的措施有：当采用铸铁填充金属时，减慢800℃以上高温时的冷却速度，并增强焊缝石墨化的能力；当电弧冷焊时，采用高镍或纯镍焊条。防止焊缝热裂纹的措施是采取底部圆滑的坡口、小电流、窄焊道及短道焊、断续焊等工艺。灰铸铁焊接以焊条电弧焊、气焊最为广泛。

.5.7 非铁金属的焊接

1. 铝及铝合金的焊接 这类材料焊接时，表面极容易生成致密的氧化膜，如不清除将会阻碍母材的熔化及熔合，并形成夹杂。由于铝的导热、导电性好，焊接时需要比焊钢时更大功率的电源；焊件有较大的热应力、变形和裂纹倾向。尤其是铝由固态转变为液态时，无颜色变化，使焊接操作困难。焊接时的填充材料一般可选用与母材相同或相近的材料；氩气纯度应大于9.9%。焊件及焊丝在焊前必须严格清理，以除去表面的油污、氧化膜等杂质。

2. 铜及铜合金的焊接 铜由于导热性好，焊接时需要较大的热输入，常常要预热。焊接时应采用窄焊道，焊后立即轻敲焊道，可细化晶粒，减少应力及变形。焊接铜及铜合金时还应注意防止热裂纹及气孔。

3. 钛及钛合金的焊接 由于钛的化学活性大，焊接时对于400℃以上的区域均应妥善保护。焊接钛时晶粒容易长大，形成过热组织，使塑性降低。所以，焊接应当选用小电流、快速焊。工业纯钛及α钛合金焊接性好，而β及α+β钛合金的焊接性较差。氩弧焊是常用的焊钛方法。焊前工件应严格清洗；氩气纯度应在9.99%以上。焊接区应严加保护。填充材料可用与母材同成分的焊丝。

4.6 焊接应力与变形

焊接应力与变形产生的根本原因就是焊件在焊接过程中经受了不均匀的加热及冷却。由于焊接热过程的作用，在焊接构件中产生了应力状态及形状、尺寸的变化。

焊接应力与变形的影响因素有：焊接工艺方法，焊接参数及具体的施焊方法，焊件材料的热物理性能，焊件的形状及尺寸，焊缝的位置、尺寸及数量、装配焊接顺序等。一般来说，焊件在拘束程度大的条件下焊接，其焊接变形小而应力大；在拘束程度小的情况下焊接，则焊接变形大而应力小。

4.6.1 焊接应力

在没有外力作用的情况下，物体内部存在的应力称为内应力。内应力在物体内部自相平衡。常见的内应力有：热应力、相变应力、装配应力、残余应力等。当构件承受局部载荷或经受不均匀加热时，都会在局部地区产生塑性应变。当局部外载或热源撤离后，构件恢复到自由状态时，由于其内部发生了不能恢复的塑性变形，因而产生了相应的内应力，称为残余应力。构件中残留下来的变形，即称为剩余变形。

1. 焊接残余应力的调节 在焊缝设计及焊接工艺方面采取相应的措施可以调节内应力、降低残余应力的峰值；调整内应力的分布；因此有利于消除焊接裂纹等缺陷。

（1）改进焊缝设计 应尽量减少焊缝的数量及尺寸，采用填充量少的坡口形式。焊缝应尽量避免过分集中、避免交叉的焊缝。采用刚度较小的焊缝，使焊缝能自由收缩。

（2）采用合理的焊接顺序及方向

1）先焊收缩量较大的焊缝，使其尽量能够自由收缩。在具有对接及角接焊缝的结构中，应当先焊收缩量较大的对接焊缝。

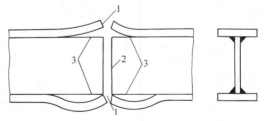

图 3.4-13 工字梁的拼接顺序
1、2—对接焊缝 3—角焊缝

2）先焊工作时受力较大的焊缝，使内应力合理分布。图 3.4-13 所示的工字梁，应当先焊受力最大的翼板对接焊缝1，然后焊接腹板对接焊缝2，最后焊接预先留出的翼板角焊缝3。这样可使翼板焊缝预先承受压应力，而腹板则为拉应力。翼板角焊缝最后焊接，可使腹板有一定的收缩余地。这样焊成的工字梁，其疲劳强度比先焊腹板的梁高出约 30%。

3）在拼板时应先焊错开的短焊缝，后焊直通的长焊缝（见图 3.4-14），使焊缝能有较大的横向收缩余地。

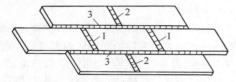

图 3.4-14 合理的拼板焊接顺序

4）焊接时，应使焊缝的收缩比较自由。对接焊缝的焊接方向，应当指向自由端。

5）焊接封闭焊缝或刚度较大的焊缝时，可以采用反变形法来降低接头的刚度，以减小焊后的剩余应力。

6）焊后使用带有圆弧面的手锤或风枪锤击焊缝，从而降低内应力。锤击应保持均匀、适度。

7）在结构的适当部位进行加热，使它产生与焊后收缩方向相反的伸长变形。在冷却时，加热区的收缩与焊缝的收缩方向相同，由于焊缝的收缩比较自由，从而减小了内应力。

2. 焊后消除内应力的方法

（1）整体高温回火 常用钢材、非铁金属及其合金焊后消除应力热处理的温度见表 3.4-40 及表 3.4-41。高温保温时间按材料的厚度确定。钢按每 mm1~2min 计算，一般不少于 30min，不必多于 3h。实践表明，整体高温回火可以将 80%~90% 以上的残余应力消除，效果最好。

表 3.4-40 常用钢材焊后消除应力热处理

材料类别	钢　号	焊后热处理	
		壁厚 δ/mm	温度/℃
管材	20	>36	600~650
	Q390（15MnV）	>20	520~570
	Q345（16Mn）		600~650
	12CrMo		650~700
	15CrMo	>10	670~700
	12Cr1MoV	>6	720~750
	12Cr2MoWVB 12Cr2MoVSiTiB	任意壁厚	750~780
	1Cr5Mo		

（续）

材料类别	钢　号	焊后热处理	
		壁厚 δ/mm	温度/℃
板材	碳素钢	>38	600~650
	Q345R（16MnR）	>34	
	Q390R（15MnVR）	>32	520~570

注：焊后热处理的加热速度、恒温时间及冷却速度应符合下列要求：加热速度：升温至 300℃ 后，加热速度不应超过 $220 \times \frac{25}{\delta}$ ℃/h。且不大于 220℃/h。恒温时间：碳素钢每 mm 壁厚需 2~2.5min，合金钢每 mm 壁厚需 3min，且不少于 30min。冷却速度：恒温后的冷却速度不应超过 $275 \times \frac{25}{\delta}$ ℃/h，且不大于 275℃/h。300℃ 以下可自然冷却。

表 3.4-41 非铁金属及其合金消除应力热处理的温度

材料种类	铝合金	镁合金	钛合金	铌合金
回火温度/℃	250~300	250~300	550~600	1100~1200

（2）局部高温回火 常用于管道及长筒形容器的焊接接头，以及长构件的对接接头等。

（3）机械拉伸法 焊后对焊接构件加载，使具有较高拉伸残余应力的区域产生拉伸塑性变形，卸载后可使焊接残余应力降低。

（4）温差拉伸法 在焊缝两侧用移动的火焰进行加热，随后进行喷水急冷。因此造成了两侧高、而焊缝区低的温度场。两侧的金属对焊缝区进行拉伸，并且产生拉伸塑性变形，抵消了焊接过程中产生的部分压缩塑性变形，从而降低了焊接残余应力。这种方法适用于焊缝比较规则、厚度不大（<40mm）的容器、船舶等板壳结构。

（5）振动法 利用振动产生的交变应力来消除部分残余应力。其优点为设备简单、操作方便。

4.6.2 焊接变形

1. 焊接残余变形的分类

（1）纵向收缩变形 构件沿焊缝方向上发生的变形。低碳钢纵向收缩变形见表 3.4-42。

表 3.4-42 低碳钢纵向收缩变形

（单位：mm·m^{-1}）

对接焊缝	连续角焊缝	间断角焊缝
0.15~0.30	0.20~0.40	0~0.10

表 3.4-43　焊缝横向收缩变形近似值

接头形式	板厚 /mm						
	3~4	4~8	8~12	12~16	16~20	20~24	24~30
	收缩量 /mm						
V形坡口对接	0.7~1.3	1.3~1.4	1.4~1.8	1.8~2.1	2.1~2.6	2.6~3.1	—
X形坡口对接	—	—	—	1.6~1.9	1.9~2.4	2.4~2.8	2.8~3.2
单面坡口十字接头	1.5~1.6	1.6~1.8	1.8~2.1	2.1~2.5	2.5~3.0	3.0~3.5	3.5~4.0
单面坡口角焊缝	0.8			0.8	0.7	0.4	
无坡口单面角焊缝	0.9			0.8	0.7	0.4	
双面断续角焊缝	0.4	0.3	0.2	—	—	—	

（2）横向收缩变形　构件在垂直于焊缝方向上的变形。对接接头的横向收缩量比较大。其数值与板厚、坡口型式及角度、间隙等有关。横向收缩近似值见表3.4-43。

（3）弯曲变形　构件焊后整体发生的弯曲。

（4）扭曲变形　焊后构件发生的螺旋形变形。

（5）角变形　由于焊缝的横向收缩在厚度上分布的不均匀性，造成焊件以焊缝为轴心转动而产生的变形。

（6）波浪变形　在薄板结构中，压应力使其失稳而引起的变形。

2. 焊接变形的防止措施

（1）改进焊缝设计　尽量减少焊缝数量；合理选择焊缝形状及尺寸；合理设计结构形式及焊缝位置。

（2）采取必要的工艺措施

1）反变形：焊前将构件装配成具有与焊接变形相反方向的预先反变形。反变形的大小应以能抵消焊后形成的变形为准。工字梁盖板焊接时的反变形如图3.4-15所示。焊接工字梁时采用的上、下盖板的反变形值见表3.4-44及表3.4-45。

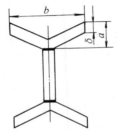

图 3.4-15　工字梁盖板的焊前反变形
a—反变形量　b—板宽　δ—板厚

表 3.4-44　工字梁盖板焊条电弧焊时反变形 a 值　（单位：mm）

板宽 b ＼ 板厚 δ	10	12	14	16	18	20	24	30	36	40
100	2.5	1.95	1.6	1.35	1.19	1.15	0.9	0.7	0.6	0.53
200	5	3.9	3.2	2.7	2.38	2.1	1.79	1.4	1.2	1.06
400	10	7.8	6.38	5.4	4.75	4.2	3.58	2.8	2.3	2.13
1000	25	19.5	16	13.5	11.9	10.5	9	7	6	5.3

表 3.4-45　工字梁盖板埋弧焊时反变形 a 值　（单位：mm）

板宽 b ＼ 板厚 δ	10	12	14	16	18	20	24	30	36	40
100	1.5	2.14	2.8	2.9	2.42	2.1	1.66	1.25	1	0.87
200	3	4.28	5.6	5.8	4.88	4.22	3.3	2.5	2.1	1.28
400	6	8.57	11.2	11.6	9.75	8.42	6.52	5	4.02	3.58
600	9	12.85	16.8	17.4	14.5	12.6	9.9	7.5	6.02	5.24
720	10.8	15.4	20.8	20.9	17.5	15.2	11.9	9	7.23	6.4

2）刚性固定：将构件加以固定来限制焊接变形。可采用胎卡具或临时支承等措施，提高该结构在焊接时的刚度，以减少焊接变形量。但是

这种方法同时又增加了焊接应力。

3）选用合理的焊接方法及焊接参数：选用能量密度较高的焊接方法，可以减小焊接变形。采

用跳焊、逐步退焊等措施，可减小焊接变形量。

4）选择合理的装配焊接顺序：构件在装配过程中，截面的重心位置也在不断地变化着。同样的构件，采用不同的装配焊接顺序，就有不同的变形量。

5）预拉伸法：采用机械的预拉伸、加热的预拉伸，或以上两种方法同时使用的预拉伸，可使薄板预先受到拉伸与伸长。这时在张紧的薄板上装配焊接骨架，可很好地防止波浪变形。

3. 焊接变形的矫正

（1）机械矫正法　采用手工锤击、压力机等机械方法使构件的材料产生新的塑性变形，以矫正焊接时发生的变形。对于薄板拼焊件，常采用多辊平板机进行变形的矫正。

（2）火焰矫正法　利用金属局部受火焰加热后在该部位引起新变形与焊接变形相抵消，以达到矫形的目的。使用时应控制加热的温度及位置。对于低碳钢及普通低合金钢，常用 600～800℃ 的加热温度。由于这种方法需要对构件再次加热至高温，所以对于合金钢等材料应当慎用。

4.7　焊接质量检验

4.7.1　焊接缺陷

常见的焊接缺陷及其特征列于表 3.4-46。产生焊接缺陷的主要因素见表 3.4-47。该表从焊缝的材料因素、工艺因素、结构因素等方面介绍了产生缺陷的原因，为缺陷的防治提供了方向。

表 3.4-46　常见的焊接缺陷及其特征

缺陷种类	特　征
焊缝外形尺寸及形状不符合要求	焊缝外形尺寸（如长度、宽度、余高、焊脚等）不符合要求，焊缝成形不良
咬边	焊件表面上焊缝金属与母材交界处形成凹下的沟槽
焊瘤	焊缝边缘或焊件背面焊缝根部存在未与母材熔合的金属堆积物
弧坑	焊缝末端收弧处的熔池未被填充满，在凝固收缩后形成的凹坑
气孔	存在于焊缝金属内部或表面的孔穴
夹渣	残存在焊缝中的宏观非金属夹杂物
未焊透	焊缝与母材之间，或焊缝金属之间的局部未熔合
裂纹	存在于焊缝或热影响区内部或表面的缝隙

注：本表只包括熔化焊常见缺陷。

表 3.4-47　产生焊接缺陷的主要因素

类别	名称	材　料　因　素	工　艺　因　素	结　构　因　素
热裂纹	结晶裂纹	（1）焊缝金属中的合金元素含量增大，结晶温度区间大 （2）焊缝金属中的 P、S、C、Ni 含量较高 （3）焊缝金属中的 Mn/S 比例不合适	（1）焊接热输入过大，使近缝区的过热倾向增加，晶粒长大，引起结晶裂纹 （2）熔深与熔宽比过大 （3）焊接顺序不合理，焊缝不能自由收缩	（1）焊缝附近的刚度较大（如大厚度、高拘束度的构件） （2）接头型式不合适，如焊深较大的对接接头和各种角缝（包括搭接接头、丁字接头和外角接焊缝）抗裂性差 （3）接头附近的应力集中（如密集、交叉的焊缝）
	液化裂纹	母材中的 P、S、B、Si 含量较多	（1）热输入过大，使过热区晶粒粗大，晶界熔化严重 （2）熔池形状不合适，凹度太大	（1）焊缝附近的刚度较大，如大厚度、高拘束度的构件 （2）接头附近的应力集中，如密集、交叉的焊缝
	高温失塑裂纹	纯金属或单相奥氏体合金	热输入过大，使温度过高，容易产生裂纹	
冷裂纹	氢致裂纹	（1）钢中的 C 或合金元素含量增高，使淬硬倾向增大 （2）焊接材料中的含氢量较高	（1）接头熔合区附近的冷却时间（800～500℃）小于出现铁素体 800～500℃ 临界冷却时间，热输入过小 （2）未使用低氢焊条 （3）焊接材料未烘干，焊口及工件表面有水分、油污及铁锈 （4）焊后未进行保温处理	（1）焊缝附近的刚度较大（如材料的厚度大，拘束度高） （2）焊缝布置在应力集中区 （3）坡口型式不合适（如 形坡口的拘束应力较大）
	淬火裂纹	（1）钢中的 C 或合金元素含量增高，使淬硬倾向增大 （2）对于多组元合金的马氏体钢，焊缝中出现块状铁素体	（1）对冷裂倾向较大的材料，其预热温度未作相应的提高 （2）焊后未立即进行高温回火 （3）焊条选择不合适	
	层状撕裂	（1）母材中出现片状夹杂物（如硫化物、硅酸盐和氧化铝等） （2）母材基体组织硬脆或产生时效脆化 （3）钢中的含硫量过多	（1）热输入过大，使拘束应力增加 （2）预热温度较低 （3）由于焊根裂纹的存在导致层状撕裂的产生	（1）接头设计不合理，拘束应力过大（如 T 形填角焊、角接头和贯通接头） （2）拉应力沿板厚方向作用

（续）

类别	名称	材 料 因 素	工 艺 因 素	结 构 因 素
再热裂纹		（1）焊接材料的强度过高 （2）母材中 Cr、Mo、V、B、S、P、Cu、Nb、Ti 的含量较高 （3）热影响区粗晶区域的组织未得到改善（未减少或消除马氏体组织）	（1）回火温度不够，持续时间过长 （2）焊趾处形成咬边而导致应力集中 （3）焊接次序不对使焊接应力增大 （4）焊缝的余高导致近缝区的应力集中	（1）结构设计不合理造成应力集中（如对接焊缝和填角焊缝重选） （2）坡口型式不合适导致较大的拘束应力
气孔		（1）熔渣的氧化性增大时，由 CO 引起气孔的倾向增加；当熔渣的还原性增大时，则氢气孔的倾向增加 （2）焊件或焊接材料不清洁（有铁锈、油类和水分等杂质） （3）与焊条、焊剂的成分及保护气体的气氛有关 （4）焊条偏心，药皮脱落	（1）当电弧功率不变，焊接速度增大时，增加了产生气孔的倾向 （2）电弧电压太高（即电弧过长） （3）焊条、焊剂在使用前未进行烘干 （4）使用交流电源易产生气孔 （5）气保焊时，气体流量不合适	仰焊、横焊易产生气孔
夹渣		（1）焊条和焊剂的脱氧、脱硫效果不好 （2）渣的流动性差 （3）在原材料的夹杂中含硫量较高及硫的偏析程度较大	（1）电流大小不合适，熔池搅动不足 （2）焊条药皮成块脱落 （3）多层焊时层间清渣不够 （4）焊渣焊时焊接条件突然改变，母材熔深突然减小 （5）操作不当	立焊、仰焊易产生夹渣
未熔合			（1）焊接电流小或焊接速度快 （2）坡口或焊道有氧化皮、熔渣及氧化物等高熔点物质 （3）操作不当	应检查坡口形式、尺寸是否合理
未焊透		焊条偏心	（1）焊接电流小或焊速太快 （2）焊条角度不对或运条方法不当 （3）电弧太长或电弧偏吹	坡口角度太小，钝边太厚，间隙太小
形状缺陷	咬边		（1）焊接电流过大或焊接速度太慢 （2）在立焊、横焊和仰焊时，电弧太长 （3）焊条角度和摆动不正确或运条不当	立焊、仰焊时易产生咬边
	焊瘤		（1）焊接参数不当，电压过低，焊速不合适 （2）焊条角度不对或电极未对准焊缝 （3）运条不正确	坡口太小
	烧穿和下塌		（1）电流过大，焊速太慢 （2）垫板托力不足	（1）坡口间隙过大 （2）薄板或管子的焊接易产生烧穿和下塌
	错边		（1）装配不正确 （2）焊接夹具质量不高	
	角变形		（1）焊接顺序对角变形有影响 （2）在一定范围内，热输入增加，则角变形也增加 （3）反变形量未控制好 （4）焊接夹具质量不高	（1）角变形程度与坡口形状有关（如对接焊缝 V 形坡口的角变形大于 X 型坡口） （2）角变形与板厚有关，板厚为中等时角变形最大，厚板、薄板的角变形较小
	焊缝尺寸、形状不合要求	（1）熔渣的熔点和粘度太高或太低都会导致焊缝尺寸、形状不合要求 （2）熔渣的表面张力较大，不能很好地覆盖焊缝表面，使焊纹粗、焊缝高、表面不光滑	（1）焊接参数不合适 （2）焊条角度或运条手法不当	坡口不合适或装配间隙不均匀
其他缺陷	电弧擦伤		（1）焊工随意在坡口外引弧 （2）接地不良或电气接线不好	

.7.2 焊接检验方法

焊接检验方法如图 3.4-16 所示。

1. 焊缝金属、焊接接头力学性能试验 常见的力学性能试验包括：拉伸试验，弯曲试验，冲击试验，硬度试验，断裂韧性试验等。

力学性能试验的取样、试样加工、操作及评定方法等，可按照 GB/T 2649—1989、GB/T 2650—1989、GB/T 2651—1989、GB/T 2652—1989、GB/T 2653—1989、GB/T 2654—1989 的规定执行。

2. 金相检验　借助显微镜等仪器设备，观察及研究由于焊接过程造成的金相组织变化。从而对焊接材料、工艺方法及焊接工艺参数的合理性作出相应的评价。

（1）宏观金相检验　用肉眼或借助于低倍放大镜进行检查。检验内容列于表 3.4-48。

（2）微观金相检验　借助金相显微镜可检查焊接接头各区域的微观组织、偏析、缺陷及析出相，分析研究这些变化与焊接材料、工艺方法及参数的关系。用 X 射线衍射仪进行焊缝金属组织结构的定性分析。用电子显微镜进行组织形态、析出相及夹杂物分析、断口分析、事故分析。用电子探针进行微区化学成分分析及组成分析等。

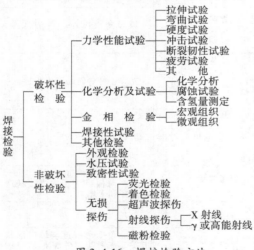

图 3.4-16　焊接检验方法

3. 化学检验　包括各种焊接材料及焊缝金属化学成分分析、熔敷金属中扩散氢含量的测定、焊缝和焊接接头的腐蚀试验等。

4. 外观检验　用肉眼或低倍放大镜，检查焊接接头的外观质量及缺陷。

5. 水压试验　用于检验管道、储罐、压力容器等结构的焊接接头的穿透性缺陷。也可作为产品的强度试验，并能降低结构的焊接应力。

表 3.4-48　宏观金相检验方法

方　法	检验内容	检验对象	备　注
宏观组织（粗晶）分析	焊缝一次结晶组织的粗细程度和方向性；熔池形状、尺寸；焊接接头各区段的界限和尺寸；各种焊接缺陷（裂纹、气孔、夹渣、未焊透等）	焊接接头，一般取横断面	也可取接头表面层，进行产品的非破坏性检验
断口分析	断口组成；裂纹源及扩展方向；断裂性质（塑性或脆性）及断裂类型（晶间、穿晶或复合）；组织与缺陷及其对断裂的影响	冲击、拉伸、弯曲、疲劳、压扁试件的断口和折断试验法断口、破坏事故废品的断口	尽可能以电子显微镜和电子探针对断口进行分析，对断裂性质、断裂原因做进一步分析和判断
硫、磷、氧化物印	硫、磷和氧化物的偏析程度（数量、大、小、分布等）	焊接接头，一般取横断面	
钻孔检验法	焊缝中气孔、夹杂（夹渣）、焊接接头熔合线附近未焊透、焊缝和热影响区裂纹	不便用其他方法检验的产品部位	只在不得已情况下自然使用

6. 致密性试验　用于检验不受压或受压很低的容器、管道焊缝的穿透性缺陷。常用的方法有：涂肥皂水的气密性检验、氨气检验、煤油试验等。

7. 无损探伤　采用着色、荧光、磁粉、超声波及射线检验方法，检查焊接产品表面及内部的缺陷。几种无损探伤检验的比较列于表 3.4-49。

表 3.4-49　几种无损探伤检验比较

检验方法	能探出的缺陷	可检验厚度	灵　敏　度	判断方法	备　注
着色检验 荧光检验	贯穿表面的缺陷（如微细裂纹、气孔等）	表面	缺陷宽度小于 0.01mm 深度小于 0.03～0.04mm 者检查不出	直接根据着色溶液（渗透液）在吸附（显影）剂上的分布，确定缺陷位置。缺陷深度不能确定	焊接接头表面一般不需加工，有时需打磨加工

（续）

检验方法	能探出的缺陷	可检验厚度	灵 敏 度	判断方法	备 注
磁粉检验	表面及近表面的缺陷（如微细裂纹、未焊透气孔等）被检验表面最好与磁场正交	表面及近表面	比荧光法高；与磁场强度大小及磁粉质量有关	直接根据磁粉分布情况判定缺陷位置。缺陷深度不能确定	1. 同上 2. 限于母材及焊缝金属，均为磁性材料
超声波探伤	内部缺陷（裂纹、未焊透、气孔及夹渣）	焊件厚度上限几乎不受限制，下限一般为 8 ~ 10mm，最小可达 2mm 左右	能探出直径大于 1mm 以上的气孔、夹渣。探裂纹较灵敏。探表面及近表面的缺陷较不灵敏	根据荧光屏上讯号的指示，可判断有无缺陷及其位置以及大致的尺寸大小，判断缺陷种类较难	检验部位的表面需加工 $R_a12.5$ ~ $R_a1.6\mu m$，可以单面探测
X 射线探伤	内部裂纹、气孔、未焊透、夹渣等缺陷	≤60mm	能检验出尺寸大于焊缝厚度1% ~ 2%的缺陷	从底片上能直接判断缺陷种类、大小和分布；对平面形缺陷（如裂纹）不如超声波灵敏度高	焊接接头表面不需加工；正反两个面都必须是可接近的
γ 射线探伤		60 ~ 150mm，铱192 可探 0.1 ~ 65mm	较 X 射线低，一般约为焊缝厚度的3%		
高能射线探伤		25 ~ 600mm	较 X 射线及 γ 线高，一般可达到小于焊缝厚度的1%		

4.8 切割

4.8.1 切割方法分类、特点及应用

切割是利用热能使材料分离的加工方法。根据采用热能种类及方式的不同，目前已发展成多种切割方法。使用这些切割方法，几乎可切割所有类型的工程材料。切割可分为：气体火焰切割、气体放电切割、束流切割等三大类。它们的切割原理、具体工艺、特点及应用范围列于表3.4-50。

4.8.2 气体火焰切割

1. 氧-燃气切割

（1）氧-乙炔切割 切割原理是用氧-乙炔预热火焰把金属表面加热到燃点，然后打开切割氧，使金属氧化燃烧并放出热量，同时将燃烧生成的氧化熔渣从切口吹掉，形成割缝，实现金属的切割。

进行普通切割的条件是被切割金属在氧流中的燃点，以及切割时生成氧化物的熔点，均应低于被切割金属的熔点，且切割温度下氧化物的流动性较好。

普通碳钢、高锰钢、低铬、低铬钼以及铬镍合金钢、不锈钢—碳钢复合板以及钛合金等都可进行氧-乙炔切割。

表 3.4-50 切割工艺的原理、分类、特点及应用

方法名称	方法原理	方法分类	特点及适用范围
气体火焰切割	利用火焰把金属表面加热到燃点打开切割氧，使金属燃烧并放出热量，同时将氧化熔渣从切口吹掉，从而实现金属的切割	气割、氧熔剂切割、火焰气刨、火焰表面清理、火焰净化、火焰穿孔	凡燃点低于熔点的金属，均可用氧进行火焰切割和表面清理；附加熔剂后可切割不锈钢、铸铁、其他合金或矿石
气体放电切割	利用电弧或等离子弧迅速熔化金属，借助氧或空气立即吹掉形成切口以实现金属的切割	等离子弧切割、电弧—压缩空气气刨、电弧—氧切割	适于切割所有金属及非金属材料，电弧气刨适于清除各类缺陷
束流切割	利用束流能量排除被切物以形成切口，从而实现材料的切割	激光切割、电子束切割、水射流切割	适于切割所有金属及非金属材料，切口精度高

预热火焰应采用中性焰，预热时间约 3 ~ 30s（视工件厚度而定），预热火焰应将工件切割起点表面加热到一定温度（钢为 900℃ 左右），然后开切割氧。厚度 30mm 以下钢板直线切割时，采用 20°~30° 的后倾角，可提高切割速度。曲线切割时，割嘴必须严格垂直切割件表面。

（2）氧-丙烷切割 由于液化石油气的主要成分是丙烷，故习惯上称之为丙烷。氧-丙烷切割的燃气费用可大幅度降低（总成本降低 30% 以上），切割面质量好，表面光洁。切割面硬度和含碳量低于氧-乙炔切割。切割薄件时变形量小。丙烷燃烧速度低，是乙炔的 27%，切割时不易回火。燃烧发热量比乙炔高 1 倍左右。丙烷火焰氧气消耗量大。

（3）氧-天然气切割 天然气的主要成分是甲烷、丙烷。天然气比丙烷燃烧温度更低，更需强化预热火焰。点火及调整火焰时易灭火。与氧-丙烷切割相比，预热时间稍长，割速更慢。

此外，还有氧-氢切割、割嘴的切割氧孔道为拉瓦尔喷管形的快速优质切割、切割 600mm 以上厚度钢件的大厚度切割、在切割过程中割嘴以一定频率和幅度前后上下振动的振动火焰切割、以及用于连铸、连轧钢坯切断的钢的热态切割等。

2. 氧熔剂切割 在供给切割氧的同时，将铁粉或其他熔剂送到切割区，利用其反应热和反应产物，提高切口温度、改善熔渣流动性。并伴随有机械冲刷作用，从而实现对不锈钢、铸铁及其他合金的切割。

3. 火焰气刨 采用气割原理在金属表面加工沟槽的方法。

4. 火焰表面清理 采用气割火焰铲除钢锭表面缺陷的方法。

5. 火焰净化 采用氧-燃气火焰使金属或石工件的表面迅速地短时间被加热，使有机或无机覆层（涂层）剥落或反应气化而被去除的方法。

6. 火焰穿孔 用低碳钢管在矿石或金属料上穿孔的方法。

4.8.3 气体放电切割

1. 等离子弧切割 等离子弧是电弧经机械压缩、热压缩和电磁压缩效应而形成。其形式有两种：转移电弧用于较厚材料的切割；非转移电弧用于薄件或非金属材料的切割。

等离子弧切割所要求的电弧功率和压缩程度都比焊接时强，能量更集中，温度可达 10000~30000℃，并具有很强的吹力。

用等离子弧可以切割不锈钢、高合金钢、铸铁、铜、铝及其合金，以及非金属材料等。切割速度快、切口窄、切割质量好。切割厚度可达 150~200mm。不锈钢等材料等离子弧切割工艺参数见表 3.4-51。

表 3.4-51 各种材料等离子弧切割工艺参数

材料	厚度 /mm	喷嘴孔径 /mm	电弧电压 /V	工作电流 /A	气体成分	气体流量 /L·h⁻¹	切割速度 /m·min⁻¹
不锈钢	12	2.4	100~110	140~160	N_2	2700~3000	80~100
		2.8	130~140	200~240	N_2	2700~3000	120~150
	20	2.8	130~140	200~240	N_2	2700~3000	70~80
	30	3.2	140~150	240~280	N_2	2700~3000	25~35
	45	3.2	140~150	250~350	N_2	2500~2700	20~25
	80	3.5~4.0	150~160	350~400	N_2	1800~2000	8~10
	130	5.5	170~180	500	$N_2 + H_2$	$N_2$3170 $H_2$960	8~10
铝及铝合金	16	2.8	130~140	160~200	N_2	3000	140~160
	80	4.0	150~180	350~380	$N_2 + H_2$	$N_2$2150~2440	13~20
	150	5.0	170~240	420~480	$N_2 + H_2$	$H_2$2700~2750	9~10
铸 铁	100	5.0	160	400	$N_2 + H_2$	$N_2$3170 $H_2$960	10~13

2. 电弧—压缩空气气刨 利用电弧的高温使材料熔化或燃烧，用压缩空气把熔化金属吹掉。可以切割高合金钢、铝、铜及其合金等，以及清除焊接及铸造缺陷、开坡口等。

3. 电弧—氧切割

电弧在空心电极与工件之间燃烧，通过空心电极的切割氧使切割连续进行，熔融物被切割氧排出，而形成切口。这种方法设备简单，但切割表面不规则。

4.8.4 束流切割

1. 激光切割 激光切割多采用大功率 CO_2 激光器的激光束热能实现切割。可切割碳钢、不锈钢、钛、钽、镍、铌、锆等金属及非金属材料。这种切割的特点是：切缝窄、速度快、热影响区小、切口光洁。在 10mm 以下金属切割中，割缝宽度仅为 0.1~0.3mm。

2. 电子束切割 利用电子束的能量将被切材料熔化，熔化物蒸发或流出而形成切口。

电子束切割速度快、精度高，易于实现自动化。由于被切工件都置于真空室内，所以成本较高。

3. 水射流切割 利用 200~400MPa 的高压水，有时也加一些粉末状的磨料，通过喷嘴射到工件上进行切割的工艺方法。此法可切割金属、复合材料、玻璃、陶瓷以及其他特殊的工程材料。切割过程中无粉尘、无污染。

4.9 粘接

采用一层非金属的中间体材料，通过化学反应或物理凝固等作用使这层材料既有一定的内聚力，又能对与其界面接触的材料产生粘附力，从而把两个物体紧密地结合在一起的连接方法称为粘接，又称为胶接。作为中间连接体的材料称为胶粘剂，或称为胶结剂、胶接剂。

粘接可分为两类：

(1) 结构粘接：特征是粘接接头要长久地承受力学载荷。金属粘接就是其中最重要、最典型的一种。

(2) 非结构粘接：属于密封、定位、修补等非力学承载的粘接。

4.9.1 粘接的特点

可粘接的材料范围较广，可以粘接不同种类或不同形状的材料，或者厚度相差悬殊的材料，甚至还可粘接带有各种涂层的材料；加工温度低，工艺性好；粘接可以造成材料多种性能的复合；可以发展新型夹芯复合材料；粘接产品的力学性能较低；耐热、耐候老化性能较差；机械化施工程度较低；无损检测的手段较少。

4.9.2 胶粘剂

"通过粘合作用，能使被粘物结合在一起的物质叫胶粘剂。"（GB/T 2943—1994）。胶粘剂按其主要组分的化学性能可分为：有机胶粘剂、无机胶粘剂两类，这两类分别又包含天然的与合成的两种类型。

合成胶粘剂可分为化学反应型及物理凝固型两类。或根据其在不同温度下的状态分为热固性和热塑性两类。适用于不同结构材料的胶粘剂见表3.4-52。

表 3.4-52 适用于不同结构材料的胶粘剂

胶粘剂种类 / 被粘材料	环氧胶	酚醛胶	聚氨酯胶	丙烯酸酯(厌氧胶)	双马来酰亚胺胶	聚酰亚胺胶	氰基丙烯酸酯胶	不饱和聚酯胶	有机硅胶
结构钢	✓	✓	✓	✓	✓	✓		✓	
铬镍钢	✓	✓	✓	✓		✓			✓
铝及铝合金	✓	✓	✓	✓	✓	✓	✓		
铜及铜合金	✓	✓	✓	✓			✓		
钛及钛合金	✓	✓	✓	✓		✓			✓
玻璃钢	✓	✓	✓	✓		✓	✓		

4.9.3 粘接工艺

粘接工艺包括：确定粘接工艺方案、优选合理的胶粘剂、选择接头形式、进行表面处理（预清洗、除油、机械处理、化学处理、涂底胶）、预装配、胶粘剂准备、涂胶、固化（确定合理的固化温度、固化压力与固化时间等）、质量检测等。

5 热处理与表面处理

5.1 热处理方法分类、特点及应用

热处理是将固态金属或合金采用适当的方式进行加热、保温和冷却以获得所需要的组织结构与性能的工艺。热处理的目的是通过改变和控制金属材料的组织及性能，以满足工程中对于材料的工作性能或加工要求。

按照 GB/T 12603—1990《金属热处理工艺分类及代号》，热处理工艺分类由基础分类和附加分类组成。基础分类及代号如表 3.5-1 所示，由四位数字组成；附加分类是对基础分类中某些工艺的进一步分类，如表 3.5-2 ~ 表 3.5-5 所示。例如 5131W 代表炉中整体加热淬火工艺，该工艺使用水冷淬火。

表 3.5-1 热处理工艺分类及代号

工艺总称	代号	工艺类型	代号	工艺名称	代号	加热方法	代号
热处理	5	整体热处理	1	退火	1	加热炉	1
				正火	2		
				淬火	3	感应	2
				淬火和回火	4		
				调质	5		
				稳定化处理	6	火焰	3
				固溶处理，水韧处理	7		
				固溶处理和时效	8		
		表面热处理	2	表面淬火和回火	1	电阻	4
				物理气相沉积	2		
				化学气相沉积	3	激光	5
				等离子体化学气相沉积	4		
		化学热处理	3	渗碳	1	电子束	6
				碳氮共渗	2		
				渗氮	3		
				氮碳共渗	4	等离子体	7
				渗其他非金属	5		
				渗金属	6		
				多元共渗	7	其他	8
				熔渗	8		

表 3.5-2 加热介质及代号

加热介质	固体	液体	气体	真空	保护气氛	可控气氛	流态床
代号	S	L	G	V	P	C	F

表 3.5-3 退火工艺及代号

退火工艺	去应力退火	扩散退火	再结晶退火	石墨化退火
代号	e	d	r	g

退火工艺	去氢退火	球化退火	等温退火
代号	h	s	n

表 3.5-4 淬火冷却介质和冷却方法及代号

冷却介质和方法	空气	油	水	盐水	有机水溶液	盐浴
代号	a	e	w	b	y	s
冷却介质和方法	压力淬火	双液淬火	分级淬火	等温淬火	形变淬火	冷处理
代号	p	d	m	n	f	z

表 3.5-5 渗碳、碳氮共渗后冷却方法及代号

冷却方法	直接淬火	一次加热淬火	二次加热淬火	表面淬火
代号	g	r	t	h

热处理是机械制造工艺的重要组成部分。选择正确的和先进的热处理工艺，可以充分发挥材料潜力，提高产品质量及使用寿命，增加机加工效益，降低成本。从与其他加工工艺的关系上，热处理工艺可分为中间热处理和最终热处理。

5.2 Fe-Fe₃C 合金相图及其应用

钢是一定成分范围内的铁碳合金。图 3.5-1是 Fe-Fe₃C 合金相图。图中各特性点、线的含义分别列于表 3.5-6 及表 3.5-7。

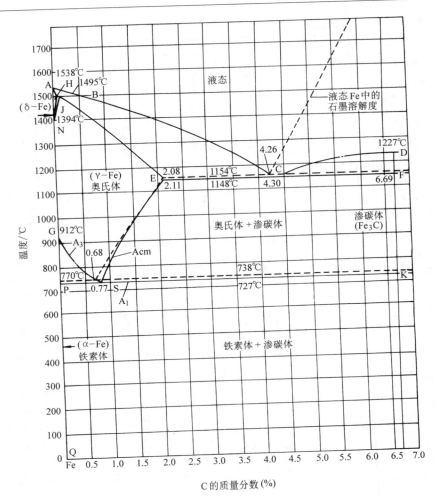

图 3.5-1 Fe-Fe₃C 合金相图 （虚线为 Fe-C（石墨）合金相图中相应的特性线）

表 3.5-6 Fe-Fe₃C 合金相图中的特性点
（续）

特性点	温度坐标/℃	碳的质量分数坐标（%）	说　明	特性点	温度坐标/℃	碳的质量分数坐标（%）	说　明
A	1538	0	纯铁的熔点	H	1495	0.09	碳在 δ 固溶体中的最大溶解度及相应的温度
B	1495	0.51	包晶转变温度下液相的含碳量及对应的温度	J	1495	0.17	包晶点
C	1148	4.30	共晶点	K	727	6.69	共析转变温度与渗碳体的含碳量
D	≈1227	6.69	渗碳体的熔点	N	1394	0	纯铁发生 γ⇌δ 相变的温度
E	1148	2.11	奥氏体中碳的最大溶解度及相应的温度	P	727	0.0218	碳在铁素体中的最大溶解度及相应的温度
F	1148	6.69	共晶转变温度与渗碳体的含碳量	S	727	0.77	共析点
G	912	0	纯铁发生 α⇌γ 相变的温度	Q	0	<0.008	0℃下碳在铁素体中的溶解度

表 3.5-7　Fe-Fe₃C 合金相图中的特性线

特性线	说　明
AB	δ 相的液相线
BC	γ 相的液相线
CD	Fe_3C 的液相线
AH	δ 相的固相线
HN	碳在 δ 相中的溶解度线
JE	γ 相的固相线
JN	$(\delta + \gamma)$ 相区与 γ 相区的分界线
GP	碳在 α 相中的溶解度线 （$T > A_1$）
GS	亚共析 $Fe\text{-}Fe_3C$ 合金的上临界点 （A_3）
ES	碳在 γ 相中的溶解度线, 过共析 $Fe\text{-}Fe_3C$ 合金的上临界点 （A_{cm}）
PQ	碳在 α 相中的溶解度线 （$T < A_1$）
HJB	$L_B + \delta_H \rightleftharpoons \gamma_J$ 包晶转变线, $L + \delta + \gamma$ 三相平衡区
ECF	$L_C \rightleftharpoons \gamma_E + Fe_3C$ 共晶转变线, $L + \gamma + Fe_3C$ 三相平衡区
PSK	$\gamma_s \rightleftharpoons \alpha_P + Fe_3C$ 共析转变线, $\gamma + \alpha + Fe_3C$ 三相平衡区

5.3　钢的奥氏体化

退火、正火、淬火以及在高温下进行的各种化学热处理、都需要将钢加热到高于 Ac_1 或 Ac_3 的温度, 使原有的常温组织转变为奥氏体, 即使之奥氏体化。

1. 奥氏体的形成过程　共析钢、非共析钢, 在加热到 Ac_1 以上时, 都要发生珠光体（P）向奥氏体（A）的转变。其转变过程可分为三个阶段:

（1）在珠光体团界面（P/P 界面）及铁素体—渗碳体界面（F/Fe₃C 界面）形成奥氏体晶核, 晶核逐步长大, 形成奥氏体晶粒。粒状珠光体不存在 P/P 界面, 奥氏体只在 F/Fe₃C 界面形核, 亚共析钢中的 F/P 界面, 也是奥氏体形核的可能位置。

（2）残余渗碳体继续溶入奥氏体。

（3）奥氏体成分均匀化。

影响奥氏体形成速度的因素及其作用列于表 3.5-8。

表 3.5-8　影响奥氏体形成速度的因素

因素	影　响	说　明
加热温度	温度升高, 转变加快	相变驱动力增大, 碳扩散系数提高
加热速度	加热速度提高, 转变加快	过热度增大, 实际转变温度提高
碳含量	碳含量越高, 奥氏体形成越快	铁素体-碳化物界面面积增多, 形核率增大
原始组织	$v_{片} > v_{粒}$　$v_{细} > v_{粗}$ [①]	铁素体-碳化物界面面积不同
提高 A_1 的元素	减慢奥氏体形成速度	加热温度一定时, 过热度相对减小
降低 A_1 的元素	加快奥氏体形成速度	加热温度一定时, 过热度相对增大
碳化物形成元素	减慢碳化物溶解及奥氏体均匀化速度	使碳化物稳定, 减少碳扩散系数 φ_1
Co 和 Ni	加速奥氏体形成	增大碳的扩散系数

① v—奥氏体形成速度。角标表示珠光体形态及粗细。

2. 奥氏体晶粒长大　奥氏体晶粒形成后, 继续加热或恒温保持, 它们将聚集长大。即由小晶粒合并为粗大的晶粒。由热力学原理可以判定, 这是必然发生的过程, 因为晶粒合并将使晶界总面积减小, 从而使总晶界能降低。

冶金因素、钢中的合金元素、加热温度及保温时间、加热速度、碳含量等对奥氏体晶粒长大都有影响。

奥氏体晶粒大小将影响冷却过程中发生的转变及转变形成的组织及钢的力学性能。因此, 在生产及科研工作中常采用特定浸蚀方法显示奥氏体晶粒边界, 并对奥氏体晶粒大小进行评定。生产中多采用晶粒度号 N 来表示晶粒大小。表 3.5-9 是晶粒度号与晶粒尺寸对照表。

表 3.5-9　晶粒度号与晶粒尺寸对照表

晶粒度号 N	放大 100 倍时 645mm² 内的晶粒数 n	晶粒平均占有面积 /mm²	晶粒平均直径 /mm	弦平均长度 /mm
1	1	0.0625	0.250	0.222
2	2	0.0312	0.177	0.157
3	4	0.0156	0.125	0.111
4	8	0.0078	0.088	0.0783

（续）

晶粒度号 N	放大 100 倍时 645mm² 内的晶粒数 n	晶粒平均占有面积 /mm²	晶粒平均直径 /mm	弦平均长度 /mm
5	16	0.0039	0.062	0.0553
6	32	0.00195	0.044	0.0391
7	64	0.00098	0.031	0.0267
8	128	0.00049	0.022	0.0196
9	256	0.000244	0.0156	0.0138
10	512	0.000122	0.0110	0.0098

5.4 过冷奥氏体转变

将钢加热，使其奥氏体化只是为实现热处理的目标进行准备。为了使钢具有预期的组织和性能，必须随后以适当的方式冷却，并使奥氏体发生预期的转变。

在热处理生产中，奥氏体冷却时发生转变的温度通常都低于临界点，即有一定的过冷度。采取特定的措施可使过冷奥氏体在不同温度恒温转变，或在不同温度范围内连续转变，从而获得不同的组织。过冷奥氏体转变产物特点及形成条件列于表 3.5-10。

1. 过冷奥氏体的等温转变图 将奥氏体化以后的共析钢急冷至 A_1 以下的某一温度，并在该温度下保持，设法测定过冷奥氏体转变量与时间的关系，即可绘制出等温转变动力学曲线（见图 3.5-2 的上半部分）。在不同的温度下，可测出若干条动力学曲线，分别截取转变开始及转变终了所需的时间，即可绘出这种钢的等温转变图，简称 TTT 曲线，如图 3.5-2 的下半部分所示。钢种不同、奥氏体化条件不同、TTT 曲线的形状和位置都将有所不同。

表 3.5-10 过冷奥氏体转变产物特点及形成条件

类型	名称	特点		形成条件
先共析相	亚共析钢中的铁素体	数量较多，等轴状		碳及合金元素含量低、冷速较低
		数量少、沿奥氏体晶界呈网状分布		碳及合金元素含量较高，冷速较高
		平行针片群、群间呈一定角度（魏氏组织铁素体）		中等碳含量，冷速适中
	过共析钢中的渗碳体	沿奥氏体晶界呈网状或断续网状		缓慢冷却
珠光体	粗大片状珠光体	铁素体及渗碳体片层在光学显微镜下清晰显现		转变温度较高（共析碳钢约 700～650℃）
	细珠光体（索氏体）	在光学显微镜下片层难于分辨		转变温度较低（共析碳钢约 650～600℃）
	极细珠光体（托氏体）	片层在光学显微镜下无法分辨		转变温度更低（共析碳钢约 600～550℃）
马氏体	板条马氏体	碳含量与奥氏体相同的过饱和 α 固溶体、体心正方结构，沿奥氏体的某些晶面形成，这些晶面称为惯习面	平行的板条群由奥氏体晶界长入晶内、板条群间呈一定角度、板条宽约 0.1～0.2μm，板条间为小角界面、板条群间为大角界面，电镜下可看到板条内的缠结位错，位错密度高达 $(0.3 \sim 0.9) \times 10^{12}$ cm/cm³ 有时可看到少量微细孪晶	奥氏体中碳的质量分数 <0.3% M_s >300℃
	片状马氏体		凸透镜片状（针状、竹叶状），初生者较厚较长，横跨奥氏体晶粒、次生者尺寸较小，在初生片与奥氏体晶界之间分布，片间互成一定夹角，电镜下可观察到片内存在微细孪晶，片的边沿存在位错	奥氏体中碳的质量分数 1%～1.4% M_s300～100℃ 奥氏体中碳的质量分数为 0.3%～1% 时形成板条、片状混合马氏体
贝氏体	上贝氏体	过饱和 α 相间断续分布杆状或键状碳化物的羽毛状条束		约在 550～350℃ 的温度区间恒温形成
	下贝氏体	过饱和 α 相透镜片或条内分布与 α 相长轴夹角为 55°～60°的短杆状碳化物		大约在 350℃ 左右等温形成
	粒状贝氏体	铁素体基体+不连续小岛（富碳奥氏体或其转变产物）		连续冷却形成，多出现于某些合金钢中

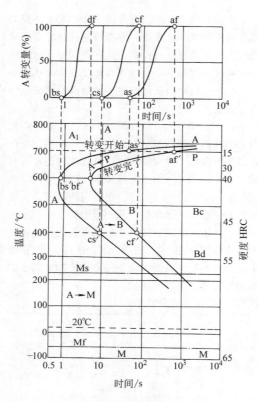

图 3.5-2　共析碳钢的 TTT 曲线

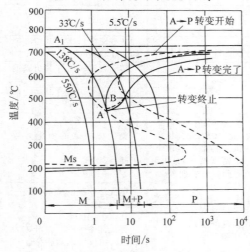

图 3.5-3　共析碳钢的 CCT 曲线
（虚线为 TTT 曲线）

2. 过冷奥氏体的连续冷却转变图　将奥氏体化的钢以不同速度冷却，在冷却过程中设法记

取转变开始及终了的温度和时间，便可绘制出过种钢的连续转变图，简称 CCT 曲线。图 3.5-3 是共析碳钢的 CCT 曲线。同样，钢种不同、奥体化条件不同，CCT 曲线的形状和位置也将有应不同。但连续冷却转变的规律大致相同。共析钢连续冷却时，只有珠光体转变，而无贝氏体变；以大于临界冷速（共析碳钢约为 138℃/s冷却时，可以完全抑制珠光体及贝氏体转变，在低温发生马氏体转变。亚共析碳钢珠光体转终止后可发生贝氏体转变。

5.5　钢的整体热处理

钢的整体热处理是对于钢制零件以穿透加方式进行退火、正火、淬火、回火等热处理工艺。从而有别于各种表面强化、表面热处理、化学热处理等。

5.5.1　钢的退火工艺

钢的退火工艺通常作为铸造、锻、轧加工以后冷加工、热处理之前的一种中间预备热处理工序其目的在于使材料的成分均匀化、细化组织、消除应力、降低硬度、提高塑性，获得接近平衡状态组织、便于冷加工，并为热处理时减少畸变，避免淬火开裂或提高淬火钢的性能，提供适当的组织。

退火是将金属或合金加热到适当温度，保持一定时间，然后缓慢冷却的热处理工艺。钢的常用退火工艺分类及应用列于表 3.5-11。

退火的加热温度主要是根据钢的临界点和火要求来选择。常用结构钢退火工艺规范列于表 3.5-12。常用工具钢退火工艺规范列于表 3.5-13。

5.5.2　钢的正火工艺

正火是将钢加热到 Ac₃（亚共析钢）或 Acm（过共析钢）以上 40~60℃或更高温度，达到完全奥氏体化和奥氏体均匀化后，一般在自然流通的空气中冷却。对于大锻件正火可采用喷雾冷却乃至水冷。锻、铸钢件正火的目的在于调整钢件的硬度、细化晶粒、消除网状碳化物并为淬火好组织准备。通过正火细化晶粒，钢的韧性可显著改善。低碳钢正火可以提高硬度，改善切削工性能。焊接件通过正火可以改善焊缝及热影响区的组织和性能。与退火相比，正火工艺的主要特点是冷却速度比退火快。亚共析钢经正火处理

后的组织是细珠光体和少量铁素体。共析钢、过 结构钢正火工艺规范列于表 3.5-14。常用工具钢
析钢经正火处理后是单一细珠光体组织。常用 正火工艺规范列于表 3.5-15。

表 3.5-11 钢的常用退火工艺的分类及应用

类别	主要目的	工 艺 特 点	应用范围
扩散退火	成分均匀化	加热至 $Ac_3 + (150 \sim 200)$℃,长时间保温后缓慢冷却	铸钢件及具有成分偏析的锻轧件等
完全退火	细化组织,降低硬度	加热至 $Ac_3 + (30 \sim 50)$℃,保温后缓慢冷却	铸、焊件及中碳钢和中碳合金钢锻轧件等
不完全退火	细化组织,降低硬度	加热至 $Ac_1 + (40 \sim 60)$℃,保温后缓慢冷却	中、高碳钢和低合金钢锻轧件等(组织细化程度低于完全退火)
等温退火	细化组织,降低硬度,防止产生白点	加热至 $Ac_3 + (30 \sim 50)$℃(亚共析钢)或 $Ac_1 + (20 \sim 40)$℃(共析钢和过共析钢),保持一定时间,较快地冷至稍低于 Ar_1 进行等温转变,然后空气冷却	中碳合金钢和某些高合金钢的重型铸锻件及冲压件等(组织与硬度比完全退火更为均匀)
球化退火	碳化物球状化,降低硬度,提高塑性	加热至 $Ac_1 + (20 \sim 40)$℃ 或 $Ac_1 - (20 \sim 30)$℃,保温后等温冷却或直接缓慢冷却	工模具及轴承钢件,结构钢冷挤压件等
再结晶退火或中间退火	消除加工硬化,使形变晶粒再结晶为等轴晶粒	加热至再结晶温度以上,保温后空冷或炉冷	冷变形钢材和钢件等
去应力退火	消除内应力	加热至 $Ac_1 - (100 \sim 200)$℃,保温后空冷或炉冷至 $200 \sim 300$℃,再出炉空冷	铸钢件、焊接件及锻轧件等

表 3.5-12 常用结构钢退火工艺规范

钢 号	临界点/℃			退 火		
	Ac_1	Ac_3	Ar_1	加热温度/℃	冷 却	硬度 HB
35	724	802	680	850 ~ 880	炉冷	≤187
45	724	780	682	800 ~ 840	炉冷	≤197
45Mn2	715	770	640	810 ~ 840	炉冷	≤217
40Cr	743	782	693	830 ~ 850	炉冷	≤207
35CrMo	755	800	695	830 ~ 850	炉冷	≤229
40MnB	730	780	650	820 ~ 860	炉冷	≤207
40CrNi	731	769	660	820 ~ 850	炉冷 <600℃	—
40CrNiMoA	732	774	—	840 ~ 880	炉冷	≤229
65Mn	726	765	689	780 ~ 840	炉冷	≤229
60Si2Mn	755	810	700	—		—
50CrV	752	788	688	—		
20	735	855	680	860 ~ 890	炉冷	≤179
20Cr	766	838	702			
20CrMnTi	740	825	650			
20CrMnMo	710	830	620	850 ~ 870	炉冷	≤217
38CrMoAlA	800	940	730	840 ~ 870	炉冷	≤229

表 3.5-13　常用工具钢退火工艺规范

钢　号	临界点/℃			退　火		
	Ac₁	Acm	Ar₁	加热温度/℃	等温/℃	硬度 HB
T8A	730	—	700	740~760	650~680	≤187
T10A	730	800	700	750~770	680~700	≤197
T12A	730	820	700	750~770	680~700	≤207
9Mn2V	736	765	652	760~780	670~690	≤229
9SiCr	770	870	730	790~810	700~720	197~241
CrWMn	750	940	710	770~790	680~700	207~255
GCr15	745	900	700	790~810	710~720	207~229
Cr12MoV	810	—	760	850~870	720~750	207~255
W18Cr4V	820	—	760	850~880	730~750	207~255
W6Mo5Cr4V2	845~880	—	805~740	850~870	740~750	≤255
5CrMnMo	710	760	650	850~870	≈680	197~241
5CrNiMo	710	770	680	850~870	≈680	197~241
3Cr2W8	820	1100	790	850~860	720~740	—

表 3.5-14　常用结构钢正火工艺规范　　　　　　　　　　　　　　（续）

钢号	临界点/℃			加热温度/℃	硬度 HB
	Ac₁	Ac₃	Ar₁		
35	724	802	680	860~890	≤191
45	724	780	682	840~870	≤226
45Mn2	715	770	640	820~860	187~241
40Cr	743	782	693	850~870	≤250
35CrMo	755	800	695	850~870	≤241
40MnB	730	780	650	850~900	197~207
40CrNi	731	769	660	870~900	≤250
40CrNiMoA	732	774	—	890~920	
65Mn	726	765	689	820~860	≤269
60Si2Mn	755	810	700	830~860	≤254
50CrV	752	788	688	850~880	≤288
20	735	855	680	890~920	≤156
20Cr	766	838	702	890~900	≤270
20CrMnTi	740	825	650	950~970	156~207
20CrMnMo	710	830	620	870~900	
38CrMoAlA	800	940	730	930~970	

钢号	临界点/℃			加热温度/℃	硬度 HB
	Ac₁	Acm	Ar₁		
GCr15	745	900	700	900~950	270~390
Cr12MoV	810	—	760	—	—
W18Cr4V	820	—	760	—	—
W6Mo5Cr4V2	845~880	—	805~740	—	—
5CrMnMo	710	760	650	—	—
5CrNiMo	710	770	680	—	—
3Cr2W8	820	1100	790	—	—

5.5.3　钢的淬火工艺

淬火工艺是通过加热和快速冷却的方法使零件在一定的截面部位上获得马氏体或下贝氏体，回火后达到要求的力学性能。一般亚共析钢需加热到 Ac₃ 以上 30~50℃，过共析钢需要加热到 Ac₁ 以上 30~50℃，保持一定时间后在水、油、聚合物溶液等介质中，有时也可置于强烈流动的空气中冷却，最终使工件获得要求的淬火组织。

根据加热与冷却规程的不同，淬火工艺可分为多种类别。按淬火加热温度的不同，有超高温淬火，完全淬火，不完全淬火等。按加热介质的不同，有普通淬火（空气介质中加热）、可控气氛淬火、盐浴淬火、真空淬火、流态床加热淬火等。按冷却条件的不同，有水冷淬火、油冷淬火、双液淬火、喷液淬火、喷雾淬火、流态床冷却淬火、分级淬火、等温淬火、深冷淬火等。

常用钢种的淬火加热温度列于表 3.5-16。

表 3.5-15　常用工具钢正火工艺规范

钢号	临界点/℃			加热温度/℃	硬度 HB
	Ac₁	Acm	Ar₁		
T8A	730	—	700	760~780	241~302
T10A	730	800	700	800~850	255~321
T12A	730	820	700	850~870	269~341
9Mn2V	736	765	652	870~880	—
9SiCr	770	870	730	—	—
CrWMn	750	940	710	—	—

表 3.5-16　常用钢种的淬火加热温度

类别	钢　号	淬火加热温度/℃	冷却介质	说　明
工模具钢	45	820~840 840~860	盐水 碱浴	
	T7~T12 T7A~T12A	780~800 810~830	盐水 碱浴、硝盐	
	9Mn2V	780~800 790~810	油 碱浴、硝盐	
	9CrWMn CrWMn	810~830 820~840	油 碱浴、硝盐	
	GCr15	830~850 840~860	油 碱浴、硝盐	取下限温度为好
	9SiCr 60Si2A	850~870 860~880	油 碱浴、硝盐	
	5CrMnMo	830~850	油	
	5CrNiMo	840~860	油	
	3Cr2W8V	1050~1100 1100~1150	油 油	一般热锻模需二次硬化
	Cr12	960~980 1050~1000	油或硝盐分级 油或硝盐分级	一般冷冲模 需求红硬性
	Cr12MoV	1020~1050 1100~1150	油或硝盐分级 油或硝盐分级	要求红硬性
	W6Mo5 Cr4V2	1000~1100 1180~1220	盐浴分级 盐浴分级	
	W18Cr4V	1000~1100 1260~1280	盐浴分级 盐浴分级	
结构钢	40Cr	850~870	油	
	60Mn	800~820	油	
	40SiCr	900~920	油或水	
	35CrMo	850~870	油或水	
	60Si2	850~870 880~900	水或油 油	
	50CrMnVA	850~880	油	
	55Si2	840~860	油	
	18CrNiMoA	860~890	油	
	18CrNiW	800~830	盐浴	
	20CrMnTi	830~850	油	
	13Ni2A	760~800	油	
	40CrNiMoA	820~840	油	
	Cr9Si2	1040~1060	油	
	40CrNiVA	840~860	油	

加热时间通常按工件的有效厚度计算

$$t = \alpha \times K \times D$$

式中　t——加热时间（s）；

　　　α——加热系数，即单位有效厚度所需加热时间 $\left(\dfrac{\min}{mm} 或 \dfrac{s}{mm}\right)$，列于表 3.5-17；

　　　D——零件的有效厚度（mm），计算方法是：圆柱体零件按外径计算；管形零件（空心圆柱体）：当 $\dfrac{h}{\delta} \leqslant 1.5$ 时，以高度 h 计算；当 $\dfrac{h}{\delta} \geqslant 1.5$ 时，以壁厚 δ 计算；当 $\dfrac{外径}{内径} > 7$ 时，按实心圆柱体计算；空心圆锥体零件，以基底外径乘 0.8 计算。

　　　K——工件装炉或分布情况的修正因数，通常取 1.0~1.5。

表 3.5-17　碳钢和合金钢在不同介质中加热时的加热系数

钢材	每 mm 有效厚度的加热时间（即 α 值）	
	辐射炉（空气炉）	盐浴炉
碳钢	0.9~1.1min	25~30s
合金钢	1.3~1.6min	50~60s
高速钢	1.3~1.6min	15~20s（一次预热） 8~15s（二次预热）

表 3.5-18 列出了工模具钢在不同介质中的加热时间。

表 3.5-18　工模具钢在不同介质中的加热时间

钢种	盐浴炉		空气炉，可控气氛炉
高速钢	直径 d/mm	加热时间/s	
	<8	12 (850~900℃预热)	
	8~20	10	
	20~50	8	
	50~70	7	
	70~100	6	
	100 以上	5	
热锻模具钢	直径 d/mm	加热时间/min	
	5	5~8	厚度<100(mm) 20~30(min)
	10	8~10 (800~850℃预热)	25(mm) >100(mm) 10~20(min)/ 25(mm)
	20	10~15	
	30	15~20	(800~850℃预热)
	50	20~25	
	100	30~40	

（续）

钢种	盐浴炉		空气炉、可控气氛炉
冷变形模具钢	5	5~8(min)	
	10	8~10	厚度<100(mm)
		(800~850℃预热)	20~30(min)/25(mm)
	20	10~15	>100(mm)
			10~20(min)/25(mm)
	30	15~20	
	50	20~25	(800~850℃预热)
	100	30~40	
碳素工具钢、合金工具钢	10	5~8(min)	
	20	8~10	厚度<100(mm)
		(500~550℃预热)	20~30(min)/25(mm)
	30	10~15	>100(mm)
			10~20(min)/25(mm)
	50	20~25	(500~550℃预热)
	100	30~40	

　　钢淬火的效果与淬火介质的冷却性能有关，也取决于钢本身的淬硬能力，随着钢的化学成分波动或变化、介质的搅动速度、介质温度及溶液浓度的改变而变化。淬火工艺中冷却系统的合理性与可靠性对于淬火效果有很大影响，而零件的形状与结构对于淬火处理后的性能及变形程度有明显的影响。

5.5.4　钢的回火工艺

　　将预先经淬火或正火的钢重新加热到相变点以下温度，并以适当的速度冷却，以提高其塑性及韧性的工艺称回火。淬火后重新加热回火的目的是获得所要求的力学性能，消除淬火剩余应力，以及保证零件尺寸的稳定性。回火工艺通常要在淬火后立即进行。

　　钢的韧性随回火温度的变化比较复杂。一般在 250~400℃和 450~600℃会出现两个低韧性区，如图 3.5-4 所示。低温区的脆性不能靠重新回火来消除，称为不可逆回火脆性。通常要避免在此温度区间回火。高温回火脆性是在回火后缓慢冷却时发生的，可以用重新回火快速冷却方式消除，因此称为可逆回火脆性。

　　回火工艺的加热温度较低，一般在钢的 Ac_1 以下。根据零件不同的性能要求可分为：

　　1. 低温回火　一般加热温度<250℃，保温1~2h 后，可以任何速度冷却。目的是获得回火马氏体组织。低温回火用于碳钢或低合金工具钢的去应力或稳定尺寸处理，也可用于经过渗碳或碳氮共渗以及其他表面淬火零件的后续处理。

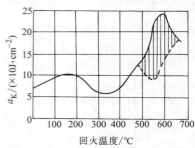

图 3.5-4　Ni-Cr 钢（w_C 0.3%，w_{Cr} 1.47%，w_{Ni} 3.4%）冲击韧度与回火温度的关系
（实线为快冷，虚线为慢冷）

　　2. 中温回火　弹簧钢一般在 350~500℃进行中温回火，以获得回火托氏体组织和高弹性极限。某些中碳结构钢零件，淬火后采用中温回火代替传统的调质工艺，可提高零件的使用寿命。

　　3. 高温回火　将淬火钢加热到 500~650℃保温一段时间后冷却，获得回火索氏体。淬火后进行高温回火又称为调质处理。对于回火脆性不敏感的钢可以任意速度冷却，否则最好在油或水中快冷。结构钢零件的调质处理应用广泛。其目的在于获得强度和韧性的最佳配合。高合金钢进行高温回火的目的，是为了获得回火马氏体并使残留奥氏体转变，常常产生二次硬化现象。

5.6　钢的表面热处理

5.6.1　表面热处理的分类

　　仅对工件表层进行热处理以改变其组织和性能的工艺称为表面热处理。它不仅可以提高零件的表面硬度及耐磨性，而且与经过适当预先热处理的心部组织相配合，从而获得高的疲劳强度和强韧性。

　　表面热处理工艺简单，强化效果显著，易于实现机械化及大批量生产；并且生产率高，环境污染极少，在生产上广泛应用。表面热处理可按采用的热源类型分类，表 3.5-19 列出了表面热处理工艺方法的主要特点。

表 3.5-19　表面热处理的主要特点

分类	表面热处理工艺方法	功率密度 /(W/cm)	最大输出功率 /kW	硬化层深 /mm
1	感应加热表面淬火 工频加热淬火 中频加热淬火 高频加热淬火 脉冲感应加热淬火 高频电阻加热表面淬火	$10 \sim 100$ $< 5 \times 10^2$ $2 \times 10^2 \sim 10^3$ $(1 \sim 3) \times 10^4$ $8 \times 10^3 \sim 2.3 \times 10^5$	≤ 1000 ≤ 1000 ≤ 500 ≤ 200 $30 \sim 300$	大件 >15 $2 \sim 6$ $0.25 \sim 1.5$ $0.05 \sim 1.0$ $0.30 \sim 1.0$
2	火焰加热表面淬火	$(1 \sim 5) \times 10^3$		
3	电阻加热表面淬火 电接触表面淬火 电解液加热表面淬火	$10^3 \sim 10^4$ $\leq 10^2 \sim 10^3$	$3 \sim 10$ $5 \sim 10$	< 0.35 < 0.30
4	激光热处理	$10^3 \sim 10^5 (< 10^9)$	$2 \sim 10$	$0.2 \sim 0.5$
5	电子束热处理	$10^3 \sim 10^5 (< 10^9)$	≤ 30	$0.2 \sim 0.5$
6	太阳能加热表面淬火	$(4 \sim 5) \times 10^3$	< 1	< 1

5.6.2 感应加热表面淬火

利用电磁感应在工件内产生涡流，而将工件表面加热并进行快速冷却的淬火工艺称为感应加热表面淬火。由于这种工艺具有节能、快速、少污染等优点，在生产中广泛应用。

根据设备输出电流频率高低，感应加热可分为工频（50Hz）、中频（<10kHz）、高频（30～100kHz）及超高频（≤[2～3]×10⁶Hz）加热。按电源类型又可分为高频机式、晶闸管式、电子管式三类。除表面加热淬火外，感应加热还可用于零件的穿透加热、化学热处理、焊接、熔炼等工艺。

感应加热表面淬火多用于中碳结构钢，如45、40Cr 等。为保证工件心部性能，中碳结构钢多采用调质或正火的预备热处理。感应加热后的工件可进行水、乳化液、合成淬火剂等的喷冷淬火。淬火后可进行 200℃ 以下的低温回火，或利用不冷却到底的淬火余热，进行自回火。在磨损条件下工作的零件，淬火后甚至可不进行回火。经感应加热淬火的零件比炉中加热淬火件的硬度高 2～5HRC。

加热工件的感应线圈称为感应器。它是中空、内部通冷却水的紫铜管，可分为单匝、多匝、圆柱（或矩形）体表面、内孔以及平面加热用等多种形式。圆柱表面加热淬火时，可采用单匝、多匝加热。使用单匝感应器时，工件需旋转且移动，或工件旋转和感应器移动，才能使整个圆柱表面淬硬。当工件不太长时，可用多匝感应器，在工件旋转的条件下，一次加热淬火。此时的生产效率高，但需要大功率电源。根据工件尺寸和需要的淬硬层深度，可优选合理的电源功率及频率，如表 3.5-20 所示。

表 3.5-20　感应加热淬火电源和频率的选择

淬硬层深度 /mm	截面尺寸 /mm	电网频率，50 或 60Hz	变频器 180Hz	固体电路变频或发电机			真空管式大于 200Hz
				1000Hz	3000Hz	10000Hz	
表面淬硬层 $0.38 \sim 1.27$	$6.35 \sim 25.4$	—	—	—	—	—	良好
$1.29 \sim 2.54$	$11.11 \sim 15.88$	—	—	—	—	尚可	良好
	$15.88 \sim 25.4$	—	—	—	—	良好	良好
	$25.4 \sim 50.8$	—	—	—	尚可	良好	尚可
	>50.8	—	—	尚可	良好	良好	不良
$2.56 \sim 5.08$	$19.05 \sim 50.8$	—	—	良好	良好	良好	不良
	$50.8 \sim 101.6$	—	—	良好	良好	尚可	—
	>101.6	—	—	良好	尚可	不良	—

（续）

淬硬层深度 /mm	截面尺寸 /mm	电网频率, 50 或 60Hz	变频器 180Hz	固体电路变频或发电机			真空管式大于 200Hz
				1000Hz	3000Hz	10000Hz	
穿透淬火							
	1.59 ~ 6.35	—	—	—	—	—	良好
	6.35 ~ 12.7	—	—	—	—	尚可	良好
	12.7 ~ 25.4	—	—	—	尚可	良好	尚可
	25.4 ~ 50.8	—	—	尚可	良好	尚可	—
	50.8 ~ 76.2	—	—	良好	良好	不良	—
	76.2 ~ 152.4	尚可	良好	良好	不良	不良	—
	>152.4	良好	尚可	不良	不良	不良	—

5.6.3 火焰加热表面淬火

利用氧-乙炔或其他可燃气体火焰对工件表面进行加热，随之淬火冷却的工艺称为火焰加热表面淬火。该工艺方法简便、灵活，可对工件进行全部或局部的表面淬火。特别适用于单件、小批量及大型工件的表面淬火，在各工业部门应用广泛。

火焰加热淬火用的燃料特性列于表 3.5-21。

表 3.5-21 常用火焰加热表面淬火用燃料特性

燃料名称	发热值 /kJ·m⁻³	火焰温度/℃		氧与燃料气体积比	空气与燃料气体积比
		氧助燃	空气助燃		
乙炔	53280	3100	2320	1.0	—
甲烷、天然气、沼气	37260	2700	1875	1.75	9.0
丙烷	93950	2640	1925	4.0	25.0
城市煤气	11170 ~ 33530	2540	1985	①	①
煤油	①	2300	—	2.0	—

① 依实际成分及发热值而定。

火焰淬火用的主要器具是燃烧器和喷头。燃烧器的结构应根据所用燃料的种类及工件的形状进行设计。平面的加热淬火可采取燃烧器和喷头的连续移动法。圆形工件可采取多排烧嘴和喷头，工件旋转一周即完成淬火过程。也可以采取单排烧嘴和喷头、工件旋转移动的方式进行火焰加热淬火。

5.6.4 电接触加热表面淬火

利用工件表面与导体相互接触形成的高接触电阻，并通过低压大电流将工件局部表面快速加热，然后依靠自身热传导进行自激冷以达到淬火的工艺，称为电接触加热表面淬火。

根据用途的不同，电接触加热淬火机有：可移动往复式、传动电极式、多轮式等。采用手工操作局部硬化时，也可使用碳电极。这种方法主要应用于机床铸铁导轨表面强化处理，以提高耐磨性和抗擦伤能力、提高机床精度保持性和延长大修周期。它是大型零件、重型机床导轨表面处理的简便易行的工艺，可有效地提高工件的使用寿命。

5.6.5 激光、电子束热处理

激光、电子束热处理都是用功率密度通常为 $10^3 ~ 10^5 W/cm^2$ 的高能束作为热源进行表面处理的工艺方法。其特点是：能量集中、能量利用率高、畸变极小、可控性好。利用高能束可以对材料的表面实现相变硬化、微晶化等多种表面改性工程。此外，它还可以与普通化学热处理方法、气相沉积方法、喷涂和喷镀方法等相互结合进行复合表面改性处理。

激光热处理的分类列于表 3.5-22。激光热处理方法的工艺特点列于表 3.5-23。

表 3.5-22 激光热处理的分类

分 类		特 点
激光相变硬化	1. 激光表面淬火	硬化层深可达 0.3 ~ 0.35mm，可提高表面硬度及耐磨性
	2. 激光表面非晶化处理	获得非晶态表面，可显著提高耐蚀性，同时具有良好的耐磨性
	3. 激光表面重熔淬火	激光功率密度高，表面重熔后冷硬化，显著提高硬度及耐磨性
激光表面合金化	1. 激光表面敷（渗）层合金化	将表面合金覆层（涂层、镀层、渗层）用激光扫描，表面层成分性能改变，适用面广
	2. 激光硬质粒子喷射合金化	硬质粒子在激光熔融的熔池内镶嵌于基材中，提高表面硬度与耐磨性
	3. 激光气体合金化	在软基材（Al，Ti）表面通过气相向激光熔融的熔池内扩散C、N元素，提高表面硬度与耐磨性

表 3.5-23　激光处理方法的特点

工艺名称	处理目的	工艺特点	功率密度/W·cm^{-2}	处理效果	应用
激光表面淬火	使工件表面淬火硬化	工件表面温度及穿透深度均与激光照射持续时间的平方根成正比，改变光束的扫描速率，可以控制表面温度及加热层深度	$10^3 \sim 10^5$	钢件表层可获得极细的 M。铸铁件则为极细的 M 及未转变的残余 A 及未溶的碳化物、石墨。合金钢硬化区为极细的板条或针状 M	碳钢、合金钢、铸铁等
激光表面非晶化	使工件表面层结构变为非晶态	表面薄层加热至熔点以上，一般用脉冲激光加热，并在瞬时激冷（采用附加速冷）	$> 10^7$	表层为白亮非晶态层，高强度良好的塑性及耐蚀性	高强度材料超导材料磁性材料耐蚀材料
激光表面重熔	改善铸件表面组织与性能	表层加热到熔点以上激冷，加热层可深达 3mm	$10^5 \sim 10^7$	晶粒细化、成分均匀化、疲劳强度耐蚀性、耐磨性提高	耐酸铸造合金高速钢
激光涂覆合金化	在表面形成新合金层，获得特定性能如耐磨、耐蚀、耐热性	利用真空蒸镀、电镀、粘接涂敷等预处理，然后再用激光加热熔化。涂敷元素有：B、Cr、Cu、Ni、Mo、Ti、V、N、Nb、Ta、C、W、WC、TiC、TiO$_2$、MoS$_2$、Cr$_2$O$_3$、Fe 合金（Ti、Cr、V、Si）等	$10^5 \sim 10^7$	依涂敷合金成分不同而异，一般主要用于提高硬度、耐磨性、热疲劳性能、抗蚀性能	碳钢、合金钢、铝合金、不锈钢、铸铁等
激光硬质粒子喷射合金化	在 Al、Ti 合金表层内注入硬质粒子以提高表面硬度与耐磨性	在氩气保护下，用垂直于金属表面的激光束加热，在局部形成熔融池，并与金属法线呈 30°角用特殊喷嘴，以 2×10^4Pa 压力保护气保护喷出硬质粒子并注入熔池	$10^5 \sim 10^7$	提高某些不易表面合金化的金属表面硬度与耐磨性	Al-Si 合金可提高耐磨性一倍、镍铬钛基耐热合金耐磨性提高十倍
激光气体合金化	在软基材料如 Al、Ti 合金表面渗入 C、N	以激光束将零件表面局部熔化再将氮气流、渗碳气氛引入在液态下形成合金化层，并可形成氧化物、氮化物、碳化物的陶瓷层	$10^5 \sim 10^7$	Ti-15Mo 合金氮化后硬度 > 1000HV，Ti6Al4V 合金可在表面获得 TiC、TiN 等，800 ~ 1000HV，耐磨性显著提高陶瓷合金化耐磨性提高 $10^3 \sim 10^4$ 倍	Al 及其合金Ti 及其合金

5.7　钢的化学热处理

化学热处理是将金属或合金工件置于一定温度的活性介质中保温，使一种或几种元素渗入它的表层，以改变其化学成分、组织和性能的热处理工艺。常用的化学热处理方法有渗碳、渗氮、碳氮共渗和氮碳共渗，此外，还有渗硼、渗硫、渗金属等。

5.7.1　渗碳

渗碳是为了增加钢件表层的含碳量和一定的碳浓度梯度，将钢件在渗碳介质中加热并保温，使碳原子渗入表层的化学热处理工艺。一般情况下，渗碳在 Ac$_3$ 以上 850 ~ 950℃进行。

根据渗剂的不同状态，渗碳方法可分为固体法、液体法、气体法、膏剂法等。各种渗碳方法原理、所用渗剂、渗碳后的热处理及方法的适用范围列于表 3.5-24。此外，还有电解液渗碳、放电渗碳、浮动粒子渗碳和离子渗碳等方法。

5.7.2　渗氮

中碳钢或中碳合金钢件在 Fe-N 状态图共析点（590℃）以下温度，在含氮的活性气氛中加热一定时间，即在钢件表面形成氮化物层及其下面由氮在 α 相中的固溶体组成的扩散层。渗氮介质主要用氨。各种气体渗氮方法的原理、特点和适用范围列于表 3.5-25。

表 3.5-24　各种渗碳方法举例

方法		原　理	渗　剂	渗碳后的热处理	特点和应用范围
固体法		耐热钢制的箱中盛以渗剂，工件埋入其中，用盖封好，在箱式炉中加热到 930~950℃，按每 h 为 0.1mm 速度，根据要求的深度确定渗碳时间。渗碳时的反应为 $Na_2CO_3 + C \rightarrow Na_2O + 2CO$　$CO_2 + C \rightleftharpoons 2CO$　$Fe + 2CO \rightarrow Fe_\gamma(C) + CO_2$	木炭中添加5%~10% Na_2CO_3 或 $BaCO_3$ 制成块状或条状	工件随箱冷却到常温，然后重新加热至 830~850℃淬火，最后施行 180~200℃回火	效率低，劳动条件差表面碳浓度难控制，但对加热炉要求低，易于操作。适用于多品种小批量生产和深层渗碳
液体法		$2NaCN + 2O_2 \rightarrow Na_2CO_3 + CO + 2N$，$Fe + 2CO \rightarrow Fe_\gamma(C) + CO_2$；低温浅层渗碳（0.3~0.6mm）：850~900℃；高温深层渗碳（0.5~3.0mm）900~950℃	NaCN、$BaCl_2$、NaCl 混合盐熔融	渗后，工件冷到 Ar_1 以下重新在盐浴中加热至 830~850℃水中（碳钢）或油中（合金钢）淬火，然后在 180~200℃回火。低温浅层渗时，渗后可直接淬火	渗速大，渗层均匀适应性强，但氰盐有毒，废盐和废水需经严格处理才可排放；适用于中小件的多品种、小批量或单件生产，丝、工具（锉刀，锯条等）的大批量生产
膏剂法		将渗剂涂在工件表面，厚 2~3mm，然后用感应加热或炉中加热方法渗碳。渗碳温度 900~950℃	炭黑粉、纯碱、醋酸钠、机油等混合	工件渗碳后冷至室温，除去膏剂外壳，重新加热淬火和回火	效率低、劳动强度大，但用于单件生产渗速大
气　体　法	发生炉气体法	把天然气，丙、丁烷按一定比例与空气混合，在 950~1000℃和镍催化剂作用下，裂解成吸热式气 $CH_4 + 2.38$ 空气 $\rightarrow CO + 2H_2 + 1.88N_2$，把吸热式气和甲烷（或丙烷）通入 900~950℃的周期式密封渗碳炉或连续式炉中进行工件的渗碳	用吸热式气作稀释气（运载气），甲烷或丙烷作渗碳气	工件在炉中冷至淬火温度，然后在密封条件下进行淬火，出炉后进行低温回火	效率高，生产成本低质量稳定，但制备过程较复杂，设备庞大，能耗多，受气源供应限制，适合于汽车、拖拉机、轴承零件的大批量生产
	炉内滴注法	把含碳有机液体直接滴入炉内，使其在高温（900~930℃）裂解，并在工件表面渗碳	用甲醇裂解气作为稀释气，以丙酮、乙酸乙酯或煤油裂解气作为渗碳气	在井式炉中渗碳后，工件随罐吊装到冷却坑中，冷到室温，取出重新在保护气氛中加热淬火和回火。在密封箱式炉中渗碳后降温至淬火温度直接淬火和随后回火	液体滴剂用量大，生产成本比发生炉气体法高。在井式炉中渗碳，直接出炉淬火，工件易氧化和脱碳，对随后加工使用零件的质量有显著影响
	氮基合成气体法	用纯氮和甲醇裂解气以1:1的比例混合通入渗碳炉。此时可获得相当于吸热式气的成分。渗碳时按要求添加适量的甲烷或丙烷。炉气碳势用氧探头控制	纯氮（或工业氮）和甲醇裂解气（$H_2 + CO$）混合，再添加甲烷或丙烷	在密封渗碳炉和推杆式炉中可降温直接淬火，然后出炉施行低温回火。在井式炉中渗碳后，炉罐吊至冷却坑中冷至室温然后重新加热在保护气氛下加热淬火，最后低温回火	液体滴剂用量大，生产成本比发生炉气体法高。在井式炉中渗碳，直接出炉淬火，工件易氧化和脱碳，对随后加工使用零件的质量有显著影响
	真空低压渗碳	一般在冷壁式真空炉中进行。工件入炉后，抽空到 133Pa 开始加热，继续抽到 0.133Pa，加热到 950~1050℃，周期通入甲烷或丙烷（4~6.7kPa）	甲烷或丙烷，炉压 4~6.7kPa	工件渗碳后在氮保护下冷到室温重新加热淬火或冷到 Ar_1 以下重新入炉加热到淬火温度淬火，然后回火。较高温度回火时可用真空回火炉	允许施行高温（1050℃）渗碳，渗速大，表面无黑色组织，用剂少，劳动条件好。设备较复杂，有时难以避免炭黑，渗层不易均匀

表 3.5-25　各种气体渗氮法的原理、特点和适用范围

渗氮方法	工 艺 过 程	特 点	适 用 范 围
一段渗氮	又称单程氮化。温度 480 ~ 530℃，氨分解率 15% ~ 35%	温度低、工件变形小，硬度高（1100 ~ 1200HV），周期长（30 ~ 80h），渗层脆性较大	要求耐磨变形小的零件
二段渗氮	又称双程氮化，第一段温度 480 ~ 535℃，第二段可以与第一段相同，也可用 550 ~ 565℃，第一段氨分解率 15% ~ 35%，第二段 65 ~ 85%，10h	渗速较快，脆性较小，周期比一段法短，但硬度稍低（900 ~ 1000HV）	要求硬度较高，脆性小，抗疲劳性能好的零件
三段渗氮	520℃保持使氮饱和，560℃保持，使氮向内扩散，最后在较低温度保持，使表面氮再度饱和以提高硬度	具有以上两种方法优点，但工艺较复杂	要求硬度高，脆性小，抗疲劳性能好的重要零件
在 $NH_3 + N_2$ 混合气中的渗氮	混合气中掺入 70% ~ 90% N_2 其余与前同	分解出的活性氮原子少，工件表面氮浓度较低，因而渗层脆性小	要求硬度较高，脆性小，抗疲劳性能好的零件
抗蚀渗氮	550 ~ 650℃，0.5 ~ 3h，氨分解率 20% ~ 70%，以使表面获得 0.015 ~ 0.06mm 的 ε 相层	使钢表面获得致密的、化学稳定的 ε 相层	不一定是渗氮钢，其他钢亦可用

中碳铬钼钢、铬钢、铬镍钼钢、铬钒钢、铬□钢、铬钼铝钢等渗氮钢在进行渗氮之前须经□质处理，以保证心部性能。渗氮温度不可超过□质处理的高温回火温度（通常低于回火温度□℃）。

7.3　碳氮共渗

碳氮共渗是在一定温度下同时将碳、氮渗入□件表层奥氏体中，并以渗碳为主的化学热处理

工艺。钢件在含碳、氮元素的介质中，于 850 ~ 900℃的奥氏体状态下保持，淬火后获得含碳、氮的马氏体和残余奥氏体组织。

碳氮共渗的温度比渗碳低，工件变形小，气体法及液体法便于渗后直接淬火。共渗的工件硬度高（600 ~ 800HV），耐磨性好，接触疲劳强度高。各种碳氮共渗方法的原理、工艺及适用范围列于表 3.5-26。

表 3.5-26　各种碳氮共渗方法的原理、工艺及适用范围

共渗方式	原　理	渗　剂	渗后热处理	适 用 范 围
固体法	工件装箱埋入渗剂中，在炉中加热到 850 ~ 900℃按渗层要求保持适当时间	黄血盐、氰盐、木炭等	渗后打箱，重新加热工件、淬火和低温回火	目前极少使用
液体法	1. $BaCl_2 + 2NaCN \rightarrow 2NaCl + Ba(CN)_2$ 　$Ba(CN)_2 \rightarrow BaCN_2 + [C]$ 　$BaCN_2 + O_2 \rightarrow BaO + CO + 2[N]$	NaCN，NaCl，$BaCl_2$ 混合熔化在 850 ~ 900℃使用	渗后直接淬火，低温回火	手工锯条、锉刀等批量生产的中小件，效率高、质量均匀。氰盐剧毒，使用时要注意防护，用后的废盐、废水需妥善中和消毒才可排放。尿素浴原料无毒，反应产物仍有毒，必须注意
	2. $2(NH_2)_2CO + Na_2CO_3 \rightarrow$ 　　$2NaGNO + 2NH_3 + CO + H_2O$ 　$4NaCNO \rightarrow Na_2CO_3 + 2NaCN$ 　　　　　　$+ 2[N] + CO$ 　$2CO \rightarrow CO_2 + [C]$ 　$NaCN + CO_2 \rightarrow NaCNO + CO$	尿素 $[(NH_2)_2CO]$ 和碳酸盐混合，少量添加在坩埚中逐步熔化，最后加 KCl，在 850 ~ 900℃使用		

（续）

共渗方式	原　理	渗　剂	渗后热处理	适用范围
气体法	1. 滴注法　含C、N的液体有机化合物分别装在各个容器中，通过针阀滴入炉内裂解，炉温850~900℃	甲醇+丙酮+氨；三乙醇胺；甲醇+三乙醇胺；煤油+氨	在井式炉中进行共渗后，工件吊至冷却罐中冷至室温取出，重新加热淬火。在密封箱式炉中，共渗后可直接淬火、最后低温回火	各种要求高抗疲劳性能，耐磨的零件
	2. 固体投放法　将固体渗剂压制成球状或片剂，定时投入炉内（850~900℃）裂解	尿素		
	3. 通入气体法　共渗温度850~900℃	吸热式气+甲烷（或丙烷）+氨		

5.7.4　氮碳共渗

氮碳共渗是工件表层渗入氮和碳，并以渗氮为主的化学热处理工艺。钢件在铁-氮状态图共析点（590℃）以下，在含碳、氮的介质中加热保持1~3h，使工件表面形成铁的碳氮化合物层以及α固溶体的扩散层。表面硬度一般比渗氮低，因而也称为软氮化，但是抗疲劳性能良好。氮碳共渗主要分为液体法及气体法两种。氮碳共渗的工艺过程、特点及适用范围列于表3.5-27。

5.7.5　渗硫、硫氮共渗、硫碳氮共渗

硫在一定温度下于钢铁表面形成硫化铁（FeS，FeS$_2$）薄膜，可以防止金属表面直接接触，并具有很好的润滑减摩作用；可以提高金属表面的抗咬合能力。渗硫、硫氮共渗、硫碳氮共渗的原理、特点和适用范围列于表3.5-28。

5.7.6　渗硼与碳氮硼共渗

钢在900~1000℃高温下于固体、液体、气体介质中渗硼后，表面获得高硬度（1800~2000HV）的FeB+Fe$_2$B层或单相的Fe$_2$B层。双相层脆性大、易剥落；单相层脆性小、硬度稍低。这种工艺可提高零件的硬度、耐磨性和疲劳强度，脆性比渗硼层小。钢的渗硼和碳氮硼共渗工艺过程、特点和应用范围列于表3.5-29。

表3.5-27　氮碳共渗的工艺过程、特点及适用范围

共渗方式	工　艺　过　程	特　点	适用范围
液体法	1. 熔融氰盐中通入空气形成氰酸盐 $2NaCN + O_2 \rightarrow 2NaCNO$，$4NaCNO \rightarrow Na_2CO_3 + 2NaCN + CO + 2[N]$，$2CO \rightarrow CO_2 + [C]$，共渗温度570℃，时间1~3h	盐浴中控制氰酸盐浓度在30%~50%，碳酸盐<30%。盐浴剧毒，要特别注意劳动保护，用过的废盐要仔细中和消毒才可排放。盐浴须在钛坩埚或搪瓷坩埚中熔化	曲轴，轴类导轨，齿轮等承载或匀载荷的磨损件；高速钢、冷作模具钢的工模具
	2. 尿素加碳酸盐反应生成氰酸盐 $2(NH_2)_2CO + Na_2CO_3 \rightarrow 2NaCNO + 2NH_3 + CO_2 + H_2O$，其余反应同上。570℃，1~3h	原料无毒，反应产物仍有毒，其余同上	
气体法	1. 在吸热式气/NH$_3$=1的炉气中于570℃渗1~3h 2. 在乙醇+NH$_3$裂解气中于570℃渗1~3h 3. 在尿素投放的炉中裂解气中渗1~3h，570℃ 4. 在放热式气/NH$_3$≈2的炉气中于570℃渗1~3h	反应产物中有HCN气体，在井式炉排气孔处点燃，可使其降至允许程度以下	曲轴，轴类导轨，齿轮等承载或匀载荷的磨损件；高速钢、冷作模具钢的工模具
	5. 在NH$_3$气中加入1%~2%的O$_2$（或5%空气）于570℃渗1~3h	反应产物无毒、渗速大，可获得氧氮碳共渗效果	

表 3.5-28 渗硫、硫氮共渗、硫碳氮共渗的原理、特点和适用范围

方法	原理	特点	适用范围
渗硫	1. 在硫脲〔$(NH_2)_2CS$〕，硫脲+尿素和硫+碘+铁粉的 $100 \sim 200℃$ 熔融液中保持一定时间 2. 在 $NaCNS + KCNS$ 混合盐中于 $180 \sim 200℃$ 保持 $10 \sim 20min$，电流密度 $2.5 \sim 4A/dm^2$，工件阳极，浴槽阴极	渗硫层硬度低，变形阻力小，易沿滑动方向流动，对金属的接触起润滑作用，因而具有良好的减摩和抗擦伤能力	低载荷高速运转件。可结合整体和表面强化后的零件使用
硫氮共渗	1. $BaCl_2 + NaCl + CaCl_2$ 中性盐浴添加 FeS，通入 NH_3，$540 \sim 560℃$，$1.5 \sim 2h$	盐浴无毒，但工件表面易受浸蚀	高速运转、要求高抗磨、抗咬合、抗疲劳的零件。可提高高速钢红硬性
	2. $NH_3 + H_2S$ 气体法，$540 \sim 560℃$，$1 \sim 2h$	要求设备严格密封	
硫碳氮共渗	1. $NaCN + KCN + Na_2S + KCNS + Na_2S_2O_3$ 盐浴，$540 \sim 560℃$，$1 \sim 2h$	盐浴剧毒，操作当心，用过的废盐废水须仔细消毒方可排除	高速运转、要求高抗磨、抗咬合、抗疲劳的零件。可提高高速钢红硬性
	2. $(NH_2)_2CO + K_2CO_3 + Na_2S$，先将尿素和碳酸盐混合，取少量放在盐浴坩埚中熔化，逐渐补充直至全部熔化，最后加 Na_2S，$450 \sim 560℃$，$0.5 \sim 3h$	原料无毒，反应产物剧毒	

表 3.5-29 渗硼和碳氮硼共渗工艺过程、特点和应用范围

工艺类型	工艺过程	特点	适用范围
渗硼	1. 固体法 $B_4C + Al_2O_3 + NaCl + KBF_4$，$950 \sim 1000℃$，$3 \sim 4h$ 2. 熔盐法 $NaCl + NaBF_4 + B_4C$，$950℃$，$3 \sim 5h$ 3. 熔盐电解法 $Na_2B_4O_7 + Na_2SO_3$，$600 \sim 700℃$，$2 \sim 6h$，$i = 0.2A/dm^2$ 4. 气体法 用 H_2 作运载气体，BCl_3 作渗硼剂，$850℃$，$3 \sim 6h$	渗层脆性大，主要原因是双相层结构，FeB 和 Fe_2B 的膨胀系数相差悬殊。用固体法调整渗剂活性有助于改善脆性 钢件在渗硼前须经适当的预备处理，一般为去应力退火，渗硼后可施行整体淬火、回火或表面淬火，以提高和保证心部及表面层下的金属强度	石油钻机零件
碳氮硼共渗	1. 膏剂法 $K_4Fe(CN)_6 + 木炭 + Na_2CO_3 + B_4C + Al_2O_3 + NH_4Cl$，高频加热 $900 \sim 1100℃$，$5 \sim 15min$ 2. 熔盐法 $(NH_2)_2CO + Na_2CO_3 + KCl + KOH + H_3BO_3$，$680 \sim 800℃$，$6 \sim 8h$	共渗后的工件需施行淬火，以提高强化层下的金属强度和硬度。淬火后的渗层组织为含氮马氏体和残余奥氏体，共渗后的表面硬度可达 $900 \sim 1050HV$	石油机械零件，模具，轴类件

.7.7 渗金属

钢及合金工件加热到适当的温度，使金属元素（如铝、锌、铬、钒等）扩散渗入表层的化学热处理工艺称为渗金属。它能提高金属的抗腐蚀、抗磨损、抗高温氧化等性能，其中以渗铝、锌等应用稍广。渗金属方法有固体粉末法、液体法及气体法等多种。各种渗金属方法的工艺规范、特点和适用范围列于表 3.5-30。

表 3.5-30　渗金属方法的工艺规范、特点和适用范围

方法种类	工　艺　规　范	特　点	适用范围
渗铝	1. 固体粉末法 　工件埋于 Al 粉，Al_2O_3 粉和 NH_4Cl 混合剂中装箱在 850～1050℃保持 2. 熔融金属浸铝法 　将 Al 和 10% Fe 混合在铁坩埚中熔化，工件在 680～800℃保持 15～60min 3. 气体法 　密封井式炉中通 $AlCl_3$（或 $AlBr_3$）和 H_2，在 850～1050℃加热保持	渗铝前钢件表面须用加有锌块的盐酸仔细清理，随后在 300℃烘干，工件表面生成白色的 $ZnCl_2$，使其易吸附铝。为降低渗层脆性和提高与基体的结合力，渗铝后一般须施行 950～1050℃的扩散退火。退火后，为细化晶粒尚应进行一次正火处理	钢板、钢管 渗铝可代替耐热 起皮钢作抗高温 氧化部件
渗锌	1. 固体粉末法 　工件埋入 Zn 粉 + 0.05% NH_4Cl 混合剂中装箱在 390℃保持 2h，可获得 0.01～0.02mm 的渗层 2. 热浸渗锌法 　工件除油、锈后，在 430～460℃的熔融锌浴中浸 10s 至数 min，可获得 0.03mm 的渗层，渗后可在氮气保护下扩散退火	处理温度低，工件变形小	提高钢板、管 螺帽等件的抗大 气腐蚀能力
渗铬	1. 固体粉末法 　工件埋于 Cr 粉（或 Cr-Fe 粉）+ Al_2O_3 粉 + NH_4Cl 中，于 900～1100℃渗 8～15h 2. 熔盐法 　工件在 $CrCl_2$ + $BaCl_2$ + $NaCl$ 熔盐中于 1050℃渗 3h 3. 气体法 　井式炉中放 Cr（或 Fe-Cr）块和 NH_4Cl，在处理过程中不断通入 H_2，并断续投放 NH_4Cl，处理温度 950～1100℃ 4. 真空法 　工件埋入 Cr 块或 Cr + Al_2O_3 + HCl 混合剂中装箱在真空炉中抽气至（10^{-1}～10^{-3}）×133.322Pa，在 950～1100℃渗 5～8h	温度高、时间长，工件变形大。为提高心部强度，改善力学性能，渗铬后往往需施行正火、淬火和回火	要求提高在大 气、自来水、盐 水、H_2S、SO_2 介 质的抗腐蚀能力, 提高高温抗氧化 能力的钢件。高 碳钢渗铬具有高 硬度，可提高其 耐磨性

5.8　热处理常见缺陷产生原因及防止措施

　　模具热处理中常见缺陷、产生原因及防止措施如表 3.5-31 所示。钻具热处理中常见缺陷及防止方法如表 3.5-32 所示。常见的热处理缺陷与零件失效如表 3.5-33 所示。

表 3.5-31　模具热处理中常见的缺陷、产生原因及防止措施

缺陷类型	产　生　原　因	防　止　措　施
球化组织粗大不均，球化不完善，组织中有网状、带状和链状碳化物	1. 锻造工艺不佳，如锻造加热温度过高，变形量小，停锻温度高，锻后冷速缓慢等，使锻造组织粗大，并有网、带或链状碳化物存在，球化退火时难以消除 2. 球化退火工艺不佳，如退火加热温度过高或过低、等温时间短等，可造成退火组织不均或球化不完善	1. 改进锻造工艺或采用正火预备热处理消除网状及链状碳化物及碳化物不均匀性 2. 采用双重热处理，快速匀细化退火工艺 3. 正确制定球化退火工艺规范 4. 合理装炉保证钢料温度的均匀性 5. 采用以调质处理代球化退火

（续）

缺陷类型	产 生 原 因	防 止 措 施
淬火过热或过烧，淬火组织粗大化	1. 球化组织不良 2. 淬火加热温度过高，或高温保持时间过长 3. 工件放置位置不当，在靠近电极或加热元件区产生过热 4. 对截面变化较大的模具，淬火工艺参数选择不当，在薄截面和尖角处产生过热	1. 正确制定淬火工艺，严格控制淬火温度和加热时间 2. 定期检测和校正测温仪表，保证仪表的正常运行 3. 工件与电极或加热元件间应保持足够的距离
硬度低或不均	1. 原始组织中碳化物偏析严重，或球化组织粗大不均 2. 模具表面残留有退火脱碳层或淬火加热时产生脱碳 3. 工件截面大，淬透性差 4. 淬火温度过高，残余奥氏体量多，或淬火温度过低，加热时间不足，相变不完全 5. 淬冷速度慢，分级、等温温度过高或时间过长，冷却剂选用不当 6. 碱浴水分过少或淬火油老化 7. 工件出淬火介质时，温度过高，冷却不足 8. 高速钢回火不充分 9. 回火温度过高	1. 保证有良好的预备热处理组织 2. 彻底消除模具表面的氧化皮 3. 进行良好的盐浴脱氧 4. 选用淬透性高的钢 5. 正确制定淬火、回火工艺参数 6. 采用真空加热淬火，保护气氛加热淬火 7. 严格控制碱浴水分含量 8. 选用淬火介质和冷却方式 9. 回火要充分 10. 采用深冷处理 11. 进行表面强化处理
脱碳	1. 盐浴老化，脱氧不良 2. 工、卡具向盐浴中带进铁锈 3. 在箱式炉中加热时，保护不良	1. 盐的质量必须符合标准的要求，并经 300 ~ 500℃ × 2 ~ 4h 的烘干脱水 2. 盐浴定期脱氧，严格控制盐浴中氧化物的质量分数：BaO（或 Na_2O）≤0.2% ~ 0.5%，FeO≤0.3%
裂纹	1. 钢中存在有严重的网状、带状、链状碳化物或显微裂纹 2. 钢中存在有大的机加工或冷塑性变形应力 3. 热处理操作不当（加热或冷速过快，淬火介质选择不当，冷却温度过低） 4. 淬火加热时过热，过烧 5. 模具形状复杂，厚薄不均，热应力和组织应力过大 6. 返修淬火加热时，未经中间退火处理 7. 回火不及时或回火不足 8. 磨削工艺不当 9. 电火花加工层存在有大的拉应力和大量的显微裂纹	1. 改进锻造和球化退火工艺，消除网状、带状，链状碳化物，改善球化组织的均匀性 2. 进行淬火前的去应力退火（>600℃） 3. 严格控制淬火加热温度和时间，防止过热过烧 4. 采取预热和预冷措施 5. 淬火后及时回火，回火要充分
腐蚀	1. 盐浴中碳酸盐或硫酸盐的含量过高 2. 在 400 ~ 500℃ 的硝盐中且按分级冷却时，所产生的氧化腐蚀 3. 模具和卡具向盐浴中带进氧化物	1. 控制盐浴中碳酸盐含量，不用黄血盐作高温盐浴脱氧剂，加活性碳除硫酸盐 2. 避免向盐浴中带入氧化物 3. 用氯盐作分级冷却介质（不宜用氯化钙） 4. 模具淬火、回火后及时清除表面残盐

表 3.5-32　钻具热处理中常见缺陷及防止方法

常 见 缺 陷	产 生 原 因	防 止 方 法
钻杆，岩心管淬硬层硬度不均匀	淬火时工件前进速度不平稳	改进淬火机床
岩心管淬火后在运输、使用中有的丝扣有裂纹	表面淬火后硬度过高或被淬透	控制淬火层深度，避免淬透
锁接头火焰表面淬火后出现裂纹	1. 所用材料非金属夹杂物多，晶粒粗大，组织不良 2. 淬火温度过高，淬火剂应用不当，喷嘴与工件距离不合适	1. 对供应材料定期检验 2. 要防止加热温度过高，调整喷嘴与工件距离，合金钢可采用聚乙烯醇水溶液冷却

表 3.5-33　常见的热处理缺陷与零件失效

工艺	缺陷名称	对失效抗力指标的影响	可能产生的失效形式
淬火	过　热	降低塑性、韧性、强度，提高脆性转折温度，增大疲劳裂纹扩展速率，但过热组织对高温蠕变有利	脆断、疲劳断裂
	过　烧	严重降低各种力学性能指标	判废
	脱　碳	残余应力分布恶化，降低表面硬度、耐磨性和疲劳强度，易出现淬火裂纹	磨损、疲劳断裂
	硬度不足	降低硬度、强度	过量塑性变形、磨损、疲劳断裂
	软　点	降低弯曲疲劳和接触疲劳强度	磨损、疲劳断裂点蚀或剥落
	淬火裂纹	降低强度、塑性、韧性	脆断或疲劳断裂
	热处理变形	增加校直应力和装配应力，减少齿面啮合面积	疲劳断裂、接触疲劳破坏
回火	回火脆性	降低韧性，提高脆性转折温度，疲劳裂纹扩展速率增快	脆断、疲劳断裂
球化退火退火	球化不良	降低韧性、降低接触疲劳强度（淬火回火后）	脆断、疲劳断裂、点蚀
	石墨化	降低强度和韧性	脆断
渗碳或碳氮共渗	碳化物量过多	降低韧性和疲劳强度，抗点蚀能力下降	疲劳断裂、点蚀、剥落
	残余奥氏体量过多	降低强度和耐磨性，但降低疲劳裂纹扩展速率	磨损
	黑色组织（非马氏体组织）	降低强度和耐磨性，残余应力分布不良，疲劳强度低	疲劳断裂、磨损
	黑色组织（疏松或空洞）	降低强度、韧性和耐磨性	脆断、疲劳断裂、磨损
	心部硬度不足	降低接触疲劳强度	剥落或表面压溃
	渗层过厚	降低韧性，残余应力分布不良疲劳强度低	脆断、疲劳断裂
碳氮共渗	氢　脆	降低韧性	脆断
渗氮	网状和波纹状氮化物	降低韧性和疲劳强度	渗氮层剥落及疲劳断裂
	针状或鱼骨状氮化物	降低韧性	渗氮层剥落并引起疲劳断裂
渗硼	疏松或空洞	降低韧性和耐磨性	渗层剥落和磨损
感应加热表面淬火	硬化层分布不合理	残余应力分布不良，降低疲劳强度	疲劳断裂
	软点和螺旋软带	降低耐磨性和疲劳强度，残余应力分布不良	磨损和疲劳断裂
	σ　相	降低塑性、韧性和抗氧化性，抗蚀性也下降	脆断、晶间腐蚀

5.9　表面处理

5.9.1　金属的表面清理

金属表面清理的目的是去除附着的油污、锈蚀等异物，使工件表面清洁、具有适当的粗糙度，以适于其他加工。金属制品的表面清理方法和适用范围列于表 3.5-34。金属制品在各种表面处理前的推荐清理方法列于表 3.5-35。

表 3.5-34　金属制品的表面清理方法和适用范围

清理方法	可清理的污垢	方　法　特　点	用　途
碱液清理	油、脂、蜡、金属颗粒、粉尘、炭粒和硅胶	工件可在碱清洗剂（含碱金属磷酸盐或苛性碱或碱金属碳酸盐、硅酸盐、硼酸盐等洗净成分以及表面活性剂和其他添加剂）中浸泡或喷洗（70～210kPa 的液压），依靠乳化、悬浮、皂化或综合实现表面净化，最后用含 3% 清洁剂的水冲洗	化学转化膜或电镀前清理
电解清理	通常在浸碱液后用以清除残存污物	工件在碱性清洗剂中作为阳极或阴极，直流电压 3～12V，电流密度 1～15A/dm²	活化金属表面，消除钝化状态（工件为阴极）
乳化清理	清理金属和非金属表面的大片污垢	用在水中分散的有机溶剂（杂环或环烷类石油制品、煤油等）和浮化剂（非离子型聚醚、离子型烷芳基磺酸胺盐等）。清洗温度 10～82℃	磷化前预处理
溶剂清理	自金属表面清除油脂	分冷清理和蒸气除脂两种方法。冷清理在室温进行，用脂肪族石油产品，氯代烃、醇类溶剂等。蒸气除脂用氯化或氟化溶剂的蒸气清除污垢、油滴、脂和蜡	涂漆、磷化和电镀前清理

（续）

清理方法	可清理的污垢	方法特点	用途
酸清理（铸铁和钢）	氧化物，灰尘，油脂和其他污物	矿物酸、有机酸或酸式盐溶液和润湿剂、洗涤剂混合使用	电镀预处理
酸浸（铸铁和钢）	型钢、钢坯、板、卷、丝、管以及铸锻件上的氧化膜、氧化皮	与用盐酸比较，用硫酸烟雾少，用量少，成本低。热轧材、热处理后的高碳钢棒和丝适宜用盐酸。两种酸中都需添加缓蚀剂	电镀、涂锡前的预处理
喷砂	锈蚀、氧化皮、粘砂或油漆、毛刺	分干法和湿法两种。喷料用金属球，砂粒，玻璃球等。设备分轮式，滚磨，压缩空气，滚筒式等	渗锌、粘结、涂漆、搪玻璃、搪瓷预处理
溶盐法	氧化皮	有氧化法、电解法和还原法。要完全除去氧化皮，须在溶盐处理后施行酸浸。氧化法简单，工业应用多。溶盐温度205～480℃。电解法用直流电以转换开关换向，操作15～30min，然后水洗干燥	棒料、丝、卷、工业的氧化皮清理

表 3.5-35　金属制品在各种表面处理前的推荐清理方法

类别	生产方式	中间清理	涂有机层前清理	磷化前清理	镀前清理
带颜料的拉拔润滑剂的清理	单件或小批量生产	手敷热乳化液，一次性清理喷乳化液，蒸气除脂	沸腾碱液，吹除，手揩；蒸气除脂、手揩；酸清理	手敷热乳化液，一次性清理用喷乳化液，热水冲洗，揩干	热碱水浸蚀，热水冲洗（如有必要可揩干），电解碱洗，冷水冲洗
	大批量连续生产	在传送带上喷乳化液	浸碱液或酸液，热水冲洗；喷碱液，热水洗	浸碱液或酸液，热水冲洗，喷碱水或酸液，热水冲洗	浸热乳化液或碱水，热水冲洗，电解碱水洗，热水冲洗
无颜料油脂的清理	单件或小批量生产	溶剂揩洗；喷或浸乳化液；蒸气除脂；在冷溶剂中浸洗；在碱液中浸洗，水冲洗，干燥（或在防锈剂中浸泡）	溶剂揩洗；蒸气除脂或磷酸清理	溶剂揩洗；浸或喷乳化液，水冲洗；蒸气除脂	溶剂揩洗；乳剂中浸泡，滚洗，碱液电解清洗，浸盐酸，冲洗
	大批量连续生产	自动蒸气除脂，浸乳化液，滚洗，喷洗，冲洗，干燥	自动蒸气除脂	乳剂强力喷洗，冲洗；蒸气除脂；酸清理	自动蒸气除脂，碱液电解清洗，浸磷酸，冲洗
切屑和切削液的清理	单件或小批量生产	溶剂揩洗；在碱液和表面活化剂中浸洗；三氯乙烯或 Stoddard 溶剂清洗	溶剂揩洗；在碱液和表面活化剂中浸洗；溶剂或蒸气清洗	溶剂揩洗；在碱液和表面活化剂中浸洗；溶剂或蒸汽清洗	溶剂揩洗；在碱液中浸，冲洗，碱液电解，冲洗，浸酸，冲洗
	大批量连续生产	用碱液浸或喷；表面活化剂清洗	用碱液浸或喷，表面活化剂清洗	用碱液浸或喷，表面活化剂清洗	浸碱液，冲洗，碱液电解，冲洗，浸酸和冲洗
抛磨剂的清理	单件或小批量生产	很少用	溶剂揩洗；浸碱性活化剂（搅拌），冲洗，浸乳液，冲洗	溶剂揩洗；浸碱液活化剂（搅拌），冲洗，浸乳化液，冲洗	溶剂揩洗；浸碱液活化剂（搅拌），冲洗；电解清洗
	大批量连续生产	很少用	碱液活化剂喷洗，水喷洗；搅拌浸洗或喷洗，水冲洗	碱液活化剂喷洗，水喷洗；乳化液喷洗，水冲洗	碱液活化剂浸洗和喷洗，碱液浸洗，喷洗和水冲洗，碱液电解，冲洗，弱酸蚀，水冲洗

5.9.2　金属的电化学镀膜

金属制品经仔细表面清理后，在含有被镀金属的电解质溶液中作为阴极，以被镀金属棒为阳极，两极间通以直流电后，被镀金属即不断沉积在金属制品上，此工艺称为电镀。经过电镀的制品表面具有抗蚀、耐磨等性能，以及优异的装饰性能。此外，电镀也可进行磨损件的修复。

由于在电镀时金属极易吸氢而变脆，所以电镀后应当考虑进行脱氢处理。此外，许多电镀液含有剧毒的氰盐，因而在操作中及废液排放时，应遵守安全及环保的有关规定。

常用镀层的工艺举例和适用范围列于表3.5-36。通常的电镀后处理为热水洗净及干燥，必要时可进行研磨抛光，最后再经水洗、干燥、涂防锈漆。有些钢材镀后需进行 150～200℃ 烘烤，以消除氢脆。

5.9.3 金属的化学转化膜

金属表面层物质参与化学或电化学反应所形成的附着良好的反应产物膜层，称为化学转化膜。获得这种膜层的方法有：磷化法、化学氧化法、阳极氧化法等。金属的化学转化膜保护法的原理、工艺和适用范围列于表3.5-37。

5.9.4 热喷涂

把金属、合金、陶瓷等材料熔融或部分熔融，然后以高速喷射法涂在工件表面上，以获得耐蚀、耐磨层的工艺称为热喷涂。根据采用的热源形式不同，热喷涂可分为电弧喷涂、火焰喷涂、等离子喷涂、爆炸喷涂、激光喷涂等多种方法。涂层的厚度一般为 0.25～0.75mm，如果需要也可喷至10mm。这种工艺方法不仅可以提高金属及非金属材料的耐蚀性能，而且还可以提高材料的耐磨性、抗高温氧化性能。此外，还可以进行磨损零件的修复。

表 3.5-36 常用镀层的工艺举例和适用范围

镀层	镀液举例 /g·L^{-1}		阳极	温度 /℃	电流密度 /A·dm^{-2}	特 征	适 用 范 围
铜	氰化铜 氰化钠 碳酸钠 氢氧化钠	22 33 15 pH12.0～12.6	铜、钢	30～50	1.0～1.5	属低氰盐浓度成分，起始镀速大	快速冲击镀
	CuSO$_4$·5H$_2$O H$_2$SO$_4$	200～240 45～75	铜（最好是经磷化的铜）	20～50	2.0～10.0	可快速增厚	镍、银镀层衬底
	Cu(BF$_4$)$_2$ HBF$_4$	450 40	铜（最好是经磷化的铜）	20～70	12～35	镀液易配置、稳定、好控制	速度快，可在 500μm 以下得到致密层
铬	铬酸 硫酸盐	250 2.5	铅	52～63	31～32	低浓度镀硬铬	磨损件翻新，不合格件返修、汽门顶杆、活塞环、柴油机气缸内腔、航空发动机气缸、液压件等耐磨件，镀层 100～175μm，最厚250μm
	铬酸 硫酸盐	400 4.0	铅	43～63	16～54	高浓度镀硬铬	
	铬酐 铬酐/硫酸盐	200～400 80:1～125:1	铅或铅合金	46～52	7.5～17.5	在镍或铜镍层上镀薄层铬，厚度不超过 1.25μm	装饰性光亮镀铬
镍	NiSO$_4$·6H$_2$O NiCl$_2$·6H$_2$O H$_3$BO$_3$ pH	225～410 30～60 30～45 15～5.2	镍	46～71	1～10	Watts 标准镀液，要求电流密度大时采取硫酸镍高浓度，硬度 100～250HV，应力 105～205MPa	铁、铜或锌合金在野外、海洋和工业大气中的防腐
	Ni(SO$_3$NH$_2$)$_2$ NiCl$_2$·6H$_2$O pH	263～450 0～30 3～5	镍	38～60	2.5～30	氨基磺酸盐镀液，高硬度（130～600HV），低应力（3～110MPa）	铁、铜或锌合金在野外、海洋和工业大气中的防腐
	NiSO$_4$·6H$_2$O ZnSO$_4$·7H$_2$O (NH$_4$)$_2$SO$_4$ NaSCN pH	75 30 35 15 5.6	镍	21～24	0.15	装饰性镍、黑镍以获得不反射光的表面。镀层脆，受弯或冲击易裂，剥落，因而镀层厚度只能是 1.0～1.5μm	打字机、照相机零件、武器件、拉链
	Watts 镍镀液添加有机或有机-无机混合光亮添加剂		镍			光亮度高，硬度高	野外、海洋和工业大气中的防蚀
镉	氧化镉 金属镉 氰化钠 氢氧化钠 碳酸钠	23 19.6 78 14.2 30～75	镉	27～32	2.5	用于静止槽，效率较高，电镀能力中等，亦可用于滚镀，镀层厚度 <25μm	钢和铸铁在大气、海洋气候下的防蚀

（续）

镀层	镀液举例 /g·L⁻¹		阳极	温度 /℃	电流密度 /A·dm⁻²	特 征	适 用 范 围
锌	氰化锌 氰化钠 氢氧化钠 碳酸钠	9.4 7.5 65 15	锌	29	2.0~5.0	属低氰镀液，对工作温度极为敏感	丝状物的架镀
	硫酸锌 氯化铵 硫酸铝 甘草酊	240 15 30 1	锌	20~30	1~2	镀层均匀性化氰化液稍差	钢铁制品的防蚀
银	KAg(CN)₂ KCN K₂CO₃	45~60 30~45 30~90	高纯银	20~25	0.55~1.6	尚需添加硫代硫酸铵、硒或锑，否则镀层无光泽	不锈钢、白镴合金餐具装饰性镀，电开关触点，外科手术用具
金	K[Au(CN)₄] KCN K₂CO₃ K₂HPO₄	4~12 30 30 30	镀铂的钛	48~66	11~54	化学稳定性好，耐蚀、耐磨。pH<11.8，超过12光泽性镀层范围减小	电子工业器件、贵重装饰品
	K[Au(CN)₄] K₂HPO₄	10 120	镀铂的钛	40~71	11~54		
铑	硫酸铑络盐 浓硫酸	10 15~200mL/L	镀铂的钛	50~75	1~2	导热性能好，硬度高，化学稳定性高，镀层厚度小于25μm	要求低电阻、高硬度的电子器件，贵重装饰品
	硫酸铑络盐 浓硫酸 氨基磺酸镁 硫酸镁	2~10 5~50mL/L 10~100 0~50	镀铂的钛	20~50	0.4~2	同上，镀层厚<200μm	

表 3.5-37　金属的化学转化膜保护法的原理、工艺和适用范围

方法	原 理	工艺过程	特 点	适用范围
磷化	钢、铁、铝在稍加热（32~90℃）的磷酸和Zn（H₂PO₄）₂·2H₂O稀液中形成3~50μm致密柔软的不溶解的磷酸盐保护层。有三种类型的磷酸盐膜：磷酸锌膜，磷酸铁镁和磷酸锰膜	主要工艺流程为：表面预处理—冲洗—磷化—冲洗—铬酸冲洗。分浸液法和喷液法两种	形成1.6~2.1g/m²的膜，用喷液法时需1min或更少时间，浸液法需2~5min	油漆底层，有助于管和丝的冷变形加工，提高耐磨性、防锈
发蓝	钢铁在NaNO₂+NaNO₃的熔盐，高温热空气或500℃的过热蒸汽中处理。但生产中常用的是在沸腾的浓碱液中处理。表面生成0.5~1.5μm的Fe₃O₄层	除油—清洗—浸蚀—清洗—氧化—清洗—浸皂液（80~90℃，2min）—清洗—干燥—上油	分单槽和双槽法。单槽法只能获得薄的防蚀性较差的膜，易形成红色挂灰。双槽法可避免此缺陷	防蚀性较差，常和涂油、蜡、清漆配合使用。可用于精密仪器、光学仪器、工具的生产
铝合金转化膜	铝和铝合金经化学转化（在重铬酸钠、铬酸钠、铬酐、磷酸、氢氧化钠液中）可获得氧化膜，铬酸盐膜或铬酸—磷酸盐膜（0.5~4μm）	除油—清洗—转化—清洗—封闭处理—清洗—浸漆。转化温度20~100℃，时间3~10min	膜一般较薄、多孔，吸附能力强，经封闭处理或涂漆有好的防护性	在电子工业（铬酸盐膜）和航空工业中有广泛应用
铝合金阳极氧化	在电解液（稀硫酸、草酸、铬酸或磷酸）中以铝件为阳极，经电解而形成的氧化膜。有普通阳极氧化、硬质阳极氧化、光亮阳极氧化以及无孔阳极氧化之分	溶剂除油—化学除油—清洗—出光—清洗—碱腐蚀—清洗—出光—清洗—阳极氧化—清洗—封闭—清洗—干燥—涂漆	30μm以上的厚膜才具有抗磨能力（硬膜阳极氧化）。膜的耐热温度150~200℃	日用五金、工艺品、航空发动机件、仪表零件
氧化膜染色	铝和铝合金经硫酸阳极氧化后，可用有机染料或无机物进行着色	15~85℃，5~30min	可染成黑、红、蓝、绿、金黄色	日用五金、工艺品、建筑材料

6　切削与磨削

6.1　切削与磨削方法及其设备工作精度

6.1.1　各类切削加工方法及其经济加工精度

1. 各类切削加工方法能达到的表面粗糙度（表 3.6-1）

2. 各种型面加工方案及其经济加工精度① 外圆表面加工见表 3.6-2。② 孔加工见表 3.6-3。③ 平面加工见表 3.6-4。

6.1.2　各类机床工作精度（表 3.6-5）

表 3.6-1　各种加工方法能获得的表面粗糙度

加工方法	R_a25 μm（▽3）	$R_a12.5$ μm（▽4）	$R_a6.3$ μm（▽5）	$R_a3.2$ μm（▽6）	$R_a1.6$ μm（▽7）	$R_a0.8$ μm（▽8）	$R_a0.4$ μm（▽9）	$R_a0.2$ μm（▽10）	$R_a0.1$ μm（▽11）	$R_a0.05$ μm（▽12）	$R_a0.025$ μm（▽13）	$R_a0.012$ μm（▽14）
车削		△	△	△△	△△							
金刚石镗削①							△△	△△	△△	△△		
金刚石超精车①										△△	△△	△△
刨削		△	△△	△△	△△							
钻孔	△											
扩孔钻扩孔		△										
镗孔		△	△△	△△	△△							
铰孔			△△	△△	△△	△△						
铣削		△	△△	△△	△△							
拉削			△	△△	△△	△△						
滚压加工				△△	△△	△△	△△					
磨削			△△	△△	△△	△△						
超精磨,镜面磨									△△	△△	△△	△△
研磨							△△	△△	△△	△△		
珩磨				△		△		△				
超精加工							△△	△△	△△			
抛光					△△	△△	△△	△△				

注：△—粗加工、半精加工；△△—精加工。
① 加工非铁金属。

表 3.6-2　外圆表面加工方案　　（续）

序号	加工方案	经济精度级（IT）	表面粗糙度 $R_a/\mu m$	适用范围	序号	加工方案	经济精度级（IT）	表面粗糙度 $R_a/\mu m$	适用范围
1	粗车	11 ~ 12	25 ~ 100	适用于淬火钢以外的各种金属	5	粗车—半精车—磨削	8 ~ 9	0.8 ~ 1.6	主要用于淬火钢,也可用于未淬火钢,但不宜加工有色金属
2	精车—半精车	9	6.3 ~ 12.5		6	粗车—半精车—粗磨—精磨	6 ~ 7	0.2 ~ 0.8	
3	粗车—半精车—精车	7 ~ 8	1.6 ~ 3.2		7	粗车—半精车—粗磨—精磨—超精加工（或轮式超精磨）	6	0.025 ~ 0.2	
4	粗车—半精车—精车—滚压（或抛光）	7 ~ 8	0.05 ~ 0.4		8	粗车—半精车—精车—金刚石车	6 ~ 7	0.05 ~ 0.8	主要用于要求较高的有色金属的加工

（续）

序号	加工方案	经济精度级（IT）	表面粗糙度 $R_a/\mu m$	适用范围
9	粗车—半精车—粗磨—精磨—超精磨或镜面磨	6以上	0.012 ~ 0.05	极高精度的外圆加工
10	粗车—半精车—粗磨—精磨—研磨	6以上	0.012 ~ 0.2	

表 3.6-3 孔加工方案

序号	加工方案	经济精度级（IT）	表面粗糙度 $R_a/\mu m$	适用范围
1	钻	11 ~ 12	100	加工未淬火钢及铸铁的实心毛坯，也可用于加工非铁金属（但粗糙度稍差），孔径 < 20mm
2	钻—铰	9	3.2 ~ 5.3	
3	钻—粗铰—精铰	7 ~ 8	1.6 ~ 3.2	
4	钻—扩	11	12.5 ~ 25	加工未淬火钢及铸铁的实心毛坯，也可用于加工非铁金属（但粗糙度稍差），孔径 < 20mm，但孔深 > 20mm
5	钻—扩—铰	8 ~ 9	3.2 ~ 6.3	
6	钻—扩—粗铰—精铰	7	1.6 ~ 3.2	
7	钻—扩—机铰—手铰	6 ~ 7	0.2 ~ 0.8	
8	钻—（扩）—拉	7 ~ 9	0.2 ~ 1.6	大批大量生产（精度视拉刀的精度而定）
9	粗镗（或扩孔）	11 ~ 12	12.5 ~ 25	除淬火钢外各种材料，毛坯有铸出孔或锻出孔
10	粗镗（粗扩）—半精镗（精扩）	7 ~ 9	3.2 ~ 6.3	
11	粗镗（扩）—半精镗（精扩）—精镗（铰）	7 ~ 8	1.6 ~ 3.2	
12	粗镗（扩）—半精镗（精扩）—精镗—浮动镗刀块精镗	6 ~ 7	0.8 ~ 1.6	
13	粗镗（扩）—半精镗—磨孔	7 ~ 8	0.4 ~ 1.6	主要用于加工淬火钢，也可用于不淬火钢，但不宜用于非铁金属
14	粗镗（扩）—半精镗—粗磨—精磨	6 ~ 7	0.2 ~ 0.4	

（续）

序号	加工方案	经济精度级（IT）	表面粗糙度 $R_a/\mu m$	适用范围
15	粗镗—半精镗—精镗—金刚镗	6 ~ 7	0.1 ~ 0.8	主要用于精度要求较高的非铁金属的加工
16	钻—（扩）—粗铰—精铰—珩磨；钻—（扩）—拉—珩磨；粗镗—半精镗—精镗—珩磨	6 ~ 7	0.05 ~ 0.4	精度要求很高的孔
17	以研磨代替上述方案中的珩磨	6以上	0.012 ~ 0.2	

表 3.6-4 平面加工方案

序号	加工方案	经济精度级（IT）	表面粗糙度 $R_a/\mu m$	适用范围
1	粗车—半精车	9	6.3 ~ 12.5	端面
2	粗车—半精车—精车	7 ~ 8	3.2 ~ 1.6	
3	粗车—半精车—磨削	8 ~ 9	0.4 ~ 1.6	
4	粗刨（或粗铣）—精刨（或精铣）	8 ~ 9	3.2 ~ 12.5	一般不淬硬平面（端铣的粗糙度可较低）
5	粗刨（或粗铣）—精刨（或精铣）—刮研	6 ~ 7	0.2 ~ 1.6	精度要求较高的不淬硬平面批量大时宜采用宽刃精刨方案
6	粗刨（或粗铣）—精刨（或精铣）—宽刃精刨	7	0.4 ~ 1.6	
7	粗刨（或粗铣）—精刨（或精铣）—磨削	7	0.4 ~ 1.6	精度要求较高的淬硬平面或不淬硬平面
8	粗刨（或粗铣）—精刨（或精铣）—粗磨—精磨	6 ~ 7	0.05 ~ 0.3	
9	粗铣—拉	7 ~ 9	0.4 ~ 1.6	大量生产，较小的平面（精度视拉刀的精度而定）
10	粗铣—精铣—磨削—研磨	6以上	0.012 ~ 0.2	高精度平面

表 3.6-5 各类机床的工作精度

切削方法	主要机床类型		主参数范围/mm	机床工作精度		
				尺寸精度级	形状精度/mm	位置精度/mm
车削	卧式车床	普通级	最大加工直径 $D_1 = 250 \sim 1250$	IT7 ~ 8	圆度 $0.0012 \sqrt[3]{D}$	
		精密级	$D_1 = 250 \sim 500$	IT6 ~ 7	圆度 $0.0006 \sqrt[3]{D_1}$	
		高精度级	$D_1 = 250 \sim 500$	IT6	圆度 $0.00024 \sqrt[3]{D_1}$	
	重型卧式车床		$D = 1000 \sim 5000$	IT7 ~ 8	圆度 $\dfrac{D}{80000}$	
	落地车床		$D = 2000 \sim 8000$	IT7 ~ 8	端面平面度 $0.0014 \sqrt{D}$	
	立式车床		$D = 630 \sim 2000$	IT7 ~ 8	圆度 $0.0004 \sqrt{D}$	
	转塔车床		最大棒料直径 $d = 10 \sim 125$	直径同一度 $0.0123 \sqrt{d}$ mm	圆度 $0.002 \sqrt{d}$	
	多刀半自动车床		$D = 250 \sim 500$	IT8	圆度 $0.0009 \sqrt{D}$	
	半自动仿形车床		$D = 125 \sim 200$	仿形误差 0.04mm	圆度 0.015	
	单轴纵切自动车床	普通级	$d = 6 \sim 32$	IT7	圆度 0.005	
		精密级		IT6	圆度 0.003	
	单轴六角自动车床		$d = 12 \sim 36$	直径同一度 $d \leqslant 20$mm 0.03mm $d > 20$mm 0.04mm	圆度 0.01	
	卧式多轴自动车床		$d = 25 \sim 80$	直径同一度 $0.0014 \sqrt{d}$ mm	圆度 $0.002 \sqrt{d}$	
钻削	台式钻床		最大钻孔直径 $d \leqslant 16$	钻孔 IT11 ~ 12		钻孔的偏斜度用划线法时 100:0.3 用钻模时 100:0.1
	立式钻床		$d = 6 \sim 80$			
	摇臂钻床		$d = 25 \sim 125$			
镗削	卧式铣镗床		主轴直径 $D = 70 \sim 130$	镗孔 IT7 ~ 8 用浮动镗刀块镗孔 IT6 ~ 7	圆度 $0.002 \sqrt{D}$	孔加工的圆柱度 300:0.01 孔与端面加工垂直度 100:0.025
	落地镗床		$D = 160 \sim 200$			
	落地镗铣床		$D = 130 \sim 260$			
	坐标镗床	单柱	工作台宽度 $B = 200 \sim 630$	孔距精度 $B \leqslant 1000$mm I 级精度机床 0.004 ~ 0.007mm II 级精度机床 0.006 ~ 0.012mm	圆度 I 级精度机床 $0.00015 \sqrt{B}$ II 级精度机床 $0.002 + 0.00015 \sqrt{B}$	
		双柱	$B = 450 \sim 2000$			
	金刚镗床		$B = 250 \sim 630$	IT6 ~ 7	圆度 $\leqslant 0.005$	
铣削	升降台式 立卧 铣床		$B = 200 \sim 500$	IT8 ~ 9	直线度 150:0.02	加工面与基面平行度 150:0.02
	工作台不升降式 立卧 铣床		$B = 400 \sim 1000$	IT8 ~ 9	直线度 300:0.02	加工面与基面平行度 300:0.02

（续）

主要机床类型		主参数范围 /mm	机床工作精度		
			尺寸精度级	形状精度 /mm	位置精度 /mm
单柱铣床		$B = 320 \sim 600$	IT8 ~ 9	直线度 1000:0.02	加工面与基面平行度 1000:0.02
龙门铣床		$B = 800 \sim 5000$			
龙门架移动铣床		$B = 12000$			
仿形铣床		$B = 250 \sim 500$	仿形误差 0.05 ~ 0.1mm		
牛头刨床		最大行程 $L = 160 \sim 900$	IT8 ~ 9	上加工面平面度 $0.0009\sqrt{L}$ 侧加工面平面度 $0.0013\sqrt{L}$	加工面与基面平行度 $0.0013\sqrt{L}$
单柱刨床		最大刨削宽度 $B = 1000 \sim 1500$	IT8 ~ 9	100:0.02	100:0.02
龙门刨床		$B = 1000 \sim 3000$			
插床		最大插削长度 $L = 200 \sim 1200$	IT8 ~ 9	直线度 300:0.03	加工面与基面垂直度300:0.03
卧式内拉床		最大拉力 $F = 10 \sim 100tf$	IT8 ~ 9		孔对基面垂直度200:0.08
立式内拉床		$F = 5 \sim 20tf$	IT7 ~ 9		孔对基面垂直度200:0.06
立式外拉床		$F = 10 \sim 20tf$	IT7 ~ 9		拉削面对基面垂直度 300:0.04
外圆磨床	普通级	最大磨削直径 $D = 50 \sim 800$	IT6 ~ 7	圆度(工件在顶尖间)磨削长度 ≤750:0.003 >750:0.005	
	精密级	$D = 50 \sim 500$	IT6	圆度(工件在顶尖间) $D \leq 320:0.001$ $D > 320:0.002$	
	高精度级	$D = 50 \sim 320$	IT6 以上	圆度(工件在顶类间)0.0005	
内圆磨床		$D = 3 \sim 500$	IT6 ~ 7	圆度 $0.002\sqrt[4]{D}$	孔与端面垂直度 $0.0035D^{0.2}$
无心外圆磨床		$D = 10 \sim 315$	IT6 ~ 7	圆度 $D \leq 20:0.0015$ $D \geq 100:0.002\sqrt{D}$	
平面磨床	卧轴矩台	工作台宽度 $B = 125 \sim 800$	IT7		工件等厚 300:0.005 全长:0.03
	精密卧轴矩台	$B = 125 \sim 500$	IT6 ~ 7		工件等厚 200:0.002 630 ~ 1000:0.01

（续）

切削方法	主要机床类型		主参数范围/mm	机床工作精度		
				尺寸精度级	形状精度/mm	位置精度/mm
磨削	平面磨床	立轴矩台	$B = 300 \sim 710$	IT7		加工面对基面平行度 1000：0.015
		卧轴圆台	工作台直径 $D = 326 \sim 1600$	IT7		加工面对基面平行度 500：0.005 1000：0.01 >1000：0.015
		立轴圆台	工作台直径 $D = 750 \sim 1600$	IT7		
齿轮加工	圆柱齿轮加工机床	滚齿机	最大工件直径 $D = 125 \sim 5000$ 最大模数 $m = 2 \sim 40$	4～7 级		
		插齿机	$D = 200 \sim 3150$ $m = 4 \sim 16$	6～7 级		
		剃齿机	$D = 200, 320, 500$ $m = 8$	6～7 级 $R_a 2.5 \sim 1.25 \mu m$		
		珩齿机	$D = 125 \sim 500$ $m = 4, 6, 8, 10$	7 级 $R_a 0.63 \mu m$		
		磨齿机	$D = 120 \sim 4700$ $m = 3 \sim 40$	3～6 级		
	锥齿轮加工机床	直齿锥齿轮加工机床 刨齿机	$D = 125 \sim 1600$ $m = 2.5 \sim 30$	6～8 级		
		铣齿机（德 BF203）	$D = 260$ $m = 10$	6～8 级		
		拉齿机		8～9 级		
		弧齿锥齿轮加工机床 铣齿机（Y2250A）	$D = 500$ $m = 12$ 最大刀倾角 $\alpha = 30°$	6 级		
		磨齿机（Y20801）	$D = 711$ $m = 12$	5 级或更高		
		研齿机（格里森507）	$D = 24 in$			
螺纹加工	精密丝杠车床	5 级	最大工件长度 $D = 350 \sim 2500$	螺距误差 25：0.002 100：0.003 300：0.005		
		6 级		螺距误差 25：0.005 100：0.006 300：0.009		

（续）

切削方法	主要机床类型		主参数范围/mm	机床工作精度		
				尺寸精度级	形状精度/mm	位置精度/mm
螺纹加工	精密丝杠车床	7级	最大工件长度 $D = 1500 \sim 8000$	螺距误差 25:0.009 100:0.012 300:0.018		
	螺纹磨床		最大工件直径 $D = 125 \sim 500$	螺距误差 25:0.005 100:0.006 300:0.009 全长:0.02		
	螺纹铣床		最大铣削直径 $D = 100 \sim 200$	螺距误差 100:0.03 300:0.04		

6.2 车削

6.2.1 车削加工的特点和应用

1. 常用的车削方式（图3.6-1）
2. 锥体加工（表3.6-6）
3. 内、外圆弧面加工（见表3.6-7）
4. 成形面车削加工（见表3.6-8）
5. 畸形工件加工 畸形工件是指车削时被加工面的中心线不在零件的重心、或具有不规则的外形等结构复杂的零件，如曲轴、轴承座、偏心衬套等。这类零件的装夹可以用花盘、带可移动滑座的圆盘、可调坐标的角铁或带可移动滑座的角铁等车床附件来实现。为方便调整，工件要有用于安装和测量的预加工基面。畸形工件安装后必须安排平衡配重，以免损坏机床主轴和降低加工精度。

6. 滚压加工 滚压加工是一种对机械零件表面进行光整和强化的工艺。滚压加工使金属表层产生塑性变形，改善表面粗糙度，并在表面产生残余压应力，提高工件表面的耐磨性和抗疲劳强度。滚压工具主要有滚珠式、滚柱式和滚轮式三种。滚珠式的滚压元件是钢球，在施加压力较小时可得到较大的单位压力，适用于滚压刚性较差的工件。滚柱式和滚轮式的滚压元件一般用硬质合金制作，其表面粗糙度要达到 $R_a0.4\mu m$。滚压前工件的表面粗糙度要达到 $R_a6.3\mu m$。滚压深度一般为 $0.01 \sim 0.02mm$，此时压力一般为 $500 \sim 3000N$，进给量一般为 $0.1 \sim 0.25mm/r$，进给量过大时表面粗糙度差，过小时由于重复滚压易产生疲劳裂纹。滚轮式工具的滚压速度可用 $80 \sim 150m/min$，滚柱式工具一般不大于 $40m/min$。

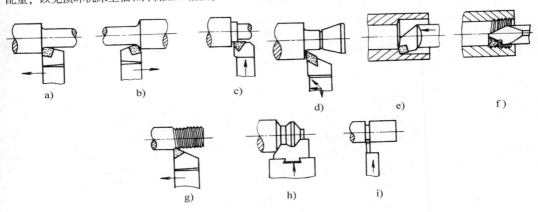

图 3.6-1 常用车削方式
a)、b) 外圆车削　c)、d) 端面车削　e) 内孔车削　f)、g) 螺纹车削　h) 成形车削　i) 切槽

表 3.6-6　锥体车削方法

车削方法	转动小拖板车圆锥	偏移尾座车圆锥	靠模法车圆锥
示意图	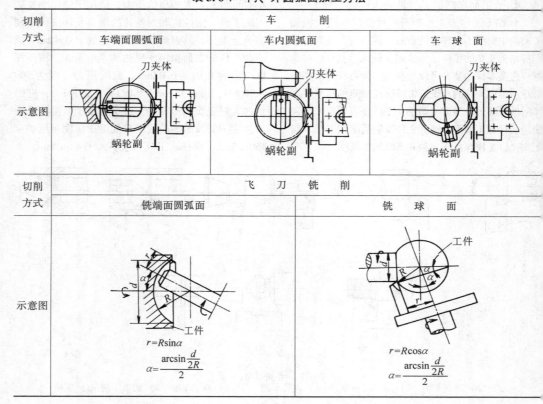		
说明	适用车削锥度大、长度短的内、外圆锥体	适用车削锥度较小、长度较长的外圆锥体 尾座偏移量为 $$S \approx \frac{L}{l} \cdot \frac{D-d}{2}$$ 当工件全部是圆锥（$L = l$）时： $$S \approx \frac{D-d}{2}$$	适用批量大、精度要求高的外圆锥体车削 利用靠模装置使车刀在作纵向运动的同时，并作横向运动，靠模板偏移量为： $$c \approx H \cdot \frac{D-d}{2l}$$

表 3.6-7　内、外圆弧面加工方法

切削方式	车　　削		
	车端面圆弧面	车内圆弧面	车　球　面
示意图			

切削方式	飞　刀　铣　削	
	铣端面圆弧面	铣　球　面
示意图	$r = R\sin\alpha$ $$\alpha = \frac{\arcsin\dfrac{d}{2R}}{2}$$	$r = R\cos\alpha$ $$\alpha = \frac{\arcsin\dfrac{d}{2R}}{2}$$

表 3.6-8 成形面车削方法 （续）

车削方法	示 意 图	特 点	车削方法	示 意 图	特 点
成形刀车削	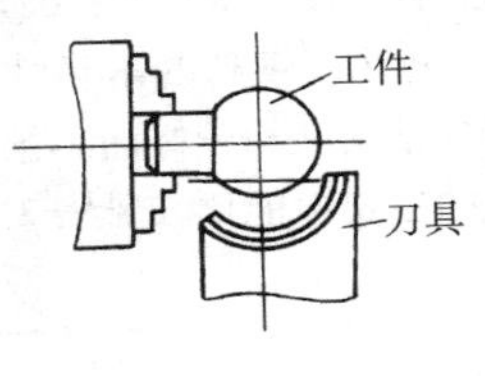	工件的精度主要靠刀具保证 适于加工具有大圆角、圆弧槽以及变化范围小但又比较复杂的成形面	纵向靠模板车削		适于加工切削力不大的短轴成形面
液压仿形车削	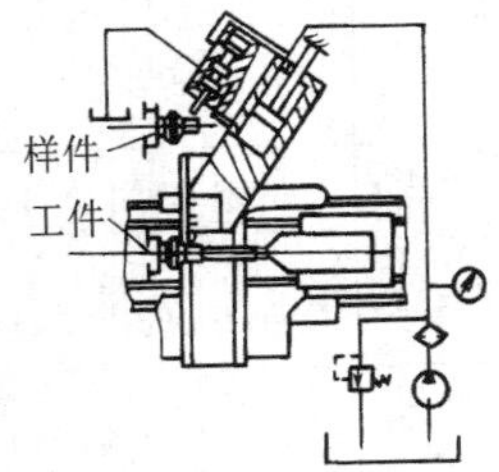	加工时，运动平稳，惯性小，能达到较高的加工精度，适于车削多台阶的长轴类工件	横向靠模板车削	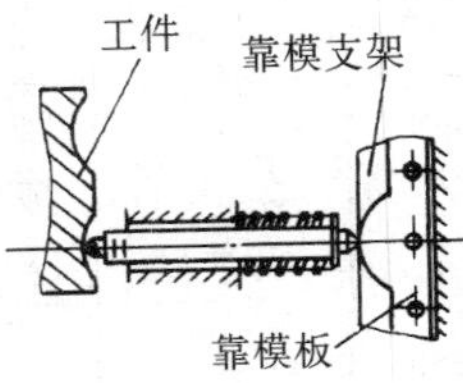	靠模板由靠模支架固定在车床尾座上。拆除小刀架，将装有刀杆的板架装于中拖板上，车削时，中拖板横向进给 适于加工成形端面

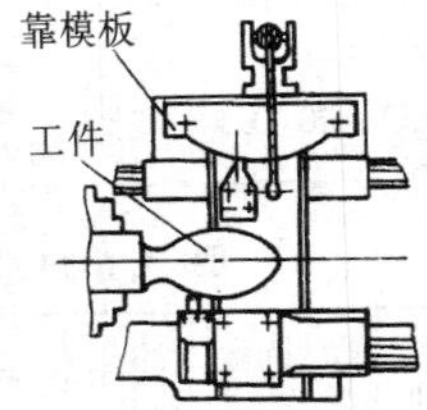

表 3.6-9 镜面车削和虹面车削特点

名称	加工表面情况	表面粗糙度 $R_a/\mu m$	精 度	加 工 特 点	适用范围
镜面车削	象镜子一样光亮可照、成像清晰	0.015 ~ 0.05	IT6 以上	进给量细小，切削过程具有切削和挤压双重作用。刀具的硬度和光洁度很高，机床振动很小，因此加工出的表面具有很高的精度和良好的表面粗糙度	加工表面粗糙度要求较高的高精度非铁金属工件
虹面车削	表面带有绫缎和彩虹般的美丽光泽	0.1 ~ 0.2	IT6 以上	加工原理基本同上，但虹面加工所用的刀片切削刃上有 0.1 ~ 0.2μm 以下的微小凸凹形，因而加工出的表面形成与进给量节距相同的排列整齐的条纹，由于光的干涉作用使表面呈现彩虹状	加工表面粗糙度要求较高的高精度非铁金属工件，也可加工装饰零件和外观零件

7. 镜面车削和虹面车削 这是高精度和优质表面粗糙度的车削方法，主要用于加工铝或铜合金，能得到极佳的加工面，其特点见表 3.6-9。

用于镜面车削的机床，要有相应的精化措施，如要求机床主轴具有高刚度和高运动精度，主轴的径向跳动和轴向跳动在 0.05μm 之内；机床的进给要求均匀和进给量微小（一般为 0.01 ~ 0.04mm/r）。此外，还要有各种防振措施。切削刀具用金刚石车刀，经过仔细刃磨和研磨，刀口的表面粗糙度要达到 R_a0.012μm，并在 300 倍

的放大镜下检查，必须无裂纹等缺陷。切削深度要很好控制，半精加工为 0.05 ~ 0.1mm/每次进刀，精加工为 0.02 ~ 0.05mm/每次进刀，最后加工为 0.003 ~ 0.006mm/每次进刀。切削速度要根据机床刚性来决定，并避开机床本身的固有频率（16 ~ 25Hz）范围内的共振区。金刚石车刀的几何参数见表 3.6-10。

6.2.2 车削用刀具

1. 车刀的类型（见图 3.6-1）

2. 刀具材料的选择

表 3.6-10   金刚石车刀的几何参数

刀具角度	前角 γ_o	后角 α_o	主偏角 κ_r	副偏角 κ_r'	刃口微观形状
镜面车削	0°~8°	5°~8	45°~90°	0.5°~2°	几乎没有凹凸不平
虹面车削	0°~8°	10°~16°	45°~90°	0.5°~2°	有 0.1~0.2μm 的凹凸

（1）刀具材料的性能　刀具的切削部分要承受切削过程中很大的切削力、很高的切削温度和强烈的机械摩擦，所以刀具切削部分的材料必须具备高硬度（常温硬度一般应在 62HRC 以上）、足够的强度和韧性、较高的耐热性、良好的导热性、较好的抗粘结性和较好的工艺性。

各类刀具材料的主要性能比较见表 3.6-11。

表 3.6-11   各类刀具材料的主要性能比较

种类		硬度	维持切削性能的最高温度 /℃	抗弯强度 σ_{bb} /N·mm^{-2}	冲击韧度 α_k /J·cm^{-2}	导热系数 λ /W·m^{-1}·℃$^{-1}$	线胀系数 $\alpha \times 10^{-6}$/℃$^{-1}$	弹性模量 $E \times 10^4$/N·mm^{-2}	工 艺 性 能	适 用 范 围
碳素工具钢		60~64 HRC（81~83 HRA）	~200	2500~2800		67.4	11.72	20	可冷、热加工成形，加工性能良好，刃口可磨得相当锋利。但热处理淬透性差、变形大、易淬裂	一般仅用于手丝锥、手铰刀、扳牙、锯条、锉刀等手动刀具，或加工轻合金的机动刀具
合金工具钢		60~65 HRC（81~83.5 HRA）	250~300	2500~2800				20	可冷、热加工成形，加工性能良好，且热处理淬透性好，变形小	一般只用于手动或形较复杂的低速机动刀具，如丝锥、扳牙、拉刀等
高速工具钢		62~69 HRC（82~87 HRA）	540~650	3500~4500	10~50	20.9~29.3	12~12.6	21	可冷、热加工成形，加工性能良好。但高钒高速钢可磨性差	广泛适用于各种刀具，特别是切削刃形状较复杂的刀具
硬质合金	钨钴类	89.5~91 HRA	800~900	1100~1500	2~4	79.6~87.9	4.1~4.5	60~69	不能冷、热加工成形。刀片压制烧结后无需热处理就能使用。用碳化硅砂轮磨削易造成磨削应力及裂纹。钨钴钴类合金可磨性及可焊性比钨钴类合金略差	目前车刀大都采用硬质合金，其它如钻头、铣刀、齿轮刀具、丝锥等亦可以镶片或整体结构形式使用。钨钛钴类合金适用于加工钢；钨钴类合金适用于加工铸铁及有色金属材料
	钨钛钴类	89.5~92.5 HRA	900~1000	900~1300	0.3~0.7	20.9~62.8	6.0~6.5	41~60		
陶瓷材料		91~94 HRA	>1200	450~850		19.3~25.1	7~8.2	35~42	压制烧结而成，无需热处理就能使用。可焊性、可磨性差。都采用镶片形式使用	适用于连续切削的精加工和半精加工车刀
热压氮化硅		2000HV	1300	750~850	0.4	23.9~38.1	1.75~2.74	30	压制烧结而成，无需热处理。可用金刚石砂轮或立方氮化硼砂轮磨削	适用于高硬度材料的精加工和半精加工
立方氮化硼（CBN）		8000~9000 HV	1400	420			3.5		压制烧结而成，可用金刚石砂轮磨削	用作磨料或高硬度、高强度材料的精车刀
金刚石		10000HV	700~800	300		146.5	1.18	72~93	刃磨困难	用作磨料或有色金属的高精度、高光洁度车削

（2）碳素工具钢和合金工具钢　碳素工具钢刀具切削 45 钢的切削速度一般低于 8m/min，常用的牌号有 T12A、T10A 和 T8A；合金工具钢刀具加工 45 钢的切削速度为 8~10m/min 左右，常用的牌号有 9CrSi、Cr2 等。其主要性能及适用范围见表 3.6-11。

（3）高速工具钢　高速工具钢（简称高速钢）是目前应用范围较广的刀具材料之一，可用 30m/min 左右或更高的切削速度加工结构钢材料，常用的牌号有 W18Cr4V 和 W6Mo5Cr4V2，其主要性能及适用范围见表 3.6-11。

（4）硬质合金　硬质合金是目前应用最广泛的刀具材料。硬质合金的分类、化学成分、性能及用途见表 3.6-12。

ISO（国际标准化组织）规定的硬质合金分类、代号及其适用范围见表 3.6-13。

表3.6-12 硬质合金的类别、化学成分、性能及用途

类别	牌号	化学成分的质量分数(%) WC	TiC	TaC(NbC)	Co	Ni	Mo	硬度≥ HRA	HRC	抗弯强度 $\sigma_{bb} \geq$ /N·mm^{-2}	冲击韧度 a_K/J·cm^{-2}	热导率/W·m^{-1}·°C^{-1}	使用性能	主要用途
WC基合金 钨钴类	YG3X	97			3			92	80	1000			是现在生产的钨钴合金中耐磨性最好的一种合金，但冲击韧性较差	适用于铸铁、非铁金属及其合金的精加工等，也可用于合金钢、淬火钢的精加工
	YG3	97			3			91	78	1100		0.21	耐磨性仅比YG3X差，能使用较高的切削速度，对冲击振动敏感	适用于铸铁、非铁金属及其合金及其合金的小断面的连续精车、半精车，以及精车、螺纹、扩孔等
	YG6X	94			6			91	78	1350	~2	0.19	属细颗粒碳化钨合金，其耐磨性较YG6高，而使用强度接近于YG6合金	经生产使用证明，该合金加工冷硬合金铸铁与耐磨铸铁可获得良好效果，也适用于普通铸铁精车
	YG6	94			6			89.5	75	1400	~2.6	0.19	耐磨性较高，但低于YG3合金，对冲击振动没有YG3敏感，能使用较YG8合金为高的切削速度	适用于铸铁、非铁金属及其合金非金属材料连续切削时的粗车、间断切削时的半精车，小断面精加工，粗加工精车、螺纹，旋风铸丝、孔的粗扩与精扩等
	YA6	91~93		1~3	6			92	80	1350		0.18	属细颗粒碳化钨合金，由于加入少量的稀有元素，合金耐磨性和原生产的YG6X相比，有许多优点。强度均有提高	适用于冷硬铸铁、非铁金属及其合金的半精加工，也适合于高锰钢、淬火钢的半精加工及精加工
	YG8	92			8			89	74	1500	~2.5		使用强度较高，抗冲击、抗振性和容许的切削速度较YG6合金低	适用于铸铁、非铁金属及其合金、非金属材料加工中不平整断面和间断切削时的粗加工，一般孔和深孔的钻孔、扩孔
WC基合金 钨钴钛类	YT30	66	30		4			92.8	81	900	0.3	0.05	耐磨性和允许的切削速度较YT15合金高，但冲击韧性差，对冲击和振动敏感，要求按正确的工艺进行焊接和刃磨	适用于碳钢与合金钢工件的精加工，如连续切削时的精车、小断面的精车与精扩
	YT15	79	15		6			91	78	1150		0.08	耐磨性优于YT5合金，但抗冲击韧性较YT5差	适用于碳钢与合金钢及耐热钢加工中连续切削时的粗车和半精车、旋风车螺纹孔的粗扩与精扩
	YT14	78	14		8			90.5	77	1200	0.7	0.08	使用强度高，抗冲击和抗振性能好，但较YT5合金稍次，而耐磨性较高允许的切削速度较高	适用于碳钢与合金钢加工中不平整断面连续切削时的粗车、间断切削时的半精车，铸孔的扩钻与粗扩
	YT5	85	5		10			89.5	75	1300			在YT类钛钴合金中，强度最高，抗冲击和抗振动性能最好，不易崩刃，但耐磨性较低	适用于碳钢与合金钢（钢锻件、冲压件及铸件）加工中，不平整断面与同断切削的粗加工与钻孔
WC基合金 通用合金（普通合金）	YW1	84	6	4	6			92	80	1250			红硬性好，能承受一定的冲击负荷，是一种通用性能好的合金	适用于耐热钢、高锰钢、不锈钢等难加工材及普通钢和铸铁的加工
	YW2	82	6	4	8			91	78	1500			耐磨性较次于YW1，但其使用强度较高，能承受较大的冲击负荷	适用于耐热钢、高锰钢、不锈钢等特殊难加工钢料及普通钢料的粗加工、半精加工
TiC基合金	YN10	15	62	1		10	12	92.5	81	1100~1250		0.15	耐磨性高，有允许的切削速度同YT30，抗弯强度比YT30高	适用于碳钢与合金钢工件的精加工，精镗、精扩断面的精加工，如小

表 3.6-13　ISO 规定的硬质合金分类、代号及其适用范围

类别	颜色标记	合金代号	被加工材料范围	韧性	耐磨性	适用的加工方法及加工条件	用途相当的国产牌号
P	蓝色	P01	钢材、铸钢及形成长切屑的可锻铸铁	增大↓	增强↑	高精度、低粗糙度的高速、小切削截面的超精车及超精镗	YN10　YT30
		P10				高速、小至中等切削截面的车削、仿型车削、螺纹切削及镗孔	YT15
		P20				在中等切削速度下，中等切削截面的车削、仿型车削、铣削及小切削截面的刨削	YT14
		P30				在不利的切削条件下，以中、低速及中到大的切削截面车削、铣削及刨削	YT5
		P40				在不利的切削条件下，以低速、大切削截面及大前角车削、刨削、铣削及自动机车削	
		P50				在不利的切削条件下，以低速、大切削截面及大前角车削、刨削及自动机车削，此时需要硬质合金具有特别好的韧性	
M	黄色	M10	钢材、铸钢、奥氏体锰钢、奥氏体钢、易切削钢、合金铸铁、可锻铸铁及球墨铸铁	增大↓	增强↑	在中等切削速度下，以小至中等的切削截面车削	YW1
		M20				在中等切削速度下，以中等切削截面车削及铣削	YW2
		M30				在中等切削速度下，以中等至大切削截面的车削、铣削及刨削	
		M40				特别适宜用于在自动机上车削、成形车削、切断及切槽	
K	红色	K01	灰铸铁、冷硬铸铁、形成短切屑的可锻铸铁、淬硬钢、有色金属及非金属材料	增大↓	增强↑	车削、精密车削与镗孔、精铣及铲刮	YG3X　YG3
		K10				车削、铣削、镗孔、锪沉孔、铰削、拉削及铲刮	YG6X　YA6
		K20				在比 K10 适应的切削条件差的情况下，车削、铣削、镗孔、锪沉孔、铰削、拉削及铲刮	YG6
		K30				在不利的切削条件下，以大前角车削、铣削及刨削	YG8
		K40				在不利的切削条件下，以大前角车削、铣削及刨削	

注：ISO 规定的合金代号仅用来表示硬质合金的类别及其所适应的加工范围，不是硬质合金的牌号。

(5) 涂层硬质合金　将一层 5～12μm 厚耐磨性好的材料涂覆于韧性较好的硬质合金刀具表面上构成的刀具材料。涂层后，刀具与切屑、工件之间的摩擦系数减小，不易粘结，可抑制积屑瘤的产生，从而使刀具耐用度与加工表面质量提高。涂层硬质合金不能重磨，仅适用于可转位刀具，而且不能用于粗车有砂眼、夹杂的铸件。常用的涂层材料及其性能见表 3.6-14。

表 3.6-14 常用涂层材料及其性能

涂层材料	性　能
碳化钛（TiC）	TiC 硬度较高（～3200HV），耐磨性好，并且与基体合金粘着能力力强。这种刀片的后刀面抗磨损性较好，但在涂层与基体之间会成形一层脆性的脱碳层，导致刀片脆性增大，为控制其脆性，涂层不能太厚，一般在 5～7μm 之间
氮化钛（TiN）	TiN 硬度较低（1800～2100HV），与基体合金的粘着性差，但导热性好，与铁基材料的化学惰性大，摩擦系数小，与基体合金之间不易产生脆性层，韧性较好，涂层可较厚（8～12μm）。这种涂层刀片的抗月牙洼磨损性能较好
碳化钛-氮化钛（TiC-TiN）复合涂层	在硬质合金基体上先涂覆一层 TiC，然后再涂一层 TiN，以使兼有 TiC 与 TiN 两者的优点
陶瓷（Al_2O_3）	在硬质合金基体上先涂覆一层 5μm 厚的 TiC，然后再涂一层 1～2μm 厚的 Al_2O_3，也有只涂一层厚 5μm 的 Al_2O_3 的。Al_2O_3 涂层有较高的高温硬度和化学惰性，加工普通结构钢的切速为 120～350m/min，比 TiC 涂层高

　（6）陶瓷　陶瓷材料的特点是高温硬度高、耐磨性和热稳定性好，切屑与刀刃不粘结，摩擦力小；但抗弯强度低，冲击韧性差，热导率低。陶瓷刀片的分类及主要性能见表 3.6-15。

　（7）超硬刀具材料　超硬刀具材料包括天然金刚石、聚晶人造金刚石和聚晶立方氮化硼。

　金刚石是刀具材料中硬度最高的一种（硬度达 10000HV），而且摩擦系数小，抗粘结性好，但韧性差，700～800℃时容易碳化，刃磨困难，价格昂贵。金刚石刀具的加工对象包括硬质合金、玻璃纤维、塑料、硬橡胶、石墨、陶瓷、非铁金属等材料；加工铜合金和铝合金，切削速度可达 400m/min 以上，加工表面粗糙度可低于 $R_a 0.1μm$，刀具耐用度可达几百小时；由于在高温下铁原子容易与碳原子作用而使金刚石刀具极易损坏，所以不能用来加工钢铁材料。天然单晶

金刚石较脆，对冲击敏感，而且各向异性，只在一定方向上硬而耐磨。聚晶人造金刚石由许多小晶体组成，没有各向异性的缺点。聚晶金刚石复合刀片的上层为 0.5mm 厚的金刚石，下层为 2.5mm 厚的硬质合金；这种复合刀片焊接方便，抗冲击性能好，可用于不连续车削和铣削。

　立方氮化硼的硬度（7300～10000HV）稍低于金刚石，但热稳定性好（高于 1300℃时仍可进行切削），对铁元素的化学惰性大，抗粘结能力强，而且用金刚石砂轮即可磨削开刃。主要缺点是抗弯强度低（略高于金刚石）、焊接性差。立方氮化硼刀具可用于加工淬硬工具钢、模具钢、冷硬铸铁、硬度在 35HRC 以上的钴基和镍基高温合金等高硬度材料，也适用于获得低表面粗糙度的非铁金属材料的加工。

　3. 车刀的合理几何参数　硬质合金车刀的合理几何参数见表 3.6-16。

表 3.6-15 陶瓷刀片的分类及主要性能

分类	主要品种	主要成分	密度 /g·cm⁻³	硬度 (HRA)	抗弯强度 /MPa	主　要　用　途
氧化铝基陶瓷	纯氧化铝陶瓷（冷压）	Al_2O_3	4.0	94	500	结构钢和合金钢的粗加工、半精加工，也可用于铸铁的精加工和半精加工
	复合陶瓷（热压）	$Al_2O_3 + TiC$	4.3	94.5	800	冷硬铸铁、淬硬钢、耐热合金钢的加工以及中、高碳钢和合金钢的精加工、半精加工
	氧化铝基晶须陶瓷	$Al_2O_3 + SiC_W$	3.7	94.5	1200	球墨铸铁及铁基和镍基耐热合金的加工
氮化硅基陶瓷	氮化硅陶瓷	Si_3N_4	3.2	93	1200	灰铸铁的粗加工及半精加工
	复合氮化硅陶瓷（Sialon）	$Si_3N_4 + Al_2O_3 + Y_2O_3$	3.5	92.5	1000	镍基及铁基耐热合金的粗加工及白口铸铁的加工

表 3. 6-16　硬质合金

工件材料	强度 σ_b /N·mm^{-2} 或硬度	推荐刀具材料	粗　车				
			主　要　切　削　角　度				
			γ_o	α_o	κ_r	κ_r'	λ_s
A3 低碳钢	440~470	YT5 YT15	18°~20°	8°~10°	1. 根据工艺系统刚性、工件材质和工件表面形状要求，取 κ_r = 90°、75°、60°、45° 2. 必要时刃磨出过渡刃	一般取 κ_r' = 6°~10°	0°
45 钢正火	>610	YT5 YT15	15°~18°	5°~7°			0°~-5°
45 钢调质	750	YT5 YT15	10°~15°	5°~7°			0°~-5°
40Cr 正火	700~800	YT5 YT15	13°~18°	5°~7°			0°~-5°
40Cr 调质	850	YT5 YT15	10°~15°	5°~7°			0°~-5°
40、40Cr 钢锻件		YT5 YT15	10°~15°	5°~7°			0°~-5°
40、40Cr 铸钢件或钢件断续切削		YT5 YT15	10°~15°	4°~6°			-5°~-15°
淬硬钢	40~50HRC						
灰铸铁	143~241HB	YG8 YG6	10°~15°	6°~8°			0°~-5°
灰铸铁断续切削		YG8 YG6	5°~10°	4°~6°			-5°~-15°
青铜	80~120HB	YG8 YG6	≈15°	4°~6°			0°~-5°
黄铜	75~150HB	YG8 YG6	≈15°	4°~6°			0°~-5°
铝（纯）	20~40HB	YG8 YG6	≈35°	8°~10°			+5°~+10°
铝合金	50~150HB	YG8 YG6	≈30°	8°~10°			+5°~+10°
紫铜	35~120HB	YG8 YG6	≈30°	8°~10°			+5°~+10°
硬质合金（铸造碳化钨）		YG8	-10°~-15°	15°			-10°
高硅耐蚀铸铁（STSi15、STSi15RF、STSi11CrCu2RE）	30~50HRC	YG3 YG3X YA6	0°~-4°	14°	κ_r = 45° κ_{r1} = 15° κ_r' = 15°		0°~-4°

刀的合理几何参数

刀尖圆弧半径 r_ε/mm	推荐刀具材料	精车					刀尖圆弧半径 r_ε/mm
		主要切削角度					
		γ_o	α_o	κ_r	κ_r'	λ_s	
0.5~1	YT15 YT30	20°~25°	10°~12°			0°~+5°	0.5~1.5
0.5~1	YT15 YT30	18°~20°	6°~8°			0°~+5°	0.5~1.5
0.5~1	YT15 YT30	13°~18°	6°~8°			0°~+5°	0.5~1.5
0.5~1	YT15 YT30	15°~20°	6°~8°			0°~+5°	0.5~1.5
0.5~1	YT15 YT30	13°~18°	6°~8°			0°~+5°	0.5~1.5
1~1.5	YT15 YT30			1. 根据工艺系统刚性、工件材质和工件表面形状要求，取 $\kappa_r = 90°$、75°、60°、45° 2. 必要时磨出过渡刃	一般取 $\kappa_r'=6°~10°$		
1~1.5	YT15	5°~10°	6°~8°			0°	0.5~1.5
	YT30 YA6	15°~ -5°	8°~10°			-5°~-12°	1~2
1~1.5	YG6 YG3	5°~10°	6°~8°			0°	0.5~1.5
1~1.5	YG6	0°~5°	5°~7°			0°	0.5~1.5
1~1.5	YG6 YG3	5°~10°	6°~8°			0°	0.5~1.5
1~1.5	YG6 YG3	≈10°	6°~8°			0°	0.5~1.5
0.2~0.5	YG6	≈40°	10°~12°			+5°~+10°	0.5~1.5
0.2~0.5	YG6	≈30°	10°~12°			+5°~+10°	0.5~1.5
0.2~0.5	YG6	≈35°	10°~12°			+5°~+10°	0.5~1.5
~1	YT30	-10°	15°			-10°	≈1.0
0.5~1	YG3 YG3X YA6	0°~-4°	14°	15°	15°	0°~-4°	0.5~1.0

6.3 钻削与镗削

6.3.1 钻削与镗削的应用

　　钻削和镗削是孔加工的主要方法，利用各种相应的刀具和机床，可以实现钻孔、扩孔、铰孔、镗孔和深孔加工等。一般钻床钻孔只用于孔距精度要求不高的孔加工，采用钻模钻孔孔距精度能达到±0.1mm。镗削不仅可以加工直径很大的孔，而且能够保证孔系有较高的孔距精度，特别是数控镗床和坐标镗床能获得更高的孔距精度。镗床上使用相应的刀具后还可以加工有较高要求的端面、内孔肩面和内孔圆槽等。镗削是箱体加工的最主要方法。

6.3.2 钻削与镗削用刀具

　　1. 麻花钻　麻花钻是孔加工用得最广泛的刀具，其类型和规格很多，最小直径可到0.05mm，最大直径达80mm。常用的麻花钻由高速钢制成。

　　硬质合金麻花钻用于加工淬火钢和硬度较高的铸铁件及印刷线路板等，生产效率比高速钢麻花钻高2~3倍。钻头尺寸在5mm以下的制成整体式，尺寸大的钻头采用硬质合金镶片和镶齿冠两种型式。根据多年的生产实践，在麻花钻的应用上，针对不同的加工对象，开发了不少钻型，

应用最广的是各种群钻。

　　2. 扩孔钻和锪钻　扩孔钻用于提高钻削过的孔精度和改善孔的表面粗糙度，适于大量生产。扩孔钻的型式、规格尺寸和技术条件参照GB/T 1141—1984、GB/T 1142—1984 和 GB/T4256—1984。

　　锪钻用于加工沉头孔、孔的端面和孔口倒棱。锪钻的加工形式见图3.6-2。

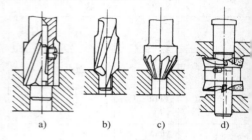

图 3.6-2　锪钻

a) 带导向柱沉孔锪钻　b) 带导向柱锥面锪钻
c) 锥面锪钻　d) 端面锪钻

　　3. 铰刀　用铰刀铰孔可以使孔的精度达到H6 ~ H10，表面粗糙度达 R_a0.4 ~ 3.2μm。高速钢铰刀的类型和用途见表3.6-17。按国家标准生产的铰刀，其直径偏差分为三个精度等级，即H7、H9 和 H10。

表 3.6-17　高速钢（或合金工具钢）铰刀的类型和用途

名　　称	直径范围/mm	简　　图	用　　途
手用铰刀 GB/T 1131—1984	1.0 ~ 75.0		在单件或小批生产的加工和装配工作中使用
直柄机用铰刀 GB/T 1132—1984	1.0 ~ 20.0		成批生产条件下在机床上使用
锥柄机用铰刀 GB/T 1133—1984	>5.3 ~ 50		
锥柄长刃机用铰刀 GB/T 4243—1984	>6.7 ~ 50		成批生产条件下在机床上加工较深孔用
套用机用铰刀 GB/T 1135—1984	>23.6 ~ 100		成批生产条件下把铰刀套在专用的1:30锥度心轴上铰较大直径的孔
镶齿套式机用铰刀	>40 ~ 100		
硬质合金直柄机用铰刀 GB/T 4251—1984	>5.3 ~ 20		成批或大量生产条件下在机床上使用

（续）

名 称	直径范围/mm	简 图	用 途
硬质合金锥柄机铰刀 GB/T 4252—1984	>7.5~40	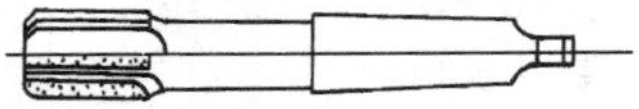	成批或大量生产条件下机床上使用
硬质合金胀压可铰刀	18~41	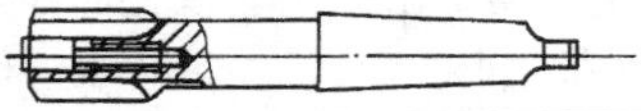	
锥柄机用桥梁铰刀 GB/T 4247—1984	>6~50.8	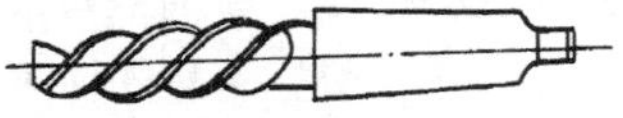	用于桥梁铰铆钉孔
1:8锥形铰刀		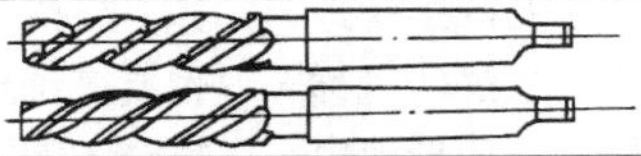	在机床上铰1:8锥度孔
锥柄机用1:50锥度销子铰刀 GB/T 7956.3—1999	5~50	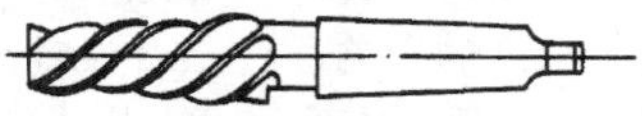	装配工作中在机床上铰削较大直径圆锥销的锥度孔
锥柄莫氏圆锥和公制圆锥铰刀 GB/T 1140—1984	莫氏0~6号 公制4~6号	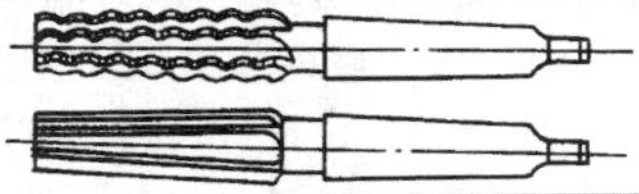	成批生产条件下在机床上铰莫氏圆锥和公制圆锥孔

4. 深孔钻 孔深与直径之比大于 5~10 的称为深孔。钻削深孔的困难是：切削热不易传出，切屑的排除通道狭小，钻杆细长而刚性差。深孔钻削可以在实心料上钻或套料，也可以用作深孔扩孔。按排屑方式划分，深孔钻的分类见表 3.6-18。

表 3.6-18 深孔钻的类型和工作原理

孔钻类型	工 作 原 理	刀刃型式	加工孔径范围/mm	长径比	孔径精度	表面粗糙度 R_a/μm
排屑孔钻	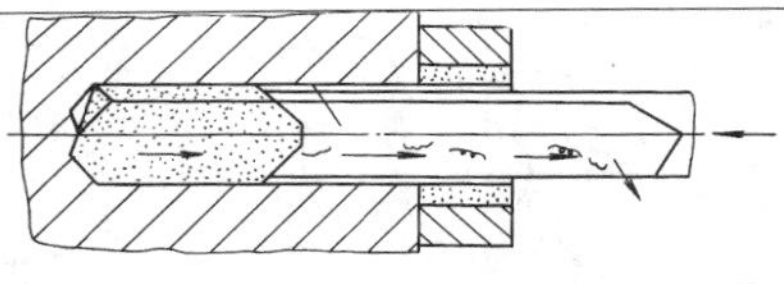	单 刃	$\phi2 \sim \phi30$	>100	IT8~10	2.5~6.3
		双 刃	$\phi14 \sim \phi30$			
排屑孔钻	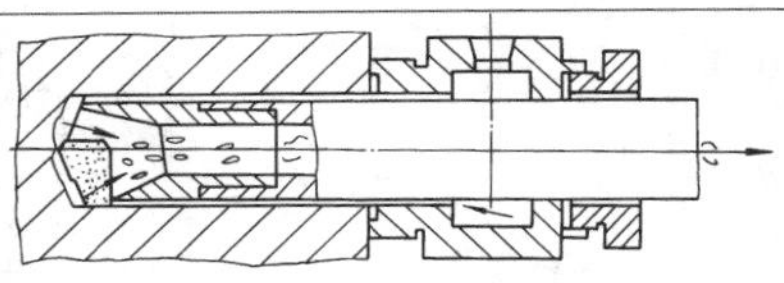	单 刃	$\phi6 \sim \phi60$	<100	IT7~9	6.3 以下
		多刃错齿	$\phi12 \sim \phi120$			
		镶可转位刀片	$\phi50 \sim \phi120$			
排屑射钻	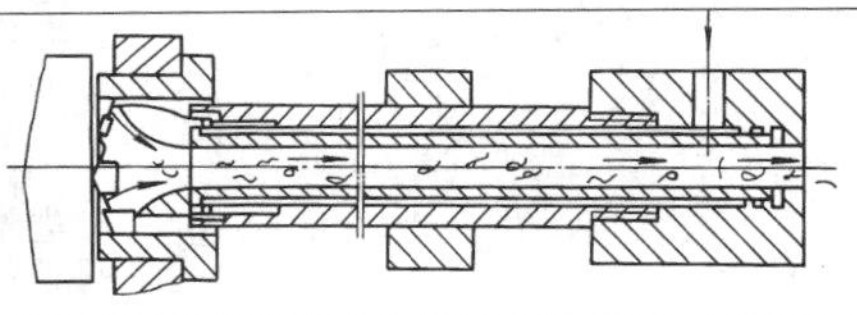	多刃错齿	$\phi16 \sim \phi65$	<100	IT8~10	6.3 以下
		机夹刀片	$> \phi65$			
排屑料钻	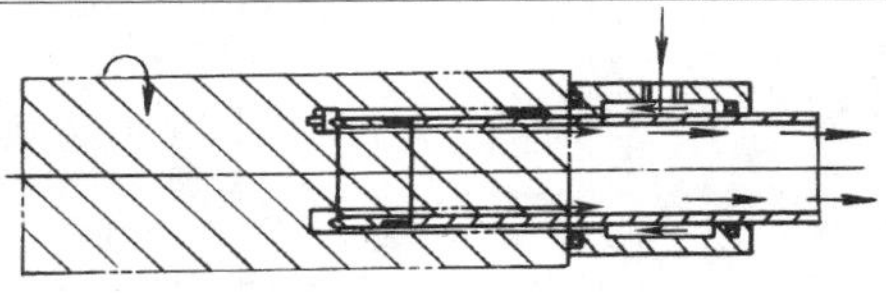	焊接刀片	$\phi50 \sim \phi200$		IT9~11	12.5~6.3
		机夹刀片				
排屑料钻	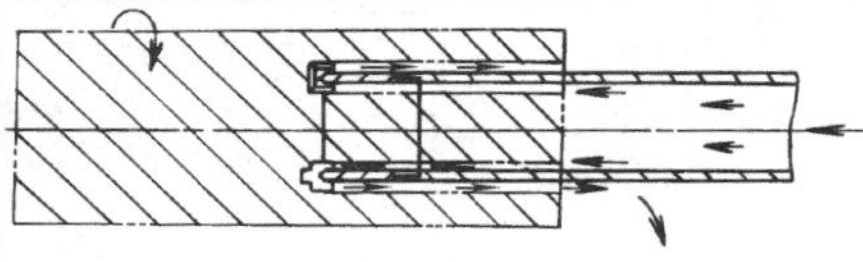	单 刃	$\phi60 \sim \phi600$		IT9~11	12.5~6.3
		多 刃				

5. 镗刀 根据结构特点和使用方式，镗刀可分为单刃镗刀、多刃镗刀（包括双刃镗刀、组合镗刀和多齿镗刀）、浮动镗刀和可调整镗刀。

（1）单刃镗刀 刀头在镗杆上可直角或斜角安装，加工适应性较强，结构简单易于制造，但尺寸调整困难，适用于单件、小批生产。

（2）多刃镗刀 生产效率高，缺点是刃磨次数有限，且材料不能充分利用。

（3）浮动镗刀 刀片是以配合状态浮动地处于镗杆的圆孔或矩形孔中，切削时通过两对称的刀刃的切削力来自动平衡其位置，从而抵消由于刀片安装误差和镗杆偏摆对加工精度的影响，可获得较高的孔精度和较低的表面粗糙度。用这种浮动镗刀加工的孔精度可达 H6 ~ H7，表面粗糙度可达 $R_a 1.6 \mu m$。

（4）可调镗刀 结构形式很多，其调整原理基本上可分为移动镗刀和移动镗杆两种形式。移动镗刀式的典型结构见图 3.6-3。这种镗刀[有]一个刻有游标刻线的指示盘，指示盘和装有镗[刀]头的芯杆组成一对精密的丝杠螺母副机构，由[于]定向键的作用，转动指示盘（可调螺母），刀杆[便]可获得微量的直线运动。游标刻度的读数值[为]0.001mm，因此又被称为微调镗刀，它是数控[机]床、坐标镗床常用的精镗刀具。移动镗杆式镗[刀]也有多种形式和结构，其中的平面镗头（又称[万]能镗刀架）是一种典型结构，这种镗头在镗削[加]工中功能较多，除可镗削圆柱孔外，还可镗削[端]面、外圆、切槽、车锥面和螺纹等，特别是在大尺[寸]的孔和端面加工中，采用万能镗刀架几乎是唯[一]可行的方法。

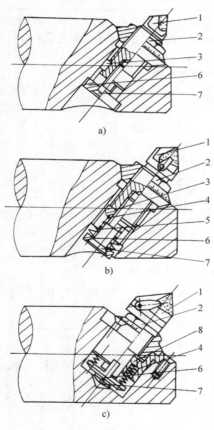

图 3.6-3 微调镗刀典型结构
1—刀头 2—刻度盘 3—键 4—弹簧 5—碟形弹簧 6—垫圈 7—螺钉 8—衬套

6.4 铣削

6.4.1 常见的铣削方式（表 3.6-19）

表 3.6-19 几种常见的铣削方式

铣削方式	示 意 图	特 点
逆铣周铣	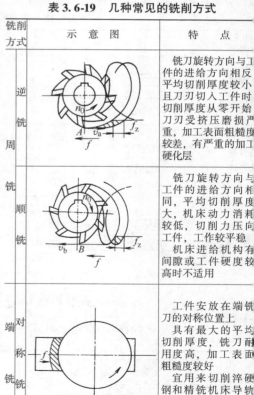	铣刀旋转方向与工件的进给方向相反 平均切削厚度较小且刀刃切入工件切削厚度从零开始 刀刃受挤压磨损严重，加工表面粗糙度较差，有严重的加工硬化层
顺铣		铣刀旋转方向与工件的进给方向相同，平均切削厚度大，机床动力消耗较低，切削力压向工件，工作较平稳 机床进给机构有间隙或工件硬度耐高时不适用
端对称铣铣		工件安放在端铣刀的对称位置上 具有最大的平均切削厚度，铣刀耐用度高，加工表面粗糙度较好 宜用来切削淬硬钢和精铣机床导面

（续）

铣削方式	示意图	特点
不对称逆铣端铣	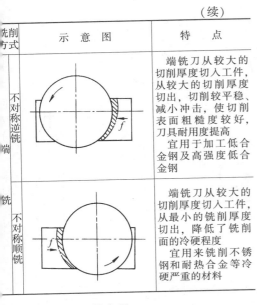	端铣刀从较大的切削厚度切入工件，从较大的切削厚度切出，切削较平稳、减小冲击，使切削表面粗糙度较好，刀具耐用度提高 宜用于加工低合金钢及高强度低合金钢
不对称顺铣		端铣刀从较大的切削厚度切入工件，从最小的铣削厚度切出，降低了铣削面的冷硬程度 宜用来铣削不锈钢和耐热合金等冷硬严重的材料

6.4.2 铣削加工的应用

1. 普通铣削 在铣床上，用各种相应的铣刀，可以加工平面、槽（包括各种键槽、角度槽、燕尾槽等）、螺纹、齿轮以及曲面和成形面。

2. 花键轴铣削 用片铣刀在卧式铣床上用分度头分度方法加工花键轴是单件、小批生产常用的方法。图 3.6-4 所示为钝角铣刀铣花键的方法，此法在粗加工中比滚切法的生产效率高 2 ～3 倍，铣刀钝角 $\theta = 105° \sim 110°$，铣出的底径是两段折线，其交点低于花键底径，但此法只能用于外径定心的花键粗加工。

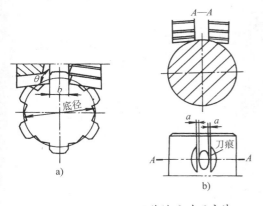

图 3.6-4 钝角铣刀铣花键及对刀方法
a) 钝角铣刀铣花键 b) 对刀方法

3. 齿条铣削 在卧式铣床上用模数铣刀或

梳刀，利用机床的横向行程铣制齿条。当齿条的长度超过机床的横向行程时，可以采用附加装置将铣刀的切削方向转过 90°，利用机床的纵向行程来铣齿条。铣齿的分齿运动可以通过分度头和挂轮来实现。

4. 凸轮铣削 平面凸轮和圆柱凸轮（或称鼓轮）的传统铣削方法是：采用分度头和挂轮的铣削法，此法适用于单件或小批量生产；采用靠模的铣削法，适于大批量生产。铣削平面凸轮时，铣刀的运行轨迹必须按滚子中心的运动轨迹计算，且要用逆铣方式铣削，以免受工作台丝杠螺母副间隙的影响。当圆柱凸轮的从动件为圆柱滚子时，由于圆柱滚子与圆柱凸轮的螺旋侧面的接触是在螺旋面的法面上，但铣削时铣刀的直径总比滚柱直径小，铣刀中心的运动轨迹与滚柱的中心运动轨迹不重合，因而要根据滚柱与凸轮槽螺旋面的接触位置和铣刀的直径进行修正。随着数控技术的发展，采用两坐标或多坐标联动的数控机床来铣制凸轮，可以自动地铣出精度较高的、甚至人工控制难以解决的各种复杂曲线面或空间曲面。

5. 超精铣削 实现超精铣削的要点是：

（1）提高工艺系统的刚性和精度；

（2）正确选择铣刀切削刃的材料、刀具几何参数和刃磨方法；

（3）提高毛坯质量，正确选择切削用量。

用这种方法铣削大型铸铁机床导轨或非铁金属（如铝合金等）的精密零件（如多面体和准直仪的靶镜等）均有显著的经济效益。刀具材料采用含碳化钽（TaC）、碳化铌（NbC）的细颗粒材料或微粒硬质合金刀片或金属陶瓷刀片。刀具的刃磨十分重要，通常用金刚石砂轮刃磨后，要经过研磨，刃部的表面粗糙度要比工件要求的粗糙度提高两级。用端铣刀铣削表面粗糙度要求高的平面时，应注意副偏角 κ_r' 的选取，一般取 $\kappa_r' = 0$，修光刃长度 $l = (3 \sim 6)f$（f 为每转进给量）。实践中用硬质合金铣刀精铣铸铁机床导轨面，表面粗糙度可达 $R_a 1.6\mu m$，平直度可达 9m: 0.012 ～0.014mm。金属陶瓷刀片允许的铣削速度比硬质合金高 3 倍，用来加工钢件，表面粗糙度可达 $R_a 0.8 \sim 1.6\mu m$。用硬质合金刀片精铣铝合金时，表面粗糙度可达 $R_a 0.4 \sim 1.6\mu m$，比磨削或刨削生产率提高 5 倍，比刮研或研磨提高 20 倍以上。

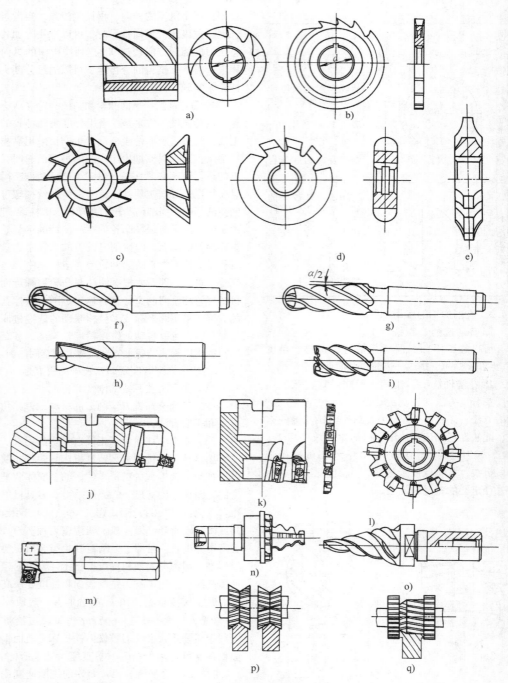

图 3.6-5　生产中常用的铣刀类型

a) 圆柱形铣刀　b) 尖齿槽铣刀　c) 角度铣刀　d) 凸圆弧铣刀　e) 齿轮铣刀　f) 球头铣刀
g) 锥度球头铣刀　h) 键槽铣刀　i) 立铣刀　j) 硬质合金可转位面铣刀　k) 硬质合金可
转位带孔立铣刀　l) 硬质合金可转位槽铣刀　m) 硬质合金可转位 T 形槽铣刀
n) 叶根轮槽铣刀　o) 叶根轮槽粗铣刀　p)、q) 组合铣刀果对机床再进一步精化，提高机床主轴的回转精度和刚度，使进给更均匀和微量化，并提高各运动部件的直线性，采用金刚石作为切削刀具，用铣削的表面粗糙度可达 $R_a0.12\mu m$。

4.3 铣削用刀具

常用的部分铣刀的类型见图3.6-5。

在生产实践中，发展了许多高效铣刀，如高速钢铲齿粗加工波形铣刀，这种铣刀每一切削刃的宽度可以大大减小，而切削厚度得到增大，因而切削变形小，切削力大幅下降，生产效率比普通铣刀大5倍。又如焊接式硬质合金螺旋玉米立铣刀和套式铣刀，刀齿是按错位方式排列的，冷却液的效能可得到充分利用，适于强力切削，每分钟的进给量比一般铣刀高20倍，刀具耐用度大为增加。在端铣方面，有不等距的机夹端铣刀，刀刃不等距可以减轻加工过程中的冲击振动，使切削效率有较大的提高。在机夹方式上还发展了组装式，这种装夹方式除了易于使用可转位刀片外，加工精度和加工表面粗糙度均比较好。

5 刨削、插削与拉削

5.1 刨削、插削与拉削加工的应用

1. 刨削的应用 刨削主要用于加工平面、斜面、沟槽和成形表面，附有仿形装置时还可以加工一些空间曲面等。刨削的生产率虽然没有铣削高，但由于机床和刀具的制造、调整比较简单，在单件和小批生产中仍占有一定的地位。

2. 插削的应用 插削主要用于单件和小批生产中加工内孔键槽和异形孔。对于不通孔或带肩孔的键槽，使用插削加工，几乎是唯一的经济加工方法。

3. 拉削的应用

（1）内拉削 可加工圆孔、方孔、多边形孔、各种齿形的花键孔、内齿轮、内螺纹及键槽。孔径加工范围一般为8～125mm，孔深不超过孔径的5倍（特殊情况下，孔深可达10m，最小和最大的孔径范围达5～200mm）。

（2）外拉削 可加工平面、成形面、直齿和螺旋齿外齿轮、花键轴的齿形、涡轮盘上的榫槽和叶片榫槽等。在汽车和拖拉机行业中，拉削气缸体的平面和复合面效果显著。

（3）齿轮拉削 拉削齿轮齿形，不仅生产率极高，而且加工精度稳定（不受机床传动链误差的影响）。拉削时齿轮齿形的切削方式对齿轮精度和表面粗糙度有很大影响，其拉削方式和特点见表3.6-20。

外齿轮模数 $m > 2.5mm$ 时，一般采用齿条式拉刀和夹紧分度机构，在普通拉床上逐齿进行拉削。中、小模数的外齿轮（$m < 2.5mm$），采用筒形拉刀，在专用齿轮拉床上进行拉削。

表 3.6-20　齿轮齿形拉削方式及加工特点

切削方式	切削图形	加工特点
径向层剥		拉刀制造方便，但齿侧易粘屑，一般加工精度不超过7-8-8级，齿面粗糙度不超过 $R_a3.6\mu m$，主要用于粗拉削刀齿和精度要求不高的齿轮拉削
		粗切后进行精切，由于切削力减少和齿侧压力减轻，可防止粘屑，提高齿轮的加工精度和减小齿面粗糙度
倒锥切削		与径向层剥方式基本相同，但在齿形的侧面刃磨出后角，用于刀刃侧面容易粘屑的情况。由于齿侧的导向性不够好，加工后的齿轮精度不易保证，多用于粗切刀齿
齿厚层剥		用粗拉刀刀齿加工到齿根后，再用齿厚逐渐增大的整形精切刀齿加工齿侧，加工精度和齿面粗糙度较高，但拉刀制造困难，齿厚精切余量一般为0.12mm
同心拉削		用于精切刀齿、齿侧、齿根和齿顶的拉削刀齿成组排列，齿轮精度和齿坯内孔与齿形的同轴度比较高，但拉刀结构复杂，制造和刃磨比较困难

（4）拉削典型型面所能达到的精度和表面粗糙度见表3.6-21。

6.5.2 刨削用刀具

生产中刨刀常制成图3.6-6b所示的弯头状，以避免因切削力使刀杆变形、刀尖啃入工件。刨刀的切削角度见表3.6-22。

表 3.6-21　拉削典型型面所能达到的精度和表面粗糙度

加工条件	精度和表面粗糙度	加工型面				
		圆　孔	键　槽	花　键　孔	齿轮齿形	平　面
一般	精度等级	IT7 ~ 9	IT10	一般级	7-8-8	IT10 ~ 11
	表面粗糙度 R_a /μm	1.6 ~ 3.2	6.3 ~ 12.5（键侧）	3.2 ~ 6.3（齿面）	3.2 ~ 6.3（齿面）	3.2 ~ 6.3
特殊	精度等级	IT6 ~ 7	IT9	精密级	6-7-7 ~ 5-6-6	IT9 ~ 10
	表面粗糙度 R_a /μm	0.2 ~ 0.8	1.6 ~ 3.2（键侧）	0.8 ~ 1.6（齿面）	0.8 ~ 1.6（齿面）	1.6 ~ 3.2
	备　注	拉刀尾部带压光环或采用螺旋齿拉刀	刀齿带侧刃	采用整形拉刀或用强制导向推刀整形	采用整形拉刀或同心拉刀	采用斜齿拉刀或高速拉削，消除主溜板与导轨间的间隙

表 3.6-22　刨刀切削角度的选择

工序名称	工件材料	刀具材料	前角 γ_o	后角 α_o[1]	刃倾角 λ_s	主偏角 κ_r[2]
粗加工	铸铁或黄铜	W18Cr4V	10° ~ 15°	7° ~ 9°	-10° ~ -15°	45°、60°、75°
		YG8、YG6	10° ~ 13°	6° ~ 8°	-10° ~ -20°	45°、60°、75°
	钢 $\sigma_b \leqslant 750$ N/mm²	W18Cr4V	15° ~ 20°	5° ~ 7°	-10° ~ -20°	45°、60°、75°
		YW2、YT15、YG3	15° ~ 18°	4° ~ 6°	-10° ~ -20°	45°、60°、75°
	淬火钢	YG8	-15° ~ -10°	10° ~ 15°	-15° ~ -20°	10° ~ 30°
	铝	W18Cr4V	40° ~ 45°	5° ~ 8°	-3° ~ -8°	
精加工	铸铁或黄铜	W18Cr4V	-10° ~ 0°	6° ~ 8°	5° ~ 15°	
		YG8、YG6X	-15° ~ -10°[3] 10° ~ 20°			
	钢 $\sigma_b \leqslant 750$ N/mm²	W18Cr4V	25° ~ 30	5° ~ 7°	3° ~ 15°[3] 75°	
		YW2、YT15、YG6X	22° ~ 28°	5° ~ 7°	5° ~ 10°	
	淬火钢	YG8	-15° ~ -10°	10° ~ 20°	15° ~ 20°	10° ~ 30°
	铝	W18Cr4V	45° ~ 50°	5° ~ 8°	0° ~ -5°	

① 精刨时，根据具体情况可在后面上刃磨消振倒棱，以减少表面粗糙度。一般倒棱后角 $\alpha_{01} = -1.5° ~ 0°$ 倒棱宽度 $b_{a1} = 0.1 ~ 0.5mm$，个别情况下 $b_{a1} = 2mm$。
② 机床动力较小、刚性较差时，主偏角选大值，反之选小值。主副刃间采用过渡圆弧刃，可以提高刀具耐用度和减小加工表面粗糙度。
③ 两组推荐值，在实践上都得到较好的效果，可根据具体情况选用。

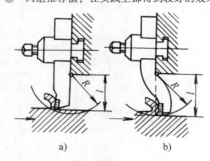

图 3.6-6　刨刀刀杆型式
a）直杆刨刀　b）弯颈刨刀

6.5.3　宽刃精刨

　　精刨的种类很多，如以刃形区分为直线刃和曲线刃精刨，表 3.6-23 为直线刃精刨的类型及特点。直线刃精刨用于加工铸铁件的平面或导轨面，可代替磨削或手工刮研。

宽刃精刨的要求：

（1）刨床要有足够的刚性和精度，加工运动平稳；

（2）工件有合理的结构，材质均匀，精刨前工件要经过时效处理，被加工表面粗糙度不高于 $R_a 6.3 \mu m$；

表 3.6-23　直线刃宽刃精刨的类型及其特点

类型		简　图	特　点　及　应　用
直线刃精刨	一般宽刃精刨		1. 一般刃宽 10 ~ 60mm 2. 自动横向进给 3. 适用于在牛头刨床上加工铸铁和钢件，加工钢件时，取 $\lambda_s = 75°$ 效果较好 4. 表面粗糙度可达 $R_a 1.6 ~ 3.2 \mu m$

（续）

类型		简　图	特　点　及　应　用
直线刃精刨	宽刃刀精刨	$\lambda_s = 3° \sim 5°$	1. 一般刃宽 $L = 60 \sim 500mm$ 2. $L > B$ 时，没有横向进给，只有垂直进给；$L \leqslant B$ 时，一般采用排刀法，用千分表控制垂直进给量 3. 适用于在龙门刨床上加工铸铁（$\gamma_0 = -10° \sim -15°$）、钢件（$\gamma_0 = 25° \sim 30°$） 4. 表面粗糙度可达 $R_a 1.6 \sim 3.2\mu m$，效率高，质量好

（3）刀具用高速钢或硬质合金，刃部要研磨，其平直度要为工件要求的平直度的 1/3～1/；

（4）切削过程中冷却液不能中断，精刨铸件用煤油作冷却液，钢件则用乳化液作冷却液。

.6　高速切削加工

6.1　高速切削基本概念

1931 年德国切削物理学家 C. J. Salomom 在"高速切削原理"一文中给出了著名的"Salo-mom 曲线"——对应于一定的工件材料存在一个临界切削速度，此点切削温度最高，超过该临界值，切削速度增加，切削温度反而下降。Salomon 博士认为在临界切削速度两边有一个不适宜的切削加工区域（有的学者称之为"死区"）。而当切削速度超过该区域继续提高时，切削温度下降到刀具许可的温度范围，便又可进行切削加工。图 3.6-7 中标出了用高速钢刀具加工非铁金属时的切削适应区与切削不适应区。

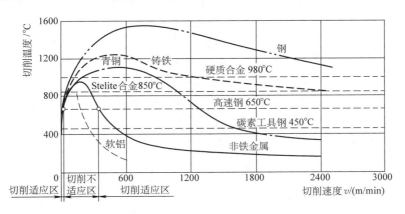

图 3.6-7　Salomon 切削温度与切削速度曲线

Salomom 的理论与实验结果，引发了人们极大的兴趣，并由此产生了"高速切削（HSC）"的概念。

目前关于高速加工尚无统一定义，一般认为高速加工是指采用超硬材料的刀具，通过极大地提高切削速度和进给速度，来提高材料切除率、加工精度和加工表面质量的现代加工技术。以切削速度和进给速度界定；高速加工的切削速度和进给速度为普通切削的 5～10 倍。以主轴转速界定：高速加工的主轴转速 $\geqslant 10000r/min$。

高速加工切削速度范围因不同的工件材料而异。图 3.6-8 列举了几种常用工程材料的高速与超高速加工切削速度范围。

高速加工切削速度范围随加工方法不同也有所不同。例如高速车削的切削速度范围通常为 700～7000m/min；高速铣削的速度范围是 300～6000m/min；高速钻削的速度范围是 200～1100m/min；而高速磨削的速度为 50～300m/s。

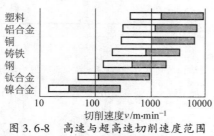

图 3.6-8　高速与超高速切削速度范围
□ 高速切削　■ 超高速切削

6.6.2　高速加工的特点及应用

与普通机械加工相比，高速加工具有如下特点：

（1）加工效率高　随切削速度和进给率成倍的提高，单位时间内材料切除率增加（与普通机械加工相比，材料去除率可提高 3~6 倍），切削加工时间大幅度减少。

（2）切削力小　根据切削速度提高的幅度，切削力较常规平均可减少 30% 以上，有利于刚性较差和薄壁零件的切削加工。

（3）加工精度高　高速切削加工时，切屑以很高的速度排出，带走大量的切削热，切削速度提高愈大，带走的热量愈多，可达 90% 以上，传递给工件的热量大幅度减少，有利于减少加工零件的内应力和热变形，提高加工精度。

（4）动力学特性好　高速加工中，随切削速度的提高，切削力降低，这有利于抑制切削过程中的振动；机床转速的提高，使切削系统的工作频率远离机床的低阶固有频率，因此高速加工可获得好的表面粗糙度。

（5）可加工硬表面　高速切削可加工硬度 45~65HRC 的淬硬钢铁件，在一定条件下可取代磨削加工或某些特种加工。

（6）利于环保　采用高速加工可以实现"干切"和"准干切"，避免冷却液可能造成的污染。

目前，高速加工已在航空航天、汽车、模具、仪器仪表等领域得到广泛应用。

（1）航空航天　航空航天工业中许多带有大量薄壁、细肋的大型轻合金整体构件，采用高速加工，材料去除率达 100~180cm³/min，并可获得好的质量。此外，航空航天工业中许多镍合金、钛合金零件，也适于采用高速加工，切削速度达 200~1000m/min。

（2）汽车工业　目前已出现由高速数控机床和高速加工中心组成高速柔性生产线，可以实现多品种、中小批量的高效生产（图 3.6-9）。

（3）模具制造　用高速铣削代替传统的电火花成形加工，可使模具制造效率提高 3~5 倍。图 3.6-10 所示为采用高速加工缩短模具制作周期的实例。对于复杂型面模具，模具精加工费用往往占到模具总费用的 50% 以上。采用高速加工可使模具精加工费用大大减少，从而可降低模具生产成本。

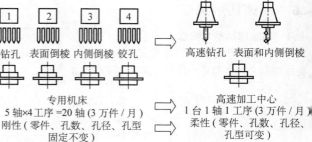

图 3.6-9　汽车轮毂螺栓孔高速加工实例

（4）仪器仪表　主要用于精密光学零件加工。

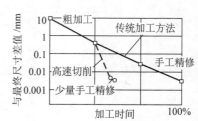

图 3.6-10　采用高速加工缩短模具制作周期
（日产汽车公司）

6.6.3　高速加工的关键技术

高速加工虽具有众多的优点，但由于技术复杂，且对于相关技术要求较高，使其应用受到限制。与高速加工密切相关的技术主要有：

（1）高速加工刀具制造技术。

（2）高速主轴单元与高速进给单元制造技术。

（3）高速加工在线检测与控制技术。

（4）其他：如高速加工毛坯制造技术，干切技术，高速加工的排屑技术、安全防护技术等。此外高速切削与磨削机理的研究，对于高速切削的发展也具有重要意义。

目前，用于高速切削的刀具材料主要是金刚石和立方氮化硼（CBN）。表3.6-24和表3.6-25分别列举了聚晶金刚石刀具和聚晶立方氮化硼刀具在高速切削中的一些应用实例。

目前高速加工推荐采用 HSK 的接口标准。

HSK 是德国阿亨大学机床研究所专门为高转速机床开发的新型刀—机接口，并形成了用于自动换刀和手动换刀、中心冷却和端面冷却、普通型和紧凑型等6种形式。HSK 是一种小锥度（1：10）的空心短锥柄，使用时端面和锥面同时接触，从而形成高的接触刚性和重复定位精度。HSK 刀柄可配合多种夹头以对完成不同条件下的刀具装夹（图3.6-11）。另有附带可调平衡结构的 HSK 刀柄，可对刀具本身的不平衡进行补偿。

表 3.6-24　聚晶金刚石刀具在高速切削中的应用实例

加工对象	加工方式	工艺参数	刀具参数	加工效果
车辆汽缸体 AiSi17Cu4Mg 合金	精铣	$v = 800\text{m/min}$ $v_z = 0.08\text{mm/齿}$ $a_p = 0.5\text{mm}$	12mm 正方形刀片 齿数 $z = 12$ $\alpha = 12°$	$R_a = 0.8\mu\text{m}$，可连续加工 500 件（使用 WC 基硬质合金只能加工 25 件）
照相机机身 13% 硅铝合金	精铣	$v = 2900\text{m/min}$ $v_z = 0.018\text{mm/齿}$ $a_p = 0.5\text{mm}$	齿数 $z = 4$ $\gamma = 10°$ $\alpha = 12°$	$R_a = 0.8 \sim 0.4\mu\text{m}$，可连续加工 20000 件（使用 WC 基硬质合金只能加工 250 件）
活塞环槽 LM24 铝合金	车削	$v = 590\text{m/min}$ $f = 0.2\text{mm/r}$ $a_p = 10\text{mm}$	$\gamma = 10°$ $\alpha = 12°$ $\alpha' = 2°$	可连续加工 2500 件，无颤振
整流子 CDA105 铜合金	精车	$v = 350\text{m/min}$ $f = 0.05\text{mm/r}$ $a_p = 0.25\text{mm}$ 干切	$\gamma = 0°$ $\alpha = 7°$ $r = 0.5\text{mm}$	可连续加工 2500 件（使用 WC 基硬质合金只能加工 50 件）
活塞式阀门 LM24 铝合金	钻孔	$v = 132\text{m/min}$ $v_f = 380\text{mm/min}$	麻花钻	可连续加工 5000 件，取代硬质合金钻头定心、钻孔、铰孔
油泵喷射内孔 GdAlSi12Cu 硅铝合金	精镗	$v = 173\text{m/min}$ $f = 0.02\text{mm/r}$ $a_p = 0.2\text{mm}$	阶梯镗刀	$R_a = 0.35\mu\text{m}$，每把刀可加工 150000 件

表 3.6-25　PCBN 刀具在高速切削中的应用实例

加工对象	硬度	加工方式	工艺参数	加工效果
轧辊 Cr15 钢	HRC71	车削	$v = 180\text{m/min}$ $f = 5.6\text{mm/r}$ $a_p = 1.5\text{mm}$	以车代磨，工效提高 4 ~ 5 倍，$R_a = 0.8 \sim 0.4\mu\text{m}$
A3 热压板		端铣	$v = 800\text{m/min}$ $v_f = 100\text{mm/min}$	以铣代磨，工效提高 6 ~ 7 倍，$R_a = 1.6 \sim 0.8\mu\text{m}$，平面度 $0.02\mu\text{m}$
汽缸套孔 珠光体铸铁	HB210	精镗	$v = 460\text{m/min}$ $f = 0.24\text{mm/r}$ $a_p = 0.3\text{mm}$ 干切	连续加工 2600 件，$R_a = 0.8\mu\text{m}$
Cr、Cu 铸铁		端铣	$v = 1200\text{m/min}$	$R_a = 0.8\mu\text{m}$，平面度 $0.02\mu\text{m}$
40Cr 钢	HRC38	立铣	$v = 850\text{m/min}$	以铣代磨，工效提高 5 ~ 6 倍
冷挤压模 YG15	HRA87	镗孔	$v = 50\text{m/min}$ $f = 0.1\text{mm/r}$ $a_p = 0.1\text{mm}$	工效较电火花加工提高 30 倍，$R_a = 0.8 \sim 0.4\mu\text{m}$
钛合金 Ti6Al4V	HV330	铣削	$v = 200\text{m/min}$ $v_f = 50\text{mm/min}$ $a_p = 0.5\text{mm}$	$R_a = 1.6 \sim 0.8\mu\text{m}$
柴油机机体主轴承孔（表面热喷涂镍基合金）	HRC50	镗孔	$v = 110\text{m/min}$ $f = 0.08\text{mm/r}$ $a_p = 0.3\text{mm}$	行程达 13000m，$R_a = 1.6 \sim 0.8\mu\text{m}$

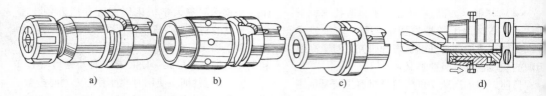

图 3.6-11　常用的 HSK 刀柄

a) 弹簧夹套 HSK 刀柄　b) Power Chucks 夹头 HSK 刀柄　c) 热膨胀 HSK 刀柄　d) 精密液压夹紧 HSK 刀柄

高速主轴是高速加工中心最关键的部件之一，目前主轴转速在 20000 ~ 40000r/min 的加工中心很普遍，一些高速加工中心的主轴转速达到 60000 ~ 100000r/min，转速 100000r/min 以上高速主轴也正在研制开发中。主轴转速、功率、精度、刚度、动平衡、噪声及热变形特性等是高速主轴的主要性能参数。

高速主轴一般做成电主轴的结构形式，即主轴与电动机合二为一，以实现无中间环节的直接传动，提高可靠性。

主轴轴承是决定主轴寿命和负荷的关键部件。目前高速主轴主要采用 3 种特殊轴承；陶瓷轴承、静压轴承（液体静压轴承和空气静压轴承）以及磁力轴承（又称磁浮轴承）。

提高切削进给速度是提升加工效率所必须的。目前高速加工中心的切削进给速度一般为 20 ~ 40m/min，有的已超过 120m/min。要实现并准确控制这样高的进给速度，对机床导轨、滚珠丝杆、伺服系统、工作台结构等提出了新的要求。

目前常见的高速进给系统有 3 种驱动方式：高速滚珠丝杆、直线电动机和虚拟轴机构。直线电动机为非接触的直接驱动方式，移动部件少，无扭曲变形，并具有良好加速和减速特性，加速度可达 2g，为传统驱动装置的 10 ~ 20 倍。

6.6.4　干切与准干切

干切系指不使用冷却液的切削技术，准干切则指使用最少量冷却液的切削技术。目前准干切多指"最小量润滑技术（Minimal Quantity Lubrication——MQL)"，这种方法是将压缩空气与少量润滑液混合气化后，喷射到加工区，进行有效润滑，可大大减小刀具—工件及刀具—切屑之间的摩擦，起到抑制温升、降低刀具磨损、避免粘接、提高工件加工表面质量的作用。准干切因使

用润滑液量很小（一般为 0.03 ~ 0.2L/h，仅为湿切冷却液用量的几万分之一），不会产生污染。

为实现干切，需要考虑一系列问题，包括机床、刀具、工件材料及其与刀具材料的匹配、以及加工工艺等。

用于干切的机床需具有良好的防尘和排屑装置，以将高速切削产生的热量及时通过切屑排出，并防止高速切削产生的大量粉尘散发或渗入机床结构内部。

用于干切的刀具除需选用合适的刀具材料外，刀具结构设计必须保证高速切削过程中能很好的断屑和传导热量，必要时能实现局部冷却。

适合于干切的工件材料一般要求熔点较高、导热系数和热膨胀系数较小。为减小高温下工件与刀具材料之间的扩散与粘接，应注意工件材料与刀具材料的合理匹配。

干切技术从出现至今只有十余年历史，但因其是一种新型的清洁制造技术，因而发展迅速。干切技术符合可持续发展战略，具有广泛的发展前景。

6.7　磨削

6.7.1　磨削加工的特点

（1）能获得很高的尺寸精度（IT5 ~ 6）和良好的表面粗糙度（$R_a 0.20 ~ 1.6\mu m$）；

（2）加工范围广，如外圆、内孔、平面、成形面、螺纹、齿轮、花键轴、导轨面、各种刀具及钢材切断；

（3）不仅可磨削几乎所有金属材料，还能磨削各种非金属材料，如木材、玻璃、塑料和陶瓷等。

6.7.2　磨床加工的基本形式

1. 外圆磨床加工　外圆磨床的类型、特点及适用范围见表 3.6-26。

表 3.6-26 外圆磨床的类型、特点及适用范围

机床类型	工 作 特 点	适 用 范 围
外圆磨床	由砂轮架和头尾架组成的磨削型式	中大批量生产
万能外圆磨床	在外圆磨床基础上，并附有内圈磨具	中小批量生产及辅助生产
宽砂轮外圆磨床	砂轮宽度增大至300mm左右	大批大量的生产，如汽车、拖拉机驱动轴、电动机转子轴、机床主轴、棒料校正辊
端面外圆磨床	头尾架中心线与砂轮轴的中心线成一夹角斜向切入时磨削工件外圆和端面，砂轮系成形修整，加工轴的母线直线度100mm：0.005mm	大批大量生产的带肩轴类零件，如齿轮轴
多砂轮架外圆磨床	有二个砂轮架同时加工轴的二个轴颈	大批大量生产，如电动机转子轴
多砂轮外圆磨床	在砂轮架上装有多片砂轮，同时进行磨削	大批大量生产，如曲轴、凸轮轴的主轴颈

2. 内圆磨床加工 内圆磨床的磨削方法见表 3.6-27。

表 3.6-27 内圆磨床磨削方法

磨削方法	简 图	特点与应用
内圆磨削	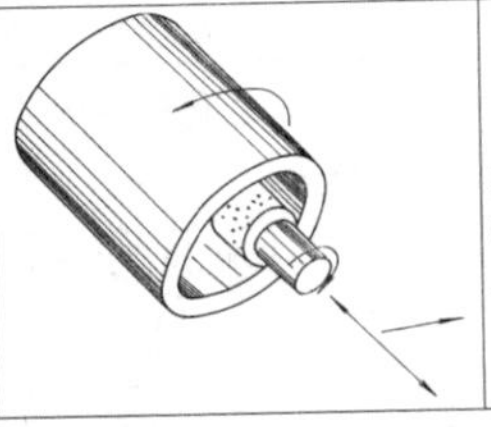	砂轮与工件旋转，并作纵向往复运动和横向进给，适用于加工各种孔类工件

（续）

磨削方法	简 图	特点与应用
行星磨削	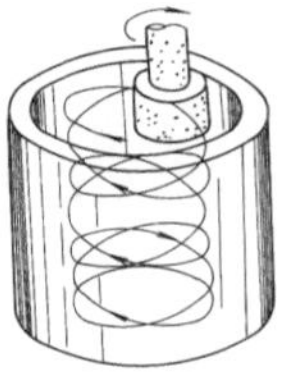	砂轮自转，并绕所磨孔的中心线作行星运动和轴向往复运动。横进给时加大砂轮行星运动的回转半径来实现。适用于体积大而不便于旋转的工件
特殊型面磨削	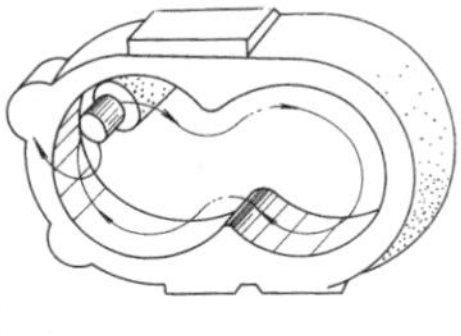	工件或砂轮按特定轨迹运动，砂轮旋转并作轴向往复运动和横向进给。适用于复杂型面的加工
无心内圆磨削	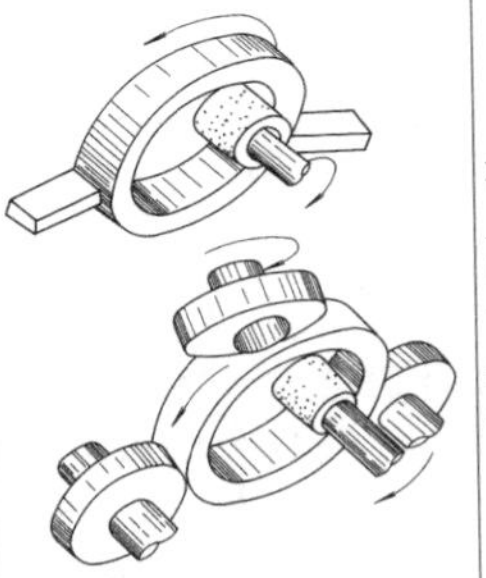	工件以外径为基准，在支承块或定位滚轮上回转。上图工件由电磁吸盘带动旋转。下图工件由压紧轮带动旋转。适用于非磁性材料的加工

3. 平面磨床加工 平面磨床的类型、特点及适用范围见表 3.6-28。

表 3.6-28 平面磨床的类型、特点及适用范围

类型	工作台型式	运动形式	特 点	适 用 范 围
卧轴	矩形台	磨头横向移动	1. 用砂轮周边磨削 2. 机床有普通级、精密级和高精度级	1. 磨削平面、斜面、角尺面及成型面 2. 精密级和高精度级能磨平面拉刀、卡尺、样板等
		拖板横向移动		
		立柱横向移动		
	圆台	磨头横向移动	1. 用砂轮周边磨削 2. 机床有普通级、精密级和高精度级 3. 工作台能倾斜一定角度，可磨锥度工件	1. 磨圆形及阶梯形平面，如阀片、活塞环等 2. 磨内锥或外锥的圆形件，如圆锯片间隙角、插齿刀前面、锥面垫圈等
		拖板横向移动		
立轴	矩形台	无进给（砂轮覆盖全部台面）	1. 用砂轮端面磨削 2. 机床只有普通级 3. 砂轮主轴可倾斜一个小角度磨单花或双花	1. 磨削工件尺寸大但磨削面不大的工件，如箱体结合面等 2. 批量大、要求不高的工作
	圆台	工作台转动（砂轮覆盖1/2工作台面）		1. 磨削尺寸大的圆形工件 2. 批量较大的小型零件

4. 无心外圆磨床加工 无心外圆磨床常用的磨削方法有通磨法（贯穿法），切入法（横向法），通磨定位法（见图 3.6-12a、b）和混合定程法（见图 3.6-12c）。

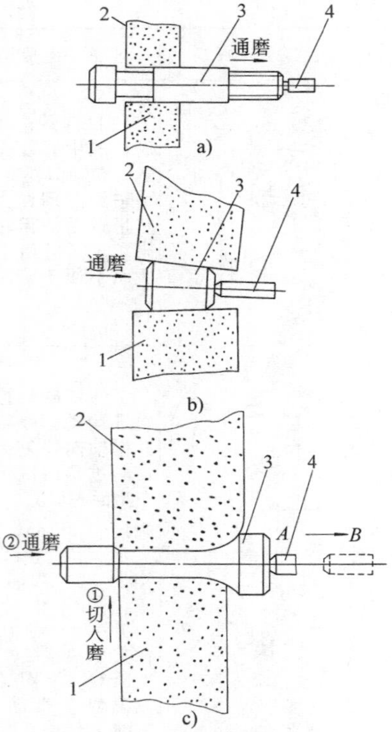

图 3.6-12 无心外圆磨削方法示意图
1—导轮 2—砂轮 3—工件 4—定位杆

6.7.3 磨削用量

磨削用量的选择是否合适，不仅直接影响生产效率，而且对工件的表面粗糙度、烧伤、加工精度、砂轮消耗等均有很大影响。

1. 普通砂轮磨削用量 普通砂轮磨削工艺参数见表 3.6-29。

表 3.6-29 普通砂轮磨削工艺参数

工 艺 参 数		外圆磨削	内圆磨削	平面磨削
		$R_a 1.25 \sim 0.32 \mu m$		
砂轮粒度		$40^{\#} \sim 60^{\#}$	$46^{\#} \sim 80^{\#}$	$36^{\#} \sim 60^{\#}$
修整工具		单颗粒金刚石、金刚石片状修整器		
砂轮速度 v_s/m·s^{-1}		≈ 35	$20 \sim 30$	$20 \sim 35$
修整时工作台速度 v_{fx}/mm·min^{-1}		$400 \sim 600$	$100 \sim 200$	$300 \sim 500$
修整时吃刀量 /mm	横向	$0.01 \sim 0.02$	$0.005 \sim 0.010$	
	垂向			$0.01 \sim 0.02$ （双行程）
光修次数（单行程）		2		
工件速度 v_w/m·min^{-1}		$20 \sim 30$	$20 \sim 50$	
磨削进给速度 v_f/m·min^{-1}		$1.2 \sim 3.0$	$2 \sim 3$	$17 \sim 30$

（续）

工 艺 参 数		外圆磨削	内圆磨削	平面磨削
		$R_a 1.25 \sim 0.32 \mu m$		
磨削吃刀量 a_e/mm	横向	$0.02 \sim 0.05$	$0.005 \sim 0.010$	$2 \sim 5$ （双行程）
	垂向			$0.005 \sim 0.02$ （双行程）
光磨次数（单行程）		$1 \sim 2$	$2 \sim 4$	$1 \sim 2$

2. 金刚石和立方氮化硼砂轮磨削用量（表 3.6-30 ~ 表 3.6-32）

表 3.6-30 金刚石和立方氮化硼砂轮按粒度与结合剂选择磨削吃刀量

粒 度	磨 削 吃 刀 量/mm	
	树脂结合剂	青铜结合剂
$80^{\#} \sim 120^{\#}$	$0.01 \sim 0.02$	$0.01 \sim 0.025$
$150^{\#} \sim 240^{\#}$	$0.005 \sim 0.01$	$0.01 \sim 0.015$
细于 $280^{\#}$	$0.002 \sim 0.005$	

表 3.6-31 金刚石和立方氮化硼砂轮按磨削方式选择磨削吃刀量

磨削方式	平面磨削	外圆磨削	内圆磨削	刃 磨
磨削吃刀量 /mm	$0.005 \sim 0.02$	$0.005 \sim 0.015$	$0.002 \sim 0.01$	$0.01 \sim 0.03$

表 3.6-32 金刚石和立方氮化硼砂轮磨削速度选择

结合剂	冷却方式	砂轮速度/（m/s）
青 铜	干 磨	$12 \sim 18$
	有磨削液磨削	$15 \sim 22$
树 脂	干 磨	$15 \sim 20$
	有磨削液磨削	$18 \sim 25$

6.7.4 高效磨削

高效磨削是磨削加工发展的趋势之一，它提高磨削加工效率和扩大磨削加工的范围。表 3.6-33 列出各种类型的高效磨削的特点及适用范围。

（1）高速磨削 高速磨削是指砂轮线速度 50m/s 以上的磨削方式，与砂轮线速度在 30m/s 左右的普通磨削方式相比，高速磨削具有如下特点：

①磨粒的未变形切削厚度减小，磨削力下降。

②砂轮磨损减少，提高砂轮寿命。

③在磨粒最大未变形切削厚度不变条件下可加大磨削深度或工件速度，提高磨削效率。

表 3.6-33　高效磨削类型、特点及应用

高效磨削名称	主要特点	适用范围									
		轴套工件	阶梯轴、电动机轴轴颈、端面外圆同时加工的工件	多轴颈工件、曲轴、凸轮轴主轴颈	平面槽形工件,透平叶片根槽、卡盘、卡爪连杆齿形结合面	两端面同时加工的工件:轴承环、活塞环、连杆	钻头及刀具开槽	轴承内外滚道	轴承内外圆	螺纹丝锥	薄钢板、钢锭、叶片曲面、绘图仪器
高速磨削	提高砂轮线速度	●	●	●			●	●	●	●	
宽砂轮磨削	增大砂轮磨削宽度	●	●	●					●		
成形磨削	砂轮修整成形				●					●	
适应控制磨削	采用检测仪器主动控制磨削过程	●									
多砂轮磨削	用多片砂轮磨削多轴颈	●	●	●							
缓进深切磨削	增大切削深度				●		●				
控制力磨削	控制法向或切向磨削力										
双端面磨削	同时加工工件的两个平行端面					●					
砂带磨削	用砂带代替磨轮										●

注:●—表示可选用。

④切削变形程度小,磨粒残留切痕深度减小,磨削厚度变薄,可以改善表面质量及减小尺寸和形状误差。

高速磨削存在离心力大,易导致砂轮破裂,需要使用高强度砂轮。要求机床有足够功率、刚度及精度和安全防护措施。

(2) 宽砂轮磨削　一般外圆磨削砂轮的宽度仅 50mm 左右,而宽砂轮外圆磨削砂轮宽度可达 300mm,平面磨削砂轮宽度可达 400mm,无心磨削砂轮宽度可达 800～1000mm。在外圆和平面磨削中一般采用切入磨削法,而无心磨削除用切入法外,还采用通磨。宽砂轮磨削工件精度可达 h6,表面粗糙度可达 $R_a0.63\mu m$。

宽砂轮磨削具有如下特点:

①磨削力、磨削功率大,磨削时产生的热量也多。

②砂轮经成形修整后,可磨成形面,能保证零件成形精度,同时因采用切入磨削形式,比纵向往复磨削效率高。

③因砂轮宽度大,主轴悬臂伸长较长。

④为保证工件的形位精度,要求砂轮硬度不仅在圆周方向均匀,而且在轴向均匀性也要好,

否则会因砂轮磨损不均匀而影响零件的精度和表由质量。

出于上述磨削特点,宽砂轮磨削适于大批量工件的磨削加工,如花键轴、电机轴、麻花钻、汽车、拖拉机的驱动轴等。在生产线或自动生产线上采用宽砂轮磨削,可减少磨床台数和占地面积。

(3) 多砂轮磨削　多砂轮磨削是在一台磨床上安装几片砂轮,可同时加工零件的几个表面,例如,在大量生产中曲轴主轴颈的磨削。磨削时多片砂轮排列成相应的间隔,各砂轮同时横向切入工件,在一次装夹中完成多轴颈磨削,提高了各轴颈的同轴度和生产效率。多砂轮磨削砂轮片数有的可达 8 片以上,砂轮组合长度达 900～1000mm,实质上是宽砂轮磨削的另一种形式。在生产线上,采用多砂轮磨床可减少磨床数量和占地面积。目前多砂轮磨削主要用于外圆和平面磨床上,近年来在内圆磨床上也出现了采用同轴多片砂轮磨同心孔的方法。

(4) 缓进结磨削　缓进给磨削是强力磨削的一种,又称深切缓进给磨削,或蠕动磨削。与普通磨削相比,磨削深度可达 1～30mm,约为普通

磨削的 100～1000 倍，工件进给速度缓慢约为 5～300mm/min，工件经一次或数次行程即可磨到所要求的尺寸、形状精度。缓进给磨削适于磨削高硬度、高韧性材料，如耐热合金钢、不锈钢、高速钢等的形面和沟槽。其加工精度可达 2～5μm，表面粗糙度可达 R_a0.63～0.16μm，加工效率比普通磨削高 1～5 倍。

缓进给磨削具有如下特点：

①磨削深度大，砂轮与工件接触弧长，材料磨除率高；由于磨削深度大，工件往复行程次数少，节省了工作台换向及空磨时间，可充分发挥机床和砂轮的潜力，提高生产率。

②砂轮磨损小。由于进给速度低，磨屑厚度薄，单颗磨粒所承受的磨削力小，磨粒脱落和破碎减少；其次，工作台往复行程次数减少，砂轮与工件撞击次数少，加上进给缓慢，减轻了砂轮与工件边缘的冲击，使砂轮能在较长时间内保持原有精度。

③由于单颗磨粒承受的磨削力小，所以磨削精度高、表面粗糙度低。同时因砂轮廓形保持性好，加工精度比较稳定。此外，接触弧长可使磨削振动衰减，减少颤振，使工件表面波纹度及表面应力小，不易产生磨削裂纹。

④由于接触面积大，参加切削磨粒数多，总磨削力大，因此需要增大磨削功率。

⑤接触面大使磨削热增大，而接触弧长使磨削液难于进入磨削区，工件容易挠伤。

⑥经济效果好。由于切深大，磨削几乎不受工件表面状况（如氧化皮，铸件的白口层等）的影响，可直接将精铸、精锻的毛坯磨削成形，

可将车、铣、刨、磨等工序合并为一道工序，从而减少毛坯加工余量、降低工时消耗、节约复杂的成形刀具，缩短生产周期及降低成本。因此在生产中得到较多的应用，但主要用于平面磨床。

⑦设备成本高。

（5）控制力磨削　控制力磨削是切入磨削的一种类型，在磨削过程中无论其他因素（如磨削余量、硬度、砂轮磨钝程度等）如何变化，砂轮与工件间保持预选的压力不变，也称恒压力磨削。

控制力磨削具有如下特点：

①可减少空行程时间，节约辅助时间，不需光磨阶段，因此磨削时间短。

②控制力磨削过程中，法向磨削力比切向磨削力大 2～3 倍，较易控制。

③控制力磨削是在最佳用量下进行，效率高。又因避免超负荷工作，故操作安全。

④控制力磨削对电气、液压、砂轮等无特殊要求，易于推广。

（6）砂带磨削　砂带磨削是一种根据工件加工要求并以相应的接触方式，应用砂带进行加工的、新型高效的磨削工艺。详见 8.1.3 节。

6.7.5　精密、高精密和超精密磨削

磨削加工一般分为普通磨削、精密磨削、高精密磨削和超精密磨削加工。它们各自达到的磨削精度在生产发展的不同历史时期有着不同的精度范围。

精密、高精密和超精密磨削的适用范围见表 3.6-34。精密、高精密和超精密磨削工艺参数见表 3.6-35。

表 3.6-34　精密、高精密和超精密磨削适用范围

相对磨削等级	加工精度/μm	表面粗糙度 R_a/μm	适　用　范　围
普通磨削	>1	0.16～1.25	各种零件的滑动面，曲轴轴颈，凸轮轴轴颈和桃形凸轮，活塞。普通滚动轴承滚道、平面、外圆、内圆磨削面。各种刀具的刃磨，一般量具的测量面等
精密磨削	1～0.5	0.04～0.16	液压滑阀、油泵、油嘴、针阀、机床主轴、量规、四棱尺、高精度轴承、滚柱、塑料及金属带压延轧辊等
高精密磨削	0.5～0.1	0.01～0.04	高精度滚柱导轨、金属线纹尺、半导体硅片、标准环、塞规、精密机床主轴、量杆、录音录像磁带和金属带压延轧辊等
超精密磨削	≤0.1	≤0.01	精密金属线纹尺、轧制微米级厚度带的压延轧辊、超光栅、超精密磁头、超精密电子枪、固体电子元件、航天器械、激光光学部件、核融合装置、天体观测装置等零件加工

表 3.6-35 精密、高精密和超精密磨削工艺参数

磨削方式	工 艺 参 数	精密磨削	高 精 密 磨 削		超精密磨削
外圆磨削	砂轮粒度	$46^{\#} \sim 60^{\#}$	$60^{\#} \sim 80^{\#}$	W20 ~ W7	W5 ~ W0.5 ~ 更细
	加工精度/μm	1 ~ 0.1	< 0.1	< 0.1	< 0.1 ~ 1nm
	表面粗糙度 R_a/μm	0.08 ~ 0.16	0.02 ~ 0.01	< 0.02 ~ 0.04	< 0.01
	磨前表面粗糙度 R_a/μm	0.4	0.32	0.16	0.16
	工件线速度/m·min^{-1}	10 ~ 15	10 ~ 15	10 ~ 15	< 10
	工作台速度/mm·min^{-1}	80 ~ 200	50 ~ 150	50 ~ 200	50 ~ 100
	吃刀量/mm	0.002 ~ 0.005	< 0.0025	< 0.0025	< 0.0025 ~ 0.004 根据砂轮特性光整 (镜面磨削)
	吃刀次数（单程次）	1 ~ 3	1 ~ 3	1 ~ 3	20 ~ 30
	光磨次数（单程次）	1 ~ 3	4 ~ 6	5 ~ 15	
内圆磨削	砂轮粒度	$46^{\#} \sim 60^{\#}$	$60^{\#} \sim 80^{\#}$	$< 80^{\#}$	W5 ~ W0.5 ~ 更细 石墨砂轮（镜面磨削）
	砂轮种类	–	–	–	
	加工精度/μm	1 ~ 0.1	< 0.1	< 0.1	< 0.1 ~ 1nm
	表面粗糙度 R_a/μm	0.08 ~ 0.16	0.02 ~ 0.01	< 0.02 ~ 0.04	< 0.01
	磨前表面粗糙度 R_a/μm	0.4	0.16		0.04
	工件线速度/m·min^{-1}	7 ~ 9	7 ~ 9		7 ~ 9
	工作台速度/mm·min^{-1}	120 ~ 200	60 ~ 100		60 ~ 100
	吃刀量/mm	0.005 ~ 0.01	0.002 ~ 0.003		0.002 ~ 0.003 根据砂轮特性
	吃刀次数（单程次）	1 ~ 4	1 ~ 2		15 ~ 25
	光磨次数（单程次）	1			
平面磨削	砂轮粒度	60 ~ 80	$60^{\#} \sim 280^{\#}$		W5 ~ W10 石墨砂轮（镜面磨削）
	砂轮种类				
	加工精度/μm	1 ~ 0.1	< 0.1		< 0.1 ~ 1nm
	表面粗糙度 R_a/μm	0.08 ~ 0.16	0.02 ~ 0.04		< 0.01
	磨前表面粗糙度 R_a/μm	0.4	0.32		< 0.32
	砂轮线速度/m·s^{-1}	17 ~ 35	15 ~ 20		15 ~ 20
	工作台速度/m·min^{-1}	15 ~ 20	15 ~ 20		12 ~ 14
	磨头横向周期进给量/mm·s^{-1}	0.2 ~ 0.25	0.1 ~ 0.2		0.05 ~ 0.1
	垂直吃刀量/mm	0.003 ~ 0.005	0.002 ~ 0.003		< 0.002 ~ 0.003 根据砂轮特性光整 0.004 ~ 0.006 (镜面磨削)
	垂直进给次数	2 ~ 3	2 ~ 3		3 ~ 4
	光整次数（单程次）		2		

6.8 精整和光整加工

6.8.1 珩磨

珩磨加工的特点：

（1）加工精度高，例如珩磨中等尺寸的孔（$\phi50 \sim \phi200$mm），其圆度可达 5μm 以下，孔长在 300 ~ 400mm 的，其锥度可达 10μm，表面粗糙度可达 R_a0.05 ~ 0.4μm；

（2）孔表面呈交叉花纹，无嵌砂、烧伤和硬化层，有较好的耐磨性；

（3）加工范围广，以孔加工为主（包括光孔、轴向或径向有间断表面的孔），还可加工锥孔和孔的长径比大于 10、孔长达 120mm 的孔，并可加工几乎所有的材料。

珩磨余量和切削用量取决于被加工材料和表面质量要求，其数据较多，表 3.6-36 列出其中一些参考数值。

6.8.2 超精加工

1. 超精加工的特点和应用 超精加工是一种高效的光整加工方法，其加工运动见图 3.6-13，细粒度的油石在压力作用下压向旋转的工件，通过往复运动对工件实现微量磨削。超精加工过程分为四个阶段：（1）强力切削阶段（表面高峰很快去掉）；（2）正常切削阶段（表面逐渐变得平滑）；（3）微弱切削阶段（切削作用很弱，以抛光为主，表面呈现光亮）；（4）停止切削阶段（油石和工件间形成油膜，不起切削作用）。

超精加工广泛用于加工内燃机曲轴、凸轮轴轴颈、刀具、轧辊、轴承环和精密零件的外圆、内孔、平面及特殊型面，还能加工各种金属和非金属材料。超精加工有很高的加工效率并能获得很好的加工质量，例如超精加工的零件表面粗糙度可达 $R_a 0.012 \sim 0.1\mu m$，圆度可从 $1.5\mu m$ 提到 $0.1\mu m$，加工表面比磨削表面有较好的润滑条件和较大的承载面积。

表 3.6-36 珩磨余量和部分切削用量参考值

工件材料		珩磨余量/mm		圆周速度	往复速度	等量进给方式的进给量/$\mu m \cdot r^{-1}$	
		单件生产	成批生产	/m·min^{-1}	/m·min^{-1}	粗 珩	精 珩
钢	未淬硬	0.06 ~ 0.15	0.02 ~ 0.06	25 ~ 35	9 ~ 12	0.35 ~ 1.25	0.1 ~ 0.3
	淬硬	0.02 ~ 0.08	0.005 ~ 0.03				
铸铁		0.06 ~ 0.15	0.02 ~ 0.06	50 ~ 70	10 ~ 13.5	1.4 ~ 2.7	0.5 ~ 1.0
铝合金		0.03 ~ 0.1	0.02 ~ 0.08	50 ~ 90	12 ~ 18	0.8 ~ 3.2	0.6 ~ 1.5

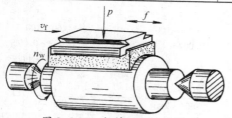

图 3.6-13 超精加工示意图

n_w—工件转速 v_f—纵向进给速度 f—油石低频往复振动频率 p—压力

2. 超精加工的工艺参数 表 3.6-37 和表 3.6-38 分别列出了超精加工工艺参数的参考数值和工艺参数对加工效果的影响情况。

表 3.6-37 磨料粒度与超精表面粗糙度及加工余量的关系

磨料粒度	W5 ~ W10	W10 ~ W14	W14 ~ W20	W20 ~ W28
工件表面粗糙度 R_a/μm	0.025 ~ 0.05	0.05 ~ 0.1	0.1 ~ 0.2	0.2 ~ 0.4
直径上加工余量/μm	2 ~ 7	6 ~ 11	7 ~ 12	10 ~ 16

表 3.6-38 超精加工工艺参数对加工效果的影响

工艺参数的变化	单位时间内的材料切除量	单位时间内的油石磨耗量	工件表面粗糙度	应用参考值
油石振动频率 增高	减少	增加	改善	300 ~ 3000 次/min
油石振幅 增大	增加	增加	改善	1 ~ 6mm
工件切削速度 加快	增加	减少	改善	0 ~ 1000 m/min
油石压力 增大	增加	增加	变差	70 ~ 140 N/cm^2
油石的磨料粒度 变细	减少	减少	改善	W5 ~ W28
油石的硬度 变硬	减少	减少	改善	D、E、F、G、H、J、K、L

6.8.3 研磨

1. 研磨加工的特点 研磨可用于平面、外圆或内孔、外圆锥面、球面、螺纹、齿轮及其他型面的精密加工，并能适用于各种金属和非金属材料。图 3.6-14 为研磨加工示意图。表 3.6-39 为研磨精度水平。

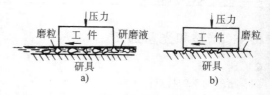

图 3.6-14 研磨加工示意图

a）湿研 b）干研

表 3.6-39 研磨的精度水平

精度项目	工件名称	精度水平	研磨方式
长度尺寸	000 级量块（长度 25mm）	±0.025μm	机研、干研
螺距	微分螺杆（长度 175mm）	0.3μm	机研、半干研
圆度	标准球体（ϕ70mm）	0.025μm	机研、半干研
	圆柱体（ϕ30mm）	0.1μm	手研、液中研磨
角分度	多齿分度台	±0.1″	机研、半干研
	72 面棱体	±1″	手研、干研
表面粗糙度	圆柱体	R_a0.012μm	机研、半干研
	量规		机研、干研

2. 研磨剂和研磨运动的轨迹 研磨剂由磨料（微粉）、研磨液和辅助材料混合而成。常用的磨料是刚玉和碳化硅，还有金刚石和碳化硼，氧化铬仅用于最后的抛光性精研。磨料粒度的选用见表 3.6-40。研磨运动的轨迹对研磨的平稳性、均匀性以及提高表面质量有很重要的作用，常用的轨迹有直线式、正弦曲线式、圆环式、外摆线式和内摆线式等。

表 3.6-40 研磨磨料粒度的选用

微粉号	适用范围			达到的表面粗糙度 R_a/μm
	连续施加磨料	嵌砂研磨	涂敷研磨	
W28	●		●	0.8
W20	●		●	
W14	●		●	0.4
W10				
W7		●	●	0.2
W5		●	●	0.1
W3.5		●	●	0.05
W2.5		●		
W1.5		●		0.025
W1.0		●		
W0.5		●		0.012

注：有●者为推荐选用的粒度。

3. 研磨压力、研磨速度及研磨余量 研磨压力可按表 3.6-41 选取。一般湿研的研磨速度为：平面 20～120m/min，外圆 50～75m/min，内孔 50～100m/min；干研的研磨速度可低 1～5 倍。研磨余量可参考表 3.6-42。

6.8.4 抛光

1. 抛光加工的特点 抛光是用柔软材料制成的抛光轮，用胶或油脂固定磨粒或半固定磨粒或浸含游离磨粒，抛光轮作高速旋转，工件与抛光轮作进给运动，加工工件获得光滑表面的加工方法。一般不能提高工件形状精度和尺寸精度，通常用于作电镀或油染的衬底面、上光面和凹面的光整加工，是一种简便、迅速、廉价的零件表面的最终光饰方法。

表 3.6-41 研磨压力概值

研磨类型	各种型面的研磨压力/N·cm^{-2}			
	平面	外圆	内孔①	其他
湿研	10～25	15～25	12～28	8～12
干研	1～10	5～15	4～16	3～10

① 孔径范围 ϕ5～20mm。

表 3.6-42 研磨余量参考值

加工面形状及尺寸/mm		直径上的研磨余量（手研）/mm	备注
内孔直径 25～125		0.010～0.030	1. 表列值的研磨条件为工件由原 R_a0.2μm 经研磨达到 R_a0.1μm 2. 由原 R_a0.2μm 提高至 R_a0.05μm，比表列值增加 0.002～0.005mm 3. 由原 R_a0.2μm 提高至 R_a0.025～0.012μm，比表列值增加 0.0025～0.006mm 4. 由原 R_a0.4μm 提高至 R_a0.1μm，比表列值增加 0.03～0.08mm
外圆直径	≤10	0.005～0.007	
	11～18	0.006～0.008	
	19～30	0.007～0.009	
	31～55	0.008～0.010	
平面		0.005～0.010	

注：表列值用于淬硬钢工件。对铸铁件可按表值的 2 倍选取。对铜、铝等非铁金属件可按表值的 3 倍选取。机研可按表值的 $1\frac{1}{3}$ 倍选取，如需粗研、精研分为两道工序，则精研余量可按表值的 1/3 选取。

2. 抛光工艺参数 一般抛光的线速度为 2000m/min 左右。抛光压力随抛光轮的刚性不同而不同，最高不大于 1kPa，如果过大会引起抛光轮变形。一般在抛光 10s 后，可将前加工表面粗糙程度减少到 1/3 至 1/10，减少程度随不同磨粒种类而不同。

3. 抛光剂 抛光剂一般由软磨料（见表 3.6-43）与油脂及其他适当成分介质均匀混合而成。抛光磨粒和固体抛光剂见表 3.6-44 和表 3.6-45。

表 3.6-43   软磨料种类和特性

名　称	成　分	颜色	密度/kg·m⁻³	硬　度	适用范围
氧化铁（红丹粉）	Fe_2O_3	红紫	5200	比 Cr_2O_3 软	软金属、铁
氧化铬	Cr_2O_3	深绿	5900	较硬，切削力强	钢、淬火钢
氧化铈	Ce_2O_3	黄褐		抛光能力大于 Fe_2O_3	玻璃、水晶、
矾土		绿			硅、锗等

表 3.6-44   抛光用磨料种类和成分

种　类	粒径/μm	成　分
粗抛光磨粒	60～50	刚玉、金刚砂（主要成分为 Al_2O_3，此外有 Fe_2O_3、SiO_2 等）
半精抛光磨粒、精抛光磨粒	0.1～50	一般与油脂组合，金刚砂、硅藻土（SiO_2 加工成微粉）、白云石（由 $CaCO_3$ + $MgCO_3$ 烧结成 CaO、MgO 使用），此外有 Fe_2O_3-Cr_2O_3

表 3.6-45   固体抛光剂种类及适用范围

类别	名　称	抛光软磨料	适用范围	
			工序	工件材料
油脂性	赛扎尔抛光膏	熔融氧化铝（Al_2O_3）	粗抛	碳素钢、不锈钢、非铁金属
	金刚砂膏	熔融氧化铝（Al_2O_3）金刚砂（Al_2O_3、Fe_2O_3）	粗抛半精抛	碳素钢、不锈钢、铝、硬铝、铜等
	黄抛光膏	板状硅藻岩（SiO_2）	半精抛	铁、黄铜、铝、锌（压铸件）、塑料等
	棒状氧化铁（紫红铁粉）	氧化铁（粗制）（Fe_2O_3）	半精抛精抛	铜、黄铜、铝、镀铜面，铸铁等
	白抛光膏	焙烧白云石（MgO、CaO）	精抛光	铜、黄铜、铝、镀铜面、镀镍面等
	绿抛光膏	氧化铬（精制）（Cr_2O_3）	精抛光	不锈钢、黄铜、铝、镀铬面等
	红抛光膏	氧化铁（精制）（Fe_2O_3）	精抛光	金、银、白金等
	塑料用抛光剂	微晶无水硅酸（SiO_2）	精抛光	塑料、硬橡皮、象牙等
	润滑脂修整棒		粗抛光	各种金属、塑料（作为抛光轮、抛光皮带、扬水轮等的润滑用加工油剂）
非油脂性	消光抛光剂	碳化硅（SiC）熔融氧化铝（Al_2O_3）	消光加工，也用于粗抛光	不锈钢、黄铜、锌（压铸件）、氧化铝、镀铜面、镀镍面、镀铬面、塑料等

6.9　螺纹加工

6.9.1　螺纹车削

螺纹车削是螺纹加工应用最广的方法，它可以车削各种型式的内、外螺纹，并对各种零件有广泛的适应性，适于单件和小批生产。

6.9.2　旋风切削螺纹

旋风切削是一种高效的螺纹加工方法，用于金属切除量大的大螺距丝杠加工，效果较好。旋风切削的丝杠精度可达 7～8 级，表面粗糙度可达 $R_a3.2～6.3μm$。旋风切削的方式见表 3.6-46。

表 3.6-46   旋风切削螺纹方式

加工方法	加工简图	适用范围
内切法加工外螺纹	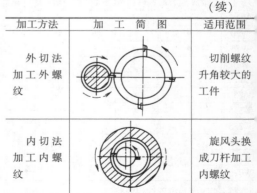	切削螺纹升角较小的工件

（续）

加工方法	加工简图	适用范围
外切法加工外螺纹		切削螺纹升角较大的工件
内切法加工内螺纹		旋风头换成刀杆加工内螺纹

注：刀盘上几把刀具的刀尖应保持在同一平面的圆周上，各把刀具的几何角度应保持严格的一致性，否则螺纹表面会出现波纹。

6.9.3　螺纹滚压加工

滚压螺纹是用挤压方法使金属产生塑性变形而形成螺纹，属于无切屑加工方法之一。滚压加工对材料的要求是：一般材料的硬度不应大于 37HRC，强度极限不应大于 1000MPa，特别重要

的是材料伸长率不应小于 8%。滚压方式见表
3.6-47。

丝锥类型及应用。

6.9.5 螺纹磨削

螺纹磨削主要用于精度较高的螺纹,特别是
淬硬工件的螺纹。如丝杠(三角形、梯形和圆
弧形螺纹)、蜗杆、螺纹量规(塞规和环规)、
滚刀、丝锥、螺纹轧辊和滚丝轮等。

6.9.4 攻丝

攻丝是内螺纹加工应用最广的方法。对于小
尺寸的螺纹,攻丝几乎是唯一有效的方法。

丝锥的类型很多,表 3.6-48 列出了常用的

表 3.6-47　滚压螺纹的主要方法和应用范围

滚压方法	示　意　图	被滚压螺纹尺寸/mm			应用范围
		t	d	l	
用平丝板	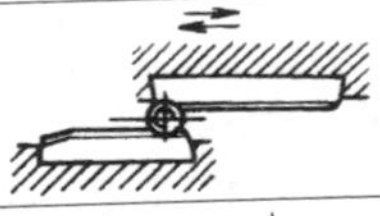	0.35~3	3~35	100 以下	在大量和大批生产中,滚压精度较低的紧固螺纹;滚轧旋转体成形表面
用滚丝轮径向进给	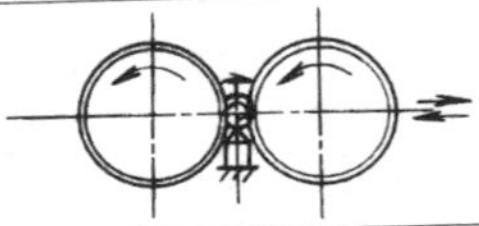	8 以下	3~100	150 以下	滚压较高精度的三角形螺纹;可在旋转体空心工件上滚压螺纹
用旋转滚丝轮和固定弧形丝板,切向进给	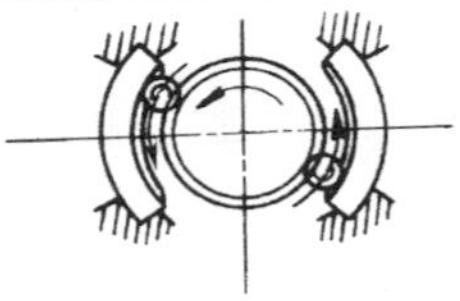	1.75 以下	12 以下	60~75 以下	用于大量生产螺栓、螺钉以及类似的工件
用两个成形滚丝轮,切向进给	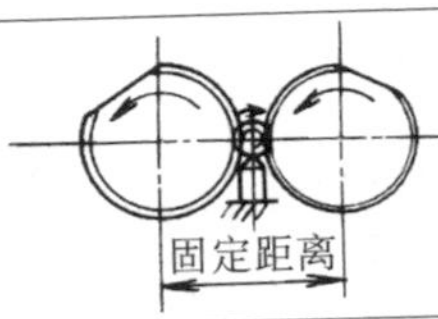 固定距离	2 以下	16 以下	100 以下	在大量生产中滚压螺纹量规、丝锥、空心工件等
用两个或三个环形槽滚丝轮,轴向进给	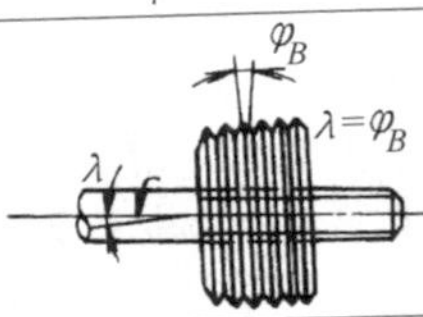 φ_B $\lambda = \varphi_B$ λ	6 以下	15~100	不限	用于制造旋转体长螺纹,大量生产的无头紧定螺钉、定位螺钉、空心旋转体工件、梯形螺纹丝杠等
用两个或三个螺旋槽滚丝轮,轴向进给	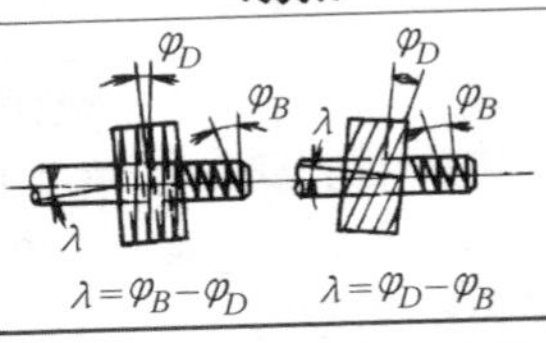 φ_D φ_D φ_B λ φ_B λ $\lambda = \varphi_B - \varphi_D$　$\lambda = \varphi_D - \varphi_B$	8 以下	15~100	不限	用于滚压梯形螺纹丝杠和其他类似的牙深较大的螺纹

表 3.6-48　各种丝锥的主要特点及应用范围

丝锥种类	外形结构	主要特点	适用范围
手用丝锥	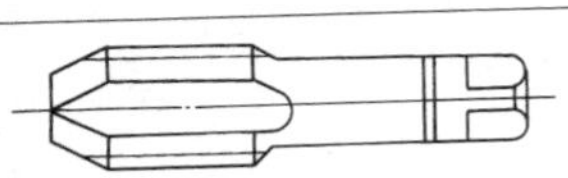	人力攻丝;为减轻体力劳动,2~3 把丝锥组成一套使用	单件小批生产;通孔、盲孔均可使用
机用丝锥	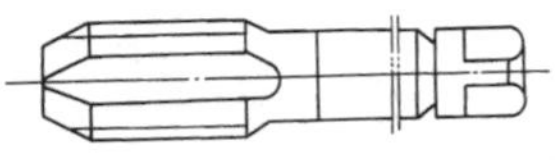	固定在机床上进行攻螺纹,攻螺纹速度较高	成批大量生产

（续）

丝锥种类	外形结构	主 要 特 点	适用范围
螺母丝锥		切削锥较长，攻完螺纹后，不需倒转退出；柄部有短柄、长柄和弯柄3种	成批大量生产中专供螺母攻螺纹
板牙丝锥		外形与螺母丝锥相似，只是切削锥更长些；刃槽多而窄，且有斜度	各种板牙攻螺纹
螺旋槽丝锥		丝锥刃槽有较大的螺旋角，能顺利排屑，增大实际工作前角，降低攻螺纹扭矩；攻螺纹质量好	不锈钢、铜合金、铝合金等的攻螺纹。通孔、盲孔、深孔均可用
刃倾角丝锥		有一个10°左右的刃倾角，攻螺纹时把切屑推向前进，使其不破坏螺纹已加工表面的粗糙度	只适用于通孔
高速丝锥		和一个"U"形柄焊在一起；切削速度比螺母丝锥高得多，可达188m/min	专供大量生产标准螺母
拉铰丝锥		柄在前端，攻螺纹时丝锥受拉力，强制进给；切削效率高，与车削螺纹比，可提高10倍以上	成批生产梯形螺母
挤压丝锥		无刃槽，横断面呈曲线多边形；是无屑加工；攻螺纹质量好，丝锥耐用度高；与普通丝锥攻螺纹比，生产效率可提高10倍以上	用于不锈钢、铜合金、铝合金等的攻螺纹；通孔、盲孔、深孔均可用

6.10 齿轮加工

6.10.1 圆柱齿轮加工

1. 铣齿 铣齿是用模数铣刀在铣床上用分度头分度逐齿铣削，这种加工方法精度不高，生产率低，但机床和刀具简单，故多用于修配厂和加工钟表齿轮的齿等。表3.6-49为模数铣刀刀号与所铣齿轮的齿数。

表3.6-49 模数铣刀刀号与所铣齿轮的齿数

铣刀号码 No.		1	$1\frac{1}{2}$	2	$2\frac{1}{2}$	3	$3\frac{1}{2}$	4	$4\frac{1}{2}$
被切齿轮的齿数	8把刀一套的	12~13		14~16		17~20		21~25	
	15把刀一套的	12	13	14	15~16	17~18	19~20	21~22	23~25

铣刀号码 No.		5	$5\frac{1}{2}$	6	$6\frac{1}{2}$	7	$7\frac{1}{2}$	8
被切齿轮的齿数	8把刀一套的	26~34		35~54		55~134		≥135
	15把刀一套的	26~29	30~34	35~41	42~54	55~79	80~134	≥135

2. 滚齿 滚齿时滚刀相对于工件的切削运动相当于一对螺旋齿轮的啮合，两者在一定的速比关系（滚刀转一转，工件转 $1/z$ 转，z 为被加工齿轮的齿数）下，进行展成运动完成齿形加工。

齿轮滚刀分普通级（A、B、C 级）和精密级（AA 级以上），按齿轮工作平稳性精度等级选用（见表 3.6-50）。

表 3.6-50 滚刀精度等级的选用

齿轮精度	6~7	7~8	8~9	9~10	6 级以上
滚刀精度	AA	A	B	C	设计高精度滚刀

滚刀根据加工性质的不同分为：粗切滚刀、精切滚刀、磨前滚刀和剃前滚刀。滚刀材料有高速钢和硬质合金。一般滚刀用于滚削不淬硬齿轮；用于硬齿面刮削的硬质合金滚刀，可滚削硬度 50~64HRC 的工件，加工精度达 7~8 级（GB/T 10095—1988），齿面粗糙度达 $R_a 0.63 \sim 1.25\mu m$。

3. 插齿 插齿时相当于两个齿轮作无间隙的啮合运动。由于插齿头往复运动惯性较大、切入、切出过程中有冲击等原因，插齿效率较低，加上刀具制造复杂，因此只宜用于滚切法难以加工的齿轮，如内齿、阶梯齿和人字齿轮等。

插齿刀分盘形插齿刀和锥柄插齿刀。盘形插齿刀主要用于加工内齿、外齿轮。锥柄插齿刀主要加工内齿的直齿和斜齿轮。插齿刀的模数范围为 0.2~12，精度有 AA 级 A 级和 B 级，分别加工 6 级、7 级和 8 级精度的齿轮。

4. 剃齿 剃齿时刀具与工件的相对运动相当于一对无侧隙的螺旋齿轮啮合运动。在良好的条件下，剃齿可达到 6 级精度，齿面粗糙度达 $R_a 0.40\mu m$。剃齿不能修正工件在剃前加工中由于运动偏心造成的误差，但可以消除剃前的几何偏心，然而将把部分误差转化至切向，从而影响剃齿工件的运动精度。剃齿能有效地修正齿距、齿形和齿向的误差。

5. 珩齿 珩齿工作原理和剃齿相同，但珩轮具有一定的弹性，珩齿的余量很小（一般单面余量为 0.005~0.02mm），加工精度主要取决于珩前的齿轮精度，珩齿对几何精度仅能微量修正，而以改善表面粗糙度为主，可从热处理后的 $R_a 3.2\mu m$ 提高到 $R_a 0.4\mu m$，常被用于 7-6-6 级滚剃珩工艺的齿轮光整加工。对 6 级以上精度的磨削齿轮，采用珩齿，可使齿面粗糙度达 $R_a 0.2\mu m$。表 3.6-51 列出了珩齿加工方式。

6. 磨齿 磨齿有展成法和成形法两种磨削方式。展成法磨齿是根据齿轮齿条啮合原理，磨削渐开线齿形时，砂轮相当于假想齿条的一个齿或齿的一个侧面。另一种展成法是用蜗杆砂轮磨齿，其啮合原理类似滚齿。成形法磨齿是利用成形砂轮磨削齿轮的全齿槽或单侧齿形面。全齿槽磨削效率高，单侧齿面磨削效率也较高。

表 3.6-51 珩齿加工方式

加工方式	定隙珩齿	变压珩齿	定压珩齿
加工原理	工件与珩轮保持预定的齿侧间隙，工件具有可控制的制动力，使它在一定的阻力下进行珩齿	珩轮与工件无隙啮合，并具有一定压力。随着珩齿进行，压力逐渐减小直到接近消失	整个珩齿过程中，工件与珩轮间都是在预定压力下，保持无间隙啮合
加工效用 — 适用范围与生产效率	加工热处理变形小，珩前精度较高的工件 生产效率稍低	加工需修正齿圈径向跳动，余量较大的零件 生产效率较高	加工不需修正齿圈径向跳动，仅要清除齿面毛刺提高光洁度的工件 生产效率较定隙珩齿稍高
加工效用 — 误差修正能力	可少量修正热处理变形，但不能修正工件齿圈径向跳动	可显著修正齿圈径向跳动。为稳定精度，加工时要求较恒定并不宜过大的预加压力	珩削效果与定隙珩齿相似。同批零件加工精度较稳定
加工效用 — 珩轮使用要求	珩轮使用寿命高	珩轮受力较大，强度要求高，使用寿命较低	珩轮使用寿命较高

6.10.2　蜗轮加工

1. 蜗轮的加工特点　刀具与蜗轮在加工时的啮合状态如同蜗杆与蜗轮装配时的啮合状态。

2. 蜗轮齿部加工　蜗轮齿部的加工工艺与圆柱齿轮加工工艺相似，切齿的方法以滚齿为主，对齿面粗糙度要求良好的蜗轮，还有用剃齿和珩齿的。蜗轮的滚齿有径向和切向两种切入方法，如表3.6-52。精度较高的蜗轮一般用径向切入加工，并使用较低的切削用量，如用进给量0.02mm/min、切削速度6~10m/min。按所用刀具的特点来区分，蜗轮滚齿有用蜗轮滚刀和飞刀两种方法。由于飞刀制造比较方便，常用于单件生产和加工大模数的蜗轮。飞刀的切削方法见表3.6-53。

6.10.3　锥齿轮加工

1. 直齿锥齿轮加工方法（表3.6-54）
2. 弧线锥齿轮加工方法（表3.6-55）

表3.6-52　径向切入与切向切入加工特点

切入方向	径　向	切　向
简图	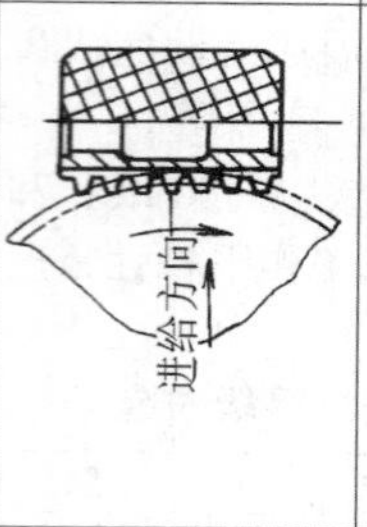	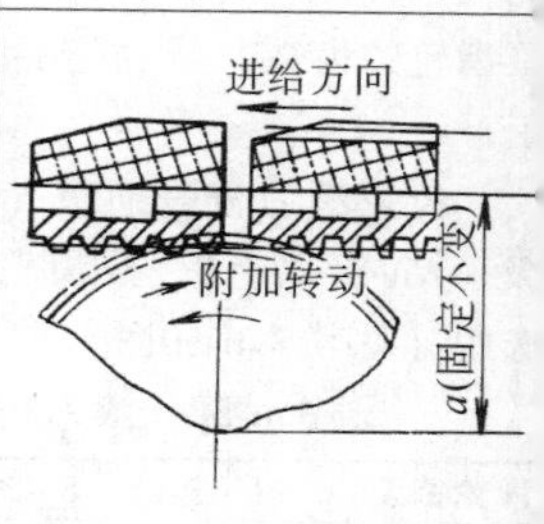
特点	进给不用差动链，传动链短，误差小，进给行程短，生产率高，机床调整简单。包络折线少，粗糙度差。螺旋升角大，易产生根切现象	须用差动链，传动链长，精度差，进给行程长，生产率低。进给量愈小，包络折线愈多，齿面粗糙度好，无根切现象

表3.6-53　飞刀切削方法

双　面　切　削	单　面　切　削	
	单面单向	单面双向
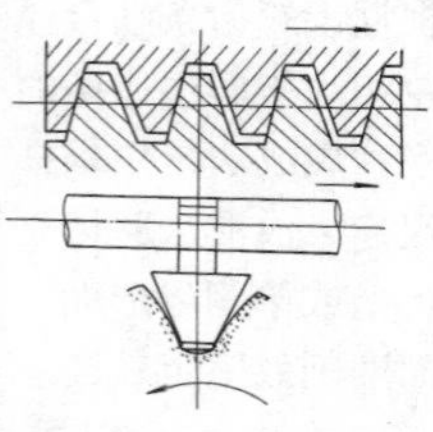	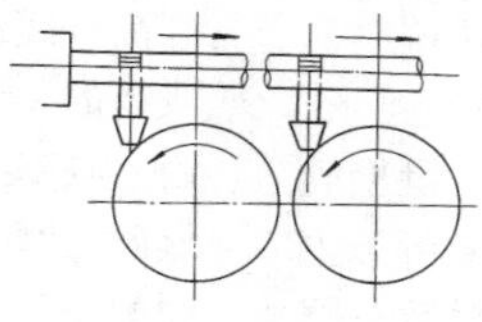	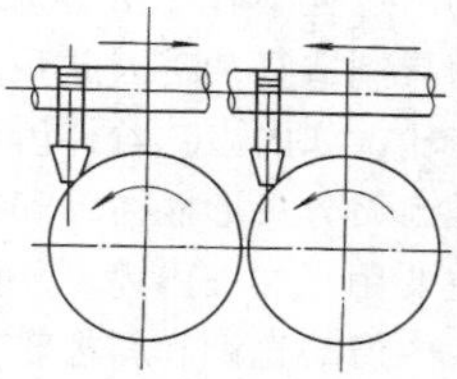
切削过程中飞刀切削力大小和方向是随着刀具轴向移动，而逐渐改变。当切削力与走刀方向相反，切削平稳。反之丝杠副会出现游动，影响工件表面质量	加工左右齿面都用一个方向进给，丝杠副的间隙没有消除，工件齿面一侧精度好，一侧差，对多头蜗轮存在多切和少切现象，齿面质量差	左右齿面选用不同进给方向，使切削面和走刀方向相反，消除螺母间隙，切削平稳，消除少切和多切现象，齿面质量好

表3.6-54　直齿锥齿轮加工方法

齿面成形方法	切削方法	尺寸规格/mm		质量水平		适　用　范　围
		模数	锥距	精度	表面粗糙度 $R_a/\mu m$	
滚切法	刨齿	3~20	≤900	7~8级	3.2~12.5	中、小批生产，也可用于成批生产
	双刀盘铣齿	1~10	15~250	7~8级	3.2~6.3	成批和大批生产，生产率比滚切刨齿高2倍
	磨齿	2~8	20~200	5~6级	≥1.6	质量要求很高的要淬硬的齿轮
成形法	靠模仿形刨齿	4~30	250~2500	8~9级	3.2~12.5	尺寸特大的齿轮
	铣齿	3~45	≤2500	9~11级	3.2~2.5	在铣床上铣齿或在滚切法精刨前粗铣齿沟
圆拉包络法	拉齿	3~10		8~9级	3.2~12.5	大批大量生产中加工汽车、拖拉机上的差动齿轮

表 3.6-55　弧线锥齿轮加工方法

切齿方法		加工特性	需要机床	需要刀盘	优缺点	适用范围
单刀号单面切削法		大轮和小轮轮齿两侧表面粗切一起切出，精切单独进行，小轮按大轮配切	至少需要 1 台万能切齿机床	一把双面刀盘	接触区不太好，效率低；但可以解决机床和刀具数量不够的困难	适用于产品质量要求不太高的单件和小批生产
双面切削法	单台双面切削法	大轮的粗切和精切使用单独的粗切刀盘和精切刀盘，同时切出齿槽两侧表面　小轮粗切使用一把双面粗切刀盘、小轮精切分别用一把外精切刀盘和内精切刀盘切出齿槽的两侧面	至少需要 1 台万能切齿机床	大轮 { 粗切一把　精切一把 }　小轮 { 粗切一把　外精切一把　内精切一把 }	接触区和齿面粗糙度较低，生产效率较前者高	适用于质量要求较高的小批和中批生产
	固定安装法	加工特性和单台双面切削法相同，但每道工序都在固定的机床上进行	大轮 { 粗切1台　精切1台 }　小轮 { 粗切1台　外精切1台　内精切1台 }	大轮 { 粗切一把　精切一把 }　小轮 { 粗切一把　外精切一把　内精切一把 }	接触区和齿面粗糙度均低，生产效率也比较高；但是，需要的切齿机床和刀盘数量都比较多	适用于大批量生产
	半滚切法	加工特性和固定安装法相同；但大轮采用成形法切出，小轮轮齿两侧表面分别用展成法切出	和固定安装法相同	和固定安装法相同	优缺点和固定安装法相同；但大轮精切只用展成法的效率可以成倍地提高	适用于传动比大于 2.5 的大批量流水生产
	螺旋成形法	加工特性和半滚切法相同；但在大轮精切时，刀盘还具有轴向的往复运动，即每当一个刀片通过一个齿槽时，刀盘就沿其自身轴线前后往复一次；刀盘每转一转，就切出一个齿槽	和固定安装法相同	和固定安装法相同	接触区最理想，齿面粗糙度低，生产效率高；是目前比较先进的新工艺	和半滚切法相同
双重双面法		大轮和小轮均用双面刀盘同时切出齿槽两侧表面	大轮、小轮粗精切各 1 台，共用 4 台	大轮、小轮粗切精切各一把，共需四把	生产率比固定安装法高，接触区不易控制，质量较差	适用于模数小于 2.5 及传动比为 1:1 的大批量生产

6.11　难切材料的切削加工

6.11.1　难切金属材料的切削特点

　　金属材料的切削加工性主要从切削时刀具的耐用度、已加工表面质量和切屑排除的难易程度等三个方面来衡量。图 3.6-15 表示出影响切削加工性的主要因素及其相互关系。表 3.6-56 列出机械工业中常用的难切削金属材料。

　　难切削材料的切削特点是：

　　（1）切削力大，切削温度高；

　　（2）加工硬化严重，特别是塑性较大的高锰钢、奥氏体不锈钢和钛合金尤为突出；

　　（3）容易粘刀，此特点也以奥氏体不锈钢、高温合金和钛合金为最；

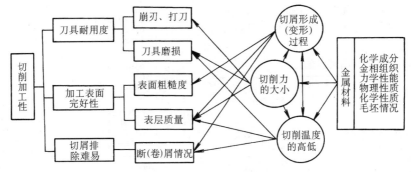

图 3.6-15　影响切削加工性的因素及其相互关系

表 3.6-56　机械工业中常用的难切削金属材料

材　料		牌　号　举　例	相对切削加工性①	用　途
高锰钢		ZGMn13，40Mn18Cr3	0.2～0.4	耐磨零件如掘土机铲斗，拖拉机履带板和用于电机制造业的无磁高锰钢
高强度钢	低合金高强度钢	30CrMnSiNi2A，18CrMn2MoBA	0.2～0.5	高强度零件，如轴、高强度螺栓、起落架
	中合金高强度钢	4Cr5MoSiV	0.2～0.45	高强度构件，模具
	马氏体时效钢		0.1～0.45	高强度结构零件
不锈钢	铁素体不锈钢	0Cr13，Cr17	0.3～0.4	强腐蚀介质中工作的零件
	马氏体不锈钢	2Cr13，Cr17Ni2	0.5～0.6	弱腐蚀介质中工作的高强度零件
	奥氏体不锈钢	1Cr18Ni9Ti，Cr14Mn14Ni3Ti	0.5～0.7	耐蚀高强度高温（550℃下工作的零件
	沉淀硬化不锈钢	0Cr17Ni7Al，0Cr15Ni7Mo2Al	0.6～0.8	高强度耐蚀零件
高温合金	铁基高温合金	变形合金 GH36，GH135；铸造合金 K13，K14	0.15～0.3	燃气轮机涡轮盘、涡轮叶片、导向叶片、燃烧室及其他高温承力件及紧固件
	镍基高温合金	变形合金 GH33，GH49；铸造合金 K3，K5	0.08～0.2	
钛合金	α 型钛合金	TA7，TA8，TA2（工业纯钛）	0.25～0.38	因强度高、比重小、热强度高、耐蚀广泛用于航空、造船、化工医药等部门
	β 型钛合金	TB1，TB2		
	α+β 型钛合金	TC4，TC6，TC9		

①　相对切削加工性是指在一定的刀具耐用度条件下，该材料的切削速度与 45 钢切削速度的比值。

（4）刀具磨损较剧烈；

（5）高硬度质点对刀具的摩擦作用强烈。

6.11.2　刀具材料的选用

1. 高速钢刀具材料的选用　选用原则是：

（1）当加工工艺系统刚性好时，简单刀具用高钒、高钴高速钢，复杂型面用钨钼系低钴高速钢；

（2）加工工艺系统刚性差时，简单刀具用高钒高速钢，复杂型面刀具可用钨钼系高速钢；

（3）对某些高性能的高温合金、且又是断续切削时，要选用韧性较高的高速钢。高速钢的选用见表 3.6-57。

2. 硬质合金刀具材料的选用　硬质合金刀具在难切材料的加工中主要用于车刀、铰刀和端铣刀等。表 3.6-58 列出用于车刀的硬质合金。

3. 陶瓷刀具　陶瓷刀具的高温硬度和耐磨性均优于硬质合金，它还有较好的化学惰性，因此切屑与刀刃不粘结，能在较高的温度下以较高的速度进行切削。表 3.6-15 列出陶瓷刀具的主要性能及用途。

表 3.6-57　高速钢的选用

刀具类型	不锈钢及高温合金（锻）工件	高强度钢、铸造高温合金及钛合金工件
车刀	W12Mo3Cr4V3Co5Si W2Mo9Cr4VCo8 W9Mo3Cr4V3Co10 W6Mo5Cr4V2Al	W12Mo3Cr4V3Co5Si W2Mo9Cr4VCo8 W6Mo5Cr4V2Al W9Mo3Cr4V3Co10

（续）

刀具类型		不锈钢及高温合金（锻）工件	高强度钢、铸造高温合金及钛合金工件
铣刀		W6Mo5Cr4V4 W12Cr4V4Mo W6Mo5Cr4V5SiNbAl W10Mo4Cr4V3Al	W12Mo3Cr4V3Co5Si W2Mo9Cr4VCo8 W6Mo5Cr4V2Al W10Mo4Cr4V3Al
成形铣刀		W12Mo3Cr4V3Co5Si W2Mo9Cr4VCo8 W6Mo5Cr4V2Al	W12Mo3Cr4V3Co5Si W2Mo9Cr4VCo8 W6Mo5Cr4V2Al
拉刀	粗拉刀	W12Cr4V4Mo W6Mo5Cr4V5SiNbAl W10Mo4Cr4V3A W6Mo5Cr4V2Al	W2Mo9Cr4VCo8 W6Mo5Cr4V2Al W12Mo3Cr4V3Co5Si
	精拉刀	W6Mo5Cr4V2 W2Mo9Cr4VCo8 W6Mo5Cr4V2Al W12Mo3Cr4V3Co5Si	
螺纹刀具		W6Mo5Cr4V2 W6Mo5Cr4V2Al W2Mo9Cr4VCo8	W6Mo5Cr4V2Al W2Mo9Cr4VCo8 W12Mo3Cr4V3Co5Si
齿轮刀具		W6Mo5Cr4V2 W6Mo5Cr4V2Al W2Mo9Cr4VCo8	
钻头、铰刀		W6Mo5Cr4V2Al W12Cr4V4Mo W6Mo5Cr4V5SiNbAl W10Mo4Cr4V3Al	W12Mo3Cr4V3Co5Si W6Mo5Cr4V2Al W10Mo4Cr4V3Al

难切材料的车、钻、铣、铰和磨削的刀具几何参数及切削用量请参考有关资料。

表 3.6-58 用于车刀的硬质合金

工件材料	对硬质合金的要求	合金牌号		
GH135，GH33，GH37，GH49	高的高温硬度及高的高温强度	粗车：YG10H，W4，YG8		
		精车	（低速）：YG10H，W24	
			（高速）：813，YG8N，623	
1Cr13，1Cr18Ni9Ti，Cr17Ni2，Cr23Ni18，4Cr14Ni14W2Mo，GH36，GH132	较高的高温硬度及较高的高温强度	粗车：YG10H，W4，YG8		
		精车	（低速）：YG10H，W4	
			（高速）：YT2，YA6，623，813，YG8N	
K14，K1，K3，K5，K17，K18，GH30，GH39，GH140	高的高温强度及较高的硬度	YG10H，W4		
TC-4，TC-9	良好的导热性，较高的硬度，一定的强度	粗车：YG10H，W4，YG8		
		精车	（低速）：YG10H，W4	
			（高速）：YG3X，W4，YG6X	
30CrMnSiNi2A 40CrNi2SiWA 40CrMnSiMoWA 40SiMnMoV	高的高温硬度，较高的强度	712，YW3，YT2，YW2A		
18Cr2Ni4WA：30CrMnSiA，40CrNiMoA，12CrNi4A，18CrMnTi	较高的硬度，一定的强度	低速：YT14，YT15A		
		高速：YN10，YT2		
		型面加工：712，612		
ZG13，40Mn18Cr3		YW2A，YG8，YG6X		

6.12 去毛刺加工

去毛刺加工不仅可改善零件的外观质量，而且是保证产品内在质量的重要手段。例如，液压阀的阀孔与阀芯是精密偶件，要求配合间隙为5~12μm，圆度1~2μm，圆柱度1~2μm，如阀体主阀孔、交叉孔、阀芯的沉割槽、平衡槽等去毛刺不彻底，会直接影响液压元件的质量。当液压系统工作时，由于毛刺脱落损坏配合表面，并造成元件动作不灵或卡紧现象，大大降低其系统的可靠性和稳定性。

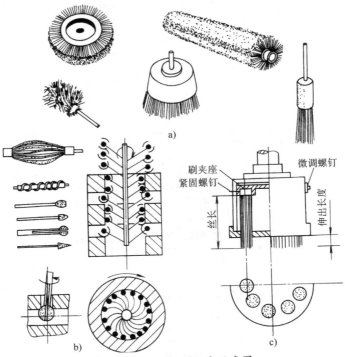

图 3.6-16 去毛刺抛光示意图
a）毛刷 b）球头刷等 c）杯形刷

6.12.1   去毛刺抛光

去毛刺抛光所用的工具为含磨料尼龙刷和可内库斯毛刷（Cornex filement），是一种弹性抛光工具（图3.6-16a、b），能靠贴零件复杂形状表面进行去毛刺抛光。尼龙刷由混入质量分数为25%、粒度小于W40的Al_2O_3或SiC磨粒和直径$\phi 0.45 \sim \phi 1.0mm$、融点25~250℃的尼龙细丝制成；可内库斯刷丝含质量分数为4%~50%、粒度小于W5的SiC及Al_2O_3磨粒或金刚石或CBN磨粒，丝挺拔不易软化和熔敷，丝径$\phi 0.3 \sim \phi 1.7mm$，融点430℃，丝径截面有正方形、矩形、椭圆形和梯形。用金刚石粉及含W110~W2010的Al_2O_3或SiC烧结成球头的球头刷（图3.6-16b），广泛用于发动机缸体的去毛刺抛光，可在较长时间内保持磨粒锋利。杯形刷多用于加工环状零件端面（图3.6-16c）。

6.12.2   电解去毛刺

采用电解去毛刺的方法可减轻劳动强度和提高效率，特别是对于用钳工或机械方法难以去除毛刺的部位，例如深孔底部、隐蔽部位、交叉孔等部位的毛刺更为有效，且便于进行机械化和自动化生产。适合电解去毛刺的零件很多，如齿轮、阀体、曲轴、给油孔、柴油机喷嘴内孔、连杆、油缸以及一些冲压件、压铸件和锻件等，其应用范围较广。

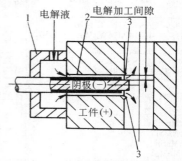

图 3.6-17   交叉孔电解去毛刺原理
1—绝缘导液套 2—绝缘层 3—毛刺

电解去毛刺的原理是基于电解加工时，电流集中在尖端和棱角部分使毛刺较快的溶解而被去除（一般只有几秒至几十秒钟）。

为了使电解作用仅限于毛刺部分，在设计阴极时必须把相对于毛刺的阴极表面露出，其他部分则用绝缘层屏蔽起来，以防止非加工表面受到不必要的电解作用而破坏其原有精度。图3.6-17是交叉孔电解去毛刺的原理图。

7   特 种 加 工

特种加工是指那些不属于传统加工工艺范畴的加工工艺方法。特种加工将电、磁、声、光等物理量及化学能量或其组合直接施加在工件被加工的部位上，从而使材料被去除、累加、变形或改变性能等。特种加工可以完成传统加工难以实现的加工，如高强度、高韧性、高硬度、高脆性、耐高温材料和工程陶瓷、磁性材料等难加工材料的加工以及精密、微细、复杂零件的加工等。

7.1   特种加工的分类、特点及应用

常用特种加工方法的分类、工作原理、特点及应用见表3.7-1。

表 3.7-1   常用特种加工方法的分类、特点及应用

加工方法及代号		能量来源	工作原理	特　　点	应用
电火花加工	电火花成形加工（EDM）	电	在液体中，通过工具电极与工件之间的脉冲放电，将工件材料蚀除	1. 可加工任何硬、脆、韧、高熔点的导电材料，材料可加工性与机械性质无关 2. 非接触加工，无切削受力变形 3. 放电持续时间短，热影响范围小 4. 便于实现自动化 5. 精加工时材料去除率低，粗加工时工件表面质量较差 6. 存在工具电极损耗，影响加工精度	导电材料，穿孔、型腔加工、切割、强化等
	电火花线切割加工（WEDM）				

（续）

加工方法及代号	能量来源	工作原理	特 点	应用
电子束加工（EBM）	电	高速运动的电子撞击工件被加工部位，动能转化成热能，使工件局部材料瞬时熔化和气化，达到去除的目的	1. 被加工材料适应性广，几乎不受任何限制 2. 电子束直径小，可加工微细孔和窄缝 3. 无工具损耗 4. 控制性能好 5. 加工在真空条件下进行 6. 设备造价高	金属非金属，穿孔、切割、焊接、蚀刻等
离子束加工（IBM）	电	在真空条件下，将氩、氮、氙等惰性气体电离，并使离子在电场中加速，利用其动能实现对工件材料的加工	1. 离子束光斑可控制在 $1\mu m$ 以内 2. 离子束密度及能量均可精密控制 3. 加工精度可达毫微米级及亚微米级 4. 加工在真空条件下进行 5. 加工效率低 6. 设备费用高	注入、镀复、微孔、蚀刻，适用于脆性、半导体、易于氧化的金属及高分子材料
激光加工（LBM）	光	利用材料在激光照射下瞬时急剧熔化和气化，并产生强烈冲击波，使熔化物质爆炸式的喷溅和去除，实现加工	1. 材料适应性广 2. 非接触加工，无机械受力变形 3. 作用时间短，热变形小 4. 不存在工具磨损 5. 易于控制和实现自动化 6. 设备造价高	微孔、切割、焊接、热处理、表面图形刻制等，适用于各种金属、非金属材料
超声加工（USM）	声	利用作超声振动的工具端面，使悬浮在工作液中的磨料冲向工件表面，去除工件表面材料	1. 工具对工件的宏观作用力小，热影响小 2. 加工高硬度材料时，工具磨损大 3. 工具不旋转，可加工与工具形状似的复杂孔 4. 机床结构较简单，操作、维修方便	型腔加工、穿孔、抛光等，主要用于加工脆性材料
化学加工 化学铣削（CHM）	化学	利用化学溶液（酸、碱、盐等）对金属工件表面产生腐蚀溶解，改变工件尺寸和形状	1. 不受材料硬度、强度等的限制 2. 适于大面积加工，可同时加工许多工件 3. 加工不产生应力、裂纹、毛刺等缺陷 4. 腐蚀液和气体对设备及人有危害，需有防护设施	金属材料、蚀刻图形、薄板加工等
化学加工 化学抛光（CHP）	化学			
化学加工 光刻加工（ETCH）	光，化学	利用光致抗蚀剂的光化学反应特点，将照相制版的图形精确地印制在涂有光致抗蚀剂的工件表面，再利用光致抗蚀剂的耐腐蚀特性，对工件表面进行腐蚀，从而获得复杂的精密图形	1. 以照相制版技术为基础 2. 适用于厚度几百微米到几微米乃至亚微米的薄片或薄膜加工 3. 不受材料硬度限制 4. 加工不会出现变形、硬化、飞边毛刺等缺陷	半导体器件与集成电路制造，精密零部件（如：刻线尺、刻度盘、光栅微电机转子等）的制造
电化学加工（ECM） 电解加工（ECM）	电化学	金属工件在电解液中发生阳极溶解，使零件成形	1. 不受金属材料力学性能影响 2. 加工表面质量好，无残余应力和毛刺 3. 加工精度中等 4. 设备、工具复杂，一次性投资较大 5. 有污染，需防护	型腔加工、薄壁零件加工、模具与工具复制、零件修复、抛光、去毛刺、镀层等，主要用于难加工金属材料、复杂形状或薄壁零件的成批生产
电化学加工（ECM） 电铸（EFM）	电化学	金属离子在阴极沉积，使零件成形		
电化学加工（ECM） 涂镀（EPM）	电化学	金属离子在阴极沉积，形成镀层或修补零件		
电化学加工（ECM） 电解磨削（ECG）	电化学，机械	电解作用与机械磨削相结合	1. 加工效率高，磨轮损耗小 2. 磨削压力小，磨削热小，不会产生应力、变形、烧伤、裂纹、毛刺等缺陷 3. 设备投资较大 4. 有污染，需防护	平面、外圆、成形加工等

（续）

加工方法及代号	能量来源	工作原理	特 点	应用
液体喷射加工（HDM）	机械	通过高速液流束冲击工件，去除材料	1. 切缝窄，切边质量好 2. 加工点温度较低，无尘埃 3. 工具无损耗 4. 噪声较大，可通过加入适当的添加剂或改变操作角度使之降低	切割薄和软的金属和非金属材料，小孔加工去毛刺等
快速原型制造（RPM）：立体光刻（SL）选择性激光烧结（SLS）分层实体制造（LOM）熔融堆积成形（FDM）三维打印（3-DP）	光，或热，或机械，或电化学	根据CAD设计的产品三维模型，按工艺要求进行分层，按各层截面轮廓，用激光束切割一层层纸（或固化一层层树脂，或烧结一层层粉末材料），或喷射源喷射一层层粘结剂和热熔材料，形成各截面轮廓，并逐步叠加成三维产品	1. 采用增加材料方式成形 2. 由CAD模型直接驱动，采用分层和数控技术，可在最短的时间内制造出产品 3. 可制造任意复杂的三维实体 4. 成形设备为无需专用夹具和工具的通用机床 5. 成形过程无需人的干预或很少干预 6. 制造精度目前约为0.1mm	产品开发、验证（直接快速成形模具，快速成形模具再用母模复制模具，电脉冲机床电极等），人体器官模型制造等

7.2 电火花加工

7.2.1 电火花加工类型

电火花加工类型见图3.7-1，其中电火花穿孔加工、电火花型腔加工和电火花线切割加工是常见的形式。

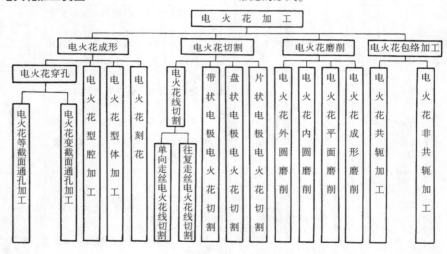

图 3.7-1 电火花加工的类型

7.2.2 电火花成形加工

1. 电火花成形加工的工艺过程　固定在主轴端部的成形工具电极，在主轴带动下作伺服直线运动，逐步接近浸泡在工作液中的工件，施加在电极与工件上的脉冲电压击穿间隙，产生火花放电，在工件上蚀除出一个带凸边的凹坑。多次、反复地放电，在工件上逐步蚀除出一个与工具电极形状相同的、凹凸相反的型腔，见图3.7-2。

电火花成形加工中最常见的两种型式是电火花穿孔和电火花型腔加工。穿孔时工具电极的损耗可以用加长电极和增进进给量的方法来补偿；型腔加工时，电极损耗将直接影响加工精度。电火花成形加工工艺过程见图3.7-3。

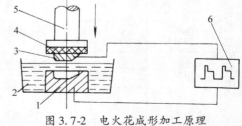

图 3.7-2 电火花成形加工原理
1—工件　2—工作液　3—工具电极
4—绝缘板　5—主轴头　6—脉冲电源

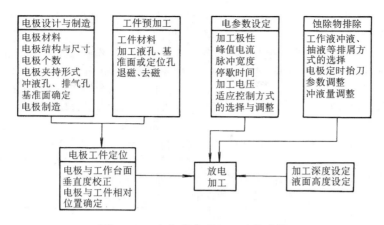

图 3.7-3　电火花成形加工工艺过程

2. 电火花成形机床

（1）电火花成形机床的组成　电火花成形机床由主机、电源控制柜、工作液系统及附件等部分组成，见图 3.7-4。各部分组成如下：

主机
（机床本体）
　主轴头
　坐标工作台
　床身、立柱
　工作液槽｛液面调节装置、放液阀
　　　　　　冲液、抽液压力调整阀
　　　　　　液面保护开关等

电源控制柜｛脉冲电源及适应控制系统
　　　　　　主轴伺服控制系统
　　　　　　机床电器及安全保护系统

工作液
系统
　工作液泵（输出压力＞0.2MPa）
　过滤器
　储液箱
　冷却系统（或温度控制系统）

附件
　工具电极装夹调整附件
　工具装夹附件
　工具电极测量附件
　其他功能附件

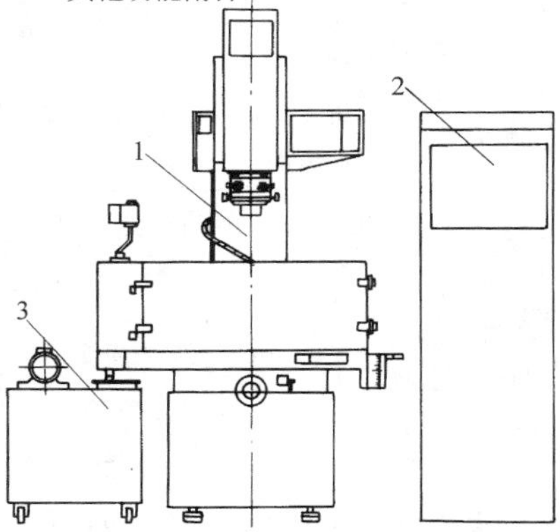

（2）主轴头　在电火花成形机床中，主轴头是最重要的部件。它不仅给工具电极提供严格的直线运动，以保证加工精度，而且要维持正常放电所需的火花间隙，以保证稳定放电。主轴头的伺服方式有多种，常见的如下：

主轴头伺服方式
　电液伺服｛喷嘴挡板控制
　　　　　　伺服阀控制
　电机伺服｛直流伺服电机驱动
　　　　　　交流伺服电机驱动
　　　　　　步进电机驱动

图 3.7-5 为直流电机伺服主轴头的示意图。

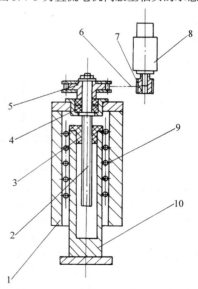

图 3.7-5　电机伺服主轴头结构形式示意图
1—座　2—丝杠　3—螺母　4—轴承
5—大齿形带轮　6—齿形带　7—小
齿形带轮　8—宽调速直流伺服电机
9—直线滚动导轨　10—主轴

图 3.7-4　电火花成形机床的组成
1—主机　2—电源控制柜　3—工作液系统

（3）脉冲电源　脉冲电源的功用是产生重复脉冲，并将脉冲加于工具电极和工件组成的两极上，向极间间隙提供所需的脉冲能量，进行电火花加工。几种常用的脉冲电源及其应用见表3.7-2。

（4）工作液　电火花成形加工中工作液是必不可少的，其作用如下：

1）提高放电点能量密度，增大放电时的爆炸力，使溶化或汽化的金属飞散。

2）冷却飞散的蚀除物，使其迅速成为固体，防止电极上多余的粘着，同时也对工件、电极等进行冷却。

3）通过工作液的流动，使蚀除物排出放电间隙之外，并使间隙恢复绝缘。

4）工作液分解产生的耐热石墨粘附在工具电极上，有减少电极损耗的作用。

常用的工作液有普通煤油、低粘度机油和钼子油等。在工件不能浸泡在工作液中的情况下，使用油类工作液易发生火灾，可选用水或油水混合的乳化液为工作液。

表 3.7-2　几种脉冲电源的特点及应用

名　称	原理框图	特　点	主　要　应　用
晶闸管脉冲电源	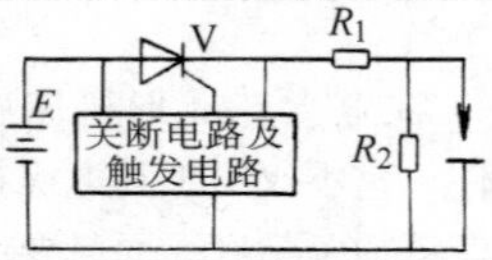 E　V　R_1　R_2　关断电路及触发电路	线路简单，功率大，过载能力强，粗加工稳定，易实现电极低损耗。但高频（精加工）性能较差，一般常由粗、精加工两种主回路组成	适用于大、中型型腔模加工，一般为电火花成形机床的脉冲电源
晶体管脉冲电源	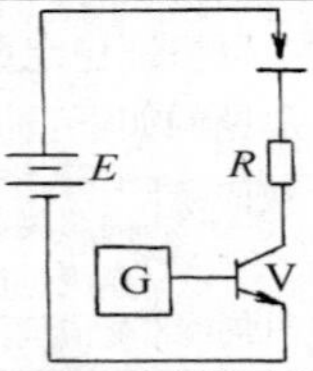 E　R　G　V	电参数调节范围广，使用方便，易于实现计算机控制。可实现半精加工电极低损耗。精加工性能优于晶闸管脉冲电源。但微精加工性能较差	适用于中小型型腔模、冷冲模加工以及有关零件的加工。可作为电火花成形机床及电火花线切割机床的脉冲电源
晶体管控制的RC脉冲电源	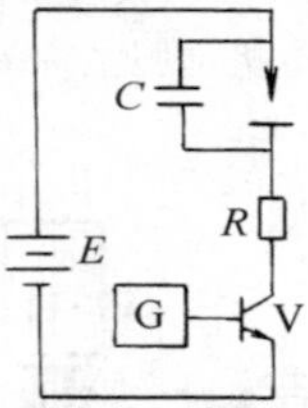 C　E　R　G　V	线路简单、可靠，放电峰值电流大，脉冲宽度小，加工表面粗糙度好，适用于精加工或微精加工。但电极损耗较大	适用于小孔加工、硬质合金加工等。可作为电火花成形机床及电火花线切割机床的脉冲电源
场效应管脉冲电源	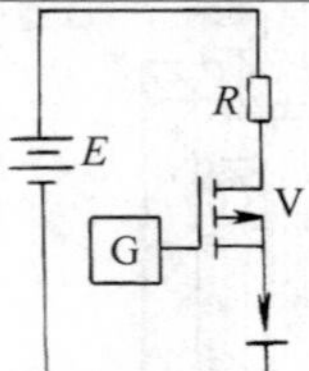 E　R　G　V	频率效应好，波形调节方便，峰值电流大。栅、源极只需电压偏置，可采用集成电路直接驱动功率级。脉宽可小至几百毫微秒。适用于精加工及微精加工。并可实现半精加工和粗加工的电极低消耗	适用于中小型型腔模、冷冲模加工，小型模具、花纹、图案等的微精加工，以及有关零件的加工。可作为电火花成形机床及电火花线切割机床的脉冲电源

电火花加工时会产生大量的碳黑及金属颗粒，这些蚀除物的粒度非常小，悬浮在工作液中，长时间才能沉淀下来。它们的存在会使放电间隙增大，影响加工精度。因而要对工作液进行过滤，常用的过滤方式见表3.7-3。

（5）工具电极　从原理上讲，导电材料都可以作工具电极。但实际选用时，应考虑放电性能、成形方法、价格等因素。常用工具电极材料的性能及应用见表3.7-4。

表 3.7-3　工作液常用的过滤方式

过　滤　方　式	特　点
介质过滤（使用介质有木屑、纸质、化学纤维、硅藻土类）	结构简单、使用可靠，但需经常更换滤芯
离心过滤	过滤效率高，结构复杂，清渣较困难

3. 电火花加工的主要工艺指标及提高途径

（1）工艺指标

1）加工速度（材料去除率）：指在单位时间

的工件材料蚀除量，单位 mm^3/min。

2）加工表面质量：指加工工件的表面粗糙度、表面组织变化层及表面显微裂纹等。

3）加工精度：指工件加工后所能达到的形状精度、尺寸精度和位置精度。

4）工具电极损耗：以相对于工件蚀除体积的百分比来表示。

表 3.7-4　常用工具电极材料的性能、特点及应用

电极材料	工件材料	电加工稳定性	电极低损耗	电极极性	机械加工性能	特点及应用
纯铜 （紫铜）	钢	好	可	+	差，磨削困难	半精加工性能好，线胀系数比钢大，加工时应注意热变形对尺寸精度的影响
	铝	好	不可	+		
	黄铜	好	可	+		
	硬质合金	好	不可	+ 或 -		
石墨	钢	好	可	+	好，但易碎	特别适合于制造大型电极及高速低损耗加工
	铝	好	可	+		
	黄铜	好	不可	+		
	硬质合金	好	不可	+		
黄铜	钢	好	不可	+	好	使用较少
铜钨合金	钢	好	可	+	磨削性能好	价格高，常用于硬质合金加工
	铝	好	可	+		
	黄铜	好	可	+		
	硬质合金	好	不可	-		
钢	钢	较差	不可	+	好	可用凸模作电极
铸铁	钢	一般	不可	+	好	价格便宜，使用较少

（2）提高电火花加工工艺指标的途径

1）脉冲电源采用适应控制方式，使电火花加工的电参数（如脉冲宽度、停歇时间、电流幅值等）可以根据放电间歇状态自动调节，以提高电火花加工过程的稳定性，减少或防止电弧损伤电极。

2）采用放电间隙状态的监视装置，使操作者能直观地了解放电间隙状态，以便采取相应的对策，提高电火花加工过程的稳定性。

3）采用多回路电路的脉冲电源来加工多型腔或多型孔的模具，以提高生产率。对较大的复杂型腔，也可采用多电极加工。

4）发展数控电火花成形加工机床，以提高加工自动化程度和机床利用率。

7.2.3　电火花线切割加工

1. 电火花线切割的工艺过程

电火花线切割是通过电极丝（即线性工具电极）与工件间的相对运动，实现切割工件的电火花加工。切割时，电极丝沿自身轴线方向作往复或单向运动，放置工件的工作台或电极丝的导丝机构按一定的轨迹运动，工件就被切割成所需要的形状，见图 3.7-6。

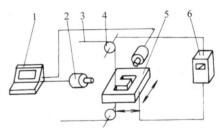

图 3.7-6　电火花线切割加工原理
1—控制装置　2—机床驱动机构　3—电极丝
4—导丝机构　5—工件　6—脉冲电源

电火花线切割加工的工艺过程见图 3.7-7。

2. 电火花线切割机床

（1）电火花线切割机床的分类　电火花线切割机床按走丝速度分快走丝和慢走丝两类，按轨迹控制方法分靠模型、光电跟踪型和数控型三类，分别见表 3.7-5 和表 3.7-6。

（2）电火花线切割机床的走丝系统　走丝系统的作用是使电极丝按一定的速度与张力，沿自身轴线方向运动，使电极丝成为能够进行放电切割的工具电极。

图 3.7-8 所示为快走丝型走丝系统，该系统主要由储丝筒机构和线架机构两大部分组成。前

者用于保证电极丝按一定速度作正反向运行，并
将电极丝整齐地排绕在储丝筒上；后者对电极丝
起支撑和导向作用。图 3.7-9 所示为慢走丝型走
丝系统。在该系统中，由于电极丝低速移动，不

需使用导向轮，而经常采用宝石拉丝模式导向
器，以获得高的导向精度；又由于电极丝单向移
动和一次使用，因而不需储丝筒，但需有废丝回
收装置。

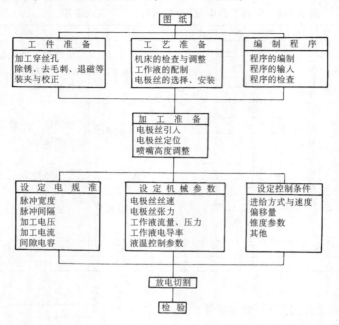

图 3.7-7　电火花线切割加工工艺过程

表 3.7-5　快走丝和慢走丝线切割机床

类型	电极丝运行速度	电极丝运行方式	特　点
快走丝型	一般 3～11 m/s	往复循环	结构简单，使用与维护要求不高，自动化程度不高，附属装置少，适用于中等精度工件的加工
慢走丝型	一般 0.5～12 m/min	单向运行	精度高，精度保持性好，加工工艺指标好，自动化程度高，附属装置丰富，结构复杂，制造与维护要求高

表 3.7-6　不同轨迹控制方法的线切割机床

类　型	控制方法	特　点
靠模型	靠模仿形	简单可靠，仿形精度高，但靠模制造麻烦，精度要求高，机床适应性差
光电跟踪型	光电仿形跟踪	适用于形状较复杂的工件，需绘制加工轮廓的放大图样，加工出的凸凹模的配合精度较差，机床适应性不高
数控型	数控计算机数控	控制精度高，功能丰富，适用于各种形状的工件，易于实现自动化，造价较高，需编制程序

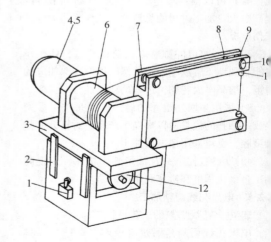

图 3.7-8　快走丝型走丝系统

1—换向开关　2—换向挡板　3—拖板　4—电动机
5—联轴器　6—储丝筒　7—线架　8—进电装置
9—导轮　10—导轮座　11—喷嘴　12—齿轮与丝杠

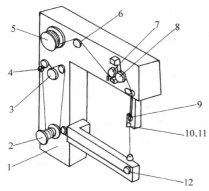

图 3.7-9 慢走丝型走丝系统

1—线架 2—放丝机构 3—张力机构 4—断
丝保护开关 5—收丝盘 6—排丝机构
7—压紧轮 8—速度轮机构 9—进电块
10、11—导向器、喷嘴 12—导轮

（3）电火花线切割的脉冲电源 电火花线切割加工所使用的脉冲电源，除晶闸管脉冲电源外，其原理、形式及特点与电火花成形加工的脉冲电源相同，只是电参数有所不同。为了获得高的加工精度和低的表面粗糙度，线切割脉冲电源的单脉冲放电能量较小，脉冲宽度较窄，一般在 10^{-7} ~ 10^{-4}s 范围内；为了保证一定的切割速度，应具有较高的脉冲重复频率，一般为 $10 \sim 10^3$ kHz。

（4）电火花线切割机的数控系统 电火花线切割机床的数控系统按功能水平划分，主要有经济型和全功能型两大类，见表 3.7-7。

电火花线切割机的数控系统除应具有一般数控系统的功能外，还应具备以下特殊功能：

1）短路处理功能；

2）自动定位功能；

3）放电间隙状态监控功能；

4）较好的低频运行特性等。

表 3.7-7 经济型与全功能型线切割机数控系统

类型	控制计算机	性能特点	伺服系统	应用范围
经济型	单片机、单板机、低档工控机	运算速度低，功能简单，分辨率为 1μm，进给速度一般为每分钟几十毫米，主 CPU 为 8 位或 16 位，操作维修简单	开环	快走丝型，低档慢走丝型线切割机
全功能型	多 CPU 的专用计算机，高档工控机	运算速度高，功能齐全，分辨率为 1 ~ 0.1μm，进给速度为每分钟几十至几百毫米，主 CPU 多为 32 位，结构复杂，成本高	半闭环闭环	中、高档慢走丝型线切割机

3 电化学加工

电化学加工（Electrochemical Machining——ECM）包括从工件上去除材料的电解加工和向工件上沉积金属的电铸、涂覆加工两大类。

3.1 电解加工

1. 电解加工原理、类型及应用

（1）电解加工工作原理 电解加工是利用金属在电解液中发生阳极溶解而将零件加工成形的一种方法。电解加工时，以工件为阳极，工具为阴极，在极间间隙中通以高速流动的电解液，工具阴极向工件进给，以维持小而恒定的加工间隙，工件不断地按阴极型面溶解，并逐渐成形，直至达到要求的尺寸为止，见图 3.7-10。

（2）电解加工的分类（图 3.7-11）。

（3）电解加工的特点及应用 电解加工不受金属材料力学性能的限制，加工范围宽，加工效率高，加工表面质量好，无残余应力和毛刺，工具基本不损耗，但加工精度中等，设备、工具均较复杂，一次性投资较大。这些特点决定了电解加工主要用于难加工金属材料的加工，复杂形状及薄壁零件的批量生产。其经济加工范围见表 3.7-8。

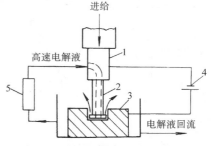

图 3.7-10 电解加工原理图

1—主轴头 2—工具阴极 3—工件
4—直流电源 5—电解液系统

2. 电解加工设备 电解加工设备含机床、电源、电解液系统及相应的控制系统，见图 3.7-12。

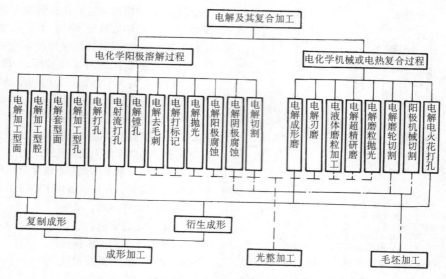

图 3.7-11　电解加工的分类

表 3.7-8　电解加工的经济加工范围

零件加工材料	耐热合金、不锈钢、钛合金、模具钢、硬质合金
零件加工形状	三维型面、型腔，二维型腔、型孔，深孔、小孔、薄壁腹板、腔线
零件加工尺寸	最大投影面积 500cm², 最小加工孔径 φ0.05，最大深径比 200 最薄腹板 0.50，最大腔线 7010，最长叶片 1300，最大机匣 φ1400
零件加工精度	型面、型腔成形精度 0.10～0.30，小孔精度 ±0.05，键槽 0.05～0.15
零件加工表面粗糙度	R_a6.3～1.6μm
零件批量	锻模型腔：10 套/年

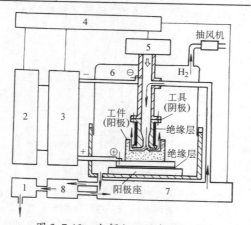

图 3.7-12　电解加工设备的组成
1—废液处理系统　2—快速短路保护　3—直流电源　4—控制系统　5—进给系统　6—机床　7—输液系统　8—净化系统

（1）常用电解成形加工机床

1）立式电解成形加工机床　此类机床属通用设备，其类型及应用见表 3.7-9。

表 3.7-9　立式电解成形加工机床

类型	工作台运动形式	额定电流 /A	应用范围
框型	固定式，X、Y 双向调整式	5000 10000	大中型模具型腔，大型叶片型面，大型轮盘腹板
	旋转分度式	20000 40000	大型链轮齿形，大型花键轴，电解车
C 型		1000 3000 5000	中小型模具型腔，整体叶轮型面，中型孔、异型孔，套料
α 型	固定式	300 1000	小孔，小异型孔
电射流	固定式	1.5，10	微孔

2）叶片电解加工机床　此类机床是专为加工叶片型面而设计的，其形式以卧式双头为主，特大叶片加工也有采用卧式或立式单头的。

（2）电解加工的电源　电解加工电源的功能是为电解加工提供足够容量的电流，并具有好的稳压精度，且能实现快速短路保护。常用的几种电解加工电源见表 3.7-10。

表 3.7-10 电解加工电源

类 型		特 点	应用范围
直流电源		1. 加工效率高 2. 可输出的能量大, 可达 40000A 3. 加工整平比较低, 加工复制误差较大	1. 大件、大面积加工 2. 粗加工、半精加工
脉冲电源	方波	1. 加工复制精度高, 整平比较高 2. 加工效率较低, 成本较高 3. 容量受限, 最大为 5000A	小件精加工
	截断的正弦波	1. 加工精度介于直流与方波之间 2. 加工效率低 3. 电压及频率可调范围较窄 4. 较简单, 成本较低	中小件半精加工
可控硅电源		1. 灵敏度高, 短路保护时间短 2. 稳压精度好 3. 效率较高, 节铜、节铁	应用最为广泛

(3) 电解液系统 电解液系统的基本功能是连续、平稳地向极间加工间隙区供给足够流量的理化性能合乎工艺要求的电解液。

电解液系统由电解液泵, 电解液槽, 过滤器和恒温系统组成。电解液泵压力一般为 0.5 ~ 2.5MPa, 流量随加工对象而定, 一般可按每 100A3 ~5L/min 估算。电解液槽的容量取决于电解产物的生成率, 不采用过滤时, 其容量可按每 1000A2 ~ 5m³ 估算。

常用的电解液有氯化钠、硝酸钠和氯酸钠。表 3.7-11 列出了几种常用的电解液配方。

3. 几种电解加工工艺方法

(1) 混气电解加工 混气电解加工是将一定压力的气体(空气、二氧化碳或氮气)在混合腔与电解液雾化成为气、液混合物, 并使其进入加工间隙的一种电解加工方法。在电解液中混入气体的主要作用是:

1) 改变电解液的电阻特性, 可使加工间隙迅速趋于均匀;

2) 改变电解液的流动特性, 使电解液能较均匀地分布于整个加工表面, 并有利于消除"孔穴"现象。

混气电解加工可以获得较高的加工精度和加工稳定性, 且可采用反拷法制造阴极, 使阴极设计与制造工作大大简化。由于电流密度较低(一般为 $10 ~ 25A/cm^2$), 可以用较小功率的电源加工较大的工件。

(2) 锻模型腔加工

1) 工艺方案(表 3.7-12)

表 3.7-11 不同加工材料的电解液配方

加工材料	配 方	加工材料	配 方
碳素结构钢	$NaCl(70 ~ 180)g/L$	铝合金	$NaNO_3(150 ~ 200)g/L$(锻铝) $NaNO_3 100g/L$(铸铝)
低合金钢	$NaCl(70 ~ 180)g/L$ $NaNO_3(200 ~ 300)g/L$ $NaNO_3 200g/L + NaClO_3(30 ~ 100)g/L$	铜合金	$NaNO_3 300g/L$ $NaCl(30 ~ 50)g/L +$ $NaNO_3(200 ~ 250)g/L$
奥氏体不锈钢	$NaCl(70 ~ 180)g/L$ $NaNO_3(200 ~ 400)g/L$ $NaCl(100 ~ 180)g/L + NaNO_3(40 ~ 100)g/L$	钛合金	$NaCl(120 ~ 180)g/L$ $NaNO_3 250g/L + NaCl(80 ~ 100)g/L$ $NaClO_3 150g/L + NaCl(20 ~ 80)g/L$ $NaCl 100g/L + NaBr 100g/L$ $NaCl 40g/L + NaBr 40g/L$
马氏体不锈钢	$NaCl(70 ~ 180)g/L$ $NaCl 100g/L + NaNO_3 100g/L$		
高温合金	$NaCl(70 ~ 180)g/L$ $NaNO_3(200 ~ 400)g/L$ $NaCl 100g/L + NaNO_3 100g/L$	硬质合金	$NaOH(80 ~ 160)g/L + NaCl 20g/L$ $+ H_2C_4H_4O_6(80 ~ 160)g/L$ $+ CrO_3(2 ~ 5)g/L$

表 3.7-12 锻模电解加工工艺方案

工 艺 方 案	NaCl 70 ~ 120g/L	NaCl 70 ~ 120g/L (混气)	NaNO₃ 200 ~ 400g/L (高压混气)
加工精度/mm	±0.3	±0.15	±0.10
加工速度/mm·min⁻¹	0.5 ~ 2	0.2 ~ 1	0.2 ~ 0.5
阴极设计制造	复杂	简单(可用反拷法)	简单(可用反拷法)
适用范围	批量大, 形状简单的模具	形状复杂的模具	精度高及形状复杂的模具

2）阴极设计与制造 阴极的形状和尺寸主要依据加工间隙的大小来确定。当采用混气加工时，由于加工间隙较均匀，阴极与被加工型腔形状基本一致，设计工作大为简化，可采用均匀缩小或放大的方法设计阴极。采用混气加工时，还可以采用反拷的方法制造阴极，从而使阴极设计与制造更加简化。

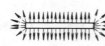

→主流线（按法线方向流动）
---→次流线（不按法线方向流动，处于散乱状态）

图 3.7-13 几种出液槽（孔）的流线图

阴极出液槽（孔）的形状、布局和尺寸直接影响到加工间隙内的流场分布，是电解加工或反拷阴极时是否出现加工缺陷或短路烧伤的决定因素，也是决定加工速度和加工精度的关键。出液槽的布局可用画流线图的方法确定。电解液在加工间隙内的流动方向有一定规律，以正流加工为例，当电解液由出液槽（孔）进入端面间隙时，按出液槽（孔）周边相垂直的法线方向流动，将流动方向用箭线表示，即为流线图，见

图 3.7-13。当相邻液槽的主流线在阴极外腔（阴极的凸出表面）相交时，如图 3.7-14a 所示，在相交加工表面将产生严重的沟槽和流纹。为避免在相交处产生加工缺陷，可用开回液槽的方法将各出液槽分开，见图 3.7-14b。

（3）电解抛光 电解抛光利用阳极溶解作用，使阳极凸起部分发生选择性溶解以形成平滑表面。电解抛光是一种表面光整加工方法，用于改善工件表面粗糙度和表面物理力学性能。电解抛光与电解加工的主要区别：

1）工件与工具之间间隙较大，电流密度较小，有利于表面均匀溶解；

2）电解液一般不流动，必要时可进行搅拌；

3）设备及抛光用的阴极结构较简单。

电解抛光效率一般高于机械抛光，且不受被加工材料硬度和强度限制，也不会产生表面残余应力和加工变质层。

影响电解抛光的主要因素有电解液的成分、阳极电位与电流密度、电解液温度以及工件的金相组织与原始表面状态等。表 3.7-13 列举了一些常用的电解液和抛光参数。

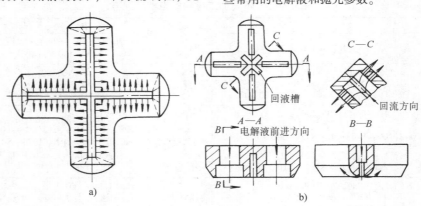

图 3.7-14 主流线在阴极外腔相交及处理方法

表 3.7-13 常用电解液和抛光参数

适用金属	电解液质量分数		阴极材料	阴极电流密度 /A·dm^{-2}	电解液温度/℃	持续时间 /min
碳钢	H_3PO_4	70%	钢	40～50	80～90	5～8
	CrO_3	20%				
	H_2O	10%				

（续）

适用金属	电解液质量分数		阴极材料	阴极电流密度 /A·dm⁻²	电解液温度/℃	持续时间 /min
碳钢	H_3PO_4 H_2SO_4 H_2O $(COOH)_2$	65% 15% 18%~19% 1~2%（草酸）	铅	30~50	15~20	5~10
不锈钢	H_3PO_4 H_2SO_4 丙三醇 H_2O	50~10% 15~40% 12~45%（甘油） 23~5%	铅	60~120	50~70	3~7
	H_3PO_4 H_2SO_4 CrO_3 H_2O	40~45% 40~35% 3% 17%	铜、铅	40~70	70~80	5~15
CrWMn 1Cr18Ni9Ti	H_3PO_4 H_2SO_4 CrO_3 丙三醇 H_2O	65% 15% 5% 12%（甘油） 3%	铅	80~100	35~45	10~12
铬镍合金	H_3PO_4 H_2SO_4 H_2O	64mL 15mL 21mL	不锈钢	60~75	70	5
铜合金	H_3PO_4 H_2SO_4 H_2O	670mL 100mL 300mL	铜	12~20	10~20	5
铜	CrO_3 H_2O	60% 40%	铝、铜	5~10	18~25	5~15
铝及合金	H_2SO_4 H_3O_4P HNO_3 H_2O	体积70% 体积15% 体积1% 体积14%	铝 不锈钢	12~20	80~95	2~10
	H_3PO_4 CrO_3	100g 10g	不锈钢	5~8	50	0.5

7.3.2 电解磨削

1. 电解磨削工作原理 电解磨削是电解作用和机械磨削相结合的一种复合加工方法，加工原理见图3.7-15。磨削时，工件接直流电源的正极，导电磨轮接负极，两者之间保持一定的接触压力，而由磨轮表面凸出的非导电磨料形成一定的电解间隙，并向电解间隙供给电解液。接通电源时，工件表面产生电化学反应，金属原子变成离子，形成阳极膜，其硬度远比金属本身低，易于被高速旋转的磨轮所刮除，使新的金属表面露出，继续产生电化学反应。电解磨削适用于加工硬质合金刀具、量具、工具以及内外圆磨削、平面磨削、成形磨削等。

2. 电解磨削特点 与机械磨削相比，电解磨削具有以下特点：

（1）加工范围广，可以加工任何高硬度、高韧性的金属材料。加工效率高，如磨削硬质合金与普通金刚石砂轮相比，效率高3~5倍。

（2）加工表面质量好，不会产生残余应力和表面裂纹、烧伤等缺陷，表面粗糙度一般小于$R_a0.16\mu m$。

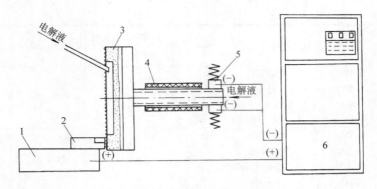

图 3.7-15　电解磨削加工原理图

1—工作台　2—工件　3—导电磨轮　4—轴套　5—电刷　6—电源

（3）砂轮磨损量小。如磨削硬质合金，电解磨削时金刚石砂轮损耗速度仅为机械磨削时的 $1/5 \sim 1/10$。

（4）需要直流电源、电解液循环与过滤以及吸气、排气等附加装置，机床、夹具需采取防锈措施。

3. 电解液　电解液是产生电化学反映使金属去除的重要条件，对磨削效率、表面粗糙度、加工精度都有很大影响。不同工件材料需要使用不同的电解液，合适的电解液往往需要通过试验加以确定。表 3.7-14 列举了两种典型电解液配方。

表 3.7-14　两种典型电解液配方

磨削材料	硬质合金		钢基材料	
电解液配方	$NaNO_2$	96g/L	Na_2PO_4	70g/L
	$NaNO_3$	3g/L	KNO_3	20g/L
	Na_2HPO_4	3g/L	$NaNO_2$	20g/L
	$K_2Cr_2O_7$	1g/L	H_2O	890g/L
	H_2O	897g/L		
pH 值	>7		8 ~ 9	

4. 工艺参数　电解磨削的工艺参数主要有电流密度、加工电压、磨削压力、磨轮线速度、电解液浓度与温度、电解液供给方式和供给量等。工艺参数同样对磨削效率、表面粗糙度、加工精度有很大影响，且各参数之间密切相关，通常需要通过试验确定。表 3.7-15 给出了电解磨削常用工艺参数范围。

7.3.3　电铸加工

1. 电铸加工原理、特点及应用　电铸加工用导电原模作阴极，用电铸材料（如纯铜）作阳极，用电铸材料的金属盐（如硫酸铜）溶液作电铸溶液（图 3.7-16）。在直流电源的作用下，阴极上的金属原子交出电子成为正金属离子进入镀液，并进一步在阴极上获得电子成为金属原子沉积镀覆在阴极原模表面。镀覆层达到一定厚度即可取出，获得与原模型面凹凸相反的电铸件。

表 3.7-15　电解磨削常用工艺参数范围

工艺参数	常用范围	备注
加工电压	6 ~ 9V	硬质合金精磨时 2 ~ 4V
电流密度	$30 \sim 50A/cm^2$	
磨削压力	0.2 ~ 0.4MPa	
磨轮线速度	15 ~ 30m/s	最高可达 30 ~ 50m/s
电解液供应量	10 ~ 15L/min（立式平面磨）1 ~ 6L/min（卧式平面磨，内、外圆磨）	硬质合金刀具精磨刃口 0.01 ~ 0.05L/min

电铸加工的特点：

（1）能获得高精度、高表面质量的复制品，同一原模生产的电铸件一致性好。

（2）借助石膏、石蜡、环氧树脂等作原模材料，可把复杂零件的内表面复制为外表面，外表面复制为内表面，然后再电铸复制，适应性广。

（3）可以制造多层结构的构件，并能将多种金属、非金属拼铸成一个整体。

目前，电铸加工主要用于：

（1）复制精细的表面轮廓花纹，如唱片膜、工艺美术品膜、证券、邮票的印刷版。

（2）复制注塑模具、电火花型腔加工用的电极工具。

（3）制造复杂、高精度的空心零件和薄壁零件，如波导管等。

（4）制造表面粗糙度标准样块、反光镜、
表盘、异形孔喷嘴等特殊零件。

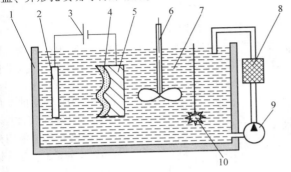

图 3.7-16 电铸原理图

1—电镀槽 2—阳极 3—直流电源 4—电铸层
5—原模（阴极） 6—搅拌器 7—电铸液
8—过滤器 9—泵 10—加热器

2. 电铸加工工艺过程（图 3.7-17）

图 3.7-17 电铸工艺过程

（1）原模表面处理 原模材料根据电铸件
的精度、表面粗糙度要求，并考虑生产批量、成
本等因素，可以采用碳素钢、不锈钢、镍、铜、
铝、塑料、石膏、蜡等。

对于金属材料，一般在电铸前需进行表面钝
化处理，形成不太牢固的钝化膜，以使电铸后容
易脱模。

对于非金属材料，需对表面进行导
电化处理。常用导电化处理方法有：

1）以极细的石墨粉、铜粉或银粉调入少
量胶合剂做成导电漆，涂覆在非金属原模表
面。

2）用真空镀膜或阴极溅射的方法，
使原模表面覆盖一层金、银或铂的金属
膜。

3）用化学镀方法在表面沉积银、铜
或镍的薄层。

（2）电铸过程 电铸通常生产率较
低，时间较长。电流密度过大易使沉积
金属结晶粗大，强度降低。一般每小时
电铸金属层 0.02 ~ 0.5mm。

电铸常用的金属有铜、镍、铁 3 种。
相应的电铸溶液为含有电铸金属离子的硫酸盐、
氨基磺酸盐、氟硼酸盐和氯化物等水溶液。表
3.7-16 为铜电铸溶液的组成和操作条件。

电铸过程要点如下：

1）溶液应经过滤，以去除杂物，防止电铸
件产生针孔、疏松、瘤斑、凹坑等缺陷。

2）电铸镀液必须搅拌，以降低浓差极化，
增大电流密度。

3）电铸件凸出部分电场强，镀层厚，凹入
部分相反。为使镀层均匀，凸出部分应加屏蔽，
凹入部分要加辅助阳极。

表 3.7-16 为铜电铸溶液的组成和操作条件

溶液	质量浓度/g·L⁻¹		操作条件			
			温度/℃	电压/V	电流密度/A·dm⁻²	溶液比重（波美）
硫酸盐溶液	硫酸铜 190 ~ 200	硫酸 37.5 ~ 62.5	25 ~ 45	<6	3 ~ 15	
氟硼酸盐溶液	氟硼酸铜 190 ~ 375	氟硼酸 pH = 0.3 ~ 1.4	25 ~ 40	<4 ~ 12	7 ~ 30	29 ~ 31 度

注：波美度 Be 由专用测量仪测出，为非法定计量单位。与密度关系为：$\rho = \dfrac{145}{145 - Be}$，$\rho$ 的单位为 g/cm²。

4）严格控制镀液成分、浓度、酸碱度、温
度、电流密度等，以避免电铸件内应力过大产生
变形、起皱、开裂或剥落。通常开始时电流宜稍
小，以后逐渐增加。

（3）衬背和脱模 某些电铸件，如塑料模
具和印刷板等，电铸成形后需要用其他材料衬背

加固，然后再加工至一定尺寸。衬背的方法有浇
注铝或铅—锡合金及热固性塑料等。某些零件也
可以在外表面包覆树脂进行加固。

如果电铸件需要机械加工，最好在脱模前进
行，一方面原模可以加固铸件，另一方面机械力
能使电铸件与原模分离，便于脱模。常用的脱模

方法有敲击、热胀冷缩分离、用薄刀刃撕剥分类、加热熔化、化学溶解等。

3. 电铸加工实例

（1）精密微细喷嘴电铸加工　精密喷嘴内孔直径为 0.2 ~ 0.5mm，内孔表面要求镀铬。采用传统加工方法比较困难，用电铸加工则很容易。

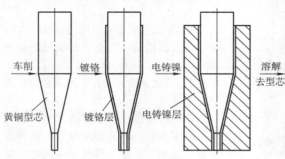

图 3.7-18　精密微细喷嘴电铸加工过程

首先加工精密黄铜型芯，然后用硬质铬酸进行电沉积，再电铸金属镍，最后用硝酸类活性溶液溶解（图 3.7-18）。由于硝酸类溶液对黄铜溶解速度快，且不侵蚀镀铬层，从而形成光洁镀铬层内孔表面。

（2）筛网制造　电铸是制造各种筛网、滤网的最有效方法，因为它无须使用专用设备就可以获得各种形状的孔眼，孔眼尺寸大到数十毫米，小至 5μm。其中典型的是电动剃须刀的网罩。

电动剃须刀的网罩实际上就是固定刀片。网孔外面边缘倒圆，以保证网罩在脸上能平滑移动，并使胡须容易进入网孔；网孔内侧边缘锋利，使旋转刀片容易切断胡须。网罩加工过程如下（图 3.7-19）：

1）制造原模　在铜或铝板上涂布感光胶，将照相底板与之贴紧，进行曝光、显影、定影后获得带有规定图形绝缘层的原模。

2）钝化处理

3）弯曲成形　将原模弯曲成所需形状。

4）电铸　一般控制镍层硬度为 500 ~ 550HV。

5）脱模

7.3.4　涂镀加工

1. 涂镀加工原理、特点及应用　涂镀又称刷镀或无槽电镀，是指在金属工件表面上局部快速化学沉积金属的新技术，其工作原理见图 3.7-20。转动的工件1 接电源负极，正极与镀笔相接。镀笔端部的不溶性石墨电极用外包尼龙布的脱脂棉套 3 包住，镀液 2 饱蘸在脱脂棉中或另浇注，多余镀液流回容器 5。镀液中的金属正离子在电场作用下从阴极表面获得电子而沉积涂镀在阴极表面，厚度可达 0.001 ~ 0.5mm。

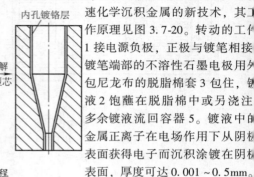

涂镀加工特点：

（1）不需要渡槽，不受工件大小、形状限制，可在现场施工，甚至不必拆下零件即可对其局部刷镀。

（2）涂镀液和可涂镀的金属种类多，易于实现复合镀层。

（3）镀层与基体的结合比槽镀牢固，涂镀速度比槽镀快（镀液中离子浓度高），镀层厚度易于控制。

（4）因工件与镀笔之间有相对运动，一般需要人工操作，难于实现自动化生产。

涂镀加工主要应用：

（1）修复零件磨损表面，恢复零件原有尺寸和几何形状。

（2）填补零件表面上的划伤、凹坑、斑蚀、孔洞等缺陷。

（3）大型、复杂、单个小批工件表面局部镀镍、铜、锌、镉、钨、金、银等防腐层，改善表面性能。

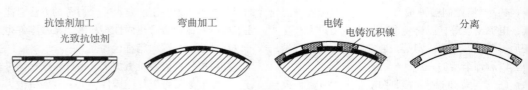

图 3.7-19　电动剃须刀网罩电铸过程

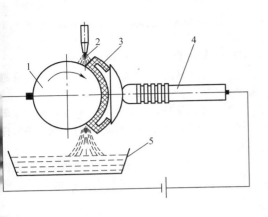

图 3.7-20　涂镀加工原理

1—工件　2—镀液　3—棉套　4—镀笔　5—容器

2. 镀笔与镀液

（1）镀笔　镀笔由手柄和阳极两部分组成。阳极一般采用不溶性石墨块制成，在石墨块外面需包裹上一层脱脂棉和一层耐磨涤棉套。棉花的作用是饱吸储存镀液，并防止阳极与工件直接接触短路和防止、滤除阳极上脱落下来的石墨微粒进入镀液。

（2）镀液　根据所镀金属及用途不同，镀液有多种。目前国内生产的镀液不下百余种，表3.7-17 为常用镀液性能及用途。

3. 涂镀加工工艺

（1）表面预加工　去除表面上的毛刺、不平度、锥度及疲劳层，使其达到基本光整，表面粗糙度值达 $R_a2.5\mu m$，或更小。对深的划伤和腐蚀斑坑，用锉刀、磨条、油石等修形，露出金属基体。

表 3.7-17　常用涂镀液性能及用途

序号	镀液名称	pH 值	镀液特性及用途
1	电净液	11	用于清洗零件表面的油污杂质及轻微去锈
2	零号电净液	10	用于去除组织比较疏松材料的表面油污
3	1 号活化液	2	除去零件表面的氧化膜，对于高碳钢、高合金钢铸件有去碳作用
4	2 号活化液	2	具有较强的腐蚀能力，除去零件表面的氧化膜，在中碳、高碳、中碳合金钢上起去碳作用
5	3 号活化液	4	除去其他活化液活化零件表面后残余的碳黑，也可用于铜表面活化
6	4 号活化液	2	去除零件表面疲劳层、毛刺和氧化层并使之活化
7	铬活化液	2	除去旧铬层上的疲劳氧化层
8	特殊镍	2	作为底层镀镍溶液，并有再次清洗活化零件作用，镀层厚度 0.001 ~ 0.002mm
9	快速镍	碱（中）性 7.5	沉积速度快，修复大尺寸磨损工件时可作为复合镀层，对于组织疏松零件可作为底层，镀各种耐热、耐磨零件
10	镍—钨合金	2.5	可作为耐磨零件的工作层
11	镍—钨 "D"	2	镀层硬度高，具有很好抗磨损、抗氧化性能，在高强度钢上无氢脆
12	低应力镍	3.5	镀层组织细密，具有较大压应力，用作保护性的镀层或夹心镀层
13	半光亮镍	3	增加表面光亮度，有好的抗磨、抗蚀性能，用于承受磨损和热的零件
14	碱铜	9.7	镀层具有很好防渗碳、渗氮化能力，作为复合镀层还可降低镀层的内应力，防止镀层发脆，对钢铁无腐蚀
15	高堆积碱铜	9	镀液沉积速度快，用于修复磨损量大的零件，还可作为复合镀层，对钢铁无腐蚀
16	锌	7.5	用于表面防腐
17	低氢脆镉	7.5	用于超高强度钢的低氢脆镀层和钢铁表面防腐、填补凹坑和划痕
18	铟	9.5	用于低温密封和接触抗盐类腐蚀零件，也可作为耐磨层的保护层（减磨）
19	钴		具有光亮性并有导电和磁化性能
20	高速铜	1.5	沉积速度快，修补不承受过分磨损和热的零件，填补凹坑，对钢铁有腐蚀
21	半光亮铜	1	提高工件表面光亮度

（2）清洗、除油、除锈　锈蚀严重的表面可用喷砂、砂布打磨，油垢用汽油、丙酮或水基清洗剂清洗。

（3）电净处理　大多数金属需要用电净液对工件表面进行电净处理，以进一步去除微观上的油、污。对非铁金属和易氢脆的超高强度钢电净时工件接正极，使表面阳极溶解。一般钢铁工件接阴极，电净时阴极上产生氢气泡使表面油污去除脱落。

（4）活化处理　活化处理用于除去工件表面的氧化膜、钝化膜或析出的碳元素微粒黑膜。活化良好的标志是工件表面呈现均匀银灰色、无花斑。活化后用水冲洗。

（5）镀底层　为了提高工作镀层与基体的结

合强度，工件表面经仔细净、活化后，先用特殊镍、碱铜、或低氢脆镉镀液预镀一薄层底层，厚度约 0.001 ~ 0.002mm。

（6）涂镀　涂镀要点如下：

1）由于单一金属随镀层厚度增加，内应力加大，结晶变粗，强度降低，过厚时将引起裂纹或脱落，一般单一镀层厚度不能超过 0.03 ~ 0.05mm。如果待镀工件磨损量较大，需先镀"尺寸镀层"来增加尺寸，或用不同镀层交替迭加，最后镀一层满足工件表面要求的"工作镀层"。

2）电压选择取决于镀液种类、涂镀面积、镀笔大小、运动速度、镀液温度等，通常涂镀面积大、镀笔大、运动速度和镀液温度高时用高电压，反之用低电压。电流值决定于电压、镀笔棉套厚度、与工件接触面积等，接触面积增大，电流增加，镀积加快，晶粒变粗。

3）镀笔与工件相对速度应适宜，速度过＿会引起镀层缺陷，速度太快会降低电流效率和＿积速度。除回转体零件可由机床带动旋转外，一般靠手持镀笔移动来控制相对运动速度。

4）涂镀温度（包括工件和镀液）一般选＿50℃左右。

5）被镀表面在涂镀过程中应始终保持湿＿状态，为此各工序间镀笔转换动作要快，不宜＿顿。

6）镀液必须清洁纯净，不能相互混杂，镀＿笔、石墨块、棉套也不宜混用，否则会影响涂镀＿质量。

（7）镀后清洗　用清水彻底清洗冲刷已镀＿表面和邻近部位，再用压缩空气或热风机吹干＿并涂上防锈油或防锈液。

4. 涂镀加工实例——机床导轨划伤修复＿（表3.7-18）

表3.7-18　机床导轨典型修复工艺

工序号	工序名称	工序内容
1	整形	用刮刀、组锉、油石等工具把伤痕扩大整形，使划痕侧面、底部露出金属本体，前与镀笔、镀液充分接触
2	涂保护漆	对镀液能流淌到的不需涂镀的其他表面，涂绝缘清漆，避免产生不必要的化学反应
3	涂油	对待镀表面及相邻部位，用丙酮或汽油清洗涂油
4	两侧保护	用涤纶透明绝缘胶纸贴在划伤划痕两侧
5	净化与活化处理	电净时工件接负极，电压12V约30s；活化时先用2号活化液，工件接正极，电压12V，时间要短，清水冲洗后表面成黑灰色，再用3号活化液活化，碳黑去除，表面呈银灰色
6	镀底层	用非酸性快速镍镀底层，电压10V，清水冲洗
7	镀尺寸层	镀高速碱铜作尺寸层，电压8V，沟痕较浅可一次镀成，较深的须用砂布或细油石将磨掉高出的镀层，在经电净、清水冲洗，继续镀碱铜，反复多次
8	修平	沟痕镀满后，用油石等机械方法修平。如有必要，可再镀上 2 ~ 5μm 的快速镍层

7.4　激光加工

7.4.1　激光加工原理、特点及分类

1. 激光加工原理　激光是一种亮度高、方向性好的相干光。由于激光发散角小和单色性好，理论上可以聚焦到尺寸与光的波长相近的能量集中的小斑点，焦点处的功率密度可达 10^7 ~ 10^{11} W/cm^2，温度可高达万度以上。激光加工就是利用材料在激光照射下瞬时急剧熔化和气化，并产生强烈的冲击波，使熔化物质爆炸式地喷溅和去除来实现加工的。图3.7-21为激光加工原理示意图。

2. 激光加工特点

（1）功率密度高，几乎能加工所有的金属和非金属材料，包括钢材、耐热合金、高熔点材料、工程陶瓷、金刚石以及复合材料等。

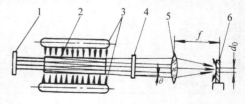

图3.7-21　激光加工原理示意图
1—全反射镜　2—激光工作物质　3—光泵（激励脉冲氙灯）　4—部分反射镜
5—透镜　6—工件

（2）加热速度快，效率高，作用时间短，热影响小，几乎不产生热变形。

（3）无物理接触，无工具磨损，工件不受机

减切削力，无受力变形，可加工易变形的薄板和
像胶等弹性工件。

（4）可通过空气、惰性气体或光学透明介质
进行加工。

（5）易于实现加工自动化和柔性化，可进行
微细精密加工。

3. 激光加工分类 激光加工主要形式如下：

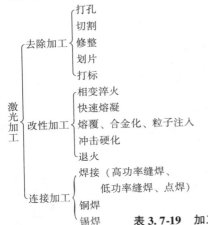

7.4.2 激光加工设备

1. 激光加工设备的组成 激光加工机一般
包括以下五部分：（1）激光发生器（包括电源
及真空系统）；（2）导光及聚焦系统；（3）机械
运动系统；（4）计算机数控系统；（5）配套装置
（气源及供气系统，功率监测及反馈装置，加工
过程观察瞄准及传感跟踪装置，各项参数测试仪
器等）。

2. 常用激光器 加工常用激光器及其主要
性能见表3.7-19。几种常用激光工作物质的性能
特点见表3.7-20。

3. 导光及聚焦系统 导光及聚焦系统的作
用是将激光器发射出的光束导向并聚焦到被加
工工件，其主要组成见图3.7-22。光闸设置是为
了操作时遮挡或使光束通过；折射器可将光束几
次折向；透镜为聚焦之用（也可用凹面镜聚
焦）；透镜下方的喷嘴，可通过各种气体，即能
保护镜头不致被加工物体熔化或蒸发溅射而损
坏，又有提高加工质量和速率之功效。

表3.7-19 加工常用激光器及其主要性能

激光种类		波长/μm	振荡方式	输出能量（功率）	应 用
固体	红宝石	0.6943	脉冲	20J	打孔、点焊
	钕玻璃	1.06	脉冲	90J	打孔、点焊
	YAG	1.06	连续 脉冲 Q开关	600W 90J 300W	打孔、切割、焊接、标识、划线、修边
	金绿宝石	0.70～0.82	脉冲 Q开关	70W 18×10⁶W	打孔、标识
气体	CO₂	10.6	连续 脉冲	25kW 5kW	打孔、切割、焊接、表面处理等各种加工
	Ar	0.4880 0.5145	连续	25W	半导体加工
	激发物ArF KrF XeCl XeF	0.193 0.248 0.308 0.351	脉冲	500mJ 900mJ 500mJ 400mJ	光化学反应、光刻、金、铜加工

表3.7-20 常用激光工作物质特性

激光工作物质	吸收光谱宽度	输出激光波长/μm	亚稳态寿命/ms	能级结构	阈值	导热性能	能量效率（%）	制备	稳定性
红宝石	很宽	0.6943	3	三能级	高	良好	0.1～0.3	较难	较好
YAG	较窄	1.06	0.2	四能级	低	良好	1～2	难	次之
钕玻璃	宽	1.06	0.6～0.8	四能级	较高	差	约1	较易	次之

4. 激光加工机床 激光加工机床的结构形
式主要有以下四种：

（1）激光器及导光系统运动，工件不动，多
用于中小激光器加工大型板材。

（2）工作台和工件移动，激光器和导光系统
不动，多用于轻小零件加工。

（3）激光器、导光系统和工作台都移动，多
用于尺寸大而不太重的零件加工。

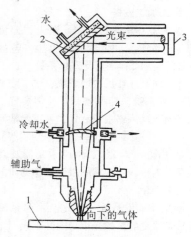

图 3.7-22　导光及聚焦系统
1—工件　2—折射器　3—光闸
4—透镜　5—喷嘴

（4）导光系统移动，激光器和工作台不动，主要用于大型激光器加工大型零件。

7.4.3　几种常见的激光加工工艺

1. 激光切割　激光切割使用最多的是 CO_2 激光器,工作时沿激光束的同轴方向吹辅助气（参见图 3.7-22），可提高切割效率，改善切口粗糙度。表 3.7-21 给出了部分材料的切割参数，表 3.7-22 为使用 CO_2 激光器切割陶瓷材料的实例。

表 3.7-21　CO_2 激光器切割部分材料的切割参数

材料	厚度/mm	切割速度/m·min⁻¹	输出功率/kW	喷吹气体
碳素钢	3 6.5 7	0.6 2.3 0.35	0.25 15 0.5	O_2 空气 O_2
淬火钢	2.5 45	1.1 0.4	10 10	N_2
不锈钢	2 4 13	0.6 0.43 1.3	0.5 0.5 10	O_2 O_2 N_2
锰合金钢	4 5 8	0.491 0.85 0.535	0.25 0.5 0.35	O_2
钛合金	1.46 5	1.2 3.3	0.4 0.85	空气 O_2
钴基合金	2.5	0.35	0.5	O_2
铝锌合金	2	2	0.5	空气
锆合金	1.2	2.2	0.5	空气
铝	12.7 0.5	0.5 2.3	6 15	空气
镀锌管	3.5 4.5 5	1.2 0.766 0.66	0.5 0.5 0.5	O_2

（续）

材料	厚度/mm	切割速度/m·min⁻¹	输出功率/kW	喷吹气体
玻璃钢	1.5 2.7	0.491 0.392	0.25 0.25	N_2
有机玻璃	20 25	0.171 15	0.25 8	N_2 空气
白橡皮	5	0.6	0.25	N_2
石英	2	0.43	0.5	N_2
陶瓷	1 4.6	0.392 0.075	0.25 0.25	N_2
木材（软） 木材（硬）	25 25	2 1	2 2	N_2
混凝土	30	0.4	4	
压制石棉	6.4	0.76	0.18	空气
皮革	3	3.05	0.225	空气
胶合板	19	0.28	0.225	空气
照相纸	0.33	28.8	0.06	空气

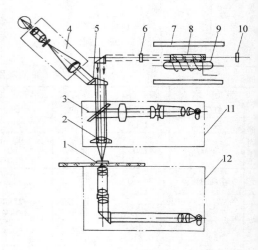

图 3.7-23　激光打孔机光学系统示意图
1—工件　2—照明打孔显微物镜　3—反光镜
4—瞄准观察显微镜　5—棱镜　6—部分反射
镜　7—聚光器　8—工作物质　9—脉冲氙灯
10—全反射镜　11—反射及暗视场照明系统
12—透射照明系统

2. 激光打孔　激光可用于金刚石拉丝模钟表宝石轴承、陶瓷、玻璃等非金属材料和硬质合金、不锈钢等金属材料的小孔加工。激光打孔机的光路系统见图 3.7-23。影响打孔尺寸及精度的主要因素见表 3.7-23。表 3.7-24 为 YAG 激光打孔实例。

表3.7-22　CO_2激光器切割陶瓷材料实例

材料	工件厚度 /mm	输出功率 /kW	输出方式	脉冲频率 /Hz	脉冲宽度 /ms	辅助气体	切割速度 /m·min^{-1}	切割宽度 /mm
Al_2O_3	0.25	200	连续			O_2	4	
	0.25	200	脉冲	100	4	O_2	2	
	0.64	200	连续			O_2	2	
	0.64	200	脉冲	100	4	O_2	1	
	1.0	300	连续			O_2	2	
	1.0	200	脉冲	100	4	O_2	1	
	1.4	300	脉冲			N_2	0.76	0.4
	2.0	400	连续			O_2	1	
	2.0	300	脉冲	100	6	O_2	1	

表3.7-23　影响打孔尺寸及精度的主要因素

影响因素	精度项目			
	孔　径	深　度	圆　度	锥　度
激光器发散角	孔径大小与发射角成正比			
激光器输出能量	输出能量越大,孔径越大	孔的深度随能量的增大而增大	能量适当,才能获得好的圆度	能量提高,锥度减小;能量过大孔成中鼓形
聚焦透镜焦距	焦距越短,孔径越小	短焦距透镜打的孔细而深,过短会沾污或损坏透镜		一般焦距短,锥度小,但孔成中鼓形;焦距越大,锥度越大
焦点位置	焦点偏离加工表面,孔径变大;偏离过大会打不出孔		工作位置适当偏离焦点,孔形较好	焦点位置不同,孔的截面形状也不同
照射次数		采用多次照射,可加大深径比		小能量多次照射,可减小锥度
材料性质	一般熔点高、导热性好的材料打出的孔径小			
激光脉冲宽度		为加大深度,对导热性好的材料要用窄脉冲加工		
激光模式		基模打的孔较深	基模加工的孔圆度好	
光学系统调整			激光束光轴和聚焦透镜光轴重合,并垂直于工件表面,才能打出圆孔	
附加装置			工件背面加正压、负压或放置反射镜,采用通气喷嘴均可提高圆度	

表3.7-24　陶瓷及其他硬脆材料激光打孔实例

材料	工件厚度 /mm	孔形状	孔尺寸 /mm	单个脉冲激光能量/J	脉冲频率 /Hz	脉冲宽度 /ms	辅助气体	加工时间 /s
Al_2O_3	3.3	微小孔	0.28	4.0	10	0.63	N_2	1
	3.3	圆孔	1.52	5.0	10	0.63	空气	23
	3.3	长方孔	0.25×1.52	4.0	10	0.63	空气	11
SiC	3.4	微小孔	0.25	8.5	5	0.63	N_2	2.5
	6.35	微小孔	0.46	9.0	5	0.63	空气	6
	6.35	长方孔	0.48×1.65	9.0	5	0.63	空气	135
	2.87	圆孔	1.52	8.0	10	0.63	空气	39
Si_3N_4	3.18	微小孔	0.25	5.0	5	0.63	空气	2.5
	2.87	微小孔	0.25	5.0	5	0.63	N_2	2
	4.78	长方孔	0.25×1.52	5.0	5	0.63	N_2	20
金刚石	1	圆孔	0.05	0.5~1.0	20	—	—	2~5
红宝石	0.3	圆孔	0.04	0.05	5	—	—	0.1
	0.3	圆孔	0.06	40kW	40	—	—	0.1
	0.6	圆孔	0.22	Q开关	—	—	—	

7.5 超声加工

7.5.1 超声加工原理、特点及应用

1. 超声加工原理 超声加工是利用作超声振动的工具端面,使悬浮在工作液中的磨粒冲击工件表面,去除工件表面材料的加工方法,见图3.7-24。加工时,工具以一定的压力压在工件上,并向加工区送入磨料悬浮液(磨料和水的混合液),超声换能器产生沿工具轴向方向的超声频振动,借助变频杆将振动振幅放大,驱动工具振动。依靠介于振动工具端部与工件之间的磨料对工件的撞击、破碎作用,去除工件材料。循环的磨料悬浮液不断带走破碎的工件材料,工具便逐渐深入工件中去,在工件上形成与工具形状相似的型孔。

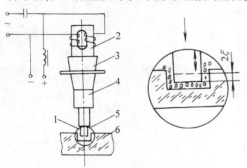

图 3.7-24 超声加工原理示意图
1—磨料悬浮液 2—超声换能器 3、4—变幅杆 5—工具 6—工件

2. 超声加工特点及应用

(1) 适合于加工各种硬脆材料,特别是不导电的非金属材料,如玻璃、陶瓷、石英、锗、硅、铁氧体、石墨、玛瑙、金刚石、宝石等。对于导电的硬质金属材料,如淬火钢、硬质合金等也能进行加工,但生产率较低,只宜作切削量小的研磨和抛光。

(2) 由于工具可用较软的材料,做成较复杂的形状,故工具与工件之间不需要作复杂的相对运动,超声加工机床结构可以比较简单,操作、维修较方便。

(3) 加工过程中,工具对工件的宏观作用力小,热影响小,不会引起变形和烧伤,可获得较高的加工精度(加工误差 0.01 ~ 0.02mm)和表面粗糙度($R_a = 1 \sim 0.1\mu m$),并可加工不能承受较大机械应力的薄壁零件和窄缝等型孔。

7.5.2 超声加工设备

1. 超声加工设备的组成 超声加工设备主要包括超声电源、超声振动系统和机床本体三部分,其组成如下:

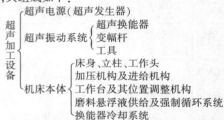

2. 超声电源 超声电源即超声发生器的作用是将工频交流电转变为有一定功率输出的超声频振荡,以提供工具端面往复振动和去除被加工材料的能量。其基本要求是:输出功率和频率在一定范围内连续可调,具有共振频率跟踪和微调功能,效率高、可靠性好,便于维修。

超声电源的电路按超声频振荡产生的方法可分

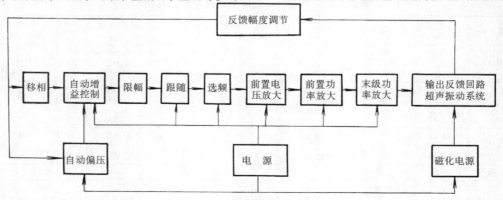

图 3.7-25 自激式频率自动跟踪超声电源电路框图

为自激式和他激式两类,按超声频率的调节功能可分为频率自动跟踪和手动调节两种。图 3.7-25 为具有频率自动跟踪功能的自激式超声电源框图。

3. 超声振动系统 超声振动系统包括超声换能器、变幅杆和超声加工用的工具。

(1) 超声换能器 超声换能器的功用是把超声频电能转换为超声能,即将高频电振荡转换成机械振动。目前广泛采用的超声换能器有两种:

1) 磁致伸缩换能器:其材料分镍、铁钴合金、铁铝合金和铁氧体两类。前者机械强度高,单位面积辐射功率大,工作性能稳定,电声效率 30%~40%,多用于大中功率加工设备;后者电声效率大于 80%,但机械强度低,辐射功率小,多用于小功率超声加工设备。

2) 压电式换能器:以压电陶瓷为材料,来源广泛,电声效率高,机械强度较低,辐射功率较小,多用于中小功率超声加工设备。

(2) 变幅杆 变幅杆通常是一根半波长的变截面杆,在振动系统中起放大机械振动的振幅或

聚焦能量的作用。同时,作为机械阻抗变换器,使超声能量更有效地向负载传输。

常用的变幅杆有锥形、指数形、阶梯形和组合形等几种形式。表征变幅杆性能的主要参数有:共振频率、振幅放大倍数、形状因素、输入阻抗随频率和负载的变化特性、弯曲劲度等。变幅杆的主要要求是有足够大的振幅放大倍数、输入阻抗随频率和负载的变化要小,设计制造尽可能简单。几种常用的单一型变幅杆主要设计计算公式见表 3.7-25。

(3) 工具 工具的形状和尺寸取决于工件被加工表面的形状和尺寸,它们相差一个"加工间隙"(稍大于磨粒的平均直径)。当工件加工表面积较小或批量较少时,工具和变幅杆可做成一体,一般情况下可将工具用焊接或螺纹连接的方法固定在变幅杆的下端。当工具不大时,可忽略工具对振动的影响;当工具较重时,会减低声学头的共振频率,应对变幅杆进行修正,使其满足半个波长的共振条件。

表 3.7-25 几种单一型变幅杆主要设计计算公式

变幅杆类型	圆锥形	指数形	阶梯形
截面变化规律	$S_x = S_1(1-ax)^2$ $D_x = D(1-ax)$ $\alpha = \dfrac{N-1}{Nl}$ $N = \dfrac{D}{d}$	$S_x = S_1 e^{-2\beta x}$ $D_x = D e^{-\beta x}$ $\beta = \dfrac{1}{l_p}\ln(N)$	$S_x = S_1 \ (-l_1 \leqslant x \leqslant 0)$ $S_x = S_2 \ (0 \leqslant x \leqslant l_2)$
半波共振长度 l_p	$l_p = \dfrac{\lambda}{2}\dfrac{(kl)}{\pi}$ (kl) 为下面方程的根 $\tan(kl) = \dfrac{(kl)}{1 + \dfrac{N}{(n-1)^2}(kl)^2}$	$l_p = \dfrac{\lambda}{2}\sqrt{1 + \left(\dfrac{\ln(N)}{\pi}\right)^2}$	$l_p = l_1 + l_2 = \dfrac{\lambda}{2}$ $l_1 = l_2 = \dfrac{\lambda}{4}$
振幅放大倍数 M_p	$M_p = \left\| N\left(\cos kl - \dfrac{N-1}{N(kl)}\sin kl\right)\right\|$	$M_p = N$	$M_p = N^2$
位移节点 x_0	$x_0 = \dfrac{l_p}{\pi}\arctan\left(\dfrac{k}{\alpha}\right)$	$x_0 = \dfrac{l_p}{\pi}\arctan\left(\dfrac{\ln(N)}{\pi}\right)$	$x_0 = 0$
符号说明	S_1 和 S_2——分别为变幅杆输入端和输出端面积 D 和 d——分别为变幅杆输入端和输出端直径 k——波数,$k = \dfrac{\omega}{c}$,ω——圆频率,$\omega = 2\pi f_p$,f_p——共振频率,c——纵波在细杆中的声速 λ——平直细杆中的波长,$\lambda = \dfrac{c}{f}$,N——面积因数,$N = \sqrt{\dfrac{S_1}{S_2}} = \dfrac{D}{d}$		

4. 机床本体　超声加工设备有通用和专用两类，其机床本体结构分立式和卧式两种。图 3.7-26 是立式通用超声加工机床本体结构示意图。

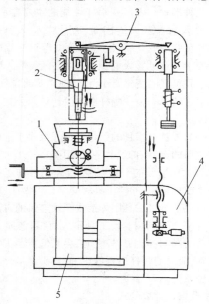

图 3.7-26　立式超声加工机结构示意图
1—工作台　2—超声振动系统　3—工作头
4—尾座、立柱　5—磨料悬浮液供给
系统和换能器冷却系统

7.5.3　超声加工工艺参数

1. 加工速度及其影响因素　加工速度是指单位时间内去除材料的多少，通常用 mm³/min 表示。影响加工速度的主要因素见表 3.7-26。

表 3.7-26　影响超声加工速度的因素

影响因素	影　响　情　况
超声电源输出功率	在一定范围内，超声电源的输出功率与工具振幅成正比，输出功率越大，加工速度越高；工具振幅受工具和变幅杆疲劳强度的限制，一般双振幅为 20～80μm
工具振动频率	实际加工中应调至共振频率，以获得最大振幅和加工速度，一般在 16000～25000Hz 之间
进给压力	对应于最大加工速度，工具与工件间存在着最佳的静压力。最佳静压力与加工面积、工具振幅、工件材质等有关，通常在 $2×10^5～4×10^5$Pa 之间
磨料种类和粒度	磨料硬度越高，加工速度越快；加工硬质合金、淬火钢等材料时，宜采用碳化硼磨料；加工硬度不太高的硬脆材料时，可选用碳化硅或氧化铝磨料；加工金刚石、聚晶金刚石时，应用金刚石磨料；磨料粒度越粗，加工速度越快，但精度和表面粗糙度变差

（续）

影响因素	影　响　情　况
磨料悬浮液浓度	一般情况下，悬浮液中磨料浓度增加，加工速度也增加；但浓度过高，磨粒循环运动和对工件的撞击会受影响，加工速度反而会降低；通常，磨料对水重量比为 0.5～1；可采用强制磨料悬浮液循环的办法来提高加工速度
工件材料	材料越脆，承受冲击能力越低，越容易被去除

2. 加工精度与表面质量的影响因素（表 3.7-27）。

表 3.7-27　影响超声加工精度和表面质量的因素

影响因素	影　响　情　况	
	加　工　精　度	表　面　质　量
磨料粒度	采用细的磨粒，有利于提高超声加工精度	采用细小磨粒，可以改善表面粗糙度
工具制造精度与磨损	工具的形状精度与不均匀磨损，直接影响工件加工精度；采用工具或工件旋转的方法，可以减小加工孔的圆度误差	工具表面质量影响工件表面质量；为获得好的工件表面粗糙度，工具应有好的表面粗糙度
工具横向振动	工具横向振动会影响工件加工精度	影响工件表面粗糙度，振幅越大，影响越显著
工件材料	材料组织细腻，硬度适中，有利于提高加工精度	一般情况下，材料硬度大，加工表面粗糙度好
磨料悬浮液		影响较复杂；用煤油或润滑油代替水，可以改善表面粗糙度

7.6　水喷射加工

7.6.1　水喷射加工原理、特点

水喷射加工（Water Jet Machining）又称水射流加工或水刀加工，它是利用超高压水射流及混合于其中的磨料对材料进行切割、穿孔和表面材料去除等加工。其加工机理是综合了由超高速液流冲击产生的穿透割裂作用和由悬浮于液流中磨料的游离磨削作用。

水喷射加工有如下特点：

（1）可加工各种金属和非金属材料。

（2）切口平整，无毛边和飞刺。可用于去除阀体、孔缘、沟槽、螺纹、交叉孔上的毛刺。

（3）切削时无火花，无热效应产生，也不会引起工件材料组织变化，适合于易燃易爆物件加工。

（4）加工洁净，不产生烟尘或有毒气体。

7.6.2　水喷射加工装置

水喷射加工装置由下列 5 部分组成，其结构

示意图见图 3.7-27。

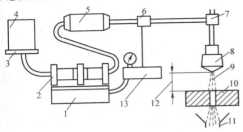

图 3-7-27　水喷射加工装置示意图
1—增压器　2—泵　3—混合过滤器　4—供水器
5—蓄能器　6—控制器　7—阀　8—蓝宝石喷嘴
9—射流　10—工件　11—排水道　12—喷口至
工件表面距离　13—液压装置

（1）超高压水射流发生器　包括盛液箱、使脉动的液流趋于平稳的储液罐、液压泵、增压器、液压站和调节压力的控制器。

（2）磨料混合和液流处理　包括磨料仓、磨料与高压水的混合器、涡旋分离式磨料过滤器、以及喷射加工后回流液中杂质和油脂的清滤装置。根据磨料与超高压水混合时的部位不同分为前混式和后混式两种类型。前混式磨料与高压水在喷嘴前已混合好；后混式则利用高速水流的负压效应在喷嘴旁路吸入磨料进行混合。

（3）喷嘴　喷嘴的材料及工作条件如表 3.7-28 所示。采用金刚石喷嘴的寿命一般约为 200h。

（4）数控的三维切割机床　具有三轴联动功能，一般其定位精度 ≤0.2mm，重复定位精度 ≤±0.05mm。

（5）外围设备　包括成形切割加工的 CAD/CAM 系统和全封闭防护罩等。

7.6.3　水喷射加工工艺参数

常用的工艺参数见表 3.7-29。

切割效率（通常以切割速度表示）与压力成正比，与板的厚度成反比。一些典型材料的水喷射切割效率如表 3.7-30 所示。

水射流切割过程中，如高速液流束中混入空气则会产生相当大的噪声，对此，可采取加入适当添加剂以减少泡沫的形成，或者采用合适的操作角度均可降低噪声。

表 3.7-28　喷嘴材料及其工作条件

项目	材料及工作条件
材料种类	人造金刚石、蓝宝石、淬火钢
喷口孔径/mm	0.075~0.4
喷口至工件距离/mm	2.5~50，常用的距离为 3
喷射角度（喷嘴倾角）/（°）	0°~30°

表 3.7-29　水喷射加工的工艺参数

参数名称	常用值
压力/MPa	70~400
流速/m·s^{-1}	300~900
流量/L·min^{-1}	2.5~7.5
喷射力/N	45~135
磨料耗量/kg·min^{-1}	0.2
功率/kW	10~40

表 3.7-30　水喷射加工不同材料的工艺参数和切割效率

工件材料		工件厚度/mm	喷嘴孔径/mm	液流压力/MPa	切割速度/m·min^{-1}
轻金属与非金属	石材	25	0.30	400	0.10
	玻璃	12	0.30	400	0.10
	蜂窝结构铝件	25	—	420	51.0
木材与纸制品	胶合板	6.4	—	420	102.0
	粗纸板	0.4	0.125	177	57.3
	新闻纸	—	0.10	58.5	636.0
塑料制品	环氧玻璃钢	3.55	0.25	412	0.15
	石墨环氧树脂	6.9	0.35	412	1.65
	聚碳酸酯	5	0.38	412	6.0
	高密度聚乙烯	3	0.05	286	0.55
	ABS 塑料	2.8	0.075	258	0.85
织物与革制品	棉纱尼龙织物	50 层	—	420	192.0
	夹纱橡胶带	—	0.05	296	1.4
	皮革	4.45	0.05	303	0.55

7.7　快速原型制造

7.7.1　快速原型制造原理、特点及应用

1. 快速原型制造原理　快速原型制造（RPM），又称快速成形技术（RP）或"分层制造"（LM），是 20 世纪 80 年代后期迅速发展起来的一

种新型制造技术。它将计算机辅助设计（CAD）、计算机辅助制造（CAM）、计算机数控（CNC）、精密伺服驱动、新材料等先进技术集于一体，依据计算机上构成的产品三维设计模型，对其进行分层切片，得到各层截面的轮廓。按照这些轮廓，激光束选择性地切割一层层的纸（或固化一层层的液态树脂，或烧结一层层的粉末材料），或喷射源选择性地喷射一层层的粘结剂或热熔材料等，形成一个个薄层，并逐步叠加成三维实体。其成形过程见图 3.7-28。

2. 快速原型制造特点　快速原型制造的主要特征有：

（1）由 CAD 模型直接驱动；

（2）可快速成形任意复杂的三维几何实体；

（3）采用"分层制造"方法，通过分层，将三维成形问题变成简单的二维平面成形；

（4）成形设备为计算机控制的通用机床，无需专用工模具；

（5）成形过程无需人工干预或很少人工干预；

（6）节省原材料。

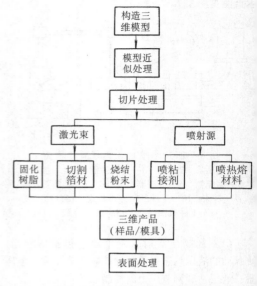

图 3.7-28　快速原型制造过程

3. 快速原型制造应用　RPM 应用领域十分广阔，见图 3.7-29。RPM 在快速产品开发中的作用更是明显，见图 3.7-30。

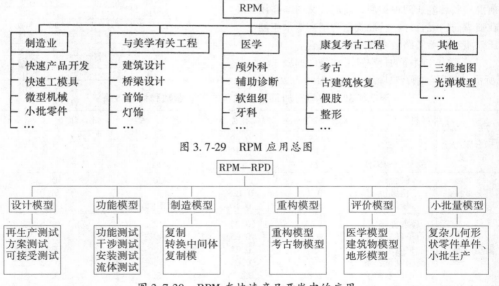

图 3.7-29　RPM 应用总图

图 3.7-30　RPM 在快速产品开发中的应用

（1）产品开发　用快速原型制造系统直接制造产品样品，一般只需传统加工方法 30% ~ 50% 的工时，20% ~ 35% 的成本。这种样品与最终产品相比，虽然材质可能有所差异，但形状与尺寸完全相同，且有较好的机械强度。经适当的表面处理后，与真实产品一模一样，不仅可供设计者和用户进行直观检测、评判、优化，而且可在零件级和部件级水平上，对产品工艺性能、装配性能及其他特性进行检验、测试和分析。更重要的是快速原型制造方法可以迅速、反复地对产品样品进行修改、制造，直至最大限度地满足用户要求。

（2）模具制造

1）用快速原型制造系统直接制作模具 由于快速成形件具有较好的机械强度和稳定性，且能承受一定的高温（约200℃），因此可直接用作某些模具，如砂型铸造木模的替代模、低熔点合金铸造模、试制用注塑模，以及熔模铸造的蜡模的替代模，或蜡模的成形模。

2）用快速成形件作母模，复制软模具 用快速成形件作母模，可浇注蜡、硅橡胶、环氧树脂、聚氨脂等软材料，构成软模具；或先浇注硅橡胶、环氧树脂模（蜡模成形模），再浇注蜡模。蜡模用于熔模铸造，硅橡胶模、环氧树脂模可用作试制用注塑模，或低熔点合金铸造模。

3）用快速成形件作母模，复制硬模具 用快速成形件作母模，或据其复制的软模具，可浇注（或涂覆）石膏、陶瓷、金属、金属基合成材料，构成硬模具（如各种铸造模、注塑模、蜡模的成形

模、拉伸模等），从而批量生产塑料件或金属件。

4）用快速原型制造系统制作电脉冲机床用电极 用快速成形件作母体，通过喷镀或涂覆金属、粉末冶金、精密铸造、浇注石墨粉或特殊研磨，可制作金属电极或石墨电极。

（3）在其他领域的应用

1）在医学上的应用 快速原型制造系统可利用CT扫描或MRI核磁共振图像的数据，制作人体器官模型，以便策划头颅、面部、牙科或其他软组织的手术，进行复杂手术操练，为骨移植设计样板，或将其作为X光检查的参考手段。

2）在建筑上的应用 利用快速原型制造系统制作建筑模型，可以帮助建筑设计师进行设计评价和最终方案的确定。在古建筑的恢复上，可以根据图片记载，用快速成形技术复制原建筑。

7.7.2 快速原型制造工艺及设备

1. 几种典型的快速成形工艺及设备见表3.7-31 图3.7-31～图3.7-36为这几种快速成形工艺的原理图。

表 3.7-31 几种典型快速成形工艺及设备

快速成形工艺名称及代号	成形方法	采用原材料	特点及适用范围	代表性设备型号及生产厂家	设备主要技术指标
立体光刻（SLA）	液槽中盛满液态光敏树脂，可升降工作台位于液面下一个截面层的高度，聚焦后的紫外激光束在计算机控制下，按截面轮廓要求，沿液面进行扫描，使扫描区域固化，得到该层截面轮廓。工作台下降一层高度，其上覆盖液态树脂，进行第二层扫描固化，新固化的一层牢固地粘结在前一层上，如此重复，形成三维实体	液态光敏树脂，石蜡	材料利用率及性能价格比较高，但易翘曲，成形时间较长；适合成形中、小件，可直接得到塑料制品	SLA-5000 3D System（美国）	最大制件尺寸（mm×mm×mm）：500×500×500 尺寸精度：±0.1mm 分层厚度：0.05～0.3mm 扫描速度：0.2～5m/s
分层实体制造（LOM）	将制品的三维模型，经分层处理，用CO₂激光束选择性地按分层轮廓切片（轮廓外多余部分切成网格），并将各层切片粘结在一起，形成三维实体（去除多余部分）	纸基卷材，陶瓷箔/金属箔	翘曲变形小，尺寸精度高，成形时间短，制件有良好力学性能；适合成形大、中型件	LOM-2030H Helisys（美国）	最大制件尺寸（mm×mm×mm）：815×550×500 尺寸精度：±0.1mm 分层厚度：0.1～0.2mm 切割速度：0～500mm/s
选择性激光烧结（SLS）	在工作台上铺一层粉末材料，CO₂激光束在计算机控制下，依据分层的截面信息对粉末进行扫描，并使制件截面实心部分的粉末烧结在一起，形成该层的轮廓。一层成形完成后，工作台下降一层高度，再进行下一层的烧结，如此循环，最终形成三维实体	塑料粉金属基/陶瓷基粉	成形时间较长，后处理较麻烦；适合成形小件，可直接得到塑料、陶瓷或金属制品	EOSINT P-350 ESO（德国）	最大制件尺寸（mm×mm×mm）：340×340×590 激光定位精度：±30μm 尺寸精度：±0.2mm 分层厚度：0.1～0.25mm 最大扫描速度：2m/s
熔融堆积成形（FDM）	根据CAD产品模型分层软件确定的几何信息，由计算机控制可挤出熔融状态材料的喷嘴，挤出半流动的热塑材料，沉积固化成精确的薄层，逐渐堆积成三维实体	ABS石蜡聚脂塑料	成形时间较长，可采用多个喷头同时进行涂覆，以提高成形效率；适合成形小塑料件	FDM-1650 Stratasys（美国）	最大制件尺寸（mm×mm×mm）：254×254×254 尺寸精度：±0.127mm 分层厚度：0.05～0.76mm 扫描速度：0～500mm/s

（续）

快速成形工艺名称及代号	成 形 方 法	采用原材料	特点及适用范围	代表性设备型号及生产厂家	设备主要技术指标
三维打印（3-DP）	喷头在计算机控制下，按照截面轮廓信息，在铺好一层层粉末材料上，有选择地喷射粘结剂，使部分粉末粘结，形成截面轮廓。一层成形完成后，工作台下降一层高度，再进行下一层的粘结，如此循环，最终形成三维实体	塑料粉金属基/陶瓷基粉	成形时间较长，可采用多个喷头同时粘结，以提高成形效率；适合成形小件	Z402 MIT-Z（美国）	最大制件尺寸（mm×mm×mm）：200×250×200 尺寸精度：±0.15mm 分层厚度：0.1~0.3mm 最大扫描速度：2m/s
弹道粒子制造（又称三维喷墨打印）（BPM）	喷头在计算机控制下，按照截面轮廓信息，喷射热塑性塑料，液滴直径为约0.075mm。液滴接触工件后很快固化，与工件联成一体。喷嘴固定在能作5轴运动的喷头上，以使喷射的微滴流能对准成形表面	热塑性塑料	可成形任意复杂形状的零件，成形精度较高，设备较复杂，要求5轴联动	BMP-Personal Modeler（美国）	最大制件尺寸（mm×mm×mm）：250×200×150 尺寸精度：±0.15mm 分层厚度：0.06~0.3mm 扫描速度：0~500mm/s

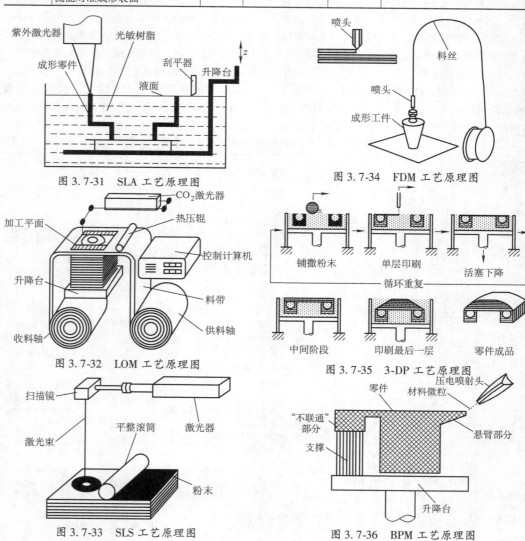

图 3.7-31　SLA 工艺原理图

图 3.7-32　LOM 工艺原理图

图 3.7-33　SLS 工艺原理图

图 3.7-34　FDM 工艺原理图

图 3.7-35　3-DP 工艺原理图

图 3.7-36　BPM 工艺原理图

我国现生产的几种有代表性的 RPM 设备见表 3.7-32。

2. 快速成形机床结构 RPM 机床有多种形式，依据其成形方法、制件尺寸和所用原材料不同而存在差异，但其主要组成部分及其功能基本相同或相近。下面仅以 LOM 型快速成形机床为例加以说明。

(1) 快速成形机床的组成 快速成形机床由计算机、原材料存储与送进机构、热压机构、激光切割系统、可升降工作台和数控系统等组成，见图 3.7-37。其中，计算机用于接受和存储产品的三维模型，沿模型的高度方向，提取一系列的横截面轮廓线，发号控制指令。原材料存储与送进机构将存储于其中的原材料（底面有热熔胶和添加剂的纸），按要求逐步送至工作台的上方，热压机构将一层层纸粘合在一起。激光切割系统按计算机指令提取横截面轮廓信息，逐一将位于工作台上的纸切割出轮廓线，并将纸的无轮廓区切割成小碎片。可升降工作台支撑正在成形的样品或模具，并在每层成形之后，降低一个纸厚，以便送进、粘合和切割新的一层纸。数控系统执行计算机发出的指令，使一段段的纸送至工作台上方，然后粘合、切割，最终形成三维样品或模具。

表 3.7-32 国内几种典型 RPM 设备

研制单位	清华大学		西安交通大学	华中科技大学	北京隆源公司
工艺方法	LOM + FDM 工艺集成		SLA	SLA	LOM	SLS
设备型号	M-RPMS-Ⅳ-LOM	M-RPMS-Ⅳ-FDM	AURO-350	LPS-600A	HRP-Ⅱ	ASF-320
工件尺寸 /mm × mm × mm	800 × 500 × 470		350 × 350 × 350	600 × 600 × 500	600 × 600 × 500	320 × 320 × 440
成型材料	涂覆纸	ABS 丝材	光固化树脂	光固化树脂	蜡粉，聚碳酸脂粉	塑料、蜡、树脂
成型精度 /mm	± 0.1	± 0.15	± 0.1	± 0.1	± 0.1	± 0.1

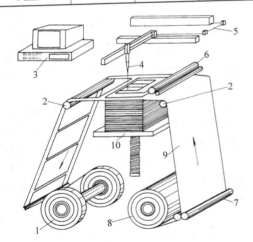

图 3.7-37 快速成形机床构成简图
1—余料辊 2—导向辊 3—计算机 4—切割头
5—激光切割系统 6—热压辊 7—送料夹紧辊
8—原材料存储辊 9—纸 10—工作台

(2) 快速成形机床控制系统 LOM 型快速成形机床主控系统见图 3.7-38 所示。

(3) 原材料存储与送进机构与压机构 原材料存储与送进机构由置于机床右下方的原材料存储辊、左下方的送料夹紧辊、右上方和左上方的两对导向辊、左下方的余料辊、送料步进电动机、摩擦轮和报警器组成。原材料（卷纸）套在原材料存储辊上，纸的一端经送料夹紧辊、两对导向辊粘于余料辊上，余料辊的辊芯与步进电动机的轴相连，摩擦轮固定在原材料存储辊的轴心上，其外圆与一带弹簧的制动块相接触，产生一定的摩擦阻力矩，以保证卷纸始终处于张紧状态。送料时，送料步进电动机逆时针旋转一定角度，带动卷纸向左移动一段距离，此距离等于每层纸所需的送进量。当发生断纸意外事故时，报警器发出音响信号，步进电动机及后续工作循环被终止。

热压机构由驱动步进电动机、热压辊、加热管、温控器及高度检测器等组成。步进电动机经齿形带驱动热压辊，使其能在工作台上方做往复运动。热压辊内外各有一支红外加热管，以使热压辊能迅速升温。温控器包括红外温度传感器、显示器和控制器，它能检测热压辊的温度并使其保持在设定值，温度设定值根据所采用纸的粘结温度而定。高度检测器固定在热压辊的支架上，其测量分辨率为 $2\mu m$。当热压辊对工作台上方的

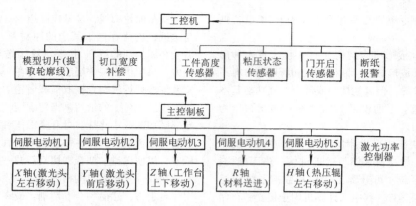

图 3.7-38　LOM-2030H 机床主控制系统框图

纸进行热压时，高度检测器能精确测量正在成形的制件的实际高度，并将此值及时反馈给计算机，按此值对产品的三维模型进行切片处理，得到与模型高度相对应的截面轮廓线，从而保证成形件的形状和尺寸精度。

（4）激光切割系统与升降工作台　激光切割系统由激光器、外光路、切割头、X-Y 工作台、驱动伺服电动机和抽烟除尘装置等组成。激光器用于产生稳定的激光束。外光路由反光镜和聚焦镜组成，用于保证稳定聚焦，切割光斑直径为 0.1~0.2mm。切割头由 2 台伺服电动机经 X-Y 工作台驱动，能在 X-Y 平面上做高速、精密运动。X-Y 工作台由精密滚珠丝杠传动，用精密滚珠导轨导向。抽烟除尘装置包括吹烟罩、抽风机和高压电子除尘器。除尘器用带高压静电的金属丝吸附尘埃，可有效净化排出的烟气。

升降工作台由伺服电动机经精密滚珠丝杠传动，用精密滚珠导轨导向，可在高度方向上做快速、精密运动。升降工作台一般设有平衡装置，以降低驱动功率，并使其运动平稳。

7.7.3　RPM 软件技术

RPM 软件包括通用 CAD 软件和 RPM 专用软件两大类。

1. CAD 软件　RPM 中 CAD 软件的主要功用是产生三维实体模型，常用的实体建模方法有构造实体几何表达法（Constructive Solid Geometry——CGS）、边界表达法（Boundary Representation——B-rep）、参量表达法（Parametric Representation——P-rep）和单元表达法（Cell Representation——C-rep）等。RPM 中常用 CAD 软件见表 3.7-33。

2. RPM 专用软件　RPM 专用软件包括三维模型切片软件、激光切割速度与切割功率自动匹配软件、激光切口宽度自动补偿软件和 STL 格式文件的侦错与修补软件等。

表 3.7-33　快速成形中常用的 CAD 软件

软件名称	开发公司	市场占有率
Pro/E	Parametric Technology Co.	40%
AutoCAD	Autodesk Co.	20%
I-DEAS	Structural Dynamics Research Co.	10%
Others	其他	30%

（1）三维模型切片软件　它能针对三维模型的 STL 格式文件，沿成形的高度方向，每隔一定的间隔，自动提取截面的轮廓线信息。

（2）工作头运动速度与功率自动匹配软件　它能根据工作头的瞬时运动速度自动调节系统的输出功率，以便刚好切透一层箔材（或固化一层液态树脂，或烧结一层粉末材料，或喷射一层粘结剂或热熔材料），以在保证成形质量的前提下，获得较高的生产率。

（3）宽度自动补偿软件　它类似于数控加工中的刀具补偿。例如在采用 LOM 工艺时，它能自动快速识别截面的内、外轮廓线，并根据激光的切口宽度（0.1~0.2mm），控制切割头，使之相对内、外轮廓线，自动向内或向外偏移半个切口宽度，从而保证实际切得的轮廓线与理论轮廓线相吻合。

（4）STL 格式文件的侦错与修补软件　用于检查 STL 格式文件错误，并可在一定条件下对遭到破坏的 STL 格式文件进行修补。

8 精密加工、微细加工、纳米技术

3.1 精密与超精密加工

3.1.1 精密与超精密加工概念、加工方法和特点

1. 精密与超精密加工概念 精密加工是指在一定的发展时期，加工精度和表面质量达到较高程度的加工工艺；超精密加工则指在一定的发展时期，加工精度和表面质量达到最高程度的加工工艺。

20 世纪末，精密加工的误差范围达到 $0.1 \sim 1\mu m$，表面粗糙度 $R_a < 0.1\mu m$，通常被称为亚微米加工。超精密加工的误差则可以控制在小于 $0.1\mu m$ 的范围，表面粗糙度 $R_a < 0.01\mu m$，已接近纳米水平。

几种典型精密零件的加工精度见表3.8-1。

表 3.8-1　几种典型精密零件的加工精度

零　件	加工精度	表面粗糙度 R_a
激光光学零件	形状误差 $0.1\mu m$	$0.01 \sim 0.05\mu m$
多面镜	平面度误差 $0.04\mu m$	$< 0.02\mu m$
磁头	平面度误差 $0.04\mu m$	$< 0.02\mu m$
磁盘	波度 $0.01 \sim 0.02\mu m$	$< 0.02\mu m$
雷达波导管	平面度、垂直度误差 $< 0.1\mu m$	$< 0.02\mu m$
卫星仪表轴承	圆柱度误差 $< 0.01\mu m$	$< 0.002\mu m$
天体望远镜	形状误差 $< 0.03\mu m$	$< 0.01\mu m$

2. 精密与超精密加工方法 精密与超精密加工方法根据其加工过程材料重量的增减可分为去除加工（加工过程中材料重量减少）、结合加工（加工过程中材料重量增加）和变形加工（加工过程中材料重量基本不变）3 种类型。精密与超精密加工方法根据其机理和能量性质可分为 4 类：即力学加工（利用机械能去除材料）、物理加工（利用热能去除材料或使材料结合或变形）、化学与电化学加工（利用化学与电化学能去除材料或使材料结合或变形）和复合加工（上述几种方法的复合），见表3.8-2。由表可见，精密与超精密加工方法中有些是传统加工方法的精化，有些是特种加工方法的精化，有些则是传统加工方法与特种加工方法的复合。

表 3.8-2　精密与超精密加工分类

分类	加工机理		加工方法示例
去除加工	电物理加工 电化学加工 力学加工 热蒸发（扩散、溶解）		电火花加工（电火花成形，电火花线切割） 电解加工、蚀刻、化学机械抛光 切削、磨削、研磨、抛光、超声加工、喷射加工 电子束加工、激光加工
结合加工	附着加工	化学 电化学 热熔化	化学渡、化学气相沉积 电镀、电铸 真空蒸镀、熔化镀
	注入加工	化学 电化学 热熔化 物理	氧化、氮化、活性化学反应 阳极氧化 掺杂、渗碳、烧结、晶体生长 离子注入、离子束外延
	结合加工	热物理 化学	激光焊接、快速成形 化学粘接
连接加工	热流动 粘滞流动 分子定向		精密锻造、电子束流动加工、激光流动加工 精密铸造、压铸、注塑 液晶定向

3. 精密与超精密加工的特点 与一般加工相比,精密与超精密加工具有以下特点:

(1)"进化"加工原则 一般加工时,"工作母机"(机床)的精度总是高于被加工零件的精度,这一规律称之为"蜕化"原则。对于精密与超精密加工,用高于零件加工精度要求的"母机"来加工零件常常是不现实的。此时,可利用低于工件精度的设备、工具,通过工艺手段和特殊的工艺装备,加工出精度高于"母机"的工件。这种方法称为直接式进化加工,通常适用于单件、小批生产。与直接式进化加工相对应的是间接式进化加工,间接式进化加工借助于直接式"进化"加工原则,生产出第二代精度更高的工作母机,再以此工作母机加工工件。间接式进化加工适用于批量生产。

(2)微量切削机理 与传统切削机理不同,在精密与超精密加工中,背吃刀量一般小于晶粒大小,切削在晶粒内进行,要克服分子与原子之间的结合力,才能形成微量或超微量切屑。目前已有的一些微量切削机理模型,是以分子动力学为基础建立的。

(3)形成综合制造工艺 在精密与超精密加工中,要达到加工要求,需综合考虑加工方法、加工设备与工具、测试手段、工作环境等多种因素,难度较大。

(4)与自动化技术联系紧密 在精密与超精密加工中,广泛采用计算机控制、适应控制、在线检测与误差补偿技术,以减少人的因素影响,保证加工质量。

(5)加工与检测一体化 精密检测是精密与超精密加工的必要条件,并常常成为精密与超精密加工的关键。

(6)特种加工与复合加工方法应用越来越多 传统切削与磨削方法存在加工精度极限,越过极限需采用新的方法。

8.1.2 金刚石超精密切削

1. 金刚石超精密切削的特点

(1)切削力大 金刚石超精密切削属微量切削,切削在晶粒内进行,要求切削力大于原子分子间的结合力,切应力高达 13000N/mm²。

(2)切削温度高 由于切削力大,应力大,刀尖处会产生很高的温度,使一般刀具难以忍受。而金刚石刀具因为具有很高的高温强度和高温硬度,适于高温切削。

(3)刀刃锋利 金刚石刀具材料本身质地细密,刀刃可以刃磨的很锋利,因而可加工出粗糙度值很小的表面。

(4)工件变形小 金刚石超精密切削的切削速度很高,表层高温不会波及工件内层,因而可获得高的加工精度。

2. 金刚石超精密切削的关键技术

(1)加工设备 用于金刚石超精密切削的加工设备要求具有高精度、高刚度、良好的稳定性、抗振性和数控功能等。如美国 Moore 公司生产的 M-18G 金刚石车床,主轴采用静压轴承,主轴转速达 5000r/min,主轴径向圆跳动 <0.1μm;导轨采用静压导轨,导轨直线度达 0.05μm/100mm,数控系统分辨率 0.01μm。

目前金刚石车床多采用 T 形布局(图 3.8-1),即主轴装在横向滑台(x 轴)上,刀架装在

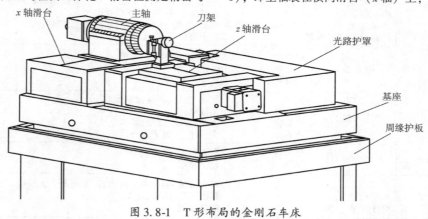

图 3.8-1 T 形布局的金刚石车床

从向滑台（z轴）上。这种布局可解决传统"十字滑台"结构两滑台的相互影响问题，而且纵、黄两移动轴的垂直度可以通过装配调整保证，从而使机床制造成本降低。

表3.8-3列举了金刚石车床的主要技术指标。

表3.8-3　金刚石车床的主要技术指标

量大车削直径和长度/mm×mm		400×200
最高转速/r·min⁻¹		3000、5000或7000
最大进给速度/mm·min⁻¹		5000
数控系统分辨率/mm		0.0001或0.00005
重复精度（±2σ）/mm		≤0.0002/100
主轴径向圆跳动/mm		≤0.0001
主轴轴向圆跳动/mm		≤0.0001
滑台运动的直线度/mm		≤0.001/150
横滑台对主轴的垂直度/mm		≤0.002/100
主轴前静压轴承（φ100mm）的刚度/N·μm⁻¹	径向	1140
	轴向	1020
主轴后静压轴承（φ80mm）的刚度/N·μm⁻¹		640
纵横滑台的静压支承刚度/（N·μm）		720

（2）金刚石刀具的刃磨　目前采用的金刚石刀具材料均为天然金刚石或人造单晶金刚石。规整的单晶金刚石晶体有八面体、十二面体和六面体，有3根4次对称轴，4根3次对称轴和6根2次对称轴，见图3.8-2。金刚石晶体的（111）晶面面网密度最大，耐磨性最好。（100）与（110）面网的面间距分布均匀；（111）面网的面间距一宽一窄，见图3.8-3。

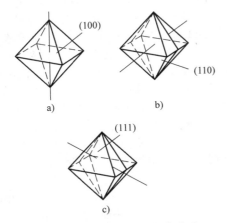

图3.8-2　八面体的晶轴和晶面
a) 4次对称轴和(100)晶面　b) 2次对称轴和(110)晶面
c) 3次对称轴和(111)晶面

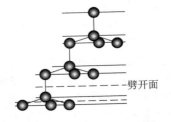

图3.8-3　（111）面网C原子分布和解理劈开面

在距离大的（111）面之间，只需击破一个共价键就可以劈开，而在距离小的（111）面之间，则需击破3个共价键才能劈开。由于两个距离小的（111）面之间距离较小，且结合牢固，常将其视为一个"加强面"。在两个相邻的加强（111）面之间劈开，可得到很平的劈开面，这种现象称之为"解理"。金刚石刀具通常在铸铁研磨盘上进行研磨，研磨时应使金刚石的晶向与主切削刃平行，并使刃口圆角半径尽可能小。理论上，金刚石刀具的刃口圆角半径可达1nm，现实际可达到2～10nm。图3.8-4所示为超精密加工用金刚石车刀结构及参数。

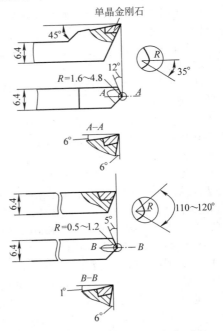

图3.8-4　超精密加工用两种金刚石车刀结构及参数

（3）被加工材料　被加工的工件材料也是影响金刚石精密切削质量的重要因素，要求材料组织均匀，无微观缺陷。

3. 金刚石超精密切削的应用　目前金刚石超精密切削主要用于切削铜、铝及其合金。切削铁金属时，由于碳元素的亲合作用，会使金刚石刀具产生"碳化磨损"，从而影响刀具寿命和加工质量。此外，使用金刚石刀具还可以加工各种红外光学材料如 Ge、Si、ZnS 和 ZnSe 等，以及有机玻璃和各种塑料。典型的加工产品有光学系统反射镜、射电望远镜的主镜面、大型投影电视屏幕、照相机的塑料镜片、树脂隐形眼镜镜片等。

目前金刚石超精密切削（主要指车削和铣削）加工，工件形状误差可控制在 $0.1\mu m$ 以内，表面粗糙度可达到纳米级。

8.1.3　精密与超精密磨削

1. 超硬砂轮精密与超精密磨削

（1）超硬砂轮精密与超精密磨削特点　超硬砂轮一般指以金刚石或立方氮化硼（CBN）为磨粒的砂轮。采用超硬砂轮进行的精密与超精密磨削具有以下特点：

1）可加工各种高硬度、高脆性金属及非金属材料（加工铁金属用 CBN）。

2）砂轮耐磨性好，耐用度高，磨削能力强，磨削效率高。

3）磨削力小，磨削温度低，加工表面质量好，可实现"镜面磨削"。

（2）超硬砂轮的修整　超硬砂轮的修整与一般砂轮的修整有所不同，分整形与修锐两步进行。常用方法是先用碳化硅砂轮（或金刚石笔）对超硬砂轮进行整形，获得所需形状；再进行修锐，去除结合剂，露出磨粒。目前多采用电解修锐（适用于金属结合剂砂轮）的方法，不仅效果好，并可实现在线修整（称为 ELID 磨削）。图 3.8-5 所示为 ELID 磨削原理图。

ELID 磨削使用的冷却液为一种特殊电解液。通电后，砂轮结合剂发生氧化，氧化层阻止电解进一步进行。在切削力的作用下，氧化层脱落，露出了新的锋利的磨粒。由于电解修锐连续进行，砂轮在整个磨削过程中始终保持同一锋利状态。

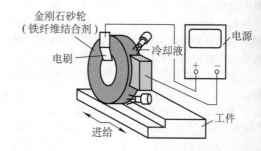

图 3.8-5　ELID 磨削原理

（3）超硬砂轮精密与超精密磨削应用范围

1）电子材料和磁性材料的镜面磨削。

2）光学材料的镜面磨削。

3）陶瓷材料的镜面磨削。

4）高硬度钢铁材料及其复合材料以及硬质合金的镜面磨削。

（4）超精密磨削对机床要求　超精密磨削机床要求具有高精度、高刚度、高稳定性和良好动态性能，并应具有微量进给装置（分辨率达 $0.01\sim0.1\mu m$）。

2. 塑性（延性）磨削　磨削脆性材料时在一定工艺条件下，切屑形成与塑性材料相似，即通过剪切的形式被磨粒从基体上切除下来，这种磨削方式称为塑性磨削（或延性磨削）。塑性磨削后的工件表面呈有规则纹理，无脆性断裂凸凹不平，也无裂纹。

形成塑性磨削需具备一定的工艺条件：

（1）切削深度小于临界切削深度，它与工件材料特性和磨粒的几何形状有关。一般临界切削深度 $<1\mu m$。为此，对机床提出很高的要求：

① 高的定位精度和运动精度，以免因磨粒切削深度超过 $1\mu m$ 时，导致转变为脆性磨削。

② 高的刚性。因为塑性磨削切削力远超过脆性磨削的水平，如果机床刚性低，会因切削力引起的变形而破坏塑性切屑形成的条件。

（2）磨粒与工件的接触点的温度高到一定程度时，工件材料的局部物理特性会发生变化，导致切屑形成机理的变化（已有试验作支持）。

精细磨削玻璃或陶瓷等脆性材料时，采用砂轮粒度很细，致使砂轮表面容易被切屑堵塞，因而特别适合采用电解在线修整（ELID）磨削。

塑性磨削在工业陶瓷、玻璃等脆性材料的精

密加工中已得到应用，表面粗糙度<0.05μm。

3. 精密与超精密砂带磨削　砂带磨削的工作原理见图3.8-6。砂带是在带基上（带基材料多采用聚碳酸脂薄膜）粘接细微砂粒（称为"植砂"）而构成。砂带在一定工作压力下与工件接触，并作相对运动，进行磨削或抛光。

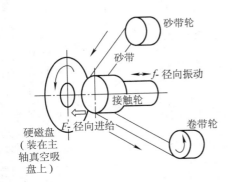

图3.8-6　砂带磨削示意图

砂带磨削具有以下特点：

（1）砂带与工件柔性接触，磨粒载荷小且均匀，具有抛光作用，同时还能减振，固有"弹性磨削"之称。加之工件受力小，发热少，因而可获得好的加工表面质量，R_a 值可达 0.05 ~ 0.01μm。

（2）静电植砂制作的砂带，磨粒有方向性，尖端向上（见图3.8-7），摩擦生热少，磨屑不易堵塞砂带，磨削性能好。工件尺寸精度可达 1 ~ 0.2μm。

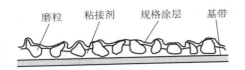

图3.8-7　静电植砂砂带结构

（3）强力砂带磨削，磨削比（切除工件重量与砂带磨耗重量之比）大，可达 400:1，有"高效磨削"之称。

（4）设备及砂带制作简单，使用方便，价格低廉。

（5）适用范围广，可用于内、外表面及成形表面加工（图3.8-8）。

精密砂带磨削工艺参数见表3.8-4。

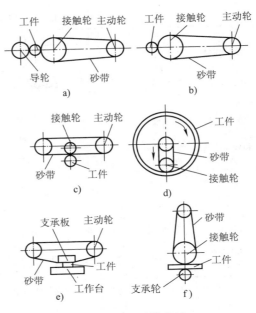

图3.8-8　砂带磨削
a）砂带无心外圆磨削（导轮式）　b）砂带定心外圆磨削（接触轮式）　c）砂带定心外圆磨削（接触轮式）　d）砂带内圆磨削（回转式）　e）砂带平面磨削（支承板式）　f）砂带平面磨削（支承轮式）

表3.8-4　精密砂带磨削工艺参数

磨削参数	闭式磨削	开式磨削
砂带速度/m·s^{-1}	25 ~ 30	速度很低
工件速度/m·min^{-1}	<20	10 ~ 20
纵向进给量/mm·r^{-1}	0.4 ~ 2.0	—
磨削深度/mm	0.01 ~ 0.05	—
接触压力/N	30 ~ 100N	

8.1.4　超精密研磨、抛光

1. 超精密研磨、抛光方法　超精密研磨、抛光方法列于表 3.8-5 中，其中有传统方法，也有新的研磨抛光方法。

2. 液中研磨　将研具工作面和工件浸泡在含磨粒的研磨剂中进行，借助于水波效果，利用游离的微细磨粒进行研磨，对磨粒作用部分有极好的冷却效果，同时对研磨时的微小冲击有缓冲作用。利用微细磨粒和聚氨酯研具研磨硅片，可获得高质量的镜面。

3. 机械化学研磨　是利用化学反应进行的机械研磨，有湿式和干式两种研磨方法。

表 3.8-5　超精密研磨、抛光方法

加工法	磨粒	研具	加工液	加工设备、方式	加工机理	应用示例
超精密研磨	微细磨粒	铸铁	煤油机油	双面研磨机手工研磨	以磨粒的机械作用为主	量具,量规端面
超精密抛光	微细磨粒软质磨粒	软质研具（有槽）	过滤水蒸馏水	透镜研磨机修正轮型加工机	以磨粒的机械作用为主	光学组件,振子基板,载物台
液中研磨	微细磨粒	合成树脂	过滤水蒸馏水	透镜研磨材料液中浸渍	以磨粒机械作用为主,加工液进行磨粒分散,起缓冲冷却效果	硅片
机械—化学抛光	微细磨粒	人造革	湿式	高速高压运转	通过机械化学作用去除反应生成物	硅片
	微细磨粒	玻璃板	干式			蓝宝石片
化学—机械抛光	微细磨粒	软质研具	碱性液酸性液	修正轮型加工机双面研磨机	磨粒的机械作用＋加工液腐蚀作用	铁氧体,石榴石,CaAs 芯片
弹性发射加工	微细磨粒～粗磨粒	使工件悬浮的动力研具	碱性液洁净水	通过动压使工件—工具呈非接触状态	磨粒冲击引起微量弹性破坏	硅片,玻璃
盘式化学抛光	不使用磨粒	软质研具	Br—甲醇（甘纯 20%）	工件—研具处于非接触状态	加工液腐蚀作用	CaAs 芯片,InP 芯片

图 3.8-9 所示为硅片的机械化学研磨（湿式）示意图。研磨剂使用含有 0.01μm 大小的 SiO_2 磨粒的弱碱性胶状水溶液，研具使用表面具有微细结构的软质发泡聚氨基甲酸涂覆的人造革。在高速高压研磨条件下，研具与硅片之间形成研磨剂层，硅片表面形成软质水膜。硅片不直接受研具的机械作用，而是通过研具不断去除水和膜进行加工，得到良好研磨。

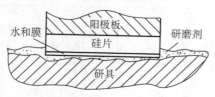

图 3.8-9　硅片的机械化学研磨

干式机械化学研磨的典型例子是蓝宝石片的研磨。用撒有软质 SiO_2 磨粒的玻璃板研磨蓝宝石时，在蓝宝石表面上形成与 SiO_2 磨粒的反应物软质莫来石，它容易剥离而获得高质量镜面。由于 0.01～0.02μm 粒径的 SiO_2 磨粒有较强的化学活性，能引起微小范围的化学反应，加快了研磨速度。

4. 化学机械抛光　也是利用化学和机械双重作用的研磨抛光方法。研磨 Mn-Zn 铁氧体时研磨液可采用含有氧化铁的硫酸或盐酸水溶液；研磨铱镓石榴石（GGG）基板，研磨液可使用含有 Al_2O_3 磨粒的盐酸水溶液。

化合物半导体芯片的加工，可不使用磨粒而只利用具有腐蚀效果的加工液进行摩擦抛光。例如 CaAs 芯片，使用 $NaClO_3$ 水溶液或溴与甲醇的混合液和人造革研具，可以进行几乎无加工缺陷的镜面抛光。

5. 弹性发射加工　靠抛光轮高速回转（并施加一定的工作压力），造成磨料的"弹性发射"进行加工，其工作原理见图 3.8-10。抛光轮通常用聚氨基甲酸（乙）脂制成，抛光液由颗粒大小为 0.1～0.01μm 的磨料与润滑剂混合而成。弹性发射加工的机理为微切削与被加工工件材料的微塑性流动的双重作用。利用弹性发射加工硅片，可加工出无变质层的镜面，粗糙度可达 $R_a = 1nm$。

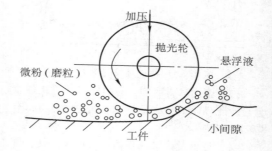

图 3.8-10　弹性发射加工原理

8.1.5　精密与超精密加工环境

精密与超精密加工对环境有严格的要求，主要方面列举如下：

（1）恒温　要求温度保持在 ±（1～0.01）℃。其基本实现方法是采用大、小恒温间，必要时还需加局部恒温（恒温罩，恒温油喷淋等）。

（2）恒湿　一般要求相对湿度在 35%～5% 范围内，波动不大于 ±10%～±1%。基本实现方法是采用空气调节系统。

（3）净化　通常要求洁净度 10000～100 级（100 级系指每立方英尺空气中所含大于 $0.5\mu m$ 尘埃个数不超过 100）。其基本实现方法是采用空气过滤器，送入洁净空气。

（4）隔振　精密与超精密加工时要求严格消除内部振动干扰，隔绝外部振动干扰。其基本实现方法是采用隔振地基、隔振垫层、空气弹簧隔振器等。

8.2　微细加工技术

8.2.1　微细与超微细加工概念、加工方法与特点

微细加工通常指 1mm 以下微细尺寸零件的加工，其加工误差为 $0.1～10\mu m$。超微细加工通常指 $1\mu m$ 以下超微细尺寸零件的加工，其加工误差为 $0.01～0.1\mu m$。微细加工与一般尺寸加工有许多不同，主要表现在以下几方面：

（1）精度表示方法不同　一般尺寸加工的精度用其加工误差与加工尺寸的比值来表示，这就是精度等级的概念。在微细加工时，由于加工尺寸很小，需要用误差尺寸的绝对值来表示加工精度，即用去除一块材料的大小来表示，从而引入了"加工单位"的概念。在微细加工中，加工单位可以小到分子级和原子级。

（2）加工机理不同　微细加工时，由于切屑很小，切削在晶粒内进行，晶粒作为一个个不连续体而被切削。这与一般尺寸加工完全不同。

（3）加工特征不同　一般尺寸加工以获得一定的尺寸、形状、位置精度为加工特征。而微细加工则以分离或结合分子或原子为特征，并常以能量束加工为基础，采用许多有别于传统机械加工的方法进行加工。

与超精密加工方法相类似，根据其加工过程材料重量的增减，微细加工可分为去除加工、结合加工和变形加工 3 种类型。根据其机理和能量性质可分为力学（机械）加工、物理加工（利用热能）、化学或电化学加工（利用化学或电化学能）和复合加工 4 种类型，见表 3.8-6。

表 3.8-6　微细与超微细加工机理与方法

加工类型	加工机理	加工方法
分离加工 （去除加工）	机械去除 化学分解 电解 蒸发 扩散与熔化 溅射	车削、铣削、钻削、磨削 蚀刻、化学抛光、机械化学抛光 电解加工、电解抛光 电子束加工、激光加工、热射线加工 扩散去除加工、熔化去除加工 离子束溅射去除加工、等离子体加工、光子去除加工
结合加工 （附着加工）	化学（电化学）附着 化学（电化学）结合 热附着 扩散（熔化）结合 物理结合 注入	化学镀、气相镀（电镀、电铸） 氧化、氮化（阳极氧化） （真空）蒸镀、晶体增长、分子束外延 烧结、掺杂、渗碳、浸镀、熔化镀 溅射沉积、离子沉积（离子镀） 离子溅射注入加工
变形加工 （流动加工）	热表面流动 粘滞性流动 摩擦流动 塑性变形	热流动加工（火焰、高频、热射线、电子束、激光） 压铸、挤压、喷射、浇注 微离子流动加工 电磁成形、放电、弯曲、拉伸

8.2.2　微细机械加工

1. 微细机械加工工艺　微细机械加工主要采用铣、钻和车 3 种形式，可加工平面、内腔、孔和外圆表面。微细机械加工多采用单晶金刚石刀具，图 3.8-11 所示为金刚石铣刀的刀头形状。铣刀的回转半径（可小到 $5\mu m$）靠刀尖相对于回转轴线的偏移来得到。当刀具回转时，刀具的切削刃形成一个圆锥形的切削面。对于孔加工，孔的直径决定于钻头的直径。现在用于微细加工的麻花钻的直径可小到 $50\mu m$，如加工更小直径的孔，可采用自制的扁钻。

在微细机械加工中，刀具的安装精度（包括

安装时的位置和姿态）是一个关键的问题，否则安装的微小偏差就将破坏刀具的切削条件。在一些微细加工中，常采用在加工机床上直接就地制作刀具后加工的方法来保证刀具的位置。

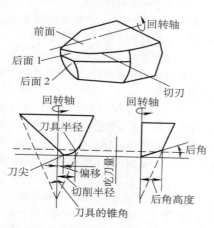

图 3.8-11　单晶金刚石铣刀刀头形状

2. 微细机械加工设备　微细机械加工设备是实现微细加工的关键，应具备如下功能和特点：

（1）微小位移机构。为达到很小的单位去除率（UR），需要各轴能实现足够小的微量移动，微量移动应可小至几十个纳米，电加工的 UR 最小极限取决于脉冲放电的能量。

（2）高灵敏的伺服进给系统。要求低摩擦的传动系统和导轨支承系统，以及高跟踪精度的伺服系统。

（3）高的定位精度和重复定位精度，高平稳性的进给运动，尽量减少由于制造和装配误差引起各轴的运动误差。

（4）低热变形结构设计。

（5）刀具的稳固夹持和高的安装精度。

（6）高的主轴转速及动平衡。

（7）稳固的床身构件并隔绝外界的振动干扰。

（8）具有刀具破损检测的监控系统。

图 3.8-12 所示为日本 FANUC 公司开发的能进行车、铣、磨和电火花加工的多功能微型超精度加工机床的结构示意图。该机床有 X、Z、C、B 4 个轴，在 B 轴回转工作台上增加 A 轴转台

后，可实现 5 轴控制，数控系统的最小设定单位为 1nm。

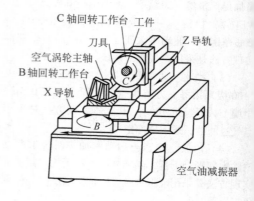

图 3.8-12　FANUC ROBO nano Ui
型微型超精密加工机床

该机床的旋转轴采用编码器半闭环控制，直线轴则采用激光全息式全闭环控制。反馈指令的大小直接影响到伺服跟踪误差，编码器与电机直联具有每周 6400 万个脉冲的分辨率，每个脉冲相当于坐标轴移动 0.2nm。编码器反馈单位为 1/3nm，故跟踪误差在 ±1/3nm 以内。直线尺的分辨率为 1nm，跟踪误差约在 ±3nm 以内。

为了降低伺服系统的摩擦，导轨、丝杠螺母副以及伺服电机转子的推力轴承和径向轴承均采用气体静压结构。伺服电机的转子和定子用空气冷却，使用时由发热引起的温升控制在 0.1℃ 以下。

8.2.3　微细电加工

对于一些刚度小的工件和特别微小的工件，用机械加工的方法很难实现。必须使用电加工、光刻化学加工或生物加工的方法，例如线放电磨削（WEDG）和线电化磨削（WECG）。WEDG 和 WECG 的加工机床和工艺基本相似。图 3.8-13 所示为用 WEDG 方法加工微型轴的原理图。在图中，用作加工工具的电极丝在导丝器导向槽的夹持下靠近工件，在工件和电极丝之间加有放电介质。加工时，工件作旋转和直线进给运动，电极丝在导向槽中低速滑动（0.1~0.2mm/s），通过脉冲电源使电极丝和工件之间不断放电，去除工件的加工余量。利用数字控制导丝器和工件之间

句相对运动，可加工出不同的工件形状，如图
.8-14 所示。微细加工所用的脉冲电源的放电能
量只是一般电火花加工的百分之一。WECG 和
WEDG 相似，只是在工件和电极丝之间浸入电解
液，并采用低压直流电源。

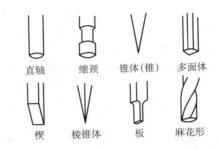

图 3.8-14 利用线放电磨削加工的各种工件

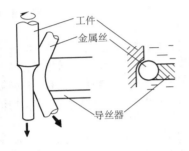

图 3.8-13 线放电磨削（WEDG）工作原理图

8.2.4 光刻加工

光刻加工是微细加工中广泛使用的一种加工
方法，主要用于制作半导体集成电路，其工作原
理见图 3.8-15。光刻加工的主要过程如下：

（1）涂胶 把光致抗蚀剂涂敷在已镀有氧
化膜的半导体基片上。

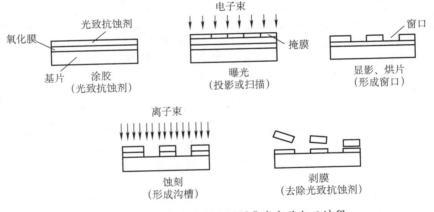

图 3.8-15 电子束光刻大规模集成电路加工过程

（2）曝光 曝光通常有两种方法：

① 由光源发出的光束，经掩膜在光致抗蚀
剂涂层上成像，称为投影曝光；

② 将光束聚焦形成细小束斑，通过扫描在
光致抗蚀剂涂层上绘制图形，称为扫描曝光。常
用的光源有电子束、离子束等。

（3）显影与烘片 曝光后的光致抗蚀剂在
一定的溶剂中将曝光图形显示出来，称为显影。
显影后进行 200～250℃ 的高温处理，以提高光
致抗蚀剂的强度，称为烘片。

（4）刻蚀 利用化学或物理方法，将没有

光致抗蚀剂部分的氧化膜除去，并形成沟槽。常
用的刻蚀方法有化学刻蚀、离子刻蚀、电解刻蚀
等。

（5）剥膜（去胶） 用剥膜液去除光致抗蚀
剂。剥膜后需进行水洗和干燥处理。

光刻加工所用设备要求有很高的定位精度，
一般定位误差要求 < 0.1μm，重复定位误差则要
求 < 0.01μm。光刻加工机床工作台运动通常分
粗动和微动两档，粗动多采用伺服电机经滚珠丝
杠驱动，微动则常采用压电晶体电致伸缩机构。图
3.8-16 显示了电致伸缩微动工作台的示意图。由

图可见,当 $L_{y1} = L_{y2}$ 时,L_x 长度变化,将使工作台在 x 方向产生微动;当 L_{y1} 和 L_{y2} 长度同时发生变化,并保持 $L_{y1} = L_{y2}$ 时,则工作台将在 y 方向产生微动;而当 $L_{y1} \neq L_{y2}$ 时,工作台将产生微量转动。

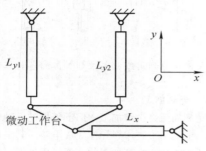

图 3.8-16 电致伸缩微动工作台

8.2.5 电子束与离子束加工

1. 电子束加工

(1) 工作原理 图 3.8-17 为电子束加工原理图。在真空条件下,利用电流加热阴极发射电子束,经控制栅极初步聚焦后,由加速阳极加速,通过透镜聚焦系统进一步聚焦,使能量密度集中在直径 $5 \sim 10 \mu m$ 的斑点内。高速而能量密集的电子束冲击到工件上,被冲击点处形成瞬时高温(在几分之一微秒时间内升高至几千摄氏度),工件表面局部熔化、气化直至被蒸发去除。

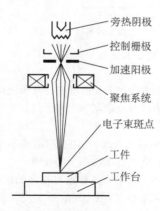

图 3.8-17 电子束加工原理图

(2) 电子束加工的特点及应用

1) 电子束束径小(最小直径可达 0.01 ~

0.005mm),而电子束的长度可达束径的几十倍故可加工微细深孔、窄缝。

2) 材料适应性广,原则上各种材料均可加工,特别适用于加工特硬、难熔金属和非金属料。加工时工件很少产生应力和变形,适于加工易变形零件。

3) 加工速度较高,切割 1mm 厚的钢板,切割速度可达 240mm/min。

4) 控制性能好,可通过磁场或电场对电子束的强度、束径、位置进行准确控制,易于加工圆孔、异形孔、斜孔、盲孔、锥孔、狭缝等。可通过功率密度控制,实现表面改性、焊接、切割、打孔等不同操作。

5) 在真空中加工,无氧化,特别适合于加工高纯度半导体材料和易氧化的金属及合金。

电子束加工设备较复杂,投资较大,使其应用受到一定限制。

(3) 电子束加工实例

1) 喷气发动机燃烧室罩打孔 零件材料为 CrNiCoMoW 钢,厚 1.1mm,外测球面上分布 3478 个直径 0.81mm 通孔,孔径公差要求 ± 0.03mm。在 K12—Q11P 型电子束打孔机上加工。零件置于真空室,真空度为 2Pa,加工时以 200ms 单脉冲方式工作,脉冲频率 1Hz。

2) 化纤喷丝头打孔 零件材料为钴基耐热合金,厚 4.3 ~ 6.3mm,需要加工 11766 个直径 0.81mm 通孔,孔径公差要求 ± 0.03mm。零件置于真空室内的夹具上,工件随夹具连续转动。加工时以 16ms 单脉冲方式工作,脉冲频率 5Hz。加工一件需 40min,而用电火花加工需 30h。

3) 大型齿轮组件焊接 大型齿轮组件传动上采用整体加工方法,不仅费时、费料,而且结构笨重。采用电子束焊接,可将齿轮各部分分别加工出来,然后用电子束焊接总成。由于电子束焊接变形小(仅为几微米),组件精度高,啮合好,噪声小,传动力矩大。现有齿轮电子束专用焊机,每小时连续焊接齿轮数可达 300 ~ 600 件。

2. 离子束加工

(1) 工作原理 离子束加工原理与电子束加工基本类似,也是在真空条件下,将离子源产生的离子束经过加速聚焦后撞到工件表面。不同的是离子带正电荷,其质量比电子大数千、数万，因而撞击动能更大。离子束加工的物理基础 是离子束"轰击"工件材料表面时所发生的撞 击效应、溅射效应和注入效应。图3.8-18所示 为离子碰撞过程模型。

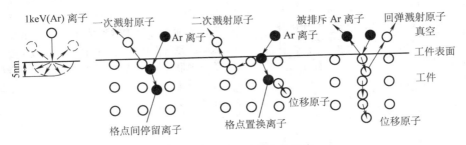

图 3.8-18　离子碰撞过程模型

(2) 4 种工作方式

1) 离子束溅射去除加工　将被加速的离子 聚焦成细束，射到被加工表面上。被加工表面受 "轰击"后，打出原子或分子，实现分子级去除 加工。图3.8-19所示为加工装置示意图。3坐标 工作台可实现3坐标直线运动，摆动装置可实现 绕水平轴的摆动和绕垂直轴的转动。

离子束溅射去除加工既可加工金属材料，也 可以加工非金属材料。目前，离子束溅射去除加 工已实际用于非球面透镜成形（需要5坐标运 动），金刚石刀具和冲头的刃磨（其刃口圆角半 径可达10nm），大规模集成电路芯片刻蚀等。

离子束溅射去除加工一般要采用惰性元素离 子，其中最常采用的是氩离子。由于氩离子直径 很小（<1nm），分辨率高，但材料去除率低 （见表3.8-7）。

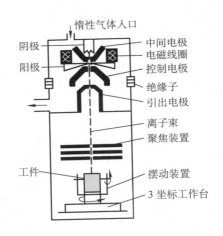

图 3.8-19　离子束去除加工装置

表 3.8-7　离子束溅射去除加工典型去除率

靶材料	去除率/nm·min^{-1}	靶材料	去除率/nm·min^{-1}	靶材料	去除率/nm·min^{-1}
Si	36	Pt	120	Mo	40
AsGa	260	Ni	54	Ti	10
Ag	200	Al	55	Cr	20
Au	160	Fe	32	Zr	32

2) 离子束溅射镀膜加工　用加速的离子从 靶材上打出原子或分子，并将这些原子或分子附 着到工件上，形成"镀膜"，又被称为"干式 镀"（图3.8-20）。溅射镀膜可镀金属，也可镀

非金属。由于溅射出来的原子和分子有相当大的 动能，故镀膜附着力极强（与蒸镀、电镀相 比）。离子镀氮化钛，即美观，又耐磨，应用在 刀具上可提高寿命 1~2 倍。

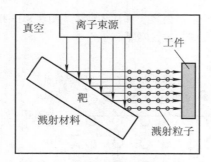

图 3.8-20 离子束溅射镀膜加工

3) 离子束溅射注入加工 用高能离子（数十万 eV）轰击工件表面，离子打入工件表层，其电荷被中和，并留在工件中（置换原子或填隙原子），从而改变工件材料和性质。离子束溅射注入加工可用于半导体掺杂（在单晶硅内注入磷或硼等杂质，用于晶体管、集成电路、太阳能电池制作），金属材料改性（提高刀具刃口硬度）等方面。表 3.8-8 是离子注入改变金属表面性能的例子。

表 3.8-8 离子注入改变金属表面性能

注入目的	离子种类	能量/keV	剂量/离子·cm^2
提高耐蚀性	B，C，Al，Ar，Cr，Ni，Zn，Ga，Mo，In，Eu，Ce，Ta，Ir	20 ~ 100	$> 10^{17}$
提高耐磨性	B，C，Ne，N，S，Ar，Co，Cu，Kr，Mo，Ag，In，Sn，Pb	20 ~ 100	$> 10^{17}$
改变摩擦系数	Ar，S，Kr，Mo，Ag，In，Sn，Pb	20 ~ 100	$> 10^{17}$

4) 离子束曝光 用在大规模集成电路光刻加工中代替电子束，与电子束相比有更高的灵敏度和分辨率。

8.2.6 光刻电铸法 (LIGA)

LIGA 工作原理及特点 光刻电铸法（Lithograhic Galvanoformung Abformung——LIGA）首先由德国卡尔斯鲁厄原子核研究所 W. Ehrfeld 等人提出。它由深层同步 X 射线光刻、电铸成形、塑注成形组合而成，其工艺包括 3 个主要工序（图 3.8-21）：

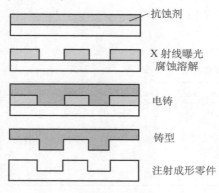

图 3.8-21 LIGA 制作零件过程

（1）光刻：以同步加速器放射的波长 <1nm 的 X 射线作为曝光光源，在厚度达 0.5mm 的光致抗蚀剂上生成曝光图形的三维实体。

（2）电铸：用曝光蚀刻图形实体作电铸模具，生成铸型。

（3）塑注：以生成的铸型作为注射模具，加工出所需微型零件。

LIGA 法具有以下特点：

（1）用材广泛，可以是金属及其合金、陶瓷、聚合物、玻璃等。

（2）可以制作高度达 0.1 ~ 0.5mm，高宽比大于 200 的三维微结构，形状精度达亚微米（图 3.8-22）。

图 3.8-22 X 射线刻蚀的三维实体

（3）可制作任意复杂图形结构。

（4）可以实现大批量复制，成本较低。

（5）准 LIGA 法 LIGA 法使用的 X 射线需由

复杂而又昂贵的同步加速器生成，使其应用受到很大限制。为此，发展了准 LIGA 法，用紫外光（UV）或激光代替 X 光源。

紫外光（UV）一般来自汞灯，所用的掩模板为简单掩模板。UV-LIGA 法工艺主要有两部分：厚胶的深层 UV 光刻和图形中结构材料的电度。其难点在于稳定、陡壁、高精度厚胶膜的形

成。目前使用较多的光刻胶是 SU—8 胶，这是一种负性胶，曝光时胶中的少量光催化剂（PAG）发生化学反应，生成一种强酸，使 SU—8 胶产生热交联。SU—8 胶用于 UV 光刻可以形成图形结构复杂、深宽比大、侧壁陡峭的微结构。

LIGA 和准 LIGA 技术的主要区别见表3.8-9。

（6）LIGA 及准 LIGA 技术应用（见表 3.8-10）

表 3.8-9 LIGA 和准 LIGA 技术的主要区别

特　点	LIGA 技术	准 LIGA 技术
光源	同步辐射 X 光（波长 0.1～1nm）	常规紫外光（波长 350～450nm）
掩模板	以 Au 为吸收体的 X 射线掩模板	标准 Cr 掩模板
光刻剂	常用聚甲基丙烯酸甲脂（PMMA）	聚酰氯胺、正性和负性光刻胶
高宽比	一般≤100，最高可达 500	一般≤10，最高可达 30
胶膜厚度	几十 μm 至 1000μm	几 μm 至几十 μm，最后可达 300μm
生产成本	较高	较低，约为 LIGA 生产成本的 1/100
生产周期	较长	较短
侧壁垂直度误差	可 <0.1°	可 <2°
最小尺寸	亚微米	1～数 μm
加工材料	多种金属、陶瓷及塑料等材料	多种金属、陶瓷及塑料等材料

表 3.8-10 LIGA 和准 LIGA 技术的应用

能制作的元器件	应用领域	备　注
微齿轮	微机械	模数40μm, 高 130μm
微铣刀	外科医疗器械	厚度达 200μm
微线圈	接近式、触觉传感器、振荡器	高 55μm, 平面及三维线圈
微马达	微电机	可分静电和电磁马达两种
微喷嘴	分析仪器	高 87μm
微打印头	打印机	宽 4μm, 螺距 8μm, 高 40μm
微管道	微分析仪器	外径 40μm, 内径 30μm, 高 40μm
微开关	传感器、继电器	30μm 厚, 2μm 铝作为牺牲层
电容加速度计	汽车行业等	悬臂长 660μm, 镀金, 低温飘
谐振式陀螺	汽车业、玩具等	振环结构
超声波传感器	医疗器械	压电陶瓷阵列

8.3 纳米技术

8.3.1 纳米技术概述

纳米技术通常指纳米级（0.1nm～100nm）的材料、设计、制造、测量和控制技术。纳米技术涉及机械、电子、材料、物理、化学、生物、医学等多个领域。

在达到纳米层次后，决非几何上的"相似缩小"，而出现一系列新现象和规律。量子效应、波动特性、微观涨落等不可忽略，甚至成为主导因素。

目前，纳米技术研究的主要内容包括：

（1）纳米级精度和表面形貌测量及表面层物理、化学性能检测。

（2）纳米级加工技术。

（3）纳米材料。

（4）纳米级传感与控制技术。

（5）微型与超微型机械。

8.3.2 纳米加工技术

1. 纳米加工机理与方法　要达到 1nm 的加

工精度，加工最小单位必须在亚纳米级。由于原子间距离为 $0.1 \sim 0.3nm$，纳米加工实际上到了加工精度的极限。纳米加工的物理实质就是要切断原子间的结合，实现原子或分子的去除。各种物质以共价键、金属键、离子键或分子结构形式结合而组成，要切断这种结合所需的能量必然要超过原子或分子间的结合能，因此所需能力密度很大（表 3.8-11）。这与传统的切削与磨削加工完全不同。

纳米加工方法包括切削加工、化学腐蚀、能量束加工、复合加工、SPM 加工等。

表 3.8-11　不同材料原子间结合能密度

材　　料	结合能密度/J·cm⁻³	备　注	材　　料	结合能密度/J·cm⁻³	备　注
Fe	2.6×10^2	拉伸	SiO	7.5×10^5	拉伸
SiO$_2$	5×10^2	剪切	BC	2.09×10^6	拉伸
Al	3.34×10^2	剪切	CBN	2.26×10^8	拉伸
Al$_2$O$_3$	6.2×10^5	拉伸	金刚石	$5.64 \times 10^8 \sim 1.02 \times 10^9$	晶体各向异性

2. 扫描探针显微镜技术　目前多数纳米加工均基于扫描探针显微镜（Scanning Probe Microscope，简称 SPM）技术。

（1）扫描隧道显微镜（Scanning Tunnel Microscope——STM）　STM 工作原理基于量子力学的隧道效应。当两电极之间距离缩小到 1nm 时，由于粒子波动性，电流会在外加电场作用下，穿过绝缘势垒，从一个电极流向另一个电极，即产生隧道电流。当一个电极为非常尖锐的探针时，由于尖端放电而使隧道电流加大。

由于探针与试件表面距离 d 对隧道电流密度非常敏感，用探针在试件表面扫描时，就可以将它"感觉"到的原子高低和状态信息记录下来，经信号处理，可得到试件纳米级三维表面形貌。

STM 有两种测量模式：

1）等高测量模式（图 3.8-23a）　探针以不变高度在试件表面扫描，隧道电流随试件表面起伏而变化，从而得到试件表面形貌信息。

2）恒电流测量模式（图 3.8-23b）　探针在试件表面扫描时，使用反馈电路驱动探针，使探针与试件表面之间距离（隧道间隙）不变。此时，探针的移动直接描绘了试件的表面形貌。此种测量模式使隧道电流对隧道间隙的敏感性转移到反馈电路驱动电压与位移之间的关系上，避免了等高模式的非线性，提高了测量精度和测量范围。

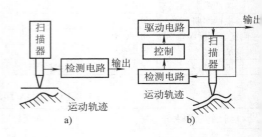

图 3.8-23　STM 工作原理

a）等高测量模式　b）恒电流测量模式

（2）原子力显微镜（Atom Force Microscope——AFM）　为解决非导体微观表面形貌测量，借鉴扫描隧道显微镜原理，又发展了原子力显微镜。当两原子间距离缩小到 Å 级时，原子间作用力显示出来，造成两原子势垒高度降低，两者之间产生吸引力。而当两原子间距继续缩小到原子直径时，由于原子间电子云的不兼容性，两者之间又产生排斥力。

AFM 也有两种测量模式：

1）接触式测量　探针针尖与试件表面距离 $<0.5nm$，利用原子间的排斥力。由于分辨率高，目前采用较多。其工作原理是：保持探针与被测表面间的原子排斥力一定，探针扫描时的垂直位移即反映被测表面形貌。

2）非接触式测量　探针针尖与试件表面距离为 $0.5 \sim 1nm$，利用原子间的吸引力。

图 3.8-24 所示为接触式 AFM 结构简图。

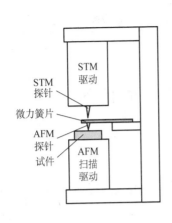

图 3.8-24　AFM 结构简图

AFM 探针被微力弹簧片压向试件表面，原子排斥力将探针微微抬起。达到力平衡。AFM 探针扫描时，因微力簧片压力基本不变，探针随被测表面起伏。在簧片上方安装 STM 探针，STM 探针与簧片间产生隧道电流，若控制电流不变，则 STM 探针与 AFM 探针（微力簧片）同步位移，于是可测出试件表面微观形貌。

目前 AFM 多采用激光束来测量弹性悬臂的上下起伏。一束激光聚焦后射至悬臂顶端，由于悬臂的偏离导致反射光的偏折，用一对发光二极管可灵敏地测量这束激光偏折的大小。

（3）其他类型扫描探针显微镜　基于 STM 基本原理，现已发展了多种扫描探针显微镜，见表 3.8-12。

表 3.8-12　各种扫描探针显微镜（SPM）

名　称	检测信号	横向分辨率	特　点
扫描隧道显微镜（STM）	隧道电流	0.1nm	导电性试件表面凹凸三维像
原子力显微镜（AFM）	原子间力	0.1nm	导电与非导电性试件表面凹凸三维像
扫描隧道谱分光（STS）	隧道电流	0.1nm	导电性试件表面及表面物理像
磁力显微镜（MFM）	磁力	50nm	磁性体表面磁力分布像
摩擦力显微镜（FFM）	摩擦力	—	试件表面横向力分布像
扫描电容显微镜（FFM）	静电容量	25nm	试件表面静电容量分布像
扫描近场光学显微镜（SNOM）	衰减光	50nm	用光纤探头探测试件表面光学性质的量度面像
扫描近场超声波显微镜（SNAM）	超声波	0.1μm	试件内部声波相互作用像
扫描离子传导显微镜（SICM）	离子电流	0.2μm	溶液中离子浓度，溶液中试件表面凹凸像
扫描隧道电位计（STP）	电位	10μV	试件表面电位分布像
扫描热轮廓仪（SThP）	热传导	100nm（10^4℃）	试件表面温度分布像
光子扫描隧道显微镜（PSTM）	光	亚波长级	试件表面的光相互作用像
弹道电子放射显微镜（BEEM）	弹道电子	1nm	表面形貌获取同 STM
激光力显微镜（LFM）	范德华力	5nm	测量表面性质对受迫振动的微悬臂影响而成像
静电力显微镜（EFM）	静电力	100nm	使用带电荷的探针在其共振频率附近受迫振动,测量静电力而成像

3. 原子（分子）搬迁与排列　扫描隧道显微镜不仅可用于测量，也可用来直接移动原子或分子。当显微镜的探针尖端的原子距离工件的某个原子很小时，其引力可以克服工件其他原子对该原子的结合力，使被探针吸引的原子随针尖移动而又不脱离工件表面，从而实现工件表面原子的搬迁。

最早实现原子搬迁的是 IBM 公司的 D. M. Eigler 等人，他们于 1990 年，用 STM 将 Ni (110) 表面吸附的 Xe 原子逐一搬迁，最终以 35 个 Xe 原子排列成 IBM 3 个字母，每个字母高 5nm （图 3.8-25）。之后，研究人员采用同样方法，将 48 个 Fe 原子在 Cu 表面逐一排列，形成一个圆环形项链（图 3.8-26）。两个相邻 Fe 原子间的距离为 0.9nm，是基底 Cu 原子最近距离 0.225nm 的 3.7 倍，这是由于原子间的排斥力所造成的。该创作构造了一个人工围栏，把电子圈在围栏当中，关在围栏中的电子表面电子态密度的分布受到围栏中 Fe 原子的影响，形成美丽的"电子波浪"，使人们能直观地观看到电子态密度的分布。

实验中所观察到的波纹与量子力学中粒子波函数相一致。

图 3.8-25　STM 操作 Xe 原子有序排列

图 3.8-26　铁原子在铜表面圆环排列

同样的方法也可以移动单个分子。图 3.8-27 是利用吸附在金属 Pt 表面上的 CO 分子排列成的小人图案,图案中相邻分子间距为 0.5nm,小人总高 5nm。

目前利用 STM 已可以实现原子搬迁、增加原子、去除原子和原子的排列与重组,其中部分成果已得到实用。例如,在 Si 基体的二聚合物表面上,控制单个 H 原子,使其处在两个对称位置的开关状态,可以构建二进制数开关。用电子激励法控制此开关,便可实现二进制数的存储。

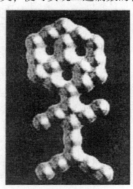

图 3.8-27　CO 小人

4. 阳极氧化法　是通过针尖与样品之间发生化学反应来形成纳米尺度氧化结构的一种加工方法,其工作原理见图 3.8-28。在样品表面氧化过程中,STM 探针是电化学阳极反应的阴极,样件表面是阳极,吸附在样件表面上的 H_2O 充当电化学反应中的电解液,提供氧化反应中的氢氧根离子。

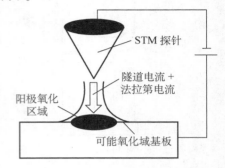

图 3.8-28　阳极氧化法原理图

阳极氧化法早期采用 STM,目前则多采用 AFM,其原因是 AFM 在氧化过程中不受表面导电性局部变化的影响,并不受导体与非导体的限制。

阳极氧化法已被应用在半导体、聚合物、金属和薄的导电膜上进行纳米加工,并已制成场效应管、单电子晶体管、单电子存储器等微器件。

5. 机械刻蚀加工　是通过 AFM 针尖与样件表面机械刻蚀方法进行的纳米级加工。可以采用弹性模量为 20 ~ 100N/m 的硅或氧化硅测量针尖,在聚合物表面或金属膜表面进行机械刻蚀去除材料;也可以采用金刚石针尖,在金属膜表面进行机械刻蚀加工出二维复杂图形。例如,基于 AFM 在 GaAs/AlGaAs 异质结构表面进行机械刻蚀,采用非接触式硅探针,施加 50 ~ 100μN 接触力,使用 100μm/s 扫描速度,已加工出单栅控制门的单电子晶体管。

采用普通探针的机械刻蚀还可以作为一种修补工具,对由其他微细加工方法(如 LIGA 方法)加工的微结构缺陷进行修复。

采用三维工作台和 AFM 相结合,可在 Cu 膜表面加工出二维或准三维图形。

图 3.8-29 所示为在激光打靶中的微小靶球(直径 0.1 ~ 0.5mm)上,用机械刻蚀方法加工出的充气锥孔示意图。靶球材质为玻璃,壁厚 0.8 ~ 1.2μm,采用金刚石探针,可加工出精细锥形方孔。充气后,用粘接剂封住,这样的堵

点较平滑，且密封性好。

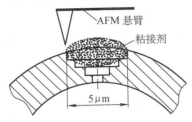

图 3.8-29　SPM 加工微孔

3.3.3　纳米器件、微型机械与微机电系统

1. 纳米器件

（1）原子（分子）开关　STM 探针针尖的原子对准并接近试件表面某个原子时，产生隧道电流，电子通过两相对原子，成为导通状态；通过电场控制可使电流截止。这实际上就是一个原子级的电子开关。原子开关可以使原子通过或去除，相对于"写入"与"存储"信息。

在一维原子链中嵌入原子开关，可构成原子继电器。原子继电器利用和一维原子链垂直的原子链作栅，通过电场使开关原子进入或退出原子链，使被控制的原子链呈导通或截止状态。

分子开关借助于氧分子在金属 Pt 表面上的吸附，利用隧道电流诱导单个吸附态氧分子，可实现在三种等价取向间的可逆转换，施加不同电流能够冻结分子的任意特定取向。分子开关不仅是分子计算机的重要部件，在生物学、显微技术、光学控制等方面也有广泛应用。

（2）单电子晶体管　单电子晶体管又名量子点场效应晶体管，是利用隧道效应控制固体电路中单个电子运动的一种器件。单电子晶体管是双隧道结系统，有两个串联的隧道结，包含一个用导体或半导体量子点构成的岛，通过小电容高电阻的隧道结与"源（S）"和"漏（D）"两个电极作弱耦合，并通过电容与一个置于其旁边的"栅（G）"电极作弱耦合。利用 G 上单个电荷的微小变化来开关或控制 S 和 D 之间的电流。单电子晶体管的一大特点是其电导随栅压作周期性振荡，每振荡一周期相当于岛区增加一个电子。

单电子晶体管具有超低噪声，灵敏度可达到量子极限，将成为量子计算机的重要部件。

（3）碳纳米管纳米生物器件　碳纳米管是一种新型 C 结构，是由 C 原子形成的石墨烯片层卷成的无缝、中空的管体。碳纳米管有单层的（图 3.8-30），也有多层的。碳纳米管有独特的拓扑结构，良好的导电性能，极高的机械强度（它的密度是钢的 1/6，而强度却是钢的 100 倍），以及其他优异的机、光、电性能。如果用碳纳米管做绳索，是唯一可以从月球挂到地球表面，而不被自身重量所拉断的绳索。

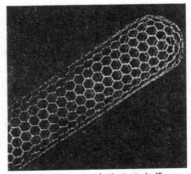

图 3.8-30　单壁碳纳米管

目前制备碳纳米管的方法主要有 3 种：电弧法、激光蒸发法和化学气相沉积法。图 3.8-31 所示为电弧法生成碳纳米管设备示意图。以石墨棒为电极，在阳极中钻孔，填入金属 Yt、Ni 与石墨粉的混合填充物（或用含有金属 Yt、Ni 的复合电极）。用真空泵抽真空后，通入 He 气（压力为 6.6×10^4 Pa）。接通电源，通过调整阴极与阳极之间的距离以产生电弧放电。两极间电压为 30V，电流控制为 100A 的情况下，放电在数分钟内完成。再采用强力水冷大面积石墨阴极，可采集到单壁碳纳米管。

碳纳米管由于其独特性能，已在许多领域得到应用（见表 3.8-13）。

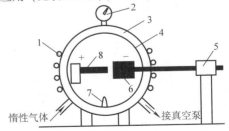

图 3.8-31　温控电弧法设备示意图
1—水冷系统　2—真空压力表　3—真空容器
4—温控装置　5—电极进给系统　6—移动电极
7—热电偶　8—可转动电极

表 3.8-13 碳纳米管的应用领域

尺度范围	领 域	应 用 实 例
纳米技术	纳米制造技术	扫描探针显微镜的探针,纳米材料的模板,纳米泵,纳米管道,纳米钳纳米齿轮,纳米机械部件
	电子材料与器件	纳米晶体管,纳米导线,分子即开关,存储器,微电池电极
	生物技术	注射器,生物传感器
	医药	纳米药物分子车,纳米抗体
	化学	纳米化学,纳米反应器,化学传感器
宏观材料	复合材料	增强树脂、金属、陶瓷和碳的复合材料,导电性复合材料,电磁屏蔽料,吸波材料
	电极材料	电双层电容,锂离子电池电极
	电子能	场发射型电子源,平板显示器,高压荧光灯
	能源	气态或电子化学储氢材料
	化学	催化剂及其载体,有机化学原料

2. 微型机械 通常称尺寸小于 10mm 的机械为微型机械。微型机械又可细分为 3 个等级:尺寸 1～10mm 为小型机械;尺寸 $1\mu m～1mm$ 为微型机械;尺寸 $1nm～1\mu m$ 为纳米机械。

现已研制成功的三维微型机械构件包括微膜、微梁、微针、微锥体、微沟道、微齿轮、微凸轮、微弹簧、微喷嘴、微轴承、微连杆等。

已研制成功多种微型传感器,其敏感量包括位置、速度、加速度、压力、力、力矩、流量、磁场、温度、湿度、气体成分、pH 值、离子浓度等。

微执行器(具有一定功能的微型部件)比较复杂,制造难度较大,目前已研制成功的有微阀、微泵、微开关、微扬声器、微谐振器、微电机等。

3. 微机电系统 将微型机械、微传感器、电源、驱动器、控制器、模拟或数字信号处理器、输出信号接口等集成在一起,便构成微机电系统 (Micro Electro Mechanical System——MEMS),其组成框图见图 3.8-32。它有较强的独立运行能力,并能实现预定的功能。

MEMS 涉及的技术层面极广,包括微系统设计与仿真,微机械零部件材料,微零件与微结构加工、组装、检测,微驱动能源,系统检测与控制等,见图 3.8-33。

MEMS 技术的目标是通过系统的微型化、集成化来探索具有新原理、新功能的元件和系统。MEMS 技术开辟了一个全新的领域和产业。它们不仅可以降低机电系统的成本,而且还可以完成许多大尺寸机电系统无法完成的任务。例如,现已研制出尖端直径为 $5\mu m$ 的微型镊子可以夹起一个红细胞;10mm 大小的飞行器可以以 30～50km/h 的速度连续飞行 1h;15mm 大小的发动机能产生 15N 的推力。MEMS 在工业、信息通信、国防、航空航天、航海、医疗和物生工程、农业、环境和家庭服务等领域有着潜在的巨大应用前景。目前,MEMS 的应用领域中领先的有汽车、医疗、军事和环境;正在增长的有:通信、机构工程和过程自动化;还在萌芽中的有家用/安全、化学/配药和食品加工。

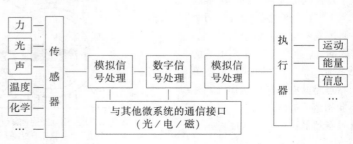

图 3.8-32 微机电系统组成

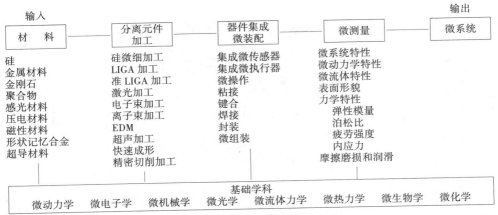

图 3.8-33 MEMS 涉及的技术领域

9 机械装配

机械装配是按规定的精度和技术要求，将构成机器的零件结合成组件、部件和产品的过程。装配是机器制造中的后期工作，是决定产品质量的关键环节。

9.1 装配工艺方案的选择

装配工艺方案的选择是指根据机械产品的性能要求、结构特点、零件加工精度、生产批量和生产条件等因素，选取合理的装配方法和装配组织形式。

9.1.1 装配方法

常见的装配方法及其适用范围见表 3.9-1。

9.1.2 装配组织形式

装配的组织形式主要取决于生产规模，常见的几种装配组织形式及特点见表 3.9-2。

表 3.9-1 常用的装配方法及其适用范围

装配方法	工艺特点	适用范围	注意事项
完全互换法	1. 配合件公差之和小于或等于规定的装配公差 2. 装配操作简单 3. 便于组织流水作业 4. 有利于维修工作	大批量生产中零件数较少、零件可用经济加工精度制造者，或零件数较多但装配精度要求不高者，在汽车、拖拉机、柴油机的某些部件装配中广泛应用	
大数互换法	1. 配合件公差平方和的平方根小于或等于规定的装配公差 2. 装配操作简单 3. 便于组织流水作业 4. 便于维修工作 5. 会出现极少数超差件	大批量生产中零件数略多、装配精度有一定要求，零件加工公差较完全互换法可适当放宽 完全互换法适用产品的其他一些部件装配	装配时要注意检查，对不合格的零件须退修或更换能补偿偏差的零件
分组选配法	1. 零件按尺寸分组（或按重量分级），将对应尺寸组（重量级）的零件装配在一起 2. 零件加工误差较完全互换法可以大数倍，其倍数等于分组数 3. 需对零件进行逐个测量和分组保管	适用于大批量生产中零件数少、装配精度要求较高又不便采用其他调整装置时，如活塞与活塞销、活塞与缸套的配合；滚动轴承内外圈与滚动体的配合；连杆活塞组重量分级选配	1. 分组数不宜过多，视装配精度要求及零件经济加工精度而定，通常为 2～5 组 2. 严格零件的分组与保管工作 3. 对选配剩余零件，为避免积压，可调整下批零件加工公差

（续）

装配方法	工艺特点	适用范围	注意事项
调整法	1. 动调整法:零件按经济加工精度加工,装配过程中调整零件之间的相互位置,以取得装配精度 2. 静调整法:选用尺寸分级的调整件,以保证装配精度 3. 误差抵消调整法:针对装配零件的误差,改变装配件的位置或方向,使其达到装配精度	1. 动调整法多用于对装配间隙要求较高并可以设置调整机构的场合,如机床导轨的镶条,内燃机气门调整螺钉,车床横拖板丝杠螺母 2. 静调整法多用于大批量生产中零件数较多、装配精度要求较高的场合,如用隔环调整轴承游隙,用垫片调整锥齿轮侧隙 3. 误差抵消调整法用于装配精度要求特别高、用其他装配方法难以保证的场合,如机床主轴装配	1. 动调整法中的调整件应注意防松 2. 静调整法的调整件尺寸分组要适当
修配法	1. 预留修配量的零件,在装配过程中通过手工修配或机械加工,达到装配精度 2. 装配精度在很大程度上取决于装配工人的技术水平 3. 复杂精密部件,装配后作为一个整体进行一次加工,以消除装配误差	用于单件小批生产中装配精度要求高的场合。如用配磨轴承环的方法保证轴承游隙;配磨垫片保证轴向装配间隙;车床尾座和尾座底板"合并加工"或配磨尾座底板,以保证主轴轴线与尾座套筒轴线等高;平面磨床工作台的自磨	1. 一般应选择易于拆装且修配面较小的零件为修配件 2. 可以与选择装配法相结合,以减小修配工作量

表 3.9-2 装配组织形式的选择与比较

生产规模	装配方法与组织形式	自动化程度	特点
单件生产	手工(使用简单工具)装配,无专用和固定工作台位	手工	生产率低,装配质量很大程度上取决于装配工人的技术水平和责任心
成批生产	装配工作台位固定,备有装配夹具、模具和各种工具,可分部件装配和总装配,也可组成装配对象固定而装配工人流动的流水线	手工为主,部分使用工具和夹具	有一定生产率,能满足装配质量要求需用设备不多 工作台位之间一般不用机械化输送
成批生产轻型产品	每个工人只完成一部分工作,装配对象用人工依次移动(可带随行夹具),装备按装配顺序布置	人工流水线	生产率较高,对工人技术水平要求相对较低,装备费用不高 装配工艺相似的多品种流水线可采用自由节拍移动
成批或大批生产	一种或几种相似装配对象专用流水线,有周期性间歇移动和连续移动两种方式	机械化传输	生产率高,节奏性强,待装零、部件不能脱节,装备费用较高
大批大量生产	半自动或全自动装配线,半自动装配线部分上下料和装配工作采用人工方法	半自动、全自动装配	生产率高,质量稳定,产品变动灵活性差,装备费用昂贵

9.2 装配工艺规程编制

9.2.1 制定装配工艺规程的原则

（1）保证产品装配质量。

（2）选择合理的装配方法，综合考虑加工和装配的整体效益。

（3）合理安排装配顺序和工序，以缩短装配周期，提高装配效率，降低装配成本。

（4）尽量减少装配占地面积，提高单位面积生产率。

（5）注意采用和发展新工艺、新技术。

9.2.2 制定装配工艺规程的步骤

（1）研究产品装配图和验收条件：审核产品图样的完整性、正确性；分析产品结构工艺性；审核产品装配技术要求和验收标准；分析计算产品装配尺寸链。

（2）确定装配方法和装配组织形式：装配方法和装配组织形式主要取决于产品结构特点和生产批量，并应考虑现有生产技术条件和设备。

（3）划分装配单元，确定装配顺序：将产品划分为部件、组件和套件等装配单元是制定装配工艺规程最重要的一步。装配单元的划分要便于装配，并应合理地选择装配基准件。装配基准件应是产品的基体或主干零件、部件，应有较大的体积和重量，有足够的支撑面和较多的公共结合面。

在划分装配单元并确定装配基准件以后，即可安排装配顺序。安排装配顺序的一般原则是先难后易、先内后外、先小后大、先下后上。

（4）划分装配工序：在装配顺序确定以后，即可按工序集中或工序分散原则划分装配工序，确定工序内容，选择或设计装配所需的设备、工具，制定装配工序操作规范、质量要求与检测方法，确定装配工序时间定额，平衡各工序节拍。

（5）编制装配工艺文件：单件小批生产时，通常只绘制装配工艺系统图，装配时按产品装配图和装配工艺系统图工作。图 3.9-1 为卧式车床床身装配简图，图 3.9-2 表示床身部件装配工艺系统图。

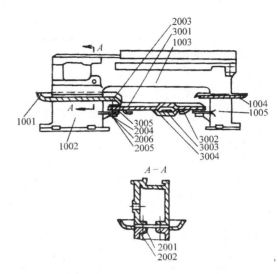

图 3.9-1　卧式车床床身装配简图

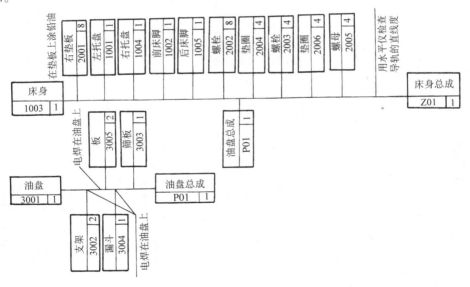

图 3.9-2　床身部件装配工艺系统图

成批生产时，除应给出装配工艺系统图以外，通常还需制定部装、总装的装配工艺卡，写明工序顺序，工序内容，设备、工具名称与编号，工人技术等级及时间定额等。大批大量生产中，还要制定详细的装配工序卡，以具体指导工人进行装配操作。

9.3　典型部件装配

9.3.1　滚动轴承装配

1. 滚动轴承的配合　合理选择轴承内圈与轴的配合和外圈与外壳孔的配合对保证轴承的工作精度和性能是至关重要的。滚动轴承配合选择的一般原则如下：

（1）应根据载荷的大小选择配合过盈量，载荷越大，过盈量也应越大。

（2）与轴承配合的轴或外壳孔的公差等级与轴承精度有关，与 G 级精度轴承配合的轴，其公差等级一般选 IT6，外壳孔一般选 IT7。

（3）对旋转精度和运转平稳性有较高要求的场合，配合精度应适当提高。详见 GB 275—84《滚动轴承与轴和外壳孔的配合》。

2. 滚动轴承游隙要求　滚动轴承游隙分为径向游隙和轴向游隙，它们分别表示一个套圈固定时，另一个套圈沿径向或轴向由一个极限位置到另一个极限位置的移动量。一般机械中，安装轴承时均有工作游隙。工作游隙过大，轴承内载荷不稳定，运行时会产生振动、轨迹漂移，而影响精度、疲劳强度和寿命；工作游隙过小，将造成运转温度升高，易产生"热咬死"以至于损坏。一般高速运转的轴承采用较大的工作游隙，低速重载以及精密轴承采用较小的工作游隙。

3. 滚动轴承的安装与拆卸　一般滚动轴承的安装与拆卸见图 3.9-3。操作时应使装配压力直接作用在配合的套圈端面上，严禁借用滚动体传递压力，以免破坏轴承精度。

当轴承内圈与轴为过盈配合，外圈与外壳孔为间隙配合时，可先将轴承安装在轴颈上，压入时轴承端面垫上套筒（图 3.9-3a），然后将装好轴承的轴组件装入外壳孔中。

当轴承外圈与外壳孔为过盈配合，内圈与轴为间隙配合时，应先将轴承压入外壳孔中，压入时采用的装配套筒外径应略小于外壳孔直径（图 3.9-3b）。如果轴承内、外圆均为过盈配合时，压入工具应制成能同时压向轴承内外圈的端面（图 3.9-3c），使压力同时传递给轴承内外圈而将轴承压入轴和外壳孔。

分离型滚动轴承，可分别将内、外圈装入轴颈和外壳孔，然后再调整工作游隙。

精密轴承或装配过盈量较大的轴承，可采用温差装配法，以减小变形量。其加热温度不应高于100℃，冷却温度不应低于－80℃。加热介质常采用油液，冷却轴承常采用低温箱或固态二氧化碳（干冰）冷却。

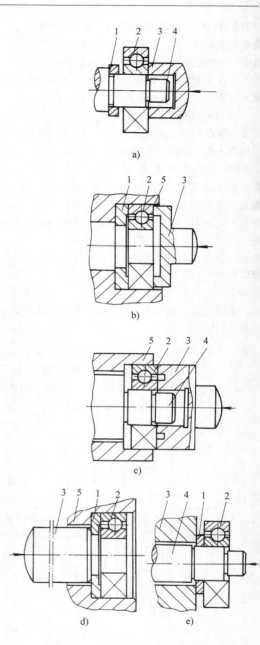

图 3.9-3　滚动轴承的安装与拆卸

a)、b)、c) 安装　d)、e) 拆卸

1—拆卸档圈　2—轴承　3—工具　4—轴　5—壳体

角接触球轴承和圆锥滚子轴承通常成对使用，轴承的工作游隙需在装配时进行调整。常采用的调整方法有：

（1）用垫片调整轴承工作游隙（见图3.9-4a）

该类轴承一般轴是转动的，内圈与轴为过盈配合，外圈与外壳孔为间隙配合。调整垫片厚度可安下式计算：

$$a = a_1 + \Delta \qquad (3.9\text{-}1)$$

式中　Δ——规定的轴向工作游隙；

　　　a_1——消除轴向间隙后，法兰盘端面与外壳孔端面的间隙。

（2）用锁紧螺母调整轴承的轴向工作游隙（见图3.9-4b）　调整时先旋紧螺母，使轴向游隙消除，然后将螺母松开一定角度 α，使轴承得到规定的工作游隙 Δ。计算公式如下：

$$\alpha = 360\,\frac{\Delta}{P}\,(°) \qquad (3.9\text{-}2)$$

式中　Δ——规定的工作游隙（mm）；

　　　P——锁紧螺母的螺距（mm）。

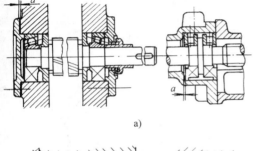

a)

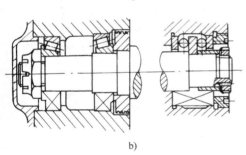

b)

图 3.9-4　调整轴承的轴向工作游隙

a) 用垫片调整　b) 用锁紧螺母调整

用锁紧螺母调整，要求螺母端面与轴颈轴线垂直，且应有可靠的防松装置。

（3）利用调整两轴承间内外隔套的厚度来控制轴承的工作游隙，见图3.9-5。采用这种方法可获得精密的工作游隙，常在精密部件中采用。

9.3.2　齿轮及蜗杆部件的装配

齿轮及蜗杆部件的装配应满足以下基本要求：

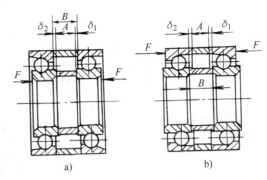

a)　　　　　　　b)

图 3.9-5　角接触球轴承的成对安装

a) 背对背安装　b) 面对面安装

F—消除轴承游隙的力　Δ—规定的轴向工作游隙

$$A = B - (\delta_1 + \delta_2) + \Delta \qquad (3.9\text{-}3)$$

（1）运动传递准确。

（2）齿面接触良好，工作平稳。

（3）侧隙适度。

1. 圆柱齿轮传动部件装配　对于一般的动力传动，圆柱齿轮传动部件的装配主要需保证齿轮副的接触斑点及齿轮副的侧隙。

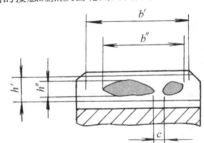

图 3.9-6　渐开线圆柱齿轮副

的接触斑点

（1）接触斑点　接触斑点是指装配好的齿轮副在轻微制动力下，转动后齿面上分布的接触擦亮的痕迹，见图3.9-6。接触痕迹的大小在工作齿面展开图上用百分数来计算：

按齿长部分为 $\dfrac{b'' - c}{b'} \times 100\%$，其中 c 为大于模数值的断开部分

按齿高部分为 $\dfrac{h''}{h'} \times 100\%$

通常接触斑点应符合 GB 100095—88 附录 C 的规定，同时要求接触斑点的分布位置趋近于齿

面中部。接触斑点常见形式及调整方法见表 3.9-3。

表 3.9-3　渐开线圆柱齿轮副接触斑点常见形式及调整方法

接触斑点	原　　因	调整方法
正常		
上齿面接触	中心距偏大	调整轴承支座或刮削轴瓦
下齿面接触	中心距偏小	调整轴承支座或刮削轴瓦
一端接触	齿轮副轴线平行度误差	微调可调环节或刮削轴瓦
搭角接触	齿轮副轴线相对歪斜	调整可调环节或刮削轴瓦
异侧齿面接触不同	两面齿向误差不一致	调换齿轮
不规则接触，时好时差	齿圈径向跳动量较大	1. 运用定向装配法调整 2. 消除齿轮定位基面异物(包括毛刺凸点等)
鳞状接触	齿面波纹或带有毛刺等	1. 去除毛刺硬点 2. 低精度可用磨合方法

（2）齿轮副侧隙　齿轮副要求的规定侧隙一般是通过调整齿轮副的中心距来获得。齿轮副中心距变动的同时也会影响齿面接触斑点分布位置的变动。

圆柱齿轮副法向侧隙与中心距变动量关系如下：

$$\Delta jn = 2\Delta a \sin\alpha \cos\beta_b \qquad (3.9-4)$$

式中　Δjn——法向侧隙变动量（mm）；
　　　Δa——中心距变动量（mm）；
　　　α——分度圆压力角（°）；
　　　β_b——基圆螺旋角（°）。

2. 锥齿轮副传动部件装配　锥齿轮副只有当两节锥顶点重合时，才是其正确的轴向位置才能正常啮合。锥齿轮副装配时，一般先将小齿轮定位，再安装大齿轮。测量壳体尺寸 A 和给定的安装距 R，可以确定调节垫片厚度，从而可以实现小齿轮的定位，见图 3.9-7。对于用背锥面作基准的锥齿轮副，大齿轮的定位可以通过对齐两齿轮的背锥面来实现，也可以根据齿轮副的侧隙来确定大齿轮的轴向位置。

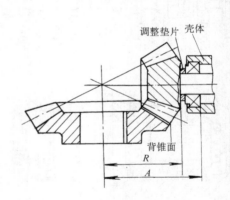

图 3.9-7　小齿轮轴向调整环节

锥齿轮副的装配同样应保证接触斑点和侧隙。当锥齿轮副的传动比不小于 2 时，大齿轮单独轴向移动，只影响侧隙，而对接触斑点影响极小；当小齿轮单独轴向移动时，齿轮副接触斑点会沿齿高方向发生较大的移动。

直齿锥齿轮副接触斑点的调整方法见表 3.9-4。表中所列正常接触情况为接触区在齿长中部偏小端，这是因为随载荷的增加，接触斑点会由小端伸向大端。

3. 蜗杆传动部件的装配

表 3.9-4 直齿锥齿轮副接触斑点的调整方法

接触斑点 从动轮(大轮)主动轮(小轮)	现象	原因	调整方法
正常接触	接触区在齿长中部偏小端	齿轮副轴向位置正确	
下齿面接触 上齿面接触 上下齿面接触	接触区:小齿轮在上齿面,大齿轮在下齿面	小齿轮轴向位置误差	小齿轮沿轴线向背离大齿轮方向移动,如侧隙过大,则将大齿轮向小齿轮方向轴向移近
	接触区:小齿轮在下齿面,大齿轮在上齿面	小齿轮轴向位置误差	小齿轮沿轴线向大齿轮移近,如侧隙过小,则将大齿轮沿轴线向背离小齿轮方向移出
小端接触 同向偏接触	齿轮副同在近小端处接触	齿轮副轴线交角太大	不能用一般方法调整,需返修箱体或修轴瓦
	齿轮副同在近大端处接触	齿轮副轴线交角太小	
大端接触 小端接触 异向偏接触	两齿轮分别在轮齿的一侧大端接触,另一侧小端接触	齿轮副轴线偏移	检查零件误差,必要时修刮轴瓦
异侧齿面分别上下接触	同一齿的接触区,一侧在上齿面,另一侧在下齿面	齿形加工误差(异侧齿面不统一)	若只作单向传动,可调整小齿轮轴向位置,使工作齿面接触正常,否则需调换齿轮

(1) 圆柱蜗杆传动部件的装配 圆柱蜗杆部件除一般应用外,常常用于精密传动,图 3.9-8 为一典型的可调精密蜗杆传动部件,其装配要点如下:

首先配刮壳体与工作台结合锥面 A;再刮削工作台 B 面,使 B 面对工作台回转轴线偏差不大于 0.005mm。然后以 B 面为基准(蜗轮已与工作台连接)对蜗轮进行精加工,加工中心距偏差应控制在 ±0.01mm 之内。再刮削蜗杆座基面 D,使之与蜗杆座轴承孔轴线平行,偏差控制在 ±0.015mm 之内。最后装配蜗杆,并检查蜗杆副侧隙和齿面接触斑点,如不正常可按表 3.9-5 调整,再配磨垫片。

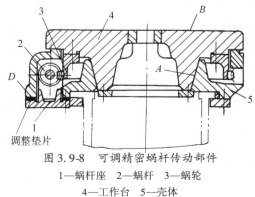

图 3.9-8 可调精密蜗杆传动部件
1—蜗杆座 2—蜗杆 3—蜗轮
4—工作台 5—壳体

表 3.9-5　蜗轮齿面常见的接触斑点及调整方法

正反转接触斑点	接触特征	原因	调整方法
	正常接触		
	偏端面接触	蜗轮中间平面与蜗杆轴线不在同一平面内，且偏差较大	调整垫片厚度，使蜗杆轴线向蜗轮中间平面贴近
	左右齿面对角接触	蜗杆副轴交角偏差较大，或中心距较大	1. 调整蜗杆座位置向蜗轮靠近，缩小中心距　2. 修整蜗杆座基准面，缩小蜗杆副轴交角偏差
	中间接触	中心距偏小	蜗杆座位置外移
	上齿面或下齿面接触	蜗杆齿形与蜗轮终加工刀具齿形不一致	1. 若为可调中心距的蜗杆副，则可返修蜗杆　2. 调换蜗杆或蜗轮
	带状条纹接触	蜗杆径向跳动量大，或加工误差造成	1. 用相位补偿法调整蜗杆轴承或修刮轴瓦　2. 调换蜗轮或进行跑合

（2）双导程蜗杆副侧隙的调整　双导程蜗杆齿的两侧面导程不等，齿厚从一端向另一端递减。精调双导程蜗杆副侧隙时，可将蜗杆沿轴线向前推移至无间隙，然后倒退蜗杆至所需侧隙届时修整垫片 3 并定位，见图 3.9-9。

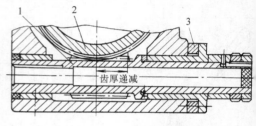

图 3.9-9　双导程蜗杆传动部件
1—双导程蜗杆　2—蜗轮　3—调整垫片

（图中标注：齿厚递减）

双导程蜗杆轴向移动量与蜗杆副法向侧隙关系如下：

$$\Delta jn = \frac{P_{z2} - P_{z1}}{P_{z1}} X \cos\gamma_2 \qquad (3.9-5)$$

式中　Δjn——蜗轮副法向侧隙变动量（mm）；

P_{z1}——蜗杆小的导程（mm）；

P_{z2}——蜗杆大的导程（mm）；

X——蜗杆轴向移动量（mm）；

γ_2——蜗杆大的导程角（°）。

（3）环面蜗杆副装配　环面蜗杆副装配时，可先按图 3.9-10a 所示方法，通过修整调整垫片 1 和蜗杆垫圈 2，调整环面蜗杆的径向和轴向位置；并按图 b 所示比较法调整环面的上下位置，使蜗杆轴线在蜗轮中间平面内，然后定位并固紧轴承座。

检查接触斑点，若分布不正常，可按表 3.9-6 方法调整。

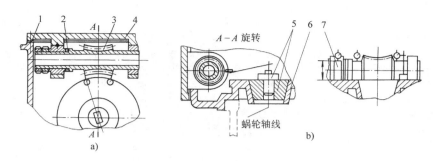

图 3.9-10 环面蜗杆轴向、径向和高度方向的位置调整

1—调整垫片 2—蜗杆垫圈 3—环面蜗杆 4—蜗杆座 5—专用测量轴 6—壳体 7—高度规

表 3.9-6 环面蜗杆副接触斑点及调整方法

正反转接触斑点	接触特征	原因	调整方法
进入啮合端 蜗轮 蜗杆 进入啮合端	正常接触		
左 右 左 右	蜗杆近左或近右端接触	蜗杆轴向位置偏离中心	调换或修磨调整垫圈,使蜗杆沿蜗轮中心平面移向中心
上 下	蜗轮偏端面接触	蜗轮中心平面与蜗杆轴线不在同一平面内	用比较法测量蜗杆的上下位置,将蜗杆轴线调整在蜗轮中心平面内

.3.3 密封件装配

密封件的功能是阻止泄漏,或使泄漏量符合要求。几种常用的密封方式及其装配要点见表 3.9-7。

表 3.9-7 几种常用的密封方式及其装配要点

密封方式	应用场合	装 配 要 点
密封垫	用于固定连接件之间的密封(如箱体与端盖之间的密封)	1. 一般垫片外径应比密封面外径尺寸略小,垫片内径比管道内径稍大,以免底片压紧后变形伸出 2. 垫片表面不得划伤或损坏,不能用敲打方式装配垫片 3. 安装垫片部位与垫片要清洗干净 4. 紧固垫片的螺栓按对称原则循环多次拧紧到规定的扭矩 5. 窄的金属包芯垫片,连接面上应设置凹槽,以避免拧紧时芯料受压损坏
密封胶	用于固定连接件之间的密封	1. 施胶面应清洗干净,不得有水迹、油迹和污物 2. 施胶面表面粗糙度一般为 $R_a 25 \sim 6.3 \mu m$,并应尽量避免镀层 3. 施胶应均匀,适量,厚度一般不大于 0.2mm 4. 含溶剂的密封胶应溶剂适当挥发后,再将结合面进行紧固,不可错动密封面 5. 装配后应检查并清除施胶部位流淌的多余胶液

（续）

密封方式	应用场合	装 配 要 点
O 型圈	多用于往复运动轴与孔的密封	1. 装配时应在槽中涂布适量的润滑脂，装配后运动件能活动自如 2. 装拆 O 型圈应使用装拆工具，装配过程中应防止 O 型圈擦伤、刮伤、扭曲、变形 3. 拉伸状态安装 O 型圈，伸长量应尽量小，拉伸次数应尽量少，O 型圈装在槽中后应放置适当时间，以使其恢复成圆形，再与配合件装合
油封	广泛用于旋转件之间的密封	1. 油封唇口直径（未装弹簧）与轴径间应有一定的过盈量，弹簧应有合适的拉紧力 2. 油封安装方向不得有误，介质压力应有利于将油封唇口压紧在轴上（图 3.9-11） 3. 油封需穿过轴端键槽、轴肩及螺纹时，应用轴套保护，防止划伤油封唇口（图 3.9-12） 4. 油封压装时，油封外圈或壳体孔涂布适量的润滑油，油封与孔应对准，避免安装歪斜

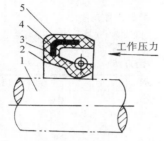

图 3.9-11　油封安装方向

1—主轴　2—密封唇部　3—拉紧弹簧
4—金属骨架　5—橡胶皮碗

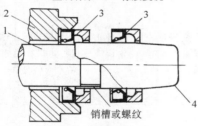

图 3.9-12　油封安装保护套

1—轴　2—壳体　3—压入工具　4—保护套

9.4　机械装配要则

机械装配中有许多基本作业，如清洗、连接、检测、修配、平衡等，现仅将最经常遇到的而又容易不被重视的清洗和螺纹装配两项说明如下。

9.4.1　清洗

机械装配过程中对零部件的清洗是装配准备工作的重要组成部分，也是保证装配质量的重要方面，必须认真对待。

1. 机械产品的清洁度及其检测　机械产品的清洁度是指零件、部件以及整机特定部位的清洁程度，通常用从规定部位按规定方法采集到的杂质微粒的大小、数量和重量来表示。清洁度常

用的检测方法列表于表 3.9-8。

表 3.9-8　常用清洁度检测方法

名称	检 测 方 法	特点及应用
显微镜计数法	将已知体积的样液[①]，在真空条件下通过印有方格的滤膜进行过滤，在滤膜表面收集污物，并将滤膜安放在两玻璃载片之间，放在显微镜下观察杂质微粒的大小和数量	简单、经济、易于实现；检测精度不高
自动粒子记数法	将规定体积的样液直接流过传感器，悬浮在样液中的微粒被强制通过有电流流过的小孔，微粒的投影被光电探测元件感知，经转换、放大、处理和显示，得到微粒的大小和数量	测定速度快、精度高；设备价高，标定过程复杂，对环境因素要求严格
斑点试验法	抽滤样液，通过显微镜检测聚集在滤膜上粒子的分布情况，并与标准污染样片相比较，从而判断污染程度	操作简单，已广泛应用于流体系统清洁度检验
重量法	将一定量的样液，使用恒重的滤膜过滤，经烘干后称出附在滤膜上杂质的重量	简单、易于实现；可检测毛坯、零件及总成，国内汽车行业普遍采用

① 采用规定的清洗液，按规定的方法清洗被检测对象规定的部位，所得到的带杂质的清洗液称为样液。

在某些情况下，需检测工件表面的油污程度。此时，可通过测定工件表面亲水能力来确定工件表面油污程度。常用方法有挂水法、喷雾法、专用试纸法和接触角法等。

液压传动中，液压油和液压元件的清洁度以 100mL 样液内含有大于 5μm 和 15μm 的粒子数来表示，用区间号来分级，见表 3.9-9。清洁度用代码（分数）表示，分子（区间号）表示 100mL 样液中大于 5μm 的粒子数，分母（区间号）表示 100mL 样液中大于 15μm 的粒子数。表 3.9-10 列出了几种液压元件的清洁度要求。

表 3.9-9　清洁度等级

100mL 样液所含粒子数		区间号
大于	至	
8×10^6	16×10^6	24
4×10^6	8×10^6	23
2×10^6	4×10^6	22
1×10^6	2×10^6	21
500×10^3	1×10^6	20
250×10^3	500×10^3	19
130×10^3	250×10^3	18
64×10^3	130×10^3	17
32×10^3	64×10^3	16
16×10^3	32×10^3	15
8×10^3	16×10^3	14
4×10^3	8×10^3	13
2×10^3	4×10^3	12
1×10^3	2×10^3	11
500	1×10^3	10
250	500	9
130	250	8
64	130	7
32	64	6
16	32	5
8	16	4
4	8	3
2	4	2
1	2	1

表 3.9-10　液压元件清洁度

液　压　元　件	清洁度
伺服阀	14/11
叶片泵、活塞泵、液压马达、大部分变量泵	16/13
齿轮泵、液压马达、摆动液压缸	17/14
一般控制阀、液压缸、蓄能器	18/15

清洁度的控制方法主要是：

（1）对零部件进行认真地清洗；

（2）严格装配操作规程；

（3）严格控制装配环境。

2. 清洗方法与清洗剂　常用的清洗方法、清洗剂特点及适用范围见表 3.9-11。

9.4.2　螺纹连接

1. 一般螺纹连接

螺纹连接的装配要求：

（1）螺钉不得有歪斜或弯曲现象，螺母与被连接件应接触良好。

（2）在多点螺纹连接中，应根据被连接件的形状和螺钉的分布情况，按一定顺序逐次（一般 2～3 次）拧紧，见图 3.9-13。如有定位销，拧紧应从定位销附近开始。

（3）一般紧固螺钉推荐使用的拧紧力矩见表 3.9-12。

表 3.9-11　常用的清洗方法、特点及适用范围

清洗方法	清　洗　剂	主　要　特　点	适　用　范　围
擦洗	汽油、煤油、轻柴油、乙醇、二甲苯、丙酮、水基金属清洗液	操作简易，装备简单，生产率低	单件小批生产中的中小型工件，大型工件局部清洗，严重污垢工件的头道清洗
浸洗	各种清洗液	操作简易，装备简单，清洗时间长，常与手工擦刷结合	轻度油脂污垢的工件，批量大、形状复杂的零件
低压喷洗	各种常用清洗液，水基清洗液中无泡或低泡的清洗液	常用在带有机运装置的清洗设备中：1）间歇输送定点定位喷洗；2）连续输送，连续喷洗；3）工件固定，喷头旋转喷洗	成批生产的工件（形状复杂的，不宜采用），清洗粘附较严重的半固体污垢
高压喷洗	各种常用清洗液，水基清洗液中无泡或低泡的清洗液	能去除固体污垢，工件的毛刺飞边，工作压力 >5MPa，一般为手工操作，也可机动	污垢严重的大型工件，中小批生产的中型工件油污严重处，重要工件的重要部位
振动和滚动清洗	各种水基清洗液	通过机构使浸在清洗液中的工件转动或往复运动，造成清洗液对工件的冲击，进行清洗	特别适宜于批量生产中形状复杂的工件及多孔工件的清洗
超声波清洗	各种清洗液	清洗效果好，设备复杂，操作维护要求高，易实现自动化清洗	形状复杂、清洁度要求高的中小工件，多步清洗中的后步清洗或最终清洗
气相清洗	氟碳溶剂或氯化溶剂，如三氯乙烯、三氯三氟乙烷、三氯乙烷等	清洗效果好，设备复杂，需配置加热、冷凝、通风装置，劳动安全和管理要求严格	清洁度要求高的工件，成批生产的中型工件，常用于多步清洗中的最终清洗
电解清洗	碱液和有一定导电性的水基清洗液	工件作为电极一极，利用其上附着的气泡爆炸所产生的机械作用，剥离金属表面污垢，清洗效果优于浸洗	成批生产的中小型工件，能清除重度污染且质量要求较高的工件

（续）

清洗方法	清 洗 剂	主 要 特 点	适 用 范 围
多步清洗	按工件清洁度要求和不同清洗工艺，选用不同的清洗方法和相应的清洗液	一般连续自动进行，常将浸洗、喷洗、超声波清洗、气相清洗等方法组合在一起	大批大量生产的工件，清洁度要求高的成批生产的中小型或微型零件

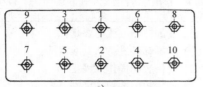

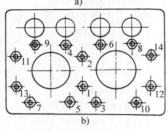

图 3.9-13 螺纹连接拧紧顺序

a) 直线双排 b) 复合形

表 3.9-12 螺纹连接拧紧力矩

（单位：N·m）

螺纹直径 d/mm	性 能 等 级				
	4.6	5.8	8.8	10.9	12.9
4	1.2	2.0	3.2	4.5	5.4
10	19.3	32.2	51.5	72.0	86.9

（续）

螺纹直径 d/mm	性 能 等 级				
	4.6	5.8	8.8	10.9	12.9
20	160.0	266.0	426.0	598.0	718.0
27	398.0	664.0	1059.0	1491.0	1795.0

（4）涂密封胶的螺塞推荐使用的拧紧力矩见表3.9-13。

2. 规定预紧力的螺纹连接 机械装配中的关键螺纹连接，要求连接件之间保持一定的紧固力，此时应采用规定预紧力的螺纹连接，其装配方法见表3.9-14。

表 3.9-13 涂密封胶的螺塞推荐使用的拧紧力矩

螺纹直径 d/in	拧紧力矩/(N·m)
3/8	15 ± 2
1/2	23 ± 3
3/4	26 ± 4
1	45 ± 4

表 3.9-14 规定预紧力螺纹连接的装配方法

装配方法		控 制 方 法	优、缺点
力矩控制法		用定力矩扳手（电动、气动、液压、手动）控制	使用方便，力矩值便于校验 紧固力受摩擦系数及材料弹性系数影响，误差较大
力矩-转角控制法		先将螺纹拧至一定的起始力矩（消除结合面间隙），再将螺钉（或螺母）转过一定的角度	预紧力值精度较高 必须计算力矩和转角两个参数，且参数需经试验或分析确定
屈服点控制法		拧紧时，连续监控力矩-转角曲线的斜率（即力矩速率），如该斜率突然转折下降，说明屈服点已达到，停止扭转	拧紧力矩值取决于紧固件的屈服强度，力矩值较大，精度较高 对紧固件材质要求较高
液压拉伸法		用液压拉伸器拉伸螺栓，使之达到规定的长度，以控制预紧力	预紧力值精度较高 需使用液压拉伸器，常用于大型螺栓
加热伸长法	火焰加热	用加热法（加热温度一般小于400℃）使螺栓伸长，然后采用一定厚度垫圈（常用对开式）或拧紧螺母一定的角度，以控制预紧力	用喷灯或氧乙炔加热器，操作简单
	电阻加热		电阻加热器放在螺栓的深孔或通孔中，需特制螺栓
	电感加热		导线绕在螺栓光杆部分，局限性较大
	蒸气加热		在螺栓轴向通孔中通入蒸汽，需特制螺栓

10 机械制造自动化

10.1 概述

10.1.1 机械制造自动化技术的发展

机械制造自动化技术经历了三个发展阶段，即刚性自动化、柔性自动化和综合自动化，见表3.10-1。综合自动化的概念常常与计算机辅助制造、计算机集成制造等联系起来，它是制造技术、控制技术和信息技术的综合，旨在提高制造企业的劳动生产率和对市场的响应速度。

表 3.10-1 三种自动化方式比较

比较项目	自动化形式		
	刚 性 自 动 化	柔 性 自 动 化	综 合 自 动 化
实现目标	减小工人劳动强度，节省劳动力，保证制造质量，降低生产成本	减小工人劳动强度，节省劳动力，保证制造质量，降低生产成本，缩短制造周期	减小工人劳动强度，节省劳动力，保证制造质量，降低生产成本，提高设计工作与经营管理工作的效率和质量，提高对市场的响应速度
控制对象	设备、工装、器械，物流	设备、工装、器械，物流	设备、工装、器械，信息物流、信息流
特点	通过机、电、液、气等硬件控制方式实现，因而是刚性的，变动困难	以硬件为基础，以软件为支持，通过改变程序即可实现所需的控制，因而是柔性的，易于变动	不仅针对具体操作和人的体力劳动，而且涉及人的脑力劳动、设计、经营、管理等各方面
典型装备与系统	自动、半自动机床，组合机床，机械手，自动生产线	数控机床，加工中心，工业机器人，柔性制造单元	CAD/CAM系统，MRP Ⅱ，柔性制造系统（FMS），计算机集成制造系统（CIMS）
应用范围	大批大量生产	多品种、中小批量生产	各种生产类型

10.1.2 机械制造自动化技术的主要内容

机械制造自动化技术的主要内容见表3.10-2。

几种刚性与柔性自动化加工设备比较见表3.10-3。

10.1.3 机械制造自动化设备的控制方法

机械制造自动化装备的控制方法有机械、液压、气压、电气、数字信息控制及其组合等多种形式，各种控制方法比较见表3.10-4。

表 3.10-2 机械制造自动化的内容

机械制造自动化内容		基 本 功 能	扩 展 功 能
物流自动化	设备自动化	加工运动和辅助动作自动化	自动交换工具，自动改变工艺参数，刀具自动补偿
	物料存储与运输自动化	毛坯、工件自动存储与运输	工、夹具自动存储与运输
	辅助工序自动化	自动检测、自动清洗及吹干等	工序间自动装配
	设备操作控制自动化	自动实现设备各种操作、控制，自动协调加工设备与运输设备工作	
信息流自动化	信息控制自动化	信息采集、信息传输与转换、信息加工与处理自动化	

表 3.10-3 几种自动化加工设备比较

比较项目	自 动 化 加 工 设 备			
	专用自动机	仿形机床	程序控制机床	数字控制机床
性能	工作程序固定，性能单一	按样板形状、尺寸加工	工作程序和定位尺寸可在一定范围内根据加工对象选择与调整，可实现多工步自动加工	工作程序、定位尺寸及运动轨迹均可根据加工对象选择，可方便地实现多工步自动加工

（续）

比较项目	自动化加工设备			
	专用自动机	仿形机床	程序控制机床	数字控制机床
可调性	在一定范围内可调整刀具或工件移动距离，属于刚性自动化设备	可根据工件形状尺寸要求，通过改变样板来改变工件或刀具的移动距离，属于刚性自动化设备	能在一定范围内调整工作程序，以改变刀具或工件的移动距离，也可在一定范围内改变工作顺序，属于半柔性自动化设备	可灵活地改变程序以适应不同零件的加工工艺要求，属于柔性自动化设备
定位方式与定位元件	行程开关，刚性挡块，属于刚性定位	样板，属于刚性定位	开关、尺寸鼓、插销板、多级挡块等，属于半柔性定位	计算机指令控制，传感器与检测反馈装置，属于柔性定位
控制装置	凸轮，继电器，气、液控制装置	机、电、液仿形装置	继电器控制，PLC控制，固化软件控制	电子元器件，集成电路，计算机
适应对象	大批、大量生产，固定工作	大批、大量生产，形状较复杂	中小批量生产，也可用于大批量生产	多品种、中小批量生产
调整时间	长	较短	较长（采用PLC或固化软件控制，调整时间短）	短
加工典型零件	螺塞、螺堵、销钉、小轴、小套等	中、小尺寸阶梯轴、螺旋桨型面等	阶梯轴、盘、套、齿轮坯	形状复杂，工序较多，精度要求较高的零件

表3.10-4　几种典型控制方法比较

比较项目	控制方法				
	机械	液压	气压	电气	数字信息
控制介质与元器件	挡块、靠模、凸轮等机械零件	矿物油液压泵、液压缸、液压阀等	压缩空气空压机、气缸、气阀等	各种电机、继电器、开关等	专用、通用工业控制计算机、可编程控制器等
优缺点	结构简单，工作较可靠，调整复杂，灵活性差	体积小，负荷能力大，运动平稳，可承受冲击，需要专用液压箱，对密封要求较高	工作压力低，气源容易获取，维护简单，动作迅速，负荷能力较小，有噪声	调整方便，清洁卫生，可靠性取决于电机与电气元件的质量	功能强，柔性大，可靠性高，能够实现复杂的运动轨迹控制和顺序控制，可以与计算机网络连接，成本较高，维护难度较大
代表产品	单轴、多轴自动与半自动车床	组合机床	气动夹具，自动运料装置	多刀半自动车床，组合机床	数控机床，加工中心，工业机器人
应用场合	大批量生产，动作顺序、行程长度、运动轨迹均固定不变的场合	大批量生产，动作顺序、行程长度、运动速度可在一定范围内调整	大批量生产，动作顺序、行程长度可在一定范围内调整	成批、大批生产，动作顺序、行程长度可在一定范围内调整	各种生产类型，特别是多品种、中小批量生产，运动顺序、行程长度、运动轨迹以及运动速度可以通过程序方便地改变

10.2　组合机床与自动线

10.2.1　组合机床

组合机床是以通用部件为基础，配以少量按工件的特定形状及规定的加工工艺设计的专用部件组成的一种专用机床。它具有工序集中、生产率高、自动化程度高，而造价相对较低等特点，因而在大批量生产中得到广泛应用。但组合机床也有专用性较强、不易改装等缺点，因而不适于在多品种和经常变更的生产中使用。

1. 组合机床的工艺范围和加工精度　组合机床主要采用刀具回转并作进给运动的动力头进行加工，工件一般固定不动。所能完成的工序主要有钻孔、扩孔、铰孔、攻螺纹、镗孔、铣平面、镗沟槽、刮或镗端面和止口等。组合机床的加工精度见表3.10-5。

表3.10-5　组合机床的加工精度

工艺种类	精度项目	公差值	
		普通组合机床	精密组合机床
钻孔	孔径尺寸精度 孔距尺寸精度	9级 ±0.2	— —
铰孔	孔径尺寸精度	7级	6~7级

（续）

工艺种类	精度项目	公差值	
		普通组合机床	精密组合机床
镗孔	孔径尺寸精度 表面粗糙度 R_a	7级 1.6~3.2μm	6~7级 0.4~0.8μm （非铁金属）
	孔的圆柱度 孔的同轴度	0.01~0.03	0.002~0.005
	由一面镗孔，镗杆两端均有导向 　由两端分别镗孔，镗杆在各自导向中加工 　由两端分别镗孔，用刚性精密主轴加工	0.02~0.05 0.05~0.08	— — 0.01
	端面对孔轴线垂直度 孔轴线之间的平行度	100:0.05	100:0.02~0.03
	固定式夹具中镗孔 　悬挂式活动钻模板，在同一工位精加工孔 　回转工作台式机床上精加工孔 　鼓轮式机床上精加工孔	±0.05 ±0.05 ±0.1 ±0.15	±0.02~0.03 — — —
攻螺纹	螺纹精度 螺纹表面粗糙度 R_a	6H 1.6~5μm	
镗止口	止口深度（用滑座死档铁定位） 　　　　（单轴进给，用工件表面定位）	0.15~0.25 0.03~0.05	0.02
铣削平面	平面度 到基面尺寸 表面粗糙度 R_a	600:0.05 ±0.05 —	600:0.02 — 0.4~0.08μm

2. 组合机床的类型及其应用　组合机床的基本配置型式及其适用范围见表3.10-6。

组合机床多数情况下用于大批量生产，但若采用可调式组合机床，转塔式组合机床（见图3.10-1），自动换刀或更换主轴箱式组合机床，也可用于中小批量生产。

表 3.10-6　组合机床的基本配置型式及其适用范围

类别	型式	示意图	说明	适用范围
单工立组合机床	单面	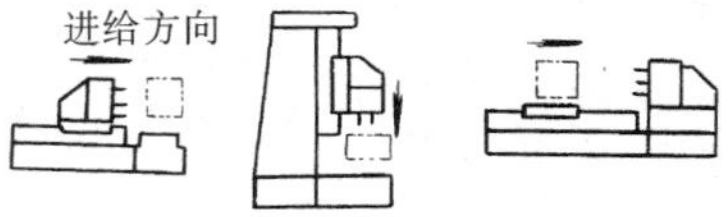	机床上有一套固定夹具，根据所需的面数布置动力部件，动力部件可立式、卧式或倾斜式安装	孔和平面的加工，采用简单刀具时通常只完成单道加工工序。能保证各加工面之间有较高的位置精度。通常采用手动上下料，机床生产率较低。适用于大、中、小件的加工
	双面	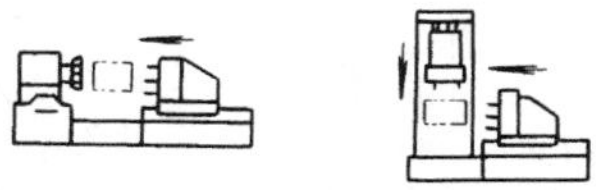		
	三面	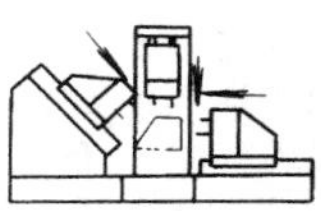		
	多面（4面以上）	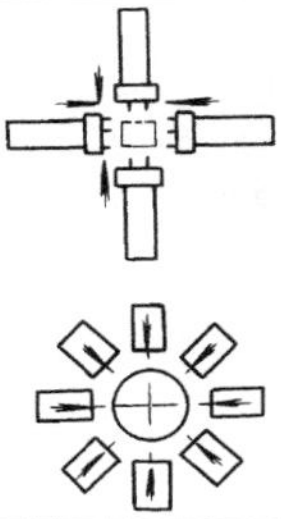		

(续)

类别	型式	示 意 图	说 明	适 用 范 围
多工位组合机床	回转工作台式		通过工作台的回转分度，将工件顺序送往各工位进行加工。动力部件布置在工作台的周围或上方，可以立式、卧式或倾斜式安装 工作台台面直径一般在1600mm以下，工位数通常在2～12之间，也有多达20个以上的	各种中、小零件上复杂形状、精密孔及精密平面加工。通常从工件的一个方向进行加工。卧式辐射形布置或倾向布置时可从多个方向进行加工。除双工位机床外，通常设有单独的上下料工位，生产率较高。精密小型回转工作台机床可用于柴油机喷油泵孔、手表隔板、圆珠笔芯等精密小零件加工
	鼓轮式		工件装在鼓轮的棱面或端面上，通过鼓轮的回转分度，将工件顺序送往各工位进行加工。动力部件通常都是卧式安装，以双面的较多。鼓轮回转直径一般在1000mm以下，工位数3～8	各种中、小零件上复杂形状、精密孔及精密平面加工。通常从两个水平相对的方向进行加工。一般设有单独的上下料工位，生产率较高。若采用多件并行加工，可获得很高的生产率
	中央立柱式（或环形回转工作台式）		通过环形回转工作台的回转分度，将工件顺序送往各工位进行加工。动力部件可以装在中央立柱的各个棱面上和（或）装在工作台的周围（卧式或倾斜式）。上方，可以立式、卧式或倾斜式安装 环形工作台台面外径一般在3000mm以下，工位数4～10	各种较大和中小零件上复杂形状孔、精密孔及精密平面加工。特别是带有垂直度要求较高的两个方向的孔和平面的工件。一般设有单独的上下料工位，生产率较高。有时采用多件并行加工，可获得很高的生产率
	环形输送式（或环形输送自动线）	托板（或随行夹具）及工件　输送轨道	通过环形输送轨道将工件直接或用随行夹具顺序送往各工位进行加工。动力部件沿环形轨道的两侧（主要是外侧）布置，可以立式、卧式或倾斜式安装。其形状像一台回转工作台式机床，实质确是一条环形自动线。环形输送轨道直径可达5000～6000mm，工位数可达10～20	各种较大和中型零件上复杂形状孔、精密孔及精密平面加工。一般设有单独的上下料工位，工位数可以较多，可替代较短的自动线。特别是带有随行夹具时，可不用随行夹具返回装置，但内侧布置动力部件受到一定限制
	移动工作台式		通过工作台的移动和定位，或带定位机构的电动运输小车输送，将工件送往各工位进行加工。动力部件可以沿输送轨道两侧布置，可以立式、卧式或倾斜式。工位数2至数十个	各种较大和中型零件上复杂形状孔、精密孔及精密平面加工。机床生产率低，可以设立或不设单独的上下料工位。对于大型、复杂箱体件，有时采用工位数20～30的移动工作台（输送小车）式组合机床

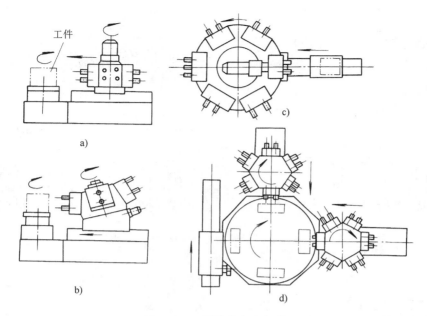

图 3.10-1　转塔式组合机床
a）转塔动力头组合机床　b）倾斜转塔头组合机床　c）转台主轴箱组合机床
d）转塔头多工位回转工作台式组合机床

3. 组合机床的通用部件[1]　组合机床的通用部件按其功能要求，经系列化、通用化、标准化设计，共分五大类：

（1）动力头部件：包括动力滑台、动力头、动力箱、钻削头、铣削头、镗孔镗端面头、多轴可调头、十字滑台、转塔头、转塔动力箱、自动换刀头和自动更换主轴箱动力头等。

（2）支承部件：包括立柱、立柱底座、侧底座、支架、可调支架、中间底座、工作台底座等。

（3）输送部件：包括分度回转工作台、回转鼓轮等。

（4）控制部件：包括操纵台、电气柜、液压站、控制档铁等。

（5）辅助部件：包括动力扳手、冷却装置用组件，润滑装置用组件，排屑装置用组件等。

0.2.2　自动线

自动生产线（简称自动线）是在单机自动化的基础上，配以单机间工件自动传输装置而构成的制造系统。工件传输装置中最简单的是料槽

（料道），其槽形根据工件形状及加工部位而定，有矩形、V 形、单轨、双轨等多种形式，配以分离、隔料等其他装置，完成机床间的送料。料槽输送装置通常用于小型工件的传送。

当加工机床成直线排列时，工件输送装置多采用输送带。输送带有料顶料式、移动步伐式、抬起步伐式、轨道式、非同步式等多种形式，可根据不同需要加以选用。图 3.10-2a 所示为一种简单的轨道式输送带，这种输送带配以各种辅助装置，可以完成工件的转弯、换向与分流，见图 3.10-2b。

当加工工位成圆形分布时，工件输送装置可采用回转工作台（绕垂直轴转动）或回转鼓轮（绕水平轴转动）。图 3.10-3 所示为齿盘式回转工作台。

在柔性制造系统中，常采用有轨或无轨运输小车作为工件运输的工具。

在自动线中，除配有工件自动传输装置外，还常常根据需要配有转位装置、随行夹具返回装置以及中间储料库等[39]。

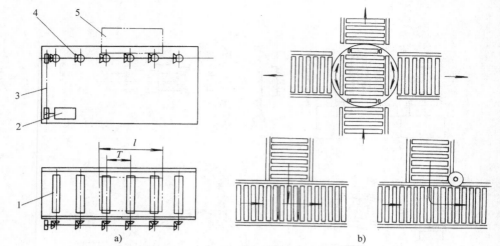

图 3.10-2　链轮链条锥齿轮自动输送辊道及其辅助装置
a) 输送辊道　b) 输送辊道辅助装置（回转装置、直角移载装置和直角转弯装置）
1—辊子　2—电动机　3—链轮、链条　4—锥齿轮　5—工件

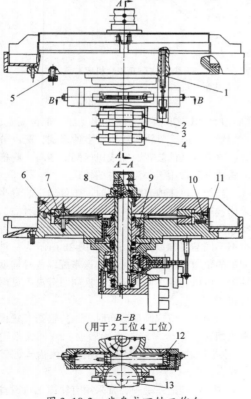

图 3.10-3　齿盘式回转工作台
1—信号杆　2—控制工作台回转的滑阀　3—控制
工作台抬起或夹紧的滑阀　4—滑阀　5—呼吸器
6、7—分度定位齿盘　8—配油器　9—抬起
夹紧液压缸　10—密封环　11—油塞
12—回转液压缸　13—半齿轮

10.3　数控机床与数控加工

10.3.1　数控机床

数控机床是装有数控系统的自动化机床。数控系统是一种运算控制系统，它能够逻辑地处理具有数字代码形式的信息（程序指令），用数字化信号通过伺服机构对机床运动及其加工过程进行控制，从而使机床能自动完成零件加工。

1. 数控机床的构成及其特点　数控机床由主机（包括驱动装置和辅助装置）、数控系统和编程系统三部分组成。

（1）机床主机　机床主机是数控机床的机械主体，由工作部件、传动系统和支承件等组成。数控机床的主机与普通机床结构相类似，但对于机床的精度与刚度、传动系统的功能与效率要求更高。

机床的驱动装置包括主传动和进给传动两部分。主传动一般要求能通过指令控制实现无级调速并有较大的调速范围。进给传动按其有无反馈环节及反馈环节的位置可分为开环、闭环和半闭环三种类型，见表 3.10-7。

（2）数控装置　数控装置是数控机床的控制核心，其基本功能是将数控加工程序转变为控制机床运动的指令，并通过伺服系统控制机床的主运动和各轴的进给运动以及其他的辅助动作。数控系统按其功能可分为高、中、低三个档次，见

表 3.10-8。

表 3.10-7　开环、闭环、半闭环伺服系统比较

比较项目	伺服系统		
	开环伺服系统	闭环伺服系统	半闭环伺服系统
位置检测元件	无	检测传动链末端元件的实际位置	检测传动链中间元件的位置（检测元件大多装在伺服电机后端或滚珠丝杠的驱动端）
反馈环节	无	有	有
精度	低	高	中
运动速度	低	高	高
系统结构	简单	复杂	中等
造价	低	高	较高
系统稳定性	好	稳定控制难度较大，对系统稳定性要求高	容易实现稳定控制
典型装置	步进电机驱动系统	直流、交流伺服电机驱动系统	直流、交流伺服电机驱动系统
典型机床	经济型数控机床	高档全功能数控机床	普及型（中档全功能）数控机床
应用场合	加工精度与运动速度要求不高的场合	加工精度和运动速度要求高的场合	加工精度和运动速度要求较高的场合

表 3.10-8　高、中、低档数控系统比较

比较项目	数控系统档次		
	高档	中档	低档
分辨率	0.1~1μm	1μm	10μm
进给速度	20~100m/min	15~30m/min	8~15m/min
伺服系统	直流、交流伺服系统闭环控制	直流、交流伺服系统半闭环控制	步进电机驱动开环控制
显示功能	三维图形显示加工动态过程显示	字符、图形显示	数码管或简单CRT字符显示
PLC	有	有	无
CPU	32位、64位	16位、32位	8位
通信功能	RS-232接口，DNC接口，MAP通信协议接口	RS-232或DNC接口	无
价格	高	中	低

（3）编程装置　数控机床的程序编制方法有手工和自动编程两种。对于复杂零件的加工，采用手工编程不仅效率低，也容易出错，现已多采用自动编程方法。

2. 加工中心　加工中心是备有刀库并能自动更换刀具的数控机床。在加工中心上，工件一次安装后，可集中多个工序（或工步）连续自动对工件各加工面进行加工。加工中心中以镗铣加工中心用得最多，镗铣加工中心的类型及适用范围见表 3.10-9。

表 3.10-9　镗铣加工中心的类型及适用范围

类型	布局格式	特点	适用范围
卧式加工中心	固定立柱型移动立柱型	主轴及整机刚性强，镗铣削加工能力较高，加工精度较高，刀库容量多为40~80把	中、大型零件及工序复杂且精度要求较高的零件加工，多用于箱体零件加工
立式加工中心	固定立柱型移动立柱型	主轴支撑跨距较小，占地面积小，刚度低于卧式加工中心，刀库容量多为16~40把	中型零件、高度尺寸较小的零件加工，多用于盖板类零件及模具型腔的加工
五面加工中心	交换主轴头型回转主轴头型转换圆工作台型	主轴或工作台可立卧式兼容，可进行多方向加工，编程较复杂，主轴或工作台刚性受一定影响	具有多面、多方向或多坐标复杂型面零件的加工
龙门加工中心	工作台移动型龙门架移动型	由数控龙门镗铣床配备自动换刀装置、附件头库等组成，立柱、横梁构成龙门结构，多数具有五面加工功能	大型、长型复杂零件加工

图 3.10-4 所示为两种典型的镗铣加工中心。

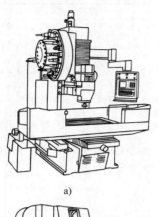

a)

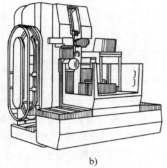

b)

图 3.10-4 镗铣加工中心
a) 立式（镗铣）加工中心
b) 卧式（镗铣）加工中心

3. 数控机床与加工中心的选用 数控机床品种繁多，性能与价格差别很大，购买时应从实际情况出发，进行认真的技术可行性与经济可能性分析。技术可行性分析主要包括机床类型、规格、精度、性能等是否与所要进行的零件加工相适应；经济可行性分析则应着重进行费用效益分析，估计投资回收期，作出项目经济评价，并应考虑企业的资金能力、配套设施、发展规划等因素[41]。

10.3.2 数控加工

1. 数控机床加工零件的合理选择 数控机床具有功能强、柔性大、自动化程度高、适用范围广等特点，但由于其购置费用与使用费用较高，因而应对其加工零件进行合理的选择，通常应考虑以下因素：

（1）重复性投产的零件。

（2）要求重点保证加工质量而又能高效生产的中小批量关键零件。

（3）零件加工面较多，且相互间位置精度要求较高，以充分发挥数控机床多工序集中的工艺特点。

（4）零件加工型面复杂且精度要求较高，在普通机床上无法加工。

（5）零件的经济批量可按下式进行估算：

$$经济批量 = [K(数控机床准备时间 - 普通机床准备时间)]/(普通机床单件加工时间 - 数控机床单件加工时间)$$

式中 K——修正因数，一般取 $2\sim5$。

2. 数控加工工艺设计 数控加工除应遵循一般加工的工艺原则外，还应考虑数控加工本身的特点：

（1）数控机床工时费用高，因而工件毛坯应精化，以节省数控加工工时，必要时应先在普通机床上进行粗加工。

（2）数控机床具有精度高、刚性好的特点，在选用刀具和切削用量时应注意充分发挥数控机床的能力。

（3）适应数控机床特别是加工中心工序高度集中的特点，一般采用按刀具划分工序和工步的原则，以减少换刀次数和换刀时间。在安排工序（工步）顺序时应遵循"由粗渐精"的原则，以保证零件的最后加工精度。

（4）数控机床是通过零件加工程序来控制加工的，在编制数控加工程序时应注意选取合理的对刀点和走刀路径，以利于保证零件的加工精度、减小刀具行程（特别是空行程）和简化程序编制。

3. 数控加工程序编制 零件数控加工程序编制的过程，就是将零件图纸数据和数控加工工艺过程内容用数控装置规定的指令和程序格式编成程序单，并将其记录在信息载体上的过程。

零件加工程序编制有手工编程和自动编程两种方法。手工编程是指使用规定的代码和格式人工编制供数控系统使用的零件加工程序。手工编程效率低，且容易出错，一般只适用于简单零件的数控加工编程。自动编程又称为计算机辅助编程，编程过程见图 3.10-5。编程人员根据零件图纸和工艺要求，使用专门用于数控加工的编程语言，编写一段包括零件形状、尺寸、工艺要求、切削参数和辅助信息的简短的零件加工源程序，输入计算机，通过自动数值处理，得到刀具走刀路径，通过后置处理，编出供数控系统使用的零件加工程序，并将其记录在信息载体上。某些自动编程系统还具有仿真功能，可以自动绘制出零件图形和走刀路径，以便校验是否干涉，程序是否正确等。自动编程效率高，并且不易出错，在有条件的情况下应尽量采用自动编程方法。

图 3.10-5　自动编程过程

10.4　DNC、FMC 与 FMS

为了充分发挥数控机床发效率，常常将若干台数控机床或其他自动化装置，通过计算机网络连成一体，构成一个自动化加工系统。其中常见的有 DNC、FMC 以及 FMS 等。

10.4.1　DNC（Direct Numerical Control）

1. DNC 的定义与组成　DNC 可定义为由一台计算机通过直接接口同时控制几台数控机床。DNC 直译为"直接数字控制"，但更多被译为"群控"。采用 DNC 后，各台 NC 机床的切削数据和控制指令均可存储在 DNC 的主计算机中，从而节省了单台 NC 机床编程和制备纸带的时间，NC 机床的开动率可显著提高。

DNC 组成见图 3.10-6。

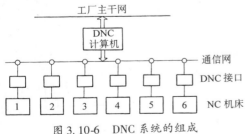

图 3.10-6　DNC 系统的组成

2. DNC 的特点

（1）由于实现了无纸带运行，且增加了冗余，因而系统可靠性大大提高。

（2）DNC 主计算机要求对机床进行实时控制。即 NC 机床一旦需要输入指令，必须立即得到满足；同时 DNC 主计算机也必须随时准备好接收和处理机床反馈回来的信号。为了实现实时控制，在被控机床台数较多的情况下，常采用分级控制的方法，即在中央计算机和数控机床之间引入一级卫星机，见图 3.10-7。卫星机完成对各台数控机床实时分配数据的任务，中央计算机负责协调各卫星机的工作，并兼有管理功能。

（3）实现了管理与控制相结合。DNC 计算机不仅能控制加工，而且可以采集、处理和报告生产数据，进行生产计划、调度、监控等管理工作。

（4）DNC 采用局域网络进行通信，即可以在车间内进行，又可与工厂主干网连结，即可以独立使用，又可以构成 FMS 或 CIMS 的一部分。

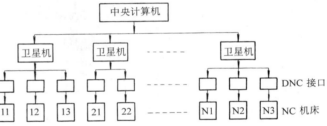

图 3.10-7　多级计算机控制系统

10.4.2　FMC（Flexible Manufacturing Cell）

1. FMC 的构成及特点　FMC 由三部分组成：

（1）加工主机：通常由 1～2 台加工中心或数控机床（配置容量较大的刀库或能实现自动换刀功能的多轴箱体）构成。

（2）托盘自动交换装置及托盘存储库或机器人上下料及料仓。

（3）机床数控设备及单元计算机。

与加工中心相比，FMC 具有以下特点：

（1）具有自动实现托盘（工件）交换（或机器人上下料）和存储功能。装卸时间与加工时间重合，机床利用率与生产率更高。

（2）刀库容量较大，能适应工序集中加工和较多品种数的工件自动加工，可单独使用，也可直接组成 FMS。

（3）单元内设备由计算机集中控制，更加灵活。

2. 几种典型的 FMC 图 3.10-8 显示了几种不同形式托盘库的 FMC。其中 a 为圆形托盘库，b 为环形（椭圆形）托盘库，c 为直线形托盘

库。图 3.10-9 所示的 FMC 托盘交换有两个位置，仅能存储一个托盘（工件）。该系统配有分离型组合式刀库，刀库容量很大（多达 120 个刀座）。图 3.10-10 是回转机器人上下料 FMC，主机由加工中心和数控车床组成，工件放在料台上，由固定安装的回转机器人完成上下料。

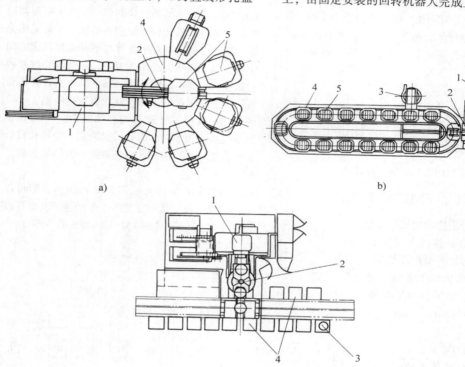

图 3.10-8 几种不同形式托盘库的 FMC
1—加工中心 2—交换装置 3—装卸工位 4—托盘库 5—托盘

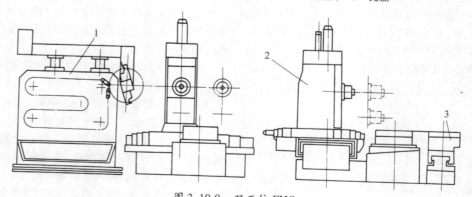

图 3.10-9 双工位 FMC
1—分离型组合式刀库 2—3 坐标加工中心 3—双工位移动式交换装置

0.4.3 FMS (Flexible Manufacturing System)

1. **FMS 的组成** FMS 是一种由计算机集中管理和控制的灵活多变的高度自动化的加工系统，它由 3 个基本部分组成（参考图 3.10-11）：

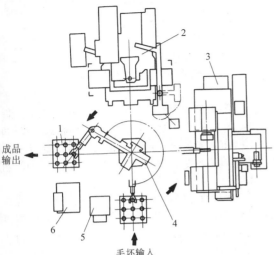

图 3.10-10 回转机器人上下料 FMC

1—料台 2—加工中心 3—数控车床 4—回转式搬运机器人 5—机器人控制柜 6—液压站

（1）加工单元 通常以加工中心或数控机床为核心，辅之以托盘自动交换装置或工业机器人上下料机构及托盘（工件）暂存台架等，能完成多种工件及多种工序的自动加工、自动检测、自动上下料、自动排屑，能与物流系统设备接轨，并能实现与上级管理系统的通信。除加工单元外，FMS 还可根据需要设置独立的清洗单元、检测单元等。

（2）物料储运系统 物料储运系统一般由装卸站、运输设备、储存设备组成。装卸站的主要功能是为工件（毛坯）及工夹具的装卸提供场所和方便。运输系统负责包括工件、工夹具、切屑等在内的物料运输，常用的运输设备有有轨运输车、无轨运输车、辊道及地链拖车等。其中无轨运输车使用最多。

无轨运输车是一种利用计算机控制的，能按照一定的程序自动沿规定的引导路径行驶，并具有停车选择装置、安全保护装置以及各种移载装置的输送小车，又称自动导引小车（Automatic Guided Vehicle——AGV）。无轨运输车按引导方式和控制方法的分类见表 3.10-10。有径

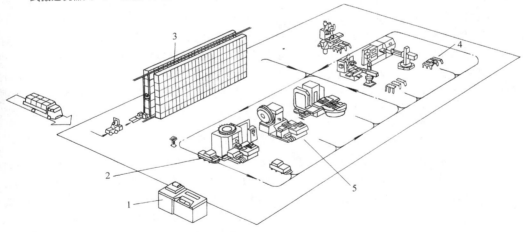

图 3.10-11 FMS 的组成

1—中央计算机 2—无轨运输车 3—立体仓库 4、5—FMC

引导方式是指在地面上铺设导线、磁带或反光带确定运输车行走路径，运输车通过电磁信号或光信号检测出自己的所在位置，通过自动修正而保证沿指定路径行驶。无径引导自主导向方式中，地图导向方式是在无轨运输车中预存距离表（地

图），通过与实测的方位信息比较，自动算出从某一参考点出发到目的点的行驶方向。这种引导方式非常灵活，但精度较低。惯性导向方式是在无轨运输车中装设陀螺仪，用陀螺仪测得的小车加速度值来修正行驶方向。无径引导地面援助方

式是利用超声波、激光、无线电遥控等，依靠地面预设的参考点或通过地面指挥，修正小车的路径。

表 3.10-10　无轨小车引导方式的分类

有径引导方式	电磁引导方式	电缆导向方式
		磁带导向方式
	光学引导方式	连续导向带方式
		断续导向带方式
无径引导方式	自主导向方式	地图导向方式
		惯性导向方式
	地面援助方式	超声波灯台方式
		激光灯台方式
		遥控方式
		栅板符号方式
		直角棱镜设置方式
		记号追踪方式

电磁引导电缆导向方式原理图见图 3.10-12。在小车行走路径地面埋设引导电缆，电缆中流过 5~10kHz 的低压电流。小车上装有对称的一组信号拾取线圈，检测磁场的强弱并转换成电压信号。当小车偏向路径右方时，右方的感应信号减弱，左方的感应信号增强，小车的控制器根据这些信号的强弱，判断与指定路径的偏离方向并随时修正，保证小车沿着预定路径行驶。

图 3.10-12　电磁引导原理图

光学引导方式的原理如图 3.10-13 所示。沿小车预定路径在地面上粘贴易反光的反光带（铝带或尼龙带），小车上装有发光器和受光器。发出的光经反光带反射后由受光器接受，并将该光信号转换成电信号控制小车的舵轮。

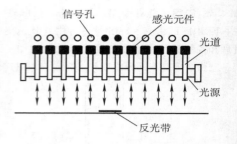

图 3.10-13　光学引导原理图

物料储存设备的功用是存储一定数量的工件（毛坯）及工夹具，以缓冲装卸时间与加工时间的差异，减少或消除机床的等待时间。由于立体仓库具有占地面积小、容量大的优点，目前应用较多。

（3）计算机控制系统　计算机控制系统是 FMS 的核心，典型的 FMS 控制系统常采用多级分布式控制结构，包括中央计算机、物流控制计算机和单元控制计算机。中央计算机接收来自工厂主计算机的指令，对整个 FMS 实行管理和监控，为每个加工单元分配任务和数据，并协调各单元控制器之间的动作，以及单元控制器与物流控制器之间的关系。物流控制计算机接收中央计算机的指令，对自动仓库和运输设备进行监视和控制，运输控制多采用分区控制方法。单元控制器接收中央计算机的指令，对单元内的机床及上下料装置进行控制，并对加工状态和加工质量进行监测和控制，同时将检测信息传送给中央计算机。

2. FMS 特点

（1）FMS 以成组技术为基础。目前实际运行的 FMS 加工对象大多数为具有一定相似性的零件，例如轴类零件 FMS，箱体类零件 FMS 等。加工零件的品种一般在 4~100 之间，其中以 20~30 种为最多；加工零件的批量一般在 40~2000 件之间，其中以 50~200 件为最多。可以说 FMS 适用于一定品种数的中小批量生产，见图 3.10-14。

（2）FMS 具有高度的柔性和高度自动化水平。FMS 运行几乎不需要人的干预，通常白天只需要少数几个人进行系统维护、毛坯准备等工作，夜间系统可以完全在无人的情况下运行。

MS 没有固定的生产节拍，并可在不停机的条件下实现加工零件的自动转换。FMS 中机床利用率可高达 80%。

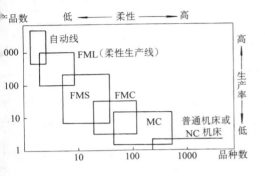

图 3.10-14　几种生产系统适用范围

（3）FMS 实现了制造与管理的结合。系统可与工厂主计算机进行通信，并可按全厂生产计划自动在 FMS 系统内进行计划调度。通常在每个工作日开始时，系统的中央计算机将按照工厂主计算机下达的生产指令，通过仿真和优化，确定系统当日的最优作业计划。当系统内某台设备出现故障时，系统会灵活地将该设备的工作转移到其他设备上进行，实现"故障旁路"。

3. FMS 的关键技术

（1）加工系统监控　FMS 加工系统的工作过程在无人操作和无人监视的环境下高速进行，为保证系统的正常运行，防止事故、保证产品质量，必须对系统工作状态进行监控。加工系统的监控内容见表 3.10-11。

表 3.10-11　加工系统的监控内容

监控功能	设备运行状态		通信及接口、数据采集与交换、与系统内各设备间的协调、与系统外的协调、NC 控制、PLC 控制、误动作、加工时间、生产业绩、故障诊断、故障预警、故障档案、过程决策与处理等
	切削加工状态	机床	主轴转动、主轴负载、进给驱动、切削力、振动、噪声、切削热等
		夹具	安装、精度、夹紧力等
		刀具	识别、交换、损伤、磨损、寿命、补偿等
		工件	识别、交换、装夹等
		其他	切屑、切削液、温度、油压、气压、电压、火灾等
	产品质量状态		形状精度、尺寸精度、表面粗糙度、合格率等

在切削加工过程中，刀具出现磨损、破损的频率最高，检测难度较大。加工系统的刀具检测一般可分为加工前检测、加工中检测和加工后检测 3 种情况。加工前和加工后检测通常采用离线直接测量法；加工中的检测则主要采用在线间接测量法，并要求检测快速、准确、稳定、可靠。表 3.10-12 列出了加工中刀具破损与磨损的几种常用检测方法。图 3.10-15 所示为声发射钻头破损检测装置系统图。切削加工过程中，一旦钻头破损，安装在工作台上的声发射传感器检测到钻头破损信号，并将其送至钻头破损检测器进行处理。钻头破损检测器内存有以往采集的钻头破损的信号或钻头破损模拟信号，以便与检测信号进行比较。当钻头破损被确认后，发出换刀信号。

表 3.10-12　刀具破损与磨损常用检测方法

传感参数	传感原理	传感器	主要特征
光学图像	光反射、折射、傅里叶传递函数变换，TV 摄像	光敏、激光、光纤、光学传感器，CCD 或摄像管	可提供直观图像，结果较精确，受切削条件影响，实现难度较大
扭矩	主电动机、主轴或进给系统扭矩	应变片、电流表等	成本低，易实现，对大钻头破损（折断）探测有效，灵敏度不高

（续）

传感参数	传感原理	传感器	主要特征
功率	主电动机或进给电动机功率消耗	功率传感器	成本低,易实现,灵敏度不高
声发射(AE)	刀具破损时发射的 AE 信号特征分析	声发射传感器	灵敏,实时,使用方便,成本适中,是当前使用较广泛的刀具破损与磨损检测方法

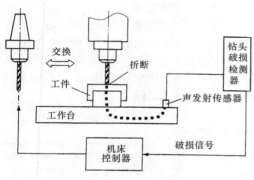

图 3.10-15　声发射钻头破损
检测装置系统图

（2）系统管理　这是一项非常复杂的任务,并主要通过软件功能来实现,相应的软件需仔细规划,精心设计。FMS 监控和管理软件通常应包括以下几个模块:

1）调度模块:调度模块应能实现作业检索、作业装入、作业取消、批量再划分、作业计划更改以及作业计划仿真等。

2）接口模块:用来解释调度程序,并将其扩展成适合于后继系统执行的指令。

3）系统管理程序模块:接受零件进入 FMS 的信息,为其准备最少数量的托盘,进而将指令传给物流系统;审查并记录 FMS 现场反馈的信息;为系统工作人员提供人工干预的接口。

4）传送模块:接受作业调入命令,同时反馈状态变化信息。

（3）刀具管理　刀具管理也是一项非常复杂的工作,刀具管理要求能实现刀具予调,刀具参数、位置、磨损情况的检测,刀具使用情况预报,机床刀库与中央刀库的批交换等。刀具管理软件主要包括 3 部分:一是刀具信息处理专家系统,用来处理刀具的破损、预调和寿命管理;二

是刀具传递控制软件,用来调度 FMS 刀具系统的传递操作;三是刀具数据库（TDB）,用来存放和调用全部刀具管理系统的数据。

（4）物流控制　FMS 中的物流系统对保证机床最大利用率和取得良好效益具有决定性的作用。物流系统的控制功能体系如下:

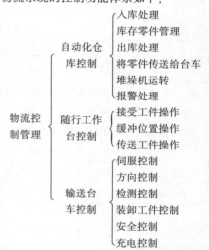

（5）数据通信　FMS 是一个包括多种计算机和可编程设备的复杂系统,因而异种机连网是设计中需重点考虑的问题。目前 FMS 通信中除使用 RS232C 和 I/O 接口外,多采用 MAP（制造自动化规约）网格控制方式。

（6）FMS 的辅助系统　为使 FMS 正常工作,FMS 的许多辅助系统也是必不可少的,如清洗单元、切削液自动排除和集中回收系统、自动断屑、排屑、切屑输送与处理系统等。

10.5　自动装配

自动装配的主要内容包括自动给料、自动工件传送、装入和连接以及自动检验等。适合自动装配的产品,其基本条件是:有相当的生产批

量，零部件能互换，易定向，便于抓取，有良好的装配基准和充分的装配空间。

自动给料一般包括储料、定向、隔料、送料等内容。自动给料装置通常有料斗和料仓两种形式，其功能比较见表3.10-13。

10.5.1　自动给料和定向

表3.10-13　两种给料装置功能比较

类型	适用零件		装料容量	定向功能	剔除功能	定向检测功能	给料可靠性	效率	再生使用	日常费用
	形状	尺寸								
料斗式	简单	中小	较大	一般有	可以设置	可以设置	较低	高	困难	较低
料仓式	可以较复杂	大中小	中等	一般无（通常为定向装入）	一般不需设置	一般不需设置	较高	中	有可能	略高

在料斗式给料装置中，振动式料斗应用最广，尤以小工件用得最多，其他型式料斗（如弧式、往复摆动式、循环链板式、喷射式等）一般只适用于某几种形式的零件。图3.10-16所示为振动料斗及其适用的典型工件形状。

通常利用重力、弹簧、压缩空气和机械方法送出。料仓的结构形式取决于工件的形状、尺寸和表面质量要求，同时需考虑自动装配的生产率等因素。图3.10-18所示为一种多层式料仓的示意图。

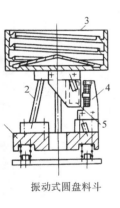 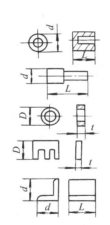

振动式圆盘料斗

图3.10-16　振动料斗及其适用的工件形状
1—基座　2—弹簧杆　3—料斗
4—电磁铁　5—衔铁

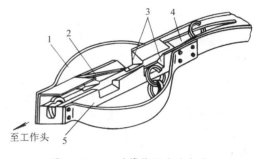

至工作头

图3.10-17　弹簧垫圈定向机构
1—缠结零件落料容器　2—倾斜刮板　3—溢出口　4—V形槽道　5—分离、定向槽道

在振动料斗中，工件通过各种组合形状的通道、刮板、缺口等获得所要求的定向。图3.10-17所示为开口弹簧垫圈的定向机构。垫圈在振动料斗中沿螺旋面向上运动时，进入V形槽道，逐渐使垫圈竖立；进入分离、定向槽道5后，相互钩住和叠在一起的垫圈不能继续沿槽前进，在倾斜刮板2的引导下，由溢出口落入容器1中。

采用料仓给料装置，工件一般由人工经辅助局部定向和完全定向后装入料仓。料仓内的工件

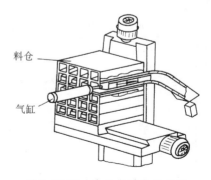

料仓

气缸

图3.10-18　多层式料仓示意图

10.5.2　工件的分配、送进和抓取

在料道中已定向的工件，通常需要经过汇

合、隔离、分配，然后按节拍送至抓取机构、工作头和装配夹具中。上述动作可按需取舍，多数情况下，送进、抓取和定向装入可一次完成。

图3.10-19所示为一汇合隔离机构，它用于两种工件的交叉送进。对于在同一工作头上装配不同的装配基件或同一装配基件需装入多件被装零件时，均可使用这种机构。

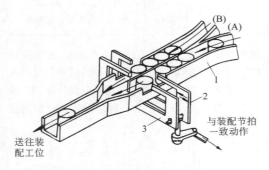

图3.10-19　汇合隔离机构
1—输入滑道　2—隔离板（A）　3—隔离板（B）

表3.10-14给出了几种常用的抓取方式的比较。

表3.10-14　工件常用抓取方式比较

抓取方式	一般要求	适用范围及特点
抓爪式	抓爪形状与工件被夹持部分外形吻合，应有足够的夹紧力和张开角	通用性好，常用于抓取轴类工件或盘状工件
内径弹簧式	应有足够的张紧力，夹持部分需精加工	定位性好，常用于抓取套装件
外径弹簧式	夹持过程需防滑动	常用于抓取轴类及中小工件
真空式	在具有足够吸力的情况下，吸盘尺寸应尽可能小	抓取动作快，常用于吸附光滑的薄板形等小零件
电磁式	合理选择极板间距，在保证足够吸力的前提下，吸盘尺寸应尽可能小	用于抓取磁性材料的中型工件，需注意工件的磁化问题

10.5.3　装入和连接

装入和连接是自动装配的重要内容，常用的装入方法见表3.10-15。

表3.10-15　装入动作和定位方法及适用的场合

装入方法	对准方法	装入位置	适用场合
重力装入	对准精度要求较低，常用机械档块、调节支架或固定对准等方法	一般由装配基件本身控制，或由夹具上的平面档块控制	一般用于配合间隙较大的配合装入、套合装入和灌入，如垫圈、钢球弹簧等
推压装入	定位精度要求较高，常采用固定导向套；配合夹具定位，也可采用光学、电子对准和自寻轨迹装置等	常用曲柄连杆、凸轮、气缸和液压缸等往复运动机构直接控制，也可采用位置传感器控制	用于一般度配合的装入如轴承、轴销、端盖等
机械手装入	受夹持机构定位精度的制约，用各种位置传感器控制	常用位置档块、行程开关和各种位置传感器控制	适用于间隙配合的装入当机械手带有柔顺装置时可进行间隙小的配合装入

装配中常用的连接方法有螺纹连接、压配接、铆接、焊接和粘接。其中螺纹连接便于拆卸，应用最为普遍。图3.10-20为自动拧螺母装置。螺母经料斗一次定向后，沿料斗进入扳手套管5。主轴7通过齿轮组8、12带动扳手套管旋转，再经联轴节4及定向套3上的链块将运动传到扳手套筒2。螺母从上到下，经定向套使其六角边与扳手套筒2内六角方位一致。弹簧片离器1控制螺母逐个向下拧到每个螺栓上。

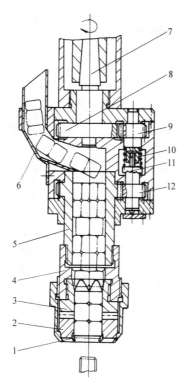

图 3.10-20 自动拧螺母装置

1—弹簧片隔料器 2—扳手套筒 3—定向套 4—联轴节 5—扳手套管
6—料管 7—主轴 8—主动齿轮 9—从动齿轮 10—弹簧
11—力矩离合器 12—齿轮

参 考 文 献

[1] 机械工程手册电机工程手册编辑委员会. 机械工程手册（第二版） 机械制造工艺及设备卷（一）（二）[M]. 北京：机械工业出版社，1996.

[2] 孟少农. 机械加工工艺手册 [M]. 北京：机械工业出版社，1999.

[3] 李庆春. 铸件形成理论基础 [M]. 北京：机械工业出版社，1982.

[4] 李魁盛. 铸造工艺及原理 [M]. 北京：机械工业出版社，1989.

[5] 砂型铸造工艺及工装设计联合编写组. 砂型铸造工艺及工装设计 [M]. 北京：北京出版社，1983.

[6] 铸造名词术语委员会. 铸件缺陷手册 [M]. 青海：青海人民出版社，1982.

[7] 机械部第一设计院洛阳设计院编. 锻压车间设备选用图册 [M]. 北京：机械工业出版社，1977.

[8] 张志文. 锻造工艺学 [M]. 北京：机械工业出版社，1983.

[9] 张振纯. 锻压生产概论 [M]. 北京：机械工业出版社，1992.

[10] 韩世煊. 多向模锻 [M]. 上海：上海人民出版社，1977.

[11] 上海交通大学《冷挤压技术》编写组. 冷挤压技术 [M]. 上海：上海人民出版社，1976.

[12] 辛宗仁、李铁生、李万福. 胎模锻工艺 [M]. 北京：机械工业出版社，1977.

[13] 《锻模设计手册》编写组. 锻模设计手册 [M]. 北京：机械工业出版社，1991.

[14] 张振纯. 锻模图册 [M]. 北京：机械工业出版社，1988.

[15] 冯炳尧、韩泰荣、殷振海、蒋文森. 模具设计与

制造简明手册 [M]. 上海：上海科学技术出版
社，1985.

[16] 胡正寰、许协和、沙德元. 斜轧与楔横轧的原
理、工艺及设备 [M]. 北京：冶金工业出版
社，1985.

[17] 《大型锻件的生产》编写组. 大型锻件的生产
[M]. 北京：机械工业出版社，1978.

[18] 中国焊接协会. 焊接标准汇编（1996）[M].
北京：中国标准出版社，1997.

[19] 傅积和等. 焊接数据资料手册 [M]. 北京：机
械工业出版社，1994.

[20] 杜则裕. 工程焊接冶金学 [M]. 北京：机械
工业出版社，1997.

[21] 中国机械工程学会焊接学会. 焊接手册（第一
卷）焊接方法及设备 [M]. 北京：机械工业出
版社，1992.

[22] 刘云龙等. 焊工技师手册 [M]. 北京：机械工
业出版社，1992.

[23] 赵熹华等. 焊接检验 [M]. 北京：机械工业出
版社，1993.

[24] 中国机械工程学会热处理专业学会. 热处理手册
（第二版）[M]. 北京：机械工业出版社，1991.

[25] 全国热处理标准化技术委员会. 金属热处理标准
应用手册 [M]. 北京：机械工业出版社，1994.

[26] 艾兴等. 高速切削加工技术 [M]. 北京：国防
工业出版社，2003.

[27] 张世昌，李旦，高航. 机械制造技术基础（第二
版）[M]. 北京：高等教育出版社，2007.

[28] 《航空制造工程手册》总编委会. 航空制造工程
手册 特种加工 [M]. 北京：航空工业出版
社，1993.

[29] 刘晋春，赵家齐，赵万生. 特种加工（第四版）

[M]. 北京：机械工业出版社，2004.

[30] 颜永年，齐海波. 快速制造的内涵与应用 [J]
. 航空制造技术. 2004（5）：26 – 29.

[31] 张世昌. 先进制造技术 [M]. 天津：天津大学
出版社，2004.

[32] 孙大涌. 先进制造技术 [M]. 北京：机械工业
出版社，2002.

[33] 袁哲俊，王先逵. 精密和超精密加工技术 [M]
. 北京：机械工业出版社，1999.

[34] 左敦稳. 现代加工技术 [M]. 北京：北京航空
航天大学出版社，2005.

[35] 阎永达等. 基于STM的纳米加工技术研究进展
[J]. 机械工程学报. Vol. 39，No9：38 ~ 42.

[36] （俄）B. B. 科希洛夫. 装配工艺学原理与自动
装配设备 [M]. 潘传尧，高国猷译. 北京：中
国农业机械出版社，1983.

[37] 王先逵. 机械制造工艺学 [M]. 北京：机械工
业出版社，1995.

[38] 董维川. 机械产品清洁度 [M]. 北京：机械工
业出版社，1989.

[39] 大连组合机床研究所编. 组合机床设计 [M].
北京：机械工业出版社，1975.

[40] 金振华. 组合机床及其调整与使用 [M]. 北京：
机械工业出版社，1984.

[41] 毕承恩. 现代数控机床 [M]. 北京：机械工业
出版社，1993.

[42] 蔡复之等. 实用数控加工技术 [M]. 北京：兵
器工业出版社，1995.

[43] 谭益智. 柔性制造系统 [M]. 北京：兵器工业
出版社，1995.

[44] 田雨华. 计算机集成制造系统 [M]. 北京：兵
器工业出版社，1990.

第4篇 工程材料

主　　编　　方洞浦
编 写 人　　耿香月
　　　　　　陈贻瑞
　　　　　　方洞浦

1 钢[1~3]

1 概述

钢是可变形的含碳铁基合金，含碳量（指质量分数，用符号 w_C 表示）一般在 2% 以下，并可能含有其他元素。在个别钢中（如高铬钢）其 w_C 可超过 2%，但 $w_C2\%$ 通常作为划分钢和铸铁的界限。在现代工程材料中，把经塑性变形的（锻、轧等）、以铁为基体的其他合金也包括在钢类中。

1.1 钢中的合金元素

合金元素对钢的组织与性能的影响见表 4.1-。

表 4.1-1 合金元素在钢中的主要作用

（按元素符号字母为序）

元素名称	对组织的影响	对性能的影响
Al（铝）	缩小 γ 相区，形成 γ 相圈；在 α 铁及 γ 铁中的最大溶解度分别为 36% 及 0.6%，不形成碳化物，但与氮及氧亲和力极强	主要用来脱氧和细化晶粒。在渗氮钢中促使形成坚硬耐蚀的渗氮层。含量高时，赋予钢高温抗氧化及耐氧化性介质、H_2S 气体的腐蚀作用。固溶强化作用大。耐热合金中，与镍形成 γ′相（Ni_3Al），从而提高其热强性。有促使石墨化倾向，对淬透性影响不显著
As（砷）	缩小 γ 相区，形成 γ 相圈，作用与磷相似，在钢中偏析严重	含量不超过 0.2% 时，对钢的一般力学性能影响不大，但增加回火脆性敏感性
B（硼）	缩小 γ 相区，但因形成 Fe_2B，不能无限固溶。在 α 铁及 γ 铁中的最大溶解度分别为不大于 0.002% 及 0.02%	微量硼在晶界上阻抑铁素体晶核的形成，从而延长奥氏体的孕育期，提高钢的淬透性。但随钢中碳含量的增加，此种作用逐渐减弱以至完全消失
C（碳）	扩大 γ 相区，但因形成渗碳体，不能无限固溶。在 α 铁及 γ 铁中的最大溶解度为 0.02% 及 2.11%	随含量的增加，提高钢的硬度和强度，但降低其塑性和韧性
Co（钴）	无限固溶于 γ 铁，在 α 铁中的溶解度为 76%，非碳化物形成元素	有固溶强化作用，赋予钢红硬性，改善钢的高温性能和抗氧化及耐腐蚀的能力，为超硬高速钢及高温合金的重要合金化元素。提高钢的 M_s 点，降低钢的淬透性
Cr（铬）	缩小 γ 相区，形成 γ 相圈；在 α 铁中无限固溶，在 γ 铁中的最大溶解度为 12.5%，中等碳化物形成元素，随铬含量的增加，可形成 $(Fe,Cr)_3C$、$(Cr,Fe)_7C_3$ 及 $(Cr,Fe)_{23}C_6$ 等碳化物	增加钢的淬透性并有二次硬化作用，提高高碳钢的耐磨性。含量超过 12% 时，使钢有良好的高温抗氧化性和耐氧化性介质腐蚀的作用，并增加钢的热强性。为不锈耐酸钢和耐热钢的主要合金化元素。含量高时，易发生 σ 相和 475℃ 脆性
Cu（铜）	扩大 γ 相区，但不无限固溶；在 α 铁及 γ 铁中最大溶解度分别约 2% 或 9.5%，在 724 及 700℃ 时，在 α 铁中的溶解度剧降至 0.68% 及 0.52%	当含量超过 0.75% 时，经固溶处理和时效后可产生时效强化作用。含量低时，其作用与镍相似，但较弱。含量较高时，对热压力加工不利，如超过 0.30%，在氧化气氛中加热，由于选择性氧化作用，在表面将形成一富铜层，在高温熔化并侵蚀钢表面层的晶粒边界，在热压力加工时导致高温铜脆现象。如钢中同时含有超过铜含量 1/3 的镍，则可避免此种铜脆的发生，如用于铸钢也可上述弊病。在低碳低合金钢中，特别与磷同时存在时，可提高钢的抗大气腐蚀性能。为不锈耐酸钢和耐酸钢中可提高其对硫酸、磷酸及盐酸等的抗腐蚀性及对应力腐蚀的稳定性
H（氢）	扩大 γ 相区，在奥氏体中的溶解度远大于在铁素体中的溶解度；而在铁素体中的溶解度也随温度的下降而剧减	氢使钢易产生白点等缺陷，也是导致焊缝热影响区冷裂的重要因素。因此，应采取一切可能的措施降低钢中的氢含量
Mn（锰）	扩大 γ 相区，形成无限固溶体。对铁素体和奥氏体有较强的固溶强化作用。为弱碳化物形成元素，进入渗碳体替代部分铁原子，形成合金渗碳体	与硫形成熔点较高的 MnS，可防止因 FeS 而导致的热脆现象。降低钢的下临界点，增加奥氏体冷却时的过冷度，细化珠光体组织以改善其力学性能，为低合金钢的重要合金化元素之一，并为无镍及少镍奥氏体钢的主要奥氏体化元素。提高钢的淬透性的作用强，但有增加晶粒粗化和回火脆性的不利倾向

（续）

元素名称	对组织的影响	对性能的影响
Mo（钼）	缩小 γ 相区，形成 γ 相圈；在 α 铁及 γ 铁中的最大溶解度分别约 37.5% 及 4%。强碳化物形成元素	阻抑奥氏体到珠光体转变的能力最强，从而提高钢的淬透性，并为贝氏体高强度钢的重要合金化元素之一。含量约 0.5% 时，能降低或抑止其他合金元素导致的回火脆性。在较高回火温度下，形成弥散分布的特殊碳化物，有二次硬化作用，提高钢的热强性和蠕变强度。含量 2%~3% 能增加耐蚀钢抗有机酸及还原性介质腐蚀的能力
N（氮）	扩大 γ 相区，但由于形成氮化铁而不能无限固溶；在 α 铁及 γ 铁中的最大溶解度分别约为 0.1% 及 2.8%。不形成碳化物，但与钢中其他合金元素形成氮化物，如 TiN、VN、AlN 等	有固溶强化和提高淬透性的作用，但均不太显著。由于氮化物在晶界上析出，提高晶界高温强度，从而增加钢的蠕变强度。在奥氏体钢中，可以取代一部分镍。与钢中其他元素化合，有沉淀硬化作用；对钢抗腐蚀性能的影响不显著，但钢表面渗氮后，不仅增加其硬度和耐磨性，也显著改善其抗蚀性。在低碳钢中，残余氮会导致时效脆性
Nb（铌）	缩小 γ 相区，但由于拉氏相 NbFe$_2$ 的形成而不形成 γ 相圈；在 α 铁及 γ 铁中的最大溶解度分别约为 1.8% 及 2.6%。强碳化物及氮化物形成元素	部分元素进入固溶体，固溶强化作用很强。固溶于奥氏体时，显著提高钢的淬透性；但以碳化物及氧化物微细颗粒形态存在时，却细化晶粒并降低钢的淬透性。增加钢的回火稳定性，有二次硬化作用。微量铌可以在不影响钢的塑性或韧性的情况下，提高钢的强度。由于细化晶粒的作用，提高钢的冲击韧度并降低其脆性转折温度，有利于改善焊接性能。当含量大于含量的 8 倍时，几乎可以固定钢中所有的碳，使钢具有很好的抗氢性能；在奥氏体钢中，可以防止氧化介质对钢的晶间腐蚀。由于固定钢中的碳和沉淀硬化作用，可以提高热强钢的高温性能，如蠕变强度等
Ni（镍）	扩大 γ 相区，形成无限固溶体，在 α 铁中的最大溶解度约为 7%。不形成碳化物	固溶强化及提高淬透性的作用中等。细化铁素体晶粒，在强度相同的条件下，提高钢的塑性和韧性，特别是低温韧性。为主要奥氏体形成元素并改善钢的耐蚀性。与铬、钼等联合使用，提高钢的热强性和耐蚀性，为热强钢及奥氏体不锈耐酸钢的主要合金化元素之一
O（氧）	缩小 γ 相区，但由于氧化铁的形成，不形成 γ 相圈；在 α 铁及 γ 铁中的最大溶解度分别约为 0.03% 及 0.003%	固溶于钢中的数量极少，所以对钢性能的影响并不显著。超过溶解度部分的氧以各种夹杂的形式存在，对钢塑性及韧性不利，特别是对冲击韧度及脆性转折温度极为不利

（续）

元素名称	对组织的影响	对性能的影响
P（磷）	缩小 γ 相区，形成 γ 相圈；在 α 铁及 γ 铁中的最大溶解度分别为 2.5% 及 0.25%。不形成碳化物，但含量高时易形成 Fe$_3$P	固溶强化及冷作硬化作用极强；与铜联合使用，提高低合金高强度钢的耐大气腐蚀性能，但降低其冷冲压性能。与硫锰联合使用，增加钢的被切削性。在钢中偏析严重，增加钢的回火脆性及冷脆敏感性
Pb（铅）	基本上不溶于钢中	含量在 0.20% 左右并以极微小的颗粒存在时，能在不显著影响其他性能的前提下，改善钢的被切削性
RE	包括元素周期表 Ⅲ B 族中镧系元素及钇和钪，共 17 个元素。它们都缩小 γ 相区，除镧外，都由于中间化合物的形成而不形成 γ 相圈；它们在铁中的溶解度都很低，如铈和钕的溶解度都不超过 0.5%。他们在钢中，半数以上进入碳化物，小部分进入夹杂物，其余部分存在于固溶体中。它们和氧、硫、磷、氮、氢的亲合力很强，和砷、锑、铅、铋、锡等也都能形成熔点较高的化合物	有脱气、脱硫和消除其他有害杂质的作用。还改善夹杂物的形态和分布，改善钢的铸态组织，从而提高钢的质量 0.2% 的稀土加入量可以提高钢的抗氧化性，高温强度及蠕变强度；也可以较大幅度地提高不锈耐酸钢的耐蚀性
S（硫）	缩小 γ 相区，因有 FeS 的形成，未能形成 γ 相圈。在铁中溶解度很小，主要以硫化物的形式存在	提高硫和锰的含量，可以改善钢的被切削性。在钢中偏析严重，恶化钢的质量。如以熔点较低的 FeS 的形式存在时，将导致钢的热脆。硫含量偏高，焊接时由于 SO$_2$ 的产生，将在焊接金属内形成气孔和疏松
Si（硅）	缩小 γ 相区，形成 γ 相圈；在 α 铁及 γ 铁中的溶解度分别为 18.5% 及 2.15%。不形成碳化物	为常用的脱氧剂。对铁素体的固溶强化作用仅次于磷，提高钢的电阻率，降低磁滞损耗，对磁导率也有所改善，为硅钢片的主要合金化元素。提高钢的淬透性和抗回火性，对钢的综合力学性能，特别是弹性极限有利。还可增强钢在大气环境中的耐蚀性。为弹簧钢和低合金高强度钢中常用的合金元素。含量较高时，对钢的焊接性不利，因焊接时喷溅较严重，有损焊缝质量，并易导致冷脆；对中、高碳钢回火时易产生石墨化

（续）

元素名称	对组织的影响	对性能的影响
Ti（钛）	缩小 γ 相区，形成 γ 相圈；在 α 铁及 γ 铁中的最大溶解度约为 9% 及 0.7%，系最强的碳化物形成元素，与氮的亲和力也极强	固溶强化作用极强，但同时降低固溶体的韧性。固溶于奥氏体中提高钢淬透性的作用很强；但化合钛，由于其细微颗粒形成新相的晶核从而促进奥氏体分解，降低钢的淬透性。提高钢的回火稳定性，并有二次硬化作用。含量高时析出弥散分布的拉氏相 TiFe₂，而产生时效强化作用。提高耐热钢的抗氧化性和热强性，如蠕变和持久强度。在高镍含铝合金中形成 γ′相 [Ni₃（Al，Ti）]，弥散析出，提高合金的热强性。有防止和减轻不锈耐酸钢晶间和应力腐蚀的作用。由于细化晶粒和固定碳，对钢的焊接性有利
V（钒）	缩小 γ 相区，形成 γ 相圈；在 α 铁中无限固溶，在 γ 铁中的最大溶解度约 1.35%。强碳化物及氮化物形成元素	固溶于奥氏体中可提高钢的淬透性；但以化合物状态存在的钒，由于这类化合物的细小颗粒形成新相的晶核，将降低钢的淬透性并有强烈的二次硬化作用。固溶于铁素体中有极强的固溶强化作用。有细化晶粒，所以对低温冲击韧性有利。碳化钒是金属碳化物中

（续）

元素名称	对组织的影响	对性能的影响
V（钒）	缩小 γ 相区，形成 γ 相圈；在 α 铁中无限固溶，在 γ 铁中的最大溶解度约 1.35%。强碳化物及氮化物形成元素	硬最耐磨的，可提高工具钢的使用寿命。钒通过细小碳化物颗粒的弥散分布可以提高钢的蠕变和持久强度。钒、碳含量比大于 5.7 时可防止或减轻介质对不锈耐酸钢的晶间腐蚀，并提高钢抗高温高压氢腐蚀的能力，但对钢高温抗氧化性不利
W（钨）	缩小 γ 相区，形成 γ 相圈；在 α 铁和 γ 铁中的最大溶解度分别为 35% 及 4%。强碳化物形成元素，碳化钨硬而耐磨	钨有二次硬化作用，赋予红硬性，以及增加耐磨性。其对钢淬透性、回火稳定性、力学性能及热强性的影响均与钼相似，但按重量含量的百分数比较，其作用较钼为弱。对钢抗氧化性不利
Zr（锆）	缩小 γ 相区，形成 γ 相圈；在 α 铁和 γ 铁中的最大溶解度分别约为 0.8% 及 2%。强碳化物及氮化物形成元素，其作用仅次于钛	在钢中的一些作用与铌、钛、钒相似。少量的锆有脱气、净化和细化晶粒的作用，对钢的低温韧性有利，并可消除时效现象，改善钢的冲压性能

注：表中含量皆指质量分数。

1.1.2 材料的力学性能

1. 材料的力学性能及其名词解释（见表 4.1-2）

表 4.1-2 材料力学性能及其名词解释

项目	名 词	代号	单位	说 明
1	极限强度（强度）	—	MPa	材料抵抗外力破坏作用的最大能力
	（1）抗拉强度（抗张强度）	σ_b		外力是拉力时的极限强度
	（2）抗压强度	σ_y		外力是压力时的极限强度
	（3）抗弯强度	σ_w		外力与材料轴线垂直，并在作用后使材料呈弯曲的极限强度
	（4）抗剪强度	τ		外力与材料轴线垂直，并对材料呈剪切作用的极限强度
2	（1）屈服点（物理屈服强度）	σ_s		材料受拉力至某一程度时，其变形突然增加很大，这时材料抵抗外力的能力
	（2）规定残余伸长应力（屈服强度、条件屈服强度）	σ_r $\sigma_{r0.2}$		材料在卸除拉力后，标距部分残余伸长率达到规定数值（常为 0.2%）的应力
3	弹性极限	σ_e		材料在受外力（拉力）到某一限度时，若除去外力，其变形（伸长）即消失，恢复原状，材料抵抗这一限度外力的能力
4	伸长率	δ	%	材料受拉力作用断裂时，伸长的长度与原有长度的百分比
	（1）短试棒求得的伸长率	δ_5		试棒标距 = 5 倍直径
	（2）长试棒求得的伸长率	δ_{10}		试棒标距 = 10 倍直径
5	断面收缩率（收缩率）	ψ		材料受拉力作用断裂时，断面缩小的面积与原有断面积百分比

（续）

项目	名　词	代号	单位	说　明
6	硬度	—		材料抵抗硬的物体压入自己表面的能力
	（1）布氏硬度	HBS	MPa	它是以一定的负荷把一定直径的淬硬钢球或硬质合金球压于材料表面，保持规定时间后卸除负荷，测量材料表面的压痕，按公式用压痕面积来除负荷所得的商
				HBS 为以淬硬钢球作压头时测得的布氏硬度值，适用于布氏硬度值在 450 以下的材料
		HBW		HBW 为以硬质合金球作压头时测得的布氏硬度值，适用于布氏硬度值在 450～650 的材料
	（2）洛氏硬度	HR	—	用一定的负荷，把淬硬钢球或 120° 圆锥形金刚石压入器压入材料表面，然后用材料表面上压印的深度来计算硬度大小
	①标尺 C	HRC		采用 1470N 负荷和圆锥形金刚石压入器求得的硬度
	②标尺 A	HRA		采用 588N 负荷和圆锥形金刚石压入器求得的硬度
	③标尺 B	HRB		采用 980N 负荷和直径 1.59mm 淬硬钢球求得的硬度
	（3）表面洛氏硬度			试验原理与洛氏硬度一样，它适用于钢材表面经渗碳、氮化等处理的表面层硬度以及薄、小试件硬度的测定
	①标尺 15N	HR15N		采用 147.1N 总负荷和金刚石压入器求得的硬度
	②标尺 30N	HR30N		采用 294.2N 总负荷和金刚石压入器求得的硬度
	③标尺 45N	HR45N		采用 441.3N 总负荷和金刚石压入器求得的硬度
	④标尺 15T	HR15T		采用 147.1N 总负荷和 1.5875mm 钢球压入器求得的硬度
	⑤标尺 30T	HR30T		采用 294.2N 总负荷和 1.5875mm 钢球压入器求得的硬度
	⑥标尺 45T	HR45T		采用 441.3N 总负荷和 1.5875mm 钢球压入器求得硬度
	（4）维氏硬度	HV	MPa	以一定负荷把 136° 方锥形金刚石压头压于材料表面，保持规定时间后卸除负荷，测量材料表面的压痕对角线平均长度，按公式用压痕面积来除负荷所得的商
	（5）肖氏硬度	HS	—	用一定质量的带有金刚石圆头或钢球的重锤，从一定高度上落于金属试样的表面，根据钢球回跳的高度所求得的硬度
7	韧性			材料抵抗冲击载荷破坏的能力
	（1）冲击吸收功（冲击功）	A_{kU} A_{kv}	J	用一定质量的摆锤在一定高度自由落下冲断带有 U 形或 V 形缺口的试样时，试样断面上吸收的冲击功
	（2）冲击韧性（冲击值）	α_{ku} α_{kV}	J·mm^{-2}	试样断面单位面积上吸收的冲击功

注：硬度值表示方法，举例：120HBS10/3000 为用 10mm 钢球，在 29.42kN（3000kgf）负荷下保持 10s 测定硬度的值，也可简化为 120HBS。

2. 各种硬度值对照表（见表 4.1-3）

表 4.1-3　黑色金属材料硬度值的对照表（以布氏硬度试验时测得的压痕直径为准）

（续）

$D=10$mm $P=29420$N 时的压痕直径/mm	硬　度				
	HBW HBS	HV	HRB	HRC	HRA
2.20	780	1220	—	72	89
2.25	745	1114	—	69	87
2.30	712	1021	—	67	85
2.35	682	940	—	65	84
2.40	653	867	—	63	83
2.45	627	803	—	61	82
2.50	601	746	—	59	81
2.55	578	694	—	58	80
2.60	555	649	—	56	79
2.65	534	606	—	54	78
2.70	514	587	—	52	77
2.75	495	551	—	51	76
2.80	477	534	—	49	76
2.85	461	502	—	48	75
2.90	444	474	—	47	74
2.95	429	460	—	45	73
3.00	415	435	—	44	73

（续）

$D=10mm$ $P=29420N$ 时的 压痕直径/mm	硬 度				
	HBW HBS	HV	HRB	HRC	HRA
3.05	401	423	—	43	72
3.10	388	401	—	41	71
3.15	375	390	—	40	71
3.20	363	380	—	39	70
3.25	352	361	—	38	69
3.30	341	344	—	37	69
3.35	331	333	—	36	68
3.40	321	320	—	35	68
3.45	311	312	—	34	67
3.50	302	305	—	33	67
3.55	293	291	—	31	66
3.60	285	285	—	30	66
3.65	277	278	—	29	65
3.70	269	272	—	28	65
3.75	262	261	—	27	64
3.80	255	255	—	26	64
3.85	248	250	—	25	63
3.90	241	246	100	24	63
3.95	235	235	99	23	62
4.00	225	220	98	22	62
4.05	223	221	97	21	61
4.10	217	217	97	20	61
4.15	212	213	96	19	60
4.20	207	209	95	18	60
4.25	201	201	94	—	59
4.30	197	197	93	—	58
4.30	192	190	92	—	58
4.40	187	186	91	—	57
4.45	183	183	89	—	56
4.50	179	179	88	—	56
4.55	174	174	87	—	55
4.60	171	171	86	—	55
4.65	165	165	85	—	54
4.70	162	162	84	—	53
4.75	159	159	83	—	53
4.80	156	154	82	—	52
4.85	152	152	81	—	52
4.90	149	149	80	—	51
4.95	146	147	78	—	50
5.00	143	144	77	—	50
5.05	140	—	76	—	—
5.10	137	—	75	—	—
5.15	134	—	74	—	—
5.20	131	—	72	—	—
5.25	128	—	71	—	—
5.30	126	—	69	—	—
5.35	123	—	69	—	—
5.40	121	—	67	—	—
5.45	118	—	66	—	—
5.50	116	—	65	—	—

（续）

$D=10mm$ $P=29420N$ 时的 压痕直径/mm	硬 度				
	HBW HBS	HV	HRB	HRC	HRA
5.55	114	—	64	—	—
5.60	111	—	62	—	—
5.70	107	—	59	—	—
5.80	103	—	57	—	—
5.90	99	—	54	—	—
6.00	95.5	—	52	—	—

注：1. 布氏硬度：主要用来测定铸件、锻件、有色金属制件、热轧坯料及退火件的硬度，测定范围≤450HBS。

2. 洛氏硬度：HRA 主要用于高硬度试件，测定硬度高于 67HRC 以上的材料和表面硬度，如硬质合金、渗氮钢等，测定范围 > 70HRA。HRC 主要用于钢制件（如碳钢、工具钢、合金钢等）淬火或回火后的硬度测定，测定范围 20~67HRC。

3. 维氏硬度：用于测定薄件和钢板制件的硬度，也可用于测定渗碳、液体碳氮共渗、渗氮等表面硬化制件的硬度。

3. 常用钢铁材料的硬度与强度换算

材料的强度指标是机械设计的重要依据，相当程度上决定了材料的使用价值，而硬度值测试简便迅速、不破坏工件。若能由硬度值推算出强度值，即使是近似的，也具有十分重要的实用价值。

长期以来，通过大量的试验研究，人们得到了一些经验公式，例如布氏硬度与抗拉强度 σ_b 有以下的近似关系

$$\sigma_b = K \cdot HB$$

对钢铁材料：$K = 0.33 \sim 0.36 \approx \dfrac{1}{3}$

即：$\sigma_b = \dfrac{1}{3} HB$

对铜及其合金和不锈钢：$K = 0.4 \sim 0.55$。

这样只要测得硬度值 HB，便可粗略地推知钢铁材料的抗拉强度。

碳钢的硬度与强度换算见表 4.1-4，黑色金属的硬度与强度换算见表 4.1-5。

表 4.1-4 碳钢的硬度与强度换算

硬 度							抗拉强度 σ_b /MPa
洛氏	表面洛氏			维氏	布氏		
					HBS		
HRB	HR15T	HR30T	HR45T	HV	$F/D^2=10$	$F/D^2=30$	
60.0	80.4	56.1	30.4	105	102		375
60.5	80.5	56.4	30.9	105	102		377
61.0	80.7	56.7	31.4	106	103		379
61.5	80.8	57.1	31.9	107	103		381

（续）

硬 度							抗拉强度 σ_b
洛氏	表面洛氏			维氏	布氏		
HRB	HR15T	HR30T	HR45T	HV	HBS		/MPa
					$F/D^2 = 10$	$F/D^2 = 30$	
62. 0	80. 9	57. 4	32. 4	108	104		382
62. 5	81. 1	57. 7	32. 9	108	104		384
63. 0	81. 2	58. 0	33. 5	109	105		386
63. 5	81. 4	58. 3	34. 0	110	105		388
64. 0	81. 5	58. 7	34. 5	110	106		390
64. 5	81. 6	59. 0	35. 0	111	106		393
65. 0	81. 8	59. 3	35. 5	112	107		395
65. 5	81. 9	59. 6	36. 1	113	107		397
66. 0	82. 1	59. 9	36. 6	114	108		399
66. 5	82. 2	60. 3	37. 1	115	108		402
67. 0	82. 3	60. 6	37. 6	115	109		404
67. 5	82. 5	60. 9	38. 1	116	110		407
68. 0	82. 6	61. 2	38. 6	117	110		409
68. 5	82. 7	61. 5	39. 2	118	111		412
69. 0	82. 9	61. 9	39. 7	119	112		415
69. 5	83. 0	62. 2	40. 2	120	112		418
70. 0	83. 2	62. 5	40. 7	121	113		421
70. 5	83. 3	62. 8	41. 2	122	114		424
71. 0	83. 4	63. 1	41. 7	123	115		427
71. 5	83. 6	63. 5	42. 3	124	115		430
72. 0	83. 7	63. 8	42. 8	125	116		433
72. 5	83. 9	64. 1	43. 3	126	117		437
73. 0	84. 0	64. 4	43. 8	128	118		440
73. 5	84. 1	64. 7	44. 3	129	119		444
74. 0	84. 3	65. 1	44. 8	130	120		447
74. 5	84. 4	65. 4	45. 4	131	121		451
75. 0	84. 5	65. 7	45. 9	132	122		455
75. 5	84. 7	66. 0	46. 4	134	123		459
76. 0	84. 8	66. 3	46. 9	135	124		463
76. 5	85. 0	66. 6	47. 4	136	125		467
77. 0	85. 1	67. 0	47. 9	138	126		471
77. 5	85. 2	67. 3	48. 5	139	127		475
78. 0	85. 4	67. 6	49. 0	140	128		480
78. 5	85. 5	67. 9	49. 5	142	129		484
79. 0	85. 7	68. 2	50. 0	143	130		489
79. 5	85. 8	68. 6	50. 5	145	132		493
80. 0	85. 9	68. 9	51. 0	146	133		498
80. 5	86. 1	69. 2	51. 6	148	134		503
81. 0	86. 2	69. 5	52. 1	149	136		508
81. 5	86. 3	69. 8	52. 6	151	137		513
82. 0	86. 5	70. 2	53. 1	152	138		518
82. 5	86. 6	70. 5	53. 6	154	140		523
83. 0	86. 8	70. 8	54. 1	156		152	529
83. 5	86. 9	71. 1	54. 7	157		154	534
84. 0	87. 0	71. 4	55. 2	159		155	540
84. 5	87. 2	71. 8	55. 7	161		156	546
85. 0	87. 3	72. 1	56. 2	163		158	551
85. 5	87. 5	72. 4	56. 7	165		159	557
86. 0	87. 6	72. 7	57. 2	166		161	563
86. 5	87. 7	73. 0	57. 8	168		163	570
87. 0	87. 9	73. 4	58. 3	170		164	576

（续）

硬 度							抗拉强度 σ_b
洛氏	表面洛氏			维氏	布氏		/MPa
					HBS		
HRB	HR15T	HR30T	HR45T	HV	$F/D^2 = 10$	$F/D^2 = 30$	
87.5	88.0	73.7	58.8	172		166	582
88.0	88.1	74.0	59.3	174		168	589
88.5	88.3	74.3	59.8	176		170	596
89.0	88.4	74.6	60.3	178		172	603
89.5	88.6	75.0	60.9	180		174	609
90.0	88.7	75.3	61.4	183		176	617
90.5	88.8	75.6	61.9	185		178	624
91.0	89.0	75.9	62.4	187		180	631
91.5	89.1	76.2	62.9	189		182	639
92.0	89.3	76.6	63.4	191		184	646
92.5	89.4	76.9	64.0	194		187	654
93.0	89.5	77.2	64.5	196		189	662
93.5	89.7	77.5	65.0	199		192	670
94.0	89.8	77.8	65.5	201		195	678
94.5	89.9	78.2	66.0	203		197	686
95.0	90.1	78.5	66.5	206		200	695
95.5	90.2	78.8	67.1	208		203	703
96.0	90.4	79.1	67.6	211		206	712
96.5	90.5	79.4	68.1	214		209	721
97.0	90.6	79.8	68.6	216		212	730
97.5	90.8	80.1	69.1	219		215	739
98.0	90.9	80.4	69.6	222		218	749
98.5	91.1	80.7	70.2	225		222	758
99.0	91.2	81.0	70.7	227		226	768
99.5	91.3	81.4	71.2	230		229	778
100.0	91.5	81.7	71.7	233		232	788

注：本表强度值适用于低碳钢。

表 4.1-5　黑色金属材料的硬度与强度换算（GB/T 1172—1999）

硬 度								抗拉强度 σ_b/MPa								
洛 氏		表面洛氏			维氏	布氏 ($F/D^2=30$)		碳钢	铬钢	铬钒钢	铬镍钢	铬钼钢	铬镍钼钢	铬锰硅钢	超高强度钢	不锈钢
HRC	HRA	HR15N	HR30N	HR45N	HV	HBS	HBW									
20.0	60.2	68.8	40.7	19.2	226	225	—	774	742	736	782	747	—	781	—	740
20.5	60.4	69.0	41.2	19.8	228	227	—	784	751	744	787	753	—	788	—	749
21.0	60.7	69.3	41.7	20.4	230	229	—	793	760	753	792	760	—	794	—	758
21.5	61.0	69.5	42.2	21.0	233	232	—	803	769	761	797	767	—	801	—	767
22.0	61.2	69.8	42.6	21.5	235	234	—	813	779	770	803	774	—	809	—	777
22.5	61.5	70.0	43.1	22.1	238	237	—	823	788	779	809	781	—	816	—	786
23.0	61.7	70.3	43.6	22.7	241	240	—	833	798	788	815	789	—	824	—	796
23.5	62.0	70.6	44.0	23.3	244	242	—	843	808	797	822	797	—	832	—	806
24.0	62.2	70.8	44.5	23.9	247	245	—	854	818	807	829	805	—	840	—	816
24.5	62.5	71.1	45.0	24.5	250	248	—	864	828	816	836	813	—	848	—	826
25.0	62.8	71.4	45.5	25.1	253	251	—	875	838	826	843	822	—	856	—	837
25.5	63.0	71.6	45.9	25.7	256	254	—	886	848	837	851	831	850	865	—	847
26.0	63.3	71.9	46.4	26.9	259	257	—	897	859	847	859	840	859	874	—	858
26.5	63.5	72.2	46.9	26.9	262	260	—	908	870	858	867	850	869	883	—	879
27.0	63.8	72.4	47.3	27.5	266	263	—	919	880	869	876	870	890	902	—	890
27.5	64.0	72.7	47.8	28.1	269	266	—	930	891	880	885	880	901	912	—	901
28.0	64.3	73.0	48.3	28.7	273	269	—	942	902	892	894	880	912	922	—	913
28.5	64.6	73.3	48.7	29.3	276	273	—	954	914	903	904	891	912	922	—	924
29.0	64.8	73.5	49.2	29.9	280	276	—	965	925	915	914	902	923	933	—	936
29.5	65.1	73.8	49.7	30.5	284	280	—	977	937	928	924	913	935	943	—	936

（续）

硬 度								抗拉强度 σ_b/MPa								
洛氏		表面洛氏			维氏	布氏 $(F/D^2=30)$		碳钢	铬钢	铬钒钢	铬镍钢	铬钼钢	铬镍钼钢	铬锰硅钢	超高强度钢	不锈钢
HRC	HRA	HR15N	HR30N	HR45N	HV	HBS	HBW									
30.0	65.3	74.1	50.2	31.1	288	283	—	989	948	940	935	924	947	954	—	947
30.5	65.6	74.4	50.6	31.7	292	287	—	1 002	960	953	946	936	959	965	—	959
31.0	65.8	74.7	51.1	32.3	296	291	—	1 014	972	966	957	948	972	977	—	971
31.5	66.1	74.9	51.6	32.9	300	294	—	1 027	984	980	969	961	985	989	—	983
32.0	66.4	75.2	52.0	33.5	304	298	—	1 039	996	993	981	974	999	1 001	—	996
32.5	66.6	75.5	52.5	34.1	308	302	—	1 052	1 009	1 007	994	987	1 012	1 013	—	1 008
33.0	66.9	75.8	53.0	34.7	313	306	—	1 065	1 022	1 022	1 007	1 001	1 027	1 026	—	1 021
33.5	67.1	76.1	53.4	35.3	317	310	—	1 078	1 034	1 036	1 020	1 015	1 041	1 039	—	1 034
34.0	67.4	76.4	53.9	35.9	321	314	—	1 092	1 048	1 051	1 034	1 029	1 056	1 052	—	1 047
34.5	67.7	76.7	54.4	36.5	326	318	—	1 105	1 061	1 067	1 048	1 043	1 071	1 066	—	1 060
35.0	67.9	77.0	54.8	37.0	331	323	—	1 119	1 074	1 082	1 063	1 058	1 087	1 079	—	1 074
35.5	68.2	77.2	55.3	37.6	335	327	—	1 133	1 088	1 098	1 078	1 074	1 103	1 094	—	1 087
36.0	68.4	77.5	55.8	38.2	340	332	—	1 147	1 102	1 114	1 093	1 090	1 119	1 108	—	1 101
36.5	68.7	77.8	56.2	38.8	345	336	—	1 162	1 116	1 131	1 109	1 106	1 136	1 123	—	1 116
37.0	69.0	78.1	56.7	39.4	350	341	—	1 177	1 131	1 148	1 125	1 122	1 153	1 139	—	1 130
37.5	69.2	78.4	57.2	40.0	355	345		1 192	1 146	1 165	1 142	1 139	1 171	1 155		1 145
38.0	69.5	78.7	57.6	40.6	360	350		1 207	1 161	1 183	1 159	1 157	1 189	1 171		1 161
38.5	69.7	79.0	58.1	41.2	365	355		1 222	1 176	1 201	1 177	1 174	1 207	1 187	1 170	1 176
39.0	70.0	79.3	58.6	41.8	371	360		1 238	1 192	1 219	1 195	1 192	1 226	1 204	1 195	1 193
39.5	70.3	79.6	59.0	42.4	376	365		1 254	1 208	1 238	1 214	1 211	1 245	1 222	1 219	1 209
40.0	70.5	79.9	59.5	43.0	381	370	370	1 271	1 225	1 257	1 233	1 230	1 265	1 240	1 243	1 226
40.5	70.8	80.2	60.0	43.6	387	375	375	1 288	1 242	1 276	1 252	1 249	1 285	1 258	1 267	1 244
41.0	71.1	80.5	60.4	44.2	393	380	381	1 305	1 260	1 296	1 273	1 269	1 306	1 277	1 290	1 262
41.5	71.3	80.8	60.9	44.8	398	385	386	1 322	1 278	1 317	1 293	1 289	1 327	1 296	1 313	1 280
42.0	71.6	81.1	61.3	45.4	404	391	392	1 340	1 296	1 337	1 314	1 310	1 348	1 316	1 336	1 299
42.5	71.8	81.4	61.8	45.9	410	396	397	1 359	1 315	1 358	1 336	1 331	1 370	1 336	1 359	1 319
43.0	72.1	81.7	62.3	46.5	416	401	403	1 378	1 335	1 380	1 358	1 353	1 392	1 357	1 381	1 339
43.5	72.4	82.0	62.7	47.1	422	407	409	1 397	1 355	1 401	1 380	1 375	1 415	1 378	1 404	1 361
44.0	72.6	82.3	63.2	47.7	428	413	415	1 417	1 376	1 424	1 404	1 397	1 439	1 400	1 427	1 383
44.5	72.9	82.6	63.6	48.3	435	418	422	1 438	1 398	1 446	1 427	1 420	1 462	1 422	1 450	1 405
45.0	73.2	82.9	64.1	48.9	441	424	428	1 459	1 420	1 469	1 451	1 444	1 487	1 445	1 473	1 429
45.5	73.4	83.2	64.6	49.5	448	430	435	1 481	1 444	1 493	1 476	1 468	1 512	1 469	1 496	1 453
46.0	73.7	83.5	65.0	50.1	454	436	441	1 503	1 468	1 517	1 502	1 492	1 537	1 493	1 520	1 479
46.5	73.9	83.7	65.5	50.7	461	442	448	1 526	1 493	1 541	1 527	1 517	1 563	1 517	1 544	1 505
47.0	74.2	84.0	65.9	51.2	468	449	455	1 550	1 519	1 566	1 554	1 542	1 589	1 543	1 569	1 533
47.5	74.5	84.3	66.4	51.8	475		463	1 575	1 546	1 591	1 581	1 568	1 616	1 569	1 594	1 562
48.0	74.7	84.6	66.8	52.4	482		470	1 600	1 574	1 617	1 608	1 595	1 643	1 595	1 620	1 592
48.5	75.0	84.9	67.3	53.0	489		478	1 626	1 603	1 643	1 636	1 622	1 671	1 623	1 646	1 623
49.0	75.3	85.2	67.7	53.6	497		486	1 653	1 633	1 670	1 665	1 649	1 699	1 651	1 674	1 655
49.5	75.5	85.5	68.2	54.2	504		494	1 681	1 665	1 697	1 695	1 677	1 728	1 679	1 702	1 689
50.0	75.8	85.7	68.6	54.7	512		502	1 710	1 698	1 724	1 724	1 706	1 758	1 709	1 731	1 725
50.5	76.1	86.0	69.1	55.3	520		510		1 732	1 752	1 755	1 735	1 788	1 739	1 761	
51.0	76.3	86.3	69.5	55.9	527		518		1 768	1 780	1 786	1 764	1 819	1 770	1 792	
51.5	76.6	86.6	70.0	56.5	535		527		1 806	1 809	1 818	1 794	1 850	1 801	1 824	
52.0	76.9	86.8	70.4	57.1	544		535		1 845	1 839	1 850	1 825	1 881	1 834	1 857	

（续）

硬 度									抗拉强度 σ_b/MPa								
洛 氏		表面洛氏			维氏	布氏 ($F/D^2=30$)		碳钢	铬钢	铬钒钢	铬镍钢	铬钼钢	铬镍钼钢	铬锰硅钢	超高强度钢	不锈钢
HRC	HRA	HR15N	HR30N	HR45N	HV	HBS	HBW									
52.5	77.1	87.1	70.9	57.6	552		544			1 869	1 883	1 856	1 914	1 867	1 892	
53.0	77.4	87.4	71.3	58.2	561		552			1 899	1 917	1 888	1 947	1 901	1 929	
53.5	77.7	87.6	71.8	58.8	569		561			1 930	1 951			1 936	1 966	
54.0	77.9	87.9	72.2	59.4	578		569			1 961	1 986			1 971	2 006	
54.5	78.2	88.1	72.6	59.9	587		577			1993	2 022			2 008	2 047	
55.0	78.5	88.4	73.1	60.5	596	—	585	—	—	2 026	2 058	—	—	2 045	2 090	—
55.5	78.7	88.6	73.5	61.1	606		593	—	—	—	—	—	—	—	2 135	
56.0	79.0	88.9	73.9	61.7	615		601			—				—	2 181	
56.5	79.3	89.1	74.4	62.2	625		608							—	2 230	
57.0	79.5	89.4	74.8	62.8	635		616							—	2 281	
57.5	79.8	89.6	75.2	63.4	645	—	622			—				—	2 334	
58.0	80.1	89.8	75.6	63.9	655	—	628							—	2 390	
58.5	80.3	90.0	76.1	64.5	666	—	634							—	2 448	
59.0	80.6	90.2	76.5	65.1	676	—	639							—	2 509	
59.5	80.9	90.4	76.9	65.6	687	—	643							—	2 572	
60.0	81.2	90.6	77.3	66.2	698	—	647								2 639	
60.5	81.4	90.8	77.7	66.8	710	—	650									
61.0	81.7	91.0	78.1	67.3	721											
61.5	82.0	91.2	78.6	67.9	733											
62.0	82.2	91.4	79.0	68.4	745											
62.5	82.5	91.5	79.4	69.0	757	—										
63.0	82.8	91.7	79.8	69.5	770	—										
63.5	83.1	91.8	80.2	70.1	782	—										
64.0	83.3	91.9	80.6	70.6	795	—										
64.5	83.6	92.1	81.0	71.2	809	—										
65.0	83.9	92.2	81.3	71.7	822	—										
65.5	84.1	—	—	—	836											
66.0	84.4	—	—	—	850											
66.5	84.7				865											
67.0	85.0				879	—										
67.5	85.2				894	—										
68.0	85.5				909	—										

1.1.3 钢材的交货状态

钢材的交货状态见表 4.1-6

表 4.1-6 钢材交货状态

名 称	说 明
热轧状态	钢材在热轧或锻造后不再对其进行专门热处理，冷却后直接交货，称为热轧或热锻状态 热轧（锻）的终止温度一般为 800~900℃，之后一般在空气中自然冷却，因而热轧（锻）状态相当于正火处理。所不同的是因为热轧（锻）终止温度有高有低，不像正火加热温度控制严格，因而钢材组织与性能的波动比正火大。目前不少钢铁企业采用控制轧制，由于终轧温度控制很严格，因而钢材组织细化，交货钢材有较高的综合力学性能。无扭控冷热轧盘条比普通热轧盘条性能优越就是这个道理 热轧（锻）状态交货的钢材，由于表面覆盖有一层氧化铁皮，因而具有一定的耐蚀性，储运保管的要求不像冷拉（轧）状态交货的钢材那样严格，大中型型钢、中厚钢板可以在露天货场或经苫盖后存放
冷拉（轧）状态	经冷拉、冷轧等冷加工成型的钢材，不经任何热处理而直接交货的状态，称为冷拉或冷轧状态。与热轧（轧）状态相比，冷拉（轧）状态的钢材尺寸精度高、表面质量好、表面粗糙度低，并有较高的力学性能 由于冷拉（轧）状态交货的钢材表面没有氧化皮覆盖，并且存在很大的内应力，极易遭受腐蚀或生锈，因而冷拉（轧）状态的钢材，其包装、储运均有较严格的要求，一般均需在库房内保管，并应注意库房内的温湿度控制

（续）

名　称	说　明
正火状态	钢材出厂前经正火热处理，这种交货状态称正火状态。由于正火加热温度［亚共析钢为 $Ac_3 + (30 \sim 50)$℃，过共析钢为 $Ac_{cm} + (30 \sim 50)$℃］比热轧终止温度控制严格，因而钢材的组成、性能均匀。与退火状态的钢材相比，由于冷却速度较快，钢的组织中珠光体数量增多，珠光体层片及钢的晶粒细化，因而有较高的综合力学性能，并有利于改善低碳钢的魏氏组织和过共析钢的渗碳体网状，可为成品的进一步热处理做好组织准备。碳素结构钢、合金结构钢钢材常采用正火状态交货。某些低合金高强度钢如14MnMoVBRE、14CrMnMoVB钢为了获得贝氏体组织，也要求正火状态交货
退火状态	钢材出厂前经退火热处理，这种交货状态称为退火状态。退火的目的主要是为了消除和改善前道工序遗留的组织缺陷和内应力，并为后道工序作好组织和性能上的设备 合金结构钢、保证淬透性结构钢、冷镦钢、轴承钢、工具钢、汽轮机叶片用钢、铁素体型不锈耐热钢钢材常用退火状态交货
高温回火状态	钢材出厂前经高温回火热处理，这种交货状态称为高温回火状态。高温回火的回火温度高，有利于彻底消除内应力，提高塑性和韧性，碳素结构钢、合金结构钢、保证淬透性结构钢钢材均可采用高温回火状态交货。某些马氏体型高强度不锈钢、高速工具钢和高强度合金钢，由于有很高的淬透性以及合金元素的强化作用，常在淬火（或正火）后进行一次高温回火，使钢中碳化物适当聚集，得到碳化物颗粒较粗大的回火索氏体组织（与球化退火组织相似）；因而，这种交货状态的钢材有很好的切削加工性能
固溶处理状态	钢材出厂前经固溶处理，这种交货状态称为固溶处理状态。这种状态主要适用于奥氏体型不锈钢钢材出厂前的处理。通过固溶处理，得到单相奥氏体组织，以提高钢的韧性和塑性，为进一步冷加工（冷轧或冷拉）创造条件，也可为进一步沉淀硬化做好组织准备

1.1.4　钢材的涂色标记

钢材的涂色标记见表4.1-7。

表4.1-7　钢材的涂色标记

类别	牌号或组别	涂色标记
优质碳素结构钢	05~15 20~25 30~40 45~85 15Mn~40Mn 45Mn~70Mn	白色 棕色+绿色 白色+蓝色 白色+棕色 白色二条 绿色三条
合金结构钢	锰钢 硅锰钢 锰钒钢 铬钢 铬硅钢 铬锰钢 铬锰硅钢 铬钒钢 铬锰钛钢 铬钨钒钢 钼钢	黄色+蓝色 红色+黑色 蓝色+绿色 绿色+黄色 蓝色+红色 蓝色+黑色 红色+紫色 绿色+黑色 黄色+黑色 棕色+黑色 紫色
合金结构钢	铬钼钢 铬锰钼钢 铬钼钒钢 铬硅钼钒钢 铬铝钢 铬钨钒铝钢 硼钢 铬钼钨钒钢	绿色+紫色 绿色+白色 紫色+棕色 紫色+棕色 铝白色 黄色+紫色 黄色+红色 紫色+蓝色 紫色+黑色
高速工具钢	W12Cr4V4Mo W18Cr4V W9Cr4V2 W9Cr4V	棕色一条+黄色一条 棕色一条+蓝色一条 棕色二条 棕色一条
铬轴承钢	GCr6 GCr9 GCr9SiMn GCr15 GCr15SiMn	绿色一条+白色一条 白色一条+黄色一条 绿色二条 蓝色一条 绿色一条+蓝色一条

（续）

类别	牌号或组别	涂色标记
不锈耐酸钢	铬钢 铬钛钢 铬锰钢 铬钼钢 铬镍钢 铬锰镍钢 铬镍钛钢 铬镍铌钢 铬钼钛钢 铬钼钒钢 铬镍钼钛钢 铬钼钒钴钢 铬镍铜钛钢 铬镍钼铜钛钢 铬镍钼铜铌钢	铝色+黑色 铝色+黄色 铝色+绿色 铝色+白色 铝色+红色 铝色+棕色 铝色+蓝色 铝色+紫色 铝色+白色+黄色 铝色+红色+黄色 铝色+紫色 铝色+紫色 铝色+蓝色+白色 铝色+黄色+绿色 铝色+黄色+绿色 （铝色为宽条，余为窄色条）
耐热钢	铬硅钢 铬钼钢 铬硅钼钢 铬钢 铬镍钒钢 铬镍钛钢 铬铝硅钢 铬硅钛钢 铬硅钼钛钢 铬硅钼钒钢 铬铝钢 铬镍钨钼钢 铬镍钨钼钢 铬镍钨钛钢	红色+白色 红色+绿色 红色+蓝色 红色+黑色 红色+蓝色 红色+黑色 红色+黄色 红色+紫色 红色+铝色 红色+棕色 铝色+白色+红色 （前为宽色条，后为窄色条）

1.1.5　钢的分类

按GB/T 13304—1991，钢的分类有两种方法：按化学成分分类；按主要质量等级、主要性能及使用特性分类。

1. 按化学成分分类　根据各种合金元素规定含量界限值，将钢分为非合金钢、低合金钢、合金钢三大类

2. 按主要质量等级、主要性能及使用特性分类

（1）非合金钢的主要分类

非合金钢
- 按主要质量等级分类
  - 普通质量非合金钢
  - 优质非合金钢
  - 特殊质量非合金钢
- 按主要性能及使用特性分类
  - 以规定最高强度（或硬度）为主要特性的非合金钢（如冷成型用薄钢板）
  - 以规定最低强度为主要特性的非合金钢（如造船、压力容器等用的结构钢）
  - 以限制碳含量为主要特性的非合金钢（如线材、调质钢）
  - 非合金易切削钢
  - 非合金工具钢
  - 具有特定电磁性能的非合金钢（如电工纯铁）
  - 其他非合金钢

（2）低合金钢的主要分类

低合金钢
- 按主要质量等级分类
  - 普通质量低合金钢
  - 优质低合金钢
  - 特殊质量低合金钢
- 按主要性能及使用特性分类
  - 可焊接的低合金高强度结构钢
  - 低合金耐候钢
  - 低合金钢筋钢
  - 铁道用低合金钢
  - 矿用低合金钢
  - 其他低合金钢

（3）合金钢的主要分类

合金钢
- 按主要质量等级分类
  - 优质合金钢
  - 特殊质量合金钢
- 按主要性能及使用特性分类
  - 工程结构用合金钢
  - 机械结构用合金钢
  - 不锈、耐蚀钢和耐热钢
  - 合金工具钢和高速工具钢
  - 轴承钢
  - 特殊物理性能钢
  - 其他合金钢

合金钢的分类系列见表 4.1-8。表中按主要质量等级和按主要使用特性划分了各钢类系列。

表 4.1-8　合金钢的分类[1]　（GB/T 13304—1991）

主要质量等级	1	2	3	4			5		6	7	8
	优质合金钢		特殊质量合金钢								
主要使用特性	工程结构用钢	其他	工程结构用钢	机械结构用钢（第4、6者除外）	不锈、耐蚀和耐热钢		工具钢		轴承钢	特殊物理性能钢	其他
按其他特性对钢进一步分类	11 一般工程结构用合金钢 12 合金钢筋钢 13 地质石油钻探用合金钢（23除外）	16 电工用硅（铝）钢（无磁导率要求） 17 铁道用合金钢 	21 压力容器用合金钢（4类除外） 22 经热处理合金钢筋钢 23 经热处理的地质、石油钻探用合金钢 24 高锰钢	31 Mn（X）系钢 32 SiMn（X）系钢 33 Cr（X）系钢 34 CrMo（X）系钢 35 CrNiMo（X）系钢 36 Ni（X）系钢 37 B（X）系钢 38 其他	41 马氏体型或42 铁素体型	411/421 Cr（X）系钢 412/422 Ni（X）、CrNi（X）系钢 413/423 CrMo（X）CrCo（X）系钢 414/424 CrAl（X）CrSi（X）系钢 415/425 其他	51 合金工具钢	511 Cr（X）系钢 512 Ni（X）、CrNi（X）系钢 513 Mo（X）、CrMo（X）系钢 514 V（X）、CrV（X）系钢 515 W（X）、CrW（X）系钢 516 其他	61 高碳铬轴承钢 62 渗碳轴承钢 63 不锈轴承钢 64 高温轴承钢	71 软磁钢（除16外） 72 永磁钢 73 无磁钢 74 高电阻钢和合金	
					43 奥氏体型或44 奥氏体铁素体型或45 沉淀硬化型	431/441/451 CrNi（X）系钢 432/442/452 CrNiMo（X）系钢 433/443/453 CrNi + Ti 或 Nb 钢 434/444/454 CrNiMo + Ti 或 Nb 钢 435/445/455 CrNi + V、W、Co 钢 436/446 CrNiSi（X）系钢 437 CrMnNi（X）系钢 438 其他	52 高速工具钢	521 WMo 系钢 522 W 系钢 523 Co 系钢	65 无磁轴承钢		

注：（X）表示该合金系列中还包括有其他合金元素，如 Cr（X）系，除 Cr 钢外，还包括 CrMn 钢等。

1.1.6 钢材的品种规格

钢板、钢带、钢管、钢轨与型材、线材和钢丝的品种规格见表 4.1-9 ~ 4.1-16（表中括号内尺寸表示相应的英制尺寸，不推荐使用）。

表 4.1-9 热轧钢板的尺寸规格

（摘自 GB/T 709—1988）

（单位：mm）

厚 度	宽 度
0.50、0.55、0.60	0.60 ~ 1.0
0.65、0.70、0.75	0.6 ~ 1.0
0.80、0.90	0.6 ~ 1.0
1.0	0.6 ~ 1.0
1.2、1.3、1.4	0.6 ~ 1.25
1.5、1.6、1.8	0.6 ~ 1.5
2.0、2.2	0.6 ~ 1.7
2.5、2.8	0.6 ~ 1.8
3.0、3.2、3.5	0.6 ~ 1.8
3.8、3.9	0.6 ~ 1.8
4.0、4.5、5.0	0.7 ~ 1.8
6.0、7.0	0.7 ~ 2.0
8.0、9.0、10.0	0.7 ~ 2.5
11.0、12.0	1.0 ~ 2.5
13.0、14.0、15.0	1.0 ~ 2.8
16.0、17.0、18.0	1.0 ~ 2.8
19.0、20.0、21.0	1.0 ~ 2.8
22.0、25.0	1.0 ~ 2.8
26、28、30、32	1.25 ~ 3.6
34、36、38、40	1.25 ~ 3.6
42、45、48	1.25 ~ 3.8
50、52、55	1.25 ~ 3.8
60、65、70	1.25 ~ 3.8
75、80、85	1.25 ~ 3.8
90、95、100	1.25 ~ 3.8
105、110、120	1.25 ~ 3.8
125、130、140	1.25 ~ 3.8
150、160、165	1.25 ~ 3.8
170、180、185	1.25 ~ 3.8
190、195、200	1.25 ~ 3.8

注：本表适用于宽度 ≥ 600mm，厚度为 0.35 ~ 200mm 的热轧钢板。钢板长度 1.2 ~ 12m。

表 4.1-10 热轧钢带的尺寸规格

（摘自 GB/T 709—1988）

（单位：mm）

钢带公称厚度	1.2、1.4、1.5、1.8、2.0、2.5、2.8、3.0、3.2、3.5、3.8、4.0、4.5、5.0、5.5、6.0、6.5、7.0、8.0、10.0、11.0、13.0、14.0、15.0、16.0、18.0、19.0、20.0、22.0、25.0
钢带公称宽度	600、650、700、800、850、900、1 000、1 050、1 100、1 150、1 200、1 250、1 300、1 350、1 400、1 450、1 500、1 550、1 600、1 700、1 800、1 900

注：本表适用于厚度为 1.2 ~ 25mm 的热轧钢带，也适用于由宽钢带纵剪的窄钢带。

表 4.1-11 冷轧钢板和钢带的尺寸规格

（摘自 GB/T 708—1988）

（单位：mm）

厚 度	宽 度
0.20、0.25、0.30	0.6 ~ 1.1
0.35、0.40、0.45	0.6 ~ 1.1
0.56、0.60、0.65	0.6 ~ 1.25
0.70、0.75	0.6 ~ 1.42
0.80、0.90、1.0	0.6 ~ 1.5
1.1、1.2、1.3	0.6 ~ 1.8
1.4、1.5、1.6	0.6 ~ 1.8
1.7、1.8、2.0	0.6 ~ 1.8
2.2、2.5	0.6 ~ 2.0
2.8、3.0、3.2	0.6 ~ 2.0
3.5、3.8、3.9	1.25 ~ 2.0
4.0、4.2、4.5	1.25 ~ 2.0
4.8、5.0	1.25 ~ 2.0

注：钢带长度 1.2 ~ 6.0m。

表 4.1-12 普通无缝钢管的尺寸规格

（摘自 GB/T 17395—1998）

（单位：mm）

外 径	壁 厚
6	0.25 ~ 2.0
7	0.25 ~ 2.5 (2.6)
8	0.25 ~ 2.5 (2.6)
9	0.25 ~ 2.8
10 (10.2)	0.25 ~ 3.5 (3.6)
11	0.25 ~ 3.5 (3.6)
12	0.25 ~ 4.0
13 (12.7)	0.25 ~ 4.0
13.5	0.25 ~ 4.0
14	0.25 ~ 4.0
16	0.25 ~ 5.0
17 (17.2)	0.25 ~ 5.0
18	0.25 ~ 5.0
19	0.25 ~ 6.0
20	0.25 ~ 6.0
21 (21.3)	0.40 ~ 6.0
22	0.40 ~ 6.0
25	0.40 ~ 7.0
25.4	0.40 ~ 7.0
27 (26.9)	0.40 ~ 7.0
28	0.40 ~ 7.0
30	0.40 ~ 8.0
32 (31.8)	0.40 ~ 8.0
34 (33.7)	0.40 ~ 8.0
35	0.40 ~ 9.0 (8.8)
38	0.40 ~ 10
40	0.4 ~ 10
42 (42.4)	1.0 ~ 10
45 (44.5)	1.0 ~ 12 (12.5)
48 (48.3)	1.0 ~ 12 (12.5)
51	1.0 ~ 12 (12.5)
54	1.0 ~ 14 (14.2)

（续）

外　径	壁　厚
57	1.0 ~ 14（14.2）
60（60.3）	1.0 ~ 16
63（63.5）	1.0 ~ 16
65	1.0 ~ 16
68	1.0 ~ 16
70	1.0 ~ 17（17.5）
73	1.0 ~ 19
76（76.1）	1.0 ~ 20
77	1.4 ~ 20
80	1.4 ~ 20
83（82.5）	1.4 ~ 22（22.2）
85	1.4 ~ 22（22.2）
89（88.9）	1.4 ~ 24
95	1.4 ~ 24
102（101.6）	1.4 ~ 28
108	1.4 ~ 30
114（114.3）	1.5 ~ 30
121	1.5 ~ 32
127	1.8 ~ 32
133	2.5（2.6）~ 36
140（139.7）	3.0（2.9）~ 36
142（141.3）	3.0（2.9）~ 36
146	3.0（2.9）~ 40
152（152.4）	3.0（2.9）~ 40
159	3.5（3.6）~ 45
168（168.3）	3.5（3.6）~ 45
180（177.8）	3.5（3.6）~ 50
194（193.7）	3.5（3.6）~ 50
203	3.5（3.6）~ 55
219（219.1）	6.0 ~ 55
245（244.5）	6.0 ~ 65
273	6.5（6.3）~ 65
299	7.5 ~ 65
325（323.9）	7.5 ~ 65
340（339.7）	8.0 ~ 65
351	8.0 ~ 65
356（355.6）	9.0（8.8）~ 65
377	9.0（8.8）~ 65
402	9.0（8.8）~ 65
406（406.4）	9.0（8.8）~ 65
426	9.0（8.8）~ 65
450	9.0（8.8）~ 65
457	9.0（8.8）~ 65
480	9.0（8.8）~ 65
500	9.0（8.8）~ 65
508	9.0（8.8）~ 65
530	9.0（8.8）~ 65
560（559）	9.0（8.8）~ 65
610	9.0（8.8）~ 65
630	9.0（8.8）~ 65
660	9.0（8.8）~ 65

注：钢管通常长度：热轧（扩）管为 3 ~ 12m；
　　冷轧（拔）管为 2 ~ 10.5m；热轧（扩）短
　　尺管的长度≥2。

表 4.1-13　精密无缝钢管的尺寸规格

（GB/T 17395—1998）

（单位：mm）

外　径	壁　厚
4	0.5 ~（1.2）
5	0.5 ~（1.2）
6	0.5 ~ 2.0
8	0.5 ~ 2.5
10	0.5 ~ 2.5
12	0.5 ~ 3.0
12.7	0.5 ~ 3.0
14	0.5 ~（3.5）
16	0.5 ~ 4
18	0.5 ~（4.5）
20	0.5 ~ 5
22	0.5 ~ 5
25	0.5 ~ 6
28	0.5 ~ 8
30	0.5 ~ 8
32	0.5 ~ 8
35	0.5 ~ 8
38	0.5 ~ 10
40	0.5 ~ 10
42	（0.8）~ 10
45	（0.8）~（11）
48	1.0 ~（11）
50	（0.8）~ 12.5
55	（0.8）~（14）
60	（0.8）~ 16
63	（0.8）~ 16
70	（0.8）~ 16
76	（0.8）~ 16
80	（0.8）~（18）
90	（1.2）~（22）
100	（1.2）~ 25
110	（1.2）~ 25
120	（1.8）~ 25
130	（1.8）~ 25
140	（1.8）~ 25
150	（1.8）~ 25
160	（1.8）~ 25
170	（3.5）~ 25
180	5 ~ 25
190	（5.5）~ 25
200	6 ~ 25
220	（7）~ 25
240	（7）~ 25
260	（7）~ 25

注：钢管通常长度：热轧（扩）管为 3 ~ 12m；
　　冷轧（拔）管为 2 ~ 10.5m。

表 4.1-14 直缝电焊钢管的尺寸规格

（GB/T 13793—1992）

（单位：mm）

外　径	壁厚
5	0.5 ~ 1.0
8	0.5 ~ 1.2
10	0.5 ~ 1.2
12	0.5 ~ 1.6
13	0.6 ~ 1.6
14	0.6 ~ 1.6
15	0.6 ~ 1.6
16	0.6 ~ 1.6
17	0.6 ~ 1.6
18	0.6 ~ 1.6
19	0.6 ~ 1.6
20	0.6 ~ 2.0
21	0.8 ~ 2.0
22	0.8 ~ 2.2
25	0.8 ~ 2.5
28	0.8 ~ 2.8
30	0.8 ~ 3.0
32	1.0 ~ 3.0
34	1.0 ~ 3.0
37	1.0 ~ 3.0
38	1.0 ~ 3.5
40	1.0 ~ 3.5
45	1.0 ~ 3.8
46	1.2 ~ 3.8
48	1.2 ~ 3.8
50	1.2 ~ 3.8
51	1.2 ~ 3.8
53	1.2 ~ 3.8
54	1.2 ~ 3.8
60	1.2 ~ 3.8
63.5	1.2 ~ 3.8
65	1.5 ~ 3.8
70	1.5 ~ 3.8
76	1.5 ~ 3.8
80	1.5 ~ 3.8
83	1.5 ~ 4.0
89	1.5 ~ 4.0
95	1.5 ~ 4.0
101.6	1.5 ~ 4.0
102	1.5 ~ 4.0
108	3.0 ~ 5.0
114	3.0 ~ 5.6
114.3	3.0 ~ 5.6
121	3.0 ~ 5.6
127	3.0 ~ 6.0
133	3.5 ~ 6.0
139.3	3.5 ~ 6.0
140	3.5 ~ 6.0
152	3.5 ~ 6.0

（续）

外　径	壁厚
159	4.0 ~ 7.0
165.1	4.0 ~ 7.0
168.3	4.0 ~ 7.0
177.8	4.0 ~ 8.0
180	4.0 ~ 8.0
193.7	4.0 ~ 8.0
203	4.5 ~ 8.0
219.1	4.5 ~ 9.0
244.5	4.5 ~ 9.0
267	5.0 ~ 10.0
273	5.0 ~ 11.0
298.5	5.6 ~ 11.0
323.9	5.6 ~ 11.0
325	6.0 ~ 11.0
351	6.0 ~ 11.0
355.6	6.0 ~ 12.0
368	6.0 ~ 12.0
377	6.0 ~ 12.0
402	6.0 ~ 12.0
406.4	6.0 ~ 12.7
419	6.0 ~ 12.7
426	6.0 ~ 12.7
457	6.0 ~ 12.7
478	6.0 ~ 12.7
480	6.0 ~ 12.7
508	6.0 ~ 12.7

表 4.1-15 线材与钢丝的品种及常用规格

类别	品　种	常用产品及规格举例	
		线材与钢丝名称	直径 /mm
线材	热轧圆盘条	普通低碳钢热轧盘条	5.5 ~ 30
		碳素电焊条钢盘条	5.5 ~ 10
		制缆钢丝用盘条	5.5 ~ 19
钢丝	低碳钢钢丝	一般用途低碳钢钢丝	0.16 ~ 10
	结构钢钢丝	低碳结构钢钢丝	0.3 ~ 10
	易切结构钢钢丝	中碳结构钢钢丝	0.2 ~ 10
	弹簧钢钢丝	碳素弹簧钢钢丝（Ⅰ，Ⅱ，Ⅱ$_a$，Ⅲ组）	0.08 ~ 13
	铬轴承钢钢丝	合金弹簧钢钢丝	0.5 ~ 14
	工具钢钢丝	铬轴承钢钢丝	1.4 ~ 16
	不锈耐酸钢钢丝	不锈耐酸钢钢丝	0.05 ~ 14
	电热合金丝	碳素工具钢钢丝	0.25 ~ 10
	预应力钢丝	合金工具钢钢丝	1.0 ~ 12
	冷顶锻用钢丝	银亮钢丝	1.0 ~ 10
	焊条用钢丝	冷顶锻用碳素钢钢丝	1.0 ~ 16
	其他专用钢丝	冷顶锻用合金钢钢丝	1.0 ~ 14
	异形钢丝		

表 4.1-16　钢轨与型钢的品种及常用规格

类别	品种	常用产品及规格举例	
		钢轨与型钢名称	型号、规格
钢轨	钢轨 钢轨配件	轻轨 重轨 起重机轨	9～30kg/m 38～60kg/m QU-70/QU-120
普通型钢	型钢 条钢 螺纹钢 铆螺钢 锻材坯	普通工字钢 轻型工字钢 普通槽钢 轻型槽钢 等边角钢 不等边角钢 方钢 圆钢 扁钢 螺纹钢 锻材坯	10～63 号 8～70 号 5～40 号 5～40 号 2～20 号 2.5/1.6～ 　20/12.5 号 5.5～200mm ϕ5.5～ϕ250mm 3mm×10mm～ 　60mm×150mm 10～40mm 90mm×90mm～ 　500mm×500mm
优质型钢	碳素和合金结构钢 易切结构钢 碳素和合金工具钢 高速工具钢 弹簧钢	碳素结构钢热轧材： 圆钢 方钢 六角钢 扁钢	ϕ8～ϕ220mm 10～120mm 8～70mm 3mm×25mm～ 　36mm×100mm
	滚动轴承钢 不锈耐热钢 中空钢 冷镦钢	碳素结构钢锻材： 圆钢 方钢 扁钢	ϕ50～ϕ250mm 50～250mm 25mm×60mm～ 　120mm×260mm
		碳素结构钢冷拉材： 圆钢 方钢 六角钢 扁钢	ϕ7～ϕ80mm 7～70mm 7～75mm 5mm×8mm～ 　30mm×50mm
异型钢	农用异型钢 矿用异型钢 汽车用异型钢 造船用球扁钢 热轧窗框与异型钢 冷弯型钢	犁铧钢 丁字钢 中凹扁钢 汽车轮辋 汽车挡圈 电梯导轨 槽圆钢	菱角钢 半圆钢 刀边钢 钢板桩 钢球 冷弯卷边角钢 冷板卷边槽钢等

1.1.7　钢的牌号表示方法

1. 钢号表示方法

a. 中国钢号表示方法简介　中国的钢号表示方法，根据国家标准《钢铁产品牌号表示方法》（GB/T 221—2000）中规定，采用汉语拼音字母、化学元素符号和阿拉伯数字相结合的原则，即：

（1）钢号中化学元素采用国际化学元素符号表示，例如 Mn、P、Cr、Ti、…等，混合稀土元素用"RE"表示；

（2）产品名称、用途、特性和工艺方法等，一般采用汉语拼音的缩写字母表示，见表 4.1-17。

（3）钢中主要化学元素含量（质量分数）采用阿拉伯数字表示。

以上几点，在某些特殊情况下可以混合使用，例如轴承钢号采用"GCr15SiMn"表示。

有的钢类，如非合金结构钢（碳素结构钢）和低合金高强度钢的钢号表示方法改按国际标准以屈服强度值（MPa）表示。中国常用钢号表示方法说明及举例见表 4.1-18。

表 4.1-17　中国钢号中所采用的缩写字母及其涵义（GB/T 221—2000）

采用的缩写字母	在钢号中位置	涵义	缩写字母来源	
			汉字	拼音
A	尾	高级（优质钢）	高	Gao
A	尾	质量等级符号（普通质量非合金钢）	—	—
B	尾	质量等级符号（普通质量非合金钢）	—	—
b	尾	半镇静钢	半	Ban
C	尾	超级	超	Chao
C	尾	船用钢	船	Chuan
C	尾	质量等级符号（普通质量非合金钢）	—	—
D	尾	质量等级符号（普通质量非合金钢）	—	—
d	尾	低淬透性钢	低	Di
DQ	头	电工用冷轧取向硅钢	电取	Dian Qu
DR	头	电工用热轧硅钢	电热	Dian Re
DT	头	电工用纯铁	电铁	Dian Tie
DW	头	电工用冷轧无取向硅钢	电无	Dian Wu
E	尾	特级	特	Te
F	尾	沸腾钢	沸	Fei
G	头	滚动轴承钢	滚	Gun
GH	头	变形高温合金	高合	Gao He

（续）

采用的缩写字母	在钢号中位置	涵　义	缩写字母来源	
			汉字	拼音
g	尾	锅炉用钢	锅	Guo
gC	尾	多层或高压容器用钢	高层	Gao Ceng
H	头	焊条用钢	焊	Han
J	中	精密合金	精	Jing
K	尾	矿用钢	矿	Kuang
K	头	铸造高温合金	—	—
L	尾	汽车大梁用钢	梁	Liang
M	头	锚链钢	锚	Mao
ML	头	铆螺钢	铆螺	Mao Luo
NM	尾	耐候钢	耐候	Nai Hou
NS	头	耐蚀合金	耐蚀	Nai Shi
Q	头	碳素结构钢	屈	Qu
q	尾	桥梁用钢	桥	Qiao

（续）

采用的缩写字母	在钢号中位置	涵　义	缩写字母来源	
			汉字	拼音
R	尾	压力容器用钢	容	Rong
T	头	碳素工具钢	碳	Tan
TZ	尾	特殊镇静钢	特镇	Te Zhen（省略）
U	头	钢轨钢	轨	Gui
Y	头	易切削钢	易	Yi
Z	尾	镇静钢	镇	Zhen（省略）
ZG	头	铸钢	铸钢	Zhu Gang
ZU	头	轧辊用铸钢	铸辊	Zhu Gun

b. 中国钢号表示方法说明　常用的各类钢号的表示方法见表 4.1-18。

表 4.1-18　中国常用钢号表示方法及举例

产品名称	牌号举例	牌号表示方法说明
碳素结构钢（普通质量）（GB/T 700—1988）	Q195F Q215AF Q235Bb Q255A Q275	1）钢号冠以"Q"，后面的数字表示屈服点值（MPa）。例如：Q235，其 σ_s 为 235MPa 2）必要时钢号后面可标出表示质量等级和脱氧方法的符号。质量等级符号分为：A、B、C、D。脱氧方法符号：F——沸腾钢；b——半镇静钢；Z——镇静钢；TZ——特殊镇静钢。例如：Q235-B·b，表示 B 级半镇静钢 3）专门用途的碳素钢，例如桥梁钢等，基本上采用碳素结构钢的表示方法，但在钢号最后附加表示用途的字母
优质碳素结构钢 普通含锰量 较高含锰量 锅炉用钢 （GB/T 699—1999）	08Al、45、20A 40Mn、70Mn 20g	1）钢号开头的两位数字表示钢的碳含量，以平均碳含量 ×100 表示，例如平均碳含量为 0.45% 的钢，钢号为"45" 2）锰含量较高的优质碳素结构钢，应标出"Mn"，例如 50Mn。用 Al 脱氧的镇静钢应标出"Al"，例如 08Al 3）镇静钢不加"Z"，沸腾钢、半镇静钢及专门用途的优质碳素结构钢应在钢号最后特别标出。例如平均碳含量为 0.10% 的半镇静钢，其钢号为 10b 4）高级优质碳素结构钢在钢号后加"A"，特级优质碳素结构钢在钢号后加"E"
低合金高强度结构钢 （GB/T 1591—1994）	Q295 Q345A Q390B Q420C Q460E	1）钢号冠以"Q"，和碳素结构钢的现行钢号相统一。后面的数字表示 σ_s 值，分为五个强度等级 2）在强度等级系列中又有 A、B、C、D、E 五个质量等级。例如：Q345-D 表示 D 级低合金高强度钢 3）对专业用低合金高强度钢，应在钢号最后附加表示用途的字母。如 Q345q（GB/T 714—2000）表示用于桥梁的专用钢种
碳素工具钢 普通含锰量 较高含锰量 （GB/T 1298—1986）	T7、T12A T8Mn	1）钢号冠以"T"，后面的数字平均碳含量 ×10，例如"T8"表示平均碳含量为 0.8% 2）锰含量较高者，在钢号的数字后标出"Mn"。高级优质碳素工具钢的磷、硫含量较低，在钢号最后加注"A"。例如 T8Mn，T8MnA
易切削结构钢 普通含锰量 较高含锰量 加铅或加钙	Y12、Y30 Y40Mn Y12Pb、Y45Ca	1）钢号冠以"Y"，以区别于优质碳素结构钢。后面的数字表示碳含量，以平均碳含量 ×100 表示，例如平均碳含量为 0.3% 的易切削钢，其钢号为"Y30" 2）锰含量较高者，亦在钢号的数字后标出"Mn"，例如"Y40Mn" 3）加铅或加钙易切削钢，应在钢号后级分别标出"Pb"或"Ca"。例如 Y12Pb，Y45Ca。但加硫易切削钢的钢号则不标出"S"

（续）

产品名称	牌号举例	牌号表示方法说明
非调质机构结构钢 （GB/T 15712—1995）	YF35V F45V	1）钢号冠以"F"表示热锻用非调质机械结构钢；冠以"YF"表示易切削非调质机械结构钢 2）字母后面的钢号表示方法与合金结构相同。例如：平均碳含量为 w（C）0.35%，钒含量为 w（V）0.06%～0.13%的易切削非调质机械结构钢，其钢号为YF35V；又如：平均碳含量为 w（C）0.45%，钒含量为 w（V）0.06%～0.13%的热锻用非调质机械结构钢，其钢号为F45V
合金结构钢	25Cr2MoVA 30CrMnSi	1）钢号开头的两位数字表示钢的碳含量，以平均碳含量的万分之几表示 2）钢中主要合金元素（质量分数），除个别微量合金元素外，一般以百分之几表示。当平均含量＜1.5%时，钢号中一般只标出元素符号，而不标明含量，但在特殊情况下易被混淆者，在元素符号后亦可标以数字"1"，例如钢号"12CrMoV"和"12Cr1MoV"，前者铬含量为0.4%～1.6%，后者为0.9%～1.2%，其余成分全部相同。当合金元素平均含量≥1.5%、≥2.5%、≥3.5%…时，在元素符号后面应标明含量，可相应表示为2、3、4…等。例如36Mn2Si 3）钢中的钒、钛、铝、硼、稀土等合金元素，均属微量合金元素，虽然含量很低，仍应在钢号中标出。例如20MnVB钢中，钒为0.07%～0.12%，硼为0.001%～0.005% 4）高级优质钢应在钢号最后加"A"，以区别于一般优质钢。例如：18Cr2Ni4WA 5）专门用途的合金结构钢，钢号冠以（或后缀）代表该钢种用途的符号。例如，铆螺专用的30CrMnSi钢，钢号表示为ML30CrMnSi。又如，保证淬透性钢，在钢号后缀标出"H"
弹簧钢	50CrVA 55Si2Mn	弹簧钢按化学成分可分为碳素弹簧钢和合金弹簧钢两类，其钢号表示方法，前者基本上与优质碳素结构钢相同，后者基本上与合金结构钢相同
轴承钢 高碳铬轴承钢 （GB/T 18254—2002） 渗碳轴承钢 （GB/T 3203—1982） 不锈轴承钢 （YB/T 096—1997） 高温轴承钢	GCr15 GCr18Mo G20CrMo G20CrNiMo 9Cr18Mo 10Cr14Mo4	1）高碳铬轴承钢。其钢号冠以"G"，碳含量不标出，铬含量以平均含量×10表示，例如GCr15 2）渗碳轴承钢。其钢号基本上和合金结构钢钢号相同，但钢号亦冠以"G"，例如G20CrMo 3）高碳铬不锈轴承钢与不锈钢钢号表示方法相同，钢号前不必冠以"G"，例如9Cr18Mo 4）高温轴承钢。与耐热钢钢号表示方法相同，钢号前也不冠以"G"，例如10Cr14Mo4
合金工具钢 （GB/T 1299—2000）	4CrW2Si CrWMn 9Mn2V Cr06	1）合金工具钢钢号的平均碳含量 w（C）≥1.0%时，不标出碳含量；当平均碳含量 w（C）＜1.0%时，以平均含碳量的千分之几表示。例如CrWMn；9Mn2V 2）钢中合金元素含量的表示方法，基本上与合金结构钢相同。但对铬含量较低的合金工具钢钢号，其铬含量以×10表示，并在表示含量的数字前加"0"，以便把它和一般元素含量按百分之几表示的方法区别开来。例如Cr06
塑料模具钢 （YB/T 094—1997）	SM3Cr12Mo SM45 SM4Cr13	塑料模具钢钢号冠以"SM"，字母后面的钢号表示方法与合金工具钢及优质碳素钢相同。例如：平均碳含量为 w（C）0.34%，铬含量为 w（Cr）1.70%，钼含量为 w（Mo）0.42%的合金塑料模具钢，其钢号为SM3Cr2Mo；平均碳含量为 w（C）0.45%的碳素塑料模具钢，其钢号为SM45
高速工具钢 （GB/T 9941—1988）	W18Cr4V W12Cr4V5Co5	高速工具钢的钢号一般不标出碳含量，只标出各种合金元素平均含量的百分之几。例如"18-4-1"钨系高速钢的钢号表示为"W18Cr4V"。钢号冠以字母"C"者，表示其碳含量高于未冠"C"的通用钢号
不锈钢和耐热钢 （GB/T 1220—1992） （GB/T 1221—1992）	2Cr13 0Cr13Ni9 11Cr17 03Cr19Ni10 01Cr19Ni11	1）不锈钢和耐热钢钢号由合金元素符号和数字组成。对钢中主要合金元素含量以百分之几表示，而对钛、铌、锆、氮、……等则按照合金结构钢对微量合金元素的表示方法标出

（续）

产品名称	牌号举例	牌号表示方法说明
不锈钢和耐热钢 （GB/T 1220—1992） （GB/T 1221—1992）	2Cr13 0Cr13Ni9 11Cr17 03Cr19Ni10 01Cr19Ni11	2）对钢号中碳含量的表示方法，一般用一位数字表示平均碳含量的千分之几；当碳含量上限小于 0.1% 时，以"0"表示。例如：平均碳含量为 w（C）0.20%，铬含量为 w（Cr）13% 的不锈钢，其钢号为 2Cr13；碳含量 $\leq w$（C）0.08%，平均铬含量为 w（Cr）18%，镍含量为 w（Ni）9% 的不锈钢，其钢号为 0Cr18Ni9 3）当钢中平均碳含量为 w（C）1.00% 时采用二位数字表示；当碳含量上限不大于 w（C）0.03% 而大于 w（C）0.01% 时，以"03"表示（超低碳）；当碳含量上限不大于 w（C）0.01% 时，以"01"表示（极低碳）。例如：平均碳含量为 w（C）1.10%，铬含量为 17% 的高铬不锈钢，其钢号为 11Cr17；碳含量上限为 w（C）0.03%，平均铬含量为 w（Cr）19%，镍含量为 w（Ni）10% 的超低碳不锈钢，其钢号为 03Cr19Ni10；碳含量上限为 w（C）0.01%，平均铬含量为 w（Cr）19%，镍含量为 w（Ni）11% 的极低碳不锈钢，其牌号为 01Cr19Ni11 4）耐热钢钢号的表示方法和不锈钢相同 5）易切削不锈钢和易切削耐热钢钢号冠以字母"Y"，字母后面的钢号表示方法和不锈钢相同
焊接用钢	H08、H08A、 H08Mn2Si H1Cr18Ni9、 H08E、H08C	1）焊接用钢包括焊接用碳素钢、焊接用低合金钢、焊接用合金结构钢、焊接用不锈钢等，其钢号均沿用各自钢类的钢号表示方法，同时需在钢号前冠以字母"H"，以示区别。例如：H08，H08Mn2Si，H1Cr18Ni9 2）某些焊丝再按硫、磷含量分级时，用钢号后缀表示，例如 H08A，H08E，H08C。后缀 A——w（S），w（P）$\leq$ 0.030%；E——w（S），w（P）$\leq$ 0.020%；C——w（S），w（P）$\leq$ 0.015%；未加后缀者——w（S），w（P）$\leq$0.035%
电工用热轧硅钢薄钢板 （GB/T 5212—1985）	DR 510-50 DR 1750G-35	DR　×××　G-×× 　①　②　③　④ ①代表电工用热轧硅钢；②最大允许铁损值×100；③如果钢板是在高频率（400Hz）的，应在铁损值的数字后加字母"G"；若在频率 50Hz 下检验的，则不加"G"；④公称厚度（mm）×100
电工用冷轧晶粒取向、无取向磁性钢带 （GB/T 2521—1996）	30Q130、 35W300 27QG100	电工用冷轧无取向硅钢和取向硅钢，在其钢号中间分别标出字母"W"（表示无取向）或"Q"（表示取向），在字母之前为产品公称厚度（mm）100 倍的数字，在字母之后为铁损值 100 倍的数字。例如：30Q130，35W300。取向高磁感硅钢，其钢号应在字母"Q"和铁损值数字之间加字母"G"。例如：27QG100
电讯用冷轧晶粒取向硅钢薄带 （YB/T 5224—1993）	DG3 DG4 DG5 DG6	电讯用取向高磁感硅钢的钢号，采用字母"DG"加数字表示。数字是表示电磁性能级别，从 1 至 6 表示电磁性能从低到高。例如：DG5
电磁纯铁棒材、热轧厚板和冷轧薄板 （GB/T 6983～6985—1986）	DT3 DT4 DT3A DT4A	1）它的牌号由字母"DT"和数字组成，"DT"表示电工用纯铁，数字表示不同牌号的顺序号，例如 DT3 2）在数字后面所加的字母表示电磁性能：A——高级，E——特级，C——超级，例如 DT4A
高电阻电热合金 （GB/T 1234—1995）	0Cr25Al5 1Cr13Al4 0Cr27Al7Mo2	其牌号形式，与不锈钢和耐热钢基本相同，但对 NiCr 基合金可不标出碳含量。例如 0Cr25Al5，表示平均含量 w（Cr）25%、w（Al）5%、w（C）$\leq$0.06% 的合金
高温合金 （GB/T 14992—1994）	GH1040 GH1140 GH2302 GH3044 K213 K403 K417	1）变形高温合金的牌号采用字母"GH"加 4 位数字组成。第 1 位数字表示分类号，其中： 1 为固溶强化型铁基合金，2 为时效硬化型铁基合金，3 为固溶强化型镍基合金，4 为时效硬化型镍基合金 第 2～4 位数字表示合金的编号，与旧牌号（GH+2 或 3 位数字）的编号一致 2）铸造高温合金的牌号采用字母"K"加 3 位数字组成。第 1 位数字表示分类号，其含义同上。第 2～3 位数字表示合金的编号，与旧牌号（K+2 位数字）的编号一致

（续）

产品名称	牌号举例	牌号表示方法说明
耐蚀合金 （GB/T 15007—1994）	NS312、NS411 HNS112 ZNS113	1）耐蚀合金牌号采用前缀字母加三位数字组成 NS 表示变形耐蚀合金，例如 NS312；HNS 表示焊接用耐蚀合金，例如 HNS112；ZNS 表示铸造耐蚀合金，例如 ZNS113 2）牌号前缀字母后的三位数字涵义如下： 第 1 位数字表示分类号，与变形高温合金相同 第 2 位数字表示合金系列，其中： 1 为 NiCr 系合金；2 为 NiMo 系合金；3 为 NiCrMo 系合金；4 为 NiCrMoCu 系合金 第 3 位数字为合金序号
精密合金 （GB/T 15018—1994）	1J16 1J22 2J52 2J85 3J09 3J63 4J28 4J82	1）精密合金牌号采用阿拉伯数字与汉语拼音字母相结合的方法表示 2）以字母"J"与其前面的数字表示精密合金的类别。即： 1J 为软磁合金，2J 为变形永磁合金，3J 为弹性合金，4J 为膨胀合金，5J 为热双金属，6J 为精密电阻合金 3）字母"J"后第一、二位数字表示不同合金牌号（热双金属例外）的序号。序号从 01 开始，可编到 99 　　合金牌号的序号，原则上应以主元素（除铁外）百分含量中值表示。若合金序号重复，其中某合金序号可采用主元素百分含量与另一合金元素百分含量之和的中值表示，或以主元素百分含量的上（或下）限表示，以示区别 4）对于同一合金成分，由于生产工艺不同，性能亦不同的合金，或同一合金成分（包括基本相同者），用途不同，性能要求也异的合金，在必须予以区别时，则应于序号之后标以汉语拼音字母（表示合金主特性或用途的汉语拼音的第一个字母）相区别 5）热双金属：字母"J"后的第一、二位数字表示比弯曲公称值的整数（单位为 $10^{-6}/℃$）；第三位及其后数字表示电阻率公称值；数字后标以字母 A、B 则分别表示被动层相同而主动层不同的两种热双金属牌号

注：表中含量为质量分数。

2. 钢铁及合金牌号统一数字代号体系　根据钢铁及合金产品有关生产、使用、统计、设计、物资管理、信息交流和标准化等部门和单位要求，参考 ISO/T 7003：1990 和 ASTM　ES27—1995 等国外标准，结合我国钢铁及合金生产、使用的特点，制定了 GB/T 17616—1998《钢铁及合金牌号统一数字代号体系》国家标准。该标准与 GB/T 221—2000《钢铁产品牌号表示方法》等同时并用，均有效。它统一了钢铁及合金的所有产品牌号表现形式，便于现代的数据处理设备进行储存和检索，对原有符号较繁杂冗长的牌号可以简化，便于生产和使用。

（1）统一数字代号的结构型式如下：

$$□ \quad × \quad ×××× $$
$$① \quad ② \quad \quad ③$$

①大写拉丁字母，代表不同的钢铁及合金类型；

②第一位阿拉伯数字，代表各类型钢铁及合金细分类；

③第二、三、四、五位数字代表不同分类内的编组和同一编组内的不同牌号的区别顺序号（各类型材料编组不同）

1）统一数字代号由固定的 6 位符号组成，左边第一位用大写的拉丁字母作前缀（一般不使用"I"和"O"字母），后接 5 位阿拉伯数字。

2）每一个统一数字代号只适用于一个产品牌号；反之，每一个产品牌号只对应于一个统一数字代号。当产品牌号取消后，一般情况下，原对应的统一数字代号不再分配给另一个产品牌号。

（2）钢铁及合金的类型与统一数字代号见表 4.1-19。

（3）合金结构钢、轴承钢、铸铁、铸钢及铸造合金、低合金钢、工具钢、非合金钢和焊接用钢及合金细分类与统一数字代号见表 4.1-20 ~ 4.1-26。

表 4.1-19 钢铁及合金的类型与统一数字代号（GB/T 17616—1998）

钢铁及合金的类型	英文名称	前缀字母	统一数字代号
合金结构钢	Alloy structural steel	A	A××××
轴承钢	Bearing steel	B	B××××
低合金钢	Low alloy steel	L	L××××
工具钢	Tool steel	T	T××××
非合金钢	Unalloy steel	U	U××××
焊接用钢及合金	Steel and alloy for welding	W	W××××
不锈、耐蚀和耐热钢	Stainless corrosion resisting and heat resisting steel	S	S××××
铸铁、铸钢及铸造合金	Cast iron, cast steel and cast alloy	C	C××××
电工用钢和纯铁	Electrical steel and iron	E	E××××
铁合金和生铁	Ferro alloy and pig iron	F	F××××
高温合金和耐蚀合金	Heat resisting and corrosion resisting alloy	H	H××××

表 4.1-20 合金结构钢细分类与统一数字代号（GB/T 17616—1998）

统一数字代号	合金结构钢（包括合金弹簧钢）细分类
A0××××	Mn（X）、MnMo（X）系钢
A1××××	SiMn（X）、SiMnMo（X）系钢
A2××××	Cr（X）、CrSi（X）、CrMn（X）、CrV（X）、CrMnSi（X）系钢
A3××××	CrMo（X）、CrMoV（X）系钢
A4××××	CrNi（X）系钢
A5××××	CrNiMo（X）、CrNiW（X）系钢
A6××××	Ni（X）、NiMo（X）、NiCoMo（X）、Mo（X）、MoWV（X）系钢
A7××××	B（X）、MnB（X）、SiMnB（X）系钢
A8××××	（暂空）
A9××××	其他合金结构钢

表 4.1-21 轴承钢细分类与统一数字代号（GB/T 17616—1998）

统一数字代号	轴承钢细分类
B0××××	高碳铬轴承钢
B1××××	渗碳轴承钢
B2××××	高温、不锈轴承钢
B3××××	无磁轴承钢
B4××××	石墨轴承钢
(B5~B9)××××	（暂空）
B6××××	（暂空）

表 4.1-22 铸铁、铸钢及铸造合金细分类与统一数字代号（GB/T 17616—1998）

统一数字代号	铸铁、铸钢及铸造合金细分类
C0××××	铸铁（包括灰铸铁、球墨铸铁、黑心可锻铸铁、珠光体可锻铸铁、白心可锻铸铁、抗磨白口铸铁、中锰抗磨球墨铸铁、高硅耐蚀铸铁、耐热铸铁等）
C1××××	铸铁（暂空）
C2××××	非合金铸钢（一般非合金铸钢、含锰非合金铸钢、一般工程和焊接结构用非合金铸钢、特殊专用非合金铸钢等）
C3××××	低合金铸钢
C4××××	合金铸钢（不锈耐热铸钢、铸造永磁钢除外）
C5××××	不锈耐热铸钢
C6××××	铸造永磁钢和合金
C7××××	铸造高温合金和耐蚀合金
(C8~C9)××××	（暂空）

表 4.1-23 低合金钢细分类与统一数字代号（GB/T 17616—1998）

统一数字代号	低合金钢细分类（焊接用低合金钢、低合金铸钢除外）
L0××××	低合金一般结构钢（表示强度特性值的钢）
L1××××	低合金专用结构钢（表示强度特性值的钢）

（续）

统一数字代号	低合金钢细分类（焊接用低合金钢、低合金铸钢除外）
L2 × × × ×	低合金专用结构钢（表示成分特性值的钢）
L3 × × × ×	低合金钢筋钢（表示强度特性值的钢）
L4 × × × ×	低合金钢筋钢（表示成分特性值的钢）
L5 × × × ×	低合金耐候钢
L6 × × × ×	低合金铁道专用钢
（L7 ~ L8）× × × ×	（暂空）

表 4.1-24　工具钢细分类与统一数字代号（GB/T 17616—1998）

统一数字代号	工具钢细分类
T0 × × × ×	非合金工具钢（包括一般非合金工具钢，含锰非合金工具钢）
T1 × × × ×	非合金工具钢（包括非合金塑料模具钢，非合金钎具钢等）
T2 × × × ×	合金工具钢（包括冷作、热作模具钢、合金塑料模具钢，无磁模具钢等）
T3 × × × ×	合金工具钢（包括量具刃具钢）
T4 × × × ×	合金工具钢（包括耐冲击工具钢、合金钎具钢等）
T5 × × × ×	高速工具钢（包括 W 系高速工具钢）
T6 × × × ×	高速工具钢（包括 W-Mo 系高速工具钢）
T7 × × × ×	高速工具钢（包括含 Co 高速工具钢）
（T8 ~ T9）× × × ×	（暂空）

表 4.1-25　非合金钢细分类与统一数字代号（GB/T 17616—1998）

统一数字代号	非合金钢细分类（非合金工具钢、电磁纯铁、焊接用非合金钢、非合金钢铸钢除外）
U0 × × × ×	（暂空）
U1 × × × ×	非合金一般结构及工程结构钢（表示强度特性值的钢）
U2 × × × ×	非合金机械结构钢（包括非合金弹簧钢，表示成分特性值的钢）
U3 × × × ×	非合金特殊专用结构钢（表示强度特性值的钢）
U4 × × × ×	非合金特殊专用结构钢（表示成分特性值的钢）

（续）

统一数字代号	非合金钢细分类（非合金工具钢、电磁纯铁、焊接用非合金钢、非合金钢铸钢除外）
U5 × × × ×	非合金特殊专用结构钢（表示成分特性值的钢）
U6 × × × ×	非合金铁道专用钢
U7 × × × ×	非合金易切削钢
（U8 ~ U9）× × × ×	（暂空）

表 4.1-26　焊接用钢及合金细分类与统一数字代号（GB/T 17616—1998）

统一数字代号	焊接用钢及合金细分类
W0 × × × ×	焊接用非合金钢
W1 × × × ×	焊接用低合金钢
W2 × × × ×	焊接用合金钢（不含 Cr、Ni 钢）
W3 × × × ×	焊接用合金钢（W2 × × × ×，W4 × × × ×类除外）
W4 × × × ×	焊接用不锈钢
W5 × × × ×	焊接用高温合金和耐蚀合金
W6 × × × ×	钎焊合金
（W7 ~ W9）× × × ×	（暂空）

此外，GB/T 17616—1998 标准中，钢铁及合金的类型尚有电工用钢和纯铁、铁合金和生铁、高温合金和耐蚀合金、精密合金和其他特殊物理性能材料杂类材料、粉末及粉末材料、快淬金属及合金、不锈和耐蚀及耐热铸钢等八种类型以及它们的细分类，需要时请查阅该标准文本。

1.2　碳素结构钢和低合金高强度钢

1.2.1　碳素结构钢

碳素结构钢（GB/T 700—1988）产量大，成本低，具有一定的力学性能，一般在热轧状态下供应，适用于一般结构和工程用热轧钢板、钢带、型钢、棒材等，可供焊接、铆接和栓接构件之用，广泛应用于桥梁、船舶、建筑工程中制作各种静负荷的金属构件，不需热处理的一般机械零件和普通焊接件，是应用极为广泛的工程用钢。碳素结构钢的力学性能及用途见表 4.1-27。

表 4.1-27　碳素结构钢的力学性能和用途（GB/T 700—1988）

牌号	等级	屈服强度 σ_s/N/mm²　钢材厚度（直径）/mm				抗拉强度 σ_b /MPa	伸长率 δ_5（%）　钢材厚度（直径）/mm				用途举例
		>16~40	>40~60	>60~100	>100~150		>16~40	>40~60	>60~100	>100~150	
		≥					≥				
Q195		(185)				(315~390)	32				金属结构载荷小的零件、垫铁、铆钉、垫圈、地脚螺栓、开口销、拉杆、冲压零件及焊接件
Q215	A	205	195	185	175	335~410	30	29	28	27	金属结构件、拉杆、套圈、铆钉、螺栓、短轴、心轴、凸轮（载荷不大的）吊钩、垫圈、渗碳零件及焊接件
	B										
Q235	A	225	215	205	195	375~460	25	24	23	22	金属结构件、心部强度要求不高的渗碳或氰化零件、吊钩、拉杆、车钩、套筒、气缸、齿轮、螺栓、螺母、连杆、轮轴、楔、盖、焊接件
	B										
	C										
	D										
Q255	A	245	235	225	215	410~510	23	22	21	20	金属结构件、转轴、心轴、拉杆、吊钩、箍、摇杆螺栓、楔以及其他强度要求不高的零件。焊接性尚可，一般很少采用
	B										
Q275		265	255	245	235	490~610	19	18	17	16	转轴、心轴、销轴、链轮、刹车杆、螺栓、螺母、垫圈、连杆、吊钩、楔、齿轮以及其他强度须较高的零件。焊接性尚可

1.2.2　低合金高强度钢

低合金高强度钢的力学性能和用途见表 4.1-28。

表 4.1-28　低合金高强度结构钢的力学性能和用途（GB/T 1591—1994）

牌号	质量等级	力学性能 屈服点 σ_s/MPa　厚度（直径，边长）/mm				抗拉强度 σ_b /MPa	伸长率 δ_5/%	冲击功（纵向）A_{kV}/J				180°弯曲试验 d=弯心直径；a=试样厚度（直径）　钢材厚度（直径）/mm		与旧标准（GB 1519—88）的对应牌号	特性和用途
		≤16	>16~35	>35~50	>50~100			+20℃	0℃	−20℃	−40℃	≤16	>16~100		
		≥					≥								
Q295	A	295	275	255	235	390~570	23					$d=2a$	$d=3a$	09MnV、09MnNb 09Mn2、12Mn	具有良好的塑性和较好的冲击韧性、冷弯性和焊接性。一般在热轧或正火状态下使用。用作冲压件、拖拉机轮圈和各种容器、低压锅炉气包、中低压化工容器和油罐、铁路车辆、造船和有低温要求的结构，可用于 −50℃~−70℃ 的条件
	B	295	275	255	235	390~570	23	34				$d=2a$	$d=3a$		

（续）

牌号	质量等级	屈服点 σ_s/MPa ≤16	>16~35	>35~50	>50~100	抗拉强度 σ_b/MPa	伸长率 δ_5/% ≥	冲击功(纵向) A_{kV}/J +20℃	0℃	-20℃	-40℃	180°弯曲试验 d=弯心直径; a=试样厚度(直径) 钢材厚度(直径)/mm ≤16	>16~100	与旧标准(GB 1519—88)的对应牌号	特性和用途
Q345	A	345	325	295	275	470~630	21					$d=2a$	$d=3a$	12MnV、16Mn 14MnNb、16MnRE、18Nb	综合力学性能良好,低温性能亦可,塑性和焊接性良好,用作中、低压容器、油罐、车辆、起重机、矿山设备、电站、桥梁等承受动荷的结构、机械零件、建筑结构、一般金属结构件,热轧或正火状态使用,可用于 -40℃ 以下寒冷地区的各种结构
	B	345	325	295	275	470~630	21	34				$d=2a$	$d=3a$		
	C	345	325	295	275	470~630	22		34			$d=2a$	$d=3a$		
	D	345	325	295	275	470~630	22			34		$d=2a$	$d=3a$		
	E	345	325	295	275	470~630	22				27	$d=2a$	$d=3a$		
Q390	A	390	370	350	330	490~650	19					$d=2a$	$d=3a$	15MnV、15MnTi 16MnNb	正火状态下使用,焊接性良好,推荐使用温度为 -20~520℃,用于高中压锅炉和化工容器,大型船舶、桥梁、车辆、起重机械及较高载荷的焊接结构。热轧状态厚度 >8mm 的钢板,其塑性、韧性均差
	B	390	370	350	330	490~650	19	34				$d=2a$	$d=3a$		
	C	390	370	350	330	490~650	20		34			$d=2a$	$d=3a$		
	D	390	370	350	330	490~650	20			34		$d=2a$	$d=3a$		
	E	390	370	350	330	490~650	20				27	$d=2a$	$d=3a$		

（续）

牌号	质量等级	屈服点 σ_s/MPa 厚度(直径,边长)/mm ≥				抗拉强度 σ_b/MPa ≥	伸长率 δ_5/% ≥	冲击功(纵向) A_{kV}/J ≥				180°弯曲试验 d=弯心直径; a=试样厚度(直径) 钢材厚度(直径)/mm		与旧标准(GB 1519—88)的对应牌号	特性和用途
		≤16	>16~35	>35~50	>50~100			+20℃	0℃	-20℃	-40℃	≤16	>16~100		
Q420	A	420	400	380	360	520~680	18					$d=2a$	$d=3a$	15MnVN、14MnVTiRE	小截面钢材在热轧状态下使用,板厚>17mm的钢材经正火后使用。综合力学性能、焊接性良好,低温韧性很好,用于大型船舶、桥梁、车辆、高压容器、重型机械及其他焊接结构
	B	420	400	380	360	520~680	18	34				$d=2a$	$d=3a$		
	C	420	400	380	360	520~680	19		34			$d=2a$	$d=3a$		
	D	420	400	380	360	520~680	19			34		$d=2a$	$d=3a$		
	E	420	400	380	360	520~680	19				27	$d=2a$	$d=3a$		
Q460	C	460	440	420	400	550~720	17		34			$d=2a$	$d=3a$		
	D	460	440	420	400	550~720	17			34		$d=2a$	$d=3a$		
	E	460	440	420	400	550~720	17				27	$d=2a$	$d=3a$		

注: 1. 本标准适用于热轧、控轧、正火,正火加回火及淬火加回火状态供应的工程用钢和一般结构用厚度不小于3mm的钢板、钢带及型钢、钢棒,一般在供应状态下使用。

　　2. 牌号表示举例: Q390A 其中: Q——钢材屈服点的"屈"字汉语拼音的首位字母; 390——屈服点数值,单位为 MPa;

　　　　A、B、C、D、E——分别为质量等级符号。

　　3. Q460 和各牌号 D、E 级钢一般不供应型钢、钢棒。

1.2.3　高耐候结构钢

高耐候结构钢的力学性能和用途见表 4.1-29。

表 4.1-29　高耐候结构钢的力学性能和用途（GB/T 4172—2000、GB/T 4171—2000）

牌　号	交货状态	钢材厚度/mm	力 学 性 能								备　注
			σ_s	σ_b	δ_5	180°冷弯试验	V 形冲击试验				
			/MPa		/%		质量等级	试样方向	温度/℃	冲击功/J	
			≥								
Q235NH (16CuCr)	热轧、正火或调质	<16	235	360 ~ 490	25	$d=a$	C	纵向	0	≥34	耐候钢即耐大气腐蚀钢，在钢中加入少量合金元素（如 Cu、Cr、Ni 等），使其在金属基体表面形成保护层，提高钢材的耐候性能，同时保持良好的焊接性能。用于制造要求耐候性能较高的桥梁、建筑等结构中的焊接构件。一般为热轧钢板或型材，厚度至 100mm
		>16 ~ 40	225		25		D		-20		
		>40 ~ 60	215		24	$d=2a$	E		-40	≥27	
		>60			23						
Q295NH (12MnCuCr)		≤16	295	420 ~ 560	24	$d=2a$	C		0	≥34	
		>16 ~ 40	285		24		D		-20		
		>40 ~ 60	275		23	$d=3a$	E		-40	≥27	
		>60 ~ 100	255		22						
Q355NH (15MnCuCr)		≤16	355	490 ~ 630	22	$d=2a$	C		0	≥34	
		>16 ~ 40	345		22		D		-20		
		>40 ~ 60	335		21	$d=3a$	E		-40	≥27	
		>60 ~ 100	325		20						
Q460NH (15MnCuCr-QT)		≤16	460	550 ~ 710	22	$d=2a$	D		-20	≥34	
		>16 ~ 40	450		22						
		>40 ~ 60	440		21	$d=3a$	E		-40	≥31	
		>60 ~ 100	430		20						
Q295GNH (09CuP)	热轧	≤6	295	390	24	$d=a$		纵向	0	≥27	这类钢的耐候性能比焊接结构用耐候钢好。用于制造车辆、建筑、塔架等结构。交货状态下使用，一般有热轧或冷轧钢板和型材，厚度不大于 16mm
		>6	295	390	24	$d=2a$					
	冷轧	≤2.5	260	390	27	$d=a$					
Q295GNHL (09CuPCrNi-B)	热轧	≤6	295	430	24	$d=a$					
		>6	295	430	24	$d=2a$			-20		
	冷轧	≤2.5	260	390	27	$d=a$					
Q345GNH	热轧	≤6	345	440	22	$d=a$					
		>6	345	440	22	$d=2a$					
Q345GNHL (09CuPCrNi-A)	热轧	≤6	345	480	22	$d=a$					
		>6	345	480	22	$d=2a$					
	冷轧	≤0.25	320	450	26						
Q390GNH	热轧	≤6	390	490	22	$d=a$					
		>6	390	490	22	$d=2a$					

左侧纵标：焊接结构用耐候钢（GB/T4172）　高耐候结构钢（GB/T4171）

注：1. d 为弯心直径，a 为钢材厚度。

2. 在焊接结构耐候钢牌号中，Q 表示"屈服点"；数字表示屈服点数值；NH 分别表示"耐"、"候"；在牌号的后面加上 C、D 或 E 表示不同的质量等级。在高耐候结构钢的牌号中 G 表示"高"；牌号后面加 L 表示成分含有铬镍的高耐候钢。

3. 括号中牌号表示旧牌号。

4. 钢板、钢带的尺寸、外形及其允许偏差应符合 GB/T 709 和 GB/T 708 的有关规定，型钢的尺寸、外形及其允许偏差应符合有关标准的规定。

.3　优质碳素结构钢

优质碳素结构钢的力学性能和用途见表 4.1-30。

表 4.1-30 优质碳素结构钢的力学性能和用途（GB/T 699—1999、JB/T 6397—1992）

钢号	标准号	推荐热处理/℃			试样毛坯尺寸/mm	力 学 性 能					交货状态硬度 HBS10/3000		特性和用途
		正火	淬火	回火		σ_b	σ_s ($\sigma_{0.2}$)	δ_5	ψ	A_{kU}	未热处理	退火钢	
						/MPa		/%		/J			
						≥					≤		
08F		930				295	175	35	60	—	131		这种钢强度不大，塑性和韧性甚高，有良好的冲压、拉延和弯曲性能，焊接性好。可作塑性须好的零件，如管子、垫片；心部强度要求不高的渗碳和氰化零件，如套筒、短轴、离合器盘
08		930				325	195	33	60	—	131		
10F		930				315	185	33	55	—	137		
10	GB/T 699	930			25	335	205	31	55	—	137		屈服点和抗拉强度值较低，塑性和韧性高，在冷状态下容易模压成形。一般用作拉杆、卡头、垫片、铆钉，无回火脆性倾向，焊接性甚好，冷拉或正火状态的切削加工性能比退火状态好
15F		920				355	205	29	55	—	143		作塑性好的零件：管子、垫片。心部强度要求不高的渗碳和氰化零件：套筒、短轴、靠模、离合器盘。还可作摇杆、吊钩、螺栓等。焊接性好
15		920				375	25	27	55	—	143		塑性、韧性、焊接性能和冷冲性能均极好，但强度较低。用于受力不大韧性要求较高的零件、渗碳零件、紧固件冲模锻件及不要热处理的低负荷零件，如螺栓、螺钉、拉条、法兰盘及化工容器、蒸汽锅炉，冷拉或正火状态的切削性能比退火状态好
20	JB/T 6397	910				410	245	25	55	—	156		冷变形塑性高，一般供弯曲、压延用，为了获得好的深冲压延性能板材应正火或高温回火
		正火或正火+回火			≤100	340~470	215	24	53	54	105~156		用于不经受很大应力而要求很大韧性的机械零件，如杠杆、轴套、螺钉、起重钩等。还可用于表面硬度高而心部强度要求不大的渗碳与氰化零件。冷拉或正火状态的切削加工性较退火状态好
					>100~250	320~470	205	23	50	49			
					>250~500	320~470	195	22	45	49			

（续）

钢号	标准号	推荐热处理/℃			试样毛坯尺寸/mm	力学性能					交货状态硬度 HBS10/3000		特性和用途
		正火	淬火	回火		σ_b	σ_s $(\sigma_{0.2})$	δ_5	ψ	A_{kU}	未热处理	退火钢	
						/MPa		/%		/J			
						≥					≤		
25	GB/T 699	900	870	600	25	450	275	23	50	71	170		性能与20钢相似,钢的焊接性及冷应变塑性均高,无回火脆性倾向,用于制造焊接设备,以及经锻造、热冲压和机械加工的不承受高应力的零件如轴、辊子、连接器、垫圈、螺栓、螺钉、螺母
	JB/T 6397	正火或正火+回火			≤100	410～540	235	20	50	49	120～155		
					>100～250	390～520	225	19	48	39			
					>250～500	390～520	215	18	40	39			
30	GB/T 699	880	860	600	25	490	295	21	50	63	179		截面尺寸不大时,淬火并回火后呈索氏体组织,从而获得良好的强度和韧性的综合性能。用于制造螺钉、拉杆、轴、套筒、机座
	JB/T 6397	正火或正火+回火			同本标准25钢								
35	GB/T 699	870	850	600	25	530	315	20	45	55	197		有好的塑性和适当的强度,多在正火和调质状态下使用。焊接性能尚可,但焊前要预热,焊后回火处理,一般不作焊接。用于制造曲轴、转轴、杠杆、连杆、圆盘、套筒、钩环、飞轮、机身、法兰、螺栓、螺母
	JB/T 6397	正火或正火+回火			≤100	490～630	255	18	43	34	140～172		
					>100～250	450～590	240	17	40	29			
					>250～500	450～590	220	16	27	29			
		调质			≤16	630～780	430	17	35	40	—		
					>16～40	600～750	370	19	40	40	—		
					>40～100	550～700	320	20	45	40	196～241		
					>100～250	490～640	295	22	40	40	189～229		
					>250～500	490～640	275	21	—	38	163～219		
40	GB/T 699	860	840	600	25	570	335	19	45	47	217	187	有较高的强度,加工性良好,冷变形时塑性中等,焊接性差,焊前须预热,焊后应热处理,多在正火和调质状态下使用,用于制造辊子、轴、曲柄销、活塞杆等
	JB/T 6397	正火或正火+回火 调质			同本标准35钢								

（续）

钢号	标准号	推荐热处理 /℃ 正火	推荐热处理 /℃ 淬火	推荐热处理 /℃ 回火	试样毛坯尺寸 /mm	力学性能 σ_b /MPa ≥	力学性能 σ_s ($\sigma_{0.2}$) /MPa ≥	力学性能 δ_5 /% ≥	力学性能 ψ /% ≥	力学性能 A_{kU} /J ≥	交货状态硬度 HBS10/3000 未热处理 ≤	交货状态硬度 HBS10/3000 退火钢 ≤	特性和用途
45	GB/T 699	850	840	600	25	600	355	16	40	39	229	197	强度较高,塑性和韧性尚好用于制作承受载荷较大的小截面调质件和应力较小的大型正火零件,以及对心部强度要求不高的表面淬火件,如曲轴、传动轴、齿轮、蜗杆、键、销等。水淬时有形成裂纹的倾向,形状复杂的零件应在热水或油中淬火。焊接性差
45	JB/T 6397	正火或正火 + 回火			≤100	570~710	295	14	38	29	170~207		
45	JB/T 6397	正火或正火 + 回火			>100~250	550~690	280	13	35	24	170~207		
45	JB/T 6397	正火或正火 + 回火			>250~500	550~690	260	12	32	24	170~207		
45	JB/T 6397	调 质			≤16	700~850	500	14	30	31	—		
45	JB/T 6397	调 质			>16~40	650~800	430	16	35	31	—		
45	JB/T 6397	调 质			>40~100	630~780	370	17	40	31	207~302		
45	JB/T 6397	调 质			>100~250	590~740	345	18	35	31	197~286		
45	JB/T 6397	调 质			>250~500	590~740	345	17	—	—	187~255		
50	GB/T 699	830	830	600	25	630	375	14	40	31	241	207	强度高,塑性、韧性较差,切削性中等,焊接性差,水淬有形成裂纹倾向。一般正火、调质状态下使用,用作要求较高强度、耐磨性或弹性、动载荷及冲击负荷不大的零件,如齿轮、轧辊、机床主轴、连杆、次要弹簧等
50	JB/T 6397	正火或正火 + 回火 调质			同本标准 45 钢								
55	GB/T 699	820	820	600	25	645	380	13	35	—	255	217	同 50 钢
55	JB/T 6397	正火或正火 + 回火			≤100	670~830	325	9	—	—	200~241		
55	JB/T 6397	调 质			≤16	800~950	550	12	25		—		
55	JB/T 6397	调 质			>16~40	750~900	500	14	30		—		
55	JB/T 6397	调 质			>40~100	700~850	430	15	35		217~321		
55	JB/T 6397	调 质			>100~250	630~780	365	17	—		207~302		
55	JB/T 6397	调 质			>250~500	630~780	335	16			197~269		
60	GB/T 699	810			25	675	400	12	35	—	255	229	强度、硬度和弹性均相当高,切削性焊接性差,水淬有裂纹倾向,小件才能进行淬火,大件多采用正火。用作轧辊、轴、轮箍、弹簧、离合器、钢丝绳等受力较大、要求耐磨性和一定弹性的零件
60	JB/T 6397	正火或正火 + 回火 调质			同本标准 55 钢								

(续)

钢号	标准号	推荐热处理 /℃			试样毛坯尺寸 /mm	力学性能					交货状态硬度 HBS10/3000		特性和用途
		正火	淬火	回火		σ_b	σ_s ($\sigma_{0.2}$)	δ_5	ψ	A_{kU}	未热处理	退火钢	
						/MPa		/%		/J	≤		
						≥							
65	GB/T 699	810			25	695	410	10	30	—	255	229	经适当热处理后,可得到较高的强度与弹性,在淬火、中温回火状态下,用作截面较小,形状简单的弹簧及弹簧式零件,如气门弹簧,弹簧垫圈等。在正火状态下,制造耐磨性高的零件,如轧辊、轴、凸轮、钢丝绳等。淬透性差,水淬有裂纹倾向,截面<15mm时一般油淬,截面较大时水淬
70		790			25	715	420	9	30	—	269	229	
75			820	480	试样	1080	880	7	30	—	285	241	强度较70钢稍高,而弹性略低,其他性能相近,淬透性仍较差。用作制造截面不大(一般≤20mm)承受强度不太高的板弹簧、螺旋弹簧以及要求耐磨的零件
80			820	480	试样	1080	930	6	30	—	285	241	
85			820	480	试样	1130	980	6	30	—	302	255	
15Mn	GB/T 699	920			25	410	245	26	55	—	163		是高锰低碳渗碳钢,性能与15钢相似,但淬透性、强度和塑性比15钢高。用以制造心部力学性能要求高的渗碳零件、如凸轮轴、齿轮、联轴器等,焊接性尚可
20Mn		910				450	275	24	50	—	197		
25Mn		900	870	600		490	295	22	50	71	207		
30Mn		880	860	600		540	315	20	45	63	217	187	强度与淬透性比相应的碳钢高,冷变形时塑性尚好,切削加工性良好,有回火脆性倾向,锻后要立即回火,一般在正火状态下使用。用以制造螺栓、螺母、杠杆、转轴、心轴等
35Mn		870	850	600		560	335	18	45	55	229	197	
40Mn		860	840	600		590	355	17	45	47	229	207	可在正火状态下应用,也可在淬火与回火状态下应用。切削加工性好。冷变形时的塑性中等。焊接性不良。用以制造承受疲劳负荷的零件,如轴辊子及高应力下工作的螺钉、螺母等
	JB/T 6397	正火或正火+回火			<250	590	350	17	45	47	207		
45Mn	GB/T 699	850	840	600	25	620	375	15	40	39	241	217	用作受磨损的零件,转轴、心轴、齿轮、啮合杆、螺栓、螺母、还可做离合器盘、花键轴、万向节、凸轮轴、曲轴、汽车后轴、地脚螺栓等。焊接性较差

(续)

钢号	标准号	推荐热处理/℃ 正火	推荐热处理/℃ 淬火	推荐热处理/℃ 回火	试样毛坯尺寸/mm	力学性能 σ_b	力学性能 σ_s ($\sigma_{0.2}$)	δ_5	ψ	A_{kU}	交货状态硬度 HBS10/3000 未热处理	交货状态硬度 HBS10/3000 退火钢	特性和用途
						/MPa		/%		/J	≤		
						≥							
50Mn	GB/T 699	830	830	600	25	645	390	13	40	31	255	217	弹性、强度、硬度均高,多在淬火与回火后应用;在某些情况下也可在正火后应用。焊接性差。用于制造耐磨性要求很高、在高负荷作用下的热处理零件,如齿轮、齿轮轴、摩擦盘和截面在80mm以下的心轴等
	JB/T 6397	正火或正火+回火			<250	645	390	13	40	31	217		
60Mn	GB/T 699	810			25	695	410	11	35	—	269	229	强度较高,淬透性较碳素弹簧钢好,脱碳倾向小;但有过热敏感性,易产生淬火裂纹,并有回火脆性。适于制造螺旋弹簧、板簧,各种扁、圆弹簧,弹簧环、片,以及冷拔钢丝(≤7mm)和发条
65Mn		830			25	735	430	9	30	—	285	229	强度高,淬透性较大,脱碳倾向小,但有过热敏感性,易生淬火裂纹,并有回火脆性。适宜制较大尺寸的各种扁、圆弹簧,发条,以及其他经受摩擦的农机零件,如犁、切刀等,也可制作轻载汽车离合器弹簧
70Mn		790			25	785	450	8	30	—	285	229	弹簧圈、盘簧、止推环、离合器盘、锁紧圈

注:1. GB/T 699 一般适用于直径或厚度不大于 250mm 的优质碳素结构钢棒材,尺寸超出 250mm 者需供需协商。其化学成分也适用于锭、坯及其制品。

2. GB/T 699 牌号后面加"A"者为高级优质钢,牌号后面加"E"者为特级优质钢。按使用加工方法分为压力加工用钢和切削加工用钢。

3. GB/T 699 各牌号的 Cr 质量分数不大于 0.25%(08、08F 不大于 0.1%;10、10F 不大于 0.15%);含 Ni 的质量分数不大于 0.30%;含 Cu 的质量分数不大于 0.25%。优质钢的 P、S 质量分数分别≤0.035%;高级优质钢的 P、S 质量分数分别≤0.030%,特级优质钢的 P、S 质量分数分别≤0.025%。JB/T 6397 各牌号的含 Cr、Ni、Cu 的质量分数分别均不大于 0.25%。P、S 质量分数分别≤0.035%。

4. 表中 GB/T 699 所列力学性能为试样毛坯经正火后制成试样测定的钢材的纵向力学性能(不包括冲击吸收功)。表中所列冲击吸收功 A_{kU} 为试样毛坯经淬火+回火后制成试样测定而得。钢号 75、80 及 85 的力学性能系用留有加工余量的试样进行热处理(淬火+回火)而得。交货状态硬度栏的未热处理表示轧制状态。

5. 表中 GB/T 699 所列力学性能仅适用于截面尺寸不大于 80mm 的钢材。

6. 试样毛坯栏所列尺寸,对 JB/T 6397 规定的为锻件截面尺寸(直径或厚度)非试样毛坯尺寸。JB/T 6397 规定的 σ_b 表中列出的范围,非"≥"。

7. 标准 JB/T 6397 所列钢号的力学性能分 1 级和 2 级(但调质状态不分),本表仅列出 1 级钢的力学性能。2 级钢用于出口或要求较高的产品。

1.4 合金结构钢

合金结构钢的力学性能和用途见表 4.1-31。

钢号	淬火 温度/℃ 第一次淬火	第二次淬火	淬火 冷却剂	回火 温度/℃	回火 冷却剂	试样毛坯尺寸/mm	σ_b /MPa (≥)	σ_s /MPa (≥)	δ_5 /% (≥)	ψ /% (≥)	A_{kU} /J (≥)	供应状态硬度 HBS 10/3000	标准号	特性和用途
20Mn2	850 / 880		水、油 / 水、油	200 / 440	水、空 / 水、空	15	785 / 785	590 / 590	10	40	47	≤187	GB/T 3077	截面较小时，相当于20Cr钢，可作渗碳小齿轮、小轴、活塞销、气门推杆、缸套等。渗碳淬火后渗碳56~62HRC
30Mn2	840		水	500	水	25	785	635	12	45	63	≤207		用作冷墩的螺栓及截面较大的调质零件
35Mn2	840		水	500	水	25	835	685	12	45	55	≤207		截面小时（≤15mm）与40Cr相当，作载重汽车冷墩的各种重要螺栓及小轴等，表淬硬度40~50HRC
40Mn2	840		水、油	540	水	25	885	735	12	45	55	≤217		截面较大小时，与40Cr相当，直径任50mm以下时可代40Cr作重要螺栓及零件，一般任50mm调质状态下使用
45Mn2	840		油	550	油	25	885	735	10	45	47	≤217		强度、耐磨性和淬透性均较高，调质后有良好的综合力学性能，也可正火后使用。截面在50mm以下代替40Cr，表淬硬度45~55HRC
50Mn2	820		油	550	油	25	930	785	9	40	39	≤229		用于汽车花键轴、重型机械的齿轮轴等高应力与耐磨损的零件，直径内<80mm的零件可代替45Cr
20MnV	880		水、油	200	水、空	15	785	590	10	40	55	≤187		相当于20CrNi的渗碳钢，用于制造高压容器、冷冲压件，矿用链环等
20MnMo	调质					100~300 / 301~500	500 / 470	305 / 275	14 / 14	40 / 40	39 / 39			焊接性良好，用于中温高压容器，如封头、底盖、筒体等
18MnMoNb	调质					100~300 / 301~500 / 501~800	635 / 590 / 490	490 / 440 / 345	15 / 15 / 15	45 / 45 / 45	47 / 47 / 39	187~229	JB/T 6396	耐高温500~530℃以下，焊接性和加工性良好，作化工高压容器、水压机工作缸大截面大型零件等
	正火+回火					≥500	510	315	14	40	39	187~229		
42MnMoV	调质					100~300 / 301~500 / 501~800	760 / 705 / 635	590 / 540 / 490	12 / 12 / 12	40 / 35 / 35	31 / 23 / 23	241~286 / 229~269 / 217~241		代替42CrMo作轴与齿轮，表淬硬度45~55HRC
20SiMn	正火+回火					≤600 / 601~900 / 901~1200	470 / 450 / 440	265 / 255 / 245	15 / 14 / 14	30 / 30 / 30	39 / 39 / 39		GB/T 3077	具有一定的强度和韧性，焊接性能良好。适用于电渣焊和大截面厚壁零件
27SiMn	920（水）	调质	水	450	水	25	980	835	12	40	39	≤217		是低淬透性的调质钢，调质状态下可用于代替40Cr作调质使用，也可正火或热轧状态下使用，如拖拉机履带销等
35SiMn	900	调质	水、油	570	水、油	25	885	735	15	45	47	≤229	JB/T 6396	如要求低温冲击值不高时可代替40Cr作调质件，耐磨及耐疲劳性较高，适作轴、齿轮及430℃以下的重要紧固件
						≤100 / 101~300 / 301~400 / 401~500	785 / 735 / 685 / 635	510 / 440 / 390 / 375	15 / 14 / 13 / 11	45 / 35 / 30 / 28	47 / 39 / 35 / 31	229~286 / 217~265 / 215~255 / 196~255		

（续）

钢号	热处理					试样毛坯尺寸/mm	力学性能					供应状态硬度 HBS 10/3000	标准号	特性和用途
	淬火 温度/℃		淬火 冷却剂	回火 温度/℃	回火 冷却剂		σ_b /MPa ≥	σ_s /MPa ≥	δ_5 /% ≥	ψ /% ≥	A_{KU} /J ≥			
	第一次淬火	第二次淬火												
42SiMn	880		水	590	水	25	885	735	15	40	47	≤229	GB/T 3077	与35SiMn同，但主要用来制造截面较大需表面淬火的零件，如齿轮、轴等，韧性较差，表面易裂
				调质		≤100	784	509	15	45	39	229～286		
						101～200	735	461	14	42	29	217～269		
						201～300	686	441	13	40	29	215～255		
						301～500	637	372	10	40	25	196～255		
50SiMn				调质		≤100	835	540	15	40	39	229～286		有高的强度和良好的韧性，不宜焊接，可代40Cr作大型齿圈及中小截面轴类零件
						101～200	735	490	15	40	39	217～269		
						201～300	685	440	14	40	31	207～255		
20SiMn2MoV	900		油	200	水、空	试样	1380		10	45	55	≤269	JB/T 6396	淬火并低温回火后，强度高、韧性好，可代替调质状态下使用的35CrMo、35CrNi3MoA等钢，用来制造石油机械中的吊卡、吊卡等
25SiMn2MoV	900		油	200	水、空	试样	1470		10	40	47	≤269		
37SiMn2MoV	870		水、油	650	水、空	25	980	835	12	50	63	≤269		这种钢有较高的淬透性，860～900℃淬火，650～680℃回火后的综合力学性能最好，低温韧性良好，有较高的高温强度，用来制造大截面受重载的轴、转子、齿轮和高压容器，表面淬硬度50～55HRC
40B	840		水	550	水	25	785	635	12	45	55	≤207		淬透性及强度都高于40钢，可作大截面的调质零件，可代40Cr作要求不高的小尺寸零件
45B	840		水	550	水	25	835	685	12	45	47	≤217		淬透性、强度、耐磨性稍高于45钢，用作较高的调质件，可代40Cr
50B	840		油	600	空	20	785	540	10	45	39	≤207	GB/T 3077	淬透性稍高于45钢，用作较高的调质零件
40MnB	850		油	500	水、油	25	980	785	10	45	47	≤207		调质后综合力学性能优于50钢，主要用于代替50、50Mn及50Mn2制造要求强度高的调质零件
45MnB	840		油	500	水、油	25	1030	835	9	40	39	≤217		性能接近40Cr，常用来代替40Cr作重要调质件，如制作φ250～320mm的卷扬机中间轴
20MnMoB	880		油	200	油、空	15	1080	885	10	50	55	≤207		常用来代替20CrMnTi和12CrNi3A制造心部强度及负荷较高的汽车、拖拉机使用的齿轮，要求大齿心荷载的机床主轴花键轴等

(续)

钢号	淬火温度/℃ 第一次淬火	第二次淬火	淬火冷却剂	回火温度/℃	回火冷却剂	试样毛坯尺寸/mm	σ_b /MPa ≥	σ_s /MPa ≥	δ_5 /% ≥	ψ /% ≥	A_ku /J ≥	供应状态硬度 HBS 10/3000	标准号	特性和用途
15MnVB	860		油	200	水、空	15	885	635	10	45	55	≤207		用于淬火低温回火后制造重要的螺栓,如汽车上的连杆螺栓、半轴盖螺栓等,代替40Cr钢调质件,也可作中等负荷小尺寸的渗碳件,如小轴、汽车后桥齿轮等
20MnVB	860		油	200	水、空	15	1080	885	10	45	55	≤207		用来代替20CrMnTi、20CrNi、20Cr制造模数较大、负荷较重的中小尺寸渗碳件,如重型机床上的齿轮与轴,汽车后桥齿轮等
40MnVB	850		油	520	水、油	25	980	785	10	45	47	≤207	GB/T 3077	调质后有良好的综合力学性能,优于40Cr,用来代替40Cr、42CrMo、40CrNi制造汽车、拖拉机和机床上的重要调质件,如轴、齿轮等
20MnTiB	860		油	200	水、空	15	1130	930	10	45	55	≤187		用来代替20CrMnTi制造较高级的渗碳件,如汽车、拖拉机上截面较小、中等负荷的齿轮
25MnTiBRE	860		油	200	水、空	试样	1380		10	40	47	≤229		有较高的弯曲强度、接触疲劳强度,可代替20CrMnTi、20CrMnMo、20CrMo,广泛用于中等负荷的拖拉机渗碳件,如齿轮、轴,使用性能优于20CrMnTi
15Cr	880	780~820	水、油	200	水、空	15	735	490	11	45	55	≤179		
15CrA	880	770~820	水、油	180	水、油	15	685	490	12	45	55	≤179		用来制造截面小于30mm、形状简单、心部强度和韧性要求较高、表面耐磨损的零件,如齿轮、凸轮、活塞销等。渗碳表面56~62HRC
20Cr (渗碳+淬火+回火,一淬+回火)	880	780~820	水、油	200	水、空	15(心部)	835	540	10	40	47	≤179		
20Cr (二淬+回火)						15(心部)	835	540	10	40	47			
20Cr (二淬+回火)						30(心部)	635	390	12	40	47			
20Cr (调质)	一淬+回火					≤60	635	390	13	40	39	退火硬度 HB≤197	JB/T 6396	
30Cr	860		油	500	水、油	25	885	685	11	45	47	≤187	GB/T 3077	用在磨损及很大冲击负荷下工作的重要零件,如轴、滚子、齿轮及重要螺栓等
35Cr	860		油	500	水、油	25	930	735	11	45	47	≤207		
40Cr	850		油	520	水、油	25	980	785	9	45	47	≤207		调质后有良好的综合力学性能,是应用广泛的调质钢,曲轴、齿轮等。表面淬硬度48~55HRC。截面在50mm以下时,油淬活塞销等有较高的疲劳强度。一定条件下可用40MnB、45MnB、35SiMn、42SiMn等代用
40Cr (调质)						≤100	735	540	15	45	39	241~286	JB/T 6396	
40Cr (调质)						101~300	685	490	14	45	31	241~286		
40Cr (调质)						301~500	635	440	10	35	23	229~269		
40Cr (调质)						501~800	590	345	8	30	16	217~255		

（续）

钢号	热处理 淬火温度/℃ 第一次淬火	第二次淬火	淬火冷却剂	回火温度/℃	回火冷却剂	试样毛坯尺寸/mm	σ_b /MPa ≥	σ_s /MPa ≥	δ_5 /% ≥	ψ /% ≥	A_ku /J ≥	供应状态硬度 HBS 10/3000	标准号	特性和用途
45Cr	840		油	520	水、油	25	1030	835	9	40	39	≤217	GB/T 3077	拖拉机离合器、齿轮、柴油机连杆、螺栓、挺杆等
50Cr	830		油	520	水、油	25	1080	930	9	40	39	≤229	GB/T 3077	支承辊心轴、强度和耐磨性要求高的轴、齿轮、油嘴轴承的轴套等。在油中淬火与回火后能表得很高的强度
			调质			≤100 >101~300	835 785	540 490	10 10	40 40		255~286 241~286		比40Cr的淬透性较高，一般用于制造直径为30~40mm、强度和耐磨性要求较高的零件，如汽车、拖拉机上的轴、齿轮、气阀等
38CrSi	900		油	600	水、油	25	980	835	12	50	55	≤255	GB/T 3077	
12CrMo	900		空	650	空	30	410	265	24	60	110	≤179	JB/T 6396	蒸汽温度达510℃的主汽管，管壁温度≤540℃的蛇形管、导管
15CrMo	900		空	650	空	30	440	295	22	60	94	≤179	GB/T 3077	蒸汽温度达510℃的主汽管，管壁温度≤540℃的蛇形管、导管
20CrMo	880		水、油	500	水、油	15	885	685	12	50	78	≤197	GB/T 3077	蒸汽温度≤510℃的主汽管、蛇形管、导管
25CrMo*			调质			17~40 41~100 101~160	780~930 690~830 640~780	(590) (460) (410)	14 15 16	55 60 60	D 55 V 55 M 48	软化退火 ≤212	JB/T 6396	强度和韧性能较好，在500℃以下有足够的高温强度，焊接性能良好（当 Mn、Cr、Mo 含量在下限时），用于轴、活塞连杆等
30CrMo	880		水、油	540	水、油	25	930	785	12	50	63	≤229	GB/T 3077	调质后亦有较好的综合力学性能，用于高温、高压面较大的螺栓等，如主轴，高负荷螺栓、连杆和螺母，尤适于29000kPa，400℃条件下工作的管道与紧固件
30CrMoA	880		油	540	油	15	930	735	12	50	71	≤229	GB/T 3077	高温、高压下亦可在550℃下水制高强度，用于制造500℃以下受高压工作的法兰盖及螺栓等
35CrMo	850		油	550	油	≤100 101~300 301~500 501~800	735 685 635 590	540 490 440 390	15 15 15 12	45 45 35 30	47 39 31 23	207~269 207~269 207~269 207~269	JB/T 6396	强度、韧性、淬透性均高，淬火时变形极小，用作大截面齿轮和重型传动轴，如电机轴、汽轮机主轴，锅炉400℃以下的大螺栓，500℃以下的螺母，可代替40CrNi 使用，表淬HRC≥40~45
	850		调质				980	835	12	45	63	≤229	GB/T 3077	
42CrMo	850		油	560	水、油	25	1080	930	12	45	63	≤217	GB/T 3077	强度和淬透性比35CrMo有所增高，调质后较高的疲劳极限和抗多次冲击能力，低温冲击韧性良好，用来制造调质断面更大的锻件，如机车牵引用的大齿轮，后轴，连杆，万向联轴器、减速器支承轴等，表淬HRC≥54~60

钢号	热处理 淬火 温度/℃ 第一次淬火	第二次淬火	淬火 冷却剂	回火 温度/℃	回火 冷却剂	试样毛坯尺寸/mm	σ_b /MPa ≥	σ_s /MPa ≥	δ_5 /% ≥	ψ /% ≥	A_ku /J	供应状态硬度 HBS 10/3000	标准号	特性和用途
42CrMo*	调质					≤100 101~160 161~250 251~500 501~750	900~1100 800~950 750~900 690~840 590~740	(650) (550) (500) (460) (390)	12 13 14 15 16	50 50 55	40 40 40 DVM 38 38		JB/T 6396	强度和淬透性比35CrMo有所增高,调质后有较高的疲劳极限和抗多次冲击能力,低温冲击韧性良好。用来制造断面较大的锻件,如机车牵引的大齿轮,后轴,连杆,万向联轴器,减速器,表淬HRC≥54~60
50CrMo*	调质					≤100 101~160 161~250 251~500 501~750	900~1100 850~1000 800~950 740~890 690~840	(700) (650) (550) (540) (490)	12 13 14 14 15	50 50 50	35 35 35 DVM 31 31	软化退火 ≤248		强度和淬透性比42CrMo高,主要用于截面较大的部件,如轴,齿轮,活塞杆及直径100~160mm的紧固件,一般调质后使用,表淬HRC≥56~62
12CrMoV	970		空	750	空	30	440	225	22	50	78	≤241	GB/T 3077	用作蒸汽温度达540℃的主导管,转向导环等,汽轮机隔板及壁温<570℃的各种过热器管,导管相应的锻件
35CrMoV	900		油	630	水,油	25	1080	930	10	50	71	≤241		用作承受应力高的零件,如500℃以下长期工作的汽轮转子叶片的零件,高级涡轮鼓风机及压缩风机转子,轴承及动力零件等
12Cr1MoV	970		空	750	空	30	490	245	22	50	71	≤179		同12CrMoV,但抗氧化性与热强性比12CrMoV好
25Cr2MoVA	900		油	640	油	25	930	785	14	55	63	≤241		汽轮整体转子套筒,阀门主汽阀,调节阀温度在535~550℃的螺母及530℃以下的紧固化零件如阀座,阀杆,齿轮等
25Cr2Mo1VA	1040		空	700	空	25	735	590	16	50	47	≤241	GB/T 3077	蒸汽温度在565℃的汽轮机前汽缸,螺栓,阀门,阀杆等
38CrMoAl	940 调质		水,油	640	水,油	试样毛坯 30	980 980	835 835	14 14	50 50	71 70	退火 ≥229	JB/T 6396	高级氮化钢,用于高耐磨性,高疲劳强度和较高强度,热处理尺寸精度高的氮化零件,如阀门,汽缸套,橡胶塑料挤压机,表面硬度达HV1000~1200
40CrV	880		油	650	水,油	25	885	735	10	50	71	≤241		用作重要零件,如曲轴,机车连杆,齿轮受强力的双头螺栓,高压锅炉给水泵轴等
50CrVA	860		油	500	水,油	25	1280	1130	10	40		≤255	GB/T 3077	用作蒸汽温度<400℃的重要零件,及负荷大,疲劳强度高的大型弹簧
15CrMn	880		油	200	水,空	15	785	590	12	50	47	≤179		用作齿轮,蜗轮,塑料模子,汽轮机密封套等

（续）

钢号	热处理 淬火温度/℃ 第一次淬火	第二次淬火	淬火冷却剂	回火温度/℃	回火冷却剂	试样毛坯尺寸/mm	力学性能 σ_b/MPa ≥	σ_s/MPa	δ_5/%	ψ/%	A_KU/J	供应状态硬度 HBS 10/3000	标准号	特性和用途
16MnCr*	渗碳+淬火+回火					≤30	780~1080	(590)	10	40	34 (D V M)	软化退火 ≤207	JB/T 6396	是一种较好的渗碳钢,有较高的淬透性和良好的表面硬度和耐磨性,用于尺寸较大的部件时,能得到满意的表面硬度和耐磨性,主要用于齿轮、蜗轮蜗杆、齿轮轴、蜗轮轴、蜗杆等,表淬 HRC≥57~62
						31~63	640~930	(440)	11	40	34			
20CrMn	850		油	200	水、空	15	930	735	10	45	47	≤187	GB/T 3077	无级变速器、摩擦轮,齿轮与轴,性能相当于 20CrNi 钢,热处理后性能比 20Cr 好
20MnCr*	渗碳+淬火+回火					≤30	980~1270	(680)	8	35	34 (D V M)	软化退火 ≤217	JB/T 6396	是一种性能良好的渗碳钢,可作调质钢用,焊接性能差,可作断面不大、承受中等压力又无冲击负荷的零件,如齿轮、主轴、联轴器、万向联轴器等,表淬 HRC57~62
						31~63	790~1080	(540)	10	35	34			
40CrMn	840		油	550	水、油	25	980	835	9	45	47	≤229		对于截面不大或温度不太高的零件,可代替 42CrMo 和 40CrNi,用作在高速高负荷下工作的齿轮、齿轮轴、水泵转子、离合器,在化工容器上可作高压容器盖板螺栓等
20CrMnSi	880		油	480	水、油	25	785	635	12	45	55	≤207		是强度和韧性较高的低碳合金钢,的较高的拉力件、矿山用的较大截面零件,适用强度和韧性较高焊接件和要求韧性较高的链条、螺栓等
25CrMnSi	880		油	480	水、油	25	1080	885	10	40	39	≤217	GB/T 3077	用来制造重要的焊接件和冲压件
30CrMnSi	880		油	520	水、油	25	1080	885	10	45	39	≤229		淬火回火后具有很高的强度和足够的韧性,淬透性也好,用作在震动负荷下工作的焊接结构,冷铆接结构,如高压鼓风机叶片、高速高负荷的砂轮轴、齿轮、链轮、离合器等,以及温度不高而要求耐磨的零件
30CrMnSiA	880		油	540	水、油	25	1080	835	10	45	39	≤229		
35CrMnSiA	加热到880, 于280~310 等温淬火					试样	1620	1280	9	40	31	≤241	GB/T 3077	强度比 30CrMnSiA 提高许多,而韧性下降不明显,其他特性和 30CrMnSiA 相同,用于制造重负荷、中等转速度零件,如高压鼓风机叶轮、飞机上高速高强度零件
	890		油	230	空、油	试样	1620	1275	9	40	31	≤241		
	850		油	200	水、空	15	1180	885	10	45	55	≤217		
20CrMnMo	渗碳+淬火+回火 两次淬火+回火	950				≤30	1080	785	7	40		≤217	JB/T 6396	高级渗碳钢,渗碳淬火后具有较高的抗弯强度和耐磨性,有良好的低碳韧性,用于制造要求表面硬度高、耐磨性能好的渗碳零件,如齿轮、凸轮、活塞销等,渗碳表淬 HRC≥56~62
						≤100	835	490	15	40	31			

（续）

钢号	热处理 淬火 温度/℃ 第一次淬火	淬火 温度/℃ 第二次淬火	淬火 冷却剂	回火 温度/℃	回火 冷却剂	试样毛坯尺寸/mm	力学性能 σ_b /MPa ≥	σ_s /MPa ≥	δ_5 /% ≥	ψ /% ≥	A_kU /J ≥	供应状态硬度 HBS 10/3000	标准号	特性和用途
40CrMnMo	850		油	600	水、油	25	980	785	10	45	63	≤217	GB/T 3077	高级调质钢，调质后具有较高综合力学性能，淬透性好，有较高的回火稳定性，适宜制造截面较大的重负荷齿轮、轴、轴类零件、螺栓、螺母、销子等可代替40CrNiMo
40CrMnMo（调质）						≤100	885	735	12	45	39	—	JB/T 6396	
						101～300	835	640	12	42	39			
						301～500	785	570	12	40	31			
						501～800	735	490	12	35	23			
20CrMnTi	880		油	220	水、空	15	1080	835	10	45	55	≤217	GB/T 3077	用作渗碳零件，渗碳淬火后有高的耐磨性和抗弯强度，有较高的低温冲击韧性，切削加工性良好，广泛用于汽车、拖拉机工业。截面在30mm以下、承受高速中载或重载以及冲击和摩擦磨损的主要零件，如齿轮、轴、十字轴
20CrMnTi（渗碳+淬火+回火）						试样毛坯15	1080	835	10	45	55	—	JB/T 6396	主要用作渗碳件，强度和淬透性高，冲击韧性也略低，高载荷工作截面在60mm以下，心部强度要求特别高，高速高负荷而要求的重要渗碳零件，后备主动圆锥齿轮上的主动圆锥齿轮、齿轮轴
30CrMnTi	880	850	油	200	水、空	试样	1470		9	40	47	≤229	GB/T 3077	用来制造高负荷下工作的重要渗碳零件，如齿轮、花键轴、活塞销等，也可用作要求高强度、韧性的调质零件，齿轮、链条等
20CrNi	850		水、油	460	水、油	25	785	590	10	50	63	≤197		用来制造花键轴、活塞销、键的调质小轴类零件
40CrNi	820		油	500	水、油	25	980	785	10	45	55	≤241		调质后有良好的综合力学性能，低温冲击韧性良好，用于制造截面大的重要调质零件，如轴、连杆等
45CrNi	820		油	530	水、油	25	980	785	10	45	55	≤255	GB/T 3077	性能基本与40CrNi相同，但具有更高的塑性和韧性，可用来制造较大尺寸的齿轮和轴类零件
50CrNi	820		油	500	水、空	25	1080	835	8	40	39	≤255		同上
12CrNi2	860	780	水、油	200	水、空	15	785	590	12	50	63	≤207		淬火低温回火后有良好的综合力学性能，心部韧性高，强度不太高，可用于制造截面精大的渗碳件，如心部要求强度高、表面硬度高、承受冲击载荷的中、小型渗碳件等
12CrNi3	860	780	油	200	水、空	15	930	685	11	50	71	≤217	GB/T 3077	淬火低温回火或高温回火后有良好的淬透性，用于要求强度高、韧性大的渗碳件，可用于制造精大的渗碳件。心部要求强度高、表面硬度高、承受冲击载荷的齿轮、凸轮及万向联轴器十字头，油淬采特大齿轮和淬火低温工作的零件，如齿轮
20CrNi3	830		水、油	480	水、油	25	930	735	11	55	78	≤241		调质后有良好的综合力学性能，低温冲击韧性也较好，多用于制造高负荷高条件下工作的零件，如齿轮、轴、蜗杆等

（续）

钢号	热处理 淬火温度/℃ 第一次淬火	第二次淬火	冷却剂	回火 温度/℃	冷却剂	试样毛坯尺寸/mm	力学性能 σ_b/MPa ≥	σ_s/MPa ≥	δ_5/% ≥	ψ/% ≥	A_{ku}/J ≥	供应状态硬度 HBS 10/3000	标准号	特性和用途
30CrNi3	820		油	500	水,油	25	980	785	9	45	63	≤241		性能基本同上,淬透性较好,用于重要的较大截面的零件,如曲轴,连杆,齿轮,轴等
37CrNi3	820		油	500	水,油	25	1130	980	10	50	47	≤269	GB/T 3077	用作大截面,高负荷,受冲击力工作的汽轮机叶轮,转子轴等
12CrNi4	860	780	油	200	水,空	15	1080	835	10	50	71	≤269		用作截面较大,负荷较高,受交变应力下工作的重要渗碳件,如齿轮,蜗杆,万向接头叉等
15Cr2Ni2*	渗碳+淬火+回火					≤30	880~1180	(640)	9	40	41（DVM）	软化退火 ≤217	JB/T 6396	是渗碳钢,具有很高强度和韧性,用来承受高负荷的传动齿轮,万向联轴器,活塞杆联轴器等,渗碳表淬HRC≥57~62
						31~63	780~1080	(540)	10	40	41			
20Cr2Ni4	调质 880		油	200	水,空	15	1175	1080	10	45	62	≥269		是优良的铬镍钢,由于含镍较高,而具有很高的强度和韧性,淬透性很高,用来制造高负荷渗碳件,如齿轮,蜗杆,轴,万向叉等
						15	1180	1080	10	45	63	≤269	JB/T 6396	
20CrNiMo	850		油	200	空	15	980	785	9	40	47	≤197	GB/T 3077	淬透性与20CrNi相近,强度比20Cr钢高,此钢常用来制造中小型汽车,拖拉机发动机与传动系统的齿轮,可代12CrNi3制造心部要求较高的渗碳件,如矿山牙轮钻头的牙爪与牙轮体
40CrNiMoA	850		油	600	水,油	25	980	835	12	55	78	≤269	GB/T 3077	优良调质钢,调质后有良好的综合力学性能,低温冲击韧性很高,淬火低温回火后都有较高的疲劳强度和低的缺口敏感性,用于截面较大的,受冲击负荷的高强度零件,如锻压机的偏心轴,锻造机的传动偏心轴
	淬火+回火					≤80	980	835	12	55	78	退火 ≥269		具有很高的强度,韧性和淬透性,主要用于高负荷的轴类,汽轮机轴,叶片等
						81~100	980	835	11	50	74			
						101~150	980	835	10	45	70			
						151~250	980	835	9	40	66			
17Cr2Ni2Mo*	渗碳+淬火+回火					≤30	1080~1320	(790)	8	35		软化退火 ≤229	JB/T 6396	是优质的渗碳钢,有高的强度和韧性,渗碳表面,摩擦件等,用于齿轮等传动件,渗碳表淬HRC≥57~62
						31~63	980~1270	(690)	8	35				

（续）

钢号	热处理 淬火温度/℃ 第一次淬火	第二次淬火	回火温度/℃	冷却剂	试样毛坯尺寸/mm	σ_b /MPa	σ_s /MPa ≥	δ_5 /%	ψ /%	A_ku /J (D V M)	供应状态硬度 HBS 10/3000	标准号	特性和用途
30Cr2Ni2Mo*	调质				≤100	1100~1300	(900)	10	45	40	软化退火 ≤248		优质调质钢,有很高的强度、韧性及淬透性。用于重型机械高负荷大截面的零部件,如汽轮机转子、叶片、高负荷的传动件、紧固件、曲轴、齿轮等
					101~160	1000~1200	(800)	11	50	50			
					161~250	900~1100	(700)	12	50	50			
					251~500	830~980	(635)	12	—	45			
					501~1000	780~930	(590)	12	—	45		JB/T 6396	
34Cr2Ni2Mo*	调质				≤100	1000~1200	(800)	11	50	50	软化退火 ≤248		性能与用途同30Cr2Ni2Mo,表面 HRC≥52~58。用于螺钉、传动丝杠、蜗轮丝杠、小齿轮轴、齿条、齿轮等
					101~160	900~1100	(700)	12	55	50			
					161~250	800~950	(600)	13	55	41			
					251~500	740~890	(540)	14	—	41			
					501~1000	690~840	(490)	15	—	—			
34CrNi3Mo	调质				≤100	900	(785)	14	40	54	269~341		性能、用途与30Cr2Ni2Mo相似
					101~300	855	(735)	14	38	47			
					301~500	805	(685)	13	35	31			
18CrNiMnMoA	830	—	200	空	15	1180	885	10	45	71	269	GB/T 3077	强度高,淬透性亦较高,主要用来制造震动载荷条件下工作的减震器、重型汽车等受高负荷的零件,飞机发动机曲轴、起落架、中小型火箭壳体等高强度结构零件,扭力轴,离合器轴等,淬火低温或中温回火后使用,也可作调质件
45CrNiMoVA	860	油	460	油	试样	1470	1330	7	35	31	≤269	GB/T 3077	
18Cr2Ni4WA	950	850	200	水、空	15	1180	835	10	45	78	≤269	GB/T 3077	渗碳钢,用作大截面、高强度而又需要良好韧性和缺口敏感性低的重要渗碳件,如大齿轮、传动轴、花键轴、曲轴,也可作调质钢

（续）

钢　号	热处理					试样毛坯尺寸 /mm	力学性能					供应状态硬度 HBS 10/3000	标准号	特性和用途
	淬火 温度/℃		冷却剂	回火 温度/℃	冷却剂		σ_b	σ_s	δ_5	ψ	A_{kU}			
	第一次淬火	第二次淬火					/MPa ≥		/% ≥		/J			
18Cr2Ni4W	淬火 + 回火					≤80	1180	835	10	45	78	退火 ≥229	JB/T 6396	用于承受动负荷，要求高强度的零件，与18Cr2Ni4WA基本相同。
						81～100	1180	835	9	40	74			
						101～150	1180	835	8	35	70			
						151～250	1180	835	7	30	66			
25Cr2Ni4WA	850		油	550	水、油	25	1080	930	11	45	71	≤269	GB/T 3077	调质钢，有优良的低温冲击韧性及淬透性，用于作大截面、高负荷的调质件，如汽轮机主轴、叶轮等。

注：1. GB/T 3077 标准适用于直径或厚度不大于250mm的合金结构钢棒材，尺寸大于250mm的棒材应经供需双方协商。其化学成分亦适用于钢锭、坯及其制品。

2. GB/T 3077 标准中的力学性能系试样毛坯（其截面尺寸为试样尺寸留有一定加工余量）经热处理后，制成试样及冲击试样测出钢材的纵向力学性能。截面尺寸小于或等于80mm的钢材，断面收缩率、允许其伸长率表中较该表中规定降低1%（绝对值）、5%（绝对值）及5%；尺寸81～100mm的钢材，允许三者分别降低2%（绝对值）、10%（绝对值）及10%；尺寸101～150mm的钢材允许三者分别降低3%（绝对值）、15%（绝对值）及15%。尺寸151～250mm的钢材允许三者分别降低3%（绝对值）、15%（绝对值）及15%。

3. 对于 GB/T 3077 标准的钢材通常以热轧或热处理状态交货，如需方要求也可以热处理（正火、退火或高温回火）状态交货，其结果应符合本表规定。尺寸大于80mm的钢材取样允许将状态锻（轧）成70～80mm后取样检验时，其供应状态硬度为退火或高温回火状态的硬度。

4. GB/T 3077 标准按质量分为优质钢、高级优质钢（牌号后加"A"）和特级优质钢（牌号后加"E"），按使用加工用途分为压力加工用钢（热压力加工或顶锻、冷拔）和切削加工用钢。

5. GB/T 3077 标准规定磷、硫及残余铜的含量符合下列数值（%，不大于）：

	P	S	Cu
优质钢	0.035	0.035	0.30
高级优质钢	0.025	0.025	0.25
特级优质钢	0.025	0.015	0.25

6. 试样毛坯栏中为"试样"者，表示为力学性能直接由试样经热处理后测得，拉力试样的试样直径一般为10mm，最大为25mm。

7. JB/T 6396 标准用于一般用途的合金结构钢锻件，该标准中试样毛坯尺寸栏所列数据为锻件毛坯尺寸，个别为试样毛坯尺寸，在表中已注明，该标准中所列硬度为各钢号热处理后的硬度。

8. JB/T 6396 标准中钢号与右上方冠"*"者为转化德国 SMS 公司标准钢号，引进德国钢的牌号，这些钢主要用于出口或要求较高的产品。其屈服强度 σ_s 栏中带括号内的数据为规定非比例延伸强度（$\sigma_{0.2}$）。表中冲击功栏中 DVM 表示按德国标准 DIN50115《金属材料试验缺口冲击试验》的规定，在 DVM 试样上测定的数据。

1.5 特殊用途结构钢

1.5.1 保证淬透性结构钢（H 钢）和低淬透性结构钢

保证淬透性结构钢 这类钢适用于机械制造中用以保证淬透性的截面尺寸≥30mm 的热轧及锻制结构条钢。主要用于机械加工零件。各种牌号保证淬透性结构钢的用途可参考相同牌号的优质碳素结构钢及合金结构钢。

保证淬透性结构钢的淬透性指标见表 4.1-32。

表 4.1-32　保证淬透性结构钢的淬透性指标（摘自 GB/T 5216—2004）

牌　号	正火温度/℃	端淬温度/℃	淬透性带范围①		离开淬火端下列距离（mm）处的 HRC										
					1.5	3	5	7	9	11	13	15	20	25	30
45H	850~870	840±5	H	max	61	60	50	36	33	31	30	29	27	26	24
				min	54	37	27	24	22	21	20				
			HH	max	61	60	50	36	33	31	30	29	27	26	24
				min	56	44	33	28	25	23	22	21			
			HL	max	59	56	42	32	30	29	28	25	23	21	
				min	54	37	27	24	22	21	20				
15CrH	915~935	925±5	H	max	46	45	41	35	31	29	27	26	23	20	
				min	39	34	26	22	20						
			HH	max	46	45	41	35	31	29	27	26	23	20	
				min	41	38	31	26	23	21					
			HL	max	44	41	36	31	28	26	24	22			
				min	39	34	26	22	20						
20CrH	880~900	870±5	H	max	48	47	44	37	32	29	26	25	22		
				min	40	36	26	21							
			HH	max	48	47	44	37	32	29	26	25	22		
				min	43	40	32	26	23	21					
			HL	max	46	44	38	32	28	25	22				
				min	40	36	26	21							
20Cr1H	915~935	925±5	H	max	48	48	46	40	36	34	32	31	29	27	26
				min	40	37	32	28	25	22	20				
			HH	max	48	48	46	40	36	34	32	31	29	27	26
				min	43	41	37	32	28	26	24	22			
			HL	max	46	45	40	36	33	30	28	26	23	20	
				min	40	37	32	28	25	22	20				
40CrH	860~880	850±5	H	max	59	59	58	56	54	50	46	43	40	38	37
				min	51	51	49	47	42	36	32	30	26	25	23
			HH	max	59	59	58	56	54	50	46	43	40	38	37
				min	54	54	51	49	46	41	37	34	31	29	28
			HL	max	56	56	56	54	50	45	41	39	35	34	32
				min	51	51	49	47	42	36	32	30	26	25	23
45CrH	860~880	850±5	H	max	62	62	61	59	56	52	48	45	41	40	38
				min	54	54	52	49	44	38	33	31	28	27	25
			HH	max	62	62	61	59	56	52	48	45	41	40	38
				min	57	57	54	51	48	43	38	36	32	31	29
			HL	max	59	59	59	57	52	47	43	40	37	36	34
				min	54	54	52	49	44	38	33	31	28	27	25
16CrMnH	910~930	920±5	H	max	47	46	44	41	39	37	35	33	31	30	29
				min	39	36	31	28	24	21					
			HH	max	47	46	44	41	39	37	35	33	31	30	29
				min	42	39	35	32	29	26	24	22	20		
			HL	max	44	43	40	37	34	32	30	28	26	25	24
				min	39	36	31	28	24	21					
20CrMnH	910~930	920±5	H	max	49	49	48	46	43	42	41	39	37	35	34
				min	41	39	36	33	30	28	26	25	23	21	
			HH	max	49	49	48	46	43	42	41	39	37	35	34
				min	44	42	40	37	34	33	31	30	28	26	25
			HL	max	46	46	44	42	39	37	36	34	32	30	29
				min	41	39	36	33	30	28	26	25	23	21	

（续）

牌　号	正火温度 /℃	端淬温度 /℃	淬透性带范围①		离开淬火端下列距离（mm）处的 HRC										
					1.5	3	5	7	9	11	13	15	20	25	30
15CrMnBH	920~940	870±5	H	max	42	42	41	39	36	34	32	31	28	25	24
				min	35	35	34	32	29	27	25	24	21		
			HH	max	42	42	41	39	36	34	32	31	28	25	24
				min	37	37	36	34	31	29	27	26	23	20	
			HL	max	40	40	39	37	34	32	30	29	26	23	21
				min	35	35	34	32	29	27	25	24	21		
17CrMnBH	920~940	870±5	H	max	44	44	43	42	40	38	36	34	31	30	29
				min	37	37	36	34	33	31	29	27	24	23	22
			HH	max	44	44	43	42	40	38	36	34	31	30	29
				min	39	39	38	36	35	33	31	29	26	25	24
			HL	max	42	42	41	40	38	36	34	32	29	28	27
				min	37	37	36	34	33	31	29	27	24	23	22
40MnBH	880~900	850±5	H	max	60	60	59	57	55	52	49	45	37	33	31
				min	51	50	49	47	42	33	27	24	20		
			HH	max	60	60	59	57	55	52	49	45	37	33	31
				min	53	53	51	49	47	40	36	31	25	22	
			HL	max	58	58	57	55	51	46	44	39	31	27	26
				min	51	50	49	47	42	33	27	24	20		
45MnBH	880~900	850±5	H	max	62	62	62	60	58	55	51	47	40	36	34
				min	53	53	52	49	45	35	28	26	23	22	21
			HH	max	62	62	62	60	58	55	51	47	40	36	34
				min	56	56	54	52	48	43	38	33	29	27	26
			HL	max	60	60	60	57	54	51	46	41	34	31	30
				min	53	53	52	49	45	35	28	26	23	22	21
20MnVBH	930~950	860±5	H	max	48	48	47	46	44	42	40	38	33	30	28
				min	40	40	38	36	32	28	25	23	20		
			HH	max	48	48	47	46	44	42	40	38	33	30	28
				min	43	43	40	38	36	33	30	28	25	22	20
			HL	max	45	45	45	44	40	37	35	33	29	26	24
				min	40	40	38	36	32	28	25	23	20		
20MnTiBH	930~950	880±5	H	max	48	48	48	46	44	42	40	37	31	26	24
				min	40	40	39	36	32	27	23	20			
			HH	max	48	48	48	46	44	42	40	37	31	26	24
				min	43	43	41	38	36	32	29	26	20		
			HL	max	46	46	46	44	40	37	34	31	25	20	
				min	40	40	39	36	32	27	23	20			
15CrMoH	915~935	925±5	H	max	46	45	42	38	34	31	29	28	26	25	24
				min	39	36	29	24	21	20					
			HH	max	46	45	42	38	34	31	29	28	26	25	24
				min	41	39	34	29	26	23	21	20			
			HL	max	44	42	38	34	30	28	25	23	21	20	
				min	39	36	29	24	21	20					
20CrMoH	915~935	925±5	H	max	48	48	47	44	42	39	37	35	33	31	30
				min	40	39	35	31	28	25	24	23	20		
			HH	max	48	48	47	44	42	39	37	35	33	31	30
				min	42	39	36	33	30	28	27	25	22		
			HL	max	46	45	43	40	37	35	33	31	29	26	24
				min	40	39	35	31	28	25	24	23	20		
22CrMoH	915~935	925±5	H	max	50	50	50	49	48	46	43	41	39	38	37
				min	43	42	41	39	36	32	29	27	24	24	23
			HH	max	50	50	50	49	48	46	43	41	39	38	37
				min	45	45	43	41	40	37	34	32	29	29	28
			HL	max	48	48	48	47	44	42	39	37	34	34	33
				min	43	42	41	39	36	32	29	27	24	24	23
42CrMoH	860~880	845±5	H	max	60	60	60	59	58	57	57	56	55	53	51
				min	53	53	52	51	50	48	46	43	38	35	33

（续）

牌　号	正火温度/℃	端淬温度/℃	淬透性带范围①		1.5	3	5	7	9	11	13	15	20	25	30
					\multicolumn{11}{c}{离开淬火端下列距离（mm）处的HRC}
42CrMoH	860~880	845±5	HH	max	60	60	60	59	58	57	57	56	55	53	51
				min	55	55	54	53	52	50	49	48	44	41	39
			HL	max	58	58	58	57	56	55	54	52	50	47	45
				min	53	53	52	51	50	48	46	43	38	35	33
20CrMnMoH	860~880	860±5	H	max	50	50	50	49	48	47	45	43	40	39	38
				min	42	42	41	39	37	35	33	31	28	27	26
			HH	max	50	50	50	49	48	47	45	43	40	39	38
				min	44	44	43	41	40	39	37	35	32	31	30
			HL	max	48	48	48	47	45	43	41	39	36	35	34
				min	42	42	41	39	37	35	33	31	28	27	26
20CrMnTiH	900~920	880±5	H	max	48	48	47	45	42	39	37	35	32	29	28
				min	40	39	36	33	30	27	24	22	20		
			HH	max	48	48	47	45	42	39	37	35	32	29	28
				min	43	42	39	37	34	31	29	27	24	21	
			HL	max	45	45	44	41	38	35	33	31	28	26	24
				min	40	39	36	33	30	27	24	20			
20CrNi3H	850~870	830±5	H	max	49	49	48	47	45	43	41	39	36	34	32
				min	41	40	38	36	34	32	30	28	24	22	21
			HH	max	49	49	48	47	45	43	41	39	36	34	32
				min	44	43	41	39	37	35	33	31	28	26	24
			HL	max	46	46	46	44	42	40	38	36	32	30	29
				min	41	40	38	36	34	32	30	28	24	22	21
12Cr2Ni4H	880~900	860±5	H	max	46	46	46	45	44	43	42	41	39	38	37
				min	37	37	37	36	35	34	33	32	29	28	27
			HH	max	46	46	46	45	44	43	42	41	39	38	37
				min	39	39	39	38	37	36	35	34	31	30	29
			HL	max	44	44	44	43	42	41	40	39	37	36	35
				min	37	37	37	36	35	34	33	32	29	28	27
20CrNiMoH	920~940	925±5	H	max	48	47	44	40	35	32	30	28	25	24	23
				min	41	37	30	25	22	20					
			HH	max	48	47	44	40	35	32	30	28	25	24	23
				min	43	40	34	30	26	22	20				
			HL	max	46	44	39	35	31	28	26	25	22	20	
				min	41	37	29	25	22	20					
20CrNi2MoH	930~950	925±5	H	max	48	47	45	42	39	36	34	32	28	26	25
				min	41	39	35	30	27	25	23	22			
			HH	max	48	47	45	42	39	36	34	32	28	26	25
				min	43	41	38	34	31	28	26	24	21		
			HL	max	46	45	42	38	35	33	31	29	25	23	22
				min	41	39	35	30	27	25	23	22			

① 淬透性钢订货方法有 H 带、HH 带和 HL 带 3 个带别。通常以 H 带供货，根据需方要求，并在合同中注明，也可按 HH 带和 HL 带供货。

.5.2 低淬透性含钛优质碳素结构钢

低淬透性含钛优质碳素结构钢的力学性能和用途见表 4.1-33。

表 4.1-33　低淬透性含钛优质碳素结构钢的力学性能和用途（YB/T 2000—1981）

牌号	正火温度/℃	试样毛坯尺寸/mm	力　学　性　能				用　途　举　例
			σ_b /MPa	$\sigma_{0.2}$ /MPa	ψ /%	δ_5 /%	
55Ti	830±10	25	≥550	≥300	≥35	≥16	可部分代替渗碳钢，制作车辆的齿轮和承受冲击载荷的半轴、花键轴等，常用于制作对强度要求不高但需要一定耐磨性和较高冲击韧度的齿轮，如模数 5 以下的小齿轮

（续）

牌号	正火温度 /℃	试样毛坯 尺寸/mm	力 学 性 能				用 途 举 例
			σ_b /MPa	$\sigma_{0.2}$ /MPa	ψ /%	δ_5 /%	
60Ti	825±10	25	600	350	30	14	可部分代替渗碳钢,用于制作要求低淬透性的齿轮、轴等机械零件
70Ti	815±10	25	700	400	25	12	由于强度高于 55Ti 钢,适于制造模数大于 6 的大、中型齿轮

注：表中所列力学性能适用于直径不大于 100mm 的钢材。钢材直径大于 100mm 时,收缩率和伸长率按下表的规定降低,亦可在改锻成直径为 90mm 的钢材上检验,改锻后的钢材性能不应降低。

钢材直径 /mm	ψ/%	δ_5/%
	绝对值降低单位	
>100~150	4	2
>150~200	8	4
>200~250	12	6

1.5.3 易切削钢

易切削钢的力学性能和用途见表 4.1-34。

表 4.1-34 易切削结构钢的力学性能（摘自 GB/T 8731—1988）

牌号	冷拉钢材					热轧钢材				用途举例
	σ_b/MPa			δ_5 /% ≥	HBS	σ_b /MPa	δ_5 /% ≥	ψ /% ≥	HBS ≤	
	钢材尺寸/mm									
	8~20	>20~30	>30							
Y12	530~755	510~735	490~685	7.0	152~217	390~540	22	36	170	用于自动机床加工标准件,切削速度可达 60m/min,常用于制作对力学性能要求不高的零件,如双头螺栓、螺杆、螺母、销钉,以及手表零件、仪表的精密小件等
Y12Pb	530~755	510~735	490~685	7.0	152~217	390~540	22	36	170	
Y15	530~755	510~735	490~685	7.0	152~217	390~540	22	36	170	用于自动切削机床加工紧固件和标准件,如双头螺栓、螺钉、螺母、管接头、弹簧座等
Y15Pb	530~755	510~735	490~685	7.0	152~217	390~540	22	36	170	
Y20	570~785	530~745	510~705	7.0	167~217	450~600	20	30	175	用于小型机器上不易加工的复杂断面零件,如纺织机的零件、内燃机的凸轮轴,以及表面要求耐磨的仪器、仪表零件。制作件可渗碳
Y30	600~825	560~765	540~735	6.0	174~223	510~655	15	25	187	用于制作要求抗拉强度较高的部件,一般以冷拉状态使用
Y35	625~845	590~785	570~765	6.0	176~229	510~655	14	22	187	用于制作要求抗拉强度较高的部件,一般以冷拉状态使用
Y40Mn	590~785	590~785	590~785	17	179~229	590~735	14	20	207	用于制造对性能要求高的部件,如机床丝杠、花键轴、齿条等,一般以冷拉状态使用
Y45Ca	695~920	655~855	635~835	6.0	196~255	690~745	12	26	241	用于制作要求抗拉强度高的重要部件,如机床的齿轮轴,花键轴等

注：1. Y40Mn 以热轧或冷拉后高温回火状态交货,其他钢号以热轧或冷拉状态交货。

2. 直径小于 8mm 的钢丝,其力学性能指标由供需双方协定。

1.5.4 冷镦和冷挤压用钢

非热处理型冷镦和冷挤压用钢热轧状态的力学性能和用途见表 4.1-35，表面硬化型冷镦和冷挤压用钢的力学性能和用途见表 4.1-36，调质型钢的力学性能和用途见表 4.1-37。

表 4.1-35 非热处理型冷镦和冷挤压用钢热轧状态的力学性能

（摘自 GB/T 6478—2001）

牌号	抗拉强度 σ_b/MPa ≤	断面收缩率 ψ/% ≥	用途举例
ML04Al	440	60	用于制作铆钉、螺母、螺栓等
ML08Al	470	60	

（续）

牌号	抗拉强度 σ_b/MPa ≤	断面收缩率 ψ/%	用途举例
ML10Al	490	55	用于制作铆钉、螺母、半圆头螺钉、开口销、弹簧插座等
ML15Al	530	50	用于制作铆钉、螺母、半圆头螺钉、开口销、弹簧插座等
ML15	530	50	
ML20Al	580	45	用于制作六角螺钉、螺栓、弹簧座、固定销等
ML20	580	45	

注：钢材一般以热轧状态交货。经供需双方协议，并在合同中注明，也可以退火状态交货。

表 4.1-36 表面硬化型冷镦和冷挤压用钢热轧状态的力学性能（GB/T 6478—2001）

牌号	规定非比例伸长应力 $\sigma_{P0.2}$/MPa ≥	抗拉强度 σ_b/MPa	伸长率 δ_5/% ≥	热轧布氏硬度 HBS ≤	用途举例
ML10Al	250	400~700	15	137	用于制作铆钉、螺母、半圆头螺钉、开口销、弹簧插座等
ML15Al	260	450~750	14	143	
ML15	260	450~750	14	—	
ML20Al	320	520~820	11	156	用于制作六角螺钉、螺栓、弹簧座、固定销等
ML20	320	520~820	11	—	
ML20Cr	490	750~1 100	9		用于制作耐磨性要求高或受冲击的紧固件，如螺栓、螺钉、铆钉等

注：1. 直径大于和等于 25mm 的钢材，试样毛坯直径 25mm；直径小于 25mm 的钢材，按钢材实际尺寸。

2. 在本表中的力学性能不是交货条件。本表仅作为本标准所列牌号有关力学性能的参考，不能作为采购、设计、开发、生产或其他用途的依据。使用者必须了解实际所能达到的力学性能。

表 4.1-37 调质型冷镦和冷挤压用钢的力学性能和用途（摘自 GB/T 6478—2001）

牌号	规定非比例伸长应力 $\sigma_{P0.2}$/MPa ≥	抗拉强度 σ_b/MPa ≥	伸长率 δ_5/% ≥	断面收缩率 ψ/% ≥	热轧布氏硬度 HBS ≤	用途举例
ML25	275	450	23	50	170	用于制作螺钉、螺栓、弹簧座、固定销等
ML30	295	490	21	50	179	
ML33	290	490	21	50	—	用于制作丝杠、拉杆、螺钉、螺母等，以及承受较大载荷的紧固件
ML35	315	530	20	45	187	
ML40	335	570	19	45	217	用于制作螺栓、轴销以及要求强度高的紧固件等
ML45	355	600	16	40	229	
ML15Mn	705	880	9	40	—	用于制作要求强度较高的螺钉、螺母等紧固件
ML25Mn	275	450	23	50	170	
ML30Mn	295	490	21	50	179	用于制作要求强度较高的螺栓、螺钉、螺母等紧固件
ML35Mn	430	630	17	—	187	
ML40Cr	660	900	11	—	—	用于制作高表面硬度、高耐磨性的紧固件，如螺钉、螺母、销钉等
ML30CrMo	785	930	12	50	—	用作中型机器的螺栓、双头螺栓、500℃以上高压用法兰、螺母等 用于工作温度 450℃ 以下的锅炉用螺栓，500℃ 以下用的螺母等
ML35CrMo	835	980	12	45	—	
ML42CrMo	930	1 080	12	45	—	用作强度要求比 ML35CrMo 钢更高的紧固件

（续）

牌　号	规定非比例伸长应力 $\sigma_{P0.2}$/MPa ≥	抗拉强度 σ_b/MPa ≥	伸长率 δ_5/% ≥	断面收缩率 ψ/% ≥	热轧布氏硬度 HBS ≤	用途举例
ML15MnB	930	1 130	9	45	—	用于制作重要的紧固件，如气缸盖螺栓、半轴螺栓、连杆螺栓等
ML15MnVB	720	900	10	45	207	用于制作重要的紧固件，如气缸盖螺栓、半轴螺栓、连杆螺栓等
ML20MnVB	940	1 040	9	45	—	
ML20MnTiB	930	1 130	10	45	—	用于制作汽车、拖拉机的重要螺栓

注：1. 标准件行业按 GB/T 3098.1—2000 的规定，回火温度范围是 340～425℃。在这种条件下的力学性能值与本表的数值有较大的差异。

2. 直径大于和等于 25mm 的钢材，试样的热处理毛坯直径为 25mm。直径小于 25mm 的钢材，热处理毛坯直径为钢材直径。

3. 在本表中的力学性能不是交货条件。本表仅作为本标准所列牌号有关力学性能的参考，不能作为采购、设计、开发、生产或其他用途的依据。使用者必须了解实际所能达到的力学性能。

1.5.5 弹簧钢

弹簧钢的力学性能和用途见表 4.1-38。

表 4.1-38　弹簧钢的力学性能和用途（GB/T 1222—1984）

钢号	热处理 淬火温度/℃	热处理 淬火剂	热处理 回火温度/℃	力学性能≥ σ_s /MPa	力学性能≥ σ_b /MPa	力学性能≥ δ_5 /%	力学性能≥ δ_{10} /%	力学性能≥ ψ /%	交货状态	HB ≤	特性和用途
65	840	油	500	785	980		9	35		285	热处理后强度高，具有适宜的塑性和韧性，但淬透性低，只能淬透 12～15mm 的直径。用于制造汽车、拖拉机、机车车辆及一般机械用的板弹簧及螺旋弹簧
70	830	油	480	835	1030		8				
85	820	油	480	980	1130		8		热轧		
65Mn	830	油	540	785	980		8	30		302	强度高，淬透性较好，可淬透 20mm 直径，脱碳倾向小，但有过热敏感性，易产生淬火裂纹，并有回火脆性。适于做较大尺寸的扁圆弹簧、座垫板簧、弹簧发条、弹簧环、气门簧、冷卷簧等
55Si2Mn	870	油	480	1175	1275		6			321	高温回火后，有良好的综合力学性能。主要用于制造铁路机车车辆、汽车和拖拉机上的板簧、螺旋弹簧（弹簧截面可达 25mm），安全阀和止回阀用弹簧，以及其他高应力下工作的重要弹簧，还可作耐热（<250℃）弹簧等
55Si2MnB	870	油	480	1175	1275		6				
60Si2Mn	870	油	480	1175	1275		5	25			
60Si2MnA	870	油	440	1375	1570		5				
60Si2CrA	870	油	420	1570	1765	6		20	热轧＋热处理	321	综合力学性能很好，强度高，冲击韧性好，过热敏感性较低，高温性能较稳定。用作高应力的弹簧，制造最重要的、受高负荷、耐冲击或耐热（≤250℃）弹簧
60Si2CrVA	850	油	410	1665	1865	6					
55CrMnA	830～860	油	460～510	($\sigma_{0.2}$)1080	1225	9			热轧	321	
60CrMnA	830～860	油	460～520	($\sigma_{0.2}$)1080	1225	9					
60CrMnMoA									热轧＋热处理		

（续）

钢号	热 处 理			力学性能≥					交货状态	HB ≤	特性和用途
	淬火温度/℃	淬火剂	回火温度/℃	σ_s	σ_b	δ_5	δ_{10}	ψ			
				/MPa		/%					
55SiMnVB	860	油	460	1225	1375		5	30	热轧	321	淬透性很高，综合力学性能很好。制造大截面和较重要的板簧、螺旋弹簧
50CrVA	850	油	500	1130	1275	10		40			具有较高的综合力学性能，良好的冲击韧性，回火后强度高，高温性能稳定。淬透性很高，适于制造大截面（50mm）的高应力或耐热（<350℃）螺旋弹簧
30W4Cr2VA	1050 ~ 1100	油	600	1325	1470	7		40	热轧+热处理	321	高强度耐热弹簧钢，淬透性特别高。制造高温（≤500℃）条件下使用的弹簧
60CrMnBA	830 ~ 860	油	460 ~ 520	1080 ($\sigma_{0.2}$)	1225	9		20			高强度耐热弹簧钢，淬透性特别高。制造高温（≤500℃）条件下使用的弹簧

注：1. GB/T 1222 适用于热轧、锻制、冷拉圆、方、扁及异型截面弹簧钢钢材。热轧圆、方钢应符合 GB/T 702 的规定，冷拉圆钢应符合 GB/T 905 的规定。锻制圆、方钢应符合 GB/T 908 的规定。热轧扁钢的尺寸见后面型材。

2. 表中力学性能指标系采用热处理毛坯制成试样测定的纵向力学性能，适用于截面尺寸不大于 80mm 的钢材。

3. 热轧钢材以热处理或不热处理状态交货，表中硬度值为交货状态布氏硬度，所有冷拉钢材以热处理状态交货，则交货状态硬度均为 HB≤321。

1.5.6 滚动轴承钢

高碳铬轴承钢、渗碳轴承钢、不锈轴承钢的室温力学性能和用途分别见表 4.1-39 ~ 表 4.1-41。

表 4.1-39 高碳铬轴承钢常用牌号、特点和用途
（GB/T 18254—2002）

牌号	热处理	布氏硬度 HBS	用途举例
GCr4	球化或软化退火	179 ~ 207	用作一般载荷不大、形状简单的机械转动轴上的钢球和滚子
GCr9		179 ~ 207	用于制造传动轴上尺寸较小的钢球和滚子，一般条件下工作的大套圈及滚动体，是一种应用广泛的轴承钢，用于机床、电机及航空微型轴承与一般轴承，也可制作弹性、耐磨、接触疲劳强度都要求高的重要机械零件
GCr15		179 ~ 207	用于制造壁厚≤12mm、外径≤250mm 的各种轴承套圈，也用作尺寸范围较宽的滚动体，如钢球、圆锥滚子、圆柱滚子、球面滚子、滚针等；还用于制

（续）

牌号	热处理	布氏硬度 HBS	用途举例
GCr15		179 ~ 207	造模具、精密量具以及其他要求高耐磨性、高弹性极限和高接触疲劳强度的机械零件
GCr15SiMn		179 ~ 217	用于制造大尺寸的轴承套圈、钢球、圆锥滚子、圆柱滚子、球面滚子等，轴承零件的工作温度小于 180℃；还用于制造模具、量具、丝锥及其他要求硬度高且耐磨的零部件
GCr15SiMo		179 ~ 217	用于制造大尺寸的轴承套圈、滚珠、滚柱，还用于制造模具、精密量具以及其他要求硬度高且耐磨的零部件
GCr18Mo		179 ~ 207	用于制造各种轴承套圈，壁厚从≤16mm 增加到≤20mm，扩大了使用范围；其他用途和 GCr15 钢基本相同

表 4.1-40　渗碳轴承钢的室温力学性能和用途

牌　号	热处理制度	试样直径/mm	σ_b/MPa	σ_s/MPa	δ_5/%	ψ/%	a_{KV}/J·cm^{-2}	σ_{bb}/MPa	用途举例
G20CrNiMo	880℃±20℃，790℃±20℃油淬，150~200℃回火，空冷	15	≥1 177	—	≥9	≥45	≥78.5		制作耐冲击载荷轴承的良好材料，用作承受冲击载荷的汽车轴承和中小型轴承，也用作汽车、拖拉机齿轮及牙轮钻头的牙爪和牙轮体
G20CrNi2Mo	880℃±20℃，800℃±20℃油淬，150~200℃回火，空冷	25	≥981	—	≥13	≥45	≥78.5		用于承受较高冲击载荷的滚子轴承，如铁路货车轴承套圈和滚子，也用作汽车齿轮、活塞杆、万向节轴、圆头螺栓等
G10CrNi3Mo	880℃±20℃，790℃±20℃油淬，150~200℃回火，空冷	15	≥1 079	—	≥9	≥45	≥78.5		用于承受冲击载荷较高的大型滚子轴承，如轧钢机轴承等
G20Cr2Mn2Mo	870℃±20℃，790℃±20℃油淬，150~200℃回火，空冷	15	≥1 177	—	≥10	≥45	≥78.5		用于高冲击载荷条件下工作的特大型和大、中型轴承零件，以及轴、齿轮等
G20Cr2Mn2Mo	880℃±20℃，810℃±20℃油淬，180~200℃回火，空冷	15	≥1 273	—	≥9	≥40	≥68.7		用于高冲击载荷条件下工作的特大型和大、中型轴承零件，以及轴、齿轮等
	940℃渗碳 {800℃油淬，150℃回火 / 820℃油淬，150℃回火	15	表面硬度 62HRC，心部硬度 41.5HRC，渗碳深度 2.3mm					2 352	
			表面硬度 63HRC，心部硬度 42HRC，渗碳深度 2.3mm					2 437	
G20Cr2Ni4	940℃渗碳，780℃油淬，150℃回火	15	表面硬度 62HRC，心部硬度 42.5HRC，渗碳深度 2.2mm					2 614	制作耐冲击载荷的大型轴承，如轧钢机轴承等，也用作其他大型渗碳件，如大型齿轮、轴等，还可用于制造要求强韧性高的调质件
	940℃渗碳，800℃油淬，150℃回火	15	表面硬度 62HRC，心部硬度 43HRC，渗碳深度 2.3mm					2 710	

注：本表数据供参考用。

表 4.1-41　不锈轴承钢室温力学性能（YB/T 096—1997）

牌号	热处理制度	σ_b/MPa	$\sigma_{0.2}$/MPa	δ_5/%	ψ/%	a_{KV}/J·cm^{-2}	硬度HBS	用　途　举　例
9Cr18 9Cr18Mo	850℃退火，1 060℃淬火，150℃回火	745 —	—	14	27.5	15.7 39.2	≤255 HRC61	用于制造在海水、河水、蒸馏水，以及海洋性腐蚀介质中工作的轴承，工作温度可达 253~350℃；还可用作某些仪器、仪表上的微型轴承
1Cr18Ni9Ti	固溶 920~1 150℃快冷	520	205	40	50	—	≤187	用于制造耐腐蚀套圈、钢球及保持器等，还可用作防磁轴承，经渗氮处理后，可用于高温、高真空、低载荷、高转速条件下工作的轴承

注：本表数据供参考用。

1.6 工具钢

1.6.1 碳素工具钢

碳素工具钢的硬度值和用途见表 4.1-42。

1.6.2 合金工具钢

合金工具钢的力学性能和用途见表 4.1-43。

1.6.3 高速工具钢

高速工具钢的力学性能和用途见表 4.1-44。

表 4.1-42　碳素工具钢的硬度值和用途（GB/T 1298—1986）

牌　号	退火硬度 HBS	淬火后硬度		应 用 举 例
		淬火温度/℃，冷却剂	HRC ≥	
T7,T7A	187	800～820，水	62	用于制造承受冲击、振动负荷、韧度较好、硬度中等且切削能力不高的各种工具，如木工工具
T8,T8A	187	780～800，水	62	用于制造切削刃口在工作中温度不高的，但硬度和耐磨性要求较好的工具，如木工铣刀、埋头钻、圆锯等
T8Mn,T8MnA	187	780～800，水	62	
T9,T9A	192	760～780，水	62	用于制造硬度、韧性较高，但不受强烈冲击振动的工具，如冲头、冲模等
T10,T10A	197	760～780，水	62	用于制造切削条件较差，但不受强烈振动，且要求耐磨、锋利的工具，如丝锥、板牙、钻头等
T11,T11A	207	760～780，水	62	用于制造钻头、丝锥、金属锯条、形状简单的冲模、剪边模等
T12,T12A	207	760～780，水	62	用于制造冲击小、切削速度不高、硬度较高的各种工具，如铣刀、钻头、车刀、铰刀、丝锥等
T13,T13A	207	760～780，水	62	用于制造硬度较高，但不受冲击的工具，如刮刀、拉丝模、锉刀等

表 4.1-43　合金工具钢的力学性能和用途（GB/T 1299—2000）

钢组	钢 号	硬 度			特性和用途
		退火状态交货 HBW 10/3000	试样淬火		
			温度/℃，淬火介质	HRC ≥	
量具刃具用钢	9SiCr	241～197	820～860，油	62	淬透性良好，耐磨性高，具有回火稳定性，但加工性差。适于作形状复杂变形小的刃具、板牙丝锥，钻头、铰刀、齿轮铣刀、风凿、冷冲模及冷轧辊等
	8MnSi	≤229	800～820，油	60	主要用于木工工具，凿子、锯条等刀具
	Cr06	241～187	780～810，水	64	有较高的硬度和耐磨性，但较脆，用作外科手术刀、刮脸刀及刮刀、刻刀、锉刀等
	Cr2	229～179	830～860，油	62	具有良好的力学性能，淬透性好，耐磨性和硬度高，变形小，但高温塑性差。适于大尺寸的冷冲模和低速、切削量小、加工材料不硬的刃具，如车刀、插刀、铰刀、量具、样板、量规、凸轮销、偏心轮、冷轧辊、钻套和拉丝模等
	9Cr2	217～179	820～850，油	62	用作冷作模具、冷轧辊、压延辊、钢印、木工工具等
	W	229～187	800～830，水	62	热处理变形较小，水淬时不易产生裂纹。用作断面不大的工具，小麻花钻、丝锥、板牙、铰刀、锯条等
耐冲击工具用钢	4CrW2Si	217～179	860～900，油	53	具有较高力学性能，高温下具有高强度和硬度，但塑性较低。适于作剪切机刀片、切边用冷冲模及中应力热锻模、手动或风动凿子、空气锤、混凝土破裂器等
	5CrW2Si	255～207	860～900，油	55	可作冷加工用的风动凿子、空气锤铆钉工具、热加工用的热锻模、压铸模、热剪刀片等

（续）

钢组	钢 号	退火状态交货 HBW 10/3000	试 样 淬 火 温度/℃,淬火介质	HRC ≥	特性和用途
耐冲击工具用钢	6CrW2Si	285～229	860～900,油	57	同 4CrW2Si、5CrW2Si,但能凿更硬金属
	6CrMnSi2Mo1V	≤229	见原标准	58	
	5Cr3Mn1SiMo1V		见原标准	56	
冷作模具钢	Cr12	269～217	950～1000,油	60	用作冷作模具、冲模、冲头、量规、拉丝模、搓丝板、冷切剪刀、冶金粉模等
	Cr12Mo1V1	≤255	820 预热,1000(盐浴)或 1010(炉控气氛)加热,保温 10～20min 空冷,200 回火	59	用途和 Cr12MoV 相同,淬透性和韧性比 Cr12MoV 好
	Cr12MoV	255～207	950～1000,油	58	具有较高淬透性、硬度、耐磨性和塑性,变形小,但高温塑性差。适于作各种铸、锻模具、冷切剪刀、圆锯、量规、螺纹滚模等
	Cr5Mo1V	≤255	790 预热,940(盐浴)或 950(炉控气氛)加热,保温 5～15min 空冷,200 回火	60	空淬性能好,用于具备耐磨性、同时要求韧性的冷作模具,可代 CrWMn、9Mn2V 制作中、小型冷冲裁模、成型模、冲头等
	9Mn2V	≤229	780～810,油	62	淬火后变形较小,具有较高的硬度和耐磨性。适于作各种模具、量具、样板、丝锥、板牙、铰刀、精密丝杠等
	CrWMn	255～207	800～830,油	62	具有较高的淬透性,高硬度,耐磨性和韧性好、变形小。适于作高精度模具,或工作时不受热的工具及淬火时要求不变形的量具、刃具,如形状复杂的高精度冲模、板牙、拉刀、铣刀、丝锥、量块、样板等
	9CrWMn	241～197	800～830,油	62	
	Cr4W2MoV	≤269	960～980,油 1020～1040,油	60	新型冷作模具钢,性能稳定,比 Cr12 的模具寿命有较大提高
	6Cr4W3Mo2VNb	≤255	1100～1160,油	60	具有高速钢的高硬度和高强度,又有较好的韧性和疲劳强度,还有较好的冷热加工性能,是新型的高韧性冷作模具钢
	6W6Mo5Cr4V	≤269	1180～1200,油	60	新钢种,具有良好的综合力学性能,作为冷挤压用钢,如作冷作凹模、上下冲头等
	7CrSiMnMoV	≤235	淬火:870～900,油或空 回火:150±10,空冷	60	
热作模具钢	5CrMnMo	241～197	820～850,油		具有较高淬透性和硬度,良好的韧性、强度和耐磨性高,适于作中型锻模
	5CrNiMo	241～197	830～860,油		有良好的淬透性,适用制造形状复杂,冲击负荷重的各种大、中型锤锻模
	3Cr2W8V	≤255	1075～1125,油		具有高的热稳定性,高温下具有高硬度、强度、耐磨性和韧性,但塑性较差。适于作高温高应力下、不受冲击的铸、锻模,热金属切刀等
	5Cr4Mo3SiMnVAl	≤255	1090～1120,油		有较高的强韧性、耐冷热疲劳性、淬硬性、淬透性,但耐磨性略有不足。用于冷热模具、冲头、凹模、压铸模等
	3Cr3Mo3W2V	≤255	1060～1130,油		代号为 HM-1,冷热加工性能好,淬回火温度范围宽,有较高的热强性、耐磨性和抗冷热疲劳性,用作热锻模具、热压模、压铸模

（续）

钢组	钢 号	硬 度			特性和用途
		退火状态交货 HBW 10/3000	试样淬火		
			温度/℃，淬火介质	HRC ≥	
热作模具钢	5Cr4W5Mo2V	≤269	1100～1150，油		代号为 RM-2，有高的热强性、热稳定性、耐磨性。用于中、小型精锻模，可代 3Cr2W8V 作某些热挤压模
	8Cr3	255～207	850～880，油		有较好的淬透性和高温强度，用作冲击负荷不大、500℃ 以下的热作模具、热弯、热剪的成形冲模
	4CrMnSiMoV	241～197	870～930，油		有良好的高温性能，强度高，寿命较 5CrNiMo 高、中型锤锻模、压力机模、非铁金属压铸模等
	4Cr3Mo3SiV	≤229	790 预热，1010（盐浴）或 1020（炉控气氛）加热，保温 5～15min 空冷 550 回火		有好的淬透性，小断面可得全部马氏体，大断面为马氏体加少量贝氏体，有好的韧性和高温硬度，可代 3Cr2W8V 作热冲模、热锻模
	4Cr5MoSiV	≤235	790 预热，1000（盐浴）或 1010（炉控气氛）加热保温 5～15min 空冷，550 回火		空淬热作模具钢，中温下（～600℃）有较好的热强性、高韧性、耐磨性，使用寿命比 3Cr2W8V 高，适用于制作铝、镁、铜、黄铜等合金压铸模，热挤压和穿孔用的工具，压力机锻模，亦用作耐 500℃ 工作温度的飞机、火箭的结构零件
	4Cr5MoSiV1	≤235	790 预热，1000（盐浴）或 1010（炉控气氛）加热保温 5～15min 空冷，550 回火		用途同上，但中温性能比 4Cr5MoSiV 好，是热作模具用途很广的代表材料
	4Cr5W2VSi	≤229	1030～1050，油或空冷		中温下有好的强度和硬度、耐磨性和韧性，用作热挤压模具、轻金属等非铁金属压铸模
无磁模具钢	7Mn15Cr2Al3V2WMo		1170～1190，固溶、水 650～700，时效、空冷	45	冷作硬化，加工困难，采用高温退火可改善切削性能，采用气体软氮化工艺，表面硬度可达 68～70HRC，用于制造无磁模具、无磁轴承和 700～800℃ 下使用的热作模具
塑料模具钢	3Cr2Mo				在预硬状态 300HBS 左右供应，机加工后不作高温热处理，避免型腔变形，模具加工后可进行渗碳淬火，低温回火或渗氮处理，用作塑料模和低熔点金属压铸模

注：1. 本标准适用于合金工具钢热轧、锻制、冷拉及银亮条钢。其化学成分同样适用于锭、坯及其制品。
2. P、S 的含量质量分数≤0.030%。
3. 热轧圆钢、锻钢、冷拉钢材、热轧扁钢和锻制扁钢的尺寸应分别符合 GB/T 702、GB/T 908、GB/T 905、GB/T 911 和 GB/T 16761 的规定。
4. 热作模具钢不检验试样淬火硬度。
5. 钢材以退火状态交货。

表 4.1-44 高速工具钢交货状态和试样淬火、回火后的硬度值

（摘自 GB/T 9941、9942、9943—1988、YB/T 2—1980）

牌 号	交货硬度 HBS≤		试样热处理制度					淬火回火后硬度 HRC ≥	用途举例
	退火	其他加工方法	预热温度/℃	淬火温度/℃		淬火介质	回火温度/℃		
				盐浴炉	箱式炉				
W18Cr4V	255	269	820～870	1270～1285	1270～1285	油	550～570	63	主要用于制作高速切削的车刀、钻头、铣刀、铰刀等刀具，还用于制作板牙、丝锥、扩孔钻、拉丝模、锯片等

（续）

牌　号	交货硬度 HBS≤		试样热处理制度					淬火回火后硬度 HRC ≥	用途举例
	退火	其他加工方法	预热温度/℃	淬火温度/℃ 盐浴炉	箱式炉	淬火介质	回火温度/℃		
W18Cr4VCo5	269	285	820～870	1270～1290	1280～1300	油	540～560		用于制作高速机床刀具和要求耐热并承受一定动载荷的刀具
W18Cr4V2Co8	285	302	820～870	1270～1290	1280～1300	油	540～560		适于制作复杂条件下工作的车刀,铣刀、滚刀等刀具,用于对较高强度材料的切削加工
W12Cr4V5Co5	277	293	820～870	1220～1240	1230～1250	油	530～550	65	适于制作要求特殊耐磨的切削刀具,如螺纹梳刀、车刀、铣刀、刮刀、滚刀及成形刀具、齿轮刀具等;还可用于制作冷作模具
W6Mo5Cr4V2	255	262	730～840	1210～1230	1210～1230	油	540～560	63(箱式炉) 64(盐浴炉)	适于制造钻头、丝锥、板牙、铣刀、齿轮刀具、冷作模具等
CW6Mo5Cr4V2	255	269	730～840	1190～1210	1200～1220	油	540～560	65	用于制造切削性能较高的冲击不大的刀具,如拉刀、铰刀、滚刀、扩孔刀等
W6Mo5Cr4V3	255	269	730～840	1190～1210	1200～1220	油	540～560	64	可供制作各种类型的一般刀具,如车刀、刨刀、丝锥、钻头、成形铣刀、拉刀、滚刀、螺纹梳刀等,适于加工中高强度钢、高温合金等难加工材料。因可磨削性差,不宜制作高精度复杂刀具
CW6Mo5Cr4V3	255	269	730～840	1190～1210	1200～1220	油	540～560	64	用途同 W6Mo5Cr4V3
W2Mo9Cr4V2	255	269	730～840	1190～1210	1200～1220	油	540～560	65	用于制作铣刀、成形刀具、丝锥、锯条、车刀、拉刀、冷冲模具等
W6Mo5Cr4V2Co5	269	285	730～840	1190～1210	1200～1220	油	540～560	64	可用于制造加工硬质材料的各种刀具,如齿轮刀具、铣刀、冲头等
W7Mo4Cr4V2Co5	269	285	730～840	1180～1210	1190～1210	油	530～550	66	一般用于制造齿轮刀具、铣刀以及冲头、刀头等工具,供作切削硬质材料用

（续）

牌 号	交货硬度 HBS≤		试样热处理制度					淬火回火后硬度 HRC≥	用途举例
	退火	其他加工方法	预热温度/℃	淬火温度/℃ 盐浴炉	箱式炉	淬火介质	回火温度/℃		
W2Mo9Cr4VCo8	269	285	730~840	1170~1190	1180~1200	油	530~550	66	适于制作各种高精度复杂刀具，如成形铣刀、精拉刀、专用钻头、车刀、刀头及刀片，对于加工铸造高温合金、钛合金、超高强度钢等难加工材料，均可得到良好的效果
W9Mo3Cr4V	255	269	820~870	1210~1230	1220~1240	油	540~560	63（箱式炉）64（盐浴炉）	制造各种高速切削刀具和冷、热模具
W6Mo5Cr4V2Al	269	285	820~870	1230~1240	1220~1240	油	540~560	65	适于加工各种难加工材料，如高温合金、超高强度钢、不锈钢等，可制作车刀、镗刀、铣刀、钻头、齿轮刀具、拉刀等
9W18Cr4V	262		850	1260~1280		油	570~590	63	适于制造加工不锈钢、钛合金、中高强度钢的各种切削刀具
W14Cr4VMnRE	255		850	1245~1260		油	550~560	63	适用于轧制、扭制或搓制钻头、齿轮刀具，还可用于制造承受冲压较大的各种刀具
W12Cr4V4Mo	262		850	1250~1270		油	550~570	62	适用于制造各种简单刀具，加工高强度钢、中等强度钢均可得到良好的效果，还适用于高温合金、钛合金等难加工材料的加工
W10Mo4Cr4V3Al	269		860~880	1220~1240		油	540~560	66	用于制造车刀、立铣刀、滚刀、齿轮铣刀等，不宜制作高精度复杂刀具
W6Mo5Cr4V5SiNbAl	269		850	1220~1240		油	520~540	65	可制造钻头、铰刀、铣刀、滚刀、拉刀、车刀等
W12Mo3Cr4V3Co5Si	269		850	1220~1240		油	540~550	66	用于制造钻头、拉刀、滚刀、铣刀、镗刀、车刀等，但不宜制造高精度的复杂刀具

注：1. 回火温度550~570℃时回火二次，每次1h；回火温度540~560℃时，回火二次，每次2h；回火温度530~550℃时，回火三次，每次2h。

2. 热轧、锻制、剥皮、冷拉及银亮钢棒材（GB/T 9943—1988）的最大尺寸至120mm，尺寸规格应符合相应国标的规定。

1.7 不锈钢和耐热钢

不锈钢的力学性能和用途见表4.1-45。奥氏体型、铁素体型、马氏体型和沉淀硬化型耐热钢的力学性能和用途见表4.1-46～表4.1-48。

表 4.1-45 不锈钢的力学性能与用途（GB/T 1220—1992）

类别	牌号	热处理				力学性能								特性和用途
		固溶处理温度/°C	退火温度/°C	淬火温度/°C	回火温度/°C	$\sigma_{0.2}$/MPa ≥	σ_b/MPa ≥	δ_5/% ≥	ψ/% ≥	A_k/J ≥	HBS	HRB	HV ≤	
奥氏体型	1Cr17Mn6Ni5N	1010~1120，快冷				275	520	40	45		241	100	253	节镍钢种，代替牌号 1Cr17Ni7。冷加工后具有磁性。铁道车辆用
	1Cr18Mn8Ni5N	1010~1120，快冷				275	520	40	45		207	95	218	节镍钢种，代替牌号 1Cr18Ni9
	1Cr18Mn10Ni5Mo3N	1100~1150，快冷				345	685	45	65		—	—	—	对尿素有良好的耐蚀性，可制造耐尿素腐蚀的设备
	1Cr17Ni7								60					经冷加工有高的强度。用于制作铁道车辆、传送带，螺栓螺母
	1Cr18Ni9													经冷加工有高的强度，但伸长率比 1Cr17Ni7 稍差。用于制作建筑用装饰部件
	Y1Cr18Ni9					205	520	40	50		187	90	200	有较高的切削性，耐烧蚀性。最适用于自动车床上加工，如制作螺栓、螺母
	Y1Cr18Ni9Se													有较高的切削性，耐烧蚀性。最适用于自动车床加工；如制作铆钉、螺钉
	0Cr18Ni9								60					作为不锈钢耐热钢使用，广泛用于食品用设备，一般化工设备和原子能工业等
	00Cr19Ni10	1010~1150，快冷				177	480	40	60					比 0Cr19Ni9 碳含量更低的钢，耐晶间腐蚀性优越，用于焊接后不进行热处理的零部件等
	0Cr19Ni9N					275	550	35	50		217	95	220	在牌号 0Cr19Ni9 上加 N，强度提高，塑性不降低，可使材料的厚度减少。作为结构用强度部件
	0Cr19Ni10NbN					345	685	35	50		250	100	260	在牌号 0Cr19Ni9 上加 N 和 Nb，具有与 0Cr19Ni9N 相同的特性和用途
	00Cr18Ni10N					245	550	40	50		217	95	220	在牌号 00Cr19Ni11 上添加 N，具有以上牌号同样特性，用途与 0Cr19Ni9N 相同，但耐晶间腐蚀性更好
	1Cr18Ni12					177	480	40	60					与 0Cr19Ni9 相比，加工硬化性低。施压加工，特殊拉拔、冷镦用
	0Cr23Ni13	1030~1150，快冷									187	90	200	耐腐蚀性，耐热性均比 0Cr19Ni9 好
	0Cr25Ni20	1030~1180，快冷				205	520	40	50					抗氧化性比 0Cr23Ni13 好。实际上多作为耐热钢使用

（续）

类别	牌号	热处理				力学性能								特性和用途
		固溶处理温度 /°C	退火温度 /°C	淬火温度 /°C	回火温度 /°C	$\sigma_{0.2}$ /MPa ≥	σ_b /MPa ≥	δ_5 % ≥	ψ % ≥	A_k /J	HBS ≤	HRB ≤	HV ≤	
奥氏体型	0Cr17Ni12Mo2	1010~1150, 快冷				205	520	40	60		187	90	200	在海水和其他各种介质中，耐腐蚀性比 0Cr19Ni9 好。主要作耐点蚀材料
	1Cr18Ni12Mo2Ti	1000~1100, 快冷				205	530	40	55		187	90	200	有良好耐晶间腐蚀性。用于抵抗硫酸、磷酸、蚁酸、醋酸的设备
	0Cr18Ni12Mo2Ti					205	530	40	55		187	90	200	比 0Cr17Ni12Mo2 的超低碳钢，耐晶间腐蚀性好
	00Cr17Ni14Mo2					177	480	40	60		187	90	200	为 0Cr17Ni12Mo2 的超低碳钢，耐晶间腐蚀性好
	0Cr17Ni12Mo2N					275	550	35	50		217	95	220	在牌号 0Cr17Ni12Mo2 中加入 N，提高强度，不降低塑性，使材料的厚度减薄。用于制作耐腐蚀性好的、强度较高的部件
	00Cr17Ni13Mo2N	1010~1150, 快冷				245	550	40	50		217	95	220	在牌号 00Cr17Ni14Mo2 中加入 N，具有以上牌号同样特性，用途与 0Cr17Ni12Mo2N 相同，但耐晶间腐蚀性更好
	0Cr18Ni12Mo2Cu2					205	520	40	60		187	90	200	耐腐蚀性、耐点腐蚀性比 0Cr17Ni12Mo2Cu2 好。用作耐硫酸材料
	00Cr18Ni14Mo2Cu2					177	400	40	60		187	90	200	比 0Cr18Ni12Mo2Cu2 的超低碳耐晶间腐蚀性
	0Cr19Ni13Mo3					205	520	40	60		187	90	200	耐点腐蚀比 0Cr17Ni12Mo2 好，用作染色设备材料等
	00Cr19Ni13Mo3					177	480	40	60		187	90	200	为 0Cr19Ni13Mo3 的超低碳耐晶间腐蚀性好
	1Cr18Ni12Mo3Ti	1000~1100, 快冷				205	530	40	55		187	90	200	用于抵抗硫酸、磷酸、蚁酸、醋酸设备，有良好的耐晶间腐蚀性
	0Cr18Ni12Mo3Ti													
	0Cr18Ni16Mo5	1030~1180, 快冷				177	480	40	45		187	90	200	适用于吸取氯离子溶液的热交换器、醋酸设备、漂白装置等，在 00Cr17Ni14Mo2 和 00Cr18Ni13Mo3 不能适用的环境中使用
	1Cr18Ni9Ti	920~1150, 快冷				205	520	40	50		187	90	200	用于制作焊芯；抗磁仪表、医疗器械、耐酸容器及设备衬里输送管道等零件
	0Cr18Ni10Ti	920~1150, 快冷				205	520	40	50		187	90	200	添加 Ti 提高耐晶间腐蚀性
	0Cr18Ni11Nb	980~1150, 快冷				205	520	40	50		187	90	200	含有 Nb 提高耐晶间腐蚀性

（续）

类别	牌号	热处理				力学性能								特性和用途
		固溶处理温度 /°C	退火温度 /°C	淬火温度 /°C	回火温度 /°C	$\sigma_{0.2}$ /MPa ≥	σ_b /MPa ≥	δ_5 % ≥	ψ % ≥	A_k /J ≥	HBS ≤	HRB ≤	HV ≤	
奥氏体型	0Cr18Ni9Cu3	1010~1150, 快冷				177	480	40	60		187	90	200	在0Cr19Ni9中加入Cu,提高了冷加工性。冷镦用
	0Cr18Ni13Si4	1010~1150, 快冷				205	520	40	60		207	95	218	在0Cr19Ni9中增加Ni,添加Si,提高耐应力腐蚀断裂性。用于含氯离子环境的设备
奥氏体铁素体型	0Cr26Ni5Mo2	950~1100, 快冷				390	590	18	40		277	29	292	具有双相组织,抗氧化性,耐点蚀性好。具有高的强度,耐海水腐蚀
	1Cr18Ni11Si4AlTi	930~1050, 快冷				440	715	25	40	63	—	—	—	制作抗高温浓硝酸介质的零件和设备
	00Cr18Ni5Mo3Si2	920~1150, 快冷				390	590	20	40		—	30	300	具有双相组织,耐应力腐蚀破裂性能好,耐点蚀性能与00Cr17Ni13Mo2相当,具有较高的强度,适于含氯离子的环境,用于炼油、化肥、造纸、石油、化工等工业热交换器等
铁素体型	0Cr13Al		780~830, 空冷或缓冷			177	410	20	60	78	183			从高温下冷却不产生显著硬化。作汽轮机材料,淬火用部件,复合钢材
	00Cr12		700~820, 空冷或缓冷			196	265	22	60		183			比0Cr13含碳量低,焊接部位弯曲性能好,加工性能、耐高温氧化性能好。作汽车排气处理装置,锅炉燃烧室,喷嘴
	1Cr17		780~850, 空冷或缓冷			205	450	22	50		183			耐蚀性良好的通用钢种,建筑内装饰、重油燃烧器部件,家庭用具,家用电器用钢
	Y1Cr17		680~820, 空冷或缓冷			205	450	22	50		183			比1Cr17提高切削性能,适用于自动车床,制作螺栓、螺母等
	1Cr17Mo		780~850, 空冷或缓冷			205	450	22	60		183			为1Cr17的改良钢种,比1Cr17抗盐溶液强,作为汽车外装材料使用

（续）

类别	牌号	热处理				力学性能								特性和用途
		固溶处理温度 /°C	退火温度 /°C	淬火温度 /°C	回火温度 /°C	$\sigma_{0.2}$ /MPa ≥	σ_b /MPa ≥	δ_5 /% ≥	ψ /% ≥	A_k /J ≥	HBS	退火HBS ≤	HRC ≤	
铁素体型	00Cr30Mo2		900~1050,快冷			295	450	20	45			228		高Cr-Mo系,C、N降至极低,耐蚀性很好,耐离子应力腐蚀、耐点腐蚀,以及乙酸、乳酸等有机酸有关的设备。制造与乙酸性碱设备
	00Cr27Mo		900~1050,快冷			245	410	20	45			219		性能、用途,耐蚀性和软磁性与00Cr30Mo2类似
	1Cr12		800~900,缓冷或约750快冷	950~1000,油冷	700~750,快冷	390	590	25	55	118	170	200		作为汽轮机叶片及高应力部件之良好的不锈耐热钢
	1Cr13		800~900,缓冷或约750快冷	950~1000,油冷	700~750,快冷	345	540	25	55	78	159			具有良好的耐蚀性,机械加工性,作为一般用途刃具类用不锈耐热钢
	0Cr13					345	490	24	60	—	—	183		作较高韧性及受冲击载荷的零件,如汽轮机叶片、结构架、不锈设备的衬里、螺栓、螺母等
马氏体型	1Cr13Mo		830~900,缓冷或约750快冷	970~1020,油冷	650~750,快冷	490	685	20	60	78	192	200		为比1Cr13耐蚀性高的高强度钢种,制作汽轮机叶片、高温用部件
	Y1Cr13		800~900,缓冷或约750快冷	950~1000,油冷	700~750,快冷	345	540	25	55	78	159	200		不锈钢中切削性能最好的钢种。适用于在自动车床上加工
	2Cr13		800~900,缓冷或约750快冷	920~980,油冷	600~750,快冷	440	635	20	50	63	192	223		淬火状态下硬度高,耐蚀性良好,制作刃具、喷嘴、阀门叶片
	3Cr13					540	735	12	40	24	217	235		比2Cr13淬火后的硬度高,制作刃具,喷嘴、阀座、阀门等
	3Cr13Mo			1025~1075,油冷	200~300,油、水、空冷						—	207	50	作较高硬度及高耐磨性的热油泵轴、门轴承、医疗器械、阀片、阀等

（续）

类别	牌号	热处理				力学性能							特性和用途
		固溶处理温度/°C	退火温度/°C	淬火温度/°C	回火温度/°C	$\sigma_{0.2}$/MPa ≥	σ_b/MPa ≥	δ_5/% ≥	ψ/% ≥	A_k/J ≥	HBS	退火 HBS	
马氏体型	Y3Cr13		800~900,缓冷或约750h快冷	920~980,油冷	600~750,快冷	540	735	(12)	40	≥24	≥217	≤235	改善3Cr13切削性能的钢种
	4Cr13			1050~1100,油冷	200~300,空冷	—	—	—	—	—	HRC ≥50	≤201	制作较高硬度及高耐磨性的热油泵轴、阀门、阀片、医疗器械、弹簧等零件
	1Cr17Ni2		680~700,高温回火空冷	950~1050,油冷	275~350,空冷	—	1080	—	—	≥39		≤285	制作具有较高强度的耐硝酸及有机酸腐蚀及设备、零件、容器和设备
	7Cr17			1010~1070,油冷	100~180,快冷			(10)			HRC ≥54	≤255	硬化状态下坚硬,但比8Cr17,11Cr17韧性高。制作刃具、量具、轴承
	8Cr17										HRC ≥56	≤255	硬化状态下,比7Cr17硬,而比11Cr17韧性高。制作刃具、阀门
	9Cr18		800~920,缓冷	1000~1050,油冷	200~300,油冷						HRC ≥55	≤255	制作不锈钢切片机械刀具及剪片刀具、手术刀片、高耐磨设备零件等
	11Cr17			1010~1070,油冷	100~180,快冷						HRC ≥58	≤269	在所有不锈钢、耐热钢中,硬度最高。适用于喷嘴、轴承
	Y11Cr17										HRC ≥58	≤269	比11Cr17提高了切削性能的钢种。适用于在自动车床上加工
	9Cr18Mo		800~900,缓冷	1000~1050,油冷	200~300,空冷						HRC ≥55	≤269	轴承套圈及滚动体用的高碳铬不锈钢
	9Cr18MoV		800~920,缓冷	1050~1075,油冷	100~200,空冷						HRC ≥55	≤269	用于不锈切片机械、刀具及剪切工具、手术刀片、高耐磨设备零件部件
沉淀硬化型	0Cr17Ni4Cu4Nb	1020~1060,快冷	固溶处理后,分别经480°C,550°C,580°C,620°C时效			不同温度的固溶处理及时效后的力学性能详见原标准							沉淀硬化型钢种。制作轴类、汽轮机部件
	0Cr17Ni7Al	1000~1100,快冷	固溶处理后,分别经565°C,510°C时效										添加铝的沉淀硬化型钢种。制作弹簧、垫圈、计量器件
	0Cr15Ni7Mo2Al	1000~1100,快冷	固溶处理后,分别经565°C,510°C时效										用于有一定耐腐蚀要求的高强度容器、零件及结构件

注: 1. 本标准适用于热轧机和锻制不锈钢棒。表列为热处理交货状态时的常温力学性能。
2. 钢棒一般进行热处理状态交货。切削加工用钢棒应进行固溶处理。奥氏体型、奥氏体—铁素体型钢棒应进行固溶处理,热压力加工钢棒不进行固溶处理。马氏体型钢棒应进行退火处理。沉淀硬化型钢棒应进行固溶处理。
3. 表中的数值,对于奥氏体钢适用于直径、边长、厚度小于180mm,对于其他类别钢适用于直径、边长、厚度小于25mm,用原尺寸钢棒进行热处理。
4. 奥氏体、奥氏体—铁素体型钢棒毛坯取样尺寸一般为25mm,当铁素体型钢棒尺寸小于25mm时,用钢棒进行热处理。
5. "退火HBS"为奥氏体、铁素体型,"HBS或HRC"为淬火、回火后的硬度。马氏体型钢中铁素体、奥氏体的硬度均指热处理后的硬度。马氏体型钢中的硬度,供方可根据尺寸或状态任选一种方法测定。
6. 1Cr18Ni9Ti与0Cr18Ni10Ti,1Cr18Ni12Mo2Ti与0Cr18Ni12Mo2Ti,1Cr18Ni12Mo3Ti与0Cr18Ni12Mo3Ti牌号,一个牌号有两种尺寸或状态任选一种硬度时,回火后硬度。

表 4.1-46 奥氏体型耐热钢的力学性能和用途（GB/T 1221—1992）

钢号	热处理 固溶处理 温度/°C、冷却方式	热处理 时效处理 温度/°C、冷却方式	拉伸试验 σ0.2/MPa ≥	σb/MPa ≥	δ5/% ≥	ψ/% ≥	冲击试验 Ak/J	硬度试验 HBS	用途举例
5Cr21Mn9Ni4N	1100~1200 快冷	730~780，空冷	560	885	8	—		≥302	用作以经受高温高强度为主的汽油及柴油机用排气阀
2Cr21Ni12N	1050~1150 快冷	750~800，空冷	430	820	26	20		≤269	用作以抗氧化为主的汽油及柴油机用排气阀
2Cr23Ni13	1030~1150 快冷		205	560	45	50		≤201	承受980°C以下反复加热的抗氧化部件、重油燃烧器
2Cr25Ni20	1030~1180 快冷		205	590	40	50		≤201	性能同用途2Cr23Ni13，但承受温度较高，可达1035°C。用作加热炉部件、重油燃烧器
1Cr16Ni35	1030~1180 快冷		205	560	40	50		≤201	抗渗碳、渗氮性大的钢种，1035°C以下反复加热。用作炉用钢种、石油裂解装置
0Cr15Ni25Ti2MoAlVB	885~915 或 965~995 快冷	16h 空冷或缓冷	590	900	15	18		≥248	制作耐700°C高温的汽轮机转子、螺栓、叶片、轴
0Cr18Ni9	1010~1150 快冷		205	520	40	60		≤187	通常用作耐氧化钢，可承受870°C以下反复加热
0Cr23Ni13	1030~1150 快冷		205	520	40	60		≤187	比0Cr19Ni9耐氧化性好，可承受980°C以下反复加热。炉用材料
0Cr25Ni20	1030~1180 快冷		205	520	40	50		≤187	比0Cr23Ni13抗氧化性好，可承受1035°C加热。炉用材料、汽车净化装置用材料
0Cr17Ni12Mo2	1010~1150 快冷		205	520	40	60		≤187	高温具有优良蠕变强度，制作热交换用部件、高温耐蚀部件
4Cr14Ni14W2Mo	820~850 冷		315	705	20	35		≤248	有较高的热强性，用于内燃机重负荷排气阀
3Cr18Mn12Si2N	1100~1150 快冷		390	685	35	45		≤248	有较好的抗硫及抗增碳性。用作吊柱支架、渗碳炉构件、加热炉传送带、料盘、炉爪
2Cr20Mn9Ni2Si2N	1100~1150 快冷		390	635	35	45		≤248	特性和用途同3Cr8Mn12Si2N，还可用作盐浴坩埚和加热炉管道等
0Cr19Ni13Mo3	1010~1150 快冷		205	540	40	60		≤187	高温具有良好的蠕变强度，制作热交换用部件
1Cr18Ni9Ti *	920~1150 快冷		205	520	40	55		≤187	有良好的耐热性及抗腐蚀性。制作加热炉管、燃烧室筒体、退火炉罩
0Cr18Ni10Ti	920~1150 快冷		205	520	40	50		≤187	用作在400~900°C腐蚀条件下使用的部件。高温用焊接结构部件
0Cr18Ni11Nb	980~1150 快冷		205	520	40	50		≤187	用作在400~900°C腐蚀条件下使用的部件。高温用焊接结构部件
0Cr18Ni13Si4	1010~1150 快冷		205	520	40	60		≤207	具有与0Cr25Ni20相当好的抗氧化性。汽车排气净化装置用材料
1Cr20Ni14Si2	1080~1130 快冷		295	590	35	50		≤187	具有较高的高温强度及抗氧化性，对含硫气氛较敏感，在600~800°C有析出相的脆化倾向，适于制作承受应力的各种炉用构件
1Cr25Ni20Si2	1080~1130 快冷		295	590	35	50		≤187	

注：
1. 本标准适用于尺寸不大于250mm的热轧、锻制耐热钢棒（包括圆、方钢、扁钢、六角、八角钢）。
2. 带"*"的牌号除专用外，一般情况下不推荐使用。
3. 钢棒一般以处理状态交货，切削加工用奥氏体型钢棒应进行固溶处理，热压力加工用钢棒不进行固溶处理。
4. 力学性能为钢棒或试样毛坯的热处理后的性能，试样毛坯尺寸一般为25mm，当毛坯尺寸小于25mm时，用原尺寸钢棒进行热处理。
5. 表中奥氏体型钢所列力学性能仅适用于尺寸小于或等于180mm的钢棒。（但5Cr21Mn9Ni4N和2Cr21Ni12N仅适用于尺寸小于或等于25mm的钢棒）。
6. 1Cr18Ni9Ti与0Cr18Ni10Ti其力学性能指标一致，需方可根据耐腐蚀性能的差别选用。

表 4.1.47 铁素体型、马氏体型耐热钢的力学性能和用途（GB/T 1221—1992）

类别	钢号	热处理 退火 温度/°C,冷却方式	热处理 淬火 温度/°C,冷却方式	热处理 回火 温度/°C,冷却方式	$\sigma_{0.2}$ /MPa ≥	σ_b /MPa ≥	δ_5 /% ≥	ψ /% ≥	A_k /J ≥	HBS 退火后硬度	HBS 淬火试验硬度试验退火后硬度	用途举例
铁素体钢	2Cr25N	780~880, 快冷			275	510	20	40		≤201		耐高温腐蚀性强, 1082°C以下不产生易剥落的氧化皮, 用于燃烧室
	0Cr13Al	780~830, 空冷或缓冷			177	410	20	60		≥183		由于冷却硬化少, 作涡轮压缩机叶片, 退火箱, 淬火台架
	00Cr12	700~820, 空冷或缓冷			196	365	22	60		≥183		耐高温氧化, 用作要求焊接的部件, 汽车排气阀净化装置, 锅炉燃烧室, 喷嘴
	1Cr17	780~850, 空冷或缓冷			205	450	22	50		≥183		用作900°C以下耐氧化部件, 散热器, 炉用部件, 油喷嘴
马氏体钢	1Cr5Mo		900~950, 油冷	600~700, 空冷	390	590	18				≤200	制作再热蒸汽管, 石油裂解管, 锅炉吊架, 蒸汽轮机气缸衬套, 高压加氢设备部件, 紧固件
	4Cr9Si2		1020~1040, 油冷	700~780, 油冷	590	885	19	50			≤269	有较高的热强性, 制作内燃机进气阀, 轻负荷发动机的排气阀
	4Cr10Si2Mo		1010~1040, 油冷	120~160, 空冷	685	885	10	35			≤269	同4Cr9Si2
	8Cr20Si2Ni	800~900, 缓冷或约720 空冷	1030~1080, 油冷	100~800, 快冷	685	885	10	15	8	≥262	≤321	用作耐磨性为主的吸气, 排气阀, 阀座
	1Cr11MoV		1050~1100, 空冷	720~740, 空冷	490	685	16	55	47		≤200	有较高的热强性, 良好的减震性及组织稳定性。用于汽轮叶片及导向叶片
	1Cr12Mo	800~900, 缓冷或约750 快冷	950~1000, 油冷	700~750, 快冷	550	685	18	60	78	217~248	≤255	制作汽轮机叶片

（续）

类别	钢号	热处理			拉力试验				冲击试验	硬度试验		用途举例
		退火	淬火	回火	$\sigma_{0.2}$	σ_b	δ_5	ψ	A_k	HBS	退火后硬度 HBS	
		温度/°C,冷却方式			/MPa ≥		% ≥		/J			
马氏体钢	2Cr12MoVNbN	850~950, 缓冷	1100~1170, 油冷或空冷	≥600, 空冷	685	835	15	30	—	≤321	≤269	制作汽轮机叶片、盘、叶轮轴、叶轮盘、螺栓
	1Cr12WMoV		1000~1050, 油冷	680~700, 空冷	585	735	15	45	47			同 1Cr11MoV 还可作紧固件、转子及轮盘
	2Cr12NiMoWV	830~900, 缓冷	1020~1070, 油冷或空冷	≥600, 空冷	735	885	10	25	—	≤341	≤269	制作高温结构部件、汽轮机叶片、盘叶轮轴、螺栓
	1Cr13	800~900, 缓冷或约750 快冷	950~1000, 油冷	700~750, 快冷	345	540	25	55	78	≥159	≤200	用作800°C以下耐氧化用部件
	1Cr13Mo	830~900, 缓冷或约750 快冷	970~1020, 油冷	650~750, 快冷	490	685	20	60	78	≥192	≤200	制作汽轮机叶片、高温高压蒸汽用机械部件
	2Cr13	800~900, 缓冷或约750 快冷	920~980, 油冷	600~750, 快冷	440	635	20	50	63	≥192	≤223	淬火状态下硬度高，耐蚀性良好。制作汽轮机叶片
	1Cr17Ni2		950~1050, 油冷	275~350, 空冷	—	1080	10	—	39	—	≤285	用作具有较高程度的耐硝酸及有机酸腐蚀的零件、容器和设备
	1Cr11Ni2W2MoV		1组 1000~ 1020,正火, 1000~1020, 油或空冷	660~710, 油或空冷	735	885	15	55	71	269~321	≤269	具有良好的韧性和抗氧化性能，在淡水和湿空气中有较好的耐蚀性
			2组 1000~ 1020,正火, 1000~1020, 油或空冷	540~600, 油冷或空冷	885	1080	12	50	55	311~388		

注: 1. 见表4.1-46注第1、4条。

2. 钢棒一般热处理状态交货。表中力学性能数值仅适用于尺寸小于等于75mm的钢棒。

表 4.1-48　沉淀硬化耐热钢的力学性能和用途（GB/T 1221—1992）

钢号	热处理		拉力试验				硬度试验				用途
	固溶处理 温度/°C,冷却方式	时效处理 温度/°C,冷却剂	$\sigma_{0.2}$ /MPa ≥	σ_b /MPa ≥	δ_5 % ≥	ψ % ≥	固溶处理后 HBS	固溶处理后 HRC	固溶处理 HBS	固溶处理 HRC	
0Cr17Ni4Cu4Nb	1020~1060, 快冷	固溶处理后 470~490,空冷	1180	1310	10	40	≥375	≥40	≤263	≤38	作燃气涡轮压缩机叶片,燃气涡轮发动机轮绝缘材料
		540~560,空冷	1000	1060	12	45	≥331	≥35			
		570~590,空冷	865	1000	13	45	≥302	≥31			
		610~630,空冷	725	930	16	50	≥277	≥28			
1Cr17Ni7Al	1000~1100, 快冷	固溶处理后 760°C±15°C 保持90min,在1h内冷却到15°C以下保持30min,再加热到565°C±10°C保持70min,空冷	960	1140	5	25	≥363		固溶处理后: HBS≤229 $\sigma_{0.2}$≥380MPa σ_b≥1030MPa δ_5≥20%		作高温弹簧、膜片、固定器、波纹管
		955°C±10°C 保持10min,空冷到室温,在24h以内冷却到 −73°C±6°C,保持8h,再加热到510°C±10°C,保持60min后冷却	1030	1230	4	10	≥388				

注：见表 4.1-46 表注。

.8 铸钢

一般工程用铸钢件、大型低合金钢铸件、焊

接结构用碳素钢铸件和高锰钢铸件的性能和用途
见表 4.1-49 ~ 表 4.1-52。

表 4.1-49　一般工程用铸造碳钢件的力学性能和用途（GB/T 11352—1989）

牌　号	铸件厚度/mm	室温下试样力学性能（最小值）						特性和用途
		σ_s 或 $\sigma_{0.2}$	σ_b	δ（%）	根据合同选择			
					ψ（%）	冲击性能		
		/MPa				A_{kV}/J	a_{kU}/J·cm^{-2}	
ZG200-400	<100	200	400	25	40	30	60	有良好的塑性、韧性和焊接性，用于受力不大、要求韧性的各种形状的机件，如机座、变速器壳等
ZG230-450		230	450	22	32	25	45	有一定的强度和较好的塑性、韧性，焊接性良好，可切削性尚好，用于受力不大、要求韧性的零件，如机座、机盖、箱体、底板、阀体、锤轮、工作温度在450℃以下的管路附件等
ZG270-500		270	500	18	25	22	35	有较高的强度和较好的塑性，铸造性良好，焊接性尚可，可切削性好，用于各种形状的机件，如飞轮、轧钢机架、蒸汽锤、桩锤、联轴器、连杆、箱体、曲拐、水压机工作缸、横梁等
ZG310-570		310	570	15	21	15	30	强度和切削性良好，塑性、韧性较低，硬度和耐磨性较高，焊接性差、流动性好，裂纹敏感性较大，用于负荷较大的零件，各种形状的机件，如联轴器、轮、气缸、齿轮、齿轮圈、棘轮及重负荷机架等
ZG340-640		340	640	10	18	10	20	有高的强度、硬度和耐磨性，切削性一般，焊接性差，流动性好，裂纹敏感性较大，用于起重运输机中齿轮、棘轮、联轴器及重要的机件等

注：1. 当铸件厚度超过100mm时，表中规定的 $\sigma_{0.2}$ 屈服强度仅供设计参考。

2. 当需从经过热处理的铸件上切取或从代表铸件的大型试块上取样时，性能指标由供需双方商定。

3. 表中力学性能为试块铸态的力学性能。

4. 本标准适用于在砂型铸造或导热性与砂型相当铸型铸造的一般工程用铸造碳钢件。对用其他铸型的一般工程用铸造碳钢件，也可参照使用。

5. 当需方无特殊要求时，热处理工艺由制造厂决定，常用的热处理工艺为下列之一：

退火——加热超过 Ac$_3$，炉冷；正火——加热超过 Ac$_3$，空冷；正火 + 回火——加热超过 Ac$_3$ 空冷 + 加热低于 Ac$_1$；淬火 + 回火——加热超过 Ac$_3$，快冷 + 加热低于 Ac$_1$

表 4.1-50　大型低合金钢铸件（JB/T 6402—1992）

钢　号	热处理状态	力　学　性　能							硬度HBS	特性和用途
		σ_s ≥	σ_b ≥	δ（%）≥	ψ（%）≥	冲击性能				
						A_k/J				
						DVM ≥	ISO-V ≥	夏比-U ≥		
		/MPa								
ZG30Mn	正火 + 回火	300	558	18	30	—	—	—	163	

(续)

钢 号	热处理状态	力 学 性 能				冲击性能 Ak/J			硬度 HBS	特性和用途
		σ_s ≥ /MPa	σ_b ≥ /MPa	δ (%) ≥	ψ (%) ≥	DVM ≥	ISO-V ≥	夏比-U ≥		
ZG40Mn	正火+回火	295	640	12	30	—	—	—	163	用于承受摩擦和冲击的零件,如齿轮等
ZG40Mn2	正火+回火调质	395 685	590 835	20 13	55 45	35	—	— 35	179 269~302	用于承受摩擦的零件,如齿轮等
ZG50Mn2	正火+回火	445	785	18	37	—	—	—		用于高强度零件,如齿轮、齿轮轮缘等
ZG20Mn (ZG20SiMn)	正火+回火调质	295 300	510 500~650	14 24	30 —	—	45	39	156 150~190	焊接及流动性良好,作水压机缸、叶片、喷嘴体、阀、弯头等
ZG35Mn (ZG35SiMn)	正火+回火调质	345 415	570 640	12 12	20 25	— 27	—	24 27	—	用于受摩擦的零件
ZG35SiMnMo	正火+回火调质	395 490	640 690	12 12	20 25	— 27	—	24 27	—	制造负荷较大的零件
ZG35CrMnSi	正火+回火	345	690	14	30	—	—	—	217	用于承受冲击、受磨损的零件,如齿轮、滚轮等
ZG20MnMo	正火+回火	295	490	16	—	—	—	39	156	用于受压容器,如泵壳等
ZG55CrMnMo (ZG5CrMnMo)	正火+回火	不规定				—	—	—		有一定的红硬性,用于锻模等
ZG40Cr1 (ZG40Cr)	正火+回火	345	630	18	26	—	—	—	212	用于高强度齿轮
ZG34Cr2Ni2Mo (ZG34CrNiMo)	调质	700	950~1000	12	—	—	32	—	240~290	用于要求特别高的零件,如锥齿轮,小齿轮,起重机行走轮、轴等
ZG20CrMo	调质	245	460	18	30	—	—	24	—	用于齿轮、锥齿轮及高压缸零件等
ZG35Cr1Mo (ZG35CrMo)	调质	510	740~880	12	—	27	—	—	—	用于齿轮、电炉支承轮轴套、齿圈等
ZG42Cr1Mo (ZG42CrMo)	调质	540 490 450 400 350	740~880 690~830 690~830 650~800 650~800	12 11 10 10 8	—	27 21	—	16 12 9.6	220~260 200~250 200~250 195~240 195~240	用于高负荷的零件、齿轮、锥齿轮等
ZG50Cr1Mo (ZG50CrMo)	调质	520	740~880	11	—	34	—	—	220~260	用于减速器齿轮,小齿轮等
ZG65Mn	正火+回火	不规定				—	—	—		用于球磨机衬板等
ZG28NiCrMo	—	420	630	20	40	—	—	—		用于直径大于 300mm 的齿轮铸件
ZG30NiCrMo	—	590	730	17	35					
ZG35NiCrMo	—	660	830	14	30					

注:1. 括号内牌号为传统牌号。
　　2. 本标准适用于砂型铸造或导热性与砂型相仿的铸型中浇出的铸件。
　　3. 力学性能为经过最后热处理的力学性能。
　　4. 冲击性能中 DVM、ISO-V 表示按德国标准 DIN50115 的规定，在 DVM 和 ISO-V 试样上测定的数据。

表 4.1-51 焊接结构用碳素钢铸件（GB/T 7659—1987）

牌 号	拉伸性能				冲击性能	
	σ_s	σ_b	δ_5	ψ	A_{kV}/J	$a_{KU}/J \cdot cm^{-2}$
	/MPa		%			
	$\geqslant$				$\geqslant$	
ZG200-400H	200	400	25	40	30	59
ZG230-450H	230	450	22	35	25	44
ZG275-485H	275	485	20	35	22	34

注：1. 适用于一般工程结构，要求焊接性能好的碳素钢铸件。

2. 铸件热处理类型：退火；正火；正火＋回火（回火温度≤550℃）。

3. 当供方尚不具备夏比（V形缺口）试样加工条件时，允许暂按夏比（U形缺口）试样的冲击吸收功 a_{KU} 交货。

表 4.1-52 高锰钢铸件的力学性能和用途（GB/T 5680—1998）

牌 号	力 学 性 能			硬度 HBS	用 途	
	σ_b/MPa	$\delta_5(\%)$	$a_{KU}/J \cdot cm^{-2}$			
ZGMn13-1	≥635	≥20			低冲击件	用于以结构简单、耐磨为主的低冲击件，如磨机衬板、破碎壁、辊套铲齿
ZGMn13-2	≥685	≥25	≥147	≤300	普通件	
ZGMn13-3	≥735	≥30			复杂件	用于结构复杂，以韧性为主的高冲击性，如履带板、挖掘机斗齿、斗前壁等
ZGMn13-4	≥735	≥20			高冲击件	
ZGMn13-5	—	—	—			

注：1. 本标准规定了砂型铸造高锰钢铸件的技术条件，用于受不同程度冲击负荷下的耐磨损高锰钢铸件。

2. 铸件必须进行水韧处理，水韧处理后试样的力学性能应符合表中规定。水韧处理后有高的抗拉强度、塑性、韧性以及无磁性。使用中受到剧烈冲击和强大压力变形时，表面产生加工硬化，并有马氏体形成，从而形成高的耐磨表面层，而内层保持优良的韧性，即使零件磨损到很薄，仍能承受较大的冲击负荷。

3. 水韧处理后试样的显微组织应为奥氏体。

2 铸 铁

铸铁是含碳量（质量分数）大于2%的铁碳合金。铸铁是用铸造生铁经冲天炉等设备重熔，用于浇注机器零件。铸铁的生产设备和工艺简单，成本低，并且具有良好的铸造性能、抗震性能、耐磨性能和切削性能，合金铸铁还具有良好的耐蚀和耐热性能，因此在各工业部门得到广泛应用。

2.1 常用铸铁

灰铸铁件、球墨铸铁件、连铸灰铁与球铁型材、可锻铸铁件及蠕墨铸铁件分别见表4.2-1～表4.2-5。

表 4.2-1　灰铸铁件的力学性能和用途　(GB/T 9439—1988)

牌号	铸件能达到抗拉强度的参考值 铸件壁厚/mm >	≤	σ_b /MPa ≥	铸件壁厚/mm >	≤	附铸试棒(块)的力学性能 σ_b/MPa≥ 附铸试棒 φ30mm	φ50mm	附铸试块 R15mm	R25mm	铸件(参考值)	特性和用途 (非标准所列,供参考)
HT100	2.5	10	130								铸造应力小,不用人工时效处理,减振性优良,铸造性能好
	10	20	100								
	20	30	90								用于外罩,手把,手轮,底板,重锤等形状简单,对强度无要求的零件
	30	50	80								
HT150	2.5	10	175	20	40	130		[120]		120	铸造性能好。用于强度要求不高的一般铸件,如端盖,齿轮泵体,轴承座,阀壳,管子及管附件,手轮;一般机床底座,床身及其他复杂零件,滑座,工作台等;圆周速度为 6~12m/s 的带轮。不用人工时效,有良好的减振性
	10	20	145	40	80	115	[115]	110		105	
	20	30	130	80	150		105		100	90	
	30	50	120	150	300		100		90	80	
HT200	2.5	10	220	20	40	180		[170]		165	可承受较大弯曲应力,有较好的耐热性和良好的减振性,铸造性较好,需进行人工时效处理。用于强度,耐磨性要求较高的较重要的零件和要求保持气密性的铸件,如汽缸,齿轮,底架,机体,飞轮,齿条,衬筒;一般机床铸有导轨的床身及中等压力(800N/cm² 以下)液压缸,液压泵和阀的壳体等;圆周速度 >12~20m/s 的带轮
	10	20	195	40	80	160	[155]	150		145	
	20	30	170	80	150		145		140	130	
	30	50	160	150	300		135		130	120	
HT250	4.0	10	270	20	40	220		[210]		205	基本性能同 HT200,但强度较高,用于阀壳,汽缸,联轴器,机体,齿轮,齿轮箱外壳,飞轮,衬筒,凸轮,轴承座等
	10	20	240	40	80	200	[190]	190		180	
	20	30	220	80	150		180		170	165	
	30	50	200	150	300		165		160	150	

（续）

牌号	铸件能达到的抗拉强度的参考值			附铸试棒（块）的力学性能 σ_b/MPa ≥								特性和用途（非标准所列，供参考）
	铸件壁厚/mm		σ_b /MPa	铸件壁厚/mm		附铸试棒				铸件	
	>	≤	≥	>	≤	$\phi30mm$	$\phi50mm$	$R15mm$	$R25mm$	（参考值）	
HT300	10	20	290	20	40	260		[250]		245	白口倾向大，铸造性差，需进行人工时效处理和孕育处理 可承受高弯曲应力，用于要求高强度、高耐磨性的重要铸件和要求保持高气密性的铸件，如齿轮、凸轮、车床卡盘、剪床、压力机的机身；导板、自动车床及其他重负荷有导轨的床身，高压液压筒、液压泵和滑阀的壳体等；圆周速度>20～25m/s的带轮
	20	30	250	40	80	235	[230]	225		215	
	30	50	230	80	150		210		200	195	
				150	300		195		185	180	
HT350	10	20	340	20	40	300		[290]		285	齿轮、凸轮、车床卡盘、剪床、压力机；板、六角、自动车床及其他重负荷有导轨机的机身；导板、自动车床及其他重负荷有导轨机床的床身、高压液压筒、液压泵和滑阀的壳体等
	20	30	290	40	80	270	[265]	260		255	
	30	50	260	80	150		240		230	225	
				150	300		215		210	205	

注：
1. 本标准适用于砂型或导热性与砂型相当的铸型铸造的灰铸铁件。
2. 本标准根据直径30mm单铸试棒加工成试样来测定的抗拉强度，将灰铸铁分为6个牌号，牌号中的数值表示试样的最小抗拉强度。
3. 当一定牌号的铁水浇注出壁厚均匀而形状简单的铸件时，铸件壁厚对应的抗拉强度的变化，可从本表查出参考数据；本表仅近似地给出不同壁厚处的大致抗拉强度值，铸件设计应根据关键部位的实测数据，经供需双方协商。当铸件的重要壁厚不同于本表列出时，也可采用与铸件冷却条件相似的附铸试棒（块）加工成试棒来测定抗拉强度。
4. 当铸件壁厚超过20mm而重量又超过200kg时，其结果比单铸试棒更接近铸件材质性能，但应符合本表规定。
5. 力学性能系铸态下的力学性能，方括号内的数值仅适用于铸件壁厚大于试样直径的场合。
6. 如需方要求以硬度作为检验铁条铸件材质的力学性能时，则应符合下表规定，见下表：

硬度分级	H145	H175	H195	H215	H235	H255
铸件上的硬度范围 HBS	最大不超过170	150～200	170～220	190～240	210～260	230～280

7. 灰铸铁的硬度和抗拉强度之间，存在一定的对应关系，其经验关系式为
当 σ_b≥196MPa时，HBS=RH（100+0.438σ_b）
当 σ_b<196MPa时，HBS=RH（44+0.724σ_b）
式中 RH 称为相对硬度，其数值由原材料、熔化工艺、处理工艺及铸件的冷却速度所确定，其变化范围为0.8～1.2之间。通过测定单铸试棒（或铸件）的 σ_b 和HBS，由上式计算出 RH 以后，就可根据在铸件上实测得到的HBS，由上式计算出 σ_b，参见原标准附录B。
8. 铸件的热处理规范，请查阅《机械工程材料手册》，黑色金属材料（第5版），机械工业出版社，1998年。

表 4.2-2　球墨铸铁件的力学性能和用途（GB/T 1348—1988）

类别	牌号	铸件壁厚 /mm	σ_b /MPa（最小值）	σ_0.2 /MPa（最小值）	δ(%)（最小值）	HBS	主要金相组织	用途（非标准所列，供参考）
单铸试块	QT400-18		400	250	18	130~180	铁素体（100%）	有较好的塑性与韧性，焊接性与切削性也较好，常温冲击韧性高。用于制造农机具，犁铧、收割机、割草机等；汽车、拖拉机的轮毂、驱动桥壳体、离合器壳、差速器壳等；1.6~6.5MPa 阀门的阀体、阀盖，压缩机气缸，铁路钢轨垫板、电机机壳、齿轮箱等
	QT400-15		400	250	15	130~180	铁素体（100%）	
	QT450-10		450	310	10	160~210	铁素体（≥80%）	焊接性与切削性均较好，塑性略低于 QT400-18，强度与小能量冲击力优于 QT400-18。用途同 QT400-18、QT400-15
	QT500-7		500	320	7	170~230	铁素体+珠光体（<80%~50%）	强度与塑性中等，切削性尚好。用于制造内燃机机油泵齿轮，汽轮机中温气缸隔板、机车车辆轴瓦，飞轮等
	QT600-3		600	370	3	190~270	珠光体+铁素体（<80%~10%）	强度和耐磨性较好，塑性与韧性较低。用于制造内燃机的曲轴，凸轮轴，连杆等；农机具轻负荷齿轮等；空压机、冷冻机、制氧机、泵的曲轴、缸套、阀门；球磨机齿轮，矿车车轮
	QT700-2		700	420	2	225~305	珠光体	强度和耐磨性较好，塑性韧性较低。负荷齿轮等；各种小磨床，铣床，车床的主轴；小型水轮机主轴；球磨机齿轮等；各种气阀，滚轮，矿车轮
	QT800-2		800	480	2	245~335	珠光体或回火索氏体	
	QT900-2		900	600	2	280~360	贝氏体或回火马氏体	有高的强度和耐磨性，较高的弯曲疲劳强度，接触疲劳强度和一定的韧性。用于内燃机机曲轴，凸轮轴，汽车上的圆锥齿轮，转向节，传动轴，拖拉机的减速齿轮和农机具
附铸试块	QT400-18A	>30~60	390	250	18	130~180	铁素体	特性与用途与上面相应牌号相同
		>60~200	370	240	12			
	QT400-15A	>30~60	390	250	15	130~180	铁素体	
		>60~200	370	240	12			
	QT500-7A	>30~60	450	300	7	170~240	铁素体+珠光体	
		>60~200	420	290	5			
	QT600-3A	>30~60	600	360	3	180~270	珠光体+铁素体	
		>60~200	550	340	1			
	QT700-2A	>30~60	700	400	2	220~320	珠光体	
		>60~200	650	380	1			

V 形缺口试样的冲击值

最小冲击值 a_{kV} / J·cm^{-2}

牌号	铸件壁厚 /mm	室温 23°C±5°C 三个试样平均值	个别值	低温 −20°C±2°C 三个试样平均值	个别值
单铸试块	QT400-18		14	11	—	—
	QT400-18L		—	—	12	9
附铸试块	QT400-18A	>30~60	14	11		
		>60~200	12	9		
	QT400-18AL	>30~60			12	9
		>60~200			10	7

注：
1. 本标准适用于砂型或导热性与砂型相当的铸型中铸造的普通和低合金球墨铸铁。本标准不适用于球墨管件和连续铸造的球铁件。
2. 牌号后面的字母 A 表示附铸试块。当铸件质量≥2000kg 且壁厚在 30~200mm 内时，一般采用附铸试块。字母 L 表示低温试块。字母后的数字表示牌号的力学性能值，HBS 值和主要金相组织仅供参考，其他需另商定。
3. 力学性能以抗拉强度和伸长率两个指标作为验收依据，HBS 值和金相组织仅供参考。
4. 如需方要求进行金相组织检验时，可按 GB/T 9441 的规定进行，球化级别一般不得低于 4 级。
5. 在特殊情况下，供需双方同意允许根据铸件本身所测得的硬度规定硬度值（见标准附录 A），其硬度值的硬度范围与单铸试块牌号的硬度值范围双方商定。

表4.2-3 连铸灰铁与球墨铸铁型材的力学性能和用途

类别	牌号	力学性能 抗拉强度 σ_b/MPa	伸长率 δ/%	性能特点	应用举例 产品	应用举例 零件
灰铸铁	LZHT150	≥150	—	切削性好		齿轮、凸轮轴、销、机械密封环奥贝球铁齿轮等
	LZHT200	≥200	—	耐油压		液压阀块、集成块、气阀、齿轮泵齿轮、活塞及阀体等
	LZHT250	≥250	—	较高力学性能，耐油压	汽车及动力 液压气动 机床 纺织及印刷 模具 其他通用机械 抗磨材料	齿轮、带轮、奎、销、法兰、丝杠等
	LZHT300	≥300	—	高力学性能，耐磨、耐油压		辊子、导轨、配重铁、导向套、轴承座、轴承压盖等
球墨铸铁	LZQT400-15	≥400	≥15	高韧性		玻璃模具、塑料模具、齿轮模具、压铸模、砂轮模具等
	LZQT450-10	≥450	≥10	韧性良好		带轴、法兰、齿轮、配重、辊、轴、套高速线材轧机风冷传送辊等
	LZQT500-7	≥500	≥7	强度和韧性适中		轧制磨球、模锻
	LZQT600-3	≥600	≥3	高强度		机车转向架销套及空调压缩机滚套等
	LZQT700-2	≥700	≥2	高强度		

型材规格

圆棒

直径/mm	30	40	50	60	70	80	90	100	110	120	130	140	150	160	180	200	250
每米重量/kg	5.1	9.1	14.1	20.4	27.7	36.2	45.8	56.5	68.4	81.4	95.6	110.8	127.2	144.7	183.2	226.1	353.3

方棒

边长/mm	40	45	50	60	70	80	90	100	110	120	130	140	150	160	180	200
每米重量/kg	11.5	14.5	18.0	25.9	40.4	45.9	58.2	71.9	87.1	103.5	141.1	162.0	184.3	233.3	288.0	

注：1. 连铸灰铸铁与球墨铸铁型材是新型铸材料，便于用来加工各种铸零件。

2. 除上述规格牌号的产品外，还可根据用户需要生产其他各种等截面及特殊性能要求的型材，长度按用户要求确定。

表 4.2-4　可锻铸铁件的力学性能和用途（GB/T 9440—1988）

牌号		试样直径	力学性能				特性和用途
		d/mm	σ_b	$\sigma_{0.2}$	δ(%)	HBS	（非标准所列，供参考）
A	B		/MPa		$(L_0=3d)$		
			≥				
KTH300-06		12 或 15	300	—	6	≤150	有一定的韧性和强度，气密性好，适用于承受低动载荷及静载荷，要求气密性好的工作零件，如管道配件，中低压阀门等
	KTH330-08	12 或 15	330	—	8		有一定的韧性和强度，用于承受中等动负荷和静负荷的工作零件，如农机犁铧、车轮壳、机床扳手和钢丝绳夹等
KTH350-10			350	200	10		有较高的韧性和强度，用于承受较高的冲击、振动及扭转负荷下工作的零件，如汽车、拖拉机上的前后轮壳、差速器壳、转向节壳、制动器等、犁刀、铁道零件、升降机运输机零件、纺织机零件等
	KTH370-12		370	—	12		
KTZ450-06		12 或 15	450	270	6	150~200	韧性较低，但强度大、硬度高、耐磨性好，且加工性良好，可用来代替低碳、中碳、低合金及非合金制造要求较高强度和耐磨性的重要零件，如曲轴、连杆、齿轮、播臂凸轮轴、活塞环、轴承、犁铧、耙片、涮、万向接头、扳手和扩车轮等，是近代机械工业中得到广泛应用及发展前途的结构材料
KTZ550-04			550	340	4	180~230	
KTZ650-02			650	430	2	210~260	
KTZ700-02			700	530	2	240~290	
KTB350-04		9 12 15	340 350 360	— — —	5 4 3	≤230	白心可锻铸铁的特点是：①薄壁铸件仍有较好的韧性；②有非常优良的焊接性，可与钢钎焊；③可切削性好，但工艺复杂、生产周期长、强度及耐磨性较差，在机械工业中少用。适用于制作厚度在15mm以下的薄壁铸件和焊件和焊件不需进行热处理的零件
KTB380-12		9 12 15	320 380 400	170 200 210	15 12 8	≤200	
KTB400-05		9 12 15	360 400 420	200 220 230	8 5 4	≤220	
KTB450-07		9 12 15	400 450 480	230 260 280	10 7 4	≤220	

（左侧分组：黑心、珠光体、白心）

注：
1. 本标准适用于砂型或导热型砂型热处理与之相仿的铸造的可锻铸铁件，其他铸型生产的可锻铸铁件也可参考。
2. 牌号中"H"表示黑心；"Z"表示珠光体；"B"表示白心。牌号中第一组数字表示抗拉强度值；第二组数字表示伸长率值。
3. 当需方对屈服强度和硬度有要求时，供需双方协议才测定并应符合本表中要求。
4. 未经需方同意，铸件不允许进行任何形式的修补。
5. 牌号 KTH300-06 适用于气密性零件，牌号 B 系列为过渡牌号。
6. 黑心和珠光体试样直径 12mm 用直径 10mm 的铸件。白心可锻铸铁的试样直径主要适用于主要壁厚 12mm 及以下的铸件。白心适用于铸件主要壁厚小于 10mm 的铸件。白心可锻铸铁，应尽可能与铸件的主要壁厚相近。

表 4.2-5 蠕墨铸铁件的力学性能和用途（摘自 JB/T 4403—1999）

牌号	σ_b	$\sigma_{0.2}$	伸长率 $\delta(\%)$ ≥	硬度 HBS	蠕化率 (%) ≥	性能特点及用途举例	
	MPa ≥						
RuT420	420	335	0.75	200～280		具有高强度、高耐磨性、高硬度以及较好的热导率，需经正火热处理，适于制造高强度或高耐磨性的重要铸件，如刹车鼓、钢珠的研磨盘、气缸套、活塞环、玻璃模具、制动盘、吸淤泵体等	蠕墨铸铁即蠕虫状石墨铸铁，是一种很有发展前景的新型材料，材质性能介于球铁和灰铸铁之间，它既有球铁的强度、刚性及一定的韧性，且有良好的耐磨性；同时它的铸造性及热传导性又相近于灰铸铁，它较广泛地用于制造液压件、排气管件、底座、大型机床床身、钢锭模及飞轮等铸件，铸件的质量有的已高达数十吨
RuT380	380	300	0.75	193～274	50		
RuT340	340	270	1.0	170～249		具有较高的强度、硬度、耐磨性及热导率，适于制造较高强度、刚度及耐磨的零件，如大型齿轮箱体、盖、底座刹车鼓、大型机床床件、飞轮、起重机卷筒、烧结机滑板等	
RuT300	300	240	1.5	140～217		具有良好的强度和硬度，一定的塑性及韧性，较高的热导率，致密性良好，适于制造较高强度及耐热疲劳的零件，如气缸盖、变速箱体、纺织机械零件、液压件、排气管、钢锭模及小型烧结机算条等	
RuT260	260	195	3.0	121～197	50	强度不高，硬度较低，有较高的塑性、韧性及热导率，铸件需经退火热处理，适用于制造受冲击及热疲劳的零件，如汽车及拖拉机的底盘零件、增压机废气进气壳体	

注：1. 蠕墨铸铁件的力学性能以单铸试块的抗拉强度为验收条件，RuT260 增加伸长率验收项目。
2. 铸铁金相组织中石墨的蠕化率一般均按本表规定，但可根据供需双方协商，另定蠕化率的要求。
3. 本表规定的力学性能可经热处理之后达到。

2.2 特殊性能铸铁

耐磨铸铁、抗磨白口铸铁件、耐热铸铁件、高硅耐蚀铸铁件以及冷硬铸铁轧辊的性能和用途分别见表 4.2-6～表 4.2-10。

表 4.2-6 耐磨铸铁的力学性能和用途（JB/ZQ4303—1997）

牌号	力学性能		σ_b /MPa	A_{kV} /J	HBS (HRC)	挠度/mm		用途
	σ_{bb}/MPa					砂型	金属型	
	砂型	金属型				支距/mm		
	试样直径/mm					300	500	
	30	50						
	≥							
MT-4	355	—	175	—	195～260	—	—	用作一般耐磨零件
Cu-Cr-Mo 合金铸铁	430	—	235	—	200～255	—	—	用作活塞环、机床床身、卷筒、密封圈等耐磨零件

（续）

牌 号		力 学 性 能				HBS (HRC)	挠度/mm		用 途
		σ_{bb}/MPa		σ_b /MPa	A_{kV} /J		砂型	金属型	
		砂型	金属型				支距/mm		
		试样直径/mm					300	500	
		30	50						
		$\geqslant$							
中锰抗磨球墨铸铁	MQT Mn6	510	390	—	31	(44)	3.0	2.5	主要用作选矿用螺旋分级机叶片、磨机衬板等
	MQT Mn7	470	440	—	35	(41)	3.5	3.0	
	MQT Mn8	430	490	—	39	(38)	4.0	3.5	

注：1. 本标准适用于耐磨铸铁铸件。
    2. "M"、"Q"、"T" 分别是 "磨"、"球"、"铁" 三字汉语拼音的第一个字母。
    3. MT-4 耐磨铸铁的金相组织是细小珠光体和中细片状石墨，珠光体含量 >85%，磷共晶为细小网状并均匀分布，不允许有游离的渗碳体。
    4. Cu-Cr-Mo 合金铸铁熔炼过程与一般灰铸铁相同，合金材料完全在炉内加入，石墨主要是分散片状。
    5. 中锰抗磨球墨铸铁的基体组织以马氏体和奥氏体为主。表中的锰含量范围，挠度（f）和砂型铸造直径30mm的抗弯试棒的抗弯强度值。除订货协议有规定外，不作为验收依据。

表 4.2-7　抗磨白口铸铁件的性能和用途（GB/T 8263—1999）

牌 号	硬 度						使 用 特 性
	铸态或铸态并去应力处理		硬化态或硬化态并去应力处理		软化退火态		
	HRC	HBW	HRC	HBW	HRC	HBS	
KmTBNi4Cr2-DT	$\geqslant$53	$\geqslant$550	$\geqslant$56	$\geqslant$600	—	—	可用于中等冲击载荷的磨料磨损零件
KmTBNi4Cr2-GT	$\geqslant$53	$\geqslant$550	$\geqslant$56	$\geqslant$600	—	—	用于较小冲击载荷的磨料磨损零件
KmTBCr9Ni5	$\geqslant$50	$\geqslant$500	$\geqslant$56	$\geqslant$600	—	—	有很好淬透性，可用于中等冲击载荷的磨料磨损零件
KmTBCr2	$\geqslant$46	$\geqslant$450	$\geqslant$56	$\geqslant$600	$\leqslant$41	$\leqslant$400	用于较小冲击载荷的磨料磨损零件
KmTBCr8	$\geqslant$46	$\geqslant$450	$\geqslant$56	$\geqslant$600	$\leqslant$41	$\leqslant$400	有一定耐蚀性，可用于中等冲击载荷的磨料磨损零件
KmTBCr12	$\geqslant$46	$\geqslant$450	$\geqslant$56	$\geqslant$600	$\leqslant$41	$\leqslant$400	可用于中等冲击载荷的磨料磨损零件
KmTBCr15Mo	$\geqslant$46	$\geqslant$450	$\geqslant$58	$\geqslant$650	$\leqslant$41	$\leqslant$400	可用于中等冲击载荷的磨料磨损零件
KmTBCr20Mo	$\geqslant$46	$\geqslant$450	$\geqslant$58	$\geqslant$650	$\leqslant$41	$\leqslant$400	有很好淬透性。有较好耐蚀性。可用于较大冲击载荷的磨料磨损零件
KmTBCr26	$\geqslant$46	$\geqslant$450	$\geqslant$56	$\geqslant$600	$\leqslant$41	$\leqslant$400	有很好淬透性。有良好耐蚀性和抗高温氧化性。可用于较大冲击载荷的磨料磨损零件

注：1. 本标准所规定的抗磨白口铸铁，其碳主要以碳化物的形式分布于金属基体组织中，具有良好的抗磨料磨损性能，适用于生产矿山、冶金、电力、建材和机械制造等行业的易磨损件。
    2. 热处理规范可参照原标准附录 A，金相组织可参照原标准附录 B。
    3. 牌号中 "DT" 和 "GT" 分别是 "低碳" 和 "高碳" 的拼音字母，表示含碳量的高低。
    4. 洛氏硬度值（HRC）和布氏硬度值（HB）之间没有精确的对应值，因此，这两种硬度值应独立使用。
    5. 铸件在清整和处理铸造缺陷过程中，不允许使用火焰切割、电弧气刨切割、电焊切割和补焊。

表 4. 2-8 耐热铸铁件的力学性能和用途 (GB/T 9437—1988)

铸铁牌号		高温短时 σ_b/MPa	室温		使用条件	应用举例
			最小抗拉强度 σ_b/MPa	硬度 HBS		
耐热铸铁	RTCr	500℃:225 600℃:114	200	189~288	在空气炉气中,耐热温度到550℃	炉条、高炉支梁式水箱、金属型、玻璃模
	RTCr2	500℃:243 600℃:166	150	207~288	在空气炉气中,耐热温度到600℃	煤气炉内灰盆、矿山烧结车挡板
	RTCr16	800℃:144 900℃:88	340	400~450	在空气炉气中耐热温度到900℃,在室温及高温下有抗磨性。耐硝酸腐蚀	退火罐、煤粉烧嘴、炉栅、水泥焙烧炉零件、化工机械零件
	RTSi5	700℃:41 800℃:27	140	160~270	在空气炉气中耐热温度到700℃	炉条、煤粉烧嘴、锅炉梳形定位板、换热器针状管、二硫化碳反应甑
耐热球墨铸铁	RQTSi4	700℃:75 800℃:35	480	187~269	在空气炉气中耐热温度到650℃,其含硅上限时到750℃,力学性能抗裂性较 RQTSi5 好	玻璃窑烟道闸门、玻璃引上机墙板、加热炉两端管架
	RQTSi4Mo	700℃:101 800℃:46	540	197~280	在空气炉气中耐热温度到680℃,其含硅上限时到780℃,高温力学性能较好	罩式退火炉导向器、烧结炉中后热筛板、加热炉吊梁
	RQTSi5	700℃:67 800℃:30	370	228~302	在空气炉气中耐热温度到800℃,硅上限时到900℃	煤粉烧嘴、炉条、辐射管、烟道闸门、加热炉中间管架
	RQTAl4Si4	800℃:82 900℃:32	250	285~341	在空气炉气中耐热温度到900℃	烧结机算条、炉用件
	RQTAl5Si5	800℃:167 900℃:75	200	302~363	在空气炉气中耐热温度到1050℃	焙烧机算条、炉用件
	RQTAl22	800℃:130 900℃:77	300	241~364	在空气炉气中耐热温度到1100℃,抗高温硫蚀性好	锅炉用侧密封块,链式加热炉炉爪、黄铁矿焙烧炉零件

注:1. 本标准适用于工作在1100℃以下的耐热铸铁件。

2. 本标准适用于砂型铸造或导热性与砂型相仿的铸型中浇成的耐热铸铁件。

3. 室温抗拉强度为合格依据。

4. 硅系、铝硅系耐热球墨铸铁件一般应进行消除内应力热处理,其他牌号按需方要求按订货条件进行。

5. 在使用温度下,铸件平均氧化增重速度不大于 0.5g/(m^2·h),生长率不大于0.2%。抗氧化试验方法和抗生长试验方法见原标准附录 C 和附录 D。

表 4.2-9　高硅耐蚀铸铁件的力学性能和用途 （GB/T 8491—1987）

牌　号	力 学 性 能			性能和适用条件	应用举例
	最小抗弯强度 σ_{bb} /MPa	最小挠度 f/mm	最大硬度 HRC		
STSi11Cu2CrR	190	0.8	42	具有较好的力学性能,可以用一般的机械加工方法进行生产。在质量分数≥10%的硫酸、质量分数≤46%的硝酸或由上述两种介质组成的混合酸、质量分数大于或等于70%的硫酸加氯、苯、苯磺酸等介质中具有较稳定的耐蚀性能,但不允许有急剧的交变载荷、冲击载荷和温度突变	卧式离心机、潜水泵、阀门、旋塞、塔罐、冷却排水管、弯头等化工设备和零部件等
STSi15R	140	0.66	48	在氧化性酸(例如:各种温度和质量分数的硝酸、硫酸、铬酸等)室温盐酸、各种有机酸和一系列盐溶液介质中都有良好的耐蚀性,但在卤素的酸、盐溶液(如氢氟酸、高温下的盐酸和氟化物等)和强碱溶液中不耐蚀。不允许有急剧的交换载荷、冲击载荷和温度突变	各种离心泵、阀类、旋塞、管道配件、塔罐、低压容器及各种非标准零部件
STSi15Mo3R	130	0.66	48	在各种质量分数和温度的硫酸、硝酸、盐酸中,在碱水溶液和盐水溶液中,当同一铸件上各部位的温差不大于30℃时,在没有动载荷、交变载荷和脉冲载荷时,具有特别高的耐腐蚀性能	
STSi15Cr4R	130	0.66	48	具有优良的耐电化学腐蚀性能,并有改善抗氧化性条件的耐蚀性能。高硅铬铸铁中的铬可提高其钝化性和点蚀击穿电位,但不允许有急剧的交变载荷和温度突变	在外加电流的阴极保护系统中,大量用作辅助阳极铸件
STSi17R	130	0.66	48	同 STSi15R	同 STSi15R

注: 1. 本标准适用于含硅 10.00% ~18.00% 的高硅耐蚀铸铁件, 表中成分 R 表示混合稀土元素。

2. 高硅耐蚀铸铁以化学成分为验收依据; 力学性能不作为验收依据, 如需方有要求时应符合表中规定。

3. 高硅耐蚀铸铁是一种较脆的金属材料, 在其铸件的结构设计上不应有锐角和急剧的截面过渡。

4. 若无特殊要求时, 铸件的消除内应力热处理, 按原标准中规范进行。

5. 铸件需作水压试验时, 应在图样或技术文件中规定。一般承受液压的零件, 可用常温清水进行水压试验, 其试压压力为工作压力的 1.5 倍, 且保压时间应不少于 10min。

表 4.2-10　冷硬铸铁轧辊的性能与用途

类　别	辊身表面硬度 HS	材　料	性 能 特 点	用 途 举 例
冷硬铸铁轧辊	55 ~85	普通铸铁或合金铸铁	有高硬度的纯冷硬层,适当的麻口层,耐磨性能很好,力学性能较差	型钢轧辊,冷硬深度应控制在 12 ~45mm,钢板轧辊,冷硬深度应控制在 8 ~45mm,造纸、橡胶、油脂、塑料工作辊冷硬层深度应控制在 8 ~35mm

（续）

类　别	辊身表面硬度 HS	材料	性能特点	用途举例
冷硬铸铁轧辊	55～70	球墨铸铁复合轧辊	有高硬度的纯冷硬层，狭小的过渡层，灰口、白口界限分明，中心强度较高，在重载荷的工作条件下，有较大的抗断能力	钢板轧辊，不宜开槽，冷硬层深度应控制在 8～45mm
无限冷硬铸铁轧辊	55～85	合金铸铁	辊身外缘没有纯冷硬层，没有灰口、白口的明显分界，因此边缘到中心的硬度差较少，机械强度比普通或合金冷硬铸铁轧辊稍高	热轧大、中、小型型钢、管材用轧辊，适合开深槽
	48～80	球墨铸铁		
半冷硬铸铁轧辊	35～55	球墨铸铁	具有高强度，能承受较大的轧制负荷，但轧件表面质量不及冷硬轧辊，耐磨性能优于一般铸钢轧辊	热轧大、中、小型型钢初轧连轧机、粗轧机、精轧机、轧管机轧辊，适合开深槽
高铬铸铁轧辊	55～95	高铬铸铁	辊身表面由细而均匀分布的 M_7C_3 型碳化物所组成，表面白口层的硬度、耐磨性及韧性均高于普通及合金白口层	高速线材轧辊，热轧带钢精轧机轧辊

3　非铁金属材料

钢铁以外的金属及合金称为非铁金属材料。

3.1　铝及铝合金

3.1.1　铝及铝合金加工产品

变形铝及铝合金的牌号表示方法见表 4.3-1，铝及铝合金加工产品的力学性能见表 4.3-2，工业用铝及铝合金热挤压型材的室温纵向力学性能见表 4.3-3，加工铝材牌号的特性与用途见表 4.3-4。

表 4.3-1　变形铝及铝合金的牌号表示方法
（GB/T 16474—1996）

组　别	牌号系列
纯铝（铝含量不小于 99.00%）	1×××
以铜为主要合金元素的铝合金	2×××
以锰为主要合金元素的铝合金	3×××
以硅为主要合金元素的铝合金	4×××

（续）

组　别	牌号系列
以镁为主要合金元素的铝合金	5×××
以镁和硅为主要合金元素并以 Mg_2Si 相为强化相的铝合金	6×××
以锌为主要合金元素的铝合金	7×××
以其他合金元素为主要合金元素的铝合金	8×××
备用合金组	9×××

注：1. 牌号的第一位数字表示铝及合金的组别。

　　2. 牌号的第二位字母表示原始纯铝或铝合金的改型情况。如果字母是 A，则表示为原始纯铝或原始合金。如果是 B～Y 的其他字母，则表示已改型。

　　3. 牌号的最后两位数字用以标识同一组中不同的铝合金或表示铝的纯度。

表 4.3-2　铝及铝合金加工产品的力学性能

板（GB/T 3880—1997）

牌号	材料状态	厚度 mm	σb MPa	δ10 % ≥
1070 1070A 1060 (L1)(L2)	O	0.2~0.3	55~95	15
		0.3~0.5		20
		0.5~0.8		25
		0.8~1.3		30
		1.3~10.0		35
	H14 H24	0.2~0.3	85~120	1
		0.3~0.5		2
		0.5~0.8		3
		0.8~1.3		4
		1.3~2.9		5
		2.9~4.5		6
	H18	0.2~0.5	≥120	1
		0.5~0.8		2
		0.8~1.3		3
		1.3~4.5		4
5052	O	0.5~1.0	165~225	17
		1.0~10.0		19
	H14 H24 H34	0.5~1.0	≥235	4
		1.0~4.5		6
	H18	0.5~1.0	≥265	3
		1.0~4.5		4

带（GB/T 8544—1997）

牌号	材料状态	厚度 mm	σb MPa	伸长率 δ(%) ≥ (50mm)
2A11(LY11)	O	0.2~0.3	55~95	15
		0.3~0.5		20
		0.5~0.8		25
		0.8~1.3		30
		1.3~6.0		35
	H12 或 H22	0.2~0.3	70~110	2
		0.3~0.5		4
		0.5~0.8		5
		0.8~1.3		6
		1.3~2.9		8
		2.9~4.5		9
2A12(LY12)	H14 或 H24	0.2~0.3	85~120	1
		0.3~0.5		2
		0.5~0.8		3
		0.8~1.3		4
		1.3~2.9		5
		2.9~4.0		6
5A02(LF2)	H16 或 H26	0.2~0.5	100~135	1
		0.5~0.8		2
		0.8~1.3		3
		1.3~3.0		4
3A21(LF21)	H12 或 H22	0.2~0.3	215~265	3
		0.3~0.5		4
	H32	0.5~4.5		

管（GB/T 6893—2000）

牌号	材料状态	外径 mm	壁厚 mm	σb MPa	σp0.2 MPa	δ5 %
2A11(LY11)	O	所有尺寸		≤245	—	10
	T4	≤22	≤1.5	375	195	13
		>22~50	>1.5~2.0			14
		>50	>2.0~5.0			—
2A12(LY12)	O	所有尺寸		≤245	—	12
	T4	≤22	≤1.5	390	225	13
		>22~50	>1.5~2.0	410	255	11
		>50	>2.0~5.0	420	275	10
5A02(LF2)	O	所有尺寸		≤225	—	13
	H14	≤55	≤2.5	225		—
		其他尺寸		195		
3A21(LF21)	O	所有尺寸		≤135	—	12
	H14	所有尺寸		135		10

棒（GB/T 3191—1998）

牌号	材料状态	直径 mm	σb MPa	σp0.2 MPa	δ5 %
7A04(LC4) 7A09(LC9)	H112 T6	≤22	490	370	7
		>22~150	530	400	6
2A11		≤150	370	215	12
2A12(LY12)	H112 T4	≤22	390	255	12
		>22~150	420	275	10
2A13(LY13)	T4	≤22	315	—	4
		>22~150	345	—	4
1060(L2)	0	≤150	60~95	15	22
1070A(L1)	H112		60	15	22
1050A(L3)	H112		55	15	—
1200(L5)	H112		65	20	—
1035(L4)	0		75	20	—
8A06(L6)	0		≤120	—	25
3003	0		95~130	35	22
	H112		90	30	22

（续）

板（GB/T 3880—1997）

牌号	材料状态	厚度 mm	σ_b MPa	δ_{10} % ≥
3A21（LF21）	H14 H24	0.2~0.8	145~215	6
		0.8~1.3		6
		1.3~4.5		6
	H18	0.2~0.5	≥185	1
		0.5~0.8		2
		0.8~1.3		3
		1.3~4.5		4

带（GB/T 8544—1997）

牌号	材料状态	厚度 mm	σ_b MPa	伸长率 δ(%) ≥ (50mm)
5052	H12 或 H22 H32	0.5~0.8	215~265	5
		0.8~1.3		5
		1.3~2.9		7
		2.9~4.5		9
	H14 或 H24 H34	0.2~0.5	235~285	3
		0.5~0.8		4
		0.8~1.3		4
		1.3~2.9		6
		2.9~4.0		7

管（GB/T 6893—2000）

牌号	材料状态	外径 壁厚 mm	σ_b MPa	$\sigma_{p0.2}$ MPa	δ_5 %
1035（L4）1050A（L3）1050	0	所有	60~95	—	—
	H14	所有	95	—	—
1060（L2）1070A（L1）1070	0	所有	60~95	—	—
	H14	所有	85	—	—
1100（15-1 L5）1200（L5）	0	所有	75~110	—	—
	H14	所有	110	—	—

棒（GB/T 3191—1998）

牌号	材料状态	直径 mm	σ_b MPa	$\sigma_{p0.2}$ MPa	δ_5 %
3A21（LF21）		≤150	≤165	—	20
5A02（LF2）			≤225	—	10
5A03（LF3）	0		175	80	13
5A05（LF5）			265	120	15
5A06（LF6）			315	155	15
5A12（LF12）	H112		370	185	15
5052	H112		175	70	—
	0		175~245	70	20

注：1. 材料状态代号意义见 GB/T 16475—1996。
2. 管材的外形尺寸及允许偏差应符合 GB/T 4436 中普通级的规定。
3. 括号内牌号为旧牌号。

表 4.3-3　工业用铝及铝合金热挤压型材的室温纵向力学性能

（GB/T 6892—2000）　　　　　　　　　　　　　　　　　　　　（续）

牌号	状态	试样部位厚度/mm	抗拉强度 σ_b/MPa	规定非比例伸长应力 $\sigma_{p0.2}$/MPa	伸长率（%）
			≥		
1060（L2）	O	所有	60~95	15	22
	H112		60	15	22
	F		—	—	—
1100（L5-1）	O	所有	75~105	20	22
	H112		75	20	22
	F		—	—	—
2A11（LY11）	T4	≤10.0	335	190	12
		>10.0~20.0	335	200	10
		>20.0	365	210	10
	O	所有	≤245	—	12
	F	所有	—	—	—
2A12（LY12）	T4	≤5.0	390	295	10
		5.1~10.0	410	295	10
		10.1~20.0	420	305	10
		>20.0	440	315	10
	O	所有	≤245	—	12
	F		—	—	—
2017	O	0.35~3.2	≤220	≤140	13
		>3.2~12	≤225	≤145	13
	T4	所有	390	245	15
2024	O	所有	240	130	12
	F		—	—	—
3A21（LF21）	O、H112	所有	≤185	—	16
	F		—	—	—
3003	O	所有	95~130	35	22
	H112		90	30	22
	F		—	—	—
5A02（LF2）	O、H112	所有	≤245	—	12
	F		—	—	—

牌号	状态	试样部位厚度/mm	抗拉强度 σ_b/MPa	规定非比例伸长应力 $\sigma_{p0.2}$/MPa	伸长率（%）
					≥
5A03（LF3）	O、H112	所有	180	80	12
	F		—	—	—
5A05（LF5）	O、H112	所有	255	130	15
	F		—	—	—
5A06（LF6）	O、H112	所有	315	160	15
	F		—	—	—
5052	O	所有	170~240	70	14
	F		—	—	—
6A02（LD2）	T4	所有	180	—	12
	T6		295	230	10
	F		—	—	—
6005	T5	≤3.2	260	240	8
		>3.2~25.0	260	240	8
	F	所有	—	—	—
6060	T5	≤3.2	150	110	8
	F	所有	—	—	—
6061（LD30）	T4	≤16	180	110	16
	T6	≤6.3	265	245	8
		>6.3	265	245	9
	F	所有	—	—	—
6063（LD31）	T4	所有	130	65	12
	T5	所有	160	110	8
	T6	所有	205	180	8
	F	所有	—	—	—
6063A	T4	所有	150	90	10
	T5	≤10	200	160	5
		>10	190	150	5
	T6	≤10	230	190	5
		>10	220	180	4
	F	所有	—	—	—

（续）

牌号	状态	试样部位厚度/mm	抗拉强度 σ_b/MPa	规定非比例伸长应力 $\sigma_{p0.2}$/MPa	伸长率（%）
			≥		
6082	T4	所有	205	110	14
	T6	所有	310	260	10
7A04（LC4）	T6	≤10.0	500	430	6
		>10.0 ~ 20.0	530	440	6
		>20.0	560	460	6
	O	所有	≤245	—	10
	F	所有	—	—	—
7075	T6	≤6.3	540	485	7
		>6.3 ~ 12.5	560	505	6
		>12.5 ~ 70.0	560	495	6

（续）

牌号	状态	试样部位厚度/mm	抗拉强度 σ_b/MPa	规定非比例伸长应力 $\sigma_{p0.2}$/MPa	伸长率（%）
			≥		
7075	T6	>70.0 ~ 110.0	540	485	5
		>110.0 ~ 130.0	540	470	5
	O	所有	≤275	≤165	10
	F	所有	—	—	—

注：1. H112 状态交货的 1060、1100、3A21、5A02 合金型材力学性能不合格时，允许供方退火；O 状态交货的上述牌号型材，当 H112 状态力学性能合格时，供方可退火。

2. 需方要求硬度时，由供需双方协商处理。但室温纵向力学性能和硬度只能要求其中一项。

3. 壁厚≤1.6mm 的型材伸长率一般不要求，如需方要求，由供需双方协商处理。

表 4.3-4 加工铝材牌号的特性与用途

组别	牌号	旧牌号	特性与用途
高纯铝	1A99、1A97、1A93、1A90、1A85	LG5、LG4、LG3、LG2、LG1	工业用高纯铝，含铝量可高达 99.99%。主要用于科学研究、化学工业以及一些其他特殊用途，如生产各种电解电容器用箔材，抗酸容器等。产品有板、带、管、箔等
工业纯铝	1060、1050A、1035、1200、8A06、1A30、1100	L2、L3、L4、L5、L6、L4-1、L5-1	有高的可塑性、耐蚀性、导电性和导热性，但强度低、热处理不能强化，切削加工性不好；可气焊、氢原子焊和接触焊，不易钎焊，易承受各种压力加工和引伸，弯曲。用于不承受载荷但要求具有某种特性，如高塑性、高的耐蚀或导电，导热性的结构元件，如垫片、电容器、电气管隔离罩，电缆线、线芯等。1A30 主要用于航天工业和兵器工业纯铝膜片等处的板材，1100 板材、带材适于制作各种深冲压制品
防锈铝	5A02、5A03	LF2、LF3	强度比 3A21 较高，塑性与耐蚀性高，热处理不能强化，焊接性好（5A03 的焊接性优于 5A02），在冷作硬化状态下的切削性较好，退火态下切削性不良，可抛光。用于在液体下工作的中等强度的焊接件、冷冲压的零件和容器、骨架零件、焊条、铆钉等
	5056	LF5-1	属不可热处理强化铝合金，有一定的强度、耐蚀性、切削性良好。阳极化处理后表面美观，且电焊性好，可加工成光学机械部件、船舶部件及导线夹、自行车架等结构件
	5A06	LF6	有较高的强度和耐蚀性，退火和挤压状态下塑性尚好，用氩弧焊的焊缝气密性和焊缝塑性尚可，气焊和点焊的焊接接头强度为基体强度的 90% ~ 95%，切削加工性良好。用于焊接容器、受力零件、飞机蒙皮及骨架零件

（续）

组别	牌　号	旧 牌 号	特性与用途
防锈铝	5A05、5B05	LF5、LF10	为铝镁系防锈铝（5B05 的含镁量稍高于 5A05），强度与 5A03 相当，热处理不能强化；退火状态塑性高，半冷作硬化塑性中等；用氢原子焊、点焊、气焊、氩弧焊时焊接性能尚好；5A05 用于制作在液体中工作的焊接零件、管道和容器以及其他零件，5B05 主要用来制造铆钉，铆钉在退火并进行阳极化处理状态下铆入结构
	5A13	LF13	耐蚀性高、焊接性能好。导热性、导电性比纯铝低得多。可用冷变形加工进行强化而不能热处理强化。适用于作焊接结构件、焊条合金
	3A21	LF21	是应用最广的一种防锈铝。它的强度不高，不能热处理强化，在退火状态下有高的塑性，耐蚀性好，焊接性良好，切削加工性不良。用于要求高的可塑性和良好的焊接性、在液体或气体介质中工作的低载荷零件，如油箱、油管、液体容器；线材可制作铆钉
硬铝	2A01	LY1	为铆接铝合金结构用的主要铆钉材料。在淬火和自然时效后的强度较低，但有很高的塑性和良好的工艺性能，焊接性与 2A11 相同，切削性能尚可，耐蚀性不高。广泛用作中等强度和工作温度 ≤100℃ 的结构用铆钉材料。铆钉在淬火和时效后进行铆接，在铆接中不受热处理后时间限制
	2A02	LY2	为耐热硬铝，且有较高的强度，热变形时塑性高，可热处理强化，在淬火及人工时效状态下使用。切削加工性良好，耐蚀性比 2A70、2A80 耐热锻铝较好，在挤压半成品中，有形成粗晶环的倾向。用于工作温度为 200～300℃ 的涡轮喷气发动机轴向压缩机叶片及其他在较高温度下工作的承力结构件
	2A04、2B11、2B12	LY4、LY8、LY9	均为铆钉用合金，其中 2A04 有较好的耐热性，可在 125～250℃ 内使用，2B12 的强度较高；但其共同缺点是铆钉必须在淬火后一定时间内铆接，故工艺困难，应用范围受到限制（一般在刚淬后 2～6h 内铆接）。2B11 适用于制作中等强度的铆钉，2B12 用作高强度铆钉时，必须在淬火后 20min 内使用
	2A10	LY10	铆钉用合金，有较高的剪切强度，铆接过程不受热处理时间的限制，这是它优于其他铆钉合金之处，但耐蚀性不高 代替 2A01、2B11、2B12 等用于制造要求较高强度的铆钉，工作温度不宜超过 100℃
	2A11	LY11	是应用最早的一种标准硬铝，有中等强度，可热处理强化，在淬火和自然时效状态下使用，点焊性能良好，气焊及氩弧焊时有裂纹倾向，热态下可塑性尚好，切削加工性在淬火时效状态下尚好，耐蚀性不高。用作各种要求中等强度的零件和构件，冲压的连接部件、空气螺旋桨叶片、局部镦粗的零件（如螺栓、铆钉），用作铆钉应在淬火后 2h 内使用
	2A12	LY12	高强度硬铝，可热处理强化，在退火和刚淬火状态下塑性中等，点焊性能好，气焊和氩弧焊时有裂纹倾向，抗蚀性不高，切削加工性在淬火和冷作硬化后尚好、退火后低。用于各种要求高负荷的零件（但不包括冲压件和锻件），如飞机上的骨架零件、蒙皮、以及翼肋、铆钉等 150℃ 以下工作的零件，常用包铝、阳极氧化及涂漆提高耐蚀性
	2A16、2A17	LY16、LY17	耐热硬铝，常温下强度不高而在高温下却有较高的蠕变强度；热态下塑性较高，可热处理强化，2A16 点焊、滚焊及氩弧焊焊接性能良好，抗蚀性不高，切削加工性尚好。用作 250～350℃ 下工作的零件，如轴向压缩机叶片、圆盘；板材用作常温或高温下工作的焊接件，如容器、气密船舱等。2A17 不可焊接，用作要求高强度的锻件和冲压件

（续）

组别	牌　号	旧　牌　号	特性与用途
锻铝	6A02	LD2	中等强度,在热态和退火状态下可塑性高,易于锻造、冲压。在淬火和自然时效状态下具有3A21一样好的耐蚀性,易于点焊和氢原子焊,气焊尚可。切削加工性在淬火时效后尚可,用于要求高塑性和高耐蚀性、中等载荷的零件以及形状复杂的锻件,如气冷式发动机曲轴箱、直升飞机桨叶
	6B02、6070	LD2-1、LD2-2	耐蚀性好,焊接性能良好。可用于制造大型焊接结构、锻件及挤压件
	2A50	LD5	高强度锻铝,热态下有高的可塑性,易于锻造、冲压,可热处理强化;工艺性能较好,抗蚀性也较好,但有晶间腐蚀倾向;切削加工性和点焊、滚焊、接触焊性能良好,电焊、气焊性能不好,用于制造形状复杂和中等强度的锻件和冲压件
	2B50	LD6	在热压力加工时(自由锻、模锻、挤压、轧制)都有很好的工艺性能。可进行点焊和滚焊。热处理后易产生应力腐蚀倾向和晶间腐蚀敏感性。可制造复杂形状的和中等强度的锻造零件和模锻件,如压缩机的叶轮、飞机结构配件、发动机框架等
	2A70、2A80、2A90	LD7、LD8、LD9	耐热锻铝,可热处理强化,点焊、滚焊和接触焊性能良好,电焊、气焊性能差,耐蚀性和切削性尚好;2A70的热强性和可塑性均较2A80稍高。用作内燃机活塞、压气机叶片、叶轮、圆盘以及其他在高温下工作的复杂锻件。2A90是较早应用的耐热锻铝,2A90正逐渐被2A70、2A80所代替
	2A14	LD10	高强度锻铝,热强性也较好,但在热态下的可塑性稍差;其他性能和2A50相同。用于制造高负荷和形状简单的锻件和模锻件
	6061、6063	LD30、LD31	6061可制造中等强度($\sigma_b \geqslant 270$MPa)、在+50～-70℃范围内工作并要求在潮湿和海水介质中具有合格耐蚀性能的零件(如直升机螺旋桨叶、水上飞机轮箱) 6063可用作对强度要求不高($\sigma_b \geqslant 200$MPa)、耐蚀性能好、有美观装饰表面、在+50～-70℃工作的零件。可用来装饰飞机座舱、民用建筑中广泛用作窗框、门框、升降梯,家具等。合金经特殊机械热处理后,具有较高强度和高的导电性能,在电气工业方面得到广泛应用 6061、6063共同特点是中等强度、焊接性优良,耐蚀性及冷加工性好,是使用范围广,很有前途的合金
超硬铝	7A03	LC3	超硬铝铆钉合金,可热处理强化,剪切强度较高,耐蚀性和切削加工性尚可,铆接时不受热处理时间的限制。用于制造受力结构的铆钉。当工作温度≤125℃时可作为2A10铆钉合金的代用品
	7A04、7A09	LC4、LC9	高强度铝合金,在退火和刚淬火状态下的可塑性中等,可热处理强化,通常在淬火、人工时效状态下使用。此时得到的强度比一般硬铝高得多,但塑性较低;有应力集中倾向,点焊性能良好,气焊不良;热处理后的切削加工性良好,退火状态稍差,7A09板材的静疲劳、缺口敏感、抗应力腐蚀性能稍优于7A04。用于制造承力构件和高载荷零件,如飞机上的大梁、桁条、加强框、蒙皮、翼肋、起落架零件等,通常多用以取代2A12
特殊铝	4A01	LT1	这是一种含Si5%的低合金化二元铝硅合金,其力学性能不高,但抗蚀性很高;压力加工性能良好。适用于制作焊条和焊棒,用于焊接铝合金制品

3.1.2　铸造铝合金

铸造铝合金的力学性能和用途见表 4.3-5，

压铸铝合金的力学性能、性能特点和用途见表 4.3-6。

表 4.3-5　铸造铝合金的力学性能和用途（GB/T 1173—1995）

| 组别 | 合金牌号 | 合金代号 | 铸造方法 | 合金状态 | 力学性能≥ | | | 用　途 |
					σ_b /MPa	δ_5 (%)	HBS (5/250/30)	
铝硅合金	ZAlSi7Mg	ZL101	S、R、J、K	F	155	2	50	耐蚀性、力学性能和铸造工艺性能良好，易气焊，用于制作形状复杂、承受中等载荷，但工作温度不得超过200℃的零件，如飞机零件、仪器零件，抽水机壳体，气化器、水冷发动机汽缸体等 在海水环境中使用时，铜含量≤0.1%
			S、R、J、K	T2	135	2	45	
			JB	T4	185	4	50	
			S、R、K	T4	175	4	50	
			J、JB	T5	205	2	60	
			S、R、K	T5	195	2	60	
			SB、RB、KB	T5	195	2	60	
			SB、RB、KB	T6	225	1	70	
			SB、RB、KB	T7	195	2	60	
			SB、RB、KB	T8	155	3	55	
	ZAlSi7MgA	ZL101A	S、R、K	T4	195	5	60	耐蚀性、力学性能和铸造工艺性能良好，易气焊，用于制作形状复杂、承受中等载荷，但工作温度不得超过200℃的零件，如飞机零件、仪器零件，抽水机壳体，气化器、水冷发动机汽缸体等 在海水环境中使用时，铜含量≤0.1%，因力学性能比ZL101有较大程度的提高，主要用于铸造高强度铝合金铸件
			J、JB	T4	225	5	60	
			S、R、K	T5	235	4	70	
			SB、RB、KB	T5	235	4	70	
			JB、J	T5	265	4	70	
			SB、RB、KB	T6	275	2	80	
			JB、J	T6	295	3	80	
	ZAlSi12	ZL102	SB、JB、RB、KB	F	145	4	50	形状复杂、载荷不大而耐蚀的薄壁零件或用作压铸零件，以及工作温度≤200℃的高气密性零件，如仪表壳罩、机器罩、盖子、船舶零件等
			J	F	155	2	50	
			SB、JB、RB、KB	T2	135	4	50	
			J	T2	145	3	50	
	ZAlSi9Mg	ZL104	S、J、R、K	F	145	2	50	形状复杂、薄壁、耐腐蚀和承受较高静载荷或受冲击作用的大型零件，如风机叶片、水冷式发动机的曲轴箱、滑块和汽缸盖、汽缸头、汽缸体及其他重要零件，工作温度≤200℃
			J	T1	195	1.5	65	
			SB、RB、KB	T6	225	2	70	
			J、JB	T6	235	2	70	
	ZAlSi5Cu1Mg	ZL105	S、J、R、K	T1	155	0.5	65	强度高、切削性好，用于制作形状复杂、承受较高静载荷，以及要求焊接性能良好、气密性高或在225℃以下工作的零件，如发动机的汽缸头、油泵壳体、曲轴箱等 ZL105合金在航空工业中应用相当广泛
			S、R、K	T5	195	1	70	
			J	T5	235	0.5	70	
			S、R、K	T6	225	0.5	70	
			S、J、R、K	T7	175	1	65	

（续）

组别	合金牌号	合金代号	铸造方法	合金状态	力学性能≥			用　途
					σ_b /MPa	δ_5 （%）	HBS （5/250/30）	
铝硅合金	ZAlSi8Cu1Mg	ZL106	SB	F	175	1	70	适于形状复杂、承受高静载荷的零件，也可用于要求气密性高或工作温度在225℃以下的零件，如齿轮油泵壳体、水冷发动机汽缸头等
			JB	T1	195	1.5	70	
			SB	T5	235	2	60	
			JB	T5	255	2	70	
			SB	T6	245	1	80	
			JB	T6	265	2	70	
			SB	T7	225	2	60	
			J	T7	245	2	60	
	ZAlSi12Cu2Mg1	ZL108	J	T1	195	—	85	适于要求热胀系数小、强度高、耐磨性高、重载、温度在250℃以下的零件，如大马力柴油机活塞
			J	T6	255	—	90	
	ZAlSi12Cu1Mg1Ni1	ZL109	J	T1	195	0.5	90	高速下大马力活塞，工作温度同上
			J	T6	245	—	100	
铝铜合金	ZAlCu5Mn	ZL201	S、J、R、K	T4	295	8	70	焊接性能和切削加工性能良好，铸造性差、耐腐蚀性能差。用于制作175～300℃工作的零件，如支臂，挂梁也可用于低温下（－70℃）承受高载荷的零件，是用途较广的一种铝合金
			S、J、R、K	T5	335	4	90	
			S	T7	315	2	80	
	ZAlCu5MnA	ZL201A	S、J、R、K	T5	390	8	100	力学性能高于ZL201，用途同ZL201，主要用于高强度铝合金铸件
	ZAlCu4	ZL203	S、R、K	T4	195	6	60	适于铸造形状简单、承受中等静载荷或冲击载荷、工作温度不超过200℃并要求可切削加工性能良好的小型零件，如曲轴箱、支架、飞轮盖等
			J	T4	205	6	60	
			S、R、K	T5	215	3	70	
			J	T5	225	3	70	
铝镁合金	ZAlMg10	ZL301	S、J、R	T4	280	10	60	受冲击载荷、高静载荷及海水腐蚀，工作温度≤200℃的零件
	ZAlMg5Si1	ZL303	S、J、R、K	F	145	1	55	适于铸造同腐蚀介质接触和在较高温度（≤220℃）下工作、承受中等载荷的船舶、航空及内燃机车零件
	ZAlMg8Zn1	ZL305	S	T4	290	8	90	用途和ZL301基本相同，但工作温度不宜超过100℃
铝锌合金	ZAlZn11Si7	ZL401	S、R、K	T1	195	2	80	铸造性能好，耐蚀性能低，用于制造工作温度低于200℃、形状复杂的大型薄壁零件，承受高的静载荷而又不便热处理的零件
			J	T1	245	1.5	90	

（续）

组别	合金牌号	合金代号	铸造方法	合金状态	力学性能≥			用　途
					σ_b /MPa	δ_5 (%)	HBS (5/250/30)	
铝锌合金	ZAlZn6Mg	ZL402	J	T1	235	4	70	制造高强度的零件，承受高的静载荷和冲击载荷而又不经热处理的零件，如空压机活塞，飞机起落架
			S	T1	215	4	65	

注：1. 合金中杂质允许含量及其余牌号详见标准 GB/T 1173—1995。

2. 表中力学性能系在试样直径为 12mm ± 0.25mm，标距为 5 倍直径经热处理的条件下测出。材料截面大于试样尺寸时，其力学性能一般比表中低，设计时根据具体情况考虑。

3. 与食物接触的铝制品不允许含有铍（Be），砷含量（质量分数）不大于 0.015%，锌含量不大于 0.3%，铅含量不大于 0.15%。

4. 铝合金铸件的分类、铸件的外观质量、内在质量以及其修补方法等内容的技术要求见标准 GB/T 9438—1988。

表 4.3-6　压铸铝合金的力学性能和用途（GB/T 15115—1994）

合金牌号	合金代号	力学性能≥			特　　点	应　　用
		抗拉强度 σ_b /MPa	伸长率 δ(%) ($L_0 = 50$)	布氏硬度 HBS (5/250/30)		
YZAlSi12	YL102	220	2	60	压铸的特点是生产率高、铸件的精度高和合金的强度、硬度高，是少、无切削加工的重要工艺；发展压铸是降低生产成本的重要途径	压铸铝合金在汽车、拖拉机、航空、仪表、纺织、国防等部门得到了广泛的应用
YZAlSi10Mg	YL104	220	2	70		
YZAlSi12Cu2	YL108	240	1	90		
YZAlSi9Cu4	YL112	240	1	85		
YZAlSi11Cu3	YL113	230	1	80		
YZAlSi17Cu5Mg	YL117	220	< 1	—		
YZAlMg5Si1	YL302	220	2	70		

3.2　铜及铜合金

3.2.1　铜及铜合金加工产品

常用铜及铜合金板（带）、管、棒材的力学性能见表 4.3-7，加工铜材的特性与用途见表 4.3-8。

表 4.3-7　常用铜及铜合金板（带）、管、棒的力学性能

牌　号		制造方法	力 学 性 能									
			板（带）			管			棒			
			材料状态	σ_b/MPa ≥	δ_{10}(%) ≥	材料状态	σ_b/MPa ≥	δ_{10}(%) ≥	材料状态	直径/mm	σ_b/MPa ≥	δ_{10}(%) ≥
纯铜	T1	冷轧或拉制	M	196(205)	32(30)	M	205	35	M	5 ~ 80	200	35
	T2		Y	295 (295)	— (3)	Y	295		Y	5 ~ 40	275	5
	T3									>40 ~ 60	245	8
无氧铜	TU1					Y2	235 ~ 345			>60 ~ 80	210	13
	TU2	热轧或挤制	R	196	30	R	185	35	R	30 ~ 120	186	30

（续）

牌号	制造方法	板(带)材料状态	板 σ_b/MPa ≥	板 δ_10(%) ≥	管材料状态	管 σ_b/MPa ≥	管 δ_10(%) ≥	棒材料状态	棒直径/mm	棒 σ_b/MPa ≥	棒 δ_10(%) ≥
黄铜 H62	冷轧或拉制	M	294(290)	40(35)	M	295	38	Y2	5~40	370	15
		Y2	343~460(350~470)	20(20)				Y2	>40~80	335	20
		Y	412(410~630)	10(10)	Y	390	—				
		T	588(585)	2.5(2.5)	Y2	335	30				
	热轧或挤制	R	294	30	R	295	38	R	10~160	295	30
黄铜 H68	冷轧或拉制	M	294(290)	40(40)	M	295	38	Y2	5~12	370	15
		Y2	343~441(340~460)	25(25)				Y2	>12~40	315	25
		Y	392(390~530)	13(13)	Y	390	—	Y2	>40~80	295	30
		T	490(490)	3(4)	Y2	345	30	R	16~80	295	40
	热轧或挤制	R	294	40				R	>80~120	—	—
黄铜 HPb59-1	冷轧或拉制	M	343(340)	25(25)				Y2	5~20	420	10
		Y2	392~490(390~490)	12(12)				Y2	>20~40	390	12
		Y	441(440)	5(5)				Y2	>40~80	370	16
	热轧或挤制	R	372	18	R	390	20	R	10~160	365	18
黄铜 HSn62-1	冷轧或拉制	M	294	35	M	295	35	Y	5~40	390	15
		Y	392(390)	5(5)	Y2	335	30	Y	>40~60	360	20
	热轧或挤制	R	343	20				R	10~120	365	20
								R	>120~160	—	—
青铜 QAl9-4	拉制							Y	5~40	580	12
	冷轧与挤制	Y	588(635)	—	R	490	15	R	10~120	540	15
								R	>120~160	450	12
青铜 QAl10-3-1.5	拉制							Y	5~40	630	16
	挤制				R	590	12	R	10~16	610	8
								R	>16~160	590	12
青铜 QSn6.5-0.1	冷轧或拉制	M	294(290)	40(40)				Y	5~12	470	11
		Y2	440~569(440~570)	8(10)				Y	>12~25	440	13

(续)

牌 号		制造方法	力 学 性 能									
			板(带)			管			棒			
			材料状态	σ_b/MPa	δ_{10}(%)	材料状态	σ_b/MPa	δ_{10}(%)	材料状态	直径/mm	σ_b/MPa	δ_{10}(%)
				≥			≥				≥	
青 铜	QSn6.5-0.1	冷轧或拉制	Y	490~687 (540~690)	5(8)				Y	>25~40	410	15
			T	637(640)	1(5)							
	QSn6.5-0.1	热轧或挤制	R	290	38							
	QSn6.5-0.4	冷轧或拉制	M	294(295)	40(40)				R	30~40	355	50
			Y	490~687 (540~690)	5(8)					>40~100	345	55
			T	637(665)	1(2)					>100~120	305	58
	QSn4-3	冷轧或拉制	M	294(290)	40(40)				Y	5~12	430	10
			Y	490~687 (540~690)	3(3)					>12~25	375	15
			T	637(635)	1(2)					>25~35	335	16
										>35~40	315	16
		挤制							R	40~120	275	25
	QSi3-1	冷轧或拉制	M	345(370)	40(45)				Y	5~12	490	10
			Y	590 (635~785)	3(5)					>12~40	470	15
			T	685(735)	1(2)							
		挤制							R	20~100	345	20
										>100~160	—	—

注: 1. 板材制造方法分热轧与冷轧两种；带材为冷轧；管、棒材分拉制和挤制两种。
    2. 资料来源:

类 别		纯铜	黄铜	铝青铜	锡青铜	硅青铜
化学成分		GB/T 5231—2001	GB/T 5231—2001	GB/T 5231—2001		
力学性能	板(带)	GB/T 2040—2002 (GB/T 2059—2000)	GB/T 2040—2002 (GB/T 2059—2000)	GB/T 2040—2002 (GB/T 2059—2000)	GB/T 2040—2002 (GB/T 2059—2000)	GB/T 2047—1980 (GB/T 2059—2000)
	管	GB/T 1527—1997 GB/T 1528—1997	GB/T 1527—1997 GB/T 1528—1997	GB/T 1528—1997		
	棒	GB/T 4423—1992 GB/T 13808—1992	GB/T 4423—1992 GB/T 13808—1992	GB/T 4423—1992 GB/T 13808—1992	GB/T 4423—1992 GB/T 13808—1992	GB/T 4423—1992 GB/T 13808—1992

表 4.3-8 加工铜材牌号的特性与用途

组别	牌　号	特性与用途
纯铜	T2 T3	有良好的导电、导热、耐蚀和加工性能，可以焊接和钎焊。易引起氢脆，不宜在高温（>370℃）下还原气氛中加工（退火、焊接等）和使用。适用于制造电线、电缆、导电螺钉、雷管、化工用蒸发器、垫圈、铆钉、管嘴等
普通黄铜	H96	强度比纯铜高（但在普通黄铜中，它是最低的），导热、导电性好，在大气和淡水中有高的耐蚀性，且有良好的塑性，易于冷、热压力加工，易于焊接、锻造和镀锡，无应力腐蚀破裂倾向。在一般机械制造中用作导管、冷凝管、散热器管、散热片、汽车水箱带以及导电零件等
	H90	性能和 H96 相似，但强度较 H96 稍高，可镀金属及涂敷珐琅。用于供水及排水管、奖章、艺术品、水箱带以及双金属片
	H85	具有较高的强度，塑性好，能很好地承受冷、热压力加工，焊接和耐蚀性能也都良好。用于冷凝和散热用管、虹吸管、蛇形管、冷却设备制件
	H80	性能和 H85 近似，但强度较高，塑性也较好，在大气、淡水及海水中有较高的耐蚀性。用于造纸网、薄壁管、波纹管及房屋建筑用品
	H75	有相当好的力学性能、工艺性能和耐蚀性能。能很好地在热态和冷态下压力加工。在性能和经济性上居于 H80 与 H70 之间。用于低载荷耐蚀弹簧
	H70 H68	有极为良好的塑性（是黄铜中最佳者）和较高的强度，切削加工性能好，易焊接，对一般腐蚀非常安定，但易产生腐蚀开裂。H68 是普通黄铜中应用最为广泛的一个品种。用于复杂的冷冲件和深冲件，如散热器外壳、导管、波纹管、弹壳、垫片、雷管等
	H65	性能介于 H68 和 H62 之间，价格比 H68 便宜，也有较高的强度和塑性，能良好地承受冷、热压力加工，有腐蚀破裂倾向。用于小五金、日用品、小弹簧、螺钉、铆钉和机械零件
	H63	适用于在冷态下压力加工，宜于进行焊接和钎焊。易抛光，是进行拉丝、轧制、弯曲等成型的主要合金。用于螺钉、酸洗用的圆辊等
	H62	有良好的力学性能，热态下塑性好，冷态下塑性也可以，切削性好，易钎焊和焊接，耐蚀，但易产生腐蚀破裂。此外价格便宜，是应用广泛的一个普通黄铜品种。用于各种深引伸和弯折制造的受力零件，如销钉、铆钉、垫圈、螺母、导管、气压表弹簧、筛网、散热器零件等
	H59	价格最便宜，强度、硬度高而塑性差，但在热态下仍能很好地承受压力加工，耐蚀性一般，其他性能和 H62 相近。用于一般机器零件、焊接件、热冲及热轧零件
铅黄铜	HPb74-3	是含铅高的铅黄铜，一般不进行热加工，因有热脆倾向。有好的切削性。用于钟表、汽车、拖拉机零件以及一般机器零件
	HPb64-2 HPb63-3	含铅高的铅黄铜，不能热态加工，切削性能极为优良，且有高的减摩性能，其他性能和 HPb59-1 相似。主要用于钟表结构零件，也用于汽车、拖拉机零件
	HPb60-1	有好的切削加工性和较高的强度，其他性能同 HPb59-1。用于结构零件
	HPb59-1 HPb59-1A	是应用较广泛的铅黄铜，它的特点是切削性好，有良好的力学性能，能承受冷、热压力加工，易钎焊和焊接，对一般腐蚀有良好的稳定性，但腐蚀破裂倾向，HPb59-1A 杂质含量较高，用于比较次要的制件。适于以热冲压和切削加工制作的各种结构零件，如螺钉、垫圈、垫片、衬套、螺母、喷嘴等
	HPb61-1	切削性良好，热加工性极好。主要用作自动切削部件
锡黄铜	HSn90-1	力学性能和工艺性能极近似于 H90 普通黄铜，但有高的耐蚀性和减摩性，目前只有这种锡黄铜可作为耐磨合金使用。用于汽车拖拉机弹性套管及其他耐蚀减摩零件
	HSn70-1	是典型的锡黄铜，在大气、蒸汽、油类和海水中有高的耐蚀性，且有良好的力学性能，切削性尚可，易焊接和钎焊，在冷、热状态下压力加工性好，有腐蚀破裂（季裂）倾向。用于海轮上的耐蚀零件（如冷凝气管），与海水、蒸汽、油类接触的导管，热工设备零件
	HSn62-1	在海水中有高的耐蚀性，有良好的力学性能，冷加工时有冷脆性，只适于热压加工，切削性好，易焊接和钎焊，但有腐蚀破裂（季裂）倾向。用作与海水或汽油接触的船舶零件或其他零件
	HSn60-1	性能与 HSn62-1 相似，主要产品为线材。用作船舶焊接结构用的焊条
铝黄铜	HAl77-2	是典型的铝黄铜，有高的强度和硬度，塑性良好，可在热态及冷态下进行压力加工，对海水及盐水有良好的耐蚀性，并耐冲击腐蚀，但有脱锌及腐蚀破裂倾向。在船舶和海滨热电站中用作冷凝管以及其他耐蚀零件

(续)

组别	牌　号	特性与用途
铝黄铜	HAl77-2A HAl77-2B	性能、成分与 HAl77-2 相似,因加入了少量的砷、锑,提高了对海水的耐蚀性,又因加入少量的铍,力学性能也有所改进,用途同 HAl77-2
	HAl70-1.5	性能与 HAl77-2 接近,但加入少量的砷,提高了对海水的耐蚀性,腐蚀破裂倾向减轻,防止黄铜在淡水中脱锌。在船舶和海滨热电站中用作冷凝管以及其他耐蚀零件
	HAl67-2.5	在冷态热态下能良好地承受压力加工,耐磨性好,对海水的耐蚀性尚可,对腐蚀破裂敏感,钎焊和镀锡性能不好。用于船舶抗蚀零件
	HAl60-1-1	具有高的强度,在大气、淡水和海水中耐蚀性好,但对腐蚀破裂敏感,在热态下压力加工性好,冷态下可塑性低。用于要求耐蚀的结构零件,如齿轮、蜗轮、衬套、轴等
	HAl59-3-2	具有高的强度;耐蚀性是所有黄铜中最好的,腐蚀破裂倾向不大,冷态下塑性低,热态下压力加工性好。用于发动机和船舶业及其他在常温下工作的高强度耐蚀件
	HAl66-6-3-2	为耐磨合金,具有高的强度、硬度和耐磨性,耐蚀性也较好,但有腐蚀破裂倾向,塑性较差。为铸造黄铜的移植品种。用于重负荷下工作中固定螺钉的螺母及大型蜗杆;可作铝青铜 QAl10-4-4 的代用品
锰黄铜	HMn58-2	在海水和过热蒸汽、氯化物中有高的耐蚀性,但有腐蚀破裂倾向;力学性能良好,导热、导电性低,易于在热态下进行压力加工,冷态下压力加工性尚可,是应用较广的黄铜品种。用于腐蚀条件下工作的重要零件和弱电流工业用零件
	HMn57-3-1	强度、硬度高,塑性低,只能在热态下进行压力加工;在大气、海水、过热蒸汽中的耐蚀性比一般黄铜好,但有腐蚀破裂倾向。用于耐腐蚀结构零件
	HMn55-3-1	性能和 HMn57-3-1 接近,为铸造黄铜的移植品种。用于耐蚀结构零件
铁黄铜	HFe59-1-1	具有高的强度、韧性,减摩性能良好,在大气、海水中的耐蚀性高,但有腐蚀破裂倾向,热态下塑性良好。用于制作在摩擦和受海水腐蚀条件下工作的结构零件
	HFe58-1-1	强度、硬度高,切削性好,但塑性下降,只能在热态下压力加工,耐蚀性尚好,有腐蚀破裂倾向。适于用热压和切削加工法制作的高强度耐蚀零件
硅黄铜	HSi80-3	有良好的力学性能,耐蚀性高,无腐蚀破裂倾向,耐磨性亦可,在冷态、热态下压力加工性好,易焊接和钎焊,切削性好。导热、导电性是黄铜中最低的。用于船舶零件、蒸汽管和水管配件
	HSi65-1.5-3	强度高,耐蚀性好,在冷态和热态下能很好地进行压力加工,易于焊接和钎焊,有很好的耐磨和切削性,但有腐蚀破裂倾向,为耐磨锡青铜的代用品,用于腐蚀和摩擦条件下工作的高强度零件
镍黄铜	HNi65-5	有高的耐蚀性、减摩性和良好的力学性能,在冷态和热态下压力加工性能极好,对脱锌和"季裂"比较稳定,导热、导电性低。但因镍的价格较贵,故 HNi65-5 一般用的不多。用于压力表管、造纸网、船舶用冷凝管等,可作锡磷青铜的代用品
锡青铜	QSn4-3	为含锌的锡青铜。有高的耐磨性和弹性,抗磁性良好,能很好地承受热态或冷态压力加工;在硬态下,切削性好,易焊接和钎焊,在大气、淡水和海水中耐蚀性好。用于制作弹簧(扁弹簧、圆弹簧)及其他弹性元件,化工设备上的耐蚀零件以及耐磨零件(如衬套、圆盘、轴承等)和抗磁零件,造纸工业用的刮刀
	QSn4-4-2.5 QSn4-4-4	为添有锌、铅合金元素的锡青铜。有高的减摩性和良好的切削性,易于焊接和钎焊,在大气、淡水中具有良好的耐蚀性;只能在冷态进行压力加工,因含铅,热加工时易引起热脆。用于制作摩擦条件下工作的轴承、卷边轴套、衬套、圆盘以及衬套的内垫等。QSn4-4-4 使用温度可达 300℃ 以下,是一种热强性较好的锡青铜
	QSn6.5-0.1	为磷青铜。有高的强度、弹性、耐磨性和抗磁性,在热态和冷态下压力加工性良好,对电火花有较高的抗燃性,可焊接和钎焊,切削性好,在大气和淡水中耐蚀。用于制作弹簧和导电性好的弹簧接触片,精密仪器中的耐磨零件和抗磁零件,如齿轮、电刷盒、振动片、触器
	QSn6.5-0.4	为磷青铜。性能用途和 QSn6.5-0.1 相似,因含磷量较高,其抗疲劳强度较高,弹性和耐磨性较好,但在热加工时有热脆性,只能接受冷压力加工。除用作弹簧和耐磨零件外,主要用于造纸工业制作耐磨的铜网和单位载荷 <1000N/cm² 、圆周速度 <3m/s 的条件下工作的零件

（续）

组别	牌　号	特性与用途
锡青铜	QSn7-0.2	为磷青铜。强度高，弹性和耐磨性好，易焊接和钎焊，在大气、淡水和海水中耐蚀性好，切削性良好，适于热压加工。制作中等负荷、中等滑动速度下承受摩擦的零件，如抗磨垫圈、轴承、轴套、蜗轮等，还可用作弹簧、簧片等
	QSn4-0.3	为磷青铜。有高的力学性能、耐蚀性和弹性，能很好地在冷态下承受压力加工，也可在热态下进行压力加工。主要制作压力计弹簧用的各种尺寸的管材
铝青铜	QAl5	为不含其他元素的铝青铜。有较高的强度、弹性和耐磨性；在大气、淡水、海水和某些酸中耐蚀性高，可电焊、气焊，不易钎焊，能很好地在冷态或热态下承受压力加工，不能淬火回火强化。制作弹簧和其他要求耐蚀的弹性元件，齿轮摩擦轮，蜗杆传动机构等，可作为QSn6.5-0.4、QSn4-3和QSn4-4-4的代用品
	QAl7	性能用途与QAl5相似，因含铝量稍高，其强度较高。用途同QAl5
	QAl9-2	为含锰的铝青铜。具有高的强度，在大气、淡水和海水中抗蚀性很好，可以电焊和气焊，不易钎焊，在热态和冷态下压力加工性均好。用于高强度耐蚀零件以及在250℃以下蒸汽介质中工作的管配件和海轮上零件
	QAl9-4	为含铁的铝青铜。有高的强度和减摩性，良好的耐蚀性，热态下压力加工性良好，可电焊和气焊，但钎焊性不好，可用作高锡耐磨青铜的代用品。用于制作在高负荷下工作的抗磨、耐蚀零件，如轴承、轴套、齿轮、蜗轮、阀座等，也用于制作双金属耐磨零件
	QAl10-3-1.5	为含有铁、锰元素的铝青铜。有高的强度和耐磨性，经淬火、回火后可提高硬度，有较好的高温耐蚀性和抗氧化性，在大气、淡水和海水中抗蚀性很好，切削性尚可，可焊接，不易钎焊，热态下压力加工性良好。用于制作高温条件下工作的耐磨零件和各种标准件，如齿轮、轴承、衬套、圆盘、导向摇臂、飞轮、固定螺母等。可代替高锡青铜制作重要机件
	QAl10-4-4	为含有铁、镍元素的铝青铜。属于高强度耐热青铜，高温（400℃）下力学性能稳定，有良好的减摩性，在大气、淡水和海水中抗蚀性很好，热态下压力加工性良好，可热处理强化，可焊接，不易钎焊，切削性尚好。用于高强度的耐磨零件和高温（400℃）下工作的零件，如轴衬、轴套、齿轮、球形座、螺母、法兰盘、滑座等以及其他各种重要的耐蚀耐磨零件
	QAl11-6-6	成分、性能和QAl10-4-4相近。用于高强度耐磨零件和500℃下工作的高温抗蚀耐磨零件
铍青铜	QBe2	为含有少量镍的铍青铜。是力学、物理、化学综合性能良好的一种合金。经淬火调质后，具有高的强度、硬度、弹性、耐磨性、疲劳极限和耐热性；同时还具有高的导电性、导热性和耐寒性；无磁性，碰击时无火花，易于焊接和钎焊，在大气、淡水和海水中抗蚀性极好。制作各种精密仪表、仪器中的弹簧和弹性元件，各种耐磨零件以及在高速、高压和高温下工作的轴承、衬套
	QBe2.15	为不含其他合金元素的铍青铜。性能和QBe2相似，但强度、弹性、耐磨性比QBe2稍高，韧性和塑性稍低，对较大型铍青铜的调质工艺性能不如QBe2好。用途同QBe2
	QBe1.7 QBe1.9 QBe1.9-0.1	为含有少量镍、钛的铍青铜。具有和QBe2相近的特性，其优点是：弹性迟滞小、疲劳强度高，温度变化时弹性稳定，性能对时效温度变化的敏感性小、价格较便宜，而强度和硬度比QBe2降低甚少。QBe1.9-0.1尤其具有不产生火花的特点。制作各种重要用途弹簧、精密仪表的弹性元件、敏感元件以及承受高变向载荷的弹性元件，可代替QBe2及QBe2.15等牌号的铍青铜
硅青铜	QSi1-3	为含有锰、镍元素的硅青铜。具有高的强度，相当好的耐磨性，能热处理强化，淬火回火后强度和硬度大大提高，在大气、淡水和海水中有较高的耐蚀性，焊接性和切削性良好。用于制造在300℃以下、润滑不良、单位压力不大的工作条件下的摩擦零件（如发动机排气和进气门的导向套）以及在腐蚀介质中工作的结构零件
	QSi3-1	为加有锰的硅青铜。有高的强度、弹性和耐磨性，塑性好，低温下仍不变脆；能良好地与青铜、钢和其他合金焊接，特别是钎焊性好；在大气、淡水和海水中的耐蚀性高，对于苛性钠及氯化物的作用也非常稳定；能很好地承受冷、热压力加工，不能热处理强化，通常在退火和加工硬化状态下使用，此时有高的屈服极限和弹性。用于制作在腐蚀介质中工作的各种零件，弹簧和弹性零件，以及蜗杆、蜗轮、齿轮、轴套、制动销和杆类耐磨零件，也用于制作焊接结构中的零件，可代替重要的锡青铜，甚至铍青铜

(续)

组别	牌　号	特性与用途
锰青铜	QMn5	为含锰量较高的锰青铜。有较高的强度、硬度和良好的塑性,能很好地在热态及冷态下承受压力加工,有好的耐蚀性,并有高的热强性,400℃下还能保持其力学性能。用于制作蒸汽机零件和锅炉的各种管接头、蒸汽阀门等高温耐蚀零件
	QMn1.5	含锰量较 QMn5 低,与 QMn5 比较,强度、硬度较低,但塑性较高,其他性能相似。用途同 QMn5
镉青铜	QCd1.0	具有高的导电性和导热性,良好的耐磨性和减摩性,抗蚀性好,压力加工性能良好,镉青铜的时效硬化效果不显著,一般采用冷作硬化来提高强度。用作工作温度 250℃下的电机整流子片、电车触线和电话用软线以及电焊机的电极
铬青铜	QCr0.5	在常温及较高温度(<400℃)下具有较高的强度和硬度,导电性和导热性好,耐磨性和减摩性也很好,经时效硬化处理后,强度、硬度、导电性和导热性均显著提高;易于焊接和钎焊,在大气和淡水中具有良好的抗蚀性,高温抗氧化性好,能很好地在冷态和热态下承受压力加工;其缺点是对缺口的敏感性较强,在缺口和尖角处造成应力集中,容易引起机械损伤,故不宜作整流子片。用于制作工作温度 350℃以下的电焊机电极、电机整流子片以及其他各种在高温下工作的、要求有高的强度、硬度、导电性和导热性的零件,还可以双金属的形式用于刹车盘和圆盘
	QCr0.5-0.2-0.1	为加有少量镁、铝的铬青铜。与 QCr0.5 相比,不仅进一步提高了耐热性,而且可改善缺口敏感性,其他性能和 QCr0.5 相似。用途同 QCr0.5
锆青铜	QZr0.2 QZr0.4	为时效硬化合金。其特点是高温(400℃以下)强度比其他任何高导电合金都高,并且在淬火状态下具有普通纯铜那样的塑性,其他性能和 QCr0.5-0.2-0.1 相似。适于作工作温度 350℃以下的电机整流子片、开关零件、导线、点焊电极等

3.2.2 铸造铜合金

铸造铜合金的力学性能和用途见表 4.3-9。

压铸铜合金的力学性能和用途见表 4.3-10。

表 4.3-9　铸造铜合金的力学性能及用途（GB/T 1176—1987）

类别	牌　号	铸造方法	力学性能 ≥				应用举例
			抗拉强度 σ_b /MPa	屈服强度 $\sigma_{0.2}$ /MPa	伸长率 δ_5 (%)	布氏硬度 HBS	
锡青铜	ZCuSn3Zn8Pb6Ni1 （ZQSn3-7-5-1）	S	175	—	8	60	在海水或淡水中工作的零件及压力不大于 2.5MPa 的阀门和管配件
		J	215	—	10	70	
	ZCuSn3Zn11Pb4 （ZQSn3-12-5）	S	175	—	8	60	在海水、淡水或蒸汽中工作的,压力不大于 2.5MPa 的管配件
		J	215	—	10	60	
	ZCuSn5Pb5Zn5 （ZQSn5-5-5）	S、J	200	90	13	60	在较高负荷、中等滑动速度下工作的耐磨耐蚀零件,如轴瓦、衬套、缸套、泵件压盖、蜗轮等
	ZCuSn10Pb1 （ZQSn10-1）	S	220	130	3	80	用于高负荷(20MPa 以下)和高滑动速度(8m/s)下工作的耐磨零件,如连杆、衬套、轴瓦、蜗轮等
		J	310	170	2	90	
	ZCuSn10Pb5 （ZQSn10-5）	S	195	—	10	70	作耐蚀、耐酸的配件及破碎机的衬套、轴瓦
		J	245	—	10	70	
	ZCuSn10Zn2 （ZQSn10-2）	S	240	120	12	70	作在中等或高负荷和小滑动速度下工作的管配件,如阀、旋塞、泵体、齿轮、叶轮和蜗轮等
		J	245	140	5	80	
铅青铜	ZCuPb10Sn10 （ZQPb10-10）	S	180	80	5	70	作表面压力高,又有侧压的滑动轴承,如轧辊、车辆用轴承,以及其他受高压的轴瓦、活塞销套等
		J	220	140	6	70	
	ZCuPb20Sn5 （ZQPb25-5）	S	150	60	5	45	作高滑动速度的轴承,以及破碎机、水泵、轧机的轴承,双金属轴套、活塞销套等
		J	150	70	6	55	

（续）

类别	牌　号	铸造方法	力学性能≥				应用举例
			抗拉强度 σ_b /MPa	屈服强度 $\sigma_{0.2}$ /MPa	伸长率 δ_5 (%)	布氏硬度 HBS	
铅青铜	ZCuPb30 (ZQPb30)	J	—	—	—	25	作要求高滑动速度的双金属轴瓦、减摩零件
铝青铜	ZCuAl10Fe3 (ZQAl9-4)	S	490	180	13	100	作要求强度高、耐磨耐蚀的重型铸件，如轴套、螺母、蜗轮，以及250℃以下工作的管配件
		J	540	200	15	110	
铝青铜	ZCuAl10Fe3Mn2 (ZQAl10-3-1.5)	S	490	—	15	110	作要求强度高、耐磨耐蚀的零件，如齿轮、轴承、衬套、管嘴，以及耐热的管配件
		J	540	—	20	120	
普通黄铜	ZCuZn38 (ZH62)	S	295	—	30	60	制作一般的结构件和耐蚀零件，如法兰、阀座、支架、手柄、螺母等
		J	295	—	30	70	
铅黄铜	ZCuZn40Pb2 (ZHPb59-1)	S	220	—	15	80	作一般用途的耐磨、耐蚀零件，如轴套、齿轮等
		J	280	120	20	90	
铝黄铜	ZCuZn25Al4Fe3Mn3 (ZHAl66-6-3-2)	S	725	380	10	160	制作高强度的耐磨零件，如丝杆螺母、重载荷工作的蜗轮等
		J	740	400	7	170	
铝黄铜	ZCuZn31Al2 (ZHAl67-2.5)	S	295	—	12	80	制作船用及普通机器用的耐蚀零件
		J	390	—	15	90	
锰黄铜	ZCuZn38Mn2Pb2 (ZHMn5-2-2)	S	245	—	10	70	制作一般用途的减摩零件，如套筒、衬套、轴瓦、滑块等
		J	345	—	18	80	
锰黄铜	ZCuZn40Mn2 (ZHMn58-2)	S	345	—	20	80	作在空气、淡水、海水、蒸汽及各种液体燃料中工作的零件和阀体、阀杆、泵、管接头等
		J	390	—	25	90	
硅黄铜	ZCuZn16Si4 (ZHSi80-3)	S	345	—	15	90	作接触海水的管配件以及水泵、叶轮、旋塞及其他船舶零件
		J	390	—	20	100	

注：铸造方法代号：S—砂型铸造，J—金属型铸造。

表 4.3-10　压铸铜合金的力学性能和用途（GB/T 15116—1994）

序号	合金牌号	合金代号	力学性能 ≥			应用举例
			抗拉强度 σ_b /MPa	伸长率 δ_5 (%)	布氏硬度 HBS (5/250/30)	
1	YZCuZn40Pb	YT40-1 铅黄铜	300	6	85	一般用途的耐磨、耐蚀零件，如轴套、齿轮等
2	YZCuZn16Si4	YT16-4 硅黄铜	345	25	85	适于制造一般腐蚀介质中工作的管配件、阀体、阀盖，以及各种形状复杂的铸件
3	YZCuZn30Al3	YT30-3 铝黄铜	400	15	110	适于制造空气中的耐蚀件
4	YZCuZn35Al2Mn2Fe	YT35-2-2-1 铝锰铁黄铜	475	3	130	

3.3 钛及钛合金

3.3.1 钛及钛合金加工产品

钛及钛合金板材的横向室温力学性能见表 4.3-11，管材的室温力学性能见表 4.3-12，加工钛材的特性与用途见表 4.3-13。

表 4.3-11 钛及钛合金板材的横向室温力学性能（GB/T 3621—1994）

| 牌号 | 状态 | 板材厚度/mm | 室温力学性能 ≥ | | 伸长率 δ_5(%) |
			抗拉强度 σ_b /MPa	规定残余伸长应力 $\sigma_{r0.2}$ /MPa	
TA0	M	0.3~2.0 2.1~5.0 5.1~10.0	280~420	≥170	45 30 30
TA1	M	0.3~2.0 2.1~5.0 5.1~10.0	370~530	250	40 30 30
TA2	M	0.3~1.0 1.1~2.0 2.1~5.0 5.1~10.0 10.1~25.0	440~620	320	35 30 25 25 20
TA3	M	0.3~1.0 1.1~2.0 2.1~5.0 5.1~10.0	540~720	410	30 25 20 20
TA5	M	0.5~1.0 1.1~2.0 2.1~5.0 5.1~10.0	685	585	20 15 12 12
TA6	M	0.8~1.5 1.6~2.0 2.1~5.0 5.1~10.0	685	—	20 15 12 12
TA7	M	0.8~1.5 1.6~2.0 2.1~5.0 5.1~10.0	735~930	685	20 15 12 12
TA9	M	0.8~2.0 2.1~5.0 5.1~10.0	370~530	250	30 25 25

（续）

| 牌号 | 状态 | 板材厚度/mm | 室温力学性能 ≥ | | 伸长率 δ_5(%) |
			抗拉强度 σ_b /MPa	规定残余伸长应力 $\sigma_{r0.2}$ /MPa	
TA10	M	2.0~5.0 5.1~10.0	485	345	20 15
TB2	C CS	1.0~3.5	≤980 1320	—	20 8
TC1	M	0.5~1.0 1.1~2.0 2.1~5.0 5.1~10.0	590~735	—	25 25 20 20
TC2	M	0.5~1.0 1.1~2.0 2.1~5.0 5.1~10.0	685	—	25 15 12 12
TC3	M	0.8~2.0 2.1~5.0 5.1~10.0	880	—	12 10 10
TC4	M	0.8~2.0 2.1~5.0 5.1~10.0	895	830	12 10 10

注："CS"表示"淬火和时效"状态。

表 4.3-12 钛及钛合金管材的室温力学性能（GB/T 3624—1995）

牌号	状态	抗拉强度 σ_b/MPa	规定残余伸长应力 $\sigma_{r0.2}$/MPa	伸长率 δ(%) $L_0=50$mm
TA0	退火状态（M）	280~420	≥170	≥24
TA1		370~530	≥250	≥20
TA2		440~620	≥320	≥18
TA9		370~530	≥250	≥20
TA10		≥440		≥18

表 4.3-13　加工钛材的特性与用途　　　　　　　　　　　　　　　　（续）

牌号	特性及用途	牌号	特性及用途
TA1 TA2 TA3	均属于工业纯钛，它们在许多天然和人工环境中具有良好的耐腐蚀性及较高的比强度，有较好的疲劳极限，通常在退火状态下使用，锻造性能类似低碳钢或 18-8 型不锈钢，可采用加工不锈钢的一些普通方法进行锻造、成形和焊接，可生产锻坯、板材、棒材、丝材等，可用于航空、医疗、化工等方面，如航空工业中用于排气管、防火墙、热空气管及受热蒙皮以及其他要求延展性、模锻及抗腐蚀的零件	TC1 TC2 TC3 TC4 TC6 TC9 TC10	属 $\alpha+\beta$ 型钛合金，有较高的力学性能和优良的高温变形能力，能进行各种热加工，淬火时效后能大幅度提高强度，热稳定性较差 TC1、TC2 在退火状态下使用，可作低温材料使用，TC3、TC4 有良好的综合力学性能，组织稳定性高，被广泛用于作火箭发动机外壳、航空发动机压气机盘、叶片、结构锻件、紧固件等 TC6 进一步提高了合金的热强性 TC9、TC10 具有较高的室温、高温力学性能、以及良好的热稳定性和塑性
TA4 TA5 TA6	均属 α 型钛合金，不能热处理强化，通常在退火状态下使用，具有良好的热稳定性和热强性及优良的焊接性，主要用作焊丝材料		
TA7	是一种 α 型钛合金，可焊，在 316～593℃ 下具有良好的抗氧化性、强度及高温稳定性，用于锻件及板材零件，如航空发动机压气机叶片、壳体及支架等		
TB2	属 β 型钛合金，淬火状态具有很好塑性，可以冷成型，板材能连续生产，淬火时效后有很高的强度，可焊性好，在高的屈服强度下有高的断裂韧性，但热稳定性差，用于宇航工业结构件，如螺栓、铆钉、钣金件等		

注：1. 钛中加入 Al、Sn 或 Zr 等 α 稳定元素，其主要作用是固溶强化 α 钛，此时钛合金称 α 型钛合金。
　　2. 钛中加入 V、Mo、Mn、Fe、Cr 等 β 稳定元素，主要作用是使合金组织具有一定量的 β 相，使合金强化，此时钛合金称 β 型钛合金。
　　3. 合金中加入了 α、β 稳定元素，称 $(\alpha+\beta)$ 两相钛合金。
　　4. TA8、TC7 为 1994 年国标修订删除的牌号，TB1、TC5、TC8 为 1982 年制订国标时删除的牌号。

3.3.2　钛及钛合金铸件

钛及钛合金铸件的力学性能和用途见表 4.3-14。

表 4.3-14　钛及钛合金铸件的力学性能和用途（GB/T 6614—1994）

牌　号	代　号	抗拉强度 σ_b/MPa ≥	规定残余伸长应力 $\sigma_{r0.2}$/MPa ≥	伸长率 δ_5（%） ≥	硬度 HBS≤	用途举例
ZTi1	ZTA1	345	275	20	210	适用于石墨加工型、石墨捣实型、金属型和熔模精铸型生产的钛及钛合金铸件
ZTi2	ZTA2	440	370	13	235	
ZTi3	ZTA3	540	470	12	245	
ZTiAl4	ZTA5	590	490	10	270	
ZTiAl5Sn2.5	ZTA7	795	725	8	335	
ZTiAl6V4	ZTC4	895	825	6	365	
ZTiMo32	ZTB32	795	—	2	260	
ZTiAl6Sn4.5Nb2Mo1.5	ZTC21	980	850	5	350	

注：1. 铸件几何形状和尺寸应符合铸件图样或订货协议的规定。
　　2. 铸件尺寸公差应符合 GB/T 6414 的规定，一般应不低于 CT11 级。如有特殊要求，由双方协商确定，并在合同中注明。

3.4 铸造轴承合金

铸造轴承合金的力学性能和用途见表4.3-15。

表 4.3-15 铸造轴承合金的力学性能和用途（GB/T 1174—1992）

种类	合金牌号	铸造方法	力学性能 ≥			特性与应用举例
			σ_b /MPa	δ_5 （%）	布氏硬度 HBS	
锡基	ZSnSb12-Pb10Cu4	J	—	—	29	系含锡量最低的锡基轴承合金，因含铅，其浇注性、热强性较差，特点是性软而韧、耐压、硬度较高。用于工作温度不高的中速、中载一般机器的主轴承衬
	ZSnSb12Cu6Cd1	J			34	
	ZSnSb11Cu6	J			27	具有较高的抗压强度，一定的冲击韧度和硬度，可塑性好，其导热性、耐蚀性优良。适于浇注重载、高速、工作温度低于110℃的重要轴承。如高速蒸汽机（2000马力）、涡轮压缩机（500马力）、涡轮泵和高速内燃机轴承、高速机床、压缩机、电动机主轴
	ZSnSb8Cu4	J			24	比 ZSnSb11Cu6 韧性好，强度硬度稍低其他性能与 ZSnSb11Cu6 相近，适用于工作温度在100℃以下的大型机器轴承及轴衬，高速重载荷汽车发动机薄壁双金属轴承
	ZSnSb4Cu4	J			20	适于要求韧性较大和浇注层厚度较薄的重要高速轴承，耐蚀、耐热、耐磨，如涡轮内燃机高速轴承及轴衬
铅基	ZPbSb16-Sn16Cu2	J	—	—	30	这种合金比应用最为广泛的 ZSnSb11Cu6 合金摩擦因数大，抗压强度高，硬度相同，耐磨性及使用寿命相近，且价格低，但冲击韧度低，适于工作温度<120℃条件下承受无显著冲击载荷，重载高速轴承，如汽车、拖拉机的曲柄轴承和轧钢机用减速器及离心泵轴承，150～1200马力蒸汽涡轮机，150～750kW 电动机和小于2000马力起重机和重负荷的推力轴承
	ZPbSb15Sn5Cu3Cd2	J			32	与 ZPbSb16Sn16Cu2 相近，是其良好代用材料，适于浇注汽油发动机轴承，各种功率的压缩机外伸轴承，球磨机、小型轧钢机齿轮箱和矿山水泵轴承，以及抽水机、船舶的机械、小于250kW 电动机轴承
	ZPbSb15Sn10	J			24	这种合金与 ZPbSb16Sn16Cu2 相比，冲击韧度高，摩擦因数大，有良好的磨合性和可塑性，退火后其减摩性、塑性、韧性及强度均显著提高。用于中速、中等冲击和中等载荷机器的轴承，也可以作高温轴承之用
	ZPbSb15Sn5	J			20	塑性及热导率较差，不宜在高温高压及冲击载荷下工作，但工作温度不超过80～100℃和低冲击载荷条件下，其性能较好，寿命不低，用于低速、轻载机械的轴承
	ZPbSb10Sn6	J			18	其性能与锡基轴承合金 ZChSnPb4-4 相近，是其理想代替材料。用于工作温度不大于120℃，承受中等载荷或高速低载荷轴承，如汽车发动机、空压机、高压油泵等主轴轴承及其他耐磨、耐蚀、重载荷的轴承，可代替 ZSnSb4Cu4

（续）

种类	合金牌号	铸造方法	力学性能≥			特性与应用举例
			σ_b /MPa	δ_5 (%)	布氏硬度 HBS	
铜基	ZCuSn5Pb5Zn5	S,J	200	13	60*	参考铸造铜合金相应牌号的特性与用途
		Li	250	13	65*	
	ZCuSn10P1	S	200	3	80*	
		J	310	2	90*	
		Li	330	4	90*	
	ZCuPb10Sn10	S	180	7	65*	
		J	220	5	70*	
		Li	220	6	70*	
	ZCuPb15Sn8	S	170	5	60*	
		J	200	6	65*	
		Li	220	8	65*	
铜基	ZCuPb20Sn5	S	150	5	45*	参考铸造铜合金相应牌号的特性与用途
		J	150	6	55*	
	ZCuPb30	J	—	—	25*	
	ZCuAl10Fe3	S	490	13	100*	
		J				
		Li	540	15	110*	
铝基	ZAlSn6Cu1Ni1	S	110	10	35*	
		J	130	15	40*	

4　粉末冶金材料

1　粉末冶金铁基结构材料

粉末冶金铁基结构材料的性能和用途见表4.4-1。

表 4.4-1　粉末冶金烧结铁基结构材料的性能和用途（GB/T 14667.1—1993）

牌号	物理力学性能					参考性能				主要特点与应用举例
	密度 ρ /g·cm^{-3} ≥	抗拉强度 σ_b/MPa ≥	伸长率 δ(%) ≥	冲击韧度 a_K（无切口）/J·cm^{-2} ≥	表观硬度 HBS ≥	屈服强度 $\sigma_{0.2}$ /MPa ≥	规定比例极限 $\sigma_{0.01}$ /MPa ≥	正弹性模量 E /(10^3 MPa) ≥	剩余变形为0.1%的压缩强度 σ_{bc}/MPa ≥	
F0001J	6.4	100	3.0	5.0	40	70	50	78	80	塑性、韧性、焊接性与导磁性较好,适于制造受力极低、要求翻铆或焊接以及要求导磁的零件,如垫片、尺框、接铁、磁筒、极靴等
F0002J	6.8	150	5.0	10.0	50	100	80	88	100	
F0003J	7.2	200	7.0	20.0	60	135	100	98	120	

（续）

材料	牌号	物理力学性能					参考性能				主要特点与应用举例
		密度 ρ /g·cm^{-3} $\geqslant$	抗拉强度 σ_b/MPa $\geqslant$	伸长率 $\delta(\%)$ $\geqslant$	冲击韧度 a_K（无切口）/J·cm^{-2} $\geqslant$	表观硬度 HBS $\geqslant$	屈服强度 $\sigma_{0.2}$ /MPa $\geqslant$	规定比例极限 $\sigma_{0.01}$ /MPa $\geqslant$	正弹性模量 E /(10^3 MPa) $\geqslant$	剩余变形为0.1%的压缩强度 σ_{bc}/MPa $\geqslant$	
烧结碳钢	F0101J	6.2	100	1.5	5.0	50	70	50	78	100	塑性、韧性、焊接性较好,可进行渗碳淬火处理,适于制造受力较小,要求翻铆或焊接零件以及要求渗碳淬火零件,如端盖、滑块、底座等
	F0102J	6.4	150	2.0	10.0	60	100	80	83	120	
	F0103J	6.8	200	3.0	15.0	70	135	100	88	145	
	F0111J	6.2	150	1.0	5.0	60	100	80	83	120	强度较高,可进行热处理,适于制造较负荷结构零件和要求热处理的零件,如隔套、接头、调节螺母、传动小齿轮、油泵转子等
	F0112J	6.4	200	1.5	5.0	70	135	100	88	145	
	F0113J	6.8	250	2.0	10.0	80	180	135	98	190	
	F0121J	6.2	200	0.5	3.0	70	135	100	88	145	强度与硬度较高,耐磨性较好,可进行热处理,适于制造一般结构零件和耐磨零件,如推力垫、挡套等
	F0122J	6.4	250	0.5	5.0	80	180	135	93	190	
	F0123J	6.8	300	1.0	5.0	90	220	180	103	245	
烧结铜钢	F0201J	6.2	250	0.5	3.0	90	190	135	93	190	强度与硬度高、耐磨性好,抗大气氧化性较好,可进行热处理,适于制造受力较大或耐磨的零件,如链轮、齿轮、推杆体锁紧螺母、摆线转子等
	F0202J	6.4	350	0.5	5.0	100	245	180	107	295	
	F0203J	6.8	500	0.5	5.0	110	345	245	122	390	
烧结铜钼钢	F0211J	6.4	400	0.5	5.0	120	295	190	112	345	强度与硬度高、耐磨性好,淬透性好,热稳定性好,高温回火脆性低,适于制造受力高、要求耐磨、要求调质处理零件,如滚子、螺旋螺母、活塞环、锁紧块、齿轮等
	F0212J	6.8	550	0.5	5.0	130	390	295	127	440	

4.2 粉末冶金烧结金属摩擦材料

铁基干式摩擦材料的性能和用途见表4.4-2,铜基干式摩擦材料的性能和用途见表4.4-3,铜基湿式摩擦材料的性能和用途见表4.4-4。

表 4.4-2　铁基干式摩擦材料组成、性能及主要适用范围（JB/T 3063—1996）

牌号	组成(质量分数,%)											平均动摩擦因数μd	静摩擦因数μs	磨损率/cm³·J⁻¹	密度/g·cm⁻³	表观硬度HBS	横向断裂强度/N·mm⁻²	主要适用范围
	铁	铜	锡	铅	石墨	二氧化硅	三氧化二铝	二硫化钼	碳化硅	铸石	其他							
F1001G	65~75	2~5		2~10	10~15	0.5~3		2~4			0~3	>0.25	>0.45	<5.0×10⁻⁷	4.2~5.3	30~60	>50	载重汽车和矿山重型车辆的制动带
F1002G	73	10		8	6			3							5.0~5.6	40~70		拖拉机、工程机械等干式离合器片和刹车片
F1003G	69	1.5	1	8	16	1					3.5				4.8~5.5	35~55		工程机械如挖掘机、起重机等干式离合器
F1004G	65~70		3~5	2~4	13~17		3~5	3~4	3~5						4.7~5.2	60~90		合金钢为对偶的飞机制动片
F1005G	65~70	1~5	2~4	2~4				4~6				>0.35			5.0~5.5	40~60		重型淬火吊车、缆索起重吊等的制动器

注：烧结金属摩擦材料适用于制造离合器和制动器，按工作条件分为干式（G）和湿式（S）。

表 4.4-3　铜基干式摩擦材料组成、性能及主要适用范围（JB/T 3063—1996）

牌号	组成(质量分数,%)									平均动摩擦因数μd	静摩擦因数μs	磨损率/cm³·J⁻¹	密度/g·cm⁻³	表观硬度HBS	横向断裂强度/N·mm⁻²	主要适用范围
	铜	铁	锡	锌	铅	石墨	二氧化硅	硫酸钡	其他							
F1106G	68	8	5			10	4		5	>0.15			5.5~6.5	25~50	>40	干式离合及制动器
F1107G	64	8	7		8	8			5		>0.45	<3.0×10⁻⁷	5.5~6.2	20~50		拖拉机、冲压及工程机械等干式离合器
F1108G	72	5	10		3	2			8	>0.20			5.5~6.2	25~55		DLM₂型、DLM₄型等系列机床、动力头的干式电磁离合器和制动器
F1109G	63~67	9~10	7~9	3~5	7~9	2~5			3				5.6~6.5	20~50	>60	喷撒工艺，用于DLMK型系列机床、动力头的干式电磁离合器和制动器
F1110G	70~80		6~8	3.5~6	2~5	3~5			2	>0.25	>0.40		6.0~6.8	35~65		锻压机床、剪切机、工程机械干式离合器

表 4.4-4　铜基湿式摩擦材料组成、性能及主要适用范围 （JB/T 3063—1996）

牌号	组成(质量分数,%) 铜	铁	锡	锌	铅	石墨	二氧化硅	其他	平均动摩擦因数 μ_d	静摩擦因数 μ_s	磨损率 /cm³·J⁻¹	能量负荷许用值 /cm	密度 /g·cm⁻³	表观硬度 HBS	横向断裂强度 /N·mm⁻²	主要适用范围
F1111S	69	6	8		8	6	3		0.04~0.05		<2.0×10⁻⁸	8500	5.8~6.4	20~50	>60	船用齿轮箱系列离合器、拖拉机主离合器、载重汽车及工程机械等湿式离合器
F1112S	75	8	3		5	5	4						5.5~6.4	30~60	>50	中等载荷(载重汽车、工程机械)的液力变速离合器
F1113S	73	8	8.5		4	4	2.5						5.8~6.4	20~50	>80	飞溅离合器
F1114S	72~76	3~6	7~10		5~7	6~8	1~2		0.03~0.05	0.12~0.17			≥6.7	≥40	>80	转向离合器
F1115S	67~71	7~9	7~9		9~11	5~7								20~50		喷撒工艺,用于调速离合器
F1116S	63~67	9~10	7~9		3~7	7~9		3	0.05~0.08		<2.5×10⁻⁸		5.0~6.2	20~50	>60	喷撒工艺,用于船用齿轮箱系列离合器、拖拉机主离合器、载重汽车及工程机械等湿式离合器
F1117S	70~75	4~7	3~5		2~5	5~8	2~3						5.5~6.5	40~60		重载荷液力机械变速箱离合器
F1118S	68~74		2~4	4.5~7.5	2~4	13.5~16.5	2~4					32000	4.7~5.1	14~20	>30	工程机械高载荷传动件,如主离合器、动力换档变速箱等

4.3　粉末冶金减摩材料

4.3.1　粉末冶金含油轴承材料

粉末冶金含油轴承材料的性能和用途见表4.4-5。

4.3.2　金属塑料减摩材料

整体金属塑料减摩材料的成分、性能和用途见表 4.4-6,复合金属塑料的性能和用途见表 4.4-7,青铜基体镶嵌固体润滑剂轴承使用性能见表 4.4-8。

表 4.4-5　粉末冶金减摩材料（粉末冶金滑动轴承）的性能和用途 （GB/T 2866—1981）

类　别		材料牌号	物理力学性能 含油密度 /g·cm⁻³	含油率 (%) ≥	压溃强度 /MPa ≥	表观硬度 HBS	用途举例
铁基	铁	FZ1160	5.7~6.2	18	200	30~70	用于不便经常加油或不能加油的场合,如放映机、冰箱电机、电风扇、洗衣机电动机、磁带录音机的轴承 含油轴承工作面尽可能不切削加工,以免切屑和油污堵塞孔隙,降低减摩性能
		FZ1165	>6.2~6.6	12	250	40~80	
	铁-碳	FZ1260	5.7~6.2	18	250	50~100	
		FZ1265	>6.2~6.6	12	300	60~110	
	铁-碳-铜	FZ1360	5.7~6.2	18	350	60~110	
		FZ1365	>6.2~6.6	12	400	70~120	

（续）

类　别		材料牌号	物理力学性能				用　途　举　例
			含油密度 /g·cm⁻³	含油率 (%) ≥	压溃强度 /MPa ≥	表观硬度 HBS	
铁基	铁-铜	FZ1460	5.8～6.3	18	300	50～100	用于不便经常加油或不能加油的场合，如放映机、冰箱电机、电风扇、洗衣机电动机、磁带录音机的轴承 含油轴承工作面尽可能不切削加工，以免切屑和油污堵塞孔隙，降低减摩性能
		FZ1465	>6.3～6.7	12	350	60～110	
铜基	铜-锡-锌-铅	FZ2170	6.6～7.2	18	150	20～50	
		FZ2175	>7.2～7.8	12	200	30～60	
	铜-锡	FZ2265	6.2～6.8	18	150	25～55	
		FZ2270	>6.8～7.4	12	200	35～65	
	铜-锡-铅	FZ2365	6.3～6.9	18	150	20～50	

表 4.4-6　整体金属塑料性能和用途

牌号	成分的质量分数 (%)	密度 /g·cm⁻³	硬度 HBS	摩擦因数	冲击韧度 /J·cm⁻²	抗拉强度 /MPa	抗压强度 /MPa	压溃强度 /MPa	线胀系数 /10⁻⁶K⁻¹	用途举例
ZT-1	6-6-3 青铜（－80目）:80 PbCO₃（－50目）:20 NH₄HCO₃（另加）:3 浸入物: F-4:98 MoS₂:2	5.3～5.7	11～14	0.21	2.45～2.94	27.4～33.3	45.1（塑性变形0.3%时）	55.9～64.7	19.58（27～300℃）	属于新型减摩材料,用途广。常用于制作衬套、轴瓦、推力垫圈、球面座、压缩机活塞环、导向环、支承环、球形补偿器密封圈、动密封环、滑板、机床横导轨、减振离合器片等,工作时不需或只需少量润滑油 金属塑料减摩材料能适应旋转、摆动、往复等多种运动
ZT-2	球形青铜（Sn:9%～10%）（－60＋80目）:100 浸入物: F-4:95 MoS₂:5	5.3～5.7	—	0.15				176.4～196	17.3～17.5（18～300℃）	

注：摩擦测试设备为 MM-200 磨损试验机，干摩擦，对偶为 45 钢，40～45HRC，R_a0.4μm，受力137.2N，线速 0.418m/s。

表 4.4-7　复合金属塑料性能和用途

牌号	成分的质量分数 (%)	抗压强度 /MPa	线胀系数 /(10⁻⁵K⁻¹)	热导率 /W·(m·K)⁻¹	摩擦因数	pv值 /MPa·m·s⁻¹	说　明	用途举例
FH-1	基板:磷青铜 中间层:球形青铜粉 浸入物:F-4＋添加剂	205.8（塑性变形0.7%时）	17.6～18.4（18～300℃）	0.35～0.67	≤0.13（干摩擦）	1.96（干摩擦）	表层为浸渍F-4与添加剂混合料的薄膜,膜厚度为0.02～0.03mm,在运行初期起磨合作用,使表层一部分转移到对偶表面,形成两个光滑表面的摩擦,使摩擦状态稳定,磨损小,故表面不必切削加工。浸渍F-4的金属塑料工作温度为－200～80℃,当环境温度升到120℃时,轴承寿命比室温时降低到1/2,升到200℃时,寿命降低到1/3	同表4.4-6
GS-1	基板:08钢 中间层:球形青铜粉 浸入物:F-4＋添加剂	98（塑性变形0.1%时）	≤30	2.3	≤0.12（干摩擦）	2.35（干摩擦）		
CM	基板:08或10钢 中间层:球形青铜粉 浸入物:F-4＋添加剂	343	11（沿表面方向） 30（垂直表面方向）	—	—	0.98～1.63（干摩擦）		

（续）

牌号	成分的质量分数（%）	抗压强度/MPa	线胀系数/（10^{-5}K^{-1}）	热导率/W·(m·K)$^{-1}$	摩擦因数	pv值/MPa·m·s^{-1}	说　明	用途举例
GS-2	基板:08钢中间层:球形青铜粉浸入物:改性聚甲醛	107.6（塑性变形0.2%时）	≤23	1.7	≤0.15（干摩擦）≤0.05（脂润滑）	1.57（干摩擦）9.8（脂润滑）	表层为热压聚甲醛加添加剂,表层厚为0.3～0.4mm,为贮存润滑脂,表面制有规律排列的小凹坑,可较长时间不补加润滑脂,允许表层少量加工以提高精度。这两种热压聚甲醛金属塑料在40℃环境温度下工作时,具有最大的承载能力	同表4.4-6
STG-2	基板:08钢中间层:球形青铜粉浸入物:改性聚甲醛	137.2	37～47	2.61～3.20	0.14～0.16（干摩擦）0.06～0.08（脂润滑）	0.98～1.57（干摩擦）		

表 4.4-8　青铜基体轴承使用性能

牌　号	润滑工况	极限载荷/MPa	极限速率/m·s^{-1}	许用pv值/MPa·m·s^{-1}	摩擦因数*	适用温度/℃
XQZ62	不加油	25	0.25	1.67	0.05～0.16	室温
	定期加油	50	0.25	3.33	0.05～0.16	250
XQZ63	不加油	15	0.42	1.00	0.05～0.16	400
	定期加油	15	2.50	1.67	0.05～0.16	400

注：＊表示在 M200 磨损试验机上测定,镶嵌物覆盖面积占25%～35%,对偶材料为45钢,硬度40～45HRC,粗糙度 R_a0.8μm。

4.4　粉末冶金过滤材料

常用粉末冶金过滤材料见表4.4-9。

表 4.4-9　常用粉末冶金过滤材料及适合过滤的介质

材料种类	牌　号	孔隙度（%）总孔隙	孔隙度（%）开孔孔隙	σ_b/MPa	δ（%）	空气中使用时最高工作温度/℃	适合过滤的介质举例
青铜	QSn-10	34～36	30～35	30～50	1.5～3.0	<180	空气、有机溶剂、燃料、中性的水和油
不锈钢	1Cr18Ni9	34～41	30～38	80～150	1.0	<650	硝酸、亚硝酸、醋酸、硼酸、磷酸、碱、蒸汽、煤气及燃烧气体
镍	Ni-3	25～35	22～32	20～60	1.5～4.0	<600	液态金属钠和钾、氢氧化钠、水银、氢氟酸和氯化物
低碳钢		38～39	36～37	50～100	1.5～2.0	<400	润滑油和一般燃料
蒙乃尔合金	NCu28-2.5-1.5	25～35	22～32	20～40	—	—	同镍,尤为适于氢氟酸和氟化物
钛		18～35	17～34				各种酸、王水、湿氯气、氯化物、常温碱溶液

4.5　粉末冶金电触头材料

粉末冶金电触头材料的成分及主要性能见表4.4-10。

表 4.4-10　粉末冶金电触头材料成分和主要性能

类别	品种代号	化学成分的质量分数（%）Ag	Cu	CdO	Ni	Fe	C	W	杂质小于	密度/g·cm^{-3}不小于	电阻率/μΩ·mm不大于	σ_{bb}/MPa不小于	热稳定性试验温度±10℃
Ag-CdO	Ag-CdO12	88±1	—	12±1	—	—	—	—	0.3	9.75	2.30	330	1000
	Ag-CdO15	85±1	—	15±1	—	—	—	—	0.3	9.65	2.60	340	

（续）

类别	品种代号	化学成分的质量分数（%）							杂质/小于	密度/g·cm⁻³ 不小于	电阻率/μΩ·mm 不大于	σ_bb/MPa 不小于	热稳定性试验温度 ±10℃
		Ag	Cu	CdO	Ni	Fe	C	W	杂质/小于				
Ag-Ni	Ag-Ni30	70 ± 1	—	—	30 ± 1	—	—	—	0.3	9.75	2.70	—	1020
Ag-Fe	Ag-Fe7	93 ± 1	—	—	—	> ± 1	—	—	0.3	10.00	2.00	—	970
Ag-C	Ag-C5	95 ± 1	—	—	—	—	5 ± 1	—	0.3	8.50	3.20	150	930
Cu-C	Cu-C5	—	95 ± 1	—	—	—	5 ± 1	—	0.3	7.00	3.40	200	1020
Ag-W	Ag-W30	70 ± 1	—	—	—	—	—	30 ± 1	0.3	11.90	2.30	300	
	Ag-W40	60 ± 1	—	—	—	—	—	40 ± 1	0.3	12.50	2.65	400	970
	Ag-W70	30 ± 1	—	—	—	—	—	70 ± 1	0.3	14.80	3.40	650	
Cu-W	Cu-W50	—	50 ± 1	—	—	—	—	50 ± 1	0.3	12.00	3.50	570	
	Cu-W60	—	40 ± 1	—	—	—	—	60 ± 1	0.3	12.80	3.50	600	
	Cu-W70	—	30 ± 1	—	—	—	—	70 ± 1	0.3	14.00	4.10	650	
	Cu-W80	—	20 ± 1	—	—	—	—	80 ± 1	0.3	15.10	5.20	700	

4.6 硬质合金

常用硬质合金的性能和用途见表 4.4-11，切削工具用硬质合金牌号选择见表 4.4-12，模具、量具用硬质合金牌号的选择见表 4.4-13。切削工具用硬质合金的成分和力学性能见表 4.4-14。

表 4.4-11　常用硬质合金的性能和用途（摘自 YB/T 849）

合金类型	合金牌号	物理力学性能指标			参考性能数据					用途举例
		密度 ρ/g·cm⁻³	抗弯强度 σ_bb/MPa	硬度 HRA	冲击韧度 a_K/J·cm⁻²	热导率 λ/W·m⁻¹·K⁻¹	0~300℃线胀系数 a_l/10⁻⁶·K⁻¹	矫顽力 H_c/A·m⁻¹	抗压强度 σ_bc/MPa	
钨钴合金	YG3X	15.0 ~ 15.3	>1100	91.5		87.92	4.1	13600 ~ 16000	—	适用于铸铁、有色金属及其合金的精加工及半精加工，也可用于合金钢、淬火钢的精加工以及钢材、有色金属及其合金线材的细丝拉伸；此外，还适用于制作在强烈磨粒磨损条件下工作的工具和耐磨零件（如喷砂机喷嘴和类似工具）
	YG6X	14.6 ~ 15.0	>1400	91.0	—	79.55	4.4	16000 ~ 20000	—	适于加工冷硬合金铸铁与耐热合金钢，也适用于普通铸铁的精加工以及钢材、有色金属材料的细丝拉伸模具
	YG6	14.6 ~ 15.0	>1450	89.5	2.6	79.55	4.5	10400 ~ 12800	4600	适用于铸铁、有色金属及其合金、不锈钢与非金属材料连续切削时的粗加工，间断切削时的半精加工和精加工，小断面精加工，粗加工螺纹，旋风车螺纹，连续断面的精铣与半精铣，孔的粗扩与精扩
	YG6A	14.6 ~ 15.0	>1400	91.5	—	—	—	—	—	适用于冷硬铸铁、球墨铸铁、有色金属及其合金的半精加工，也适于高锰钢、淬火钢、不锈钢、耐热钢的半精加工及精加工
	YG8	14.5 ~ 14.9	>1500	89.0	2.5	75.36	4.5	11200 ~ 12800	4470	适用于铸铁、有色金属及其合金、非金属材料加工中，不平整断面和间断切削时的粗加工，一般孔和深孔的钻孔和扩孔，亦可用作钢材、有色金属及其合金的棒材、管材的拉伸和校准模具

（续）

合金类型	合金牌号	物理力学性能指标			参考性能数据					用途举例
		密度 ρ/g·cm⁻³	抗弯强度 σ_{bb}/MPa	硬度 HRA	冲击韧度 a_K/J·cm⁻²	热导率 λ/W·m⁻¹·K⁻¹	0~300℃线胀系数 a_l/10⁻⁶·K⁻¹	矫顽力 H_c/A·m⁻¹	抗压强度 σ_{bc}/MPa	
钨钴合金	YG8C	14.5~14.9	>1750	88.0	3.0	75.36	4.8	4000~5600	3900	主要用作凿岩工具，亦可用于压缩率大的钢管、钢棒拉伸、耐热钢和奥氏体钢的大负荷粗车以及钢和钢铸件的刨削
	YG15	13.9~14.2	>2100	87.0	4.0	58.62	5.3	6400~7200	3660	适于用作凿岩工具，也可用于制造压缩率大的钢棒和钢管拉伸模具、冲压模具等
钨钴钛合金	YT5	12.5~13.2	>1400	89.5	—	62.80	6.06	9600~11200	4600	适用于碳钢及合金钢（锻件、冲压件及铸件表皮）加工中，不平整断面与间断切削的粗车、粗刨、半精刨和非连续面的粗铣以及钻孔
	YT14	11.2~12.0	>1200	90.5	0.7	33.49	6.21	8400~11600	4200	适用于碳钢与合金钢加工中，不平整断面和连续切削时的粗加工、间断切削时的半精加工与精加工，铸孔和锻孔的扩钻与粗扩
	YT30	9.3~9.7	>900	92.5	0.3	20.93	—	12000~16000	—	适用于碳钢和合金钢工件的精加工，如小断面的精车、精镗、精扩等
通用合金	YW1	12.6~13.5	>1200	91.5	—	—	—	—	—	适于铸铁及钢件加工，两者通用，亦适用于耐热钢、高锰钢、不锈钢等难加工钢材的加工
	YW2	12.4~13.5	>1350	90.5	—	—	—	—	—	适于铸铁及钢件加工，两者通用，亦适用于耐热钢、高锰钢、不锈钢等难加工钢材的加工。作粗加工、半精加工等工序使用
碳化钛镍钼合金	YN10	>6.30	>1100	92.0	—	—	—	—	—	可代YT30，用于碳素钢、合金钢、工具钢、淬火钢等连续切削时的精加工；对于尺寸较大的工件和表面粗糙度要求高的工件，精加工的效果尤为显著

表 4.4-12　切削刀具用硬质合金牌号的选择

加工类别	被加工材料									加工条件及特征
	碳素钢及合金钢	特殊难加工钢（包括马氏体不锈钢）	奥氏体不锈钢	淬火钢	钛及钛合金	铸铁		有色金属及其合金	非金属材料	
						HBS≤240	HBW400~700			
	推荐使用的硬质合金牌号									
车削	YT5 YG8 YG8C	YG8 YG8C	YG8C	—	—	YG8 YG8C	YG8 YG8C	YG6 YG8	—	锻件、冲压件、铸件表皮及氧化皮不均匀断面的断续并带冲击的粗车
	YT14 YT5	YG8 YG8C	YG8	—	YG8	YG8	YG6X	YG6	—	均匀断面的连续粗车

（续）

加工类别	碳素钢及合金钢	特殊难加工钢（包括马氏体不锈钢）	奥氏体不锈钢	淬火钢	钛及钛合金	铸　铁		有色金属及其合金	非金属材料	加工条件及特征
						HBS≤240	HBW400～700			
				推荐使用的硬质合金牌号						
车削	YT14	YT5 YG8	YG6X	—	YG8	YG6	YG6X	YG3X	—	较均匀断面表皮的连续粗车
	YT14 YT5	YG5 YG8C	—	YT5 YG8	YG8	YG6 YG8	—	YG3X	YG3X	不连续面的半精车及精车
	YT30 YT14 YN10	YT14 YT5	YG6X	YT14 YT5	YG8	YG3X	YG6X	YG3X	YG3X	连续面的半精车及精车
	YT14 YT5 YG8	—	—	—	—	YG6 YG8	—	YG6	YG6	成形面的初加工
	YT14 YT5	—	—	—	YG8	YG3X	—	YG3X	YG3X	成形面的最终加工
	YT14 YT5	YG8 YG8C	YG6X	—	YG8	YG6 YG8	—	YG3X	YG3X	切断及切槽
	YT14	YT14	YG6X	YG6X	YG8	YG3X	YG6X	YG6	YG3X	粗车螺纹
	YT30 YT14	YT30 YT14	YG6X	YG6X	YG8	YG3X	YG6X	YG3X	YG3X	精车螺纹
刨削及插削	YG8C YG15	—	—	—	—	YG8 YG8C	—	YG8	YG6 YG8	粗加工
	YT5 YG8 YG8C	—	—	—	—	YG6 YG8	—	YG6	YG6	半精加工及精加工
铣削	YT14 YT5	YT5 YG8	—	—	YG8	YG6 YG8	—	YG6 YG8	YG3X	粗铣
	YT14	YT14 YT5	—	—	YG8	YG3X	YG6X	YG3X	YG3X	半精铣及精铣
钻削	YT5 YG8 YG8C	YG8 YG8C	—	—	YG8 YG8C	YG6 YG8	YG8 YG8C	YG6 YG8	YG3X	一般孔钻削
	YT14 YT5 YG8	—	—	—	YG6 YG8	YG8 YG8C	YG6 YG8	YG3X		深孔钻削
	YT14 YT5	—	—	—	YG6 YG8	—	YG6 YG8	—		环形深孔钻
	YT14 YT5	YG8	YG8	YT14 YT5 YG8	YG8	YG3X	YG6X	YG3X	YG3X	一般孔的扩钻
	YT5 YG8 YG8C	YG8 YG8C	—	—	YG6 YG8	YG6 YG8	YG6 YG8	YG6 YG8	—	铸孔、锻孔或冲压孔的一般扩钻
	YT14	YG8	YG8	YT14 YT5 YG8	—	YG3X	YG6X	YG3X	YG3X	深的通孔扩钻
	YT5 YG8 YG8C	YG8 YG8C	—	—	YG8 YG8C		YG8 YG8C		深的铸孔、锻孔、冲压孔以及连续车削加工的偏差不均匀的深孔扩钻等
划钻	YT14 YT5 YG8	YT5 YG8	YG6X	—	YG8	YG6 YG8	YG6X	YG6 YG8	YG6	粗加工
	YT14 YT5	YT14 YT5	YG6X	—	YG8	YG3X	YG6X	YG3X	YG3X	半精加工及精加工
铰削	YT30 YT14	YT30 YT14	YG6X	YT30	YG8	YG3X	YG6X	YG3X	YG3X	预铰及精铰

表 4.4-13 模具、量具用硬质合金牌号的选择

工具名称	工 作 条 件	推荐使用的硬质合金牌号
冲压模及冷顶锻模	在载荷不大、应力不显著的条件下,冲压或顶锻有色金属及其合金	YG8
	在载荷较大,有一定应力的条件下,冲压或顶锻黑色金属材料(钢件),如螺钉、螺栓、铆钉、垫圈等	YG8C
	在载荷大、应力较显著的条件下,冲压或顶锻钢制螺钉、铆钉及其他零件	YG11C、YG15
	在载荷很大、应力显著的条件下,冲压或顶锻钢制的螺钉、铆钉及其他零件	YG20C、YG25
拉伸模	在应力不大的条件下,拉伸直径在 2mm 以下的细钢丝、有色金属细丝及其合金线材	YG3X
	在应力不大的条件下,拉伸直径在 6mm 以下的钢丝、有色金属丝及其合金线材或棒材	YG3
	在应力较大的条件下,拉伸直径 20mm 以下的钢、有色金属及其合金的线材或棒材,以及拉伸外径在 10mm 以下的管材	YG6
	在应力大的条件下,拉制直径 50mm 以下的钢、有色金属及其合金的线材、棒材和外径 35mm 以下的管材	YG8
	在应力很大的条件下,拉伸钢棒和钢管	YG15
量具	一般量具,如卡板、量规、量块、塞规、环规、千分尺的测量头等	YG6、YG8
	在冲击负荷下工作的量具	YG15

表 4.4-14 切削工具用硬质合金的化学成分与力学性能(摘自 GB/T 18376.1—2001)

(续)

代号	力学性能 ≥		
	洛氏硬度 HRA	维氏硬度 HV	抗弯强度/MPa
P01	92.0	1860	700
P10	90.5	1630	1200
P20	90.0	1500	1300
P30	89.5	1480	1450
P40	88.5	1320	1650
M10	91.5	1780	1200
M20	90.0	1550	1400

代号	力学性能 ≥		
	洛氏硬度 HRA	维氏硬度 HV	抗弯强度/MPa
M30	89.5	1480	1500
M40	89.0	1400	1650
K01	91.0	1710	1200
K10	90.5	1630	1350
K20	90.0	1550	1450
K30	89.0	1400	1650
K40	88.0	1200	1900

注:洛氏硬度和维氏硬度中任选一项。

5 金属材料中外牌号对照

5.1 钢的中外牌号对照

5.1.1 结构钢中外牌号对照

1. 碳素结构钢和工程用钢中外牌号对照

(见表 4.5-1)

2. 低合金高强度结构钢中外牌号对照(见表 4.5-2)

表 4.5-1　碳素结构钢和工程用钢中外牌号对照

中国		国际标准	俄罗斯	美国	日本	德国	英国	法国
新	旧	ISO	ГОСТ	ASTM	JIS	DIN	BS	NF
Q195	A1 B1	HR2	Ст. 1кп Ст. 1сп Ст. 1пс	A285MGr. B	—	S185	S185	S185
Q215—A	A2	HR1	Ст. 2кп—2，3	A283M Gr. C	SS330	USt34—2	040A12	A34
Q215—B	C2		Ст. 2пс—2，—3 Ст. 2сп—2，—3	A573M Gr. 58		RSt34—2		A34—2NE
Q235—A Q235—B Q235—C Q235—D	A3 C3	Fe360A Fe360D	Ст. 3кп—2 Ст. 3сп—2 Ст. 3кп—4 БСт. 3кп—2	A570 Gr. A A570 Gr. D A283M Gr. D	SS400	S235JR S235JRG1 S235JRG2	S235JR S235JRG1 S235JRG2	S235JR S235JRG1 S235JRG2
Q255—A	A4	—	Ст，4кп—2 Ст，4кп—3	A709M Gr. 36	SM400A	St44—2	43B	E28—2
Q255—B	C4		БСт，4кп—2		SM400B			
Q275	C5	Fe430A	Ст. 5кп—2 Ст. 5кс БСт. 5кс—2	K02901[1]	SS490	S275J2G3 S275J2G4	S275J2G3 S275J2G4	S275J2G3 S275J2G4

① 美国 UNS 牌号。

表 4.5-2　低合金高强度结构钢中外牌号近似对照

No.	中国 GB/T 1591	国际标准 ISO 4590/2	俄罗斯 ГОСТ 19281	日本 非标准	德国 DIN EN 10028	美国 ASTM/A588 等
1	Q295A	—	16ГС	HTP-52W	WStE315	Gr. D
2	Q295B	—	16ГС	HTP-52W	WStE315	Gr. F
3	Q345A	E355DD	17Г1С	YAW-TEN50	S355N	Gr. E
4	Q345B	E355DD	17Г1С	YAW-TEN50	S355N	Gr. E
5	Q345C	E355DD	14Г2Ф	YAW-TEN50	WStE355	无
6	Q345D	E355DD	14Г2Ф	YAW-TEN50	TStE355	Type7
7	Q345E	E355E	14Г2Ф	YAW-TEN50	EStE355	Type7
8	Q390A	HS390C	15Г2СФ	HI-YAW-TEN	StE380	Gr. E
9	Q390B	HS390C	15Г2СФ	HI-YAW-TEN	StE380	Gr. E
10	Q390C	HS390C	15Г2СФ	HI-YAW-TEN	WtE380	Gr. E
11	Q390D	HS390D	15Г2СФ	HI-YAW-TEN	TStE380	Gr. E
12	Q390E	HS390D	15Г2СФ	HI-YAW-TEN	EStE390	Gr. E
13	Q420A	E460CC	16Г2АФ	CUP-TEN60	StE420	60
14	Q420B	E460CC	16Г2АФ	CUP-TEN60	StE420	60
15	Q420C	E460DD	16Г2АФ	CUP-TEN60	WStE420	60
16	Q420D	E460DD	16Г2АФ	CUP-TEN60	WStE420	60
17	Q420E	E460E	16Г2АФ	CUP-TEN60	EStE420	60
18	Q460C	E460CC	16Г2АФ	YAW-TEN60	S460N	65
19	Q460D	E460DD	16Г2АФ	YAW-TEN60	S460NL	65
20	Q460E	E460E	16Г2АФ	YAW-TEN60	P460NL	65

3. 优质碳素结构钢中外牌号对照（见表 4.5-3）

表 4.5-3　优质碳素结构钢中外牌号对照

中国 GB	国际标准 ISO	俄罗斯 ГОСТ	美国		日本 JIS	德国 DIN	英国 BS	法国 NF
			ASTM	UNS				
08F		08КП	1008	G10080	S09CK SPHD SPHE S9CK	St22 C10（1.0301） CK10（1.1121）	040A10	—

（续）

中国 GB	国际标准 ISO	俄罗斯 ГОСТ	美国		日本 JIS	德国 DIN	英国 BS	法国 NF
			ASTM	UNS				
10F	—	10КП	1010	G10100	SPHD SPHE	USt13	040A12	FM10 XC10
15F	—	15КП	1015	G10150	S15CK	Fe360B	Fe360B	Fe360B FM15
08	—	08	1008	G10080	S10C S09CK SPHE	CK10	040A10 2S511	FM8
10	—	10	1010	G10100	S10C S12C S09CK	CK10 C10	040A12 040A10 045A10 060A10	XC10 CC10
15		15	1015	G10150	S15C S17C S15CK Cm15	Fe360B CK15 C15	Fe360B 090M15 040A15 050A15 060A15	Fe360B XC12 XC15
20	—	20	1020	G10200	S20C S22C S20CK	1C22 CK22 Cm22	1C22 050A20 040A20 060A20	1C22 XC18 CC20
25	C25E4	25	1025	G10250	S25C S28C	1C25 CK25 Cm25	1C25 060A25 070M26	1C25 XC25
30	C30E4	30	1030	G10300	S30C S33C	1C30 CK30	1C30 060A30	1C30 XC32 CC30
35	C35E4	35	1035	G10350	S35C S38C	1C35 CK35 Cf35 Cm35	1C35 060A35	1C35 XC38TS XC35 CC35
40	C40E4	40	1040	G10400	S40C S43C	1C40 CK40	1C40 060A40 080A40 2S93 2S113	1C40 XC38 XC42 XC38H1
45	C45E4	45	1045	G10450	S45C S48C	1C45 CK45 CC45 XF45 CM45	1C45 060A42 060A47 080M46	1C45 XC42 XC45 CC45 XC42TS
50	G50E4	50	1050 1049	G10500 G10490	S50C S53C	1C50 CK53 CK50 CM50	1C50 060A52	1C50 XC48TS CC50 XC50
55	C55E4 Type SC Type DC	55	1055	G10550	S55C S58C	1C55 CK55 CM55	1C55 070M55 060M57	1C55 XC55 XC48TS CC55
60	C60E4 Type SC Type DC	60	1060	G10600	S58C	1C60 CK60 CM60	1C60 060A62 080A62	1C60 XC60 XC68 CC55
65	SL SM Type SC Type DC	65	1065 1064	G10650 G10640	SWR- H67A SWR- H67B	A C67 CK65 CK67	080A67 060A67	FM66 C65 XC65

（续）

中国 GB	国际标准 ISO	俄罗斯 ГОСТ	美国		日本 JIS	德国 DIN	英国 BS	法国 NF
			ASTM	UNS				
70	SL SM Type SC Type DC	70	1070 1069	G10700 G10690	SWR- H72A SWR- H72B	A Cf70	070A72 060A72	FM70 C70 XC70
75	SL SM	75	1075 1074	G10750 G10740	SWR- H77A SWR- H77B	C C75 CK75	070A78 060A78	FM76 XC75
80	SL SM Type SC Type DC	80	1080	G10800	SWR- H82A SWR- H82B	D CK80	060A83 080A83	FM80 XC80
85	DM DH	85	1085 1084	G10850 G10840	SWR- H82A SWR- H82B SUP3	C D CK85	060A86 080A86 050A86	FM86 XC85
15Mn	——	15Г	1016	G10160	SB46	14Mn4 15Mn3	080A15 080A17 4S14 220M07	XC12 12M5
20Mn		20Г	1019 1022	G10190 G10220		19Mn5 20Mn5 21Mn4	070M20 080A20 080A22 080M20	XC18 20M5
25Mn		25Г	1026 1525	G10260 G15250	S28C	——	080A25 080A27 070M26	——
30Mn		30Г	1033	G10330	S30C	30Mn4 30Mn5 31Mn4	080A30 080A32 080M30	XC32 32M5
35Mn		35Г	1037	G10370	S35C	35Mn4 36Mn4 36Mn5	080A35 080M36	35M5
40Mn	SL SM	40Г	1039 G15410	G10390	SWR- H42B S40C	2C40 40Mn4	2C40 080A40 080M40	2C40 40M5
45Mn	SL SM	45Г	1043 1046	G10430 G10460	SWR- H47B S45C	2C45 46Mn5	2C45 080A47 080M46	2C45 45M5
50Mn	SL SM Type SC Type DC	50Г	1053 1551	G10530 G15510	SWR- H52B S53C	2C50	2C50 080A52 080M50	2C50 XC48
60Mn	——	60Г	1561	G15610	SWR- H62B S58C	2C60 CK60	2C60 080A57 080A62	2C60 XC60
65Mn	——	65ГА	1566	G15660	S58C	65M4	080A67	——
70Mn	DH	70Г	1572	G15720	——	B	080A72	——

4. 合金结构钢中外牌号对照（见表 4.5-4）

表 4.5-4 合金结构钢的中外牌号对照

中国 GB	国际标准 ISO	俄罗斯 ГОСТ	美国		日本 JIS	德国 DIN	英国 BS	法国 NF
			ASTM	UNS				
20Mn2	22Mn6	20Г2	1320 1321 1330 1524	——	SMn420	20Mn5 PH335	150M19	20M5

（续）

中国 GB	国际标准 ISO	俄罗斯 ГОСТ	美国		日本 JIS	德国 DIN	英国 BS	法国 NF
			ASTM	UNS				
30Mn2	28Mn6	30Г2	1330 1536	G13300	SMn433 SMn433H	28Mn6 30Mn5 34Mn5	28Mn6 150M28	28Mn6 32M5
35Mn2	36Mn6	35Г2	1335	G13350	SCMn443 SMn438 SMn438H	36Mn5	150M36	35M5
40Mn2	42Mn6	40Г2	1340	G13400	SMn438 SMn443 SMn443H	—	—	40M5
45Mn2	42Mn6	45Г2	1345	G13450	SMn443	46Mn7	—	45M5
50Mn2	—	50Г2	H13450	G13450	—	50Mn7	—	55M5
20MnV	—	—	—	—	—	20MnV6	—	—
27SiMn	—	27СТ	—	—	—	—	—	—
35SiMn	—	34СТ	—	—	—	37MnSi5	En46	38MS5
42SiMn	—	42СТ	—	—	—	46MnSi4	—	41S7
20SiMn2MoV	—	—	—	—	—	—	—	—
25SiMn2MoV	—	—	—	—	—	—	—	—
37SiMn2MoV	—	—	—	—	—	—	—	—
40B	—	—	1040B TS14B35	—	—	—	170H41	—
45B	—	—	1045B 50B46H	—	—	—	—	—
50B	—	—	1050B TS14B50	—	—	—	—	—
40MnB	—	—	1541B 50B40	—	—	—	185H40	30MB5
45MnB	—	—	1047B 50B44	—	—	—	—	—
20MnMoB	—	—	8B20	—	—	—	—	—
15MnVB	—	—	—	—	—	—	—	—
20MnVB	—	—	—	—	—	—	—	—
40MnVB	—	—	—	—	—	—	—	—
20MnTiB	—	—	—	—	—	—	—	—
25MnTiBRE	—	—	—	—	—	—	—	—
15Cr	—	15X	5115	G51150	SCr415	17Cr3 15Cr3	527A17 523M15	—
15CrA	—	15XA	5115	G51150	SCr415	17Cr3	527A17	12C3
20Cr	20Cr4	20X	5120	G51200	SCr420 SCr420H	20Cr4	590M17 527A19 527M20	18C3
30Cr	34Cr4	30X	5130	G51300	SCr430	34Cr4 28Cr4	34Cr4 530A30	34Cr4
35Cr	34Cr4	35X	5135 5132	G51350	SCr435 SCr435H	34Cr4 37Cr4 38Cr2	34Cr4 530A32 530A35	34Cr4 32C4 38C2 38C4
40Cr	41Cr4	40X	5140	G51400	SCr440 SCr440H	41Cr4	41Cr4 520M40 530A40 530M40	41Cr4 42C4
45Cr	41Cr4	45X	5145 5147	G51450	SCr445	41Cr4	41Cr4 534A99	41Cr4 45C4
50Cr	—	50X	5150	—	SCr445	—	—	50C4
38CrSi	—	38XC 37XC	—	—	—	—	—	—
12CrMo	—	12XM	A182—F11 F12	—	—	13CrMo44	620Cr · B	12CD4

（续）

中国 GB	国际标准 ISO	俄罗斯 ГОСТ	美国		日本 JIS	德国 DIN	英国 BS	法国 NF
			ASTM	UNS				
15CrMo	—	15XM	A—387Cr·B	—	STC42 STT42 STB42 SCM415	13CrMo45 16CrMo44 15CrMo5	1653	12CD4 15CD4·05
20CrMo	18CrMo4 (7)	20XM	4118	—	SCM22 STC42 STT42 STB42	25CrMo4 20CrMo44	25CrMo4 708M20 CDS12 CDS110	25CrMo4 18CD4
30CrMo	1 2	30XM	4130	G41300	SCM420 SCM430	25CrMo4	25CrMo4 1717COS110	25CrMo4 25CD4
30CrMoA	2	30XMA	4130	—	SCM430	34CrMo4	34CrMo4	34CrMo4
35CrMo	34CrMo4	35XM AS38XГM	4137 4135	—	SCM435 SCM432 SCCrM3	34CrMo4	34CrMo4 708A37	34CrMo4 35CD4
42CrMo	42CrMo4	38XM 40XMA	4140 4142	G41400	SCM440	42CrMo4 41CrMo4	42CrMo4 708M40	42CrMo4 42CD4 42CD4TS
12CrMoV	—	12XMФ	—	—	—	—	—	—
35CrMoV	—	35XMФ	—	—	—	—	—	—
12Cr1MoV	—	12X1MФ	—	—	—	13CrMoV42	—	—
25Cr2MoVA	—	25X2MФA	—	—	—	24CrMoV55	—	—
25Cr2Mo1VA	—	25X2M1ФA	—	—	—	—	—	—
38CrMoAl	41CrAlMo74	38X2MЮA (38XMЮA)	—	—	SACM645	41CrAlMo7 34CrAlMo5	905M39 905M31	40CAD6.12 30CAD6.12
40CrV	—	40XФAA	—	—	—	—	—	—
50CrVA	13	50XФA	—	G61500	SUP10	51CrV4	51CrV4 735A51 735A50	51CrV4 50CV4
15CrMn	—	15XГ 18XГ	—	— G51150	—	16MnCr5	—	16MC5
20CrMn	20MnCr5	20XГ 18XГ	—	G51200	SMnC420	20MnCr5	—	20MC5
40CrMn	41Cr4	40XГ	—	—	—	41Cr4	41Cr4	41Cr4
20CrMnSi	—	20XГCA	—	—	—	—	—	—
25CrMnSi	—	25XГCA	—	—	—	—	—	—
30CrMnSi	—	30XГC	—	—	—	—	—	—
30CrMnSiA	—	30XГCA	—	—	—	—	—	—
35CrMnSiA	—	35XГCA	—	—	—	20CrMo5	—	18CD4
20CrMnMo	—	18XГM	—	—	SCM421	20CrMo5	—	—
40CrMnMo	42CrMo4	40XГM 38XГM	4140 4142	G41420	SCM440	42CrMo4	42CrMo4 708A42	42CrMo4
20CrMnTi	—	18XГT	—	—	SMK22 SCM421	—	—	—
30CrMnTi	—	30XГT	—	—	—	30MnCrTi4	—	—
20CrNi	—	20XH	—	—	—	—	637M17	—
40CrNi	—	40XH	3140	G31400	SNC236	40NiCr6	640M40	—
45CrNi	—	45XH	3145		—	—	—	—
50CrNi	—	50XH	—	—	—	—	—	—
12CrNi2	—	12XH2	—	—	SNC415	14NiCr10	—	14NC11
12CrNi3	15NiCr13	12XH3A	—	G33100	SNC815	14NiCr14	832H13 655M13 665A12	14NC12
20CrNi3	—	20XH3A	3316 E3316	—	—	20NiCr14	—	20NC11
30CrNi3	—	30XH3A	3325 3330	—	SNC631 SNC631H SNC836	28NiCr10	653M31	30NC12

（续）

中国 GB	国际标准 ISO	俄罗斯 ГОСТ	美国		日本 JIS	德国 DIN	英国 BS	法国 NF
			ASTM	UNS				
37CrNi3	—	—	—	—	—	—	—	—
12Cr2Ni4	—	12X2H4A	E3310 3310H		SNC815	14NiCr18	655A12 659A15 655M13 659M15 655H13	12NC15
20Cr2Ni4	—	20X2H4A	—	—	—	—	—	—
20CrNiMo	20CrNiMo2 (12)	20XHM	8720	G86200	SNCM220	21NiCrMo2	805M20	20NCD2
40CrNiMoA	—	40XH2MA (40XHMA)	4340	G43400	SNCM439	40NiCrMo6 36NiCrMo4	3S97 3S99	40NCD3
18CrNiMnMoA	—	—	—	—	—	—	—	—
45CrNiMoVA	—	45XH2MФA (45XHMФA)	—	—	—	—	—	—
48Cr2Ni4WA	—	18X2H4MA (18X2H4BA)	—	—	—	—	—	—
25Cr2Ni4WA	—	25X2H4MA (25X2H4BA)	—	—	—	—	—	—

5. 保证淬透性结构钢中外牌号对照（见表4.5-5）

表4.5-5　保证淬透性结构钢中外牌号对照

中国 GB	国际标准 ISO	俄罗斯 ГОСТ	美国		日本 JIS	德国 DIN	英国 BS	法国 NF
			ASTM	UNS				
45H	C45E4H	45	1045H	H10450	—	2C45H 3C45H C45、CK45	2C45H 3C45H 080H46	2C45H 3C45H XC45
15CrH	—	—	—	—	SCr415H	—	—	—
20CrH	20Cr4H 20Cr4EHL B10	20X	5120H	H51200	SCr420H SCr22H	20Cr4	527H17	18C3 18C4
20Cr1H	—	—	—	—	SCr420H	—	—	—
40CrH	41Cr4H 41Cr4EH C16	40X	5140H	H51400	SCr440H SCr4H	41Cr4H 41CrS4 38Cr2 38Cr4 41Cr4	41Cr4H 41CrS4 530H40	41Cr4H 41CrS4 42C4
45CrH	41Cr4H 41Cr4EH C16	45X	5145H	H51450	SCr440H SCr4H	41Cr4H 41CrS4 46Cr2 42Cr4	41Cr4H 41CrS4	41Cr4H 41CrS4 45C4
40MnBH	—	40ГР	—	H50401 H15411	—	40Mn4 40MnB4	170H41	38MB5
45MnBH	—	45ГР	—	H50441 H15481	—	—	170H41	—
20MnMoBH	—	—	—	—	—	—	—	—
20MnVBH	—	—	—	—	—	—	—	—
22MnVBH	—	—	—	—	—	—	—	—
20MnTiBH	—	—	—	—	—	—	—	—
16CrMnH	—	—	—	—	—	16MnCr5	—	—
20CrMnH	—	—	—	—	—	20MnCr5	—	—
20CrMnMoH	18CrMo4H	18XГM 25XГM	—	—	SCM420H SCM22H	—	708H20	—
20CrMnTiH	—	18XГT	—	—	—	—	—	—
15CrMoH	—	—	—	—	SCM415H	—	—	—
20CrMoH	—	—	—	—	SCM420H	—	—	—
22CrMoH	—	—	—	—	SCM822H	—	—	—
42CrMoH	—	—	—	—	SCM440H	—	—	—

（续）

中国 GB	国际标准 ISO	俄罗斯 ГОСТ	美国 ASTM	美国 UNS	日本 JIS	德国 DIN	英国 BS	法国 NF
20CrNi3H	15NiCr13	20ХН3	—	—	—	22NiCr14	655H13	20NC11
12Cr2Ni4H	—	12Х2Н4	—	—	—	14NiCr18	659H15	12NC15
20CrNiMoH	20NiCrMo2H 20NiCrMo2EHL (B41)	20ХНМ	—	H86200	SNCM220H SNCM21H 20NiCrMo2	—	805H20	20NCD2 20CrNiMo2H
20CrNi2MoH	—	—	SAE4320(SAE)		—	—	—	—

6. 易切削结构钢中外牌号对照（见表 4.5-6）

表 4.5-6 易切削结构钢中外牌号对照

中国 GB	国际标准 ISO	俄罗斯 ГОСТ	美国 ASTM	美国 UNS	日本 JIS	德国 DIN	英国 BS	法国 NF
Y12	10S20 4	A12	1211 C1211, B1112 1109	C12110 G11090	SUM12 SUM21	10S20	210M15 220M07	13MF4 10F 10F1
Y12Pb	11SMnPb28 4Pb	—	12L13	G12134	SUM22L	10SPb20		AD37Pb 10Pb2 10PbF2
Y15	11SMn28 6	—	1213 1119 B1113	G12130 G11190	SUM25 SUM22	10S20 15S20 95Mn28	220M07 230M07 210A15 240M07	15F2
Y15Pb	11SMnPb28	AC14	12L14	G12144	SUM22L SUM24L	9SMnPb28	—	10PbF2 S250Pb
Y20	—	A20	1117	G11170	SUM32	1C22	1C22	1C22
Y20	—		C1120		SUM31	22S20	En7	18MF5 20F2
Y30	C30ea	A30	1132 C1126	G11320	—	1C30	1C30	1C30
Y35	C35ea	A35	1137	G11370	SUM41	1C35 35S20	1C35 212M36 212A37	1C35 35MF6
Y40Mn	44SMn28 9	A40Г	1144 1141	G11440 G11410	SUM43 SUM42	35MF4 40S20	226M44 225M44 225M36 212M44	45MF6.3 45MF4 40M5
Y45Ca	—	—	—	—	—	1C45	1C45	1C45

7. 冷镦和冷挤压用钢中外牌号对照（见表 4.5-7）

表 4.5-7 冷镦和冷挤压用钢中外牌号对照

中国 GB	国际标准 ISO	俄罗斯 ГОСТ	美国 ASTM/AISI	美国 UNS	日本 JIS	德国 DIN	英国 BS	法国 NF
ML08	CC8X	08КП	1010	G10100	SWRCH8A	QSt34-3	0/1	FB8 FR8
ML10	CC8A	10КП	1012	G10120	SWRCH10K	QSt36-3	0/2	XC10 FB10
ML15	CC15A	15ПС	1015	G10150	SWRCH15K	QSt38-3Cq15	0/3	FR15 FB18

（续）

中国 GB	国际标准 ISO	俄罗斯 ГОСТ	美国		日本 JIS	德国 DIN	英国 BS	法国 NF
			ASTM/AISI	UNS				
ML20	CC21A	20ПС	1020	G10200	SWRCH20K	Cq22	0/4	XC18 FR20
ML25	—	25	1025	G10250	SWRCH25K	—	—	XC25 FR28
ML30	CE28E4	30	1030	G10300	SWRCH30K	—	1/1	XC32 FR33
ML35	CE35E4	35	1034	G10340	SWRCH35K	Cq35	1/2	XC38 FR36
ML40	CE40E4	40	1040	G10400	SWRCH40K	—	1/3	XC40 FR38
ML45	CE45E4	45	1044	G10440	SWRCH45K	Cq45	—	XC45
ML25Mn	—		1026	G10260	SWRCH25K SWRCH27K	—	—	1C25
ML30Mn	CE28E4	—	1030	G10300	SWRCH30K SWRCH33K	—	—	1C30
ML35Mn	CE35E4	—	1034	G10340	SWRCH35K SWRCH38K	—	2/1	1C35
ML40Mn	CE40E4	40Г	1040	G10400	SWRCH40K SWRCH43K	—	2/2	1C40
ML45Mn	CE45E4	45Г	1045	G10450	SWRCH45K SWRCH48K	—	162	1C45
ML15Cr	—	15X	5115	G51150	—	15Cr2		
ML20Cr	20Cr4E	20X	5120	G51200	—	—	—	
ML40Cr	41Cr4E	40X	5140	G51400		41Cr4	3/2	38C4 42C4
ML15MnB	CE20BG2	—	1518	G15180	SWRCHB620	—	9/0	20MB5
ML30CrMo		30XMA	4130	G41300		~25CrMo4	—	30CD4
ML35CrMo	34CrMo4E	—	4135 A320ML7B	G41350	—	34CrMo4	—	34CD4
ML42CrMo	42CrMo4E	—	4140 A320ML7M	G41400		42CrMo4		42CD4

注："～"表示近似牌号。

8. 弹簧钢中外牌号对照（见表4.5-8）

表4.5-8　弹簧钢中外牌号对照

中国 GB	国际标准 ISO	俄罗斯 ГОСТ	美国		日本 JIS	德国 DIN	英国 BS	法国 NF
			ASTM	UNS				
65	Type DC	65	1064	G10650	SWRH67A SWRH67B SUP2	C67 CK67	080A67 060A67	FMR66 FMR68 XC65
70	Type DC	70	1070	G10700	SWRH72A SWRH72B SWRS72B	CK75	070A72 060A72	FMR66 FMR68 FMR70 FMR72 XC70
85	Type DC	85	1084 1085	G10840 G10850	SUP3	CK85	060A86 080A86	FMR86 XC85
65Mn	Type DC	65Г	1566 C1065	G15660	—	65Mn4	080A67	—
55Si2Mn	56SiCr7	55С2Г	9255	H92600	SUP6 SUP7	55Si7	251H60 250A53	56SC7 55S7
55Si2MnB	—	—	—	—	—	—	—	—
55SiMnVB	—	—	—	—	—	—	—	—
60Si2Mn	61SiCr7	60С2Т	9260	H92600	SUP6		251H60	61SC7

（续）

中国 GB	国际标准 ISO	俄罗斯 ГОСТ	美国 ASTM	美国 UNS	日本 JIS	德国 DIN	英国 BS	法国 NF
60Si2Mn	6 7	—	—	G92600	SUP7	60Si7 60SiMn5	250A58 250A61	60S7 60SC7
60Si2MnA	61SiCr7 7	60C2A	9260H	H92600	SUP6 SUP7	60SiCr7	251H60	61SC7
60Si2CrA	55SiCr63	60C2XA	—	—	SWOSC-V	60SiCr7 67SiCr5	685H57	60SC7
60Si2CrVA	—	60C2ХФА						
55CrMnA	55Cr3 8		5155	H51550 G51550	SUP9	55Cr3	525A58 527A60	55C3 55C2
60CrMnA	55Cr3 8	—	5160	H51600 G51600	SUP9A SUP11A	55Cr3	527H60 527A60	55Cr3
60CrMnMoA	60CrMo33 12		4161	G41610 H41610	SUP13	51CrMoV4	705H60 805A60	
50CrVA	51CrV4 13	50ХФА	6150 H51500	G61500	SUP10	50CrV4	735A51	50CV4
60CrMnBA	60CrB3 10		51B60	H51601 G51601	SUP11A	58CrMnB4	—	—
30W4Cr2VA	—	—	—	—	—	30WCrV17.9		

9. 滚动轴承钢中外牌号对照（见表 4.5-9）

表 4.5-9　滚动轴承钢中外牌号对照

中国 GB	国际标准 ISO	俄罗斯 ГОСТ	美国 ASTM	日本 JIS	德国 DIN	英国 BS	法国 NF	瑞典 SKF
ЩGCr6	—	ШХ6	50100 E50100	—	100Cr2	—	100C2	SKF9
GCr9	—	ШХ9	E51100	SUJ1	105Cr4	—	100C5	SKF13
GCr9SiMn	100CrMnSi4-4	—	A485 Cr1	SUJ3	—	—	—	SKF1
GCr15	100Cr6	ШХ15	E52100	SUJ2	106Cr6	535A99	100C6	SKF3
GCr15SiMn	100CrMnSi6-4	ШХ15ГС	—	—	100CrMn6	—	100CM6	SKF2
G20CrMo	~20MnCrMo4-2	—	A534 4118H	—	20MoCr4	—	—	—
G20CrNiMo	20NiCrMo2	—	A534 8620H	SNCM220	21NiCrMo2	805A20	20NCD2	SKF152
G20CrNi2Mo	20NiCrMo7	20ХН2М	A534 4320H	SNCM420	—	—	20NCD7	—
G20Cr2Ni4	~18NiCrMo14-6	20Х2Н4А	—	—	—	—	—	—
G10CrNi3Mo	—	—	A534 9310H	—	—	832H13	—	—
9Cr18	—	95Х18	—	SUS440C	—	—	—	—
9Cr18Mo	X108CrMo17	—	A756 440C	SUS440C	X102CrMo17	—	Z100CD17	SKF577 STORA577

注："~"表示近似牌号。

5.1.2　工具钢中外牌号对照

1. 碳素工具钢中外牌号对照（见表 4.5-10）

表 4.5-10　碳素工具钢的中外牌号对照

中国 GB	国际标准 ISO	俄罗斯 ГОСТ	美国 ASTM	美国 UNS	日本 JIS	德国 DIN	英国 BS	法国 NF
T7	TC70	У7	W1-7	T72301	SK6 SK7	C70W1 C70W2	060A67 060A72	C70E2U $Y_1 70$
T8	TC80	У8	W1A-8	T72301	SK5 SK6	C80W1 C80W2 C85W2	060A78 060A81	C80E2U $Y_1 80$

（续）

中国 GB	国际标准 ISO	俄罗斯 ГОСТ	美国		日本 JIS	德国 DIN	英国 BS	法国 NF
			ASTM	UNS				
T8Mn	—	Y8Г	W1-8	T72301	SK5	C85W 080W2 C75W3	060A81	Y75
T9	TC90	Y9	W1A-8.5 W1-0.9C W2-8.5	T72301	SK4 SK5	C85W2 C90W3	BW1A	C90E2U Y₁90
T10	TC105	Y10	W1A-9.5 W1-9 W2-9.5 W1-1.0C	T72301	SK3 SK4	C100W2 C105W1 C105W2	BW1B D1 1407	C105E2U Y₁105
T11	TC105	Y11	W1A-10.5 1A(ASM)	T72301	SK3	C105W1	1407	C105E2U XC110
T12	TC120	Y12	W1A-11.5 W1-12 W1-1.2C	T72301	SK3	C125W	1407 D1	C120E3U Y₂120
T13	TC140	Y13		T72301	SK1	C135W	—	C140E3U Y₂140

2. 合金工具钢中外牌号对照（见表 4.5-11）

表 4.5-11   合金工具钢中外牌号对照

中国 GB	国际标准 ISO	俄罗斯 ГОСТ	美国		日本 JIS	德国 DIN	英国 BS	法国 NF
			ASTM	UNS				
9SiCr	—	9XC	—	—	—	90SiCr5	BH21	—
8MnSi	—	—	—	—	—	C75W3	—	—
Cr06	—	13X	W5	—	SKS8	140Cr3	—	130Cr3
Cr2	100Cr2	X	L1	—	—	100Cr6	BL1	100Cr6 100C6
9Cr2	—	9X1 9X	L7	—	—	100Cr6	—	100C6
W	—	B1	F1	T60601	SKS21	120W4	BF1	—
4CrW2Si	—	4XB2C	—	—	—	35WCrV7	—	40WCDS3512
5CrW2Si	—	5XB2C	S1	—	—	45WCrV7	BSi	—
6CrW2Si	—	6XB2C	—	—	—	55WCrV7 60WCrV7	—	—
6CrMnSi2Mo1V	—	—	—	—	—	—	—	—
5Cr3Mn1SiMo1V	—	—	—	—	—	—	—	—
Cr12	210Cr12	X12	D3	T30403	SKD1	X210Cr12	BD3	Z200C12
Cr12Mo1V1	160CrMoV12	—	D2	T30402	SKD11	X155CrVMo121	BD2	—
Cr12MoV	—	X12M	D2	—	SKD11	165CrMoV46	BD2	Z200C12
Cr5Mo1V	100CrMoV5	—	A2	T30102	SKD12	—	BA2	X100CrMoV5
9Mn2V	90MnV2	9Г2Ф	02	T31502	—	90MnV8	B02	90MnV8 80M80
CrWMn	105WCr1	XBГ	07	—	SKS31 SKS2 SKS3	105WCr6	—	105WCr5 105WC13
9CrWMn	—	9XBГ	—	T31501	SKS3	—	B01	80M8
Cr4W2MoV	—	—	—	—	—	—	—	—
6Cr4W3Mo2VNb	—	—	—	—	—	—	—	—
6W6Mo5Cr4V	—	—	—	—	—	—	—	—
7CrSiMnMoV	—	—	—	—	—	—	—	—
5CrMnMo	—	5XГM	—	—	SKT5	40CrMnMo7	—	—
5CrNiMo	—	5XHM	L6	T61206 T61203	SKT4	55NiCrMoV6	BH224/5	55NCDV7
3Cr2W8V	30WCrV9	3X2B8Ф 3X3M3Ф	H21 H10	T20821	SKD5	X30WCrV93 X32CrMnV33	BH21 BH10	X30WCrV9 Z30WCV9 32DCV28

（续）

中国 GB	国际标准 ISO	俄罗斯 ГOCT	美国		日本 JIS	德国 DIN	英国 BS	法国 NF
			ASTM	UNS				
5Cr4Mo3SiMnVAl	—	—	—	—	—	—	—	—
3Cr3Mo3W2V	—	—	—	—	—	—	—	—
5Cr4W5Mo2V	—	—	—	—	—	—	—	—
8Cr3	—	8X3	—	—	—	—	—	—
4CrMnSiMoV	—	—	—	—	—	—	—	—
4Cr3Mo3SiV	—	—	—	—	—	—	BH10	—
4Cr5MoSiV	—	4X5МФC	H11 H12	T20811	SKD6 SKD62	X38CrMoV51 X37CrMoW51	BH11 BH12	X38CrMoV5 Z38CDV5 Z35CWDV5
4Cr5MoSiV1	40CrMoV5	4X5МФ1C	H H13	T20813	SKD61	X40CrMoV51	BH13	X40CrMoV5 Z40CDV5
4Cr5W2VSi	—	4X5B2ФC	—	—	—	—	—	—
7Mn15Cr2Al3V2WMo	—	—	—	—	—	—	—	—
3Cr2Mo	35CrMo2	—	—	—	—	—	—	35CrMo8
3Cr2MnNiMo	—	—	—	—	—	—	—	—

3. 高速工具钢中外牌号对照（表4.5-12）

表4.5-12 高速工具钢中外牌号对照

中国 GB	国际标准 ISO	俄罗斯 ГOCT	美国		日本 JIS	德国 DIN	英国 BS	法国 NF
			ASTM	UNS				
W18Cr4V	HS18-0-1	P18 P9	T1	T12001	SKH2	S18-0-1 B18	BT1	HS18-0-1 Z80WCV18-04-01 Z80WCN18-04-01
W18Cr4VCo5	HS18-1-1-5	P18K5Ф2	T4 T5 T6	T12004 T12005 T12006	SKH3 SKH4A SKH4B	S18-1-2-5 S18-1-2-10 S18-1-2-15	BT4 BT5 BT6	HS18-1-1-5 Z80WKCV18-05-04-01 Z85WK18-10
W18Cr4V2Co8	HS18-0-1-10	—	T5	T12005	SKH40	S18-1-2-10	BT5	HS18-0-2-9 Z80WKCV18-05-04-02
W12Cr4V5Co5	HS12-1-5-5	P10K5Ф5	T15	T12015	SKH10	S12-1-4-5 S12-1-5-5	BT5	Z160WK12-05-05-04 HS12-1-5-5
W6Mo5Cr4V2	HS6-5-2	P6M5	M2 （Regularc）	T11302 T11313	SKH51 SKH9	S6-5-2 SC6-5-2	BM2	HS6-5-2 Z85WDCV06-05-04-02 Z90WDCV06-05-04-02
CW6Mo5Cr4V2	—	—	M2 （high C）	T11302	—	SC6-5-2	—	—
W6Mo5Cr4V3	HS6-5-3	—	M3 （class a）	T11313	SKH52	S6-5-3	—	Z120WDCV06-05-04-03
CW6Mo5Cr4V3	HS6-5-3	—	M3 （class b）	T11323	SKH53	S6-5-3	—	HS6-5-3
W2Mo9Cr4V2	HS2-9-2	—	M7	T11307	SKH58	S2-9-2	—	HS2-9-2 Z100DCWV09-04-02-02
W6Mo5Cr4V2Co5	HS6-5-2-5	P6M5K5	M35	—	SKH55	S6-5-2-5	—	HS6-5-2-5 Z85WDKCV06-05-05-04-02
W7Mo4Cr4V2Co5	HS7-4-2-5	P6M5K5	M41	T11341	—	S7-4-2-5	—	HS7-4-2-5 Z110WKCDV07-05-04-04-02
W2Mo9Cr4VCo8	HS2-9-1-8	—	M42	T11342	SKH59	S2-10-1-8	BM42	HS2-9-1-8 Z110WKCDV09-08-04-02-01
W9Mo3Cr4V	—	—	—	—	—	—	—	—
W6Mo5Cr4V2Al	—	—	—	—	—	—	—	—

5.1.3 不锈钢与耐热钢中外牌号对照

1. 不锈钢中外牌号对照（见表 4.5-13）

表 4.5-13 不锈钢的中外牌号对照

中国 GB	国际标准 ISO	俄罗斯 ГOCT	美国 ASTM AISI	美国 UNS	日本 JIS	德国 DIN	英国 BS	法国 NF
1Cr17Mn6Ni5N	A-2	—	201	S20100	SUS201	—	—	—
1Cr18Mn8Ni5N	A-3	12X17Г9AH4	202	S20200	SUS202	—	284S16	—
1Cr18Mn10Ni5Mo3N	—	—						
1Cr17Ni7	14	—	301	S30100	SUS301	X12CrNi177	301S21	Z12CN17.07
1Cr18Ni9	12	12X18H9	302	S30200	SUS302	X12CrNi188	302S25, 302X31	Z10CN18.09
Y1Cr18Ni9	17	—	303	S30300	SUS303	X12CrNiS188	303S21, 303S31	Z10CNF18.09
Y1Cr18Ni9Se	17a	12X18H10E	303Se	S30323	SUS303Se	—	303S41, 303S42	—
0Cr18Ni9	11	08X18H10	304	S30400	SUS304	X5CrNi189	304S15, 304S31	Z6CN18.09 Z7CN18.09
00Cr19Ni10	10, X2CrNi1810	03X18H11	304L	S30403	SUS304L	X2CrNi189	304S12, 304S11	Z2CN18.09 Z3CN19.09
0Cr19Ni9N	—	—	304N	S30451	SUS304N1	—	304N, S30451	—
0Cr19Ni10NbN	—	—	XM21	S30452	SUS304N2	—		
00Cr18Ni10N	10N, X2CrNiN1810	—			SUS304LN	X2CrNiN1810	—	Z2CN18.10N
1Cr18Ni12	13, X7CrNi189	12X18H12T	305	S30500	SUS305	X5CrNi1911	305S19	Z8CN18.12
0Cr23Ni13			309S	S30908	SUS309S			Z15CN23-B
0Cr25Ni20			310S	S31008	SUS310S	—	310S31, 310S24	Z8CN25-20
0Cr17Ni12Mo2	20,20a X5CrNiMo1712 X5CrNiMo1713	08X17H13M2T	316	S31600	SUS316	X5CrNiMo1810 X5CrNiMo17122	316S16, 316S31	Z6CND17.12 27CND18-12-03,316F00
1Cr18Ni12Mo2Ti	21, X6CrNiMoTi1712	10X17H13M2T	—	—	—	X10CrNiMoTi1810 X6CrNiMoTi7122	320S17, 320S31	Z8CNDT17.12
0Cr18Ni12Mo2Ti	21, X6CrNiMoTi1712	08X17H13M2T	—	—	—	X10CrNiMoTi1810 X2CrNiMo18143	320S17, 320S31	Z6CNDT17.12
00Cr17Ni14Mo2	19.19a	03X17H13M2	316L	S31603	SUS316L	X2CrNiMo1810	316S12, 316S13	Z2CND17.12 Z3CND18-14-03
0Cr17Ni12Mo2N	—	—	316N	S31651	SUS316N	—	—	—
00Cr17Ni13Mo2N	19N,19aN X2CrNiMoN1713	—	—	—	SUS316LN	X2CrNiMoN1812 X2CrNiMoN17133	—	Z2CND17.12N
0Cr18Ni12Mo2Cu2	—	—	—	—	SUS316J1	—	—	—
00Cr18Ni14Mo2Cu2	—	—	—	—	SUS316J1L	—	—	—
0Cr19Ni13Mo3	25	08X17H15M3T	317	S31700	SUS317	X5CrNiMo17133	317S16, 316S33	—
00Cr19Ni13Mo3	24	03X16H15M3	317L	S31703	SUS317L	X2CrNiMo1816	317S12, 316S13	Z2CND19.15 Z3CND18-14-03
1Cr18Ni12Mo3Ti	X6CrNiMoTi1712	10X17H13M3T	—	—	—	—	—	—
0Cr18Ni12Mo3Ti	21, X6CrNiMoTi1712	08X17H15M3T	—	—	—	X6CrNiMoTi17122	320S31, 320S17	

中国 GB	国际标准 ISO	俄罗斯 ГОСТ	美国		日本 JIS	德国 DIN	英国 BS	法国 NF
			ASTM AISI	UNS				
0Cr18Ni16Mo5	—	—	—	—	SUS317J1	—	—	—
1Cr18Ni9Ti	X7CrNiTi X6CrNiTi1810	12X18H10T	—	—	—	X10CrNiTi89	321S12, 321S31	Z6CNT18.10
0Cr18Ni10Ti	15 X6CrNiTi1810	08X18H10T	321	S32100	SUS321	X10CrNiTi189	321S12, 321S20	Z6CNT18.10
0Cr18Ni11Nb	16 X6CrNiNb1810	08X18H12Б	347	S34700	SUS347	X10CrNiNb189	347S17, 347S31	Z6CNNb18.10
0Cr18Ni9Cu3	D32	—	XM7	—	SUSXM7	—	—	Z6CNU18.10 Z3CNU18.10
0Cr18Ni13Si4	—	—	XM15	S38100	SUSXM15J1	—	—	—
0Cr26Ni5Mo2	—	—	—	—	SUS329J1	—	—	—
1Cr18Ni11Si4AlTi	—	15X18H12C4TЮ	—	—	—	—	—	—
00Cr18Ni5Mo3Si2	—	—	—	—	—	—	—	—
0Cr13Al	2	—	405	S40500	SUS405	X7CrAl13	405S17	Z6CA13
00Cr12	—	—	—	—	SUS410L	—	—	Z3CT12
1Cr17	8	12X17	430	S43000	SUS430	X8Cr17 X6Cr17	430S15, 430S17	Z8C17, 430F00
Y1Cr17	8a	—	430F	S43020	SUS430F	X12CrMoS17	—	Z10CF17
1Cr17Mo	9c	—	434	S43400	SUS434	X6CrMo17	434S19	Z8CD17.01
00Cr30Mo2	—	—	XM27	S44625	SUS447J1	—	—	—
00Cr27Mo	—	—	XM27	S44625	SUSXM27	—	—	Z01CD26.1
1Cr12	3	—	403	S40300	SUS403	X6Cr13	403S17, 410S21	Z10C13, 403F00
1Cr13	3	12X13	410	S41000	SUS410	X10Cr13	410S21	Z12C13
0Cr13	1	08X13	410S	S41008	SUS410S	X7Cr13	403S17	Z6C13
1Y1Cr13	7	—	416	S41600	SUS416	X12CrS13	416S21	Z11CF13, Z12CF13
1Cr13Mo	—	—	—	—	SUS410J1	X15CrMo13	—	—
2Cr13	4	20X13	420	S42000	SUS420J1	X20Cr13	450S37	Z20C13, 420F20
3Cr13	5	30X13	420S45	—	SUS420J2	X30Cr13	420S45	Z33C13, Z30C13
Y3Cr13	—	—	420F	S42020	SUS420F	—	—	Z30CF16
3Cr13Mo	—	—	—	—	—	—	—	—
4Cr13	5	40X13	—	—	SUS420J2	X40Cr13 X38Cr13	—	Z40C13
1Cr17Ni2	9	14X17H2	431	S43100	SUS431	X22CrNi17	431S29	Z15CN16-02
7Cr17	—	—	440A	S44002	SUS440A	—	—	—
8Cr17	—	—	440B	S44003	SUS440B	—	—	—
9Cr18	—	95X18	440C	S44004	SUS440C	X105CrMo17	—	Z100CD17
11Cr17	A-1b	—	440C	S44004	SUS440C	—	—	Z100CD17
Y11Cr17	—	—	440F	S44020	SUS440F	—	—	—
9Cr18Mo	A-1b	—	440C	S44044	SUS440C	—	—	—
9Cr18MoV	—	—	440B	—	SUS440B	X90CrMoV18	—	Z6CND17.12
0Cr17Ni4Cu4Nb	1	—	17400	S17400	SUS630	—	—	Z6CNU17.04
0Cr17Ni7Al	2	09X17H7Ю	631	S17700	SUS631	X7CrNiAl177	—	28CNA17.7
0Cr15Ni7Mo2Al	3	—	632	S15700	—	—	—	Z8CND15.7

2. 耐热钢中外牌号对照（见表4.5-14）

表4.5-14　耐热钢中外牌号对照

中国 GB	国际标准 ISO	俄罗斯 ГОСТ	美国		日本 JIS	德国 DIN	英国 BS	法国 NF
			ASTM AISI	UNS				
5Cr21Mn9Ni4N	X53CrMnNi- N219 8	—	—	—	SUH35	X53CrMnNiN219	349S52	Z53CMN21.09AZ

（续）

中国 GB	国际标准 ISO	俄罗斯 ГОСТ	美国 ASTM AISI	美国 UNS	日本 JIS	德国 DIN	英国 BS	法国 NF
2Cr21Ni12N	—	—	—	—	SUH37	—	381S34	C20CN21. 12AZ
2Cr23Ni13	—	20Х23Н12	309	S30900	SUH309	—	309S24	Z15CN24. 13
2Cr25Ni20	H16	20Х25Н20С2	310	S31000	SUH310	CrNi2520 X12CrNi25. 21	310S24, 310S31	Z12CN25. 20
1Cr16Ni35	H17	—	330	N08330	SUH330	—	—	Z12NCS35. 16
0Cr15Ni25Ti2MoAlVB	—	—	660	K66286	SUH660	—	—	Z6NCTDV25. 15B
0Cr18Ni9	11	08Х18Н10	304	S30400	SUS304	X5CrNi189	304S15	N6CN18. 09
0Cr23Ni13	H14	—	309S	S30908	SUS309S	—	—	—
0Cr25Ni20	H15	—	310S	S31008	SUS310S	—	310S31	—
0Cr17Ni12Mo2	20、20a	08Х17Н13М2Т	316	S31600	SUS316	X5CrNiMo1810	316S16, 316S31	Z6CND17. 12
4Cr14Ni14W2Mo	—	45Х14Н14В2М	—	K66009	SUH31	—	331S42	Z35CNWS14. 14
3Cr18Mn12Si2N	—	—	—	—	—	—	—	—
2Cr20Mn9Ni2Si2N	—	—	—	—	—	—	—	—
0Cr19Ni13Mo3	25	08Х17Н15М3Т	317	S31700	SUS317	X5CrNiMo171733	317S16	—
1Cr18Ni9Ti	—	12Х18Н9Т	—	—	—	X10CrNiTi189	321S20	Z10CNT18. 10
0Cr18Ni10Ti	15	08Х18Н10Т	321	S32100	SUS321	X10CrNiTi189	321S12, 321S20	Z6CNT18. 10
0Cr18Ni11Nb	16	08Х18Н12Б	347	S34700	SUS347	X10CrNiNb189	347S17, 347S31	Z6CNNb18. 10
0Cr18Ni13Si4	—	—	XM15	S38100	SUSXM- 15J1	—	—	—
1Cr20Ni14Si2	—	20Х20Н14С2	—	—	—	X15CrNiSi20. 12	—	Z15CNS20. 12 Z17CNS20. 12
1Cr25Ni20Si2	—	20Х25Н20С2	314	S31400	—	X15CrNiSi25. 20	310S24	Z12CNS25. 20 Z15CNS25. 20
2Cr25N	H7	—	446	S44600	SUH446	—	—	—
0Cr13Al	2	—	405	S40500	SUS405	X6CrAl113 X7CrAl13	405S17	Z6CA13
00Cr12	—	—	—	—	SUS410L	—	—	Z3CT12
1Cr17	8	12Х17	430	S43000	SUS430	X6Cr17 X8Cr17	430S15	Z8C17
1Cr5Mo	—	15Х5М	502	S50200	—	—	—	—
4Cr9Si2	X45CrSi93	40Х9С2	—	K65007	SUH1	X45CrSi93	401S45	Z45CS9
4Cr10Si2Mo	2	40Х10С2М	—	K64005	SUH3	X40CrSiMo102	Z40CSD10	Z40CSD10
8Cr20Si2Ni	4	—	443S65	—	SUH4	X80CrNiSi20	443S65	Z80CNS20. 02
1Cr11MoV	—	15Х11МФ	—	—	—	—	—	—
1Cr12Mo	X12CrMo126	—	—	—	SUS410J1	—	—	—
2Cr12MoVNbN	—	—	—	—	SUH600	X19CrMoV- NbN11. 1	—	Z20CDNbV11
1Cr12WMoV	—	15Х12ВНМФ	—	—	—	—	—	—
2Cr12NiMoWV	—	20Х12ВНМФ	616	—	SUH616	X20CrMo- WV12. 1	—	—
1Cr13	3	12Х13	410	S41000	SUS410	X10Cr13 X15Cr13	410S21	Z12C13 Z13C13
1Cr13Mo	X12CrMo126	—	—	—	SUS410J1	X15CrMo13	—	—
2Cr13	4	20Х13	420	S42000	SUS420J1	X20Cr13	420S37	Z20C13 420F20
1Cr17Ni2	9	14Х17Н2	431	S43100	SUS431	X22CrNi17 X20CrNi172	431S29	Z15CN16. 02
1Cr11Ni2W2MoV	—	11Х11Н2В2МФ	—	—	—	—	—	—
0Cr17Ni4Cu4Nb	1	—	630	S17400	SUS630	X5CrNiCu- Nb17. 4	—	Z6CNU17. 04
0Cr17Ni7Al	2	09Х17Н7Ю	631	S17700	SUS631	X7CrNiAl177	—	N8CNA17. 7

5.1.4 铸钢件中外牌号对照

1. 工程与结构用碳素铸钢件中外牌号对照（见表4.5-15）

表4.5-15 工程与结构用碳素铸钢件中外牌号对照

中 国		国际标准	俄罗斯	美国	日本	德国	英国	法国
新	旧	ISO	ГОСТ	UNS	JIS	DIN	BS	NF
ZG200-400	ZG15	200-400	15Л	J03000	SC410	GS-38	—	—
ZG230-450	ZG25	230-450	25Л	J03101	SC450	GS-45	A1	GE230
ZG270-500	ZG35	270-480	35Л	J02501	SC480	GS-52	A2	GE280
ZG310-570	ZG45	—	45Л	J05002	SCC5	GS-60	—	GE320
ZG340-640	ZG55	340-550	—	J05000	—	—	A5	GE370

2. 合金铸钢件中外牌号对照（见表4.5-16）

表4.5-16 合金铸钢件中外牌号近似对照

中国 JB	俄罗斯 ГОСТ	美国 UNS	日本 JIS	德国 DIN	英国 BS	法国 NF
ZG40Mn	—	—	SCMn3	GS-40Mn5	AW3	—
2G40Cr	40ХЛ					
ZG20SiMn	20ГСЛ	J02505	SCW480	GS-20Mn5	—	G20M6
ZG35SiMn	35ГСЛ		3CSiMn2	GS-37MnSi5	—	
ZG35CrMo	35ХМЛ	J13048	SCCrM3	GS-34CrMo4		G35CrMo4
ZG35CrMnSi	35ХГСЛ		SCMnCr3			

3. 高锰铸钢件中外牌号对照（见表4.5-17）

表4.5-17 高锰铸钢件中外牌号近似对照

中国 GB、JB、YB	俄罗斯 ГОСТ	美国 UNS	日本 JIS	德国 DIN	英国 BS
ZGMn13-1 ZGMn13-2	Г13Л 11013Л	J91149 J91109	~ SCMnH1	G-X120Mn13 G-X120Mn12	BW10
ZGMn13-3 ZGMn13-4	100Г13Л	J91119 J91129	SCMnH2 SCMnH3	G-X110Mn14	
ZGMn13Cr2 ZGMn13-5	~ 110Г13Х2БРЛ	J91309	SCMn11 SCMn21	—	

注："~"表示近似牌号。

5.2 铸铁件中外牌号对照

5.2.1 灰铸铁件中外牌号对照（见表4.5-18）

表4.5-18 灰铸铁件中外牌号近似对照

中 国		国际标准	俄罗斯	美国	日本	德国	英国	法国
新	旧	ISO	ГОСТ		JIS	DIN	BS	NF
HT100	HT10-26	100	СЧ10	—	FC100	—	100	—
HT150	HT15-33	150	СЧ15	No. 20	FC150	GG15	150	FGL150
HT200	HT20-40	200	СЧ20	No. 30	FC200	GG20	200	FGL200
HT250	HT25-47	250	СЧ25	No. 35	FC250	GG25	250	FGL250
HT300	HT30-54	300	СЧ30	No. 45	FC300	GG30	300	FGL300
HT350	HT35-60	350	СЧ35	No. 50	FC350	GG35	350	FGL350
HT400	HT40-68	—	СЧ40	No. 60	—	GG40	—	FGL400

5.2.2 球墨铸铁件中外牌号对照（见表4.5-19）

表4.5-19 球墨铸铁件的中外牌号对照

中 国		国际标准	俄罗斯	美国	日本	德国	英国	法国
新	旧	ISO	ГОСТ		JIS	DIN	BS	NF
QT400-18	QT40-17	400-18	ВЧ40	60-40-18	FCD400	GGG40	400/17	FGS370-17
QT450-10	QT42-10	450-10	ВЧ45	65-45-12	FCD450	—	420/12	FGS400-12

（续）

中国		国际标准 ISO	俄罗斯 ГОСТ	美国	日本 JIS	德国 DIN	英国 BS	法国 NF
新	旧							
QT500-7	QT50-5	500-7	ВЧ50	70-50-05	FCD500	GGG50	500/7	FGS500-7
QT600-3	QT60-2	600-3	ВЧ60	80-60-03	FCD600	GGG60	600/3	FGS600-3
QT700-2	QT70-2	700-2	ВЧ70	100-70-03	FCD700	GGG70	700/2	FGS700-2
QT800-2	QT80-2	800-2	ВЧ80	120-90-02	FCD800	GGG80	800/2	FGS800-2
QT900-2	—	900-2	ВЧ100				900/2	

5.2.3　可锻铸铁件中外牌号对照（见表4.5-20）

表4.5-20　可锻铸铁件中外牌号近似对照

中国		国际标准 ISO	俄罗斯 ГОСТ	美国 UNS	日本 JIS	德国 DIN	英国 BS	法国 NF
新	旧							
KTH300-06	KT30-6	B30-06	КЧ30-6	—	FCMB30-06 FCMB27-05		B30/06	EN-GJMB-300-6
KTH330-08	KT33-8		КЧ33-8		FCMB31-08	GTS-35-10		
KTH350-10	KT35-10	B35-10	КЧ35-10	F22200	FCMB35-10	—	B32/10	
KTH370-12	KT37-12	—	КЧ37-12	22400	（FCMB37）		B35/12	EN-GJMB-350-10
KTZ450-06	KTZ45-5	P45-06	КЧ45-7	F23131 F23130	FCMP45-06	GTS-45-06	P45/06	EN-GJMB-450-6
			КЧ50-5	F23530	FCMP50-05		P10/05	EN-GJMB-500-5
KTZ550-04	KTZ50-4	P55-04	КЧ55-4	F24130	FCMP55-04	GTS-55-04	P55/04	EN-GJMB-550-4
			КЧ60-3	F24830	FCMP60-03		P60/03	EN-GJMB-600-3
KTZ650-02	KTZ60-3	P65-02	КЧ65-3	F25530	FCMP65-02	GTS-65-02	P65-02	EN-GJMB-650-2
KTZ700-02	KTZ70-2	P70-02	КЧ70-2	F26230	FCMP70-02	GTS-70-02	P69/02	EN-GJMB-700-2
KTB350-04		W35-04	—	—	FCMW34-04	GTW-35-04	W35/04	EN-GJMW-350-4
KTB380-12		W38-12	—	—	FCMW38-12	GTW-38-12	W38/12	EN-GJMW-360-12
KTB400-05		W40-05	—	—	FCMW40-05	GTW-40-05	W40/05	EN-GJMW-400-5
KTB450-07		W45-07	—	—	FCMW45-07	GTW-45-07	W45/07	EN-GJMW-450-7

5.2.4　抗磨铸铁件中外牌号对照（见表4.5-21）

表4.5-21　抗磨铸铁件中外牌号近似对照

中国 GB	美国 UNS	德国 DIN	英国 BS	法国 NF
KmTBNi4Cr2-DT	F45001	G-X260NiCr4 2	Grade 2A	FBNi4Cr2BC
KmTBNi4Cr2-GT	F45000	G-X330NiCr4 2	Grade 2B	FBNiCr2HC
KmTBCr9Ni5Si2	F45003	G-X300CrNiSi9 5 2	Grade 2D Grade 2E	FBCr9Ni5
KmTBCr15Mo2-GT	F45006	G-X300CrMo15 3	Grade 3B	
	F45005	G-X300CrMoNi15 2 1	Grade 3A	FBCr15MoNi
KmTBCr20Mo2Cu1	F45007 F45008	G-X260CrMoNi20 2 1	Grade 3C	FBCr20MoNi
KmTBCr26	F45009	G-X300Cr27 ~ G-X300CrMo27 1	Grade 3D	~ FBCr26MoNi

注：符号"～"表示近似牌号。

5.3　非铁金属材料中外牌号对照

5.3.1　铝及铝合金中外牌号对照

1. 变形铝及铝合金中外牌号对照（见表4.5-22）

2. 铸造铝合金中外牌号对照（见表4.5-23）

3. 压铸铝合金中外牌号对照（见表4.5-24）

表4.5-22　变形铝及铝合金中外牌号对照

中国		国际标准 ISO	美国 AA	日本 JIS	德国 DIN	英国 BS	法国 NF	俄罗斯 ГОСT
新牌号	旧牌号							
1A99	LG5	—	1199	1N99	Al99.98R	S1	—	AB000
1A90	LG2	—	1090	1N90	Al99.9		—	AB1

（续）

中	国	国际标准	美国	日本	德国	英国	法国	俄罗斯
新牌号	旧牌号	ISO	AA	JIS	DIN	BS	NF	ГОСТ
1A85	LG1	Al99.8	1080	A1080	Al99.8	1A	—	AB2
1070A	L1	Al99.7	1070	A1070	Al99.7	—	1070A	A00
1060	L2	—	1060	A1060	—	—	—	A0
1050A	L3	Al99.5	1050	—	Al99.5	1B	1050A	A1
1100	L5-1	Al99.0	1100	A1100	Al99.0	3L54	1100	A2
1200	L5	—	1200	A1200	Al99	1C	1200	—
5A02	LF2	AlMg2.5	5052	A5052	AlMg2.5	N4	5052	AMΓ2
5A03	LF3	AlMg3	5154	A5154	AlMg3	N5	—	AMΓ3
5083	LF4	AlMg4.5Mn0.7	5083	A5083	AlMg4.5Mn	N8	5083	AMΓ4
5056	LF5-1	AlMg5	5056	A5056	AlMg5	N6	—	—
5A05	LF5	AlMg5Mn0.4	5456	—	—	N61	—	AMΓ5
3A21	LF21	AlMn1Cu	3003	A3003	AlMnCu	N3	3003	AMЦ
6A02	LD2	—	6165	A6165	—	—	—	AB
2A70	LD7	AlCu2MgNi	2618	2N01	—	H16	2618A	AK4
2A99	LD9	—	2018	A2018	—	—	—	AK2
2A14	LD10	AlCu4SiMg	2014	A2014	AlCuSiMn	—	2014	AK8
4A11	LD11	—	4032	A4032	—	38S	4032	AK9
6061	LD30	AlMg1SiCu	6061	A6061	AlMg1SiCu	H20	6061	AД33
6063	LD31	AlMg0.7Si	6063	A6063	AlMgSi0.5	H19	—	AД31
2A01	LY1	AlCu2.5Mg	2217	A2217	AlCu2.5Mg0.5	3L86	—	Д18
2A11	LY11	AlCu4MgSi	2017	A2017	AlCuMg1	H15	2017A	Д1
2A12	LY12	AlCu4Mg1	2024	A2024	AlCuMg2	GB-24S	2024	Д16
7A03	LC3	AlZn7MgCu	7141	—	—	—	—	B94
7A09	LC9	AlZn5.5MgCu	7075	A7075	AlZnMgCu1.5	L95	7075	—
7A10	LC10	—	7079	7N11	AlZnMgCu0.5	—	—	—
4A04	LT1	AlSi5	4043	A4043	AlSi5	N21	—	AK
4A17	LT17	AlSi12	4047	A4047	AlSi12	N2	—	—
7A01	LB1	—	7072	A7072	AlZn1	—	—	—

表 4.5-23 铸造铝合金中外牌号对照

中	国	国际标准	美国	日本	德国	英国	法国	俄罗斯
牌号	代号	ISO	ASTM	JIS	DIN	BS	NF	ГОСТ
ZAlSi7Mg	ZL101	AlSi7Mg(Fe)	A03560	AC4C	G-AlSi7Mg	LM25	A-S7G	AЛ9
ZAlSi7MgA	ZL101A	AlSi7Mg	Al3560	AC4CH	G-AlSi7Mg	—	A-S7G03	AЛ9-1
ZAlSi12	ZL102	AlSi12	A04130	AC3A	G-AlSi12	LM6	A-S13	AЛ9-2
ZAlSi9Mg	ZL104	AlSi10Mg	A03600	AC4A	G-AlSi10Mg	LM9	A-S9G	AЛ5
ZAlSi5Cu1Mg	ZL105	AlSi5Cu1Mg	A03550	AC4D	G-AlSi5(Cu)	LM16	—	AЛ5-1
ZAlSi5Cu1MgA	ZL105A	—	A33550	—	—	—	—	AЛ32
ZAlSi8Cu1Mg	ZL106	—	A03280	—	G-AlSi8Cu3	LM27	—	—
ZAlSi7Cu4	ZL107	AlSi6Cu4	A03190	AC2B	G-AlSi6Cu4	LM21	—	—
ZAlSi12Cu2Mg1	ZL108	—	A23320	—	G-AlSi12Cu	—	—	AЛ25
ZAlSi12Cu1Mg1Ni1	ZL109	—	A13320	AC8A	—	LM13	A-S12UNG	AЛ30
ZAlSi5Cu6Mg	ZL110	—	—	—	—	—	—	—
ZAlSi9Cu2Mg	ZL111	—	A03540	—	G-AlSi8Cu3	—	—	—
ZAlSi7Mg1A	ZL114	—	A13570	—	—	—	A-S7G06	—
ZAlSi5Zn1Mg	ZL115	—	—	—	—	—	—	—
ZAlSi8MgBe	ZL116	—	—	—	—	—	—	AЛ34
ZAlCu5Mn	ZL201	—	—	—	—	—	—	AЛ19
ZAlCu5MnA	ZL201A	—	—	—	—	—	—	—
ZAlCu4	ZL203	AlCu4Ti	A02950	AC1A	G-AlCu4Ti	—	—	AЛ17
ZAlCu5MnCdA	ZL204A	—	—	—	—	—	—	—
ZAlCu5MnCdVA	ZL205A	—	—	—	—	—	—	AЦP-1
ZAlRE5Cu3Si2	ZL207	—	—	—	—	—	—	AЛ8
ZAlMg10	ZL301	AlMg10	A05200	AC7B	G-AlMg10	LM10	—	AЛ8

（续）

中 国		国际标准	美国	日本	德国	英国	法国	俄罗斯
牌 号	代 号	ISO	ASTM	JIS	DIN	BS	NF	ГОСТ
ZAlMg5Si1	ZL303	AlMg5Si1	A25140	—	G-AlMg5Si	LM5	—	АЛ13
ZAlMg8Zn1	ZL305	—	—	—	—	—	—	—
ZAlZn11Si7	ZL401	—	—	—	—	—	—	АЛ11
ZAlZn6Mg	ZL402	AlZn5Mg	A07120	—	—	—	A-Z5G	—

表 4.5-24 压铸铝合金中外牌号对照

中 国		国际标准 ISO	美国 ASTM①	日本 JIS	德国 DIN	英国 BS	法国 NF	俄罗斯 ГОСТ
牌 号	代 号							
YZAlSi12	Y102	—	A14130（S12A）	ADC1	GD-AlSi12	LM6-M LM20-M	A-S13	АЛ2
YZAlSi10Mg	Y104	—	A03600（SG100B） A13600（SG100A）	ADC3	GD-AlSi10Mg	—	A-S9G A-S10G	АЛ4 АК9
YZAlSi12Cu2	Y108	—	—	—	—	—	—	—
YZAlSi9Cu4	Y112	—	—	—	—	—	—	—
YZAlMg5Si1	Y302	—	G4A	ADC6	GD-AlMg5Si	LM5-M	A-G3T	АЛ13

① 带括号（ ）的牌号为旧牌号。

5.3.2 铜及铜合金中外牌号对照

1. 加工铜及铜合金中外牌号对照

（1）加工铜中外牌号对照（见表 4.5-25）

（2）加工黄铜中外牌号对照（见表 4.5-26）

表 4.5-25 加工铜中外牌号对照

中国 GB	国际标准 ISO	美国 ASTM	日本 JIS	德国 DIN	英国 BS	法国 NF	俄罗斯 ГОСТ
T1	—	—	—	—	C103	—	M0
T2	Cu-FRHC	C11000	C1100	E-Cu58	C101、C102	Cu-0.1 Cu-0.2	M1
T3	Cu-FRTP	C12700	—	—	C104	—	M2
TU0	—	—	—	—	—	—	—
TU1	—	C10100	C1011	—	—	Cu-C2	M0Б
TU2	Cu-OF	C10200	C1020	OF-Cu	103	Cu-C1	M1Б
TP1	Cu-DLP	C12000	C1201	SW-Cu	—	Cu-b2	M1P
TP2	Cu-DHP	C12200 C12300	C1220	SF-Cu	C106	Cu-b1	M2P
TAg0.1	CuAg0.1	—	—	CuAg0.1	—	—	БрСр0.1

表 4.5-26 加工黄铜中外牌号对照

中国 GB	国际标准 ISO	美国 ASTM	日本 JIS	德国 DIN	英国 BS	法国 NF	俄罗斯 ГОСТ
H96	CuZn5	C21000	C2100	CuZn5	CZ125	CuZn5	Л96
H90	CuZn10	C22000	C2200	CuZn10	CZ101	CuZn10	Л90
H85	CuZn15	C23000	C2300	CuZn15	CZ102	CuZn15	Л85
H80	CuZn20	C24000	C2400	CuZn20	CZ103	CuZn20	Л80
H70	CuZn30	C26000	C2600	CuZn30	CZ106	CuZn30	Л70
H68	—	C26200	—	CuZn33	—	—	Л68
H65	CuZn35	C27000	C2700	CuZn36	CZ107	CuZn33	—
H63	CuZn37	C27200	C2720	CuZn37	CZ108	CuZn27	Л63
H62	CuZn40	C28000	C2800	—	CZ109	CuZn40	—
H59	—	C28000	C2800	CuZn40	CZ109	—	Л60
HNi65-5	—	—	—	—	—	—	ЛН65-5
HNi56-3	—	—	—	—	—	—	—
HFe59-1-1	—	C67820	—	CuZn40Al1	CZ114	—	ЛЖМц59-1-1
HFe58-1-1	—	—	—	—	—	—	ЛЖС58-1-1
HPb89-2	—	—	—	—	—	—	—

（续）

中国 GB	国际标准 ISO	美国 ASTM	日本 JIS	德国 DIN	英国 BS	法国 NF	俄罗斯 ГОСТ
HPb66-0.5	—	—	—	—	—	—	—
HPb63-3	—	C34500	C3450	CuZn36Pb3	CZ124	—	ЛС63-3
HPb63-0.1	—	—	—	CuZn37Pb0.5	—	—	—
HPb62-0.8	CuZn37Pb1	C35000	C3710	—	—	—	—
HPb62-3	—	—	—	—	—	—	—
HPb62-2	—	—	—	—	—	—	—
HPb61-1	—	C37100	C3710	CuZn39Pb0.5	CZ123	CuZn40Pb	ЛС60-1
HPb60-2	—	—	—	—	—	—	—
HPb59-3	—	—	—	—	—	—	—
HPb59-1	CuZn39Pb1	C37710	C3771	CuZn40Pb2	CZ122	—	ЛС59-1
HAl77-2	—	—	—	—	—	—	—
HAl67-2.5	—	—	—	—	—	—	—
HAl66-6-3-2	—	—	—	—	CZ116	—	—
HAl61-4-3-1	—	—	—	—	—	—	—
HAl60-1-1	CuZn39AlFeMn	C67800	—	—	CZ115	—	ЛАЖ60-1-1
HAl59-3-2	—	—	—	—	—	—	ЛАН59-3-2
HMn62-3-3-0.7	—	—	—	—	—	—	—
HMn58-2	—	—	—	CuZn40Mn	—	—	ЛМЦ58-2
HMn57-3-1	—	—	—	—	—	—	ЛМЦА57-3-1
HMn55-3-1	—	—	—	—	—	—	—
HSn90-1	—	C40400	—	—	—	—	ГО90-1
HSn70-1	—	—	—	—	—	—	—
HSn62-1	CuZn38Sn1	C46400	C4620	CuZn39Sn	CZ112	—	ГО62-1
HSn60-1	—	C48600	—	—	CZ113	CuZn38Sn1	ГО60-1
H85A	—	—	—	—	—	—	—
HSn70-1	CuZn28Sn1	C44300	C4430	CuZn28Sn	CZ111	CuZn29Sn1	ГО70-1
H68A	CuZn30As	C26130	—	—	CZ216	CuZn30	—
HSi80-3	—	—	—	—	—	—	ЛК80-3

（3）加工青铜中外牌号对照（见表 4.5-27）

表 4.5-27　加工青铜中外牌号对照

中国 GB	国际标准 ISO	美国 ASTM	日本 JIS	德国 DIN	英国 BS	法国 NF	俄罗斯 ГОСТ
QSn1.5-0.2	—	—	—	—	—	—	—
QSn4-0.3	—	—	—	—	—	—	—
QSn4-3	CuSn4Zn2	—	—	—	—	—	БРОЦ4-3
QSn4-4-2.5	—	—	—	—	—	—	БРОЦ4-4-2.5
QSn4-4-4	CuSnPb4Zn3	C54400	—	—	—	CuSn4Zn4Pb4	БРОЦ4-4-4
QSn6.5-0.1	CuSn6	C51900	C5191	CuSn6	PB103	CuSn6P	БРОФ6.5-0.15
QSn6.5-0.4	CuSn6	C51900	C5191	CuSn6	PB103	CuSn6P	БРОФ6.5-0.4
QSn7-0.2	CuSn8	C52100	C5210	CuSn8	—	CuSn8P	БРОФ7-0.2
QSn8-0.3	—	—	—	—	—	—	—
QAl5	CuAl5	C60600	—	CuAl5As	CA101	CuAl6	БРА5
QAl7	CuAl7	C61000	—	CuAl8	CA102	CuAl8	БРА7
QAl9-2	CuAl9Mn2	—	—	CuAl9Mn2	—	—	БРАМЦ9-2
QAl9-4	CuAl10Fe3	C62300	—	—	—	—	БРАЖ9-4
QAl9-5-1-1	—	—	C628	—	—	—	—
QAl10-3-1.5	—	C63200	—	CuAl10Fe3Mn2	—	—	БРАЖМЦ10-3-1.5
QAl10-4-4	CuAl10Ni5Fe5	C63300	—	CuAl10Ni5Fe4	CA104	CuAl10Ni5Fe4	БРАЖН10-4-4
QAl10-5-5	—	C63280	C6301	—	CA105	—	—
QAl11-6-6	—	C62730	—	CuAl11Ni6Fe6	—	—	—
QBe2	CuBe2	C17200	C1720	CuBe2	—	CuBe1.9	БРБ2
QBe1.9	—	—	—	—	—	CuBe1.9	БРБНТ1.9
QBe1.9-0.1	—	—	—	—	—	—	БРБНТ1.9МГ

（续）

中国 GB	国际标准 ISO	美国 ASTM	日本 JIS	德国 DIN	英国 BS	法国 NF	俄罗斯 ГОСТ
QBe1.7	CuBe1.7	C17000	C1700	CuBe1.7	CB101	CuBe1.7	БРБНТ1.7
QBe0.6-2.5	—	—	—	—	—	—	—
QBe0.4-1.8	—	—	—	—	—	—	—
QBe0.3-1.5	—	—	—	—	—	—	—
QSi3-1	CuSi3Mn1	C65500 C65800	—	CuSi3Mn	CS101	—	БРКМЦ3-1
QSi1-3	—	—	—	CuNi3Si	—	—	БРКН1-3
QSi3.5-3-1.5	—	—	—	—	—	—	—
QMn1.5	—	—	—	CuMn2	—	—	—
QMn2	—	—	—	CuMn2	—	—	—
QMn5	—	—	—	CuMn5	—	—	БРМЦ5
QZr0.2	—	C15000	—	CuZr	—	—	—
QZr0.4	—	—	—	—	—	—	—
QCr0.5	CuCr1	C18200	—	CuCr	CC101	—	БРХ1
QCr0.5-0.2-0.1	—	—	—	—	—	—	—
QCr0.6-0.4-0.05	CuCr1Zr	C18100	—	—	CC102	—	—
QCr1	—	—	—	—	—	—	—
QCd1	CuCd1	C16200	—	CuCd1	C108	—	БРКД1
QMg0.8	—	—	—	CuMg0.7	—	—	БРМГ0.3
QFe2.5	—	—	—	—	—	—	—
QTe0.5	—	—	—	—	—	—	—

2. 铸造铜合金中外牌号对照（见表 4.5-28）

表 4.5-28   铸造铜合金中外牌号对照

中国 GB	国际标准 ISO	美国 ASTM	日本 JIS	德国 DIN	英国 BS	法国 NF	俄罗斯 ГОСТ
ZCuSn3Zn8Pb6Ni1	—	C83800	—	G-CuSn2ZnPb	LG1	—	БРО3Ц7С5Н1
ZCuSn3Z11Pb4	—	C84500	BC1	—	—	—	БРО3Ц12С5
ZCuSn5Pb5Zn5	CuPb5Sn5Zn5	C83600	BC6	G-CuSn5ZnPb	LG2	CuPb5Sn5Zn5	БРО5Ц5С5
ZCuSn10P1	CuSn10P	C90700	PBC2B	—	PB4	—	БРО10Ф1
ZCuSn10Pb5	—	—	LBC2	G-CuPb5Sn	—	—	БРО10С5
ZCuSn10Zn2	CuSn10Z2	C90500	BC3	G-CuSn10Zn	G1	CuSn12	БРО10Ц2
ZCuPb10Sn10	CuPb10Sn10	—	LBC3	G-CuPb10Sn	LB2	CuPb10Sn10	БРО10С10
ZCuPb15Sn8	CuPb15Sn8	—	LBC4	G-CuPb15Sn	LB1	—	—
ZCuPb17Sn4Zn4	—	—	—	—	—	—	БРО4Ц4С17
ZCuPb20Sn5	CuPb20Sn5	—	LBC5	G-CuPb20Sn	LB5	CuPb20Sn5	—
ZCuPb30	—	—	—	—	—	—	БРС30
ZCuAl8Mn13Fe3	—	—	—	—	—	—	—
ZCuAl8Mn13Fe3Ni2	—	C95700	ALBC4	Al-MnBZ13	CMA1	—	НВВа-70
ZCuAl9Mn2	—	—	—	G-CuAl9Mn	—	—	БРАМЦ9-2
ZCuAl9Fe4Ni4Mn2	—	C95800	ALBC3	—	AB2	CuAl10Fe5Ni5	БРАЖНМЦ9-4-4-2
ZCuAl10Fe-3	CuAl10Fe3	C95200	ALBC1	G-CuAl10Fe	AB1	CuAl10Fe3	БРАЖ9-4Л
ZCuAl10Fe3Mn2	—	—	—	—	—	CuAl10Fe3	БРАЖМЦ10-3-1.5
ZCuZn38	—	C85500	YBSC1	—	DCB1	—	Л62Л
ZCuZn25Al6Fe3Mn3	CuZn25Al6Fe3Mn3	C86300	HBSC4	G-CuZn25Al5	HTB-3	CuZn19Al6	ЛАЖМЦ66-6-3-2
ZCuZn26Al4Fe3Mn3	CuZn26Al4Fe3Mn3	C86200	HBSC3	—	HTB-2	—	—
ZCuZn31Al2	—	—	—	—	—	—	ЛА67-2
ZCuZn35Al2Mn2Fe1	CuZn35AlFeMn	C86500	HBSC1	G-CuZn35Al1	HTB-1	—	ЛАМ59-1-1Л
ZCuZn38Mn2Pb2	—	—	—	—	—	—	ЛМЦС58-2-2
ZCuZn40Mn2	—	—	—	—	—	—	ЛМЦ58-2
ZCuZn40Mn3Fe1	—	C86800	HBSC2	—	—	—	ЛМЦЖ55-3-1
ZCuZn33Pb2	CuZn33Pb	C85400	YBSC3	—	SCB3	—	—
ZCuZn40Pb2	CuZn40Pb	C85700	—	G-CuZn37Pb	DCB3	—	ЛС59-1Л
ZCuZn16Si4	—	C87400 C87800	—	G-CuZn15Si4	—	—	ЛК80-3Л

5.3.3　钛及钛合金中外牌号对照

1. 加工钛及钛合金中外牌号对照（见表 4.5-29）

表 4.5-29　加工钛及钛合金中外牌号对照

中国 GB	国际标准 ISO	美国 ASTM	日本 JIS	德国[①] DIN	英国 BS	法国 NF	俄罗斯 ГОСТ
TA1	Grade1	Grade1	1 级	3.7035（Ti2）	—	T40	BT10
TA2	Grade2	Grade2	2 级	3.7055（Ti3）	—	—	—
TA3	Grade3	Grade3	3 级	3.7065（Ti4）	—	—	—
TA6	—	—	—	—	—	—	BT5
TA7	—	Grade6	—	TiAl5Sn2（TIAL5S2.5）	—	—	BT5-1
TA7（EL1）	—	—	—	—	—	—	—
TC1	—	—	—	—	—	—	OT4-1
TC2	—	—	—	—	—	—	OT4
TC4	Ti-6Al-4V	Grade5	—	TiAl6V4	(Ti-6Al-4V)	TA6V	BT6
TC6	—	—	—	—	—	—	BT3-1
TC10	—	—	—	（TiAl6V6Sn2）	—	—	—
TC11	—	—	—	—	—	—	BT9

① 括号中是新标准草案规定的牌号。

2. 铸造钛及钛合金中外牌号对照（见表 4.5-30）

表 4.5-30　铸造钛及钛合金中外牌号对照

中国 GB	国际标准 ISO	美国 ASTM	日本 JIS	德国 DIN	俄罗斯 ГОСТ
ZTA1	—	C-1 级	KS50-C	G-T199.2	BT1Л
ZTA2	—	C-2 级	KS50-LFC	G-T199.4	—
ZTA3	—	C-3 级	KS70-C	G-T199.5	—
ZTA5	—	—	—	—	BT5Л
ZTA7	—	C-6 级	KS115AS-C	G-TiAl5Sn2.5	—
ZTB32	—	—	—	—	—
ZTC4	—	C-5 级	KS130AV-C	G-TiAl6V4	BT6Л
ZTC21	—	—	—	—	—

5.3.4　铸造轴承合金中外牌号对照（见表 4.5-31）

表 4.5-31　铸造轴承合金中外牌号对照

中国 GB	国际标准 ISO	美国 ASTM	日本 JIS	德国 DIN	英国 BS	法国 NF	俄罗斯 ГОСТ
ZSnSb12Pb10Cu4	—	锡系 No3	Wj4	—	—	—	—
ZSnSb8Cu4	—	锡系 No2、锡系 No11	WJ2	LgSn89	2 号 BS3332/1	—	Б89
ZSnSbCu4	—	锡系 No1	WJ1	—	1 号	—	Б91
ZPbSb16Sn16Cu2	—	—	—	—	—	—	Б16
ZPbSb15Sn5Cu3Cd2	—	—	≈WJ8	—	—	—	Б6
ZPbSb15Sn10	—	铅系 No7、铅系 No15	WJ7	WM10、LgPbSn10	7 号 BS3332/7	—	БТ
ZPbSb15Sn5	—	—	—	WM5	6 号 BS3332/7	—	Б5
ZPbSb10Sb6	—	铅锡 No13	WJ9	—	13 号	—	—

5.4　硬质合金中外牌号对照

切削工具用硬质合金中外牌号对照（见表 4.5-32）

表 4.5-32　切削工具用硬质合金中外牌号对照

中 国		国际标准 ISO	俄罗斯 ГОСТ	美 国		日本 JIS	德国 DIN	英国 BHMA	法国 Tykram
新	旧			JIC	Kennametal				
P01	YT30	P01	T30K4	C8	K165 K7H	P01	—	919	TSO

（续）

| 中国 | | 国际标准 | 俄罗斯 | 美国 | | 日本 | 德国 | 英国 | 法国 |
新	旧	ISO	ГОСТ	JIC	Kennametal	JIS	DIN	BHMA	Tykram
P10	YT15	P10	T15K6	C7	K5H K45 KC810	P10	S1	722	TS1
P20	YT14	P20	T14K8	C6	K29 K2884 KC850	P20	S2	444	TS2 TSY
P30	YT15	P30	T5K10	C5	K21 K2884 KC810	P30	S3	353	TS3 TSY
P40	YT5	P40	T5K12B	C5	K25 KC85C	P40	S4	263	TS4
M10	YW1	M10			K4H KC810	M10	M1	453	TU1
M20	YW2	M20			K3H KC810	M20	M2	363	TU2
M30		M30			K21 KC810	M30	—	263	THX
M40		M40			K2S	M40	—	273	—
K01	YG3X	K01	BK3M	C4	K11	K01	H3	930	TH2 TH3
K10	YG6A YD10	K10	BK6M	C3	K68 K8735 KC210	K10	H1	741	TH1
K20	YG6	K20	BK6	C2	K6 K8735 KC810	K20	G1	560	TG1
K30	YG8	K30	BK8 BK10	C1	K1 KC210	K30	—	280	TG2
K40	YG15	K40	BK15	C1	K2 K2S	K40	G2	290	TG3

6　有机高分子材料

6.1　概述

高分子是指分子量很大，可达几万几十万的一类有机化合物。在结构上是由许多简单、相同的结构单元（称为链节），通过化学键重复连接而成，也称高聚物或聚合物。

高分子材料以高分子化合物为主要成分，配以各种添加剂（配合剂），经过加工而成。材料的基本性质主要取决于高分子化合物。根据所制成材料的性能和用途，高分子材料分为：塑料、橡胶、纤维、粘合剂等。

高分子材料有许多优良特性，如密度小、有足够强度、电绝缘、耐腐蚀、加工容易，广泛用作电绝缘材料，结构材料、耐腐材料，自润滑材料，密封材料。胶粘材料及各种功能材料。

高分子材料的发展有广阔前途，特别是高强、高耐热材料的开发，以便在更大范围内取代金属材料。此外，新的智能型材料正引起人们极大的关注。

6.2　塑料

6.2.1　概述

塑料是在室温下具有一定强度和刚度的材料。根据其热性质分为：

1. 热塑性塑料　如聚乙烯、聚丙烯、聚氯乙烯等，加热到一定温度后即软化或熔化，具有丁塑性，冷却后固化成型，这一过程能反复进行，而其化学结构基本不变。

2. **热固性塑料** 如环氧树脂、酚醛树脂，在常温或在加热初期软化、熔融，加入固化剂固化成型后，变成不熔不溶的网状结构，不能再进行二次加工。

2.2 塑料的性能

1. **力学性能**

a. **塑料的应力-应变特性** 图 4.6-1 为塑料的应力-应变曲线，基本上可分为四类：曲线 1 代表硬而韧的塑料，如聚碳酸酯、聚砜、尼龙等；曲线 2 代表硬而强的塑料，如聚甲醛、环氧增强塑料等；曲线 3 代表硬而脆的塑料，如聚苯乙烯、有机玻璃等；曲线 4 代表软而韧的塑料，如聚乙烯。

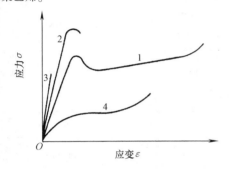

图 4.6-1 塑料的应力应变曲线

b. **摩擦磨损性能** 不少塑料因其摩擦系数低、耐磨性好、具有自润滑特性，能取代铜、巴氏合金，大量用于轴承、活塞环、密封圈等机械零部件。一些塑料的耐磨性能见表 4.6-1。

表 4.6-1 几种塑料的摩擦系数和 Pv 值

塑料名称	摩擦系数 μ	Pv 值/kPa·ms^{-1}
聚乙烯（高密度）	0.21	—
尼龙（-6 和 66）	0.15~0.40	90
聚甲醛	0.15~0.35	126
聚四氟乙烯	0.04	64
聚全氟乙烯丙烯	0.08	60~90
聚苯醚	0.18~0.23	—
聚酰亚胺	0.17~0.29	—
聚氯醚	0.35	72

注：表中数值是在干摩擦条件下测得。

c. **冲击性能** 反映材料的韧性。塑料的冲击性能一般不高，但因受到冲击时，因弹性形变量较大，能量被吸收而发生局部塑变，因而有时反比金属材料更耐小能量多次冲击。

d. **蠕变** 塑料具有蠕变性，热塑性塑料的蠕变量较大，如聚乙烯、聚四氟等不宜用于受力的精密零件。一些工程塑如聚碳酸酯、聚砜等有较高的抗蠕变性能。

塑料的力学性能及某些物理性能见表 4.6-2 和表 4.6-3。

2. **热性能** 塑料的耐热性常用热变形温度表示，一般低于 200℃。塑料热导率较低，线胀系数较大，约为钢的 10 倍。塑料的热性能数据见表 4.6-4 和表 4.6-5。

3. **耐腐蚀性能** 耐腐蚀性指其抵抗化学介质腐蚀的能力。塑料对酸、碱、盐、油脂、有机试剂和水等有良好的抗蚀性能。特别是聚四氟乙烯，几乎能抵抗所有的化学试剂。常用塑料的耐腐蚀性见表 4.6-6。

表 4.6-2 热塑性塑料的物理、力学性能

塑料名称	代号	密度/g·cm^{-3}	吸水率（%）	抗拉强度/MPa	拉伸模量/GPa	断后伸长率（%）	抗压强度/MPa	抗弯强度/MPa	冲击强度悬臂梁，缺口/J·m^{-1}	硬度洛氏/邵氏[②]/布氏 HR/HS[②]/HBS	成型收缩率（%）
聚乙烯（高密度）	HDPE	0.941~0.965	<0.01	21~38	0.4~1.03	20~100（断裂）	18.6~24.5	—	80~1067	60~70HSD	1.5~4.0
聚乙烯（低密度）	LDPE	0.91~0.925	<0.01	3.9~15.7	0.12~0.24	90~800	—	—	853.4	41~50HSD 10HRR	1.2~4.0
聚乙烯，超高分子量	UNMWPE	0.94	<0.01	30~34	0.68~0.95	400~480	35~37	—	简支梁，无缺口 190~200kJ/m² 未断	50HRR	4.0
氯化聚乙烯	CPE	1.08	—	10.3~12.4	—	200~650	—	—		65~70HSD	—
聚丙烯	PP	0.90~0.91	0.03~0.04	35~40	1.1~1.6	200	—	42~56	10~100	50~102HRR	1.0~2.5

（续）

塑料名称	代号	密度/g·cm⁻³	吸水率(%)	抗拉强度/MPa	拉伸模量/GPa	断后伸长率(%)	抗压强度/MPa	抗弯强度/MPa	冲击强度 悬臂梁，缺口/J·m⁻¹	硬度 洛氏/邵氏②/布氏 HR/HS②/HBS	成型收缩率(%)
聚氯乙烯,硬质	PVC	1.30~1.58	0.07~0.4	45~50	3.3	20~40	—	80~90	简支梁，无缺口 30~40kJ/m²	14~17HB	0.1~0.5
聚砜	PSU	1.24~1.61	0.3	66~68	2.5~4.5	2~5 50~100	276	99~106(2.7~5.2GPa)①	34.7~64.1	69~74HRM	0.4~0.7
聚苯乙烯	PS	1.04~1.10	0.03~0.30	50~60	2.8~4.2	1.0~3.7	—	69~80	10~80	65~80HRM	0.2~0.7
甲基丙烯酸甲酯-丁二烯-苯乙烯	MBS	1.09~1.10	—	42~55(屈服)	2.2~2.7	12~18(断裂)	—	—	50~150	100~120HRR	—
丙烯腈-苯乙烯-丙烯酸酯	ASA	1.07~1.09	—	35~52		15~45	—	63~85	50~450	90~108HRR	0.3~0.9
聚醚醚酮	PEEK	1.26~1.32	0.1~0.4	70~103	—	30~50	124	110(3.9GPa)①	85.4		1.1
丙烯腈-丁二烯-苯乙烯	ABS	1.03~1.06	0.20~0.25	21~63	1.8~2.9	23~60	18~70	62~97(1.8~3.0GPa)①	123~454	62~121HRR	0.3~0.6
聚甲基丙烯酸甲酯(有机玻璃)	PMMA	1.17~1.20	0.20~0.40	50~77	2.4~3.5	2~7	—	84~120	14.7	10~18HB	0.2~0.6
聚酰胺(尼龙)-6	PA-6	1.13~1.15	1.9~2.0	54~78	—	150~250	60~90	70~100	53.3~64	85~114HRR	—
聚酰胺(尼龙)-66	PA-66	1.14~1.15	1.5	57~83	—	40~270	90~120	60~110	43~64	100~118HRR	1.5~2.2
聚酰胺(尼龙)-610	PA-610	1.07~1.09	0.5	47~60	—	100~240	70~90	70~100	简支梁，有缺口 3.5~5.5kJ/m²	90~130HRR	1.5~2.0
聚酰胺(尼龙)-1010	PA-1010	1.04~1.07	0.39	52~55	1.6	100~250	65	82~89(1.8GPa)①	简支梁，有缺口 4~5kJ/m²	71HB	1~2.5
聚酰胺(尼龙)-铸型	PA-MC	1.10	0.6~1.2	77~92	2.4~3.6	20~30	—	120~150	简支梁，无缺口 500~600kJ/m²	14~21HB	径向3~4 纵向7~12
聚苯硫醚	PPS	1.3~1.9	0.25	66~103	3.3	1~4	76~159	96~158(3.8~16.5GPa)①	<26.7~53.4	121~123HRR	0.4~0.8
聚甲醛(均聚)	POM	1.42~1.43	0.20~0.27	58~70	2.9~3.1	15~75	122	98(2.9GPa)①	64~123	118~120HRR 80~94HRM	2.0~2.5
聚酰亚胺(均苯型)	PI	1.42~1.43	0.2~0.3	94.5	—	6~8	>276	117(3.2GPa)①	—	92~102HRM	—
聚碳酸酯	PC	1.18~1.20	0.2~0.3	60~88	2.5~3.0	80~95	—	94~130	640~830	68~86HRM	0.5~0.8
聚氯醚		1.40	0.01	42~56	1.1	60~130	66~76	54~78	简支梁，无缺口 >40kJ/m²	100HRM	0.4~0.6
聚酚氧		1.17~1.18	0.13	55~70	2.4~2.7	50~100	—	83~110(2.3~2.8GPa)①	80~127	118~123HRR	0.3~0.4
聚对苯二甲酸乙二(醇)酯	PETP	1.37~1.38	0.08~0.09	57	2.8~2.9	50~300	—	84~117	0.4	68~98HRM	—

（续）

塑料名称	代号	密度/g·cm⁻³	吸水率/(%)	抗拉强度/MPa	拉伸模量/GPa	断后伸长率/(%)	抗压强度/MPa	抗弯强度/MPa	冲击强度 悬臂梁，缺口/J·m⁻¹	硬度 洛氏/邵氏②/布氏 HR/HS②/HBS	成型收缩率/(%)
聚四氟乙烯	PTFE	2.1~2.2	0.01~0.02	14~25	0.4	250~500	—	18~20	107~160	50~65HSD	1~5（模压）
聚三氟氯乙烯	PCTFE	2.1~2.2	0.02	31~42	1.1~2.1	50~190	—	52~65	192	74HSD	1~2.5

① 弯曲模量。
② 按GB/T 2411—1980《塑料邵氏硬度试验方法》，塑料的邵氏硬度用 H_A 或 H_D 表示。此处为与洛氏硬度及布氏硬度的写法取得一致起见，特用 HSA 及 HSD 表示。

表 4.6-3 热固性塑料的物理、力学性能

塑料名称（填充物或增强物）	代号	密度/g·cm⁻³	吸水率/(%)	抗拉强度/MPa	拉伸弹性模量/GPa	伸长率/(%)	抗压强度/MPa	抗弯强度/MPa	冲击强度 悬臂梁,缺口/J·m⁻¹	硬度 洛氏/邵氏①/布氏 HR/HS/HBS	成型收缩率/(%)
酚醛	PF										
木粉		1.37~1.46	0.3~1.2	35~62	5.5~11.7	0.4~0.8	172~214	48~97	10.7~32.0	100~115HRM	0.4~0.9
碎布		1.37~1.45	0.6~0.8	41~55	6.2~7.6	1~4	138~193	69~97	42.7~187	105~115HRM	0.3~0.9
脲醛	UF										
纤维素		1.47~1.52	0.4~0.8	38~90	6.8~10.3	<1	172~310	69~124	13.3~21.4	110~120HRM	0.6~1.4
三聚氰胺	MF										
纤维素		1.47~1.52	0.1~0.8	34~90	7.6~9.6	0.6~1.0	228~310	62~110	10.7~21.4	115~125HRM	0.5~1.5
碎布		1.5	—	55~76	9.7~11.0	—	—	—	—	—	—
聚酯	UP										
硬质		1.10~1.46	0.15~0.6	41~90		<2	90~207	59~159	10.7~21.4	—	
软质		1.01~1.20	0.5~2.5	3~21					>374	84~94HSD	
环氧	EP										
双酚A型，无填料		1.11~1.40	0.08~0.15	28~90	2.41	3~6	103~172	90~145	10.7~53.4	80~110HRM	0.1~1.0
矿物		1.6~2.1	0.03~0.20	28~69			124~276	41~124	16.0~26.7	100~112HRM	0.2~1.0
玻纤		1.6~2.0	0.04~0.20	35~137	20.7	4	124~276	55~207	16.0~53.4	100~112HRM	0.1~0.8
酚醛型 矿物		1.6~2.0	0.04~0.29	35~86	14.5		165~331	69~150	16.0~26.7		0.4~0.8
脂环族 浇铸料		1.16~1.21	—	55~83	3.41		103~138	69~90	—	—	—
聚邻苯二甲酸二丙烯酯	PDAP										
玻纤		1.61~1.87	—	41~76	9.7~15.1	3~5	172~241	62~137	21~800	80~87HRE	0.05~0.5
矿物		1.65~1.80	—	35~62	8.3~15.1						
有机硅	SI										
浇铸料		0.99~1.5	—	2.4~6.9		100~700				15~65HSA	0~0.6
矿物		1.80~2.05	0.15	28~41			69~110	62~97	13.3~427	80~90HRM	0~0.5
聚氨酯	PUR										
浇铸料		1.1~1.5	0.2~1.5	1.2~69	0.064~0.69	100~1000	138	4.8~31	1335以上	10HSA, 90HSD	2.0

① 见表4.6-2注②。

表 4.6-4 热塑性塑料的热性能

塑料名称	代号	比热容 /kJ(kg·K)⁻¹	线胀系数 10⁻⁵K⁻¹	热导率 /W(m·K)⁻¹	热变形温度/℃		最高使用温度(无载荷)/℃	连续耐热温度/℃
					1.82MPa	0.46MPa		
聚乙烯,高密度	HDPE	2.30	11~13	0.46~0.52	43~54	60~88	79~121	85
聚乙烯,低密度	LDPE	—	16~18	0.35		38~49	82~100	
聚乙烯,超高分子量	UHMWPE	—	7.2	—		68~82		
氯化聚乙烯	CPE	—	—	—	—	—	—	121
聚丙烯	PP	1.93	10.8~11.2	0.1~0.21	52~60	85~110	88~116	
聚氯乙烯,硬质	PVC	1.05~1.47	5~6	0.15~0.21	54~79	57~82	66~79	
聚氯乙烯,软质	PVC	1.26~2.10	7~25	0.13~0.17		60~79	60~79	
聚苯乙烯	PS	1.40	3.6~8.0	0.10~0.14	79~99		60~79	
甲基丙烯酸甲酯-丁二烯-苯乙烯	MBS		6~8	0.17~0.20	80			
丙烯腈-苯乙烯-丙烯酸酯	ASA	1.26~1.67	6.0~10.0		82~89			>200
丙烯腈-苯乙烯	AS	1.34~1.42	3.6~3.8		83~93			
丙烯腈-丁二烯-苯乙烯	ABS	1.26~1.67	5.8~8.5	0.19~0.33	87~99	99~107	66~99	130~190
聚甲基丙烯酸甲酯(有机玻璃)	PMMA	1.47	5~9	0.17~0.25	85~100	—	65~95	
聚酰胺(尼龙)-6	PA-6	1.67~2.09	7.9~8.7	0.21~0.35	60~68	149~185	82~121	
聚酰胺(尼龙)-66	PA-66	1.67	9.1~10.0	0.26~0.35	66~104	182~243	82~149	
聚酰胺(尼龙)-610	PA-610	1.67~2.09	9.0		—	149		
聚酰胺(尼龙)-1010	PA-1010		10.5		45(马丁)			
聚酰胺(尼龙),MC	PA-MC		8~9		94			
聚酰胺(尼龙),芳香	PA芳香	—	2.8	—	125			
聚甲醛,均聚	POM	1.47	10		124	170	91	121
聚甲醛,共聚	POM	1.47	11		110	158	100	80
聚碳酸酯	PC	1.17~1.26	6~7	0.19	129~141	132~143	121	120
聚氯醚		—	8~11.9		100			
聚酚氧		1.67	3.7~6.1		80~85			65~80
聚对苯二甲酸乙二(醇)酯	PETP	1.17	6.0~9.5	0.15	85	116	79	
聚对苯二甲酸丁二(醇)酯	PBTP	1.17~2.30	6		54	154	138	
聚四氟乙烯	PTFE	1.05	10~12	0.25	—	121	288	
聚三氟氯乙烯	PCTFE	0.92	4.5~7.0	0.20~0.22		138	177~199	
聚全氟乙烯丙烯	FEP	1.17	8.5~10.5	0.25		70	204	
聚苯醚	PPO	1.46	3.3~7.0	0.16~0.22	82~135	98~137	79~104	60~121
聚酰亚胺,均苯型	PI	1.13	—	0.33~0.37	360		260	60~88
聚酰亚胺,醚酐型		—	—	—	—		—	

（续）

塑料名称	代号	比热容 /kJ(kg·K)$^{-1}$	线胀系数 /10^{-5}K^{-1}	热导率 /W(m·K)$^{-1}$	热变形温度/℃ 1.82MPa	热变形温度/℃ 0.46MPa	最高使用温度(无载荷)/℃	连续耐热温度/℃
聚酰亚胺,聚醚型	—	—	4.7~5.6	0.07	197~200	207~210	170	—
聚酰亚胺,聚酰胺型		—	-0.8~3.6	-0.67~0.24	278	—		—
聚砜	PSU	1.30	3.4~5.6	0.26	174~179	181	149	
聚芳砜	PAS		3.1~4.9	—	204	—	260	
聚醚砜	PES	1.1	5.5	0.13~0.18	201~203	—	180	
聚苯硫醚	PPS	—	2.0~4.9	0.29	135~260	—	260	
聚醚醚酮	PEEK	—	<150℃ 4.0~4.7 >150℃ 10.8	—		160	249	
聚芳酯	PAR	—	6.2~6.3	0.18	170~174	179	—	—
聚苯		—	—	—	—			
聚二甲苯			3.5~6.9	—	—			
液晶聚合物	LCP	—	0.9~1.6	—	290~319	—		241

表4.6-5 热固性塑料的热性能

塑料名称（填充物或增强物）	代号	线胀系数 /10^{-5}K^{-1}	热导率 /W(m·K)$^{-1}$	热变形温度/℃ 1.82MPa	最高使用温度/℃
酚醛(木粉)	PF	3.0~4.5	0.16~0.32	149~188	149~177
（碎布）		1.8~2.4	0.38~0.50	121~166	104~121
脲醛(纤维素)	UF	2.2~3.6	0.29~0.42	127~143	94
三聚氰胺(纤维素)	MF	4.0~4.5	0.20	132	121
（碎布）		—	—	154	121
聚酯,硬质	UP	5.5~10.0	—	60~204	—
环氧双酚A型(无填料)	EP	4.5~6.5	0.19	46~260	121~260
（矿物）		2.0~6.0	0.17~1.47	121~260	149~260
（玻纤）		—	0.17~0.42	121~260	149~260
酚醛型(矿物)		1.8~4.3	0.33~1.04	154~260	204~260
脂环族(浇铸料)				260~288	249~288
聚邻苯二甲酸二丙烯酯(玻纤)	PDAP	1.0~3.6	0.20~0.62	166~282	149~204
（矿物）				160~282	149~204
有机硅(浇铸料)	SI	30.0~80.0	0.14~0.31	—	—
（矿物）		2.0~5.0	0.30	>260	316
聚氨酯(浇铸料)	PUR	10~20	—	—	—

注：材料代号见表4.6-3。

4. 电性能 几乎所有的塑料都具有优良的绝缘性能和极小的介质损耗，能透过微波，是优良的绝缘材料。塑料的电性能见表4.6-7、表4.6-8。

6.2.3 塑料的选用

塑料品种多，性能各异，在实际应用中选材

可参照表 4.6-9。

表 4.6-6　塑料的耐腐蚀性能相对指数

塑料名称（代号）	相对耐热性	相对耐腐蚀性				
		有机溶剂	盐类	碱类	酸类	氧化
热塑性塑料						
聚乙烯（PE）	1	5	10	10	10	8
聚丙烯（PP）	3	5	10	10	10	8
聚氯乙烯，硬质（PVC）	4	6	10	10	10	6
聚氯乙烯，软质（PVC）	4	4	10	9	10	6
聚二氯乙烯	7	6	10	10	10	9
聚偏二氯乙烯（PVDC）	4	5	10	7	10	7
氯乙烯-乙酸乙酯	3	3	10	10	10	5
聚苯乙烯（PS）	3	2	10	10	10	4
丙烯腈-丁二烯-苯乙烯（ABS）	3	4	10	8	10	4
丙烯酸酯树脂	3	3	10	10	10	4
聚甲基丙烯酸甲酯（有机玻璃）（PMMA）	3	4	10	10	10	4
尼龙 66（PA-66）	6	7	10	7	3	2
聚甲醛（POM）	7	9	10	3	3	3
聚碳酸酯（PC）	8	6	10	1	7	6
聚氯醚	8	9	10	10	10	9
聚四氟乙烯（PTFE）	9	10	10	10	10	10
聚三氟氯乙烯（PCTFE）	8	10	10	10	10	10
聚全氟乙烯丙烯（FEP）	—	—	—	—	—	—
聚六氟丙烯	8	10	10	10	10	10
甲基纤维素（MC）	3	10	10	1	1	2
乙基纤维素（EC）	3	3	8	9	3	2
乙酸纤维素（CA）	3	3	7	2	2	1
乙酸丁酸纤维素（CAB）	3	3	7	2	2	1
聚乙烯醇（PVA）	3	10	2	1	1	1
聚乙烯醇缩丁醛（PVB）	3	3	8	6	6	2
醇酸树脂	6	7	10	3	8	5
热固性塑料						
酚醛树脂（PF）	8	9	10	3	10	4
增强酚醛树脂	10	9	10	3	10	4
三聚氰胺甲醛塑料（MF）	8	8	10	8	7	4
脲醛塑料（UF）	8	8	10	8	7	4
环氧树脂（EP）	7	6	10	7	9	2
增强环氧树脂	8	6	10	7	9	2
聚酯树脂（UP）	5	6	10	4	4	6
增强聚酯树脂	8	6	10	4	4	6
聚邻苯二甲酸二烯丙酯（PDAP）	8	6	10	4	10	6
增强聚邻苯二甲酸二烯丙酯	8	7	10	4	9	4
硅树脂（Si）	9	3	5	4	3	1
聚氨酯（PUR）	6	6	10	4	6	4
呋喃树脂	8	10	10	10	10	2

注：1—耐蚀性最弱，2～9—依次由弱到强，10—耐蚀性最强。

表 4.6-7　热塑性塑料的电性能

塑料名称（代号）	表面电阻率 /Ω	体积电阻率 /Ω·cm	相对介电常数（工频）	介质损耗角正切（工频）	介质强度 /MV·m^{-1}	耐电弧性 /s
聚乙烯（PE）	—	10^{16}	2.5（10^6 Hz）	0.0002～0.0005	26～28	135～160
聚丙烯（PP）	—	$>10^{16}$	—	0.0005	30	—
聚氯乙烯（PVC）	—	10^{11}～10^{16} 以上	2～3	0.08～0.15	20～35	60～80
聚苯乙烯（PS）	—	$>10^{16}$	—	0.0001～0.002	25	—
丙烯腈-丁二烯-苯乙烯（ABS）	—	10^{13}～10^{16}	2.4～5.0	0.003～0.11	—	—
聚甲基丙烯酸甲酯（PMMA）	10^{15}	—	—	0.04～0.06	20	—
聚酰胺（尼龙,PA）	—	10^{14}～10^{15}	3.1～3.6	0.01～0.03	15～28	—
聚甲醛（POM）	—	10^{14}	3.8	0.004～0.005	18.6	129～240
聚碳酸酯（PC）	—	10^{16}	3.1	0.0003	17～22	10～120
聚氯醚	—	10^{15}～10^{16}	3.2	0.003	28	—
聚酚氧	10^{14}	10^{13}～10^{14}	4.1	0.0012～0.009	—	—
聚对苯二甲酸乙二（醇）酯（PETP）	10^{15}	$>10^{14}$	3.37	0.021	—	—
聚对苯二甲酸丁二（醇）酯（PBTP）	—	—	3～4（10^5 Hz）	0.015～0.022（10^5 Hz）	17～24	—

（续）

塑料名称 （代号）	表面电阻率 /Ω	体积电阻率 /Ω·cm	相对介电常数（工频）	介质损耗角正切（工频）	介质强度 /MV·m⁻¹	耐电弧性 /s
聚四氟乙烯（PTFE）	—	$10^{17} \sim 10^{18}$	2.0~2.2	0.0002~0.0005	25~40	>360
聚三氟氯乙烯（PCTFE）	—	$>10^{16}$	2.3~2.7	0.0012	19.7	360
聚全氟乙烯丙烯（FEP）	—	10^{18}	2.1(10^6Hz)	0.0007(10^6Hz)	40	>165
聚偏二氟乙烯（PVDF）	—	$>10^{14}$	8.4	0.049	10.2	50~70
三氟乙烯-偏氟乙烯共聚体	—	$10^{16} \sim 10^{17}$	3.0	0.012	23~25	—
聚苯醚（PPO）	—	$10^{16} \sim 10^{17}$	2.6~2.8	0.001	16~22	—
聚酰亚胺，均苯型（PI）	10^{14}	10^{17}	3~4	0.003	>40	—
聚酰亚胺，醚酐型（PI）	—	$10^{15} \sim 10^{16}$	3.1~3.5	0.001~0.005	>18	—
聚砜（PSU）	—	10^{16}	3.1	0.0008	—	—
聚芳砜（PAS）	$10^{14} \sim 10^{15}$	10^{16}	4.0	0.003~0.006	—	—
聚醚砜（PES）	—	$10^{16} \sim 10^{17}$	2.9~3.6	0.001~0.009	16	—
聚苯硫醚（PPS）	—	—	—	—	15.2	—
聚醚醚酮（PEEK）	—	$10^{16} \sim 10^{17}$	2.2~3.3	0.017(10^5Hz)	—	—
聚芳酯	$>10^{13}$	$10^{14} \sim 10^{16}$	3.0~3.6	0.01~0.42	—	120
聚苯	—	10^{13}	—	—	24~32	—
聚对二甲苯	$10^{13} \sim 10^{16}$	$10^{15} \sim 10^{17}$	2.7~3.1（10^3Hz）	0.0002~0.02	—	—

表 4.6-8　热固性塑料的电性能

塑料名称 （填充物或增强物）	相对介电常数（工频）	介质强度 /MV·m⁻¹
酚醛（木粉）	5~13	10.2~15.7
（碎布）	5.2~21	7.9~15.7
脲醛（纤维素）	7.0~7.5	11.8~15.7
三聚氰胺（纤维素）	6.2~7.6	10.6~15.7
（碎布）	7.6~12.6	9.8~13.8
聚酯　硬质	—	15.0~19.8
软质	—	9.8~19.7
环氧　双酚 A（无填料）	3.2~5.0	11.8~25.6
（矿物）	3.5~5.0	9.8~15.7
（玻纤）	3.5~5.0	9.8~15.7
酚醛型（矿物）	3.1~4.0	12.8~23.6
脂环族（浇铸料）	3.6	—
聚邻苯二甲酸二烯丙酯（玻纤）	4.3~4.6	15.7~17.7
（矿物）	5.2	15.7~16.5
有机硅（浇铸料）	3.3~5.2	7.9~15.7
（矿物）	3.5~3.6	7.9~15.7
聚氨酯（浇铸料）	4.0~7.5	15.7~19.7

表 4.6-9　常用塑料的选用

一般结构零件	耐磨受力传动件	减磨自润滑零件	耐腐蚀零部件	耐高温零部件
对材料要求	对强度和耐热性要求不太高，要求成本低	要有较高的强度、刚性、韧性、耐磨性、耐疲劳性及较高的热变形温度	要求具有低的摩擦系数，强度要求不高	要求耐酸碱溶液等腐蚀性能	有高的热变形温度和高温抗蠕变性能。能在150℃以上长期工作
常用塑料	低压聚乙烯改性聚苯乙烯　氯乙烯-醋酸乙烯共聚物　ABS 塑料　聚丙烯改性有机玻璃　聚氯乙烯	尼龙（包括 MC 尼龙）　聚甲醛　聚碳酸酯　氯化聚醚　聚对苯二甲酸乙二醇酯　环氧塑料　酚醛塑料　ABS　聚砜（PSF）	聚四氟乙烯（F-4）及填充聚四氟乙烯　低压聚乙烯（F-3）　聚偏氟乙烯（F-2）　聚全氟乙丙烯（F-46）尼龙	聚四氟乙烯　聚全氟乙丙烯　聚三氟氯乙烯（F-3）　聚偏氟乙烯　氯化聚醚　低压聚乙烯　聚丙烯	聚砜　聚苯醚（PPO）　氟塑料F-4 F-46　聚酰亚胺　各种纤维增强塑料　改性有机硅塑料

（第一列标题为"对材料要求""常用塑料"）

6.3 橡胶

6.3.1 概述

橡胶分天然橡胶和合成橡胶两大类。它们的共同特点是高弹性，弹性模量低，软质橡胶的弹性模量约为1MPa。橡胶伸长率可达原长的10倍，拉伸时放热，因为橡胶在形变与回复过程中，将输入的一部分机械能转变为热能，从而产生很高的阻尼效应，可用作减振材料。

原料橡胶称为生胶，蠕变量大，必须经过硫化加工，使橡胶获得适度交联，才能成为具有各种特殊性能的橡胶制品。

橡胶的种类很多，按应用范围分，有通用橡胶、准通用橡胶和特种橡胶。通用橡胶是指天然橡胶以及能够用来代替天然橡胶制造轮胎等制品的合成橡胶，如丁苯橡胶、顺丁橡胶等，产量大、用途广；准通用橡胶如丁基橡胶、丁腈橡胶，是产量较大、用途渐广的一类；特种橡胶如硅橡胶，聚硫橡胶等，具有耐寒、耐热、耐油或耐臭氧等特殊性能。

在机械工业中，橡胶主要用于下列几方面：

（1）动、静密封，如各种油封、轴衬、垫片等，用于转轴、往复轴等密封。

（2）减振制品，如汽车发动机支座、机床隔振垫、弹性联轴节、桥梁支座等。

（3）传动件，如三角带、齿形带、摩擦传动轮，输送胶带等。

（4）绝缘防护材料，如电线、电缆外皮护套，绝缘手套等。

（5）耐磨、耐化学介质的滚动件，如轮胎、胶辊等。此外，还可制造一些特殊功能的制品。

6.3.2 橡胶制品的性能

橡胶的物理及力学性能见表4.6-10，热性能见表4.6-11，电性能见表4.6-12。

表4.6-10 橡胶的物理及力学性能

品 种	密 度 /g·cm⁻³	抗拉强度 未补强的 /MPa	抗拉强度 补强的 /MPa	扯断伸长率 未补强的 (%)	扯断伸长率 补强的 (%)	抗变形性	抗撕裂性	硬度 IRHD HA	耐磨性	弹性
天然、异戊	0.93	28	9~31	800	<600	FH	FH	30~100	H	H
丁苯	0.94	VL	7~28	700	500	FH	M	35~100	H	H
顺丁	0.91~0.93	VL	3.5~14	500	>500	FH	L	35~90	M	H
丁基	0.91	21	7~17	>1000	<800	M	M	40~90	M	FL
氯丁	1.23	21	7~21	800	<600	FM	M	40~90	H	H
丁腈	1.0	VL	7~17	800	<600	M~FM	M	45~100	H	M
乙丙	0.86	VL	>21	>500	500	VH	M	40~90	VH	VH
聚丙醚	1.01	VL	7~14	>300	<300	VH	M	40~80	—	VH
聚硫	1.34	VL	3.5~10	<200	<150	L	L	40~90	L	L
氯磺化聚乙烯	1.1	>14	7~21	700	<500	M	M	45~100	VH	VH
硅	1.2	VL	2~10	<200	<150	M	M	10~85	L	M
氟	1.4~1.85	3.5~17	3.5~17	100~250	100~350	M~FH	M	55~90	M	M
聚氨酯	1.1~1.25	可达70	可达70	500~1000	500~1000	FL	VH	10~100	VH	L~VH
热塑丁苯	1~3	14	14	—	—	L	L	50~90	H	H
热塑聚酯	1.17~1.22	41	41	—	—	L	H	92~100	VH	

注：VH—很高，H—高，FH—较高，M—中等，FL—较低，L—低，VL—很低。

表4.6-11 橡胶的热性能

橡胶名称	适用温度/℃	耐热性	耐寒性	玻璃化温度/℃	难燃性
天然、异戊	-55~100	FL	H	天然：-73；异戊：-70	L
丁苯	-45~100	FL	FH	-60	L
顺丁	-70~100	FL	H	-85	L
丁基（卤化丁基）	-50~125	M	H	-79	L
氯丁	-20~120	FH	FH	-50	H

（续）

橡胶名称	适用温度/℃	耐热性	耐寒性	玻璃化温度/℃	难燃性
丁腈	-20~120	M~FL	L~M	-22	L~M
乙丙	-50~150	H	M	-58	L
聚丙醚	-40~120	FH	M	-61（脆性温度）	L
聚硫	-50~95	L	FH	-24~-80	L
丙烯酸酯	-10~150	FL	FL~L	-12~-24	L
氯醚	-35~140	H~VH	L	-10和-42	VH
氯磺化聚乙烯	-40~125	H	FL	-28	VH
硅	-90~250	VH	VH	-120	H
氟	-20~250	VH	L	-22	VH
聚氨酯	-20~80	FH	M	M	M
热塑丁苯	-10~80	L	VL	—	L
热塑聚酯	-40~100	FL	M	—	L

表 4.6-12　橡胶的电性能

橡胶名称	体积电阻率/Ω·cm	介质损耗角正切,在50Hz下 20℃	介质损耗角正切,在50Hz下 70℃	相对介电常数	介质强度/MV·m⁻¹
天然、异戊	$10^{14} \sim 10^{15}$	0.08	0.06	3~4	20~30
丁苯	$10^{14} \sim 10^{15}$	0.09~0.14	0.08~0.10	3~7	20~30
顺丁	$10^{14} \sim 10^{15}$				
丁基（卤化丁卤）	$10^{15} \sim 10^{16}$	0.45	0.08	3~4	20~30
氯丁	$10^{10} \sim 10^{12}$	0.09	0.08	6~8	10~20
丁腈	$10^{10} \sim 10^{11}$	0.01~0.18	0.09~0.11	20	—
乙丙	10^{15}	0.002~0.008	—	3~4	30~60
聚丙醚	—	—	—	—	—
聚硫	$10^{10} \sim 10^{12}$	—	—	—	—
丙烯酸酯	$10^{8} \sim 10^{10}$	—	—	—	—
氯醚	10^{9}	0.03	0.02	—	—
氯磺化聚乙烯	10^{14}	0.03~0.5	—	6~8	20~30
硅	$10^{15} \sim 10^{17}$	0.09	0.08	3~3.5	20~30
氟	$10^{13} \sim 10^{14}$	0.03~0.05	—	6~8	10~20
聚氨酯	$10^{9} \sim 10^{12}$	—	—	—	—
热塑丁苯	$10^{14} \sim 10^{15}$	—	—	—	—
热塑聚酯	—	—	—	—	—

6.3.3　橡胶的选用

选用时,首先保证产品的主要使用性能,再考虑其他辅助性能。可参考表4.6-13。

表 4.6-13　橡胶的选用

使用要求	选用品种	技术措施
耐热	300~400℃：硅、硅硼、含氟三嗪 200~300℃：硅、氟 130~170℃：三元乙丙、丙烯酸酯、氯磺化聚乙烯、丁腈、丁基、氯醚	采用树脂、过氧化物等形成碳-碳交联的硫化体系
耐寒	硅、顺丁、三元乙丙、丁基、天然	通过生胶的接枝或嵌段共聚,降低其结晶倾向,使用耐低温增塑剂
高强度	聚氨酯、天然	配用硬质炭黑、掺用树脂
低硬度	聚降冰片烯或其他橡胶	大量填充软化剂或增塑剂
耐磨	聚氨酯、天然、丁苯、顺丁	配用硬质炭黑、提高交联度
耐油	聚硫、氟、丁腈、氯醚	充分交联,少用增塑剂
耐酸、碱,耐腐蚀	氟、丁基、氯丁、氯磺化聚乙烯	多用耐酸填充剂
耐水	三元乙丙、丁腈、氯磺化聚乙烯	采用氧化铅或树脂硫化体系,配用吸水性较低的填充剂如硫酸钡、陶土等
耐臭氧	硅、三元乙丙、氯磺化聚乙烯、丁基、氯丁	掺用树脂,配用对苯二胺类抗臭氧剂

（续）

使用要求	选用品种	技术措施
气密	丁基、丁腈	少用挥发性成分含量大的组分
导电	硅、天然、丁苯	配用高结构填充剂、金属粉末和（或）抗静电剂
磁性	氯丁、天然	采用锶铁氧粉、铝镍铁粉、铁钡粉等填充剂
高真空	丁基、高丙烯腈丁腈、氟	配用挥发性小的配合剂
耐辐射	乙丙、苯撑硅、高苯基硅、硅硼	配用抗射线剂及芳烃增塑剂
防射线透过	天然	配用高遮蔽力的遮蔽剂，如铅粉、钨粉、氧经铅、锌钡粉和硬脂酸钡
减震	天然、丁基	
防霉	不限	配加防霉剂，如多菌灵（BCM）
医用	高强度、医用级硅橡胶	各种助剂尽量少加，必需时要求生理惰性
耐燃	亚硝基氟、氯丁	少用软化剂与易燃助剂，配用阻燃剂，如：三氧化二锑、氯化石蜡、十溴二苯醚等
绝缘	硅、天然、丁基等非极性橡胶	选用低结构填充剂

6.4　合成纤维

6.4.1　概述

合成纤维由能被高度拉伸的高分子化合物制成。工业重要的合成纤维有锦纶、涤纶、腈纶、丙纶等。与天然纤维相比，合成纤维强度高、质轻、易洗快干、不会霉蛀。工业上有的聚合物既可生产合成纤维，又是重要的工程塑料，例如尼龙；有的塑料则不能成纤，例如聚碳酸酯，这主要取决于大分子的结构。

6.4.2　主要纤维品种

1. 锦纶（尼龙）纤维　是聚酰胺类纤维的总称，主要有锦纶6（尼龙6）、锦纶66（尼龙66）。特点是强度高，前者普通长丝的断裂强度达4.2~5.6cN/dtex，耐磨、耐疲劳性好，吸水性小。工业上主要用作轮胎帘子线、渔网、降落伞等。

2. 涤纶纤维　即聚酯纤维，化学成分为聚对苯二甲酸乙二酯。与锦纶纤维有类似的性质和用途。

3. 腈纶纤维和碳纤维　腈纶纤维为丙烯腈高聚物或共聚物纤维。主要特点是膨松柔软、保暖性好、耐日晒，大量用来生产绒线和仿毛制品。利用腈纶热裂解可制备碳纤维。

4. 特种合成纤维　几种特种合成纤维及其性能见表4.6-14。

表4.6-14　特种合成纤维的性能

性　能	耐腐蚀纤维聚四氟乙烯纤维	耐辐射纤维聚酰亚胺纤维	耐高温纤维聚间苯二甲酰间苯二胺纤维（芳纶1313）	高强力高模量纤维聚对苯二甲酰对苯二胺纤维（芳纶1414）	抗燃纤维酚醛纤维
密度　/g·cm⁻³	2.10~2.20	1.41~1.43	1.38	1.44~1.46	1.25~1.27
断裂强度/(cN/dtex)	1.7~1.8	3.3~6.2	3.5~4.7	14.1~22.0	1.1~1.6
断裂伸长率（%）	15~33	6~13	20~30	1.6~5	23~70
初始模量/(cN/dtex)	4~18	63	62~123	422~880	—
耐热性	能在-180~+280℃下长期使用	不熔融,不燃烧,260℃以下稳定	不熔融,370℃分解	可耐240℃高温,482℃开始分解	长期使用温度在150~180℃

（续）

性　能	耐腐蚀纤维聚四氟乙烯纤维	耐辐射纤维聚酰亚胺纤维	耐高温纤维聚间苯二甲酰间苯二胺纤维（芳纶1313）	高强力高模量纤维聚对苯二甲酰对苯二胺纤维（芳纶1414）	抗燃纤维酚醛纤维
耐酸碱性	耐碱，与王水不反应	耐冷酸及浓度高达450～600g/L的碱	优良的耐碱性，长期在盐酸、硝酸和硫酸中强度有些降低	不耐强酸和强碱	耐酸性好，耐碱性较差

6.5　胶粘剂

6.5.1　概述

胶粘剂是一类能将同种或不同种材料粘合在一起，并在胶接面有足够强度的物质。这种胶结力，主要是胶接过程中，被粘物界面润湿而产生的物理、机械作用或化学键作用。

胶粘剂的组分：以富有粘性的物质为基料，以固化剂、增塑剂、增韧剂、填料等改性剂为辅料组成。

胶粘剂分类：按基料可分为有机胶粘剂（天然和合成）、无机胶粘剂；按性能分，有结构胶、密封胶、功能胶等。近年发展了热熔胶粘剂，胶接速度快，性能多样，是很有前途的品种。

用胶粘剂把两个或两个以上的物体胶接到一起的方法同其他常用连接方法（如焊接、铆接、螺接、榫接）相比，有下列优点。

1. 受力面积大，应力分布均匀。

2. 能连接任何形状的薄或厚的材料，具有较高的比强度。

3. 可连接相同或不同的材料，减小或阻止双金属腐蚀（电耦腐蚀）。

4. 耐受疲劳和交变负荷。同铆接或螺接相比，胶接件的疲劳寿命长。

5. 接头外形光滑。

6. 接头对各种环境有较好的密封性。

7. 除具有连接特性外，胶接还可具有其他功能性。选用功能性胶粘剂，可赋予胶接接头一些特殊性能。如吸波，密封，绝缘，隔热，导电，导磁，降噪和减振等。

胶接接头也存在下列缺点和局限性。

1. 胶接接头的强度同金属相比较低，差一个数量级。要通过接头的设计方可用于金属材料的结构胶接。

2. 胶接接头耐高温低温作用的性能较差，一般胶粘剂只能在 -50～100℃的范围内正常工作。高温胶粘剂短期工作温度可达350～400℃，长期工作在250℃以下。

3. 胶粘剂会产生老化现象，影响使用寿命。在光、热、空气、射线、菌、霉等的环境条件作用下，胶粘剂分子本身会发生降解，使胶接接头强度降低。

4. 在粘接过程中，影响胶接件质量的因素较多。胶接强度受胶接工艺影响较大。

5. 粘接部位不能进行目视检查（透明的被粘物除外），而胶接件的无损伤检验迄今还没有可靠的方法。

6.5.2　胶粘剂的品种、特性和用途

主要品种见表4.6-15和表4.6-16。

表4.6-15　结构胶粘剂的性能、特点和用途

品　种		主要成分	特点	固化条件	抗剪强度/MPa			抗拉强度/MPa	用途举例
环氧胶粘剂	纯环氧胶	环氧、固化剂、增塑料、填料	工艺简便，但胶层较脆，双组份	室温或中温	铝　20℃	15～25		—	金属、塑料、玻璃、陶瓷、玻璃钢的胶接、电子元件浇注；铸件砂眼修补
					钢　20℃	26			

（续）

品 种		主要成分	特 点	固化条件	抗剪强度 /MPa	抗拉强度 /MPa	用途举例
环氧热塑性塑料胶粘剂	环氧-尼龙胶	环氧或改性环氧、尼龙、固化剂	强度高,但耐潮湿和耐老化性较差,双组分	高温	铝 20℃ 32 150℃ 7 -80℃ 32 钢 20℃ 35 铜 20℃ 18	—	一般金属结构件的胶接
	环氧-聚砜胶	环氧、聚砜、固化剂	强度高,耐湿热老化、耐碱性好,单组份或双组份	高温或中温	铝 20℃ 41～48 钢 20℃ 40 铜 20℃ 35 铬钼钢 20℃ 64 120℃ 30	—	金属结构件的胶接,高载荷接头、耐碱零件的胶接
	环氧-缩醛胶	环氧、缩醛	耐热性较好,韧性好,单组份或双组份	室温或高温	铝 20℃ 20 150℃ 12 钢 20℃ >24	—	一般金属结构件的胶接,金属和塑料铭牌胶接
环氧-热固性塑料胶粘剂	环氧-酚醛胶	环氧、酚醛	耐热性好,可达200℃,单组份、双组份或胶膜	高温	铝 20℃ 18.5～24 220℃ 16 钢 20℃ >15 200℃ 12	—	耐 150～200℃金属工件的胶接
	环氧-聚氨酯胶	环氧、聚酯、异氰酸酯、固化剂	韧性好,耐超低温好,可在-196℃下使用,双组份	室温或中温	铝 20℃ 22 -196℃ 15.4 铝-玻璃钢 20℃ 10～13 铝-玻璃钢 20℃ 10		金属工件的胶接,超低温工件的胶接,低温密封
环氧-橡胶胶粘剂	环氧-丁腈胶	改性环氧、丁腈橡胶、增塑剂、填料、潜性固化剂、促进剂	200～250℃,5min 内即可固化,耐冲击,单组份	中温或高温	铝 20℃ 26 150℃ 9 钢 20℃ 24 150℃ 11 铜 20℃ 22	铝 20℃ 47 钢 20℃ 54 铜 20℃ 52 抗冲击强度（kJ/m） 钢 20℃ 44	金属、非金属结构件的胶接;"粘接磁钢"的制造,电机磁性槽楔引拔成型,玻璃布与铁丝的胶接
酚醛胶粘剂	纯酚醛胶	酚醛、固化剂	耐水、耐老化性好	室温或中温	木材 20℃ >13 陶瓷 20℃ >18 胶木 20℃ >6 钢 20℃ >8	—	金属、胶木、陶瓷等的胶接,胶合板的制造
无机胶粘剂	磷酸盐无机胶	氧化铜磷酸、氢氧化铝	耐热在600℃以上,配胶、施工均较易,适用于槽接、套接	室温或中温	钢 20℃ 6～15（平面胶接） 20℃ 50～80（套接） 20℃ 45～60（槽接）	钢 20℃ 8～30（平面胶接）	金属、陶瓷、刀具、工模具等的胶接和修补

表4.6-16 非(半)结构胶粘剂的性能、特点和用途

品种		主要成分	特点	固化条件	抗剪强度 /MPa	抗剥强度 /KN·m⁻¹	用途举例
聚氨酯胶粘剂	多异氰酸酯型聚氨酯胶	多异氰酸酯单体	毒性较大,单组份	室温或高温	铝-橡胶 20℃ 14 铝-橡胶 20℃ 4	钢-橡胶 20℃ >3	金属、橡胶、皮革、织物等的胶接
	潮湿固化型聚氨酯胶	环氧型聚氨酯	使用方便,能胶透气性工件,质脆	室温	铝 20℃ 7 钢 20℃ 5 铜 20℃ 5.5	皮革-橡胶 20℃ 2.1~8	泡沫塑料、海绵、织物等的胶接
	多异氰酸酯-多羟基化合物型聚氨酯胶	多异氰酸酯单体,多羟基树脂如聚酯	弹性好,毒性很大	室温或中温	铝 20℃ 10~14 橡胶 20℃ >5	橡胶 20℃ 材料破坏 100℃ -60℃	金属、塑料、陶瓷等的胶接
	预聚体型聚氨酯胶	二异氰酸酯与多羟基树脂预聚体、多羟基树脂如聚醚,聚酯、环氧等	胶接强度高,耐低温性(-196℃)极好,能胶多种材料	室温或中温	铝 20℃ 8~25 120℃ 4.5 -196℃ 25 钢 20℃ 8~30 铜 20℃ 12~14 玻璃钢 20℃ 14~17 有机玻璃、聚苯乙烯 20℃ >5	聚氯乙烯 20℃ 5 铝-橡胶 20℃ >2	金属、塑料、玻璃、皮革、陶瓷、纸张、织物、木材的胶接,低温零件的胶接,修补
丙烯酸酯胶粘剂	反应型丙烯酸酯胶	甲基丙烯酸甲酯、丙烯酸酯单体、促进剂、引发剂	润湿性强,对金属、塑料的胶接强度好	室温	铝 20℃ >20 有机玻璃 20℃ >8 聚碳酸酯 20℃ >12	—	金属、有机玻璃、塑料的胶接,商标纸的压敏胶
快速胶粘剂	α-氰基丙烯酸胶	α-氰基丙烯酸甲酯或乙酯、丁酯单体、增塑剂	瞬间快速固化、使用方便,质脆、耐水、耐湿性较差单组份	室温几分种	铝 20℃ 10~16 钢 20℃ >20 100℃ >15 -50℃ >10 铜 20℃ 17~20 塑料 20℃ 2~5	抗拉强度(MPa) 钢 20℃ 25~30 100℃ >15	金属、陶瓷、玻璃、橡胶、塑料(尼龙、聚氯乙烯、聚苯乙烯、有机玻璃等)的胶接,一般要求和小面积仪表零件的胶接和固定
有机硅胶粘剂	纯有机硅胶	有机硅树脂、氧化锌、氧化钛	耐热性高,可达400℃,质脆,胶接强度低	室温	铝 20℃ 8~11 425℃ 3~4	—	在400℃下使用的金属或陶瓷、云母件的胶接,电子工业、宇航、火箭、原子能零件的胶接
	环氧改性有机硅树脂胶	有机硅树脂、环氧或呋喃硅烷环氧树脂、固化剂	胶接工艺简便、强度高、耐热性可达200℃	高温	铝 20℃ 13~15 100℃ 13~18 300℃ 2.3~2.6	—	200℃下金属零件、玻璃钢、硅橡胶、塑料件的胶接,电子器件的封装

6.5.3 功能胶粘剂

主要有:耐热、超低温、导电、导磁、点焊、应变、吸水等胶粘剂。

1. 耐热胶 主要是酚醛、环氧及有机硅改性胶、聚苯并咪唑胶(可在300℃长期使用)、聚酰亚胺胶(可在280℃下长期使用)、无机磷酸盐或硅酸盐胶(可在600~1000℃下使用)。

2. 导电胶、导磁胶 导电胶是以酚醛、环氧、聚酯树脂及无机胶配以银粉、铜粉、炭黑等导电粉末制成。导磁胶是含有磁铁粉末的环氧胶。

3. 点焊胶 配合金属点焊使用,兼具胶接和点焊的特点,见表4.6-17。

6.5.4 胶粘剂的选用

胶接强度与物体的材质、形状、大小、受力

状态等多项因素有关。每种胶粘剂有各自适合 4.6-18。
的材料，要按具体情况选用适宜的胶种。见表 **6.5.5　常用金属材料的表面处理剂**（表 4.6-19）

表 4.6-17　点焊胶粘剂的性能、特点和用途

品种	主要成分	特点	固化条件	抗剪强度/MPa	用途举例
先粘后焊胶	环氧、增塑剂和聚硫或丁腈橡胶、聚酯、固化剂、填料	胶液粘稠，强度高、抗疲劳、耐酸、耐碱，对点焊工艺有特殊要求，焊件的形状、尺寸、不受限制	中温	铝　20℃　　18～28 　　100℃　12～21 　　-60℃　12～25	使用温度 -40～150℃，飞机结构件及各种机箱、机柜金属插件的连接，也用于金属或非金属材料的胶接，修复与密封
先焊后粘胶	低粘度环氧、高沸点酯类增塑剂、固化剂、稀释剂	胶液不流淌、耐酸、碱、抗疲劳，对胶有特殊要求，注胶工艺较复杂，适宜连接形状简单、宽度较小的工件	中温～高温	铝　20℃　　20～30 　　100℃　20 　　-60℃　16～27	

表 4.6-18　常用材料适用的胶粘剂

材料名称	泡沫塑料	织物皮革	木材纸张	玻璃陶瓷	橡胶制品	热塑性塑料	热固性塑料	金属材料
金属材料	7、9	2、5、9、7、8、13	1、5、7、13	1、2、3、5	9、10、8、7	2、3、7、8、12	1、2、3、5、7、8	1、2、3、4、5、6、7、8、13、14
热固性塑料	2、3、7	2、3、7、9	1、2、9	1、2、3	2、7、8、9	8、2、7	2、3、5、8	
热塑性塑料	7、9、2	2、3、7、9、13	2、7、9	2、8、7	9、7、10、8	2、7、8、12、13		
橡胶制品	9、10、7	9、7、2、10	9、10、2	2、8、9	9、10、7			
玻璃、陶瓷	2、7、9	1、2、3	2、3、7、8、12					
木材、纸张	1、5、2、9、13	2、7、9、11、13	11、2、9、13					
织物、皮革	5、7、9	9、10、12、13						
泡沫塑料	7、9、11、2							

注：1—环氧-脂肪胺胶，2—环氧-聚酰胺胶，3—环氧-聚硫胶，4—环氧-丁腈胶，5—酚醛-缩醛胶，6—酚醛-丁腈胶，7—聚氨酯胶，8—丙烯酸酯类胶，9—氯丁橡胶胶，10—丁腈橡胶胶，11—乳白胶，12—溶液胶，13—热熔胶，14—无机胶。

表 4.6-19　常用金属材料的表面处理剂

材料名称	脱脂溶剂	组成（质量比）	处 理 方 法
钢铁	三氯乙烯	正磷酸　50 乙　醇　100	60℃，浸 10min 水洗、干燥（120℃）1h
不锈钢	三氯乙烯	重铬酸钠　3.5 浓硫酸（960g/L）　200 蒸馏水　3.5	70～80℃，浸 15～20min 水洗、干燥（95℃）10～15min
铝、铝合金	丁酮 三氯乙烯	重铬酸钠　1 浓硫酸（960g/L）　10 蒸馏水　30	65～70℃，浸 10min 水洗、干燥（60℃）30min
铜、铜合金	三氯乙烯 丙酮	三氯化铁（420g/L 水溶液）　15 浓硫酸（相对密度 1.42）　32 蒸馏水　200	室温，浸 1～2min 水洗、干燥（95℃）10～15min
镁、镁合金	三氯化锌	铬酸酐　10 硫酸钠　0.05 蒸馏水　100	室温，浸 3min 水洗、干燥（40℃）
锌、镀锌	三氯化锌	浓硝酸　10～20 水　90～80	室温，浸 2～4min 水洗、干燥（70℃）20～30min
镍	三氯化锌	浓硝酸	室温，浸 5s 水洗、干燥

7 无机非金属材料

7.1 结构陶瓷

7.1.1 氮化硅陶瓷

氮化硅陶瓷的原料丰富，加工性能优良，用途广泛，可以用较低成本生产各种尺寸精确的部件。其成品率高于其他陶瓷材料。

氮化硅（Si_3N_4）又称四氮化三硅，是六方晶系的晶体，以［SiN_4］为结构单元，具有极强的共价键性。有 α 和 β 两种晶型。

1. 强度 氮化硅的强度随制造工艺的不同有很大差异。反应烧结氮化硅室温抗弯强度为 200～300MPa，但其强度可保持到 1200～1350℃仍无衰减。热压氮化硅由于组织致密，气孔率可接近于零，因而室温抗弯强度可高达 900～1200MPa。3 种工艺方法制造的氮化硅烧结体性能见表 4.7-1。

表 4.7-1　3 种工艺方法制造的氮化硅烧结体性能

性　　能	工　艺　方　法		
	反应烧结	无压烧结	热压烧结
密度 ρ/g·cm^{-3}	2.20～2.27	3.20～3.28	3.25～3.35
抗弯强度 σ_{bb}/MPa 室温	200～340	750～800	900～1200
1200℃	200～340	300～800	600～800
断裂韧度 K_{Ic}/MPa·m$^{1/2}$	2.0～3.0	5.7～6.0	7.0～8.0
硬度 HRA	80～85	97～92	89～93
弹性模量 E/GPa	100～250	290～310	300～330
线胀系数 α/10^{-6}K^{-1}	2.5～3.2	3.5～3.8	3.2～3.5
热导率 λ/W(m·K)$^{-1}$20℃	5.44～18.42	12.56～25.12	15.49～29.31
电阻率 ρ/Ω·cm20℃	>10^{14}	>10^{14}	>10^{14}
抗热冲击 Δt/℃	350	480～550	550～670
氧化增重 /mg·cm^{-2}1200℃24h	7.5～0.04	0.22	1.0

2. 硬度与耐磨性 氮化硅硬度很高，可达 90 以上（HRA）。氮化硅的摩擦系数仅为 0.1～0.2，相当于加油润滑的金属表面。在无润滑条件情况下工作是一种极为优良的耐磨材料。

3. 抗热震性 反应烧结氮化硅的线胀系数仅为 2.5×10^{-6}/K，抗热震性极佳。

4. 制品精度 反应烧结氮化硅的制品精度非常高，烧结时的尺寸变化仅为 0.1%～0.3%。但由于受氮化深度的限制，只能制做壁厚 20～30mm 以内的制品。

5. 主要用途

a. 热压氮化硅 热压氮化硅强度与韧性均高于反应烧结氮化硅。但其只能制做形状简单且精度要求不高的制品。热压烧结氮化硅是制造切削刀具的优良材料，其成本低于金刚石和立方氮化硼刀具（见表 4.7-2）。热压烧结氮化硅也可制做高温轴承等。

表 4.7-2　国产氮化硅基刀具主要性能

性　能	牌号	106①	82 或 83②	255C③
相组成		β-Si_3N_4	α′-βSi_3N_4	Si_3N_4＋SiC(p)④
密度/g·cm^{-3}		3.24	3.26	3.24
硬度 HRA		92.5	93～94	93
抗弯强度/MPa		820(室温)	800(室温)	800(室温)
		600(1300℃)	620(1300℃)	
断裂韧度/MPa·m$^{1/2}$		7	6.8	8
线胀系数/10^{-6}K^{-1}		3.5	3.5	3.5

① 106：β-Si_3N_4 长柱状晶粒，高温强度好，断裂韧度高，适用于粗、精铣削和车削灰铸铁和球墨铸铁。

② 82：α′-βSi_3N_4 组成，高的强度、硬度，适用于切削镍基合金，锰钢淬火钢。

83：材料相组成同 82，经热处理后性能更提高。

③ 255C：SiC 颗粒补强增韧 Si_3N_4 复相陶瓷，具有较好的耐磨性、韧性，但因含 SiC，对铁的抗腐蚀性较差，主要用于切削镍基合金及各种有色金属合金。

④ SiC 颗粒弥散强化 Si_3N_4 基体。

表 4.7-3 不同方法制备的不同牌号碳化硅主要物性

性 能	热 压 烧 结					无 压 烧 结			反 应 烧 结		
	NC-203	S-501	SC-502	SBC	SSA	Nexoloy	ES-2	SW-9	REFEL	RB24	渗入反应烧结法
密度/g·cm^{-3}	3.32	3.2	3.2	3.17	3.22	3.1	3.1	3.05~3.10	3.10	3.00	3.08~3.14
抗弯强度（室温）/MPa	700	750	1100	500	710	460	450	440~450	530	640	700
努氏硬度		3700				2800	2500	2700	2500~2700	1720	1900
弹性模量/10^{5}MPa						4.18	4.2	3.6~4.0	4.2	3.6~3.8	3.5~4.0
线胀系数/10^{-6}K^{-1}	4.8（室温~1350℃）	4.0（室温~1000℃）	4.0（室温~1000℃）	4.5（0~800℃）		4.02	4.3	4.9	4.3	4.0~4.5	

b. 反应烧结氮化硅 反应烧结氮化硅的强度低于热压烧结氮化硅。多用于制造形状复杂、尺寸精度要求高的制品。

7.1.2 碳化硅陶瓷

碳化硅几乎全部是人工合成的材料。它的基本物性与氮化硅相似。碳化硅的最突出特点是高温强度高，在1400℃时强度仍保持室温强度值，或略有升高。碳化硅主要物性见表4.7-3。碳化硅在不同领域的应用见表4.7-4。

表 4.7-4 碳化硅的主要用途

领域	使用环境	用 途	主要优点
石油工业	高温、高压（液）研磨性物质	喷嘴、轴承、密封阀片、轴套等	耐磨损
微电子工业	大功率散热	封装材料、基片	高热导、高绝缘
化学工业	强酸（HNO$_3$，H$_2$SO$_4$，HCl，HF），强碱（NaOH），高温氧化	密封、轴承、泵套筒、泵部件、热交换器、气化管道、热电偶保温管	耐磨损、耐腐蚀、气密性好、高温耐腐蚀
汽车、拖拉机飞行器	燃烧（发动机）	燃烧器部件、涡轮增压器、涡轮叶片、燃气轮机轮静动、叶片、火箭喷嘴	低摩擦、高强度、低惯性载荷、耐热冲击
激光	大功率、高温	反射屏	高刚度、稳定
汽车、拖拉机	发动机	泵密封件	低摩擦耐磨损
喷砂器	高速研削	喷嘴	耐磨损

（续）

领域	使用环境	用 途	主要优点
造纸工业	纸浆废液、（50% NaOH）纸浆	密封、套管、轴承衬垫、热电偶保温管、辐射管热交换器	耐腐蚀、耐磨损、低摩擦
钢热处理	高温空气	燃烧嘴	耐热、耐腐蚀、气密
矿业	研削	内衬、泵部件	耐磨损
原子能	含B高温水	密封、轴套	耐辐照
机械工业	酸、碱工况条件	机械密封件	高强度、耐磨损、高PV值
钢铁工业	高温高速	轧钢用导轮	高强度、耐磨损、高PV值
电力工业	耐热	磁流体发电电极材料	耐高温、抗氧化、导电
其他	加工工业中	拉丝或成型模具	耐磨损、耐腐蚀

7.1.3 氧化铝陶瓷

氧化铝陶瓷是以刚玉（α-Al$_2$O$_3$）为主晶相组成的陶瓷材料。Al$_2$O$_3$的熔点高达2050℃，刚玉具有很高的硬度。高的弹性模量。氧化铝陶瓷性能优越，用途广泛。

1. 高铝陶瓷的性能 氧化铝的质量分数在90%以上的高铝陶瓷烧结温度高达1500~1700℃，生产成本高、能耗大，限制了应用，低温烧结高铝陶瓷可降低200℃，其主要特性与高温烧结高铝陶瓷相当，见表4.7-5。

表 4.7-5　各种高铝陶瓷的性能

性　　能	高　温　烧　结			
	75 瓷	90 瓷	95 瓷	99 瓷
抗弯强度室温/MPa	200	230	280	300
相对介电常数 1MHz,20℃	<9	9 ~ 10	9 ~ 10	9 ~ 10.5
介电损耗 1MHz, 20℃/（10^{-4}）	<10	<6	<4	<2.5
电阻率/Ω · cm　100℃	$>10^{12}$	$>10^{13}$	$>10^{13}$	$>10^{13}$
300℃		$>10^{10}$	$>10^{10}$	$>10^{10}$
500℃			$>10^{8}$	$>10^{9}$
击穿强度/MV · m^{-1}	20	15	15	15
体积密度 gcm^{-3}	>3.2	>3.4	>3.6	>3.7
烧成温度/℃	1400	1600	1650	1750
Al_2O_3 的质量分数（%）	75	90	95	99
性　　能	低　温　烧　结			
	LTC_1	LTC_6	LTC_8	LTC_9
抗弯强度室温/MPa	235	330	350	385
相对介电常数 1MHz,20℃	6.9	7.4	8.8	9.3
介电损耗 1MHz, 20℃/（10^{-4}）	3.7	3.2	2.7	2.2
电阻率/Ω · cm　100℃	10^{16}	10^{15}	10^{15}	10^{15}
300℃	10^{13}	10^{13}	10^{13}	10^{13}
500℃	10^{10}	10^{10}	10^{10}	10^{10}
击穿强度/MV · m^{-1}	29	28	22.5	27.5
体积密度/g · cm^{-3}	2.9	3.3	3.5	3.64
烧成温度/℃	1160	1360	1430	1450
Al_2O_3 的质量分数（%）	60	85	90	95

2. 氧化铝陶瓷的主要用途　由于氧化铝陶瓷硬度高（760℃ 时 87HRA，1200℃ 时仍保持 80HRA），耐磨性好，因而很早就用于做刀具、模具、轴承。氧化铝基陶瓷刀具的性质见表 4.7-6。

表 4.7-6　氧化铝基陶瓷的性质

材料组成	抗弯强度 /MPa	硬度 HRA	断裂韧度 K_{Ic} /MPa · $m^{1/2}$
Al_2O_3	500 ~ 700	93 ~ 94	3.5 ~ 4.5
Al_2O_3-ZrO_2	700 ~ 900	93 ~ 94	5.0 ~ 8.0
Al_2O_3-TiC	600 ~ 850	94 ~ 95	3.5 ~ 4.5
Al_2O_3-SiC(w)	550 ~ 750	94 ~ 95	4.5 ~ 8.5
Si_3N_4	700 ~ 1050	92 ~ 94	6.0 ~ 8.5
Sialon	700 ~ 900	93 ~ 95	4.5 ~ 6.0
WC-Co 合金	1250 ~ 2100	91 ~ 93	10.0 ~ 13.5

利用氧化铝陶瓷的耐高温特性，可制做熔化金属的坩埚、高温热电偶套管等。

氧化铝的耐蚀性很强，可制做化工零件。如化工用泵的密封滑环、机轴套、叶轮等。

7.1.4　莫来石陶瓷

1. 莫来石陶瓷的基本特性（表 4.7-7）。

表 4.7-7　莫来石陶瓷性能

性　　能	数值
理论密度/g · cm^{-3}	3.16 ~ 3.22
熔点/℃	1850
莫氏硬度	7.5
在空气中稳定使用温度/℃	1800
线胀系数（25 ~ 1000℃）/$10^{-6}K^{-1}$	5.13
抗弯强度（室温）/MPa	200 ~ 250
热导率（1000℃）/W（m · K）$^{-1}$	3.98
荷重变形（1400℃，345kPa）（%）	0

2. 主要用途　高纯莫来石陶瓷因韧性较低不宜用作高温结构材料。引入氧化锆（ZrO_2）可形成氧化锆增韧莫来石（ZTM）。

高纯莫来石被开发用于夹具或辊道窑中辊棒材料，以及高温（1000℃以上）氧化气氛下喷嘴、炉管或热电偶保护套管。

ZTM 具有高的强度和韧性，可用作刀具材料和绝热发动机零件。

7.2　功能陶瓷

7.2.1　压电陶瓷

1. 钛酸钡压电陶瓷　钛酸钡（$BaTiO_3$）在温度高于相变温度 T_C 时，晶格为立方晶系，低于 T_C 时转变为四方晶系。立方晶格为对称结构，无压电效应。当其转变为四方晶格时，存在压电效应。T_C 称为居里温度。不同材料的压电陶瓷居里温度不同。

2. 锆钛酸铅压电陶瓷　锆钛酸铅（PZT）是最重要的压电陶瓷，其剩余极化 P_r 大、居里温度高，性能可以调节。PZT 可通过置换或掺杂改变性质。

钛酸钡陶瓷和 PZT 陶瓷的性能见表 4.7-8。

7.2.2　PTC（正温度系数）陶瓷

主要成分为钛酸钡（$BaTiO_3$），系正温度系数材料。其电阻随温度显示出特殊变化规律。室温下为 N 型半导体，随温度升高，电阻率下降，显示一般负温度系数特征。到达居里温度后，电阻率急剧增大，材料转变成高阻状态。

表 4.7-8　钛酸钡陶瓷和 PZT 陶瓷性能

材料	密度 ρ /（g/cm³）	居里温度 T_C/℃	相对介电常数 ε_{33}^T	机电耦合系数 K_p	品质因素 Q_m	弹性柔顺系数 $S_{11}^E/10^{-12}$ m²·N⁻¹	剩余极化 P_r /μC·cm⁻²	压电电压模量 $d_{33}/10^{-12}$ C·N⁻¹
钛酸钡瓷	5.7	130	1900	0.38	500	8.6	8～10	190
PZT 瓷	7.9	315	1200	0.56	1000	12.2	40	268
PZT 瓷	7.7	220	2800	0.66	50	14.5	48	480

居里温度 T_C 系电阻突变温度，定义为最小电阻两倍时的相应温度为 T_C。改变材料组成可改变 T_C。$BaTiO_3$、$PbTiO_3$、$SrTiO_3$ 的相变温度分别为 120℃、490℃ 和 110℃。用此，三个组元组成的固溶体，其 T_C 将依一定的规律变化。改变各组元的相对含量，可制备出 T_C 为 -50～+300℃ 的系列 PTC 材料。

PTC 材料独特的电阻温度特性使其在广阔的领域得以应用。例如，自控温发热体、过载保护、时间延滞、电动机起动、彩电消磁、机动车

燃料加热，混合气体发热体等多方面的用途。

7.3　高温无机涂层

高温无机涂层是以金属氧化物、金属间化合物以及难熔化合物的粉末为原料，用各种工艺方法加涂在底材上，使底材免受高温氧化、腐蚀、磨损、冲刷或使其表面获得新特性的新型技术学科。按涂层工艺分类，有高温熔烧涂层，高温喷涂涂层，热扩散涂层，低温烘烤涂层及热解沉积涂层等。其特点及应用列于表 4.7-9。

表 4.7-9　高温无机涂层及其工艺特点和应用比较

工艺方法		主　要　特　点	应用的局限性
熔烧	釉浆	组成可广泛变化，涂层致密，与底材结合良好，具有光滑表面	底材需承受较高温度，有些涂层需在真空或惰性气氛中熔烧
	溶液陶瓷	溶烧温度比釉浆法低，涂层均匀	涂层太薄，组成局限于复合氧化物
高温喷涂	火焰喷涂	设备投资小，底材不必承受高温	涂层多孔，涂层原料熔点不能高于 2700℃，与底材结合较差
高温喷涂	等离子体喷涂	任何可熔而不分解，不升华的原料都可喷涂，底材不必承受高温，喷涂速度较快	需专用设备。加涂形状复杂的小零件较困难，涂层性能随工艺条件不同而有较大变化
	爆震喷涂	涂层致密，与底材紧密结合	设备较庞大，操作时噪声大（达 150dB），必须建立隔音室，远距离操纵。喷涂形状复杂的工件较困难
热扩散	气相或化学蒸气沉积	可以加涂高熔点涂层而底材不必承受高温，可在形状复杂的工件上得到均匀的接近理论密度的涂层	工艺过程较难控制，需在真空或控制气氛下操作
	固相扩散	工艺设备简单，与底材结合性能较好	涂层组成受涂层组元与底材间相互扩散过程的规律所限制
	液相扩散	适用于形状复杂的零部件，能大量生产	涂层组成有一定限制，需进行热扩散及表面处理附加工艺
	流化床	底材快速而均匀受热，可加涂厚而均匀的涂层，对形状复杂的工件也适用	涂层组成受涂层组元与底材间相互扩散过程的规律所限制，需消耗大量保护性气体
低温烘烤		工艺及设备简单、生产效率高，底材不必承受高温，涂层组成可以广泛变化，加固补强后可以加涂厚涂层	与底材结合性能较差，结构随使用温度变化，有些涂层在使用前，呈多孔性，易沾污
热解沉积		与底材结合紧密，涂层致密和各向异性，密度与理论值接近	底材需加热到很高温度，因而仅适宜于加涂在耐热结构底材上，涂层内应力高，需退火

7.4 耐火材料

耐火材料是指耐火度不低于 1580℃ 的无机非金属材料。

耐火材料的种类繁多，分类方法也有多种。按耐火材料的容重可分为重质耐火材料与轻质耐火材料；按外观可分为耐火砖与不定形耐火材料；按化学成分可分为硅质制品、硅酸铝质制品、镁质制品、铬质制品、碳质制品及特种制品。

耐火砖的特点与用途见表 4.7-10。轻质耐火材料的特点与用途见表 4.7-11。

表 4.7-10 耐火砖的特点与用途

名 称			主要成分的质量分数（％）		主要特点	常用温度 /℃	用途举例
粘土砖	一般粘土砖	N-1	Al_2O_3	≥42	强度高，热震稳定性好，属弱酸性耐火材料	1200~1550	加热炉、热处理、高炉、热风炉、化铁炉等炉衬及浇钢用砖
		N-2a	Al_2O_3	≥40			
		N-2b	Al_2O_3	≥40			
	高炉粘土砖	ZGN-42	Al_2O_3	≥42			
		GN-42	Al_2O_3	≥42			
高铝砖	一般高铝砖	LZ-75	Al_2O_3	≥75	耐火度高，抗酸及碱性，熔渣的侵蚀性强，高温力学强度高，属中性耐火材料	1400~1650	电炉炉顶、高炉、热风炉、回转窑、加热炉、盛钢桶等内衬，以及铸钢用的塞头砖、水口砖、袖砖及滑动水口砖等
		LZ-65	Al_2O_3	≥65			
		LZ-55	Al_2O_3	≥55			
		LZ-48	Al_2O_3	≥48			
	电炉顶砖	DL-80	Al_2O_3	≥80			
		DL-75	Al_2O_3	≥75			
		DL-65	Al_2O_3	≥65			
半 硅 砖			Al_2O_3	15~30	高温体积稳定，抗侵蚀性好	1300~1550	盛钢桶内衬、下注、浇钢系统用砖
			SiO_2	≮65			
硅砖	焦炉用	JG-94	SiO_2	≥94	属酸性耐火材料，具有良好的抗酸性渣侵蚀能力，荷重软化温度达 1620~1670℃，在高温下长期使用，体积比较稳定。800℃以上使用，热震稳定性较好	1500~1600	焦炉、玻璃窑、工业窑等内衬或顶。硅砖适用于酸性渣及高温载荷下使用，不适用于温度波动大、间歇式操作的工业窑炉
	玻璃窑用	BG-96	SiO_2	≥95.5			
		BG-95	SiO_2	≥95			
		BG-94	SiO_2	≥94			
	一般硅砖	GZ-95	SiO_2	≥95			
		GZ-94	SiO_2	≥94			
		GZ-93	SiO_2	≥93			
碱性耐火材料	镁砖及镁硅砖	Mz-91	$MgO≥91$		耐火度高，对铁的氧化物、碱性炉渣及高钙熔剂具有良好的抗侵蚀性，镁硅砖比镁砖的荷重软化温度高	1600~1700	平炉、反射炉、有色冶金中的炼铜、镍、铅的鼓风炉等内衬或顶
		Mz-89	$MgO≥89$				
		Mz-87	$MgO≥87$				
		MGz-82	$MgO≥87$，$SiO_2 5~10$				
	镁铝砖	ML-80A	$MgO≥80$，$Al_2O_3 5~10$		热震稳定性比镁砖好，高温结构强度比镁砖有所改善	1600~1700	平炉、反射炉等高温熔炉炉顶
		ML-80B	$MgO≥80$，$Al_2O_3 5~10$				
	镁铬砖	MGe-20	$MgO≥40$，$Cr_2O_3≥20$		耐火度高，高温强度高，抗碱性渣侵蚀性强，热震稳定性优良，对酸性渣也有一定的适应性	1600~1700	平炉炉顶、电炉炉顶、炉外精炼炉以及各种有色金属冶炼炉。超高功率电炉炉壁、水泥回转窑烧成带、玻璃窑的蓄池室及钢包渣线部位等
		MGe-16	$MgO≥45$，$Cr_2O_3≥16$				
		MGe-12	$MgO≥55$，$Cr_2O_3≥12$				
		MGe-8	$MgO≥60$，$Cr_2O_3≥8$				
	镁碳砖	MT-10A	$MgO≥80$，$C≥10$		抗侵蚀性好，不挂渣，热震稳定性好，耐高温，耐磨性好	1600~1700	转炉、电炉、精炼炉等炉衬、钢包渣线部位
		MT-14A	$MgO≥76$，$C≥14$				
		MT-18A	$MgO≥72$，$C≥18$				

（续）

名　　称		主要成分的质量分数（％）	主要特点	常用温度/℃	用途举例
碱性耐火材料	烧成油浸镁白云石砖	MgO70~75，CaO20~22 $SiO_2 + Al_2O_3 + Fe_2O_3$ ≤4	强的抗渣性，高的荷重软化温度，较高的高温力学强度	1500~1650	转炉炉衬、炉外精炼炉炉衬
铝碳质耐火材料	烧成铝碳滑板砖	Al_2O_3≥75，C≥7	热震稳定性好，耐磨性好，抗渣性好	1500~1650	钢包或中间包用滑板砖
	连铸用铝碳长水口、侵入式水口整体塞棒等功能材料	Al_2O_3，35~60，C15~27	热震稳定性好，抗钢水冲刷性强，抗侵蚀性好	1500~1650	钢包底部保护套管，中间包浇钢系统用浸入式水口及整体塞棒
	Al_2O_3-SiC-C砖	$Al_2O_3$55~65 SiC20~25，C5~10	抗剥落性好，耐侵蚀性好，耐磨性好	1500~1650	铁水预处理鱼雷罐及铁水包
	铝镁碳砖	$Al_2O_3$62~65 MgO12~14，C6~7	抗侵蚀好，抗剥落性好，粘渣少	1500~1650	电炉、转炉钢包内衬
	莫来石砖	Al_2O_3，65~75	热震稳定性好，耐磨性好	1600~1650	高炉热风炉、玻璃窑、陶瓷窑等

表 4.7-11　轻质耐火材料的特点与用途

名　　称	主要成分的质量分数（％）	主　要　特　点	常用温度/℃	用途举例
硅藻土隔热制品	$SiO_2$60 左右	体积密度低，仅为 0.4~0.7g/cm³，热导率低，仅为 0.13~0.21W/（m·K），保温性好	<900	保温隔热层
粘土硅隔热制品	$Al_2O_3$35~45	体积密度为 0.4~1.5g/cm³，热导率为 0.2~0.7W/（m·K），保温性差，强度和抗蚀性好	<1200	保温隔热层及不受高温熔融物料和侵蚀性气体侵蚀的窑炉内衬
高铝隔热制品	Al_2O_3≥48	与轻质粘土砖相似，其耐火度及耐压强度较高	<1350	保温隔热层及无强烈高温熔融物料侵蚀、冲刷的部位
轻质硅砖	SiO_2≥91	耐火度及荷重软化温度较高	<1500	轧钢加热炉顶及工业热工设备保温隔热层
莫来石隔热砖	$Al_2O_3$50~68	耐高温，强度高，热导率低，节能效果显著	<1500	陶瓷窑、裂解炉、热风炉等内衬，可直接接触火焰
氧化铝空心球制品	Al_2O_3≥98	荷重软化温度高，制品内含有大量的闭口气孔，具有良好的隔热性能，较强的抗熔渣及气体的侵蚀性能	<1700	高温炉衬材料
耐火纤维和制品	Al_2O_3≥42	质量轻，只有轻质耐火材料的 1/5~1/10，热导率和热容量低，约为轻质砖的 1/3，热震稳定性与抗机械振动性优良	900~1200	加热炉、工业窑炉内衬材料，各种热工设备保温材料
硅质绝热板	SiO_2≥84	保温性能好，中间包不经烘烤可直接使用	1500~1600	钢锭模帽口、中间包内衬
镁质绝热板	MgO≥79	同上，特殊钢种用镁质绝热板	1500~1600	中间包内衬

7.5 磨料（见表4.7-12～表4.7-17）

表4.7-12 常用天然磨料外观特征与主要用途

品种		主要成分	莫氏硬度	密度 /$g \cdot cm^{-3}$	外观特征	主要用途
天然刚玉砂 天然刚玉		Al_2O_3、Fe_2O_3、Fe_3O_4 Al_2O_3	7～9 9	3.7～4.3 3.92～3.95	不透明的细粒，黑色或灰黑色 有树脂光泽、蓝、黄、红、褐等色	制造砂、布(纸)；直接 研磨、抛光金属或玻璃
石 榴 石	铁铝	$Fe_3Al_2(SiO_4)_3$	6.5～7.5	3.15～4.30	深红、褐或黑色	制造砂、布(纸) 研磨、抛光非铁金属 木材、皮革、橡胶、塑料、 和玻璃等
	镁铝	$Mg_3Al_2(SiO_4)_3$			深红至黑色	
	锰铝	$Mn_3Al_2(SiO_4)_3$			棕至红色	
	钙铝	$Ca_3Fe_2(SiO_4)_3$			白、黄、褐、玫瑰色	
	钙铁	$Ca_3Fe_2(SiO_4)_3$			红、褐色	

表4.7-13 普通磨料的品种与特征

品 种		代号	密度/$g \cdot cm^{-3}$	主要成分		特 征
刚 玉	棕刚玉	A	3.97	$\alpha\text{-}Al_2O_3$		棕褐色、韧性较好，硬度略低于白刚玉
	白刚玉	WA	3.98	$\alpha\text{-}Al_2O_3$		白或灰白色，硬度较棕刚玉高，韧性较棕刚玉低
	单晶刚玉	SA	3.98	$\alpha\text{-}Al_2O_3$		灰白到淡黄色，颗粒近似球状，单晶体，韧性大，磨削寿命大
	微晶刚玉	MA	3.94	$\alpha\text{-}Al_2O_3$		棕黑色，颗粒由许多微小晶体聚合构成，自锐性好
	铬刚玉	PA	3.98	$\alpha\text{-}Al_2O_3$	Cr_2O_3	玫瑰或紫红色，韧性较白刚玉高
	锆刚玉	ZA	4.05	$\alpha\text{-}Al_2O_3$	ZrO_2	灰褐色，强度高，耐磨性能好
	镨钕刚玉	NA	3.94	$\alpha\text{-}Al_2O_3$	Pr-Nd	灰白色，硬度较高
	黑刚玉	BA	220# 及更粗≥3.61 220# 及更细≥3.50	$\alpha\text{-}Al_2O_3$		黑灰色，硬度较低
碳化物	黑碳化硅	C	3.20	$\alpha\text{-}SiC$		黑色，硬度比刚玉系磨料高
	绿碳化硅	GC	3.20	$\alpha\text{-}SiC$		绿色，比黑碳化硅切削力强，自锐性好
	立方碳化硅	SC	3.20	$\beta\text{-}SiC$		黄绿色，为立方晶形小晶体，硬度稍高于黑、绿碳化硅
	碳化硼	BC	2.50	B_4C		灰黑色，硬度高，在高温下易氧化
超硬磨料	人造金刚石 立方氮化硼					

表4.7-14 普通磨料各品种的适用磨削对象

品 种		适 用 磨 削 对 象
刚 玉	棕刚玉	碳素钢，一般合金钢、可锻铸铁、硬青铜等
	白刚玉	淬火钢、合金钢、高速钢、高碳钢等硬度较高、抗拉强度较大的材料及薄壁零件的精磨
	单晶刚玉	不锈钢、钴基或镍基合金、高钒高速钢，尤其是含钒的质量分数为2%～3%的高钒钢和易变形、易烧伤工件
	微晶刚玉	不锈钢、碳素钢、轴承钢和特种球墨铸铁等材料，还可用于重载荷磨削和精密磨削
	铬刚玉	淬火钢、合金钢刀具（齿轮滚刀、拉刀、铣刀和车刀等）的刃磨以及螺纹工件、量具和仪表零件的精密磨削
	锆刚玉	耐热合金钢、钛合金和奥氏体不锈钢等重载荷磨削
	镨钕刚玉	球墨铸铁、高速钢、合金工具钢，某些不锈钢和灰铸铁及某些高硬度、难磨材料
	黑刚玉	多用于自由研磨，如自行车轮圈，车把电镀或抛光前的研磨、修造船时的喷砂除锈，也可制作树脂砂轮，砂布纸等

（续）

品　　种		适 用 磨 削 对 象
碳化物	黑碳化硅	灰铸铁、白口铸铁、青铜、黄铜、矿石、耐火材料、骨材、玻璃、陶瓷、皮革、橡皮、塑料等
	绿碳化硅	硬质合金、宝石、玛瑙和光学玻璃等硬脆材料以及贵重金属如锗等的切削和研磨
	碳化硼	硬质合金、宝石、陶瓷及其他精密工件的研磨与抛光
	立方碳化硅	轴承沟道的磨削和超精研

表 4.7-15　普通磨料的硬度

品　　种		显微硬度 HV
刚　玉	棕刚玉	1800 ~ 2200
	白刚玉	2200 ~ 2300
	单晶刚玉	2200 ~ 2400
	微晶刚玉	2000 ~ 2200
	铬刚玉	2200 ~ 2300
	锆刚玉	≈1965
	镨钕刚玉	2300 ~ 2450
	黑刚玉	1960 ~ 2050
碳化物	黑碳化硅	3100 ~ 3280
	绿碳化硅	3280 ~ 3400
	碳化硼	4150 ~ 5300

表 4.7-16　不同磨料粒度使用范围

磨料粒度	使 用 范 围
14# 以粗	用于芜磨或重载荷磨钢锭、磨皮革、磨地板、喷砂、打锈等
14# ~ 30#	磨钢锭、铸件打毛刺、切断钢坯钢管、粗磨平面、磨大理石及耐火材料
36# ~ 54#	一般用在平磨、外圆磨、无心磨、工具磨等磨床上粗磨淬火或末淬火钢件，黄铜等金属及硬质合金
60# ~ 100#	用于精磨、刀磨、刃磨和齿轮磨等
100# ~ 240#	用于各种刀具的刃磨、粗研磨、精磨、珩磨、螺纹磨等
150# ~ W20	用于精磨、珩磨、螺纹磨、仪器仪表零件及齿轮精磨等
W28 及更细	用于超精磨、镜面磨、精研磨与抛光

表 4.7-17　固结磨具及一般研磨、抛光磨料粒度号及其基本颗粒的尺寸范围

粒度	基本颗粒尺寸范围/μm	粒度	基本颗粒尺寸范围/μm
4#	5600 ~ 4750	100#	150 ~ 125
5#	4750 ~ 4000	120#	125 ~ 106
6#	4000 ~ 3350	150#	106 ~ 75
7#	3350 ~ 2800	180#	90 ~ 63
8#	2800 ~ 2360	220#	75 ~ 53
10#	2360 ~ 2000	240#	75 ~ 53
12#	2000 ~ 1700	W63	63 ~ 50
14#	1700 ~ 1400	W50	50 ~ 40
16#	1400 ~ 1180	W40	40 ~ 28
20#	1180 ~ 1000	W28	28 ~ 20
22#	1000 ~ 850	W20	20 ~ 14
24#	850 ~ 710	W14	14 ~ 10
30#	710 ~ 600	W10	10 ~ 7
36#	600 ~ 500	W7	7 ~ 5
40#	500 ~ 425	W5	5 ~ 3.5
46#	425 ~ 355	W3.5	3.5 ~ 2.5
54#	355 ~ 300	W2.5	2.5 ~ 1.5
60#	300 ~ 250	W1.5	1.5 ~ 1.0
70#	250 ~ 212	W1.0	1.0 ~ 0.5
80#	212 ~ 180	W0.5	0.5 及更细
90#	180 ~ 150		

7.6　碳、石墨材料

碳质材料、石墨材料密度低、耐高温、耐化学腐蚀、有自润滑性，在工程技术中有广泛的用途。在机械工业中，可作密封圈、活塞环、电刷、热交换器等。

7.6.1　碳、石墨材料的性能

1. 力学性能

（1）强度。石墨强度不高，强度随体积密度而异，随温度升高而增加，在 2000 ~ 2500℃ 时，约比常温增加一倍。碳、石墨制品的力学性能见表 4.7-18。

表 4.7-18 碳、石墨制品的力学性能

品　名	测定方向	力学性能/MPa		
		抗压强度	抗弯强度	抗拉强度
筑炉碳块		19.6 ~ 34.3	4.9 ~ 7.9	—
石墨电极	∥	18.1 ~ 24.8	6.4 ~ 9.8	2.0 ~ 4.5
	⊥	16.9 ~ 24.5	3.8 ~ 5.2	2.8 ~ 4.9
模压石墨制品体积密度 1.86g/cm³	∥		46.0	17.7 ~ 25.3
	⊥	82.9 ~ 93.0	33.4	20.6 ~ 21.0

（2）弹性模量。碳、石墨材料在常温下很脆。当施加很小应力，远未达到强度极限时，也会出现残余变形，其弹性模量均为平均值，碳质材料的弹性模量为 5 ~ 15GPa，石墨材料为 2.5 ~ 10GPa，随温度升高而增加。

（3）硬度。因原料及工艺条件而异，见表4.7-19。

表 4.7-19 碳、石墨制品的硬度

原　料	肖氏硬度 HS	原　料	肖氏硬度 HS
石油焦	70 ~ 80	石墨化焦	25 ~ 45
碳黑	70 ~ 110	天然石墨	15 ~ 20

（4）摩擦系数。摩擦系数低，在润滑介质中只有 0.04 ~ 0.05，干摩擦条件下一般不超过0.2，在较高的线速度下（如 100m/s）能自润滑

地长期工作。

2. 化学性能　以无烟煤为原料的筑炉碳块，其灰分的质量分数不超过8%，石墨制品灰分低于0.5%，经特殊工艺处理，纯度可达99.99%~99.999%。

石墨制品有良好的耐侵蚀性，不溶于有机溶剂，与多种酸不起反应，但受强氧化性酸如硝酸、浓硫酸的侵蚀。酸渗入石墨层间空隙，产生石墨酸，体积迅速膨胀，高达26倍，引起剥片。石墨制品在任何温度下，对氢氟酸、磷酸都很稳定，与任何浓度的碱溶液及一般盐类不起作用，但与熔融碱和氧化性强的铬酸钾、铬酸钠起作用而受到侵蚀。

碳、石墨制品能吸附少量氧，加热时与氧结合，放出 CO 或 CO_2。在过剩的空气中碳质制品从350℃、石墨制品从450℃开始氧化。在700℃时受水蒸气的侵蚀，到900℃时，CO_2 也起侵蚀作用。

7.6.2 碳、石墨材料的用途

1. 耐磨材料　碳、石墨材料在润滑介质和腐蚀介质中都能自润滑地长期工作。其性能见表4.7-20，用途见表4.7-21。

2. 高纯石墨　高纯石墨具有杂质含量低、强度高、抗热震性好、耐高温、耐腐蚀、耐摩擦、易于加工等优点。其规格、性能见表4.7-22，用途见表4.7-23。

表 4.7-20 碳、石墨耐磨材料的性能

类　别	体积密度 /g·cm⁻³	硬度 HS	气孔率（体积分数）（%）	抗压强度 /MPa	抗折强度 /MPa	线胀系数 /10⁻⁶K⁻¹	耐热温度 /℃
碳-石墨	1.50 ~ 1.70	50 ~ 85	10 ~ 20	80 ~ 180	25 ~ 55	—	350
电化石墨	1.60 ~ 1.80	40 ~ 55	10 ~ 20	35 ~ 75	20 ~ 40	3	400
碳-石墨基体							
浸酚醛	1.65	90	5	260	65	14	170
浸环氧	1.62 ~ 1.68	65 ~ 92	2	100 ~ 270	45 ~ 75	11.5	—
浸呋喃	1.70	70 ~ 90	2	170 ~ 270	60	6.5	—
浸四氟乙烯	1.60 ~ 1.90	80 ~ 100	<8	140 ~ 180	40 ~ 60	—	—
浸巴氏合金	2.40	60	2	200	65	—	—
浸青铜	2.40	90	4	320	80	6	500
电化石墨基体							
浸酚醛	1.80	45 ~ 72	2 ~ 3	90 ~ 140	35 ~ 50	14	170
浸环氧	1.80 ~ 1.90	40 ~ 90	1	70 ~ 150	30 ~ 80	11.5	—
浸呋喃	1.85 ~ 1.90	50 ~ 80	2	120 ~ 150	45 ~ 60	6.5	170
浸四氟乙烯	1.70	65	—	60	30	5.5	250
浸巴氏合金	2.40	42 ~ 60	3	100 ~ 200	40 ~ 70	6	200
浸青铜	2.45	45 ~ 60	2	120 ~ 150	60 ~ 70	6	500
浸铝合金	2.10 ~ 2.20	45	1	200	100	6	400
浸磷酸盐	1.60	65		50	30	5.2	500

表 4.7-21 耐磨石墨材料的用途

材料名称	用 途 举 例
浸渍石墨 （树脂、青铜、巴氏合金）	油泵、水泵、汽轮机、搅拌机以及各种酸碱化工泵的密封环（静环）、防爆片、管道、管件等
碳质，浸渍石墨（树脂、金属）	造纸、木材加工、纺织、食品等机械上，用于忌油脂场所的轴承
电化石墨，浸渍石墨（金属）	化工用气体压缩机的活塞环等
浸渍石墨（金属）	计量泵、真空泵、分配泵的刮片

表 4.7-22 高纯石墨型号、规格和性能

型 号	规格/mm	体积密度 /g·cm^{-3} 不小于	气孔率(体积分数) （%） 不大于	抗压强度 /MPa 不小于	电阻率 /μΩ·m 不大于	灰分的质量分数 /(10^{-4}%) 不大于
SMF-100	340×100×50	1.80	18	58	15	50
SMF-210	φ200×250 φ250×250 φ300×250	1.70	24	40	18	50
SMF-220	φ150×250 400×130×100 420×140×45	1.70	24	45	18	50
SIFC	φ320×480 φ400×400 φ450×400	1.70	24	35	15	50
SMF-510	420×120×80	1.72	21	60	18	50
SMF-520	200×200×50	1.74	20	60	18	50
SMF-600	150×150×230	1.79	18	70	15	50
SMF-650	650×135×200	1.80	17	70	15	50
SMF-800	120×120×380	1.80	17	74	15	50
SIFB	770×340×140 750×300×140	1.80 1.80	17 17	70 74	15 15	50 50

表 4.7-23 高纯石墨选用

型 号	产品特点	适用范围举例
SMF-100	高纯高密	冶金高纯金属用坩埚、方舟
SMF-200 SMF-220	高纯致密	单晶炉用加热器、隔热屏、坩埚、舟皿、烧结模、电子管阳极、金属镀膜
SMF-510 SMF-520	高纯致密	电火花加工、压铸模、耐磨石墨、水平连铸石墨结晶器金属镀膜
SMF-600 SMF-650 SMF-800	高纯高密	电火花加工、压铸模、耐磨石墨、水平连铸石墨结晶器金属镀膜
SIFC	高纯致密	单晶炉用加热器、金属镀膜
SIFB	高纯致密	电火花加工、水平连铸石墨结晶器、金属镀膜

7.7 聚合物混凝土和人造大理石

聚合物混凝土是用高分子树脂代替水泥作粘合剂的混凝土。通常由粘合剂、填料及助剂组成。粘合剂是在固化剂存在下，能室温固化的反应性树脂，如不饱和聚酯树脂、环氧树脂和丙烯酸酯类树脂等。填料一般采用天然碎石、石英砂、高岭土、氢氧化铝、氢氧化镁、碳酸钙等。根据需要，还可加入各种染料。

聚合物混凝土突出的性能是具有高的强度、良好的耐化学药品性能，其抗化学腐蚀的性能优于不锈钢，而成本只有不锈钢的十分之一；减振和消声能力比灰铸铁高6倍；具有好的耐磨性和电绝缘性能。目前在国内外各工业部门得到了越来越广泛的应用。聚合物混凝土因其优良的减振

性和强度，是用作金属加工机床机座的理想材料。同类材料由于填料或工艺不同，可制得仿花岗石、人造大理石、人造玛瑙等材料，用这些材料，可制作地板、窗台、盥洗盆、园艺器具、装布材料等。

7.7.1 聚合物混凝土

将树脂、固化剂、固化促进剂、填料、染料等，经计量送入混合器中，快速混匀，注入模具中室温固化，即成制品。可以手工操作，亦可在浇灌机中进行。常见几种聚合物混凝土制备性能比较见表4.7-24。

表4.7-24 聚合物混凝土性能

体系	优点	缺点	用例
不饱和聚酯树脂	固化时间可调，价廉、耐酸	固化时收缩大	地下构件
环氧树脂	固化收缩小，耐蚀性良好	固化时间较难调，价贵	机床座，衬里材料
丙烯酸酯树脂	耐候性、透明性良好	固化收缩较大，价贵	高档人造大理石

不饱和聚酯树脂是用量最大的聚合物，形成混凝土的过程中，是苯乙烯打开双键与聚酯进行交联。固化体系由苯乙烯、过氧化环己酮（用量为树脂的4%）、环烷酸钴（用量约为树脂的2%~4%）组成，用量应随制品形状、环境温度进行调整。不饱和聚酯树脂混凝土的性能见表4.7-25。

7.7.2 人造大理石

用树脂、填料及染料，固化体系复合成型，再经研磨、抛光而成板材，由于颜料的不均匀分散，从而产生一种似大理石的花纹，称为人造大理石。

不饱和聚酯树脂型人造大理石，占树脂型人造大理石市场的80%。近年来，市场要求向高级化、等级化方向发展，开发了丙烯酸酯树脂型的人造大理石，由于其美丽的外观、优异的性能，非常受人青睐。和不饱和聚酯型人造大理石相比，具有如下特点：

（1）具有近似天然大理石的质量感和重量感，质地坚实。

（2）可进行热弯曲加工，施工性好。

（3）耐候性、耐污染力强，保养方便。

（4）缺点是热性能稍差，价格高。

丙烯酸酯类大理石板的性能见表4.7-26。

表4.7-25 不饱和聚酯树脂混凝土与水泥混凝土的性能比较

项目	树脂混凝土	水泥混凝土
密度/g·cm^{-3}	2.3	2.3
抗压强度/MPa	100~150	20~40
压缩弹性模量/GPa	125~135	18~25
抗弯强度/MPa	20~35	4~10
抗拉强度/MPa	10~15	1~3
冲击韧度/kJ·m^{-2}	1.8~2.4	1.5~2.0
吸水率（24h）（%）	0.03~0.1	3~4
线胀系数/10^{-5}·K^{-1}	1.1~1.7	1.0~1.2
粘接强度（对铁）/MPa	8~10	2~3

表4.7-26 大理石板的性能

项目	试验法	单位	特性值
热变形温度	ASTM D-648	℃	230
耐热性	215℃熨斗放20分钟	/	无变化
	点燃香烟放置5分钟		无变化
冲击韧度	JIS K-6911 简支梁	kJ/m^2	3.4
落球冲击	落垂重量500g		
	板厚6mm	mm	150
	板厚6mm		1000
布氏硬度	JIS K-6911	/	68
铅笔硬度	JIS K-5400 荷重500g	/	6H
耐摩耗性	JIS K-6902	mg	767
耐煮沸性	热水煮沸500h	/	无白花
相对密度	JIS K-7112	/	1.87
抗拉强度	JIS K-7112	MPa	35
拉伸模量	JIS K-7112	MPa	11700
伸长率	JIS K-7112	%	0.26
抗弯强度	JIS K-6919	MPa	63
弯曲模量	JIS K-6919	MPa	12200

8   复合材料

8.1   概述

复合材料是由两种或两种以上材料，即基体材料和增强材料复合而成的一类多相材料。复合材料既能保持原组成材料的重要特性，又通过复合效应使各组分的性能互相补充，获得原组分不具备的许多优良性能。

复合材料的种类很多，按基体材料分，有金属基、聚合物基及陶瓷基复合材料；按增强材料形状分，可分为颗粒状、纤维状和层状等复合材料；按使用目的分，有结构复合材料与功能复合材料。前者主要用作承力结构，要求有高的强度和刚度，及一定的耐热、耐蚀性等性能；功能复合材料是指能提供特定功能的材料，如导电、超导、磁性、压电、阻尼、屏蔽、耐磨等材料。

复合材料的显著特征是材料性能可根据使用性能和环境要求进行设计，选择不同的基体和增强材料以及制造工艺，以获得特定性能。

复合材料的特点：

（1）比强度和比模量高。比强度高的材料能承受高的应力；比模量高说明材料轻而且刚度大。几种典型高性能复合材料与常用材料的性能对比见表4.8-1。

（2）抗疲劳性能好。几种复合材料的抗疲劳性见图4.8-1。其中以碳纤维增强树脂复合材料性能最好。

表 4.8-1   几种典型高性能复合材料与常用材料的性能对比

	材　料	密　度 /g·cm^{-3}	抗拉强度 /GPa	拉伸弹性模量 /GPa	冲击韧度 /kJ·m^{-2}	线胀系数 /10^{-6}K^{-1}
复合材料	碳纤维/环氧	1.6	1.8	128	74.5	0.2
	芳纶纤维/环氧	1.4	1.5	80	196	1.8
	硼纤维/环氧	2.0	1.6	220	—	4.0
	碳化硅纤维/环氧	2.6	1.5	130	196	2.6
	石墨纤维/铝	2.2	0.8	231	—	2.0
金属	钢	7.8	1.4	210	—	12
	铝合金	2.8	0.5	77	—	23
	钛合金	4.5	1.0	110	—	9.0
聚合物	尼龙6	1.2	0.07	2.7	11.8	40

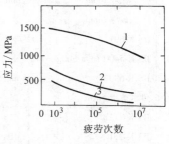

图 4.8-1   几种复合材料的疲劳曲线

1—碳纤维复合材料   2—玻璃纤维复合材料   3—铝合金

（3）减振性能好。因为复合材料为多相体系，大量界面对振动有反射吸收作用，所以减振能力强。碳纤维复合材料的减振速度比钢快。

（4）高温性能好。增强材料的熔点都较高，由它构成的复合材料高温性能也较好，在高温仍有较高的强度和弹性模量。碳纤维在高温下，其抗拉强度反而有所上升，超过了氧化铝晶须。

8.2   增强材料的种类和性能

8.2.1   概述

增强材料包括纤维、丝、颗粒、片材和织物等。如玻璃纤维和碳纤维有纱、布、毡、短切纤维；织物有无纺布、单向布、斜文布等。碳纤维性能好，但成本高。有机纤维除芳纶纤维外，涤纶、丙纶、腈纶等价格低廉，但性能较差，不能满足高性能复合材料的要求。近年来发展的超高分子量聚乙烯纤维，强度高，甚至可超过碳纤维，模量与高模量的碳纤维接近，价格仅为芳纶纤维的1/10。

增强粒子的种类很多，使用较多的是无机填料，如碳酸钙、滑石粉、云母粉、二氧化硅、碳黑等，还有金属粉、有机填料木粉等。粒子在复合材料中高度分散，在聚合物基体中可阻碍聚合物大分子运动，对金属基体，粒子有产生位错的能力；在陶瓷基体中有裂纹屏蔽效应，从而起到强化基体的作用。纤维增强材料多用作结构复合材料，其中纤维是主要承载成分，起骨架作用，基体起粘结纤维和传递力的作用。复合材料的性能与增强纤维或填料粒子的性能、它们在基体中的含量、分布及与基体的粘结力等因素有关。

8.2.2 增强填料粒子的种类

常用填料及增强粒子的种类和性能见表4.8-2。

8.2.3 纤维的种类和性能

1. 玻璃纤维 玻璃纤维的品种、化学成分和性能见表4.8-3。

表 4.8-2 常用增强填料粒子种类

名　　称	相对密度/g·cm⁻³	颗粒形状	颗粒度/μm	化学成分的质量分数（%）
轻质碳酸钙	2.65	针状结晶	3～10 占88%	$CaCO_3$ >98
重质碳酸钙	2.75	不规则块状	3～10 占55%	$CaCO_3$ >95
硫酸钙	2.94	圆柱状晶体	3～10 占25%	$CaSO_4$ 57
滑石粉	2.74	不规则块状	3～10 占33%	$3MgO·4SiO_2·H_2O$
二氧化钛	3.84	球状结晶	在0.1以下	TiO_2 97
二氧化硅	1.95～2.66	块状		SiO_2 99.5
碳　黑	1.8～2.1		0.02	C 70～80
云　母	2.7～3.1	片状	20～60000	$KAl_2[FeSi_3O_{10}(OH)_3]$
氢氧化铝	2.42	块状	3～20	Al_2O_3 38、H_2O 22～28

表 4.8-3 玻璃纤维的品种、化学成分和性能

品　种　代　号		A	C	D	E	S	R	M
化学成分的质量分数（%）	SiO_2	72.0	65	73	55.2	65	60	含BeO的玻纤
	Al_2O_3	0.6	4	①	14.8	25	25	
	B_2O_3	0.7	5	23	7.3	—	—	
	MgO	2.5	3	①	3.3	10	6	—
	CaO	10	14	①	18.3	—	9	
	Na_2O	14.2	8.5	①	0.3	—	—	
	K_2O			①	0.2	—	—	
	Fe_2O_3	—	0.5	—	—	—	—	
	F_2				0.3			
抗拉强度（新生态）/GPa		3.1	3.1	2.5	3.4	4.58	4.4	3.5
弹性模量/GPa		73	74	55	71	85	86	110
断裂伸长率（%）		3.6			3.37	4.6	5.2	
密度/g·cm⁻³		2.46	2.46	2.14	2.55	2.5	2.55	2.89
线胀系数/10⁻⁶K⁻¹		—	8	2～3	—	—	4	
折射率		1.52			1.55	1.52	1.54	
损耗角正切（在10⁶Hz条件下）		—	—	0.0005	0.0039	0.0072	0.0015	
相对介电常数（在10⁶Hz条件下）		—	3.8	6.11	5.6	6.2		

① 这些成分的总质量分数为4%。

表中：

A为高碱玻璃（钠玻璃）纤维，通用规格具有良好的耐化学性。

C为硼硅酸钠玻璃纤维，具有良好的抗化学性。

D为介电性能低的玻璃纤维，用于雷达工业。

E为无碱玻璃纤维，具有卓越的电绝缘性，大量用于制备玻璃纤维编织物。

S为高强玻璃纤维，用于结构材料。

R为粗纤维，强度和模量均较高，用于结构材料。

M为高模量纤维。

为了改善玻璃纤维与基体的粘结力，需要对纤维表面进行处理，常用的处理方式是先经热处理，再用偶联剂处理。硅烷类化合物是有效的偶联剂，例如乙烯基三乙氧基硅烷（Al51），γ-氨基丙基三乙氧基硅烷（A1100）等。

2. 碳纤维　碳纤维是由元素碳构成的一类纤维，由聚丙烯腈纤维、粘胶纤维或沥青纤维在隔绝氧的情况下碳化而成。特点：（1）比强度、比模量高，但脆性大；（2）耐热性好，在氮气中加热至1000℃几乎不发生化学反应；（3）线胀系数小，沿纤维方向为负值（$-1\times10^{-6}K^{-1}$）；（4）具有良好的导电性及自润滑性；（5）比热容为$0.7\sim0.9kJ/(kg\cdot K)$，是良好的耐烧蚀材料。

碳纤维按力学性能不同分为高强度型、超高强度型、中模量型、高模量型、超高模量型五种，见表4.8-4。

表 4.8-4　碳纤维的牌号与类型

牌　号	中模量型 IM	高模量型 HM	超高模量型 UHM	超高强型 UHS	高强型 HS	纤维制造厂家
拉伸模量/GPa	255～310	310～395	>395	—	—	
抗拉强度/MPa				>3500	3500	
Celion	G-40	G-50	G_y-80	3000ST	1000	Celaness
Magnamite	IM6	HMS. HMU		AS6	AS4	Hercules
Besfight	HM28	HM40	HM45	ST1,2	HTA	TOHO
Torayca	T800	M40	M46	T700,T400	T300	Toray
Thornel	T40	P55	P120	T700,T600	T300	U. C. C

3. 芳纶纤维　芳纶纤维是一类聚芳酰胺纤维，商品名 Kevlar。特点：密度小，热稳定性好，可耐240℃，抗拉强度高，模量居中，耐疲劳、耐磨、耐各种有机溶剂的浸蚀，但不耐强酸、强碱及紫外线的侵蚀。杜邦公司芳纶纤维产品性能见表4.8-5。

表 4.8-5　芳纶纤维性能[①]

性　能	kevlar29	kevlar129	kevlar49	kevlar149
抗拉强度/MPa	2970	3430	3620	3430
拉伸模量/GPa	36.7	52.8	125	165
密度/g·cm⁻³	1.44		1.44	
断后伸长度（%）	3.6	3.3	2.5	1.8
纤维直径/μm	12.1		11.9	
吸湿率（%）			4.6	1.1

① 美国杜邦公司产品。

4. 碳化硅纤维　用化学气相沉积法或有机硅聚合物纺丝烧结法制造 SiC 连续纤维。碳化硅纤维呈半导电性、抗张强度大、模量高、耐热性高，即使在氧化条件下也能使用。见表4.8-6。

表 4.8-6　碳化硅纤维（Nicalon）的性能

项　目	性　能
纤维构造	非结晶状
化学组成	Si、C、O
纤维直径/μm	15
抗拉强度/MPa	2800
拉伸模量/GPa	200
断后伸长率（%）	1.5
密度/g·cm⁻³	2.55
单位长度质量/g(1000m)⁻¹	200
电阻率/Ω·cm	10^3
线胀系数/$10^{-6}K^{-1}$	1～2(0～200℃)
比热容/$J(g\cdot K)^{-1}$	1.14(300℃)

5. 晶须　晶须是直径小于30μm、长度只有几微米的针状单晶体，断面呈多角形，是一种高强度材料。晶须有金属晶须和陶瓷晶须。金属晶须中，铁晶须已投入生产。铁晶须可在磁场中取向，从而能制取定向纤维增强复合材料。此外，还有铜、镍、铬晶须等。陶瓷晶须在工业上应用较多的是氧化铝晶须（又称蓝宝石晶须）及碳化硅晶须。各种晶须的性能见表4.8-7。

表 4.8-7 各种晶须的性能

晶 须	熔 点 /℃	密 度 /g·cm⁻³	抗拉强度 /GPa	弹性模量 /10⁵ MPa
氧化铝	2040	3.96	21	4.3
氧化铍	2570	2.85	13	3.5
碳化硼	2450	2.52	14	4.9
碳化硅	2690	3.18	21	4.9
氮化硅	1960	3.18	14	3.8
石 墨	3650	1.66	20	7.1
铬	1890	7.20	9	2.4
铜	1080	8.91	3.3	1.2
铁	1540	7.83	13	2.0
镍	1450	8.97	3.9	2.1

8.3 聚合物基复合材料

8.3.1 概述

聚合物基复合材料是以聚合物为粘结材料，以纤维或粒子为增强材料。纤维增强热固性聚合物是最早开发的复合材料，如玻璃纤维增强环氧树脂，俗称环氧玻璃钢，还有酚醛玻璃钢，聚酯玻璃钢等。增强用纤维除了玻璃纤维还有碳纤维、芳纶纤维和石棉纤维。

粒子改性聚合物除起增强作用外，还可降低造价。有些粒子则起特殊的功能作用，如碳黑的导电、光屏蔽作用；铁粉的导磁性等。

8.3.2 纤维增强塑料

1. 玻璃纤维增强热固性聚合物（玻璃钢）

各种玻璃钢与金属性能比较见表 4.8-8。

2. 玻璃纤维增强热塑性塑料

玻璃纤维与热塑性塑料复合后，物理力学性能明显得到改善。例如，用体积分数 30% 玻纤增强的尼龙 66，其热变形温度由原来的 104℃ 提高到 248℃，吸湿性大大下降。一些玻璃纤维增强热塑性塑料的物理力学性能见表 4.8-9。

3. 碳纤维增强塑料

（1）碳纤维增强热固性聚合物 碳纤维环氧复合材料应用最广，它与玻璃钢相比，质轻、耐温、耐腐蚀，主要用作汽车、飞机、火箭、人造卫星的结构材料以及体育用品等。

国内典型碳纤维增强塑料单向层压板的主要性能见表 4.8-10。

表 4.8-8 各种玻璃钢与金属性能比较

材料 \ 性能	聚酯 玻璃钢	环氧 玻璃钢	酚醛 玻璃钢	钢	铝
密度/g·cm⁻³	1.84~1.90	1.8~2.0	1.6~1.85	7.8	2.7
抗拉强度/MPa	180~350	70~300	70~280	700~840	470
抗压强度/MPa	210~250	180~300	100~270	420~850	30~100
抗弯强度/MPa	210~350	70~470	1100	420~460	70~110
吸水率(%)	0.2~0.5	0.05~0.2	1.5~5	—	—
线胀系数/10⁻⁵K⁻¹	0.8	1.1~3.5	0.35~1.07	0.012	0.023

表 4.8-9 不同含量玻璃纤维增强热塑性塑料的物理及力学性能

材料	ABS	聚甲醛 均聚	聚甲醛 共聚	聚四氟乙烯	聚碳酸酯		尼龙6	聚酰胺 尼龙66	尼龙66	尼龙1010
玻纤含量（体积分数）	20%	20%	25%	25%	10%	30%	30%~35%	30%~33%	20%+20%碳纤	28%
成型收缩率（%）	0.2	0.9~1.2	0.4~1.8	1.8~2	0.2~0.5	0.1~0.2	0.3~0.5	0.2~0.6	0.25~0.35	0.4~0.5
抗拉强度/MPa	72~90	59~62	127	13.8~18.6	65	131	165[1] 110[2]	193[1] 152[2]	238	58
断后伸长率（%）	3	6~7	2~3	200~300	5~7	2~5	—	3~4[1] 5~7[2]	3~4	—
抗压强度/MPa	96	124	117	6.9~9.6	93	124~138	131~158[1] 165[1]	154 165~276[1]	—	137
抗弯强度/MPa	96~120	103	193	13.8	103~110	158~172	227[1] 145[2]	282[1] 172[2]	343	202
冲击韧度（缺口）/kJ·m^{-2}	2.3~2.9	1.7~2.1	2.1~3.8	5.7	2.5~5.5	3.6~6.3	4.6~7.1[1] 7.8[2]	4.2~4.6	3.78	81.8 （无缺口）
拉伸弹性模量/GPa	5.1~6.1	6.9	8.6~9.6	1.4~1.6	3.4~4	8.6~9.6	10[1] 5.5[2]	9[1]	—	7.7
压缩模量/GPa	5.5	—	—	—	3.6	8.96	—	—	—	—
弯曲模量/GPa	4.5~5.5	5	7.6	1.62	3.4	7.6	9.6[1] 5.5[2]	9~10[1] 5.5[2]	19.6	4.1
硬度 洛氏 肖氏	82~98HRM 107HRR	90HRM	79HRM	60~70 HSD	75HRM 118HRR	92HRM 119HRR	96HRM[1] 78HRR[2]	101HRR[1] 109HRR[1]	—	11.48HBS
线胀系数/10^{-5}K^{-1}	2.1	3.8~8.1	2~4.4	7.7~10	3.2~3.8	2.2~2.3	1.6~8	1.5~5.4	2.07	—
热变形温度/°C（1.82MPa）	99	157	163	—	138~142	146~149	200~215	254[1]	260	马丁温度176
热导率/W（m·K）$^{-1}$	—	—	—	0.34~0.42	0.20~0.22	0.22~0.32	0.24~0.48	0.21~0.49	—	—
密度/g·cm^{-3}	1.18~1.22	1.54~1.56	1.55~1.61	2.2~2.3	1.27~1.28	1.4~1.43	1.35~1.42	1.15~1.40	1.40	1.19
吸水率（%）(24h)（饱和）	0.18~0.20	0.25	0.22~0.29	—	0.12~0.15	0.08~0.14	1.1~1.2 6.5~7.0	0.7~1.1 5.5~6.5	0.50	—
介质强度/kV·mm^{-1}	18	193	18.9~22.9	12.6	20.9	18.5~18.7	15.8~17.7	14.2~19.7	—	—

（续）

材料	聚酰胺 尼龙610	聚酰胺 尼龙612	聚对苯二甲酸丁二醇酯(PBT)		聚对苯二甲酸乙二醇酯(PET)		聚酰胺酰亚胺	聚醚酰亚胺	聚醚醚酮(PEEK)	高密度聚乙烯
玻纤含量(体积分数)	33%	30%~35%	30%	35%玻纤和滑石粉	30%	40%~50%玻纤,滑石粉	30%	30%	30%	30%
成型收缩率(%)	—	0.2~0.5	0.2~0.8	0.3~1.2	0.2~0.9	0.2~0.4	0.2~0.4	0.1~0.2	0.2	0.2~0.6
抗拉强度/MPa	170	152① 138②	96~131	78.5~95	145~158	96~179	221	172~196	162	62
断后伸长率(%)	—	4	2~4	2~3	2~7	1.5~3	2.3	2~5	3	1.5~2.5
抗压强度/MPa	145	152①	124~162		172	141~165	264	162~165	154	34~41
抗弯强度/MPa	234	220① 241②	156~200	124~152	214~230	145~273	317	227~255	227~289	55~65
冲击韧度(缺口)/kJ·m^{-2}	11.7	—	1.9~3.4	2.7~3.8	3.4~4.2	1.9~5.0	3.2	3.6~4.2	4.2~5.4	2.3~3.1
拉伸弹性模量/GPa	6	8.3① 6.2②	8.96~10	8.3~9.6	8.96~9.9	12~13	14.5	9~11	8.6~11	5.5~6.2
压缩模量/GPa							7.9	3.79		
弯曲模量/GPa	4.1	7.6① 6.2②	5.9~8.3		8.6~10	9.6~13.8	11.7	8.3~8.6	9.6	4.8~5.5
硬度 洛氏,肖氏	10.65HBS	93HRM	90HRM	50HRM	90~10HRM0	118~119 HRR	94HRE	125HRM 123HRR	—	75~90HRR
线膨胀系数/10^{-5}K^{-1}			2.5		2.5~3	2.1	1.3~1.8	2~2.1	1.5~2.2	4.8
热变形温度/°C(1.82MPa)	马丁温度195	199~218①	196~218	166~197	216~224	211~227	281	208~215	288~315	121
热导率/W(m·K)$^{-1}$			0.29		0.25~0.29		0.68	0.25~0.39	0.2	0.36~0.46
密度/g·cm^{-3}	1.30	1.30~1.38	1.48~1.53	1.59~1.73	1.56~1.67	1.58~1.68	1.61	1.49~1.51	1.49~1.54	1.18~1.28
吸水率(%)(24h)	—	0.20	0.06~0.08	0.06~0.07	0.05	0.05	—	0.18~0.20	0.06~0.12	0.02~0.06
(饱和)	—	1.85	0.3				0.24	0.9	0.11~0.12	—
介质强度/kV·mm^{-1}	—	20.5	15.8~21.7	17.7~23.6	16.9~25.6	22.5~23.6	33.1	19.5~24.8	—	19.7~21.7

① 干燥状态。
② 50%相对湿度。

表 4. 8-10　国内典型碳纤维增强塑料单向层压板主要性能

性　　能	T300/3231①	T300/4211②	T300/5222①	T300/QY8911③	T300/5405④
纵向抗拉强度/MPa	1750	1396	1490	1548	1727
纵向拉伸弹性模量/GPa	124	126	135	135	115
泊松比	0.29	0.33	0.30	0.33	0.29
横向抗拉强度/MPa	49.3	33.9	40.7	55.5	75.5
横向拉伸弹性模量/GPa	8.9	8.0	9.4	8.8	8.6
纵向抗压强度/MPa	1030	1029	1210	1226	1104
纵向压缩模量/GPa	130	116	134	125.6	125.5
横向抗压强度/MPa	138	166.6	197.0	218	174
横向压缩模量/GPa	9.5	7.8	10.8	10.7	8.1
纵横抗剪强度/MPa	106	65.5	92.3	89.9	135
纵横切变模量/GPa	4.7	3.7	5.0	4.5	4.4
密度 g·cm⁻³		1.56	1.61	1.61	
玻璃化转变温度/℃		154~170	230	268~276	210

① 纤维体积分数 $\varphi_f = (65 \pm 3)\%$，环氧体系，空隙率 <2%。

② $\varphi_f = (60 \pm 3)\%$，环氧体系，空隙率 <2%。

③ $\varphi_f = (60 \pm 5)\%$，双马来酰亚胺体系空隙率 <2%。

④ $\varphi_f = (65 \pm 3)\%$，双马来酰亚胺体系，空隙率 <2%。（3231、4211、5222 均为环氧体系，QY8911，5405 为双马来酰亚胺体系）。

（2）碳纤维-热塑性树脂复合材料　这种复合材料韧性好，损伤容限大，耐蚀性好，近年来发展很快。一些短切碳纤维-热塑树脂复合材料性能见表 4.8-11。

4. 芳纶纤维增强塑料　芳纶纤维与树脂基复合时具有良好的相容性，因而能获得性能优异的复合材料，压延性与金属相似，耐冲击性超过碳纤维增强复合材料。例如，Kevlar49 增强环氧树脂复合材料，抗拉强度大于环氧玻璃钢，类似于环氧-碳纤维复合材料，已成功地应用于航空、航天工业。

一些聚合物基复合材料性能比较见表 4.8-12。

表 4. 8-11　短切碳纤维增强热塑性高分子复合材料的性能对比①

性　　能	品　　　种						
	聚丙烯	尼龙6	聚砜	聚酯	聚苯撑砜	聚乙烯/四氟乙烯	聚碳酸酯
密度/g·cm⁻³	1.06	1.28	1.32	1.47	1.45	1.73	1.36
吸水率(24h)(%)	—	0.5	0.15	0.04	0.04	0.015	—
模压收缩率(%)	—	1.5~2.5	2~3	1~2	1	1.5~2.5	—
抗拉强度/MPa	37.2	241	131	138	186	103	79.2
伸长率(%)	2.2	3~4	2~3	2~3	2~3	2~3	2.1
抗弯强度/MPa	46.2	351	176	200	234	138	118
弯曲模量/GPa	4.1	20	14.1	13.8	16.9	11.4	7.44
抗剪强度/MPa	—	89.6	48.3			48.2	—
带缺口抗冲击韧度/J·m⁻¹	37.4	80.1	58.7	64.1	58.7	218~267	160.2
热变形温度/℃(1.82MPa)	120	257	185	221	260	241	145
线胀系数/K⁻¹10⁻⁵	2.8	1.89	1.26	0.9	1.08	1.44	2.8
热导率/W(m·K)⁻¹		12.1	9.5	11.2	9.0	9.7	—
表面电阻系数/Ω	3~5	1~3	2~4	1~3		3~5	

① 含30%体积分数的短切碳纤维。

表 4.8-12　聚合物基复合材料性能比较

性　能	硼环氧（单向）	碳纤/环氧（中模量）	碳纤/环氧（高模量）	碳纤/聚亚胺（中模量）	碳纤/环氧（织物）	芳酰胺/环氧（无纺织物）	芳酰胺/环氧（织物）	玻璃/环氧
密　度	2.01	1.60	1.56	1.60	1.59	1.35	1.33	1.8~1.9
抗拉强度/MPa	1380	1520~1720	783~1436	1100~1380	585~620	1260	511	379~517
抗拉模量/GPa	207	138~207	207~324	117	70.3	77~82	31	23~26
抗弯强度/MPa	1780	1650~1860	620~1600	1520~1580	841~1034	625	345	517~654
抗压强度/MPa	2430	1740~1580	620~703	—	690	235~270	83	345~413
层间剪切/MPa	90	55~110	24~56	110	56~62	28~49	55	27.6
抗冲强度/(J/cm²)	—	15				26		16
泊松比	0.21	0.045	0.199		0.077	0.31		0.12~0.16
热导率/(W/m²·K)	0.02~0.03	0.86~1.44	4.03~5.04			0.46	0.21	0.16~0.33
线胀系数/(℃⁻¹×10⁻⁶)	4.14	—	—	—	—	0.36~0.54		10.6
最高使用温度/℃	177	177	177	371	177	177	177	149
高温抗拉强度/(MPa/℃)	1170/191	1380/191	793/197	1030/177	593/177		262/149	447/288
高温抗拉模量/(MPa/℃)	179/191	110/191	207/177	131/177	71.0/177			
高温抗弯强度/(MPa/℃)	1520/191	1310/191	—	1240/177	566/177	382/177	207/149	200/288

8.3.3　碳-碳复合材料

碳纤维增强碳素的复合材料称为碳-碳（C/C）复合材料，几乎百分之百由碳组成。它的强度和刚度高，高温下力学性能比室温还好，有极好的耐热冲击能力，可用作导弹和航天飞机的防热部件及火箭燃烧室的喷管材料，高速飞机用刹车盘等。

典型碳-碳复合材料在室温下的力学性能见表 4.8-13，不同碳纤维制成的碳-碳复合材料的性能见表 4.8-14。

表 4.8-13　典型碳-碳复合材料
在室温下的力学性能

碳-碳复合材料	纤维含量的体积分数（%）	抗弯强度/MPa	弯曲模量/MPa	层间抗剪强度/MPa
单向纤维	55	1200~1400	150~200	20~40
双向织物 2D 8综绕缎纹,（经向）	35	300	60	20~40
三向织物 3D（2200℃处理）	50	250~300	50~150	50~80
三向毡	35	170	15~20	10~30

注：表内各种材料均经过 4~6 次致密化，除另有注明条件外，均在 1000℃高温处理。

表 4.8-14　用不同碳纤维制成碳-碳
复合材料的性能

性　能	高模量碳纤维制的碳-碳复合材料		高强度碳纤维制的碳-碳复合材料
碳化温度/℃	1000	2600	1000
密　度/g·cm⁻³	1.55	1.75	1.65
抗弯强度/MPa	1000~2000	800	600
弯曲模量/GPa	165	290	115
断后伸长率（%）	0.6~0.75	0.3	0.55
层间抗剪强度/MPa	25~35	15~25	20~25

8.4　金属基复合材料

8.4.1　概述

金属基复合材料是以金属、合金或金属间化合物为基体、含有增强成分的复合材料。其特点是：高强度、高模量，工作温度高，可比基体合金高 100~200℃，且更耐磨，不吸湿，不致由此而引起构件变形，导电、导热，可以使局部高温热源和集中电荷很快传导消除。主要应用于航空航天、军事和汽车等领域。

金属基复合材料，按增强原理可分为：

（1）连续增强型材料。使用高强度、高模量长纤维或金属丝进行增强。重要的品种有硼纤维增强铝、碳纤维增强铝或镁等。

（2）非连续型增强材料。使用颗粒、晶须或短纤维等材料进行增强。常用的有碳化硅颗粒与晶须、氧化铝短纤维等。基体主要为铝合金。

金属基复合材料中还有一种比较独特的自增强材料，又称原位复合材料。这是一些定向凝固的共晶合金，在定向凝固过程中，它的两个析出相按一定的结晶方向同时定向生长，其中增强相呈纤维状或片状，按一定方向规则排列，均匀分布于基体相之中，从而达到增强效果。在性质上属于连续增强型复合材料。

主要金属基复合材料典型的实用性能水平见表4.8-15。

表4.8-15　主要金属基复合材料典型的实用性能水平

材　料	密度 /g·cm^{-3}	抗拉强度 /MPa	拉伸模量 /GPa
硼纤维增强铝	2.6	1250～1550	200～230
CVD碳化硅纤维增强铝	2.9	1250～1600	210～240
纺丝碳化硅纤维增强铝	2.6	700～1000	95～120
高强度碳纤维增强铝	2.4	650～950	100～130
高模量石墨纤维增强铝	2.4	550～800	120～160
FP氧化铝纤维增强铝	3.3	650	220
住友氧化铝纤维增强铝	2.9	900	130
碳化硅晶须增强铝	2.8	500～630	98～130
碳化硅颗粒增强铝	2.8	400～520	95～100
CVD碳化硅纤维增强钛	3.9	1500～1750	210～240

注：凡连续纤维增强的材料均为单向增强纵向性能。

8.4.2　金属基复合材料的制备方法

金属基复合材料的制造与成型工艺见表4.8-16。

表4.8-16　纤维增强金属制造方法及优缺点

制造方法	优　点	缺　点	适合的复合体系
熔体浸渗法	不损伤纤维，浸润良好，适合多种基体和各种复杂形状	温度高、纤维和金属界面反应严重	B-Mg、W-Cu、W-Ag、B-Al、Al-SiO$_2$
粉末冶金法	温度低，适合多种基体与短纤维复合	纤维损伤大，取向性差，体积含量低	W-Ni、W-Ag、Mo-Ti、C-Al

（续）

制造方法	优　点	缺　点	适合的复合体系
等离子喷涂	纤维取向规则，适合于长纤维增强体系	容易产生气孔	B-Al、SiC-Al、C-Al、W-Al、W-Cu
电沉积	温度低，纤维损伤小	基体限制，容易生气孔、效率低	W-Ni、W-Cu、B-Al、SiC-Al、Al$_2$O$_3$-Ni
化学气相沉积	不损伤纤维	容易产生气孔、效率低	Be-Al、B-Al、C-Al
扩散法	纤维取向规则，浸润好，温度较低，界面反应不严重	时间较长	B-Al、C-Al、B-Ti
挤压、轧制	界面反应小	对材料有限制	Cu-合金、B-Al
高能加工			B-Al、W-Al

8.4.3　铝基复合材料

铝基复合材料的比刚度、比强度高，用于航天航空工业可大大减轻质量。铝基复合材料品种很多，如硼/铝（B/Al）复合材料。一般含硼纤维的体积分数为45%～50%，突出的优点是密度低，力学性能高。单向增强的抗拉强度可达1250～1550MPa，模量200～230GPa，密度2.6g/cm^3，比强度约为钛合金、合金钢的3～5倍。

碳化硅纤维增强铝及铝合金也具有B/Al复合材料类似的高强度。目前在生产中应用较多的是碳化硅颗粒与晶须增强铝合金复合材料。颗粒度一般为10μm左右。晶须直径一般为0.3～1.0μm，长20～50μm。颗粒或晶须在复合材料中含量（体积分数）一般为20%。颗粒与晶须的加入主要是提高材料的模量、耐磨性、高温度与抗蠕变性能。典型性能见表4.8-17。

表4.8-17　碳化硅颗粒与晶须增强铝合金的典型性能

增强体	铝合金基体	增强体含量（体积分数）（%）	抗拉强度 /MPa	拉伸弹性模量 /GPa	密度 /g·cm^{-3}
SiC颗粒	6061	0	326	67.6	
		10	351	78.6	
		20	377	97.2	

（续）

增强体	铝合金基体	增强体含量（体积分数）（%）	抗拉强度/MPa	拉伸弹性模量/GPa	密度/g·cm⁻³
SiC颗粒	2014	0	409	72.4	—
		15	473	95.2	
	A356-T6	0	255	75.2	2.68
		10	276	77.2	2.73
		15	303	92.4	2.73
		20	317	95.8	2.76
SiC晶须	2024-T4	17~18	560~630	98~140	—
	6061-T6	17~18	420~520	91~112	—
	7075-T6	17~18	560~630	98~126	—

8.4.4 高温合金复合材料

以高温合金为基体的复合材料有三种类型：

1. 纤维增强型　主要使用难熔金属丝或氧化铝等陶瓷纤维进行增强。比较有应用前景的是钨、钼等难熔合金丝增强的高温合金，特别是钨丝。基体通常采用镍基高温合金或铁基 Fe-Cr-Al 合金（w_{Cr}15%~25%，w_{Al}5%~10%）。制造工艺采用热压扩散结合法，亦可采用粉末冶金法。钨丝含量（体积分数）在40%左右。1090℃的持久强度为目前最好高温合金的3~5倍。

2. 颗粒增强型　主要用碳化钛、碳化钨、氧化钍等陶瓷粉末进行增强，能使基体合金在1000℃以上的性能有明显改善。

3. 自增强型　目前研究最多的是 γ/γ-δ 型、Co-TaC 型、Ni-TaC 型。其使用温度比现有的先进高温合金高100℃以上。

高温合金复合材料性能优于现有的高温合金，预期应用于航天飞机热防护装置等耐热零部件，发动机涡轮叶片等。但在工艺、性能和成本上还存在一些问题。

8.5 陶瓷基复合材料

8.5.1 概述

陶瓷基复合材料（CMC）是指在陶瓷基体中引入第二相材料，构成多相复合材料。陶瓷具有耐热、抗氧化、耐磨耗、耐蚀等突出优点。但韧性差，难于加工。在陶瓷中加入纤维增强，能大幅度提高强度，改善脆性，并提高使用温度。粒子复合技术是陶瓷采用最多的改性方法，其工艺简单，粒子尺寸及分布较容易控制。研究较多的体系有碳化硅基、氧化铝基和莫来石基。

8.5.2 纤维-陶瓷复合材料

纤维与陶瓷构成复合材料，必须考虑两者在化学上和物理上的相容性，即在所需温度下，纤维本身性能不变且与基体之间不发生化学反应；纤维与基体两者在热膨胀系数和模量上相匹配。常用的纤维有碳纤维、碳化硅纤维和碳化硅晶须。

1. 碳纤维补强增韧石英玻璃［C（r）/SiO₂］ 碳纤维补强增韧石英玻璃复合材料，无论在强度或断裂韧性方面均较石英玻璃有较大的提高。抗弯强度增加10余倍，断裂功增加两个数量级，见表4.8-18

表4.8-18　碳纤维补强石英玻璃

材料	碳纤维/石英玻璃	石英玻璃
体积密度/g·cm⁻³	2.0	2.16
纤维含量（体积分数）（%）	30	—
抗弯强度（室温）/MPa	600	51.5
断裂功/J·cm⁻²	7.9×10^3	5.94~11.3
冲击韧度/kJ·m⁻²	40.9	1.02

2. 碳化硅晶须补强莫来石系统　莫来石（Mullite）陶瓷具有低的热膨胀系数（与碳化硅晶接近）、低的热导率和良好的抗高温蠕变性能，但室温抗弯强度和断裂韧度均较低。当 SiC 晶须含量为20%（体积分数）时，复合材料的强度值可达435MPa，比纯莫来石强度（246MPa）提高80%。

该系统的断裂韧度 K_{1C} 与晶须含量关系也有一极大值，在体积分数30%晶须含量时，K_{1C} 为最大，约为4.6MPa·m¹ᐟ²，比纯莫来石增加50%。

8.5.3 颗粒弥散增韧陶瓷复合材料

颗粒增强增韧陶瓷是采用最多的改性方法，其工艺简单，粒子尺寸及分布较易控制。研究较多的体系有：SiC-TiC、SiC-ZrB₂、Al₂O₃-TiC、Al₂O₃-SiC、莫来石-ZrO₂ 等。这些材料的性能见表4.8-19和表4.8-20

表4.8-19　部分陶瓷的性能

性能	SiC-TiC	SiC-ZrB₂	SiC-Si₃N₄	Al₂O₃-TiC	Al₂O₃-SiC
σ_f/MPa	580	490	930	940	1000
K_{1c}/MPa·m¹ᐟ²	6.5	8.9	7	4.0	

表 4.8-20 莫来石-氧化锆复合物性能

样　品	热　压烧　结	m-ZrO$_2$（％）	σ_f/MPa		K_{1c}/MPa·m$^{1/2}$	
			室温	800℃	室温	800℃
莫来石①	1650℃ 60min	0	236	274	2.5	3.1
复合物②	1480℃ 80min	88.1	612	440	5.1	4.4

①　莫来石：Al/Si = 68/32（质量比）。

②　ZrO$_2$：（Y$_2$O$_3$-ZrO$_2$）：莫来石 = 25:25:50（体积比）。

9 功　能　材　料[1,11]

9.1 电功能材料

9.1.1 导电材料

纯铜和纯铝是常用的导电材料。为了改善铜、铝的力学强度，提高其耐蚀、耐磨、耐热性能，又不过分降低其电导率和热导率等特性，常制成高导电的高铜合金和铝合金。其性能、成分和用途见表 4.9-1、表 4.9-2 和表 4.9-3。

表 4.9-1 纯铜导电材料

品种	代号	Cu 的质量分数（％）	杂质总和的质量分数（％）	用　途
普通纯铜	T$_1$	≥99.95	≤0.05	电线、电缆
	T$_2$	≥99.90	≤0.10	开关、一般导电零件
无氧铜	Tu$_1$	≥99.97	≤0.03	电真空器件、零件、耐高温导体
	Tu$_2$	≥99.95	≤0.05	微细丝
无磁纯铜	TWC	≥99.95	≤0.05 Fe<0.0002	高精密电表的功圈、无磁性导线

9.1.2 电阻材料

电阻材料是利用材料的电阻特性制作电子仪器、测量仪表的电阻元件，也利用电阻对力、热、光等物理量和化学量的敏感特性制造各种传感器的敏感元件，或利用电流通过电阻器产生热的电热材料。

常用的精密电阻材料的性能列于表 4.9-4、表 4.9-5 和表 4.9-6。

9.1.3 电接点材料

1. 强电接点材料　性能和用途见表 4.9-7。

2. 弱电接点材料　小功率的弱电接点，特别是滑动接点、元件之间接触压力很小，传递电功率微弱，要求可靠、稳定。对弱电接点材料的要求：必须具有极好的导电性，极高的化学稳定性，具有良好的耐磨性。为此，弱电接点大多用贵金属制造，如 Ag 系、Au 系、Pt 系和 Pd 系。Ag 和 Ag 合金用于高导电性和弱电流的场合，Pt 和 Pt 合金用于耐腐蚀、抗氧化、弱电流的领域，Ag-W 和 Ag-CaO 等烧结材料用于高导电、低载荷和耐电弧的场合，Ag-Cu 及 Pa、Au 系多元贵金属合金用于耐磨损、低接触电阻的滑动接触领域。

表 4.9-2 高导电高铜合金

名称	成分质量分数（％）①	电导率 σ（％IACS）②	抗拉强度 σ_b/MPa	断后伸长率 δ（％）	用　途
高纯铜	Cu99.90	100	196～235	30～50	电线电缆导体
无氧铜	Cu99.99	101	196	6～41	电子管零件、超导体电缆的包覆层
弥散强化铜	Cu-Al$_2$O$_3$3.5（体积）	85	470～530	12～18	高温、高强度导体
银铜	Cu-Ag0.2	96	343～441	2～4	点焊电极、整流子片、引线
锆铜	CuZr0.2	90	392～441	10	整流子片、导线、点焊电极
稀土铜	Cu-(Ce、La 或混合稀土)0.1	96	343～441	2～4	整流子片、导线

（续）

名称	成分质量分数（%）[1]	电导率 σ（%IACS）[2]	抗拉强度 σ_b/MPa	断后伸长率 δ(%)	用　途
镉铜	Cu-Cdl	85	588	2~6	架空线、高强度导线、滑接导线
铬锆铜	Cu-Cr0.3-Zr0.1	80	588~608	7~4	点焊电极、导线

① 加入的其他组分也以质量分数计。

② 相对标准退火铜线电导率的百分比。

表 4.9-3　纯铝和导电铝合金

名称	成分质量分数（%）[1]	电导率 σ（%IACS）[3]	抗拉强度 σ_b/MPa	断后伸长率 δ(%)	用　途
纯铝	Al99.70~99.50	65~61	68~93（软态）	20~40	电缆芯线
铝镁	Mg0.65~0.9	53~56	225~254（硬态）	2	电车线
铝镁硅	Mg0.5~0.65、Si0.5~0.65	53	294~353（硬态）	4	架空导线
铝镁铁	Mg0.26~0.36、Fe0.75~0.95	58~60	113~118（软态）	15	电缆芯线
铝硅[2]	Si0.5~1.0	50~53	254~323（硬态）	0.5~1.5	电子工业用连接线

① 加入的其他组分也以质量分数计。

② 直径 25~50μm。

③ 相对标准退火铜线电导率的百分比。

表 4.9-4　Cu-Mn 系合金性能

性　　能	锰铜	新康铜	锗锰铜	低锗锰铜
电阻率 $\rho/\mu\Omega \cdot m$	0.47	0.49	0.43	0.35
电阻温度系数 $\alpha_{20}/10^{-6}K^{-1}$	±10		±3 （20~70℃）	±3
线胀系数 α（在 20~100℃）/$10^{-6}K^{-1}$	18.1	19.8		
密度 $\rho/g \cdot cm^{-3}$	8.4	8.0	8.6	8.6
熔点 $T_m/℃$	960	965	920	920
抗拉强度 σ_b/MPa	490~539	>240	392~441	392~441
断后伸长率 δ(%)	25	15~25	>30	>20
平均对 Cu 热电势率 $\overline{E}_{Cu}/\mu V \cdot K^{-1}$	≤1	≤2		
最高容许工作温度 $t_{max}/℃$	300	500		

表 4.9-5　Cu-Ni 系电阻合金性能

合金名称	电阻率 $\rho/\mu\Omega \cdot m$	电阻温度系数 $\alpha/10^{-6}K^{-1}$	对 Cu 热电势率 $E_{Cu}/\mu V \cdot K^{-1}$	抗拉强度 σ_b/MPa	最高允许工作温度 t/℃
康　铜	0.48	±40	-45	>390	400
尼凯林	0.40	110~200	20		300
德　银	0.34	330~360	14.4		200

表 4.9-6　Ni-Cr 系精密电阻合金性能

性　能	6J22	6J23	性　能	6J22	6J23
电阻率 $\rho/\mu\Omega \cdot m$	1.37	1.33	密度 $\rho/g \cdot cm^{-3}$	8.1	8.1
电阻温度系数 $\alpha_{20}/10^{-6}K^{-1}$	3.5	2.7	熔点 $t_m/℃$	1400	1400
线胀系数 α（$10^{-6}K^{-1}$）	13.3	13.3	抗拉强度 σ_b/MPa	951	794
平均对 Cu 热电势率 $E_{Cu}/\mu V \cdot K^{-1}$	0.28	0.25	断后伸长率 δ(%)	>20	>20

表 4.9-7　常用强电接点材料的性能和用途

材料名称	代　号	密度 /$g \cdot cm^{-3}$	电阻率 ρ /$10^{-8}\Omega \cdot m$	布氏硬度[1] HBS 硬态	布氏硬度[1] HBS 软态	抗弯强度 σ_{bb}/MPa	用　途
Ag-CdO	Ag-CdO12	9.75	2.30	55		327	低压接触器、自动开关、继电器等
	Ag-CdO15	9.65	2.60	65		333	
Ag-W	Ag-W30	11.90	2.30	80		373	低压自动开关、高压断路器等
	Ag-W40	12.50	2.65	85		392	
	Ag-W70	14.80	3.40	180	120	637	

（续）

材料名称	代　号	密度 /g·cm^{-3}	电阻率 ρ /10$^{-8}\Omega\cdot$m	布氏硬度① HBS 硬态	软态	抗弯强度 σ_{bb} /MPa	用　途
Cu-W	Cu-W50 Cu-W60 Cu-W70 Cu-W80	12.00 12.80 14.00 15.10	3.00 3.50 4.10 5.20	130 160 200 220	105 115 160 180	559 588 637 687	高压断路器等
Ag-Fe	Ag-Fe7	10.00	2.00	60			低压中小电流接触器
Ag-Ni	Ag-Ni10 Ag-Ni30	10.10 9.75	1.80 2.70	50 75			低压中小电流接触器自动开关、继电器、仪表
Ag-石墨	Ag-C5	8.50	3.20	35	23	147	与 Ag-Ni30 配对用
Cu-石墨	Cu-C5	7.00	3.40	40	30	196	自动开关
Ag-WC	Ag-WC20 Ag-WC40 Ag-WC60	11.20 12.00 12.90	2.50 3.60 5.50	80 90 110			低压自动开关、高压路器等
Cu-Bi-Ce	Cu-Bi-Ce（w_{Bi}0.5%~1%）	8.80	2.10	45			真空断路器
W-Cu-Bi-Zr	W-Cu-Bi-Zr	13~14		260~278			真空接触器
Cu-Fe-Ni-Co-Bi	Cu-Fe-Ni-Co-Bi	8.80	10~11	80			大容量真空接触器

①　硬态是指烧结后再经复压的产品，软态是指烧结后，未经复压的产品。

9.2　磁功能材料

9.2.1　软磁材料

1. 高饱和磁感应材料（表 4.9-8 和表 4.9-9）。
2. 高导磁率合金　性能见表 4.9-10。
3. 矩形回线合金　性能见表 4.9-11。

9.2.2　永磁材料

1. 金属永磁材料　金属永磁材料的主要产品铝镍钴系和铁铬钴系永磁材料的磁性能见表 4.9-12 和表 4.9-13。

2. 稀土永磁材料　稀土永磁材料是指以稀土金属，如钐（Sm）钕（Nd）、镨（Pr）等和过渡金属，如钴（Co）、铁（Fe）等为主要成分制成的永磁材料。各类型稀土永磁材料性能见表 4.9-14。表中 R 代表稀土金属，TM 代表过渡金属。稀土钴永磁材料在我国已标准化工业规模生产，其性能见表 4.9-15。

表 4.9-8　电信用冷轧带钢的牌号、厚度和性能

牌号	厚度 /mm	磁感应强度 B/T　不小于						铁损 P·W·kg^{-1}　不大于					矫顽力 H_c /A·m^{-1}
		$B_{0.4}$	B_2	B_5	B_{10}	B_{25}	B_{50}	$P_{10/50}$	$P_{15/50}$	$P_{17/50}$	$P_{10/400}$	$P_{15/400}$	
DG1	0.05	0.60	1.20		1.55	1.70					10.0	21.0	0.36
DG4	0.05	0.90	1.50		1.70	1.84					7.0	15.0	0.32
DG1	0.08 0.10	0.60	1.20		1.55	1.70					10.0	22.0	0.36
DG4	0.08 0.10	1.00	1.50		1.70	1.84					7.0	16.0	0.26
DG1	0.20	0.60	1.20		1.55	1.70					12.0	27.0	
DG4	0.20	1.00	1.50		1.70	1.84					9.0	21.0	
DQ1	0.35			1.50	1.57	1.70	1.80	0.90	2.00	2.90			
DQ6	0.35			1.71	1.77	1.89	1.93	0.50	1.15	1.66			

注：$B_{0.4}$ 为磁场强度相当于 0.4T 时的磁感应强度，$P_{10/50}$ 为 50Hz 及 10T 交变磁场中的铁损。余类推。

表 4.9-9　中磁饱和中导磁铁镍合金的磁性能

合金牌号	产品种类	厚度 d/mm	磁性能				电阻率 ρ/10$^{-8}\Omega\cdot$m	居里温度 t_c/℃
			磁导率 $\mu_{0.8}$ /mH·m^{-1}	最大磁导率 μ_m /mH·m^{-1}	饱和磁感应强度 B_s/T	矫顽力 H_c /A·m^{-1}		
			不小于			不大于		
1J46（Ni46）	冷轧带材	0.02~0.04 0.35~2.50	2.5 4.5	22.5 45.0	1.5	32 12	45	400

（续）

合金牌号	产品种类	厚度 d/mm	磁 性 能				电阻率 ρ/10⁻⁸Ω·m	居里温度 t_c/℃
			磁导率 $\mu_{0.8}$ /mH·m⁻¹	最大磁导率 μ_m /mH·m⁻¹	饱和磁感应强度 B_s/T	矫顽力 H_c /A·m⁻¹		
			不小于			不大于		
1J50 （Ni50）	冷轧带材	0.02～0.04 0.35～1.00	2.8 5.6	25.0 62.5	1.5	24 9.6	45	500
1J54 （Ni50-Cr4）	冷轧带材	0.02～0.04 0.35～1.00	2.0 4.0	20.0 40.0	1.0	20 8	90	360

注：$\mu_{0.8}$ 为在 0.01A/m（等于 0.8Oe）的磁场强度下测得的磁导率。

表 4.9-10　高导磁铁镍合金的磁性能

合金牌号	产品种类	厚度 d/mm	磁 性 能			饱和磁感应强度 B_s/T	电阻率 ρ /10⁻⁸Ω·m
			磁导率 $\mu_{0.08}$ /mH·m⁻¹	最大磁导率 /mH·m⁻¹	矫顽力 H_c /A·m⁻¹		
			不小于		不大于		
1J76 Ni76-Cr-Cu5	冷轧带	0.02～0.50	18.8～31.3	75～225	4.8～1.44	0.75	55
1J77 Ni77-Mo4.2-Cu5.4	冷轧带	0.05～0.50	37.5～75.0	175～312.5	2.0～0.8	0.60	55
1J79 Ni79-Mo4	冷轧带	0.005～3.00	15.0～26.3	87.5～187.5	4.8～2.0	0.75	55
1J80 Ni80-Cr2.8-Si1.3	冷轧带	0.005～0.10 1.10～2.50	17.5～43.8 31.3	75～200 187.5	4.8～0.96 1.2	0.65	62
1J85 Ni80-Mo5	冷轧带	0.005～1.00 1.10～3.00	20～26.5 50～43.8	87.5～312.5 187.5～150	4.8～0.8 1.2～1.44	0.70	56
1J86 Ni81-Mo6	冷轧带	0.005～0.34	12.5～75	100～275	4.0～0.72	0.60	60

注：$\mu_{0.08}$ 为在 0.001A/m（等于 0.08Oe）磁场强度下测得的磁导率。

表 4.9-11　矩形回线合金的磁性能

合金牌号	厚度 /mm	直 流 磁 性 能				交流损耗		ρ /10⁻⁸Ω·m	t_c /℃
		μ_m /mH·m⁻¹	B_s /T	B_r/B_s	H_c /A·m⁻¹	$P_{10/400}$ /W·kg⁻¹	$P_{10/6000}$ /W·kg⁻¹		
		不 小 于			不大于				
1J403 Ni40Co25Mo4	0.02 0.05	500 625	1.38 1.38	0.97 0.97	3.2 2.4	3.0～4.5 3.0～4.5	35～65 35～65	55	600
1J34 Ni34Co29Mo3	0.02～0.2	75～137.5	1.5	0.90～0.87	16～8			50	610
1J51 Ni50	0.005～0.10	31.3～75	1.5	0.90	4.0～5.0			45	500
1J52 Ni50Mo2	0.02～0.10	62.5～87.5	1.4	0.90					
1J65 Ni65	0.005～0.50	100～275	1.3	0.90～0.87	8～3.2			25	600
1J67 Ni65	0.02～0.50	200～437.5	1.2	0.90	6.4～3.2			45	530
1J83	0.005～0.10	62.5～22.5	0.82	0.80	5.6～1.6			50	460

表 4.9-12 铝镍钴系永磁合金的磁性能

合金牌号	最大磁能积 $(BH)_{max}$ /kJ·m^{-3}	剩磁 B_r /mT	矫顽力 H_{cB} /kA·m^{-1}	矫顽力 H_{cJ} /kA·m^{-1}	相对回复磁导率 μ_{rec}	备 注	
	最　小　值				典型值		
LN9	9.0	680	30	32	6.0~7.0	等轴晶	各向同性
LN10	9.6	600	40	43	4.5~5.5		
LNG12	12.0	700	40	43	6.0~7.0		
LNG16	16.0	780	52	54	5.0~6.0		各向异性
LNG34	34.0	1200	44	45	4.0~5.0		
LNG37	37.0	1200	48	49	3.0~4.5		
LNG40	40.0	1250	48	49	2.5~4.0	半柱晶	
LNG44	44.0	1250	52	53	2.5~4.0		
LNG52	52.0	1300	56	57	1.5~3.0	柱晶	
LNGT28	28.0	1000	58	59	3.5~5.5	等轴晶	
LNGT32	32.0	800	100	102	2.0~3.0		
LNGT38	38.0	800	110	112	1.5~2.5		
LNGT60	60.0	900	110	112	1.5~2.5	柱晶	
LNGT72	72.0	1050	112	114	1.5~2.5		
LNGT36J	36.0	700	140	148	1.5~2.5	等轴晶	
FLN[1]8	8.0	520	40	43	4.5~5.5	各向同性	
FLNG12	12.0	700	40	43	6.0~7.0		
FLNG28	28.0	1050	46	47	4.0~5.0	各向异性	
FLNG34	34.0	1120	47	48	3.0~4.5		
FLNGT31	31.0	760	107	111	2.0~4.0		
FLNGT31J	33.0	650	136	150	1.5~3.5		

① 牌号"FLN"中的第一个字母"F"表示粉末磁钢。

表 4.9-13 铁铬钴永磁合金

牌 号	主要化学成分的质量分数(%)，余 Fe Cr	Co	Si	Mo	Ti	类 别	磁 学 性 能 B_r /T	H_c /kA·m^{-1}	$(BH)_{max}$ /kJ·m^{-3}
2J83	26.0~27.5	19.5~21.0	0.80~1.10	—	—	各向异性	1.05	48	24~32
2J84	25.5~27.0	14.5~16.0	—	3.00~3.50	0.50~0.80	各向异性	1.20	52	32~40
2J85	23.5~25.0	11.5~13.0	0.80~1.10	—	—	各向异性	1.30	44	40~48
2J83	固溶处理:1300℃,保温 15~25min,冰水淬 磁场处理:磁场强度 >200kA/m,温度 640~650℃,保温 30~60min 回火处理:(610℃,0.5h) + (600℃,1h) + (580℃,2h) + (560℃,3h) + (540℃,4h),进行阶梯回火								
2J84	固溶处理:1200℃,保温 20~30min,冷水淬 磁场热处理:磁场强度 >200kA/m,640~650℃,保温 40~80min,磁场中随炉缓冷到 500℃ 回火热处理:(610℃,0.5h) + (600℃,1h) + (580℃,2h) + (560℃,3h) + (540℃ +4h),阶梯回火								
2J85	固溶处理:1200℃,保温 20~30min,冷水淬 磁场热处理:磁场强度 >200kA/m,640~650℃,保温 1~2h 回火处理:(620℃,1h) + (610℃,1h) + (590℃,2h) + (570℃,3h) + (560℃,4h) + (540℃,6h)阶梯回火								

表 4.9-14 各类型稀土永磁材料性能比较

性 能	第一代稀土永磁材料 1:5 型(RCo_5) A	第一代稀土永磁材料 1:5 型(RCo_5) B	第二代稀土永磁材料 2:17 型(R_2TM17) A	第二代稀土永磁材料 2:17 型(R_2TM17) B	第三代稀土永磁材料 Nn-Fe-B 型
剩磁 B_r(T)	0.74~0.78	0.88~0.92	0.92~0.98	1.08~1.12	1.18~1.25
矫顽力 H_{cB}(kA/m) H_{cJ}(kA/m)	520~576 600~760	680~720 960~1280	560~720 >800	480~544 496~560	760~920 800~1040
最大磁能积 $(BH)_m$(kJ/m^3)	104~120	152~168	160~192	232~248	264~288
磁感应强度可逆温 $\alpha_{(B)}$(%/℃)度系数	—0.06	—0.05	—0.03	—0.03	—0.126
回复磁导率 μ_{rec}	1.05~1.10	1.05~1.10	1.00~1.05	1.00~1.05	1.05
密度 d(kg/m^3)	8050~8150	8100~8300	8300~8500	8300~8500	7300~7500
硬度 HV	450~500	450~500	500~600	500~600	600
电阻率 ρ(Ω·m)	6×10^{-3}	5×10^{-3}	9×10^{-3}	9×10^{-3}	14.4×10^{-3}
抗弯强度($×10^4$Pa)	0.98~1.47	0.98~1.47	0.98~1.47	0.98~1.47	2.45

表 4.9-15 我国稀土钴永磁合金的性能

合 金 牌 号	剩 磁 B_r/T	磁感应矫顽力 H_{cB}/kA·m^{-1}	内禀矫顽力 H_{cJ}/kA·m^{-1}	最大磁能积 $(BH)_{max}$ /kJ·m^{-3}
	不	小	于	
XGS80/36	0.60	320	360	64 ~ 88
XGS96/40	0.70	360	400	88 ~ 104
XGS112/96	0.73	520	960	104 ~ 120
XGS128/120	0.78	560	1200	120 ~ 135
XGS144/120	0.84	600	1200	135 ~ 150
XGS160/96	0.88	640	960	150 ~ 183
XGS196/96	0.96	690	960	183 ~ 207
XGS196/40	0.98	380	400	183 ~ 200
XGS208/44	1.02	420	440	200 ~ 220
XGS240/46	1.07	440	460	220 ~ 250

9.3 形状记忆材料

形状记忆材料系指具有形状记忆效应（SME）的合金、聚合物及陶瓷材料。

9.3.1 形状记忆效应（SME）

形状记忆效应系指具有一定形状的固体材料在一定的条件下经一定的塑性变形后，经过适当的加热过程又恢复到原来形状的现象。这种记忆效应可表现为形状记忆合金在较低温度产生塑性变形后，在高温时恢复低温形变前的形状，也有某些合金可以表现为高温时恢复高温形状，低温时恢复低温态形态。金属合金和陶瓷记忆材料都是通过马氏体相变（热弹性马氏体相变产生的低温相在加热时向高温相进行可逆转变的结果）展现 SME 的，而聚合物记忆材料是由于其链结构随温度改变而出现 SME 的。

9.3.2 形状记忆材料

1. 形状记忆合金的类别与性能　形状记忆合金目前已有 20 余种。大致可分为两类；一类是以过渡金属为基的合金；另一类是贵金属的 β 相合金。

（1）Ni-Ti 基合金，具有优异的 SME 和高的耐热性、耐蚀性、耐热疲劳性以及良好的生物相容性。但制造工艺困难，切削加工性不良。

（2）Cu 基合金，具有良好的 SME，电阻率小，加工性能好，价格便宜。但长期使用时，形状恢复率会减小。

（3）Fe 基合金，具有强度高、塑性好、价格便宜等优点。

2. 形状记忆合金的应用　记忆合金在机械、医疗器械、电子仪器以航天技术中有广泛的用途。如管道接头、网状天线、牙齿矫形、血栓滤网、接骨板、接骨钉、动脉支架等。利用其高温低温双向形状记忆效应，还可以做成热机做功。

3. 形状记忆聚合物材料（热收缩材料）　当聚合物加热至玻璃化转变温度 T_g 以上时，聚合物分子链段可以运动，称为高弹态。此时聚合物材料在外力作用下可以产生较大变形。当维持外力，保持聚合物材料的形变并降低温度至 T_g 以下时，聚合物分子被"冻结"。撤消外力，聚合物形状也不会变化，但聚合物分子处于内应力作用状态。为了能长时间维持这种状态，线型聚合物分子应予交联。这样制作的材料在再次加热到 T_g 以上时，在内应力的作用下，聚合物材料恢复原始形状。绝大多数聚合物形状记忆材料是在拉伸应力作用下制成管状或膜状，加热时收缩管径或面积，因此常称为热收缩材料。

4. 聚合物形状记忆材料的应用　聚合物形状记忆材料可用于制作收缩管材，其径向收缩率可达 50% ~ 80%。热收缩管材、膜材可用于物体表面，起到绝缘、密封、包封和连接作用。主要产品有热缩通信电缆附件、热缩电力电缆附件、电子产品热缩套管、电池电容器包覆片和绝缘热收缩带等系列品种。

9.4 纳米材料

通常把组成相或晶粒结构在 100nm 以下的长度尺寸的材料称为纳米材料。广义地说，纳米材料是指在三维空间中至少有一维处于纳米尺度范围或由它们作为基本单元构成的材料。

9.4.1 纳米材料的性能

纳米材料由于其粒子具有小尺寸效应、表面效应、体积效应和量子尺寸效应等，因而展现出许多特有的性能。

1. 小尺寸效应　当超微粒尺寸不断减小，在一定条件下会引起材料宏观物理、化学性质上的变化，表现出某些奇特的性能：

（1）力学性能　陶瓷材料通常呈现脆性，而由纳米超微粒制成的纳米陶瓷材料却具有良好的韧性。纳米金属固体的硬度比传统的粗晶材料高很多。

（2）热学性质　被小尺寸限制的金属原子簇的熔点被大大降低到同种固体的熔点之下。

（3）光学性质　所有金属超微粒子均会失去光泽而呈黑色。尺寸越小色彩越黑。表明金属超微粒对光的反射率很低。

（4）磁性　利用超微粒子具有高矫顽力的性质已作成储存密度的磁记录粉。

2. 表面效应　纳米粒子的表面原子数与总原子数之比随着纳米粒子尺寸减小而增加，粒子的表面能及表面张力也随着增加，从而引起材料性质的变化。由于表面原子数增多、原子配位数不足及高的表面能，因而具有很高的化学活性。例如，金属纳米粒子在空气中可以燃烧，无机粒子暴露在空气中会吸附气体，并与气体进行反应。

3. 体积效应　由于纳米粒子极小，所包含的原子数也少。因此，许多现象不能用具有无限个原子的物质的性质加以说明。

4. 量子尺寸效应　当粒子尺寸下降至某一值时，金属费米能级附近的电子能级由准连续变为离散能级的现象，以及由于纳米半导体微粒存在不连续的最高被占据的分子轨道和最低未被占据的分子轨道能级而使能隙变宽的现象。它导致声、光、电、磁、热力学等特性出现异常。

纳米材料从根本上改变了材料的结构，因而展现了很多特异的性能。

9.4.2　纳米材料的应用

1. 纳米结构材料

（1）纳米材料应用于金属、合金和复合材料结构件，可大幅度提高其力学性能，使构件质量减轻，甚至改变构件结构设计。

（2）纳米结构陶瓷增韧　纳米结构陶瓷具有优良的室温和高温力学性能、抗弯强度、断裂韧度，使其在机械零件、切削刀具及汽车发动机部件等储多方面有广泛用途。

2. 纳米电子学的应用　纳米电子学是纳米技术的重要组成部分。其最终目标是将集成电路进一步减小，研制出由单原子或单分子构成的在室温条件下能使用的各种器件。

3. 医学领域　纳米尺度的靶向药物载体可通过血脑屏障直接到达病变部位，大大提高药效和减低副作用。利用纳米羟基磷酸钙为原料，可制造牙齿、关节等仿生纳米材料。

纳米技术是一项诞生不久的新技术，纳米材料的应用在各个领域已展现其强大的生命力。它将带来一次新的技术革命。

参 考 文 献

[1]　机械工程手册电机工程手册编辑委员会. 机械工程手册：工程材料卷 [M]. 2版. 北京：机械工业出版社，1996.

[2]　陈宏钧. 实用金属切削手册 [M]. 北京：机械工业出版社，2005.

[3]　成大先. 机械设计手册单行本常用工程材料 [M]. 北京：化学工业出版社，2004.

[4]　李春胜，黄德彬. 金属材料手册 [M]. 北京：化学工业出版社，2004.

[5]　李春胜. 钢铁材料手册 [M]. 南昌市：江西科学技术出版社，2004.

[6]　上海金属切削技术协会. 金属切削手册 [M]. 上海：上海科学技术出版社，2003.

[7]　黄德彬. 有色金属材料手册 [M]. 北京：化学工业出版社，2005.

[8]　黄如林. 切削加工简明实用手册 [M]. 北京：化学工业出版社，2004.

[9]　曾正明. 实用工程材料技术手册 [M]. 北京：机械工业出版社，2001.

[10]　马之庚，任陵柏. 现代工程材料手册 [M]. 北京：国防工业出版社，2005.

[11]　《功能材料及其应用手册》编写组. 功能材料及其应用手册 [M]. 北京：机械工业出版社，1991.

[12]　师昌绪、李恒德、周廉. 材料科学与工程手册 [M]. 北京：化学工业出版社，材料科学与工程出版中心，2004.

[13]　齐宝森、李莉、吕静. 机械工程材料 [M]. 哈尔滨：哈尔滨工业大学出版社，2003.

第5篇　测量与控制

主　　编　　樊玉铭

编 写 人　　樊玉铭

　　　　　　王春和

1　测量的基础知识

机械量泛指一切表征机械状态的参数。根据机械量在测量过程中的状态，将机械量测量分为静态测量和动态测量，如几何量、力和力矩等既有静态测量，又有动态测量；而转速与振动等完全属动态测量。

无论静态测量与动态测量，它们的测得值是否可靠，除决定于被测量与标准单位量的特征外，还取决于测量时所用的测量器具与测量方法。最后还要对测得值的测量准确度做出评估。

任何一个测量一般包括以下几个要素：

（1）被测物理量；

（2）测量单位（标准量）；

（3）定位系统（确定被测对象在所需要的方位上）；

（4）瞄准系统（确定被测量与标准量相应的起止位置）；

（5）测量环境（指温度、气压和湿度等）；

（6）测量准确度。

1.1　测量方法

按被测物理量与测得物理量的关系可以分为直接测量、间接测量和组合测量。

1. 直接测量　将被测物理量直接与已知真值的同类物理量相比较，而得出测量值。

2. 间接测量　通过与被测物理量有单值函数关系的物理量，而间接得出被测物理量。如被测物理量 x 与直接测得的量值 L_1，L_2，$\cdots$ 之间有如下单值函数关系：

$$x = f(L_1, L_2, \cdots)$$

图 5.1-1 为用三根等径圆柱间接测量内圆弧半径的示意图，其函数关系为

$$R = \frac{a^2 + b^2 + 2ar}{2a}$$

$$a = \sqrt{4r^2 - b^2}$$

$$b = \frac{M}{2} - r$$

式中　R——被测圆弧半径；

　　　r——圆柱半径；

M——测得值。

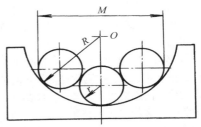

图 5.1-1　间接测量圆弧半径

3. 组合测量　为提高测量准确度，可用组合法测量。若有 m 个被测量 x_1，x_2，$\cdots$，x_m，将这些被测量按不同方式进行组合，得 n 个测量值 c_1，c_2，$\cdots$，c_n（$m < n$），为了简便，取 $m = 2$，则测量方程为

$$\begin{cases} a_1 x_1 + b_1 x_2 = c_1 \\ a_2 x_1 + b_2 x_2 = c_2 \\ \vdots \\ a_n x_1 + b_n x_2 = c_n \end{cases}$$

将等式两边相减得残差 v_i 方程，残差平方和

$$M = \sum_i^n v_i^2$$

为最小，即使 M 对各待求量偏微分为零，得一系列线性方程，由此解得待求量。

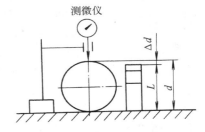

图 5.1-2　微差法测量

d—被测直径　L—量块（标准量）　Δd—微差值

此外，根据仪器的操作方法可分为整量法（被测量直接与同它的公称值相等的已知标准量相比较，从而得出整个数值）和微差法（被测量直接与同它的量值有微小差别的已知标准量相比较，见图 5.1-2）；根据测量在工艺过程中所起的作用分主动测量和被动测量；根据测量工位在生

产线中的位置分在线测量和离线测量。

1.2　测量系统特性

1.2.1　静态特性

1. 静态测量　在测量期其值可认为是恒定的量的测量。

2. 质量指标[1]　质量指标有不确定度、灵敏度、分辨力、重复性、线性度、迟滞、测量范围和量程等。

3. 负载效应　被测体系在未与测量仪器连接之前，正常状态下，被测物理量的真值是测量中需得的值。而连接测量仪器后，仪器成为被测体系的负载，这就改变了被测体系的原来状态，被测物理量也相应起变化。仪器测得值不是原来的真值，这种现象称负载效应。选用或设计仪器时，应尽量减小这种影响。

测量时负载效应表现为测量仪器从被测体系中抽取功率或能量。若抽取功率，设功率 $P = x_1 x_2$，x_1 为被测物理量，x_2 为连带变量。若这两变量之一只由被测体系的结构参数决定，而与测量仪器是否连接到被测体系无关，称它为作用变量；相反，称它为流变量。若 x_1 为作用变量，则 x_2 为流变量，反之亦然。测量仪器抽取功率时，常用广义阻抗或广义导纳来描述负载效应。

（1）广义阻抗　被测量 x_1 为作用变量，x_2 为流变量，则广义阻抗

$$Z = \frac{x_1}{x_2}$$

如测量转轴的扭矩，仪器抽取的功率等于扭矩与角速度的乘积。抽取功率后，转轴角速度将改变，而扭矩不变，它是作用变量，连带变量角速度是流变量。仪器示值 q_{im} 与被测量真值 q_{iu} 关系为

$$q_{im} = \frac{q_{iu}}{(Z_o / Z_i) + 1}$$

式中　Z_o——被测体系输出端阻抗；
　　　Z_i——测量仪器输入端阻抗。

（2）广义导纳　若被测量 x_1 为流变量，x_2 为作用变量，则广义导纳

$$Y = \frac{x_1}{x_2}$$

仪器示值与被测量真值关系为

$$q_{im} = \frac{q_{iu}}{(Y_o / Y_i) + 1}$$

式中　Y_o——被测体系输出端导纳；
　　　Y_i——测量仪器输入端导纳。

若测量仪器从被测体系中抽取能量，则能量表达式为

$$W = x_1 x_2$$

这时用广义刚度或广义柔度来描述负载效应。

（3）广义刚度　若被测量 x_1 为作用变量（如作用力），而 $\dfrac{dx_2}{dt}$ 为流变量（线速度），广义刚度为

$$k = \frac{x_1}{\int \left(\dfrac{dx_2}{dt} \right) dt}$$

则 q_{im} 与 q_{iu} 的关系为

$$q_{im} = \frac{q_{iu}}{(k_o / k_i) + 1}$$

式中　k_o——被测体系输出端广义刚度；
　　　k_i——测量仪器输入端广义刚度。

（4）广义柔度　若被测量 x_1 为流变量（如位移），而 $\dfrac{dx_2}{dt}$ 为作用变量（如力的变化速度），则广义柔度为

$$c = \frac{x_1}{\int \left(\dfrac{dx_2}{dt} \right) dt}$$

$$q_{im} = \frac{q_{iu}}{(c_o / c_i) + 1}$$

式中　c_o——被测体系输出端广义柔度；
　　　c_i——测量仪器输入端广义柔度。

变量负载参数见表 5.1-1。

表 5.1-1　变量的负载参数

被测量	连带变量	
	根据功率	根据能量
力 F（作用）	线速度	线位移
位移 S（流）	dF/dt	力 F
力矩 M（作用）	转速	角位移 θ
角位移 θ（流）	dM/dt	力矩 M
线速度 v（流）	力 F	$\int F dt$
角速度 ω（流）	力矩 M	$\int M dt$
线加速度 a（流）	$\int F dt$	$\int \left(\int F dt \right) dt$
角加速度 a_θ（流）	$\int M dt$	$\int \left(\int M dt \right) dt$

注：作用——作用变量；流——流变量。

1.2.2　动态特性

1. 动态测量　量值的瞬时值以及（如有需要）它随时间而变化的测量。

2. 动态分析　动态测量给测量系统带来一系列问题。例如在加工过程中测量工件外径时，由于机床主轴跳动等原因，作用在测杆上的惯性力超过静态测量力时，测杆会脱离工件表面，从而产生错误的测量信号，这会引起动态测量误差。有的测量系统响应速度跟不上，可能产生波形失真；放大倍率随被测量的变化而变化，也将产生动态误差。

3. 测量系统的动态误差　测量系统的方程可用输出的微分方程表示。该微分方程是几阶，就称它为几阶测量系统。一般常为一阶和二阶系统，因此只研究一、二阶系统对不同的输入量的响应。动态误差是输入量 $x(t)$ 与输出量 $y(t)$ 的 $1/K$（K 为静态放大倍数）的差。

a. 阶跃输入量 $x(t)$ 和波形（图 5.1-3）

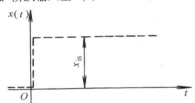

图 5.1-3　阶跃波形

$$x(t) = \begin{cases} 0 & t < 0 \\ x_{is} & t \geq 0 \end{cases}$$

1）一阶系统的输出 $y(t)$ 和波形（图 5.1-4）：

$$y(t) = Kx_{is}[1 - \exp(-t/\tau)]$$

式中　K——静态放大倍数；
　　　τ——测量系统的时间常数。

设测量误差为 e_m，则

$$e_m = x_{is} - \frac{y(t)}{K} = x_{is}\exp(-t/\tau)$$

误差曲线如图 5.1-5 所示。

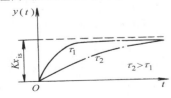

图 5.1-4　一阶系统的阶跃响应

评价阶跃输入时，仪器的动态特性常用响应时间表征。

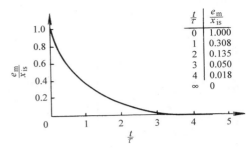

$\dfrac{t}{\tau}$	$\dfrac{e_m}{x_{is}}$
0	1.000
1	0.308
2	0.135
3	0.050
4	0.018
∞	0

图 5.1-5　误差曲线

2）二阶系统的输出 $y(t)$ 与波形（图 5.1-6）：

欠阻尼（$\zeta < 1$）

$$y(t) = Kx_{is}\left[1 - \frac{\exp(-\zeta\omega_n t)}{\sqrt{1-\zeta^2}} \times \sin\left(\sqrt{1-\zeta^2}\,\omega_n t + \arcsin\sqrt{1-\zeta^2}\right)\right]$$

过阻尼（$\zeta > 1$）

$$y(t) = Kx_{is}\left\{1 - \frac{\zeta + \sqrt{\zeta^2-1}}{2\sqrt{\zeta^2-1}}\exp\left[(-\zeta + \sqrt{\zeta^2-1})\omega_n t\right] + \frac{\zeta - \sqrt{\zeta^2-1}}{2\sqrt{\zeta^2-1}}\exp\left[(-\zeta - \sqrt{\zeta^2-1})\omega_n t\right]\right\}$$

临界阻尼（$\zeta = 1$）

$$y(t) = Kx_{is}[1 - (1 + \omega_n t)\exp(-\omega_n t)]$$

式中　K——静态放大倍数；
　　　ω_n——测量系统的固有频率；
　　　ζ——测量系统的阻尼系数。

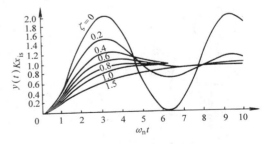

图 5.1-6　二阶系统的阶跃响应

b. 脉冲输入　单位脉冲函数作用时间无限短，幅值无限大，而面积为 1 的脉冲信号，其表达式为 $\delta(t)$。若脉冲信号面积为 A，则输入脉冲为 $x(t) = A\delta(t)$。

1）一阶系统的理想输出 $y(t)$ 与波形（图 5.1-7a）

$$y(t) = \frac{KA}{\tau}\exp(-t/\tau)$$

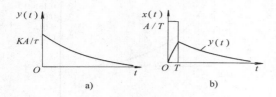

图 5.1-7 一阶系统的脉冲响应

当 $t=0$ 时，$y(t)=KA/\tau$，它有无穷大的上升斜率，即在无穷小的时间内，从零上升到有限值。而实际上是不可能实现的，它只能在短时间内，以很徒的斜率上升。为了说明此问题，设图 5.1-7b 中的 $A=1$，$T=0.01\tau$，为近似单位脉冲函数，则在 $0\sim T$ 时间内为 $x_{is}=\dfrac{A}{T}$ 正阶跃输入；而在 $t>T$ 时，以 $t=T$ 的 $y(t)$ 值为初始值，$x_{is}=0$ 的负阶跃输入。一阶系统的实际输出为

$$y(t) = \frac{100K}{\tau}[1 - \exp(-t/\tau)] \quad 0 \leqslant t \leqslant T$$

$$y(t) = \frac{100K[1 - \exp(-0.01)\exp(-t/\tau)]}{\tau\exp(-0.01)}$$

$$T < t < \infty$$

实际输出非常接近理想输出，即使 $t/\tau=0.1$，二者差异仍很小。

2）二阶系统对脉冲 $x(t)=A\delta(t)$ 输入响应（图 5.1-8）：

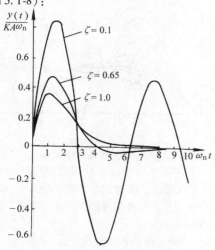

图 5.1-8 二阶系统对脉冲的响应

欠阻尼($\zeta<1$)

$$y(t) = KA\omega_n \frac{1}{\sqrt{1-\zeta^2}}\exp(-\zeta\omega_n t) \times$$
$$\sin(\sqrt{1-\zeta^2}\omega_n t)$$

临界阻尼($\zeta=1$)

$$y(t) = KA\omega_n^2 t\exp(-\omega_n t)$$

过阻尼($\zeta>1$)

$$y(t) = KA\omega_n \frac{1}{2\sqrt{\zeta^2-1}}\{\exp[-\zeta +$$
$$\sqrt{\zeta^2-1}\omega_n t] -$$
$$\exp[(1-\zeta+\sqrt{\zeta^2-1})\omega_n t]\}$$

式中 ω_n——测量系统的固有频率。

c. 正弦输入

$$x(t) = \sin\omega t, \; t>0$$

1）一阶系统对正弦输入的响应

$$\frac{y(t)}{x(t)}(j\omega) = \frac{K}{1+j\omega\tau} = \frac{K}{\sqrt{1+(\omega\tau)^2}}/\arctan(-\omega\tau)$$

幅频特性(图 5.1-9a)

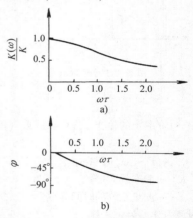

图 5.1-9 一阶系统的幅频与相频特性

$$K(\omega) = \frac{K}{\sqrt{1+(\omega\tau)^2}}$$

相频特性(图 5.1-9b)

$$\varphi(\omega) = \arctan(-\omega\tau)$$

2）二阶系统对正弦输入的响应：

$$\frac{y(t)}{x(t)}(j\omega) = \frac{K}{\left(1 - \dfrac{\omega^2}{\omega_n^2}\right) + 2j\zeta\left(\dfrac{\omega}{\omega_n}\right)}$$

幅频特性(图 5.1-10a)

$$K(\omega) = \frac{K}{\sqrt{\left(1 - \dfrac{\omega^2}{\omega_n^2}\right)^2 + \left(2\zeta\dfrac{\omega}{\omega_n}\right)^2}}$$

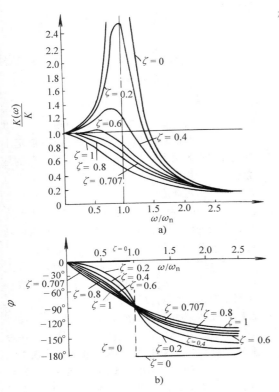

图 5.1-10 二阶系统的幅频与相频特性

相频特性(图 5.1-10b)

$$\varphi(\omega) = \arctan\left[-\frac{2\zeta\dfrac{\omega}{\omega_n}}{1 - \dfrac{\omega^2}{\omega_n^2}}\right]$$

对应不同的最大允许动态相对误差 $\delta = [K(\omega) - K]/K$,最佳阻尼系数和最高角频率的选取数据见表 5.1-2。

表 5.1-2　最佳阻尼系数与允许最高角频率

δ	最佳阻尼系数	允许相对最高角频率 ω/ω_n
0	0.707	
0.005	0.671	0.491
0.01	0.656	0.584
0.025	0.625	0.735
0.05	0.590	0.874
0.10	0.540	1.039

4. 动态负载效应　静特性中叙述过用广义阻抗、导纳、刚度与柔度来描述负载效应。所有这些结论均适应动态测量,只是将 Z、Y、k、c 改为频率响应函数 $Z(j\omega)$、$Y(j\omega)$、$k(j\omega)$、$c(j\omega)$ 复数形式即可。

同理可用 $Z(j\omega)$、$Y(j\omega)$、$k(j\omega)$ 与 $c(j\omega)$ 来表示有负载效应时仪器的示值与被测量真值的关系。

2　控制技术基础[1]

2.1　综述

控制技术是以自动控制理论为基础,以生产过程为对象,用工业自动化仪表实现自动控制的技术。

2.1.1　过程控制系统的组成及分类

1. 过程控制系统的组成

(1) 受控过程(或被控对象)　它指所控制的生产过程及设备,如压缩机、加热炉等。

(2) 测量元件与变送器　用来检测被控物理量的变化,并将其转换为特定信号的装置。

(3) 控制器　接受测量元件或变送器的信号,根据受控过程的数学模型及控制要求,按一定规律进行运算,并输出相应信号给执行器。在闭环控制系统中,它将被控物理量测得值与工艺要求保持的参数给定值进行比较,得出偏差。据偏差的大小及变化趋势,按预定设计的运算规律来运算。

(4) 执行器　接受来自控制器的信号,改变操作变量,从而实现生产过程自动控制。

2. 分类　自动控制系统按控制原理分可分为线性系统、非线性系统、最优控制系统等;按控制对象的特性不同,可分(工业)过程控制系统、运动物体控制系统等。机械工业中的自动控制属于过程控制系统。而过程控制系统又分顺序控制与反馈控制系统等。

(1) 顺序控制系统　该系统是按预定顺序对被控设备依次完成一系列操作。生产设备的动作通过检测元件送到顺序控制器的命令处理处，处理后送出的信号一般为逻辑量，如开、关等。顺序控制的框图示于图 5.2-1。指令形成装置是逻辑或是计算装置，根据要求的操作指令及控制状态的信息进行信息处理，形成控制指令。

电梯控制是顺序控制的实例。设控制指令只有升、降、停三种指令，而给定指令代表电梯到那一层，外部信息表示某层呼叫命令，控制对象的状态信息为电梯当前位置。指令形成装置据外部信息与状态信息而决定控制指令。

图 5.2-1 顺序控制框图

顺序控制有继电器构成的控制系统，这是早期控制系统；微处理机控制系统，这类系统多用单片机，但抗干扰性能较差，在工业现场目前多用可编程控制器（PLC）。

（2）反馈控制系统 该控制系统的框图示于图 5.2-2。$c(t)$ 为生产过程被控变量如压力、温度等；$z(t)$ 是被控变量的测得值；$r(t)$ 是被控变量的希望值（即给定值）；而 $e(t) = r(t) - z(r)$。控制器依据 $e(t)$ 按一定规律经运算得控制变量 $u(t)$，由执行器改变操作变量 $q(t)$，从而实现对 $c(t)$ 的控制。$f(t)$ 是作用于受控过程的干扰信号。在反馈控制系统中，由于被控变量

给定值的形式不同，有下列控制系统：

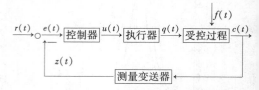

图 5.2-2 反馈控制系统框图

1）定值控制系统。其特点是 $r(t)$ 恒定不变。此时系统输入变量为 $f(t)$。该系统的目的是克服干扰的影响，维持 $c(t)$ 不变。如火力发电厂需保持蒸汽温度不变。

2）随动控制系统。特点是 $r(t)$ 为随动变量，系统的作用是使 $c(t)$ 能及时准确地跟随 $r(t)$ 而变化，如导弹的瞄准、拦截系统等。

3）程序控制系统。特点是 $r(t)$ 为某一预定的时间函数，系统的作用是使 $c(t)$ 随时间按一定规律变化，如数控机床、加热炉等。

2.1.2 过程控制系统品质指标

1. 品质指标 在阶跃输入的作用下，一般要求是衰减的过渡过程，品质指标列于表 5.2-1。

2. 误差指标 当用表 5.2-1 中指标来评定系统时，几个指标往往相互矛盾，为避免产生矛盾，可用误差指标来评定。对无误差（或无差）系统，误差 $e(t)$ 定义为

$$e(t) = r(t) - c(t)$$

式中 $r(t)$ ——被控变量给定值；

$c(t)$ ——被控变量在过渡过程中的数值，一般用它的测得值 $z(t)$ 替代。

表 5.2-1 过渡过程品质指标（定值系统）

品质指标	符号	意　义	表达式	属性
峰值时间	t_p	过渡过程达到第一个峰值所需要的时间		快速性
最大偏差	A	在过渡过程中，被控变量与给定值之间的最大差值	$A = c(t_p)$	动态误差
余差	c	过渡过程终了时新稳态值与给定值之差	$c = c(\infty)$	稳态精确度
衰减比	n	过渡过程曲线上同方向的相邻两个波峰（或波谷）之比	$n = B : B'$	稳定性
建立时间（回复时间）	t_s	系统受到阶跃信号作用后，被控变量从过渡状态恢复到新的平衡状态所需要的时间。通常以从干扰开始作用之时起，直至被控变量进入稳态值的规定允差范围内，并不再越出时所经历的时间来表示		快速性
振荡周期	T	过渡过程中，同向相邻两个波峰（或波谷）之间的间隔时间		快速性
振荡频率（工作频率）	ω		$\omega = \dfrac{2\pi}{T}$	

当系统有余差时，则有

$$e(t) = c(\infty) - c(t)$$

式中 $c(\infty)$ ——被控变量新稳态值，一般用 $z(t)$ 替代。

误差指标列于表 5.2-2。

3. 最优性能指标

（1）积分型

$$J = \int_{t_0}^{t_s} F[\boldsymbol{X}(t), \boldsymbol{U}(t), t] \mathrm{d}t$$

式中 t_0 ——初始时刻；

t_s——终点时刻。

$F[\boldsymbol{X}(t),\boldsymbol{U}(t),t]$ 称 F 函数,它与系统状态矢量 $\boldsymbol{X}(t)$、控制矢量 $\boldsymbol{U}(t)$ 与时间 t 为某一函数关系。当 $F=|\boldsymbol{U}(t)|$ 时,则有 $J=\int_{t_0}^{t_s}|\boldsymbol{U}(t)|\,\mathrm{d}t$,若 $\boldsymbol{U}(t)$ 与锅炉燃料消耗成正比,则上述问题称最小燃料消耗问题。

表 5.2-2　误差指标

名　称	表达式	备　注
平方误差积分指标(ISE)	$J_1=\int_0^\infty e^2(t)\,\mathrm{d}t$	积分下限是过渡过程开始的时间,积分上限 ∞ 可以由选择足够大的时间 t_s 来代替,当 $t>t_s$ 时,$e(t)$ 足够小可以忽略
时间乘平方误差积分指标(ITSE)	$J_2=\int_0^\infty te^2(t)\,\mathrm{d}t$	
绝对误差积分指标(IAE)	$J_3=\int_0^\infty|e(t)|\,\mathrm{d}t$	
时间乘绝对误差积分指标(ITAE)	$J_4=\int_0^\infty t|e(t)|\,\mathrm{d}t$	

当 $F=\boldsymbol{U}^2(t)$ 时,则有 $J=\int_{t_0}^{t_s}\boldsymbol{U}^2(t)\,\mathrm{d}x$,若 $\boldsymbol{U}^2(t)$ 与消耗功率成正比,则此问题称最小能量控制问题。

当 $F=\boldsymbol{X}^2(t)$ 时,则有 $J=\int_{t_0}^{t_s}\boldsymbol{X}^2(t)\,\mathrm{d}t$,若控制过程的状态变量替代了系统偏离希望状态的偏差,则 J 是误差指标。

当　$F=\dfrac{1}{2}[\boldsymbol{X}^\mathrm{T}(t)\boldsymbol{Q}\boldsymbol{X}(t)+\boldsymbol{U}^\mathrm{T}(t)\boldsymbol{R}\boldsymbol{U}(t)]$

则　$J=\int_{t_0}^{t_s}\dfrac{1}{2}[\boldsymbol{X}^\mathrm{T}(t)\boldsymbol{Q}\boldsymbol{X}(t)+\boldsymbol{U}^\mathrm{T}(t)\boldsymbol{R}\boldsymbol{U}(t)]\,\mathrm{d}t$

式中　$\boldsymbol{X}^\mathrm{T}(t)$——状态矢量 $\boldsymbol{X}(t)$ 的转置;

$\boldsymbol{U}^\mathrm{T}(t)$——控制矢量 $\boldsymbol{U}(t)$ 的转置;

$\boldsymbol{Q}$——$\boldsymbol{X}(t)$ 的权函数,一般为正定矩阵;

$\boldsymbol{R}$——$\boldsymbol{U}(t)$ 的权函数,一般为正定矩阵。

由于 F 函数中每项均是二次项,故此类问题称二次性能指标。它含两部分,其一表示对控制过程的平稳性、快速性及精确性的要求;其二是对能量消耗的要求。因此该指标既反映对控制过程品质的要求,又反映了对控制能量消耗的要求,故工程中广泛应用这种指标。

当 $F=1$ 时,则 $J=\int_{t_0}^{t_s}\mathrm{d}t=t_s-t_0$,$J$ 代表过渡

过程的时间长短,故称时间最优问题。

(2)终值型　性能指标为 $J=\theta[\boldsymbol{X}(t_f),t_f]$,它只要求状态过程终了时满足一定指标,而在动态过程中,对状态和控制的演变不作要求。

当在 t_f 时刻,要求系统具有最小稳态误差、最精确定位、最大末速度等终值控制时,可用该性能指标。

(3)复合型　它是以上两种形式的综合,即

$$J=\theta[\boldsymbol{X}(t_f),t_f]+\int_{t_0}^{t_f}F[\boldsymbol{X}(t),\boldsymbol{U}(t),t]\,\mathrm{d}t$$

它既要求状态在过程终了时满足一定指标,又要求状态及控制在整个动态过程均满足一定指标。

2.2　控制方式

在自动控制系统中,控制器的作用是将被控变量与给定值进行比较,得出偏差 $e(t)$,然后按不同规律进行运算,产生一个能使偏差为零或很小的值,而输出控制信号 $u(t)$,它与 $e(t)$ 的关系为

$$u(t)=f[e(t)]$$

2.2.1　位控制

位控分双位控、具有中间区的双位控和多位控。

1. 双位控制　当测量值大于给定值时,控制器的输出为最大(或最小),或相反,e 与 u 的关系为

$$e>0\text{ 或 }e<0\quad u=u_{max}$$

$$e<0\text{ 或 }e>0\quad u=u_{min}$$

该方式只有二个输出值(开、关),且从一值到另一值是极其迅速的。

2. 具有中间区的双位控制　双位控的执行器动作非常频繁,而生产中被控变量与给定值间总允许有一定偏差,因此双位控有一中间区(有时为仪表的不灵敏区),这样被控变量上升(或下降)时,必须在测量值高于(或低于)给定值某一值后,阀门才开或关,在中间区时阀门不动作。

双位控制过程一般采用振幅与周期作为品质指标,振幅小、周期长稳定性好。然而二者是矛盾的,通过合理选择中间区,可使二者兼顾。

3. 多位控制　双位控执行器只有开与关两个极限位置,因此被控对象处于不平衡状态,被控变量总是剧烈变化。为改善特性,控制器的输出增加一个中间值,即当被控变量在某一范围内

时，执行器处于某中间位置，使被控对象不平衡状态得以缓和。这即是三位控制。

2.2.2 比例控制

比例控制用下式表示：

$$\Delta u = K_c e$$

式中　Δu——控制器输出变量；

　　　e——控制器的输入，即偏差；

　　　K_c——比例系数。

Δu 与 e 成正比，且无延迟，即比例控制器的输出与输入一一对应。K_c 是可调的，所以该控制器是一放大系数可调的放大器。

1. 比例度　工业上常用比例度 δ 来表示比例作用强弱，它的表达式为

$$\delta = \frac{e(u_{max} - u_{min})}{\Delta u(z_{max} - z_{min})} \times 100\%$$

式中　$z_{max} - z_{min}$——控制器输入变化范围；

　　　$u_{max} - u_{min}$——控制器输出变化范围。

δ 与 K_c 的关系为

$$\delta = \frac{K}{K_c} \times 100\%, \quad K = \frac{u_{max} - u_{min}}{z_{max} - z_{min}}$$

2. 比例度与过程品质的关系　在比例控制系统中，当负荷变化，为使执行器做相应的动作，必有控制信号 Δu，必然存在 e，这称有差控制系统。由 $\Delta u = K_c e$ 知，δ 越大，K_c 越小，要得到同样的控制作用，e 必须大。因此在同样负荷变化下，控制过程终了时余差就大；反之 δ 减小，则余差也小，因此系统稳态精度高。

从另一角度看，δ 大，控制作用弱，过渡过程变化缓慢；当 δ 小到一定程度时，过渡过程出现振荡，出现等幅振荡时，这时 δ 称临界比例度，用 δ_K 表示。当 $\delta < \delta_K$ 时，出现发散振荡，此时系统已不能控制。

3. 比例控制系统的应用场合　适用于干扰小、对象滞后小且时间常数大、控制精度要求不高的场合。

2.2.3 积分控制

Δu 与 e 的关系为

$$\Delta u = K_1 \int_0^t e dt$$

式中　K_1——积分系数。

当 e 是幅值为 A 的阶跃信号时，

$$\Delta u = K_1 A t$$

其输出特性为一直线，$K_1 A$ 为直线斜率。

上式可改写为

$$\Delta u = \frac{1}{T_I} \int_0^t e dt$$

式中　T_I——积分时间。

对上式取拉氏变换，得传递函数

$$G_C(s) = \frac{U(s)}{E(s)} = \frac{1}{T_I s}$$

积分控制器的频率特性为

$$G_C(j\omega) = \frac{1}{j\omega T_I}$$

当 $\omega \ll \frac{1}{T_I}$ 时，幅值 $| G_C(j\omega) | \gg 1$；在 $\omega \gg \frac{1}{T_I}$ 时，$| G_C(j\omega) | \ll 1$。因此，积分控制器对低频信号放大，对高频信号是衰减，即对低频信号敏感。它能消除余差，提高系统稳定性。由相频特性知，滞后角为 $90°$，即输出滞后输入，故控制过程较缓慢。被控变量波动较大，因而一般不单独使用这种控制。

2.2.4 比例积分控制

比例积分控制的表达式为

$$\Delta u = K_C \left(e + \frac{1}{T_I} \int_0^t e dt \right)$$

当 e 是幅值为 A 阶跃信号时，它的输出是比例与积分两部分之和。比例部分是快速的，而积分是缓慢渐变，能消除余差，因此应用较广。

对表达式进行拉氏变换，得传递函数

$$G_C(s) = \frac{U(s)}{E(s)} = K_C \left(1 + \frac{1}{T_I s} \right)$$

频率特性

$$G_C(j\omega) = K_C \left(1 + \frac{1}{j\omega T_I} \right)$$

在低频段起放大作用，$\omega \ll \frac{1}{T_I}$ 时，$| G_C(j\omega) | \gg 1$ 能消除余差。相频特性在低频段滞后 $90°$，在高频段逐渐接近于零。

2.2.5 积分时间对过渡过程的影响

在同样的 δ 条件下，当 T_I 减小时，幅频与相频特性均向右移，说明积分作用段加宽，即积分作用加强，消除余差能力强。但会使过程振荡加剧，稳定性降低。反之亦然。因此，对不同的对象应选适当 T_I。对滞后小的对象，如压力、流量等，T_I 可选小些；对滞后较大的对象，如温

度，T_I 可选择大些。

2.2.6 微分控制

微分控制表达式为

$$\Delta u = T_D \frac{de}{dt}$$

式中　T_D——微分时间。

输出与偏差变化速度成正比。对于固定的偏差，输出为零。对于阶跃输入，输出 Δu 突然上升到较大的有限值（一般为输入幅值的 5 倍），然后呈指数曲线下降至某一值（一般为输入的幅值）保持不变。微分控制传递函数

$$G_C(s) = \frac{U(s)}{E(s)} = T_D s$$

频率特性为：

$$G_C(j\omega) = j\omega T_D$$

当 $\omega \ll \dfrac{1}{T_D}$ 时，$|G_C(j\omega)| \ll 1$，$\omega \gg \dfrac{1}{T_D}$，$|G_C(j\omega)| \gg 1$，这就说明微分控制在低频段是衰减，高频信号是放大，对高频信号敏感。因此它能抑制高频振荡。当 T_D 增大时，微分作用加强，且相角超前 90°。由于输出超前输入，故可超前控制，适于滞后较大的对象。

2.2.7 比例微分控制

微分控制对恒定偏差无克服的能力，因此常将比例作用与微分作用相结合，构成比例微分控制，其表达式为

$$\Delta u = \Delta u_P + \Delta u_D = K_C\left(e + T_D \frac{de}{dt}\right)$$

传递函数为

$$G_C(s) = K_C(1 + T_D s)$$

频率特性为

$$G_C(j\omega) = K_C(1 + j\omega T_D)$$

幅频特性低频段是一条水平线，其高度由 K_C 决定。在高频段为一上升直线，有放大作用，因而能抑制高频振荡。相频特性低频段相角接近 0°，高频段超前角近 90°。微分只在高频段起作用。

2.2.8 比例积分微分控制

比例积分微分（PID）控制规律的输入输出关系为

$$\Delta u = \Delta u_P + \Delta u_I + \Delta u_D$$
$$= K_C\left(e + \frac{1}{T_I}\int e dt + T_D \frac{de}{dt}\right)$$

PID 控制作用的输出是比例、积分和微分三种控制的叠加。

当输入偏差 e 是幅值为 A 的阶跃信号时，其输出特性见图 5.2-3。图 a 为理想 PID 控制器的输出；图 b 表示实际 PID 控制器的输出，开始时，微分作用最大，使总的输出大幅度变化，产生强烈的超前控制作用，这种作用可看成是预调。然后微分作用逐渐减弱，积分作用加大，只要余差存在，积分输出就不断增加，这种控制作用可看作细调，直到余差消失。在 PID 控制器的输出中，比例作用始终与偏差相对应，它一直是最基本的控制作用。

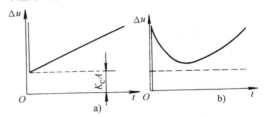

图 5.2-3　PID 控制器输出特性

PID 控制器可以调整的参数是 K_C、T_I、T_D，综合考虑这三个参数，可以获得很好的控制质量。对输入输出关系式进行拉氏变换，可得 PID 控制规律的传递函数

$$G(s) = K_C\left(1 + \frac{1}{T_I s} + T_D s\right)$$

其频率特性为

$$G(j\omega) = K_C\left(1 + \frac{1}{j\omega T_I} + j\omega T_D\right)$$

幅频特性为

$$|G(j\omega)| = K_C \sqrt{1 + \left(T_D\omega - \frac{1}{T_I\omega}\right)^2}$$

相频特性为

$$\varphi(\omega) = \arctan\left(T_D\omega - \frac{1}{T_I\omega}\right)$$

PID 控制规律对数特性（Bode）图见图 5.2-4。在低频段是一条斜率为 -20dB/dec 的直线，这时是积分控制规律起主要作用，因此能消除余差，提高系统的稳态精确度。在高频段是一条斜率为 $+20\text{dB/dec}$ 的直线，这时微分控制规律起主要作用。比例放大系数 K_C 仅影响对数幅频特性的高度，它在整个频率段都起作用，因此是基本的控制作用。由图中还可看出，在对数相频特性，在低频段相角滞后，最大滞后角为 90°，这主要是积

分作用引起的。在高频段相角是超前的,最大超前角为 90°,这主要是微分作用产生的。

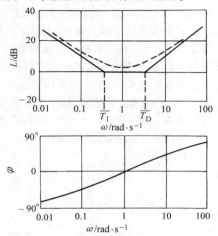

图 5.2-4　PID 控制规律的 Bode 图

改变参数 K_C、T_I 和 T_D,可以使对数幅频与相频特性左、右移动,也可使其形状发生变化。一般说积分时间常数 T_I 不宜过小,而微分时间常数 T_D 不宜过大,以便使系统既能保证足够的稳定性,又能满足稳态精确度的要求。

由于 PID 控制规律综合了比例、积分和微分三种控制规律的优点,因此具有较好的控制性能,因而应用范围很广,在温度和成分控制系统中得到更为广泛地应用。

2.3　控制系统

2.3.1　单回路控制系统

它的组成只有一个受控过程(对象)、测量元件、变送器、控制器与执行器。如维持容器液位在某一范围内,需改变出口阀门的开度来控制,流体流出量为操作变量。为了合理设计自动控制系统,提高系统的品质指标,需选择以下诸项:

1. 被控变量的选择

(1)为物料平衡或某一工艺目的而设置系统,被控变量可按工艺操作要求来选定。

(2)被控变量对扰动的响应必须具有足够的灵敏度和变化数值。

(3)被控变量易测量。

(4)为了控制产品质量而设置的系统,用质量指标作为被控变量,最直接、最有效。

(5)选择被控变量时,应考虑工艺过程的合理性与国内仪表的现状。

2. 选择操作变量时与其相关参数的选择

(1)同一控制系统中存在若干干扰,对受控过程的影响大小,取决于各干扰通道的放大系数 K_f,K_f 越大影响越显著。若采用不同操作变量来克服同一干扰,则控制通道放大系数 K_o 越大,克服干扰效果越显著。因此应使 K_o 大于 K_f。

(2)使控制通道的时间常数小于干扰通道的时间常数。但不能过小。而控制通道的纯滞后时间 τ_o 越小越好。

(3)若执行器、测量变换器与被控对象(合并称广义对象)几个惯性环节串联时,应尽量避免几个环节的时间常数相等或相近,以使系统容易稳定。

(4)尽量使主干扰施加点靠近调节阀。

3. 控制器控制规律的选择

(1)当广义对象控制通道时间常数较小,负荷变化不大,工艺要求不高时,可选比例控制;而当负载变化较大、工艺要求无余差时,应选比例积分控制。

(2)当广义对象控制通道时间常数大或滞后大时,应选用微分控制。

(3)当广义对象控制通道时间常数很小,负荷变化大,可用反微分控制来降低系统的反应速度以提高控制质量。

(4)当广义对象控制通道时间常数很大或有较大纯滞后,负荷变化很大时,单回路系统已不能满足要求,应据具体情况选用前馈、串级等复杂控制系统。

(5)当对象数学模型可用 $G_o(s) = \dfrac{K_e^{-\tau s}}{TS+1}$ 近似表征时,可据纯滞后 τ 与时间常数 T 的比值来选控制方式;

当 $\dfrac{\tau}{T} < 0.2$,选比例或比例积分控制;

当 $0.2 < \dfrac{\tau}{T} < 1.0$,选比例积分或比例积分微分控制;

当 $\dfrac{\tau}{T} > 1.0$,单回路不能满足要求,选其他控制方式。

4. 控制器参数的工程整定　参数的工程整定

是按照工程上已定的控制回路,确定保证控制质量最好的一组控制器参数。整定的参数有比例度 δ、积分时间 T_I 及微分时间 T_D。常用的工程整定方法有临界比例度法、衰减曲线法和经验法等[1]。

2.3.2 串级控制系统

在一个多回路控制系统中,有两个控制器分别接受来自对象不同部位的测量信号,一个控制器的输出作为另一控制器的外给定,而由后者的输出去控制执行器,实现对生产过程的控制。两个控制器是串接的,故称串级控制,见图 5.2-5。图中虚线部分为控制对象。由副控制器、执行器、副对象及副变送器组成副回路,由主控制器、副回路、主对象及主变送器组成主回路。

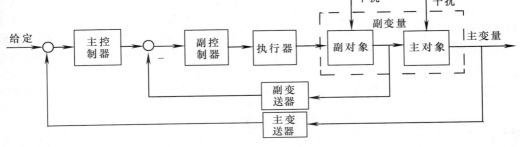

图 5.2-5 串级控制

主变量反映产品质量,控制系统的目的就在于稳定该变量,使它等于工艺给定值。设置副变量是为了保证和提高主变量的控制质量,而对其本身无严格要求。

1. 串级控制系统应用场合 对象容量滞后大,对象纯滞后大,系统中具有大幅度剧烈干扰,工艺上要求经常提、降被控变量,系统具有非线性特性或负荷变化大的等各种场合。

2. 控制方式的选择 副回路具有快速抗干扰的功能,起粗调作用。副控制器一般只用比例控制,而主控制器采用比例积分或比例积分微分控制。

3. 主、副变量的选择 主变量的选择与单回路系统相同。副变量的选择应考虑如下因素:

(1) 副变量应使副回路包括系统的主要干扰。

(2) 副变量能使主、副对象的时间常数相匹配。副对象的时间常数要适中。过小时,副回路含干扰少,不能充分发挥副回路的抗干扰作用;过大时较迟钝。主、副对象的时间常数比以 3∶1 为好。

(3) 应考虑工艺的合理性与可能性。

4. 参数整定

(1) 据副变量的类型,按表 5.2-3 的经验数据选取副控制器的比例度。

(2) 副控制器参数置于选定的值,然后按单回路系统中任一整定方法整定主控制器参数。

表 5.2-3 副控制器参数的经验数据

副变量类型	副控制器放大系数 K_{C2}	副控制器比例度 δ(%)
温度	5~1.7	20~60
压力	3~1.4	30~70
流量	2.5~1.25	40~80
液位	5~1.25	20~80

(3) 观察控制过程,据主、副控制器放大系数匹配原理,适当调整主、副控制器的参数,使主变量控制质量最好。

(4) 若出现振荡,可加大主(或副)控制器的 δ,即能消除。如出现剧烈振荡,可先转入遥控,待生产稳定后,重新投入运行和整定。

2.3.3 均匀控制系统

生产过程的连续性和不断强化,往往会出现前后工序的矛盾,需要进行协调。如甲塔出料作为乙塔的进料。对甲塔,为了稳定操作,在进料量波动或操作条件改变情况下必须频繁地改变塔底的排出量,以保持液位;而对乙塔,从要求稳定操作出发,希望进料量不变或少变,这就出现了矛盾。

为了解决这种矛盾,必须用自动控制来满足前后装置在物料供求上相互均衡协调、统筹兼顾的要求。通常把能实现这种控制的称均匀控制系统。它的特点是:

(1) 表征前后供求矛盾的两变量,在控制过程中均应是变化的。

（2）两个变量的变化应是缓慢的。

在均匀控制系统中，只要两个变量在工艺允许范围内缓慢变化，生产能正常运行，控制质量就能满足要求。

2.3.4 前馈控制系统

前馈控制的原理与框图示于图 5.2-6。它是按干扰进行控制的。一旦干扰出现，控制作用便随之产生，以克服即将发生的干扰对被控变量的影响。前馈比反馈控制作用及时，若前馈控制的补偿作用恰到好处，可使被控变量不受干扰的影响。

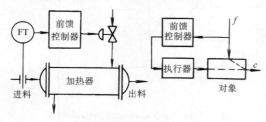

图 5.2-6 前馈控制

f—干扰 *c*—输出 FT—流量变送器

反馈属于闭环，而前馈则属于开环控制，它是用专用控制器（补偿器）。它的控制规律必须依据具体对象的数学模型来确定。

2.3.5 非线性控制系统

在自动控制系统中，由于某些环节具有非线性特性，称它为非线性控制。它有如下两种情况：

（1）对象具有非线性特性，这种系统的成因有：

1）对象具有饱和特性；

2）对象或测量元件具有死区；

3）因测量元件、变送器的变差而引起的滞环特性；

4）调节阀的结构而引起的流量特性为非线性。

（2）采用某些非线性控制手段的非线性系统。有时为了改善系统性能，或简化系统的结构，在系统中人为地引入一些非线性环节，常见的有非线性控制器、非线性转换器等。

当被控过程具有严重非线性特性时，一般采用下述方法进行非线性控制：

（1）利用调节阀的流量特性或阀门定位器中反馈凸轮特性，可以补偿过程的非线性。

（2）利用串级系统中的副回路能改变副对象

特性的特点，可以校正过程非线性。

（3）利用具有不灵敏区或变增益的非线性控制器，可补偿过程非线性。

（4）利用增益自整定控制，能自动随负荷变化来校正过程非线性。

2.3.6 用计算装置的控制系统

这里的计算装置主要指常规仪表中的计算单元，它有以下几种：

（1）当控制指标无法测量时，但可通过计算来获得这些不能直接测量的指标，按计算结果来进行控制，如内回流控制、热熔控制、反应物凝固点控制等。

（2）当被测量的数值需据实际工艺条件加以校正时，可通过计算装置来实现，如按温度和压力进行校正的气体流量的测量与控制。

（3）当对象需要按一定的静态数学模型（有时需要加以适当的动态补偿）来进行控制时，如离心式压缩机防喘振的控制。

2.3.7 自适应控制系统

自适应控制系统是研究对象具有不确定性的系统。所谓不确定性是指描述受控对象及其所处环境的数学模型不是完全确定的，其中含有未知因素和随机因素。如何综合适当的控制作用，使某一指定的性能指标达到并保持最优，这个任务需自适应系统来完成。

根据不确定性的不同情况，这种系统分两种类型：①系统的数学模型不确定，如模型参数未知，但系统工作在确定性的环境中，这称为确定性自适应系统；②模型不确定，系统工作在随机环境中，它称为随机自适应系统。当随机扰动与测量噪声较小时，对参数未知的对象的控制可近似地按确定性自适应控制问题来处理。

2.3.8 模糊控制系统

在生产过程中，被控对象不能用确定的数学模型来描述，而其结构参数不清或难以求得，控制规律只能用言语定性地表达。这类被控对象用以模糊数学为基础的模糊控制理论和模糊控制器来进行控制，这称模糊控制系统。

模糊控制是借鉴于人脑对复杂对象进行随机辨识和判别的特点，用模糊集合理论设计出所谓自适应、自调整和自组织的模糊控制器。它在控制过程中可以不断修改、调整和完善模糊控制规刂，使系统运行在自调整、自组织状态。

1. 模糊控制系统的工作原理　原理框图如图 5.2-7 所示。用模糊控制器对受控对象进行自动控制，系统中的偏差 e、变化率 e' 和操作变量的变化均是确切的数值，而不是模糊集合。为使用模糊技术，就必须将 e、e' 变化的确切量转化为模糊集合，然后输给模糊算法器进行处理。经处理后的仍是模糊集合，再经模糊判决，给出操作变量 u 的确切值去控制工业对象。

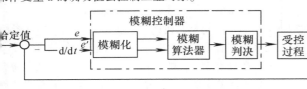

图 5.2-7　模糊控制系统框图

（1）确切量的模糊化　e 和 e' 是在某一范围为变化的连续量，将它离散化，即分为几档。每当对应一模糊子集，如将 e 设定为 $[-6, +6]$ 之间的变化连续量，一般将其分八档：

正大（PL）——多数取 +6 的附近；

正中（PM）——多数取 +4 的附近；

正小（PS）——多数取 +2 的附近；

正零（PO）——多数取比零稍大一点附近；

负零（NO）——多数取比零稍小一点附近；

负小（NS）——多数取 -2 的附近；

负中（NM）——多数取 -4 的附近；

负大（NL）——多数取 -6 的附近。

八档对应着八个模糊子集。而 $[-6, +6]$ 间每个数值隶属于某个模糊子集的程度用隶属度来表示，它可在 $[0,1]$ 闭区间内连续取值。如 -6 在 NL 档的隶属度为 1，在 NS 档隶属度为 0，而在 NM 档的隶属度为 $[0,1]$ 间的某一值，表示较为模糊，这样将连续变化的输入量进行模糊化。

（2）模糊控制规则的模式　模糊控制的算法有三种模式：

1）输入是一维的、输出也是一维的，对该模式若用语言形式表达，则有（字母下有波浪符表示模糊集合）：

若 $\underset{\sim}{A}$ 则 $\underset{\sim}{U}$（或 if $\underset{\sim}{A}$ then $\underset{\sim}{U}$）

如：若水位太低，则阀门开大些。

2）输入是二维的，输出为一维。语言表达：

若 $\underset{\sim}{A}$ 且 $\underset{\sim}{B}$ 则 $\underset{\sim}{U}$（或 if $\underset{\sim}{A}$ and $\underset{\sim}{B}$ then $\underset{\sim}{U}$）

如：若水温高，且温度上升速率较大，则多加些冷水。

3）输入是多维，输出是一维，用语言表达：

若 $\underset{\sim}{A}$ 且 $\underset{\sim}{B}$…且 $\underset{\sim}{N}$ 则 $\underset{\sim}{U}$（或 if $\underset{\sim}{A}$ and $\underset{\sim}{B}$ … and $\underset{\sim}{N}$ then $\underset{\sim}{U}$）

2. 输出信息的模糊判决　模糊控制器输出 $\underset{\sim}{U}$ 是个模糊子集，是控制语言不同取值的一种组合。但被控对象只能接受一个操作变量 u，这就需要从 $\underset{\sim}{U}$ 中判决出一个操作变量。一般采用下列三种方法：

（1）最大隶属度法。若对应的模糊判决子集为 $\underset{\sim}{U_1}$，则取该子集中隶属度最大的那个元素 u 作为操作变量。

（2）加权平均判决法。为改善系统的特性，可选择权重进行加权平均来判决。

（3）中位数法。为了充分利用模糊子集的信息，可求出把隶属函数曲线与横坐标间的面积平分为两部的数作为判决结果。

3. 模糊控制系统结构　模糊控制系统的结构如图 5.2-8 所示。

2.3.9　数字控制系统

随着现代工业技术发展，对自动控制提出了更高的要求，而大规模集成电路的发展又促进计算机控制系统由单机集中控制形式，发展为双机系统、递阶系统及分散型控制系统等多种分级分布控制系统。这类控制系统是以计算机为基础的功能单元组成的控制系统。各功能单元通过数据通信网络相互联系，既自主又协调，共同完成工业过程的实时控制监督和管理。

分级分布控制系统一般由管理机、监控机及数目众多的过程计算机组成，如图 5.2-9 所示。计算机系统中 DDC 级直接控制生产过程，该级主要进行比例积分微分（PID）程序等各种直接数字控制，并可进行顺序、比值、解耦及滞后补偿等控制；也可进行数据采集、监视报警等。SCC 级主要进行监督控制、最优控制及自适应控制的计算，指挥 DDC 级工作。MIS 级主要进行生产计划和调度等，并指挥 SCC 工作。该级依据企业规模可划分为公司级、厂级和车间级等。

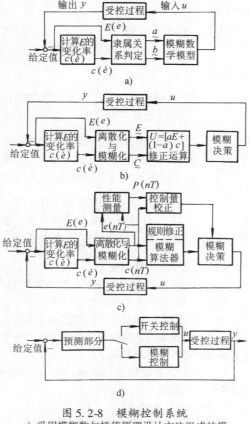

图 5.2-8 模糊控制系统
a) 采用模糊数与插值原理设计方法组成的模糊控制 b) 带修正因子的模糊控制
c) 自调整、自修正模糊控制
d) 预测型双模糊控制

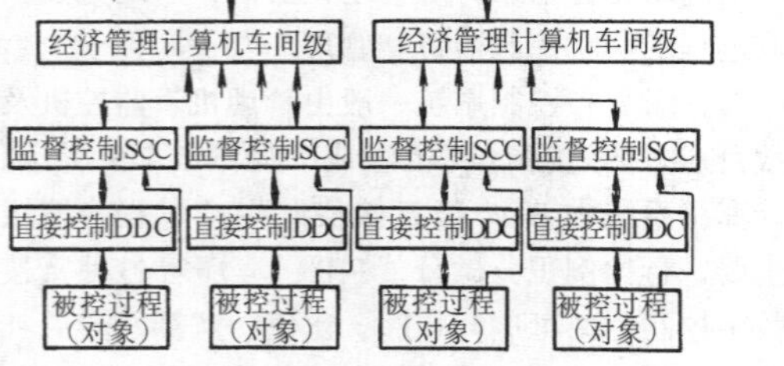

图 5.2-9 分级计算机控制系统框图
MIS—经营管理计算机 DDC—直接控制计算机
SCC—监督控制计算机

分级分布控制系统有以下优点：

（1）可靠性高。整个系统功能分散于多台计算机，各子系统均有一定的自治能力；使危险分散，局部故障不影响全局。

（2）灵活性高。软硬件均可模块化，可灵活组态，扩展功能方便。

（3）成本低，有较高的性能价格比，通信电缆费也较低。

（4）可以在不同层次采用不同的控制方式与决策策略，实现递阶综合控制。

1. 分解与协调 分级分布控制系统往往随机因素多、维数高，又含非线性、时滞、时变及各种干扰等。整个系统含性质不同的对象，需用不同的模型及控制算法与决策方法。这样复杂的系统的总体模型难以建立。为此，将复杂系统分解为若干个有关联的子系统，按照分散控制理论逐步以至完全取消子系统间的耦合（解耦），这是一种解决问题的途径。但目前在一般企业更多的采用递阶控制系统，用先分解后协调的方法来解决问题。这样较简单实用，协调控制的有效性较高。

在将复杂系统分解为子系统时，要使子系统在一定条件下具有某种自治能力。如使子系统能在协调级的作用下，独立地实现本体系的控制。许多实际问题本身就是分解的，如组织机构分层、工艺过程分段等。此外，也可采用模型分解和目标分解等方法。

模型分解是将高阶数学模型分为若干低阶的数学模型，将系统的传递矩阵尽量对角化，把受控过程分解为子过程。

目标分解是把大系统的总任务、总目标分解为相互间关联的子系统、子任务和子目标。

分解后必须协调。各子系统的最优化不等于总体最优，因而总体最优往往不能获得，只能实现次最优。协调的方法有多种，常用的是有关联协调原则与关联预估协调原则[4]。

按照系统分解与协调的不同，以及管理功能递阶情况，分级分布控制系统有以下几种：

（1）局部分散控制系统 如图 5.2-10a 所示，系统（或过程）被分为有关联的子系统，由各的局部控制器控制，局部控制器间有通信联系以协调整个系统的工作，不设中央控制器或协调器。

（2）完全分散型控制系统　如图 5.2-10b 所示，这种系统的控制器间无通信联系。虽然子系统间有关联，但控制与决策完全由各控制器独立进行。它用分散控制理论进行设计。

（3）递阶控制系统　如图 5.2-10c 所示，该系统将计算机按其控制功能分级，下位机执行实时控制，上位机完成协调、优化、管理及其他离线计算工作等。有时也要做非数值运算、辅助决策及知识处理等。协调计算机需有较强的功能和数据库。

2. 发展趋势　微型计算机在系统中地位越来越重要，在 DDC 级单片机应用已相当广泛，基本控制器的回路数有减少趋势，倾向用 CPU 控制结构，一些高性能的微型计算机开始出现在监控级中。

在 DDC 级中仍以 PID 控制方式及其变形为主，Smith 预估器、自适应控制等也有些应用。在上级协调控制中，现代控制理论、系统理论、人工智能等的应用有进一步发展趋势。

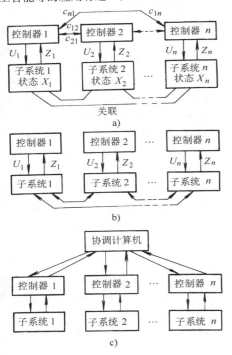

图 5.2-10　分级分布控制系统的几种形式
U—控制变量　*Z*—被控变量

通信功能将进一步加强，局部计算网络技术

将更多的引入，采用 CRT 操作站、人-机联系功能将有较大加强。

控制与管理有进一步集成化趋势。大的先进企业试图将计算机实时控制与信息管理进一步集成（综合）。

2.3.10　智能控制系统

控制理论学科经过了经典控制理论的成熟、发展阶段和现代控制理论的形成、发展阶段。

经典控制理论主要研究的对象是单变量常系数线性系统，它只适用于单输入-单输出控制系统。系统的数学模型采用传递函数表示，系统的分析和综合方法主要是基于根轨迹法和频率法。经典控制理论的主要贡献在于 PID 调节器广泛成功地应用于常系数单输入-单输出线性控制系统中。

现代控制理论以庞特里亚金的极大值原理、贝尔曼（Belman）的动态规划、卡尔曼（Kalman）的线性滤波和估计理论为基石，形成了以最优控制（二次型最优控制、H 控制等）、系统辨识和最优估计、自适应控制等为代表的现代控制理论分析和设计方法。系统分析的对象已转向多输入-多输出线性系统。系统分析的数学模型主要是状态空间描述法。现代控制理论具有如下特点：

（1）模型不确定性；

（2）高度非线性；

（3）任务要求复杂性。

智能控制系统是指具备一定智能行为的系统。若对于一个问题的激励输入，系统具备一定的智能行为，能够产生合适的求解问题的响应，这样的系统便称为智能系统。对于智能系统，激励输入是任务要求和反馈的传感信息等，所产生的响应则是合适的决策和控制作用。例如一个钢琴家弹奏一支优美的乐曲，这是一种很高级的智能行为，其输入是乐谱，输出是手指的动作和力度。显然输入输出之间的关系可以定性地加以说明，但是它却难以用数学的方法精确地描述，也不可能由别人来精确地加以复现。

智能控制系统学科的发展得益于许多学科，包括人工智能、认知科学、现代自适应控制、最优控制、神经元网络、模糊逻辑、学习理论、生物控制和激励学习等。

1. 智能控制系统的重要分支

（1）专家控制系统　专家控制系统由 3 部分

组成：

1）控制机制，决定控制过程的策略。

2）推理机制，实现知识之间的逻辑推理以及与知识库的匹配。

3）知识库，包括事实、判断、规则、经验以及数学模型。

（2）模糊控制系统 模糊控制系统有 3 个基本组成部分：模糊化、模糊决策、精确化计算。

模糊控制系统的工作过程简单地可描述为：首先将信息模糊化，然后经模糊推理规则得到模糊控制输出，再将模糊指令进行精确化计算，最终输出控制值。模糊控制系统可以看作是一种不依赖于模型的估计器，给定一个输入，便可以得到一个合适的输出。它主要依赖模糊规则和模糊变量的隶属度函数，而无需知道输入与输出之间的数学依存关系。模糊控制系统也是一种可以训练的非线性动力学系统。

（3）神经网络控制系统 神经网络控制系统模拟人脑神经中枢系统智能活动的一种控制方式。神经网络控制系统不依赖模型的自适应函数估计器，而通常的函数估计器依赖于数学模型。神经网络控制系统的作用可大致分为 4 大类：

1）在基于模型的各种控制结构中充当对象的模型；

2）充当控制器；

3）在控制系统中起优化计算作用；

4）与其他控制系统相结合提供非参数化对象模型、推理模型等。

（4）学习控制系统 学习控制系统是一个能在其运行过程中逐步获得被控过程及环境的非预知信息，积累控制经验，并在一定评价标准下进行估值、分类、决策和不断改善系统品质的自动控制系统。

学习控制系统可分为 3 大类：

1）迭代学习控制系统 对具有可重复性的被控对象利用控制系统的先前经验，寻求一个理想的控制输入，而这个寻求的过程就是对被控对象反复训练的过程。

2）自学习控制系统 它不要求被控过程必须是重复性的。它能通过在线实时学习，启动获取知识，并将所学的知识用来不断地改善具有未知特征过程的控制性能。

3）遗传学习控制系统 遗传学习理论属于随机优化理论，其算法称遗传算法，（GA 算法），它是一种全局优化算法。

2. 智能控制系统的结构及其特点

（1）智能控制系统是通过驱动自主智能机来实现其目标，而无需操作人员参与的系统。这里所说的智能机指的是能够在结构化或非结构化、熟悉或不熟悉的环境中自主的或人参与的执行拟人任务的机器。智能控制系统典型的原理结构如图 5.2-11 所示。

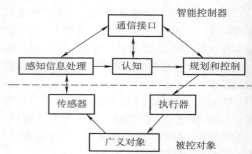

图 5.2-11 智能控制系统典型的原理结构

其中，"广义对象"包括通常意义下的控制对象和外部环境。如智能机器人系统中，机器人的手臂、被操作物体及所处环境统称广义对象。"传感器"包括关节位置传感器、力传感器、视觉传感器、距离觉传感器、触觉传感器等。"感知信息处理"将传感器得到的原始信息加以处理，如视觉信息要经过复杂的处理才能获得有用的信息。"认知"主要用来接收和储存信息、知识、经验和数据，并对它们进行分析、推理，作出行动的决策，送至规划和控制部分。"通信接口"除建立人机之间的联系外，还建立系统各模块之间的联系。"规划和控制"是整个系统的核心，它根据给定的任务要求、反馈的信息以及经验知识，进行自动搜察、推理决策、动作规划，最终产生具体的控制作用，经"执行器"作用于控制对象。对于不同的智能控制系统，以上各部分的形式和功能可能存在较大的差异。

智能控制系统组成分层递阶的结构如图 5.2-12 所示。

其中，"执行级"需要比较准确的模型，具有获得不确定的参数值或监督系统参数变化的能力来实现一定精度要求控制任务。

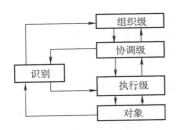

图 5.2-12 智能控制系统分层递阶的结构

"协调级"具备学习功能，对测量数据和指令产生合适的功能，协调执行级的动作。

"组织级"能把输入命令翻译成机器语言，进行组织决策和规划操作。

分层递阶的智能控制系统具有自上而下控制精度愈来愈高；自下而上的信息反馈愈来愈粗略，而相应的智能程度愈来愈高的特点。这种分层递阶的结构已成功地应用于机器人的智能控制、交通系统的智能控制及管理。

（2）智能控制系统的特点

1）智能控制系统一般具有以知识表示的非数学广义模型和以数学模型表示的混合控制过程，它适用于含有复杂性、不完全性、模糊性、不确定性和不存在已知算法的生产过程。

2）智能控制器具有分层信息处理和决策机构。

3）智能控制器具有非线性和变结构特点。

4）智能控制系统是一门新兴边缘交叉学科，需要相关学科配合支援。

（3）智能控制系统必须具备的功能

1）学习功能；

2）适应功能；

3）组织功能。

（4）智能控制系统研究的数学工具

智能控制研究的数学工具主要有以下几种形式：

1）符号推理与数值计算的结合 例如专家控制，上层是专家系统，采用人工智能中的符号推理方法；下层是控制系统，采用数值计算方法。

2）离散事件系统与连续时间系统分析的结合 例如在 CIMS 中，上层任务的分配和调度、零件的加工和传输等均可用离散事件系统理论来进行分析和设计，下层的控制（如机床和机器人的控制）则采用常规的连续时间系统分析方法。

3）模糊集理论 模糊理论形式上是利用规则进行逻辑推理，但其逻辑取值可在 0 与 1 之间连续变化，其处理的方法是基于数值的而不是基于符号的。

4）神经网络理论 神经网络通过许多简单关系来实现复杂的函数。神经元网络本质上是一个非线性动力学系统，但它并不依赖于模型。因此可以看成是一种介于逻辑推理和数值计算之间的工具和方法。

5）优化理论 学习控制系统通过对系统性能的评判和优化来修改系统的结构和参数；神经网络控制根据某种代价函数极小来选择网络的连接权系数。在分层递阶控制系统中，通过使系统的总熵最小来实现系统的优化设计。

智能控制系统的研究领域包括智能机器人控制、智能过程控制、智能调度与决策、专家控制系统、语言控制、康复智能控制器和智能仪器等。

3. 神经网络控制系统 由于神经网络具有大规模并行性、冗余性、容错性、本质的非线性及自组织、自学习、自适应能力，已成功地应用于许多不同的领域。如在最优化、模式识别、信号处理和图像处理等领域首先取得了成功。

神经网络控制系统的优越性主要表现为：

1）神经网络可以处理那些难以用模型或规则描述的过程或系统。

2）神经网络采用并行分布式信息处理方式，具有很强的容错性。

3）神经网络是本质的非线性系统。

4）神经网络具有很强的信息综合能力。

5）神经网络的硬件实现愈趋方便。

（1）神经网络控制器的分类 根据作用不同，神经网络控制系统的应用一般分为两类；

1）神经控制的独立智能控制系统；

2）混合神经网络控制系统。

（2）典型的神经网络控制系统结构和学习方式归结为以下 7 类。

1）导师指导下的控制器 这种神经网络控制结构的学习样本直接取自于专家的控制经验。神经网络的输入信号来自传感器的信息和命令信号。神经网络的输出就是系统的控制信号。结构示意图如图 5.2-13 所示。一旦神经网络的训练达到了能够充分描述人的控制行为，则网络训练结束。神经网络控制器就可以直接投入实际系统的控制。

2）逆控制器 用一个逆动力学函数来表示，则采用简单的控制结构和方式。图5.2-14给出了这种控制结构的示意图。从理论上来看只要直接把神经网络控制器接到动力学系统的控制端就可以实现无差跟踪控制，即要实现期望的控制输出只要将此信息加到神经网络的输入端就可以了。

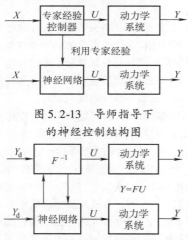

图 5.2-13 导师指导下
的神经控制结构图

图 5.2-14 逆控制器的结构图

3）自适应网络控制器 利用神经网络将线性系统的自适应控制设计理论和思想方法引入到非线性系统自适应控制系统中。自适应控制系统要求控制器能够随着系统环境或参数的变化而对控制器进行调以便达到最优控制的特性。图5.2-15给出了自适应网络控制器的系统结构。自适应网络控制器有两个控制结构：一是直接自适应网络控制结构；二是间接自适应网络控制结构。控制器的设计准则仍然是依赖于系统的输出预报误差最小原则。

4）神经内模控制结构 内模控制以其较强

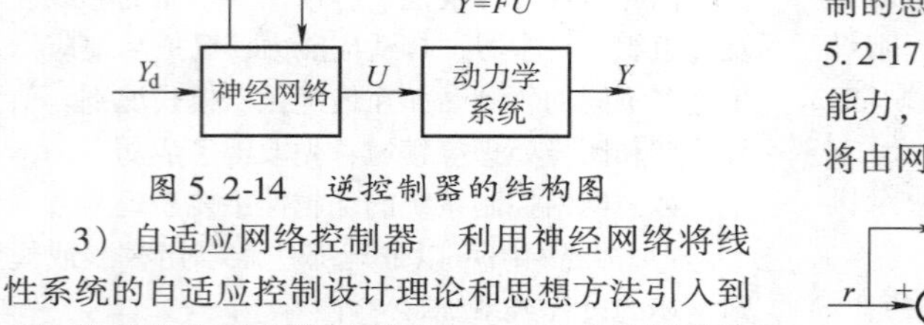

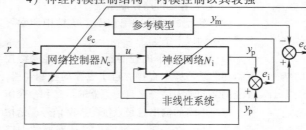

图 5.2-15 自适应网络控制器的系统结构图

的鲁棒性和易于进行稳定性分析的特点在过程控制中获得应用。在这种控制结构中，在反馈回路中直接使用系统的前向模型和逆模型。如图5.2-16所示，在内模控制结构中，与实际系统并行的网络模型一并建立，系统实际输出与模型M的输出信号差用于反馈的目的。这个反馈信号通过前向通道上的控制子系统G预处理，通常C是一个滤波器，用于提高系统的鲁棒性。系统模型M和控制器C由神经网络来实现。

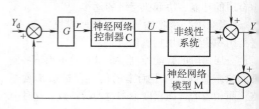

图 5.2-16 神经内模控制结构

5）前馈控制结构 通常单纯的求逆控制结构不能很好地起到抗干扰能力，因此结合反馈控制的思想组成前馈补偿器的网络控制结构见图5.2-17。反馈控制的目的在于提高抗随机扰动的能力，而控制器的主要成分，特别是非线性成分，将由网络控制器来完成。

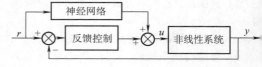

图 5.2-17 前馈控制结构图

6）自适应评价网络 自适应评价网络学习系统由一个相关的搜索单元和一个自适应评价单元组成。在这个算法中，相关搜索单元是作用网络，自适应评价单元为评价网络。它不需要控制系统数学模型，只是通过对某一指标准则J的处理和分析得到奖励或惩罚信号。

7）混合控制系统 是由神经网络技术与模糊控制、专家系统等相结合形成的，具有很强学习能力的智能控制系统。它集人工智能各分支的优点，使系统同时具有学习、推理和决策能力。

（3）神经网络控制系统的学习机制
根据控制系统的不同结构和系统存在的不同的已知条件，存在以下两种基本学习模式：

1）监督式学习模式　是有导师指导下的控制网络学习。根据导师信号的不同和学习框架的不同，监督式学习又可分为离线学习法、在线学习法、反馈误差学习法和多网络学习法。

2）增强式学习模式　指的是无导师指导下的学习模式。它通过某一评价函数来对网络的权系数进行学习和更新，最终达到有效控制的目的。

神经网络控制系统结构实现神经网络智能控制的目的。它必须具备一种有效的学习机制来保证神经控制器的自学习、自适应功能，达到真实意义上的智能控制。

（4）神经网络的逼近能力。多层前向传播神经网络控制系统的逼近能力广泛地用于控制系统的辨识和控制。多层前向传播神经网络控制系统能够相当好地逼近许多实际问题中的非线性函数。

4. 集成智能控制系统　集成智能控制系统以机器模仿、延伸、扩展人的智能来解决复杂的控制问题。集成智能控制系统可以分为两类。

（1）模糊神经网络控制系统　模糊控制利用专家经验建立起来模糊集、隶属度函数和模糊推理规则等实现了复杂系统的控制。神经网络控制意在利用其学习和自适应能力实现非线性系统的控制和优化。这两种控制手段在许多难以用准确数学模型表示的系统控制中发挥出巨大作用。神经网络和模糊控制都有各自的长处。所以两者结合实现模糊控制系统的自学习和自适应。这就是模糊神经网络系统，简称为 FNN 系统。

模糊神经网络控制系统的结构将神经网络的学习能力引到模糊控制系统中去，将模糊控制器的模糊化处理、模糊推理、精确化计算通过分布式的神经元网络来表示是实现模糊控制器自组织、自学习的重要途径。在这样一个模型结构中，神经网络的输入、输出节点用来表示模糊控制系统的输入、输出信号，隐含节点用来表示隶属度函数和模糊控制规则。

模糊神经网络控制系统结构的主要特点是保留了与人类推理控制相近的模糊逻辑推理，并且神经网络的并行处理能力使得模糊逻辑推理的速度大大提高。因此模糊神经网络控制器是非常优秀的智能控制器之一。

（2）神经网络专家控制系统　专家系统是一个智能信息处理系统，现实专家来分析和判断的复杂问题，并采用专家推理方法来解决问题。神经网络作为专家系统中一种新的知识表示和知识自动获取的方法，提出了用神经网络建造专家系统的方法。神经网络专家控制系统的功能和结构包括知识的获取、知识库、推理解释等。神经网络专家控制系统的知识库是分布在大量神经元以及它们的连接系数上的。神经网络的学习功能为专家系统的知识获取提供了极大的方便。

5. 学习控制系统　学习控制是智能控制系统的一部分。学习是人类的主要智能之一。学习控制系统正是模拟人类自身各种优良控制调节机制。学习控制系统作为一种过程通过重复各种输入信号，并从外部校正该系统，从而使系统对特定输入具有特定响应。学习控制系统是一个能在其运行过程中逐步获得被控过程及环境的非预知信息，积累控制经验，并在一定评价标准下进行估值、分类、决策和不断改善系统品质的自动控制系统。

（1）学习控制根据系统工作对象的不同可分为两大类

1）迭代学习控制系统　对具有可重复性的被控对象利用控制系统的先前经验，寻求一个理想的控制输入。而这个寻求的过程就是对被控对象反复训练的迭代学习过程。

2）自学习控制系统　它不要求被控过程必须是重复性的。它能通过在线实时学习，启动获取知识，并将所学的知识用来不断地改善具有未知特征过程的控制性能。遗传学习是最近发展起来的一种全局优化算法。遗传学习模仿生物进化的过程来逐步获得最好的结果。是智能控制的一个重要组成部分。

学习控制系统通常是通过对系统性能的评价和优化来调整系统的结构和参数。学习控制系统随着相关学科如计算机技术、人工智能、神经网络等的发展而不断发展和壮大。学习控制系统包括基于神经元网络的学习控制、迭代学习控制；重复学习控制、再励学习控制、自动机学习控制和遗传学习控制等。迭代学习控制和遗传学习控制是学习控制系统领域发展比较快的两个分支。

（2）迭代学习控制系统　迭代学习控制系统（Iterative learning）的基本思想在于总结人类学习的方法，即通过多次的训练，从经验中学会某种技能。作为机器，人们也期望机器本身通过学习对外部信息的有效处理来达到有效控制的目的。这对于复杂系统或者是系统模型难以确定的对象是非常有效的，它在执行重复运动的非线性机器人系统的控制中是相当成功的。

迭代学习控制能够通过一系列迭代过程实现对二阶非线性动力学系统的跟踪控制。整个控制结构由线性反馈控制器和前馈学习补偿控制器组成，其中线性反馈控制器保证了非线性系统的稳定运行、前馈补偿控制器保证了系统的跟踪控制精度。

迭代学习控制具有以下几个特点：

1）对被控对象的模型要求非常宽松，不需要精确的模型参数，只要一些模型的极限参数。

2）对周期性的系统扰动完全可以通过迭代学习来克服，因此具有良好的鲁棒性。对随机扰动也有较强的抑制能力。

3）学习控制的结构相当简单，学习的信息只须利用线性反馈控制量，适用于快速实时控制。

4）学习算法的收敛条件非常简单。被控对象是非线性系统，且系统具有有界的不确定性。

（3）遗传学习控制系统 智能控制离不开优化技术。快速、有效，全局化的优化算法是实现智能控制的重要手段，遗传学习算法与模拟退火算法、进化论辨法一起构成了随机搜索优化的新理论。

遗传学习算法是建立在自然选择和自然遗传学机理基础上的迭代自适应随机搜索算法。遗传学习算法是通过机器来模仿生物界自然选择机制的一种方法。它涉及到高维空间的优化搜索，虽然它的解并不一定是最优的，但肯定是一个优良的解。

遗传学习控制系统通过问题解的编码的操作来寻优，而这种编码正等同于自然界物种的基因链。遗传学习控制系统将问题的解用二进制位串来表示。与自然界的"适者生存"一样，每一个体都与反映自身适应能力相对强弱的"适应度"相联系。较高"适应度"的个体具有较大的生存和繁殖机会，以及在下一代中占有更大的份额。在遗传算法中染色体的重组是通过相互交换两个父辈编码串这样的"交叉"机制来实现的。遗传算法的另一个重要算子"变异"（Mutation）是通过随机地改变编码串中的某一位来达到使下一代呈现一定的分散性的目的。"变异"的作用在于能够实现全局优化。遗传学习

控制系统利用一些简单的染色体操作算子，通过不断地重复这些操作过程，直至达到给定的准确指标或达到预定的最大重复次数为止。

遗传学习算法可以归结为以下几个步骤：

1）群体的初始化；

2）评价群体中每一个体的性能；

3）选择下一代个体；

4）执行简单的操作算子（如交叉、变异）；

5）评价下一代群体的性能；

6）判断终止条件满足否？若不，则转3）继续；若满足，则结束。

（4）遗传学习算法的选择

1）编码机制 遗传算法的基础是编码机制，编码规则与待求问题的自然特性相关。

2）选择机制 选择机制的基本思想取自于自然界进化论的"适者生存"。

3）控制参数选择 交叉率、变异率、群体规模大小等控制参数的选择保证遗传学习算法收敛到最优解或次优解。

4）二进制字符串的群体构成 遗传算法初始群体的选择应尽量包含较多的且相互独立的样本点。

5）适应度函数的计算 任何一个优化问题都与一定的目标函数相联系的。遗传学习的优化算法用"适应度值"的大小反应了群体中个体性能的优劣，它的值域范围为 $(0, 1]$。

6）遗传算子（交叉、变异）的定义 利用适应能力强的父辈个体的交叉和变异重要算子进行繁殖以得到更优秀的下一代。

总之，遗传学习控制系统的优点在于算法简单、鲁棒性强，而且无需知道搜索空间的先验知识。同神经元网络优化模型一样表现出强大的并行处理性能，因此，它们的执行时间与优化系统的规模是一种线性关系，而不会随着系统复杂程度的增加带来计算量猛增的现象。

6. 仿人控制系统 智能控制的目的就是模拟人的智能，使控制系统达到更高的目标。专家控制、模糊控制和神经网络控制都是从不同角度来模拟人的智能。仿人控制系统对人的控制行为和功能的综合性模仿，在控制过程中利用计算机模拟人的控制行为，最大限度地识别和利用控制系统动态过程提供的特性信息，进行启发和直觉

推理，从而实现对缺乏精确模型的对象进行有效的控制。

在人工控制的系统中，人对被控系统的状态、动态特征以及行为了解得越多，控制效果一定更好。因此，仿人控制系统根据输入输出信息，识别被控对象所处的状态、动态特征及行为，实现仿人控制。

仿人控制系统在结构和行为功能方面应具备：

1）信息处理和决策的分层结构；

2）在线特征提取和记忆能力；

3）可采用开、闭环结合的多模态控制策略；

4）能运用启发式与直觉式推理进行问题求解。

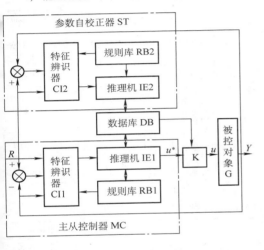

图 5.2-18　多变量仿人智能
控制系统结构图

仿人控制系统研究的主要目标不是被控对象，而是控制器本身。仿人控制系统的结构和功能模拟控制专家大脑的结构和行为功能。一个多变量的仿人智能控制器的基本结构如图 5.2-18所示。它是由简单协调器 K、主从控制器 MC 和参数自校正器 ST 组成的两级智能控制器。MC和 ST 分别由各自特征辨识器 CI、推理机 IE 和规则库 RB 构成。二者共用数据库 DB 交换信息。给定输入 R、系统输出 Y 和误差。Y 的信息分别输入 MC 和 ST，经 CI 特征识别和 IE 的推理后得出控制模式集和参数校正模式集。ST 的决策是按照性能指标和规则确定对 MC 的决策与控制模态中参数的修整。正由于仿人智能控制具备控制参数在线修整能力，因此很好地解决了长期困扰着经典控制器设计中存在的快速性、稳定性和控制精度之间的矛盾。

7. 混沌控制系统　混沌控制系统是现代控制理论的重大发现。它与模糊逻辑、神经网络有明显的不同特点，但都属于非线性科学。混沌控制系统是继模糊逻辑和神经网络之后在智能模拟和智能信息处理等方面发挥重要作用的新领域。

混沌（Chaos）从本意来看是指混乱、无秩序。从物理学观点分析，混沌是自然界普遍存在的一种运动状态。它不同于以往人们想象的那样一片混乱、无秩序，而是指那些不具备周期性和对称性特征的有序状态。它是确定性系统呈现的有界的、非周期性运动的总称。产生混沌现象的系统为非线性随机动力学系统。因此，它不可能像有规律运动那样可以用一系列定理、定律来描述。它是无周期的，也是非线性的、变化的、有涨有落的。"混沌运动是确定性系统中局限于有限相空间的高度不稳定的运动，对于具有耗散结构的系统，当非线性进一步增强时，一般都会出现的混沌现象"。混沌现象在日常生活中到处可见，如江河中的湍流、天体中的某些小行星运动、人体的脑电图心电图等都存在混沌运动。

混沌控制系统考虑系统输出对初始值的敏感性。其次，混沌控制系统要求将一个系统的输出轨道引向不稳定的极限环或不动点，达到不寻常的目的。通过控制过程分支点、控制 Lyspunov指数来实现混沌现象的控制。

非线性动力学系统的混沌现象是由某些关键的系统参数及其微小的变化而引起的。因此，混沌控制的一种思路就是从控制这些参数着手。通过逐次局部线性化，并配合小参数调整的手段来实现控制混沌现象的目的。在混沌控制系统设计方法中，由于在调整参数的过程中需要使用系统的输出信息，因此这种方法亦具有一定的传统反馈控制思想。另一种混沌现象的控制方法是"纳入轨道"法。它的基本思想是，假设目标轨道有给出动力系统相同的数学方程，则可将两个方程叠加起来，由此迫使动力学的混沌状态转移到目标轨道之中去。这种控制方法实质上是开环控制，因此设计和使用十分简单，但无法确保控制过程的稳定性。

3 几何量测量[1]

3.1 长度、角度及形状的工作基准

3.1.1 线纹尺

线纹尺是量值传递系统中一种实物标准。它是以两条线间的垂直距离来确定长度的。线纹尺的材料经时效后，其形状与尺寸变化很小，易于精密加工和刻线，且耐腐蚀，不易损伤。一般采用镍钢、不锈钢等材料制作。横截面一般为 H 形。200mm 以下的一般用线胀系数与钢接近的光学玻璃，规格有 100mm、200mm 两种，其横截面均为矩形。线纹尺的技术指标列于表 5.3-1。

3.1.2 量块

量块是端面为矩形的端面量具，它用于长度单位的复制、保持与尺寸传递；还用于检定或校准长度测量仪器和量具等。

量块等和级的含意：量块按不同精确度要求，根据量块中心长度与公称尺寸的差值以及量块长度变动量的允许值，划为不同的级。成套量块分为

6 个级（表 5.3-2）。使用时按公称尺寸用。

为了提高量块作为标准量具进行尺寸传递的精确度，根据测量误差和量块长度变动量而划分相应不同的精度规范，称为"等"。量块划分 6 个等，各等的精度要求列于表 5.3-3。使用时量块按实测的中心长度用。

表 5.3-1 线纹尺技术指标

等	材料	用　途	检定极限误差/μm
1	金属	检定示值误差为 ±(1~5)μm 测长仪、精密机床，二等金属线纹尺	$\delta = \pm(0.1 + 0.4L)$
	光学玻璃	检定二等玻璃线纹尺、计量仪器	$\delta = \pm(0.1 + 0.5L)$
2	金属	检定示值误差为 ±(5~10)μm 精密机床，三等金属线纹尺、标准钢卷尺	$\delta = \pm(0.2 + 0.8L)$
	光学玻璃	检定计量仪器或用于计量仪器中的标尺	$\delta = \pm(0.2 + 1.5L)$
3	金属	检定一、二级钢卷尺、水准标尺、钢板直尺	$\delta = \pm(5 + 10L)$

注：L——被测长度（m）。

表 5.3-2 量块中心长度极限偏差及长度变动量（摘自 GB/T6093—2001）

公称长度 /mm		00 级		0 级		1 级		2 级		（3）级		校准级 K	
大于	至	量块长度极限偏差（±）	长度变动量允许值	量块长度极限偏差（±）	长度变动量允许值	量块长度极限偏差（±）	长度变动量允许值	量块长度极限偏差（±）	长度变动量允许值	量块长度极限偏差（±）	长度变动量允许值	量块长度极限偏差（±）	长度变动量允许值
		μm											
	10	0.06	0.05	0.12	0.10	0.20	0.16	0.45	0.30	1.0	0.50	0.20	0.05
10	25	0.07	0.05	0.14	0.10	0.30	0.16	0.60	0.30	1.2	0.50	0.30	0.05
25	50	0.10	0.06	0.20	0.10	0.40	0.18	0.80	0.30	1.6	0.55	0.40	0.06
50	75	0.12	0.06	0.25	0.12	0.50	0.18	1.00	0.35	2.0	0.55	0.50	0.06
75	100	0.14	0.07	0.30	0.12	0.60	0.20	1.20	0.35	2.5	0.60	0.60	0.07
100	150	0.20	0.08	0.40	0.14	0.80	0.20	1.60	0.40	3.0	0.65	0.80	0.08
150	200	0.25	0.09	0.50	0.16	1.00	0.25	2.00	0.40	4.0	0.70	1.00	0.09
200	250	0.30	0.10	0.60	0.16	1.20	0.25	2.40	0.45	5.0	0.75	1.20	0.10
250	300	0.35	0.10	0.70	0.18	1.40	0.25	2.80	0.50	6.0	0.80	1.40	0.10
300	400	0.45	0.12	0.90	0.20	1.80	0.30	3.60	0.50	7.0	0.90	1.80	0.12
400	500	0.50	0.14	1.10	0.25	2.20	0.35	4.40	0.60	9.0	1.0	2.20	0.14
500	600	0.60	0.16	1.30	0.25	2.60	0.40	5.00	0.70	11.0	1.1	2.60	0.16
600	700	0.70	0.18	1.50	0.30	3.00	0.45	6.00	0.70	12.0	1.2	3.00	0.18
700	800	0.80	0.20	1.70	0.30	3.40	0.50	6.50	0.80	14.0	1.3	3.40	0.20
800	900	0.90	0.20	1.90	0.35	3.80	0.50	7.50	0.90	15.0	1.4	3.80	0.20
900	1000	1.00	0.25	2.00	0.40	4.20	0.60	8.00	1.00	17.0	1.5	4.20	0.25

注：1. 根据特殊订货要求，对 00 级、0 级和 K 级成套量块，可供中心长度实测值。

2. （3）级量块根据订货供应。

3. 表内所列偏差为保证值。

4. 距测量面边缘 0.5mm 范围内不计。

表 5.3-3 量块中心长度测量极限误差和长度变动量

公称尺寸 /mm		1 等		2 等		3 等		4 等		5 等		6 等	
		量块长度测量极限误差（±）	长度变动量允许值（±）	量块长度测量极限误差（±）	长度变动量允许值（±）	量块长度测量极限误差（±）	长度变动量允许值（±）	量块长度测量极限误差（±）	长度变动量允许值（±）	量块长度测量极限误差（±）	长度变动量允许值（±）	量块长度测量极限误差（±）	长度变动量允许值（±）
大于	至	μm											
	10	0.05	0.10	0.07	0.10	0.10	0.20	0.20	0.20	0.50	0.40	1.00	0.40
10	18	0.06	0.10	0.08	0.10	0.15	0.20	0.25	0.20	0.60	0.40	1.00	0.40
18	30	0.06	0.10	0.09	0.10	0.15	0.20	0.30	0.20	0.60	0.40	1.00	0.40
30	50	0.07	0.12	0.10	0.12	0.20	0.25	0.35	0.25	0.70	0.50	1.50	0.50
50	80	0.08	0.12	0.12	0.12	0.25	0.25	0.45	0.25	0.80	0.50	1.50	0.50
80	120	0.10	0.15	0.15	0.15	0.30	0.30	0.60	0.30	1.00	0.60	2.00	0.60
120	180	0.12	0.15	0.18	0.15	0.40	0.30	0.75	0.30	1.20	0.60	2.50	0.60
180	250	0.15	0.15	0.30	0.20	0.50	0.40	1.00	0.40	2.00	0.80	3.50	0.80
250	300	0.20	0.15	0.35	0.20	0.70	0.40	1.20	0.40	2.00	0.80	4.00	0.80
300	400	0.25	0.15	0.45	0.25	0.80	0.50	1.50	0.50	2.40	1.00	4.50	1.00
400	500	0.30	0.15	1.50	0.30	1.00	0.50	1.80	0.50	2.80	1.00	5.00	1.00
500	600	0.35	0.15	0.60	0.30	1.20	0.60	2.20	0.60	3.50	1.20	7.00	1.20
600	700	0.40	0.15	0.70	0.30	1.40	0.60	2.50	0.60	4.00	1.20	8.00	1.20
700	800	0.45	0.15	0.80	0.30	1.60	0.60	3.00	0.60	4.50	1.20	9.00	1.20
800	900	0.50	0.15	0.90	0.30	1.80	0.60	3.50	0.60	5.00	1.20	10.0	1.20
900	1000	0.60	0.15	1.00	0.30	2.00	0.60	4.00	0.60	6.00	1.20	11.0	1.20

3.1.3 多面棱体与多齿分度台

多面棱体与多齿分度台是用来测量圆周（0°～360°）的定值角的。多面棱体有 12、24、36 偶数面及 17 奇数面，工作角的极限偏差 ±（2″～5″），工作角的检定误差 ±（0.5″～1″）。

多齿分度台由底座及相对底座回转且能上下移动的转台组成。齿数有 360、720 及 1440 等，相应分度值为 1°、30′ 和 15′。各种齿数的分度台分度误差的峰值为 0.2″左右。

3.1.4 角度块与正弦规

角度块分 I 型（1 个工作面）和 II 型（4 个工作面）两种形式（见表 5.3-4 和表 5.3-5）；0、1 和 2 三个等级，相应工作角偏差为 ±3″、±10″、±30″。角度块按需要不同的工作角的公称值分成四组配套使用。

正弦规在检验工作中是常用的角度量具。其特点是结构简单，测量二面角能达到较高的测量精确度。正弦规的主要技术指标列于表5.3-6。

表 5.3-4 I 型角度块（摘自 JB/T3325—1999）

工作角分度值	工作角公称值	块数
1°	10°，11°，…，79°	70
10′	15°10′，15°20′，…，15°50′	5
1′	15°1′，15°2′，…，15°9′	9
—	10°0′30″	1
15″	15°0′15″，15°0′30″，15°0′45″	3

表 5.3-5 II 型角度块（摘自 JB/T3325—1999）

工作角公称值	块数
80°－81°－100°－99°，82°－83°－98°－97° 84°－85°－96°－95°，86°－87°－94°－93° 88°－89°－92°－91°，90°－90°－90°－90°	6
89°10′－89°20′－90°50′－90°40′ 89°30′－89°40′－90°30′－90°20′ 89°50′－89°59′30″－90°10′－90°0′30″	3
89°59′30″－89°59′45″－90°0′30″－90°0′15″	1

3.1.5 90°角尺

角尺是检验角度和划线工作中常用的量具，它的技术数据列于表 5.3-7。

表 5.3-6 正弦规的主要技术数据（摘自 JB/T7973—1999）

项 目			L＝100mm		L＝200mm		备注
			0 级	1 级	0 级	1 级	
两圆柱中心距的偏差	窄型	μm	±1	±2	±1.5	±3	
	宽型		±2	±3	±2	±4	
两圆柱轴线的平行度	窄型		1	1	1.5	2	全长上
	宽型		2	3	2	4	

（续）

项　　目		L=100mm		L=200mm		备注
		0级	1级	0级	1级	
主体工作面上各孔中心线间距离的偏差	宽型	±150	±200	±150	±200	
同一正弦规的两圆柱直径差	窄型	1	1.5	1.5	2	
	宽型	1.5	3	2	3	
圆柱工作面的圆柱度	窄型	1	1.5	1.5	2	
	宽型	1.5	2	1.5	2	
正弦规主体工作面平面度		1	2	1.5	2	中凹
正弦规主体工作面与两圆柱下部母线公切面的平行度		1	2	1.5	3	
侧挡板工作面与圆柱轴线的垂直度		22	35	30	45	全长上
前挡板工作面与圆柱轴线的平行度	窄型	5	10	10	20	全长上
	宽型	20	40	30	60	
正弦规装置成30°时的综合误差	窄型	±5″	±8″	±5″	±8″	
	宽型	±8″	±16″	±8″	±16″	

单位：μm（注：μm标注于上表左侧列）

表 5.3-7　90°角尺的技术指标（摘自 GB/T6092—2004）　（单位：μm）

基本尺寸 /mm	测量面对基准面的垂直度公差				测量面的平面度和直线度公差				短边上两基面的平行度公差				侧面对基面的垂直度公差				侧面的平面度公差		两侧面的平行度公差	
	精　度　等　级																			
	00	0	1	2	00	0	1	2	00	0	1	2	00	0	1	2	00;0	1;2	00;0	1;2
40	1	2	4	8	1	1	2	4	1	2	4	8	—	—	—	—	—	—	—	—
63	1.5	3	6	12	1	1	2	4	—	—	—	—	15	30	60	120	6	24	18	72
80	1.5	3	6	12	1	1	2	4	1.5	3	6	12	—	—	—	—	—	—	—	—
100	—	—	—	—	1	1	2	4	—	—	—	—	—	—	—	—	—	—	—	—
125	2	4	8	16	1	1.5	3	6	2	4	8	16	20	40	80	160	9	36	24	96
160	—	—	—	—	1	2	4	8	—	—	—	—	—	—	—	—	—	—	—	—
200	2	4	8	16	1	2	4	8	2	4	8	16	20	40	80	160	12	48	24	96
315	3	6	12	24	1	2	4	8	3	6	12	24	30	60	120	240	12	48	36	144
500	4	8	16	32	1.5	3	6	12	4	8	16	32	40	80	160	320	28	72	48	192
800	5	10	20	40	2	4	8	16	5	10	20	40	50	100	200	400	24	96	60	240
1000	—	—	—	—	2.5	5	10	20	6	12	24	48	—	—	—	—	—	—	—	—
1250	7	14	28	56	3	6	12	24	7	14	28	56	70	140	280	560	36	144	84	336
1600	9	18	36	72	7	14	28	56	9	18	36	72	90	180	360	720	42	168	108	432

3.1.6　平尺和平板

平尺有刀口尺、工形平尺和桥形平尺三种，刀口尺用光隙法检验工件的直线度。工形和桥形平尺用线值偏差或涂色法检验工件的直线度或平面度，它们的技术指标列于表5.3-8和表5.3-9。

表 5.3-8　刀口形直尺技术指标

（GB/T6091—2004）

L/mm	精　度　等　级	
	0	1
	直线度公差/μm	
75	0.5	1.0
125	0.5	1.0
200	1.0	2.0
300	1.5	3.0
400	1.5	3.0
500	2.0	4.0

表 5.3-9　铸铁平尺技术指标

（摘自 JB/T7977—1999）

规格/mm	精　度　等　级			
	00	0	1	2
	直线度公差/μm			
400	1.6	2.6	5	—
500	1.8	3.0	6	—
630	2.1	3.5	7	—
800	2.5	4.2	8	—
1000	3.0	5.0	10	20
1250	3.6	6.0	12	24
1600	4.4	7.4	15	30
2000	5.4	9.0	18	36
2500	6.6	11	22	44
3000	7.8	13	26	52
4000	—	17	34	68
5000	—	21	42	84
6300	—	52	105	
任意200	1.1	1.8	4	7

平板可用作测量标准面,平板有铸铁和岩石两种材料,其技术指标列于表5.3-10和表5.3-11。

表 5.3-10 铸铁平板技术指标

（摘自 JB/T7974—1999）

规格/mm	对角线 d/mm	000	00	0	1	2	3
		平面度公差/μm					
160×100	189		2.5	5.0	10		
160×160	226						
250×160	297		3.0	5.5	11		
250×250	353	1.5				22	
400×250	472			6.0	12	24	
400×400	566		3.5	6.5	13	25	62
630×400	746	2.0		7.0	14	28	70
630×630	891		4.0	8.0	16	30	75
800×800	1131			9.0	17	34	85
1000×630	1182	2.5	4.5		18	35	87
1000×1000	1414		5.0	10.0	20	39	96
1250×1250	1768	3.0		11.0	22	44	111
1600×1000	1887		6.0	12.0	23	46	115
1600×1600	2262	3.5	6.5	13.0	26	52	130
2500×1600	2968		8.0	16.0	32	64	158
4000×2500	4717		—	—	46	92	228

表 5.3-11 岩石平板技术指标

（摘自 JB/T7975—1999）

规格/mm	对角线 d/mm	000	00	0	1
		平面度公差/μm			
160×100	189		2.5	5	10
160×160	226				
250×160	297		3	5.5	11
250×250	353	1.5			
400×250	472			6	12
400×400	566	2	3.5	6.5	13
630×400	746			7	14
630×630	891		4	8	16
1000×630	1182	2.5	4.5	9	18
1000×1000	1414		5	10	20
1600×1000	1887	3	6	12	23
1600×1600	2262	3.5	6.5	13	26
2500×1600	2968	4	8	16	32
4000×2500	4717	6	11.5	23	46

3.2 测量长度的通用仪器仪表

3.2.1 仪器仪表常用术语

（1）分度值:量仪标尺上最小分度所代表尺寸。

（2）刻度间距:量仪标尺相邻二刻线间距离。为了能估读1/10分度值,刻度间隔一般为≥0.8mm。

（3）示值范围:量仪所显示或指示的起始值与终止值的范围。

（4）灵敏度:仪器仪表的响应变化除以相应的激励变化。

（5）灵敏阈:使仪器仪表的响应产生一个可觉察变化的最小激励变化值。

（6）分辨力:指示仪表对紧密相邻量值有效辨别的能力。一般认为模拟量指示仪表的分辨力为分度值的1/2,数字仪表为末位数的一个码。

（7）重复性:在同一测量条件下（相同测量方法,相同观测者,相同测量器具,相同地点,相同使用条件,在短时间内重复）,对同一量进行多次连续测量所得结果之间的一致性。一般用实验标准偏差 s 表示。

（8）示值误差:仪器仪表的示值与被测量的约定真值之差。

（9）稳定性:在规定的条件保持不变时,仪器仪表的计量特性随时间保持不变的能力。

（10）线性:若灵敏度为常数,则在校准工作中所得曲线为一直线,称为线性;若灵敏度不为常数,则校准线为曲线,该曲线偏离拟合直线的最大值为非线性误差。

拟合直线的方法目前尚不统一,常用的方法见图5.3-1和表5.3-12。

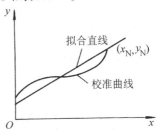

图 5.3-1 拟合直线与校准曲线

表 5.3-12 几种常用的拟合直线的方法

名称	方法	公式	备注
端点法	连接校准曲线的二端点为拟合直线	$y = mx$ $m = \dfrac{y_N - y_1}{x_N - x_1}$	方法简便,误差较大
平均斜率法	拟合直线的斜率为各校准点斜率的平均值	$y = mx$ $m = \dfrac{1}{N}\sum_1^N \dfrac{y_i}{x_i}$	比端点法精度高

（续）

名称	方法	公式	备注
独立线性法	选一直线，使标准曲线偏离此直线的最大的正负偏差相等且最小		精度较高
平均选点法	将 N 个校准点分成数目相等的前后两组，两组校准点各具有"点系中心"，连接两"点系中心"为拟合直线	$y = mx + b$ $b = y_1 - m\,\bar{x}_1 = \bar{y}_2 - m\,\bar{x}_2$ $m = \dfrac{\bar{y}_2 - \bar{y}_1}{\bar{x}_2 - \bar{x}_1}$ $\bar{x}_1 = \dfrac{1}{L}\sum_{1}^{L} x_i$ $\bar{y}_1 = \dfrac{1}{L}\sum_{1}^{L} y_i$ $\bar{x}_2 = \dfrac{1}{N-L}\sum_{L+1}^{N} x_i$ $\bar{y}_2 = \dfrac{1}{N-L}\sum_{L+1}^{N} y_i$	精度比上述方法都高
最小二乘法		$y = mx + b$ $m = \dfrac{N\sum_{1}^{N} x_i y_i - \sum_{1}^{N} x_i \sum_{1}^{N} y_i}{N\sum_{1}^{N} x_i^2 - \left(\sum_{1}^{N} x_i\right)^2}$ $b = \dfrac{\sum_{1}^{N} x_i^2 \sum_{1}^{N} y_i - \sum_{1}^{N} x_i \sum_{1}^{N} x_i y_i}{N\sum_{1}^{N} x_i^2 - \left(\sum_{1}^{N} x_i\right)^2}$	精度高

3.2.2 游标量具与千分尺

游标量具与千分尺技术指标列于表5.3-13～表5.3-17。

3.2.3 机械式测微仪

机械式测微仪的工作原理是将仪器测量杆的微小位移，经适当机械式传动机构放大后，而转换为指针的角位移，在刻度盘上指示相应的示值。

表5.3-13   游标量具的技术指标

（GB/T1214—1996）（单位：mm）

测量范围	分度值		
	0.02	0.05	0.10
	示　值　误　差		
~150	±0.02	±0.05	±0.10
>150~200	±0.03		
>200~300			
>300~500	±0.04	±0.08	
>500~1000	±0.05		
>500~1000	±0.07	±0.10	±0.15

表5.3-14   千分尺的技术指标

（GB/T1216—2004）

（单位：μm）

测量范围/mm	示值误差	平行度	尺架受10N力时变形
0~25,25~50	4	2	2
50~75,75~100	5	3	3
100~125,125~150	6	4	4
150~175,175~200	7	5	5
200~225,225~250	8	6	6
250~275,275~300	9	7	6
300~325,325~350	11	9	8
350~375,375~400			
400~425,425~450	13	11	10
450~475,475~500			
500~600	15	12	12
600~700	16	14	14
700~800	18	16	16
800~900	20	18	18
900~1000	22	20	20

表5.3-15   内径千分尺的测量范围和示值误差（摘自 GB/T8177—2004）

（单位：mm）

测量范围	示值误差	测量范围	示值误差
50~125	±0.006	1250~1600	±0.027
125~200	±0.008	1600~2000	±0.032
200~325	±0.010	2000~2500	±0.040
325~500	±0.012	2500~3150	±0.050
500~800	±0.016	3150~4000	±0.060
800~1250	±0.022	4000~5000	±0.072

表5.3-16   杠杆千分尺指示表的精度

（摘自 GB/T8061—2004）

（单位：μm）

分度值	示值误差	示值总误差	示值变动性	方位误差	锁紧时指针的变动量
1	±20个分度内±0.5	1.5	0.3	0.2	0.3
	±20个分度外±1.0				
2	±20个分度内±1.0	3	0.5	0.4	0.5
	±20个分度外±2.0				

表5.3-17   杠杆千分尺的综合误差

（摘自 GB/T8061—2004）

（单位：mm）

测量范围	分　度　值	
	0.001	0.002
	综合误差	
0~25	±0.002	±0.003
25~50		
50~75	±0.003	±0.004
75~100		

1. 百分表和千分表　百分表和千分表的技术指标见表 5.3-18 ～ 表 5.3-20。

表 5.3-18　百分表的示值误差

（摘自 GB/T1219—2000）

（单位：μm）

测量范围 /mm	任意 0.1mm	任意 0.5mm	任意 1mm	任意 2mm
0 ~ 3 0 ~ 5 0 ~ 10	5	8	10	12

测量范围 /mm	示值误差	回程误差	示值变动性	分度值 /mm
0 ~ 3 0 ~ 5 0 ~ 10	14 16 18	3	3	0.01

表 5.3-19　杠杆百分表的示值误差

（摘自 GB/T8123—1998）

（单位：mm）

测量范围	任意 0.5	示值总误差	示值变动性	回程误差	分度值
0 ~ 0.8	0.004	0.008	0.003	0.003	0.01

表 5.3-20　千分表的示值误差

（摘自 GB/T1219—2000）

测量范围 /mm	分段示值误差			示值总误差	回程误差	示值变动性	分度值
	任意 0.05mm	任意 0.2mm	初始 1.0mm				
	μm						
0 ~ 1	2.0	3.0	—	4 6	2.0	0.3	1
0 ~ 2							
0 ~ 3	2.5	3.5	5.0	8 9	2.5	0.5	
0 ~ 5							

2. 杠杆齿轮测微仪　由杠杆齿轮传动机构把测量杆的线位移变为指针的角位移，其技术指标见表 5.3-21。

表 5.3-21　杠杆齿轮比较仪技术数据

（摘自 GB/T6320—1997）

（单位：μm）

示值范围	分度值	示值误差		示值总误差	示值变动性 (轴、径向)	回程误差
		±30 分度内	±30 分度外			
±15	0.5	—	0.8	±0.5	0.3	0.5
±25		±1.0	1.2			
±50						
±30	1	—	0.8			
±50		±1.0	1.2			
±100						

（续）

示值范围	分度值	示值误差		示值总误差	示值变动性 (轴、径向)	回程误差
		±30 分度内	±30 分度外			
±60	2	—	0.8	±0.5	0.3	0.5
±100		±1.0	1.2			
±200						
±150	5	—	0.8			
±300	10	±1.0	1.2			
±400						

3. 扭簧测微仪　扭簧测微仪是以特制扭簧作为感受元件的测微仪，其技术指标见表 5.3-22。

表 5.3-22　扭簧测微仪技术指标

（摘自 GB/T4755—2004）

（单位：μm）

分度值	示值误差				示值稳定性 (分度)
	任意 30 分度内	任意 60 分度内	任意 100 分度内	任意 200 分度内	
0.1	±0.1	±0.15	±0.2	±0.3	1/3
0.2	±0.15	±0.2	±0.3	±0.4	
0.5	±0.25	±0.4	±0.5	±1.0	
1	±0.4	±0.6	±1.0	±1.2	1/4
2	±0.8	±1.2	—	—	
5	±2.0	±3.0	—	—	
10	±3.0	±5.0	—	—	

3.2.4　光学式测微仪

光学测微仪有光学杠杆式和光波干涉式两种。光学杠杆测微仪如投影光学计，其原理示于图 5.3-2。测杆的微小位移 d 使反射镜转 φ 角，十字线成像于 B 点。它的放大倍数为 $s/d = 2f/a$。分度值为 1μm 和 0.2μm 光学计的技术数据列于表 5.3-23。

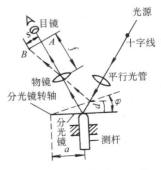

图 5.3-2　光学计原理图

表 5.3-23 光学计的技术数据(JJG45—1999,JJG 石油 53—2000)

名称	结构型式	示值范围/μm	测量范围/mm	示值误差/μm	分度值/μm	示值变动性/μm
立式	带投影装置	0 ~ ±100	0 ~180	±60μm 内 < ±0.2; ±60μm 外 < ±0.25	1	0.1
立式	不带投影装置	0 ~ ±100	0 ~180			
立式	投影式	0 ~ ±100	0 ~200			
卧式	轴形 导轨式	0 ~ ±100	外尺寸 0 ~ 300 内尺寸 13.5 ~ 150	±60μm 内 < ±0.2; ±60μm 外 < ±0.25 内尺寸:± 0.8	1	外尺寸:0.1 内尺寸:0.5
卧式	平面形 导轨式	0 ~ ±100	外尺寸 0 ~ 500 内尺寸 13.5 ~ 200			
0.2μm	超级光学计	0 ~ ±83	0 ~250	± (0.05 + L)/400 L—相对于零点的 长度(μm)	0.2	0.02
0.2μm	投影光学计	0 ~ ±20	0 ~200			

光波干涉测微仪主要是接触式干涉仪,用它可以检定三等量块。

电动测微仪有电感式、电容式和压电式。它们的技术数据见表 5.3-24 ~ 表 5.3-27。

3.2.5 电动测微仪

表 5.3-24 电感测微仪的技术数据

型 号	DGB-4 指针式	SDY-1 数显式	DGF$^{-4}_{-5}$ 指针式	87164-002 指针式	TESA 指针式(瑞士)
测量范围 分档/ ± μm	10,30,100,300	8,80,800	4 型:10,30,100,300 5 型:3,10,30,100	5,12.5,25, 50,125	GN:10,30,100 GH:1,3,10 GND:3,10,30,100,300
分度值 分档/μm	0.5,1.5,10	0.01,0.1,1	4 型:0.5,1,5,10 5 型:0.1,0.5,1,5	0.2,0.5, 1,2,5	GN:0.5,1.5 GH:0.05,0.1,0.5 GND:0.1,0.5,1,5,10
示值误差 分档/μm	0.4,1.2,4,12 (正、负误差的 绝对值和)	±0.04,±0.4, ±8	4 型:0.4,1.2,4,12 5 型:0.12,0.4,1.2,4	±0.1,±0.25, ±0.5,±1, ±2.5	使用范围的 2%
示值的时间 稳定性	±10μm 档 为 0.5μm/4h	5 个字/4h	4 型:0.5μm/4h, 5 型:0.1μm/4h	—	3000h 内,0 ~50℃ 零漂 < 使用范围的 1% 放大比 <1%
示值的温度 稳定性	20 ~40℃ 内为 0.5μm/10℃	8 个字/10℃	4 型:0.5μm/10℃, 5 型:0.1μm/10℃	—	
电源及 允许电压变动	220V 50Hz 170 ~ 250V	220V 50Hz 220V ±10%	220V 50Hz 220V ±10%	220V 50Hz 180 ~240V	
调零范围	—	>15	≥27		
输出直流 电压/mV	±50 满刻度	—	±50 满刻度		
重复性	—	0.03μm	4 型:0.2μm, 5 型:0.1μm		
其他功能	和差演算等	手动、自动量 程和测速选择等	峰值记忆和保持等	各档可兼顾 指示和记录等	

表 5.3-25 电感传感器测量头的技术数据

型 号	DGC-6PG /A 旁向式	DGC-82P /B 轴向式	DGC-82G /A 轴向式	DGC-6P /A 轴向式	DGC-82P /A 轴向式	DGC-282P /A 轴向式	TG-012 轴向式	TG-021 旁向式
重复性/μm	≤0.07	≤0.2	≤0.03	0.2	0.2	0.2	0.05	0.05
测杆前行程/mm	0.35 ~ 0.55	0.45 ~ 0.65	0.45 ~ 0.65	—	—	—	—	—
自由行程/mm	1 ~ 1.5	2.5 ~ 3	—	1.5	3	4	2	1
测量力/N	0.08 ~ 0.14	0.45 ~ 0.65	0.45 ~ 0.65	0.12 ~ 0.18	0.45 ~ 0.60	0.65 ~ 0.90	0.2 ~ 0.36	0.3 ~ 0.4
装卡尺寸/mm	孔φ6.5 ±0.1	φ8$^{-0.013}_{-0.027}$	φ8$^{-0.013}_{-0.027}$	孔φ6.5 ±0.1	φ8$^{-0.01}_{-0.03}$	φ28$^{-0.01}_{-0.03}$	φ8,φ15	梯形槽
外形尺寸/mm	104 ×15 ×26	φ8 ×85	φ8 ×85	104 ×15 ×26	φ14 ×93	φ28 ×145	φ15 ×94	6 ×39 ×73
质量/g	90	30	30	90	120	480	110	—
说 明	与 DGB-4、DGB-5 型电感测微仪配套	与 DGB-4 型电感测微仪配套	与 DGB-5 型电感测微仪配套	与 DGS-20C/A 型电感比较仪配套				

表 5.3-26 国产 JDC-2 型电容测微仪的技术数据

传感器有效直径/mm	示值范围/μm	分辨力/μm	初距/μm	准确度/μm	线性度
0.29	±5	0.01	5	0.02	
1	±2	0.001	5	0.002	
2	±25	0.05	50	0.1	<1%/F.S.
3	±5	0.01	50	0.02	
9.7	±500	0.1	1600	0.2	
25	±2000	1	6000	2	
40	±5000	10		20	<5%/F.S.

表 5.3-27 轮廓仪上压电传感器的主要技术数据

轮廓仪型号	中国 2221 型	中国 GJD-5A 型	中国 GCN-2 型
R_a 测量范围/μm	10~0.025	5~0.025	5~0.025
工作频率/Hz	750,2250	1500	1500
测量力/N	0.01	<0.015	<0.01

轮廓仪型号	英国 Talysurf100 型	105 型	丹麦 B&K 6102 型
R_a 测量范围/μm	5~0.025	5~0.025	5~0.025
工作频率/Hz	1500 5000	1500	1500 500
测量力/N	0.005~0.015	0.005~0.008	0.005 0.01

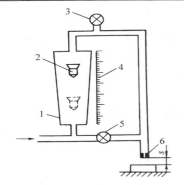

图 5.3-3 浮标式气动测微仪

1—锥形玻璃管 2—浮标 3—仪器调零阀门
4—标尺 5—倍率调节阀 6—测量喷嘴

3.2.6 气动测微仪

常用的有浮标式(也称流量式,用于静态测量)和压力式(用于动态测量)。图 5.3-3 为浮标式原理图。从喷嘴 6 向被测件喷出的气体流量随间隙 s 大小而变化。流量由锥形玻璃管 1 内的浮

标 2 的上下位置确定。浮标能浮起是因浮标的重力与浮标周围流过气体产生的浮力相平衡。3 是仪器调零阀门,5 为倍率调节阀。其技术数据见表 5.3-28。

3.2.7 万能测长仪

它是一种装有刻线线纹尺的仪器,被测件尺寸与线纹尺标准量比较得被测尺寸。技术指标见表 5.3-29。

表 5.3-28 浮标式气动测微仪主要技术数据
(单位:μm)

项 目		允 许 值	
放大倍数	2000	5000	10000
示值范围	90	35	18
分度值	2	1	0.5
基准点内示值误差	1.2	0.8	0.4
全范围内示值误差	2	1.5	0.8
示值变动性	1	0.5	0.2

表 5.3-29 万能测长仪技术指标
(摘自 GB/T3718—1988)

指标项目			技术指标
分度值/μm			0.5;1
测量范围/mm	外尺寸	直接测量	0~100
		比较测量	0~500
	内尺寸	使用大小测钩,深度由 4~50mm 时	10~200
		使用小孔测量装置时	1~20
直接测量准确度	外尺寸/μm		$\leq 1+\dfrac{L}{200}$/mm
	内尺寸/μm		$\leq 1.5+\dfrac{L}{100}$/mm

3.2.8 工具显微镜

它分小型、大型和万能 3 种类型,具有纵、横向滑板,可用于直角坐标测量,用目镜可测角度。大型和万能型带有圆分度台,可用于极坐标测量。万能型还带有分度头。它们的技术指标见表 5.3-30。

表 5.3-30 工具显微镜主要技术指标
(摘自 GB/T3719—1988)

指标项目		小型	大型		万能	
			鼓轮读数	光学读数	光学读数	数字显示
测量范围/mm	纵向	0~75	0~150	0~150	0~200	
	横向	0~50	0~50	0~75	0~100	
分度值/mm	纵横向	0.01	0.01	0.002	0.0005 0.001	—
	测角目镜	1′				
中央显微镜放大率		10×30×50×				
物镜放大率		1×3×5×				
目镜放大率		10×				

（续）

指标项目	小型	大　　型		万　　能	
		鼓轮读数	光学读数	光学读数	数字显示
仪器准确度/μm（纵横向）	—	—	$2+\dfrac{L}{50}$ /mm	$1+\dfrac{L}{100}$ /mm	
使用量块器时，仪器纵横向示值误差限/μm	量块尺寸/mm	25～50 75 100 125	±2	±2 ±3 ±4 ±5	— —

3.2.9　三坐标测量机

测量有接触式球测头和非接触式激光测头，可测工件尺寸、形状误差等。若带分度台和分度头，可进行5维测量；有的带有绕 Z 轴旋转轴系，可测量圆度和圆柱度。它的技术指标见表5.3-31。

3.2.10　投影仪

用于测量轮廓形状复杂工件，测量时可与按相应放大倍数绘制的工件轮廓样图进行比较。它的技术数据见表5.3-32。

表5.3-31　三坐标测量机的技术数据

生产国	中　　国		美　　国				意　　大　　利			德国
型号	SZC-1	HYQ033	Cordax 7000	Universal 3axis	Validator		Iota P	Gamma 3D	Alpha	UMM-500
					50-2010	100				
形式	固定桥框式		固定悬臂式	固定桥框式	桥框移动式		桥框移动式	固定桥框式	固定桥框式	仪器台式
测量范围/mm　X	1200	2000	1830	1524	686	915	760	1000	4000～10000	500
Y	800	1000	760	914	508	610	500	800	2000～4000	200
Z	500	600	203	610	254	203	400	500	1000～2500	300
分辨力/μm	1	2.5	2	2.5	2	1	2	2,5	10	0.5
示值误差	±15μm	±(10+L/100) L(mm)	±25μm	±12.5μm	±12μm	2.5+0.0038L L(mm)	X/μm：±7.5 Y/μm：±6 Z/μm：±5	±15/1000mm	±75/5000mm	±(0.8+L/250) L(mm)
重复性（±3σ）/μm	±6	±5	±5	±5	±5	±2.5	±4	±4	±20	±0.3
测量系统	感应同步器		光栅		光学码盘	光学码尺	光学码盘（尺）或感应同步器			光栅
导向机构	滚动轴承		滚动轴承	空气导轨	空气导轨		滚动轴承	空气导轨		滚动轴承
操作方式	手动	手动，机动	手动，数控	手动，数控	手动		手动或数控			手动或自动
读数方式	数显		数显		数显		数显			数显
其他	附打字机、描绘仪、计算机及测头等	附打印机及小型多功能计算机等	可以和PDP8通用计算机、自动打印系统相连		50型有8种规格；花岗石工作台	为焊接结构	花岗石工作台，A型桥高560mm，B型桥高860mm，C型桥高1270mm			附台式计算机及打印装置

表5.3-32　投影仪的主要参数

形式	投影屏直径/mm	工　作　台			物镜放大倍数
		最小行程/mm	分度值/mm	摆动角度	
小型	250	25×25	0.01		10,20,50,100
中型	500	50×25	0.01		10,20,50,100
	600	150×75	0.005	±15°	
大型	800	200×100	0.002	±20°	10,20,50,100
	1000				
钟表型	400	25×25			50

3.3　测量角度的仪器仪表

3.3.1　万能量角器

常用于测量工件或样板的角度。测量范围0°～320°，分度值有2′和5′；测量范围0°～360°，分度值有5′和10′两种。

3.3.2　分度头、分度台和测角仪

这类仪器是借助于圆分度器件（蜗轮、度盘、光栅盘、感应同步器等）及机械和光电系统进行精密分度的设备。

分度头的轴可在 90° 范围内回转,用定位装置可进行分度;用自准直仪可测二反光平面间夹角。技术数据如下:

低精度 　　分度值为 10″ 　　示值误差为 20″
中等精度　分度值为 5″ 　　示值误差为 10″
高精度 　　分度值为 1″和 2″ 示值误差为 2″和 4″

分度台又称圆转台、主轴处于垂直位置,可进行分度和角度测量。该仪器有机械式和光学式。

机械式用蜗轮副分度,一般分度误差在 20″ 以上。光学分度台与分度头类似,分度值为 1″的分度误差为 3″～10″。

测角仪(也称分光计)主要用于测量两个反光面间夹角,也可测光学零件的折射率。

3.3.3 小角度测量

1. 水平仪　水平仪是用水准器(具有一定曲率半径的玻璃管内,充某种液体并留有气泡)来确定相对水平面倾角的一种液体式测角装置。

合像水平仪,它不用水准器读数,而用测微螺纹读数。为提高对气泡的瞄准精度,用棱镜将气泡一半的两端成像在分划板上,气泡处于对中位置时,气泡两端的半边像对齐。它的分度值为 0.01mm/m,测量范围为 0～10mm/m 和 0～20mm/m。

另外还有分度值为 1″、2″、4″的电子水平仪。水平仪的技术指标见表 5.3-33。

表 5.3-33　水平仪的主要技术指标

组别 水准器的 分度值	Ⅰ	Ⅱ	Ⅲ	Ⅳ	
				柜式 水平仪	钳工 水平仪
以 mm/m 表示	0.02～ 0.05	0.06～ 0.1	0.12～ 0.20	0.25～ 0.30	0.25～ 0.50
以秒表示	4″～ 10″	12″～ 20″	24″～ 40″	50″,1′	50″～ 1′40″

2. 光学象限仪(倾斜仪)　该仪器的主气泡管与度盘固结,用水泡找出水平线,由度盘上读出底座相对水平线的角度,它的分度值有 10″和 1′两种类型。

3. 自准直仪　自准直仪由望远镜和平行光管组成,图 5.3-4 是它的原理图。光源 Q、十字线分划板 S_1 和物镜 O 组成平行光管,从物镜射出的光线为平行光线;由物镜 O 和目镜 E 构成望远镜。P 是半透射反射的分光镜。当反射镜 R 绕垂直纸面的轴偏转角为 α 时,S_1 上的十字线成像在 S_2 上,十字交点相对光轴偏移量为 $b=2f\alpha$,测出 b

值即知 α 角。它的技术数据见表 5.3-34。

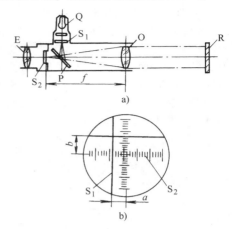

图 5.3-4　自准直仪

表 5.3-34　自准直仪的主要技术参数

种类	型号	分度值	测量范围	最大工作距离/m	示值误差	瞄准误差
光学自准直仪	42J	1″	10′	9	10′内为 2″, 任意 1′内为 1″	
光电自准直仪	702	0.1″	10′	6(10′)	10′内为 2″, 视场中心	0.1″
	GD-1	0.2″	4′	10(4′)	4′～6′内任 意 1′内为 0.5″	0.1″

4. 激光干涉小角度测量仪　它是利用正弦原理,干涉仪的测量臂的可动反射镜装在转台上,距转轴距离为 R,转台转过 φ 角,反射镜位移 $S=R\sin\varphi$。S 由干涉仪测出,因而转台的转角 $\varphi=\arcsin\dfrac{S}{R}$。该仪器测量范围为 ±5°,最大误差为 ±0.25″;在 1°内,误差为 ±0.05″。

3.4　表面粗糙度、波度和形位误差测量

3.4.1　表面粗糙度测量

检验表面粗糙度有两种方法,一种是用人眼将被测表面与表面粗糙度样块进行比较;另一种是利用仪器将被测表面的微观不平度放大,并记录下来,该方法有针描法、干涉法和光切法。

1. 表面粗糙度样块　样块有两种,一种用于校正表面粗糙度测量仪的放大倍数,这种样块表面上整齐地排列着具有理想形状(如等边三角形)的槽,并刻有 R_a 和 R_{max} 的数值。另一种用于

人眼观察比较的样块,其表面有平面、圆柱面等,它由不同冷加工方法制成的多种样块组成一套。

2. 光切　光切法的原理示于图5.3-5。光源发出的光线经过狭缝变成带状光束,以一定的斜角投射在被测表面,由光束的反射方向观察光带与被测表面的交线(即被放大了的被测轮廓线)。该类仪器称光切显微镜,能测 R_z 的范围为 $50 \sim 0.8\mu m$(GB/T 1031—1995)。

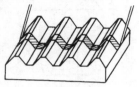

图 5.3-5　光切法原理

3. 干涉法　光波干涉法测量原理示于图5.3-6。图 a、b 为双光束干涉,由参考镜和被测表面反射回来的光线产生等厚干涉。在干涉场可观察到被测表面的截面轮廓曲线。图 c 为多光束干涉,光线在干涉滤光片和被测表面间多次反射后而产生干涉,结果干涉条纹更清晰,从而提高了分辨力。该法为不接触测量,且放大倍数较高,测量 R_z 的范围为 $0.8 \sim 0.025\mu m$。

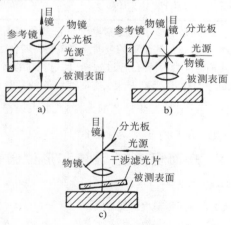

图 5.3-6　干涉法测表面粗糙度

4. 针描法　接触式机械触针或非接触式光学触针沿被测表面运动,表面的微观不平度会引起触针的运动或离焦经转换和放大,电信号一路供记录器记录出表面的实际轮廓曲线;一路供指示表直接指示出算术平均偏差 R_a 值。该类仪器测量 R_a 范围为 $3.2 \sim 0.025\mu m$。

3.4.2　波度测量

表面波度呈一定的周期性,其波间距较表面粗糙度要大些,比宏观形状误差要小的多。我国磨削表面波度指导性文件中规定采用平均波幅 W_z 作为评定参数,定义如下:

(1)直线方向波度,是在基本长度 L_p 内波度曲线上五个最大波幅的平均值(图5.3-7)。

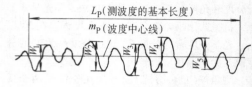

图 5.3-7　W_z 的定义

$$W_z = \frac{1}{5}(W_1 + W_2 + W_3 + W_4 + W_5)$$

(2)圆周方向波度,是在同一横截面波度曲线上五个最大波幅的平均值。波幅值是以最小区域圆中心为圆心的相邻峰谷半径之差(图5.3-8)。

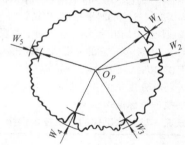

图 5.3-8　圆方向 W_z 的定义

波度的基本长度为 0.25,0.8,2.5,8.0,25,80mm;W_z 的值为 0.025,0.04,0.063,0.10,0.16,0.25,0.40,0.63,1.0,1.6,2.5,4.0μm。

测量表面粗糙度的针描法的仪器带有测量度的附件即可测量表面波度。配有波度测头的圆度仪可进行圆柱面的波度测量。

3.4.3　形位误差测量

1. 直线度和平面度测量　测量直线度误差时,在实际测得的直线度误差曲线上(或数据),用两条平行直线去包容,改变两平行线的方位,以使二者间距离最小,即为直线度误差。

测量平面度时,有两种布线法,一种网格法(仅适应水平仪);另一种米字形布线法(适应于水平仪和自准直仪)。由这两种布线法测得的原始数据,按不同布线法对数据进行处理,再进行基面

旋转,使之满足评定准则的要求。为了测得直线度和平面度的原始数据,常用下列测量基准:

张紧钢丝,将直径小于 0.16mm 的钢丝,用接近屈服点力无扭曲地张紧,它在水平面内的投影精度较高,而在垂直面内直线性受钢丝挠度的影响,不过这是系统误差,通过计算可以修正。若将钢丝通以电流加热至 500 ℃精度更高。

直线传播的光线,有光学自准直仪和激光准直仪。图 5.3-9a 是光学自准直仪的节距法测量直线度。测量时反射镜 6 每次移动距离 l(移动时前后衔接),得该段内的倾角 θ_i,则在 l 上的高度差 $Z_i = l\theta_i$。将测得 Z_i 绘在坐标上(图 5.3-9b)。然后按首尾连线或最小包容区评定得直线度值。自准直仪可用水平仪代替,此时以水平面为测量基准。

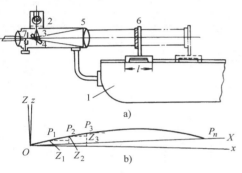

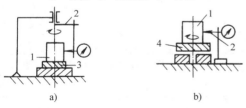

图 5.3-9 光学自准直仪测量直线度

1—被测件 2—光源 3—分光镜 4—光管
5—物镜 6—反射镜 7—目镜

图 5.3-10 圆度仪测量圆度

1—被测件 2—传感器 3—可倾台 4—转台

2. 圆度测量 图 5.3-10 为圆度仪测量圆度,测得曲线后,如按最小包容区评定,用同心圆分划板上的两个圆去套曲线,使之至少有四个点相间与内外圆相切,两圆的半径差为圆度值。另一评定方法是最小二乘方圆(或平均圆),它是按最小二乘法确定一圆,用与该圆同心的两个圆去包容曲线,两圆半径差为圆度值。

二乘方圆的半径 R 和圆心坐标 x_0、y_0 如下:

$$R = \frac{\sum\limits_{l}^{N} R_i}{N},\ x_0 = \frac{2\sum\limits_{l}^{N} x_i}{N},\ y_0 = \frac{2\sum\limits_{l}^{N} y_i}{N}$$

式中 R_i——记录纸中心到曲线的向径;

x_i、y_i——向径与曲线交点的坐标值;

N——曲线圆周分的段数。

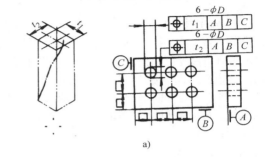

a)

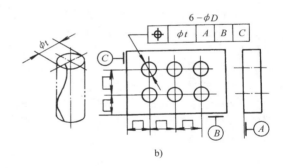

b)

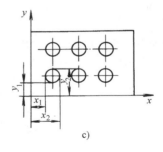

c)

图 5.3-11 坐标测量孔组位置度

a) 四棱柱公差带 b) 圆柱形公差带 c) 坐标测量

3. 圆柱度测量 圆柱度涉及三维尺寸,故评定较复杂。目前常用圆度仪测量 5 个等间距截面上的圆度曲线,将 5 个截面上的曲线记录在同一记录纸上,然后用同心圆分划板同评定圆度相同的方法来评定圆柱度。注意:与同心圆相切的点是 5 条曲线上内外包容线上的点。

4. 位置度测量[3]

（1）坐标测量法　图 5.3-11 所示为公差标注和测量示意。将配合紧密的心轴插入孔中，以心轴模拟基准；若孔的形状误差可略，也可直接在孔壁上测量。

测量时先按基准调整被测件，使其与坐标方向一致，然后如图示测坐标值。被测孔心坐标：

$$x = \frac{x_1 + x_2}{2}, \quad y = \frac{y_1 + y_2}{2}$$

将 x、y 与公称值比较得出坐标偏差 f_x、f_y，若按图 a 的标注，$2f_x \leqslant t_1$、$2f_y \leqslant t_2$ 时该孔合格；若按图 b 的标注，$f = \sqrt{f_x^2 + f_y^2} \leqslant t$ 时，该孔合格。依次测出其他的孔。

（2）位置量规检验　位置度公差应用最大实体原则，可按标准设计位置度量规，量规通过工件为合格。

3.5　螺纹测量

螺纹测量分综合检验和单项参数测量。综合检验通常用螺纹量规。单项参数有单一中径、螺距和牙形半角。

3.5.1　单一中径的测量

1. 外螺纹单一中径的测量

（1）量针法　将直径为 d_0 的三根量针放在螺纹的牙槽中，如图 5.3-12 所示。测得尺寸 M 与单一中径 d_2 的关系为

$$d_2 = M - d_0 \left(1 + \frac{\cos\dfrac{\beta - \gamma}{2}}{\sin\dfrac{\beta + \gamma}{2}} \right) + \frac{p}{\tan\beta + \tan\gamma}$$

若被测螺纹为对称牙形，则有 $\beta = \gamma = \alpha/2$，$\alpha/2$ 为螺纹牙形半角，单一中径表达式为

$$d_2 = M - d_0 \left(1 + \frac{1}{\sin\dfrac{\alpha}{2}} \right) + \frac{p}{2}\cot\frac{\alpha}{2}$$

$$d_0 = \frac{p}{2\cos\dfrac{\alpha}{2}}$$

式中　p——螺距；

　　　d_0——量针直径，从量针盒中选择与计算出 d_0 最接近的量针。

米制螺纹（$\alpha = 60°$）

$$d_2 = M - 3d_0 + 0.866p = M - A_1$$

梯形螺纹（$\alpha = 30°$）

$$d_2 = M - 4.8637d_0 + 1.866p = M - A_2$$

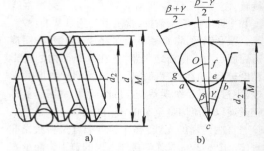

图 5.3-12　量针测单一中径

a）量针测量示图　b）量针法测量的计算关系图

A_1、A_2 及与 d_0 最接近量针直径见表 5.3-35 和表 5.3-36。

表 5.3-35　米制螺纹 d_2 计算中的 A_1 值

（单位：mm）

螺距 p	量针直径 d_0	A_1
0.2	0.118	0.181
0.25	0.142	0.210
0.3	0.170	0.250
0.35	0.201	0.300
0.4	0.232	0.350
0.45	0.260	0.390
0.5	0.291	0.440
0.6	0.343	0.509
0.7	0.402	0.600
0.75	0.433	0.650
0.8	0.461	0.690
1.0	0.572	0.850
1.25	0.724	1.090
1.3	0.866	1.299
1.75	1.008	1.509
2	1.157	1.739
2.5	1.441	2.158
3	1.732	2.598
3.5	2.020	3.029
4	2.311	3.469
4.5	2.595	3.888
5	2.866	4.328
5.5	3.177	4.768
6	3.468	5.208

表 5.3-36　梯形螺纹 d_2 计算中的 A_2 值

（单位：mm）

螺距 p	量针直径 d_0	A_2
2	1.047	1.360
3	1.553	1.955
4	2.071	2.609
5	2.595	3.291
6	3.106	3.911
8	4.141	5.213
10	5.176	6.515
12	6.212	7.821
16	8.282	10.425
20	10.353	13.034
24	12.432	15.685
32	16.565	20.855
40	20.706	26.068
48	26.231	38.012

（2）显微镜法　外螺纹单一中径可在工具

显微镜上用影像法或轴切法测量。

2. 内螺纹单一中径测量 一般在万能测长仪上用已知直径的环规测量。测量时应在仪器测钩上装上测球,如图 5.3-13 所示。其计算公式为

$$L = D - d_0 \pm \mid x_2 - x_1 \mid$$

$$D_2 = L - \frac{p^2}{8L} + \frac{d_0}{\sin\frac{\alpha}{2}} - \frac{p}{2}\cot\frac{\alpha}{2}$$

式中 d_0——测球直径;

x_1、x_2——移动测球相对固定测球的读数值。

式中的正负号,当环规直径 $D < D_2$ 时取正号,$D > D_2$ 时取负号。

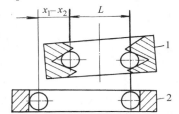

图 5.3-13 用环规测内螺纹单一中径
1—被测件 2—环规

3.5.2 螺距测量

外螺纹螺距一般在工具显微镜上用影像法、轴切法进行测量。用影像法时,显微镜立柱应倾斜被测螺纹的螺旋升角。为消除由于安装不正确而引入的误差,应在牙形的左右轮廓上分别测出螺距,然后取平均值作为测得值。

3.5.3 牙形半角的测量

通常在工具显微镜上用影像法或轴切法,测量过程与测量螺距时相同。为了消除安装不正确而引起的误差,需在轴线两侧进行测量,并取其平均值,并分别计算出左半角和右半角,分别与半角公称值进行比较。

3.5.4 精密丝杠的测量

对精密机床和坐标测量机上用的精密丝杠,其中径和牙形角固然重要,但最为重要的还是螺距误差,尤其是螺旋线误差。螺距误差的测量与前述螺纹螺距测量相似,而螺旋线误差则需要用丝杠动态检查仪。从原理上分有光栅、磁栅、感应同步器和激光干涉等。图 5.3-14 为激光丝杠动态检查仪的原理结构。用光栅盘作为角度标准量,激光波长为测量直线位移的长度标准量。光栅盘 2 与丝杠 4 同步回转,指示光栅 3 与光栅盘 2 形成的莫尔条纹信号由光电管 1 接收,经放大整形分频后送入比相器;与此同时激光器 14 发出光经反射镜 15、平行光管 13 射向分光镜 11,反射光到达角锥镜 12,经反射到 A 处;透射光到达沿轴线移动的角锥镜 7,反射后也到 A 处产生干涉。干涉条纹信号经放大分频后送入比相器进行比相。若螺旋线无误差,两路信号相位保持不变,输出为一常量;若有误差,干涉条纹信号

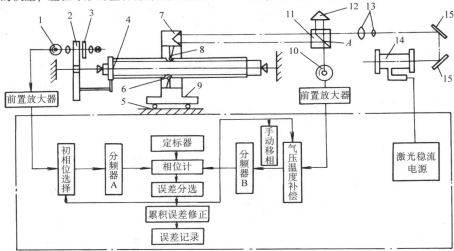

图 5.3-14 激光丝杠动态检查仪
1、10—光电管 2—光栅盘 3—指示光栅 4—被测丝杠 5—导轨 6—导向头 7—移动角锥镜
8—测头 9—滑板 11—偏振分光镜 12—固定角锥镜 13—平行光管 14—激光器 15—反射镜

相位有变化，比相器测出相位变化，输给记录器记录下螺旋线误差曲线。该仪器可测 1m 以下的 5 级和 1~3m 的 6 级丝杠。

3.6　齿轮测量

　　齿轮的测量方法，可分为综合测量和单项测量两大类。

　　综合测量是让被测齿轮与测量元件（测量齿轮、测量蜗杆或测量齿条，它们的精度等级一般比被测齿轮高二级）啮合运转，连续地反映出被测齿轮各单项参数的误差的综合作用的结果。因此综合测量接近于实际使用状态，能较全面地反映出齿轮的加工质量。综合测量有单面啮合和双面啮合两种方式。

　　单项测量确定齿轮的各项单参数的误差，能反映引起误差的工艺原因。

　　齿轮公差标准按齿轮各项加工误差对使用性能的主要影响，将其划分为 3 组，对应于 3 类不同的功能要求，如表 5.3-37 所列。

表 5.3-37　公差组（摘自 GB/T10095—2001）

公差组	公差与极限偏差代号	误差特性	对传动性能的主要影响
I	F_i'，F_p（F_{pk}），F_i''，F_r，F_w	以齿轮一转为周期的误差	传递动作的准确性
II	f_i'，f_f，$\pm f_{pt}$，$\pm f_{pb}$，f_i''，$f_{f\beta}$	在齿轮一周内，多次周期地重复出现的误差	传动的平稳性、噪声、振动等
III	F_β，F_b，$\pm F_{px}$	齿向线的误差	载荷分布的均匀性

　　注：F_i'—切向综合公差；F_p（F_{pk}）—齿距累积公差（k 个齿距累积公差）；F_i''—径向综合公差；F_r—齿圈径向跳动公差；F_w—公法线长度变动公差；f_i'—齿切向综合公差；f_f—齿形公差；f_{pt}—齿距极限偏差；f_{pb}—基节极限偏差；f_i''—齿径向综合公差；$f_{f\beta}$—螺旋线波度公差；F_β—齿向公差；F_b—接触线公差；F_{px}—轴向齿距极限偏差。

　　由表知，齿轮误差项很多，其中有的项目彼此间有密切关系，又有的项目是反映齿轮的同一项误差，因此没必要重复检测。为了保证齿轮的制造精度，不可能也没必要对所有的误差项目逐一检测，而应根据齿轮传动的不同用途和生产加工条件经济合理地进行检测。为此，齿轮公差标准对每个公差组又划分为若干检测组，以便任选一组来评定或验收齿轮的加工精度，见表 5.3-38 所列。

表 5.3-38　齿轮检验组的选择

（摘自 GB/T 10095—2001）

公差组			适用的精度等级
I	II	III	
检验项目			
$\Delta F_i'$	$\Delta f_i'$[③]	ΔF_β 或 ΔF_b（$\varepsilon_\beta \leq 1.25$ 的斜齿轮）或 ΔF_{px} 与 ΔF_b（$\varepsilon_\beta > 1.25$ 的斜齿轮）	3~8
ΔF_p 与 ΔF_{pk}	Δf_t 与 Δf_{pt} 或 Δf_f 与 f_{pb}		
ΔF_p			
ΔF_p 与 ΔF_{pk}	$\Delta f_{f\beta}$[④]	ΔF_{px} 与 Δf_f（$\varepsilon_\beta > 1.25$ 的斜齿轮）	3~6
ΔF_p			
$\Delta F_i''$ 与 ΔF_w[①]	$\Delta f_i''$[⑤]		4~9（Δf_f 对 4~8 级精度，须保证齿形精度）
ΔF_r 与 ΔF_w[②]	Δf_f 与 Δf_{pt} 或 Δf_f 与 f_{pb}	ΔF_β	
ΔF_r 与 ΔF_w	Δf_{pt} 与 Δf_{pb}	ΔF_β	9~12
ΔF_r	Δf_{pt} 或 Δf_{pb}		10~12

①②　当其中有一项超差，应按 ΔF_p 验收齿轮精度。

③　需要时，可加检 Δf_{pb} 项。

④　用于 ε_β 大于 1.25 时。

⑤　须保证齿形精度。

3.6.1　齿距测量

　　齿距测量可以确定齿轮上各个齿的相对位置，并可根据这一要素的变化，通过数据处理获得齿距偏差 Δf_{pt} 和齿距累积误差 ΔF_p。

　　1. 直接测量　该方法由分度装置和齿轮定位装置组成测量系统，图 5.3-15 为测量示意图。可测量出齿轮各齿的实际位置相对理论位置的偏差。测量时以齿轮的配合孔为基准，测量分度圆上对应齿面间的圆心角。此法可直接测出齿距累积误差。

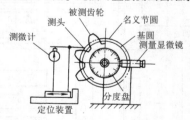

图 5.3-15　直接测量

　　2. 间接测量　任选被测齿轮上的一个齿距，以此调整仪器的零位，然后测量出其余各齿距相对该齿距的偏差值 Δ_i。该方法测量基准是齿轮的齿顶圆（用手提式齿距仪）或配合孔（用万能测齿仪），测量示意图见图 5.3-16 和图 5.3-17。测得数据可用计算法或图解法进行处理。

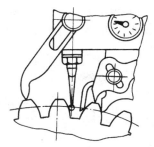

图 5.3-16 手提式齿距仪测量齿距

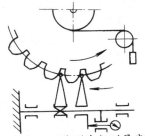

图 5.3-17 万能测齿仪测量齿距

计算法：

测得值为 Δ_1，Δ_2，$\cdots$，Δ_z（$\Delta_1 = 0$）

则齿距偏差为

$$\Delta f_{pti} = \Delta_i - \frac{1}{z}\sum_1^z \Delta_i \quad (i = 1,2,\cdots,z)$$

第 i 齿的齿距误差的累积值：

$$\Delta F_{pi} = \sum_1^i \Delta_i - \frac{i}{z}\sum_1^z \Delta_i$$

从计算出的各个齿的累积值中，取最大值与最小值的代数差即为齿距累积误差 ΔF_p。

齿距累积误差的测量误差，不仅与仪器的示值误差有关，而且与被测齿轮的齿数有关，齿数越多，测量误差越大。采用跨齿法[1]测量可减小测量误差，并能提高测量效率。

3.6.2 齿圈径向圆跳动的测量

测量时将球测头或柱测头放入齿槽中，而沿着整个齿圈用测微仪指示出测量头的径向位移，如图 5.3-18 所示。

当齿轮压力角为 20°时，在分度圆处接触的球测头直径

$$d = (1.68 - 0.684x)m_n$$

式中　m_n——齿轮法向模数（mm）；

　　　x——齿轮径向位移系数。

3.6.3 公法线长度测量

公法线长度有两种精度指标，一是公法线长度变动量，是指同一齿轮的公法线最大长度与最小长度之差，用它代替周节累积误差中的切向误差；二是公法线平均长度偏差，它可以控制齿轮副的侧隙。一般用公法线千分尺或万能测齿仪测量。测量时所跨测齿数 n 及公法线长度公称值计算公式列于表 5.3-39。

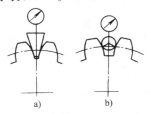

图 5.3-18 齿圈径向圆跳动的测量

a）柱测头测量法　b）球测头测量法

表 5.3-39　公法线长度及跨测齿数计算公式

直齿轮	非变位齿轮 $w = m\cos\alpha[(k - 0.5)\pi + zinv\alpha]$ $k = \dfrac{\alpha}{180°}z + 0.5$
	变位齿轮 $w = m\cos\alpha[(k - 0.5)\pi + zinv\alpha] + 2xm\sin\alpha$ $k = \dfrac{\alpha'}{180°}z + 0.5, \cos\alpha' = \dfrac{z\cos\alpha}{z + 2x}$
斜齿轮	非变位齿轮 $w_n = m_n\cos\alpha_n[(k - 0.5)\pi + zinv\alpha_t]$ $k = \dfrac{\alpha_n z_v}{180°}, z_v = \dfrac{z}{\cos^3\beta}$
	变位齿轮 $w_n = m_n\cos\alpha_n[(k - 0.5)\pi + zinv\alpha_t] + zx_n m_n\sin\alpha_n$ $k = \dfrac{\alpha_n' z_v}{180°} + 0.5, \cos\alpha_n' = \dfrac{z_v\cos\alpha_n}{z_v + 2x_n}, \tan\alpha_t = \dfrac{\tan\alpha_n}{\cos\beta}$

注：w，w_n——公法线长度，法向公法线长度（mm）；β——分度圆螺旋角（°）；m，m_n——齿轮模数，法向模数（mm）；α——分度圆压力角（°）；α_t——分度圆上端面压力角（°）；k——跨越齿数；α_n——分度圆上法向压力角（°）；x——径向变位系数；$inv\alpha$——α 角的渐开线函数；z_v——当量齿数；z——齿数；x_n——法向变位系数。

3.6.4 渐开线齿形误差测量

齿形误差是通过齿轮端面上的实际齿廓与理论渐开线进行比较而测得的。测量原理示于图 5.3-19，直尺与等于被测齿轮基圆半径的圆盘接触，当它作相对纯滚动运动时，直尺与基圆盘开始接触的那一点（测头）相对圆盘即可描绘出理论渐开线。若固定在直尺上的测微仪的测量头始终与齿面接触，这样通过测量头的位移可测量出齿形误差。这种仪器每一种规格的齿轮，需配一个基圆盘，这称单盘式渐开线检查仪。若仪器只

有一个固定尺寸的圆盘，通过杠杆机构或正弦规机构，将测量头的位置按比例调整在与被测齿轮基圆相切的直线上，则可测多种规格尺寸的齿轮齿形误差，称这种仪器为万能渐开线检查仪。

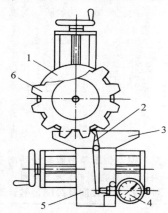

图 5.3-19　齿形误差测量原理
1—基圆盘　2—测量头　3—直尺　4—测微仪
5—测量滑板　6—被测齿轮

3.6.5　基节测量

基节测量一般按其公称尺寸用量块和仪器的附件将仪器调零进行测量。测量时，活动测头与固定测头在基圆的切线上与两相邻的同名齿廓相接触，如图 5.3-20 所示。直齿轮基节的公称尺寸为

$$p_b = \pi m \cos\alpha$$

式中　m——齿轮模数（mm）；
　　　α——分度圆压力角（°）。

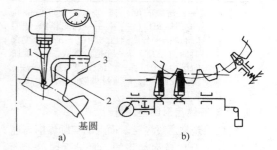

图 5.3-20　基节测量
a）手提式基节仪　b）万能测齿仪测基节
1—活动测头　2—定位触头　3—固定测头

对于斜齿轮是测量端面基节 p_{bt}，其模数和压力角为端面参数，分别为 m_t 和 α_t。

3.6.6　齿向误差测量

齿向误差 ΔF_β 在齿高中部的圆柱上测量，测得实际齿向与理论齿向之差。一般常用导程仪测量齿向误差，如图 5.3-21 所示。

图 5.3-21　导程仪测量齿向

3.6.7　齿厚测量

1. 分度圆齿厚　可用齿厚卡尺测量。斜齿轮的分度圆弦齿厚 $\bar{s}$ 和弦齿高 $\bar{h}_a$ 计算式为

$$\bar{s} = m_n z_v \sin\sigma$$

$$\bar{h}_a = m_n \left[1 + \frac{z_v}{2}(1 - \cos\sigma) \pm x \right]$$

$$\sigma = \frac{\pi}{2z_v} \pm \frac{2x\tan\alpha}{z_v} \left(非变位齿轮\ \sigma = \frac{90°}{z_v} \right)$$

$$z_v = \frac{z}{\cos^3\beta}$$

式中　z_v——当量齿数；
　　　m_n——法向模数（mm）；
　　　β——分度圆螺旋角（°）；
　　　α——分度圆压力角（°）。

2. 跨棒距偏差的测量　测量跨棒距偏差可以控制分度圆齿厚，测量示意图见图 5.3-22。跨棒距的计算公式见表 5.3-40。

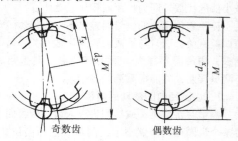

图 5.3-22　跨棒距离测量

GB/T 10095—2001 未规定 M 值的上、下偏差，因此需将 E_{ss}、E_{si} 换算为 M 的上、下偏差值：

偶数齿：$\Delta E_{Ms} = \Delta E_{ss} \dfrac{\cos\alpha}{\sin\alpha_x}$

$$\Delta E_{Mi} = \Delta E_{si} \frac{\cos\alpha}{\sin\alpha_x}$$

奇数齿：$\Delta E_{Ms} = \Delta E_{ss} \dfrac{\cos\alpha}{\sin\alpha_x} \cos\dfrac{90°}{z}$

$$\Delta E_{\mathrm{Mi}} = \Delta E_{\mathrm{si}} \frac{\cos\alpha}{\sin\alpha_x} \cos\frac{90°}{z}$$

表 5.3-40　圆棒测量尺寸计算公式

直　齿　轮	斜　齿　轮
偶数齿 $M = \dfrac{mz\cos\alpha}{\cos\alpha_x} \pm d_{\mathrm{p}}$	偶数齿 $M = \dfrac{m_{\mathrm{n}}z\cos\alpha_{\mathrm{t}}}{\cos\alpha_{\mathrm{t}}\cos\beta} \pm d_{\mathrm{p}}$
奇数齿 $M = \dfrac{mz\cos\alpha}{\cos\alpha_x}\cos\dfrac{90°}{z} \pm d_{\mathrm{p}}$	奇数齿 $M = \dfrac{m_{\mathrm{n}}z\cos\alpha_{\mathrm{t}}}{\cos\alpha_{xt}\cos\beta}\cos\dfrac{90°}{z} \pm d_{\mathrm{p}}$
$\mathrm{inv}\alpha_x = \mathrm{inv}\alpha \pm \dfrac{d_{\mathrm{p}}}{mz\cos\alpha}$ $\mp \dfrac{\pi}{2z} \pm \dfrac{2x\tan\alpha}{z}$	$\mathrm{inv}\alpha_{xt} = \mathrm{inv}\alpha_{\mathrm{t}} \pm \dfrac{d_{\mathrm{p}}}{m_{\mathrm{n}}z\cos\alpha_{\mathrm{n}}}$ $\mp \dfrac{\pi}{2z} \pm \dfrac{2x_{\mathrm{n}}\tan\alpha_{\mathrm{t}}}{z}$

注：式中 ∓ 或 ± 号上边的符号适于外齿轮，下边的
　　符号适于内齿轮。

量棒 d_{p} 的选择，根据标准规定，测量分度
圆齿厚偏差，量棒应在分度圆处接触，一般选
$d_{\mathrm{p}} = 1.68m$；齿数少，侧隙大的齿轮副，齿槽中
的量棒母线有可能低于齿顶，为此建议外啮合齿
轮选 $d_{\mathrm{p}} = 1.728m$，内啮合齿轮选 $d_{\mathrm{p}} = 1.44m$，此
种量棒能测量 $z > 17$ 的非变位直齿轮，对齿数较
多，变位系数小的直齿轮也适用。若测量固定弦
齿厚偏差，$d_{\mathrm{p}} = 1.476m$。

3.6.8　齿轮综合检验

1. 单面啮合综合检验　它是用单面啮合综
合检查仪按齿轮的实际工作状态，被测齿轮与测
量元件保持单面啮合运转，测量出传动比的变化
量。为此必须建立标准传动比的机构，使被测齿
轮与测量元件的实际传动比与标准传动比连续地
进行比较，二者之差为被测齿轮的切向综合误差。

产生标准传动比的机构有双摩擦圆盘、中间
齿轮、正弦规圆盘等。亦可采用光电技术，如光栅
盘、磁盘等标准发信装置来实现。

图 5.3-23 为光栅式单面啮合综合检查仪的原
理图。由光栅盘和指示光栅构成发信装置，称为光
栅头。当光栅盘转动时，产生莫尔条纹明暗变化，
将角位移经光电转换为与回转角成比例关系的光
电信号。分别装在被测齿轮 2 和标准蜗杆 3 轴上
的光栅头 1 和 4，工作时发出脉冲信号，经分频得
到两路频率相同的脉冲，输入比相器进行比相，由
此得出与被测齿轮误差成比例变化的位相差。被
测齿轮转一周，连续记录下来的误差曲线为被测齿
轮的切向综合误差曲线。由此可读出切向综合误
差 $\Delta F_{\mathrm{i}}'$ 和切向一齿综合误差 Δf_i（见图5.3-24）。

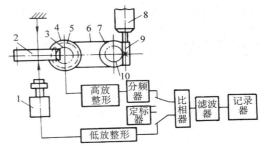

图 5.3-23　光栅式单面啮合检查仪
1、4—光栅头　2—被测齿轮　3—标准蜗杆
5、7—带轮　6—带　8—电动机　9—蜗杆　10—蜗轮

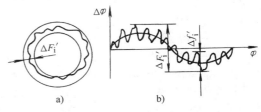

图 5.3-24　单啮综合测量误差曲线
a) 圆记录曲线　b) 长记录曲线

为了从误差曲线上读出切向综合误差值，需
事先对仪器进行定标，即标定记录纸上每个格所
代表的被测齿轮中心转角值。由于比相计有模拟
量比相和数字比相两种，因此标定方法也不同。

（1）模拟量比相定标　由比相计产生准确的
位相差为 90° 的两个脉冲，由比相计测量后，记
录器画出阶跃曲线，它占记录纸宽度为 L 格，则
记录纸格值（(″)/格）为

$$I = \frac{Kz_1}{ML}324 \times 10^3$$

在分度圆上的线值（μm/格）

$$I_{\mathrm{f}} = 785.376\frac{Kz_1 d}{ML}$$

在基圆（啮合线）上的线值（μm/格）

$$I_{\mathrm{b}} = 785.376\frac{Kz_1 d}{ML}\cos\alpha$$

式中　K——量程分频数；
　　　　z_1——蜗杆头数；
　　　　L——阶跃曲线占记录纸的格数；
　　　　M——蜗杆轴上光栅盘刻划数；
　　　　d——分度圆直径（mm）；
　　　　α——分度圆压力角。

（2）数字比相定标　CD320G—B 型单面啮合

综合检查仪用定标控制器，在比相的两个脉冲间插入 40 个计数脉冲，经 D/A 转换后，在记录纸上画出阶跃曲线，它占记录纸为 L 格，则其格值（$(")$/格）为

$$I = 40a \frac{Kz_1}{zL}$$

在分度圆上的线值（μm/格）

$$I_f = 0.097 \frac{aKz_1}{zL}$$

在基圆上的线值（μm/格）

$$I_b = 0.097 \frac{aKz_1}{zL} \cos\alpha$$

式中　z——被测齿轮的齿数；

　　　　a——计数脉冲当量值（$"$）；

　　　　K——计数脉冲分频数。

2. 双面啮合综合检验　在双面啮合综合检查仪上使被测齿轮与测量齿轮进行双面啮合，测量出径向综合误差(度量中心距变动)。该方法接近于齿轮加工时的啮合状态。在一定程度上反映齿圈径向圆跳动、齿形误差和齿厚的均匀性等的影响。

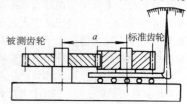

图 5.3-25　双面啮合综合测量

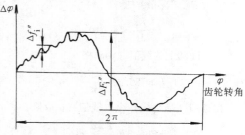

图 5.3-26　双面啮合测量误差曲线

图 5.3-25 为测量示意图。齿轮回转时度量中心距 a 的变化反映在测微仪的指示表上，也可用记录器记录出误差曲线（图 5.3-26）。由误差曲线上可读出径向综合误差 $\Delta F_i''$ 和径向一齿综合误差 $\Delta f_i''$。

度量中心距 $a(mm)$ 的公称尺寸按下式计算：

直齿轮：$a = \dfrac{m(z + z_m)\cos\alpha}{2\cos\alpha_m'}$

$$inv\alpha_m' = \frac{2x_c\tan\alpha}{z + z_m} + inv\alpha$$

斜齿轮：$a = \dfrac{m_n(z + z_m)\cos\alpha_t}{2\cos\alpha_{mt}'\cos\beta}$

$$inv\alpha_{mt}' = \frac{2x_{cn}\tan\alpha_n}{z + z_m} + inv\alpha_t$$

式中　m, m_n——模数和法向模数（mm）；

　　　z, z_m——被测齿轮和测量齿轮的齿数；

　　　α_m'——测量时的啮合角（°）；

　　　α_{mt}'——测量时的端面啮合角（°）；

　　　α_n——分度圆法向压力角（°）；

　　　x_c——被测齿轮与测量齿轮变位系数之和；

　　　x_{cn}——法向变位系数之和；

　　　β——分度圆螺旋角（°）；

　　　inv——渐开线函数。

3.7　长度自动测量

自动测量是指在整个测量过程中，按测量者所设定的程序，由测量装置自动地或半自动地完成。自动测量的分类见表 5.3-41。

3.7.1　主动测量

1. 加工中测量装置

a. 轴加工测量装置（表 5.3-42 和表 5.3-43）

b. 孔加工测量装置（表 5.3-44）

c. 断续面加工测量装置（表 5.3-45）

表 5.3-41　长度自动测量分类表

类别	主　动　测　量			自动分选（被动测量）
	加工中测量	自动补调测量	保险测量	
特点	加工中测量仪与机床、刀具、工件组成闭环系统，测得的工件尺寸信号，作用于该工件本身，不仅能减小工艺系统的系统误差，还能减小随机误差	补调测量仪与机床、刀具、工件组成闭环系统，测得工件尺寸信号，作用于后面加工的工件，以减小工艺系统的系统误差	在加工过程中，测量工件尺寸；检查工件安装情况；检查刀具状况。发现不正常现象时发出警报信号，或操纵执行机构剔除不合格工件，或使机床停止加工	对加工完毕的零部件按被测尺寸参数进行验收或分组

（续）

类别	主 动 测 量			自动分选（被动测量）
	加工中测量	自动补调测量	保险测量	
使用场合	进给式工序，即工件尺寸取决于工件与刀具的相对位置，且在加工中有横向进给运动的情况，如外圆磨、内圆磨、珩磨等 中批量以上，被测参数单一，加工或配合精度要求较高，停机测量较为麻烦的场合	补调式工序，刀具磨损较起主要作用时，如贯穿磨削工艺中较广采用 批量较大，被测参数单一，加工精度要求较高。工艺比较稳定的场合 在某些不便使用加工中测量的场合（如车床上切屑会影响测量装置正常工作），可用按挡铁加工的方法，补调挡铁的位置以减小系统误差	工件尺寸由刀具决定（如钻孔、攻丝）的工序中 在自动加工机床上和自动生产线中，为防止产生大量废品和发生事故的场合	中、小尺寸，形状简单，大批量生产，精度要求较高的零部件 不允许废品混入合格品中，要求对全部零件进行检验时，人体不宜接触（如带放射性）的零部件，选择装配的零部件

表5.3-42　轴加工测量装置的分类

类型	原 理 图	特 点	使用场所
单点式	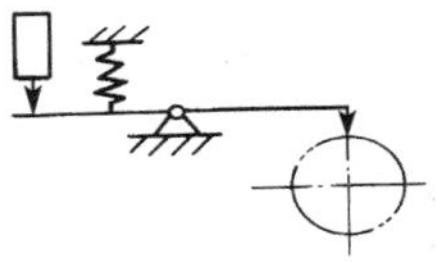	结构简单，调整使用方便；测量工件表面的位置，间接测量工件尺寸。工艺系统的力变形、振动和热变形对测量精度影响较大	测量2级精度以下的工件。进出测位方便，易实现自动化
两点式	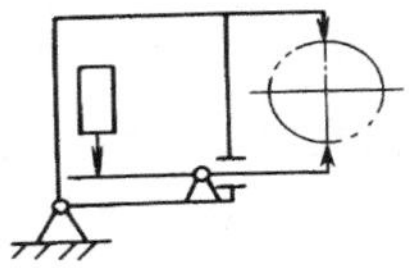	整个装置在水平方向精确定位，装置外壳（或测量杠杆）在垂直方向能上下浮动；用被测表面作测量基面，直接测量工件直径。工艺系统的力变形、热变形和振动等对测量精度影响较小	测量精度高，测量1～2级精度的工件。进出测位方便，易实现机床自动化
三点式	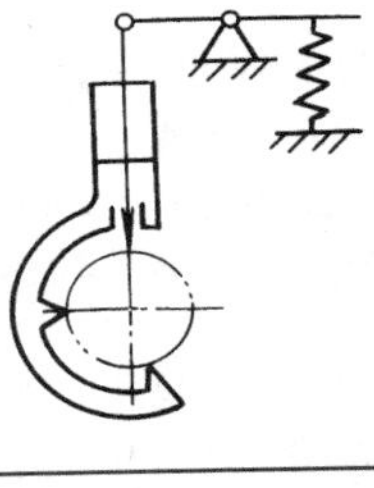	在垂直与水平方向都以工件表面定位。工艺系统的力变形、热变形和振动等对测量精度影响较小	测量精度高，测量1～2级精度的工件。进出测位一般是手工操作

表5.3-43　常用的两点测轴装置

原 理 图	采用传感器举例	控制误差/μm	结 构 特 点
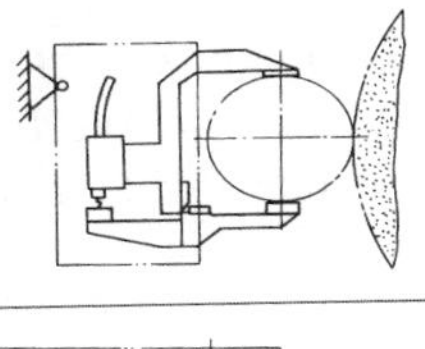	互感传感器	±(2～3)	装置壳体用轴尖支承固定；测量杠杆用片簧铰链
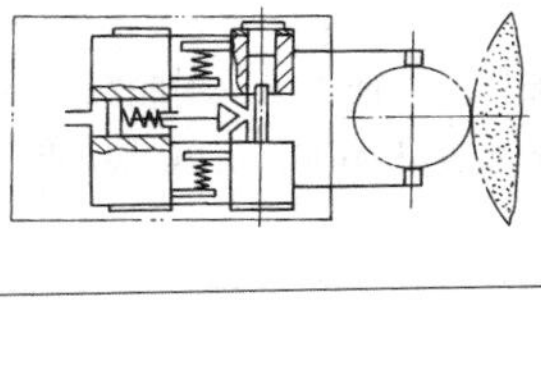	电容传感器	±(2～3)	采用平行片簧导轨；由螺旋弹簧产生测力；量端可自动张开和收拢

（续）

原　理　图	采用传感器举例	控制误差/μm	结　构　特　点
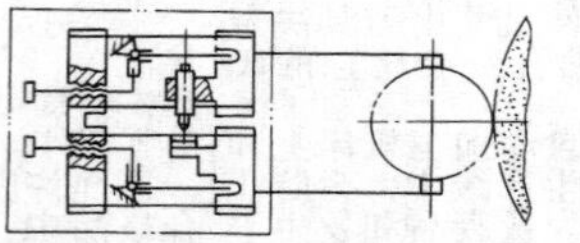	电感传感器	±(2~3)	采用平行片簧导轨；由片簧产生测力；若改变测力方向、更换量端，可用于测孔
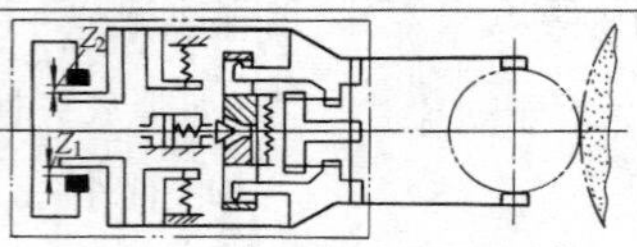	高压气动量仪	≤±3	采用T形片簧；拉力弹簧产生测力；量端可自动张开和收拢；采用两对喷嘴挡板；测量范围大
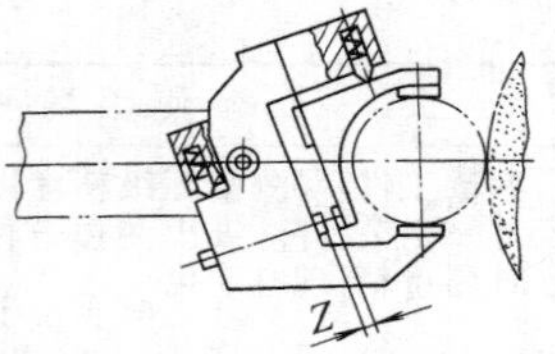	高压气动量仪	≤±3	采用单片簧铰链，结构简单；装置尺寸小；量程不可调

表 5.3-44　常用的两点测孔装置

原　理　图	采用传感器举例	控制误差/μm	结　构　特　点
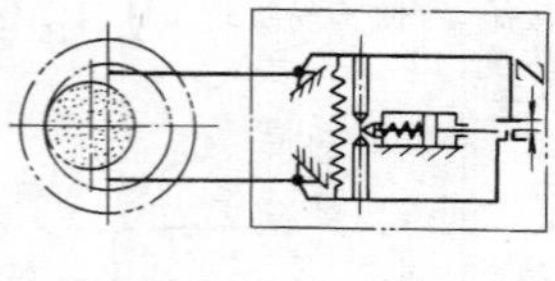	高压气动量仪	≤±3	上下两测臂由片簧铰链支承；杠杆传动比为1:1；量端自动收张；测量范围为$\phi10 \sim \phi80$mm
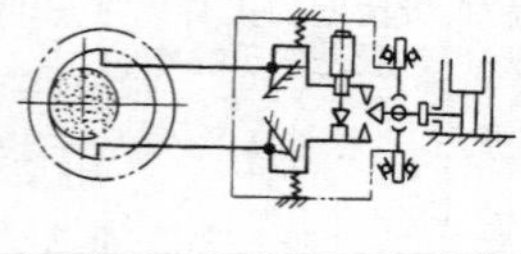	单线圈电感传感器	±(2~3)	上下两测臂由片簧铰链支承，杠杆传动比为1:4；一个液压缸同时操纵装置转动和量端自动收张；转动测杆臂调整测量范围，测量范围为$\phi17 \sim \phi150$mm
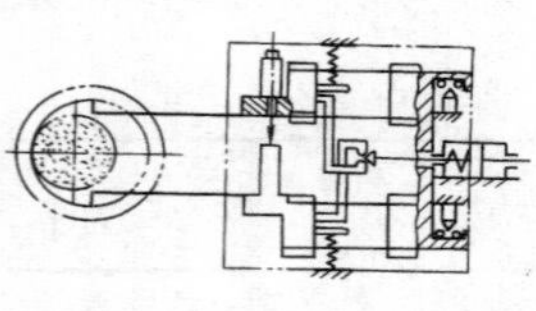	互感传感器	±(2~3)	装置采用轴尖支承；用钢带传动调整量程；二测臂用平行片簧支承，并分别调整测力；一个液压缸同时操纵装置转动和量端自动收张；测量范围为$\phi10 \sim \phi80$mm
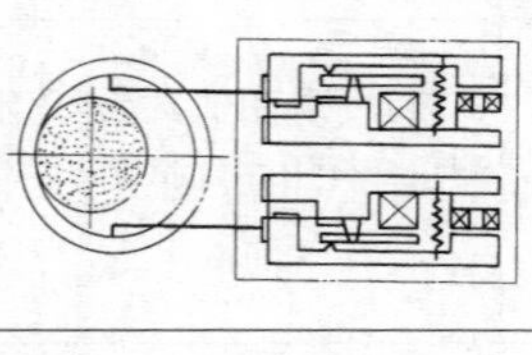	单线圈电感传感器	±(2~3)	二测臂用T形片簧铰链支承；量端收张动作由电磁铁控制；测量装置上下两个部分是独立的，可单独使用；测量范围大
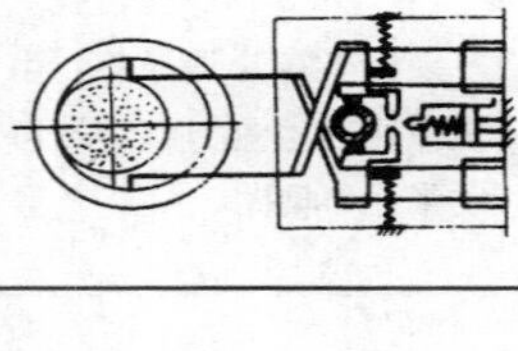	高压气动量仪	≤±3	两测臂用片簧支承；用螺杆调整测量范围，最大可测$\phi100$mm，量端自动收张

表 5.3-45　测量断续表面方法

方法	示意图	原理和特点	应用场合
弧形量端法		弧形量端半径测轴时应稍大于被测工件半径，测孔时应稍小于被测工件半径。量端磨损较快；对不同直径的工件需更换量端	一般精度的手动或半自动磨床用
电磁铁法		量端经过凹槽时，提前接通电磁铁，将测杆吸住，不使测杆落入凹槽中	精度较高的内外径测量
测杆慢速移动法		油阻尼器限制测杆位移速度，使测杆来不及反映凹槽存在。结构比电磁铁法简单	工件转速较高、凹槽宽度不大，精度较高的内外径测量、平面测量
气体惯性法		利用气体惯性，使传感器来不及反映凹槽的存在；非接触测量	工件转速较高，凹槽宽度不大，精度较高的内外径测量、平面测量
加宽量端法		加宽量端，使测量装置不反映工件之间的间隙	平面磨、双端面磨的自动测量

2. 自动补调测量装置　图 5.3-27 为无心磨床的自动补调装置。磨削后的工件 6 通过气动量仪的测量喷嘴 7 时，测量出它的尺寸。当连续若干工件尺寸超出警告界限时，发出补调信号，使步进电动机 1 动作，并通过蜗杆 2、蜗轮螺母 3 和丝杠 4 使砂轮架 5 作自动补调运动，以保证工件尺寸控制在预定的范围内。

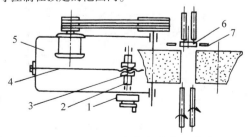

图 5.3-27　无心磨床自动补调系统

3. 主动测量系统的误差与调整

（1）加工中测量系统的误差与调整　测量系统的主要误差有：

1）测量的误差，如示值误差、零点漂移、示值重复性、测量头的磨损等。

2）工艺系统的误差、如工件的几何形状误差、机床进给机构的灵敏阈，以及机械振动等引起的误差。

3）加工过程中温度变化（切削液和切削力的变化将引起较大的温度变化）引起的误差。

4）测量仪器的定基误差等。

上述误差归纳为 4 类：

1）不变的系统误差 Δ_1；

2）变化的系统误差；

3）工件的形状误差 Δ_2；

4）随机误差 $\pm 3\sigma$。

加工中测量仪在调整前，首先要决定停机线的位置，以便选择相应的标准件供调整仪器使用。

确定停机线位置的原则是：在加工中测量仪按其发出停机信号停止加工时，工件尺寸的随机分布曲线不能超出公差带。

图 5.3-28a 表示变化的系统误差使工件尺寸逐渐增大（F_a 方向）；图 5.3-28b 表示变化的系统误差逐渐使工件尺寸变小（F_b 方向）。Δ_1 和 Δ_2 是相加还是相减应视具体情况而定。图中 D_0 表示标准件尺寸的公称值，若标准件实际尺寸为 D，则 $\Delta D(=D-D_0)$ 可用指示表将其调除，保证停机线不变。实际调整时，可试加工几个工件，按测量结果修正停机线的位置。

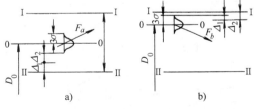

图 5.3-28　停机线的确定方法

Ⅰ Ⅰ—工件公差上限　Ⅱ Ⅱ—公差下限　00—停机线

（2）补调系统的误差及警告界限的确定　在补调式工序中，工件尺寸存在着变化的系统误差和随机误差。工件尺寸的变化如图 5.3-29 中Ⅰ-Ⅰ所示。为了防止超出公差范围，在离公差带上下限一定距离处设置两个警告界限。当工件尺寸超出警告界限时，补调刀具与工件的相对位置，以便控制工件尺寸的范围。但是上述误差仍影响工件尺寸的分布范围。工件尺寸变化的系统误差，可用每加工一个工件尺寸的分布中心的平均移动量（称为尺寸变化率）a 来表示；而工件尺寸的随机误差用标准偏差 σ_1 来表示。由于随机误差存在，工件实际尺寸可能偏离尺寸分布中心为 $\pm 3\sigma_1$。测量时，又存在测量误差 $\pm 3\sigma_2$。所以实际测得的尺寸可能偏离尺寸分布中心为 $\pm 3\sigma$（$\sigma^2 = \sigma_1^2 + \sigma_2^2$）。因此按单件补充调整时，工件尺寸分布中心移动到点 1 时（图 5.3-30），就有可能发出补充调整信号，分布中心移到 i 点时，补充调整概率就更大，而最迟到达 n 点时，一定发出补调信号。发补调信号时，尺寸分布中心的位置不稳定所造成的误差为 $B = (n-1)a$，它称信号误差。对不同的补调方法，B 值是不同的。

1) 单件法：只要有一个工件尺寸超出警告界限，就发出补调信号，$B = 6\sigma^{0.74} a^{0.26}$。

2) 多件法：当一组工件尺寸连续超出警告界限时，才发出补调信号，$B = 6\sigma^{0.74} a^{0.26} m^{-0.31}$。式中 m 为被测的一组工件数，一般取 $m = 3 \sim 5$。

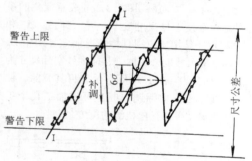

图 5.3-29 工件尺寸分布

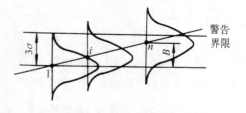

图 5.3-30 信号误差

3) 平均值法：当一组工件的尺寸平均值超出警告界限时，发补调信号，$B = 6\sigma^{0.74} a^{0.26} m^{-0.37}$，$m = 5 \sim 7$。

4) 中序数法：当一组工件有一半以上的尺寸超出警告界限时，发出补调信号，其 B 值与平均值法相近。

由上述可知，补调只可能在点 1 到点 n 之间进行，补调后尺寸分布中心下移一个补调量 A（图 5.3-31）。无论在哪一点补调，补调后尺寸分布中心不可能低于 $1'$ 点。由于有随机误差，工件的实际尺寸可能比点 n 处的值大 3σ，比点 $1'$ 的值小 3σ。因此，自动补调系统的总误差 $\Delta = A + B + 6\sigma$。为了提高自动补调系统的精度，必须提高工艺本身的精度（减小 σ_1 和 a 的值），提高机床进给机构的灵敏阈（减小 A）和提高测量精度，改进补调信号处理方法（减小 B）。

为了保证工件加工精度，必须合理地确定警告界限的位置。应使点 n 比公差带上限低 3σ（图 5.3-32），因此警告界限 Ⅰ-Ⅰ 距离公差带上限为

$$X = B + 3\sigma - E$$

式中 E——由有可能发出补调信号的点 1 到警告界限的距离。

按单件法补调 $E = 3\sigma$；

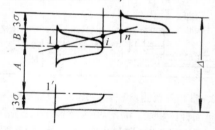

图 5.3-31 补充调整系统的总误差

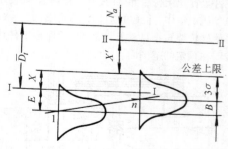

图 5.3-32 警告界限的确定

按平均值或中序数法补调 $E = \dfrac{3\sigma}{\sqrt{m}}$。

考虑到系统性的温度误差 $\overline{D}_t$ 和过渡零件的影响，实际警告界限应上移 $\overline{D}_t - N_a$，则实际警告界限 Ⅱ-Ⅱ 距离公差上限为

$$X' = \overline{D}_t - N_a - B - 3\sigma + E$$

式中 N_a——过渡零件数，即被测件与被加工件间相隔工件数。

4. 主动测量装置设计要点

（1）为保证必要的测量精度和稳定性，测量装置的杠杆传动比一般取 1:1 至 1:4，不宜太大，测量链不宜过长。对于两点式测量装置，其上下二测量端到传感器的传动比必须相等。

（2）测量力应根据加工条件来决定。为了保证测量端不脱离被加工的工件，要求测量力 P(N) 为

$$P > m \, e \, \omega^2$$

式中 m——活动件的折合质量（kg）；

e——测量端的振幅（m）；

ω——测量端振动角频率。

一般测量力选取 1.5～7.8N。对于两点式测量装置，上下二测量端的测量力最好能分别进行调整。

（3）接触式测量端材料，必须根据耐磨性进行选用，常采用金刚石或 YG6X 硬质合金等。

（4）在采用电磁夹具的机床上，应注意防磁。测量端和测量臂不应导磁，测量臂常用 1Cr18Ni9 不锈钢制做，壳体用铸铝。

3.7.2 自动分选机

1. 自动分选机的组成 组成框图见图 5.3-33。上料装置和送料机构。

2. 测量装置 测量装置有两种，一是传感器测量装置，根据具体被测对象进行选用与设计；二是机械式测量装置，见表 5.3-46。

3. 测量装置对分选精度的影响

（1）几种典型零件的定位方法见表 5.3-47。

（2）温度对测量装置的影响，主要是引起零点漂移，在分选中不能随时用标准件对零，零漂的影响显得特别突出。设分选机的分组间距为 1μm，零漂为 1μm/4h，则 4h 后分组值顺序串过一组。解决零漂的办法是合理选用测量装置各零件的材料，使各部分的伸长率相近。

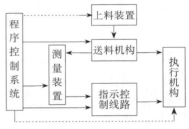

图 5.3-33 自动分选机的组成

（3）尺寸传递机构误差，采用线性好、重复性好的传递部件。

（4）测量装置的刚性不足引起变形等。

表 5.3-46 机械式测量装置

名称	示意图	测量原理	应用场合	测量误差 /μm	设计要点
塞规		塞规通端不能进入工件被测孔中，发出孔径过小信号；通端进入而止端进不去，发出孔径合格信号；止端进入，发出孔径过大信号	内孔自动分选机。孔径 $\phi20$ 以下	±(4～5)	塞规要采用浮动结构，测端应有倒角；适当增长塞规的杆长和缩短通端体长 l，一般取 $l=2.5～4mm$，作用力 P 不能过大
倾斜量尺		被测钢球靠自重沿倾斜的两量尺斜缝向下滚动，斜缝间隙逐渐增大，当滚到间隙与钢球直径恰相等时，便落入相应分组箱中	钢球自动分选机	1.5～3	在一测量尺的刃口有0.02mm深的月牙槽，使此处两量尺之间隙恰与此钢球直径相等（或稍大），防止钢球落到分组箱隔板上。各月牙槽深度相互差为 0.3～0.5μm。量尺夹角 α 可根据分组公差调整。量尺倾斜角度一般取 $\beta=10°～15°$。量尺长 170mm。其直线性为 0.5μm

（续）

名称	示 意 图	测 量 原 理	应用场合	测量误差 /μm	设 计 要 点
立式量尺	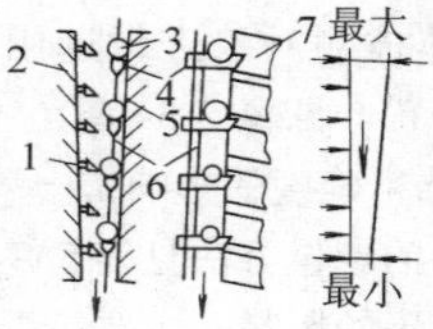	合金 1 和量尺 5 组成斜缝。钢球 3 由链条 6 上的齿槽 4 托着在斜缝中从上向下运送，当钢球到达缝宽相当于其直径的位置时，被 1 挡住，并被下一个齿的齿背推进料管 7，落入相应的分组箱中	钢球自动分选机	1	量尺 5 的表面应镀硬金属，其直线度为 0.5μm。量尺 2 上装有可调整的硬质合金头 1，其测量面为斜面
滚棒	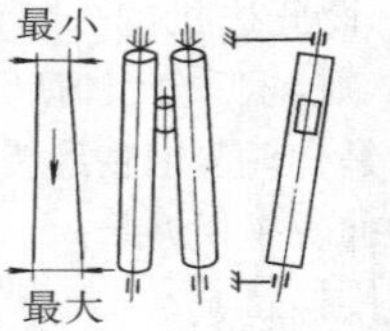	倾斜安装的二测量滚棒组成之斜缝逐渐增大，二滚棒反向同速旋转，带动其上的被测滚针向下滑动，当滑到缝宽恰等于滚针直径时，便落入相应分组箱中	滚针、滚柱直径分选机	5~7	滚棒的转速 150~200r/min，硬度 61~65HRC，镀铬层厚度 0.3~0.5mm，表面粗糙度值为 $R_a = 0.05μm$，$R_z = 0.3μm$，圆柱度误差不大于 0.5~1μm，滚棒装配后径向圆跳动允许值 1~1.5μm 可测 $\phi1mm~\phi6mm$ 的滚针、$\phi26mm$ 以下的圆柱滚子和球面滚子
锥轮	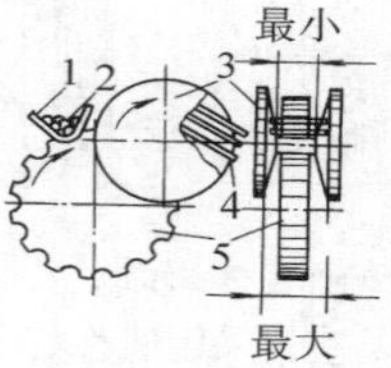	上料圆盘 5 从料仓 1 中将被测滚针 2 逐个带出，送到锥轮 3 中。不同长度的滚针被卡在锥面的不同位置，由锥轮带动，滚针经不同的隔板 4 落入相应分组箱中	滚针长度分选机	150	锥轮的测量面只需精磨即可，其锥角为 11′。适用于长为 10~50mm 的尖头和圆头滚针

表 5.3-47 几种典型零件的定位方法

名 称	示 意 图	结 构 原 理	特点及应用场合
钢球	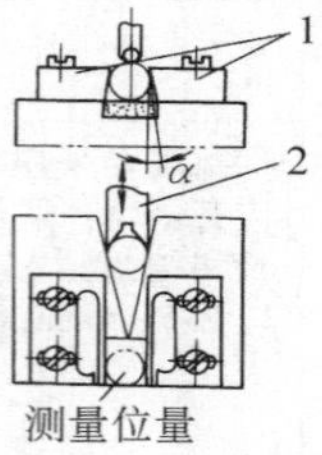	两侧弹性挡板 1 各有一斜角 α，其夹紧的合力向下，使工件在测位保证对中并紧贴基面。推料杆 2 往复送料	结构简单，检验效率 120 件/min，用于直线送料的分选机
钢球	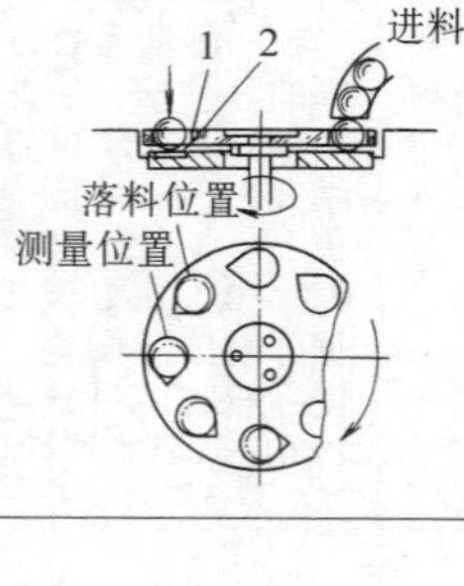	槽轮机构带动料盘 1 间歇送料，料盘的 V 形孔使工件在运动中自动对中。测力将工件压向基面 2	检验效率 120 件/min，用于圆周间歇送料分选机

（续）

名　称	示　意　图	结　构　原　理	特点及应用场合
圆锥滚子		传感器 3 的测力和推料杆 6 使工件 2 贴紧 V 形槽的 A、B 面。辅助定位点 1 的弹力使工件靠紧定位点 4。测完后，1 自动抬起，杆 5 将工件送入分组料道	只测直径，检验效率 60 件/min，用于直线送料分选机
圆锥滚子	a)　　　b)	图 a，$A_1B_1C_1$ 三点构成标准锥角，并可平行浮动，传感器 1 测其锥角，测值与直径无关 图 b，$B_2C_2D_2$ 构成标准圆锥体，A_2 点浮动，传感器 2 测其直径	检验效率 120 件/min，用于圆周和直线送料分选机
圆锥滚子		传感器 A、B 测量长度和锥角，它们都合格时，控制电路才对测量直径的传感器 C 的输出信号进行分组	检验效率 60 件/min，可以测三项参数
球面滚子		测量装置装在有滚动导轨的滑板 2 上，数只拉簧 1 平衡其重量，剩余重力不大于 3N。定位棒 7 和压紧块 6 使工件自动对中。拉簧 3 使平面量端 9 接触工件。送入工件时，推杆顶起滚轮 8，抬起滑板 2，推杆返回，又自重落下，工件被对中压紧，传感器 5 进行测量，按球面滚子的最大直径进行分组。序号 4 为拉簧丝母	检验效率 40 件/min，用于两端为平面的球面滚子。滚子不需定向

4. 执行机构　执行机构的功能是根据测量结果将工件进行分组。

（1）直接作用式执行机构　各组的落料位置由测量部件直接控制，测量分组部位的下方直道和落料箱。其特点是工作可靠，维护简便，一般用于机械式分选机，其简图见图 5.3-34。

（2）活门式执行机构　是应用最广泛的一种。要求活门转动灵活，动作快捷且振动和噪声小。几种典型的活门式执行机构列于表 5.3-48。

（3）导槽式执行机构　工件通过导槽进入相应的通道，然后落入料箱。对它要求与活门式相似。典型示例列于表 5.3-49。

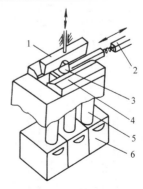

图 5.3-34　直接作用式执行机构
1—压板　2—推杆　3—被测件
4—量尺　5—料道　6—落料箱

表 5.3-48　活门式执行机构

类别	示　意　图	工　作　原　理	特点和应用场合
垂直料道		两排活门组成垂直料道，电磁铁与活门轴相连，开门后工件进入落料箱	工件垂直下落，落料速度大
单列倾斜料道		一排活门 2 组成倾斜 30° 的料道 1。工件顺料道滑下，经过打开的活门，进入落料箱	落料速度较快，适用于小零件的自动分选机
双列倾斜料道		两排活门组成料道的二侧壁，当活门 1 打开时，工件导入通路 2 进入落料箱	缩短了料道长度，适用于分组数较多的自动分选机
并列倾斜料道		料道倾斜布置，左边四个活门 1、2、3、4 是原始位置，活门 1 打开，工件落入第 4 组。若工件属于第 6 组，则活门 3 摆动，将活门 1 和 2 同时压过去。各活门的摆动角度大致相同	活门动作速度快，落料时间短，适用于高效率分选机，检验效率 360 件/min
串联式料道		同一料道串有 G_1 和 G_2 等工位，若被测参数合格，则电磁铁 3 不动作，工件可从 G_1 测位被送到 G_2 测位，若此参数不合格，则电磁铁 4 动作，工件被送入活门 2 中，活门 1 不动	用于多工位自动分选机和自动线中的自动测量
气缸接料手		两排接料手组成倾斜料道的两个侧壁。如活塞 1 接受信号而动作，接料手 3 伸出，被测工件落入后，活塞退回，工件带入通道 2，进入相应的落料箱	适用于全气动分选机

表 5.3-49 导槽式执行机构

类别	示意图	工作原理	特点
水平导槽		某个电磁铁 YA 动作，经连杆 4 使导槽 3 绕轴 2 转动一定角度，对准某个通道，将工件 1 导入落料箱	导槽 3 的原始位置在中间，减小了导槽的最大转角
垂直导管		导管 2 经软管 1 悬挂在出料口，某个电磁铁 YA 通电，导管被吸过去，其下边就是该组的落料箱	一个导管实现多分组，结构简单
随动导管		导管 2 和控制电路的电刷 4 装在同一轴上，可逆电动机 1 带动回转。电刷对应的触点，与导管 2 对准的某个料管 3 相对应	适用于小而轻的工件多组分选

表 5.3-50 常用的落料箱

类别	示意图	工作原理	特点及应用场合
单层缓冲		工件落在减振层上，然后落入料箱	用于小而轻的零件分选机
多层缓冲		料箱较大，工件经三层减振后，落入料箱	用于中等大小的零件分选机
传送带		电动机 2 经减速器带动带 3 匀速运动。从分组道落下的零件碰到挡板 4，落在带上的分组隔板中。带上堆满零件后，打开插板 1 回收	用于工件表面严禁碰伤的零件

（4）标记式执行机构 在多参数分选机中，为了简化落料箱，可按主要参数分组，其他参数则采用打标记的方法。用打印机构时，打印冲击力不应太大，同时要避开测量（取信号）时间；采用涂色机构时，染料应快干、无毒无腐蚀性。打标记式执行机构常用打数码、字母或涂色。

（5）落料箱 零件进入落料箱时，不能冲击箱内的零件，以免碰伤零件。落料箱应有一定的容积，以减少操作者取件的次数。常用的落料箱列于表 5.3-50。

5. 程序控制系统 其作用是控制自动分选机各机构的运动起始和终止时间，使各机构能协调地工作。对它要求是控制准确、灵敏、可靠、耐用和调整方便。控制方式有集中控制、分散控制和混合控制。

集中控制是由统一的主令控制系统发出信号，操作各分选机各机构运动。分散控制无主令控制系统，它确保各机构做到：前一机构完成了预定的运动后发出信号，使下一个机构运动。有时为了重点机构的安装，同时采用集中和分散控制，称为混合控制。

在设计程序控制之前，应确定分选机在一个循环中各机构运动的起止时间及其相互关系，并绘制工作循环图。按循环图分析各机构运动的安排是否合理，找出薄弱环节，改进设计，进一步提高分选效率。因此它是设计程序控制系统和调整分选机的主要依据。

（1）单工位分选机的工作循环图 单工位是指安装定位、测量和分选执行均在一个工位完成。图 5.3-35 是单工位循环图。送料过程前进135ms 时，发出清除信号，使控制机构复位，活门关闭，清除时间为 15ms。间隔 10ms 后开始取出被测的前一个工件的尺寸信号，测量时间为15ms。控制电路响应，执行机构打开活门。再过25ms，送料机构走完全程，后一个工件被送到测位，同时将一个已测完的工件推出测位落入已打开的活门内。送料机构返回并准备下一循环。在时间安排上，要保证工件能滑进最后一个活门后，才发出清除信号，使活门关闭。

从图 5.3-35 看出，测量与送料时间重合，这就要求送料机构运动平稳，送料和落料时间占全部循环时间很大比例，减少它可以有效地提高分选效率。

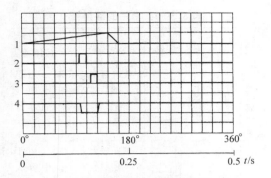

图 5.3-35　单工位分选机循环图

1—送料　2—清除　3—测量　4—活门动作

（2）多工位分选机的工作循环图　工件的被测参数较多，又不便在一个测位上测量，或者工件需在测量之前定位，测量之后打印等，这样可在同一台分选机上设置若干工位。

图 5.3-36 中 Ⅰ、Ⅱ 和 Ⅲ 分别为定位、测量与打印工位。气缸 5 带动拨叉 4 前进，卡住工件后，气缸 6 向左移动，使工件依次移动一个工位。然后拨叉退回，气缸 6 向右移动，准备下次循环。进入工位 Ⅰ 的活塞，由其下部转盘带动转动，当销孔到特定位置时转盘被制动，使销孔处于一定方位。进入工位 Ⅱ 的活塞，由气缸 3 驱动销孔测头 1 和活塞裙部测量装置 2 进行测量。进入工位 Ⅲ 的活塞，由打印机构根据测量结果进行打印分选。

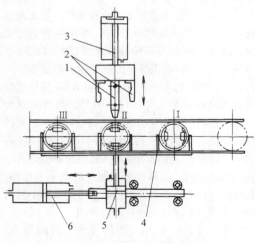

图 5.3-36　多工位活塞分选机传动图

1—测头　2—活塞裙部测量装置
3、5、6—气缸　4—拨叉

根据上述各机构的运动，绘制其工作循环如图 5.3-37 所示。由图中知：各工位的时间分配相等，即等于整机的一个循环周期 5s；各工位的机械运动都有其独立性，因此可以绘制单独的工位循环图；各工位循环图应协调，不能相互干扰。

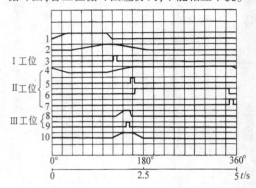

图 5.3-37　多工位分选机工作循环图

1—拨叉动作　2—移位动作　3—旋转信号　4—测头动作　5—清除　6—测量　7—触发　8—压紧准备打印　9—打印　10—落料

6. 分选机的误差及其测定　分选机的误差主要是指分组误差、分组间距线性和零漂（长时间的稳定性）。

分组误差是指分到同一组内工件尺寸的分散性与名义分组间距值之差；分组间距的线性是指被分入各组工件尺寸平均值，从小到大每组是否成线性递增；零漂是指分入同一组工件尺寸的平均值，与相隔一段时间以后（如 4h）分入该组工件尺寸的平均值之差。

影响上述误差的因素有：传感器误差；指示控制线路误差；工件的定位误差和形状误差；测量装置的重复性误差；温度的变化等。

分选机误差的测定方法有两种：

（1）实测法　在一批几何形状要求较严的试件中，选一个尺寸位于公差带中间的工件作为"零位"标准件，用它调整分选机测量装置和高精度测量仪器（后边用）的零位。

将这批试件投入已调整好的、运转正常的分选机中分选，然后从各组中取出一定数量的试件在高精度测量仪器上逐个测量，记录下每个试件的实测值，并求每组的平均值。以后每隔 1h 用该批试件分选一次，如测量 4h 的稳定性，则共测 5 次。

为了不破坏该批试件的精度，分选机在投入实测前，应作试验调整，即用与该批试件相同规格的工件作运行试件投入分选机进行分选。

根据每次的检测记录，绘出如图5.3-38所示的检测尺寸分布图，以确定分选机的精确度。

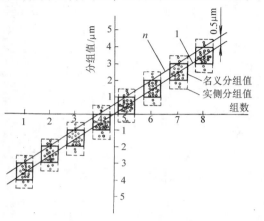

图 5.3-38　各组检测尺寸分布

分组误差按下式计算：

$$\delta = a_i - a_0$$

式中　a_i——各组尺寸分散性，即最大值与最小值之差（μm）；

　　　a_0——名义分组间隔（μm）。

δ 的最大值为分选机的分组误差，它不能超出允许值的范围。

线性，各组实测尺寸平均值在平面坐标系中坐标点相连是直线，即分组间距呈线性。平均值按下式计算：

$$L = \frac{1}{n} \sum_{1}^{n} l_i$$

式中　l_i——各试件实测尺寸；

　　　n——各组实测试件个数。

若 L_1 为第1组的平均值，L_m 为第 m 组的平均值，在坐标纸上点出 $L_1 \sim L_m$ 的值，各点应在一直线。

零漂，以第1次求得的直线为准，与以后每隔1h求得的直线相比较。如有位移，上移说明零位向负向漂，下移零位向正向漂，正负向之间的最大值即零漂。

实测法优点是比较全面，但程序较复杂，试件几何形状误差影响测定精度。适于中、小尺寸工件的分选机。

（2）双标准件法　从一批工件中选取两个几何形状误差较小，而尺寸较接近的工件作为标准件。精确测定它们的尺寸差 A，将分选机的分组界限 x_0 调整在 A 的中间附近，如图5.3-39所示。将两标准件分别投入分选机各为 m 次，记下标准件 x_1 和 x_2 进入某组的次数 n_1 和 n_2。

x_1 和 x_2 进入该组的概率分别为

$$P_1 = \frac{1}{2} - \phi\left(\frac{x_1 - x_0}{\sigma}\right)$$

$$P_2 = \frac{1}{2} - \phi\left(\frac{x_2 - x_0}{\sigma}\right)$$

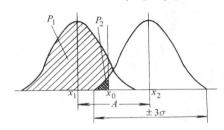

5.3-39　两标准件被分选的概率分布

当投入次数 m 很大时，可以认为有以下的近似关系存在：

$$P_1 = \frac{n_1}{m}, \quad P_2 = \frac{n_2}{m}$$

经过变换，消去 x_0，则得分选机的均方误差：

$$\sigma = \frac{x_2 - x_1}{\dfrac{x_2 - x_0}{\sigma} - \dfrac{x_1 - x_0}{\sigma}}$$

$$= \frac{x_2 - x_1}{G\left(\dfrac{1}{2} - \dfrac{n_2}{m}\right) - G\left(\dfrac{1}{2} - \dfrac{n_1}{m}\right)}$$

式中　G——拉普拉斯函数的反函数。

测定时，一般取 $m \geq 250$。因标准件的测量误差和形状误差直接影响测定结果，所以对标准件有严格要求。

3.8　尺度测量

尺度测量含厚度和宽度等物理量的测量，尺度测量仪表分类与特性列于表5.3-51。

3.8.1　厚度测量

光学三角法的原理示于图5.3-40。目前多用半导体激光器为光源，CCD 器件作为光电探测器。激光垂直投到被测表面 A 点，激光光斑经表面漫反射后，经透镜 L 成像在 CCD 上，当厚度变化时，与原先位于零平面上的光斑象的位置进行比较，可测出象点的位移 X_1，厚度变化 H_1 与 X_1 有一定的几何关系，可计算出 H_1。为了消除被测物体上下浮动对测量的影响，常采用差式测量，即下面也安置一套测量装置，测得值与上面的符号相反，取两测得值的代数差。

表 5.3-51   尺度检测仪表分类与特性

种类	测量原理	量程/mm	精确度（%）	特点	典型产品例
电感测厚仪	材带与设定厚度的偏差，使铁心移动，线圈电感量变化，引起测量电桥输出电压信号的变化	$1.5 \sim 5.5$	$\pm(1 \sim 0.5)$	接触式测量,结构简单,测量精确度与材质无关,但受材质温度影响,容易在被测带材上造成划痕,不能用于高速场合	冷轧带材厚度测量仪
微波测厚仪	利用微波测厚原理	$0.1 \sim 6$	± 1	非接触连续测量，响应速度快，抗干扰能力强，高温不宜工作	带材、板材厚度测量仪
电涡流测厚仪	被测金属板材与传感器间距离的变化，引起传感器输出信号的变化	$0.15 \sim 100$	$\pm(3 \sim 1)$	非接触连续测量，量程宽，耐油污，但精确度较低，受剩磁影响	板材电涡流测厚仪
电容测厚仪	被测板材与传感器间的距离变化（容量变化），引起传感器输出信号的变化	200×10^{-3}	$\pm(1 \sim 0.5)$	非接触连续测量	板材电容测厚仪
超声测厚仪	利用回波测距原理	10	$\pm(1 \sim 0.2)$	非接触连续测量，但需浸入介质中，不能测小于盲区的厚度，测量精确度与介质均匀度有关	板材超声测厚仪
X 射线透射式测厚仪	X 射线的透过量随板厚而变化	$0.01 \sim 26$	$\pm(0.5 \sim 0.2)$	非接触连续测量，射线强度可调，响应速度快，但射线管的电压和电源必须稳定，对射线源应采取安全措施	热轧、冷轧板带 X 射线测厚仪
γ 射线透射式测厚仪	γ 射线的透过量随板材厚而变化	$4 \sim 100$	$\pm(0.5 \sim 0.2)$	非接触连续测量，射线穿透能力强，需增加线性化措施，放射源半衰期，后期误差大，能实现扫描测量，响应速度快	热轧板测厚仪
β 射线透射式测厚仪	β 射线的透过量随板厚而变化	$6 \sim 100$	$\pm(1 \sim 0.2)$	非接触连续测量，量程宽，需增加线性化措施，放射源半衰期后期误差大	冷轧钢板测厚仪
β 射线反射式镀层测厚仪	β 射线反射是随材质镀层厚度而变化	$0.02 \times 10^{-3} \sim 4 \times 10^{-3}$	$\pm(2 \sim 1)$	非接触连续测量，当涂层量小时，基体的材质结晶结构剩磁等都会造成测量误差	涂层厚度计
激光测厚仪	利用激光系统垂直测量在材质上形成的光斑位置随厚度的变化	$0.02 \sim 50$	$\pm(0.5 \sim 0.1)$	非接触式在线连续测量，测量精确度高，响应时间快、量程宽，无辐射影响，但仪器较复杂	冷轧、热轧板材测厚仪
固体扫描测宽仪	利用 CCD 光电器件对被测物进行光电扫描来测量宽度变化	$5.0 \sim 2000$	$\pm(0.2 \sim 0.1)$	非接触连续测量，测量精确度高，仪表功能齐全	热、冷轧宽度仪
磁尺式测宽仪	利用电气伺服和精密磁尺原理测定带材二个边缘的宽度变化	$340 \sim 1750$	$\pm(0.15 \sim 0.1)$	量程宽，测量精确度高，易安装，但抗干扰性能较差	冷轧磁尺测宽仪
固体扫描测长仪	利用 CCD 光电器件对被测物进行光电扫描来测量长度变化	$500 \sim 15000$	$\pm(0.2 \sim 0.05)$	非接触式连续测量，精确度高，仪表功能齐全	钢板、钢管长度测量仪
激光测长仪	利用激光系统水平测量时，在材质上形成的光斑位置随宽度的变化	$1 \sim 5000$	$\pm(0.2 \sim 0.05)$	非接触连续测量，响应时间快，量程宽，但仪器较复杂	热轧中厚板测宽仪
光导纤维式测长仪	将光导纤维绕在测尺和测量环相应槽上，由转子扫描测量被测件长度的脉冲数	5000	± 0.3	抗干扰能力强，操作使用方便	光纤测长仪
红外测长仪	采用红外检测器，置于被测物头部和尾部测量	视被测对象而定	± 0.5	非接触式连续测量	钢坯定长切割仪
固体扫描式测径仪	利用 CCD 光电器件对被测物进行光电扫描来测量直径变化	$\phi 5 \sim \phi 15$	$\pm(1.5 \sim 0.5)$	非接触连续测量，仪表功能完善	线材，棒材直径仪

（续）

种类	测 量 原 理	量程/mm	精确度（％）	特 点	典型产品例
激光测径仪	利用激光测量直径的变化	$\phi 0.1 \sim \phi 250$	$\pm (0.5 \sim 0.1)$	非接触连续测量，响应时间快，但仪器较复杂	钢管、钢丝直径测量仪
红外测径仪	利用红外检测器进行测量	$\phi 5 \sim \phi 20$	± 0.2	非接触式连续测量	线材、管材直径测量仪

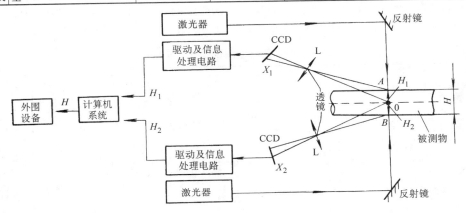

图 5.3-40　光学三角法测量厚度

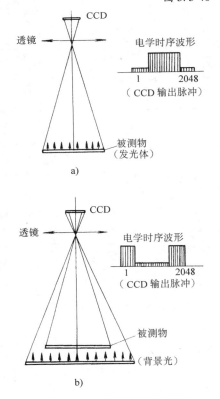

图 5.3-41　单探头测量原理

a) 无照明光　b) 有照明光

3.8.2　宽度测量

1. 单探头测量系统　测量原理如图 5.3-41 所示。被测物体经透镜成像在 CCD 探测器上，由 CCD 输出的脉宽可测得宽度。若被测件较宽，用一个探头测试，物体的像将压缩得较小，使灵敏度和精度均降低，且工件上下跳动，引起测量误差较大。一般用双探头测量系统。

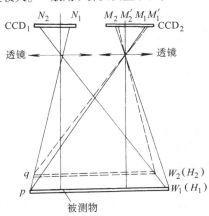

图 5.3-42　双探头测量系统

2. 双探头测量系统　原理图见图 5.3-42。两个 CCD 在空间距离为已知，每个 CCD 监测工件的一个边缘的位置，然后进行数据处理，得出宽度值。当工件上下跳动时，对该测量系统测量结果影响较小。

3.9 位移测量

位移测量仪器的种类及特点等见表 5.3-52。

3.9.1 电感式位移测量仪

它由传感器、测量电桥、振荡器和相敏检波器等组成，原理框图见图 5.3-43。振荡器输出 2

~10kHz，3~5V 正弦交流电压给测量电桥和相敏检波器。传感器采用差动电感式，当铁心在两个线圈的中间位置时，它们的电感相等，铁心偏离中间位置时，两个线圈的电感不等。线圈是测量电桥的两个臂，铁心有位移时，电桥失去平衡有电信号输出，经相敏检波后，变为可辨别正负的直流，经 A/D 转换进行数字显示。

表 5.3-52 位移检测仪表分类与特点

种类	测量原理	量 程	特 点	典型产品例
差动变压器位移仪	把位移转换成线圈互感量变化	0.01~1500mm	测量力小，无滞后，线性好（0.05%），输出灵敏度高（0.1~5V/mm），负载阻抗范围宽，但有零点残余电压，有相位差	直线位移仪
差动电感位移仪	把位移转换成线圈电感量变化	0.01~1500mm	同差动变压器位移仪，但无相位差	直线位移仪
感应同步器	把位移转换成两个平面形印制电路绕组的互感量变化	长感应同步器：1050mm 圆感应同步器：≥360°	非接触，寿命长，检测精确度高，分辨力高（可达1μm），温度影响小。但测量电路较复杂，输出信号小	圆感应同步器、长感应同步器
磁尺	把位移转换成用录音磁头沿长度方向录音波长的变化	200mm~30m	安装容易，对使用环境无特殊要求，抗干扰和稳定性较差，需防外磁场影响	液压缸位置测量
光栅位移仪	将位移转换成随标尺光栅移动而产生的横向莫尔条纹的移动数变化	直线光栅：1~1000mm 圆光栅：≥360°	测量精确度高（0.2μm），输出数字信号，光栅刻度工艺要求高，光电信号中夹杂慢变化干扰信号	直线光栅位移仪、圆光栅位移仪
电容位移仪	将位移转换成极板电容量的变化	0.1~250mm	结构强度高，动态响应好，测量精确度高（±0.01%），分辨力高（0.01μm），测量电路复杂，输出阻抗高，易受干扰影响	直线位移仪
增量型角编码器	通过编码器将角位移（转角）转换成脉冲信号	60~6000脉冲/r	结构简单，易进行零位调整和旋转方向判别，但抗干扰性差，不能停电记忆	辊间距测量仪
绝对型角编码器	通过编码器将角位移（转角）转换成二进制数码信号	2^8~2^{14}位	能停电记忆，抗干扰能力较强，结构较复杂，不易判别旋转方向	辊间距测量仪

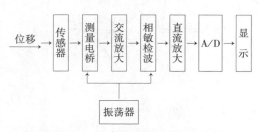

图 5.3-43 电感式位移测量原理框图

3.9.2 光栅式位移测量仪

光栅式位移测量仪的原理框图如图 5.3-44 所示。光栅传感器由刻划相同的两片光栅重叠而成。两片光栅的刻线有微小夹角时，光栅刻线透光与透光、不透光与不透光相交点形成明暗相间的莫尔条纹。当一块光栅（称指示光栅）移动一条刻线间距时，莫尔条纹明暗变化一次。莫尔条纹信号由光电探测器接收。为了能辨别移动方向，通常用在空间相距为 1/4 莫尔条纹间距的两

个光电探测器，使输出的两路信号相位差为 90°。信号经前置放大器放大、整形、再 4 倍频电路后，得到提高频率的脉冲信号，目的是为了提高灵敏度。该信号送入计数脉冲形成电路产生正反向计数脉冲，经计数脉冲缓冲器，由微处理器进行数据处理，并显示出实际位移。

图 5.3-44 光栅式位移测量仪

主要技术指标

测量范围（mm）　　　1~1000

分辨力（mm）　　　　0.005

测量误差（mm）　　　±（0.001~0.2）

（与测量范围有关）

环境温度（℃）　　　　0~40

3.9.3 感应同步器式位移测量仪[2]

测量原理框图如图 5.3-45 所示。感应同步器由相对移动的定尺和滑尺组成。在定尺和滑尺上均有铜箔，并用腐蚀工艺制成绕组图形。典型的定尺绕组是节距为 2mm 的连续绕组（图 5.3-46a），节距 $\lambda_2 = 2(a_2 + b_2)$。滑尺上配置断续绕组，且分为正弦和余弦两绕组，即在空间错开 λ_2 的 1/4，为此，两绕组中心线间距应为 $l_1 = (n/2 + 1/4)\lambda_2$，其中 n 为正整数。两绕组的节距相同，均为 $\lambda_1 = 2(a_1 + b_1)$。滑尺绕组呈 W 形（图 5.3-46b）或呈 U 形（图 5.3-46c）。由数模转换器输出的交流电压经匹配变压器，对感应同步器的滑尺绕组进行激励，在定尺绕组上感应出电动势，该电动势与定尺和滑尺之间相对位置有严格的正弦、余弦函数关系。该电动势经前置放大器放大后，送入模数转换器和控制逻辑，经过处理输出滑尺相对定尺位移信号和移动方向信号，最后由显示器显示。感应同步器的类型和技术指标列于表 5.3-53。

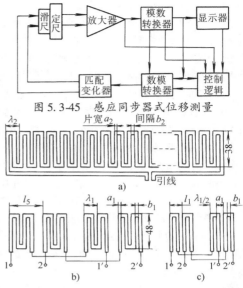

图 5.3-45 感应同步器式位移测量

图 5.3-46 绕组结构
a_1、a_2—导片宽 b_1、b_2—片间间隔 λ_1、λ_2—节距
1、1′—sin 绕组 2、2′—cos 绕组

表 5.3-53 感应同步器的类型与参数[①]

类 型		节距（检测周期）	精 度	重复精度	滑尺（转子）		定尺（定子）		电磁偶合系数 K[②]	应 用
					阻抗 /Ω	输入电压/V	阻抗 /Ω	输出电压/V		
长形	标准型	2mm	$\pm 2.5\mu m \over 250mm$	0.25μm	0.9	1.2	4.5	0.027	$\frac{1}{44}$	用以测量长度，一般采用标准型。安装位置受限制时，可采用窄型。安装面不易加工时，可采用带型。三重型的粗、中、细三套绕组可组成三个独立的电气通道，构成绝对坐标
	窄型	2mm	$\pm 5\mu m \over 250mm$	0.5μm	0.53	0.6	2.2	0.008	$\frac{1}{73}$	
	带型	2mm	$\pm 10\mu m \over 1m$	1μm	0.5	0.5	$10 \over 1m$	0.0065	$\frac{1}{77}$	
	三重型	粗 4000mm	$\pm 7mm \over 4m$							
		中 100mm	$\pm 0.05mm \over 100mm$							
		细 2mm	$\pm 5\mu m \over 250mm$	0.5μm	0.95	0.8	4.2	0.004	$\frac{1}{200}$	
圆形	φ300（720 极）[③]	1°	±1″	0.1″	8		4.5		$\frac{1}{120}$	用以测量角度
	φ300（360 极）	2°	±1″	0.1″	1.9		1.6		$\frac{1}{81}$	
圆形	φ170（360 极）	2°	±3″	0.3″	2.0		1.5		$\frac{1}{145}$	用以测量角度
	φ75（360 极）	2°	±4″	0.4″	5.0		3.3		$\frac{1}{500}$	
	φ50（360 极）	2°	±9″	0.9″	8.4		6.3		$\frac{1}{2000}$	

① 表中数据是在激磁频率为 10kHz 时的参考数据。

② 电磁偶合系数 $K = \dfrac{输出感应电压（U_{sc}）}{输入激磁电压（U_{sr}）}$。

③ 极数相同时，转子与定子的直径愈大，精度愈高。

3.9.4   双频激光干涉位移测量仪

图5.3-47为双频激光干涉位移测量仪的原理图。在单模氦氖气体激光器1的外部套有产生轴向磁场的环形磁钢2，由于塞曼效应，激光的谱线被分裂成两个旋向相反的圆偏振光，而得频率为f_1和f_2的双频激光。双频激光束通过$\lambda/4$波片3后成为平行纸面和垂直纸面的两个线偏振光。从分光镜4取出一小部分光，经过检偏振器11，将两偏振方向相垂直线偏振光变为偏振方向相同的线偏振光，两线偏振光叠加（干涉）后得差频$\Delta f_1 = (f_1 - f_2)$，称它为拍。此拍被光电探测器12接收，转变为频率为Δf_1的正弦电信号作为参考信号。透过分光镜4的光到达偏振分光镜5，f_1在镜5的分光面上全反射，至固定三面直角棱镜7，并循一平行路径折回到5。f_2全部透过镜5，射向随着被测位移物一起移动的三面直角棱镜6，经反射回到镜5。当镜6移动了位移为l时，由于多普勒效应，使得测量光束f_2经6反射后，频率变为$(f_2 \pm \Delta f_2)$。频率为f_1和$(f_2 \pm \Delta f_2)$的两线偏振光经反射镜8反射，经检偏振器9，偏振同向的两线偏振光叠加，在光电探测器10上得到频差为$(f_1 - f_2 \mp \Delta f_2)$的测量电信号。将10和12上得到两个拍频信号经放大整形后送入减法器相减，得到差拍脉冲数为

$$N = \int_0^t \Delta f_2 \mathrm{d}t = \frac{2}{\lambda}l$$

被测位移为

$$l = \frac{N\lambda}{2}$$

式中 λ——已知激光的波长；
　　　　N——干涉条纹数。

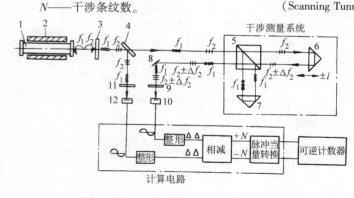

图5.3-47   双频激光干涉位移测量原理

3.9.5   纳米测量仪器

一般高于100pm精度的测量仪器称为纳米级测量仪器。下面介绍几种纳米测量仪器的原理与结构。

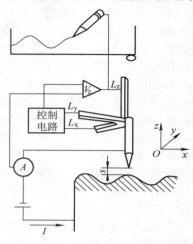

图5.3-48   扫描隧道显微镜的结构原理图

1. 扫描隧道显微镜   在微观世界中，光的波动性产生的衍射效应使光学显微镜的分辨极限只能达到光波的半波长左右。用波长仅为光波波长万分之一甚至十万、百万分之一的电子束代替光束进行显微测量，由此诞生了电子显微镜。现代透射电子显微镜的分辨率已优于0.3nm。20世纪80年代初，人们发现了隧道效应，即如果两个金属电极用非常薄的绝缘层隔开，并在极板上施加电压，则电子会穿过绝缘层由负电极进入正电极，产生隧道电流，而且极间距变化0.1nm，隧道电流会产生10倍于原始电流量的变化。据此原理，1982年研制成功了第一台扫描隧道显微镜（Scanning Tunneling Microscope，STM）。图5.3-48所示为STM的结构原理图。

图中，针尖探头安置在一个可实现三维运动的压电陶瓷支架上，通过控制加在3个压电陶瓷臂上的电压可分别控制针尖在x、y、z方向上的运动。若以针尖为一电极，被测表面为另一电极，则当两者间距离小到纳米量级时即会产生隧道电流。

STM有两种工作模式。一种是恒高度模式，即当被测表面仅

有原子尺度（0.1nm）的起伏时，针尖在被测表面上方作平面扫描（即针尖高度不变），用现代电子技术测出隧道电流的变化即可描绘出表面的微观起伏形态。但当被测表面起伏较大时，恒高度模式会使针尖撞击表面造成针尖损坏（理想针尖的尖端只有一个稳定原子）。因而有另一种恒电流模式，即控制加在 z 向压电陶瓷臂上的电压，使针尖在扫描过程中随表面起伏上下移动，而保持隧道电流不变（即针尖与被测表面间的间距不变），由压电陶瓷上电压的变化获得表面形貌的信息。目前 STM 多采用后一种模式，其垂直分辨率可达 0.01nm。

2. 原子力显微镜　使用 STM 要求被观测件必须是导体。为了对绝缘表面作同样的观测，1986年又相继问世了原子力显微镜（Atomic Force Microscope，AFM）。AFM 的许多零部件都与 STM 相同，主要不同点是用一个对微弱力极其敏感的易弯曲的微悬臂针尖代替了 STM 中的隧道针尖，并以探测悬臂的微小偏摆代替了探测微小的隧道电流。

AFM 的工作原理如图 5.3-49 所示。对微弱力极其敏感的微悬臂一端被固定，另一端处于悬浮状态，且带有微小的针尖。AFM 在探测物体表面时，针尖与物体表面轻轻接触，而针尖尖端

原子与被观测物表面原子间存在极微弱的排斥力（$10^{-8} \sim 10^{-6}$ N），会使得悬臂产生微小的偏转。将测得的偏转信号用于工作台驱动器控制，使工作台作适时跟踪，保持排斥力恒定，综合处理悬臂的偏转信号和工作台的位置信息，即可确定被观测表面各点的空间位置。

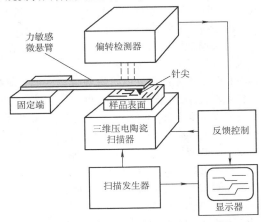

图 5.3-49　原子力显微镜工作原理示意图

AFM 的微悬臂偏转检测有很多种方法。图 5.3-50 给出了一些检测方法的原理示意图。

隧道电流检测法原理（见图 5.3-50a）。在微悬臂的上方设有一个隧道电极（STM 针尖），通

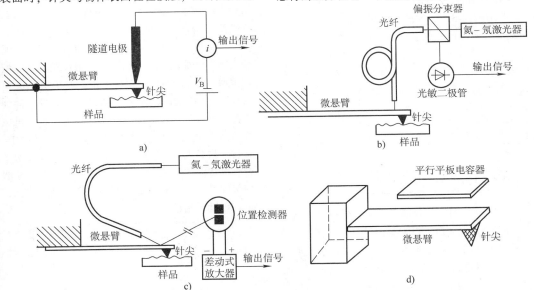

图 5.3-50　原子力显微镜悬臂梁偏转监测方法示意图
a）隧道电流检测法　b）光学干涉检测法　c）光束偏转检测法　d）电容检测法

过测量微悬臂与针尖之间的隧道电流的变化就可获得微悬臂偏转的信息，其垂直分辨力与 STM 相似，为 0.01nm 左右。

光学干涉检测法原理（见图 5.3-50b）。当微悬臂偏转时会改变探测光的光程，因此通过测量探测光与参考光束形成的干涉条纹的移动或相位变化，即可确定微悬臂的偏转量。干涉法的测量精度最高，其垂直位移检测精度可达 0.001nm。

光束偏转检测法原理（见图 5.3-50c）。在针尖上方设置了一枚微小的反射镜，通过检测反射光的偏转就可得到微悬臂偏转的信息。光束偏转法可实现的最高精度为 0.003nm。

电容检测法原理（见图 5.3-50d）。微悬臂构成平行平板电容器的一极，电容的另一极平行地设置在微悬臂的上方，微悬臂的偏转值通过电容器的电容增量间接测得。电容法的垂直位移检测精度约为 0.03nm。

3. X 射线干涉仪　X 射线干涉仪是 1965 年问世的，最初仅用于晶体检验。1983 年开始研究将其用于微位移测量。X 射线干涉仪可作为 pm 级位移的测量工具，也可作为其他纳米级（甚至更小）位移测量系统的自然校验工具。

如图 5.3-51 所示，X 射线干涉仪主要由 X 射线源、单晶硅光栅、微动平台、信号检测与处理、微位移监测系统等组成。X 射线源（X 射线管或同步辐射装置）产生射线，经过狭缝和细长铜管准直，再经单色仪变成一定谱宽的单色光后进入干涉系统。

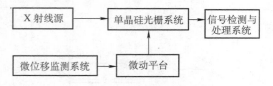

图 5.3-51　X 射线干涉仪结构框图

X 射线干涉仪的关键部件是单晶硅光栅，其结构及原理如图 5.3-52 所示。由于单晶硅中硅原子排列非常规则，且单晶硅具有纯度高、热膨胀系数低、其晶面间距不确定度小于 2fm 的特点，所以单晶硅适合作为纳米基准。单晶硅光栅由三片平行排列的单晶硅薄片组成。X 射线经过第一片晶体

（分束光栅）时，分成对称的零级和一级衍射光。两束光经过第二片晶体（镜面光栅）衍射，又形成各自的零级和一级衍射光，其中有两束衍射光在第三片晶体（分析光栅）的位置处发生干涉。由于干涉条纹的间距等于晶体的晶面间距为 d，因此它与分析光栅组成了无间隙的光栅副。当分析光栅沿垂直晶面的方向移动一个晶面间距时，莫尔条纹变化一个周期。通过记录莫尔条纹变化的周期数，即可求得微位移量的大小。

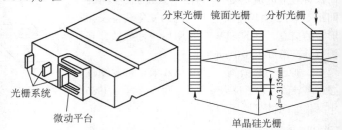

图 5.3-52　单晶硅光栅的结构及工作原理示意图

分析光栅的位移是由高精度微动平台驱动的，微动平台由驱动机构和位移机构组成。驱动机构一般通过压电陶瓷或电磁作用装置产生驱动力。压电陶瓷上的外加电压与其长度变化量之间呈非线性关系，且伸缩具有滞后性，实际使用时不太方便。电磁作用装置利用线圈与磁铁间的作用力为驱动力，该力的大小与外加电流成正比，可以使平台产生线性位移，但该机构难以微型化。位移机构要求能产生 pm 级的微位移，因而须采用无摩擦的弹性位移系统，最简单的结构型式类似于图 5.3-53 所示的片簧。由于单晶硅材料较脆，用其制成的弹性元件或工作在理想的弹性区，或毁坏，没有中间的塑性变形，且无机械性滞后及疲劳现象，所以在 X 射线干涉仪中，常在一块硅材料上直接刻出光栅晶片和微动平台，即如图 5.3-52 中所示的集成式结构。虽然集成式结构制造较复杂，但省去了安装和调试，位移精度不易改变。

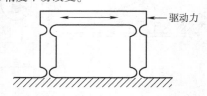

图 5.3-53　片簧位移机构示意图

图 5.3-51 中微位移监测系统的作用,是随时监测微位移的大小,防止弹性元件因位移量超过弹性范围而发生断裂,同时也可与 X 射线干涉仪测得的微位移进行比对。常用的微位移测量系统有:光学干涉测量系统和电感微位移测量系统。

4. 集成激光干涉系统

光信息技术的发展,迫切要求光学器件和光路系统微型化。随着光波导研究成果问世,1969年首次出现了"集成光学(Integrated Optics,IO)"的名称,后延续"集成电路"的说法,将集成光学元件构成的光学系统称为"集成光路(IOC)"。

平面光波导是集成光学的基础,最简单的平面光波导结构如图 5.3-54a 所示,其由 3 层具有不同折射率的材料构成。中间层是折射率为 n_1 的波导层,它的作用与光纤类似,是光束传输的通道(见图 5.3-54b);下层是折射率为 n_2 的衬底,上层是折射率为 n_3 的空气,$n_3 = 1$。为了保证光在波导层内传输,必须 $n_1 > n_2 \geq n_3$。

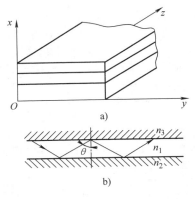

图 5.3-54　平面光波导基本结构
及其光路传播示意图

3.10　现代测试系统

现代测试系统是具有自动化、智能化、可编程化等功能的测试系统。下面将分别对智能仪器、自动测试系统、虚拟仪器和视觉测量仪器作扼要介绍。

3.10.1　智能仪器

"智能"指"一种能随外界条件的变化来确定正确行为的能力"。智能化应具有理解、推理、判断与分析等一系列功能,是数据、逻辑与知识综合分析的结果。"智能仪器"是具有"智能"及"智能化"的标准的仪器。与传统仪器相比,智能仪器的性能和功能有了明显的提高,而且多半具有自诊断、量程自动切换、非线性校正、误差补偿等能力。但是,现在"智能仪器"仍处于仪器智能化的初级阶段。图 5.3-55 为智能仪器的组成示意图。

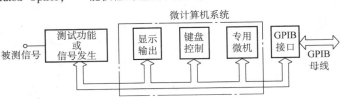

图 5.3-55　智能仪器的组成示意图

智能仪器主要包括微计算机、测试功能或信号发生器、通用接口母线三部分。微计算机部分是整个智能仪器的核心。它包括控制或数据输入处理、各种信息传递、电路控制、输出功能的管理包括屏幕(CRT)、打印机、发光二极管(LED)、液晶显示(LCD)、绘图仪等大多通过微机总线进行。软件是智能仪器的灵魂。智能仪器的管理程序被称为监控程序,它接受信息、分析判断数据、执行来自外部或程控接口的命令,完成测试和数据处理等各项任务。软件被存储于 ROM 或 EPROM 存储器中。智能仪器的功能强弱很大程度上体现在软件中。

3.10.2　自动测试系统

自动测试系统是在最少人工参与的情况下,能够自动进行测量、数据处理并以适当方式显示或输出测试结果的测量系统(Automatic Test System,缩写为 ATS)。

第一代自动测试系统的主要特点是采用计算机作为控制器来实现测试数据的自动采集和自动分析,能快速、准确地给出测试结果。其主要缺点是系统的适应性较差。第二代自动测试系统则采用标准接口母线(Interface Bus),如 CAMAC 总线、GPIB 总线、RS-232 总线等把测试系统中有关部分按积木的形式连接起来,简化了系统设计师和组建者的工作。但是计算机主要作为控制器使用,计算机的能力并未充分发挥出来。第三代自动测试系统用软件来调用功能模块、元器件库和柔性的系统组建能力，使计算机成为测试系统的核心，出现了除计算机以外基本上没有附加硬件的虚拟仪器（Virtual Instrument）

该总线由 HP 公司推出，也称 IEEE488 总线。作为可编程电子仪器的并行接口，并行总线共有 16 根线，其中 8 根为数据线 D101—8，3 根为数据传输控制线（Hand shaking）DAV、NRFD、NDAC，其余 5 根为接口管理信息线 ATN、IFC、SRO、REN、EQI，见图 5.3-56。

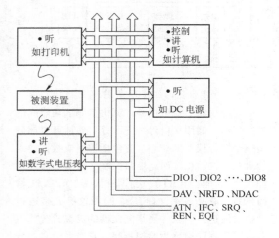

图 5.3-56　GPIB 自动测试系统的组成

连接到总线上的仪器装置必须至少具有下列 3 种功能中的一种：

1）听—被定义地址后，通过接口由其他仪器接收到数据。如打印、显示、可编程部件等。

2）讲—被定义地址后，发送数据给其他仪器。如带数据输出装置、数据存储器等。

3）控制—通过传送的地址和指令来管理数据通信。控制器由计算机担任。

在用 GPIB 连接的自动测试系统中，每个器件均配有接口，并装有连接母线电缆的插座。测试系统采用每线连接，即系统中一切器件接口中同一条信号线全部通过母线并接在一起。

3.10.3　虚拟仪器

计算机的不断发展推动了仪器的变革。低成本、高性能、先进的软件和图形用户界面使用户模拟传统仪器的功能。这种应用图形软件的功能，由计算机来处理和显示测量结果的仪器在工业界常被称为"虚拟仪器"。

虚拟仪器也可定义为仪器的全部功能都可由软件来完成（配以一定的硬件）。用户只要提出所需要的系统框图、仪器面板控制和希望在计算机屏幕上实现的输出显示等。

这个概念首先由美国 NI 公司于 1990 年推出 LabVIEW 软件包开始。这个软件包能使用户开发一套方框/流程图，用来表示测试系统的功能和测试过程后，就可组建他们自己的虚拟仪器。适当的仪器面板可调用计算机内的控制器、指示器和显示器部件库组合而成。当然，虚拟仪器连接到现实世界以完全测量任务，仍需要通过信号采集卡或通过其他特殊功能模块。可以说，虚拟仪器是仪器技术与计算机技术高度结合的产物。

将传统仪器与虚拟仪器作一简要的比较，它们的主要区别如表 5.3-54 所列。

表 5.3-54　传统仪器与虚拟仪器的主要区别

传统仪器	虚拟仪器
仪器商定义	用户自己定义
特定功能，与其他设备连接受限	系统面向应用，可方便与网络、外设及其他应用设备等相连
硬件是关键部分	软件是关键部分
价格昂贵	价格低，可重复使用
封闭系统，功能固定不可更改	基于计算机技术的开放灵活的功能模块
技术更新慢(5~10 年)	技术更新快（1~2 年）
开发维护费用高	软件结构，大大节省开发费用

1. 虚拟仪器的组成　虚拟仪器的基本部件包括有计算机及其显示、软件、仪器硬件以及将计算机与仪器硬件相连的总线结构，如图 5.3-57 所示。

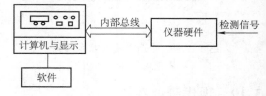

图 5.3-57　虚拟仪器的基本部件

（1）计算机与显示　这部分是虚拟仪器的心脏部分。计算机应该满足软件包的各种要求。

（2）软件　软件是虚拟仪器的头脑。它确定虚拟仪器功能和特性，能执行工业标准操作系统。

（3）内部总线　占主导地位的基本上是 3 种总线：IEEE-488（GPIB 总线）、PC 总线和 VXI 总线。

1）IEEE ~488 总线 接口埋设于标准仪器的后面,具有较强的抗电磁干扰性。允许 IEEE-488 接口卡与多至 15 台仪器连接。计算机通过接口卡和软件将指令传至每台仪器并读取结果。其最大数据传输率为 1MB/s,通常使用 100 ~ 250KB/s。

2）PC 总线 适用于一种小型的、较为廉价的、精度要求并不十分苛刻的数据采集系统。

3）VXI 总线 VXI 技术开创了自动测试、数据采集和自动控制的信息时代。VXI 总线为仪器提供了一个高质量的电磁兼容环境,高速通信的 VME 总线有三种方法:

①通过 IEEE-488 的 VXI 总线通信 用一根标准的接口电缆将其与计算机内的 IEEE-488 接口卡连接起来。这种系统编程方便,但数据传输速率受限于 IEEE-488。

②通过 MXI 总线的 VXI 总线通信 在 VXI 总线主机框与计算机间应用较高速度的连接总线。具有高速的柔性电缆接口总线 MXI 接口卡和软件是装在计算机内的,而用一根电缆将其与 VXI 总线主机框内的转接器相连。其通信较 IEEE-488 快得多。

③通过装入控制器内的 VXI 总线通信 直接将一台功能强大的 VXI 总线计算机装入 VXI 总线主机框。这台计算机是可直接执行工业标准操作系统和软件的 PC 和工作站的改型,亦称"0 槽控制器"。优点是完全保持了 VXI 总线的通信功能。

（4）仪器硬件 虚拟仪器可以减少仪器的硬件,但决不是完全取消仪器的硬件。包括传感器、测量电路、数据采集模块、控制模块等。

2. 虚拟仪器应用举例

工业界通常将虚拟仪器描述为下列 4 个应用方式:

（1）组合仪器 将一些单独的仪器组合起来完成复杂测试任务的整套系统视为虚拟仪器。组合系统可设置每台仪器的参数、可作初始化操作、处理数据、显示测量的结果等。系统的总线可以是 IEEE-488、PC 总线、VXI 总线或三者的组合。

（2）图形虚面板 由计算机屏幕的图形前面板替代传统仪器面板上的手动按钮、手柄和显示装置对仪器的控制。图形面板具有丰富的图形软件和窗口功能,提供更多的仪器面板功能。如像示波器、电压表一样显示测量值的变化、控制

电子开关、直观显示各种开关状态等。

（3）图形编程技术 仪器的控制、程序流程和执行均用图形软件由图形来确定。由图形软件完成文字化语言编程。取代键入指令和说明等文字,用线条和箭头将一幅幅图形连结起来实现图形化的程序。还可将图形子程序组合为一个复杂功能的图形,开发先进的虚拟仪器。

（4）重组各功能模块构成虚拟仪器 根据需要将不同功能的仪器重组成电压表、波形记录仪、示波器、频谱分析仪等,用图形面板分别表示个别的仪器功能。至今,采用重组各功能模块而创建的虚拟仪器已有存储示波器、信号分析仪、扫描电压表等一系列专用仪器。

3.10.4 视觉测量仪器

机器视觉测量是一种很有发展前途的新兴检测技术,它用视觉传感器采集目标图像,通过对图像各种特征量的分析处理,获取被测曲面信息。下面以轿车白车身三维尺寸测量为例,介绍机器视觉测量的原理及其在异形曲面测量领域中的应用。

1. 视觉传感器的类型及工作原理 视觉传感器要求能获取物体表面的三维信息,所以必须在一般的二维灰度图像中加测距原理获得的第三维坐标信息。目前应用最广泛的是基于三角测距原理的视觉传感器,其测量精度高,可测范围大,适用于生产现场使用。

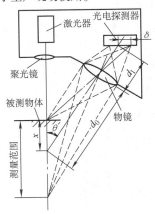

图 5.3-58　点光源三角法测头原理示意图

图 5.3-58 所示的点光源三角法测头常用作三坐标测量机的非接触式探头。半导体激光器发出的光在被测表面的测点处产生一个光点,继而

光点成像在摄像机位置敏感器件 PSD 或电荷耦合器件 CCD 的像面上。设入射光光轴与成像光轴的夹角为 θ，则 $x = d_0\delta/(d_1\sin\theta)$，因此由像点相对于光轴的偏离量 δ，即可实现对距离 x 的测量。为了能测量轮廓斜率不断变化的工件表面，三角法测头探测的是漫反射光，其还可测量粗糙、无光泽的表面。通过扫描测量，然后根据获得的物体表面各点的高度，即可在计算机中将该物体重构出来。

在反求加工中起重要作用的三维扫描仪一般采用视觉测量原理。首先对加工物体样品进行轮廓测量，再自动生成加工控制模型，仿制出被测物体。为了提高测量速度，使一次瞄准能获得更多的信息，这些扫描仪多采用线光源或光栅式结构光（多平行线），能更有效地辨识出表面曲率、棱边走向、孔的位置和尺寸等参数。图 5.3-59a 所示为线结构光测量系统。

半导体激光器发出的激光束通过柱面镜产生线光源，投射在被测区域形成高对比度的激光带，用摄像机拍摄光带的像，从而获得被测表面光照区的截面形状。图 5.3-59b 所示为用光栅式结构光瞄准，投射到物体表面的为一组平行光线，它一次瞄准即能完整地获取照射区内的表面特征，如图中棱边的位置与形状。除了点、线、光栅式 3 种结构光以外，还有其他的结构光形式，如同心圆环、圆光斑等。目前还有编码式结构光、彩色结构光等在视觉测量中应用。为了利用立体视差更好地确定三维曲面上几何要素间的关系，采用双目体视传感器，即由两台性能相同、相互位置固定的摄像机，同时获取同一被测表面两个方向上的图像，计算空间特征点在两幅图像中的"视差"，继而导出物体表面的距离信息。在建立机器视觉测量系统时，根据被测对象的情况和测量任务的具体要求，将多种传感器组合使用，使其各尽其能。视觉测量数据处理数学模型的建立，涉及多个知识领域，请参阅有关文献和专著。

2. 机器视觉检测系统

机器视觉测量系统可分为固定式和可动式两类。固定式测量系统是将一个或多个传感器固定安装在刚性框架上形成一个测试区，对定位在测试区内的工件进行检测。该方法适用于大批量同类产品的快速检测。被测工件变换时，须对框架系统进行重新设计或改造。可动式测量系统是使传感器沿着指定的路线移动来实现对工件的检测。该方法一般用于单件产品或小批量生产的产品的测量。由于固定式系统的测量速度和精度均优于可动式系统，因而大型复杂工件的 100% 在线检测，应选择固定式。图 5.3-60 所示为轿车白车身机器视觉检测系统。

车身是轿车的重要组成部分，一方面要求其外观平整美观，另一方面要求各关键设计点的尺寸达到规定的要求，如车窗、车门尺寸，它们若不合格，整车就会出现漏风、漏雨现象。传统的车身检测方法是人工靠模法，即由技术工人用标准模板与从生产线上抽取的车身进行比对，检测精度取决于操作者的水平，效率很低。三坐标机发展以后，使用大型三坐标机对车身进行抽检，测量精度大幅度提高，但测量效率依然很低，仍不能满足 100% 在线检测的要求。由视觉传感器、定位机构和计算机控制系统三大部分组成的车身视觉检测系统，各部分在主计算机的控制

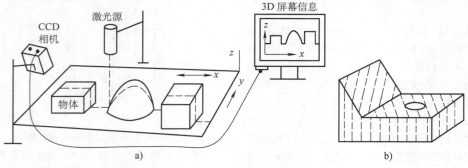

图 5.3-59 视觉测量示例
a) 线结构光测量系统 b) 光栅式结构光瞄准

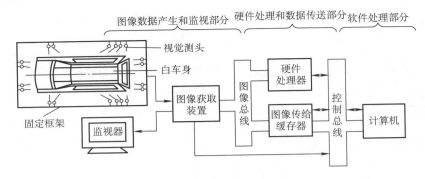

图 5.3-60　轿车白车身机器视觉检测系统

下，相互有机协调地工作，可实现车身 100% 在线检测。

整个系统采用多种视觉传感器，以完成直棱、曲棱上关键点以及装配孔心位置的测量。各传感器固定在刚性框架的预定空间位置上，监视各相应点、线、面的空间位置。所有传感器共享一个图像采集卡，计算机分时控制每一个传感器的投射器数据流和测量信号数据流，使传感器顺序、自动地采集本征图像。

建立多传感器机器视觉测量系统的关键工作之一是进行系统的整体标定，即将多个离散的传感器统一到一个总的测量坐标系中来，使各传感器的测量值转换成统一坐标值，便于建模和误差评定。整体标定一般在整个测量系统安装完毕后，借助于三坐标测量机或其他设备在现场进行。

3.10.5　微型仪器

微电子技术的发展、ASIC 电路（Application Specific Integrated Circuits）的兴起、圆片规模集成电路（Wafer Scale Integration，WSI）的问世，在整个硅大圆片的规模上集成一个完整的电子系统或子系统成为现实。三维集成技术使芯片上的电路元件呈立体布局，表面封装技术（Surface Mounting Technology，SMT）使电子元器件成为无引线或短引线、大小仅有几毫米的微型元件。DSP 芯片、神经网络芯片的问世和各种信号处理算法（时域平均、相关分析、数值滤波、平滑技术、频谱计算等）在仪器中的应用，微机械技术（MEMS）使集合微机构、微驱动器、微能源以及微传感器和控制电路、信号处理装置等附于一体的微型机电系统、微仪器成为可能。凡此种种，都使测试仪器仪表不仅在精度方面有了极大的提高，而且在小型化、微型化方面有了很大的发展。例如，掌上频率计数器、频谱分析仪、手提式血液分析系统取代一套大型生化仪器；手提式微金属探测仪可方便地监测水质；由真空、电离、探测等许多部分组成的元素分析质谱仪目前已做到台式计算机般大小，并朝更微小的方向发展等。

3.10.6　测控系统

由检测技术实现仪器对信息的感知、采集、处理以及分析、判断，实现对系统适时控制。例如汽车中，由于对节能、环保、安全、舒适性方面的要求，建立在对车况、环境的实时检测基础上的测控系统操纵发动机点火系统、智能悬架、防抱死自动系统、安全气囊、巡航控制系统、自助空调等；生产线上通过对工件的实时检测与评估，调整、控制工艺参数，以实现质量控制；在过程控制中对温度、压力、流量的测量与控制等，可以说检测和控制是密不可分的。

图 5.3-61 是一台自动机床的测控系统。由于可能产生各种不同的干扰，因此必须用许多传感器来随时监控。

图 5.3-62 所示为一个空调系统的原理图，这是测控系统又一个典型例子。控制由温度、湿度传感器不断地检测空气温度、湿度，并根据判断实时发出控制加热器、制冷机、蒸汽炉、鼓风机等装置，流程图如图 5.3-63 所示。

3.10.7　现代测试系统实例

测试系统有着无限的多样性和广泛性。列举有限的实例，以期建立从信号的获取、传输到信号的处理、输出显示的完整的系统概念。给出从任务的提出、技术指标确定到总体方案设计、技术实施的完整过程。

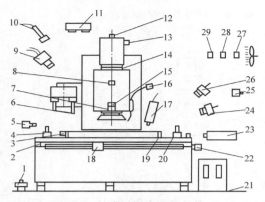

图 5.3-61 自动机床的测控系统

1—基础振动传感器 2—限位传感器 3—振动加速度计 4—边界传感器 5—工件磨损传感器 6—触觉传感器 7—温度传感器 8—润滑油检测计 9—图像传感器 10—声强度传感器 11—火花检测器 烟雾传感器 12—速度传感器 13—电流传感器 14—力矩传感器 15—声发生传感器 16—酸碱度传感器 17—粗糙度传感器 18—位置传感器 19—夹紧力传感器 20—工件损坏传感器 21—水平仪 22—力、力矩传感器 23—热变形传感器 24—切削监视传感器 25—灰尘传感器 26—温度分布传感器 27—气敏传感器 28—压力传感器 29—湿度传感器

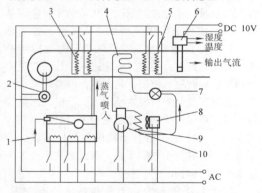

图 5.3-62 空调系统的结构原理简图

1—注水口 2—鼓风机速度控制 3—空气预热器（2×1kW） 4—空气冷却器 5—空气加热器（2×0.5kW） 6—传感器 7—膨胀阀 8—风扇 9—冷凝器 10—压缩机

1. 基于现场总线的生产井全过程钻井监测系统 在石油钻探中，基于现场总线的生产井全过程钻井监测系统（简称录井仪）监测钻井过程，评价录井信息，是科学分析和决策的重要工具。它实时采集计算井深、大钩负荷、大钩高度、泵冲次数、转盘转速和钻时（钻井单位进

尺所需纯钻井时间）等钻井参数，连续测量烃类气体总含量和其他泥浆特性参数来监控钻井过程。通过专家系统，它能预报井下异常，监测预报地层压力，还能及时发现预报油气层，是一种新型的石油勘探仪器。

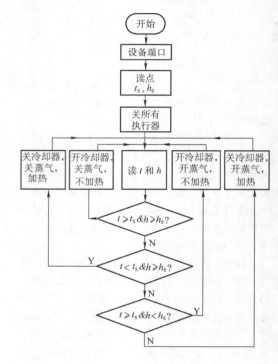

图 5.3-63 空调系统的工作流程

录井仪采用分布式信号采集、集中式数据计算处理体系结构，录井仪系统组成结构如图 5.3-64 所示。现场所有传感器包括全烃气测仪均由远程模块进行实时信号采集和控制，通过 Lon Works 总线与主计算机系统相连，传输数字信号。在工业控制计算机系统中，经联机软件进行信息综合处理、操作管理和控制，并由录井专家系统软件进行实时钻井状态推理判断和报警提示。同时，通过有线或无线方式连接远程异地监视和查询，监测钻井现场工况。

录井仪根据具体的被测对象采用了以下检测方法和传感器：

全烃含量采用热导检测仪测量，并采用氧化锆作热敏元件来实现空气载气。电路部分采用可编程运算放大器与计算机连接，可自动切换量

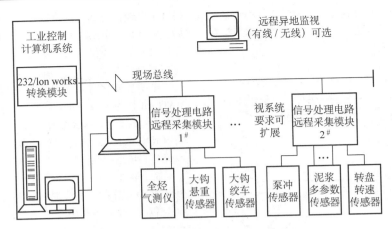

图 5.3-64　录井仪系统组成结构框图

程。大钩负荷采用 II 型标准压力传感器测量，经调理、转换和隔离后以 0 ~ 10V 信号进机。通过两只红外光电开关，测定绞车轴角位移来测定井深、大钩高度及绞车正反转状态，经整形、调理和鉴相后的以脉冲信号进机。泵冲次和转盘转速分别由电感式微动开关和光电开关来测定，经整形、倍频和锁相放大后转换为 0 ~ 10V 信号进机。钻时由间接计算得到。

录井仪系统软件由联机软件和专家系统两部分组成。联机软件采集硬件系统检测到的各种参数，进行实时处理计算井深、钻时和总烃含量等参数，显示、打印输出并存入 Access 标准数据库备用。联机软件功能结构图如图 5.3-65 所示。

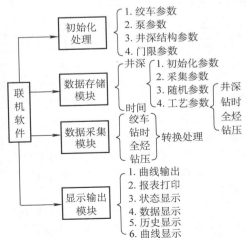

图 5.3-65　联机软件功能结构图

专家系统读取现场信息数据库信息，结合专家知识库，通过信息处理，按一定的逻辑推理进行钻井状态和钻具异常判断，实现地层压力和油气层的早期预测。专家系统由专家知识库、现场数据库、推理机、解释器和接口界面 5 部分组成。专家知识库和现场数据库采用 Access 作为数据库载体。整个专家系统采用 Visual Basic 编程实现，其专家功能结构图如图 5.3-66 所示。

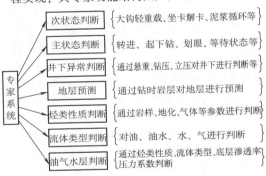

图 5.3-66　专家系统功能结构图

基于现场总线的生产井全过程钻井监测系统已在胜利油田成功地投入了现场使用，并取得了良好的应用效果。

2. 电梯导轨多参数测量系统　电梯导轨多参数测量系统用于测量电梯导轨安装后的误差：单根导轨的弯曲，导轨结合部的失调，导轨连接处的台阶，以及两列导轨的间距变化等。

电梯导轨多参数测量系统的原理如图 5.3-67 所示。它由基于 PSD 的激光准直测量装置，导轨间距测量装置，用于测量安装支架和导轨接头位置的接近开关，装有各种测头的轿箱行程测量装置以及由电器箱和笔记本电脑构成的数据采集系统等 5 部分组成。

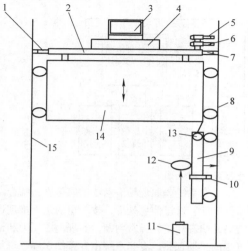

图 5.3-67　电梯导轨多参数测量系统原理图
1—电感传感器 1　2—导轨间距测量装置　3—笔记本电脑　4—电气箱　5—接近开关 1　6—接近开关 2　7—电感传感器 2　8—导轨　9—PSD 测量装置　10—接近开关 3　11—激光铅直仪　12—PSD　13—行程测量装置 1　14—桥箱　15—导轨

导轨的直线度、垂度误差由专门设计的基于位置敏感探测器 PSD 的激光准直测量装置进行测量。本系统还选用了具有自动安平功能的激光铅直仪作为导轨垂直度和直线度测量的基准。整个 PSD 测量装置连接在轿箱底部，并紧贴于导轨的表面上。PSD 传感器通过一个一维导向机构与测头连接。当 PSD 测量装置随轿箱上下运行时，PSD 元件就可以在导轨的顶面和侧面两个方向反映出导轨表面形状的误差。本系统采用了双电感传感器差动测量方案来测量两列导轨顶面间距的偏差，并用杆式内径千分尺标定导轨间距绝对值。为了保证 PSD 测量信号与导轨间距测量信号的同步，设计中选用了电感式接近开关来进行导轨接头位置的测量。本系统采用了一套由旋转式光学编码器和高精度滚动轴承组成的测距装置，通过计数器记录编码器的读数来准确得到轿箱与测量装置的运行距离。

数据采集系统主要由电器箱、笔记本电脑及其内部的软件组成。整个系统的构建是基于虚拟仪器的思想来完成的。所有传感器的测量信号通

过屏蔽电缆传送到电器箱，经信号调理电路处理后，由笔记本电脑通过采集卡进行数据采集。计算机内部的虚拟仪器软件完成数据的处理、显示和存储等工作。

电梯导轨多参数测量系统是以 LabVIEW 和 MATLAB 作为虚拟仪器开发平台，并配以多功能数据采集接口卡 DAQ6024E 和相应的信号调理电路组成集成度高、功能完善的虚拟仪器系统。虚拟仪器测量系统硬件如图 5.3-68 所示。

整个软件系统的设计采用了模块化的编程思想，共分为数据采集、非线性修正、数据分析、数据显示、数据存储等功能模块，如图 5.3-69 所示。

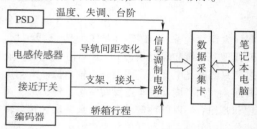

图 5.3-68　虚拟仪器测量系统硬件

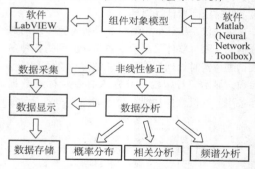

图 5.3-69　虚拟仪器软件系统

数据采集、数据显示、数据存储和数据分析模块由 LabVIEW 编程实现。传感器数据的非线性修正模块是利用 MATLAB 的神经网络工具箱编程实现的。它与其他模块间的通信是靠 COM 技术实现的。软件提供了友好的虚拟仪器面板，用户可以方便地输入测量参数，通过按钮进行测量的控制和观测测量结果。

通过对某电梯试验塔中对正在安装调试的导轨各项参数的测量表明，在 70m 的测量范围内，测量结果的标准偏差仅为 0.3mm，完全满足了测量要求。

4　机械量测量

4.1　振动测量

振动即机械振动，是指机械系统中运动量的振荡现象。

4.1.1　振动测量的内容

1. 振动量的测量　振动量是被测系统选定点上给定方向的运动量，如位移、速度、加速度等；以原始数据为依据经特征分析得出的统计值，如幅值、峰值、均方值及相位、频率、频谱密度等，有时还包括力、力矩、压力、角运动量等。其目的是了解被测对象的振动状态，评定振动量级、寻找振源和进一步执行监测、识别、诊断和预估。

2. 振动系统动态特性的测量　有物理参数（如质量、刚度、阻尼等）、模态参数（如固有频率、振形、模态质量、模态刚度、模态阻尼等）、时域响应函数（如单位脉冲响应函数等）、实频域响应函数（如频率响应函数、机械导纳、机械阻抗、传递率等）、复频域响应函数（如复频传递函数）。

3. 动态强度实验分析　以动态外力和响应测试数据建立的数学模型；或由测量数据和数学模型反求动态外力等。

4.1.2　振动的分类及表征参数[7]

1. 振动的分类　其主要类别见表5.4-1。

表 5.4-1　机械振动的主要类别

分　类	名　称	主要特征及说明
按产生振动的原因分	自由振动	当系统的平衡位置被破坏，只靠其弹性恢复力维持的振动，振动的频率就是系统的固有频率。当有阻尼时，振动将逐渐减弱
	受迫振动	在激振力的持续作用下，系统被迫产生振动。振动的特性与外部激振力的大小、方向、频率有关
	自激振动	在外部没有激振力作用的情况下，由于系统本身的运动所产生的振动
按振动的规律分	简谐振动	能用一个正弦或余弦函数来表达其运动规律的周期振动。振动的幅值、相位随时间的变化可预测
	周期振动	不能用一个正弦或余弦函数来表达其运动的规律的周期振动。但可用傅里叶级数的分解方法将其分解为若干个简谐振动
	非周期振动	振动的量随时间变化的曲线是非周期的（一般称瞬态振动），可用傅里叶积分来描述
	随机振机	不能用明确的数学式来表达其运动规律，而只能用统计的方法来研究。它的幅值、相位、频率、事先无法精确地判断
按振动系统结构参数的特性分	线性振动	系统的惯性力、阻尼力、恢复力分别与加速度、速度、位移成线性关系，能用常系数线性微分方程来描述的振动
	非线性振动	系统的惯性力、阻尼力、恢复力、分别具有非线性性质，只能用非线性微分方程来描述的振动。它不能运用迭加原理
按振动系统的自由度分	单自由度的振动	确定系统的振动过程中，任何瞬时间的几何位置只需一个独立坐标
	多自由度的振动	确定系统在振动过程中，任何瞬时间的几何位置需要多个独立坐标

表 5.4-2　ISO1683 机械振动参数级的
定义和参比量值

级的名称	定　义	参比量
振动加速度级	$L_a = 20lg\left(\dfrac{a}{a_r}\right)dB$	$a_r = 10^{-5}\ m/s^2$
振动速度级	$L_v = 20lg\left(\dfrac{v}{v_r}\right)dB$	$v_r = 10^{-8}\ m/s$
振动位移级	$L_d = 20lg\left(\dfrac{x}{x_r}\right)dB$	$x_r = 10^{-11}\ m$
振动力级	$L_F = 20lg\left(\dfrac{F}{F_r}\right)dB$	$F_r = 10^{-6}\ N$
振动能量级	$L_E = 10lg\left(\dfrac{E}{E_r}\right)dB$	$E_r = 10^{-12}\ J$

2. 机械振动参数级　振动测量中常用相对参考值并用对数标度的分贝（dB）作单位，用分贝表示的同类量的相对大小值称为级，用L表示。用分贝作标度，必须规定参比量。见表5.4-2所示。

3. 振动测量的类型和表征参数[7]　从测量的观点，按时域法分析较为合适。

a. 简谐振动（正弦周期振动）　见表5.4-3。

b. 复合周期振动　见表5.4-4。

c. 非周期振动　见表5.4-5。

d. 随机振动 它根据统计特性是否随时间变化分成非平稳和平稳随机振动。而平稳随机振动还可以分为各态历径的和非各态历经的随机振动。在工程技术中多数随机振动可以认为是属于各态历径性的平稳随机振动。见表5.4-6。

4. 振动计量器具定度系统 见图5.4-1。

表 5.4-3 简谐振动特征

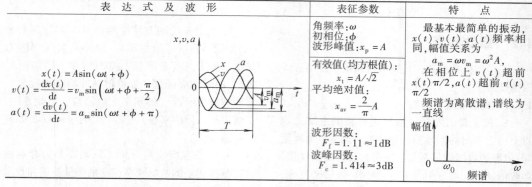

表 达 式 及 波 形	表 征 参 数	特 点
$x(t) = A\sin(\omega t + \phi)$ $v(t) = \dfrac{\mathrm{d}x(t)}{\mathrm{d}t} = v_m\sin\left(\omega t + \phi + \dfrac{\pi}{2}\right)$ $a(t) = \dfrac{\mathrm{d}v(t)}{\mathrm{d}t} = a_m\sin(\omega t + \phi + \pi)$	角频率：ω 初相位：ϕ 波形峰值：$x_p = A$ 有效值（均方根值）： $x_t = A/\sqrt{2}$ 平均绝对值： $x_{av} = \dfrac{2}{\pi}A$ 波形因数： $F_f = 1.11 \approx 1\mathrm{dB}$ 波峰因数： $F_c = 1.414 \approx 3\mathrm{dB}$	最基本最简单的振动，$x(t)$、$v(t)$、$a(t)$ 频率相同，幅值关系为 $a_m = \omega v_m = \omega^2 A$， 在相位上 $v(t)$ 超前 $x(t)\pi/2$，$a(t)$ 超前 $v(t)$ $\pi/2$ 频谱为离散谱，谱线为一直线

表 5.4-4 复合周期振动特征

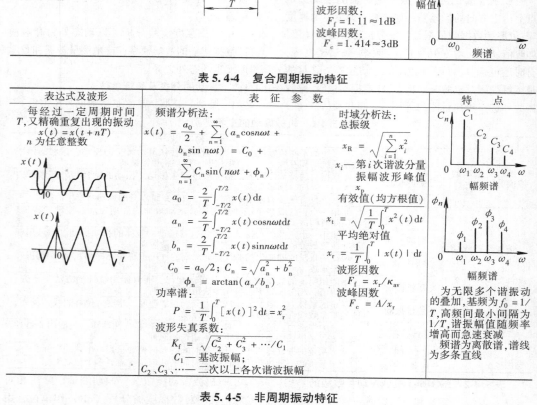

表达式及波形	表 征 参 数		特 点
每经过一定周期时间 T，又精确重复出现的振动 $x(t) = x(t + nT)$ n 为任意整数	频谱分析法： $x(t) = \dfrac{a_0}{2} + \sum\limits_{n=1}^{\infty}(a_n\cos n\omega t + b_n\sin n\omega t) = C_0 +$ $\sum\limits_{n=1}^{\infty}C_n\sin(n\omega t + \phi_n)$ $a_0 = \dfrac{2}{T}\int_{-T/2}^{T/2}x(t)\,\mathrm{d}t$ $a_n = \dfrac{2}{T}\int_{-T/2}^{T/2}x(t)\cos n\omega t\mathrm{d}t$ $b_n = \dfrac{2}{T}\int_{-T/2}^{T/2}x(t)\sin n\omega t\mathrm{d}t$ $C_0 = a_0/2;\ C_n = \sqrt{a_n^2 + b_n^2}$ $\phi_n = \arctan(a_n/b_n)$ 功率谱： $P = \dfrac{1}{T}\int_0^T[x(t)]^2\mathrm{d}t = x_r^2$ 波形失真系数： $K_f = \dfrac{\sqrt{C_2^2 + C_3^2 + \cdots}}{C_1}$ C_1——基波振幅； C_2、C_3——二次以上各次谐波振幅	时域分析法： 总振级 $x_R = \sqrt{\sum\limits_{i=1}^{n}x_i^2}$ x_i——第 i 次谐波分量振幅波形峰值 有效值（均方根值） $x_t = \sqrt{\dfrac{1}{T}\int_0^T x^2(t)\mathrm{d}t}$ 平均绝对值 $x_r = \dfrac{1}{T}\int_0^T|x(t)|\mathrm{d}t$ 波形因数 $F_f = x_r/\kappa_{av}$ 波峰因数 $F_c = A/x_r$	为无限多个谐振动的叠加，基频为 $f_0 = 1/T$，高频间最小间隔为 $1/T$，谐振幅值随频率增高而急速衰减 频谱为离散谱，谱线为多条直线

表 5.4-5 非周期振动特征

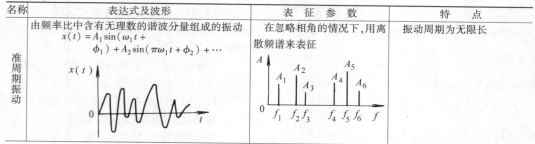

名称	表 达 式 及 波 形	表 征 参 数	特 点
准周期振动	由频率比中含有无理数的谐波分量组成的振动 $x(t) = A_1\sin(\omega_1 t + \phi_1) + A_2\sin(\pi\omega_1 t + \phi_2) + \cdots$	在忽略相角的情况下，用离散频谱来表征	振动周期为无限长

（续）

名称	表达式及波形	表征参数	特点
瞬态振动	持续时间仅几个周期的振动 $u(t)=Ae^{-at}\cos(\omega_0 t+\varphi)$ $\phi=\arctan(a/\omega_0)\quad(a>0)$	时域描述：可用位移、速度、加速度、力、压力等表征 频域描述：频谱 $F(f)=\int_{-\infty}^{+\infty}u(t)e^{-j2\pi ft}dt$	瞬态振动频谱
冲击	单个脉冲振动 矩形波： $u(t)=\begin{cases}a_m & 0\leqslant t\leqslant\tau\\0 & t>\tau\end{cases}$ 锯齿波： $u(t)=\begin{cases}a_m t/\tau & 0\leqslant t\leqslant\tau\\0 & t>\tau\end{cases}$ 半正弦形波： $u(t)=\begin{cases}a_m\sin\pi t/\tau\\0\leqslant t\leqslant\tau\\0\quad t>\tau\end{cases}$	时域描述：作用时间 τ 波形 $u(t)$ 波形包含的面积 $A=\int_0^\tau u(t)dt$ 波峰值 v_p，以最大加速度 a_m 表征(g) 此外，还可用位移、速度、加速度、力、压力等表征 频域描述：频谱 $F(f)=\int_{-\infty}^{+\infty}u(t)e^{-j2\pi ft}dt$ $=|F(f)|e^{j\theta(f)}$ $|F(f)|$—幅频谱 $\theta(f)$—相频谱	只在有限时间中存在，其频谱为连续谱 矩形波 锯齿波 半正弦形波

（1）振动测量仪器见图 5.4-2。

（2）测振系统分为两部分[8]：

1）激振设备：包括振动台或激振器。

2）测振仪器：包括测振传感器或拾振器，适调电路、运算与处理、记忆、显示与记录部分。常用测振系统配套仪器及特点见表 5.4-7。

4.1.3 振动测量基本原理[6]

1. 相对式振动测量 它是指被测振动相对于某一"静止"参考坐标的运动，见表 5.4-8。

2. 惯性式振动测量 测定被测振动相对于惯性空间的绝对测量（如大地），见表 5.4-8。

惯性式振动测量按结构参数不同可构成振幅计、速度计、加速度计，其工作条件和幅频、相频特性曲线见表 5.4-9。

表 5.4-6 随 机 振 动

	名 称	定 义	说 明
主要统计特性参数	均方值	$x_{rm}^2=\lim_{T\to\infty}\frac{1}{T}\int_0^T x^2(t)dt$	$x_{rm}^2=\int_{-\infty}^\infty x^2 p(x)dx$
	算术平均值	$\mu=\lim_{T\to\infty}\frac{1}{T}\int_0^T x(t)dt$	$\mu=\int_{-\infty}^\infty xp(x)dx$
	均方差	$\sigma^2=\lim_{T\to\infty}\frac{1}{T}\int_0^T[x(t)-\mu]^2dt=x_{rm}^2-\mu^2$	$\sigma=\int_{-\infty}^\infty(x-\mu)^2p(x)dx$
	幅值概率密度函数	$p(x)=\lim_{\Delta x\to 0}\frac{1}{\Delta x}\left[\lim_{T\to\infty}\frac{T_x}{T}\right]$	全面描述了随机振动的瞬时幅值
	概率分布函数	$p(x_2)-p(x_1)=\int_{x_1}^{x_2}p(x)dx$	也称累积概率分布函数，数值在 0~1 之间
	自相关函数	$R_x(\tau)=\lim_{T\to\infty}\frac{1}{T}\int_0^T x(t)x(t+\tau)dt$	$R_x(0)=x_{rm}^2,R_x(\infty)=\mu^2$
	功率谱密度函数	$G(f)=\lim_{\Delta f\to 0}\frac{(x_{rm}^2)\Delta f}{\Delta f}$	$G(f)=\int_{-\infty}^\infty R_x(\tau)e^{-j2\pi ft}d\tau$

（续）

质点运动周期没有规律，并且过程永不精确重复的振动。它不能用明确的数学表达式描述，只能用统计的方法研究其振动量

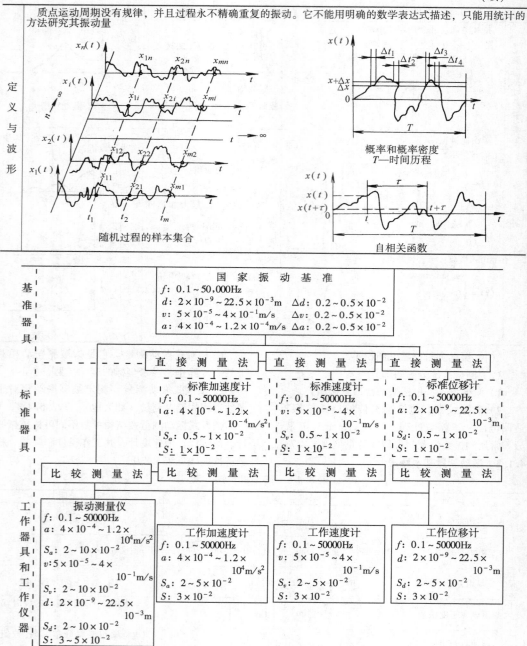

图 5.4-1　我国振动计量器具定度系统

d—位移　v—速度　a—加速度　Δd、Δv、Δa—位移、速度、加速度测量的不确定度

S_d、S_v、S_a—位移、速度、加速度传感器灵敏度校准的不确定度　S—传感器的稳定度（一般不少于一年）

4.1.4 振幅测量[6~8]

振动幅值的测量与动态位移测量方法基本相同，同时还可以采用测速积分法和测加速度重积分的方法，见表 5.4-10。

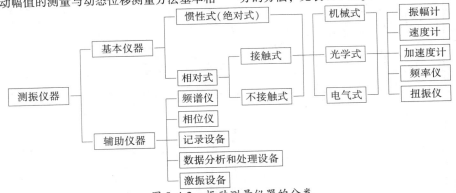

图 5.4-2 振动测量仪器的分类

表 5.4-7 常用工程测振系统仪器

名 称	配 套 仪 器	特 点	应 用 范 围
应变式测振系统	电阻应变片或电阻式加速度计、位移计；载波放大器，或电阻应变仪；光线示波器及记录仪等组成	输出阻抗低，频率响应可从零开始。但易受干扰，导线长时应修正其灵敏度	测量动态应变、加速度等。适于低频测振
磁电式测振系统	磁电式速度传感器、摆式拾振器；微积分放大器；光线示波器及记录仪等组成	灵敏度高，输出信号大，抗干扰能力强，长导线影响小，但相移较大	频率可从 10～1000Hz 左右，多用于地震测量，位移及速度和加速度
压电式测振系统	压电式加速度计；电荷或电压放大器及滤波器、积分器；磁带记录器等组成	输出阻抗高、导线阻抗影响小，抗干扰能力差，但附加质量小、频响高	适于高频测振。多用于测加速度，配用积分器也可测速度和位移
非接触式测振系统	电容式、电感式、涡流式等传感器；载波放大器、运算处理电路；记录显示器等组成	灵敏度高，适用多种测量，但易受环境影响	适于非接触测振场合。旋转系统测振动位移、速度等

表 5.4-8 振动测量基本原理

分 类		示 意 图	测 振 原 理	特 点
相对式测量	直接式 接触式 非接触式	振动体 A 相对以恒定速度旋转的记录纸筒 1 振动，由固定在 A 上的记录笔 2 记录下 A 的相对位移时间历程 $x(t)$ 波形图	测振原理简单、结果直观。但不能测出被测点相对于大地或惯性空间的振动量
	跟随式		要求测杆始终与被测对象保持接触，接触力应大于零。测振仪表弹簧预压量 δ_0 的跟随条件为 $$\delta_0 > (\omega/\omega_n)^2 x_m, \quad \omega_n = (k/m)^{-2}$$ 式中 $\omega、x_m$——被测振动圆频率（1/s）和最大振幅（m）；$\omega_n、k、m$——测振仪的固有圆频率（1/s）、弹簧刚度（N/m）和质量（kg）	
惯性式测量			拾振器固定在被测体 A 上，被测振动体运动为 $x(t)=x_m\sin\omega t$、质量块 m 在惯性空间位移为 $y(t)$，m 相对壳体位移为 $z(t)$，将反映出被测振动量： $$z(t)=\frac{x_m\left(\dfrac{\omega}{\omega_n}\right)^2}{\sqrt{\left[1-\left(\dfrac{\omega}{\omega_n}\right)^2\right]^2+\left[2\zeta\left(\dfrac{\omega}{\omega_n}\right)\right]^2}}\sin(\omega t-\phi)$$ $$\phi=\arctan(2\zeta\omega/\omega_n)/\left[1-(\omega/\omega_n)^2\right]$$ 式中 x_m——被测最大振幅；ω_n——拾振器固有圆频率；ϕ——相位差，ζ——阻尼比，$\zeta=c/c_0$；$c、c_0$——阻尼系数和临界阻尼系数，$c_0=2\sqrt{mk}$	被测振动量将取决于拾振器的参数和使用频率范围。根据选取的 ζ 和 $\left(\dfrac{\omega}{\omega_n}\right)$ 的不同，拾振器将反映不同惯性空间的振动参数

表 5.4-9　惯性式测振频率特性

名称	幅频特性 $A(\omega)$，相频特性 $\phi(\omega)$ 表达式	幅频特性图	相频特性图	构成条件	特点
振幅	$$A(\omega)_d = \frac{z(\omega)}{x(\omega)} = \frac{(\omega/\omega_0)^2}{\sqrt{[1-(\omega/\omega_0)^2]^2 + (2\zeta(\omega/\omega_0))^2}}$$ $$\phi(\omega)_d = \arctan\frac{2\zeta(\omega/\omega_0)}{1-(\omega/\omega_0)^2}$$	纵坐标 $A(\omega)_d$（0, 1.0, 2.0），横坐标 ω/ω_0（1.0, 2.0, 3.0）；曲线 $\zeta=0$，$\zeta=0.25$，0.5，0.7，1.0	纵坐标 $\phi(\omega)_d$（0, 30°, 60°, 90°, 120°, 150°, 180°），横坐标 ω/ω_0（1, 2, 3, 4, 5）；曲线 $\zeta=0$，0.3，0.5，0.707，1.0，2.0，5.0，10，$\zeta=0$	$\omega/\omega_0 \gg 1$，ζ 一般取 <1，$\frac{\omega}{\omega_0} \geqslant 3\sim5$，则 $A(\omega)_d=1$，$\phi(\omega)_d=180°$ 最佳阻尼 $\zeta=0.6\sim0.7$	测量频率在理论上限为无限大
加速度	$$A(\omega)_a = \frac{z}{a} = \frac{z_m}{\omega^2 x_m} = \frac{1/\omega_0^2}{\sqrt{[1-(\omega/\omega_0)^2]^2 + (2\zeta(\omega/\omega_0))^2}}$$ $$\phi(\omega)_a = \arctan\frac{2\zeta(\omega/\omega_0)}{1-(\omega/\omega_0)^2} + \pi$$	纵坐标 $A(\omega)_a\,\omega_0^2$（0.1, 0.15, 0.2, 0.5, 1.0, 1.5, 2），横坐标 ω/ω_0（0.04, 0.06, 0.1, 0.15, 0.2, 0.5, 1, 1.5, 2, 3）；曲线 $\zeta=0$，0.3，0.4，0.5，0.707，1，2，5，$\zeta=10$	$\phi(\omega)_a$ 纵坐标（180°, 210°, 240°, 290°, 300°, 310°）	$\omega/\omega_0 \ll 1$，ζ 一般取 <1，$\frac{\omega}{\omega_0} \leqslant \frac{1}{5}$，则 $A(\omega)_a=1/\omega_0^2$，$\phi(\omega)_a=\pi$，最佳阻尼 $\zeta=0.6\sim0.7$	理论上可测频下限频率为零
速度	$$A(\omega)_v = \frac{z}{V} = \frac{z_m}{\omega x_m} = \frac{1/\omega_0}{\sqrt{(\omega_0/\omega - \omega/\omega_0)^2 + 4\zeta^2(\omega/\omega_0)^2}}$$ $$\phi(\omega)_v = \arctan\frac{2\zeta(\omega/\omega_0)}{1-(\omega/\omega_0)^2} + \frac{\pi}{2}$$	纵坐标 $A(\omega)_v$（0, $\frac{1}{4b}$, $\frac{1}{2b}$），横坐标 ω/ω_0（0.03, 0.1, 0.2, 0.5, 1, 1.5, 2, 4, 6, 8, 10, 15, 20, 30）；曲线 $\zeta=1.5$，5	$A(\omega)_v$ 纵坐标（60°, 120°, 150°, 180°, 210°, 240°）	$\omega=\omega_0$，$\zeta \gg 1$，此时 $A(\omega)_v = \frac{1}{2\zeta\omega_0} = \frac{1}{2b}$，$\phi(\omega)_v = 180°$	频率有范围限，阻尼越大，频率范围越宽

表 5.4-10 振幅测量方法和性能

方法名称		分辨力	测量范围	精确度（%）	直线性（%）	特　点	用　途
摆式测振法		0.01mm	0.01～15mm 角位移±4°	15	10	1. 通过改变弹簧可测频率范围约2～300Hz 2. 可测旋转机械小于2000r/min的扭振 3. 当用硬弹簧时，可构成加速度计工作状态	1. 利用杠杆、齿轮等机械机构使用简单方便；无需外界能源 2. 可测频率低，抗干扰能力强 3. 配有多种附件，可测多种参数，如扭振、转速、动应变、相对振动、压力等故又称万能测振仪
光学量契、量瓣法		0.1mm	<2.5mm		10	利用人眼暂留效应，方法简单直观	常用于装在设备上作振幅、扭角的粗读
读数显微镜法		0.001mm	0～1mm	<5	±2	利用显微镜光学放大测量相对的周期振动	主要用于计量室的振动绝对校验设备上
激光干涉式测振法		2nm	2×10^{-9}～22.5×10^{-3}m(0.1～50kHz)	0.5	0.2	1. 几乎复盖整个振动测量范围，是振动计量最高标准 2. 测量精度主要决定于计数精度，目前已有多种方法	已有多普勒法、光学外差法、全息照相法等仪器。测瞬态非谐、低频、大振幅、模态等
光电法		0.5μm	1～5000μm	5	±1	精度高、分辨力高、可靠性好	适用于非接触测量
光纤法		20nm	0～2mm	1	0.5	1. 灵敏度高 2. 抗干扰能力强 3. 体积小、重量轻	适宜遥测
电阻法	电位器法	0.025～0.05mm	1～130mm	±0.1	±0.1	简单、精度低	适用于低频、大振幅
	电阻应变法	1微应变	±6000～±10000微应变	±0.5～5	≤±5	频率范围宽、质量小、重量轻、操作方便，但易受温度、湿度影响	可广泛用于测量振动幅度之中
电容法	变极距型	0.01μm	10^{-3}mm至几毫米	0.1	±1	1. 可实现非接触测量，对振动体无影响 2. 测量范围小 3. 输出非线性	1. 工作频率宽 2. 响应速度快 3. 适宜高速变化的振动测量
	变面积型	低于变极距型	10^{-3}～100mm	±0.005	±1	电容与位移成线性关系	
电感法	变气隙型	0.1μm	±0.2mm	±1	±3	适用于小振幅测量	1. 性能可靠 2. 灵敏度高 3. 抗干扰能力强 4. 频率响应低，只能测1kHz的低频振动
	螺管型		1.5～2mm	±0.2	±0.1	1. 使用方便可靠 2. 动态性能较差	
	差动变压器型		±0.08～75mm	±0.5	±0.5	1. 分辨力好 2. 受到杂散磁场干扰时需屏蔽	
电涡流法		1μm	几微米至30mm	±1	≤3	1. 响应速度快 2. 测量范围宽 3. 线性好 4. 灵敏度高	对横向振动不敏感，可实现非接触式测量之中
无线电波法		10^{-3}nm	≤0.1μm			灵敏度高	可用于测瞬态振动

4.1.5 振动速度测量

　　利用线圈切割磁力线或衔铁改变磁路磁阻产生与速度成正比的感应电动势而构成的测量振动速度传感器应用较多。其变换部分主要由永久磁铁、线圈或衔铁。根据不同的测量原理可以构成相对式和惯性式测振传感器结构。其特点是无需特殊电源；传感器输出信号大，对后续电路无特殊要求；抗干扰能力强，性能稳定；结构简单、容易获得

较高灵敏度；可以方便配用测振仪器供长期使用。磁电式振动速度传感器的技术性能见表5.4-11。

　　测量振动速度的方法还可以通过测振幅微分或测振动加速度积分法获得。

4.1.6 振动加速度测量

　　1. 惯性式加速度计　多采用电阻应变丝或应变片作敏感元件，其结构原理见图5.4-3。[1]它的性能特点见表5.4-12。

表 5.4-11 磁电式速度传感器技术性能

型 号	工作方式	固有频率/Hz	频率范围/Hz	振幅范围/mm	速度范围/m·s⁻¹	加速度范围/g	灵敏度/mV·s·cm⁻¹	准确度/%	温度范围/℃	外形尺寸/mm	质量/kg
CD-1	绝对式	~12	10~500	±1		5	604	≤10		φ45×160	0.7
CD-2	相对式		2~500	±1.5		10	302	≤10		φ50×160	0.8
CD-3-C	绝对式垂直	<10	15~300	0.01~1	7~310	0.5~10	160~320	≤10	±60	φ37×65	0.35
CD-3-S	绝对式水平		15~300					≈15		φ65×170	1.2
CD-4	相对式	>300	0~300	±15			604	15		φ35×75	0.3
CD-6-F	相对式非接触		2~1000	±15			7800	≤5			1.2
CD-7	绝对式		0.5~20	12		<1	6000			70×70	
BVD-11	相对式		<350	±15		5	500	<10	-10~50		1
BZD-16	绝对式		15~200	±0.5			1650	10		74×90×114	
701-S	绝对式水平	≈12	大位移:1~20	±6		5	500	10	±50		1.5
701-Z	绝对式垂直	≈12	小位移:1~100	±0.6							
SZQ-4	绝对式		45~1500	2.5		50	60				0.21
CD-21	绝对式		10~1000	±1		50	200			φ41×90	
MB-1413	绝对式	5	10~1000	±7.5		26	37.7			50×47×66	0.28

表 5.4-12 加速度测量方法及其性能

方法名称	传感器	尺寸	重量	频率范围/Hz	可测加速度/g	优 点	缺 点	适用性
压电法	压电式加速度传感器	小	轻	$1\sim50\times10^3$	$10^{-4}\sim10^4$（最大 $10^{-5}\sim10^5$）	1. 频响高 2. 灵敏度高 3. 坚固 4. 耐振动和冲击的强度大 5. 性能稳定 6. 自发电式,无需电源 7. 可内装放大器	1. 无静态响应 2. 低频响应差 3. 输出信号低	适宜宽带随机振动、瞬时冲击及快变的振动测量
电阻法	应变式加速度传感器	小~大	轻~重	$0\sim2\times10^3$	3~150	1. 下限频率为零,有静态响应 2. 线性度好 3. 灵敏度高 4. 输出阻抗小,对测量电路无特殊要求	1. 要求可调电源 2. 输出信号低 3. 固有频率低	不适宜高频、冲击、宽带随机振动测量
电阻法	压阻式加速度传感器	小	轻	$0\sim300\times10^3$	$\pm25\sim\pm2500$（最大可至 10^5）数	1. 有静态响应 2. 性能稳定可靠 3. 灵敏度到零频都为常数 4. 精度高	1. 要求可调电源 2. 易受损坏 3. 易受温度影响	特别适宜恒定加速度、冲击及小构件的精密测量
电阻法	电位器式加速度传感器	大	重	0~10	$\pm0.5\sim\pm30$	1. 有静态响应 2. 线性度好 3. 输出信号大 4. 价格低廉,结构简单	1. 频率范围窄 2. 分辨率低 3. 精度不高	适宜测量度要求不高、频率低的加速度
电感法	电感式加速度传感器	小~大	轻~重	<200	$\pm10\sim\pm200$	1. 结构简单 2. 性能可靠 3. 灵敏度高	1. 频率范围窄 2. 灵敏度非线性	适宜频率较低的振动加速度测量
电容法	电容式加速度传感器	小	轻	50~5000	1~10000	1. 采用空气阻尼,温度系数小 2. 精度高 3. 频率响应宽 4. 量程大	1. 输出非线性 2. 输出阻抗高 3. 寄生电容影响大	适宜频宽、精度较高的加速度测量
谐振法	振弦式加速度传感器	小	轻	700~1200	最小可测 10^{-6}	1. 灵敏度高 2. 测量范围大 3. 耐冲击	1. 为正常工作需调节振弦的初始张力 2. 精度较低	可用于火箭、导弹的惯性导航系统,以及地震、爆破、地基振动、航空重力测量等

（续）

方法名称	传感器	尺寸	重量	频率范围/Hz	可测加速度/g	优 点	缺 点	适用性
磁电感应法	磁电感应式速度传感器	大	重	20～1000	0.01～10	1. 电路简单 2. 性能稳定 3. 有一定频率响应范围	1. 动态范围有限 2. 尺寸大，重量大	用于代替加速度计进行低加速度测量的场合
力平衡法	伺服式加速度传感器	中	中	0～500	0～±50（最小至10^{-4}～10^{-5}）	1. 精度高 2. 稳定性好 3. 有静态响应 4. 线性度好 5. 等效阻尼和固有频率易调整 6. 横向灵敏度低 7. 大信号输出	1. 频率范围窄 2. 结构较复杂 3. 价格贵	用于超低频、低g值的加速度测量，特别在火箭、导弹、飞机、轮船的惯性导航系统得到应用
光纤法	光纤式加速度传感器	小	轻	几百	最小可测10^{-6}	1. 灵敏度高 2. 电绝缘性能好 3. 抗电磁干扰、耐高温、耐腐蚀性能强 4. 线性响应好 5. 可进行遥测	频率响应范围不太高	适宜微小振动测量和进行遥测

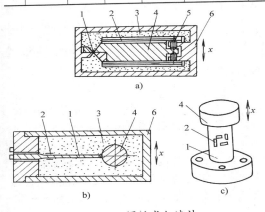

图 5.4-3　惯性式加速计
1—弹性体　2—电阻应变片　3—阻尼油
4—惯性质量块　5—限位螺丝　6—壳体

2. 压阻式加速度计　利用半导体内应变效应制造的扩散型或薄膜型半导体应变计多为悬臂梁式

加速度计，图 5.4-4 为其结构原理。其性能特点见表 5.4-12。

3. 伺服式加速度计　它是按力平衡反馈原理构成的闭环测量系统，故又称力平衡式加速度计。其结构原理见图 5.4-5。这是一种高精度测振仪器，它的静态灵敏度 S_0 和动态灵敏度 S 分别为

$$S_0 = \frac{I}{a} = \frac{m}{BL} = \frac{m}{K_f}$$

式中　I——伺服放大器电流；

a——重力加速度；

m——惯性质量；

B——磁感应强度；

L——磁力线长度；

K_f——电动力常数。

$$S = S_0 \frac{1 + 2hj\omega/\omega_n}{1 - (\omega/\omega_n)^2 + 2hj\omega/\omega_n}$$

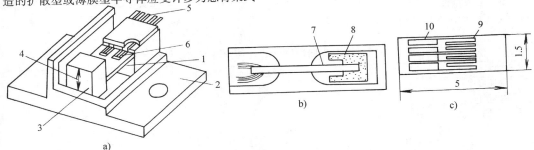

图 5.4-4　压阻式加速度计
a) 结构示意图　b) 惯性组件　c) 扩散有集成应变计的硅梁
1—梁　2—基座　3、8—惯性质量　4—振动方向　5—电极　6—敏感元件
7—悬臂梁　9—扩散应变计　10—金属化电路

式中　ω——强迫振动角频率；

　　　ω_n——固有频率；

　　　h——反馈阻尼比，$h = a\omega_n/2$。

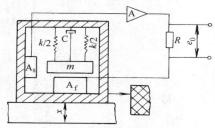

图 5.4-5　伺服式加速度计原理图
A_s—位移传感器　k—弹簧弹性系数　C—阻尼器
A—伺服放大器　R—精密电阻　m—质量块
A_f—力驱动器

伺服式加速度计的性能特点见表 5.4-12。

4. 压电式加速度计

（1）工作原理　在压电式加速度计中利用具有正压电效应的晶体材料作敏感元件来感受质量块运动所产生的动应力，其主要采用压缩和剪切两种振动模式结构，见图 5.4-6。

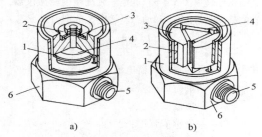

图 5.4-6　压电加速度计结构简图
a）压缩式　b）剪切式
1—外罩　2—预载簧（环）　3—质量块
4—压电元件　5—输出端　6—基座

（2）主要特性

1）压电加速度计的动态电荷灵敏度

$$S_{aq} = \frac{q}{\mathrm{d}^2x/\mathrm{d}^2t}$$

$$= \frac{k_2 d_{ij} m}{(k_1 + k_2)\sqrt{\left[1 - \left(\dfrac{\omega}{\omega_n}\right)^2\right]^2 + \left(2\zeta\dfrac{\omega}{\omega_n}\right)^2}}$$

式中　k_1、k_2——弹簧和压电晶体的刚度（N/m）；

　　　d_{ij}——材料的压电模量（C/N）；

　　　m——质量块质量（kg）。

2）压电加速度计动态电压灵敏度

$$S_{aU} = \frac{U}{\mathrm{d}^2x/\mathrm{d}^2t}$$

$$= \frac{k_2 d_{ij} m}{\left(\dfrac{1}{\mathrm{j}\omega R} + C\right)(k_1 + k_2)\sqrt{\left[1 - \left(\dfrac{\omega}{\omega_n}\right)^2\right]^2 + \left(2\zeta\dfrac{\omega}{\omega_n}\right)^2}}$$

式中　C、R——压电晶体和后接放大器及输出电缆的总输出电容和输出电阻。

当公式满足 $\dfrac{\omega}{\omega_n} \ll 1$ 和 $C \gg \dfrac{1}{\omega R}$ 时，S_{aq} 和 S_{aU} 之间的互换关系为

$$S_{aq} = C S_{aU}$$

3）使用频率：使用频率上限可高达 10kHz。但是它受安装方式固有频率的限制，见表 5.4-13。

4）横向灵敏度（S_f）：垂直敏感主轴 x 方向的 yz 平面内的灵敏度。它通常以主轴灵敏度 S_0 的百分数表示。加速度计说明书标明值为

$$最大横向灵敏度 = \frac{S_f}{S_0} \times 100\% = \tan\theta \times 100\%$$

其中，θ 为加速度计产生最大灵敏度 S_{max} 轴与敏感主轴 x 之间夹角，一般应小于 5%。

（3）压电式加速度计的主要特点　动态范围大、频率范围宽、稳定性好，质量小、体积小、精度高。其主要技术指标见表 5.4-14。

表 5.4-13　压电式加速度计的各种安装方式及性能比较

安装方式	钢 螺 栓	绝缘螺栓加云母垫片	永久磁铁
负荷加速度	最　　大	大	中（<200g）
共振频率	最　　高	较　　高	中
其　　他	适合冲击测量	需绝缘时使用	<150℃
示意图	*钢螺栓示意图*	*绝缘螺栓加云母垫片示意图*	*永久磁铁示意图*

（续）

安装方式	手持探针	薄腊层粘接	粘 结 剂
负荷加速度	小	小	小
共振频率	最低（<1kHz）	较 高	低（<5kHz）
其 他	方 便	温度升高时较差	简 单
示意图			

表 5.4-14　国内外压电式加速度计主要技术指标

型号	灵敏度 $S_q/pC \cdot g^{-1}$	灵敏度 $S_v/mV \cdot g^{-1}$	频率响应 /kHz	最大允许加速度 g	最大横向灵敏度（%）	最高工作温度 /℃	质量 /g	说　明
C-1	≈3		100	5×10^4	<10		3.5	
C-2	15～20		40	5×10^3	<5		19.5	适于冲击测量
JC-1B	4.5～6.5	1～3	30	3×10^4	<10		4	对地平行输出
JC-2	10～20	15～25	13	5×10^3	<5		17.5	中心压缩型
JC-4	≈30		45	3×10^3	<5	200	21	倒置中心压缩型
JC-5	≈30		20	2×10^3	<5	200	25	倒置筒式压缩型
JC-6	≈20		25	2×10^3	<5	200	20	绝缘
JC-8	10～20	15～25	10	1×10^3	<5	150	22	
J2-1	≈20		40	$\pm 1 \times 10^3$	<10	150	13	
J2-2	≈50		40	$\pm 1 \times 10^3$	<10	150	23	
J2-3	10±0.2		40	$+5 \times 10^3$ -1×10^3	<10	150	12	
J2-4	≈2		50	$+3 \times 10^3$ -1×10^3	<10	150	5	
J2-5	100±2		15	$\pm 5 \times 10^2$	<10	150	40	
YD-1		80～130	2×10^{-3}～18	200		常温	40	灵敏度高
YD-3-G		8	2×10^{-3}～10			260	12	耐高温
YD-4-G		8	2×10^{-3}～10			260	12	耐高温
YD-5	3	5	2×10^{-3}～20	30000		-20～40	11	耐冲击、防潮
YD-8		8～10	2×10^{-3}～18	500		常温	2.6	微型
YD-12		40～60	1×10^{-3}～10	500			25	
YD-45	23		10				15	中心压缩型差动式输出
YD-47	6.7		10				9	球式剪切型
Eb-10	16		10				9	微型、用粘结剂固定
CZ3-14	90		5				44	倒置中心压缩型
ZFSO25	20	20	5	100	<10	150	20	中心压缩型
C-XYZ-1	20		z:20 x、y:9		z:5 x、y:10	200	50	三向倒置筒式压缩型
YE14105	3000		(1～500)×10⁻³	10^{-3}～20	<5	50	300	环形切剪型、气密结构（德国）
7251-100		100	1×10^{-3}～10	50			11	隔离切剪型、低频标准（德国）
7251-500		500	2×10^{-4}～5	10			40	
8305	1.2		2×10^{-4}～4.4	1000	<2		500	标准参考加速度计（丹麦）
8306	≈1000	≈1000	6×10^{-5}～1.25	30	<5		0.4	（丹麦）
8307	0.7	2.2	1×10^{-3}～25	3000	<5		100	微型、环剪切型（丹麦）
8308	10	10	1×10^{-3}～10	2000	<3	400	<0.3	耐高温（丹麦）
2250		5	4×10^{-3}～15	1000			33	集成加速度计（美国）
2284M8	10		5			750	85	耐高温、核反应堆用（美国）
6233	10		5×10^{-3}～5			480	0.14	波音747振动监控用（美国）
22	0.4	1	5×10^{-3}～5	2500	3～5		41	超微型剪切式（美国）
2223D	12		3×10^{-3}～4	1000	5		200	三轴式剪切型（美国）
CA932	200		5×10^{-3}～3			150		（法国）

5. 其他类型加速度计　利用加速度计实现参数测量较为广泛,其形式也多种多样,如电感式、电容式、驻极体式、诸振式、光纤式加速度计等。其性能特点参见表 5.4-12。

4.2　力和力矩测量

4.2.1　力的测量[6,7,9]

1. 测力的基本方法　通常是通过力的动力效应和静力效应的方法来测量力值。

(1) 利用动力效应测力　所谓动力效应即牛顿第二定律,通过测量物体质量和由动量的改变

而产生加速度来获取被测力值的方法。

(2) 利用静力效应测力　所谓静力效应即胡克定理。在确定变形量与力值对应关系后,测量物体的弹性变形来获取被测力值的方法。

2. 力值的传递　见图 5.4-7。

力值的最高计量标准是基准测力机。它由一组在重力场中体现基准力值的砝码组成。

标准测力机是用于检定传感器式测力仪、称重仪或检定次一级标准测力机的器具。它们都是利用动力效应来测力值的固定式机器。

标准测力仪是利用静力效应测力的便携式标

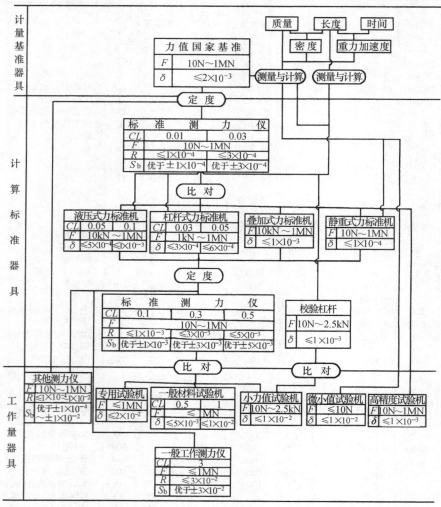

图 5.4-7　力值(≤1MN)计量器具检定系统

F—力值范围　δ—力值总不确定度(置信系数为 3)　R—力值重复性

S_b—力值稳定度　CL—级别

准仪器。根据测量圆环变形量的不同物理效应而具有不同的形式,如显微镜式、百分表式、水银箱式、激光干涉式等标性测力仪。

传感器式标准测力仪作为力的传递标准器具,其准确度很高。国际间的力值比对亦选用电阻应变式测力传感器,配以精密数字电压表对标准测力仪进行比对。现已大量应用于工程生产中。常用的测力传感器有电阻应变式、压磁式、压电式、压阻式、电感式、电容式、振弦式等。见表5.4-15。

3. 电阻应变式测力

(1)测量原理 利用电阻应变片测量被测力转变为弹性体的应变量,从而间接地测量出被测力值的大小。

表 5.4-15 常见电子测力方法

测力方法	性 能 特 点	应用场合
电阻应变法	测力范围 $10^{-3}N \sim 10^8N$,非线性误差在 0.05% 以内,总的测量精度可控制在 ±0.1% 以内,传感器最高精度已达 $10^{-5} \sim 10^{-6}$ 数量级	应用范围最广,大部分场合都可应用
压磁法	输出功率大、信号强、结构简单可靠、抗干扰性能好、过载能力强,缺点是测量精度一般,频响较低	常用于冶金、矿山、运输等工业部门作为测力和称重传感器
压电法	性能长期稳定,年稳定度不大于 2%,机械特性好,有良好的线性和重复性,迟滞小;使用温度范围(-196~200℃),温度系数不大于 0.02%/℃;频响范围宽($10^{-6} \sim 50kHz$),可测准静态力,但更适合测量动态和瞬态力;适应于较恶劣环境,具耐酸、碱腐蚀和在水中进行测量,具有较强的抗声、磁场干扰的能力	常用于动态和恶劣环境中力的测量
差动变压器法	属位移式测力系统,首先把被测力转换成位移,然后通过位移传感器测出力所引起的位移,从而间接地测量力	常用于荷重和压力测量
振弦法	具有灵敏度高、测量精确度高、结构简单、惯性小、稳定性好和可直接进行数字显示等特点	常用于压力、荷重和扭矩的测量

(2)测力系统的组成 见图5.4-8。

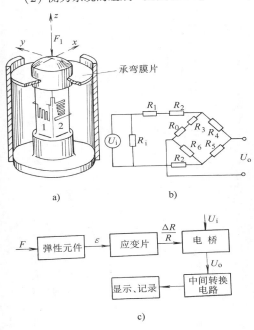

图 5.4-8 电阻应变式测力系统

a)力传感器 b)转换电桥 c)原理框图

(3)弹性敏感元件 弹性体是测力的关键元件,因此对其结构、性能及工艺等都有严格要求。应变片粘贴应使应力分布均匀,线性良好、灵敏度高。典型弹性体元件结构、应变片分布方式和采用电桥计算公式见表5.4-16。

4. 压磁式测力

(1)压磁效应与测力原理 某些铁磁材料在机械力作用下磁导率发生变化的现象称为压磁效应,也称磁弹性效应。如工业纯铁、硅钢等磁弹性体叫作磁弹性元件。其测力原理见图5.4-9。当外力作用时,铁心磁路各向同性、磁力线对称分布,受外力作用后,铁心磁导率改变使测量线圈被励磁线圈中的磁场交链而输出正比于被测外力 F 值的电压 U_o,则 $U_o = FU_i K N_1/N_2$。其中,U_i 为励磁电压;K 为与励磁电流和频率有关的系数(1/N);N_1、N_2 为励磁线圈和测量线圈的匝数。见图5.4-9a。

(2)压磁式测力传感器 弹性框架内安装铁心并对其产生预压力,使外力作用于钢球上。图5.4-9b为测力传感器结构。

(3)压磁式测力仪 各种压磁式传感器具有输出信号大的特点,一般无需放大,只需稳定的激磁电源、检波和滤波。常用电路见图5.4-9c。

5. 压电式测力 利用压电效应测力的传感器和测力系统见图5.4-10。

表 5.4-16　典型弹性元件的布片方式与电桥计算公式

形式	弹性元件的形状、布片方式、接桥方式	弹性元件的应变值	桥臂系数	电桥输出电压	符号含义
柱型（圆柱、方柱、圆筒）		$\varepsilon = \dfrac{F}{AE}$	$n = 2$ $(1+\mu)$	$U_o = \dfrac{U_i}{4} n K \varepsilon$ $= \dfrac{K(1+\mu)U_i}{2AE} F$	A—柱体的截面积
薄壁环型		$\varepsilon = \dfrac{1.092FR}{b\delta^2 E}$ $(R > 20t)$	$n = 4$	$U_o = \dfrac{U_i}{4} n K \varepsilon$ $= \dfrac{1.092KRU_i}{b\delta^2 E}$	R—圆环半径 δ—圆环厚度 b—圆环宽度
悬壁梁型		$\varepsilon = \dfrac{6Fl}{Ebh^2}$	$n = 4$	$U_o = \dfrac{U_i}{4} n K \varepsilon$ $= \dfrac{6KlU_i}{Ebh^2} F$	l—着力点至应变片中心距离 b—梁的宽度 h—梁的高度
固定梁型		$\varepsilon = \dfrac{3lF}{4Ebh^2}$	$n = 4$	$U_o = \dfrac{U_i}{4} n K \varepsilon$ $= \dfrac{3lKU_i}{4Ebh^2} F$	l—梁的长度 b—梁的宽度 h—梁的高度
附注	E—弹性模量；F—作用力；ε—弹性元件的应变 $R_1 \sim R_4$ 应变片电阻（Ω）；μ—泊松比；K—应变片的灵敏系数；U_i—电桥输入电压				

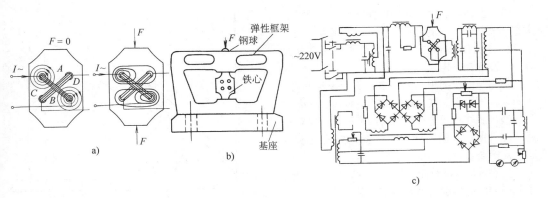

图 5.4-9　压磁式测力

a) 压磁测量原理　b) 压磁式测力传感器　c) 压磁式测量电路

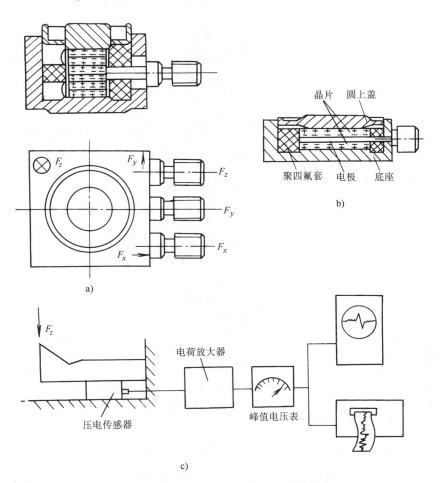

图 5.4-10　压电式测力传感器和测力系统

a) 单向型测力传感器　b) 三向型测力传感器　c) 测力系统

石英晶体的压电式测力仪性能稳定，动态响应好、灵敏度高、范围宽，适于动态测力。

6. 测力仪的定度　按加载荷的不同可分为静态定度和动态定度。

静态定度根据测力传感器等级的划分，在静平衡条件下进行。其加载荷方式有直接加标准砝码或液压式杠杆式标准测力机或标准测力仪器三种。经数据处理获得特性曲线及相应的技术指标，见图 5.4-11。

动态定度主要确定传感器的动态特性，即测定其频率响应特性及固有频率、阻尼比等。

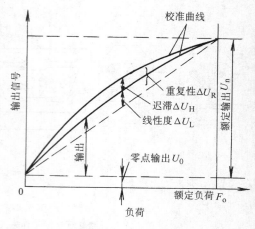

图 5.4-11　定度曲线

4.2.2　质量的测量

1. 基本概念

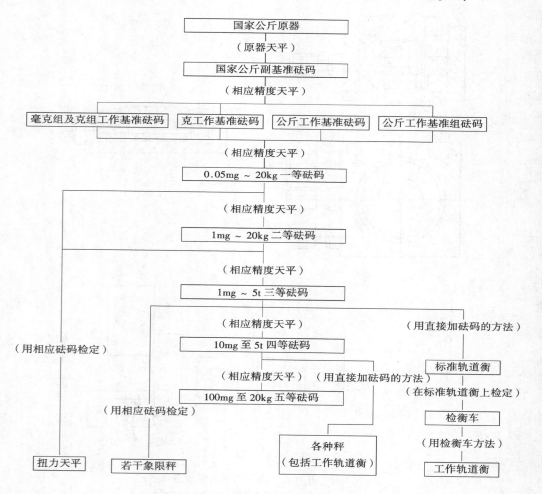

图 5.4-12　我国质量量值传递系统

（1）重量[11] 根据 GB3102—1993，重量为物体获得自由落体加速度时的力，属于力的概念。但习惯上可用于表示质量。

（2）质量 是惯性质量与引力质量的统称。它是国际单位制七个基本量之一，用千克表示。物体质量在小于光速时为恒量。我国的质量量值传递系统见图 5.4-12。标准器为砝码。

（3）重力 近似为地球对物体的引力。它随地理纬度、海拔而变。其引出单位用牛顿表示。

（4）衡器 用于测量质量以及利用质量计量控制生产、确定物体密度等的测量器具。它包括天平和各种秤。习惯上把相对精度在万分之一以上的单杠杆秤称为天平。天平级别见表 5.4-17。

表 5.4-17 天平级别

精度级别	精密天平					
	1	2	3	4	5	6
名义分度值与最大载荷之比值	1×10^{-7}	2×10^{-7}	5×10^{-7}	1×10^{-6}	2×10^{-6}	5×10^{-6}
精度级别	普通天平			
	7	8	9	10
名义分度值与最大载荷之比值	1×10^{-5}	2×10^{-5}	5×10^{-5}	1×10^{-4}

砝码的分类和应用见表 5.4-18。

表 5.4-18 砝码的分类及应用

种类	质量范围	精度	应用示例
标准砝码	0.05mg ~ 50kg	1 ~ 4 等	标准天平附件，用以检定实验室天平、秤和砝码等
工作砝码	1mg ~ 5000kg	2 ~ 5 等	实验室天平附件，用于实验室的成分分析、生化分析及工厂工艺流程控制等

衡器的工作原理见表 5.4-19。

表 5.4-19 衡器工作原理

工作原理	衡器种类举例
杠杆原理	杠杆天平、台秤、案秤、地中衡、轨道衡等
形变原理	弹簧秤、扭力天平、使用力传感器的各种电子秤等
液压原理	液压秤等

2. 称重

（1）电子衡器（或称电子秤）的组成 包括称重传感器、承载重量传力复位系统和显示记录三部分组成。其分类形式见表 5.4-20。

表 5.4-20 电子秤分类

类 别	用 途
皮带电子秤	对散装物料在带式运输机的传输过程中进行称重
容器秤	对各种液体、粉状或颗粒状物料进行称重或配料
吊车秤	装在各种起重机上对大型构件、集装箱等进行称重
平台秤	包括各种地中衡、汽车衡、平台称等
电子轨道衡	称量铁路车辆的重量

（2）电子秤传感器的形式 见表 5.4-21。

表 5.4-21 电子秤的传感器形式

传感器形式	特 点
电阻应变式	精度可达万分之一至万分之二，载荷范围为几公斤至几百吨，适用于大称量的称重，如电子皮带秤、汽车衡、轨道衡等
电容式	结构简单，适用于低精度电子秤
电感式	利用差动变压器原理，其结构简单，成本低，精度亦较低
磁电式	利用电磁平衡原理，其结构简单，精度高，可达二百万分之一以上

3. 常用衡器 包括电子皮带秤，轨道衡、吊秤，汽车秤、料斗秤和台秤。

（1）结构示例 见图 5.4-13。

（2）性能特点

1）称重传感器多为电阻应变式、磁弹性式、差动变压器式、电容式和振弦式。可密封防潮防腐，能在恶劣环境下工作。反映速度快，适用于静态和动态称重。

2）称量信号可远距离传输；利用计算机进行数据处理，自动显示记录，误差补偿，可给出多种功能控制信号，便于生产过程自动化。

3）机械损耗小、结构简单、体积小、性能稳定、重量轻、使用方便、寿命长。

4）可靠性高、刚性好、耐冲击，具有足够的测量精度。

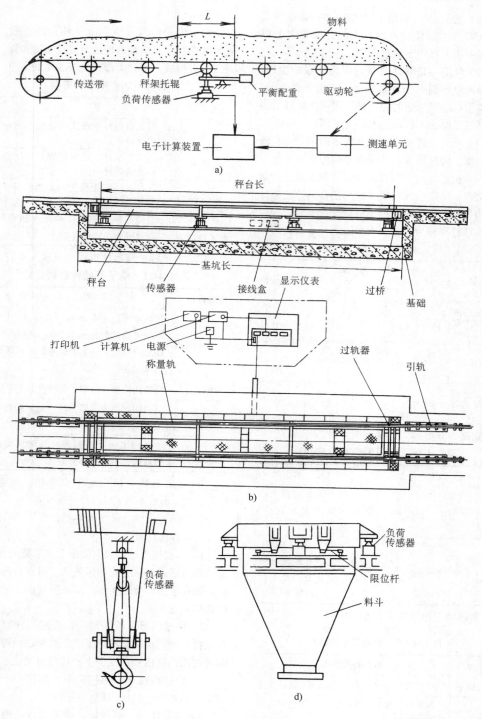

图 5.4-13   常用衡器示例

a) 电子皮带秤   b) 轨道衡   c) 吊秤   d) 料斗秤

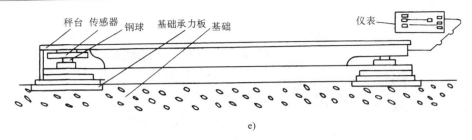

秤台　传感器　钢球　基础承力板　基础　　　　仪表

e)

图 5.4-13　常用衡器示例（续）

e）台秤

4. 其他秤　随着电子技术的发展，出现了核子秤、陀螺式电子秤以及将机械秤改造成的机电结合秤。它们都具有其独特性能，如核子秤可以实现非接触测量；陀螺电子秤无滞后现象，不存在静力问题等。

4.2.3　力矩测量

1. 力矩测量方法　见表 5.4-22。

表 5.4-22　扭矩测量方法

测量方法	传递法（扭轴法）	平衡力法（反力法）	能量转换法
测量原理	根据弹性元件在传递扭矩时所产生的物理参数的变化（变形、应力或应变），而测量扭矩弹性元件常用扭轴	当转轴受扭矩作用时，机体上必定同时作用着方向相反的平衡力矩（或称支座反力矩），测量机体上的平衡力矩以确定扭矩的大小	通过测量其他能量参数（如电能参数）来确定扭矩的大小
计算公式	按扭轴变形：$$\varphi = \frac{32}{\pi}\frac{K_k L}{Gd^4}$$ 按扭轴应力：$$\tau = \frac{16}{\pi}\frac{M_k}{d^3}$$ 按扭轴应变：$$\varepsilon_{45} = -\varepsilon_{135} = \frac{16}{\pi}\frac{M_k}{Gd^3}$$	$$M_k = M_{反} = FL$$	$$P = KM_k^n$$ 对电动机：$$M_k = \frac{1}{K}\frac{P_1\eta}{n}$$ 对发电机：$$M_k = \frac{1}{K}\frac{P_2}{n\eta}$$
公式参数说明	φ—扭轴的扭转角（°） M_k—扭矩（N·m） L—扭轴的工作长度（m） d—扭轴的直径（m） G—扭轴材料的切变弹性模量（Pa） τ—扭轴的切应力（Pa） ε_{45}、ε_{135}—扭轴上与轴线成45°和135°的主应变	M_k—扭矩（N·m） $M_{反}$—支座反力矩（N·m） F—平衡力（N） L—力臂（m）	P—功率或能量（W） K—取决于所用单位的常数 n—转轴转速（r/min） M_k—扭矩（N·m） P_1—输入功率或能量（W） P_2—输出功率或能量（W） η—电动机效率
类型	按扭矩信号的产生方式，区分为光学式、光电式、磁电式、电容式、电阻应变式、振弦式等	按照安装在平衡支架上的机种分类，如电力测功机、水力测功机、电涡流测功机等	按测量参数或测量对象分类
应用场合	应用最广泛，大部分场合可使用	只有电力测功机，既可作原动机，又可作制动器，其他只能作为制动器，原动机可用于测量各种工作机械，制动器只能用于测量动力机械	各种电动机
备注	一般需信号传输装置	只能测量匀速工作情况的扭矩，不能测量动态扭矩	影响因素较多，测量误差较大，只有测量电参数的应用较普及

2. 电阻应变式扭矩仪

（1）测量原理　在扭轴上或直接在被测轴上粘贴应变片，利用电阻应变效应间接地测量出被测力矩大小，见图 5.4-14。

（2）集流环结构　见图 5.4-15。

集流环的性能和用途，见表 5.4-23。

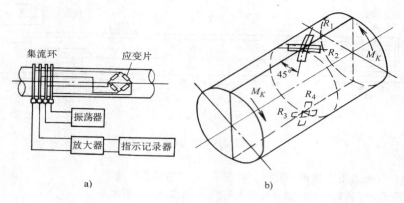

图 5.4-14 应变式扭矩仪测量系统

a) 应变式扭矩仪测量系统 b) 应变片在轴上粘贴示意图

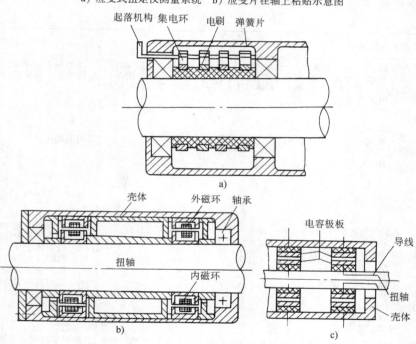

图 5.4-15 集流环形式

a) 磁刷集流环 b) 电感集流环 c) 电容集流环

表 5.4-23 集流环性能和用途

名称	型号	准确度 /（με）	转速范围 /r·min⁻¹	通径 /mm	环数	用 途
轴通式	J 型系列	<5	0~3000	φ31、φ56、φ86	5	用于动态应变测量，将旋转件上电信号准确地引至应变仪等测量仪器中
轴端式	JD 型系列	<5	0~3000 0~5500	轴端连接	5,16,24	进行非电量测量
轴通式	YJ 型	<3	0~2500	φ31	5	进行非电量测量

3. 相位差式扭矩仪

(1) 测量原理 利用传递法，通过检测固定间距上弹性轴的扭转角 θ，获得相位差 $\Delta\varphi$，确定被测力矩值 M，见图5.4-16。

(2) 相位差式扭矩仪的测量电路 见图5.4-17。

4. 力矩测量传感器和测量仪器 见表5.4-24。

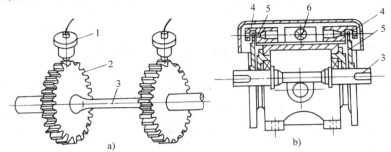

图5.4-16 相位差式扭矩仪传感器原理图

a) 磁电式传感器 b) 光电式传感器

1—磁电式检测器 2—齿轮 3—弹性轴 4—光电管 5—分度盘 6—光源

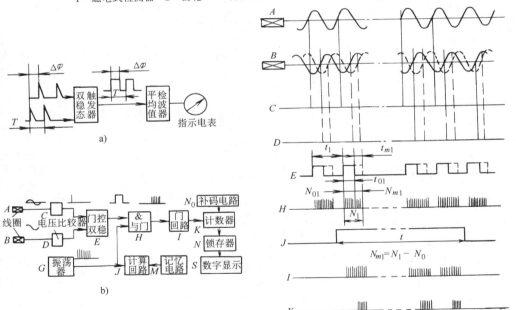

图5.4-17 相位差式扭矩仪测量电路

a) 模拟式 b) 数字式 c) 数字式时序图

表5.4-24 力矩传感器和力矩测量仪性能和用途

名称	测量原理	型号	力矩测量		转速测量		其他性能	用　途
			量程/9.8N·m	准确度	量程/ r·min⁻¹	准确度		
扭矩传感器		NB	0~50~100	0.2%				用于测量静态、动态扭矩

（续）

名称	测量原理	型号	力矩测量		转速测量		其他性能	用途
			量程/9.8N·m	准确度	量程/r·min⁻¹	准确度		
扭矩传感器	相位差式	数字式	0~0.001、0.005、0.01、0.02、0.05 0~0.1、0.2、0.5、1、2、5、10、20、50、100	0.05%（线性度）			滞后：0.2%；重复误差：0.2%；零漂：0.02%/℃；工作温度 −20~700℃	用于测量电机和机械轴的扭矩
		B	0.05、1、5、10	0.02%				用于测扭转力矩、开关力矩
			0.02~10000	0.1%~0.04%			线性度：0.1% 频响：<10kHz	相位差式磁电型力矩传感器用于力矩测量
扭矩转速传感器	相位差式	JC 系列	0.02~2、5~20、50~200、500~3000、4000~10000、20000、30000、50000、60000	0.2%	0~60000 0~40000 0~20000 0~1000	0.1%		与 JS-2 型、JSGS1型二次仪表配套。实现转速、转矩及功率精密测量
		ZJ 系列	0.2~5、10、20、50、100、200、500、1000、2000		0~6000 0~4000			相位差式测量原理，与 PY-1 型仪表配用可直接测各种动力机械转矩、转速
	磁致伸缩效应和霍尔效应	TK 系列	0~10、20、50、100、200、500、1000	0.1、0.5、1	0~1999	0.1%	工作温度：0~50℃	利用磁致伸缩效应测力矩、霍尔效应测转速。可测静、动态，双向旋转扭矩及转速
	电阻应变式	JDN	1~200、0.0025~0.5 F、1、5、10、50、100、200	0.5%	0~3000	0.5%	综合准确度：<0.8%	电阻应变片粘贴在轴上。用于测电机、内燃机扭矩、转速及功率等
扭矩测量仪	电磁式	DN-2	0.02~10、50、100、500、1000		0~3000		误差<2%；输出电压>1.5V；零漂<0.2%	配 DN 型电磁式传感器测扭矩。主要用于试验、检验各类动力机械力矩及总效率
		WN-60	60~600、30~300、15~150		<600		准确度：<±2%	万向轴节式，可测动力机械扭矩、转速
数字式扭矩转速测量仪	相位差原理	JS-2	取决于传感器	0.1%	2000	0.1%		用于测量动力机械及工作机械扭矩和转速及功率
		JSGS-1	取决于传感器	±1 个字	1000	±1 个字		
		SNZ-1	显示范围：0~9999 量程取决于传感器	±1 个字	0~9999	±1 个字	测量时标：0.1s,1s	用于测发动机扭矩、转速，并有8421 码输出，实现自动记录
		PMN-Ⅱ（PY）	取决于传感器准确度、四位显示		取决于传感器、准确度		频率测量：<100kHz；时间开关：1~9999ms；转速闸门：1s；时标频率：1MHz	采用相位差原理，数字显示可测发动机等扭矩转速及拉力、推力、频率、周期等。其显示时间可为 0.5~4s
		QTM-1	取决于传感器	0.3%~0.5%	取决于传感器	0.1%	采样速度：2000次/s	用于测力矩瞬时值、峰值，有 BCD 码输出，可报警使用

4.3　转速测量

转速一般用每分钟的转动周期表示，即 r/min，可以采用标准的频率计进行计量。

测量旋转体转动的仪表称为转速表。转速表的种类繁多，有不同的准确度等级。转速的测量方法及其特点见表 5.4-25。

1. 离心式转速表　离心式转速表的类型结构及其测量原理见表 5.4-26。

表 5.4-25　转速的测量方法和特点

转速表形式		测量方法	应用范围 /r·min^{-1}	准确度 （%）	特点
模拟型	机械式 离心式	利用重块的离心力与转速的平方成正比 利用容器中液体的离心力产生的压力或液面变化	30～24000 中、低速	1～2 2	简单、价廉、应用较广，但准确度较低
	粘液式	利用旋转体在粘液中旋转时传递的扭矩变化测速	中、低速	2	简单，但易受温度的影响
	电气式 发电机式	利用直流或交流发电机的电压与转速成正比关系	～10000	1～2	可远距离指示，应用广，易受温度影响
	电容式	利用电容充放电回路产生与转速成正比例的电流	中、高速	2	简单，可远距离指示
	电涡流式	利用旋转圆盘在磁场内使电涡流产生变化测转速	中、高速	1	简单、价廉，多用于机动车中
计数型	机械式 齿轮式 钟表式	通过齿轮转动数字轮 通过齿轮转动加入计时器	中、低速 ～10000	1 0.5	简单、价低，与秒表并用
	光电式 光电式	利用来的旋转体上光线，使光电管产生电脉冲	中、高速 30～48000	1～2	简单，没有扭矩损失
	电气式 电磁式	利用磁、电等转换器将转速变化转换成电脉冲	中、高速	0.5～2	简单，数字传输
同步型	机械式 目测式	转动带槽圆盘，目测与旋转体同步的转速	中、高速	1	简单、价廉
	频闪式 闪光式	利用频闪光测旋转体频率	中、高速	0.5～2	简单、可远距、数字测量

表 5.4-26　离心式转速表的类型、结构及测量原理

类型		结构	测量原理
重锤型离心式转速表	带四个重锤形	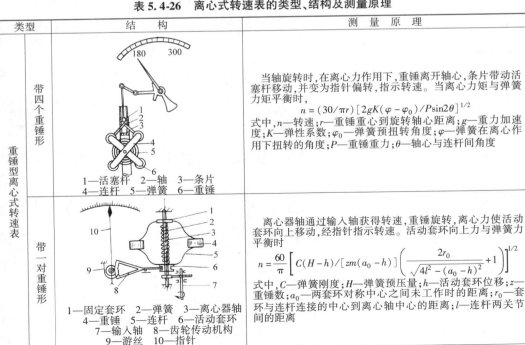 1—活塞杆　2—轴　3—条片 4—连杆　5—弹簧　6—重锤	当轴旋转时，在离心力作用下，重锤离开轴心，条片带动活塞杆移动，并变为指针偏转，指示转速。当离心力矩与弹簧力矩平衡时， $$n=(30/\pi r)[2gK(\varphi-\varphi_0)/P\sin2\theta]^{1/2}$$ 式中，n—转速；r—重锤重心到旋转轴心距离；g—重力加速度；K—弹性系数；φ_0—弹簧预扭转角度；φ—弹簧在离心作用下扭转的角度；P—重锤重力；θ—轴心与连杆间角度
	带一对重锤形	1—固定套环　2—弹簧　3—离心器轴 4—重锤　5—连杆　6—活动套环 7—输入轴　8—齿轮传动机构 9—游丝　10—指针	离心器轴通过输入轴获得转速，重锤旋转，离心力使活动套环向上移动，经指针指示转速。活动套环向上力与弹簧力平衡时 $$n=\frac{60}{\pi}\left[C(H-h)/[zm(a_0-h)]\left(\frac{2r_0}{\sqrt{4l^2-(a_0-h)^2}}+1\right)\right]^{1/2}$$ 式中，C—弹簧刚度；H—弹簧预压量；h—活动套环位移；z—重锤数；a_0—两套环对称中心之间未工作时的距离；r_0—套环与连杆连接的中心到离心轴中心的距离；l—连杆两关节间的距离

（续）

类型	结　构	测 量 原 理
圆环型离心式转速表	 1—平卷簧　2—圆环 3—套管　4—连杆	离心轴装有圆环，在离心力作用下圆环使套管上下移动。绕圆环回转轴装有平卷簧，其弹簧力矩与离心力矩平衡时 $$n = (60/\pi)\left[2gK(\varphi - \varphi_0)/(P\sin2\theta)\left(r_0^2 + r^2 - \frac{1}{3}h^2\right)\right]^{1/2}$$ 式中，P—圆环重力；θ—圆环平面法线与离心轴之间夹角；r_0、r—圆环内、外半径；h—圆环的高度；g—重力加速度；K—弹性系数；φ—弹簧在离心力作用下扭转的角度；φ_0—弹簧预扭转角度

2. 数字式转速表　一般由测转速传感器和数字式计数器组成。

（1）频率法测转速　利用时间标准控制计数器闸门，对传感器输出电脉冲信号 Z 计数，当延长时间 t 时，计数器显示 N 为其转速 $n(\mathrm{r/min})$，则 $n = 60N/(Zt)$。

（2）周期法测转速　即作定角测量。被测周期 T 控制闸门，填充时钟 τ。进入计数器计数，则当周期倍乘数为 K 时，$n = 60K/(ZN\tau_0)$。

（3）转速传感器　见表 5.4-27。

（4）电子计数式转速表　见表 5.4-28。

3. 常用转速表的性能和用途　见表 5.4-29[9,11]。

表 5.4-27　常用转速传感器主要特性和用途

名称	型号	量程/脉冲数·$\mathrm{r^{-1}}$	测速范围/$\mathrm{r·min^{-1}}$	输出波形	输出信号幅度	温度/℃	湿度（%）	电源	其他参数	特点和用途
光电转速传感器	SZGB-1	10、20、30、40、60、100、120、150、200、240、300	最高转速<6000	钟形脉冲	高电平>6V 低电平~0V	0~45	<85	直流 12V 0.3A	最高工作频率为2000Hz	封闭式结构，用于接触式测量，经联轴器与被测轴连接，透射式光电接收，为双侧计数，适于测轨辊"开口度"等
光电转速传感器	SZGB-2	10、20、30、60、120、150、200、240、300、360、400、420、480		方波	高电平>10V 低电平<1V	0~45	<85		最高工作频率为10000Hz	将角位移变为电脉冲供计数，各规格测速盘狭缝数不同。适于单向测速或转速
	SZGB-11	—	30~480000	方波	>8V	0~40	<80	交流 220V 50Hz		单头反射式光电变换头。它是 XJP-10 数字转速仪附件
磁电转速传感器	SZMB-3	60	50~5000	正弦波	5r/min >120mV	-10~50	<85	直流 6~12V	可以连续使用	通过联轴器与被测转轴连接。将角位移变为电脉冲二次仪表显示
磁电转速传感器	SZMB-4	60	50~5000	正弦波	高电平电源电压 低电平<1V	-10~50	<85	直流 6~12V	可以连续使用	通过旋转轮将角位移变成电脉冲，输出幅度高
	SZMB-5	60	50r/min~5kHz	近似正弦波	50r/min ≥300mV	-20~60	<85			非接触式，将角位移变成电脉冲，供计数器计数。其输出用四芯插头，测量可靠

表 5.4-28　电子计数式转速表技术参数与用途

名　称	汽车发动机转速表	手持数字转速表	转速数字显示仪			多用数字显示仪
型　号	SZT-10	SZG-20	XJP-10[①]	XJP-11[②]	XJP-02	XJP-50
量　程	70～4000 ～9999 r/min	25～25000 2.5～2500 r/min	0～999.9 0～9999 r/min	0～999.9 0～9999 r/min	1～9.999 kHz	0～99999； 0～9999，r/min； 0～99999， 周期、平均周期、速差率， 0.01～99.99% 数值控制 1～99999
测量误差	0.1%n±1， 0.2%n±1	±1 个脉冲	±1 计数脉冲	±0.1 ±1 个字	±1 个字	±1，±0.1，±0.01r/min 准确度±0.01%
采样周期	1s	1s	自显 0.5～5s	自显 1s	0.2s;2s	10ms 第一次手动
采样方式	自动连续	自动连续	手动连续	自动连续 或手动	自动	自动连续 整定后自动连续
显示方式	4 位 7 段 液晶数字	5 位液晶 数字显示	6 位十进数 显示(10^6-1)	数字显示 2421 代码	—	5 位十进 数码显示
振荡器　频率	石英晶体 600kHz	32768Hz 石英晶体	1×10^{-4} (0～40℃)	1×10^{-4} (0～45℃)	1×10^{-4}/8h (20±5℃)	快速采样显示 10ms 一般显示 0.5～5s
振荡器　稳定度		1×10^{-4} (0～40℃)				1×10^{-4}/8h(20±5)℃ ±0.5% 周期倍乘率
输入信号　频率	1～4 脉冲/r	6～50kHz	1～100kHz			1～10,10～20,1～10
输入信号　幅度	方波，正弦波 >100mV	≥4.5V	100～10000mV 正弦波	方波电平 >10V，<1V	正弦波 300～10000mV	300～10000mV
输出幅度	—	—	"1">8V "0"<1V	—	—	8421 码输出 "0">-3V "1"<-9V
显示时间	1 次/s	—	0.1,1,2,3, 6,10,20,30, 60		0.1;1	0.0001～9.9999 周期倍乘 1～99999 可靠性 100%
电　源	直流 9V (6F22)	直流 6V	交流市电，220(±10%)V，(50±1)Hz			220V,50Hz,<15W
主要特点和用途	测量汽车发动机转速的便携式仪表用于发电机研制、测试。传感器为电感线圈	小力矩电机转速，测量输入信号频率。起动力矩 5×98μNm 有电源电压报警，可作频率计用	与光电或磁电传感器配合测转速，累计输入信号个数，输出标准频率 10，10^2，10^3，10^4 Hz；时标 0.01，0.1，1ms；周期倍乘 4 档	测量转速，作频率计使用	配合 SZMB-3 磁电传感器，直读被测轴的转速，或作转速监视仪表用	与任意数字脉冲式传感器配合使用，通过时间选择，直接测转速、周期、周期倍乘、速差率，8421 码输出，可记录分析动态过程及数字控制等

①　原型号 JSS-2。

②　原型号 SZS-1。

表 5.4-29　转速表技术参数和主要用途

名称	型号	测量范围/r·min⁻¹	传动比	基本误差(%)(20±5)°C	准确度等级	温度/°C	湿度(%)	其他参数	主要用途
磁性固定转速表	CZ-10	0~500,0~800,0~1000,0~1500,0~1800,0~2000	1:1	±2		-20~50	≤85	外形尺寸(mm):φ83×64 接头螺纹:M18×1.5mm	测试各种机器设备转速
	CZ-20	0~2000,0~5000,0~8000,0~10000	1:1	±2	2	-20~50	≤85	外形尺寸(mm):φ90×94	测试各种高转速机器设备转速
	CZ-20A	0~200,0~400,0~600,0~800,0~1000	1:1	±2		-20~50	≤85	外形尺寸(mm):φ105×104	测试各种低转速机器设备转速
固定磁性转速表	CZ-150	100~1000,200~2000,300~3000,400~4000,500~5000,600~6000,700~7000,800~8000,900~9000,1000~10000,1100~11000,1200~12000	1:1	2	2	-20~50	≤85	表壳直径:150mm	测试柴油机及汽轮发电机等动力机械的转速
	CZ-636	0~600,0~1000,0~1500,0~2000,0~2500,0~3000,0~4000,0~5000,0~8000,0~10000	1:1	±2	2	-20~50	≤85	表壳直径:100mm 150mm	测试油泵试验台及汽轮机等转速,或倒,顺转倒转速
船用磁性转速表	CZ-800	100~800,100~1000,200~2000	1:1 1:2	±1.5	1.5	0~60	≤98	外形尺寸(mm):φ177×102 软轴长:230,275,850mm	测试柴油机及机车发电机等转速
电动式转速表	SZD-1/2 ①	0~1500,0~3000,0~3000,5000,0~8000,0~10000,0~15000,0~20000	1:1 1:2 1:3 1:5 1:6	±1.5	1.5	-45~50	≤85	外形尺寸(mm): 测速发电机:132×75×62 表头:126×80×80	远距离测试机械设备的转速
磁性转速指示报警仪	SZMZ-101	50~500,100~1000,200~2000,300~3000,400~4000,500~5000	1:1	±2	2	0~40	≤85	磁电式传感器在转速满量程10%时,输出电压应>0.2V	远距离转速报警,定转速的反馈元件
电动式转速表(远传离转送速表)	DZ-30	0~1500,0~3000,0~4000,1500,0~3000,0~6000,0~9000,0~12000,~15000,0~16000	1:1 1:2 1:3 1:4 1:5 1:6	±1.5	1.5	-45~50	≤85	传感器(mm):128×62×72 指示器(mm):128×83×83 指针行程:330°,540°,720°	远距离测量各种发动机曲轴的转速

（续）

名 称	型 号	测量范围/r·min⁻¹	传动比	基本误差(%)(20±5)°C	准确度等级	温度/°C	湿度(%)	其 他 参 数	主 要 用 途
光电式转速表	SZG-1②	500~3000,1000~10000,3000~30000,10000~100000,30000~300000	1:1	±2		0~40	≤80	光电变换头尺寸(mm):100×200,100×200 输出信号:0~1mA 整机尺寸(mm):247×113×140 电源:220V,50Hz	采用反射式光电变换头,可测各种旋转件转速,仪表附有脉冲输出,可与数字频率计配合使用(被测转轴直径应>3mm)
磁电式转速表	SZM-1③	0~500,1000~10000,200~2000,300~3000,400~4000,500~5000	1:1	±2		0~40	≤85	SZMB-3型磁电传感器尺寸(mm):φ52×107,引线长3m,每转输出60脉冲 PZ-1型频率转换计尺寸(mm):129×99×75 59C2型指示表尺寸(mm):100×12×70 电源:220V50Hz	用于远距离测量各种发动机的转速,并能作为单向旋转自整系统中的转速反馈元件
磁电转速记录调节仪	SZMT-102 及 SZMT-402	高速:3000~30000,5000~50000,12000~120000,15000~150000 低速:50~500,100~1000,300~3000,400~4000,500~5000	1:1	仪表指示 ±1.5 仪表记录 ±0.5		0~40	≤85	电源:220V50Hz	用于远距离测量转速,记录转速,达到两点报警目的 402型还可对转速进行比例积分、微分输出,有0~10mA电流给执行机构,达到闭环调节的目的
携带式转速表	SZD-101	300~5000	1:1	±2	2.5	-10~40	≤85	直流电源:9V1.5A	可连续测量转速,如连接汽油、柴油发动机的转速
定时式转速表	HMZ1000 HMZ10000	100~1000,10~100m/min 1000~10000,100~1000m/min	1:10 1:100	±0.25 ±0.5	0.25 0.5	0~40	≤85	定走时为3,6s	精密机械式转速表,具有准确度高,携带方便,应用广泛
激光转速仪	JZY-3	测周期法:1000以下 测频率法:1000~99999	1:1	±1个字		0~40	≤85	5位数字显示,采样周期1s,石英振荡器频率100kHz,稳定度10⁻⁵/d	非接触式测量可达10m,用途广泛,准确度高,不受环境限制,如测风洞实验模型转速,水中螺旋桨转速等

① 原型号 DZ-1/2。
② 原型号 GDZ-1。
③ 原型号 EZ-1。

4.4 温度测量

4.4.1 温度测量的分类

温度测量方法是建立在热平衡定律基础上，利用标准温度计与被测对象进行热交换，待达到热平衡时即可确定被测对象的温度。

通常温度检测仪表分为两大类，见表5.4-30。

表5.4-30 温度计分类、特点及测量原理和典型产品

测量方法	特 点
接触式	检测部件与被测对象接触，根据传导和对流进行热交换，测温范围为 –270 ~ 2320℃。其特点是结构简单、价格便宜、使用方便、测量精度高。但置入困难，容易受环境干扰，尤其对高温的测量较为困难，很多场合的应用受到限制
非接触式	它依据辐射进行热交换，测温范围为 –50 ~ 6000℃，其特点是响应快、寿命长、干扰小、耐腐蚀尤其适于测高温和远距离测量。但其结构复杂价格贵、技术要求高、需日常维护保养

类 别	原 理	典型产品
膨胀类	利用液体、气体的热膨胀、两种金属的热膨胀差或物质的蒸气压	玻璃液体温度计、压力式温度计、双金属温度计
电阻类	利用固体材料电阻值随温度而变化	热电阻、热敏电阻
热电类	利用塞贝克效应（即热电效应）	热电偶
其他电学类	利用物质的电参量随温度的变化	石英晶体温度计、温敏半导体、温敏IC
显色类	利用物质的化学或物理变化在不同温度下产生不同的颜色，分为不可逆和可逆显色两种	液晶示温卡、示温涂料、示温笔、示温标贴片
变形类	利用材料的塑性变形量与温度和热量积累的关系	塞格熔锥
光纤类	利用光纤收集辐射能，利用光纤传输光或利用光纤光学特性随温度的变化	光纤辐射温度计、液晶（或荧光、砷化镓）—光纤温度计、单模光纤传感器
辐射类	利用普朗克辐射定律	光学（电）高温计、辐射感温器、比色温度计

注：光纤类既可做成接触式的也可做成非接触式的。

4.4.2 国际温标

国际温标（ITS）是一项国际协议，用来统一温度的量值。

ITS—90 的适用范围是：0.65K 至按普朗克辐射定律使用单色辐射实际可测得的最高温度。ITS—

90 定义了 17 个定义固定点（表5.4-31），4 种内插工具和与内插工具各温度区间对应的内插公式。

表5.4-31 ITS—90 定义固定点

序号	温 度 T_{90}/K	温 度 $t_{90}/℃$	物质[①]	状态
1	3 ~ 5	–270.15 ~ –268.15	He	V
2	13.8033	–259.3467	e—H_2	T
3	≈17	≈ –256.15	e—H_2（或 He）	V（或 G）
4	≈20.3	≈ –252.85	e—H_2（或 He）	V（或 G）
5	24.5561	–248.5939	Ne	T
6	54.3584	–218.7961	O_2	T
7	83.8058	–189.3442	Ar	T
8	234.3156	–38.8344	Hg	T
9	273.16	0.01	H_2O	T
10	302.9146	29.7646	Ga	M
11	429.7485	156.5985	In	F
12	505.078	231.928	Sn	F
13	692.677	419.527	Zn	F
14	933.473	660.323	Al	F
15	1234.93	961.78	Ag	F
16	1337.33	1064.18	Au	F
17	1357.77	1084.62	Cu	F

注：V—蒸气压点；T—三相点；G—气体温度计点；M、F—熔点和凝固点，在 101325Pa 压力下，固、液相的平衡温度。

① 除 He 外，其他物质均为自然同位素成分。e—H_2 为正、中分子态处于平衡浓度时的氢。

ITS—90 在 0.65 ~ 5.0K 由氦蒸气压—温度方程定义；在 3.0 ~ 24.5561K 由定容氦气体温度计定义；在 13.8033 ~ 1234.93K 由铂电阻温度计的电阻比 $W(T_{90}) = R(T_{90})/R(273.16K)$，按参考函数加偏差函数的方法定义；1234.93K 以上，借助一个定义固定点和普朗克辐射定律，按下式定义：

$$\frac{L(\lambda, T_{90})}{L[\lambda, T_{90}(x)]} = \frac{\exp\left[\dfrac{c_2}{\lambda T_{90}(x)}\right] - 1}{\exp\left(\dfrac{c_2}{\lambda T_{90}}\right) - 1}$$

式中 $L(\lambda, T_{90})$——光谱辐射亮度[$W/(sr \cdot m^2)$]；

$T_{90}(x)$——定义固定点温度（K），从银、金、铜凝固点中选一个；

c_2——第二辐射常数，0.014388m·K；

λ——真空中的波长（m）。

4.4.3 接触式温度测量仪表

1. 膨胀类温度计 它是利用感温工作介质

受热膨胀原理工作的。其分类特点及使用,见表5.4-32。

2. 热电偶[1,9]　它是利用热电效应(即塞贝克效应)原理工作的。其特点是应用广泛,互换性好,测温宽、测点小、响应快、价格便宜,可以远传。但工作中需参比温度,灵敏度低。

(1)工业热电偶　典型结构见图5.4-18。

热电偶各部分组成形式、材料及使用保护都有严格的要求,它是满足测温性能的保证。

(2)工业热电偶分度表　见表5.4-33。[1]

工业热电偶允许误差　见表5.4-34。

(3)工业热电偶主要性能　见表5.4-35。

表 5.4-32　膨胀式温度计的类别与特性

项　　　目	双金属温度计	玻璃液体温度计	压力式温度计		
			液　　体	气　　体	蒸气压
测温范围/℃	−100~600	−100~600	−50~500	−100~600	−20~300
精确度等级	1.0~2.5	0.2~10℃①	1.0~1.5	1.0~2.5	1.5~2.5
最小量程/℃	0.5②	0.1②	30	100	20
最大量程/℃	—	—	500	600	200
响应时间/s	30~60	—	40	80	30
工作介质	NiCr/Ni MnNi/Ni	汞、甲苯、乙醇、煤油、石油醚、戊烷	汞、二甲苯、甲醇、甘油	氮	氯甲烷、氯乙烷、乙醚、甲苯、丙酮
优　点	结构简单、牢固、可小型化,读数方便,容易维护(可用于危险场合)	结构简单、使用方便、价格低、精确度高、稳定性好	结构简单、防爆、防腐蚀,输出信号可在一定距离(几十米)内远传,并能直接用于自动记录、报警和控制		
			标度线性好,大气压力影响小、环境温度影响较小	180℃以上标度线性好,大气压力影响较小	环境温度影响小
缺　点	耐冲击和耐振性差,测量结果不能远传,超量程防护能力差	玻璃管易损坏,水银温度计会引起汞害,测量结果不能远传,热惯性大,超量程防护能力差	密封系统不易修理,易产生示值漂移		
			温包安装位置相对指示表高或低都会引起误差	毛细管和指示表所处的环境温度对示值有影响	标度非线性,大气压力对指示有影响
使用注意事项	不推荐超过400℃时连续使用	1. 全浸式温度计的露出液柱和局浸式温度计在环境温度偏离规定(25℃)时的露出液柱要进行修正 2. 使用前要将断裂的液柱和玻璃壁上的液珠连接起来	1. 毛细管要引直、固定。最小弯曲半径应不小于50mm。室外部分要避免阳光直射,并远离热源 2. 温包要完全插入被测介质,而毛细管(除蒸气压式外)又要尽量少插入被测介质 3. 液体压力式和部分蒸气压式温度计安装时,温包与指示部分应在同一水平高度,以减少液体静压影响		

① 温度计的示值误差。

② 温度计的最小分格值。

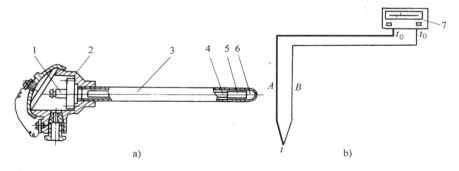

图 5.4-18　工业热电偶典型结构

a)热电偶结构　b)热电偶温度计

1—参比端　2—接线盒　3—保护管　4—热电极　5—绝缘物　6—测量端　7—显示仪表

A、B—热电偶两种成分不同的导体　t—测量端温度　t_0—参比端温度

表 5.4-33 热电偶分度表 （单位:mV）

t_{90}/℃	热电偶类型									
	B	R	S	K	N	E	J	T	WRe3 ~ WRe25	WRe5 ~ WRe26
−270	—	—	—	− 6. 458	− 4. 345	− 9. 835	—	− 6. 258	—	—
−200	—	—	—	− 5. 891	− 3. 990	− 8. 825	− 7. 890	− 5. 603	—	—
−100	—	—	—	− 3. 554	− 2. 407	− 5. 237	− 4. 633	− 3. 379	—	—
0	0	0	0	0	0	0	0	0	0	0
100	0. 033	0. 647	0. 646	4. 096	2. 774	6. 319	5. 269	4. 279	1. 145	1. 451
200	0. 178	1. 469	1. 441	8. 138	5. 913	13. 421	10. 779	9. 288	2. 603	3. 090
300	0. 431	2. 401	2. 323	12. 209	9. 341	21. 036	16. 327	14. 862	4. 287	4. 865
400	0. 787	3. 408	3. 259	16. 397	12. 974	28. 946	21. 848	20. 872	6. 130	6. 732
500	1. 242	4. 471	4. 233	20. 644	16. 748	37. 005	27. 393	—	8. 078	8. 657
600	1. 792	5. 583	5. 239	24. 905	20. 613	45. 093	33. 102	—	10. 088	10. 609
700	2. 431	6. 743	6. 275	29. 129	24. 527	53. 112	39. 132	—	12. 125	12. 559
800	3. 154	7. 950	7. 345	33. 275	28. 455	61. 017	45. 494	—	14. 170	14. 494
900	3. 957	9. 205	8. 449	37. 326	32. 371	68. 787	51. 877	—	16. 212	16. 398
1000	4. 834	10. 506	9. 587	41. 276	36. 256	76. 373	57. 953	—	18. 230	18. 260
1100	5. 780	11. 850	10. 757	45. 119	40. 087	—	63. 792	—	20. 211	20. 071
1200	6. 786	13. 228	11. 951	48. 838	43. 846	—	69. 553	—	22. 149	21. 823
1300	7. 848	14. 629	13. 159	52. 410	47. 513	—	—	—	24. 040	23. 520
1400	8. 956	16. 040	14. 373	—	—	—	—	—	25. 882	25. 155
1500	10. 099	17. 451	15. 582	—	—	—	—	—	27. 673	26. 729
1600	11. 263	18. 849	16. 777	—	—	—	—	—	29. 412	28. 243
1700	12. 433	20. 222	17. 947	—	—	—	—	—	31. 093	29. 696
1800	13. 591	—	—	—	—	—	—	—	32. 712	31. 087
1900	—	—	—	—	—	—	—	—	34. 257	32. 413
2000	—	—	—	—	—	—	—	—	35. 717	33. 670
2100	—	—	—	—	—	—	—	—	37. 073	34. 849
2200	—	—	—	—	—	—	—	—	38. 299	35. 941
2300	—	—	—	—	—	—	—	—	39. 365	36. 932

注：从热电偶的分度表标准上，可以查到热电偶的温度—电动势关系和电动势—温度关系的函数表达式。

表 5.4-34 工业热电偶允差

类型		1 级允差	2 级允差	3 级允差
T 型	温度范围/℃	− 40 ~ + 125	− 40 ~ + 133	− 67 ~ + 40
	允差值/℃	± 0. 5	± 1	± 1
	温度范围/℃	125 ~ + 350	133 ~ + 350	− 200 ~ − 67
	允差值	± 0. 004 |t|	± 0. 0075 |t|	± 0. 015 |t|
E 型	温度范围/℃	− 40 ~ + 375	− 40 ~ + 333	− 167 ~ + 40
	允差值/℃	± 1. 5	± 2. 5	± 2. 5
	温度范围/℃	375 ~ 800	333 ~ 900	− 200 ~ − 167
	允差值	± 0. 004 |t|	± 0. 0075 |t|	± 0. 015 |t|
J 型	温度范围/℃	− 40 ~ + 375	− 40 ~ + 333	—
	允差值/℃	± 1. 5	± 2. 5	
	温度范围/℃	375 ~ 750	333 ~ 750	—
	允差值	± 0. 004 |t|	± 0. 0075 |t|	
K 型、N 型	温度范围/℃	− 40 ~ + 375	− 40 ~ + 333	− 167 ~ + 40
	允差值/℃	± 1. 5	± 2. 5	± 2. 5
	温度范围/℃	375 ~ 1000	333 ~ 1200	− 200 ~ − 167
	允差值	± 0. 004 |t|	± 0. 0075 |t|	± 0. 015 |t|
R 型、S 型	温度范围/℃	0 ~ 1100	0 ~ 600	—
	允差值/℃	± 1	± 1. 5	
	温度范围/℃	1100 ~ 1600	600 ~ 1600	—
	允差值	± [1℃ + 0. 003 (t − 1100℃)]	± 0. 0025 |t|	
B 型	温度范围/℃	—	—	600 ~ 800
	允差值/℃			± 4
	温度范围/℃		600 ~ 1700	800 ~ 1700
	允差值		± 0. 0025 |t|	± 0. 005 |t|
WRe3 ~ WRe25 WRe5 ~ WRe26	温度范围/℃		0 ~ 400	
	允差值/℃		± 4. 0	
	温度范围/℃		400 ~ 2315	
	允差值		± 0. 01 |t|	

注：通常供应的热电偶材料能符合表中 − 40℃ 以上的制造允差规定。然而低温时，T、E、K 和 N 型热电偶材料也许不能落在 3 级制造允差之内。如果要求热电偶既符合 1 级或 2 级要求，又符合 3 级的极限，买方应说明这一点，通常需要挑选材料。

表5.4-35　工业热电偶的分类及性能

项目	贵金属			廉金属					难熔合金	
名称	铂铑10—铂	铂铑13—铂	铂铑30—铂铑6	铜—康铜	铁—康铜	镍铬—康铜	镍铬—镍硅（铝）	镍铬硅—镍硅	钨铼3~钨铼25	钨铼5~钨铼26
分度号	S	R	B	T	J	E	K	N	WRe3~WRe25	WRe5~WRe26
测温范围/°C①	−40~1600		200~1800	−270~350	−40~760	−270~1000	−270~1300	−270~1260	0~2300	
适用气氛①	O、N		O、N	O、N、R、V	O、N、R、V	O、N	O、N	O、N、R	N、V、R	
塞贝克系数 /μV·°C⁻¹	0~300°C: 5.4~9.1 >300°C: 9.1~12	0~300°C: 5.3~9.7 >300°C: 9.7~12	200~600°C: 2~6 >600°C: 6~11.7	−200~0°C: 16~39 100~400°C: 46~62	50~64	−200~0°C: 25~59 >0°C: 60~80	−200~0°C: 15~39 >0°C: 35~42	−200~0°C: 10~26 >0°C: 26~39	10~20	9~19
稳定性	<1400°C，优；>1400°C，良		<1500°C，优；>1500°C，良	−170~200°C，优	<500°C，中等；>500°C，差	中等	中等	良	中等	
优点	1. >300°C 精确度最高的热电偶 2. 使用温区宽 3. 正确使用时非常稳定		1. 氧化气氛中上限温度最高的热电偶 2. 高温长期稳定性好 3. 参比端温度为100°C以下时，可以不修正	1. −160~250°C 精确度高的热电偶 2. 铜的价格低且均匀性好	价格低	1. 灵敏度最高的热电偶 2. 热导率低	1. 使用温度在廉金属中是最高的 2. 热导率低	1. 使用温区宽 2. 热导率低 3. 200~500°C 再现性比 E、K 型热电偶好 4. 高温稳定性是廉金属热电偶中最好的	1. 上限温度高 2. 价格较低	
缺点	1. 价格高 2. 300°C以下灵敏度低 3. 易受硫、磷蒸气及其他金属蒸气的沾污		1. 价格高 2. 600°C以下灵敏度低	1. 铜的热导率高 2. 铜在高温下耐氧化性能差	1. 不均匀 2. 铁易生锈、耐氧化性差 3. >538°C 不能在含硫气氛中使用	1. 200~500°C 重复性差 2. 不宜在真空及临界氧化气氛中使用	1. 200~500°C 再现性差 2. 800~1000°C 由临界气氛择优氧化，电动势将严重下降 3. 价格较高	1. 价格较高 2. <1000°C 灵敏度是廉金属中最低的	1. 均匀性较差 2. 经历高温后，非常脆 3. 不宜在非氢氧还原气氛中使用 4. 再现性较差	
正、负极识别	正极较硬 负极较柔软		正极硬 负极稍软	正极铜色 负极银白色	正极亲磁、带锈色 负极不亲磁、银白色	正极色暗 负极银白色	正极不亲磁、色暗 负极稍亲磁、灰色	正极色暗 负极灰白色	—	

① O—氧化气氛，N—中性气氛，R—还原气氛，V—真空。

（4）铠装热电偶 由铠装热电极制造的热电偶。具有直径细、耐高温、热响应快，力学性能好的优点。

（5）其他类型热电偶

1）实体热电偶：一种类似铠装偶的实体热电偶。其外径较粗，热响应好、寿命长、稳定性好，兼有铠装热电偶和普通热电偶的优点。

见 GB/T7668—1987 铠装热电偶材料。

2）表面热电偶：主要用于测量物体表面温度，特别适于在线测量或便携式测量。

3）浸没式热电偶：借用被测液态金属形成回路来测量液态金属的表面温度。

4）集束热电偶：由多支不同长度热电偶集束而成，用于测某一方向的温度场分布。

5）微型快速热电偶：用于投入金属液中迅速给出信号后损坏，又称消耗式热电偶。

6）平均温度热电偶：由多支同种串并联热电偶组成，用于测某一区域场的温度。

7）薄膜热电偶：常用于测电机内温度或热流、表体温度。分真空镀膜式和粘合式。特点是体态扁形、热响应快。

8）抽气式热电偶：用于测量气体温度。通过加强对流传热；减少辐射影响，改善热响应，减小测量强差。

（6）补偿导线 它是一对与热电偶配用导线，以便与仪表或变送器相连。它分为延长型和补偿型两种。它与热电偶有相同的电动势—温度关系。常用热电偶补偿导线见表 5.4-36。

表 5.4-36 常用的热电偶补偿导线

配用热电偶			补 偿 导 线				往复电阻[①] /$\Omega \cdot m^{-1}$	补偿温度范围 /℃	热电势/mV（工作端为100℃，参比端为0℃）
正极	负极	分度号	正 极		负 极				
			材料	颜色	材料	颜色			
铂铑10	铂	S	铜	红	铜镍	绿	<0.048	0~150	0.643±0.023
镍铬	镍硅	K	铜	红	康铜	蓝	<0.684	0~150	4.10±0.15
镍铬	康铜	E	镍铬	紫	康铜	棕	<1.19	0~150	6.32±0.3
铜	康铜	T	铜	红	康铜	蓝	<0.684	0~150	4.291±0.5
钨铼5	钨铼20		铜	红	铜镍	白	<0.048	0~150	1.35±0.05

① 指20℃时截面积为1mm²的两根线芯补偿导线的总电阻值。

（7）常用热电偶参比端温度补偿方法 见表 5.4-37。

表 5.4-37 常用的热电偶参比端温度补偿方法

方法	原 理	使用场合
计算法	分别测知参比端 t_0，$E_{AB}(t,t_0)$，查分度表知 $E_{AB}(t_0,0)$，则 $E_{AB}(t,0)=E_{AB}(t,t_0)+E(t_0,0)$	用于手动电位差计测温或微机采入参比端温度，在线自动补偿计算
冰点法	将参比端置于 0℃ 的恒温器中	常用于实验室或精密的温度测量
电桥补偿法	用不平衡电桥的一臂 R_{cu} 在参比端温度不等于0℃时产生不平衡电压 U_{cd}，则 $E_{AB}(t,0)=E_{AB}(t,t_0)+U_{cd}$	各类温度变送器、显示仪表中普遍采用。有专用补偿器产品与动圈仪表配套使用

3. 热电阻与热敏电阻

（1）热电阻 利用电阻与温度呈函数关系的金属材料制成感温元件。其优点是无需参比温度，稳定性好，灵敏度高，但需有电源，自热影响大。典型结构见图 5.4-19。

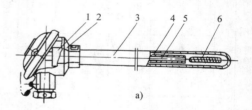

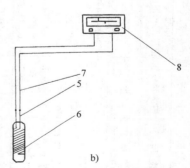

图 5.4-19 工业热电阻典型结构

a）热电阻结构 b）热电阻温度计

1—接线板 2—接线盒 3—保护管 4—绝缘物 5—内引线 6—感温元件

7—连接导线 8—显示仪表

（2）热电阻感温元件结构　见表5.4-38。

表5.4-38　热电阻感温元件的结构与特点

类别	结构示意	特点
铜热电阻	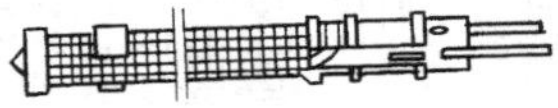 塑料	结构简单,价格低,耐振、耐冲击性好。体积大,热响应慢。用于要求较低场合
铂热电阻与镍热电阻　丝绕型	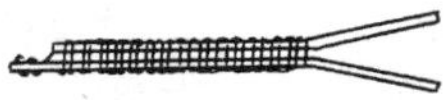 简易	结构简单,价格低,体积小,耐振、耐冲击性好。温度范围窄(250℃以下),回滞误差较大。主要用于温度不高和强烈振动场合,该结构适用于铜、铂、镍热电阻
	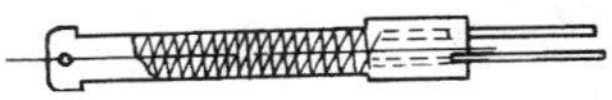 云母	价格低,自热小,热响应快,耐振、耐热冲击性较好。一般用于500℃以下
	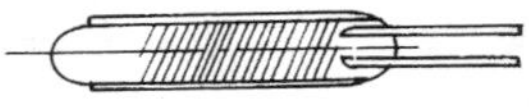 玻璃	体积小,自热较小,热响应较快。耐振、耐热冲击性较差。主要用于500℃以下
	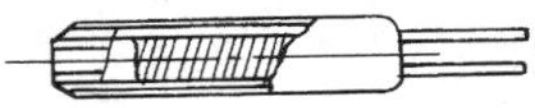 外绕陶瓷	体积小,自热较小,热响应较快。耐振、耐热冲击性较差。主要用于600℃以下
	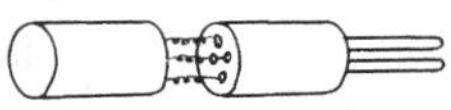 内绕陶瓷	体积小,耐高温、耐热冲击性能好。自热较大,热响应较慢,电感较大,不利于使用交流法测量。主要用于小体积或高温度场合
膜型	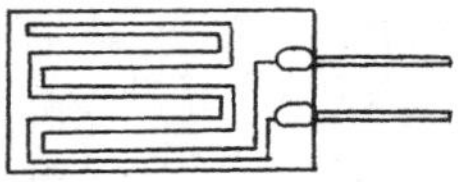 厚膜	体积小,热响应较快,耐振性较好。耐低温性、耐热冲击性较差,回滞误差较大,高温时电阻—温度特性与丝绕铂电阻不一致。主要用于 - 50～600℃
	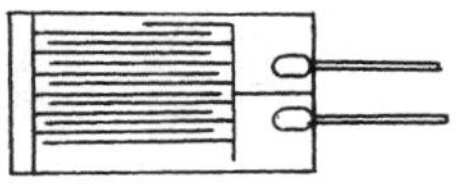 薄膜	体积最小,制作高阻值感温元件方便,热响应较快,耐振性较好,价格低。耐热冲击、耐低温性能较厚膜感温元件好。主要用于 - 50～600℃,也可扩展用到 - 200℃和800℃以上

（3）热电阻的分类及性能　见表5.4-39。

表5.4-39　工业热电阻分类与性能

项目	铂热电阻		铜热电阻		镍热电阻
分度号	Pt100	Pt10	Cu100	Cu50	Ni100
$R(0℃)$ /Ω	100	10	100	50	100
α[①] /℃$^{-1}$	0.00385		0.00428		0.00618
测温范围 /℃	- 200～850		- 50～150		- 60～180
允差	A级: $\pm(0.15℃ + 0.002\|t\|)$ B级: $\pm(0.30℃ + 0.005\|t\|)$		$\pm(0.30℃ + 0.006\|t\|)$		$\pm(0.4℃ + 0.007\|t\|)$ 0℃$\leqslant t \leqslant$180℃ $\pm(0.4℃ + 0.028\|t\|)$ - 60℃$\leqslant t <$0℃

（续）

项　目	铂　热　电　阻	铜　热　电　阻	镍　热　电　阻
电阻—温度关系	$R(t) = R(0℃)(1 + At + Bt^2)$ $(t \geq 0℃)$ $R(t) = R(0℃)[1 + At + Bt^2$ $+ Ct^3(t - 100)]$ $(t < 0℃)$ $A = 3.9083 \times 10^{-3}(℃^{-1})$ $B = -5.775 \times 10^{-7}(℃^{-2})$ $C = -4.183 \times 10^{-12}(℃^{-4})$	$R(t) = R(0℃)(1 + At + Bt^3 + Ct^3)$ $A = 4.28899 \times 10^{-3}(℃^{-1})$ $B = -2.133 \times 10^{-7}(℃^{-2})$ $C = 1.233 \times 10^{-9}(℃^{-3})$	$R(t) = R(0℃)(1 + At + Bt^2 + Ct^4)$ $A = 5.485 \times 10^{-3}(℃^{-1})$ $B = 6.65 \times 10^{-6}(℃^{-2})$ $C = 2.805 \times 10^{-11}(℃^{-4})$
优　点	精确度高、体积小、温度范围宽、稳定性、再现性好	价格低、线性较好，窄温度范围内可用 $R(t) = R(t_0)[1 + \alpha(t - t_0)]$ t_0—可取温度范围中点温度（℃）	价格低、电阻率高、电阻温度系数大、体积较小
缺　点	价格较贵	体积较大，热响应较慢	精确度较低

① α 是 0~100℃的平均温度系数，是热电阻的重要特征参数。其定义是：

$$\alpha = \frac{R(100℃)/R(0℃) - 1}{100℃}$$

（4）热电阻分度表　见表 5.4-40。

表 5.4-40　热电阻分度表

$t_{90}/℃$	Pt100	Pt10	Cu100	Cu50	Ni100
-200	18.52	1.852	—	—	—
-180	27.10	2.710	—	—	—
-160	35.54	3.554	—	—	—
-140	43.88	4.388	—	—	—
-120	52.11	5.211	—	—	—
-100	60.26	6.026	—	—	—
-80	68.33	6.833	—	—	—
-60	76.33	7.633	—	—	69.5
-40	84.27	8.427	82.80	41.401	79.1
-20	92.16	9.216	91.41	45.706	89.3
0	100.00	10.000	100.00	50.000	100.0
20	107.79	10.779	108.57	54.285	111.2
40	115.54	11.554	117.13	58.565	123.0
60	123.24	12.324	125.68	62.842	135.3
80	130.90	13.090	134.24	67.119	148.3
100	138.51	13.581	142.80	71.400	161.8
120	146.07	14.607	151.37	75.687	176.0
140	153.58	15.358	159.97	79.983	190.9
160	161.05	16.105	—	—	206.6
180	168.48	16.848	—	—	223.2

$t_{90}/℃$	Pt100	Pt10	$t_{90}/℃$	Pt100	Pt10
200	175.86	17.586	600	313.71	31.371
220	183.19	18.319	620	320.12	32.012
240	190.47	19.047	640	326.48	32.648
260	197.71	19.771	660	332.79	33.279
280	204.90	20.490	680	339.06	33.906
300	212.05	21.205	700	345.28	34.528
320	219.15	21.915	720	351.46	35.146
340	226.21	22.621	740	357.59	35.759
360	233.21	23.321	760	363.67	36.367
380	240.18	24.018	780	369.71	36.971
400	247.09	24.709	800	375.70	37.570
420	253.96	25.396	820	381.65	38.165
440	260.78	26.078	840	387.55	38.755
460	267.56	26.756	850	390.48	39.048
480	274.29	27.429	—	—	—
500	280.98	28.098	—	—	—
520	287.62	28.762	—	—	—
540	294.21	29.421	—	—	—
560	300.75	30.075	—	—	—
580	307.25	30.725	—	—	—
600	313.71	31.371	—	—	—

（5）热电阻的测量方法　见图 5.4-20。

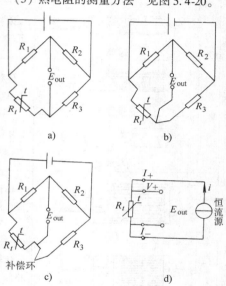

图 5.4-20　热电阻的测量

a）二线制　b）三线制　c）四线制补偿法
d）四线制电势法

二线制当电源内阻 r 相当小时（$Zr/R < 0.001$）引线影响可忽略。三线制和四线制补偿法，当引线及 $R_1 = R_2$ 时，其影响可抵消。四线制电势法，因测量端（V 端）电流很小，则引线电阻对测量影响极小。

（6）热敏电阻　利用电阻率与温度变化原理制成的感温元件。它分类为正温度系数（PTC）、负温度系数（NTC）、临界温度（CTR）三种。

用金属氧化物或半导体材料作为热敏电阻的电阻值与温度关系近似为 $R(T) = R(T0)\exp[B$

$(T_0 - T)/(TT_0)]$，其中，T 为热力学温度（K）；T_0 为参考温度（298.15K）；B 为热敏指数（K）。

热敏电阻的优点是体积小、响应快、结构简单、灵敏度高、抗干扰好、价格低。但其互换性差、测温范围窄。

4. 接触式测温元件及特点　见表 5.4-41。

5. 接触式测温仪表的应用

（1）测温仪表的应用与选择　见表 5.4-42。

（2）温度变送器　热电偶和热电阻等测温元件输出信号应转换为标准信号，以便与调节器等单元仪表配合。在电动组合仪表中这种变换装置为温度变送器。

表 5.4-41　接触式热敏元件及温度传感器的类别与特点

类　　别	名称与代号	使用温区/℃	特点
热电偶	铂铑 10—铂　　　　（S） 铂铑 13—铂　　　　（R） 铂铑 30—铂铑 6　　（B） 镍铬—镍硅　　　　（K） 镍铬硅—镍硅　　　（N） 铁—康铜　　　　　（J） 铜—康铜　　　　　（T） 镍铬—康铜　　　　（E） 钨—钨铼 26　　　　（G）	0 ~ 1600 0 ~ 1600 600 ~ 1800 -40 ~ 1300 -40 ~ 1300 -40 ~ 700 -40 ~ 350 -40 ~ 900 0 ~ 2300	重复性好、结构简单、价格便宜、惰性小、测温范围宽、适用于远距离测量，但准确度难以优于 ±0.2℃，高温使用时受到被测介质和气氛的影响而发生劣化
热电阻	铂电阻　　　　　（Pt100）	-200 ~ 850	具有温区宽、精度高、重复性好、稳定性高等特点，但成本较高
	镍电阻　　　　　（Ni100）	-50 ~ 300	灵敏度高，成本低于铂电阻，一致性差于铂、铜电阻
	铜电阻　　　　　（Cu100）	-50 ~ 150	线性好、价格便宜、温区较窄
热敏电阻	负温度系数热敏电阻（NTC）	超低温： 0.001 ~ 100K 低温：-130 ~ 0 常温：-50 ~ 315 中温：150 ~ 750 高温：1300 ~ 2300	形式多种，形状可根据需要而制定，灵敏度很高，价格便宜，但准确度一般，一致性、互换性相对较差。PTC 和 CTR 热敏电阻主要用作温度开关
	正温度系数热敏电阻（PTC）	-50 ~ 300	
	临界温度系数热敏电阻（CTR）	0 ~ 150	
晶体管和集成温度传感器	晶体管温度传感器	-50 ~ 200	体积小、灵敏度高，在 -50 ~ 150℃ 范围内有较好的线性、价格便宜
	集成温度传感器	-50 ~ 150	电流输出，远距离传输，抗干扰性强，线性、稳定性、互换性好
晶体温度传感器	石英晶体温度传感器	-80 ~ 250	高分辨力（可达 0.0001℃）、高准确度（±0.05℃）、高线性度（0.002%）、高稳定性以及频率信号输出，但抗冲击性能较差
热噪声温度传感器	电阻式热噪声温度传感器 比较式热噪声温度传感器	-269 ~ 1500	理论上能测绝对温度而不需要校正，可用作标准温度传感器和用于高压容器和原子反应堆等场合。为了减少统计误差，需进行长时期测量
核磁共振温度传感器	核四极共振温度传感器	-183 ~ 125	重复性好、分辨力高、互换性好、准确度高（可达 ±0.005K）
光纤温度传感器	接触式光纤温度传感器	-50 ~ 300	抗电磁干扰、灵敏度高、体积小、质量小、可弯曲，便于在各种不同场合安装

表 5.4-42　接触式测温仪表的选择方法

要　求	选　　择		
温度范围①/℃	膨胀类温度计：-100 ~ 300 半导体温敏器件：-50 ~ 150 热敏电阻：-100 ~ 300 工业热电阻：-200 ~ 600 工业热电偶：-200 ~ 2300		
仅要求现场指示	膨胀类温度计	精确度高、稳定性好：玻璃水银温度计	
		近距离远传：压力式温度计	
简易控制	温度开关、带电接点的膨胀类温度计		
气动控制	气动温度仪表		
自动调节	工业热电偶、工业热电阻、热敏电阻、半导体敏器件	精确度高、稳定性好：铂热电阻	
		热响应快：热敏电阻、铠装热电偶	
		灵敏度高：热敏电阻、半导体温敏器件	

（续）

① 此处指各类温度计最常用温度范围。

我国生产的温度变送器类型与结构特点,见表 5.4-43。

DDZ-Ⅲ型温度变送器[10]根据不同的测温元件有三种类型结构组成方法,见图 5.4-21。其线路结构上分为量程单元和通用的放大单元。其中量程单元的输入与输出呈线性关系,见表 5.4-44。

表 5.4-43　温度变送器的类型与结构特点

类	型	构 成 原 理	主 要 特 点
QDZ 气动单元	压力式温度变送器	由温包、毛细管、测量波纹管检测,通过喷嘴挡板气动放大器与反馈波纹管产生力矩相平衡,输出统一气动信号	简易、防爆,可现场安装,输出信号与测温近似线性
	电气式(热电偶、热电阻温度、温差)	由测量补偿桥路、晶体管调制型直流放大器和电气转换器三部构成,输出统一气动信号	可现场或远距安装,结构复杂,调整麻烦
DDZ-Ⅱ型	墙挂式、现场安装式及隔爆型(热电偶、毫伏、热电阻及温差)	由输入回路、自激调制式直流放大器和反馈回路三部分构成。输入回路有调零、零点迁移,热电偶冷端补偿和热电阻引线补偿等功能,改变反馈系数可改变量程	放大电路通用,输出电流与热电偶毫伏或热电阻的电阻值成线性关系,简易、价廉,但零点与量程调整麻烦
DDZ-Ⅲ型	四线制、二线制盘后架装安全火花型(热电偶、毫伏、热电阻及温差)	由量程单元和放大单元构成。量程单元分直流毫伏、电阻体及热电偶三种型式,除具有Ⅱ型的功能外,还有线性化功能。放大单元采用低漂移、高增益运算放大器	可直接放大信号,电路简单。输出信号与被测温度成线性关系,能满足安全火花型防爆要求,但需补偿导线
DDZ-S 系列	一体化结构,二线制,有隔爆式和本安防爆型(热电偶、毫伏、热电阻及温差)	由铠装测温元件与低功耗集成模块结构组成。集成模块中有线性化、放大、V/I 变换及恒压、恒流电路,用优质环氧树脂 罐封成型,与测温元件融为一体,直接安装在测试现场	体积小,精度高,抗干扰性强。自身具有冷端补偿与线性化电路,不需补偿导线。可单独作为功能模块

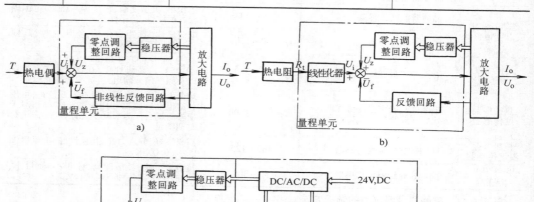

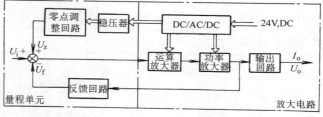

图 5.4-21　DDZ-Ⅲ型温度变送器的三种结构框图
a)热电阻温度变送器结构框图　b)热电偶温度变送器结构框图　c)直流毫伏变送器结构框图
T—温度　R_t—温度系数

表 5.4-44   DDZ-Ⅲ型温度变送器输入-输出关系

输入信号	输入-输出关系
直流毫伏	$I_0 = \dfrac{KW}{1+K\beta}(U_i + U_z)$
	当 $K\beta \gg 1$ 时 $I_0 = \dfrac{W}{\beta}(U_i + U_z)$
热电阻测温 $R_t = \alpha(R_0, T) T$	$U_i = \dfrac{D}{\alpha(R_0, T)} R_t$
	$I_0 = \dfrac{W}{\beta}(DT + U_z)$
热电偶测温 $Ej = r(T_0 - T) T$	$U_i = CE_t$
	$I_0 = \dfrac{CW}{\beta}T + \dfrac{W}{\beta'}U_z$

符 号 说 明

K——放大器放大倍数

W——输出回路传递系数

β——线性反馈系数

D——热电阻输入回路系数

$\alpha(R_0, T)$——热电阻与测温非线性传递系数

$r(T_0, T)$——热电偶与测温非线性传递系数

$\beta' = r(T_0, T)\beta$，非线性反馈系数

C——热电偶输入回路系数

DDZ-S 系列温度变送器是一体化超小型变送器,其原理框图见图 5.4-22。模块安装及二线制接线图,见图 5.4-23。其特点是体积小、精度高,可直接安装在接线盒内,抗干扰能力强。

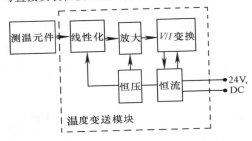

图 5.4-22   一体化温度变送器原理框图

4.4.4   非接触式温度测量仪表

非接触式测温仪表通过检测被测对象向空间辐射的能量实现温度测量,也称辐射温度计。其测温范围为 $-50 \sim 6000\,℃$,工作波长为 $0.4 \sim 25\,\mu m$,精度为 $0.5 \sim 2.5$ 等级。主要特点是非接触测温,响应快,对被测对象温度场影响小。

根据普朗克定律测温原理,常用的辐射测温公式见表 5.4-45。常见的术语见表 5.4-46。

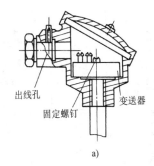

a)

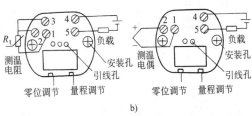

b)

图 5.4-23   一体化模块安装及接线图
a) 温度变送模块的安装   b) 一体化两线制
温度变送器接线图

表 5.4-45   辐射测温常用计算公式

名　称	公　式
普朗克公式	$M(\lambda, T) = \dfrac{c_1 \lambda^{-5}}{\exp[(c_2 / \lambda T) - 1]}$
维恩公式	$M(\lambda, T) = c_1 \lambda^{-5} \exp[(-c_2 / \lambda T)]$
斯忒藩—玻耳兹曼公式	$M(T) = \sigma T^4$
换算公式 (对漫射体)	$L(\lambda, T) = \dfrac{1}{\pi} M(\lambda, T)$
	$L(T) = \dfrac{1}{\pi} M(T)$

备　　注

$M(\lambda, T)$——光谱辐射出射度(W/m^3)

$M(T)$——辐射出射度(W/m^2)

λ——真空中波长(m)

T——热力学温度(K)

c_1——第一辐射常数,$c_1 = (3.741832 \pm 0.000020) \times 10^{-16}\,W \cdot m^2$

c_2——第二辐射常数,$c_2 = 1.4388 \times 10^{-2}\,m \cdot K$

σ——斯忒藩—玻耳兹曼常数,$\sigma = (5.67032 \pm 0.00071) \times 10^{-8}\,W/(m^2 \cdot K^4)$

$L(\lambda, T)$——光谱辐射亮度$[W/(sr \cdot m^3)]$

$L(T)$——辐射亮度$[W/(sr \cdot m^2)]$

注: 维恩公式是 $c_2 / \lambda T \gg 1$ 时,普朗克公式的近似。
斯忒藩—玻耳兹曼公式是普朗克公式对波长 $(0, \infty)$ 的积分。

表 5.4-46　辐射测温常用术语

名称	符号	概　念
发射率	ε	物体辐射出射度与相同温度的黑体辐射出射度之比。它与物体的特性、温度和表面状况等因素有关
表观温度	T_A	在辐射测温仪表工作波长范围内，温度为 T 辐射体的辐射情况与温度为 T_A 黑体的辐射情况相同，则 T_A 就是该辐射体的表观温度。最常用的表观温度有：有效温度、亮度温度和比色温度
辐射温度	T_F	温度为 T 辐射体的全波长辐射亮度与温度为 T_F 黑体的全波长辐射亮度相等，则 T_F 就是该辐射体的辐射温度
亮度温度	T_L	温度为 T 辐射体的某波长光谱辐射亮度与温度为 T_L 黑体同一波长的光谱辐射亮度相等，则 T_L 就是该辐射体的亮度温度
比色温度	T_S	温度为 T 辐射体对应波长 λ_1,λ_2 的光谱辐射亮度之比与对应同种两波长的黑体光谱辐射亮度之比相等，则黑体温度 T_S 就是辐射体的比色温度

表 5.4-47　辐射测温仪表分类与计算公式与特点

分类	代表性产品	关 系 式	表观温度	发射率变化引起表观温度误差	优　点	缺　点
亮度法	隐丝式光学高温计 恒亮式光学高温计 光电式光学高温计 各种部分辐射红外温度计	$L(\lambda,T)=\dfrac{1}{\pi}\dfrac{c_1}{\lambda^5}e^{-\frac{c_2}{\lambda T}}$	$\dfrac{1}{T_L}=\dfrac{1}{T}-\dfrac{\lambda}{c_2}\ln\varepsilon$	$\dfrac{dT_L}{T_L}=\dfrac{\lambda T_L}{c_2}\dfrac{d\varepsilon}{\varepsilon}$	隐丝式和恒亮式结构简单、价格低，其他形式的产品，测量精确度较高，稳定性较好，光路上介质吸收及被测对象表面发射率变化影响较全辐射温度计小	隐丝式、恒亮式比较，进行比较，人眼进行比较，易带有主观误差，并且不易自动读数
全辐射法	辐射感温器 各种全辐射温度计	$L(T)=\dfrac{1}{\pi}\varepsilon\sigma T^4$	$T_F=\varepsilon^{1/4}T$	$\dfrac{dT_F}{T_F}=\dfrac{1}{4}\dfrac{d\varepsilon}{\varepsilon}$	测温下限低、辐射感温器结构简单	介质吸收和被测表面发射率的选择性变化影响较难克服
比色法	单通道比色温度计 双通道比色温度计	$\dfrac{L(\lambda_1,T)}{L(\lambda_2,T)}$ $=\dfrac{\varepsilon(\lambda_1,T)}{\varepsilon(\lambda_2,T)}\left(\dfrac{\lambda_2}{\lambda_1}\right)^5 e^{\frac{c_2}{\lambda T}}$ $\Lambda=\left(\dfrac{1}{\lambda_2}-\dfrac{1}{\lambda_2}\right)^{-1}$	$\dfrac{1}{T_S}=\dfrac{1}{T}+\dfrac{\Lambda}{c_2}\ln\dfrac{\varepsilon(\lambda_1,T)}{\varepsilon(\lambda_2,T)}$	$\dfrac{dT_S}{T_S}=\dfrac{\Lambda T_S}{c_2}\dfrac{d[\varepsilon(\lambda_1,T)/\varepsilon(\lambda_2,T)]}{\varepsilon(\lambda_1,T)/\varepsilon(\lambda_2,T)}$	在灰体条件下，仪表示值可接近真实温度，在有粉尘、烟雾等非选择吸收的介质中仍可工作，对非黑体，适当选择波长后，发射率影响可减至最小	结构比较复杂，在光路上若有某种介质对仪表所选用的两个波长之一有明显选择吸收，则仪表无法正常工作

说明

$L(\lambda,T)$——光谱辐射亮度[W/(sr·m³)]

c_1——第一辐射常数(W·m²)

c_2——第二辐射常数(m·K)

λ——真空中的波长(m)

ε——发射率

T_L——亮度温度(K)

$L(T)$——辐射亮度[W/(sr·m²)]

$\varepsilon(\lambda,T)$——光谱发射率

T_S——比色温度(K)

T——热力学温度(K)

T_F——辐射温度(K)

σ——斯忒藩-玻耳兹曼常数因表达式而异

Λ——中间变量(m)

注：1. 亮度法和比色法中均假定满足 $\dfrac{c_2}{\lambda T}\gg1$。

　　2. 表中关系式是理想黑色的关系式。实际仪表的关系式因表而异。

所谓黑体是在任意温度下对任何波长的辐射能量均能吸收,即发射率等于1的辐射体。灰体是发射率小于1,而且不随温度、波长变化的辐射体。非黑体是不能满足黑体和灰体条件的辐射体。对于由黑体辐射法得到的是物体的真实温度;对于灰体,理论上对发射率(ε)不变的灰体用比色法可以克服实际ε的影响时,其表现温度为真实温度,否则为近似值。对非黑体相应不同的

测温法有不同的表现温度。

辐射式测温仪表分类及特点见表5.4-47。辐射式测温仪表基本结构见图5.4-24。

1. 光学高温计　光学高温计根据热物体光谱辐射亮度随温度升高而增长的原理,采用亮度平衡法比较被测对象与温度灯的亮度,实现800℃以上的测温。

光学高温计的一般结构,见图5.4-25。

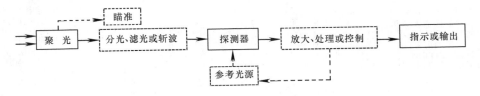

图 5.4-24　辐射测温仪表的基本构成

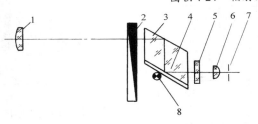

图 5.4-25　恒亮式光学高温计的光学系统
1—物镜　2—光楔　3—转象棱镜　4—镀铝白玻璃
5—红玻璃　6—目镜　7—光阑　8—温度灯

光学高温计一般由光学系统和电测系统组成。其主要技术指标见表5.4-48。

表 5.4-48　工业隐丝式光学高温计技术指标

项　目	内　容
测温范围/℃	800～1500 1200～2000 1800～3200
精确度/级	1.5
基本误差限/℃	800～900：±33 900～1500：±22 1200～2000：±30 1800～3200：±80
测量距离/mm	≥700
工作条件	温度：10～50℃ 相对湿度：≤85%

光学高温计有工业隐丝型、电子型、恒亮型和精密型等多种形式。其中以工业隐丝型光学高温计在工业中的应用较多。

2. 全辐射温度计　全辐射温度计采用热电元件直接检测热物体在很宽的波段上所辐射的能量,经电路处理测得温度。其分类结构及特点,见表5.4-49。在距离系数为20时,其测温范围在

400～2000℃;测量误差为 ±（16～20）℃。

表 5.4-49　全辐射温度计的分类、结构与特点

分类	结构示意图
辐射感温器	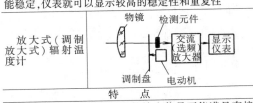

特　点
被测对象的辐射,经光学系统聚焦于检测元件上,元件的输出信号直接用于指示和记录,只要元件本身性能稳定,仪表就可以显示较高的稳定性和重复性

分类	结构示意图
放大式（调制放大式）辐射温度计	物镜　检测元件　交流（选频）放大器　显示仪表　调制盘　电动机

特　点
当被测对象温度较低,元件输出信号不能满足直接指示或记录要求时使用。可采用调制盘调制,使元件输出一个与被测对象辐射相对应的交流信号,再由交流放大器放大,如果在元件最佳响应频率处,可获得较高的信噪比

3. 比色温度计　比色温度计利用被测对象的两个不同波长的光谱辐射亮度之比实现测温的。其分类、特点及结构见表5.4-50。在距离系数为15、30、60、90时,工作波长为1.0μm附近的两个窄波段上测温范围为550～3200℃（分规格）;其基本误差约为 ±（0.5～1）%;响应时间可调整到0.04～10s。

4. 辐射测温计选择　应用辐射温度计的选择见表5.4-51。常用波长、典型探测元件、温度范围及特性见表5.4-52。

表 5.4-50 比色温度计分类、特点与结构

分类	特 点	结 构 型 式	说 明
单通道型	单通道系指利用辐射调制器将来自被测对象的辐射变成两束不同波长的辐射,并交替地投射到同一个检测元件上,再转换成电信号并实现比值。单通道的优点是能提高仪表的稳定性,也即降低了对检测元件、放大器、电源等稳定性的要求,但采用辐射调制器后,在实现快速瞬变温度测量时,将产生较大的动态误差		入射辐射束由电动机带动的调制盘以固定频率旋转,盘上交替镶着两种不同的滤光片,使两个不同波长(波段)的辐射束交替地投射到同一个检测元件上
双通道型	双通道式将不同波长辐射束同时沿着各自的通道连续传送并由两个检测元件同时实现转换,再进行比值运算。动态品质比单通道好,适用于变化快速的温度测量,但元件的不对称性和信号处理系统的不稳定性都将导至测量误差		入射的辐射束经光导棒匀光后,通过开孔的硅光电池投射到分光镜上,由此分成反射和透射两个不同波长(波段)的辐射束,分别由前后侧两个硅光电池接收并转换成电信号,由显示仪表实现比值和指示温度
色敏型	采用色敏元件,一个探测器中,有两个响应不同波长的单元。这种类型的光机结构特别简单,不需要调制,动态品质好,适用于变化快速的温度测量,但对色敏元件的要求很高		入射辐射束投射到色敏元件上,色敏元件的两个单元分别将两个不同波长的辐射转换成电信号,由电子线路实现比值和指示温度

表 5.4-51 辐射测温仪表的选择

因 素	选 择 参 考
温度范围	高温可选短波温度计,低温可考虑选长波,宽波段或全辐射温度计
目标多远、多大,是否晃动,距离是否变化	按目标距离与目标直径之比选择距离系数。小目标可选调焦式,大目标可选非调焦式。对晃动小目标和距离变化情况,可选非调焦式,加延时峰值检拾功能
目标表面情况是否稳定	对不稳定情况要选短波或比色温度计,以及平均,延时峰值保持功能
光路是否清洁	选择避开水汽和 CO_2 吸收的波长。对大颗粒灰尘可选比色温度计。对火焰、烟气可选 $3.9\mu m$ 温度计来减弱影响。另外可选吹净装置和窥视管来净化光路
被测对象是否透明	对透明介质,要选择特殊的工作波长,见表 5.4-52
是否有背景辐射	对灯光类背景辐射可选长波温度计。对中、低温度热源辐射可选短波温度计。对恒定热源辐射,可选大于 1 的发射率设定值来修正(个别仪表有这种功能)。对复杂的背景辐射,可选双温度计背景辐射补偿法

辐射温度计在使用中应使目标充满视场,其视场直径 d 与测量距离 l 和距离系数 C 的关系为 $C = l/d$。而且应使视场内接受的能量为总能量的 90%~98%。同时还应注意发射率设室、非稳态目标测量响应时间的调整、光影传输的损失、背景辐射的影响等。

5. 其他测温仪表

(1) 光纤式温度计 以光纤作为温度测量传感器的检测仪表。它特别适于在强电磁干扰场合及真空、密闭场合应用。其分类见表 5.4-53。

光纤辐射式温度计一般在短波段采用亮度法或比色法原理进行测温。光纤辐射式温度计的测温范围为 200~4000 ℃,分辨力达 0.01 ℃,高温测量时精度优于 0.2%。光纤头可更换,但需分度,调节发射率,其耐温加冷却套时可达 500 ℃。

光纤辐射式温度计一般结构包括光纤头、耦合器、传导光纤和信号处理单元。除辐射式光纤温度计可以不接触目标测温外,其余光纤温度计原理上应为接触式测温。

(2) 半导体温度传感器 利用半导体的温度效应检测温度。其优点是体积小,价格便宜,灵敏度高,使用方便。测温范围达 -270~150 ℃。品种有测温二极管、测温晶体管、温敏集成电路等。表 5.4-54 为半导体测温传感器的测温原理和特点。

(3) 其他类型测温计 有电容式温度计、石英式线性温度计、热噪声式温度计、磁性测温计、核四极矩谐振测温计(简称 NQR 测温计)以及磷光物质和示温涂料法温度计等。

表 5.4-52　辐射测温仪表常用工作波长、典型探测元件、温度范围及特性

工作波长/μm	典型探测元件	温度范围/℃	特　点	备　注
0.65 附近窄波段或较宽波段	Si 光电池、人眼	>700	可用钨带灯分度,方便,发射率数据丰富,易查	1. Si 光电池特点是:响应快,稳定,使用方便,价格低 2. Ge 光电池特点是:响应快,使用方便 3. PbS 光敏电阻特点是:响应快,响应率高 4. 热电堆特点是:光谱响应范围宽,使用方便,但响应率低,响应较慢 5. 热释电主要是指 LiTaO₃ 热释电元件。特点是光谱响应范围宽,响应率高,响应较慢。使用时必须调制
0.9 附近窄波段或较宽波段	Si 光电池	>500	适用于大多数中、高温区的应用	
1.6 附近较宽波段	Ge 光电池	>250	可以透过玻璃用于中、高温度	
2.2 附近较宽波段	PbS 光敏电阻	150~250	中、高温区应用	
3.43 窄波段	热电堆、热释电	60~2000	可以透过石英可用于塑料薄膜测温	
3.9 窄波段	热电堆、热释电	300~2000	可透过火焰、烟气测温度	
4.5 窄波段	热电堆、热释电	350~2200	可测量火焰和烟灰、CO₂ 气的温度及熔融玻璃池的温度	
4.8~5.2	热电堆、热释电	50~2000	可用于玻璃表面温度测量	
7.9 附近较窄波段	热电堆、热释电	0~2000	可用于塑料薄膜和薄玻璃度测量	
8~14 以及其他宽波段	热电堆、热释电	-50~1000	适用于大多数中、低温区的应用	

表 5.4-53　光纤式温度计分类

分类	名　称	测温范围/℃	原　理
拾光型	光纤辐射温度计	200~4000	利用普朗克辐射定律。分为单色和比色两类
非功能型	液晶光纤温度计	0~200	利用胆甾型液晶的"热色"效应
	荧光光纤温度计	-50~200	荧光强度型:利用荧光强度随温度的变化
		-50~250	荧光余辉型:利用荧光强度衰变速度随温度的变化
	半导体光纤温度计	-30~300	砷化镓半导体晶体的带隙能量是温度的函数,对入射特定波长的光,将产生随温度变化的边带吸收
	液体光纤温度计	30~70	利用某些液体折射率对温度变化敏感的特性
功能型	相位干涉型光纤温度计	0~400	利用透过单模光纤光的相位变化与温度有关,通过干涉方法检测出相位变化量

表 5.4-54　半导体式测温传感器原理及特点

名称	工　作　原　理	性　能　特　点
二极管温度计	PN 结正向电压降 V 与温度 T 关系: $$V = \frac{E_0}{q} + \frac{mkT}{q}\ln\frac{I}{C} - \frac{mkTr}{q}\ln T$$ 式中,E_0—零温时材料禁带宽度;q—电子电荷;k—玻耳兹曼常数;m、r—常数,一般 1.52 $xr<3,1<m<2$;C—与工艺有关系数;I—正向电流	当 I 恒定时,PN 结电压与温度呈线性关系,T 上升,V 下降。如碳化硅耐高温材料,PN 结测温仪表测温范围 0~500℃;灵敏度为 2.4mV/℃;输出电阻 $R=0.13T/I$,小于1000Ω。与热电偶,热电阻相比,具有温度低、线性好、体积小、输出阻抗低、稳定性好等特点,无需冷端补偿的它已广泛用于电子工业、机械及航空工业中
晶体管温度计	对均匀基区晶体管发射法正偏压 V_{be} 大于几个 KT/q,集电法反偏压 $V_{bc}=0$ 时,有 $$V_{be} = \frac{E_0}{q} - \frac{kT}{q}\ln\frac{CTr}{I_c}$$ 式中,I_c—集电极电流 对偶管式测温计中 $$V_0 = \frac{kT}{q}(1+H_c)\ln\frac{I_{c1}}{I_{c2}}$$ 式中,H_c—放大器增益;I_{c1}/I_{c2}—对偶管的电流比	在 I_c 恒定时,V_{be} 与 T 呈线性。在测温硅晶体管中 V_{be} 与 T 的特性在 -50~150℃ 内具有 15℃ 偏差,其灵敏度为 0.1V/℃。它可以经电路补偿,组成精度为 0.1℃ 的数字式测温计。可方便地用于环境、卫生安全工作中,测量温度场分布、热流状态等。对偶管与仪用放大管结合使 I_{c1}/I_{c2} 比值不变。因此其测温线性好,在电流比为 2:1 时,灵敏度为 10mV/K,放大器增益为 167.4
集成电路温度计	$$V_0 = H_c\left(\frac{kT}{q}\ln\alpha - I\right)$$ 式中　α—测温管的发射极面积之比;I—补偿温度注入电流。电路利用两个发射极的电流密度差产生 ΔV_{bc} 的原理测温	具有温度补偿功能,如 AN6701。由温度检测、补偿电路及缓冲放大器集成为一体,V_0 与 T 呈线性关系。电路采用电流注入补偿设计,使灵敏度为 100mV/℃,精度为 1%;测温范围 -10~80℃;温度测量方便。采用 CMOS 工艺集成电路,非线性误差更小。多用于电子手表、家用电器中进行温度补偿

（续）

名称	工 作 原 理	性 能 特 点
可控硅温度开关	利用可控硅（SCR）正向导通反向阻塞特性随温度变化，制成栅极缺陷，使反向电流与温度有灵敏变化，在特定温度下（100℃）急剧变化形成温度开关	用温度触发开断的温度开关器件。应用于各种机器的过热保护、温控报警等。方便地调节电阻阻值达到调整开关动作温度设置
场效应管和外热敏器件	利用红外线照射管子产生空穴时，改变漏源电流，即沟道的导通电阻随载流子数变化来检测温度	对室温内物体（放射最大能量波长约 $10\mu m$）所放射出的红外线具有较高灵敏度。可应用于红外辐射计、热成像仪目标探测器等非接触测温中
单结晶体管温度计	利用基极间电阻随温度在 50K 温度下由正向负突变测量温度。即电阻比 $\ln(R/R300)$ 剧增的特性。其中 $R300$ 为室温下电阻值	在 P-Si 衬底上用合金铝作成发射结的单结晶体管，在低于 45K 时，灵敏度迅速增加特点。用于作低温控制，其最低可使用温度为 20K 左右

4.5　压力测量

4.5.1　压力与真空

1. 压力　由静止的流体垂直作用在给定面积单元上的力称为该给定处的压力。其法定计量单位为"帕斯卡"简称"帕"，用 Pa 表示。

当流体流动时所测得的压力称为合压力。它除了静压力外还包括动压力分量。在工程应用中压力测量常用到下面的名词术语。

（1）大气压力：围绕地球的大气层对地球表面单位面积上所产生的压力，随海拔高度、纬度、温度而变化。定义在温度为 0 ℃，纬度为 45°海平面上，重力加速度为 $9.80665m/s^2$ 时的压力为一个标准大气压，用 1atm 表示。

（2）表压力：即两种压力之差。一般以大气压力作为零压力，相对大气压力的差值称为表压力。

（3）绝对压力：相对于绝对真空所测得压力。它是表压力和大气压力之和。

（4）正压力：高于大气压力的表压力，通常称为压力。

（5）负压力：低于大气压力时，大气压力与绝对压力之差。

（6）真空度：当绝对压力小于大气压力值时，其表压负值的绝对值称为真空度。

绝对压力、大气压力、表压力与真空度之间的关系，见图 5.4-26。

工程技术中历史上常以标准大气压（atm）作为高压单位，以毫米汞柱（mmHg）作为低压或真空的单位，也称其为托。它们之间的关系为：

$$1atm = 760mmHg = 760\ 托 = 101325Pa$$

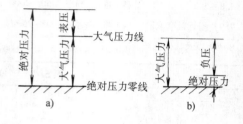

图 5.4-26　绝对压力、大气压力、表压力与真空度的关系

a）绝对压力 > 大气压力
b）绝对压力 < 大气压力

2. 压力与真空的分类[9]　我国习惯上将压力范围分为 5 类：

（1）微压：$<1\times10^4 Pa$

（2）低压：$1\times10^4 \sim 2.5\times10^5 Pa$

（3）中压：$2.5\times10^5 \sim 1\times10^8 Pa$

（4）高压：$1\times10^8 \sim 1\times10^9 Pa$

（5）超高压：$>1\times10^9 Pa$

将真空范围划分为四类：

（1）粗真空：$1.01325\times10^5 \sim 10^3 Pa$

（2）低真空：$10^2 \sim 10^{-1} Pa$

（3）高真空：$10^{-1} \sim 10^{-6} Pa$

（4）甚高真空：$<10^{-6} Pa$

ISO 将压力与真空的范围分为四类：

（1）甚低压：$1\times10^{-4} \sim 1Pa$（高真空到低真空）

（2）低压：$1Pa \sim 1kPa$（低真空到微压）

（3）中压：$1kPa \sim 1MPa$（微低压到中压）

（4）高压：$>1MPa$（中压到高压）

3. 压力测量的原理及其分类　见表 5.4-55。

表 5.4-55 压力测量原理及其分类

类别	测量原理	分类		测量范围/Pa	用途
				上标度: 10^5 10^6 10^7 10^8 10^9 10^{10} 下标度: -10^5 -10^4 -10^3 -10^2 0 10^2 10^3 10^4 10^5	
液柱式压力计	液体静力平衡（被测压力与一定高度的工作液体产生的重力相平衡）	U 型管压力计			低微压测量。高精确度者可用作基准器
		单管压力计			
		倾斜微压计			
		补偿微压计			
		自动液柱式压力计			
弹性式压力表	被测压力使弹性元件产生位移，经传动放大机构指示或记录	弹簧管压力表	一般压力表		表压、负压、绝对压力测量。就地指示，报警、记录或发信，或将被测量远传，进行集中显示
			精密压力表		
			特殊压力表		
		膜片压力表			
		膜盒压力表			
		波纹管压力表			
		钣簧压力计			
		压力记录仪			
		电接点压力表			
		远传压力表			
		压力表附件			
负荷式压力计	被测压力与活塞及加于活塞上的专用砝码的重量平衡	活塞式压力计	单活塞式压力计		精密测量，基准器
			双活塞式压力计		
		浮球式压力计			
		钟罩式微压计			
数字式压力计	将被测压力经模/数转换以数字量显示出来				用于工业流程测试或作基准仪器

(续)

类别	测量原理	分类		测量范围/Pa 10^5 10^6 10^7 10^8 10^9 10^{10} -10^5 -10^4 -10^3 -10^2 0 10^2 10^3 10^4 10^5	用途
压力传感器	1. 被测压力推动弹性元件产生位移或形变,通过转换部件转换为电信号输出 2. 利用半导体、金属等的压阻、压电等特性或其他固有物理特性,将被测压力转换为电信号输出	电阻式压力传感器	电位器式压力传感器		将被测压力转换成电信号以监测、报警、控制及显示
			应变式压力传感器		
		电感式压力传感器	气隙式压力传感器		
			差动变压器式压力传感器		
		电容式压力传感器			
		压阻式压力传感器			
		压电式压力传感器			
		振频式压力传感器	振弦式压力传感器		
			振筒式压力传感器		
		霍尔式压力传感器			
压力开关	被测压力使弹性元件产生位移,经放大后控制水银开关、磁性开关及触头等断开及闭合	位移式压力开关			位移控制或发信报警
		力平衡式压力开关			

4.5.2 压力测量仪表

1. 液柱式压力计 分类、特点与用途见表5.4-56。

表5.4-56 液柱式压力计的分类、特性与用途

分类	特 性	用 途
U型管压力计	1. 分墙挂式和台式两种 2. 读数误差较大,两次读数 3. 高精确度者带有读数放大镜,并可进行温度补偿及重力补偿等	工业流程和实验室中测量压力、负压及差压

(续)

分类	特 性	用 途
单管压力计	1. 台式,一次读数 2. 高精确度者尚考虑重力、温度补偿,游标读数,零位可调 3. 标度尺刻度包括了大容器液位改变之修正	压力基准仪器或压力测量
斜管压力计	1. 分墙挂式和台式两种 2. 某些产品倾斜角可调 3. 精度0.5级以上者带有读数放大镜	微压(<1500Pa)测量

（续）

分类	特 性	用 途
补偿微压计	1. 台式 2. 用光学方法监视液面，用精密丝杠调整液面，因而精确度可达 ±0.02%	微压（< 2500Pa）基准仪器
自动液柱式压力计	1. 用光、电信号，如光学装置、激光系统、电磁感应、光电系统等等，监视和自动跟踪液面，数字显示 2. 进行多方面综合修正，如温度、重力修正、零位修正等等，精确度高，有的可达 ±0.005%	压力基准仪器

液柱式压力计结构简单、价格低廉、使用方便。而测量上限不超过 0.2MPa，精度通常为 0.02% ~ 1.5%。

2. **弹性式压力表** 它的历史悠久、应用较广泛，结实耐用，能在较恶劣的环境下工作。但是其频响较低，不适于动态条件工作。一般精度为 1 ~ 1.5 级。其类别和主要性能、用途见表 5.4-57。

3. **负荷式压力计** 类型、结构与特点见表 5.4-58[1]。它测量范围广，精确度高（可达 0.01%），而且性能稳定，多用于压力基准器或精密测量中。

4. **压力传感器** 由于其频响高、耐腐蚀、体积小、重量轻，而且精度高，抗干扰能力强，具有良好的过载能力，易于电信号输出、补偿、控制，因而越来越被各种行业所采用。

常见压力传感器按原理分类，其性能特点见表 5.4-59。[1]

表 5.4-57 弹性式压力表的类别、主要特性、测量范围、精确度等级与用途

	弹簧管压力表		膜片压力表
类 别			
	一般型	精密型	1. 弹性元件为金属波纹膜片 2. 膜片及法兰接头材料根据被测介质的不同，采用不锈钢或其他耐腐蚀的弹性合金制造，如 Ni36CrTiAl 或 Cr18Ni12Mo2Ti 等 3. 仪表外径分 φ100 和 φ150 两种
主要特性	1. 弹性元件为单圈弹簧管或多圈弹簧管（后者主要用于 10 ~ 60MPa） 2. 仪表外径分为 φ40、φ60、φ100、φ150、φ200 和 φ250 等 3. 仪表的安装方式，分为径向直接安装、轴向直接安装、径向凸装、轴向嵌装等	精密度高于 0.4% 的压力表称为精密压力表 1. 仪表设有调零装置和镜面读数装置，有的还带有微调和温度补偿装置 2. 传动机构装有宝石轴承或滚动轴承，以减小摩擦力矩 3. 弹簧管末端装有排泄阀，以排除弹簧管内残留的气体和液体，以减少附加误差 4. 表壳上装有弹簧管限位装置，限制弹簧管超压时的位移	
测量范围/MPa	0 ~ 0.06 至 0 ~ 250 - 0.1 ~ 0 - 0.1 ~ 0.06 至 - 0.1 ~ 2.4	0 ~ 0.06 至 0 ~ 700 - 0.1 ~ 0 - 0.1 ~ 0.06 至 - 0.1 ~ 2.4	0 ~ 0.06 至 0 ~ 4 - 0.1 ~ 0 - 0.1 ~ 0.06 至 - 0.1 ~ 2.4
精确度等级	1；1.5；2.5	0.1；0.16；0.25；0.4	1.5；2.5
用 途	测量对铜和钢及其合金不起腐蚀作用的液体、气体或蒸汽的压力或真空值	检验一般压力表或精确测量各种介质的压力或真空值	测量对铜和钢及其合金有腐蚀作用，或粘度较大的介质压力或真空值。多用于化工设备及管道上测量压力，但被测压力不能太大

（续）

	膜盒压力表	波纹管压力计	钣簧压力计
类　别			
主要特性	1. 弹性元件为波纹膜盒，灵敏度较高 2. 按仪表外形分圆形和矩形两种。按仪表用途分指示式、指示带报警式及控制式等 3. 矩形膜盒微压计设有调零装置和微调机构，以调整指针零位和压力误差 4. 带报警和控制式的膜盒压力计设有振荡线路	1. 弹性元件为波纹管，其位移较大，常作成记录仪 2. 仪表分指示式、指示带电接点式、、指示带气动传送式和记录式等 3. 波纹管压力记录仪设有零位和标度误差的调整装置	1. 弹性元件为钣簧 2. 常制成隔离式结构 3. 抗振性能好，使用寿命长 4. 被测介质的压力不宜太低，一般不低于6MPa
测量范围/MPa	±0.00008 至 ±0.02 0~0.00016 至 0~0.04 -0.00016~0 至 -0.04~0	0~0.025 至 0~0.4	0~6 至 120
精确度等级	2.5	1.5；2.5	1.5；2.5
用　途	测量微小压力或负压力。也可用于两位式控制或越限报警（指带有报警式膜盒压力计）。多用于空气管道及燃烧装置上测量微小压力	选用不同型式的波纹管压力计可直接指示、记录或越限报警	测量粘度越大、杂质较多、振动显著的介质的压力，常用于油田或矿井下测量泥浆或水泥浆等的压力
	压力记录仪	电接点压力表	远传压力表
类　别			
主要特性	1. 弹性元件根据被测压力的大小可选用单圈弹簧管（多用于较高压力）或多圈螺旋弹簧管（多用于中压）或波纹管（多用于低压） 2. 记录纸的驱动方式可以是同步电动机或钟表机构，后者适用于无电源或易爆场所 3. 记录笔分单笔和多笔等 4. 安装形式有直接安装、墙装和嵌装等 5. 结构形式分圆图和长图两种 6. 圆图记录纸一般24h转一圈；长图记录纸采用折叠式或卷筒式，记录时间较长，可达几昼夜	1. 弹性元件为弹簧管、膜片、膜盒等 2. 电接触装置分上限、下限及上下限接点 3. 可制成电气防爆型	按远传装置不同，可分为电阻式（带有条形或圆形电位器）、电感式（如差动变送器）、光电码盘式等
测量范围/MPa	0~0.025 至 0~60	-0.1~0、0~0.04 至 ~250	-0.1~0 至 -0.1~2.4 0~0.06 至 0~160
精确度等级	1；1.5	1；2.5	1；1.5；2.5
用　途	可用于记录（或同时指示）对铜或钢及其合金无腐蚀作用的介质压力。如带上附加装置，可作远传发信号或控制之用	对被测值进行位式控制或按需要发出声光信号	就地监视和远传集中显示

表 5.4-58 负荷式压力计类型、结构原理与特点

类型		结构示意图	作用原理	性能特点	用　途
活塞式压力计	单活塞式压力计	活塞	式中 $p = \dfrac{m_1 g}{A} = \dfrac{m_2 g}{A}$ 　　p——被测压力 　　m_1——底盘及砝码质量 　　A——活塞有效面积 　　m_2——活塞及砝码系统质量 　　g——使用地点重力加速度	结构简单，坚实。精确度与灵敏度高 　笨重，不宜用做直接测量 　活塞部分加工要求高	校验低一级活塞式压力计、精密压力表或其他仪表的压力参数。测量范围 0.04～2500MPa，主要用于实验室中
	双活塞式压力计	简单活塞　差动活塞　p	式中 $p = \dfrac{(m_B - m_A) K_S g}{A_{B1}}$ 　　A_{B1}——差动活塞小端面积 　　m_B——差动活塞上的砝码质量 　　m_A——简单活塞上的砝码质量 　　K_S——有效面积比例系数，K_S 　　　$= (A_{B2} - A_{B1})/A_A$ 　　g——使用地点重力加速度	坚实，精确度与灵敏度高 　既可测压力，又可测真空 　操作略复杂，不宜用做直接测量 　活塞部分加工要求高	主要用于校验 0.16 级精密压力表及真空表，亦可校验液柱式压力计及各种工业用表。测量范围 0.1～0.25MPa
浮球式压力计		浮球	式中 $p = \Sigma mg/A$ 　　Σmg——浮球、托架与砝码的质量之和 　　A——浮球有效面积 　　——使用地点重力加速度	结构简单 　操作方便 　精确度与灵敏度高	提供标准化信号并可用来校验精密压力表，压力、差压变送器。测量范围：0～7MPa
钟罩式微压计		钟罩	式中 $p = F/A$ 　　F——钟罩承受的垂直作用力 　　A——钟罩有效面积	精确度与灵敏度高 　可测正压、负压及绝对压力	用于 ±200～±2500Pa 的压力精密测量及仪表校验

表 5.4-59 常见压力传感器的类别、性能与特点

类别	电 阻 式				压 阻 式	电 感 式	
	电位器式	应 变 式				气 隙 式	差动变压器式
		非粘接式	粘接箔式	粘接梁半导体			
测量范围/MPa	−0.1～0、0～0.035 至 0～70	0～0.04 至 0～250	0～0.035 至 0～70	−0.1～0、0～0.035 至 0～70	0～0.0005、0～0.002 至 0～210	0～0.00025 至 0～70	0～0.04 至 0～210
工作温度范围/℃	−50～150	−200～300	−50～120	−50～130（隔热或强制冷却可达3000）	−50～130（隔热或强制冷却可达3000）	−200～300	−30～40
精确度（%）	1，1.5	0.25	0.2，0.1	0.25	0.2～0.02	0.5，0.1	1.5，1，0.5
输出信号	mV	mV	mV	mV	mV	mV	mV

（续）

类别	电阻式				压阻式	电感式	
	电位器式	应变式				气隙式	差动变压器式
		非粘接式	粘接箔式	粘接梁半导体			
输入—输出特性曲线	$\dfrac{\Delta R}{R}$ —电阻变化率						
频率响应/kHz	0~70	0~20	0~12	0~70	0 至数百	0~1	0~100
耐振动及冲击性能	差	好	好	好	好	好	差
特点	结构简单，成本低廉，输出信号大，振动条件下寿命短，有电器噪声，体积较大	输出信号小，体积较大	线性好，输出信号小	自然频率高，可做静态、动态压力测量，温度影响大	体积小，精确度高，自然频率高。适于静态、动态压力测量，一次工艺复杂，一次投资大	结构坚实，输出信号大，交流激励，对外磁场影响敏感，数据传输导线要求高	结构简单，机械超负荷无影响，在可动环境中易受损伤，精确度不高

类别	电容式	压电式	振频式		霍尔式
			振弦式	振筒式	
测量范围/MPa	0~0.00001 至 0~70	0~0.0007 至 0~70	0~0.0012	0~0.014 至 0~50	0~0.00025 至 0~60
工作温度范围/℃	-30~450	-260~200	-40~120	-50~150	-10~50
精确度（%）	0.25~0.05	1, 0.2, 0.06	0.25	0.1, 0.01	1.5, 1, 0.5
输出信号	mV	V	Hz	Hz	mV
输入—输出特性曲线				f —频率 f_0 —自然频率	
频率响应/kHz	0~500	0~400	0~100	0~100	0~100
耐振动及冲击性能	好	好	好	好	差
特点	精确度高，灵敏度高，结构坚实，过载能力大，工艺复杂，输出阻抗高，需特殊信号传输导线	自然频率高，不需外加能源，适用于动态压力测量，输出阻抗高，需特殊信号传输导线	过载能力强，自然频率低，信号需作线性化处理	精确度高，体积小，自然频率高	结构简单，灵敏度高，寿命长，对外磁场影响敏感，温度影响大

4.5.3 真空测量仪表

真空计一般分为绝对式和相对式两大类。凡能从本身测得物理量直接获得气体压强的真空计为绝对式真空计。由于精度高，多用作基准量具。相对式真空计利用气体在低压强下的物理特性（如热传导、电离、粘滞、应变等）与压强的关系来间接测量真空值。一般它的精度低，但由于使用方便，多用于实际工作中。

通常真空计的测量结果与气体种类和成分有关，而且测量范围有限。大多数采用非电量测量，精度不高。例如高真空的一级基准量具的测量强差为 3%～5%。

常用的真空计主要性能和特点见表 5.4-60。

表 5.4-60　常用真空计的主要性能

名　称	测量范围/Pa	精　度	反应时间/s	特　点
汞 U 形管真空计	$10^5 \sim 10^2$	13Pa	数秒	与气体种类无关，绝对真空计，可作为标准
油 U 形管真空计	$2.7 \times 10^3 \sim 1$	1.3Pa	数秒～数分	
压缩式真空计	$10^2 \sim 10^{-3}$	<3%	数分	
热偶真空计	$10^2 \sim 10^{-1}$	10%～100%	5～30	灵敏度与气体种类有关。容易变化
电阻真空计	$10^5 \sim 10^{-1}$	10%～100%	<1	
电离真空计	$10^{-1} \sim 10^{-5}$	10%～20%	～10^{-2}	灵敏度与气体种类有关
BA 式电离真空计	$10^{-1} \sim 6.7 \times 10^{-9}$	≥20%	～10^{-2}	
弯注抑制式电离真空计	$10^{-2} \sim 10^{-11}$	超高真空以下仅有指示意义	0.1	
提取式分离式电离真空计	$10^{-2} \sim 10^{-10}$		0.1	
热阴极磁控电离真空计	$10^{-4} \sim 10^{-11}$		0.1	
冷阴极电离真空计	$1 \sim 10^{-7}$	20%～50%	≥0.1	灵敏度与气体种类有关规管抽速大
冷阴极磁控电离真空计	$10^{-2} \sim 10^{-11}$	超高真空仅有指示意义	≥0.1	
放射能电离真空计	≥$10^4 \sim 1$	≈20%	0.1	灵敏度与气体种类有关
高压强电离真空计	$10^2 \sim 10^{-4}$	10%～20%	≈10^{-2}	
弹性式真空表	≥$10^5 \sim 10^3$	<10%	数秒	与气体种类无关。要进行校准
电容薄膜真空计	≥$10^5 \sim 10^{-2}$	<0.5%	<0.1	
磁悬转子真空计	$1 \sim 10^{-5}$	1%～3%	0.5～30	灵敏度与气体种类有关。要进行校准

4.6　流量测量[1,9]

4.6.1　流量与流量检测仪表分类

1. 流量　单位时间内流经管道或通道中某一有效截面的流体量值。当流体量用体积表示时称为体积流量。当其用质量表示时称为质量流量。若测量某一时间间隔内流经管道或通道中某一有效截面的流体量则为累积流量亦称为总量。同样可用体积流量或质量流量表示。

与流量测量计算相关的变量较多，常见的有温度、压力、密度、粘度、比热比等。各种气体在常温常压下的比热比见表 5.4-61。

表 5.4-61　各种气体的比热比（γ）值

气　体	γ 值	气　体	γ 值
H_2	1.4	CO_2	1.3
N_2	1.40	N_2O	1.27
O_2	1.40	SO_2	1.27
空气	1.40	NH_2	1.31
CO	1.40	C_2H_2	1.25
NO	1.39	CH_4	1.32
HCl	1.40	C_2H_4	1.25
过热水蒸气	1.31	C_2H_6	1.20

2. 流量计的分类　见表 5.4-62。

3. 管流与雷诺数　为了保证管道内流体的流速分布保持稳定，要求有足够的直管段长度或加装整流器。

表 5.4-62　流量计分类

类别	仪表名称	输出信号与流量的关系
体积流量计	差压式流量计	节流件前、后压差与流量（流速）成平方根关系
	浮子流量计	浮子所处的位置高度与流量成线性关系
	容积式流量计	运动元件的转速与流体的连续排出量成比例
	水　表	
	涡轮流量计	转速与流量（流速）成比例
	电磁流量计	感应电动势与流量（流速）成比例
	靶式流量计	靶上所受的冲击力与流量成平方根关系
	旋进旋涡流量计	旋涡进动频率与流量（流速）成比例
	涡街流量计	旋涡产生的频率与流量（流速）成比例
	超声波流量计	超声波在流体中产生的速度差与流量（流速）成比例

（续）

类别	仪表名称	输出信号与流量的关系
质量流量计	冲量式流量计	检测板上冲击力与质量流量成比例
	科里奥利流量计	动量（动量矩）与质量流量成比例
	热式流量计	测温元件的前、后温差与质量流量成比例
	推导式质量流量计	体积流量经密度补偿或经温度、压力补偿求得质量流量

由于流速的不同，流体可以形成两种性质不同的流动形态：即层流和紊流。经雷诺实验得到判定流动形态的准则数，叫雷诺准则数，简称雷诺数。它表征了粘性流体流动特性的一个无因次量。其物理意义是流体流动时其惯性力与粘滞力的比值。

雷诺数的数值与管道直径 D。流体平均流速 $\bar{v}$ 和密度 ρ 成正比，与流体粘度 η 成反比。对圆管的雷诺数为 $Re = D \cdot \bar{v} \cdot \rho / \eta$。

在管道中当雷诺数大于某一数值时，流体流动的形态由层流转化为紊流，此雷诺数叫临界雷诺数。当 $Re < 2300$ 时，流动形态为层流，当 $Re > 20000$ 时流动形态为紊流。在 Re 为 $2300 \sim 20000$ 之间时为过渡区，流动形态不确定。

图 5.4-27 为管道流速分布图。

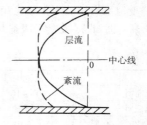

图 5.4-27 管道流速分布图

根据管道流速求流量 q_v 时，必须考虑流速分布，通常以平均流速 $\bar{v}$ 乘管道面积 S 求得，即

$$q_v = \bar{v} \cdot S$$

4.6.2 流量计

各种流量计的性能与特点，见表 5.4-63。

1. 差压式流量计

（1）测量原理 若在管道中放置一个固定的节流装置，当充满圆管的单相流体流经节流装置时流束将在节流装置前后产生压差，通过测量差压，即可获取流体的体积流量 q_v 和质量流量 q_m。见图 5.4-28。

表 5.4-63 各类流量检测仪表的性能特点

仪 表 类 别			流量范围[①] /$m^3 \cdot h^{-1}$	精度 （%）	性 能 特 点
接触式	节流式	差压流量计 孔板	1.5 ~ 9000 [16 ~ 100000]	±1 ~ 2	使用广泛，结构简单，对标准节流装置不必个别标定即可使用。适用于非强腐蚀的单向流体流量的测量，允许有一定的压力损失
		喷嘴	5 ~ 2500 [50 ~ 26000]		
		文丘利管	30 ~ 18000 [240 ~ 180000]		
		均速管流量计	[4 ~ 24]（m/s）	±2.5	结构简单，装修方便，适于大口径大流量的各种流体流量的测量
		转子流量计 玻璃管	0.001 ~ 40 [0.016 ~ 1000]	±1 ~ 4	结构简单，装修方便，精度低，可远传。适用于粘性，腐蚀性流体小流量的测量
		金属管	0.012 ~ 100 [0.40 ~ 3000]	±2	
		靶式流量计	0.8 ~ 1400	±1 ~ 4	结构简单，不易堵塞，适用于高粘度和带杂质流体流量的测量
	容积式流量计	椭圆齿轮型	0.05 ~ 500	±0.2 ~ 0.5	测量精确度高，计量稳定，量程范围广，对前后直管段的要求不高，但传动机构较复杂，制造装配要求高。适宜测量粘性流体的总量，也可用于不含固体杂质流体的流量或总量的测量
		腰轮型	0.40 ~ 1000		
		旋转活塞型	0.2 ~ 16	±0.5 ~ 1	
		皮囊型	[0.2 ~ 10]	±2	
	流速式	水表	0.045 ~ 2800	±2	结构简单、灵敏度高，装用方便，主要用于水的计量
		涡轮流量计	0.04 ~ 6000 [1.5 ~ 200]	±0.5 ~ 1	精度较高，适于计量，电脉冲信号输出，用于粘度小、洁净流体宽范围的测量

（续）

仪 表 类 别		流量范围① /m³·h⁻¹	精度 (%)	性 能 特 点
接触式	流速式 旋涡流量计 旋进型	[10~5000]	±1	测量部分无可动件，量程范围宽，压损小，适用于各种气体和低粘度液体流量的测量
	涡列型	2~800 [30~3000]		
	冲量式流量计	固体粉料 1~25（t/h）	±1	利用动量原理进行测量，有多种结构，适用于测量自由下落的粉粒状介质流量
非接触式	电磁式 电磁流量计 基型	1.0~12500	±1	结构复杂，无可动作，压损小，测量范围大，适测导电率＞10⁻⁴s/cm的液体
	浸液型			适用于测量明渠或暗渠的大流量
	无极型	1~10（m/s）		适用于测浆状、粘附性、低导电性流体
	新型原理式 超声流量计 锁相型	1~10（m/s）	±1~1.5	频差法，不受声速影响，响应快，应用范围广，污水也能测量
	多普勒型	3~15（m/s）		精度低，但重复性好，适用于含颗粒的两相流及有腐蚀性液体的测量
	夹装型	-30~30（m/s）		小管径夹装式，精度高，安装方便，与被测介质种类无关，但要求是均质液体
非接触式	新型原理式 相关流量计 电容式		±1~1.5	只对颗粒渡越电极时电容变化敏感，用于非导电浆液及气固两相管流的测量
	电导率式			适用于液固两相或液体与不混溶液的导电介质流量的测量
	核磁共振		±0.5~1	无压力损失，适应性强，可测各种特殊流量：如血液及静电荷流量
	质量流量计 动量矩式	0.9~9000（kg/min）	±0.5~1	采用改进的哥氏力法，广泛用于流体输送、发货及经济核算的场合
	热量式		±1~3	有热惯性，精确度不高，适用于微小流量的气体和液体流量的测量
	间接式			采用体积流量密度或温、压补偿法，用接触式测量方式测量
	激光多普勒流量计	10⁻⁶~10³（m/s）	±0.5~1	分辨率高、动态反应快，用于测量有散射粒子的气、液流体的测量

① 其数据带 ［ ］ 者为气体的，不带方括号者为液体的。

注：1. 表中液体流量范围按20℃时的水计算列出。

2. 表中气体流量范围按20℃，0.1MPa状态下的空气计算列出。

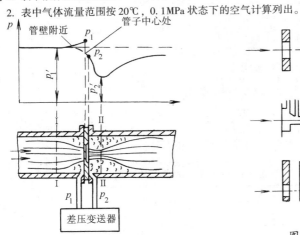

图 5.4-28 差压式流量计原理图
p_1—节流件上游侧压力
p_2—节流件下游侧压力

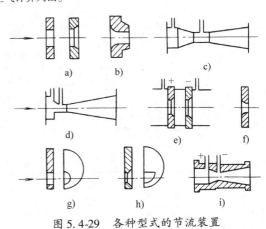

图 5.4-29 各种型式的节流装置
a) 标准孔板 b) 标准喷嘴 c) 标准文丘里管
d) 标准文丘里喷嘴 e) 双重孔板 f) 圆喷嘴
g) 偏心孔板 h) 圆缺孔板 i) 通尔管

通过取压孔与管道连接，测得差压 $\Delta p = p_1 - p_2$，便可由 Δp 与流量的关系求得 q_v（m³/s）和 q_m（kg/s）为

理论方程式：$q_v = \dfrac{\pi}{4} \alpha \varepsilon d^2 \sqrt{\dfrac{2\Delta p}{\rho}}$

$$q_m = \frac{\pi}{4} \alpha \varepsilon d^2 \sqrt{2\Delta p \rho}$$

式中　α——流量系数，$\alpha = c / \sqrt{1 - \beta^2}$；

　　　β——节流件直径比，$\beta = d/D$；

　　　d——节流件开孔直径；

　　　D——管道内径；

　　　c——流出系数；

　　　ε——流束膨胀系数。

实用公式：$q_v = 0.003999 \alpha \varepsilon d^2 \sqrt{\Delta p / \rho}$

$$q_m = 0.003999 \alpha \varepsilon d^2 \sqrt{\Delta p \rho}$$

（2）结构及技术参数　差压式流量计一般由节流装置、取压及测压显示部分组成。

节流装置的型式如图 5.4-29[6]。它分为标准型和非标准型两大类。表 5.4-64 和表 5.4-65 分别为这两大类型节流装置及其取压方式的主要技术参数和适用范围。

表 5.4-64　标准节流装置的主要技术参数与适用范围

节流件名称	主要技术参数	适用范围
角接取压孔板	流出系数 c 的计算公式 $c = 0.5959 + 0.0312\beta^{2.1} - 0.1840\beta^8$ $\qquad + 0.0029\beta^{2.5}(10^6/Re_D)^{0.75}$ c 的不确定度 当 $\beta \leqslant 0.6$ 时为 $\pm 0.6\%$ 当 $0.6 < \beta \leqslant 0.75$ 时，为 $\pm \beta\%$ 流束膨胀系数 ε 的计算公式 $\qquad\qquad \varepsilon = 1 - (0.41 + 0.35\beta^4)\dfrac{\Delta p}{\gamma}p_1^{-1}$ 式中　γ——比热容比 ε 的不确定度为 $\pm\left(\dfrac{4\Delta p}{p_1}\right)\%$ 压力损失估算式：$\Delta\omega = \dfrac{\sqrt{1-\beta^4} - c\beta^2}{\sqrt{1-\beta^4} + c\beta^2}\Delta p$	广泛用于清洁流体,流体必须充满圆管和节流装置,流体必须是单相流体或者可认为是单相流体 使用范围　$50\text{mm} \leqslant D \leqslant 1000\text{mm}$ $\qquad d \geqslant 12.5\text{mm}$ $\qquad 0.20 \leqslant \beta \leqslant 0.75$ 当采用角接取压方式时 $Re_D > 5000(0.20 \leqslant \beta \leqslant 0.45)$ $Re_D \geqslant 10000(\beta > 0.45)$ 当采用法兰取压、D 和 $D/2$ 取压方式时 $\qquad\qquad Re_D \geqslant 1260\beta^2 D$ Re_D 为雷诺数
法兰取压孔板	流出系数 c 的计算公式 当 $D \leqslant 58.42\text{mm}$ 时 $c = 0.5959 + 0.0312\beta^{2.1} - 0.1840\beta^8 + 0.0029\beta^{2.5}(10^6/Re_D)^{0.75}$ $\qquad + 0.039\beta^4(1-\beta^4)^{-1} - 0.856\beta^3 D^{-1}$ 当 $D > 58.42\text{mm}$ 时 $c = 0.5959 + 0.0132\beta^{2.1} - 0.1840\beta^8 + 0.0029\beta^{2.5}(10^6/Re_D)^{0.75}$ $\qquad + 2.286D^{-1}\beta^4(1-\beta)^{-1}D^{-1} - 0.856\beta^3 D^{-1}$ c 的不确定度、流束膨胀系数 ε 的计算公式、ε 的不确定度以及压力损失估算式均与角接取压孔板相同	
D 和 $D/2$ 取压孔板	流出系数 c 的计算公式 $c = 0.5959 + 0.0312\beta^{2.1} - 0.1840\beta^8 + 0.0029\beta^{2.5}$ $\qquad \times (10^6/Re_D)^{0.75} + 0.039\beta^4(1-\beta^4)^{-1} - 0.0158\beta^3$ c 的不确定度,流束膨胀系数的计算公式,不确定度以及压力损失估算式均与角接取压孔板相同	适用范围与角接取压孔板及法兰取压孔板相同
文丘里喷嘴	流出系数 $c = 0.9858 - 0.196\beta^{4.5}$ c 的不确定度为 $\pm(1.2 + 1.5\beta^4)\%$ 流束膨胀系数 ε 的计算公式,不确定度以及压力损失均同粗铸收缩段文丘里管	使用极限范围 $65\text{mm} \leqslant D \leqslant 500\text{mm}$, $d \geqslant 50\text{mm}, 0.316 \leqslant \beta \leqslant 0.775, 1.5 \times 10^5 \leqslant Re_D \leqslant 2 \times 10^6$

表 5.4-65　非标准节流装置的主要技术参数与适用范围

节流件名称	主要技术参数	适用范围	
角接取压小孔板	流出系数 c 的计算公式 $c = \sqrt{1-\beta^4}\left[0.5991 + \dfrac{0.0044}{D} + \left(0.3155 + \dfrac{0.0175}{D}\right)(\beta^4 + 2\beta^{16})\right]$ $\qquad + \left[\dfrac{0.52}{D} - 0.192 + \left(16.48 - \dfrac{1.16}{D}\right)(\beta^4 + 4\beta^{16})\right]Re_{D-0.5}$ c 的不确定度为 $\pm 0.75\%$ 流束膨胀系数的计算式以及不确定度同标准孔板	适用于 $Re_D > 1000$ 的各种流体	$12\text{mm} \leqslant D \leqslant 40\text{mm}$ $0.1 \leqslant \beta \leqslant 0.8$

（续）

节流件名称	主 要 技 术 参 数	适 用 范 围	
法兰取压小孔板	流出系数 c 的计算公式 $c = \sqrt{1-\beta^4}(0.5980 + 0.468(\beta^4 + 10\beta^{12}) + (0.87 + 8.1\beta^4) Re_{D-0.5}$ c 的不确定度为 $\pm 0.75\%$ 流束膨胀系数的计算式以及不确定度同标准孔板	适用于 Re_D > 1000 的各种流体	$25mm \leqslant D \leqslant 40mm$ $0.1 \leqslant \beta \leqslant 0.8$
$\dfrac{1}{4}$ 圆喷嘴	流出系数 c 的计算公式 $$c = \sqrt{1-\beta^4}\left(0.769 + 0.914\frac{\beta^4}{1-\beta^4}\right)$$ c 的不确定度 当 $Re_D > 4000$ 时，为 $\pm 0.75\%$ 当 $500 \leqslant Re_D \leqslant 4000$ 时为 $\pm 1\%$ 流出系数 ε 的计算公式 $$\varepsilon = 1 - (0.484 + 1.54\beta^4)\frac{\Delta p}{p_1}\frac{1}{K}$$ 该式必须满足 $\Delta p/p_1 < 0.15$ 的条件下，方可使用不确定度为 $\pm 2.5\dfrac{\Delta p}{p_1}\%$	适用于 $500 \leqslant Re_D \leqslant 2.5 \times 10^5$ 的各种流体 $40mm \leqslant D \leqslant 150mm$ $0.04 \leqslant \beta^4 \leqslant 0.394$ 管道内径与管道内壁绝对平均粗糙度之比应 $\geqslant 1000$ 其性能不受喷嘴表面固体沉积物的影响	
锥形入口孔板	流出系数 c 的数值为： 当 $250 \leqslant Re_d < 5000$ 时，$c = 0.734$ 当 $5000 \leqslant Re_d < 2 \times 10^5$ 时，$c = 0.730$ c 的不确定度为 $\pm 1\%$ 流速膨胀系数 ε 可取角接取压孔板的流速膨胀系数和 ISA1932 喷嘴流速膨胀系数这两个数值的中间值，其不确定度为 $\pm 16.5(1 - \varepsilon)$ Re_D 是对开孔直径而言的雷诺数	管道的最小内径为 $25mm$，β 的范围为 $0.1 \sim 0.316$，雷诺数范围为 $250 \sim 2 \times 10^5$	

（3）其他特殊节流装置的流量计

1）内藏小孔板节流装置特点是提高了测量小流量的能力。

2）均速管型的特点是适用于测量大管径的流量而且压力损失小。

3）弯头式即环形流量计特点是重复性好，无附加压力损失，最适于测量含微小颗粒的液体流量。

4）临界流流量计可使节流装置的喉部流速达到音速，使其测量精度高、重复性好。较广泛也作为 2 级基情来检测气体流量计。

2. 容积式流量计

（1）测量原理　采用一只精密的标准容器对被测流体进行连续测量。由于是直接依据标准体积进行流量的累计，因此其测量精度较高。典型的椭圆齿轮型流量计的体积流量 q_V 为：

$$q_V = 4nV_0$$

式中　n——椭圆齿轮的转数。

V_0——月牙形计量室的容积。

如图 5.4-30，月牙形计量室容积 V_0 为：

$$V_0 = \frac{1}{2}\pi R^2 \delta - \frac{1}{2}\pi ab\delta = \frac{\pi}{2}(R^2 - ab)\delta$$

式中　δ——椭圆齿轮的厚度。

（2）结构与特点　容积式流量计一般由计量室、运动部件、传动及显示部分组成。根据其标准

容积形状和连续测量方式，可以分为：椭圆齿轮式、腰轮式、刮板式、旋转活塞式、往复活塞式、摆盘式、伺服式、湿式及膜式煤气表等多种结构流量计。

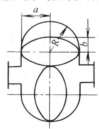

图 5.4-30　V_0 计算示意图

容积式流量计的测量精度与流体的种类、粘度、密度等属性无关，而且不受流体状态、雷诺数大小的限制，因此可以测量水、气、油等流量。特别适于测量低雷诺数的油品和有脉动流的流体。

3. 浮子式流量计

（1）测量原理　由一个锥形管和一个置于锥形管中可以自由移动的浮子组成。

浮子式流量计的精度受介质密度、粘度、温度、压力及安装位置的影响，因此流量标度必须按实际使用情况换算。

（2）结构与特点　见图 5.4-31。

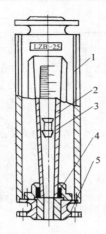

图 5.4-31　无导向杆法兰式玻璃浮子流量计
1—基座　2—玻璃锥管　3—浮子
4—密封填料　5—法兰

浮子式流量计一般用于测量低压常温、不带颗粒悬浮物的透明液体和气体。可分为玻璃型和金属型两种。使用中流量计锥管必须垂直安装，如有 12°倾斜将有 1%的附加误差。

4. 涡轮流量计

(1) 测量原理　通过测定置于流体中的涡轮转速来反映流体流量。

(2) 结构与特点　涡轮流量计由沿轮传感器和显示仪表组成，可实现流量指示、积算和控制。一般分为液体型、气体型和双向型三类涡轮流量计。涡轮流量计结构见图 5.4-32。

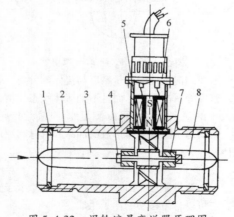

图 5.4-32　涡轮流量变送器原理图
1—紧固环　2—壳体　3—前导流件　4—止推片
5—叶轮　6—磁电转换器　7—轴承　8—后导流件

传感器转换成电信号的方法有光电法、放射性同位素法、霍尔效应法和磁电法。而以磁电法

应用最普遍。

涡轮流量计体积小，精度高、压力损失小耐压耐温性能好，但叶轮易磨损。

5. 水表　见图 5.4-33。当流体流经仪表时推动叶轮旋转，经机械传动机构直接带动计数器动作，使其转速与被测流体的流速成正比，即与体积流量成正比。水表可以分为旋翼式和螺翼式，按计数器是否浸于水而分为湿式和干式两种。

水表结构简单、使用方便、工作可靠、经久耐用，而且价格低廉，精度一般为 ±2%。

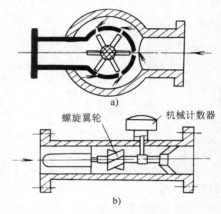

图 5.4-33　水表结构原理图
a) 旋翼式水表　b) 螺翼式水表

6. 旋涡流量计　旋涡流量计是利用流体抗荡原理来测量流量或流速的。它分为旋进旋涡流量计和卡门涡街流量计。其结构见图 5.4-34。

旋进旋涡流量计通过一组螺旋叶片流体被强制形成旋涡，其旋涡绕流量计轴线作螺旋状进动，并向管壁运动。进动频率与流体的体积流量成正比，可用敏感元件检测，其输出频率范围一般为 10～1000Hz。

卡门涡街流量计是利用在流体中放置的非流线状柱体，在某一雷诺数范围内将产生一种稳定的旋涡列，即长门旋涡，经敏感元件检测输出而获得流体的流量。

敏感元件一般有热敏电阻、热丝、应变片压电元件等。旋进旋涡流量计一般适于测气体流量，并能测出整个旋涡中心流速。而涡街流量计适应范围广，如液体、气体、蒸汽等流量，而且其压力损失较小、性能更为优越。

7. 靶式流量计　靶式流量计的工作原理

见图5.4-35。

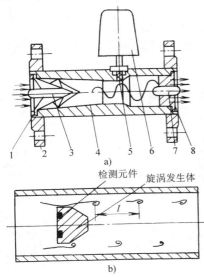

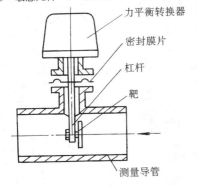

图5.4-34　旋涡流量计
a) 旋进旋涡流量计　b) 三角柱涡街检测器
1、8—紧固环　2—法兰　3—起旋螺旋叶片　4—壳体
5—敏感元件　6—放大器　7—除旋直叶片

图5.4-35　靶式流量计

当流体流经支撑在测量导管中央的靶和导管之间形成的环形孔时,在靶上作用一个与流量的平方成正比的力,使其产生微小位移,只要采用力平衡转换器将其测量出来,即可检测出被测流量。靶式流量计结构上可分为电动式和气动式两大类。它能测量气体、液体以及高粘度、含固体颗粒和腐蚀性介质流量。其特点是结构简单、维修方便、不易堵塞。

8. 电磁式流量计　电磁式流量计由传感器和转换器组成。根据电磁感应定律,当导电液体切割磁力线时,在与流体方向和磁力线都垂直的方向上将产生感生电动势 $E = Bdv$。其中,B 为磁通密度;d 为导管内径;v 为流体平均流速。其体积流量 $q_V = \dfrac{\pi}{4}\dfrac{E}{B}d$,见图5.4-36。

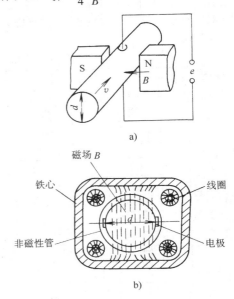

图5.4-36　电磁式流量计
a) 工作原理图　b) 电极剖面图

电磁式流量计的特点是压力损失极小,测量与介质密度、粘度、温度、压力等无关,而且流体的流动状态对示值影响极小。

9. 超声波流量计　超声波流量计基于超声波在流体中传播时通过接收载有流体流速的超声波,即可检测出流体的流速并转换为流量显示。

超声波流量计按对信号的检测原理可分为传播速度差法(包括时间差法、相位差法和频率差法);多普勒效应法;声束偏移法;相关法;空间滤波器法和噪声法等。比较常见的为速度差法和多普勒法。

超声波流量计一般安装方便、压力损失小,可不影响正常工作生产,适于测大流量,任何流体流量。

10. 明渠流量计　具有自由液面的水路叫明渠。其流量的计算多用于下水道或工厂排液。明渠流量计形成多种,而以堰式流量计和槽式流量计应用较多。

堰式流量计在水路开设置缺口板或壁,流速被阻挡,经测量其上流侧的水位和与流量有函数关系的流速可以知其流量。这种板或壁叫作堰。堰式流量计的计算公式和适用范围见表5.4-66。

其测量范围及其误差见表5.4-67。

$$q_V = KH^a \times 10^{-3}$$

式中　q_V——流量（m³/min）；

槽式流量计通过在明渠中节流使其流速增大，同时测量其水位的下降量求得流量。这种节流装置称为槽。槽的流量计算公式较复杂，其中应用最多的为帕歇尔槽，见图5.4-37。实际采用的经验公式为

　　　H——水位（mm）；

　　K、a——常数，根据各种槽尺寸由实验确定。

表5.4-66　堰式流量计的流量公式及适用范围

堰的名称	结构图	流量公式	适用范围
60°三角堰		$q_V = 0.577Kh^{5/2}$ $K = 83 + \dfrac{1.978}{BR^{1/2}}$ $R = 1000h\sqrt{h}/\nu$	$B = 0.44 \sim 1.0\mathrm{m}$ $h = 0.04 \sim 0.12\mathrm{m}$ $H = 0.1 \sim 0.13\mathrm{m}$
90°三角堰		$q_V = Kh^{5/2}$ $K = 81.2 + \dfrac{0.24}{h} + \left(8.4 \dfrac{12}{\sqrt{H}}\right)\left(\dfrac{h}{B} - 0.09\right)^2$	$B = 0.5 \sim 1.2\mathrm{m}$ $h = 0.07 \sim 0.26\mathrm{m}$ $h < B/3$ $H = 0.1 \sim 0.75\mathrm{m}$
矩形堰		$q_V = Kbh^{3/2}$ $K = 107.1 + \dfrac{0.177}{h} + 14.2\dfrac{h}{I}$ $- 25.7 \times \sqrt{\dfrac{(B-b)\,h}{HB}} + 2.04\sqrt{B/H}$	$B = 0.5 \sim 6.3\mathrm{m}$ $b = 0.15 \sim 5.0\mathrm{m}$ $H = 0.15 \sim 3.5\mathrm{m}$ $\dfrac{bH}{B^2} \geqslant 0.06$ $h = (0.03 \sim 0.45)\sqrt{b}\,\mathrm{m}$
全宽堰		$q_V = Kbh^{3/2}$ $K = 107.1 + \left(\dfrac{0.177}{h} + 14.2\dfrac{h}{H}\right) \cdot (1+\varepsilon)$ $\varepsilon = 0 : H \leqslant 1\mathrm{m}$ $\varepsilon = 0.55\,(H-1) : H > 1\mathrm{m}$	$B \geqslant 0.5\mathrm{m}$ $H = 0.3 \sim 2.5\mathrm{m}$ $h = (0.03 \sim 0.4)Hm$ $(h \leqslant 0.8\mathrm{m},\ h \leqslant B/4)$
备注	q_V——流量（m³/min） K——流量系数 h——堰的水头（m） H——从水渠的底面到缺口下缘的高度（m）		B——水渠宽度（m） b——缺口宽度（m） ν——运动粘度系数，$\nu = 0.01\mathrm{cm}^2/\mathrm{s}$

表5.4-67　堰的测量范围和误差

堰的形式	宽度 B /m	水头 h 范围 /m	流量 Q 范围 /m³·min	测量误差 （%）	流量系数误差 （%）
60°三角形堰	0.45	0.040 ~ 0.120	0.018 ~ 0.26		
90°三角形堰	0.60	0.070 ~ 0.200	0.11 ~ 1.5	±1.4	±1.0
	0.80	0.070 ~ 0.260	0.11 ~ 2.9		
矩形堰	0.9 (0.36)	0.030 ~ 0.270	0.21 ~ 5.5	±1.5	±1.1
	1.2 (0.48)	0.030 ~ 0.312	0.28 ~ 3.0		
全宽堰	0.6	0.030 ~ 0.150	0.36 ~ 4.0	±1.7	±1.4
	0.9	0.030 ~ 0.225	0.54 ~ 11.4		
	1.2	0.030 ~ 0.300	0.72 ~ 24		
	1.5	0.030 ~ 0.375	0.90 ~ 42		
	2.0	0.030 ~ 0.500	1.2 ~ 86		
	3.0	0.030 ~ 0.750	1.8 ~ 237		
	5.0	0.030 ~ 0.800	3.0 ~ 425		
	8.0	0.030 ~ 0.800	4.8 ~ 671		

注：( ) 内数字为堰的缺口宽度值。

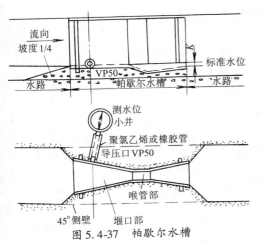

图 5.4-37 帕歇尔水槽

一般测量精度为 ±3% ~ ±5%；测量范围度为 10:1 ~ 25:1。

11. 其他流量计 由于与流量相关的变量较多，因此采用不同方法测量流量的仪表种类繁多，形式各异。

（1）利用测量流体流动时，热的传递、热的转移来求得流量的热式质量流量计。

（2）由体积流量计与密度计，温度、压力变送器互相组合而成的推导式质量流量计。

（3）通过检测科里奥利力原理的传感器和转换器组合的科里奥利质量流量计。

（4）利用相关技术测量流体标记获取流量的相关式流量计。

（5）用于控制流量为主要目的的各种型式的流量控制器或流量开关。

（6）利用被测介质在检测板上的冲击力，测量自由落下的粉粒状介质的固体冲量式流量计，等。

4.6.3 流量计的精度校验

流体流量准确的测量是通过流量装置实现的。因此需根据各种流量计的特点，采用合适的校验设备和配管对其进行校验。

流量计校验所用标准器一般有两种方法：

（1）以容积、天平作为静态标准器使用。

（2）将体积管和标准流量计作为动态标准器具来使用。

此外，亦可采用在流体流动状态下把动态取样测量系统和静态标准器组合起来进行更高精度的校验。

图 5.4-38 为用以校验电磁流量计的校验设备。它由恒压水泵、连接管路、标准计量槽和计时器，以及计时与计量同步切换机构等部分组成。

应该注意的是各种流量计的刻度一般测量液体是按温度为 20℃ 时水流量标定，测气体是温度为 20℃，压力为 0.1013MPa 时空气流量标定的。当实际被测流体流量的温度、压力、密度与校验标定时不相同时，必须对流量计的刻度进行换算。刻度换算公式见表 5.4-68。

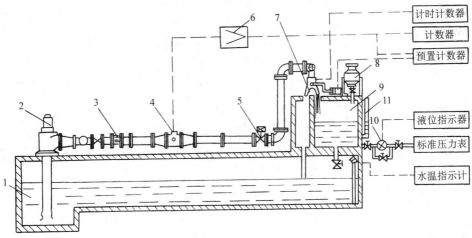

图 5.4-38 电磁流量计校验设备结构图

1—贮水槽 2—水泵 3—整流器 4—被校验流量计 5—流量检定用电动阀 6—变换器
7—与计时同步的切换机构 8—标准容器 9—计量槽 10—压力表 11—液位传送器

表 5.4-68 流量计刻度换算公式表

类别	液 体 （水）	气体 （空气）
差压流量计	$q_{V1} = 0.505 Q_2 \sqrt{\dfrac{\rho_2}{\Delta p_2}}$	$q_{V20-1} = 0.218 q_{V20-2} \sqrt{\dfrac{\rho_{20} - 2T_2}{\Delta p_2 p_2}}$ 或 $q_{20-1} = 61.98 q_{V2} \sqrt{\dfrac{\rho_{20} - 2p_2}{\Delta p_2 T_2}}$
转子流量计	$q_{V1} = 2.63 q_{V2} \sqrt{\dfrac{\rho_2}{\rho_f - p_2}}$	$q_{V20-1} = 0.0541 q_{V20-2} \sqrt{\dfrac{\rho_{20} - 2T_2}{p_2}}$ 或 $q_{V20-1} = 15.3 q_{V2} \sqrt{\dfrac{\rho_{20} - 2p_2}{T_2}}$
靶式流量计	$q_{V1} = 0.0447 q_{V2} \sqrt{\dfrac{\rho_2}{9.8 F_2}}$	$q_{V20-1} = 0.0765 q_{V20-2} \sqrt{\dfrac{\rho_{20} - 2T_2}{9.8 F_2 p_2}}$ 或 $q_{V20-1} = 21.7 q_{V2} \sqrt{\dfrac{\rho_{20} - 2p_2}{9.8 F_2 T_2}}$
其他流量计	$q_{V1} = q_{V2}$	$q_{V20-1} = 0.00353 q_{V20-2} T_2 / p_2$

备注：q_{V1}—温度为20℃时的水流量（m^3/h）；
  q_{V2}—被测液体密度为ρ_2时的流量或被测气体温度为T_2、压力为p_2时的流量；
  q_{V20-1}—温度为20℃、压力为0.1013MPa时的空气流量（m^3/h）；
  q_{V20-2}—温度为T_2、压力为p_2换算到温度为20℃、压力为0.1013MPa时被测气体流量（m^3/h）；
  ρ_{V20-2}—温度为20℃、压力为0.1013MPa时被测气体密度（kg/m^3）；
  Δp_2—温度为T_2、压力为p_2时测得的压差（Pa）。

4.7 物位测量

4.7.1 物位测量及其分类

物位就是物体的位置，但这里仅指液位、料位和相界面的位置总称。测量、控制和指示物位的仪表叫作物位测量仪表。

测量方式可分为两大类：

（1）连续测量——能够持续不间断地测量物位变化情况。

（2）定点测量——检测物位是否到达上限、下限等某一特定位置。

能实现定点测量的仪表又称为物位开关。

物位测量仪表按工作原理分类及主要技术性能，见表5.4-69。

表 5.4-69 物位检测仪表的分类及主要技术性能

类 别		测量范围/m	精度	安装方式	使 用 特 征
直读式	玻璃管式	0.4~1.4	±5mm	侧面、旁通管	结构简易，直观显示常压液位
	玻璃板式	0.4~2	±5mm	侧面	结构简易，直观显示较高压力的液位、料位
静压式	压力式	<30	±1.5%	侧面、底置	测量范围广，适用大量程、开口容器
	吹气式	<4	±10mm	顶置	需压缩空气，适用粘性液体液位测量
	差压式	<25	±1%	侧面	配差压变送器、耐高压、应用广，可远传显示控制液位、界面
浮力式	浮子式	0.05~1	±5mm	侧面	工作可靠，不易受外界影响，但变差大
	沉筒式	0.4~2	±2.5%	侧面、旁通管	分内、外沉筒，多用于就地液位、界面调节，耐高压
	随动式	<20	±5mm	顶置、侧面	可随动远传指示，测量范围大，精度较高
机械接触式	重锤式	<20	±10mm	顶置	通过探头与物料面接触时的机械力来实现料位的测量，精确度不高，多用于断续或定点的测量，应定时检查可动件，避免卡死
	旋翼式	由安装位置定	±20mm	顶置	
	音叉式		±10mm	侧面、顶置	
电测式	电阻式	<10	±1.5%	侧面、顶置	信号传送方便，适于导电介质的液位测量
	电感式	<2	±2%	顶置	有多种探头，不易受介质介电常数变化的影响
	电容式	<2	±1%~1.5%	侧面、顶置	测量精度高，适用范围广，但对电极安装要求高
其他	超声式	<10	±1%~3%	任意侧	非接触测量，适用面广，可定点、连续测量与控制各类物位
	核辐射式	<15	±1%~5%	任意侧	非接触测量，适用面广，但安装使用要求严格
	光学式	<0.1	±2mm	顶置、侧面	定点控制液位、料位、精确度高，激光式适用于玻璃液面的测量、控制

4.7.2 物位测量仪表

1. 直读式物位计 这是一种应用最早、最普遍的、将液位直接显示出来的物位计。它包括窥镜式、玻璃管式和玻璃板式液位计。

(1) 窥镜式适用于定点或分段观测物位。

(2) 玻璃管式物位计适用于低压液位测量。

(3) 玻璃板式物位计根据光学方法分为透光式和反射式两种，用于观测液位。其规格和用途见表 5.4-70。

表 5.4-70 各种玻璃板液位计的规格与特点

产品名称	标度规格 /mm	用途特点
透光式玻璃板液位计	500，800，1100，1400，1700	一般使用于无色透明的液体，且光线较好的场所
带蒸汽夹套的透光式玻璃板液位计		附有蒸汽加热夹套
反射式玻璃板液位计		一般用于稍有色泽的液体，且光线较好场所
带蒸汽夹套的反射式玻璃板液位计		附有蒸汽加热夹套
防霜式玻璃板液位计		使用于低温介质，附有避免因低温介质造成外表结霜装置
照明式玻璃板液位计		在透光式上附有照明灯装置
双色牛眼液位计	多点式	适用高温、高压锅炉汽包液位指示

2. 压力、差压式物位计 广泛用于开口容器和受压容器的液位测量。凡是可测压力或差压的仪表，只要量程合适，均中测液位。

该仪表的特点是测量范围大，无可动件，安装方便，工作可靠。可测粘度大，易结晶、有悬浮物、易腐蚀的液位，而且其受密度影响较小。

(1) 压力式液位计可分为静压式和吹气式液位计。其测量精度取决于所选用的压力仪表准确度以及被测液体密度受温度影响程度。较适于地下储罐、污水池、深井等场合。

(2) 差压式液位计工作原理见图 5.4-39。将差压计高压室接被测容器底部，压力为 $p_2 = p_0 + p_1$，低压室与工作压力 p_0 相通。差压计感受液体高度静压力 p_1，当介质密度 ρ 不变时，液位 $H = \dfrac{\Delta p}{\rho g} = \dfrac{p_2 - p_0}{\rho g} = \dfrac{p_1}{\rho g}$，其中 g 为当地重力加速度。

3. 浮力式液位计 基于阿基米德定律，浸入液体的物体将受到浮力，其浮力大小等于排开液体的重量。其分类和特点见表 5.4-71。

浮力式液位计品种多、可靠性好，结构简单，使用方便，可承受高温高压，液位端动及泡沫对测量影响不大。但是容器结垢、沉积物等影响仪表性能、部件易磨损；不适于粘稠等介质的测量。

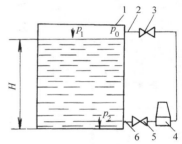

图 5.4-39 差压式液位计示意图
1—容器 2、6—引压管 3、5—阀门 4—差压计
p_0—受压容器内的工作压力 p_1—液体静压力
p_2—容器底部的压力 p_2（$= p_0 + p_1$）

表 5.4-71 浮力式液位计分类与特点

类型		工作原理	特点
浮子型	磁性浮子式 翻板液位计	磁性浮子装在筒体内，筒外安装薄磁片正反涂不同颜色翻板。当磁性浮子经过某翻板位置时，在磁场作用下，磁性翻板翻转，因此液面上、下翻板呈不同颜色指示出液位面。同样也可制成限位开关控制液位信号	翻板宽 10mm，每隔几片喷有数字。串联安装，最高精度为 10mm
	磁性浮子式 液位变送器	在非磁性筒体外安装一系列干簧管及电阻链，磁性浮子磁场使液面处某一干簧管闭合，使电阻链阻值发生变化，经电路处理输出液位信号	液位转变为 4～20mA 直流连续信号输出
	自动平衡式 弹簧平衡法	将具有恒定张力 P 的弹簧经钢带作用于平衡浮子上，当液位上升，P 下降，恒力弹簧收卷，鼓轮收卷钢带使平衡浮子上升到液面位置，P 恢复平衡，故钢带收卷量便能示出液位上升量。也可经与链轮转角成正比的齿轮机构指示液位	结构简单，价格低廉，可靠性高，但受温度，介质等因素影响。测量范围达 20m；精度为 ±5mm；介质温度 −20～200℃；四位计数显示
	自动平衡式 伺服平衡法	当液位变化时，平衡浮子变化使测量长钢丝张力改变，经弹簧收缩由张力检测磁铁和磁感应传感器位置变化电桥输出信号经 CPU 计算张力平衡基准值偏差，使步进电机旋转直至平衡浮子跟踪液面变化，并显示液位数值	CPU 可进行温度修正、数据运算；具有隔爆性，工作压力为 3MPa；测量范围达 50m，测量长度为 L 时精度为 0.06L + 0.5m 跟踪速度 200mm/min；接液温度 −200～300℃

（续）

类型		工 作 原 理	特 点
浮力器型	力平衡式气动沉筒液位变送器	当液位变化时，经杠杆机构、同向变化膜片使挡板靠近或离开气源喷嘴。喷嘴背压经放大反馈系统直至挡板与喷嘴达到重新平衡位置，实现液位测量。沉筒可放大液位变化 100 倍，从而扩大了量程，比例带为 5%～500%（正反作用）	结构牢固，安全性好，耐高温，测量范围可达 0～300～3000mm；精度为量程 1%；重交性为量程 0.3%；输出 20～100kPa 信号，最高工作温度达 400℃
	电动沉筒式液位变送器	当液位变化时，沉筒受浮力变化，经平衡弹簧线性地转换为铁芯位移，并由差动变压器及电路处理输出成比例的 4～20A 统一信号输出，最大负载电阻为 600Ω。信号便于运转	安全防爆性好、反应快，精度高。范围可达 0～300～3000mm；精度为 ±0.25%；重复性为 0.2%，可用于化工、石油等部门

4. 机械接触式料位计　通过探头与物料面接触时的机械力，如重力、磨擦力和正向阻力来实现物位测量。其分类有旋转叶轮式、重锤式、音叉式、振动式等。

重锤探测式料位计见图 5.4-40。它的测量范围达 30～70m；分辨力为 1～10cm；输出每个脉冲信号表示 1cm。其特点是量程大，可连续测量，主要用于煤、粮、矿、水泥仓位等恶劣条件工作下的测量。

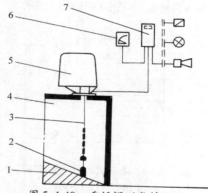

图 5.4-40　重锤探测式料位计
1—被测物料　2—重锤　3—钢缆　4—被测容器
5—执行器（电动机）　6—指示仪表　7—测量仪表

5. 电容式物位计　根据电容极间介质介电常数 ε 不同测量物位变化。电容变化量 ΔC 为

$$\Delta C = K \frac{(\varepsilon_2 - \varepsilon_1)}{\lg \dfrac{D}{d}} H$$

式中　K——变换系数；
ε_1、ε_2——两不同物质介电常数；
d、D——电极棒和圆筒直径；
H——物位高度。

其工作原理见图 5.4-41。

电容式物位计一般包括测量电极和电路。电极结构有同轴式、裸露式、外绝缘套管式、平板式、绳式电极等多种型式。其适用范围见表 5.4-72。

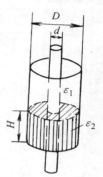

图 5.4-41　电容式物位计原理

表 5.4-72　电容式物位计的适用范围

类别	被 测 对 象
I 型电极	不粘滞的导电介质，如水、酸及某些盐溶液
II 型电极	较稀的绝缘介质，如煤油、轻油及某些有机溶剂
III 型电极	绝缘介质，干燥的非导电小颗粒料位，如重油、沥青、干燥水泥、干燥粮食等
IV 型电极	导电性能不良的导电介质，或有一定漏电的非导电介质

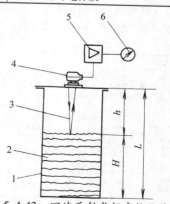

图 5.4-42　回波反射式超声物位计
1—容器　2—被测介质　3—超声波　4—超声换能器
5—电子放大器　6—指示仪表

电容式物位计受环境影响小，结构牢固、成本低、易维修。其量程一般为 500～2000mm；精确度为 1%；使用温度可适 −190～200℃；输出信号 0～10V、4～20mA 可远传。

6. 超声波式物位计　超声波物位计利用回波反射原理工作的（见图 5.4-42）。超声波在空气中的传播速度为 C，若测量从发射到物面反射回波的时间 Δt，即可根据 $h = \dfrac{C\Delta t}{2}$ 获得物位高度

$H = L - h = L - \dfrac{1}{2}(\Delta t)$，其中 L 为容器高度。

超声波物位计一般由换能器和电路组成。超声波换能器有多种，其中以压电式换能器应用最广泛，其使用类型和性能见表 5.4-73。

超声波式物位计测量范围达 0.9～60m；精度为 ±0.25%，一般使用频率为 13～50kHz。主要用于具有块状，颗粒状的煤、粮、矿仓中。

表 5.4-73　超声物位计用压电换能器的类型

结构名称	夹心式换能器	弯曲振动式换能器	薄片形换能器	圆管形换能器
振动模式	纵向振动	弯曲振动	厚度振动	径向振动
常用频率	几十千赫	几至几十千赫	几百千赫至几兆赫	几十千赫
使用场合	气介式超声物位计 气介穿透式超声物位信号器	声阻式液位信号器 气介式超声物位计	液介穿透式超声液位信号器 液介式超声液面计 超声界面计	气介式超声物位计

7. 微波式物位计　通常采用调频雷达波方式接收回波原理测量发射与反射波相位差获得物位的。见图 5.4-43。

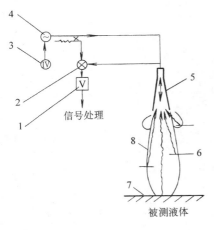

图 5.4-43　微波式液位计原理图
1—中频放大器　2—混频器　3—扫频发生器
4—激波源　5—天线　6—干扰回波
7—反射面　8—信号波瓣

微波式物位计测量范围可达 40m；精度为 ±2mm，其特点是工作可靠不受外界条件限制；精度高，安装方便，安全防爆性能好。适于测量粘稠液体，但价格较贵。

8. 核辐射式物位计　它是利用核辐射线穿透物质及在物质中按一定指数规律衰减现象测量物位的

$$J = J_0 \exp(-\mu d)$$

式中　J_0、J——射线穿透物质前后的辐射强度（C/kg）；

μ——物质的射线吸收系数（cm^{-1}）；

d——物质层厚度。

因为 γ 射线比 α，β 射线波长短，穿透力更大，因此通常多选用 $^{60}_{27}$Co 或 $^{137}_{55}$Cs 为放射源。

核辐射式物位计由核辐射源、检测器及电子电路组成（见图 5.4-44）。其测量使用需经卫生、安全检查机构批准。主要用于剧毒、危险等恶劣环境下其他物位计不宜应用的容器测量等场合。

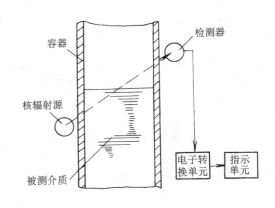

图 5.4-44　核辐射式物位计

9. 物位开关　物位开关的分类和特点，见表 5.4-74。

表 5.4-74 物位开关的分类与特点

测量对象	分 类	示 意 图	与被测介质接触部	使用条件
液体	浮球式		浮球	密度为 0.6 ~ 2.0g/cm³ 的气体
	浮力器位移式		浮力器（平衡浮子）	密度为 0.4 ~ 1.2g/cm³ 的液体
	超声穿透式		探头	非粘滞液体
液体或粉粒体	电容式		电极	介电常数恒定
	电导式		电极	导电介质
	振动叉式		振动叉或杆	固态物料粒度小于10mm
	微波穿透式		非接触	测量窗为非金属
	核辐射式		非接触	须经有关部门批准
粉粒体	运动阻尼式		运动板	密度大于 0.2g/cm³ 的粉粒体

4.8 故障与诊断的测量

4.8.1 故障与诊断

在现代化生产中,大型机械设备越来越复杂,因此,对故障的分析与诊断技术的要求也越来越受到人们的重视。也越来越要求故障的诊断更快速、实时,以减少故障所带来的损失。现代大型机械设备十分专业、复杂、精密,对其故障的诊断往往需要生产单位参与,进行正确的故障分析与有效的诊断支持。随着现代国际化贸易交流的快速发展,基于 Internet 远程故障诊断技术的应用,也越来越受到业界的重视。

1. 故障诊断技术

(1) 故障的含义 可以概括为机械系统偏离正常的运转功能,或使得机械系统基本功能失效。前者可以通过对机械系统修复、参数调节恢复正常的功能,而后者往往导致整体功能的丧失。

(2) 故障诊断的含义 可以理解为识别机械系统运行状态,判断机械系统的故障特征,提高机械系统运行可靠性的科学。

(3) 故障的类型 可以按故障的性质、状态分类:

①按工作状态有间歇性和永久性故障;

②按故障程度有局部功能失效和整体功能失效的故障;

③按故障形成的速度有渐进性和急剧性故障;

④按故障形成的程度有缓变性和突发性故障;

⑤按故障形成的原因有操作管理失误和机器内在因素造成的故障;

⑥按故障形成的后果有危险性和非危险性故障;

⑦按故障形成的时间有早期的、随时间有规律的和随机性无规律的故障。

(4) 机械系统故障的特点:

①机械系统运行状态是一个动态的随机过程。因此只能用概率统计学的方法进行分析处理;

②机械系统的故障具有连续性、离散性、间歇性、突发性、随机性、突变性和模糊性;

③机械系统结构一般是多部件的相互耦合匹配,因此机械系统的故障也呈现出多层次的属性;

④机械系统的故障与机械系统运行的表征现象没有一一对应的因果关系。

2. 故障诊断的方法

(1) 按诊断环境分有离线人工分析诊断和在线计算机辅助监视诊断方法;

(2) 按检测手段分类有:

①振动检测诊断法;通过振动参数的特征,判断机械系统的运行状态。

②噪声检测诊断法;通过噪声参数的特征,检测机械系统的运行状态。

③温度检测诊断法;通过温度参数的特征,测量机械系统的运行状态。

④声发射检测诊断法;通过机械产生的弹性波的特征,检测机械系统的运行状态。

⑤压力检测诊断法;通过压力参数的特征,检测机械系统的运行状态。

⑥润滑油或冷却液中金属含量分析诊断法;

⑦金相分析诊断法;通过金属表面层显微组织、残余应力、裂纹及物理性质的检查,判断故障。

(3) 按诊断原理分类:

①频域诊断法;

②时域分析法;

③统计分析法;

④信息理论分析法;

⑤模式识别法;

⑥其他人工智能方法;专家系统、人工神经网络等分析方法。

(4) 按诊断对象分类;通过不同对象动态特征的诊断,冠以名称。有化工机械故障诊断、汽轮机故障诊断、压缩机故障诊断、轧机传动系统故障诊断、航空飞机的故障诊断等。

3. 故障诊断的装置

(1) 以检测仪器仪表为主体的监视装置;主要构成的部件有传感器和指示仪表。主要用于振动参数的检测,本身无分析能力,依赖于人为的经验进行判断。

(2) 检测仪表配备软硬件分析装置;配备的装置主要是频谱分析仪。帮助人为诊断的准确性,而无自动判断能力。

(3) 计算机辅助监视与诊断系统;主要由传感器、接口装置和计算机组成。可以实现实时监视与自动诊断。但局限于专家系统知识库,通用性差。

（4）远程监视与故障诊断系统;系统是一个开放的多层次分布式结构,包括在线监视子系统、数据伺服、数据库服务子系统和网络服务器子系统组成。系统软件功能模块强,由授权专家库远程支持。

4.8.2　故障的检测与诊断系统

1. 系统的故障诊断与可靠性及维修性关系

（1）评价产品的质量性能指标

1）产品性能指标;即产品能完成自身所具有的规定功能的指标,它由产品的设计予以保证。

2）产品性能的可靠性;按 GB/T 3187—1994 规定,可靠性定义为产品在规定的条件下和规定的时间内完成规定功能的能力。机器可靠性分为固有可靠性和使用可靠性。可靠性又称为耐久性,耐久性好即机器运行可靠,机器技术性能保持性好。

3）产品的可维修性;指产品发生故障后是否易于诊断及修复。

（2）故障诊断与机械可靠性的关系

1）可靠度　可靠度是产品在规定的条件下和规定的时间内完成规定功能的概率。即为无故障工作的概率。它不能具体的预测机械设备在某一时间域内肯定发生或不发生故障,机器可靠性不是依靠仪器、仪表来测定,而是依靠同批产品的统计分析。

2）故障概率 $F(t)$ 的表示:

$$F(t) = P(t \leqslant T)$$

式中　t——机器开始工作至发生故障时的连续
　　　　正常工作时间,它是随机变量;

　　　　T——某一额定时间。

如 $f(t)$ 为概率密度函数,则:

$$F(t) = \int_0^T f(t)\,\mathrm{d}t$$

因此,$F(t)$ 就是变量 t 的分布函数,它描述着故障概率随时间 t 的变化。

于是可得

3）可靠度函数 $R(t)$ 的表示:

$$R(t) = 1 - F(t)$$

即可靠度函数 $R(t)$ 为机器无故障工作时间。

4）故障概率 $F(t)$ 与可靠度函数 $R(t)$ 的关系如图 5.4-45 所示。

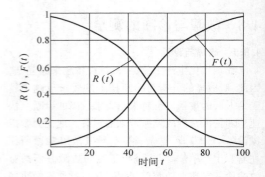

图 5.4-45　故障概率 $F(t)$ 与可靠度
函数 $R(t)$ 的关系

由图可知,$R(t)$ 与 $F(t)$ 是对立事件。图中在 $t = 0$ 时 N 台设备都是好的,不发生故障的机器台数 $N_r(0) = N$,可靠度 $R(0) = 1$,发生故障的机器台数 $N_f(0) = 0$,故障概率 $F(0) = 0$。随着使用时间不断增加,发生故障设备台数增加,故障分布函数 $F(t)$ 单调递增,而可靠度函数 $R(t)$ 单调递减,因此,$N_r(\infty) = 0$、$R(\infty) = 0$、$N_f(\infty) = N$,$F(\infty) = 1$。

（3）故障诊断与机械维修性的关系

1）维修性与有效性的关系　可靠性表示产品是否经久耐用,而维修性则表示产品发生故障后是否容易诊断和修复。

2）产品的有效性 A（或利用率）表示修复产品在某一时间域内,能维持其规定功能的属性。

$$A = \frac{t_{n,o}}{t_{n,o} + t_w}$$

式中　$t_{n,o}$——平均无故障正常工作时间;

　　　　t_w——停机维修时间。

3）预知维修　产品的维修性是产品的固有特性,取决于产品的合理设计。故障诊断技术的作用就是对产品运行状态进行预测、维护、和修复,提高设备的利用率。

2. 计算机辅助监视与诊断系统的结构

以模式识别为基础的计算机辅助检测与诊断系统的主要结构组成,如图 5.4-46 所示。

（1）信号的在线检测。在生产线上,进行机器运行（生产）过程（系统）中的检测。主要反映机器部位工况特征信息的变化。

（2）信号的特征分析。用现代信号分析和数据处理方法把直接检测信号转换为能表达工况状态的特征量。特征分析的方法有频域分析、时域分析、统计分析、小波分析及波形分析等。

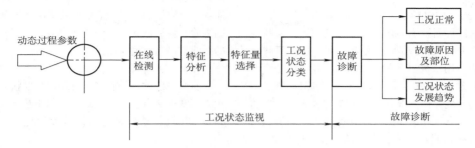

图 5.4-46　计算机辅助工况状态检测与诊断系统的主要结构

（3）特征量的选择　特征量对工况状态变化的敏感程度不同,应当选择敏感性强、规律性好的特征量。判别实时性要强,诊断的针对好,计算方法简单准确有效。

（4）工况状态识别。工况识别就是对机器运行状态进行监视与诊断。应该强调在线和实时性。

（5）故障诊断。对工况状态及其发展趋势、故障部位、性质、程度作出确切的判断。

（6）诊断与监视的区别　故障的诊断精度是在第一位,而实时性是第二位。

4.8.3　故障诊断与检测系统的应用实例

轧机传动系统远程监测与故障诊断系统应用实例

随着计算机、通信和网络技术的迅速发展,基于远程在线监测与故障诊断系统已经成为现代故障诊断系统发展的必然趋势。基于 B/S 模式的轧机传动系统远程监测与故障诊断系统,采用 CORBA 技术与 SOAP/Web Service 技术相结合,具有良好的开放性,实现了资源的共享。系统完成了信号采集、实时数据动态显示。结合轧机传动系统电机轴承的振动信号进行诊断分析,判断故障的类型、位置和严重情况,具有较高的可靠性和稳定性。

1. CORBA 与 SOAP/Web Service 技术

（1）CORBA 技术　公共对象请求代理体系 CORBA 是分布式计算技术,扩展了 C/S（客户/服务器）的模式,提供了一个带有开放软件总线的分布式结构,有效地解决了对象封装和分布式计算环境中资源共享、代码继承性、可移植性

及异构系统等问题。

CORBA 由对象请求代理（ORB）、CORBA 公共对象服务（Common Object Services）、COR-BA 工具集以及符合 CORBA 标准的各种应用程序、对象共同综合而成的。CORBA 应用程序的基本结构如图 5.4-47 所示。

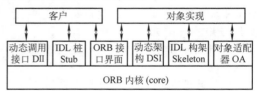

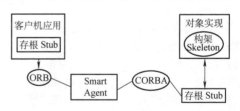

图 5.4-47　CORBA 应用程序的基本结构

（2）SOAP/Web Service 技术　SOAP 是一种把各种程序语言对于远程的调用和参数转换为以 XML 封装的机制,以文本形式来表达,沟通信息。通过底层的传送通信协议传递到远程的应用系统。它解决了不同组件模型、开发工具、程序语言、应用系统之间在 Internet 环境中互相沟通和合作的标准沟通机制。

Web Service 实现了动态应用集成。Web 服务器（Web Service）接收到请求（Request）远程服务的 SOAP 消息,采用基于 HTYP 协议的 XML 文档格式。Web 服务器则对接收到的由

SOAP 协议封装的请求（Request）进行处理，然后以 SOAP 协议封装的响应（Response）返回给客户端。

（3）CORBA 与 SOAP/Web Service 相结合的远程故障诊断系统　在多层体系结构远程诊断系统中，SOAP 客户端程序从 Wbe 服务器上下载执行，与应用服务器上的 CORBA 应用对象（诊断功能）通过 SOAP 协议进行通讯，在浏览器上调用其指定的操作。CORBA 应用对象首先对客户的请求进行认证和解释，然后根据客户请求的内容，或是直接访问数据库，或是动态显示监控数据，或是完成用户所要求的诊断分析等其他功能。

在 CORBA 与 Web 的结合技术上，SOAP/Web Service 是一种很好的结合方案。CORBA 作为面向对象分布式开发的主流标准之一，并在各领域尤其是电子银行、电子商务得到了广泛的应用。SOAP/Web Service 是基于 HTYP 协议的，两者结合充分利用各自优点，实现分布式 B/S（浏览器/服务器）模式的多层体系结构远程诊断系统。解决了防火墙穿越以及大量数据的实时传输困难。

2. 轧机传动试验台系统在线监测部分的构成

（1）轧机传动系统　轧机传动系的简图如图 5.4-48 所示。

该系统由测速电动机、电动机、转速转矩传感器、减速机、转矩遥测仪、万向接轴，轧机等组成。直流测速电动机用于测电动机的转速；直流电动机；转速转矩传感器能够承受的转矩，用于测量转矩和转速；减速机；转矩遥测仪用于测量转矩，轧机为四辊轧机。

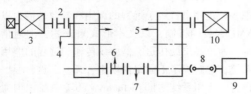

图 5.4-48　轧机传动系的简图
1—测速发电机　2—500N.m 转矩传感器
3—主电动机　4、7—转矩遥测仪　5—减速机　6—5000N.m 转矩传感器　8—万向接轴　9—四辊试验轧机　10—电动机（发电机）

该轧机传动系统的工作原理：主电动机 3 带动减速机 5 和四辊轧机 9 运转，电动机 10 既可作为电动机，也可作为发电机（对该系统进行加载）。该轧机传动系统可做机械传动零部件性能试验、疲劳试验、轧制能力参数试验以及设备的在线监测与故障诊断。

（2）测点布置

监测系统的信号测点选择最能反映设备运行状态的常规测点。选用在日常检修中易于维护的测点，轧机传动系统监测信号多元化，其含义是：

①信号种类多样化，不仅对振动等快变信号进行采集，而且还对温度等慢变信号进行采集；

②同一类信号测点分布化，即对重要参量在机组的不同部位布置测点，并在数据采集板上留出足够的通道数，以保证全面地了解该类信号所反映的机组运行状况。轧机传动系统的测点布置图如图 5.4-49 所示。

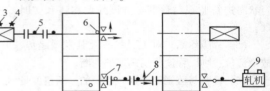

图 5.4-49　轧机传动系统的测点布置图
1—转速测点位置　2—电流
3—电压　4—功率　5—扭矩测点位置
6—温度测点位置　7—加速度测点位置
8—位移传感器　9—轧制力传感器

（3）监测对象　本系统的监测对象有主电机转速、电流电压功率等电信号、振动加速度信号、位移信号、转矩信号、温度信号、转速信号、轧制压力信号等 25 个信号。具体情况如下：

1）转速信号（2 个）　通过测速发电机的转速信号和转速转矩传感器输出的转速信号。

2）主电机电流电压功率等电信号（3 个）由控制柜给出。

3）振动加速度信号（6 个）　在减速机轴承座上安装 6 个压电加速度传感器（加速度测点位置根据需要在减速机和轧机工作辊的各轴承座上）。

4）位移信号（4 个）　在减速机高速轴、低速轴上铅垂和水平各安装一个电涡流位移传感器。

5）转矩信号（5个）　由转速转矩传感器和转矩遥测仪提供高速轴上两个转矩信号，低速轴上两个转矩信号以及轧机万向接轴上的一个轧制转矩信号。

6）温度信号（2个）　在减速机油池中安装温度传感器，测试油温。在减速机轴承座外壳上安装温度传感器，测试轴承运转时温度。

7）轧机轧制压力信号（3个）　在轧机压下螺母与轧辊轴承之间安装2个压力传感器，分别测得轧制压力1、轧制压力2，合并轧制压力1、2，可以得到总轧制力。

3. 系统的体系结构　该轧机传动系统的远程监测与故障诊断系统是一个开放的多层分布式系统，主要由3个子系统，即在线监测子系统、数据伺服、数据库服务子系统和WWW服务器子系统组成。系统的软件功能模块包括系统数据采集、诊断分析以及数据管理和通信等。其体系结构如图5.4-50。

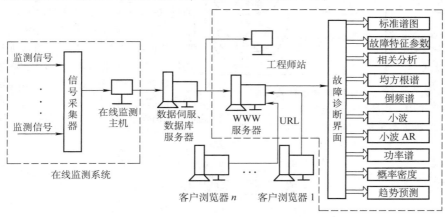

图 5.4-50　远程在线检测与故障诊断系统的体系结构

实时在线监测子系统包括传感器系统、信号采集工控机系统和利用 C ++ Builder6 编程语言开发实时在线监测软件系统，主要完成实时采样、信号的采集、处理、实时数据显示、报警、样本数据的存储、SQLServer2000 数据库的操作等任务。

数据伺服、数据库服务器子系统的任务为接收和处理各数据采集站发送的各路信号数据，将原始数据放入原始信号缓存区，将处理后的数据写入特征数据库和历史数据库。定期存储采集数据特征值、原始信号路径、同时存储所有报警信号特征值和报警信号路径。

WWW 服务器子系统设立在 Internet 上的服务站点，它主要包括 WWW 服务器及应用程序。系统采用浏览器工作模式，所有监测、分析、诊断软件都放在 WWW 服务器上，进行管理。该子系统主页主要有：主 Web 页面、各类信号（本例中为不同类型的 25 个信号）监视分页面、设备状态显示页面、信号分析与处理页面、设备情况查询页面、设备故障特征参数信息页面及远程诊断系统等。授权工程师可以通过密码认证方式利用 Web 浏览器进行浏览。

4. 远程故障诊断系统基本构思　整个软件系统由在线监测系统、网络监测与诊断系统组成。在线监测系统完成信号的采集、处理、显示、报警功能，安装在前置数据采集服务器上，数据伺服子系统完成常规数据存盘，报警数据存盘；网络监测与诊断系统由远程监系、统计量趋势分析、相关分析、功率谱分析、倒频谱分析、三维谱分析和小波分析等部分组成。在线监测系统负责采集传输信号，SQL 数据服务器定期存储采集数据特征值、原始信号路径，同时存储所有报警信号特征值和报警信号路径，Web 服务器可提供远程在线监测和远程诊断分析功能服务。本系统中将数据伺服子系统、数据库服务子系统安装在一台服务器上。

数据采集服务器、数据伺服子系统、数据库服务子系统和 WWW 服务器子系统之间采用基于 CORBA（Common Object Request Broker Architecture）客户/服务器的模式进行通信，WWW

服务器子系统和浏览器之间采用 SOAP/Web Service 技术基于 HTFP 协议的通讯方式。各系统访问数据库则采用 ADO 连结的方式进行访问。图 5.4-51 表示了系统的软件逻辑关系图。

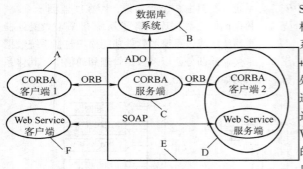

图 5.4-51　系统的软件逻辑关系图

在该系统中，现场信号通过一个安装在现场的采集工控机进行采集，同时是 CORBA 客户端

程度 1（图 5.4-51 中 A 处），CORBA 服务端可对取得的信号采用多线程进行处理，传送给 CORBA 客户端程序 2（图 5.4-51 中 D 处集成了 CORBA 客户端，Web Service 服务器）集成 SOAP/Web Service 服务端提供接口服务线程；根据数据库的存储规则进行存储线程。整个系统采用 C＋＋Builder 完成。网页则是由 C＋＋Builder6 结合 ASP 开发完成。图 5.4-51 中 F 处浏览器是实现远程诊断服务的瘦客户端，通过 IIS 发布来实现对外提供服务，用户通过 IP 即可访问。集成了 CORBA 客户端及 Web Service 服务端的 E 程序则以动态链结库的形式通过 IIS 发布来实现对外提供服务口。这样，一旦有网页请求（Request），就会激活动态链结库，在该网页关闭后，该动态链结库仍处于监听状况，并节省了访问时间。

5　显示仪表[1]

通常指以指针、数字、图形及声光等形式直接或间接显示或记录测得值的仪表，有些兼有控

制功能。它能与各种检测仪表配接，见图 5.5-1。

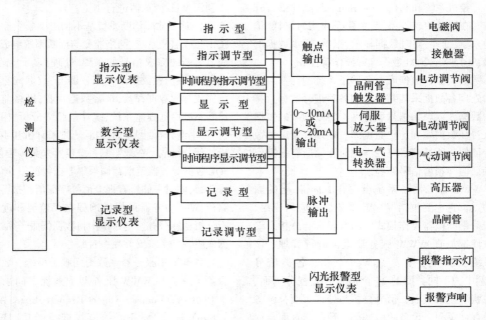

图 5.5-1　显示仪表的应用

5.1 显示仪表的基本性能

基本性能见表 5.5-1。

表 5.5-1 显示仪表的基本性能

项目	指示型显示仪表	记录型显示仪表	数字型显示仪表	闪光报警型显示仪表
输入信号	热电偶、热电阻直流毫伏、毫安信号等	温度、压力、流量、液位、位移、成分量等	温度、压力、流量、液位、机械量、成分量及其他	有源、无源触点信号
输入阻抗	≥数千欧	≥数百欧	≥数百千欧	≥数百千欧
显示方式	指针、光柱	指针、数字、记录纸	数字	指示灯、蜂鸣器等
精确度等级	1.0;1.5	0.1;0.2;0.5;1.0	0.1;0.2;0.5	
采样方式	固定	固定或可调	固定或可调	固定
测量点数	单点	单点、多点	单点、多点	多点
输出信号	无或直流 0 ~ 10mA,4 ~ 20mA,触点信号	无或直流 0 ~ 10mA,4 ~ 20mA,触点信号	无或直流 0 ~ 10mA,4 ~ 20mA,触点信号	触点信号
工作环境条件	温度 0 ~ 45℃,相对湿度≤85%,无振动,无腐蚀气体	温度 0 ~ 45℃,相对湿度≤85%,无振动,无腐蚀气体	温度 0 ~ 50℃,相对湿度≤85%,无腐蚀气体	温度 0 ~ 50℃,相对湿度≤85%,无腐蚀气体
耐电干扰	抗串模、共模干扰	抗串模、共模干扰	抗串模、共模干扰	抗串模、共模干扰
供电电源	交流 220V,50Hz	交流 220V,50Hz	交流 220V,50Hz 或直流 24V	交流 220V,50Hz

5.2 指示式显示仪表

5.2.1 动圈式指示仪表

它的原理利用磁电系动圈进行测量,能将很小的直流信号转换成指针较大的位移。

1. 动圈式仪表 原理框图见图 5.5-2。被测变量转变为电信号,由测量机构分别送给指示器和偏差检测器进行比较,再将偏差信号送给调节电路,按事先设计好的调节规律进行处理。

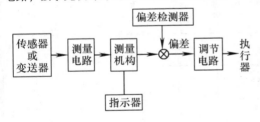

图 5.5-2 动圈式仪表原理框图

2. 带前置放大动圈式仪表 原理框图见图

5.5-3。放大器将信号分别送给指示器和比较器,并与设定信号比较后,将差值送给调节电路再进行处理。

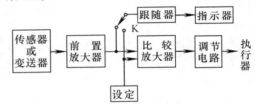

图 5.5-3 带前置放大动圈式仪表

3. 力矩电动机式动圈仪表 框图见图 5.5-4。测量电路将信号送给平衡伺服放大器,它用来检测输入信号与反馈信号间的差值,用以改变力矩电动机的位置,随之改变滑线电阻阻值,使放大器达到新的平衡(输出为零)。这样通过转角指示输入信号的大小,并给调节电路进行处理后去控制执行器。

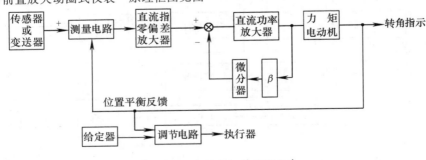

图 5.5-4 力矩电机式动圈仪表
β—电压反馈系数

4. 动磁式动圈仪表　框图见图 5.5-5,信号经偏差放大器后,变成流经固定线圈的电流,使测量装置永磁铁转动,从而带动指示表盘转动显示输入信号,同时也送给调节电路。

5. 动圈式仪表的性能　见表 5.5-2。

5.2.2　光柱式显示仪表

框图见图 5.5-6,输入电路可将电量或非电量转变为电压信号。锯齿波与比较器的电压比较产生阳极控制电压。输入光柱的脉冲产生光柱高低

的扫描信号,使之与输入信号成比例显示。微处理器完成所需的运算并输出去给执行器。

光柱式仪表的技术指标见表 5.5-3。

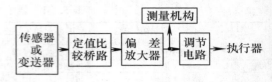

图 5.5-5　动磁式动圈仪表

表 5.5-2　动圈型指示显示仪表的主要性能

仪表名称	精确度等级	指示方式和标度弧长	使用环境				安装方式外形尺寸/mm	附加功能	消耗功率/W	特　点
			温度/℃	相对湿度（%）	电源电压/V	振动				
动圈式仪表	1.0 或 1.5	全量程,绝对值110mm	0~50	≤85	220+10%−15 50Hz	不能用于振动场合	仪表盘用（横式）80×160	具有断偶保护功能	<5	1. 设定参数为固定式,不可调 2. 价格低廉,电路简单 3. 外接电阻影响大
前置放大式动圈仪表	1.0	全量程,绝对值100mm 或110mm	0~50	≤85	220±10% 50Hz	−	仪表盘用（横式、竖式）80×160	具有断偶保护功能	10~20	1. 指示和调节为并联方式,指示失灵时调节照常工作 2. 可用于振动场合 3. 对外接电阻要求低
力矩电动机式动圈仪表	0.5 或 1.0	全量程,绝对值110mm,色为带指示100mm	0~50	≤85	220+10%−15 50Hz	振动频率>25Hz,振幅<0.2mm	仪表盘用（横式竖式）80×160	具有冷端补偿和断偶保护功能	约15	1. 宜用于振动场合和船用 2. 不采用硅油阻尼
动磁式动圈仪表	1.5	偏差,绝对值,可见标度弧长46mm	−10~+50	≤90	220+10%−15 50Hz	振动频率20Hz,振幅<0.1mm	仪表盘用（方形）96×96	具有冷端补偿和断偶保护功能	约3	1. 指示和调节为并联方式,指示失灵时调节照常工作 2. 可用于振动场合 3. 安装位置误差小

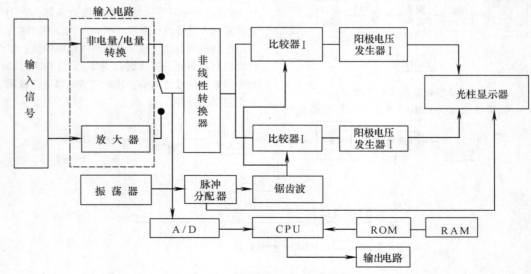

图 5.5-6　光柱式显示仪表原理框图

表5.5-3 光柱型指示显示仪表的主要技术性能

仪表类型	等离子光柱显示仪	荧光光柱显示仪	LED光柱显示仪
功能	单显示,显示报警,显示控制	单显示,显示报警,显示控制	单显示,显示报警
显示器件	等离子单光柱、双光柱、环形光柱显示器	荧光单光柱、双光柱显示器	LED单光柱显示器
标度线数	201线,101线	101线	20点,40点
精确度等级	(0.5%,1.0%)±1线	1%±1线	—
性能特点	响应速度快,抗振性能好,显示清晰明亮,需阳极高压	响应速度快,抗振性能好	结构简单,抗振性能好
输入信号	热电阻、热电偶、压力、流量、液位、标准直流电流、电压等信号	热电阻、热电偶、压力、流量、标准直流电流、电压等信号	热电偶、热电阻信号等
输出信号	触点信号、标准电流、电压信号		
工作环境条件	温度0～50°C,相对湿度≤85%		
工作电源	交流220V,50Hz,或直流24V		

5.3 记录式显示仪表

分自动平衡式和带微机的两种。目前大量应用的是以晶体管和中小规模集成电路机电结合式自动平衡式记录器。

5.3.1 自动平衡式显示记录器

自动平衡式记录器是电势平衡和电桥平衡作为基本测量原理,其原理框图见图5.5-7。测量桥路将输入电压与反馈信号进行比较,输出差值,该差值驱动平衡电机改变反馈信号,从而使测量桥路输出为零,达到平衡。同时测量电桥也输给记录器来显示输入信号。性能指标见表5.5-4。

5.3.2 带微处理器的显示记录仪

原理框图见图5.5-8,数据采集将数据送给微处理器进行所需要的运算处理,而后输给各接口进行显示、记录、控制、通信及报警等。

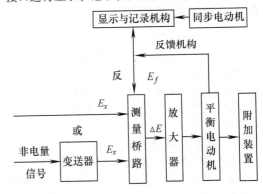

图5.5-7 自动平衡式显示记录器

表5.5-4 记录型显示仪表的主要技术指标

仪表类型	圆图记录仪	长图记录仪	小形长图记录仪	中形长图记录仪	中形圆图记录仪	小条形记录仪	台式记录仪	携带式记录仪
记录纸形式	圆形	带形	带形	带形	圆形	带形	带形	带形
记录宽度/mm	—	250	120	180	—	100	250	180
记录笔数	1	1～2	1～2	1～2	1	1～2	1～8	1～2
打印记录点数	—	6,12	6	6,12	—	—	—	—
精确度等级	0.5	0.3,0.5	0.5	0.3,0.5	0.5	0.5,1.0	0.3,0.5	0.5
允许基本记录误差(%)	±1.0	±0.3,±1.0	±1.0	±0.3,±1.0	±1.0	±1.0,±1.5	±0.8	±1.0
允许不灵敏区(%)	0.5	0.15,0.25	0.25	0.15,0.25	0.5	0.5,1.0	0.3,0.5	0.25
全行程时间/s	≤5	≤5	≤5	≤5	≤5	≤5	0.31	0.5
记录纸速度	24h/r[1]	多档	多档	多档	24h/r[1]	30～120 mm/h	多档	多档

[1] h/r为记录纸每转一圈所需的小时。

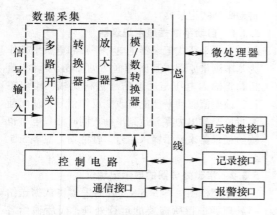

图 5.5-8 带微机的显示记录器

5.4 数字式显示仪表

是指以数字形式直接显示测量值的仪表。在生产过程中，它能与各类检测仪表配接，用作过程变量的测量与显示。测量速度快、精确度高；输入信号可以是模拟信号，也可是数字信号。输出信号有直流电流、电压信号、触点信号及脉冲信号等。

5.4.1 简易数字显示仪表

简易数字显示仪表原理见图 5.5-9。输入信号若是非线性，经线性校正器输给 A/D 转换器变为数字量，再输给显示、记录及报警等。

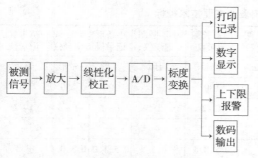

图 5.5-9 简易数字显示仪表

线性校正器的原理，是在精确度允许的范围内，以几段折线来代替曲线，如图 5.5-10 所示。仪表中常用的线性化器有模拟线性化器和数字线性化器。

1. 模拟线性化器 有折线近似法和多项式表示法两种。

（1）折线近似法 该法多用半导体器件的非线性特性，如稳压二极管的稳压特性，二极管 PN 结的电流电压对数特性，经电路组合成非线性函数发生器，以获得近似的折线段，如图 5.5-11 所示。当输入电压 u_i 依次大于等于折点电压 e_1、e_2、e_3、e_4 时，相应支路上的二极管导通，从而改变网络的输出阻抗，改变了各折线段的斜率，完成折线段代替非线性信号。

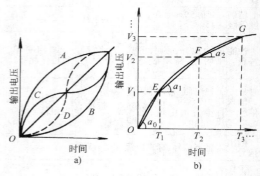

图 5.5-10 非线性曲线和
线性化原理
a）非线性函数 b）线性化原理

（2）多项式表示法 该法采用各种反馈法，消去非线性表达式中的高次项而达到线性化。如铂热电阻 R_t 与温度的关系为：

$$R_t = R_0(1 + \alpha t + \beta t^2)$$

式中 α、β——温度系数。

若在电路中，用反馈方法，使通过铂电阻的电流 i_t 随温度上升，电流变化率也上升，则铂电阻的输出电压将被线性化（图 5.5-12）。

2. 数字线性化器 有脉冲运算法和查表法两种。

（1）脉冲运算法 原理框图见图 5.5-13。被测信号经 A/D 转换成脉冲信号后，送入脉冲系数乘法器与 EPROM 中送出的系数相乘。输出脉冲 f_{2out} 送回计数器，根据所计脉冲数，选通 EPROM 中的一组系数，再与输入脉冲相乘。系数乘法器另一口输出的脉冲 f_{1out} 是经线性化处理的信号。EPROM 中的各组系数根据线性化的要求事先写入。

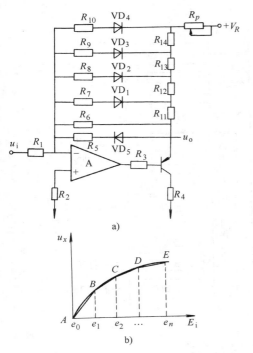

图 5.5-11　二极管正切函数
发生器和折线近似法

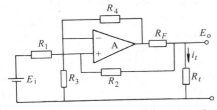

5.5-12　铂热电阻测温桥路线性化原理
R_t—测温电阻

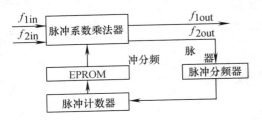

图 5.5-13　脉冲运算法线性化

（2）查表法　原理框图见图 5.5-14。A/D 转换
成数字电平后，输给锁存器。而锁存器输出电平
又作为EPROM的选址信号去选通它预先存好的
一组数据，该数据送往锁存译码器，译码后去驱
动数字显示。

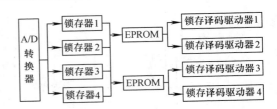

图 5.5-14　查表法线性化原理

5.4.2　带微机的数字显示仪表

　　该种仪表能完成各种工业过程变量的采集、
非电量/电量信号转换、模拟数字信号转换和各
种运算，以实现对工业现场信号的数字显示、打
印记录、报警和控制等。原理图见图 5.5-15。
A/D 转换器将模拟量变为数字量送到微处理器，
按预定程序进行处理，如线性化处理、PID 运
算、温度、压力补偿运算等。运算处理结果输往
各个口进行显示、打印及控制等。

　　数字显示仪表技术指标见表 5.5-5。

表 5.5-5　数字显示仪表的主要技术性能

项　目	内　　容
输入信号	1. 热电偶（S、K、E、T、B、J、R）信号 2. 热电阻（Pt100、Pt10、Cu50、Cu100）信号 3. 标准信号直流 0 ~ 10mA、4 ~ 20mA、1 ~ 5V、0 ~ 10V 4. 脉冲、频率信号（如椭圆齿轮、涡轮流量计信号等） 5. 各种压力、物位等传感器的直流毫伏信号等
测量值、设定值显示范围	量程的 0% ~ 100%
精确度等级	1、0.5、0.2、0.1 级
分辨力	一般为 1 个字
输入阻抗	一般为 10kΩ 以上
报警	1. 测量值 0% ~ 100%（量程） 2. 偏差值 - 50% ~ 50%（量程） 3. 偏差绝对值 50%（量程） 4. 方式　继电器触点
控制方式	1. 位式　切换差一般 ≤10%（量程） 2. 时间比例　比例带 1% ~ 10% 　　　　零周期 10 ~ 40s 　　　　手动再调时间 0.1 ~ 0.9s 3. 连续 PID　比例带 1% ~ 100% 　　　　微分时间 0 ~ 1200s 　　　　积分时间 1 ~ 3600s
控制方式	4. 断续 PID　比例带 1% ~ 100% 　　　　微分时间 0 ~ 1200s 　　　　积分时间 1 ~ 3600s 　　　　开关时间 10 ~ 40s
输出信号	1. 继电器触点 AC 220V、2A 无电感负载 2. 直流电流　0 ~ 10mA、4 ~ 20mA
工作条件	1. 环境温度 - 5 ~ 50℃　　相对湿度 ≤85% 2. 供电 AC 电源（220 ±22）V、（50 ±1）Hz

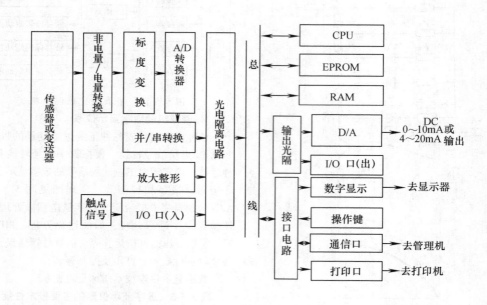

图 5.5-15 带微机的数字显示仪表

5.5 闪光报警显示仪表

在自动控制和测量系统中，能对其他仪表输

出的触点信号状态以光和声的信号形式进行报警。该类显示仪表有闪光报警和带微机的闪光报警显示仪表两种。它们的性能见表 5.5-6。

表 5.5-6 闪光报警显示仪性能比较

项 目	逻辑电路型	微 机 型	项 目	逻辑电路型	微 机 型
元器件	二极管、三极管等	单片微处理器及接口电路	仪表功能	较少（仅一、二种）	较多（可达6种或更多）
监测点数（每台）	较少（一般为4点或8点）	较多（可达数十或上百点），视需要可组合	使用维护	较繁	较简
			仪表体积（每点）	较大	较小
可靠性能	较差	较高	仪表价格	较低	较高
			品种规格	较少	较多
可选择的工作状态	较少（仅二、三种）	较多（可达6种或更多）	功耗（每点）	较大	较小

6 控 制 仪 表

它是将来自检测仪表的测量值（信号）与设定值进行比较，得出偏差后按预定的控制规律去驱动执行器，消除偏差，使生产过程中某被控变量保持在设定值附近，或按预定控制规律而变化。若控制系统为闭环时，控制仪表称调节器。

按照所用动力源不同，它被分气动式、电动式

和液动式三种,使用最广泛的是气动和电动两种。

6.1 基地式控制仪表

基地式控制仪表也称现场式控制仪表。是直接安装于现场的集检测、变送、显示（或记录）、调节于一体的控制仪表。

基地式控制仪表一般是指气动基地式控制仪表，它有 B 系列、M-43 系列和新推出的 KF 系列。因 KF 系列性能优越，品种齐全，具有代表性，以其为典型作为介绍。

基地式控制仪表结构组合灵活，环境适应性强，可靠性高，平均无故障时间达 10 余万小时，便于操作维护。

6.1.1 基地式控制仪表的性能

KF 系列仪表分压力（固定量程 KFP，可调量程 KFK）、温度（固定量程 KFT）、差压（可调量程 KFD）和液位（固定量程 KFL）等四种。它们的性能指标见表 5.6-1～5.6-2。

表 5.6-1　KF 系列仪表测量单元形式和测量范围

品 种	型 号	测量单元形式	测 量 范 围	
压力系列	KFP××× 01	波登管式	0～3500 至 0～35000kPa	分 15 档
	KFP××× 02	波纹管式	-100～0 至 0～200kPa	分 5 档
	KFP××× 03	波纹管式	20～100kPa	1 档
	KFK×× 11～14	波登管式	0～70000kPa	分 4 档
	KFK×× 15～18	波纹管式	0～700kPa	分 4 档
	KFK×× 25～28	波纹管式（绝对压力）	0～700kPa	分 4 档
	KFK×× 71～78	远程密封膜片式	0～70000kPa	分 6 档
差压系列	KFD××× 11 KFD××× 22 KFD××× 33 KFD××× 44	标准式	高差压 0～25000 至 0～500000Pa 连续可调 中差压 0～2500 至 0～50000Pa 连续可调 低差压 0～500 至 0～6000Pa 连续可调 微差压 0～100 至 0～1200Pa 连续可调	
	KFD××× 61 KFD××× 62	法兰式	高差压 0～25000 至 0～500000Pa 连续可调 中差压 0～2500 至 0～50000Pa 连续可调	
	KFD××× 71 KFD××× 72	远程密封膜片式	高差压 0～25000 至 0～500000Pa 连续可调 中差压 0～2500 至 0～50000Pa 连续可调	
	KFD××× 81 KFD××× 82	高静压式	高差压 0～25000 至 0～500000Pa 连续可调 中差压 0～2500 至 0～50000Pa 连续可调	
温度系列	KFT×× 06	充液式	-50～300℃	分 10 档
	KFT×× 07	充气式	0～500℃	分 3 档
液位系列	KFL×××× 1～4	外浮筒式	0～3000mm 分 8 档	
	KFL×××× 5～6	内浮筒式	中密度 0.4～1.6，低密度 0.1～0.4	

表 5.6-2　KF 系列仪表的主要性能指标　　　　　　　　　　　　（续）

项目	名 称	指 标	项目	名 称	指 标
基本性能	精确度	指示精确度：±1.5%，变送精确度：±0.5%；±1.0%	调节功能	调节作用	P＋手动积分，P＋外积分，PI，PI＋积分限幅，PID，开—关，差隙
	回差	≤0.3%		比例带（P）	5～500（正，反作用）
	死区	≤0.2%		积分时间（I）	0.05～30min
	重复性	≤0.3%		微发时间（D）	0.05～30min
	输出气压	20～100kPa		积分限幅设定	60～110kPa 可调
	气源压力	140±14kPa		外积分	20～100kPa
	耗气量	指示调节：4L/min，指示变送调节：8L/min，手操：3L/min		手动积分	0%～100% 可调
	输出流量	调节输出：40L/min，变送输出：40L/min，手操输出：30L/min		差隙	1%～100% 可调
	气接头尺寸	1/4in 日制锥管内螺纹或 1/4in 美制锥管内螺纹			
	环境温度	-30～80℃			
	环境湿度	相对湿度 10%～90%			
	安装尺寸	盘装开孔尺寸高×宽（mm）：288×246，管装：2in			
指示设定性能	指示针转角	44°			
	标尺长度	150mm			
	输出指示表头（φ40）	刻度范围：0～200kPa，指示精确度：±3%			
	本机设定	可在表门内或表门外调节设定值			
	远程设定	20～100kPa 气压信号			
	设定范围	0%～100%			

6.1.2 KF 系列仪表工作原理（图 5.6-1）

6.1.3 基地式控制仪表的选用

（1）对于现代化的大企业中的各种辅助机系统、要求不太高，没有危险，但又需要控制系统，该系统所用仪表完全可以分散安装在对象附近的现场，选用基地式控制仪表，既解决了控制和控制室过大的问题，又降低了安装费用。

（2）对于没有或只有很小控制室，现场条

件较差, 而仪表的使用、维修力量又较薄弱的中小企业, 选用该类仪表不必建造或扩建控制室, 中等控制精确度完全能保证。

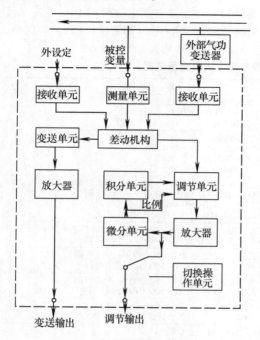

图 5.6-1　KF 系列仪表原理框图

(3) 若用户对仪表要求的重点是稳定可靠, 选用平均无故障时间达 10 余万小时的该类仪表。

(4) 基地式控制仪表规格品种齐全, 表内功能件的互换率高达 90%, 这样维修很方便。

(5) 若对象的工艺介质具有高 (或低) 温、强腐蚀、高粘度和强波动等, 应考虑选用基地式仪表备有相应的特殊品种。

(6) 适合用于防爆要求的场合。

(7) 有如下情况者不宜选用该类仪表: 无气源; 对象近距离范围内没有可供安装仪表的空间; 有安装空间, 但光线太暗或安装太高而看不清仪表显示; 或安装现场环境很恶劣, 仪表工人很难靠近的地方等。

6.1.4　基地式控制仪表安装注意事项

基地式控制仪表除液位仪表只能安装在对象上之外, 有盘装、壁装和管装三种形式。但最简便的是在竖管或横管上的管装仪表, 安装架作为仪表的附件而出厂。

(1) 对温度品种仪表, 首先注意包蛇皮管的走线, 应注意避开诸如热辐射、振动、易遭碰撞等地方。拐弯处曲率半径不小于 60mm 以免折断。另要根据对象形状和被测介质状态合理选择温包的插入深度与插入方法, 以免可能的冲击力, 使测量更加精确。

(2) 对压力品种的仪表, 应注意在引压管上设置便于在线维护用截止阀。另要设置排污和排气阀。对水平走线的引压管应有 1:100 的斜度, 以利冷凝回流。若工艺压力有脉动, 应加稳压装置。

(3) 对液位品种仪表, 要注意外浮筒的安装必须与地面垂直; 在引液管上要设截止阀, 一则便于维护, 二则开机时能缓慢开起, 避免浮筒受到破坏性冲击。若液位波动剧烈, 应在浮筒和截止阀间加节流阻尼装置。

(4) 对差压类仪表, 注意在引压管线上除了设三阀组外, 还要设置排气和排污阀。水平走线部位应有 1:100 的斜度; 对走线尤其是远程法兰走线, 要避开局部热辐射、振动、易碰撞等区域; 拐弯的曲率半径要大些。

6.2　气动单元组合仪表

气动单元组合仪表是压缩空气为动力的成套仪表。根据生产过程自动控制系统中各个环节应具有的不同功能, 设计成若干个具有独立作用的单元, 各单元间采用 20 ~ 100kPa 的统一工作信号互相联系。单元的种类虽不多, 但可根据工艺的需要加以组合, 构成各种单参数或多参数的工业过程测量和控制系统, 具有很大的灵活性。QDZ-Ⅲ 系列气动单元组合仪表可实现自动—手动双向无平衡无扰动即时切换; 可远程设定; 可附加报警或积分限幅装置; 自动单元和手动单元相互独立, 在运行中可分别卸下; 采用了气动印刷管路板等新工艺, 因此能密集安装。

该类仪表采用的气源压力和工作压力范围与 IEC382 国际标准一致。单元划分也是相互衔接的, 品种可以作到互为补充, 混合使用。

6.2.1　气动单元组合仪表的组成

(1) 变送单元　将温度、压力、流量、物位等各种被测变量转换成 20 ~ 100kPa 统一信号, 并传送给其他单元。

(2) 调节单元　据被控变量与参比变量间的偏差发出某种规律 (如比例、积分、微分等)

的调节信号，控制执行器动作，实现自动控制。

（3）显示单元　显示被测变量，供运行管理人员操作，监视系统的工况。

（4）计算单元　将几个 20～100kPa 的压力信号进行加、减、乘、除、开方、平方等数学运算，用于多变量综合调节，配比调节等。

（5）给定单元　为调节单元提供参比变量，实现定值控制或程序控制。

（6）转换单元　将 0～10mA 或 4～20mA 的直流电流信号转换成 20～100kPa 的压力信号，实现与 DDZ-Ⅱ或 DDZ-Ⅲ 系列电动单元组合仪表的连接。

（7）辅助单元　配合其他单元完成发信、切换和手动等辅助作用。

各单元的相互关系见图 5.6-2。

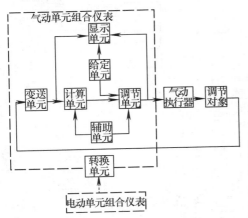

图 5.6-2　气动单元组合仪表的组成

6.2.2　气动单元组合仪表的特点

（1）采用力平衡原理，可动部分工作位移极小，无机械摩擦，因此精度高，寿命长。

（2）整套仪表按组合原理设计，构成系统时具有较大的灵活性和通用性。

（3）在结构设计上，贯彻了标准化、系列化、通用化的原则，有利于大批生产，维修方便。

（4）输出功率、反应速度均较基地式仪表有所提高，适合集中控制，也能在现场使用；尤其适用于防火、防爆、防核辐射等场合。

（5）可直接驱动气动执行器。通过转换单元还能与电动单元组合仪表配套使用。

6.2.3　气动单元组合仪表主要性能参数

1. 信号

各单元间的联络、传输工作信号为 20～100kPa 的标准化气压信号。

2. 气源

（1）气源压力的公称值为 140kPa。

（2）在工作压力下，露点至少比环境温度的下限值低 10℃。

（3）含油量不能大于 10mg/m³，灰尘粒径小于 3μm。

3. 正常工作条件

（1）控制室安装仪表的工作环境温度 5～40℃，相对湿度 10%～70%，大气压力 86～108kPa。

（2）现场安装仪表的工作环境温度 -25～55℃，相对湿度 5%～100%，大气压力 86～108kPa。

（3）周围空气中不得含有对铬、镍镀层、非铁金属及其合金起腐蚀作用的介质。

4. 仪表的基本误差限

一般为相应量程的 ±1%，少数种类的仪表为 ±0.5%、±1.5%、±2.5%。

5. 仪表的回差

一般为基本误差限绝对值的一半，最大不能超过基本误差限的绝对值。

6. 调节器的静差

为输入量程的 ±1%，有的种类为 ±1.5%。

7. 仪表的电路与外壳间的绝缘

仪表的电路与外壳间的绝缘电阻大于 20MΩ。采用 24V 直流供电时，应能经受频率为 50Hz、电压为 500V 的正弦交流电压历时 1min 的绝缘强度试验；若采用 220V 交流供电时，试验电压为交流 1500V。

6.3　电动单元组合仪表

这类仪表是以电为动力的成套工业自动化仪表。它按整套仪表各个组成部分在自动检测、控制系统中所起的作用，划分成一系列单元，这些单元能独立实现一定的功能。各单元之间采用统一的传输信号，用这些单元进行不同的组合，便可满足多种自动检测、控制系统的要求。

6.3.1　电动单元组合仪表的分类与组成

1. 系列分类

随着电子技术与自动化技术的发展，电动单元组合仪表分 4 个系列：

（1）DDZ-Ⅰ 系列仪表，采用电子管器件，已停止生产。

（2）DDZ-Ⅱ系列仪表，用晶体管器件，工业生产中目前仍广泛使用。

（3）DDZ-Ⅲ系列仪表，以集成电路器件为主要元件，采用 IEC 推荐的传输信号标准，能满足安全型防爆要求，并能与工业控制计算机联用。

（4）DDZ-S 系列仪表，是以微处理器为核心，将模拟技术与数字技术结合起来的新型单元组合仪表（见 6.4 节）。

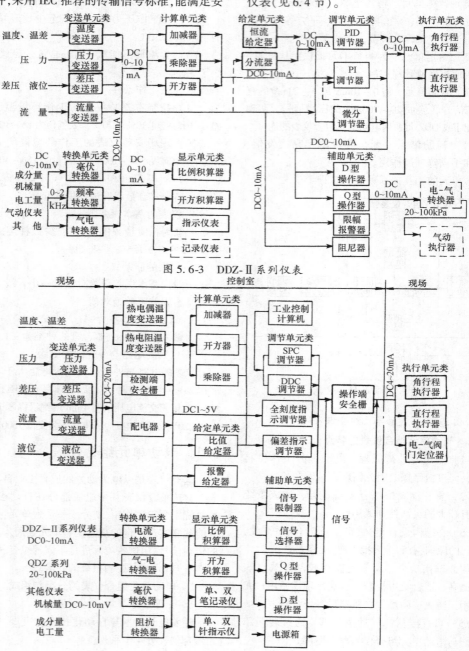

图 5.6-3　DDZ-Ⅱ系列仪表

图 5.6-4　DDZ-Ⅲ系列仪表

2. 组成

电动单元组合仪表包含变送单元、转换单元、计算单元、显示单元、给定单元、调节单元、辅助单元及执行单元(见第 8 章执行器)。

DDZ-Ⅱ与 DDZ-Ⅲ系列仪表的系统框图见图 5.6-3 和图 5.6-4。

6.3.2 电动单元组合仪表的工作条件

除有特殊规定外,一般应能在表 5.6-3 规定的条件下工作。

表 5.6-3 电动单元组合仪表正常工作条件

项 目	控制室内仪表	现场安装仪表
环境温度 /℃	5 ~ 40	− 10 ~ 60
相对湿度 (%)	10 ~ 75	5 ~ 95
大气压力 /kPa	86 ~ 108	86 ~ 108
外磁场 /A·m⁻¹	≤400	≤400
机械振动 频率/Hz 振幅/mm	≤25 ≤0.035	≤25 ≤0.035

6.3.3 电动单元组合仪表的性能 (表 5.6-4)

表 5.6-4 电动单元组合仪表性能

项 目	DDZ-Ⅱ系列仪表	DDZ-Ⅲ系列仪表
传输信号	0 ~ 10mA(DC)	4 ~ 20mA(DC)传送 1 ~ 5V(DC)接收
现场变送器信号传输方式	四线制	二线制(供电和信号传输合用两根传输导线)
防爆类型	隔爆型	电动执行器为隔爆型其他为本安型
供电方式	交流分散供电	电动执行机构与电源箱为交流供电,其余均为 24V 直流集中供电,并具有故障切换到备用电源的功能

(续)

项 目	DDZ-Ⅱ系列仪表	DDZ-Ⅲ系列仪表
典型元器件	模拟晶体管分离元件	模拟集成电路
与工业控制机联用功能	—	具有 SPC 调节器、DDC 后备调节器及 DDC 后备操作器与工业控制机联用
温度变送器特点	其输出与检测元件的输出信号成比例	其输出与检测温度信号成比例
调节器功能	具有偏差指示、设定值指示及输出指示功能,具有手-自动切换功能及手动操作功能	具有偏差指示(或全刻度指示)设定值指示及输出指示功能,具有手-自动双向非平衡无扰动切换功能及手动操作功能

6.4 DDZ-S 系列仪表

DDZ-S 系列仪表(以下简称 S 系列仪表)是采用模拟技术与数字技术相结合,并以计算机技术为基础的成套新型自动化仪表。在我国也称第四代单元组合仪表。

6.4.1 S 系列仪表的组成和分类

该类仪表由变送、控制、设定、转换、显示、辅助单元以及数据链路、操作监台和执行机构等九种产品构成。约 80 个基本品种,上千种规格。

根据用户不同的要求,S 系列仪表可以构成数据采集系统、单(多)回路控制系统。此外还可通过数据通信链路与上位计算机连网,组成复杂程度各异的两级开放型控制系统。

S 系列控制仪表又分标准型与经济(J)型两大类。标准型和 J 型系统的构成见图 5.6-5 和图 5.6-6。

6.4.2 S 系列仪表的通用技术要求

(1)模拟信号(表 5.6-5)。

(2)数字量信号电平(表 5.6-6)。

(3)数据通信(表 5.6-7)。

(4)精度等级及有关技术要求(表 5.6-8)一般应在 0.1、0.2、0.25 和 0.5 级中选择,个别可选 1.0 或 1.5 级。

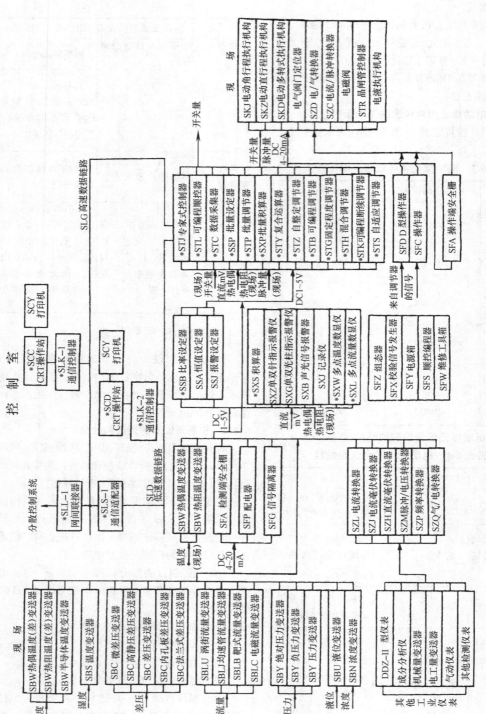

图 5-6-5 S 系列仪表标准型构成

*有通信功能

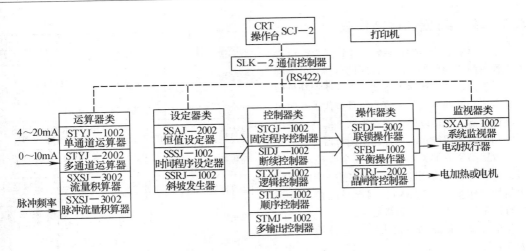

图 5.6-6　J 型系统的构成

表 5.6-5　S 系列仪表模拟信号技术要求

项　　目	技 术 要 求
控制室内传输信号(DC) 电压传输/V 电流传输/mA	1 ~ 5 或 0 ~ 5 4 ~ 20 或 0 ~ 10
现场传输信号(DC)/mA	4 ~ 20 或 0 ~ 10
输入阻抗 电压输入端/Ω 电流输入端/Ω	≥1MΩ 或 ≥10kΩ 250 或 500
允许负载电阻范围/Ω 电压输出端 电流输出端 二线制传输	≥250000 或 ≥20000 250 ~ 600 或 100 ~ 1000 250 ~ 350
辅助输入信号	各种热电偶、热电阻及 10mV(DC) 或 100mV(DC) 低电平信号

表 5.6-6　S 系列仪表数字量开关信号

项　　目	技 术 要 求
HTL 电平型	低电平 0 ~ 4V;高电平 10 ~ 30V
TTL 电平型	低电平 0 ~ 1V;高电平 2.4 ~ 5.5V
晶体管型负载能力	30V(DC),0.1A 或输出≤24V(DC),20mA
继电器型接点容量	直流:30V,100mA 交流:220V,1.5A

表 5.6-7　S 系列仪表数据通信技术要求

参数名称	参数或规定	
	高速数据链路	低速数据链路
通信规程	按 GB/T 7496 与 GB/T 7575 规 定	按 GB/T 3453 规定
网络拓扑	总线型	总线型或星型
通信距离/m	≥500	≥200
连机数	≤32 台	≤16 台

(续)

参数名称	参数或规定	
	高速数据链路	低速数据链路
传输信道	屏蔽双绞线或 同轴电缆	屏蔽双绞线
通信方式	串行同步、半 双工	主从方式、串行 起止式或字符串 同步、半双工
传输速率/ kbit·s^{-1}	≥48	19.2 可分档
24h 平均信道 误码率(不加任 何软硬件纠错)	现场:≤10^{-6} 试验室:≤10^{-7}	
通信接口	符合 RS422 要 求或符合 RS485 要求	符合 GB/T 6107 (RS232)要求 或符合 RS422 要求 或符合 RS485 要求

表 5.6-8　与精确度有关的技术要求

精确度等级	0.1	0.2	0.25	0.35
基本误差限(%)	±0.1	±0.2	±0.25	±0.35
端基一致性(%)	±0.1	±0.2	±0.25	±0.35
回差(%)	≤0.1	≤0.2	≤0.2	≤0.25
重复性误差(%)	≤0.05	≤0.10	≤0.12	≤0.17
死区(%)	0.1 ~ 0.2 (对纯电子式仪表,可免去该项要求)			

精确度等级	0.5	1.0	1.5
基本误差限(%)	±0.5	±1.0	±1.5
端基一致性(%)	±0.5	±1.0	±1.5
回差(%)	≤0.25	≤0.5	≤0.75
重复性误差(%)	≤0.20	≤0.35	≤0.5
死区(%)	0.1 ~ 0.2 (对纯电子式仪表,可免去该项要求)		

6.5 单(多)回路调节仪表

单(多)回路可编程数字调节仪表,包含可编程单回路调节器、固定程序调节器、可编程复合运算器、系统程序组态器。有的还包括可编程脉宽或断续调节器。本节介绍具有代表性的单回路调节器。它是以微处理器为核心部件,采用数字和模拟混用技术的一种通用调节器。

单回路调节器,一般具有五个模拟输入信号,2~3个模拟输出信号,但只有一个电流输出信号(DC4mA~20mA),因此只能控制一台执行器工作,这就是单回路的含义。

单(多)回路调节仪表的主要技术指标见表 5.6-9。

表 5.6-9 单回路调节器主要技术指标

项 目	内 容
模拟输入 　输入电压(DC) 　输入点数	 1~5(V) 5 点(多回路时 12~15 点)
模拟输出 　输出电压(DC) 　输出阻抗 　输出电流(DC)	 1~5V(2~3 点),多回路≥8 点 250(Ω) 4~20(mA)1 点(多回路与回路数对应)输出阻抗≥250kΩ,允许负载600Ω

(续)

项 目	内 容
数字输入	输入点数≤5 点
数字输出	输出点数≤4 点 触点容量 DC30V,DC0.1A
输入指示	2 点(PV、SP) 精确度为量程的 ±1%
异常指示	多为 4 个 LED 指示器,分别指示PV 高低报警、故障、通信状态等
面板按钮	SP、OUT 增减、手动、自动通信等状态切换、复位等
运算模块	基本运算、带符号运算、逻辑运算等几种算法
控制模块	标准 PID、非线性、前馈、死区、积分分离、变增益 PID 等十多种算法
侧面板	人-机接口、数显及键盘等
通信规程	多数为 RS-232C
电缆长度	200~300(m)
传送方式	半双工
传输速率	19.2~48(kbit/s)
绝缘(DC)	光/电隔离或变压器隔离
电源(DC)	(24±5%)(V)
功耗(DC)	≤12(VA)
断电保持	≥72(h)

7 可编程控制器

7.1 概述

可编程控制器(PLC)是一种工业计算机,专为在工业环境下应用而设计制造。它采用了可编程序存储器,用于监视输入信号。根据程序进行逻辑运算、顺序控制、定时、计数、算术运算以及 PID 操作等作出判断控制输出装置,对过程或机械进行自动控制。可编程控制器及其相关设备,都按易与工业控制系统联成整体,易于实现其系统功能的原则而设计。⊖

7.1.1 可编程控制器的特点

(1)其监控软件(或称操作系统)的基本工作方式采用程序执行扫描方式,每个扫描周期中分为读入输入状态、运算和输出运算结果三个

阶段;根据需要程序设计为依次运算和输入输出刷新,或者依次运算过程中进行输入输出刷新。

(2)编程语言是面向现场、面向问题、面向用户,首先考虑电气行业的习惯。

(3)数据存储区均按特定的控制功能分类,并冠以控制用的专有名称。这些直接与生产过程的状态相联系的数据源,有别于计算机中不预先赋予任何实际特征,而由使用者自行定义的存储单元。

(4)抗电磁干扰性能好。PLC 作为通用的工业控制装置,具有优良的抗传导性电干扰、抗电磁辐射干扰和静电干扰能力,在下列条件下能正常运行:IEC801-2《静电放电要求》规定的严酷

⊖ 国际电工委员会(IEC)在其标准 IEC1131-1 中定义。

的等级第 3 级（8kV）；IEC801-3《辐射电磁场要求》规定的严酷等级第 3 级（试验场强 10V/m，扫频范围 27MHz ~ 500MHz）；IEC801-4《电快速瞬变/脉冲群的要求》规定等级第 3 级（电源叠加快速瞬变脉冲群 2kV，输入/输出信号和控制线上叠加 1kV）。PLC 不对工业环境或其它设备造成不允许的干扰。它符合上述电磁兼容性标准，保证了在工业电磁干扰环境中不必采取严格的抗干扰措施，甚至不接地（浮空），或接地电阻 ≤100Ω 即能可靠运行。

（5）可靠性高，平均无故障时间（MTBF）超过 4 万 ~ 5 万小时，有的高达十几万小时以上。因是模块化，接插方便，自诊断功能强等因素，使平均维修时间（MTTR）短。

（6）适应环境性强，环境温度为 0° ~ 60°C，相对湿度可达 90%。

（7）使用方便，首先是编程简便，梯形图编程方式直观易懂，特别适合电气控制行业的习惯。这样不仅程序开发速度快，而且程序可读性强，软件维护方便。另外，PLC 的输入/输出通道均可与现有的传感器、开关、执行器件等直接连接。配置时只要选用，不必另加接口，接线也很方便。

7.1.2 可编程控制器分类（表 5.7-1）

表 5.7-1 可编程控制的类型

分 类		特 点	
按处理 I/O 点规模分	超小型	I/O 点 <30 一般无特殊功能模块	这两类的应用量占整个 PLC 应用台数的 70% 以上
	小型	I/O 点 <256，可扩充各类特殊功能模块	
	中型	I/O 点在 256 ~ 512 点之间	可扩充各类特殊功能模块
	大型	I/O 点在 1024 ~ 2048 点之间	可联网通信，构成远程 I/O 站，就地控制室
	超大型	I/O 点在 2048 点以上	独立使用的大型 PLC 将被联网通信的中小型 PLC 所取代
按结构 分	单元式	将 CPU、I/O 通道、电源做成一体，小型以下 PLC 往往设计为单元式。一般 I/O 点为固定搭配，输入点与输出点之比为 3:2 或 1:1 的机种，便于在同一 CPU 机型的情况下通过各种扩展单元，达到较大范围 I/O 点数配置，使整个系统的 I/O 点比由 1:3 至 3:1 可更经济地满足不同用户对 I/O 点灵活配置的要求	

（续）

分 类		特 点
按结构分	模块式	将 CPU、I/O、特殊功能、电源等做成各种各样的模块，模块以插件形式插在机架（或基板）上，由用户按控制系统的要求和规模自行配置，中型、大型、超大型均为模块式
按用户程序存储容量分	超小型	存储容量在 500 ~ 800 步（或字）以下
	小型	存储容量在 1000 ~ 2000 步（或字）以下
	中型	存储容量在 2000 ~ 8000 步（或字）以下
	大型	存储容量在 8000 步（或字）以上
按能否联网通信分	独立型	为满足单机自动化要求和降低成本，只有超小型和小型才设计为独立使用
	可联网型	可联网型又可分为挂 PLC 专有局域网和挂开放型网络两类
	集成型	把 PLC 与个人微机或其他计算机结合在一起，PLC 的 CPU 与计算机的 CPU 通过高速数据通道（如 PC 总线、VME 总线）访问公共存储区。这种新式的体系结构，使它既能运用计算机的信息处理软件，又能以安全可靠方式与 PLC 紧密耦合。这是 PLC 诸机种中销售增长最快的品种

7.2 硬件系统

7.2.1 系统结构

系统由 CPU、存储器、输入输出通道、外围设备等构成，图 5.7-1 为小型 PLC 的系统框图。CPU 由一个 16 位微处理器和一个顺序控制逻辑芯片组成。它通过 I/O 总线进行输入输出状态存取，通过地址总线访问用户程序存储器、状态映像寄存器；通过数据总线对状态映像寄存器和用户程序存储器进行数据存取。

7.2.2 微处理器与存储器

微处理器有 8 位、16 位和 32 位等。用户存储器的容量小型的有 500 步、中型的几千步、大型的有 64K 步以上，一般一个程序步占 2 个字节。

PLC 的用户存储器一般采用低功耗 RAM，用锂电池支持断电时程序保存。有的 PLC 提供 EPROM 或 EEPROM 等选用件，可将程序固化内部。

7.2.3 输入输出模块

PLC 的输入输出模块完全面向用户和面向现场。它具有如下特点：

（1）抗干扰能力强，具备有效的抗干扰措施，如光电隔离。

（2）多样化信号转换与模块化。

（3）易于外部器件连接。

（4）在线全点显示。

输入输出模块的规格通常依据信号种类进行分类,常用的I/O模块规格见表5.7-2。

一般将开关量输入输出之外的I/O模块统称为特殊I/O模块。它们往往配备CPU芯片,具有一定的智能,进行有关I/O数据需要的信号调制

与变换。变换好的数据存入缓冲存储区,供PLC的CPU模块存取。

根据工厂自动化的要求,I/O模块可就地(分散)安装,用双绞线电缆或同轴电缆、光纤电缆与CPU进行高速通信,并具有I/O系统的自诊断功能。

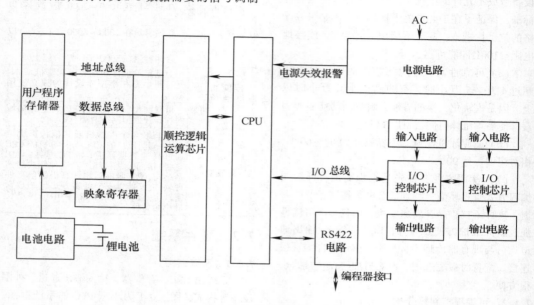

图 5.7-1   PLC 系统框图

表 5.7-2   常用 I/O 模块分类

I/O 分类	规　格	外接器件举例
开关量输入（数字量）	DC24V, DC100V, DC5～24V（CMOS, TTL 电平）, AC100V, AC200V	按钮, 开关, 限位开关, 光电开关, 接近开关, 各种接点
开关量输出（数字量）	继电器触点输出（AC200V, DC24V）晶体管输出（DC5～24V）; 双向可控硅输出（AC100V / AC200V）	继电器线圈, 接触器线圈, 电磁阀, 信号灯
高速脉冲计数输入	0～2,0～10,0～20,0～50,0～100kHz	光电编码器, 脉冲发生器, 输出脉冲的传感器
模拟量输入	DC4～20mA, 0～10V, 1～5V, －10V～0～+10V, 热电偶毫伏信号, 热电阻信号, 毫伏信号, 其中又分独立通信和多路转换采样	变送器, 传感器, 热电偶, 热电阻, 测速发电机
模拟量输出	DC4～20mA, 0～10V, 1～5V, －10V～＋10V	执行器, 伺服电机, 仪表指示

（续）

I/O 分类	规　格	外接器件举例
中断输入	DC12V, 24V 响应<0.2ms	限位开关, 光电传感器, 数据通信总线信息

7.2.4　电源

因 PLC 面向工业现场,因此配备了抗干扰性能很好的电源。它完全符合在概述中提到的 PLC 的使用要求和电气性能。

7.2.5　外围设备

外围设备有编程器、ROM 写入器和磁记录器等。编程器的主要功能：编程（程序写入、读出、修改和清除）,编辑程序（插入、删除和搜索）,监控软元件（或称变量,见表 5.7-3）的状态和数据显示,检查（语法检查、地址检查）,调试（强制输出、设定值变更、模拟实验等）,自诊断（对 CPU、输入输出通道）等。

表 5.7-3 PLC 内部用软元件(变量)类型

类型	名 称	标识符	简 述
位元件	输入	X(或 I)	在 PLC 程序中用作一个接点,相当于工业现场的一个输入器件,如限位开关、按钮、接近开关等
	输出	Y(或 O,Q)	在 PLC 程序中用作一个线圈或接点,其状态控制输出器件,如接触器、电磁阀等
	内部(或辅助)继电器	M(或 F)	在 PLC 程序中用作标志或暂存器,其状态不直接影响外部系统
	标志锁存继电器	L(或 H)	同上,但其状态有锂电池支持,失电情况下其状态仍保持
	状态继电器	S	用在顺序功能图语言中,代表一个工步(状态)
	通讯用继电器	B	用于 PLC 局域网中的一种全局性可读位元件,但仅一个站可改写其状态
	信号报警器	F	供用户作外部故障报警用的一种位元件
字元件	数据寄存器	D	供存储数据用的 16 位(或 8 位)寄存器
	通信用数据寄存器	W	用于 PLC 局域网中的一种全局性可读字元件(通常为 16 位),但仅一个站可改写其内容
	文件寄存器	R	附加的 16 位数据寄存器,其数据内容可以锁存,并有失电保持
	累加器	A	对若干指令来讲它是专门存储运算中间结果用的
	变址寄存器	Z(或 V)	其内容用来修改即将执行的指令的地址部分
位/字组合元件	定时器 计数器	T C	包括接点,线圈(以上为位)以及设定值,当前值(以上为字)
其他	嵌套	N	用来定义主控(主令)指令的级别
	跳步指针	P	用来定义跳步目标
	中断指针	I	用来定义中断程序的起点
	十进制常数	K	用于程序中的十进制常数
	十六进制常数	H	用于程序中的十六进制常数

编程器有手持编程器和在 PC 机上运行的软件包两类。

7.3 软件系统

PLC 的软件有数据存储器及其地址分配、指令系统、系统监控程序(或操作系统)和编程语言等。

7.3.1 数据存储器及其地址分配

PLC 的数据存储器均按特定的控制功能分类,并冠以控制用的专用名称,如输入继电器、输出继电器、定时器、计数器、数据寄存器等。除输入继电器和输出继电器分别对应于工业现场的输入器件与输出器件外,其他均是只用于 CPU 内部的"软元件"(或称变量)。它的软元件可分为四类(见表 5.7-3)。

不同类型的 PLC,软元件的种类与数量有很大的差异。低功能的 PLC 的软元件只供用户作基本的逻辑运算和判断、顺序控制、定时和计数等;高功能的可供内部使用的软元件种类多,可满足许多高级控制的要求。当 PLC 的 I/O 处理点数相同时,其性能的优劣取决于指令多少和执行速度以及软元件的种类多少。

不同厂家的 PLC 软元件标识符及地址分配不尽相同,但均有以下共同点:

(1)输入输出的地址分配。对于单元式结构的 PLC,I/O 地址是固定的,一般用 8 进制或 16 进制为地址号赋值;对于模块式结构,I/O 地址赋值与选用的 I/O 模块的点数和模块插入的插槽号有关。

(2)软元件的地址分配。其地址均已赋值,编程时只是选用,多采用十进制。

(3)特殊功能模块地址分配。这种模块一般为智能型,本身带有微处理器,其内部缓冲存储区专供与 PLC 的 CPU 交换数据。缓冲存储区的地址及其存放内容已规定,只是所在的插槽号(或模块号),由用户在系统配置时确定。因这类模块均规定等效多少个 I/O 点(以 16 点为模),所以只取模块所在地址的高 2 位,即确定其地址。

7.3.2 指令系统

指令是 PLC 编制程序的基础,尽管 PLC 的编程语言可以用图形语言(如梯形图(LAD),它是工业控制行业使用的一种编程语言,使用与继电器图解电路图近似的图形符号),也可以是文本语言(如指令清单),但在 PLC 内部运行程序时一定要通过指令来执行。

机型不同指令数的多少不同。高档机,功能强的指令条数多。按指令功能大致分为 4 类(见表 5.7-4)。

表 5.7-4　指令系统分类及指令简述　　　　　　　　　　　　　　　　　　（续）

指令类别	指令细分类	指　令　简　述
继电逻辑指令（顺控逻辑指令）类	接点指令	运算起始，串联，并联
	连接指令	电路段串联，电路段并联，运算结果存储
	输出指令	位元件输出，微分输出，置位，复位，输出取反
	移位指令	位元件移位
	主控指令	主控置位，主控复位
	终止指令	顺控程序终止
	其他指令	顺控程序停止，空操作
基本指令类	比较运算指令	字（或双字）软元件比较运算，如 = ，> ，< ，≠
	算术运算指令	整型数（以 BIN 和 BCD 码表示）的加，减，乘，除
	BCD 与 BIN 码相互转换指令	由 BCD 码转换为 BIN 码，由 BIN 码转换为 BCD 码
	数据传送指令	指定数据传送
	程序分支指令	跳转，调用，开中断/关中断
	程序切换指令	主顺控程序与子顺控程序切换
	刷新指令	数据通信刷新，I/O 部分刷新
应用指令类	逻辑运算指令	16 位（或 32 位）数据的逻辑加，逻辑乘，异或，异或非等
	旋转指令	指定数据左旋，右旋
	移位指令	指定数据左移，右移
	数据处理指令	16 位数据搜索、编码、解码、分解、组合等
	先入先出（FIFO）指令	先入先出表读出、写入
	缓冲存储区存取指令	特殊功能模块的缓冲存储区读出/写入
	循环（FOR,NEXT）指令	FOR,NEXT 指令
	就地站远程 I/O 站存取指令	读/写数据通信系统中就地站和远程 I/O 站的数据
	显示指令	输出字符代码，在 LED 显示窗显示数据
	其他指令	WDT 复位，进位标志置位/复位，建立用户时钟等

指令类别	指令细分类	指　令　简　述
专用指令类	程序结构化指令	电路段变址，FOR-NEXT 循环，设置断点等
	突数运算指令	BCD 码三角函数，开方；浮点数加、减、乘、除、三角函数，开方，指数函数，对数函数等
	字符串处理指令	字符串数据传送，比较，分隔，组合以及二进制，BCD 数据与字符串数据之间的转换
	数据控制指令	上限、下限控制，死区控制，零区控制
	PID 指令	PID 控制初始化，PID 控制，PID 控制状态监控
	特殊功能模块指令	高速计数模块，打印控制模块，数据通信模块等的数据读/写

7.3.3　指令格式及寻址方式

指令由操作码和地址码（或称操作数）两个基本部分组成。操作码部分提供操作和运算的信息，表示执行流指令时要进行的操作。地址码部分则给出一个或一个以上的操作数或操作数的地址。

若按操作数的数目分，则指令又可分为无操作数指令，如终止指令 MEND；单操作数指令，如常开触点运算起始指令 LD 地址码；双操作数指令，格式为 操作码 源操作数地址 目的操作数地址，如加法指令 + 被加数 加数；多操作数指令，格式为 操作码 源操作数地址 1 源操作数地址 2 目的操作数地址。函数运算指令、特殊功能模块用指令多用此类指令格式。

寻址方式即是操作地址的形成方式，PLC 的寻址方式与微型计算机基本相同，如直接寻址，即直接指示源操作数地址；立即寻址，地址码就是操作数本身；变址寻址，源操作数地址为变址部分，其内容加上形式源操作数地址才是实际地址；间接寻址，地址码不是操作数的地址，而是存放操作数地址的地址。

7.3.4　系统监控程序

PLC 操作系统（或称监控程序）是管理其运行的一种基础程序。主要作用是进行作业调度、存储器动态分配、系统自诊断、完成实际的输入输出操作、中断处理等。这种监控程序由 PLC 制造厂家设计，用机器语言写成，固化在 PLC 的 ROM 或 EPROM 中，作为 PLC 的随机软件。由于各类 PLC 的基本指令格式、数据存放的方式、功能与指令的多少均不尽相同，而 PLC 的系统监控程序的设计总是依据本系统要实现的功能而定的，所以它所管理监督的作业就有很大的不同。例如，小型的 PLC 的 I/O 点数是固定搭配的，地址号也是规定好的，就没必要再要存储器动态分配了。对于高档的模块式 PLC，其存储器地址区的分配常常是规定好的，或是在初始化参数设置进行分配的，系统运行时的动态分配的管理量相对就少些。

图 5.7-2 为小型的 PLC 监控程序流程图，其操作管理分为以下 3 大部分：自诊断处理、编程处理和用户程序处理。这些功能是通过七个主要功能模块的有机组合实现的。主要功能模块有初始化模块（电源检查、断开所有的输出继电器触点、参数设置）；求和检查模块（将用户程序存储器的内容求和，并将所求值与上一次求和值进行比较。目的是防止硬件故障而产生误码。属自诊断功能）；求和处理模块（将用户程序存储器的内容进行累加，为求和检查作准备）；指令代码正确性检查模块；出错处理模块（电源检查、断开所有的输出继电器触点、CPU 出错报警）；编程处理模块（将用户输入的 PLC 指令变为指令

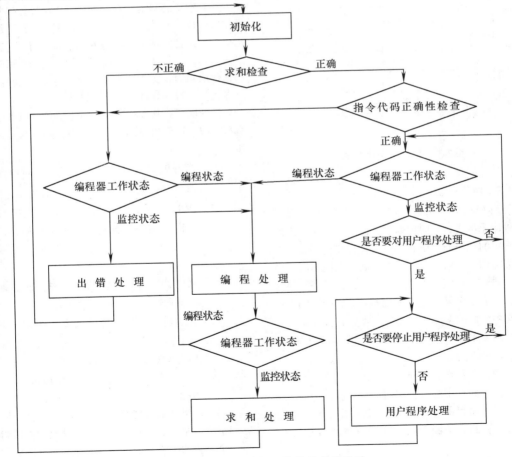

图 5.7-2　小型的 PLC 监控程序流程图

码，即把读入的指令助记符和软元件地址拼装成一个两个字的指令码，然后按程序步的序号将指令码存入用户程序存储器）；用户程序处理模块（控制用户程序逐步执行，每执行一步由程序步计数器加1，直至最终步（MEND），然后返回起步循环运算。每步的流程见图5.7-3）。

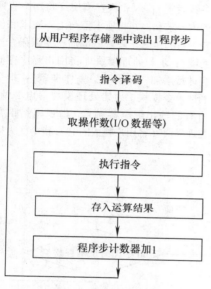

图 5.7-3 每步指令执行流程图

7.3.5 中断处理

当 PLC 本身发生异常，或过程状态出现了某种应急事件，此时中断处理应立即响应，按预先规定的程序立即中止现行运行程序，存储被中断程序的工作状态，并分析中断，依据不同的中断性质转入相应的中断处理程序，进行必要的处理，完成之后再将控制返回被中断的程序上去。引起中断的因素因机型而异，主要有：

（1）来自 CPU 本身的中断（如求和检验出错、地址出错等）。

（2）外部设备中断。

（3）时钟中断（由实时时钟产生的中断）。

（4）过程中断（由过程输入产生中断信号）。

（5）指令中断（由产生中断的指令引发中断）。

中断处理包括：对中断信号的响应；中断级别判别；中断优先级处理；执行中断处理等。

中断处理功能因机而异。一般把上述（1）和（2）两项中断列为优先级最高的中断。所有 PLC 均有这两种中断。其余的中断项只有大中型 PLC 才具备。

7.3.6 编程语言

PLC 所用的编程语言是面向现场，面向用户，面向问题。能直接而简明地表达被控对象输入输出的关系。有效地表达顺序控制、逻辑运算、算术运算、数据处理以及文字处理等。

按照 IEC 的有关标准（IEC1131—3），PLC 的编程语言有两大类，即文本语言和图形语言。文本语言又分指令清单和结构化文本语言两种；图形语言分梯形图语言和功能块图语言两种。

指令清单的基本元素是指令，它由操作码和操作数组成；而功能块是由指令调用而执行。结构化文本语言的基本元素是表达式和语句，它含赋值语句、功能及功能块控制语句、选择性语句和迭代语句等。文本语言特别适用于逻辑运算、算术运算、数据处理和文字处理。

梯形图语言其表达形式与继电器控制原理图基本相似，梯形图编程用以表达逻辑的基本元素如下：

┤├ 常开触点，表示开关，当闭合时电流流过。是输入量。

┤/├ 常闭触点，表示开关，是常开触点"非"，相同软元件（或变量）的常开闭合时，它断开，电流也断开。是输入量

─( )─ 继电器线圈，电流流过它时，能使继电器通电动作。它是输出量

─▢─ 方块代表各种各样的指令和功能，当电流流过方块时，其功能被执行，典型的方块功能有：定时器、计数器、逻辑运算、算术运算、数据传送、PID 功能等。

梯形逻辑网络（梯级）是一行相连的元件，它们组成由左边的电源线到右边的输出元件或指令一个完整的电路，如图5.7-4所示，由梯形逻辑网络组成梯形图。

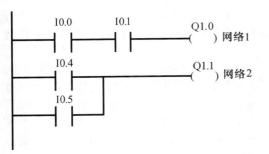

图 5.7-4 梯形图

左边的电源线代表热的或通电的导体。

输出指令表示中线、回路或电路导体。

电流从左向右流经导通的触点直到线圈或方块。

梯形逻辑代表硬线逻辑，它类似程序指令序列，这一指令序列构成了程序，从左到右，从上到下执行程序直至终点，不断地循环进行，每循环一次为一扫描周期。

功能块图语言是由 IEC617 标准（图的图形符号）演变而成的 PLC 编程语言，是由用图形表现的功能、功能块、数据元件、标号及连接元件构成的网络。其基本元素是功能块，功能块之间通过信号流线相互连接，但功能块的输出不可互连。

顺序功能图（SFC）语言是按 IEC488 标准（控制系统的功能图设计）发展而来的。而 IEC 关于 PLC 编程语言的标准中没有把 SFC 单列为一种语言，而是将它看作各种编程语言中均可使用的公用元素。这是因为不论在文本式语言还是在图形语言中均可使用 SFC 概念，只不过表达式各有不同而已。

SFC 元素是为执行顺序控制功能而在 PLC 程序中使其内部组织结构化的一种手段。它将 PLC 程序划分为一种用直接连线互连的步及转移的集合，与每一步相关的是动作的集合，与转移相关的是条件。步表示一种状态。在该状态下，其输入和输出的行为要服从于与该步相关动作所确定的一组规则。步可以是激活的或未激活。转移表示一种条件，当此条件成立，控制可从该转移前的一步或多步转到后续的一步或多步去。

SFC 特别适宜于表达 PLC 顺序控制的功能。

它便于用户直接按工艺流程编控制程序，这样不同的编程人员编制出来的程序差异小，提高编程的正确性和程序的可读性。用 SFC 表达控制内容直观，实际的工序可与程序一一对应，一目了然。在控制工序发生异常时容易确认问题所在，修改与维护均很便利。所以它可作梯形图的一种补充和完善。

PLC 编程语言有几种，如果对同一控制内容用不同的编程语言分别生成的程序，一般是可以相互转化的。而在表达控制内容上，由于不同的编程语言各有所长，所以一个控制程序往往可以分成几个模块，不同的模块用不同的编程语言来生成。

7.3.7 可编程序控制器控制系统的设计与应用实例

可编程序控制器（PLC）控制系统设计涉及到基本原则与内容、设计的一般步骤与方法、PLC 安装的注意事项与抗干扰措施、PLC 控制系统的调试运行与维护等

1. 可编程序控制器控制系统的设计

（1）设计的基本原则

1）最大限度地满足被控制对象和用户的控制要求。

2）在满足要求的前提下，力求使控制系统简单，一次性投资小，使用时节约能源。

3）保证控制系统安全、可靠，使用与维修方便。

4）考虑到今后的发展和工艺的改进，在配置硬件设备时应留有一定的裕量。

（2）设计的一般步骤与内容

1）系统设计

①分析工艺要求；首先对被控制对象的工艺过程、工作特点、环境条件、用户要求及其他相关情况，进行仔细的全面的分析，然后绘制供设计时用的必要图表。

②控制方案选定；在分析被控制对象及其控制要求的基础上，根据 PLC 的技术特点，进行综合比较后，优选控制方案。如果被控制系统具有以下特点，则宜优先选用 PLC 控制。

a. 输入输出以开关量为主；

b. 输入输出点数较多，一般有 20 点左右就可选用 PLC 控制；

c. 控制系统使用环境条件较差,对控制系统可靠性要求高;

d. 系统工艺流程复杂;

e. 系统工艺要求有可能扩充。选定 PLC 控制后,进行 PLC 控制整体及各组成部分的设计。

2) 硬件设计

①可编程序控制器的选择,主要考虑以下几个因素:

a. PLC 功能与控制要求相适应;

b. PLC 结构合理、机型统一;

c. 在线编程或离线编程;

d. 存储器容量;

估算方法有下面两种:PLC 内存容量(指令条数)约等于 I/O 总点数的 10～15 倍;指令条数≈6(I/O)＋2(T＋C)。式中 T 为定时器总数,C 为计数器个数。

e. I/O 点数,必要时增加一定裕量;

f. PLC 的输入输出方式;

g. PLC 处理速度;

h. 是否要选用扩展单元。

②外围设备的选择:包括对外围输入设备和输出设备两部分的选择。应按控制要求,从实际出发选定合适的类别、型号和规格。

③其他硬件的选择:包括控制柜、仪表、熔断器、导线等元器件。材料、电源模块等。

3) 软件设计 主要内容包括:绘制工艺流程图或控制功能图;编制梯形图;编写程序单;程序分段调试,总调试,修改等。

4) 施工设计

①画出完整的电路图,画出控制环节(单元)电气原理图;

②画出 PLC 的输入输出端子接线图;

③画出 PLC 的电源进线接线图和输出执行电器的供电接线图;

④电气柜内元器件布置图,相互间接线图;

⑤控制柜(台)面板元器件布置图;

⑥画出各个电气柜间连接线图;

⑦画出必须的施工图。

施工时应特别注意安装要安全、正确、可靠、合理、美观,注意提高系统的抗干扰能力。

(3) 系统调试 在检查接线等无差错后,先对各单元环节和各电柜分别进行调试;然后再按系统动作顺序,模拟输入控制信号,逐步进行调试;通过各种指示灯显示器,观察程序执行和系统运行是否满足控制要求;如果有问题,先修改软件,必要时再调整硬件,直到符合要求为止;接着进行模拟负载或空载或轻载调试;最后进行额定负载调试,并投入运行考验。

(4) 程序固化 程序调试好并投入运行考验成功后,将程序固化在有永久性记忆功能的 EPROM 中。

(5) 编写技术文件 系统调试运行成功后,整理技术资料、编制技术文件(包括设计资料、材料清单、调试情况)及使用、维护说明等。

2. 可编程序控制器控制系统的机械手的 PLC 控制应用实例

(1) 机械结构 机械手能把工件从 A 点移

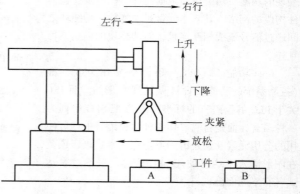

图 5.7-5 机械手结构示意图

到 B 点,机械手的结构示意图如图 5.7-5 所示。

该机构的上升、下降和左移、右移是由双线圈两位电磁阀推动气缸来实现的。当某一线圈得电,机构便单方向移动,直至线圈断电才停在当前位置。夹紧和放松是由单线圈两位电磁阀驱动气缸来实现的,线圈通电则夹紧,失电则为放松。设备上装有上、下限位和左、右,限位开关。

（2）工作过程　机械手工作循环过程如图5.7-6所示。

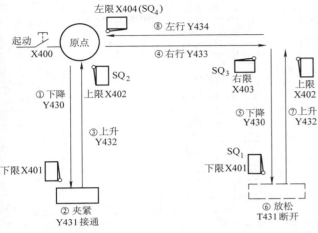

图5.7-6　机械手工作循环工程

可见机械手工作循环过程主要有8个动作，即为：

原位——下降——夹紧——上升——右移

左移——上升——放松——下降

（3）控制要求

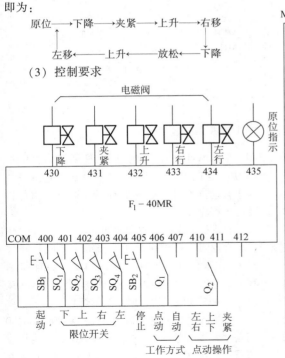

图5.7-7　PLC输入输出分配图

要求有两种工作方式：点动操作和自动控

制。点动操作时，用按钮单独操作机构上升或下降、右移或左移、夹紧或放松。自动控制工作时，按下起动按钮，机构从"原点"开始，自动完成一个工作循环过程，即将工件夹紧后，从A点移到B点放下工件，然后返回"原点"，等待下一次操作。

机构"原点"设置在可动部分位置的左上方，即压下左限位开关和上限位开关，工作钳处于放松状态，机构在"原点"处应有指示。

（4）PLC输入输出分配　PLC输入输出分配如图5.7-7所示。可选用F1—40MR型PLC，也可选用F1—30MR型PLC。

（5）梯形图　梯形图主要由点动操作和自动控制两部分组成，即总程序主要由点动操作和自动控制两个程序段组成。自动控制流程图见图5.7-8。梯形图如图5.7-9所示。

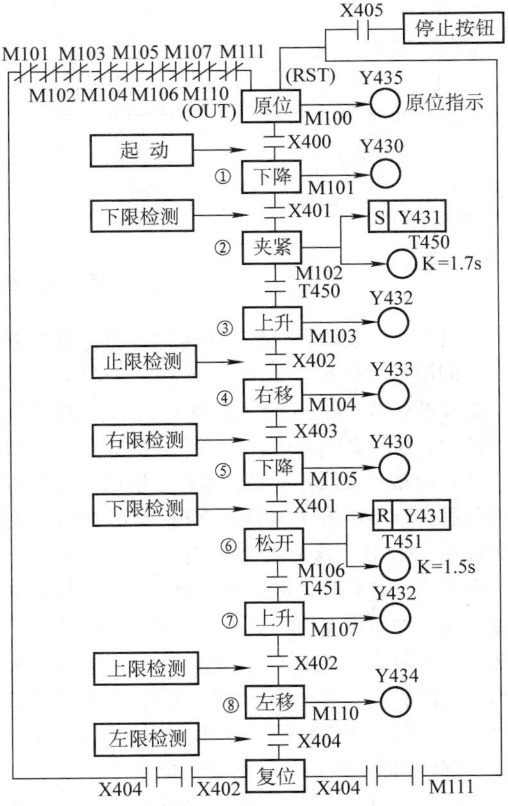

图5.7-8　机械手自动控制流程图

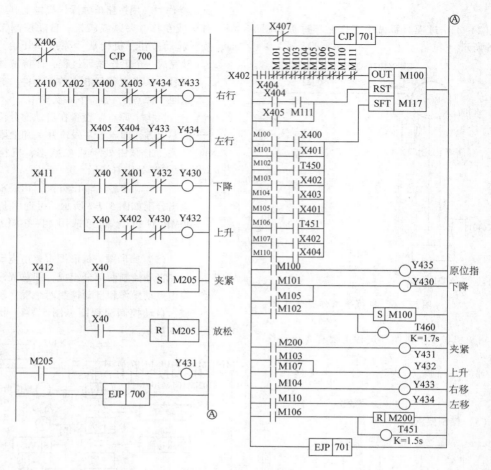

图 5.7-9 机械手工作梯形图

（6）点动操作 点动操作梯形图见总梯形图中的第一逻辑行至 EJP700 逻辑行。当工作方式选择开关置于"点动"位置时，X406 常闭接点断开，执行点动程序段。为安全起见，右移和左移只能在上限位置前提下进行，所以在梯形图相关逻辑行中串有上限开关 X402 常开接点。夹紧或放松采用 S 或 R 指令。右移和左移、上升和下降动作均有限位保护和互锁。为减少按钮数量，这三种点动操作均公用"起动"和"停止"按钮。用转换开关选定点动操作下式，见输入输出分配图扩由手点操作和自动控制工作不会同时进行，所以在点动操作中自动控制两段梯形图中，都使用 Y430～Y434 的线圈是允许的。

（7）自动控制 机械手自动控制流程图如

图 5.7-8 所示。相应的梯形图见图 5.7-9 中CJP701 至 EJP701 程序段。当工作方式选择开关置于自动位置时，X407 常闭接点断开，执行自动控制程序段。

自动控制工作过程说明如下：

在原点，机械手处于原点时，上限位开关SQ2、左限位开关 SQ4 被压，X402、X404 接通移位寄存器数据输入端，使 M100 置"1"（接通），Y433 线圈接通，原点指示灯亮。

①下降 按下启动按钮 SB1，X400 与 M100接点接通移位寄存器移位信号输入端，产生移位信号，M100 由"1"态移至 M101，M101 接通Y430 线圈，机械手执行下降动作。同时 X402 接点断开，使 M100 置"0"（断开），Y435 断开，

原点指示灯熄灭。

②夹紧 当机械手下降至压到下限位开关 SQ1 时，X401 与 M101 闭合，产生移位信号，M102 为"1"，M100—M101 为"0"，M101 接点断开 Y430 线圈通路，停止下降；M102 的接点接通 M200 线圈，M200 接点接通 Y431 线圈，工作钳夹紧工件，同时定时器 T450 开始计时。

③上升 当 T450，延时到 1.7s，T450 与 M102 的接点闭合，产生移位信号，M103 为"1"，M100～M102 均为"0"，Mt03 接点接通 Y432 线圈，机械手把夹紧的工件提升。因为使用 s 指令，所以 M200 线圈保持接通，Y431 也保持接通，使机械手继续把工件夹紧。

④右移 当机械手上升至撞到上限位开关 SQ2 时，X402 和 M103 接点闭合，产生移位信号，M104 为"1"，M100～M103 都置"0"。M103 接点断开 Y432 线圈通路，停止上升，同时 M104 接点接通 Y433 线圈通路，执行右移动作。

⑤下降 机械手右移撞到右限位开关 SQ3，X403 与 M104 接点接通移位信号，M105 为"1"，M100～M104 置"0"。M104 接点断开 Y433 线圈回路，停止右移，同时，M105 接点接通 Y430 线圈，机械手下降。

⑥松开 机械手下降撞到 SQ1 时，X401 与 M105 接点接通移位信号，M106 置"1"，M100～M105 为"0"。M105 接点断开，Y420 线圈回路，停止下降，同时 M106 接点接通 M200 线圈，R 指令使 M200 复位，M200 接点断开 Y431 线圈回路，机械手松开工件并放于 B 点。同时 T451 开始计时。

⑦上升 T451 延时 1.5s，T451 与 M106 接点接通移位信号，M107 为"1"，M100～M106 置"0"。Y432 线圈被接通，机械手又上升。

⑧左移 机械手上升到上限位时，X402 与 M107 闭合，移位后，M110 置"1"，M100—M107 置"0"，Y432 线圈回路断开，停止上升，同时 Y434 线圈闭合，左移。

⑨机械手回到原位 当左移撞到 SQ4 时，X404 与 M110 接点闭合，移位后，M110 为"0"，Y434 线圈回路断开，停止左移，同时 M111 置"1"，M111 与 X404 接点接通移位寄存器复位输入端，寄存器全部复位。此时机械手已

返回到原点，X402 和 X404 又闭合，M100 又被置"1"，完成了一个工作周期。这样，只要再次按起动按钮，机械手将重复上述动作过程。

当按下停止按钮 SB2 时，X405 接点闭合，使移位寄存器复位。机械手停止动作。

根据梯形图编写出指令程序（略）。

7.3.8 可编程序控制器系列

PLC 的种类、型号和规格多种多样；但其组成与工作原理是基本相同的。基本指令和最常用的应用（功能）指令也是大体相同的，主要差别在于表达方式。欧姆龙 C 系列 P 型 PLC 是一种小型可编程序控制器。C 系列 H 型机比 P 型机功能增强，但两者非常相似。

1. 欧姆龙小型可编程序控制器

（1）C 系列 P 型 PLC 的型号 欧姆龙 C 系列 P 型机有基本型（单元）、扩展型（单元）和专用型（单元）三类，共有 4 种 CPU 主机、6 种 I/O 近程扩展机，还有多种专用单元。

1）基本单元 基本单元（又称主机）带有 CPU，其型号及含义如下：

C □□ P（F）—□□□—□

　　: : : :　　 : : : :

（1）（2）　（3）（4）（5）（6）

其中：C 为系列代号；（1）表示输入输出总点数，主要有 20、28、40 和 60 点几种；（2）为 P 表示袖珍型梯形图编程方式，PF 表示袖珍型流程图编程方式；（3）为用一个字母表示的单元类型，C 表示基本单元，E 表示有输入输出点的扩展单元，I 表示仅有输入点的扩展单元，0 表示仅有输出点的扩展单元，TM 表示模拟定时器单元；（4）为用一个字母表示输入回路电源类型，如 A 表示交流 100V，D 表示直流 24V 电源；（5）为用一个字母表示输出类型，R 表示带插座的继电器接点输出，R 表示不带插座的继电器接点输出，T 表示晶体管输出，S 表示双向晶闸管输出；（6）为用一个字母表示供电电源类型，A 表示 100～240V 交流电源，D 表示直流 24V。

例如：CAOP—CDR—A，表示 C 系列 P 型主机，输入输出总点数为 40，输入为 24V 直流电源，为继电器接点输出，为 PLC 机箱供电电源为交流 100～240V。

基本单元主要有 4 个品种，见表 5.7-5。

表5.7-5　主要基本单元品种

型号	输入点数	输出点数	输入输出总点数	扩展接口数
C20P	12	8	20	1
C28P	16	12	28	1
C40P	24	16	40	1
C60P	32	28	60	1

说明：对于输入点数，如果是直流输入型就是表中的点数，如果是交流输入型，则交流输入点数减去2，另有2点是直流24V输入b

2）扩展I/O单元　扩展单元分为I/O扩展单元和单一（或I或O）扩展单元，其型号及含义如下（与基本单元基本相同）：

C □□ P(K)—□□—□

:　:　　　:　: :
(1)　　(2)(3) (4)

其中：C为系列代号；（1）表示扩展点数；（2）中I表示扩展输入，O表示扩展输出，E表示输入输出扩展；（3）表示输入电源类型或输出类型，表示（2）和（3）的两个字母须结合起来才能表示出完整的含义。例如：IA表示交流输入扩展，ID表示直流输入扩展，O表示继电器接点输出扩展，OT表示晶体管输出扩展，OS表示双向晶闸管输出扩展；（4）表示同基本单元一样，用一个字母表示本单元供电电源种类。

I/O扩展单元共有6个品种：CAK、C16P、C20P、C28P、CAOP、C60P。例如：C28P—EDS—A表示是交流供电的C系列P型扩展单元，有16个直流24V输入点，有12个双向晶闸管输出点。CAK—ID表示有4点直流24V输入点的扩展单元。

由于上述的I/O扩展单元只能扩展I/O点数，所以又称为近程I/O扩展单元（机）。

3）专用单元　专用（特殊）单元用于扩展其他功能，要占用I/O地址。专用单元包括模拟定时单元、模拟量输入、输出单元和I/O链接单元等。

欧姆龙公司的小型PLC一般为整体式结构。根据实际的需要可由4种型号的CPU单元与6种型号的I/O扩展单元灵活组合而成控制系统，以满足各种控制要求。

（2）C系列P型PLC的主要技术特性

1）总体主要技术特性（见表5.7-6）

表5.7-6　总体主要技术特性

特　　性	C20P～C60P		C20PF～C60PF	
编程方式	梯形图		流程图式	
基本指令处理时间	4～17.5μs/步		平均55μs/指令(RAM) 平均58μs/指令(ROM)	
指令种类	37条	基本指令:12 应用指令:25	39条	基本指令:15 组处理指令:5 应用指令:19
程序容量	1194步		2302步	
存储器种类	RAM专用 RAM/ROM切换		RAM/ROM切换	
内部辅助继电器	136点(1000～1807)		320点(1000～2915)	
保持继电器	160点(HR000～915)		256点(HR0000～1515)	
暂时记忆继电器	8点(TR0～7)			
数据存储器	64字		128字	
计时/计数器	48点		64点	

2）输入技术特性简介 对于直流输入型：输入直流电压为 24V；输入阻抗 3kΩ；输入电流 7mA；开通与关断响应时间小于或等于 2.5ms；输入回路有光电隔离。电源电压交流 100 ~ 240V，直流 24V。

对于交流输入型：输入电压交流 100 ~ 120V；输入阻抗 9.7kΩ（50Hz）、8kΩ（60Hz）；输入电流 10mA；开通响应时间 35ms 以下；关断响应时间 55ms 以下；输入回路有光电隔离。电源电压交流 100 ~ 240V，直流 24V。

3）输出技术特性简介 对于继电器 R 接点输出：开通和关断响应时间均在 15ms 以下；输出回路利用继电器隔离。电源电压交流 100—240V；直流 24V；可驱动交流或直流负载。

对于晶体管 T 输出：开通和关断响应时间都小于 1.5ms；输出回路有光电隔离，可驱动直流负载。

对于双向晶闸管 S 输出：开通响应时间 1.5ms 以下；关断时间小于（负载频率/2 + 1ms）；有光电隔离，适用于交流负载。

无论是哪一种输出方式（类型），其负载电源均由用户提供。

C 系列 P 型 PLC 输入和输出一般都采用汇集式输出接线方式，即若干个输入点同接于一个公共点 COM，若干个输出点共接于一个公共点。

（3）C 系列 P 型 PLC 的器件及其编号 C 系列 P 型，PLC 内部继电器的编号用 4 位十进制数表示，前两位数字表示通道（CH）号，后两位数字表示该通道第几个继电器。C 系列 P 型 PLC 内部器件有八种。每个通道有 16 位，通道序号从 00 到 15。PLC 中数据操作是以通道为单位的，所以用一位或二位数来代表通道号。C 系列 P 型 PLC 器件及其编号见表 5.7-7。

表 5.7-7 C 系列 P 型 PLC 器件及其简编号表

器件名称	数量	编号代号及范围		
输入继电器	80①	0000 ~ 0015 0100 ~ 0115	0200 ~ 0215 0300 ~ 0315	0400 ~ 0415
输出继电器	60/80②	0500 ~ 0515 0600 ~ 0615	0700 ~ 0715 0800 ~ 0815	0900 ~ 0915
内部辅助继电器	136	1000 ~ 1015 1100 ~ 1115 1200 ~ 1215	1300 ~ 1315 1400 ~ 1415 1500 ~ 1515	1600 ~ 1615 1700 ~ 1715 1800 ~ 1807
专用内部辅助继电器	16	1808 ~ 1907		
暂时存储继电器	8	TR0 ~ TR7		
保持继电器	160	HR000 ~ HR015 HR100 ~ HR115 HR200 ~ HR215 HR300 ~ HR315 HR400 ~ HR415	HR500 ~ HR515 HR600 ~ HR615 HR700 ~ HR715 HR800 ~ HR815 HR900 ~ HR915	
定时器/计数器	48	TIM/CNT 00 ~ TIM/CNT 47		
数据存贮区	64CH	DM00 ~ DM63		

① 这是最大的数，实际数由系统配置决定。

② 编号数为 80，可作输出用的最大数为 60，实际数由系统配置决定。

2. 西门子 S7 系列 PLC 西门子 S7 系列 PLC 充分体现了目前 PLC 技术朝着小型化、标准化、系列化、智能化、高速化、大容量化、网络化、功能更强，可靠性更高的方向发展。

西门子的 PLC 产品包括 LOGO，S7—200，S7—300；S7—400，工业网络，HM1 人机界面，

工业软件等，覆盖了所有自动化领域。

（1）西门子 S7 系列 PLC 产品主要有：

①SIMATIC 主要包括 S7 PLCS、M7 自动化计算机、C7、SIMATIC NET 工业网络、SIMATICHMI 操作界面 DP 分布式 I/O 设备、SIMATICPC 及 PCS7 过程控制系统。

②SIMATICS7 系列可编程逻辑控制器又分为微型 PLC（如 S7—200），小规模性能要求的 PLC（如 S7—300）和中、高性能要求的 PLC（如 S7—400）。

③SIMATICM7PLC 将 AT 兼容的计算机的性能引入到 PLC，面向计算机用户，把 PLC 的功能容入到计算机世界，同时又保持了用户熟悉的编程环境。

④SIMATICC7 系统是 PLC（S7—300）和人机操作面板的有机结合。

HM1 人机界面系列主要有文本操作面板 TD200，OP3，OP7，OP17 等；图形/本操作面板 OP27，OP37 等；触摸屏操作面板 TP7，TP27—6，TP27—10，TP37 等；SIMATIC 面板型 PC670 等。

（2）西门子工业软件分为 3 个不同的种类：

1）编程和工程工具包括所有基于 PLC 或 PC 用于编程，组态（可集成 Prot001），模拟和维护等控制所需的工具。使用 STEP7，可选择编程语言梯形图（LD）和功能图（FBD）、指令表（IL）编程语言及 IECll31 编程语言等，还可以使用高级语言结构文本 S7—SCL 或顺序功能图 S7—Graph，该语言用非常有效的方法—图形来描述顺序控制系统。整个工程系统包括先进的系统诊断能力，过程诊断工具，PLC 模拟仿真，远程维护和项目文件等。

SIMATICS7 是用于 SIMATICS7—300/400，（37PLC 和 SIMATICWinAC 基于 PC 控制产品的组态编程和维护的项目管理工具。

S7forMicro/Win 是用于 SIMATICS7—200 系列 PLC 的编程、在线仿真软件。

2）基于 PC 的控制软件包括基于 PC 而不是传统的 PLC 的解决方案，使用户的应用或过程自动化。

Win AC 是基于 PC 的控制即为视窗自动化中心（Win AC）。Win AC 是在同一平台上运行的控制、HMI、网络和数据处理的集成。Win AC 控制部分允许使用个人计算机作为可编程序控制器（PLC）运行用户的过程。Win AC 能提供两种 PLC，一种是软件 PLC。它是在用户计算机上作为视窗任务运行。另一种是插槽 PLC（在用户计算机上安装一个 PC 卡），它具有硬件 PLC 的全部功能。这些基于 PC 控制的引擎通过 PROFI-BUS 分布式 I/O 进行通信。Win AC 计算；al 视部分提供所有通过标准应用（如 Microsoft Excel，Visual Basic 或任何其他用于操作员控制和监视的 HMI 软件包）浏览过程以及修改过程数据所需的开放接口。这些解决方案与 SIMATICS7—PLC100% 兼容。因此，同样的组态数据，同样的程序，同样的 I/O 可立即使用。

3）人机界面（HMI）为用户自动化项目提供人机界面或 SCADA 系统，支持大范围的平台。

ProTool 用于机器级应用，适用于大部分 HMI 硬件的组态，从操作员面板到标准 PC。用集成在 Step 7 软件中的 ProTool 可以非常有效地完成组态。从 ProTool 中可以非常容易地访问 Step 7 符号数据库。ProTool/lite 软件用于文本显示的组态，如：OP3，OP7，OP17，TD17。这些组态软件很容易开发：屏幕信息（屏幕层次，任何文本信息，输入和输出域）；报警系统（屏幕具有报警信息暂存能力）；配方管理（显示，修改和上/下查找过程参数的数据记录）；打印机接口（生成连续报表）；连接 PLC 如 SIMATIC S7；S5，505 或其他厂商的 PLC 的通信接口。ProTool/Pro 软件用于组态标准 PC ProTool/Pro 不只是组态软件，也是运行软件。除了具有 ProTool/Lite 和 ProTool 的特点外，ProTool/Pro 还提供其他工具用于开发。

Win CC 软件适于监控级应用，Win CC 是一个真正开放的 HMI SCADA 软件，可在任何标准的 PC 上运行。Win CC 完全支持分布式系统结构，它的设计适合于广泛的应用，可以连接到已存在的自动化环境中，有大量的通信接口和全面的过程信息和数据处理能力。

（3）西门子 S7—200PLC 的特点

①S7—200PLC 是超小型化的 PLC，适用各种场合中的自动检测、监测及控制等。

②S7—200PLC 的强大功能使其无论在独立运行或相连成网络都能实现复杂控制功能。

③S7—200PLC 在集散自动化系统中充分发挥其强大功能，使用范围广泛。

④S7—200PLC 可提供 4 个不同的基本型号的 8 种 CPU 可供选择使用。

（4）西门子 S7—300PLC 的模块化

S7—300 是模块化小型 PLC 系统，满足中等性能应用。各单独模块可进行组合扩展。

①S7—300PLC 系统的模块组成：

各种中央处理单元（CPU），有各种不同的性能；

信号模块（SM），用于数字量和模拟量输入/输出；

通信处理器（CP），用于连接网络和点对点连接；

功能模块（FM），用于高速计数，定位操作＜开环或闭环定位）和闭环控制；

负载电源模块（PS），用于将 SIMAT - ICS7—300 连接到交流电源或直流电源；

接口模块（IM），用于多机架配置时连接主机架（CR）和扩展机架（ER）。S7—300 通过分布式的主机架（CR）和 3 个扩展机架（ER），可以操作多达 32 个模块。运行时无需风扇。

②S7—300PLC 的主要功能　高速（0.6～0.1μs）的指令处理；浮点数运算可以有效地实现更复杂运算；带标准用户接口的软件工具方便用户进行参数赋值；人机界面集成在 S7—300 操作系统内，减少了人机对话编程要求。S7—300 操作系统自动处理数据的传送；CPU 的智能化的诊断系统；多级口令保护功能；S7—300PLC 设有操作方式选择开关，可防止非法删除或改写用户程序。

③通信功能　S7—300PLC 可通过 SteP7 的用户界面提供容易、简单的通信组态功能；S7—300 PLC 具有多种不同的通信接口，连接 AS—I 总线接口和工业以太网总线系统；串行通信处理器用来连接点到点的通信系统；多点接口（MPI）集成在 CPU 中，用于同时连接编程器、PC 机、人机界面系统及其他 SIMAT-IC S7/M7/C7 等自动化控制系统。

S7—300CPU 支持的通信类型有：

过程通信：通过总线（AS—I 或 PROFI-BUS）对 I/O 模块周期寻址（过程映象交换）。

数据通信：在自动控制系统之间数据通信会周期地进行或被用户程序或功能块调用。

（5）西门子 S7—400 PLC　是用于中、高档性能范围的可编程序控制器。

①S7—400 PLC 采用模块化无风扇的设计，可靠耐用；可选用多种级别（功能逐步升级）的 CPU；配有多种通用功能的模板组合扩展升级。

②S7—400PLC 主要模块（部件）组成：

电源模板（PS）：将 SIMATICS7—400 连接到 120/230VAC 或 24DC 电源上。

中央处理单元（CPU）：有多种性能 CPU 可供用户选择：如带内置的 PROFIBUS—DP 接口等。

I/O 模块（SM）：数字量输入和输出（DI/DO）和模拟量输入和输出（AI/AO）的信号模板。

通信处理器（CP）：用于总线连接和点到点连接。

功能模板（FM）：专门用于计数、定位、凸轮等控制任务。

③SIMATICS7—400 还提供接口模板（IM），用于连接中央控制单元和扩展单元。

④SIMATICS7—400 中央控制器最多能连接 21 个扩展单元。

（6）西门子 S7-200PLC 指令系统　西门子 S7-200PLC 系列部分 CPU 的存储范围和特性，见表 5.7-8。

表 5.7-8　西门子 S7-200PLC 系列部分 CPU 的存储范围和特性

描　　述	CPU212	CPU216
用户程序大小	512 字	4K 字
用户数据大小	512 字	2.5K 字
输入映象寄存器	I0.0～17.7	I0.0～17.7
输出映象寄存器	Q0.0～Q7.7	Q0.0～Q7.7
模拟输入（只读）	AFW0～AIW30	AIW0～AIW30
模拟输出（只读）	AQW0～AQW30	AQW0～AQW30
变量存储器（V） 永久区（最大）	V0.0～V1023.7 V0.0～V199.7	V0.0～V5119.7.7 V0.0～V5119.7
位存储器（M） 永久区（最大）	M0.0～M15.7 MB0～MB13	M0.0～M31.7 MB0～MB13

（续）

描　　　述		CPU212	CPU216
特殊存储器（SM） （只读）		SM0.0 ~ SM45.7 SM0.0 ~ SM29.7	SM0.0 ~ SM194.7 SM0.0 ~ SM29.7
定时器		64（T0 ~ T63）	256（T0 ~ T255）
有记忆通电延迟	1ms	T0	T0，T64
有记忆通电延迟	10ms	T1 ~ T4	T1 ~ T4，T65 ~ T68
有记忆通电延迟	100ms	T5 ~ T31	T5 ~ T31，T69 ~ T95
通电延迟	1ms	T32	T32，T96
通电延迟	10ms	T33 ~ T36	T33 ~ T36，T97 ~ T100
通电延迟	100ms	T37 ~ T63	T37 ~ T63，T101 ~ T255
计数器		C0 ~ C63	C0 ~ C255
高速计数器		HC0	HC0 ~ HC2
顺序控制继电路		S0.0 ~ S7.7	S0.0 ~ S31.7
累加寄存器		AC0 ~ AC3	AC0 ~ AC3
跳转，标号		0 ~ 63	0 ~ 255
字程序		0 ~ 63	0 ~ 63
中断程序		0 ~ 31	0 ~ 127
PID 回路		不支持	0 ~ 7
端口		0	0 和 1

（7）西门子 S7-200PLC 的指令系统的梯形图组成。

①基本逻辑指令　见表 5.7-9。

表 5.7-9　基本逻辑指令

梯　形　图	语句表	说　　　明	操　作　数
┤├ n	LD n	以常开接点 n 为起点引出一行新程序	n（位）：I，Q，M，SM，T，C，V，S
┤/├ n	LDN n	以常闭接点 n 为起点引出一行新程序	
┤I├ n	LDI n	立即读常开接点 n 的状态，并以常开接点 n 为起点引出一行新程序	n（位）：I
┤/I├ n	LDNI n	立即读常闭接点 n 的状态，并以常开接点 n 为起点引出一行新程序	
─( ) n	Z n	当线圈接通（即前边的逻辑计算结果为真）时，输出线圈 n 接通，否则输出线圈 n 回路断开	n（位）：I，Q，M，SM，T，C，V，S
┤├ n ┤├ n₁	LD n₁ An	常开接点 n 与接点 n₁ 串联连接	
┤├ n ┤/├ n₁	LD n₁ ANn	常闭接点 n 与接点 n₁ 串联连接	
┤├ n₁ ─( )	LD n₁ On	常开接点 n 与接点 n₁ 并联连接	n（位）：I，Q，M，SM，T，C，V，S
┤/├ n₁ ─( )	LD n₁ ONn	常闭接点 n 与接点 n₁ 并联连接	
┤├ n₁ ┤I├ n ─( )	LD n₁ AI	常开立即接点 n 与接点 n₁ 并联连接	n（位）：1

（续）

梯 形 图	语句表	说　明	操 作 数
⊢⊢⊣/⊢( ) n_1	LD n_1 ANI n	常闭立即接点 n 与接点 n_1 串联连接	
n_1 n ( )	LD n_1 OI n	常开立即接点 n 与接点 n_1 并联连接	n（位）:1
n_1 n	LD n_1 ONI n	常闭立即接点 n 与接点 n_1 并联连接	
n_1 n_2 n_3 n_4	OLD	串联电路的并联连接	无
n_1 n_3 n_4 n_2 n_5 n_6	ALD	并联电路块之间的串联连接	
n SCR	LSCR n	标记一个 SCR 段的开始。在 n = 1 时该段线圈回路接通 SCR 段必须用 SCRE 指令结束	n:S 注:SCR 是"顺序控制继电器"的简称
n —(SCRT)	SCRT n	识别已被使的 SCR 位（下一个）	
⊢—(SCRT)	SCRE	标记一个 SCR 段结束	
S–BIT ——(N)	S S_BIT,N	将从 S-BIT 开始的连续 N 个位置1	S-BIT（位）:I, Q, M, SM,T,C,V,S N（字节）:IB,QB,MB,
S–BIT　N (R)	R S_BIT,N	将从 S-BIT 开始的连续 N 个位置0。如果 S-BIT 是定时器或计数器,那么它们的标志位和当前值都被置0	SMB,VB,AC 常数 * VD, * AC,SB, n（位）:Q
S–BIT N (S_1)	SI S_BIT,N	将从 S-BIT 开始的连续 N 个输出置1	S-BIT:Q N: IB, QB, MB, SMB,
S–BIT N (R_1)	RI S_BIT,N	将从 S-BIT 开始的连接 N 个置0	VB, AC,常数 * VD, * AC, SB
LPS LRD LPP		一个字节进栈用于左侧为主控逻辑块时,开始第一个完整的从逻辑行 读栈（栈顶由第二字节替代,余不变）用于左侧为主控逻辑块时,开始第二个,第三个…… 一个字节出栈用于左侧为主控逻辑块时,开始最后一个完整的从逻辑行 从逻辑行可以 LD、LDN、A、AN 等指令开始,如以 LD 或 LDN 开始,则需用 ALD 指令与主控逻辑建立串连连接	无
—⊢ NOT ⊢—( )	NOT	NOT 接点改变通断,即当左侧线路不通时,输出线圈接通;当左侧线路通时,输出线圈回路断开	无
—⊢ P ⊢—( )	EU	当左侧线圈回路出现从断开到接通的跳变时,右侧线圈接通一个扫描周期	

（续）

梯 形 图	语句表	说 明	操 作 数
─┤ N ├─（ ）	ED	当左侧线圈回路出现从接通到断开的跳变时，右侧线圈接通一个扫描周期	无
├─ n_1 ××□n_2─（ ）	LD□ ×× n_1,n_2	当 n_1,n_2 满足由"××"确定的关系时，比较接点接通	
├┤├×× □─（ ） n n_1 n_2	LD n O□×× n_1,n_2	"××"表示所需判断的关系： = =：等于 > =：大于或等于 < =：小于或等于	"□"确定比较值的类型，同时确定操作数 n_1,n_2 的范围
├─n_1─┤├─n_2─（ ） ×× □	LD n O□×× n_1,n_2		

注：□—B = Byte 字节间比较，例如：LDB×× n_1,n_2
    n_1,n_2 的范围：VB,IB,QB,MB,SMB,AC,常数 * VD, * AC
    □—I = Integer 整数间，也即字间比较，例如：LDW×× n_1,n_2
    n_1,n_2 的范围：VW,T,C,IW,QW,MW,SMW,AC,AIW,常数 * VD, * AC
    □—D = Double Integer 双整数间，也即双字间比较　例如，LDD×× n_1,n_2
    n_1,n_2 的范围：VD,ID,QD,MD,SMD,AC,HC,常数 * VD, * AC
    □—R = Real 实数间比较，也属双字节比较，例如：LDR×× n_1,n_2
    n_1,n_2 的范围：VD,ID,QD,MD,SMD,AC,HC,常数 * VD, * AC。（CPU212 无此指令）

②程序控制指令　见表 5.7-10。

表 5.7-10　程序控制指令

梯 形 图	语句表	说 明	操 作 数
n ──（JMP）	JMPn	当左侧逻辑值为真时，跳转到标号为 n 的分支	n（整数）： CPU212 0～63
├─ LBL:n ─	LBLn	标明跳转指令的目的地 n。CPU212 允许有 64 个标号，CPU 允许有 256 个标号	CPU214～CPU216 0～255
──（CALL）	CALLn	当左侧逻辑值为真时，调用子程序 n（标号）	n（整数）： CPU212 0～15
├─ SBR:n ─	SBRn	标明子程序 n 的起始位置。CPU212 支持 16 子程序；CPU214 支持 64 个子程序	CPU214～CPU216 0～63
──（RET）	CRE	当左侧逻辑值为真时，结束子程序。这是有条件返回	
├─（RET）	RET	无条件从子程序返回	
──（END）	END	当左侧逻辑值为真时，终止执行主程序，返回主程序起点重新执行	
├─（END）	MEND	无条件终止执行用户程序，返回主程序起点重新执行	无
├─（Stop）	STOP	当左侧逻辑值为真时，终止执行主程序，并将可编程控制器的工作模式自动置为 STOP（停止工作）模式	
──（WDR）	WDR	复位看门狗（Watchdog）定时器以延长扫描周期从而避免出现 Watchdog 超时错误。每次执行 WDR 指令，Watchdog 就被复位一次，并重新开始计时	
n ──（NOP）	NOPn	空操作，对用户程序执行无影响。但可略微延长扫描周期。n 是标号	n（整数）： 0～255

③定时器/计数器指令　见表 5.7-11

表 5.7-11　定时器/计数器指令

梯 形 图	语句表	说　明	操 作 数
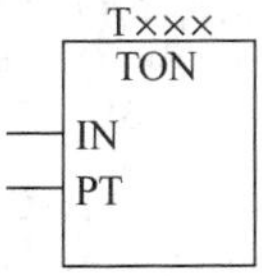 T××× TON — IN — PT	TON T×××,PT	当使能输入(IN)接通时,接通延时定时器 TON 并开始计时。当定时器当前值大于预置值(PT)时,置位定时器标志。当使能输入(IN)断开时,定时器复位,并重新计时。定时精度分为三级:1ms,10ms 和 100ms	PT(字型):VW,T,C,IW,QW,MW,SMW,AC,AIW,常数,*VD,*AC,SW
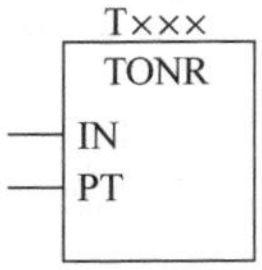 T××× TONR — IN — PT	TOMR T×××,PT	当使能输入(IN)接通时,累积计时接通延时定时器 TON 并开始计时,当定时器当前值大于预置值(PT)时,置位定时器标志位。当使能输入(IN)断开时,定时器暂停计时,但不复位。定时精度分为三级:1ms,10ms 和 100ms	PT(字型):VW,T,C,IW,QW,MW,SMW,AC,AIW,常数,*VD,*AC,SW
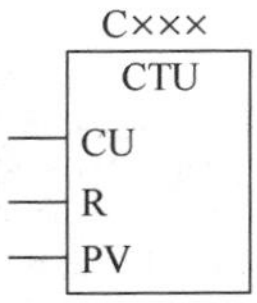 C××× CTU — CU — R — PV	CTU C×××,PV	当加计数器输入端(CU)有上升沿输入时,计数器的当前值加 1。计数器的当前值大于预制值(PT)时,置位计数器标志。当前值达到最大允许值(32767)时,停止计数。当复位输入(R)接通地,计数器复位(当前值清零,标志位复位)	C×××(字形)对于CPU212:0~63对于 CPU214:0~127PV(字型):VW,T,C,IW,QW,MW,SMW,AC,AIW,常数,*VD,*AC,SW
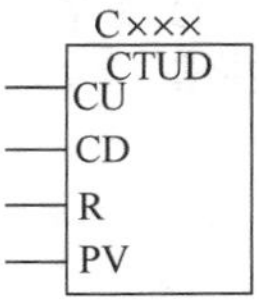 C××× CTUD — CU — CD — R — PV	CTUD C×××,PV	当加计数输入端(CU)有上升沿输入时,加/减计数器的当前值加 1;当减计数输入端(CD)有上升沿输入时,计数器的当前值减 1。计数器的当前值大于预测值(PT)时,置位计数器标志。当前值达到最大允许值(32767)时,不再增加,当前值减至最小允许值(-32768)时,不再减小。当复位输入(R)接通时,计数器复位(当前值清零,标志位/复位)	

④定时器数目与定时精度　见表 5.7-12

表 5.7-12　定时器数目与定时精度

定时器	定时精度	最大值	CPU 212	CPU 214	CPU 215/CPU 216
TON	1ms	32.767s	T32	T32,T96	T32,T96
	10ms	327.76s	T33~T36	T33~T36 T97~T100	T33~T36 T97~T100
	100ms	3276.7s	T37~T63	T37~T63 T101~T127	T37~T63 T101~T255
TONR	1ms	32.767s	10	T0,T64	T0,T64
	10ms	327.76s	T1~T4	T1~T4 T65~T68	T1~T4 T65~T68
	100ms	3276.7s	T5~T31	T5~T31 T69~T95	T5~T31 T69~T95

⑤四则运算指令　见表 5.7-13

表 5.7-13　四则运算指令

梯 形 图	语句表	说　明	操 作 数
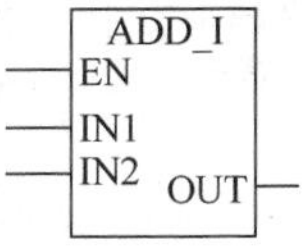 ADD_I — EN — IN1 — IN2　OUT —	+IIN1,N2	两个 16 位整数相加,得到一个 16 位整数,见注(1)(2)	IN1,IN2,OUT(字型):VW,T,C,IW,QW,MW,AC,S,MW,AIW,*VD,*AC IN1 还可以是常数。在梯形图中,IN2 也可以是常数

（续）

梯 形 图	语句表	说　　明	操 作 数
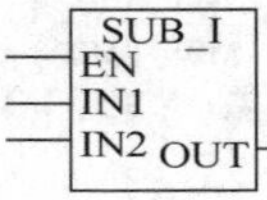 SUB_I EN IN1 IN2　OUT	– I IN1,IN2	两个 16 位整数相减,得到一个 16 位整数,见注(1)(2)	IN1,IN2,OUT（字型）: VW,T,C,IW,QW,MW, AC,S,MW,AIW,* VD, * AC IN1 还可以是常数。在梯形图中,IN2 也可以是常数
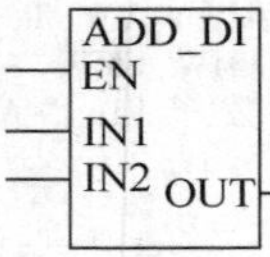 ADD_DI EN IN1 IN2　OUT	+ D IN1,IN2	两个 32 位整数相加,得到一个 32 位整数,见注(1)(3)	
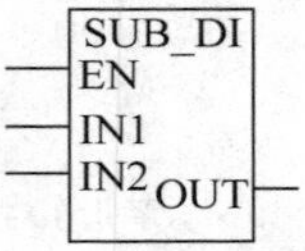 SUB_DI EN IN1 IN2　OUT	– D IN1,IN2	两个 32 位整数相减,得到一个 32 位整数,见注(1)(3)	IN1,IN2,OUT（字型）: VD,ID,QD,MD,SMD, AC,HC,* VD,* AC,SD IN1 还可以是常数。在梯形图中,IN2 也可以是常数 * CPU212 没有实型数据操作指令
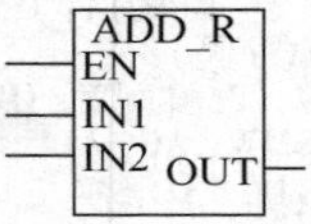 ADD_R EN IN1 IN2　OUT	+ R LN1,IN2	两个 32 位实数相加,得到一个 32 位实数,见注(1)	
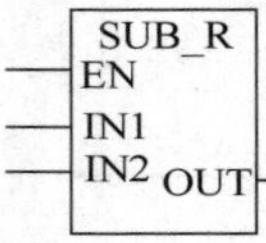 SUB_R EN IN1 IN2 OUT	– R IN1,IN2	两个 32 位实数相减,得到一个 32 位实数,见注(1)	
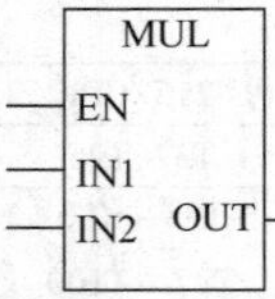 MUL EN IN1 IN2　OUT	MUL IN1,IN2	两个 16 位整数相乘,得到一个 32 位整数,见注(4)(6)	IN1（字型）VW,T,C, IW,QW,MW,SMW,AC, AIW,常数* VD,* AC OUT,IN2（双字型）: VD,ID,QD,MD,SMD, AC,* D,* AC,SD。在梯形图中,IN2 为字型,也可以是常数
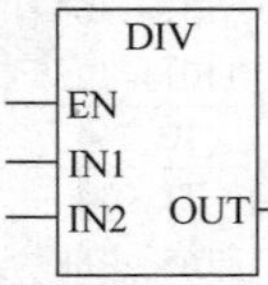 DIV EN IN1 IN2　OUT	DIV IN1,IN2	两个 16 位整数相除,得到一个 32 位整数,见注(4)(5)(6)	
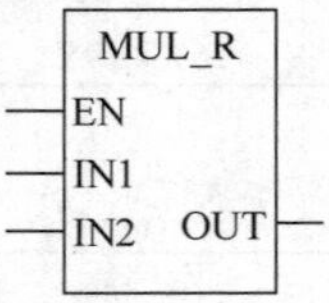 MUL_R EN IN1 IN2　OUT	* R IN1,IN2	两个 32 位整数相乘,得到一个 32 位整数,见注(4)	IN1,IN2,OUT（双字型）:VD,ID,QD,MD, SMD,AC,* VD,* AC,SD IN1 还可以是 HC,常数。在梯形图中,IN2 也可以是常数
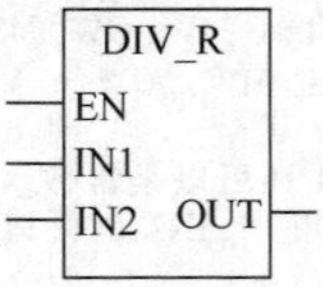 DIV_R EN IN1 IN2　OUT	/R IN1,IN2	两个 32 位整数相除,得到一个 32 位整数,见注(4),(5)	

（续）

梯 形 图	语句表	说　　明	操 作 数
INC_B EN IN　OUT	INCB IN	将字节 IN 加 1，见注(7)	IN，OUT(字节型)：VB，IB，QB，MB，SMB，AC，* VD * AC，IN 还可以是常数
DEC_B EN IN　OUT	DECB IN	将字节 IN 减 1，见注(7)	这只有 CPU215 和 CPU216 有两条指令
INC_W EN IN　OUT	INCW IN	将整数 IN 加 1，见注(7)	IN，OUT(字型)：VW，T，C，IW，QW，MW，SMW，AC，* VD，* AC，SW。在梯形图中，IN 还可以是 AIW 或常数
DEC_W EN IN　OUT	DECW IN	将整数 IN 减 1，见注(7)	
INC_DW EN IN　OUT	INCW IN	将长整数 IN 加 1，见注(7)	IN，OUT(双字型)：VD，ID，QD，MD，SMD，AC，* VD，* AC，SD。在梯形图中，IN 还可以是 AIW 或常数
DEC_DW EN IN　OUT	DECW IN	将长整数 IN 减 1，见注(7)	IN，OUT(双字型)：VD，ID，QD，MD，SMD，AC，* VD，* AC，SD。在梯形图中，IN 还可以是 AIW 或常数
SQRT EN IN　OUT	SQRT IN，OUT	求一个 32 位实数的平方根(仍是一个 32 位实数)即 IN = OUT	IN，OUT(双字型)：VD，ID，QD，MD，SMD，AC，* VD，* AC IN 还可以是 HC 或常数 * CPU212 无此指令

注：(1)：在梯形图中，计算结果存放在 OUT 中，即 IN1 ± IN2⇒OUT；

在语句表中，计算结果存放在 IN2 中，即 IN1 ± IN2⇒IN2；

在梯形图中，可以设定 OUT 和 IN2 指向同一内存单元，这样可节省内存。

(2)：16 位整数，通常称为短整数，简称整数。

(3)：32 位整数，通常称为长整数(双字型)。

(4)：在梯形图中，计算结果存放在 OUT 中，即 IN1 * (÷)IN2⇒OUT；

在语句表中，计算结果存放在 IN2 中，即 IN1 * (÷)IN2⇒IN2。

在梯形图中，可以设定 OUT 和 IN2 指向同一内存单元，这样可节省内存。

(5)：计算结果的低 16 位为商，高 16 位为余数。

(6)：16 位整数，通常称为短整数，简称整数；

32 位整数，通常称为长整数。

(7)：在梯形图中，结果存放在 OUT 中，即 IN ± 1⇒OUT；

在语句表中，结果存放在 IN 中，即 IN ± 1⇒IN；

在梯形图中，可以设定 OUT 和 IN 指向同一内存单元，这样可节省内存。

⑥逻辑运算指令　见表 5.7-14。

表 5.7-14 逻辑运算指令

梯 形 图	语 句 表	说 明	操 作 数
WAND_B EN IN1 IN2 OUT	ANDB IN1,IN2	将字节 IN1 和 IN2 按位作逻辑与运算,见注(1)	IN1,IN2,OUT( ):VB,IB,QB,MB,SMB,AC,*VD,*AC
WCR_B EN IN1 IN2 OUT	ORB IN1,IN2	将字节 IN1 和 IN2 按位作逻辑或运算,见注(1)	只 有 CPU215 和 CPU216 才有些指令
WXOR_B EN IN1 IN2 OUT	XORB IN1,IN2	将字节 IN1 和 IN2 按位作逻辑异或运算,见注(1)	
WAND_W EN IN1 IN2 OUT	ANDW,IN1,IN2	将字 IN1 和 IN2 按位作与运算,见注(1)	IN1,IN2,OUT(字型):VW,T,C,IW QW,MW,SMW,AC,*AC,*VD,SW。IN1 还可以是 AIW 或常数。在梯形图中,IN2 与 IN1 的取值范围相同,IN 的取值范围与 IN1 相同
WOR_W EN IN1 IN2 OUT	ORW IN1,IN2	将字 IN1 和 IN2 按位或作与运算,见注(1)	
WXOR_W EN IN1 IN2 OUT	XORW IN1,IN2	将字 IN1 和 IN2 按位作异或运算,见注(1)	
INV_W EN IN OUT	INVW IN	将字 IN 的各位全部取反,得到一个新的字,见注(2)	
WAND_DW EN IN1 IN2 OUT	ANDD IN1 IN2	将双字 IN1 和 IN2 按位作与运算,见注(1)	IN1,IN2,OUT(双字型):VD,ID,QD,MD,SMD,AC,*VD,*AC,SW。IN2 还可以是 HC 或常数
WOR_DW EN IN1 IN2 OUT	ORD IN1,IN2	将双字 IN1 和 IN2 按位作或运算,见注(1)	
WXOR_DW EN IN1 IN2 OUT	XORD IN1,IN2	将双字 IN1 和 IN2 按位作异或运算,见注(1)	在梯形图中,IN2 与 IN1 的取值范围相同
TNV_DW EN IN OUT	INVD IN	将双字 IN 的各位全部取反,得到一个新的双字,见注(2)	IN 的取值范围与 IN1 相同

注:(1):在梯形图中,结果存放在 OUT 中;在语句表中,结果存放在 IN2 中。在梯形图中,可以设定 OUT 和 IN2 指向同一内存单元,这样可省内存。
(2):在梯形图中,结果存放在 OUT 中;在语句表中,结果存放在 IN 中。在梯形图中,可以设定 OUT 和 IN 指向同一内存单元,这样可节省内存。

⑦数据传输指令　见表5.7-15

表5.7-15　数据传输指令

梯　形　图	语句表	说　　明	操　作　数
MOV_B EN IN OUT	MOVB IN,OUT	将 IN 的内容复制到 OUT 中 IN 和 OUT 的数据类型应相同,可分别为字节型,字型,双字型,实数型	IN,OUT(字节型):VB, IB, QB, MB, SMB, AC, * AC,* VD,SB。IN 还可以是常数
MOV_W EN IN OUT	MOVW IN,OUT		IN(字型):VW,T,C, IW,QW,MW,SMW,AC, AIW,常数,* VD,* AC, SW OUT(字型):VW,T,C, IW,QW,MW,SMW,AC, AQW,* VD,* AC,SW
MOV_DW EN IN OUT	MOVD IN,OUT		IN(双字型):VD,ID, QD,MD,SMD,AC,HC,常数,* VD,* AC,&VB, &IB,&QB,&MB,&T,&C, SD OUT(双字型):VD,ID, QD,MD,SMD,AC,* VD, * AC,SD
MOV_R EN IN OUT	MOVR IN,OUT		IN,OUT(双字型):VD, ID, QD, MD, SMD, AC, * VD,* AC,SD IN 还可以是常数或 HC * CPU212 无实型数据操作指令
SWAP EN IN OUT	SWAP IN	将字 IN 的高位字节和低位字节的内容交换,结果放回字 IN 中	IN(字型):VW,T,C, IW,QW,MW,SMW,AC,* VD,* AC,SW
BLKMOV_B EN IN N OUT	BMB IN,OUT,N	将从字 IN 开始的连续 N 个字节的数据块的内容复制到从字 OUT 开始的数据块里 N 的有效范围是 1～255	IN,OUT(字节型):VB, IB, QB, MB, SMB, * VD, * AC N(字节型):VB,IB, QB,MB,SMB,AC,常数 * VD,* AC,SB
BLKMOV_W EN IN N OUT	BMW IN,OUT,N	将从 IN 开始的连续 N 个字的数据块复制到从字 OUT 开始的数据块里 N 的有效范围是 1～255	IN(字型):VW,T,C, IW,QW,MW,SMW,AIW, * VD,* AC,SW OUT(字型):VW,T,C, IW, QW, MW, SMW, AQW,* VD,* AC,SW N(字节型):VB,IB, QB,MB,SMB,AC,常数, * VD,* AC,SB
BLKMOV_D EN IN N OUT	BMD IN,OUT,N	将从 IN 开始的连续 N 个双字的数据块复制到双字 OUT 开始的数据块里 N 的有效范围是 0～255	IN,OUT:VD,ID,QD, MD,SMD,* VD,* AC,SD N:VB, IB, QB, MB, SMB,* D,* AC,SB,常数 *:CPU212 和 CPU214 无此指令

（续）

梯　形　图	语句表	说　　明	操　作　数
FILL_N —EN —IN —N　OUT—	FILL IN,OUT,N	将起始于 OUT 的连续 N 个字的值置成为 IN 的值	IN（字型）：VW,T,C, IW,QW,MW,SMW,AIW, 常数,＊VD,＊AC,SD OUT（字型）：VW,T,C, IW,QW,MW,SMW, AQW,＊VD,＊AC,SD N（字节型）：VB,IB, QB,MB,SMB,AC,常数, ＊CD,＊AC,SB

⑧移位与循环指令　见表 5.7-16

表 5.7-16　移位与循环指令

梯　形　图	语句表	说　　明	操　作　数
SHR_B —EN —IN —N　OUT—	SRB IN,N	将字节 IN 右移 N 位,最左边的位依次用 0 填充,见注	IN,OUT（字节型）：VB, IB,QB,MB,SM,AC,＊ VD,＊AC,SBW M：VB,IB,MB,SMB, AC,＊VD,＊AC,常数,SB ＊ 只 有 CPU215 和 CPU216 具有这 4 条指令
SHL_B —EN —IN —N　OUT—	SLB IN,N	将字节 IN 左移 N 位,最右边的位依次用 0 填充,见注	
ROR_B —EN —IN —N　OUT—	RRB IN,N	将字节 IN 循环右移 N 位,从最右边移出的位送到 IN 的最右位,见注	IN,OUT（字节型）：VB, IB,QB,MB,SM,AC, ＊VD,＊AC,SBW M：VB,IB,MB,SMB, AC,＊VD,＊AC,常数,SB ＊ 只 有 CPU215 和 CPU216 具有这 4 条指令
ROL_B —EN —IN —N　OUT—	RLB IN,N	将字节 IN 循环左移 N 位,从最左边移出的位送到 IN 的最右位,见注	
SHR_W —EN —IN —N　OUT—	SRW IN,N	将字 IN 右移 N 位,最左边的位依次用零填充,见注	
SHL_W —EN —IN —N　OUT—	SRW IN,N	将字 IN 左移 N 位,最右边的位依次用零填充,见注	IN（字型）：VW,T,C, IW,QW,MW,SMW,AC, AIW,常数＊VD,＊AC,SW OUT（字型）：VW,T,C, IW,QW,MW,SMW,AC, ＊VD,＊AC,SW N（字节型）：VB,IB, QB,MB,AC,SMB,＊AC, ＊AC 常数,SW
ROR_W —EN —IN —N　OUT—	RRW,IN,N	将字 IN 循环右移 N 位,从右边移出的位放到 IN 的最左边,见注	
ROL_W —EN —IN —N　OUT—	RLW IN,N	将字 IN 循环右移 N 位,从左边移出的位放到 IN 的最右边,见注	

（续）

梯 形 图	语句表	说　明	操 作 数
SHR_DW —EN —IN —N　OUT—	SRD IN,N	将双字 IN 右移 N 位,最左边的位依次用零填充,见注	IN（双字型）：VD,ID,QD,MD,SMD,AC,HC,*VD,*AC,常数,SD OUT（双字型）：VD,ID,QD,MD,SMD,AC,*VD,*AC,SD,AC,*VD,*AC,SD N（字节型）：VB,IB,QB,MB,SMB,AC,*VD,*AC,常数,SB
SHL_DW —EN —IN —N　OUT—	SLD IN,N	将双字 IN 左移 N 位,最右边的位依次用零填充,见注	
ROR_DW —EN —IN —N　OUT—	RRD IN,N	将双字 IN 循环右移 N 位,从右边移出的位放到 IN 的最左边,见注	IN（双字型）：VD,ID,QD,MD,SMD,AC,HC,*VD,*AC,常数,SD OUT（双字型）：VD,ID,QD,MD,SMD,AC,*VD,*AC,SD,AC,*VD,*AC,SD N（字节型）：VB,IB,QB,MB,SMB,AC,*VD,*AC,常数,SB
ROL_DW —EN —IN —N　OUT—	RLD IN,N	将双字 IN 循环左移 N 位,从左边移出的位放到 IN 的最右边,见注	
SHRB EN —DATA —S_BIT —N	SHRB DATA, S_BIT,N	用户通过 S_BIT 和 N 定义自己的移位寄存器,S_BIT 指定移位寄存器的起始位,N 指定移位寄存器的长度和移位方向（N>0 时,左移；N<0 时,右移） 该指令的作用是将 DATA 的值（位型）移入移位寄存器	DATA,S_BIT（位型）：I,Q,M,SM,T,C,V N（字节型）：VB,IB,QB,MB,SMB,AC,常数,*VD,*AC,SB

注:在梯形图中,移位结果存放在 OUT 中;

　　在语句表中,移位结果存放在 IN 中。

⑨表操作指令　见表 5.7-17

表 5.7-17　表操作指令（只适用于 CPU214～CPU216）

梯 形 图	语句表	说　明	操 作 数
AD_T_TBL —EN —BATA —TABLE	ATT DATA, TABLE	将一个字型数据 DATA 添加到表 TABLE 的末尾。表中第一个字表示表的最大允许长度（TL）；第二个字表示表中现有数据项的个数（EC）。每次将新数据加到表中时,EC 的值加 1	DATA（字型）：VW,T,C,IW,QW,MW,SMW,AC,AIW,常数,*VD,*AC,SW TABLE（字型）：VW,T,C,IW,QW,MW,SMW,*VD,*AC,SW
FIFO —EN 　DATA— —TABLE	FIFO TABLE, DATA	将表 TABLE 的第一个数据项（不是第一个字）删除,并将它送到 DATA 指定的储存单元。表中其余的数据项都向前移动一个位置,同时 EC 值减 1	TABLE（字型）：VW,T,C,IW,QW,MW,SMW,*VD,*AC,SW DATA（字型）：VW,T,C,IW,QW,T,C,IW,QW,MW,SMW,AC,AQW,*VD,*AC,SW
LIFO —EN 　DATA— —TABLE	LIFO TABLE, DATA	将表 TABLE 的最后一个数据项删除,并将它送到 DATA 指定的存储单元,同时 EC 值减 1	

（续）

梯 形 图	语句表	说 明	操 作 数
TBL_FIND —EN —SRC —PATRN —INDX —CMD	FND = SRC, PATRN,INDX FND < > SRC, PATRN,INDX FND > SRC, PATRN,INDX FND < SRC, PATRN,INDX	搜索表 SRC,从 INDX 指定的数据项开始,用给定值 PATRN 检索出符合 CMD 给定关系的数据项: 在梯形图中,CMD 的参数为 1~4;在语句表中,分别用 FND = ,FND < > ,FND > 和 FND < 如果找到一个符合条件的数据项,则 INDX 中指明该数据项在表中的位置。如果一个也找不到,则 INDX 的值等于数据表的长度。为了搜索下一个符合的值,在再次使用 TBL_FIND 指令之前,必须先将 INDX 加 1	SRC(字型):VW,T,C, IW,QW,MW,SMW, * VD, * AC PATRN(字型):VW,T, C,IW,QW,MW,SMW, AC,AIW,常数, * VD, * AC,SW INDX(字型):VW,T, C,IW,QW,MW,SMW, AC, * VD, * AC,SW CMD:1~4 分别对应 = < > , > 和 <

⑩数据转换指令 见表 5.7-18。

表 5.7-18 数据转换指令

梯形图	语句表	说 明	操 作 数
DI_REAL —EN —IN OUT—	DIR IN,OUT	将 32 位带符号整数(即长整数)IN 转换成 32 位实数 OUT	IN(双字型):VD,ID, QD,MD,SMD,AC,HC,常数, * VD, * AC,SD
TRUNC —EN —IN OUT—	TRUNC IN,OUT	将 32 位实数 IN 转换成 32 位带符号整数(即长整数),只保留实数的整数部分,小数部分忽略不计,无"四舍五入"功能,即"取整"	OUT(双字型):VD,ID, QD,MD,SMD,AC, * VD, * AC,SD * CPU 212 无此指令
DECO —EN —IN OUT—	DECO IN,OUT	把输入字节(IN)的最低 4 位对应的二进制数译码,结果存放在输出字(OUT)中,即 OUT 的对应的位置 1,其它位都置 0	IN(字节型):VB,IB, QB,MB,SMB,AC,常数, * VD, * AC,SB OUT(字型):VW,T,C, IN,QW,MW,SMW,AC, AQW, * VD, * AC,SW
ENCO —EN —IN OUT—	ENCO IN,OUT	把输入字(IN)中为 1 的最低位的位号写入输出字节(OUT)的最低 4 位	IN(字型):VW,T,C, IN,QW,MW,SMW,AC, AIW,常数, * VD, * AC, SW OUT(字节型):VB,IB, QB,MB,SMB,AC, * VD, * AC,SB
BCD_1 —EN —IN OUT—	BCD1 IN	把 BCD 码(IN)转换成整数(OUT)。如果输入不是 BCD 码,则(SM1.6)置位,见注	IN,OUT(字型):VW, T,C,IW,QW,MW,SMW, AC, * VD, * AC,SW。在梯形图中 IN 还可以是常数或 AIW
1_BCD —EN —IN OUT—	IBCD IN	把整数(IN)转换成 BCD 码(OUT)。如果转换后的数大于 9999。则(SM1.6)置位,见注	

（续）

梯 形 图	语 句 表	说　明	操 作 数
ATH EN IN LEN OUT	ATH IN,OUT,LEN	把从 IN 开始的长度为 LEN 的 ASCⅡ码字符串转换成 16 进制数。并存放在从 OUT 为首地址的存储区中。其中合法的 ASCⅡ码对应的 16 进制数包括 30H 到 39H,41H 到 46H。如果输入中包含非法的 ASCⅡ码,则终止转换操作,并将 NOT ASCⅡ存储器位(SM1.7)置位	LEN(字节型):IVB, IB,QB,MB,SMB,AC,常数,*VD,*AC,SB。最大值分 255。IN,OUT(字节型):VB,IB,QB,MB,SMB,AC,常数,*VD,*AC,SB
HTA EN IN LEN OUT	HTA,IN,OUT,LEN	把从 IN 开始的 LEN 位 16 进制数转换成 ASCⅡ码字符串,转换结果存放在从 OUT 为首地址的存储区中	
SEG EN IN OUT	SEG IN,OUT	把字节 IN 中的低 4 位二进制码转换成七段显示器码,结果放在字节 OUT 中。OUT 的最高位恒为 0,其余 7 位从高到低次位七段码 g,f,e,d,c,a,b 如下图所示 　　a f　g　b e　　c 　　d	IN(字节):VB,IB,QB,MB,SMB,AC,常数,*VD,*AC,SB

注:(1):在梯形图中,转换结果存在 OUT 中;在语句表中,转换结果放回 IN。

⑪PID 指令　见表 5.7-19。

7.3.9　西门子 S7-200PLC 指令系统的应用实例

某烧结炉的结构示意图如图 5.7-10 所示。为了实现炉膛内的温度及负压的稳定控制,通过调节油压调节阀、空气调节阀及排气输出变频器进行控制。采用西门子 S7-200PLC 的 CPU224 及扩展模块来实现。

表 5.7-19　PID 指令

梯 形 图	语 句 表	说　明	操 作 数
PID EN TABLE LOOP	PID TABLE, LOOP	该指令用于完成 PID(比例,积分和微分)计算。要执行该指令,逻辑堆栈顶(TOS)必须为 ON 状态,以使能 PID 计算。指令中 TABLE 是 PID 控制环的起始地址,LOOP 是控制环号(常数,0~7) 控制环表中存有以下 9 个用以控制和监测的参数:过程变量的现行值和先前值,设置点,输出,增益,采样时间,积分时间(复位)微分时间(速率),和积分 为使 PID 计算是以所要求的采样时间进行,应在定时中断执行中断服务程序或在由定时器控制的主程序中完成,其中定时时间必须填入环表中,以作为 PID 指令的一个输入参数	TABLE:VB LOOP:0~7

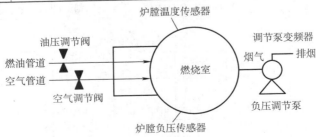

图 5.7-10　烧结炉的结构示意图

具体方案如下:采用 CPU224,模拟量扩展模块 EM232(2 路模拟量输出),模拟量扩展模块 EM235(4 路模拟量输入,1 路模块量输出)及文本显示器 TD200 组成系统。如图 5.7-11 所示。

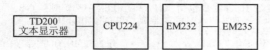

PP	变频器输出（风机排气）	AQW0
PTV-1	空气调节阀	AQW4
TV-1	燃油调节阀	AQW6
PE-1	空气压力传感器	AIW0
PE-2	燃油压力传感器	AIW2
PE-3	炉膛温度传感器	AIW4
PE-4	炉膛负压传感器	AIW6

图 5.7-11 烧结炉温度控制系统结构图

烧结炉温度及负压的稳定控制系统模块 I/O 地址分图,如图 5.7-12 所示。

图 5.7-12 烧结炉控制系统 I/O 地址分配图

烧结炉控制系统程序清单如下:

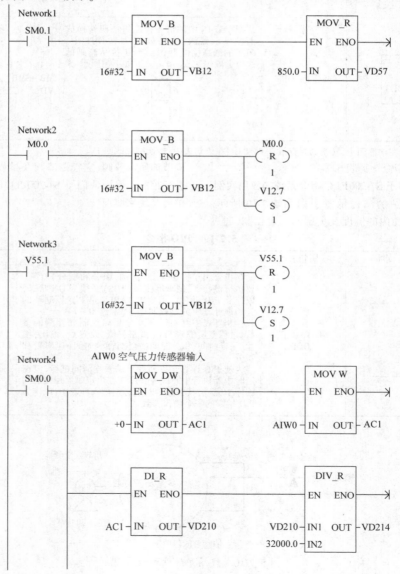

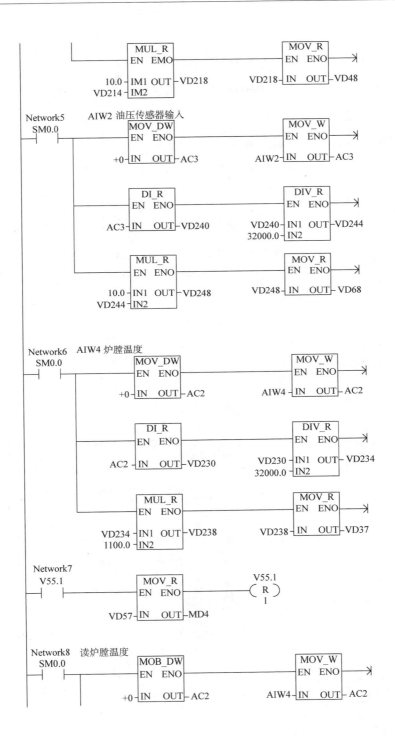

```
                        ┌─────────┐
                        │  DI_R   │
                        │ EN  EMO ├──→
                        │         │
                   AC2 ─┤ IN  OUT ├─ VD260
                        └─────────┘
```

Network9   通气
```
   VD260              ┌─────────┐
   ─┤<=R├─            │  MOV_W  │
                      │ EN  ENO ├──→
   8000.0             │         │
                +260 ─┤ IN  OUT ├─ AQW4
                      └─────────┘
```

Network10   读负压
```
   SM0.0        ┌─────────┐                    ┌─────────┐
   ─┤ ├─────┬───│ MOV_DW  │                    │  MOV_W  │
            │   │ EN  ENO ├──→                 │ EN  ENO ├──→
            │   │         │                    │         │
            │ +0┤ IN  OUT ├─ AC1          AIW6─┤ IN  OUT ├─ AC1
            │   └─────────┘                    └─────────┘
            │   ┌─────────┐
            └───│  DI_R   │
                │ EN  ENO ├──→
                │         │
           AC1 ─┤ IN  OUT ├─ VD270
                └─────────┘
```

Network11   排气
```
   VD270               ┌─────────┐
   ─┤<=R├─             │  MOV_W  │
                       │ EN  ENO ├──→
   3200.0              │         │
                +16000─┤ IN  OUT ├─ AQW0
                       └─────────┘
```

Network12 恒负压控制，轴出风机控制量 QAQW0 为变频器输出，AIW6 膛负压
```
   SM0.0   Q0.0         ┌─────────┐                    ┌─────────┐
   ─┤ ├─────┤ ├─────┬───│ MOV_DW  │                    │  MOV_W  │
                     │  │ EN  ENO ├──→                 │ EN  ENO ├──→
                     │  │         │                    │         │
                     │+0┤ IN  OUT ├─ AC1          AIW6─┤ IN  OUT ├─ AC1
                     │  └─────────┘                    └─────────┘
                     │  ┌─────────┐                    ┌─────────┐
                     ├──│  DI_R   │                    │  MUL_R  │
                     │  │ EN  ENO ├──→                 │ EN  ENO ├──→
                     │  │         │                    │         │
                     │ AC1┤IN OUT ├─ VD250       0.5 ─┤ IN1 OUT ├─ VD254
                     │  └─────────┘          VD250 ─┤ IN2     │
                     │                              └─────────┘
                     │  ┌─────────┐                    ┌─────────┐
                     └──│  TRUNC  │                    │  MOV_W  │
                        │ EN  ENO ├──→                 │ EN  ENO ├──→
                        │         │                    │         │
                 VD254 ─┤ IN  OUT ├─ AC1         AC1 ─┤ IN  OUT ├─ AQW0
                        └─────────┘                    └─────────┘
```

Notwork13
```
   SM0.1      Q0.1
   ─┤ ├───────( )
   Q0.1
   ─┤ ├─
```

Network14

```
 SM0.0                          T37
──┤├──┬─────────────────────┤IN  TON│
      │                      │       │
      │                +100─┤PT      │
      │
      │   Q0.1               ┌─MOV_W─┐                    ┌─MOV_W─┐
      └──┤/├──┬──────────────┤EN  ENO├───────────────────┤EN  ENO├──►
            │               │       │                   │       │
            │        +16000─┤IN  OUT├─AQW0        +16000─┤IN  OUT├─AQW4
            │
            │               ┌─MOV_W─┐
            └───────────────┤EN  ENO├──►
                            │       │
                       +0──┤IN  OUT├─AQW6
```

Network15

```
 T37    Q0.0
──┤├──┬──( )──
      │
      │  Q0.1
      └──( R )
          1
```

输入 PID 调节参数 VD57 为 TD200 的给定温度值

Network16

```
 SM0.0         ┌─DIV_R─┐                    ┌─MOV_R─┐
──┤├──┬────────┤EN  ENO├───────────────────┤EN  ENO├──►
      │        │       │                   │       │
      │  VD57─┤IN1 OUT├─VD400        VD400─┤IN  OUT├─VD104
      │ 1100.0─┤IN2    │
      │
      │        ┌─MOB_R─┐                    ┌─MOV_R─┐
      ├────────┤EN  ENO├───────────────────┤EN  ENO├──►
      │        │       │                   │       │
      │  0.25─┤IN  OUT├─VD112         0.1─┤IN  OUT├─VD116
      │
      │        ┌─MOV_R─┐                    ┌─MOV_R─┐
      └────────┤EN  ENO├───────────────────┤EN  ENO├──►
               │       │                   │       │
        1200.0─┤IN  OUT├─VD120        3.0─┤IN  OUT├─VD124
```

Network17

```
 SM0.5   Q0.0                C0
──┤├──────┤├──────────────┤CU  CTU│
                          │        │
 Q0.4                     │        │
──┤├──────────────────────┤R       │
                          │        │
                     +3──┤PV       │
```

Network18

```
 C0     Q0.0     Q0.3
──┤├──────┤├──────( )──
```

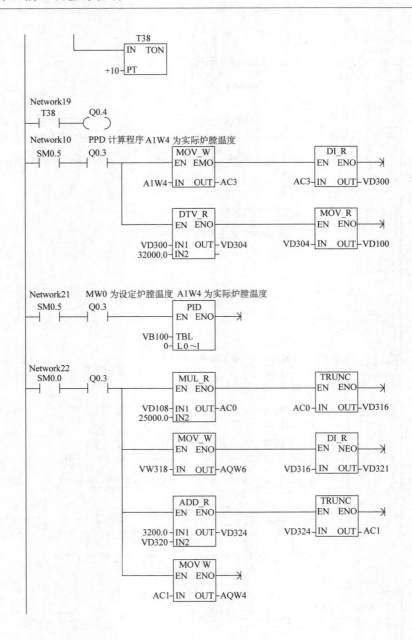

8　执　行　器

执行器是控制系统中直接改变操作变量的仪表,也称终端控制元件。它由执行机构和调节机构组成。执行器分类见图 5.8-1。

在工业过程控制系统中,使用最广泛的是气动和电动执行器。

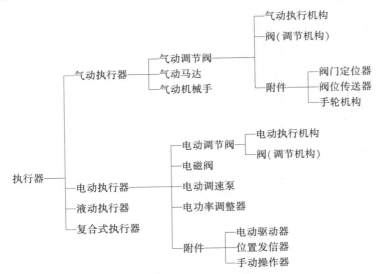

图 5.8-1　执行器分类

8.1　气动执行器

气动执行器以压缩空气为动力源,不仅能与气动调节仪表、气动单元组合仪表等配用,而且通过电—气转换器或电—气阀门定位器也能与电动调节仪表、电动单元组合仪表配用。

气动执行器由气动执行机构和调节阀两部分组成。气动执行机构是气动执行器的推动部分,按控制信号大小产生相应的输出力,通过执行机构的拉杆,带动调节阀的阀芯,产生相应的位移。调节阀是气动执行器的调节部分,与被控介质直接接触,在气动执行机构的推动下,阀芯产生一定

的位移或转角,改变阀芯与阀座间的流通面积,从而达到控制流量的目的。

根据控制系统的需要,气动执行器还可以配上阀门定位器。阀位传送器及手轮机构等附件。阀门定位器与气动执行机构配套使用,可以使阀门位置按控制信号正确定位,提高执行机构的动作速度,改善控制系统的动态特性,可实现分程控制、反作用动作和电—气信号转换等功能。阀位传送器把阀门的位置的大小转换成标准的统一信号的输出压力,能远距离观察阀门的工作位置。手轮机构直接装在执行机构的支架上,当控制系统失灵时,可以切换到手动操作。气动执行器的技术性能见表5.8-1。

表 5.8-1　气动执行器的技术性能　　　　　　　　　　　　　　　（单位:%）

调节阀形式	执行机构形式		非线性偏差	正反行程变差	灵敏限	始点偏差		终点偏差		全行程偏差	流通能力误差	流量特性误差	允许泄漏率
						气开式	气关式	气开式	气关式				
单座阀、双座阀	薄膜执行机构	不带定位器	±4	2.5	1.5	±2.5	±4	±4	±0.25	2.5	±10	±10	单座阀0.01
		带定位器	±1	1	0.1	±1				2.5	±15	±15	双座阀0.1
	活塞执行机构		±1	1	0.2	±1				2.5	(C≤6)	(C≤5)	
三通阀	薄膜执行机构	不带定位器	±4	2.5	1.5	±4				4	±10	±10	0.1
		带定位器	±1	1	0.1	±1				4			
	活塞执行机构		±1	1	0.2	±1				4			
角形阀	薄膜执行机构	不带定位器	±4	2.5	1.5	±2.5	±4	±4	±2.5	2.5	±10	±10	0.01
		带定位器	±1	1	0.1	±1				2.5	±15	±15	
	活塞执行机构		±1	1	0.2	±1				2.5	(C≤5)	(C≤5)	

（续）

调节阀形式	执行机构形式		非线性偏差	正反行程变差	灵敏限	始点偏差 气开式	始点偏差 气关式	终点偏差 气开式	终点偏差 气关式	全行程偏差	流通能力误差	流量特性误差	允许泄漏率
高压阀	薄膜执行机构	不带定位器	±4	2.5	1.5	±2.5	±4	±4	±2.5	2.5	±10	±10	0.01
		带定位器	±1	1	0.1	±1				2.5			
	活塞执行机构		±1	1	0.2	±1				2.5			
隔膜阀	薄膜执行机构	不带定位器	±10	6	3					5	±20		微小泄漏
		带定位器	±1	1	0.1					5			
	活塞执行机构		±1	1	0.2					5			
低温阀	薄膜执行机构	不带定位器	±6	5	3	±2.5	±6	±6	±2.5	2.5	±10、±15 (C≤5)	±10、±15 (C≤5)	单座阀0.01 双座阀0.1
		带定位器	±1	1	0.1	±1				2.5			
	活塞执行机构		±1	1	0.2	±1				2.5			
蝶阀	薄膜执行机构	不带定位器	±6	±4	1~1.5					±1°	±10		2.5
		带定位器	±1	1	0.1					±1°			
	活塞执行机构		±15	1	0.2					±1°			
阀体分离阀	薄膜执行机构	不带定位器	±4	2.5	1.5	±2.5	±4	±4	±2.5	2.5	±10、±15 (C≤5)	±10、±15 (C≤5)	0.01
		带定位器	±1	1	0.1	±1				2.5			
	活塞执行机构		±1	1	0.2	±1				2.5			
波纹管密封阀	薄膜执行机构	不带定位器	±4	2.5	1.5	±2.5	±4	±4	±2.5	2.5	±10、±15 (C≤5)	±10、±15 (C≤5)	单座阀0.01 双座阀0.1
		带定位器	±1	1	0.1	±1				2.5			
	活塞执行机构		±1	1	0.2	±1				2.5			
小流量阀	薄膜执行机构	不带定位器	±5	4	1.5			±4		4	±1.5		0.01
偏心旋转阀	薄膜执行机构	带定位器	±1.5	1.5	0.2					2.5	±10	±10	0.01
	活塞执行机构												
套筒阀	薄膜执行机构	不带定位器	±4	2.5	1.5		±2.5			2.5	±10	±10	0.1
		带定位器	±1	1	0.1	±1				2.5			
	活塞执行机构		±1	1	0.2	±1				2.5			

8.2 电动执行器

来自调节仪表的输出电信号，由电动执行机构将其转换成适当的力或力矩，推动各种类型的调节阀或其他调节机构，达到控制被控介质的流量，或开启、关闭阀门以控制流体的通断。电动执行器也可以控制生产过程的物料、能源等。

电动执行机构按照输出位移的不同，有角行程、直行程和多转式 3 类系列产品，它们的特点和用途见表 5.8-2。它们按照输入输出特点和在自动控制中的作用，又可分为积分式和比例式两种。

电磁阀由电磁铁和阀两部分组成，它是利用线圈通电激磁产生的电磁力来驱动阀芯运动，将阀开启或关闭。它的特点是结构紧凑、尺寸小、重量轻、维护简单、可靠性高、价格低廉。电磁阀可以按动作原理、介质类别和使用功能分类。无填料函型电磁阀与一般调节阀相比，阀塞与阀座密闭性好，可作到密封不漏。缺点是仅能用于开关式两位控制，不能满足较高控制精度的要求。电磁阀通常用于阀门口径在 100mm 以下二位式控制系统中。电磁阀的特点和用途见表 5.8-3。

表 5.8-2 电动执行机构类别、特点与用途

类别	特 点	用 途
角行程电动执行机构	1. 输出是力矩,通常为 16 ~ 25000N·m 2. 输出转角位移,通常有 60°、90°、120° 3. 比例式执行机构的输出角位移与输入信号成线性关系 4. 积分式执行机构的输出角位移与输入信号成积分关系	用于推动蝶阀、球阀、风门、感应调压器等角位移式调节机构
直行程电动执行机构	1. 输出是力,通常为 160 ~ 25000N 2. 输出直线位移,通常为 10、16、25、40、60、100mm 3. 比例式执行机构的输出直线位移与输入信号成线性关系 4. 积分式执行机构的输出直线位移与输入信号成积分关系	用于推动单座、双座、三通、角形等各种控制阀和直线位移式调节机构
多转式电动执行机构	1. 输出是力矩,通常为 16 ~ 2500N·m 2. 输出多转位移通常为 5、7、10、15、20、30 圈 3. 比例式执行机构的输出多转位移与输入信号成线性关系 4. 积分式执行机构的输出多转位移与输入信号成积分关系	用于推动闸阀、截止阀和需要多转位移的高压控制阀

表 5.8-3 电磁阀产品的特点与用途

类别	特 点	用 途
填料函型电磁阀	1. 填料函使主阀组件与电磁铁组件隔开,工作介质不与隔磁管、动心心等相接触,对电磁铁无影响 2. 由于阀杆与填料间的摩擦及介质压力对阀杆的影响,要求有较大功率的电磁铁来驱动,故外形尺寸较大,质量较大 3. 由于阀杆要穿越填料函动作,为使动作灵敏可靠,故较难保证完全密封而无介质外泄	1. 适用于高、低温或强腐蚀性的工作介质 2. 工作介质中允许混有少量的微粒杂质 3. 通径 D_N15 ~ 100mm,压力 p_N0.6 ~ 1.6MPa
无填料函型电磁阀	1. 由于无填料函,驱动电磁铁功率较小,可以做到小型化 2. 因为工作介质封闭在隔磁管中,所以工作介质不会渗漏到阀外 3. 工作介质与电磁铁组件相接触,可利用介质先导压力变化产生压差进行主阀开闭动作,使之更为小型化 4. 常开式为线圈不通电时阀开,通电时阀关。常闭式为线圈不通电阀关,通电时阀开。线圈需长通电才保持阀的现有工作状态	1. 一般用途电磁阀都采用这种结构 2. 直动型电磁阀适用于通径较小或介质压力不高的场合,否则电磁铁功率较大,尺寸也较大 3. 从阀工作状态和带电要求,选用常开或常闭 4. 直动型 D_N2 ~ 50mm,p_N0.01 ~ 16MPa;先导型 D_N10 ~ 250mm,p_N0.6 ~ 4.0MPa;反冲型 D_N15 ~ 100mm,p_N0.6 ~ 1.6MPa
自保持电磁阀	1. 上、下线圈间置有永磁铁,利用线圈通电产生磁通和永磁铁产生的磁通在上、下工作气隙回路的磁通差,使动铁心上下运动 2. 线圈脉冲通电后断电,利用永磁铁磁锁记忆,使阀仍保持在断电前所处位置	1. 脉冲通电不大于 0.1s,即可自保持,节省电耗 2. 尤适用一旦停电仍需保持工作状态或安全场合 3. 直动型 D_N2 ~ 6mm,p_N0.6 ~ 1.0MPa;先导型 D_N15 ~ 100mm,p_N0.6 ~ 1.0MPa
单向止回式电磁阀	阀后输出端设置单向止回阀保证单向流通,使工作介质只能流出而不能回流	用于阀后保持一定介质压力,而阀前介质压力波动较大
带阀位发信电磁阀	在开闭主阀的阀杆尾部设置上、下限阀位发信器件,直观表示阀位在开或闭状态	用于直观指示阀位是否开闭或作远传指示
双向电磁阀	1. 由于采用双阀座介质压力平衡式结构,克服因通径、压力较大,驱动电磁铁功率大的缺陷 2. 阀关闭时两阀座均需良好密封,对尺寸加工精度要求高	1. 适用于有真空或压力的工况 2. 流向任意,适用于工艺流程中介质需流入和流出变换的场合
数字式电磁阀	1. 一般电磁阀仅有开或关两种流量状态,用两个以上位式电磁阀呈圆周状或串接状组合于主阀体上,提高调节流量的精确度 2. 流量调节阶跃步数取决于位式电磁阀个数 n,其输出流量为 $Q_i = 2^n \cdot Q_n$	1. 适用于初始负载变化较大再过渡到控制某值变化较小工况 2. 要求控制精确度较高的场合
比例式电磁阀	采用比例式电磁铁组件,输出介质压力或流量与控制信号电压(或电流)大小成比例	1. 用于控制精确度有一定要求。但结构较简单、且价格要求比电动调节阀便宜的场合 2. 介质压力波动对控制精确度有一定影响

（续）

类别	特点	用途
多功能组合式电磁阀	1. 革除电磁阀需旁路安装手动阀的复杂管路,做到不停机检修 2. 不同粘度的气、液介质通用,对开闭动作无影响 3. 活塞式阀塞动作磨损,可调整补偿 4. 开闭时间和阀门开度可调节 5. 结构较复杂,外泄密封性要求高,价格贵	1. 适用于不能停机检修场合 2. 现场工况变化多而能调整的使用场合

8.3 自力式调节阀

自力式调节阀亦称直接作用调节阀,是一种不需要任何能源的设备,仅依靠被控变量（液体压力或温度）本身的能量来驱动阀内载流件,以改变过程流体流量而使被控变量稳定在所需的设定值上。

1. 自力式调节阀的特点

（1）不需任何能源,因而具有明显节能效果。

（2）省略了变送器、控制器等设备,故可节省投资。

（3）系统结构简单,因而可靠性好。

（4）操作简单,维修方便。

（5）具有防爆性。

由于它的特点,应用范围相当广泛,今后且从常温、常压向高温、微压方向发展、控制精度从一般向较高精度方向发展。图 5.8-2 是由它组成的单回路控制系统图。

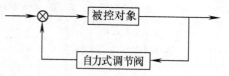

图 5.8-2 自力式调节阀组成
的单回路控制系统

2. 自力式调节阀的类型和用途（表 5.8-4）。

表 5.8-4 自力式调节阀品种、用途及特点

品种	用途	特点
直接作用自力式压力调节阀	用于控制阀后或阀前压力为恒定值	结构简单,类似于一般调节阀,控制精确度一般
指挥器操作型自力式压力调节阀	用于精确控制阀后或阀前压力为恒定值	结构较为复杂,实质上是用一只小阀（指挥器）去控制主阀
直接作用自力式温度调节阀	用于控制换热器温度	结构简单,控制精确度一般
指挥器操作型自力式温度调节阀	用于精确控制换热器温度	结构较为复杂,用一只小阀控制主阀,控制精确度较高
直接作用自力式差压调节阀	用于控制两物料的压力差或一种物料的压力为恒定值	分别接受两物料压力,以控制 A 物料压力随 B 物料压力变动而变动,也可作控制压力用

8.4 执行器的选择和应用

恰当地选择执行器是满足工艺操作条件和控制系统质量要求的重要保证。由于影响选择的因素较多,因此选择执行器是项较为复杂的工作。它主要包括以下几项内容:

（1）阀和阀内组件的材料。

（2）压力、温度等级与管道的联结形式。

（3）执行机构与阀的结构形式。

（4）阀的流量特性。

（5）阀的流量系数和公称通径。

（6）执行机构的规格。

8.4.1 调节阀的技术规格及适用对象（表 5.8-5）

表 5.8-5 调节阀技术规格及适用对象

品种类别	公称通径/mm	公称压力/10^5Pa	工作温度/℃	流量系数 $K_V/m^3 \cdot h^{-1}$	阀座泄漏量×阀额定容量/$m^3 \cdot h^{-1}$	适用对象
单座阀	20~300	6~64	−250~450	1.2~1100	1×10^{-4}	一般工艺条件的流体
双座阀	25~300	16~64	−250~450	10~1600	5×10^{-3} 或 1×10^{-3}	
套筒阀	25~300	6~64	−250~450	2~1600	5×10^{-3} 或 1×10^{-3}	
三通阀	合流 25~300 分流 80~300	16~64	−60~450	合流 8.5~1360 分流 85~1360	5×10^{-3}	换热器的旁路调节
角形阀	20~200	16~64	−60~450	1.6~630	1×10^{-4}	直角配管,一般或含少量悬浮物和颗粒的流体
高压阀	6~100	220,320	−60~450	0.04~160	1×10^{-4}	高压流体
防空化高压阀	角形 15~150 直通 50~300	160,250,320	−40~250	角形 0.7~100 直通 20~800	1×10^{-4}	高压差流体

（续）

品种类别		公称通径 /mm	公称压力 /10⁵ Pa	工作温度 /℃	流量系数 K_V/m³·h⁻¹	阀座泄漏量×阀额定容量 /m³·h⁻¹	适用对象
隔膜阀		15~100	6,10	<150	8~1200	0（橡胶隔膜） 5×10⁻³（四氟隔膜）	腐蚀性、粘性流 体、浆液
分体阀		20~100	16	−40~250	1.2~120	1×10⁻⁴	
小流量阀		$\frac{1}{2}$″,$\frac{3}{4}$″	64,100	−40~250	0.0012~0.8	1×10⁻⁴	小流量的工艺 条件
偏心 旋转阀		25~300	64	−40~250	12~4800	1×10⁻⁴	一般工艺条件 的流体
蝶 阀	普通	80~2000	1,6	−20~200	220~87000	2×10⁻²	低压、低压差流 体
	低温	150~800	6	−200~−40	770~21700	2×10⁻²	
	高温	150~2000	1	450~750	770~136000	3×10⁻³	
	密封 切断	50~1000 (50~450)	2.5~10 (16~25)	−20~500	85~34000 (85~6900)	2×10⁻⁵	
O 形球阀		25~400	16,64	−40~180	—	1×10⁻⁴	一般工艺流体 的两位调节
V 形球阀		25~400	16,64	−40~180	25~10000	1×10⁻⁴	纸浆及含纤维 的流体

8.4.2 阀公称压力的确定

由于材料的力学性能和阀设计基准温度不同，阀的公称压力不等于阀的实际允许使用的工作压力。我国采用的设计基准温度一般为200℃，阀的实际工作压力随着使用温度的提高而比设计压力有所下降；而美、日等国的设计基准温度为400℃，其阀的实际工作压力随着使用温度的下降而提高。因此，用户应根据制造厂家提供的标准或阀体材料的温度—压力关系曲线，按实际使用温度下的工作压力作为阀的公称压力等级。绝不能不考虑使用温度，仅以所需工作压力直接确定公称压力等级。

8.4.3 阀流量特性选择

阀流量特性分为固有流量和工作流量两种，制造厂给出为固有流量特性。在实际使用中，固有流量特性受管路系统阻力分配的影响，成为阀的工作特性。除电磁阀和自力式调节阀外，一般调节阀均应根据系统要求选择合适的阀流量特性。流量特性选择步骤如下：

（1）根据系统中对象特性和干扰性质，确定阀的工作流量特性。

（2）根据调节阀与系统的压降比 S 值大小，由工作流量特性选取固有流量特性。

8.4.4 阀的流量系数和公称通径

为确定阀的流径必须先按工艺参数计算所需阀的流量系数 K_V，这个计算过程称为阀的口径计算。口径计算步骤如下：

1. 确定计算条件

（1）根据工艺参数计算流量和压差。

（2）根据使用条件初选阀型，确定阀的特性参数 X_T、F_L 等（见表5.8-6）。

表 5.8-6 F_L、X_T 数值

阀 型		单 座 阀				双座阀	套筒阀		角形阀		偏转阀		蝶 阀	
		VP③		JP④		VN⑤	VM⑥	JM⑦	VS⑧		VZ⑨		VW⑩	
流向		流开	流关	流开	流关	任意	任意	任意	流开	流关	流开	流关	任意(90°)	任意(70°)
F_L①		0.93	0.75	0.92	0.85	0.84	0.91	0.84	0.93	0.80	0.88	0.62	0.61	0.72
X_T②		0.58	0.46			0.61	0.69		0.56	0.53	0.56	0.40	0.27	0.52

① F_L 为液体压力恢复因数。
② X_T 为压差比因数。
③ VP 型单座阀流开、流关（直线、等百分比）。
④ JP 型精小型单座阀流开、流关。
⑤ VN 型双座阀任意流向。
⑥ VM 型套筒阀任意流向。
⑦ JM 型精小型套筒阀任意流向。
⑧ VS 型角形阀流开、流关。
⑨ VZ 型偏心旋转阀流开、流关。
⑩ VW 型蝶阀任意流向（90°全开、70°全开）。

2. K_V 值计算

（1）判别工况（见表 5.8-7）。

表 5.8-7　工况判别及 K_V 值的计算公式

流体	工况判别式	计 算 公 式
不可压缩流体	非阻塞流 $\Delta p \geqslant F_L^2(p_1 - F_F p_v)$	$K_V = 0.01 q_{VL} \sqrt{\dfrac{\rho_L}{p_1 - p_2}}$ 或 $K_V = \dfrac{0.01 q_{mL}}{\sqrt{\rho_L(p_1 - p_2)}}$
	阻塞流 $\Delta p \geqslant F_L^2(p_1 - F_F p_v)$	$K_V = 0.01 q_{VL} \sqrt{\dfrac{\rho_L}{F_L^2(p_1 - F_F p_v)}}$ 或 $K_V = \dfrac{0.01 q_{mL}}{\sqrt{\rho_L F_L^2(p_1 - F_F p_v)}}$
	低雷诺数 $Re_v < 10^4$	$K_V' = \dfrac{K_V}{F_R}$
可压缩流体	非阻塞流 $X < \dfrac{K}{1.4} X_T$ 阻塞流 $X \geqslant \dfrac{K}{1.4} X_T$	$K_V = \dfrac{q_{Vg}}{24600 p_1 F_g f(X,\gamma)} \sqrt{\dfrac{MT_1 Z}{X}}$ 或 $K_V = \dfrac{q_{mg}}{1100 p_1 F_g f(X,\gamma)} \sqrt{\dfrac{T_1 Z}{XM}}$ 式中：$f(X,\gamma) = 1.47 - 0.66 \dfrac{X}{\gamma X_T}$ 为 通用式，$F_g = 0.69$；$f(X,\gamma) = 1.62 - 0.87 \dfrac{X}{\gamma X_T}$ 为 蝶阀专用式，$F_g = 0.62$；$f(X,\gamma) = 1.36 - 0.49 \dfrac{X}{\gamma X_T}$ 为 角形阀专用式，$F_g = 0.74$； 阻塞流时 X 用 X_T 代入
两相流体	1. 液体与非凝性气体 2. 液体与蒸汽，其中蒸汽占绝大部分	$K_V = \dfrac{q_{mg} + q_{mL}}{100 \sqrt{\rho_e(p_1 - p_2)}}$ 式中： $\rho_e = \dfrac{q_{mg} + q_{mL}}{\dfrac{q_{mg}}{\rho_1 F_g^2 f^2(X,\gamma)} + \dfrac{q_{mL}}{\rho_L}}$
两相流体	液体与蒸汽，其中液体占绝大部分	$K_V = \dfrac{q_{mg} + q_{mL}}{100 F_L \sqrt{p_1 \rho_m(1 - F_F)}}$ 式中： $\rho_m = \dfrac{q_{mg} + q_{mL}}{\dfrac{q_{mg}}{\rho_1} + \dfrac{q_{mL}}{\rho_L}}$

说 明

p_1——阀入口绝对压力（MPa）

p_2——阀出口绝对压力（MPa）

Δp——阀入口和出口间的压差，即（$p_1 - p_2$）（MPa）

p_v——阀入口流体温度下的饱和蒸汽压（绝压）（MPa）

p_c——热力学临界压力（MPa）

F_L——液体压力恢复因数

F_F——液体临界压力比因数，$F_F = 0.96 - 0.28 \sqrt{\dfrac{p_v}{p_c}}$

F_g——气体压力恢复因数

F_R——雷诺数因数，F_R 值根据图 5.8-3 查得，Re_v 根据该图图注公式计算

$f(X,\gamma)$——压差比修正因数

q_{VL}——液体体积流量（m^3/h）

q_{Vg}——气体标准状态体积流量［m^3/h］

ρ_L——液体密度（kg/m^3）

ρ_e——气液两相流有效密度（kg/m^3）

ρ_m——两相流密度（kg/m^3）

ρ_1——入口流体密度（kg/m^3）

q_{mL}——液体质量流量（kg/h）

q_{mg}——气体质量流量（kg/h）

X——压差与入口绝对压力之比 $\Delta p/p_1$

X_T——压差比因数

γ——比热比

T_1——入口流体热力学温度（K）

M——气体相对分子质量

Z——气体压缩因数

Re_v——雷诺数

对于两相流体：

1. 两相流均为非阻塞流

2. 压力、流量、密度等单位都同单相流

3. F_g 值与 $f(X,\gamma)$ 计算式同可压缩流体计算式

（2）选择合适公式计算 K_v 值（参见表 5.8-7 和图 5.8-3）。

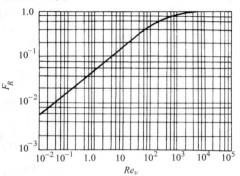

图 5.8-3 F_R 与 Re_v 的关系曲线

单座阀、套筒阀、球阀 $Re_v = \dfrac{70700 Q_L}{\nu \sqrt{F_L K_V}}$

双座阀、蝶阀、偏心旋转阀 $Re_v = \dfrac{49490 Q_L}{\nu \sqrt{F_L K_V}}$

ν——运动粘度（$=10^{-5}\,\mathrm{m^2/s}$）

（3）根据计算的 K_v 值，若需要更换阀型，

则需按上述步骤重新计算，并查阅有关资料。

3. 选定口径

（1）根据所选阀型及流量特性，对计算的 K_v 值进行放大和圆整。

（2）验算开度范围，一般不应超过 10% ~ 90% 的开度范围。

（3）若验算结果不满意，则需重新计算、验算。

必要时还应进行噪声预估和出口流速的验算，具体方法请参阅制造厂提供的有关资料。

8.4.5 阀不平衡力和允许压差的计算

各类调节阀、电磁阀、自力式调节阀产品的制造厂均提供允许压差的数据，以便用户选用。但当用户的使用要求超过允许压差的规定或自行选配执行机构时，应通过阀不平衡力的计算，确定执行机构所需的推力或力矩，然后选择执行机构的相应规格。

各类阀的不平衡力和允许压差的计算公式列于表 5.8-8。

表 5.8-8 阀不平衡力和允许压差 Δp 计算公式

阀类型	工况	F_t 或 M_t 计算公式	Δp 计算公式	说　明
单座阀		$F_t = \dfrac{\pi}{4}(d_N^2 \Delta p + d_S^2 p_2)$	$p_1 - p_2 = \dfrac{F - F_0 - \dfrac{\pi}{4} d_S^2 p_2}{\dfrac{\pi}{4} d_N^2}$	D_N——阀的公称通径 d——阀板轴直径 d_N——阀芯直径 d_{N1}——上阀芯直径 d_{N2}——下阀芯直径 d_S——阀杆直径 F——执行机构输出力，按标准弹簧范围 20 ~ 100kPa 不带定位器条件计算的 F_0——阀座密封力 F_t——阀不平衡力 f——阀板轴摩擦因数 G——转矩因数 M_t——阀不平衡力矩 J——推力因数 $p_1 \text{、} p_2 \text{、} p_1' \text{、} p_2'$——压力 Δp——压差，产品说明书一般给出允许压差 Δp 值条件为 $p_2 = 0$
角形阀		$F_t = -\dfrac{\pi}{4}(d_N^2 \Delta p - d_S^2 p_1)$	$p_1 - p_2 = \dfrac{F - F_0 + \dfrac{\pi}{4} d_S^2 p_1}{\dfrac{\pi}{4} d_N^2}$	
双座阀		$F_t = \dfrac{\pi}{4}[(d_{N1}^2 - d_{N2}^2)\Delta p + d_S^2 p_2]$	$p_1 - p_2 = \dfrac{F - F_0 - \dfrac{\pi}{4} d_S^2 p_2}{\dfrac{\pi}{4}(d_{N1}^2 - d_{N2}^2)}$	
		$F_t = -\dfrac{\pi}{4}[(d_{N1}^2 - d_{N2}^2)\Delta p - d_S^2 p_2]$	$p_1 - p_2 = \dfrac{F - F_0 + \dfrac{\pi}{4} d_S^2 p_2}{\dfrac{\pi}{4}(d_{N1}^2 - d_{N2}^2)}$	
三通阀（合流）		$F_t = \dfrac{\pi}{4}[d_N^2(p_1 - p_1') + d_S^2 p_1']$	$p_1 - p_1' = \dfrac{\pm(F - F_0) - \dfrac{\pi}{4} d_S^2 p_1'}{\dfrac{\pi}{4} d_N^2}$	

（续）

阀类型	工况	F_t 或 M_t 计算公式	Δp 计算公式	说　明
三通阀（分流）		$F_t = \dfrac{\pi}{4}\left[d_N^2(p_2 - p_2') + d_S^2 p_2' \right]$	$p_2 - p_2' = \dfrac{\pm(F - F_0) - \dfrac{\pi}{4}d_S^2 p_2'}{\dfrac{\pi}{4}d_N^2}$	D_N——阀的公称通径 d——阀板轴直径 d_N——阀芯直径 d_{N1}——上阀芯直径 d_{N2}——下阀芯直径 d_S——阀杆直径 F——执行机构输出力，按标准弹簧范围 20～100kPa 不带定位器条件计算的 F_0——阀座密封力 F_t——阀不平衡力 f——阀板轴摩擦因数 G——转矩因数 M_t——阀不平衡力矩 J——推力因数 p_1,p_2,p_1',p_2'——压力 Δp——压差，产品说明书一般给出允许压差 Δp 值条件为 $p_2 = 0$
隔膜阀		$F_t = \dfrac{\pi}{8} d_N^2(p_1 + p_2)$	$p_1 + p_2 = \dfrac{(F - F_0)}{\dfrac{\pi}{8}d_N^2}$	
蝶阀		$M_t = GD_N^3 \Delta p$	$p_1 - p_2 = \dfrac{M_t}{D_N^2\left(GD_N + Jf\dfrac{d}{2}\right)}$	

参 考 文 献

[1]　机械工程手册电机工程手册编辑委员会. 机械工程手册：检测·控制与仪器仪表卷：[M] 2版. 北京：机械工业出版社，1997.

[2]　机械工程手册电机工程手册编辑委员会编. 机械工程手册：第64篇 [M]. 北京：机械工业出版社，1982.

[3]　孟少农. 机械加工工艺手册：第3卷 [M]. 北京：机械工业出版社，1992.

[4]　李九龄等. 数字控制系统 [M]. 北京：机械工业出版社，1988.

[5]　何贡. 计量测试技术手册 [M]. 北京：中国计量出版社，1997.

[6]　蔡其恕. 机械量测量 [M]. 北京：机械工业出版社，1983.

[7]　林明邦等. 机械量测量 [M]. 北京：机械工业出版社，1992.

[8]　胡时岳. 机械振动与冲击测试技术 [M]. 北京：科学出版社，1983.

[9]　王沅江. 现代计量测试技术 [M]. 北京：中国计量出版社，1990.

[10]　许汉贤. DDZ-Ⅲ与 S 系列温度变送器. 化工自动化仪表 [M]，1991（2）.

[11]　吴永诗. 电子工程师手册 [M]. 北京：机械工业出版社，1996.

[12]　机械工程手册电机工程手册编辑委员会. 机械工程手册：第31篇 第55篇 [M]. 北京：机械工业出版社，1982.

[13]　钟秉林，黄仁，机械故障诊断学 [M]. 北京：机械工业出版社，2002.

[14]　邓则名等. 电器与可编程控制器应用技术 [M]. 北京：机械工业出版社，2004.

[15]　韦巍. 智能控制技术 [M]. 北京：机械工业出版社，2003.

第6篇　流体机械

主　编　　朱企新
编写人　　谭　蔚
　　　　　朱企新
　　　　　陈国桓
　　　　　都丽红
　　　　　朱　萍
　　　　　曹玉平

1 流 体 流 动[1~6]

本章应用流体力学的基本原理,给出了流体机械中广泛应用的伯努利方程。阐述了工程上管道流动中流体的速度分布规律以及阻力计算方法,进而计算出机械能损失。

1.1 伯努利(Bernoulli)方程

1.1.1 理想流体

对于定常流动,不可压缩的理想流体有

$$gz + \frac{p}{\rho} + \frac{v^2}{2} = 常数 \qquad (6.1\text{-}1)$$

式中　z——流断面的位置高度(m);

　　　g——重力加速度(m/s²);

　　　p——流断面处的压力(Pa);

　　　ρ——流体密度(kg/m³);

　　　v——流断面的平均速度,(m/s)。

上式称为伯努利方程。式中第一项表示单位质量流体所具有的重力势能,又称位能头;第二项表示质量流体在某一点上的压力所做的功,或者表示单位流量流体所具有的静压能,又称压力头;第三项表示单位质量流体所具有的动能,又称速度头。三项总和为单位质量流体的机械能,又称总水头。

依据伯努利方程,沿流管任意两点(见图6.1-1)可写出

$$gz_1 + \frac{p_1}{\rho} + \frac{v_1^2}{2} = gz_2 + \frac{p_2}{\rho} + \frac{v_2^2}{2}$$

式中　v_1, v_2——流断面1,2处的平均速度(m/s);

　　　z_1, z_2——流断面1,2处的中心位置高度(m);

　　　p_1, p_2——流断面1,2处的平均压力(Pa)。

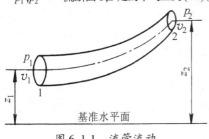

图 6.1-1　流管流动

1.1.2 粘性流体[1]

伯努利方程适用于理想流体,如果用于粘性流体,则需进行必要的修正。对于粘性不可压缩定常流动的流体,沿流管(参见图6.1-1)有

$$gz_1 + \frac{p_1}{\rho} + \frac{\alpha_1 v_1^2}{2} = gz_2 + \frac{p_2}{\rho} + \frac{\alpha_2 v_2^2}{2} + h_s$$

$$(6.1\text{-}2)$$

式中　α_1, α_2——流断面1、2处的动能修正系数,通常可取 $\alpha_1 = \alpha_2 = 1$。

　　　h_s——单位质量流体沿流管,从断面1流动到断面2的机械能损失,又称水头损失(m)。

1.2 管内流动[1,2]

流体在管内流动,当处于不同的流动状态时,有不同的流动规律。管内流体的速度分布,层流时速度分布沿半径的变化呈抛物线型,流速不同,其分布形状不变;湍流时则中间平坦,近壁处陡峭,速度愈高,这个特点愈显著。流动时的阻力,层流时与速度的一次方成正比;湍流时,近似地与速度平方成正比。

1.2.1 圆管内定常层流运动

流体在圆管中作完全层流运动时,如图6.1-2所示。

壁面切应力

$$\tau_w = \frac{dp}{dx} \cdot \frac{R}{2} \qquad (6.1\text{-}3)$$

式中　τ_w——壁面切应力(Pa);

　　　R——管半径(m);

　　　dp/dx——沿流向的压力梯度(Pa/m)。

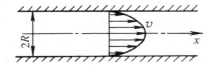

图 6.1-2　圆管层流流动示意

速度分布

$$v = -\frac{1}{4\mu} \frac{dp}{dx}(R^2 - r^2) \qquad (6.1\text{-}4)$$

式中　v——流速（m/s）；

　　　μ——流体的动力粘度（Pa·s）；

　　　r——任意点处的半径（m）。

最大速度　$r=0$ 时，即管中心　$v_{max}=-\dfrac{R^2}{4\mu}\dfrac{\mathrm{d}p}{\mathrm{d}x}$

平均速度　　　　$\bar{v}=-\dfrac{R^2}{8\mu}\dfrac{\mathrm{d}p}{\mathrm{d}x}$

1.2.2　圆管内定常湍流运动

流体在圆管中作完全湍流运动时，见图6.1-3，速度分布有两种表示方法：

（1）七分之一次方定律

　　　　$Re<1000000$

$$\frac{u}{U^*}=8.74\left(\frac{yU^*}{\nu}\right)^{1/7} \tag{6.1-5}$$

$$U^*=\sqrt{\frac{\tau_w}{\rho}}$$

式中　u——流体的平均速度（m/s）；

　　　U^*——摩擦速度（m/s）；

　　　y——由壁面测量的距离（m）；

　　　ν——流体的运动粘度（m²/s）。

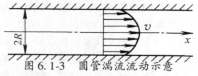

图 6.1-3　圆管湍流流动示意

随着雷诺数 $Re(=vd/\nu,d$ 为管内径）的增大，速度 u 与 $\left(\dfrac{yU^*}{\nu}\right)$ 的 1/8,1/9,1/10 次幂成正比。

（2）对数分布规律

湍流区域　　　$\dfrac{u}{U^*}=2.5\ln\dfrac{yU^*}{\nu}+C$　　（6.1-6）

粘性底层　　　$\dfrac{u}{U^*}=\dfrac{yU^*}{\nu}$　　　　　　（6.1-7）

式中　C——由壁面粗糙度决定的常数，光滑圆管 $C=5.5$，完全粗糙管 $C=8.5$。

1.3　管道流动阻力

1.3.1　管道流动阻力形式

对于低速流管，流动阻力可分为两种：一种为沿程阻力（沿程水头损失），是流体在流动过程中粘性摩擦所产生的损失，发生在全流程上；一种为局部阻力（局部水头损失），是由于流动状态发生剧烈变化而引起的能量损失，主要是由压力差导致的压差阻力。在工程实际计算中，一般不计算管流阻力，而是计算由于存在阻力所引起的机械

能损失，称其为水头损失。

1.3.2　管道流动阻力计算公式[3]

对于不可压缩定常管流，单位质量流体从过流断面 1 流到过流断面 2 的总水头损失

$$h_s=\frac{1}{g}\left[\left(gz_1+\frac{p_1}{\rho}+\frac{v_1^2}{2}\right)-\left(gz_2+\frac{p_2}{\rho}+\frac{v_2^2}{2}\right)\right]$$

$$=\frac{\Delta p}{\rho g} \tag{6.1-8}$$

式中　Δp——流体从过流断面 1 流到 2 的总压损失（Pa）。

一般来说，总水头损失为沿程阻力损失 h_1 和局部水头损失 h_j 之和，即

$$h_s=h_1+h_j \tag{6.1-9}$$

沿程阻力　　　$h_1=\lambda\dfrac{l}{d_h}\dfrac{v^2}{2g}$　　（6.1-10）

式中　λ——沿程阻力因数；

　　　l——计算 h_1 的那段管长（m）；

　　　d_h——管道水力直径（m）；

　　　v——过流断面的平均速度（m/s）。

局部阻力　　　$h_j=\zeta\dfrac{v^2}{2g}$　　　　（6.1-11）

式中　ζ——局部阻力因数。

局部阻力一般是在湍流情况下发生的，即使流动本来是层流，经过很强的扰动后，流动也会转变为湍流。

1.3.3　各种形状的局部阻力因数

局部水头损失的大小主要与管件的形状、雷诺数和相对粗糙度有关。通常，雷诺数 $Re>10^5$，局部阻力因数与雷诺数无关。几种形状的局部阻力因数见表 6.1-1。

1.3.4　沿程阻力因数计算[4]

沿程阻力因数 λ 与雷诺数、管壁相对粗糙度及流截面形状有关。在管流动中，分为光滑圆管与粗糙管。所谓光滑圆管是指管壁粗糙点的平均高度小于近壁面粘性底层厚度的管子。实际的管壁不会是绝对光滑的，可以认为粗糙壁面由差不多同一尺寸的颗粒组成。用 e 表示粗糙峰的平均高度（mm），称为绝对粗糙度；而把 e 与管径 d 之比 e/d 称为相对粗糙度。

（1）圆管沿程阻力计算　圆截面直管内流体运动时所受的阻力可由公式（6.1-10）计算，其中依据流体流动状态、管壁情况的不同，沿程阻力因数 λ 可采用表 6.1-2 中的公式计算，也可以从图 6.1-4 中查出。常见不同材料的管壁绝对粗糙度见表 6.1-3。

表 6.1-1 几种形状的局部阻力因数

类型	示 意 图	局部阻力因数 ζ(注:表中所列的 ζ,除特别说明外,都是对损失后的平均流速 v_2 而言的)								

突然缩小

$$\zeta = 0.5\left(1 - \frac{A_2}{A_1}\right) \quad \text{式中 } A_1, A_2\text{——流断面 1,2 的截面积}$$

A_2/A_1	0.01	0.1	0.2	0.3	0.4	0.5	0.6	0.7	0.8
ζ	0.5	0.45	0.4	0.35	0.30	0.25	0.20	0.15	0.1

渐缩管

$$\zeta = \xi\left(\frac{1}{\varepsilon} - 1\right)^2 + \frac{\lambda_m}{8\sin\frac{\theta}{2}}\left[1 - \frac{A_2}{A_1}^2\right]$$

$$\lambda_m = \frac{1}{2}(\lambda_1 + \lambda_2)$$

式中 λ_1, λ_2——对应于小管和大管的沿程阻力因数;

A_1, A_2——流断面 1,2 的截面积

θ	10°	20°	40°	60°	80°	100°	140°
ξ	0.40	0.25	0.20	0.20	0.30	0.40	0.60

A_2/A_1	0.1	0.2	0.3	0.4	0.5	0.6	0.7	0.8	0.9
ε	0.612	0.616	0.622	0.633	0.644	0.662	0.687	0.722	0.781

突然扩大

$$\zeta = \left(\frac{A_2}{A_1} - 1\right)^2 \quad \text{式中 } A_1, A_2\text{——流断面 1,2 的截面积}$$

A_2/A_1	10	9	8	7	6	5	4	3	2
ζ	81	64	49	36	25	16	9	4	1

渐扩管

$$\zeta = \xi\left(\frac{A_2}{A_1} - 1\right)^2 + \frac{\lambda_m}{8\sin\frac{\theta}{2}}\left[\left(\frac{A_2}{A_1}\right)^2 - 1\right]$$

$$\lambda_m = \frac{1}{2}(\lambda_1 + \lambda_2)$$

式中 λ_1, λ_2——对应于小管和大管的沿程阻力因数;

A_1, A_2——流断面 1,2 的截面积

θ	2.5°	5°	7.5°	10°	15°	20°
ξ	0.18	0.13	0.14	0.16	0.27	0.43
θ	25°	30°	40°	60°	90°	180°
ξ	0.62	0.81	1.03	1.21	1.12	1

折管

$$\zeta = 0.946\sin^2\left(\frac{\theta}{2}\right) + 2.047\sin^4\left(\frac{\theta}{2}\right)$$

θ	20°	40°	60°	80°	90°	100°	120°	140°
ζ	0.046	0.139	0.364	0.740	0.985	1.260	1.861	2.431

90°弯管

$$\zeta_{90°} = 0.131 + 0.16(d/R)^{3.5} \quad \left[\text{若弯管间夹角 } \theta < 90°, \zeta = \zeta_{90°}\frac{\theta°}{90°}\right]$$

d/R	0.1	0.3	0.5	0.7	0.9	1.1
$\zeta_{90°}$	0.131	0.133	0.145	0.177	0.241	0.355

（续）

类型	示 意 图	局部阻力因数 ζ（注：表中所列的 ζ，除特别说明外，都是对损失后的平均流速 v_2 而言的）									
分支管道		$q = Q_1/Q_3 \qquad m = A_1/A_3 \qquad n = d_1/d_3$ $\zeta_{13} = -0.92(1-q)^2 - q^2[(1.2 - n^{0.5})(\cos\theta/m - 1) + 0.8(1 - 1/m)^2 - (1-m)\cos\theta/m] + (2-m)q(1-q)$ $\zeta_{23} = 0.03(1-q)^2 - q^2[1 + (1.62 - n^{0.5})(\cos\theta/m - 1) - 0.38(1-m)] + (2-m)q(1-q)$ 式中 Q_1, Q_3 ——流断面 1,3 的流量 $\qquad A_1, A_3$ ——流断面 1,3 的截面积 $\qquad d_1, d_3$ ——流断面 1,3 的管径									
		$q = Q_1/Q_3 \qquad m = A_1/A_3 \qquad n = d_1/d_3$ $\zeta_{31} = -0.95(1-q)^2 - q^2[(1.3\cot(180° - \theta)/2 - 0.3 + (0.4 - 0.1m)/m^2] \times [1 - 0.9(n/m)^{0.5}] - 0.4q(1-q)(1 + 1q/m)\cot(180° - \theta)/2$ $\zeta_{32} = -0.03(1-q)^2 - 0.35q^2 + 0.2q(1-q)$ 式中 Q_1, Q_3 ——流断面 1,3 的流量 $\qquad A_1, A_3$ ——流断面 1,3 的截面积 $\qquad d_1, d_3$ ——流断面 1,3 的管径									
闸阀		开度/%	10	20	30	40	50	60	70	80	90	100
		ζ	60	16	6.5	3.2	1.8	1.1	0.6	0.3	0.18	0.1
球阀		开度/%	10	20	30	40	50	60	70	80	90	100
		ζ	85	24	12	7.5	5.7	4.8	4.4	4.1	4.0	3.9
蝶阀		开度/%	10	20	30	40	50	60	70	80	90	100
		ζ	200	65	26	16	8.3	4	1.8	0.85	0.48	0.3

表 6.1-2 圆断面管流沿程阻力因数 λ 的计算公式[5]

流动状态		雷诺数 Re	计 算 公 式
层流		< 2300	$\lambda = 64/Re$
湍流	水力光滑区	$\dfrac{e}{d}Re\sqrt{f} < 10$	$3 \times 10^3 < Re < 4 \times 10^6$	$\dfrac{1}{\sqrt{\lambda}} = 2\lg(Re\sqrt{\lambda}) - 0.8$
			$4 \times 10^3 < Re < 10^5$	$\lambda = 0.3164/Re^{0.25}$
			$10^5 < Re < 3 \times 10^6$	$\lambda = 0.0032 + \dfrac{0.221}{Re^{0.237}}$
	过流区	$\dfrac{e}{d}Re\sqrt{f} = 20 \sim 200$	$\dfrac{1}{\sqrt{\lambda}} = 1.74 - 2\lg\left(\dfrac{1.87}{Re\sqrt{\lambda}} + \dfrac{e}{d}\right)$
	完全粗糙区	$\dfrac{e}{d}Re\sqrt{f} > 200$	$\dfrac{1}{\sqrt{\lambda}} = -2\lg\left(\dfrac{e}{d}\right) + 1.14$
	光滑管和粗糙管通用阻力公式 $e \to 0$ 时，得到光滑管情况的公式 $Re \to \infty$ 时，得到适用于完全粗糙情况的公式		$\dfrac{1}{\sqrt{\lambda}} = -2\lg\left(\dfrac{2.5226}{Re\sqrt{\lambda}} + \dfrac{e}{3.7065d}\right)$

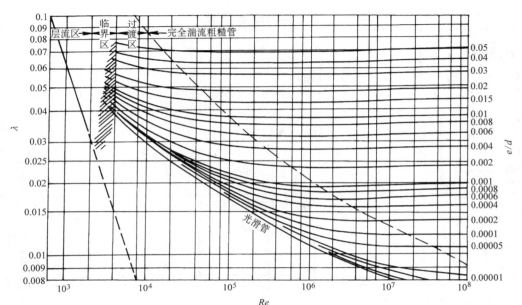

图 6.1-4 圆管的沿程阻力因数 λ 与雷诺数 Re、相对粗糙度 e/d 的关系曲线

表 6.1-3 不同材料的管壁绝对粗糙度 （续）

	材料和管壁的类别	绝对粗糙度 /mm		材料和管壁的类别	绝对粗糙度 /mm
金属管材	干净的、整体的黄铜管、铜管、铅管	0.0015 ~ 0.01	非金属管材	纯水泥的表面	0.25 ~ 1.25
	新的仔细浇成的无缝钢管	0.04 ~ 0.17		涂有珐琅质的砖	0.45 ~ 3.0
	在煤气管路上使用一年后的钢管	0.12		水泥浆硅砌体	0.80 ~ 6.0
	在普通条件下浇成的钢管	0.19		混凝土槽	0.8 ~ 9.0
	使用数年后的整体钢管	0.19		用水泥的普通块石砌体	6.0 ~ 17.0
	涂柏油的钢管	0.12 ~ 0.21		刨平木板制成的木槽	0.25 ~ 2.0
	精制镀锌的钢管	0.25		非刨平木板制成的木槽	0.45 ~ 3.0
	具有浇成并且很好整平的接头之新铸铁管	0.31		钉有平板条的木板制成的木槽	0.80 ~ 4.0
	钢板制成的管道及很好整平的水泥管	0.33			
	普通的镀锌钢管	0.39			
	普通的新铸铁管	0.25 ~ 0.42			
	不太仔细浇成的新的或干净的铸铁管	0.45			
	粗陋镀锌钢管	0.50			
	旧的生锈钢管	0.60			
	污秽的金属管	0.75 ~ 0.90			
非金属管材	干净的玻璃管	0.0015 ~ 0.01			
	橡皮软管	0.01 ~ 0.03			
	极粗陋的、内涂橡胶的软管	0.20 ~ 0.30			
	水管道	0.25 ~ 1.25			
	陶土排水管	0.45 ~ 6.0			
	涂有珐琅质的排水管	0.25 ~ 6.0			

（2）非圆截面管沿程阻力计算[5]

1）层流

$$\lambda = 64\phi/Re \qquad (6.1\text{-}12)$$

式中 ϕ——管截面形状因数，见表 6.1-4。

2）湍流 对于非圆管，引入水力直径 d_h，定义为

$$d_h = \frac{4A}{C} \qquad (6.1\text{-}13)$$

式中 d_h——平均水力直径（m）；

A——截面积（m²）；

C——浸湿周边（m）。

求解非圆截面管道的沿程阻力时，可用 d_h 代替圆管直径 d 求雷诺数和相对粗糙度，代入圆管阻力因数方程中求得 λ，进而得到沿程阻力。表 6.1-5 给出几种常见非圆截面管道的水力直径。

表 6.1-4 形状因数

	d_2/d_1	1	2.5	5	10	20	100	1000	10000
	ϕ	1.5	1.480	1.443	1.396	1.348	1.252	1.167	1.122
	a/b	1	2	4	6	8	10	20	100	∞
	ϕ	0.889	0.972	1.140	1.231	1.286	1.323	1.405	1.480	1.5

表 6.1-5 几种常见非圆截面管道的水力直径

横截面形状				
水力直径	d	a	$2ab/(a+b)$	$b/\sqrt{3}$	d_2-d_1

（3）弯管流动时沿程阻力计算[6]　计算弯管阻力，可用对于直管的阻力计算式，但需采用弯管的阻力因数 λ_0。

a. 弯管层流

$$\begin{cases} De < 20, \dfrac{\lambda_0}{\lambda} \approx 1 \\ 20 < De < 1000, \dfrac{\lambda_0}{\lambda} = 0.37(De)^{0.36} \end{cases}$$

$$(6.1\text{-}14)$$

$$De = 0.5Re\sqrt{d/2R}$$

式中　d、R——管截面直径与管轴的曲率半径（m）。

b. 弯管湍流（适用于 $Re = 15000 \sim 100000$）

$$\frac{\lambda_0}{\lambda} = 1 + 0.075(Re)^{1/4}\left(\frac{d}{2R}\right)^{1/2}$$

$$(6.1\text{-}15)$$

2 泵与泵装置[4~9]

　　输送液体或使液体增压的机械通称泵。泵将原动机的机械能或其他外部能量输送给液体，使液体能量增加。

2.1 泵的分类

　　泵按工作原理的分类见图 6.2-1。

　　1. 动力式泵　依靠快速旋转的叶轮对液体的作用力将机械能传到流体，使动能和压力能增加，再通过泵壳将大部分动能转变成压力能而实现输送。动力式泵又称叶轮式或叶片式泵。离心泵是最常见的动力式泵。

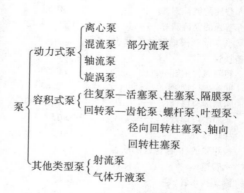

图 6.2-1 泵的分类

2. 容积式泵 依靠工作元件在泵缸内作往复或回转运动，使容积交替增大和缩小，实现流体的吸入和排出。工作元件作往复运动的容积式泵称往复泵，其吸入和排出过程在同一泵缸内，并由吸入阀和排出阀配合完成。工作元件作回转运动的称回转泵，主要通过齿轮、螺杆、滑片等工作元件的旋转运动迫使液体从吸入侧转移到排出侧。

3. 其他类型泵

a. 射流泵是依靠一定压力的工作流体，通过喷嘴高速喷出带走被输送流体的泵。这种泵分液体射流泵和气体射流泵，其中以水射流和蒸汽射流最常用。

b. 气体升液器 通过导管将压缩气体送至液体最底层，使之形成比液体轻的气液混合物，再借管外液体的压力将混合流体压升上来。

2.2 各类泵的特性比较和适用范围

2.2.1 泵的特性比较

泵的特性包括特性曲线形状、性能稳定性、自吸能力、起动与调节、介质粘度适用范围等。用户对泵最基本的要求是一定的流量和必须达到的扬程（或

必须达到的压力）。此外还有其他使用要求，如泵的汽蚀余量、抽送介质性质、工作温度、安装条件等。

根据泵的形式不同，流量、扬程（压力）的变化关系有所不同。对于动力式泵来说，其特性是对同一台泵若要求扬程高，则其流量减小；反之，要求扬程低，则其流量可增大。容积式泵的排出压力取决于管路特性，设计压力应保证强度条件和密封，并设安全阀限压；流量则要求设计时给以保证，但由于密封泄漏与压力有关，故压力高时流量稍有减小。

各类泵的主要特性比较见表 6.2-1。

各类泵的性能范围见图 6.2-2。

2.2.2 泵的主要特征参数

1. 泵的流量 单位时间内所输送的液体量，可按体积或质量计量。体积流量 q_V 与质量流量 q_m 可按下述关系换算：

$$q_V = \frac{q_m}{\rho} \tag{6.2-1}$$

式中 ρ——液体的密度。

2. 泵的进、出口压力 p_1 和 p_2 是指泵的进口前和出口后液体所具有的压力。

表 6.2-1 各类泵的主要特性比较[7][8]

指标	动力式			容积式	
	离心式	轴流式	旋涡式	活塞式	回转式
液体排出状态	流量均匀			有脉动	流量均匀
液体品质	均一液体（或含固体液体）	均一液体	均一液体	均一液体	均一液体
临界吸上真空高度/m	4~8	—	2.5~7	4~5	4~5
扬程（或排出压力）	范围大，低至~10m 高至~600m（多级）	2~20m	较高，单级可达100m以上	范围大，排出压力高，排出压力 0.3~60MPa	
体积流量/m³h⁻¹	范围大，低至~5 高至~30000	较大，~60000	较小，0.4~20	范围较大，1~600	
流量与扬程关系	流量减小扬程增大，反之，流量增大，扬程降低	同离心式，但增大和降率较大（即曲线较陡）		流量增减，排出压力不变。压力增减，流量基本为定值（原动机恒速）	
构造特点	转速高，体积小，运转平稳，基础小，设备维修较易	与离心式基本上相同，翼轮较离心式叶片结构简单，制造成本低		转速低，能力（排量）小，设备外形庞大，基础大，与原动机连接较复杂	同离心式泵
流量与轴功率关系	依泵比转数而定。离心式泵当流量减少，轴功率减少	依泵比转数而定。轴流式泵当流量减少，轴功率增加	流量减少，轴功率增加	当排出压力一定时，流量减少，轴功率减少	

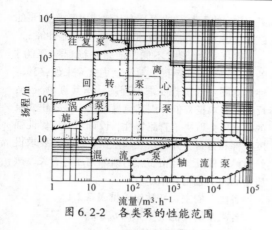

图 6.2-2 各类泵的性能范围

3. 泵的扬程 H 是指单位质量液体通过泵所获得的能量，单位为 m，可由下式表示：

$$H = \frac{p}{\rho g}$$

式中 p——泵的压力（Pa）；

g——重力加速度（m/s²）；

或 $$H = \frac{p_2 - p_1}{\rho g} + \frac{v_2^2 - v_1^2}{2g} + (z_2 - z_1) \quad (6.2\text{-}2)$$

式中 p_2、p_1——泵出口和进口处的压力（Pa）；

v_2、v_1——泵出口和进口处的平均流速（m/s）；

z_2、z_1——泵出口和进口截面到基准面的垂直距（m）。

4. 转速 n 动力式泵轴旋转的速度（r/min）。

5. 功率 P 泵的功率通常指输入功率，即原动机的输出功率。一般泵轴功率单位 kW。

6. 泵的输出功率 P_e 表示单位时间内泵所输送出去的液体从泵中获得的有效能量，即

$$P_e = q_V H \rho g \quad (6.2\text{-}3)$$

7. 效率 η 泵的效率是指有效功率 P_e 和轴功率 P 之比，即

$$\eta = \frac{P_e}{P} \quad (6.2\text{-}4)$$

8. 允许汽蚀余量及临界吸上真空高度 泵的允许汽蚀余量是指泵进口处液体压力超出气压力的数值；泵的临界吸上真空高度是指泵进口处液体压力小于大气压力的数值。

9. 比转速 我国对泵比转速 n_s 的定义为

$$n_s = 3.65 \frac{n q_m^{1/2}}{H^{3/4}} \quad (6.2\text{-}5)$$

式中 q_m——质量流量（m³/s）；

H——扬程（m）；

n——转速（r/min）。

泵的比转速在数值上等于几何相似的泵在流量为 0.075m³/s、扬程达 1m 时的转速。比转速并不具有转速的物理概念。比转速随运行工况而变，一般所指泵的比转速是按最高效率点或额定工况点的参数计算的。比转速可以作为机器分类、系列化和相似设计的依据。比转速小反映机器的流量小，或扬程高；比转速大则机器流量大，扬程低。前者适合离心式，后者适合轴流式、混流式。比转速大小也反映叶轮的形状。表 6.2-2 表示不同类型泵的比转速与叶轮形状的关系。比转速越大叶轮外径就越小，而宽度越大。反之，比转速越小，则叶轮外径越大，宽度越小。在一定流量和全压（或扬程）下，比转速与机器转速成正比。提高转速可减小叶轮外径，增加宽度；而降低转速，则需增加叶轮外径，减小宽度。

表 6.2-2 比转速与叶轮形状及性能曲线形状的关系[4]

泵的类型	离心泵			混流泵	轴流泵
	低比转速	中比转速	高比转速		
比转速 n_s	$30 < n_s < 80$	$80 < n_s < 150$	$150 < n_s < 300$	$300 < n_s < 500$	$500 < n_s < 1000$
叶轮形状					

（续）

泵的类型	离 心 泵			混 流 泵	轴 流 泵
	低 比 转 速	中 比 转 速	高 比 转 速		
尺寸比	$\dfrac{D_2}{D_s} \approx 2.5$	$\dfrac{D_2}{D_s} \approx 2.0$	$\dfrac{D_2}{D_s} \approx 1.8 \sim 1.4$	$\dfrac{D_2}{D_s} \approx 1.2 \sim 1.1$	$\dfrac{D_2}{D_s} \approx 1$
叶片形状	圆柱形	入口处扭曲、出口处圆柱形	扭曲形	扭曲形	扭曲形
性能曲线形状					

2.3 结构特征

2.3.1 离心泵、轴流泵、混流泵与旋涡泵

离心泵与轴流泵两者工作原理相同。

1. 离心泵　见图6.2-3，主要由吸入室、叶轮和压水室组成。当原动机带动叶轮旋转时，通过叶轮叶片对液体做功，将原动机的机械能传递给液体。液体在从叶轮进口流向叶轮出口的过程中，速度能与压力能都能得到增加。从叶轮排出的液体进入压力室，使大部分速度能转换成压力能，然后沿排出管路输送出去，完成能量转换过程。叶轮吸入口处的液体因向外甩出而使吸入口处形成低压（或真空），因而吸入池中的液体在液面压力（通常为大气压力）作用下不断地压入叶轮的吸入口，形成连续的抽送作用。离心泵使用范围广，运行安全可靠，结构简单，体积小

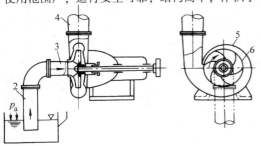

图 6.2-3　离 心 泵
1—吸入池　2—吸入管　3—吸入室
4—排出管　5—压水室　6—叶轮

且维修方便，但一般离心泵不能自吸，起动前必须在泵和吸入管路内灌满液体，需要在吸入管的进液端装一单向阀。能自吸的离心泵结构较复杂，效率较低，只在特殊需要的场合使用。

2. 轴流泵　这是靠旋转叶轮的叶片对液体产生的作用力使液体沿轴方向输送的泵。图6.2-4为轴流泵的工作原理图，叶轮装有2~7个叶片，在圆管形泵壳内旋转。叶轮上部的泵壳上装有固定导叶，用以消除液体的旋转运动，使之变为轴向运动，将旋转流体的动能转变为压力能。

轴流泵通常是单级式，少数制成双级式，流量范围很大，为180~360000m³/h，扬程一般在20m以下。轴流泵主要适用于低扬程、大流量的场合，如灌溉、排涝、运河船闸的水位调节，或用作电厂大型循环水泵。

轴流泵一般为立式，叶轮浸没在水下面，也有卧式或斜式轴流泵。轴流泵的叶片分固定和可调式两种结构。叶片安装角在运行中常需要调节，根据工况使之在不同工况下保持在高效率区运行。（小型泵的叶片安装角一般是固定的）。泵的流量-扬程，流量-轴功率特性曲线在小流量区较陡，应避免在这一不稳定的小流量区运行。

3. 混流泵与部分流泵[24]混流泵

（1）混流泵是介于离心泵与轴流泵之间的叶片式泵，其工作原理与离心泵基本相同。旋转叶

轮将能量传递给液体、经扩压室将大部分动能转换为压力能。同时由于其叶片截面是一种翼形，旋转时叶片与液体相对运动，在叶片两面产生压力差（升力）。上述两种压力增加量之和，即为叶轮获得的总压力能增量。其流量范围为 89～40000m³/h，高于离心泵，低于轴流泵；扬程范围一般为 3～20m，低于离心泵，高于轴流泵。主要可作浆料循环泵与工艺水泵。

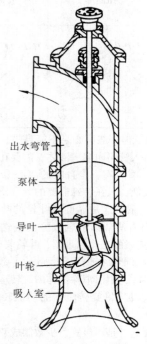

图 6.2-4　轴流泵工作原理图[7]

出水弯管
泵体
导叶
叶轮
吸入室

图 6.2-5 是混流泵，离心泵与轴流泵性能曲线比较，由图 6.2-5 可知其效率曲线平坦，高效区宽，泵调节性能较好，运行经济性较高；功率随流量增加下降平缓，所以原动机过载可能性小，可有较小的功率富裕量。

（2）部分流泵（切线泵、切向泵）　工作原理：与离心泵基本相同由旋转叶轮将能量传递给液体。流速增高后的部分液体经扩压管将速度能转换为压力能，达到排出压力，完成输送液体。由于在泵内旋转的液体仅有一部分排出，故称部分流泵，（见图 6.2-6）。

部分流泵具有小流量高扬程特点，其比转速 n_s = 15～50，在此低比转速范围内，泵的效率高于一般

离心泵，体积小，质量轻，结构简单，无压力和流量波动。有利于化学反应稳定进行、适合化工、石油化工、炼油等工业，在一定范围内可代替往复泵。对于长期连续稳定运转，特别是输送强腐蚀性介质更为有利。20 世纪 60 年代后在上述工业装置中使用数量逐渐增多，应用范围不断扩大。如大型合成氨系统中冷氨输送泵，乙烯装置中再生回流泵、洗油注入泵，尿素装置中氨水升压泵、蒸汽冷凝液恒压泵、高压氨泵和高压甲铵泵。表 6.2-3 是单级和两级部分流泵的主要参数范围。

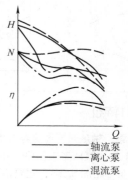

图 6.2-5　混流泵、离心泵与
轴流泵性能曲线比较

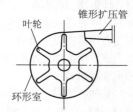

锥形扩压管
叶轮
环形室

图 6.2-6　部分流泵示意图

表 6.2-3　部分流泵主要参数

主要参数	部分流泵	
	单级	两级及两级以上
流量，m³/h	≤91	≤227
扬程，m	≤1921	≤4573
最大排出压力，MPa	15.2	31.6
使用温度，℃	-130～340	-130～260
转速，r/min	1450～24900	4150～25000
功率，kW	≤315	≤1800

4. 旋涡泵　旋涡泵是靠旋转叶轮对液体的作用力，在液体运动方向上给液体以冲量来传递动能以实现输送液体的泵。图 6.2-7 为旋涡泵的工作原理图。叶轮为一等厚圆盘，在它外缘两侧有很多径向小叶片。在与叶片相应部位的泵壳上有一等截面的环形流道，整个流道被一个隔舌分

成为吸、排两方,分别与泵的吸、排管路相联。泵内液体随叶轮一起回转时产生一定的离心力,向外甩入泵壳中的环形流道,并在环形流道形状的限制下被迫回流,重新自叶片根部进入后面的另一叶道。液体连续多次进入叶片之间获取能量,直到最后从排出口排出,所以能产生较高的压力,但没有象离心泵蜗壳或导叶那样的能量转换装置。在能量传递过程中,由于液体的多次撞击,能量损失较大,泵的效率较低,一般为20%~50%。旋涡泵主要工作部件有叶轮、泵体、泵盖,这三部件组成流道(见图6.2-8)。

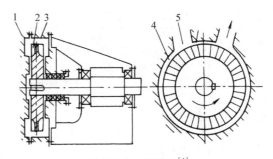

图 6.2-8　旋涡泵[4]

1—泵盖　2—叶轮　3—泵体　4—流道　5—隔板

旋涡泵只适用于要求小流量($1\sim40\text{m}^3/\text{h}$),较高扬程(可达250m)的场合,如消防泵,飞机加油车上的加油泵、小锅炉给水泵等。旋涡泵可以输送高挥发性和含有气体的液体,但不应用来输送粘度大于$7\text{Pa}\cdot\text{s}$的较稠液体和含有固体颗粒的不洁净液体。

2.3.2　往复泵

往复泵包括活塞泵、柱塞泵、隔膜泵。常见往复泵工作原理见图6.2-9。

往复泵可以分为机动泵、直动泵及手动泵三类,见表6.2-4。

往复泵的特点是,泵的额定排出压力取决于承压件的强度、刚度及原动机功率。

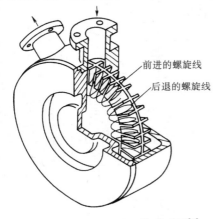

图 6.2-7　旋涡泵的工作原理图[7]

前进的螺旋线

后退的螺旋线

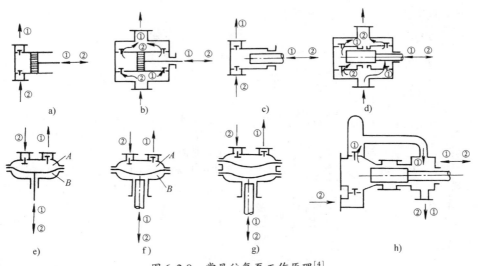

图 6.2-9　常见往复泵工作原理[4]

a) 单作用活塞泵　b) 双作用活塞泵　c) 单作用柱塞泵　d) 双作用柱塞泵
e) 机械作用隔膜泵　f) 液压作用隔膜泵　g) 双隔膜泵　h) 差动式柱塞泵
①—排出过程　②—吸入过程

表 6.2-4   往复泵类型

类别	机动泵		直动泵		手动泵
驱动动力	电动机	柴油机	蒸汽	液压或气压	人力
名称	活塞泵	活塞泵	蒸汽泵	柱塞泵	试压泵
	柱塞泵			隔膜泵	井 泵
	计量泵			计量泵	
	试压泵			试压泵	

（1）泵的排出压力取决于管路系统的特性，与泵的流量几乎无关。

（2）泵的效率高，且不受输送介质的粘度、密度及泵排出压力的变动而有明显变化。

（3）由于速度低，尺寸较大，容易损坏泵阀、动密封、隔膜等零件。

当往复泵排出压力为 10～100MPa 为高压泵，2.5～10MPa 为中压泵，小于 2.5MPa 为低压泵，大于 100MPa 为超高压泵。

各类往复泵的不同特点及适用场合见表 6.2-5。

表 6.2-5   各类往复泵的不同特点及适用场合[4]

类别	特 点	适 用 场 合
机动泵	1. 泵的流量基本恒定，与排出压力几乎无关，如需调节须采用变速、旁通或更换活塞、缸套等措施 2. 泵的瞬时流量脉动 3. 排出压力 p_d 可很高，通常 $p_d \leq 50MPa$，最高可达 $p_d \geq 1000MPa$ 4. 变型能力强，型式多样	1. 高压，小流量、高效 2. 流量恒定，不受介质性质和排出压力影响 3. 定量输送或比例输送 4. 如经常移动，可配带柴油机、汽油机
直动泵	1. 泵的流量取决于动力源（汽、气、液）的供给量，调节较方便，当动力源压力一定时，流量随管路特性变化而变化 2. 瞬时流量脉动，但低于机动泵 3. 可在动力缸较低压力部位实施超压保护，对超高压泵较安全 4. 动力源需专门配置，泵外投资较大	1. 用于经常调节流量或排出压力变化较大而不要求流量恒定的场合 2. 常用于超高压泵或增压器，在较低压力部位实施超压保护 3. 动力源有富裕或能量回收 4. 易燃、易爆，防电火花的场合
手动泵	1. 额定排出压力取决于承力件的强度、刚度和人力 2. 泵的流量取决于人力操作频率	多用于液压试验、水井提水、农林喷雾、矿山液压支撑、仪表标定、弯管机配套动力等

1. 活塞泵   活塞泵由泵缸、活塞、吸入阀、排出阀和驱动机构组成。图 6.2-10 为单作用电动活塞泵。当活塞向右运动时，泵缸工作容积增大，缸内压

力降低，单向吸入阀开启，液体进入泵缸内；当活塞向左运动（回程时），工作容积缩小，缸内压力升高，单向吸入阀闭闭，液体冲开单向排出阀向外排出。活塞泵由电动机或内燃机通过减速机构传动，并借曲轴连杆机构将旋转运动变为往复运动。一般说，这种泵的压力比蒸汽直接作用泵高，往复次数也多，但它只能靠机械方法改变往复次数或行程长度来调节流量，结构比较复杂。蒸汽直接作用活塞泵只设计成单缸双作用或双缸双作用的。蒸汽直接作用泵有时流量可达 460m³/h。

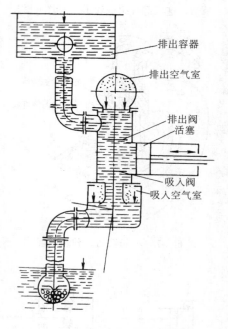

图 6.2-10   单作用电动活塞泵[7]

2. 柱塞泵   柱塞泵的工作原理与活塞泵相同。区别在于柱塞是穿过装在泵缸上的固定填料密封件在缸体内运动，其密封性较活塞的好，见图 6.2-11。此外，柱塞推动液体作往复运动，其端面推着整个泵缸内的液体运动，柱塞的受力状况比活塞好得多。同时柱塞直径也比活塞直径小，所以，柱塞泵可用于更高压力和更小流量。柱塞泵也可分为单缸和多缸、单作用和双作用等形式。常见的是电动的单缸单作用和三缸单作用柱塞泵（图 6.2-12）。柱塞泵也须设置安全阀，以防止过载。它的压力可以高达 350MPa 以上，流量一般很小。

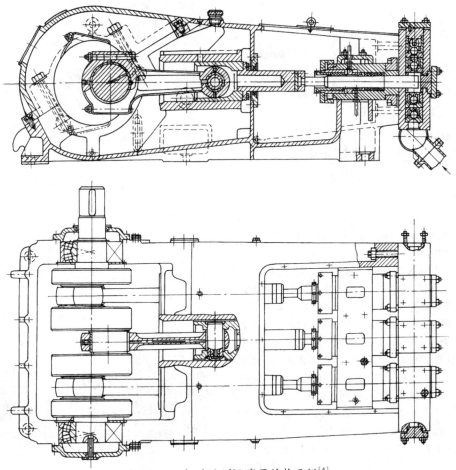

图 6.2-11 机动活(柱)塞泵结构示例[4]

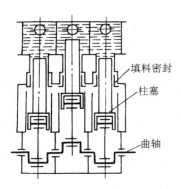

图 6.2-12 三缸单作用电动柱塞泵[7]

3. 隔膜泵 隔膜泵是依靠夹紧在泵缸之间的平隔膜和筒形隔膜,柱塞通过液压油推动,使泵缸工作容积交替变化,并通过排出阀和吸入阀的启闭来输送液体。隔膜靠静密封将输送的液体与外部严密隔开,所以隔膜泵不会泄漏。按传动方式隔膜泵分为机械和液压(或气压)传动两种。前者靠直接与隔膜相连的柱塞形推杆的往复运动使隔膜产生交替运动;后者则靠由外部供入压力油或压缩空气,或者通过柱塞作用于液压腔中的液压油产生脉冲压力使隔膜交替运动。隔膜泵有单缸和双缸,单隔膜和双隔膜之分。在双隔膜泵(图 6.2-13)中筒形隔膜用来隔离被输送的液体,平隔膜用来隔离液压油,以防止隔膜破裂时输送的液体被油污染。隔膜用金属、橡胶或聚四氟乙烯等材料制成,损坏时可方便地更换。隔膜泵流量一般为 $1 \sim 2.5 m^3/h$,液压操作金属隔膜泵压力达 25MPa 或更高,机械操作的压力较低。

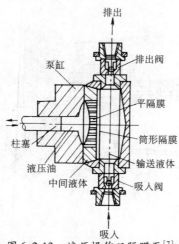

图 6.2-13 液压操作双隔膜泵[7]

2.3.3 回转泵

回转式泵按结构分有螺杆泵、齿轮泵、叶型泵、叶片泵(滑片泵)、径向柱塞泵、轴向柱塞泵等。在此主要介绍螺杆泵、齿轮泵、叶片泵。

1. 螺杆泵　螺杆泵由相互啮合的螺杆和泵体内包容螺杆的泵套组成。由它们形成隔绝吸入腔和排出腔的密封线和相互隔离的密封腔(见图6.2-14),当螺杆转动时,密封线由吸入腔一端向排出腔一端作轴向移动,从而不断把输送液体推向排出腔。图6.2-15为双螺杆泵,当主动螺杆转动时,一对同步齿轮带动从动螺杆一起转动,由于吸入腔一端的螺杆啮合空间逐渐增大,压力降低,液体在压差作用下进入啮合空间,并随着螺杆的旋转,液体就在一个个密封腔内连续地沿轴向移动,直到把输送液体推向排出腔。螺杆泵按螺杆根数分为单螺杆泵、双螺杆泵、三螺杆泵和五螺杆泵。表6.2-6为各种螺杆泵的特点和应用范围。

螺杆泵的流量和压力稳定,噪声和振动小,有自吸能力,但螺杆加工较困难。泵有单吸式和双吸式两种结构,但单螺杆泵仅有单吸式。

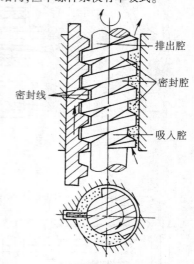

图 6.2-14 螺杆输液原理[4]

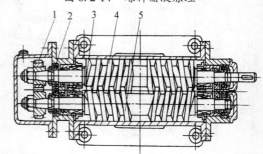

图 6.2-15 双螺杆泵[4]

1—同步齿轮 2—滚动轴承 3—泵体
4—主动螺杆 5—从动螺杆

表 6.2-6 各种螺杆泵的特点和应用范围[7]

类型	压力/MPa	流量/m³·h⁻¹	输送的液体特性	结构特点	应用举例
单螺杆泵	低于 4,特殊可达 10	0.3~260	可含有固体颗粒、有腐蚀性的液体,粘度范围大	泵体内衬套常用橡胶制作,螺杆与衬套形成的工作容积大,密封性较好	使用普遍,常用作高粘度泵、化工泵、污水泵、深井泵
双螺杆泵	低于1.5,特殊可达8	0.4~400	可含微小固体颗粒、有腐蚀性的液体,粘度范围较大	螺杆与螺杆、螺杆与泵体之间不接触,有一定间隙,密封性较差	使用较普遍,常用作燃油泵、输油泵、化工泵、粘胶泵
三螺杆泵	低于20,特殊可达40	0.25~750	不含固体颗粒、无腐蚀性液体,粘度范围较大	螺杆与螺杆、螺杆与泵体内衬套(或泵体)之间接触,相互间的间隙很小,密封性好	使用普遍,常用于液压泵、润滑油泵、输油泵、燃油泵
五螺杆泵	低于1	100~400	不含固体颗粒、无腐蚀性、粘度较低的润滑性液体	螺杆与内衬套不接触,螺杆与螺杆相互接触,存有一定间隙,密封性较差	一般作为大流量润滑泵使用(例如船舶主机润滑油泵),其他场合很少使用

2. 齿轮泵 齿轮泵是依靠泵体与啮合齿轮间所形成的工作容积变化和移动来输送液体或使之增压的回转泵,齿轮泵有外啮合式和内啮合式两种结构(图6.2-16)。泵工作腔由泵体、泵盖及齿轮的各齿槽构成,由齿的啮合线将泵的吸入腔和排出腔分开。当齿轮按图示方向转动时,随着齿轮的转动,齿间的液体被带至排出腔,液体受压排出。

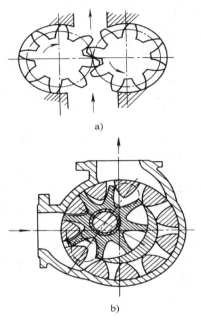

图 6.2-16 齿轮泵工作原理[4]

a) 外啮合 b) 内啮合

齿轮泵适用于输送不含固体颗粒、无腐蚀性、粘度范围为 $\leqslant 1 \times 10^6 \mathrm{MPa \cdot s}$ 的液体。泵的流量不宜太大,压力可达30MPa。通常用作润滑油泵、重油泵、液压泵和输液泵。

齿轮泵结构简单(图6.2-17)紧凑、维护方便,有自吸能力,但与螺杆泵相比流量压力脉动大。

3. 叶片泵(滑片泵) 叶片泵是依靠偏心转子旋转时泵体与转子上相邻两叶片间所形成的工作容积的变化来输送液体或使之增压的回转泵。叶片泵的叶片可在转子槽里作往复滑动,靠离心力(也可在叶片底部安放弹簧或通过高压液)紧贴泵体的内表面(见图6.2-18),转子旋转时,吸入腔侧相邻两叶片间的工作容积逐渐增大,压力降低,液体在压差作用下由吸入口进入工作容积。工作容积经一过渡区(指工作容积同吸入腔和排出腔

不相通的区段)后逐渐缩小,而将液体排出。叶片泵适用于输送不含固体颗粒、无腐蚀性、粘度较低的液体。泵的流量可达 $400\mathrm{m^3/h}$,压力可达20MPa,转速一般为 $500 \sim 1500\mathrm{r/min}$,通常用作液压泵。如果泵的零件选择适当的材料,它可用来输送不含固体颗粒,有腐蚀性的液体。叶片泵结构简单紧凑、流量均匀,有自吸能力,但对输送的液体要求粘度低和洁净。叶片泵必须装有安全阀,以防止由于某种原因如排出管堵塞引起泵出的压力超过容许值而损坏泵或原动机。

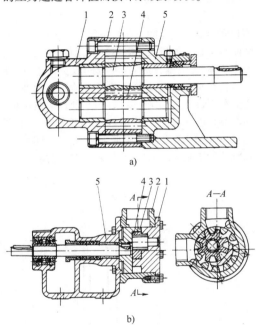

图 6.2-17 齿轮泵结构图[4]

a) 外啮合齿轮泵 b) 内啮合齿轮泵

1—前泵盖 2—泵体 3—主动齿轮

4—从动齿轮 5—后泵盖

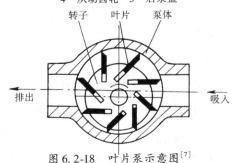

图 6.2-18 叶片泵示意图[7]

2.3.4 射流泵

射流泵是依靠一定压力的工作流体通过喷嘴高速喷出带走被输送流体的泵。图6.2-19为射流泵的工作原理图。工作流体 q_0 从喷嘴高速喷出时,在喉管入口处因周围的空气被射流卷走而形成真空,被输送的流体 q_s 即被吸入,两股流体在喉管中混合并进行动量交换,使被输送流体的动能增加,最后通过扩散管将大部分动能转换为压力能。按照工作流体的种类,射流泵可以分为液体射流和气体射流泵,其中以水射流泵和蒸汽射流泵最为常用。射流泵主要用于输送液体、气体和固形物。它还能与离心泵组成供水用的深井射流泵装置。射流泵没有运动的元件,结构简单、工作可靠、无泄漏,也不需要专门人员看管,因此很适合在水下和危险的特殊场合使用。此外,它还能利用带压的废水、废汽(气)作为工作流体,从而节约能源。射流泵虽然效率较低,(一般不超过30%)但新发展的多股射流泵,多级射流泵和脉冲射流泵等传递能量的效率有所提高。

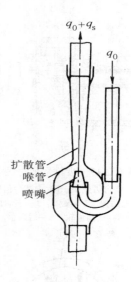

图6.2-19 射流泵工作原理图[7]

2.4 几种主要泵型的选用条件

2.4.1 离心泵的选用条件

(1) 介质粘度(输送温度下)不宜过大,否则效率降低很多;

(2) 小流量,高扬程不宜选用一般离心泵,可考虑选用高速离心泵;

(3) 应根据流量及扬程变化大小选择具有不同流量——扬程(Q-H)曲线的离心泵。

(4) 介质中含固体颗粒在≤3%可选用一般离心泵,大于3%时要选用特殊结构的离心泵

(5) 介质中溶解或夹带气体量>5%(体积)时,不宜选用离心泵;

2.4.2 旋涡泵的选用条件

(1) 介质粘度不大于7Pa·s,温度不大于100℃,流量较小,扬程较高,Q-H曲线要求较陡的,可选用旋涡泵。

(2) 介质中夹带气体>5%(体积)时宜选用旋涡泵。

(3) 要求有自吸作用时可选用自吸式旋涡泵。

2.4.3 容积式泵的选用条件

(1) 运动粘度在 $0.1m^2/s$ 以下宜选用容积式泵,粘度在 $0.3 \sim 120Pa·s$ 的可选用三螺杆泵;

(2) 夹带或溶解气体大于5%(体积)时,可选用容积式泵;

(3) 流量小、扬程高的宜用往复泵;

(4) 介质润滑性能差的不应选用转子泵,可选用往复泵。

2.5 材料选择

2.5.1 选材考虑的因素

泵各零部件的材料主要根据其工作条件选择,这些条件包括:

(1) 被输送介质的腐蚀性;

(2) 考虑被输送介质的温度,由此考虑在高温或低温下所选材料性能的变化;

(3) 泵的工作压力;

(4) 所输送介质中固体颗粒对零部件的磨蚀作用;

(5) 逐个零件之间各种材料的膨胀系数和相互咬合性能;

(6) 材料的价格和可获得性。

2.5.2 动力式泵主要零件材料的选择

1. 叶轮材料 一般用铸铁,有时使用铸钢、青铜、铝合金、玻璃钢、15Cr 和 1Cr18Ni9 等。若仅从叶轮外径的圆周速度大小、从强度角度考虑,可按表6.2-7选取。

表 6.2-7　叶轮材料选取

叶轮圆周速度/m·s^{-1}	35	45	65	70～130
材　料	铸铁	青铜	铸钢	不锈钢

2. 泵壳　泵壳是承压零件,在 2.5～3.0MPa 下一般使用铸铁、压力再高使用铸钢。

3. 泵轴材料　一般使用碳钢,当需要较高的强度时,使用高强度合金钢。为了防止轴生锈,使用 2Cr13 或 3Cr13。对于腐蚀性介质,选用 1Cr18Ni9、Cr17Ni2 等不锈钢。

表 6.2-8 给出了离心式泵主要零件的材料。

表 6.2-8　离心式泵主要零件材料选择

零件名称	使　用　条　件							
	不　耐　腐　蚀				耐中等硫腐蚀		酸性矿水	低　温
	2MPa	≤6MPa	≤20MPa	≤30MPa	≤6MPa	≤16MPa	pH 值 2～4	6MPa
	<150℃	-20～150℃	-45～-20℃ 150～250℃	250～400℃	-45～180℃	-45～400℃	-45～150℃	常　温	-110～-45℃
泵体(前、中、后段)	HT200	HT250	ZG25Ⅱ	ZG1Cr13	ZGCr5Mo 或 ZG1Cr13	ZGCr17Mn9Ni4Mo2CuN 中段用 ZGCr17Mo2CuR	ZG1Cr18Ni9
导　叶	HT200	HT250	ZG1Cr13	ZG25Ⅱ	ZG1Cr13	ZGCr17Ni4 或 ZGoCr13Ni4MoR	ZGCr5Mo 或 ZG1Cr13	ZGCr17Mo2CuR	ZG1Cr18Ni9
叶　轮	HT200	HT250	ZG25Ⅱ	ZG1Cr13	ZGCr5Mo 或 ZG1Cr13	ZGCr17Mo2CuR	ZG1Cr18Ni9
轴	45	45 或 40Cr	35CrMo	40CrV 或 35CrMo	3Cr13	1Cr18Ni9 或 2Cr18Ni9
泵体密封环	HT200	HT250	40Cr	40Cr	3Cr13	1Cr18Ni9
叶轮密封环	HT200	45(表面处理,HRC=45～52)			3Cr13(热处理,HRC=45～52)	耐磨聚四氟乙烯
轴套(软填料)	HT200	HT250	45(表面处理,HRC=45～52)		3Cr13(热处理,HB=241～277)	
轴套(机械密封)	45(表面镀铬),3Cr13(热处理,HB=241～277)							1Cr18Ni9
平衡盘	HT250	25 堆焊 TDCr-(50)C		2Cr13(表面处理,HRC=40～45)				
平衡板	HT250	ZQA19-4 或 45(RC=45～52)	3Cr13(表面处理 HRC=50～56)			ZQA19-4 ZG3Cr13 HRC=50～56	
外　筒	25			16Mn(与介质接触处堆焊铬不锈钢或奥氏体钢)	Cr5Mo			1Cr18Ni9
泵体螺栓(穿杠)	45	35CrMo	40Cr	35CrMo			45	HPb59-1 或 QA19-4
螺　母	Q235	45	40Cr		40Cr		45	铜合金或 2Cr13
液体润滑轴承	石墨、聚四氟乙烯或铜合金							石墨、聚四氟乙烯

2.5.3　耐腐蚀泵

耐腐蚀泵用以输送酸、碱和其它不含固体颗粒的腐蚀性液体。这种泵在结构上的主要要求是:泵应能承受腐蚀性液体的作用,具有一定的使用寿命;泵应有良好的密封性能,输送的腐蚀性液体不泄漏到泵外。因此,应根据不同的腐蚀性液体,正确选用材料,尽可能将电位差小的材料组合使用,避免异种金属的电池腐蚀。结构上应合理设计,尽量减少与腐蚀性液体相接触的零件。并在与液体相接触的地方,尽量避免缝隙存在而引起间隙腐蚀。尤其要绝对避免连接件的螺纹部位与液体相接触,密封装置要保证泵的严格密封。使用时不宜在流量很小的工况下工作,避免液体发热升温,使腐蚀速度加快。制造上应使零件材料内部的残余应力和应力集中尽可能小,使局部腐蚀(尤其是晶间腐蚀)的倾向减少。应保证零件具有必要的光洁表面等。

当输送的液体不同时,泵的过流部件选用的材料也不同,根据介质不同材料选用 1Cr18Ni9、耐酸硅铸铁、高硅铁、HT200、耐碱铝铸铁、硬铝、铝铁青铜、玻璃钢、工程塑料。表 6.2-9 是环氧玻璃钢耐腐蚀性能。表 6.2-10 和表 6.2-11 为氯化聚醚和聚丙烯耐腐蚀性能。

表 6.2-9　环氧玻璃钢耐腐蚀性能表[8]

介质名称	浓度(%)	使用温度
盐　酸	32 以下	常　温
硫　酸	75 以下	常　温
磷　酸	40 以下	常　温
亚硫酸	75 以下	常　温
醋　酸	<50	60℃以下
盐　水	任意浓度	90℃以下
氢氧化钠	50 以下	常　温
碳酸钠	<100	常　温

表 6.2-10　氯化聚醚耐腐蚀性能表[8]

介质名称	浓度(%)	使用温度/℃
硫　酸	80	120
	93	66
硝　酸	<10	100
	70	25
盐　酸	0~38	120
磷　酸	90	120
氢氟酸	48	120
	<60	100
硼　酸	—	120
王　水	—	80
混　酸	硫酸+硝酸	100
甲　酸	—	120
乙　酸	80	120
醋　酐	—	66
硬脂酸	—	120
氢氧化钠	73	120
亚硫酸	50	120
亚硝酸	—	100
碳　酸	—	100
铬　酸	10	120
次氯酸	—	66
硫酸氢	—	120
硫酸钠	—	120
次氯酸钠	—	100
甲　醇	—	100
乙　醇	—	100
甲　醛	37	120
乙　醛	—	66
乙　醚	—	100

表 6.2-11　聚丙烯(S₁)耐腐蚀性能表[8]

介质名称	浓度(%)	使用温度/℃
硫　酸	≤60	≤50
硝　酸	≤30	≤40
盐　酸	≤37	≤55
磷　酸	≤50	≤55
液　碱	40	≤55
氨　水	≤25	≤55
醋　酸	≤50	≤55
次氯酸	10 以下	≤常温
甲　醇	≤100	≤40
盐　类	—	≤55

此外还有石墨离心泵与陶瓷泵。石墨离心泵在盐酸生产中使用性能良好,这种泵与介质接触部分完全由石墨制作,并采用端面密封。陶瓷泵除耐氢氟酸和热浓碱腐蚀外,对其他介质中不含有悬浮物及不具有快速凝固性和无机酸液和有机酸液都具有一定的抗腐蚀性。陶瓷泵可在 -15 ~ 100℃温度内使用,但不能有温差大于 50℃的冷热骤变。

2.6　泵装置及运行

2.6.1　离心泵及特性曲线

离心泵的主要性能是流量 q_V,压头 H,轴功率 P 及效率 η,其间的关系由实验测得,测出的一组关系曲线称为离心泵的特性曲线。图 6.2-20 为一台离心水泵在 $n = 2900 \text{r/min}$ 时的特性曲线,由 $H\text{-}q_V$、$P\text{-}q_V$ 及 $\eta\text{-}q_V$ 三条曲线所组成,特性曲线随转速而变。各种型号的离心泵有其本身独自的特性曲线。

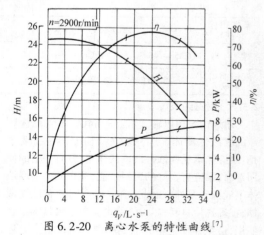

图 6.2-20　离心水泵的特性曲线[7]

1. $H\text{-}q_V$ 曲线 表示泵的压头与流量的关系。离心泵的压头随流量的增大而下降。

2. $P\text{-}q_V$ 曲线 表示泵的轴功率与流量的关系。离心泵的轴功率随流量的增大而上升,流量为零时轴功率最小。所以离心泵启动时,应关闭泵的出口阀门,使启动电流减少。

3. $\eta\text{-}q_V$ 曲线 表示泵的效率与流量的关系。从图 6.2-20 所示的特性曲线看出,当 $q_V = 0$ 时,$\eta = 0$;随着流量的增大,泵的效率随之上升并达到一最大值;以后流量再增,效率便下降。说明离心泵在一定转速下有一最高效率点,称为设计点。泵在与最高效率相对应的流量及压头下工作最为经济,所以与最高效率点对应的 q_V、H、P 值称为最佳工况参数。离心泵的铭牌上标出的性能参数应该是指该泵在运行时效率最高点的状况参数。根据输送条件的要求,离心泵往往不可能正好在最佳工况点下运转,因此一般只能规定一个工作范围,称为泵的高效率区,通常为最高效率的 92% 左右,如图中波折号所示的范围。选用离心泵时,应尽可能使泵在此范围内工作。

2.6.2 离心泵性能的改变和换算

离心泵特性曲线都是在一定转速和常压下,以常温的清水为工质做实验测得的。在生产中,输送的液体多种多样,即使采用同一泵输送不同的液体,由于各种液体的物理性质(如密度和粘度)不同,泵的性能也要发生变化。此外,若改变泵的转速或叶轮直径,泵的性能也会发生变化。因此,使用时对生产部门所提供的特性曲线,应当重新进行计算。

1. 密度的影响 由离心泵的基本方程式、离心泵的压头、流量均与液体的密度无关,泵的效率亦不随液体的密度而改变,所以 $H\text{-}q_V$ 与 $\eta\text{-}q_V$ 曲线保持不变。但是泵的轴功率随液体密度而改变。因此,当被输送液体的密度与水的密度不同时,原产品目录中对该泵所提供的 $P\text{-}q_V$ 曲线不再适用。

2. 粘度的影响 被输送的液体粘度若大于常温下清水的粘度,则泵体内部的能量损失增大,泵的扬程、流量都要减小、效率下降,而轴功率增大,亦即泵的特性曲线发生改变。当对同一台泵,流量越大,这种变化越显著。图 6.2-21 是一台泵抽送水和抽送运动粘度为 $2.06 \times 10^{-4}\,\mathrm{m^2/s}$ 油时的性能改变情况。图中实线为抽送清水的性能,虚线为抽送油的性能。

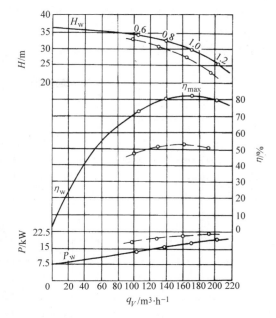

图 6.2-21 液体粘性对特性曲线的影响[4]

泵制造厂通常给出泵输送清水时的性能,当输送介质粘度超过 $2 \times 10^{-5}\,\mathrm{m^2/s}$ 时,泵的性能和效率有较大变化,需要进行液体粘性影响的性能修正。可按下式进行换算:

$$q'_V = C_{q_V} q_V \qquad H' = C_H H \qquad \eta' = C_\eta \eta \qquad (6.2\text{-}6)$$

式中 q_V、H、η——离心泵输水时的额定流量、扬程、效率;

q'_V、H'、η'——离心泵输送其他粘性流体时的流量、扬程、效率;

C_{q_V}、C_H、C_η——流量、扬程、效率的换算因数。

换算系数可由图 6.2-21 查得。

【例 6.2-1】 将图 6.2-21 输送清水的性能曲线修正为输送粘度为 206mm²/s 油的性能曲线。

解 从图 6.2-21 的清水特性曲线上查得最高效率点时

$$q_V = 170\mathrm{m^3/h},\ H = 30\mathrm{m},\ \eta = 82\%$$

图 6.2-22 中扬程换算因数 C_H 有四条曲线,分别表示输送清水时的额定流量 q_{VSP} 的 0.6、0.8、1.0、1.2 倍时的扬程换算因数。由题意知 $q_V = 170\mathrm{m^3/h}$ 则可分别从图 6.2-21 横坐标为 $q_V = 170\mathrm{m^3/h}$ 向上作垂线与压头为 $H = 30\mathrm{m}$ 的斜线相

交,从此点再引水平线与运动粘度 $\nu = 2.06 \times 10^{-4}$ m²/s 的粘度线相交,从此点再垂直向上分别与 c_η、$c\,q_V$ 及 q_V 所对应的 c_H 线相交,各点的纵坐标值 即为相应的换算因数,记入表 6.2-12 中,按式 (6.2-6) 计算,分别求得流量 q_V',扬程 H',效率 η' 并进而求得轴功率。

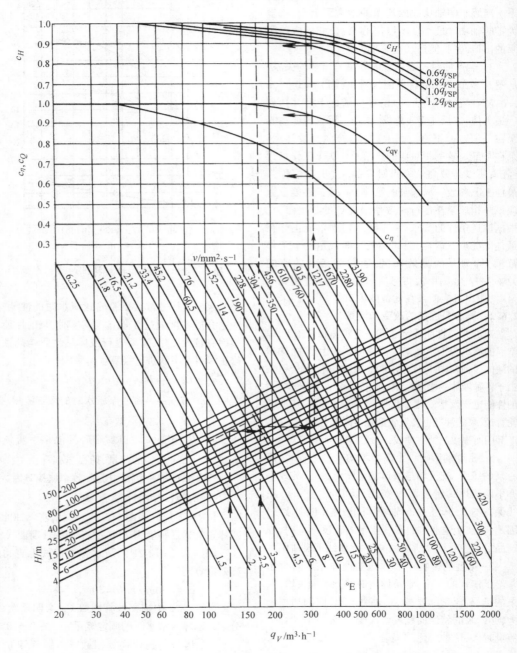

图 6.2-22 粘性液体性能修正曲线图[4]

表 6.2-12　输送粘性液体时泵的性能修正[4]

		0.6	0.8	1.0	1.2
	q_V/q_{VSP}				
清水	流量 $q_{VW}/\text{m}^3 \cdot \text{h}^{-1}$	102	136	170	204
	效率 $\eta_W(\%)$	72.5	80	82	79
	扬程 H_W/m	34	32.5	30	26
油	油的粘度/mm²·s⁻¹	206			
	换算因数 C_{q_V}	0.94			
	C_η	0.635			
	C_H	0.96	0.94	0.92	0.89
	流量 $q_{VW} \cdot C_{q_V}/\text{m}^3 \cdot \text{h}^{-1}$	96	128	160	192
	效率 $\eta_W C_\eta/\%$	46	50.8	52	50
	扬程 $H_W \cdot C_H/\text{m}$	32.5	30.5	27.6	23.1
	密度 $\rho/\text{kg} \cdot \text{m}^{-3}$	900			
	轴功率 P/kW	16.6	18.8	20.8	21.7

3. 离心泵转速的影响　离心泵的特性曲线都是在一定转速下测定的,但在实际使用时常遇到要改变转速的情况,这时压头、流量、效率及轴功率也随之改变。当液体的粘度不大且泵的效率不变时,泵的流量、压头、轴功率与转速的近似关系为[9]:

$$\left.\begin{array}{l} \dfrac{q_{V1}}{q_{V2}} = \dfrac{n_1}{n_2} \\[2mm] \dfrac{H_1}{H_2} = \left(\dfrac{n_1}{n_2}\right)^2 \\[2mm] \dfrac{P_1}{P_2} = \left(\dfrac{n_1}{n_2}\right)^3 \end{array}\right\} \qquad (6.2\text{-}7)$$

式中　q_{V1}、H_1、P_1——转速为 n_1 时泵的性能;

$\quad\quad q_{V2}$、H_2、P_2——转速为 n_2 时泵的性能。

式(6.2-7)称为比例定律。当转速变化小于 20% 时,可以认为效率不变,用上式进行计算误差不大。

4. 叶轮直径的影响　当泵的转速一定时,其压头、流量与叶轮直径有关。若对同一型号的泵,换用直径较小的叶轮,而其他几何尺寸不变(仅是出口处叶片的宽度稍有变化),这种现象称为叶轮的"切割"。当叶轮直径变化不大,而转速不变时,叶轮直径和流量、压头、轴功率之间的近似关系为[9]:

$$\left.\begin{array}{l} \dfrac{q'_V}{q_V} = \dfrac{D'_2}{D_2} \\[2mm] \dfrac{H'}{H} = \left(\dfrac{D'_2}{D_2}\right)^2 \\[2mm] \dfrac{P'}{P} = \left(\dfrac{D'_2}{D_2}\right)^3 \end{array}\right\} \qquad (6.2\text{-}8)$$

式中　q'_V、H'、P'——叶轮直径为 D'_2 时泵的性能。

$\quad\quad q_V$、H、P——叶轮直径为 D_2 时泵的性能。

式(6.2-8)称为切割定律。

2.7　离心泵汽蚀的现象与允许吸上高度

2.7.1　离心泵汽蚀的现象

离心泵运转时,叶片入口附近的压强最低,由于叶轮对液体作功,压强很快上升。当叶片入口附近的最低压强等于或小于输入温度下液体的饱和蒸汽压时,液体就在该处发生气化并产生气泡,随同液体从低压区流向高压区。气泡在高压作用下,迅速凝结或破裂,瞬间内周围的液体即以极高的速度冲向原气泡所占据的空间,在冲击点处形成非常高的压强,每秒钟内的冲击次数也很高,这种现象称为汽蚀。

泵内产生汽蚀的原因如下:

(1)泵的安装高度过高;

(2)泵的工况点偏离额定流量太远;

(3)泵吸入管路上造成的局部阻力过大;

(4)泵抽送液体的温度超过规定;

(5)闭式系统中的系统压力下降。

当泵内局部压力稍低于气压压力时,此时汽蚀气泡虽已产生,但对泵的扬程却无影响,称为初生汽蚀。初生汽蚀虽不影响泵的性能,但对材料会有侵蚀,随着汽蚀的进一步发展,泵的扬程开始下降,这就是泵的临界汽蚀。

汽蚀是泵损坏的重要原因之一,在设计、使用、安装中必须认真对待。

2.7.2　汽蚀余量[4][9]

为防止发生汽蚀,泵的吸入压力不能过低,应留一定的富余量,汽蚀余量即为保证泵不发生汽蚀,在泵进口处液体所必需具有的超过汽化压头的静压水头,即叶轮进口动压降,用 NPSH 表示[4]:

$$\text{NPSH} = \lambda_1 \frac{v_0^2}{2g} + \lambda \frac{w_0^2}{2g} \qquad (6.2\text{-}9)$$

式中　v_0——叶片进口稍前液体的绝对平均速度

（m/s）；

w_0——叶片进口稍前液体的相对平均速度（m/s）；

g——重力加速度（m/s²）；

λ_1——绝对速度压降因数，取1.0～1.2；

λ——相对速度压降因数，取0.2～0.4，对$n_s<120$m的叶轮可用有关公式计算。

1. 必需汽蚀余量、有效汽蚀余量　必需汽蚀余量（NPSH_r）由制造厂根据产品汽蚀特性规定，是指泵在给定转速和流量下所必需的汽蚀余量。

有效汽蚀余量（NPSH_a）是指吸入装置系统给予泵进口处超过汽化压头的静压水压。

有效汽蚀余量只与吸入装置系统有关[9][4]，与泵本身无关（图6.2-23）

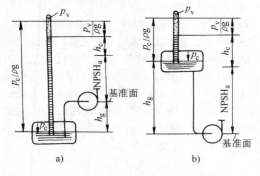

图6.2-23　有效汽蚀余量计算图[4]

a) 吸上装置　b) 倒灌装置

$$\text{NPSH}_a = \frac{p_1}{\rho g} + \frac{v_1^2}{2g} - \frac{p_v}{\rho g}$$

$$= \frac{p_c}{\rho g} - h_g - h_c - \frac{p_v}{\rho g}（吸上）\quad(6.2\text{-}10)$$

$$\text{NPSH}_a = \frac{p_c}{\rho g} + h_g - h_c - \frac{p_v}{\rho g}（倒灌）\quad(6.2\text{-}11)$$

式中　$p_1/\rho g$——换算到基准面（图6.2-24）上的泵进口绝对压力水头（m）；

$v_1^2/2g$——测量压力p_1断面的液体平均速度头（m）；

$p_v/\rho g$——输送液体温度下的汽化压力水头（m）；

$p_c/\rho g$——液面压力水头（m）；

h_g——泵的几何吸入高度（m）；

h_c——吸入装置系统总的水力损失水头（m）。

计算有效汽蚀余量时，对不同类型泵的基准面有具体规定，见图6.2-24。

2. 运转特性与汽蚀　泵在运转中要避免发生汽蚀。

当$\text{NPSH}_a = \text{NPSH}_r$时，泵可以运行；

当$\text{NPSH}_a < \text{NPSH}_r$时，泵不应运行；

当$\text{NPSH}_a > \text{NPSH}_r$时，泵运行正常。

2.7.3　吸上真空高度

输送常温液体时，泵进口处的静压可以低于大气压力，通常称为真空度。其值换算为泵基准面处的液柱高度，即为吸上真空高度，用H_s表示。

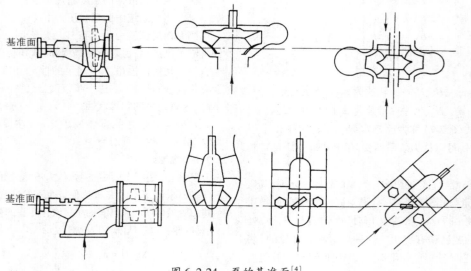

图6.2-24　泵的基准面[4]

表 6.2-13　各种吸入装置情况下 $NPSH_a$ 和 h_g 的计算公式[4]

装　置	吸　上　装　置	
液面压力	任意压力 p_c	大气压力 p_a
简　图		
$NPSH_a$	$NPSH_a = \dfrac{p_c}{\rho g} - h_g - h_c - \dfrac{p_V}{\rho g}$	$NPSH_a = \dfrac{p_a}{\rho g} - h_g - h_c - \dfrac{p_V}{\rho g}$
H_s		$H_s = h_g + h_c + \dfrac{v_s^2}{2g}$

装　置	倒　灌　装　置		
液面压力	任意压力 p_c	大气压力 p_a	气化压力 p_V
简　图			
$NPSH_a$	$NPSH_a = \dfrac{p_c}{\rho g} + h_g - h_c - \dfrac{p_V}{\rho g}$	$NPSH_a = \dfrac{p_a}{\rho g} + h_g - h_c - \dfrac{p_V}{\rho g}$	$NPSH_a = h_g - h_c$
H_s		$H_s = - h_g + h_c + \dfrac{v_s^2}{2g}$	

泵的吸上真空高度与必需汽蚀余量($NPSH_r$)的关系为

$$NPSH_r = \frac{p_a}{\rho g} + \frac{V_1^2}{2g} - \frac{p_V}{\rho g} - H_s \quad (6.2\text{-}12)$$

式中　p_a——大气压。

吸上真空高度 H_s 与抽送液体的饱合蒸汽压 p_V 有关，而 p_V 与液体的性质、温度有关，大气压 p_a 与海拔高度有关。所以泵的 H_s 是指用 20℃ 的清水在大气压为 0.103MPa 时的值，当条件改变时，必须修正。

在工程中，当泵和吸入装置系统确定后，必须进行汽蚀性能核算，以保证泵的正常运行，表6.2-13列出了各种吸入装置情况下的计算公式。

2.7.4　防止汽蚀的措施

（1）提高泵本身的抗汽蚀性能。

1）设计叶轮时增大叶轮进口直径，叶片进口宽度，适当增大叶片进口角并采用正冲角，对于小叶轮采用长短叶片。

2）采用双吸叶轮或降低泵的转速，减小叶轮

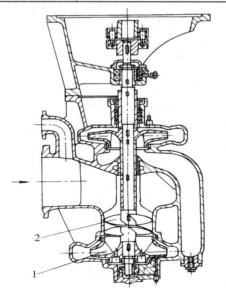

图 6.2-25　带诱导轮的泵
1—叶轮　2—诱导轮

进口流速。

3) 在叶轮前加诱导轮(图6.2-25)

4) 选用耐汽蚀破坏的材料。

(2) 改进吸入装置系统,降低泵的安装高度;尽量减小吸入装置系统的水力损失;避免泵在远离额定工况下工作。

2.8 泵的密封

2.8.1 软填料密封

在离心式泵和往复式泵上都广泛地使用软填料密封。图6.2-26为离心式泵上常用的软填料密封。它由底衬套、填料箱体、填料液封环和压盖组成。液封环的作用是:从泵腔高压区引出一部分液体,经过液封环对填料进行润滑和冷却。泵工作时,密封部分会出现负压,为了防止空气进入泵内,这部分液体还起液封作用。在输送含有固体颗粒的泵上,为了防止轴套磨损,阻封液体对密封要进行清洗。

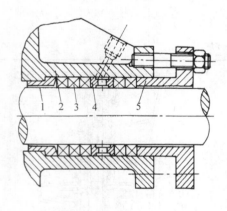

图 6.2-26 软填料密封
1—底衬套 2—填料箱体 3—填料
4—液封环 5—压盖

泵用软填料密封的工作条件很不相同,工作压力从真空到几十个兆帕,被密封介质的温度从常温到450℃。因此,需要根据具体使用条件来设计和选用软填料密封。

制造填料的主体材料有天然纤维(棉、麻、毛)、矿物纤维(石棉)、合成纤维、橡胶、塑料、皮革和软金属等。在这些材料中,因为石棉的化学性能稳定,吸附润滑剂的能力强、耐高温,所以,泵上多使用石棉填料。

填料中常添加润滑剂,以减小摩擦和磨损,常用的润滑剂有油脂、石墨、滑石粉、二硫化钼粉和云母粉等。图6.2-27为软填料的结构。

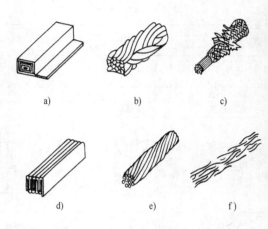

图 6.2-27 软填料的结构
a) 卷制的 b) 穿心编织的 c) 夹心编织的
d) 层叠的 e) 扭制的 f) 散堆的

图6.2-28为离心式水泵常用的软填料密封的一些结构。

一般情况下,离心式水泵软填料密封前被密封液体压力低于1MPa和轴套的圆周速度小于20m/s时,密封可靠。如果被密封液体的压力高于1MPa时,要采取降压措施。

图6.2-29为几种往复式泵上的软填料密封。

2.8.2 机械密封

机械密封详见本手册第2篇"机械零部件"普通泵用机械密封。"泵用机械密封的标准型式和参数"见表6.2-14。耐酸、耐碱泵用机械密封见表6.2-15、表6.2-16。

机械密封的辅助设备 由于各种泵的工作条件极不相同,机械密封必须适应这些要求,因此,常常要增设冷却、清(冲)洗、过滤、阻封等辅助设备。

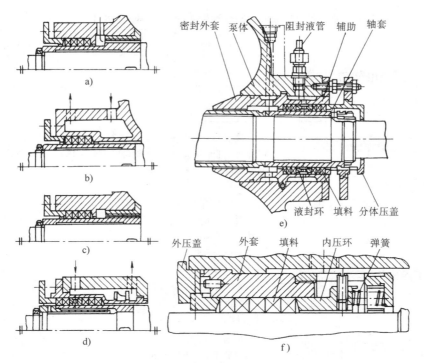

图 6.2-28 离心式水泵常用的软填料密封结构
a) 无液封 b) 带液封环 c) 带叶轮 d) 有外冷却
e) 复合冷却 f) 自紧式

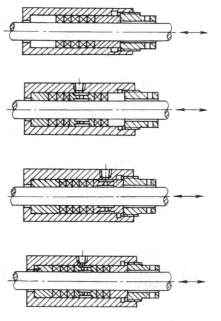

图 6.2-29 往复式泵上的软填料密封

表 6.2-14 部分泵用机械密封的标准型式和参数(摘自 JB/T 1472—1994)

型式	简 图	结 构 特 点	压力 /MPa	轴径范围 /mm	温度/℃	转速 /r·min⁻¹
103		内装单端面单弹簧非平衡型、并圈弹簧传动		16~120		
104		内装单端面单弹簧非平衡型、传动套传动	0~(0.5,0.8)①	16~120	-45~200	≤3000
105		内装单端面多弹簧非平衡型、传动螺钉传动		35~120		
B103		内装单端面单弹簧平衡型、并圈弹簧传动		16~120		
B104		内装单端面单弹簧平衡型、传动套传动	(0.5,0.8)~3①	16~120	-45~200	≤3000
B105		内装单端面多弹簧平衡型、螺钉传动		35~120		
114		外装单端面单弹簧旋转外流平衡型、拨叉传动	0~0.4	16~70	0~60	

① 小值用于粘度较小、润滑性差的介质,大值用于粘度较大、润滑性好的介质。

表 6.2-15 部分耐酸泵用机械密封 (摘自 JB/T 7372—1994)

型 式	151 型	152 型
结构特征	单弹簧、单端面、外装、外流、波纹管型	单弹簧、单端面、外装、外流、波纹管型
简 图		

（续）

型 式	153 型	154 型
结构特征	多弹簧、单端面、外装、内流、波纹管型	单弹簧、单端面、内装、非平衡型
简 图		
工作参数	介质：盐酸 300g/L 以上、硫酸 500g/L 以上、氢氧化钠 100～400g/L；压力：0.5MPa 以下；温度：150℃ 以下；转速：3000r/min 以下；轴径：70mm 以下；漏泄：10mL/h 以下	

表 6.2-16　耐碱泵用机械密封（摘自 JB/T 7371—1994）

型 式	168 型	169 型
结构特征	单弹簧，单端面，外装，外流，波纹管型	多弹簧，单端面，外装，外流，波纹管型
简 图		
工作参数	介质：含有结晶及盐颗粒的强碱；压力：0.8MPa 以下；温度：80℃ 以下；转速：3000r/min 以下	

2.8.3　浮动环密封

当输送介质的压力超过 2.5～5MPa 或轴封处的 p_v 值大于 10MPa·m/s，如无法采用填料密封和机械密封时，可采用浮动环密封（图 6.2-30）。

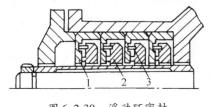

图 6.2-30　浮动环密封
1—静环　2—动环　3—销钉

2.8.4　动力密封

1. 副叶轮（副叶片）密封　靠其所产生的压力起密封作用。不仅可以密封含杂介质，还可以阻止杂质（磨料）进入密封腔，防止轴套磨损。

2. 螺旋密封和缝隙密封　螺旋密封多用在粘性液体的密封上。有时作为主密封，有时作为串联密封第一级使用。

每台离心式泵上都设有缝隙密封，它们起降压作用，以减少泄漏。

3. 复合密封　在高压泵上，使用一道密封不能达到密封要求，常常采用几种密封组成的复合密封。

3　真空泵与真空泵组[4][15][24]

3.1　概述

真空是指特定空间，如容器或系统中，气体压力低于大气压时的物理状态。衡量气体稀薄程度的相对量称真空度，以大气压为 0%，绝对真空为 100%。百分数愈大，真空度也愈高，剩余气体愈稀薄。真空的计量是用剩余的绝对压力值表示，以 Pa 为单位。1Torr = 1mmHg = 1.3332 × 10² Pa

通过物理、化学方法而获得真空的机械叫真空泵。按工作原理，真空泵基本上分为气体抽除型及气体捕集型两大类。气体抽除型包括:1)变容真空泵,如往复真空泵、旋转真空泵;2)动量传输真空泵,如喷射泵、扩散泵和分子泵等。

3.1.1 真空泵的主要性能参数

1. **极限真空** 指真空泵在给定条件下,经充分抽气后所趋于稳定的最低压力,单位 Pa。

2. **抽气速率** 真空泵在给定状态下,对给定气体在单位时间内从泵吸气口平面处抽走的气体容积,单位 L/s 或 m³/h。

3. **抽气量** 在一定的温度下,单位时间内从泵吸入口平面处流过的气体量,单位 Pa·L/s。

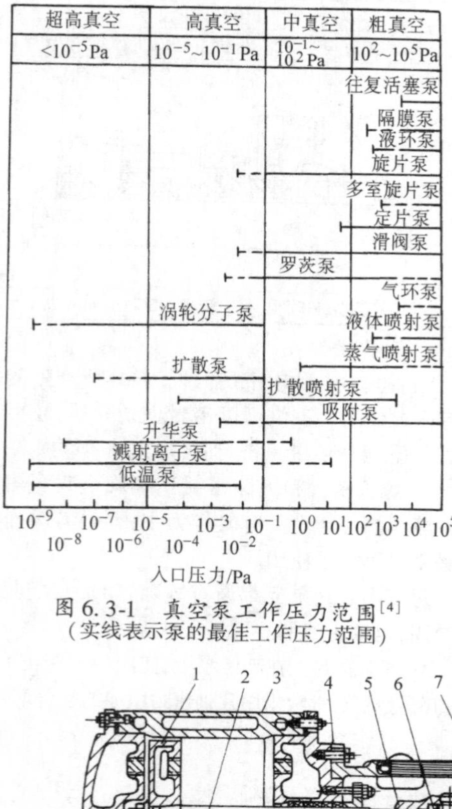

超高真空	高真空	中真空	粗真空
<10⁻⁵Pa	10⁻⁵～10⁻¹Pa	10⁻¹～10²Pa	10²～10⁵Pa
			往复活塞泵
			隔膜泵
			液环泵
		旋片泵	
		多室旋片泵	
		定片泵	
			滑阀泵
	罗茨泵		
			气环泵
涡轮分子泵			液体喷射泵
			蒸气喷射泵
扩散泵		扩散喷射泵	
		吸附泵	
升华泵			
溅射离子泵			
低温泵			

$$10^{-9} \quad 10^{-7} \quad 10^{-5} \quad 10^{-3} \quad 10^{-1} \quad 10^{0} \quad 10^{1} 10^{2} 10^{3} 10^{4} 10^{5}$$
$$10^{-8} \quad 10^{-6} \quad 10^{-4} \quad 10^{-2}$$

入口压力/Pa

图 6.3-1 真空泵工作压力范围[4]
（实线表示泵的最佳工作压力范围）

3.1.2 真空泵的工作压力范围

图 6.3-1 为真空泵的工作压力范围,从图中可看出,对于高真空或超高真空,常见的机械真空泵是很难达到的。由两种或多种泵串联起来,构成真空泵机组,可以达到高真空或超高真空。

3.2 机械真空泵

利用机械运动方法而形成抽气作用的真空泵称机械真空泵,其中包括所有变容真空泵和一部分动量传输真空泵,如分子泵等。

3.2.1 往复活塞真空泵

往复活塞真空泵是利用泵腔内活塞往复运动,将气体压缩并排出的变容真空泵,其排气压力大于大气压。结构上与活塞式压缩机相似。按结构型式可分为立式和卧式;按配气阀种类可分为固定阀式和移动阀式。其极限压力分别为 2.6kPa 和 1.3kPa。固定阀与活塞式压缩机的环形自动阀相似。移动阀（滑阀）如图 6.3-2 所示,吸、排气阀的开启是通过设在曲轴端部的偏心轮带动阀杆、滑阀完成的,并控制进排气时间。

往复式真空泵的抽气与排气压差虽小,但压力比却很大,因此余隙容积和内部漏气量均需严格控制。为了减小气体通过吸气阀的压力降,气阀的流速相当低。此泵不适于抽除腐蚀性和含有颗粒状灰尘的气体,主要用于真空蒸发和浓缩以及过滤机的真空脱水等场合。

往复真空泵的型号规格见表 6.3-1。型号用 W 表示,Y 表示移动式。

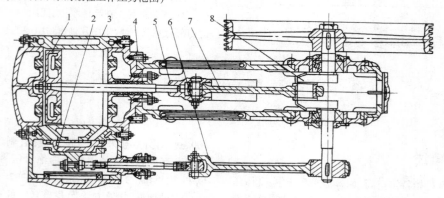

图 6.3-2 配置滑阀的单列往复活塞真空泵主要结构[4]
1—活塞 2—气阀 3—气缸 4—泵体 5—十字头 6—阀杆 7—连杆 8—曲轴

表 6.3-1 往复真空泵的技术参数[24]

型 号	WY-70	WY-150	WY-300	W-50	W-70	W-100	W-150	W-200	W-300	W-400	W-600
极限压力/Pa	1.5×10^3	1.5×10^3	1.5×10^3	2.6×10^3	2.6×10^3	2.6×10^3	2.6×10^3	2.6×10^3	2.6×10^3	2.6×10^3	2.6×10^3
抽速/L·s^{-1}	70	150	300	50	70	100	150	200	300	400	600
功率/kW	5.5	11	22	4	5.5	7.5	11	15	22	30	45

3.2.2 旋片式真空泵

它的工作原理见图 6.3-3。偏心转子上装有两个旋片，旋片之间有弹簧，转子旋转时由于弹簧力及旋片的离心力作用，旋片紧贴泵体内壁滑动。旋片把泵体分为 A、B 两腔。被抽气体通过吸气口进入吸气管，当旋片向排气侧旋转时，被隔离在 B 腔内的气体在旋片继续旋转时逐渐被压缩，压力升高，当压力超过排气阀片 2 上的压力时，顶开排气阀片，被抽气体通过油液从泵排气口排出。转子每转一周，有两次吸、排气过程。在旋片泵的各摩擦面上和各部分间隙中均存有机械油。

通常，旋片真空泵装有气镇阀，它的作用是通过引入经过控制的气流至压缩腔内，因而提高混合气体的压力，使其中可凝性蒸汽的分压尚未达到泵腔温度下的饱和值时，排出阀即被顶开，蒸汽未凝结便伴随抽出的气体一起排出泵外。因此，旋片泵如附加气镇阀便可用于抽除含一定量的可凝性气体。

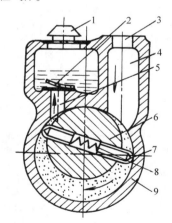

图 6.3-3 旋片真空泵工作原理
1—排气口 2—排气阀片 3—吸气口
4—吸气管 5—排气管 6—转子
7—旋片 8—弹簧 9—泵体

旋片泵有单级和双级，其中以双级泵居多。双级泵的极限压力可达 $(6 \sim 1) \times 10^{-2}$ Pa。国内应用较广的 2XZ 型高速直联旋片真空泵的性能见表 6.3-2。

表 6.3-2 旋片式真空泵型号与性能[15]

型 号	抽速/L·s^{-1}	极限真空/Pa		电动机功率/W	吸气口直径/mm
		关气镇阀	开气镇阀		
2XZ-0.5	0.5			180	10
2XZ-1	1			250	10
2XZ-2	2			370	20
2XZ-4	4	$<6.7 \times 10^{-2}$	<1.33	550	20
2XZ-8	8			1100	32
2XZ-15	15			2200	50
2XZ-30	30			3000	

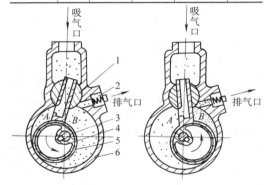

图 6.3-4 滑阀式真空泵工作原理
1—滑阀导轨 2—排气阀 3—轴
4—偏心轮 5—滑阀 6—泵体

3.2.3 滑阀式真空泵

图 6.3-4 为滑阀式真空泵的工作原理图。在泵中装有由阀环和长方形阀杆组成的滑阀。滑阀上部的阀杆在导轨中作上下滑动并随导轨左右摆动，阀环则沿泵腔内表面滑动。整个泵腔被滑阀分成 A、B 两个小腔，当泵逆时针旋转时，A 容积逐渐扩大，气体压力不断降低，气体从吸气口经阀杆的长方形孔进入 A 腔内，产生吸气作用；同时 B 容积逐渐缩小，气体被压缩，压力不断升高。滑阀转到上死点时，A 容积最大，长方形孔封闭，吸气口与泵腔隔离，完成抽气过程；而 B 腔气体压缩到排气压力时顶开排气阀排出泵外。滑阀转一周即完成一个吸、排气过程。该泵一般都装设气镇阀。

滑阀真空泵的基本参数见表 6.3-3。

表 6.3-3 滑阀真空泵基本参数[4]

型号	抽速/L·s^{-1}	单级双级极限压力/Pa	电动机功率/kW	泵口法兰内径/mm 进口	泵口法兰内径/mm 出口
H-8	8	$\dfrac{6 \times 10^{-1}}{6.7 \times 10^{-2}}$	1.1	50	25
H-15	15	$\dfrac{6 \times 10^{-1}}{6.7 \times 10^{-2}}$	2.2	50	25
H-30	30	$\dfrac{6.7 \times 10^{-1}}{6.7 \times 10^{-2}}$	4	63	40
H-70	70	$\dfrac{1.33}{6.7 \times 10^{-2}}$	7.5	80	63
H-150	150	$\dfrac{1.33}{6.7 \times 10^{-2}}$	15	100	80
H-300	300	1.33	30	160	100
H-600	600	1.33	55	200	160

3.2.4 液环式真空泵

液环式真空泵在化工生产中经常使用。其结构与工作原理和液环式压缩机相同。其基本结构如图 6.3-5 所示，由偏置的带翼片的转子（叶轮）、机壳及工作液体组成。运行时，转子带动液体旋转，液体环布于气缸内壁，由两翼片与液体环之间的容积形成工作腔。进、排气口设在两端板上。机壳也可制成椭圆形，构成双作用式。它是利用叶轮旋转时形成液环与叶片间容积周期性变化而抽吸气体的。

液环式真空泵也称纳氏泵，因为大多数场合用水作为工作液体，故常称为水环式真空泵。其结构简单、工作可靠，可抽吸含固体微粒、水分，或易燃、易爆的气体，根据气体性质采用合适的工作液体，也可用于抽吸腐蚀性气体。当用水为工作液体时，不会污染环境与真空系统。单级极限压力为 10^4Pa，双级可达 10^3Pa，最大抽速达 500L/s。其缺点是液力损失大、效率低，水力效率约为 50%～70%，此外，工作过程中需经常补充工作腔内的液体。

以水为工作液时液环式真空泵型号用 SK 表示，其型号规格见表 6.3-4。

3.2.5 罗茨式真空泵

罗茨真空泵由一对彼此啮合的转子（两叶或三叶）在机壳内借助同步齿轮使之互相反向旋转压送气体，见图 6.3-6。由于转子间保持微小的间隙，内部不需润滑油。在使用时它的压力比较

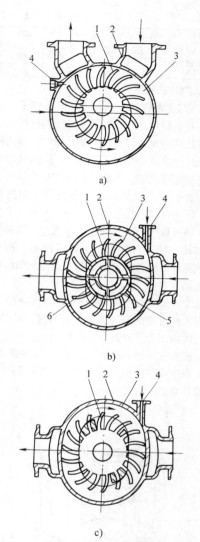

图 6.3-5 液环式真空泵结构型式
a) 单作用式 b) 双作用式径向进、排气
c) 双作用式轴向进、排气
1—叶轮 2—泵体 3—工作液体 4—补液口
5—径向进气口 6—径向排气口

大，产生的热量也较多，为导出热量可往泵内注入适量的水，水的注入还能改善内部密封状况。不注水的干式结构效率较低。注水的真空泵的极限真空约为 6.6Pa，两级串联的罗茨真空泵的极限真空可达 1.3Pa。前级与后级泵的容量比一般为 1.6～2.0。两级串联时，级间需设置单向阀以防止低真空范围内过量压缩。罗茨真空泵常用作增压泵（配有前级泵），它在 1.3～0.013Pa 的压

力范围内具有较大的抽气速率。

表 6.3-4　液环式真空泵型号和技术参数

型号	极限压力/Pa	抽速 L·s^{-1}	功率/kW
SK-0.4 SK-0.8 SK-1.5	1.8×10^4	6.7 13.4 25	1.5 2.2 4
SK-3 SK-6 SK-12 SK-20	8×10^3	50 100 200 330	7.5 15 22 37
SK-30 SK-42 SK-60 SK-85 SK-120 SK-180 SK-250	1.4×10^4	500 670 1000 1415 2000 3000 4167	45 75 95 130 180 280 430

该泵在较宽的压力范围内抽气速率大，对被抽气体中含灰尘和水蒸气不敏感，广泛用于冶金、石油化工、造纸、真空浇注等部门。

罗茨泵因又称为机械增加泵，故用 ZJ 为代号，其后为抽速（L/s），规格有：ZJ-30，ZJ-70，ZJ-150，ZJ-300，ZJ-600，ZJ-1200，ZJ-2500，ZJ-5000，ZJ-10000，ZJ-20000 等。

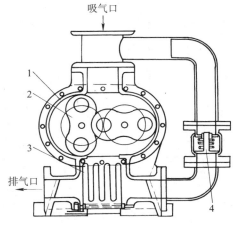

图 6.3-6　罗茨真空泵装置
1—壳体　2—转子　3—冷却器　4—旁通阀

3.2.6　涡流分子泵

该泵的工作原理是将定向速度传递给高速运动表面的气体分子，给气体分子以动量使其由低压区向高压区产生分子流。如图 6.3-7 所示分子泵的结构类似轴流压缩机，具有动叶片和定叶片，在动片和定片上开有缝隙，入射到动片上的

气体分子碰到叶片表面后进行反射，经定片的缝隙进入下一级动片。动片和定片的缝隙都具有一定的角度，使被捕获在缝内的气体分子，优先朝定片缝隙的方向射去。动片的圆周速度对于抽气性能非常重要，要求达到气体分子最大概率速度的 1/2 左右。通常它的抽气速度几乎不因气体种类而变。气体的分子量愈大其压力比也愈大。

一般分子泵的转速为 12000 ~ 70000r/min。它必须配置前级泵，前级泵的工作压力为 1.3 ~ 0.013Pa，抽速应为分子泵抽速的 0.02 ~ 0.1。分子泵的工作压力范围为 1 ~ 10^{-8}Pa，抽速一般在 5000L/s 以下。该泵抽速范围宽，极限压力低，能抽除各种气体，无油。它是获得理想的清洁超高真空的主要泵种。

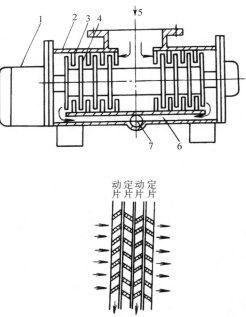

图 6.3-7　卧式涡轮分子泵结构
1—传动部分　2—泵体　3—定叶片　4—动叶片　5—吸气口　6—排气道　7—排气口

3.3　射流真空泵

3.3.1　水喷射真空泵

喷射泵的工作原理如图 6.3-8 所示。工作流体（如具有一定压力的水）由喷嘴流出形成射流；射流形成低压区，抽吸被输送流体。两股流

体在喉管中充分混合，完成能量传递。混合流经扩散管减速增压排出泵出口。

水喷射真空泵是利用水射流对某一空间的气体抽吸从而产生真空的设备。按结构可分单级、多级和多喷嘴三种。其特点是压缩比大，能直接对大气排气，能抽除含灰尘的或具有腐蚀性的气体等；但水喷射真空泵耗用功率大，抽气效率低。该泵在化工、轻工、医药和食品工业中常用于获得初步真空。

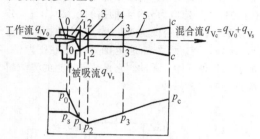

图 6.3-8 射流泵结构原理图[4]

1—喷嘴 2—吸入室 3—喉管入口段
4—喉管 5—扩散管

有些设备用喷射水来冷凝蒸汽，从而使致冷流程及其装置大大简化，不仅降低了成本，而且操作方便，维修容易。

图 6.3-9 所示为多喷嘴水射流泵结构示意。喷嘴数为 12～18 个，射流水夹角 20°，射流水长度 1～1.2m；当工作水压力为 0.15MPa 时尾管高约 10m，压力为 0.3MPa 时尾管高约 2m。

3.3.2 水蒸气喷射真空泵

水蒸气喷射泵是以水蒸气作为工作介质，能直接对大气排气的射流真空泵，在化工过程中应用最为广泛。单级水蒸气喷射泵的压缩比 $\varepsilon \leqslant 10$，根据工作压力的需要可制成多级，目前最多为 6 级，不同级数的极限压力与工作压力见表 6.3-5。

对于多级水蒸气喷射泵，前一级中喷出的气流不仅含有被抽气体，而且还有该级的工作蒸气，因此会使后一级的负荷增加。为节省后一级蒸气消耗，可在级间安装冷凝器，使其中的可凝性气体尽量冷凝（见图 6.3-10）。冷凝器的压力应大于冷却水进水温度时的饱和蒸汽压，以保证冷凝效果。末级有时也安装冷凝器，目的是消声和回收末级余热。

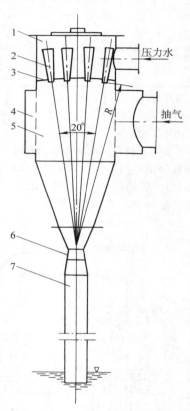

图 6.3-9 多喷嘴水射流泵结构示意
1—水室 2—喷嘴 3—喷嘴支板 4—气室
5—混合室 6—喉管 7—尾管

表 6.3-5 水蒸气喷射真空泵级数与极限压力

极数	1	2	3	4	5	6
极限压力 /Pa	6.5×10^3	1.3×10^3	1.3×10^2	1.3×10	1.3	1.3×10^{-1}
工作压力 /Pa	$10^5 \sim$ 1.3×10^4	$2.6 \times 10^4 \sim$ 2.6×10^3	$3.9 \times 10^3 \sim$ 3.9×10^2	$6.5 \times 10^2 \sim$ 6.5×10	$1.3 \times 10^2 \sim$ 6.5	$1.3 \times 10 \sim$ 6.5×10^{-1}

3.3.3　油扩散泵

油扩散泵由泵体、喷嘴、水冷却系统、分流装置和加热器等组成,如图 6.3-11 所示。在圆形容器内将工作液(油或水银)加热使其蒸发形成蒸气并从各级伞形喷嘴喷出,靠蒸气射流将气体分子输送到前级真空泵去从而完成抽气作用。蒸汽射流碰到由水套或盘管冷却的壁上冷凝后,向下流回加热器中进行再循环。

油扩散泵配置的前级泵可用旋片真空泵或罗茨真空泵。前级真空泵必须预抽到 1.3Pa 的压力。油扩散泵是获得高真空或超高真空的主要泵种之一。极限压力一般可达 10^{-5} Pa 数量级,用途广泛。

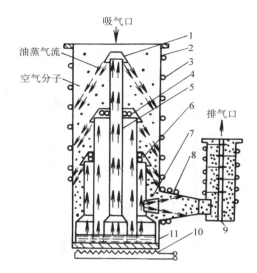

图 6.3-11　油扩散泵工作原理
1—第 1 级伞形喷嘴　2—泵体　3—冷却水管
4—第 2 级伞形喷嘴　5—蒸汽导管　6—末级伞形喷嘴　7—喷射喷嘴　8—扩散器
9—挡板　10—加热器　11—泵油

表 6.3-6　油扩散泵系列规格

型号	极限压力 Pa	抽速 /L·s^{-1}	反压力 /Pa	加热功率 /kW	进气口法兰内径 /mm	推荐前级泵型号
K-80	7×10^{-5}	180	27	0.8	80	
K-100	7×10^{-5}	280	35	1.2	100	2XZ-2
K-160	7×10^{-5}	800	35	2	160	2XZ-4
K-200	7×10^{-5}	1400	35	2.5	200	2X-8
K-320	7×10^{-5}	3400	35	4	320	2X-30
K-400	7×10^{-5}	5400	35	6	400	2X-30
K-630	7×10^{-5}	14000	35	12	630	H-70
K-800	7×10^{-5}	22000	35	16	800	
K-1000	7×10^{-5}	35000	35	22	1000	

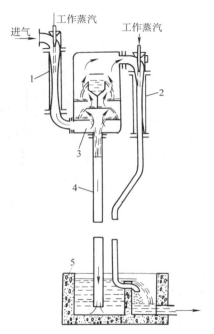

图 6.3-10　具有中间冷凝器的两级喷射系统
1—一级喷射泵　2—二级喷射泵　3—中间冷凝器
4—排水管　5—水池

油扩散泵型号以 K 为代号,其后的数字为进气口法兰内径(mm),所列系列在预真空 $(1.3 \sim 1.3) \times 10^{-2}$ Pa 条件下,工作压力 $1.3 \times 10^{-2} \sim 1.3 \times 10^{-6}$ Pa。如采用冷冻挡板或液氮冷阱,并对真空容器进行烘烤,则能获得 $10^{-8} \sim 10^{-9}$ Pa 的压力。K 系列油扩散泵规格见表 6.3-6。

3.4　其他类型真空泵

由于真空技术应用范围的不断扩大,对真空泵性能的需求是:要具有极低的极限压力,大抽速,很少或没有油脂污染。适合这些条件的泵有钛升华泵、分子筛吸附泵、溅射离子泵、低温泵、锆铝吸气剂泵等。

这些真空泵的工作原理和结构与机械真空泵、射流真空泵全然不同。它们不是根据气体压缩和喷射原理,而是靠物理化学方法来实现抽气目的,从而获得真空,大多用来获得超高真空、极高真空及无污染的真空环境。

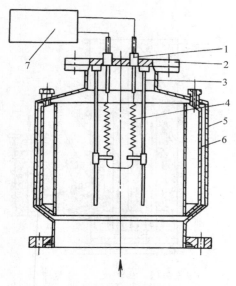

图 6.3-12 钛升华泵
1—电极引线 2—端盖 3—滑动支架 4—钛-钼
合金丝 5—泵体 6—冷却套 7—控制器

钛升华泵的工作压力范围为 $0.13 \sim 1.3 \times 10^{-8}$ Pa，起动压力为 1.3Pa。若配置带吸附阱的机械真空泵或带档板、冷阱的扩散泵可获得近似无油的超高真空。它是以化学吸附为主，物理和化学吸附综合作用的吸气剂泵。泵由泵体、升华器和控制器 3 部分组成，如图 6.3-12 所示。使用时把钛金属加热到约 1100℃ 高温使其升华，然后升华钛沉积在冷面上，形成新鲜的钛膜，钛膜

不断地把被抽气体埋陷在冷面上，使容器内压力逐渐降低而产生抽气作用。

常用钛金属源为钛钼合金丝。升华器按加热方式分电阻、热传导、辐射和电子束轰击加热四种。控制器供给升华器低电压、大电流，并配置必要的升华率调节装置。冷却套可用水或液氮。

3.5 真空系统

真空系统通常由被抽容器（真空室）、真空泵、真空阀、连接管道及阱等部件组成。图 6.3-13 为常用真空系统之一例。3 个真空泵串联：机械泵（旋片真空泵）——罗茨真空泵——扩散泵。真空室可达 1.3×10^{-4} Pa。

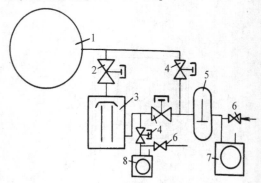

图 6.3-13 扩散泵真空系统[4]
1—真空室 2—高真空气动阀 3—扩散泵
4—管路阀 5—罗茨泵 6—放气阀
7—前级机械泵 8—维持泵

4 风机与压缩机[4、9~14、16、24]

4.1 概论

4.1.1 分类

常用风机、压缩机按结构和压力分类情况见表 6.4-1。

各种结构型式的通风机、鼓风机、压缩机所能达到的压力和流量范围见图 6.4-1。

4.1.2 工作原理

透平式风机和压缩机主要由转子和定子两部分组成。转子由叶轮、主轴、联轴器等零部件组

成。运行时，机械能就是由转子叶轮传递给气体的。定子是机壳及其所包容的静止零部件的总称。定子的作用是组织气流，使气流按一定规律进入叶轮或从叶轮流出；其次是使气流在机器中将一部分动能转变为压力能，进一步提高气体的压力。

容积式风机和压缩机是利用机械能使气体容积缩小而提高气体压力的机械。

4.1.3 用途

通风机主要用于生产车间、厂房、地下构

筑、隧道及船舶等空间的通风、换气、排尘。

表 6.4-1 风机、压缩机的分类

名 称			风 机		压缩机
			通风机	鼓风机	
种类		出口压力范围	10^4Pa 以下	$10^4 \sim 10^5$Pa	10^5Pa 以上
透平式	离心式	轴流式	✓	✓	✓
		多翼	✓		
		径向	✓	✓	✓
		前弯、后弯	✓	✓	✓
容积式	回转式	往复式			✓
		螺杆式			✓
		滑片式			✓
		罗茨式		✓	✓
		液环式			✓

鼓风机主要用于冶金工业及化学工业的鼓风、气体输送及粉体输送等。

压缩机用途广泛，用于石油、化工、炼油、制冷、空气分离等领域。压缩空气在许多领域作为动力使用。

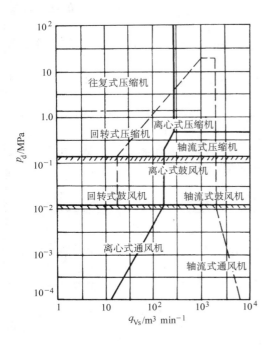

图 6.4-1 各种型式通风机、鼓风机、压缩机的压力和流量范围[4]

4.2 风机

4.2.1 分类

1. 按气流运动方向分类

1）离心式风机：气流轴向进入风机叶轮后，主要沿径向流动。

2）轴流式风机：气流轴向进入风机叶轮后，近似地在圆柱形截面上沿轴线方向流动。

3）混流式风机：在风机的叶轮中，气流的方向处于离心式与轴流式之间，近似地沿锥面流动。

2. 按压力分类 在进口标准状态下，风机的全压（静压加动压）有所不同，其分类见表 6.4-2。

4.2.2 离心式风机

1. 基本结构

离心式通风机见图 6.4-2。叶轮安置在蜗壳内，当叶轮旋转时，气体经过进气口轴向吸入，然后转折 90°沿着径向排出叶轮，气体在蜗壳内汇集并导流至出气口排出。

表 6.4-2 风机按压力分类

名 称	全压/kPa
低压离心通风机	≤1
中压离心通风机	1~3
高压离心通风机	3~15
低压轴流通风机	≤0.5
高压轴流通风机	0.5~15

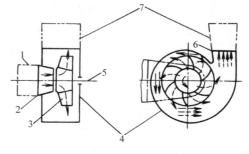

图 6.4-2 离心通风机
1—进气室 2—进气口 3—叶轮 4—蜗壳
5—主轴 6—出气口 7—出口扩压器

a. 进气口（又称集流器） 集流器设置在风机的入口处，使气流均匀地进入叶轮，以降低流动损失和提高叶轮效率。集流器有不同的形式，锥形（如图所示）比筒形好，弧形优于锥形。

b. 蜗壳 蜗壳既有汇集气流并导至排出口的作用,又有扩压功能。因此蜗壳的形状必须符合各截面上所流过的流量 q_{V_φ} 与该截面和蜗壳起始截面之间所形成的夹角 φ 成正比,$q_{V_\varphi} = \dfrac{q_V}{2\pi}\varphi$ (q_V 为总流量)。为保持气流动量矩不变,蜗壳各截面上气流的圆周速度 C_u 与其所在半径 R 的乘积应保持不变,即 $C_u \cdot R = $ 常数。蜗壳型线为一对数螺旋线。

蜗壳的宽度 B 常为叶轮叶片宽度 b_1 的 1.5 ~ 2 倍,蜗壳的出口长度 $C = (1.3 \sim 1.4)A$,在蜗壳出口附近常有舌状结构,其作用是防止气体在蜗壳内循环流动而影响风机性能。在蜗壳出口处,配置扩压器,使其将速度能充分转变为静压,扩压器的两侧与蜗壳侧板平行,一般取扩压角 $\theta = 8°$ ~ 12°,见图 6.4-3。

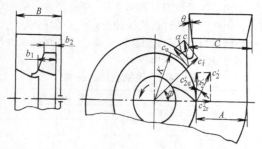

图 6.4-3 气体在叶轮出口后进入蜗壳的流动

c. 风机的安装结构型式 如图 6.4-4 所示,风机安装主要有 2 种型式:1) A 型,叶轮悬臂,叶轮直接安装在电动机轴上;2) D 型,叶轮悬臂,联轴器直联传动,轴承座的一端是风机叶轮,另一端通过联轴器与电动机连接。

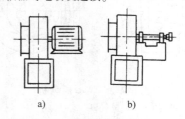

图 6.4-4 离心风机基本结构型式
a) A 型 b) D 型

2. 基本方程 叶轮对气体作功,其能量传递的大小可由欧拉动量矩方程确定。由于欧拉动量矩方程是在理想流动的一元流动情况下提出的,

为应用于叶轮,有如下假设。

1) 叶轮叶片数目为无限多,其厚度为无限薄,则叶道间的气流便可看作微小流束,其形状与叶道完全一致;

2) 通风机工作时设有能量损失,即叶轮所传递的机械能全部传给了气体;

3) 稳定流动,不随时间变化;

4) 对风机而言,不考虑气体的可压缩性。

图 6.4-5 为叶轮叶片进出口处气流速度图,则欧拉动量矩方程式可写成

$$h_{t,\infty} = u_2 c_{2u,\infty} - u_1 c_{1u,\infty}$$

或

$$h_{t,\infty} = \frac{c_{2,\infty}^2 - c_{1,\infty}^2}{2} + \frac{u_2^2 - u_1^2}{2} + \frac{\omega_{1,\infty}^2 - \omega_{2,\infty}^2}{2}$$

$$c_{1u,\infty} = c_{1,\infty}\cos\alpha_{1,\infty}$$

$$c_{2u,\infty} = c_{2,\infty}\cos\alpha_{2,\infty}$$

式中 $h_{t,\infty}$ ——叶片数目无限多的叶轮对 1kg 质量的气体在每秒内所能获得的理论功（J/kg）;

u_1、u_2 ——叶片进出口处气流的圆周速度（m/s）;

$c_{1,\infty}$、$c_{2,\infty}$ ——叶片进出口处气流的绝对速度（m/s）;

$\omega_{1,\infty}$、$\omega_{2,\infty}$ ——叶片进出口处气流的相对速度（m/s）;

$c_{1u,\infty}$、$c_{2u,\infty}$ ——叶片进出口处气流绝对速度的圆周分速度（m/s）;

$\alpha_{1,\infty}$、$\alpha_{2,\infty}$ ——叶片进出口处气流绝对速度的气流角。

上式中的下角标 ∞ 表示叶片数为无限多;t 表示无能量损失的理论状况。

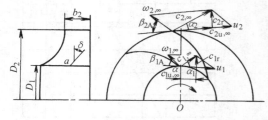

图 6.4-5 叶轮叶片进出口处气流速度图

3. 叶轮 根据叶轮叶片出口安装角 β_{2A} 的不同分为后弯叶片（$\beta_{2A} < 90°$）、径向叶片（$\beta_{2A} = 90°$）和前弯叶片（$\beta_{2A} > 90°$）,如图 6.4-6 所示。其基本特性见表 6.4-3 和图 6.4-7。

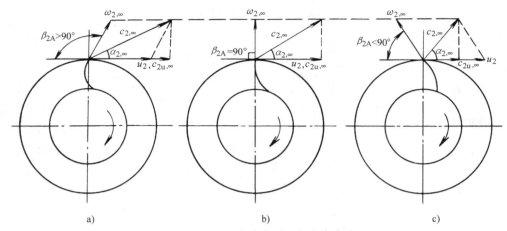

图 6.4-6　叶轮叶片出口处气流速度图
a) 前弯叶片　b) 径向出口叶片　c) 后弯叶片

表 6.4-3　三种叶片型式的比较

项　目	后弯叶片	径向出口叶片	前弯叶片
出口安装角 β_{2A}	$<90°$	$=90°$	$>90°$
效率	高	中	差
成本	高	中	低
工作范围	广	广	狭
叶轮圆周速度	高	中	低
电动机超载	不易		易

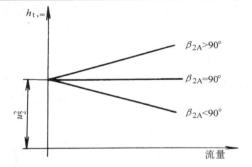

图 6.4-7　叶片出口安装角对理论能量头
影响示意图[10]

4. 功率和效率　风机各种功率和效率分别列于表 6.4-4。

5. 相似理论的应用　在离心风机和压缩机中,对于气体流动过程,理论上尚不能完全解决,需依靠模型试验,利用相似理论进行相似设计和性能换算。通常用与实物相似但尺寸缩小的模型进行实验,把模化实验中获得的结果,还原到实物。这时必须遵守几何相似、运动相似和动力相似三条件才能获得可靠的结果。相似条件和关系如表 6.4-5 和表 6.4-6。

表 6.4-4　离心风机的效率及功率

名称	说　　明	公式	单位
有效功率 P_e	单位时间内传给气体的有效功	$P_e = \dfrac{hG}{1000}$	kW
内功率 P_i	计入流动损失和泄漏损失,单位时间内传给气体的有效功	$P_i = \dfrac{hG}{1000\eta_i}$	kW
轴功率 P_s	除了传给气体有效功,还计入传动方式与机械损失,内部的流动损失、泄漏损失等,输给风机主轴的功率	$P_s = \dfrac{hG}{1000\eta_i\eta_m}$	kW
内效率 η_i	有效功率与内功率之比	$\eta_i = \dfrac{P_e}{P_i}$	
全压效率 η	通风机的全压功率与轴功率之比	$\eta = \dfrac{P_e}{P_s}$ $\eta = \eta_i\eta_m$	

注:h—风机的能头(J/kg);G—气量,(kg/s)。

表 6.4-5　相似条件和关系[9]

名称	条　　件	关　　系
几何相似	模型与实物各相应的同名角和线性尺寸成比例(模型的表面相对粗糙度也应和实物相同)	$\dfrac{D_{2M}}{D_2} = \dfrac{D_{1M}}{D_1} = \dfrac{b_{1M}}{b_1} = \dfrac{b_{2M}}{b_2}$ $= \dfrac{B_M}{B} = \dfrac{D_{0M}}{D_0} = $ 常数
运动相似	模型与实物的对应点的速度三角形相似	$\dfrac{u_{2M}}{u_2} = \dfrac{C_{2M}}{C_2} = \dfrac{W_{2M}}{W_2} = \dfrac{C_{2rM}}{C_{2r}}$ $= $ 常数; $\dfrac{C_{2u}}{u_2} = \dfrac{C_{2uM}}{u_{2M}}$; $\dfrac{C_{2rM}}{u_{2M}} = \dfrac{C_{2r}}{u_2}$
动力相似	雷诺数相等	$\dfrac{lv}{\nu} = \dfrac{l_M v_M}{\nu_M} = Re$

注:表中 v—速度;ν—运动粘度;
l—长度,下角标 M 代表模型。
其他符号见图 6.4-3,6.4-5,6.4-6。

表 6.4-6 压力、流量及功率换算[9]

换算条件 换算等式 项目	$D_2 \neq D_{2M}$ $n \neq n_M$ $\rho \neq \rho_M$	$D_2 = D_{2M}$ $n = n_M$ $\rho \neq \rho_M$	$D_2 = D_{2M}$ $n \neq n_M$ $\rho = \rho_M$	$D_2 \neq D_{2M}$ $n = n_M$ $\rho = \rho_M$
压力换算	$\dfrac{P}{P_M} = \dfrac{\rho}{\rho_M}\left(\dfrac{D_2}{D_{2M}}\right)^2\left(\dfrac{n}{n_M}\right)^2$	$\dfrac{P}{P_M} = \dfrac{\rho}{\rho_M}$	$\dfrac{P}{P_M} = \left(\dfrac{n}{n_M}\right)^2$	$\dfrac{P}{P_M} = \left(\dfrac{D_2}{D_{2M}}\right)^2$
流量换算	$\dfrac{Q}{Q_M} = \left(\dfrac{D_2}{D_{2M}}\right)^2\dfrac{n}{n_M}$	$Q = Q_M$	$\dfrac{Q}{Q_M} = \dfrac{n}{n_M}$	$\dfrac{Q}{Q_M} = \left(\dfrac{D_2}{D_{2M}}\right)^2$
功率换算	$\dfrac{N}{N_M} = \dfrac{\rho}{\rho_M}\left(\dfrac{D_2}{D_{2M}}\right)\left(\dfrac{n}{n_M}\right)$	$\dfrac{N}{N_M} = \dfrac{\rho}{\rho_M}$	$\dfrac{N}{N_M} = \left(\dfrac{n}{n_M}\right)^3$	$\dfrac{N}{N_M} = \left(\dfrac{D_2}{D_{2M}}\right)^3$
效率	$\eta = \eta_M$			

注:表中下角标 M 代表模型,其它符号见表 6.4-5。

6. 性能曲线及操作工况 表示风机性能的对数坐标曲线,是经过多次的性能试验作出的。一种后弯式叶轮风机的性能曲线如图 6.4-8 所示。图中 $p_{t,F}$ 为风机的全压,$p_{s,F}$ 为风机的静压。

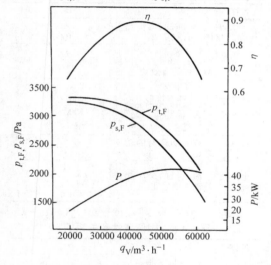

图 6.4-8 离心通风机特性曲线[4]

风机的最佳工作点,应是对应效率曲线的最高点或稍偏右的部位选取,但不应低于最高效率的 90%。

风机的最佳工作点,由于设计计算误差或管路系统的改变会出现偏离,为使工作稳定必须进行调整。当风机的工作流量比计算的流量大时,工作压力会比计算的小,可以在管路中加设挡板以提高阻力,或降低风机的转速以减小管道阻力。当风机工作流量比计算流量小时,压力 p 会增高,这时情况正好相反,应减小局部阻力或提高风机的转速进行调整。通常,在风机前或风机后管网上设置蝶阀,来增减管网阻力,改变管网性能曲线,使工况点移动。

4.2.3 轴流式风机

1. 概述 轴流式风机中气体沿轴向流动,其典型结构如图 6.4-9 所示。气体从集流器轴向进入,通过叶轮使气体获得能量,然后进入导叶,导叶将一部分偏转的气流动能转变为静压能。气流通过扩散器时又将一部分轴向气流动能转变为静压能,然后输入管路。

图中,轮毂与径向分布的叶片构成转子,集流器、导叶、扩散筒、整流罩及整流体均为定子。后两者被设计成流线形。叶片数目从 2~20 片不等。导叶可设置在转子的前面或后面。

叶轮和导叶组成级。轴流式风机多采用单级。当要求静压超过 980Pa 时,应采用多级结构。

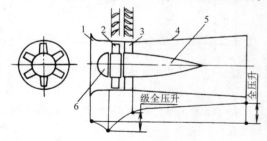

图 6.4-9 轴流通风机

1—集流器 2—叶轮 3—导叶
4—扩散器 5—整流罩 6—整流体

通风机所配电动机多装在机壳内,输送高温气体时,应将电机装在机壳外。

由于叶轮强度及噪声等原因,轴流风机叶轮外缘的圆周速度一般不大于 130m/s。

现代较大型的轴流风机的动叶或导叶常做成

可调的,即其安装角可调。这样不仅大大扩大了运行工况范围,而且显著提高了变工况下的效率。因此,其使用范围和经济性均比离心式风机好,在许多领域获得日益广泛的应用。近年来,轴流风机逐渐向高压发展。目前单级轴流通风机的全压效率可达 90% 以上,带有扩散筒的单级风机的静压效率可达 $83 \sim 85\%$。

2. 基本方程 轴流通风机的级是由叶轮和导叶组成。动叶和导叶叶栅的组合称为基元级,图6.4-10 为基元级的速度三角形。利用欧拉方程可以推得叶轮、叶栅传给气体的理论能量。理论能量头为:

$$h_t = u(c_{2u} - c_{1u}) = u\Delta c_u$$

或

$$h_t = uc_z(\cot\beta_1 - \cot\beta_2)$$

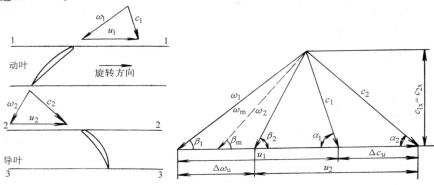

图 6.4-10 基元级的速度三角形

u—叶轮圆周速度 ω—气流相对速度 c—气流绝对速度 β—气流方向角

从上式可知,增加 h_t 的办法,一是增加叶轮圆周速度 u,二是增大气流转折角 $\Delta\beta = \beta_2 - \beta_1$,三是增加轴向速度 c_2。

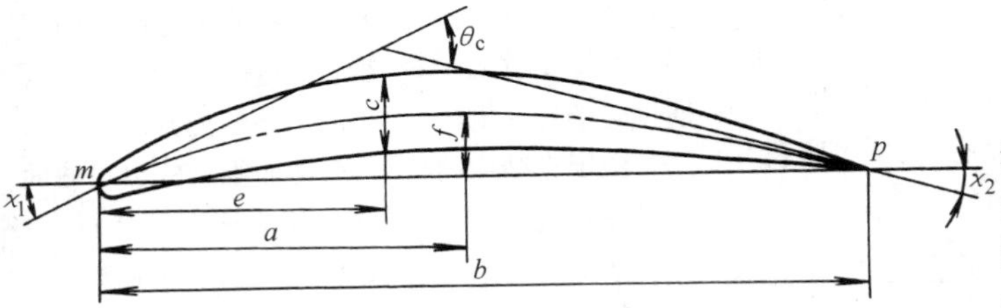

t 为栅距。

t/b 为相对栅距,其倒数 b/t 称为叶栅稠度。

β_A 为叶型安装角。

β_{1A} 为进口几何角。

β_{2A} 为出口几何角。

由图可知,$i = \beta_{1A} - \beta_1$ 为气流进口冲角,$\delta = \beta_{2A} - \beta_2$ 为气流出口落后角。$\Delta\beta = \beta_2 - \beta_1$ 为气流转折角。α 为攻角,即叶弦与气流平均相对速度 ω_m 之夹角。

4. 主要结构参数的选取

(1)轮毂比 $\bar{d}$　$\bar{d} = d/D$(d—轮毂直径,

3. 轴流风机叶轮 通常采用机翼形叶片,如图 6.4-11 所示。

图 6.4-11 机翼形叶片的叶型参数

a. 叶型参数

b 为叶片中线两端点 m、p 连线之长度,称为弦长,为叶型上的最大长度。

c 为最大厚度。

f 为叶型中线最大弯度。

χ_1 为叶型前缘方向角。

χ_2 为叶型后缘方向角。

$\theta_c = x_1 + x_2$ 为叶型的弯折角。

b. 叶栅参数　如图 6.4-12 所示,图上各符号的意义分别是:

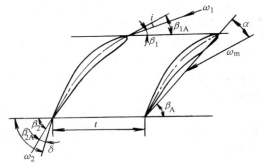

图 6.4-12　叶栅参数

D—叶轮直径),它对风机的压力、流量、效率等都有影响。$\bar{d}$ 值过小,会因叶根处的 t/b 过小使该处叶栅相互干涉,性能下降;$\bar{d}$ 过大,则壁面摩擦损失增加,效率下降。通常 $\bar{d} = 0.25 \sim 0.75$。

(2)叶轮外径 D　在给定流量 Q、全压 p 和转速 n 后,可按下式算出比转数 n_s:$n_s = n \dfrac{Q^{1/2}}{p^{3/4}}$,然后查图 6.4-13,找出 K_u,按下式算出 D

$$D = \frac{60 K_u}{\pi n} \sqrt{2p/\rho}$$

式中　Q——风机流量($\mathrm{m^3/h}$);

　　　　p——风机的全压(Pa);

　　　　ρ——气体密度($\mathrm{kg/m^3}$);

　　　　n——风机转速($\mathrm{r/min}$)。

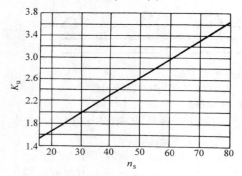

图 6.4-13　比转数 n_s 与因数 K_u 的关系[10]

(3)叶片数 z　它与轮毂比 $\bar{d}$ 有关,可参照表 6.4-7。

表 6.4-7　叶片数 z 的选择

$\bar{d}$	0.3	0.4	0.5	0.6	0.7
z	2~6	4~8	6~12	8~16	10~12

5. 轴流风机的特性曲线

在额定转速下,全压 p、功率 P 及效率 η 与流量 Q 之间的关系的特性曲线见图 6.4-14。

a. p-Q 曲线

(1)当风机在正常流量下运转时,气流沿叶片高度均匀分布,其工作范围在最佳工况点附近,对应于图 6.4-14 中的 a 区域。

(2)区域 b:当流量减小时,动叶顶部进口端产生涡流,使流动情况变差,使风机的排出压力随流量的减少而下降。

(3)区域 c:当流量继续减小,叶片进口侧的涡流区继续扩大,叶片根部附近开始出现逆流。

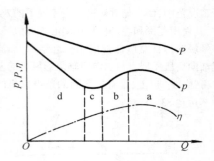

图 6.4-14　轴流风机的特性曲线[12]

(4)区域 d:当流量进一步减小时,叶片进口侧旋涡区迅速扩大,叶片出口侧根部发生失速,导致逆流区扩大。风机将表现为非稳定状态。

b. P-Q 曲线

圆弧板形叶片的风机,小流量时的主要特点是零流量的功率最大,故此风机不宜关闭启动。因此轴流风机不象离心风机那样具有启动功率小的优点。

4.2.4　其他形式风机

1. 横流式通风机　它有一个筒形的多叶叶轮转子,气流沿着与转子轴线垂直的方向,从转子一侧的叶栅进入叶轮,然后穿过叶轮转子内部,再通过转子另一侧的叶栅,汇集于蜗壳排出。

由于它结构简单,具有薄而细长的出口截面,不必改变流动方向等特点,使它适宜于装置在各种扁平形或细长形的设备里。它的动压较高,效率较低。目前,它广泛应用于低压通风换气、空调、车辆和家庭电器等设备上。其使用范围一般为流量小于 $500 \mathrm{m^3/min}$,全压小于 980Pa。

2. 混流式风机　它具有圆筒形外壳,而叶轮毂呈圆锥形。由于气流沿倾斜方向流出,故它兼有轴流式和离心式风机的特点。

3. 对旋式轴流风机　如图 6.4-15 所示,在两级的轴流风机中,有一个叶轮装在另一个叶轮的后面,而叶轮的转向彼此相反,又称对置式轴流风机。

由于没有导叶,具有较短的结构尺寸。效率较高,它比同样的带后置导叶的两级风机效率高 5%。这种风机主要用于矿山、隧道、船舶的换气通风以及风洞、冷却塔和锅炉上。

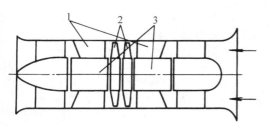

图 6.4-15 对旋式轴流风机结构
1—支撑板 2—叶轮 3—电机

4.3 活塞式压缩机

4.3.1 理想气体状态方程

所谓理想气体是不考虑气体分子之间的作用力和分子本身所占有的体积的气体。当气体压力远低于临界压力,温度远高于临界温度时,都相当符合理想气体的假定。对于1kg气体状态方程式为:

$$pv = RT$$

式中　p——理想气体的绝对压力(Pa);

　　　v——理想气体的比容(m^3/kg);

　　　T——理想气体的绝对温度(K);

　　　R——气体常数$[J/(kg \cdot K)]$。

4.3.2 结构型式

活塞式压缩机由曲轴、连杆通过十字头带动活塞、活塞杆在气缸内作往复运动(小型空气压缩机由连杆直接带动活塞),使气体在气缸内完成吸气、压缩、排气和膨胀过程。吸、排气阀控制气体进入与排出气缸。在曲轴侧的气缸底部设置填料函,以阻止气体外漏。图 6.4-16 为两级压缩的 L 型空气压缩机。

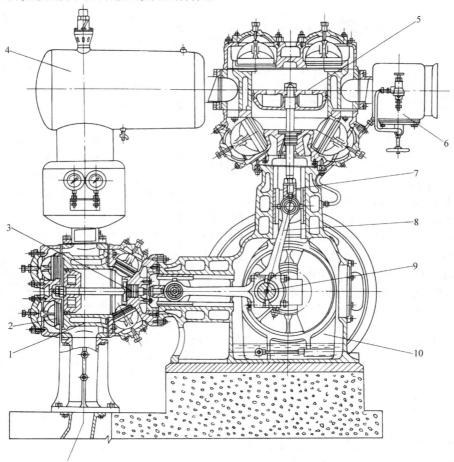

图 6.4-16 L型空气压缩机[16]
1—气缸 2—气阀 3—填函 4—中间冷却器 5—活塞 6—减荷阀 7—十字头 8—连杆 9—曲轴 10—机身

压缩机按气缸中心线的布置有如图 6.4-17 所示的几种典型形式：a 为立式；b、c、d 为角式，分别为 V 型、W 型及 L；e 为卧式 H 型。在运行时，它的往复惯性力有互相平衡的特性，又称为对称平衡型。图中 a 当为卧式安置时，则为 π 型。

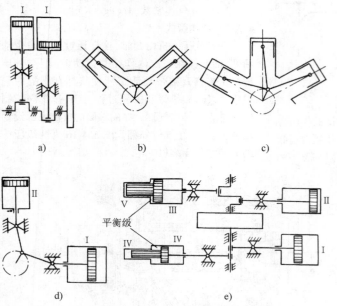

图 6.4-17　不同结构型式压缩机简图[9]

a) 立式、单级　b) V 型　c) W 型　d) L 型、双级　e) 卧式、H 型、多级

4.3.3　压缩过程

气体在气缸内其压力随容积变化的关系可以用指示图来表示，如图 6.4-18。AB 表示压缩过程。它是一条指数曲线，压缩过程指数 n 在 $1 < n < k$ 的范围内。BC 为排气过程。CD 为残留在气缸余隙内气体的膨胀过程。DA 为吸气过程。AB-CD 封闭面积代表压缩时所需的功。若气缸没有余隙、气阀设有阻力，则 $A'B'C'D'$ 为理论循环曲

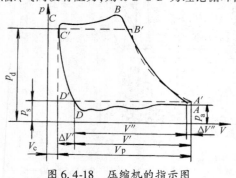

图 6.4-18　压缩机的指示图

线，其封闭面积代表理论循环所需的功。

4.3.4　级与排气温度

气体压缩后各级的排气温度 T_d(K)：

$$T_d = T_s \varepsilon^{\frac{n-1}{n}}$$

式中　T_s——进气温度(K)；

　　　ε——压力比，排气与进气压力(均指绝对压力)之比；

　　　n——压缩过程指数，对于空气，按绝热压缩过程计，$n = 1.4$。

设 $T_s = 303\text{K}$，$\varepsilon = 3$，$n = 1.4$，则 $T_d = 414.7\text{K}$，即 $t_d = 141.7℃$，在压缩机润滑油工作范围之内。一般各级压力比在 $2 \sim 4$ 之间，小型压缩机压力比可达 $6 \sim 7$。

压缩机整机的压力比较高时，必须采取多级压缩，其各级压力比之分配，理论上以等压力比时功率消耗最小。实际分配时，可根据实际工况作适当调整。

4.3.5　排气量、功率与效率

1. 排气量　排气量定义为，在压缩机排出端测得的单位时间内排出的气体容积，换算到进气状态(压力、温度、湿度)下的容积。排气量 V_m(m^3/min) 取决于压缩机气缸的行程容积 V_{th}(m^3/s) 与排气因数 λ，即

$$V_m = 60 V_{th} \cdot \lambda$$

活塞在一个行程(双作用气缸应包括往与复)中所扫过的气缸容积称为行程容积。排气因数定义为，由下列因素的影响使排气量减少的因数：1) 由于余隙气体的膨胀占据了部分气缸容积，2) 进气阀的阻力，3) 进气过程中气体被加热，4) 部分泄漏。多级压缩机中间各级的行程容积

$$V_{th} = \frac{V_m}{60 \lambda_i} \frac{P_{s1} T_{si} M_{di} M_{oi}}{P_{si} T_{s1}}$$

式中　P_{s1}、P_{si}——Ⅰ级与 i 级的进气压力(Pa)；

　　　T_{s1}、T_{si}——Ⅰ级与 i 级进气温度(K)；

　　　λ_i——i 级的排气因数；

　　　M_{oi}——i 级的抽气因数；

　　　M_{di}——i 级的干气因数。

对于微型单级空气压缩机 $\lambda = 0.40 \sim 0.60$
中小型双级空气压缩机 $\lambda = 0.70 \sim 0.85$
大型气体压缩机 $\lambda = 0.70 \sim 0.80$

2. 轴功率 指驱动机输给压缩机主轴的实际功率,以 P_{sh} 表示。

$$P_{sh} = \frac{P_{id}}{\eta_m}$$

对理想气体,

$$P_{id} = \Sigma P_{idi} = 1.643 \Sigma P_{si} V_{thi} \lambda_{vi} n$$
$$\times \frac{K_i}{K_i - 1}$$
$$\times \left[\left(\frac{P_{di}}{P_{si}} \right)^{\frac{K_i-1}{K_i}} - 1 \right]$$

式中 P_{id}——压缩机的指示功率(kW),若为多级压缩机应为各级指示功率之和。

n——压缩机转速(r/min);

η_m——压缩机的机械效率。

微型压缩机 $\eta_m = 0.80 \sim 0.87$
小型压缩机 $\eta_m = 0.85 \sim 0.90$
大、中型压缩机 $\eta_m = 0.9 \sim 0.95$

3. 效率 压缩机效率是衡量机器经济性的重要指标。以等温理论压缩循环功率 P_{th} 为基准,与实际循环的指示功率 P_{id} 相比而得出的效率称为等温效率 η_{is},即

$$\eta_{is} = \frac{P_{th}}{P_{id}}$$

以绝热理论压缩循环功率 P_K 为基准,与实际循环的指示功率相比而得出的效率称为绝热效率 η_{ad},即

$$\eta_{ad} = \frac{P_K}{P_{id}}$$

对于一般活塞式压缩机,$\eta_{is} = 0.60 \sim 0.73$
$\eta_{ad} = 0.65 \sim 0.85$ $\eta_{ad} > \eta_{is}$。

4. 比功率 动力用空气压缩机习惯上以排气压力 0.68MPa 下每分钟每立方米气体所耗功率(称比功率)来衡量,对于 $10 m^3/min \leqslant V_{in} \leqslant 100 m^3/min$ 的压缩机比功率 $P_r = 5.0 \sim 5.5 kW/(m^3 \cdot min^{-1})$。

4.3.6 主要部件

1. 气缸 活塞式压缩机的气缸多用铸铁制造,中压用球墨铸铁,高压用锻钢(内装铸铁缸套)。按照作用方式,有三种不同的结构形式:单作用式、双作用式与级差式。依照冷却方式,有风冷与水冷之分。图 6.4-19 为微型或小型移动式单作用风冷铸铁气缸。图 6.4-16L 型压缩机的 I 级及 II 级气缸,为双作用水冷式开式铸铁气缸,由缸体及两侧缸盖组成,并带有水夹套。气阀配置在两侧缸盖上。

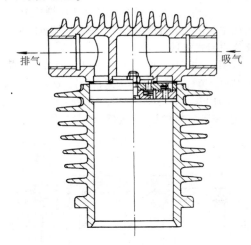

图 6.4-19 风冷气缸

气缸内壁要经过精加工,一般表面粗糙度 R_a 应低于 $0.32 \mu m$。

2. 气阀 活塞式压缩机的气阀均为自动阀,随气体压力变化而自行启闭。常见的类型有环状阀、网状阀、舌簧阀、碟形阀和直流阀。

环状阀如图 6.4-20 所示。环的数目视阀的大小由一片到多片不等,阀片上的压紧弹簧有两种:一种是每一环片用一只与阀片直径相同的弹簧,即大弹簧;另一种是用许多个与环片的宽度相同的小圆柱形弹簧,即小弹簧。排气阀的结构与吸气阀基本相同,两者仅是阀座与升程限制器的位置互换而已。

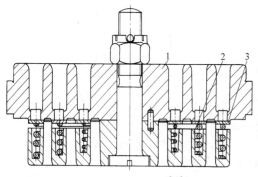

图 6.4-20 环状阀[13]
1—阀座 2—升程限制器 3—阀片

网状阀的作用原理与环状阀完全相同,而阀片不同。阀片多为整块的工程塑料,在阀片不同半径的圆周上开许多长圆孔的气体通道。阀片之上加缓冲片,其用途是减轻阀片与升程限制器的冲击。

3. 填料函　在双作用的活塞式压缩机中,活塞的密封依靠填料密封元件。现代压缩机的填料多用自紧式密封。

图 6.4-21 为工艺用中压压缩机常见的平面填函结构。填料的径向压紧力来自弹簧及气体(泄漏过来)的压力。在内径磨损后,连结处的缝隙能自动补偿。铸铁密封圈需用油进行冷却与润滑。

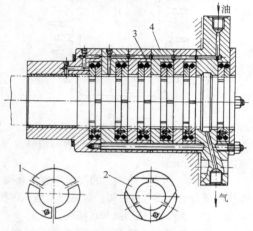

图 6.4-21　平面填函[13]
1—三瓣密封圈　2—六瓣密封圈
3—弹簧　4—填料盒

在无油润滑压缩机中,用填充聚四氟乙烯工程塑料作密封圈,常用如图 6.4-22 所示的结构。在填充聚四氟乙烯密封圈的两侧加装金属环,分别起导热作用及防止塑料的冷流变形。

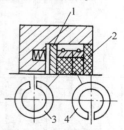

图 6.4-22　塑料填函
1—阻流环　2—导热环
4—填充聚四氟乙烯密封圈

4.3.7　系统的润滑

活塞式压缩机中,气缸的润滑与运动部件的润滑是分开的。运动部件采用机油润滑,润滑油路为封闭循环,如图 6.4-23 所示。有的压缩机贮油箱就是曲轴箱的下部容积,如图 6.4-16 所示,齿轮油泵也安装在机体内。

图 6.4-23　活塞式压缩机运动
部件润滑系统图

气缸包括填函密封元件的润滑用压缩机油,由专门的注油器多点润滑,用油量较小。润滑后的油散失在被压缩的气体中,然后被除弃。

单作用压缩机通常采用在连杆上安置甩油杆或在靠近轴承处设甩油环的飞溅式润滑。气缸与运动部件都用同一种压缩机油。

4.3.8　气量调节

在微型压缩机中,广泛采用气、电压力开关,以停或转来调节供气量。

一般动力用空压机(如图 6.4-16)采用截断吸气的减荷阀,见图 6.4-24。当供气量过多时,储气罐的压力升高,通过压力调节阀输送来的气压将阀关闭,吸气口被截断;当压力降低时,靠阀的重力及弹簧力使阀开启。

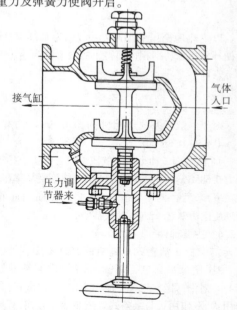

图 6.4-24　停止吸气阀

在大型压缩机中有用余隙阀来进行调节的。图6.4-25为变容积的余隙阀,它与第Ⅰ级气缸余隙容积连通,余隙活塞移动使气缸余隙容积变动,吸气量因此而增减,从而调节排气量。

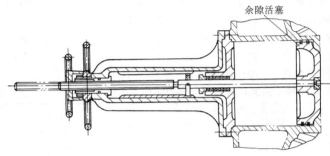

余隙活塞

图6.4-25　变容积的余隙阀

4.3.9　冷却装置

压缩机的冷却包括气缸壁的冷却及级间气体的冷却。这些冷却可以改善润滑工况、降低气体温度及减小压缩功耗。图6.4-26为两级压缩机的串联冷却系统。图中冷却水先进入中间冷却器而后进入气缸的水套,以保持气缸壁面上不致析出冷凝水而破坏润滑。冷却系统的配置可以串联、并联也可混联。

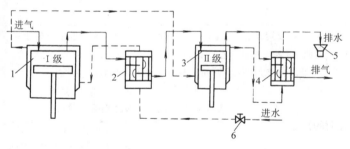

图6.4-26　两级压缩机的串联冷却系统
1—Ⅰ级气缸　2—中间冷却器　3—Ⅱ级气缸　4—后冷却器
5—溢水槽　6—供水调节阀

动力用空气压缩机级间冷却器经常放置在压缩机机体上,如图6.4-16所示,其中气体冷却、气体缓冲及油气、油水分离均组合在一起。

大型压缩机的级间冷却器采用水冷式,气体压力 $p < (3 \sim 5)$ MPa 时采用管壳式换热器,压力再高时一般采用套管式换热器。冷却后的气体与进口冷却水的温差一般在 $5 \sim 10$℃,为避免水垢的产生,冷却后的水温应不超过40℃。

风冷式压缩机多采用翅片散热(见图6.4-19),有时还设置轴流式风扇吹风。

冷却后的气体进入油水分离器,将气体中的油与水分离掉。

4.3.10　惯性力及平衡措施

活塞式压缩机的惯性力有:旋转惯性力,由于旋转中心与质量中心不重合引起的,这在曲轴和连杆部分质量中发生;往复惯性力,这是由于十字头、活塞、活塞杆及连杆部分质量作变速直线运动引起的。

旋转惯性力 I_r 的表达式:

$$I_r = m_r r \omega^2$$

式中　m_r——不平衡旋转质量;
　　　r——曲柄半径;
　　　ω——曲柄旋转角速度。

旋转惯性力一般可用平衡重来平衡,只要在旋转惯性力 I_r 的指向的反方向加装平衡重,使它所产生的惯性力与 I_r 大小相等方向相反。

往复运动惯性力 I 的表达式:

$$I = m_s r \omega^2 (\cos\alpha + \lambda \cos 2\alpha)$$

式中　m_s——往复运动总质量;
　　　α——曲柄转角;
　　　λ——曲柄半径与连杆中心距之比。

往复惯性力 I 可看作一阶惯性力 I_1 与二阶惯性力 I_2 之和: $I_1 = m_s r \omega^2 \cos\alpha$,$I_2 = m_s r \omega^2 \lambda \cos 2\alpha$。

单列压缩机的往复惯性力无法平衡。一阶惯性力可以采用加平衡重的方法使其转向。多列压缩机常见的平衡方法有两种:一种是通过各列曲拐错角的合理配置,使惯性力全部或部分抵消(如图6.4-17中的e);另一种是在同一曲拐上配置几个气缸(即角式压缩机),通过各列气缸中心线夹角的合理布置,使整个机器的合成惯性力成为大小不变且方向始终沿着曲柄方向向外指的力,这样,就可用加平衡重的方法使惯性力得以平衡。

活塞式压缩机的惯性力必须采取措施尽可能加以平衡,以避免造成大的振动。当仍有部分惯性力与惯性力矩无法平衡掉时,必须建造基础以减小振动。常见的几种结构形式的惯性力及力矩平衡情况见表 6.4-8。

4.3.11 无油润滑

活塞式压缩机的无油润滑不是说曲柄连杆机构不用油润滑，而是指气缸与活塞环及活塞杆与填料间不用油润滑。在医药卫生、食品工业、某些化工工艺、仪表以及压缩低温气体时，不允许有油混入，因而无油压缩机应用日益广泛。

普通有油润滑压缩机，活塞环及填料密封圈大多采用铸铁，而无油润滑压缩机则采用填充聚四氟乙烯工程塑料。它是以聚四氟乙烯为主体，添加玻璃纤维、青铜粉、二硫化钼等填充剂，以改善其机械性能及耐磨损性。它与钢表面的摩擦系数小，磨损小，但导热性差，热膨胀系数大。作为填料密封圈时，其结构为图 6.4-22 所示。

为了防止十字头的润滑油沿活塞杆进入填料函，一般在活塞杆上安装挡油圈，因而无油润滑压缩机的轴向尺寸稍长一点。

表 6.4-8 活塞式压缩机常用几种结构型式的惯性力和力矩的平衡情况[9]

结构型式	不平衡的旋转惯性力、力矩		一阶惯性力及力矩（最大值）		二阶惯性力及力矩（最大值）		平衡重的用途及大小
	I_r	M_r	一阶惯性力 I'	一阶惯性力矩 M'	二阶惯性力 I''	二阶惯性力矩 M''	
二列立式（曲柄错角 180°）	0	$m_r r \omega^2 a$	0	$m_p r \omega^2 a$	$2 m_p r \omega^2 \lambda$	0	$m_0 = \dfrac{r}{r_0} m_r$
二列立式（曲柄错角 90°）	$\sqrt{2} m_r r \omega^2$	$\dfrac{\sqrt{2}}{2} m_p r \omega^2 a$	$\sqrt{2} m_p r \omega^2$	$\dfrac{\sqrt{2}}{2} m_p r \omega^2 a$	0	$m_p r \omega^2 \lambda a$	$m_0 = \dfrac{r}{r_0} m_p$
二列单排 V 型（60°夹角）	$m_r r \omega^2$	0	$\dfrac{\sqrt{3}}{2} m_p r \omega^2$	可略去不计	$\dfrac{\sqrt{3}}{2} m_p r \omega^2 \lambda$	可略去不计	$m_0 = \dfrac{r}{r_0} m_r$
L 型压缩机（90°夹角）	$m_r r \omega^2$	0	$m_p r \omega^2$	可略去不计	$\sqrt{2} m_p r \omega^2 \lambda$	可略去不计	$m_0 = \dfrac{r(m_r + m_p)}{r_0}$
二列对称平衡型	$m_p r \omega^2$	0	$m_p r \omega^2$	0	$m_p r \omega^2 \lambda a$	0	$m_0 = \dfrac{r}{2 r_0} m_r$
四列对称平衡型	0	0	0	0	0	0	$m_0 = \dfrac{r}{2 r_0} m_r$

注：1. 表中，m_r——不平衡的旋转质量；m_p——往复运动总质量；a——二列轴向列间距；r——曲柄旋转半径；ω——曲柄旋转角速度；$\lambda = \dfrac{r}{L}$，曲柄半径与连杆中心距之比。

2. 表中的数值是在各列往复运动质量相等，不平衡旋转运动质量相等的情况下计算而得。

4.3.12 安装与运转

1. 基础要求

1）机组的重心应垂直通过基础底面的形心，偏心率应在 3% ~ 5% 范围内。

2）惯性力和力矩的频率应低于 0.75 的基础固有频率。

3）基础与建筑物墙体的距离不应小于 0.5m。

4）基础的质量应大于不平衡惯性力 30 ~ 40 倍。

5）基础振动振幅允许值见表 6.4-9。

2. 安装要求

1）机器安置在基础上后，对地脚螺栓应进行二次灌浆。在地脚螺栓两侧应放置一组垫铁，地脚螺栓紧固后，应再找正各部位，切实拧紧并采取防松措施。

2）安置立式压缩机的厂房应预留出拆装空间。

3）机器内部及管道内必须清理干净。

表 6.4-9 压缩机基础振幅允许值[13]

振动形式		振动频率/min⁻¹				
		达 500	>500	>700	>1000	>1500
方位	垂直振幅/mm	0.15	0.12	0.09	0.075	0.06
	水平振幅/mm	0.20	0.16	0.13	0.110	0.09

3. 运转要求

1）启动前应先盘车，打开旁路阀、放气阀使其空载启动。

2）运动时要定时检查气体压力、温度，以及机器声音、振动与轴承温度的变化，从而判定运转是否正常。

3）空气过滤器要经常清洗，否则会增加阻力及功耗。如果过滤效果不良，吸入尘粒会引起气缸部件的严重磨损。

4) 气缸润滑油的供给不能过量,否则气阀上由于温度高而易积炭,特别是空压机,如果积炭层过厚、温度又高时。由于积炭燃烧而产生爆炸,将造成事故。

5) 要预先准备好完善的备件(如阀组等)以提高运转率。同时必须有严格的定期检查制度,要有记录,有维修标准。

4.3.13 特种往复活塞压缩机

1. 膜式压缩机 属于往复式压缩机范围。图 6.4-27 为工作原理图。曲柄连杆机构带动活塞上移,膜片靠下部的油推动而弹性变形,压缩膜片上的气体。随着活塞下移,气腔内的气体进行膨胀、吸气,继而又实现压缩过程。

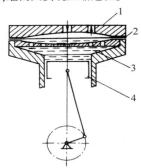

图 6.4-27 隔膜压缩机工作原理
1—穹面盖板 2—金属膜片
3—液体 4—活塞

膜式压缩机的特点是气体不与任何润滑剂接触,能保持气体的纯度。特别适用于稀有气体及易燃、有毒、腐蚀性强的气体的压缩与输送。膜片通常用冷轧不锈钢薄板制造,膜腔部分制成特种曲线。由于膜腔容量的限制(膜片挠度不能太大),排气量较小。另方面由于膜片的散热面积大,压缩过程可接近等温,因而可采用大压力比,两级即能达到 25MPa 的压力。膜式压缩机的转速受液体惯性的限制,一般为 300~500r/min。

市场上常见的 V 型两级金属膜片压缩机,排气量为 10m³/h,排气压力 25MPa。

2. 电磁振动压缩机 电磁振动压缩机是利用电磁效应,借助弹簧质量系统来直接驱动压缩机活塞作往复运动的。图 6.4-28 为工作原理图。与一般往复活塞压缩机相比,其优点有:(1) 机电一体、结构简单;(2) 机械摩擦损失小;(3) 易实现无油润滑;(4) 可实现变行程调节排气量;(5)

易于在压差下启动。缺点是:(1) 电气部分效率较低;(2) 排气量小,一般小于 0.1m³/min,(3) 制造精度要求很高。

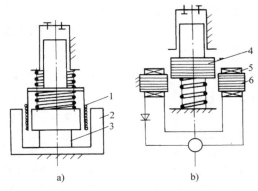

图 6.4-28 电磁振动压缩机示意图
a) 电动式 b) 电磁式
1—动圈 2—软铁 3—永磁铁
4、5—动铁 6—定子铁心

电动式驱动的磁场可由永久磁铁提供,也可由直流电激磁,但驱动力小。电磁式驱动力较大。电磁振动压缩机气缸可以布置在一侧,也可以两侧对置。受结构限制,这种压缩机均为微型,功率自几十瓦到 1 千瓦。

3. 自由活塞压缩机 自由活塞压缩机是往复式内燃机(二冲程,气孔直流换气)与往复式压缩机的组合。图 6.4-29 为此机示意图。

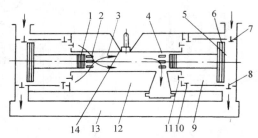

图 6.4-29 自由活塞压缩机
1—发动机活塞 2—发动机进气孔 3—发动机气缸
4—发动机排气孔 5—压缩机气缸 6—压缩机活塞
7—压缩机进气阀 8—压缩机排气阀 9—祛气泵
气缸 10—祛气泵进气阀 11—祛气泵排气阀
12—增压气体贮槽 13—压缩机排气管
14—发动机喷油嘴

自由活塞压缩机中,内燃机产生的能量,通过与内燃机活塞相固结的压缩机活塞直接压缩气体。与一般内燃机驱动的压缩机相比,其优点为:(1) 结构简单、紧凑、质量小;(2) 往复惯性力可完全平衡;(3) 活塞与气缸间无侧向力;(4) 行程可调,用于调节排气量并便于启动。缺点是:(1)运行操作要求高,当各热力参数得不到保证时,机器难以稳定工作;(2)变行程时,无法保持最佳运行参数,致使热效率降低。

自由活塞压缩机多用于压缩空气。其排压气力可达 40MPa,排气量一般不超过 10m³/min。

4.4 离心式压缩机

4.4.1 概述

离心式压缩机由离心风机发展而来,由于它的排气压力高,使结构变得复杂。图 6.4-30 为 DA120-61 型离心式压缩机。由图看出,压缩机是由一个带有六个叶轮的转子及其相配合的固定元件所组成。为了节省功耗及防止气温过高,压缩机分为两段,每段由三个叶轮及与其配合的固定元件组成。空气经过一段压缩后,从中间蜗壳引出到冷却器去进行冷却,然后重新引入机中的第二段继续进行压缩,直至由最后一级的蜗壳引出

压缩机。

气体在压缩机内一个级的流动途径为:叶轮—扩压器—弯道—回流器。

叶轮与轴构成转子。吸气室、扩压器、弯道、回流器及蜗壳称为固定元件。为了减少机器的向外漏气,在机壳的两端装有前轴封和后轴封。级间装有梳齿形的密封装置可减少内部泄漏。在机器一端装的平衡盘可减小作用在止推轴承上的轴向力。

与活塞式压缩机比较,其特点是:

1)相同气量时,其结构紧凑,因而机组占地面积及质量均小得多;

2)气体绝对无油污染;

3)效率较低;

4)目前还不适用于气量太小而压力较高的场合。

4.4.2 流动状况和状态变化

图 6.4-31 为包括吸气室的一个级的气体流

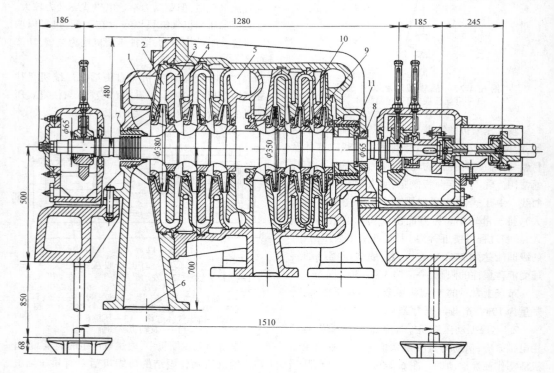

图 6.4-30 DA120-61 型离心式压缩机[14][16]

1—叶轮 2—扩压器 3—弯道 4—回流器 5—蜗壳 6—吸气室
7、8—前、后轴封 9—级间密封 10—叶轮进口密封 11—平衡盘

道。

1. 叶轮　它是压缩机中唯一的作功部件,它有若干个叶片。气体进入叶轮后,在叶片的推动下跟着叶片旋转,由于叶片对气体作功,增加了气流的能量。气体通过叶轮后,压力、流速、温度均增加。

2. 扩压器　它是一个环形通道,有叶片扩压器与无叶扩压器之分。气体通过后,速度能减小,压力能增大。

3. 弯道和回流器　它们都是气流通道。在回流器中一般装有导叶。

4. 蜗壳　其作用是将由扩压器(或直接由叶轮)出来的气体汇集起来引出机外,它也具有降速扩压功能。

5. 吸气室　气体通过吸气室逐渐加速以便进入叶轮。

图 6.4-31 为某压缩机其中一级的气速、压力、温度的变化情况。从该级的初始点"0"到末点"6",其压力与温度均增高,这是外界对气体作功的结果。

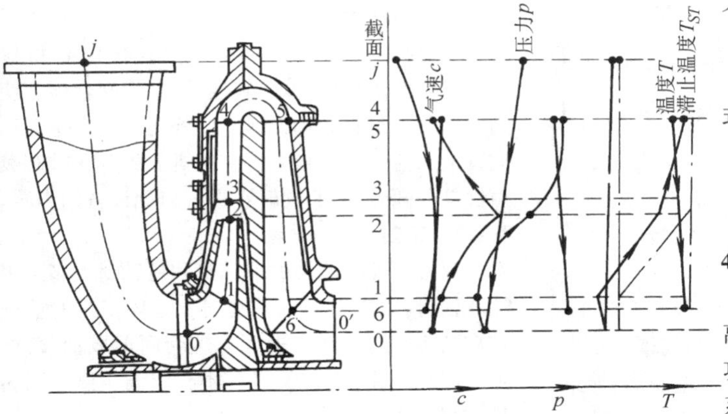

图 6.4-31　级中各关键截面上气流参数变化情况[14]

图中出现滞止温度。一定状态下气体的总能量,是由其温度和速度这两个参数决定的,但有时若只用温度一个参数来表示气体的总能量则较为方便,为此就把气体的速度能也用温度来表示,于是可假定气体具有某一滞止温度 T_{ST},这时其总的能量将与温度为 T、速度为 C 的气体总能量相等。从图中看出,气流通过固定元件过程中,气流流量没有变化,没有外功加入,这表明在绝能流动中滞止温度始终保持不变。气流在叶轮中得到外功后,滞止温度增加。

4.4.3　级与压缩比

离心式压缩机由若干个级组成,在每一级叶轮对气体作功,增加了气流的能量,使气体的压力和速度均有所增加。固定元件的降速扩压作用,使气体的压力进一步提高。级的压缩比可以通过滞止温度计算出来。

气流的滞止温度

$$T_{ST} = T + \left(\frac{k-1}{2kgR} \right) \cdot C^2$$

式中　T——气流温度(K);

k——气体的绝热指数;

R——气体常数[J/(kg·K)];

C——气流速度(m/s)。

若级的进口截面为"0",要计算的某关键截面为"i",则 i 截面相对于 0 截面的气温变化 ΔT_i:

$$\Delta T_{i-0} = T_i - T_0 = \frac{k-1}{kR} \left(h_{tot} - \frac{C_i^2 - C_0^2}{2g} \right)$$

式中　h_{tot}——叶轮获得的总功(J/kg)。

级的出口截面"6"相对于进口截面"0"的压力变化,即级的压力比 ε_{0-6}:

$$\varepsilon_{0-6} = \frac{p_6}{p_0} = \left(1 + \frac{\Delta T_{6-0}}{T_0} \right)^{\frac{m}{m-1}}$$

式中　ΔT_{6-0}——"6"截面相对于"0"截面的气温变化(K);

m——多变指数。

4.4.4　性能曲线

离心压缩机的性能曲线表示离心压缩机压力比 ε、效率 η_{pol} 和功率 N 随进口流量 Q 的变化关系,如图 6.4-32 所示。

最大流量与最小流量之间的区域称为压缩机的稳定工况范围或稳定工作区域。压缩机只能在其稳定工况范围内运行,否则就会发生喘振、堵塞等不稳定工况,影响压缩机的正常运行,甚至可能造成事故。

许多压缩机可以在不同的转速下运行。在每一个转速下,压缩机都有自己的性能曲线。为使用方便起见,常将这些性能曲线作在同一张图上,并在图上作出等效率曲线,如图 6.4-33 所示。图中各条性能曲线的左端点即为该转速下压缩机的端振点,所有端振点的连线称为端振线,压缩机只能在端振线以右工作。

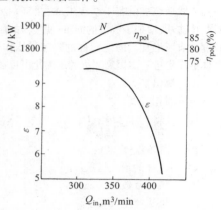

图 6.4-32 离心压缩机的典型性能曲线

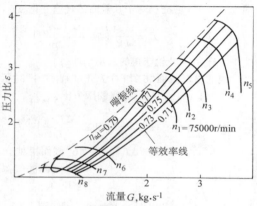

图 6.4-33 不同转速下离心
压缩机的性能曲线

4.4.5 端振与防止

离心式鼓风机、压缩机运行时,当气体流量小到某一限度,流道中就会产生气流与壁脱离,导致出口压力大幅度脉动,噪音增加,振动加剧,发生端振。端振发生在不稳定工况区。由于进出口管道有足够的容积,发生端振时,管路中流量、压力和主电动机的电流要出现大幅度波动,且频率较低,这时机组的噪声也显著增加。如果系统中气流的振荡频率与气流扰动频率合拍就会发生共振。与压缩机相联的管网容量愈大,则端振的振幅就愈大,频率愈低;管网容量愈小,则端振振幅愈小,频率愈高。风机在低压工况下,影响还不甚明显,当压缩机压力愈高时,情况会变得非常严重,甚至不能运行。

防止端振就是避免机组运行工况进入端振区,图6.4-33为某离心压缩机的性能曲线,图中的虚线是端振限定线。为更保险起见,亦可在比端振流量大出 5% ~10% 的地方加注一条端振控制线,以提醒操作者注意。

4.4.6 噪声

透平机械的噪声较高,产生噪声的原因有:

(1)空气动力噪声。主要是气流的冲击和涡流引起的。冲击噪声由于叶轮高速旋转、叶片作周期性运动,气体质点受到周期性力的作用而产生,冲击压力波以声速传播这种噪声的基本频率 $f_0 = nz$(n 为转速,z 为叶片数)。涡流噪声是由叶轮高速旋转因气体边界层分离而产生。由于涡流是无规则的运动,起伏较大,使得噪声具较宽的频率范围。

(2)机械性噪声。由于回转部分不平衡,轴承及其他零件磨损破坏产生振动而伴有噪声。叶片刚性不足,在气流作用下的振动,以及传动部件转动时也要产生噪声。

(3)由于空气动力噪声和机械噪声的相互作用会使噪声增大。

控制噪声首先在机组设计时给予重视,机械内部气体流道设计合理,转速适当,管网合理。使用时调节流量避开端振区。此外还应在进排气口放置消声器。噪声很大时应将机器置在具有吸声性能的隔音间内,同时在进气口处设置消声器。

4.4.7 密封

离心压缩机两端的前轴封和后轴封大多采用浮环密封,也有采用机械密封。浮环密封的原理是靠高压密封油在浮动环与轴套间形成油膜,产生节流降压,阻止高压侧气体流向低压侧。因为是油膜起作用,又称油膜密封。

如图 6.4-34 所示,比高压气体压力略高0.05MPa的密封油进入密封腔后,由于压差小,故向高压端的通油量很少,而流向低压端的油量很多。轴套与浮环间的径向间隙很小,一般是轴径的 0.0005 ~ 0.001。浮环是活动的,在轴转动时它被油膜浮起,轴与密封环之间经常处于油膜润滑状态。浮环密封可应用于圆周速度与压力均较高的大型压缩机中。

压缩机内部的级间密封多采用迷宫密封,图6.4-34 中的密封梳齿为迷宫密封之一种,另一种为转动轴上相应部位也开槽。梳齿用软金属制作,它与轴的间隙很小。

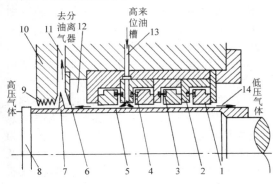

图 6.4-34　浮环密封结构简图

1—浮环　2—L 型固定环　3—销钉　4—弹簧　5—轴套　6—挡油环　7—甩油环　8—轴　9—高压侧预密封梳齿　10—梳齿座　11—高压侧回油孔　12—空腔　13—进油孔　14—低压侧回油空腔

4.4.8　气量的调节

离心压缩机运行的工况点由压缩机和管网联合决定,它是压缩机性能曲线与管网阻力曲线的交点。因而压缩机的气量调节可通过改变压缩机的性能曲线或管网的阻力曲线来实现。

4.5　其他形式压缩机

4.5.1　螺杆式压缩机

螺杆式压缩机结构较简单,体积小、重量轻、易损件少、基础小。近年来,由于转子型线的不断改进,性能不断提高,工作压力最高可达 4.3MPa,因而应用日益广泛。这类压缩机除常作动力用的空气压缩机外,还应用于化学工业、制冷工业。

1. 结构特点　如图 6.4-35 所示,机壳内置有两个转子:阳螺杆和阴螺杆。两者的齿数不等,因而以一定的传动比相互啮合运行。小型的缸体做成整体式,较大型的则制成水平剖分面结构。

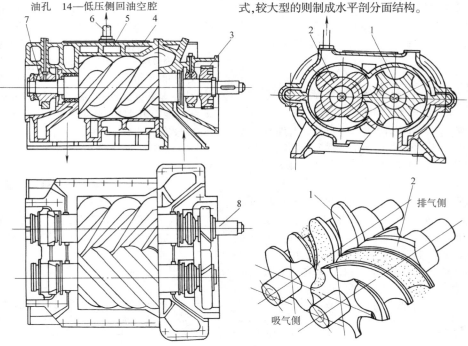

图 6.4-35　干式螺杆压缩机结构

1—阴螺杆　2—阳螺杆　3—同步斜齿轮　4—气缸体　5—水套　6—冷却水出口　7—止推轴承　8—驱动轴

螺杆式压缩机有喷油式和干式两种。前者一般是由阳转子直接驱动阴转子,结构简单,喷油有利于密封和冷却气体。后者要保证啮合过程中不接触,因而在转子的一端设置同步齿轮,主动转子通过同步齿轮带动从动转子。

螺杆式压缩机用于压缩含液气体及脏气体时具有优越性。阴阳螺杆齿面间实际上存在间隙,因而能耐液压冲击。在压送脏气体时,齿面间的间隙被尘粒填充一部分,运转时容积效率反而略有提高。

螺杆压缩机具有强制输气的特点,排气量不受排气压力的影响,其内压力比也不受转速和气体密度的影响。在运转中能产生很强的高频噪声。此外,对转子加工精度要求高,需采用复杂的加工设备。

2. 工作过程　吸气过程,气体通过气缸上的吸气口分别进入阴阳转子的齿间容积,转子转动,转子间的容积不断扩大,达到最大容积时,齿间容积与吸气孔口断开,吸气结束。转子继续回转,阴阳转子的齿相互嵌入对方的齿槽,致使齿间容积逐步缩小,从而实现齿间容积内气体的压缩过程。继续回转,齿间容积与排气孔口相连通,压缩过程结束开始排气,直到沟槽内的容积达到最小值时,整个过程结束。

3. 齿形　转子扭曲螺旋齿面为型面,垂直于转子轴线的平面(如端面)与型面的交线称为齿形,亦称转子型线。为保证型面的啮合必须具备两个条件:1) 型线啮合;2) 型面的导程之比 i 应满足

$$\frac{h_1}{h_2} = \frac{n_2}{n_1} = i$$

式中　h_1, h_2——阴、阳螺杆的导程;
　　　　n_1, n_2——阴、阳螺杆的转速。

螺杆压缩机中,阳转子与阴转子的齿数比一般取 4/6 或 5/6。通常采用由圆弧和摆线组成的非对称齿形,直径较大的转子中,由于加工有一定困难,也有采用圆弧组成的对称齿形。转子齿形应满足:1) 密封线短;2) 齿形间不漏气;3) 阴、阳两转子之间的接触面压力小;4) 阴转子基本上没有扭矩。非对称齿形与对称齿形相比,由于齿形间不漏气,高压力比时效率可提高 8%。

4. 转子的主要参数　导程 h、长径比 λ_L 及扭角均已标准化,不对称型线转子的数值见表6.4-10。

表 6.4-10　转子的主要参数[11]

型线及项目	符号	短导程			长导程			特殊导程		
导程	h	$h_1 = \frac{4}{3}D_0$, $h_2 = 2D_0$			$h_1 = 1.8D_0$, $h_2 = 2.7D_0$			$h_1 = 2.7D_0$, $h_2 = 4.05D_0$		
长径比	λ_L	0.8	0.9	1.0	1.2	1.35	1.50	1.80	2.0	2.25
阳转子扭角	τ_{1z}	240	270	300	240	270	300	240	266.7	300
阴转子扭角	τ_{2z}	160	180	200	160	180	200	160	177.8	200

不对称型线转子的公称直径有 12 种:63、80、100、125、160、200、250、315、400、500、630、800mm。不对称型线螺杆齿顶的最佳圆周速度 u 应分别考虑:无油时, $u = 55 \sim 95$m/s;喷油时 $u = 20 \sim 35$m/s。

5. 喷油螺杆压缩机效率　喷油螺杆的圆周速度一般在 $20 \sim 35$m/s 范围内选取,在较低速度下能取得较好的容积效率 η_v。如果速度过高,内部润滑油的搅拌损失及气体的流动损失会大大增加,总绝热效率 η_{ad} 会下降, η_v 会有所提高。排气压力为 0.68MPa 的单级压缩机, η_v 及 η_{ad} 分别为 0.9 及 0.7。两级压缩机分别为 0.93 及 0.96。螺杆压缩机当气量变化及效率变化时,对工作压力影响不大。

6. 气量的调节　干式螺杆压缩机多采用旁通调节。对喷油螺杆压缩机,小型的多采用关闭吸气阀的方式;大型的多采用滑阀调节。滑阀可沿与气缸轴线平行的方向前后移动,减小螺杆的工作长度,降低排气量,最低能达额定排气量的 50%。

7. 噪声的控制　螺杆压缩机中,气动噪声是主要的,约为 $200 \sim 1000$Hz,呈中频性质。因此对型线的选择和加工精度等都必须注意。此外,传动齿轮及冷却风扇等也都带来噪声。采用箱形罩式消声隔音装置,能使箱外噪声降至 80dB(A) 以下。这种箱形全罩式结构在滑片压缩机中也常采用。

8. 常用螺杆压缩机　性能参数范围见表 6.4-11。

表 6.4-11　常用螺杆压缩机性能参数范围
(常压进气)

类别	气量 /m³·min⁻¹	级数	压力 /MPa	转速 /r·min⁻¹
干式螺杆压缩机	2 ~ 600	1	≤0.4	1500 ~ 12000
		2	0.4 ~ 1.0	
		3	1.0 ~ 2.0	
		4	2.0 ~ 4.5	
湿式螺杆压缩机	1 ~ 100	1	0.5 ~ 1.7	1000 ~ 1300
		2	1.3 ~ 2.5	

4.5.2　滑片式压缩机

1. 结构特点　如图 6.4-36 所示滑片式压缩机主要部件为气缸机体、转子及滑片。转子偏心配置在气缸内,在转子上开有若干径向槽,槽内放置由金属(铸铁、钢)或非金属(酚醛树脂夹布压板、石墨、聚乙醛亚胺等)制作的滑片。每两个滑片与缸壁之间形成一个月牙形空间。当转

子旋转时，滑片受离心力的作用甩出，紧贴在缸壁上，形成基元容积。气体由吸气口进入基元容积，由最小值变为最大值，然后再由最大值逐渐变小，气体被压缩。压缩过程结束，排气开始。排气终止后，基元容积达到最小值，转子继续旋转，基元容积又开始扩大，残留气体膨胀，吸气，又开始新的循环。

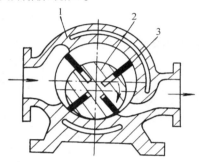

图 6.4-36　滑片式压缩机的结构
1—机体　2—转子　3—滑片

滑片压缩机有喷油型与无油型两类。喷油可减少摩擦，降低温度，增大压力比，但需增加一套油循环系统。无油型的滑片采用自润滑材料，可使气体不含油，但压力比不能过高。

滑片式压缩机受到滑片材料强度及摩擦面大的限制，其最大圆周速度不应超过 20m/s。由于滑片与气缸间、滑片与转子槽间的摩擦面积较大，约有 1/3 以上的轴功率被消耗，因而整机的绝热效率 $\eta_{ad} = 0.6 \sim 0.7$。

滑片式压缩机结构简单、体积小、质量轻、噪声小、操作维修也较容易。但一般只用于 0.68MPa 以下的压力，排气量通常不超过 0.5m³/s。目前在小气量或移动式压缩机中仍有其使用优点。

2. 主要结构参数　滑片式压缩机设计转速通常为 300 ~ 3000r/min，压力比及容积流量见表 6.4-12。主要结构尺寸及相对关系见表 6.4-13。常用滑片材料见表 6.4-14。

表 6.4-12　滑片压缩机的级压力比及容积流量范围[4]

类型	一级达到的压力比	容积流量/m³ · min⁻¹
喷油	< 10	< 20
滴油	< 4	< 150
干式	< 2.5	< 10

表 6.4-13　滑片压缩机主要结构尺寸及其相对关系[4]

名称	符号	单位	尺寸关系
缸径	D	mm	$D = 2R$
偏心距	e	mm	$e = (0.1 \sim 0.18)\dfrac{D}{2}$ ①
相对偏心距	ε		$\varepsilon = \dfrac{e}{R} = (0.1 \sim 0.18)$ ①
转子直径	d	mm	$d = 2r = D - 2e$
滑片厚度	s	mm	见表 6.4-14
滑片相对厚度	σ		$\sigma = \dfrac{s}{R} = (0.02 \sim 0.1)$
滑片高度	h	mm	$h = (3 \sim 4)e$
转子槽深	h'	mm	$h' = h + (0.5 \sim 1)$
滑片数	z		见表 6.4-14
转子有效长度	l	mm	$l = (1 \sim 3)D$
相邻滑片夹角	β	rad	$\beta = \dfrac{2\pi}{z}$

① 移动式取上限，干式结构取下限。

表 6.4-14　常用滑片材料[4]

机型	滑片材料	滑片数	滑片厚度/mm	允许圆周速度/m · s⁻¹	性能
喷油	酚醛树脂夹布层压板	4 ~ 8	4 ~ 10	15 ~ 20	优良
	铸铁①	2 ~ 8		12 ~ 15	
滴油	优质合金钢（如 30CrMnSiA）	20 ~ 30	0.8 ~ 3	12 ~ 15	良好
干式	石墨（浸渍树脂或金属）有机材料（如聚乙酰亚胺）	4 ~ 6	4 ~ 10	8 ~ 10	一般

① 用于排气量低于 10m³/min。

4.5.3　罗茨式鼓风机

罗茨式鼓风机与罗茨式真空泵，在机械结构上相似（见本篇3.2.5及图6.3-6）。罗茨式鼓风机操作过程中，气缸内无内压缩，气体压力并非因为容积缩小而提高，而是借排气孔口较高压力之气体回流以提高气缸容腔中的气体压力，即所谓等容压缩，因而比有内压缩的其他容积型的机器要多耗功。此外，由于转子之间以及转子与气缸之间有间隙，气体可由高压侧向低压侧泄漏，这也决定了罗茨鼓风机的压力难以提高。单级压力比大多在 2.0 以下，双级的可达 3.0 左右。由于存在周期性的吸排气以及等容压缩形成的气流速度与压力的脉动，因而产生较大的噪音。

罗茨鼓风机由于结构简单、制造方便，介质不含油，所以在输送气体时使用较多。除用于空气外，还适用于密度较轻的气体压送。它的最大排气量可达 16m³/s。

4.5.4 液环式压缩机

液环式压缩机与液环式真空泵，在机械结构上相似（见本篇3.2.4及图6.3-5）。液环压缩机的特点是工作腔无金属摩擦表面，压缩过程冷却良好；宜于输送易燃、易爆、或温升大时易分解的气体；对气体中含水分及固体微粒不敏感；气体不会被润滑油污染；特殊处理的叶轮与工作液体可输送强腐蚀气体。

液环式压缩机单级排气压力可达 0.4MPa（表），两级可达 0.6MPa（表），特殊设计可达2MPa。排气量可达 80m³/min，转速由叶轮线速度决定，处于 250~3000r/min 范围内。

5 搅拌与混合设备

本节搅拌与混合设备主要包括：搅拌设备、静态混合器。

5.1 搅拌设备[24][25]

5.1.1 搅拌设备组成与分类[24]

搅拌混合设备由搅拌机和搅拌容器（槽）两大部分组成。如图 6.5-1 所示。搅拌设备的作用是：通过搅拌机的带动，推动物料在容器内不断旋转，完成液体的充分混合，促进传热，以及液液、气液、固液和气固液相的分散过程。

搅拌设备的分类按搅拌机在容器内形成主体流动形式分可为径向流式和轴向流式两种；也可按搅拌机的固定形式分为固定式和移动式两大类；还可按搅拌机的安装形式分为顶插式、底插式、斜插式、侧插式 4 大类。

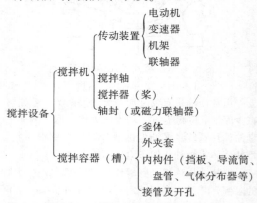

图 6.5-1 搅拌混合设备的结构图

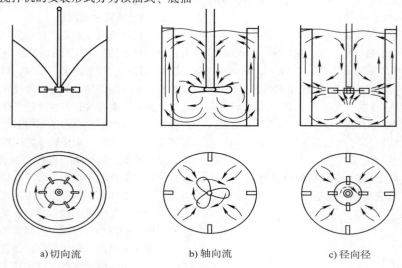

a)切向流   b)轴向流   c)径向径

图 6.5-2 搅拌槽内流体的流型

5.1.2　流型[25]

搅拌容器内的流型取决于搅拌方式、搅拌桨叶、转速、容器、挡板等几何特征，以及流体性质等因素。工业上应用最多的为立式搅拌设备，搅拌机一般为顶插式中心安装，搅拌将产生3种基本流型（见图6.5-2）。

（1）切向流　在无挡板的容器内，流体绕搅拌轴作旋转运动。流速高时，流体表面会形成漩涡，如图6.5-2a。此时流体主要从桨叶流向周围，卷吸至桨叶区的流体少，垂直方向的流体混合效果差。

（2）轴向流　流体由桨叶推动，沿着与搅拌轴平行的方向流动，轴向流是由于流体对旋转叶片产生的升力的反作用力引起的，见图6.5-2b。

（3）径向流　桨叶推动流体沿径向流动，接近容器壁后受壁和挡板的约束分成两股流体分别向上、向下流动，形成上、下两个循环区，见图6.5-2c。

上述3种流型，通常可能同时存在。其中，轴向流与径向流对混合起主要作用。也可在槽内加入挡板削弱切向流，增强轴向流与径向流。

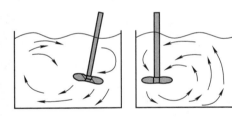

图6.5-3　搅拌桨偏心安装时的流型

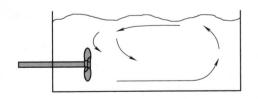

图6.5-4　搅拌桨侧面安装时的流型

在无挡板槽中，搅拌桨偏心安装可以有效地进行搅拌，见图6.5-3。而在大型油槽中，搅拌桨可采用侧面插入方式，使流体在槽内获得较好的整体循环，见图6.5-4。若采用侧面射流混合方式，可得到相似的效果，见图6.5-5。在搅拌高粘度流体时，液体处于层流运动状态，其流型见图6.5-6。

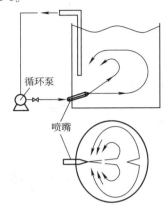

图6.5-5　侧面有射流混合时的流型

5.1.3　搅拌器的结构形式、参数范围及用途[24]

搅拌器又被称作叶轮或桨叶，是搅拌设备的核心部件。在混合设备中应用最广泛的是桨式、推进式和涡轮式。不同型式搅拌器的受力情况不同。桨叶的形状、尺寸不仅要满足过程的工艺要求，而且在操作时要有足够的强度和刚度，还要选用合适的材料，以满足用于各种介质物理化学特性的要求。表6.5-1介绍了几种常用搅拌器的结构形式、参数及使用范围。

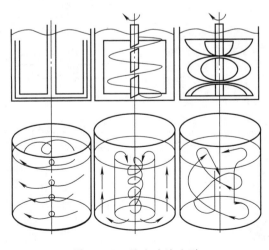

图6.5-6　层流时的流型

表6.5-1 几种常用搅拌器（桨）的结构形式、参数及使用范围[24]

搅拌器名称	结构型式	参数范围		用 途
1. 推进式搅拌器（又称船用搅拌器）		D/T	0.05~0.4	适用于粘度低、流量大的场合，利用较小的搅拌功率通过高速转动的桨叶能获得较好的搅拌效果。用于液-液体系混合和低浓度液-固体系防止沉淀
		h_3/D	0.3~3.0	
		$v/\text{m·s}^{-1}$	3~5	
		$\mu/\text{mPa·s}$	约8000	
		Re	湍流	
		z_1	3	
		z_2	1	
		z_3	3	
2. 桨式搅拌器（分平直叶桨式搅拌器和折叶桨式搅拌器）		D/T	0.2~0.5	主要用于流体的循环，由于在同样的排量下，斜叶式比平直叶的功耗少，操作费用低，因而斜叶式搅拌器使用较多
		h_3/D	0.3~3.0	
		$v/\text{m·s}^{-1}$	1.5~3	
		$\mu/\text{mPa·s}$	约2000	
		Re	层流/过渡流	
		z_1	2	
		z_2	1 或 2	
		z_3	2 或 4	
		D/b	约10	
3. 涡轮式搅拌器（又称透平式叶轮搅拌器，可分为开式和盘式两类。开式有平直叶、斜叶、弯叶等，盘式有圆盘平直叶、圆盘斜叶、圆盘等）	开启平直叶涡轮搅拌器 	D/T	0.2~0.5	有较大的剪切力，可使流体微团分散的很细，适用于低粘度到中等粘度流体的混合、气-液分散、固-液悬浮，以及促进良好的传热、传质和化学反应
		h_3/D	0.3~3.0	
		$v/\text{m·s}^{-1}$	4~8	
		$\mu/\text{mPa·s}$	约25000	
		Re	层流/过渡流	
		z_1	4~6	
		z_2	1 或 2	
		z_3	2 或 4	
		D/b	4~8	
	六直叶圆盘涡轮搅拌器 	D/T	0.2~0.5	
		h_3/D	0.3~3.0	
		$v/\text{m·s}^{-1}$	3~7	
		$\mu/\text{mPa·s}$	约10000	
		Re	湍流	
		z_1	6	
		z_2	1	
		z_3	2 或 4	

（续）

搅拌器名称	结构型式	参数范围		用途
4. 锚式搅拌器		D/T h_3/D $v/m \cdot s^{-1}$ $\mu/mPa \cdot s$ Re z_1 z_2 z_3	0.9 ~ 0.98 — 约 2 约 25000 层流 2 1 0	混合效果不理想，只适用于对混合要求不太高的场合。由于锚式搅拌器在容器壁附近流速比其他搅拌器大，能得到较大的表面传热系数，故常用于传热、晶析操作
5. 螺带、螺杆搅拌器		D/T h_3/D $v/m \cdot s^{-1}$ $\mu/mPa \cdot s$ Re z_1 z_2 z_3	0.9 ~ 0.98 1 约 2 约 50000 层流 — — 0	适用于中、高粘度的搅拌，有较好的上下循环性能。螺杆推动液体向下，螺带推动液体向上，使液体在整个容器中混合均匀
6. MIG 搅拌器		D/T h_3/D h_6/T $v/m \cdot s^{-1}$ $\mu/mPa \cdot s$ Re z_1 z_2 z_3	0.5 ~ 0.95 0.3 ~ 2.0 0.28 2 ~ 8 约 80000 层流/湍流 2 2 或 3 0，2 或 4	D/T 值和 v 值的范围较大，因此适用的粘度范围较宽，以采用多层为常见。功率准数较螺带式搅拌器小

注：v—叶端线速度；μ—粘度；Re—流动状态；z_1—桨叶数；z_2—层数；z_3—挡板数。

5.1.4 搅拌容器的内构件[25]

搅拌容器的内构件一般由挡板、导流筒等组成。

（1）挡板　为了消除搅拌容器内液体与搅拌桨同步旋转的现象，使被搅拌物料能够上下轴向流动，形成整个容器的均匀混合，通常需要在搅拌容器内加入挡板。加入挡板后，搅拌功耗将明显增加，且随着挡板数的增加而上升；但在满足全挡板条件后，再增加挡板数，搅拌功耗将不再增加。壁挡板（见图 6.5-7）在槽壁均匀地安装 4 块，宽度为容器直径的 1/12 ~ 1/10，可满足全挡板条件。在固体悬浮操作时，还可在容器底部安装底挡板（见图 6.5-8），以促进固相的悬浮。搅拌容器中的传热盘管也可代替挡板。还有根据混合要求及搅拌器型式的不同而开发的特殊型式的挡板（见图 6.5-9），图 a 为门框形挡板，图 b 为 d 型挡板，图 c 为指型挡板，图 d 为冷却蛇型挡板。其中指形挡板就特别适用于三叶后弯叶轮搅拌器。

（2）导流筒　导流筒（见图 6.5-10）为上下开口的圆筒，置于搅拌容器中心，起导流作用。导流筒的上端都低于静液面，筒身上开有槽和孔。当容器中液面降落时物料仍可从槽或孔进入。通常推进式搅拌桨可位于导流筒内或略低于导流筒的下端；涡轮式或桨式搅拌器常置于导流筒的下端。当搅拌桨置于导流筒之下，且筒体直径又较大时，筒的下端直径应缩小，使下部开口小于搅拌器直径。

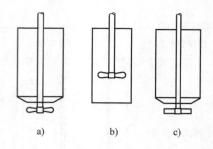

图 6.5-10 导流筒

5.1.5 搅拌轴的计算[24][22]

搅拌轴的计算包括通过强度及刚度的设计计算或校核计算，并由此来确定轴的截面尺寸。

1. 轴的扭转强度计算 轴受扭转时，产生的最大切应力 τ_{max} 为：

$$\tau_{max} = \frac{10^3 M_{TJ}}{W_T} = 9550 \times 10^3 \frac{P_{JS}}{W_T n} \quad (6.5\text{-}1)$$

式中 M_{TJ} ——轴的计算扭矩（N·m）

P_{JS} ——搅拌轴的计算功率（kW）；

W_T ——扭转截面系数（mm^3）。

n ——转速（r/min）。

根据最大切应力及抗扭强度条件可以给出最小轴径的计算式。

实心圆轴径

$$d_1 \geqslant A\left(\sqrt[3]{\frac{P_{JS}}{n}}\right) \quad (6.5\text{-}2)$$

空心圆轴径

$$d_1 \geqslant A\left(\sqrt[3]{\frac{P_{JS}}{n}}\right) \times \left(\frac{1}{\sqrt[3]{1-\alpha^4}}\right) \quad (6.5\text{-}3)$$

式中 $\alpha = \dfrac{d_2}{d_1}$；

d_1，d_2 ——轴内、外径（mm）；

A ——与 $[\tau]_k$ 有关的因数。

搅拌轴的材料选择可参见表6.5-2。

2. 轴的扭转刚度计算

轴受扭转时，单位长度的扭转角 φ 为

$$\varphi = \frac{10^6 M_{TJ}}{G_0 I_P} \times \frac{180}{\pi} = 9550 \times 10^6 \frac{P_{JS}}{n} \times \frac{180}{G_0 I_P \pi}$$

$$(6.5\text{-}4)$$

式中 φ ——单位轴长的扭转角（°/m）；

G_0 ——切变模量，钢材料 $G_0 = 7.94 \times 10^4 MPa$；

I_P ——截面惯性矩（mm^4）。

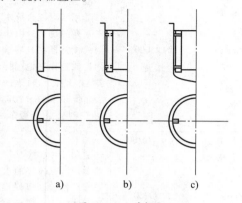

图 6.5-7 壁挡板

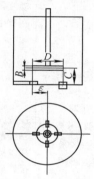

图 6.5-8 底挡板

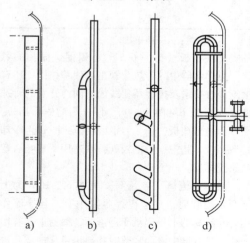

图 6.5-9 各类挡板

表 6.5-2　几种常用材料的 $[\tau]_k$ 及 A 值[24]

材料	Q235-A 20	Q275、35 1Cr18Ni9Ti	45	40Cr、35SiMn、42SiMn 40MnB、38SiMnMo、3Cr13
$[\tau]_k$/MPa	15 ~ 25	20 ~ 35	25 ~ 45	35 ~ 55
A	148 ~ 125	135 ~ 112	125 ~ 103	112 ~ 96

注：弯矩较小、轴径小、操作条件好时，$[\tau]_k$ 值均取大值，反之则 $[\tau]_k$ 取小值。

许用扭转角 $[\varphi]$ 的选择应按具体情况而定，要求精密稳定传动，$[\varphi] = 0.25° \sim 0.5°$；一般传动和搅拌轴，$[\varphi] = 0.5° \sim 1°$；要求低的传动，$[\varphi] > 1°$。

根据计算得到的 φ 可以调整 I_p，即调整轴的直径大小。

同一搅拌轴应选用按强度或刚度计算得到的 d_1（或 α）值中的较大者。当截面上有一键槽时，实际轴径应增大 4% ~ 5%；有两个键槽时，实际轴径应增大 7% ~ 10%。

5.1.6　功率计算[24]

影响搅拌轴功率大小的因素有：搅拌器型式、结构、尺寸、安装位置、物料参数、雷诺数、操作参数等。

搅拌轴的功率应满足克服搅拌所承受负荷的要求。通常用功率准数 N_P 将搅拌轴功率 P_S 和有关参数相联系，功率准数 N_P 定义为：

$$N_P = KRe_a^x Fr^y \qquad (6.5-5)$$

式中　Re_a——搅拌雷诺准数，$Re_a = \dfrac{\rho n D^2}{\mu}$；

Fr——弗鲁德准数，$Fr = \dfrac{n^2 D}{g}$；

ρ——物料密度（kg/m³）；

n——转速，（1/s）；

D——搅拌器直径（桨径）（m）；

K——搅拌系统几何形状因数；

x、y——指数。

计算搅拌轴功率 P_S 的表达式：

$$P_S = N_P \rho n^3 D^5 \qquad (6.5-6)$$

（1）层流区（$Re_a < 10$）

$$N_P = K_1 Re_a^{-1.0} \qquad (6.5-7)$$

搅拌轴功率计算式

$$P_S = K_1 \mu n^2 D^3 \qquad (6.5-8)$$

式中　K_1——与搅拌器几何形状有关的因数；

μ——物料粘度（Pa·s）；

（2）过渡流区（$10 < Re_a < 10^4$）

$$N_P = \Phi = K_1 Re_a^x \qquad (6.5-9)$$

也可用查图法确定相应的 N_P 值，再由式 6.5-6 计算其搅拌轴功率。

（3）湍流区（$Re_a > 10^4$）

$N_P \approx$ 常数，其值与搅拌器的几何形状有关。工程中许多搅拌器均处于湍流状态中。由式 6.5-6 可知，搅拌轴功率与物料的密度 ρ、转速的 3 次方、搅拌桨直径的 5 次方成正比，与物料的粘度无关。

准确计算搅拌轴功率，应进一步通过实验测定相应的功率准数 N_P。经验表明，用测的 N_P 值计算装置的功率基本是可靠的。

5.2　静态混合器[24][22]

5.2.1　原理及应用

静态混合器是一种新型、高效节能的混合装置。它通过安装在管内的混合单元内件，使多股流体发生分割、旋转，并使不同流体经良好的分散后能充分混合，见图 6.5-11。与搅拌相比，它具有流程简单、结构紧凑、能耗小、操作弹性大、安装简便、投资少的特点，更适合难以混合的连续工艺过程。广泛应用于化工、石化、矿冶、制药、食品、污水处理等领域，也用于与混合有关的单元操作，如乳化、溶解、吸收、萃取、反应等强化传热的过程。

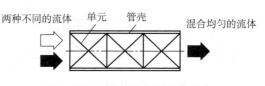

图 6.5-11　静态混合器结构示意

5.2.2 结构形式与适用场合

1. 结构[24] 国内已广泛应用的有 SV 型、SX 型、SL 型、SK 型和 SH 型静态混合器结构。

（1）SV 型静态混合器（即波纹板型静态混合型）是由波纹片混合单元组装而成，见图 6.5-12。波纹的倾斜角度与管轴成 45°，相邻两片波纹的倾斜方向相反。

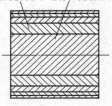
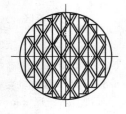

波纹通道向右
倾斜的波纹片
波纹通道向左
倾斜的波纹片

图 6.5-12 SV 型混合单元

（2）SX 型静态混合器 由互相交叉的横条组成。混合单元的横条与管轴成 45°，见图 6.5-13，横条数比较多，相应通道的相对大小也比较小。

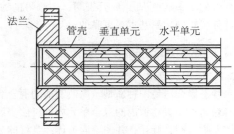

法兰　管壳　垂直单元　水平单元

图 6.5-13 SX 型混合单元

（3）SL 型静态混合器 实质上是一种低压降的 SX 型静态混合器。SL 型混合单元的横条与管轴成 30°，横条数比较少，相应通道的相对大小也就比较大，见图 6.5-14。

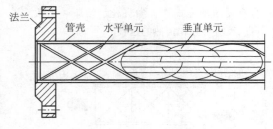

法兰　管壳　水平单元　垂直单元

图 6.5-14 SL 型混合单元

SX 型和 SL 型混合单元的横条对于流经混合单元的流体又有引流和汇流作用。SX 型混合单元和 SL 型混合单元相比，由于其横条数目多、倾斜角度大，故混合效果更为优异。

（4）SK 型静态混合器 又称单螺旋形静态混合器，结构见图 6.5-15。混合单元是扭转 180°的叶片（特殊情况下，也可扭转 270°或 90°），相邻混合单元呈 90°交叉安装，并分别为左旋和右旋。SK 型混合单元对流体有切割作用，螺旋形通道强迫流体，时而左旋、时而右旋，使流体达到良好的混合，其效果比单一方向旋转的搅拌效果更为理想。

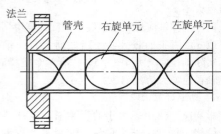

法兰　管壳　右旋单元　左旋单元

图 6.5-15 SK 型混合单元

（5）SH 型静态混合器 又称双螺旋形静态混合器结构见图 6.5-16。混合效果明显优于 SK 型。

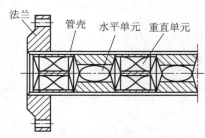

法兰　管壳　水平单元　重直单元

图 6.5-16 SH 型混合单元

2. 适用场合[26]

静态混合器可以在流体粘度在 10^8 mPa·s 以内，对不同的流型（层流、过渡流、湍流、完全湍流）状态下应用，既可间歇，也可连续操作，且容易直接放大，以下分类简述。

（1）液液混合 无论从层流至湍流或粘度比大到 $1:10^6$ mPa·s 的流体都能达到良好混合，分散液滴最小直径可达到 $1\sim2\mu m$，且大小分布均匀。

（2）液气混合 可以造成气液两相界面的连续更新和充分接触，代替鼓泡塔或部分筛板塔。

（3）液固混合 少量固体颗粒或粉末（占液体体积5%左右）与液体在湍流条件下，强制颗粒或粉末充分分散，达到液体的萃取或脱色效果。

（4）气气混合 冷热气体掺混，不同组分气体的混合。

静态混合器的给热系数与空管相比，对于给热系数很小的热气体冷却或冷气体加热，气体的给热系数可提高8倍；对于粘性流体加热可提高5倍；对有大量不凝气体存在下的冷凝可提高到8.5倍；对于高分子熔融体可以减少管截面上熔融体的温度和粘度梯度。

3. 5类静态混合器产品用途，见表6.5-3。

表 6.5-3　5 类静态混合器产品用途

型号	产品用途
SV	适用于粘度 ≤10^2 mPa·s 的液液、液气、气气的混合、乳化、反应、吸收、萃取、强化传热过程。d_h[①] ≤3.5，适用介质可伴有少量非粘结性杂质。混合、分散强化倍数 8.7~15.2[②]
SX	适用于粘度 ≤10^4 mPa·s 中高粘液液混合、反应、吸收过程，量比较大时使用效果更佳。混合、分散强化倍数 6.0~14.3[②]
SL	适用于化工、石油、油脂等行业，粘度 ≤10^6 mPa·s 或伴有高聚物流体的混合同时进行传热、混合和传热反应的热交换，加热或冷却粘性产品等单元操作。混合、分散强化倍数 2.1~6.9[②]
SH	适用于精细化工、塑料、合成纤维、矿冶等行业流体的混合、乳化、配色、注塑纺丝、传热等过程，对流量小、混合要求高的中高粘度 ≤10^4 mPa·s 的清洁介质尤为合适。混合、分散强化倍数 4.7~11.9[②]
SK	适用于化工、石油、炼油、精细化工、塑料挤出、环保、矿冶等行业的中高粘度（≤10^6 mPa·s）流体或液固混合、反应、萃取、吸收、塑料配色、挤色、传热等过程。对小流量并伴有杂质的粘性介质尤为适用。混合、分散强化倍数 2.6~7.5[②]

① d_h 为单元水力直径。

② 表中强化倍数比较基准：相同介质、相同长度、规格相近，不考虑压力降情况下，流速为 0.15~0.6 m/s 时与空管比较（空管为1）。

5.2.3 压力降计算[24]

1）SV 型、SX 和 SV 型静态混合器的压力降：

$$\Delta p = \xi \frac{\rho_c \omega^2}{2\varepsilon^2} \times \frac{L}{d_h} \qquad (6.5\text{-}10)$$

式中　ξ——以水力直径为基准，同时考虑孔隙率的摩擦因数；

ρ_c——连续相密度（kg/m³）；

ω——表观线速度（m/s）；

L——静态混合器的长度（m）；

d_h——混合单元的水力直径（m）；

ε——混合单元孔隙率。

2）SK 和 SH 型静态混合器的压力降：

$$\Delta p = \varphi_D \frac{\rho_c \omega^2}{2} \times \frac{L}{D} \qquad (6.5\text{-}11)$$

式中　φ_D——以混合器内径或当量直径 D 为基准的摩擦因数；

D——SK 型的内径或 SH 当量直径（m）。

其余符号的意义与式 6.5-10 相同。

5.2.4 简易选用原则

静态混合器选用可参考表 6.5-3，再校核计算相应压力降。

原则上是：

①不易堵塞的清洁物料，优先选用 SV 型；

②含有固体杂质，易堵塞，而上游又无预过滤设备，应优先使用 SK、SL 型；

③高粘度物料流动处于层流状态，优先选择 SX 和 SL 型；低粘度物料，流动处于湍流状态，选择 SV、SK 型；

④对要求充分混合，甚至乳化，要求强化传热、传质，可优先选 SV、SH 型。

选用时主要参数应包括：公称直径 D_N、水力直径 d_N、静态混合器长度、单元个数等，详细可参考有关专著和厂商提供的静态混合器样本。

6 液 压 传 动

6.1 概述[17、18]

液压传动是以液体作为工作介质，以静压和流量作为主要特性参量进行能量转换、传递、分配的控制技术。

6.1.1 液压传动的基本特征

液压传动区别于其他传动方式，主要有以下两个基本特征：

特征1：力（或力矩）的传递是按照帕斯卡定律（静压传递定律）进行的。

特征2：速度（或转速）的传递是按"体积变化相等"的原则进行的。

据上述两个基本特征可得出以下结论：

（1）液压缸活塞的推力（或拉力）等于液体压力与活塞有效面积的乘积；

（2）液压力的大小取决于外负载；

（3）液压缸（液压马达）的速度（转速）与输入的流量成正比，而与负载无关。

6.1.2 液压传动的特点

（1）液压传动装置的输出力大，质量轻、体积小；

（2）可自动实现过载保护；

（3）可方便地实现无级调速，调速范围大，响应速度快；

（4）可方便地实现压力有级调节，无级调节和连续调节；

（5）可实现机、电、液联合控制，便于自动控制。

6.2 液压元件[19]

液压元件的种类与功能见表6.6-1。

6.2.1 液压泵

液压传动系统中使用的都是容积式泵。

1. 液压泵分类　见表6.6-2。

2. 液压泵的主要参数

a. 排量、流量

表6.6-1 液压元件的种类与功能

种类		功　　能
液压泵（容积式泵）		将机械能转换成液压能
液压执行机构		将液压能转换成机械能
液压马达		输出回转运动
液压缸		输出直线运动或摆动
液压阀		控制系统的压力、流量与液体流动方向
辅助元件	油箱	储存液体，沉淀污物、分离空气、散热降温
	滤油器	对液体进行过滤、保持液体清洁
	蓄能器	储存液体压力能，工作需要时向系统补充能量
	压力表	测量系统中工作液体压力
	管道与管接头	连接系统各元件，形成液压通道
	密封件	密封，防泄漏
	冷却器	冷却液体，保证系统的工作温度
	加热器	加热液体，便于液压泵起动时吸油

表6.6-2 液压泵分类

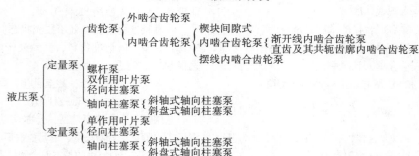

（1）排量　泵每转一转，由其密封容腔几何尺寸变化计算而得的排出液体的体积。常用 V 表示，单位 mL/r。

（2）理论流量　泵在单位时间内由密封容腔几何尺寸变化计算而得的排出液体的体积。常用 $q_理$ 表示，单位 L/min。

（3）实际流量　泵工作时出口处的流量。常用 $q_实$ 表示，单位 L/min。

（4）额定流量　泵在正常工作条件下，按试验标准规定必须保证的流量。常用 $q_额$ 表示。

（5）压力　在液压传动中，因习惯上已将单位面积上的压力即压强称做压力，故沿用压力一词。

1）额定压力　在正常工作条件下，按试验标准规定能连续运转的最高压力叫额定压力，即其铭牌标示压力，单位 MPa。

2）工作压力　液压泵实际工作时的压力，常用 p 表示，单位 MPa。

3）最高压力　按试验标准规定，液压泵允许短暂运行的最高压力，常用 p_{max} 表示，单位 MPa。

（6）压力系列　国家标准 GB/T 2346—2003 规定了液压系统及元件公称压力系列。液压泵常用压力见表 6.6-3。

表 6.6-3　液压泵压力系列

（单位：MPa）

2.5	4.0	6.3	8.0	10	16	20
25	31.5	40	63	100		

3. 液压泵流量控制　科学技术，特别是控制技术的发展，使液压泵的流量控制特性更适合各种工况的要求。轴向柱塞式液压泵流量控制方式很多，叶片泵变量机构也有很大发展。液压泵流量控制方式及特性见表 6.6-4。

4. 液压泵技术性能和应用范围　见表 6.6-5。

5. 液压泵图形符号　见表 6.6-6。

6. 液压泵常用计算公式　见表 6.6-7。

表 6.6-4　液压泵流量控制方式及特性曲线

	代号	名　　称	特　性　曲　线
恒功率控制	LD	直控式恒功率控制	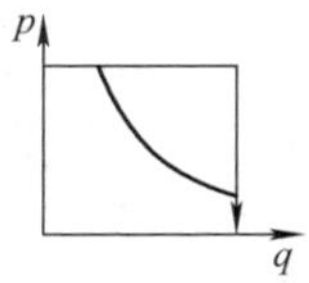
	LDD	限压装置的直控式恒功率控制	
	LV	先导控制式恒功率控制	
	LVD	限压装置的先导控制式恒功率控制	
恒压控制	DRA	直装式恒压变量控制	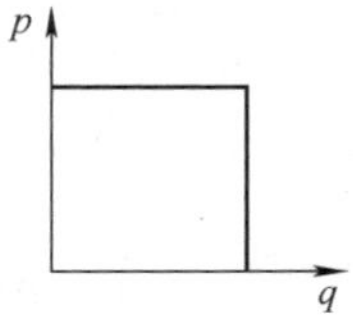
	DRH	分装式恒压变量控制	
	DRE	电动远控式恒压变量控制	
	DRL	卸荷阀式恒压变量控制	
	DRZ	双级恒压变量控制	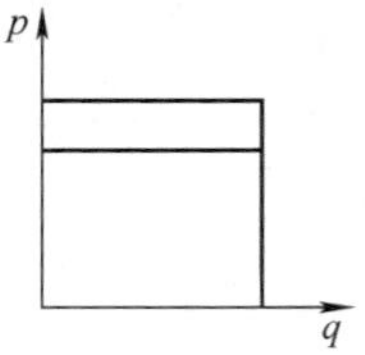
手动控制	MA	手动变量控制	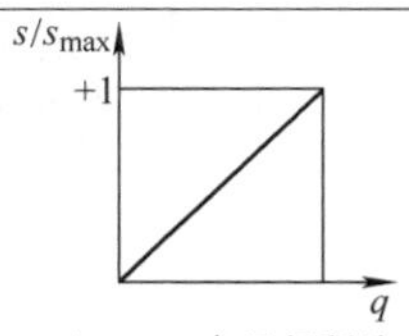
	FO	手动伺服变量控制	
	HM	手动流量限位的液压控制	s/s_{max}——变量行程比

（续）

	代号	名　称	特　性　曲　线
液压控制	HD	压力比例控制的液压控制	
	HDM	手动伺服的液压控制	
电液控制	HDS	电动液压伺服阀的液压控制（双向变量泵）	
	EL	电气控制液压伺服阀控制的变量控制（双向变量泵）	i—输入的控制电流
其他控制	LSC	负荷传感控制	
	CFC	恒流量控制	

表 6.6-5　液压泵技术性能和应用范围

性能参数 ＼ 类型	齿轮泵 内啮合 渐开线	齿轮泵 内啮合 摆线转子式	齿轮泵 外啮合渐开线	叶片泵 单作用	叶片泵 双作用	螺杆泵	柱塞泵 轴向 直轴端面配流	柱塞泵 轴向 斜轴端面配流	柱塞泵 轴向 阀配流	柱塞泵 径向轴配流	柱塞泵 卧式轴配流
压力范围/MPa	≤30.0	1.6~16.0	≤25.0	≤6.3	6.3~32.0	2.5~10.0	≤40.0	≤40.0	≤70.0	10.0~20.0	≤40.0
排量范围/mL·r^{-1}	0.8~300	2.5~150	0.3~650	1~320	0.5~480	1~9200	0.2~560	0.2~3600	≤420	20~720	1~250
转速范围/r·min^{-1}	300~4000	1000~4500	300~7000	500~2000	500~4000	1000~18000	600~6000	600~6000	≤1800	700~1800	200~2200
最大功率/kW	350	120	120	30	320	390	730	2660	750	250	260
容积效率(%)	≤96	80~90	70~95	58~92	80~94	70~95	88~93	88~93	90~95	80~90	90~95
总效率(%)	≤90	65~80	63~87	54~31	65~82	70~85	81~88	81~88	83~88	81~83	83~88
功率质量比	大	中	中	小	中	小	大	中~大	大	小	中
最高自吸真空度/kPa			56.7	33.3	33.3	63.3	16.7	16.7	16.7	16.7	
流量脉动(%)	1~3	≤3	11~27			<1	1~5	1~5	<14	<2	≤14
噪声	小	小	中	中	中		大	大	大	中	中
污染敏感度	中	低	大	中	中		大	中~大	小	中	小
价格	较低	低	最低	中	中低	高	高	高	高	高	高
应用范围	机床、工程机械、农业机械、航空、船舶、一般机械			机床、注塑机、液压机、起重运输机械、工程机械、飞机		精密机床、精密机械、食品、化工、石油、纺织等机械	工程机械、锻压机械、运输机械、矿山机械、冶金机械、船舶、飞机等				

表 6.6-6　液压泵图形符号

定　量　泵			变　量　泵	
单　级	双　级	双　联	单　向	双　向
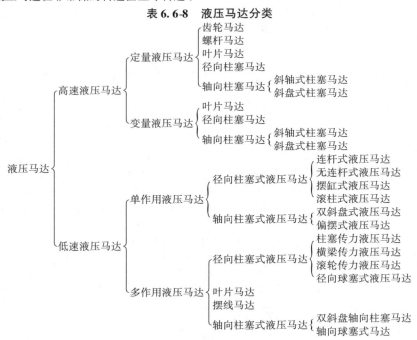				

表 6.6-7　液压泵常用计算公式

计算参数	理论流量 $q_{理}/\text{L} \cdot \text{min}^{-1}$	实际流量 $q_{实}/\text{L} \cdot \text{min}^{-1}$	输出功率 P_o/kW	输入功率 P_i/kW
计算公式	$q_{理} = Vn \times 10^{-3}$	$q_{实} = Vn\eta_v \times 10^{-3}$ $q_{实} = q_{理}\,\eta_v$	$P_o = \dfrac{pq_{实}}{60}$	$P_i = \dfrac{pq_{实}}{60\eta}$
符号含义	p—液压泵输出压力（MPa）；V—液压泵排量（mL/r）；n—液压泵转速（r·min^{-1}）；η_v—液压泵容积效率；η_m—液压泵机械效率；η—液压泵总效率，$\eta = \eta_v\,\eta_m$			

6.2.2　液压马达

液压马达是将液压能转换成机械能，输出转矩 M 和转速 n。从原理上讲液压马达是液压泵的逆运转。但在实际运转中，泵和马达之间有许多不同，对液压马达的工作要求上有以下几点：

（1）液压马达产生转矩，强调机械效率；

（2）大部分恒压马达工作时转速范围很广，可以在很低的转速下运转。

（3）液压马达在非常低的转速甚至零转速下要求输入高压小流量。

（4）液压马达要求反向旋转，还要求能以泵的方式运转以达到制动负载的目的。

（5）液压马达可以长期空运转或停止运转，要遭受频繁的温度冲击。

（6）液压马达输出轴承受较高的径向负载。

1. 液压马达的分类　液压马达分类见表 6.6-8。

表 6.6-8　液压马达分类

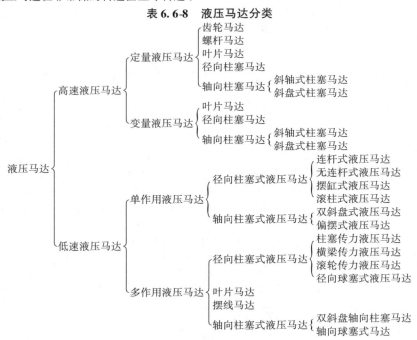

2. 液压马达的主要参数

a. 排量、流量

（1）排量 V 马达轴每转一转，由其密封容腔几何尺寸变化计算而得的液体的体积叫液压马达的排量，单位 mL/r。

（2）理论流量 $q_{理}$ 在单位时间内为形成指定转速，液压马达封闭容积变化所需的流量。即实际流量补偿泄漏后形成转速的流量，单位 L/min。

（3）实际流量 $q_{实}$ 液压马达进口处的流量。单位 L/min。

b. 压力（差）

（1）额定压力 在正常工作条件下，按试验标准规定连续运转的最高压力，单位 MPa。

（2）最高压力 p_{max} 按试验标准规定，允许短暂运行的最高压力，单位 MPa。

（3）工作压力 p 液压马达的实际工作压力，单位 MPa。

（4）压力差 Δp 液压马达输入压力和输出压力的差值，单位 MPa。

c. 转矩

（1）理论转矩 $M_{理}$ 液体压力作用于液压马达转子形成的转矩，单位 N·m。

（2）实际转矩 $M_{实}$ 马达的理论转矩克服摩擦力矩后的实际转矩，即液压马达轴的输出转矩，单位 N·m。

d. 功率

（1）输入功率 P_i 液压马达入口处输入的液压功率，单位 kW。

（2）输出功率 P_o 液压马达输出轴上输出的机械功率，单位 kW。

e. 效率

（1）容积效率 η_v^m 液压马达的理论流量与实际流量之比。

（2）机械效率 η_m^m 液压马达实际转矩与理论转矩之比。

（3）总效率 η^m 液压马达输出的机械功率与输入的液压功率之比。

f. 转速

（1）额定转速 n 在额定压力下，能连续长时间正常运转的最高转速，单位 $r \cdot min^{-1}$。

（2）最高转速 n_{max} 在额定压力下，超过额定转速允许短暂运行的最大转速，单位 $r \cdot min^{-1}$。

（3）最低转速 n_{min} 正常运转所允许的最低转速，在该转速下，马达爬行现象，单位 $r \cdot min^{-1}$。

3. 各种液压马达的适用范围

（1）液压马达的适用范围见表 6.6-9。

表 6.6-9 液压马达的适用范围

马达类型	适用工况	应用实例
齿轮马达	负载转矩不大，速度平稳性要求不高，噪声限制不大	钻床，风扇传动
叶片马达	负载转矩不大，噪声要求小	磨床回转工作台，机床操纵机构
摆线马达	负载速度中等，体积要求小	塑料机械、煤矿机械、挖掘机行走机械
轴向柱塞马达	负载速度大，有变速要求，负载转矩较小，低速平稳性要求高	起重机、铰车、铲车、内燃机车、数控机床
球塞马达	负载转矩较大，速度中等	塑料机械，行走机械等
内曲线径向马达	负载转矩很大、转速低，平稳性高的场合	挖掘机、拖拉机、起重机、采煤机牵引部件等

（2）低速马达的主要性能特点见表 6.6-10。

4. 液压马达的变量控制方式 变量液压马达中变量轴向柱塞马达的变量控制方式与变量轴向柱塞泵变量形式相同，可参阅表 6.6-4。

5. 液压马达的图形符号（表 6.6-11）

6. 液压马达常用计算公式（表 6.6-12）

表 6.6-10 低速液压马达的主要性能特点

结构形式	单作用液压马达				多作用液压马达				
结构要点	连杆式	无连杆式	摆缸式	滚柱式	双斜盘式	内曲线柱塞传力梁	内曲线横传力	内曲线柱塞传力钢球式	摆线液压马达	叶片式
容积效率/（%）	96.8	95	95	94	95	95	95	95	95	90
机械效率/（%）	93	95	95	96	96	95	95	95	80	85

（续）

结构形式		单作用液压马达					多作用液压马达				
结构要点		连杆式	无连杆式	摆缸式	滚柱式	双斜盘式	内曲线柱塞传力	内曲线横梁传力	内曲线柱塞传力钢球式	摆线液压马达	叶片式
总 效 率/(%)		90	90	90	90.3	91.2	90	90	90	76	76.5
起动效率/(%)		85	90	93	97.5	90	90～95	98	80～85	80～85	80～85
压力/MPa	额定	20.5	17.0	20.5	20.5	20.5	13.5	29.0	13.5	14.0	13.5
	最高	24.0	28.0	24.5	29.3	24.0	20.5	39.0	20.5	20.0	18.5
转速/r·min⁻¹	最低	5～10	2	0.5	3.5	5～10	0.5	0.5	1	5～10	10～15
	最高	200	275	220	520	200	120	75	600	245	250

表 6.6-11 液压马达图形符号

定　量　马　达		变　量　马　达	
单　　向	双　　向	单　　向	双　　向

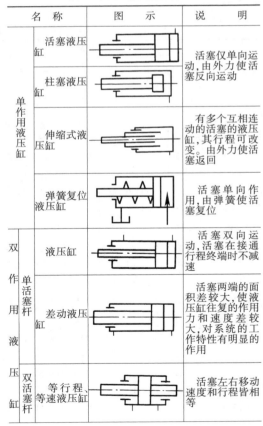

表 6.6-12 液压马达常用计算公式

计算参数		计 算 公 式
转矩/N·m	理论转矩	$M_{理} = \dfrac{\Delta p V}{2\pi}$
	实际转矩	$M_{实} = \dfrac{\Delta p V}{2\pi}\eta_m^m$
转速/r·min⁻¹	理论转速	$n_{理} = \dfrac{q_{实}}{V} \times 10^3$
	实际转速	$n_{实} = \dfrac{q_{实}\,\eta_v^m}{V} \times 10^3$
功率/kW	输出实际功率	$P_o = \dfrac{\Delta p V n_{实}}{60000}$ 或 $P_o = \dfrac{2\pi M_{实}\,n_{实}}{60000}$
	输入功率	$P_i = \dfrac{p q_{实}}{60}$
符号含义		Δp—入口压力与出口压力之差（MPa） V—液压马达的排量（mL/r） $q_{实}$—液压马达入口输入流量（L/min） η_m^m—液压马达的机械效率 η_v^m—液压马达的容积效率

6.2.3 液压缸

液压缸是液压系统的执行元件，它将液压能转换为机械能、输出力和速度。

1. 液压缸的分类（表 6.6-13）

2. 液压缸的主要参数（表 6.6-14～表 6.6-17）

3. 标准液压缸理论推力 F_1 和拉力 F_2（表 6.6-18）

4. 液压缸主要参数的计算（表 6.6-19）。

表 6.6-13 液压缸的类型

名 称			图 示	说 明
单作用液压缸		活塞液压缸		活塞仅单向运动，由外力使活塞反向运动
		柱塞液压缸		
		伸缩式液压缸		有多个互相连动的活塞的液压缸，其行程可改变，由外力使活塞返回
		弹簧复位液压缸		活塞单向作用，由弹簧使活塞复位
双作用液压缸	单活塞杆	液压缸		活塞双向运动，活塞在接通行程终端时不减速
		差动液压缸		活塞两端的面积差较大，使液压缸往复的作用力和速度差较大，对系统的工作特性有明显的作用
	双活塞杆	等行程、等速液压缸		活塞左右移动速度和行程皆相等

（续）

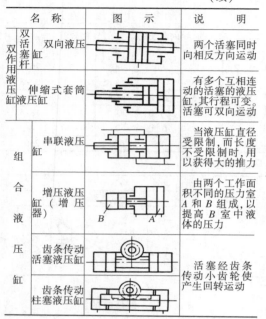

名 称		图 示	说 明
双作用液压缸	双活塞杆液压缸 双向液压缸		两个活塞同时向相反方向运动
	伸缩式套筒液压缸		有多个互相连动的活塞的液压缸,其行程可变。活塞可双向运动
组合液压缸	串联液压缸		当液压缸直径受限制,而长度不受限制时,用以获得大的推力
	增压液压缸（增压器）		由两个工作面积不同的压力室 A 和 B 组成,以提高 B 室中液体的压力
	齿条传动活塞液压缸		活塞经齿条传动小齿轮使产生回转运动
	齿条传动柱塞液压缸		

表 6.6-14 液压缸公称压力系列

（单位:MPa）

0.63	1.0	1.6	2.5	4.0	6.3	10.0	16.0	25.0	31.5	40.0

表 6.6-15 液压缸内径系列

（单位:mm）

8	10	12	16	20	25	32	40	50	63
80	(90)	100	(110)	125	(140)	160	(180)	200	(220)
250	(280)	320	(360)	400	(450)	500			

注:圆括号内尺寸为非优先选用者。

表 6.6-16 活塞杆直径系列

（单位:mm）

4	5	6	8	10	12	14	16	18	20
70	80	90	100	110	125	140	160	180	200
22	25	28	32	36	40	45	50	56	63
220	250	280	320	360					

表 6.6-17 液压缸活塞行程系列

（单位:mm）

25	50	80	100	125	160	200	250	320	400
500	630	800	1000	1250	1600	2000	2500	3200	4000

表 6.6-18 标准液压缸理论推力和拉力

D /mm	A_1 /cm²	$F_1/10^4\text{N}$ p_1/MPa						d /mm	A_2 /cm²	$F_2/10^4\text{N}$ p_2/MPa					
		10	16	20	25	32	40			10	16	20	25	32	40
32	8.04	0.80	1.28	1.61	2.01	2.57	3.22	16	6.03	0.60	0.96	1.21	1.51	1.93	2.41
								22	4.24	0.42	0.68	0.85	1.06	1.36	2.70
40	12.57	1.26	2.01	2.51	3.14	4.02	5.02	18	10.02	1.00	1.60	2.00	2.50	3.20	4.00
								28	6.41	0.64	1.03	1.28	1.60	2.05	2.56
50	19.63	1.96	3.14	3.93	4.91	6.28	7.85	22	15.83	1.58	2.53	3.17	3.96	5.06	6.33
								28	13.48	1.35	2.15	2.70	3.37	4.30	5.39
								36	9.46	0.95	1.51	1.89	2.36	3.03	3.78
63	31.17	3.12	4.99	6.35	7.79	9.97	12.47	28	25.02	2.50	4.00	5.00	6.25	8.00	10.00
								36	21.00	2.10	3.36	4.20	5.25	6.72	8.40
								45	15.70	1.57	2.54	3.18	3.97	5.09	6.36
80	50.27	5.03	8.04	10.05	12.57	16.09	20.11	36	40.09	4.01	6.41	8.02	10.02	12.82	16.04
								45	35.06	3.51	5.61	7.01	8.76	11.22	14.02
								56	25.63	2.56	4.10	5.13	6.41	8.20	10.25
100	78.54	7.85	12.57	15.71	19.63	25.13	31.24	45	62.63	6.26	10.02	12.53	15.66	20.04	25.05
								56	53.91	5.39	8.62	10.78	13.48	17.25	21.56
								70	40.06	4.01	6.41	8.01	10.01	12.82	16.02
125	122.72	12.27	19.64	24.54	30.68	39.27	49.09	56	98.08	9.81	15.69	19.62	24.52	31.39	39.23
								70	84.24	8.42	13.48	16.85	21.06	26.95	33.71
								90	59.10	5.91	9.46	11.82	14.78	18.91	23.64
160	201.06	20.11	32.17	40.21	50.26	64.34	80.42	70	162.58	16.26	26.01	32.52	40.64	52.03	65.03
								90	137.45	13.75	21.99	27.49	34.36	43.98	54.98
								110	106.03	10.60	16.96	21.21	26.51	33.93	42.41
200	314.16	31.42	50.26	62.83	78.54	100.53	125.66	90	250.54	25.05	40.09	50.11	62.64	80.17	100.21
								110	219.13	21.91	35.06	43.83	54.78	70.12	87.65
								140	160.22	16.02	25.63	32.04	40.06	51.27	64.08
250	490.87	49.09	78.53	98.17	122.71	157.68	196.35	140	336.9	33.69	53.90	67.38	84.22	107.81	134.76
								180	236.4	23.64	37.82	47.28	59.10	75.65	94.56

（续）

D/mm	A_1/cm²	F_1/10⁴N						d/mm	A_2/cm²	F_2/10⁴N					
		p_1/MPa								p_2/MPa					
		10	16	20	25	32	40			10	16	20	25	32	40
320	804.25	80.43	128.68	160.85	201.06	257.36	321.70	180	549.8	54.98	87.91	109.9	137.4	175.9	219.9
								220	424.1	42.41	67.86	84.82	106.0	135.7	169.6
400	1256.63	125.66	201.06	251.33	314.16	402.12	502.65	220	876.5	87.65	140.2	175.3	219.8	280.5	350.6
								280	640.9	64.09	102.5	128.2	160.2	205.1	256.4

表 6.6-19　液压缸主要参数计算[20]

项目	公式	说明
运动速度 v/m·s⁻¹ 流量 q/m³·s⁻¹	$v = \dfrac{q\eta_v}{A}$ 或 $q = \dfrac{vA}{\eta_v}$	A—活塞有效作用面积(m²) η_v—液压缸容积效率: 采用弹性物密封圈时, $\eta_v = 1$ 采用金属环时 $\quad \eta_v = 0.98$
活塞上的总作用力 F_1	$F_1 = pA$	p—液压缸内油液工作压力(MPa)
液压缸内径 D　按作用力计	无杆腔　$D = \sqrt{\dfrac{4F_1}{\pi p}}$ 有杆腔　$D = \sqrt{\dfrac{4F_1}{\pi p} + d^2}$	F_1—液压缸推力(N) D—液压缸内径(m) d—液压缸活塞杆直径(m) 液压缸内径 D 和活塞杆直径 d 应符合标准系列值 η_v—液压缸容积效率 v—液压缸运动速度(m/s) q—输入液压缸流量(m³/s)
液压缸内径 D　按流量计	无杆腔　$D = \sqrt{\dfrac{4q\eta_v}{\pi v}}$ 有杆腔　$D = \sqrt{\dfrac{4q\eta_v}{\pi v} + d^2}$	
活塞杆直径 d	$d \geqslant \sqrt{\dfrac{5.6F_1}{\pi \sigma_b}}$	σ_b—活塞杆材料的极限抗拉强度 d—活塞杆直径应符合标准系列值, $n=1.4$ 安全系数
活塞杆弯曲稳定性验算 (一般用途下可不验算, 当安装距 $L_B \geqslant (10 \sim 15)d$ 时须验算)	$\dfrac{F_k}{F} \geqslant 3.5$ $F_k = \dfrac{\pi^2 EJ \times 10^6}{k^2 L_B^2}$	F_k—活塞杆纵向弯曲失稳临界载荷(N) E—活塞杆材料弹性模量(MPa) 钢材: $E = 210 \times 10^3$(MPa) J—活塞杆横截面二项矩(m⁴) 对圆截面: $J = \dfrac{\pi d^4}{64}$ k—安装及导向因数(见表 6.5-20), 由安装方式决定 L_B—安装距(m), 由工作行程等决定, 见表 6.5-20

表 6.6-20　液压缸安装及导向因数 K

	1	2	3	4
	一端自由, 一端刚性固定	两端铰接, 刚性导向	一端铰接, 刚性导向。一端刚性固定	两端刚性固定和导向
欧拉负载				

(续)

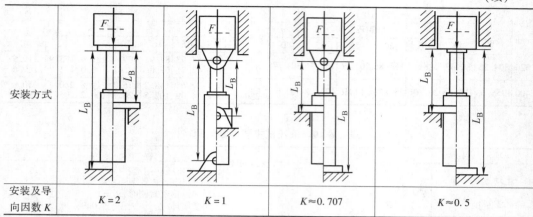

安装方式				
安装及导向因数 K	$K=2$	$K=1$	$K\approx 0.707$	$K\approx 0.5$

5. 液压缸选购 标准液压缸已有系列产品供应,用户可根据需求选购。

具有特殊要求的非标准液压缸,用户可根据工作要求,确定液压缸负载和液体工作压力,并计算液压缸活塞直径 D、活塞杆直径 d、活塞行程、液压缸安装形式及相关数据提交制造商定制。

6.2.4 摆动液压马达

摆动液压马达,也称作摆动液压缸,是一种以输出轴作往复摆动的执行元件。它突出的优点是能使负载直接获得往复摆动运动,无需任何转换机构。

(1)摆动液压马达分类见表6.6-21。

(2)摆动液压马达的主要参数见6.2.2液压马达。

(3)摆动液压马达主要参数计算公式见表6.6-22。

(4)摆动液压马达图形符号如图6.6-1所示。

表6.6-21 摆动液压马达分类

摆动液压马达
$\begin{cases}\text{旋转叶片式}\\(<360°)\end{cases}\begin{cases}\text{单叶片式摆动液压马达}\\\text{双叶片式摆动液压马达}\end{cases}$
活塞齿条式摆动液压马达
$(0\sim360°\text{以上})$
螺旋式摆动液压马达
$(0\sim360°\text{以上})$
其他

表6.6-22 摆动液压马达主要参数计算公式

分 类		输出转矩 $M/\mathrm{N\cdot m}$	输入流量 $q/\mathrm{L\cdot min^{-1}}$	符 号 说 明	
叶片式		$\frac{1}{8}zb(D^2-d^2)$ $(p_1-p_2)\times10^6\eta_m$	$\frac{3zb(D^2-d^2)\omega}{4\eta_v}\times10^4$	z—叶片数,b—叶片轴向宽度(m),d—叶片安装轴外径(m)	D—缸体内径(m) p_1—进口压力(MPa) p_2—出口压力(MPa) ω—输出轴角速度(rad/s) η_m—机械效率 单叶片式:0.8~0.9 双叶片式:0.9~0.95 η_v—容积效率 单叶片式:0.9~0.95 双叶片式:≤0.9 活塞式:0.98~1
活 塞 式	齿条齿轮式	$\frac{1}{8}\pi D_g D^2(p_1-p_2)\times$ $10^6\eta_m$	$\frac{3\pi D_g D^2\omega}{4\eta_v}\times10^4$	D_g—齿轮分度圆直径(m)	
	螺旋活塞式	$\frac{1}{8}\pi D_g(D^2-D_0^2)(\tan\lambda$ $+\rho')(p_1-p_2)\times10^6\eta_m$	$\frac{3t(D^2-D_0^2)\omega}{4\eta_v}\times10^4$	D_g—螺杆中径(m),D_0—螺杆外径(m),λ—螺纹升角(rad),ρ'—当量摩擦角(rad),t—螺距(m)	
	链式	$\frac{1}{8}\pi D_g(D^2-d^2)(p_1-$ $p_2)\times10^6\eta_m$	$\frac{3\pi D_g(D^2-d^2)\omega}{4\eta_v}\times10^4$	D_g—链轮节圆直径(m),D、d—大、小缸体内径(m)	
	曲柄连杆式	$\frac{1}{4}\pi lD^2(p_1-p_2)\times$ $10^6\eta_v$	$\frac{3\pi lD^2\omega}{2\eta_v}\times10^4$	l—曲柄长度(m)	
	来复式	$\frac{1}{8}S(D^2-d^2)(p_1-p_2)$ $\times10^6\eta_m$	$\frac{3S(D^2-d^2)\omega}{4\eta_v}\times10^4$	S—来复螺旋副导程(m),d—活塞直径(m)	

图 6.6-1 摆动液压马达图形符号

6.2.5 液压控制阀

1. 液压控制阀分类 液压控制阀是液压系统的控制元件,按其功能、结构、操纵方式及连接方式等分类,见表 6.6-23。

表 6.6-23 液压控制阀分类

分类方法	种类	详 细 分 类
按功能分类	压力控制阀	溢流阀、顺序阀、卸荷阀、平衡阀、减压阀、比例压力控制阀、缓冲阀、仪表截止阀、限压切断阀、压力继电器等
	流量控制阀	节流阀、单向节流阀、行程减速阀、调速阀、分流阀、集流阀、比例流量控制阀等
	方向控制阀	单向阀、液控单向阀、换向阀、充液阀、梭阀、比例方向控制阀
按结构分类	滑阀	圆柱滑阀、旋转阀、平板滑阀
	座阀	锥阀、球阀、喷嘴挡板阀
	射流管阀	
按操纵方法分类	人力操纵阀	手把及手轮、踏板、杠杆操纵阀
	机械操纵阀	挡块及碰块、弹簧、液压、气动操纵阀

(续)

分类方法	种类	详 细 分 类
按操纵方法分类	电动操纵	电磁铁控制、伺服电动机和步进电动机控制操纵阀
按连接方式分类	管式连接	螺纹式连接阀、法兰式连接阀
	板式及叠加式连接	单层连接板式控制阀、双层连接板式控制阀、整体连接板式控制阀、叠加阀
	插装式连接	螺纹式插装(二、三、四通插装)阀、法兰式插装(二通插装)阀
按其他方式分类	开关或定值控制阀	压力控制阀、流量控制阀、方向控制阀
按控制方式分类	电液比例阀	电液比例压力阀、电液比例流量阀、电液比例换向阀、电液比例复合阀、电液比例多路阀
	伺服阀	单、两级(喷嘴挡板式、动圈式)电液流量伺服阀、三级电液流量伺服阀、电液压力伺服阀、气液伺服阀、机液伺服阀
	数字控制阀	数字控制压力阀、数字控制流量阀与方向阀

2. 压力控制阀 压力控制阀是控制液压系统压力的阀类,有溢流阀、减压阀、顺序阀、压力继电器。压力控制阀类别、技术性能及应用见表 6.6-24。

表 6.6-24 压力控制阀类别、技术性能及应用

类别	图形符号	型号	调压范围/MPa	额定流量/L·min⁻¹	应 用
压力控制阀 直动式溢流阀		Y-H(上液二厂)	a:0.6~8 b:4~16 c:8~20 d:16~32	2	1. 直动式溢流阀可与先导式溢流阀、减压阀、顺序阀等组合,实现远程调压;在小流量液压系统中作安全阀或调压阀 2. 作安全阀,起过载保护作用 3. 作溢流阀用,使系统压力稳定 4. 与电磁换向阀组合成电磁溢流阀,控制系统卸荷 5. 作制动阀用,对执行机构进行缓冲、制动 6. 作背压阀用
		DBD(力士乐)	2.5,5.0,10,20,31.5,40,63	50 120 150 300	
先导式溢流阀		Y₂-H(上液二厂)	a:0.6~8 b:4~16 c:8~20 d:16~32	40~1250	
		DB(力士乐)	10,31.5	200~600	
先导式减压阀		JF	G:0.7~7 C:3.5~14 H:7~21 K:14~32	20~150	1. 减压、稳压 2. 与节流阀串联,维持节流阀进、出口压力差恒定,使流量不随负载变化
		DR(力士乐)	0.3~31.5	80,200,300	
单向减压阀		JDF	G:0.7~7 C:3.5~14 H:7~21 K:14~32	40~150	

（续）

类别	图形符号	型号	调压范围/MPa	额定流量/L·min⁻¹	应 用
压 力 控 制 阀 直动式顺序阀		DZ（力士乐）	2.5,7.5,15,21,31.5	60~80	1. 控制多个元件的顺序动作 2. 作平衡阀用,防止因自重引起液压缸活塞下降 3. 作卸荷阀用,使泵卸荷 4. 作背压阀用
先导式顺序阀		XF	0.3~21	150,300,450	
单向顺序阀		XDF	D:0.5~1 D:1~3 F:3~7 C:3.5~14 H:7~21 K:14~32	20~150	
压力继电器		联合设计 PF	1.2~8 4~32		1. 当系统压力达到压力继电器设定值时,发出电信号、控制电气元件动作 2. 实现泵的加载或卸荷控制 3. 执行元件的顺序动作 4. 系统的联锁和安全保护
		DP（天液一厂）	0.1~1.0 0.25~2.5 0.3~4 0.6~6.3 0.6~10 1~32		
		HED₂（力士乐）	2.5,6.3,10,20,40		

3. 方向控制阀 方向控制阀主要用于控制系统中液体的通断或改变其流动方向,实现执行元件的启动、停止,系统压力、速度转换、液压泵卸荷控制。

方向控制阀分类见表6.6-25。

单向阀、液控单向阀性能及应用见表6.6-26。

换向阀类别、图形符号及技术性能见表6.6-27。

常用三位四（五）通换向阀中位机能及特点见表6.6-28。

4. 流量控制阀 流量控制阀通过调节阀的通流截面,控制流经阀的流量,实现对执行元件运动速度的控制。

流量控制阀类别、技术性能及应用见表6.6-29。

5. 电液比例阀 用比例电磁铁取代压力控制阀和流量控制阀的手调机构;用比例电磁铁取代传统电磁换向阀的普通电磁铁构成比例控制阀。它接受电信号指令,对液压系统的压力、流量、方向等实现连续的、按比例的电气——液压控制。

电液比例控制阀类别、技术性能及应用见表6.6-30。

表 6.6-25 方向控制阀分类

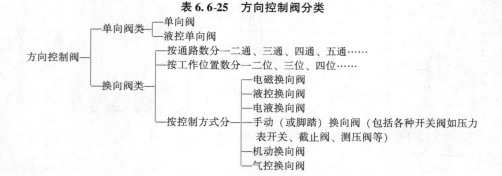

表 6.6-26　单向阀、液控单向阀性能及应用

类别		图形符号	型号	工作压力/MPa	额定流量/L·min^{-1}	应　用
方向控制阀	单向阀		A、AJ	32	40～200	1. 安装在泵的出口作止回用 2. 作背压阀 3. 与有关阀并联组成单向减压、顺序、节流阀 4. 在油路间起隔断作用，防止干扰
			DF	21，35	30～1200	
			S（力士乐）	32	16～400	
			DT8P1（威格士）	21	12～190	
	液控单向阀	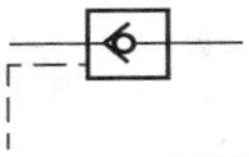	AY	31.5	40～1200	1. 作液压缸的保压阀 2. 作为系统支承的液压锁 3. 作系统的快放油、充液阀
			DFY	21	25～1200	
			S※（力士乐）	31.5	80～400	

表 6.6-27　换向阀类别、图形符号、技术性能

类别		图形符号	型号	工作压力/MPa	额定流量/L·min^{-1}
方向控制阀	直动式电磁阀		联合设计 H 系列	31.5	10，40
			榆次型	14，21	7，30
			WE4，6，10（力士乐）	21，35，35	25，80，120
	电液动换向阀	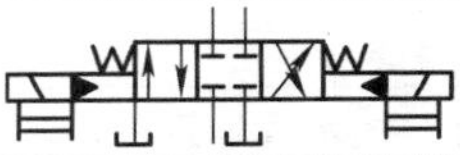	联合设计	32	75～1250
			WEH（力士乐）	35	160～1100
			榆次型	21	75～370
	手动换向阀	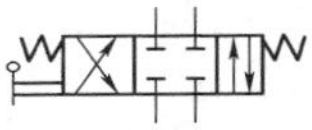	联合设计	31.5	40～500
			榆次型	21	30～370
	多路换向阀		ZFS	14	30～75
			Z、DL	32	63～160

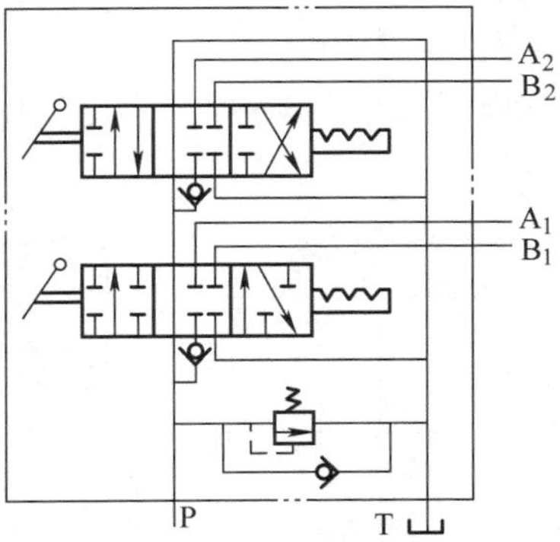

表 6.6-28　常用三位四（五）通换向阀中位机能及特点

机能型式与符号	中位机能及特点
O 型	中位时，4 个油口全封闭，可将双作用液压缸锁定在行程任意位置上。换向起动平稳，液压泵不能用阀卸荷，但可以多阀并联使用
Y 型	仅油口 P 封闭，A、B、T 连通，液压缸处于浮动状态，可用手动方式调节液压缸活塞位置。换向起动有冲击，液压泵不能用阀卸荷，可以多阀并联使用
M 型	油口 A、B 封闭，P、T 连通，液压缸可以锁定在行程任意位置上。换向起动平稳，液压泵能用阀卸荷

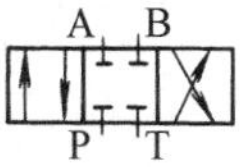

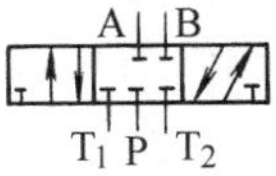

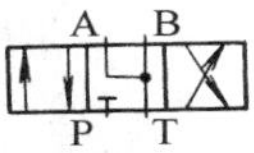

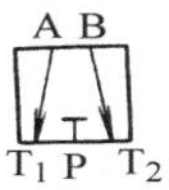

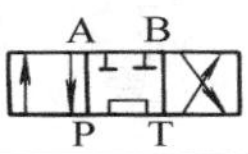

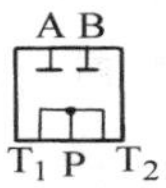

（续）

机能型式与符号	中位机能及特点
H 型	4 个油口全部连通，液压缸处于浮动状态，可用手动方式调节液压缸活塞位置。换向起动有冲击，液压泵可用阀卸荷
K 型	油口 B 封闭，P、A、T 连通，可单向将液压缸锁在行程的任意位置上。换向起动平稳，液压泵可用阀卸荷
P 型	油口 P、A、B 连通，T 封闭，对于等直径双出杆液压缸可停在行程的任意位置上，并可手调其位置。对单杆活塞液压缸组成差动液压缸。换向起动平稳，液压泵不能用阀卸荷
J 型	油口 P、A 封闭，B、T 连通，可单向将液压缸锁在行程任意位置上。中位换向 A 口进油时，起动有冲击。液压泵不能用阀卸荷

表 6.6-29 流量控制阀类别、图形符号、技术性能及应用

类别		图形符号	型号	工作压力/MPa	额定流量/L·min⁻¹	应 用
流量控制阀	节流阀		LF	14	25～190	1. 与定量泵、溢流阀配合组成节流调速回路 2. 单向节流阀还可用作阻尼器控制电液换向阀的换向时间
			L-H	32	40～200	
			MG/MK（力士乐）	31.5	15～400	
	单向节流阀		LDF	14	25～190	1. 与定量泵、溢流阀配合组成节流调速回路 2. 单向节流阀还可用作阻尼器控制电液换向阀的换向时间
			LA-H	32	40～200	
	调速阀		Q	32	25～200	1. 与溢流阀配合组成节流调速系统，使运动速度不受负载变化的影响，速度稳定 2. 用于执行机构往复节流调速回路和容积节流调速系统
			QF	14	42～240	
			2FRM（力士乐）	21，31.5	15，50，160	
	单向调速阀		QA	32	25～200	
			QDFT	21	16～25	
	溢流节流阀		FB（油研）	25	125～500	1. 用于调速系统，系统效率高，发热少 2. 速度稳定性好 3. 与调速阀相比多一回油口，又称三通流量控制阀
			FRG（威格士）	21	106	
	行程节流阀		CDF	14	25～190	安装在液压缸行程的某位置上作调速或起缓冲作用

（续）

类别		图形符号	型号	工作压力/MPa	额定流量/L·min⁻¹	应 用
流量控制阀	分流（集流）阀		3FL	32	25 ~ 63	在液压系统中，保证2~4个执行元件在运动时达到速度同步
			3FJLK	21	10,15	

表 6.6-30　电液比例控制阀类别、技术性能及应用

类别		图形符号	型号	工作压力/MPa	额定流量/L·min⁻¹	应 用
电液比例溢流阀	直动式		BY（上液二厂）	32	2	1. 用直动式比例溢流阀对先导式溢流阀、减压阀、顺序阀进行压力控制 2. 用先导式比例溢流阀实现系统压力连续无级调压
			DBETR（力士乐）	2.5, 8, 18, 23, 31.5	2, 3, 10	
			EDG	25	2	
	先导式		DBE DBEM（力士乐）	32	200 ~ 600	
			EBG	25	100 ~ 400	
			BYY（上液二厂）	2.5 ~ 32	70 ~ 250	
电液比例减压阀	三通直动式		3DREP₆	10	15	1. 小流量系统减压控制 2. 双电磁铁、双向三通减压阀做先导式比例方向阀的先导阀
	先导式		BJY	10 ~ 25	100 ~ 300	用比例减压阀进行减压控制
			DRE DREM	32	80 ~ 300	
			ERBG	25	100 ~ 250	
比例流量控制阀	节流阀、调速阀		DYBQ	10 ~ 32	30 ~ 320	1. 代替系统中的节流阀、调速阀组成比例调速回路，使系统简化 2. 比例变量泵的控制元件
			2FRE（力士乐）	21 31.5	3 ~ 25, 160	
			EF EFG（油研）	21	60 ~ 500	
			BQY（上液二厂）	25	63 ~ 250	
比例方向控制阀	直动式		4WRA 4WRE	32 32	43 ~ 95 65 ~ 160	1. 应用于液压执行元件的方向、位置控制系统，控制过程平稳、无冲击，可实现开环控制和闭环控制 2. 复合阀可用于代替伺服阀，实现比例伺服控制
	先导式		BF 4WRZ（力士乐）	25 35	60 ~ 100 80 ~ 2800	
	方向流量、压力复合式		EHDF EHDFG	25 16	30, 60 130 ~ 160	

6. 电液伺服阀 电液伺服阀（简称"伺服阀"）在液压伺服系统中控制工作液的方向、流量与压力。它把微弱的电控信号转换成机械位移量，然后再把机械位移量转换成液压信号或直接把机械位移量转换成液压信号，经放大后输出和输入信号成比例的连续的液压功率。

伺服阀的分类见表6.6-31。

电液伺服阀由于其高精度和快速响应的独特功能，已广泛应用于开环和闭环的电液控制系统中，精确地控制执行机构的运动速度、工作位置和压力、同步运动等。

电液伺服阀图形符号如图6.6-2所示。

电液伺服阀的应用见表6.6-32。

表6.6-31 伺服阀的分类表

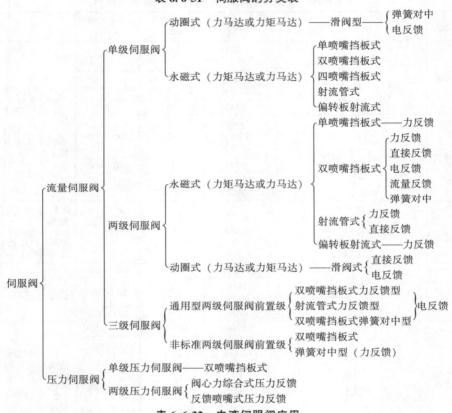

表6.6-32 电液伺服阀应用

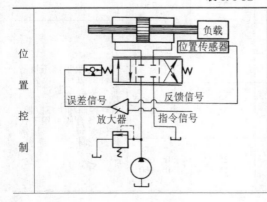

位置控制

系统接受输入电信号时，电液伺服阀的力矩马达动作，液压放大器和滑阀功率放大器将能量转换放大后，驱动液压缸运动到预定位置，利用位移传感器发出反馈信号与输入指令信号比较，使液压缸停在所需的位置上

（续）

| 速度控制 | 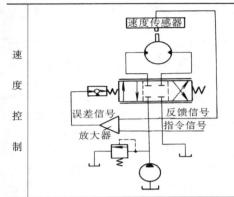 | 电液伺服阀根据输入指令电信号，将能量转换放大后，液压泵输出的工作液经电液伺服阀驱动马达旋转，通过速度传感器发出反馈信号，与输入指令信号比较，控制电液伺服阀的主阀开口量，使马达转速保持预定值 |
| 压力控制 | 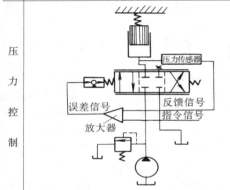 | 电液伺服阀接受指令电信号，经转换放大，使液压缸内工作液压力达到预定值。当液压缸内工作液压力变化时，通过压力传感器发出的反馈电信号与输入指令信号比较，再通过电液伺服阀的动作，使液压缸内压力保持恒定 |

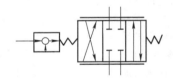

图 6.6-2　电液伺服阀图形符号

6.3　液压传动系统基本构成

6.3.1　油箱结构

1. 油箱是液压传动系统必不可少的部件，其主要功能是保持油液清洁和油温适宜，即沉淀杂质、分离水分、逸出气泡、冷却、加热。开式油箱结构如图 6.6-3 所示。

2. 油箱容量

（1）有效容量

$$V_1 = K\sum q + \sum V_c + V_a$$

K——因数，$K = 2 \sim 5$；低压、不连续工作取小值；高压、连续工作取大值；

$\sum q$——液压泵流量总和（L）；

$\sum V_c$——液压缸储油量总和（L）；

V_a——蓄能器容量（L）。

（2）油箱总容量

$$V = 1.25 V_1$$

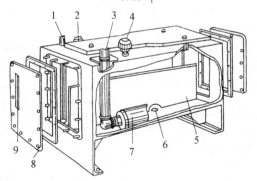

图 6.6-3　开式油箱结构

1—回油管　2—泄漏油管　3—泵吸油口
4—空气过滤器　5—隔板　6—放油孔
7—过滤器　8—侧盖　9—液位计（温度计）

（3）液压泵站油箱容量系列，见表 6.6-33。

表 6.6-33 液压泵站油箱容量系列

（单位：L）

2.5	4.0	6.3	10	16	25
40	63	100	160	250	315
400	500	630	800	1000	1250
1600	2000	2500	3150	4000	5000

6.3.2 液压油

液压传动系统中，石油型介质——液压油具有优良的润滑性能，在应用中占主导地位。了解和熟悉液压油的特性，对液压传动系统的设计、应用、维护至关重要。

1. 粘度 液体在外力作用下流动时，液体分子间的内聚力（吸引力）产生阻止液体分子相对运动的内摩擦力，液体的这种特性称为粘性。粘性用粘度度量。粘度有 3 种度量单位：

（1）动力粘度（绝对粘度） 是其他粘性表示法的基础。

实验测定表明，液层间的内摩擦力 F_τ 与液层接触面积 A 及液层间相对速度 du 成正比，与液层间的距离 dy 成反比，即

$$F_\tau = \mu A \frac{du}{dy}$$

式中 μ——比例常数，称为动力粘度，法定计量单位是帕·秒（Pa·s）。

（2）运动粘度 在同一温度下，动力粘度 μ 与密度 ρ 之比称为运动粘度 ν，即

$$\nu = \frac{\mu}{\rho}$$

运动粘度的法定计量单位是 m^2/s（$1m^2/s = 10^6 mm^2/s$）。

国际标准化组织 ISO 规定统一采用运动粘度，我国主要采用运动粘度。

（3）条件粘度（相对粘度） 在一定的条件下，用各种粘度计所测得的粘度称为条件粘度（相对粘度）。恩氏粘度、通用赛氏秒、商用雷氏秒等都属条件粘度。

（4）液压油牌号 液压油牌号用其运动粘度直接表示。牌号数值即表示在 40℃ 时的液压油运动粘度（以 mm^2/s 为单位）ν 的平均值。N32 号液压油。N32 表示 40℃ 时该液压油运动粘度的平均值为 $32mm^2/s$。主要国家采用的粘度单位及其与运动粘度的换算公式见表 6.6-34。

（5）粘度指数 粘度指数（VI）反映了液压油粘度抵抗温度变化的能力，粘度指数越高，液压油粘度随温度变化的趋势就越小，即粘温特性好。一般液压的油粘度指数在 90 以上，优异的大于 100。

2. 液压油品种分类及技术性能

（1）液压油品种分类 国际标准化组织 ISO6743/4 规定了《润滑剂、工业润滑油和有关产品（L 类）H 组（液压系统）》液压油组成和主要特性。我国等效采用该标准，与国际通用分类法一致。液压油（液）品种分类见表 6.6-35。

（2）HL 液压油技术性能（见表 6.6-36）。

（3）液压油与常用材料的适应性 液压油与液压系统的有机密封材料、金属材料、过滤材料、涂料无侵蚀作用，即适应性。适应性将影响液压系统的性能和寿命，应予以重视。各种液压油与常用材料的适应性见表 6.6-37。

3. 液压油的选用 国内外各类液压系统 90% 以上使用石油型液压油。选用液压油品种的主要依据是液压系统的工作环境和工况；粘度是选用液压油的主要指标。

（1）按液压泵工作压力选用液压油见表 6.6-38；各种液压泵用油粘度范围见图 6.6-4。

表 6.6-34 主要国家采用的粘度单位及换算公式

粘度名称	符号	单位	采用国家	测定范围		使用温度范围/℃		与运动粘度的换算公式
				常用	最大	常用	最大	
动力粘度（绝对粘度）	μ	Pa·s	国际常用					$\nu = \dfrac{\mu}{\rho}$ 式中 ρ 为密度
运动粘度	ν	mm^2/s	国际通用	1.2 ~ 15000	~ 25000	20 ~ 100	100 ~ 250	
恩氏粘度	°E	°E	前苏联、欧洲	6.0 ~ 300	1.5 ~ 3000	20 ~ 100	0 ~ 150	$\nu = 8.0°E - 8.64/°E$（$1.35 < °E < 3.2$）$\nu = 7.6°E - 4.0/°E$（$°E > 3.2$）
通用赛氏秒	SUS（SSU）	s	美国、英国	6.0 ~ 350	1.5 ~ 500	37.8 ~ 98.9	0 ~ 100	$\nu = 0.226SUS - 195/SUS$（$SUS < 100$）$\nu = 0.220SUS - 135/SUS$（$SUS > 100$）

（续）

粘度名称	符号	单位	采用国家	测定范围		使用温度范围/℃		与运动粘度的换算公式
				常用	最大	常用	最大	
重油赛氏秒	SFS	s	美国、英国	50～1200	50～5000	37.8～98.9	25～100	$\nu = 2.24SFS - 184/SFS$（$SFS < 40$）$\nu = 2.16SFS - 60/SFS$（$SFS > 40$）
商用雷氏秒	R_1S	s	英、美等国	9.4～1400	1.5～6000	25～120	25～120	$\nu = 0.26R_1S - 179/R_1S$（$R_1S < 100$）$\nu = 0.247R_1S - 50/R_1S$（$R_1S \geqslant 100$）
军用雷氏秒	R_2S	s	英、美等国	120～500	50～2800	0～100	0～100	$\nu = 2.46R_2S - 100/R_2S$（$R_2S < 90$）$\nu = 2.45R_2S$（$R_2S \geqslant 90$）
巴氏度（巴尔别度）	°B	°B	法国					$\nu = 4850/°B$

表 6.6-35 液压油（液）品种分类

组别符号	应用范围	适用系统	具体应用	组成和特性	产品符号 L-	典型应用	备注
H	液压系统	流体静压系统		无抗氧剂的精制矿油	HH		
				精制矿油，并改善其防锈和抗氧性	HL		
				HL 油，并改善其抗磨性	HM	高负荷部件的一般液压系统	
				HL 油，并改善其粘温性	HR		
				HM 油，并改善其粘温性	HV	机械和船用设备	
				无特定难燃性的合成液	HS		特殊性能
		液压导轨系统		HM 油，并具有粘-滑性	HG	液压和滑动轴承导轨润滑系统合用的机床在低速下使振动或间断滑动（粘-滑）减为最小	

表 6.6-36 HL 液压油技术性能（GB 11118.1—1994）

项 目		质量指标						试验方法
品种（按 GB/T 7631.2—2003）		L-HL						
质量等级		一等品						
粘度等级（按 GB/T 3141—1994）		N15	N22	N32	N46	N68	N100	—
运动粘度/mm² · s⁻¹								GB/T 265
0℃	不大于	140	300	420	780	1400	25～460	
40℃	不大于	13.5～16.5	19.8～24.2	28.8～35.2	41.4～50.6	61.2～74.8	90.0～110	
粘度指数	不小于	95	95	95	95	95	90	GB/T 2541
闪点/℃								GB/T 3536
开口	不低于	140	140	160	180	180	180	
倾点/℃	不高于	-12	-9	-6	-6	-6	-6	GB/T 3535
空气释放值（50℃）/min	不大于	5	7	7	10	12	15	SH/T 0308
密封适应性能指数	不大于	14	12	10	9	7	6	SH/T 0305
抗乳化性（40-37-3）/min								GB/T 7305
54℃	不大于	30	30	30	30	40	—	
82℃	不大于	—	—	—	—	—	30	
泡沫性（泡沫倾向/泡沫稳定性）/（mL/mL）								GB/T 12579
24℃	不大于	150/10						
93.5℃	不大于	150/10						
后 24℃	不大于	150/10						
色度，号		报告						GB/T 6540
中和值（KOH）/mg · g⁻¹		报告						GB/T 4945
水分（%）	不大于	痕迹						GB/T 260
机械杂质（%）	不大于	无						GB/T 511
腐蚀试验（铜片，100℃，3h），级	不大于	1						GB/T 5096

（续）

项 目	质量指标		试验方法
品种（按 GB/T 7631.2—2003）	L-HL		
质量等级	一等品		
液相锈蚀试验 　蒸馏水 　合成海水	无锈 —		GB/T 11143
氧化安定性 　a. 氧化 1000h 后 　酸值（KOH）/mg·g⁻¹ 不大于	—	2.0	GB/T 12581
不溶物/mg	—	报告	
b. 旋转氧弹（150℃）/min	报告		SH/T 0565
抗磨性			SH/T 0193
磨斑直径（392N，60min，75℃， 1200r/min）/mm	报告		SH/T 0189

注：对于用非石蜡基原油生产的 L-HL（一级品）油，粘度指数应不小于70才能出厂，但还必须控制0℃运动粘度。
　　对于石蜡基原油生产的油，只控制粘度指数，可不控制0℃运动粘度。

表 6.6-37　各种液压油与常用材料的适应性

材　料	HM 油 抗磨液压油	HFAS 液 水的化学溶液	HFB 液 油包水乳化液	HFC 液 水-乙二醇液	HFDR 液 磷酸酯无水合成液
金属					
铁	适应	适应	适应	适应	适应
铜、黄铜	无灰 HM 适应	适应	适应	适应	适应
青铜	不适应（含硫剂油）	适应	适应	有限适应①	适应
镉和锌	适应	不适应	适应	不适应	适应
铝	适应	不适应	适应	有限适应②	适应
铅	适应	适应	适应	不适应	适应
镁	适应	不适应	适应	不适应	适应
锡和镍	适应	适应	适应	适应	适应
涂料和漆					
普通耐油工业涂料	适应	不适应	不适应	不适应	不适应
环氧型与酚醛型	适应	适应	适应	适应	适应
搪瓷	适应	适应	适应	适应	适应
塑料和树脂					
丙烯酸树脂（包括 有机玻璃）	适应	适应	适应	适应	不适应
苯乙烯树脂	适应	适应	适应	适应	不适应
环氧树脂	适应	适应	适应	适应	适应
硅树脂	适应	适应	适应	适应	适应
酚醛树脂	适应	适应	适应	适应	适应
聚氯乙烯塑料	适应	适应	适应	适应	适应
尼龙	适应	适应	适应	适应	适应
聚丙烯塑料	适应	适应	适应	适应	适应
聚四氟乙烯塑料	适应	适应	适应	适应	适应
橡胶（弹性密封）					
天然胶	不适应	适应	不适应	适应	不适应
氯丁胶	适应	适应	适应	适应	不适应
丁腈胶	适应	适应	适应	适应	不适应
丁基胶	不适应	不适应	不适应	适应	不适应
乙丙胶	不适应	适应	不适应	适应	适应
聚氨酯胶	适应	有限适应	不适应	不适应	有限适应③
硅胶	适应	适应	适应	适应	适应
氟胶	适应	适应	适应	适应	适应
其他密封材料					
皮革	适应	不适应	有限适应④	不适应	有限适应④
含橡胶浸渍的塞子	适应	不适应	不适应	不适应	有限适应④

注：①青铜的最大铅含量不应超过20%；　②阳极化完全适应，未阳极化铝性能各异；
　　③通常适用性是可以的，取决于来源；　④取决于浸渍的类型和条件。

表 6.6-38　按液压系统和油泵工作压力选择液压油

压力/MPa	<7	7~14	>14
液压油品种	HH,HL （若是叶片 泵则用 HM）	HL,HM, HV	优等品 HM,HV

（2）按液压泵类型及厂商推荐的品种和粘度选用。

4. 引进设备选用国产液压油

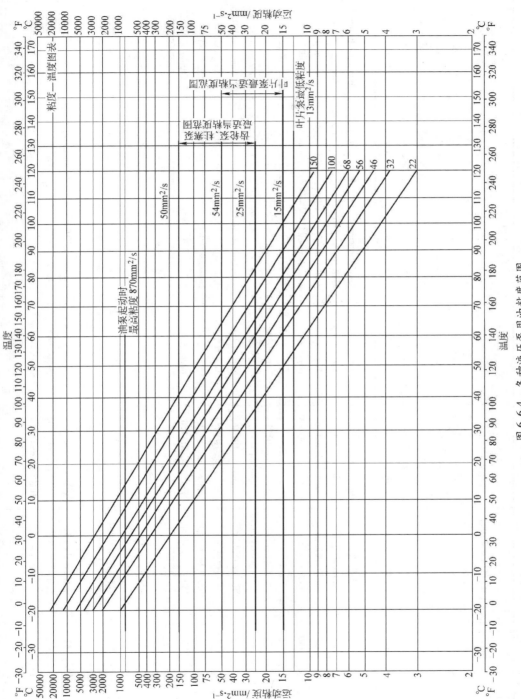

图 6.6-4 各种液压系用油粘度范围

表6.6-39　矿物油型液压油国内外产品对照表

ISO 5743/4 分类	ISO VG	中国 GB 11118.1—1994	加德士公司	埃索公司	美国 海湾公司	美孚公司	德士古公司
HH	15		Regal oil 15	Nuray 15	Security 15	AmbrexE	Regal oil 15
	32		Regal oil 32	Nuray 32	Security 32	Ambrex Light	Regal oil 32
	46		Regal oil 46	Nuray 46	Security 46	Ambrex medium	Regal oil 46
	68		Regal oil 68	Nuray 68	Security 68	Ambrex 30	Regal oil 68
	100		Regal oil 100	Nuray 100	Security 100	Ambrex 50	Regal oil 100
HL	32	32HL 液压油	Rando oilR & O 32	Teresso32	Gulf Harmony 32	D. T. E. oil light	Rando oil R and O 32
	46	46HL 液压油	Rando oilR & O 46	Teresso46	Gulf Harmony 46	D. T. E. oil medium	Rando oil R and O 46
	68	68HL 液压油	Rando oilR & O 68	Teresso68	Gulf Harmony 68	D. T. E. oil Heavy medium	Rando oil R and O 68
	100	100HL 液压油	Rando oilR & O 100	Teresso100	Gulf Harmony 100	D. T. E. Heavy (N80)	Rando oil R and O 100
HM	22	22 抗磨液压油	Rando oil HD 22	Nuto H 22	Harmony 22 AW	D. T. E22	Rando oil HD 22
	32	32 抗磨液压油	Rando oil HD 32	Nuto H 32	Harmony 32 AW	D. T. E24	Rando oil HD 32
	46	46 抗磨液压油	Rando oil HD 46	Nuto H 46	Harmony 46 AW	D. T. E25	Rando oil HD 46
	68	68 抗磨液压油	Rando oil HD 68	Nuto H 68	Harmony 68 AW	D. T. E26	Rando oil HD 68
	100	100 抗磨液压油	Rando oil HD 100	Nuto H 100	Harmony 100 AW	D. T. E27	Rando oil HD 100
	150	150 抗磨液压油	Rando oil HD 150	Nuto H 150	Harmony 150 AW		Rando oil HD 150
HV	22	低温液压油 HV22	Rando oil AZ	Univis 32	Paramount 22	D. T. E. 11	Rando oil HD AZ-32
	32	低温液压油 HV32		Univis 46	Paramount 32	D. T. E. 13	
	46	低温液压油 HV46	Rando oil CZ	Univis 68	Paramount 46	D. T. E. 15	Rando oil HD CZ 68
	68	低温液压油 HV68			Paramount 68	D. T. E. 16	
HG	32	液压-导轨油 32	RPM Vistac oil 32X	Powerlex DP 32　Teresso V 32	Gulfstone 10	Vactra 1	
	68	液压-导轨油 68	RPM Vistac oil 100X	Pebisk 68	Gulfstone 30	Vactra 2	
	150	液压-导轨油 150	RPM Vistac oil150X	Powerlex DP 68　Teresso V 79		Etna 3	Metal oil II 150

（续）

ISO 5743/4 分类	ISO VG	中国 GB 11118.1—1994	英国 英国石油公司	英国 卡斯特罗公司	壳牌公司	法国 爱尔菲公司	法国 道达尔公司	德国克房伯公司
HH	15		Energol EM 10	Hyspin VG 15	Vitrea 15	Spinelf 7		Crucolan10
	32		Energol CS 32	Hyspin VG 32	Vitrea 32	Albatros 34	Cortis 32	
	46		Energol CS 46	Hyspin VG 46	Vitrea 46	Albatros 55	Cortis 46	Lamora 47
	68		Energol CS 68	Hyspin VG 68	Vitrea 68	Albatros 55	Cortis 68	
	100		Energol CS 100	Hyspin VG 100	Vitrea 100	Turbelf 100	Cortis 100	
HL	32	32HL 液压油	Energol HL 32	Perfecto T 32	Turbo 32	Elf Misola 32	Preslia 32	Forminol DS23K
	46	46HL 液压油	Energol HL 46	Perfecto 46	Turbo 46	Elf Misola 46	Preslia 46	
	68	68HL 液压油	Energol HL 68	Perfecto 68	Turbo 68	Elf Misola 68	Preslia 68	
	100	100HL 液压油	Energol HL 100	Perfecto 100	Turbo 100	Elf Misola 100	Preslia 100	
HM	22	22 抗磨液压油	Energol HLP 22	Hyspin AWS 22	Tellus 22	Elfolna HMD 32	Azolla ZS 22	Forminol DS6K
	32	32 抗磨液压油	Energol HLP 32	Hyspin AWS 32	Tellus 32	Elfolna HMD 46	Azolla ZS 32	
	46	46 抗磨液压油	Energol HLP 46	Hyspin AWS 46	Tellus 46	Elfolna HMD 68	Azolla ZS 46	Lamora
	68	68 抗磨液压油	Energol HLP 68	Hyspin AWS 68	Tellus 68		Azolla ZS 68	
	100	100 抗磨液压油	Energol HLP 100	Hyspin AWS 100	Tellus 100		Azolla ZS 100	
	150	150 抗磨液压油	Energol HLP 150	Hyspin AWS 150	Tellus 150		Azolla ZS 150	
HV	22	低温液压油 HV22	Energol SHF 22	Hyspin A WH 22	Tellus T 22	Elfolna HM22	Equivis ZS 32	Isoflex PBP 44K
	32	低温液压油 HV32	Energol SHF 32	Hyspin A WH 32	Tellus T 32	Elfolna HM32	Equivis ZS 46	
	46	低温液压油 HV46	Energol SHF 46	Hyspin A WH 46	Tellus T 46	Elfolna HM46	Equivis ZS 68	Airpress HLP 36
	68	低温液压油 HV68	Energol SHF 68	Hyspin A WH 68	Tellus T 68	Elfolna HM68		
HG	32	液压-导轨油 32	Energol GHL 32	Magna GC 32	Tonna oil T 32	Elf Hygliss 32	Drosera MS 32	
	68	液压-导轨油 68	Energol GHL 68	Magna HL 68	Tonna oil T 68	Elf Hygliss 68	Drosera MS 68	
	150	液压-导轨油 150		Magns PM 100	Tonna oil T 150		Drosera MS 150	

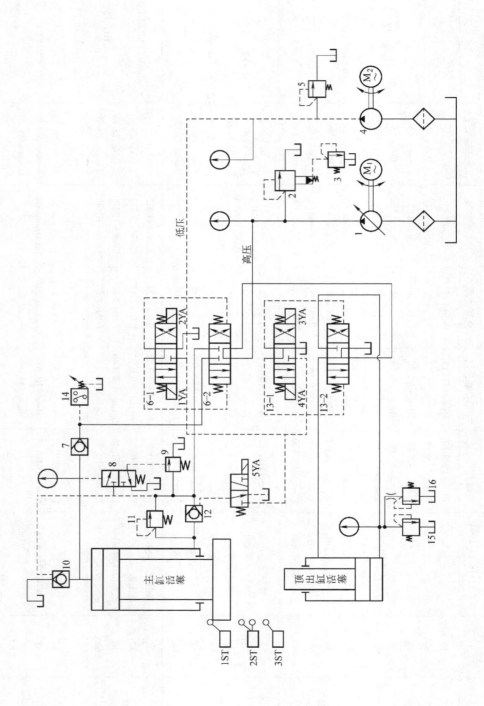

图 6.6-5 YA32—315 液压机液压系统图

我国以国际通用的液压油产品质量水平为目标，已生产出与国际质量水平一致的成系列液压油。其类别、名称与国际接轨，质量技术表达方式国际通用。

国产石油型液压油与美、英、法油品公司产品对应关系，见表 6.6-39。

6.3.3 典型液压系统

液压系统多用于低速直线运动、大推力、体积小和自动控制的领域。由于实际液体的微量可压缩性和间隙泄漏，很难用于精密位移控制。因此，在机床传动中，除频繁往复运动的磨床工作台、小惯量砂轮主轴、液压马达和夹紧机构外，已经为数控电气传动所代替。但在液压机、起重机、工程机械、缓冲器、制动器中仍广泛应用。如火炮、飞机的装载机，起落架等。

1. 液压机液压系统

（1）液压机主要用于可塑性材料的压制成型工艺，如弯曲、拉伸、翻边等，也用于校正、压装、金属挤压、塑料和粉末制品的压制成型。四柱式万能液压机为常见机型。

（2）YA32—315 液压机工作循环

主缸活塞工作循环：自重快速下行、减速压制、保压、卸压快速回程、停止。

顶出缸活塞工作循环；顶出、停留、回程。

（3）YA32—315 液压机液压系统是以压力变换为主的液压系统。液压系统见图 6.6-5。该系统用标准液压元件组成，有以下特点：

a. 变量液压泵 1、溢流阀 2、3 构成整个系统的压力控制回路，实现系统调压；

b. 电液动换向阀 6 控制主缸活塞下行压制及回程；液控单向阀 12 支承主缸活塞，防止自重下滑，溢流阀 11 保护主缸下腔安全；液控单向阀 12、单向阀 7 使主缸活塞保压；液控换向阀 8 和液控顺序阀 9 组成主缸活塞卸压换向回路；压力继电器 14 作定压成型时的发信元件；

c. 主缸活塞自重快速下行时，充液阀 10 向主缸上腔充液，回程时主缸上腔由充液阀 10 快速排油；

d. 电液动换向阀 13 控制顶出缸活塞顶出及回程。

e. 控制主缸活塞的电液动换向阀 6 和控制顶出缸活塞的电液动换向阀 13 组成串联控制，

液压泵 1 通过阀 6 和阀 13 卸荷，系统简单；阀 6 换向，主缸活塞运动时，顶出缸活塞可做反拉伸用的液压垫，溢流阀 16 作压边力调节阀，溢流阀 15 作安全阀；

f. 液压泵 4、溢流阀 5 组成低压控制系统，用作电液动换向阀 6、13、液控单向阀 12 的控制油源。

工作循环及电磁铁动作顺序表见图 6.6-6。

2. 组合机床液压系统

（1）他驱式液压动力滑台是组合机床实现进给运动的通用部件。根据加工要求，滑台装有各种用途的主轴头，完成钻孔、扩孔、铰孔、镗孔、刮端面、倒角、铣削、攻螺纹等工艺。

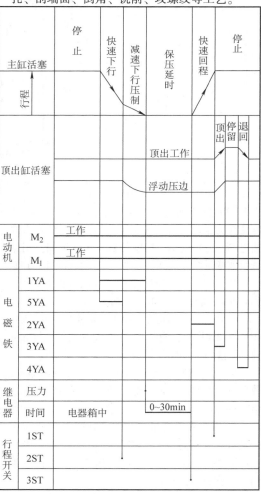

图 6.6-6　工作循环及电磁铁动作顺序表

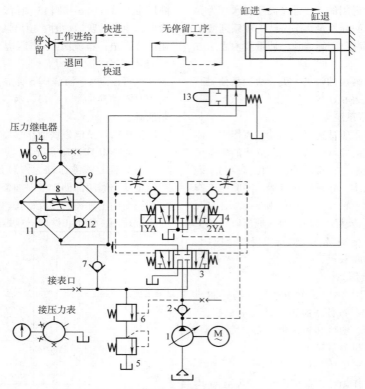

图 6.6-7 变量泵双向进给液压系统

1—变量液压泵 2、7—单向阀 3—液动换向阀 4—电磁换向阀 5—溢流阀 6—外控顺序阀
8—调速阀 9、10、11、12—单向阀 13—行程换向阀 14—压力继电器

（2）液压动力滑台由液压缸驱动，是以速度变换为主的组合液压系统。其工作循环多为快速进给、工作进给、挡铁停留、快速退回。用定量泵或变量泵作液压动力滑台液压系统的动力源。

（3）变量泵双向进给动力滑台液压系统见图 6.6-7。系统具有如下特点：

a. 用"限压变量叶片泵 1—调速阀 8"构成容积节流调速回路，能保证稳定的低速进给、较好的速度刚性和较大的调速范围，减少系统发热。

b. 用"进口节流 + 背压阀 5"的调速形式，改善运动平稳性，防止起动或快速进给转工作进给时的冲击。

c. 用"限压变量泵 + 差动连接"方式实现快速进给，提高快进速度。

d. 用"行程阀 13 和顺序阀 6"实现快速进给与工作进给换接。

e. "调速阀 8 和 4 个单向阀"组成桥式回路，实现工作进给速度与退回速度相等。

f. 该系统适用于以相同速度镗孔和退刀，保证内孔表面整洁；也适用于攻螺纹。

3. 塑料注射成型机电液比例控制系统

（1）塑料注射成型机主要由合模、塑化、注射系统以及供料、润滑、冷却、监测、安全保护等组成。其液压系统是多执行元件配合工作的液压系统。液压系统严格按控制程序工作，每个工作循环内，各执行元件的压力、速度转换频繁，转换迅速、平稳，精度要求高。

（2）用传统开关阀组成的液压系统，元件品种多，数量大，电气控制系统复杂。

（3）用电液比例阀替代传统的调速阀、溢流阀组成电液比例控制系统，见图 6.6-8。比例调速阀 2 实现多级速度控制，比例溢流阀 1 实现多级压力控制，工业控制计算机向比例阀按工控机发出控制信号调节系统的速度和压力，转换迅速、平稳。

塑料注射成型机动作循环及电磁铁动作顺序，见表 6.6-40。

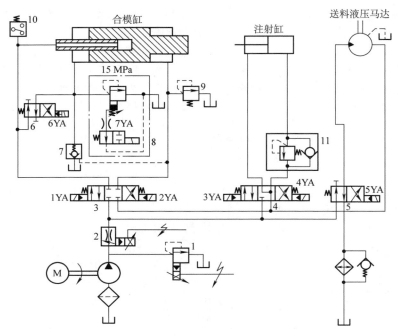

图 6.6-8 注塑机电液比例控制系统

1—电液比例溢流阀 2—电液比例调速阀 3、4、5、6—电液动换向阀 7—液控单向阀
8—电磁溢流阀 9—溢流阀 10—压力继电器 11—单向顺序阀

表 6.6-40 塑料注射成型机动作循环及电磁铁动作顺序表

序号	动作名称 \ 电磁铁	1YA	2YA	3YA	4YA	5YA	6YA	7YA	发信元件
1	合模缸快速前进	+							
2	合模缸慢速前进	+					+	+	行程开关
3	合模缸保压、锁模						+	+	压力继电器10
4	注射缸注射、保压、固化			+			+	+	
5	注射缸退回				+		+	+	时间继电器
6	泄压、合模缸退回		+						
7	螺杆送料液压马达					+			

6.4 液压系统故障诊断、排除及维护

液压系统故障是液压油选择不当、使用劣质液压油、被污染的液压油；液压元件及系统安装、使用不当等人为因素引起的。

6.4.1 元件失效

75% ~85% 的各类液压系统故障与液压油品种和粘度选择不当和使用有直接关系。液压油在储存、运输、使用过程中都会受到污染。污染物是引发液压系统故障和液压元件失效的主要原因，液压元件三类失效形式：

1. 突发性失效。较大颗粒进入液压泵和阀。

2. 间歇性失效。由锥形阀座上的污染物造成。

3. 退化性失效。在磨损、侵蚀持续作用下发生。

6.4.2 人为故障

安装、使用不当等人为因素都会引发故障

1. 液压泵轴与电动机轴不对中。

2. 阀类元件安装面不平、螺钉紧固力大，阀体变形。

3. 管道不清洁、安装不规范，管件、密封件受损。

4. 液压泵超速、超载运行。

5. 不正确操作、调节。

6.4.3 液压系统维护

预防性维护是确保设备寿命、元件和液压系统工作可靠性，降低成本的基本要求。"点检"、"定检"必不可少。

1. 点检 是系统及设备维修的基础，通过点检可以将液压系统存在的隐患消除在萌芽状态，为系统维修提供第一手资料。点检主要采用观察、听、触感、闻味等方法。

2. 定检 定期对某些元器件有规律地进行检查、性能检测，以便确定修复或更换。定检周期和方法见表 6.6-41，或按制造商的规定或使用情况确定。

6.4.4 故障的排除

液压元件故障是系统故障的直接原因，排除液压系统故障首先要排除液压元件故障。

1. 液压泵故障及排除（见表 6.6-42）。

2. 液压马达故障及排除（见表 6.6-43）。

3. 压力阀故障及排除（见表 6.6-44）。

4. 溢流阀故障及排除（见表 6.6-45）。

5. 换向阀故障及排除（见表 6.6-46）。

6. 单向阀故障及排除（见表 6.6-47）。

表 6.6-41 维护检修周期及方法

检查项目	检修周期	检修方法与检修目的
泵的声响	1 日	听检。检查油中混入空气、滤网堵塞、异常的磨损情况
泵的吸入真空度	3 月	靠近吸油口安装真空计，检查滤网堵塞
泵壳的温度	3 月	检查内部机件的异常磨损、轴承烧坏等
泵的出口压力	3 月	检查异常磨损
联轴器声响	1 月	听检。检查异常磨损、同轴度的变化
吸油滤网的附着物	3 月	用溶剂冲洗，或以内测吹风清除
液压马达的声响	3 月	听检，检查异常磨损等
每个周期各个压力表指示情况	6 月	查明各机件工作不正常、异常磨损等情况，检查并校正压力表指针的异常摆动
传动装置的运动速度	6 月	查明各工作元件动作的不良情况，及由于异常磨损引起的内部漏油的增大程度等
机械装置循环时间和泵的卸荷时间	6 月	查明各工作机构的动作不良情况，以及由于异常磨损引起的内部漏油的增大程度等
轴承的温度	6 月	轴承的异常磨损
蓄压器的初充压力	3 月	如压力不足，应用乳化液检查有无泄漏
压力表、温度计、计时器等的指示误差	1 年	与标准仪表作比较校正
胶管类	6 月	检查破损情况
各元件、管道、特别是泵轴的油封、液压缸活塞杆的漏油、各元件安装螺栓、管道支承松动等状况	6 月	对于振动特别大的装置更加重要，应仔细检查
全部油压装置	1 年	各元件拆卸清扫，冲洗管道
工作油一般特性及油中污染状况	3 月	如不合标准，即予更换
油温	1 日	不合标准值即查明原因进行修理
油箱内油面位置	1 月	油面低即加油；查明漏油处所
油箱内的沉淀水	3 月	拔下油箱排水塞进行检查
电气系统的绝缘阻抗	1 年	如低于额定值，须对电动机、线路、电磁阀、限位开关等等进行逐项检查
测定电源电压	3 月	电压的不正常波动会烧坏电磁阀等电气元件，并引起绝缘不良等现象

表 6.6-42 液压泵故障排除[21]

故障	故障原因	处理措施
系统压力不足	1. 系统溢流阀设定压力低	调节调压螺钉,以获得希望的工作压力
	2. 油从旁路泄回油箱	逐级检查油路压力,察看中位开启式阀或其他阀是否与油箱相通
	3. 压力油经溢流阀卸荷	具有压力补偿变量叶片泵的系统通常不需要溢流阀;溢流阀可能产生额外温升,并可能产生另一种设定压力值
	4. 叶片卡在转子槽中	拆开泵检查叶片和叶片槽内是否有碎屑,或油液粘度大
	5. 泵转速低	校验是否低于泵的最小转速推荐值
	6. 压力表损坏,或压力表油路不通,污物可能阻塞了压力表节流孔	在与液压泵压力油相通的管路上重新装上一个合格的压力表
噪声过大	1. 泵与电动机轴的同轴度超差	重新校准泵和电动机轴的同轴度,使其偏差控制在规定范围内
	2. 油面低	油箱加油,使吸油管在整个工作周期内都不露出油面
	3. 泵转速太快	降低转速,转速超过额定值是有害的,它会导致泵过早损坏,请参考泵的最大转速的额定值
	4. 油液牌号不符	使用优质、清洁的液压油,其粘度应符合制造商的推荐值,并最好加入防泡添加剂
	5. 吸油管漏气,泄油管漏气,传动轴密封漏气	围绕吸油管接头、传动轴浇些液压油或涂润滑脂,听到工作声音改变时,拧紧接头,或更换密封
	6. 泵的旋转方向不正确	必须符合泵壳上箭头所指的旋转方向
	7. 油箱不通大气	开式油箱通大气,以便油面随时无阻滞地升降
	8. 空气困闭在泵内	空气被困闭在泵腔内,不易排出。可堵住回油管,让安装在旁通回油箱的专门油管使空气排出泵体。为此,需要装一个排气阀
	9. 吸油管路限制了流量	检查吸油管路和过滤器是否确实全部过流面积用于通过流量,确保吸油管路无毛刺、飞边或其他外部物质阻塞
	10. 泵壳泄油管末端没有插入油面之下	加长泄油管,使之末端总在油面之下
	11. 凸轮定子环(对叶片泵)磨损	更换。这种情况是由发热、油太稀、太脏或者根本无油引起;泵内有空气也会加速凸轮转子环的磨损
	12. 进油管中的气泡	给油箱安装隔板,所有回油箱的管道末端都应插入油面之下,吸油管和回油用隔板分开,检查油箱设计是否违反这些原则
	13. 滤芯或滤网被堵塞	清洗滤芯或滤网
	14. 叶片被卡住(对叶片泵)	拆开泵部件的盖,检查转子与叶片是否存在金属屑或油太稠;有些型号的泵在叶片上有倒角斜边,参看泵的附图检查是否安装正确
	15. 零件磨损或损坏	更换
	16. 油箱进气口阻塞	必须让空气在油箱的油面上流通,清洗或更换空气过滤器芯
系统过热	1. 泵的工作压力高于规定值	使泵的工作压力降低到能保证要求性能的最小值
	2. 泵通过溢流阀高压溢流	检查设备是否超载运行;在定量泵系统中,要确保溢流阀设定值在略高于额定工作压力的一个适当范围内;对变量泵液压系统,确保溢流阀设定值高于补偿压力约25%
	3. 泵的动力传递损耗太高	检查泵心元件,若磨损或损坏则更换
	4. 冷却不充分	检查溢流阀压力是否设定太高;检查压力补偿器的压力是否设定太高。查找由"过热点"反映出的内泄漏情况,然后确定是否加冷却器和/或增加油箱容量
	5. 环境温度高	重新安置动力装置或隔开热源
	6. 摩擦严重	内部零件可能太紧,密封可能安装不正确,或过紧
	7. 油面低	升高油面到指示线,查找外泄漏,查找有无油漏入冷却液中
	8. 泵的漏油管或回油管太靠近吸油管	通过油箱隔板分开漏油管、回油管和吸油管,将回油管安装在使其回油在再吸入泵前需要经过最远流动距离之处
	9. 系统泄漏严重	逐级检查系统的流量损失
密封处泄漏	1. 密封安装不正确	纠正安装
	2. 泵壳受压	检查泵壳漏油管是否受阻,检查整个漏油管路背压高的分布位置

（续）

故障	故障原因	处理措施
密封处泄漏	3. 联轴器与泵和电动机轴的同轴度超差	重新调整泵和电动机轴，校准到全行程同轴度误差在0.127mm范围内
	4. 密封在装配时损坏或划伤	更换油封组件 安装时应使油封小心地滑过键槽、凸肩，避免刮伤
	5. 泵驱动轴上的磨料	防止轴受磨料、粉尘和外来金属物的破坏
轴承故障	1. 与泵的装配关系弄错	大多数泵的驱动轴都没有使用轴向推力轴承 要消除所有轴向游隙；在泵驱动轴上的配合应为滑动配合
	2. 悬臂负载	很多泵都不能承受任何悬臂负载或使驱动轴受侧向推力 请参看制造商的建议
	3. 不合适的流体介质	请参看制造商对液体介质的建议
	4. 过载或振动	有可能的话，适当降低工作压力，监视最大额定工作压力，必要时改变回路；在适当位置安装减振器
	5. 铁屑或其他外来物混入轴承	确保用油清洁，这对轴承高效运行和延长使用寿命是必须的
	6. 联轴器未校准	重新校准泵和电动机的同轴度
泵无流量	1. 泵的旋转方向出错	观察泵壳体上箭头或铭牌指示方向，旋转方向必须与之一致
	2. 油箱油面过低	保持油箱油面在任何时刻都在吸油管口之上
	3. 吸油管进气	采用优质耐油的管接头，并拧紧接头，如果必要可更换，可考虑用软管吸油
	4. 泵运转速度太慢	提高转速，查看制造商建议的为确保正常工作的最低转速
	5. 吸油过滤器或油管受阻	滤芯必须用不起毛的布清洗，装置首次起动后很会脏，为防止污染的影响应对其定期检查
	6. 从液压回路的其他部位漏油	检查中位开启式阀或其他通油箱的控制装置
	7. 油对于正常起动粘度太稠	稀释油液应根据相应温度和用途的推荐值进行
	8. 泵的驱动轴、叶片、转子或其他零件损坏	更换已损坏的零件，分析研究强振动、污染、外来物或其他可能故障的迹象
	9. 转子或联轴器处的键被切断	首先确定事故原因，并做必要的修理，然后更换被切断的键
	10. 泵盖太松	参考推荐的力矩值拧紧泵盖的锁紧螺栓

表 6.6-43　液压马达故障排除

故障	故障原因	处理措施
马达旋向不对	1. 控制阀的油管接错	查看制造商提供的资料，并按要求纠正回路管路
	2. 控制时序出错	检查技术文件
马达不能反转或不能发挥应有的速度和转矩	1. 被驱动装置由于安装误差憋劲	拆下马达，并检查被驱动装置的传动轴转动需要多大转矩
	2. 油自由循环流回油箱	检查回路、开关及阀门的工作位置
	3. 溢流阀卡在打开位置	从溢流阀压力调节机构的钢球或柱塞下排除脏物；清洗和抛光受卡阀心
	4. 马达变量机构不是设定在相应角度位置（对变量液压马达）	调节手轮，将马达调到相应排量的倾角位置，起动时调到最大倾角，然后减小倾角，以输出希望的转速和转矩
	5. 超载溢流阀压力设定不够高	检查系统压力，并重新设定溢流阀
	6. 泵不能传送足够的压力或流量	检查泵的流量、压力和液压马达的速度
	7. 马达的内部机构受卡	排除障碍物，在可能时，重调垫片
不能停住负载	1. 无外部制动器	液压马达本身存在内泄漏，应该考虑安装一个外部制动器
	2. 外部制动器失灵	检查制动器打滑的原因或其他故障
马达不转	1. 传动轴由于下列原因被卡住： a. 载荷过大 b. 缺乏润滑 c. 安装不正	检查负载和马达的负载能力 检查油面高度和油的质量 校正传动轴和工作负载的同轴度
	2. 传动轴折断	更换传动轴；查找折断的原因
	3. 进油无压力	检查和修理被堵塞及有泄漏或破裂的油管、油路
	4. 油液被污染	检查和清洗进油系统，查找污染源，重新灌入合适质量和数量的干净油

（续）

故障	故 障 原 因	处 理 措 施
马达工作速度慢	1. 油液粘度不对 2. 泵或马达磨损 3. 油温高 4. 过滤器堵塞	重新灌入合适数量和质量的干净油 检查泵和马达的特性参数，必要时更换或修理 检查是否油管阻塞，粘度是否合适或油面是否太低 检查堵塞原因，并清洗或更换滤芯
马达动作不正常	1. 压力低 2. 流量不够 3. 系统控制失灵	检查是否漏气、漏油 检查是否漏气、漏油；检查系统的供油能力 检查泵和控制阀是否正常工作
向外漏油	密封垫泄漏（在需要安装通油箱的漏油管时却没装）	更换密封垫（如果需要漏油管，必须直接通油箱）

表 6.6-44　压力控制阀故障与排除

故障	故 障 原 因	处 理 措 施
无法调节压力	1. 阀心被卡在开启位置 2. 另外的溢流阀压力设置较低	松释阀心 检查其他溢流阀的设定值
压力太高	1. 阀心被卡在关闭位置 2. 基准压力不正确 3. 泄漏流道被堵塞（内部）	松释阀心 检查管路堵塞情况 检查阀
减压压力太高	1. 设置不正确 2. 阀心被卡住 3. 压力表损坏	调节阀的设置机构 清洗阀 更换压力表
压力下降	1. 泵压过低 2. 主溢流阀设置过低 3. 排气溢流阀设置过低	检查溢流阀或压力补偿器 重新调整 调整排气溢流阀
系统过热	1. 泵的动力传递损耗太大 2. 工作循环频率太高 3. 冷却不充分	检查先导控制部分的间隙和节流孔的大小，注意控制动力损耗 降低工作循环频率 检查冷却系统或增加热交换器/冷却器

表 6.6-45　溢流阀故障与排除

故 障	故 障 原 因	处 理 措 施
无压力	1. 阀被卡在开启位置 2. 泵不泵油 3. 弹簧设置不当或损坏	清洗钢球、锥阀或滑阀 参见泵的故障排除 重新调整或更换弹簧
阀开启太慢	溢流阀型号不对	更换成快速动作型溢流阀
阀噪声过大或性能不稳定	1. 设计不当 2. 复位压力太低 3. 阀被污染 4. 系统内有空气	改进设计 改变阀的型号 清洗，换油 排放气体

表 6.6-46　方向控制阀故障与排除

故障	故 障 原 因	处 理 措 施
阀心不动	1. 电磁铁工作失灵 2. 无先导控制压力 3. 控制级漏油管被堵 4. 阀心有污染物 5. 拆修后重新安装不当 6. 变形 7. 产生毛刺 8. 污物淤塞	检查电源是否正常和线圈是否烧坏 检查控制压力油源 检查堵塞物、污物，检查安装和管路连接是否正确 拆卸、清洗 查看部件图，检查安装是否正确 校准阀体和管路，减少变形应力；检查拧紧螺钉的力矩 拆下阀心，检查阀心和阀孔 拆下阀心，用细砂布擦净，确保清洁
阀心响应迟缓	1. 起动时油的粘度太高 2. 漏油管被堵 3. 阀体变形 4. 电磁铁工作失灵 5. 系统内有污物 6. 先导控制压力太低	换油，使用加热器或开动泵使油升温 清除堵塞物或更换成粗些的管子 校准阀体和管子，减少变形应力，检查拧紧螺钉的力矩 检查电源的电压和频率是否正确，拆下电磁铁，检查线圈。仔细查看双线圈的通电情况 排干并冲洗系统，如必要，拆卸清洗 检查先导控制压力源
阀的工作不合要求	1. 安装接管不当 2. 阀装配不当 3. 阀心装反	检查管路和电气控制图 比较装配图和实物 更换阀心方向

表 6.6-47 单向阀故障与排除

故障	故 障 原 因	处 理 措 施
流体被堵	1. 阀安装方向弄反，或允许自由流动的箭头方向不正确 2. 零件损坏 3. 泵不泵油	更正安装 拆卸检查 参见泵的故障排除
压降 不正确	1. 阀太小 2. 弹簧使用不当	换阀 更正
不能保压	1. 阀座受损（受冲击） 2. 阀座被浸蚀 3. 元件泄漏量过大	更换阀座或更正阀座型号，减少损坏因素 更换成大规格 检查液压缸或液压马达的泄漏

参 考 文 献

[1] 吴望一. 流体力学 [M]. 北京：北京大学出版社，1982.

[2] 陈卓如. 工程流体力学 [M] 第 2 版. 北京：高等教育出版社，2003.

[3] 禹华谦. 工程流体力学 [M]. 北京：高等教育出版社，2003.

[4] 机械工程手册电机工程手册编辑委员会. 机械工程手册：基础理论卷. 通用设备卷 [M]. 2 版. 北京：机械工业出版社，1996.

[5] Beitzw Kuttner K. H. 机械工程手册 [M]. 张维、张淑英等译. 北京：清华大学出版社，1991.

[6] 戴干策. 陈敏恒. 化工流体力学 [M]. 北京：化学工业出版社，1988.

[7] 化工机械手册编辑委员会. 化工机械手册[M]. 天津：天津大学出版社，1991.

[8] 国家医药管理局上海医药设计院. 化工工艺设计手册 [M]. 北京：化学工业出版社，1994.

[9] 潘永密，等. 化工机器 [M]. 北京：化学工业出版社，1994.

[10] 李庆宜. 通风机 [M]. 北京：机械工业出版社，1986.

[11] 邓定国，等. 回转式压缩机 [M]. 北京：机械工业出版社，1989.

[12] 李超俊，等. 轴流压缩机原理与气动设计 [M]. 北京：机械工业出版社，1987.

[13] 活塞式压缩机编写组. 活塞式压缩机设计 [M]. 北京：机械工业出版社，1974.

[14] 徐忠. 离心式压缩机原理 [M]. 北京：机械工业出版社，1990.

[15] 达到安. 真空设计手册 [M]. 北京：国防工业出版社，1991.

[16] 高慎琴. 化工机器 [M]. 北京：化学工业出版社，1992.

[17] 雷天觉. 新编液压工程手册 [M]. 北京：北京理工大学出版社，1998.

[18] 中国机械工程学会 中国机械设计大典编委会. 中国机械设计大典：第五卷 [M]. 南昌：江西科学技术出版社，2002.

[19] 曹玉平、阎祥安. 液压传动与控制 [M]. 天津：天津大学出版社，2003.

[20] 机械工程手册 电机工程手册编辑委员会. 机械工程手册. 2 版：第 6 卷 [M]. 北京：机械工业出版社，1997.

[21] A. H. 海恩. 流体动力系统的故障诊断及排除 [M]. 易孟林等. 北京：机械工业出版社，2000.

[22] 王抚华. 化学工程实用专题设计手册：下册 [M]. 北京：学苑出版社，2002.

[23] 王松汉等. 石油化工设计手册：第三卷 [M]. 北京：化学工业出版社，2002.

[24] 余国琮. 化工机械工程手册：中卷 [M]. 北京：化学工业出版社，2003.

[25] 时钧，汪家鼎等. 化学工程手册：上卷. 第二版. [M]. 北京：化学工业出版社，1996.

第7篇 热工机械

主　　编　　程　熙

编写人　　李汉炎

　　　　　由世俊

　　　　　程　熙

1 热工学基础

1.1 热力学定律及应用

1.1.1 基本概念

1. **热力系** 热力学分析问题时，用一界面把研究对象和周围物体分离开。划分出来的热力学研究对象称为热力系，简称系统，与热力系相互作用的周围物体统称为外界。因此，热力学分析问题的基本步骤是划定界面，考察系统通过界面与外界之间发生的热和力两方面的相互作用，依据热力学的基本定律分析系统的变化以及外界受到的影响。界面可以是真实的，也可以是假想的；可以是固定的，也可以是变动的。根据系统与外界的作用情况不同，热力系可以分为：闭口系（和外界无物质交换）、开口系（和外界有物质交换）、绝热系（和外界无热量交换）和孤立系（和外界无任何相互作用）。

2. **热力过程** 系统从一状态到另一状态的状态连续变化。为了能够描述热力过程和评价热力过程的效果，定义了理想化过程：准平衡过程和可逆过程。

（1）**准平衡过程** 系统经历的一系列状态都无限接近于平衡状态的过程，亦称准静态过程。平衡状态表明系统处于热的平衡和力的平衡，描述状态的压力、温度等参数有确定的数值。因而，准平衡过程可以用温度随压力变化而变化或压力随温度而变化等方程描述，并且在参数坐标图上用曲线图示。工程热力学研究的大部分过程可以用准平衡过程描述。

（2）**可逆过程** 系统经历一过程后能逆行使得系统与外界都恢复到原来出发的状态而不留下任何变化，这一原过程称为可逆过程。摩擦、温差传热、气体自由膨胀、扩散等耗散现象都要使过程不可逆，因为耗散现象是不可逆的。

3. **热力循环** 系统从一状态出发而经历若干过程后回到出发状态的闭合过程。热力原动机的原理在于实施热力循环。循环中若有局部过程是不可逆的，循环也是不可逆的。

1.1.2 热力学第一定律

1. **热力学第一定律的表述** 热力学第一定律是能量守恒定律在热力学中的应用，说明热能和其它形式能量在转移和转换时能量的总量必定守恒。因此，不消耗能量而产生功的动力机是制造不成的。

热力系经历一过程的能量平衡关系的一般表达式为

$$\Sigma E_i - \Sigma E_e = \Delta E \qquad (7.1\text{-}1)$$

式中　ΣE_i——传入系统的总能量；

ΣE_e——系统传出的总能量；

ΔE——系统能量的增加值。

2. **静止闭口系的能量方程式** 静止闭口系与外界之间能量传递的最基本形式只有作功和传热两种。设系统接受自外界传入的热量 Q 而对外界作功 W，并且系统的热力学能在此过程中改变了 ΔU，根据式（7.1-1）可以得到热力学第一定律的基本表达式

$$Q = \Delta U + W$$

式中　Q——传入系统的热量（J）；

W——系统传出的功量（J）；

ΔU——系统热力学能的改变量（J）。

表达式中 Q 和 W 都应是通过界面的传递量。传入系统的热量 Q 取正值，系统传出的功量 W 取正值，反方向的传递取负值。系统热力学能的改变量 ΔU 为系统的终状态热力学能 U_2 和初状态热力学能 U_1 的差值，即 $\Delta U = U_2 - U_1$。

当系统经历准平衡过程，其中微过程传递的热和功为 δQ 和 δW，δ 表示微传递量；热力学能的变化为 dU，dU 为全微分。在可逆过程中传递的微量功 $\delta W = pdV$。pdV 为系统体积改变的作功量，称为体积变化功。pdV 沿过程积分得到全过程的体积变化功。

3. **稳定流动开口系能量方程式** 稳定流动是指系统中任何位置上的状态参数、流体速度和系统的传递量都不随时间而变化，而且流入与流出系统的质量是相等的。于是，式（7.1-1）中

各项可以表示为

$$\Sigma E_i = U_1 + p_1 V_1 + \frac{mc_1^2}{2} + mgz_1 + Q$$

$$\Sigma E_e = U_2 + p_2 V_2 + \frac{mc_2^2}{2} + mgz_2 + W_{sh}$$

$$\Delta E = 0$$

式中 $p_1 V_1$、$p_2 V_2$——流体流入、流出系统的流
动功（J）；

$\frac{mc_1^2}{2}$、$\frac{mc_2^2}{2}$——流体流入、流出系统的动

能（J）；

mgz_1、mgz_2——流体流入、流出系统的位
能（J）；

W_{sh}——系统通过转轴传出的轴功
（J）。

热力学第一定律各种形式的表达式见表
7.1-1。

表 7.1-1 热力学第一定律的表达式

系　　统		能　量　平　衡　式	备　　　注
静止闭口系	一般式	$Q = \Delta U + W$ $\delta Q = dU + \delta W$	p—流体的压力（Pa） V—流体的体积（m^3） ΔH—焓增量（J），$\Delta H = \Delta U + \Delta (pV)$
	可逆过程	$Q = \Delta U + \int p dV$ $\delta Q = dU + p dV$	$\frac{m \Delta c^2}{2}$—动能增量（J）
稳定流动开口系	一般式	$Q = \Delta H + \frac{m \Delta c^2}{2} + mg \Delta z + W_{sh}$ $Q = \Delta H + W_t$ $W_t = \frac{m \Delta c^2}{2} + mg \Delta z + W_{sh}$ $\delta Q = dH + \delta W_t$	m—流体的质量（kg） c—流体的流速（m/s） $mg \Delta z$—位能增量（J） g—重力加速度（m/s^2） z—流体所处的相对高度（m）
	可逆过程	$Q = \Delta H - \int V dp$ $W_t = -\int V dp = \int p dV - \Delta (pV)$ $\delta Q = dH - V dp$ $\delta W_t = -V dp = p dV - d (pV)$	$\Delta (pV)$—流动功增量（J），$\Delta (pV) = p_2 V_2 - p_1 V_1$ W_t—技术功（J） W_{sh}—轴功（J）

1.1.3 热力学第二定律

1. 热力学第二定律的表述 热力学第二定律的本质是确认自然界中一切自发过程都是不可逆的。有多种互相等价的表述，选其中两种代表性说法：

（1）开尔文（Kelvin）说法：从单一热源吸热的循环热机是不存在的。

（2）克劳修斯（Clausius）说法：热量不可能自发地从低温物体转移到高温物体。

2. 卡诺（Carnot）循环及热经济性 由两个绝热过程和两个定温过程组成的可逆循环称为卡诺循环。循环的热经济性用系统在循环中输出的

净功和输入的热量之比表示，比值称为循环热效率（η_t）。卡诺循环的热效率（η_{tc}）表示如下

$$\eta_{tc} = \frac{W}{Q_H} = 1 - \frac{|Q_L|}{|Q_H|} = 1 - \frac{T_L}{T_H} \quad (7.1-2)$$

式中 W——循环净功（J）；

Q_H——循环吸热量（J）；

Q_L——循环放热量（J）；

T_H——高温热源温度（K）；

T_L——低温热源温度（K）。

可以证明：所有工作在两个恒温热源之间的可逆热机，其热效率彼此相等，与工质的性质及循环方式无关；而工作在相同热源条件下的所有

不可逆热机的热效率必定低于可逆热机。此结论同样适用于制冷循环，即逆向卡诺循环的制冷系数 $\varepsilon_c = T_L / (T_H - T_L)$ 最大。这就是卡诺定理。

3. 熵与熵的平衡式

（1）熵　克劳修斯在分析可逆和不可逆循环时得出不等式

$$\oint \frac{\delta Q}{T} \leq 0 \qquad (7.1-3)$$

式中　δQ——循环中系统与热源交换的微热量（J）；

　　　T——热源的温度（K）。

式（7.1-3）中，可逆循环取等号；不可逆循环取小于号。显然，在可逆循环中的 $\frac{\delta Q}{T}$ 是一个状态参数的全微分，这状态参数称为熵（J/K）。于是，可逆和不可逆过程中熵的变化可以统一表示为

$$dS \geq \frac{\delta Q}{T} \text{ 或 } \Delta S \geq \int \frac{\delta Q}{T} \qquad (7.1-4)$$

式（7.1-4）也称为热力学第二定律的表达式，等号只适用于可逆过程，不可逆过程用大于号，$dS < \frac{\delta Q}{T}$ 是不可能发生的。

在可逆过程中，系统传入热量时其熵增加，系统传出热量时其熵减少，系统与外界没有热量交换时熵不变（$dS = 0$）。可逆的绝热过程也称为等熵过程。

（2）熵平衡式　对于各种热力系统，熵平衡式为

$$\Sigma S_i - \Sigma S_e + \int \frac{\delta Q}{T} + S_g = \Delta S \qquad (7.1-5)$$

式中　ΣS_i——随物质流入系统熵的总和；

　　　ΣS_e——随物质流出系统熵的总和；

　　　S_g——不可逆因素引起的熵产；

　　　ΔS——系统总熵增加量。

4. 㶲与㶲平衡式

（1）㶲与㶲　在给定环境下，物体具有的能量中理论上可转换为功的那部分能量称之㶲（EX）；而全无可能转换为功的那部分能量称之为㶲（An）。㶲是能够评价能量品质高低的物理量。

（2）稳定流动流体的㶲　包括动能㶲（$mc^2/2$）、位能㶲（mgz）和焓㶲（EX_{ph}），即

$$EX = \frac{mc^2}{2} + mgz + EX_{ph} \qquad (7.1-6)$$

在给定环境状态下，焓㶲仅与所处状态有关，计算式为

$$EX_{ph} = H - H_0 - T_0(S - S_0) \qquad (7.1-7)$$

式中　H、H_0——流体在状态（P，V，T）、环境状态（P_0，V_0，T_0）的焓（J）；

　　　S、S_0——流体在状态（P，V，T）、环境状态（P_0，V_0，T_0）的熵（J/K）。

（3）热量㶲　从温度为 T（$T > T_0$）的热源传出的热量 Q，其㶲为

$$EX_Q = \left(1 - \frac{T_0}{T}\right)Q$$

（4）㶲平衡式　㶲平衡式可以表示为

$$\Sigma EX_i - \Sigma EX_e - I = \Delta EX \qquad (7.1-8)$$

式中　EX_i、EX_e——输入、输出系统各种㶲的和；

　　　I——系统中㶲损失，耗散于环境；

　　　ΔEX——系统总㶲增加量。

5. 熵增原理与能量贬值原理　根据式（7.1-4），对孤立系

$$dS_{iso} \geq 0 \qquad (7.1-9)$$

式（7.1-9）是熵增原理的数学表达式，说明孤立系内一切过程总是自发地向熵增加的方向进行，直至 dS 趋于零而熵达到最大值。不可逆引起的熵增加必造成作功能力损失，其量为

$$I = T_0 S_g \qquad (7.1-10)$$

1.1.4　热力学基本定律应用

几种常用热工设备的过程分析如表 7.1-2 所示。表中示意图用小箭头表示系统与外界的相互作用。这些设备中都可以不计流体的位能变化，除喷管和扩压管外，还不计流体的动能变化。T-S 图中用实线代表可逆的过程，虚线表示不可逆过程的方向。能量方程一栏中方括号内列出可逆过程的能量方程。节流和混合是典型的不可逆过程。㶲损失和㶲效率计算栏中的 ex 均指比焓㶲。

表 7.1-2　常用热工设备不可逆过程的热力学第一、二定律分析[1]

机械或设备	示意图	T-S 图	第一定律		第二定律		
			能量方程	绝热效率 η_s	熵产 S_g	烟损失 I	烟效率 $\eta_{ex}(\eta'_{ex})$
节流阀等	$m \ 1 \to 2$		$H_1 = H_2$			$T_0 S_g$ $m(ex_1 - ex_2)$ $m[h_1 - h_2 - T_0(s_1 - s_2)]$	$1 - \dfrac{I}{mex_1}$
动力机	W_T 动力机输出轴功		$W_T = m(h_1 - h_2)$ $[W_T = m(h_1 - h_{2s})]$	$\dfrac{h_1 - h_2}{h_1 - h_{2s}}$	$m(s_2 - s_1)$	$T_0 S_g$ $m(ex_1 - ex_2) - W_T$	$1 - \dfrac{I}{m(ex_1 - ex_2)}$
压缩机或泵	W_C 压缩机输入轴功		$W_C = m(h_2 - h_1)$ $[W_C = m(h_{2s} - h_1)]$	$\dfrac{h_{2s} - h_1}{h_2 - h_1}$		$T_0 S_g$ $W_C - m(ex_2 - ex_1)$	$1 - \dfrac{I}{W_C}$

（续）

机械或设备	示意图	T-S 图	第一定律 能量方程	第一定律 绝热效率 η_s	第二定律 熵产 S_g	第二定律 㶲损失 I	第二定律 㶲效率 η'_{ex}
喷管			$\dfrac{m}{2}\Delta c^2 = H_1 - H_2$ $\left[\dfrac{1}{2}\Delta c^2 = h_1 - h_2\right]$	$\dfrac{h_1 - h_2}{h_1 - h_{2s}}$	$m(s_2 - s_1)$	$T_0 S_g$ $m\left(ex_1 - ex_2 - \dfrac{\Delta c^2}{2}\right)$	$1 - \dfrac{I}{m\left(ex_1 + \dfrac{c_1^2}{2}\right)}$
扩压管			$-\dfrac{m\Delta c^2}{2} = H_2 - H_1$ $\left[-\dfrac{\Delta c^2}{2} = h_{2s} - h_1\right]$	$\dfrac{h_{2s} - h_1}{h_2 - h_1}$	$m(s_2 - s_1)$	$T_0 S_g$ $m\left[\dfrac{1}{2}(c_1^2 - c_2^2) - (ex_2 - ex_1)\right]$	$1 - \dfrac{I}{m\left(\dfrac{c_1^2}{2} + ex_1\right)}$
混合器			$mh_1 + m_2 h_2 = (m_1 + m_2)h_3$		$m_1(s_3 - s_1)$ $+ m_2(s_3 - s_2)$	$T_0 S_g$ $m_1(ex_1 - ex_3) - m_2(ex_3 - ex_2)$	$1 - \dfrac{I}{m_1 ex_1 + m_2 ex_2}$

1.2 工质的热力性质

1.2.1 状态参数

描述热力系宏观状态的物理量称为状态参数。对于热力工程遇到的一般热力系，状态变化时不涉及物质分子结构和核结构的变化，两个独立的状态参数可以确定状态。常用的热力状态参数如表7.1-3所示，其中压力、温度和比体积为基本状态参数。

表 7.1-3 常用的热力状态参数与物性参数

名 称	符号	定 义	单 位
热力学温度	T	温度是决定两系统间是否存在热平衡的物理量	K
压 力	p	单位面积上所受到的垂直作用力	Pa
比 体 积	v	$v = \dfrac{V}{m}$	m^3/kg
密 度	ρ	$\rho = \dfrac{1}{v} = \dfrac{m}{V}$	kg/m^3
比热力学能	u	1kg 物质的分子热运动动能与分子间相互作用位能之和	J/kg
比 焓	h	$h = u + pv$	J/kg
比定容热容	c_V	$c_V = \left(\dfrac{\partial u}{\partial T}\right)_V$ 或 $c_V = \dfrac{\delta q_V}{dT}$ 式中 δq_V——在定容过程中，1kg 物质与外界交换的微小热量	J/ (kg·K)
比定压热容	c_p	$c_p = \left(\dfrac{\partial h}{\partial T}\right)_p$ 或 $c_p = \dfrac{\delta q_p}{dT}$ 式中 δq_p——在定压过程中，1kg 物质与外界交换的微小热量	J/ (kg·K)
比 热 比	γ	$\gamma = \dfrac{c_p}{c_V}$	
比 熵	s	$ds = \dfrac{\delta q_{re}}{T}$ 式中 δq_{re}——1kg 工质在可逆过程中的微小换热量	J/ (kg·K)
比焓㶲	ex	$ex = h - h_0 - T_0 (s - s_0)$ 式中 h_0、s_0、T_0——环境参数	J/kg

1.2.2 理想气体状态方程式

气体的比体积大到可以忽略分子本身体积和分子间相互作用力时，称这种气体为理想气体。如燃料燃烧产生的烟气、N_2、H_2、O_2 及空气等在常温下可以作为理想气体处理。

理想气体的状态方程式可以写成如下几种形式：

$$pv = \frac{R}{M}T \qquad (7.1\text{-}11a)$$

$$pV_m = RT \qquad (7.1\text{-}11b)$$

$$pV = \frac{m}{M}RT = nRT \qquad (7.1\text{-}11c)$$

式中 　R——摩尔气体常量，$R = 8.3144$［J/（mol · K）］；

　　　M——摩尔质量（kg/mol），例如 O_2，$M = 0.032$（kg/mol）；

　　　V_m——摩尔体积（m^3/kmol）；

　　　n——摩尔数。

1.2.3 理想气体的热容和焓、热力学能、熵计算

理想气体的热容只是温度的函数。迈耶（Mayer）公式表明，理想气体的定压比热容和定容比热容的差值是一个与温度无关的常数，

$$c_p - c_V = \frac{R}{M} \qquad (7.1\text{-}12)$$

理想气体的比热比 $\gamma = c_p/c_V$ 是一个大于 1 的比值，也随温度而变化。

理想气体的比焓和比热力学能都是只随温度而变化，并且有如下关系式：

$$dh = c_p dT \qquad (7.1\text{-}13)$$

$$du = c_V dT \qquad (7.1\text{-}14)$$

当理想气体由状态 1 变化到状态 2 时，通过积分可以得到它们的变化值：

$$\Delta h = \int_{T_1}^{T_2} c_p dT = h_2 - h_1 \qquad (7.1\text{-}15)$$

$$\Delta u = \int_{T_1}^{T_2} c_V dT = u_2 - u_1 \qquad (7.1\text{-}16)$$

常用的理想气体热容与温度的函数关系式都是由实验结果拟合的多项式近似描述。现举一种说明其应用。

某些理想气体的摩尔定压热容 $C_{p,m}$ ［J/（kmol · K）］的多项式如下：

$$C_{p,m} = (b_0 + b_1 T + b_2 T^2 + b_3 T^3 + b_4 T^4) R$$
$$= C_{V,m} + R$$

由式（7.1-13）积分可以得到某状态（温度为 T）的比焓

$$h = (a_1 T + a_2 T^2 + a_3 T^3 + a_4 T^4 + a_5 T^5) \frac{R}{M} + h_0$$

式中系数：$a_1 = b_0$，$a_2 = b_1/2$，$a_3 = b_2/3$，$a_4 = b_3/4$，$a_5 = b_4/5$。

并且可以得到

$$c_V = (c_0 + b_1 T + b_2 T^2 + b_3 T^3 + b_4 T^4) \frac{R}{M}$$

式中 $c_0 = b_0 - 1$。

由式（7.1-14）可以得到比热力学能

$$u = (c_1 T + a_2 T^2 + a_3 T^3 + a_4 T^4 + a_5 T^5) \frac{R}{M} + u_0$$

一些常见气体的 $b_0 \sim b_4$ 和 h_0 数值列于表 7.1-4。

表 7.1-4　一些常见气体 c_p 的数据[2]

$$c_p = (b_0 + b_1 T + b_2 T^2 + b_3 T^3 + b_4 T^4) R/M$$

气体	b_0	$b_1 \times 10^3$/K^{-1}	$b_2 \times 10^6$/K^{-2}	$b_3 \times 10^9$/K^{-3}	$b_4 \times 10^{12}$/K^{-4}	$h_0 \times 10^{-3}$/J · kg^{-1}	Φ_0	温度范围/K
O_2	3.62560	− 1.87822	7.05545	− 6.76351	2.15560	− 1.04752	4.30528	300 ~ 1000
	3.62195	0.736183	− 0.196522	0.0362016	− 0.00289456	− 1.20198	3.61510	1000 ~ 5000
N_2	3.67483	− 1.20815	2.32401	− 0.632176	− 0.225773	− 1.06116	2.35804	300 ~ 1000
	2.89632	1.51549	− 0.572353	0.0998074	− 0.00652236	− 0.905862	6.16151	1000 ~ 5000
CO	3.71009	− 1.61910	3.69236	− 2.03197	0.239533	− 14.3563	2.95554	300 ~ 1000
	2.98407	1.48914	− 0.578997	0.103646	− 0.00693536	− 14.2452	6.34792	1000 ~ 5000
CO_2	2.40078	8.73510	− 6.60709	2.00219	0.00063274	− 48.3775	9.69515	300 ~ 1000
	4.46080	3.09817	− 1.23926	0.227413	− 0.0155260	− 48.9614	− 0.986360	1000 ~ 5000
Ar	2.50000					− 0.745375	4.36600	300 ~ 1000
	2.50000					− 0.745375	4.36600	1000 ~ 5000
H_2	3.05745	2.67652	− 5.80992	5.52104	− 1.81227	− 0.988905	− 2.29971	300 ~ 1000
	3.10019	0.511195	0.0526442	− 0.0349100	0.00369453	− 0.877380	− 1.96294	1000 ~ 5000
H_2O	4.07013	− 1.10845	4.15212	− 2.96374	0.807021	− 30.2797	− 0.322700	300 ~ 1000
	2.71676	2.94514	− 0.802243	0.102267	− 0.00484721	− 29.9058	6.63057	1000 ~ 5000

（续）

气体	b_0	$b_1 \times 10^3 / \mathrm{K}^{-1}$	$b_2 \times 10^6 / \mathrm{K}^{-2}$	$b_3 \times 10^9 / \mathrm{K}^{-3}$	$b_4 \times 10^{12} / \mathrm{K}^{-4}$	$h_0 \times 10^{-3} / \mathrm{J \cdot kg}^{-1}$	Φ_0	温度范围/K
$\mathrm{CH_4}$	3.82619	−3.97946	24.5583	−22.7329	6.96270	−10.1450	0.866901	300~1000
	1.50271	10.4168	−3.91815	0.677779	−0.0442837	−9.97871	10.7071	1000~5000
$\mathrm{C_2H_4}$	1.42568	11.3831	7.98900	−16.2537	6.74913	5.33708	14.6218	300~1000
	3.45522	11.4918	−4.36518	0.761551	−0.0501232	4.47731	2.69879	1000~5000

理想气体比熵有如下热力学关系式

$$ds = c_p \frac{dT}{T} - \frac{R}{M} \frac{dp}{p} \qquad (7.1\text{-}17\mathrm{a})$$

$$ds = c_V \frac{dT}{T} + \frac{R}{M} \frac{dv}{v} \qquad (7.1\text{-}17\mathrm{b})$$

$$ds = c_V \frac{dp}{p} + c_p \frac{dv}{v} \qquad (7.1\text{-}17\mathrm{c})$$

由式（7.1-17a）通过积分可以得到

$$s = \int_{T_0}^{T} \frac{c_p(T)\,dT}{T} - \frac{R}{M}\ln\frac{p}{p_0} + s_0$$

式中 s_0 为参考状态（p_0，T_0）的比熵，参考状态的压力一般取 $1.01325 \times 10^5 \mathrm{Pa}$。通常，工程上用到的是熵差，熵的绝对值是无关紧要的。因此，可以取参考状态的比熵 $s_0 = 0$。

如果只需要粗略的估算，可以不考虑热容与温度的关系而采用如下定值的热容：单原子气体 $C_{p,m} = (5/2)R$，$C_{V,m} = (3/2)R$；双原子气体 $C_{p,m} = (7/2)R$，$C_{V,m} = (5/2)R$；多原子气体 $C_{p,m} = (9/2)R$，$C_{V,m} = (7/2)R$。

热容视为定值可以简化理想气体焓、热力学能和熵的计算。当理想气体由状态 1（p_1, v_1, T_1）变化到状态 2（p_2, v_2, T_2）时

$$\Delta h = h_2 - h_1 = c_p(T_2 - T_1) \qquad (7.1\text{-}18)$$

$$\Delta u = u_2 - u_1 = c_V(T_2 - T_1) \qquad (7.1\text{-}19)$$

$$\Delta s = s_2 - s_1 = c_p\ln\frac{T_2}{T_1} - \frac{R}{M}\ln\frac{p_2}{p_1} \qquad (7.1\text{-}20\mathrm{a})$$

$$\Delta s = s_2 - s_1 = c_V\ln\frac{T_2}{T_1} + \frac{R}{M}\ln\frac{v_2}{v_1} \qquad (7.1\text{-}20\mathrm{b})$$

$$\Delta s = s_2 - s_1 = c_V\ln\frac{p_2}{p_1} + c_p\ln\frac{v_2}{v_1} \qquad (7.1\text{-}20\mathrm{c})$$

为了工程上计算方便，许多文献中给出了各种气体定压比热容和定容比热容从 0°C 到 t°C 的平均值数据表。查取表中的数据很容易求出在温度区间（t_1，t_2）平均的定压比热容和平均的定容比热容，它们在计算 Δh、Δu 和 Δs 时可以视为定值（参见文献 [3]）。

1.2.4　理想气体的热力过程

定量理想气体构成的热力系在与外界发生稳定的相互作用时呈现出的状态变化规律可以用如下方程描述

$$pv^n = 定值 \qquad (7.1\text{-}21)$$

式中指数 n 可以是 $-\infty \sim \infty$ 之间的任一数值，它的取值对应于一个具体的过程。n 称为多变指数，式（7.1-21）称为多变过程的方程。n 的特殊取值 0、1、κ、$\pm\infty$ 分别对应于定压、定温、定熵、定容等特定条件的过程，常指它们为 4 种基本过程。可逆的绝热过程称为定熵过程。理想气体的等熵指数 κ 在数值上等于比热比。

理想气体各种可逆过程的基本状态参数关系式、Δu、Δh 和 Δs 的计算式、系统与外界传递量的计算式列于表 7.1-5。表中比热容均视为定值。参数坐标图中用线段表示过程，箭头指示过程的方向。$p\text{-}v$ 图中过程线以下的面积代表传递的体积变化功，过程线左侧的面积代表技术功。$T\text{-}s$ 图中过程线以下的面积代表热传递量。

热工设备内部的热力过程有时可以用示功器画出。实际的热力过程往往不能只用一个 n 值来反映它的规律。这时，可以把整个过程分成若干段，赋予每一段一个 n 值或近似值。只要确定每一段的初状态和终状态，n 值可以用下式确定

$$n = \frac{\ln\dfrac{p_2}{p_1}}{\ln\dfrac{v_2}{v_1}} \qquad (7.1\text{-}22)$$

考虑多变指数 n 作为工况（压缩和膨胀）参数的函数可以使式（7.1-21）的计算结果能更接近于实际过程（详见文献 [2]）。

表 7.1-5　理想气体可逆过程计算公式表[3]

过程\项目	定容过程 $n=\pm\infty$	定压过程 $n=0$	定温过程 $n=1$	绝热（定熵）过程 $n=\kappa$	多变过程 $-\infty<n<\infty$
过程方程式	$v=$定值	$p=$定值	$pv=$定值	$pv^\kappa=$定值	$pv^n=$定值
基本状态参数关系式	$\dfrac{p_2}{p_1}=\dfrac{T_2}{T_1}$	$\dfrac{v_2}{v_1}=\dfrac{T_2}{T_1}$	$\dfrac{p_1}{p_2}=\dfrac{v_2}{v_1}$	$\dfrac{p_2}{p_1}=\left(\dfrac{v_1}{v_2}\right)^\kappa,\ \dfrac{T_2}{T_1}=\left(\dfrac{v_1}{v_2}\right)^{\kappa-1},$ $\dfrac{T_2}{T_1}=\left(\dfrac{p_2}{p_1}\right)^{\frac{\kappa-1}{\kappa}}$	$\dfrac{p_2}{p_1}=\left(\dfrac{v_1}{v_2}\right)^n,\ \dfrac{T_2}{T_1}=\left(\dfrac{v_1}{v_2}\right)^{n-1},$ $\dfrac{T_2}{T_1}=\left(\dfrac{p_2}{p_1}\right)^{\frac{n-1}{n}}$
过程比热容	c_V	c_p	∞	0	$c_n=\dfrac{n-\kappa}{n-1}c_V$
$\Delta u,\Delta h,\Delta s$ 计算式	$\Delta u=c_V(T_2-T_1)$ $\Delta h=c_p(T_2-T_1)$ $\Delta s=c_V\ln\dfrac{T_2}{T_1}$	$\Delta u=c_V(T_2-T_1)$ $\Delta h=c_p(T_2-T_1)$ $\Delta s=c_p\ln\dfrac{T_2}{T_1}$	$\Delta u=0$ $\Delta h=0$ $\Delta s=\dfrac{R}{M}\ln\dfrac{v_2}{v_1}$ $=\dfrac{R}{M}\ln\dfrac{p_1}{p_2}$	$\Delta u=c_V(T_2-T_1)$ $\Delta h=c_p(T_2-T_1)$ $\Delta s=0$	$\Delta u=c_V(T_2-T_1)$ $\Delta h=c_p(T_2-T_1)$ $\Delta s=c_V\ln\dfrac{T_2}{T_1}+\dfrac{R}{M}\ln\dfrac{v_2}{v_1}$ $=c_p\ln\dfrac{T_2}{T_1}-\dfrac{R}{M}\ln\dfrac{p_2}{p_1}$ $=c_n\ln\dfrac{v_2}{v_1}+c_V\ln\dfrac{p_2}{p_1}$
体积变化功 $w=\int_1^2 pdv$	$w=0$	$w=p(v_2-v_1)$ $=\dfrac{R}{M}(T_2-T_1)$	$w=\dfrac{RT}{M}\ln\dfrac{v_2}{v_1}$ $=\dfrac{RT}{M}\ln\dfrac{p_1}{p_2}$	$w=-\Delta u$ $=\dfrac{1}{\kappa-1}(p_1v_1-p_2v_2)$ $=\dfrac{1}{\kappa-1}\dfrac{R}{M}(T_1-T_2)$ $=\dfrac{1}{\kappa-1}p_1v_1\left[1-\left(\dfrac{p_2}{p_1}\right)^{\frac{\kappa-1}{\kappa}}\right]$	$w=\dfrac{1}{n-1}(p_1v_1-p_2v_2)\ (n\neq1)$ $=\dfrac{1}{n-1}\dfrac{R}{M}(T_1-T_2)$ $=\dfrac{1}{n-1}p_1v_1\left[1-\left(\dfrac{p_2}{p_1}\right)^{\frac{n-1}{n}}\right]$

（续）

项目 \ 过程（多变指数）	定容过程 $n=\pm\infty$	定压过程 $n=0$	定温过程 $n=1$	绝热（定熵）过程 $n=\kappa$	多变过程 $-\infty<n<\infty$
技术功 $w_t = -\int_1^2 vdp$	$w_t = v(p_1 - p_2)$	$w_t = 0$	$w_t = w$	$w_t = -\Delta h$ $= \dfrac{\kappa}{\kappa-1}(p_1 v_1 - p_2 v_2)$ $= \dfrac{\kappa}{\kappa-1}\dfrac{R}{M}(T_1 - T_2)$ $= \dfrac{\kappa}{\kappa-1}p_1 v_1\left[1 - \left(\dfrac{p_2}{p_1}\right)^{\frac{\kappa-1}{\kappa}}\right]$	$w_t = \dfrac{n}{n-1}(p_1 v_1 - p_2 v_2)\ (n\neq 1)$ $= \dfrac{n}{n-1}\dfrac{R}{M}(T_1 - T_2)$ $= \dfrac{n}{n-1}p_1 v_1\left[1 - \left(\dfrac{p_2}{p_1}\right)^{\frac{n-1}{n}}\right]$
热量 $q = \int_1^2 cdT = \int_1^2 Tds$	$q = \Delta u = c_V(T_2 - T_1)$	$q = \Delta h = c_p(T_2 - T_1)$	$q = T\Delta s = w = w_t$	$q = 0$	$q = \dfrac{n-\kappa}{n-1}c_V(T_2 - T_1)\ (n\neq 1)$
p-v 图	（图）	（图）	（图）	（图）	（图）
T-s 图	（图）	（图）	（图）	（图）	（图）

1.2.5 实际气体

工程计算中常用到水蒸气和氨、氟里昂等工质的蒸气。它们的热力性质与理想气体相差很大，气体的温度越低、压力越高时两者偏差也越大，故不能按理想气体来对待。

描述实际气体的状态方程很多，最简单的是

$$Z = \frac{pv}{RT}M \qquad (7.1\text{-}23)$$

Z 值的大小反映实际气体偏离理想气体的程度，Z 称为压缩因子。为了确定 Z 值，引入相对参数概念，建立对应态方程，即

$$\frac{p_r v_r}{T_r} = \frac{\dfrac{pv}{RT}}{\dfrac{p_c v_c}{RT_c}} = \frac{Z}{Z_c} \qquad (7.1\text{-}24)$$

$$p_r = p/p_c \quad v_r = v/v_c \quad T_r = T/T_c$$

式中 p_r, v_r, T_r——相对压力、相对比体积和相对温度；

p_c, v_c, T_c——临界压力、临界比体积和临界温度见表 7.1-6；

Z_c——临界压缩因子，见表 7.1-6。

各种气体 Z_c 的实验值在 0.23～0.33 之间，而大多数烃类物质 Z_c 都在 0.27 左右，故而用 $Z_c = 0.27$ 制成气体通用压缩因子图（图 7.1-1）。已知 p_r、T_r，就可以从图 7.1-1 中查出 Z 值，利用式 7.1-23 得到比体积 v 值。当已知 T 和 v 求 p 值时可以采用试算法。设 p' 值算出 p_r'，用 p_r' 和 T_r 从图中查得 Z，用式 7.1-23 核算 p 值，直至基本一致为止。p' 初值可以用理想气体状态方程的计算值。另有配套的图可供计算热力学能、焓与熵。

其他几类实际气体状态方程见表 7.1-7。

表 7.1-6 常用气体的物理/化学常数[1]

气 体	分子式	相对分子质量 M_r	标准沸点 T_b/K	临界温度 T_c/K	临界压力 p_c /MPa	临界摩尔体积 $V_{c,m}$ /m³·kmol⁻¹	临界压缩因子 Z_c	偏心因子 ω	气体常量 R/kJ·(kg·K)⁻¹	标准密度 ρ_0/kg·m⁻³	比定压热容 c_{p0}/kJ·(kg·K)⁻¹	比热比 γ_0	热导率 λ_0/W·(m·K)⁻¹
氦	He	4.003	4.25	5.19	0.227	0.0574	0.302	-0.365	2.0770	0.1786	5.200	1.66	0.143
氩	Ar	39.948	87.3	150.8	4.87	0.0749	0.291	0.001	0.2081	1.784	0.519	1.66	0.016
氢	H₂	2.016	20.3	33.0	1.29	0.0643	0.303	-0.216	4.1242	0.0899	14.21	1.409	0.171
氧	O₂	31.999	90.2	154.6	5.04	0.0734	0.288	0.025	0.2598	1.429	0.915	1.40	0.0247
氮	N₂	28.013	77.4	126.2	3.39	0.0898	0.290	0.039	0.2968	1.251	1.039	1.40	0.0243
空气		28.965	78.8	132.5	3.766	0.0926	0.316		0.2871	1.293	1.004	1.40	0.0244
氯	Cl₂	70.906	239.2	416.9	7.98	0.1238	0.285	0.090	0.1173	3.17	0.473	1.34	0.008
一氧化碳	CO	28.010	81.7	132.9	3.50	0.0932	0.295	0.066	0.2968	1.250	1.0396	1.40	0.023
二氧化碳	CO₂	44.010	194.7	304.1	7.38	0.0939	0.274	0.239	0.1889	1.977	0.826	1.31	0.015
二氧化硫	SO₂	64.063	263.2	430.8	7.88	0.1222	0.269	0.256	0.1298	2.926	0.6092	1.271	0.0086
氨	NH₃	17.031	239.8	405.5	11.35	0.0725	0.244	0.250	0.4882	0.771	2.0557	1.312	0.0211
水蒸气	H₂O	18.015	273.15	647.3	2.212	0.0571	0.235	0.344	0.4615	0.804	1.859	1.33	0.0151
甲烷	CH₄	16.043	111.6	190.4	4.60	0.0992	0.288	0.011	0.5183	0.717	2.180	1.30	0.030
乙烯	C₂H₄	28.054	169.3	282.4	5.04	0.1304	0.280	0.089	0.2964	1.251	1.460	1.266	0.017
丙烯	C₃H₆	42.081	225.5	364.9	4.60	0.181	0.274	0.144	0.1976	1.915	1.461	1.172	0.014
乙烷	C₂H₆	30.070	184.6	305.4	4.88	0.1483	0.285	0.099	0.2765	1.357	1.663	1.22	0.018
丙烷	C₃H₈	44.094	231.1	369.8	4.25	0.203	0.281	0.153	0.1886	2.005	1.598	1.14	0.0145
正丁烷	n-C₄H₁₀	58.124	272.7	425.2	3.80	0.255	0.274	0.199	0.1430	2.703	1.599		0.0140
异丁烷	i-C₄H₁₀	58.124	261.4	408.2	3.65	0.263	0.283	0.183	0.1430	2.703			
正戊烷	n-C₅H₁₂	72.151	309.2	469.7	3.37	0.304	0.263	0.251	0.1152	3.221			0.0116
异戊烷	i-C₅H₁₂	72.151	301.0	460.4	3.39	0.306	0.271	0.227	0.1152	3.221			

表 7.1-7 工程中常用的几类实际气体状态方程

方程名称	u	ω	b	a
			\multicolumn{2}{c}{$p = \dfrac{RT}{V_m - b} - \dfrac{a}{V_m^2 + ubV_m + \omega b^2}$}	
范德瓦尔斯方程	0	0	$\dfrac{RT_c}{8p_c}$	$\dfrac{27R^2 T_c^2}{64p_c}$
RK 方程	1	0	$\dfrac{0.08664RT_c}{p_c}$	$\dfrac{0.42748R^2 T_c^{2.5}}{p_c T^{1/2}}$
RKS 方程	1	0	$\dfrac{0.08664RT_c}{p_c}$	$\dfrac{0.42748R^2 T_c^2}{p_c}[1 + f_w(1 - T_r^{1/2})]^2$ $f_w = 0.48 + 1.574\omega - 0.176\omega^2$
PR 方程	2	-1	$\dfrac{0.07780RT_c}{p_c}$	$\dfrac{0.45724R^2 T_c^2}{p_c}[1 + f_w(1 - T_r^{1/2})]^2$ $f_w = 0.37464 + 1.54226\omega - 0.26992\omega^2$

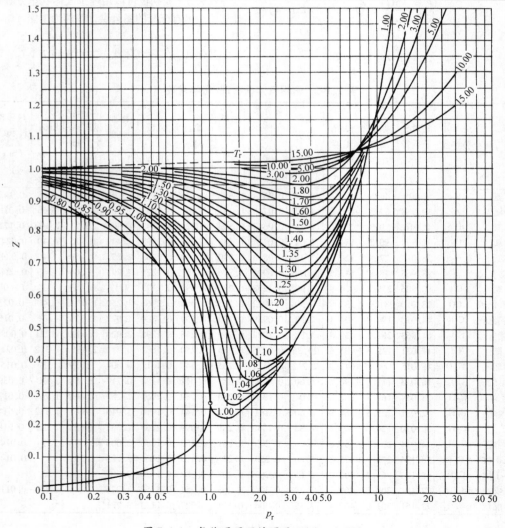

图 7.1-1 气体通用压缩因子 $Z(Z_c = 0.27)$

对于常用的实际气体,如水蒸气、制冷剂,烃类等,都制成了各自的热力性质图表(参见文献[2、3~7])。

1.2.6 混合气体

1. 理想混合气体 混合气体各组分均可按理想气体处理之混合气体称之理想混合气体。一组分单独处于与混合物相同的温度和体积时的压力称为该组分的分压力 p_i。一组分处于与混合物相同的压力与温度时单独具有的体积称为该组分

的分体积 V_i。混合气体的成分有三种表示方法:质量分数、摩尔分数及体积分数。理想混合气体各种参数的计算方法见表 7.1-8。

2. 实际混合气体 计算实际混合气体的热力性质时,首先要求出它们的折合临界参数 p_c、T_c、Z_c 或折合偏心因子 ω,其算法见表 7.1-9,然后再计算实际混合气体与理想混合气体热力性质的偏差值,把按理想混合气体算出的参数值加上相应的偏差值即为所求之热力参数。

表 7.1-8 理想气体混合物的成分和热力性质的计算公式

项 目	计 算 公 式
质量分数	$x_i = \dfrac{m_i}{m}$ $\quad m = \sum\limits_{i=1}^{n} m_i$ $\quad \sum\limits_{i=1}^{n} x_i = 1$
摩尔分数	$y_i = \dfrac{n_i}{n}$ $\quad n = \sum\limits_{i=1}^{n} n_i$ $\quad \sum\limits_{i=1}^{n} y_i = 1$
体积分数	$z_i = \dfrac{V_i}{V}$ $\quad V = \sum\limits_{i=1}^{n} V_i$ $\quad \sum\limits_{i=1}^{n} z_i = 1$
3 种成分之间的关系	$x_i = \dfrac{y_i M_i}{\sum\limits_{i=1}^{n} y_i M_i}$ $\quad y_i = \dfrac{\dfrac{x_i}{M_i}}{\sum\limits_{i=1}^{n} \dfrac{x_i}{M_i}}$ $\quad z_i = y_i = \dfrac{p_i}{p}$
平均摩尔质量	$M = \sum\limits_{i=1}^{n} y_i M_i = \dfrac{1}{\sum\limits_{i=1}^{n} \dfrac{x_i}{M_i}}$
平均气体常数	$\dfrac{R}{M} = \sum\limits_{i=1}^{n} x_i \dfrac{R_i}{M_i}$
标准状态下的密度(kg/m³)	$\rho_0 = \dfrac{M}{22.414}$
比定容热容或摩尔定容热容	$c_V(T) = \sum\limits_{i=1}^{n} x_i c_{Vi}(T)$ 或 $C_{V,m}(T) = \sum\limits_{i=1}^{n} y_i C_{V,mi}(T)$
比定压热容或摩尔定压热容	$c_p(T) = \sum\limits_{i=1}^{n} x_i c_{pi}(T)$ 或 $C_{p,m}(T) = \sum\limits_{i=1}^{n} y_i C_{p,mi}(T)$
比热比	$\gamma = \dfrac{c_p}{c_V} = \dfrac{C_{p,m}}{C_{V,m}}$
比热力学能或摩尔热力学能	$u(T) = \sum\limits_{i=1}^{n} x_i u_i(T)$ 或 $U_m(T) = \sum\limits_{i=1}^{n} y_i U_{mi}(T)$
比焓或摩尔焓	$h(T) = \sum\limits_{i=1}^{n} x_i h_i(T)$ 或 $H_m(T) = \sum\limits_{i=1}^{n} y_i H_{mi}(T)$
比熵或摩尔熵	$s(T,p) = \sum\limits_{i=1}^{n} x_i s_i(T,p_i)$ 或 $S_m(T,P) = \sum\limits_{i=1}^{n} y_i S_{mi}(T,p_i)$
理想气体混合物的温度	$T = \dfrac{\sum\limits_{i=1}^{n} m_i c_{vi} T_i}{\sum\limits_{i=1}^{n} m_i c_{vi}}$
摩尔混合熵 (混合前后的 T、p 相同)	$\Delta S_{m,mix} = -R\Sigma n_i \ln y_i$

注:有下角标 i 的参数表示组元 i 的参数,未加下角标 i 的参数表示混合物的参数。

表 7.1-9 实际混合气体的折合临界参数和折合偏心因子的计算方法[1]

项目	计 算 方 法			
	1	2	3	4
T_c	$T_c = \sum_{i=1}^{n} y_i T_{ci}$	$T_c = \sum_{i=1}^{n} y_i T_{ci}$	$T_c = \dfrac{\left(\sum_{i=1}^{n} y_i \dfrac{T_{ci}}{p_{ci}^{1/2}}\right)^2}{\dfrac{1}{3}\sum_{i=1}^{n} y_i \dfrac{T_{ci}}{p_{ci}} + \dfrac{2}{3}\left[\sum_{i=1}^{n} y_i \left(\dfrac{T_{ci}}{p_{ci}}\right)^{1/2}\right]^2}$	$T_c = \dfrac{\left(\sum_{i=1}^{n} y_i \dfrac{T_{ci}}{p_{ci}^{1/2}}\right)^2}{\dfrac{1}{8}\sum_{i=1}^{n}\sum_{j=1}^{n} y_i y_j \left[\left(\dfrac{T_{ci}}{p_{ci}}\right)^{1/3} + \left(\dfrac{T_{cj}}{p_{cj}}\right)^{1/3}\right]^3}$
p_c	$p_c = \sum_{i=1}^{n} y_i p_{ci}$	$p_c = R \sum_{i=1}^{n} y_i Z_{ci} \dfrac{\sum_{i=1}^{n} y_i T_{ci}}{\sum_{i=1}^{n} y_i V_{c,mi}}$	$p_c = \left[\dfrac{1}{3}\sum_{i=1}^{n} y_i \dfrac{T_{ci}}{p_{ci}} + \dfrac{2}{3}\left[\sum_{i=1}^{n} y_i \left(\dfrac{T_{ci}}{p_{ci}}\right)^{1/2}\right]^2\right]\Big/\left(\sum_{i=1}^{n} y_i \dfrac{T_{ci}}{p_{ci}^{1/2}}\right)^2$	$p_c = \left\{\dfrac{1}{8}\sum_{i=1}^{n}\sum_{j=1}^{n} y_i y_j \left[\left(\dfrac{T_{ci}}{p_{ci}}\right)^{1/3} + \left(\dfrac{T_{cj}}{p_{cj}}\right)^{1/3}\right]^3\right\}\Big/\left(\sum_{i=1}^{n} y_i \dfrac{T_{ci}}{p_{ci}^{1/2}}\right)^2$
Z_c			$Z_c = \sum_{i=1}^{n} y_i Z_{ci}$	
ω			$\omega = \sum_{i=1}^{n} y_i \omega_i$	
优缺点	1. 计算简单 2. 各组元的 T_{ci} 和 p_{ci} 较接近时，能满足工程计算要求	1. 计算较简单 2. 各组元的 T_{ci} 较接近时，能满足工程计算要求 3. 在相同条件下，较方法 1 准确	1. 计算较繁 2. 各组元的 T_{ci} 差别较大时，算要求 3. 在相同条件下，较方法 1、2 准确	1. 计算繁，适合用电子计算机计算 2. 无论各组元的 T_{ci} 和 p_{ci} 差别多大，都有较高的计算准确度

1.2.7 湿空气

含有少量水蒸气的空气称湿空气，不含水蒸气的称干空气。含饱和状态水蒸气的湿空气称为饱和空气。湿空气中的水蒸气分压力很小，故湿空气可看作理想混合气体。湿空气热力参数都是以 1kg 质量的干空气作为基数表示的。

1. 湿空气的状态参数

（1）绝对湿度　单位体积湿空气所含水蒸气的质量（kg/m^3），数值上等于具有湿空气温度和水蒸气分压力的水蒸气的密度 ρ_v。

（2）相对湿度　绝对湿度 ρ_v 与同温度饱和空气的绝对湿度 ρ_s 之比，即

$$\phi = \frac{\rho_v}{\rho_s} = \frac{p_v}{p_s} \tag{7.1-25}$$

式中　p_v、p_s——同温度水蒸气的实际分压力、饱和分压力。

（3）含湿量　每 kg 干空气所含水蒸气质量。

$$d = 622\frac{p_v}{p_b - p_v} = 622\frac{\phi p_s}{p_b - \phi p_s} \tag{7.1-26}$$

式中　d——含湿量（g/kg）；

p_b——湿空气压力，通常是大气压力。

（4）比焓　1kg 干空气的焓与 d（g）水蒸气的焓之和（kJ/kg），即

$$h = 1.005t + 0.001d\ (2501 + 1.86t) \tag{7.1-27}$$

式中　t——湿空气的温度（℃）。

（5）露点（t_d）　湿空气在定压下冷却到某一温度时，水分开始从湿空气中析出。该温度称为露点，在数值上等于湿空气中水蒸气分压力 p_v 所对应的饱和温度。

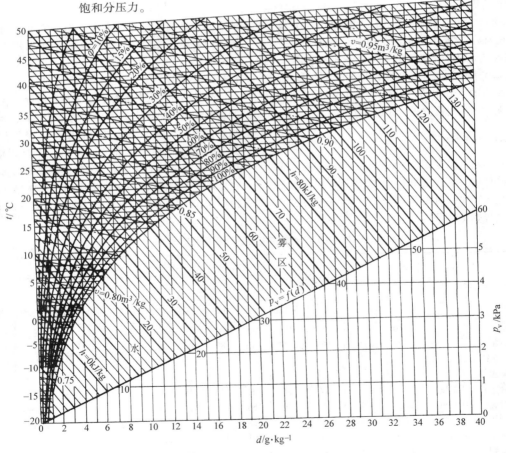

图 7.1-2　湿空气的 h-d 图（$p_b = 0.101325\text{MPa}$）

2. 湿空气的 *h-d* 图　*h-d* 图（图7.1-2）由定温度线、定比焓线、定相对湿度线、定含湿量线和定比体积线组成，下部还示出蒸气分压力和含湿量关系的直线。测得干球温度 t（即湿空气温度）和湿球温度 t_w（水银球包湿纱布测出的湿空气温度）可以确定湿空气的状态。例如 $t = 30℃$ 和 $t_w = 25℃$ 时，由 $25℃$ 定温度线与 $\phi = 100\%$ 的曲线相交点沿定湿球温度线（图中未画出，近似以定比焓线代替）相交于 $30℃$ 定温度线，可以确定湿空气 $\phi = 68\%$。此时，若湿空气受冷却，湿空气状态沿定含湿量线下移，可以直至 $\phi = 100\%$（达到露点）；若继续冷却到 $20℃$，状态沿 $\phi = 100\%$ 定相对湿度线移动至与 $20℃$ 定温度线的相交点；湿空气析出水量 $\Delta d = (20.8 - 15)g/kg = 5.8g/kg$。这是冷却去湿的过程。如果湿空气由原来的状态（$t = 30℃$、$\phi = 68\%$）加热至 $t = 34℃$，$\phi = 80\%$，可以吸湿 $\Delta d = (27.4 - 20.8) g/kg = 6.6g/kg$，这是加热加湿的过程，加热干燥冷却塔内空气的过程便是例子。在 $\phi = 100\%$ 线上的状态代表饱和空气，这时的干球温度、湿球温度和露点的数值相同。湿空气压力 p_b 不同于图中注明的压力时需要另行绘制 *h-d* 图。

1.3　导热

导热是温度不同的两个互相接触的物体或一个物体的各部分之间由于温度不同而引起的热传递现象。物体内温度不同的各部分无相对位移发生的导热是纯导热。

1.3.1　导热基本定律

导热与物体的温度场密切相关。在 x、y、z 直角坐标中，τ 时刻温度场的数学表达式为

$$t = f(x、y、z、\tau)$$

温度场不随时间而变化时称为稳定温度场，表示为

$$t = f(x、y、z)$$

一维稳定温度场可以表示为 $t = f(x)$，说明温度仅沿一个方向变化。在稳定温度场发生的导热称为稳定导热。物体内相同温度点构成的表面称等温面。等温面的法线朝着温度增加的方向。法线方向的温度变化率称为温度梯度($\partial t / \partial n$)。

按傅里叶（Fourier）定律，各向同性物体各部分传递的热流密度（W/m^2）正比于温度梯度，即

$$q = -\lambda \,\mathrm{grad}\,t = -\lambda \frac{\partial t}{\partial n}$$

式中的负号表示导热的方向与温度梯度方向相反，向着温度降方向。比例系数 λ 叫作热导率（$W/m \cdot K$）。

1.3.2　热导率

热导率亦称导热系数，是表示物质导热能力的物性参数。热导率的大小取决于物质的结构、状态、密度、温度、压力和湿度等。表7.1-10 为常用金属材料的热导率；表7.1-11 是保温、建筑和耐火材料的热导率。液体热导率的数值约在 $0.07 \sim 0.7 W/(m \cdot K)$ 范围内，气体热导率约在 $0.006 \sim 0.6 W/(m \cdot K)$，详见文献 [2]。

表7.1-10　金属的密度、比热容和热导率[1]

金属名称①	20℃			热导率/W·(m·K)⁻¹									
	密度 ρ /kg·m⁻³	比热容 c_p /J·(kg·K)⁻¹	热导率 λ /W·(m·K)⁻¹	温　　度/℃									
				-100	0	100	200	300	400	600	800	1000	1200
纯铝	2710	902	236	243	236	240	238	234	228	215	—	—	—
杜拉铝	2790	881	169	124	160	188	188	193					
（96Al-4Cu②，微量 Mg）													
铝合金（92Al-8Mg）	2610	904	107	86	102	123	148	—					
铝合金（87Al-13Si）	2660	871	162	139	158	173	176	180					
铍	1850	1758	219	382	218	170	145	129	118				
纯铜	8930	386	398	421	401	393	389	384	379	366	352		
铝青铜	8360	420	56	—	49	57	66	—					
（90Cu-10Al）													

（续）

金属名称[①]	20°C 密度 ρ /kg·m^{-3}	20°C 比热容 c_p /J·(kg·K)$^{-1}$	20°C 热导率 λ /W·(m·K)$^{-1}$	热导率/W·(m·K)$^{-1}$ 温度/°C −100	0	100	200	300	400	600	800	1000	1200
青铜(89Cu-11Sn)	8800	343	24.8	—	24	28.4	33.2	—					
黄铜(70Cu-30Zn)	8440	377	109	90	106	131	143	145	148				
铜合金 (60Cu-40Ni)	8920	410	22.2	19	22.2	23.4	—						
黄金	19300	127	315	331	318	313	310	305	300	287			
纯铁	7870	455	81.1	96.7	83.5	72.1	63.5	56.5	50.3	39.4	29.6	29.4	31.6
阿姆口铁	7860	455	73.2	82.9	74.7	67.5	61.0	54.8	49.9	38.6	29.3	29.3	31.1
灰铸铁($w_C \approx 3\%$)	7570	470	39.2	—	28.5	32.4	35.8	37.2	36.6	20.8	19.2		
碳钢($w_C \approx 0.5\%$)	7840	465	49.8	—	50.5	47.5	44.8	42.0	39.4	34.0	29.0		
碳钢($w_C \approx 1.0\%$)	7790	470	43.2	—	43.0	42.8	42.2	41.5	40.6	36.7	32.2		
碳钢($w_C \approx 1.5\%$)	7750	470	36.7	—	36.8	36.6	36.2	35.7	34.7	31.7	27.8		
铬钢($w_{Cr} \approx 5\%$)	7830	460	36.1	—	36.3	35.2	34.7	33.5	31.4	28.0	27.2	27.2	27.2
铬钢($w_{Cr} \approx 17\%$)	7710	460	22	—	22	22.2	22.6	22.6	23.3	24.0	24.8	25.5	
铬镍钢 [$w_{Cr}(18 \sim 20)\%$/ $w_{Ni}(8 \sim 12)\%$]	7820	460	15.2	12.2	14.7	16.6	18.0	19.4	20.8	23.5	26.3		
铬镍钢 [$w_{Cr}(17 \sim 19)\%$/ $w_{Ni}(9 \sim 13)\%$]	7830	460	14.7	11.8	14.3	16.1	17.5	18.8	20.2	22.8	25.5	28.2	30.9
镍钢($w_{Ni} \approx 1\%$)	7900	460	45.5	40.8	45.2	46.8	46.1	44.1	41.2	35.7	—		—
镍钢($w_{Ni} \approx 3.5\%$)	7910	460	36.5	30.7	36.0	38.8	39.7	39.2	37.8				
镍钢($w_{Ni} \approx 25\%$)	8030	460	13.0	—	—	—	—	—	—			
镍钢($w_{Ni} \approx 35\%$)	8110	460	13.8	10.9	13.4	15.4	17.1	18.6	20.1	23.1			
镍钢($w_{Ni} \approx 50\%$)	8260	460	19.6	17.3	19.4	20.5	21.0	21.1	21.3	22.5			
锰钢 ($w_{Mn} \approx 12\% \sim 13\%, w_{Ni} \approx 3\%$)	7800	487	13.6	—	—	14.8	16.0	17.1	18.3				
钨钢 ($w_W \approx 5\% \sim 6\%$)	8070	436	18.7	—	18.4	19.7	21.0	22.3	23.6	24.9	26.3		
铅	11340	128	35.3	37.2	35.5	34.3	32.8	31.5	—				
镁	1730	1020	156	160	157	154	152	150					
钼	9590	255	138	146	139	135	131	127	123	116	109	103	93.7
镍	8900	444	91.4	144	94.0	82.8	74.2	67.3	64.6	69.0	73.3	77.6	81.9
铂	21450	133	71.4	73.3	71.5	71.6	72.0	72.8	73.6	76.6	80.0	84.2	88.9
银	10500	234	427	431	428	422	415	407	399	384	—		—
锡	7310	228	67	75.0	68.2	63.2	60.9	—					
钛	4500	520	22	23.3	22.4	20.7	19.9	19.5	19.4	19.9			
铀	19070	116	27.4	24.3	27.0	29.1	31.1	33.4	35.7	40.6	45.6	—	
锌	7140	388	121	123	122	117	112	—					
锆	6570	276	22.9	26.5	23.2	21.8	21.2	20.9	21.4	22.3	24.5	26.4	28.0
钨	19350	134	179	204	182	166	153	142	134	125	119	114	110

① w_C、w_{Cr}、w_{Ni}、w_{Mn}、w_W 分别为材料中 C、Cr、Ni、Mn、W 各成分的质量分数。
② 数值 96 和 4 分别为成分 Al 和 Cu 的质量分数，下同。

1.3.3 稳定导热计算

计算导热量可按下式进行：

$$\Phi = \frac{t_1 - t_2}{\delta/(\lambda A)} = \frac{t_1 - t_2}{R_t} \qquad (7.1\text{-}28)$$

式中 Φ——热流量(W)；

　　t_1、t_2——物体两个边界上的温度(℃)；

　　δ——导热路程(m)；

　　A——导热面积(m^2)；

　　R_t——物体的导热热阻(℃/W)。

同电阻相类同,串联物体的导热量计算也可以利用热阻相加的原则。热阻概念也可用于对流和辐射换热。常用的几种热阻计算方法见表7.1-12。复杂形状物体的导热热阻可以参见文献[2]。

1.3.4 肋片

1. 肋片的作用

(1) 当换热面两侧的表面传热系数相差较大时,可在系数小的一侧加肋片,减小热阻。

(2) 当换热面两侧表面传热系数都小,两侧加肋片可以增大换热量。

(3) 肋片还可调节换热面的温度。

肋片也会增加材料消耗和增大流动阻力,要经过经济比较来决定是否用肋片。

表 7.1-11 保温、建筑及耐火材料的密度和热导率[1]

材 料 名 称	温度 $t/℃$	密度 ρ /kg·m^{-3}	热导率 λ /W·(m·K)$^{-1}$
超细玻璃棉	36	33.4~50	0.03
特种超细玻璃棉板	—	40~60	0.033~0.035
珍珠岩散料	20	44~288	0.042~0.078
沥青膨胀珍珠岩	31	233~282	0.069~0.076
水泥珍珠岩制品	25	255~435	0.070~0.11
膨胀珍珠岩水玻璃制品	31	298	0.10
水玻璃珍珠岩制品	31	317~462	0.13~0.20
蛭石	20	395~467	0.11~0.13
膨胀蛭石	20	100~130	0.052~0.070
沥青蛭石板管	20	350~400	0.081~0.11
石棉粉	22	744~1400	0.10~0.19
石棉砖	21	384	0.10
石棉绳		590~730	0.11~0.21
石棉绒		35~230	0.55~0.77
石棉板	30	770~1045	0.11~0.14
碳酸镁石棉灰	—	240~490	0.077~0.086

(续)

材 料 名 称	温度 $t/℃$	密度 ρ /kg·m^{-3}	热导率 λ /W·(m·K)$^{-1}$
硅藻土石棉灰	—	280~380	0.085~0.11
硅藻土砖	20	580~670	0.13~0.15
粉煤灰砖	27	458~589	0.12~0.22
矿渣棉	30	207	0.058
玻璃丝	35	120~492	0.058~0.070
玻璃棉毡	28	18.4~38.3	0.043
软木板	20	105~437	0.044~0.079
木丝纤维板	25	245	0.048
棉花	20	117	0.049
锯木屑	20	179	0.083
硬泡沫塑料	30	29.5~56.3	0.041~0.048
软泡沫塑料	30	41~162	0.043~0.056
铝箔间隔层(5层)	21	—	0.042
红砖(营造状态)	25	1860	0.49
红砖	35	1560	0.15
松树(平行木纹)	21	527	0.35
麻栗树(垂直木纹)	15	580	0.17
黄砂	30	1580~1700	0.28~0.34
混凝土板	35	1930	0.79
耐酸混凝土板	30	2250	1.49~1.59
水泥	30	1900	0.30
花岗石	—	2643	1.73~3.98
大理石	—	2499~2707	2.70
泥土(普通地区)	20	—	0.83
瓦楞纸板	21	180~218	0.057~0.063
瓷砖	37	2090	1.10
玻璃			0.52~1.06
聚苯乙烯	30	24.7~37.8	0.040~0.043
聚四氟乙烯	20	2240	0.19
聚氯乙烯	30		0.14~0.15
丁腈聚氯乙烯	30		0.24
氯丁胶	30		0.28
丁基胶	30		0.26
乙丙胶	30		0.35
油浸绝缘纸	30		0.14~0.23
有机硅泡沫橡胶	31	200	0.057
聚氨酯人造橡胶	30	1064	0.16
橡胶混凝土	30	1377	0.33
水垢	65		1.31~3.14
云母		290	0.58
硅气凝胶	120	136.2	0.022

表 7.1-12 几种常用情况的 R_t

物体形状	图 示	导 热 热 阻 $R_t/(\text{℃}/\text{W})$
1. 单层大平壁	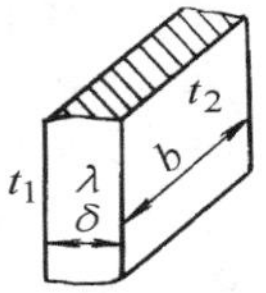 壁高 l	$\dfrac{\delta}{\lambda A}=\dfrac{\delta}{\lambda lb}$ 适用于 $\delta\ll l$ 且 $\delta\ll b$ 的情况,如遇两侧面积不相等,可采用两侧面积的算术平均数作为式(7.1-28)中的 A
2. 多层大平壁	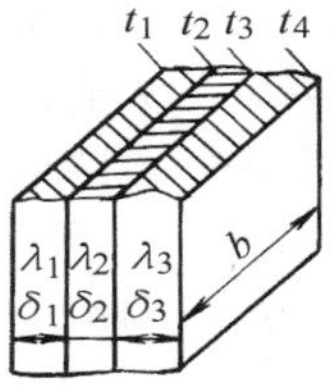 壁高 l	$\sum\dfrac{\delta_i}{\lambda_i F_i}$ 适用条件同第1栏;以图示三层壁为例,$R_t=\dfrac{\delta_1}{\lambda_1 lb}$ $+\dfrac{\delta_2}{\lambda_2 lb}+\dfrac{\delta_3}{\lambda_3 lb}$,且式(7.1-28)中的$(t_1-t_2)$项须相应地改为 (t_1-t_4),如各层面积不相符,仍按第1栏方法处理
3. 单层长圆筒壁	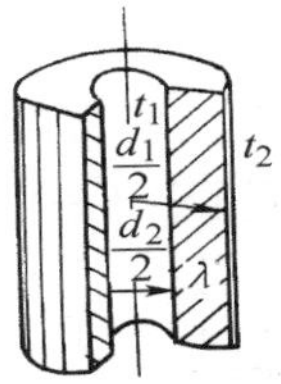 壁高 l	$\dfrac{1}{2\pi l\lambda}\ln\left(\dfrac{d_2}{d_1}\right)$ 适用于 $l\gg(d_2-d_1)$
4. 多层长圆筒壁	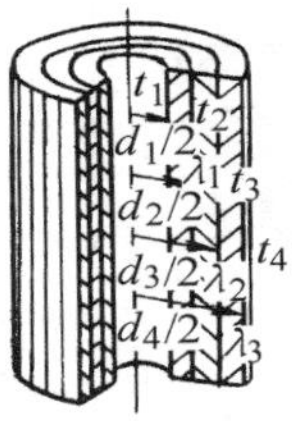 壁高 l	$\dfrac{1}{2\pi l}\sum\dfrac{1}{\lambda_i}\ln\left(\dfrac{d_{i+1}}{d_i}\right)$ 适用条件同第3栏;以图示的三层圆筒壁为例,$R_t=\dfrac{1}{2\pi l}\left(\dfrac{1}{\lambda_1}\ln\dfrac{d_2}{d_1}+\dfrac{1}{\lambda_2}\ln\dfrac{d_3}{d_2}+\dfrac{1}{\lambda_3}\ln\dfrac{d_4}{d_3}\right)$,且式(7.1-28)中的$(t_1-t_2)$项须相应地改为$(t_1-t_4)$
5. 空心球壁	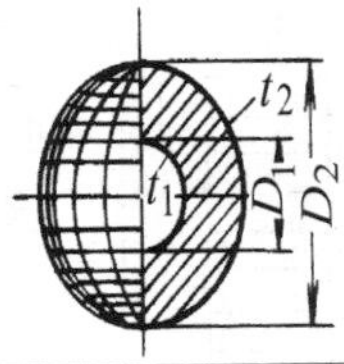	(1)单层空心球壁 $\dfrac{1}{2\pi\lambda}\left(\dfrac{1}{D_1}-\dfrac{1}{D_2}\right)$ (2)多层空心球壁 $\dfrac{1}{2\pi}\sum\dfrac{1}{\lambda_i}\left(\dfrac{1}{D_i}-\dfrac{1}{D_{i+1}}\right)$
6. 圆管外包有正方形材料	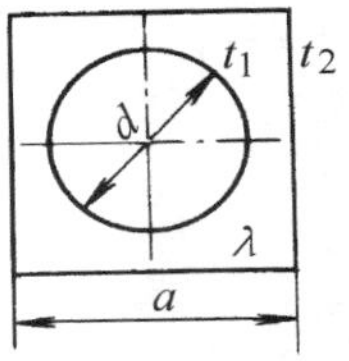 a	$\dfrac{1}{2\pi\lambda l}\ln\left(1.08\,\dfrac{a}{d}\right)$ 适用于管道长度 $l\gg d$

2. 肋片效率 η_f 肋片的实际换热量与理论上最大换热量之比称之肋片效率。理论最大换热量是假设整个肋片表面为肋基温度时的换热量。几种常见肋片形状的肋片效率见表 7.1-13，由 (ml) 查曲线得 η_f 值。

3. 肋片材料与尺寸的选择 选择时应保证 $\frac{\delta}{2}/\lambda \ll 0.25\frac{1}{\alpha}$ 才能增强换热。δ 为肋厚，对三角形肋片 δ 取平均厚度。由此可见，肋片适用于表面传热系数较低的场合，而且应该薄些，使用热导率高的材料，如铜和铝的肋片用的较多。肋片与基材接触要紧密。

4. 肋壁效率 η

$$\eta = 1 - \frac{A_f}{A}(1 - \eta_f) \qquad (7.1\text{-}29)$$

式中　A_f——肋壁上全部肋片的表面积（m^2）；

　　　A——肋壁的换热表面积（m^2），即肋片面积 A_f 与壁面上未被肋片占据而仍与流体接触的表面积 A_1 之和；

　　肋壁与流体换热的热流量

$$\Phi = h(t_0 - t_f)A_0\beta\eta \qquad (7.1\text{-}30)$$

式中　A_0——不加肋片的光壁面积（m^2）；

　　　t_0——光壁表面的温度（℃）；

　　　t_f——流体温度（℃）；

　　　h——表面传热系数[$W/(m^2 \cdot K)$]；

　　　β——肋化因数，$\beta = A/A_0$。

表 7.1-13　常用肋型的肋片效率[1]

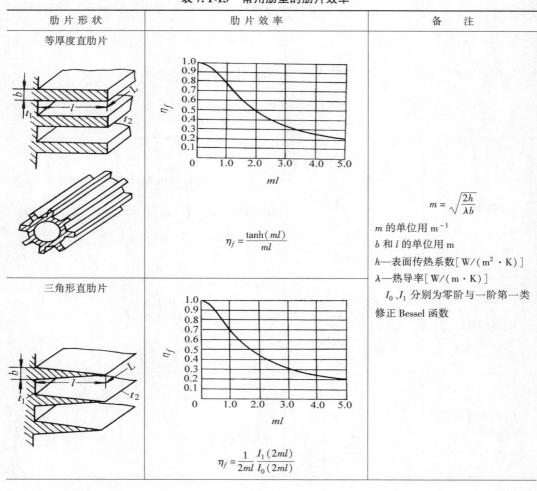

肋片形状	肋片效率	备　　注
等厚度直肋片	$\eta_f = \dfrac{\tanh(ml)}{ml}$	$m = \sqrt{\dfrac{2h}{\lambda b}}$ m 的单位用 m^{-1} b 和 l 的单位用 m h—表面传热系数[$W/(m^2 \cdot K)$] λ—热导率[$W/(m \cdot K)$] 　I_0、I_1 分别为零阶与一阶第一类修正 Bessel 函数
三角形直肋片	$\eta_f = \dfrac{1}{2ml}\dfrac{I_1(2ml)}{I_0(2ml)}$	

（续）

肋片形状	肋片效率	备　注
等厚度圆形环肋片 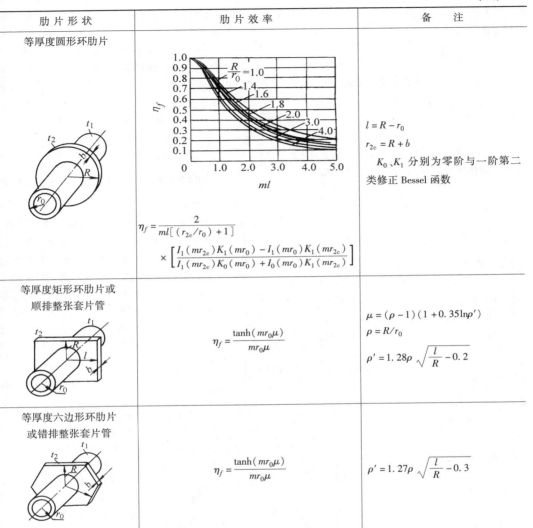 $$\eta_f = \frac{2}{ml[(r_{2c}/r_0)+1]}$$ $$\times\left[\frac{I_1(mr_{2c})K_1(mr_0)-I_1(mr_0)K_1(mr_{2c})}{I_1(mr_{2c})K_0(mr_0)+I_0(mr_0)K_1(mr_{2c})}\right]$$	$l = R - r_0$ $r_{2c} = R + b$ K_0、K_1 分别为零阶与一阶第二类修正 Bessel 函数
等厚度矩形环肋片或顺排整张套片管	$$\eta_f = \frac{\tanh(mr_0\mu)}{mr_0\mu}$$	$\mu = (\rho-1)(1+0.35\ln\rho')$ $\rho = R/r_0$ $\rho' = 1.28\rho\sqrt{\dfrac{l}{R}-0.2}$
等厚度六边形环肋片或错排整张套片管	$$\eta_f = \frac{\tanh(mr_0\mu)}{mr_0\mu}$$	$\rho' = 1.27\rho\sqrt{\dfrac{l}{R}-0.3}$

1.3.5　不稳定导热

不稳定导热是指物体的温度场随时间而变化的导热过程。描述温度场的导热微分方程：

$$\frac{\partial t}{\partial \tau} = a\left[\frac{\partial^2 t}{\partial x^2}+\frac{\partial^2 t}{\partial y^2}+\frac{\partial^2 t}{\partial z^2}\right] \quad (7.1\text{-}31)$$

$$a = \lambda/\rho c_p$$

式中　a——热扩散率（m²/s）；

　　　ρ——物体的密度（kg/m³）。

一些简单的情况可以用式（7.1-31）解析求解，也可用图解法求解；简单形状的二维、三维问题可以利用伯格（Berger）—纽曼（Newman）法则求解；更为复杂的问题只能依靠用数值解法，（参阅文献[1、2、8、9、10]）。

经验证明：当毕渥（Biot）数 $Bi = \dfrac{h(V/A)}{\lambda}$ $\leqslant 0.1M$ 时，可以采用集总参数法进行简化计算。对无限大平板 $M = 1$；无限长圆柱 $M = \dfrac{1}{2}$；球体 $M = \dfrac{1}{3}$；V、A 为物体的体积与表面积；h 是物体外表面的表面传热系数。

当上述形状较简单的金属体受恒温介质加热、冷却时，其表面和中心的温度几乎相等，金属体温度随时间变化的计算式为

$$\frac{t - t_f}{t_0 - t_f} = \exp\left(-\frac{hA\tau}{\rho cV}\right) \qquad (7.1\text{-}32)$$

式中　t_0、t_f——物体的初始温度、外界流体温度（℃）；

ρ、c——物体的密度（kg/m^3）与比热容 $[kJ/(kg \cdot K)]$。

从加热或冷却过程开始到某一瞬时 τ 这段时间内，物体吸收或放出的热量（kJ）为

$$Q = \rho cV (t_0 - t_f)\left[1 - \exp\left(-\frac{hA\tau}{\rho cV}\right)\right]$$

$$(7.1\text{-}33)$$

1.4　对流换热

1.4.1　概述

对流换热是指流体与其温度不同的固体壁面相接触时所进行的热量传递过程，简称换热。影响对流换热的因素包括流体流动状态（层流、紊流、过渡态等）、流动的起因（强制对流、自然

对流、混合对流）、流体物性、流体集态变化（沸腾、凝结）及换热表面的几何形状和放置的方式等。

1. 牛顿（Newton）冷却公式　对流换热的热流量 $\Phi(W)$ 和热流密度 q（W/m^2）用下式计算

$$\Phi = hA(t_f - t_w) \qquad (7.1\text{-}34a)$$

或　　　　　$q = h(t_f - t_w) \qquad (7.1\text{-}34b)$

式中　h——表面传热系数；

A——换热面积；

t_f、t_w——流体与换热壁面温度（℃）。

将 $\frac{1}{hA}$ 称为对流换热热阻；$\frac{1}{h}$ 称为单位面积对流换热热阻。

2. 准则数　对流换热的影响因素多而复杂，除了用数学分析法求解之外，多数依靠实验与理论分析相结合方法来研究。实验研究是根据相似理论或量纲分析法，利用实验研究得到的相似准则关联求解同类现象的一些换热问题。各种准则关联式都有一定的局限性，只能在实验验证过的范围内使用，严格注意它的定性温度、定型尺寸和使用条件。常用的准则数见表 7.1-14。

表 7.1-14　对流换热中常用的准则数

准则数名称	符　号	组　成	物　理　意　义	备　　注
努塞尔（Nusselt）数	Nu	$\dfrac{hl}{\lambda}$	反映对流换热量与导热量的相对大小	h—表面传热系数 l—定型尺寸
斯坦顿（Stanton）数	St	$\dfrac{h}{\rho wc_p}$	反映流体温度变化与换热温度差的相对大小	λ—热导率 ρ—密度
雷诺（Reynolds）数	Re	$\dfrac{wl}{\nu}$	反映流体流动时惯性力与粘性力的相对大小	w—流速 c_p—比定压热容
普朗特（Prandtl）数①	Pr	$\dfrac{\nu}{a}$	反映动量扩散与热扩散的相对大小	ν—运动粘度 a—热扩散率
格拉晓夫（Grashof）数	Gr	$\dfrac{ga_V l^3 \Delta t}{\nu^2}$	反映浮升力相对于粘滞力的大小	g—重力加速度 a_V—体胀系数②
贝克来（Peclet）数	Pe	$\dfrac{wl}{a}$	反映流体流动带走的热量与导热量之比	Δt—物体与流体间的温差 Δp—压降
欧拉（Euler）数	Eu	$\dfrac{\Delta p}{pw^2}$	反映流体流动时的压降与动压头的相对大小	$St = \dfrac{Nu}{(Re)(Pr)}$ $Pe = (Re)(Pr)$

注：1. 准则数是无量纲数。计算准则数的数值时，务必注意各物理量所用单位的一致性。

2. 表中所有物性参数均指流体的物性。

① 其数值可直接由流体热物理性质数据表（如表 7.1-15 ~ 表 7.1-18 等）中查得。

② 对理想气体，$a_V = \dfrac{1}{T}$，T 为气体的热力学温度（K）；其他介质可由流体热物理性质数据表查得。

表 7.1-15　干空气的热物理性质($p = 0.1013\text{MPa}$)[1]

t /°C	ρ /kg·m^{-3}	c_p /kJ·(kg·°C)$^{-1}$	$\lambda \times 10^2$ /W·(m·°C)$^{-1}$	$a \times 10^6$ /m^2·s^{-1}	$\eta \times 10^6$ /Pa·s	$\nu \times 10^6$ /m^2·s^{-1}	Pr
−50	1.584	1.013	2.04	12.7	14.6	9.23	0.728
−40	1.515	1.013	2.12	13.8	15.2	10.04	0.728
−30	1.453	1.013	2.20	14.9	15.7	10.80	0.723
−20	1.395	1.009	2.28	16.2	16.2	11.61	0.716
−10	1.342	1.009	2.36	17.4	16.7	12.43	0.712
0	1.293	1.005	2.44	18.8	17.2	13.28	0.707
10	1.247	1.005	2.51	20.0	17.6	14.16	0.705
20	1.205	1.005	2.59	21.4	18.1	15.06	0.703
30	1.165	1.005	2.67	22.9	18.6	16.00	0.701
40	1.128	1.005	2.76	24.3	19.1	16.96	0.699
50	1.093	1.005	2.83	25.7	19.6	17.95	0.698
60	1.060	1.005	2.90	27.2	20.1	18.97	0.696
70	1.029	1.009	2.96	28.6	20.6	20.02	0.694
80	1.000	1.009	3.05	30.2	21.1	21.09	0.692
90	0.972	1.009	3.13	31.9	21.5	22.10	0.690
100	0.946	1.009	3.21	33.6	21.9	23.13	0.688
120	0.898	1.009	3.34	36.8	22.8	25.45	0.686
140	0.854	1.013	3.49	40.3	23.7	27.80	0.684
160	0.815	1.017	3.64	43.9	24.5	30.09	0.682
180	0.779	1.022	3.78	47.5	25.3	32.49	0.681
200	0.746	1.026	3.93	51.4	26.0	34.85	0.680
250	0.674	1.038	4.27	61.0	27.4	40.61	0.677
300	0.615	1.047	4.60	71.6	29.7	48.33	0.674
350	0.566	1.059	4.91	81.9	31.4	55.46	0.676
400	0.524	1.068	5.21	93.1	33.0	63.09	0.678
500	0.456	1.093	5.74	115.3	36.2	79.38	0.687
600	0.404	1.114	6.22	138.3	39.1	96.89	0.699
700	0.362	1.135	6.71	163.4	41.8	115.4	0.706
800	0.329	1.156	7.18	188.8	44.3	134.8	0.713
900	0.301	1.172	7.63	216.2	46.7	155.1	0.717
1000	0.277	1.185	8.07	245.9	49.0	177.1	0.719
1100	0.257	1.197	8.50	276.2	51.2	199.3	0.722
1200	0.239	1.210	9.15	316.5	53.5	233.7	0.724

表 7.1-16　在大气压力($p = 1.01325 \times 10^5 \text{Pa}$)下烟气的热物理性质[1]
（烟气中组成成分[1]：$r_{CO_2} = 0.13$；$r_{H_2O} = 0.11$；$r_{N_2} = 0.76$）

t /°C	ρ /kg·m^{-3}	c_p /kJ·(kg·°C)$^{-1}$	$\lambda \times 10^2$ /W·(m·°C)$^{-1}$	$a \times 10^6$ /m^2·s^{-1}	$\eta \times 10^6$ /Pa·s	$\nu \times 10^6$ /m^2·s^{-1}	Pr
0	1.295	1.042	2.28	16.9	15.8	12.20	0.72
100	0.950	1.068	3.13	30.8	20.4	21.54	0.69
200	0.748	1.097	4.01	48.9	24.5	32.80	0.67
300	0.617	1.122	4.84	69.9	28.2	45.81	0.65
400	0.525	1.151	5.70	94.3	31.7	60.38	0.64
500	0.457	1.185	6.56	121.1	34.8	76.30	0.63
600	0.405	1.214	7.42	150.9	37.9	93.61	0.62
700	0.363	1.239	8.27	183.8	40.7	112.1	0.61
800	0.330	1.264	9.15	219.7	43.4	131.8	0.60
900	0.301	1.290	10.00	258.0	45.9	152.5	0.59
1000	0.275	1.306	10.90	303.4	48.4	174.3	0.58
1100	0.257	1.323	11.75	345.5	50.7	197.1	0.57
1200	0.240	1.340	12.62	392.4	53.0	221.0	0.56

①　组成成分皆用体积分数表示。

表 7.1-17 常压下几种气体的热物理性质[1]

气体名称	t /℃	ρ /kg·m⁻³	c_p /kJ·(kg·℃)⁻¹	$\lambda \times 10^2$ /W·(m·℃)⁻¹	$a \times 10^2$ /m²·h⁻¹	$\eta \times 10^6$ /Pa·s	$\nu \times 10^6$ /m²·s⁻¹	Pr
氢气 (H_2)	−50	0.1064	13.82	14.07	34.4	7.355	69.1	0.72
	0	0.0869	14.19	16.75	48.6	8.414	96.8	0.72
	50	0.0734	14.40	19.19	65.3	9.385	128	0.71
	100	0.0636	14.49	21.40	84.0	10.277	162	0.69
	150	0.0560	14.49	23.61	105	11.121	199	0.68
	200	0.0502	14.53	25.70	128	11.915	237	0.66
	250	0.0453	14.53	27.56	152	12.651	279	0.66
	300	0.0415	14.57	29.54	178	13.631	321	0.65
氮气 (N_2)	−50	1.485	1.043	2.000	4.65	14.122	9.5	0.74
	0	1.211	1.043	2.407	6.87	16.671	13.8	0.72
	50	1.023	1.043	2.791	9.42	18.927	18.5	0.71
	100	0.887	1.043	3.128	12.2	21.084	23.8	0.70
	150	0.782	1.047	3.477	15.3	23.046	29.5	0.69
	200	0.699	1.055	3.815	18.6	24.811	35.5	0.69
	250	0.631	1.059	4.129	22.1	26.674	42.3	0.69
	300	0.577	1.072	4.419	25.7	28.341	49.1	0.69
二氧化碳 (CO_2)	−50	2.373	0.766	1.105	2.2	11.28	4.8	0.78
	0	1.912	0.829	1.454	3.3	13.83	7.2	0.78
	50	1.616	0.875	1.830	4.7	16.18	10.0	0.77
	100	1.400	0.921	2.221	6.2	18.34	13.1	0.76
	150	1.235	0.959	2.628	8.0	20.40	16.5	0.74
	200	1.103	0.996	3.059	10.1	22.36	20.3	0.72
	250	0.996	1.030	3.512	12.3	24.22	24.3	0.71
	300	0.911	1.063	3.989	14.8	25.99	28.5	0.69
氧气 (O_2)	−100	2.192	0.917	1.465	2.7	12.94	5.4	0.80
	−50	1.694	0.917	1.884	4.4	16.18	9.6	0.79
	0	1.382	0.917	2.291	6.5	19.12	13.9	0.77
	50	1.168	0.925	2.687	8.9	21.97	18.8	0.76
	100	1.012	0.934	3.035	11.6	24.61	24.3	0.76
一氧化碳 (CO)	−100	1.920	1.047	1.523	2.7	10.40	5.4	0.72
	−50	1.482	1.043	1.931	4.5	13.24	8.9	0.71
	0	1.210	1.043	2.326	6.6	15.59	12.9	0.70
	50	1.022	1.043	2.721	9.2	18.33	17.9	0.70
	100	0.886	1.047	3.047	11.8	20.69	23.4	0.71
氨 (NH_3)	0	0.746	2.144	2.186	4.9	9.32	12.5	0.91
	50	0.626	2.181	2.733	7.2	11.08	17.7	0.89
	100	0.540	2.240	3.326	9.9	13.04	24.1	0.88
	150	0.476	2.324	4.036	13.1	15.00	31.5	0.86
	200	0.425	2.420	4.850	17.0	16.57	39.0	0.83
二氧化硫 (SO_2)	0	2.83	0.624	0.837	1.71	11.57	4.08	0.86
	100	2.06	0.674	1.198	3.10	16.28	8.06	0.94
氦 (He)	0	0.179	5.192	14.421	55.9	18.58	102	0.66
	100	0.172	5.192	16.631	67.0	22.65	134	0.72
氟利昂12 (CF_2Cl_2)	30	5.02	0.615	0.837	0.98	12.65	2.52	0.92
氟利昂21 ($CHFCl_2$)	30	4.57	0.586	0.989	1.33	11.57	2.53	0.68
氟利昂123 ($CHCl_2CF_3$)	25	5.8 (27.9℃的饱和蒸气)	0.720	0.951	0.82	13.00	2.24	0.98
氟利昂34a (CH_2FCF_3)	25	5.04 (−26.5℃的饱和蒸气)	0.858	1.45	1.21	13.70	2.72	0.81

表 7.1-18　饱和水的热物理性质[1]

t /℃	$p \times 10^{-5}$ /Pa	ρ /kg·m^{-3}	h' /kJ·kg^{-1}	c_p /kJ·(kg·℃)$^{-1}$	$\lambda \times 10^2$ /W·(m·℃)$^{-1}$	$a \times 10^8$ /m²·s^{-1}	$\eta \times 10^6$ /Pa·s	$\nu \times 10^6$ /m²·s^{-1}	$a_V \times 10^4$ /K^{-1}	σ[①] $\times 10^4$ /N·m^{-1}	Pr
0	0.00611	999.9	0	4.212	55.1	13.1	1788	1.789	−0.63	756.4	13.67
10	0.01227	999.7	42.04	4.191	57.4	13.7	1306	1.306	+0.70	741.6	9.52
20	0.02338	998.2	83.91	4.183	59.9	14.3	1004	1.006	1.82	726.9	7.92
30	0.04241	995.7	125.7	4.174	61.8	14.9	801.5	0.805	3.21	712.2	5.42
40	0.07375	992.2	167.5	4.174	63.5	15.3	653.3	0.659	3.87	696.5	4.31
50	0.12335	988.1	209.3	4.174	64.8	15.7	549.4	0.556	4.49	676.9	3.54
60	0.19920	983.1	251.1	4.179	65.9	16.0	469.9	0.478	5.11	662.2	2.99
70	0.3116	977.8	293.0	4.187	66.8	16.3	406.1	0.415	5.70	643.5	2.55
80	0.4736	971.8	335.0	4.195	67.4	16.6	355.1	0.365	6.32	625.9	2.21
90	0.7011	965.3	377.0	4.208	68.0	16.8	314.9	0.326	6.95	607.2	1.95
100	1.013	958.4	419.1	4.220	68.3	16.9	282.5	0.295	7.52	588.6	1.75
110	1.43	951.0	461.4	4.233	68.5	17.0	259.0	0.272	8.08	569.0	1.60
120	1.98	943.1	503.7	4.250	68.6	17.1	237.4	0.252	8.64	548.4	1.47
130	2.70	934.8	546.4	4.266	68.6	17.2	217.8	0.233	9.19	528.8	1.36
140	3.61	926.1	589.1	4.287	68.5	17.2	201.1	0.217	9.72	507.2	1.26
150	4.76	917.0	632.2	4.313	68.4	17.3	186.4	0.203	10.3	486.6	1.17
160	6.18	907.4	675.4	4.346	68.3	17.3	173.6	0.191	10.7	466.0	1.10
170	7.92	897.3	719.3	4.380	67.9	17.3	162.8	0.181	11.3	443.4	1.05
180	10.03	886.9	763.3	4.417	67.4	17.2	153.0	0.173	11.9	422.8	1.00
190	12.55	876.0	807.8	4.459	67.0	17.1	144.2	0.165	12.6	400.2	0.96
200	15.55	863.0	852.5	4.505	66.3	17.0	136.4	0.158	13.3	376.7	0.93
210	19.08	852.3	897.7	4.555	65.5	16.9	130.5	0.153	14.1	354.1	0.91
220	23.20	840.3	943.7	4.614	64.5	16.6	124.6	0.148	14.8	331.6	0.89
230	27.98	827.3	990.2	4.681	63.7	16.4	119.7	0.145	15.9	310.0	0.88
240	33.48	813.6	1037.5	4.756	62.8	16.2	114.8	0.141	16.8	285.5	0.87
250	39.78	799.0	1085.7	4.844	61.8	15.9	109.9	0.137	18.1	261.9	0.86
260	46.94	784.0	1135.1	4.949	60.5	15.6	105.9	0.135	19.7	237.4	0.87
270	55.05	767.9	1185.3	5.070	59.0	15.1	102.0	0.133	21.6	214.8	0.88
280	64.19	750.7	1236.8	5.230	57.4	14.6	98.1	0.131	23.7	191.3	0.90
290	74.45	732.3	1290.0	5.485	55.8	13.9	94.2	0.129	26.2	168.7	0.93
300	85.92	712.5	1344.9	5.736	54.0	13.2	91.2	0.128	29.2	144.2	0.97
310	98.70	691.1	1402.2	6.071	52.3	12.5	88.3	0.128	32.9	120.7	1.03
320	112.90	667.1	1462.0	6.574	50.6	11.5	85.3	0.128	38.2	98.10	1.11
330	128.65	640.2	1526.2	7.244	48.4	10.4	81.4	0.127	43.3	76.71	1.22
340	146.08	610.1	1594.8	8.165	45.7	9.17	77.5	0.127	53.4	56.70	1.39
350	165.37	574.4	1671.4	9.504	43.0	7.88	72.6	0.126	66.8	38.16	1.60
360	186.74	528.0	1761.5	13.984	39.5	5.36	66.7	0.126	109	20.21	2.35
370	210.53	450.5	1892.5	40.321	33.7	1.86	56.9	0.126	264	4.709	6.79

①　表面张力。

各种对流换热的表面传热系数大致范围见表 7.1-19。

1.4.2　自然对流换热

流体内由于温度不同而造成密度差所引起的流动称自然对流,此时与换热表面的换热称自然对流换热,流体浮升力支配流动状态。根据流体所处空间大小,自然对流换热分为大空间和有限空间自然对流换热两种。

1. 大空间自然对流换热　大空间系指在换热表面附近流体自由运动不会受到其它表面的干扰。计算表面传热系数的准则关联式为

$$Nu_m = C[(Gr_m)(Pr_m)]^n \qquad (7.1\text{-}35)$$

式中,下脚标 m 表示以 $t_m = (t_w + t_f)/2$ 为定性温度。系数 C 与指数 n 列于表 7.1-20 中。

竖圆柱表面只有当 $d/H \geqslant 35G_r^{1/4}$ 时才能按表中竖平板表面处理。

表 7.1-19　表面传热系数的大致范围

[单位：W/(m² · K)]

空气自然对流	5 ~ 10
空气强制对流	25 ~ 100
水自然对流	200 ~ 1000
水强制对流	2000 ~ 15000
油强制对流	50 ~ 450
水沸腾	3000 ~ 20000
水蒸气膜状凝结	4000 ~ 15000

2. 有限空间自然对流换热　封闭夹层中的自然对流换热就属于此类换热。多数情况下，同时存在流体的受热与冷却过程，上升与下降气流相互影响。通常将这类复杂问题当作一个相当导热问题处理，引入当量热导率 λ_e 的概念。表 7.1-21 把 λ_e 与流体热导率 λ 之比用准则关联式求解。表中准则的定性温度是壁面平均温度 $t_m = (t_{w1} + t_{w2})/2$；定型尺寸用夹层的厚度 δ。

1.4.3　强制对流换热

由外力产生的流体流动叫强制流动或受迫流动。此时所引起的热量传递过程称强制对流换热，流体惯性力支配流动状态。强制对流换热有两类：管内换热和外掠换热。

1. 管内换热　计算表面传热系数的准则关联式见表 7.1-22。定型尺寸对圆管取内径，椭圆管、扁平管、异形管、环形通道或槽道等其它流道用当量直径计算，即 $d_e = \dfrac{4A}{U}$（A—流道的横截面；U—与流体接触的流道周长）。修正系数见表 7.1-23。

2. 外掠物体换热　外掠平板、单管和管束的准则关联式列于表 7.1-24。掠过填料表面、旋转物体以及高速气流（马赫数 $M_a < 5$）的对流换热可以参见文献[2]。

表 7.1-20　式(7.1-35)中的 C 和 n

表面形状与位置	图　示	流态	C	n	定型尺寸	适 用 范 围
竖平板及竖圆柱[①]		层流 湍流	0.59 0.10	$\dfrac{1}{4}$ $\dfrac{1}{3}$	高度 H	$(Gr_m)(Pr_m) = 10^4 \sim 10^9$ $(Gr_m)(Pr_m) = 10^9 \sim 10^{12}$ 壁温均匀
横圆柱		层流 湍流	0.48 0.125	$\dfrac{1}{4}$ $\dfrac{1}{3}$	外径 d_o	$(Gr_m)(Pr_m) = 10^4 \sim 10^7$ $(Gr_m)(Pr_m) = 10^7 \sim 10^{12}$
水平板，热面朝上或冷面朝下		层流 湍流	0.54 0.15	$\dfrac{1}{4}$ $\dfrac{1}{3}$	$L = \dfrac{A}{P}$ A—板的面积 P—板的周长	$(Gr_m)(Pr_m) = 10^4 \sim 10^7$ $(Gr_m)(Pr_m) = 10^7 \sim 10^{11}$ 壁温均匀
水平板，热面朝下或冷面朝上		层流	0.27	$\dfrac{1}{4}$		$(Gr_m)(Pr_m) = 10^5 \sim 10^{10}$ 壁温均匀

①　平板或圆柱由竖直向前倾斜夹角小于60°时，仍可用式(7.1-35)计算，层流时将 Gr_m 中的 g 代之以 $g\sin\theta$（θ 为表面与水平面之间的夹角）。

表7.1-21 有限空间自然对流换热准则关联式[1]

夹层形状	图　示	换热量	准则关联式	适　用　范　围
竖夹层①		$q = \dfrac{\lambda_e}{\delta}(t_{w1} - t_{w2})$ δ—夹层厚度 t_{w1}—热面温度 t_{w2}—冷面温度	$\lambda_e/\lambda = 1$ $\lambda_e/\lambda = 0.197[(Gr)(Pr)]^{1/4}$ $\times \left(\dfrac{\delta}{h}\right)^{1/9}$ $\lambda_e/\lambda = 0.073[(Gr)(Pr)]^{1/3}$ $\times \left(\dfrac{\delta}{h}\right)^{1/9}$	$(Gr)(Pr) < 2000$ $(Gr)(Pr) = 6\times10^3 \sim 2$ $\times 10^5$ $(Gr)(Pr) = 2\times10^5 \sim 1.1$ $\times 10^7$
横夹层,热面在下②			$\lambda_e/\lambda = 1$ $\lambda_e/\lambda = 0.212[(Gr)(Pr)]^{1/4}$ $\lambda_e/\lambda = 0.061[(Gr)(Pr)]^{1/3}$	$(Gr)(Pr) < 2000$ $(Gr)(Pr) = 7\times10^3 \sim 3.2$ $\times 10^5$ $(Gr)(Pr) > 3.2\times10^5$
环形夹层（热面在内）	 $\delta = \dfrac{1}{2}(d_2 - d_1)$	单位长度的换热量 $\dfrac{\Phi}{l} =$ $\dfrac{2\pi\lambda_e(t_{w1} - t_{w2})}{\ln(d_2/d_1)}$ d_2—外筒内径 d_1—内筒外径	$\lambda_e/\lambda = 0.386[(Gr^*)(Pr^*)]^{1/4}$ $\times \left(\dfrac{Pr}{Pr + 0.861}\right)^{1/4}$ $(Gr^*)(Pr^*) = [(Gr)(Pr)]$ $\times \dfrac{[\ln(d_2/d_1)]^4}{\delta^3(d_1^{-0.6} + d_2^{-0.6})^5}$	$(Gr^*)(Pr^*) = 10^2 \sim 10^7$

① $(\delta/h) > 0.33$ 时,可按大空间准则关联式分别计算冷板与热板的换热。

② 如热面在上,可按纯导热计算,即 $\lambda_e = \lambda$。

表7.1-22 管内换热的准则关联式[1]

流动状态	准　则　关　联　式	适用范围及定性温度和定型尺寸
层流	$Nu_f = 1.86\left[(Re_f)(Pr_f)\left(\dfrac{d_e}{l}\right)\right]^{0.33}\left(\dfrac{\eta_f}{\eta_w}\right)^{0.14}$ l—管长(m);d_e—管道的当量直径(m);η—流体的动力粘度(Pa·s)	$Re_f < 2200, Pr_f > 0.6$。定性温度除 η_w 用壁温外,其余均用流体平均温度。定型尺寸用管道的当量直径
湍流	$Nu_f = 0.023(Re_f)^{0.8}(Pr_f)^{0.4}\varepsilon_l\varepsilon_R\varepsilon_t$ $\varepsilon_l,\varepsilon_R,\varepsilon_t$ 值查表7.1-23	$Re_f = 10^4 \sim 1.2\times10^5$ $Pr_f = 0.7 \sim 120$ 定性温度用流体平均温度。定型尺寸用管道的当量直径
湍流及过渡区	$Nu_f = \dfrac{(f/8)(Re_f - 1000)Pr_f\varepsilon_l\varepsilon_R\varepsilon_t}{1 + 12.7\sqrt{f/8}[(Pr_f)^{2/3} - 1]}$ $f = [0.79\ln(Re_f) - 1.64]^{-2}$ f—摩擦因数,光滑管按上式计算,粗糙管查第6篇	$Re_f = 2200 \sim 5\times10^6$ $Pr_f = 0.5 \sim 2000$ 定性温度用流体平均温度。定型尺寸用管道的当量直径

表 7.1-23 ε_l, ε_R, ε_t 的值

项　目	说　　　　　明
管长修正 ε_l	当管道长度短于当量直径的 50 倍时(即 $l/d_e < 50$),应考虑管长修正项 $\varepsilon_l = [1 + (d_e/l)^{2/3}]$
曲率修正 ε_R	用于弯管,其弯曲半径为 R。对气体 $\varepsilon_R = 1 + 1.77(d_e/R)$;对液体 $\varepsilon_R = 1 + 10.3(d_e/R)^3$
温差修正 ε_t	壁面与流体间的温差较大时,应考虑温差修正。气体被加热时,$\varepsilon_t = (T_f/T_w)^{0.5}$;气体被冷却时,$\varepsilon_t = 1$;液体被加热时,$\varepsilon_t = (\eta_f/\eta_w)^{0.11}$;液体被冷却时,$\varepsilon_t = (\eta_f/\eta_w)^{0.25}$

表 7.1-24 外掠物体换热的准则关联式[1]

换热面种类	准则关联式	定性温度与 定型尺寸	备　注
外掠平板 $\dfrac{t_f}{w} \longrightarrow$　　t_w	对 $Re_m < 5 \times 10^5$, $Pr_m = 0.6 \sim 50$ $Nu_m = 0.664 (Re_m)^{1/2} (Pr_m)^{1/3}$ 对 $Re_m = 5 \times 10^5 \sim 10^8$, Pr_m $= 0.6 \sim 60$ $Nu_m = 0.037 [(Re_m)^{4/5} - 871]$ $\times (Pr_m)^{1/3}$	定性温度用来 流温度 t_f 和壁面 温度 t_w 的平均值 $t_m = \dfrac{1}{2} \times (t_w + t_f)$;定型尺寸用板 长 l	雷诺数中的速度用来流速度 w_∞
横掠单管 $\dfrac{t_f}{w}$ — d_o — t_w	$Nu_f = C(Re_f)^m (Pr_f)^n \left(\dfrac{Pr_f}{Pr_w}\right)^{1/4}$ 表: Re_f | C | m | n $40 \sim 10^3$ | 0.51 | 0.5 | $Pr_f = 0.7 \sim 10$ n = 0.37 $10^3 \sim 2 \times 10^5$ | 0.26 | 0.6 | $Pr_f = 10 \sim 500$ $2 \times 10^5 \sim 10^6$ | 0.076 | 0.7 | n = 0.36	Pr_w 的定性温度 用壁面温度 t_w;其 余均用流体温度 t_f;定型尺寸用圆 管外径 d_o	用于气体时可不考虑修正项 $\left(\dfrac{Pr_f}{Pr_w}\right)^{1/4}$,即认为 $Pr_f = Pr_w$;雷 诺数中的速度用来流速度 w_∞
横掠顺排管束	$Nu_f = C(Re_{fmax})^m (Pr_f)^{0.36} \left(\dfrac{Pr_f}{Pr_w}\right)^{1/4} \varepsilon_n$ 适用于 $Pr_f = 0.7 \sim 500$ Re_{fmax} | C | m $10 \sim 10^2$ | 0.80 | 0.40 $10^2 \sim 10^3$ | 0.51 | 0.50 $10^3 \sim 2 \times 10^5$ | 0.27 | 0.63 $2 \times 10^5 \sim 10^6$ | 0.021 | 0.84	Pr_w 的定性温度 用壁面温度 t_w;其 余均用流体温度 t_f,即流体进出口 温度的算术平均 值;定型尺寸用圆 管外径 d_o	见下方备注

横掠单管表:

Re_f	C	m	n
$40 \sim 10^3$	0.51	0.5	$Pr_f = 0.7 \sim 10$ $n = 0.37$
$10^3 \sim 2 \times 10^5$	0.26	0.6	
$2 \times 10^5 \sim 10^6$	0.076	0.7	$Pr_f = 10 \sim 500$ $n = 0.36$

横掠顺排管束表:

Re_{fmax}	C	m
$10 \sim 10^2$	0.80	0.40
$10^2 \sim 10^3$	0.51	0.50
$10^3 \sim 2 \times 10^5$	0.27	0.63
$2 \times 10^5 \sim 10^6$	0.021	0.84

横掠顺排管束备注:

1. ε_n 为管束总排数修正因数

总排数	1	2	3	4
ε_n	0.70	0.80	0.86	0.90
总排数	5	7	10	13
ε_n	0.92	0.95	0.97	0.98
总排数	16		≥20	
ε_n	0.99		1.0	

2. 雷诺数中的流速用对应于最窄流道处的最大流速 $w_{max} = \dfrac{s_1}{s_1 - d_o} w$,$w$ 为管束前的流体流速,s_1 为横向管间距

3. 用于气体时,$Pr_f = Pr_w$

（续）

换热面种类	准则关联式	定性温度与定型尺寸	备 注
横掠错排管束 	$Nu_f = C(Re_{f\max})^m (Pr_f)^{0.36} \left(\dfrac{Pr_f}{Pr_w}\right)^{1/4} \varepsilon_n$ 适用于 $Pr_f = 0.7 \sim 500$ $\begin{array}{ccc} \hline Re_{f\max} & C & m \\ \hline 10 \sim 10^2 & 0.90 & 0.40 \\ 10^2 \sim 10^3 & 0.51 & 0.50 \\ 10^3 \sim 2\times10^5 & 0.35\times & 0.60 \\ (s_1/s_2 \leqslant 2) & (s_1/s_2)^{1/5} & \\ 10^3 \sim 2\times10^5 & 0.40 & 0.60 \\ (s_1/s_2 > 2) & & \\ 2\times10^5 \sim 2\times10^6 & 0.022 & 0.84 \\ \hline \end{array}$	Pr_w 的定性温度用壁面温度 t_w，其余均用流体温度 t_f，即流体进出口温度的算术平均值；定型尺寸用圆管外径 d_o	1. ε_n 为管束总排数修正因数 $\begin{array}{\|c\|c\|c\|c\|c\|} \hline 总排数 & 1 & 2 & 3 & 4 \\ \hline \varepsilon_n & 0.64 & 0.76 & 0.84 & 0.89 \\ \hline 总排数 & 5 & 7 & 10 & 13 \\ \hline \varepsilon_n & 0.92 & 0.95 & 0.97 & 0.98 \\ \hline 总排数 & 16 & \multicolumn{3}{c\|}{\geqslant 20} \\ \hline \varepsilon_n & 0.99 & \multicolumn{3}{c\|}{1.0} \\ \hline \end{array}$ 2. 雷诺数中的流速用对应于最窄流道处的最大流速 $w_{\max}$ 当 $\sqrt{s_2^2 + \left(\dfrac{s_1}{2}\right)^2} \geqslant \dfrac{s_1 + d_o}{2}$ 时 $$w_{\max} = \dfrac{s_1}{s_1 - d_o} w$$ 否则 $$w_{\max} = \dfrac{s_1 w}{2\sqrt{s_2^2 + \left(\dfrac{s_1}{2}\right)^2} - d_o}$$ w 为管束前的流体流速 3. 用于气体时，$Pr_f = Pr_w$

1.4.4 凝结换热

蒸气同低于其饱和温度的壁面相接触时凝结为液体而放出热量的过程称凝结换热。壁面凝结可分为珠状凝结和膜状凝结。大多数工业换热装置是膜状凝结。对于流动速度不高的饱和蒸气，膜状凝结的表面传热系数可按表 7.1-25 进行计算。表中 t_s、t_w 是蒸气的饱和温度与壁面温度，$r(\mathrm{J/kg})$ 是对应 t_s 的气化热，定性温度用液膜与壁面的平均温度 $t_m = (t_s + t_w)/2$。蒸气含有不凝结气体会使表面传热系数大幅度降低。珠状凝结的表面传热系数比膜状凝结大一个数量级。

过热蒸气凝结时，竖板与横管外关联式中的气化热 r 用 $r' = r + c_{p,v}(t_v - t_s)$ 代入以考虑过热度的影响，下标 v 指过热蒸气的值。凝结液过冷却时用 $r'' = r + 0.68 c_{p,l}(t_s - t_w)$ 代入。当圆管 $H/d > 2.86$ 时，横置比竖置有利。

1.4.5 沸腾换热

液体与高于其饱和温度的壁面相接触时发生沸腾，伴随之换热称沸腾换热。沸腾分饱和沸腾（液体全部达到饱和温度）和过冷沸腾（除靠近壁面的液体以外，还未达到饱和温度）。

图 7.1-3 中介绍了水在大空间的沸腾特性，即加热面和水的温差（$\Delta t = t_w - t_s$）与热流密度之间的变化关系。可以看出整个曲线可分成核态沸腾、过渡沸腾与稳定膜态沸腾三区。C 点为烧毁点，对应此点的热负荷是允许的最大热负荷 $q_{\max}$。当 $q > q_{\max}$ 时，壁温将超过金属的允许温度而烧毁。因此，要限制加热温差，使沸腾换热处在核态沸腾区。

在 $p = 0.02 \sim 10\mathrm{MPa}$ 范围内，水的核态沸腾表面传热系数 $[\mathrm{W/(m^2 \cdot ℃)}]$ 按下式计算

$$h = 4.4 q^{0.7} p^{1.5} \qquad (7.1\text{-}36a)$$

或 $$h = 143 \Delta t^{2.33} p^{0.5} \qquad (7.1\text{-}36b)$$

$$\Delta t = t_w - t_s$$

式中 q ——热流密度（$\mathrm{W/m^2}$）；

        p ——沸腾压力（MPa）；

       Δt ——加热温差（℃）；

       t_w ——壁面温度（℃）；

        t_s ——对应压力 p 的饱和温度（℃）。

表 7.1-25 膜状凝结换热的计算式[1]　　　　　　[单位：W/(m² · ℃)]

凝结面形状和位置	图　示	表面传热系数计算式	适用范围
竖壁或竖管		$h = 1.13\left[\dfrac{g\rho^2\lambda^3 r}{\eta(t_s - t_w)H}\right]^{1/4}$ $h = \lambda\left(\dfrac{g}{v^2}\right)^{1/3}\dfrac{Re}{8750 + 58Pr^{-1/2}(Re^{3/4} - 253)}$ η——粘度(Pa·s)	$Re \leqslant 1800$(层流) $Re > 1800$(湍流) $Re = \dfrac{4hH(t_s - t_w)}{\eta r}$ ①
斜壁		$h = h_\perp\sqrt[4]{\sin\beta}$ $h_\perp$ 为 $\beta = 90°$ 时的 h	$\beta \geqslant 30°$
横管外		$h = 0.725\left[\dfrac{g\rho^2\lambda^3 r}{\eta(t_s - t_w)d}\right]^{1/4}$	液膜层流，一般横管上的凝结液膜流动均为层流
管束		n 排管束的平均表面传热系数 $\overline{h} = \varepsilon h$ h 为单根管时的表面传热系数 1—错列　2—顺列	
横管内		$h = 0.555\left[\dfrac{g\rho^2\lambda^3 r'}{\eta(t_s - t_w)d}\right]^{1/4}$ $r' = r + \dfrac{3}{8}c_p(t_s - t_w)$ r'—修正的气化热(J/kg)	管道进口处的雷诺数 $Re = \dfrac{\rho_v d u_{m,v}}{\eta_v}$ 小于 35000 时 $u_{m,v}$—进口处蒸气平均流速 ρ_v, η_v 均指蒸气的物性

① 计算时先假设液膜为层流($Re < 1800$)，算出 h 后再核算雷诺数的数值；若 $Re > 1800$，则改按湍流式计算。

其他液体的大空间核态沸腾表面传热系数[W/(m² · ℃)]可用下式估算：

$$h = 0.51 p_c^{0.69} q^{0.7}\left[1.8\left(\frac{p}{p_c}\right)^{0.17} + 4\left(\frac{p}{p_c}\right)^{1.2} + 10\left(\frac{p}{p_c}\right)^{10}\right] \tag{7.1-37}$$

式中　p_c——液体的临界压力(MPa)。

允许的最大热流密度可以用下式计算：

$$q_{max} = k\rho_v^{\frac{1}{2}} r\left[\sigma(\rho_l - \rho_v)g\right]^{\frac{1}{4}} \tag{7.1-38}$$

式中常数 $k = 0.13 \sim 0.15$，σ 为相界面的表面张力（N/m），按饱和液的温度计算。

在热流密度很高时，过冷沸腾也会从核态转变为移到膜态，和饱和沸腾一样，导致表面传热系数下降，加热表面温度急剧升高。

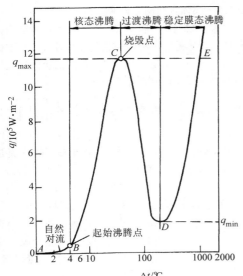

图 7.1-3　水在大空间沸腾特性
（$p = 0.1\text{MPa}$）

1.5　辐射换热

物体的热辐射是一种它的产生受温度因素支配的电磁辐射，投射在其他物体上产生热效应。在电磁波谱中，热辐射的波长通常在 $0.1 \sim 1000\mu m$ 范围内，包括波长小于 $0.38\mu m$ 的紫外线、$\lambda = 0.38 \sim 0.76\mu m$ 的可见光和波长大于 $0.76\mu m$ 的红外线。红外线还常分为 $\lambda = 0.76 \sim 1.4\mu m$ 的近红外线、$\lambda = 1.4 \sim 3\mu m$ 的中红外线和 $\lambda = 3 \sim 1000\mu m$ 的远红外线。工程上遇到的温度一般都在 $2000°C$ 以下，热辐射的主要组成是远红外线，其中可见光的能量极少。

当两物体温度不同时，高温物体辐射给低温物体的能量大于后者辐射给前者，总的效果有净热量由高温物体传递给低温物体，于是形成物体间的辐射换热。

1.5.1　物体辐射特性

1. 黑体辐射特性　能全部吸收投射辐射能的物体称为绝对黑体，简称黑体。在相同温度的物体中，黑体的辐射能力最大。

a. 斯蒂芬-玻尔兹曼（Stefan-Boltzmann）定律　该定律说明黑体辐射力 E_0（W/m^2）与它的热力学温度的四次方成正比，即

$$E_0 = \sigma_0 T^4 = C_0 \left(\frac{T}{100}\right)^4 \qquad (7.1\text{-}39)$$

式中　σ_0——黑体辐射常数，$\sigma_0 = 5.67 \times 10^{-8}$　[$\text{W}/(\text{m}^2 \cdot \text{K}^4)$]；

T——黑体表面的热力学温度（K）；

C_0——黑体辐射系数，$C_0 = 5.67$ [$\text{W}/(\text{m}^2 \cdot \text{K}^4)$]。

b. 普朗克（Planck）定律　该定律揭示了黑体在不同温度时的单色辐射力 $E_{0\lambda}$（W/m^3）随波长 λ（m）的分布规律，表示为

$$E_{o\lambda} = \frac{C_1 \lambda^{-5}}{e^{C_2/\lambda T} - 1} \qquad (7.1\text{-}40)$$

$$C_1 = 3.743 \times 10^{-16}　(\text{W} \cdot \text{m}^2)$$

$$C_2 = 1.4387 \times 10^{-2}　(\text{m} \cdot \text{K})$$

该式表示，黑体在任何温度时的单色辐射力 $E_{o\lambda}$ 分布都出现最大值，最大值的位置随温度升高而向短波方向移动。

2. 实际物体的辐射特性

（1）吸收率（α）、反射率（ρ）和穿透率（τ）

$$\alpha + \rho + \tau = 1 \qquad (7.1\text{-}41)$$

$\alpha = 1$ 的物体为黑体；$\rho = 1$ 的物体为白体；$\tau = 1$ 的物体为透明体。

工程常用的金属和非金属固体材料都有很强的吸收和发射能力，因此只有很薄的固体表面层参与辐射换热过程。玻璃、石英和岩盐这类固体和大多数液体，它们对可见光和近红外线是透明的，但是对大部分红外线仍然有很强的吸收能力而近似不透明体。

（2）基尔霍夫（Kirchhoff）定律　所有同温度物体的辐射力（E）和吸收率（α）之比为常数，并等于黑体的辐射力（E_0），即

$$\frac{E}{\alpha} = E_0 \text{ 或 } \alpha = \frac{E}{E_0} = \varepsilon \qquad (7.1\text{-}42)$$

式中　ε 称为黑度。常用材料的黑度见表 7.1-26。

实际物体的吸收率等于同温度的黑度。这一结论也适用于单色辐射，即 $\varepsilon_\lambda = \alpha_\lambda'$。

于是，任意表面的辐射力可以用下式表示

$$E = \varepsilon E_0 \qquad (7.1\text{-}43)$$

表 7.1-26　常用材料的表面法向黑度

材料类别及表面状况	温度/°C	黑度
磨光的钢铸件	770 ~ 1035	0.52 ~ 0.56
碾压的钢板	21	0.657
具有很粗糙的氧化层的钢板	24	0.80

（续）

材料类别及表面状况	温度/°C	黑 度
磨光的铬	150	0.058
粗糙的铝板	20~25	0.06~0.07
基体为铜的镀铝表面	190~600	0.18~0.19
铬镍合金	52~1034	0.64~0.76
粗糙的铝	38	0.43
灰色、氧化的铅	38	0.28
磨光的铸铁	200	0.21
生锈的铁板	20	0.685
粗糙的铁锭	926~1120	0.87~0.95
经过车床加工的铸铁	882~987	0.60~0.70
稍加磨光的黄铜	38~260	0.12
无光泽的黄铜	38	0.22
粗糙的黄铜	38	0.74
磨光的紫铜	20	0.03
氧化了的紫铜	20	0.78
镀有锡且发亮的铁片	25	0.043~0.064
镀锌的铁皮	38	0.23
灰色、氧化的镀锌铁片	24	0.276
磨光或电镀层的银	38~1090	0.01~0.03
白大理石	38~538	0.95~0.93
石灰泥	38~260	0.92
平滑的玻璃	38	0.94
白瓷釉	51	0.92
石棉板	38	0.96
石棉纸	38	0.93
红砖	20	0.93
平木板	20	0.78
木料	20	0.80~0.92
油毛毡	20	0.93
硬橡皮	20	0.92
抹灰的墙	20	0.94
各种颜色的油漆	100	0.92~0.96
水（厚度大于0.1mm）	0~100	0.96
锅炉炉渣	0~1000	0.97~0.70
灯黑	20~400	0.95~0.97

1.5.2 固体表面间的辐射换热

大多数工程材料在红外线波段可以近似当作灰体。灰体是假想物体，它的黑度小于1，数值与波长无关。于是，两个温度不同的物体进行辐射换热时，净热流计算式如下：

$$\Phi_{1-2} = 5.67 \varepsilon_{12} A_1 \varphi_{12} \left[\left(\frac{T_1}{100} \right)^4 - \left(\frac{T_2}{100} \right)^4 \right]$$

（7.1-44）

式中 Φ_{1-2}——表面1辐射给表面2的热流量（W）；

A_1——表面1的面积（m²）；

T_1、T_2——表面1和表面2的温度（K）；

φ_{12}——表面1对表面2的角系数，即表面1发射的辐射能投到表面2上的分额，此值取决于几何因素，见表7.1-27；

ε_{12}——物体1与物体2组成的系统黑度，见表7.1-27。

角系数是漫辐射角系数的简称，它的数值可以由表面之间的几何关系及它们的几何尺寸计算出。角系数有互换性和分解性。根据互换性，在式7.1-44中 $A_1\varphi_{12} = A_2\varphi_{21}$。若表面2划分为 a 和 b 两部分，角系数 φ_{12} 可以分解为 $\varphi_{12} = \varphi_{1a} + \varphi_{1b}$，或 $A_2\varphi_{21} = A_a\varphi_{a1} + A_b\varphi_{b1}$。表 7.1-27 也列出系统黑度 ε_{12}。表 7.1-26 中各种材料的黑度只是按某一温度或某一温度范围给出，应取尽可能接近实际温度的数值。

表 7.1-27 角系数和系统黑度的计算公式（或图线）

换热表面	角系数的算式（或图线）	系统黑度 ε_{12}
1. 两块平行的平板，其尺寸远大于其间的距离	$\varphi_{1-2} = \varphi_{2-1} = 1$ 式中 φ_{1-2}—表面1对表面2的角系数；φ_{2-1}—表面2对表面1的角系数，以下亦按此类推	$\dfrac{1}{\dfrac{1}{\varepsilon_1} + \dfrac{1}{\varepsilon_2} - 1}$ ε_1、ε_2 为表面1、2的黑度，以下同
2. 两块平行的平板，其宽度（垂直于纸面的尺寸）远大于其间的距离 h	$\varphi_{1-2} = \sqrt{\frac{1}{4}\left(\frac{a_2}{a_1}+1\right)^2 + \left(\frac{h}{a_1}\right)^2} - \sqrt{\frac{1}{4}\left(\frac{a_2}{a_1}-1\right)^2 + \left(\frac{h}{a_1}\right)^2}$ $\varphi_{2-1} = \sqrt{\frac{1}{4}\left(\frac{a_1}{a_2}+1\right)^2 + \left(\frac{h}{a_2}\right)^2} - \sqrt{\frac{1}{4}\left(\frac{a_1}{a_2}-1\right)^2 + \left(\frac{h}{a_2}\right)^2}$	$\approx \varepsilon_1\varepsilon_2$ 当 ε_1 和 ε_2 都大于0.8时，ε_{12} 取作 $\varepsilon_1\varepsilon_2$ 的误差很小，以下同

（续）

换热表面	角系数的算式（或图线）	系统黑度 ε_{12}
3. 两块平行的、尺寸相同的矩形 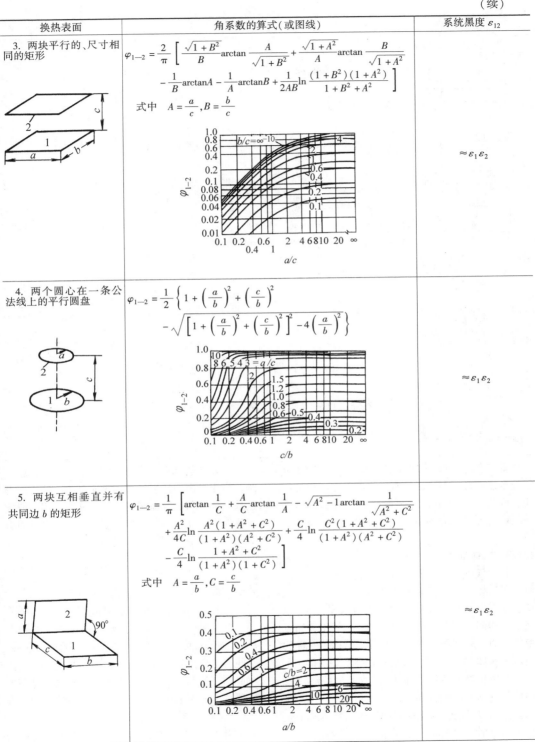	$\varphi_{1-2} = \dfrac{2}{\pi}\left[\dfrac{\sqrt{1+B^2}}{B}\arctan\dfrac{A}{\sqrt{1+B^2}} + \dfrac{\sqrt{1+A^2}}{A}\arctan\dfrac{B}{\sqrt{1+A^2}}\right.$ $\left. -\dfrac{1}{B}\arctan A - \dfrac{1}{A}\arctan B + \dfrac{1}{2AB}\ln\dfrac{(1+B^2)(1+A^2)}{1+B^2+A^2}\right]$ 式中 $A = \dfrac{a}{c}$，$B = \dfrac{b}{c}$	$\approx \varepsilon_1 \varepsilon_2$
4. 两个圆心在一条公法线上的平行圆盘	$\varphi_{1-2} = \dfrac{1}{2}\left\{1 + \left(\dfrac{a}{b}\right)^2 + \left(\dfrac{c}{b}\right)^2\right.$ $\left. - \sqrt{\left[1+\left(\dfrac{a}{b}\right)^2+\left(\dfrac{c}{b}\right)^2\right]^2 - 4\left(\dfrac{a}{b}\right)^2}\right\}$	$\approx \varepsilon_1 \varepsilon_2$
5. 两块互相垂直并有共同边 b 的矩形	$\varphi_{1-2} = \dfrac{1}{\pi}\left[\arctan\dfrac{1}{C} + \dfrac{A}{C}\arctan\dfrac{1}{A} - \sqrt{A^2-1}\arctan\dfrac{1}{\sqrt{A^2+C^2}}\right.$ $+ \dfrac{A^2}{4C}\ln\dfrac{A^2(1+A^2+C^2)}{(1+A^2)(A^2+C^2)} + \dfrac{C}{4}\ln\dfrac{C^2(1+A^2+C^2)}{(1+A^2)(A^2+C^2)}$ $\left. -\dfrac{C}{4}\ln\dfrac{1+A^2+C^2}{(1+A^2)(1+C^2)}\right]$ 式中 $A = \dfrac{a}{b}$，$C = \dfrac{c}{b}$	$\approx \varepsilon_1 \varepsilon_2$

（续）

换热表面	角系数的算式（或图线）	系统黑度 ε_{12}
6. 两块互相垂直但无共同边的矩形 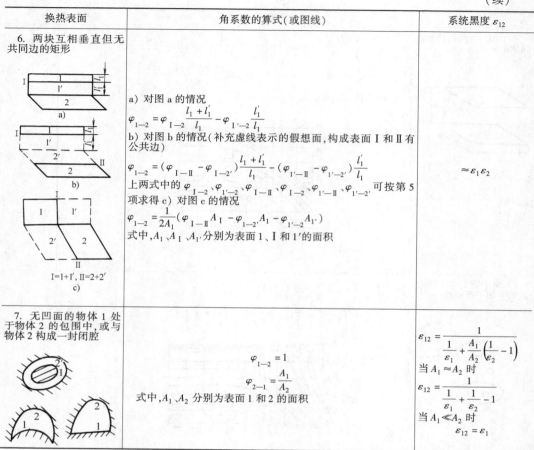	a) 对图 a 的情况 $$\varphi_{1-2}=\varphi_{\text{I}-2}\frac{l_1+l_1'}{l_1}-\varphi_{1'-2}\frac{l_1'}{l_1}$$ b) 对图 b 的情况（补充虚线表示的假想面，构成表面 I 和 II 有公共边） $$\varphi_{1-2}=(\varphi_{\text{I}-\text{II}}-\varphi_{\text{I}-2'})\frac{l_1+l_1'}{l_1}-(\varphi_{1'-\text{II}}-\varphi_{1'-2'})\frac{l_1'}{l_1}$$ 上两式中的 $\varphi_{\text{I}-2}$、$\varphi_{1'-2}$、$\varphi_{\text{I}-\text{II}}$、$\varphi_{\text{I}-2'}$、$\varphi_{1'-\text{II}}$、$\varphi_{1'-2'}$ 可按第5项求得 c) 对图 c 的情况 $$\varphi_{1-2}=\frac{1}{2A_1}(\varphi_{\text{I}-\text{II}}A_{\text{I}}-\varphi_{1-2}A_1-\varphi_{1-2'}A_{1'})$$ 式中，A_1、A_{I}、$A_{1'}$ 分别为表面1、I 和 1' 的面积	$\approx\varepsilon_1\varepsilon_2$
7. 无凹面的物体1处于物体2的包围中，或与物体2构成一封闭腔	$$\varphi_{1-2}=1$$ $$\varphi_{2-1}=\frac{A_1}{A_2}$$ 式中，A_1、A_2 分别为表面1和2的面积	$$\varepsilon_{12}=\frac{1}{\dfrac{1}{\varepsilon_1}+\dfrac{A_1}{A_2}\left(\dfrac{1}{\varepsilon_2}-1\right)}$$ 当 $A_1\approx A_2$ 时 $$\varepsilon_{12}=\frac{1}{\dfrac{1}{\varepsilon_1}+\dfrac{1}{\varepsilon_2}-1}$$ 当 $A_1\ll A_2$ 时 $$\varepsilon_{12}=\varepsilon_1$$

各种有机材料、高分子材料及含水物料在近红外至远红外辐射波段内有很强的吸收辐射的性能。因此，发热体表面涂覆能辐射红外线或远红外线能力强的涂层来加热干燥这类物料极为有效。

1.5.3 气体辐射

各种气体在低温时的辐射力可以略而不计。单原子气体和某些双原子气体，如 O_2、N_2、H_2 等，即使在高温时吸收和辐射的能力也极微弱，可以认为是透明体。二氧化碳、水蒸气、二氧化硫和甲烷等三原子和多原子气体以及分子结构不对称的双原子气体（如一氧化碳）具有较强的辐射能力。

气体辐射的波长不连续，具有明显的波谱选择性。气体能够吸收和辐射的波段称为光带，对于各光带以外的投射辐射是透明的。气体对于光带内的投射辐射只有吸收和透射而不反射。

气体辐射和吸收是在整个气体体积中进行的。当光带内的热射线穿过吸收性气体层时，沿途被气体分子吸收而减弱。这种减弱的程度取决于气体的温度、分压力和有效厚度。气体层的有效厚度 L（m）可以用下式计算：

$$L=3.6\frac{V}{A} \qquad (7.1\text{-}45)$$

式中 V——气体体积（m^3）；

A——包围气体壁面表面积（m^2）。

CO_2 和水蒸气的黑度可以用图 7.1-4 和图 7.1-5 根据温度和分压力与有效厚度的乘积查取。这些图是分别以二氧化碳或水蒸气与透明气体（如氮）的混合气体作为试样实验而得，混合气体的总压力为 1.013×10^5 Pa。图中虚线是用外推法得到的。

当气体中同时存在 CO_2 和水蒸气时，气体的

总黑度 ε_g 可以计算如下,

$$\varepsilon_g = C_{CO_2}\varepsilon_{CO_2} + C_{H_2O}\varepsilon_{H_2O} - \Delta\varepsilon \qquad (7.1\text{-}46)$$

式中　C_{CO_2}、C_{H_2O}——考虑到气体的总压力 p_t 不
等于 $1.013 \times 10^5 Pa$ 时对
ε_{CO_2} 与 ε_{H_2O} 的修正因数,
见图 7.1-6 与图 7.1-7;

　　$\Delta\varepsilon$——考虑两种气体相互辐射与
吸收对总黑度影响的修正
值,从图 7.1-8 中查取。

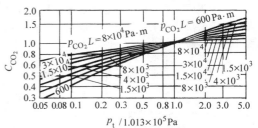

图 7.1-6　CO_2 的校正因数 C_{CO_2}

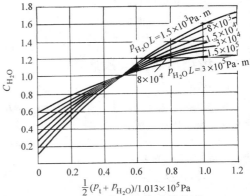

图 7.1-7　水蒸气的校正因数 C_{H_2O}

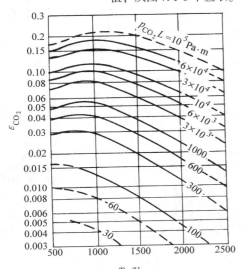

图 7.1-4　CO_2 的黑度

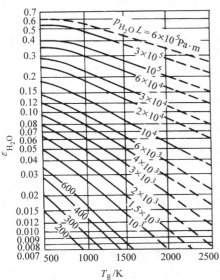

图 7.1-5　水蒸气的黑度

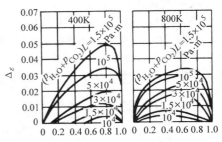

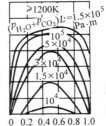

图 7.1-8　CO_2 和 H_2O 混合气对黑度的
校正因数 $\Delta\varepsilon$

对于黑度在 0.8 以上的包壳表面，气体与包壳间的辐射换热用下式计算可以满足工程计算精度要求，

$$\Phi = \frac{\varepsilon_w + 1}{2} (\varepsilon_g \sigma_0 T_g^4 - \alpha_g \sigma_0 T_w^4) A$$

$$(7.1-47)$$

式中 ε_w ——包壳的黑度；

ε_g ——气体黑度；

α_g ——包壳的吸收率；

A ——包壳表面积（m^2）；

T_g、T_w ——气体与包壳的平均温度（K）。

1.6 传热与表面式换热器

1.6.1 传热

热量从热流体经过壁面传给冷流体的过程称之传热过程。传热可按下式计算

$$\Phi = KA\Delta t_m \qquad (7.1-48)$$

式中 Φ ——传递的热流量（W）；

A ——传热面积（m^2）；

Δt_m ——平均传热温差（℃）；

K ——传热系数 [$W/(m^2 \cdot ℃)$]，$1/K$ 称为传热热阻 [$(m^2 \cdot ℃)/W$]。

1. 传热热阻　传热系数是指温差是 1℃ 时，通过 $1 m^2$ 传热面积的传热量。计算传热系数时应确定基准面积。对于平板传热，传热热阻为

$$\frac{1}{K} = \frac{1}{h_o} + R_{fo} + \sum_{i=1}^{n} \frac{\delta_i}{\lambda_i} + R_{fi} + \frac{1}{h_i}$$

$$(7.1-49)$$

式中下标 i、o 分别代表传热面的内侧与外侧。

圆管习惯上以外侧面积 A_o 为基准面，热阻为

$$\frac{1}{K_o} = \frac{1}{h_o} + R_{fo} + \frac{d_o}{2} \sum_{i=1}^{n} \left[\frac{1}{\lambda_i} \ln\left(\frac{d_{i+1}}{d_i}\right) \right]$$

$$+ R_{fi} \frac{d_o}{d_i} + \frac{1}{h_i} \frac{d_o}{d_i} \qquad (7.1-50)$$

对于外侧加肋的表面，以外侧肋壁的换热总面积 A 为基准面，热阻为

$$\frac{1}{K_o} = \frac{1}{\eta_t h_o} + \frac{R_{fo}}{\eta_t} + R_t A + R_{fi} \frac{A}{A_i} + \frac{1}{h_i} \frac{A}{A_i}$$

$$(7.1-51)$$

式中 K_o ——指定基准面的传热系数[$W/(m^2 \cdot ℃)$]；

R_f ——污垢热阻[$m^2 \cdot ℃/W$]，见表 7.1-28；

R_t ——壁热阻[$m^2 \cdot ℃/W$]，可按表 7.1-

12 计算；

η_t ——肋壁效率 $\eta_t = 1 - \dfrac{A_f}{A} (1 - \eta_f)$；

η_f ——肋片效率，见表 7.1-13；

A_f、A ——肋的表面积与肋壁换热总面积(m^2)。

传热过程的总热阻为若干分热阻之和，其中热阻最大一项对传热系数影响最大。为提高传热系数，要设法减小最大热阻项才能收到好的效果。例如空气冷却器中，在空气侧加肋片就是为了减小空气侧的热阻，达到提高传热系数的目的。另外，应该注意污垢热阻。

表 7.1-28　污垢热阻的经验值

（单位：$m^2 \cdot ℃/W$）

（1）水

种类与品质	热流体温度低于 115℃，水温低于 52℃	热流体温度高于 115℃，水温高于 52℃
海水	0.0001	0.0002
硬度不高的自来水	0.0002	0.0004
河水，最低值	0.0002 ~ 0.0004	0.0004 ~ 0.0006
河水，平均值	0.0004 ~ 0.0006	0.0006 ~ 0.0008
冷水塔或喷水池　水经过处理	0.0002	0.0004
水未经处理	0.0006	0.0008 ~ 0.001
多泥沙的水	0.0004 ~ 0.0006	0.0006 ~ 0.0008

（2）其他流体

流体种类	污垢热阻	流体种类	污垢热阻
燃料油	0.001	压缩空气	0.0004
机油、变压器油	0.0002	发动机排气	0.002
淬火油	0.0008	煤气	0.002
有机蒸气	0.0002	有机液体	0.0002
水蒸气（不含油）	0.0001	制冷剂液	0.0002
水蒸气（含油）	0.0002	盐水	0.0004
制冷剂蒸气（含油）	0.0004	石油制品	0.0002 ~ 0.001

2. 对数平均温差　在传热过程中，冷、热流体的温度不断变化，它们的温差也变化。因此，大多用对数平均温差来计算传热量。习惯上用 t_1''、t_1' 表示热流体的出、入口温度；t_2''、t_2' 表示冷流体出、入口温度。对数平均温差的计算式见表 7.1-29。在相同的进出口温度条件下，逆流平均温差大于顺流平均温差，而且逆流时的冷流体出口温度有可能超过热流体出口温度。

1.6.2 表面式换热器的热计算

利用换热表面将冷、热流体隔开，并实现热流体向冷流体传递热量的设备称表面式换热器。

计算表面式换热器时，要用到传热方程和冷热流体的热平衡方程式即

$$\Phi = KA\Delta t_{\mathrm{m}}$$

及　$\Phi = \dot{m}_1 c_{\mathrm{p}1}\ (t_1' - t_1'') = \dot{m}_2 c_{\mathrm{p}2}\ (t_2'' - t_2')$

$$(7.1\text{-}52)$$

式中　$\dot{m}_1$、$\dot{m}_2$——热、冷流体的质量流量（kg/s）；

$c_{\mathrm{p}1}$、$c_{\mathrm{p}2}$——热、冷流体的比定压热容 [J/(kg·℃)]；

t_1'、t_1'' 及 t_2'、t_2''——热、冷流体进、出口温度（℃）。

换热器的热力计算有两类：设计计算和校核计算。设计计算的任务是根据给定的换热量要求来确定所需的换热面积 A，进而决定换热器的具体尺寸。这时，$\dot{m}_1$、$\dot{m}_2$ 以及 t_1'、t_1'' 及 t_2'、t_2'' 四个温度中三个是给定的或选定的。

表 7.1-29　对数平均温差的计算

冷热流体的流动和传热情况	对数平均温差的计算式	备　注
顺流	$\Delta t_{\mathrm{m}} = \dfrac{(t_1' - t_2') - (t_1'' - t_2'')}{\ln\dfrac{t_1' - t_2'}{t_1'' - t_2''}}$	当 $\dfrac{t_1' - t_2'}{t_1'' - t_2''} \leqslant 1.7$ 时 可用 $\Delta t_{\mathrm{m}} = \dfrac{t_1' + t_1''}{2} - \dfrac{t_2' + t_2''}{2}$
逆流	$\Delta t_{\mathrm{m}} = \dfrac{(t_1' - t_2'') - (t_1'' - t_2')}{\ln\dfrac{t_1' - t_2''}{t_1'' - t_2'}}$	当 $\dfrac{t_1' - t_2''}{t_1'' - t_2'} = 0.6 \sim 1.7$ 时 可用 $\Delta t_{\mathrm{m}} = \dfrac{t_1' + t_1''}{2} - \dfrac{t_2' + t_2''}{2}$
冷流体沸腾，温度不变，与流动形式无关	$\Delta t_{\mathrm{m}} = \dfrac{t_1' - t_1''}{\ln\dfrac{t_1' - t_2}{t_1'' - t_2}}$	当 $\dfrac{t_1' - t_2}{t_1'' - t_2} \leqslant 1.7$ 时 可用 $\Delta t_{\mathrm{m}} = \dfrac{t_1' + t_1''}{2} - t_2$
热流体冷凝，温度不变，与流动形式无关	$\Delta t_{\mathrm{m}} = \dfrac{t_2'' - t_2'}{\ln\dfrac{t_1 - t_2'}{t_1 - t_2''}}$	当 $\dfrac{t_1 - t_2'}{t_1 - t_2''} \leqslant 1.7$ 时 可用 $\Delta t_{\mathrm{m}} = t_1 - \dfrac{t_2' + t_2''}{2}$

校核计算的任务是对已有的换热器作变工况计算，以便满足新工况下的换热要求。这时换热面积 A 是已知的，$\dot{m}_1$、$\dot{m}_2$、t_1'、t_1'' 和 t_2' 中，有四个是给定的或选定的。

表面式换热器种类很多，有管式换热器、板式换热器、螺旋板换热器、板翅式换热器和肋片管式空冷器，还有非金属材料换热器，如石墨换热器、硅硼玻璃换热器和聚四氟乙烯换热器等。在余热利用中还广泛利用热管式换热器。关于换热器的设计可参阅文献[2、12]。

表 7.1-30 列出几种常用换热器传热系数的大致范围，可以供毛估。

表 7.1-30　常用换热器的传热系数 K 值的大致范围[2]

换热器形式	换热流体 内侧	换热流体 外侧	传热系数 K W/(m²·℃)	备　注
管壳式（光管）	气	气	10 ~ 35	常压
	气	高压气	170 ~ 160	20 ~ 30MPa
	高压气	气	170 ~ 450	20 ~ 30MPa
	气	清水	20 ~ 70	常压
	高压气	清水	200 ~ 700	20 ~ 30MPa
	清水	清水	1000 ~ 2000	
	清水	水蒸气凝结	2000 ~ 4000	
	高粘度液体	清水	100 ~ 300	液体层流
	高温液体	气体	30	
	低粘度液体	清水	200 ~ 450	液体层流

（续）

换热器形式	换热流体		传热系数 K W/(m²·℃)	备 注
	内 侧	外 侧		
水喷淋式水平管冷却器	蒸气凝结 气 高压气 高压气	清水 清水 清水 清水	350~1000 20~60 170~350 300~900	常压 10MPa 20~30MPa
盘香管(外侧沉浸在液体中)	水蒸气凝结 水蒸气凝结 冷水 水蒸气凝结 清水 高压气	搅动液 沸腾液 搅动液 液 清水 搅动水	700~2000 1000~3500 900~1400 280~1400 600~900 100~350	铜管 铜管 铜管 铜管 铜管 铜管,20~30MPa
套管式	气 高压气 高压气 高压气 水	气 气 高压气 清水 水	10~35 20~60 170~450 200~600 1700~3000	20~30MPa 20~30MPa 20~30MPa
螺旋板式	清水 变压器油 油 气 气	清水 清水 油 气 水	1700~2200 350~450 90~140 30~45 35~60	
板式(人字形板片) (平直波纹板片)	清水 清水 油	清水 清水 清水	3000~3500 1700~3000 600~900	水速在0.5m/s左右 水速在0.5m/s左右 水速与油速都在0.5m/s左右
板翅式	清水 冷水 油 气 空气	清水 油 油 清水 清水	3000~4500 400~600 170~350 70~200 80~200	以油侧面积为准 空气侧质量流速12~40kg/(m²·s) 以气侧面积为准

1.6.3 传热强化技术

强化传热在于提高传热系数，使换热器的换热面积减小。由于换热器的应用场合、使用要求以及流体的物理和化学性质多种多样，往往是一种强化方法只能在一定的用途甚至一定的工况范围内有效。特别是各种强化技术的持久效果如何、污垢的产生和清洗以及设备维修诸如此类问题都需在应用中检验。表7.1-31介绍一些管内管外使用较多的强化方法及应用简况。

表7.1-31 强化传热方法的选择[2]

强化方法	换热方式				材料或加工方法	备 注
	层流	湍流	沸腾	冷凝		
1. 管内						
螺旋槽	√	√√	√√	√	铜、不锈钢、钛	
横槽		√√			铜、不锈钢、钛	
纵槽				√√	铜、钢、铝	
三维槽	√√	√	√√	√√	铜、钢、铝	
扭带插入	√√			√	铜、不锈钢、钛	螺旋片或静态混合器
螺旋丝插入	√√				铜、不锈钢、钛	
2. 管外						
强化翅片		√√			铜、钢、铝	
直槽				√	铜、铝	
螺旋槽	√	√		√	铜、钢	
三维槽	√√	√√		√√	铜、钢、铝	
螺纹管	√	√	√	√	铜、钢	
锯齿翅				√√	铜	
多孔表面		√√			烧结、机加工、电蚀	

注：√√——好；√——一般；(空白)——不采用。

2 制冷、空调与暖通设备

2.1 制冷

2.1.1 制冷方法

制冷技术指人工制造低温（低于环境温度）的技术。主要方法有三种：

（1）利用物质相变（如融化、蒸发、升华）的吸热效应实现制冷；

（2）利用气体膨胀产生的冷效应制冷；

（3）利用半导体的热电效应实现制冷；

此外还有绝热去磁、涡流管及气体吸附等。

在工业生产和科学研究上，常把制冷分为"普通制冷"（高于 – 120℃），"深度制冷"（– 120℃ ~20K）和"低温和超低温"（20K 以下）。在普通制冷范围里，目前广泛利用液体气化法来实现制冷，这种制冷称为蒸气制冷，有三种类型：蒸气压缩式、蒸气吸收式和蒸气喷射式。前两种应用得最多。

借助于制冷循环，通过消耗一定量的外界有用能，将热量从低温热源传送到高温热源，实现这一循环的机械称为制冷机或热泵。

2.1.2 蒸气压缩式制冷原理及设备

1. 蒸气压缩式制冷循环　蒸气压缩式制冷理论循环如图 7.2-1a 所示，它由压缩机、冷凝器、膨胀阀和蒸发器组成。

冷凝后的液态制冷剂经过膨胀阀减压进入蒸发器吸热气化，从而使被冷却物体降温，达到制冷的目的。气化后的低压气态制冷剂被压缩机吸入、压缩、升温、使其饱和温度高于冷却介质（冷却水或室外空气）的温度，以便在冷凝器中降温冷凝，液化后的高压液态制冷剂重新进入膨胀阀，完成制冷循环。

蒸气压缩式制冷理论循环 1→2→3→4→1 可以描述在 p-h 图上，如图 7.2-1b 所示。其中 1-2 为绝热压缩，2-3 为等压冷凝，3-4 为绝热膨胀，4-1 为等压蒸发。实际上为防止液态制冷剂在进入膨胀阀之前气化，应考虑有 3~5℃ 的过冷度。

为防止压缩机吸入液态制冷剂，吸气应有一定的过热度。实际压缩过程并非等熵压缩，而是一个多变过程。由于制冷剂流动时有摩擦阻力，其冷凝过程和蒸发过程并非等压过程。所以实际循环在 p-h 图上可近似描述为①—②—③—④—①。对于某些制冷系统可根据制冷剂的特性考虑采用回热循环，提高制冷系数。

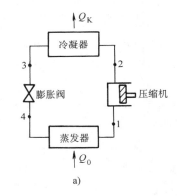

a)

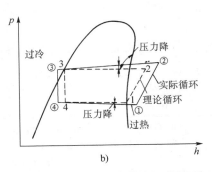

b)

图 7.2-1　蒸气压缩式制冷理论循环
a）工作流程　b）制冷循环

2. 制冷剂和载冷剂

（1）制冷剂　制冷剂又称"制冷工质"，制冷循环中工作的介质。如在蒸气压缩式制冷循环中，利用制冷剂的相变传递热量，即制冷剂蒸发时吸热，凝结时放热。因此，制冷剂应具备下列特征：易凝结，冷凝压力不要太高，蒸发压力不要太低，单位容积制冷量大，蒸发潜热大，比容小。此外还要求制冷剂不爆炸、无毒、不燃烧、无腐蚀、价格低廉等。

传统的 CFC 制冷剂如 R12, R11 对大气臭氧层破坏及使地球变暖的影响比 HFC 及 HCFC 要大得多。新工质 HFC134a（R134a），HCF123（R123）等可以替代原有的制冷剂，还有一些共沸或非共沸混合工质也可用来作为新工质。表 7.2-1 给出了几种可替代 CFCs 的新制冷工质。对于不同的制冷剂要采用与之相适应的润滑油。

（2）载冷剂 在间接冷却的制冷装置中，被冷却物体的热量是通过中间介质传给制冷剂，这种中间介质称为载冷剂。常用的载冷剂有水、空气等。当工作温度低于 0℃ 时，可采用盐水、乙二醇水溶液等作为载冷剂。对载冷剂的要求是比热大、导热系数大、粘度小、凝固点低、腐蚀性小、不易燃烧、无毒、化学稳定性好、价格低、容易购买。表 7.2-2 给出了乙二醇水溶液的凝固点与浓度的关系[13]。

表 7.2-1 可替代 CFCs 的新制冷剂

名称	R22 HCFC-22	R23 HFC-23	R123 HCFC-123	R124 HCFC-124	R125 HFC-125	R134a HFC-134a	R152a HFC-152a	R717	R407C	R410A
分子式	$CHClF_2$	CHF_3	$CHCl_2CF_3$	$CHClCF_3$	CHF_2CF_3	CH_2FCF_3	CH_3CHF_2	NH_3	R32/ 125/134a	R32/125
相对分子质量	86.47	70.01	152.9	136.5	120.02	102.0	66.0	17.031	23/25/ 52	50/50
标准沸点	−40.74	−82.03	27.9	−11.0	−48.5	−26.5	−24.7	−33.4	−43.7	−52.7
凝固点 /℃	−160	−155.2	−107	−199.0	−103.0	−101.0	−117.0	−77.7	—	—
临界温度 /℃	96	25.9	185	122.2	66.3	100.6	113.5	132.4	86.08	70.22
临界压力 /MPa	4.986	4.68	3.67	3.574	3.518	4.06	4.499	1.152	4.65	4.85
25℃液体密度 /kg·L⁻¹	1.194	0.67	1.46	1.364	1.25 (20℃)	1.202	0.911	0.595 (30℃)	1.139	1.060
ODP[①]	0.055	0	0.02	0.022	0	0	0	0	0	0
GWP[①]	0.36	—	0.02	0.10	0.84	0.25	0.03	0	—	—

① ODP（Ozone Depletion Potential）臭氧消耗潜能；GWP（Global Warming Potential）全球变暖潜能。ODP 和 GWP 均以 R11 为基准，定为 1.0。

表 7.2-2 乙二醇水溶液的凝固点

浓度(%)	4.6	8.4	12.2	16	19.8	23.6	27.4	31.2	35	38.8	42.6	46.4
凝固点/℃	−2	−4	−5	−7	−10	−13	−15	−17	−21	−26	−29	−33

3. 制冷循环热力计算

（1）理论循环热力计算

单位质量制冷剂的制冷能力（kJ/kg）

$$q_o = h_1 - h_4$$

单位质量制冷剂的放热量（kJ/kg）

$$q_k = h_2 - h_3$$

压缩机耗功量（kJ/kg）

$$w_c = h_2 - h_1$$

节流前后，制冷剂的比焓值不变，即

$$h_3 = h_4$$

对于理论循环，$w_c = q_k - q_o$。

（2）实际循环热力计算　压缩机的制冷量和耗功率除了与制冷压缩机的类型、结构、尺寸及加工质量等有关外，主要取决于运行工况和制冷剂。

1）理论排气量：指压缩机吸入低压气体的体积，对于活塞式制冷压缩机，理论排气量（m^3/s）为

$$V_h = \frac{\pi}{240} D^2 snz$$

式中　D——气缸直径（m）；

s——活塞行程（m）；

n——转数（r/min）；

z——气缸数。

2）容积效率 η_v：为实际排气量与理论排气量之比。η_v 可分为两部分，$\eta_v = \eta_1 \cdot \eta_2$，$\eta_1$ 取决于吸气比容，η_2 取决于气缸余隙，通常 $\eta_1 = 0.7 \sim 0.9$，$\eta_2 = 0.75 \sim 0.95$。

3）指示效率 η_i：为理论功率与指示功率之比，$\eta_i = P_{th}/P_i$，通常 $\eta_i = 0.65 \sim 0.90$。

4）摩擦效率 η_m：为指示功率与轴功率之比，$\eta_m = P_i/P_e$。

指示效率与摩擦效率的乘积称为压缩机总效率，活塞式制冷压缩机的总效率约为 $0.65 \sim 0.72$。

5）制冷机的制冷剂质量流量

$$M_R = \frac{V_R}{v_1} = \frac{\eta_v V_h}{v_1}$$

式中　V_R——实际排气量（m^3/s）；

v_1——吸气比容（m^3/kg）。

6）制冷量（kW）

$$Q_0 = M_R(h_1 - h_4)$$

7）压缩机的轴功率（kW）

$$P_e = M_R \frac{h_2 - h_1}{\eta_i \eta_m}$$

8）电动机输入功率

$$P_{in} = \frac{P_e}{\eta_d \eta_0}$$

式中　η_d——传动效率，直联时 $\eta_d = 1.0$，带联接 $\eta_d = 0.95$；

η_0——电动机效率，通常 $\eta_0 = 0.9 \sim 0.95$。

9）冷凝器热负荷

$$Q_k = Q_o + P_e - \Sigma Q$$

这里，ΣQ 表示压缩机耗散到空气中、冷却水套中的各项热量。

10）制冷系数 ε（性能系数 COP）

$$\varepsilon = Q_0/P_e$$

11）供热系数 μ（性能系数 COP）

对于热泵，Q_k 为要获得的热量，若忽略散热，则：

$$\mu = Q_k/P_e = (Q_o + P_e)/P_e = \varepsilon + 1$$

4. 制冷装置

（1）制冷压缩机　制冷压缩机可分为容积型和速度型两类。

根据构造不同，制冷压缩机有开启式、半封闭式和全封闭式之分。

（2）压缩式制冷机组　压缩式制冷机可分为：1）压缩式冷凝机组；2）水冷冷水机组；3）风冷冷水机组；4）风冷冷风机组；5）窗式空调器；6）分体式空调器；7）专用空调机组。

离心式冷水机组适用于较大型的空调制冷系统，图 7.2-2 给出了三级离心式机组的结构图，中、小型系统适合采用螺杆式冷水机组和活塞式多机头冷水机组。图 7.2-3 为螺杆式冷水机组的结构图。

图 7.2-2　三级离心式冷水机组
（摘自美国 TRANE 样本图）

图 7.2-3　螺杆式冷水机组（摘自
烟台顿汉·布什样本图）

在空调用的风冷冷水机组中可借助四通换向
阀变为热泵机组。在适用的地方使用热泵夏季供
冷，冬季供暖，供暖时获得的热能是消耗电能热
当量的 2～3 倍[14]。

2.1.3　吸收式制冷装置

吸收式制冷机主要是以热能驱动实现制冷。

目前常用的工质对有氨水溶液（氨是制冷剂，
水是吸收剂）以及溴化锂水溶液（水是制冷剂，
溴化锂是吸收剂）。溴化锂吸收式制冷机有单效
和双效之分，它的驱动能可以是热水、蒸汽、燃
油和燃气等[15]。单效溴化锂吸收式制冷机一般
采用 0.1～0.25MPa 的蒸汽或 75～140℃ 的热水
作为加热热源，循环的热力系数较低（一般为
0.65～0.75）。如果有压力较高的蒸汽（例如表
压力在 0.4MPa 以上）可以利用，则可采用双效
溴化锂吸收式制冷循环，热力系数可提高到 1.0
以上。直燃型双效机的性能系数可高达 1.3。此
外，带有余热利用装置的直燃机具有更好的节能
效果。图 7.2-4 为溴化锂吸收式直燃机原理图。
它可在夏季供冷，冬季供暖，还可制备生活热
水，一机多用。

2.1.4　热泵

热泵是把处于低温位的热能输送至高温位的
装置。热泵工作的原理与制冷机实际上是相同
的，它们都是从低温热源吸取热量，并向高温热
源排放，在此过程中消耗一定的有用能。两者的

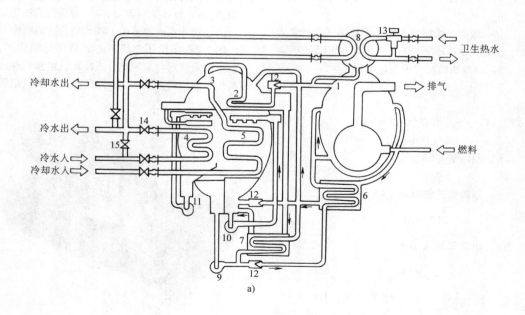

图 7.2-4　直燃型吸收式冷温水机（摘自"远大"样本图）

a) 制冷循环

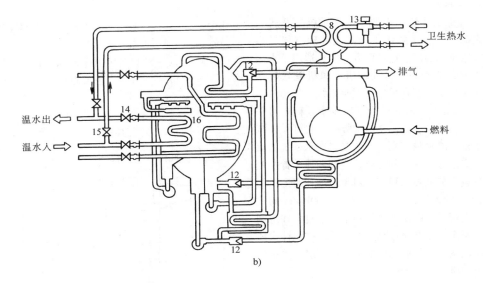

图 7.2-4 直燃型吸收式冷温水机（摘自"远大"样本图）（续）

b）供暖循环

1—高压发生器 2—低压发生器 3—冷凝器 4—蒸发器 5—吸收器 6—高温热交换器
7—低温热交换器 8—热水器 9—发生泵 10—吸收泵 11—冷剂泵 12—真空角阀
13—电动三通阀 14—冷水阀 15—温水阀 16—主体

不同在于使用的目的：制冷机利用吸取热量而使对象变冷，达到制冷的目的；而热泵则利用排放热量向对象供热。[16]

冬季利用热泵从大气、土壤、地表水、地下水及污水中吸取热量，向空调系统供热，既节约能源又减少对环境的污染。夏季可以利用热泵向空调系统供冷。热泵是一种不仅可以向空调系统供热和供冷还可以向用户提供生活热水的节能、环保型设备。

热泵可按多种特征进行分类。如按用途可分为：

1）建筑物供热与供热水；

2）干燥、除湿；

3）浓缩、分馏；

4）其他。

按排出热量的温度高低可分为：

1）低温热泵，排热温度 <100℃；

2）高温热泵，排热温度 ≥100℃。

按输入有用能的方式，即按热泵循环的驱动方式，分为压缩式热泵、吸收式热泵、喷射式热泵，以及其他诸如电热式热泵、化学热泵等。

根据热源形式的不同，热泵可分为空气源热泵、水源热泵、土壤源热泵和太阳能热泵等。国外的文献通常将地下水热泵、地表水热泵与土壤源热泵统称为地源热泵。

表 7.2-3 给出了较为常用的分类方法，即从热源与热汇的角度来看，将热泵大致分为五类。

表 7.2-3 热泵的分类

类型	热源	热分配系统	传输介质
水-水热泵	水	热水采暖系统	水
水-空气热泵	水	热空气采暖系统	空气
空气-水热泵	外界空气	热水采暖系统	水
空气-空气热泵	外界空气	热空气采暖系统	空气
土壤-水热泵	土壤	热水采暖系统	水

热泵 COP 永远大于 1。热泵的 COP 值与热源的温度有关，不同热源的温度范围不同，因而可达到的 COP 值也不同。空气源热泵和太阳能热泵一般在 3.0 左右；水源热泵的 COP 值在 4.0 左右；而土壤源热泵 COP 值比空气源热泵略高。

2.1.5　空调水系统

1. **冷冻水系统**　空调冷冻水系统有开式和闭式之分。开式主要用于喷淋法处理空气的系统，多用于棉纺厂、造纸厂等。闭式适用于末端装置为带表冷器的空气处理机或风机盘管等系统，应用广泛。通常采用一次泵系统，如图 7.2-5 所示。当系统比较大，为了减少水泵耗电可采取一、二次泵系统如图 7.2-6 所示。它可保证流经冷水机组的水量不变，而改变二次水系统的流量以适应部分负荷时的需要。变频调速装置控制水泵流量，节电效果很好。对于最远环路全长为 60 ~ 200m 的系统，一般按 2000 ~ 500Pa/m 的比摩阻确定管径，以使水管管径不至于过大和限制循环水泵扬程不至于过高。在水系统的设计中还应考虑设备及管件的承压能力。超高层建筑物的水系统应考虑竖向分区[17]。

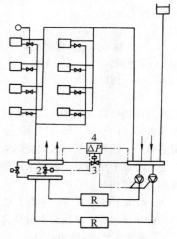

图 7.2-5　一次泵变流量系统
1—二通控制阀　2—负荷侧控制阀
3—旁通阀　4—压差控制器

2. **冷却水系统**　对于水冷式冷水机组，如果没有江、河、湖、海的水作为冷却水用，就要考虑采用冷却塔。冷却塔有开式和闭式之分，开式冷却塔又有逆流和横流等形式。最常用的是开式逆流冷却塔。

3. **水泵所需扬程 H_p**

开式水系统

$$H_p = h_f + h_d + h_m + h_s$$

闭式水系统

$$H_p = h_f + h_d + h_m$$

式中　h_f、h_d——水系统总的沿程阻力和局部阻力损失（kPa）；
　　h_m——设备阻力损失（kPa）；
　　h_s——开式水系统的静水压力（kPa）。

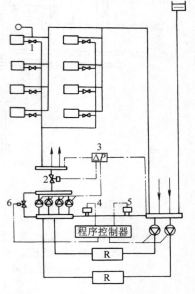

图 7.2-6　一、二次泵变流量系统
1—二通控制阀　2—负荷侧控制阀　3—压差控制器　4—流量计　5—流量开关　6—旁通阀

局部阻力当量长度如图 7.2-7 所示。h_d/h_f 值，小型住宅建筑物在 1 ~ 1.5 之间；大型高层建筑物在 0.5 ~ 1 之间；远距离输送管道（集中供冷）在 0.2 ~ 0.6 之间。设备阻力损失见表 7.2-4。

表 7.2-4　设备阻力损失

设备名称	阻力/kPa	备　　注
离心式冷冻机		
蒸发器	30 ~ 80	按不同产品而定
冷凝器	50 ~ 80	按不同产品而定
吸收式冷冻机		
蒸发器	40 ~ 100	按不同产品而定
冷凝器	50 ~ 140	按不同产品而定
冷却塔	20 ~ 80	不同喷雾压力
冷热水盘管	20 ~ 50	水流速度在 0.8 ~ 1.5m/s 左右
热交换器	20 ~ 50	
风机盘管机组	10 ~ 20	风机盘管容量愈大，阻力愈大，最小 30kPa 左右
自动控制阀	30 ~ 50	

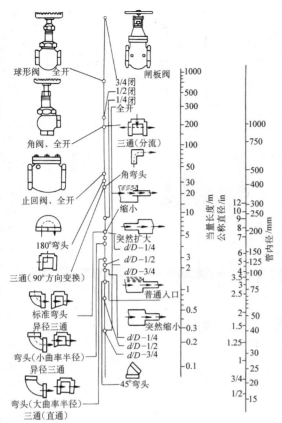

图 7.2-7　局部阻力当量长度计算图

2.1.6　冰蓄冷空调系统

冰蓄冷空调系统是移峰填谷平衡电网供电负荷的有效措施之一[18]。利用夜间廉价电制冰蓄冷供白天使用，合理选择蓄冰能力的部分蓄冰空调制冷系统将获得较好的经济性。冰蓄冷空调系统有多种形式。图 7.2-8 给出了其中一种。蓄冰循环的载冷剂多采用乙二醇溶液。

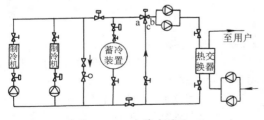

图 7.2-8　冰蓄冷系统

2.1.7　除湿冷却式空调系统

除湿冷却式空调系统利用湿空气的物性，以空气中的水蒸气为制冷剂，根据吸收或吸附机理，通过除湿剂对湿空气进行处理，故可看成是开式的吸收式或吸附式空调制冷系统[19]。

如图 7.2-9a 所示，它主要由除湿转轮、显热热交换器、绝热蒸发冷却器、再生空气加热器等组成。

这是一种通过向再生空气加热器输入热能，进而实现空调制冷的设备，太阳能可以作为再生热能。有多种运行方式，图 7.2-9b 给出了其中一种。双级除湿冷却系统可获得更大的制冷温差[20]。

a)

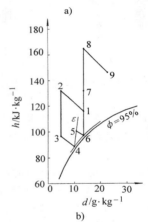

b)

图 7.2-9　除湿冷却式空调原理图
a）除湿冷却式空调机示意图
b）工作过程

2.1.8　多联机

多联机每套由一台室外机匹配若干台（最多可达 30 台）室内机组成，它集一拖多技术、智能控制技术、多重健康技术、节能技术和网络控制技术等多种高新技术于一身，它能满足消费者对舒适性、方便性等方面的要求。多联机经历了定频、变频、双变 3 个阶段。图 7.2-10 和图 7.2-11 给出了多联机的示意图。

多联机集中了家用空调和传统中央空调的大部分优点，与其他形式相比有如下优点：

1. 节约能源、运行费用低　采用制冷剂直接蒸发式并利用变频技术，效率高，耗能低，节能效果非常显著，而且避免了在室内水的跑、冒、滴、漏现象，与传统的电空调相比，省电、节约运行费用。

2. 控制的先进性 只用"电"这一种能源，就可解决全部空调问题。夏送冷风，冬送暖风，而且因热泵的独特性能，在冬季零下 15°C 时，仍能正常满足室内的供暖要求。还可根据房间的不同功能要求来实现同时供冷或供暖。

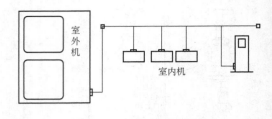

图 7.2-10 多联机示意图

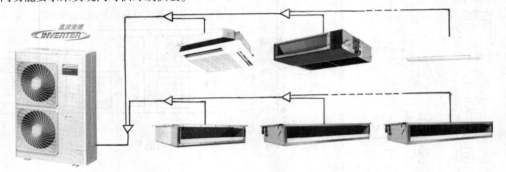

图 7.2-11 VRV 多联机示意图（摘自日本大金公司样本）

3. 无需机房及附属设备 不用设机房，室外机可放置于屋顶或地面，节省了大量建筑面积，降低了土建投资，而且不需要冷却塔、水泵、软化水等繁琐的附属设备，减少了设备管理及维修量。

4. 管理的智能化 设备运行时不用专人管理，室内、外机通过微电脑实现全部自控。有多种控制方式：有线控制、无线遥控、集中控制等，非常有利于管理。因采用变频技术，空调负荷实现了全自动无级变量调节，大大方便了用户，而且节省了运行费用。

5. 环保型室内机 室内机真正实现了静音运转，噪声非常低，极好地保护了室内声环境。

6. 设计自由度高 室内、外机的配管长度可达 100m，所以室外机可根据现场情况灵活安排。室内机的外形尺寸非常精巧，而且连接铜管也很细，安装时没有坡度要求，再加上室内机都带一个冷凝水泵，冷凝水可强制提高 500~1000mm，所以整个吊顶高度比风机盘管系统节约 200~300mm。这样就可以大大节省吊顶空间，使大楼的层高降低，节省土建的基本投资。

7. 安装方便 因不需要机房及大量的附属设备，所以施工周期较短，室内机自身附带冷凝排水泵，可提高冷凝水管的安装高度，安装起来比较得心应手。可分楼、分层、分区、分段进行安装，分层或分区交付使用。

2.2 空调

2.2.1 空调任务

保持室内空气一定的温、湿度和空气品质是空调工程的任务。空调可分为舒适性空调和工业空调。舒适性空调主要满足室内人的生理过程、舒适感和工作效率以及保健等方面的要求。工业空调主要涉及工艺要求及操作人员的劳动条件等方面的要求。

我国舒适性空调室内设计参数见表 7.2-5。表 7.2-6 列出了《旅游旅馆建筑热工与空气调节节能设计标准》（GB/T 50189—1993）中的计算参数。

2.2.2 空调负荷构成

1. 房间冷负荷的构成 空调房间的得热量由下列各项得热量组成：

（1）通过围护结构传入室内的热量；

（2）通过外窗进入室内的太阳辐射热量；

（3）人体散热量；

（4）照明散热量；

表 7.2-5 办公用房室内温度、湿度的设计参数

房间名称	夏 季		冬 季		噪声标准值		新风量/m³·(h·人)⁻¹
	温 度/℃	相对湿度(%)	温 度/℃	相对湿度(%)	A声压级/dB	NC 数	
一般办公室	26～28	<65	18～20	不规定	40～55	40～50	20～30
高级办公室	24～27	<60	20～22	≥35	30～40	25～35	30～50
会议室接待室	25～27	<65	16～18	不规定	40～50	35～45	20
电话总机房	25～27	<65	16～18	不规定	55～60	50～55	20
计算机房	24～27	<60	18～20	不规定	55～65	50～60	20
复印机房	24～28	≤55	18～20	不规定	55～65	50～55	20

注：大型电话总机房、计算机房应按设备要求设计。

表 7.2-6 中国旅馆客房空调设计计算参数

房间类型		夏 季			冬 季			新风量/m³·(h·人)⁻¹	空气中含尘浓度/mg·m⁻³
		空气温度/℃	相对湿度(%)	风 速/m·s⁻¹	空气温度/℃	相对湿度(%)	风 速/m·s⁻¹		
客房	一级	24	≤55	≤0.25	24	≥50	≤0.15	≥50	0.15
	二级	25	≤60	≤0.25	23	≥40	≤0.15	≥40	
	三级	26	≤65	≤0.25	22	≥30	≤0.15	≥30	
	四级	27	—	—	21	—	—	—	
餐厅宴会厅多功能厅	一级	23	≤65	≤0.25	23	≥40	≤0.15	≥30	≤0.15
	二级	24	≤65	≤0.25	22	≥40	≤0.15	≥25	
	三级	25	≤65	≤0.25	21	≥40	≤0.15	≥20	
	四级	26	—	—	20	—	—	≥15	

（5）设备、器具、管道及其他室内热源的散热量；

（6）食品或物料的散热量；

（7）渗透空气带入室内的热量；

（8）伴随各种散湿过程产生的潜热量。

确定房间计算冷负荷时，应根据上述各项得热量的种类和性质，以及房间的蓄热特性，分别逐时计算，然后逐时叠加，找出综合最大值。

2. 房间湿负荷的构成　房间散湿量由下列各项散湿量构成：

（1）人体散湿量；

（2）渗透空气带入室内的湿量；

（3）化学反应过程的散湿量；

（4）各种潮湿表面、液面或液流的散湿量；

（5）食品或其他物料的散湿量；

（6）设备散湿量。

确定房间计算湿负荷时，应根据上述湿源的种类，选用不同的群集系数、负荷系数和同时使用系数，分别逐时计算，然后逐时叠加，找出综合最大值。

3. 空调系统冷负荷的构成　空调系统的冷负荷，应根据所服务房间的同时使用情况，空调系统的类型及调节方式，按房间逐时冷负荷的综合最大值或各房间计算冷负荷的累加值确定，并应计入新风冷负荷以及通风机、风管、水泵、冷水管和水箱温升引起的附加冷负荷。

2.2.3 空调方式

表 7.2-7 给出了空调系统分类[21]。对于高层建筑物的裙房，大型商场等，多采用全空气系统。

表 7.2-7 空调系统的分类

分类依据	空调系统	系统特征	系统应用
空气处理设备的设置情况	集中系统	集中进行空气的处理、输送和分配	单风管系统 双风管系统 变风量系统
	半集中系统	除了有集中的中央空调器外，在各自空调房间内还分别有处理空气的"末端装置"	末端再热式系统 风机盘管机组系统 诱导器系统
	全分散系统	每个房间的空气处理分别由各自的整体式空调器承担	单元式空调器系统 窗式空调器系统 分体式空调器系统 半导体空调器系统

（续）

分类依据	空调系统	系统特征	系统应用
负担室内空调负荷所用的介质	全空气系统	全部由处理过的空气负担室内空调负荷	一次回风式系统 一、二次回风式系统
	空气—水系统	由处理过的空气和水共同负担室内空调负荷	再热系统和诱导器系统并用 全新风系统和风机盘管机组系统并用
	全水系统	全部由水负担室内空调负荷，一般不单独使用	风机盘管机组系统
	冷剂系统	制冷系统蒸发器直接放室内吸收余热余湿	单元式空调器系统 窗式空调器系统 分体式空调器系统
集中系统处理的空气来源	封闭式系统	全部为再循环空气，无新风	再循环空气系统
	直流式系统	全部用新风，不使用回风	全新风系统
	混合式系统	部分新风，部分回风	一次回风系统 一、二次回风系统
风管中空气流速	低速系统	考虑节能与消声要求的矩形风管系统，风管截面较大	民用建筑主风管风速低于10m/s 工业建筑主风管风速低于15m/s
	高速系统	考虑缩小管径的圆形风管系统，耗能多，噪声大	民用建筑主风管风速高于12m/s 工业建筑主风管风速高于15m/s

常用的单管全空气系统又有定风量和变风量之分。定风量系统依靠改变送风参数，而变风量系统的送风参数保持不变，而用改变送风量来平衡负荷变化的需要。变风量系统借助于末端装置和机组变频调速的风机具有显著的节能效果，但必须保持最小新风量以满足室内空气品质的要求。塔楼多采用风机盘管加新风系统。

2.2.4 气流组织方式

气流组织方式可按表7.2-8确定。对于舒适性空调侧送气流组织：

（1）根据室内显冷负荷和送风温差，计算房间的总送风量 L_s（m^3/s）和换气次数 n（次/h）。

$$L_s = \frac{Q_x}{\rho C \Delta t_s} = \frac{Q_x}{1.2 \times 1.01 \times \Delta t_s}$$

$$n = \frac{3600 L_s}{ABH}$$

式中　Q_x——室内的显冷负荷（kW）；

Δt_s——送风温差（℃）；

A——沿射流方向的房间长度（m）；

B——房间宽度（m）；

H——房间高度（m）。

（2）根据总送风量和房间的建筑尺寸，确定百叶风口的型号、个数，进行布置。送风口最好贴顶布置，以获得贴附气流。送冷风时，可采取水平送出；送热风时，可调节风口外层叶片的角度，向下送出。

（3）按下式计算射流到达工作区时的最大速度 v_x（m/s），校核其是否满足要求。

$$v_x = \frac{m v_s k_b k_c}{x} \sqrt{F_s}$$

式中　F_s——送风口的计算面积，m^2；

m——送风口的速度衰减系数，对于百叶风口可取为4.5；

k_b——射流股数修正系数，取1~3；

k_c——受限系数，取决于相对射程 $\bar{x}$；一般为0.1~1.0。

贴附射流的总长度可近似按下式计算：

$$x = A + (H - h)$$

或者，按下式求得准确的结果：

$$x = x_t + (H - h)$$

$$x_t = 0.62 \sqrt{\frac{m^2 F_s}{n A r_o}}$$

$$A r_o = 11.1 \frac{\Delta t_s}{v_s^2 (t_n + 273)} \sqrt{F_s}$$

式中　x_t——贴附射流从出口到脱离顶棚的距离（m）；

n——送风口的温度衰减系数，百叶风口为3.2；

$A r_o$——射流出口处的阿基米德数；

v_s——送风口风速（m/s）；

t_n——送风温度（℃）。

表 7.2-8　气流组织方式

送风方式	常见气流组织型式	建议出口风速 /m·s⁻¹	工作区气流流型	特点、技术要求及适用范围	备　注
侧面送风	1. 单侧上送下回或走廊回风 2. 单侧上送上回 3. 双侧上送下回	2~5（送风口位置高时取较大值）	回流	1. 温度场、速度场均匀，混合层高度为0.3~0.5m 2. 贴附侧送风口宜贴顶布置，宜采用可调双层百叶风口。回风口宜设在送风口同侧 3. 用于一般空调，室温允许波动范围为±1℃，和小于等于±0.5℃的工艺空调	可调双层百叶风口，配对开多叶调节阀
散流器送风	1. 散流器平送，下部回风 2. 散流器下送，下部回风 3. 送吸式散流器上送上回	2~5	回流 直流	1. 温度场、速度场均匀，混合层高度为0.5~1.0m 2. 需设置吊顶或技术夹层。散流器平送时应对称布置，其轴线与侧墙距离不小于1m 3. 散流器平送用于一般空调，室温允许波动范围为±1℃和小于或等于±0.5℃工艺空调 4. 散流器下送密集布置用于净化空调	
孔板送风	1. 全面孔板下送，下部回风 2. 局部孔板下送，下部回风	2~5	直流或不稳定流 不稳定流	1. 温度场、速度场分布均匀，混合层高度为0.2~0.3m 2. 需设置吊顶或技术夹层，静压箱高度不小于0.3m 3. 用于层高较低或净空较小建筑的一般空调，室温允许波动范围为±1℃或小于等于±0.5℃的工艺空调。当单位面积送风量较大，工作区内要求风速较小，或区域温差要求严格时，采用孔板下送不稳定流型	孔板宜选用镀锌钢板、不锈钢板、铝板和硬质塑料板
喷口送风	上送下回，送回风口布置在同侧	4~10	回流	1. 送风速度高，射程长，工作区新鲜空气、温度场和速度场分布均匀 2. 对于工作区有一定斜度的建筑物，喷口与水平面保持一个向下倾角β。对于冷射流β=0~12°，对于热射流β>15° 3. 用于空间较大的公共建筑和室温允许波动范围大于或等于1℃的高大厂房的一般空调	送风口直径宜取0.2~0.8m，送风温差宜取8~12℃，对高大公共建筑送风高度一般为6~10m
条缝送风	条缝型风口下送，下部回风	2~4	回流	1. 送风温差、速度衰减较快，工作区温度度分布均匀。混合层高度为0.3~0.5m 2. 用于民用建筑和工业厂房(纺织厂)的一般空调，在高级公共建筑中还可以与灯具配合布置	
旋流风口送风	上送下回	3~8	回流	1. 送风速度、温差衰减快，工作区风速、温度分布均匀 2. 可用大风口作大风量送风，也可用大温差送风，简化送风系统，节省投资 3. 可直接向工作区或工作地点送风 4. 用于空间较大的公共建筑和室温允许波动范围大于或等于1℃的高大厂房	

在非等温射流中，由于重力和惯性力的比值在各个断面上都是变化的，因此相对于射程 x 处的阿基米德数为

$$Ar = \frac{n}{m^2} Ar_o \left(\frac{x}{1.13\sqrt{F_s}} \right)^2$$

当 $Ar_x \leqslant 0.1$ 时，可认为该射流不受重力的干扰作用。

2.2.5　空气处理过程

湿空气主要是由空气和水蒸气两部分组成。湿空气特性参阅本篇第1章湿空气一节。

一次回风系统是一种常用的全空气系统，它是将回风与新风混合，经喷水室或空气冷却器送入室内，如图7.2-12所示，图7.2-13给出了夏季和冬季的处理过程。

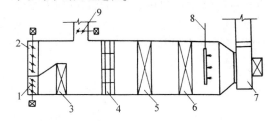

图 7.2-12　一次回风的空气冷却器系统
1—最小新风阀　2—最大新风阀　3—预热器（第一次加热器）　4—过滤器　5—空气冷却器　6—第二次加热器　7—送风机 8—加湿器　9—一次回风阀

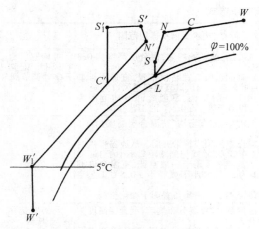

图 7.2-13 一次回风空气冷却器
系统的焓湿图
(图中不带"'"的为夏季计算参数点，
带"'"的为冬季计算参数点)
W、W'—室外参数点 N、N'—室内参数点
C、C'——次回风和新风的混合点 L—经
冷却后的"露点" S、S'—送风参数点
W'₁——次加热后的参数点
S'₁—二次加热后的参数点

风机盘管加新风系统是另一种常用的空调系统。室内冷负荷主要由风机盘管承担，新风用来改善室内空气品质。具有独立新风系统的风机盘管机组有两种做法：一种是新风管道单独接入室内，送风口可以紧靠风机盘管的出风口，亦可不在同一地点，但从气流组织的角度说，希望两者混合后进入工作区，这种方式目前应用广泛，如图 7.2-14；另一种是新风系统接在风机盘管处，它与回风混合后经盘管进入室内，这样就使室内只有一个送风口，但和前者比较将有较多的空气流经盘管。这一过程犹如有新风预冷的一次回风系统，如图 7.2-15 所示。

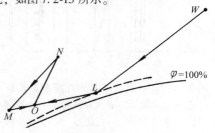

7.2-14 新风管道单独接入室内的焓湿图
M—回风处理后的状态点 O—送风状态点

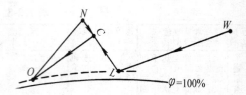

图 7.2-15 新风与回风混合后进入盘
管的焓湿图 (φ 为湿度线)

2.2.6 空气处理设备

1. 组合式空调机组 组合式空调机组可根据需要配置过滤段、喷淋段、表冷段、加热段、加湿段、消声段、风机段等。

2. 风机盘管 风机盘管的风量为 250 ~ 2500m³/h。有立式、卧式、顶棚式及明装和暗装之分，通常对风机盘管有较严格的降低噪声的需求。

3. 诱导器 诱导器一般包括下面三部分：静压箱、喷嘴和二次盘管（"空气—水"式）。

4. 变风量末端装置 变风量送风口有旁通型、节流型和诱导型等。

2.2.7 净化空调系统

洁净技术有工业洁净技术与生物洁净技术，以控制空气中尘粒为目的的工业洁净室多用于电子、精密仪器等工业生产；以控制空气中的尘粒、微生物污染为目的的生物洁净室主要用于制药工业、化妆品工业、食品工业和医疗部门的手术室、特殊病室以及生物安全等方面。由于产品加工的精密化、微型化，对生产环境的洁净度提出了更高的要求，同时也要求严格的温湿度控制，如超净洁净恒温室[22][23]。表 7.2-9 给出了《洁净厂房设计规范》（GB50073—2001）中规定的洁净度等级；表 7.2-10 给出了《药品生产质量管理规范》（GMP）（1998 年修订）中规定的药品生产洁净室（区）的空气洁净度划分级别；表 7.2-11 给出了《医院洁净手术部建设标准》中规定的洁净手术部的各类洁净用房的划分等级。在洁净室设计施工过程中应参考《医药工业洁净厂房设计规范》（1996 年）、《洁净厂房施工及验收规范》（JGJ71—1990）、《兽药生产质量管理规范》（试行）、《实验动物环境与设施》（GB14925—2001）等规范标准[24]。

表 7.2-9 洁净室及洁净区空气中悬浮粒子洁净度等级

空气洁净度等级（N）	不同粒径粒子最大浓度限值/pc·m^{-3}					
	≥0.1μm	≥0.2μm	≥0.3μm	≥0.5μm	≥1μm	≥5μm
1	10	2	0	0	0	0
2	100	24	10	4	0	0
3	1 000	237	102	35	8	0
4	10 000	2 370	1 020	352	83	0
5	100 000	23 700	10 200	3 520	832	29
6	1 000 000	237 000	102 000	35 200	8 320	293
7	—	—	—	352 000	83 200	2 930
8	—	—	—	3 520 000	832 000	29 300
9	—	—	—	35 200 000	8 320 000	293 000

注：1. 每个采样点应至少采样 3 次。

2. 本标准不适用于表征悬浮粒子的物理性、化学性、放射性及生命性。

3. 根据工艺要求确定 1~2 种粒径。

4. 各种要求粒径 D 的粒子最大允许浓度 C。由公式 $C_n = 10^N \times \left(\dfrac{0.1}{D}\right)^{2.08}$ 确定，要求的粒径在 0.1~5μm，包括 0.1μm 及 5μm。

式中 C_n——被考虑粒径的空气悬浮粒子最大允许浓度（pc/m³）。C_n 是以四舍五入至相近的整数，通常有效位数不超过三位数；

N——分级序数，数字不超过 9，分级序数整数之间的中间数可以作规定，N 的最小允许增量为 0.1；

D——被考虑的粒径（μm）；

0.1——常数，其量纲为 μm。

表 7.2-10 洁净室（区）空气洁净度级别表

洁净度级别	尘粒最大允许数/pc·m^{-3}		微生物最大允许数	
	≥0.5μm	≥5μm	浮游菌/个·m^{-3}	沉降菌/（个/皿）
100 级	3 500	0	5	1
10 000 级	350 000	2 000	100	3
100 000 级	3 500 000	20 000	500	10
300 000 级	10 500 000	60 000	1 000	15

表 7.2-11 洁净手术室的洁净用房等级标准

等　级		沉降（浮游）细菌最大平均浓度	空气洁净度级别
I	洁净手术室	手术区 0.2 个/30minφ90 皿（5 个/m³），周边区 0.4 个/30minφ90 皿（10 个/m³）	手术区 100 级，周边区 1000 级
	洁净辅助用房	局部百级区 0.2 个/30minφ90 皿（5 个/m³），周边区 0.4 个/30minφ90 皿（10 个/m³）	1000 级（局部 100 级）
II	洁净手术室	手术区 0.75 个/30minφ90 皿（25 个/m³），周边区 1.5 个/30minφ90 皿（50 个/m³）	手术区 1000 级，周边区 10000 级
	洁净辅助用房	1.5 个/30minφ90 皿（50 个/m³）	10000 级
III	洁净手术室	手术区 2 个/30minφ90 皿（75 个/m³），周边区 4 个/30minφ90 皿（50 个/m³）	手术区 10000 级，周边区 100000 级
	洁净辅助用房	4 个/30minφ90 皿（50 个/m³）	100000 级
IV	洁净手术室	5 个/30minφ90 皿（50 个/m³）	300000
	洁净辅助用房		

净化空调系统是实现洁净技术的方式，具有初效、中效和高效过滤器。只有初、中效过滤器的称为中效净化空调系统。洁净室必须维持一定的正压。不同等级的洁净室以及洁净区与非洁净区之间的静压差，不应小于 5Pa，洁净区与室外的静压差，不应小于 10Pa。《洁净厂房设计规范》（GB 50073—2001）中对洁净空气流流型的选择作了明确规定，对于空气洁净度等级要求为 1~

4级时，应采用垂直单向流；空气洁净度等级要求为5级时，应采用垂直单向流或水平单向流；当6~9级时，宜采用非单向流。不同洁净等级的洁净室气流组织、送风量、换气次数、送风口风速的关系见表7.2-12。

表7.2-12 净化空调气流组织和送风量

空气洁净度等级	100 级		1000 级	10000 级	100000 级
气流组织型式 气流流型	垂直层流	水平层流	乱流	乱流	乱流
气流组织型式 送风主要方式	1. 顶棚满布高效空气过滤器送风（高效空气过滤器占顶棚面积不小于60%） 2. 侧布高效空气过滤器，顶棚设阻尼层送风 3. 全孔板顶棚送风	1. 送风墙满布高效空气过滤器水平送风 2. 送风墙局部布置高效空气过滤器水平送风（高效空气过滤器占送风墙面积不小于40%）	1. 孔板顶棚送风 2. 条形布置高效空气过滤器顶棚送风 3. 间隔布置带扩散板高效空气过滤器顶棚送风	1. 局部孔板顶棚送风 2. 带扩散板高效空气过滤器顶棚送风 3. 上侧墙送风	1. 带扩散板高效空气过滤器顶棚送风 2. 上侧墙送风
气流组织型式 回风主要方式	1. 格栅地面回风 （1）满布 （2）均匀局部布置 2. 相对两侧墙下部均匀布置回风口	1. 回风墙满布回风口 2. 回风墙局部布置回风口	1. 相对两侧墙下部均匀布置回风口 2. 洁净室面积较大时，可采取地面均匀布置回风口	1. 单侧墙下部布置回风口 2. 当采用走廊回风时，在走廊内均匀布置回风口或在走廊端部集中设置回风口	1. 单侧墙下部布置回风口 2. 当采用走廊回风时，在走廊内均匀布置回风口或在走廊端部集中设置回风口
送风量 气流流经室内断面风速/(m/s)	不小于0.3	不小于0.4			
送风量 换气次数/h⁻¹	—	—	不小于50	不小于20	不小于15
送风口风速/(m/s)	孔板孔口3~5		孔板孔口3~5	1. 孔板孔口3~5 2. 侧送风口 （1）贴附射流2~5 （2）非贴附射流同侧墙下部回风1.5~2.5，对侧墙下部回风1.0~1.5	侧送风口 （1）贴附射流2~5 （2）非贴附射流同侧墙下部回风1.5~2.5，对侧墙下部回风1.0~1.5
回风口风速/(m/s)	不大于2	不大于1.5	1. 洁净室内回风口不大于2 2. 走廊内回风不大于4	1. 洁净室内回风口不大于2 2. 走廊内回风不大于4	1. 洁净室内回风口不大于2 2. 走廊内回风不大于4

注：垂直层流洁净室采用相对两侧墙下部均匀布置回风口方式，仅适用于两对侧墙间距不大于5m的场合。

2.3 供暖

2.3.1 供暖方式

供暖方式有单户供暖和集中供暖之分。按照热媒的不同，集中供暖系统分为热水、高温水、低压蒸汽、高压蒸汽和热风供暖。热源可以是集中供热锅炉房、热电厂等。供暖系统热媒的选择见表7.2-13。一般建筑室内采暖设计温度宜采用16~24℃。

2.3.2 热水供暖系统

1. 重力循环热水供暖系统 见表7.2-14。

2. 机械循环热水供暖系统 见表7.2-15。

管路直径的确定可查阅有关图表或计算求得。

表7.2-13 供暖系统热媒的选择

建筑种类		适宜采用	允许采用
民用及公用建筑	居住建筑、医院、幼儿园、托儿所等	不超过95℃的热水	1. 低压蒸汽 2. 不超过110℃的热水
	办公楼、学校、展览馆等	1. 不超过95℃的热水 2. 低压蒸汽	不超过110℃的热水
	车站、食堂、商业建筑等	1. 不超过110℃的热水 2. 低压蒸汽	高压蒸汽
	一般俱乐部、影剧院等	1. 不超过110℃的热水 2. 低压蒸汽	不超过130℃的热水

（续）

建筑种类	适宜采用	允许采用
工业建筑	不散发粉尘或散发非燃烧性和非爆炸性粉尘的生产车间	1. 低压蒸汽或高压蒸汽 2. 不超过110℃的热水 3. 热风	不超过130℃的热水
	散发非燃烧和非爆炸性有机无毒升华粉尘的生产车间	1. 低压蒸汽 2. 不超过110℃的热水 3. 热风	不超过130℃的热水
工业建筑	散发非燃烧性和非爆炸性的易升华有毒粉尘、气体及蒸汽的生产车间	与卫生部门协商确定	

（续）

建筑种类	适宜采用	允许采用
工业建筑	散发燃烧性或爆炸性有毒气体、蒸汽及粉尘的生产车间	根据各部及主管部门的专门指示确定	
	任何体积的辅助建筑	1. 不超过110℃的热水 2. 低压蒸汽	高压蒸汽
	设在单独建筑内的门诊所、药房、托儿所及保健站等	不超过95℃的热水	1. 低压蒸汽 2. 不超过110℃的热水

注：1. 低压蒸汽系指压力≤70kPa 的蒸汽。
2. 采用蒸汽为热媒时，必须经技术论证认为合理，并在经济上经分析认为经济时才允许。

表 7.2-14　重力循环热水供暖系统常用几种型式

序号	型式名称	图　式	适用范围	特　点
1	单管上供下回式	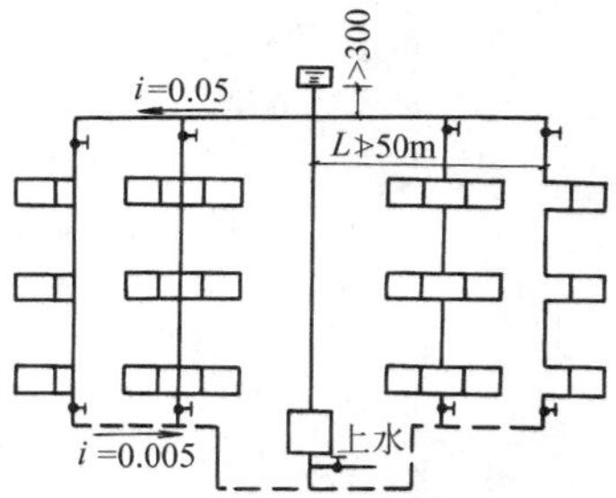	作用半径不超过 50m 的多层建筑	1. 升温慢、作用压力小、管径大、系统简单、不消耗电能 2. 水力稳定性好 3. 可缩小锅炉中心与散热器中心距离
2	双管上供下回式	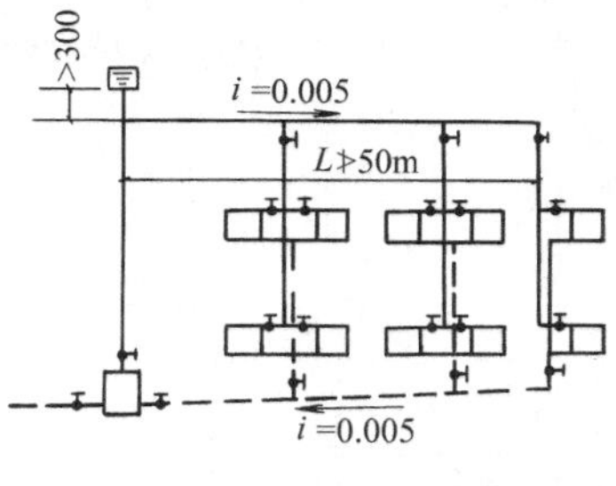	作用半径不超过 50m 的三层（≥10m）以下建筑	1. 升温慢、作用压力小、管径大、系统简单、不消耗电能 2. 易产生垂直失调 3. 室温可调节
3	单户式	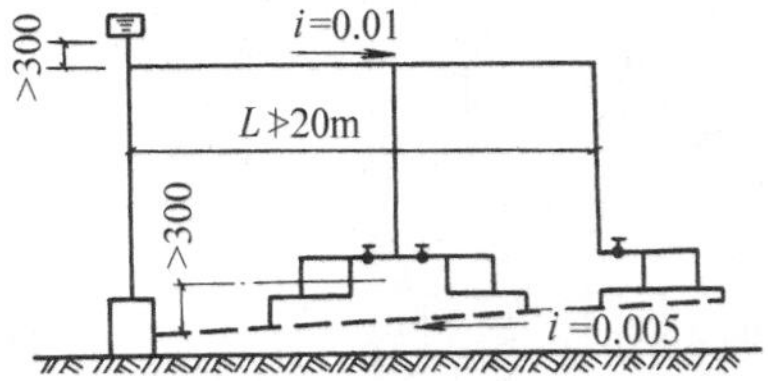	单户单层建筑	1. 一般锅炉与散热器在同一平面，故散热器安装至少提高到300~400mm 高度 2. 尽量缩小配管长度减少阻力

表 7.2-15 机械循环热水供暖系统常用型式

序号	型式名称	图　式	适用范围	特　点
1	双管上供下回式	L>300	室温有调节要求的四层以下建筑	1. 最常用的双管系统做法 2. 排气方便 3. 室温可调节 4. 易产生垂直失调
2	双管下供下回式		室温有调节要求且顶层不能敷设干管时的四层以下建筑	1. 缓和了上供下回式系统的垂直失调现象 2. 安装供水回水干管需设置地沟 3. 室内无供水干管,顶层房间美观 4. 排气不便
3	双管中供式		顶层供水干管无法敷设或边施工边使用的建筑	1. 可解决一般供水干管挡窗问题 2. 解决垂直失调比上供下回有利 3. 对楼层、扩建有利 4. 排气不利
4	双管下供上回式	L>200	热媒为高温水、室温有调节要求的四层以下建筑	1. 对解决垂直失调有利 2. 排气方便 3. 能适应高温水热媒,可降低散热器表面温度 4. 降低散热器传热系数,浪费散热器
5	垂直单管下供上回式		热媒为高温水的多层建筑	1. 可降低散热器的表面温度 2. 降低散热器传热量、浪费散热器

（续）

序号	型式名称	图 式	适用范围	特 点
6	垂直单管上供中回式		不易设置地沟的多层建筑	1. 节约地沟造价 2. 系统泄水不方便 3. 影响室内底层房屋美观 4. 排气不便 5. 检修方便
7	垂直单管三通阀跨越式		多层建筑和高层建筑	可解决建筑层数过多垂直失调问题
8	单双管式		八层以上建筑	1. 避免垂直失调现象产生 2. 可解决散热器立管管径过大的问题 3. 克服单管系统不能调节的问题
9	混合式		热媒为高温水的多层建筑	解决高温水热媒直接系统的最佳方法之一

（续）

序号	型式名称	图　　式	适用范围	特　　点
10	水平单管串联式	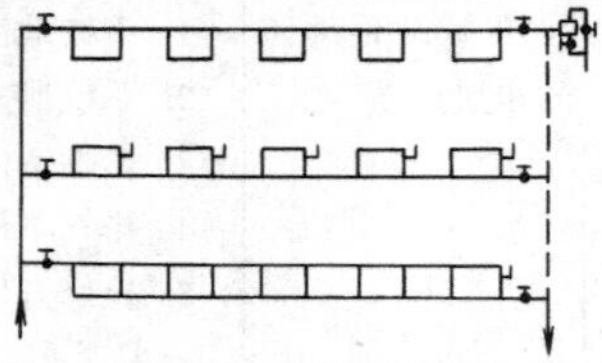	单层建筑或不能敷设立管的多层建筑	1. 常用的水平串联系统,经济、美观、安装简便 2. 散热器接口处易漏水 3. 排气不便
11	垂直单管顺流式	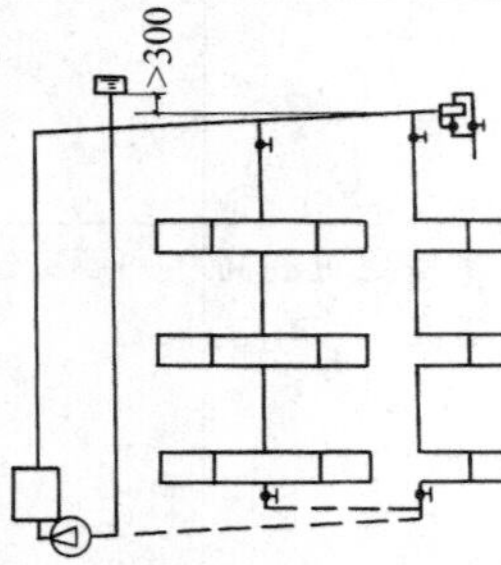	一般多层建筑	1. 常用的一般单管系统做法 2. 水力稳定性好 3. 排气方便 4. 安装构造简单
12	带温控阀的双管系统	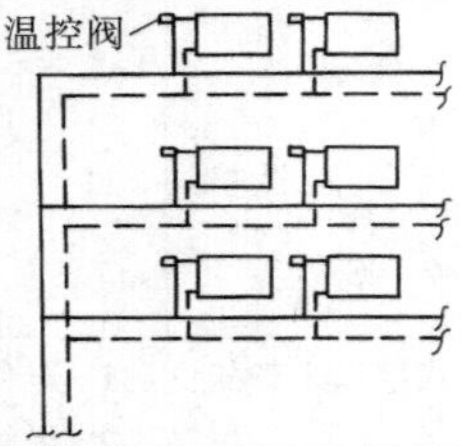 温控阀	多层建筑和高层建筑	1. 容易控制温度 2. 节能效果好 3. 可用于一户一环系统

2.3.3　计量供热

旧有供热体制造成节能建筑不节能,能源浪费严重,因而应逐步建立符合我国国情、适应社会主义市场经济体制要求的城镇供热新体制,稳步推进城镇用热商品化,计量供热是供热市场商品化的技术基础。

计量供热系统首先应能维持良好的运行状况,保证向用户提供所需的热量;它能按用户需要调节室温,并对所耗热量进行可靠计量,用户外出时可暂时关闭室内系统,并便于供热部门维护、查表。

对于新建居住建筑,可采用在楼梯间设共用的供回水立管并与相应楼层各户独立系统相连,户内系统可以是带跨越管的水平单管系统或水平双管系统,也可以是地板辐射采暖系统。热表及各户系统的锁闭阀安装在楼梯间的专用管井内,便于维修与查表。

对于既有居住建筑,在热力入口处设热表分楼或分单元计量[25]。

2.3.4　常用供暖设备

1. 散热器　铸铁散热器（见表7.2-16）、钢制散热器,辐射板及表面式供暖（在地板、天花板或墙壁中铺设塑料软管）等多种方式可供选择。

表 7.2-16　铸铁散热器综合性能表

序号	类　型	散热面积/(m²/片)	水容量/(L/片)	质量/(kg/片)	工作压力/MPa	散　热　量 (W/片)	散　热　量 计　算　式
1	长翼型(大60)	1.16	8	26	0.4 0.6	480	$Q = 5.307\Delta T^{1.345}$（3 片）
2	长翼型(40 型)	0.88	5.7	16	0.4	376	$Q = 5.333\Delta T^{1.285}$（3 片）
3	方翼型(TF 系列)	0.56	0.78	7	0.6	196	$Q = 3.233\Delta T^{1.249}$（3 片）
4	圆翼型(D75)	1.592	4.42	30	0.6	582	$Q = 6.161\Delta T^{1.258}$（2 片）
5	M-132 型	0.24	1.32	7	0.5 0.8	139	$Q = 6.538\Delta T^{1.286}$（10 片）

（续）

序号	类　型	散热面积 /（m²/片）	水容量 /（L/片）	质量 /（kg/片）	工作压力 /MPa	散　热　量	
						（W/片）	计　算　式
6	四柱 813 型	0.28	1.4	8	0.5 0.8	159	$Q = 6.887\Delta T^{1.306}$（10 片）
7	四柱 760 型	0.237	1.16	6.6	0.5 0.8	139	$Q = 6.495\Delta T^{1.287}$（10 片）
8	四柱 640 型	0.205	1.03	5.7	0.5 0.8	123	$Q = 5.006\Delta T^{1.321}$（10 片）
9	四柱 460 型	0.128	0.72	3.5	0.5 0.8	81	$Q = 4.562\Delta T^{1.244}$（10 片）
10	四细柱 500 型	0.126	0.4	3.08	0.5 0.8	79	$Q = 3.922\Delta T^{1.272}$（10 片）
11	四细柱 600 型	0.155	0.48	3.62	0.5 0.8	92	$Q = 4.744\Delta T^{1.265}$（10 片）
12	四细柱 700 型	0.183	0.57	4.37	0.5 0.8	109	$Q = 5.304\Delta T^{1.279}$（10 片）
13	六细柱 700 型	0.273	0.8	6.53	0.5 0.8	153	$Q = 6.750\Delta T^{1.302}$（10 片）
14	弯肋型	0.24	0.64	6.0	0.5 0.8	91	$Q = 6.254\Delta T^{1.196}$（10 片）
15	辐射对流型（TFD₂）	0.34	0.75	6.5	0.5 0.8	162	$Q = 7.902\Delta T^{1.277}$（10 片）

注：表中散热量公式除 10～14 为"国家建筑工程质量监督检验测试中心"提供外，其余均为清华大学散热器实验室提供。

2. 膨胀水箱

（1）水箱容积计算

当 95～70℃供暖系统

$$V = 0.034 V_C$$

当 110～70℃供暖系统

$$V = 0.038 V_C$$

当 130～70℃供暖系统

$$V = 0.043 V_C$$

式中　V——膨胀水箱的有效容积（即相当于检查管到溢流管之间高度的容积）；

　　　V_C——系统内的水容量（见表 7.2-17）。

根据计算结果可按开式膨胀水箱样本或国标图选用水箱。

表 7.2-17　供给每 1kW 热量所需设备的水容量 V_c 值（单位：L）

供暖系统设备和附件	V_c
锅炉设备	
KZG1-8	4.7
SHZ2-13A	4.0
KZL4-13	3.0
SZP6.5-13	2.0
SZP10-13	1.6
RSG120-8/130	1.4
KZG1.5-8	4.1
KZG$^{-8}_{13}$	3.7
KZFH2-8-1	4.0

（续）

供暖系统设备和附件	V_c
KZZ4-13	3.0
SZP10-13	2.0
RSG60-8/130-1	1.4
散热器	
长翼型（大 60）	16.6
长翼型（40 型）	15.1
圆翼型（D75）	7.59
四柱 813 型	8.8
四柱 640 型	8.37
四细柱 500 型	5.1
四细柱 700 型	5.2
弯肋型	7.03
钢串片	3.6
扁管	4.8
长翼型（小 60）	17.2
方翼型（TF 系列）	3.97
M-132	9.49
四柱 760 型	8.3
四柱 460 型	8.88
四细柱 600 型	5.2
六细柱 700 型	5.2
辐射对流程（TFD₂）	5.24
钢柱	14.5
板式	4.1
管道系统	
室内机械循环管路	7.8
室内自然循环管路	15.6
室外机械循环管路	5.9

（2）闭式低位膨胀水箱　当建筑物顶部安装高位开式膨胀水箱有困难时，可采用气压罐方式。采用这种方式时，不但能解决系统中水的膨

胀问题，而且可与锅炉自动补水和系统稳压结合起来。气压罐安装在锅炉房内，工作原理见图7.2-16。

3. 集气罐和自动排气阀

（1）集气罐 集气罐有效容积应为膨胀水箱容积的1%。它的直径 D 应大于或等于干管直径的 1.5~2 倍，使水在其中的流速不超过 0.05m/s。集气罐按安装形式分立式和横式两种，规格尺寸见表7.2-18。

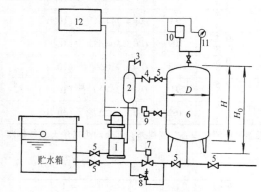

图 7.2-16 气压罐工作原理图

1—补给水泵 2—补气罐 3—吸气阀 4—止回阀 5—闸阀 6—气压罐 7—泄水电磁阀 8—安全阀 9—自动排气阀 10—压力控制器 11—电接点压力表 12—电控箱

表 7.2-18 集气罐规格尺寸表

（单位:mm）

规格	型		号		备 注
	1	2	3	4	
直径 D	100	150	200	250	国标图
高度（长度）$H(L)$	300	300	320	430	

设计注意要点:

1) 集气罐一般应设于系统的末端最高处，并使干管逆坡有利于排气。

2) 集气罐上引出的排气管一般取 $D_N=15$，并应安装阀门。

（2）自动排气阀 管理简便、节约能源、外形美观体积小，各类自动排气阀按综合性能选用。

设计使用注意要点:

1) 排气口可接管也可不接管，一般情况不需接管。接管可用钢管也可用橡胶管，在排气管

道上，不应装设阀门。

2) 为便于检修，应在连接管上设一闸阀，系统运行时应开启。同时为了确保排气阀的正常工作，建议在排气阀前加设 Y 型过滤器。

3) 自动排气阀应设于系统的最高处，对热水供暖系统最好设于末端最高处。

4. 换热器

（1）换热器计算 换热器传热面积 F（m²）:

$$F = \frac{Q}{K \cdot B \cdot \Delta t_{pj}}$$

式中 Q——换热量（W）;

K——传热系数 $[W/(m^2 \cdot ℃)]$;

B——考虑水垢的系数，当汽—水换热器时，$B=0.9~0.85$，当水—水换热器时，$B=0.8~0.7$;

Δt_{pj}——对数平均温度差（℃）。

$$\Delta t_{pj} = \frac{\Delta t_a - \Delta t_b}{\ln \dfrac{\Delta t_a}{\Delta t_b}}$$

式中 Δt_a、Δt_b——热媒入口及出口处的最大、最小温差值（℃）。

（2）换热器种类 供热系统中常用的换热器有板式换热器，螺旋板式换热器，汽水混合加热器，浮头式汽—水换热器，波纹管式换热器等。

2.4 通风

2.4.1 局部排风

局部排风是一个有限空间内的某个污染源进行排风的系统，排风罩的性能对局部排风系统的技术经济效果有很大影响。

1. 伞形罩（图7.2-17）

（1）伞形罩的设计原则

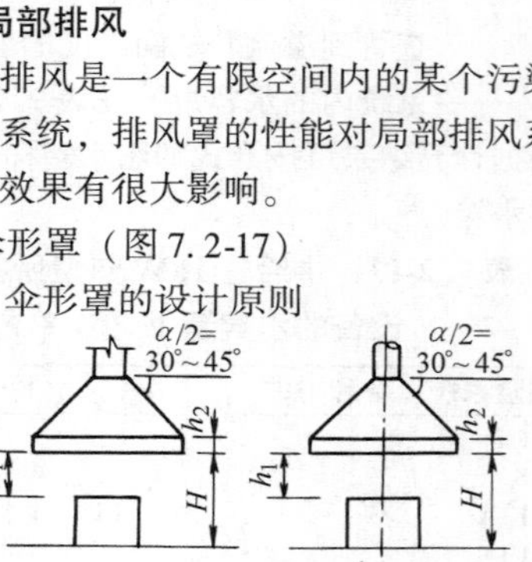

图 7.2-17 伞形罩

1）伞形罩的罩口截面和形状应与有害物扩散区水平投影相似；

2）伞形罩的开口角度 α 宜等于或小于60°，最大不大于90°。必要时对边长较大的伞形罩可分段设置；

3）伞形罩应设裙边，裙边高度 $h_2 = 0.25\sqrt{F}$（F 为罩口面积）。排除潮湿气体时，应在裙边内设檐沟。排除热气体的伞形罩的罩口截面尺寸：

矩形伞形罩 $\quad A = a + 0.4h_1$
$$B = b + 0.4h_1$$
圆形伞形罩 $\quad D = d + 0.4h_1$

4）在不影响操作的情况下，伞形罩应尽量靠近有害物散发点。一般 $H = 1.6 \sim 1.8\text{m}$。

（2）排风量 $L(\text{m}^3/\text{h})$
$$L = 3600v_0 F$$
式中 $\quad F$——罩口面积（m^2）；

$\quad v_0$——罩口平均风速（m/s）。

取值可按如下规定：

排除无刺激性的有害气体（热、湿）时，
$$v_0 = 0.3 \sim 0.5\text{m/s}。$$
排除有刺激性的有害气体时，

四边敞开 $\quad v_0 = 1.05 \sim 1.25\text{m/s}$；

三边敞开 $\quad v_0 = 0.9 \sim 1.05\text{m/s}$；

二边敞开 $\quad v_0 = 0.75 \sim 0.9\text{m/s}$；

一边敞开 $\quad v_0 = 0.5 \sim 0.75\text{m/s}$。

2. 槽边排风

（1）设计原则

1）单侧及双侧排风的选择：

槽宽 $B < 500\text{mm}$ 宜采用单侧排风；

$B = 500 \sim 800\text{mm}$ 宜采用双侧排风；

$B > 1200\text{mm}$ 采用吹吸式排风，但在下列情况下不宜采用：

① 加工件频繁从槽中取出；

② 槽面上有障碍物（挂具、工件等）扰乱吹出气流；

③ 工人经常在槽两侧工作时。

圆形槽子，宜采用环形排风。

2）为提高槽边排风效果，减少排风量，可采用以下措施：

① 槽子宜靠墙设置；

② 降低排风罩距液面的高度，但一般不得

小于150mm；

③ 在工艺允许的情况下，槽面可设置活动盖板，或在液面上加漂浮覆盖物（如，塑料棒、球等）、抑制剂（如 OP 浮化剂、皂根）等。

（2）条缝式槽边抽风构造 条缝式槽边排风罩分为单侧、双侧两种。其安装形式分为单Ⅰ、单侧Ⅱ、双侧、周边Ⅰ、周边Ⅱ及环形。如图 7.2-18。

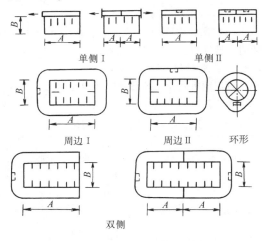

图 7.2-18　条缝式槽边排风罩

2.4.2 全面通风

1. 全面通风的主要设计原则

（1）对于不能采用局部通风或采用局部通风达不到卫生要求时，可考虑采用全面通风。

（2）全面通风有自然通风，机械通风或自然与机械的联合通风等各种方式。设计时应尽量采用自然通风，以节约能源和投资。

2. 全面换气量

（1）消除余热所需要的换气量 $G_1(\text{kg/h})$：
$$G_1 = 3600 \frac{Q}{(t_p - t_j)c}$$

（2）消除余湿所需要的换气量 $G_2(\text{kg/h})$；
$$G_2 = \frac{G_{sh}}{d_p - d_j}$$

（3）稀释有害物所需换气量 $G_3(\text{kg/h})$：
$$G_3 = \frac{\rho M}{c_y - c_j}$$

式中 $\quad Q$——余热量（kW）；

$\quad t_p$——排出空气的温度（℃）；

$\quad t_j$——进入空气的温度（℃）；

c——空气的比热容（1.0kJ/kg·K）；

G_{sh}——余湿量（g/h）；

d_p——排出空气的含湿量（g/kg）；

d_j——进入空气的含湿量（g/kg）；

M——室内有害物的散发量（mg/h）；

c_y——室内空气中有害物质的最高允许浓度（mg/m^3）；

c_j——进入空气中有害物质的浓度（mg/m^3）；

ρ——空气密度（kg/m^3）。

（4）房间内同时放散余热、余湿和有害物质时，换气量按其中最大值取。

2.4.3 风管规格

镀锌钢板制作的风管规格及板厚参见表7.2-19～表7.2-21。

表 7.2-19　圆形风管规格

外 径 D /mm		
基 本 系 列	辅 助 系 列	
100	500	80 90 100	480 500
120	560	110 120	530 560
140	630	130 140	600 630
160	700	150 160	670 700
180	800	170 180	750 800
200	900	190 200	850 900
220	1000	210 220	950 1000
250	1120	240 250	1060 1120
280	1250	260 280	1180 1250
320	1400	300 320	1320 1400
360	1600	340 360	1500 1600
400	1800	380 400	1700 1800
450	2000	420 450	1900 2000

表 7.2-20　矩形风管规格

（单位：mm）

外边长（长×宽）	
120×120	630×500
160×120	630×630
160×160	800×320
200×120	800×400
200×160	800×500
200×200	800×630
250×120	800×800
250×160	1000×320
250×200	1000×400
250×250	1000×500
320×160	1000×630
320×200	1000×800
320×250	1000×1000
320×320	1250×400
400×200	1250×500
400×250	1250×630
400×320	1250×800
400×400	1250×1000
500×200	1600×500
500×250	1600×630
500×320	1600×800
500×400	1600×1000
500×500	1600×1250
630×250	2000×800
630×320	2000×1000
630×400	2000×1250

表 7.2-21　风管和配件钢板厚度

（单位：mm）

圆形风管直径或矩形风管大边长	钢 板 厚 度	
	一般风管	除尘风管
100～200	0.50	1.50
220～500	0.75	1.50
530～1400		2.00
560～1120	1.00	
1250～2000	1.20～1.50	
1500～2000		3.00

注：螺旋风管的钢板厚度可相应减小。

3　内　燃　机

将热能转变为机械能的发动机称为热力发动机（简称热机）。内燃机为一种热机，它是将燃料和空气的混合物在其气缸内部燃烧并放出热能，进而转变成机械功（以转矩和转速形式输出）的活塞式原动机；根据活塞的运动方式，可分为往复活塞式和旋转活塞式内燃机。本章仅介绍广泛使用的往复活塞式内燃机。

3.1 内燃机的基础知识

3.1.1 内燃机的工作原理[30,34,36,38]

1. 四冲程内燃机 四冲程内燃机在曲轴旋转二周内依次完成由进气、压缩、燃烧—膨胀、排气四个过程组成的一次工作循环,如图7.3-1所示。

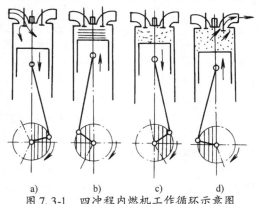

图 7.3-1 四冲程内燃机工作循环示意图
a) 进气 b) 压缩 c) 燃烧—膨胀 d) 排气

以柴油作为燃料的内燃机称为柴油机,一般是通过柴油泵和喷油器将柴油以高压喷进气缸,与早已被吸入气缸并经过压缩的空气混合,在高温高压条件下着火燃烧。所以柴油机又称为压燃式发动机。以汽油作为燃料的内燃机称为汽油机,一般是采用化油器,使汽油和空气混合后吸入发动机气缸,经过压缩再用火花塞产生的电火花点火燃烧。汽油机又称点燃式发动机或化油器式发动机。取消化油器,直接将汽油用电子控制式或机械式控制系统喷入进气管或气缸内燃烧,具有优异的动力经济性和排放性能,在国内外车

辆汽油机上已被广泛采用[41]。随着排放限值的严格要求,化油器除了在一些排放要求不严的场合和降低成本考虑可以继续应用外,将会逐步淡出车辆产品的市场。

表示四冲程内燃机工作过程的压力—容积图(p-V 图)如图7.3-2 示,它表明了气缸内工质的作功情况;有时将工作容积用对应的曲轴转角表示,就形成表示工作过程的压力—曲轴转角图(p-α 图)如图7.3-3 所示。这种曲线图,能更多地从研究工作过程的角度来探求能量转化对作功和排放、噪声的影响情况。

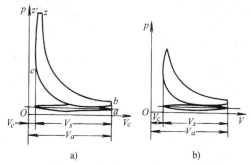

图 7.3-2 四冲程内燃机实际循环 p-V 图
a) 四冲程柴油机 b) 四冲程汽油机

2. 二冲程内燃机 其一个工作循环的进气、压缩、燃烧和膨胀、排气是在活塞的两个行程(即曲轴旋转一周)内完成的。在气缸的上部,活塞行程的大部分(约占全行程的70%～80%)用来完成压缩、燃烧和膨胀三个过程。活塞经过气缸下部的一小部分行程(约占全行程30%～20%)用来完成 换气(即排出废气和引进新鲜充量)过程。根据所用燃料,有二冲程柴油机、

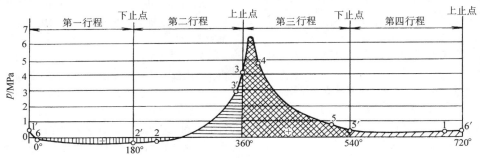

图 7.3-3 四冲程内燃机的 p-α 图

二冲程汽油机以及二冲程天然气内燃机等。新鲜充量（空气或者混合气）在进入气缸前的预先压缩可以用独立的气泵，也可以利用曲轴箱，前者称为气泵扫气，后者称为曲轴箱扫气。图 7.3-4 表示的是被摩托车广泛采用的曲轴箱扫气（换气）的二冲程汽油机工作循环示意图。

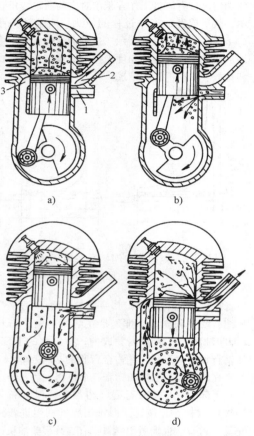

图 7.3-4 二冲程汽油机工作循环示意图
a)、b) 第一行程（换气—压缩行程）
c)、d) 第二行程（膨胀—换气行程）
1—进气孔 2—排气孔 3—扫气孔

3. 二冲程与四冲程内燃机的比较（见表 7.3-1）。

表 7.3-1 二冲程与四冲程机的比较

功率	曲轴每转一周作功一次，在相同排量、转速和压缩比下，理论上功率增加一倍，扣除各种附加损失，实际功率增大（50~80）%
经济性	由于有换气损失等原因，耗油率比四冲程机高

（续）

排放和噪声	比四冲程机差，特别是 HC 排放量大，噪声高
运转平稳性	比四冲程机平稳，同时可减小飞轮尺寸
结构	零件相对较少，结构可简化，因此尺寸、质量、成本均可能减小，尤其在小型机上更为突出
使用范围	在小功率汽油机（如摩托车、手提动力机械上）或大型低、中速柴油机上占有明显优势，获广泛采用。其他范围也有采用，但远不及四冲程机广泛

3.1.2 内燃机的分类

内燃机的结构和品种繁多，用途广泛。可以按不同方式进行分类，并且也常以分类方式（或某种特点）进行命名（表 7.3-2）。

3.1.3 内燃机的基本构造

内燃机是一部复杂机械，它由许多机构和系统组成，依靠它们之间有机配合和协调动作完成热功转换，并保证连续可靠工作。

虽然内燃机用途不同，其类型和结构有所变化，但其基本结构都是由下列机构和系统组成的：

（1）固定件。包括气缸盖、气缸体、气缸套，曲轴箱、底座和油底壳等。这些零部件组成内燃机的骨架，所有运动件和辅助系统都安装在这个骨架上面。

（2）曲柄连杆机构。它的功用是将活塞往复直线运动变成曲轴的旋转运动，输出机械能。它包括活塞组、连杆组、曲轴飞轮组等内燃机主要运动件。

（3）配气机构和进排气系统。配气机构由气门组件、传动组件和凸轮轴组成。进排气系统由空气滤清器、进气管、排气管和排气消声器组成。它们的功能是按要求定时排出废气，吸入新鲜充量。

以活塞控制各气口开启和关闭的二冲程内燃机，结构较简单，没有相应的气门及其驱动机构。

（4）燃料供给系统。它的功用是向气缸内供给燃料。由于所用燃料及混合气形成方法不同，汽油机和柴油机的燃料供给系统在结构上差别很大。前者是根据汽油机的工作要求，将汽油和空气按一定的比例形成可燃混合气，定时地送入气缸。通常由汽油箱、输油泵、汽油滤清器、空气滤清器、化油器等组成。电子汽油喷射系统虽然结构稍复杂、成本高,但能满足日益严格的排放法规,兼顾动力经济性和环保要求,将会越来越多地取代传统化油器式燃料供给系统。作为一个示例,图 7.3-6 示出德国 BOSCH 公司生产的 Motronic M3 电控汽油喷射系统组成图。

表 7.3-2　内燃机的分类方法

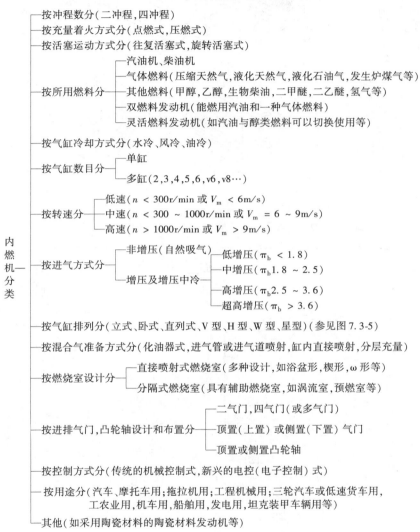

内燃机—分类

- 按冲程数分(二冲程,四冲程)
- 按充量着火方式分(点燃式,压燃式)
- 按活塞运动方式分(往复活塞式,旋转活塞式)
- 按所用燃料分
  - 汽油机、柴油机
  - 气体燃料(压缩天然气,液化天然气,液化石油气,发生炉煤气等)
  - 其他燃料(甲醇,乙醇,生物柴油,二甲醚,二乙醚,氢气等)
  - 双燃料发动机(能燃用汽油和一种气体燃料)
  - 灵活燃料发动机(如汽油与醇类燃料可以切换使用等)
- 按气缸冷却方式分(水冷、风冷、油冷)
- 按气缸数目分
  - 单缸
  - 多缸(2,3,4,5,6,v6,v8…)
- 按转速分
  - 低速($n < 300$r/min 或 $V_m < 6$m/s)
  - 中速($n < 300 \sim 1000$r/min 或 $V_m = 6 \sim 9$m/s)
  - 高速($n > 1000$r/min 或 $V_m > 9$m/s)
- 按进气方式分
  - 非增压(自然吸气)
  - 增压及增压中冷
    - 低增压($\pi_b < 1.8$)
    - 中增压($\pi_b 1.8 \sim 2.5$)
    - 高增压($\pi_b 2.5 \sim 3.6$)
    - 超高增压($\pi_b > 3.6$)
- 按气缸排列分(立式、卧式、直列式、V 型、H 型、W 型、星型)(参见图 7.3-5)
- 按混合气准备方式分(化油器式,进气管或进气道喷射,缸内直接喷射,分层充量)
- 按燃烧室设计分
  - 直接喷射式燃烧室(多种设计,如浴盆形,楔形,ω 形等)
  - 分隔式燃烧室(具有辅助燃烧室,如涡流室,预燃室等)
- 按进排气门,凸轮轴设计和布置分
  - 二气门,四气门(或多气门)
  - 顶置(上置)或侧置(下置)气门
  - 顶置或侧置凸轮轴
- 按控制方式分(传统的机械控制式,新兴的电控(电子控制)式)
- 按用途分(汽车、摩托车用;拖拉机用;工程机械用;三轮汽车或低速货车用,工农业用;机车,船舶用,发电用,坦克装甲车辆用等)
- 其他(如采用陶瓷材料的陶瓷材料发动机等)

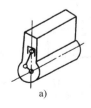 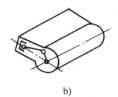 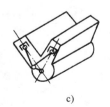 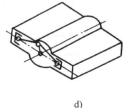

a)　　　　b)　　　　c)　　　　d)

图 7.3-5　内燃机气缸排列类型
a) 立式　b) 卧式　c) V 型　d) 对称

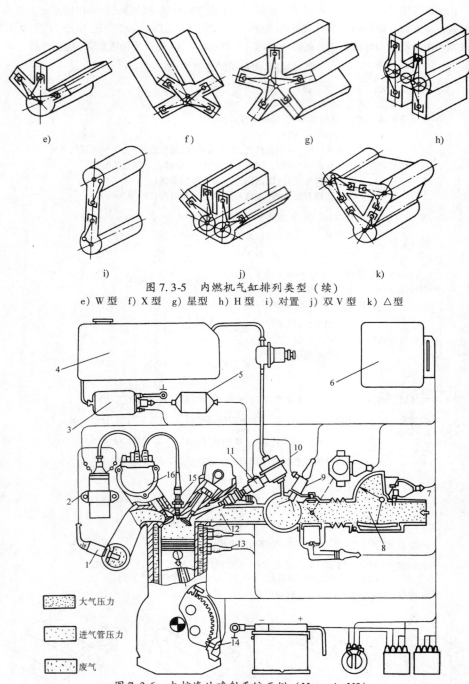

图 7.3-5　内燃机气缸排列类型（续）

e）W 型　f）X 型　g）星型　h）H 型　i）对置　j）双 V 型　k）△型

图 7.3-6　电控汽油喷射系统示例（Motronic M3）

1—λ 传感器　2—点火线圈　3—电动燃油泵　4—燃油箱　5—燃油滤清器　6—电子控制器
7—温度控制传感器　8—空气流量计　9—冷起动阀　10—压力调节器　11—燃油分配器
12—喷油器　13—发动机温度传感器　14—发动机转速传感器
15—火花塞　16—高压分电器

柴油机燃料供给系统是在压缩行程终了，定时、定量、定压地向燃烧室内喷入燃料，并创造良好的燃烧条件，满足燃烧过程的需要。它由柴油箱、输油泵、柴油滤清器、喷油泵与调速器、喷油器及油管等组成。柴油机电控喷射技术是将近代电子技术与计算机技术直接应用于柴油机及其动力装置的控制，通过各类传感器实时地采集、检测、计算、比较并控制喷油泵的转速、喷油量以及喷油始点，从而较好地满足功率、油耗率、排放和噪声等指标全优的要求。电控系统由传感器、控制器和执行器三部分组成。图 7.3-7 示出一台直列式电控喷油系统的组成方框图，从中可以看出其组成及相互联系。

德国奔驰 C220 CDI⊖ 型共轨式直喷柴油机可代表这一类柴油机的先进水平，其主要技术参数如下：

发动机型号　　　　　OM611

气缸直径与活塞行程 $d \times s$	88.0mm × 88.4mm
气缸数	4
排量 V_h	2.151L
压缩比 ε	19：1
有效功率/转速 P_e/n	92/4200 kW/ (r·min^{-1})
平均有效压力 p_{me}	1.75MPa
喷油系统	博世公司生产的共轨系统 6 孔喷油嘴 6 × 0.19
涡轮增压	联信公司生产的带废气旁通阀的涡轮增压器，带有中间冷却器
排放控制	带混合室压力控制阀的电控废气再循环，进气道关闭，双催化转换器

图 7.3-8 示出 C220 CDI 柴油机电控单元实际方框图，图 7.3-9 为该柴油机共轨系统的实物组

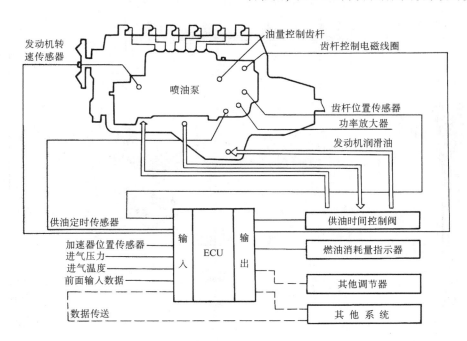

图 7.3-7　直列式电控喷油系统

⊖　CDI: Common Rail Direct Injection Engine，共轨式直喷柴油机。

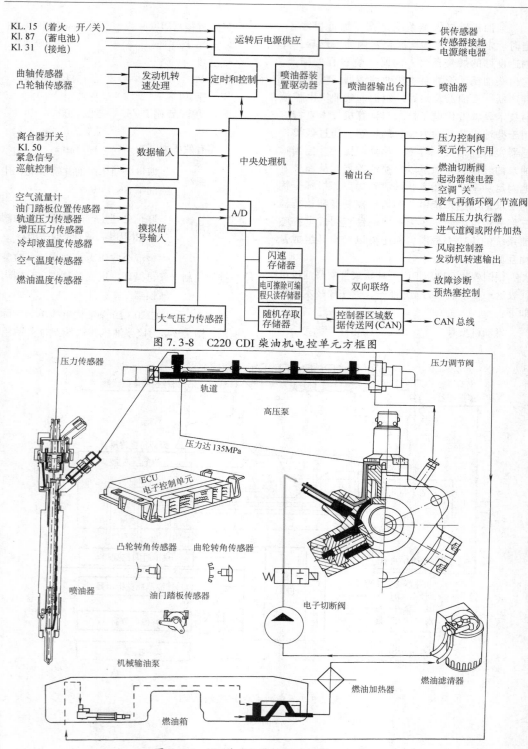

图 7.3-8　C220 CDI 柴油机电控单元方框图

图 7.3-9　C220 CDI 柴油机共轨系统组成

成图，图7.3-10示出该柴油机按欧洲试验规范测得的排放值，图7.3-11是该柴油机与同类柴油机的比较结果。[51]

（5）润滑系统。其功用是将机油送到内燃机各运动件的摩擦表面，起减摩、冷却、密封、净化、防锈等作用。它主要由机油泵、机油滤清器、机油冷却器（或散热器）、阀门及机油管道等组成。

（6）冷却系统。其功用是将受热零件所吸收的多余热量及时散到大气中，维持内燃机工作时温度正常，受热零件在允许温度下工作。水冷发动机的冷却系统主要由气缸体和气缸盖的冷却水套、水泵、风扇、散热器及节温器等组成。风冷式的，主要由气缸体及气缸盖上的散热片、导风罩、风扇等组成。

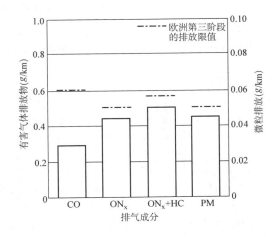

图 7.3-10 C220 CDI 柴油机的排放水平

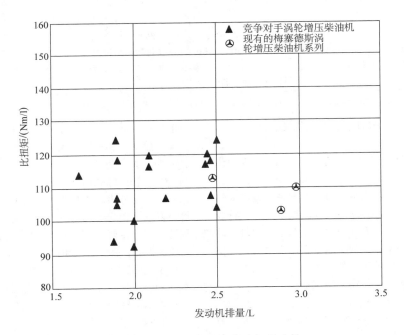

图 7.3-11 C220 与同类柴油机的比较

（7）点火系统。它是汽油机以及气体燃料发动机所特有的一个系统，其功用是按规定要求在火花塞电极处产生足够能量火花点燃气缸内被压缩了的可燃混合气。常用点火系统种类、适用范围和特点见表7.3-3。

（8）起动系统。使静止的内燃机起动并投入自行运转工作。最简单的起动方式是人力手摇或脚踏起动，仅适用于小型内燃机。最常用的起动方式有电动机起动、起动汽油机起动、压缩空气起动等。此外尚须装设减压机构、预热塞、电热塞等辅助起动装置，使起动方便迅速。对高寒工作地区，应有特殊的冷起动加温附加措施。

表 7.3-3 常用点火系统种类、适用范围和特点[1]

类 型	主要部件	适用范围	工作过程及结构特点	性能特点
蓄电池点火系统	蓄电池、点火线圈分电器（带白金触点）、火花塞	汽油机、煤气机	蓄电池供低压电流给点火线圈。靠白金触点断开时在线圈次级绕组产生高压电，经分电器送至火花塞	传统的点火系统，高速发火性能较差，触点易烧损，需经常维护
电子点火系统	带磁脉冲断电器的分电器，电子控制装置，余同上	高速，低排污低油耗高性能汽油机	工作过程同上。唯以磁脉冲断电器断电，由电子控制装置适时点火	高速发火性能好，工作可靠，无触点烧损问题
晶体管点火系统（如 CDI①）	晶体管断电器，余同蓄电池点火系统	汽油机、煤气机，对高速汽油机及大型煤气机更合适	工作过程同蓄电池点火系统，唯断电器由晶体管执行	
磁电机点火系统	磁电机，火花塞	不需要电力起动的小型汽油机	磁电机代替蓄电池，低压电系由低压电源发生器产生	中、高速发火性能好，低速发火性能差，触点易烧损，需经常维护
飞轮磁电机点火系统	飞轮磁电机、火花塞	单缸小型汽油机	磁铁安装或铸在发动机飞轮内，点火线圈和白金触点断电器安装在机体上	中、高速发火性能好，低速发火性能差，触点易烧损，需经常维护
晶体管飞轮磁电机点火系统	飞轮磁电机、晶体管开关盒、火花塞	单缸小型汽油机，对二冲程机及湿热带地区更适合	工作过程和结构同上，仅由晶体管开关盒代替白金触点断电器	高、低速发火性能都好，无触点烧损问题

① CDI（Capacitor discharge ignition）电容器放电点火系统，一种晶体管点火系统。

3.1.4 汽油机、柴油机和天然气发动机

1. 汽油机

（1）汽油机的优点及其用途 汽油机的优点是升功率高、比质量小，低温起动性能好，工作柔和及平稳，制造成本低；主要缺点是有效热效率低（约为20% ~ 30%），油耗率高，运行成本高。微型汽车、摩托车目前全部以汽油机为动力，轿车、轻型载重汽车基本上用汽油机，中型载重汽车中与柴油机比例大致相当，小型农用动力和林业机械广泛应用小型汽油机。

（2）汽油机的气缸直径 其缸径不能过大，一般都在 95 ~ 100mm 以下，大排量汽油机已被柴油机所取代。国产车用汽油机最大缸径105mm。

（3）汽油机的燃烧室型式 燃烧室型式的选择将直接影响到发动机的各种技术指标。开发新型燃烧室应侧重解决高功率、低油耗和低排放相互制约的矛盾。

侧置气门 L 型燃烧室，除在小型四冲程汽油机上尚有使用外，在现代汽油机中已不再采用。目前广泛采用的燃烧室型式主要有楔形燃烧室、浴盆形燃烧室和半球形燃烧室（图 7.3-12）。

（4）稀薄燃烧系统 它是指能燃用空燃比为 18:1 或更稀的混合气的汽油机。稀薄燃烧按供给方式可分为均质和非均质两种。目前，分层燃烧发动机作为稀薄燃烧中的非均质燃烧是实现稀薄燃烧的主要方式。稀薄燃烧方式除了动力性有所降低外，其经济性和排放均有显著改善（图7.3-13）因而受到重视，表 7.3-4 列出分层燃烧室的分类及其低污染发动机的应用开发实例。图7.3-14 示出较为成熟的 CVCC 燃烧室简图。

2. 柴油机[30,34]

（1）柴油机的优点及其用途 柴油机的优点是有效热效率高（约为30% ~ 45%），油耗率低且油耗率曲线变化比较平坦，因此柴油机运行成本比汽油机显著低；柴油机工作可靠，使用寿命长；柴油机可以采用大缸径和高增压技术，因此可以达到很高的平均有效压力和整机功率，功率范围广，而汽油机的增压度和缸径则受到爆燃的限制。柴油机工作粗暴，运转振动噪声大。

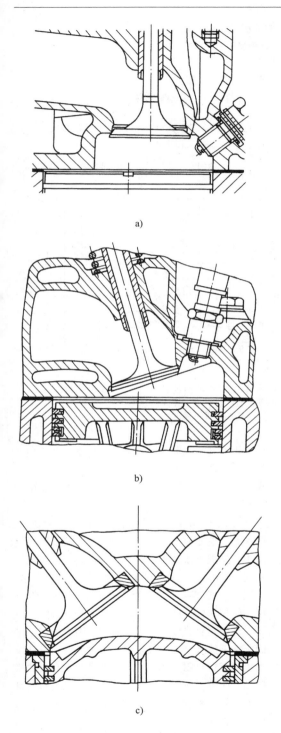

a)

b)

c)

图 7.3-12　汽油机的燃烧室
a) 盆形　b) 楔形　c) 半球形

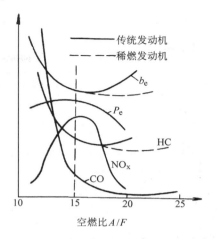

空燃比 A/F

图 7.3-13　汽油机性能与空燃比的关系
b_e——燃油消耗率　P_e——有效功率
NO_x，HC，CO——排放有害气体成分

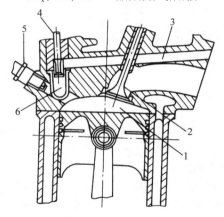

图 7.3-14　CVCC 燃烧室简图
1—主燃烧室　2—主进气门　3—副进气道
4—副进气门　5—火花塞　6—副燃烧室

由于上述特点，目前我国除轿车、微型汽车、摩托车和 8kW 以下部分农用动力以外，几乎全部采用柴油机作为内燃机动力。在中型载货汽车动力中柴油机已和汽油机比例大致相当，在 2~3t 轻型载重汽车上则有向柴油机方向发展的趋势。需要指出，由于内燃机技术的进步和燃油资源短缺的刺激，国外（尤其在欧洲），小缸径直喷式柴油机已应用到轻型汽车和轿车上，比例逐步增长；我国处在起步阶段，应加强小缸径高速直喷式柴油机的研发和推广应用。[52]

表 7.3-4　分层燃烧室的分类及应用开发例

分层燃烧（分层进气）
- 统一式燃烧室
  - （美）德士古 TCCS
  - （美）福特 PROCO
  - （日）三菱 MCP
- 分隔式燃烧室（预燃室）
  - 主室 { 化油器 / 汽油喷射 } 供稀混合气
  - 预燃室
    - （日）丰田 CVCC—化油器供浓混合气
    - （日）丰田 TGP
    - （德国） { 波舍尔 SKS / 大众 PCI } 汽油喷射

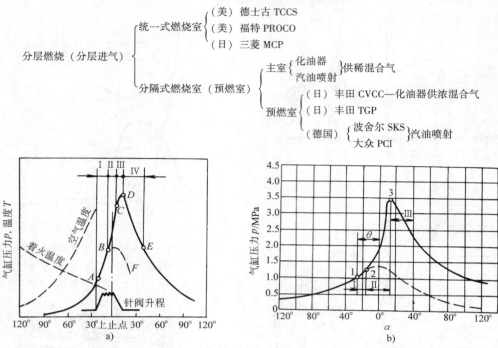

图 7.3-15　柴油机与汽油机燃烧过程示功图的比较
a) 柴油机：Ⅰ—滞燃期　Ⅱ—速燃期　Ⅲ—缓燃期　Ⅳ—后燃期
b) 汽油机：Ⅰ—滞燃期　Ⅱ—速燃期　Ⅲ—后燃期

（2）柴油机的燃烧室型式　柴油机燃烧过程的示功图如图 7.3-15 所示，它和汽油机的燃烧过程有所不同。

柴油机燃烧系统包括燃烧室、进气道和燃料供给系统之间的合理匹配。尺寸比例和造型变化的燃烧室结构对进气空气运动和燃烧供油规律有着差异甚大的要求，从而对燃烧过程和整机性能产生关键影响。图 7.3-16 示出目前柴油机中常用燃烧室的基本型式。开发新型燃烧系统的侧重点依然是解决好高功率、低油耗和低排放之间相互矛盾的制约关系，普遍认为采用电子控制燃料供给系统加上高压喷射是一个理想的技术方案。表 7.3-5 列出了柴油机各类燃烧室的比较。

3. 天然气发动机[33]

（1）使用天然气的优点　内燃机用气体燃料有多种，我国天然气资源丰富。天然气发动机具有低排污的优点而受到人们的关注，并成为研究开发的重点之一。

天然气的主要成分是甲烷、少量的烃类和二氧化碳，在燃烧时天然气的理论混合气低热值及火焰温度等参数都接近汽油，其辛烷值高于 110，抗爆性能优于汽油。

有两种方式应用天然气。压缩天然气（CNG），它是将天然气压缩至约 20MPa 于储气瓶中，经减压器减压后供给内燃机燃烧。液化天然气（LNG），它是将天然气液化后，储存于高压瓶中，其储存燃料装置的体积比压缩天然气小，但技术要求高。目前各国积极开发天然气汽车，考虑到制造成本，主要采用压缩天然气。采用压缩天然气又有两种方法：一种是重新设计发动机，燃料只用天然气；另一种是在现有汽油机基础上改装，使用双燃料系统，即可将天然气减压后直接供给内燃机，原来的燃油供给系统保留，司机通过转换装置选择天然气或燃油，现有的天然气汽车大多属于这一类，称为双燃料天然气汽车。

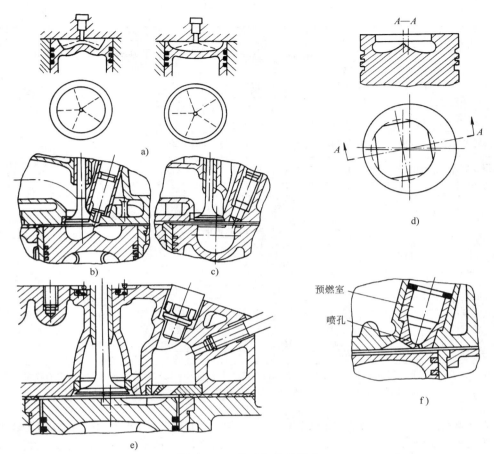

图 7.3-16　柴油机的燃烧室

a) 开式燃烧室　b) ω 形燃烧室　c) 球形燃烧室　d) 四角形燃烧室　e) 涡流室　f) 预燃室

表 7.3-5　各种燃烧室特点的比较

项　目	直　接　喷　射　式			分　开　式	
	开　式	半　分　开　式		涡流室	预燃室
		ω 型	球 型		
燃烧室形状举例					
燃烧室特点	一个空间，形状简单	室空间基本设在活塞顶凹坑内	球形燃烧室设在活塞顶部	分成涡流室和主室	分成预燃室和主室
混合气形成方式	空间混合	空间混合为主	油膜混合为主	空间混合为主	空间混合
气流运动	无涡流或弱进气涡流	中等进气涡流和挤流	强进气涡流和挤流	压缩涡流	燃烧涡流
喷油嘴孔数	6 ~ 10	3 ~ 5	1 ~ 2	1（轴针式）	1（轴针式）
喷嘴启喷压力/MPa	21 ~ 30	17 ~ 22	17 ~ 19	12 ~ 14	8 ~ 15 增压 17 ~ 20
燃烧室热损失和流动损失	最　小	小	较　小	大	最　大

（续）

项　目		直 接 喷 射 式			分 开 式	
		开式	半 分 开 式		涡流室	预燃室
			ω 型	球 型		
压缩比 ε	不增压	11~14	15~17	16~19	17~20	18~22
	增压		14~17	15~17		14 左右
过量空气系数 α		1.7~2.2	1.3~1.7	1.2~1.5	1.2~1.3	1.2~1.6
平均有效压力	不增压		0.6~0.8	0.7~0.9	0.6~0.8	0.6~0.8
p_{me}/MPa	增压	~2.0	1.0~1.2			~1.8
燃油消耗率 b_e/g·kW·h⁻¹		200~240	215~245	230~245	245~270	250~285 增压 230 左右
最高爆发压力 p_{max}/MPa		13	6.5~9.0	6.5~8.0	6.5~7.5	5.5~7.0 增压 ~12
燃烧噪声		高	高	较低	低	低（怠速高）
排气烟度		大	较大	小（加速易冒黑烟）	较小	小
		←低速低负荷时倾向于冒蓝烟→				
废气有害成分 /g·kW·h⁻¹	NOx	9.5~16.5			5.4~11	
	CO	4~11			2~7	
	HC	20.5~5.5			0.6~3	
热负荷		小	较小	较大	大	最大
冷起动		易	较易	较难	难	难
多燃料适应性		差	差	较好	较好	好
对增压的适应性		高增压	中低增压	低增压	低增压	高增压
性能的稳定性		较稳定	较敏感	敏感	稳定	稳定
适用转速/r·min⁻¹		<1000	1500~4000	1500~3000	2000~5000	2000~4000
缸径范围 d/mm		>180	<150	90~140	<100	<200

注：1. 表中数据系一般范围，同一种燃烧室由于缸径、转速、增压度及调试质量差别，性能数据也会有较大差异。
　　2. 半分开式燃烧室形状多种多样，如还有盆形、四角形、U 形等，其性能也有差异。

与燃烧汽油、柴油的发动机和车辆相比，天然气发动机有以下优点：

1）排气污染物显著降低，在可比条件下，CO 下降 90% 左右，HC 下降 70% 左右，NOx 下降 40% 左右，CO_2 下降 20% 以上，无铅污染，可以认为天然气发动机是一种十分理想的低污染发动机。

2）经济性提高、运营成本下降。$1m^3$ 天然气约等于 1.13L 汽油当量，依目前价格计算，天然气发动机运营成本低，经济效益好。改装天然气系统的成本在不太长时间可完全收回。

3）发动机寿命延长。因为天然气对机油破坏程度小，气缸不积炭，减少磨损，延长使用寿命。

4）使用压缩天然气汽车比使用汽油的汽车安全。汽油挥发性强，燃点为 430℃；天然气燃点为 650℃，比空气轻，微小泄漏很快升空，不易聚集。从国外使用经验看，认为压缩天然气汽车的安全技术已十分成熟。

（2）压缩天然气汽车工程的组成　主要包括：

1）压缩天然气汽车加气站：其成套设备由天然气汽车压缩机（25MPa）、气瓶组、阀门（安全阀、截止阀、充气阀）、售气机等组成。

2）压缩天然气汽车；如果是由在用车改装成的双燃料汽车，则应当包括以下系统：

① 天然气储气系统，主要由充气阀、高压截止阀、天然气钢瓶、高压管线、高压接头、压力传感器及气量显示器等组成；

② 天然气供给系统，主要有天然气高压阀、三级组合式减压阀、自动调节混合器等组成；

③ 油气燃料转换系统，主要由三位油—气转换开关、点火时间转换器、汽油电磁阀等组成。

（3）举例　图 7.3-17 示出福特汽车公司推出的康拓牌压缩天然气、汽油双燃料轿车结构图。它采用 2.0L 双燃料发动机，燃料的转换由汽车上的电子开关控制，显著减少了 HC、CO 的排放；燃油容积为 CNG 汽油当量 15.9L，汽油 54.9L；整备质量 1395kg。充气方式有两种，快速充气时间为 5 ~ 6min，普通充气时间为 5 ~ 6h。

3.1.5　内燃机振动和平衡的概念[27,35,44,48,49]

1. 曲柄连杆机构的运动分析　内燃机主运动机构为曲柄连杆机构，由活塞、连杆和曲轴等零件组成。其型式有正置式、偏置式、主副连杆式和天平杆式（见图 7.3-18），正置式，也称为中心曲柄连杆机构，是最基本也是最常用的型式，这里以中心曲柄连杆机构为例说明（参见图 7.3-19）。偏置（心）式曲柄连杆机构在卧式柴油机上有应用，主副连杆式则应用在 V 型发动机上。

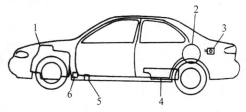

图 7.3-17　福特双燃料天然气汽车结构图
1—2.0L 压缩天然气双燃料发动机　2—CNG 燃料罐（行李仓内）　3—充气口在加油口的反方（驾驶员一侧）　4—汽油箱　5—CNG 燃料系统手动关闭阀门（乘客一侧）　6—CNG 燃料调节组件

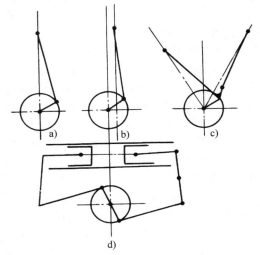

图 7.3-18　曲柄连杆机构示意图
a）正置式（中心式）　b）偏置式　c）主副连杆式　d）天平杆式

（1）活塞的运动

1）活塞位移 x：

$$x = (R + L) - (R\cos\alpha + L\cos\beta)$$
$$x \approx R[(1 - \cos\alpha) + \lambda(1 - \cos2\alpha)]$$

2）活塞速度 v：

$$v = \frac{\mathrm{d}x}{\mathrm{d}t} = \frac{\mathrm{d}x}{\mathrm{d}\alpha} \cdot \frac{\mathrm{d}\alpha}{\mathrm{d}t}$$
$$v \approx R\omega\left(\sin\alpha + \frac{\lambda}{2}\sin2\alpha\right)$$

3）活塞加速度 a：

$$a = \frac{\mathrm{d}v}{\mathrm{d}t} = \frac{\mathrm{d}v}{\mathrm{d}\alpha} \cdot \frac{\mathrm{d}\alpha}{\mathrm{d}t}$$
$$a \approx R\omega^2(\cos\alpha + \lambda\cos2\alpha)$$

（2）连杆的摆动　连杆的摆动运动可由连杆的摆角 $\beta = \arcsin(\lambda\sin\alpha)$、摆动角速度 $\dot{\beta}$ 和摆动角加速度 $\ddot{\beta}$ 来描述。

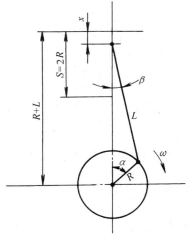

图 7.3-19　（中心）曲柄连杆机构符号图
α—曲轴转角　β—连杆摆角　ω—曲轴角速度
R—曲柄半径　L—连杆长度　λ—曲柄连杆比

2. 中心式曲柄连杆机构的受力分析

（1）基本力源

1）气体作用力 P_g：

$$P_g = p_g \cdot \frac{\pi}{4}d^2$$

式中　p_g——气缸内瞬时表压力，可由示功图求得；

d——气缸直径。

2）往复惯性力 P_j：

$$P_j = -m_j \cdot a$$
$$m_j = m_p + m_{c,1}$$

式中　m_p——集中在活塞销中心的活塞组质量；

$m_{c,1}$——连杆组作往复运动的当量质量。

3）离心惯性力 P_R：

$$P_R = m_R R\omega^2$$

$$m_R = m_k + m_{c,2}$$

式中 m_k——表示由曲柄销质量与折算到曲柄销中心的曲柄臂不平衡质量之和；

$m_{c,2}$——连杆组作旋转运动的当量质量。

（2）曲柄连杆机构上的受力分析（图7.3-20）

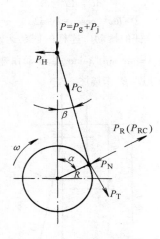

图7.3-20 （中心）曲柄连杆
机构受力分析

沿气缸中心线的总作用力 P

$$P = P_g + P_j$$

活塞侧推力 P_H

$$P_H = P\tan\beta$$

沿连杆中心线作用的连杆力 P_c

$$P_c = P/\cos\beta$$

作用在曲柄销上的切向力 P_T

$$P_T = P\frac{\sin(\alpha+\beta)}{\cos\beta}$$

作用在曲柄销上的法向力 P_N

$$P_N = P\frac{\cos(\alpha+\beta)}{\cos\beta}$$

作用在连杆轴承上的轴承力 R_M

$$R_M = \sqrt{P_T^2 + (P_N - P_{RC})^2}$$

$$P_{RC} = m_{c,2}R\omega^2$$

式中 P_{RC}——连杆大端当量质量 $m_{c,2}$ 产生的离心惯性力。

作用于主轴承上的轴承力 R_K

$$R_K = \sqrt{P_T^2 + (P_N - P_R)^2}$$

单曲柄输出转矩 T_{tq}

$$T_{tq} = P_T \cdot R = PR\frac{\sin(\alpha+\beta)}{\cos\beta}$$

以上各力或转矩均随曲轴转角 α 而变化，形成周期性作用的动力力系。

3. 内燃机振动

（1）单缸机的振动力源 主要振动力源有：

1）往复惯性力 P_j

$$P_j = -m_j \cdot a = -m_j R\omega^2(\cos\alpha + \lambda\cos2\alpha)$$

$$= (-m_j R\omega^2\cos\alpha) + (-m_j R\omega^2\lambda\cos2\alpha)$$

其特点是与加速度方向相反、永远沿气缸中心线方向作用，其瞬时值随 α 角而变化，使发动机产生沿气缸中心线方向的振动。

2）离心惯性力 $P_R = m_R R\omega^2$

其特点是永远沿曲柄中心线向外作用，其值为定量。它能使内燃机产生沿气缸中心线和垂直气缸中心线两个方向的振动。

3）倾覆力矩 $T_D = -P_T R$

它是输出转矩的反力矩。对其进行傅里叶分解后，可得一系列以 ω 为基频的高阶简谐力矩，它将使内燃机发生左右摇摆的振动，是内燃机产生高频振动的激励源。

连杆力矩因值较小不再考虑。

（2）多缸直列式内燃机 其往复惯性力及离心惯性力构成一空间力系，除了有合成作用力外尚存在合力矩。振动源增多，振动形式更加复杂。其计算方法完全按空间力系的解法处理。同理，对于 V 型或其他排列形式的内燃机可以看成为两个直列发动机按一定角度组成的空间力系去求解。

（3）内燃机振动的基本概念 内燃机在运转中产生的往复惯性力、离心惯性力以及相应的往复惯性力矩、离心惯性力矩和倾覆力矩如未平衡，则以自由力或自由力矩的形式传至内燃机表面，使内燃机整机产生沿气缸中心线方向或垂直于气缸中心线方向上下、左右跳动以及绕三向坐标系的摆动，表现为内燃机整机振动。作为一个振动体，它还会引起内燃机上所有附件以及各种盖板、管系、罩壳等部件的局部振动，并且成为内燃机动力装置振动的主要来源。

内燃机的整机振动，在老的国家标准中，是以当量振动烈度作为整机振动状况的评价标准量标：

$$V_s = \sqrt{\left(\frac{\Sigma V_{e,x}}{N_x}\right)^2 + \left(\frac{\Sigma V_{e,y}}{N_y}\right)^2 + \left(\frac{\Sigma V_{e,z}}{N_z}\right)^2}$$

式中 V_s——当量振动烈度（mm/s）；

N_x、N_y、N_z——在 x，y，z 三个坐标方向测量的点数；

$V_{e,x}$、$V_{e,y}$、$V_{e,z}$——在 x，y，z 三个坐标方向，各自测得的振动速度有效值。

表 7.3-6 是对小型汽油机的振动评级。

表 7.3-6 小型汽油机振动评级

标定转速 n_b $n_b/r \cdot min^{-1}$	当量振动烈度 V_s 的分级范围/mm·s^{-1}			
	A（优）	B（良）	C（合格）	D（不合格）
<4000	≤18.0	>18.0~45.0	>45~112	>112
≥4000	≤28.0	>28.0~71.0	>71.0~180	>180

注：1. 参见 GB/T 10399—1989 和 GB/T 10398—1989。

2. 适用于 600~12000r/min，P<12kW 以下单缸小型汽油机。

对于柴油机原来也是采用上述的当量振动烈度作为评价整机振动的量标。但是在新修订的标准（GB/T 10397—2003 中小功率柴油机 振动评级）中，等同采用 ISO 10816—6：1995（E）以修订 GB/T 10397—1989《中小功率柴油机振动评级》。从评价体系或方法上看，新标准与老标准在以下重要技术内容上有所改变：

——适用范围：与柴油机的冷却形式无关；

——振动测量和评定量标：新标准规定需测取振动位移、速度和加速度的均方根值，并以三个测量值中的最大者作为评定振动烈度等级的量标，而不是以全部测点的振动速度均方根当量振动烈度的最大值为评定振动的依据；

——测量工况：新标准规定需在机器整个功率、转速范围内，而不仅仅是在铭牌标定功率和标定转速时测量振动的最大值；

——评定准则：新标准对往复机械的位移、速度和加速度的振动等级和指导值均与发动机缸数无关。

具体应用方法，如有需要，请读者阅读 GB/T 10397—2003。

作用于曲轴轴颈上的具有周期性变化的切向力 R_T 是激励起曲轴系扭转振动的主要激励源，它使曲轴等旋转零件产生角振动而引起曲轴的损坏。通常不允许曲轴自由端的扭转振动幅值超过下列范围：

高速柴油机$[\theta]$ = ±0.3°

船用柴油机$[\theta]$ = ±0.8°

（4）内燃机振动的消减 内燃机的不平衡惯性力和惯性力矩是造成内燃机动力装置产生振动的根本原因，在产品设计阶段就应采取平衡措施予以消减。主要措施包括：增加气缸数目和改变气缸布置方式、曲轴曲拐夹角的合理安排、曲轴上安置平衡重、隔振等方法。倾覆力矩主要通过可靠固定方式予以承受。安装扭转减振器是消减扭转振动最有效的方法。用在振动源的相反方向制造一个附加振动，以消减振动源的主动振动控制原理，已被移植到内燃机上进行了应用研发。

3.1.6 国产内燃机型号标识方法

世界各国内燃机企业对自己产品有不同的标识方式，可查阅相关资料。我国在 GB/T 725—1991《内燃机产品名称和型号编制规则》中作了统一规定。

1. 型号表示方法（表 7.3-7）

2. 说明

（1）内燃机产品名称均按所用燃料命名，如柴油机、汽油机、煤气机等。

（2）型号标识由上述四个部分依次组合，其中中部和后部必须有，首部或尾部可以缺省。

（3）表中所列特征符号如未包括，允许制造厂自选，但不得与已有符号重复，并需由行业标准化归口单位核准、备案。

（4）由国外引进的内燃机产品，若保持原结构性能不变，允许保留原产品型号。

3. 举例

（1）R175A 柴油机：单缸四冲程缸径 75mm

水冷通用型柴油机（R 为 175 产品换代符号，A 为系列产品改进的区分符号）

表 7.3-7 国产内燃机型号标识

气缸布置形式符号	
符 号	含 义
无符号	多缸直列及单缸
V	V 形
P	平卧形

结构特征符号	
符 号	结构特征
无符号	水冷
F	风冷
N	凝汽冷却
S	十字头式
Z	增压
Z_L	增压中冷
D_Z	可倒转

用途特征符号	
符 号	用 途
无符号	通用型及固定动力
T	拖拉机
M	摩托车
G	工程机械
Q	汽车
J	铁路机车
D	发电机组
C	船用主机，右机基本型
C_Z	船用主机，左机基本型
Y	农用运输车
L	林业机械

（2）8E150C-1 柴油机：八缸、直列、二冲程、缸径 150mm、水冷船用主机右机基本型，直喷燃烧室（区分符号）柴油机

（3）CA6102Q 汽油机：一汽集团、6 缸、直列、四冲程、缸径 102mm 水冷车用汽油机。

（4）Phaser 210Ti 柴油机：珀金斯动力（天津）有限公司产品，采用 Perkins 公司自定标识方法。Phaser 系列 210 英制马力，带涡轮增压/中间冷却。

3.1.7 内燃机常用基本术语

GB/T 1883—1989 《往复活塞式内燃机术语》对内燃机中技术术语作了规范说明。除了在本章中已出现并作了说明的术语外，这里有选择地补充少量经常用到的某些术语。

1. 内燃机基本名词的定义（图 7.3-21）：

1）上止点（TDC） 活塞离曲轴旋转中心最远的位置。

2）下止点（BDC） 活塞离曲轴旋转中心最近的位置。

3）气缸直径 d 气缸内孔的直径（mm）。

4）活塞行程 s 活塞运动上下两个止点之间的距离。

5）连杆长度 L 连杆大端孔中心到小端孔中心之间的距离。

6）曲柄半径 R 曲轴旋转中心到曲柄销中心的距离。

7）气缸工作容积（活塞排量）V_s $V_s = \frac{\pi}{4}d^2s$。

8）内燃机排量 V_{st} 一台内燃机全部气缸工作容积的总和。

$$V_{st} = i \cdot \frac{\pi}{4}d^2s \times 10^{-6} \quad (L)$$

式中 i——气缸数目。

9）压缩比（几何压缩比）ε_c 气缸最大容积 V_t 与余隙容积 V_{ce} 之比

$$\varepsilon_c = V_t/V_{ce} = \frac{V_s + V_{ce}}{V_{ce}}$$

2. 工作过程　指包括进气、压缩混合气形成、着火或点火、燃烧与放热、膨胀作功和排气等在内的全部热力循环过程。

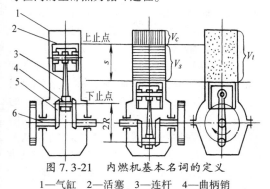

图 7.3-21　内燃机基本名词的定义
1—气缸　2—活塞　3—连杆　4—曲柄销
5—曲柄　6—曲轴

3. 充量　指在进气过程中充入气缸的新鲜空气或可燃混合气。

4. 工质　在气缸内吸收燃料燃烧的热能并转变为机械功的介质。

5. 曲轴箱扫气　以曲轴箱作为扫气泵的压缩室，利用活塞下行的运动压缩曲轴箱内的空气，使其进入气缸而实现扫气的方式。

6. 电控喷射　利用电子技术控制与调节燃油喷射。

7. 十六烷值（cetane number）　取十六烷的十六烷值为100，取 α-甲奈的十六烷值为零。将十六烷与 α-甲奈组成不同容积比的混合油。将柴油与该混合油在标准的十六烷值试验机上进行试验。凡两者的着火性能相同时，称该混合油中含十六烷的百分比为该柴油的十六烷值。该值用于评定柴油的着火性能。

8. 辛烷值（Octane number）　该值用于评定汽油的抗爆性能。取异辛烷的辛烷值为100，取正庚烷的辛烷值为零。由这两种油组成不同容积比的混合油。将这种混合油与汽油放在标准的辛烷值试验机中对比试验。凡汽油与该混合油的抗爆性能相同时该混合油中异辛烷占的百分比为该汽油的辛烷值。辛烷值分研究法辛烷值（RON）和马达法辛烷值（MON）两种，它们的试验条件和方法略有区别。

9. 修正功率　将某种大气状况下测得的功率换算成标准大气状态下的功率。这种做法称为功率修正。

10. 标准环境状况　为确定内燃机功率、油耗率而规定的标准试验条件，包括环境温度、环境压力和相对湿度，增压器进水温度等。

规定标准环境状况：

大气压 $p_0 = 100$kPa（750mmHg）

相对湿度 $\phi_0 = 30\%$

环境（进气）温度 $T_0 = 298$K 或 25℃

中冷器冷却介质进口温度 $T_{c0} = 298$K 或 25℃

11. 功率的类别

指示功率—工作气缸内气体的压力作用在工作活塞上发出的全部功率（kW）。

有效功率—动力输出轴输出的功率，它又分为：总功率（仅带维持本身正常运转所需附件的有效功率）；净功率（按不同用途带有实际工作所需全部附件的有效功率）。

12. 标定功率　标准环境下，制造厂根据内燃机用途和特点，在标定转速（额定转速）下所规定的有效功率。

13. 排气烟度 R_b　废气中相对的碳黑程度，简称烟度。新标准中采用国际上通用的不透光烟度计代替过去的滤纸式烟度计测量排气烟度（符号和单位是光吸收系数 K/m^{-1}）。

14. 排放浓度　用 $\times 10^{-6} m^3/m^3$、mg/m^3 等单位度量内燃机排气中 NO_x、HC 和 CO 等有害气体的单位排放物。

15. 排放率　用 g/kg 燃油、g/h、g/km 等单位度量内燃机排气中的 NO_x、HC、CO 和颗粒等的单位排放物。

16. 碳烟　燃烧过程中燃油在高温和局部缺氧条件下脱氢而裂介，并被析出后经聚合、浮游并附有复杂的高分子有机物的灰黑色物质。

17. 排气颗粒　柴油机排气中有一种类石墨形式的碳基颗粒、碳氢颗粒和其他呈颗粒状的物质，其表面凝聚或吸附着各种复杂的高分子有机物，简称颗粒。

18. 非增压内燃机　进入气缸前的空气或可燃混合气未经压气机压缩的内燃机。对于四冲程的亦称自吸式内燃机。仅带扫气泵而不带增压器的二冲程机亦属此类。

19. 增压内燃机　进入气缸前的空气或可燃混合气已经压气机压缩，藉以增大充量密度的内燃机。

3.2 内燃机主要技术指标和几类国产内燃机主要技术参数

3.2.1 主要技术指标

1. 动力性指标 有效功率 P_e、转速 n、有效转矩 T_{tq} 是衡量内燃机动力性的基本参数。有效转矩 T_{tq} 是实测内燃机曲轴输出的转矩平均值，一般在测功器上测得。

$$P_e = \frac{T_{tq}n}{9950}$$

式中 P_e——有效功率（kW）；

n——发动机转速（r/min）；

T_{tq}——发动机的有效转矩（N·m）。

内燃机在不同使用情况下可以发出不同的功率。按照国家标准，可以按四种不同情况进行功率标定：

（1）十五分钟功率——在标准环境条件下，内燃机允许连续运转 15min 的最大有效功率。适用于汽车、摩托车、摩托艇等用途内燃机的功率标定。

（2）一小时功率——内燃机允许连续运转 1h 的最大有效功率。适用于工业用拖拉机、工程机械、内燃机车、船舶等用途的功率标定。

（3）十二小时功率——内燃机允许连续运转 12h 的最大功率。适用于农业用拖拉机、农业排灌、内燃机车、内河船舶、小型电站等用途的功率标定。

（4）持续功率——内燃机允许长期连续运转的最大功率。适用于农业排灌、船舶、电站等用途的功率标定。

对于车用内燃机，还需标明最大转矩 $T_{tq,max}$ 及其对应转速 n_{tq}，称为最大转矩工况。

2. 经济性指标

（1）燃油消耗率 b_e 是指内燃机在标定工况下每千瓦小时消耗的燃油量：

每小时耗油量（kg/h）为 $B = 3.6\dfrac{\Delta m}{\Delta t}$

燃油消耗率（g/（kW·h））为 $b_e = 1000B/P_e$

上式中，Δm 为在测定时间 Δt（s）内，内燃机实际消耗的燃油量（g）。

有时也用全部负荷下最低的燃油消耗率 b_{emin} 来表示其经济性。

（2）机油消耗率 c 为内燃机在标定工况下每千瓦小时所消耗的机油量（g/（kW·h））。也有用机油消耗率与燃油消耗率的百分率来评定内燃机的机油消耗情况。

3. 可靠性和耐久性指标 内燃机的可靠性是指在规定的运转条件下能够持续工作，不致因故障而影响正常运行的能力。一般以保证期中的不停车故障数、停车故障数、非主要零件更换数和主要零件更换数来衡量。一般要求汽车、拖拉机用内燃机在 1500~2000h 保证期内不允许更换主要零件。而国外高速柴油机可保证在使用 1000~2500h 内无任何故障。

内燃机的耐久性指主要零件在工作过程中磨损到不能继续工作的极限时间，通常以内燃机的使用寿命，即从出厂到第一次大修前累计的运行小时或车辆累计的行驶里程来衡量。过去多以缸套或曲轴是否达到磨损极限为依据，现在认为内燃机需全面解体即为大修。

4. 环境保护指标 内燃机排气中的有害成分和运行噪声已造成环境污染、伤害人体健康，引起社会的严重关注。各国相继制定出越来越严格的限制排气污染物和噪声的法规。因此内燃机有害排放物的多少和噪声大小已成为评价内燃机优劣的必要指标，也是内燃机产品向更高方向发展和企业产品生存发展的新动力（详见 3.4 节）。

5. 强化指标 它可以表示内燃机承受热力负荷和机械负荷的水平，反映产品的综合技术水平。通常用平均有效压力 p_{me}（MPa）、活塞平均速度 V_m（m/s）、升功率 P_e（kW/L）、强化系数 H（MPa·m/s）等表征。

$$p_{me} = \frac{P_e 30\tau}{iV_s n}$$

$$V_m = \frac{sn}{30} \times 10^{-3}$$

$$P_e = \frac{P_e}{iV_s}$$

$$H^{\ominus} = \frac{p_{me} \cdot V_m}{\tau}$$

式中 P_e——有效功率（kW）；

$\ominus$ 相同冲程条件下，也可用 $p_{me}V_m$ 来表征。

n——转速（r/min）；

τ——冲程数，四冲程 $\tau = 4$，二冲程 $\tau = 2$；

i——气缸数目；

V_s——每缸工作容积（L）；

s——活塞行程（mm）。

6. 质量和尺寸指标　质量指标通常用内燃机净质量 G（kg）或者用比质量 $g_w = G/P_e$（kg/kW）来评定材料消耗状况。

尺寸指标以发动机实际占有的最大长、宽、高（$L \times W \times H$，mm）来表示。

7. 起动性能　内燃机应能迅速可靠起动。它是决定内燃机能否使用方便和在寒冷地区有效正常工作的重要因素之一。汽油机的起动性能较好，一般要求在 $-10°C$ 气温下能顺利起动。对中小型柴油机一般要求在 $-5°C$ 以上不加任何措施能顺利起动，在 $-15°C$ 以上带电热塞应能顺利起动，在更低温度下应采用附加冷起动装置。

表 7.3-8 列出国产汽车内燃机主要技术参数的统计值，表 7.3-9 列出各类内燃机的耐久性水平。更详细数据可参阅有关文献[27,29,33,48,49,50]。

表 7.3-8　汽车内燃机主要性能参数的统计值

型　式	汽油机		柴油机		
	小客车	轻小型载货汽车	轻型载货汽车	中型载货汽车	重型载货汽车
功率/kW	30 ~ 175	30 ~ 150	80 ~ 110	110 ~ 170	150 ~ 330
排量/L	0.8 ~ 6	0.8 ~ 6	2.5 ~ 3.8	5.7 ~ 7.8	10 ~ 12
缸径/mm	62 ~ 100	62 ~ 100	85 ~ 100	110 ~ 135	130 ~ 150
转速/r·min^{-1}	3600 ~ 6000	2800 ~ 3600	2800 ~ 4500	2200 ~ 3000	1800 ~ 2200
压缩比	7.3 ~ 10	6.5 ~ 9	16 ~ 22		
缸数及排列	L4，V6，V8	L4，L6，V6，V8	L6，L4，V8	L6，V8	V10，V12，V16
行程缸径比	0.75 ~ 1.10		1.0 ~ 1.15		
活塞平均速度/m·s^{-1}	12 ~ 16	10 ~ 15	10 ~ 14	9 ~ 13	9 ~ 12
平均有效压力/MPa	0.8 ~ 1	0.75 ~ 0.9	0.8 ~ 1.2	0.8 ~ 1.3	0.85 ~ 1.5
外特性最低油耗/g·(kW·h)$^{-1}$	280 ~ 350		218 ~ 270	200 ~ 260	194 ~ 204
升功率/kW·L^{-1}	30 ~ 50	20 ~ 28	16 ~ 23	16 ~ 26	18.5 ~ 25

表 7.3-9　几类内燃机的耐久性水平

高速内燃机（汽油机和柴油机）大修期						机车用中速大功率柴油机大修期
轿车、轻型载重汽车用汽油机和柴油机	中型载重车用汽油机和柴油机	重型载重车柴油机	中小型工程机械和拖拉机用柴油机	大型工程机械和拖拉机用柴油机	高速大功率柴油机	
(15 ~ 20) × 10⁴km	(30 ~ 40) × 10⁴km	(50 ~ 80) × 10⁴km	(5 ~ 8) × 10³h	(8 ~ 12) × 10³h	军用 6000h 民用 (12 ~ 24)10³h	(2 - 2.5) × 10⁴h

3.2.2　几类国产内燃机主要技术参数

限于篇幅，表 7.3-10 ~ 表 7.3-14 仅列出部分国产小型通用汽油机、摩托车发动机、车用汽油机、各类柴油机和部分代用燃料发动机的简要技术参数。选取了部分产品，主要是从缸径和排量上能涵盖生产产品的状况，更详细和全面的数据可查阅文献[27,32,33,48,49,50]。

表 7.3-10 几种国产小型通用汽油机的技术参数

型号	配套用途	气缸排列缸数	冲程数	排量/mL	$d \times s$ /mm×mm	压缩比 ε	冷却方式	气门布置	P/kW ——— n/r·min⁻¹	最大转矩 /N·m	油耗率 /g·(kW·h)⁻¹	净质量/kg
1E32F	剪枝机助动车	单缸	2	22.5	32×38	7.4	风冷		0.8/7500	1	816	2.5
1E36F	割灌机、喷雾机	立式单缸	2	30.5	36×30	6.7	风冷		0.81/6000		620	3.8
XB1E40F	林业机械	立式单缸	2	38	40×30.5	7.2	风冷		1.0/7000	1.7	612	2.8
CC1E45F-B	固定农排	斜置单缸	2	63.6	45×40	8.5	风冷		2.0/5600	3	544	6.5
AK-10	起动机	单缸	2	346	72×85	6.2	风冷		6.7/3500	20	626	36
2E75	手抬消防泵	水平对置双缸	2	564	75×64	6.1	风冷		18/4200	50.4	612	40
133FDZ	水泵、发电、割草机、滑板车	单缸	4	22	33×26	8	风冷	顶置	0.45/7000	0.8	450	3.3
139F	园林机械发电	立式单缸	4	31	39×26	8	风冷		0.75/6500	1.3	480	3.4
JFV120	草坪机	斜置单缸	4	118	60×42	8.5	风冷		2.57/3600		420	12
164F	发电、泵、园林机械	单缸	4	135	64×32	8.5	风冷	侧置	3/4200	6.7	420	13
165F-3	农机、工程机械	立式单缸	4	216	65×65	6	风冷	顶置	2.94/1500		360	25
XB1P70F	割草机	立轴单缸	4	196	70×52	8	风冷	顶置	4.8/3600	11	374	16
175F	林业、工程机械	单缸	4	331	75×75	7	风冷	侧置	6.25/4000		388	37
178F	发电机组农业机械	立式单缸	4	393	77.8×82.6	6.2	风冷	顶置	5.88/3600	16.2	374	46
JF340	固定式发电	斜置单缸	4	337	82×64	8.5	风冷	侧置	6.99/3600		374	31
190F	发电机组、船用	立式单缸	4	531	90.5×82.6	6.7	风冷	侧置	8.09/3600		370	54

表 7.3-11 国产几种不同排量摩托车用汽油机的技术参数[①]

型号	$d \times s$/mm×mm	V_s /cm³	冲程	压缩比 ε	P_{emax}/kW ——— n/r·min⁻¹	T_{tqmax}/N·m ——— n/r·min⁻¹	b_e /g·(kW·h)⁻¹	经济车速耗油 /L·(100km)⁻¹	冷却方式	点火方式	润滑方式	起动方式
1P39QMB	39×41.4	49.5	4	10.5	2.2/7500	2.6/6000	450		风冷	CDI	压力飞溅	脚/电
1P39MB	39×41.8	50	4	12	2.8/8000	3.67/7000	450	2.0	水冷	CDI	压力飞溅	脚/电
1E40FM	40×39.2	49	2	7	3.67/7000	5/6500	544		风冷	CDI	压力飞溅	脚/电
1P39MC	39×49	58.5	4	12	3.0/8000	3.8/7000	367	2.2	水冷	CDI	压力飞溅	脚/电
147FM	47×41.4	71.8	4	8.8	4.41/9000	5.60/6000	367	≤0.95	风冷	CDI	压力飞溅	脚/电
1E47FM	47×45.6	79.1	2	7	4.26/6000	8.04/4000	476	≤1.4	风冷	CDI	压力飞溅	脚/电
150FMC	50×49.5	97.2	4	8.6	5.4/8500	5.6/6000	367		风冷	CDI	压力飞溅	脚/电
1E52FM	52×45.6	97	2	6.4	(6.6/7200)	9.3/7000	476		风冷	CDI	压力飞溅	脚/电
1P52M1-A	52.4×57.8	124.6	4	10.3	6.5/7500	8.8/6000	367	<2.8	水冷	CDI	压力飞溅	脚
NY1E56FM	56×50	123	2	6.8	10.4/8000	12.76/6800	428		风冷	CDI	压力飞溅	电
156FM-I	56.5×49.5	124	2	9.2	8.09/9000	8.83/7000	367	≤2.3	风冷	CDI	压力飞溅	脚/电
161MJ	61×49.5	144.7	4	10	10/9000	10.5/7000	354		水冷	CDI	压力飞溅	电

（续）

型号	$d\times s$/mm×mm	V_s/cm³	压缩比 ε	冲程	P_{emax}/kW n/r·min⁻¹	T_{tqmax}/N·m n/r·min⁻¹	b_e/g(kW·h)⁻¹	经济车速耗油/L·(100km)⁻¹	冷却方式	点火方式	润滑方式	起动方式
247FM	47×42.7	148	9.0	4	(11.5/9500)	10.5/8500	354		风冷	CDI	压力飞溅	脚/电
QJ2V49FM	49×66	248	9.4	4	13.2/8000	16/6000	450		风冷	CDI	压力飞溅	脚
XF1E65FM	65×75	248.5	6.9	2	8.8/4600	19.6/3300	354	≤2.8	风冷	CDI	压力飞溅	脚/电
172FMM	72×61.2	250	8.6	4	14/8000	18/5500	354		风冷	CDI	压力飞溅	电
172MM	72×60	244	10	4	11/7000	17.6/5500	354	≤3.1	水冷	CDI	压力飞溅	电
175FM	75×56.5	249	9.8	4	16.5/8500	18/7000	333		风冷	CDI	压力飞溅	脚/电
F278FMF1	78×78	746	7	4	22/5000	46/3800	333		风冷	CDI	压力飞溅	脚/电

① GB 14622—2002 规定从 2004 年 1 月（GB 18176—2002 规定从 2005 年 1 月）起，摩托车排放开始执行中国第二阶段标准。BG 14622—2007 规定从 2008 年 7 月起，摩托车放开始执行中国第三阶段标准。

表 7.3-12 部分国产车用汽油机主要技术参数

型号	气缸排列缸数	排量/ml	$d\times s$/mm×mm	压缩比 ε	供油方式	气门布置	P/kW n/r·min⁻¹	最大转矩/N·m n/r·min⁻¹	油耗率/g(kW·h)⁻¹	排放水平	电控装置	点火方式	净质量/kg	其他
JL462Q3	直列4缸	797	62×66	8.7	电喷	顶置	29/5500	57	295	欧Ⅱ	多点顺序闭环控制		115	带变速器微型车
JL465QE	直列(余置)4缸	970	65.5×72	8.8	电喷	顶置	34.7/5300	71	299	欧Ⅱ	多点喷射		95	微型车
YH368QE	直列3缸	796	68.5×72	9.4	电喷	顶置	26.2/5500	60.5	295	欧Ⅱ	联合电子		103.5	微型车
TJ370QE TJ376QE	直列3缸	843 993	70×73 76×73	9.0 9.5	电喷	顶置	29.2/5500 39/5600	59 77	305 290	欧Ⅱ	电喷 电喷		86 96	带平衡轴,华利 带平衡轴,夏利
K14B	直列4缸	1372	73×82	9.5	电喷	顶置	67/6000	112		欧Ⅲ	日立多点顺序喷射			DOHC,16V 昌河北斗星
Tu5JP/K	直列4缸	1587	78.5×82	9.6	电喷	顶置	65/5600	135		欧Ⅱ	多点电喷			富康,爱丽舍
8A-FE	直列4缸	1342	78.7×69	9.3	电喷	顶置	63/6000	110	279	欧Ⅱ	多点电喷			威驰
NuBIRA	直列4缸	1598	79×81.5	9.5	电喷	顶置	78/6000	145	240	欧Ⅱ	多点电喷EGR		128	DOHC
CAC480E	直列4缸	1596	80×79	9.75	电喷	顶置	72/5500	138		欧Ⅱ	多点电喷			奇端
AHP	直列4缸	1595	81×77.4	9.5	电喷	顶置	78/5800	150		欧Ⅱ	多点电喷			捷达宝来1.6
AFE/026N	直列4缸	1781	81×86.4	9.5	电喷	顶置	72/5200	150	295	欧Ⅱ	多点电喷			桑塔纳2000
ANQ AWL	直列4缸	1781	81×86.4	10.3	电喷	顶置	92/6000 110/5700	170 210		欧Ⅲ 欧Ⅲ	多点电喷			奥迪/宝来
BBG	V形6缸	2771	82.5×86.4	9	电喷	顶置	140/6000	260		欧Ⅱ	多点电喷			帕萨特2.8
NJG415E	直列4缸	1461	83×67.5	9	电喷	顶置	60/5800	110	290	欧Ⅱ	多点电喷			英格尔
F20B1	直列4缸	1997	85×88	9.1	电喷	顶置	108/6000	184	280	欧Ⅱ	多点电喷		142	带可变气门正时及升程(VTEC)①
J30A1	V形6缸	2997	86×86	9.4	电喷	顶置	147/5500	265	280	欧Ⅱ	多点电喷		180	VTEC①
F23Z4	直列4缸	2254	86×97	9.5	电喷	顶置	110/5800	206	280	欧Ⅱ	多点电喷		142	VTEC

（续）

型号	气缸排列缸数	排量/ml	d×s /mm×mm	压缩比ε	供油方式	气门布置	P/kW n/(r·min⁻¹)	最大转矩/N·m	油耗率/g·(kW·h)⁻¹	排放水平	电控装置	净质量/kg	其他
4G64S4MPI	直列4缸	2400	86.5×100	9.5	电喷	顶置	92.7/5250	210	260	欧II	多点电喷	149	菱麒,天马座
BN6V87QE	V形6缸	2960	87×83	9	电喷	顶置	118/5200	248	250	欧II	美国德尔福	205	
CA4G22E	直列4缸	2213	87.5×92	9	电喷	顶置	76/5200	175	285	欧II	多点闭环电喷	130	轻型车
CA4G25E	直列4缸	2502	87.5×104	8.5	电喷	顶置	80/4400	206	285	欧II	西门子3PV	130	轻型车
BN489Q	直列4缸	1991	89×80	8.3	电喷	顶置	62.5/4800	149	294	欧I		124	
LW9	V形6缸	2986	89×80	9.5	电喷	顶置	126/5200	250			PCM动力总成控制模块		别克新世纪,GS,GL
JM491Q-E	直列4缸	2237	91×86	8.8	化油器	顶置	70/4600	178	280		电控喷油点火	140	轻型车
XG491QE	直列4缸	2237	91×86	8.8	单点电喷	顶置	70/4600	178	270	欧II	电喷	148	轻型车
C8V93Q	V形6缸	4700	93×86.5	9	多点电喷	顶置	175/4600	400	285	欧III	摩托罗拉	252	含离合器总成
NJG427E	直列4缸	2694	95×95	8.3	电喷	顶置	82/4000	225	275	欧II	德尔福	215	
HL4951Q	直列4缸	2835	95×100	8	电喷	顶置	77/3800	230	265	欧II	德尔福	216	
CA498QA2	直列4缸	2464	98.4×81	8.6	多点电喷	顶置	86/4600	203	270	欧II	EYQ电控单元	153	切诺基
CA698QA CA698QA1	直列6缸	3960	98.4×86.7	8.8 8.7	多点电喷	顶置	127.3/4500 145/4500	297 311	285	欧II 欧III	摩托罗拉	193	
EQ6100-1	直列6缸	5420	100×115	7.0	化油器	顶置	99/3000	352	305	欧I	电控补气	393	东风
CA6102BA	直列6缸	5560	101.6×114.3	7.4	电喷	顶置	108/3000	398	306	欧II	德尔福	520	解放
EQ6105	直列6缸	5975	105×115	7.3	化油器	顶置	118/3000	410	306	欧I	电控补气	443	东风

① VTEC（Variable Value Timing and Lift Electronic Control）。

表 7.3-13　部分国产柴油机简明技术参数

型号	配套用途	气缸排列缸数	排量/L	d×s /mm×mm	燃烧室	进气方式	P_max/kW n/(r·min⁻¹)	最大转矩/N·m	油耗率/g·(kW·h)⁻¹	排放水平	净质量/kg	其他
160F	农机通用	斜置单缸	0.169	60×60	涡流室	自然吸气	1.76/2600	10.8	332.9		25	12小时功率
170F	通用	卧式单缸	0.269	70×70	涡流室	自然吸气	2.94/2600		289.7	JB8891-1999	44	12小时功率
QC175FA	农机	斜置单缸	0.353	75×80	涡流室	自然吸气	4.41/2600	21.2	287	JB8891-1999	48	12小时功率
R180	农机用,固定用	卧式单缸	0.402	80×80	预燃室	自然吸气	5.15/2600		278.8	JB8891-1999	70	12小时功率。也有用涡流室
CF185N	农机用,发电,船用	卧式单缸	0.511	85×90	涡流室	自然吸气	5.88/2000	28.6	281.5		95	12小时功率。冷凝水冷
190N	农机用,农用车	卧式单缸	0.573	90×90	涡流室	自然吸气	7/2300	29	274.7		99	12小时功率。冷凝水冷
S195	农机用,农用车	卧式单缸	0.815	95×115	涡流室	自然吸气	10.67/2000	51.77	251.6		145	有直喷式
S1100	农机用	卧式单缸	0.903	100×105	涡流室	自然吸气	10.3/2200		250		155	12小时功率。蒸发或冷凝
ZS1105	移动,固定,动力	卧式单缸	0.996	105×115	直喷	自然吸气	12.1/2200	58.8	246.2		155	12小时功率。蒸发冷凝
1115A	拖拉机等	卧式单缸	1.194	115×115	直喷	自然吸气	14.7/2200	71.5	242.1		180	12小时功率。蒸发或强制水冷

（续）

型号	配套用途	气缸排列缸数	排量/L	$d \times s$ /mm×mm	进气方式	燃烧室	P_{max}/kW, n/r·min⁻¹	最大转矩/N·m	油耗率/g·(kW·h)⁻¹	排放①水平	净质量/kg	其他
ZS1120M	移动、固定动力	卧式单缸	1.30	120×115	自然吸气	直喷	16.2/2200	86.5	238		200	12小时功率。电起动蒸发水冷
ZH1125	拖拉机、农用车	卧式单缸	1.473	125×120	自然吸气	直喷	18.4/2200	89.4	240.7		185	12小时功率。蒸发或冷凝、手动或电起动
L375	农用车	直列3缸	1.137	75×85	自然吸气	涡流室	18/3000	64.2	278.8	欧I	145	
YD480	农用车	直列4缸	1.809	80×90	自然吸气	直喷	27.8/3000	96.8	248.8	欧I	195	也有涡流室产品
BJ483ZQB	轻卡轻客皮卡	直列4缸	2.164	83×100	增压	直喷	46/3300	150	235		215	有非增压产品（直喷或涡流室）
NB485B	叉车农用车	直列4缸	2.27	85×100	自然吸气	直喷	37/3200	131	244		200	也有涡流室产品
490QZ	轻卡	直列4缸	2.54	90×100	增压	直喷	52/3200	181.3	228	欧I	240	
4JA1	汽车	直列4缸	2.499	93×92	自然吸气	直喷	57.5/4000	167	240	欧I	226	
sofim140·43	汽车	直列4缸	2.798	94.4×100	增压中冷	直喷	87/3600	269	230	欧II	240	
CYQD32Ti	汽车	直列4缸	3.153	99.2×102	增压中冷	涡流室	101.5/3600	313	224.4	欧II	275	系列产品
Phaser135Ti	汽车	直列4缸	4.00	100×127	增压	Fastram	101/2600	445	205	欧II	331	系列产品
CY6102BZLQ	汽车	直列6缸	5.785	102×118	增压中冷	直喷	135/2600	580	210	欧I	555	系列产品
YC6108ZQB	汽车	直列6缸	7.255	108×132	增压	直喷	155/2400	640	225	欧I	650	系列产品
CA6110ZLA8	汽车工程机械	直列6缸	7.13	110×125	增压	直喷	132/2500	580	215	欧I	650	系列产品
D6114ZQA	汽车	直列6缸	8.27	114×135	增压	直喷	152/2200	739	207	欧I	640	系列产品
C245 20	汽车	直列4缸	8.27	114×135	增压	直喷	178/2200	1014	201	欧II	636	系列产品
BNX4115Z	农机工程机械	直列4缸	5.4	115×130	增压	直喷	85/2200	424	221		580	12小时功率。系列产品
C6121ZG02	工程机械	直列6缸	10.45	120.7×152.4	增压	直喷	160/2000	914	230		990	12小时功率。系列产品
ISM350	汽车	直列6缸	11	125×147	增压中冷	直喷	246/2100	1458	185	欧III	980	系列产品。低排放
4125A8	拖拉机工程机械	直列4缸	7.46	125×152	自然吸气	涡流室	58.8/1550	427	254		1050	持续功率。风冷
BF8L513	汽车、发电工程机械	V形8缸	12.763	125×130	增压	直喷	233/2300	1170	212	欧I	920	系列产品
WD615-46	重型汽车	直列6缸	9.726	126×130	增压	直喷	266/2200	1460	197	欧II	850	12小时功率。系列产品
6130ZT1	推土机	直列6缸	11.95	130×150	增压	直喷	162/1800	1030	238		1100	12小时功率。系列产品
G6135ZG4	工程机械	直列6缸	12.88	135×150	增压中冷	直喷	135/1850	845	236		1150	12小时功率。系列产品
NTC-350	工程机械	直列6缸	14	140×152	增压	直喷	261/2100	1593	201	欧I	1129	康明斯N系列
X12150ZD	发电	V形12缸	38.88	150×180	增压中冷	直喷	588/2000		231		1350	康明斯K系列
KAT19-C525	工程机械	直列6缸	19	159×159	增压中冷	直喷	392/2100	2170	196		1693	系列产品
X6160ZC6	船用	直列6缸	27.13	160×225	增压中冷	直喷	255/1000		208		2900	6缸、8缸产品
Z8170ZD-6	船用	直列8缸	36.32	170×200	增压中冷	直喷	600/1500				4300	
12V180ZJC	机车、发电	V形12缸	62.6	180×205	增压中冷	直喷	1324/1500	8430	205		7400	持续功率
ZI2V190B	油气勘探发电工程机械	V形12缸	71.45	190×210	增压中冷	直喷	588~1000 / 1000~1500		208	欧I	5300	系列产品

（续）

型号	配套用途	气缸排列缸数	排量/L	$d \times s$/mm×mm	进气方式	燃烧室	P_{max}/kW n/r·min⁻¹	最大转矩/N·m	油耗率/g·(kW·h)⁻¹	排放①水平	净质量/kg	其他
5120/27	船用、发电	直列5缸	42.4	200×270	增压中冷	直喷	500/1000	4775	202	IMO	5300	持续功率。4、5、6、7、8、9、12V缸
MTU1163-03/12	舰船用	V形12缸	139.6	230×280	增压中冷	直喷	3600/1200	32330	221	IMO	14100	持续功率。系列产品
16V240ZJC	船用	V形16缸	199.1	240×275	增压中冷	直喷	2940/1000	34036	205		22700	持续功率。系列产品
16V280ZJA	机车、船用	V形16缸	280.8	280×285	增压中冷	直喷	3680/1000	40419	208	IMO	24500	持续功率。系列产品(5
9128/32A	机车、船用	直列9缸	177.3	280×320	增压中冷	直喷	2205/775	27159	194		26500	持续功率。系列产品(5~18缸)
8320ZD-2	船用	直列8缸	283.1	320×440	增压中冷	直喷	1765/500	112456	210		30000	持续功率。系列产品
12PC2-5	发电、船用	V形12缸	693.8	400×460	增压中冷	直喷	5163/503		204	IMO	66000	持续功率。系列产品
8E150ZLC	船用	直列8缸	31.8	150×225	增压中冷	直喷	379.4/1000	3623	224		4000	二冲程机械扫气。持续功率。系列产品
12VE230ZC-C	船用	V形12缸	149.6	230×300	增压中冷	直喷	2206/750	29982	210		10000	二冲程,持续功率
18V390	船用	V形18缸	1010	390×470	增压中冷	直喷	8826/480		211		78000	二冲程,持续功率
7S42MC	船用	直列7缸	1319	420×1360	增压中冷	直喷	7560/136		177	IMO	160000	二冲程,持续功率。5、6,7缸
MBD6S50MC	船用	直列6缸	2250	500×1910	增压中冷	直喷	8580/127		171	EIAPP	225000	二冲程,1小时功率
6S50MC-C WNSD	船用	直列6缸	2356	500×2000	增压中冷	直喷	9480/127	713000	171	IMO	210000	二冲程,持续功率
6RTA52U	船用	直列6缸	2293	520×1800	增压中冷	直喷	9600/137		174	EIAPP	240000	二冲程,持续功率
7S60MC-C WNSD	船用	直列7缸	4750	600×2400	增压中冷	直喷	15785/105		170	IMO	410000	二冲程,持续功率
6RTA72U	船用	直列6缸	6100	720×2500	增压中冷	直喷	18480/99		171	EIAPP	565000	二冲程,1小时功率
MBD6S80MC	船用	直列6缸	12289	800×3056	增压中冷	直喷	21840/79		167	EIAPP	864000	二冲程,1小时功率

① 关于排放标准，参阅3.4.1节。

表7.3-14　部分四冲程代用燃料发动机技术参数

型号	配套用途	气缸排列缸数	排量/L	$d \times s$/mm×mm	燃料种类	燃料供给方式	点火方式	进气方式	压缩比ε	P/kW n/r·min⁻¹	最大转矩/N·m	油耗率/g·(kW·h)⁻¹	排放水平	电控装置	净质量/kg	其他
XF135QMA-2	助车厂	卧式单缸	0.036	35×37.5	LPG	化油器	点燃	自然吸气	11	0.95/6800	1.5	440			21	强制风冷
JL150FMG-2	摩托车	立式单缸	0.097	50×49.5	CNG	混合器	点燃	自然吸气	8.6	5.0/8000	6.8	367				风冷
T120F T10V120F	工程机械发电	卧式单缸 V形10缸	1.6 15.8	120×140	天然气	混合器	点燃	自然吸气	8.5	10/1300 133/1500					250 1175	为十二小时功率风冷系列(1、3、6、V10)

（续）

型号	配套用途	气缸排列缸数	排量/L	d×s /mm×mm	燃料种类	燃料供给方式	点火方式	进气方式	压缩比 ε	P/kW n/r·min^{-1}	最大转矩 /N·m	油耗率 /g·(kW·h)$^{-1}$	排放水平	电控装置	净质量/kg	其他
JV/026A	汽车	直列4缸	1.781	81×86.4	汽油 LPG		点燃	自然吸气		60/5200 57/5200	138/131					
BN6V87QL	汽车	V形6缸	2.96	87×83	LPG	电喷	点燃	自然吸气	9	103/4800	220		欧II		195	
HL495jiQ	汽车	直列4缸	2.835	95×100	M100 甲醇	电喷	点燃	自然吸气	9.9	88/3800	258	465	欧II	德尔福	216	
EQ6100-1G/LPG	汽车	直列6缸	5.42	100×115	汽油 LPG	化油器 混合器	点燃	自然吸气	7.0	99/3000 94/3000	352/340	305	欧II		393	
6102QA CNG	汽车	直列6缸	5.638	102×115	CNG 柴油	混合器 喷油泵	压燃	自然吸气	17	92/2800	343	558.8	欧II		500	
6102ZQA CNG	汽车				CNG 柴油		压燃	增压	17	108/3000	382	71.1	欧II		550	
CA6110ZLA5N2	汽车	直列6缸	7.127	110×125	CNG 柴油	电喷	压燃	增压中冷	17	155/2500	680	217	欧II	DFC-A	618	
T6114ZLQ1B	客车	直列6缸	8.27	114×135	LPG	混合器	点燃	增压中冷	9	158/2200	820	236	欧II	荷兰 Deltec	640	
T6114ZLQ9A	货车				CNG 柴油	混合器 喷油泵	压燃	增压 增压中冷	17	152/2200	790	200	欧II		640	
Q6135DA	发电机组	直列6缸	13.74	135×160	天然气	混合器	点燃	自然吸气	11	100/1500 (12h)	636.7				1280	系列（2、4、6）
2817OZLR	发电机组	直列8缸	36132	170×200	天然气	混合器	点燃	增压中冷	11	360/1000 (1h)				$\dfrac{DISN}{800}$	4300	有6缸产品
12V190DT-2 Z12V190ZDT-2	发电机组 工程机械 压气机	V形12缸	71.45	190×210	天然气	混合器	点燃	自然吸气 增压 增压中冷	8	450/1000 (12h) 552/1000 (12h)					5300 5300	
T16V240ZLD	发电机组 压气机械 注水泵	V形16缸	199	240×275	天然气	混合器	点燃	增压中冷		1700/1000 (12h)					226000	另有190系列产品和16V280ZLD
B6250ML1	工业用发电	直列6缸	88.36	250×340	天然气	混合器	点燃	自然吸气		200/750 (12h)						
8300ZLR	发电机组	直列8缸	215	300×380	生物质气	混合器	点燃	增压中冷	9	615/500 (1h)				$\dfrac{DISN}{800}$	12000	有6.8缸和自然吸气产品

3.3　内燃机的特性

3.3.1　负荷特性

负荷特性是指发动机转速不变条件下，其他性能参数随负荷变化的关系；改变转速条件，可得到一组负荷特性。它是衡量发动机运行经济性的重要特性。由于在转速不变时，功率 P_e、转矩 T_{tq} 和平均有效压力 p_{me} 互成正比，因此负荷特性曲线的横坐标可用 P_e、T_{tq}、p_{me} 任一参数表示。而纵坐标的性能参数主要是燃油消耗量 B 和消耗率 b_e 及排气温度 t_r；根据需要，还可以绘出烟度 R_b、最大爆发压力 p_{max}、机械效率 η_m 等参数，对于增压发动机还应包括涡轮增压器的相关参数（如增压比 π_b，膨胀比 π_T，增压器转速 n_{TK} 等）。特性曲线的示例见图 7.3-22。

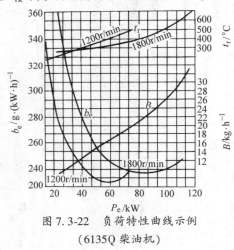

图 7.3-22　负荷特性曲线示例
（6135Q 柴油机）

3.3.2　速度特性

当内燃机的燃料供给调节机构——汽油机的节气门或者柴油机的高压燃油泵拉杆（或齿条位置）——在某一定工况位置固定不变时，通过调节负荷，改变转速，内燃机各项性能指标（P_e，p_{me}、T_{tq}、b_e、R_b、t_r 等）随转速变化的关系称为速度特性。

当调节机构处于标定功率位置时，测得的速度特性称为全负荷速度特性，又称外特性，它代表内燃机在使用中达到的最高性能。当节气门或齿条处于部分开度时所采取的速度特性称为部分负荷速度特性，简称部分（速度）特性。

速度特性中的 T_{tq}-n 曲线（图 7.3-23）可以评价发动机对外界阻力变化的适应能力，并用下列参数表示：

转矩储备因数 $\phi_{tq} = \dfrac{T_{tqmax}}{T_{tqe}}$

转速储备因数 $\phi_n = \dfrac{n_e}{n_{tqmax}}$

内燃机适应性因数 $\phi_{ntq} = \phi_{tq} \cdot \phi_n$

式中　T_{tqmax}、n_{tqmax}——最大转矩工况下的转矩值及相应转速；

T_{tqe}、n_e——标定工况下的转矩值及相应转速。

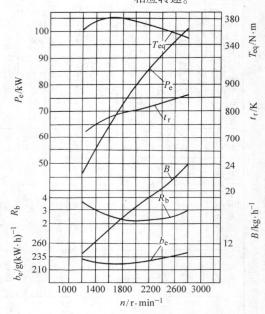

图 7.3-23　速度特性曲线示例
（柳汽发 6105QB 柴油机）

表 7.3-15 列出车用发动机上述参数统计值。

表 7.3-15　车用内燃机适应性因数的统计值

因数	汽油机	柴油机		
ϕ_{tq}	1.25 ~ 1.45	1.05 ~ 1.15（不采用供油校正器）	1.24 ~ 1.26（采用供油校正器）	1.32 ~ 1.56（涡轮增压及采用高转矩措施）
ϕ_n	1.7 ~ 2.5	1.4 ~ 2.0		
ϕ_{ntq}	2 ~ 4	1.5 ~ 2.3		

3.3.3 调速特性

为了控制内燃机转速,汽油机和柴油机上通常装有调速器。调速器可以根据负荷变化,通过转速感应元件自动调节燃料供给系统,使其转速在一定范围内稳定工作。内燃机调速手柄保持在某一工况位置,通过改变负荷而测得转速与其他参数相应的变化规律称为调速特性,如图 7.3-24 所示。

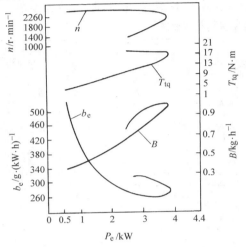

图 7.3-24 调速特性曲线示例

调速特性主要用来评价调速器性能是否满足要求。内燃机上安装的调速器有单制、双制或全制式。单制通常用于固定发电,双制只在最低工作稳定转速和最高转速时起调速作用。其他转速下由人工控制,因此可防止内燃机低速熄火和高速飞车,一般用于车用发动机。全制用于拖拉机、机车和船舶内燃机,使各个转速下的油门都由调速器控制。图 7.3-25 示出带有两极和全制调速器的柴油机特性。

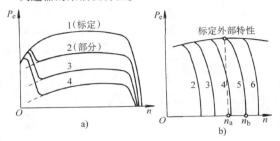

图 7.3-25 不同制式的调速特性
a) 单、双制调速特性 b) 全制调速特性

稳定调速率 δ 是表明在标定工况时,空转转速相对于全负荷的转速波动,即

$$\delta = \frac{n_{max} - n_e}{n_e} \times 100\%$$

上式中,n_{max} 为实测空车最高转速;n_e 为标定工况转速。

3.3.4 推进特性(螺旋桨特性)

内燃机作为船用主机驱动螺旋桨时,其发出功率被螺旋桨所吸收,推进功率一般与转速 n^3 成

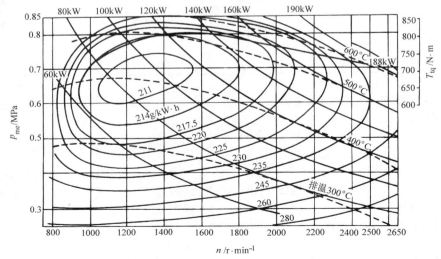

图 7.3-26 万有特性曲线示例(华北柴 F8L413F 柴油机)

正比关系,即 $P = an^3$。内燃机负荷按上述规律变化时,各性能参数与转速之间的变化关系称为推进特性,内燃机可通过改变油门,使其按照推进特性工作。比例系数 a 与螺旋桨结构、螺距、船的航速和水的密度有关,可由实验确定。

3.3.5 万有特性

万有特性是反映内燃机各主要性能参数相互关系的综合特性,通常以转速 n 为横坐标,以平均有效压力 p_{me} (或转矩 T_{tq})为纵坐标,画出的一组等油耗率 b_e、等功率 P_e、等排温 t_r 等曲线,如图 7.3-26 所示。

万有特性曲线可用一组不同转速下的负荷特性曲线整理而成。等功率 P_e 曲线根据计算绘出,需要时,也可在万有特性上补绘速度特性、调速特性和推进特性。通过万有特性,可找出最经济的负荷和转速,对全面评价内燃机性能有重要意义。

表 7.3-16　各种用途内燃机的基本要求

要求与权重 ＼ 配套用途	汽车	摩托车	低速货车和三轮汽车	拖拉机农业机械	工程机械	船用	机车	柴油发电机组	军用车辆与舰船
高升功率	▲▲	▲▲	▲	▲	▲				▲▲
低油耗率						▲▲	▲	▲▲	
排气有害成分控制	▲▲▲	▲▲	▲	▲	▲▲▲ (井下)	▲▲			
噪声	▲▲	▲▲	▲	▲▲▲ (井下)					
外形尺寸	▲▲▲	▲▲	▲▲	▲		▲	▲		
可靠性	▲	▲	▲	▲		▲		▲▲	▲▲
大修期	>50万km	>		>5000h	>8000h	>8000h		>8000h	>6000h
负荷变动急剧程度	▲▲	▲		较稳定	▲▲	稳定	▲▲	稳定	▲
负荷率	(重型车)			▲▲	▲▲ (推土机) ▲▲ (装载机) ▲ (起重机)			▲▲ 动力	
冷起动能力	▲▲	▲▲	▲▲▲	▲▲▲	▲▲				▲▲▲
维修方便性	▲▲	▲▲	▲▲	▲▲	▲▲	▲▲	▲▲	▲▲	▲▲
转矩储备量	≥10%	≥10%	≥10%	≥18%	≥18%				≥18%
防尘(空滤器)	▲	▲	▲▲	▲▲	▲▲▲			▲▲	▲▲ (坦克)
超速能力	▲▲								▲▲
防火				▲▲ (收割机)					(舰船)
防磁						▲			(舰船)
防磁								▲ 通信用	
带空压机	▲		▲	▲	▲				▲

注:以▲的多少表示重要性程度。

3.3.6 内燃机配套用途与配套基本要求

内燃机用途非常广泛,主要使用场合有:汽车、摩托车;三轮汽车和低速货车(过去称"农用运输车"。产品设计与制造要求有所降低,售价低。是适合当前中国农村现状的一种运输车辆);工农业拖拉机;农业和林业机械(如排灌、植保、收获机械、农村加工、链锯等);工程机械;机车;各种船舶;发电机组;军用车辆和舰船等。

对内燃机的选用有其多方面的共同要求,但由于使用场合或配套装置的不同,对其要求的满足有所侧重。表 7.3-16 列举了各种动力装置对内燃机的基本要求及重视的程度。

3.4 内燃机的排放与噪声

内燃机的排放与噪声已经成为城市环境污染的主要来源之一,因此必须对内燃机实施严格的环境保护法规。

3.4.1 内燃机的排放[31,37,42]

1. 内燃机排放的来源和组成(表 7.3-17)

2. 各类内燃机排放污染物的比较及含量范围(参见表 7.3-18,表 7.3-19)

表 7.3-17　内燃机排放污染物

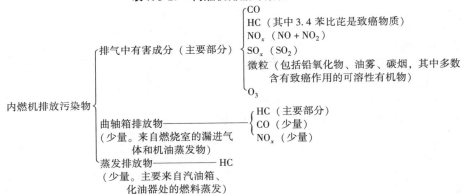

表 7.3-18　各类内燃机排放污染物比较

污染物	CO	HC	NO$_x$	SO$_x$	颗粒 铅氧化物	颗粒 碳烟	颗粒 油雾	臭氧
四冲程汽油机	多	中	多	很少	多	少	少	中
二冲程汽油机	多	多	少	很少	多	多	多	中
旋转活塞汽油机	多	多	少	很少	多	少	中	中
柴油机	少	少	中	无	无	多	中	多
液化石油气发动机	少	中	中	无	无	少	无	少
氢气发动机	无	无	多	无	无	无	无	少
甲醇发动机	少	少	少	无	无	无	少	少
燃气轮机	少	少	少	很少	无	无	少	少

表 7.3-19　汽油机与柴油机排气污染物含量范围

排气中污染物	单 位	汽油机	比较	比较	柴油机
C（碳烟）	g/m^3	0.005	少	多	0.10 ~ 0.30
CO	%	0.6 ~ 6	多	少	0.05 ~ 0.50
HC	10^{-4}%	2000	多	中	200 ~ 1000
NO$_x$	10^{-4}%	4000	多	中	700 ~ 2000
SO$_x$	10^{-4}%	800	少	多	3000

3. 净化措施　在汽油机上采取的净化措施，通常要兼顾各排放污染物的全面净化和发动机运转性能的要求；在柴油机上，大都针对排烟颗粒和 NO$_x$，并希望发动机性能指标不受影响。下面列举一些认为有效的净化措施或技术。

（1）机前净化　例如：

1）排气再循环（GRE）；

2）燃料渗水或用乳化燃料；

3）采用增压以及中冷；

4）采用无铅汽油，大幅度降低燃料中硫含量；

5）在燃料中添加少量助燃、消烟、增润抗腐等功能的化学添加剂。

（2）机内净化　是治理污染的治本之举。应对现有内燃机燃烧系统的各种参数进行优化匹配，兼顾动力、经济指标和排放污染物限值的要求；更新燃烧观念，开发新型的低排放燃烧系统；采用电子控制技术；改进起动、怠速工况下因混合气过浓或喷雾不良造成排放污染物过高的状况。

（3）机后净化　包括采用二次空气系统和热反应器；采用各种类型催化转换器，如氧化型、还原型、三元催化转换器、优选催化还原（SCR）技术等；发展各种实用的碳烟颗粒净化技术等。

（4）曲轴箱与蒸发排放的净化　可采用曲轴箱强制通风（PCV）系统，燃料蒸发控制系统等。

4. 我国有关内燃机排放标准的限值

（1）概述[30,33]　从 20 世纪 60 年代开始，世界各国及地区相继以法规形式对车用内燃机排放物予以强制性限制，主要有美国、日本和欧洲的法规体系。目前，各国排放法规中对排放测量装置、取样方法、分析仪器等方面，大都取得了一致，但测试规范（车辆的行驶工况或内燃机的运转工况组合方案）和排气污染物排放限值仍有一定差异。我国主要是在结合国情的条件下逐步等效采用欧洲的排放法规体系。

针对车用内燃机的排放法规分轻型车与重型车两类，轻重的分界线各国不完全统一，大致是总质量 3.5 ~ 5t 以下或乘员 9 ~ 12 人以下的车辆为轻型车，以上为重型车。轻型车的排放法规要求整车在底盘测功机上进行排放测试，结果用行驶单位千米的排放质量（g/km）表示。重型车的排放法规不要求整车测量，而只要求在内燃机试验台上进行内燃机排放测试，结果用内燃机的比排放量 [g/（kW·h）] 表示。

欧洲现行的轻型车排放测试循环由若干等加速、等减速、等速和怠速段落组成（图7.3-27）。第一部分（ECE-15）由反复4次的15个工况段构成，是1970年制定的，反映市内交通情况。1992年起加上反映郊外高速公路行驶的第二部分（EUDC）。整个测试循环历时1220s，包括循环开始时的40s冷起动后怠速暖机。排放测量在这40s后才开始，使冷起动时较高的排放较少被测到。在2000年后的欧Ⅲ标准中，这段时间被取消，条件更严厉。循环相当行驶距离约11km，平均车速32.5km/h，最高车速120km/h（对小排量汽车为90km/h）。

表7.3-20显示欧洲轻型车不同阶段的排放限值。在1988年的标准中，把轻型车按发动机排量、汽车总质量和座位数分类，分别规定排放限值。1992年起统一为一个限值，这样对小型汽车比较有利。

欧洲现行的重型车用柴油机排放测试循环为 ECE R49 十三工况法（图7.3-28）。它由额定转速和最大转矩转速的各5个负荷点以及3次怠速工况共13个工况点组成，测量在稳态下进行。通过进气和燃油流量的测量求得发动机的排气流量，乘以测出的各种排气污染物浓度，可算出该工况下的排放量及比排放量；再乘以该工况的加权系数，按工况累加，就得出在标准测试循环下的比排放量指标。

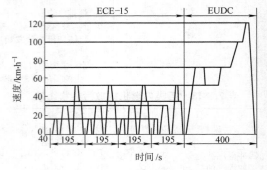

图 7.3-27　欧洲轻型车排放法规规定的 ECE-15 + EUDC 测试循环

表 7.3-20　欧洲轻型车排放限值[①]　　　　　　（单位：g/km）

法规	生效日期	汽　油　车			柴　油　车			
		CO	HC	NO_x	CO	HC	NO_x	PT
欧洲Ⅰ	1992 年	2.72	0.97		2.72	0.97		0.14
欧洲Ⅱ	1995 年 10 月	2.2	0.50		2.2[②] 1.0[③]	0.50[②] 0.90[③]		0.08[②] 0.10[③]
欧洲Ⅲ	2000 年	2.3	0.2	0.15	0.64	0.56	0.50	0.05
欧洲Ⅳ	2005 年	1.0	0.1	0.08	0.50	0.30	0.25	0.025

① 表列值为新车型型式认证限值，对新产品一致性质量检验限值为表列值的1.2倍。

② 非直喷式柴油机。

③ 直喷式柴油机。

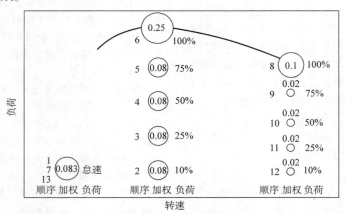

图 7.3-28　ECE R49 十三工况法标准测试循环的工况点和加权系数

在欧Ⅲ标准中对上述十三工况作了修改，称为欧洲稳态标准循环（ESC），如图 7.3-29 所示。为了防止利用电控系统作弊，排放考核时可以再任选 3 个工况来考核系统的一致性。

欧洲 ESC 循环还包括一个动态烟度试验（ELR）。在 A、B、C 3 个转速下，把油门从 10% 负荷开始突然加到最大，用消光烟度计测量这个过程的烟度最大值。考核人员可以在转速 A、B 之间任意增加一个测试点。

对于使用先进的排气后处理技术（如微粒捕集器或降 NO_x 催化系统）的重型车用柴油机和气体燃料发动机，欧Ⅲ标准中还要求加试一个欧洲瞬态循环（ETC），以便检验排气后处理系统的动态性能。ETC 历时 30min，分别模拟 10min 市内街道行驶，10min 农村公路行驶和 10min 高速公路行驶。

欧洲重型车用柴油机各阶段排放限值见表 7.3-21。专门的对比测试表明，同一柴油机用 ECE R49 和 ESC 循环测得的排放量有如下的对应关系：R49 的 1g/（kW·h）CO、HC、NO_x 和 PT 对应 ESC 的 0.75、0.85、1.03 和 0.91g/（kW·h）。因此，欧Ⅲ标准限值实际上比欧Ⅱ下降了 30% 左右。

我国从 1983 年开始陆续颁布了一系列有关汽车、摩托车用内燃机的排气污染物排放限值及对应的测量方法。此后，随着对环境保护要求的提高和内燃机技术的进步，亦不断修订和完善相关的内燃机和车辆排放法规并逐步和国外的排放标准体系接轨。

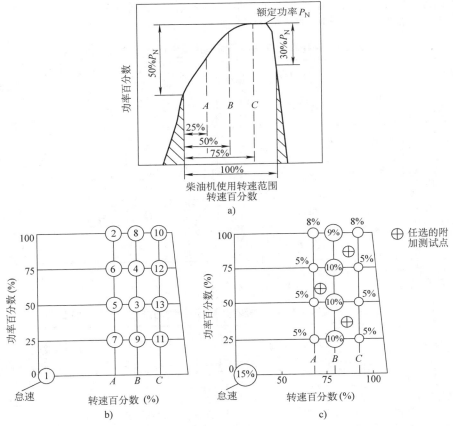

图 7.3-29 欧洲稳态标准测试循环（ESC）

a）测试转速定义 b）测试点的负荷和顺序 c）测试点的加权系数

表 7.3-21 欧洲重型车用柴油机排放限值 [单位:g(kW·h)⁻¹]

排放标准	欧洲 I	欧洲 II	欧洲 III[①]	欧洲 III
测试循环	ECE R49	ECE R49	ESC	ETC
生效日期	1992 年	1996 年	2000 年	2000 年
CO	4.5	4.0	2.1	5.45
HC	1.1	1.1	0.66	—
NMHC	—	—	—	0.78
CH_4	—	—	—	1.6
NO_x	8.0	7.0	5.0	5.0
PT	0.36/0.61[②]	0.15/0.25[③]	0.10/0.13[③]	0.21[③]

① 还有动态烟度限值 0.8m⁻¹。

② 适用于额定功率不大于 85kW 的柴油机。

③ 适用于单缸工作容积小于 0.7L、额定转速大于 3000r/min 的柴油机。

从 2000 年起,国家环境保护总局、国家质量监督检验检疫总局分期陆续发布和实施汽车、摩托车和内燃机几个不同阶段的排放限值标准和测量方法。我国大约从 2000 年起执行中国排放第 I 阶段标准(相当于欧 I,摩托车从 2003 年开始执行);从 2004 年起执行中国排放第 II 阶段标准(相当于欧 II);2008 年 7 月起正式实施中国排放第 III 阶段标准(等效于欧 III)。可以看出,我国车辆和内燃机排放限值标准,从执行时间上看与国外的差距已明显缩短了。

(2)摩托车排放限值 见表 7.3-22 ~ 7.3-25。

表 7.3-22 摩托车工况法测量排气污染物排放限值及执行日期

标准号	实施日期	试验类别	排气污染物	排放限值/g·km⁻¹			
				两轮摩托车		三轮摩托车	
				二冲程	四冲程	二冲程	四冲程
GB 14622—2002 (第一阶段)	2003.1.1 (年、月、日下同)	型式认证	CO HC NO_x	8 4 0.1	13 3 0.3	12 6 0.15	19.5 4.5 0.45
	2003.7.1	生产一致性检查					
GB 14622—2002 (第二阶段)	2004.1.1	型式认证	CO HC NO_x	5.5 1.2 0.3		7 1.5 0.4	
	2005.7.1	生产一致性检查					
GB 14622—2007 (第三阶段)	2008.7.1	型式认证	CO HC NO_x	<150mL (UDC 冷) 2.0 0.8 0.15	≥150mL (UDC 冷 + UEDC 冷) 2.0 0.3 0.15	全部 7.0 1.5 0.4	
		生产一致性检查					

注：1. 上述标准中含测量方法和设备。

2. 第一阶段,第二阶段,第三阶段相当或等效于欧 I,欧 II,欧 III 标准。

表 7.3-23 轻便摩托车工况法测量排气污染物的排放限值及执行日期

排气污染物	限值/g·km⁻¹			
	第一阶段		第二阶段、第三阶段	
	两轮轻便摩托车	三轮轻便摩托车	两轮轻便摩托车	三轮轻便摩托车
CO	6	12	1	3.5
HC + NO_x	3	6	1.2	1.2

注：1. 第一阶段型式核准试验自 2003 年 1 月 1 日起执行,生产一致性检查试验自 2004 年 1 月 1 日起执行。

2. 第二阶段型式核准试验自 2005 年 1 月 1 日起执行,生产一致性检查试验自 2006 年 1 月 1 日起执行。

3. 第三阶段型式核准试验自 2008 年 7 月 1 日起执行,生产一致性检查试验自型式核准批准之日同步执行。

3. 参见 GB 18176—2002,GB 18176—2007。

表 7.3-24　摩托车怠速法测量排气污染物限值

试验类别	CO(%)	HC[①]，×10⁻⁶	
		四冲程	二冲程
2003 年 1 月 1 日起型式核准试验	3.8	800	3500
2003 年 7 月 1 日起生产一致性检查试验	4.0	1000	4000
2003 年 7 月 1 日起生产的在用车检查试验	4.5	1200	4500
2003 年 7 月 1 日以前生产的在用车检查试验	4.5	2200	8000

① HC 浓度按正己烷当量。

注：参见 GB 14621—2002。

表 7.3-25　摩托车和轻便摩托车排气烟度排放限值

实施日期和排放试验类别		不透光度 N(%)
2005.7.1 起 （年、月、日） 2006.7.1 起	型式核准 生产一致性检查	15
在用车排放检查	2006 年 7 月 1 日起生产的车辆	30
	2006 年 7 月 1 日前生产的车辆	40

注：1. 用急加速法测量。

　　2. 参见 GB19758—2005。

（3）汽油机、柴油机和装用车辆的排放限值

由于类型和使用场合不同而有不同的排放限值标准，这里主要介绍应用量最大的车辆动力的排放限值，如表 7.3-26～表 7.3-34，其他的可参见相关标准。

表 7.3-26　轻型车辆型式认证试验项目（中国第Ⅰ、第Ⅱ阶段）

型式认证试验	装点燃式发动机的车辆			装压燃式发动机的车辆
	汽油车	LPG/NG 车	两用燃料车	
排气排放物试验 （Ⅰ型试验）	进行			进行
曲轴箱排放物试验 （Ⅲ型试验）	进行			不进行
蒸发排放物试验 （Ⅳ型试验）	进行	不进行	仅对燃用汽油时进行	不进行
耐久性试验 （Ⅴ型试验）	进行			进行
认证扩展	第 6 章			第 6 章（基准质量不超这 2840kg 的 M₂ 和 N₂ 类车辆）

注：参见 GB 18352.1—2001 和 GB 18352.2—2001。

表 7.3-27 轻型汽车型式认证 I 型试验排放限值

（表中括号内为：生产一致性检查 I 型试验排放限值）（单位：g·km⁻¹）

车辆类型	基准质量 RM/kg	限 值							实施日期
		一氧化碳 (CO) L_1		碳氢化合物 + 氮氧化物 (HC + NO$_x$) L_2			颗粒物① (PM) L_3		
		点燃式发动机	压燃式发动机	点燃式发动机	非直喷压燃式发动机	直喷压燃式发动机	非直喷压燃式发动机	直喷压燃式发动机	
第一类车	全部	2.72 (3.16)	0.97 (1.13)	1.36② (1.58②)	0.14 (0.18)	0.20② (0.25②)			2000.1.1 （年、月、日）(2000.7.1)
第二类车	RM≤1250	2.72 (3.16)	0.97 (1.13)	1.36② (1.58③)	0.14 (0.18)	0.20③ (0.25③)			型式认证 2001.1.1 （生产一致性 2001.10.1）
	1250 < RM≤1700	5.17 (6.00)	1.40 (1.60)	1.96③ (2.24③)	0.19 (0.22)	0.27③ (0.31③)			
	RM > 1700	6.90 (8.00)	1.70 (2.00)	2.38③ (2.80③)	0.25 (0.29)	0.35③ (0.41③)			

① 只适用于以压燃式发动机为动力的车辆。

② 表中所列的以直喷式柴油机为动力的车辆的排放限值的有效期为 2 年。

③ 表中所列的以直喷式柴油机为动力的车辆的排放限值的有效期为 1 年。

注：参见 GB18352.1—2001（中国排放第一阶段）。

表 7.3-28 轻型车辆 I 型试验排放限值

（单位：g·km⁻¹）

车辆类型	基准质量 RM/kg	限 值							实施日期	
		一氧化碳 (CO) L_1		碳氢化合物 + 氮氧化物 (HC + NO$_x$) L_2			颗粒物 (PM) L_3		型式认证	生产一致性
		点燃式发动机	压燃式发动机	点燃式发动机	非直喷压燃式发动机	直喷压燃式发动机	非直喷压燃式发动机	直喷压燃式发动机		
第一类车	全部	2.2	1.0	0.5	0.7	0.9	0.08	0.10	2004.7.1	2005.7.1
第二类车	RM≤1 250	2.2	1.0	0.5	0.7	0.9	0.08	0.10	2005.7.1	2006.7.1
	1 250 < RM≤1 700	4.0	1.25	0.6	1.0	1.3	0.12	0.14		
	RM > 1 700	5.0	1.5	0.7	1.2	1.6	0.17	0.20		

注：参见 GB18352.2—2001（中国排放第二阶段）。

表 7.3-29 压燃式发动机和装用压燃式发动机的车辆排气污染物限值

（单位：g·[kW·h⁻¹]）

（型式认证试验排放限值）

实施阶段	实施日期 （年、月、日）	一氧化碳 (CO)	碳氢化合物 (HC)	氮氧化物 (NO$_x$)	颗粒物 (PM)	
					≤85kW①	>85kW①
I	2000.9.1	4.5	1.1	8.0	0.61	0.36
II	2003.9.1	4.0	1.1	7.0	0.15	0.15

（生产一致性检查试验排放限值）

实施阶段	实施日期	一氧化碳 (CO)	碳氢化合物 (HC)	氮氧化物 (NO$_x$)	颗粒物 (PM)	
					≤85kW①	>85kW①
I	2001.9.1	4.9	1.23	9.0	0.68	0.40
II	2004.9.1	4.0	1.1	7.0	0.15	0.15

① 指发动机功率。

注：参见 GB17691—2001。

表 7.3-30　车用点燃式发动机及其汽车的排放限值（单位：g/（kW·h））

（型式核准试验）

实施日期 （年、月、日， 下同）	排气污染物排放限值					
	汽油机		点燃式 NG、LPG 发动机[②]			
	CO	HC + NO$_x$	CO	HC		NO$_x$
				NMHC[③]	THC	
2003.1.1	34.0	14.0	4.5	0.9	1.1	8.0
2003.9.1	9.7，17.4[①]	4.1，5.6[①]	4.0	0.9	1.1	7.0

（生产一致性检查试验）

实施日期 （年、月、日）	排气污染物排放限值					
	汽油机		点燃式 NG、LPG 发动机[②]			
	CO	HC + NO$_x$	CO	HC		NO$_x$
				NMHC[③④]	THC[④]	
2003.7.1	41.0	17.0	4.9	1.0	1.23	9.0
2004.9.1	11.6，19.3[①]	4.9，6.2[①]	4.0	0.9	1.1	7.0

① 仅适用于 GVM > 6 350kg 的重型汽油车；
② 对于汽油/LPG、汽油/NG 的点燃式两用发动机，燃用汽油时应满足汽油机对应的限值要求，对于燃用 NG/LPG 燃料时应满足表中点燃式 NG、LPG 发动机限值的要求；
③ 仅适用于 NG 发动机；
④ 制造厂可根据具体情况选择采用非甲烷碳氢 NMHC 或总碳氢 THC 限值。
注：参见 GB 14762—2002。

表 7.3-31　车辆排放型式核准试验项目（中国第Ⅲ、第Ⅳ阶段）

型式核准试验类型	装点燃式发动机的轻型汽车			装压燃式发动机的轻型汽车
	汽油车	两用燃料车	单一气体燃料车	
Ⅰ 型	进行	进行（试验两种燃料）	进行	进行
Ⅲ 型	进行	进行（只试验汽油）	不进行	不进行
Ⅳ 型	进行	进行（只试验汽油）	不进行	不进行
Ⅴ 型	进行	进行（只试验汽油）	进行	进行
Ⅵ 型	进行	进行（只试验汽油）	不进行	不进行
双怠速	进行	进行（试验两种燃料）	进行	不进行
车载诊断（OBD）系统	进行	进行	进行	进行

注：1. Ⅰ型试验：指常温下冷起动后排气污染物排放试验；
　　Ⅲ型试验：指曲轴箱污染物排放试验；
　　Ⅳ型试验：指蒸发污染物排放试验；
　　Ⅴ型试验：指污染控制装置耐久性试验；
　　Ⅵ型试验：指低温下冷起动后排气中 CO 和 HC 排放试验；
　　双怠速试验：指测定双怠速的 CO、HC 和高怠速的 λ 值（过量空气系数）。
2. 参见 GB 18352.3—2005。

表 7.3-32　轻型汽车Ⅰ型试验排放限值（Ⅲ、Ⅳ阶段）

阶段	类别	级别	基准质量 （RM）/kg	限值/（g/km）$^{-1}$										型式核准 执行日期 （年、月、日）
				一氧化碳 （CO）		碳氢化合物 （HC）		氮氧化物 （NO$_x$）		碳氢化合物 和氮氧化物 （HC + NO$_x$）		颗粒物 （PM）		
				L_1		L_2		L_3		$L_2 + L_3$		L_4		
				点燃式	压燃式	点燃式	压燃式	点燃式	压燃式	点燃式	压燃式	压燃式		
Ⅲ	第一类车	—	全部	2.30	0.64	0.20	—	0.15	0.50		0.56	0.050	2007.7.1
	第二类车	Ⅰ	RM ≤ 1305	2.30	0.64	0.2	—	0.15	0.50		0.56	0.050	
		Ⅱ	1305 < RM ≤ 1760	4.17	0.80	0.25	—	0.18	0.65		0.72	0.070	
		Ⅲ	1760 < RM	5.22	0.95	0.29	—	0.21	0.78		0.86	0.100	
Ⅳ	第一类车	—	全部	1.00	0.50	0.10	—	0.08	0.25		0.30	0.025	2010.7.1
	第二类车	Ⅰ	RM ≤ 1305	1.00	0.50	0.10	—	0.08	0.25		0.30	0.025	
		Ⅱ	1305 < RM ≤ 1760	1.81	0.63	0.13	—	0.10	0.33		0.39	0.040	
		Ⅲ	1760 < RM	2.27	0.74	0.16	—	0.11	0.39		0.46	0.060	

注：参见 GB 18352.3—2005。

表 7.3-33 车用柴油机、氧体燃料发动机与汽车排放限值

(1. ESC 和 ELR 试验限值)

阶段	一氧化碳(CO)/g·(kW·h)$^{-1}$	碳氢化合物(HC)/g·(kW·h)$^{-1}$	氮氧化物(NO$_x$)/g·(kW·h)$^{-1}$	颗粒(PM)/g·(kW·h)$^{-1}$	碳烟/g·m^{-3}	型式核准执行日期(年、月、日)
Ⅲ	2.1	0.66	5.0	0.10 0.13[①]	0.8	2007.7.1
Ⅳ	1.5	0.46	3.5	0.02	0.5	2010.1.1
Ⅴ	1.5	0.46	2.0	0.02	0.5	2012.1.1
EEV	1.5	0.25	2.0	0.02	0.15	

① 对每缸排量低于 0.75dm^3，及额定功率转速超过 3000r/min 的发动机。

注：1. ESC：稳态循环（European Steady State Cycle）。

ELR：负荷烟度试验（European Load Response Test）。

2. 参见 GB 17691—2005。

(2. ETC 试验限值)

阶段	一氧化碳(CO)/g·(kW·h)$^{-1}$	非甲烷碳氢化合物(NMHC)/g·(kW·h)$^{-1}$	甲烷(CH$_4$)[①]/g·(kW·h)$^{-1}$	氮氧化物(NO$_x$)/g·(kW·h)$^{-1}$	颗粒物(PM)[②]/g·(kW·h)$^{-1}$	型式核准执行日期(年、月、日)
Ⅲ	5.45	0.78	1.6	5.0	0.16 0.21[③]	2007.7.1
Ⅳ	4.0	0.55	1.1	3.5	0.03	2010.1.1
Ⅴ	4.0	0.55	1.1	2.0	0.03	2012.1.1
EEV	3.0	0.40	0.65	2.0	0.02	

① 仅对 NG 发动机。

② 不适用于第Ⅲ、Ⅳ和Ⅴ阶段的燃气发动机。

③ 对每缸排量低于 0.75dm^3 及额定功率转速超过 3000r/min 的发动机。

注：1. ETC：瞬态试验（European Transient Cycle）

2. GB 17691—2005 中指明：凡安装了先进的排气后处理装置的柴油机，应附加 ETC 试验。

表 7.3-34 柴油机和装用柴油机的车辆排气可见污染物限值

（全负荷稳定转速下）

名义流量 G/L·s^{-1}	光吸收系数 K/m^{-1}	名义流量 G/L·s^{-1}	光吸收系数 K/m^{-1}
≤42	2.26	120	1.37
45	2.19	125	1.345
50	2.08	130	1.32
55	1.985	135	1.30
60	1.90	140	1.27
65	1.84	145	1.25
70	1.775	150	1.225
75	1.72	155	1.205
80	1.665	160	1.19
85	1.62	165	1.17
90	1.575	170	1.155
95	1.535	175	1.14
100	1.495	180	1.125
105	1.465	185	1.11
110	1.425	190	1.095
115	1.395	195	1.08
		≥200	1.065

注：参见 GB 3847—1999 和 GB 3847—2005。

两个标准（GB 3847—1999、2005）相对于老国标中柴油机烟度的限值和测量方法进行了全面修订，新标准等效采用 ECER24/03 法规中相应部分的全部技术内容。本标准采用国际上通用的不透光烟度计代替过去标准中的滤纸式烟度计，因此在试验方法和烟度单位上都与过去的标准截然不同。如果需

要，读者应研读本标准及相关资料。

三轮汽车和低速货车用柴油机的排放限值。依据 GB 7258—2004（机动车运行安全技术条件），将"三轮农用运输车"更名为"三轮汽车"，将"四轮农用运输车"更名为"低速货车"。

三轮汽车是指最高设计车速 ≤50km/h 的、具有三个车轮的货车；低速货车指最高设计车速 <70km/h、具有四个车轮的货车。结合国情，对其采用的柴油机将分阶段分期限实行逐步严格的排放限值标准，如表 7.3-35 所示。对其自由加速烟度限值仍按 GB 18322—2001 执行，如表 7.3-36 所示。

表 7.3-35 三轮汽车和低速货车用柴油机的排放限值

（单位：g·(kW·h)$^{-1}$）

实施日期(年、月、日)	实施阶段和试验性质		一氧化碳(CO)	碳氢化合物(HC)	氮氧化物(NO$_x$)	颗粒物(PM)
2006.1.1	Ⅰ	型式核准试验	11.2	2.4	14.4	—
		生产一致性检查试验	12.3	2.6	15.8	—
2007.1.1	Ⅱ	型式核准试验	4.5	1.1	8.0	0.61
		生产一致性检查试验	4.9	1.23	9.0	0.68

注：参见 GB 19756—2005。

表 7.3-36　农用运输车自由加速烟度排放限值

实施阶段	车　别	烟度值，Rb	
		装用单缸柴油机	装用多缸柴油机
本标准实施之日起（年、月、日）（2001.6.1）	定型农用运输车①	≤4.5	≤3.5
	新生产农用运输车②	≤5.0	≤4.0
	在用农用运输车③	≤5.5	≤4.5
2005.1.1 起	定型农用运输车①	≤4.0	≤3.0
	新生产农用运输车②	≤4.5	≤3.5
	在用农用运输车③	≤5.0	≤4.0
本标准实施之日前生产的在用农用运输车③		≤6.0	≤5.0

① 定型农用运输车指发动机及燃油系统为新引进、新设计的农用运输车。

② 新生产农用运输车指制造厂合格入库或出厂的农用运输车。

③ 在用农用运输车指上牌照以后投入使用的农用运输车。

注：参见 GB 18322—2002（代替 2001）。
　　烟度 Rb 为波许烟度计测量值，刻度范围 0°~10°。

3.4.2　内燃机的噪声[31,43]

1. 机动车辆（汽车等）的噪声　据国外资料统计，机动车辆所包括的总功率比其他各种动力（飞机、船舶、移动电站等）的总和大 20 倍以上，它们所辐射的噪声约占整个环境噪声能量的 75%⊖。各种调研和测量结果也表明城市交通噪声是目前城市环境中最主要的噪声源。因此，降低机动车辆本身的噪声是减少城市环境噪声的最根本途径。

对于汽车、摩托车品质的评定，除了动力性和经济性指标外，噪声作为对环境的污染——像排放指标一样——也列为一个重要的技术指标。生产企业必须努力降低产品的噪声。

（1）汽车噪声的主观评价　为了研究各种机动车辆产生的噪声对人们的干扰程度，人们曾按照机动车辆噪声对人的干扰的主观评价进行了（A 声级）测量研究。

对汽车噪声的主观评价，一般可按照表7.3-37 所列的 A、B、C、D、E 和 F 6 种评价级别进行。表中下方注明相应噪声反映的吵闹程度，A 和 F 级未写评价，被认为是两种极端情况。为了量化，评定的级别用数字表示，即"安静的"相当于 2 级，"吵闹的"相当于 6 级等。

表 7.3-37　汽车噪声的主观评价

A	B	C	D	E	F
0	2	4	6	8	10
—	安静的	容许的	吵闹的	非常吵闹的	—

图 7.3-30 中列出了载货汽车、客车、摩托车的试验结果。曲线表示几类车辆的 A 声级与人们对噪声主观感受之间的关系。曲线离散性一般较小，并且可以近似地认为具有直线关系。由图看出，主观评价 5 级相当于噪声感受在"容许的"和"吵闹的"分界处，其对应的 A 声级在80dB（A）附近，由此可以将此值作为大多数车辆"吵闹的"或"容许的"两种评价的区分值。目前只有部分车辆噪声能够符合 80dB（A）这一界定值，大多数车辆（尤其是柴油载货汽车）仍高于或远高于此值。80dB（A）可作为各种机动车辆噪声的控制目标。

（2）汽车噪声　汽车噪声分车外噪声和车内噪声两种。车外噪声造成环境公害，车内噪声直接对驾驶员和乘客造成损害。

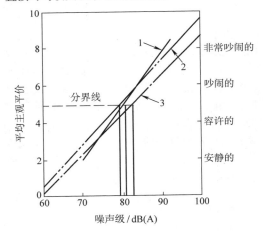

图 7.3-30　几种机动车辆的 A 声级
与平均主观评价之间的关系

1—柴油载货汽车　2—汽油客车　3—摩托车

汽车是由许多零部件或机械总成装配而成的。汽车在运行时，实际上是一个包括各种不同性质噪声的复杂噪声源。图 7.3-31 表示汽车主要噪声源的示意图，图 7.3-32 说明汽车内部噪

⊖ 这是在一定条件下的宏观统计数字，仅供参考。在此引用，只表明机动车辆所占各种份额（总功率，噪声能量）远大于其他动力。

声产生机理的框图及其固体和空气传播声的比例。

如果按照噪声产生的过程，可将汽车噪声源大致分为两类：一类是与内燃机运转有关的噪声，另一类是与汽车行驶有关的噪声。后者主要包括传动机构（变速器、传动轴、差速器等）的机械噪声、轮胎发出的噪声、车身（架）振动及空气作用所产生的噪声。

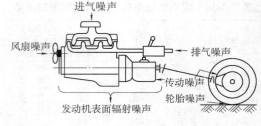

图 7.3-31 汽车主要噪声源的示意图

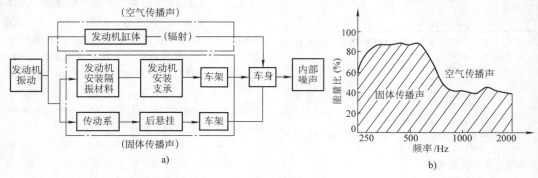

a)

图 7.3-32

a) 汽车内部噪声产生机理框图 b) 车内固体和空气传播声比例

由于汽车噪声源不可能完全被密封和隔离，因此汽车整车所辐射出来的噪声就取决于各声源的强度、特性以及向周围环境传播的情况。作为一个示例，图 7.3-33 示出东风 EQ1090 汽车加速行驶噪声源分解图和各声源占整车噪声的比例图。从图中可以看出，排气噪声占车外噪声的份额最大，发动机风扇噪声次之，因此为了降低该车的加速噪声，应首先考虑降低排气系统噪声和冷却风扇的运转噪声。

表 7.3-38 示出各类汽车噪声参考值（加速行驶法测量）。

2. 内燃机噪声

（1）噪声的组成 内燃机是一种复杂的热能动力机械，其噪声按来源和性质包括如表 7.3-39 所列各部分。图 7.3-34 示出发动机噪声的发生部位，图 7.3-35 给出发动机不同噪声部位的构成率（不含排气、进气噪声）。

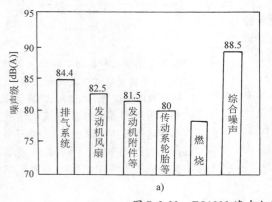

a)

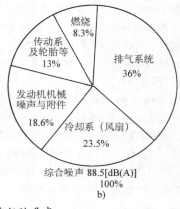

b)

图 7.3-33 EQ1090 汽车加速行驶噪声

a) 声源分解图 b) 各声源比例图

表 7.3-38 各类汽车噪声参考值
（加速行驶法）

汽车类型	声级范围/dB（A）
重型载货汽车	88 ~ 92
轻型载货汽车	79 ~ 87
小客车	79 ~ 84
运动车	81 ~ 91

表 7.3-39 内燃机的噪声组成

内燃机的噪声组成
- 气体动力性噪声
  - 排气噪声
  - 进气噪声
  - 风扇噪声
- 表面辐射噪声
  - 燃烧噪声
  - 机械噪声
    - 活塞曲柄机构噪声
    - 配气机构的噪声
    - （齿轮）传动系统噪声
    - 不平衡状况引起振动诱发的噪声
    - 各种附件、系统运动产生的噪声

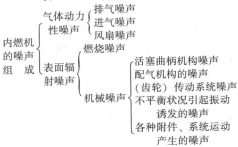

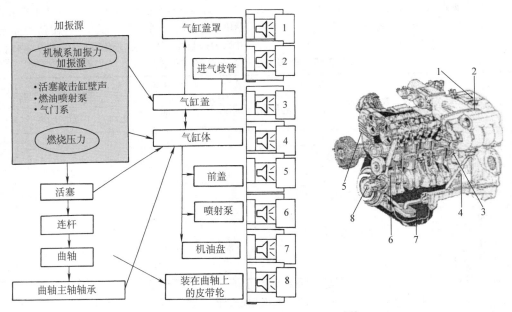

图 7.3-34 发动机噪声的发生部位[53]

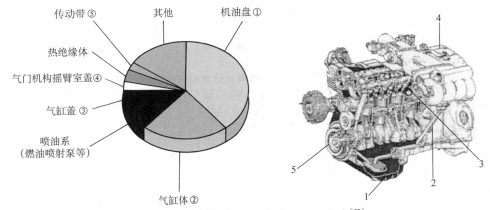

图 7.3-35 发动机不同噪声部位的构成率[53]

现代内燃机噪声 A 声压级一般为 80 ~ 110dB，通常柴油机噪声比汽油机高，非增压的内燃机比增压的高，风冷机高于水冷机。在各部分噪声中排气噪声能量最大；低速情况下燃烧噪声较大，高速情况下机械噪声较大；风冷机在高速下其风扇噪声可能达到很高值。

（2）整机噪声估算 对不同类型内燃机，在标定工况下的整机噪声级 L_{pA}(dB)可用如下公式估算：

对汽油机

$$L_{pA} = 50\lg n + 60\lg d - 205.4$$

对非增压直喷式柴油机

$$L_{pA} = 30\lg n + 50\lg d - 101.8$$

对增压直喷式柴油机

$$L_{pA} = 40\lg n + 50\lg d - 137.1$$

对非增压间接喷射式柴油机

$$L_{pA} = 43\lg n + 60\lg d - 174.5$$

式中 n——发动机转速（r·min^{-1}）；

d——气缸直径（mm）。

上述公式适用于 4 ~ 6 缸机。少于 4 缸的，每减少 1 缸应减值 1dB；对于 V 型机，相当于直列式机增加一排气缸，约需增加 3dB。公式估算误差一般为 ±2dB。噪声声功率级 L_w 的换算可参照 GB/T 8194—1987。

（3）噪声的限值 对于各类机动车辆和内燃机，国家已经制订或修订了噪声限值的标准，并列为强制性标准（参见表 7.3-40 ~ 表 7.3-45）。

表 7.3-40 汽车加速行驶车外噪声限值

汽 车 分 类	噪声限值/dB（A）	
	第一阶段（年、月、日）	第二阶段（年、月、日）
	2002.10.1 ~ 2004.12.30 期间生产的汽车	2005.1.1 以后生产的汽车
M$_1$	77	74
M$_2$（GVM≤3.5t），或 N$_1$（GVM≤3.5t）： 　GVM≤2t 　2t < GVM≤3.5t	 78 79	 76 77
M$_2$（3.5t < GVM≤5t，或 M$_3$（GVM > 5t）： 　P < 150kW 　P≥150kW	 82 85	 80 83
N$_2$（3.5t < GVM≤12t），或 N$_3$（GVM > 12t）： 　P < 75kW 　75kW≤P < 150kW 　P≥150kW	 83 86 88	 81 83 84

说明：GVM—最大总质量（t）；P—发动机额定功率（kW）。

a）M$_1$，M$_2$（GVM≤3.5t）和 N$_1$ 类汽车装用直喷式柴油机时，其限值增加 1dB（A）。

b）对于越野汽车，其 GVM > 2t 时：

　　如果 P < 150kW，其限值增加 1dB（A）；

　　如果 P≥150kW，其限值增加 2dB（A）。

c）M$_1$ 类汽车，若其变速器前进档多于四个，P > 140kW，P/GVM 之比大于 75kW/t，并且用第三档测试时其尾端出线的速度大于 61km/h，则其限值增加 1dB（A）。

注：参见 GB 1495—2002。

表 7.3-41 摩托车型式核准试验加速行驶噪声限值 ［单位：dB（A）］

日期与限值 摩托车类别		第一阶段（年、月、日） （2005.7.1 前）		第二阶段（年、月、日） （2005.7.1 起）	
		两轮	三轮	两轮	三轮
摩托车 （发动机排量 V_h/mL）	> 50 且≤80 > 80 且≤175 > 175	77 80 82	82	75 77 80	80
轻便摩托车 （设计最高车速 V_m/km·h^{-1}）	> 25 且≤50 ≤25	73 70	76	71 66	76

注：1. 生产一致性检查试验同步实施，但限值高 1dB（A），其实测值不得高于 3dB（A）。

　2. 参见 GB 16169—2005。

表 7.3-42　摩托车和轻便摩托车定置噪声限值

发动机排量 V_n/mL	噪声限值/dB（A）	
	第一阶段（年、月、日）2005.7.1 前生产的	第二阶段（年、月、日）2007.7.1 起生产的
≤50	85	83
>50 且≤125	90	88
>125	94	92

注：参见 GB 4569—2005。

表 7.3-43　三轮汽车或低速货车加速行驶车外噪声限值　［单位：dB（A）］

实施阶段	开始实施日期（年、月、日）	试验性质	噪声限值	
			装多缸柴油机的低速货车	三轮汽车及装单缸柴油机的低速货车
第一阶段	2005.7.1 2005.7.1	型式核准 生产一致性检查	≤83 ≤84	≤84 ≤85
第二阶段	2007.7.1 2007.7.1	型式核准 生产一致性检查	≤81 ≤82	≤82 ≤83

注：参见 GB 19757—2005。

表 7.3-44　小型汽油机噪声限值

［单位：dB（A）］

汽油机类型		功率/kW					
		≤1.5	>1.5~3	>3~6	>6~10	>10~15	>15~30
风冷汽油机	低噪声型 二冲程	102	104	108	110		
	低噪声型 四冲程	99	102	106	108	111	114
	一般型 二冲程	104	106	110	112		
	一般型 四冲程	101	104	108	111	113	116
	高噪声型 二冲程	108	110	112	114		
	高噪声型 四冲程	103	106	110	112	115	118
水冷汽油机		噪声 A 声功率级限值 <110dB					

注：参见 GB 15739—1995。

表 7.3-45　柴油机标定工况下噪声声功率级限值

［单位：dB（A）］

标定功率/kW	标定转速/r·min^{-1}					
	≤1500	>1500~2000	>2000~2500	>2500~3000	>3000~3500	>3500
≤2.5	96	97	98	99	100	101
>2.5~3.2	97	98	99	100	101	102
>3.2~4.0	98	99	100	101	102	103
>4.0~5.0	99	100	101	102	103	104
>5.0~6.3	100	101	102	103	104	105
>6.3~8.0	101	102	103	104	105	106
>8.0~10.0	102	103	104	105	106	107
>10.0~12.5	103	104	105	106	107	108
>12.5~16.0	104	105	106	107	108	109
>16.0~20.0	105	106	107	108	109	110
>20.0~25.0	106	107	108	109	110	111
>25.0~31.5	107	108	109	110	111	112
>31.5~40	108	109	110	111	112	113
>40~50	109	110	111	112	113	114
>50~63	110	111	112	113	114	115

（续）

标定功率/kW	标定转速/r·min^{-1}					
	≤1500	>1500~2000	>2000~2500	>2500~3000	>3000~3500	>3500
>63~80	111	112	113	114	115	116
>80~100	112	113	114	115	116	117
>100~125	113	114	115	116	117	118
>125~160	114	115	116	117	118	119
>160~200	115	116	117	118	119	120
>200~250	116	117	118	119	120	121
>250~315	117	118	119	120	121	122
>315~400	118	119	120	121	122	123
>400~500	119	120	121	122	123	124
>500~630	120	121	122	123	124	125
>630~800	121	122	123	124	125	126
>800~1000	122	123	124	125	126	127
>1000~1250	123	124	125	126	127	128
>1250~1600	124	125	126	127	128	129
>1600~2000	125	126	127	128	129	130
>2000	126	127	128	129	130	131

说明：1. 水冷柴油机

（1）多缸水冷柴油机噪声声功率级限值为表中规定的数值。

（2）单缸水冷柴油机噪声声功率级限值为表中规定的数值加 2dB（A）。

2. 风冷柴油机

（1）多缸风冷柴油机噪声声功率级限值为表中规定的数值加 3dB（A）。

（2）单缸风冷柴油机噪声声功率级限值为表中规定的数值加 6dB（A）。

注：1. 直喷式柴油机噪声声功率级限值相应加 1dB（A）。

2. 参见 GB 14097—1999。

（4）降噪措施 基本措施一是降低产生噪声的声源，二是限制噪声传播的途径。例如改善燃烧过程，发展低噪声的燃烧系统；采用低噪声结构设计的概念（如提高机体、缸盖、缸套的刚度，减少各运动件间隙，采用隔声罩盖）；安装消声器；整机消减振动和隔声处理。应首先降低噪声组成中最大贡献成分，同时还应与其他技术要求（如性能指标、成本、配套场合）等综合考虑。表 7.3-46 列出减噪的主要措施及注意点。

表 7.3-46 消减发动机噪声的主要措施及注意点

发动机噪声源		主要消减措施	注意点
从发声源考虑	由于燃烧压力产生的噪声	采用推迟喷油角度（柴油机）或点火角度（汽油机）造成燃烧缓慢，减小压力升高比	油耗恶化黑烟增加（柴油机）
		改变燃烧室形状造成燃烧缓慢	性能恶化
		采用增压造成燃烧缓慢	注意性能变化
		改变喷油规律	注意油耗和性能变化
	活塞曲柄连杆机构运动引起的噪声	降低发动机转速	输出功率减低；或保持原功率尺寸质量增加
		增加平衡质量	质量增加
		在曲轴的带轮上安装扭振减振器	质量增加
		减小曲轴和主轴承之间的间隙	防止轴承烧粘在一起，磨损增加
	活塞敲击气缸壁产生的噪声	缩小活塞和气缸套之间的间隙	防止烧粘在一起，磨损增加
		活塞相对于气缸轴线偏置	活塞和气缸套的不均匀磨损
		减轻活塞的质量	可靠性、耐久性
		在活塞内放置双金属片减小活塞膨胀	可靠性、耐久性
	配气机构的噪声	减轻气门系质量，提高刚性	
		阀门机构简单化	
		凸轮形状型线的优化设计	发动机性能变化
		缩小各部分的间隙	防止烧粘在一起，磨损增加
	排气、进气噪声	加装排气消声器，合理设计空气滤清器	性能、尺寸
从发声部位考虑	发动机本体的辐射噪声	提高气缸体、曲轴箱的刚性（梯形框架、金属加强板、轴承梁式支承等）	质量增加
		安装隔声罩盖（气缸体、油底壳、气缸盖罩等）	质量增加，防止冷却恶化
		用橡胶等对油底壳、气缸盖罩等进行防振隔声	质量增加，可靠性、耐久性
		提高油底壳、气缸盖罩等的刚性	质量增加
		机油壳采用隔声钢板	可靠性耐久性
		在气缸体和起动机、机油壳和前盖板之间的缝隙里填充吸声材料	质量增加，可靠性、耐久性
		防止排气系统的振动（加固和隔声）	质量增加

3.5 内燃机技术标准[33]

标准在规范市场、发展经济、提高企业和产品的竞争力、与国际先进水平接轨等方面发挥十分重要的作用。

在国家《标准化法》中已经明确了标准级别（国家标准、行业标准等）和划分了标准属性。后者针对过去全部都是强制性标准而又无法强制执行的状况，将标准分为强制性和推荐性两大类，严格把只涉及安全、卫生、环保的标准列为强制性标准，其他均为推荐性标准。

针对我国国家标准总体技术水平低、体系结构不合理等问题，国家标准化委员会于 2004 年 6 月下达关于清理国家标准工作的通知，要求必须修订、整合和废止一大批有关国家标准，削减 40% 左右有关国家标准的数量。具体工作由各行业委员会负责落实。其整改结果，2005 年 4 月国家发改委发布第 16 号公告公布。

读者如果需要了解关于内燃机、汽车、摩托车等行业标准的状况、整顿结果以及标准目录可以参阅《中国内燃机工业年鉴》、《中国汽车工业年鉴》和《中国摩托车工业年鉴》等相关资料或者国家发改委工业司主管的"标准网"（www. standardcn, com）。

3.6　内燃机技术近期发展趋势[33]

节能—降低燃料消耗，环保—降低排放、消减振动和噪声依然是现代化社会可持续发展对内燃机提出的两项最重要的要求，也是内燃机技术发展的动力源和归宿。

车辆是应用内燃机的大户，对车辆多方面要求是直接引导内燃机技术进步、内燃机制造企业生存发展的市场驱动力。

下面简要地列举从内燃机技术整机研究和应用上，近期在国内关注的技术进步发展趋势。

3.6.1　电子控制技术普遍应用、电控发动机的开发

电控是达到内燃机节能和环保的最佳手段。国外已在车辆上普遍采用电控方式。

随着电控技术的成熟，电控元件产量和质量的提高、成本下降，以及国家节能和排放新法规的实施，国内车辆用内燃机将普及应用电控方式。电控是车辆能达到中国Ⅱ、Ⅲ阶段（相当于欧Ⅱ、欧Ⅲ）排放标准的必备手段。

实施欧Ⅲ标准后，车辆上必需按装 OBD（on-board diagnosis，车载诊断系统），以便随时监测在用车上内燃机的排放状况。

3.6.2　燃烧过程的完善和新型燃烧系统的开发

由于采用了电控方式，与燃烧工作过程相关的各种零部件的改进和革新（如新型进气道技术，采用多气门，双顶置凸轮轴（DOHC）技术，燃油供给系统的改进，三元催化技术等），人们可以按照节能、降低排放和噪声、提高可靠性的全面综合要求组织完善的燃烧过程，一些新型的燃烧系统（方式）会应运而生，例如汽油机稀燃—速燃技术，汽油机缸内喷射分层燃烧技术。电控进气道多点喷射汽油机会成为主流配置，气缸直接喷射汽油机（GDI）会成为开发的热点。柴油机控制喷射和燃烧的技术预期会取得新进展和变成实用。柴油机将会更多地采用高压

共轨技术。EGR 技术是柴油机和汽油机降低 NO_x 排放的有效措施，需要精确控制再循环量，电控 EGR 技术可以保证获得综合最佳效果。

一些高档摩托车汽油机为满足中国Ⅲ阶段排放法规也需要采用电喷、电控技术。

3.6.3　增压技术[39]

增压对增加功率、降低油耗、减小排放和噪声均有显著效果。增压技术已日益更加成熟，增压会逐步成为发动机的基本配置。

提高增压比、采用增压中冷技术，增压向小缸径发动机上拓展是柴油机中增压应用发展的方向。随着汽油机抗爆燃技术的提高（如燃料品质改善、稀燃和层燃技术、电控技术），在汽油机中增压应用将会得到一定的发展。

可变涡轮流通截面，可变喷嘴截面，可变叶片等电控可变技术会在产品中得到更多采用。

增压器本身技术的发展，将为在内燃机中的应用提供可靠的保证。

3.6.4　小缸径直喷式柴油机在轿车上的开发应用

直喷式柴油机燃烧系统比非直喷式燃烧系统热效率可提高 10% ～ 15%，小缸径柴油机直喷化已成为柴油机发展的一个显著特点。

国外（尤其在欧洲）轿车上采用柴油机的比例相当大且稳步上升，达到 30% ～ 40%，而国内尚处在起步阶段。随着小缸径直喷技术的成熟和节能排放的严格要求，轿车用小型直喷柴油机的开发和应用将是一个热点。

3.6.5　排气后处理技术

内燃机排气后处理仍是达到内燃机低排放和超低排放的重要方法和最后一道手段。

排气后处理中相关技术的研发和应用（如富氧条件下三效催化器的研发，再生性微粒净化装置的再生能力和寿命的研究，电加热和排气管喷油等）将提高排气后处理的能力和使用寿命。

3.6.6　燃料供应结构的多元化

我国内燃机燃料会面临日趋严峻的供应形势。代用燃料的开发，燃料供应结构的多元化是必要的应对措施。

对气体燃料（压缩或液化天然气，液化石油气），甲醇、甲醇—汽油、乙醇、乙醇—汽油（或称醇类燃料），生物柴油，在不同地区和层次

上一直在进行研究和开发应用。像气体燃料发动机在天然气产区、油田和部分城市交通中已获推广应用。醇类燃料如用粮食生产，则应予禁止。同时，结合我国农业生产国情如采用粮食作物制造醇类燃料应予禁止。

汽油机新配方汽油、柴油机新配方柴油、二甲醚（DME）、二乙醚（DEE）燃料是未来满足排放法规的燃料措施，其中有些产品国外已有所应用，国内作为热点课题在相关高校研究院所中多有研究。

纯氢燃料作为一种低污染燃料在内燃机中的应用，氢动力车的产业化道路，恐怕还期待相关技术的发展和完善，因为工业化制氢、储氢、加氢都是难题。[55] 但是氢燃料电池作为新型车辆动力会逐步进入实用阶段。

另外，随着中国Ⅲ阶段排放法规的实施，中国石化部门将逐步向市场供应新标准的汽油和柴油。新标准的汽油和柴油主要特点是燃料中的含硫量将大幅度降低[54]。

3.6.7 新材料、新型构造形式的应用

新材料（如工程陶瓷材料、含纳米技术的材料等）的应用，内燃机先进和新型构造形式的应用，重要零部件技术进步，都会促进和提升内燃机整机技术的进步。

3.6.8 混合动力是移动动力的新形式

燃料电池的研发和应用，纯电动汽车的开发，将对内燃机的发展产生重大影响，这涉及另一个领域的问题。不过专家们预测，近期不存在纯电动力、燃料电池动力代替内燃机动力的情况；但是混合动力车辆（内燃机动力 + 电动力）会有较大发展。

混合动力的基本原理是：通过串联或并联的方式将内燃机、能量储存、发电机、电动机、机械驱动装置、车轮有机地结合起来，内燃机和电动机联合使用。例如在起步和低速工况下使用电动机，减少怠速和低速工况下的工作时间以降低排放，达到一定转速下使用内燃机；尽可能使发动机满负荷工作以提高燃料使用经济性；在加速和车辆爬坡时也可两机共同工作，减小油耗；刹车时能量逆向存入蓄电池；在平稳驾驶时，也可由蓄电池驱动电动机而不消耗燃料。也可以在非城市地区用内燃机机械驱动或电力驱动车辆，而在城市地区成为电动汽车，以大幅度降低对城市环境的污染。据有关资料介绍，与同等排量的传统内燃机比较，混合动力车辆油耗可下降20%~30%。

混合动力车辆已列入国家重点科研项目（863计划项目），预计在近几年内国内混合动力客车、轿车将会上市。

图7.3-36[32]是各种动力平台发展中的地位及汽车动力平台发展趋势预测，可供参考。

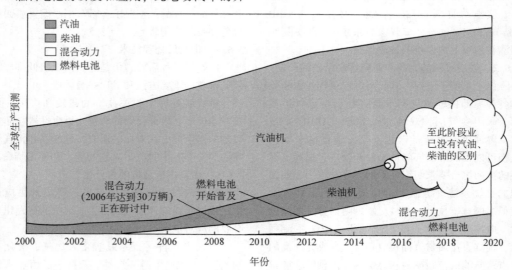

图 7.3-36 汽油机在未来动力平台发展中的地位及汽车动力平台发展的趋势预测

参 考 文 献

[1] 机械工程手册电机工程手册编辑委员会. 机械工程手册：第1卷基础理论卷 [M]. 2版, 北京：机械工业出版社, 1997.

[2] 任泽霈, 蔡睿贤. 热工手册 [M]. 北京：机械工业出版社, 2002.

[3] 施明恒, 李鹤立, 王素美. 工程热力学 [M]. 南京：东南大学出版社, 2003.

[4] 张富荣, 赵廷元. 工程常用物质的热物理性质手册 [M]. 北京：新时代出版社, 1987.

[5] 童景山, 李敬. 流体热物理性质的计算 [M]. 北京：清华大学出版社, 1982.

[6] 马庆芳, 等. 实用热物理性质手册 [M]. 北京：农业机械出版社, 1986.

[7] 严家騄, 尚德敏. 湿空气和烃燃气热力性质图表 [M]. 北京：高等教育出版社, 1989.

[8] 杨世铭. 传热学. 第2版 [M]. 北京：高等教育出版社, 1987.

[9] 俞佐平, 陆煜编. 传热学 [M]. 北京：高等教育出版社, 1995.

[10] 郭宽良. 计算传热学 [M]. 合肥：中国科学技术大学出版社, 1988.

[11] 科利尔. 对流沸腾和凝结 [M]. 魏光英等译. 北京：科学出版社, 1982.

[12] 史美中, 王中铮. 热交换器原理与设计 [M]. 第2版. 南京：东南大学出版社, 1996.

[13] 制冷工程师设计手册编写组. 制冷工程设计手册 [M]. 北京：中国建筑工业出版社, 1978.

[14] 蒋能照, 等. 空调用热泵技术及应用 [M]. 北京：机械工业出版社, 1997.

[15] 何耀东. 空调用溴化锂吸收式制冷机 [M]. 北京：中国建筑工业出版社, 1996.

[16] 郁永章. 热泵原理与应用 [M]. 北京：机械工业出版社, 1993.

[17] 钱以明. 高层建筑空调与节能 [M]. 上海：同济大学出版社, 1990.

[18] 严德隆. 张维君. 空调蓄冷应用技术 [M]. 北京：中国建筑工业出版社, 1997.

[19] 由世俊. 开式循环的除湿冷却式空调系统 [R]. 暖通空调, 1992 (2).

[20] 张欢. 双级循环的除湿冷却式空调系统及性能 [R]. 暖通空调, 1998 (6).

[21] 陆耀庆. 实用供热空调设计手册 [M]. 北京：中国建筑工业出版社, 1993.

[22] 中国医药工业公司, 中国化学制药工业协会. 药品生产管理规范（GMP）实施指南 [R]. 1992.

[23] 涂光备, 等. 医院建筑空调净化与设备 [M]. 北京：中国建筑工业出版社, 2005.

[24] 陈霖新, 等. 洁净厂房的设计与施工 [M]. 北京：化学工业出版社, 现代生物技术与医药科技出版中心, 2003.

[25] 涂光备, 等. 供热计量技术 [M]. 北京：中国建筑工业出版社, 2003.

[26] 江亿、薛志峰. 北京市建筑用能现状与节能途径分析 [R]. 暖通空调, 2004 (10).

[27] 机械工程手册电机工程手册编辑委员会. 机械工程手册：动力设备卷. 2版, 北京：机械工业出版社, 1997.

[28] 机械工程师手册第二版编辑委员会. 机械工程师手册 [M]. 2版, 北京：机械工业出版社, 2000.

[29] 朱仙鼎. 中国内燃机工程师手册 [M]. 上海：上海科技出版社, 2000.

[30] 周龙保. 内燃机学 [M]. 北京：机械工业出版社, 2000.

[31] 秦文新、程熙等. 汽车排气净化与噪声控制 [M]. 北京：人民交通出版社, 2002.

[32] 中国内燃机工业协会. 中国内燃机规格参数汇编 [R]. 北京：中国内燃机协会, 2003.

[33] 中国内燃机工业年鉴编委会. 中国内燃机工业年鉴 [M]. 上海：上海交通大学出版社, 1999 ~2006.

[34] 蒋德明. 内燃机原理 [M]. 北京：中国机械工业出版社, 1992.

[35] 林大渊、程熙等. 内燃机设计 [M]. 天津：天津大学出版社, 1997.

[36] 王中铮. 热能与动力机械基础 [M]. 北京：机械工业出版社, 2000.

[37] 严兆大. 热能与动力机械测试技术 [M]. 北京：机械工业出版社, 2005.

[38] 魏春源, 等. 车用内燃机构造 [M]. 北京：国防工业出版社, 1997.

[39] 陆家祥. 柴油机涡轮增压技术 [M]. 北京：机械工业出版社, 1999.

[40] 许维达. 柴油机动力装置匹配 [M]. 北京：机

械工业出版社，2000.

[41] 卓斌等. 车用汽油机燃料喷射与电子控制 [M]. 北京：机械工业出版社，1999.

[42] 刘巽俊. 内燃机的排放与控制 [M]. 北京：机械工业出版社，2002.

[43] 吴炎庭. 内燃机的噪声振动与控制 [M]. 北京：机械工业出版社，2005.

[44] 徐兀. 汽车发动机现代设计 [M]. 北京：人民交通出版社，1995.

[45] 汽车工程手册编辑委员会. 汽车工程手册：摩托车篇 [M]. 北京：人民交通出版社，2001.

[46] 中国摩托车工业年鉴编写组. 中国摩托车工业年鉴 [C]. 天津：天津《摩托车技术》编辑部，2003～2006.

[47] 中国汽车工业年鉴编辑部. 中国汽车工业年鉴 [C]. 天津：天津汽车技术研究中心，2003～2006.

[48] 柴油机手册编委会. 柴油机设计手册 [M]. 北京：中国农业机械出版社，1984.

[49] 侯天理、何国炜. 柴油机手册 [M]. 上海：上海交通大学出版社，1993.

[50] 中国汽车技术研究中心. 中国汽车摩托车用发动机机型手册 [R]. 天津：中国汽车技术研究中心情报所，1995.

[51] 戴姆勒—克莱斯勒. 98'国际内燃机电控技术咨询研讨会 [R]. 北京：1998.

[52] 中国资源综合利用协会资源节约与代用专业委员会. 中国柴油轿车发展建议书 [R]. 北京：中国轿车使用柴油部分替代汽油专家研讨会，2005.09.

[53] 丰田汽车公司第一车辆技术部. 降低乘用车车外噪声的对策，降低柴油发动机噪声的技术 [R]. 天津：丰田汽车技术中心（中国），2004.

[54] 丰田汽车公司第一材料技术部. 燃料特性和与汽车性能 [R]. 天津：丰田汽车技术中心（中国），2004.

[55] 黄佐华等（西安交大）. 氢能在燃烧发动机上利用的综述 [R]. 北京：中国科技论文在线，2005.

第8篇 物料搬运及其设备

主　　编　　张喜军

编 写 人　　张喜军

　　　　　　祁庆民

　　　　　　张尊敬

　　　　　　代建华

　　　　　　吕　蚌

（北京起重机械研究所，www.bjqzs.com）

1 物料搬运系统

1.1 概述

物料搬运是运用各种机械设备在企业内部进行物料的装卸、运输、升降、分拣、堆垛、储存和配送，有时还需要对物料进行计量、识别、跟踪、管理和搬运加工等等。物料搬运存在于社会生产、流通和生活的各个领域。物料搬运设备通常包括起重机械、输送机械、给料机械、装卸机械、仓储设备、工业搬运车辆等产品。

物料搬运系统是为完成特定的物料搬运作业而按一定模式由若干个搬运设备、电气控制系统和信息管理系统等构成的。

1.1.1 物料搬运系统的模式

（1）用单一搬运设备从事人力不能胜任的主要搬运作业，而大量的辅助搬运作业仍然由人力来完成。

（2）用多台搬运设备构成完整的搬运系统，使物料搬运与生产工艺紧密结合成为生产加工、装配系统的一部分。

（3）搬运设备配以自动控制设备构成自动化的物料搬运系统。

（4）自动化的物料搬运系统再配以计算机经营管理系统，构成具有管理功能的自动化物料搬运系统。

1.1.2 物料搬运系统设计的基本原则

1. 集装单元原则　把物件排列堆积起来，按一定重量和容积的标准把物件集中成一个整体单元或放置在托盘上进行整体搬运和存储，以提高搬运效率。

2. 系统均衡原则　追求全系统的协调和整体作业的均衡，避免形成隘路，以发挥出最高作业效率。

3. 利用重力原则　搬运物料应尽可能利用重力，这是降低搬运成本最有效的方法。

4. 水平直线原则　直线搬运距离最短，要尽量减少引起不必要交叉、曲折和往复的拥挤混杂的搬运路线。

5. 利用空间原则　要充分利用现有的场地，不但要利用好平面，还要重视立体空间的利用。

6. 流动作业原则　物料在流动的同时，又进行各种加工、装配、检验和包装等一些辅助作业，以提高效率。

7. 灵活柔性原则　物料搬运系统可随工艺流程的调整而比较方便快捷地改变和扩充，以提高适应性。

8. 系统安全原则　作业中确保人的安全和搬运物件的安全，尽量做到人流、车流和物流分道运行。

9. 自动化原则　在投资允许的情况下，尽量提高物料搬运系统的自动化程度，减轻工人的体力强度，提高作业质量。

10. 标准化原则　将装卸、搬运和贮存作业统一化。应使运件的外形尺寸标准化。尽可能采用标准的设备、器具和设施，降低成本，提高利用率，也便于使用、维护和管理。

1.1.3 物料搬运系统的分类（表 8.1-1）

表 8.1-1　物料搬运系统分类

分类依据	物料搬运系统类别
作业方式	连续式、半连续式、间歇式
控制方式	手动控制、半自动控制、自动控制
使用部门	港口、车站、矿山、电站、工厂、邮局、机场、配送中心等
搬运对象	散状物料、成件物品、集装箱

1.2 散状物料搬运系统

1.2.1 散状物料搬运系统的组成

一个大型散状物料搬运系统常由若干子系统通过搬运设备连接组成。这些子系统应根据散状物料的性质、工艺流程、系统搬运能力大小及现场条件等进行设计，并配置相应的设备。常见子系统的作用及组成方式见图 8.1-1。

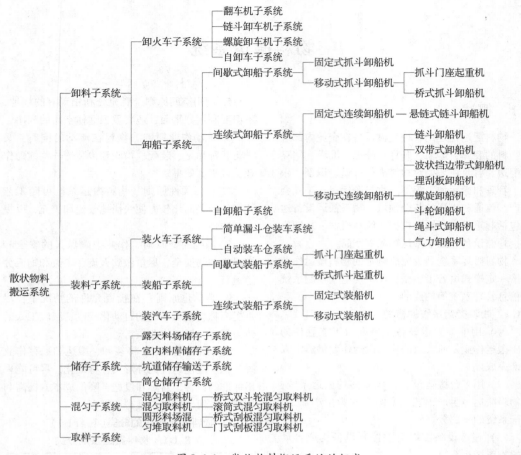

图 8.1-1 散状物料搬运系统的组成

1.2.2 几种典型的散状物料搬运系统

1. 大宗散状物料出口港搬运系统 大宗散状物料出口港的任务是把由火车或小船运来的物料，集中装船出口。整个系统由卸车子系统、堆存子系统、制取样子系统、环保子系统、装船子系统和中央控制系统等组成。装船作业的工艺流程是用翻车机将火车运来的煤卸下，经带式输送机输送，当有船等待装煤时，直接运到装船机上，装入船舱。无船时，将煤运到料场，经堆料机或斗轮堆取料机将煤堆存，等待装船。船到港待装时，用斗轮取料机从料场取煤，经带式输送机送到装船机装船。在翻车机后和装船机子系统前可装有制取样子系统，以抽查煤炭的质量。在煤炭转卸点，都装有防尘子系统。系统布置见图 8.1-2。

2. 大宗散状物料进口港搬运系统 散状物料进口港的任务是把大宗散状物料由船上卸到岸上，再分装小船、火车、汽车等运输到各地。靠岸的船多为万吨级以上的大船，要求卸船效率高，清仓量少，卸船时间短。整个系统由卸船子系统、储存输送子系统、装火车子系统、装汽车及装小船子系统、环保子系统和中央控制系统等组成，系统布置见图 8.1-3。

3. 钢铁联合企业原料场物料搬运系统 钢铁联合企业需要大量的铁矿石、煤炭、石灰石等原料，其原料场由一次料场和二次料场构成。一次料场物料搬运系统由卸料子系统、储存输送子系统、环保子系统和中央控制系统等组成；二次料场搬运系统则由破碎、筛分、称量、给料、制取样子系统、混匀作业子系统、环保子系统和中央控制系统等组成。系统布置见图 8.1-4。

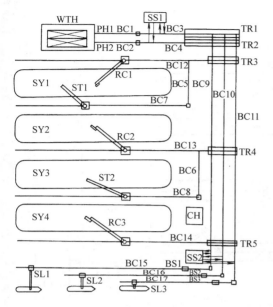

图 8.1-2　散料装船系统布置
WTH—翻车机房　PH—地坑料斗　BC—带式输送
机　TR—转载塔　SY—料场　RC—斗轮取料机
ST—堆料机　CH—控制室　SS—取制样
设备　BS—胶带秤　SL—装船机

4. 露天矿物料搬运系统　露天矿大宗物料

搬运的主要任务是将矿坑内的原矿运输到地面上的选矿厂或将剥离物运输到排土场。经过长期开发已进入深部开采的矿山，为降低开采成本，最适宜采用连续或半连续开采工艺。

连续开采物料搬运系统主要用于露天煤矿，见图 8.1-5。采场移置式带式输送机随着斗轮挖掘机的开采进程移置，起到连接斗轮挖掘机和干线带式输送机的作用。干线带式输送机实现物料的长距离运输，运到排土场由排土机排弃。排场移置带式输送机随着排弃过程移置，起到连接排土机与干线带式输送机的作用。

露天矿半连续开采物料搬运系统（图 8.1-6）是指前半段保留了单斗挖掘机铲装、汽车短途运输的间断系统环节，后半段采用连续系统。半连续系统适用于地质条件复杂、岩石坚硬的矿区，一般多为金属露天矿。半连续系统的运营成本略高于连续系统，但比间断系统要低得多。开采剥离物的半连续系统的主要设备一般由破碎站、给料机、干线带式输送机、排场移置带式输送机和排土机等组成。破碎站将汽车运来的物料破碎至适合于带式输送机运输的粒度，由给料机均匀地转运到干线带式输送机上运至排土场，由排土机排弃。

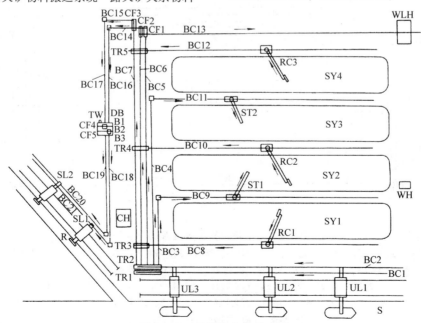

图 8.1-3　散料卸船系统布置
WLH—装车楼　SY—料场　RC—斗轮取料机　BC—带式输送机　ST—堆料机　UL—卸船机　TR—转载塔　CF—分
料闸门　TW—汽车衡　DB—分配仓　B—料仓　SL—装船机　WH—绞车房　CH—控制室　S—海　R—河道

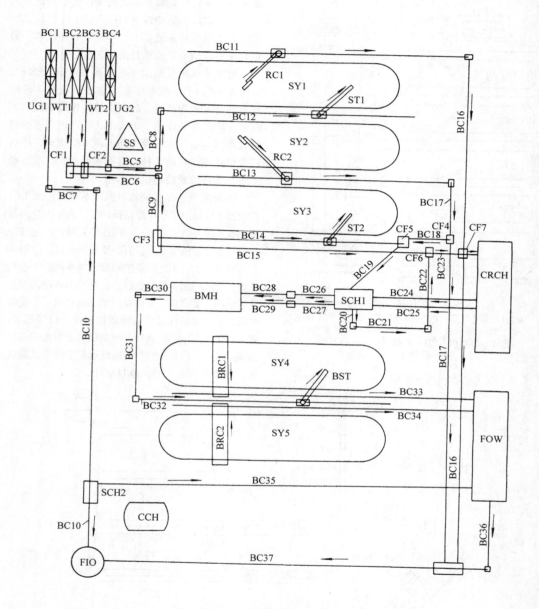

图 8.1-4 原料场物料搬运系统布置

BC—带式输送机 RC—斗轮取料机 UG1—底开门专用列车卸车地坑 UG2—汽车卸车地坑

WT—翻车机 SY1、SY2、SY3——次料场 SY4、SY5—二次料场 CF—分料闸门

ST—堆料机 BST—混匀堆料机 CRCH—破碎筛分车间 BMH—混匀配料楼

SCH—筛分楼 BRC—滚筒式混匀取料机 SS—取制样设备 CCH—中央

控制室 FIO—高炉 FOW—烧结厂

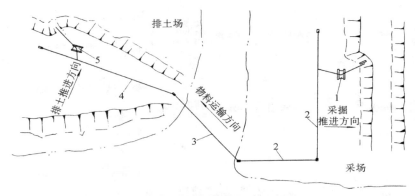

图 8.1-5　露天矿连续开采物料搬运系统
1—斗轮挖掘机　2—采场移置式带式输送机　3—干线带式输送机
4—排场移置式带式输送机　5—排土机

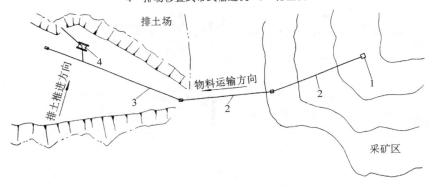

图 8.1-6　露天矿半连续开采物料搬运系统
1—破碎站　2—干线带式输送机　3—移置式带式输送机　4—排土机

1.3　集装箱装卸运输系统

集装箱运输因具有安全、高效、经济、快捷等优越性，以及能降低货损，实现"门到门"的运输特点，得到了迅速发展。随着海上国际集装箱运输的发展，出现了海运与内河航运、铁路、公路和航空等多种形式的联运，逐渐形成了以海运为中心环节，两端向内陆延伸的集装箱运输体系，以便最大限度地利用国际集装箱运输的优点，实现国际间货物的门到门运输。

集装箱装卸运输系统多采用"吊上吊下"装卸作业方式。

"吊上吊下"作业是指采用在码头上的起重机或船上的起重设备来进行集装箱的装卸船作业。其装卸运输系统视岸边与后方堆场间采用的搬运设备不同又可分为底盘车方式、跨运车方式、叉车方式、轮胎门式起重机方式、轨道门式起重机

方式和混合方式。装卸工艺系统见图 8.1-7。

1. 底盘车方式　码头前沿由岸边集装箱装卸桥承担集装箱装卸船作业；底盘车承担前沿与堆场间运送及向用户的水平运输作业。卸船时，集装箱被卸到底盘车上后，用牵引车把底盘车拖运到堆场排列起来，并且随时可以用拖车运走。装船时，用牵引车将堆场上装有集装箱的底盘车拖到码头前沿，再用岸边集装箱装卸桥把集装箱吊上船。

2. 跨运车方式　有下面两种形式：

（1）跨运车直接吊运式　在码头前沿由岸边集装箱装卸桥承担集装箱装卸船作业，跨运车承担码头前沿和堆场之间的水平运输和堆场上的堆码作业。

（2）跨运车间接吊运式　利用牵引车—半挂车在码头前沿到堆场间往返运输，跨运车只在堆场进行集装箱堆码作业。

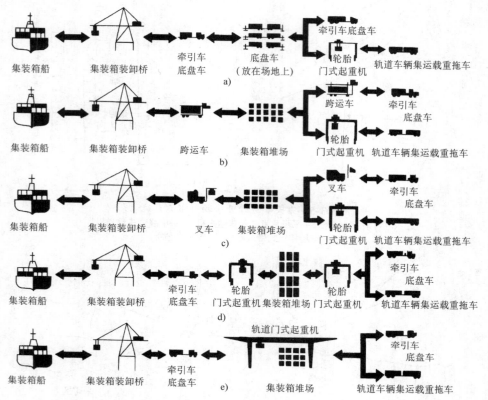

图 8.1-7　集装箱装卸运输工艺系统图
a) 底盘车方式　b) 跨运车方式　c) 叉车方式　d) 轮胎门式
起重机方式　e) 轨道门式起重机方式

3. 集装箱吊运机或叉车系统　在码头前沿，由船用起重机、流动式高架起重机或岸边集装箱装卸桥等承担装卸船作业。用集装箱吊运机或叉车将集装箱运到堆场并堆垛，或者相反作业。此系统的另一种形式是使用牵引车—半挂车承担由码头前沿到堆场的往返运输，集装箱吊运机或叉车仅在堆场进行堆垛作业。

4. 轮胎门式起重机系统　在码头前沿由岸边集装箱装卸桥承担装卸船作业。卸船时，将集装箱卸到码头前沿的半挂车上，然后由牵引车拖到堆场。轮胎门式起重机则承担拖挂车的卸车及堆场堆垛作业，装船时相反。轮胎门式起重机占用通道面积小，不受轨道限制，机动灵活性好。

5. 轨道门式起重机系统　该系统与上一系统相似，但由轨道门式起重机承担在堆场上为拖挂车装卸及堆码作业。轨道门式起重机跨越集装箱排数更多，堆码层数更高，而且还可直接装卸火车、汽车。

以上 5 种不同的装卸系统比较见表 8.1-2。

表 8.1-2　5 种集装箱装卸系统的比较

项　目	装　卸　系　统				
	底盘车系统	跨运车系统	轮胎门式起重机系统	轨道门式起重机系统	叉车系统
堆场存储能力	最低	一般	较高	最高	较低
装卸工艺系统	最简	简单	复杂	复杂	一般
堆场装卸效率	最高	一般	较低	一般	较高
机动性能	最好	一般	一般	较差	较好
集装箱损坏率	最低	较高	一般	一般	较高
机械维修费用	较低	最高	较高	最低	较高
设备投资	最高	最低	一般	一般	较高
自动化适应性	较差	较差	良好	最佳	较差
装卸铁路车辆	不能	困难	可以	最佳	可以
堆场铺装要求	较低	较高	一般	最低	较高
拆垛操作量	没有	一般	较大	最大	一般
操作熟练要求	较低	最高	较高	一般	最高

1.4　悬挂单轨小车输送系统

悬挂单轨小车输送系统是架空输送系统的一种。这种输送系统没有牵引件，载货小车自行驱动、自带信息，做非连续性运行，系统可以是非环形线路的，也可以是环形线路的。与普通悬挂输送机相比，它的优点是系统更加灵活，载货小车的速度大大提高，从而能扩大系统的应用范围和提高生产率；个别载货小车的事故和损坏不会影响整个系统的正常运行，系统可以实现全自动化控制。该系统适用于大批量、多品种、工艺路线比较复杂的各种生产环境，如机械、汽车、家用电器、轻纺、化工、食品、邮电等各行业。

悬挂单轨小车输送系统由轨道、载货小车、各类道岔、升降段、吊挂装置及电气控制等组成。

1. 轨道　既是系统线路的基本构成要素，又是主要的承载部件之一。系统对轨道的要求很高，不但要有足够的强度、刚度和耐磨性，还要求质量小，以保证系统的正常运行和延长使用寿命，并降低对吊挂结构的要求，减少建筑投资。

2. 载货小车　是系统中吊运货物的主要设备。根据所吊货物的质量和尺寸的大小，可选用单载货小车或复合载货小车。系统中每个小车都是独立驱动运行的，因此载货小车必须具有运行调速功能，在起动、停车、转弯、过道岔、积放等过程中都要进行调速，以保持运行平稳。载货小车应有携带地址或确认地址的能力。载货小车还要有手动排除障碍的功能，当电源突然中断或小车出现故障而不能自动运行时，传动装置要能与驱动行走轮脱开，通过人力将小车推出主线以保证整个系统的正常运行。

3. 道岔　是将不同的输送线路联系起来的部件。它可将载货小车从一条输送线转送到另一条输送线上，从而构成一个复杂的单轨小车输送系统，满足各种不同工艺路线对输送货物的需要。道岔有平移式和转盘式等多种型式，传动方式可以电动、气动或液压传动。

4. 升降段　是用来解决输送线路与工位之间的高度差，或在两条不同高度的输送线之间进行载货小车转移的装置。系统通过坡道和升降段可以组成一个立体化的输送网络。除了专用升降段外，多数场合可选用环链电动葫芦进行工件升降，结构比较简单，机动灵活，且不占用地面。

5. 吊挂装置　即轨道吊装构件，为精铸件或焊接件。通过它将轨道上的全部载荷传到吊梁等钢结构上，是主要受力构件。其结构型式需根据轨道的结构和形状来设计，要求具有良好的配合和互换性，装配方便，准确可靠。

1.5　自动导向车系统

自动导向车系统（Automatic Guided Vehicle System，简称 AGVS）是一种使车辆按照设定路线自动运行到指定场所，完成物料搬运作业的机电一体化高技术物料搬运系统。由于它能满足物料搬运作业的自动、柔性和准时的要求，因此常与现代高新技术，如工厂自动化、柔性加工系统、计算机集成制造系统及仓库自动化等一起应用，促进了生产的现代化和自动化。

自动导向车系统是以自动导向的无人驾驶搬运小车为运载主体，由导向系统、自动寄送系统、数据传输系统、管理系统、安全保护装置及周边设备等部分组成，如图8.1-8所示。

1. 自动导向小车（AGV）　根据用途的不同有多种形式，可以是搬运车，也可以是牵引车或叉车。其基本特点都是无人驾驶自动导向运行，动力大都采用蓄电池供电的直流电动机或交流变频电动机驱动。自动导向小车载质量一般为50~5000kg，最大载质量已达100t。自动导向小车参见本篇4. 搬运车辆，4.4 自动导向车。

2. 导向系统　根据导向原理的分类见图8.1-9。

外导式导向系统是在车辆的运行线路上设置导向信息媒体，如导线、磁带、色带等，由车上的导向传感器捡拾接收导向信息（如频率、磁场强度、光强度等），再将此信息经实时处理后用以控制车辆沿运行线路正确地运行。应用较多的是电磁导向和光学导向方式。

自导式导向系统一般是采用坐标定位原理，即在车上预设定运行线路的坐标信息，并在车辆运行时，实时地检测出实际的车辆位置坐标，再将两者比较、判断后控制车辆导向运行。

近年来，采用激光束实时扫描车辆运行位置的自导式（外界识别型）导向车辆，得到了较多的应用（图8.1-10）。装设在运行车辆上的激光

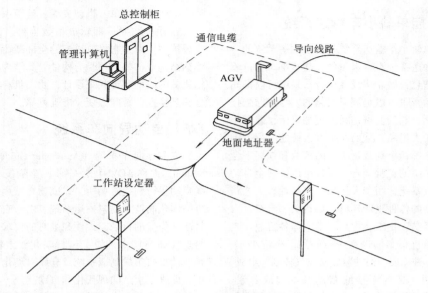

图 8.1-8 自动导向车系统的构成

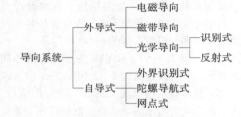

图 8.1-9 导向系统的分类

扫描器, 使用砷化镓 (GaAs) 激光, 扫描转速 6r/min。激光束依次扫描在周边固定的位置参照贴条, 每 50ms 测算一次车辆实时位置, 并与车上计算机中设定运行路线进行比较判断, 实时修正与控制车辆能够正确导向运行。

这种导向系统, 运行路线调整设置方便、系统柔性良好, 对于周边的门、窗和障碍物等造成的参照位置伪信息 (如图 8.1-11), 可由车上计算机软件进行分析排除, 可靠性较高。

3. 寄送系统 包括认址、定位两部分。

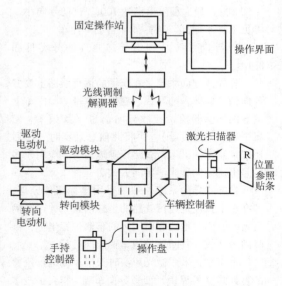

图 8.1-10 激光导向车辆系统

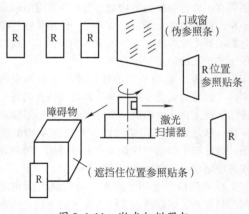

图 8.1-11 激光扫描器与可视的 (有效的)、遮挡的和伪的位置参照贴条

系统中车辆的认址往往是在车辆停靠地址处设置传感标志，如磁铁、色标或感应线圈等。车辆以相对认址或绝对认址方式接收此标志信号来认址停靠。

车辆在地址处的定位，可分为一次定位和二次定位。车辆的一次定位是指车辆的认址定位，这时车辆提前减速并在目的地址处制动停车，停车精度一般可达 ±5mm。在需要高精度定位时，须进行二次定位，可以采用机械定位方法，如圆锥副定位，其定位精度可以达 ±1mm 以上。

4. 数据传输系统 在数据传输时要抗环境和自身各类噪声的干扰，往往以逐句或逐段数据双向校验无误的软件手段确保可靠传输。在流动的车辆和固定的地面设施之间采用无线传输方式，常用的有单线感应、双线感应、红外光传输和无线电调频传输。

常用的数据无线传输方式见图 8.1-12。

5. 周边设备 在系统中根据作业工艺要求还可设置其他地面设备，如接受/交付货物的站台、通道门、电梯及充电站等。

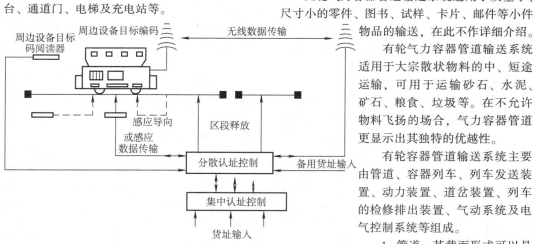

图 8.1-12 自动导向车系统信息通道

1.6 气力容器管道输送系统

气力容器管道输送系统是在装料点把要输送的物料装入容器后，将容器按一定的时间间隔送入管道中，依靠鼓风机建立起来的气流的压力差推动容器输送物料。当容器到达卸料点卸下物料后，空容器再返回装料点。其基本构成和作业流程如图 8.1-13 和图 8.1-14。

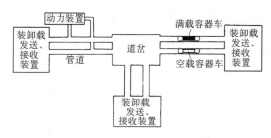

图 8.1-13 气力容器管道输送系统
的基本构成

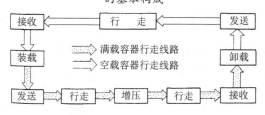

图 8.1-14 气力容器管道输送系统
的作业流程

气力容器管道输送系统的分类见图 8.1-15。

无轮气力容器管道输送系统适用于质量小、尺寸小的零件、图书、试样、卡片、邮件等小件物品的输送，在此不作详细介绍。

有轮气力容器管道输送系统适用于大宗散状物料的中、短途运输，可用于运输砂石、水泥、矿石、粮食、垃圾等。在不允许物料飞扬的场合，气力容器管道更显示出其独特的优越性。

有轮容器管道输送系统主要由管道、容器列车、列车发送装置、动力装置、道岔装置、列车的检修排出装置、气动系统及电气控制系统等组成。

1. 管道 其截面形式可以是圆或矩形。管道的材料有金属和非金属两大类。管道的连接方式有可拆式连接和固定焊接两种。管道一般应有伸缩接头用于补偿由温度变化引起的伸缩，保证在预定的温度变化范围内有足够的伸缩余地。

2. 容器车 用于装载被输送的物料。系统对其的要求是容量大，承载能力高，质量小，运行阻力小，挡风板与管壁的密封效果好，运行平稳，噪声小，耐用可靠。容器车按行走方式分为沿管壁行走和沿轨道行走两类。

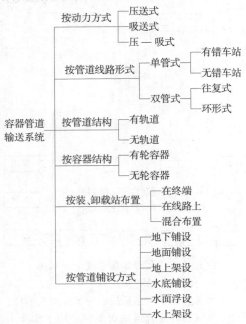

图 8.1-15 气力容器管道输送系统的分类

3. 装载装置 一般由存料仓、输送机、自动定量加料装置和缓冲料仓等组成。要求尽量减少加料时间，达到准确定量加料，降低落料高度以减少落料冲击，防止物料飞散等。

4. 转送装置 是将装载站装料后的满载列车和卸载站卸空后的空车从装载站和卸载站送到发送区的装置。转送装置主要有转动式、平移式、摆动式、坡道重力滑行式几种。

5. 发送装置 用于将完成装卸作业的容器列车按照规定的发车间隔送到管道中，并由主鼓风机产生的推动力使容器列车在管道中运行。发送装置由主鼓风机、蝶阀、闸阀、辅助风机和配管组成，也可采用倾斜管段，不设置辅助鼓风机，用瓣阀代替闸阀。

6. 接收制动装置 用于接收从管线来的满载或空载高速容器列车。容器列车在接收装置中经过减速、制动和整列之后，再进入装载站和卸载站。接收装置具有储存功能，使容器列车能以一定的间隔进行装卸作业，保证系统有节奏地稳定运行。

7. 卸载装置 一般采用旋转翻车机卸料。根据物料的特性和系统的要求也有采用底开门且容器列车不停车的卸料方式，以便缩短卸料时间和发车间隔。

8. 动力装置 包括鼓风机和空气压缩机。鼓风机提供容器列车在管线中运行所需的动力。为提高系统可靠性，须装设一个或几个备用鼓风机组。空气压缩机则为各气控系统提供动力。当输送距离较长或线路爬坡角和爬升高度较大时，需在线路中途设置中间增压站。

9. 道岔装置 用于改变容器列车的运行线路。一般用于多点装卸和在管道线路中途有装卸点的系统中。

10. 列车检修排出装置 用于把管道中的列车引出管道，送到开口槽道以便按使用规程进行检查、技术保养或修理，或将开口槽道中准备好的列车引入运输管道。对于运输垃圾、混凝土之类的管道系统，必须设置清洗机。

1.7 工业粉粒体灌装码垛系统

在化工、轻工、建筑材料等大量生产颗粒或粉粒产品的企业中，一般都需要对其大宗产品进行称量、包装组成单元以便于搬运，进行这种产品后期处理的设备系统称为工业粉粒体灌装码垛系统（以下简称工业灌码系统）。

工业灌码系统包括充填机、供袋装置、封口装置、质量复核装置、金属检测装置、打印装置、码包机、垛型加固装置和必要的物品姿态控制装置、输送系统、控制系统等部分。

1. 充填机 是将物料进行称量和充填的设备，一般由给料装置、称量装置和夹袋装置三部分组成。给料装置的作用是将被包装物料快速精确地送进称量装置中。为实现这一要求，必须使给料在开始时有较大流量，而在给料终止之前应有小流量。通过检测和控制系统使大小料流适时转换，实现给料快速精确的要求。夹袋装置用于将包装袋夹持在称量斗下方的漏料口外，便于称量好的物料充填到包装袋中。

2. 供袋装置 除人工供袋外，一种是使用预先制成筒状的包装袋材料，在制袋机中做成包装袋，逐个送往充填机装料。另一种是使用制袋厂制成的包装袋，由机械手逐个拾取将袋口张开后套在充填机的漏斗下。

3. 封口装置 一般有两种，一种用于塑料薄膜包装袋的热压封口机，另一种用于编织袋、纸袋或布袋的封口缝纫机。

4. 输送设备和料袋姿态控制装置　常用的输送设备有带式输送机、链式输送机、板式输送机和辊子输送机等。姿态控制装置用于在工艺流程中对货物运动姿态进行控制，如将直立料袋放平，将纵式变为横式，将首尾方向调换等。

5. 金属检测装置　灌装好的颗粒或粉粒物料，特别是某些化工原料，在发往用户之前往往要经过金属检测，将含有磁性或非磁性金属异物的料袋剔除。利用电磁感应原理制成的金属检测装置，横跨在料袋输送机上方，当含有一定粒度金属物的料袋通过时即被测出。此时推出器将料袋推出输送线另行处理。

6. 码包机　是将灌装完毕的料袋按预定码包模型放置在托盘上的设备。按自动化程度的不同可分为全自动码包机（图8.1-16）和半自动码包机（图8.1-17）。

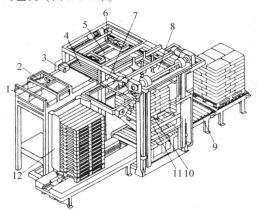

图 8.1-16　全自动码包机
1—进袋输送机　2—活动导向板　3—回转挡柱
4—排列辊子输送机　5—排层推板　6—定位
挡板　7—码层滑板　8—压层装置　9—辊子
输送机　10—托盘　11—升降台　12—托盘库

半自动码包机作业时，料袋由输送设备有节奏地送到摩擦系数极小的气垫平台上由人工进行排层，其余作业全部由机器完成。半自动码包机取消了高频率的单袋处理程序，使机构和电气控制大幅度简化，对降低设备成本和提高工作可靠性有重要意义。半自动码包机适用于生产率在600袋/h以下的场合。

7. 垛型加固设备　为使托盘化单元货物在多次搬运、储存过程中不散落，保持原有的整齐垛型，根据用户要求可使料垛得到不同程度的加固。一种是层间粘接设备，在码垛过程中每码完一层便自动向料袋表面喷涂粘结剂，使垛型得到加固。另一种是收缩包裹设备，在料袋码垛完成后用增强聚乙烯薄膜罩住，并对薄膜加热，使薄膜受热收缩将料垛裹紧。

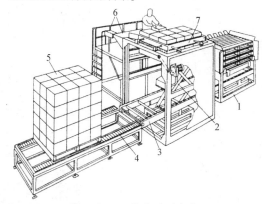

图 8.1-17　半自动码包机
1—托盘库　2—升降台　3—链式输送机
4—辊子输送机　5—码垛完毕的托盘货
6—控制台　7—气垫码包台

1.8　集装化物料储存系统

集装化物料储存是指所有需要储存的物料在进入储存之前，必须采用一定的方法和器具（托盘或容器），按一定的规则"集装"起来的储存方式。集装化物料储存系统由储存场地、入出库系统、储存系统、管理系统和辅助系统组成，其基本形式分类见图8.1-18。

1.8.1　无货架储存系统

无货架储存系统是利用托盘（一般是柱式托盘或叠套式托盘）或货箱本身的刚性承载，也可以直接利用货物本身的能力承载（例如袋装物料的塑料薄膜紧缩单元），以达到多层码垛的目的。这种储存系统所采用的机械设备一般是叉车、桥式堆垛起重机等。

1.8.2　固定货架储存系统

是以固定式货架为主体的储存系统。货架高度超过7m为高层货架。高层货架储存系统主要由高层货架，巷道式堆垛起重机（有轨式或无轨式），入出库输送机系统，控制系统，管理系统，安全及消防系统等组成，其外形见图8.1-19。

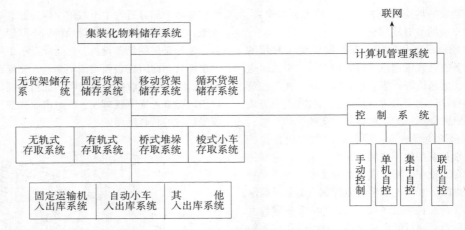

图 8.1-18 集装化物料储存系统的基本形式

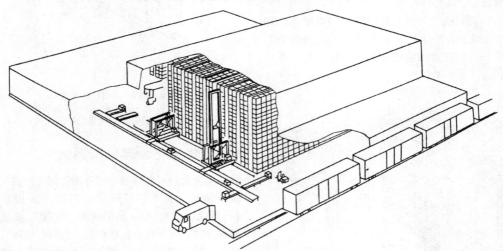

图 8.1-19 自动化高架仓库

1. 固定货架 在系统总体投资中往往所占比例最大，消耗钢材最多。货架按与建筑物的相互关系分为库架合一式和库架分离式两种。按加工工艺和连接方式又分为焊接式和组合式两种。固定货架又分为固定货位货架和流动货位货架（重力式货架）。

（1）固定货位货架 用以储存单元化托盘货物，配以巷道堆垛起重机及其他储运机械进行作业。高层货架多采用整体式结构，一般是由型钢焊接的货架片，通过水平、垂直拉杆以及横梁等构件连接起来。

（2）重力式货架 每一个货格就是一个具有一定坡度的滑道。由入库堆垛起重机装入滑道的货物单元能够在自重作用下，自动地从入库端向出库端移动，直至滑道的出库端或者碰上已有的货物单元停住为止。位于滑道出库端的第一个货物单元被出库起重机取走之后，在它后面的各个货物单元便在重力作用下依次向出库端移动一个货位。为减少货箱与货架之间的摩擦力，在货格滑道上设有辊子、滚轮、阻尼器和停止器。

2. 堆垛设备 常用的有巷道式堆垛起重机、桥式堆垛起重机和巷道堆垛叉车三种类型。

（1）巷道式堆垛起重机是高层货架仓库中应用最广泛的一种设备，其形式多种多样。特点是起重量范围大，速度高，起升高度高，可实现手动、半自动、单机自动和联机自动，可以和管理计算机联机等。

（2）桥式堆垛起重机在桥式起重机小车上增加带有可回转360°的立柱机构。立柱上有货叉及驾驶室，立柱有可伸缩和不可伸缩型。这种堆垛机的特点是起重量大，用途较广，一般用来作长件物料或卷材的上架堆垛和托盘码垛用。它可以同时服务于在其跨距内的所有巷道，并且不需要出入库运输设备而直接到库前作业区。它也可以做到遥控和自动控制。

（3）巷道堆垛叉车是以电动叉车为基础发展起来的巷道堆垛设备。特点是机动性能好，一台设备可以服务若干个巷道，还可以到库外作业，不需要出入库输送设备。缺点是堆垛高度不高，要求巷道宽，采用蓄电池供电，需要充电设备等。

1.8.3 活动式货架储存系统

活动式货架 形式多样，包括水平移动式、垂直循环式、水平循环式等。

1. 水平移动式货架 能沿着敷设在地面上的轨道移动，存取货物时需移动货架，平时货架紧靠在一起，可达到高密集储存。

2. 垂直循环式货架 钢结构架固定在地面上，储存部分则沿着垂直方向做上下循环运动。

3. 水平循环式货架 将储存料斗架固定在一个架空的环轨上，使之可以沿环轨作循环移动。根据存取货物的需要，可将所需的料斗架移动到出入库点，其原理与垂直循环式货架相同。

1.8.4 控制与管理系统

控制系统主要是对其入出库设备、堆垛设备及其他相关设备进行运行控制和位置控制。运行控制包括入出库输送机系统各设备的起、制动控制，堆垛起重机的行走、起升和货叉伸缩的控制以及对其他周边设备的控制等。位置控制主要是对货物的位置检测和地址检测等。

管理系统主要是对仓库进行账目和货位管理，并参与控制。

1. 控制方式 根据系统内各机械设备的操作方式及与管理计算机的相互关系，可以有手动控制、单机自动控制、集中自动控制和联机自动控制四种方式。

2. 自动认址 堆垛机自动认址方法有相对认址法（计数认址）和绝对认址法（位置选择法）。

3. 安全保护 堆垛机及输送机系统的安全保护主要包括终端限位，巷道端部限速，堆垛机货叉与运行、起升机构联锁，堆垛机停准才能伸货叉，限制货叉在货格内升降行程，货位虚实探测，堆垛机负荷限制，货物外形和位置异常检测，机构堵塞保护，检测开关自检，声光报警，防护栏门联锁，紧急停车等。

4. 计算机管理 一般应具备账目管理，库存管理，货位管理，信息跟踪的数据管理。有时管理信息需要与厂级 MIS 或 ERP 系统实现数据交换和共享。

1.9 机械式停车设备

机械式停车设备是用来存取储放车辆的机械或机械设备系统。机械式停车设备大多采用自动控制、计算机管理等手段，综合应用机、电、声、光、自动化等技术，达到存取储放车辆的高效率、高可靠性和高安全性。

机械式停车设备分为升降横移类、垂直循环类、水平循环类、多层循环类、平面移动类、巷道堆垛类、垂直升降类和简易升降类等多种形式。

1. 升降横移类 利用载车板的升降、横向平移来存取汽车（见图8.1-20）。最顶层和地坑内底层载车板只作升降运动，汽车出入口所在层载车板只作横向平移运动，其余层载车板既作升降又作横向平移运动，以形成垂直方向的通道，使汽车出入库。

2. 垂直循环类 用一个垂直循环运动的载车板系统存取停放汽车（见图8.1-21）。吊篮状载车板悬挂在垂直环形布置的链条系统上，系统垂直回转将载车板送至出入口即可进出汽车。

3. 水平循环类 用一个水平循环运动的载车板系统存取停放汽车（见图8.1-22）。在单层或多层布置的每个水平层面上设置有做循环运动的载车板系统，端部可作成圆形或矩形过渡；多层布置时有专门设置的提升机提升，在出入口汽车自行驶上或驶下载车板。

4. 多层循环类 用一个多层布置的在垂直平面内作循环运动的载车板系统存取停放汽车（见图8.1-23）。在一个垂直平面内上下平行地布置两层或多层水平横移载车板系统，由它们形成上下层之间的循环运动达到汽车进出及停放的目的。

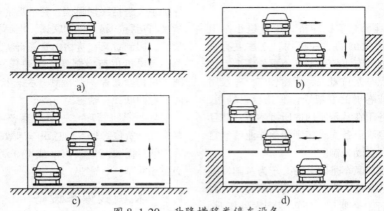

图 8.1-20 升降横移类停车设备

a）地上两层升降横移 b）半地下两层升降横移 c）地上三层升降横移 d）半地下三层升降横移

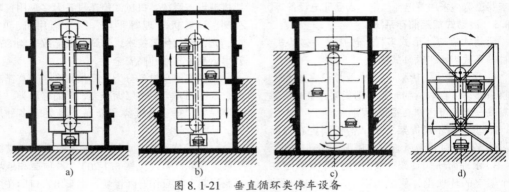

图 8.1-21 垂直循环类停车设备

a）封闭式高塔下部出入 b）封闭式高塔中部出入 c）封闭式高塔上部出入 d）敞开式低塔下部出入

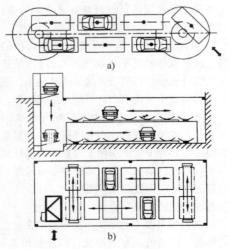

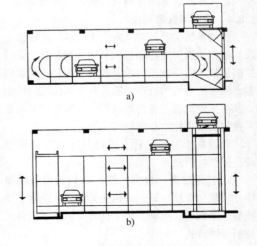

图 8.1-22 水平循环类停车设备

a）地面单层水平循环 b）地下
两层水平循环

图 8.1-23 多层循环类停车设备

a）地下两层圆形循环 b）地下
三层方形循环

5. 平面移动类　用一个搬运台车或特种起重机平移载车板，或用载车板本身的横向平移形成快速平面移动实现汽车存取停放（见图 8.1-24）。单层平面横移式是用前排载车板的平面横移形成通道使后排汽车进出，汽车自行上下载车板。单层（或多层）往复式是在每一层平面上用高速往复移动的搬运台车将汽车送到停车泊位或将汽车取出，搬运台车有专门的往复通道。多层起重机平移式是在每一层平面上用高速往复移动的特种起重机将汽车送到停车泊位或将汽车取出。

6. 巷道堆垛类　用巷道堆垛机、桥式起重机或带横移小车的垂直提升机将汽车水平且同时垂直移动到预定位置，再用专门机构将汽车存入或取出（见图 8.1-25）。这种停车设备存容量大，可有多个进出车口，自动化程度高，适用于大规模社会公用停车楼及地下停车库。

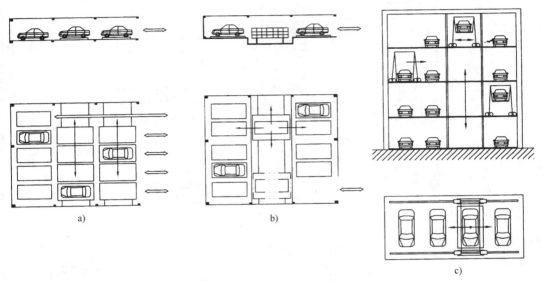

图 8.1-24　平面移动类停车设备
a）单层平面移动　b）单层（或多层）平面往返　c）用门式起重机多层平移

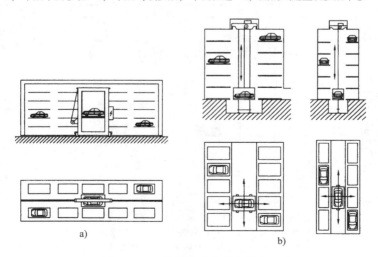

图 8.1-25　巷道堆垛类停车设备
a）用巷道堆垛起重机　b）用桥式起重机

7. 垂直升降类 用提升机将汽车升降到预定层，再用专门的存取机构存入或取出汽车（见图 8.1-26）。升降机构采用固定布置的提升机。横移机构有多种形式，见图 8.1-27。

8. 简易升降类 用设备的升降机构或俯仰机构使汽车只作上下升降，而无水平移动的简易

的机械式停车设备（见图 8.1-28）。汽车自行驶上或驶下载车板。载车板可作平行升降或俯仰升降，有钢丝绳、链条、滚珠螺杆、液压缸等多种驱动方式，有四柱、两柱支承的无悬臂、前悬臂、侧悬臂等多种具体构造。适用于私家住宅、小型庭院、道路边、地下室等场所。

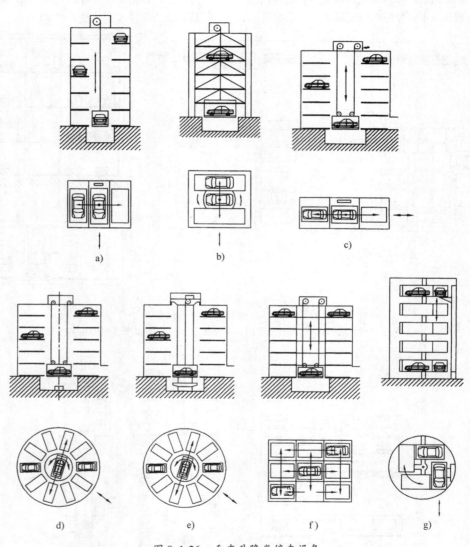

图 8.1-26 垂直升降类停车设备

a) 纵向并列车位 b) 横向并列车位 c) 纵向串列车位
d) 辐射状车位升降平台回转 e) 辐射状车位 起重
小车回转 f) 平面上纵横向小车换位
g) 平面上回转存车架存车

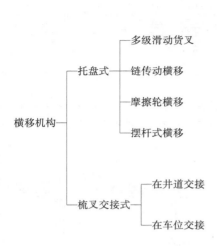

图 8.1-27　横移机构的形式

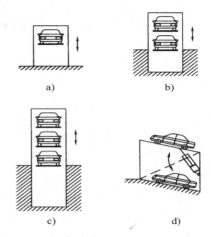

图 8.1-28　简易升降类停车设备
a) 垂直升降、地上两层　b) 垂直升降、半地下两层　c) 垂直升降、半地下三层
d) 俯仰升降、地上两层

2　起　重　机　械

2.1　概述

起重机械是一种能在一定范围内垂直起升、下降和水平移动物料的搬运机械。起重机械的作业通常带有重复循环的性质。一个完整的作业循环一般包括取物、起升、平移、下降、卸载，然后返回原处等环节。经常起动、制动、正向和反向运动，动作间歇性是起重机械的基本特点。

起重机设计和使用应符合 GB/T 3811《起重机设计规范》和 GB/T 6067《起重机械安全规程》的规定。

2.1.1　起重机械的分类

起重机械按结构特征和使用场合分类见图 8.2-1。

常用桥架型、臂架型起重机简图如图 8.2-2，图 8.2-3 所示。

2.1.2　起重机械的主要技术参数

起重机械的技术参数表征起重机械的工作性能和技术经济指标，是设计、制造和选用起重机的基本依据。起重机械的主要技术参数有：起重量、起升高度、跨度（桥架型起重机）、幅度（臂架型起重机）、各机构的工作速度及起重机械的工作级别等。臂架型起重机的主要技术参数中还包括起重力矩。对于轮胎、汽车、履带、铁路等起重机，爬坡度和最小转弯（曲率）半径也是主要技术参数。各参数的定义参见参考文献［5］。

2.1.3　起重机械的工作级别

起重机的工作级别是由起重机的利用等级和载荷状态确定的，可分为 A1 ~ A8 共 8 个级别，它反映了起重机在设计寿命期内，使用时间的长短和负载的繁重程度。对起重机械划分工作级别，有利于合理地设计起重机，也有利于用户合理地选用起重机。当起重机利用等级和载荷谱系数无法确定时，可按起重机的用途，参照表 8.2-1 选定。

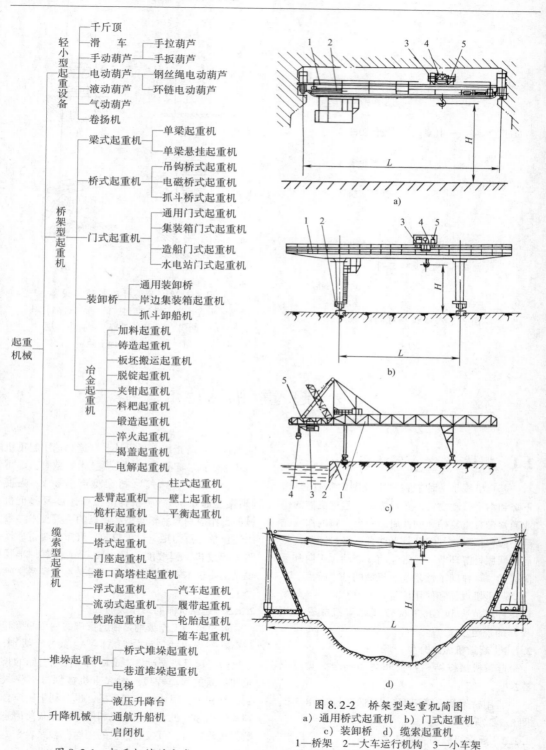

图 8.2-1 起重机械的分类

图 8.2-2 桥架型起重机简图
a）通用桥式起重机 b）门式起重机
c）装卸桥 d）缆索起重机
1—桥架 2—大车运行机构 3—小车架
4—起升机构 5—小车运行机构

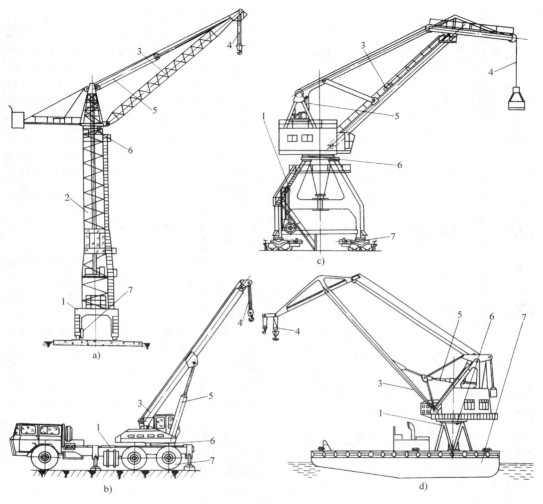

图 8.2-3　臂架型起重机简图[1]

a) 塔式起重机　b) 汽车起重机　c) 门座起重机　d) 浮式起重机
1—门架（或其他底架）　2—塔架　3—臂架　4—起升机构　5—变幅机构
6—回转机构　7—起重机运行机构（或其他可运行的机械）

表 8.2-1　起重机工作级别举例[4]　　　　　　　　　　　　　　　（续）

起重机形式			工作级别	起重机形式			工作级别
桥式起重机	吊钩式	电站安装及检修用	A1～A3	桥式起重机	冶金专用	夹钳、脱锭用	A8
		车间及仓库用	A3～A5			揭盖用	A7、A8
		繁重工作车间及仓库用	A6、A7			料肥式	A8
	抓斗式	间断装卸用	A6、A7			电磁铁式	A7、A8
		连续装卸用	A8	门式起重机	一般用途吊钩式		A5、A6
桥式起重机	冶金专用	吊料箱用	A7、A8		装卸用抓斗式		A7、A8
		加料用	A8		电站用吊钩式		A2、A3
		铸造用	A6～A8		造船安装用吊钩式		A4、A5
		锻造用	A7、A8		装卸集装箱用		A6～A8
		淬火用	A8	装卸桥	料场装卸用抓斗式		A7、A8

（续）

起重机形式		工作级别
装卸桥	港口装卸用抓斗式	A8
	港口装卸集装箱用	A6 ~ A8
门座起重机	安装用吊钩式	A3 ~ A5
	装卸用吊钩式	A6、A7
	装卸用抓斗式	A7、A8
塔式起重机	一般建筑安装用	A2 ~ A4
	用吊罐装卸混凝土	A4 ~ A6
汽车、轮胎、履带、铁路起重机	安装及装卸用吊钩式	A1 ~ A4
	装卸用抓斗式	A4 ~ A6
甲板起重机	吊钩式	A4 ~ A6
	抓斗式或电磁吸盘式	A6、A7
浮式起重机	装卸用吊钩式	A5、A6
	装卸用抓斗式	A6、A7
	造船安装用	A4 ~ A6
缆索起重机	安装用吊钩式	A3 ~ A5
	装卸或施工用吊钩式	A6 ~ A7
	装卸或施工用抓斗式	A7 ~ A8

2.1.4 起重机械的载荷及载荷组合

起重机特点之一是载荷的多变性。起重机上的载荷可分为三类：基本载荷、附加载荷、特殊载荷。其载荷组合参见参考文献 [4] 表 13。

2.2 起重机械的机构与金属结构

2.2.1 机构形式

起重机械的机构分为起升机构、运行机构、回转机构和变幅机构。

1. 起升机构　一般由驱动装置、钢丝绳卷绕系统、取物装置及安全保护装置等组成。驱动装置包括电动机、联轴器、制动器、减速器、卷筒等部件。钢丝绳卷绕系统包括钢丝绳、卷筒、定滑轮和动滑轮。取物装置有吊钩、吊环、抓斗、电磁吸盘、吊具、挂梁等多种形式。安全保护装置有超负荷限制器、起升高度限位器、下降深度限位器、超速保护开关等，并根据实际需要配用。

起升机构有内燃机驱动、电动机驱动和液压驱动 3 种驱动方式。电动机驱动是起升机构主要的驱动方式。液压驱动广泛应用在流动式起重机上。

2. 运行机构　分为有轨运行和无轨运行两类。

有轨式运行机构主要由运行支承装置与运行驱动装置两大部分组成。运行支承装置用来承受起重机的自重和外载荷，并将所有这些载荷传递给轨道基础建筑。主要包括均衡装置、车轮、轨道等。运行驱动装置用来驱动起重机在轨道上运行，主要由电动机、减速器、制动器、联轴器等组成，把驱动、制动和传动装置三者合一的"三合"驱动装置已广泛运用在运行机构中。

无轨式运行机构是各种流动式起重机的重要组成部分。它分为轮胎式和履带式两种。轮胎式运行机构由传动系统、行走系统、转向系统和制动系统四部分组成。履带式行走装置由底架、支重轮、引导轮、履带、托链轮、驱动轮及行走驱动装置等组成。

3. 回转机构　由回转支承装置和回转驱动装置两部分组成。前者将起重机的回转部分支持在固定部分上，后者驱动回转部分相对于固定部分回转。

回转支承装置主要分为柱式和转盘式两大类，根据不同的使用要求、各种回转支承的特点及制造厂的加工条件等合理地选定。回转支承保证起重机回转部分有确定的回转运动，并承受起重机回转部分作用于它的垂直力、水平力和倾覆力矩。

回转驱动装置又分为电动回转驱动装置与液压回转驱动装置。电动回转驱动装置通常装在起重机的回转部分上，电动机经过减速器带动最后一级小齿轮，小齿轮与装在起重机固定部分上的大齿圈相啮合，以实现起重机回转。液压回转驱动装置包括高速液压马达与蜗轮减速器或行星减速器传动机构以及低速大扭矩液压马达传动机构两种形式。

4. 变幅机构　按工作性质分为非工作性变幅和工作性变幅；按机构运动形式分为运行小车式变幅和臂架摆动式变幅；按臂架变幅性能分为普通臂架变幅和平衡臂架变幅。

非工作性变幅机构只在起重机空载时改变幅度，调整取物装置的作业位置。工作性变幅机构用于在带载条件下变幅，变幅过程是起重机工作循环的一个主要环节。

运行小车式变幅依靠小车沿水平臂架弦杆运行实现变幅。运行小车有自行式和绳索牵引式两种。臂架摆动式是通过臂架在垂直平面内绕其销轴摆动改变幅度。伸缩臂式起重机臂架既可以摆动变幅，也可伸缩变幅。

普通臂架变幅机构变幅时会同时引起臂架重心和物品中心升降，耗费额外的驱动功率，适用于非工作性变幅。平衡臂架变幅机构采用各种补偿方法和臂架平衡系统，使变幅过程中物品重心沿水平线或近似水平线移动，从而节省驱动功率，适用于工作性变幅。

5. 伸缩机构　起重机构的伸缩机构包括臂架伸缩机构和支腿伸缩机构两种。臂架伸缩机构的作用是改变臂架长度，以获得需要的起升高度和幅度，满足作业要求。支腿伸缩机构的用途是增大起重机的基底面积，调整作业场地的坡度，提高抗倾覆稳定性，增大起重能力。

臂架伸缩有顺序伸缩和同步伸缩两种基本方式。臂架伸缩机构的驱动有机械式、液压式和复合式 3 种，其中液压驱动是主要的驱动形式。支腿驱动现基本都采用液压驱动的形式。

2.2.2 机构计算

1. 起升机构计算

（1）钢丝绳最大工作静拉力 F（N）

$$F = \frac{F_L}{2m\eta}$$

式中　F_L——起升载荷，包括取物装置自重（N）；

m——滑轮组倍率；

η——滑轮组效率。

根据钢丝绳最大工作静拉力 F 可确定钢丝绳最小直径 d。

（2）卷筒转速计算

$$n_t = \frac{60mv_1}{\pi D_0}$$

式中　n_t——单层卷绕卷筒转速（r/min）；

v_1——起升速度（m/s）；

D_0——卷筒卷绕直径（m），$D_0 = D + d$（D 为卷筒槽底直径，d 为钢丝绳直径）。

（3）电动机的选择　电动机的静功率 P_s（kW）：

$$P_s = \frac{F_L v_1}{1000\eta_0}$$

式中　η_0——机构总效率。

根据电动机的静功率和接电持续率初选电动机，并要进行发热与过载校验。校验方法参见参考文献［4］。

（4）减速器的选择　减速器传动比 i_0 计算：

$$i_0 = \frac{n}{n_t}$$

式中　n——电动机额定转速（r/min）。

一般情况下，可根据传动比、输入轴的转速、工作级别和电动机额定功率来选择减速器的具体型号，并使减速器的许用功率 $[P]$ 满足下式：

$$[P] \geqslant KP_n$$

式中　K——选用因数，根据减速器的型号和使用场合确定；

P_n——基准接电持续率时，电动机额定功率（kW）。

许多标准减速器有自己特点的选用方法。QJ型起重机减速器用于起升机构的选用方法为

$$[P] = \frac{1}{2}(1 + \varphi_2) \times 1.12^{(I-5)} P_n$$

式中　φ_2——起升载荷动载因数。

QY 型起重机减速器用于起重机机构的选用方法为

$$[P] \geqslant P_n f_1 f_2$$

式中　f_1——因数，根据起重机机构的载荷状况和利用级别选取；

f_2——原动机因数，电动机和液压马达取 $f_2 = 1$。

由于减速器输出轴承受较大的径向力和转矩，故一般还需进行减速器输出轴最大径向力和瞬时允许转矩的验算。

（5）制动器的选择　机构所需制动转矩 T_b（N·m）：

$$T_b \geqslant K_b \frac{F_L D \eta_0}{2mi}$$

式中　K_b——制动安全因数；

i——减速装置传动比。

起升机构的计算除了上述几种主要部件的选择验算外，还需进行联轴器的选择验算，起动时间和起动平均加速度验算，制动时间和平均制动减速度验算，卷筒长度和钢丝绳最大偏角计算，

卷筒强度及稳定性验算等。

2. 运行机构计算

（1）运行静阻力 运行静阻力 F_s（N）：

$$F_s = F_r + F_g + F_w$$

$$F_r = (F_L + F_G) f_0$$

$$F_g = k_g (F_L + F_G)$$

式中 F_r——运行摩擦阻力（N）；

F_g——最大坡度阻力（N）；

F_w——工作状态风阻力（N）；

F_L——起升载荷（N）；

F_G——起重机（小车）自重（N）；

f_0——摩擦阻力因数；

k_g——坡度阻力因数。

（2）电动机的选择 电动机静功率 P（kW）：

$$P = \frac{F_s v}{1000 \eta m}$$

式中 v——运行速度（m/s）；

η——机构传动效率；

m——电动机个数。

根据电动机的静功率和接电持续率初选电动机。当惯性力较大时还应考虑惯性力的影响，并且要进行过载与发热校验。校验方法参见参考文献[4]。

（3）减速器的选择 减速器的计算输入功率为 P_j（kW）：

$$P_j = \frac{1}{m} \frac{(F_s + F_q) v}{1000 \eta}$$

式中 m——运行机构减速器的个数；

F_q——运行起动时的惯性力（N）。

$$F_q = \lambda \frac{(Q + G)}{g} \times \frac{v}{t}$$

式中 Q——起升载荷（N）；

G——起重机或运行小车的自重载荷（N）；

$\lambda = 1.1 \sim 1.3$，考虑机构中旋转质量的惯性力增大因数；

t——起动时间（s）。

根据计算输入功率，可从标准减速器的承载能力表中选择适用的减速器。对于工作级别大于 $A5$ 的运行机构，考虑到工作条件比较恶劣，根据实践经验，减速器的输入功率以取 1.8～2.2

倍的计算输入功率为宜。

许多标准减速器有自己特定的选用方法。

QJ 型起重机减速器用于运行机构的选用方法：

$$P_j = \varphi_8 P_n \times 1.12^{(I-5)} \leqslant [P]$$

式中 φ_8——刚性动载因数，$\varphi_8 = 1.2 \sim 2.0$。

（4）制动器的选择 机构所需制动力矩 T_b（N·m）

$$T_b \geqslant T_{b0}$$

式中 T_{b0}——起重机在满载、顺风及下坡情况下的计算制动力矩。

（5）车轮的选择 车轮踏面的疲劳计算载荷见参考文献[4]。根据车轮与轨道的接触情况，按线接触或点接触疲劳强度进行车轮的选择和校核。

此外，运行机构还需进行起动时间与起动平均加速度验算，制动时间与平均制动减速度验算，车轮打滑验算等。

3. 回转机构计算

（1）回转阻力矩 回转阻力矩 T（N·m）

$$T = T_m + T_p + T_w + T_g$$

式中 T_m——回转支承装置中的摩擦阻力矩（N·m）；

T_p——坡道阻力矩（N·m）；

T_w——风阻力矩（N·m）；

T_g——惯性阻力矩（N·m），仅出现在回转起动和制动时。

（2）电动机的选择 等效功率 P_e（kW）

$$P_e = \frac{(T_m + T_{pe} + T_{we} + T_{\alpha I}) n}{9550 \eta}$$

式中 n——起重机回转速度（r/min）；

η——机构效率；

T_{pe}——等效坡道阻力矩（N·m）；

T_{we}——等效风阻力矩（N·m）；

$T_{\alpha I}$——吊重钢丝绳摆动 αI 角的阻力矩（N·m）。

按等效功率和接电持续率初选电动机。还要根据实际情况和需要，校核起动时间、过载能力和电动机发热。校验方法参见参考文献[4]。

（3）液压马达选择 对柱塞式液压马达的工作压力 P（MPa）

$$P = \frac{2000 \pi T}{q_i \eta_m}$$

式中 T——液压马达实际能输出的平均总力矩（N·m）；

　　q——柱塞式液压马达排量（mL/r）；

　　i——机构传动比；

　　η_m——液压马达机构效率。

　　液压马达初步选定后，应根据机构的最大回转阻力矩验算液压马达的过载能力。液压马达的转速不能超过其最高转速。

　　（4）极限力矩联轴器的选择　摩擦力矩 T_c（N·m）：

$$T_c = 1.1\left(T_{max} - \frac{J_m n_m}{9.55t}\right)i_c\eta_c$$

式中 J_m——电动机轴上电动机转子、制动轮和联轴器的转动惯量（kg·m²）；

　　n_m——电动机额定转速（r/min）；

　　i_c，η_c——电动机轴至极限力矩联轴器轴的传动比和传动效率；

　　t——起、制动时间（s）。

　　（5）制动器选择　制动力矩 T_z（N·m）：

$$T_z = \frac{1.2J_m n_m}{9.55t_z} + (T_{wⅡmax} + T_{pmax} + T_{gQ} +$$

$$T_{gG} - T_m)\frac{\eta}{i}$$

式中 $T_{wⅡmax}$——按风压 $q_Ⅱ$ 计算的最大风阻力矩（N·m）；

　　T_{pmax}——最大坡道阻力矩（N·m）；

　　$T_{gQ} + T_{gG}$——物品和起重机回转部分对回转中心线的惯性力矩（N·m）；

　　i——机构传动比；

　　t_z——制动时间（s）。

　　4. 变幅机构计算

　　（1）变幅钢丝绳最大拉力　变幅钢丝绳最大拉力 S_{max}（N）：

$$S_{max} = \frac{T_{max}}{m_1\eta_d\eta_1}$$

式中 T_{max}——最大变幅力（N）；

　　m_1——变幅滑轮组倍率；

　　η_d——导向滑轮效率；

　　η_1——变幅滑轮组效率。

　　（2）电动机的选择　电动机静功率 P（kW）：

$$P = \frac{Fv_a}{1000m_1\eta\eta_1\eta_d}$$

式中 F——正常工作时变幅滑轮组的变幅力（N）；

　　v_a——变幅钢丝绳卷绕线速度（m/s）；

　　η——变幅机构传动效率。

　　普通臂架的变幅机构属于非工作性变幅机构，按上式确定的电动机功率一般不需要进行电动机起动能力和发热校核。校验方法参见参考文献［4］。

　　（3）液压马达选择　按变幅钢丝绳在卷筒最外层卷绕时所需的最大转矩 T_{max}（N·m）和卷筒转速 n 校核液压马达的油压 p，排量 q 和转速 n_m 计算：

$$T_{max} = S_{max}\frac{D_n}{2} = \frac{\Delta P}{2\pi}qi\eta_m\eta_0$$

式中 D_n——卷筒最外层钢丝绳处计算直径（m）；

　　ΔP——液压马达进出口压差（Pa）；

　　i——马达与卷筒之间的传动比；

　　η_m——液压马达机械效率；

　　η_0——传动装置效率。

　　泵流量给定时，液压马达转速不应超过马达最大允许转速。

　　（4）制动转矩计算　制动转矩按下述两种工况计算，选择大者。

　　1）起重机吊重回转并受工作状态下的最大风力作用，钢丝绳出现最大偏摆角（$\alpha_Ⅱ$）。此时制动转矩 T_z（N·m）：

$$T_z = K_z T_{Ⅱmax}$$

　　2）起重机不工作，在第Ⅲ类风载荷下：

$$T_z = K_z T_{Ⅲmax}$$

式中 K_z——制动安全因数；

　　$T_{Ⅱmax}$，$T_{Ⅲmax}$——两种计算工况下变幅钢丝绳最大拉力换算到制动器轴上的静转矩。

2.2.3 金属结构

　　1. 分类　按金属结构构成的外形不同，分为桥架结构、门架结构、臂架结构、塔桅结构和车架等。

　　按金属结构的构造不同，分为实腹式结构和

格构式结构（桁架结构）。

按金属结构件之间的连接方式不同，分为铰接结构、刚接结构和桁构式结构。

按金属结构件的受力特点不同，分为受拉构件、受压构件、受弯构件和受扭构件。

2. **基本要求** 坚固耐用，节省材料，减轻自重，制造工艺性好，组装简单，工时少。安装、运输、维修方便，外形美观、大方。

3. **结构计算原则** 起重机金属结构应进行强度、刚度、稳定性以及使用寿命（疲劳强度）的计算，并满足其规定的要求。

强度计算方法有许用应力计算法和极限状态计算法。许用应力法目前仍然是起重机金属结构计算中应用最广的方法。

起重机结构件的稳定性包括整体稳定性和局部稳定性。一般需要对轴心受压构件、双向或单向压弯构件、板和圆柱壳等构件进行稳定性计算。

对起重机的刚度要求是为了保证起重机的正常使用。刚性要求一般分静态和动态两个方面。静态刚性必须校核，动态刚性则是用户要求或设计本身有要求时才做校核。

对工作级别是 A6～A8 级的起重机结构件，应验算疲劳强度。疲劳强度的计算有应力比法和应力幅法两种方法。

2.3 起重机械的电气传动与控制

2.3.1 电气传动系统

选择电气传动系统应注意起重机各机构的载荷特点。起重机对电气传动的要求有：调速、起、制动平稳或快速、大车运行机构的纠偏和电气同步、抓斗起重机起升与开闭机构的协调动作、吊重止摆等。其中调速常作为重要要求。

起重机电气调速分交流调速和直流调速两大类。起重机的调速方案见表8.2-2。

表 8.2-2 起重机的调速方案[5]

交流	变频	低频机组调速	
		直流动力制动低速下降（低频频率为零）	开环他励
			开环自励
			闭环他励
		电子变压变频器调速	速度开环
			速度闭环

（续）

交流	变极	变极笼型电动机传动		
		双电动机——行星联轴器（或行星减速器）传动		
	变转差率	滑差电磁调速电动机调速		
		改变转子外串电阻		
		晶闸管串级调速		
		转子晶闸管脉冲控制调速		
		转子晶闸管相位控制调速		
		定子调压	对称	饱和电抗器对称接线系统调速
				晶闸管对称接线系统调速
			不对称	单相制动低速下降
				感—容开环系统
				饱和电抗器不对称接线系统调速
				晶闸管不对称接线系统调速
		合成特性	双电动机（如一个电动、一个直流动力制动）调速	
			液压推动器调速	
			涡流制动器调速	速度开环
				速度闭环
直流	固定电压供电	直流串励电动机，改变外串电阻和接法		
	可控电压供电	直流发电机——电动机系统	速度开环	
			速度闭环	
		晶闸管供电——直流电动机系统		

起重机常用电气传动系统的主要性能参见参考文献［1］。

2.3.2 电动机

起重机、电动葫芦和电梯的工作环境及运行条件有下述特点：反复短时运行；频繁起、制动；频繁正反转；经常过载；工作环境多粉尘；环境温度变化大。它们都有专用的电动机系列。

我国起重机械专用交流三相异步电动机的产品有 YZR、YZ、YZR-Z、YZRG、YZRF、YZRW、YZD、YZRE、YZE、YZP、YBZE、YBZSE 等系列。

我国电动葫芦专用交流三相异步电动机的产品有 ZD、ZDM、ZDY、ZDS、YHZ1、YHZ3、YHZY1、YHZY3、YHZS1、YHZS3、YHHZ1、YHHZY1 等系列。

我国电梯专用交流三相异步电动机的产品有 YTD、YTD2、YTDF、YTDT、AM、DM、AC-2、LB 等系列。

2.3.3 电气保护装置

电气保护装置主要有：①电动机过载保护；②短路和过电流保护；③失压保护；④控制器的

零位保护；⑤限位保护和行程保护；⑥各种安全开关；⑦超载、超速保护等。

2.3.4 起重机械的自动控制

为提高起重机械的操作性能和管理水平，在起重机械电气控制中逐渐采用了程控、数控、自动定位、遥控、群控、自动称量及计算机管理等新技术，以实现起重机械的自动控制和管理。

1. 可编程序控制器控制　起重机械电气控制先后采用过下列系统：继电器逻辑控制系统、无触点逻辑控制系统、顺序控制系统、微机控制系统、可编程序逻辑控制器（PLC）控制系统。PLC 是一种带微处理器的电子装置，在电气自动控制系统中使用，具有功能齐全、灵活方便、对环境适应性强、性能稳定可靠、产品规格种类齐全等特点，能满足各种起重机械的控制要求。

可编程序逻辑控制器主要有以下部分组成：中央处理器（CPU）、操作系统、输入输出组件（I/O 模块）、软件系统和编程语言等。可编程序控制器的控制系统设计选机型时应首先考虑：开关量输入输出点数量及电压等级；模拟量输入输出点数；是否有特殊功能要求；被控对象的工艺复杂程度与 PLC 的用户程序容量的匹配；机房与被控点的距离大小；对 PLC 响应时间的要求等。

2. 起重机械的自动定位　起重机械的自动定位一般根据被控对象的使用环境、精度要求来确定装置的构成形式。自动定位装置通常使用各种检测元件与继电接触器或可编程序控制器（PLC），相互配合达到自动定位的目的。

3. 起重机的遥控　控制信息经过变换，用少通道技术来控制起重机动作，称为"起重机的遥控"。当驾驶员的视野在驾驶室内受到限制，或用于环境条件限制不允许驾驶员在驾驶室内操纵，或中小型起重机要求驾驶兼作起重工时常采用遥控。遥控分有线遥控和无线遥控两大类，而无线遥控又分为无线电遥控装置和红外线遥控装置。

2.4 轻小型起重设备

轻小型起重设备包括千斤顶、滑车、手动葫芦、电动葫芦、气动葫芦、液动葫芦和卷扬机等。其特点是结构紧凑、自重轻、操作方便。

2.4.1 千斤顶

千斤顶是利用高压油或机械传动使刚性承重件在小行程内顶举或提升重物的起重工具。其分类见图 8.2-4。

图 8.2-4　千斤顶的分类

常用千斤顶的主要技术性能见表 8.2-3。

表 8.2-3　常用千斤顶的主要技术性能[1]

项目	立式油压千斤顶	车库油压千斤顶	分离式油压千斤顶	螺旋千斤顶
额定起重量/t	1.6~320（最大750）	1~20	1.6~2000	0.5~50
起升高度/mm	90~200	200~450	90~250	50~400
手柄操作力/N	330~350×2	—	—	80~510
质量/kg	2.2~435			2.5~56

2.4.2 滑车

滑车是独立的滑轮组，可单独使用，也可与卷扬机配套使用，用来起吊物品。滑车是工厂、矿山、建筑业、农业、林业、交通运输与国防工业的吊装工程中广泛使用的起重工具。常用的起重滑车有额定起重量为 0.32~320t 吊钩、链环型通用滑车及额定起重量为 1~50t 吊钩、链环型林业滑车。

2.4.3 手拉葫芦

手拉葫芦是以焊接环链作为挠性承载件的起重工具。可单独使用，也可与手动单轨小车配套组成起重小车，用于手动梁式起重机或架空单轨运输系统中。常用的手拉葫芦是 HS 型和 HSZ 型（重级），额定起重量为 0.5~20t。

2.4.4 手扳葫芦

手扳葫芦是由人力通过手柄扳动钢丝绳或链条，来带动取物装置运动的起重葫芦。它广泛用于船厂的船体拼装焊接和电力部门高压输电线路的接头拉紧，农、林业和交通运输部门的起吊装车、物品捆扎、车辆曳引以及工厂、建筑、邮电等部门的设备安装、校正和机件牵引等。手扳葫芦按其承载件不同分为钢丝绳手扳葫芦和环链手扳葫芦。

2.4.5 电动葫芦

电动葫芦有钢丝绳式、环链式和板链式 3 种形式。电动葫芦的性能及主要参数见表 8.2-4。

表8.2-4 电动葫芦的性能及主要参数[1]

性能及参数	钢丝绳式电动葫芦	环链式电动葫芦	板链式电动葫芦
工作平稳性	平 稳	稍 差	稍 差
承载件及其弯折方向	钢丝绳，任意方向	环链，任意方向	板链，只能在一个平面内
额定起重量/t	一般为 0.1~10，根据需要可达 63 甚至更大	一般为 0.1~4，最大不超过 20	0.1~3
起升高度/m	一般为 3~30，需要时可达 120	一般为 3~6，最大不超过 20	一般为 3~4，最大不超过 10
自 重	较 大	较 小	小
起升速度/m·min⁻¹	一般为 4~10（大起重量宜取小值），需要高速的可达 16、24 甚至更高；有慢速要求时可选双速型，其常速与慢速之比为 1:6~1:12	一般为 4~8，需要时可达 12 甚至更高，也可有双速，其常速与慢速之比为 1:3~1:6	
运行速度①/m·min⁻¹	一般为 20 或 30（均为地面操纵），需要时可达 60（驾驶室操纵）	一般为手动小车，当用电动小车时，一般采用 20 的运行速度	

① 吊运熔化金属或有毒、易燃等危险物品，安装精密设备或防爆用的电动葫芦，其运行速度可为双速，其常速与慢速之比一般为 1:3~1:4。

2.4.6 卷扬机

卷扬机（绞车）是由动力驱动的卷筒通过挠性件（钢丝绳、链条）起升、运移重物的起重设备。卷扬机按用途分为建筑卷扬机、林业用卷扬机、船用卷扬机和矿用卷扬机；按卷筒数量分为单筒、双筒和多筒卷扬机；按速度分为快速、慢速和多速卷扬机。

2.5 桥架类型起重机

2.5.1 梁式起重机

起重小车（主要是起重葫芦）在单根工字梁或其他简单组合断面梁上运行的简易桥架型起重机，统称为梁式起重机。它以一般用途的单梁起重机和单梁悬挂起重机为主，并有防爆、防腐、绝缘等特种梁式起重机及吊钩、抓斗、电磁两用或三用梁式起重机。梁式起重机可进行三维动作，其基本类型见表 8.2-5。

表8.2-5 梁式起重机基本类型

分类原则	类 型	特 点
按驱动方式分类	手动	适用于无电源，起重量不大，工作速度和作业效率要求不高的场合
	电动	利用电力驱动各机构运转，操作使用十分方便
按支承方式分类	支承式	起重机车轮支承在承轨梁的轨道之上
	悬挂式	起重机车轮悬挂在工字钢运行轨道的下翼缘上

（续）

分类原则	类 型	特 点
按操纵方式分类	地面操纵	用于起重机运行速度 ≤45m/min 场合，无固定操作者
	驾驶室操纵	用于起重机运行速度 >45m/min 场合，具有固定操作者
	无线遥控操纵	操纵灵活，适用范围广

2.5.2 桥式起重机

桥式起重机由桥架、起重小车及电气部分等组成。它是拥有量最大和使用最广泛的一种轨道运行式起重机。其起重量一般为 5~250t，最大可达 1200t；起重机跨度一般为 10.5~31.5m，最大可达 60m。桥式起重机形式多样，最常见、最典型的是通用桥式起重机。桥式起重机的类别与用途见表 8.2-6。

2.5.3 门式起重机和装卸桥

门式起重机与装卸桥都是主梁通过两侧支腿支承在地面轨道上的桥架型起重机。通用门式起重机除了门架外，其机构和零部件一般与桥式起重机通用。水电站、集装箱码头和造船厂等处的专用门式起重机还相应地配备各种专门的机构或装置。装卸桥的装卸能力比门式起重机大，因为其起升和小车运行速度高。起升速度常大于 50m/min，小车运行速度一般为 120~180m/min，大车运行是非工作性的，速度一般为 20~45m/min。门式起重机与装卸桥的分类和用途见表 8.2-7。

表 8.2-6 桥式起重机的类别与用途

类 别	特 点	用 途
吊钩桥式起重机	取物装置是吊钩或吊环。起重量超过 10t 时，常设主、副起升两套机构。各机构的工作速度根据需要可用机械或电气方法调速	适用于机械加工、修理、装配车间或仓库、料场作一般装卸吊运工作。可调速的起重机用于机修、装配车间的精密安装或铸造车间的慢速合箱等
抓斗桥式起重机	取物装置常为四绳抓斗。起重小车上有两套起升装置，可同时或分别动作以实现抓斗的升降和开闭	适用于仓库、料场、车间等进行散状物料的装卸吊运工作
垃圾抓斗桥式起重机	取物装置有采用机械式抓斗，但常采用多鄂瓣液压抓斗。固定控制室、起升高度大、系统自动化程度高、工作级别高等特点	适用于垃圾焚烧发电厂垃圾厂房内倒垛、投料用
电磁桥式起重机	取物装置是电磁吸盘，起重小车上有电缆卷筒将直流电源用挠性电缆送至电磁吸盘上，依靠电磁吸力吸取导磁物料。其吊运能力随物料性质、形状、块度大小而变化	适用于吊运具有导磁性的金属物料，一般只用于吸取 500℃ 以下的黑色金属
两用桥式起重机	取物装置是抓斗和电磁吸盘，或是抓斗和吊钩，或是电磁吸盘和吊钩。起重小车上有两套各自独立的起升机构，分别驱动取物装置。但两个取物装置不能同时工作	适用于吊运物料经常变化，且生产率要求较高的场合
三用桥式起重机	在吊钩桥式起重机的基础上根据需要可在吊钩上套挂电动抓斗或电磁吸盘	适用于吊运物料经常变化，且生产率要求不很高的场合
电动葫芦桥式起重机	采用电动葫芦作为起重小车的起升机构。外形尺寸紧凑，建筑净空高度低，自重较轻	可部分替代中、小吨位吊钩桥式起重机，尤其适用于厂房建筑净空高度低又想要提高起重能力的老厂房改造
大起升高度桥式起重机	起升高度超过 22mm，起升机构钢丝绳卷绕系统采用了特殊的方案	多用于冶金、化工、电力等部门需起升高度较大的检修、安装场合
双小车桥式起重机	在桥架上安放两台起重量相同的小车，可同时或单独使用。起升机构根据需要可采用变速	适用于水电站安装、检修发电机组，机车车辆安装和仓库料场吊运垂直于起重机大车轨道方向的长形物料
挂梁桥式起重机	取物装置为数个均匀安装在挂梁上的吊钩或电磁吸盘。挂梁与起重小车有挠性和刚性两种连接。挂梁有垂直或平行于起重机大车轨道方向两种。这种起重机对起重载荷的重心偏移范围有一定的要求	适用于钢厂和仓库，搬运长形物料和板材等作业
防爆桥式起重机	起重机具有防爆性能，一般工作速度较低。电气设备采用防爆型产品，机械部分采取相应防爆措施，起重机大、小车采用电缆馈电	适用于在易燃、易爆介质环境中吊运物料。有多种防爆级别可供选用
绝缘桥式起重机	为了防止在工作过程中，带电设备通过被吊运的物料传到起重机上，危及驾驶员的生命安全，故在起重机的适当部位设置了几道绝缘装置	适用于冶炼铝、镁等电解有色金属的工厂

表 8.2-7 门式起重机和装卸桥的分类及用途[1]

分类		特 点	用 途
门式起重机	通用门式起重机	门架结构有单主梁、箱形双梁、桁架等多种形式。取物装置分吊钩、抓斗、电磁吸盘，也可两用（吊钩＋抓斗、吊钩＋电磁吸盘、抓斗＋电磁吸盘）或三用（吊钩＋抓斗＋电磁吸盘）等	吊钩门式起重机适用于车站、码头、工矿企业及物资部门的货场和露天仓库，装卸、搬运各种成件物品；抓斗门式起重机适用于煤、矿石、砂等各种散状物料的搬运；电磁门式起重机适用于冶金厂、机械厂装卸搬运钢材、铁块、废钢铁、铁屑等物料；两用及三用门式起重机用于物料经常变化的场合
	水电站门式起重机	有单吊点和双吊点两种，每种均可带回转起重机或不带回转起重机	用于水电站坝顶启闭闸门和检修坝顶设备，或置于水轮发电机组的尾水处启闭尾水闸门
	造船门式起重机	一般均有上、下起重小车，上小车设两个起升机构，下小车设一个起升机构	用于造船厂吊运、装配船体和主机
	轨道式集装箱门式起重机	配有集装箱专用吊具或简易吊具，专用吊具可回转 180°～360°	用于集装箱码头后方堆场和铁路集装箱枢纽站
	轮胎集装箱门式起重机	采用柴油机—电动机驱动，每个充气轮胎均可绕其垂直轴旋转 90°，还可绕一个车轮组旋转 360°，并设有自动直线行驶系统	

（续）

分类		特　点	用　途
装卸桥	通用装卸桥	用抓斗或其他抓具作取物装置，跨度大，起升和小车运行速度高，大车为非工作机构	用于电站煤场、矿场、木材场等
	岸边集装箱起重机	前伸臂较长，吊具可伸缩、偏转、防摇等	用于集装箱码头岸边，作为集装箱装卸船专用设备
	抓斗卸船机	前伸臂较长，采用独立的移动式驾驶室。操作方式分手动、半自动、全自动3种	用于港口、内河岸边，作为煤、矿石、粮食等散状物料的专用卸船或装船设备

2.5.4　冶金起重机

冶金起重机是在冶炼、铸造、轧制、锻造、热处理等冶金和热加工生产过程中采用特殊取物装置直接参与某一特定工艺流程的起重机械。它具有工作级别高、工作环境恶劣、冲击负荷大等特点。冶金起重机需配备完善的安全保护装置和各种联锁控制装置并具备高的可靠性。冶金起重机的分类与用途见表 8.2-8。

表 8.2-8　冶金起重机的分类与用途[1]

分类		取物装置和工作对象	用　途
加料起重机	平炉加料桥式起重机	挑杆锁住、挑起（或放开）并回转料箱	在炼钢车间为中、小型平炉加冷料（包括废钢、生铁、铁矿石、石灰等）
	地面加料起重机		在炼钢车间为大型平炉加冷料
	料箱起重机	由起重横梁上的 4 个吊钩，共同起吊、倾倒料箱	在炼钢车间为转炉加冷料（主要是废钢和炉料）
铸造起重机		由起重横梁上的两个板钩共同起吊铁水罐或盛钢桶	1. 在采用平、转炉的炼钢车间内为平、转炉兑铁水或出钢服务 2. 在铸锭工艺中，起重机吊起盛钢桶和铸锭 3. 在连铸车间中，将盛钢桶吊到钢包回转台上或将空桶从回转台上吊回钢包小车上
板坯搬运起重机		用重力、电动或动力式板坯夹钳夹、放板坯	在连铸等车间中夹各种规格板坯做运输、堆垛工作
脱锭起重机		大，小钳和顶杆联动实现脱锭动作	从上大下小（镇静钢锭）或上小下大（沸腾钢锭）的钢锭模中将钢锭脱出
夹钳起重机		由均热炉夹钳夹、放钢锭	在初轧车间中，向均热炉加进或取出钢锭
料耙起重机		由料耙横梁上的 4～6 个料耙共同工作，耙、放钢坯	在初轧车间中，用耙子耙取 900℃ 以下钢坯或用电磁吸盘吸取 200℃ 以下钢坯做运输、堆垛工作
锻造起重机		主钩上挂翻料机，副钩在后端抬起料杆	在水压机车间，主、副钩协调工作为锻件在锻造过程中翻转，运railed工作
淬火起重机		吊钩起吊轴类零件	在热处理车间，主钩（或主、副钩）吊住轴类零件快速下降到电炉或水、油槽中进行热处理
揭盖起重机		4 个吊点共同升降炉盖	在初轧车间的均热炉上打开（或关闭）均热炉盖
电解起重机		由打击头击碎结块，专用提升机构更换阳极，经料箱料管向电解槽加料，机上抽吸装置及吊钩抽取吊运液态金属	在电解车间为电解槽击碎结块，更换阳极，加料，抽取液态金属，吊运液态金属包等

2.6　臂架类型起重机

2.6.1　悬臂起重机

1. 柱式悬臂起重机　柱式悬臂起重机适用于起重量不大，作业服务范围为圆形或扇形的场合。一般用于机床等的工件装卡和搬运。

柱式悬臂起重机多采用环链电动葫芦作为起升和运行机构。旋转和水平移动作业多采用手动，只有在起重量较大时才采用电动。

柱式悬臂起重机有定柱式和转柱式两种类型。

2. 壁上起重机　壁上起重机是壁装式悬臂起重机和壁行式悬臂起重机的统称。

3. 平衡起重机　它是运用四连杆机构原理使载荷与平衡配重构成一平衡系统，可以采用多种吊具灵活而轻松地在三维空间吊运载荷。平衡起重机分固定式和移动式两类。

2.6.2　塔式起重机和桅杆起重机

1. 塔式起重机　塔式起重机是起重臂安置在垂直的塔身上部，可回转的臂架起重机。

塔式起重机通常由金属结构、机构、电器及安全装置等组成。它广泛应用于房屋建筑、电站建设以及料场、混凝土预制构件场等场合。　　　　　　塔式起重机的分类及特点见表 8.2-9。

表 8.2-9　塔式起重机的分类及特点

形　　式		特　　点
按支承形式分	固定式	通过连接件将塔身固定在地基或结构物上进行起重作业
移动式	轨道式	可带载在轨道上运行，当采用水母式底盘及其他辅助装置时，起重机可沿曲线轨道行走，此种起重机应用较广泛
	轮胎式	以专用轮胎底盘为运行底架，只能在使用支腿的情况下工作，不能带载行走。转运时不需要拖运辅助装置，起重臂、塔身折叠后可全挂拖运
	汽车式	以汽车底盘为运行底架，只能在使用支腿的情况下工作，不能带载行走，转移时不需要辅助装置，将起重臂、塔架折叠，能利用自身的汽车底盘转移
	履带式	以履带底盘为运行底架，对地面要求比轮胎低，但机构比较复杂，转移远不如轮胎式灵活，一般都有履带起重机改装而成
自升式	内爬式	设在建筑物内部（如电梯井道等），通过支承在结构物上的专门装置及爬升机构的作用，使塔身随着建筑物的增高而升高，其构造与普通上回转式塔式起重机基本相同，只增加了套架或爬升框和顶升机构 因利用建筑物爬升，其高度不受限制，塔身不需接高，结构轻、造价低
	附着式	塔身安装在建筑物外侧，固定在轨道上或专门基础上，按一定间距沿塔身全高设水平附着装置，借此将塔式起重机与建筑物连成一体，缩短了塔身计算长度，提高了承载能力
按回转方式分	上回转式	塔帽回转式	起重臂、平衡臂与塔身顶部的塔帽固定为一体，并可绕塔身轴线回转，有上、下两个支承，上支承为径向推力轴承，下支承为径向轴承 回转机构通常安装在塔身上，平衡臂用来安装平衡重和变幅机构 这种起重机回转部分较轻，转动惯量小，多为中小型塔式起重机采用
	塔顶回转式	塔身顶部连同起重臂等相对塔身轴线回转
	转柱式	起重臂及平衡臂安插塔身上部可回转的柱装结构上。上、下设有两个支承。上支承只承受水平力，下支承承受水平力和垂直力 此结构转柱与塔身重叠，结构重。由于上、下支承间距可做得较大，能承受较大力矩，多用于重型工业建筑塔式起重机
	上回转平台式	回转平台设置在塔身顶部，起重臂安装在回转平台上，回转平台用轴承式回转支承与塔身连接，回转平台上设有高人字架，用以改善变幅钢丝绳受力状况
	下回转式	起重臂装在塔身顶部，塔身、平衡重和所以机构均安装在与回转支承连接的转台上，并与转台一起回转，这种形式重心低，稳定性好，塔身受力较为有利。平衡重放在下部，可自行架设，整体拖运，并能用自身机构安装平衡重
按变幅方式分	小车水平变幅式	起重臂安装在水平位置，起重小车由变幅机构驱动，沿着起重臂上的轨道移动，进行水平变幅。变幅时重物作水平移动，操作方便。变幅速度快，节能，幅度有效利用率大，起重臂承受较大弯距，结构较重
	动臂变幅式	通过变幅卷扬机或变幅液压缸实现起重臂俯仰，使取物装置处与不同起升高度和幅度
	折臂式	起重臂一部分作成水平，一部分可弯拆为一定角度，具有动臂变幅和小车变幅的特点
按安装方式分	非快装式	依靠其他起重机设备进行组装架设
	快装式	下回转塔式起重机利用自身的动力装置和机构，实现运输与工作状态相互转换 不需要专用机构和其他辅助设备，可实现整体拖运，整体安装，所需安装人员少，安装费用很低

2. 桅杆起重机

桅杆起重机是一种固定式臂架起重机。经常用来吊装一些特大、特重的物品。如石油化工塔体、运动场（馆）的顶部构筑物等。

桅杆起重机的分类及特点见表 8.2-10。

2.6.3　门座起重机和浮式起重机

1. 门座起重机　门座起重机是具有沿地面轨道运行，下方可通过车辆的门形座架的可回转臂架型起重机。它由上部回转部分及下部门架部分组成。门座起重机的分类见表 8.2-11。

表 8.2-10　桅杆起重机分类

类型	示　意　图	特　点
缆绳式桅杆起重机	 1—转台　2—桅杆 3—臂架　4—缆绳	由多根缆绳支承桅杆使之保持直立。缆绳根数不少于 4 根，且常为偶数

（续）

类型	示 意 图	特 点
斜撑式桅杆起重机	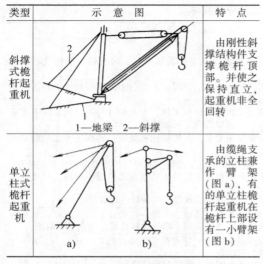 1—地梁　2—斜撑	由刚性斜撑结构件支撑桅杆顶部。并使之保持直立，起重机非全回转
单立柱式桅杆起重机	a)　　b)	由缆绳支承的立柱兼作臂架（图a），有的单立柱桅杆起重机在桅杆上部设有一小臂架（图b）

表 8.2-11　门座起重机的分类

分类方法	类　　别
按起重机的结构形式分	四连杆组合臂架式门座起重机
	单臂架式门座起重机
按回转支承装置的结构形式分	转柱式门座起重机
	定柱式门座起重机
	转盘式门座起重机
	大轴承式门座起重机
按用途和使用场合分	港口用门座起重机
	造船用门座起重机
	建筑用门座起重机

2. 浮式起重机　浮式起重机是装在自航或非自航浮船上的一种臂架型起重机，它用于港口货物装卸、船舶舾装、水工建设、海底开采及水上救险等场合。它由浮船和起重机两部分组成，最大起重量已达 6500t。

2.6.4　流动式起重机和铁路起重机

1. 流动式起重机　流动式起重机是一种工作场所经常变换，能在带载和空载情况下沿无轨路面运行，并依靠自重保持稳定的臂架型起重机。流动式起重机的分类和用途见表 8.2-12。

表 8.2-12　流动式起重机分类和用途[1]

分类	特　　点	用　　途
汽车起重机	以通用或专用汽车底盘作为承载装置和运行机构，行驶速度高，全回转，机动灵活，可快速转移，并能迅速投入工作。起重作业时，一般需打支腿	适用于有公路通达，流动性大，工作地点分散的作业场所
轮胎起重机	起重作业部分装在特制的自行轮胎底盘上，行驶速度较慢，在坚实平坦的地面上，可不用支腿亦及吊重行驶。一般具有全回转转台，它又可分为通用轮胎起重机和越野轮胎起重机，后者可在崎岖的地面行驶	适用于作业地点比较集中的场合。通用轮胎起重机广泛用于仓库、码头、货场；越野轮胎起重机适用于作业场所未经修整的交通、能源等建设部门
全路面起重机	既具有载重汽车的高速行驶性能，又具有越野轮胎起重机的通过能力和在崎岖路面行驶、起重作业、吊重行驶的性能	适用于流动性大，通行条件极差的油田、公路、铁路建设工地
履带起重机	起重作业部分安装在履带底盘上，具有全回转的转台，桁架臂架，起升高度大，接地平均比压为 0.05~0.25MPa，牵引系数高，爬坡度大，能在较为崎岖不平的场地行驶，行驶速度低。如不用铺垫，行驶过程要损坏路面	适用于松软、泥泞地面作业
集装箱正面吊运机	用专门的集装箱吊具的臂架式轮胎起重机，没有回转机构。它用于起吊各种尺寸的集装箱	用于港口、码头、车站的有载或空载集装箱装卸和堆码作业
随车起重机	装在载重运输车辆上的臂架起重机，可将重物吊装在自身车辆上，或者进行其他装卸和吊运作业	主要用于载重车辆的自身装卸，也可用作其他吊装工程

2. 铁路起重机　铁路起重机是在铁路上运行的回转动臂式起重机，主要用于装卸作业以及铁路机车、车辆颠覆等事故救援工作。铁路起重机的分类见表 8.2-13。

表 8.2-13　铁路起重机的分类

分类方法	类　　别
按驱动方式分	蒸汽铁路起重机
	内燃铁路起重机
	电动铁路起重机
按传动方式分	机械传动式铁路起重机
	液力传动式铁路起重机
	液压传动式铁路起重机
按臂架结构形式分	定长臂式铁路起重机
	伸缩臂式铁路起重机

2.7　升降机械

升降机械主要包括电梯、液压梯、液压升降台、通航升船机、启闭机等。

2.7.1 电梯

电梯是靠电力拖动，使轿厢运行在两根垂直的或垂直度小于15°的刚性轨道上，在规定楼层间输送人和货物的固定提升设备。各类电梯的特点和用途见表8.2-14。

表8.2-14 各类电梯的特点和用途

电梯类别	特 点	用 途
乘客电梯	运行速度高，一般在1m/s以上，有的可达9m/s；轿厢内装璜讲究，乘坐舒适，噪声小，自动化程度高	适用于宾馆、饭店、百货大楼、办公楼等运送乘客
载货电梯	运行速度低，多在1m/s以下，轿厢内装璜简单，自动化程度低	适用于工厂、仓库等运送货物
客货电梯	运行速度高于载货电梯，轿厢内装璜结构次于乘客电梯	适用于一般高层建筑物内，以运送乘客为主，也运送货物
病床电梯	为便于运送带有患者的病床，轿厢内结构尺寸深度大于宽度	适用于医院或医学研究机构运送病人和护理人员
住宅电梯	与乘客电梯相比，结构简单，便于操纵，是一种简易的乘客电梯	适用于高层住宅、公寓大楼运送乘客
杂物电梯	运行速度0.4m/s以下，额定载质量250kg以下，轿厢最大尺寸为:轿底面积1m²、深度1m、高度1.2m。轿厢内不准进人	适用于图书馆运送图书，办公楼运送文件，饭店运送食物等
船舶电梯	用在轮船上的电梯，其井道结构不同于陆地建筑物内的电梯井道	适用于现代化旅游船上运送乘客
观光电梯	轿厢壁透明，其外形结构型式多样，安装在外露建筑物墙壁上	适用于宾馆、饭店、百货大楼，供乘客观赏建筑物内部或外部景物风光
防爆电梯	电梯上所用的电动机、电器元件以及专用电气装置具有防爆功能	适用于有火花产生易燃易爆的场所，如火箭发射基地、核武器实验场等

2.7.2 液压梯

液压梯是由液压缸顶举，输送人和货物的固定提升设备。液压梯适用于要求安全可靠、楼层较低的建筑，特别适用于井道顶部不能设置机房的底层建筑。液压梯额定速度一般不超过1m/s，最大提升高度达12m。液压梯可分为直顶式和倍率式两种形式，见图8.2-5。

2.7.3 液压升降台

升降台是一种将人或货物升降到某一高度的升降设备。它的主要用途是供人进行登高作业，或在物流系统中进行货物的垂直运输。升降台的结构由载人或货物的工作台、升降机构、底盘和驱动装置四部分组成。按升降机构形式，升降台分为剪叉式、桁架式、多级液压缸直顶式和悬臂式升降台四种。按升降台的工作位置是否可移动，分为移动式升降台和固定式升降台。

2.7.4 通航升船机

通航升船机是依靠机械力量将船舶运送过坝的一种通航设施。与船闸相比，具有省水、过坝速度快、工程造价低等优点。在高水头的水利枢纽中，上述优点尤为明显。根据国内外已建成的工程实例，通航升船机的分类如图8.2-6。

2.7.5 启闭机

启闭机是启闭各类闸门的专用设备，适用于农业排灌、水产养殖、城市给排水、电站水库、围垦和航运船闸等工程中。启闭机按结构型式分类如图8.2-7所示。

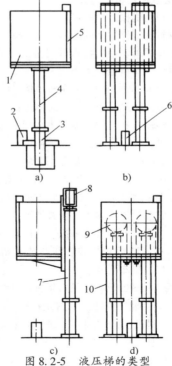

图8.2-5 液压梯的类型

a) 单缸中心直顶式 b) 双缸侧置直顶式
c) 单缸侧置倍率式 d) 双缸侧置倍率式
1—轿厢 2、6—缓冲器 3—液压缸 4—柱塞
5—轿厢门 7、10—钢丝绳 8、9—滑轮

- 通航升船机
  - 垂直式升船机
    - 卷扬式垂直升船机
    - 平衡重式垂直升船机
      - 卷扬提升平衡重式垂直升船机
      - 齿轮爬升平衡重式垂直升船机
    - 浮筒式垂直升船机
    - 水压式垂直升船机
  - 斜面式升船机
    - 卷扬式斜面升船机
      - 高低轮式斜面升船机
      - 双层车式斜面升船机
      - 转盘式斜面升船机
    - 平衡重式斜面升船机
      - 平衡重式纵向斜面升船机
      - 平衡重式横向斜面升船机
    - 自行式斜面升船机
    - 水坡式升船机

图 8.2-6　通航升船机的分类

- 启闭机
  - 螺杆式启闭机
    - 手动螺杆式启闭机
    - 普通电动螺杆式启闭机
    - 远控型螺杆式启闭机
  - 卷扬式启闭机
    - 卷扬式平面闸门启闭机
    - 卷扬式快速闸门启闭机
    - 卷扬式弧形闸门启闭机
    - 水电站门式起重机
  - 液压式启闭机
    - 普通平面闸门活塞式液压启闭机
    - 普通平面闸门柱塞式液压启闭机
    - 弧形闸门活塞式液压启闭机
    - 弧形闸门柱塞式液压启闭机
    - 快速平面闸门液压启闭机
    - 人字闸门液压启闭机

图 8.2-7　启闭机的分类

3　连续搬运机械

3.1　概述

3.1.1　连续搬运机械的分类

连续搬运机械是沿一定的路线连续运送、装卸散状物料和成件物品的搬运机械。按照其结构型式、工作原理、使用特点等可分为输送机械、装卸机械、给料机械三大类。

1. 输送机械的分类　输送机械按其结构特点和用途分为：带式输送机、板式输送机、刮板输送机、螺旋输送机、振动输送机、斗式提升机、气力输送机、液力输送机、辊子输送机、悬挂输送机、牵引链输送机、气垫搬运设备、架空索道、步进式输送机、自动扶梯和自动人行道等。

2. 装卸机械分类　装卸机械按其结构型式分有：臂式斗轮堆取料机、臂式堆料机、桥式斗轮取料机、门式斗轮堆取料机、刮板取料机、滚筒式取料机、装载机、装船机、装车机、卸船机、卸车机、翻车机等。

3. 给料机械的分类　给料机械按其结构和工作原理分有：圆盘给料机、板式给料机、叶轮给料机、带式给料机、螺旋给料机、振动给料机、摆式给料机、往复给料机、刮板给料机、耙式给料机、链式给料机、搅拌给料机、鳞板给料机等。

3.1.2　物料特性

连续搬运机械运送物料包括成件物品及散状物料。

成件物品包括袋装、桶装、箱装、单件、托盘及集装箱等。在设计输送成件物品的运输机械时，必须考虑下列因素：物品的外形尺寸（长、宽、高）、质量、形状；底面的粗糙度、软硬程度、与运输机械相接触的材料性质和某些特殊性质（温度、爆炸危险性、易燃性等）。

散状物料包括各种堆积在一起的大量的碎块物料、颗粒物料及粉末物料。在设计输送散状物料的运输机械时，必须知道下列各项物理性质：粒度（块度）、堆积密度、湿度、温度、内摩擦系数、外摩擦因数、流动性、磨琢性、易碎性、粘结性和各种特殊性质。部分散状物料性能见表 8.3-1。

表 8.3-1　部分散状物料性能

物料名称	堆积密度 /t·m^{-3}	堆积角/（°）		对钢的摩擦因数		磨琢性
		动	静	动	静	
大麦	0.65～0.75	27	35	0.37	0.58	无
玉米	0.7～0.8	28	35	0.36	0.58	无
谷子	0.6～0.7		29～33			无
棉籽	0.4～0.6	53	60			无
马铃薯	0.65～0.73	28	35	0.36	0.58	无
面粉	0.56～0.67		56	1.0	2.77	无
砂糖	0.72～0.88		51	0.85	1.0	无
硫酸钾（粉）	1.35		48			中
氯化铵（晶粉）	0.74		65		1.07	无
细盐	0.9～1.3	42	47.7	0.49	0.7	中
硝酸铵（粉）	0.8		42			中

（续）

物料名称	堆积密度/t·m⁻³	堆积角/(°) 动	堆积角/(°) 静	对钢的摩擦因数 动	对钢的摩擦因数 静	磨琢性
碳酸氢铵	0.78		55		1.28	无
过磷酸钙（粉）	0.90		33			中
陶土	0.32~0.49		54	0.45	0.73	中
干粘土（小块）	1~1.5	40	50		0.75	强
石英砂	1.3~1.5		40		0.75	强
细砂（干）	1.4~1.9	30	45	0.58	1.0	强
型砂	0.8~1.3	30	45		0.71	强
白云石（粉）	1.2	32.5		0.625		中
石灰石	1.5~1.9	30	45	0.58	1.0	中
水泥	0.9~1.7	35	40~45		0.73	中
焦炭	0.36~0.53	30	50	0.57	1.0	强
无烟煤（统煤）	1.0~1.25		35~40		0.3~0.45	中
炉灰（干）	0.4~0.6	40		0.47	0.84	无
高炉渣	0.6~1.0	35	50	0.7	1.2	强
铜精矿	1.6~1.8	32~35	40			中
锌精矿	1.3~1.7		40			中
磁铁矿石	2.5~3.5	30~35	40~45			强
赤铁矿石	2~2.8	30~35	40~45			强
褐铁矿石	1.2~2.1	30~35	40~45			强
烧结混合料	1.6~1.8	35~40				强
铁烧结块	1.7~2.0	35	45			强
煤渣	0.64	35	45			强
褐煤	0.65~0.78	35	50	0.5~0.7	1.0	无
生石灰	0.85~0.95	30	43			无
粉状炭黑	0.064~0.11		61	0.53		无
球状炭黑	0.36	28		0.45		无
硫酸铵	0.72~0.93		32			中
大豆	0.56~0.75	31		0.37		无
花生	0.62~0.64		29	0.31		无
小麦	0.7~0.83	25	35	0.36	0.58	无
稻谷	0.55~0.57	35~45		0.33	0.57	无
大米	0.8~0.82	23~28		0.37	0.58	无
高粱	0.7~0.76	29~33				无

1. 粒度和颗粒组成 散状物料的粒度（块度）是指物料中单个颗粒（料块）的大小，以颗粒的最大线长度 d（mm）表示。

在整批物料中颗粒最大尺寸 d_{max} 和最小尺寸 d_{min} 之比值（d_{max}/d_{min}）大于 2.5 时，叫原装物料；小于或等于 2.5 时叫分选物料。

散状物料的颗粒组成是指物料中所含不同粒度的颗粒的质量分布状况。用颗粒级配百分率和物料典型颗粒粒度表示。

颗粒级配百分率用物料中不同粒度级别的颗粒料组的质量占整批取样物料的质量百分比表示。

散状物料的粒度特征用典型颗粒粒度 d_0（mm）的大小表示。

对原装物料，粒度级别为（0.8~1.0）d_{max} 的物料质量大于取样物料质量的 10% 时，取 $d_0 = d_{max}$；小于或等于 10% 时，取 $d_0 = 0.8 d_{max}$。

对分选物料

$$d_0 = \frac{d_{max} + d_{min}}{2}$$

散状物料按物料粒度特征分 8 级，见表 8.3-2。

表 8.3-2　散状物料粒度分级

级	粒度 d/mm	粒度类别
1	>100~300	特大块
2	>50~100	大块
3	>25~50	中块
4	>13~25	小块
5	>6~13	颗粒状
6	>3~6	小颗粒状
7	>0.5~3	粒状
8	0~0.5	粉尘状

2. 堆积密度 散状物料在自然松散堆积状态下单位体积的质量称为堆积密度 ρ_0（t/m³）。按其堆积密度分为 4 级，见表 8.3-3。

表 8.3-3　散状物料堆积密度分级

级	堆积密度 ρ_0/t·m⁻³	物料类别
1	≤0.4	轻物料
2	0.4~1.2	一般物料
3	1.2~1.8	重物料
4	>1.8	特重物料

3. 流动性 物料的流动性是指散状物料向四周自由流动的性质，用自然堆积角或逆止角反映其好坏。

自然堆积角 φ 指物料自由均匀地落下时，所形成的能保持稳定的锥形料堆的最大坡角。在静止平面上自然形成叫静堆积角 φ_s，在运动的平面上形成的叫动堆积角 φ_d，一般 φ_d =（0.65~0.8）φ_s，常取 $\varphi_d = \frac{2}{3}\varphi_s$。

逆止角 β 指物料通过料仓卸料口连续卸料后剩余在仓内的物料形成的最大坡角。在设计储料仓时，储料仓锥体斜面的倾角必须大于逆止角 β。散状物料按流动性分为 6 类，见表 8.3-4。

表 8.3-4 散状物料流动性分类

序号	物料流动性	备 注
1	能悬浮在空气中，像流体那样自由流动的物料	
2	自由流动的物料	$\varphi \leqslant 30°$
3	正常流动的物料	$30° < \varphi \leqslant 45°$
4	流动性差的物料	$45° < \varphi \leqslant 60°$
5	压实性物料	$\varphi > 60°$
6	易破碎、易缠绕、易起拱、不易分离的物料	

3.2 带式输送机

3.2.1 带式输送机的组成及分类

如图 8.3-1 所示，带式输送机由驱动装置、传动等滚筒、张紧装置、输送带、托辊等部件组成。由上下托辊（或托板）支承的作为承载和牵引构件的输送带，绕过头、尾滚筒形成闭合环路的输送机械，它借助传动滚筒与输送带之间的摩擦传递动力，实现物料输送。带式输送机具有输送能力大、单机长度大、能耗低、结构简单、维护方便、对地适应能力强，能输送各种散状物料及单件质量不太大的成件物品，有的能载人等特点，是应用最广、产量最大的一种输送机。

带式输送机按其结构型式及输送带分有通用带式输送机，移动带式输送机，钢绳芯带式输送机，波状挡边带式输送机、移置式带式输送机，管状带式输送机，气垫带式输送机，磁性、钢带、网带输送机，钢绳牵引带式输送机等。

3.2.2 带式输送机的设计计算

1. 输送带宽度和输送能力的计算

（1）输送能力的计算 散状物料输送机最大输送能力 Q_V （$m^3 \cdot h^{-1}$）：

$$Q_V = 3600 AvK \qquad (8.3-1)$$

式中 A——输送带上物料最大横截面积（m^2），见表 8.3-5；

v——带速（m/s）；

K——输送机倾角因数，见表 8.3-6。

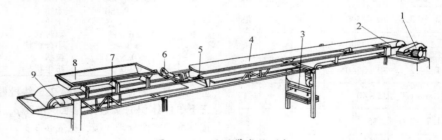

图 8.3-1 通用带式输送机
1—驱动装置 2—传动滚筒 3—张紧装置 4—输送带 5—平行托辊
6—槽形托辊 7—机架 8—导料槽 9—改向滚筒

表 8.3-5 三等长辊子承载时输送带上堆积物料的最大截面积 *A*

（单位：m^2）（续）

带宽 B /mm	动堆积角 φ_d	槽 角 λ					
		20°	25°	30°	35°	40°	45°
500	0°	0.0098	0.0120	0.0139	0.0157	0.0173	0.0186
	10°	0.0142	0.0162	0.0180	0.0196	0.0210	0.0220
	20°	0.0187	0.0206	0.0222	0.0236	0.0247	0.0256
	30°	0.0234	0.0252	0.0266	0.0278	0.0287	0.0293
650	0°	0.0184	0.0224	0.0260	0.0294	0.0322	0.0347
	10°	0.0262	0.0299	0.0332	0.0362	0.0386	0.0407
	20°	0.0342	0.0377	0.0406	0.0433	0.0453	0.0469
	30°	0.0422	0.0459	0.0484	0.0507	0.0523	0.0534
800	0°	0.0279	0.0344	0.0402	0.0454	0.0500	0.0540
	10°	0.0405	0.0466	0.0518	0.0564	0.0603	0.0636
	20°	0.0535	0.0591	0.0638	0.0678	0.0710	0.0736
	30°	0.0671	0.0722	0.0763	0.0798	0.0822	0.0840
1000	0°	0.0478	0.0582	0.0677	0.0793	0.0838	0.0898
	10°	0.0674	0.0771	0.0857	0.0933	0.0998	0.105
	20°	0.0876	0.0966	0.104	0.111	0.116	0.120
	30°	0.109	0.117	0.124	0.129	0.134	0.136

（续）

带宽 B /mm	动堆积角 φ_d	槽 角 λ					
		20°	25°	30°	35°	40°	45°
1200	0°	0.0700	0.0853	0.0992	0.112	0.123	0.132
	10°	0.0988	0.113	0.126	0.137	0.146	0.154
	20°	0.129	0.142	0.153	0.163	0.171	0.176
	30°	0.160	0.172	0.182	0.190	0.196	0.200
1400	0°	0.0980	0.120	0.139	0.157	0.171	0.184
	10°	0.138	0.158	0.175	0.191	0.204	0.214
	20°	0.179	0.197	0.213	0.220	0.237	0.245
	30°	0.221	0.238	0.253	0.264	0.272	0.277
1600	0°	0.130	0.159	0.185	0.208	0.228	0.244
	10°	0.182	0.209	0.223	0.253	0.270	0.283
	20°	0.236	0.261	0.282	0.300	0.314	0.324
	30°	0.293	0.315	0.334	0.349	0.360	0.366
1800	0°	0.167	0.203	0.237	0.266	0.292	0.313
	10°	0.233	0.268	0.289	0.324	0.346	0.363
	20°	0.302	0.334	0.361	0.384	0.401	0.414
	30°	0.374	0.403	0.427	0.446	0.460	0.463

（续）

带宽 B /mm	动堆积角 φ_d	槽 角 λ					
		20°	25°	30°	35°	40°	45°
2000	0°	0.207	0.253	0.294	0.331	0.362	0.388
	10°	0.290	0.332	0.370	0.403	0.429	0.450
	20°	0.376	0.415	0.448	0.476	0.498	0.514
	30°	0.465	0.501	0.530	0.554	0.571	0.581

表 8.3-6　输送机倾角因数

倾角/(°)	2	4	6	8	10
K	1.00	0.99	0.98	0.97	0.95
倾角/(°)	12	14	16	18	20
K	0.93	0.91	0.89	0.85	0.81

成件物品的输送能力 Q_m（$t \cdot h^{-1}$）：

$$Q_m = 3.6 \frac{Gv}{L_f} \qquad (8.3\text{-}2)$$

式中　G——单件物品质量（kg）；

　　　L_f——物品在输送机上的间距（m）。

（2）输送带速度的选择　输送带速度的选择参见表 8.3-7。

表 8.3-7　不同带宽、物料的推荐带速

物 料 特 性	物料种类	带 宽 B/mm			
		500～650	800～1000	1200～1600	1800～2000
		带 速 v/m·s⁻¹			
磨琢性较小，品质不会因粉化而降低	原煤、盐砂等	0.8～2.5	1.0～3.15	2.5～5.0	3.15～6.5
磨琢性较大、中小粒度的物料（160mm 以下）	剥离岩、矿石、碎石等	0.8～2.5	1.0～3.15	2.0～4.0	2.5～5.0
磨琢性较大、粒度较大物料（160mm 以上）	剥离岩、矿石、碎石等	0.8～1.6	1.0～2.5	2.0～4.0	2.0～4.0
品质会因粉化而降低的物料	谷物等	0.8～1.6	1.0～2.5	2.0～3.15	—
筛分后的物料	焦炭、精煤等	0.8～1.6	1.0～2.5	2.0～4.0	—
粉状，容易起尘的物料	水泥等	0.8～1.0	1.0～1.25	1.0～1.6	—

注：1. 长距离、大输送量的输送机选取较高带速；短距离输送机选取较低带速。

　　2. 水平线上运输送机选取较高带速；下运输送机选取较低带速。

　　3. 输送磨琢性大、粒度大及容易起尘的物料时，选取较低带速。

　　4. 输送成件物品时，带速不宜大于 1.25m/s。

　　5. 采用型式卸料器时，带速不宜大于 2.5m/s。

　　6. 采用卸料车时，带速不宜大于 3.15m/s。

　　7. 人工配料称重的输送机，带速不宜大于 1.25m/s。

（3）输送带宽度的计算

1）根据已知输送能力 Q_V 及所选取的带速 v，按照表 8.3-8 初选带宽。

表 8.3-8 带速 v、带宽 B 与输送能力 Q_V 的匹配关系

B/mm ＼ Q_V/m³·h⁻¹ ＼ v/m·s⁻¹	0.8	1.0	1.25	1.6	2.0	2.5	3.15	4	(4.5)	5.0	(5.6)	6.5
500	69	87	108	139	174	217						
650	127	159	198	254	318	397						
800	198	248	310	397	496	620	781					
1000	324	405	507	649	811	1014	1278	1622				
1200		593	742	951	1188	1486	1872	2377	2674	2971		
1400		825	1032	1321	1652	2065	2602	3304	3718	4130		
1600					2186	2733	3444	4373	4920	5466	6122	
1800					2795	3494	4403	5591	6291	6989	7829	9083
2000					3470	4338	5466	6941	7808	8676	9717	11277
2200						6843	8690	9776	10863	12166	14120	
2400						8289	10526	11842	13158	14737	17104	

注：1. 输送能力 Q_V 值系按水平运输、动堆积角 φ_d 为 20°、托辊槽角 λ 为 35°时计算的。

2. 表中带速在括号中的值为非标准值，一般不推荐选用。

2）根据已知托辊槽角 λ、输送倾角 δ、被输送物料的动堆积角 φ_d 及初选的带宽 B，按照公式 8.3-1、表 8.3-5、表 8.3～6 验算输送能力 Q_V。如不满足要求，可调整带速等因素使之满足。

3）确定的带宽应符合表 8.3-9 各种带宽适合的最大物料粒度的要求。

4）输送成件物品时，带宽应比物件横向尺寸大 50～100mm。

2. 驱动圆周力和功率计算

（1）驱动圆周力 传动滚筒上所需的驱动圆周力 F_v（N）等于输送机上所有阻力之和。

$$F_v = F_m + F_a + F_{s1} + F_{s2} + F_h \quad (8.3-3)$$

对于机长大于 80m 的带式输送机，附加阻力 F_a 可用因数 C 来考虑，此时的圆周力 F_v（N）：

$$F_v = CF_m + F_{s1} + F_{s2} + F_h \quad (8.3-4)$$

式中 C——因数，见表 8.3-10；

F_m——主要阻力（N），见表 8.3-11；

F_a——附加阻力（N），见表 8.3-11；

F_{s1}——特种主要阻力（N），见表 8.3-11；

F_{s2}——特种附加阻力（N），见表 8.3-11；

F_h——提升阻力（N），见表 8.3-11。

表 8.3-9 带宽 B 与物料粒度 d 的关系 （单位：mm）

带宽 B	500	650	800	1000	1200	1400	1600	1800	2000
物料大小均匀时，粒度应小于	100	130	160	200	250	280	320	350	380
物料大小不均匀且最大块质量超过总质量的 10%时，最大块粒度应小于	150	200	250	300	350	350	400	430	460

表 8.3-10 因数 C （装载因数在 0.7～1.1 范围内）

L/m	40	63	80	100	150	200	300	400	500	600	700	800	900	1000	1500	2000	2500	5000
C	2.4	2.0	1.92	1.78	1.58	1.45	1.31	1.25	1.2	1.17	1.14	1.12	1.10	1.09	1.06	1.05	1.04	1.03

表 8.3-11 各种阻力的计算

阻力种类	阻力代号	计算公式	备注
F_m	F_m	主要阻力 (N) $F_m = fgL \left[q_{ci} + q_{ri} + (2q_b + q) \cos\delta \right]$ $q = \dfrac{Q_v \rho_0}{3.6v}$	f—模拟摩擦因数,见表 8.3-12 g—重力加速度,$g = 9.81 \text{m/s}^2$ L—输送机长度 (头、尾滚筒中心距) (m) q_{ci}—承载分支每米机长托辊旋转部分质量 (kg/m) q_{ri}—回程分支每米机长托辊旋转部分质量 (kg/m) q_b—承载、回程分支每米输送带的质量 (kg/m)
F_a	F_{bA}	在加料段、加速段输送物料与输送带间的惯性阻力和摩擦阻力 (N) $F_{bA} = \dfrac{Q_v \rho_0 (v - v_0)}{3.6}$	q—每米输送物料的质量 (kg/m) δ—输送倾角 (°),当 $\delta \leqslant 18°$ 时,$\cos\delta \approx 1$ ρ_0—物料的堆积密度 (t/m³) b_1—导料挡板内部宽度 (m)
	F_f	在加速段物料和导料挡板间的摩擦阻力 (N) $F_f = \dfrac{u_2 Q_v^2 \rho_0 g L_b}{3.24 (v + v_0)^2 b_1^2} \times 10^{-3}$	D—滚筒直径 (m) d—输送带厚度 (m) d_0—轴承内轴径 (m) F—滚筒上输送带平均张力 (N)
	F_1	输送带绕过滚筒的弯曲阻力 (N) (1) 各种织物芯输送带 $F_1 = 9B \left(140 + 0.01 \dfrac{F}{B}\right) \dfrac{d}{D}$ (2) 钢线芯输送带 $F_1 = 12B \left(200 + 0.01 \dfrac{F}{B}\right) \dfrac{d}{D}$	F_T—作用于滚筒上的两输送带张力和滚筒旋转部分质量的矢量和 (N) L_b—加速段长度 (m),$L_{b\min} = \dfrac{v^2 - v_0^2}{2g\mu_1}$ v_0—在输送带运行方向上物料的输送速度分量 (m/s) μ_1—物料与输送带间摩擦因数,取 0.5 ~ 0.7
	F_t	改向滚筒轴承阻力 (N) $F_t = 0.005 \dfrac{d_0}{D} F_T$	
F_{s1}	F_ε	上托辊前倾阻力 (N) $F_{\varepsilon 1} = C_\varepsilon \mu_0 L_\varepsilon (q_b + q) g\cos\delta\sin\varepsilon$ 下托辊前倾阻力 (N) $F_{\varepsilon 2} = \mu_0 L_\varepsilon q_b g\cos\lambda\cos\delta\sin\varepsilon$	C_ε—槽型因数,当槽角 30° 时,$C_\varepsilon = 0.4$, 当槽角 45° 时,$C_\varepsilon = 0.5$ μ_0—托辊和输送带间摩擦因数,取 0.3 ~ 0.4 L_ε—有前倾托辊段之机长 (m) ε—托辊轴线与输送带纵向轴线之垂线的夹角 (°)
	F_{ch}	导料挡板的阻力 (N) $F_{ch} = \dfrac{q^2 l g \mu_2}{1000 \rho_0 b_1^2}$	λ—托辊槽角 (°) l—装有导料挡板的设备长度 (m) b_1—导料挡板内宽 (m) S—输送带和清扫器的接触面积 (m²)
F_{s2}	F_d	输送带清扫器阻力 (N) $F_d = Sp\mu_3$	p—输送带和清扫器间的压力,一般取 $(3 \sim 10) \times 10^4$ (Pa) μ_2—物料与导料挡板间摩擦因数,取 0.5 ~ 0.7
	F_{sc}	犁式卸料器的阻力 (N) $F_{sc} = BK_{sc}$	μ_3—输送带和清扫器间的摩擦因数 B—带宽 (m) K_{sc}—刮板系数,取 1500N/m
F_h	F_h	$F_h = qHg$ (N)	H—物料提升高度,物料下降时为负值 (m)

表 8.3-12 模拟摩擦因数 f (推荐值)

安装情况	工作条件	f
水平、向上倾斜及向下倾斜的电动工况	工作环境良好,制造、安装良好,带速低,物料内摩擦因数小	0.020
	按标准设计,制造、调整好,物料内摩擦系数中等	0.022
	多尘,低温,过载,高带速,安装不良,托辊质量差,物料内摩擦大	0.023 ~ 0.03
向下倾斜	设计、制造正常,处于发电工况时	0.012 ~ 0.016

(2) 驱动功率 传动滚筒所需的驱动轴功率 P_0 (kW) 为

$$P_0 = \frac{F_v v}{1000} \qquad (8.3-5)$$

电动机功率 P (kW) 为

电动工况 $\qquad P = \dfrac{P_0}{\eta_1} \qquad (8.3-6)$

发电工况 $\qquad P = P_0 \eta_2 \qquad (8.3-7)$

式中 η_1、η_2——综合效率,$\eta_1 = 0.78 \sim 0.95$, $\eta_2 = 0.95 \sim 1.0$。

3. 输送带张力 沿全长输送带各点张力是变化的。为使输送机正常运转,必须保证在任何时刻不发生输送带打滑且输送带在托辊间垂度不太大。

按照不打滑条件求出传动滚筒绕出点输送带最小张力 F_{2min} (N)(见图 8.3-2)为:

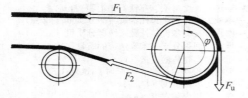

图 8.3-2 作用于输送带的张力

$$F_{2min} \geqslant F_{umax} \frac{1}{e^{\mu\varphi} - 1} \qquad (8.3-8)$$

式中 F_{umax}——满载输送机在起动、制动或稳定工况下出现的最大圆周力(N),一般取 $F_{umax} = (1.3 \sim 1.7) F_u$;

当采用可控软起动时 $F_{umax} = (1.05 \sim 1.3) Fu$;

μ——传动滚筒与输送带间的摩擦因数,见表 8.3-13;

φ——输送带在传动滚筒上的围包角(rad);

$e = 2.7183$ 自然对数。

按照输送带垂度条件求出承载分支输送带最小张力 F_{min} (N) 为:

$$F_{min} \geqslant a_0 (q_b + q) g/8 (h/a)_{max} \qquad (8.3-9)$$

式中 a_0——承载分支托辊间距(m);

$(h/a)_{max}$——输送带许用最大下垂度,取 $(h/a)_{max} = 0.01$。

输送带最大张力 F_{max} 等于以 F_{2min} 和 F_{min} 为基础,按逐点张力法分别求出取输送带张力的较大值。

表 8.3-13 传动滚筒和橡胶带之间的摩擦因数 μ

运行条件 \ 滚筒覆盖面	光滑裸露的钢滚筒	带人字形沟槽的橡胶覆盖面	带人字形沟槽的聚氨酯覆盖面	带人字形沟槽的陶瓷覆盖面
干态运行	0.35 ~ 0.40	0.40 ~ 0.45	0.35 ~ 0.40	0.40 ~ 0.45
清洁潮湿(有水)运行	0.10	0.35	0.35	0.35 ~ 0.40
污浊的湿态(泥浆、粘土)运行	0.05 ~ 0.10	0.25 ~ 0.30	0.20	0.35

3.3 板式输送机

3.3.1 板式输送机的构成和特点

板式输送机(图 8.3-3)主要由驱动装置、传动链轮、张紧装置、运载机构(包括输送槽、牵引链和支承滚轮)、机架和清扫装置等组成。传动链轮传递给牵引链的动力使运载机构沿机架上的导轨运行,完成物料输送。板式输送机最长可达 200m,输送线路布置灵活,倾角可达 35°,弯曲半径一般为 5 ~ 8m。一般用来输送大宗散状物料或成件物品,尤其适合于输送沉重的、粒度大的、磨琢性强的和灼热的物料;能在露天、潮湿等恶劣条件下可靠地工作,广泛地应用于冶金、煤炭、化工、电力、水泥、机械制造等部门。

板式输送机的基本参数如下:

链条节距 p (mm):63,80,100,125,160,200,250,315,400,500。

槽宽 B (mm):160,200,250,315,400,500,630,800,1000,1250,1600,2000,2500。

挡板高度 H (mm):40,50,63,80,100,125,160,200,250,315,400,500。

3.3.2 板式输送机的设计计算

1. 板式输送机的输送能力 输送散状物料的能力 Q (t·h^{-1})

$$Q = 3600 [KB^2 K_1 \tan(0.4\varphi) + Bh\psi] v\rho_0$$

式中 K——侧板因数,有侧板时,$K = 0.25$;无侧板时,$K = 0.18$;

B——输送槽宽度(m),有侧板时取侧板内口宽;无侧板时取板宽;

K_1——倾斜输送时的降低因数,见表 8.3-14;

φ——散状物料静堆积角(°);

h——侧板高度(m);

ψ——装填因数,一般取 $\psi = 0.65 \sim 0.85$;

ρ_0——物料堆积密度(t/m^3)。

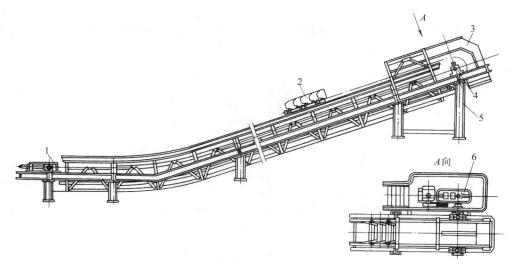

图 8.3-3　板式输送机

1—张紧装置　2—运载机构　3—导料防护装置　4—传动链轮装置　5—机架　6—驱动装置

表 8.3-14　因数 K_1 值

输送倾角	有侧板	无侧板
< 10°	1	1
10° ~ 20°	0.95	0.90
> 20°	0.90	0.85

输送成件物品的能力 Q（件·h^{-1}）：

$$Q = 3600 \frac{v}{a_t}$$

式中　v——输送速度（m/s）；

　　　a_t——成件物品在输送机上的间距（m）。

2. 板式输送机的驱动功率

a. 牵引力 F_z（N）：

$$F_z = F_1 + F_2 + F_3 + F_4 + F_5$$

式中　F_1——运行阻力（N），由运载机构及其运载的货物运动时所产生的阻力，见表 8.3-15；

　　　F_2——附加阻力（N），由输送链节中的摩擦、链条通过链轮时摩擦、滚轮轴承的摩擦及运载机构偏移引起的摩擦产生的阻力，见表 8.3-15；

　　　F_3——装料阻力（N），是从料斗或料仓进料时产生的阻力，见表 8.3-15；

　　　F_4——提升阻力（N），设备倾斜安装时，货物向上提升所产生的阻力，见表 8.3-15；

　　　F_5——摩擦阻力（N），由运送的散状物料与导料侧板之间的摩擦产生的阻力，见表 8.3-15。

b. 电动机功率 P（kW）

$$P = \frac{1.3 F_z v}{1000 \eta}$$

式中　η——传动系统总效率。

3. 输送链张力　输送链张力 F（N）为牵引力 F_z、运载机构自重产生的张力、链条初张力 F_0 和链条动张力 F_d 之和。

$$F = F_z + q_L g L \sin\beta + F_0 + 3 F_d$$

$$F_d = \frac{2\pi^2 v^2 p (2 q_L + q_w) L}{D^2}$$

式中　D——链轮节圆直径（m）；

　　　p——链条节距（m）。

输送链条计算张力值是选择链条规格的依据。保证链条静强度的条件是：

$$F \leqslant \frac{F_P}{n}$$

式中　F_P——链条的破断拉力（N）；

　　　n——安全系数，一般取 $n = 7 \sim 9$。

当链条根数等于或大于 2 时，应考虑各链条之间载荷分布不均匀因素，其强度验算按下式进行：

$$F \leqslant \frac{F_P z}{1.2 n}$$

式中　z——链条根数。

表 8.3-15　各种阻力的计算

阻力代号	计算公式	备　　注
F_1	$F_1 = fgL(q_w + q_L)\cos\beta$	f—运行阻力因数，一般取 $f = 0.04$
F_2	$F_2 = 0.1F_1$	g—重力加速度，$g = 9.81\,\mathrm{m/s^2}$ L—链轮中心距（m）
F_3	$F_3 = \sigma_v A$ $\sigma_v = 5.6K_0\rho_0 Rg$ $R = \dfrac{(B_0 - d_m)(L_0 - d_m)}{2(B_0 + L_0 - 2d_m)}$ $A = B_0 + L_0\cos\beta$	q_w—每米输送货物的质量（kg/m） q_L—承载、回程分支每米运载机构自身的质量（kg/m） β—输送机的倾斜角度（°） σ_v—料仓内物料对输送机的压力（Pa） A—输送机入料口的有效面积（m²） K_0—料仓使用特点因数，在不是每次都卸空的情况下 $K_0 = 1.5$ R—水力半径（m） B_0—输送机入料口的宽度或料仓仓口的宽度（m） d_m—物料平均粒度（m）
F_4	$F_4 = gLq_w\sin\beta$	L_0—输送机入料口的长度或料仓仓口的长度（m） μ—货物与侧板间摩擦因数 Q_V—输送能力（m³/h） l—货物沿侧板移动的长度（m）
F_5	$F_5 = \mu g\rho_0\dfrac{Q_V l}{v^2 b^2}$	b—侧板之间的距离（m）

3.4　刮板输送机

3.4.1　刮板输送机的分类

刮板输送机是一种利用固接在牵引链上的刮板在料槽中移动来输送散状物料的输送机械。按照工作原理和结构型式，刮板输送机可分为普通刮板输送机和埋刮板输送机。

3.4.2　普通刮板输送机

普通刮板输送机（图 8.3-4）由驱动装置、张紧装置、牵引链、刮板、料槽、机架等组成。物料可在输送机上的任意一点加入到料槽中，由刮板推动前移。通常在上分支输送物料，在头部卸料，也可在任意一点打开槽底而卸料。也可在下分支输送物料或两个分支同时输送物料。以水平输送布置形式为主，亦可在小倾角下输送。

普通刮板输送机结构简单、操作方便、运行可靠，可两个方向同时输送物料，可在全长上任意位置装、卸物料。适合输送各种粉末状、小颗粒或块状的流动性较好的散状物料，如矿石、焦炭、煤炭、沙子、水泥、化肥、谷物等，不适合输送易碎的、磨琢性大的物料。

3.4.3　埋刮板输送机

埋刮板输送机的料槽是封闭的，其中充满了物料，刮板和链条被埋在物料中，刮板仅占物料截面的一部分。在水平输送时，物料受到刮板链条在运行方向上的推力及物料自身重力的作用，物料层之间产生了内摩擦力。当刮板所切割的物料层的内摩擦力大于物料与槽壁间的摩擦力时，物料就随同刮板形成连续整体的物料流而被输送。在垂直输送时，物料受到刮板链条在运动方向上的推力和下部物料的阻力而产生横向侧压力，从而增加了物料的内摩擦力，当物料间的内摩擦力大于物料和槽壁间的摩擦力与物料自重时，物料就随刮板链条形成连续的物料流向上输送。物料在垂直输送过程中，有时会产生起拱现象，但由于刮板链条在运行中的振动作用，料拱时而产生时而破坏，因而物料在输送过程中略滞后于刮板链条。

埋刮板输送机结构简单、质量较轻、体积小、密闭性强，安装维护方便；输送线路布置灵活，既可水平输送，又可倾斜或垂直输送，可多点加料、多点卸料输送。适合于输送易扬尘、有毒、易燃、易爆、高湿的粉状，颗粒状和小块状物料；不宜输送流动性特强、易悬浮、磨琢性强和易碎的物料。

埋刮板输送机结构型式见表 8.3-16 及图 8.3-5。

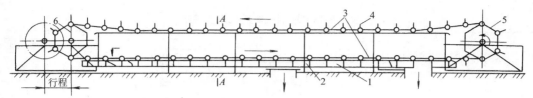

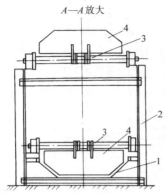

图 8.3-4 普通刮板输送机

1—料槽 2—机架 3—牵引链 4—刮板 5—驱动装置 6—张紧装置

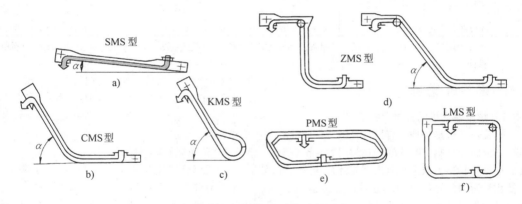

图 8.3-5 埋刮板输送机结构型式

a) 水平型 b) 垂直型 c) 扣环型 d) Z 型 e) 平面环型 f) 立面环型

表 8.3-16 埋刮板输送机结构型式及代号

类型	水平型	垂直型	Z 型	平面环型	立面环型	扣环型
代号	S	C	Z	P	L	K

按用途埋刮板输送机可分为普通型和特殊型。普通型埋刮板输送机适合输送一般特性的散状物料；特殊型埋刮板输送机适合输送具有某种特殊物理性能的散状物料。常见的机型及其基本适用范围和代号见表 8.3-17。

埋刮板输送机的主要参数见表 8.3-18。

表 8.3-17 特殊型埋刮板输送机基本适用范围及代号

类型	普通型	热料型	耐磨型	气密型	粮食专用型
物料特性	常用物料	100~800℃高温物料	磨琢性物料	有毒性和渗透性物料	颗粒状粮食
代号	T	R	M	F	Z

表 8.3-18　埋刮板输送机主要参数

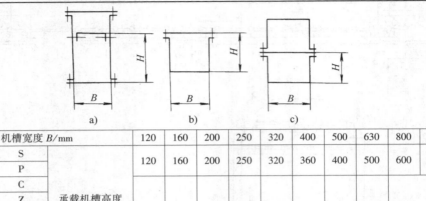

a)　　　　　　b)　　　　　　c)

		机槽宽度 B/mm	120	160	200	250	320	400	500	630	800	1000
T M F	S		120	160	200	250	320	360	400	500	600	700
	P	承载机槽高度 H/mm	100	120	130	160	200	250	280	320		
	C											
	Z											
	L											
	K											
R	S		—		250		360		500		—	
	C		—		130	160	200	250	280	320	—	
S		整机安装倾角 α/ (°)	0° ~ 25°									
C			30°、45°、60°、75°、90°									
Z			60°、90°									
K			0° ~ 90°									
刮板链条速度 v/m·s⁻¹			0.08、0.10、0.16、0.20、0.25、0.32、0.40、0.50、0.63、0.80、1.00									

注：图 a 为水平型中间段截面；图 b 为平面环型、立面环型中间段截面；图 c 为垂直型、Z 型、扣环型中间段截面。

3.5　螺旋输送机

3.5.1　螺旋输送机的分类及特点

螺旋输送机是一种没有挠性牵引构件的输送机。它依靠带有螺旋叶片的轴在封闭的料槽中旋转而推动物料移动或令带有内螺旋叶片的圆筒旋转使物料运动。螺旋输送机分普通螺旋输送机、螺旋管输送机和垂直螺旋输送机。

螺旋输送机结构简单，横向尺寸小，便于维护，可封闭输送，污染小，装卸料位置可灵活变动，在输送过程中还可进行混合、搅拌等作业。但物料在输送过程中与机件摩擦剧烈且产生翻腾，易被研碎，能耗及机件磨损较大。因此，它的机长一般在 70m 以内，输送能力一般小于 100t/h。它适合输送粒性较小的粉状、颗粒状及小块物料。

3.5.2　普通螺旋输送机

普通螺旋输送机（图 8.3-6）由一个头节、一个尾节和若干个中间节组成，每节长 2～3m，以便于制造和运输。料槽为 U 形截面，各节间用螺栓连接。螺旋轴上的叶片有三种面型（图 8.3-7），根据物料特性按表 8.3-19 选用。螺旋标准直径（mm）有 100，125，160，200，250，315，400，500，630，800，1000，1250 十二个规格。

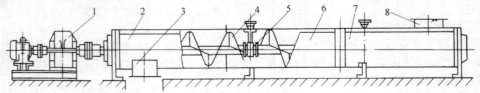

图 8.3-6　普通螺旋输送机

1—驱动装置　2—头节　3—出料口　4—螺旋轴　5—吊轴承　6—中间节　7—尾节　8—进料口

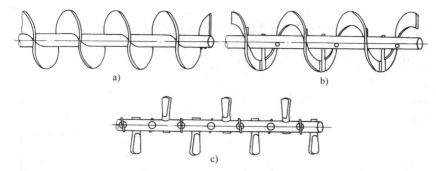

图 8.3-7　螺旋叶片面型

a) 实体面型　b) 带式面型　c) 叶片面型

表 8.3-19　普通螺旋输送机经验因数 k_d、k_z、k_l

物料粒度	物料磨琢性	典型物料	推荐 k_d	螺旋面型	k_z	k_l
粉状	无磨琢性及磨琢性小	煤粉	0.35 ~ 0.40	实体或叶片面型	0.0415	75
		面粉、石墨、石灰、苏打			0.0490	50
	磨琢性较大	干炉渣、水泥、石膏粉	0.25 ~ 0.30		0.0565	35
粒状	无或较小磨琢性	谷物、锯木屑、泥煤、食盐	0.25 ~ 0.35		0.0490	50
	磨琢性较大	造型土、型砂、炉渣	0.25 ~ 0.30		0.0600	30
小块状 $a \leqslant 60mm$	无或较小磨琢性	煤、石灰	0.25 ~ 0.30	实体面型	0.0537	40
	磨琢性较大	卵石、砂岩、炉渣	0.20 ~ 0.25		0.0645	25
中块状 $a > 60mm$	无或较小磨琢性	块煤、块状石灰	0.20 ~ 0.25	实体或带式面型	0.0600	30
	磨琢性较大	干粘土、硫矿石、焦炭	0.12 ~ 0.20		0.0795	15
团状	粘性、易结块	糖、淀粉质的团	0.12 ~ 0.20	带式或叶片面型	0.0710	20

螺旋输送机的选型计算主要是螺旋直径 D（m）、转速 n 及驱动功率 N。

螺旋直径　$D \geqslant k_z \sqrt[2.5]{\dfrac{Q}{k_d k_\beta \rho_0}}$

式中　Q——输送能力（t/h）；

k_z——物料综合特性因数，见表 8.3-19；

k_d——填充因数，见表 8.3-19；

k_β——倾角因数，见表 8.3-20；

ρ_0——物料的堆积密度（t/m³）。

表 8.3-20　倾角因数 k_β

输送倾角	0°	≤5°	≤10°	≤15°	≤20°
k_β	1.00	0.90	0.80	0.70	0.65

求出的 D 值应圆整为标准直径，且与物料粒度 a 之间还应保证下式成立：

对于分选物料　$D \geqslant 4a$

对于未分选物料　$D \geqslant 8a$

螺旋转速 n 应小于极限转速 n_j（r·min⁻¹），避免出现物料被螺旋叶片抛起而降低输送效率。

$$n_j = k_1 \sqrt{D}$$

式中　k_1——物料特性因数，见表 8.3-19。

驱动功率 P（kW）：

$$P \geqslant \frac{Q}{367\eta}(\omega_0 L_h + H)$$

式中　η——机械效率；

ω_0——阻力因数，取 1.2 ~ 4.0（对于磨琢性较大或粘性物料取较大值，对磨琢性小的取小值）；

L_h——输送机水平投影长（m）；

H——出料口与进料口处的高差（m），向上输送时为正值，向下输送时为负值。

3.5.3　螺旋管输送机

螺旋管输送机见图 8.3-8。输送管的内管上焊有带式螺旋叶片，输送管外每隔 5 ~ 8m 装有一个支承圈，它由支撑辊支撑。用齿轮或链条、传送带等传动使输送管转动。

位于管内螺旋叶片之间的物料在摩擦力作用

下随管转动一个角度并被提升，然后物料在重力作用下沿螺旋叶片之间的通道下滑，从而使物料产生轴上移动。这种输送机适合输送纤维状物料或热料，不易堵塞，不会因轴承的润滑而污染物料；在输送过程中混合、通风、干燥、冷却等作用较好。但占地面积大，一般在两端装、卸料，不宜输送粘性物料，因此多在与工艺过程结合的场合才使用。

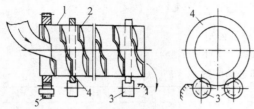

图 8.3-8 螺旋管输送机
1—输送管 2—螺旋叶片 3—支撑辊
4—支承圈 5—齿轮

3.5.4 垂直螺旋输送机

垂直螺旋输送见图 8.3-9。它由一台短的水平螺旋输送机供料，垂直输送部分包括实体面型的螺旋轴和圆管形的外壳。驱动装置可放在上端或下端。为避免堵料，外壳中不安装中间轴承，这就限制了它的提升高度一般不超过 15m。

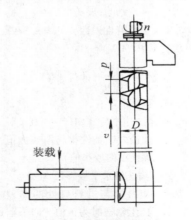

图 8.3-9 垂直螺旋输送机

当螺旋轴以较高的速度旋转时，物料与叶片间的摩擦力使物料逐渐加速。一旦物料颗粒所受的离心力大于物料与叶片间的摩擦力，它将向外壳壁移动，从而增加了对外壳的压力。外壳壁对物料颗粒的摩擦力，使靠近壳壁的物料颗粒减速并与叶片之间产生相对运动，从而被螺旋叶片推

着上移。物料在螺旋叶片上堆积的横截面如图 8.3-10 所示。

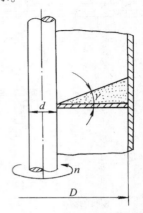

图 8.3-10 物料在螺
旋叶片上的堆积

3.6 振动输送机

3.6.1 振动输送原理

振动输送机通常采用一个梯形截面的槽体作为输送物料的承载构件，利用弹簧将其支撑或悬挂在基础上（图 8.3-11）。槽体由激振装置强迫振动，同时，激振装置与槽体输送方向呈一定的抛料角 β，利用连续微跳跃使物料沿料槽向前输送。

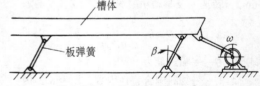

图 8.3-11 振动输送机示意图

反映物料运动情况常用抛料指数 D 来表示。抛料指数即为槽体最大垂直加速度与重力加速度之比值。

$$D = \frac{4\pi^2 f^2 A_0 \sin\beta}{g}$$

式中 f——槽体振动频率（Hz）；
　　A_0——振幅（mm）；
　　g——重力加速度（mm/s²）。

当 $D < 1$ 时，物料将始终与槽底接触，而不能被抛起，只能有相对静止或滑动。

当 $D = 1$ 时，物料处于将要跳起而未跳起的临界状态。

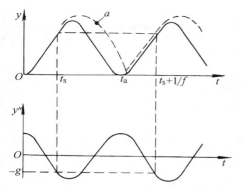

图 8.3-12 槽体与物料运动过程

当 $D > 1$ 时，物料颗粒 a（图 8.3-12）开始与槽体一起运动，当 t_s 时颗粒 a 达到了重力加速度负值（$-g$）而开始离开槽体，接着沿抛物线轨迹向前运动，到 t_a 时落到槽体上，又与槽体一起运动或相对滑动。经过一个槽体振动周期到 $t_s + 1/f$ 时又离开槽体向前运动（f 为槽体的振动频率）。这种断续的微跳跃运动是一种周期性跳跃过程，且物料的离开点与着落点同在一个槽体振动周期内。周期性跳跃过程的抛料指数 D 在 $1.0 \sim 3.3$ 之间。当 $D = 3.3$ 时，物料恰好越过一个槽体振动周期，即抛料持续时间 $t_a - t_s$ 等于一个槽体振动周期 T。

3.6.2 振动输送机主要结构型式

振动输送机按驱动方式可分为偏心连杆式、惯性式和电磁式；按参振质体可分为单质体、双质体和多质体；按使用功能可分有水平式和垂直提升等。振动输送机主要结构型式见表 8.3-21。

振动输送机结构简单，容易制造、安装和维护，能耗小，操作安全，可以多点进料和多点排料，可以边输送边实现物料脱水、干燥、冷却、筛分或加热、保温和混料等工艺过程。用于输送块状、粉粒状物料，如食品、医药、矿石、精矿粉、煤炭、玻璃原料、型砂等。

表 8.3-21　振动输送机主要结构型式对比

类　型	结构示意图	驱动方式	振动频率/Hz	双振幅/mm	输送距离/m
单质体偏心连杆振动输送机		刚性连杆偏心机构	$5 \sim 25$	$4 \sim 12$	$2 \sim 12$
双质体共振式偏心连杆振动输送机		半刚性连杆偏心机构	$5 \sim 25$	$8 \sim 12$	$6 \sim 30$ 特殊设计可达 50
双质体共振式弹性连杆振动输送机		偏心机构	$5 \sim 25$	$8 \sim 12$	$6 \sim 30$ 特殊设计可达 50
双质体平衡共振式弹性连杆振动输送机		弹性连杆偏心机构	$12.5 \sim 25$	$8 \sim 12$	$6 \sim 30$ 特殊设计可达 50
单质体惯性振动输送机		双惯性振动器同步驱动	$12.5 \sim 25$	$4 \sim 12$	$2 \sim 25$
		电动机拖动双偏心块同步驱动	$12.5 \sim 25$	$4 \sim 12$	$4 \sim 25$

（续）

类　　型	结 构 示 意 图	驱动方式	振动频率/Hz	双振幅/mm	输送距离/m
单质体惯性振动输送机		双惯性振动器在振动方向上同步驱动	12.5～25	4～12	4～25
双质体共振式惯性振动输送机		双惯性振动器同步驱动	12.5～25	4～12	4～30
		双惯性振动器同步驱动	12.5～25	4～12	4～20
电磁振动输送机		电磁铁驱动	25～50	2～2.5	4～20
		电磁振动器驱动	25～50	2～2.5	4～12
垂直提升振动输送机		偏心连杆或惯性振动器或电磁铁驱动	偏心连杆：5～15 惯性：12.5～25 电磁：25～50	偏心连杆：4～12 惯性：4～8 电磁：2～2.5	偏心连杆、惯性：10 电磁：2～4

3.7　斗式提升机

3.7.1　斗式提升机的特点及分类

斗式提升机（图 8.3-13）是一种利用固接在牵引件（胶带或链条）上的一系列料斗垂直或大倾角向上输送粉状及小块物料的输送机。按一定间距固接料斗的牵引件绕过上部驱动滚筒或链轮，下部改向滚筒或链轮构成具有上升分支和下降分支的闭合环路。斗式提升机的驱动装置安装在上部，给牵引件提供动力；张紧装置安装在底部，给牵引件提供必要的初张力。物料从底部装载，上部卸载。除驱动装置外其余部件均装在封闭的机壳内。

斗式提升机种类较多。按牵引件种类可分为带式和链式斗式提升机；按卸载方式可分为重力式、离心式和混合式（重力-离心式）斗式提升机；按卸载位置可分为外斗式和内斗式斗式提升机。斗式提升机横截面尺寸小，占地少，结构紧凑，有封闭的机壳，不扬灰尘，不污染环境和物料被污染。但对过载较敏感，料斗及牵引件易损坏。提升高度一般在 40m 以下，最大可达 350m；输送能力一般在 300t/h 以下，最大可达 2000t/h。在建筑材料、耐火材料、机械铸造、矿山运输、食品加工等行业获得广泛应用。

3.7.2　斗式提升机的技术性能

斗式提升机应用最广的是 TD 型带式、PH 型圆环链式和 TB 型板式套筒滚子链式三种型式。

TD 型带式斗式提升机采用离心式或混合式卸载方式，适合于输送堆积密度小于 1.5t/m³ 的粉状、粒状、小块状的无磨琢性或磨琢性较小物料，物料温度不超过60℃；当物料温度在60～200℃时，应采用耐热橡胶带。TH型圆环链斗式提升机采用混合式或重力式卸载方式，适合于输送堆积密度小于1.5t/m³的粉状、粒状、小块状的无磨琢性或磨琢性中等物料，物料温度不超过250℃。TB型板式套筒滚子链斗式提升机采用重力式卸载方式，适合于输送堆积密度小于2t/m³的中、大块，磨琢性较大的物料。物料温度不超过250℃。

TD型、TH型、TB型斗式提升机所用料斗型式见表8.3-22，主要技术参数见表8.3-23至表8.3-25。

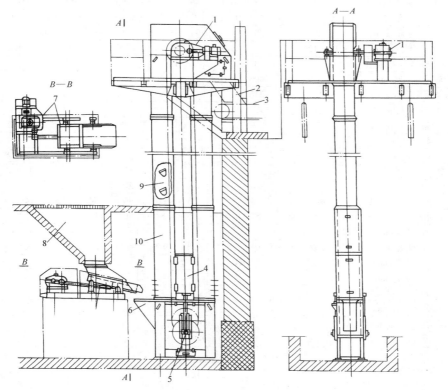

图 8.3-13　斗式提升机设备系统
1—驱动装置　2—卸料槽　3—带式输送机　4—张紧重锤　5—张紧装置　6—底部装载槽
7—往复式给料机　8—存斗　9—牵引件及料斗　10—提升机机壳

表 8.3-22　料斗的规格与适用范围

料斗类型	浅斗	圆弧斗	中深斗	深斗	中深斗	深斗	角斗	梯形斗
牵引件	橡 胶 带				圆 环 链		板式套筒滚子链	
代号	Q	H	Zd	Sd	Zh	Sh	J	T
形状								
斗宽范围 /mm	100，160 250，315 400，500	100，160 250，315 400，500 630	160，250 315，400 500，630	160，250， 315，400， 500，630	315，400 500，630 800，1000	315，400， 500，630， 800，1000	250	315，400 500，630 800，1000
适用物料	细轻物料，如面粉、谷物、木屑等	颗粒状物料，如菜籽、豆类等	粘湿物料，如糖、湿砂等	重的粉状或小块物料，如砂、水泥等	含水物料，如粘土、糖、湿砂等	流散性不良的物料，如水泥、煤粉等	堆积密度较大、磨琢性的物料，如碎石、矿石、卵石、焦炭等	

表 8.3-23　TD 型斗式提升机基本技术参数

提升机型号		TD100		TD160				TD250				TD315			
料斗类型		Q	H	Q	H	Zd	Sd	Q	H	Zd	Sd	Q	H	Zd	Sd
输送量	离心式/m³·h⁻¹	4	7.6	9	16	16	27	20	36	38	59	28	50	42	67
	混合式/m³·h⁻¹	—		—				—				20	38	32	50
料斗	斗宽/mm	100		160				250				315			
	斗容/dm³	0.15	0.3	0.49	0.9	1.2	1.9	1.22	2.24	3.0	4.6	1.95	3.55	3.75	5.8
	斗距/mm	200		280		350		360		450		400		500	
输送带	宽度/mm	150		200				300				400			
	层数（最大值）	3						4							
	传动滚筒直径/mm	400						500							
	从动滚筒直径/mm	315						400							
料斗运行速度	离心式/m·s⁻¹	1.4						1.6							
	混合式/m·s⁻¹	—						—				1.2			
主轴转速	离心式/r·min⁻¹	67						61							
	混合式/r·min⁻¹	—						—				45.8			

提升机型号		TD400				TD500				TD630		
料斗类型		Q	H	Zd	Sd	Q	H	Zd	Sd	H	Zd	Sd
输送量	离心式/m³·h⁻¹	40	76	68	110	63	116	96	154	142	148	238
	混合式/m³·h⁻¹	32	60	54	85	45	84	70	112	106	110	180
料斗	斗宽/mm	400				500				630		
	斗容/dm³	3.07	5.6	5.9	9.4	4.84	9.0	9.3	14.9	14	14.6	23.5
	斗距/mm	480		560		500		625		710		
输送带	宽度/mm	500				600				700		
	层数（最大值）	5								6		
	传动滚筒直径/mm	630								800		
	从动滚筒直径/mm	500								630		
料斗运行速度	离心式/m·s⁻¹	1.8								2.0		
	混合式/m·s⁻¹	1.4				1.3				1.5		
主轴转速	离心式/r·min⁻¹	54.6								48		
	混合式/r·min⁻¹	42.5				40				36		

注：斗容为计算容积。

表 8.3-24　TH 型斗式提升机基本技术参数

提升机型号		TH315		TH400		TH500		TH630		TH800		TH1000	
料斗类型		Zh	Sh	Zh	Sh	Zh	Sh	Zh	Sh	Zh	Sh	Zh	Sh
输送量/m³·h⁻¹		35	60	60	94	75	118	114	185	146	235	235	365
料斗	斗宽/mm	315		400		500		630		800		1000	
	斗容/dm³	3.75	6	5.9	9.5	9.3	15	14.6	23.6	23.3	37.5	37.6	58
	斗距/mm	512				688				920			
链条	圆钢直径×节距/mm	18×64				22×86				26×92			
	环数	7								9			
	条数	2											
	单条破断载荷（最小值）/kN	≥320				≥480				≥570			
	链轮节圆直径/mm	630		710		800		900		1000		1250	
料斗运行速度/m·s⁻¹		1.4				1.5				1.6			
主轴转速/r·min⁻¹		42.5		37.6		35.8		31.8		30.5		24.4	

注：斗容为计算容积。

表 8.3-25　**TB 型斗式提升机基本技术参数**

提升机型号	TB250	TB315	TB400	TB500	TB630	TB800	TB1000
料斗类型	J		T				
输送量/m³·h⁻¹	16～25	32～46	50～75	84～120	135～190	216～310	340～480
料斗　斗宽/mm	250	315	400	500	630	800	1000
料斗　斗容/dm³	3	6	12	25	50	100	200
料斗　斗距/mm	200		250	320	400	500	630
链条　节距/mm	100		125	160	200	250	315
链条　条数	1		2				
链条　单条破断载荷（最小值）/kN	112/160		160/224	224/315	315/450	450/630	630/900
链轮　齿数	12						
链轮　节圆直径/mm	386.37		482.96	618.19	772.74	965.92	1217.06
料斗运行速度/m·s⁻¹	0.5						
主轴转速/r·min⁻¹	24.71		19.78	15.45	13.36	9.89	7.85

注：1. 表中输送量按填充系数 $\psi = 0.6～0.85$ 计算。
　　2. 链条单条破断载荷，提升高度在 20m 以下用分子值，20～40m 用分母值。

3.8　辊子输送机

3.8.1　辊子输送机的主要结构型式

　　辊子输送机是利用安装在机架上的许多辊子转动来输送物品的输送机械。它可沿水平或较小倾角的直线或曲线布置。其结构简单，安装、使用、维护方便、工作可靠。广泛地用于冶金、轻工、食品等各部门的仓储与装卸运输系统中，输送各种物品。辊子输送机按结构型式分有无动力辊子输送机和动力辊子输送机。

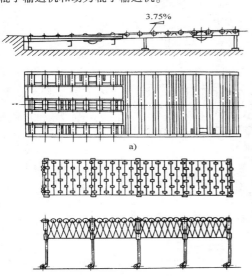

图 8.3-14　直线型无动力辊子输送机
a) 重力式　b) 外力式

　　无动力辊子输送机（图 8.3-14、图 8.3-15）靠物品自身的重力（倾斜型）或人力（水平型）使物品在辊子上进行输送。

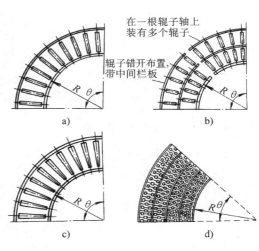

图 8.3-15　曲线型无动力辊子输送机
a) 柱型辊子式　b) 差速辊子式
c) 锥形辊子式　d) 短辊子差速式

　　动力辊子输送机是由原动机通过链轮、齿轮、皮带等驱动辊子，依靠转动辊子与物品接触表面的摩擦力来输送物品（图 8.3-16～19）。

3.8.2　辊子输送机的设计计算

　　1. 重力式辊子输送机

　　(1) 重力式辊子输送机的倾角（图 8.3-20）

$$\beta \geqslant \arctan\left[\left(1 + \frac{zq_r}{G}\right)\frac{\mu d}{D} + \frac{2k}{D}\right] \quad (°)$$

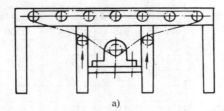

a)

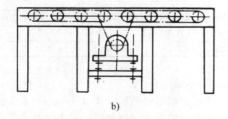

b)

图 8.3-16 链传动辊子输送机

a) 连续式链传动 b) 接力式链传动

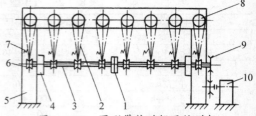

图 8.3-17 圆形带传动辊子输送机

1—联轴器 2—传动带 3—传动轴
4—轴承座 5—机架 6—带轮
7—张紧装置 8—辊子
9—链轮 10—驱动装置

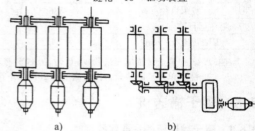

a) b)

图 8.3-18 齿轮传动辊子输送机

a) 单个辊子传动 b) 分组辊子传动

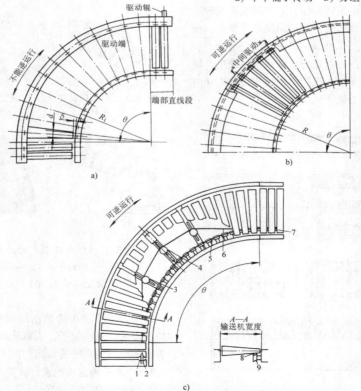

a)

b)

c)

图 8.3-19 曲型线动力辊子输送机

a) 连续链传动 b) 接力式链传动 c) 带传动

1—驱动轴 2、5—驱动轮 3—导向轮 4—张紧轮 6—回程带 7—改向轮 8—V带 9—压紧轮

式中 z——与单件物品同时接触的辊子数；

$\quad q_r$——一个辊子旋转部分的质量（kg）；

$\quad G$——所运单件物品的质量（kg）；

$\quad \mu$——辊子轴承中的摩擦因数；

$\quad d$——辊子轴颈的直径（cm）；

$\quad D$——辊子外径（cm）；

$\quad k$——物品沿辊子的滚动摩擦力臂（cm）。

一般情况下，输送机需具有 2%～4% 的倾角才能保证物品正常运行。表 8.3-26 列出输送部分物品时输送机倾角值，可供参考。

（2）物品运行速度 v_k（m/s）：

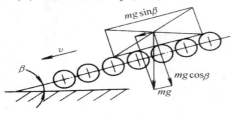

图 8.3-20 重力式辊子输送机的倾角 β

$$v_k =$$
$$\sqrt{2gL\left\{\sin\beta - \left[\left(1 + \frac{zq_r}{G}\right)\frac{\mu d}{D} + \frac{2k}{D}\cos\beta\right]\right\} + v_0^2}$$

式中 v_k——物品输送距离 L 时的速度（m/s）；

$\quad g$——重力加速度，$g = 9.81\text{m/s}^2$；

$\quad L$——输送距离（m）；

$\quad v_0$——物品进入输送机时的初速度（m/s）。

表 8.3-26 输送机倾角 β

物品名称	物品质量	输送机倾角 β	
	/kg	（%）	（°）
木箱	9～22	4	2°18′
木箱	23～65	3.5	2°
木箱	68～110	3	1°43′
纸板	1.4～3	7	4°
纸板	3.5～7	6	3°26′
纸板	7.5～13	5	2°52′
结构木		4	2°18′
纸辊		2	1°09′
钢板		1.6	0°55′
铸件		1.6	0°52′

为保证物品沿输送机正常运动，物品对辊子的最大摩擦力应大于辊子的旋转阻力，即

$$f_m G\cos\beta \geqslant (zq_r + G)\frac{\mu d}{D}$$

式中 f_m——物品沿辊子的滑动摩擦因数。

2. 连续链传动辊子输送机

（1）连续链传动的传动链条张力 F_c（N）：

$$F_c = fL\frac{D}{D_s}(q + q_1 + q_d m_d + q_f m_f)g +$$
$$0.25Lq_1g$$

式中 f——摩擦因数，按表 8.3-27 选取；

$\quad L$——输送机长度（m）；

$\quad D_s$——传动辊子上的链轮节圆直径（cm）；

$\quad q$——单位长度上输送物品的质量（kg/m）；

$\quad q_1$——单位长度的链条质量（kg/m）；

$\quad q_d$——传动辊子带链轮的单件回转部分质量（kg）；

$\quad m_d$——输送机每米长度内传动辊子数（个/m）；

$\quad q_f$——非传动辊子的单件回转部分质量（kg）；

$\quad m_f$——输送机每米长度内非传动辊子数（个/m）。

表 8.3-27 总摩擦因数 f

每个辊子上的总质量（包括辊子质量）/kg	成件货物与辊子接触的表面		
	光面金属	木板	硬纸板
0～12	0.04	0.045	0.05
12～45	0.03	0.035	0.05
45～90	0.025	0.03	0.045
≥90	0.02	0.025	0.04

（2）电动机功率 P_M（kW）：

$$P_M = \frac{F_c D_s v}{1000 D\eta}$$

$$v = \frac{\pi Dn}{6000 i_1 i_2}$$

式中 v——输送速度（m/s）；

$\quad \eta$——传动效率；

$\quad n$——电动机转速（r/min）；

$\quad i_1$——减速器的传动比；

$\quad i_2$——链传动的传动比。

3.9 悬挂输送机

3.9.1 悬挂输送机的结构与工作原理

悬挂输送机是利用连接在牵引链上的滑架在架空轨道上带动承载件（滑架小车或承载小车）输送成件物品的输送机。按牵引链与承载件的连接方式可分为通用悬挂输送机和积放式悬挂输送机。通用悬挂输送机（图 8.3-21）由滑架小车、轨道、驱动装置、张紧装置、构成封闭回路的牵引链及安全保护装置等组成。滑架小车固接在牵

引链上。积放式悬挂输送机（图8.3-22）与通用悬挂输送机的主要区别是承载小车与牵引链无固定连接，靠牵引链上的推杆推动小车运行；故亦称推式悬挂输送机。牵引链和小车有各自的运行轨道。根据生产工艺要求，小车可与牵引链脱开或结合，从一条输送线转到另一条输送线上；可在输送线上运行或停止，故能同时完成运输、储存工艺过程和协调生产的任务。

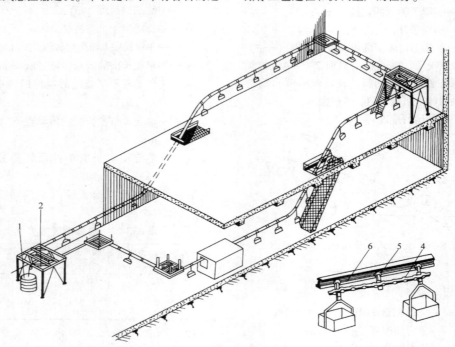

图 8.3-21 通用悬挂输送机
1—重锤 2—张紧装置 3—驱动装置 4—牵引链条 5—滑架小车 6—轨道

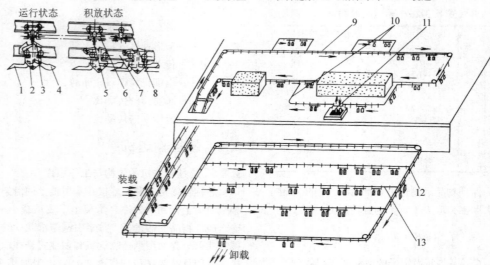

图 8.3-22 积放式悬挂输送机
1—尾板 2—积放式小车车体 3—拨爪 4—前杆 5—推杆 6—牵引链条
7—载重轨道 8—牵引轨道 9—主线 10、13—副线 11—升降段 12—道岔悬挂输送机适用于厂内成件物品的空中输送。它能耗小，运行平稳，占地面积小，便于组成空间输送系统，实现整个生产工艺过程的搬运系统机械化和自动化。输送距离由十几米到几千米，在多机驱动情况下，可达 5000m 以上；输送物品单件质量由几千克到 5t；运行速度为 0.3~25m/min。

3.9.2 悬挂输送机系统设计

根据工艺布置图、工作条件、工艺、货物质量及外形尺寸。输送能力来决定主要参数。

1. 吊具（承载件）间距 l（m）：

$$l = \frac{2mp}{1000} \geq l_{min}$$

式中　p——链条节距（mm）；

　　m——正整数，$m = 1$，2，3，…；

　　l_{min}——最小吊具间距，该间距应能保证货物及吊具运行中，在输送机倾斜段及水平转弯段与其相邻的货物及吊具的最小间隙 $\Delta \geq 0.2~0.3m$。

2. 输送速度 v（m/min）：

$$v = \frac{k_c Q_h l}{60 m_d}$$

式中　k_c——储备因数，$k_c = 1.1~1.5$；

　　Q_h——小时输送能力（件/h）；

　　m_d——一个吊具上的货物数。

通用悬挂输送机运行速度在 0.3~15m/min 范围内；积放式悬挂输送机运行速度一般为 10~25m/min。

3. 牵引链最大张力 F_{max}（N）：

$$F_{max} = k_1 F_0 + f(Lq + F_1) + F_2$$
$$f = \frac{k_1 k_2}{k_2 - 1} \cdot \frac{C}{n}$$
$$k_1 = k_2^2 - 1$$
$$F_2 = \Sigma q_i H_i$$

式中　k_1——初张力的综合影响因数；

　　k_2——弯轨综合影响因数，$k_2 = 1.04$；

　　F_0——张紧装置初张力（N），对于通用悬挂输送机 $F_0 = 500~1000N$；对于积放式悬挂输送机 $T_0 = 1500~3000N$；

　　f——输送机运行综合阻力因数；

　　L——输送机线路全长（m）；

　　q——牵引链条每米重力（N）；

　　F_1——全线路上运行载荷，包括吊具和积放式悬挂输送机运行中的承载小车及输送货物的重力之和（N）；

　　F_2——倾斜轨道段上运动载荷代数和（N）；

　　C——直线轨道运行阻力因数，见表 8.3-28；

　　n——换算成 90° 的水平弯曲的总和，垂直弯曲中一个上拱和一个下拱折合成一个 90° 水平弯曲；

　　q_i——运动载荷折合到单位长度上的重力（N/m）；

　　H_i——倾斜段的垂直高差（m），向上输送取正值，向下输送取负值。

表 8.3-28　直线轨道阻力因数 C

输送机种类	滚轮直径/mm	C
重型悬挂输送机	~60	0.025
	>60~85	0.020
	>85~	0.015
轻型悬挂输送机		0.040

4. 功率概算 P（kW）：

$$P = k_f \frac{F_{max} - F_0}{60000 \eta} v$$

式中　k_f——储备因数，$k_f = 1.1~1.2$；

　　η——总效率，$\eta = 0.93~0.96$。

3.10　架空索道

3.10.1　架空索道的分类与发展趋势

架空索道是利用架设在空中的钢索作为轨道来输送货物或人员的一种运输设备。按用途，架空索道分为货运、客运及专门用于运输和收集木材用的林业索道；按运行方式，分为循环运行式和往复运行式；按索系分为单线索道和双线索道。

架空索道的发展趋势是提高输送能力，增大输送远距，不断改善设备性能，提高设备的可靠性及延长索道零部件的使用寿命。对于客运索道尤其是运行过程的安全性和舒适性。

架空索道因具有爬坡能力大、对自然地形适应性好，占地面积小，运行安全可靠，设备简单，维护方便等特点，广泛地应用在冶金、化工、林区、风景区、滑雪场等部门。

3.10.2　双线循环式货运索道

1. 双线循环式货运索道的组成及类型　双

线循环式货运索道由承载索、牵引索、货车、挂结器、脱开器等组成（图 8.3-23）。承载索在线路上平行架设在支架两侧，供货车使用；牵引索按成无端环路带动货车沿承载索连续运行。

双线循环式货运索道按货车使用的抱索器分有重力式抱索器索道、弹簧式抱索器索道和螺旋式抱索器索道等，其中重力式抱索器索道使用最为广泛。

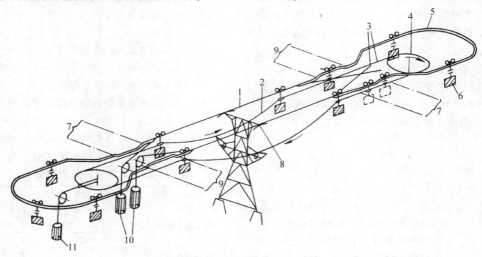

图 8.3-23　双线循环式货运索道示意图
1—承载索　2—牵引索　3—承载索锚固端　4—驱动轮　5—站内轨道　6—货车
7—挂结器　8—承载索鞍座　9—脱开器　10—承载索张紧重锤　11—牵引索张紧重锤

2. 双线循环式货运索道基本参数的确定

双线循环式货运索道的基本参数包括输送能力 Q（t/h）、货车有效载货能力 Q_{ef}（kg）、每小时发车数量 n（1/h）、发车间隔时间 t（s）和货车间距 l_e（m）等，它们可按下式计算：

$$Q = k_j \frac{Q_m}{m t_d}$$

$$Q_{ef} = 1000 V \rho_0$$

$$n = \frac{1000 Q}{Q_{ef}}$$

$$t = \frac{3600}{n}$$

$$l_e = vt$$

式中　k_j——运输不均匀系数，按表 8.3-29 选取；

Q_m——年输送量（t）；

m——年工作日（d）；

t_d——日工作时间（h/d）；

V——货车斗箱容积（m³）；

ρ_0——货物堆积密度（t/m³）；

v——货车运行速度（m/s）。

3. 双线循环式货运索道驱动功率计算　索道的驱动功率根据输送线路上的载荷情况，即线路上布满重车和空车（正常运行）、线路的上坡区段无重车或空车（最不利制动运行）、线路的下坡区段无重车或空车（最不利动力运行）、这三种工况确定。这里仅介绍正常运行工况的功率计算。

表 8.3-29　运输不均匀系数 k_j

日工作时间 t_d/h·d⁻¹	运输不均匀系数 k_j	备注
7.5	1.1	一班作业
14	1.15	两班作业
19	1.2	三班作业

（1）正常动力运行时电动机功率 P_1（kW）：

$$P_1 = \frac{F_1 v}{1000 \eta_1}$$

$$F_1 = T_1 - T_2 + F$$

式中　F_1——正常动力运行时驱动轮上的圆周力（N）；

v——货车运行速度（m/s）；

η_1——动力运行时驱动装置的传动效率；

T_1——驱动轮上牵引索入侧边的张力（N）；

T_2——驱动轮上牵引索出侧边的张力（N）；

F——驱动轮上牵引索的阻力（N）。

（2）正常制动运行时电动机功率 P_{II}（kW）：

$$P_{\mathrm{II}} = \frac{F_{\mathrm{II}} v \eta_{\mathrm{II}}}{1000}$$

$$F_{\mathrm{II}} = T_2 - T_1 - F$$

式中 F_{II}——正常制动运行时驱动轮上的圆周力（N）；

η_{II}——制动运行时驱动装置的传动效率。

3.10.3 循环式客运架空索道

循环式客运架空索道种类较多。按索系可分有单线循环式和双线循环式；按运行方式分有连续循环式、间歇循环式和脉动循环式；按抱索器分有固定式和脱挂式；按吊具分有吊椅、吊篮、吊厢和拖牵器等。

单线循环式架空索道因具有结构简单、工程量小，投资少、安装维护方便等优点被广泛地应用。图 8.3-24 表示了几种典型单线循环式索道系统。

几种典型单线循环式索道性能比较见表 8.3-30。

单线循环式索道驱动功率计算参见 3.10.2 节。

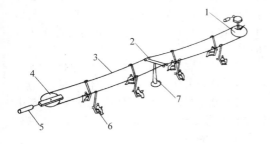
a)

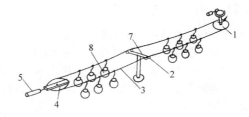
b)

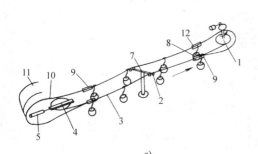
c)

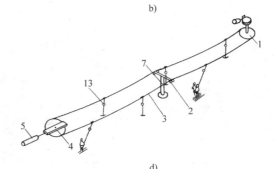
d)

图 8.3-24　典型单线循环式索道系统
a）吊椅（篮）式　b）脉动式　c）脱挂抱索器吊厢式　d）拖牵式
1—驱动装置　2—托索轮　3—运载索　4—迂回轮　5—张紧装置　6—吊椅（篮）　7—支架
8—吊厢（组）　9—脱开装置　10—站内轨道　11—停车轨道　12—挂结装置　13—拖牵器

表 8.3-30　单线循环式索道分类、输送能力、优缺点和适用范围

索道类型	输送能力	优　点	缺　点	适用范围
固定抱索器吊椅（篮）索道	双人吊椅 500~600 人/h，最高时可达 1000 人/h 以上，运行速度 1~1.3m/s，滑雪时可达 2.5m/s	设备简单、站房短，投资少，控制容易，建设快。吊椅（篮）视野开阔	速度低，输送能力小，支架多，雨季使用困难	多用于高差小，地形简单，树木少的地点。雨量少，干旱地区使用较多
固定抱索器拖牵式索道	运行速度 1.6~5.5m/s，1~2 人，输送能力多在 1000 人/h 以下	设备及结构简单，不设站房，乘坐方便，容易实现平面转弯，投资低	拖牵座伸缩长度小，对地形及雪面适应性差，支架多	只适用于高山滑雪场，不能用于其他地点

（续）

索道类型	输送能力	优 点	缺 点	适用范围
固定抱索器脉动式索道	吊厢容量6～15人，每组为2～5个，输送能力500～1000人/h，速度4～6m/s	设备简单，站房短，乘座视野开阔，吊厢小，条件好，上下车方便安全	集中载荷大，钢丝绳粗，钢丝绳相应增大，线路不能长，车组不宜过多，钢丝绳阻力大，功率消耗大	适用于线路短，输送能力要求不大的场合
脱挂抱索器吊椅式索道	吊椅有2、4、6人等，输送能力可达2400人/h，运行速度可达6m/s	输送能力大，吊椅视野开阔，投资比吊厢式低，输送距离受限制小	设备较复杂，站房面积大，监控系统复杂，技术要求高，投资较大，雨季长的地区使用困难，支架多	适用于滑雪场和旅游地区，地形要求简单，林木少，多雨地区不宜用
脱挂抱索器吊厢索道	吊厢容量4、6、8人，双循环吊厢索道可达24人，输送能力达5000人/h，运行速度达6m/s	乘座舒适，视野开阔，输送能力大，线路运距受限制小，不受雨雪影响	设备复杂，站房面积大，监控技术复杂，技术要求高，投资大，支架多，跨度不能太大	适于线路可立支架，运量比较大的地区

3.11 斗轮堆取料机

3.11.1 斗轮堆取料机的组成与分类

斗轮堆取料机主要由斗轮机构、变幅机构、回转机构、行走机构、臂架胶带机、金属结构、电气设备及辅助装置等组成如图 8.3-25 所示。斗轮机构包括斗轮和斗轮驱动装置，是挖取物料用的。

按照功能和结构型式，斗轮堆取料机可分为臂式斗轮取料机、臂式斗轮堆取料机、圆形料场用斗轮取料机、门架式斗轮堆取料机（见图 8.3-26）等。

斗轮堆取料机具有堆取能力大、料场占地面积较小，操作方便，易实现自动化控制等优点，广泛地应用港口、电力、建材、钢铁企业及矿山的散料堆场装运各种矿石、煤、焦炭、建筑材料、化工原料等。

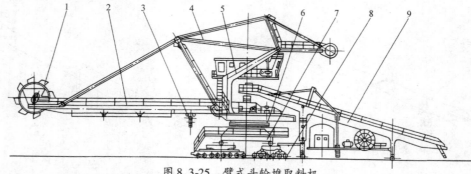

图 8.3-25　臂式斗轮堆取料机

1—斗轮机构　2—臂架　3—胶带输送机　4—变幅机构　5—门柱　6—回转机构　7—门座　8—行走机构　9—尾车

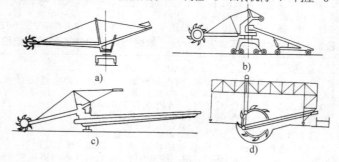

图 8.3-26　斗轮堆取料机类型

a) 臂式斗轮取料机　b) 臂式斗轮堆取料机　c) 圆形料场用斗轮取料机　d) 门架式斗轮堆取料机

3.11.2 斗轮及斗轮驱动功率计算

1. **斗轮的结构型式** 斗轮的结构型式分有格式、无格式、半格式三种（见图8.3-27）。有格式斗轮每个铲斗都有自己的卸料槽，卸料区间短，摩擦小，适于取较坚硬的物料，但卸料速度较低。无格式斗轮有一个固定的圆弧档板，卸料区间较长、斗轮转速可以较高，取料能力大。半格式斗轮是无格式斗轮的派生型式、铲斗伸入环形空间一部分，取料张力大，不易卡料，适于取密度较大的坚硬物料。

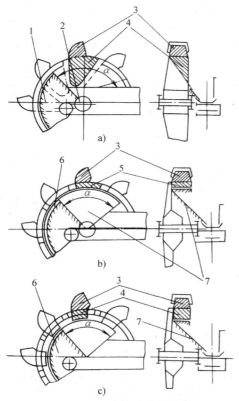

图 8.3-27 斗轮的结构型式
a) 有格式 b) 无格式 c) 半格式
1—侧档板 2—假想圆 3—铲斗
4—铲斗延伸段 5—环形空间
6—圆弧档板 7—卸料板

2. **斗轮基本参数的确定** 斗轮基本参数包括斗容（一个铲头的容积）V（m^3）、铲斗数 z、斗轮直径 D（m）、斗轮转数 n（r/min）、斗距 a（m）等。在设计斗轮机构时，通常是根据同类型的斗轮堆取料机，采用类比法选择斗轮直径 D 和铲斗数 z，然后按照下列各式确定其他参数。

$$n = \frac{42.3k}{\sqrt{D}}$$

$$a = \frac{\pi D}{z}$$

$$V = \frac{Q}{60zn}$$

式中 k——速度因数，是考虑物料特性和物料与档板间摩擦的因数。对于有格式斗轮，$k = 0.2 \sim 0.4$；对于无格式和半格式斗轮，$k = 0.4 \sim 0.6$；

Q——取料能力（m^3/h）。

如果是初始设计斗轮堆取料机时，可按下式估算斗轮直径和斗数，且计算后应圆整。

当 $Q \leqslant 1250t/h$ 时，$D = 3.4e^{0.00042Q}$

当 $Q > 1250t/h$ 时，$D = 5.5e^{0.00012Q}$

$$z = (5 \sim 6) + 0.08\sqrt{Q}$$

铲斗数一般为 $7 \sim 12$ 个。在此范围，斗轮始终有两个铲斗同时取料，斗轮机构振动较小。

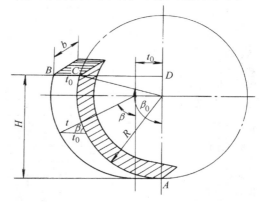

图 8.3-28 斗轮进取 t_0 后的切屑体积及转角 β

3. **斗轮驱动功率计算** 斗轮驱动功率 P（kW）为切割功率 P_i（kW）、提升功率 P_p（kW）和摩擦功率 P_f（kW）之和。

$$P = P_i + P_p + P_f$$

$$P_i = \frac{F_i v_n}{1000\eta}$$

$$F_i = f_L L$$

$$L = \frac{z}{2\pi}\left[\beta_0 b_0 + \frac{1}{3\pi}(9\beta_0 - 4)(t_0 + 0.75r_m)\right]$$

$$P_p = \frac{Q\rho_0 h_e}{367\eta}$$

$$P_f = (0.2 \sim 0.25)P_p$$

式中 F_i——切割阻力（N）；

f_L——线切割比阻力（N/m），按表 8.3-31 选取；

v_n——斗刃处的斗轮旋转线速度（m/s）；

η——斗轮驱动机构的效率；

L——物料与斗刃口接触的平均长度（m）；

β_0——铲斗在分层高度上的总转角（rad）；

t_0——垂直月牙形切片的最大厚度（m），

即当 $\beta = 90°$ 时机器的纵向进给量（图 8.3-28）；

b_0——垂直月牙形切片的最大宽度（m），即当 $\beta = 90°$ 时的切片宽度；

r_m——切削刃的圆角半径（m）；

ρ_0——物料的堆积密度（t/m³）；

h_e——物料提升的当量高度（m），与物料特性及斗轮结构有关，一般 $h_e = (1.0 \sim 1.3)R$，R 为斗轮切削圆半径。

表 8.3-31 各种物料的 f_L 值

堆积的松散物料	粒度 /mm	f_L/kN·m⁻¹			
		20	40	60	80
砂					
碎石	0 ~ 100				
碎石	100 ~ 500				
细碎石	0 ~ 100				
细碎石	100 ~ 400				
表土					
磷酸盐					
铝矾土					
铁、锰、铬	0 ~ 150				
铁、锰、铬	0 ~ 300				
铁、锰、铬	0 ~ 500				
硬煤（松的）	0 ~ 300				
硬煤（密实的）	0 ~ 300				
褐煤	0 ~ 300				
焦炭					
精矿（矿石、水泥）					
石灰石	0 ~ 150				
石灰石	0 ~ 300				
煤屑、炉渣					

3.12 散料装卸船机

3.12.1 散料装船机

散料装船机是用于大宗散料连续装船作业的装船机械，主要由带式输送机以及旋转、伸缩、变幅、运行等工作机构和机架等组成，一般采用电力驱动。按整机特点，散料装船机可分为固定式和移动式两类。

1. 固定式散料装船机　固定式散料装船机分有墩柱式装船机、弧线摆动式装船机和直线摆动式装船机。它们仅需一个固定的旋转中心和受料漏斗。该类装船机固定在码头前沿的墩座式地面上或安设在囤船上使用。虽然其不能移动，对不同船型

适应性较差，但因结构简单、自重轻，而被广泛地应用于河港码头和近海敞水域墩柱式码头等地。

2. 移动式散料装船机　移动式散料装船机分有伸缩臂式装船机、旋转臂式装船机和旋转伸缩臂式装船机。这类机型需要运行轨道及与其并行布置的供料输送线，图 8.3-29 所示。移动式散料装船机结构比较复杂，自重较大，对码头要求较高，但可沿码头运行，具有良好的机动性，适用于沿岸直立式码头和突提式码头。

散料装船机型式较多。几种型式的散料装船机性能比较见表 8.3-32。

3.12.2 散料卸船机

散料卸船机是从船舱内将散状物料连续地卸

运到码头岸上的专用卸船机械，专用于大宗散货码头的卸船作业。按提升、取料机构特征可分有气力式卸船机、螺旋式卸船机、链斗式卸船机、斗轮式卸船机、压带式卸船机、波状挡边带式卸船机、埋刮板式卸船机等。

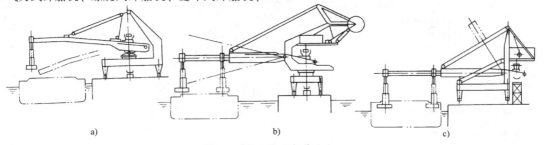

图 8.3-29　移动式装船机
a）旋转臂式　b）旋转伸缩臂式　c）伸缩臂式

表 8.3-32　各种型式散料装船机的比较

型　式	固　定　式	行走、伸缩式	行走、俯仰、伸缩式
简　图			
最大作业半径/m	25	30	35
船舶条件 — 最大船型（总载重吨位）/t	10000	60000	150000
船舶条件 — 有桅杆、船吊时	作业困难	可作业	可作业
船舶条件 — 船型变化较大时	适应较困难	可适应	适应困难
装载工况	码头单侧装船	码头单侧装船	码头单侧装船
装船时主要操作机构	旋　转	行走加伸缩	行走加伸缩
防尘性	沿输送全线均可采取密闭措施，防尘性好	装料头部可作成密闭结构，但伸缩部要安设罩壳较困难	装料头部可作成密闭结构，但伸缩部要安设罩壳较困难
维护保养性	由于无俯仰机构，装料部上端保养检修稍困难	由于无俯仰和旋转机构，装料头部保养检修困难，此外还应考虑码头海侧的检修空间场地	包括装料头部在内的臂架前端部保养检修作业困难

型　式	行走、俯仰、旋转式	行走、俯仰、旋转伸缩式	旋转、伸缩式
简　图			
最大作业半径/m	46	46	70
船舶条件 — 最大船型（总载重吨位）/t	200000	200000	400000
船舶条件 — 有桅杆、船吊时	作业稍困难	可作业	可作业
船舶条件 — 船型变化较大时	适应较困难	可适应	可适应
装载工况	可对栈桥两侧装船	可对栈桥两侧装船	码头单侧装船
装船时主要操作机构	行走加旋转	行走加伸缩，行走加旋转或伸缩加旋转	旋转加伸缩
防尘性	装料头部可作成密闭结构，吊臂部分也可装防尘罩	装料头部可作成密闭结构，但在伸缩部要设罩壳较困难	装料头部之后都要作成密闭结构较困难
维护保养性	保养检修操作方便	保养检修操作方便	装船机主体设置在海上，保养检修作业困难

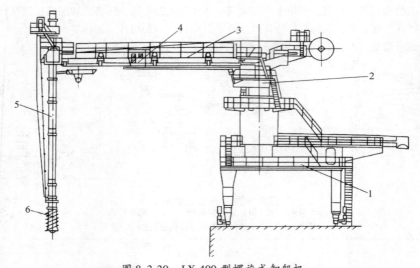

图 8.3-30 LX-400 型螺旋式卸船机

1—门架 2—转台 3—水平螺旋 4—控制室 5—垂直螺旋 6—喂料器

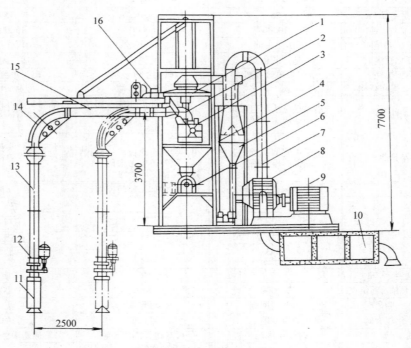

图 8.3-31 80t/h 浮式吸粮机

1—分离器 2—转动弯头 3—旋转驱动装置 4—除尘装置 5—除尘器
6—卸料器 7—进风管 8—鼓风机 9—电动机 10—消声器 11—转
动吸嘴 12—转动吸嘴转台 13—垂直管 14—弯管
15—水平管 16—伸缩驱动装置

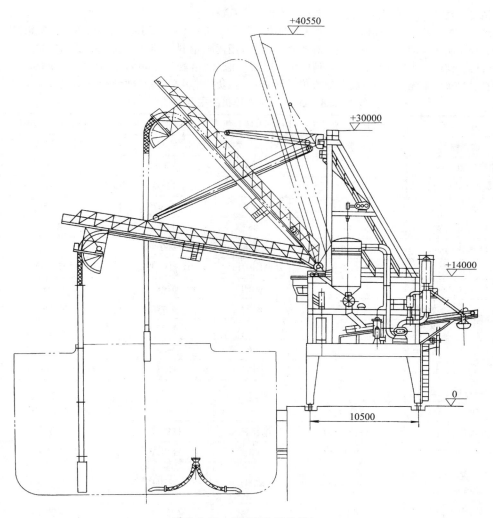

图 8.3-32 XLS400 型吸粮机

1. 螺旋式卸船机　螺旋式卸船机由螺旋喂料器、垂直螺旋提升机、机上输送系统、变幅机构、旋转机构、运行机构及机架组成。通常分有固定式和移动式两类。固定式螺旋卸船机固定在岸边，靠整机回转、臂架仰俯及垂直臂架摆动完成接卸作业，适合于按卸 1000t 以下的驳船。移动式螺旋卸船机可沿岸边运行，灵活性好，卸船效率高，多用于海港按卸大型船舶。

图 8.3-30 为 LX-400 型螺旋卸船机，适合于 26000t 船型散装尿素、氧化铝粉等的卸船作业，卸船能力为 300 ~ 400t/h。由螺旋喂料器向垂直螺旋提升机喂料，物料提升到上端出料口后转卸到臂架水平螺旋机，经过中心漏斗送到尾部输送机上，转卸到岸上。该机提升主螺旋长 18m，主螺旋转速 390r/min，管内径 460mm，喂料头转速为 20 ~ 90r/min，运行速度 7 ~ 30m/min，回转速度 0.17r/min，垂直螺旋摆动角 ±30°。

2. 气力式卸船机　气力式卸船机是由气吸系统和使吸嘴灵活吸取物料而装设的各种工作机构及机架等组成。是利用风机在管道中形成的负压流，从船舱内吸卸散状物料的卸船机械。尽管该机工作能耗较大，对被送物料有一定要求（粒度、粘度、湿度），工作噪音较大等不足，但因具有结构简单、造价低，操作方便，工人劳动条件好；易于实现自动化控制及管理，对各种船舶适应性强，清舱量小等优点，被广泛地应用于接卸粮食、煤炭、水泥、砂石、化肥等粉状、小块状物料。

图 8.3-31 为河港用的 80t/h 浮式吸粮机，适用内河散料驳船。图 8.3-32 为 XLS400 型吸粮机，卸船能力为 400t/h，适用于 35000t 以下的散货船。几种吸粮机的主要参数见表 8.3-33。

表 8.3-33　几种吸粮机的主要参数

类　型			80t/h 浮动吸粮机	150t/h 吸粮机	XLS250 型吸粮机	XLS400 型吸粮机
输送物料			稻、麦、豆	谷　物	小麦、玉米	小麦、玉米
	卸船能力/t·h⁻¹		80	150	250	400
气源	风量/m³·min⁻¹		40	80	120	200
	风压/MPa		−0.47	−0.67	−0.67	−0.67
电动机	功率/kW		40	95	155	240
	转速/r·min⁻¹		1470	750	960	960
吸嘴	型　式		507 型双筒转动式	双筒喇叭口式	507 型双筒式	507 型双筒式
	内径/mm		φ172	φ250	φ241	φ309
输送管	管径/mm	始端	φ172	φ250	φ241	φ309
		终端	φ207		φ270	φ381
	管长/m	垂直管	5.7	16	24.3	24
		水平管	6.6	16	16.8	21.09（长管），16.09（短管）
	伸缩行程/m	垂直	—		6	6
		水平	2.5			7.5（长管），7.0（短管）
铰接弯管型式			柱铰 φ400	橡胶碗式	柱铰式	柱铰式
分离器	型　式		容积式	容积式	容积式	容积式
	（筒体直径/mm）×（有效长度/mm）		φ1500×1800	φ3500	φ2300	φ3000×6016
卸料器	型　式		旋转式	旋转式	旋转式	旋转式
	（叶轮直径/mm）×（有效长度/mm）		φ520×550	φ800×1140	φ700	φ800×900
除尘器	第一级		双筒并列离心式（喷水）	DF 型离心式	离心式	上揭盖袋式滤尘器，置于分离器上部
	第二级			扩散式、离心式	上揭盖袋式滤尘器	
消声设备			消声弯管 + 消声舱	消声室	消声器 + 隔声间	消声器 + 隔声间
水平管	伸缩速度/m·min⁻¹		4.15	—	—	5
	旋转速度/r·min⁻¹		0.238		0.157	0.137
	臂端变幅速度/m·min⁻¹		3	<10	6	6
	卸料器转速/r·min⁻¹		50	20	20.3	20.9
	行走速度/m·min⁻¹		—	11	15.8	26.6

3. 链斗式卸船机 链斗式卸船机按使用场合不同分有接卸内河驳船的悬链斗卸船机和接卸海船的链斗卸船机。接卸内河驳船的悬链斗卸船机有浮式悬链斗卸船机、墩柱式悬链斗卸船机、移动式悬链斗卸船机等型式，适应内河港水位差变化大的特点。

接卸海船用链斗卸船机按取料及提升机构的结构特点可分为两种：一种是取料及提升用同一台链斗机，其结构简单，但牵引构件受力大；另一种是取料及提升分开，用链斗取料，物料转卸到其他输送机（如波状档边带式输送机，夹带式等）提升。取料及提升、输送的机构分开，取料机构可以针对物料的性质而设计，甚至更换取料机构以接卸不同的物料，且牵引构件受力较小。几种卸海船用链斗卸船机的主要技术参数见表 8.3-34；图 8.3-33 为取料及提升机构为一体的 L 型链斗卸船机。

表 8.3-34　几种卸海船用链斗卸船机的主要技术参数

	额定卸船能力/t·h⁻¹	1200	1100	1200	600	1000
	船型（总载重吨位）/t	25000	25000～35000	50000～77000	≤50000	最大16000
	货　种	煤　炭	煤　炭	煤　炭	煤　炭	磷酸盐
	旋转半径/m	25	28	40	27.25	23
	轨距×基距/m×m	10.5×10.5	10.5×14	20×16	12×12	9×9
工作速度	链条提升/m·min⁻¹	85.8	70	10/60	84	0～80
	斗提机旋转/r·min⁻¹		最大1	0.05～0.50	最大0.50	1～2
	臂架旋转/r·min⁻¹		最大0.2	0.015～0.15	最大0.067	0～0.19
	大车行走/m·min⁻¹	2～20	最大20	2～20	4～20	最大20
	取料提升机构	L型	摆动伸缩式	摆动伸缩式	固定L型	固定I型
	给料机构	螺旋漏斗	刮板圆盘式	档板圆盘式	档板圆盘式	带式转盘式
	质　量/t	500	700	1000	420	520

$$\text{链条提升/m·min}^{-1}$$

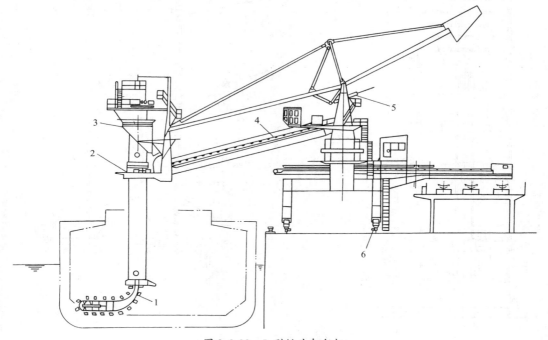

图 8.3-33　L 型链斗卸船机
1—链斗取料及提升机构　2—机头旋转机构　3—给料机构　4—臂架及旋转机构　5—臂架俯仰机构　6—行走机构

3.13 散料装卸车机

3.13.1 散料装车机（站）

散料装车机（站）是铁路散料装物料的主要装车设备，装车能力大、应用范围广。

散料装车机（站）可分为非连续累计装车站和定量快速装车站等，通常为固定式，横跨在铁道线上，通过车卡的移动，装车站卸料溜槽将物料连续，按照一定要求装入车卡中。车卡移动方式通常有两种：一种是由铁牛、钢丝绳、滑轮组等组成的牵引系统牵引车卡；另一种是通过机车头牵引车卡。牵引系统牵引方式，机构比较复杂，维护工作较大，但能连续均匀的移动车卡，便于实现自动化装车，装车效率高；机车牵引方式，机构简单，人为因素较多，难以均匀移动车卡，装车效率较低。

非连续累计装车站，通常称量斗比较小，通过单位时间多次称量放料达到目标量的一种装车方式，常应用在粮食行业，装车能力 300 ~ 500t/h，装车精度可达 3‰以下。

定量快速装车站，是一次称量达到目标量的一种装车方式（如一次称量放料 60t、90t 等），装车能力为 3000 ~ 4500t/h，装车静态精度达 1‰，通常应用在港口、煤炭、冶金、化工等部门。如图 8.3-34 为双线定量快速装车站。

3.13.2 散料卸车机

散料卸车机是把散状物料连续的从列车车卡中卸出的主要卸车设备。按其卸车方式不同可分为链斗式卸车机和螺旋卸车机。

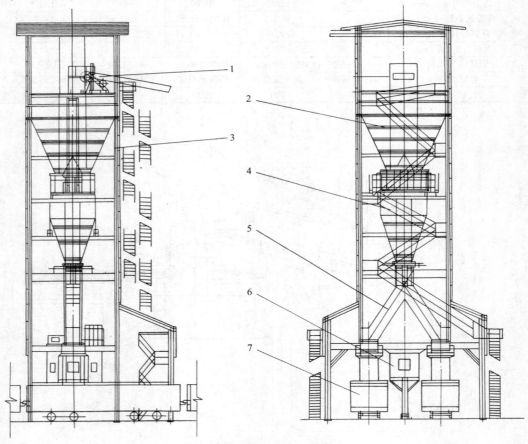

图 8.3-34　双线定量快速装车站

1—上料输送机　2—缓冲仓　3—装车站主体结构　4—称量仓　5—分叉漏槽　6—操作室　7—车卡

1. 链斗卸车机 如图 8.3-35 所示，为链斗式卸车机，由带式输送机、升降机构、斗式提升机、运行机构钢结构等组成。

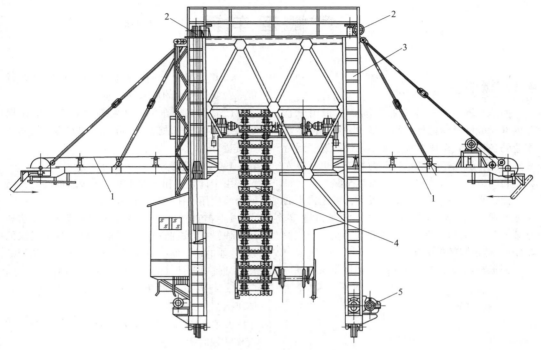

图 8.3-35 链斗式卸车机

1—带式输送机 2—升降机构 3—钢结构 4—斗式提升机 5—运行机构

链斗卸车机是通过斗式提升机的链斗掏取车卡内物料，提升到一定高度后转载至带式输送机上，再卸到卸车机的一侧或两侧，通过运行机构沿车卡运行实现连续卸车。

链斗卸车机按结构型式分有桁架式、板梁式和箱形梁式；按斗式提升机升降方式分有固定式、浮动梁式和臂架俯仰式；斗式提升机有双排斗、四排斗等结构型式，根据使用条件采取不同型式的链斗卸车机。

2. 螺旋卸车机

如图 8.3-36 为螺旋卸车机，由螺旋机构、运行机构、升降机构、钢结构等组成。

螺旋卸车机是通过水平布置的旋转螺旋插入待卸物料，使其沿螺旋轴线方向输送到车卡一侧或两侧，由车门处卸出，通过运行机构使其实现连续卸车。

螺旋卸车机按工作方式分为重力式和强力式；按卸车方式分为单侧式和双侧式；按结构型式分为桥式和门式、单线式和复线（如跨两条铁路线）等。重力式螺旋卸车机的螺旋机构在自重作用下插入物料进行卸车作业；强力式螺旋卸车

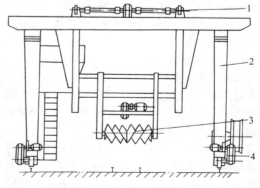

图 8.3-36 螺旋卸车机
1—升降机构 2—钢结构 3—螺旋机构 4—运行机构

机的螺旋机构在升降机构的作用下,强制性插入物料进行作业。螺旋卸车机的螺旋叶片面有实体面型、带式面型、齿形面型等。根据被卸物料的特性、使用条件等要求选用不同型式的螺旋卸车机。

4 搬运车辆

4.1 概述

搬运车辆(也称作工业车辆)是指用于企业内部对成件货物进行装卸、堆垛、短距离运输作业的各种轮式车辆,它主要由工作装置、运行装置组成,机动车辆还包括动力装置。也有以人力作为动力的,通常称为手动搬运车辆。

搬运车辆种类繁多,机动灵活,可在狭小的场地和通道内工作,多用于仓库、机场、港口、车站、工厂内部的装卸运输作业。

4.1.1 搬运车辆的分类

搬运车辆按其作业方式的分类见图 8.4-1。

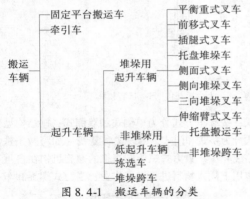

图 8.4-1 搬运车辆的分类

除此之外,还可以按其动力、传动、操纵等方式进行分类。

4.1.2 额定能力

1. 固定平台搬运车 固定平台搬运车的额定能力是指该车能承载的均布在载货平台上的货物质量,它主要由车辆的构件强度、轮压分配和动力容量所限定的。

2. 牵引车 牵引车的额定能力对于机械传动车辆以最低档的挂钩牵引力为其额定能力;对于无级传动的车辆以不低于其额定最高速度的10%的速度时挂钩牵引力为其额定能力。

3. 起升车辆

(1) 低起升车辆的额定能力是指均布在载货平台或货叉上的最大货物质量。

(2) 高起升车辆的额定能力是指车辆在规定的条件下,正常使用时可起升和搬运货物的最大质量。

4.1.3 发展趋势

由于计算机和各种相关电子技术的发展,已融合与应用在搬运车辆的发展中。

1. 绿色环保目标。随着环保和劳动卫生法规的增强,少排放、低噪声的搬运车辆得到了很快的发展。如电动车辆已占使用量的一半左右,使用液化石油气或天然气的内燃机车辆受到用户的观迎。

2. 提高操作的集成化,方便舒适,注重人体工效。

3. 强化安全性。如装设转向稳定系统,改善作业视野等。

4. 采用交流变频电动机驱动和控制,改善行驶,提高作业效率、再生制动节能等。

5. 注重维修可操作性 更加完善故障显示和诊断系统。

6. 满足专业化、多品种的用户需求 开发新结构、新类型搬运车辆。

4.2 平衡重式叉车

平衡重式叉车(简称叉车)是搬运车辆中应用最广泛、数量最多的产品。它可由司机单独操纵完成货物的装卸、运送和堆垛作业,同时可借助属具扩大使用范围和提高作业效率。

叉车机动灵活、动力性好、适应性强、能在狭小的场地高效地工作,广泛用于港口、车站、仓库、工厂等。

4.2.1 结构

平衡重式叉车总体布置图见图 8.4-2,它主要分为动力装置、传动装置、驱动桥、转向装置、工作装置、液压系统、车体、电气系统等部分。

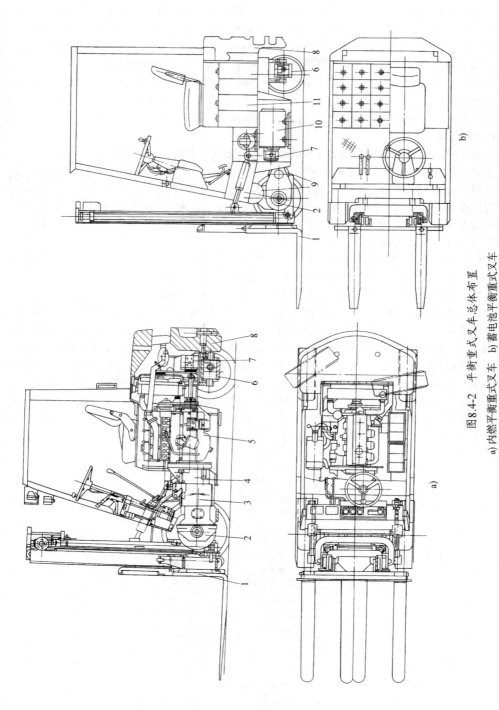

图8.4-2 平衡重式叉车总体布置

a) 内燃平衡重式叉车 b) 蓄电池平衡重式叉车

1—工作装置 2—驱动桥 3—变速器 4—离合器 5—发动机 6—转向桥 7—工作油泵 8—平衡重 9—牵引电动机
10—工作油泵电动机 11—牵引蓄电池组

1. 动力装置　叉车以内燃机、电动机为动力。柴油机应用最为普遍、从起重量 1t 以上的都有采用，汽油机一般用在起重量 3t 以下的叉车，在库室内作业的叉车为了减少排气中的有害物质采用双燃料（汽油和液化气）或仅以液化气为燃料。电动机一般都采用直流串励电动机以求得良好的牵引特性；常用在起重量 3t 以下的叉车，绝大多数以蓄电池供电，少数特定情况下采用拖线电缆供电。

近年来采用蓄电池逆变供电的交流变频电动机驱动得到愈来愈多的应用。交流电控加速快，作业效率高，高速行驶转矩大。同样工况下能耗小，而且保养维修方便，使用费用较低。

2. 传动装置　对于内燃叉车传动装置，主要是改变内燃机的硬特性为软特性，使之适应车辆牵引特性的要求。在发动机起动和工作装置工作时切断与驱动轮的连接，在不改变内燃机的旋转方向下实现车辆的前进、后退行驶。主要有机械传动、液力机械传动、液压传动、电力传动等形式。机械传动一般用在 3t 以下的叉车前进两档、后退两档。液力机械传动最为普遍，起重量从 1t 到 42t 或更大都有采用，3t 以下一般是前 1 后 1 档，在大吨位上用前 4 后 4 档。液压传动一般用在 6t 以下，电力传动比较少。对于电动叉车由于串励牵引电动机或交流变频电动机的控制已具备适合车辆的特性并能方便地改变转向，所以只需要固定传动比的驱动装置就可以了。

3. 驱动桥　叉车的驱动桥体具有极大的刚度和强度，在叉车满载的情况下它要承受总重的 90%，在 5t 以下车轮多采用单胎，轮胎的形式有充气胎、弹性胎和实心胎（见图 8.4-3），在 5 吨以上多采用双充气胎。驱动桥上装有主减速器、差速器，在 5 吨以上的叉车上一般还有轮边减速器，在驱动轮上装有行车制动器。

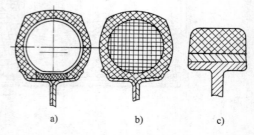

图 8.4-3　轮胎型式

a) 充气胎　b) 弹性胎　c) 实心胎

4. 转向系统　主要由转向器和转向桥组成，从液压系统来的压力油通过液压转向器的控制通向转向液压缸，从而使转向车轮偏转一定的角度，使车辆改变行驶方向。转向桥体与车架在横轴面内以铰轴连接以适应不平的地面，两转向轮通过一套杆件机构（称作转向梯形机构）连接以使其按一定规律偏转，保证转向轮不至产生侧滑。

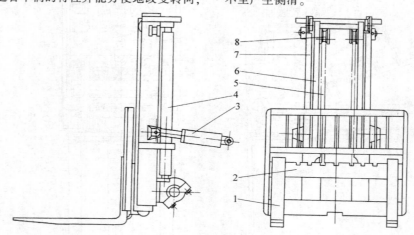

图 8.4-4　工作装置

1—货叉　2—叉架　3—倾斜液压缸　4—起升液压缸　5—起升链条

6—内门架　7—外门架　8—链轮

5. 工作装置 其构成如图 8.4-4，其工作原理如图 8.4-5。外门架下端铰接在车架上，通过倾斜液压缸的伸缩可使其整体向前向后倾一定角度。内门架与外门架通过滚轮导槽连接只能向上伸出。货叉和叉架与内门架通过滚轮导槽连接也只能沿内架上下移动，并且内门架上升 h' 时货叉上升 h，且 $h = 2h'$。

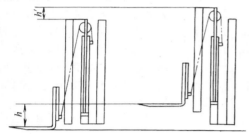

图 8.4-5 工作装置原理

另外，液压系统主要由液压油泵、控制阀组等组成。车体主要由车架、护顶架、平衡重等组成。电气系统包括内燃机所配套的电气设备、车辆的灯和信号显示、电动叉车对电动机的调节控制等。

4.2.2 主要参数

1. 结构参数 见图 8.4-6。

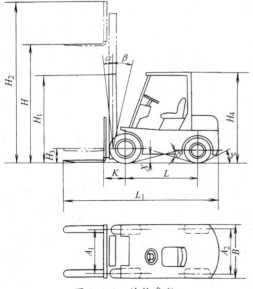

图 8.4-6 结构参数

L_1—全长 B—全宽 H_1—门架高 H_4—护顶架高 H—最大起升高度 H_2—最大工作高度 X—最小离地间隙 K—前悬距 L—轴距 A_1—前轮距 A_2—后轮距 α—门架前倾角 β—门架后倾角

2. 性能参数

(1) 额定起重量：作业时允许安全起升或搬运货物的最大质量。

(2) 载荷中心距：额定起重量货物的质心至货叉垂直前表面的水平距离。

(3) 满载、无载最大运行速度：在额定起重量或无载状态下，车辆在水平坚硬的路面上行驶的最大速度。

(4) 满载、无载最大爬坡度：在额定起重量或无载状态下，按规定的稳定速度所能爬越的最大坡度。对机械传动内燃叉车要求以稳定速度；对液力传动内燃叉车要求以不小于 2km/h 的速度；对电动叉车要求以电动机 5min 工作制允许使用的电流所对应的速度。

(5) 最小转弯半径：在无载状态下，叉车向前和向后低速行驶且向左和向右转弯，当转向轮处于最大转角时，车辆外侧到转弯中心的最大距离。

(6) 直角通道宽度：调节货叉到最大间距，叉车作直角转弯时，所需最小的通道宽度，见图 8.4-7。

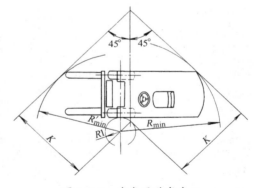

图 8.4-7 直角通道宽度 K

(7) 起升高度：货叉垂直升至最高位置，货叉水平段上表面至地面的垂直距离。

(8) 自由起升高度：在门架高度不变的情况下，货叉最大起升高度。

(9) 满载、无载最大起升速度：门架垂直，升降操纵杆及动力操纵装置处于最大极端位置时，额定载荷，无载状态的起升速度。

(10) 满载、无载最大下降速度：门架垂直，升降操纵杆处于最大极端位置时，额定载荷、无载状态的货叉下降速度。

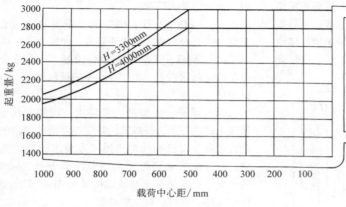

图 8.4-8　载荷曲线

（11）门架倾角：在无载状态下，叉车在水平地面上门架相对垂直位置前后倾斜的最大角度。

叉车的起重量不仅受到零部件的强度和液压系统能力的限制，更重要的是，受到整车稳定性的制约。所以在车上明显的位置给出叉车的载荷曲线：横坐标为载荷中心距（亦即载荷质心到货叉垂直段前面的水平距离），纵坐标为允许的最大起重量。不同的曲线表示对应的最大起升高度，见图 8.4-8。

平衡重式叉车的主要参数见表 8.4-1 和表 8.4-2。

表 8.4-1　内燃叉车主要参数

额定起重量/kg/ 载荷中心距/mm	1000/500	1500/500	2000/500	2500/500	3000/500	3500/500	4000/500	4500/500	5000/600
起升高度/mm	3000	3000	3000	3000	3000	3000	3000	3000	3000
自由提升高度/mm	110～300	110～300	110～300	110～300	110～300	110～300	110～300	110～300	110～300
满载起升速度 /mm·s⁻¹	400～450	400～450	450～600	450～600	400～540	400～450	400～450	400～450	400～430
门架倾角/（°） 前倾/后倾	6/12	6/12	6/12	6/12	6/12	6/12	6/12	6/12	6/12
满载行驶速度 /km·h⁻¹	15～19	15～19	19～22	19～22	19～22	19～22	19～22	19～22	25～30
最小转弯半径/mm	1900	1980	2160	2200	2400	2700	2750	2800	3240
满载爬坡度（%）	20～25	20～25	20～25	20～25	18～22	20～25	20～25	20～25	20～30
全长/mm	3010	3080	3500	3560	3760	3940	4050	4100	4660
全宽/mm	1070	1070	1150	1150	1260	1740	1740	1740	1995
全高/mm	1995	1995	1995～ 2040	1995～ 2040	2100	2200	2200	2200	2500
轴距/mm	1350	1350	1600～ 1650	1600～ 1650	1700	2000	2000	2000	2250
轮距/mm 前/后	890/870	890/870	960/980	960/980	1030/980	1160/1110	1160/1110	1160/1110	1470/1700
最小离地间隙/mm	90	90	110～150	110～150	110～150	130～150	130/150	130/150	190
质量/kg	2300	2400～ 2700	3400	3650～ 3800	4300～ 4500	6000	6350	6700	7980
额定起重量/kg/ 载荷中心距/mm	6000/600	8000/600	10000/600	13500/600	15000/900	20000/900	25000/ 1220	35000/ 1220	40000/ 1220
起升高度/mm	3000～ 4000	3000～ 4000	3000～ 4000	3000～ 4000	3000～ 4000	3000～ 4000	3000～ 4000	6600	6600
自由提升高度/mm	0～200	0～200	0～200	0	0	0	0	0	0
满载起升速度 /mm·s⁻¹	430	380	310	310	310	240	200	200	130
门架倾角/（°） 前倾/后倾	6/12	6/12	6/12	6/12	6/12	6/12	6/12	3/10	3/10
满载行驶速度 /km·h⁻¹	25～30	25～30	25～30	25～30	25～30	25～30	25～30	25～30	25～30
最小转弯半径/mm	3300	3370	3950	4150	5000	5000	6000	7300～ 7600	7300～ 7600

（续）

额定起重量/kg/载荷中心距/mm	6000/600	8000/600	10000/600	13500/600	15000/900	20000/900	25000/1220	35000/1220	40000/1220
满载爬坡度（%）	20~30	20~30	22	22	20	20	20	20	15
全长/mm	4740	5120	5430	6000	1720	7190	9000	10700	10450
全宽/mm	1995	2165	2245	2320	3100	3180	3590	3750	3750
全高/mm	2500	2700	2850	3600	3600	3900	3900	6950	10100
轴距/mm	2250	2500	2500	2800	3500	3500	4200	5500	5500
轮距/mm 前/后	1470/1700	1600/1700	1600/1700	1690/1790	2300/2500	2350/2500	2640/2750	2650/2750	2650/2750
最小离地间隙/mm	190	245	245	270	310	370	300~360	300~360	300~360
质量/kg	8640	10960	12510	16260	22250	27610	40000	64500	50000

表 8.4-2　蓄电池电动叉车主要参数

额定起重量/kg/载荷中心距/mm	500/400	750/400	1000/500	1250/500	1500/500	1750/500	2000/500	2500/500	3000/500
起升高度/mm	3000	3000	3000	3000	3000	3000	3000	3000	3000
自由提升高度/mm	100~300	100~300	100~300	100~300	100~300	100~300	100~300	100~300	100~300
满载起升速度/mm·s⁻¹	150~200	150~200	250~300	250~300	300~330	300~330	250~300	250~300	150
门架倾角/（°）前倾/后倾	3/10	3/10	6/12	6/12	6/12	6/12	6/12	6/12	3/9
满载行驶速度/km·h⁻¹	7~9	7~9	12~14	12~14	12~14	12~14	12~14	12	11
最小转弯半径/mm	1330	1440	1800	1800	1800	1800	2160	2160	2175
满载爬坡度（%）	10~14	10~14	12~18	12~18	12~18	12~18	12~18	10~15	10~15
全长/mm	2400	2460	2750~2900	2750~2900	2900~3000	2900~3000	3360~3550	3360~3550	3360~3550
全宽/mm	730	840	950~1070	950~1070	950~1070	950~1070	1150	1150	1220
全高/mm	1995~2080	1995~2080	1995~2080	1995~2080	1995~2080	1995~2080	2100~2160	2100~2160	2100~2160
轴距/mm	1000	1030	1200~1280	1200~1280	1200~1280	1200~1280	1550~1600	1550~1600	1550~1600
轮距/mm 前/后	730/700	730/700	800~900/780~920	800~900/780~920	800~900/780~920	800~900/780~920	970~990/920~970	970~990/920~970	970~990/920~970
最小离地间隙/mm	70~100	70~100	90~105	90~105	90~105	90~105	90~105	90~105	135
质量/kg	1450	1670	2520	2600	2910	3650	3700	4100	4500

4.2.3　叉车的分类和比较

叉车可以按动力形式、传动形式、工作装置形式、工作环境等原则分类，主要是以动力形式和传动形式分类。

1. 以动力型式分类和比较　见表 8.4-3。

表 8.4-3　叉车各种动力型式比较

动力型式	内燃机			电动机	
	柴油机	汽油机		蓄电池	拖线
		汽油	液化石油气		
作业效率	高	高	较高	较低	低
起动性能	差	较好	较好	好	好
行驶速度	高	高	高	低	低
合理作业距离	长	长	较长	较短	短
运营费用	低	较高	较低	高	高
防止空气污染性能	较差	差	较好	好	最好
噪声	大	较大	较大	小	小
适用范围	大中起重量室外场地	中小起重量室外场地	中小起重量室内外场地	中小起重量室内外场地	中小起重量室内场所

2. 内燃叉车以传动型式分类和比较　见表 8.4-4。

表 8.4-4　内燃叉车各种传动型式比较

传动型式	机械	液力机械	液压	电力
制造难度	一般	较难	难	一般
传动效率	高	低	较高	较高
操纵方便性	差	好	好	好
作业效率	低	高	高	高
寿命	长	长	短	长
维修难易	易	较易	难	较易
价格	低	较高	高	高
使用范围	中小起重量工作不繁忙	大中小起重量工作繁忙	中小起重量工作繁忙	大中起重量工作繁忙

4.2.4　叉车的稳定性

叉车的稳定性是指叉车在各种工作状况下抵抗倾覆的能力。在无载或满载升起载荷或下降载荷各种情况下叉车的重心位置都将发生很大的变化。且在狭小的场地作业，轴距和轮距都比较小。地面的坡度、车辆的加速、制动或转向的惯性力都可能引起叉车的倾覆。

叉车倾覆的四种危险的工况是满载堆垛（载荷起升的最高位置）的纵向和横向稳定性，满载（载荷处于低位）运行的纵向稳定性和空载运行的横向稳定性。一台新设计的叉车，它的样机都要经过倾翻平台稳定性试验来判定它是否有足够的稳定性。其试验如表8.4-5。

表8.4-5 平衡重式叉车稳定性试验

试验编号		1	2
稳定性类别		纵 向	
操作类别		堆 垛	运 行
载荷情况		试验载荷	试验载荷
起升高度		最 大	0.30m
门架位置		垂 直	最大后倾（对可倾斜门架叉车）
平台倾斜度	额定起重量最大到4999kg	4%	18%
	额定起重量从5000kg到10000kg	3.5%	18%
叉车在倾斜平台上的位置			

试验编号		3	4
稳定性类别		横 向	
操作类别		堆 垛	运 行
载荷情况		试验载荷	空 载
起升高度		最 大	0.30m
门架位置		最大后倾（对可倾斜门架叉车）	
平台倾斜度	额定起重量最大到4999kg	6%	$(15+1.4v)\%$ [①] （最大50%）
	额定起重量从5000kg到10000kg	6%	$(15+1.4v)\%$ [①] （最大40%）
叉车在倾斜平台上的位置			

① v——叉车空载状态的最大速度（km/h）。

4.2.5 叉车属具

叉车属具是在叉车的货叉架上增设并替代货叉的承载装置。它可以扩大叉车的用途、增加了被搬运货物的安全性，方便搬运，且提高了叉车的作业效率。在选用属具时要注意一种特定的额定起重量和载荷中心距的属具要与具有适当的额定起重量和载荷中心距的叉车相配，并且组合起来的额定起重量一定小于叉车的额定起重量。常用的叉车属具有货叉套、串杆、吊钩、起重臂、倾翻货叉、铰接倾翻货叉、摆动货叉、侧移货叉、间距可调货叉、前移货叉、推出器、夹持器、货物稳定器、铲斗、推拉器、集装箱吊具、回转货叉、回转夹持器、三向货叉等。

4.3 其他类型搬运车辆

4.3.1 固定平台搬运车 （图8.4-9）

图8.4-9 固定平台搬运车

固定平台搬运车是企业内部室内外短距离运送货物的车辆，一般采用蓄电池供电电动机为动力，其性能参数见表8.4-6。

表8.4-6 固定平台搬运车的基本性能参数

项 目		单位	参 数		
额定承载量		kg	1200	2000	3000
载货平台	面积（长×宽）	mm²	2000×1000	2179×1250	2179×1250
	高度	mm	760	780	800
最小转弯半径		mm	2830	3200	3200
最大牵引力（5min，空载/满载）		N	2100/1900	4000/3600	3800/3200
运行速度（空载/满载）		km/h	15/10	17/14	18/13
爬坡度（空载/满载）		（%）	16/8	21.8/10.5	20/9
蓄电池电压		V	24	80	
蓄电池容量（5h放电率）		A·h	420	280	
运行电动机功率（1h）		kW	3	6.5	
车辆质量		kg	1230	1890	1940

4.3.2 牵引车 （图8.4-10）

牵引车是用来在短距离牵引其他装载货物的无动力车辆或带轮设备的，一般是在企业内部使用。有内燃和电动两种动力形式。

4.3.3 前移式叉车

前移式叉车有门架前移和货叉前移式，在取或放货物时门架或货叉向前移出，运行时向后移入以提高运行的稳定性。绝大部分是以蓄电池供电、以电动机为动力的，并在室内平坦坚硬地面工作。图8.4-11为门架前移式电动叉车的结构图，其主要性能参数见表8.4-7。

图8.4-10 牵引车

表8.4-7 前移式叉车的基本性能参数

项 目	单位	参 数			
额定起重量	kg	1000	1600	2000	2500
载荷中心距	mm	600			
最大起升高度	mm	3000~4000	3000~4400	3000~8000	
前移距离	mm	540	600	620	700
最小转弯半径	mm	1510	1675	1753	1905
运行速度（空载/满载）	km/h	9.9/9.0	10.6/9.8	10.6/9.6	10.2/9.2
起升速度（空载/满载）	m/s	0.32/0.21	0.40/0.25	0.32/0.19	0.25/0.16
爬坡度（空载/满载）	（%）	21/14.5	26/17	24/15	21/13
运行电动机功率	kW	3.0	5.2		
起升电动机功率	kW	4.0	7.2		
蓄电池电压	V	24	48		
蓄电池容量	A·h	440~550	360~560	480~700	480~840
车辆质量	kg	2500	3040	3750	3950

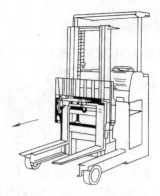

图 8.4-11 前移式叉车

4.3.4 托盘堆垛车

托盘堆垛车见图 8.4-12。其货叉横断面为槽形下降到最低位时，货叉覆盖于前轮和支腿之上，以求最低的高度便于插入托盘下方，运行和堆垛时货物重心始终在车辆的支撑面之内，离地间隙很小，适于在库房和室内作业。有手动的，有以蓄电池供电电动机为动力的。其主要参数见表 8.4-8 和表 8.4-9。

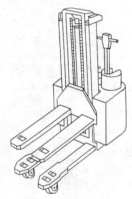

图 8.4-12 托盘堆垛车

表 8.4-8 手动托盘堆垛车基本性能参数

项 目	单位	参 数	
额定起重量	kg	500	1000
载荷中心距	mm	400	500
最大起升高度	mm	1500	
插腿高度	mm	100	
最小离地间隙	mm	40	
最小转弯半径	mm	1250	1500
车辆质量	kg	150	250

4.3.5 托盘搬运车

它的前轮通过摆臂装于货叉的前端，起升高度只有 200mm 左右。有手动的，有电动的，图

8.4-13 为电动托盘搬运车，表 8.4-10 为电动托盘搬运车的基本参数。

表 8.4-9 电动托盘堆垛车基本性能参数

项 目	单位	参 数		
额定起重量	kg	1000	1200	1600
载荷中心距	mm	600		
最大起升高度	mm	3000	3600	4200
插腿高度	mm	91		
最小转弯半径	mm	1370	1535	1625
运行速度（空载/满载）	km/h	6/4.5	5.5/4.2	6/5
起升速度（空载/满载）	m/s	0.15/0.11	0.23/0.13	0.18/0.10
爬坡度（空载/满载）	(%)	15/10	13/5	20/6
运行电动机功率	kW	0.6	0.6	1.0
蓄电池电压	V	24		
蓄电池容量	A·h	110	150	300
车辆质量	kg	718	904	1150

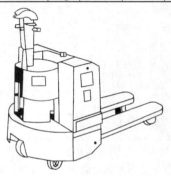

图 8.4-13 电动托盘搬运车

表 8.4-10 电动托盘搬运车的基本性能参数

项 目	单位	参 数		
额定起重量	kg	1000	1500	2000
货叉最大起升高度	mm	200		205
货叉最低高度	mm	80		85
运行速度 空载	km/h	2.5~3	2~3	
运行速度 满载	km/h	1.5~2	1.5~3	2~3
起升方式		手动液压/电动液压		电动液压
蓄电池电压	V	12		24
蓄电池容量（5h 放电率）	A·h	100	120	100
车辆质量	kg	195~205	257~277	330~342

4.3.6 侧面式叉车（图 8.4-14）

侧面式叉车的门架位于两车轴之间，门架可在车辆横向移动，在车辆侧面进行堆垛。堆垛时侧面支腿撑地以提高稳定性，并可将货物置于载货平台上运送，适用于长形货物的堆垛和运输。其主要性能参数见表 8.4-11。

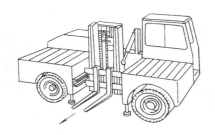

图 8.4-14 侧面式叉车

**表 8.4-11 内燃侧面式叉车的
基本性能参数**

项 目	单位	参 数	
额定起重量	kg	3000	5000
载荷中心距	mm	600	
最大起升高度	mm	3000	
最大满载起升速度	m/s	0.3	
最大满载行驶速度	km/h	21	22
满载爬坡度	(%)	20	20
最小转弯半径	mm	4300	4350
载货平台面积（长×宽）	mm	4260×1200	4511×1230
载货平台高度	mm	970	1015
发动机功率	kW	40	55
车辆质量	kg	4800	7500

4.3.7 侧面堆垛和三向堆垛叉车（图 8.4-15）

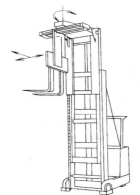

图 8.4-15 三向堆垛叉车

货叉沿门架起升并可在两侧向移动（货叉可旋转到左、右、前三个方向）进行堆垛称为侧向（三向）堆垛叉车，多用在立体库巷道内存取货物。以蓄电池供电电动机为动力，其主要性能参数见表 8.4-12。

表 8.4-12 三向堆垛叉车的基本性能参数

项 目	单位	参 数		
额定起重量	kg	1250	1500	2000
载荷中心距	mm	600		
最大起升高度	mm	4000～10050	4700～12900	4700～8000
侧移距离	mm	1270	1310	
侧挡轮宽度	mm	1610	1650	
最小转弯半径	mm	2005	2424	
运行速度（导槽导向/自动导向）	km/h	9.4/7.6	9.0	8.3
起升速度（空载/满载）	m/s	0.36/0.32	0.38/0.32	0.28/0.22
运行电动机功率	kW	5.5	6.5	
起升电动机功率	kW	12.6		
蓄电池电压	V	80		
蓄电池容量	A·h	400	480	
车辆质量	kg	5500	7800	8000

4.4 自动导向车

自动导向车主要用于工厂的柔性制造系统中各工序之间工件的转送和装配线上各工位之间的输送，以及自动化仓库货物的输送。其自动作业的基本功能是导向行驶、认址停准和移交载荷。

4.4.1 自动导向车的分类（图 8.4-16）

自动导向车 {
  按作业方式（图 8.4-17）{ 自动导向搬运车；自动导向牵引车；自动导向叉车 }
  按转向方式（图 8.4-18）{ 舵轮；两轮差速；独立多轮 }
  按导向方式（图 8.4-19）{ 线路导向 { 电磁；磁带；色（光）带 }；非线路导向 { 坐标识别；自主导向 } }
}

图 8.4-16 自动导向车的分类

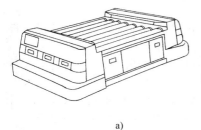

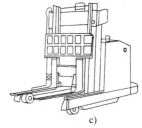

a)　　　　　　　b)　　　　　　　c)

图 8.4-17 自动导向车按作业方式的分类
a) 自动导向搬运车　b) 自动导向牵引车　c) 自动导向叉车

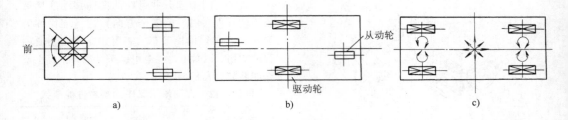

图 8.4-18 自动导向车按转向方式的分类

a) 舵轮转向 b) 两轮速差转向 c) 独立多轮转向

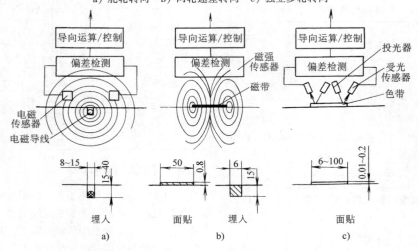

图 8.4-19 自动导向车按导向方式的分类

a) 电磁线路导向 b) 磁带线路导向 c) 色（光）带线路导向

近年来，采用激光束实时扫描车辆运行位置的非线路导向（坐标识别）的导向车辆，得到了较多应用。

4.4.2 自动导向车的一般构成

（1）机械系统：车体、车轮、转向装置、移载装置、安全装置。

（2）动力系统：运行电动机、转向电动机、移载电动机及液压泵站、蓄电池组及随车充电装置。

（3）控制系统：驱动控制装置、转向控制装置、移载控制装置、安全控制装置。

自动导向车的结构以搬运车为例如图 8.4-20。

4.4.3 自动导向车的主要参数

（1）承载量：车辆可装载的最大质量。

（2）车体尺寸：其尺寸应适合搬运物品尺寸、通道宽度和移载要求等。

（3）蓄电池容量：应保证车辆在规定作业方式和时间内对能源的需求供应。

（4）运行速度：是确定车辆作业周期或搬运效率的重要因素。

（5）认址精度：自动移载时车辆的停止精度（一次定位认址精度）是确定移载装置的重要因素。

（6）最小弯道半径：是确定车辆弯道运行必需空间的重要因素。

自动导向搬运车常用的为两轮速差转向型和舵轮转向型，其主要参数见表 8.4-13 和表 8.4-14。自动导向牵引车的主要参数见表 8.4-15。自动导向叉车有前移式、平衡重式、侧面式和三向堆垛式。使用最多的前移式自动导向叉车的主要参数见表 8.4-16。

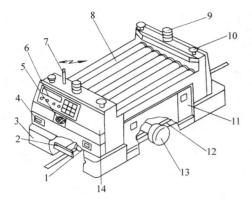

图 8.4-20　自动导向搬运车

1—随动轮　2—导向传感器　3—接触缓冲器
4—接近探知器　5—警示音响　6—操作盘
7—外部通信装置　8—自动移载机构
9—警示灯　10—急停按钮　11—蓄
电池组　12—车体　13—速差驱动轮
14—电控装置箱

自动导向车辆型式规格很多，用户对车辆的
选型往往是在基本型产品的基础上将其规格参数
进行调整组合，以满足各种不同的使用要求。

表 8.4-13　速差转向型自动导向
搬运车的主要参数

项　目	单位	参　数			
额定承载量	kg	500	1000	1500	2000
运行速度	km/h	5		3.9	2.5
认址精度	mm	±20			
最小弯道半径	mm	600			1000
外形尺寸　长（L）	mm	1750			2150
宽（W）	mm	1145			
高（H）	mm	500			
蓄电池电压	V	48			
蓄电池容量（5h）	A·h	145		160	
车辆质量	kg	800		1000	1100

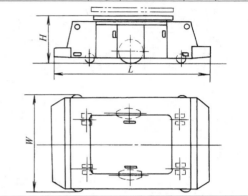

表 8.4-14　舵轮转向型自动导向搬运车的主要参数

项　目	单位	参　数			
额定承载量	kg	500	1000	2000	3000
运行速度（前行/后行）	km/h	5/3.6		6/3.6	
认址精度	mm	±20		±30	
最小弯道半径	mm	1000		3000	3800
外形尺寸　长（L）	mm	1800		2700	3000
宽（W）	mm	880	1000	1100	
高（H）	mm	450		1300	
蓄电池电压	V	24		48	
蓄电池容量（5h）	A·h	100/130	145/160		
车辆质量	kg	550	600	1700	1900
简　图		图 a		图 b	

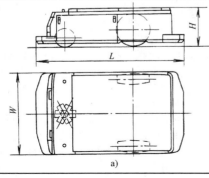

a)

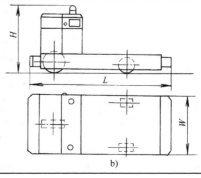

b)

表 8.4-15 自动导向牵引车的主要参数

项 目		单 位	参 数				
牵引质量		kg	300	1000	3000	5000	16000
最小弯道半径		mm	1500				2500
运行速度		km/h	3.6	4.0			
外形尺寸	长（L）	mm	1650	2150			2550
	宽（W）	mm	770	1070			1212
	高（H）	mm	700	1300			1282
蓄电池电压		V	24	48			
蓄电池容量（5h）		A·h	100	165		210	624
车辆质量		kg	250	800	1000	1200	4500
简 图			图 a	图 b			图 c

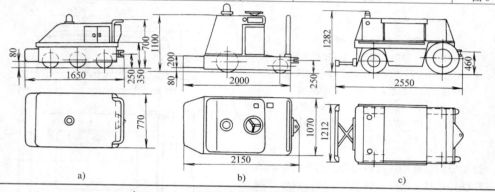

a) b) c)

表 8.4-16 自动导向前移式叉车的主要参数

项 目		单 位	参 数		
额定承载量		kg	1000	1500	1800
载荷中心距		mm	500		
最大起升高度		mm	2700		
前移距离		mm	595		
最小弯道半径		mm	2110		
运行速度（满载）		km/h	6		
起升速度（满载）		mm/s	235	210	200
外形尺寸	长（L）	mm	2470		
	宽（W）	mm	1140		
	高（H）	mm	2025		
蓄电池电压		V	48		
蓄电池容量（5h）		A·h	210（300）	300（335）	

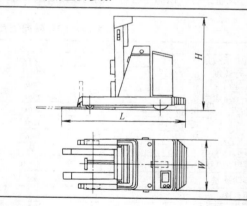

参 考 文 献

［1］ 机械工程手册电机工程手册编辑委员会. 机械工程手册：物料搬运设备卷. 第 2 版［M］. 北京：机械工业出版社，1997.

［2］ 宋甲宗，石永铎. 物流机械化技术［M］. 北京：机械工业出版社，1991.

［3］ JB/T8713—98 机械式停车设备类别、型式与基本参数. 北京：机械工业部机械标准化研究所，1998.

［4］ GB3811—83 起重机设计规范. 北京：中国标准出版社，1984.

［5］ 张质文等. 起重机设计手册［M］. 北京：中国铁道出版社，1998.

［6］ 洪致育，林良明. 连续运输机［M］. 北京：机械工业出版社，1982.

［7］ 机械化运输设计手册编委会. 机械化运输设计手册. 北京：机械工业出版社，1997.

［8］ 陆植. 叉车设计［M］. 北京：机械工业出版社，1991.

第 9 篇 工 业 工 程

主　　编　　齐二石
　　　　　　卢　岚
编 写 人　　卢　岚
　　　　　　周　刚
　　　　　　何　祯
　　　　　　刘子先
　　　　　　贾　湖

1 概　　述

1.1　工业工程的概念

工业工程（IE）20世纪初源于美国。1955年美国工业工程师学会（AIIE）对其做出如下定义：工业工程是对有关人员、物料、设备、能源和信息所组成的集成系统进行设计、改善和实施的一门学科。它综合运用数学、物理学和社会科学的专门知识和技能，并且运用工程分析和设计的原理和方法，对上述系统可能获得的成果予以确定、预测和评价[1]。

1. 工业工程的基本特征
（1）核心和目标是降低成本、提高生产率；
（2）是将新工艺、新技术转化为现实生产力的工程活动；
（3）是一种综合性应用技术，追求生产系统的整体优化；
（4）重视人的因素。

2. 工业工程的职能　研究人员、物料、设备、能源、信息所组成的集成系统，并进行设计、改善和实施。具体表现为规划、设计、评价和创新四个方面。

（1）规划　确定组织在未来一定时期内从事生产应采取的特定行动的特定活动。包括总体目标、方针政策、战略和战术的制定，也包括分期（短期、中期、长期）实施计划的制定。它可以实现资源的最佳配置。IE的规划侧重于技术发展规划。

（2）设计　实现某一既定目标而创建具体实施系统的前期工作，包括技术准则、规范、标准的拟定，最优方案的选择和蓝图绘制。IE的设计侧重于工程系统设计，包括系统总体设计和部分设计、概念设计和具体项目设计等。

（3）评价　对现存的系统、规划和计划方案以及个人与组织业绩作出是否符合既定目标或准则的评价与鉴定活动，包括各种评价指标和规程的制定及评价工作的实施。IE的评价为高层

管理者决策提供科学依据。

（4）创新　对现存各系统的改进和提出崭新的、富于创造性的活动。通过创新使系统始终具有新的生命力。IE的创新是以系统的整体目标和效益为着眼点，综合考虑与平衡各种相关条件，确定出创新的目标、策略和内容。

1.2　工业工程的作用[2]

从宏观上讲，应用IE技术可以加快国家经济发展、增强实力、缩小与世界先进水平的差距；从微观上讲，有利于企业提高管理水平和效益，在激烈的市场竞争中求得生存和发展。主要体现在：

（1）降低成本、减少库存，提高质量，提高生产率，减员增效；
（2）缩短产品开发周期和生产周期，提高企业对市场的快速反应能力；
（3）通过企业生产重组（BPR）技术，增强企业的敏捷性，提高企业在市场中的竞争能力；
（4）进行技术和市场预测、系统分析和综合诊断，不断开拓市场，完善生产系统，保证企业整体效益目标的实现和企业的生存与发展；
（5）制定规划、计划及工作制度，为各级决策者提供决策依据；
（6）建立评价、考核和奖励制度，最大限度地调动员工的积极性和创造性；
（7）协调企业内部各部门的工作；
（8）改进政府部门行业管理，提高宏观管理效率和效果以及行业整体管理水平。

1.3　工业工程的理论与技术体系

1.3.1　理论基础

1. 经济学（Economics）　企业是一个独立的经济组织，是经济学的主要研究对象，因此对企业的研究必然要有经济学理论的支持。经济学

是将企业行为、顾客行为、企业运行环境作为研究对象，研究企业发展一般规律的学科。IE 的经济学基础主要包括微观经济学理论、财务管理、企业会计等内容。

2. 管理学（Management Science） 企业管理是为了保证企业生产经营活动的正常进行，实现企业的既定目标，而对企业生产、技术、经营等活动进行计划、组织、指挥、协调与控制。它与工业工程的目标是一致的，操作对象和内容也是交叉的，因此工业工程可以借鉴管理学的成果作为理论和技术支撑体系的重要组成部分。主要包括管理的基本原理、生产控制理论、组织行为理论等等。

3. 系统工程学（System Engineering） IE 的系统工程学基础包括系统工程、统计学、运筹学理论与方法，还包括企业模型学。用系统的观点进行企业经营是保证企业不断发展的重要基础，系统工程学不但提供了企业经营的新思维，更为企业定量分析与控制提供了必要的手段。

1.3.2 专业知识[3,4]

1. 工作研究（Work Study） 以方法研究和工作测定为基础，结合现代科学技术成果，制定科学的劳动标准时间与定额，降低操作者的作业疲劳，逐步提高作业系统的效率。配合计算机辅助管理技术，现代工作研究的内容不断更新、深化，技术水平持续提高，应用范围越来越广泛。

2. 人因工程学/工效学（Human Factors Engineering/Ergonomics） 应用生理学、心理学、劳动科学和环境科学的理论和工程技术研究人—机器—环境之间的相互关系，其目的是设计出使操作者感到安全、健康、舒适和工作效率最优化的人机系统。

3. 设施规划（Facilities Design and Planning） 在给定的区域内研究对象系统中的设备、设施，应用系统工程的原理与方法进行最优的规划与设计，以求最佳布置方案，使系统投入运行与使用后能达到最小消耗和最大产出，包括改造原有系统。

4. 物流分析（Material Flow System Analysis） 以生产系统物料的流动过程为分析对象，研究生产系统的平面设计、物流流动网络的分布（包括在制品数量与质量的控制方法、以及工位

器具设计、搬运设备选择、运输路线分析、物流管理等），以求物流系统最佳设计与运行效益。

5. 生产计划与控制（Production Planning and Control） 对原材料进厂、下料、加工、装配、调试等各种作业流程，以及与之相适应的生产组织、库存等进行计划、调度与控制，从而使整个生产系统有效地运行。

6. 质量管理（Quality Management） 根据质量目标，改造和创造各种调节手段，实现以预防为主，使生产过程处于稳定状态，保证和提高产品质量。

7. 成本控制（Cost Control） 工业工程师的一个重要任务是不断地降低成本。因而，对经营管理以及生产过程的全部系统进行控制，以达预定的成本目标。

8. 信息控制（Information Control） 信息流的畅通无阻是整个系统正常运行的前提和保证，信息控制是 IE 的一个重要目标。通过运用计算机技术和信息技术的各种成果对系统所产生的各种信息进行加工、处理和传输，保证信息快速、准确地在系统中流动，保证整个系统运行的高效率和低成本的目标的实现。

9. 工程经济（Engineering Economy） 研究工程项目、设备、产品投资的可行性分析，评价其合理性、经济性等。常采用投资回收期法、现值法、内部收益率等方法，解决资金时间价值的计算与比较，为决策者提供依据。

10. 市场预测（Market Forecasting） 研究顾客需求和产品的变更趋势，为企业制定正确的产品开发策略、生产计划、投资决策等提供可靠的依据。常用的方法有趋势外延法、因果图、回归分析等。

1.3.3 技术体系

1. 制造工程技术（Manufacturing Engineering） 要求了解、应用和控制制造过程中各个程序和工业产品的生产方法，规划制造程序、研究和开发新的工具、工艺过程、机器和设备，并将它们综合成为一个系统，以达到用最少的费用产出高质量的产品。它为 IE 提供管理的对象，是 IE 存在的基础。

2. 计算机技术和信息技术（Computer Technology & Information Technology） 计算机技术和信

息技术的发展为工业工程开辟了崭新的天地，它几乎已渗入了 IE 的各个研究领域。其对 IE 的支持主要体现在它改变了流程顺序和组织结构，改变了 IE 的工作方式，提高了工作效率，降低了成本。它已经成为实施 IE 不可缺少的工具。

工业工程的内容相当广泛，并在不断充实和完善。诸如：工程评价、人事考核、工业系统分析与咨询诊断、成组技术、CAD/CAPP/CAM、FMS 以及 CIMS 等现代制造技术，均属于工业工程的重要内容。总之，它是以各种有效手段，实现以最低消耗获取管理系统最大效益的工业活动，其理论和技术体系处于不断完善和发展之中。

1.4 现代工业工程发展特征

由于现代科学技术和生产力高度发展，尤其是高新技术的蓬勃发展和消费者生活质量的提高，当代生产经营环境和条件发生了很大的变化。为了适应这些变化和要求，现代工业工程兼收并蓄了越来越多的新学科知识和高新技术，其发展具有如下显著特征。

（1）研究对象和应用范围逐步扩大到整个生产系统，并且日益注重用系统观点和系统工程方法来处理问题。

（2）广泛采用计算机强化信息的采集、处理和传输，开发计算机辅助管理系统和信息化、智能性制造系统，进一步提高企业管理水平和工作效率。

（3）努力实现不断改善、持续发展和综合创新的现代工业工程本质功能。

（4）现代工业工程重视人的作用，注重研究人与机器的最佳配合。

（5）注重形成面向问题的工业工程工作模式。

2 工 作 研 究

工作研究的基本功能是对生产系统进行诊断分析，其最终目的是提高生产率，是一种不需要投资或用很少投资就能增加现有资源产出率的工程与管理相结合的技术，因而一直受到工业界的普遍重视。在实施过程中，主要运用方法研究和作业测定两方面技术。

2.1 方法研究

2.1.1 研究目的

对现有的或拟议的工作方法进行系统的记录和严格的考查，寻求最佳的工作程序和方法，以降低成本，提高整个系统的工作效率。

2.1.2 主要技术方法

1. 程序分析 此种方法是研究和改进现行工作程序，使之优化的一种技术。

（1）工艺程序图分析——该图含有工艺程序的全部概况和各工序间的相互关系，并根据工艺顺序编制，且标明所需时间。分析的目的是改善工艺内容、工艺方法和工艺程序。

（2）流程程序图分析——在工艺程序图分析的基础上作进一步的详细分析。人员流程图表明人员在执行流动性工作时的情况，物料流程图展示材料或产品的流动环节、距离、路线和次数。通过对制造过程中的操作、检验、搬运、储存和迟延的详细记录和分析，揭示其中的无效劳动和浪费，提出改进意见。

（3）线图分析——将机器、工作台、检测台等的相互位置和距离，按流程顺序绘制于图上，并用直线或虚线和箭头联系，标志其流动的方向。此图主要用于对现场布置及物料和作业者的实际流通路线进行分析，以达到改进现场布置和移动路线，缩短搬运距离的目的。

2. 操作分析 此种方法是研究分析以人为主体的工序，是人机系统合理匹配，以减轻工人的劳动强度，减少作业时间的消耗，保证工作质量。

（1）人机操作分析——研究单人单机或单人多机的操作，分析人和机器的相互配合关系，目的是更好地利用人的闲余时间，并提高设备的使用率。

（2）联合操作分析——分析多人单机的操作，以提高多人间的配合程度，可达到发掘空闲与等待时间、减少工作周期时间、平整工人的工作量等目的。

（3）双手操作分析——提供动作平衡规范化的观念，以双手操作为对象，记录其动作关系，分析找出提高工作效率的新途径。

3. 动作分析 以操作者在操作过程中手、眼和身体其他部位的动作为分析研究对象，通过分析找出并剔除不必要的动作要素，从而制定出最佳操作方法和预定时间标准，以达到操作简便有效的目的。

（1）动作分析的方法——常用的有动作目视分析和动作摄影分析。动作目视分析一般只适用于比较简单的操作活动，主要凭研究人员的观察，用动作要素符号进行记录和分析。动作摄影分析是采用摄像或录像的方法进行动作分析，具体又可分为瞬时动作分析（拍摄速度为 $60 \sim 100$ 次/min 格）和细微动作分析（拍摄速度为 $3.84 \sim 7.68$ 次/min 格）。无论采用何种方法，都要使用 5W1H 提问法、ECRS 提炼法和动作经济原则进行对照改进。

（2）动素分析——人体动作的基本要素共 17 种，其名称、符号和定义见表 9.2-1。

表 9.2-1 动素分析图表

类别	序号	名 称	符号	图形	定 义
第1类	1	伸手（Reach）	RE	∪	接近或离开目的物的动作
	2	抓取（Grasp）	G	∩	抓住目的物的动作
	3	移物（Move）	M	◡	保持目的物由某位置移到另一位置
	4	装配（Assemble）	A	#	结合两个以上目的物的动作
	5	应用（Use）	U	U	借器具或设备改变目的物的动作
	6	拆卸（Disassemble）	DA	++	分解两个以上目的物的动作
	7	释放（Release）	RL	◠	放下目的物的动作
	8	检验（Inspect）	I	0	将目的物与规定标准比较的动作

（续）

类别	序号	名 称	符号	图形	定 义
第2类	9	寻找（Search）	SH	⬭	确定目的物位置的动作
	10	选择（Select）	ST	→	选定要抓取目的物的动作
	11	计划（Plan）	PN	⅋	计划作业方法而迟延的动作
	12	定位（Position）	P	9	把目的物放置在所希望的正确位置的动作
	13	预位（Proposition）	PP	8	东西使用后，把它放在下次使用时最方便位置的动作
第3类	14	持住（Hold）	H	⌒	保持目的物不动状态
	15	休息（Rest）	RT	⌐	不含有用的动作，而以休养为目的的动作
	16	迟延（Unavoidable Delay）	UD	⌐◦	不含有用的动作，而工作者本身所不能控制的迟延
	17	故延（Avoidable Delay）	AD	⌐◦	不含有用的动作，而工作者本身可以控制的迟延

（3）动作基本原则——为保证动作经济合理，减少人体作业疲劳，提高工作效率而应遵守的作业规范和法则共分 3 类 22 条。

第一类：与身体部位相关

1）双手应同时开始并同时完成动作。

2）除规定的休息时间外，双手不应同时空闲。

3）双臂的动作应该对称，反向并同时进行。

4）操作者应尽量使用能获得满意结果的较低等级的动作。

5）尽可能利用物体的动量，当需用体力约束时，应把它减少到最低限度。

6）连续的曲线运动比含有方向突变的直线运动要好。

7）弹道式运动比受限制或受控制的运动轻快、容易、准确。

8）动作的节奏应轻松、自然、流畅。

第二类：与作业场所布置相关

9）工具物料应放置在固定的地方。

10）工具物料及装置应尽可能布置在操作者前面近处。

11）物料的输送尽可能利用其重力。

12）零件物料的坠落应尽量利用重力实现。

13）工具物料应以最佳的工作顺序排列。

14）应有适当的照明条件，使视觉满意、舒适。

15）工作台及座椅的高度，应保证操作者坐立适宜。

16）工作台及座椅的高度，应能使操作者保持良好姿势。

第三类：与工具设备相关

17）尽可能解除手的工作，而以夹具或足踏工具代替。

18）可能时应将两种工具合并使用。

19）工具物料应尽可能预放在工作位置上。

20）手指操作时各指负荷应按照其本能予以分配。

21）设计手柄时应尽可能增大与手的接触面。

22）机器的操作杆及手轮的设计应能使操作者尽量减少姿势变动，并能最大地利用机械力。

2.2 作业测定

2.2.1 研究目的

作业测定是运用各种技术来确定合格工人按照规定的作业标准，完成某项工作所需要的时间。它着重调查、研究、减少以及最后消除无效时间，其主要目的是制定作业系统的标准时间并改善作业系统。

2.2.2 主要技术方法

1. 时间研究（秒表时间研究） 利用秒表或电子计时器，对一段时间内的作业进行连续观测计时，并给出评估值。再加上政策允许的非工作时间作为宽放值，最后确定出该项工作的时间标准。

2. 工作抽样 在较长时间内，利用分散抽

样来研究操作者的工时利用效率，具有省时、可靠、经济等优点，是合理制定工时定额的通用技术。

3. 预定时间标准（Predetermined Time System—PTS） 利用预先为各种动作制定的时间标准来确定进行各种操作所需要的时间。它不需要对操作者的熟练、努力等程度进行评价，也避免现场测时或统计抽样的随机性和不确定性。

表 9.2-2 预定时间标准的典型方式

方式的名称	开始采用时间	编制数据方法	创 始 人
动作时间分析（MTA）	1924	电影微动作分析波形自动记录图	西格（Segur）
肢体动作分析	1938		霍 尔 姆 斯（Holmes）
装配工作的动作时间数据	1938	时间研究现场作业片，实验室研究	恩格斯托姆（Engstrom） 盖皮思格尔（Geppinger）
工作因素法（WF）	1938	时间研究现场作业片，用频闪观测器摄影进行研究	奎克（Quick） 谢安（Shea） 柯勒（Koehler）
基本手工劳动要素时间标准	1942	波形自动记录器作业片，电时间记录器	西部电器公司
方法时间衡量（MTM）	1948	时间研究现场作业片	梅纳德（Maynard） 斯坦门丁（Stegemerten） 斯克瓦布（Scnwab）
基本动作时间研究（BMT）	1950	实验室研究	普雷斯格利夫（Presgrave）等
空间动作时间（DMT）	1952	时间研究影片，实验室研究	盖皮思格尔（Geppinger）
预定人为动作时间（HPT）	1952	现场作业片	拉扎拉斯（Lazarus）
模特计时法（MOD）	1966		海特（Heyde）

我国先后引进、介绍的方法有：MTM 法（时间测量）、WF 法（工作因素）和 MOD 法（模特计时）：

（1）MTM 法——基于分析操作所需要的基本动作，按动作的性质和条件预先确定动作时间标准。该方法所用的基本动作有伸手（R）、搬运（M）、旋转（T）、抓取（G）、对准（P）、拆卸（D）和释放（RL）7 种。使用时先列出动作的表达式，然后查标准赋予时间值，再将各个动作的时间值相加即为操作时间。

（2）WF 法——把每一个动作分割成移动、抓取、定向、装配、拆卸、使用、释放和意识活动 8 个最基本的动作单元，从而得到各动作单元的时间值表。该方法主要考虑影响手工动作的 4 大因素：身体使用部位、运动距离、人力控制以及重量或阻力。

（3）MOD 法——它是所有 PTS 方法中比较完善和先进的一种方法。依据人因学原理找出人体各部位有形动作消耗时间的相似性，以比值来表示动作的时间值，单位是 MOD（1MOD = 0.129S），基本动作和时间值见图 9.2-1。实测值与模特法分析值的比较见表 9.2-3。

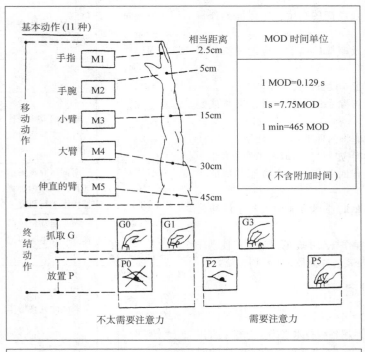

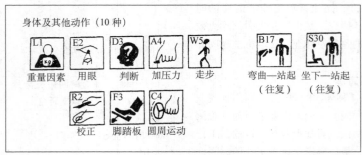

图 9.2-1　MOD 法的基本动作和时间值

MOD 法原理如下：

□ 所有人力操作时的动作均包括 21 种基本动作。

□ 不同的人做同一动作所需的时间值基本相等。

□ 人体的不同部位动作所用的时间值互成比例，可以根据手指一次动作时间值，计算其他部位动作的时间值。

4. 标准资料法 将上述 3 种方法所得的测定值，根据不同的作业内容，分析整理为某项作业的时间标准。

2.2.3 工时消耗分类（表 9.2-4）

2.2.4 标准时间的构成（图 9.2-2）

$$标准时间 = 正常时间 + 宽放时间$$
$$= 平均操作时间 \times 评比系数 + 宽放时间$$
$$= 正常时间 \times (1 + 宽放率)$$

表 9.2-3 实测值与模特法分析值的比较

序号	作业内容	取样数	实测区间推定值	实测平均值	标准偏差	MOD 分析值	平均实测值与 MOD 分析值之比
1	双手贴透明胶条	75	2.744 ~ 2.687	2.806	0.246	2.333	0.98
2	单手贴透明胶条	75	2.265 ~ 2.482	2.343	0.425	2.451	0.96
3	贴橡皮胶	75	6.770 ~ 6.981	6.876	0.424	6.837	1.06
4	往信封里装 1 ~ 3 册杂志	50	2.812 ~ 3.435	3.124	0.961	3.612	0.88
5	往信封里装 5 册以上杂志	25	6.048 ~ 6.928	6.468	1.000	6.837	0.98
6	往信封里装印刷品	75	1.901 ~ 2.046	1.974	0.296	1.984	10.2
7	取得 3 册读物	75	2.662 ~ 2.769	2.716	0.213	2.838	0.96
8	数 10 册左右杂志	75	3.930 ~ 4.126	4.033	0.346	4.386	0.92
9	拿在手中数 10 册杂志	50	3.624 ~ 4.159	3.982	0.836	4.773	0.82
10	拿在手中数 20 册以上杂志	25	9.716 ~ 10.640	10.180	1.056	10.320	0.99

表 9.2-4 我国和西方及日本等国工时消耗分类的比较

	定额时间							非定额时间		
中国	准备结束时间	作业时间		布休时间				非生产时间	由于企业原因造成的停工损失	由于工人原因造成的停工损失
		基本时间	辅助时间	布置工作地时间		休息与生理需要				
				组织性的	技术性的					
	标准时间							非标准时间		
西方及日本等国	调整时间	工作时间		宽放时间				可以避免的迟延		
		机动时间	手动时间	疲劳宽放		不可避免的迟延	政策性宽放			
				固定	变动					

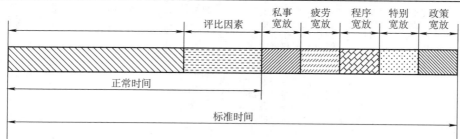

图 9.2-2 标准时间的构成

3 人因工程/工效学

3.1 概述[8]

人因工程学/工效学（Human Factors Engineering/Ergonomics）是人体科学、工程技术、劳动科学、环境科学和管理科学等相互交叉的一门综合性的新兴边缘学科。由于该学科内容的综合性，以及各门科学的侧重点不同，学科的命名具有多样化的特点。在欧洲多成为工效学（Ergonomics），在美国称为人类因素学（Human Factors），在日本称为人间工学。目前，在我国人类工效学、人机工程学、人体工程学、人因工程学和工效学等多种名称并用。

3.1.1 研究范围

(1) 人的生理、心理特性和能力限度；
(2) 人机系统的整体设计；
(3) 人机相互作用及人机界面的设计；
(4) 作业环境及其改善；
(5) 作业方法及其改善；
(6) 工作场所设计和改善；
(7) 系统的可靠性与安全；
(8) 组织与管理的效率。

3.1.2 研究方法 （表9.3-1）

表 9.3-1 工效学常用的研究方法

名 称	内 容
实测法	实测法是借助工具、仪器设备进行测量的方法。例如人体尺寸的测量、人体生理参数的测量（代谢、呼吸、脉搏、血压、尿、汗、肌电、心电等）、作业环境参数的测量（温度、湿度、照明、噪声、振动和特殊环境中的失重等）
实验法	实验法是在人为设计的环境中测试实验对象的行为或反应的一种研究方法。如对各种仪表的认读速度、误读率，仪表显示的亮度、对比度、观察距离、观察者的疲劳程度等
测试法	测试法是根据特定的研究内容，对典型作业现场（非人为）中的作业人员进行调查，包括一些客观测试、书面问答以及在特定环境的生理、心理变化，工时状况等各个方面的反应和表现，从中分析产生的原因、差异等

（续）

名 称		内 容
询问观察法	询问法	调查人通过与被调查人的谈话，评价被调查人对某一特定环境的反应。其要点是：调查人对要询问的问题、先后顺序和具体提法要作好充分准备；与被调查人建立友好关系；被调查人要客观认真如实回答问题
	观察法	通过直接观察和间接观察，记录自然环境中被调查者的行为表现、活动规律，然后进行分析。该法的优点是，可客观的不受干扰的记录被调查者的行为。根据调查目的，可事先让被调查者知道调查内容，也可不让知道而秘密进行。借助于摄影或录相等手段更好
模拟法		模拟法是运用各种技术和装置的模拟，对某些操作系统进行逼真的试验，可得到所需要的更符合实际的数据的一种方法。例如训练模拟器、各种人体模型、机械模型等。在进行人机系统研究时常常采用这种方法，如设计控制台、驾驶室、宇航员飞行前的模拟训练等。是一种仅用低廉成本即可获取符合实际研究效果的方法
系统分析评价法		此法体现了人机工程学将人-机-环境系统作为一个综合系统考虑的基本观点。IEA认为，进行人-机-环境系统的分析评价应包括作业者的能力、心理、方法及作业环境等诸方面的因素，如作业环境的分析、作业空间的分析、作业方法的分析、作业组织的分析、作业负荷的分析、信息输入及输出的分析等

3.2 重体力作业

3.2.1 体力作业中的能量代谢

1. 体力作业的供能方式 （表9.3-2）

表 9.3-2 体力劳动时的供能方式

名 称	代谢需氧状况	供能速度	能源物质
ATP-CP 系统	无氧代谢	非常迅速	CP
乳酸能系统	无氧代谢	迅速	糖原
有氧氧化系统	有氧代谢	较慢	糖原、脂肪、蛋白质

名 称	产生 ATP 的量	体力劳动类型
ATP-CP 系统	很少	劳动之初和极短时间内的极强体力劳动的供能
乳酸能系统	有限	短时间内的强度大的体力劳动的供能
有氧氧化系统	几乎不受限制	持续时间长、强度小的各种劳动的供能

注：ATP——三磷酸腺苷；CP——磷酸肌酸。

2. 能量代谢的测定方法 人体能量的产生和消耗称为能量代谢。目前一般采用间接法测定，即首先测得糖、脂肪等能源物质在体内氧化时的氧耗量和二氧化碳的排出量，求得呼吸量，再由此推算出作业所消耗的能量。通常能耗量以千焦（kJ）表示。氧耗量则有两种表示法：①每分钟耗氧多少升（L/min）；②每公斤体重每分钟耗氧多少立方厘米（cm³/kg·min）。两种表示可用下式进行换算：

$$1L/min = W \times 10^{-3} cm^3/kg \cdot min$$

式中 W——体重（kg）。

3. 基础代谢率 生理学将人清醒、静卧、空腹（食后10h以上），室温在20℃左右这一条件定为基础条件。人体在基础条件下的能量代谢称为基础代谢，单位时间内的基础代谢量称为基础代谢率（B），通常以每小时每平方米体表面积消耗的热量表示，见表9.3-3。

3.2.2 体力作业强度分级

劳动强度是以作业过程中人体的能耗量、氧耗量、心率、直肠温度、排汗率或相对代谢率等作为指标分级的，见表9.3-4。

表9.3-3 我国正常人基础代谢率平均值

〔单位：kJ/（h·m²）〕

年 龄	11~15	16~17	18~19	20~30
男性	195.5	193.4	166.2	157.8
女性	172.5	181.7	154.1	146.5
年龄	31~40	41~50	51以上	
男性	158.7	154.1	149.1	
女性	146.9	142.4	138.6	

体力劳动强度指数的计算公式为

$$I = 3T + 7M$$

式中 I——体力劳动强度指数；

T——净作业时间比率（%）；

M——8h工作日平均能量代谢率（kJ/min·m²）；

3——实际劳动率系数；

7——能量代谢率系数。

表9.3-4 劳动强度指标与分级标准

劳动强度等级	很轻	轻
氧耗量/L·min⁻¹	~0.5	0.5~1.0
能耗量/kJ·min⁻¹	~10.5	10.5~20.9
心率/次·min⁻¹		75~100
直肠温度/℃		
排汗率①/mL·h⁻¹		

（续）

劳动强度等级	中等	重
氧耗量/L·min⁻¹	1.0~1.5	1.5~2.0
能耗量/kJ·min⁻¹	20.9~31.4	31.4~41.9
心率/次·min⁻¹	100~125	125~150
直肠温度/℃	37.5~38.0	38.0~38.5
排汗率①/mL·h⁻¹	200~400	400~600
劳动强度等级	很重	极重
氧耗量/L·min⁻¹	2.0~2.5	2.5~
能耗量/kJ·min⁻¹	41.9~52.3	52.3~
心率/次·min⁻¹	150~175	175~
直肠温度/℃	38.5~39.0	39.0~
排汗率①/mL·h⁻¹	600~800	800~

注：本表来源于国际劳工局1983年资料。

① 排汗率为8h工作日平均数。

3.3 人体测量学及其应用[7]

3.3.1 常用的人体尺寸数据

GB/T10000—1988《中国成年人人体尺寸》，适用于工业产品、建筑设计、军事工业以及工业的技术改造设备更新及劳动安全保护。表9.3-5所列数据为六个区域年龄为18~60岁人的身高、胸围、体重的平均值M及标准差 S_D 值。

表9.3-5 身高、胸围、体重的均值 M 及标准差 S_D

项 目		东北、华北区		西北区	
		均值M	标准差 S_D	均值M	标准差 S_D
体重/kg	男	64	8.2	60	7.6
	女	55	7.7	52	7.1
身高/mm	男	1693	56.6	1684	53.7
	女	1586	51.8	1575	51.9
胸围/mm	男	888	55.5	880	51.5
	女	848	66.4	837	55.9
项 目		东南区		华中区	
		均值M	标准差 S_D	均值M	标准差 S_D
体重/kg	男	59	7.7	57	6.9
	女	51	7.2	50	6.8
身高/mm	男	1686	55.2	1669	56.3
	女	1575	50.8	1560	50.7
胸围/mm	男	865	52.0	853	49.2
	女	831	59.8	820	55.8

（续）

项 目		华南区		西南区	
		均值 M	标准差 S_D	均值 M	标准差 S_D
体重/kg	男	56	6.9	55	6.8
	女	49	6.5	50	6.9
身高/mm	男	1650	57.1	1647	56.7
	女	1549	49.7	1546	53.9
胸围/mm	男	851	48.9	855	48.3
	女	819	57.6	809	58.8

3.3.2 作业空间设计（表9.3-6～表9.3-8）

表9.3-6 按作业情况选定作业姿势

作业姿势	作 业 情 况		
	作业范围半径/mm	操纵力/N	操作活动
坐姿	350～500	<50	受限制
坐、立交替	380～500	50～100	受一定限制
立姿	>750	100～200	受限制不大

表9.3-7 坐姿作业工作面高度

（单位：mm）

名 称	男性	女性	男女共用
固定工作面高度	850	800	850
坐平面高度的调节范围	500～650	450～600	500～650
搁脚板高度的调节范围	0～250		0～300

（续）

名 称	男性		女性	
	粗工作	精密工作	粗工作	精密工作
固定工作面高度	779	850	725	800
坐平面高度的调节范围	500～575			
搁脚板高度的调节范围	0～175			

表9.3-8 适宜的立姿工作面高度

（单位：mm）

确定工作面高度的基准	性别	工作面高度		
		精密或轻负荷作业	一般或中等负荷作业	重负荷作业
以地面为基准	男性	950～1100	900～950	750～900
	女性	900～1050	850～900	700～850
以肘高为零线	不分性别	+10～+25	-15～+5	-50～-25

3.4 人的感知特征

3.4.1 感觉

感觉是人脑对直接作用于感觉器官的事物个别属性的反映。人体的一种感觉器官只对一种能量形式的刺激特别敏感（表9.3-9）。

3.4.2 视觉

视距是指人在操作系统中正常的观察距离（表9.3-10）。

表9.3-9 人体主要感觉器官的适宜刺激及其识别特征

感觉类型	感觉器官	适宜刺激	刺激起源	识别外界的特征	作 用
视觉	眼	可见光	外部	色彩、明暗、形状、大小、位置、远近、运动方向等	鉴别
听觉	耳	一定频率范围的声波	外波	声音的强弱和高低，声源的方向和位置等	报警，联络
嗅觉	鼻腔顶部嗅细胞	挥发的和飞散的物质	外部	香气、臭气、辣气等挥发物的性质	报警，鉴别
味觉	舌面上的味蕾	被唾液溶解的物质	接触表面	甜、酸、苦、咸、辣等	鉴别
皮肤感觉	皮肤及皮下组织	物理和化学物质对皮肤的作用	直接和间接接触	触觉、痛觉、温度觉和压力等	报警
深部感觉	机体神经和关节	物质对机体的作用	外部和内部	撞击、重力和姿势等	调整
平衡感觉	半规管	运动刺激和位置变化	内部和外部	旋转运动、直线运动和摆动等	调整

表9.3-10 根据工作要求建议采用的视距值

（单位：mm）

工作要求	工作举例	视距离（眼至视觉对象）	固定视野直径	备 注
最精细的工作	安装最小部件（表、电子元件）	120～250	200～400	完全坐着、部分地依靠视觉辅助手段（放大镜、显微镜）

（续）

工作要求	工作举例	视距离（眼至视觉对象）	固定视野直径	备 注
精细工作	安装收音机、电视机	250~350（多为300~320）	400~600	坐着或站着
中等粗活	在印刷机、钻井机、机床等旁边工作	500以下	至800	坐或站
粗活	粗磨、包装等	500~1500	800~2500	多为站着
远看	黑板、开汽车等	1500以上	2500~	坐或站

对比感度

$$S_c = \frac{1}{C_p} = \frac{L_b}{\Delta L_p} = \frac{L_b}{L_b - L_o}$$

式中　C_p——临界对比；

　　　ΔL_p——临界亮度差；

　　　L_b——背景亮度；

　　　L_o——物体的亮度。

3.4.3　人对刺激的反应时间

简单反应时间是指给被试者呈现一种刺激，要求被试者以尽快的速度回答预先知道而突然出现的刺激的反应时间。（表9.3-11~表9.3-13）。

表9.3-11　不同感觉器官的简单反应时间

感觉器官与信号的性质	反应时间平均值/ms
触觉（接触）	90~220
听觉（声音）	120~180
视觉（光）	150~220
嗅觉（气味）	310~390
温度觉（冷、热）	280~600
味觉　咸	310
甜	450
酸	540
苦	1080
前庭器官（旋转被试）	400
痛觉	130~890

表9.3-12　运动器官与反应时间

反应的运动器官	反应时间/ms
右手	144
左手	147
右脚	174
左脚	179

表9.3-13　刺激数与感知时间

刺激数	感知时间/ms
1	187
2	316
3	364
4	434
5	487
6	532
7	570
8	603
9	619
10	622

运动反应时是指对一个正在运动的刺激信号到达预定目标时做出反应所需要的时间。

选择反应时是指同时存在多种不同的刺激信号，且刺激与反应之间表现为一一对应的关系，要求呈现不同刺激时做出不同的反应所需要的时间。

3.5　脑力作业和技能作业[9]

3.5.1　人的信息传递能力

1. 理论估计

（1）辛格（Singer）对视觉器官传信能力的估计为10^9bit/s。

（2）雅克布逊（Jacobson）对听觉器官的传信能力估计为8000bit/s。

2. 感知觉的绝对辨认能力（表9.3-14）。

3.5.2　人的信息输出（表9.3-15、表9.3-16）

3.5.3　脑力作业的生理变化特征（表9.3-17）

表9.3-14　不同感知觉的绝对辨认能力

感知觉	刺激维度	绝对辨认能力（bit/刺激）	辨认的刺激数	研究者
视觉	在直线上（在直线度盘上）	3.25	10	Hake、Garner（1951）
	点（指针）的位置	3.90	10	Coonan、Klemmen（in Miller，1956）

（续）

感 知 觉	刺激维度	绝对辨认能力 （bit/刺激）	辨认的 刺激数	研 究 者
视 觉	颜色（主波长）	3.10	9	Eriksen、Hake（1955）
	明度	2.30	5	Eriksen、Hake（1955）
	简单几何图形的面积	2.20 2.60	5 6	Pollack（in Miller, 1956）
	直线的长度	2.60~3.00	7~8	Pollack（in Miller, 1956）
	直线倾斜度	2.80~3.30	7~11	Pollack（in Miller, 1956）
	弧度（其弦不变）	1.60~2.20	4~5	Pollack（in Miller, 1956）
听觉	纯音强度（音响）	2.30	5	Garner（1953）
	纯音频率（音高）	2.50	7	Pollack（1952、1953）
味觉	食盐水浓度	1.90	4	Beebe-Center、Rodgers、Connell（1955）
振动觉 （胸部）	振动强度	2.00	4	Geldard（in Miller, 1956）
	振动持续时间	2.30	5	Geldard（in Miller, 1956）
	振动位置	2.80	7	Geldard（in Miller, 1956）
电击	电击强度	1.70	3	Hawker（1960）
	电击持续时间	1.80	3	Hawker、Warn（1961）

表 9.3-15 人体各部位动作的最大速度

（单位：次/min）

动作部位	动作的最大速度
手指	204~406
手	360~431
前臂	190~392
上臂	99~344
脚	300~378
腿	330~406

表 9.3-16 手运动的最大速度

运动类别	最大速度	
	右手	左手
旋转	4.8（r/s）	4.0（r/s）
推压	6.7（次/s）	5.3（次/s）
敲击	5~14（次/s）	8.5（次/s）

**表 9.3-17 不同类型的脑力作业
和技能作业的 RMR 实测值**

作业类型	RMR
操作人员监视面板	0.4~1.0
仪器室作记录、伏案办公	0.3~0.5

（续）

作业类型	RMR
电子计算机操作	1.3
用计算器计算	0.6
讲课（站立）	1.1
记账、打算盘	0.5
一般记录	0.4
站立（微弯腰）谈话	0.5
坐着读、看、听	0.2
接、打电话（站立）	0.4

注：RMR（相对能量代谢率）=作业代谢率/基础
代谢率 = （M - 1.2B）/B

3.6 作业环境及其改善[9]

3.6.1 气温环境

（1）气温指空气的冷热程度。通常用摄氏温标（℃）、华氏温标（°F）和热力学温度（K）表征，它们之间的换算公式参见本手册附录。

（2）相对湿度

$$\varphi = \frac{绝对湿度}{饱和水蒸气压} \times 100\%$$

（3）工厂空气温度和湿度标准见表 9.3-18。

表 9.3-18 工厂车间内作业区的空气温度和湿度标准

车间和作业的特征			冬 季		夏 季	
			温度/℃	相对湿度（%）	温度/℃	相对湿度（%）
主要放散对流热的车间	散热量不大的	轻作业 中等作业 重作业	14~20 12~17 10~15	不规定	不超过室外 温度8℃	不规定

（续）

车间和作业的特征			冬 季		夏 季	
			温度/℃	相对湿度（%）	温度/℃	相对湿度（%）
主要放散对流热的车间	散热量大的	轻作业 中等作业 重作业	16~25 13~22 10~20	不规定	不超过室外 温度5℃	不规定
	需要人工调节温度和湿度的	轻作业 中等作业 重作业	20~23 22~25 24~27	≤80~75 ≤70~65 ≤60~55	31 32 33	≤70 ≤70~60 ≤60~50
放散大量辐射热和对流热的车间〔辐射强度大于 $2.5 \times 10^5 J/$（h·m²）〕			8~15	不规定	不超过室外 温度5℃	不规定
放散大量湿气的车间	散热量不大的	轻作业 中等作业 重作业	16~20 13~17 10~15	≤80	不超过室外 温度3℃	不规定
	散热量大的	轻作业 中等作业 重作业	18~23 17~21 16~19	≤80	不超过室外 温度5℃	不规定

3.6.2 照明环境

（1）室内照度均匀度：

$$A_u = \frac{E_{max} - E_a}{E_a} \quad 或 \quad \frac{E_a - E_{min}}{E_a} \leq \frac{1}{3}$$

式中 A_u——照度均匀度；

E_a——平均照度；

E_{max}——最大照度；

E_{min}——最小照度。

（2）室内亮度分布见表9.3-19。

表9.3-19 室内亮度比最大允许值

条 件	办公室、学校	工厂
观察对象与工作面之间 （如书与桌子）	3:1	5:1
观察对象与周围环境之间	10:1	20:1
光源与背景之间	20:1	40:1
一般视野内各表面之间	40:1	80:1

3.6.3 色彩环境

1. 作业环境的色彩调节　测定材料反射率的简单公式为：

$$反射率 = \frac{暗照度}{明照度} \times 100\%$$

室内基本色调见表9.3-20。

表9.3-20 室内基本色调

	天 棚	墙 壁
冷房间	4.2Y9/1	4.2Y8.5/4
一般	4.2Y9/1	7.5GY8/1.5
暖房间	5.0G9/1	5.0G8/0.5
接待室	7.5YR9/1	10.0YR8/3
交换台	6.5R9/2	6.0R8/2
食堂	7.5GY/1.5	6.0YR3/4
厕所	N9.5	2.5PB8/5

（续）

	墙 围	地 板
冷房间	4.2Y6.5/2	5.5YR5.5/1
一般	7.5GY6.5/1.5	5.5YR5.5/1
暖房间	5.0G6/0.5	5.5YR5.5/1
接待室	7.5GY6/2	5.5YR5.9/3
交换台	5.0G6/1	5.5YR5.5/1
食堂	5.0YR6/4	5.5YR5.5/1
厕所	8.5B7/3	N/8.5

2. 安全色的用途　表9.3-21。

表9.3-21 安全色的含义及用途
（GB2893—2001）

颜色	含 义	用 途 举 例
红色	禁止、停止	禁止标志 停止信号：机器、车辆的紧急停止手柄或按钮以及禁止人们触动的部位
		红色也表示防火
蓝色	指令必须遵守的规定	指令标志：如必须佩戴个人防护用具，道路上指引车辆和行人行驶方向的指令
黄色	警告 注意	警告标志 警戒标志：如厂内危险机器和坑池边周围的警戒线 行车道中线 机械上齿轮箱 安全帽
绿色	提示 安全状态 通行	提示标志 车间内的安全通道 行人和车辆通行标志 消防设备和其他安全防护设备的位置

注：1. 蓝色只有与几何图形同时使用时，才表示指令。

2. 为了不与道路两旁绿色行道树相混淆，道路上的提示标志用蓝色。

3.6.4 噪声环境

1. 声的物理度量

（1）声压级（dB） 1000Hz 标准声人耳刚能听到的声压：

$$p_{min} = 2 \times 10^{-5} Pa$$

人耳感到痛苦的最大声压：

$$p_{max} = 20Pa$$

$$\frac{p_{max}}{p_{min}} = \frac{20}{2 \times 10^{-5}} = 10^{-6} 倍$$

因此，用有对数的刻度仪表测量：

声压级 $L_p = 20 lg \dfrac{p}{p_0}$

式中 p——所测声压（Pa）；

$p_0 = 2 \times 10^{-5} Pa_\circ$

（2）总声压级 多个声源合成的声压级：

$$L_{p总} = 10 lg \left(\sum_{i=1}^{n} 10^{0.1 L_{pi}} \right)$$

式中 L_{pi}——$i = 1 \cdots n$ 个声源声压级。

（3）声源声压级 $L_{p源}$（dB） 有背景噪声环境下：

$$L_{P源} = 10 lg \left(10^{0.1 L_{p总}} - 10^{0.1 L_{p背}} \right)$$

式中 $L_{p背}$——背景噪声声压级（dB）。

背景噪声声压级是在未起动机器时测得的，如果总声压级不大于背景噪声声压级 3dB 以上，则不能测得声源声压级。

2. 声音的主观度量 通过大量的实验测量，人耳能听到的声压级为 0 ~ 120dB，将人耳听到的声响强弱定为：

（1）响度 N，单位为宋（sone）。

（2）响度级 L_N，用 1kHz 纯音的声压级数值表示，单位为方（phon）。

（3）换算公式 以响度级为 40phon 的声音响度为 1sone。

$$N = 2^{0.1(L_N - 40)}$$

$$L_N = 40 + 33.22 lgN$$

3. 声级——频率计权网络测得的声压级

A 声级，单位为 dB（A）——按 40phon 等响曲线测得的频谱声压值。大都以 A 声级为噪声评价参数。

B 声级，单位为 dB（B）——按 70phon 测得，已很少用。

C 声级，单位为 dB（C）——按 100phon 测得，很少用，低频衰减很少。

航空噪声测量中用 D 声级或 D 计权声级，仪器中常有无衰减"线性"或"全通"（All Pass）。

4. 噪声的评价指标

（1）等效连续声级 L_{eq} 在时间间隔 T 内，采样瞬时 A 计权声压 $p_A(t)$，用积分声级算出，为等效能量平均的声级，称等效连续 A 声级 L_{eq}（A）。

$$L_{eq} = 10 lg \frac{1}{T} \int_0^T \left(\frac{p_A(t)}{p_0} \right)^2 dt$$

式中 p_0——基准声压 20μPa。

（2）优选语言干扰级 PSIL（Preferred Speech Interference Levels） 声音中频率在 500，1000，2000Hz 时，对语言干扰影响最大，因此：

$$PSIL = \frac{1}{3} (L_{p500} + L_{p1000} + L_{p2000}) dB$$

用 3 种频率的声压级的平均值代表。

各个国家，各个领域，由于不同的观点，曾经提出和使用过或仍在使用着各种评价的参数，如暴露在噪声环境的时间，昼夜的区别，感觉的不同，烦恼的程度等。

3.6.5 空气污染

空气中的有毒物质和粉尘量等将在下一篇劳动安全与工业卫生技术中列表详述。

3.7 人机系统设计与评价[9]

3.7.1 人机功能分配（表 9.3-22）

表 9.3-22   人与机器的特性比较

能力种类	人 的 特 性	机 器 的 特 性
物理方面的功率（能）	10s 内能输出 1.5kW，以 0.15kW 的输出能连续工作一天，并能作精细的调整	能输出极大的和极小的功率，但不能像人手那样进行精细地调整
计算能力	计算速度慢，常出差错，但能巧妙地修正错误	计算速度快，能够正确地进行计算，但不会修正错误
记忆容量	能够实现大容量的、长期的记忆，并能实现同时和几个对象联系	能进行大容量的数据记忆和取出

（续）

能力种类	人的特性	机器的特性
反应时间	最小值为200ms	反应时间可达微秒级
通道	只能单通道	能够进行多通道的复杂动作
监控	难以监控偶然发生的事件	监控能力很强
操作内容	超精密重复操作易出差错，可靠性较低	能够连续进行超精密的重复操作和按程序常规操作，可靠性较高
手指的能力	能够进行非常细致而灵活快速的动作	只能进行特定的工作
图形识别	图形识别能力强	图形识别能力弱
预测能力	对事物的发展作出相应的预测	预测能力有很大的局限性
经验性	能够从经验中发现规律性的东西，并能够根据经验进行修正总结	不能自动归纳经验
创造能力	具有创造能力，能够对各种问题具有全新的、完全不同的见解，具有发现特殊原理或关键措施的能力	完全没有自发的创造能力，但可以在程序功能的范围内进行一定的创造性工作
随机应变能力	有随机应变的能力	无随机应变的能力
高噪声特性	在高噪声的环境下能够检出需要的信号	在高噪声的环境下很难正确无误地接收信号
多样性	能够通过直觉从许多目标中找出真正的目标	只能发现特定目标
适应性	能够处理完全出乎意料的事件，如设备功能出现异常或周围环境异常时，均能想出应付的办法	只能处理既定的事件
耐久性、可维修性和持续性	需要适当的休息、休养、保健、娱乐很难长时间保持紧张状态不适于从事刺激性小、重复、单调乏味的作业	根据成本而定。设计合理的机器对议定的作业有良好的耐久性需要适当的维修保养能可靠地完成单调的、重复性的作业

（续）

能力种类	人的特性	机器的特性
归纳能力	能够从特定的情况推出一般的结论，即具有归纳思维能力	只能理解特定的事物
学习能力	具有很强的学习能力，能阅读和接受口头指令，灵活性很强	学习能力较低，灵活性差
视觉	视觉范围有一定限制，可感受波长为400～800nm的可见光，能够识别物体的位置、色彩和物体的移动	能够在视觉范围以外用红外线和电磁波工作
环境条件	环境条件要求舒适，但对特定的环境能很快适应	可耐恶劣的环境，能在放射性、尘埃、有毒气体、噪声、黑暗、强风大雨等条件下工作
成本	除工资外，还需要有福利和对家庭的照顾如果万一发生灾害事故，可能丧失生命	购置费、运转费和保养费机器万一不能使用，也只失去机器本身的价值

3.7.2　显示系统设计（表9.3-23和表9.3-24）

3.7.3　控制系统设计（表9.3-25）

表9.3-23　圆形刻度盘最小直径与标记数量和观察距离的关系

刻度标记数量	刻度盘的最小直径/mm	
	观察距离为50cm	观察距离为90cm
38	25.4	25.4
50	25.4	32.5
70	25.4	45.5
100	36.4	64.3
150	54.4	98.0
200	72.8	129.6
300	109.0	196.0

表9.3-24　刻度盘的颜色和误读率的关系

刻度盘的颜色		刻度标记的颜色		误读率（%）
颜色	孟塞尔彩色标记	颜色	孟塞尔彩色标记	
墨绿	2.5G2/2	白	N9	17
淡黄	2.5Y8/4	黑	N1	17
天蓝	10G8/2	黑	N1	18
白	N9	黑	N1	19
淡绿	7.5BG7/6	黑	N1	21
深蓝	5PB2/2	白	N9	21
黑	N1	白	N9	22
灰黄	5Y7/4	白	N9	25

表 9.3-25 各种控制装置之间的间隔距离值

（单位：mm）

控制器名称	操作方式	控制器之间的距离 d	
		最小值	最佳值
手动按钮	一只手指随机操作	12.7	50.8
	一只手指顺序连续操作	6.4	25.4
	各个手指随机或顺序操作	6.4	12.7
肘节开关	一只手指随机操作	19.2	50.8
	一只手指顺序连续操作	12.7	25.4
	各个手指随机或顺序操作	15.5	19.2
踏板	单脚随机操作	$d_1 = 203.2$	254.0
		$d_2 = 101.6$	152.4
	单脚顺序连续操作	$d_1 = 152.4$	203.2
		$d_2 = 50.8$	101.6
旋钮	单手随机操作	25.4	50.8
	双手左右操作	76.2	127.0
曲柄	单手随机操作	50.8	101.6
操纵杆	双手左右操作	76.2	127.0

3.8 安全管理

3.8.1 人的可靠性分析 （表 9.3-26）

表 9.3-26 影响人的操作可靠性的因素

因素类型		因 素
人的因素	心理因素	反应速度、信息接受能力、信息传递能力、记忆、意志、情绪、觉醒程度、注意、压力、心理疲劳、社会心理、错觉、单调性、反射条件
	生理因素	人体尺度、体力、耐力、视力、听力、运动机能、身体健康状况、疲劳、年龄
	个体因素	文化水平、训练程度、熟练程度、经验、技术能力、应变能力、感觉阈限、责任心、个性、动机、生活条件、家庭关系、文化娱乐、社交、刺激、嗜好
	操作能力	操作难度、操作经验、操作习惯、操作判断、操作能力限度、操作频率和幅度、操作连续性、操作反复性、操作准确性
环境因素	机械因素	机械设备的功能、信息显示、信号强弱、信息识别、显示器与控制器的匹配、控制器的灵敏度、控制器的可操作性、控制器的可调性
	环境因素	环境与作业的适应程度、气温、照明、噪声、振动、粉尘、作业空间

（续）

因素类型		因 素
环境因素	管理因素	安全法规、操作规程、技术监督、检验、作业目的和作业标准、管理教育、技术培训、信息传递方式、作业时间安排、人际关系

3.8.2 差错和事故的预防 （表 9.3-27）

表 9.3-27 常见人为差错原因的预防措施

序号	人为差错原因	预防性措施
1	注意力不集中	在重要的位置上，安装引起注意的装置。在各工序之间消除多余的间歇。提供不分散注意力的环境
2	疲劳	改善作业内容，合理调节作业速度，减少过长的精力集中时间，合理安排作业与休息，改善不合理的工作位置，提供舒适的工作环境
3	没有注意一些重要的显示	采用视觉的（发光的）和听觉的（发声的）或鲜明对比手段吸引操作人员对重要显示的注意
4	由操作人员引起的控制不精确	使用到位发出"卡嗒"声的控制器、有刻度标记的控制器或不需要微调定位的控制器
5	控制装置以不正确的顺序接通	对于关键顺序应提供联锁装置，并将控制装置按其用途以一定的顺序配置
6	仪表读数中的错误	消除视觉误差。移动读表人的身体位置。避免不合理的仪表位置或更换设计不合理的仪表
7	使用控制装置时的错误	避免使用时需要过大的力。关键的控制装置不宜相距太近。控制器的编码应便于识别和理解
8	振动和噪声	采用消声装置和隔振器
9	由于仪表有故障，在需要的瞬间不能动作	为确保仪表有效的工作，须使用经试验和调试过的仪表
10	没有遵守规定的程序	避免太长，太慢或太快的程序
11	由于噪声的影响，对指令的理解不正确	隔离噪声或在噪声源处降低噪声

4 设施设计

4.1 设施设计的基本概念[10]

4.1.1 设施设计的定义

设施是指生产系统或服务系统运行所需的有形固定资产。对企业来说，其设施包括占用的土地、建筑物和构筑物、加工用的机器设备等。对服务机构来说，其设施包括土地、建筑物、公用设施、办公室等。

设施设计是对一个新建、扩建或改建的生产系统或服务系统，综合考虑相关因素，进行分析、构思、规划、论证和设计，作出全面的安排，使资源得到合理配置，使系统能够有效运行，以达到预期的目标。

4.1.2 设施设计目标

我国每年都要投入大量资金用于固定资产投资，包括工业建设、交通运输、农田水利、住宅建设等。实践证明：一个建设项目，市场调研是否清楚，是不是低水平的重复建设，资源利用是否合理，场址选择和工厂布置是否得当，工艺设备是否先进适用，投资效果是否良好，设施设计起着决定性的作用。

设施设计的目标概括起来有：

（1）简化加工过程；

（2）有效地利用人力、设备、空间和能源；

（3）最大限度地减少物料搬运；

（4）缩短生产周期；

（5）力求投资最低；

（6）为职工提供方便、舒适安全和卫生的条件。

4.2 前期工作

4.2.1 前期工作的任务

前期工作的任务是对设施设计的目标进行研究论证，并作出决策。前期工作要对以下问题进行研究论证：

（1）建设该项目是否必要？是否具备条件？对生态环境有何影响？

（2）是新建、迁建、改建还是扩建？

（3）生产什么产品？市场需求如何？产品是否先进？是否是低水平的重复建设？

（4）采取怎样的生产规模？

（5）采取大批大量、成批还是单件小批生产？

（6）是建设多种工艺的全能企业，还是专业性生产厂？

（7）准备采取怎样的工艺水平和机械化自动化水平？

（8）在何地区建设？

（9）资金如何筹措？

（10）未来如何发展？

4.2.2 项目建议书

按照国家规定的基本建设程序，建设基础上必须先编制项目建议书报上级主管部门审批。

项目建议书是对建设项目提出一个轮廓设想，主要是从宏观上考察项目建设是否符合国家规划的方针和要求，同时初步分析建设的条件是否具备。项目建议书投资估算误差允许±30%。

4.2.3 可行性研究

投资项目立项后，需要进行可行性研究，可行性研究（Feasibility Study）是对一个建设项目在投资决策前进行技术经济论证的过程，是对项目建设作出客观评价，避免决策失误的一种科学方法。

可行性研究一般要委托经国家批准的正式设计部门和咨询公司进行，否则不予承认。

可行性研究报告应具备以下主要内容：

（1）总论。说明项目提出的背景，投资的必要性和经济意义，可行性研究工作的依据和范围。

（2）需求预测和拟建规模。

（3）资源、原材料、燃料及公用设施情况，说明内外的支持条件。

（4）建厂条件和厂地方案（附图）。

（5）设计方案，包括工艺流程、设备以及各项设施等内容（附主要设备清单）。

（6）环境保护以及消防、抗灾、安全卫生等初步方案。

（7）企业组织、人员编制和培训计划。

（8）实施进度的建议。

（9）投资估算和资金筹措。

（10）成本估算和经济效益分析。

（11）技术和经济评价。

4.3 场址选择[10]

4.3.1 场址选择应考虑的因素

1. 地区选择应考虑的因素

（1）社会和经济环境；

（2）资源条件；

（3）气候条件；

（4）运输条件；

（5）人力资源条件。

2. 地点选择应考虑的因素

（1）地形地貌条件；

（2）地质水文条件；

（3）运输联接条件；

（4）公共设施条件；

（5）环境条件；

（6）生活居住条件。

4.3.2 场址选择的步骤与方法

场址选择一般分为四个阶段进行

1. 准备阶段

（1）拟建项目的生产纲领和规模；

（2）设施的主要组成，需要的概略面积；

（3）需要资源（原材料、燃料、水、电气等）的估算数量和要求；

（4）三废的估算量；

（5）概略的运输量与运输方式；

（6）需要职工概略人数；

（7）需要外部协作的项目。

2. 地区选择阶段

（1）走访行业主管和地区规划部门，收集并了解有关行业规划、地区规划，对设施布点的要求和政策，并征询选址意见。

（2）对可供选择的若干地区进行有关社会经济、环境、资源条件、气象、运输条件等情况的调查研究，收集有关资料。

（3）对几个备选地区进行分析比较，提出一个合适地区的初步意见。

3. 地点选择阶段 此时应组成场址选择小组，到确定的地区具体选择场址。小组成员应有工艺、土建、总图、电、水以及经济专业人员参加，其工作是：

（1）从当地城建部门取得备选地点的地形图和规划图，征询关于地点选择的意见；

（2）收集有关气象、地质以及洪水、地震等历史统计资料；

（3）进行地质、水文的初步勘察和测量；

（4）收集当地有关交通运输、供水、供电、供热、通信、排水设施等资料，并交涉道路，管线的联接问题；

（5）收集当地施工费用、运输费用、建筑造价、工资、税收等经济资料；

（6）对各种资料和实际情况进行核对、分析和测算，经过比较，选定一个理想的场址。

4. 编制场址选择报告阶段

（1）将调查研究和收集到的资料进行整理；

（2）将技术经济指标和统计资料汇总成表，绘制所选地点的位置图；

（3）编写场址选择报告，对所选场址进行评价和论证，以供决策部门审批；

场址选择报告一般应包括以下内容：

（1）场址选择的依据；

（2）建设地点的概况及自然条件；

（3）设施规模及概略技术经济指标，包括占地面积，职工人数，运输量，原材料及建筑材料的估算量；

（4）各场址方案的比较，包括自然条件、建筑费及经管费、环境影响、经济效益等的比较；

（5）对各场址方案的综合分析和结论；

（6）当地有关部门的意见；

（7）附件，包括协议文件的复印件，区域位置图。

4.4 设施布置设计[11、1]

4.4.1 设施布置设计的目标及要素

1. 设施布置的目标

（1）符合工艺过程的要求，使工艺流程通畅，避免往返交错，使投资最少，且生产时间最短；

（2）最有效地利用空间，使场地利用率达到最高；

（3）物料搬运费用最少；

（4）保持生产的柔性；

（5）适应组织结构的合理化和管理的方便；

（6）为职工提供方便、安全、舒适的作业环境。

2. 设施布置的基本要素　设施布置的要素为：P（Product），Q（Quantity），R（Route），S（Supporting Service），T（Time）。

（1）P（产品或材料或服务）　指设施设计对象所生产的产品（原材料、加工的零部件或提供服务的项目）。

（2）Q（数量或产量）　指产量、零部件数量、质量、体积等。

（3）R（生产路线或工艺过程）　指工艺路线卡、工艺过程图、设备清单等。这些是设计物流、物料搬运、储存系统的主要依据。

（4）S（辅助服务部门）　包括工具、维修、动力、运输、发送、办公室、生活间、食堂等，这些资料由专业设计人员提供。

（5）T（时间或时间安排）　包括产品的生产周期、各工序的操作时间（劳动量）。这是计算设备需要量、工人数的主要依据。

4.4.2 设施布置的原则

1. 工厂总布置的原则

（1）总体布置要求符合工艺过程，物流路线短捷顺畅，重视各作业单位之间的关系密切程度。

（2）内外协调。

（3）道路、铁路便捷。

（4）合理用地。

（5）适应自然条件。

（6）安全和环境保护。

2. 车间布置的原则

（1）要按车间分工表确定的车间生产纲领和生产类型为依据，确定车间的生产组织形式和设备布置形式。

（2）要求工艺流程通顺，物料搬运快捷方便，避免往返交叉。

（3）要根据工艺流程选择适当的建筑形式，适当的高度、跨度、柱距，配备适当等级的起重运输设备，充分利用建筑物的空间。

（4）要对车间的所有组成部分，包括机床工作位置、毛坯和零件存放地、检验试验用地、辅助部门通道、管线、办公室、生活卫生设施等合理区划和协调配置。

（5）为工人创造安全、舒适的工作环境，使采光、照明、采暖、防尘、防噪音等共有的良好条件，将工位器具设在合适的位置，便于工人方便使用。

4.4.3 系统布置设计（SLP）[12、3]

系统布置设计（System Layout Planning）于1961年由理查德·缪瑟提出，目前应用较为普遍。

1. 阶段结构　系统布置设计采取四个阶段进行。

阶段Ⅰ—确定位置。不论是工厂的总体布置，还是车间的布置，都必须先确定所要布置的相应位置。

阶段Ⅱ—总体区划。在布置的区域内确定一个总体布局，要把基本物流模式和区划结合起来进行布置，把各个作业单位的外形及相互关系确定下来，画出一个初步区划图。

阶段Ⅲ—详细布置。把厂区的各个作业单位或车间的各个设备进行详细布置，确定其具体位置。

阶段Ⅳ—施工安装。编制施工计划，进行施工和安装。

2. 程序模式　程序模式见图9.4-1，它是进行阶段Ⅱ总体区划工作的程序模式。

（1）原始资料的分析　主要是产品和产量分析，同时还要结合其他原始资料进行分析。

（2）物流分析　在以工艺流程为主要的工业设施中，物流分析是布置设计最重要的一个方面。按物料移动的程序，可以得到一个物流图以表明生产部门之间的物流关系。

（3）作业单位的相互关系分析　除生产部门

之间的物流关系外，还有许多辅助服务部门之间的非物流关系。必须同时考虑各作业单位之间的物流和非物流的相互关系，把二者合并起来，可以构成一相物流和作业单位相关图。

（4）面积分析　计算各作业单位需要的面积，再将物流和作业单位相关图结合起来，即成"面积相关图"。

（5）修正　对基本布置图进行修正，经过筛选，形成若干个可供选择的方案。

（6）评价确定　对各方案进行比较和评定，最后确定一个方案，即完成了阶段 II 的工作。在阶段 III 详细布置时，也要重复同样的程序模式。

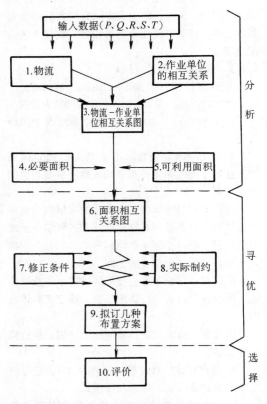

图 9.4-1　系统布置设计程序模式

3. 物流分析（R 分析）。物流分析可采取以下几种方法：

（1）工艺过程图。图 9.4-2 是标注物流强度的工艺过程图。在详细阶段可以采用物料流程图的形式，见图 9.4-3。

（2）多种产品工艺过程图。图 9.4-4 是多种产品工艺过程图。由图可以比较各零件的物流途径，如发生倒流等现象，可以调整图上的工序。

（3）从至表。从至表通常用于表示建筑物之间、部门之间、或机器之间的物流强度，如距离、搬运量等。

（4）物流强度等级划分。物流强度等级划分用元音字母表示。

A——超高的物流强度；

E——特高的物流强度；

I——较大的物流强度；

O——一般物流强度；

U——强度可忽略不计的不重要搬运。

有时也可用半级划分：如 A，A-，E，E-等。

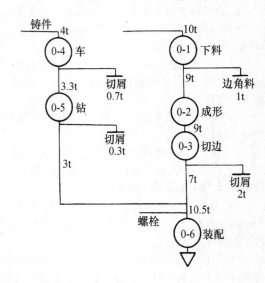

图 9.4-2　标注物流强度的工艺过程图

（5）作业单位相互关系分析。作业单位之间的非物流关系用"作业单位相关图"表示（见图 9.4-5）。相关图上的每一个菱形框格表示相应二个作业单位之间的关系，上半部用元音字母表示密切程度的等级（A—绝对必要；E—特别重要；I—重要；O——一般；U—不重要；X—不希望），下半部用数字表示确定密切程度等级的理由（1—使用同一站台；2—物流；3—服务；4—方便；5—库存控制；6—联系；7—零件流动；8—清洁）。

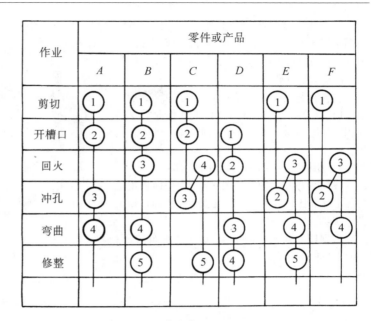

图 9.4-4　多种产品工艺过程图

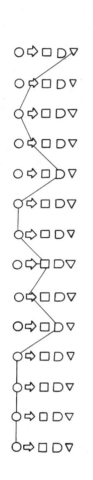

图 9.4-3　物料流程图

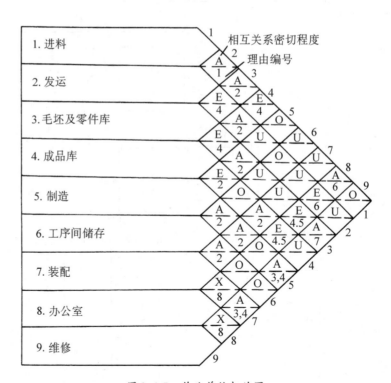

图 9.4-5　作业单位相关图

（6）物流与作业单位相关图（见图9.4-6）。此图是用线条多少对应元音字母的等级符号来表示作业单位之间的密切程度，但不考虑作业单位的实际位置和面积。

（7）面积的确定。确定面积的方法大致有：

1）计算法——根据每台设备和作业需要的面积，加上辅助设备、储存、通道等得到的总面积。

2）指标法——运用经验指标求得。

（8）面积相关图。将图9.4-6图中面积用适当的形状和比例在图上进行配置，即得面积相关图（见图9.4-7）。

根据图9.4-7可以形成几个块状布置图，（见图9.4-8）。

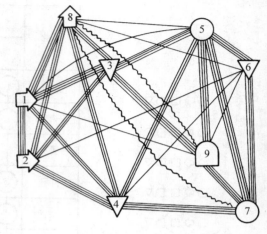

图9.4-6 物流与作业单位相关图

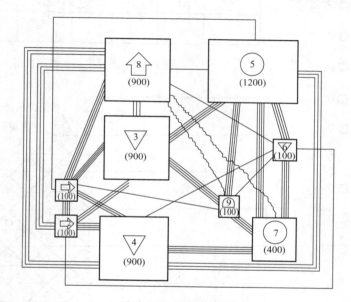

图9.4-7 面积相关图

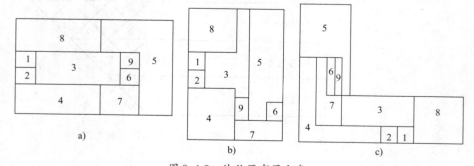

图9.4-8 块状区布置方案

5　生产组织与管理

5.1　概述[14、15]

5.1.1　生产管理的目标

（1）使生产过程的全部输出，包括产品的品种、质量和数量，满足顾客的要求，符合社会发展的需要，不损害和污染环境。

（2）尽量少占用和耗费生产资源，使转化过程具有更高的经济效益。

（3）不断地加快转化过程，使企业能更快地向市场提供所需产品，缩短交货期。

（4）由于市场需求是不断变化的，所以还应使企业的生产系统具有灵活的应用能力，能迅速地重组生产过程，以适应市场的变化。

5.1.2　生产过程的类型

依据不同的分类方法可以把生产过程分为以下几种类型。

1. 连续型和离散型。根据生产工艺的连续性程度可以把生产过程分为连续型和离散型。冶金、化工、炼油等生产是典型的连续型生产过程，又常称为流程型生产过程。而机械产品、电子产品则是由许多零部件各自分别加工完成后，再装配而成的。这些产品的生产过程属离散型生产过程，又称为加工装配型生产过程。

2. 备货型和订货型。备货型生产在预测与分析市场需求的基础上，企业自主安排产品的开发与生产，并用库存成品与顾客进行现货交易的称备货型生产。备货型生产在管理上的要求是正确预测和分析市场需求（包括潜需求），加强新产品的研制开发能力，加速销售渠道的信息反馈，使生产计划，物料采购计划与销售情况紧密联系协调一致，并加强库存管理。根据用户的订单去组织产品的设计和生产的称订货型生产。

5.2　生产过程组织[16]

5.2.1　合理组织生产过程的基本要求

合理组织生产过程应努力实现以下基本要求：

1. 生产过程运行的连续性　这是要求生产过程的各阶段在时间上和生产过程的各环节在空间上均具有连续性，即尽量缩短生产对象的物流路线，消除或减少工序间不必要的停顿和等待。

2. 生产系统生产能力结构的比例性　生产系统的各环节在生产能力上应保持合理的比例，即要求各环节所具有的生产能力与任务所需求的生产能力相匹配。

3. 生产过程运行的均衡性　均衡性是要求生产过程在时间上保持负荷均衡。即使比例性合乎要求的生产系统，指导负荷与总能力匹配一致，如果生产任务安排得不当，在生产中会出现任务时紧时松负荷不均衡的现象。

4. 对需求响应的快速性　随着市场竞争日趋剧烈，用户要求的交货期越来越短。因此如何缩短生产准备时间，尽可能组织生产过程的各阶段、各子过程平行交叉地进行以缩短生产周期是当前生产过程组织的突出要求。

5. 对需求变化的适应性　在市场需求瞬息万变的今天，企业不可能长期生产某一种或某几种产品。所以企业的生产系统必须具有相当的柔性，即随着市场需求的变化，企业能够经济地、迅速地重组生产过程以适应产品品种的变换。

5.2.2　生产单位的组织形式

现代工业生产是建立在专业分工和协作基础上的社会化大生产。生产系统中各生产单位进行合理的分工与协作是生产过程得以有效运行的重要组织保证。专业化分工的原则有两种，即生产工艺专业化和产品对象专业化。

1. 生产工艺专业化（简称工艺专业化）按工艺专业化原则组建的生产单位，如机械制造厂中的铸造车间、锻压车间、热处理车间；机械加工车间中的车工工段、铣工工段等，在这些单位中集中了同类工艺设备和相同工种的工人。它们可以对不同的产品对象进行同种工艺方法的加工。

2. 产品对象专业化（简称对象专业化） 按对象专业化原则组建的生产单位，如汽车制造厂中的发动机分厂、底盘分厂；发动机分厂中的曲轴车间、汽缸体车间等，在这些生产单位中为加工特定的产品对象，配备了所需的全部生产设备、工艺装备和相关的各工种的工人，使这种产品（或工件）的全部工艺过程能够在该生产单位内封闭地完成。

在市场需求变化剧烈，产品更新换代十分迅速的今天，上述两种生产组织形式都有它的不足之处，难以适应需要。在现代制造技术和管理技术的支持下，生产单位的组织形式有了很多新的发展。其中柔性生产单元和成组生产单元在现代化企业里得到了广泛的应用。

柔性生产单元主要是应用数控机床、加工中心这些柔性加工设备，并由计算机来控制系统的运行，实现自动化生产，因而对加工对象的变化具有较强的适应能力。但它需要很大的投资，这限制了它的广泛应用。

成组生产单元是将零部件按工艺过程的相似性进行分类，组成一个个的相似零件族，如小轴、盘、套、齿轮、箱体等，按相似零件族组织生产单元，这样的生产单元如小轴单元，齿轮单元等，既保持了对象专业化的优点，又对产品的变化具有一定的适应能力。这种组织形式很值得推广应用。

5.3 企业生产计划体系[16]

机械企业的生产计划一般可分为中长期计划、年度生产计划和生产作业计划三个层次。

1. 中长期生产计划 计划期一般是三年或五年，也有十年或更长的。它是根据企业经营发展战略中有关产品方向、市场开拓、生产规模、技术水平和产品成本等方面的发展要求，对企业生产能力的增长水平，企业重大技术改造和设备投资，生产线设置和厂区布局调整，生产组织形式变更等方面所作的规划。中长期生产计划属于企业战略层的计划。

2. 年度生产计划 计划期为一年或稍长。它是根据企业的经营方针和目标、市场预测和其他的主客观条件，考虑年度利润计划和销售计划的要求，确定企业计划年度内生产水平的计划。

计划的内容包括产品品种、质量、产量、产值、交货期等生产指标。企业年度经营计划的构成内容和生产计划与其他各项计划的关系请见图9.5-1。

3. 生产作业计划 要把全厂的生产任务分解，分配给各分厂、车间、工段，直至每个工人，把全年的任务展开，落实到各季、各月，直至每天和每个作业班。所以生产作业计划是年度生产计划的继续和具体化。生产计划按计划的对象又可分为三个层次，产品生产进度计划，零部件生产进度计划和基层单位的生产日程计划（工序生产进度计划）。

5.4 制造资源计划（MRP Ⅱ）[16]

5.4.1 MRP Ⅱ 的由来和发展

制造资源计划（Manufacturing Resource Planning 简称 MRP Ⅱ）是在物料需求计划（Material Requirement Planning 简称 MRP）的基础上发展而来的。

1. 早期的 MRP MRP 出现以前在生产计划和库存管理方面一直流行的是定货点法。1965年美国 J. A. Orlicky 博士提出独立需求和相关需求的概念，并指出定货点法不适用于相关需求的物料。美 IBM 公司开发了一套将产品展开为零部件，生成物料清单的处理程序，并应用提前期直接按需求的数量和时间编制零部件生产进度计划，这就是 MRP 计划。

2. 闭环 MRP MRP 计划没有考虑生产能力的约束，生成的计划可执行性很差。到七十年代在 MRP 计划系统中增加了能力需求计划（Capacity Requirement Planning 简称 CRP），进行能力平衡，并通过信息反馈对计划执行情况进行监控，形成"计划—执行—监控"的闭环系统。

3. MRP Ⅱ 在闭环 MRP 的基础上进一步扩展系统的功能，把生产制造、库存管理、物料采购、市场营销、财务成本、人事劳资、设备维修等通过统一的数据库集成起来，形成一个覆盖企业各项管理的统一的管理信息系统，这就是 MRP Ⅱ。

4. MRP Ⅱ 的进一步发展 随着计算机技术和信息技术的发展，MRP Ⅱ 在硬件和软件方面均得到飞速的发展。MRP Ⅱ 与 CAD、CAPP、CAM、

FMS 集成起来构成计算机集成制造系统（CIMS），并成为 CIMS 的核心。基于网络技术和数据库技术使 MRP II 可以跨出一个企业的范围，与销售系统中的分销中心、批发商、维修服务中心等连接，能及时收集瞬息万变的市场信息。在 MRP II 的功能扩展方面，近年又增加了市场信息管理、质量管理、实验室管理、项目管理、电子通信（EDI Email）以及增加了过程控制接口、数据采集接口等，使 MRP II 发展成为一个覆盖企业各方面管理的，反映现代管理思想的功能更为全面的管理信息系统，叫 ERP（Enterprise Resources Planning）。

5.4.2 MRP II 的结构与功能

MRP II 系统是以生产计划为核心的企业制造资源的计划与控制系统。其生产计划分为三个层次，即主生产计划（MPS），物料需求计划（MRP）和生产日程计划。它们分别编制产品进度计划，零部件进度计划和基层生产单位的工序进度计划。主生产计划是企业营销系统和生产系统的连接点。MRP 计划则是主生产计划的展开。编制生产进度计划要考虑生产能力的约束，所以要编制能力需求计划，以便与企业计划期实有的生产能力对照，进行能力平衡。通过能力平衡，计划才具有可执行性。根据物料需求计划可以下达自制件的加工计划，还可以编制外购件的采购计划和外协件的协作计划。进一步将计划延伸可以编制原材料采购进度计划以及工具工装准备计划。

库存量是编制生产计划与销售计划的重要依据。库存量应包含现有库存、已分配库存、待分配库存、计划入库量和安全库存等信息。要随时

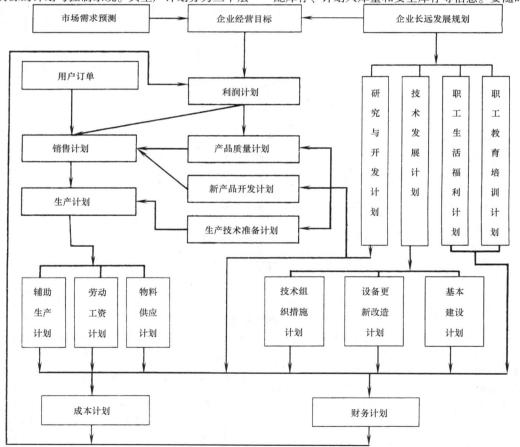

图 9.5-1 企业年度经营计划

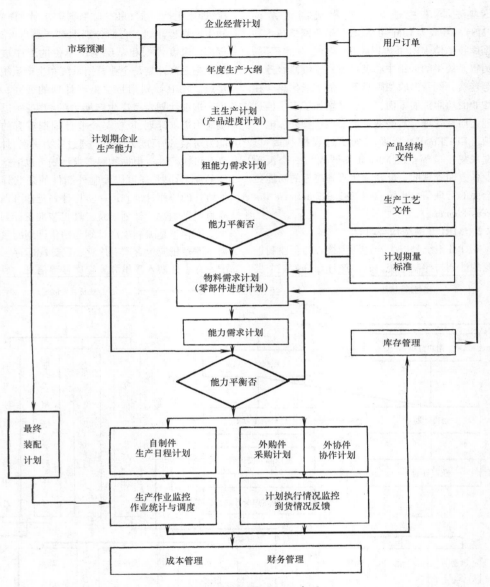

图 9.5-2　MRP Ⅱ 流程示意图

更新库存数据，以保持数据的准确性和完整性。企业所有的产供销活动通过货币形式都反映到财务管理和产品成本中去。系统对计划执行过程实行严密监控，通过过程记录和统计报表反馈计划完成情况。必要时可及时采取补救措施或调整计划。

MRP Ⅱ 系统保证企业的生产系统、技术系统、销售系统、供应系统、库存系统和财务系统共用和共享同一套数据，使企业各部门在工作上相互关联，协调配合成为一个有机的统一体。

MRP Ⅱ 的业务流程图见图 9.5-2。

5.5　精益生产与敏捷制造[16、17]

5.5.1　精益生产方式（Lean Production）

1. 精益生产方式的特征　精益生产方式是美国通过"国际汽车计划"（IMVP）于 1985 年~1990 年在调查了 17 个国家 90 多个汽车制造厂和零配件厂，全面总结日本丰田生产方式经验的基础上提出来的。

精益生产方式是以满足社会需求为出发点。所以要求具有快速的新产品开发能力，建立具有柔性的生产系统，要能够适应市场需求的变化灵活地进行多品种小批量生产。精益生产方式的宗旨是要消除一切形式的浪费，并追求永无止境的改进以求达到尽善尽美。它注重通过内部挖潜来降低生产成本，以提高经济效益，因此在经济低速发展时期仍然是一种有效的生产经营管理模式。精益生产方式的重要特征是强调人在生产经营活动中的主导作用，因此重视对员工的培养，重视建设良好的企业文化，在企业内部树立"命运共同体"的观念，并通过各种方式，如采取组织工作团队，建立 QC 小组，推行合理化建议制度和目标管理等最大限度地调动所有员工的积极性和创造性。

2. 精益生产方式的内容　在生产制造领域，精益生产方式推行准时生产制（JIT），即在需要的时候，生产所需的品种和数量，不允许提前生产和超额生产。生产活动由需求驱动，实行由后道工序拉动前道工序的拉动式生产（Pull System），具体的运行由"看板"来控制。精益生产重视生产线的改造和合理布置，重视生产现场管理。通过实施"同步化"生产，实现"一个流"，使生产周期大为缩短，在制品也大大减少。在现场管理方面贯彻"作业标准"，推行"定置管理"和"目视管理"，以消除各种不创造附加价值的无效劳动。

5.5.2 敏捷制造（Agile Manufacturing）

1. 反映敏捷性的四大要素

（1）快速的感知能力和决策能力。为了使企业对市场变化和顾客的真正需求具有快速的感知能力，要充分调动销售系统、维修服务系统和市场调研部门、情报部门等各方面的力量，通过各种渠道随时搜集市场变化趋势和顾客呼声的有关信息。通过建立外部的网络信息系统与企业内部的管理信息系统集成在一起。把搜集到的市场信息及时处理，以供随时进行科学分析的正确决策。

（2）快速响应市场变化的应变能力。为快速响应市场需求变化，企业必须方便地调整自己的资源配置，以适应产量的波动和新品种的生产。为此企业需要建设高度柔性的生产系统。这里不仅包括生产设备等柔性的硬件，还包括生产组织形式和管理制度方法等柔性的软件。

（3）强大的新产品研制开发能力。强大的新产品研制开发能力是企业响应市场需求变化的重要物质基础。为此企业需要建设高水平的研制开发队伍、研制基地和保证必要的资金投入。

（4）员工队伍的创新能力。在敏捷制造时代，一个企业的竞争能力反映在它对产品和服务的不断创新和完善，对制造过程的不断改进和发展。因此高素质的员工队伍是敏捷制造企业最宝贵的财富。为此企业需要有计划地对员工进行培训和教育，不断地提高全体员工的素质，充分调动其积极性和创造性。这是敏捷制造企业成功的基础。

2. 虚拟企业（Virtual Corporation）[18]　组织虚拟企业是实施敏捷制造战略的重要措施。所谓"虚拟企业"是针对某种市场机遇，由两个以上企业成员为作出快速反应，迅速抢占市场，在限定范围内进行合作的一种新型的企业组织形式。

虚拟企业的功能和特点如下：

（1）对市场需求的快速反应。虚拟企业充分利用成员企业现有的存量资产和大家的专业技术特长，可以大大缩短整个研制开发周期和生产准备周期，以最快的速度把新产品投放市场。

（2）强强联合，优势互补。通过虚拟组织方式，可以在全国甚至全球范围内选择在专业特长方面最强的力量结成合作伙伴，使资源得到最佳组合。从而可以实现原来一个企业所难以完成的任务。

（3）较小的风险和极强的应变能力。虚拟企业的成员都只做自己专长方面的工作，并尽量利用现有的存量资源，所以风险较小。当市场发生变化时，虚拟企业可以及时解散，各成员企业恢复到原来的非组合状态，各自从事自己的旧业。待有新的市场机遇时，再组织新的虚拟企业。

5.6　库存管理[18]

5.6.1　库存管理的任务

库存是一种处于储备状态的闲置物资。库存形成的原因有两类：

（1）由于供和需在数量上不平衡（供大于需）在时间上不衔接（供早于需）造成的。反之则发生缺货。这类库存称为流动库存。

（2）为缓冲供需矛盾避免发生缺货而特意设置的库存。这类库存称为安全库存或保险库存。

库存物资在投入使用之前，不仅是多余的，而且需花费人力物力对它进行保管和维护。在市场需求变化大，科学技术进步快的今天，持有库存还有贬值和被淘汰报废的风险。所以一般要求尽量降低库存储备。如果在管理上能够做到供需同步化，则库存就可以取消，实现"零库存"但是由于需求常常是随机变化的，难以准确预测。另一方面供应部门、运输系统也不时会出现某些故障，破坏正常供应。因此为了保障供应协调供需平衡，在许多情况下维持一定量的库存是必要的。库存管理的任务是用最少的投资和管理费用，控制合理的库存量，以保障正常供应，满足使用需求，减少缺货损失。

5.6.2 库存控制的方法

库存控制涉及以下许多因素：

（1）需求特性 包括确定性需求和随机性需求两类。确定性需求又分均匀连续需求和不均匀离散需求。

（2）供应特性 包括订货提前期、起订量、采购价格和价格折扣。

（3）进货方式 包括定量进货方式和定期进货方式。

（4）经济因素 包括库存管理费用、订货费用、缺货损失等。

基于以上因素可以建立多种数学模型来对库存进行控制。

（1）对于均匀连续需求通常可采用经济订货批量（适用于定量订货方式）或经济订货间隔期（适用于定期订货方式）来控制库存。

经济订货批量和经济订货间隔期的计算公式如下：

$$Q^* = \sqrt{\frac{2KN}{H}}$$

$$T^* = \sqrt{\frac{2KN}{R^2H}}$$

式中 Q^*——经济订货批量（件/次）；

T^*——经济订货间隔期（天/次）；

N——该类物资的全年总需求量（件/年）；

R——该类物资的平均日需求量（件/天）；

K——订货费用（元/次）；

H——单位库存物资的库存管理费用（元/件·年）。

（2）对于随机性需求如采用订货点法来控制库存，其经济订货点的计算公式如下：

对于由于缺货丢失销售机会的情况（Lost Sales）

$$P(D > B) = \frac{HQ}{HQ + jN}$$

对于延误交货期的情况（Back Order）

$$P(D > B) = \frac{HQ}{jN}$$

式中 B——订货点的库存量（件）；

D——订货提前期期间的需求量（件）；

$P(D > B)$——发生缺货的概率；

j——单件缺货损失费用（元/件·次）。

（3）对于确定性离散需求可直接按需订货或用动态规划方法，求解在计划期内最佳的订货批次和每批的数量。

6 质量管理

6.1 质量管理体系

6.1.1 ISO9000 与 GB/T19000

国际标准化组织在 1979 年成立了质量管理和质量保证技术委员会，简称 TC176，专门负责制定质量管理和质量保证方面的国际标准。并在 1987 年正式颁布了 ISO9000 族质量管理和质量保证系列标准（称为 87 版 ISO9000）。1994 年，

ISO/TC176 在对 87 年版修订的基础上，发布了 94 版的 ISO9000 族标准。在经过 6 年的应用后，ISO/TC176 又在 2000 年 12 月 15 日发布了 2000 版的 ISO9000 族标准。

自 2000 版标准颁布以后，我国随即等同采用并于 2000 年 12 月 28 日正式发布了 GB/T19000 族国家标准，并要求全国从 2001 年 6 月 1 日起实施该标准。到目前，实施 ISO9000 标准仍然是企业提高质量管理水平的主要措施，企业寻求通过 ISO9000 认证仍然处于高潮中。

6.1.2　ISO9000：2000 适用对象

一般讲，ISO9000 族标准的适用对象为：

（1）通过实施质量管理体系寻求优势的组织；

（2）对能满足其产品要求的供方寻求信任的组织；

（3）产品的使用者；

（4）就质量管理方面所使用的术语需要达成共识的人们（如：供方、顾客、行政执法机构）；

（5）评价组织的质量管理体系或依据 ISO9001 的要求审核其符合性的内部或外部人员和机构（如：审核员、行政执法机构，认证机构）；

（6）对组织质量管理体系提出建议或提供培训的内部或外部人员；

（7）制定相关标准的人员。

6.1.3　ISO9000：2000 族标准的结构

2000 版 ISO9000 族标准由 4 个核心标准、1 个其他标准、7 个技术报告、3 个小册子 4 大部分组成。

1. 核心标准

（1）ISO9000：2000《质量管理体系—基本原理和术语》。该标准表述了 ISO9000 族标准中质量管理体系的基础知识，并定义了相关术语。并提出了质量管理的八项原则，它是一个组织实施质量管理所必须遵循的准则。该标准表述了建立和运行质量管理体系应遵循的 12 个方面的质量管理体系基础知识。

（2）ISO9001：2000《质量管理体系—要求》。该标准规定了建立质量管理体系的基本要求，供组织需要证实自己具有稳定地提供顾客要

求和适用法律法规要求的产品的能力时应用，目的在于增进顾客满意度。该标准是质量管理体系认证注册审核的依据，也是组织为认证注册做准备，进行内部审核的依据。为适应不同组织的需要，在一定情况下，质量管理体系要求的内容允许被剪裁。ISO9001 标准可以单独使用，也可以与 ISO9004 标准结合使用。

（3）ISO9004：2000《质量管理体系—业绩改进指南》。该标准为实现质量管理体系的有效性和效率提供指南。该标准提供的是指南和建议，不用于认证、法规或合同的目的，它不是审核的依据，也不是 ISO9001 标准的实施指南。

（4）ISO19011：2001《质量和环境管理体系审核指南》。该标准遵循"不同管理体系可以有共同管理和审核要求"的原则，对质理管理体系和环境管理体系审核的基本原则、审核方案的管理、质量和环境管理体系审核的实施以及对质量和环境管理体系审核员的资格要求提供了指南。该标准适用于所有运行质量和/或环境管理体系的组织，指导他们的内审和外审的管理工作。

2. 其他标准　除上面的 4 个正式标准外，为了支持质量管理体系的运行，ISO 还提供了一个支持性标准，即 ISO10012《测量控制系统》，该标准为质量管理体系的有效运行提供测量控制方面的支持。

3. 技术报告　ISO 为质量管理系统的建立和运行提供了 7 个指南，以技术报告的形式发布。技术报告是 2000 版 ISO9000 族标准的配合文件。国际标准化组织将一些组织采用 ISO9000 族标准中成功经验的案例，总结为技术报告来发布，供使用者选择，作为参考使用。这 7 个技术报告分别是：

（1）ISO/TR10005《质量计划编制指南》

（2）ISO/TR10006《项目管理指南》

（3）ISO/TR10007《技术状态管理指南》

（4）ISO/TR10013《质量管理体系文件指南》

（5）ISO/TR10014《质量经济性管理指南》

（6）ISO/TR10015《教育和培训指南》

（7）ISO/TR10017《ISO9001：1994 中的统计技术指南》

4. 小册子　小册子也是配合 ISO9000 质量标准实施的指导性文件。它是国际标准化组织根据

实际需要编写出版的一些宣传小册子。小册子共有 3 个：

（1）《质量管理原则》

（2）《选择和使用指南》

（3）《小型组织实施指南》

6.1.4 ISO9000：2000 族标准的特点

（1）通用性强、允许裁减。2000 版 ISO9000 族标准通用性很强，也很完整，适用于所有行业部门和各种规模的组织。

（2）结构简单，通俗易懂。2000 版标准对质量管理的一些概念和术语进一步地进行了修改，使之更加通俗易懂，更加系统化。

（3）提出了 8 项质量管理原则。在总结了国际上先进的质量管理经验后，2000 版 ISO9000 族标准提出了 8 项质量管理原则，从而在质量管理领域内统一了认识，统一了对标准和先进质量管理模式的理解。这 8 项质量管理原则是：以顾客为中心；领导作用；全员参与；过程方法；管理的系统方法；持续改进；基于事实的决策方法；互利的供方关系。

6.2 实体的质量管理[19]

实体（entity）是指能够单独考虑加以审查的一件事物（有形或无形）。例如：活动或过程，产品，组织，体系或人，上述各项的任何组合。

6.2.1 产品设计开发的质量管理

表 9.6-1 为装配性新产品设计开发程序，分为 6 个阶段，14 个工作程序。基本反映了产品设计开发的模式和内在规律性。不同产品类型也只是大同小异。

表 9.6-1 装配性新产品设计开发程序

编号	阶段	程序号	程序内容
1	策划阶段	1	新产品构思，市场调研，收集质量信息和技术情报，识别质量
		2	投资预测，资金筹集，物资和人员的准备
		3	对采用的新技术，新材料进行先行试验
2	样品设计阶段	4	产品初步设计，即方案设计及可行性报告（评审）

（续）

编号	阶段	程序号	程序内容
2	样品设计阶段	5	产品技术设计，即结构设计（评审）
		6	工作图设计，即施工图设计（完成全部设计图纸和技术资料的编制）
3	样品试制阶段	7	样品（机）制造（加工过程的跟踪和信息反馈）
		8	样品（机）试验，按规范全面试验，作数据分析评价
		9	样品（机）技术鉴定（评价）（性能参数，设计的正确性）
4	改进设计阶段	10	对样机进行改进（二次设计和改进计划或二次试验、鉴定和审批）
5	小批试制阶段	11	小批试生产和投产鉴定（检查工装、工艺、材料和供应的准备工作）
		12	试销，加强用户服务，收集故障和用户意见的信息，反馈信息
6	批量投产阶段	13	批量投产，产品定型，鉴定（评价）（生产流程到位），分供方定点
		14	指导技术服务，收集用户信息，质量跟踪，用户服务，信息反馈

6.2.2 制造过程的质量管理（表 9.6-2）

6.2.3 工序质量控制

1. 生产过程的质量状态 如图 9.6-1 所示。横坐标为时间 t，纵坐标为质量特性值 x。根据图示的 6 种典型情况，可了解生产过程的稳定性以及是否处于受控状态。

2. 生产过程状态的统计推断原理 生产过程状态—总体是未知的，现场常用样本的平均值推断总体平均值 μ，用样本的极差 R 推断总体的标准差 σ，以掌握质量特性值的集中位置和分散程度（图 9.6-2）。

6.2.4 工序质量控制图

1. 控制图的概念 控制图是控制生产过程

状态，保证工序加工产品质量的重要工具。应用控制图可以对工序过程状态进行分析、预测、判断、监控和改进。图 9.6-3 所示是以单值 x 为质量特性值统计量的单值控制图，x 图为一般控制图的基本模式。

表 9.6-2　制造过程的质量管理

制造过程的质量管理活动内容	
生产技术准备阶段	1. 人员准备 人员组织和技能培训，特殊工序操作人员的认定等 2. 物资和能源准备 原材料，辅助材料，外购件，外协件及能源的组织供应等 3. 装备准备 工艺生产设备的设计和选择，工艺装备（刃具、夹具、模具、量具、检具、辅助工具等）的准备 4. 工艺准备 产品设计工艺性审查，制定工艺方案，工艺（工序）系统设计，单元工艺（工序）设计，编制工艺文件，制订工艺材料和工时定额，设计工艺装备图，新工艺的试验研究等 5. 计量仪器准备 计量检测量具，仪器仪表，试验设备 6. 设计组织生产方案 产品产量，组织生产方式 7. 质量控制系统设计，质量职责确认 8. 验证工艺及装备
生产制造阶段	1. 现场文明生产管理（管理标准和评价方法） 2. 生产工序管理和工序质量改进（作业者技术培训，实施标准化作业，检验，关键工序管理） 3. 作业者自检（自检重点：首检、条件变化、第一次做终检、内控标准、自检结果的确认） 4. 工序审核 5. 不良品处理 6. 计算机辅助质量管理系统（包括监控仪器、设备）

2. 控制图的原理　通常，控制图根据"3σ原则"确定控制界限，如图 9.6-4 所示，x 图的中心线和上、下控制界限为：

中心线：$\mathrm{CL} = \mu$（或 $\bar{x}$）

上控制限：$\mathrm{UCL} = \mu - 3\sigma$

下控制限：$\mathrm{LCL} = \mu - 3\sigma$

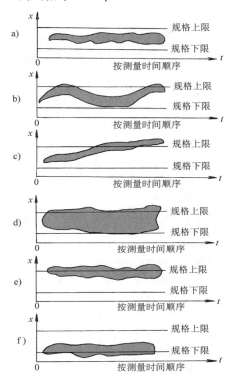

图 9.6-1　常见生产过程状态模式

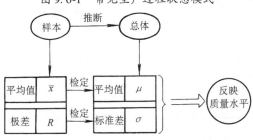

图 9.6-2　统计推断原理示意图

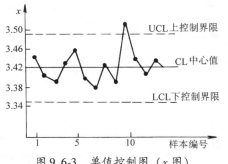

图 9.6-3　单值控制图（x 图）

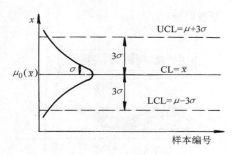

图 9.6-4 3σ 控制图

6.3 质量检验和验收检查[20、21]

6.3.1 质量检验

1. 检验制度和原则

(1) 三检制（自检、互检、专检）；

(2) 重点工序双岗制（操作者、检验人员、技术负责人、用户验收代表参与现场检验）；

(3) 留名制（由操作者、检验者、责任者签名的技术责任制）；

(4) 质量复查制（重要产品在产品检验入库后至出厂前的全面复查）：

(5) 追溯制（批次管理法、日期管理法、连续序号管理法）。

2. 基本检验模式

(1) 进货检验——首件（批）样品检验、成批进货检验

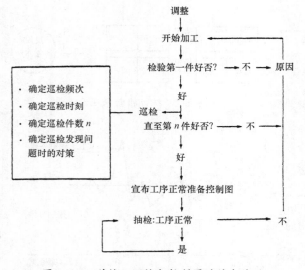

图 9.6-5 首检、巡检与控制图的结合使用

(2) 工序检验——首件检验、巡回检验、末件检验

首检、巡检与控制图的结合使用见图 9.6-5。

(3) 完工检验——半成品入库前检验、成品出厂检验

3. 检验站的设置

(1) 进货检验站——进厂入库验收检验、在供方实地验收检验

(2) 工序检验站——分散检验站（大批、大量生产），见图 9.6-6a、集中检验站（单件小批生产），见图 9.6-6b 和图 9.6-7

(3) 完工检验站，见图 9.6-8。

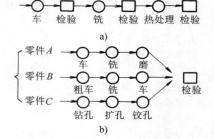

图 9.6-6 生产中的检验站设置形式

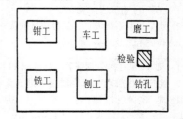

图 9.6-7 单件小批生产的检验站

4. 主要质量指标

a. 上级规定的考核指标

(1) 品种抽查合格率 =

$$\frac{合格品种数}{考核品种总数} \times 100\%$$

(2) 成品抽查合格率 =

$$\frac{合格品种数（台、套、件）}{产品抽查总数（台、套、件）} \times 100\%$$

(3) 品种一等品率 =

$$\frac{一等品品种数}{考核品种总数} \times 100\%$$

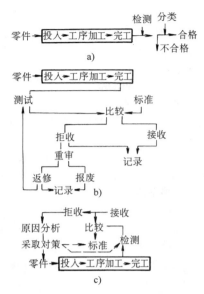

图 9.6-8　完工检验站的几种形式

a) 开环分类式检验站　b) 开环处理
式检验站　c) 闭环分类式检验站

（4）成品一等品率（日常检查统计）

$$= \frac{-等品数（台、套、件）}{成品总数（台、套、件）} \times 100\%$$

（5）成品一等品率（季度产品质量等级）

$$= \frac{-等品数（台、套、件）}{成品抽查总数（台、套、件）} \times 100\%$$

（6）主要项目合格率 =

$$\frac{主要项目合格数（项）}{主要检验项目总数（项）} \times 100\%$$

b. 企业自行考核的质量指标

（1）成品装配的一次合格率 =

$$\frac{第一次检查产品合格数（台、件）}{第一次送检产品总数（台、件）} \times 100\%$$

（2）机械加工废品率 =

$$\frac{机械加工废品工时}{机械加工合格产品工时 + 机械加工废品工时} \times 100\%$$

（3）返修率 =

$$\frac{计划期内返修产品数（台、套、件）}{计划期内生产产品总数（台、套、件）} \times 100\%$$

5. 不合格品的管理

a. 不合格品的分类及处理

（1）不合格品──┬─废品
　　　　　　　　├─返修品
　　　　　　　　└─回用品

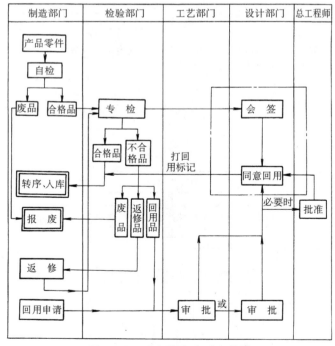

图 9.6-9　不合格品处理流程图

（2）

$$
不合格品的处理方式\begin{cases}报废（完全不能使用）\\返工（完全消除不合格品）\\返修（减轻不合格的程度）\\原样使用（直接使用）\end{cases}
$$

b. 不合格品的现场管理（图9.6-9）

6.3.2 验收检查

1. 验收抽样方案的种类，见表9.6-3。

表9.6-3 验收抽样方案种类

验收抽样方案分类特征	验收抽样方案名称
质量特征值	计数值，计量值
抽样次数	单次，双次，多次（3~7次）
抽样方案状态	调整型，非调整型
抽样方案之间相互关系	以上方案相互包容

2. 常用名词术语

（1）单位产品：实行检查的基本产品单位。

（2）样本：由一个或几个单位产品构成。

（3）交验批：提供检验的一批产品。

（4）批量 N：交验批中单位产品数量。

（5）合格判定数 Ac（acceptance number）：抽样方案中预先规定的判定批产品合格的样本中最大允许不合格数（Ac 或 C）。

（6）不合格判定数 Re（rejection number）：抽样方案中预先规定的判定批产品不合格的样本中最小不合格数（Re 或 C）。

（7）批不合格率 p：

$$
p = \frac{D}{N} \times 100\%
$$

式中 D——批中不合格数；

N——批量。

（8）过程平均不合格率 $\bar{p}$：

$$
\bar{p} = \frac{D_1 + D_2 + \cdots + D_k}{N_1 + N_2 + \cdots + N_k} \times 100\% \qquad (k \geqslant 20)
$$

（9）合格质量水平 AQL（acceptable quality level）：可接收的连续交验批的过程平均不合格率上限值。

（10）批最大允许不合格率 LTPD（lot tolerance percent defective）：用户能够接受的产品批的极限不合格率值。

（11）生产者风险 PR（producer's risk）：生产者（供方）所承担的合格批被判为不合格批的风险，风险概率通常记作 a。

（12）消费者风险 CR（consumer's risk）：消费者（用户）所承担的不合格批被判为合格批的风险，风险概率通常记作 β。

3. 抽样方案操作程序

a. 单次抽样方案操作程序（图9.6-10）

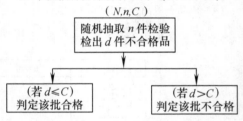

图 9.6-10 单次抽样检验示意图

b. 双次抽样方案操作程序（图9.6-11）。

c. 多次抽样方案操作程序（图9.6-12）。

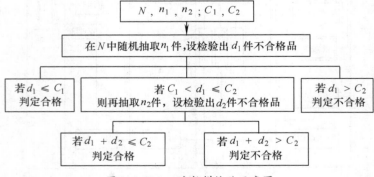

图 9.6-11 双次抽样检验示意图

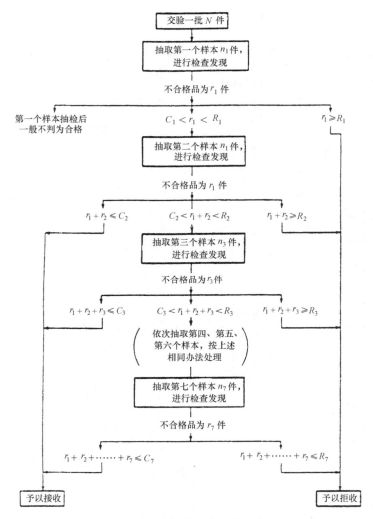

图 9.6-12　7 次抽样方案操作示意图

6.4　质量的经济性[21]

6.4.1　质量成本的构成（图 9.6-13）

6.4.2　质量成本费用项目的关系（表 9.6-4）

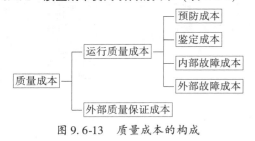

图 9.6-13　质量成本的构成

表 9.6-4　质量成本费用项目的关系

质量成本项目	降低质量成本的措施			
	1. 降低评价与预防成本	2. 提高评价成本（加强检查筛选）	3. 加强工序质量控制	4. 提高预防成本
预防费用	1/24	1/24	1/24	2/24
筛选检验	1/24	3/24	2/24	1/24
工序控制	1/24	1/24	4/24	2/24
内部故障	1/24	12/24	8/24	4/24
外部故障	20/24	3/24	2/24	1/24
合计	24/24	20/24	17/24	10/24

6.4.3 质量成本项目内容比较（表9.6-5及表9.6-6）

表9.6-5 国外质量成本项目名称对比表

	美国（菲根堡姆）	美国（丹尼尔·M·伦德瓦尔）	瑞典（兰纳特·桑德霍姆）
预防成本	1. 质量计划工作费用 2. 新产品的审查评定费用 3. 培训费用 4. 工序控制费用 5. 收集和分析质量数据的费用 6. 质量报告费	1. 质量计划工作费用 2. 新产品评审费用 3. 培训费用 4. 工序控制费用 5. 收集和分析质量数据的费用 6. 汇报质量的费用 7. 质量改进计划执行费用	1. 质量方面的行政管理费 2. 新产品评审费 3. 质量管理培训费 4. 工序控制费用 5. 数据收集分析费 6. 推进质量管理费 7. 供应商评价费
鉴定成本	1. 进货检验费 2. 零件检验与试验费 3. 成品检验与试验费 4. 测试手段维护保养费 5. 检验材料的消耗或劳务费 6. 检测设备的保管费	1. 来料检验 2. 检验和试验费用 3. 保证试验设备精确性的费用 4. 耗用的材料和劳务 5. 存货估价费用	1. 来料检验 2. 工序检验 3. 检测手段维护标准费 4. 成品检验费 5. 质量审核费 6. 特殊检验费
内部损失成本	1. 废品损失 2. 返工损失 3. 复检费用 4. 停工损失 5. 降低产量损失 6. 处理费用	1. 废品损失 2. 返工费用 3. 复试费用 4. 停工损失 5. 产量损失 6. 处理费用	1. 废品损失 2. 返工费用 3. 复检费用 4. 降级损失 5. 减产损失 6. 处理费用 7. 废品分析费用
外部损失成本	1. 处理用户申诉费 2. 退货损失 3. 保修费 4. 折价损失 5. 违反产品责任法所造成的损失	1. 申诉管理费 2. 退货损失 3. 保修费用 4. 折让费用	1. 受理顾客申诉费 2. 退货 3. 保修费用 4. 折扣损失

	法 国（让·马丽·戈格）		日 本（市川龙三氏）
预防成本	1. 审查设计 2. 计划和质量管理 3. 质量管理教育 4. 质量调查 5. 采购质量计划	预防成本	1. 质量管理计划 2. 质量管理技术 3. 质量管理教育 4. 质量管理事务
检验成本	1. 进货检验 2. 制造过程中的检验和试验 3. 维护和校准 4. 确定试制产品的合格性	鉴定成本	1. 验收检查 2. 工序检查 3. 产品检查 4. 试验 5. 再审 6. PM（维护保养）
亏损成本	1. 废品 2. 修理 3. 保证 4. 拒收进货 5. 不合格品的处理	损失成本	1. 出厂前的不良品（报废、修整、外协不良设计变更） 2. 无偿服务 3. 不良品对策

表9.6-6 国内质量成本项目名称对比表

	有色冶金企业	电缆企业	机械企业	机械部门讨论稿	航空仪表企业
预防成本	1. 培训费 2. 质量工作费 3. 产品评审费 4. 质量情报费 5. 质量攻关费 6. 质量奖励费 7. 改进包装费 8. 技术服务费	1. 质量培训费 2. 质量管理办公及业务活动费 3. 新产品评审费 4. 质量管理人员工资等费用 5. 固定资产折旧及大修理费用 6. 工序能力研究费 7. 质量奖励费 8. 提高和改进措施费	1. 培训费 2. 质量工作费 3. 产品评审费 4. 工资及附加费 5. 质量改进措施费	1. 质量培训费 2. 质量审核费 3. 新产品评审费 4. 质量改进费 5. 工序能力研究费 6. 其他	1. 质量培训费 2. 质量管理人员工资 3. 新产品评审活动费 4. 质量管理资料费 5. 质量管理会议费 6. 质量奖励费 7. 质量改进措施费 8. 质量宣传教育费 9. 差旅费（因质量）

（续）

	有色冶金企业	电缆企业	机械企业	机械部门讨论稿	航空仪表企业
鉴定成本	1. 原材料检验费 2. 工序检验费 3. 半成品检验费 4. 成品检验费 5. 存货复检费 6. 检测手段维修费	1. 进货检验和试验费 2. 新产品质量鉴定 3. 半成品及产成品检验和试验费 4. 检验、试验办公费 5. 检测房屋设备折旧及大修理费 6. 检测设备、仪器维修费 7. 检验试验人员工资奖励费用	1. 检测试验费 2. 零件工序检验费 3. 特殊检验费 4. 成品检验费 5. 目标鉴定费 6. 检测设备评检费 7. 工资费用	1. 进货检验费 2. 工序检验费 3. 材料、样品试验费 4. 出厂检验费 5. 设备精度检验费	1. 原材料入厂检验费 2. 工序检验费 3. 元器件入厂检验费 4. 产品验收定检费 5. 元器件筛选费 6. 设备仪器管理费
内部损失成本	1. 中间废品 2. 最终废品 3. 残料 4. 二级品折价损失 5. 返工费用 6. 停工损失费 7. 事故处理费	1. 材料报废及处理损失 2. 半成品在制品产成品报废损失 3. 超工艺损耗损失 4. 降级和处理损失 5. 返修和复试损失 6. 停工损失 7. 分析处理费用	1. 返检复检费 2. 废品损失 3. 车间三包损失 4. 产品降级损失 5. 工作失误损失 6. 停工损失 7. 事故分析处理	1. 返修损失费 2. 废品损失费 3. 筛选损失费 4. 降级损失费 5. 停工损失费	1. 产品提交失败损失 2. 综合废品损失 3. 产品定检失败损失 4. 产品折价损失 5. 其他
外部损失成本	1. 索赔处理费 2. 退货损失费 3. 折价损失费 4. 返修损失费	1. 保修费用 2. 退货损失费 3. 折价损失及索赔费用 4. 申诉费用	1. 索赔损失 2. 退货损失 3. 折价损失 4. 保修损失 5. 用户建议费	1. 索赔费 2. 退货损失费 3. 折价损失费 4. 保修费	1. 索赔损失 2. 退货损失 3. 返修费用 4. 事故处理费 5. 其他

7 成 本 管 理

7.1 成本的概念及分类

7.1.1 成本的概念

成本是指企业为实现生产商品和提供劳务等所发生的各项支出。

7.1.2 成本分类

成本分类是根据成本管理与核算的要求，按一定的标准对成本进行的划分。

1. 按成本构成内容划分 成本按其构成内容划分如图 9.7-1 所示。

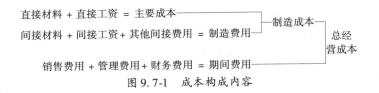

图 9.7-1 成本构成内容

（1）制造成本 也称生产成本，是指企业生产经营过程中实际消耗的直接材料、直接工资、其他支出和制造费用。

①直接材料：指企业生产经营过程中实际消耗的原材料、辅助材料、设备配件、外购半成品、燃料、动力、包装物、低值易耗品以及其他直接材料。

②直接工资：指企业直接从事产品生产人员的工资、奖金、津贴和补贴。

③其他直接支出：指直接从事产品生产人员的职工福利费等。

④制造费用：指企业各个生产单位为组织和管理生产所发生的生产单位管理人员工资、职工福利费，生产单位房屋、建筑物、机器设备等的折旧费，设备租赁费（不包括融资租赁费）、修理费、机物料消耗、低值易耗品摊销、取暖费、水电费、办公费、差旅费、运输费、保险费、设计制图费、试验检验费、劳动保护费、季节性修理期间的停工损失以及其他制造费用。

（2）期间费用 指企业在生产经营过程中发生的管理费用、财务费用和销售费用。

为了明确经济责任，不计入产品的生产成本，作为期间费用，直接计入当期损益。

①管理费用：指企业行政管理部门为管理和组织经营活动的各项费用，其内容包括公司经费、工会经费、职工教育经费、劳动保险费、待业保险费、董事会费、咨询费、审计费、诉讼费、排污费、绿化费、税金、土地使用费、土地损失补偿费、技术转让费、技术开发费、坏账损失、存货盘亏、毁损和报废（减盘盈）以及其他管理费用。

②财务费用：指企业为筹集资金而发生的各项费用，包括企业生产经营期间发生的利息支出（减利息收入）、汇兑净损失、调剂外汇手续费、金融机构手续费以及筹资发生的其他财务费用等。

③销售费用：指企业在销售产品、自制半成品和提供劳务等过程中发生的各项费用，专设销售机构的各项经费，包括应由企业负担的运输费、装卸费、包装费、保险费、委托代购手续费、广告费、展览费、租赁费（不包括融资租赁费）和销售服务费，销售部门人员的工资、

职工福利费、办公费、差旅费、折旧费、修理费、物料消耗、低值易耗品摊销以及其他经费等。

2. 成本按其性态分类 成本性态也称成本习性，是指成本总额与业务量（产量或销量）变化的依存关系。

（1）固定成本 是指成本总额不随业务量（产量或销量）的变动而变动者。固定成本主要特点是其发生额不受产量变动的影响，产量在一定范围内变动，其总额仍能保持不变。从单位产品来看，随着产量的增加，每单位产品分摊的费用相应地减少，如机器设备的折旧费等。

（2）变动成本 是指成本总额随着业务量（产量、作业量与销量）的变动而成正比例变动者。变动成本主要特点是其发生额受产量变动的影响，即产品产量增加变动成本随之增加，产品产量减少而变动成本随之减少，但对单位产品来看却相对不变，如企业的直接材料、直接人工等。

（3）混合成本 是指产品产量（或作业量等）的增加或减少，其成本总额也随之发生增加或减少，但增减幅度不成比例。包括半变动成本、半固定成本等。

1）半变动成本：是指这种成本通常有一个基数，相当于固定成本，在这基数之上，随着产量（作业量或销量、业务量）的增加，成本相应地或正比例增加。

2）半固定成本：是指成本总额在不同产量（业务量等）水平上保持相对固定的层次成本。即在一定业务量（产量、作业量等）范围内其发生额是固定的，当其业务量增长到一定限度，其发生额就会跳跃到一个新水平，然后在业务量增长的一定限度内，其发生额又保持不变，直到另一个新的跳跃为止。这种成本的变动呈现阶梯式，所以又称阶梯式成本。

7.2 成本估计

成本估计是指在考虑了过去的经验以及今后形势和情况的可能变化后，对制造一个给定的产品它将花费多少的一次独立的、现实的预测。一般可将成本估计分为四类：作业、产品、规划项目及系统的成本估计，见表9.7-1。

（1）直接成本估计：是对某一设计品所需的直接人工及直接材料的预测。

（2）产品成本估计：主要指整个产品的成本估计。

（3）规划项目估计：在规划项目成本估计中强调一次性，并按用户设计要求估计。

（4）系统估计：一个系统设计包括作业、产品及规划项目等在内。其系统估计的要素包括作业、产品、规划项目估计在内。

表 9.7-1　成本估计分类及所需信息

估计对象	特点	经济目标	成本估计所需信息
1. 作业	人及材料	成本	工时、工资、福利费、材料损耗、各种间接费用率等
2. 产品	复制性	价格	零件清单及图样；测试、包装、运输要求；产量及生产率；作业估计等
3. 规划项目	一次性	投资回收率	设备固定费用、经营成本、现金流量、间接费用、规划设计规范及图样、作业及产品成本估计
4. 系统	整体性	宏观效益	作业及产品成本估计、年度内可用资金、税金、相应法律规定

成本估计方法有多种，常用的有：账户分析法；概略测算法；散布图和高低点估计法；统计法（通常采用回归分析法）。上述各种方法所得的结果很可能是不相同的。因此，通常要采用一种以上方法进行分析，以便对结果进行比较。

（1）账户分析法　是对每个用以记录值得注意的成本账户进行检查，通过观察成本与某些业务的关系，验证每项成本是固定的还是变动的。账户分析是估计成本的一项比较实用的方法，应用时可吸取有关人员的经验和判断。账户分析偏重于依赖估计者的判断，这可能是一个优点，也可能是一个缺点。因为，这种估计不可能是完成客观的，往往需要与其他客观方法联系起来使用，以获得更好的效果。

（2）概略测算法　把设计产品的单位成本粗分为材料、工资、费用 3 个项目，计算其各占单位成本的比重，据以测算出新产品的单位成本。一般按下面公式计算：

$$C = (M + W) \cdot \left(1 - \frac{\alpha}{100}\right)$$

式中　C——估算新产品设计成本；
　　　M——产品的材料、能源成本；

W——工资及提取的职工福利基金；

$\alpha/100$——制造费用占产品材料、人工成本的百分比。

（3）散布图和高低点估计法　是使用过去成本性态及其与某些作业量的关系，来估计某特定作业量的未来成本。散布图是将过去的历史成本数据、业务量数据沿坐标轴标出。如果这些点大体上符合一项线性模型，那么可以估计一条直线以适合这些点。确定这条直线的方法之一是高-低点法。高-低点法表示最高、最低业务量水平之间的差额，得到连接最高业务水平成本点与最低业务量水平成本点的直线斜率。该斜率代表单位变动成本的估计量。估计固定成本可以按最高或最低业务水平的成本总额减去该业务量水平的变动成本来获得。

7.3　预算

预算是指企业主要用货币计量的方式来反映未来一定时期完成经营目标的方法。规定了预期的销售、生产和成本等方面的水平。费用预算的编制首先要根据市场需求，结合企业的具体情况编制经营计划。企业计划年度综合经营计划中所提出的各种人力、物力、财务的需要量，就成为材料费用预算、工资预算、制造费用预算等编制的基础。生产经营的全面预算实质上是一整套预计的财务报表和其他附表。

7.3.1　固定预算

固定预算也称静态预算，是在预算期内按照可能实现的企业经营目标编制的预算。

1. 销售预算　根据市场预测，确定预计产品销售量和销售收入，并预计本期现金收入，为编制现金预算提供资料。

2. 生产预算　为满足预算期销售所需要的资源，以及保证存货水平足以满足预期业务量水平。根据预计产品销售量加预计期末存货减存货，确定预计生产量。

预计生产量 = 预计销售量 + 预计库存量 - 库存

3. 直接材料预算　预算期所需直接材料的采购量可按下列公式计算：

$$\begin{aligned}预计\\采购量\end{aligned} = \begin{aligned}预计\\生产量\end{aligned} \times \begin{aligned}单位产\\品耗用量\end{aligned} + \begin{aligned}预计期末\\材料库存量\end{aligned} - 预计期初材料存货$$

由于材料包括原料及主要材料、辅助材料、修理用备件、包装物等，有些材料品种繁多，数量较少，可参照上年实际耗用水平，考虑计划年度降低消耗的要求加以确定。

4. 直接人工预算 直接人工成本的预测数据通常可以从技术部门和管理部门获得。可按下列公式计算：

$$\text{预计人工成本} = \text{预计生产量} \times \text{单位产品需用工时} \times \text{小时工资率}$$

5. 制造费用预算 制造费用预算按费用与产量的关系分为变动费用和固定费用两部分。变动费用预算可根据计划年度产量和预计分配率编制；固定费用预算则根据过去实际发生数，经过调整后加以编制。在实际工作中，一般大中型企业大多设置辅助生产车间，其发生的费用要分摊给受益产品或部门。因此，按部门编制的费用预算，必须首先编制辅助生产车间费用预算，然后编制全厂制造费用预算。

7.3.2 弹性预算

弹性预算是企业按照可以预见的不同的多种生产经营活动水平分别预计相应销售、业务量、成本及收入等。由于这种预算能够适应于多种经营活动水平的需要，因此，在预算控制中比固定预算更有机动灵活的作用。弹性预算主要适用于间接费用的预算控制，在业务量变动幅度较大时，具有灵活的性质。直接材料费用和直接人工费用是随业务量变动正比例变动的，因而可以不编制弹性预算。

弹性预算的编制方法一般有两种：

（1）按照不同的经营活动能力利用程度编制多水平预算叫做"多栏式"弹性预算，如表 9.7-2。

表 9.7-2 ××工厂制造费用弹性预算

（金额单位：元）

成本明细项目	每小时费用	各种活动水平（直接人工工时）				
		9000	9500	10000	10500	11000
变动制造费用： 间接人工 间接材料						
小计						
固定制造费用： 管理人员工资 折旧费 保险费						
小计						
制造费用总计						

（2）按照固定费用额和变动费用率编制，称做"公式法"弹性预算。其计算公式如下：

$$\text{费用预算总额} = \text{预算中的固定费用} + \text{变动费用率} \times \text{业务量}$$

7.4 成本控制

7.4.1 成本控制的概念

成本控制就是按照已经制定的成本标准，对成本发生过程中，对各项成本产生的活动，进行严格的计算、调节和监督，及时发现偏差，积极采取纠正措施，保证成本目标的实现。

7.4.2 成本控制的内容

产品成本的控制是对成本形成的全过程的控制，即成本控制的内容包括：成本目标、设计成本、生产成本、销售成本、使用成本等。

1. 成本目标控制 目标成本是保证企业目标利润实现的成本，它是企业经营目标重要的组成部分。成本目标是基于产品规划目标价格和目标利润来设定的。

$$\text{成本目标} = \text{目标价格} - \text{目标利润}$$

对目标成本进行控制的根据是企业目标利润、预计销售量和销售价格，经过分析比较，来确定目标成本，并以它来控制设计成本，生产成本等。

2. 设计成本的控制 是指某一设计方案产品的预计成本。设计方案不同，其成本的构成水平也是不相同的。为了最终达到预计的成本目标，必须对其进行分解，以便分别加以实施。成本目标分解的基本方法是按功能进行成本分解。功能成本分解是指按产品各个层次的功能分配相应的成本目标。按功能分解成本目标后，可采用价值工程的方法对产品的功能进行整理、分析、评价，消除产品中的不必要的功能、过剩的功能，确定产品的设计方案，可以从根本上降低成本。除按功能分解目标成本外，还可按零件、成本构成要素、责任人等进行分解。

成本目标的制定是一种综合性的管理技术，在实施过程中体现着与多种技术、方法的结合，并在研究与应用过程中不断发展。应用质量功能展开（Quality Function Deployment—QFD）可以帮助企业将顾客的需求引入产品设计。并行工程（Concurrent Engineering—CE）可对产品开发进行有效组织。这种方法侧重于交叉职能的集成、产品的同步开发及相应的实现过程。CE 方法的应用可以节约完成项目的时间。并行包括项目阶段的平行完成，如同时进行市场概念、产品设计、制造过程与产品辅助系列的开发，还包括材料采购、生产设备的投资计划等。

3. 生产成本的控制　是指对产品实体形成的过程中所发生的生产成本进行控制。主要是通过监督成本的发生，将实际成本与计划成本、定额成本或标准成本等进行比较，及时揭示差异，以便采取有力的措施控制生产成本。

4. 营销和服务成本控制　是指对产品在营销和服务过程中因销售、运输、维修所发生的费用进行控制。

7.4.3　成本控制的程序

要使成本控制达到预期的目标，必须有科学的控制程序。其程序包括以下几个步骤：

（1）制订成本控制标准。企业必须为整个生产经营过程中的各部门、单位规定费用开支范围和标准，它是衡量、评价实际成本的尺度，是控制成本发生的依据。成本控制标准一般是以定额成本、标准成本、计划成本进行控制，其实质是一样的，都是事先制定一个成本控制标准用来控制实际成本的发生。成本控制标准有如下几种。

1）理想标准。指只有在企业生产技术和经营管理处于最佳条件为基础所确定的成本为标准。即在最好的生产设备条件下最低的材料、能源消耗与价格、最低的工时消耗、最优质量和最高产量与销售量，无废品、无浪费停工现象等，生产经营成本发生应达到的标准，一般比较难达到。

2）基本标准。是指在一定时期内相对稳定不变的标准。将各期的实际成本与这一标准进行比较，可以看出各期成本升降的情况，以便分析成本变化的趋势和规律。

3）正常标准。是指在正常的生产经营和管理水平条件下，所应达到的成本标准。

（2）控制成本形成过程。在生产经营活动中按标准核发原材料、调配人力、控制费用支出。优化作业、降低成本，保证成本的发生不超过标准。

（3）揭示成本差异。利用成本标准与实际发生的各项成本进行比较，就可以揭示两者之间的差异，通过成本差异的分析，可进一步查找生

产差异的各种原因，区分哪些属于可控费用，哪些属于不可控费用，然后针对有关原因，对部门、单位提出建议，进行有效的控制。

7.5　成本计算

准确、及时地核算产品成本是现代成本管理的重要组成部分。每个企业生产的产品不一样，产品成本计算的具体程序和具体方法也各有特点。成本计算的主要方法有：

（1）分批法。分批法是按产品的批别来汇总生产费用，并计算该批产品成本的一种计算方法。在单件小批生产的企业，或在生产主要产品以外有新产品试制、自制设备、来料加工、修理作业等任务的企业。因每一批产品的生产都有不同的数量要求，企业生产计划部门可根据订货单位的定货合同（或定单）所要求的品种、数量、规格组织生产。为了反应和监督各批产品的数量和质量，须以"生产某一批产成品"作为成本计算对象。

（2）分步法。在冶金、纺织、造纸等连续式大量生产的企业中或在机械加工装配式大量生产的企业中，其工艺技术过程是多阶段生产。这些企业可按照生产步骤和产品品种，归集生产费用，计算产品成本。这就必须以"各步骤在某月份生产的半成品及成品"做为成本计算的对象，因而形成了成本计算的"分步法"。

（3）定额法。分批法、分步法都是历史成本计算，即计算已经消逝生产过程所生产产品的成本。这样的信息只能用于评价过去。为了改变事后提供信息的被动局面，可以采用定额法计算产品成本，在计算的同时，也同时进行成本控制。定额法是以事先制定的产品定额成本为标准，在生产费用发生时，及时提供实际发生的费用脱离定额耗费的差异额，及时采取措施，控制生产费用发生额，并且根据定额和差异额计算产品实际成本的一种成本计算和控制的方法。

7.6　成本分析

成本分析是指利用成本核算资料及其他有关资料，全面分析成本水平及其构成的变动情况，确定影响升降的各个因素及其变动的原因，寻找降低成本的规律和潜力。

7.6.1 成本差异分析法

1. 材料费用项目的分析

材料耗用量变动的影响 = ∑（实际单位耗用量 – 基准单位耗用量）×基准价格

材料价格变动的影响 = ∑（实际单价 – 基准单价）×实际耗用量

上式中的"基准"数量指的是计划数、定额数、上年实际平均、历史或行业先进水平等数值。

2. 工资费用项目分析

工时消耗量变动的影响

= ∑［（实际单位工时消耗量 – 基准单位工时消耗量）×基准小时工资额］

小时工资额变动的影响

= ∑［（实际小时工资额 – 基准小时工资额）×实际单位工时消耗量］

3. 制造费用项目分析

工时消耗量变动的影响

= ∑［（实际单位工时消耗量 – 基准单位工时消耗量）×基准小时费用分配率］

小时费用分析率变动的影响

= ∑［（实际小时费用分配率 – 基准小时费用分配率）×实际单位工时消耗量］

7.6.2 量本利分析

对销售单价、产销数量、固定成本总额、单位变动成本和利润之间的变动关系的研究称作量本利分析。

利润 = （销售单价 × 销售量）–（单位变动成本 × 销售量 + 固定成本总额）

盈亏平衡点销售量（Q_0）

= 固定成本总额 ÷（销售单价 – 单位变动成本）

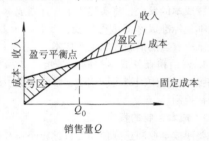

图 9.7-2　盈亏平衡点

在销售收入既定的条件下，盈亏平衡点的高低与固定成本和单位变动成本的多少成正比，见图9.7-2。

8　工程经济分析

8.1　基本概念[28]

工程经济分析是根据特定系统所要达到的目标和所拥有的资源条件，考察系统在从事某项经济活动过程中的现金流出与现金流入，通过对备选方案经济评价指标的比较，选择适当的技术方案，以获取最好的经济效果。这个过程一般还需要进行不确定性和风险分析。

8.1.1　现金流量

现金流量就是指在各个时间点上实际发生的资金流出或流入。流入系统的资金称现金流入，流出系统的资金称现金流出，现金流入与现金流出之差称为净现金流量。其简化计算公式为：

净现金流量 = 税后净收益 + 折旧和摊销 + 期末残值 – 投资

税后净收益 = （销售收入 – 经营成本 – 折旧和摊销）×（1 – 所得税率）

对一般企业的生产活动来说，投资、成本、销售收入、税金和利润等财务数据是构成现金流量的基本要素，同时也是进行工程经济分析的基础数据。

8.1.2　投资

1. 项目的建设投资

（1）固定资产购建费用，如建筑工程费、设备购置费及安装工程费等；

（2）无形资产获取费用，如场地使用权、工业产权及专有技术等获取费用；

（3）开办费（递延资产），如咨询调查费、人员培训费及其他筹建费等；

（4）预备费用，包括基本预备费和涨价预备费。

2. 流动资金投资　流动资金投资指在工业项目投产前预先垫付，在投产后的生产经营过程中用于购买原材料以及被产成品、在产品等流动资产占用的周转资金。

流动资金 = 流动资产 – 流动负债（期限短于一年的债务）

流动资产的构成包括：

（1）存货，包括材料、燃料、低值易耗品、在产品、产成品和外购商品等；

（2）现金及各种存款、有价证券；

（3）短期投资；

（4）应收及预付款项。

8.1.3　折旧与摊销

固定资产在使用过程中会逐渐磨损和贬值，其价值逐步转移到产品中去。这种价值转移的核算方法称为折旧。我国企业采用的折旧方法有年限平均法（又称直线折旧法）、双倍余额递减法和年数总和法 3 种。

1. 年限平均法

年折旧额 =（固定资产原值 – 固定资产净残值）/T

2. 双倍余额递减法

年折旧额 =（固定资产原值 – 累计折旧额）×2/T

3. 年数总和法

年折旧额 =（固定资产原值 – 固定资产净残值）× 年折旧率

年折旧率 =（T – 固定资产已使用年限）÷ [T × （T + 1) /2] × 100%

式中　T——固定资产的折旧年限。我国各类固定资产的折旧年限由财政部统一规定。

与固定资产类似，无形资产和递延资产的价值也要逐步转移到产品价值中去。这种转移称之为摊销。无形资产的价值摊销是从开始使用之日起，按照有关的合同或协议在受益期内分期平均摊销。递延资产在项目投入运营后的一定年限内平均摊销。

8.1.4　销售收入和销售利润

销售收入是指向社会出售商品或提供劳务的货币收入。销售收入等于商品销售量与商品单价

的乘积。利润则是企业的新创造价值。利润可分为销售利润和税后利润两个层次。

销售利润 = 销售收入 – 总成本费用 – 销售税金及附加

税后利润 = 销售利润 – 所得税

8.1.5　税金

工程经济分析中需要考虑的税金有十多种，各税种在经济分析中的归属如表 9.8-1 所示。

表 9.8-1　工程经济分析中涉及的税种及归属

主 要 税 种	投资	成本费用	销售税金	销售利润
固定资产投资方向调节税	✓			
进口关税	✓	✓		
出口关税			✓	
增值税①	✓	✓	✓	
消费税	✓	✓		
营业税			✓	
资源税		自用✓	销售✓	
印花税	✓	✓		
土地增值税			✓	
耕地占用税	✓			
城乡土地使用税		✓		
企业所得税				✓
房产税		✓		
车船税		✓		
城乡建设维护税		✓		
教育费附加		✓		

① 增值税处理方式有两种：一种按价外税处理，所以在工程经济分析中不考虑增值税。一种是为了简便，将增值税按名义上的价内税处理。

8.2　资金时间价值和复利公式[30]

8.2.1　资金的时间价值

任何技术方案和投资项目的实施，都有一个时间上的延续过程，这时，必须考虑资金收支时间上的差异。在一定的社会发展阶段，资金是一种稀缺的资源，使用或占用资金就要付出代价或成本。资金时间价值就是指这种代价或成本。资金时间价值的计算方法与复利计算方法相同。

8.2.2　主要复利计算公式

1. 整付终值公式

$$F = P (1 + i)^n$$

式中 P——现值；

$\quad\quad F$——终值；

$\quad\quad i$——折现率；

$\quad\quad n$——时间周期数。

整付又称一次支付。系数 $(1+i)^n$ 称为整付终值系数，简写符号为 $(F/P, i, n)$。

2. 整付现值公式

$$P = F(1+i)^{-n}$$

系数 $(1+i)^{-n}$ 称为整付现值系数,简写符号为 $(P/F, i, n)$。

3. 等额年金终值公式

$$F = A\frac{(1+i)^n - 1}{i}$$

式中 A——等额系列现金流。

$\frac{(1+i)^n - 1}{i}$ 为等额年金终值系数,简写为 $(F/A, i, n)$。

等额年金又称为等额序列、等额分付。

等额年金现金流量图见图9.8-1。

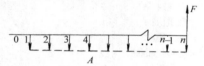

图 9.8-1 等额年金现金流量图

4. 偿债基金公式

$$A = F\frac{i}{(1+i)^n - 1}$$

$\frac{i}{(1+i)^n - 1}$ 称为偿债基金系数,简写符号为 $(A/F, i, n)$。

5. 等额年金现值公式

$$P = A\frac{(1+i)^n - 1}{i(1+i)^n}$$

$\frac{(1+i)^n - 1}{i(1+i)^n}$ 称为等额年金现值系数,简写符号为 $(P/A, i, n)$。

等额年金现金流量图见图9.8-2。

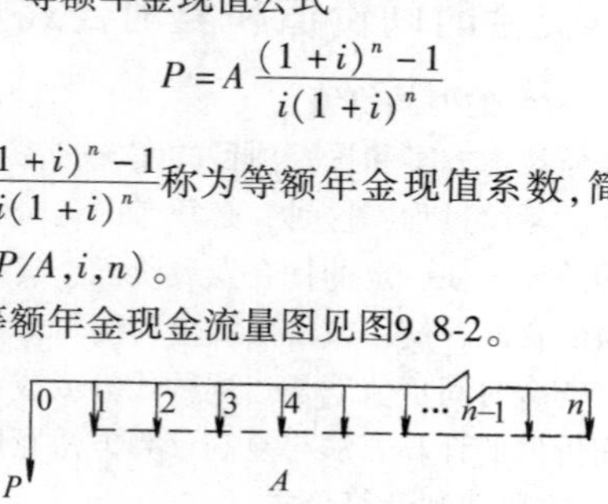

图 9.8-2 等额年金现金流量图

6. 资金回收公式

$$A = P\frac{i(1+i)^n}{i(1+i)^n - 1}$$

$\frac{i(1+i)^n}{(1+i)^n - 1}$ 称为资金回收系数,简写符号为 $(A/P, i, n)$。

7. 等差变额年金现值公式

$$P = G\left[\frac{(1+i)^n - in - 1}{i^2(1+i)^n}\right]$$

式中 G——等差因子。

$\frac{(1+i)^n - in - 1}{i^2(1+i)^n}$ 为等差变额年金现值系数,简写符号为 $(P/G, i, n)$。等差变额年金又称为等差序列、等差变额分付。

等差变额年金现金流量图见图9.8-3。

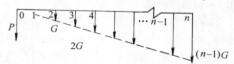

图 9.8-3 等差变额年金现金流量图

8. 等比变额年金现值公式

$$P = \begin{cases} A\left[\dfrac{1 - (1+h)^n(1+i)^{-n}}{i - h}\right] & i \neq h \\ \dfrac{nA}{1+i} & i = h \end{cases}$$

式中 A——等比变额年金序列的基期值；

$\quad\quad h$——等比因子；

$\frac{1 - (1+h)^n(1+i)^{-n}}{i - h}$ 为等比变额年金现值系数,简写为 $(P/A, h, i, n)$。等比变额年金又称为等比序列、等比变额分付。

图9.8-4 为等比变额年金现金流量图。

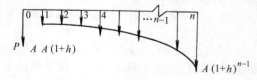

图 9.8-4 等比变额年金现金流量图

9. 无穷年金现值公式

在以上各分付年金现值系数公式中，令 n 趋于无穷大便可得出无穷年金的现值系数公式，无穷年金是指持续期无限长的一种特殊形式的年金。在工程经济分析中被经常使用。系数公式参见表9.8-2。

8.2.3 名义利率、有效利率和实际利率

名义利率 i_n 是指经济活动中的约定利率，通常以年为单位。有效利率 i_e 是指经济活动中实际达成的利率。设 m 为一年中的计息次数，则两者之间存在如下关系：

$$i_e = \left(1 + \frac{i_n}{m}\right)^m - 1$$

表 9.8-2 常用系数计算公式

系数名称	已知项	待求项	系数符号	计算公式	无穷年金
一次支付终值系数	P	F	$(F/P, i, n)$	$(1+i)^n$	
一次支付现值系数	F	P	$(P/F, i, n)$	$(1+i)^n$	
等额年金终值系数	F	A	$(F/A, i, n)$	$\dfrac{(1+i)^n - 1}{i}$	
等额年金现值系数	P	A	$(P/A, i, n)$	$\dfrac{(1+i)^n - 1}{i(1+i)^n}$	$1/i$
偿债基金系数	A	F	$(A/F, i, n)$	$\dfrac{i}{(1+i)^n - 1}$	
资金回收系数	A	P	$(A/P, i, n)$	$\dfrac{i(1+i)^n}{(1+i)^n - 1}$	
等差变额年金现值系数	G	P	$(P/G, i, n)$	$\dfrac{(1+i)^n - in - 1}{i^2(1+i)^n}$	$1/i^2$
等比变额年金现值系数	A	P	$(P/A, h, i, n)$	$\dfrac{1 - (1+h)^n(1+i)^{-n}}{i - h}$	$\dfrac{1}{i-h}$

实际利率 i_r 是指有效利率 i_e 中扣除通货膨胀率 i_I 的影响。但实际工作中也有将有效利率与实际利率混同一起的情形。两者之间关系如下：

$$i_r = \frac{1 + i_e}{1 + i_I} - 1$$

8.2.4 连续复利

上述复利公式均为按有限整数时间间隔的情形导出的。又称间隔复利。当计息次数 m 趋于无穷大或者计息时间间隔为无穷小时，便导致连续复利。将间隔复利系数中的 $(1+i)^n$ 置换成 e^m，i 置换成 r，r 为年名义利率，即可导出连续支付连续复利系数。若将 i 置换成 $e^r - 1$，则可导出间隔支付连续复利系数。连续复利主要应用在理论分析方面，而在实际经济活动中，大都是采用间隔复利。

8.3 常用工程经济评价指标[29、31]

8.3.1 投资回收期

投资回收期是指收回初始投资支出所需要的年数。可用来衡量投资项目收回初始投资速度的快慢和投资收益的大小。计算公式为：

$$\sum_{t=1}^{T} \frac{NCF_t}{(1+i)^t} - I_0 = 0$$

式中 NCF_t——投资项目第 t 年的净现金流入；

$\quad\quad i$——标准折现率；

$\quad\quad I_0$——项目的初始投资；

$\quad\quad T$——项目的投资回收期。

投资回收期分为普通（静态）回收期和动态回收期法两种。普通回收期不考虑资金的时间价值，相当于在计算公式中取标准折现率为零。运用回收期指标决策时的评价标准为：项目的回收期小于或等于所要求的回收期。

投资回收期优点是比较简单，且易于理解，在实际中应用十分普遍；缺点是该指标未能体现投资回收以后的项目损益。

8.3.2 净现值

投资项目的净现值 NPV 即预期项目未来每年净现金流的折现现值之和。它等于项目的收益现值与项目的费用现值包括初始投资支出之差。其计算公式为：

$$NPV = \sum_{t=1}^{n} \frac{NCF_t}{(1+i)^t} - I_0$$

$$= \sum_{t=1}^{n} \frac{B_t}{(1+i)^t} - \sum_{t=1}^{n} \frac{C_t}{(1+i)^t} - I_0$$

式中 B_t——第 t 年的收益现金流；

C_t——第 t 年的费用现金流；

n——项目的分析期或寿命年限。

净现值指标的决策准则如下：$NPV \geqslant 0$，接受项目；$NPV < 0$，拒绝项目。

净现值指标是从当前的现时价值角度衡量的一项投资是否值得进行一种方法。当净现值大于或等于零时，则意味着它达到了要求的收益标准，项目可行；而当净现值为负时，则意味着它未达到要求的收益标准而应拒绝项目。投资项目的总价值则等于净现值与项目的投资支出之和。

8.3.3 净年值

将项目的净现值 NPV 年金化后便得到项目的净年值 NAV。其计算表达式为：

$$NAV = NAV \ (A/P, i, n)$$

$(A/P, i, n)$ 是资金回收系数。净年值指标的特性和决策准则均与净现值相同，即：$NAV \geqslant 0$，接受项目；$NPV < 0$，拒绝项目。NAV 指标主要应用于被比较方案寿命期不同的场合。

8.3.4 费用现值和费用年值

投资项目的费用现值 PC 为项目未来每年净现金流出或费用的折现现值之和。而费用年值 AC 则等于将项目的费用现值 PC 年金化后的结果。其计算公式分别为：

$$PC = \sum_{t=1}^{n} \frac{C_t}{(1+i)^t} + I_0$$

$$AC = PC \ (A/P, i, n)$$

费用现值和费用年值指标分别与净现值和净年值指标相对应，主要应用于被比较方案具有相同产出即等额收益的场合。决策准则为选择费用现值或费用年值最小的方案。

8.3.5 获利能力指数 （收益/费用比率）

获利能力指数 PI，又称收益/费用比率，是指项目未来净现金流的现值与初始投资或投资现值的比率。获利能力指数计算公式如下：

$$PI = \frac{\sum_{t=1}^{n} \frac{NCF_t}{(1+i)^t}}{I_0}$$

获利能力指数指标的决策准则为：$PI \geqslant 1$，接受项目；$PI < 1$，拒绝项目。

8.3.6 净现值率

净现值率 NPVI 指标与获利能力指数完全等价，NPVI 的定义是项目净现值与初始投资或投资现值的比率，与获利能力指数两者仅相差常数 1。即：

$$NPVI = \frac{\sum_{t=1}^{n} \frac{NCF_t}{(1+i)^t} - I_0}{I_0} = PI - 1$$

净现值率指标的决策准则为：$NPVI \geqslant 0$，接受项目；$NPVI < 0$，拒绝项目。净现值率指标与获利能力指数指标的特性完全相同。

8.3.7 内部收益率

对于一般常规投资项目而言，项目内部收益率 IRR 的定义是：使投资项目净现值等于零时的折现率。换言之，项目的内部收益率就是当未来净现金流量的现值与投资支出值相等时的折现率。IRR 可通过求解如下方程的根得出：

$$\sum_{t=0}^{n} \frac{NCF_t}{(1+IRR)^t} = 0$$

内部收益率指标的决策准则是：$IRR \geqslant$ 标准折现率，接受项目；$IRR <$ 标准折现率，拒绝项目。

内部收益率的计算往往采用试算—插值法或利用专门的财务计算器。

用试算—插值法计算内部收益率的公式如下：

$$i^* = i_1 + \frac{NPV_1}{NPV_1 + | NPV_2 |} \ (i_2 - i_1)$$

式中，对折现率 i_1、i_2 要求比较接近，且相对应的 NPV_1 和 NPV_2 应分别大于和小于零。对于某些特殊投资项目，可能会出现多个使投资项目净现值为零时的折现率，此时建议采用其他评价指标而不采用 IRR。

8.3.8 差额内部收益率

差额内部收益率 ΔIRR 的定义是：使两个投资项目未来差额净现金流量的现值等于零时的折现率，或者使两投资项目净现值相等时的折现率。差额内部收益率 ΔIRR 只有在进行方案比较时才有意义。差额内部收益率 ΔIRR 可通过求解如下方程的根得出：

$$\sum_{t=0}^{n} \frac{\Delta NCF_t}{(1 + \Delta IRR)^t} = 0$$

差额内部收益率的计算与内部收益率相同。差额内部收益率指标的一般决策准则是：$\Delta IRR \geq$ 标准折现率。接受投资大的项目：$\Delta IRR <$ 标准折现率，接受投资小的项目。在少数情况下，可能出现多个差额内部收益率，决策准则也会相应失效。

8.3.9　资金成本和标准折现率

资金成本 CC 即资金的时间价值，一般指投资者或企业为筹措资金而支付的利率。标准折现率则是企业在制定投资决策时所确定的资金成本的标准。两者存在如下关系：

标准折现率 = 加权平均资金成本 WACC + 风
险收益率（溢价）

8.4　方案比较方法[31]

方案在投资项目的不同阶段，都需要确定备选方案，然后通过比选，选择确定最优方案。

表9.8-3给出了不同方案类型可采用的评价指标或方法的汇总。

**表 9.8-3　不同方案类型采用
的评价指标或方法**

方案类型 方　　法	独立方案	互斥方案	相关方案
寿命期相同时可采用的评价指标或方法	各种指标不限，可灵活组合	NPV、PC、ΔIRR	1. 互斥方案组合法：NPV、 PC、ΔIRR 2. 排序法PI、 NPVI、IRR
寿命期不同时可采用的评价指标或方法		1. 年值法：NAV、AC 2. 公共分析期法：NPV、 PC、ΔIRR	数学规划法：LP、MIP、NLP、MCP 法

8.5　不确定性和风险分析[30]

8.5.1　不确定性和风险

为了提高决策的可靠性和预见性，在工程经济分析中必须对决策方案进行不确定性和风险分析。常用方法有盈亏平衡分析、敏感性分析、决策树分析和随机模拟分析。

8.5.2　盈亏平衡分析

盈亏平衡分析又称量本利分析、损益平衡分析或保本分析。该方法还可用来进行方案比较，选择最优决策。

盈亏平衡分析的基本表达式如下式所示，它是以产品产销量 Q_b 的形式表示的。

$$Q_b = \frac{C_f}{P - C_v}$$

式中　P——产品的价格；
　　Q——产品产销量；
　　C_f——产品固定成本；
　　C_v——产品单位变动成本。

将盈亏平衡分析的基本表达式稍加变形，则可得出不同形式的盈亏平衡表达式。即若按设计生产能力 Q_c 进行生产和销售，则有：

盈亏平衡时的销售价格　$P_b = C_v + \frac{C_f}{Q_c}$

若按设计生产能力 Q_c 进行生产和销售，且销售价格固定不变，则有：

盈亏平衡时的单位变动成本 $C_v^* = P - \frac{C_f}{Q_c}$

若按设计生产能力 Q_c 进行生产，则有盈亏平衡时的生产能力利用率 E_b 为：

$$E_b = \frac{Q_b}{Q_c} \times 100\% = \frac{C_f}{(P - C_v)\ Q_c} \times 100\%$$

8.5.3　敏感性分析

敏感性分析是考虑某一个或多个不确定因素的变动时，该变动对投资决策经济效果所产生影响的相对幅度大小。

敏感性分析的主要步骤如下：

（1）选择需要分析的不确定因素，并设定这些因素的变动范围。

（2）确定分析指标。

（3）计算各种不确定因素在可能的变动范围内发生不同幅度变动所导致的方案经济效果指标的变动结果，建立起一一对应的数量关系，并用图或表的形式表示出来。

（4）根据因果关系的相对幅度大小，确定敏感因素。

敏感性分析法的缺点在于分析中没有考虑各种不确定因素在未来发生变动的可能性程度（概率）大小，没有将各种不确定因素在未来发生变化的概率大小与该因素对方案经济效果的影响程度联系起来，因此分析结果具有一定的局限性。

参 考 文 献

[1] 汪应洛. 工业工程手册 [M]. 沈阳：东北大学出版社，1999.

[2] 栗滋. 陈煦. 王仁康. 工业工程原理与应用 [M]. 北京：机械工业出版社，1997.

[3] 张树武. 工业工程导论 [M]. 北京：中国标准出版社，1994.

[4] 杨永德. 齐二石等. 工业工程学 [M]. 天津：天津科技出版社，1994.

[5] 李春田. 工业工程及其应用 [M]. 北京：中国标准出版社，1992.

[6] 范中志. 张树武. 孙义敏. 基础工业工程 [M]. 北京：机械工业出版社，1993.

[7] 陈毅然. 人机工程学 [M]. 北京：航空工业出版社，1990.

[8] 王恩亮，卢岚. 工业工程—企业成功之术 [M]. 保定：河北大学出版社，1998.

[9] 马江彬. 人机工程学及其应用 [M]. 北京：机械工业出版社，1993.

[10] 王家善，吴清一，周佳平. 设施规划与设计 [M]. 北京：机械工业出版社，1995.

[11] 王恩亮. 工业工程概论 [M]. 沈阳：东北大学出版社，1996.

[12] 《机电一体化技术词典》编写组. 机电一体化技术词典 [M]. 北京：机械工业出版社，1995.

[13] 柳克勋，金光熙主编. 工业工程实用手册 [M]. 北京：冶金工业出版社，1993.

[14] 蒋贵善. 生产计划与控制 [M]. 北京：机械工业出版社，1995.

[15] 姜文炳. 工业工程基础 [M]. 北京：中国科学技术出版社，1993.

[16] 刘丽文. 生产与运作管理 [M]. 北京：清华大学出版社，1998.

[17] （日）人见胜人. 生产系统论—现代生产的技术与管理 [M]. 赵大生，程全民译. 北京：机械工业出版社，1994.

[18] 冯云翔. 精益生产方式 [M]. 北京：企业管理出版社，1995.

[19] 刘源张. 质量管理和质量保证系列国家标准宣贯教材 [M]. 北京：中国标准出版社，1992.

[20] 梁乃刚. 质量管理与可靠性 [M]. 北京：机械工业出版社，1995.

[21] 刘广弟. 质量管理学 [M]. 北京：清华大学出版社，1996.

[22] 王又庄. 现代成本管理 [M]. 上海：立信会计出版社，1996.

[23] 夏博辉，柳铁煌. 企业财务成本控制 [M]. 大连：东北财经大学出版社，1997.

[24] 陈守义. 成本会计 [M]. 沈阳：辽宁人民出版社，1994.

[25] 余绪缨. 管理会计 [M]. 沈阳：辽宁人民出版社，1996.

[26] R. 威尔逊. 实用成本控制指南 [M]. 苏通译. 北京：北京大学出版社，1988.

[27] 许毅. 新成本管理大辞典 [M]. 北京：中国物价出版社，1994.

[28] 付家骥，仝允恒. 工业技术经济学 [M]. 北京：清华大学出版社，1991.

[29] 武春友，戴大双. 工业技术经济学 [M]. 大连：大连理工大学出版社，1994.

[30] 李盛昌. 技术经济与企业管理 [M]. 西安：西安交通大学出版社，1995.

[31] 陈锡璞. 工程经济 [M]. 北京：机械工业出版社，1994.

第 10 篇　劳动安全与工业卫生技术

主　　编　　冯登洲
编 写 人　　吴学全
　　　　　　茅庆宁
　　　　　　冯登洲
　　　　　　王小妹

1 概　　论

1.1 劳动安全卫生技术的意义及内容

安全技术和工业卫生技术主要是研究生产过程中存在的危险有害因素，以及其存在的状态、形式、导致伤亡事故和职业病的条件，探索控制或消除这些因素的途径和措施，预防伤亡事故和职业病的发生。

机械工业是国民经济的装备部门，其安全卫生技术体现在：①做好生产过程中的安全卫生工作；②设计、制造符合安全卫生要求的机电产品，即产品本质安全。

1.1.1 安全技术

安全技术是为了预防伤亡事故而采取的控制或消除各种危险因素的技术措施。安全技术分直接安全技术、间接安全技术和指示性安全技术。

1. 直接安全技术　主要从设备设计、工艺方法及操作等方面采取安全技术措施，即借助参与本身工作的系统或部件获得安全，如电气设备的绝缘、安全电压等。

2. 间接安全技术　是在直接安全技术不能完全实现本质安全时，所采取的安全防护措施，如设置保护系统、防护装置、保险装置等。

3. 指示性安全技术　是在发生危险前发出警告，提醒劳动者注意安全的措施，如声、光报警器等。另外还有安全色、安全标志等。

机械工厂安全技术主要有厂区和车间设备布局、机械设备、起重运输、电气、锅炉压力容器、防火防爆等安全技术。

1.1.2 工业卫生技术

工业卫生技术是为了预防职业中毒等职业病而采取的控制或消除职业危害的各种技术措施，用以改善劳动条件、预防职业中毒等职业病的发生。机械工厂工业卫生技术内容有生产粉尘、工业毒物、噪声与振动、辐射、防暑降温、生产照明等防治防护技术。

1.1.3 安全与工业卫生技术的组织管理

先进的安全与工业卫生技术组织管理的重点是从计划、组织、控制等方面，采取有效管理措施，抑制人的不安全行为、物的不安全状态，预防伤亡事故和职业病的发生。

（1）坚持"安全第一，预防为主"的方针。建立"分级管理，分线负责"的系统安全管理体系，制定各种有关法规制度，并严格监督检查，贯彻执行。管理部门和企业应建立的主要制度，可参见参考文献 [1] 第 3 页。

（2）人、机、环境与技术、教育、管理相结合。导致发生事故的直接原因是人的不安全行为、设备的不安全状态和作业环境的不良三要素。防止事故的对策是采取有效的技术措施，加强安全教育与训练以及不断地改善和加强安全管理三项基本对策。为了保证安全生产，必须综合考虑各个方面，不可偏废[2]。

（3）坚持安全生产与工业卫生监督检查与监测，发现隐患及时消除。

（4）积极推行安全系统工程，开展管理性安全评价，提高对伤亡事故、职业病的预测预防能力。

1.2 劳动安全卫生评价

1.2.1 评价类别

目前，我国现行的劳动安全卫生评价的类别，包括由安全生产监督管理部门主管的建设项目安全预评价、建设项目安全验收评价、企业安全现状评价和专项安全评价，由卫生行政部门主管的有建设项目职业病危害预评价、建设项目职业病危害控制效果评价等。

1.2.2 评价目的与内容

劳动安全卫生评价是综合运用安全系统工程的方法，对系统中存在的危险有害因素的种类及其危险与有害性进行定性、定量分析，找出系统中发生危险与有害的可能性及其严重程度和安全卫生防护措施的有效性评价工作。目的是寻求系统达到安全卫生标准的最优方案，提高系统的本质安全，预防伤亡事故和职业病，实现安全生产。

安全卫生评价内容见图 10.1-1。

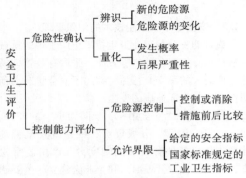

图 10.1-1 安全卫生评价内容

1.2.3 评价方法

评价不同对象、不同工艺和设备、不同事故模式的不同评价类别，所采用的评价方法是不同的。现有国内外安全评价方法很多，但都有其行业性。对现有机械工厂管理型劳动安全评价可采用参考文献［3］的评价方法。但对新建、改建、扩建和技术改造项目的可行性研究或初步设计的预评价，由于有些细节未定，可采用多种方法进行综合性评价。常用下列评价方法来综合评价：

1. 预先危险性分析 对系统中的物质、工艺、设备设施等诸方面进行危险有害的分析，对发现危险有害因素、危险类型、事故模式、出现条件及可能性、导致事故的后果，以及防护措施的有效性等做概略性分析，并制订出危险源的事故严重程度和发生可能性的相对等级[4]。

事故发生可能性等级可分为 5 级，含义为：

A 级 频繁发生；

B 级 相当可能发生，在设备寿命期内出现几次的；

C 级 偶然发生，在设备寿命期内有可能发生；

D 级 很少发生；

E 级 发生概率接近于零，在设备寿命期内几乎不发生。

事故严重程度分为 4 级，其含义为：

Ⅰ级 灾难性的，造成多人死亡或系统损坏；

Ⅱ级 严重的，造成个人死伤，严重职业病或重要系统损坏；

Ⅲ级 危险的，造成轻伤、轻职业病或次要系统损坏（可更换）；

Ⅳ级 安全的，不会发生危险。

2. 安全检查表 根据有关劳动安全卫生法规、标准规程、规范以及事故案例等，编制出安全检查表[3]。

3. 事故树分析 事故树分析是一种表示导致灾害事故（不希望事件）的各种因素之间的因果及逻辑关系图，即事故发生的可能途径，从而找出避免事故的措施[4,5]。

其他还有事件树分析、故障类型及影响分析等方法。

4. 定量评价 定量评价是对危险性进行量化的评价，按量化的方式不同，大致可分为概率评价、指数评价和数学模型评价三种。

用概率值分析危险性时，常用风险率作为衡量危险性的指标，其公式为

$$损失率（风险率）= 严重度 \times 频率$$
$$= \frac{损失金额}{事故次数} \times \frac{事故次数}{单位时间}$$
$$= \frac{损失金额}{单位时间}$$

指数评价法，如美国道化学公司的火灾爆炸指数评价法、英国 ICI 公司的蒙德法等，这些评价方法比较适用于化工企业。

数学模型计算评价法是运用数学模型进行计算，得出人员伤害/财产破坏的范围。这种方法适用于火灾、爆炸及中毒事故，其计算方法可参阅参考文献［4、6］。

5. 职业病危害评价 主要针对生产性粉尘、工业毒物、噪声、高温、体力劳动强度等职业病危害因素，根据卫生部卫法监发［2002］63 号《建设项目职业病危害评价规范》及其有关法规、标准、规范等进行评价[7]。

1.3 机械工业中主要危险作业及危险有害因素

1.3.1 危险性大的设备和危险的作业

1. 危险性大的设备 根据事故统计，危险

性比较大，事故率比较高的设备有压力机、冲床、剪床、压延机、压印机、木工刨床、木工锯床、木工造型机、起重设备、压力容器、电气设备等。这些设备在出厂前必须配备好安全防护装置。

2. 危险的作业　危险作业包括电工作业、压力容器操作、锅炉司炉、高温作业、低温作业、粉尘作业、金属焊接气割作业、机动车辆驾驶、高处作业等。

1.3.2　机械的危险部位及危险因素

操作人员易于接近的无防护的可动零、部件是机械的危险部位，机械加工设备的加工区也是危险部位。

1.3.3　主要有害因素

能影响人的身心健康、导致疾病（含职业病），或对物造成慢性损坏的因素，如工业粉尘、工业毒物、噪声振动、辐射、高温、照明以及火灾、爆炸等，详见 GB12299—90《机械加工设备危险与有害因素分类》。

1.3.4　预防控制危险有害因素的原则措施

主要是采取隔离、锁闭、回避、转化、中断和净化等技术措施，实现对机械运行中产生的致害因素（致害物及致害能量）的有效控制。其机理是尽量缩小机械危险区域；将机械运行危险时刻与人的操作时刻错开；对操作空间内有害因素予以净化。如用防护罩、网、栅栏将人体隔离于危险区之外；用联锁互锁办法错开危险时刻与操作时刻的交叉；加设过负荷装置，使机械部件之间的硬连接解除；当人体在机械危险时正处于危险区内，自动停止装置起动阻止加害物对人的伤害，使危险能够转化；采用限制操作动作方式迫使人体回避危险时间；以及附加能够排除或净化机器运行中产生的有害因素等。

2　机电设备安全技术

机电事故是人、机、环境三大因素不协调造成的。为了保证机电设备的安全运行和操作者的安全与健康，宜采用直接安全技术措施、间接安全技术措施和指示性安全技术措施。机械加工设备安全技术包括：一般安全要求应符合 GB5083—1999《生产设备安全卫生设计总则》、GB12801—1991《生产过程安全卫生要求总则》、JBJ18—2000《机械工业职业安全卫生设计规范》以及具体设备的国家标准和行业标准的有关规定。

2.1　机器设备的安全技术

2.1.1　防护罩、防护屏、栏杆和紧急停车开关

机器设备上外露的运动部件、工具和危险作业区均应装备防护罩、防护屏或栏杆（见图 10.2-1）。活动栅板开启时，应通过联锁装置使设备不能开动。防护装置应符合有关标准规定，如常用的有 GB/T 8196—2003《机械安全　防护装置　固定式和活动式防护装置设计与制造一般要求》、GB4053.3—1993《固定式工业防护栏杆安全技术条件》等。紧急停车开关必须设在操作者易接近处，且有明显的特征。

2.1.2　压力加工设备的安全装置

压力加工设备包括冲压设备、压力机、弯板机和剪板机等。压力加工是危险性较大的加工方法，除具有一般机械危险外，主要事故有冲头伤指、冲模或工具崩碎伤人，工件被挤飞伤人等。压力加工设备最根本的安全技术措施，是实现操作过程自动化或送料机械化、半机械化。若目前难以达到，必须采取各种可靠的安全装置，包括安全保护装置（如防护罩、防护栏杆等）与安全控制装置（如双手操作装置、光线式安全装置、感应式安全装置等）（见图 10.2-2）。

压力加工设备的安全装置必须符合 GB/T 8176—1987《冲压车间安全生产通则》第 6、7 条、GB5091—1985《压力机的安全装置技术要求》和 JB3350—1993《机械压力机安全技术条件》第 2、4 条以及各专用标准，如 GB4584—

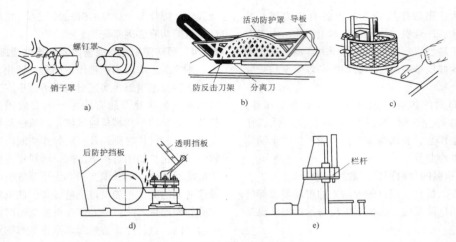

图 10.2-1　防护罩、防护屏、栏杆

a) 螺钉、销子罩　b) 木工圆锯防护罩　c) 带锯防护罩　d) 车床防护挡板　e) 防护栏杆

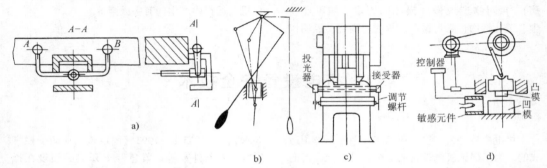

图 10.2-2　安全控制装置

a) 双手柄结合装置　b) 推出式安全装置　c) 光电式控制装置　d) 电容式控制装置

1984《压力机用光线式安全装置技术条件》以及 GB6077—1985《剪切机械安全规程》等规定。压力机常用安全装置的功能及主要技术条件参见参考文献［1］第 20 页。现代新的压力加工设备为了避免事故发生，有的采用三重防护措施，如防护栅、双手按钮和光电防护联合运用。

2.1.3　起重机械的安全技术

为保证安全生产，应加强对起重机的检查。葫芦式和桥式起重机的故障与诊断和日、月、年的安全检查表参见参考文献［8］第 439～448 页和 453～467 页。

1. 起重机零部件安全　常见的起重机共性零部件有吊钩、钢丝绳、卷筒、滑轮、制动器、制动轮等，其使用、维修应符合 GB/T 6067—1985《起重机械安全规程》的要求。

2. 起重机的安全装置

（1）超载限制器　超载限制器是一种能使起重机不致超过额定载荷运转的保险装置。桥式起重机额定起重量大于 20t、门式起重机额定起重量大于 10t 的都应安装；若前者起重量为 3～20t、后者为 5～10t、塔式起重机起重能力小于 25t·m 以及动力驱动的电葫芦宜装超载限制器。

（2）力矩限制器　力矩限制器用在动臂类型起重机中，及时地反映实际负荷量。起重量等于或大于 16t 的自行式起重机、起重能力等于或大于 25t·m 的塔式起重机应安装力矩限制器；对小于 16t 的自行式起重机宜安装力矩限制器。

（3）上升极限位置限制器　上升极限位置限制器，必须保证当吊具起升到极限位置时，自动切断起升机构的电源。所有起重机均应安装上升极限位置限制器。

（4）运行极限位置限制器和缓冲器　运行极限位置限制器和缓冲器是防止起重机发生撞车的保险装置，二者配合使用。桥式、门式、门座起重机、装卸桥和升降机均应装设。

（5）夹轨钳和锚定装置　室外工作的桥式、门式、塔式、门座起重机等均应装设夹轨钳和锚定装置，以防止被风吹走或刮倒。

（6）联锁保护装置　联锁保护装置又称安全开关，控制起重机总电源，安装在起重机的驾驶室门、扶梯门、舱口等处，当这些门打开时，自动切断电源，防止发生事故。

2.1.4　生产自动线、机器人和数控机床的安全技术

1. 生产自动线安全技术

（1）生产自动线应尽量采用封闭式作业。

（2）设备上应设紧急事故安全联锁开关，以保证出现设备故障或操作失误时立即停止运转。

（3）必须在传输系统交接环节处和一定长度（约 8~10m）内设置醒目的紧急停运联锁开关。

（4）生产自动线起动时应发生声响或光亮信号；应设所处状态灯光信号。

2. 机器人安全技术

（1）机器人或智能性生产设备的核心是电脑智能控制系统，为预防电脑病毒带来的危害，应设自检安全功能系统。

（2）机器人应尽量采用适合工艺要求的自由度，过高的自由度往往不利于安全生产。

（3）必要时，在机器人周围边缘设防护栏杆，其入口处与控制系统互锁，保证在有人进入隔离区内时，使机器人停止。

（4）必须为机器人的操作人员编制使用说明书（操作规程）。

3. 数控机床安全技术

（1）数控系统应有自检功能系统。

（2）每次起动机床时应返回参考点，起动后进入初始状态，才能正常运行加工程序。

（3）应设置故障报警装置和联锁装置，如主轴超速、润滑油油位下限、主轴的冷却油油温上限、刀具未插上和未夹紧报警、电动机过热或过载、防护门未关上联锁，自动切断电源。

（4）宜设置工件夹紧自动检测系统和电气

柜门联锁装置。

（5）机床应设双重极限位置安全措施，即在程序上设定软极限位置和机床结构上设硬挡块，防止工作中超越行程，发生碰撞。

（6）设置醒目的紧急停机按钮。

2.2　锅炉压力容器的安全技术

锅炉压力容器是一些工业生产中常用设备，由于其工作时承压，故又是比较容易发生灾难性事故的设备。因此，从设计、制造、安装、检验、检测、使用等各个环节，必须满足《特种设备安全监察条例》、《压力容器安全技术监察规程》、《气瓶安全监察规程》和《锅炉定期检验规则》等的要求。

2.2.1　锅炉压力容器的安全装置[9]

1. 锅炉主要安全装置　安全阀、水位表、压力表是控制锅炉压力和水位缺一不可的安全装置，见表10.2-1。

不同种类锅炉还装有其他特殊的保护装置：

（1）$Q \geq 2t/h$ 的锅炉应装高低水位报警，高、低水位报警信号须能区分，低水位联锁保护装置。

（2）$Q \geq 6t/h$ 的锅炉应装蒸汽超压报警和联锁装置。

（3）用煤粉、油或气体作燃料的锅炉，应装有在全部引风机断电时，自动切断全部送风和燃料供应装置；应装有在全部送风机断电时，也能自动切断燃料供应的装置；应装有在油压、气压力低于规定值时，能自动切断燃料供应的联锁装置；还应装设点火程序控制和熄火保护装置。

（4）煤粉锅炉应有炉膛风压保护装置。

表10.2-1　主要安全装置及要求

安全装置	额定蒸发量 Q 或压力 p	数量或精度等级	备　注
安全阀	$Q > 0.5t/h$ $Q < 0.5t/h$	≥2 个 ≥1 个	可分式省煤器、蒸汽过热器出口处、再热器出入口处、直流锅炉的起动分离器都必须有安全阀
水位表	一般情况 $Q \leq 0.2t/h$	≥2 个 1 个	分段蒸发锅炉至少每段 1 个
压力表	$p < 2.45MPa$ $p \geq 2.45MPa$	不低于 2.5 级 不低于 1.5 级	表盘直径 >100mm，量程应为 (1.5~3) p

2. 压力容器的安全附件 安全泄压装置（安全阀、爆破片）、压力表、液面计、温度计等都是压力容器的安全附件，也是容器安全和经济运行所必须的组成部分。

2.2.2 锅炉运行中的安全管理

为了保证锅炉在安全和经济条件下运行，必须加强锅炉运行中的监察。

（1）锅炉水位应保持在正常水位线处，并允许在正常水位线上下 50mm 之内波动。锅炉运行中要定期冲洗水位表，一般每班冲洗 1 ~ 2 次。

（2）蒸汽压力应保持稳定，气压允许波动的范围是 ±0.05MPa。

（3）应使燃料燃烧供热适应负荷要求，且燃烧完好正常。对负压燃烧锅炉，应维持引风和鼓风的均衡，保持炉膛一定的负压。

（4）每班至少进行一次排污，应在低负荷、高水位时进行。水管锅炉每班至少吹灰一次，锅壳式锅炉每周至少清除火管内积灰一次，吹灰应在低负荷时进行。

（5）加强运行管理，认真贯彻执行锅炉运行规程、交接班制度、运行人员岗位责任制、锅炉房管理制度等规程制度。

2.2.3 压力容器的使用管理

（1）在投入使用前或投入使用后 30 日内，应向当地的特种设备安全监督管理部门登记。登记的标志应置于或附着于该设备的显著位置。

（2）应当建立设备的安全技术档案，内容包括设备的设计文件、制造单位、产品质量合格证明、使用维护说明、安装技术文件、监督检验证明等文件；设备的定期检验和定期自行检查的记录；日常使用状况记录；设备及其安全附件、安全保护装置、测量调控装置及有关附属仪器仪表的日常维护保养记录，设备运行故障和事故记录。

（3）应当对在用压力容器进行经常性的日常维护保养，并定期自行检查。每日至少进行一次，并做出记录。对设备的安全附件、安全保护装置、测量调控装置及有关附属仪器仪表进行定期校验、检修，并做出记录。

（4）使用单位应当制订设备的事故应急措施和救援预案。

（5）使用单位应根据情况设置安全管理机构或配备专职、兼职的安全管理人员。

（6）使用单位应对作业人员进行安全教育和培训，保证作业人员具备必要的安全作业知识。作业人员应当按照国家的有关规定，经特种设备安全监督管理部门考核合格，取得国家统一格式的特种作业人员证书，方可从事相关的作业或管理工作。作业人员在作业中应当严格执行操作规程和有关的安全规章制度。

2.2.4 水压试验

水压试验主要检查受压元件及其附件的严密性，每 6 年至少进行一次。试验压力见表 10.2-2。

表 10.2-2 水压试验的试验压力

锅筒（锅壳）工作压力 p	试验压力
<0.8MPa	$1.5p$ 但不小于 0.2MPa
0.8 ~ 1.6MPa	$p + 0.4$MPa
>1.6MPa	$1.25p$

再热器（再热器管道除外）的水压试验压力为 $1.5p_1$（p_1 为再热器的工作压力）；

直流锅炉本体的水压试验压力为介质出口压力的 1.25 倍，且不小于省煤器进口压力的 1.1 倍。

当锅炉实际使用的最高工作压力低于额定工作压力时，试验压力也可以按实际经验确定的最高工作压力计算；当使用单位提高锅炉使用压力（但不得超过额定工作压力）时，应以提高后的工作压力为基础重新进行水压试验。

2.3 电气安全

2.3.1 电力负荷分级

1. 符合下列情况之一时，应为一级负荷：

（1）中断供电将造成人身伤亡时。

（2）中断供电将在政治、经济上造成重大损失时。

（3）中断供电将影响有重大政治、经济意义的用电单位的正常工作。

在一级负荷中，当中断供电将发生中毒、爆炸和火灾等情况的负荷，以及特别重要场所的不允许中断供电的负荷，应视为特别重要的负荷。

2. 符合下列情况之一时，应为二级负荷：

（1）中断供电将在政治、经济上造成较大损失时。

（2）中断供电将影响重要用电单位的正常工作。

3. 不属于一级和二级负荷者应为三级负荷。

2.3.2 电气危害的形式

电气危害大致可分以下几类：

（1）触电事故 电流对人体的伤害可分为电击与电伤。

（2）雷电事故 由直击雷、雷电感应、雷电波侵入及雷击电磁脉冲造成。

（3）静电事故 在工艺生产过程中产生静电，在现场发生放电，产生静电火花；静电可能使人遭到电击，还可能妨碍生产。

（4）电磁辐射事故 在高频电磁场的照射下，人将受到不同形式的伤害；射频的感应放电，产生感应过电压，给人以明显的电击，并可能发生火花放电。

（5）电路故障 电气线路或电气设备故障，都可能发生火灾和爆炸，危及人身安全。

2.3.3 防止电气危害的技术措施

1. 安全电压 我国标准规定：工频电压有效值为50V；直流电压为120V。同时规定工频有效值42V、36V、24V、12V和6V为安全电压的额定值。

在特别危险环境使用的携带式电动工具应采用42V安全电压；在有电击危险环境使用的手持照明灯和局部照明灯应采用36V或24V安全电压；在金属容器内、隧道内、水井内以及周围有大面积接地导体等工作地点狭窄、行动不便的环境，或特别潮湿的环境应采用12V安全电压；水下作业等特殊场所应采用6V安全电压。

2. 绝缘 良好的绝缘是保证设备和线路正常运行的必要条件，是防止触电事故的重要措施。绝缘破坏可能导致电击、电烧伤、短路、火灾等事故。绝缘破坏有击穿、老化、损伤等3种方式。为了防止绝缘损坏造成事故，应按规定严格检查电气设备的绝缘性能，定期检测。

设备的电击防护除基本绝缘外，还有加强绝缘的附加防护装置。加强绝缘包括双重绝缘、加强绝缘以及另加总体绝缘3种绝缘结构形式。具有加强绝缘的电气设备属于Ⅱ类设备。Ⅱ类设备如电动工具不采用安全电压供电，亦有相当好的安全性。

3. 屏护 对于不便绝缘或绝缘不足以保证人身安全时，应采取屏护措施。屏护装置有遮栏、栅栏、护网、护罩、箱匣、围墙等形式。用金属材料制成的屏护装置必须接地。

变配电设备安装在室外地上的以及安装在车间或公共场所的，均需设屏护装置。屏护装置应有足够的尺寸，并与带电体保持足够的距离。如围栏（墙）的高度不得低于1.7m，遮栏网孔不应大于40mm×40mm，变配电设备外廓与遮栏的净距不宜小于0.6m，35kV以上变电所设置不低于2.2m高的实体围墙。在带电体及屏护装置上应有明显的警告标志，必要时还可附加声光报警和联锁装置。

4. 间距 为了防止人体触及或接近带电体造成触电事故，避免车辆或其他器具碰撞或过分接近带电体造成事故，防止火灾、过电压放电和各种短路事故，在带电体与地面之间、带电体与其他设备和设施之间、带电体相互之间均需保持一定的安全距离。其距离的大小取决于电压的高低、设备的类型、安装方式等因素。有关间距数据参见《3～110kV高压配电装置设计规范》（GB50060—1992）、《10kV及以下变电所设计规范》（GB50053—1994）、《低压配电设计规范》（GB50054—1995）等。

5. 保护接地 电气装置的金属外壳、配电装置的构架和线路杆塔等，由于绝缘损坏有可能带电，为防止其危及人身和设备的安全而设的接地。

（1）低压系统接地形式

TN系统 有一点直接接地，装置的外露导电部分用保护线与该点连接。按照中性线与保护线的组合情况，TN系统有以下3种形式：

TN—S系统 整个系统的中性线与保护线是分开的（图10.2-3）。

TN—C—S系统 系统中有一部分中性线与保护线是合一的（图10.2-4）。

TN—C系统 整个系统的中性线与保护线是合一的（图10.2-5）。

TT系统 TT系统有一个直接接地点，电气装置的外露导电部分接至电气上与低压系统的接地点无关的接地装置（图10.2-6）。

IT系统 IT系统的带电部分与大地间不直接连接（经阻抗接地或不接地），而电气装置的外露导电部分则是接地的（图10.2-7）。

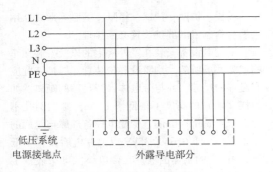

图 10.2-3 TN—S 系统，整个系统的
中性线与保护线是分开的

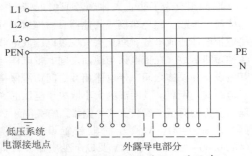

图 10.2-4 TN—C—S 系统，系统有
一部分中性线与保护线是合一的

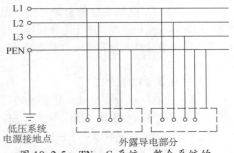

图 10.2-5 TN—C 系统，整个系统的
中性线与保护线是合一的

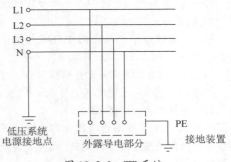

图 10.2-6 TT 系统

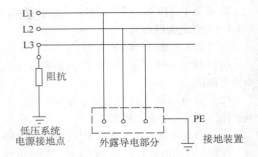

图 10.2-7 IT 系统

电子信息系统设备由 TN 交流配电系统供电时，配电线路必须采用 TN—S 系统的接地方式；在爆炸和火灾危险场所应采用 TN—S 系统或 TT 系统；由低压公用电网供电的电气装置宜采用 TT 系统；不间断供电要求高的电气装置应采用 IT 系统。

(2) 等电位连接 使各外露可导电部分和装置外可导电部分电位基本相等的电气连接。

建筑物内的下列金属导体应作总等电位连接，即将下列导电体用总等电位连接线互相连接，并与建筑物内总接地端子相连接。

1) PE、PEN 干线；

2) 电气装置接地极的接地干线；

3) 建筑物内的水管、煤气管、采暖和空调管道等金属管道；

4) 可利用的建筑物内金属构件等导电体。

来自建筑物外的上述金属导体，应尽量靠近建筑物入口处连接。总等电位连接主母线的截面必须不小于装置最大 PE 干线截面的一半，且不得小于 $6mm^2$。连接线是铜线时，其截面可不大于 $25mm^2$。当采用其他金属时，其截面的载流量应与其相当。

图 10.2-8 所示的建筑物作了总等电位连接和重复接地，图中 T 为金属管道、建筑物钢筋组成的等电位连接，B_m 为总等电位连接端子板或接地端子板，Z_h 及 R_s 为人体阻抗及地板、鞋袜电阻，R_A 为重复接地电阻。由图可见，人体承受的接触电压 U_C 仅为故障电流 I_d 在 a—b 段 PE 线上产生的电压降，与 R_s 的分压；b 点至电源的线路电压降都不形成接触电压，所以总等电位连接降低接触电压的效果是很明显的。总等电

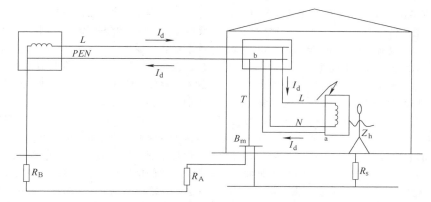

图 10.2-8　总等电位连接作用的分析

位连接借提高地电位和均衡电位来降低接触电压，它不是一项可有可无的电气安全措施。IEC标准和一些技术先进国家的电气规范都将总等电位连接列为接地故障保护的基本条件。当建筑物离电源较远，建筑物线路过长，这时应在局部范围内作辅助等电位。

（3）接地电阻值　变电所高压侧为中性点不接地、消弧线圈接地和高值电阻接地系统时，变电所内电气装置的高压保护接地和低压配电系统中性点接地在采用一个接地装置时，其接地电阻值应小于1Ω。当设置两个接地装置时：高压电气装置的接地装置接地电阻不宜大于10Ω；低压配电系统的中性点接地的接地装置的电阻不应大于3Ω。

每个车间或建筑物应在低压电源入口处装设重复接地装置，重复接地装置的接地电阻不应大于10Ω。

第一类、第二类建筑物的防雷装置，其冲击接地电阻不应大于10Ω；第三类防雷建筑物防雷装置的冲击接地电阻不宜大于30Ω。防静电积聚的接地电阻应不大于100Ω。

6. 漏电保护装置　主要用于1kW以下的低压系统，防止漏电引起的触电事故或防止单相触电事故。漏电保护装置也用于由漏电引起的火灾以及用于监测或切除各种一相接地故障。有的漏电保护装置还带有过载保护、过电压和欠电压保护、缺相保护等保护功能。供电给手握式、移动式电气设备的插座回路，应装设漏电保护装置。由于漏电保护装置的种类很多，选用时可参阅相关的产品目录。

2.3.4　防静电

1. 静电的特点　是电量小（以微库仑计）而电位很高（人在穿脱衣服时可产生10kV，橡胶带和塑料带的静电可达100kV），可能发生放电，产生静电火花，在爆炸危险环境，静电是一个十分危险的因素。

静电的产生与物质的导电性（一般以电阻率表示）有很大关系。当电阻率为$10^{12}\Omega\cdot cm$的物质最易产生静电，大于$10^{16}\Omega\cdot cm$或小于$10^{10}\Omega\cdot cm$的物质不易产生静电。在机械工业中易产生静电的场合有：摩擦（带传动及运输、辊轴、橡胶或塑料压延等），高电阻液体（如石油）、液化气体或压缩气体（如乙炔、液化石油气、煤气等）在管中流动或由管口喷出，固体物质的粉碎、研磨过程等。

2. 防止静电危害的基本措施

（1）泄漏　这种方法是采取接地、增湿、加入抗静电添加剂等措施，加快消除生产过程中产生的静电荷，防止静电的积累。

（2）中和　采用各类感应式、高压电源式和放射源式等静电消除器（中和器）消除（中和）、减少静电。

（3）工艺控制　从工艺流程、材料选择、设备结构和操作管理等方面采取措施，减少、避免静电荷的产生和积累。

（4）屏蔽　将带电体进行局部或整体的静电屏蔽，屏蔽体应可靠接地。

2.3.5　防雷

1. 雷电的特点　雷电是大气电，雷电放电时间很短（直击雷一般为0.005~0.01s）、电流大（可达 200kA 以上）、电压高（1MV 以上）、冲击性强，因此破坏力很大。

雷电大体可分直击雷、雷电感应和雷电波侵入。电子信息系统应考虑防雷击电磁脉冲。为防止和减少雷电对建筑物电子信息系统造成的危害，保护人民的生命和财产安全，应符合《建筑物电子信息系统防雷技术规范》GB50343—2004 中的规定。

2. 防雷措施

（1）建筑物的防雷 第一类防雷建筑物和第二类防雷建筑物皆应采取防直击雷、防雷电感应和防雷电波侵入的措施；第三类防雷建筑物应采取防直击雷和防雷电波侵入的措施。

装有防雷装置的建筑物，在防雷装置与其他设施和建筑物内人员无法隔离的情况下，应采取等电位连接，详见《建筑物防雷设计规范》（GB50057—1994）（2000 年版）。

（2）电子信息系统的防雷 由计算机、有/无线通信设备、处理设备、控制设备及其相关的配套设备、设施（含网络）等的电子设备构成的，按照一定应用目的和规则对信息进行采集、加工、存储、传输、检索等处理的人机系统称电子信息系统。

电子信息系统的防雷设计，应满足雷电防护分区、分级确定的防雷等级要求。需要保护的电子信息系统必须采取等电位连接与接地保护措施。重要信息系统所在的建筑物应安装防直击雷装置。总之应采用直击雷防护、屏蔽、等电位连接、合理布线、共用接地系统和在进出系统各端口安装浪涌保护器等措施进行综合防护，以防止或减少雷击电磁脉冲、雷电波侵入等造成的危害。详见《建筑物电子信息系统防雷技术规范》（GB50343—2004）。

3　危害与污染控制技术

3.1　防火防爆

3.1.1　爆炸性气体环境

在爆炸性气体环境中产生爆炸必须同时存在下列条件：存在易燃气体、易燃液体的蒸气或薄雾，其浓度在爆炸极限以内；存在足以点燃爆炸性气体混合物的火花、电弧或高温。

爆炸性气体环境危险区域的划分：

（1）0 区 连续出现或长期出现爆炸性气体混合物的环境；

（2）1 区 在正常运行时可能出现爆炸性气体混合物的环境；

（3）2 区 在正常运行时不可能出现爆炸性混合物的环境，或即使出现也仅是短时存在的爆炸性气体混合物的环境。

爆炸性气体环境中电气设备的选择应根据爆炸危险区域的分区、电气设备的种类和防爆结构的要求选择相应的电气设备；电气线路的设计和安装应符合《爆炸和火灾危险环境电力装置设计规范》（GB 50058—1992）中的规定。

3.1.2　爆炸性粉尘环境

爆炸性粉尘环境中粉尘分为下列 4 种：

（1）爆炸性粉尘 这种粉尘即使在空气中氧气很少的环境中也能着火，呈悬浮状态时能产生剧烈的爆炸，如镁、铝、铝青铜等粉尘。

（2）可燃性导电粉尘 与空气中的氧起发热反应而燃烧的导电性粉尘，如石墨、炭黑、焦炭、煤、铁、锌、钛等粉尘。

（3）可燃性非导电粉尘 与空气中的氧起发热反应而燃烧的非导电性粉尘，如聚乙烯、苯酚树脂、小麦、玉米、砂糖、染料、可可、木质、米糠、硫磺等粉尘。

（4）可燃纤维 与空气中的氧起发热反应而燃烧的纤维，如棉花纤维、麻、丝、毛、木质、人造纤维等。

爆炸性粉尘环境危险区域的划分：

（1）10 区 连续出现或长期出现爆炸性粉尘环境；

（2）11区　有时会将积留下的粉尘扬起而偶然出现爆炸性粉尘混合物的环境。

3.1.3　火灾危险环境

在火灾危险环境中能引起火灾危险的可燃物质宜为下列4种：

（1）可燃液体：如柴油、润滑油、变压器油等。

（2）可燃粉尘：如铝粉、焦炭粉、煤粉、面粉、合成树脂等。

（3）固体状可燃物质：如煤、焦、炭、木等。

（4）可燃纤维：如棉花、麻、丝、毛、木质、合成纤维等。

火灾危险环境应根据火灾事故发生的可能性和后果，以及危险程度及物质状态的不同，按下列规定进行分区。

（1）21区　具有闪点高于环境温度的可燃液体，在数量和配置上能引起火灾危险的环境。

（2）22区　具有悬浮状、堆积状的可燃粉尘或可燃纤维，虽不可能形成爆炸混合物，但在数量和配置上能引起火灾危险的环境。

（3）23区　具有固体状可燃物质，在数量和配置上能引起火灾危险的环境。

爆炸性粉尘的特性详见《爆炸和火灾危险环境电力装置　设计规范》（GB 50058—92）。

3.1.4　易燃易爆物品的性质

易燃易爆物品性质及适用的灭火剂见表10.3-1。

表10.3-1　常用易燃易爆物品的性质及适用的灭火剂

类别	物品名称	相对密度	凝固点/℃	沸点/℃	闪点/℃	自燃点/℃	爆炸极限（%）（体积）	最小引燃能量/mJ	灭火剂	备注
易燃气体	甲烷	0.55	-182.5	-161.5		538	5.3～15.0	0.28	雾状水、泡沫、二氧化碳	与空气或氯气生成燃烧及爆炸混合物
	乙烷	1.04	-183.3	-88.5		472	3.0～16.0	0.25	雾状水、泡沫、二氧化碳	与空气或氯气生成燃烧及爆炸混合物
	丙烷	2.01	-187.6	-42.1		450	2.1～9.5	0.26	雾状水、泡沫、二氧化碳	与空气混合能形成爆炸混合物
	丁烷	2.07	-135.0	-0.5		405	1.9～8.5	0.38	雾状水、泡沫、二氧化碳	与空气混合能形成爆炸混合物
	乙炔	0.91	-82.0	-83.3		305	2.1～80.0	0.02	雾状水、泡沫、二氧化碳	与空气混合能形成爆炸混合物。与Cu、Ag和Hg等化合物生成爆炸性化合物
	氢	0.07	-259.0	-252.0		400	4.1～74.1	0.02	二氧化碳、干粉、石棉毯	与氟、氯混合能发生剧烈的化学反应。与氧混合生成氢氧爆炸气，氢气燃烧时火焰无色温度极高
	硫化氢	1.19	-85.5	-60.2		260	4.0～46.0		雾状水、泡沫、二氧化碳	有毒。与空气混合形成爆炸性混合物
	氨	0.59	-78.0	-33.5		651	15.7～27.4	0.77	雾状水、泡沫、二氧化碳	有毒。与氯、磷化合时，可能发生爆炸
	天然气	0.45（液化）		-162		540	5.1～15.2		雾状水、泡沫、二氧化碳	与空气混合能形成爆炸混合物
I级易燃液体	汽油	0.70～0.78		40～200	-43	255～390	1.4～7.6	0.15	泡沫、二氧化碳、干粉、砂、1211灭火剂	容器避免日光曝晒，加有四乙基铅作为抗爆剂的汽油具有毒性
	二硫化碳	1.26	-111	46.5	-30	90	1.0～60.0	0.015	干粉、砂土、二氧化碳	有毒。避免光照，不宜用四氯化碳灭火

（续）

类别	物品名称	相对密度	凝固点/℃	沸点/℃	闪点/℃	自燃点/℃	爆炸极限（%）（体积）	最小引燃能量/mJ	灭火剂	备注
Ⅰ级易燃液体	乙醚	0.71	-116	34.6	-45	160	1.9~36.0	0.49	二氧化碳、干粉、砂土	醚类能生成爆炸性过氧化物，与过氯酸、氯作用，发生爆炸
	丙酮	0.80	-94	56.5	-10	465	2.5~13.0	1.15	泡沫、二氧化碳、干粉、砂土	有毒，蒸气能与空气形成爆炸性混合物
	苯	0.88	5.5	80.1	-11	560	1.2~8.0	0.55	泡沫、二氧化碳、干粉、砂土	有毒。与氧化剂能发生强烈反应
	甲苯	0.87	-94.5	110.0	4	535	1.2~7.0	2.50	泡沫、二氧化碳、干粉、砂土	有毒。与氧化剂发生强烈反应
	甲醇	0.79	-95.8	64.8	11	385	5.5~44.0	0.19	泡沫、二氧化碳、干粉、砂土	有毒。与氧化剂能发生强烈反应
Ⅱ级易燃液体	煤油	0.77~0.86		175.0~325.0	43~72	235~240	0.7~5.0		泡沫、二氧化碳、干粉、砂土	
	丁醇	0.81	-89	117.5	35	340	1.4~11.2		泡沫、二氧化碳、干粉、砂土	蒸气能与空气形成爆炸混合物
Ⅲ级易燃液体	柴油	0.80~0.90		280~370	50~100	227~250	0.6~6.5		泡沫、二氧化碳、干粉、砂土	
Ⅳ级可燃液体	甘油	1.26	18.2	290	177	370			泡沫、二氧化碳、干粉、砂土	禁止与强氧化剂放在一起
	桐油	0.93			239	410			泡沫、雾状水、砂土	桐油浸过的纤维物能自燃
	润滑油	<1.0			140	248			泡沫、二氧化碳、1211灭火剂	
助燃气体	氯	3.21	-101	-34.5						剧毒，氯与氢能生成一种遇阳光即起爆炸的混合物
遇水自燃物质	金属钾	0.86	64.0*	774					砂、干粉（严禁用水、泡沫）	浸于密闭的矿物油的容器中，防止受潮、阳光直射
	金属钠	0.97	97.8*	892					砂、干粉（严禁用水、泡沫）	浸于密闭的矿物油的容器中，防止阳光直射
	电石（碳化钙）	2.22	2300*						二氧化碳、干粉、氮气	储于密闭铁桶内，禁止在库房内开盖
遇空气自燃物质	磷化氢	1.20	-132.5	-87.5		37.7			砂、二氧化碳、泡沫	与空气中氧化合能自燃，极毒禁忌水
易燃固体	镁	1.74	651*	1100					砂、干粉、石墨粉（禁用水、二氧化碳、四氯化碳）	高毒。能在二氧化碳气体中燃烧，储于密封金属桶内。粉尘有爆炸性
	邻二硝基苯	1.31	-9.3	220	106				干粉、雾状水、泡沫、二氧化碳	有毒、有爆炸和易燃性

（续）

类别	物品名称	相对密度	凝固点/℃	沸点/℃	闪点/℃	自燃点/℃	爆炸极限(%)(体积)	最小引燃能量/mJ	灭火剂	备注
助燃氧化剂	硝酸钾	2.11	334*						雾状水、砂土、高热融熔状态切勿用水	与有机物还原剂、易燃物如硫、磷等接触或混合时引起燃烧爆炸的危险性
	硫酸	1.83	10.5*	330					砂土、石灰、苏打（禁用水）	与易燃物(如苯)和有机物接触会发生剧烈反应。具有强腐蚀性
	硝酸	1.50	−42	78					雾状水、砂土、二氧化碳	蒸气有毒。与易燃物(如苯)和有机物接触会发生剧烈反应。具有强腐蚀性

注：1. 摘自参考文献［10］。
　　2. 干粉组成的质量分数为碳酸氢钠90%，滑石粉5%，云母3%，硬脂酸镁2%。
　　3. 带＊者为熔点。

3.1.5 预防燃烧爆炸的技术措施

（1）厂房设计、防火等级、防火间距、泄压面积和消防用水等应按 GBJ 50016—2006《建筑设计防火规范》执行。

（2）设置电气设备，应符合 GB 50058—1992《爆炸和火灾危险环境电力装置 设计规范》要求。

（3）防止形成燃爆性混合物。如：①有泄漏危险的设备装置尽可能安装在露天或半露天厂房中；必须安装在室内时，采用合理良好的自然通风或机械通风。②设备装置应配有足够的防火防爆附件。③检修、动火前，必须用惰性气体置换、清洗装置系统中的可燃物质；与外部相连的管线，应予以拆开并用有端盖的管接头堵住管线。④使用可燃气体浓度检测仪。⑤使用阻爆剂，如二氧化碳、卤化烃等。

（4）控制火源。如明火、高温高热表面、电气火花、静电火花、摩擦撞击火花、绝热压缩、自燃和化学反应等。

机械工业中主要场所的防火防爆措施，见表10.3-2。

表10.3-2　主要场所防火防爆措施

主要场所	安 全 措 施
喷漆车间	属甲类生产，厂房应为一、二级耐火结构，与明火操作场所应大于30m。禁止明火取暖；通风机采用防爆型；控制空气温度及室内空气中可燃蒸气浓度。采用静电喷漆、电泳涂漆工艺，以水作溶剂
热处理车间	淬火工段应设在一、二级耐火建筑内；油、盐槽上应排风装置；用油类淬火时油温控制在闪点以下；槽内淬火液装到3/4；硝盐槽应设泄漏报警；电加热设备严禁与油类接触

（续）

主要场所	安 全 措 施
木工车间	干燥炉及熬胶锅设在单独隔开房间内，熬胶用热水套式锅；木材、半成品、油漆在同一车间内时，应采用防火隔开措施；锯末、木屑不得放在车间内，锯末坑放在室外，并洒水加盖
气瓶库	按特种仓库保管，加强通风，相对湿度保持在80%以下；经常测定危险气体浓度，库内温度不得超过35℃；气瓶直立放在柜架上，旋紧安全帽，装好防震圈；退库气瓶要留有0.05MPa的剩余压力，拧好安全帽；石油气、氢气及油料不得与氧气瓶一起存放
电石库	按特种仓库保管，干燥、加强通风，相对湿度保持在80%以下；库房周围30m内严禁烟火；电石桶放在高0.02m的木垫板上；库内禁止敷设蒸汽、热水和给水、排水管道
燃油库	储罐布置和防火间距应符合 GBJ 50016—2006《建筑设计防火规范》要求，甲、乙类油品地上油罐的通气管应高出地面4m；电气设备、油泵、真空泵、通风机等应符合防爆要求；禁止使用能产生火花的工具及装卸设备；设备防静电接地
焊接工作场所	车辆通道宽度不小于3m，人行道不小于1.5m；现场的气焊胶管、焊接电缆线不得互相缠绕；操作点周围10m范围内不得有易燃或可燃物品；室内通风良好，多点焊接作业时，各工位间应设防护罩；室外作业（如地沟、管线等）应先判明有无爆炸或中毒的危险，若有必须先置换合格后方可施焊

3.1.6 火灾与爆炸的监测[11]

1. 火灾监测仪表　火灾监测仪表是监测火灾酝酿期和发展期陆续出现的火灾信息，如臭气、烟、热流、火光、辐射热等。火灾监测仪表分感温报警器（又分定温式、差动式）、感光报警器（分红外、紫外）、感烟报警器（分离子、光电、激光感烟式）。

利用上述监测仪表可组成火灾报警网，以及自动灭火系统。

2. 爆炸监测仪表 可燃气体的偶然泄漏和积聚，是现场爆炸危险性的主要监测内容。可燃气体浓度测定仪是监视现场爆炸危险性的主要手段。爆炸监测仪表按原理可分为：热催化、热导、气敏和光干涉原理四类。

3.2 防毒

3.2.1 工业毒物

工业毒物主要指化学性物质，一般来源于原材料、半成品、中间产物、成品、辅料及废气、废水、废渣等。其形态可为气体、液体或固体。而危害严重又难于控制的是散发于工作场所空气中的有毒有害物质。

工业毒物可经由皮肤、呼吸道或消化道进入人体，损害人体组织和器官，导致多种疾病，引起中毒。

工作场所有害物质最高容许浓度可参见卫生部部颁标准 GBZ2—2002《工作场所有害因素职业接触限值》，该标准中规定了 329 种有毒物质和 47 种粉尘在工作场所空气中的容许浓度。

3.2.2 工业毒物危害预防技术

防止毒物危害最有效、最根本的途径是采用新工艺、新技术及新设备使毒物不产生或不逸散至周围环境中，可采用如下方法：

(1) 改变原材料构成和工艺生产过程，力求实现无毒或低毒作业。例如电泳涂漆、粉末喷涂、无苯稀料、无氰电镀、低毒低尘焊条、无汞仪表等。

(2) 生产过程密闭，设置相应的局部排气系统，使密闭空间处于负压环境。

(3) 隔离操作和自动控制。

(4) 个体防护。

3.2.3 通风排毒

通风排毒是消除工作场所毒物最有效、最基本的措施。通风方式主要有全面通风，局部排风和事故排风 3 种类型。其目的是使工作场所中有毒物质浓度控制在国家标准规定的容许浓度值以下。

1. 全面通风 全面通风包括自然通风、机械通风或自然通风与机械通风联合使用等形式。

全面通风换气量的计算公式为

$$Q = \frac{M}{C_0 - C}$$

式中　Q——全面通风换气量（m^3/h）；

　　　M——有毒物质散发量（mg/h）；

　　　C_0——空气中有毒物质最高容许质量浓度（mg/m^3）；

　　　C——进气中有毒物质质量浓度（mg/m^3）。

若有数种有害物质同时散发时，换气量按其中最大值取。但当数种溶剂（苯及其同系物、醇类或醋酸脂类）的蒸气，或数种刺激性气体（三氧化硫及二氧化硫或氟化氢及其盐类等）同时在室内放散时，其换气量按稀释各有害物所需换气量的总和计算。

当有害发生源分散或不固定而无法采用局部排风，或设置局部排风难以达到要求时，应采用全面通风或辅以全面通风。

设计全面通风应合理组织气流，其进风应首先进入有害物质浓度较低的工作区，而排风应设在有害物发生源处或浓度较高的区域。

2. 局部排风 局部排风是通风排毒最有效的方法，它经济、简便、效果好。局部排风系统一般由排风罩、风道、排风机和净化设备（当有毒物质需要净化时设置）组成。合理设计排风罩是局部排风系统可靠运行的关键。设计排风罩应注意：

(1) 在不影响工艺操作的前提下，尽量靠近有害物发生源；

(2) 选择合理吸风风速，以便最有效地将有害物吸走；

(3) 有条件时，尽可能采用密闭罩；

(4) 维修方便。

根据工艺设备的不同，排风罩的形式也不同。其主要形式有侧吸罩、伞形罩、下吸罩、槽边吸气罩、通风柜和密闭罩等。各种排风罩的结构和排风量计算公式参见参考文献 [12]。

3. 事故排风 事故排风是为有可能放散大量有害气体的场所安装的紧急备用排风系统。其排风量应不小于换气次数每小时 12 次。

事故排风的排风机，应分别在室内、外便于操作的地点设置开关。

事故排风的吸气口，应设在有害气体散发量可能最大的地点。

3.2.4 毒物净化

当通风系统排出的有毒有害气体浓度高于国

家规范规定的排放标准时，需要进行毒物净化。

目前净化有毒有害气体的方法主要有冷凝法、吸收法、吸附法、燃烧法、催化燃烧法等。这些净化方法的特点和适用范围见表10.3-3。

表10.3-3 有害气体净化方法特点和适用范围

方法名称	工作原理和工艺设备特点	主要适用范围
直接燃烧法	以可燃性废气本身为燃料，实现燃烧无害化。热值一般应大于 $350kJ \cdot m^{-3}$，温度需 $>1100℃$，使用通用型炉、窑、火炬等设备	适用于浓度较高排气量大的有机溶剂和碳氢化合物组成的废气净化
热力燃烧法	借助添加燃料净化可燃性废气，使用炉、窑等设备	适用于低浓度可燃性废气净化
催化燃烧法	利用催化剂改善燃烧条件，实现可燃性废气的高效净化。温度可降至 $350～450℃$，催化剂有铂、钯、稀土及其他金属或氧化物	可实现低浓度可燃性废气净化。节省能源，设备小型化，但需考虑催化剂中毒老化等问题，工艺条件要求较高
冷凝回收法	利用制冷剂将废气冷却液化或溶于其中。常用制冷剂有水、冰水、盐水混合物、干冰等。冷凝装置有直接接触冷凝器、间壁式换热器、空气冷却器等	主要适用于有机溶剂蒸气回收或可溶性气体（如酸雾）的净化。该法常作为高湿度废气净化的前处理工序
液体吸收法	用选定的液体高效吸收有害气体的方法。吸收设备主要有填料塔和板式塔。填料为陶瓷、金属或塑料制成的环、网、栅。板式塔有鼓泡式和喷射式之分	适用于可与特定液体相溶或反应的气体净化。填料塔宜用于易起泡沫、粘度大、有腐蚀性的物料；而板式塔则对悬浮颗粒物或淤渣的物料吸收有利
固体吸附法	利用多孔吸附材料净化有毒气体。常用吸附剂有活性炭、氧化铝、分子筛、硅胶、沸石等。吸附装置有固定床、移动床和流化床，吸附方式可为间歇式或连续式	广泛用于多种有毒有害气体和蒸气的净化回收

3.2.5 机械行业主要工种防毒措施

机械行业产生毒物的主要工种有铸造、焊接、涂装、电镀、零件加工等，其产生的主要毒物见表10.3-4。

表10.3-4 机械行业主要毒物排放表

车间、工种	主 要 毒 物
铸造车间 冲天炉 石灰石矿铸造 磁丸造型 塑料模 铝镁铸造 精密铸造	一氧化碳、苯、甲苯、二甲苯、乙苯、苯乙烯、环氧树脂、乙二胺氟化物、氰化物、二氧化硫、氨、甲醛等
焊接	氟化物、氮氧化物、臭氧、锰及其化合物、氧化碳等
电镀	铅、铬、镍、锌、镉及其化合物、氰化物、酸气等
涂装、粘合	苯、甲苯、二甲苯、汽油、醇类、酯类、丙酮、环氧树脂、乙二胺等
零件制造 有机氟塑料 PVC 尼龙-6 环氧树脂 酚醛树脂	铅、氯化氢、含氟聚合物、氯乙烯、环氧氯丙烷、乙二胺、甲醛、苯等
零件清洗	汽油、苯系物、乙醇、三氯乙烯、丙酮、氯仿等
蓄电池	铅蒸气、铅尘、二氧化硫、硫化氢、酸气、沥青等

1. 铸造工艺防毒措施[14] 铸造工艺产生有毒物质的工艺设备有冲天炉、有色金属熔炉、加热炉各种造型及制芯设备等。

a. 冲天炉 由于环境保护要求的提高，冲天炉逐渐采用机械排烟净化方式，其加料口产生的一氧化碳等有害气体随排烟系统一起排除，参见本章3.3.5节。

b. 有色金属熔炉 散发的各种不同有害物根据不同炉型、结构和工艺操作情况采用不同的排气罩。其罩口风速可按下列数据选取：

（1）伞形罩：熔炼铅、锌、铜、镁等合金时，罩口风速取 $1.5m/s$；熔炼铝合金时，取 $1.0m/s$。

（2）炉口侧吸罩：一般取 $8～12m/s$。

有色金属熔炼的排风有时需要净化，一般氧化锌、氯化锌粉尘采用袋式除尘器，净化氯气、氯化氢、氟化氢和二氧化硫等气体可采用吸收法或吸附法。

c. 制芯机 一般采用伞形罩或侧吸罩，其罩口风速取 $0.7～1.5m/s$。

除了在工艺设备处设局部排风外，为了确保工作场所的卫生条件，铸造车间还应有适当的全面通风。

2. 焊接工艺防毒措施 焊接工艺主要产生大量焊接烟尘，其主要成分有一氧化碳、二氧化碳、氮氧化物、氟化氢、臭氧和锰及其化合物等。其主要防毒措施为：

a. 局部排风 在固定焊接工作台上焊接中、小型零件时，可采用带均流板的侧吸罩，排风量按罩口净面积风速 $3.5m/s$ 计算；密闭容器（箱、罐、槽、桶、舱等）内的焊接可采用小风量移动式焊烟净化机组或以送风代替排风；在生产线上的专用焊接工作台上焊接工件时，可采用半密闭可拆卸的排风罩或伞形罩，罩口风速取 0.7 ~ 1.0m/s。在固定位置焊接大型工件时，可采用升降式回转排风罩，罩口距工件 200 ~ 300mm，罩口风速取 1.0 ~ 3.0m/s。

b. 全面通风 焊接位置不固定或焊接大件金属构件时而不能采用局部排风时，应采用全面通风，其排风量应通过计算，见本章 3.2.3 节。一般有毒物质以锰及其化合物为计算依据。焊接焊尘发生量及主要有害物见表 10.3-5。

表 10.3-5 烟尘发生量及主要有害物

焊 接 工 艺		发生量/ $g \cdot kg^{-1}$	有害物
焊条电弧焊	低氢型普通钢焊条（结507）	11 ~ 25	F、Mn
	钛钙型低碳钢焊条（结422）	6 ~ 8	Mn
	钛钙型低碳钢焊条（结423）	7.5 ~ 9.5	Mn
	高效铁粉焊条	10 ~ 12	Mn
自保护电弧焊	自保护药芯焊丝	20 ~ 25	Mn
气体保护电弧焊	CO_2 保护药芯焊丝	11 ~ 13	Mn
	CO_2 保护实芯焊丝	8	Mn
	$Ar + 5\% O_2$ 保护实芯焊丝	3 ~ 6.5	Mn

注：1. 摘自《劳动保护》1980.1。焊接工作的劳动保护。

2. 烟尘发生量是指消耗 1kg 焊条（丝）产生的烟尘量（g）。

3. 电镀工艺防毒措施 电镀作业（表面处理）主要是利用电化学作用对金属表面进行处理，其化学品用量极大，品种繁多，有毒物质散发量也最大。电镀生产过程和操作方式大体相同，其防毒措施除改进工艺，减少有毒物质散发量外，主要是采取局部排风措施。

对各种电镀槽一般采用槽边排风罩。槽宽不大于 600mm 采用单侧罩；700 ~ 1200mm 采用双侧罩；大于 1200mm 采用吹吸式排风罩。其排风量根据槽长、宽及液面控制风速计算。液面控制风速根据槽内溶液成分及温度而定。对条缝式排风罩一般控制风速取 0.2 ~ 0.5m/s。各种槽边排风罩的结构及排风量计算参阅参考文献［12］。

不在生产线上的槽子可采用伞形罩或通风柜。

除采用局部排风罩外，对电镀作业环境还需要适当的全面通风，通风量按换气次数每小时 1 ~ 2 次计算。

对有酪酸废气产生的镀槽，应设酪酸回收装置。对其他散发酸性有毒气体的槽子，应采用吸收塔进行喷淋洗涤和碱液中和处理后方能排入大气。

4. 涂装工艺防毒措施 涂装作业毒物危害的严重程度与使用的涂料、施工方法和涂装设备有关。其中涂料起主导作用，目前我国主要采用溶剂型涂料，约占 75%。采用溶剂型涂料进行涂装作业时，产生大量有机溶剂气体（甲苯、二甲苯、苯及醇类）。为减少有机溶剂气体的散发，应推广低毒害涂料，如水溶性涂料、高固体分涂料和粉末涂料等。施工方法：手工空气喷涂，涂料损失大，有机溶剂污染严重，应尽量少用；高压无气喷涂和静电喷涂漆雾飞散少，节省涂料，减少污染程度；电泳涂漆由于采用水系涂料，有机溶剂很少；静电粉末喷涂没有有机溶剂污染问题。涂装设备：开敞式手工喷漆及自然烘干使工作场所有机溶剂浓度严重超标，因此，应尽量采用喷漆室，烘干室等涂装设备。这样，既减少有害气体的扩散，又便于设置局部通风系统。对有机溶剂气体的治理主要是采用机械通风的方法：

（1）局部排风 喷漆工作台可设侧吸或底吸排风罩，排风量按罩口风速 0.7 ~ 1.0m/s 计算；中、小型板金件喷涂可采用简易喷漆室，排风量按喷漆室操作口风速 0.7 ~ 1.5m/s 计算；连续生产的涂装生产线主要采用湿式喷漆室，其排风量由喷漆室设计确定。

（2）全面通风 涂装作业环境无法采用局部排风时，需采取全面通风方式，全面通风量应取冲淡几种有机溶剂所需通风量总和。对装有喷漆室、挥发室、烘干室等设备的涂装车间，除设局部排风外，仍辅以全面通风，其全面通风量按换气次数每小时 0.5 ~ 2.0 次选取。涂料调制室换气次数每小时应在 10 次以上。

（3）有机溶剂气体净化 当排除的有机溶剂气体浓度超过国家标准规定值时，需经净化处理后方能排入大气中。湿式喷漆室只能净化漆雾和部分酮类和醇类有机溶剂气体，尚有部分有机溶剂气体特别是苯、甲苯、二甲苯需二次净化。常用的净化方法有液体吸收法、热力燃烧法、催化燃烧法、固体吸附法等。各种方法的设计程序及计算方法参阅参考文献 [15]。

3.3　除尘

3.3.1　粉尘的特性及危害

通常把工业生产中产生的能较长时间悬浮在空气中的固体微粒称为工业粉尘。粉尘按其粒径大小分类如下：

（1）粗尘——粒径大于 10μm，肉眼可见，在静止空气中停留时间很短，以加速度下降。

（2）飘尘——粒径在 10 ~ 0.1μm 之间，在静止空气中下降缓慢，按斯托克斯法则作等速下降。

（3）烟尘——粒径在 0.1 ~ 0.001μm 之间，只有在显微镜下才能看见，在空气中呈布朗运动。

粉尘对人体的危害主要是呼吸系统，其中危害最严重的是飘尘，可以直接被吸入肺泡内。工业粉尘的危害见表 10.3-6。

表 10.3-6　工业粉尘的危害

类别	危　　　　　　害
对人体健康的危害	1. 难溶性无机粉尘可造成尘肺，如矽肺、硅酸盐肺、碳尘肺、混合性尘肺、金属尘肺等 2. 有机粉尘可造成棉尘症、支气管哮喘、职业性过敏性肺炎、非特异性慢性阻塞性肺部疾患、混合性尘肺等呼吸系统疾病 3. 致癌，如石棉可能产生间皮瘤或肺癌 4. 导致中毒，如铅中毒等
安全方面的危害	一定浓度的可燃性粉尘（谷物粉尘、铝粉尘等）在有氧气的条件下遇到火源就可能爆炸
生产方面的危害	1. 对于加工要求精密的产品、微型产品，要求高纯度的产品，要求有高度可靠性的产品，粉尘可能会影响产品质量 2. 高浓度粉尘使工人产生厌恶、恐惧等心理、降低劳动生产率 3. 有些粉尘本身就是原料或成品，在空气中飞散造成经济损失

3.3.2　粉尘最高容许浓度及排放标准

机械行业可能遇到的粉尘在工作场所空气中最高容许浓度见表 10.3-7。

表 10.3-7　工作场所空气中粉尘容许浓度

粉 尘 名 称	时间加权平均容许浓度 /mg·m^{-3}	* 短时间接触容许浓度 /mg·m^{-3}
电焊烟尘（总尘）	4	6
大理石粉尘　总尘 　　　　　　呼尘	8 4	10 8
酚醛树脂粉尘（总尘）	6	10

（续）

粉 尘 名 称	时间加权平均容许浓度 /mg·m^{-3}	* 短时间接触容许浓度 /mg·m^{-3}
滑石粉尘（游离 SiO$_2$ 质量分数 <10%） 　总尘 　呼尘	 3 1	 4 2
活性炭粉尘	5	10
铝、铝合金粉尘（总尘）	3	4
氧化铝（总尘）	4	6
煤尘（游离 SiO$_2$ <10%（质量分数）） 　总尘 　呼尘	 4 2.5	 6 3.5
凝聚 SiO$_2$ 粉尘　总尘 　　　　　　　呼尘	1.5 0.5	3 1
玻璃棉粉尘（总尘）	3	5
矿渣棉粉尘（总尘）	3	5
岩棉粉尘（总尘）	3	5
砂轮磨尘（总尘）	8	10
石灰石粉尘　总尘 　　　　　　呼尘	8 4	10 8
石棉纤维及含有 10%（质量分数）以上石棉的粉尘 　总尘 　纤维	 0.8 0.8f/mL	 1.5 1.5f/mL
水泥粉尘（游离 SiO$_2$ 质量分数 <10%） 　总尘 　呼尘	 4 1.5	 6 2
炭黑粉尘（总尘）	4	8
碳化硅粉尘　总尘 　　　　　　呼尘	8 4	10 8
碳纤维粉尘（总尘）	3	6
矽尘（质量分数） 总尘　含 10% ~ 50% 游离 SiO$_2$ 粉尘	 1	 2
含 50% ~ 80% 游离 SiO$_2$ 粉尘	0.7	1.5
含 80% 以上游离 SiO$_2$ 粉尘	0.5	1.0
呼尘　含 10% ~ 50% 游离 SiO$_2$	0.7	1.0
含 50% ~ 80% 游离 SiO$_2$	0.3	0.5
含 80% 以上游离 SiO$_2$	0.2	0.3
萤石混合性粉尘（总尘）	1	2
云母粉尘总尘 　　　　呼尘	2 1.5	4 3
珍珠岩粉尘　总尘 　　　　　　呼尘	8 4	10 8

（续）

粉 尘 名 称	时间加权平均容许浓度 /mg·m⁻³	* 短时间接触容许浓度 /mg·m⁻³
蛭石粉尘（总尘）	3	5
重晶石粉尘（总尘）	5	10
＊＊其他粉尘	8	10

* 指该粉尘时间加权平均容许浓度的接触上限值。

＊＊ "其他粉尘"指不含有石棉且游离 SiO_2 质量分数低于 10%，不含有毒物质、尚未制订专项卫生标准的粉尘。

注：1. 总粉尘简称"总尘"。指用直径为 40mm 滤膜，按标准粉尘测定方法采样所得到的粉尘。

2. 呼吸性粉尘简称"呼尘"。指按呼吸性粉尘标准测定方法所采集的可进入肺泡的粉尘粒子，其空气动力学直径均在 $7.07\mu m$ 以下，空气动力学直径 $5\mu m$ 粉尘粒子的采样效率为 50%。

3. 摘自《工作场所有害因素职业接触限值》（GBZ 2—2002）。

生产性粉尘的排放标准详见 GB 16297—1996《大气污染物综合排放标准》和 GB 13271—2001《锅炉大气污染物排放标准》。

3.3.3 综合防尘措施

控制粉尘产生的一般措施见表 10.3-8。

表 10.3-8 控制粉尘产生的一般措施

措施	方 法 举 例
湿式防尘	1. 湿法生产：在水中进行生产，如水爆清砂、电液压清砂等，或在产生粉尘的工序中用大量的水来防止粉尘散发，如水力清砂，摩液喷砂等 2. 加湿：对处理的原材料加少量水，或加油脂、粘结剂等 3. 洒水：用喷嘴喷洒较粗的水滴群或连续水流束，以湿润物料 4. 喷雾：用微细水滴群促使空气中悬浮的尘粒沉降 5. 喷泡沫：用喷嘴喷射混入发泡剂的液体，在物料表面形成泡沫覆盖层
改进生产工艺	1. 采用气力输送代替传送带运输 2. 采用壳型铸造、金属模铸造，以减少打箱、落砂时的发生
更换原材料	1. 用铁丸等代替硅砂清理铸件 2. 用树脂砂代替粘土砂

控制粉尘向工作场所散发的基本措施见表 10.3-9。

3.3.4 机械通风除尘

在防尘综合措施中，机械通风除尘是最主要和最常用的有效措施。

表 10.3-9 控制粉尘向工作场所中散发的基本措施

措 施	举 例
密闭	用罩子包围有害物质发生源，从罩内吸气，以防粉尘从缝隙中外逸
覆盖	用板、布、覆盖剂等将尘源覆盖
隔离	将产尘和不产尘的设备隔开，将工人与尘源隔开
局部吸气	在粉尘散发到工人呼吸带以前将含尘空气从尘源附近吸走，经除尘后再排放

1. 通风除尘系统划分原则

（1）同一生产流程，同时工作的扬尘点相距不大时，宜合设一个系统。

（2）同时工作，但粉尘种类不同的扬尘点，当工艺允许不同粉尘混合回收或粉尘无回收价值时，可合设一个系统。

（3）温湿度不同的含尘气体，当混合后可能导致管道内结露时，应分设系统。

2. 通风除尘系统的组成 机械通风除尘系统一般由吸气罩、管道、通风机和除尘器 4 部分组成。

（1）吸气罩 通风除尘系统排风量的大小主要决定于吸气罩的形式及控制风速。

1）如生产条件许可，应尽量采用密闭罩将尘源密闭，可以较小的风量防止粉尘逸出罩外。确定密闭罩吸风口位置、结构和风速时应使罩内负压均匀。吸风口的平均风速不宜大于下列数值：

细粉料的筛分	0.6m/s
物料的粉碎	2.0m/s
粗颗粒物料破碎	3.0m/s

2）当不能采用密闭罩时，可以采用半密闭罩、侧吸罩、上部伞形罩和底部吸尘罩等。吸气罩的位置应尽可能靠近尘源、罩子与控制点的距离不宜超过 0.6m。

（2）管道 除尘系统风管应采用圆形截面，所有接缝应严密，风管管件及连接见图 10.3-1。除尘风管内的最低流速根据粉尘的性质按表 10.3-10 选用。

含尘气体经净化后的风管内流速一般取 8~12m/s。

计算风管的阻力应包括风管的沿程阻力和风管的局部阻力。计算方法可参阅参考文献［12］。

表 10.3-10 除尘管道内最低风速

（单位：m/s）

粉尘名称	水平管	垂直管
铁和钢尘末	15	13
铁和钢屑	23	19
煤粉	13	11
耐火材料粉尘	17	14
水泥粉尘	18	12
灰土、砂尘	18	16
粉状的粘土和砂	16	13
湿土（2%以下水分）	18	15
碳化硅、刚玉及金刚砂	19	15
铅尘	25	20
锯屑、刨屑	12	10
大块干木屑	16	14
大块湿木屑	20	18
重矿物粉尘	16	14
轻矿物粉尘	14	12

（3）通风机 选择通风除尘系统的风机型号主要应考虑以下几点：

1）系统总风量和总阻力。系统总风量应按计算风量附加 10%～15%。除尘器漏风量按计算风量附加 5%～10%，总阻力损失附加 15%～20%。

2）应尽量使通风机设计工况效率不低于其最高效率的 10%。

3）当通风机设在除尘器后（负压段）时，可选用一般通风机，若设在除尘器前时，应选用排尘通风机。若粉尘为易燃易爆类，则应选防爆型。

4）通风机的使用温度、大气压力、介质密度为非标准状况时，应按有关公式加以修正。

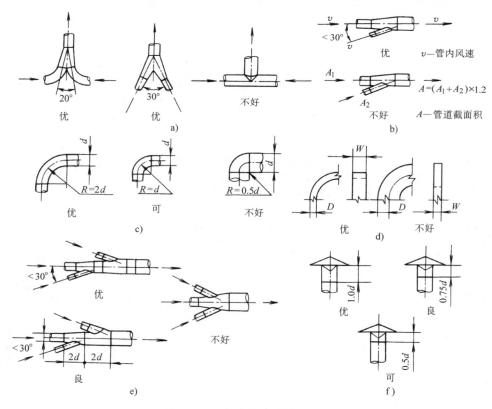

图 10.3-1 吸尘管件制作和连接

a）人字三通 b）三通 c）圆形弯头 d）矩形弯头 e）改四通为两个三通 f）伞形风帽

5）通风机噪声超过国家规定允许标准时，应采取消声隔振措施。

风机进、出口与风管连接要求见图 10.3-2。

（4）除尘器 选择除尘器应考虑以下几个因素：

1）除尘系统的粉尘浓度及粒径分布，除尘器的分级效率和总效率，净化后是否能达到国家规定的允许排放浓度；

2）含尘气体粉尘化学成分、温度、湿度、腐蚀性；

3）粉尘的密度、硬度、比电阻、粘结性、纤维性、可燃性、爆炸性；

4）粉尘的回收价值及回收利用形式；

5）维护管理的繁简程度。

常用的各种除尘器性能和特点见表 10.3-11。

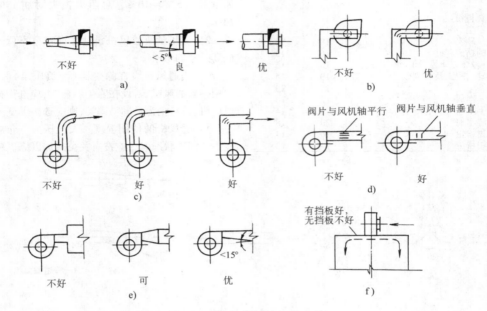

图 10.3-2 风管与风机的连接

a）管道与风机入口连接 b）矩形风管与风机入口连接 c）风机出口与管道连接
d）风机出口阀片安装位置 e）风机出口与管道连接 f）风机出口接至小室

表 10.3-11 常用除尘器种类和性能

形式		截面风速或过滤风速 /m·s^{-1}	阻力损失 /Pa	最佳粉尘负荷 /g·m^{-3}	可除下的最小粒径 /μm	除尘效率 （%）	主 要 特 点
离心分离	旋风式	入口 10~20	147~1470	30（作为第一级）2~10	>15	80~90	结构简单，维护方便，造价低，寿命较长。要注意气密性，不适用于风量变化大的场合
	多管小旋风	入口 10~20	190~1470	1~20	>5	85~95	要注意风量均布和气密性，清除细尘效率低
袋式过滤	脉冲式	0.02~0.05	686~1470	0.2~20	0.1	95~99.5	清灰效能高，需要干净而稳压的压缩空气源，同时注意进气的温湿度
	反吹风式	0.02~0.05	686~1470	0.2~20	0.1	95~99.5	体形较小，不需要压缩空气，要注意进气的温湿度
湿式	自激式	18~35	980~1568	<20	>5	95~98	能适应较高的粉尘负荷，水位自动平衡，在容许风量范围内选用，以免风机带水，用水量较小
	卧式旋风水膜	11~16	735~1225	<10	>5	95~98	水位自动平衡，出口有脱水装置，用水量较小，体形较大，除尘效率较稳定
电场	电除尘	1~3	98~176	<2	>0.05	90~99	电压要稳定，比电阻高的粉尘要预处理

3.3.5 机械行业主要设备的通风除尘

1. 工业炉除尘

a. 炼钢电弧炉 铸造车间电弧炉通风除尘装置的选择，宜遵守下列规定：

（1）小于或等于5t的电弧炉宜采用对开式伞形罩、电极环形罩、吹吸罩等炉外排烟装置；

（2）大于5t小于10t的电弧炉宜采用炉盖排烟罩、钳形排烟罩等炉外排烟装置；

（3）等于或大于10t的电弧炉宜采用脱开式的炉内排烟装置或炉内外结合的排烟装置；

（4）当要求冶炼全过程均能控制烟尘，环境要求严格、机械化自动化程度较高的电弧炉，可采取大密闭罩或移动式密闭罩。

电弧炉排烟系统的除尘器宜采用袋式除尘器、电除尘器等干式高效除尘器，不宜采用湿式除尘器。当烟气温度高于135℃时，烟气应设冷却装置。

各种排烟罩的结构及排风量参阅国标和参考文献［14］。

b. 冲天炉 冲天炉一般采用加料口下部抽风。排风罩吸风口宜设在料层上方；当燃烧室利用烟气热能时，吸风口宜设在料层中间。在熔炼阶段应采用烟气冷却措施。冲天炉排烟除尘系统的除尘器一般选用袋式除尘器和电除尘器。

冲天炉排烟量参阅参考文献［14］。

c. 锅炉 容量 $1 \sim 6t \cdot h^{-1}$ 锅炉，除尘器一般由锅炉厂配套干式旋风除尘器；10t/h 以上锅炉宜采用湿式水膜除尘器。

2. 铸造设备

a. 落砂机 落砂机的排风罩应根据落砂机的形式、生产条件及安装位置等因素确定。一般单台大件落砂机可采用移动式密闭罩；生产线上的落砂机多采用上部排风罩；而自动化程度较高的生产线上的落砂机多采用固定式密闭罩，只在砂型进口和出口留有孔洞。常用排风罩形式见表10.3-12。

落砂机排风系统的除尘器一般采用袋式除尘器，只有上吸式伞形排风罩由于起始浓度较低可以采用普通旋风除尘器。

b. 清理设备 各种清理滚筒、抛丸滚筒、喷丸室、抛丸室等清理设备排风罩形式及排风量的确定参阅国标和参考文献［14］。

表 10.3-12 振动落砂机常用排风罩形式

排风方式		使用场合	优缺点分析	
密闭罩	固定式	用于自动化程度较高的生产线落砂	排风量最小，捕集粉尘效果最好，能减小噪声。采用移动式密闭罩时，需摘钩、挂钩，罩子要开、闭，辅助时间和人工要多	
	移动式	用于落砂时间较长，大于7.5t的大中型落砂机		
侧吸罩		用于横向气流较小的7.5t以下的落砂机，或向回砂格子卸料	基本上不影响工艺操作，但排风量很大，温度高时，捕集效果较差，特别是在有横向气流干扰时，效果更差	
半封闭式	固定式	用于单件小批量生产	落砂时可不脱钩操作	与移动密闭罩相比，方便了操作；与侧吸罩相比，排风量减少，提高了捕集效果
	顶盖移动式		落砂时需脱钩、移动顶盖	
吹吸式通风罩		用于工艺操作上要求敞开度大的中、小型落砂机	工艺操作自由度大，抵挡横向气流的能力比侧吸罩强，能以比侧吸罩小的排风量获得较好的效果	
底抽风罩		用于铸件温度低于200℃，砂箱低于200mm或落砂频繁，工艺上要求落砂机上部不要设罩子的落砂处，小件手工落砂也采用这种方式。落砂的砂箱占格子板面积应小于50%	落砂机上部没有任何装置，给工艺操作很大的便利，也解决了砂斗受料时的扬尘，但使用场合有较大局限性	
上部排风罩		主要用于生产线落砂	便于工艺操作，排风效果也较好，但抗横向气流能力较差，排风量也较大	

3. 原材料处理及输送设备 包括破碎设备、筛选设备及传送带输送机等，这些设备均应在进料口和卸料口处设置密闭罩，其排风量参阅参考文献 [14]。

4. 机械加工设备

a. 砂轮机 目前砂轮机均带有防护罩及排风管接口，其排风量为每毫米砂轮直径 2.0 ~ 2.5m³·h⁻¹（单头）。

b. 抛光机

毛毡抛光机 每毫米抛光轮直径 4.0m³·h⁻¹；

布质抛光机 每毫米抛光轮直径 6.0m³·h⁻¹。

c. 磨床及加工铸铁件车床 按砂轮和车刀旋转方向在其附近安装喇叭口吸风罩，罩口风速取 9.0 ~ 14.0m·s⁻¹。

一般加工设备集中布置时，可设置集中式除尘系统，采用干式旋风除尘器或袋式除尘器；设备分散时，可采用袋式除尘机组。抛光机一般采用网状滤尘器。

3.4 防暑降温

3.4.1 高温作业的类型及其气象条件

高温作业系指工作场所有生产性热源，其散热量大于 23W/(m³·h) 或 84kJ/(m³·h) 的车间，或当室外实际出现本地区夏季通风室外计算温度时，工作场所的气温高于室外 2℃ 或 2℃ 以上的作业（含夏季通风室外计算温度 ≥30℃ 地区的露天作业，不含矿井下作业）。

1. 高温、热辐射作业 铸造车间的加热炉、干燥炉、熔融的金属和铸件可放散强辐射热，并使周围空气温度升高。铁液流出处热辐射强度可达 3.5 ~ 5.6kW/m²。浇注工作地点可达 3.5kW/m² 以上。

小型开敞式锻造加热炉温度可达 800 ~ 900℃，热辐射强度为 4.2kW/m² 以上。密闭式加热炉当开炉门投入或取出锻件时，炉子附近气温可达 35 ~ 45℃，单向热辐射强度可达 7.0 ~ 10.5kW/m²。这类高温车间夏季气温高达 40 ~ 50℃，此时人体只能依靠排汗和汗液蒸发散热。若通风不良，机体蒸发散热困难，就可能发生蓄热和过热，导致体温升高而发生中暑或热衰竭症状。

2. 高温、高湿作业 热处理车间的各种加热炉和盐浴槽，可造成不良气象条件和有害蒸气。车间温度一般在 30℃ 以上，相对湿度常达 70% ~ 80%，在这种情况下，人体汗液有效蒸发率很低，散热量少于蓄热量，导致体温调节与水盐代谢功能障碍，从而发生中暑。

3. 夏季露天作业 夏季露天作业的高气温和热辐射主要来自太阳辐射和地表面被加热后形成的二次辐射，中午前后太阳辐射强度可达 6.9 ~ 10.1kW/m²。下午 2 时左右气温可高于人体皮肤温度，加上太阳的热辐射，若劳动强度过大，则易发生日射病或热痉挛。

3.4.2 高温作业环境的卫生要求

车间工作地点和作业地带夏季空气温度规定见表 10.3-13 和表 10.3-14。

表 10.3-13 车间内工作地点①夏季气温规定

当地夏季通风室外计算温度/℃	22 及以下	23	24	25	26	27	28	29 ~ 32	33 及以上
工作地点与室外温差/℃	10	9	8	7	6	5	4	3	2

① 工作地点指工人为观察和管理生产过程而经常或定时停留的地点。

表 10.3-14 车间内作业地带①夏季气温规定

车间散热量/W·m⁻³	作业地带与室外温差/℃
<23	3
23 ~ 116	5
>116	7

① 作业地带指工作地点所在地面以上 2m 内的空间。

有些车间工作地点确受条件限制，在采用一般降温措施后，仍不能达到表 10.3-13 要求时，允许放宽 2℃，但应在工作地点附近设置工人休息室，休息室的温度不得超过室外温度。

夏季通风室外计算温度应按现行的 GB 50019—2003《采暖通风和空气调节设计规范》规定执行。

高温作业场所卫生学评价标准及高温作业分级标准可参阅卫生部标准 GBZ2—2002《工作场所有害因素职业接触限值》。

3.4.3 降温技术措施

夏季防暑降温应根据生产车间性质、车间建

筑形式、工艺布置等因素采取设备隔热、建筑物屋顶隔热、自然通风、机械通风及个人防护等措施。

1. 隔热 对高温热辐射车间，隔热是最有效和最经济的方法。当工作地点热辐射强度大于350W·m^{-2}时，应采取隔热措施。一般分为热绝缘和隔热屏蔽两种形式。热绝缘是采用导热性低的材料将发热体包覆，以减少热表面热辐射和对流强度。采用水冷却，也可以降低外表面的辐射强度。隔热屏蔽是用一定的遮挡材料作为屏挡，将辐射源与操作工人隔开，它是防护辐射热最有效的方法。

2. 自然通风 是利用空气的热压和风压进行通风换气的一种方法，广泛应用于热车间。一般是采用有组织的自然通风，即按照需要将一定量的空气，自厂房下部窗口流入，从上部窗口或天窗排出，通过调节窗口面积控制通风量。有组织的自然通风设备费用小，不耗费电力，管理方便。

自然通风依其作用范围分为全面自然通风和局部自然通风。

a. 全面自然通风 下部侧窗和外门进风，上部天窗或风帽排风。

（1）普通天窗：为保证足够的通风量，下侧进风窗下缘距室内地面宜采用0.6~0.8m，为保证排风效果，按风向变化应随时关闭迎风面窗口和开启背风面窗口。

（2）避风天窗：使室内空气稳定排出，能防止倒灌的天窗。一般下列情况应采用避风天窗：

1）夏热冬暖或夏热冬冷地区，车间散热量大于23W/m^{3}时；

2）其他地区，车间散热量大于35W/m^{3}时；

3）不允许气流倒灌的车间。

（3）风帽排风：当车间未设天窗而高侧窗又不能满足自然通风量时，可在屋顶上安装风帽作为排风口，风帽的数量应通过计算，一般采用筒形风帽。

b. 局部自然通风 当某些工作地点全面自然通风不能满足要求时，还需采取局部自然通风。局部自然通风是在热源或加热设备上方安装排气罩，将余热通过管道和风帽排出。局部自然通风的风帽应采用筒形风帽。

3. 机械通风 当自然通风不能满足室内降温要求时，应采用机械通风。

a. 机械排风 在屋顶设置屋顶通风机进行全面排风。

b. 局部送风 设置系统式局部送风时，工作地点的温度和平均风速按表10.3-15采用。

表10.3-15 工作地点的温度和平均风速

辐射强度/W·m^{-2}	温度/℃		风速/m·s^{-1}	
	冬季	夏季	冬季	夏季
<350	20~25	26~31	1~2	1.5~3
700	20~25	26~30	1~3	2~4
1400	18~22	25~29	2~3	3~5
2100	18~22	24~28	3~4	4~6

注：1. 轻作业时，温度采用表中较高值，风速采用较低值；重作业时，温度宜采用较低值，风速宜采用较高值；中作业时，其数值可按插入法确定。

2. 夏热冬暖或夏热冬冷地区，表中夏季工作地点的温度，可提高2℃；累年最热月平均温度低于或等于25℃的地区，可降低2℃。

空气中有害物浓度不超过卫生标准的车间，其作业点宜设置单体式局部送风，如吊扇、壁扇、落地扇、机床风扇等。

c. 冷却送风 某些高温作业地点，如浇注流水作业台、机械操纵间、起重机驾驶室等，可采取冷却送风。冷却送风的冷源可采用地下通道、深井水等天然冷源和制冷机、空调机组等人工冷源。

3.5 噪声与振动控制

3.5.1 噪声、振动的危害和评价标准

1. 噪声与振动的危害 声音是由物体振动而产生的，噪声是指声强和频率的变化无规律的杂乱无章的声音。长期接受高噪声会使人听力下降，甚至耳聋，称为噪声聋，并诱发神经系统、心血管系统、消化系统、内分泌系统和视觉器官等疾病；并能影响人们的正常工作、学习和休息，降低工作效率和质量，甚至由于噪声引起的疲劳或因掩蔽生产中必要的通信、报警信号而导致事故。

人体长期暴露在强振动下，会诱发神经系统、心血管系统、骨骼、听觉器官和人体机能障碍等疾病。噪声和振动还会损坏建筑物，并干扰仪器设备正常工作。

2. 噪声评价标准 噪声通常用 A 计权声级 (dB) 作为评价量。生产性噪声可根据噪声随时间分布情况分为连续噪声和间断噪声。连续噪声又可分为稳态噪声和非稳态噪声，随着时间变化声压波动小于 5dB 的称为稳态噪声，否则为非稳态噪声。噪声持续时间小于 0.5s，间隔时间大于 1s，声压有效值变化大于 40dB 的间断噪声称为脉冲噪声。稳态噪声可直接用 A 声级作为评价量；非稳态噪声可采用等效连续 A 声级。等效连续 A 声级的物理意义是一段时间的能量平均值。定义为

$$L_{1q} = 10\lg \frac{1}{T}\int_0^T 10^{0.1L_{pA}}\mathrm{d}t$$

式中 T——噪声作用的时间；

L_{pA}——噪声 A 声级的瞬时值 (dB)。

表 10.3-16 摘自 LD 80—1995《噪声作业分级》。

表 10.3-16 噪声作业级别

接触噪声时间/h ＼ A 声级范围/dB	≤85	~88	~91	~94	~97	~100	~103	~106	~109	~112	≥112
~1											
~2			0		I		II		III		IV
~4											
~8											

注：1. 级别代号 0、I、II、III、IV分别表示安全作业、轻度危害、中度危害、高度危害和极度危害区。

2. 新建、扩建、改建企业按表进行。

3. 现有企业暂时达不到卫生标准时，0 级可扩大至 I 级区，其余按表区别。

GB 12348—1990《工业企业厂界噪声标准》的数值（A 声级）见表 10.3-17。

GBZ 1—2002《工业企业设计卫生标准》规定：工业企业工作场所操作人员每天连续接触噪声 8h，噪声声级卫生限值为85dB（A）；不足 8h 的场合，可根据实际接触噪声的时间，按接触时间减半、噪声声级卫生限值增加 3dB（A）的原则确定其噪声声级限值。但最高限值不得超过115dB（A），见表 10.3-18。生产性噪声传播至非噪声作业地点的噪声声级卫生限值不得超过表 10.3-19 的规定。脉冲噪声作业地点的噪声声级卫生限值不应超过表 10.3-20 的规定。

表 10.3-17 工业企业厂界噪声标准

（单位：dB）

类 别	昼 间	夜 间
I	55	45
II	60	50
III	65	55
IV	70	55

注：I 类适用于居住、文教机关为主区域；II 类适用于居住、商业、工业混杂区及商业中心区；III 类适用于工业区；IV 类适用于交通干线两侧。

表 10.3-18 工作地点噪声声级的卫生限值

日接触噪声时间/h	卫生限值 [dB（A）]
8	85
4	88
2	91
1	94
1/2	97
1/4	100
1/8	103
最高不得超过115dB（A）	

表 10.3-19 非噪声工作地点噪声声级的卫生限值

地 点 名 称	卫生限值 [dB（A）]
噪声车间办公室	75
非噪声车间办公室	60
会议室	60
计算机室、精密加工室	70

表 10.3-20 工作地点脉冲噪声声级的卫生限值

工作日接触脉冲次数	峰值（dB）
100	140
1000	130
10000	120

3. 噪声测量标准 不同的机械设备有不同的测量标准，如 GB 10069—1988《旋转电机噪声测定方法及限值》、GB/T 1859—2000《往复式内燃机 辐射的空气噪声测量工程法及简易

法》、GB/T 1496—1979《机动车辆噪声测量方法》、GB/T 4215—1984《金属切削机床噪声声功率级的测定》、GB/T 4980—2003《容积式压缩机噪声的测定》等。

4. 振动评价标准　振动对人体产生的影响，与振动的加速度、频率、方向和持续时间等因素有关。生产性振动分为局部振动和全身振动。

GBZ1—2002《工业企业设计卫生标准》规定：工业企业局部振动作业，其接振强度 4h 等能量频率计权振动加速度不得超过 $5m/s^2$。日振动时间少于 4h 可按表 10.3-21 适当放宽；全身振动作业，其接振作业垂直、水平振动强度不应超过表 10.3-22 中的规定；受振动（1～80Hz）影响的辅助用室（办公室、会议室、计算机房、电话室、精密仪器室等），其垂直或水平振动强度不应超过表 10.3-23 中规定的卫生限值。

表 10.3-21　局部振动强度卫生限值

日接振时间/h	卫生限值/m·s^{-2}
2～4	6
～2	8
～1	12

表 10.3-22　全身振动强度卫生限值

工作日接触时间 /h	卫　生　限　值	
	dB（A）	m/s^2
8	116	0.62
4	120.8	1.1
2.5	123	1.4
1.0	127.6	2.4
0.5	131.1	3.6

表 10.3-23　辅助用室垂直或水平振动强度卫生限值

接触时间 /（h／日）	卫　生　限　值	
	dB（A）	m/s^2
8	110	0.31
4	114.8	0.53
2.5	117	0.71
1	121.6	1.12
0.5	125.1	1.8

3.5.2　噪声、振动控制技术[13]

1. 从声源上控制噪声　从声源上控制噪声是最好和最有效的方法。

（1）改变材质。选用发声小、内阻尼和内摩擦大的材料。材料内耗损系数增加 1 倍，可降低噪声 3dB 左右。如铸铁齿轮改用尼龙材料，一般可降低 4～5dB；45 钢改用减振合金（锰—铜—锌合金），可降低 27dB。

（2）改变零件结构。如直齿轮改用斜齿轮，可降低噪声 3～10dB；增加齿轮齿宽，减少直径，可降低 2～6dB；风机叶片由直片形改成后弯形，可降低 10dB；电动机冷却风扇从末端去掉 2～3mm，可降低 6～7dB。另外，对箱体件避免大平面（可加肋分割）和过小圆角向外辐射噪声。

（3）改变传动装置形式。齿轮传动改为带传动，可降低 16dB 左右；滑动轴承比滚动轴承噪声低 20dB（电动机用）；滚珠轴承比滚柱轴承低 5dB 左右；齿轮线速度降低一半，可降低 6dB；齿轮传动比选用非整数可降低 2～3dB。

（4）改革工艺和操作方法。把铆接改用焊接，锻造改成摩擦压力或液压加工，可降低噪声 20～40dB；发电等工业用锅炉，将高压蒸汽直接放空改为蒸汽回收，进入减温降压器，既可消除排气噪声，又可节约能源；锻造加热炉的高压喷油嘴改用燃气炉或低压喷油嘴喷油，可降低 10～20dB。

（5）提高加工精度和装配质量。齿轮转速在 1000r/min 条件下，当齿形误差从 17μm 降为 5μm 时，可降低 8dB；轴承滚珠加工精度提高一级，轴承噪声可降 10dB。

2. 吸声　在声源多而分散，混响声突出，工人较多的声场中，宜采用吸声降噪，其减噪量一般为 5～8dB。

a. 吸声材料及吸声结构　多孔性吸声材料及其吸声因数见表 10.3-24。

穿孔共振吸声，共振频率与板厚、穿孔百分率、穿孔板与壁面距离（空腔）等有关。应用于低频或中频（100～400Hz），需较高吸声因数的声场中。

薄板共振吸声结构由薄板及其后空气层组成，多用于吸收低频（80～300Hz）声。板厚和空腔距离大者效果好。

空间吸声体由多孔吸声材料或穿孔共振吸声结构制成悬挂体，从各方面吸声。其形式有圆球体、圆锥体、正方体和棱柱体等。

表 10.3-24 常用吸声材料的吸声因数

材料名称	厚度 /cm	密度 /kg·m⁻³	各频率下的吸声因数						产地
			125Hz	250Hz	500Hz	1000Hz	2000Hz	4000Hz	
超细玻璃棉	10	20	0.29	0.88	0.87	0.87	0.98		天津
（玻璃布护面）	15	20	0.48	0.87	0.85	0.90	0.99		
矿渣棉	6	240	0.25	0.55	0.78	0.75	0.87	0.91	北京
聚氨酯泡沫塑料	5	56	0.11	0.31	0.91	0.75	0.86	0.81	天津
工业毛毡	5	370	0.11	0.30	0.50	0.50	0.50	0.52	北京
木丝板	2		0.15	0.15	0.16	0.34	0.38	0.52	北京
甘蔗板	2	190	0.09	0.14	0.21	0.25	0.37	0.40	上海
微孔吸声砖	5.5	620	0.20	0.40	0.60	0.52	0.65	0.62	北京

注：摘自参考文献 [16] 第 473～483 页。

b. 吸声减噪效果估算 平均减噪量 ΔL 由下式确定：

$$\Delta L = 10\lg\frac{\overline{\alpha_2}}{\overline{\alpha_1}} = \frac{T_1}{T_2}$$

式中 $\overline{\alpha_1}$、$\overline{\alpha_2}$——车间原来的和吸声处理后的平均吸声因数；

T_1、T_2——车间原来的和吸声处理后的混响时间（s）。

3. 隔声 把声音隔绝起来是控制噪声最有效的措施之一。一般是将噪声大的设备全部密封起来，做成隔声间或隔声罩。隔声材料要求密实而厚重，如钢板、砖、混凝土、木板等。

a. 隔声材料的隔声量 对密实均匀的单层隔声材料，其平均隔声量 $\overline{TL}$（dB）可用下式近似估算：

$$\overline{TL} = 18\lg m + 8 \qquad (m > 100\,\text{kg·m}^{-2})$$
$$\overline{TL} = 13.5\lg m + 13 \qquad (m \leqslant 100\,\text{kg·m}^{-2})$$

式中 m——隔声材料的单位面积质量（kg·m⁻²），知道了 m 值，可从图 10.3-3 查到平均隔声量。

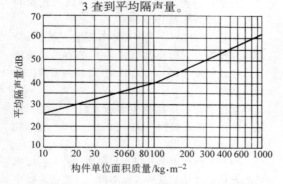

图 10.3-3 构件单位面积质量与平均隔声量

b. 隔声罩 隔声罩的一般结构见图 10.3-4。对全封闭的隔声罩，其噪声降低量为

$$NR = \overline{TL} + 10\lg\overline{\alpha}$$

式中 $\overline{TL}$——隔声罩各部分的平均隔声量（dB）；

$\overline{\alpha}$——隔声罩内饰面材料的平均吸声因数。

孔洞、缝隙对隔声量影响很大，若孔、隙面积占罩面积的 1/100 或 1/10 时，其隔声量不会超过 20dB 或 10dB。

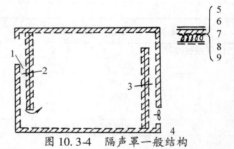

图 10.3-4 隔声罩一般结构

1—进气口 2—进气消声器 3—排气消声器 4—排风扇 5—钢板 6—阻尼材料 7—吸声材料 8—玻璃布 9—穿孔护面板

注：进气与排气消声器的结构与隔声罩结构相同。

c. 隔声室 一般用砖砌成，隔声墙的结构及其隔声量见图 10.3-5。噪声降低量由下式确定：

$$NR = \overline{TL} - 10\lg\frac{S_w}{S\,\overline{\alpha}}$$

式中 $\overline{TL}$——隔声墙（包括门、窗）的平均隔声量（dB）；

S_w、S——传声墙（即隔声墙）面积、隔声室总面积（按六面体计）（m²）；

$\overline{\alpha}$——隔声室平均吸声因数。

单层板、双层板和墙的隔声量参见参考文献[16] 555 页表 7-3。

4. 消声器 消声器是控制气流噪声的有效装置。它在气流通过时，减弱了噪声传播。消声器的种类及特点见表 10.3-25。

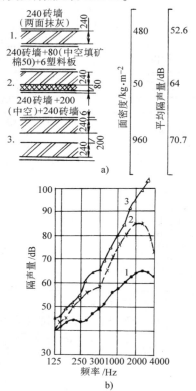

图 10.3-5 240mm 单层砖与双层砖墙
a）构造图 b）隔声性能

图 10.3-6 是消声器结构示意图。

5. 隔振和阻尼 控制振动的措施有：降低振源激发力、设备合理布局、采用隔振材料或隔振器、增加振动板件阻尼、在振动传递地层中采用隔振沟、采用个人防振用具等。在实际中采用最多的措施是隔振和阻尼。

隔振即在机器设备基础上安装隔振器或隔振材料，使机器设备和基础之间的刚性连接变成弹性连接。常用的隔振器和隔振材料及其特性见表 10.3-26。

表 10.3-25 消声器的种类及特性

类 型	消声原理	适用场合
阻性消声器	利用气流管道上的吸声材料实现消声	风机、鼓风机、空调系统等
抗性消声器	利用管道中阻抗变化使声波反射或干涉而降低管道向外辐射噪声	内燃机、空压机进气噪声控制中
阻抗复合消声器	阻性消声器和抗性消声器组合而成	声频带宽的管路系统进排气口上
扩散消声器	利用多孔板对高压气流进行节流、降压和扩散而降低喷注噪声	高压气体排气，如高压容器或锅炉上
有源消声器	利用电路系统对管道中噪声实施反相的干涉原系统中的噪声	在小范围内降低工频噪声，或单声源噪声

在隔振设计中，采用何种隔振器或隔振材料，主要决定于系统的固有振动频率。各类隔振器和隔振材料的固有振动频率和静态位移，见图 10.3-7。

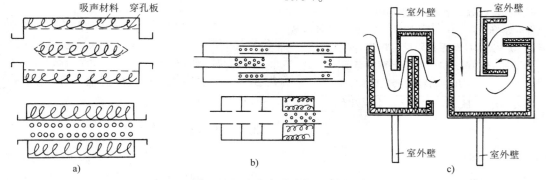

图 10.3-6 消声器结构示意图
a）风机消声器结构示意 b）空压机进气消声器结构示意（穿孔板上小孔相当于亥姆霍兹共振器）
c）通风口消声器结构示意（前置护面为 1mm 的穿孔钢板，也可用玻璃布或铁丝网等，后置多孔材料）

表 10.3-26 各类隔振器和隔振材料特性

种 类	频率范围	最佳工作频率	阻 尼	缺 点	应 用
金属螺旋弹簧	宽频	低频	很低，仅为临界阻尼0.1%	易传递高频振动	广泛采用
金属板弹簧	低频	低频	很低	—	特殊情况下采用
橡胶	决定于成分和硬度	高频	随着硬度增加而增加	载荷易受限制	仅次于弹簧
软木	决定于密度和厚度	高频	较低，为临界阻尼6%	—	不够广泛
毛毡	同上	高频	高	—	通常采用厚度为1~3cm
空气弹簧	决定于空气容积	低频	低	结构复杂	非常精密的仪器

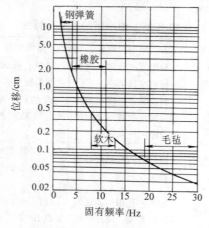

图 10.3-7 各类隔振器、隔振
材料的固有频率和静位移

为降低金属板件振动和辐射的噪声，常用的方法是附加阻尼，即在金属板的一面或两面涂上高内阻的阻尼涂料—自由阻尼层（拉伸型），若在阻尼涂料上再覆盖一金属片—约束阻尼层（剪切型），后者比前者效果好得多。自由阻尼层其阻尼涂料的厚度与板厚之比一般为1~3。阻尼性能用损耗因数 η 表示，η 值越大说明材料的阻尼性能越好。表10.3-27列出几种材料的损耗因数。表10.3-28为ZN系列阻尼涂料的主要性能。

**表 10.3-27 室温下声频范围内
几种材料的损耗因数**

材 料	损耗因数 η
铝	10^{-4}
黄铜 青铜	$< 10^{-3}$
砖	$1~2 \times 10^{-2}$
混凝土(轻质)	1.5×10^{-2}
混凝土(多孔)	1.5×10^{-2}
混凝土(重质)	$1~5 \times 10^{-2}$
铜	2×10^{-3}
软木	$0.13 \sim 0.17$

（续）

材 料	损耗因数 η
玻璃	$0.6 \sim 2 \times 10^{-3}$
石膏板	$0.6 \sim 3 \times 10^{-2}$
铅	$0.5 \sim 2 \times 10^{-3}$
镁	10^{-4}
石块	$5 \sim 7 \times 10^{-3}$
木	$0.8 \sim 1 \times 10^{-2}$
灰泥、熟石膏	5×10^{-2}
有机玻璃	$2 \sim 4 \times 10^{-2}$
胶合板	$1 \sim 1.3 \times 10^{-2}$
沙(干燥)	$0.6 \sim 0.12$
钢、生铁	$1 \sim 6 \times 10^{-4}$
锡	2×10^{-3}
木纤维板	$1 \sim 3 \times 10^{-2}$
锌	3×10^{-4}

注：摘自文献[17]第240页。

表 10.3-28 ZN 系列阻尼涂料的主要性能

牌 号	最大阻尼损耗因子 β_{max}	β_{max} 对应的切变模量 G/MPa	温度范围 $\Delta T_{0.7}$/℃
ZN-1	1.40	1.6	$-15 \sim 50$
ZN-2	1.10	4.0	$-14 \sim 47$
ZN-3	1.10	4.0	$-14 \sim 47$
YZN-4	1.45	2.8	$-21 \sim 70$
YZN-5	1.85	3.5	$-15 \sim 50$
YZN-6	1.85	4.1	$10 \sim 75$

注：摘自参考文献[18]第59页。

阻尼涂料由基料（沥青、橡胶、环氧树脂等）和填料（石棉绒、石墨、碳酸钙、硅石等）组成。沥青阻尼涂料的配方（质量分数）：沥青57%、胺焦油23.5%、熟桐油4%、蓖麻油1.5%、石棉绒14%，汽油适量。

3.6 电磁辐射防护

电磁辐射的频谱为 $10^5 \sim 10^{24}$ Hz。按生物学作用不同，分电离辐射（宇宙线、放射线）和非电离辐射（紫外线、可见光、红外线、激光和射频辐射）。电磁辐射作业安全标准见 GBZ 1—2002、

GBZ 2—2002、GB 10437—1989、GB 8702—1988、GB 9175—1988、GB 4792—1984 等。

3.6.1 非电离辐射

1. 射频辐射　机械工作中射频技术主要用于：高频感应加热（高频感应加热淬火、熔炼、焊接、切割及半导体材料加工等），使用频率 300kHz～3MHz；高频介质加热（塑料制品热合、木材烘干等），使用频率 10～30MHz；微波加热（精密铸造脱蜡、木材、漆品干燥等），使用频率 3～300GHz。主要辐射场源有：高频变压器、馈电线、感应器或工作的电容、耦合电容器、振盈回路、观察窗、缝隙等。

2. 高频电磁场的防护

（1）场源的屏蔽，屏蔽材料可用铁、铝、铜，铝最佳。屏蔽应接地；

（2）远距离或自动化操作；

（3）合理的车间布置，使场源远离操作岗位和休息室。

3. 微波的防护

（1）吸收，如安装等效天线，室内上下四周敷设微波吸收材料；

（2）合理配置工作位置，处于辐射强度最小方向的部位。

（3）采用个人防护用品。

4. 紫外线的防护[21]

（1）防护屏蔽（滤紫外线罩、挡板等）；

（2）个人防护用品（防紫外线面罩、眼镜、手套和工作服等）的防护。

5. 红外线（热辐射）的防护[21]　接触热辐射作业有炼钢、铸、锻、焊接和热处理等。主要是尽可能采用机械化、遥控作业，避开热源，采用隔热保温层、反射性屏蔽（铝箔制品、铝挡板等）。个人防护用品（穿戴隔热服、防红外线眼镜、面具等）。

6. 激光的防护

（1）优先采取用工业电视、安全观察孔监视的隔离操作；

（2）作业场所应采用暗色吸光材料；

（3）整体光束通路应完全隔离，必要时设置密闭式防护罩；

（4）设局部通风装置；

（5）激光装置宜与所需高压电源分室布置；

（6）戴有边罩的激光防护镜和穿白色防护服。

3.6.2 电离辐射

能引起物质电离的辐射称电离辐射。其频率大于 10^{16} Hz。在机械制造业中，电离辐射主要有放射性同位素、放射源、X 射线光机和加速器。

1. 外照射防护

a. 外照射防护的基本原则

（1）选择低强度的放射源。

（2）对操作者进行严格的操作训练。

（3）对使用强放射性工作，要采取事故预测和处理的措施。

（4）选择监测手段。

（5）估算工作人员在被照射时间内，可能接受的剂量。

（6）采取有效的防护方法。

b. 防护方法

（1）缩短受照射时间。

（2）增大距放射源的距离，如利用远距离操作器械来操作。

（3）采用屏蔽物质。α 粒子可不考虑屏蔽，因其穿透力弱；β 射线可用几毫米厚的金属板，或 2cm 厚的玻璃、有机玻璃、塑料板；γ 射线、X 射线穿透力强，其屏蔽材料常用铅、铁和混凝土等，γ 射线防护屏的材料厚度见表 10.3-29。

（4）个人防护。

表 10.3-29　γ 射线防护屏的材料厚度

屏蔽材料	减弱因数	屏蔽厚度/cm			
		500×10^3 eV	100×10^4 eV	200×10^4 eV	300×10^4 eV
混凝土	10	23	28	36	44
	100	38	49	66	79
	1000	53	69	92	110
铁	10	7	9	11	12
	100	11	15	19	22
	1000	16	21	28	32
铅	10	2	4	6	7
	100	4	8	12	12
	1000	5	11	16	18

2. 内照射防护　内照射指进入人体内的放射性核素作为辐射源对人体的照射。防护的基本措施：

（1）工作区采取密闭作业，防止污染物的散布。

（2）除污保洁。

（3）个人防护。

3.7 工业废水防治

3.7.1 乳化液废水

1. 乳化液废水的来源与性质 乳化液废水系指含有乳化油（或乳化液）及类似的由表面活性剂与油品所形成的呈乳化状态高度分散的含油废水。

乳化液根据不同来源与性状可分三类：

（1）金属切削、拨丝、压延等加工工序排出的报废水溶性切削液。一般有三种：

1）乳化液。油与水组成的均匀分散体系。分水包油型（用 O/W 表示）和油包水型（用 W/O 表示）两种。机械加工工艺一般采用水包油型。为了形成稳定的乳化液，需加入乳化剂，它是一种表面活性剂。此外，根据工艺对乳化液的不同要求，还需要加入不同的添加剂，其成分和配方较为复杂。

2）合成切削液。也称水剂切削液，它是不含油脂的化学合成切削液，主要由合成表面活性剂、防锈剂、消泡剂、防腐剂等组成。污染程度比乳化液稍低。

3）无机盐溶液。最具代表性的是苏打水，其主要成分除碳酸钠外，还常加有亚硝酸钠、防锈剂及清洗剂或其他表面活性剂，其浓度和乳化程度比乳化液低得多。

以上 3 种切削液都含有大量金属切屑和磨屑等渣质。

（2）液压传递系统及内燃机润滑系统排放的废乳化液。一般含乳化油质量分数 0.5% ~ 1.0%，添加剂很少，基本无渣质。

（3）工件清洗与防锈工序排放的清洗液与防锈液。主要成分是碱（Na_2CO_3 或 NaOH）与清洗剂（表面活性剂），其化学耗氧量（COD）和有机物质量分数以及 pH 值均较高，含有较多泥沙及脏物。

2. 乳化液废水的综合防治措施

（1）改革工艺装备，尽可能选用无油或油与 COD 污染程度低、寿命长又易于处理的切削液。

（2）加强乳化液的管理，减少废液排放量。

（3）乳化液废水与其他废水分流，单独处理。

3. 乳化液废水的处理

a. 乳化液废水处理 乳化液废水处理需经过两个步骤：①破乳除油；②水质净化。常用的几种破乳方法见表 10.3-30。

表 10.3-30 四种破乳方法的处理效果和特点比较

方法	药剂名称	投药量	水质	沉渣	油质	说明
盐析法	氯化钙、氯化镁、硫酸钙、硫酸镁、氯化钠	二价药为 1.5% ~ 2.5%，一价药为 3% ~ 5%	不清晰透明，含油量 20 ~ 40g/L，耗氧量 400 ~ 2000mg/L	絮状沉渣很少	棕黄色清亮	油质好，便于再生，投药最高，水中含盐量大，水浑油，需加混凝剂澄清处理
混凝法	聚合氯化铝、硫酸铝	4% ~ 10%	清晰透明，含油量 15 ~ 50mg/L，耗氧量 400 ~ 2000mg/L	絮状沉渣很少	粘胶状、絮状及油状，含有氢氧化物浮渣	投药量少，一般工厂均适用。水质好，油质一般较差，粘厚、水分多，再生较麻烦
盐析混凝法	综合盐析法和混凝法的任何一种药剂	投盐 3% ~ 8%，凝聚剂 2% ~ 5%	同混凝法	絮状沉渣很少	稀糊状	投药量中等，破乳能力强，适应性广泛。对难于破乳的乳化液尤为适宜
酸化法	废硫酸、废盐酸和石灰	约为废水 7% 左右	不清晰透明，含油量 20mg/L 以下，耗氧量低于其他方法	约为 10% 左右	棕红色清亮	经中和处理后水质较好，可做到以废治废，但污泥多，可用于本厂有废酸的工厂

破乳后的油水分离常用的方法有自然上浮法、混凝沉淀法、溶气气浮法、电解气浮法、粗粒化法等。

乳化液经破乳后水中仍有不少有机物，需进行第二步水质净化。水质净化常用活性炭吸附法和生化处理法。由于乳化液废水有机成分极为复杂，耗氧量很高，一般在 1000 ~ 2000mg/L 以上，因此，单独采用生化法或活性炭吸附法都难以达到预期效果，最佳处理流程是活性炭—生物处理法结合的方法。

b. 清洗液废水处理 对清洗液的治理，目前多采用中和后分离净化的措施。具体步骤如下：

（1）中和。采用酸化处理调节废水的 pH 值效果明显，当 pH = 2 ~ 3 时，COD 去除率可达 90%。

（2）凝聚。向酸化后的清洗液投入凝聚剂回调 pH 值。不同的凝聚剂及投药量对清洗液废水处理效果影响很大。其中碱式氯化铝和聚合铁处理效果较好，具有 COD 去除率高、固液分离容易等特点。

（3）二次凝聚。经初级凝聚处理后的清洗液废水其剩余 COD 含量仍很高，需进行第二次凝聚处理，但不宜采用与第一次相同的药剂。采用 H_2O_2 是一种有效的处理方法。

对乳化液废水的处理，目前已有定型处理设备。而这些设备又多采用几种处理方法联合治理的工艺。因此，不仅处理效率高，而且可用于多种工业废液的治理。

3.7.2 其他工业废水

机械制造工厂产生的工业废水除上述乳化液废水外，还有大量毒性较高的工业废水。如电泳涂漆线废水、电镀废水、含铅废水、含汞废水、煤气站洗涤废水等。对这些工业废水的治理工艺流程一般都比较复杂，治理标准要求也较高。具体方法可参阅环境保护技术有关资料。

4 个人防护用品

个人防护用品是保护劳动者在劳动生产过程中安全和健康的一种必须的预防性辅助装备。但在一定条件下，如作业环境恶劣、工程技术措施和安全设施起不到应有作用，以及在事故抢救、剧毒物操作、救护等场合下，则个人防护用品就成为主要的防护措施。

4.1 个人防护用品分类

个人防护用品必须符合国家制定的各种劳动防护用品的安全卫生技术标准。个人防护用品的分类及特性见表10.4-1。

表 10.4-1　个人防护用品分类及特性

类　别	特　性	备　注
1　防飞来物的用品	保护眼睛、面部、头部及易受伤害部位	
1.1　防冲击眼具及护目镜 （1）防冲击眼护具	防铁屑、灰砂、碎石等物	
（2）焊接眼面防护镜（GB/T3609.1—1994）	防弧光、紫外线、红外线辐射	塑料、玻璃钢、藤条及竹编等材料
（3）炉窑护目镜和面罩（LD66—1994）	防弧光、紫外线、红外线辐射	
1.2　安全帽（GB2811—1989）	保护头部或减缓外来物冲击伤害	
1.3　防护靴（鞋）电绝缘鞋通用技术条件（GB 12011—2000）；防静电鞋、导电鞋技术要求（GB 4385—1995）	防砸、防静电和导电、防酸碱、防水等	

（续）

类　别	特　性	备　注
1.4　其他	防身体部位受冲击物作用	护腿、护胸等
2　呼吸系统的防护用品	防粉尘、有害气体、蒸汽、烟雾、气溶胶等	
2.1　防尘用品 （1）自吸过滤式防尘口罩通用技术条件（GB/T2626—1992）	阻尘率85%～99%	简易式、复式、其他头部面罩
（2）自吸过滤式防微粒口罩（GB/T6223—1997）	机械送风，用于高浓度粉尘环境	口罩式、面罩式、头盔式
（3）长管面具（GB6220—1986）	用于有害气体、蒸汽、粉尘和烟雾，活动范围受限制	送风式和自吸式，适用于流动性小或定点作业的岗位
2.2　防毒面具 （1）过滤式防毒面具通用技术条件（GB2890—1995）	防有害气体、蒸汽、气溶胶	全面罩（头罩式）、头带式）、半面罩
（2）隔离式呼吸器	用于毒物性混杂、浓度过高、带菌、缺氧	自给式、送风式、自吸式
3　防热灼伤和化学灼伤的用品		
3.1　高温防护服装	用于高温、高热或辐射热	石棉布、白帆布、铝膜布、克纶布、阻燃布等
3.2　防化学灼伤用品	用于酸碱、矿植物油类、化学物质	塑料、橡胶、涂料做成防护服、手套等
3.3　防腐工作服	防酸、碱及气雾	毛织品、天然橡胶、烯烃聚乙烯薄膜等
4　防噪声用品	用于噪声超标环境	耳塞、耳罩、防声帽盔

（续）

类 别	特 性	备 注
5 电离辐射防护与辐射源安全基本标准（GB 18871—2002）	防 α、β、γ 等各种射线	防放射性服、有机玻璃面罩、眼罩、操作箱、铅玻璃眼镜

4.2 呼吸系统防护用品的选择和维护保管

呼吸系统防护用品很多，应根据现场条件、空气中含氧量、有害物质的毒性和浓度等条件进行选用，见图 10.4-1。不正确选择，容易发生严重事故。

防护用品应存放在清洁、干燥和温度适宜的地方，应设专人负责发放、维修和消毒，并经常检查使用情况。超过存放期的，要封样送专业部门检查，合格后方可延期使用。为了充分发挥防毒用具的作用以确保安全，应对使用人员进行必要的训练，熟悉所用的防毒用具的性能和掌握操作要领。

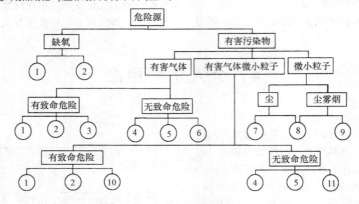

图 10.4-1 呼吸系统防护用品的选择

1—氧气呼吸器 2—带送风机软管面具 3—过滤式防毒面具 4—压缩空气软管面具 5—自吸式软管面具 6—过滤式防毒口罩 7—防尘口罩 8—各种软管面具 9—防尘口罩（超细纤维） 10—带特殊滤料防毒面具 11—带特殊滤料防毒口罩

参 考 文 献

[1] 机械工程手册电机工程手册编辑委员会 . 机械工程手册：综合技术与管理卷 [M] . 2 版 . 北京：机械工业出版社，1996.

[2] 郭青山，汪元辉 . 人机工程设计 [M] . 天津：天津大学出版社，1994.

[3] 机械电子工业部质量安全司 . 机电工厂安全性评价指南 [M] . 北京：机械工业出版社，1991.

[4] 汪元辉 . 安全系统工程 [M] . 天津：天津大学出版社，1999.

[5] 国家机械工业委员会质量安全监督司 . 事故树分析与应用 [M] . 北京：机械工业出版社，1986.

[6] 世界银行/国际信贷公司 . 工业污染评价技术手册 [M] . 李民权，等译 . 北京：中国环境科学出版社，1992.

[7] 苏汝维，王风江 . 安全生产与劳动保护实用大全 [M] . 北京：中国物价出版社，1996.

[8] 孙桂林 . 机械安全手册 [M] . 北京：中国劳动出版社，1993.

[9] 李之光，范柏樟 . 工业锅炉手册 [M] . 天津：天津科学技术出版社，1990.

[10] 王广生 . 石油化工原料与产品安全手册 [M] . 北京：中国石油化工出版社，1996.

[11] 吕沅申，王志民 . 安全监控技术 [M] . 成都：四川科学技术出版社，1998.

[12] 陆耀庆 . 实用供热空调设计手册 [M] . 北京：中国建筑工业出版社，1993.

[13] 韩润昌 . 隔振降噪产品应用手册 [M] . 哈尔滨：哈尔滨工业大学出版社，2003.

[14] 铸造防尘技术规程指南编写组 . 铸造防尘技术规程指南 [M] . 北京：机械工业出版社，1989.

[15] 陈安之 . 作业环境空气检测技术 [M] . 北京：北京经济学院出版社，1991.

[16] 方丹群，等 . 噪声控制 [M] . 北京：北京出版社，1986.

[17] 马大猷 . 噪声控制学 [M] . 北京：科学出版社，1987.

[18] 戴德沛 . 阻尼减振降噪技术 [M] . 西安：西安交通大学出版社，1986.

第 11 篇　电工与电子技术

主　编　吉崇庆
审 稿 人　董宝亮

1　电工技术基础

1.1　电和磁的基本量[1]

1.1.1　电荷与电量守恒

电荷是物质的固有属性之一。自然界没有脱离物质而单独存在的电荷。电荷的数量称为电荷量，用符号 Q 表示，单位为库仑（C）。电荷有正、负两种。

电子是目前已知的最小带电体，一个电子的电荷量等于 -1.602×10^{-19} C。因此负电荷总是和电子相联系；正电荷则是与失去电子的原子、原子团或分子相联系的。

电荷既不能被创造，也不能被消灭，只能被转移（分离或中和），电荷在转移前后其总电荷量不变，这个规律称为电荷量守恒定律。

1.1.2　电的基本物理量

电荷周围存在着电场，电场是一种特殊形态的物质。电场具有能量。电荷置于电场中任一点都将感受作用力，称为电场力，其符号为 F，单位为 N。电的其他基本物理量见表 11.1-1。

表 11.1-1　电的基本物理量

名称	定　义	公　式	单位	说　　明
电场强度	单位正电荷在电场中某点所受的电场力称为该点的电场强度，用 E 表示	$E = \dfrac{F}{Q}$	N/C 或 V/m	电场强度是一个矢量，其方向是正电荷在该点受力的方向
电位	在电场中以任意点 P 作参考点，单位正电荷在电场力作用下从电场中 a 点移到 P 点，电场力所做的功，称为 a 点电位 V_a	$V_a = \int_a^p E\mathrm{d}l$	V	电位为标量，其值随所选参考点而异，与电荷移动路线无关。参考点电位规定为零（电力系统常以地为参考点，电子线路常以公共点为参考点）
电压	单位正电荷在电场力作用下，从 a 点移到 b 点，电场力所做的功称为 a、b 两点间电压	$\begin{aligned} U_{ab} &= \int_a^b E\mathrm{d}l \\ &= \int_a^p E\mathrm{d}l - \int_b^p E\mathrm{d}l \\ &= V_a - V_b \end{aligned}$	V	也称 a、b 两点间电位差
电动势	电源中非静电力对电荷做功的能力，在数值上等于非静电力把单位正电荷从电源低电位端 b 移到高电位端 a 所做的功	$e_{ba} = \int_b^a F_0\mathrm{d}l$	V	是表示电源特征的物理量，恒定的电动势用 E 表示 F_0——非静电力，也称电源力（N）
电流	单位时间内流过某导体截面的电量称为电流	$i = \dfrac{\mathrm{d}Q}{\mathrm{d}t}$ 对恒定电流 $I = \dfrac{Q}{t}$	A 或 Q/s	t——时间（s） I——电流（A） 习惯把正电荷移动的方向规定为电流的正方向
电流密度	垂直于电流方向的单位面积中所流过的电流	$J = \dfrac{I}{A}$	A/m²	A——截面积（m²）
电功	电荷量为 Q 的电荷在电场力的作用下，从 a 点移到 b 点电场力所做的功	$W = UQ = \int ui\mathrm{d}t$ 在恒压恒流时 $W = UQ = UIt$	J	U——a、b 两点间电压（V） $1\mathrm{J} = 1\mathrm{W} \cdot \mathrm{s}$
电功率	单位时间内电场力所做的功	$p = \dfrac{\mathrm{d}W}{\mathrm{d}t} = ui$ 对恒定的直流电 $P = \dfrac{W}{t} = UI$	W	

1.1.3 磁场

运动电荷、载流导体或变化的电场的周围存在着一种特殊形态的物质，称为磁场。磁场具有能量。

1.1.4 磁的基本物理量

磁的基本物理量见表 11.1-2。

表 11.1-2 磁的基本物理量

名称	定 义	公 式	单位	说 明
磁感应强度	1. 单位电荷以单位速度向与磁场方向相垂直的方向运动所受的力 2. 单位面积 A 内通过的磁力线数 ϕ，也称磁通密度	$B = \dfrac{F}{qv}$ $B = \dfrac{\phi}{A}$	T	磁感应强度是表征磁场中某点性质的物理量，其数值表示该点磁场的强弱，其方向就是该点的磁场方向。若磁场内各点磁感应强度大小相同、方向一致，称为均匀磁场
磁通量（或磁通）	磁感应与垂直于磁场方向面积元的乘积的总和	$\phi = BA$	Wb	左式表示在均匀磁场中通过垂直于磁场面积为 A 的磁通
磁链	与线圈相环链的磁通和线圈匝数的乘积	$\psi = N\phi$	Wb	左式表示 N 匝线圈都环链相同的磁通 ϕ 时的磁链
磁导率	磁导率 μ 是表征物质的导磁性能的一个物理量。某一物质的磁导率 μ 与真空的磁导率 μ_0 之比，称为该物质的相对磁导率 μ_r	$\mu_r = \dfrac{\mu}{\mu_0}$	1	真空磁导率 $\mu_0 = 4\pi \times 10^{-7} \mathrm{H/m}$ 非磁性材料（如空气、木材、玻璃、铜、铝等）的 $\mu_r \approx 1$。磁性材料（铁、钴、镍及其合金）的磁导率 μ 不是常数，是与磁场强度 H 或磁感应 B 的数值有关的变量，并且远大于 μ_0
磁场强度	1. 磁场强度的大小在数值上等于磁感应与磁导率之比 2. 表征在磁场中某点励磁作用的强弱和方向，用来确定磁场和电流的关系，由安培定律得右式	$H = \dfrac{B}{\mu}$ $H = \dfrac{IN}{l}$	A/m	磁场内某点的磁场强度 H 与电流 I、线圈匝数 N 及该点几何位置有关，l 为磁路长（m），与磁场介质无关
磁动势	产生磁通的磁化力，用 F_m 表示	$F_m = NI$	A	
磁阻	表征物质对磁通具有的阻碍作用，用 R_m 表示	$R_m = \dfrac{l}{\mu A}$	H^{-1}	μ——物质的磁导率（H/m） A——磁路的截面积（m²） l——磁路的长度（m）
磁导	磁阻的倒数，用 $\wedge$ 表示	$\wedge = \dfrac{1}{R_m}$	H	

1.2 电路参数

电路是提供电流流通的路径，它由电工和电子元件所组成。

1.2.1 电阻和电导

1. 电阻 电荷在导体内移动时，导体阻碍电荷移动的能力称为电阻。电流通过电阻时将电能转变为热能，它是不可逆的耗能元件。

电阻元件上电压与电流之间的关系曲线，称为 V-A 特性曲线，如图 11.1-1 所示。

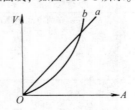

图 11.1-1 电阻元件的 V-A 特性
a—线性电阻 b—非线性电阻

线性电阻满足欧姆定律，即

$$R = \frac{U}{I}$$

非线性电阻不能满足欧姆定律，其 V-A 特性是一条曲线，不同电压下电阻值是不同的。

具有均匀截面 S、长度 l、电阻率 ρ 的导体，其电阻值 R 为

$$R = \rho \frac{l}{S}$$

2. 电阻的温度系数 电阻与温度有关。在一般的工业温度范围内，导体电阻与温度的关系可以认为是线性的，用下式表示

$$R_2 = R_1 + R_1\alpha(t_2 - t_1)$$

式中 R_1——温度为 t_1 时导体的电阻；

R_2——温度为 t_2 时导体的电阻；

α——以温度 t_1 为基准时导体的电阻温度系数。

绝大多数金属的电阻都随温度增加而增大，

即 α 是正值。而电解液、碳和半导体的电阻都随温度增加而减小，它们的 α 是负值。表 11.1-3 中列出部分金属和石墨等的 ρ 与 α 值。

根据电阻随温度变化的特性，常借助于测量电工设备中绕组电阻值变化来确定其平均温度，也常选用电阻温度系数很小的材料制造电阻值需要稳定少变的电阻器。

3. 电导与电导率　衡量导体传导电流能力的物理量称为电导 G，它是电阻的倒数，单位为西门子（S）。

$$G = \frac{1}{R}$$

电导率 γ（S/m）是电阻率 ρ 的倒数，即

$$\gamma = \frac{1}{\rho}$$

4. 导体、绝缘体和半导体　根据电阻率的大小，可将物质分为三类：

a. 导体　$\rho < 10^{-7}\,\Omega \cdot m$，包含金属及酸、碱、盐的水溶液。

b. 绝缘体　$\rho > 10^7\,\Omega \cdot m$。

c. 半导体　$10^{-7} < \rho < 10^8\,\Omega \cdot m$。

1.2.2　电感

在电路中，电感元件将电能转变为磁场能，它是储能元件。电感表征它的储能的能力。电感包括自感与互感，有时自感也称为电感，用 L 表示，单位为亨利（H）。

1. 自感　载流线圈的磁链 ψ_m 与所通过电流 i 的比值称为自感系数，简称自感。

$$L = \frac{\psi_m}{i}$$

当线圈通过电流 i 时，其中磁场储能（J）为

$$W = \frac{1}{2}Li^2$$

自感表明一个线圈产生磁链、即储存磁能的能力，它的大小与线圈的匝数平方、线圈尺寸、形状有关，并与所在的磁场导磁物质的磁导率成正比。

表 11.1-3　金属材料和石墨的电阻率和温度系数

材　　料	银	铜	铝	铂	铁	锰铜	康铜	镍铬铁	铝铬铁	石墨	碳
20℃时电阻率 $\rho/\Omega \cdot mm^2 \cdot m^{-1}$	0.0162	0.0167	0.0282	0.105	0.100	0.20 ~ 0.43	0.40 ~ 0.51	1.0 ~ 1.2	1.3 ~ 1.4	8 ~ 13	35
0 ~ 100℃时电阻温度、系数 $\alpha/℃^{-1}$	0.0038	0.00426	0.00439	0.0039	0.005	2×10^{-5}	4.5×10^{-5}	15×10^{-5}	5×10^{-5}	−0.0005	−0.0005

对于一定的空心线圈，ψ_m 与 i 成正比，L 为常数，称为线性电感。而对于铁心线圈，由于铁心的磁导率不是常数，ψ_m 与 i 不成正比，L 是随 i 而变的变量，称为非线性电感。由于铁心磁导率远大于空气，因此当电感量相同时，带铁心的电感尺寸比空心电感小得多。

2. 互感　是表征两个电感元件之间磁联系的一个参数，以 $M(H)$ 表示，其定义为

$$M_{21} = \frac{\Phi_{21}}{i_1}$$

式中　Φ_{21}——线圈 1 中电流 i_1 产生的与线圈 2 交链的磁链，如图 11.1-2 所示。

同理有

$$M_{12} = \frac{\Phi_{12}}{i_2}$$

而且　$M_{21} = M_{12} = M$。

M 称为互感。互感有正、负值，当两个电流从同名端流入时为正，它们产生的磁通是相互助长的，同名端在接线图中用"·"标记。如两个线圈电流之一从非同名端流入，则产生磁通是相互减弱的，此时互感 M 是负值。

互感与两线圈匝数 N_1 和 N_2 的乘积成正比，并与两线圈形状、相互位置以及周围介质的磁导率有关。

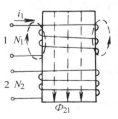

图 11.1-2　互感

1.2.3　电容

电容器将电能转变为电场能，它是储能元

件。电容是表征电容器储能能力的参数。如果在电容器两极板间施加电压 u，则电容器被充电，在两极板上分别出现数量相等而符号相反的电荷。电荷量 q 与电压 u 的比值称为该电容器的电容 C，单位为法拉（F）。

$$C = \frac{q}{u}$$

电容器充电后，其电场储能 $W(\mathrm{J})$ 为

$$W = \frac{1}{2}Cu^2$$

电容大小与两极板导体的形状、大小、相对位置有关，并与两导体间绝缘材料的介电常数 ε 成正比。

介电常数 ε 是表示绝缘材料电性能的物理量。真空介电常数 $\varepsilon_0 = 8.85 \times 10^{-12}\,\mathrm{F/m}$，某一绝缘材料的介电常数 ε 与真空介电常数 ε_0 之比称为该绝缘材料的相对介电常数 ε_r。如果选用 ε_r 较大的绝缘材料做极间介质，则电容器尺寸可做得较小。表 11.1-4 列出几种绝缘材料的 ε_r 值。

表 11.1-4　几种绝缘材料的相对介电常数 ε_r

材料	空气	电容器油	蓖麻油	白云母	聚丙烯薄膜	高钛氧瓷
$\varepsilon_r = \dfrac{\varepsilon}{\varepsilon_0}$	1.0	2.1~2.3	4.2	5.4~8.7	2.0~2.2	60~160

1.2.4　电路元件的串联与并联（表 11.1-5）

表 11.1-5　电路元件的串联与并联

元件名称	串　　联	并　　联
电阻	 总电阻 $R = R_1 + R_2$	 总电阻 $R = \dfrac{R_1 \times R_2}{R_1 + R_2}$
电感	 $M>0$　　$M<0$ 总电感 $L = L_1 + L_2 + 2M$	 $M>0$　　$M<0$ 总电感 $L = \dfrac{L_1 L_2 - M^2}{L_1 + L_2 - 2M}$
电容	 总电容 $C = \dfrac{C_1 \times C_2}{C_1 + C_2}$	 总电容 $C = C_1 + C_2$

1.3　电磁的基本定律

1.3.1　右手螺旋定则

磁场方向与产生该磁场的电流方向之间的关系，可用右手定则决定（见图 11.1-3）。

1.3.2　安培定律——电磁力

载流导线在磁场中所受的力称为电磁力或安培力。如果在导线长度为 l 的范围内磁场是均匀的，并且磁感应 B 与导线垂直，则电磁力 $F(\mathrm{N})$ 的大小为

$$F = BlI$$

式中　B——导线所在处磁感应强度（T）；

　　　l——导线在磁场中有效长度（m）；

　　　I——导线中电流（A）。

电磁力的方向可用左手定则决定，如图 11.1-4 所示。

1.3.3　电磁感应定律（法拉第—楞次定律）

1. 回路的感应电动势　当与回路环链的磁通发生变化时，回路内会产生感应电动势。如果规定感应电动势的正方向与磁通的正方向符合右手螺旋定则，感应电动势 $e(\mathrm{V})$ 可用下式表示

$$e = -\frac{\mathrm{d}\psi_m}{\mathrm{d}t}$$

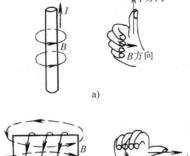

图 11.1-3 右手螺旋定则
a）载流直导线 b）载流螺旋线圈

图 11.1-4 左手定则

当回路磁链增大时感应电动势为负值，即由电动势产生的感应电流企图使磁链减小，这也就是楞次定律所表达的概念。

2. 直导线中的感应电动势 当导线与磁场作相对运动且切割磁力线时，如果导线、磁场与导线运动方向三者互相垂直，并且是均匀磁场，导线中感应电动势可写为

$$e = Blv$$

式中　B——导线所在处的磁感应强度；

　　　l——导线在磁场中的有效长度；

　　　v——导线的运动速度。

感应电动势的方向用右手定则决定，见图 11.1-5。

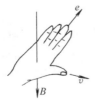

图 11.1-5 右手定则

3. 自感电动势 当线圈中的电流发生变化时，由这个电流产生的磁通也发生变化，因此线圈中也产生感应电动势，此电动势称为自感电动势。如果该线圈的电压、电流正方向一致，磁通与电流正方向按右手螺旋定则规定，则自感电动势为

$$e_L = -\frac{\mathrm{d}\psi_\mathrm{m}}{\mathrm{d}t}$$

若线圈内的磁通 ϕ 与电流 i 成正比，则自感 L 为常数，自感电动势又可写为

$$e_L = -L\frac{\mathrm{d}i}{\mathrm{d}t}$$

1.3.4 全电流定律

磁场强度矢量沿任一闭合的路径的线积分，等于这个路径所包围的电流的代数和。即

$$\oint H\mathrm{d}l = \Sigma I$$

凡电流方向与回路 l 的循行方向合乎右手螺旋定则的电流为正，反之为负（如图 11.1-6 中 I_1、I_2 为正，I_3 为负）。

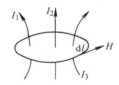

图 11.1-6 全电流定律

1.3.5 焦耳-楞次定律

电流 I 通过电阻 R，电阻吸收电能并转变为热能，在时间 t 内，电阻中产生的热量 Q（J）为

$$Q = I^2Rt$$

式中　I——通过电阻的电流（A）；

　　　R——电阻（Ω）；

　　　t——电流通过电阻的时间（s）。

1.3.6 欧姆定律

流过电阻 R 的电流 i 与电阻两端电压 u 成正比。即

$$i = \frac{u}{R}$$

式中　u——电阻两端的电压（V）；

　　　R——电阻（Ω）。

在直流电路中：

$$I = \frac{U}{R}$$

在一段有源元件电路中，通过的电流 I 不仅

与外加电压有关，而且也与电动势的作用有关，见表 11.1-6。

1.3.7 基尔霍夫定律

1. **基尔霍夫第一定律** 又称电流定律。根据电流连续性原理，对任意节点（电路中会聚三条或更多条导线的点）而言，流入节点的电流总和必等于流出节点的电流总和，即

$$\Sigma I_i = \Sigma I_0$$

式中　I_i——流入节点的电流；

　　　I_0——流出节点的电流。

表 11.1-6　一段含有电动势的电路的欧姆定律

电　路　图	公式	说　明
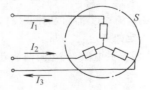	$I = \dfrac{U+E}{R}$	电压、电流、电动势的参考方向都一致
	$I = \dfrac{U-E}{R}$	电压和电动势的参考方向相反，电流和电压的参考方向一致
	$I = \dfrac{E-U}{R}$	电压和电动势的参考方向相反，电流和电动势的参考方向一致

由节点推广到电路中任一闭合面 S，也有上述关系，例如在图 11.1-7 所示电路中，必存在下述关系：$I_1 + I_2 = I_3$。

图 11.1-7　广义节点

2. **基尔霍夫第二定律** 又称电压定律。根据电位单值性原理，沿某一方向的任一闭合回路，各电动势的代数和必等于各电压的代数和。即：

$$\Sigma E = \Sigma U$$

式中　ΣE——回路内各段电动势的代数和，如 E 的方向与回路循行方向一致则

为正，反之为负；

　　　ΣU——回路内各段电压的代数和。如 U 的方向与回路循行方向一致则为正，反之为负。

例如图 11.1-8 所示电路，沿回路 *ABCDA* 电压方程式为

$$E_1 - E_2 = I_1 R_1 - I_2 R_2$$

沿回路 *ABDA* 电压方程式为

$$E_1 = I_1 R_1 - I_3 R_3$$

基尔霍夫定律是分析计算电路、列回路电压方程式与节点电流方程式的依据。

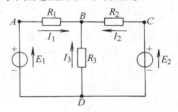

图 11.1-8　电路

1.4　几种电磁效应[1]

1.4.1　光电效应

金属受到光的照射时，金属中的自由电子吸收了光子而形成光电子。光子的能量部分消耗于逸出功 W_e，另一部分转换为光电子的动能 $\left(\dfrac{1}{2}mv^2\right)$。金属中的自由电子吸收光子而从金属中逸出的现象称为光电效应。光电管就是根据光电效应做成的电子器件。

对于一定的金属，不是任何频率的光都可产生光电效应，光的频率 f (Hz)，必须满足不等式

$$f \geqslant \frac{W_e}{h}$$

式中　W_e——金属的逸出功（J）；

　　　h——普朗克常量（J·s），$h = 6.626 \times 10^{-34}$ J·s。

1.4.2　压电效应

某些晶体受到压力或拉力时，晶体的某两个侧面上将分别出现正、负电荷，这种现象称为压电效应。石英、酒石酸钾钠、钛酸钡等晶体都可产生压电效应。

晶体的压电效应具有这样的特点：如果晶体受到压力时，某个侧面上出现的是正电荷；当压

力变为拉力时，则该面上出现负电荷。

压电现象还有可逆性，即当压电体的两个面上施加电压时，压电体将发生形变，这种现象称为电致伸缩。

在非电量的电测量装置中，可利用压电效应测量压力或应变；在电子技术方面，利用石英晶体构成振荡器以产生频率稳定的电信号；在电工设备中，可利用压电效应制造低转速、大转矩的超声波电动机。

1.4.3 热电效应

当用两种不同金属 A、B 组成闭合回路、并使两个接头处于不同的温度区，则在回路中出现电流，如图 11.1-9 所示。

图 11.1-9 温差电现象

这说明回路中有电动势存在，这个电动势是由于两个接头处温度不同而出现的，称为温差电动势。这种产生温差电动势的装置称为热电偶。

半导体也有温差电动势的现象，而且可比两种金属间的温差电动势更大。

测量高温的热电偶就是利用温差电现象。如果电压（或电流）不够大，还可把许多温差电偶连接组成温差电堆。某些测量高频电流的仪表也是通过温差电偶进行转换后，再用磁电式仪表指示结果。

温差电的逆效应是在电流流过两种导体组成的回路时，一个接头处会变热（吸热），另一接头处会变冷（放热）。利用此现象可制造半导体致冷器。

1.4.4 霍耳效应

处于外磁场中的导电板，如在与磁场 B 垂直的 x 轴方向通过电流 I 时，则在同磁场 B 与电流 I 都垂直的 y 轴方向会建立起电场，产生霍耳电动势 U_H，如图 11.1-10 所示。

在半导体中也表现出较金属更强的霍耳效应。

利用霍耳效应可制造测量磁场的元件或测量电流的元件；据此原理还可构成"磁流体发电"装置。

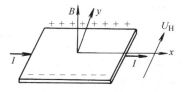

图 11.1-10 霍耳效应

1.4.5 电化学效应

电化学效应中最主要的是电解。电解液（或熔融电解质）在导电过程中伴随有化学反应，表现为插入溶液的阳极和阴极上有物质析出，这种现象称为电解。在工业上用于电冶、电镀、电铸等。

电解液与电极的氧化、还原反应，还可使化学能转变为电能而形成化学电源，如干电池和蓄电池等。

1.4.6 交变电磁场中的介质损耗

1. 铁磁物质在交变磁场中的损耗　见 1.6.1 节。

2. 交变电场中的介质损耗　一方面电介质（绝缘材料）仍有微弱的导电性，交变电场通过仍有泄漏电流从而产生能量损耗；另一方面，电介质在交变电场中反复极化，其分子不断"摩擦"而引起损耗，总和为电介质损耗。电工产品常用介质损耗角 δ 的正切 $\tan\delta$ 来衡量介质损耗的大小，一般绝缘材料的 $\tan\delta$ 在 10^{-6} 到 10^{-1} 之间。利用这种损耗现象可对媒质进行"微波"加热。

1.4.7 集肤效应

交流电流通过导体时，导体表面层的电流密度较大，而导体内部电流密度较小，这种现象称为集肤效应。它造成导体的有效截面积减小、电阻增大。工业上利用这种效应对工件进行表面热处理。

1.4.8 电磁屏蔽

电磁屏蔽是利用金属做成的外壳以隔绝壳内外电磁场的相互影响。因为当平面电磁波垂直地碰到导电或铁磁物质时，除一部分被反射回去以外，还有一部分进入导电或铁磁物质，由于交变电磁场会在导电媒质中产生感应电流，电磁场所携带的能量被转换成热能而耗散，电磁波振幅将随着逐渐深入导电媒质而衰减。

为了衡量电磁波在导电媒质中的穿透能力，工程上规定波的振幅衰减到原值的 $\dfrac{1}{e} = 0.368$ 时所穿行的距离称为波的透入深度 d (m)。

$$d = \frac{1}{\sqrt{\pi f \mu \gamma}}$$

式中 f——电磁波的频率 (Hz)；

μ——导电媒质的磁导率 (H/m)；

γ——导电媒质的电导率 (s/m)。

由于金属的电导率很高（如铜为 0.58×10^8 S/m，铝为 0.37×10^8 S/m，铁为 0.1×10^8 S/m，铁的磁导率 $\mu \approx 1000\mu_0$），因此常采用铜、铝、铁等作为屏蔽材料。高频电磁波几乎不能透入这些金属材料。

工程上还利用铁磁外壳作为磁屏，使壳内设备免受外部杂散磁场的影响。

1.5 电路及其分析[2]

1.5.1 电路

电路有进行电能的传输、分配、转换和进行信息的传递、处理、运算等功能。

1. 电路的组成 电路由电源、负载、联接导线与控制设备等四部分组成。

2. 电路的运行状态及设备的额定值 电路在运行过程中，通常有额定运行、开路和短路三种状态。

1.5.2 电源的串联与并联

电源可以采取不同的联接方式以满足负载的需要。如需要高的电压，可以采用几个电源串联方式；如需要供给大的电流，可以采用几个电源并联方式。

1. 电源串联 直流电源串联时，应该异极性端相联，这时输出电压为各电源电压之和。交流电源串联时，各电源频率应相同，且应当非同名端相联。图 11.1-11a 表示直流电源串联，图 11.1-11b 为交流电源（变压器二次侧绕组）串联。

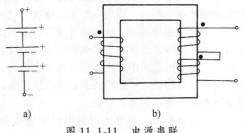

a)   b)

图 11.1-11 电源串联

2. 电源并联 电源并联应当同名端相联，电源电动势应相同（交流电源的频率应相同），而且两电源电流分配还与各自内阻抗有关。图 11.1-12 是变压器二次侧绕组并联示意图。

1.5.3 正弦交流电的周期、频率、相角与相位移

随时间按正弦规律变化的电流称为正弦交流电流，常简称为交流电流。其波形见图 11.1-13。电流瞬时值的表达式为

$$i = I_m \sin(\omega t + \psi_i)$$

式中 I_m——交流电流的最大值或幅值；

ω——角频率；

ψ_i——初相角。

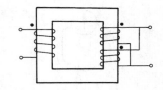

图 11.1-12 电源并联

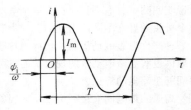

图 11.1-13 正弦电流

1. 周期 交流电流每重复一次所需时间称为周期，见图 11.1-13，以 T 表示，单位为 s。

2. 频率 交流电流每秒钟变化的周期数称为频率 f，即

$$f = \frac{1}{T}$$

我国电力系统的标准频率为 50Hz。

正弦交流电流变化一周，相应变化 2π rad 电角度，单位时间内变化的电角度称为角频率 ω

$$\omega = \frac{2\pi}{T} = 2\pi f$$

3. 相角（相位）和相位移 上述电流表达式中 $(\omega t + \psi_i)$ 为正弦交流电流的相角或相位；$t = 0$ 时的相角，即 ψ_i 称为初相角。

两个同频率的正弦量初相角之差称为它们的相位移 φ。

若　　$u = U_\mathrm{m}\sin(\omega t + \psi_u)$，$i = I_\mathrm{m}\sin(\omega t + \psi_i)$

则　　$\varphi = (\omega t + \psi_u) - (\omega t + \psi_i) = \psi_u - \psi_i$

当 $\psi_u > \psi_i$，$\varphi > 0$ 称 u 领先 i（或 i 落后于 u）φ 角；

$\psi_u = \psi_i$，则 $\varphi = 0$，u、i 同相；

$\psi_u - \psi_i = \pm\pi$，则 $\varphi = \pm\pi$，u、i 反相。

正弦量中最大值（幅值）、角频率与初相角称为正弦量的三要素。确定三要素，即能唯一地确定该正弦量。

1.5.4　交流电的有效值和平均值

1. 有效值　交流电流 i 的有效值是指在同一电阻中分别通以直流电流和交流电流，如经过一个交流周期，它们在电阻上损失的能量是相等的，则将该直流电流的大小作为交流电流的有效值 I，以下式表示

$$I = \sqrt{\frac{1}{T}\int_0^T i^2\,\mathrm{d}t}$$

所以有效值又称为方均根值。正弦交流电流的有效值

$$I = \sqrt{\frac{1}{T}\int_0^T I_\mathrm{m}^2\sin^2(\omega t + \psi_i)\,\mathrm{d}t} = \frac{I_\mathrm{m}}{\sqrt{2}}$$

$$= 0.707 I_\mathrm{m}$$

在电工技术中，如无特别说明，凡是讲交流电动势、电压和电流都是指有效值。

2. 平均值　交流电流的平均值 I_a 是指一个周期内绝对值的平均值，也就是正半周期内的平均值

$$I_\mathrm{a} = \frac{2}{T}\int_{\frac{\psi_i}{\omega}}^{\frac{\psi_i}{\omega}+\frac{T}{2}} i\,\mathrm{d}t$$

正弦交流电流的平均值为 $I_\mathrm{a} = \dfrac{2}{\pi} I_\mathrm{m} = 0.637 I_\mathrm{m}$。

1.5.5　正弦量表示法

正弦电量有四种表示方法，见表 11.1-7。

1.5.6　纯电阻、纯电感和纯电容电路中各量关系

电阻、电感和电容是交流电路的三个基本参数。而电阻器、电感器和电容器又是电工及电子电路中应用最广的三种基本元件。当这些元件的参数值不随电压、电流或时间而改变时，则称为线性元件或参数。线性的单一参数电路中各量的关系如表 11.1-8 所示。

1.5.7　电阻、电感与电容的串联与并联

电阻、电感与电容的串联与并联电路中各量间的关系见表 11.1-9。

1.5.8　功率和功率因数

1. 功率、功率因数与电压、电流的关系

设电路中 $u = \sqrt{2}U\sin(\omega t + \varphi)$、$i = \sqrt{2}I\sin\omega t$，则电路中的瞬时功率 P（W）、有功功率 P（W）、无功功率 Q（var）、视在功率 S（VA）和功率因数 $\cos\varphi$ 如表 11.1-10 所示。

表 11.1-7　正弦电量的四种表示方法

瞬时值表达式	波　形　图	相　量　图	相量式（复数表示法）
$u = U_\mathrm{m}\sin(\omega t + \psi_\mathrm{u})$ $i = I_\mathrm{m}\sin(\omega t + \psi_\mathrm{i})$			$\dot{U} = U\underline{/\psi_\mathrm{u}} = U(\cos\psi_\mathrm{u} + j\sin\psi_\mathrm{u})$ $U = \dfrac{U_\mathrm{m}}{\sqrt{2}} = 0.707 U_\mathrm{m}$ $\dot{I} = I\underline{/\psi_\mathrm{i}} = I(\cos\psi_\mathrm{i} + j\sin\psi_\mathrm{i})$ $I = \dfrac{I_\mathrm{m}}{\sqrt{2}} = 0.707 I_\mathrm{m}$

表 11.1-8　单一参数电路中各量的关系

参　　数	电　阻 R	电　感 L	电　容 C
电路图			
电压电流关系	$u_\mathrm{R} = Ri$ 相量式 $\dot{U}_\mathrm{R} = R\dot{I}$	$u_\mathrm{L} = L\dfrac{\mathrm{d}i}{\mathrm{d}t}$ 相量式 $\dot{U}_\mathrm{L} = jX_\mathrm{L}\dot{I}$ $X_\mathrm{L} = \omega L$	$i_\mathrm{C} = C\dfrac{\mathrm{d}u}{\mathrm{d}t}$ 相量式 $\dot{U}_\mathrm{C} = -jX_\mathrm{C}\dot{I}$ $X_\mathrm{C} = \dfrac{1}{\omega C}$

（续）

参　数	电　阻 R	电　感 L	电　容 C
相量图		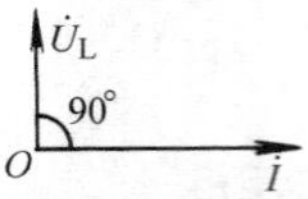	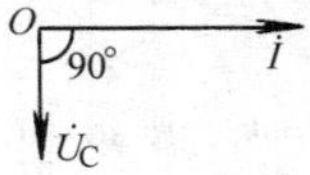
平均功率	$P_R = U_R I$	$P_L = 0$	$P_C = 0$
无功功率	$Q_R = 0$	$Q_L = U_L I$	$Q_C = U_C I$
功率因数 $\cos\varphi$	1	0	0

表 11.1-9　电阻、电感与电容串联与并联

联接方式	串　　联	并　　联
电路图	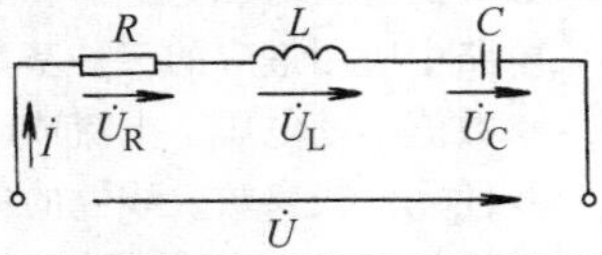	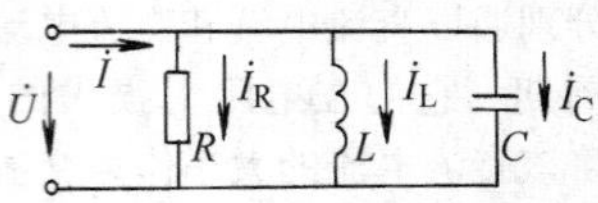
电压电流关系	$u = u_R + u_L + u_C$ $= iR + L\dfrac{di}{dt} + \dfrac{1}{C}\int i\,dt$ 或 $U = U_R + U_L + U_C = \dot{I}Z$	$i = i_R + i_L + i_C$ $= \dfrac{u}{R} + \dfrac{1}{L}\int u\,dt + C\dfrac{du}{dt}$ 或 $\dot{I} = \dot{I}_R + \dot{I}_L + \dot{I}_C = Y\dot{U}$
阻抗与导纳	$Z = R + j(X_L - X_C) = Z\underline{/\varphi}$ $\|Z\| = \sqrt{R^2 + (X_L - X_C)^2}$ $\varphi = \tan^{-1}\dfrac{X_L - X_C}{R}$ $X_L = \omega L \quad X_C = \dfrac{1}{\omega C}$	$Y = G - jB = \|Y\|\underline{/\varphi}$ $\|Y\| = \sqrt{G^2 + B^2}$ $-\varphi = \tan^{-1}\dfrac{B}{G}$ $G = \dfrac{1}{R} \quad B = B_L - B_C$ $B_C = \omega C \quad B_L = \dfrac{1}{\omega L}$
阻抗或导纳三角形	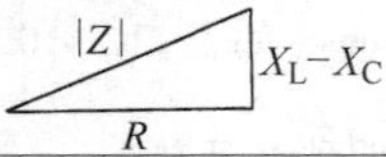	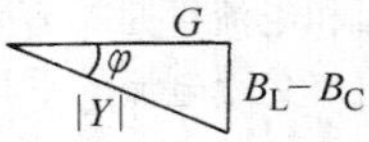
相量图	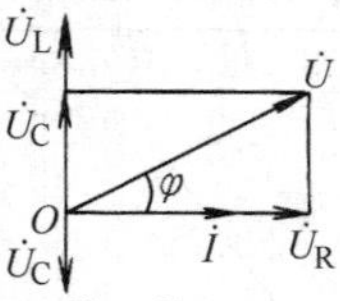 $X_L > X_C$ i 滞后于 U，电路为感性	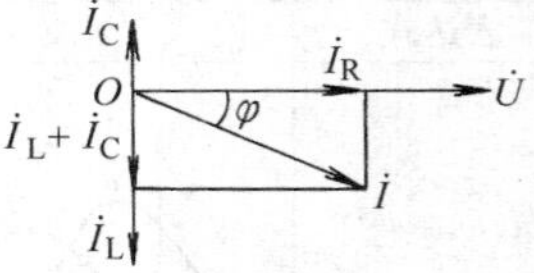 $B_L > B_C$ i 滞后于 U，电路为感性
	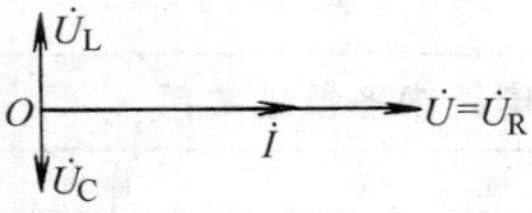 $X_L = X_C$，U、i 同相	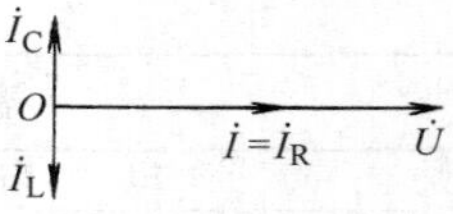 $B_L = B_C$，U、i 同相
	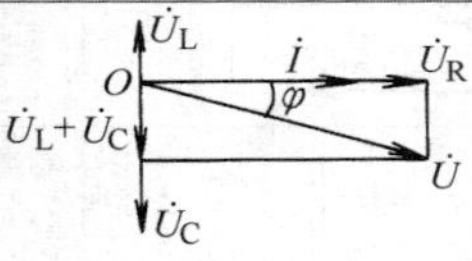 $X_L < X_C$ i 超前于 U，电路为容性	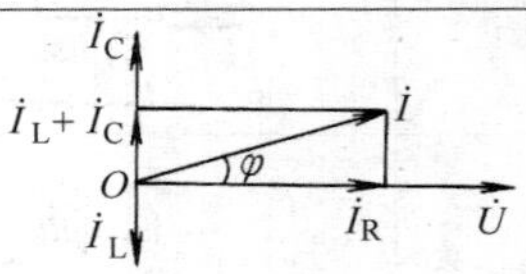 $B_L < B_C$ i 超前于 U，电路为容性

表 11.1-10 单相正弦交流电路的功率和功率因数

名　称	表　达　式	说　明
瞬时功率 p	$p = ui$ $= UI\cos\varphi - UI\cos(2\omega t - \varphi)$	电路中任一瞬时的功率是由一个恒定分量和一个二倍频率分量组成（$p>0$，电路吸收电能；$p<0$，电路送出电能）
有功功率（平均功率）P	$P = \dfrac{1}{T}\displaystyle\int_0^T p\,\mathrm{d}t = UI\cos\varphi$	为瞬时功率在一个周期内的平均值
无功功率 Q	$Q = UI\sin\varphi$	电路中储能元件与外电路往返交换电能，并无能量消耗
视在功率 S	$S = UI = \sqrt{P^2 + Q^2}$	一般电源设备容量都用视在功率表示
功率因数 $\cos\varphi$	$\cos\varphi = \dfrac{P}{S}$	φ 角称为功率因数角，是电流与电压间的相位移，也就是阻抗角或导纳角，当 P、U 为一定时，$\cos\varphi$ 愈大，I 愈小

2. 无功补偿（或功率因数补偿）　工业用电负载（如异步电动机、带镇流器的日光灯等）多为电感性负载，功率因数较低。但电源设备容量都是按视在功率决定的，如供电部门只由用户按有功功率耗能计算电费，但无功电流也要使供电线路上的损耗和发电设备的投资增大，因此要求用电单位应采取措施，力求视在功率接近有功功率，即 $\cos\varphi \approx 1$，可取得节能效果。具体方法是在电感性负载端并联电容器、在大容量机械上选用同步电动机（可调节其励磁电流使之按超前功率因数下运行，相当于容性负载）驱动，补偿无功功率，使综合功率因数提高。

1.5.9　三相正弦交流电路

1. 三相电源的连接　三相电源通常有星（丫）形和三角（△）形两种接法，如表 11.1-11 所示。为了单相负载接线方便或其他原因，有对将星形接法的中线（或地线）引出，构成 Y_N 接法。

表 11.1-11 三相电源的连接

名　称	星形连接（丫接）	三角形连接（△接）
电路图		
相电压、线电压及相、线电压关系	若 $u_A = U_m\sin\omega t$ 则 $u_B = U_m\sin(\omega t - 120°)$ $u_C = U_m\sin(\omega t + 120°)$ $u_{AB} = \sqrt{3}U_m\sin(\omega t + 30°)$ $u_{BC} = \sqrt{3}U_m\sin(\omega t - 90°)$ $u_{CA} = \sqrt{3}U_m\sin(\omega t + 150°)$ 即 $U_L = \sqrt{3}U_P\underline{/30°}$ U_L：线电压　U_P：相电压	若 $u_A = U_m\sin\omega t$ 则 $u_B = U_m\sin(\omega t - 120°)$ $u_C = U_m\sin(\omega t + 120°)$ $u_{AB} = U_A$ $u_{BC} = U_B$ $u_{CA} = U_C$ 即 $\dot{U}_L = \dot{U}_P$ U_L：线电压　U_P：相电压
相量图		

表 11.1-12 三相负载的连接

名　称	负载星形（丫形）连接	负载三角形（△形）连接
电路图		
相、线电流关系	$\dot{I}_A = \dot{I}_a$ $\dot{I}_B = \dot{I}_b$ $\dot{I}_C = \dot{I}_c$ $\dot{I}_N = \dot{I}_A + \dot{I}_B + \dot{I}_C$ 三相负载对称时 $\dot{I}_N = 0$	$\dot{I}_A = \dot{I}_{ab} - \dot{I}_{ca}$ $\dot{I}_B = \dot{I}_{bc} - \dot{I}_{ab}$ $\dot{I}_C = \dot{I}_{ca} - \dot{I}_{bc}$ 三相负载对称时 $\dot{I}_L = \sqrt{3}\,\dot{I}_P\,\angle 30°$ I_L：线电流　I_P：相电流

2. 三相负载的连接　三相对称负载也有两种连接方法，在三相电源的线电压确定的情况下：

（1）当每相负载的额定电压等于该电源线电压的 $1/\sqrt{3}$ 时，负载应星形连接。

（2）当每相负载的额定电压等于该电源线电压时，负载应按三角形连接。

两种接法的相、线电流关系如表 11.1-12 所示。

3. 三相负载三角形接法与星形接法的等效变换　两种负载接法如表 11.1-12 中的电路图所示。若已知三角形接法的负载阻抗 Z_a、Z_b、Z_c，则等效的星形接法三相负载阻抗

$$Z_A = \frac{Z_b Z_c}{Z_a + Z_b + Z_c}$$

$$Z_B = \frac{Z_a Z_c}{Z_a + Z_b + Z_c}$$

$$Z_C = \frac{Z_a Z_b}{Z_a + Z_b + Z_c}$$

反之，已知星形接法负载阻抗 Z_A、Z_B、Z_C，其等效的三角形接法负载阻抗

$$Z_a = \frac{Z_B Z_C}{Z_A} + Z_B + Z_C$$

$$Z_b = \frac{Z_A Z_C}{Z_B} + Z_A + Z_C$$

$$Z_c = \frac{Z_A Z_B}{Z_C} + Z_A + Z_B$$

1.5.10　电路的过渡过程

电路在换路（如电源的接通或断开、电路

参数变化）时，电路中储能元件的储能会发生变化。由于能量的改变不可能瞬时完成，因而从换路前的稳态转变到换路后的稳态之间需要有一个过渡过程。

在电路中，电容端电压在换路时有

$$U_C(0^+) = U_C(0^-)$$

式中　$U_C(0^+)$——换路后瞬间的电容电压；

$U_C(0^-)$——换路前瞬间的电容电压。

对电感元件，在换路时有

$$I_L(0^+) = I_L(0^-)$$

式中　$I_L(0^+)$——换路后瞬间电感中电流；

$I_L(0^-)$——换路前瞬间电感中电流。

只含一个独立储能元件的电路称为一阶电路，如图 11.1-14 所示。各处电压、电流在过渡过程中均随时间按指数规律变化。

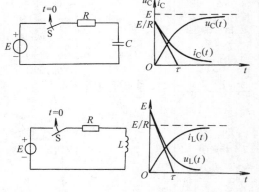

图 11.1-14　一阶电路

过渡过程的长短由电路的时间常量 τ 决定，一般认为经过（3~5）τ，过渡过程基本结束。

对只含一个电容元件的电路

$$\tau = R \cdot C \ (s)$$

对只含一个电感元件的电路

$$\tau = \frac{L}{R} \ (s)$$

式中 R——电路中的总电阻（Ω）。

1.5.11　线性电路的分析

这里所说明的线性电路计算方法，对直流和稳态正弦交流电路都适用，实际上是对电路电压、电流与阻抗关系运用基尔霍夫定律求解，只是对某一特定的电路求解时，不同方法有简繁之别，但均可应用。在表 11.1-13 中以同一个电路为例，列出不同方法求解公式作为比较。

对此例题而言，以上计算过程表明：

（1）前三种方法中，支路电流法有三个未知量，回路电流法有两个未知量，节点电位法只有一个未知量，求解时后者更为简便。

（2）对于只需求解负载中电流的电路，运用戴维南定理往往更简便。

（3）上表中提到的叠加原理、等效电源（戴维南定理、诺顿定理）说明如下：

1）叠加原理　在线性电路中，如有几个电源同时作用，该电路内任一支路电流等于各电源分别单独作用在该支路电流的代数和。对不被考虑的电源不起作用，即电压源视为短路、电流源视为开路。

表 11.1-13　应用不同方法求解线性电路（设 $\dot{E}_1$、$\dot{E}_2$、Z_i、Z 已知）

求解方法	电 路 和 计 算 公 式	
支路电流法	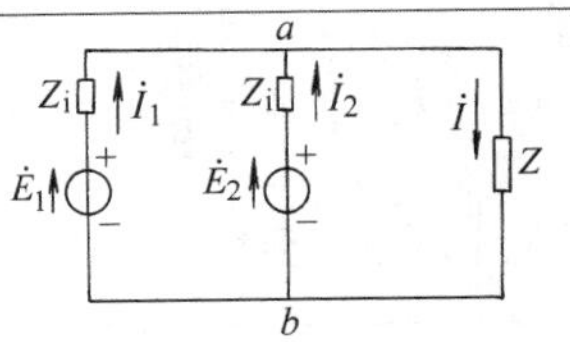	据基尔霍夫定律可得 $\begin{cases} \dot{I}_1 + \dot{I}_2 = \dot{I} \\ \dot{I}_1 Z_i - \dot{I}_2 Z_i = \dot{E}_1 - \dot{E}_2 \\ \dot{I}_1 Z_i + \dot{I} Z = \dot{E}_1 \end{cases}$ 解联立方程得 $\dot{I} = \dfrac{\dot{E}_1 + \dot{E}_2}{Z_i + 2Z}$
回路电流法	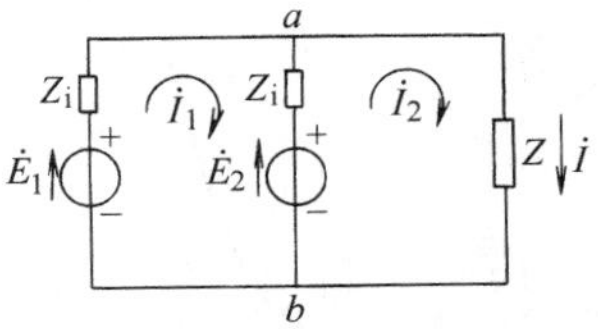	根据基尔霍夫定律得两回路电压方程 $\begin{cases} \dot{I}_1 Z_i + (\dot{I}_1 - \dot{I}_2) Z_i = \dot{E}_1 - \dot{E}_2 \\ (\dot{I}_2 - \dot{I}_1) Z_i + \dot{I}_2 Z = \dot{E}_2 \end{cases}$ 解联立方程得 $\dot{I} = \dot{I}_2 = \dfrac{\dot{E}_1 + \dot{E}_2}{Z_i + 2Z}$
节点电位法	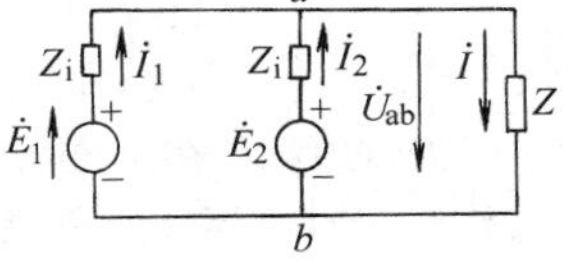	设 b 点为参考电位，则 a 点电位为 U_{ab}，根据基尔霍夫电流定律 $\dot{I}_1 + \dot{I}_2 = \dot{I}$ 可列出 $\dfrac{\dot{E}_1 - U_{ab}}{Z_i} + \dfrac{\dot{E}_2 - U_{ab}}{Z_i} = \dfrac{U_{ab}}{Z}$ 解得 $U_{ab} = \dfrac{Z}{Z_i + 2Z} (\dot{E}_1 + \dot{E}_2)$ 负载电流 $\dot{I} = \dfrac{U_{ab}}{Z} = \dfrac{\dot{E}_1 + \dot{E}_2}{Z_i + 2Z}$
两种电源模型的等效互换法		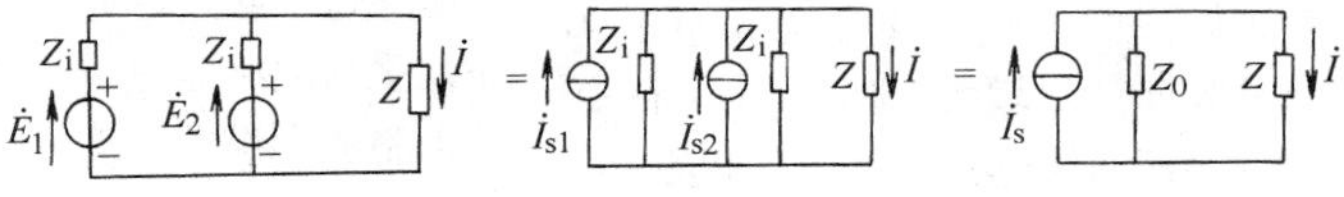 $\dot{I}_s = \dfrac{\dot{E}_1}{Z_i} + \dfrac{\dot{E}_2}{Z_i} \quad Z_0 = \dfrac{Z_i}{2}$ $\dot{I} = \dfrac{Z_0}{Z_0 + Z} \times \dot{I}_s = \dfrac{\dot{E}_1 + \dot{E}_2}{Z_i + 2Z}$

（续）

求解方法	电 路 和 计 算 公 式
叠加原理	$$i' = \frac{\dot E_1}{Z_i + \dfrac{Z_i Z}{Z_i + Z}} \times \frac{Z_i}{Z_i + Z} = \frac{\dot E_1}{Z_i + 2Z}$$ $$i'' = \frac{\dot E_2}{Z_i + \dfrac{Z_i Z}{Z_i + Z}} \times \frac{Z_i}{Z_i + Z} = \frac{\dot E_2}{Z_i + 2Z}$$ $$\dot I = \dot I' + \dot I'' = \frac{\dot E_1 + \dot E_2}{Z_i + 2Z}$$
戴维南定理	$$U_0 = \frac{1}{2}(\dot E_1 + \dot E_2) \qquad Z_0 = \frac{Z_i}{2}$$ $$\dot I = \frac{U_0}{Z_0 + Z} = \frac{\dot E_1 + \dot E_2}{Z_i + 2Z}$$

2) 戴维南定理 一个含源的二端网络，可以用一个电动势 $\dot E_i$ 和阻抗 Z_i 串联的含源支路等效替代；$\dot E_i$ 等于该含源二端网络的开路电压 U_0，Z_i 即该含源二端网络相对应的无源网络输入阻抗。

3) 诺顿定理 一个含源的二端网络，可用一个恒流源 $\dot I_s$ 并联一个内阻抗 Z_i 的等效电流源替代。$\dot I_s$ 为该有源二端网络的短路电流，Z_i 为该含源二端网络中所有恒压源短路、恒流源开路后该二端网络的总阻抗。

1.6 磁路

1.6.1 磁化曲线与磁滞回线

1. 磁化曲线 铁磁物质在无剩磁的状态下进行磁化，当磁场强度 H 由零逐渐增大至 $+H_m$ 时，相应的磁感应 B 随之增大，如图 11.1-15 所示。所得的这条 B-H 曲线称为起始磁化曲线。

在开始磁化时，外磁场微弱，B 值上比升慢（曲线 Oa 段）；中间 ab 段 B 值上升迅速；过了 b 点后，再大幅度增加 H 值，B 值也上升很少，此时达到磁饱和。

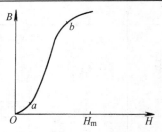

图 11.1-15 铁磁材料
起始磁化曲线

如铁磁物质在外磁场下从低到高反复磁化，可得磁滞回线族（形成磁滞回线表明磁化过程中，B 的变化总是滞后于 H 的变化），各磁滞回线顶点联成曲线 O-a-b 称为基本磁化曲线，对于磁化过程接近可逆的软磁材料，此基本磁化曲线几乎与起始磁化曲线重合；此曲线在材料出厂时由制造厂提供（图 11.1-16）。

2. 磁滞回线 铁磁物质进行交变磁化，经过多次反复形成稳定的闭合曲线，称为磁滞回线；对应于外磁场增大或减小到同一 H 值会有不同的 B 值，这种不可逆现象称为磁滞现象。

在曲线中 B_r 称为剩余磁感应，简称剩磁。为使 B 值回到零，必须加反向磁场 H_c，此 H_c 称为矫顽磁场强度或矫顽力。

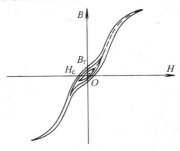

图 11.1-16　磁滞回线族与
基本磁化曲线

3. 磁滞和涡流损耗　见表 11.1-14。

1.6.2　磁性材料

铁磁材料一般按其磁滞回线的形状来区分为硬磁材料、软磁材料与矩磁材料。其特性和用途见表 11.1-15。

表 11.1-14　磁滞与涡流损耗定义与计算公式

	磁滞损耗	涡流损耗
定义	铁磁材料中由磁滞现象引起的能量损耗	铁磁材料在交变磁场磁化下，由电磁感应产生涡流所引起的电阻损耗
计算公式	$P_h = K_h f B_m^n V$	$P_e = K_e f^2 B_m^2 V$

注：K_h——取决于不同材料的系数；f——频率；B_m——最大磁感应；n——与 B_m 有关的指数（B_m 在 $0.1 \sim 1.0$T 时 $n=1.6$，$B_m < 0.1$T 和 B_m 在 $1.0 \sim 1.6$T 时 $n=2.0$）；V——铁磁材料体积；K_e——与材料截面形状和电阻率有关的系数。

表 11.1-15　铁磁材料的特性和用途

名称	硬磁材料（永磁材料）	软磁材料	矩磁材料
磁滞回线			
特性	1. 磁化后磁性不易消失 2. 磁滞回线宽，高剩磁和高矫顽力 3. 应用时工作在第二象限退磁部分	1. 易磁化，易退磁 2. 磁滞回线窄，磁导率高，剩磁与矫顽力低	1. 磁滞回线接近矩形，高剩磁、低矫顽力 2. 在矫顽力附近的弱磁场下可迅速翻转
主要品种及用途	1. 铝镍钴合金 B_r 大，H_c 不太大，适用于磁电式仪表 2. 稀土钴、钕铁硼，B_r 与 H_c 均很大，适用于高性能永磁电动机、传感器 3. 硬磁铁氧体，B_r 与 H_c 均较大，价格低，适用于一般永磁电动机、扬声器	1. 硅钢，含硅 <4%，广泛用于电动机、变压器、继电器作铁心 2. 工业纯铁，饱和磁密与磁导率高，用作直流磁路 3. 铁镍合金，在弱磁场下导磁率高，矫顽力低，适用于微特电动机、脉冲变压器 4. 软磁铁氧体，用于高频电路器件 5. 新开发应用的非晶态软磁材料，较硅钢磁导率更高，比损耗更小，可在变压器、电动机中取代硅钢	1. 铁镍合金及薄膜 2. 软磁铁氧体 用于计算机储存器及开关元件

1.6.3 磁路和磁路定律

1. 磁路 磁通所经过的路径通称为磁路，几种典型的磁路如图 11.1-17 所示。一般磁路包括产生磁动势的励磁线圈（或永磁材料）、铁磁材料构成

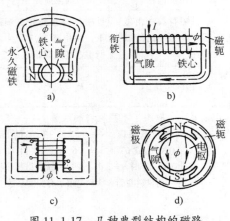

图 11.1-17 几种典型结构的磁路
a) 磁电式仪表 b) 电磁继电器 c) 变压器
d) 两极电动机

的铁心和空气隙。

2. 磁路的欧姆定律 对于任何一段均匀磁路，截面积 $S\mathrm{m}^2$、长 $l\mathrm{m}$，由于磁通 $\phi = BS = \mu HS$，而磁位差（磁压）为 $U_\mathrm{m} = Hl$，所以

$$U_\mathrm{m} = \phi R_\mathrm{m} \quad (\text{A})$$

式中，$R_\mathrm{m} = \dfrac{l}{\mu S}$ 称为磁阻（H^{-1}）。

此式与电路欧姆定律相似，称为磁路欧姆定律。当磁路中含有铁磁材料时，其磁导率 μ 不是常数，因此 R_m 也不是常数，计算时要用该铁磁材料的磁化曲线来确定 U_m 与 ϕ 的关系。

3. 磁路的基尔霍夫定律

a. 第一定律 进入一节点（或闭合面）的磁通总量为零（进入为正、穿出为负），即

$$\Sigma \phi = 0$$

b. 第二定律 沿闭合磁路磁压的代数和等于磁动势的代数和（磁压或磁动势与磁通方向一致为正，相反为负），即

$$\Sigma Hl = \Sigma NI$$

2 电工设备

2.1 直流电动机及其应用[3,4]

2.1.1 概述

直流电动机是将直流电能与机械能进行转换的机械。直流发电机将机械能转换为直流电能；直流电动机将直流电能转变为机械能。

直流电动机与交流电动机比较，它的结构复杂、有色金属消耗较多、维护工作量较大。然而直流电动机具有以下优点：

（1）调速范围宽，易于平滑精确调速。

（2）起动、制动转矩大，过载能力大。

（3）易于控制，满足生产过程自动化系统各种特殊要求。

在冶金矿山、交通运输、纺织印染、造纸印刷以及化工与机床等工业领域中，目前仍在相当广泛地应用直流电动机。

直流发电机能提供基本无脉动的直流电源，输出电压可精确调节与控制。目前大多数直流发

电机已被晶闸管整流电源所取代，但在飞机、火车、轮船、电铲以及某些电焊设备等移动单元中，还常用作独立的直流电源。

直流电动机的特性与励磁方式有关。按励磁方式划分为他励和自励两类；自励又分为并励、串励和复励三种。另外，小功率直流电动机也有采用永磁材料产生磁场的励磁方式，其运行性能与他励相似。

2.1.2 直流电动机的特性

1. 直流电动机稳态运行时的基本方程式 当直流电动机通入励磁电流后，在其气隙中每极产生磁通 Φ（Wb），电枢回路中流过电流 I_a（A）时，电动机产生的电磁转矩 T（N·m）为

$$T = C_T \Phi I_a$$

式中 C_T——电动机转矩常数。

当电枢以转速 n（r/min）旋转时，电枢绕组中产生感应电动势 E_a（V）为

$$E_a = C_E \Phi n$$

式中 C_E——电动机电势常数。

在发电状态下运行，电枢电流 I_a 按电动势 E_a 方向流通，电动机端电压 U 为

$$U = E_a - I_a R_a$$

式中 R_a——电枢绕组回路电阻（Ω）。

在电动机状态下运行，电枢电流 I_a 按外加电压方向流通，电压关系为

$$U = E_a + I_a R_a$$

图 11.2-1 为直流电动机原理示意图，图中所画的电压、电流、转矩、转速和电动势的方向均为电动状态下的。

2. 直流电动机的机械特性 直流电动机按照励磁绕组与电枢绕组联接方式的不同，可分成他励、并励、串励和复励四种，它们在运行时的基本关系式及机械特性见表 11.2-1。

（1）从机械特性可以看出，直流电动机随负载转矩增大其转速将降低，其转速变化程度用转速调整率 Δn 表示：

$$\Delta n = \frac{n_0 - n_N}{n_N} \times 100\%$$

式中 n_0——电动机空载转速；
　　　n_N——电动机额定转速。

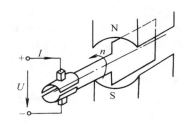

图 11.2-1　直流电动机原理示意图

表 11.2-1　直流电动机的基本关系式和机械特性

名称	他励直流电动机	并励直流电动机	串励直流电动机	复励直流电动机
电路图				
基本公式	$I_f = \dfrac{U_f}{R_f}$ 电动机输入功率 $P_1 = UI_a + U_f I_f$ 电动机输出功率 $P_2 = \dfrac{2\pi n}{60} T_2$ T_2—机械负载转矩	$I = I_a + I_f$ $E = U - I_a R_a$ $I_f = \dfrac{U}{R_f}$ $P_1 = UI = U(I_a + I_f)$ $P_2 = \dfrac{2\pi n}{60} T_2$	$I = I_a = I_f$ $I = \dfrac{U - E}{R_a + R_f}$ $P_1 = UI$ $P_2 = \dfrac{2\pi n}{60} T_2$	$I = I_a + I_f$ $I_a \approx \dfrac{U - E}{R_a + R_{fl}}$ $P_1 = UI$ $P_2 = \dfrac{2\pi n}{60} T_2$
机械特性	$n = \dfrac{U}{C_E \phi} - \dfrac{R_a}{C_E C_T \phi^2} T$	$n = \dfrac{U}{C_E \phi} - \dfrac{R_a}{C_E C_T \phi^2} T$	$n = \dfrac{U}{C_E \phi} - \dfrac{R_a + R_f}{C_E C_T \phi^2} T$	$n = \dfrac{U - IR_{fl} - I_a R_a}{C_E(\phi_串 + \phi_并)}$ $T = C_T I_a(\phi_串 + \phi_并)$
适用场合	用于需要恒转矩调速及可逆运行的场合，如龙门刨床、镗床等	一般用于恒速负载	用于要求很大起动转矩，转速允许有较大变化的负载，如蓄电池供电车、起锚机、电车、电力机车等	用于要求起动转矩较大，转速变化不大的负载，如冶金辅助传动机械

一般他励和并励直流电动机 $\Delta n = 10\%$ 左右，即从空载到满载其转速变化不大，这类机械特性称为硬特性。

（2）串励直流电动机，随负载转矩增大其转速下降很显著，属于软特性。由于其励磁绕组与电枢绕组串联，当负载很轻时，电动机的电枢电流（励磁电流）很小，磁通 Φ 也很小，因而转速很高，有可能超速使转子损坏；因此串励电动机不允许空载运行，也不允许以一般平带传动方式带动负载，以防止因带脱落时引起电动机超速损坏。

（3）复励电动机一般以并励为主，即 $\phi_并 > \phi_串$。增设串励绕组的目的一方面可提高电动机的起动转矩，另一方面在电动机功率较大时，电枢电阻电压降 $I_a R_a$ 相对较小，电枢电流对磁场的去磁作用较强，即负载增大时使 $\phi_并$ 减小，造成机械特性尾端上翘，将使恒转矩负载下电动机超速而无法正常运行，串励绕组的作用可提高运行稳定性。在安装调试这类电动机时，必须注意串励绕组的接线端不能接错。

2.1.3 直流电动机的起动与制动

1. 直流电动机的起动　有直接起动、电枢串电阻起动、降压起动三种方法。

a. 直接起动　直接将电动机接到额定电压的电源进行起动。在电动机转子尚未升速时，电枢中无反电势 E_a，此时电枢起动电流为

$$I_{st} = \frac{U}{R_a}$$

此电流很大，可达额定电流的（10 ~ 20）倍，对电动机和电源不利，因此此只限于功率不超过 4kW，$I_{st}/I_N = 6 \sim 8$ 的小型电动机可采用。

b. 电枢串电阻起动　如图 11.2-2 接线，此时起动电流为

$$I_{st} = \frac{U}{R_a + R_S}$$

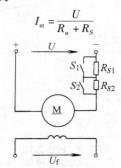

图 11.2-2　电枢串电阻起动

一般直流电动机的起动电流限制在（2 ~ 2.5）I_N 范围内。当电动机转动后，电枢绕组中所感应的反电势增大，电枢电流减小，相应电磁转矩也减小，使电动机起动加速时间延长，此时可闭合 S_1，R_{S1} 被短路，电枢电流再次增大，以保持较大的起动电磁转矩、缩短起动时间；最后再闭合 S_2，使电动机转速最终达到预定值。R_S 分级与切除时间按起动电流限制和起动时间要求设计。由于起动过程中在电阻 R_S 上能耗很大，运行经济性差，所以这种起动方法也只适用于中小型电动机。

c. 降压起动　当电动机容量较大，而起动又较频繁时，多采用降压起动的方法来限制起动电流。对于并励电动机，如采用降压起动，其励磁绕组电压不应降低，以免磁场减弱造成起动转矩过低，不利于快速起动。

2. 制动　制动是在电动机转子上施加与转动方向相反的转矩，使电动机限速（如电动机带重物恒速下降）或减速（如停车过程）运行。制动转矩可以是电磁转矩，也可能是外加制动闸的机械摩擦转矩。电磁制动的制动力矩大、控制方便、没有机械磨损。常用的电磁制动有以下几种方式。

a. 动能（能耗）制动　当电动机电枢断电后，其转子动能仍维持转子继续转动，靠风阻等摩擦损耗耗尽原有动能后停车，持续时间较长；为缩短停车过程占用时间，可按图 11.2-3 接线，保持励磁不变，电枢从电源断开后接入电阻 R_L，则电枢中电动势 E_a 产生电流 I_a（与电动状态方向相反），在电阻 R_L 上耗能，并按发电机原理，在电枢上产生与转动方向相反的电磁制动转矩，使转子快些减速。但转速降至较低值时电动势 E_a 和电枢电流 I_a 都较小，制动转矩也较小，常辅以制动闸以加强低速制动效果。

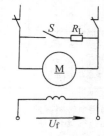

图 11.2-3　动能制动接线

b. 反接制动　如图 11.2-4 接线。

制动时保持励磁不变，电源反接使电枢电流反向，产生制动的电磁转矩。同时应串入附加电阻 R_L 以限制过大的电流。当转速下降至零时，应及时切断电源，以防电动机向反方向重新起动。

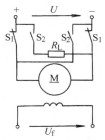

图 11.2-4　反接制动

限速反转也属于反接制动（或称为电势反接制动、负载倒拉反转制动），图 11.2-5 中②为他励直流电动机电枢串入较大电阻 R_S 时的机械特性。在起重吊车运行时，提升重物负载转矩为 T_N，R_a 较小，电动机正转并以 n_N 转速将重物提升；当将重物下放时，负载转矩不变，加大电枢回路电阻为 $R_a + R_S$，电动机以 $-n_2$ 转速运转，使重物以较低的匀速下降，此时电磁转矩与转速相反，起制动作用。

以上两种制动方式均使附加电阻上产生相当大的能量损耗，运行经济性较差。

c. 反馈制动　在直流电动机带恒定转矩负载并采用调压调速运行时，如需降低转速，首先降低电枢电压，此时电动机转速 n 与电势 E_a 不会突变，因而暂时 $U < E_a$，电枢电流 I_a 反向，成发电状态运行，向电源反馈电能，并产生制动的电磁转矩，使转速下降。在此过程中电枢转子多余的动能反馈给电源，而不是空耗在附加电阻上，因此运行经济性较好。

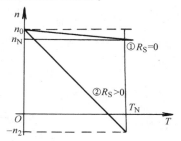

图 11.2-5　限速反转时的机械特性

2.1.4　直流电动机的调速

1. 调速性能基本要求

a. 调速范围　通常以最高转速 n_{max} 与最低转速 n_{min} 之比值表示，称为调速比；

b. 平滑性　即无级（连续）调速还是有级调速；

c. 经济性　即调速设备投资与能量损耗是否经济、可靠。

2. 不同调速方法的性能比较　见表 11.2-2。

表 11.2-2　调速方式性能比较

调速方式和方法		控制装置	调速范围	转速变化率	平　滑　性	动态性能	恒转矩或恒功率	效　　率
改变电枢电阻	串电枢电阻	变阻器或接触器、电阻器	2:1	低速时大	变阻器较好，接触器、电阻器较差	无自动调节能力	恒转矩	低
改变电枢电压	电动机—发电机组	发电机组电动机扩大机（磁放大器）	1:10 ~ 1:20	小	好	较好	恒转矩	(60 ~ 70)%
	静止变流器	晶闸管变流器	1:50 ~ 1:100	小	好	好	恒转矩	(80 ~ 90)%
	斩波器（脉宽调制）	晶体管或晶闸管开关电路	1:50 ~ 1:100	小	好	好	恒转矩	(80 ~ 90)%
改变磁通	串联电阻或用可变直流电源	直流电源变阻器	1:3 ~ 1:5	较大	较好	差	恒功率	(80 ~ 90)%
		电动机扩大机或磁放大器			好	较好		
		晶闸管变流器			好	好		

2.1.5 直流电动机的型号与用途

1. 直流电动机及其派生、专用产品名称、型号及用途见表11.2-3。

2. 直流电动机的特性与用途见表11.2-4。

表 11.2-3 直流电动机及派生、专用产品名称、型号及用途

序号	产品名称	型号①	主要用途
1	直流电动机	Z（ZD、ZJD）	一般用途，基本系列
2	直流发电机	ZF（ZJF）	一般用途，基本系列
3	广调速直流电动机	ZT	用于恒功率调速范围较大的传动机械
4	冶金起重用直流电动机	ZZJ$\left(\begin{matrix}ZZK\\ZZY\end{matrix}\right)$	用于冶金辅助传动机械
5	直流牵引电动机	ZQ	电力传动机车、工矿电动机车、蓄电池供电车
6	精密机床用直流电动机	ZJ（ZJD）	用于磨床、坐标镗床等精密机械
7	挖掘机用直流电动机	ZWJ（ZZC）	冶金矿山挖掘机用

（续）

序号	产品名称	型号①	主要用途
8	船用直流电动机	Z-H$\left(\begin{matrix}Z_2C\\ZH\end{matrix}\right)$	船舶上各种辅机用
9	船用直流发电机	ZF-H$\left(\begin{matrix}Z_2C\\ZH\end{matrix}\right)$	作船舶直流电源
10	龙门刨床用直流电动机	ZU（ZBD）	用于龙门刨床
11	增安型直流电动机	ZA（Z）	用于矿井和有易爆气体的场所
	隔爆型直流电动机	ZB	
12	汽车起动机	ST	汽车、拖拉机、内燃机等
13	汽车发电机	F	汽车、拖拉机等
14	直流测功机	CZ（ZC）	用于测定原动机的输出功率
15	力矩直流电动机	ZLJ	用于位置或速度伺服系统中作执行元件
16	永磁直流测速发电机	ZYS	测量转速或作速度反馈元件
17	无槽直流电动机	ZW（ZWC）	快速动作伺服系统中用

① 括号内为旧型号。

表 11.2-4 直流电动机的特性与用途

励磁方式	励磁特性图	起动转矩/额定转矩	短时过载转矩/额定转矩	转速变化率（%）	调速范围	用途
永磁		2～5	1.5～4	3～15	较大	自控系统中作执行元件、小型电动工具
他励 并励 稳定并励		2.5	1.5～2.8	5～20	他励调速范围较大弱磁1:3左右	用于起动转矩较大的恒速负载和要求调速的传动系统，如离心泵、机床纺织、造纸、印刷等机械
复励		4	3.5	25～30	较大	用于起动转矩更大和转速变化不大的负载，如空气压缩机、冶金
串励		5	4	空载转速极高	中等	用于要求起动转矩很大、转速允许变化较大的负载，如电瓶车、电车、起锚机等

2.1.6 直流电动机的运行维护

直流电动机在运行中必须经常维护，以保证正常运行。运行中必须监视下列项目：

1. 换向状态监视 良好的换向，是直流电动机可靠工作的必要条件。工作时要注意观察电刷与换向器间的火花状态，按 GB755-87 标准规定的火花等级如表 11.2-5 所示。

表 11.2-5 换向火花等级标准

火花等级	电刷下火花程度	换向器及电刷状态
1	无火花	换向器上没有黑痕，电刷无灼痕
1$\frac{1}{4}$	电刷边缘仅小部分有点状火花（约1/5至1/4刷边只有断续几点）	

火花等级	电刷下火花程度	换向器及电刷状态
$1\frac{1}{2}$	电刷边缘大部分$\left(大于\frac{1}{2}刷边\right)$有连续的、较稀的颗状火花	换向器有黑痕，但不发展，用汽油擦其表面即能消除，同时电刷表面有轻微灼痕
2	电刷边缘全部或大部有连续的、较密的颗状火花，开始有断续的舌状火花	换向器上有黑痕，用汽油不能擦除，同时电刷上有灼痕。短时出现这类火花，换向器上不出现灼痕，电刷不烧焦或损坏
3	电刷整个边缘有强烈的舌状火花，伴有爆裂声	换向器黑痕严重，同时电刷上有灼痕，如在此级火花下短时运行，则换向器上将出现灼痕，同时电刷将烧焦或损坏

（续）

直流电动机在正常工作时，应是无火花或小于 $1\frac{1}{2}$ 级的无害火花，换向器表面氧化膜颜色均匀且有光泽。

如果换向器火花加大，换向器表面状况发生变化，出现电弧烧痕或出现沟道，应分析原因，及时排除。

运行中应注意换向器表面保持清洁，吹风清扫，用干净白布擦拭表面。

2. 温度的监视　合格温升同样是保证直流电动机安全运行的重要条件。温升过高，会加速绝缘老化，减短电动机寿命。

对绕组各部埋有测温元件的电动机，应定时检查和记录电动机各部温升；无测温元件的电动机应检查进、出口风温，一般允许进、出口风温差 15～20℃；或从电动机壳温进行判断。

3. 绝缘电阻的监视　通常直流电动机绝缘电阻最低允许每千伏 1MΩ，但不低于 0.5MΩ，在环境空气温度和湿度变化时，绝缘电阻会波动，甚至低于允许值，但经过加热干燥后，绝缘电阻值很快就能恢复；如加热干燥仍难于恢复，应考虑电刷碳沾、油雾污染所致，须清扫甚至清洗脏污表面。

4. 润滑系统监视

5. 其他异常情况观察　如异常声响、异常气味（大部为绝缘味）、异常振动等，是故障征兆，均须及时排除与修理。

2.2 异步电动机及其应用

2.2.1 概述

异步电动机的工作原理：当电动机定子绕组接通交流电源后，在定子铁心与转子铁心间的空气隙产生旋转磁场，它在转子绕组中产生感应电流，此电流与磁场相互作用产生电磁转矩，驱动负载机械，实现由电能向机械能的转换。

作为异步电动机工作时，其转子旋转方向与气隙旋转磁场的转向一致，且转子转速比旋转磁场转速略低，这样才能保证转子绕组中感生电流和产生电磁转矩，正由于存在这个转速差，所以称之为异步电动机。

异步电动机按转子绕组结构型式的不同，可分为笼型和绕线型两种。笼型转子异步电动机结构简单、牢固，应用最广泛。绕线型转子异步电动机可将转子绕组经滑环和电刷接入外加电阻，以改善电动机的起动性能和调节转速。

异步电动机结构简单，制造、使用和维护方便，运行可靠，并具有接近恒速的负载特性，能满足大多数生产机械的使用要求，因而是使用最广泛的一种电动机。

2.2.2 三相异步电动机的特性

1. 同步转速 n_1　异步电动机定子旋转磁场的转速称为同步转速 n_1（r/min），它与定子绕组通电后形成的磁极对数 p、电流的频率 f（Hz）有关。

$$n_1 = \frac{60f}{p}$$

2. 转差率 S　用来表示转子转速 n 与同步转速 n_1 的相差程度。

$$S = \frac{n_1 - n}{n_1}$$

一般异步电动机在额定负载下的转差率 S_N 为 0.02～0.06。

3. 异步电动机的转矩　根据电动机原理分析，可得异步电动机的电磁转矩

$$T_{em} = \frac{m_1}{2\pi f} \frac{U_1^2 p R_2'/S}{\left[(R_1 + \sigma_1 R_2'/S)^2 + (X_1 + \sigma_1 X_2')^2\right]}$$

$$\sigma = 1 + \frac{X_1}{X_m}$$

式中　m_1——电动机定子绕组的相数；

U_1——电动机每相电压（V）；

p——电动机的磁极对数；

f——电源频率（Hz）；

R_1、X_1——电动机定子绕组每相电阻与漏电抗（Ω）；

R_2'、X_2'——电动机转子绕组每相电阻与漏电

抗的归算值（Ω）；

X_m——电动机定子每相绕组的励磁电抗

（Ω）。

可以看出异步电动机的电磁转矩对电源电压的变化非常敏感，电压有 ±10% 的变化就导致转矩有约 ±20% 的变化。

电磁转矩 T_{em} 减去电动机空载运行消耗转矩 T_0 即为转轴输出转矩 T；输出转矩的额定值 T_N（N·m）可从电动机铭牌数据得出：

$$T_N = 9550 \frac{P_N}{n_N}$$

式中 P_N——电动机的额定功率（kW）；

n_N——电动机的额定转速（r/min）。

在实际工作中，电动机的电阻、漏电抗等参数不容易获得，可根据产品目录给出的数据，用下列转矩的实用公式近似求得电动机的机械特性：

$$T = \frac{2}{\frac{S}{S_T} + \frac{S_T}{S}} T_{max}$$

式中 S_T——电动机在最大电磁转矩 T_{max} 下所对应的转差率。

在产品目录中，最大转矩倍数 $\frac{T}{T_N}$、额定功率 P_N 和额定转速 n_N 都会给出，可计算 S_N

$$S_N = \frac{n_1 - n_N}{n_1}$$

其中 n_1 或许并未给出，但由于 $S_N = 0.02 \sim 0.06$，即额定转速和同步转速相差很小，足以判断 n_1 值，例如 $n_N = 1470$r/min，则 $n_1 = 1500$r/min；$n_N = 975$r/min，则 $n_1 = 1000$r/min。

以 S_N 和 $\frac{T_{max}}{T_N}$ 代入上式，可求得 S_T；再将 T_{max} 和 S_T 代入上式，可计算任意转差率 S 所对应的转矩 T 值。

4. 异步电动机的机械特性——T-S 曲线 电动机的转矩 T 与转差率 S 间的关系曲线称为 T-S 曲线。

三相异步电动机的 T-S 曲线如图 11.2-6 所示。

对应于 $S = 1$（即 $n = 0$）的转矩为异步电动机的起动转矩 T_{st}，它是反映异步电动机起动性能的一个重要指标，通常用 $\frac{T_{st}}{T_N}$（起动转矩倍数）

的形式给出，一般在 1.2 ~ 2.2 之间。

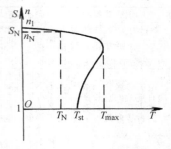

图 11.2-6 三相异步电动

机 T-S 曲线

异步电动机的最大转矩 T_{max} 代表电动机所具有的最大拖动负载能力。电动机在运行时，由于某种原因（如电源电压短时下降或负载转矩短时增大），负载转矩可能短时超过额定值，只要不超过电动机的最大转矩，电动机仍能维持继续运转，此最大转矩倍数 $\lambda = \frac{T_{max}}{T_N}$ 表示电动机的过载能力，一般在 1.6 ~ 2.2 之间。

在电动机 T-S 曲线上还表明，当 $S < 0$（$n > n_1$）时，电磁转矩 $T < 0$，电动机处于发电机状态；当 $S > 1$（$n < 0$），$T > 0$，电动机处于制动状态。

5. 异步电动机的工作特性 三相异步电动机的工作特性是指在额定电压及频率下，其转子转速 n、输出转矩 T_2、定子电流 I_1、定子功率因数 $\cos\varphi$、效率 η 等与输出功率 P_2 的关系，图 11.2-7 为三相异步电动机的工作特性。

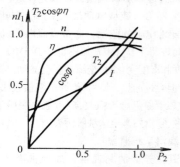

图 11.2-7 三相异步电动机工作特性

由图可见，从空载到满载运行，转速 n 略有下降；输出转矩 T_2 和定子电流 I_1 随输出功率 P_2 而增大；轻载运行时功率因数 $\cos\varphi$ 和效率 η 都较低，而 $\frac{P_2}{P_N}$ 在 0.6 ~ 1.1 范围内 $\cos\varphi$ 与 η 都较高。

2.2.3　三相异步电动机的节能运行

常用的节能技术有：

（1）掌握负载特性，合理选用电动机，避免长期轻载运行，使其 $\cos\varphi$ 和 η 都偏低。

（2）电动机轻载运行时，采用辅助设备降低电动机电压以提高运行效率。

（3）对于长期持续运行的负载，尽量选用国家推广的丫系列节能型电动机。

（4）对离心式风机、泵类负载采用经济合理的调速运行方式。

（5）对机床类负载，因加工过程存在轻载和空载运行，宜选用空载电流和空载损耗较小的电动机。

2.2.4　三相异步电动机的起动与制动

1. 起动　笼型电动机的起动方法主要有两种，即直接起动和降压起动。

直接起动最简便，但由于起动电流 I_{st} 较大 $\left(\text{一般}\dfrac{I_{st}}{I_N}=5\sim7\right)$，会引起电网电压波动，因此

能否采用直接起动方式，要看电网容量大小。通常规定：有专用变压器的用电单位，若电动机功率不大于变压器容量的 30%，又不频繁起动，则允许直接起动；若电动机需频繁起动，则允许其功率不大于变压器容量的 20%。如没有专用变压器供电，允许直接起动的电动机功率应以保证电动机起动时电网电压下降不超过 10% 为原则（偶而起动时压降不超过 15%，在保证生产机械正常起动，而又不影响其他用电设备的正常运行时，其压降可允许为 20% 或更大）。

为降低起动电流过大的不利影响笼型电动机常用定子绕组电路中降压起动方法，如表 11.2-6 所示。

当笼型电动机采用变频器供电时，也可采用降频降压方式进行"软起动"，限制起动过程电流和转矩的冲击，有利于延长电动机使用寿命。

三相笼型异步电动机按其起动性能划分为 N、NY、H、HY 设计四级，其分级特点见表 11.2-7 所示。可按负载需要向电动机供应单位提出要求。

表 11.2-6　笼型电动机起动方式比较

起动方式	全压起动	电阻（或电抗）降压起动	自耦变压器降压起动	丫-△降压起动	延边三角形起动（分接比为 k）			
					1:1	1:2	1:3	3:5
起动电压	U_N	αU_N	αU_N	$\dfrac{1}{\sqrt{3}}U_N$	$0.68U_N$	$0.75U_N$	$0.79U_N$	$0.73U_N$
起动电流	I_{st}	αI_{st}	$\alpha^2 I_{st}$	$\dfrac{1}{3}I_{st}$	$0.5I_{st}$	$0.6I_{st}$	$0.67I_{st}$	$0.57I_{st}$
起动转矩	T_{st}	$\alpha^2 T_{st}$	$\alpha^2 T_{st}$	$\dfrac{1}{3}T_{st}$	$0.5T_{st}$	$0.6T_{st}$	$0.67T_{st}$	$0.57T_{st}$
特点	简单，起动电流大，可带负载起动	起动电流较大，起动转矩较小电阻损耗大	起动电流与起动转矩之比较小	设备简单不能带负载起动	起动电流与起动转矩之比较小，但要求电动机每相有三个出线端			

表 11.2-7　三相笼型异步电动机起动性能分级

分级标志	特点及范围	起动转矩	堵转视在功率		起动要求	
					起动次数	阻转矩特性及负载惯量
N 设计	正常转矩，直接起动 2，4，6，8 极 0.4~630kW 50（或 60）Hz	T_{st}：0.65~2.0T_N T_{min}：0.5~1.4T_N T_{max}：1.6~2.0T_N 随功率增大而降低	功率范围 kW	$\dfrac{S}{P_N}$	冷态下允许连续起动二次（在两次起动之间应自然停机）或在额定运行后热态起动一次	负载阻转矩与转速平方成正比，并在额定转速时等于额定转矩，负载转动惯量值（kg·m²）可按下式计算：$J=0.04P^{2.9}p^{2.5}$ P—功率（kW）p—极对数
NY 设计	类似 N 设计，但为星-三角起动	星形起动时，T_{st} 及 T_{min} 的最小值应不低于 N 设计相应值的 25%	0.4~6.3 6.3~25 25~100 100~630	13 12 11 10		
H 设计	高转矩，直接起动 4，6，8 极 0.4~160kW 50Hz	T_{st} 为 N 设计相应值的 1.5 倍，但不小于 2.0T_N；T_{min} 为 N 设计相应值的 1.5 倍，但不小于 1.4T_N；T_{max} 为 N 设计的相应值，但不小于 1.9T_N 及 T_{min}				负载阻转矩为常数（与转速无关）且等于额定值，负载转动惯量为 N 设计规定值的 50%
HY 设计	类似 H 设计，但为丫-△起动	星形起动时，T_{st} 及 T_{min} 的最小值不应低于 H 设计相应值的 25%				

绕线型电动机的起动：可在转子回路中串联起动变阻器或频敏电阻起动。转子回路串入适当电阻后，可减小起动电流而增大起动转矩。转子回路串入频敏电阻起动时，由于频敏电阻的阻抗随转子转速升高而自动减小，可使电动机起动较平稳，又不需要逐级切换设备。

2. 制动 异步电动机制动方法有：

a. 能耗制动 当电动机定子绕组与交流电源断开后，立即接到一个直流电源上，流入的直流电流在气隙中建立一个静止不动的磁场，它在旋转着的转子绕组中感生电流、电阻损耗；转子电流与静止磁场相作用产生制动转矩。

b. 发电（再生）制动 当电动机转子转速大于定子旋转磁场的同步转速（用外力使电动机转子加速或定子电源频率减低）时，电动机处于发电机制定运行状态。

c. 反接制动 电动机电源相序改变，使旋转磁场旋转方向改变；或因负载作用使转子反转；均造成电动机旋转磁场与转子旋转方向相反，产生制动转矩。与直流电动机反接制动相似，此时如仍维持电源电压不变，定子电流将很大，要采取限流措施。

2.2.5 三相异步电动机的调速

由于新型功率半导体器件的开发和微机控制的发展、电动机控制理论研究的进展，采用交流电动机的调速系统正在迅速推广应用，有取代直流调速系统的发展趋势，如数控机床、电梯等行业，这种取代已经成为现实。

由于异步电动机转子转速 $n = (1-s)\dfrac{60f}{p}$，因此可以通过改变极对数 p、电源频率 f 和转差率 s 三种方法来调节转速。其特点如表 11.2-8 所示。为说明方便，将其他可调速的交流电动机主要品种也一并列入。

表 11.2-8 交流电动机调速方法

调速方法	特 点 说 明
笼型异步电动机变极调速	改变定子绕组接线使极对数改变，国产有 YD 系列多速电动机可供选用，运行效率高、控制方便，但只能有级调速（2、3、4 种转速）
变频调速	当电源频率改变时，异步电动机的同步转速和转子转速将随之改变，调速范围大、平滑性好、运行效率高，但需配专用的与电动机配套的变频电源，其价格数倍于电动机价格，一次投资较大。调速范围一般为 100%~5%，上限可扩大

(续)

调速方法		特 点 说 明
变转差率 S 调速	笼型异步电动机定子调压[1]	对机械特性较软的笼型电动机，改变定子电压可小范围调节转差率 S，如采用双向晶闸管调压，设备投资增加不多，但调速运行时效率降低，效率 $\eta \approx 1-S$。调速范围：100%~80%
	绕线转子异步电动机转子串电阻[1]	在恒转矩负载下，转子回路串入外加电阻 R，可使转差率 S 与转子回路电阻成正比变化，设备简单，但转子回路电阻损耗大，运行效率低，多用于断续工作方式的机械，如起动机、轧钢辅机、调速范围：100%~50%
	绕线转子异步电动机串级	有多种不同接线方式，相当于将上述转子外串电阻代之以变流器，将转子转差功率向电网反馈，以提高调速运行效率，但增加了设备投资，在风机、水泵调速系统中应用较广，调速范围：100%~50%
其他可调速的交流电动机	交流换向器电动机	有换向器与电刷装置，在交流电源下运行，调速范围大，但结构复杂。三相并联换向器电动机在纺织、造纸、印刷工业中应用；单相串励电动机用于电力牵引、家用电器、电动工具行业
	电磁调速异步电动机[1]	由笼型异步电动机、电磁滑差离合器和控制电路三部分组成，调节滑差离合器的励磁电流，可在规定的转矩和转速范围内平滑调速，但低速运行效率较低，国产系列产品代号为 YCT，可供选用。调速范围：97%~20%
	无换向器电动机	或称无刷直流电动机，由同步电动机、变流器和转子位置检测器组成，调速性能与直流电动机相似，适用于大容量、调速范围宽、经常可逆运行的场合，在数控机床伺服系统中也广泛应用
	开关磁阻电动机	由叠片的定、转子凸极铁心、定子绕组并配以专用变频电源和转子位置检测器组成，结构简单、牢固，变频电源价格较低，用于中小型调速装置

[1] 这几种变转差率 S 调速方式，运行效率 $\eta \approx 1-S$，即调速运行转速越低，S 越大，效率越低；其他调速方式运行效率接近不调速的普通电动机。

2.2.6 单相异步电动机、直线电动机和盘式电动机

1. 单相串励电动机 结构与串励直流电动机相似，但定子铁心采用电工钢片叠装。励磁绕组与电枢绕组串联。电动机在单相交流电源下工作，具有软特性，起动转矩大，负载增大时转速下降较多。小容量的单相串励电动机额定转速较高（4000~20000r/min），因此外形尺寸和质量较小，适用于电动工具、离心机、搅拌器等设备中。又可制成交直流两用型。

2. 单相异步电动机 电动机定子装有两相绕组，根据起动设施不同可分为表 11.2-9 所示的不同类型。在该表所示的原理线路中，S 为离心开关，电动机通电起动后，当转子转速达到（72~83）% n_1 时离心开关断开。从性能指标对

比可见单相异步电动机的运行性能不如三相异步电动机；罩极电动机性能更差，但结构简单，价格便宜，而且在单相交流电源下工作，使用方便，因而在家用电器中应用十分广泛。

3. 直线电动机　将电能直接转换成直线运动的机械能。其结构可看作旋转电动机的演变，即将旋转电动机的定、转子剖开展平成直线。见图 11.2-8 所示由定子演变的初级侧嵌有绕组，由转子演变的次级可用整块钢板制造，一般次级长度较初级长度大。当初级绕组按丫形接法通入三相电流后，在初、次级铁心间产生平移的磁场，它在次级中产生感应电势、电流和牵引力；改变初级电流相序可改变磁场运动方向，从而使次级运动方向随之改变。直线电动机按用途可分三类：

a. 力电动机　用于在静止或低速设备上施加一定推力，如阀门开闭、门窗操作等，一般以电磁推力 F 与输入功率 P_1 的比值做为性能衡量指标。

b. 功电动机　用于推动负载长期连续运行，如地面高速列车的动力，以机械效率（机械功率 P_{mx} 与输入功率 P_1 之比）做为性能指标。

c. 能电动机　在短距离内提供巨大的直线运动能，如飞机起飞、鱼雷发射等，以能效率（输出的动能与电源提供的电能之比）为性能指标，见图 11.2-8。

4. 盘式电动机　一般为自冷式、机壳无底脚，端盖带凸缘法兰，安装型式 IMB5；其定、转子皆为平面圆盘形，铁心均由带状硅钢片冲槽后卷绕制成，定子绕组嵌入铁心端面槽内（靠转子侧），转子铸铝带内外端环。转子的非轴伸端装有弹簧和制动盘，定子绕组通电后，定、转子铁心间的磁拉力将转子上弹簧拉开，转子带负载旋转；断电后，在弹簧作用下转子复位，其制动盘快速与机座相吻合并立即制动。总体结构简单、轴向尺寸短、节约铁心材料、定转子散热条件好；因此这类电动机可用于重载、频繁起动、快速制动的场合。

表 11.2-9　各类单相异步电动机特性

类型	电阻启动单相电动机	电容起动电动机	单相电容运转异步电动机	单相双值电容异步电动机	罩极电动机	三相小功率异步电动机
原理线路						
机械特性						
最大转矩倍数	>1.8	>1.8	>1.6	>2.0	>1.3	>2.4
起动转矩倍数	1.1～1.6	2.5～2.8	0.35～0.6	>1.8	>0.3	>2.2
起动电流倍数	6～9	4.5～6.5	5～7			<6

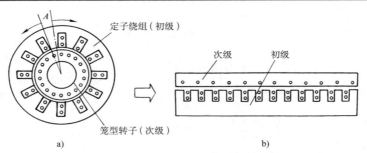

图 11.2-8　由旋转电动机演变为直线电动机的过程
a）沿径向剖开　b）把圆周展成直线

2.2.7 异步电动机的型号、额定数据及主要派生专用产品的型号与用途

1. 异步电动机的型号 由产品代号、规格代号和环境代号三部分组成。

a. 产品代号 由类型代号（Y 系列为笼型转子系列，YR 为绕线型转子系列），电动机特点代号（字母）和设计序号（数字）等三个小节顺序组成。

b. 规格代号 用中心高或铁心外径或机座号或凸缘号、机座长度、铁心长度、功率、转速或极数等表示。其中机座长可用国际通用符号：S——短机座；M——中机座；L——长机座。

c. 环境代号 如表 11.2-10 所示。

表 11.2-10 特殊环境代号

环 境	代 号	环 境	代 号
高原用	G	热带用	T
船(海上)用	H	湿热带用	TH
户外用	W	干热带用	TA
化工防腐用	F		

举例：

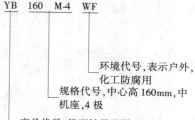

环境代号，表示户外，化工防腐用

规格代号，中心高 160mm，中机座，4 极

产品代号，笼型转子防爆型异步电动机

2. 额定数据与主要技术指标 异步电动机铭牌标出的额定数据如表 11.2-11 所示。

此外，在铭牌还应写明绕组接法、工作制、绝缘等级、冷却方式、防护型式以及生产厂名、生产日期等，有关说明见 2.4 节。

异步电动机产品样本中表明其主要技术指标，如表 11.2-12 所示。

表 11.2-11 异步电动机额定数据

额定数据	单位	说　　明
相数		
额定功率 P_N	kW 或 W	在额定运行时转轴上输出的机械功率
额定电压 U_N	V	在额定运行时定子绕组线电压
额定电流 I_N	A	在额定运行时定子绕组线电流
额定频率 f_N	Hz	我国规定工业用电频率为 50Hz
额定转速 n_N	r/min	在额定运行时的转速
转子绕组开路电压 E_{2N}	V	只对绕线型转子的电动机
转子绕组额定电流 I_{2N}	A	

表 11.2-12 异步电动机主要技术指标

技术指标	说　　明
效率 η	电动机输出机械功率与输入电功率之比，通常以百分数表示
功率因数 $\cos\varphi$	电动机输入有功功率与视在功率之比
堵转电流 I_k	电动机在额定电压、额定频率和转子堵住时从供电电路输入稳态电流有效值
堵转转矩 T_k	电动机在额定电压、额定频率和转子堵住时所产生转矩最小测量值
最大转矩 T_{max}	电动机在额定电压、额定频率和运行温度下转速不发生突降时所产生的最大转矩
噪声	电动机在空载稳态运行时所发出的噪声（A 计权声功率级 dB）
振动	电动机在空载稳态运行时产生振动速度有效值（mm/s）

3. 异步电动机主要派生和专用产品型号和用途 如表 11.2-13 所示。

表 11.2-13 异步电动机派生和专用产品

产品代号及名称	主 要 用 途	产品规格及说明
YA、YB 防爆电动机	石油、化工、煤矿等有爆炸危险的场所	H80～280[①]，0.55～90kW，2～8 极隔爆型"d（YB）"，增安型"e（YA）"，无火花型"n"，正压型"p"
YZ、YZR 冶金及起重用电动机	冶金辅助机械与起重机械	笼型 H112～250，1.5～30kW 绕线型 H112～400，1.5～200kW
YG 辊道用电动机	轧钢辊道传动	定子 H 级绝缘、起动转矩大，能频繁起动、正反转
YLB 立式深井泵用电动机	与长轴深井泵配套	5.5～132kW，2～4 极
YQS（充水）YQSY（充油）井用潜水电动机	与潜水泵配套	150～300mm（适用井径）3～132kW 2 极
QS（充水）QY（充油）QX（干式）浅水潜水异步电泵	潜入 0.3～3m 浅水中提水	QS5.5kW QY2.2kW 2 极 QX1.5～2.2kW

（续）

产品代号及名称	主　要　用　途	产品规格及说明
YQY 井用潜油电动机	与深井油泵配套	140mm 井径、40kW　　2 极
YP 屏蔽电动机	用于输送不含颗粒的剧毒、易燃、放射性、腐蚀性液体	0.75~37kW　2 极
YH 高转差率电动机	用于驱动惯性矩较大并有冲击性负载的机械	H80~280，0.55~90kW　2~8 极
YLJ 力矩电动机	用于恒张力、恒线速度传动及恒转矩传动	0.49~196N·m，2~6 极
YCT 电磁调速电动机	恒转矩和风机类负载设备的无级调速	H112~400，0.55~90kW 调速范围 1:10 及 1:3
YD 变极多速电动机	用于驱动需有级变速的设备	H50~280，0.35~82kW　9 种极比
YCJ 齿轮减速电动机	用于驱动低速大转矩的机械设备（矿山、轧钢、化工等）	H71~280，0.55~15kW 输出转速 15~600r/min
YXJ 摆线针轮减速电动机		H80~280，0.55~55kW 传动比单级 11~87 双级 121~7569
YW（户外）YF（防腐）YWF 户外防腐蚀电动机	适用于有腐蚀性气体或粉尘的户内外场所	H80~280，0.55~90kW，2~8 极
YZC 低振动低噪声电动机	用于精密机床传动	H80~110，0.55~18.5kW，2~8 极
YDF 电动阀门用异步电动机	用于自动开闭输油输气管线上阀门	0.09~30kW，4 极，短时工作制
YEP（旁磁式）YEZ、YEZR（锥形转子式）YEJ（附直流电磁制动）自制动电动机	断电制动，用于驱动要求快速准确停车的设备，如单梁吊车行走机构、机床进给系统	H71~180，0.55~45kW，4、6 极
YX 高效率电动机	用于长期连续运行且负载率较高的设备	H100~280，1.5~90kW，2~6 极

① H 指电动机中心高。

2.2.8　异步电动机的维护、常见故障及处理方法

1. 异步电动机的维护　异步电动机在正常情况下，一台电动机能运行 2 万小时以上。但如日常使用维护不当，就会提早出现故障，缩短使用寿命。表 11.2-14 列出电动机定期检查、保养的参考内容。

表 11.2-14　异步电动机定期检查、保养的内容参考表

定期时间	检　查　内　容	保　养　内　容
一天	1. 电动机工作情况　2. 电动机起动与停转情况　3. 轴承有无杂音　4. 连续工作的电动机发热情况	1. 使用过程保持清洁　2. 记录仪表读数和运转、停车时间　3. 记录异常情况　4. 记录检查情况与故障处理结果
一月	1. 测量电动机转速与振动情况　2. 接地可靠状况　3. 紧固件紧固程度	1. 检查工作记录　2. 复查检修和故障处理结果　3. 擦拭电动机油尘污染
半年	1. 轴承是否润滑、油脂是否发硬情况　2. 通风与冷却情况　3. 传动装置有无损坏、变形、安装牢固	1. 缺少润滑脂及时补充，通常 6 个月更换油脂一次　2. 用压缩空气，刷子清理通风道积尘

（续）

定期时间	检　查　内　容	保　养　内　容
一年	1. 拆卸电动机，对绕组、通风道、接线板进行检查　2. 轴承润滑情况　3. 绝缘电阻　4. 绕组是否损伤或异常　5. 定转子气隙　6. 铁心是否松动，笼条是否异常	1. 清除尘垢，用丙酮或汽油清除绕组表面油污　2. 更换新润滑脂　3. 加热干燥处理，使绝缘电阻大于 1MΩ　4. 对损伤绝缘补修，加涂绝缘漆　5. 调整气隙　6. 有异常要检修，铁心松动要紧固

2. 常见故障和处理方法　见表 11.2-15。

表 11.2-15　异步电动机常见故障及处理方法

故障现象	故　障　原　因	处　理　方　法
不能起动	1. 电源未接通或一相断路	1. 检查开关、熔丝各对触点及电动机引线，查出并修复
	2. 定子或转子绕组断路	2.
	3. 定子绕组相间短路，接地或接线错误	3. 检查接线
	4. 控制设备接线错误	4.
	5. 过流继电器调整值太小	5. 适当调高
	6. 绕线转子电动机起动误操作	6. 检查集电环短路装置及起动变阻器位置
	7. 电压太低	7. 检查电源并调整

（续）

故障现象	故障原因	处理方法
电动机接入电源后熔丝被烧断	1. 单相起动	1. 检查开关、熔丝、电源线、电动机引出线各对触点，找出断线或假接故障，并修复
	2. 定转子绕组接地或短路	2. 检查接线
	3. 电动机负载过大或被卡住	3. 调整负载，排除被拖机械故障
	4. 熔断丝截面过小	4. 更换熔丝，熔丝额定电流 $= \dfrac{起动电流}{2 \sim 3}$
	5. 绕线转子电动机所接起动电阻太小或被短路	5. 清除短路故障，加大起动电阻
	6. 电源至电动机之间连接线短路	6. 检查短路点、修复
电动机外壳带电	1. 电源线与地线搞错	1. 纠正接线
	2. 电动机受潮、绝缘严重老化	2. 电动机烘干处理，老化的绝缘要更新
	3. 引出线与出线盒短路	3. 包扎或更新引出线绝缘，修理接线盒
	4. 线圈端部顶端盖接地	4. 拆下端盖，检查接地点，线圈接地处包扎绝缘和涂漆，端盖内壁垫绝缘板
电动机起动困难，加额定负载时，电动机转速比额定转速低	1. 电源电压过低	1. 检查电源电压并处理
	2. △接绕组错接成丫接	2. 将丫接改为△接
	3. 笼型转子开焊或断条	3. 检查后修理
	4. 绕线转子一相断路或接触不良	4. 用检验灯、万用表检查断线，排除故障
	5. 电刷与集电环接触不良	5. 改善接触情况，如磨电刷接触面、调电刷压力、车削集电环
电动机空载或负载时，电流表指针不稳，摆动	1. 笼型转子开焊或断条	1. 采用开口变压器或其他方法检查
	2. 绕线转子一相断路，或一相电刷接触不良	2. 用检验灯、万用表检查、排除故障
电动机振动过大或声音异常	1. 单相运行	1. 检查接线
	2. 转子不平衡、气隙不均匀	2. 清扫、紧固后，转子校动平衡
	3. 笼型转子开焊、断条	3. 补焊或更换笼条
	4. 绕线转子绕组短路	4. 检查确认后排除故障
	5. 转轴弯曲	5. 校直转轴
	6. 轴承磨损，间隙不合格	6. 检查轴承间隙
	7. 电动机铁心松动，地脚螺栓松动	7. 叠装、紧固
	8. 靠背轮或带轮安装不合格	8. 重新找正
轴承发热	1. 润滑脂过多、过少、油质不好	1. 检查更新，油脂填充至轴承容积的 $\dfrac{1}{2} \sim \dfrac{1}{3}$
	2. 轴承与轴颈配合过松或过紧	2. 过松可低温镀铁，过紧要车削轴颈
	3. 轴承与端盖配合过松或过紧	3. 过松或轴承室

（续）

故障现象	故障原因	处理方法
轴承发热	4. 油封太紧	4. 更换或修理油封
	5. 轴承内盖偏心，与轴摩擦	5. 修理轴承内盖，使之与轴的间隙合适
	6. 两端盖或轴承盖未装平	6. 重装，使端盖装入止口内，均匀紧固螺钉
	7. 轴承故障	7. 清洗含杂质轴承，更换
	8. 轴承间隙过大或过小	8. 修理轴承
	9. 电动机与传动机构装配不当	9. 校准电动机与传动机构中心线
	10. 滑动轴承油环转动不灵活	10. 检修油环
电动机过热	1. 电源电压过高或过低	1. 与供电部门联系、调整
	2. 负载过大	2. 排除负载机械故障，减载或更换电动机
	3. 环境温度过高	3. 采用降温措施
	4. 电动机频繁起动或正反转	4. 减少起动、正反转次数，或更换合适电动机
	5. 通风系统故障	5. 检查风扇和冷却装置
	6. 定子绕组匝间、相间短路或接地	6. 检查绕组、排除故障
	7. 电动机绕组表面尘垢、异物妨碍散热	7. 清扫或清洗电动机

2.3 同步电动机

2.3.1 概述

同步电动机主要用作发电机（如水轮、汽轮、柴油发电机），产生交流电能；也可用作电动机。当电动机极对数个一定时，其转速 n（r/min）与频率 f（Hz）之间有严格关系，称为同步。

$$n = \frac{60f}{p}$$

2.3.2 同步电动机的特性

同步电动机以恒速或变频调速方式驱动功率较大的机械设备，如轧钢机、透平压缩机、鼓风机、泵和变流机组；或用于驱动功率虽不大，但转速较低的各种磨机、往复式压缩机以及大型船舶推进器等。与异步电动机相比，同步电动机可通过调节励磁电流来改善自身的和电网的功率因数，提高稳定性，使发电站装机容量得到充分利用。

1. 机械特性 当电源频率 f 一定时，同步电动机的转速 n 是恒定的，其机械特性如图 11.2-9 所示。当负载转矩低于电动机的最大转矩 T_{max} 时，转速不随负载变化；负载转矩超过 T_{max}，则电动机转子失去同步转速而停转。

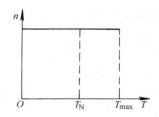

图 11.2-9 同步电动机机械特性

2. 同步电动机的 V 形曲线 当电源电压 U 与频率 f 恒定，维持电动机输出功率不变，改变励磁电流 I_f 则电枢电流 I 及功率因数 $\cos\varphi$ 会随之改变。$I = f(I_f)$ 曲线如 V 形，如图 11.2-10 所示。称为 V 形曲线。

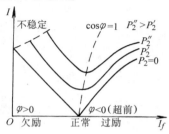

图 11.2-10 同步电动机 V 形曲线

在输出机械功率一定而 $\cos\varphi = 1$ 时，电枢电流 I 最小，如规定此时励磁电流为正常值，再增大励磁电流（过励）则电枢电流将增大，从电网吸收电容性电流（电流 I 超前于端电压 U），将使电网总功率因数得到改善。反之，励磁电流低于正常值（欠励），电枢电流也增大，从电网吸收电感性电流（电流 I 滞后于端电压 U）。一般同步电动机运行时常使之处于过励状态。

2.3.3 同步电动机的起动

同步电动机定子绕组通入交流电流后，产生同步转速的旋转磁场，它与转子励磁绕组通入直流励磁电流产生的恒定磁场之间所产生的转矩是交变的，不能使转子起动。为了起动同步电动机，一般其转子上装有与笼形转子异步电动机相似的笼型绕组（或称起动绕组、阻尼绕组），它与定子同步旋转磁场相感应产生电势与电流和平均转矩，是和异步电动机工作原理相似的。

同步电动机起动方法有：全电压异步起动、降压异步起动、调频同步起动以及专用辅助电动机起动等。除高速大容量的机组外，一般采用异步起动法，条件允许时优先采用全压异步起动。

起动初始阶段，励磁绕组串入电阻后短接，以防止其中感应过高的电压与电流；阻尼绕组产生异步转矩使转子加速，至接近同步转速时，再将励磁回路外串电阻切除并通入适当的直流励磁电流，使转子牵入同步转速，开始作为同步电动机运转。

2.3.4 三相同步电动机的型号和额定数据

1. 国产三相同步电动机的主要系列及用途见表 11.2-16。

表 11.2-16 国产三相同步电动机的主要系列及其用途

系列	说明	用　　途
TF	同步发电机	可用水轮机、汽轮机、柴油机等拖动作为交流电源
TD	同步电动机	拖动鼓风机、水泵、球磨机以及其他通用机械
TK	同步电动机	拖动往复式空气压缩机或矿山机械
TZ	同步电动机	拖动轧钢机、球磨机用
TL	同步电动机	拖动立式轴流泵或离心式水泵用

2. 额定数据 在同步电动机的铭牌和产品目录上给出电动机的额定数据，如表 11.2-17 所示。

表 11.2-17 同步电动机额定数据

额定数据	说　　明
额定容量	发电机指额定视在功率 S_N，以 kVA 为单位；或额定功率因数时的有功功率 P_N，以 kW 为单位 电动机指转轴输出额定机械功率 P_N（kW） 补偿机指电容性电流的无功功率（kVar）
额定电压 U_N	在额定运行时的线电压（V）
额定电流 I_N	在额定运行时的线电流（A）
额定频率 f_N	在额定运行时的频率（Hz）
额定功率因数 $\cos\varphi_N$	在额定运行时的功率因数
额定效率 η_N	在额定运行时（U_N、I_N、$\cos\varphi_N$ 时）的效率，指有功输出功率与有功输入功率之比
额定转速 n_N	在额定运行时的转速（r/min）
额定励磁电压 U_{fN}	额定运行时直流励磁电压（V）
额定励磁电流 I_{fN}	额定运行时直流励磁电流（A）

2.3.5 其他类型同步电动机

1. **磁阻（同步）电动机** 结构与笼型异步电动机相似，但转子铁心制成凸极形状，极中心处与定子铁心间的气隙较小，磁阻也较小；极间部分气隙较大，磁阻也较大；运行时产生磁阻同步转矩可使转子同步旋转。其功率从几分之一瓦到数百瓦，结构简单、运行可靠，在记录仪、电钟、办公装置中应用较广。

2. **磁滞电动机** 电动机转子不用笼型绕组而采用磁化曲线近于矩形的磁滞材料构成，起动转矩大、运转平稳，在纺织机械、陀螺仪表中适用。

3. **永磁同步电动机** 电动机转子除笼型绕组外还装有永磁材料制成的磁极，同步运行时较异步电动机效率高，维护方便，运行可靠，功率从几分之一瓦到数百千瓦，广泛用于化纤工业和节能传动系统中。

2.3.6 三相同步电动机的常见故障和处理方法

（见表 11.2-18）。

表 11.2-18 三相同步电动机的常见故障和处理方法

故障现象	故障原因	处理方法
同步电动机不能起动	1. 电源未接通或一相断路 2. 转子起动绕组断路或端部接触不良 3. 电动机起动转矩较小，不足以起动所传动的机械	1. 检查并修复 2. 检查起动绕组导条与端部连接点 3. 使电动机轻载或空载起动，必要时更换电动机
同步电动机起动，加励磁电流后达不到同步转速	1. 励磁绕组有部分匝间短路 2. 励磁绕组经重绕或修理后，绕制方向、接线有错误	1. 在励磁绕组中通入额定电流，用直流电压表测量各极上的励磁绕组电压降，以判断是否存在匝间短路，并修理 2. 检查各励磁绕组绕制方向，匝数和接法
振动过大	1. 励磁绕组松动或有位移 2. 励磁绕组有匝间短路或接线错误 3. 气隙不均匀 4. 转子不平衡 5. 所拖动的机械工作不正常 6. 底座固定不好或基础强度不够 7. 机座或轴支座安装不良	1. 检查励磁绕组固定状况 2. 检查励磁绕组 3. 调整定子或转子安装位置，调匀气隙 4. 做转子平衡（静、动）试验 5. 检查所拖动机械设备 6. 检查底座固定情况，基础是否松动 7. 检查机座、轴承支座安装情况

2.4 旋转电动机应用知识

2.4.1 电动机工作制和定额

1. **工作制** 工作制是电动机承受负载情况的说明。包括起动、负载、电制动、空载、断能停转以及这些阶段的时间和顺序。是设计和选择电动机的基础。工作制共分九类，见表 11.2-19。

表 11.2-19 工作制分类

代号	名称	内 容	附注
S1	连续工作制	在恒定负载下的运行时间足以达到热稳定	
S2	短时工作制	在恒定负载下按给定时间运行，该时间不足以达到热稳定，随之即断能停转足够时间，使电动机再度冷却到与冷却介质温度差在 2K 以内	在 S2 后加工作时限
S3	断续周期工作制	按一系列相同的工作周期运行，每一周期包括一段恒定负载运行，和一段断能停转，每一周期的起动电流不致对温升产生显著影响	加注负载持续率 FC
S4	包括起动的断续周期工作制	同 S3，但包括一段对温升有显著影响的起动时间	加注负载持续率
S5	包括电制动的断续周期工作制	同 S4，又包括一段快速电制动时间	加注电动机转动惯量 J_M 负载转动惯量 J_{ext}
S6	连续周期工作制	按一系列相同的工作周期运行，每一周期包括恒定负载运行时间和一段空载运行时间，但无断能停转时间	加注负载持续率
S7	包括电制动的连续周期工作制	按一系列相同的工作周期运行，每一周期包括一段起动、一段恒定负载运行和一段电制动时间，但无断能停转时间	加注电动机与负载转动惯量
S8	包括变速负载的连续周期工作制	按一系列相同的工作周期运行，每一周期包括在预定转速与负载运行和不同转速其他负载运行时间，但无断能停转时间	加注转动惯量，每转速下负载与负载持续率
S9	负载与转速非周期变化工作制	负载和转速在允许范围内变化的非周期工作制，包括经常过载	

表中负载持续率

$$F_C = \frac{电动机工作时间}{电动机工作周期} \times 100\%$$

表 11.2-20　电动机绝缘等级与其绕组允许温升（电阻法）

绝缘等级	A	E	B	F	H	C
最热点温度/℃	105	120	130	155	180	>180
环境为40℃时允许温升值/K	60	75	80	100	125	
材料举例	经浸渍处理的有机材料，如纸、棉纱、木材	聚乙烯类绝缘材料	云母带云母纸聚酯类漆包线	用硅有机醇酸树脂处理的改性纤维织物	硅有机橡胶	天然云母、石英、陶瓷

例：S8　$J_m = 0.5 kg \cdot m^2$　$J_{ext} = 1 kg \cdot m^2$

16kW　　740r/min　　30%

40kW　　1400r/min　　30%

25kW　　980r/min　　40%

2. 定额　是制造厂对符合规定条件的电动机在其铭牌上标定的全部电量与机械量值及持续时间和顺序。共分五类，相应有类型标志：

a. 最大连续定额　"Const" 或 "S1"。

b. 短时定额——持续运行时间　如 S2-60min，时限优先采用 10、30、60 或 90min。

c. 周期工作定额　在 S3~S8 中的一种，工作周期时间应为 10min。负载持续率应为 15、25、40 或 60%。

d. 非周期工作定额。

e. 等效连续定额——"equ"，按照制造厂对电动机负载和各种条件的规定，电动机在满足上述标准各项要求的同时，能作持续运行，直至热稳定状态。可以认为这些规定与 S3~S8 或 S9 的工作制之一是等效的。

对于一般用途的电动机，其定额应为最大连续定额，并能按 S1 工作制运行。如用户未提出电动机的工作制，则认为是 S1 工作制。

2.4.2　电动机绝缘等级和电动机绕组的允许温升

电动机的允许温升限值主要取决于所用的绝缘材料。电动机的绝缘等级与其绕组的允许温升（电阻法测定的绕组平均温升）如表 11.2-20 所示。

2.4.3　电动机防护类型

在电动机基本技术要求 GB755-87 适用范围内的电动机，防护类型有：

（1）防止人体接触电动机内带电或转动部分和防止固体异物进入电动机内的防护等级。

（2）防止水进入电动机内的防护等级。

防护标志用特征字母 IP 和两个表示防护等级的表征数字组成，例如：

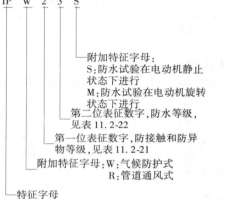

IP W 2 3 S

特征字母

附加特征字母：W：气候防护式　R：管道通风式

第一位表征数字，防接触和防异物等级，见表 11.2-21

第二位表征数字，防水等级，见表 11.2-22

附加特征字母：S：防水试验在电动机静止状态下进行　M：防水试验在电动机旋转状态下进行

表 11.2-21　第一位表征数字表示的防护等级

防护等级	简述	定义
0	无防护	无专门防护
1	防护大于 50mm 的固体进入电动机	能防止直径大于 50mm 的固体异物进入壳内，能防止人体某一大面积部分（如手）偶然或意外地触及带电或运动部分，但不能防止故意接近这些部分
2	防护大于 12mm 的固体进入电动机	能防止直径大于 12mm 的固体异物进入壳内，能防止手指触及带电与运动部分
3	防护大于 2.5mm 的固体进入电动机	能防止厚度（或直径）大于 2.5mm 的工具或金属件触及带电或运动部分
4	防护大于 1mm 的固体进入电动机	能防止厚度（或直径）大于 1mm 的导线或金属条触及带电或运动部分
5	防尘电动机	完全防止触及带电与运动部分，能防止灰尘进入达到影响产品正常工作的程度

表 11.2-22　外壳防水进入内部的防护等级

防护等级	简述	定义
0	无防护	无专门防护
1	防滴电动机	垂直滴水应无有害影响
2	15°防滴电动机	与铅垂线成15°角范围内的滴水应不能直接进入产品内部
3	防淋水电动机	与铅垂线成60°角范围内的淋水应无有害影响
4	防溅水电动机	任何方向的溅水应无有害影响

（续）

防护等级	简　述	定　　义
5	防喷水电动机	任何方向的喷水应无有害影响
6	防海浪电动机	在猛烈的海浪冲击或强烈喷水时，电动机的进水量不应达有害程度
7	防浸水电动机	在规定的压力下和时间浸入水中时，电动机的进水量不应达有害程度
8	潜水电动机	按制造厂规定的条件，电动机可连续浸在水中

2.4.4　电动机的噪声

电动机的主要噪声源有通风噪声、电磁噪声和机械噪声。

GB 10069·3—1988 及 IEC34—9 给出电动机在单台稳态运行时按 A 计权声功率级的噪声限值，见表 11.2-23。

表中规定为最低质量要求 N 级（普通级），另外还有 R 级、S 级和 E 级，分别较 N 级规定低 5dB、10dB 和 15dB。

对于功率小于 1kW 的异步电动机和串励电动机噪声另有专门规定。

2.4.5　有关电动机的其他性能与标志、代号

（1）冷却方式代号（GB/T 1993—1993）

（2）结构及安装型式（GB/T 997—1981，IEC34—1）

（3）出线端标志（GB/T 1971—1980，IEC34—8）

表 11.2-23　电动机 A 计权声功率级 L_{WA} 噪声限值

类　　别	Ⅰ	Ⅱ	Ⅰ	Ⅱ	Ⅰ	Ⅱ	Ⅰ	Ⅱ	Ⅰ	Ⅱ	Ⅰ	Ⅱ
额定转速 /r·min^{-1}	$n_N \leqslant 960$		$960 < n_N \leqslant 1320$		$1320 < n_N \leqslant 1900$		$1900 < n_N \leqslant 2360$		$2360 < n_N \leqslant 3150$		$3150 < n_N \leqslant 3750$	
额定功率/kW	噪　声　限　值　(dB)											
$1 \leqslant P_N \leqslant 1.1$	73	73	76	76	77	78	79	81	81	84	82	88
$1.1 < P_N \leqslant 2.2$	74	74	78	78	81	82	83	85	85	88	86	91
$2.2 < P_N \leqslant 5.5$	77	78	81	82	85	86	86	90	89	93	93	95
$5.5 < P_N \leqslant 11$	81	82	85	85	88	90	90	93	93	97	97	98
$11 < P_N \leqslant 22$	84	86	88	88	91	94	93	97	96	100	97	100
$22 < P_N \leqslant 37$	87	90	91	91	94	98	96	100	99	102	101	102
$37 < P_N \leqslant 55$	90	93	94	94	97	100	98	102	101	104	103	104
$55 < P_N \leqslant 110$	93	96	97	98	100	103	101	104	103	106	105	106
$110 < P_N \leqslant 220$	97	99	100	102	103	106	103	107	105	109	107	110
$220 < P_N \leqslant 550$	99	102	103	105	106	108	106	109	107	111	110	113
$550 < P_N \leqslant 1100$	101	105	106	108	108	111	108	111	109	112	111	116
$1100 < P_N \leqslant 2200$	103	107	108	110	109	113	109	113	110	113	112	118
$2200 < P_N \leqslant 5500$	105	109	110	112	111	115	111	115	112	115	114	120

注：Ⅰ类：开启式电动机；Ⅱ类：有外风扇的封闭式电动机。

（4）振动限值（GB/T 755—1987，IEC34—14）

（5）电磁干扰允许值（GB/T 4343—1995）涉及这些方面的情况可查阅相关标准。

2.5　电动机的选择

2.5.1　电动机选择的原则

选择电动机时应综合考虑下列问题：

（1）根据机械负载性质和生产工艺对电动机起动、制动、反转、调速等要求，选择电动机类型。

（2）根据负载转矩、转速变化范围和起动频繁程度等要求，考虑电动机的温升限制、过载能力与起动转矩倍数选择电动机容量，并确定通风冷却方式。容量选择应当留有余量。

（3）根据使用场所的环境条件，如温度、湿度、灰尘、腐蚀和易燃易爆气体等考虑必要的防护等级和结构与安装方式。

（4）根据企业的电网电压标准和对功率因数的要求，确定电动机的电压等级与类型。

（5）根据生产机械的转速要求与减速机械的复杂程度，选择电动机的额定转速。

（6）由于目前已有相当多的派生与专用产品系列，对各自相应的行业生产特殊要求能较好地适应与满足，可优先考虑选用专用系列产品。

另外，运行可靠性、条件通用性、安装与维修是否方便、产品价格、建设费用和运行维修费

用等方面，也应在综合考虑之列。

2.5.2 电动机外壳结构型式选择

电动机外壳结构型式分为：开启式、防护式（网罩式、防滴式、防溅式）、封闭式（自然冷却、自扇风冷、管道通风式）和防爆式等几种，应按环境条件选择，见表 11.2-24。

表 11.2-24 按环境条件选择电动机结构

环境条件	要求防护型式	可选用电动机类型举例
正常环境条件	一般防护型	各类普通型电动机
湿热带或潮湿场所	湿热带型	1. 湿热带型电动机 2. 普通型电动机加强防潮处理
干热带或高温车间	干热带型	1. 干热带型电动机 2. 采用高温升等级绝缘材料的电动机或外加管道通风
粉尘较多的场所	封闭型或管道通风型	
户外、露天场所	气候防护型、外壳防护等级不低于 IP23，接线盒为 IP54 封闭型，外壳防护等级 IP54	
户外、有腐蚀性及爆炸性气体	户外、防腐、防爆型防护等级不低于 IP54	YBDF-WF
有腐蚀性气体或游离物	化工防腐型或采用管道通风	

（续）

环境条件	要求防护型式	可选用电动机类型举例
有爆炸危险的场所[①]	0 级区域	隔爆型、防爆通风充气型	YB、BJO3、JBR、1JB、JBJ 等
	1 级区域	任意防爆类型	
	2 级区域	防护等级不低于 IP43	
	10 级区域	任意一级隔爆型、防爆通风充气型	
	11 级区域	防护等级不低于 IP44[②]	
有火灾危险的场所[①]	H-1 级	防护等级至少应为 IP22[③]	
	H-2 级	防护等级至少应为 IP44	
	H-3 级	防护等级至少应为 IP44	
水中	潜水型	YQS2、JQS、JQB、QY、JLB2、JQSY

① 爆炸和火灾危险场所分级详见《爆炸和火灾危险场所电气设备装置设计技术规定》。

② 电动机正常发生火花部件（如集电环）应装在防爆罩或防护等级为 IP57 的罩内。

③ 带有正常发生火花部件（如集电环）的电动机最低应为 IP43 防护等级。

2.5.3 电动机类型选择

1. 生产机械的负载特性 即静阻转矩 T_L 与转速 n 的关系 $n = f(T_L)$，大致可分成四种，如表 11.2-25 所示。

表 11.2-25 生产机械负载特性 $n = f(T_L)$ 分类

负载类别		负载特性	基本特性曲线	机械举例
恒转矩负载	反阻抗性	$T_L \propto n^0$ $T_L = $ 常数	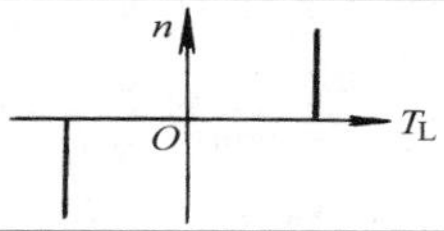	刨削加工、金属压延、平移运动
	位势性	$T_L \propto \mid n^0 \mid$ $P_L \propto n$	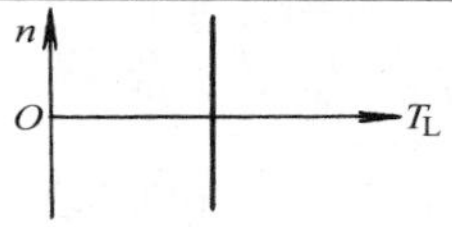	起重、提升机械
风机泵类负载		$T_L \propto n^2$ $P_L \propto n^3$ （不计空载转矩）	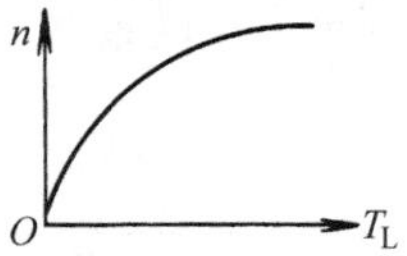	风机、水泵、油泵
恒功率负载		$T_L \propto n^{-1}$ $P_L = $ 常数	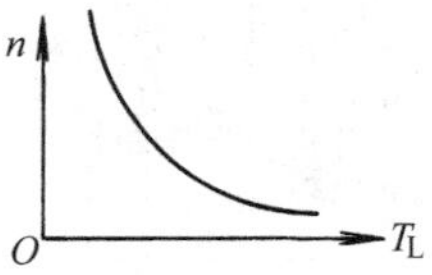	端面车削加工、恒张力卷取

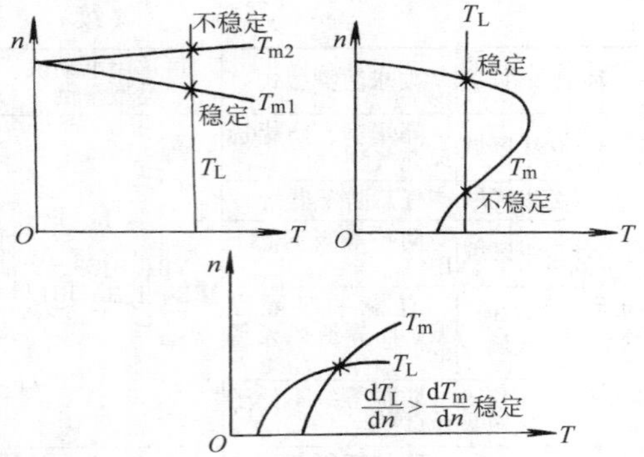

图 11.2-11 电动机稳定运行条件

2. 稳定运行条件 要使电动机能在某一转速下拖动负载稳定运转，其必要条件是：（1）要保证电动机产生的转矩 T_m 等于负载转矩 T_L；即电动机的机械特性 $T_m = f(n)$ 与负载的机械特性 $T_L = f(n)$ 有一合适的交点。（2）在交点处负载机械特性 $\dfrac{dT_L}{dn} > $ 电动机机械特性 $\dfrac{dT_m}{dn}$，如图 11.2-11 所示。

3. 选择电动机类型 必须满足上述稳定运行条件，以及负载平稳或冲击程度、调速要求、起动与制动频繁程度等，可参考表 11.2-26。

表 11.2-26 电动机类型与适用的传动特性

电动机类型		适用的传动特性	传动机械举例
笼型异步电动机	普通型	1. 不需要调速 2. 采用变频、调速、加转差离合器等调速方式，可获得较好调速性能和节能效果	泵、风机、阀门、普通机床、运输机、起重机等
	深槽型双鼠笼型	起动时静负载转矩或飞轮力矩大，要求有较高起动转矩	压缩机、粉碎机、球磨机
	高转差型	周期性波动负载长期工作制，要利用飞轮储能作用	锤击机、剪断机、冲压机、轧机、活塞压缩机、绞车等
	变极	1. 只需几挡转速，不需连续调速，节能效果好 2. 配转差离合器，可实现大范围内有级调速，小范围平滑调速	纺织机、印染机械、风机、木工机械、高频发电机组
绕线转子异步电动机		电网容量小，负载起动转矩较大，起、制动频繁的用笼型电动机不能满足要求时，要求调速范围不大，可用变转差率调速的场合	输送机、压缩机、风机、泵、起重机、轧机、提升机、带飞轮的机组等

电动机类型		适用的传动特性	传动机械举例
同步电动机		需要转速稳定，或为补偿功率因数的场合，也可调速运行，用于低速、大功率和特殊环境	轧机、风机、泵、压缩机等
直流电动机	他励	要求调速范围较宽，以及对起动、制动有较高要求时	轧机、造纸机、重型机床、卷扬机、电梯、机床进给机构、纺织机械等
	复励	负载变化范围较大又需调速范围宽	提升机、电梯、剪断机等
	串励	起、制动频繁，要求较大起动转矩，具有恒功率负载的机械	电车、起重机、牵引机车等

2.5.4 电动机电压和转速的选择

1. 电动机电压选择 取决于电力系统对企业的供电电压。系统电压为 10kV 时，大容量同步电动机宜采用 10kV 直接供电。系统电压为 6kV 时，大、中容量电动机均应采用 6kV 直接供电。小容量三相交流电动机，一般选用 380V 电压。直流电动机用整流电源供电时，可采用 160V、400V、440V 电压。随电动机容量增大，所采用电压等级相应提高，表 11.2-27 给出电动机额定电压和容量范围。

2. 转速的选择

（1）电动机的电磁转矩 T 与其转子铁心直径 D、铁心叠长 L 有如下关系：

$$T = KD^2L$$

其中 K 为设计常数，说明电动机的尺寸、质量主要取决于电磁转矩的大小。当电动机输出功率确定后，电动机额定转速越高、额定转矩越小，其尺寸、质量越小，相应价格也较低。

表 11.2-27 电动机额定电压和容量范围

额定电压 /V	容量 范围/kW			
	同步电动机	异步电动机		直流电动机
		笼型	绕线型	
−110				0.25 ~ 110
−220				0.25 ~ 320
−440				1.0 ~ 500
−（600 ~ 870）				500 ~ 4600
~380	3 ~ 320	0.37 ~ 320	0.6 ~ 320	
~3000	250 ~ 2200	90 ~ 2500	75 ~ 3200	
~6000	250 ~ 10000	200 ~ 5000	200 ~ 5000	
~10000	1000 ~ 10000			

（2）同步电动机、笼型和绕线型转子异步电动机，在工频电源供电时，最高转速为 3000r/min，要进一步提高转速需用高于工频的变频电源。直流电动机、单相串励电动机、开关磁阻电动机等最高转速可大于 3000r/min，但带有换向器的电动机受换向条件限制，功率不能太大；在电动工具、家用电器、高速离心泵等小型负载机械中，为减少质量与尺寸，选用此类高转速电动机比较适用。

（3）要求变速运行的负载，当调速范围要求较大时（如数控机床进给系统，既要快速进给又要低速精确定位，其调速范围达 1∶10000 或更高），如电动机最高转速限定不超过 3000r/min，则最低转速为几分钟 1 转或更低；在此低转速下电动机很难在额定转矩下稳定运行，因为原理性转矩波动会导致低转速不稳、交流电动机采用变频调速外加恒值电压/频率比时会由于电枢绕组电阻压降作用突出而引起磁通下降、采用自扇冷却式电动机在低转速下散热效能降低会导致电动机运行温升过高等因素，为达到在低转速恒额定转矩下稳定运行，将不得不采取相应的各种补偿措施，并付出很大代价。

（4）对于不必变速、或调速范围较小的高、中速机械，如水泵、风机、空气压缩机等负载，可选用相应转速的电动机直接传动，对于转速较低和要求调速范围较大的负载，一般用电动机直接传动是不经济的，应考虑电动机与机械变速机构联合应用，电动机转速和机械减速比如何匹配，需经不同方案的技术经济分析比较后抉择。

2.5.5　电动机的保护和维护

1. 电动机的保护　电动机在非正常工况下运行时，为避免损坏电动机和防止人身事故，需采取电保护、热保护和机械保护等措施。

a. 电保护　主要有欠电压、过电压、过载、断相、堵转和漏电保护。

与电动机配用的低压断路器都有欠电压脱扣装置，一旦电压下降至规定值以下或完全失压时，脱扣器自动断开主电路。

最常用的电动机过载保护器有过电流继电器和熔断器。熔断器的熔断容量一般为被保护电动机额定电流的 4～5 倍，以保证电动机顺利起动，因此，熔断器只能在电动机或线路发生短路故障时进行保护，而不能对一般过电流进行保护。为防止电动机过载所导致的故障，必须采用热继电器进行保护，过载下的热元件由温度上升使热继电器触点动作，将主电路断开。

断相运行是电动机损坏的重要故障源之一。因此，三相异步电动机应配装断相保护器，当发生断相时，电流不平衡，自动断开主电路。

目前常采用电流动作式漏电保护断路器进行漏电保护。当电路发生漏电达一定值时，断开主电路。

b. 热保护　热保护器主要有双金属片式和热敏电阻式，它们被直接埋置在绕组中和轴承处，作为装入式热保护装置。热敏电阻元件具有正温度系数，电阻温度系数大、灵敏度高、体积小、坚固可靠，用它和放大器、热继电器组成热保护器，对电动机进行热保护。

c. 机械保护　主要用于过转速及过转矩保护，通常采用离心式调节器进行过速保护；采用安全销或转差离合器进行过转矩保护。

2. 电动机的维护　合理而有效的维护是确保电动机安全可靠运行的重要措施。

电动机应按其重要程度配置监视仪表，对电动机的电压、电流、温度、噪声和振动情况进行监视；并定期、定运行时间进行控制性与防止性维护。

电动机在正常运行中的一般维护包括：

（1）监视各部位温升不超过允许限值；

（2）监视电流不超过额定值；

（3）监视电压不超出规定范围；

（4）注意电动机的气味、振动和噪声；

（5）经常检查轴承发热、漏油情况，定期更换润滑油（脂）；

（6）经常保持电动机清洁，防止异物进入电动机内部；

（7）保持换向器表面光洁，无机械损伤和火花灼痕；

（8）对于装有集电环的电动机，经常检查电刷与集电环的接触状况、电刷磨损及火花情况；

（9）检查通风系统，保持风路畅通，出风口风温在允许范围内。

2.6 微特电机

2.6.1 微特电机简介

微特电机用于自动控制系统中，用作检测、放大和执行元件。一般微型电机输出功率从几毫瓦到几百瓦，机壳外径为（12.5～130）mm，质量为几十克到几千克，又称做控制微电机。特种电机容量范围无专门规定。

一般工业用途旋转电机的特性侧重其运行力能指标，控制用电动机则按使用要求强调高精度、高可靠性和快速响应。

控制用电机按其在系统中的功能分类，大致可分为功率元件与信号元件两大类，其特点与用途如表 11.2-28 所示。

2.6.2 步进电动机与伺服电动机的选用

交流、直流伺服电动机的结构和工作原理与普通异步电动机、永磁同步电动机、直流电动机相似，不另作介绍。

1. 步进电动机 是一种将数字脉冲信号转换成机械角位移或线位移的执行元件。每输入一个脉冲，电动机就转过一角度或前进一步，故称为步进电动机。

步进电动机按磁路结构不同可分为磁阻式、永磁式和混合式三种。三相磁阻式步进电动机工作原理示意图如图 11.2-12 所示。

表 11.2-28 控制用电动机特点与用途

类别	名称	特 点	主要性能指标与用途
功率元件	伺服电动机	分交流与直流两类，转速与转向取决于外加控制电压的大小、极性或相位，转速随负载增大而均匀下降，能对控制信号作快速响应	空载起动电压（<（3～4）%U_N），机电时间常量（30ms 左右）。一般用作执行元件，多通过减速器带负载
	力矩电动机	能长期在堵转或低速下运转，反应速度快，转矩与转速波动小	用于位置和低速伺服系统，一般不经减速器而直接带负载
	磁滞电动机	恒转速运行，也可异步运行	用于要求转速稳定和起动频繁的同步装置
	步进电动机	由专用脉冲电源供电，每输入一个电脉冲转动或移动一步，转速与输入脉冲频率成正比，能快速起动、停转、反转与变速	步距角（或脉冲当量）、起动与运行频率，运行方式、定位方式（一般为开环控制系统）用作执行元件
	电动机扩大机、磁放大器	对输入量进行变换、校正或放大	用作伺服系统中的放大元件

（续）

类别	名称	特 点	主要性能指标与用途
信号元件	测速发电机	输出电压与转速成正比 外接负载阻抗应足够大	输出斜率（转速为1000r/min 时的输出电压），交流为 0.4～4V，直流为 2～200V 输出线性精度（交流 0.07%～0.5%，直流 1%～2%），用于转速测量、速度反馈、微分和积分运算
	自整角机	通常发送机与接收机配套使用 发送机：输出电压与转子位置成固定函数关系 控制式接收机：输出电压与两机转子角位移成函数关系 指示式接收机：转子与发送机的转子同步移动	角位偏差：（0.2～1.0）。 用作角位移的远距离指示（力矩式）和角位移的远距离控制与定位（控制式）
	旋转变压器	正余弦式：输出电压与转子转角的正弦或余弦成比例 线性式：输出电压与转子转角成比例 比例式：输出电压与转子位置有关，调节后固定 特种：输出电压与转子转角成某种特定函数	输出正余弦函数误差（0.05～0.2）% 用作坐标变换、三角解算、角度数据传输或移相元件
	感应同步器	输出电压与转子转角或位移成固定的函数关系	输出函数精度（旋转式±1″，直线式±0.8μm）用作角位移或直线位移的检测、变换和传输
	编码器	输出脉冲信号量与转角位置成比例	用作角位的数字检测元件

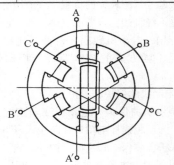

图 11.2-12 三相磁阻式步进电动机原理图

电动机在空载条件下，若 A 相绕组通电，凸极转子铁心受磁阻转矩作用，其轴线将对准 A 相绕组轴线；换为 B 相通电时，转子轴线对准 B 相轴线，即转动 60°，此角度即步距角。如 A 相不断电，同时 B 相通电，则转子轴线对准 A、B

相中间位置，即转动30°。

按 A-B-C-A 顺序通电，为三相三拍运行，按 AB-BC-CA-AB 顺序通电，为三相双三拍运行，其步距角均为60°。按 A-AB-B-BC-C-CA-A 顺序通电为三相六拍运行，步距角为30°。

如对通电电流大小进一步控制，例如按 0-0.5I-I-0.5I-0 规律变化，则运行方式变为 A-AB′-AB-A′B-B（A′、B′表示为0.5I状态），则从 A 轴到 B 轴间60°被分成4步，每步的步距角约为15°，这种运行方式称为"细分"，可在电动机结构不变的情况下，通过细分控制增加拍数，减小步距角。

改变通电顺序可改变转子转动方向。

当电动机定子或转子加入永磁体后可构成永磁式步进电动机，一般步距角较大，但控制功率与相电流较小，且断电时仍有一定的定位转矩。混合式步进电动机是磁阻式与永磁式的混合类型，其起动与运行频率可高于永磁式步进电动机，使用范围更广泛。

步进电动机静态转矩特性如图 11.2-13 所示。

图 11.2-13 中 θ 为转子凸极铁心轴线与定子某相轴线间的角度，空载时 $\theta = 0$ 为转子平衡位置，负载后转子平衡位置在电磁转矩 T_{eM} = 负载转矩 T_L 处，即 $\theta < 0$。另外，由于工艺原因步距角也有一定误差；因此步进电动机用于开环控制系统时输入指令脉冲数与输出角位移之间总有一定误差（不包括丢步或过冲）。

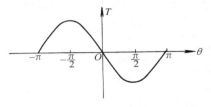

图 11.2-13　步进电动机静态转矩特性

步进电动机主要参数与技术指标有：额定电压、额定电流、相数、步距角；步距角误差、最大静转矩、空载起动频率、最高运行频率等，性能与配套应用的驱动电源息息相关。

步进电动机在计算机外围设备、数控机床、电子钟表、办公设备等被广泛应用。

2. 伺服电动机的选择　表 11.2-29 中列出几种伺服电动机的比较，供选择时参考。

表 11.2-29　几种伺服电动机的比较

	步进电动机	直流电动机	异步电动机	永磁同步电动机
电动机特点	1. 结构最简单 2. 可靠性高，无维修	1. 转子结构复杂 2. 电刷与换向器可靠性差，需定期维修 3. 转子转动惯量较大	1. 转子结构简单 2. 可靠性高，无维修	1. 转子结构较复杂 2. 永磁体不发热、效率高
伺服控制复杂性	开环控制最简单	闭环或半闭环控制	矢量控制或直接转矩控制较复杂	闭环或半闭环控制
伺服系统性能	1. 控制精度不高，受负载影响大 2. 无级调速范围大	1. 控制精度高 2. 调速范围宽	1. 低速时电动机散热差，影响控制精度 2. 高速区容易实现弱磁控制	1. 控制精度高 2. 调速范围宽 3. 高速时弱磁控制比较难
构成伺服系统成本	最低	较高	高	较高
适应环境	恶劣环境下能使用	有防火防爆要求的环境不能使用	基本不受环境条件限制	不受环境条件限制（永磁体工作温度有限制）
应用程度	应用较早，技术比较成熟	技术成熟，已广泛应用	随 DSP[1] 发展与降价仍在发展	控制技术趋于成熟，有取代直流伺服趋势

① DSP 为数字信号处理器，采样周期在 ns 级，有利于改善调速控制功能。

2.6.3 微特电机应用举例——永磁交流伺服驱动系统

在新一代数控机床、工业机器人、加工中心、军用装备中采用永磁同步型交流伺服系统日益广泛。它包括永磁交流伺服电动机（由永磁同步电动机、转子位置传感器、速度传感器以及安全制动器组成）和伺服驱动器（包括脉宽调制型三相逆变器，电流环、速度环、位置环闭环控制系统和微机控制器）两大部分，是机电一体化的典型产品。具有足够宽的调速范围（1:1000~1:10000）和四象限工作能力。电动机的电磁转矩与输入转矩指令（通常是输入电流）成线性关系；低速时转矩波动小，性能与直流伺服驱动系统相似，但具有以下优点：

（1）伺服性能高、转子转动惯量小、快速性好；

（2）没有电刷、换向器等易磨损零件，少维护、可靠性高，寿命的决定因素是轴承；

（3）节能 10% ~ 50%；

（4）功率/质量比值提高 40% ~ 60%。

因此从国外产品产量发展趋势表明，它将取代直流伺服驱动系统。常用于位置伺服系统，如机床进给、机器人数字控制，包括点位控制、连续轨迹控制；常用功率范围为数十瓦到数十千瓦。

其结构、特性与应用见表 11.2-30。

表 11.2-30 永磁同步型交流伺服驱动系统

部 件	结 构 特 点	应 用			
永磁同步电动机	圆柱形结构	传统电动机结构、用于机床等驱动			
	盘式结构	外形适用于工业机器人关节控制			
驱动电流波形	矩形波	转子位置传感器结构简单、驱动器电流环结构简单、（性能/价格）比高、转矩波动稍大			
	正弦波	高性能、控制线路与驱动器电流环复杂，成本高			
		电 流 环		速度环	位 置 环
		矩形波	正弦波		
传 感 器	霍尔集成电路传感器	适用			
	增量式光电编码器		少用	可用	适用
	增量式磁编码器		少用	可用	适用
	绝对式光电编码器		适用	可用	适用，价贵，安装要求高
	复合式光电编码器	适用	少用	可用	适用
	无刷直流测速发电机			适用	
	无刷旋变 + A/D 转换器		适用	适用	适用
	Tachsyn	适用	适用	适用	
伺服驱动器框图	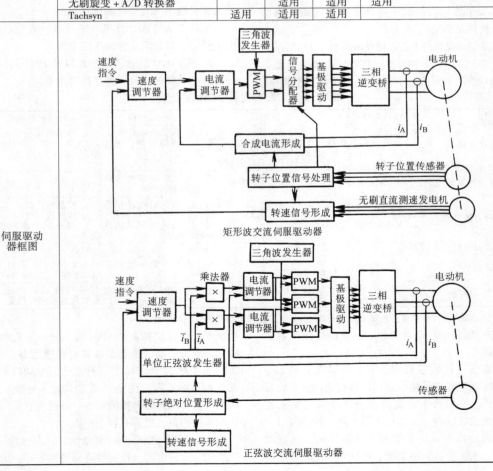				

表 11.2-30 中所示的两种交流伺服驱动器框图，其输入为速度指令，用它控制电动机按给定要求的转速运行。其中包括电流和速度两个闭环控制，电动机的实际转速通过测速发电机得到转速信号（或通过转子位置传感器的信号经处理得出转速信号）与输入速度指令相比较，比较结果输给电流调节器，按实测转速偏低或偏高调整电动机输入电流增大或减小，以期达到预定的转速。其电动机的电流波形为矩形还是正弦形，使两种驱动器中转子位置传感器、电流环的结构有所不同，相应的工作特性也有差异。

2.6.4 伺服电动机应用举例——数控机床进给系统中伺服电动机与负载惯量匹配

数控机床进给系统一般具有调速范围大（如进给速度由 0.5mm/min ~ 10m/min，调速范围为1:20000）、可靠性高和快速性好的特点。

当伺服进给系统接受加工指令信号后，伺服电动机端通入电压，产生转矩，使进给机构起动至给定速度，这个过程由运动方程决定：

$$KT_N - BT_N = (J_M + J_1)\frac{d\omega}{dt}$$

式中 K——伺服电动机堵转转矩因数（或过电流系数），一般起动时电动机在超过额定转矩下工作；

B——负载转矩因数；

T_N——伺服电动机额定转矩；

J_M——电动机转子惯量；

J_1——负载惯量（折算到电动机转轴的总和）；

ω——电动机转轴角速度（$\omega = \dfrac{2\pi n}{60}$, n 为电动机转速 r/min）。

如升速过程中总加速转矩（$KT_N - BT_N$）不变，则升到额定转速 n_N 所需的加速时间

$$t_a = \frac{2\pi n_N}{60} \times \frac{J_M + J_1}{KT_N - BT_N}$$

当进给系统要求快速性好，例如 $t_a \leqslant 200\text{ms}$，则总加速转矩已知时电动机惯量与负载惯量总和是一定的。

1. 负载的运动方程

$$AT_N - BT_N = J_1\frac{d\omega}{dt}$$

式中 A——计算转矩因数，空载时 AT_N 包括摩擦转矩与加速转矩，切削工作时 AT_N 应包括切削转矩、摩擦转矩与加速转矩。

2. 电动机惯量与负载惯量的匹配 由以上两组运动方程可得：

$$\frac{J_1}{J_M} = \frac{A - B}{K - A}$$

即负载惯量与电动机惯量匹配的基本关系式，它的大小与 K、A、B 值的选择有关，对不同类型伺服电动机 K 值不同，$\dfrac{J_1}{J_m}$ 比值也有不同范围，如表 11.2-31 所示。

表 11.2-31 进给系统负载与电动机惯量匹配

	直流伺服电动机			交流伺服电动机
	一般	小惯量	大惯量	
K	2.5	1.5 ~ 2	3 ~ 4	1.3 ~ 2
B	$\frac{1}{3} \sim \frac{1}{2}$	$\frac{1}{3}$	$\frac{1}{3}$	$\frac{1}{3}$
A	1	1	1	1
$\frac{J_1}{J_M}$	$\frac{1}{3} \sim \frac{1}{2.25}$	$\frac{2}{3} \sim 1.3$	$\frac{1}{4.5} \sim \frac{1}{3}$	$\frac{2}{3} \sim 2$

在（$J_1 + J_m$）总和一定时，如 $J_1/J_m \gg 1$ 则需较大的加速转矩经传动系统加到负载上，进给传动链各元件的使用寿命和精度受到不良影响；反之，如 $J_1/J_m \ll 1$，则在升速过程由控制电源输入能量大部分变为电动机转子动能，剩下少部分供给负载显然也是不经济的。

2.7 变压器

2.7.1 概述

变压器是用来变换交流电压和电流而传输交流电能的一种静止电器。单相变压器的工作原理见图 11.2-14。

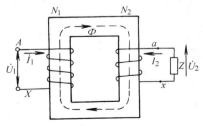

图 11.2-14 变压器的基本工作原理

当匝数为 N_1 的一次绕组 AX 接到频率为 f、电压为 U_1 的交流电源时，由励磁电流 $\dot{I}_0$ 在铁心中产生磁通 Φ，它在一次、二次绕组中感应电势 E_1 和 E_2，匝数为 N_2 的二次绕组 ax 产生电压 U_2，当二次绕组接有负载阻抗 Z 时，一二次绕组分别流通电流 $\dot{I}_1$ 和 $\dot{I}_2$。

$$\frac{U_1}{U_2} \approx \frac{E_1}{E_2} = \frac{N_1}{N_2} = K$$

其额定电流

$$\frac{I_{1N}}{I_{2N}} = \frac{N_2}{N_1} = \frac{1}{K}$$

K 称为变压比。在电力变压器中常在高压绕组中接有分接开关，使变压比为 $K \pm (2 \times 2.5\% \sim 8 \times 1.25\%)$。

变压器的额定容量等级基本上是 $\sqrt[10]{10}$ 的倍数，即 R_{10} 容量系列。三相变压器的容量等级为（30）、50、63、80、100、125、160、200、…25000、31500、40000…kVA。630kVA 以下为小型变压器，（800 ～ 6300）kVA 为中型，（8000 ～ 63000）kVA 为大型，90000kVA 以上为特大型变压器。

2.7.2 变压器的运行性能

1. 电压调整率　变压器运行时，随二次侧接入负载不同，二次侧电压会发生变化，即从空载的额定电压 U_{2N} 变为 U_2，以电压调整率 ΔU 表示：

$$\Delta U = \frac{U_{2N} - U_2}{U_{2N}} \text{或 } \Delta U\% = \frac{U_{2N} - U_2}{U_{2N}} \times 100\%$$

它的大小受变压器一次、二次绕组的漏阻抗制约，又与负载电流大小和功率因数有关；感性负载下 $\Delta U > 0$，容性负载有可能 $\Delta U < 0$，即随容性负载电流增大，变压器二次侧电压会增高。

2. 效率　变压器运行效率为：

$$\eta = \frac{\text{输出功率}}{\text{输入功率}} = \frac{\beta S_N \cos\varphi_2}{\beta S_N \cos\varphi_2 + \beta^2 p_{kN} + p_0} \times 100\%$$

式中　β——负载系数，$\beta = \dfrac{I_2}{I_{2N}} = \dfrac{I_1}{I_{1N}}$，即负载电流与额定电流之比；

$\cos\varphi_2$——负载功率因数；

S_N——变压器额定容量（kVA）；

p_{kN}——短路电流为额定电流时的短路损耗（铜损耗）（kW）；

p_0——空载电压为额定电压时的空载损耗（铁损耗）（kW）。

当 $\beta^2 p_{kN} = p_0$ 时可获得最高的运行效率，一般中小型变压器 $\eta = (96 \sim 99)\%$，大型变压器 $\eta > 99\%$。

2.7.3 三相变压器的连接

三相变压器绕组是由三个单相绕组连接而成，可接成星形、三角形和曲折形，对于高压绕组分别用 Y、D、Z 表示，对于中、低压绕组分别用 y、d、z 表示。有中性点引出的分别用 Y_N、Z_N 和 y_n、z_n 表示。

不同侧绕组电压间有相位移，用时钟法表示其相位关系。高压绕组电压相量作指定 O 点位置，中、低压绕组电压相量所指示的小时数就是该连接组的标号；双绕组变压器常用的连接组见表 11.2-32。

2.7.4 特种变压器

除电力变压器以外，还有一些特殊用途的变压器。

1. 焊接变压器　为一种降压变压器，将 220/380V 降到电弧点火电压（60 ～ 90）V。为了维持点燃电弧稳定与连续工作，在负载阻抗变化时要求变压器的输出电流变化不大，即其外特性 $U_2 = f(I_2)$ 具有急剧下降的形状，如图 11.2-15 所示。

另外，还要求适应不同工况能具有调节负载电流的功能。

表 11.2-32　双绕组变压器常用的连接组

连 接 组	接 线 图	相 量 图	说 明
单相 I、10			

（续）

连 接 组	接 线 图	相 量 图	说 明
三相 $Y、y_nO$			可实现三相四线制供电，常用于三相三铁心柱式配电变压器
三相 $Y、z_n11$			适用于防雷性能高的配电变压器
三相 $Y、d11$			常用于高压中性点非有效接地的大、中型变压器
三相 $Y_N、d11$			常用于高压中性点有效接地的大型高压变压器

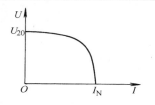

图 11.2-15 焊接变压器外特性

2. **整流变压器** 用于电化学、电力牵引、电动机励磁、直流输电、静电除尘等。与普通电力变压器相比较，其主要特点是二次侧电压低、电流大，而且能大范围调节电压。由于整流变压器的负载是具有单向导电特性的整流元件，因而其二次侧电流波形非正弦，为了减小整流电路输出直流电压脉动，可增多二次侧的相数，例如采用双星形连接构成六相整流变压器。

3. **电炉变压器** 用于各种金属冶炼、热处理等，按工业用电炉类型分为电弧炉变压器、感应炉变压器和电阻炉变压器。其特点是：

（1）二次侧电压低、电流大。一般电压为数十伏到数百伏，电流从数千安到十万安以上。

（2）调压范围大，二次侧最高电压与最低电压之比为2:1到5:1。

（3）电压切换操作频繁，需装有远距离操作的有载分接开关。

4. **互感器** 主要用于线路电压、电流、功率的测量（与测量仪表配套），对设备和电网进行过电压、欠电压、接地等保护（与继电保护装置配套），使测量仪表、继电保护装置与线路高电压隔离以保障操作安全。

a. **电流互感器** 二次侧的额定电流多为5A（或1A），使用时接线如图11.2-16所示。它的一次侧串接在被测量回路内，二次侧与电流表或功率表的电流线圈相接，阻抗很小，相当于接近短路状态的单相变压器。一次侧电流是被测回路中的负载电流，不随二次侧负载变化，使用中绝对不允许二次侧开路，否则将使铁心过度饱和、温度骤增、二次侧感应高电压危及人身与设备安全。

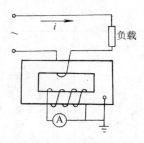

图 11.2-16 电流互感器

电流互感器使用中存在误差，其准确级和相应误差限值见表 11.2-33。

表 11.2-33 测量用电流互感器的标准准确度级和误差限值

准确级	额定电流下误差	
	电流误差/(%)	相位移/[(')]
0.1	±0.1	±5
0.2	±0.2	±10
0.5	±0.5	±30
1	±1.0	±60
3	±3.0	
5	±5.0	

b. 电压互感器 一次侧并联在被测电源上，如图 11.2-17 所示；二次侧接入电压表或功率表的电压线圈，其阻抗很大，相当于接近空载运行状态的单相变压器。使用时绝对不允许二次侧短接。

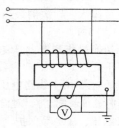

图 11.2-17 电压互感器

电压互感器测量的标准精确度等级和误差限值见表 11.2-34。

表 11.2-34 测量用电压互感器标准准确级和误差限值

准确级	误差限值	
	电压/(%)	相位移/[(')]
0.1	±0.1	±5
0.2	±0.2	±10
0.5	±0.5	±20
1	±1	±40
3	±3	

2.7.5 变压器的型号

变压器的型号由类别系列型号（产品类别、相数、冷却方式和结构特征等四部分组成，用汉语拼音字母表示）和品种规格型号（在类别系列型号后用横线"——"连接的阿拉伯数字表示，分数的分子表示变压器的额定容量（kVA）、分母表示变压器高压线圈电压等级（kV））。图示如下。

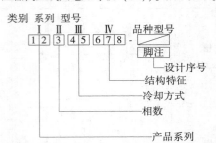

产品类别系列型号符号含义见表 11.2-35。

表 11.2-35 变压器类别系列型号代号含义

序号	分类	基本符号	含义
I	1 产品类别	—	电力变压器
		H	电炉变压器
		K	电抗器
		ZU	电阻炉变压器
		R	加热炉变压器
		Z	变流变压器
		K	矿用变压器
		D	低压大电流变压器
		J	电动机车用变压器
		Y	试验变压器
		T	调压器
		TN	自动调压器
		TX	移相器
		J	电压互感器
		L	电流互感器
	2 线圈耦合方式	—	互感
		0	自耦
II	3 相数	D	单相
		S	三相
III	4 冷却方式	G	干式绝缘媒质
		F	油冷
			风冷
		S	水冷
	5 油循环方式	—	自然油循环
		P	强迫油循环
IV	6 绕组数	—	双绕组
		S	三绕组
	7 导线材质	—	铜线
		L	铝线
IV	8 调压方式	C A Y	接触 感应 移圈式 }结构特征
		Z	无励磁调压
		Z	有载调压

举例：SL-500/10 三相、油浸、自冷、双绕组铝线、500kVA、10kV 电力变压器；HSSPK-7000/10 三相强迫油循环、水冷、内装电抗器、7000kVA、10kV 电炉变压器。

2.7.6 变压器的常见故障和处理方法

变压器是一种可靠性较高的设备，一般很少发生故障。常见故障及处理方法见表 11.2-36。

表 11.2-36 变压器的常见故障及处理方法

故障现象	故障原因	处理方法
声响异常	1. 外加电压过高 2. 紧固件松动 3. 套管表面有闪络	1. 调压或改变分接开关位置 2. 停电修理，加固松动部件 3. 擦洗或更换套管
声音特大或有爆裂声	1. 绝缘损坏 2. 硅钢片绝缘损坏	停电修理
油面上升	环境温度上升	适当放油
油面下降	1. 气候变冷或渗油 2. 严重漏油	1. 适当添油 2. 停电修理
油温过高	1. 冷却系统不正常 2. 负载过大 3. 温度计损坏	1. 修理冷却系统 2. 降低负载 3. 修换温度计
气体继电器内有气体聚集	变压器油劣化	取出气样，进行气相色谱分析，如证实油劣化，则进行油处理

2.8 变流器[7]

2.8.1 概述

利用电力电子元器件组成的电路,可进行电能的变换和控制,使电能的特性(如电压、电流、波形、频率)发生变化,称为变流,可分为四种类型：

(1) 整流——由交流到直流的变流；

(2) 逆变——由直流到交流的变流；

(3) 交流变流——由交流到交流（频率或电压变化）的变流；

(4) 直流变流——由直流到直流（电压变化）的变流。

各类变流可用相应的变流器来实现,广泛应用于直流电动机的供电和调速、交流电动机调速、同步电动机励磁、不间断电源、直流输电以及电解、电镀、中频感应加热等方面。

按电子器件不同,变流器可分为不可控变流器（一般整流管组成）和可控变流器（由晶闸管或其他可控电力电子器件组成）两类。

2.8.2 不可控变流器（整流管变流器）

利用半导体二极管的单向导电特性,将交流电变成直流电,常用的整流管变流电路如表 11.2-37 所示。

2.8.3 可控型变流器

1. 可控整流电路 整流输出直流电压与整流管触发延迟角 α 的大小有关,控制触发延迟角可改变直流输出电压,常用晶闸管整流电路如表 11.2-38 所示。

2. 逆变电路 通过逆变器将直流转变成交流后直接供负载使用称为无源逆变,如逆变后交流电能馈送给电网则为有源逆变。逆变器按电路形式及性能可分为多种类型,见表 11.2-39。

表 11.2-37 整流管变流电路

名称	电 路 图	输出电压波形	整流输出电压平均值 U_{av}	二 极 管	
				反向电压最大值	每管电流平均值
单相半波	 $u_2=\sqrt{2}\,U_2\sin\omega t$		$0.45U_2$ ①	$1.41U_2$	$I_D=I_{av}$ ②
单相桥式	 $u_2=\sqrt{2}\,U_2\sin\omega t$		$0.9U_2$	$1.41U_2$	$I_D=\dfrac{1}{2}I_{av}$

（续）

名称	电 路 图	输出电压波形	整流输出电压平均值 U_{av}	二 极 管	
				反向电压最大值	每管电流平均值
三相半波	u_{2A} u_{2B} u_{2C} O_2 $\mathrm{VD_A}$ $\mathrm{VD_B}$ $\mathrm{VD_C}$ I_D I_d R_L u $\dot{U}_{2C}$ $\dot{U}_{2A}$ $\dot{U}_{2B}$ $u_{2A}=\sqrt{2}\,U_2\sin\omega t$	$\pi/6$ $5\pi/6$ $3\pi/2$ $3\pi/6$ |VD_A|VD_B|VD_C|	$1.17U_2$	$2.45U_2$	$I_D=\dfrac{1}{3}I_{av}$
三相全波	$\mathrm{VD_1}$ $\mathrm{VD_2}$ $\mathrm{VD_3}$ u_{2A} u_{2B} u_{2C} I_D R_L $\mathrm{VD_4}$ $\mathrm{VD_5}$ $\mathrm{VD_6}$ $u_{AO}=\sqrt{2}\,U_2\sin\omega t$	导电次序 $\cdots\to\mathrm{VD_1}\text{-}\mathrm{VD_5}\to\mathrm{VD_1}\text{-}\mathrm{VD_6}\to$ $\mathrm{VD_2}\text{-}\mathrm{VD_6}\to\mathrm{VD_2}\text{-}\mathrm{VD_4}\to$ $\mathrm{VD_3}\text{-}\mathrm{VD_4}\to\mathrm{VD_3}\text{-}\mathrm{VD_5}\to\mathrm{VD_1}\text{-}\mathrm{VD_5}$ $\dfrac{\pi}{3}$ $\dfrac{2\pi}{3}$ π	$2.34U_2$	$2.45U_2$	$I_D=\dfrac{1}{3}I_{av}$
倍压整流	$2\sqrt{2}\,U_2$ $2\sqrt{2}\,U_2$ u_2 VD $\sqrt{2}\,U_2$ $5\sqrt{2}\,U_2$	π 2π	$U_C=1.41U_2$	$2.83U_2$	$I_D=I_{av}$

① U_2 为变压器二次相电压的有效值。
② I_{av} 为整流电路输出电流平均值。

表 11.2-38　晶闸管整流电路（举例）

名　称	单相半波	单相半控桥	三相半波	三相半控桥
电路图	U_1 U_2 VT VD U	U_2 VT VD VD U	U_{2A} U_{2B} U_{2C} VT O_2 U	U_{2A} U_{2B} U_{2C} VT VD U
最大输出直流电压	$0.45U_2$ ①	$0.9U_2$	$1.17U_2$	$2.34U_2$
最大移相范围	$0\sim\pi$	$0\sim\pi$	$0\sim\dfrac{5}{6}\pi$	$0\sim\pi$
$\alpha\neq0$ 时直流输出电压 — 电阻负载	$\dfrac{1+\cos\alpha}{2}U_{avm}$	$\dfrac{1+\cos\alpha}{2}U_{avm}$	$0<\alpha<\dfrac{\pi}{6}$ $\cos\alpha U_{avm}$ $\dfrac{\pi}{6}<\alpha<\dfrac{5}{6}\pi$ $0.577\left[1+\cos\left(\alpha+\dfrac{\pi}{6}\right)\right]U_{avm}$	$\dfrac{1+\cos\alpha}{2}U_{avm}$
$\alpha\neq0$ 时直流输出电压 — 大电感负载	$\dfrac{1+\cos\alpha}{2}U_{avm}$	$\dfrac{1+\cos\alpha}{2}U_{avm}$	$\cos\alpha U_{avm}$	$\dfrac{1+\cos\alpha}{2}U_{avm}$

① U_2 表示变压器二次相电压的有效值。

表 11.2-39　逆变器分类

分 类 方 法	类　别
换相方式	自然换相、强迫换相
换相电容与负载连接方法	串联型、并联型
输出电压波形	方波、正弦波
直流环节储能元件	电容(电压型)、电感(电流型)
输出相数	单相、三相、多相

典型的逆变电路如图 11.2-18 ～图 11.2-21 所示。

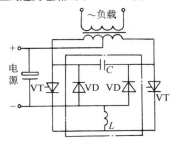

图 11.2-18　单相带中线电压型逆变电路

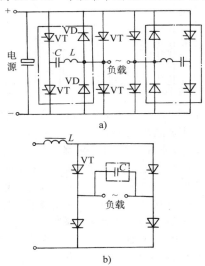

a)

b)

图 11.2-19　单相桥式逆变电路

a) 采用辅助换相晶闸管的电压型

b) 采用负载换向的电流型

逆变器要输出交流，在运行中换相（换流）是决定它能否正常工作的核心问题，用什么方法使原导通相关断并转为另一相导通，自然换相是利用交变的电网电压或交流负载自身具有的反电势进行换相；强迫换相则有专门的换相环节（如图 11.2-18 ～图 11.2-21 中点划线内为换相环节），而具有自关断能力的器件（如 GTR、GTO、IGBT 等）的出现，不再需要专门的换相

环节，使逆变电路大为简化。

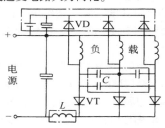

图 11.2-20　三相带中线电压型逆变电路

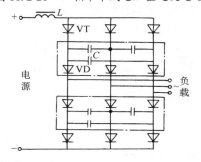

图 11.2-21　三相桥式电流型逆变电路

3. 变频电路　利用整流电路和逆变电路的组合，可以将一种频率的交流电变换成另一种频率的交流电，中间具有直流环节，故又称为交-直-交变频器。另外，也有直接从工频 50Hz 电源变换为（16～25）Hz 以下的低频交流，中间无直流环节，又称交-交变频器。其主要特点见表 11.2-40。

**表 11.2-40　交-交变频器与交-直-交变
频器主要特点比较**

变频器类型 比较内容	交-交变频器 （电压型）	交-直-交 变频器
换能方式	一次换能，效率较高	二次换能、效率稍低
换相（流）方式	电源电压换流	强迫换流或负载换流
元件数量	较多	较少
元件利用率	较低	较高
调频范围	输出最高频率为电源频率的 $\frac{1}{3}\sim\frac{1}{2}$	调频范围宽
电源功率因数	较低	用可控整流桥调压，低频低压时 $\cos\varphi$ 较低；用斩波调压或 PWM（脉宽调制）方式调压，则 $\cos\varphi$ 较高
适用场合	低速大功率传动	各种传动装置，不间断电源

做为交流电动机变频调速系统中应用的变频器，交-直-交变频器应用上述电压型和电流型线路都有定型产品，两者主要特点比较见表 11.2-41。

在电压型用 PWM 的线路，在调制时控制使电压波形为半周期内所含电压脉冲的面积和正弦波面积基本相等的一簇恒幅电压脉冲波，在电动机负载为电感性时，其输出电流波形趋近正弦波，这种正弦脉冲宽度调制（SPWM）技术的应用，配合电动机设计的改进，进一步提高变频调速系统的运行效率，应用日趋广泛。

表 11.2-41　电流型与电压型变频器比较

比较项目	电流型	电压型
直流回路滤波环节	电抗器	电容器
输出电压波形	决定于负载，负载为异步电动机时，为近似正弦波	矩形
输出电流波形	矩形	决定于逆变器输出电压与电动机的阻抗，具有较大的谐波分量
输出动态阻抗	大	小
再生制动（发电制动）	方便，不需附加设备	需附加电源侧反并联逆变器
过电流及短路保护	容易	困难
动态特性	快	较慢，用 PWM 则快
对晶闸管要求	耐压高，对关断时间无严格要求	一般耐压可较低，关断时间要短
线路结构	较简单	较复杂
适用范围	单机、多机	多机，变频或稳频电源

4. 调压电路

a. 交流调压电路　如图 11.2-22 所示。用两个反并联的晶闸管或一个双向晶闸管串接在负载电路中，调节不同的触发延迟角 α 可获得不同的负载电压。

b. 直流调压电路　用直流无触点开关串入直流负载电路，以斩波法调节直流电路导通与关断时间比例，可使负载端电压得到调节。用于直流电动机调速系统的直流斩波电路如图 11.2-23 所示。

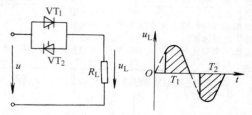

图 11.2-22　交流调压电路及输出电压波形

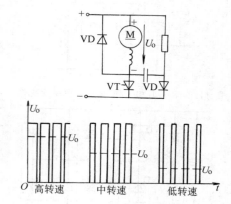

图 11.2-23　直流电动机调速用直流斩波器

2.8.4　谐波危害与控制

采用变流器后将在供电电网中产生相当比例的谐波电流，并造成电压波形畸变，对电网安全运行和供电质量造成不良影响；例如，使电容器过热、网络中感抗与容抗在某一谐波下谐振而发生过电压或过电流、干扰通信系统、增大电气设备损耗与噪声、引起继电保护装置误动作或失灵等。因此，在使用大型变流设备时，谐波问题必须认真对待和处理。

抑制谐波不利影响的措施：选择足够大的电网容量、在变流器与电网之间装设交流滤波器、选择适当的变流线路与运行方式降低谐波含量等。

2.8.5　变流器的主要类别（表 11.2-42）

表 11.2-42　变流器的主要类别、用途和特点

序号	用途类别	系列代号[①]	典型用途	性能特点	单台设备容量范围	标准代号
1	电化学	GH$_F^S$ KGH$_F^S$	铝、镁等有色金属电解，水、食盐等化工电解，石墨化电炉加热	容量大，负载平稳，有较高的效率和功率因数	直流 36~1250V 800~160000A	JB/T 8740 —1998

（续）

序号	用途类别	系列代号①	典型用途	性能特点	单台设备容量范围	标准代号
2	直流牵引	GQF、KGQF	干线电力机车	大功率单相整流	直流 2000～6000kW	JB/T 9689 —1999
		$GQ\frac{A}{F}$	矿山牵引、城市无轨电车、地下铁道等变流站	负载变化大，一般采用整流管整流设备	直流 275～1650V 100～3150A	
3	直流传动	$KGS\frac{A}{F}$ （电流不可逆）	造纸、印染等轻工业传动	负载较平稳，有一定的稳速要求	直流 0.5～500kW	JB/T 8174 —1995
		$KGSF\frac{A}{S}$ （电流可逆）	可逆轧机、连轧机、卷扬机、龙门刨等	负载急剧变化，要求频繁反向或快速制动，一般用双变流器供电	直流 5～5000kW	
4	交流传动	$KGJ\frac{A}{F}$ （串级调速）	风机、泵、卷扬机、起重机、球磨机及传递带等调速	用电网换相逆变器将电动机转差功率反馈到电网，能无级调速，效率较高，当调速比要求降低时，装置容量随之减小	交流 100～8000kW	GB/T 12669 —1990
		$KGM\frac{A}{F}$ （变频调速）	超高速电动机速度控制、多台设备的同步调速系统、高精度调速或稳速系统	由自换向逆变器或周波变换器供电	交流 0.5～1500kW	GB/T 12668 —1990
5	电机励磁	$KGL\frac{A}{F}$	同步电动机的直流励磁	能自动投励、强励及调节功率因数	直流 50～600V 200～600A	GB/T 12667 —1990
		$KGLF\frac{A}{S}$	大型发电机、小型水力和柴油发电机的直流励磁	强励时短时过载倍数较高，大型发电机励磁装置的可靠性要求高	直流 1000V 1800A（100～600MW级的汽轮发电机励磁）	
6	电镀及电加工	KGDS	电镀电源	电压低，电流大，有防腐蚀要求	直流 6～48V 50～16000A	JB 1504 —1993
		KGXS	电解加工电源	有稳压或稳流要求，其余同上	直流 12～24V 500～20000A	ZBK 46009
7	充电	KGCA	蓄电池充电	负载为反电势性质，较平稳	直流 18～360V 15～315A	JB/T 10095 —1999
		$KGV\frac{A}{F}$ （浮充电）		对输出直流电压的纹波限制较严	直流 36～330V 15～400A	
8	电磁合闸	GKA KGKA	电动操作机构电源，电磁吊车的电磁铁吸盘供电	短时冲击性负载	直流 110、220V 100～315A	ZBK 46010
9	中频感应加热	$KGP\frac{F}{S}$	金属熔炼、热处理、热加工、焊接等加热电源	能自动调整频率适应负载变化的需要	交流 400～8000Hz 25～2000kW	JB/T 8669 —1997
10	交流不间断电源（交流备用电源）	$KGN\frac{A}{F}$	通讯设备、电子计算机、电站照明的交流备用电源	反应快，能无间断地自动投入运行	交流 1～1000kW	GB/T 7260 —1987
11	电子开关	$KGZ\frac{A}{F}$ （无触点开关）	交流电动机频繁操作、功率因数补偿电容器组的自动切换及电焊机、电炉等控制开关	能适应每分钟数十次开关的要求，作为开关使用时要求过载能力较高，可用控制通断比方式自动调节负载功率	交流 380V 100～600A	JB/T 3283 —1983
		$KGZ\frac{A}{F}$ （直流斩波器，又称脉冲调速）	矿山和地下铁道直流电动机车、蓄电池为动力的电动车辆的调速	无级调速（调压），加速平稳，效率和功率因数高	直流 110～1650V 40～400kW	GB/T 7677 —1987
12	高压静电除尘	GGA KGGA	静电除尘、原油脱水、静电喷涂等高压电源	电压高，电流很小，对短路电流限制较严	直流 40、60、80kV 100～1000mA	JB/T 9688 —1999
13	直流输电		远距离超高压输电、跨海峡电缆输电等变流站	阀体工作电压高，必须用多元件串联	直流 100～1000kV 10～1000MW	

（续）

序号	用途类别	系列代号①	典型用途	性能特点	单台设备容量范围	标准代号
14	无功补偿		电弧炉、轧机、电力系统	工作电压高，可连续调节，响应速度快	13.8kV 以上 40Mvar	

① 变流装置的系列代号一般由四位汉语拼音字母组成：首位有 K 者表示晶闸管变流装置，无 K 者表示整流管整流装置；第 2 位 G 表示半导体元件用单晶硅材料制成；第 3 位是表示装置用途的代号；第 4 位代表装置的冷却方式（S—水冷，F—风冷，A—自冷）。

2.9 电磁铁、电磁离合器

2.9.1 电磁铁

电磁铁是一种利用电磁吸力操纵、牵引机械的装置，以完成预期动作。也用于钢铁零件的吸持固定、起重搬运等。

电磁铁由装有励磁绕组的静铁心和可移动的动铁心（又称衔铁）所组成，如图 11.2-24 所示。当励磁绕组通入电流后，动铁心即被吸着。

按使用的用途划分，有牵引电磁铁、阀用电磁铁、制动电磁铁和起重电磁铁几类；按励磁电流的不同，可分为直流电磁铁和交流电磁铁两类。

1. 直流电磁铁　励磁为直流电流，当励磁电压一定时，励磁电流随之确定，即磁动势是固定不变的。当气隙变小时，气隙磁通和吸力随之增大。

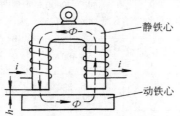

静铁心

动铁心

图 11.2-24　电磁铁简图

当气隙较小时，可认为气隙中磁感应强度是均匀的，产生吸力（N）为：

$$F = 4B^2 S \times 10^5$$

式中　B——气隙中磁感应强度（T）；
　　　S——铁心端面（气隙）面积（m^2）。

2. 交流电磁铁　励磁为交流电流，当励磁绕组外加电压一定时，铁心内磁通最大值 Φ_m 也基本不变，当气隙减小时，励磁电流随之减小。为减少铁心损耗，交流电磁铁的铁心用电工钢片叠装而成，并在铁心端面上嵌放闭合铜环，以减弱铁心由电磁吸力变化而产生的振动与噪声。

交流电磁铁产生的电磁吸力是随时间变化的，其平均值 F_{av}（N）为：

$$F_{av} = 2B_m^2 S \times 10^5$$

式中　B_m——气隙中磁感应最大值（T）。

几种不同用途的电磁铁型号与规格如表 11.2-43 所示。

表 11.2-43　几种不同用途电磁铁型号规格

名称	电源种类	型号	规格	
			吸力/N	行程/mm
牵引电磁铁	单相交流	MQ1	15 ~ 245	20 ~ 50
阀用电磁铁	单相交流	MFJ1	29.41 ~ 39.21	7 ~ 8
	直流	MFZ1	6.86 ~ 68.6	4 ~ 8
制动电磁铁	单相交流	MZD1	回旋角（5.5 ~ 7.5）°。制动杆行程 3 ~ 4.4mm 与 TJ2 型闸瓦式制动器配套	
	三相	MZS1	88.2 ~ 1372	20 ~ 80 与 TW2 或 TJ2 型闸瓦式制动器配套
	直流	MZZ2	44.2 ~ 705.9	30 ~ 120 与 TJ2 型闸瓦式制动器配套

2.9.2 电磁离合器

电磁离合器是传递两个转动体之间的转矩的电磁执行装置，又称电磁联轴器。要求动作时间短、传递力矩大、转动惯量小、控制功率小。根据其结构特点，可分为摩擦片式、牙嵌式、磁粉和电磁转差式、永磁式等，见表 11.2-44。选用时应注意其动力矩和接通时间（响应速度）以及两转动体允许的转速差范围。

表 11.2-44　电磁离合器型号与特点

名称	系列型号	特点
湿式多片电磁离合器	DLMO DLM3 DLM5	在润滑油冷却的状态下使用，由励磁线圈、磁轭、衔铁、钢-钢摩擦片及联接件等组成。励磁绕组通电时，电磁吸力将摩擦片压紧，传递转矩。可用作控制机械起动、制动、变速、进给等。允许相对速度 3500 ~ 2000r/min 额定动力矩：11.76 ~ 667N·m，接通时间 0.28 ~ 0.42s

（续）

名称	系列型号	特　　　点
干式多片电磁离合器	DLM2 DLM4	在干式状态下使用，摩擦片为铜-铜基粉末材料，动作时间短，用途同上，允许相对速度 3500～2000r/min　额定动力矩：24.5～391N·m，接通时间 0.105～0.210s
牙嵌式电磁离合器	DLYO	磁轭端面带齿，适用于静止或低速状态下结合，特点是体积小，传递转矩大，发热少　额定静力矩：11.76～392N·m
铁磁粉末式电磁离合器		由励磁绕组、铁磁粉末和联接件等组成，通电后铁磁粉末被磁化产生相当大的摩擦力以传递转矩。铁粉常和油混合使用，动作快但工作性能不够稳定
电磁转差式电磁离合器		调节励磁可改变转差，以调节从动轴转速，在 YCT 系列电磁调速异步电动机中与异步电动机配套使用
永磁式电磁联轴器		主动轴与从动轴上分别装有永久磁铁，由其间电磁吸力转递转矩，两永久磁铁之间可用非磁性薄筒隔开，因此可用于高压密封容器中的介质搅拌、启闭阀门等，传递转矩可达几百牛米
单片电磁离合器	DLD4	用直流 24V 激励，额定静力矩 0.5～8N·m，接通时间 0.04～0.15s，允许最大相对转速 5000～8000r/min，用于复印机、仪器仪表、办公机械等

2.10　低压电器

低压电器通常是指交流电压 1200V 或直流 1500V 以下电路中的电器设备，按其在电路中的作用分为配电电器和控制电器两大类。

2.10.1　常用低压电器符号、名称及功能（见表 11.2-45）

2.10.2　低压电器的安全使用

在使用低压电器注意断电操作，并注意以下各方面：

（1）接地和接零。通常把接地视为设备的壳体与大地直接连接，它与调节系统的接"地"（实际是接公共零线）不同。调节系统接"地"有两种方式，一种是将公共零线只通过某一点与大地相连接，另一种是将公共零线悬浮或通过几十微法电容与大地相接。它主要从调节系统防外界干扰方面考虑。电控设备壳体接地主要从对人身安全保护的需要考虑，无论设备在正常运行还是在故障状态，设备都应能可靠地保障人身安全、防止触电。接地端子用字母 PE、符号"⊥"或颜色识别，必须用黄/绿双色线，接地电阻不得大于 0.1Ω。

（2）在选用低压漏电保护器时，其动作值一般按通过人体的电流不超过 15mA 整定，动作时限在 0.1s 以内。

（3）自行接线的线路中，注意熔断器安装在断路器与负载之间，而不应放在断路器与电源之间，以保证熔断器烧断后更换时，不带电操作。

表 11.2-45　常用低压电器符号、名称及功能特点

符号	名　　称	功　能	特　　　点	产品系列举例
H	刀开关和转换开关	隔离电源	不频繁通断容量不大的低压电路小容量电动机直接起、停	HD—单极刀开关 HK—开启式负荷开关 HH—封闭式负荷开关 HR—熔断式刀开关 HZ—组合开关 HZ5—万能转换开关
R	熔断器	切断电源	线路与设备中用于过载与短路保护	RC—插入式 RL—螺旋式 RM—密闭管式 RT—有填料封闭式
D	断路器	切断电源	正常时电路不频繁通断电路过载、短路、失压时自动分断电路	DW—万能式 DZ—塑料外壳式 DS—直流快速 DZL—漏电流断路器
K	控制器	转换电路	用以改变电路接线或改变电路电阻，控制电动机起动调速	KTJ—交流凸轮控制器
C	接触器	通断电源	用于频繁通断带有负载的主电路或大容量控制电路	CJ—交流接触器 CZ—直流接触器 CK—真空接触器
Q	起动器	接通电源	电动机起动，过载、失压保护	QC—电磁式起动器 QJ—自耦减压起动器 QX—星三角起动器

（续）

符号	名 称	功 能	特 点	产品系列举例
J	控制继电器	控制电路	将输入继电器的电量或非电量转换为触头运动，达到控制电路的目的	JT—通用继电器 JL—电流继电器 JS—时间继电器 JZ—中间继电器 JR—热继电器
L	主令电器	通断电路	用作远距离控制电器的通断，配合起动器、接触器对电路的控制	LA—按钮 LX—行程开关 LK—主令控制器 LW—万能转换开关
Z	电阻器	限流降压	用于调整电路中电流	ZX—电阻器
B	变阻器	限流降压	用于调整电路中电流	BL—励磁变阻器 BP—频敏变阻器 BT—起动调速变阻器 BC—旋转式变阻器
M	电磁铁	能量转换	输入电能转换为机械能以牵引机械装置，完成自动化动作	MZ—制动电磁铁 MW—起重电磁铁 MQ—牵引电磁铁
AD	信号灯			AD—信号灯
AL	电铃			AL—电铃

（4）在线路中含有电容器类储能元件时，电源中断后，电容器两端仍可能贮存电荷，端子上仍有相当高的电压，在对这类电路进行操作前，首先应用绝缘导线将电容器两端短接放电，以避免因电容器对人体放电伤害。

2.10.3 低压电器的选用

1. 一般工业用熔断器的选用

（1）根据电网电压选用相应电压等级的熔断器；

（2）根据配电系统可能出现的最大故障电流，选择具有相应分断能力的熔断器；

（3）在电动机回路中用作短路保护时，为了避免熔体在电动机起动过程中熔断，通常在不经常起动的或起动时间不长的（如金属切削机床）的场合，熔体的额定电流 I_e 取为：

$$I_e = I_d / (2.5 \sim 3)$$

在经常起动的或起动时间较长的（如吊车电动机）场合，熔体额定电流取为：

$$I_e = I_d / (1.6 \sim 2.0)$$

式中 I_d——电动机起动电流。

2. 刀开关的选用　根据电路额定电压、长期工作电流及短路电流产生的动热稳定性（刀开关不能分断故障电流，但能承受故障电流引起的电动力和热效应），接通分断能力，380V、$\cos\varphi = 0.7$ 分断 30%、60%、100% 刀开关额定电流（视刀开关操作方式和有无灭弧罩而定）能力几方面要求选择。

中央手柄式刀开关一般不能分断有负载的电路。

机械寿命，400A 以下为 10000 次，600 ~ 1500A 为 5000 次，3000A 以上作隔离电源用，寿命按需要而定。

3. 断路器的选用　接通电路靠主触头闭合，当任何一相主电路的电流超过一定数值时，过电流脱扣器起作用将触头断开，使电路分断；当主电路电压消失或降低到一定数值以下时，失压脱扣器起作用使电路分断，另外还有分励脱扣器由控制电源供电，可按操作人员命令或继电保护信号分断电路。

选用时还要考虑开关的全部断开时间，即从线路短路故障瞬间起到触头分断电弧瞬间止（包含电流上升时间 t_A、开关固有动作时间 t_0 和燃弧时间 t_g）所需的时间。

选用时还有限流因数的考虑，规定限流因数 $k_i = I_k$（实际分断最大电流）/I_{km}（稳定短路电流），一般选 $k_i < 0.6$。

关于断路器结构型式的选择，万能式断路器的所有零件都装在一个绝缘的金属框架内，常为开启式，可装设多种附件，更换触头和部件较为方便，因此多用作电源端总开关。塑料外壳式断路器则除端子外，触头、灭弧室、脱扣器和操作机构都装于一个塑料外壳中，一般不考虑维修，适于作支路的保护开关。工业用类适用于工厂、企业动力配电，非熟练人员用类适于照明配电和民用建筑内电气设备的配电和保护。

4. 接触器的选用　主触头电压：交流 380V、660V、1140V，直流220V、440V、660V；额定工作电流：6A、10A、16A、25A、40A、60A、100A、160A、250A、400A、600A、1000A、1600A、2500A 及 4000A。辅助触点电压：交流380V、直流220V。

操作频率：一般（300～1200）次/h。

机械寿命1000万次以上，电寿命与机械寿命之比因使用类别不同而异，在2%～50%之间。为提高电寿命可降低容量使用。

5. 继电器的选用　要考虑以下性能：

（1）额定参数——工作电压（电流）、吸合电压（电流）、释放电压（电流）；

（2）吸合时间、释放时间；

（3）整定参数——动作电压（电流）可按需要调整；

（4）灵敏度——吸动时最小功率和安匝数；

（5）返回因数 = $\dfrac{\text{返回电压（电流）}}{\text{动作电压（电流）}}$，可达 0.65；

（6）使用工作制；

（7）触头接点分断能力；

（8）机械寿命与电寿命——一般机械寿命达1000万次以上，电寿命为机械寿命的 $\dfrac{1}{10}$ 左右。

（9）接触可靠性——特别对低电压、小电流的状态下，不允许虚接。

3　电工仪表与测量

3.1　电工仪表与测量基本知识

3.1.1　指示仪表的误差和准确级

1. 指示仪表的误差　仪表误差包含基本误差和附加误差两类。基本误差是仪表所固有的误差，即仪表在规定的工作条件下，由于制造工艺限制所引起的误差；附加误差是指由某些外界影响（如温度、湿度、放置位置、外电场与外磁场等）所引起的误差。仪表误差的表达方式见表11.3-1。

表11.3-1　误差及其表达方式

误差	定　义	表达式
绝对误差	测量值 X_i 和真值 X_o 间之差，用 ΔX 表示	$\Delta X = X_i - X_o$
相对误差	绝对误差 ΔX 与真值 X_o 之比的百分数	$\gamma = \dfrac{\Delta X}{X_o} \times 100\%$
引用误差	绝对误差 ΔX 与仪表上限 X_m 之比	$\gamma_m = \dfrac{\Delta X}{X_m}$

2. 指示仪表的准确级　由于仪表各示值的绝对误差是不同的，因此规定仪表的准确度等级用仪表的最大引用误差表示，即

$$k\% = \frac{|\Delta_m|}{X_m} \times 100\%$$

式中　k——准确度等级；

Δ_m——最大绝对误差；

X_m——仪表测量上限值。

按 GB 976—76 规定，仪表准确度分为七级，见表11.3-2。

表11.3-2　仪表准确度等级

仪表准确度等级	0.1	0.2	0.5	1.0	1.5	2.5	5.0
基本误差/%	±0.1	±0.2	±0.5	±1.0	±1.5	±2.5	±5.0

选用仪表的准确度等级要与测量准确度要求相适应，0.1级和0.2级仪表常用作标准仪表，以校准其他工作仪表。一般实验室中多用0.5～1.5级，在配电盘上则多使用1.5～2.5级仪表。

3.1.2　测量方法和测量误差

1. 测量方法　按获取被测量值的方法分为：

（1）直读法，即用电测量指示仪表读取被测量值的方式，它有简捷的优点，但精确度受仪表误差的限制。

（2）比较法，是指被测量对象与度量器在比较仪器中进行比较来求得被测量值的方法，包括平衡法（如用电桥测量电阻）、差值法和替代法等，可以获得较高的精确度和灵敏度，但设备与操作比较复杂。

2. 测量误差　被测量的测量值和真值之间的差异，即测量误差；按性质可分为三类：

（1）系统误差——测量过程遵循一定规律保持不变的误差；包括原理性误差、测量方法误差、测量设备误差、测量条件误差等。

（2）偶然误差——由周围环境各种随机量，如电磁场、温度波动、大地震动等偶发因素造成的。

（3）疏失误差——也称粗大误差，是观测者粗心误读、误算造成的。

3.2 指示式仪表

3.2.1 分类

（1）按使用方式划分为安装式与便携式；

（2）按准确度等级划分为七级，见表11.3-2；

（3）按工作原理划分，见表11.3-3。

3.2.2 指示仪表的选择与应用

（1）选用仪表时要注意量测对象的电源频率（直流与交流对某种仪表不能混用），和所需的测量准确度，量程大小与测量值相适应，一般被测量值在仪表最大量程的（1/3～1）范围，特别对非均匀刻度的表计，小量程区域中测量与读数误差增大。

（2）绝缘电阻表用来检查电工设备的绝缘电阻，它是由磁电系比率表和一个直流手摇发电机组成，有不同的电压等级，选用时可参考表11.3-4。

表 11.3-3　指示式仪表原理与应用特性

名称	标志符号	测量范围		消耗功率	最高准确级	过载能力	制成仪表类型	应用范围
		电流 A	电压 V					
磁电系		$10^{-11} \sim 10^2$	$10^{-3} \sim 10^3$	<100mW	0.1	小	A、V、Ω、Mn 检流计钳形表	直流电表且与多种变换器配合扩大使用范围,作比率表
电磁系		$10^{-3} \sim 10^2$	$1 \sim 10^3$	较磁电系大,略小于电动系	0.1	大	A、V、Hz、cosφ 同步表、钳形表	用于 50Hz～5kHz 安装式电表及一般实验室用交(直)流表
电动系		$10^{-3} \sim 10^2$	$1 \sim 10^3$	较大	0.1	小	A、V、W、Hz、cosφ 同步表	用于 50Hz～10kHz 作交直流标准表及一般实验室用表
铁磁电动系		$10^{-3} \sim 10^2$	$10^{-1} \sim 10^3$	较小	0.2	小	A、V、W、Hz、cosφ	用于工频,主要作安装式电表
静电系			$10 \sim 5 \times 10^5$	几乎不消耗	0.1	大	V 象限针	较多应用于高压测量,频率达 10^8Hz
感应系		$10^{-1} \sim 10^2$	$10 \sim 10^3$	较小	0.5	大	主要用于电度表	用于工频,测量交流电路中电能
热电系		$10^{-3} \sim 10$	$10 \sim 10^3$	小	0.2	小	在高频线路中应用	在高频线路中应用,频率<10^8Hz
整流系	有效值平均值	$10^{-5} \sim 10$	$10^{-3} \sim 10^3$	小	1.0	小	A、V、Ω、cosφ、Hz、万用表	作万用表,频率从 50Hz～5kHz
电子系			$5 \times 10^{-3} \sim 5 \times 10^2$	较小	1.0		A、V、Ω、Hz、cosφ	在弱电线路中应用,频率<10^8Hz

表 11.3-4 绝缘电阻表的选择举例

被测对象	被测设备的额定电压/V	所选兆欧表的电压/V
线圈绝缘电阻	<500	500
	>500	1000
发电机线圈绝缘电阻	<380	1000
电力变压器、发电机、电动机线圈电阻	>500	1000～2500
电气设备绝缘	<500	500～1000
	>500	2500
绝缘子、母线、刀开关		2500～5000

手摇发电机的转速一般规定为 1200r/min，允许有 20% 的变化，不宜太快或太慢。

（3）电动系功率表通常满偏转是在额定电压、额定电流与 $\cos\varphi\approx1$ 时实现的。有专门适用于低功率因数负载的低功率因数功率表，其满偏转在 $\cos\varphi=0.1$、0.2 或 0.5 时产生，在刻度盘上有相应的标记。

（4）万用表 由磁电系测量机构与整流电路组成，其指示偏转角度与被测电量的平均值成正比，但在交流档的刻度按方均根值标定，其平均值与方均根值的关系是按特定波形（通常为正弦波）确定的，当被测交流电量波形非正弦时，会导致相当大的测量误差。

3.3 数字式仪表

数字式仪表是将被测的模拟量参数进行模/数（A/D）转换，以数字量显示。它与模拟式仪表相比具有精度高、速度快、抗干扰能力强、便于读数和能完成数字输出等优点。常见的数字式仪表有数字计数器和数字电压表，几乎各种仪表都能做成数字式仪表。

3.3.1 数字计数器 （频率计）

借助于电子线路和逻辑功能，测出一定时间内输入的脉冲数目，并将结果以数字形式显示出来。其原理性框图如图 11.3-1 所示。

被测高、低频率信号分别从 A、B 输入，当功能开关和频率-时间开关放在恰当位置，可测量未知信号的频率、周期、两个信号的频率比、任何特定的时间间隔以及累计给定时间内和脉冲数等。其计数稳定性可达 $5\times10^{-10}/d$，直接计数的频率上限可达 1GHz，采用附加高频变换器后可提高到 100GHz 以上。如配用微处理器或通过标准的接口母线借助计算机可实现自动测试。

3.3.2 数字电压表

将被测电压（模拟量）通过 A/D 转换为数字量，用数字计数并显示。其性能取决于 A/D 转换器、前置放大器及量程转换部分的综合特性。其精度与显示位数有关，显示位数是指其完整显示位，即能显示 0～9 十个数码的显示位数多少，如基本量程为 2V 的数字电压表，有六个数码管显示读数，但其最高位不会出现比 2 大的数码，因此它属于不完全显示位，该电压表称为 $5\frac{1}{2}$ 位。精度可达百万分之六，常用于精密测量。普及型数字电压表则为 $3\frac{1}{2}$ 到 $4\frac{1}{2}$ 位数字显示，由于尺寸小、价廉并优于指针式电压表，因而被广泛应用。

以直流电压表为基础，配置适当的输入变换器，可构成能测量直流电流、交流电压和电流、电阻等量的数字万用表，尤其是 4～5 位数字表大多属于此类。量程转换分为自动和手动，多数采用自动开关进行自动转换，图 11.3-2 为几种应用举例。

1. 直流电压电流表 电压测量的量程转换见图 11.3-2a，最高灵敏度取决于放大器的零点稳定度和噪声，因此高灵敏度型要采用斩波放大器，高精度型中分压电阻采用温度系数小且稳定的线绕电阻。

2. 交流电压电流表 其结构如图 11.3-2b，为平均整流型（正弦波有效值指示）。由整流器和运算放大器组成，具有线性整流特性。

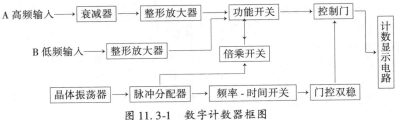

图 11.3-1 数字计数器框图

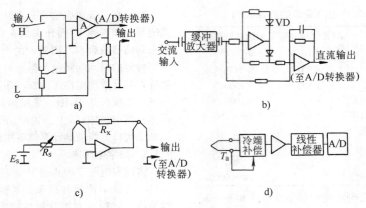

图 11.3-2 数字万用表应用

a) 直流电压测量量程转换 b) 平均整流型交流电压表

c) 电阻测量电路 d) 模拟线性补偿温度表

3. 电阻表 利用基准电压和基准电阻所提供的电流在被测电阻上的电压降，实现电阻—直流电压变换，其电路图见图 11.3-2c，通过 E_s、R_s 转换实现量程转换，分辨力一般为 $1 m\Omega$ 或 $0.1 m\Omega$，最大量程达（$20 \sim 100$）$M\Omega$。

4. 温度表 模拟线性补偿式温度表结构见图 11.3-2d，热电偶输出级（mV）对应的输入端温度进行冷端补偿，然后放大，输出经线性补偿后进行 A/D 转换，可测得温度。

3.4 阴极射线示波器

3.4.1 用途

阴极射线示波器（简称示波器）是用来显示随时间或其他量快速变化的电量瞬时值或波形的测试设备，可用来测量电压、电流、频率、相位以及描绘电子器件的特性曲线等，一些非电量（如振动等）也可以利用变换装置变换成电信号显示。在示波器基本电路以外附加微处理器、存贮器等微电子电路构成带微处理器的示波器、记忆示波器，使其功能更加扩大。

3.4.2 示波器的原理

示波器的线路原理如图 11.3-3所示。

示波器主要组成部分的作用说明如下：

1. 示波管 由电子枪、偏转系统和荧光屏等三部分组成。当其灯丝通电后，阴极就发射电子，在阴极电压作用下，电子束被聚焦和加速，撞击到荧光屏后发出荧光，当水平和垂直偏转板上分别加入扫描电压和信号电压后，控制电子束在 X-Y 轴方向的偏转，使信号波形显示在荧光屏上。

2. Y 轴输入、衰减、增幅及选择 示波器测量信号从 Y 轴输入。Y 轴衰减和增幅的作用，是使示波器荧光屏上呈现幅值合适的被测信号波形。Y 轴选择的作用是确定观测待测信号还是输入比较电压信号（用作标尺定标），是观测一路信号还是二路信号，是交替还是断续。

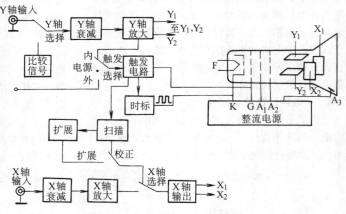

图 11.3-3 示波器原理框图

F—灯丝 K—阴极 G—栅极，亮度调节 A_1—第一阳极，聚集

A_2—第二阳极，辅助聚焦 A_3—第三阳极，使电子加速提高

光点亮度 Y_1，Y_2—垂直偏转极 X_1，X_2—水平偏转极

3. 扫描电压发生器　用来产生锯齿波电压并加在示波管水平偏转板上，使电子束在荧光屏上沿水平方向形成时间基线，将待测信号在荧光屏的水平方向展开。

4. 触发与同步　为使信号波形能稳定显示，要求示波器的扫描电压的周期 T_x 与信号的周期 T_y 成整数倍关系，否则波形会在荧光屏上跑动。保证 T_x/T_y 为整数倍的过程，称为同步。

触发电路的作用就是使扫描信号与被测信号同步的装置。同步信号取自被测信号，称为内同步；取自电源（50Hz），称为电源同步；取自其他信号，称为外同步。

5. 时标　时标的作用在于可测量出信号波形任意两点间的时间间隔。

6. 比较电压（校正电压）　为示波器内部产生的标准电压值，用它与被测信号幅值比较后，可测得信号的大小。

7. 聚焦与辉度　调节光点的大小与亮暗。

8. X、Y 轴移位，使被测信号在荧光屏上可作上、下（Y 轴）或左、右（X 轴）移动。

9. 扫描微调　用于调节扫描电压的频率。

3.4.3　示波器应用举例

1. 电压幅值测量　利用示波器内部的比较信号（校正电压）在荧光屏上给标尺定标后，保持 Y 轴的衰减或增益不变，在 Y 轴输入被测电压信号，则由被测信号显示的高度可决定其电压幅值。

如果是应用带微处理器的示波器，微处理器自动计入探头的分压比及衰减器的衰减值，并进入类似数字电压表工作方式，将输入的直流电压或平均值电压转换为数字值，由显示器显示。如需测量与参考电压相对应的电压值，见图 11.3-4，以基线为参考电平，调到相应的水平线上（即被测信号的一端调到基线上），按下参考按键（令

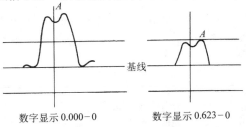

数字显示 0.000－0　　　数字显示 0.623－0

图 11.3-4　点对点电压的测量

基线为零电平），然后调节被测点 A 于基线上，此时显示器读数为信号的幅值。由于参考点可任意选定，所以测量任意两点间电压是十分方便的。

2. 周期（频率）的测量　用带微处理器的示波器以从延迟扫描测量信号的周期（频率）十分方便，精确度较高，采用主加亮方式测量时，调节增量—减量开关，使两个延迟时基加亮标志处于相差一个周期的位置，见图 11.3-5a。此时显示器上读数为信号周期 T。

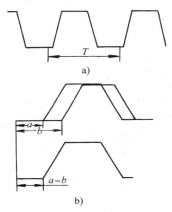

a)

b)

图 11.3-5　时间间隔的测量
a）加亮方式测量周期　b）延迟
扫描方式测量周期

微处理器进行 $f = \dfrac{1}{T}$ 运算，可得信号频率 f。

采用延迟扫描测量时间，调节好显示波形的加亮段之后，把示波器转到延迟扫描方式，调节增量—减量开关，使两个波形时基重合，见图 11.3-5b，此时显示器读数为信号周期，测量可更准确。

3.5　电桥

3.5.1　直流电桥

它是测量直流电阻的仪器，通常有单电桥和双电桥之分；主要应用平衡线路的原理进行测量，其特点和测量范围见表 11.3-5。

3.5.2　交流电桥

常用的交流电桥可分为阻抗比电桥和以感应分压器为比率臂的电感耦合比率臂电桥（或称变量器比率臂电桥）两类。主要用于精密测量交流电阻及时间常数、电容、介质损耗、自感、互感等电参数及非电量转换得出的电量参数等。

表 11.3-5 直流电桥原理和测量范围

类　　型	单 臂 电 桥		双 臂 电 桥
工作原理	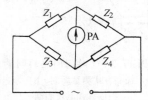 $$R_x = \frac{R_3}{R_2} \times R_1$$		$$R_x = \frac{R_n}{R_2}R_1 + \frac{R_1 r}{R_1' + R_2' + r} \times \left(\frac{R_2'}{R_2} - \frac{R_1'}{R_1} \right)$$ 当 $r=0$ 或 $\frac{R_2'}{R_2} = \frac{R_1'}{R_1}$ 时 $$R_x = \frac{R_n}{R_2} \times R_1$$
特　　点	线路简单,适宜测量大于 10Ω 的电阻		引线和接触电阻影响对测量影响小,适宜测量小于 10Ω 的电阻
测量范围	$(10^6 \sim 10^{12})\Omega$	$(10^{-5} \sim 10^6)\Omega$	$(10^{-5} \sim 10^6)\Omega$
保证精确度基本量限　实验室型	$(10^6 \sim 10^8)\Omega$	$(10^2 \sim 10^5)\Omega$	$(10^{-3} \sim 10^2)\Omega$
保证精确度基本量限　携带型	$(10 \sim 10^4)\Omega$		$(10^{-2} \sim 10)\Omega$
精确度等级（携带型）	0.05;0.1;0.2;0.5;1;2		

1. 阻抗比电桥　如图 11.3-6 所示,当电桥平衡时（检流计指零）,有如下关系:

图 11.3-6 阻抗比交流电桥

$$Z_1 Z_4 = Z_2 Z_3$$

或改写为　$|Z_1| \cdot |Z_4| = |Z_2| \cdot |Z_3|$

$$\varphi_1 + \varphi_4 = \varphi_2 + \varphi_3$$

即必须分别使相对桥臂的阻抗幅值（模）的乘积相等,且阻抗角和相等。

2. 变量比率臂电桥　图 11.3-7 所示为变压式接法。

在电桥平衡时有:

$$Z_x = \frac{N_x}{N_n} Z_n$$

交流参数除可用交流电桥测量外,也可利用运算放大器构成交流参数测量装置,并配以微机控制组成智能 LRC 测量仪,该类仪器可迅速、精确地显示主参数电感、电容、电阻、阻抗、电抗和副参数品质因数、损耗因数、阻抗相角等测定结果,并能自动消除引线参数对测量的影响。以 ZL5 型智能 LCR 测量仪为例,其测量范围:电阻 $6.2\Omega \sim 410\text{k}\Omega$;电容 $400\text{pF} \sim 25\mu\text{F}$;电感 $1\text{mH} \sim 64\text{H}$;基本测量精度为 0.05%。

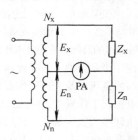

图 11.3-7 变压式变量器比率臂电桥

3.6 磁测量

对空间磁场测量可以根据电磁感应和其他物理效应进行,表 11.3-6 为常用测磁仪器举例。

表 11.3-6 磁场强度测试仪器及其基本原理（举例）

仪器名称	原　理	准确级/%	测量范围/A·m^{-1}	特　征
旋转线圈特斯拉计	电磁感应法	$0.001 \sim 2$	$10^{-2} \sim 10^6$	稳定可靠,适于测量均匀磁场
霍尔效应特斯拉计	半导体磁效应法	$0.1 \sim 3$	$10 \sim 2 \times 10^6$	适于测量缝隙磁场,有交、直流两种型号
磁通闸门磁强计	磁心二次谐波法		$10^{-4} \sim 10^3$	测空间磁场分布、工业探伤、探潜等弱磁场测量

4　电子技术基础

4.1　半导体器件

4.1.1　半导体二极管

半导体二极管（或晶体二极管）的核心是一个 PN 结，具有单向导电性，其电流与所加电压间的关系为

$$I = I_s(e^{qU/kT} - 1)$$

式中　I_s——PN 结反向饱和电流（A）；

　　　U——加于 PN 结上的电压（V），正向偏置时 $U > 0$，反向偏置时 $U < 0$；

　　　q——电子电荷量（1.6×10^{-19}C）；

　　　k——玻耳兹曼常量（1.38×10^{-23}J/K）

　　　T——PN 结的绝对温度（K），室温（25℃）

　　　　　$T = 298$K，此时 $kT/q = 26$mV。

当二极管外加正向电压 $U \gg 26$mV 时：

$$I \approx I_s e^{\frac{U}{26}}$$

式中　U 以 mV 为单位。

当二极管反向偏置，且 $|U| \gg 26$mV 时：

$$I \approx -I_s$$

二极管的实际伏安（V-A）特性曲线如图 11.4-1 所示。当二极管明显出现正向电流时，其对应的正向电压称为阈值电压（死区电压）。

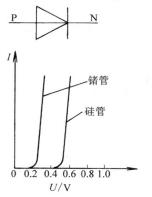

图 11.4-1　二极管的图形符号和伏安特性

锗材料二极管　阈值电压约（0.1~0.2）V；

硅材料二极管　阈值电压约 0.5V。

有时用图 11.4-2 所示的折线近似表示二极管的正向特性，U_{ON} 为正向导通电压（通常锗管取 0.3V，硅管取 0.7V）。

当反向偏置电压增加到某值时，反向电流突然增大，这种现象称为 PN 结的击穿，此时电压称为击穿电压 U_B，击穿限制了 PN 结所能承受的反向偏置。

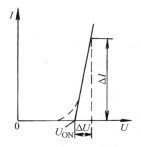

图 11.4-2　二极管正向特性的折线近似

4.1.2　稳压管

半导体稳压管工作在 PN 结的反向击穿区，其 V-A 特性与图形符号如图 11.4-3 所示。

工作在反向击穿状态的稳压二极管，当流过的电流改变时，两端的电压基本不变，因此与它并联的负载端电压可保持稳定。

4.1.3　发光二极管、光电二极管、光电三极管

1. 发光二极管（LED）　发光二极管可将电能转换成光能，在正向偏置下流过一定正向电流时有发光的特性。发光的颜色取决于所用的半导体材料，常见的有红外、红、橙、黄、绿等色。发光二极管具有体积小、工作电压低（（1.2~2.5）V）、工作电流小（10mA 左右）、耐震、寿命长和开关时间短等特点，广泛用作各种数字或图形显示、指示灯等。

2. 光敏二极管、光敏晶体管　这类器件可将光强变化转换为电流变化，无光照射时，电流（称为暗电流）很小，在 PN 结反向偏置下，有光照时，反向电流（光电流）明显增大，且光电流与照度成正比，图形符号如图 11.4-4 所示。主要用于红外探测器、光控开关、光电转换电路中。

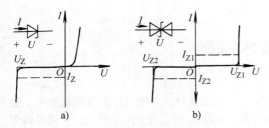

图 11.4-3 稳压二极管图形符号与 V-A 特性

a）单向稳压管 b）双向稳压管

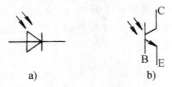

图 11.4-4 光敏二极管、光敏

晶体管图形符号

a）光敏二极管 b）光敏晶体管

3. 光耦合器 用发光器件和光电器件适当组合，以光作为媒介实现电-光-电信号变换。常用作强弱电路间电的隔离耦合器件。

4.1.4 双极型晶体管（三极管）

1. 双极型晶体管 是一个具有两个 PN 结的三层元件。工作时，电子与空穴两种载流子均参与导电，故称为双极型。有 PNP 和 NPN 两种型式。其示意结构与图形符号如图 11.4-5 所示。

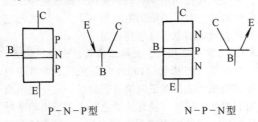

P-N-P型   N-P-N型

图 11.4-5 晶体管的结构与符号

集电极电流 I_C 与基极电流 I_B 之比称为静态电流放大系数 $\bar{\beta}$，即

$$\bar{\beta} = \frac{I_C}{I_B}$$

而它们的变化量之比，称为动态电流放大系数 β，即

$$\beta = \frac{\Delta I_C}{\Delta I_B}$$

一般情况下，$\bar{\beta}$ 与 β 差别不大，通常在 20 ～

150 之间，故可通过 ΔI_B 的微小变化使 ΔI_C 作较大的变化，这就是半导体管的放大原理。

各极电流之间的关系为：

$$I_E = I_B + I_C = (1 + \beta) I_B$$

在图 11.4-6 中，晶体管的发射极为公共接地点，这种接法称为共发射极接法；另外，也有共集电极接法和共基极接法。

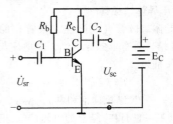

图 11.4-6 晶体管共发射极接法

在共发射极接法下，晶体管的特性曲线形象地反映各极电压与电流关系，如图 11.4-7 所示。

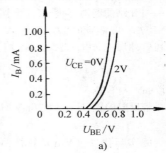

a）

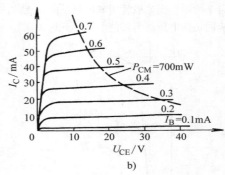

b）

图 11.4-7 晶体管特性曲线

a）输入特性 b）输出特性

在输出特性曲线中，晶体管的工作状态可分为三个区域：

a. 截止区 图 11.4-7 中，$I_B = 0$ 曲线以下的区域称为截止区。因为 $I_B = 0$ 时，$I_C \approx 0$，C-E 间相当于一个断开的开关。

b. 饱和区 在输出特性左侧,I_C 近于直线上升的部分,U_{CE} 很小,晶体管的 PN 结构为正偏,晶体管相当于一个接通的开关。

c. 放大区 发射结正偏(即 $U_{BE} >$ 死区电压),集电结反偏,I_C 的变化取决于 I_B,基本上与 U_{CE} 无关。$\Delta I_C \gg \Delta I_B$,有放大作用。

因此,晶体管有放大作用和开关作用,分别应用于放大电路和开关电路。

晶体管在共射极接法下,其简化的 h 参数等效电路如图 11.4-8 所示。

图中,$h_{ie} = r_{be} = r_{bb'} + (1+\beta)\dfrac{26\text{mV}}{I_E}$

$$h_{fe} = \beta$$

式中 r_{be}——晶体管输入电阻;

$r_{bb'}$——基区体电阻(几十欧到几百欧)。

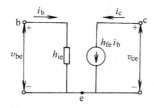

图 11.4-8 晶体管简化 h 参数等效电路

2. 场效应晶体管是一种利用电场效应来控制电流的单极型晶体管,属电压控制器件。它具有输入阻抗高、噪声低、受温度与辐射影响小、便于集成等特点。按栅极结构不同,分为结型场效应晶体管和绝缘栅型场效应晶体管(即 MOS 场效应晶体管)。

a. 结型场效应晶体管 按导电沟道的不同,可分为 N 沟道结型晶体管和 P 沟道结型晶体管两种。图 11.4-9 为 N 沟道结型场效应晶体管结构示意图和符号。改变加在栅极 G 和源极 S 之间的反向电压 U_{GS} 值,可改变漏极 D 和源极间导电沟道的宽窄,从而实现栅压对漏极电流 I_D 的控制。漏极电流 $I_D = 0$ 时,对应的 U_{GS} 值称为管子的夹断电压。漏极电流随栅压变化,用参数跨导 g_m(mA/V)表示,即:

$$g_m = \dfrac{\Delta I_D}{\Delta U_{GS}}\bigg|_{U_{DS}} = 常数$$

b. 绝缘栅型场效应晶体管 这种管子由金属、氧化物和半导体三种材料构成,故称 MOS 晶体管。它按导电沟道分为 P 沟道和 N 沟道两种。

在 U_{GS} 有一定值后才出现导电沟道的称做增强型管;在管子制成后就存在导电沟道的称做耗尽型管。因此 MOS 管共有四种类型,图 11.4-10 为 N 沟道增强型 MOS 管结构示意图。图 11.4-11 为四种不同类型 MOS 晶体管图形符号。

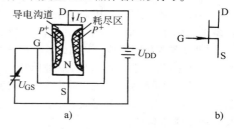

图 11.4-9 N 沟道结型场效应晶体管图形
a) 管芯结构 b) 图形符号

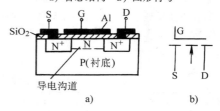

图 11.4-10 N 沟道增强型 MOS
晶体管示意图

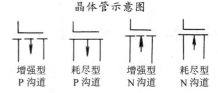

图 11.4-11 绝缘栅型 MOS 晶体管符号

增强型场效应晶体管如仅在漏源极加电压 U_{DS},管子不会导通,只有在栅源极间再加一定的电压 U_{GS} 时,漏源间才会形成导电沟道,产生漏极电流。改变 U_{GS} 就可控制漏极电流的大小。

由于 MOS 晶体管的输入阻抗极高,不使用时应将各极引线短路,以防外部电磁场感应击穿栅极。

4.1.5 单结晶体管

单结晶体管内部只有一个 PN 结,但有三个电极:发射极 e、第一基极 b_1 和第二基极 b_2,故又称双基极二极管。其结构示意图及符号如图 11.4-12 所示。

分压比 η 是单结管主要参数,即

$$\eta = \dfrac{R_{b_1}}{R_{b_1} + R_{b_2}}$$

其值在 0.3 ~ 0.9 之间。

单结晶体管的特性曲线如图 11.4-13 所示。P 称为峰点,V 称为谷点。峰点电压为:

$$U_P = \eta U_{b_1 b_2} + U_D$$

式中 $U_{b_1 b_2}$——b_1、b_2 极间电压(V);

U_D——发射结正向压降,取 0.7V。

单结晶体管特性曲线的 P-V 段,当 I_E 增大时 U_E 减小,呈现负阻特性。利用此负阻特性可构成单结晶体管振荡器,用来产生尖波脉冲。

单结晶体管是晶闸管触发电路中常用的触发器件之一,还可用于定时器等装置中。

4.1.6 电力半导体器件

电力半导体器件以电流容量大、耐压高为基本特征。主要用于整流、功率开关或功率放大。常用的和正在发展中的主要电力半导体器件如表 11.4-1 所示。

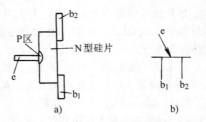

图 11.4-12 单结晶体管结构与图形符号
a)结构 b)符号

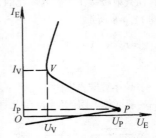

图 11.4-13 单结晶体管特性曲线

表 11.4-1 电力半导体器件分类、特性、图形符号与主要用途

类别	名 称	符 号	型号	伏安特性	主要用途
整流管和晶闸管类	整流管(SR)		ZP		各种直流电源、整流器
	快速整流管(FRD)		ZK		高频电源、斩波器、逆变器
	肖特基势垒二极管(SBD)				计算机电源、仪表电源、高频开关电源
	普通晶闸管(Th)(SCR)[①]		KP		整流器、逆变器、变频器、斩波器
	快速晶闸管(FST)		KK		中频电源、超声波电源
	门极关断晶闸管(GTO)		KG		逆变器、斩波器、直流开关、汽车点火系统
	双向晶闸管(TRIAC)		KS		电子开关、调光器、调温器
	逆导晶闸管(RCT)		KN		逆变器、斩波器
	非对称晶闸管(ASCR)				逆变器、斩波器

（续）

类别	名　称	符　号	型号	伏安特性	主要用途
整流管和晶闸管类	光控晶闸管（LATT）		KL	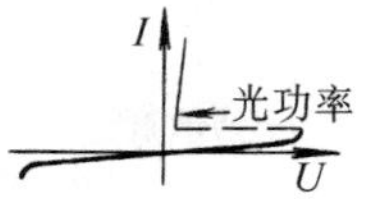	高压直流输电、无功补偿、高压开关
	静电感应晶闸管（SITH）	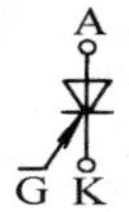	KY	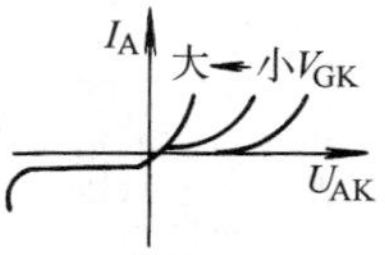	高频谐振器、高频逆变器、高频脉冲开关
	MOS 控制晶闸管（MCT）	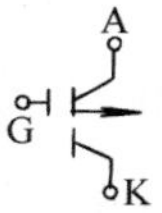	KV		高频、大功率电力变换
晶体管类	电力晶体管（GTR）	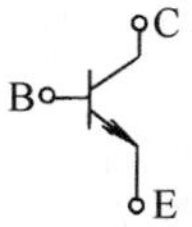	JA JB JC	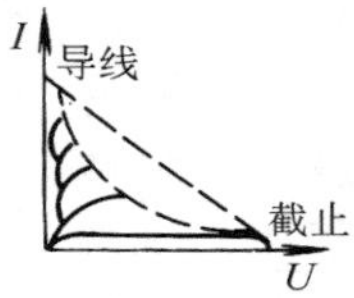	中小功率逆变器、600kW 以下，40kHz 以下各种电源
	电力 MOS 场效应晶体管（P-MOSFET）	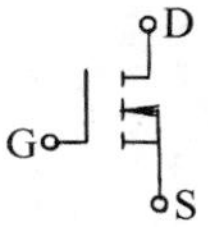			汽车电器、小功率逆变器，高频（1GHz 以下）、低电压、中电流电源
	绝缘栅双极晶体管（IGBT）	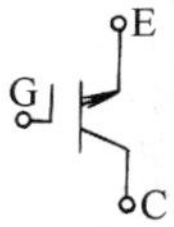	JI	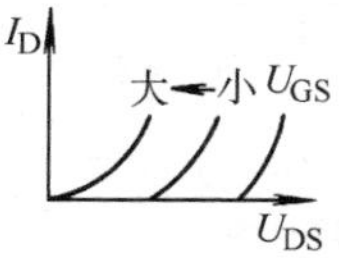	高频开关，高频逆变器大功率开关电源，高频（100kHz 以下）、高压、中电流电源
	静电感应晶体管（SIT）	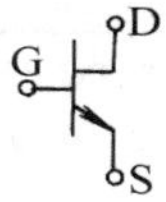	JE	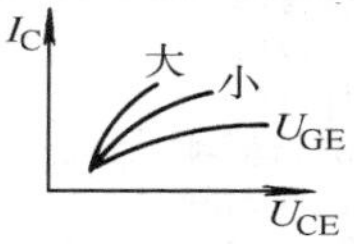	高频感应加热、高频逆变器、高频开关（10MHz 以下）
电力集成电路类	高压集成电路（HVIC）智能电力集成电路（SPIC）				汽车电器、家用电器、办公自动化设备及各种电源和变换设备

① 普通晶闸管曾称为硅可控整流器（SCR），为表达方便，往往仍沿用 SCR 代表普通晶闸管。

4.1.7　显示器件

显示器件可将处理过的电信号转变成图像及字码等，应用十分广泛。其主要类型与应用见表 11.4-2。

4.1.8　半导体分立器件型号命名法

国产半导体分立器件型号的命名方法见表 11.4-3。场效应晶体管、特殊晶体管、复合管、发光二极管、光耦合器、光敏晶体管等的型号无第一、二部分。

表 11.4-2　显示器件及应用

名　称		功能特点	应　用
电子束显示器件	示波管	由电子枪、偏转系统、荧光屏组成	用于阴极射线示波器,显示电信号波形
	显像管	屏幕较大、图像较亮,电子束功率较大,阴极电压达 1 万伏以上,有黑白、彩色两种	用于电视接收机图像显示、计算机屏幕显示、控制系统中用作监视器

（续）

名　称	功能特点	应　用
辉光数码管	由公共阳极和 0、1、2…9 字形阴极构成，当阳极与阴极间电压高于起辉电压时，产生辉光放电、显示阴极字形，字形清晰，驱动电流较小，工作电压较高（160V 以上）	用于数码显示
液晶显示器	无外加电压时液态晶体为透明状态，显白色，在电极上加电压后，液晶混浊呈暗灰色，也可作彩色显示，功耗小，工作电压低，但亮度较差	电子表、小型仪表数字显示矩阵式液晶显示板可用于平面电视和大型显示
半导体显示器	有发光二极管、发光数码管和 CL 组合电路等。工作电压低、可靠性高寿命长，但工作电流较大	数码或图像显示
等离子体显示板	用惰性气体放电发光显示数码或图像，平板结构，分辨力、颜色、亮度较差	数码或图像显示
激光显示器	色彩鲜艳、亮度高、但激光器效率低寿命较短	大屏幕显示图像

**表 11.4-3　国产半导体分立器件型号
命名法**（根据 GB 249—89）

第一部分		第二部分	
用阿拉伯数字表示器件的电极数目		用汉语拼音字母表示器件的材料和极性	
符　号	意　义	符　号	意　义
2	二极管	A	N 型,锗材料
		B	P 型,锗材料
		C	N 型,硅材料
		D	P 型,硅材料
3	三极管	A	PNP 型,锗材料
		B	NPN 型,锗材料
		C	PNP 型,硅材料
		D	NPN 型,硅材料
		E	化合物材料

第三部分		第四部分	第五部分
用汉语拼音字母表示器件的类别		用阿拉伯数字表示序号	用汉语拼音字母表示规格号
符　号	意　义		
P	小信号管		
V	混频检波管		
W	电压调整管和电压基准管		
C	变容管		
Z	整流管		
L	整流堆		
S	隧道管		
K	开关管		
X	低频小功率晶体管（$f_a < 3$MHz，$P_C < 1$W）		

第三部分		第四部分	第五部分
用汉语拼音字母表示器件的类别		用阿拉伯数字表示序号	用汉语拼音字母表示规格号
符　号	意　义		
G	高频小功率晶体管（$f_a \geqslant 3$MHz，$P_C < 1$W）		
D	低频大功率晶体管（$f_a < 3$MHz，$P_C \geqslant 1$W）		
A	高频大功率晶体管（$f_a \geqslant 3$MHz，$P_C \geqslant 1$W）		
T	闸流管		
Y	体效应管		
B	雪崩管		
J	阶跃恢复管		
CS	场效应晶体管		
BT	特殊晶体管		
FH	复合管		
PIN	PIN 管		
ZL	整流管阵列		
QL	硅桥式整流器		
SX	双向三极管		
DH	电流调整管		
SY	瞬态抑制二极管		
GS	光电子显示器		
GF	发光二极管		
GR	红外发射二极管		
GJ	激光二极管		
GD	光敏二极管		
GT	光敏晶体管		
GH	光耦合器		
GK	光开关管		
GL	摄像线阵器件		
GM	摄像面阵器件		

示例 1：锗 PNP 型高频小功率晶体管

示例 2：场效应晶体管

4.2　电子线路

4.2.1　晶体管放大电路（分立元件电路）

1. 双极型晶体管单管放大电路的三种基本组态　见表 11.4-4。

2. 场效应晶体管单管放大电路　见表 11.4-5。

表 11.4-4　双极型晶体管单管放大电路三种基本组态比较

名称	共发射极电路	共集电极电路	共基极电路
基本电路形式及电压波形	（电路图及电压波形）	（电路图及电压波形）	（电路图及电压波形）
静态工作点	$I_B \doteq V_{CC}/R_B$ $I_C = \beta I_B$ $U_{CE} = U_{CC} - I_C R_C$ 估算法 （图解）图解法	$I_B \doteq \dfrac{V_{CC}}{R_B + (1+\beta)R_e}$ $I_C = \beta I_B$ $U_{CE} = U_{CC} - I_E R_e$ 估算法 （图解）图解法	$I_B = \dfrac{U_E/R_e}{1+\beta}$ $I_C = \beta I_B$ $U_{CE} = (V_C + V_E) - I_C(R_C + R_e)$ 估算法 （图解）图解法
微变等效电路	（等效电路图）$\dot I_b$　$\dot I_C = \beta\dot i_b$	（等效电路图）r_{be}　$\dot I_C = \beta\dot i_b$	（等效电路图）$\dot i_e$　$\dot i_C = \beta\dot i_b$
输入电阻 r_i	$r_i = R_B // r_{be} \approx r_{be}$	$r_i = r_{be} + (1+\beta)R'_L,\ R'_L = R_e // R_L$	$r_i = R_e // \dfrac{r_{be}}{1+\beta}$
输出电阻 r_o	$r_o = R_C$	$r_o = \dfrac{r_{be} + R'_S}{\beta},\ R'_S = R_S // R_B$	$r_o = R_C$
电压放大倍数 $\dot A_V$	$R_S = 0$ $\dot A_V = -\dfrac{\beta R'_L}{r_{be}},\ R'_L = R_C // R_{Lo}$ $R_S \neq 0$ $\dot A'_V = \left(\dfrac{r_i}{R_S + r_i}\right)\dot A_V$	$R_S = 0$ $\dot A_V = \dfrac{(1+\beta)R'_L}{r_{be} + (1+\beta)R'_L} \approx 1$ $R_S \neq 0$ $\dot A'_V = \left(\dfrac{r_i}{R_S + r_i}\right)\dot A_V$	$R_S = 0$ $\dot A_V = \dfrac{\beta R'_L}{r_{be}}$ $R_S \neq 0$ $\dot A'_V = \left(\dfrac{r_i}{R_S + r_i}\right)\dot A_V$
应用场合	适用于放大倍数稳定性要求不高的场合及运放电路内的中间级	输入级、输出级或缓冲级	多用于无线电电路中，作高频及宽频带放大用

表 11.4-5　场效应晶体管单管放大电路

名称	共源极放大电路		共漏极放大电路（源极输出器）
	自给式偏置	分压、自给式相结合偏置	
基本电路	（电路图）	（电路图）	（电路图）

（续）

名　称	共源极放大电路		共漏极放大电路(源极输出器)
	自给式偏置	分压、自给式相结合偏置	
静态工作点	$U_{GS} = U_G - U_S = -I_D R_S$ $I_D = I_{DSS}\left(1 - \dfrac{U_{GS}}{U_{GS(OFF)}}\right)^2$	$U_{GS} = U_{DD}\dfrac{R_{G1}}{R_{G1}+R_{G2}} - I_D R_S$ $I_D = I_{DSS}\left(1 - \dfrac{U_{GS}}{U_{GS(OFF)}}\right)^2$	$U_{GS} = U_{DD}\dfrac{R_{G1}}{R_{G1}+R_{G2}} - I_D R_S$ $I_D = I_{DSS}\left(1 - \dfrac{U_{GS}}{U_{GS(OFF)}}\right)^2$
微变等效电路	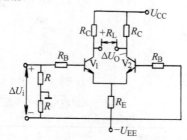		
输入电阻	$R_i \approx \infty$	$R_i = R_G + \dfrac{R_{G1}R_{G2}}{R_{G1}+R_{G2}}$	$R_i = R_G + \dfrac{R_{G1}R_{G2}}{R_{G1}+R_{G2}}$
输出电阻	$R_o = R_D$	$R_o = R_D$	$R_o = \dfrac{R_S}{1+g_m R_S}$
电压放大倍数		$A_u = \dfrac{\dot U_o}{\dot U_i} = \dfrac{-g_m \dot U_{gs} R_L'}{\dot U_{gs}} = -g_m R_L'$ $R_L' = \dfrac{R_D R_L}{R_D + R_L}$	$A_u = \dfrac{g_m \dot U_{gs} R_L'}{\dot U_{gs} + g_m \dot U_{gs} R_L'} = \dfrac{g_m R_L'}{1+g_m R_L'}$
主要用途	电压放大(由 NMOS 耗尽型场效应晶体管组成)	电压放大(由 NMOS 增强型场效应晶体管组成)	用作阻抗变换器

注：I_{DSS}—饱和漏极电流；$U_{GS(OFF)}$—夹断电压；g_m——场效应晶体管的跨导（mA／V）。

3. 差分放大电路　具有两个输入端，放大后的输出电压与两个输入电压之差成正比，典型的差分放大电路如图 11.4-14 所示。无载时，该电路的电压放大倍数

图 11.4-14　差分放大电路

$$\dot A_u = -\frac{\beta R_C}{R_B + r_{be}}$$

输出端接负载电阻 R_L 时，电压放大倍数：

$$\dot A_u' = \frac{\beta R_L'}{R_B + r_{be}}$$

$$R_L' = \frac{R_C \cdot \dfrac{R_L}{2}}{R_C + \dfrac{R_L}{2}}, \text{ 即 } R_C \text{ 与 } \frac{R_L}{2} \text{ 并联后电阻。}$$

若差分放大电路两输入端分别有信号 U_{i1} 和 U_{i2}，可将信号分为两部分，即

共模信号　$U_C = \dfrac{1}{2}(U_{i1} + U_{i2})$

差模信号　$U_d = \dfrac{1}{2}(U_{i1} - U_{i2})$

这样，每个输入端信号可分别表示为：

$$U_{i1} = U_C + U_d$$
$$U_{i2} = U_C - U_d$$

差分放大电路对共模信号有抑制作用；衡量差分放大电路对共模信号抑制能力的强弱用共模抑制比（CMRR）表示，即

$$\text{CMRR} = \left|\frac{\dot A_d}{\dot A_c}\right| \text{ 或 } \text{CMRR(dB)} = 20\lg\left|\frac{A_d}{A_c}\right|$$

式中　$\dot A_d$——放大电路对差模信号的放大倍数；

$\dot A_c$——放大电路对共模信号的放大倍数。

在差分放大电路中，为增强共模抑制比，常采用恒流源电路形式。

差分放大电路有四种接法，见表 11.4-6。

4. 功率放大电路　主要作用是向负载提供功率。因此要求它能输出足够大的电压与电流，且

效率高、失真小。几种主要的电路见表 11.4-7。

表 11.4-6 差分放大电路的四种接法

接法	基本电路	电压放大倍数	输入、输出电阻	特点和用途
双端输入双端输出	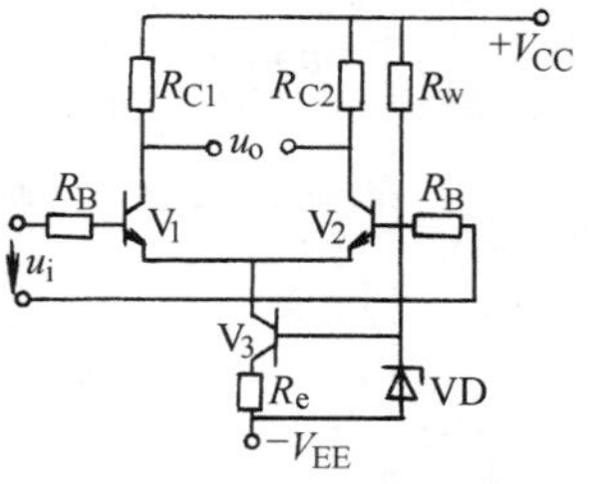	$A_u = -\dfrac{\beta R_L'}{R_B + r_{be}}$ $R_L' = \dfrac{R_C \dfrac{R_L}{2}}{R_C + \dfrac{R_L}{2}}$	$R_i = 2(R_B + r_{be})$ $R_o = 2R_C$	共模输入时,输出为零。用于输入、输出均不需一端接地的场合,如某些测量电路的前置放大器
单端输入单端输出	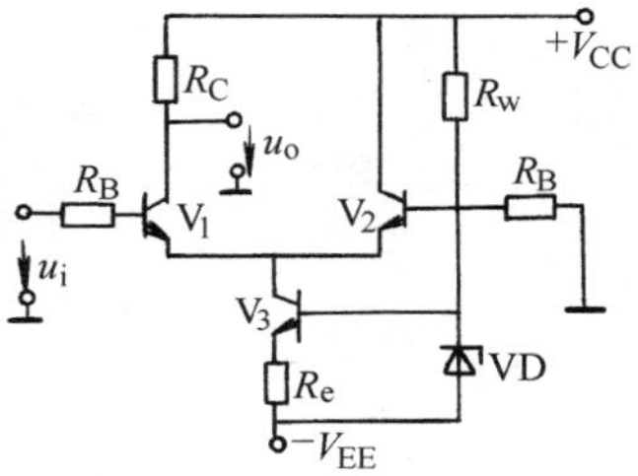	$A_u \approx -\dfrac{1}{2}\dfrac{\beta R_L'}{R_B + r_{be}}$ $R_L' = \dfrac{R_C R_L}{R_C + R_L}$	$R_i = 2(R_B + r_{be})$ $R_o = R_C$	用于输入、输出均需一端接地的场合
双端输入单端输出	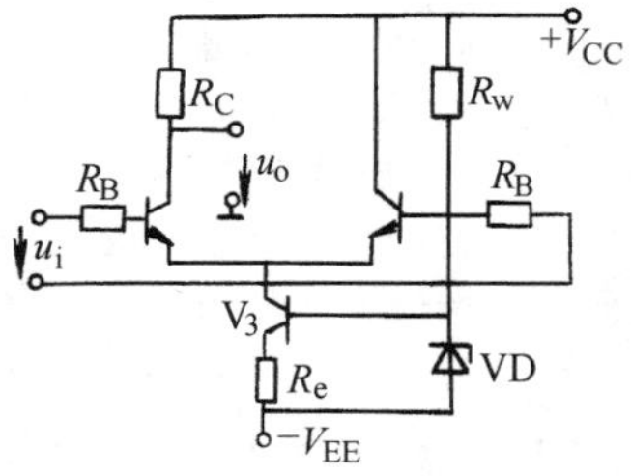	$A_u = -\dfrac{1}{2}\dfrac{\beta R_L'}{R_B + r_{be}}$ $R_L' = \dfrac{R_C R_L}{R_C + R_L}$	$R_i = 2(R_B + r_{be})$ $R_o = R_C$	将双端输入转换为单端输出。常用于输入级和中间级
单端输入双端输出	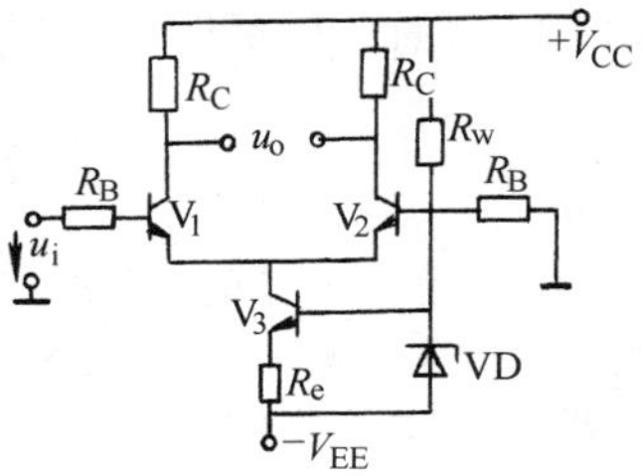	$A_u \approx -\dfrac{\beta R_L'}{R_B + r_{be}}$ $R_L' = \dfrac{R_C \dfrac{R_L}{2}}{R_C + \dfrac{R_L}{2}}$	$R_i = 2(R_B + r_{be})$ $R_o = 2R_C$	将单端输入转换为双端输出,常用于输入级

表 11.4-7 功率放大电路

名称	原理线路	理想情况下,最大输出功率 P_{om}	说 明
双电源、无输出耦合电容的互补对称式电路(OCL)	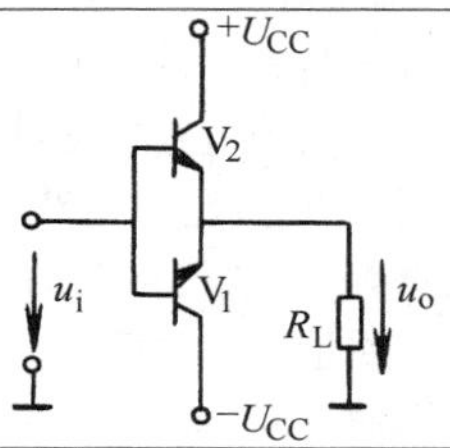	$\dfrac{1}{2}\dfrac{U_{CC}^2}{R_L}$	由于晶体管输入特性存在死区,输出波形在电压为零附近出现"交越失真",通常设置偏置电路消除之

（续）

名称	原理线路	理想情况下,最大输出功率 P_{om}	说　明
单电源、有输出耦合电容的互补对称电路（OTL）		$\dfrac{1}{8}\dfrac{U_{CC}^2}{R_L}$	电容 C 的容量要足够大,使工作时两端的电压维持在静态值 $\dfrac{U_{CC}}{2}$ 基本不变
桥式功率放大电路(BTL)		$\dfrac{1}{2}\dfrac{U_{CC}^2}{R_L}$	电源利用率高,输出功率较 OTL 电路大
变压器耦合推挽功率放大电路		$\dfrac{1}{2}\dfrac{U_{CC}^2}{R_L}$	负载与放大电路间易于阻抗匹配,但变压器有功率损耗、体积重量大,不能集成;变压器频率特性差,波形易失真

5. 反馈放大电路　通过一定方式将放大电路的输出电压或电流的全部或部分送回到该放大器的输入回路中，这个过程称为反馈。具有反馈的放大电路称为反馈放大器。通常由基本放大网络和反馈网络两部分构成，如图 11.4-15 所示。

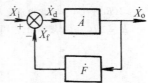

图 11.4-15　反馈放大器方框图

$\dot{X}_f$—反馈信号　$\dot{X}_d$—差值信号, $\dot{X}_d = \dot{X}_i - \dot{X}_f$

$\dot{A}$—基本放大网络的放大倍数，或称开环放大倍数，

$$\dot{A} = \dfrac{\dot{X}_o}{\dot{X}_d}\qquad \dot{F}—反馈系数, \dot{F} = \dfrac{\dot{X}_f}{\dot{X}_o}$$

引入反馈后的放大倍数称为闭环放大倍数，

即 $\dot{A}_f = \dfrac{\dot{X}_o}{\dot{X}_i} = \dfrac{\dot{A}\dot{X}_d}{\dot{X}_f + \dot{X}_d} = \dfrac{\dot{A}}{1 + \dot{A}\dot{F}}$; $|\,1 + \dot{A}\dot{F}\,|$ 称为反馈深度。

当 $|\,1 + \dot{A}\dot{F}\,| > 1$，则 $\dot{A}_f < \dot{A}$，是负反馈;

$|\,1 + \dot{A}\dot{F}\,| < 1$，则 $\dot{A}_f > \dot{A}$，是正反馈。

如 $\dot{A}\dot{F} \gg 1$，称为深反馈放大器，$\dot{A}_f \approx \dfrac{1}{\dot{F}}$，

即增益大小与放大器本身无关，而只与反馈网络的参数有关。

直流负反馈用来稳定静态工作点，交流负反馈具有稳定放大倍数、减小非线性失真、扩展频带、抑制内部噪声以及改变放大器输入与输出阻抗等作用。

负反馈放大线路有四种基本形式，其接线与特点见表 11.4-8 所示。

4.2.2　集成电路

集成电路是一种将半导体元件、电阻、电容等和它们之间的电路连接线制做在一块基片上，制成具有一定功能的电路（如开关、存储、放大、运算等）。取代传统的分立元件电路，具有尺寸小、质量轻、功耗低、可靠性高、成本低等特点，因而发展迅速、应用极为广泛。

表 11.4-8 放大器的反馈形式与特点

电路名称	电 路 示 例	对放大电路性能的影响
电压串联负反馈		稳定输出电压 $\dot{U}_o$，提高输入电阻，降低输出电阻
电压并联负反馈		稳定输出电压 $\dot{U}_o$，降低输出电阻，但减小了输入电阻
电流串联负反馈		稳定输出电流 $\dot{I}_o$，提高输入电阻，但对输出电阻影响不大
电流并联负反馈		稳定输出电流 $\dot{I}_o$，减小输入电阻，对输出电阻影响不大

半导体集成电路的分类见表 11.4-9。

表 11.4-9 半导体集成电路分类

分类方法	类 型
按集成度分	小规模集成电路(SSI) 每片晶体管数 <100 中规模集成电路(MSI) 每片晶体管数在 100~999 之间 大规模集成电路(LSI) 每片晶体管数在 1000~99999 之间 超大规模集成电路(VLSI) 每片晶体管数 ≥100000
按有源器件分	双极型集成电路 有源器件为双极型管 MOS 集成电路 有源器件为 MOS 管 双极型-MOS 集成电路 双极型管与 MOS 管共同组成
按功能分	模拟集成电路 处理模拟信号,包括除数字集成电路以外的电路 数字集成电路 处理数字信号
按应用分	通用型集成电路 性能指标一般,适合于一般应用 专用型集成电路 按专门要求设计、用于专门场合

1. 模拟集成电路[5] 可分成线性集成电路 (各种运算放大器) 和非线性集成电路 (包括比较器、A/D 和 D/A 转换器等) 两大类。

由 GB/T 4728.13—1996(电气图用图形符号 模拟单元)规定,运算放大器、函数器、信号转换器、电子开关等单元的一般符号(或示例)如表 11.4-10 所示。

表 11.4-10 模拟单元一般符号

图形符号	说 明
	运算放大器一般符号,$a_1,\cdots,a_n$ 为输入信号,$u_1,\cdots,u_k$ 为输出信号,$W_1,\cdots,W_n$ 代表加权系数有正负号的数值,$m_1,\cdots m_k$ 代表放大系数有正负号的数值,左上角符号 f 表示函数关系限定符号,右上角 m 表示该单元增益。$u_1 = m \cdot m_1 \cdot f(W_1 \cdot a_1, W_2 \cdot a_2, \cdots, W_n \cdot a_n)$
	函数器一般符号,$f(x_1 \cdots x_n)$ 为函数的适当标记,必要时应有详细说明,$x_1,\cdots,x_n$ 为自变量
#/∩	数—模转换器一般符号

（续）

图形符号	说　明
∩/#	模—数转换器一般符号
c ⟋ *d*　*e* #	电子开关（数字信号定义 1 状态，模拟信号可通过常开开关）（数字信号定义 0 状态，模拟信号可通过常闭开关）双向开关，通用符号只要数字输入 *e* 处于定义 1 状态，模拟信号在 *c* 和 *d* 之间能按任一方向通过（加一箭头则为单向开关）
a *W₁*　*b* *W₂* # *u*	模拟比较器 $a \cdot W_1 + b \cdot W_2 > 0$　$u = 1$ $a \cdot W_1 + b \cdot W_2 < 0$　$u = 0$
a T/H *b* +　*u* *g* #	跟踪保持器 $g = 1$　$u = -(a+b)$（跟踪状态） $g = 0$　$u = -(a+b)$（保持状态）

　　模拟单元所具备的功能由限定符号说明，如表 11.4-11 所示。模拟单元的信号在有必要区分模拟信号和数字信号时，可由信号识别用的限定符号判别，如表 11.4-12 所示。

表 11.4-11　模拟单元限定符号

（摘自 GB/T4728.13 – 1996）

图形符号	说　明
Σ	求和
$\int$	积分
$\dfrac{d}{dt}$	微分
log	对数
F	频率补偿
I	积分初始值
C	控制（定义 1 状态允许积分）
H	保持（定义 1 状态保持）
R	复位（定义 1 状态置输出为零）
S	置位（定义 1 状态置输出为初始值）
U	电压〔其数值和极限（ + 、 – ）放在 U 之后〕
E	扩展点（即允许该处接引出点）

表 11.4-12　信号识别用的限定符号

（摘自 GB/T4728.2—1998）

图形符号	说　明
∩	模拟信号识别符
#	数字信号识别符

　　a. 集成运算放大器　是一种高增益多级直流放大器，其增益从几千到数十万，通常采用正负电源，有 " + " 、 " – " 两个输入端和一个输出端。 " + " 端的电压与输出电压同相， " – " 端的电压与输出电压反相，分别称为 "同相输入端" 和 "反相输入端" ，其图形符号如图 11.4-16 所示。其额定开路增益非常高，通常用 ∞ 作为它的放大系数。

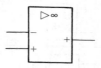

图 11.4-16　运算放大器（符号）

　　理想的运算放大器，当 " + " 端和 " – " 端同时接地时，输出电压 $U_o = 0$；输出电压只与两个输入端上差值电压成正比，而对两个输入端的共模电压具有较强的抑制作用。通常它具有较高的输入阻抗（约数十千欧到数兆欧）和较小的输出阻抗（约数千欧到数百欧）。应用中通过各种形式的深度负反馈，可完成模拟信号的运算和处理，也可加正反馈构成各种波形发生器。

　　（1）集成运算放大器的主要性能参数见表 11.4-13。

表 11.4-13　集成运算放大器主要性能参数

参　　数	表　达　式	说　明
开环电压放大倍数 Auo	$\dfrac{\Delta U_o}{\Delta U_i}$ 或 $20\lg\dfrac{\Delta U_o}{\Delta U_i}$ (dB)	即无外加反馈时的直流差模增益，60dB 左右，高质量的可达 140dB 以上
共模抑制比 CMRR	$20\lg\dfrac{Aud}{Auc}$ (dB)	差模电压增益与共模电压增益之比，一般 75dB，高质量的可达 160dB 以上
开环差模输入阻抗 r_i	$\dfrac{\Delta U_i}{\Delta I_i}$	一般 15kΩ 左右，高的可达几兆欧
开环输出阻抗 r_o	$\dfrac{\Delta U_o}{\Delta I_o}$	一般数千到数百欧
输入失调电压 U_{10}		使输出电压为零时，在输入端外加的直流补偿电压，一般 1 ~ 10mV，高质量的在 1mV 以下
输入失调电流 I_{10}	$I_{10} = \lvert I_{B1} - I_{B2} \rvert$	使输出电压为零时，流入两输入端的静态基极电流之差 一般 2000nA，高质量的低于 1nA
输入偏置电流 I_B	$I_B = \dfrac{I_{B1} + I_{B2}}{2}$	输出电压为零时，两输入端电流的算术平均值几 nA 至 10μA
输入失调电压温漂 $\dfrac{dU_{10}}{dT}$		是 U_{10} 在工作范围内的温度系数，1 ~ 20μV/℃

（续）

参　数	表　达　式	说　明
输入失调电流温漂 $\dfrac{\mathrm{d}I_{10}}{\mathrm{d}T}$		是 I_{10} 在工作范围内的温度系数，几 pA/℃ ~50nA/℃
共模电压输入范围		运放所能承受的最大共模输入电压，最高达 $\pm 13\mathrm{V}$
3 分贝带宽 BW		在 Auo 下降到 3dB 时的频率，几赫兹到几千赫兹
电压转换速率 SR		运放输出电压的最大变化率，一般 $1\mathrm{V}/\mu\mathrm{s}$，快速运放可达 $100\mathrm{V}/\mu\mathrm{s}$ 以上

（2）集成运算放大器使用注意事项：

1）正确选型。集成运算放大器有低增益、中增益、高增益、高速、宽带、低功耗、低漂移等许多类型，必须根据使用要求恰当选型。

2）消除自激。对有补偿端的集成运算放大器，须按规定接相应补偿元件，防止自激，保证工作稳定性。

3）调零。为了消除 U_{10} 和 I_{10} 在输出端产生误差电压，放大器应有调零装置。

4）布线适当。输入端的引线应尽量远离输出端的引线，避免引起自激振荡。靠近正、负电源引脚到地点应加去耦电容。另外，应采用尽可能宽的"地"线，以减小其电阻。

5）对于理想集成运算放大器，各项性能参数为理想值，主要有 Auo、r_i、CMRR 为无限大，r_o、U_{10}、I_{10} 为零。即 $U_+ = U_-$ 和 $I_+ = I_- = 0$。按此条件可使电路分析大为简化。用集成运算放大器构成各种模拟运算电路（如加、减、微分、积分、对数与反对数等），集成运放越接近理想型，运算精度就越高。

b. 其他模拟集成电路　见表 11.4-14。

表 11.4-14　其他模拟集成电路示例

名称	功　　能	用　　途
电压比较器	比较两个模拟电平并给出比较结果（输出高电平或低电平），输入为模拟信号，输出为数字信号，可做模拟与数字电路间的接口	电平比较、波形产生电路、波形变换电路、波形整形、幅度鉴别、信号处理定时、延时电路
乘法器	进行模拟信号的运算，如平方、三次方、开平方、开立方、除法、均方运算、方均根运算	波形产生电路、测量电路（如测量电压、电流进行有功功率与无功功率运算）在通信系统中构成调制与调解电路

（续）

名称	功　　能	用　　途
开关	用作控制模拟信号的传输的无触点开关，可在许多场合替代继电器	构成程控电阻网络、程控电容网络、程控衰减器、程控振荡器
锁相环	锁相即相位信号的同步控制，是由鉴相器、低通滤波器和压控振荡器组成的闭环相位反馈控制系统	用于稳频、变频、倍频、调制、解调、同步、控制和测量
开关电容网络	由受时钟控制的开关、电容和运算放大器组成，可取代电阻；作积分器、比例器、延时器等	滤波器、振荡器、A/D 和 D/A 转换、锁相环、峰值检波器、整流器等

锁相环除上表中说明的用途以外，还可用于伺服系统的速度控制，以实现较高的速度调节性和精确度，它们的原理框图如图 11.4-17。

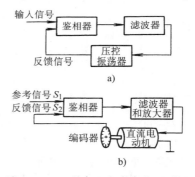

图 11.4-17　锁相环与锁相伺服系统
a）锁相环　b）锁相伺服系统

图 11.4-17a 为锁相环的基本型式，输入信号和反馈信号都是正弦波，当环路锁定时，两信号将有相同的频率和固定的相位差。由鉴相器检测与预期相位差的偏差，并传递给压控振荡器以校正误差。而锁相伺服系统利用此原理，压控振荡器由放大器、电动机和编码器代替，编码器产生一个频率与电动机角速度成正比的正弦信号。当系统锁定时，参考信号为反馈信号具有相同的频率和恒定的相位差，这种状态的任何偏差都将被鉴相、滤波、放大，并加到电动机以校正其转速。系统的长时速度偏差很小（例如 0.1%），当系统中减小摩擦负载、适当增加传动轴系转动惯量时，其瞬时速度偏差也可降低。从而有效地提高直流伺服系统的调速精度。

2. 数字集成电路[6]　数字集成电路按基本器件的差别可分为双极型数字电路和 MOS 集成

电路两种。其主要性能参数有：

(1) 静态功耗——每个电路在静态下的功率损耗，单位为毫瓦 (mW)。

(2) 平均传输延迟时间——电路输入信号变化 (低、高电平变化) 到输出信号变化的时间间隔，输出信号由低变高和由高变低两种情况下的时间间隔平均值，称为平均传输延迟时间，单位为纳秒 (ns)。其值越小，表明电路工作速度越高。

(3) 噪声容限——在保证电路输出逻辑值 ("0" 或 "1") 不变的前提下，电路输入端能承受对标准逻辑电平的最大偏离值，单位 V。它反映电路抗干扰能力的强弱。

(4) 扇出数——通常是指一个门电路能够驱动同类门电路 (负载) 的最大数目。它反映电路的负载能力。

(5) 供电电压，单位为 V。

不同类型数字集成逻辑门性能参数见表 11.4-15。

表 11.4-15 数字集成逻辑门性能参数

类型	静态功耗/mW	平均传输延迟时间/ns	抗干扰能力	扇出数	供电电压/V	说明
DTL	8	30	较强	8	5	二极管-晶体管逻辑电路，目前很少应用
TTL	10	10	较强	10	5	晶体管-晶体管逻辑电路，应用广泛，带有肖特基二极管的 S-TTL 工作速度更快
HTL	55	90	最强	10	15	高阈值逻辑电路，用于要求抗干扰能力较高、功耗与速度要求不高的工业控制机
ECL	40	2	较弱	25	−5,2	发射极耦合逻辑电路，用于高速信息系统
I^2L	0.01	25	弱	3	>0.8	集成注入逻辑电路，结构简单、集成度高、功耗低、开关速度较慢
PMOS	1	300	较强	20	−24	工作速度低，电源电压高，应用日益减少
NMOS	1.5	250	较强	20	≤15	PMOS 与 NMOS 按互补对称连接而成，应用较普遍，高速 HC-MOS 工作速度与 S-TTL 相仿
CMOS	0.01	40	强	50	3～15	

数字电路是实现各种逻辑运算和数字运算的电路。在逻辑电路中变量只有两个，即 "1" 和 "0"。当以高电平表示1，低电平表示0，称为正逻辑；反之称为负逻辑。通常使用正逻辑。数字运算多采用二进制方法进行，二进制只有两个数码，即 1 和 0。可见与逻辑运算是相通的。

a. 门电路和组合逻辑电路 在逻辑运算中基本的逻辑关系有三种：与逻辑、或逻辑和非逻辑。和这三种逻辑关系对应的有三种基本逻辑门电路，即与门、或门、非门电路。非门常称为反相器。由三种基本逻辑可组合为与非、或非、与或非、异或等逻辑关系，也都可以用相应的门电路来实现。因此常用的门电路按逻辑功能可分为与门、或门、非门、与非门、或非门、与或非门、异或门等多种。

门电路是数字电路的基本逻辑单元，可用分立元件组成，但目前广泛使用的是集成门电路。

常用门电路的逻辑符号、逻辑表达式和逻辑状态表 (也称真值表) 见表 11.4-16。

由门电路构成组合逻辑电路，其任何时刻输出信号只取决于该时刻的输入信号，而与输入信号作用前电路的原来状态无关。几种组合逻辑电路的功能特点见表 11.4-17。

表 11.4-16 常用门电路的逻辑符号、逻辑表达式和逻辑状态表

名称	逻辑符号	逻辑表达式	逻辑状态表 A	B	Y
与门		$Y = AB$	0 0 1 1	0 1 0 1	0 0 0 1
或门		$Y = A + B$	0 0 1 1	0 1 0 1	0 1 1 1
非门		$Y = \bar{A}$	0 1		1 0
与非门		$Y = \overline{AB}$	0 0 1 1	0 1 0 1	1 1 1 0
或非门		$Y = \overline{A + B}$	0 0 1 1	0 1 0 1	1 0 0 0
与或非门		$Y = \overline{A_1 A_2 + B_1 B_2}$			
异或门		$Y = A\bar{B} + \bar{A}B$ $= A \oplus B$	0 0 1 1	0 1 0 1	0 1 1 0

表 11.4-17　几种组合逻辑电路的功能特点

名称	功 能 特 点
半加器	将两个一位二进制数相加,不考虑从低位来的进位数,有两个输入端(加数 A 与被加数 B)、两个输出端(和 S 与进位数 C),可完成最低位的二进制加法运算
全加器	将两个一位二进制数及低位来的进位数相加运算,有三个输入端(加数 A、被加数 B、来自低位的进位数 C_{i-1})两个输出端(和 S_i,向高位进位数 C_i),可实现多位二进制数中任何一位的相加
编码器	把有特定意义的输入信号(代表某个数或字母、符号)编成相应的代码输出,例如用四位二进制数代码表示 $0 \sim 9$ 十个数码,称为二一十进制编码(BCD 码)
译码器	输入代码,译成特定的输出信号,以反映代码的原意
多路选择器	将输入的多个数字信号,选其中任何一个输出,作用类似一个单刀多掷开关
多路分配器	将一个输入信号分配给多个输出端中的任何一个
数值比较器	是进行比较两个数大小的电路,二个输入(A、B),三个输出端"$A>B$"、"$A<B$"、"$A=B$",三个中总有一个是 1,其余两个是 0

b. 触发器和时序逻辑电路　触发器是构成数字电路的另一基本逻辑单元,是时序逻辑电路必不可少的单元电路。时序逻辑电路(如寄存器、计数器等)是在任何一时刻的输出信号,不仅与当时的输入有关,而且还取决于在此以前的电路原来状态。或者说,还与以前的输入有关。这是时序逻辑电路和组合逻辑电路的基本区别。

触发器又称双稳态触发器,或双稳。其中基本 RS 触发器也称为直接置 1—置 0 触发器,或直接置位—复位触发器,其逻辑图和逻辑功能见表 11.4-18。当输入的置 0 或置 1 信号出现后,经历传输延迟时间,输出状态随之变化。在数字系统中往往要求触发器按一定的时间节拍动作,需要采用带有时钟脉冲输入端的触发器,即时钟触发器。其输出状态只有在时钟脉冲(CP)到达时才按输入信号发生变化。时钟控制的 D、RS、JK、T 触发器的逻辑符号和功能见表 11.4-19 所示。

表 11.4-18　基本 RS 触发器的逻辑图和逻辑功能

组成方式	双与非门交叉直接耦合					双或非门交叉直接耦合				
逻辑图										
逻辑符号										
逻辑状态转换表	$\bar{S}$	$\bar{R}$	Q^n	Q^{n+1}	功能	S	R	Q^n	Q^{n+1}	功能
	0	0	0	不定[①]		1	1	1	不定[②]	
	0	0	1			1	1	0		
	0	1	0	1	置1	1	0	1	1	置1
	0	1	1	1		1	0	0	1	
	1	0	0	0	置0	0	1	1	0	置0
	1	0	1	0		0	1	0	0	
	1	1	0	0	不变	0	0	1	1	不变
	1	1	1	1		0	0	0	0	
特性方程	$Q^{n+1} = S + \bar{R}Q^n$ $\bar{S} + \bar{R} = 1$(约束条件)					$Q^{n+1} = S + \bar{R}Q^n$ $SR = 0$(约束条件)				

注:Q^n 表示原状态;现态,Q^{n+1} 表示改变后的状态、姿态。

① 当 $\bar{S}$、$\bar{R}$ 的 0 状态同时变为 1 状态后,Q 状态不确定,不允许此种输入。

② 当 S、R 的 1 状态同时变为 0 状态后,Q 状态不确定,不允许此种输入。

表 11.4-19 时钟控制的触发器的逻辑符号和逻辑功能

类 型	逻 辑 符 号	逻辑状态转换表		特 性 方 程
D 触发器		D	Q^{n+1}	$Q^{n+1}=D$
		0	0	
		1	1	
RS 触发器		R S	Q^{n+1}	$Q^{n+1}=S+\bar{R}Q^n$
		0 0	Q^n	$SR=0$（约束条件）
		0 1	0	
		1 0	1	
		1 1	不定	
JK 触发器		J K	Q^{n+1}	$Q^{n+1}=J\bar{Q}^n+\bar{K}Q^n$
		0 0	Q^n	
		0 1	0	
		1 0	1	
		1 1	$\bar{Q}_n$	
T 触发器		T	Q^{n+1}	$Q^{n+1}=T\bar{Q}^n+\bar{T}Q^n$
		0	Q^n	
		1	$\bar{Q}_n$	

注：表中给出的逻辑符号是 CP 上升沿触发的，且没有画出直接复位端和直接置位端，相应逻辑状态转换表也是一种比较简单的表达形式。

通常一个 CP 波形可分为 $CP=0$（低电平期间）、CP 上升沿、$CP=1$（高电平期间）、CP 下降沿四个阶段。如果触发器在 $CP=1$ 或 $CP=0$ 期间能改变输出状态，则称为电平触发；如果在 CP 上升边沿或下降边沿触发器能触发翻转，就称为上升沿（正边沿）或下降沿（负边沿）触发。

在时序逻辑电路中，如果所有的触发器的 CP 输入端与同一时钟脉冲源相连，因而它们输出状态的变化都与该时钟脉冲同步，称为同步时序逻辑电路；反之，则称为异步时序逻辑电路。

典型的时序逻辑电路除上述触发器以外，还有寄存器、移位寄存器、计数器和存储器等，其主要功能见表 11.4-20。

3. 半导体集成电路型号命名法 见表 11.4-21。

表 11.4-20 典型时序逻辑电路主要功能

类型	主 要 功 能
寄存器	可以存放数码的部件称为寄存器，触发器具有记忆作用，可存储一位二进制数，n 个触发器组合就能存放 n 位二进制数码
移位寄存器	具有左右移位功能的寄存器，只能左移或右移的为单向移位寄存器，既能左移又能右移的称为双向移位寄存器。中规模 MOS 动态移位寄存器，不用触发器而利用栅电容的暂存作用存储二进制信号，因而在 CP 长时间不输入或输入信号频率太低时会发生信息丢失
计数器	基本组件是触发器，能对脉冲个数进行计数，可按不同数制计数，能递增、递减或两者兼容计数的称为加、减和可逆计数器。又可做成分频器，环形与扭环形计数器

（续）

类型	主 要 功 能
存储器	用作存储通常以二进数制表示的程序和数据，早期采用磁芯存贮器，在切断电源时信息仍不丢失。半导体存贮器则"易失"，但功耗小，体积小、速度高，容易集成。按存贮功能不同，可分为只读存储器（ROM）、随机存储器（RAM）、可编程序 ROM（PROM）和可改写 ROM（EPROM）等

表 11.4-21 国产半导体集成电路型号命名法（根据 GB 3430—89）

第 0 部分		第一部分		第二部分
用字母表示器件符合国家标准		用字母表示器件的类型		用阿拉伯数字和字符表示器件的系列和品种代号
符号	意 义	符号	意 义	
C	符合国家标准	T	TTL 电路	
		H	HTL 电路	
		E	ECL 电路	
		C	CMOS 电路	
		M	存储器	
		μ	微型机电路	
		F	线性放大器	
		W	稳压器	
		B	非线性电路	
		J	接口电路	
		AD	A/D 转换器	
		DA	D/A 转换器	
		D	音响、电视电路	
		SC	通信专用电路	
		SS	敏感电路	
		SW	钟表电路	

（续）

第三部分		第四部分	
用字母表示器件的工作温度范围		用字母表示器件的封装	
符号	意　义	符号	意　义
C	0 ~ 70℃	F	多层陶瓷扁平
G	− 25 ~ 70℃	B	塑料扁平
L	− 25 ~ 85℃	H	黑瓷扁平
E	− 40 ~ 85℃	D	多层陶瓷双列直插
R	− 55 ~ 85℃	J	黑瓷双列直插
M	− 55 ~ 125℃	P	塑料双列直插
		S	塑料单列直插
		K	金属菱形
		T	金属圆形
		C	陶瓷芯片载体
		E	塑料芯片载体
		G	网格阵列

示例：通用型运算放大器

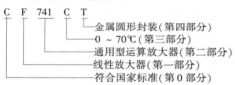

C F 741 C T
金属圆形封装（第四部分）
0 ~ 70℃（第三部分）
通用型运算放大器（第二部分）
线性放大器（第一部分）
符合国家标准（第 0 部分）

4.3　电子计算机

4.3.1　电子计算机系统构成

　　电子计算机由硬件和软件构成，硬件是计算机系统的基础和核心，一般由中央处理器（CPU）、存储器、输入/输出（I/O）设备构成，它以机器语言（即指令系统）提供给程序员。软件含操作系统、文本编辑系统、调试系统、汇编系统、编译系统、数据库管理系统、文字处理系统、图形处理软件、网络软件以及各类应用程序。

　　计算机系统是有多层次结构的系统，其底层是硬件组成的实际机器 M_1，配上操作系统后成为用机器语言程序解释执行的虚拟机器 M_2，其上为用汇编语言或中间语言的虚拟机器 M_3，用户见到的最上层是用高级语言程序的虚拟机器 M_4。

4.3.2　中央处理器（CPU）

　　CPU 中包含算术逻辑运算部件、寄存器组、控制器、时钟以及一些专用寄存器。算术逻辑运算部件、寄存器组和数据传送电路统称为数据通路。CPU 的主要功能是控制程序的执行以及完成对数据的处理。

　　图 11.4-18 是经过简化后的 CPU 逻辑功能框图，图的右半部为运算器，左半为控制器。

　　1. 运算器　包括以下几部分：

　　（1）算术逻辑运算单元（ALU）用以完成定点数运算；

　　（2）寄存器组用以保存参加运算的操作数和运算结果，运算时寄存器通过多路转换器 MUX 送到 ALU；

　　（3）地址寄存器和数据寄存器用以暂寄访问存储器的地址及读写数据；

　　（4）状态寄存器用以记录运算结果的状态标志，如 N、Z、V、C 等。

　　2. 控制器　包含以下几部分：

　　（1）程序计数器 PC，用以保存正在执行的指令地址；

　　（2）指令寄存器 IR，保存正在执行的指令；

　　（3）指令译码器和控制信号发生器，对指令进行译码，并发出完成本条指令功能所需的指令信号；

　　（4）中断处理器，用以向 CPU 发出中断请求信号，使运行中发生的异常（如出错）或 I/O 设备要求处理时加以处理；

　　（5）时钟，用以保证 CPU 在一定的机器周期内完成某项工作。

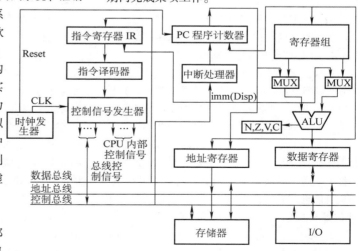

图 11.4-18　CPU 逻辑功能框图

4.3.3 存储系统

1. **主存储器** 通常以字节为单位，按地址访问。每个储存单元都有一个指定地址。从主存读出/写入一个字节所需的时间称为读写时间（约几十纳秒到几百纳秒之间）。

按读写功能分类：随机存储器 RAM，只读存储器 ROM，可擦去并改写的只读存储器 EPROM，用紫外线擦除的 EPROM 和用电擦除的 EEPROM 或 E²PROM。

2. **磁盘存储器** 根据记录介质材料的不同分为硬盘和软盘，硬盘以铝合金为基体，表面涂有磁性材料，其中又可分成：

（1）可移动磁头、固定盘片的；

（2）固定磁头、盘片不可更换的；

（3）可移动磁头、可换盘片的，盘片可脱机保存，盘片有互换性。软盘的盘基由聚脂薄膜制成。

磁盘存储器由盘片、磁盘驱动器和磁盘控制器 3 部分组成。磁盘驱动器是一个完整装置，内部包括磁盘主轴驱动部件、磁头驱动部件、读写电路以及与磁盘控制器传送数据的逻辑电路等。

3. **光盘存储器** 按读写方式分为只读光盘存储器 CD-ROM，写一次读多次光盘存储器 WROM 和多次读多次写光盘存储器等三类。

光盘记录的原理：不可重写的光盘是利用直径小于 1μm 的激光束照射到记录介质上，改变其光学性质（反射率），由光电检测电路读出信息；可重写光盘读写原理各异，当采用磁光材料时，激光束使材料局部温度升高，同时由外加磁场改变该处磁畴方向，从而记录或抹掉信息。

4.3.4 微处理器与微型计算机

1. **微处理器（MPU）** 通常在计算机中把运算器和控制器中具有运算器、控制功能的部件及其相关电路集成在一片超大规模集成电路中，称为微处理器（Microprocessor）或中央处理部件 CPU（MPU）。

微型计算机的分类实际上取决于微处理器，目前按微处理器的字长进行分类，字长就是数据总线的宽度，越长其精度越高，处理能力越强，整机性能也越高；有 4 位、8 位、16 位、32 位和 64 位等 5 种类型，当前 64 位机已开始普及了。

2. **总线** 微机系统大多数采用模块结构，一个模块就是具有独立功能的电路板，各模块之间传输信息的通路称为总线。总线有两类：一是连接微机各模块的总线，为微机内部总线；另一是系统之间或系统与外部之间连接的总线，即外部总线。

3. **微型计算机系统**

（1）**通用微型计算机** 有台式和便携式两类。台式为最常用的结构形式；便携式有膝上型、笔记本型、掌上型等机型，便于携带与使用。

一般性能指标举例（目前市场上发展很快，难于跟进，只供参考）：

主频：3.1GHz；

RAM：256/512M/1G/2G；

硬盘驱动器：40/60/180G/500/1000G；

软盘驱动器：1.44MB（已很少用）；

光盘驱动器：DVD、CD-RW、COMBO 三合一；

各型移动存储器大量涌现；

采用总线：ISA、EISA 或 PCI；

其他主要配置：显示屏、声卡、音箱、网络适配器、键盘、鼠标等。

（2）**工作站** 是一种高档微机系统，早期为计算机辅助设计（CAD）配置，广泛用于商业、金融、电子出版、人工智能和图书管理等。

工作站有以下特点：采用 RISC 微处理机芯片，UNIX 操作系统，很强的图形处理功能、高速大容量内存和外存。

（3）**工业控制计算机** 特点是：

1）具有很强的过程输入/输出功能以实现对过程的控制；

2）实时性，对生产过程状况实时进行监视和控制；

3）高可靠性和环境适应性，元器件、接插件、机箱、电源、外设等严格筛选，高度可靠，并能适应生产现场的温度、湿度、振动、工业干扰等恶劣环境的要求；

4）系统组成灵活性。

基于 PC 总线的工业控制计算机（简称 IPC）和可编程控制器（PLC）是目前在工业现场应用最广泛的工业控制计算机。

（4）**单片微型计算机** 简称单片机，它将 CPU、RAM、ROM 和 I/O 电路集成在同一芯片中，使之成为一台完整的微型计算机系统，可以直接装在控制设备、智能化仪表以及家用电器中，又称为微型控制器。

单片机的特点是：体积小、价格低、使用方便；数据存储器与程序存储器的空间相互分开，有利于加快执行速度，存储容量可外部扩充，抗干扰能力强，工作温度范围宽，在苛刻的环境下能可靠地工作。

4.3.5　计算机软件

1. 程序设计语言　目前广泛应用的是 C 和 C++ 语言以及可视化编程语言。

（1）C 和 C++ 语言　效率高、可移植性好，简洁及结构性好，因而发展迅速、应用广泛。

C 语言一方面具有高级语言的直观、易学等优点，另一方面它又是一种"低级语言"，考虑了系统硬件对程序的影响。C 语言的一条语句或一个表达式可实现其他语言用多条语句才能实现的功能，它本身仅提供处理简单对象的操作和定义新数据结构的功能，对复合对象的处理操作、输入输出操作、文件存取操作等功能都用函数定义后组成系统的程序库，因此 C 语言的编译程序比较简单，效率较高，易移植。

C++ 程序设计语言是由 C 语言发展而成，它既具有独特的面向对象特征，又具有对传统 C 语言的向后兼容性，很多已有的程序稍加改造就可以重新使用。

（2）可视化编程语言　主要包括 Visual C++、Visual Basic、Delphi、JAVA 等，应用可视化设计技术，在设计程序时可直观地看到程序运行时的人机界面，不必反复改写，并可利用"控件"使编程如同搭积木一样简单，又可方便地使用其他已有的程序而无需再编程。

2. 编译程序　是将以高级语言编写的程序翻译成等价的低级语言程序的一种程序。在执行目标程序时，往往还需配置若干子程序去辅助目标程序的执行，这种子程序称为运行程序库，编译程序加上运行程序库又称为编译系统。执行一个高级语言程序的典型过程如图 11.4-19 所示。

图 11.4-19　执行源程序的过程

3. 操作系统

（1）磁盘操作系统 DOS（Disk Operating System）为配置在 IBM-PC 及其兼容机上的操作系统，内容包括 DOS 命令处理器、DOS 内核和 BIOS（基本输入/输出系统）。通常是在单用户的条件下工作。

（2）Windows 操作系统　1992 年微软公司推出 Windows 3.1 版本，用 DOS 作为基础环境，可执行 DOS 所有的命令；其后发展出 Windows 95，不再使用 DOS 作基础环境，用户界面更加友好，内嵌网络系统和 Internet 访问工具，支持可移动计算，支持即插即用设备，具有强大的多媒体支持功能。1996 年 Windows NT 4.0 适用于高档工作站平台、局域网服务器或主干计算机；1997 年开发出 Windows CE，1998 年开始了 Windows 98 操作系统。此后，又有了 Windows 2000，Windows XP 和 Vista 等正在不断地革新中。

4.3.6　计算机安全

1. 密码技术　数据安全是计算机安全的重要内容，大量数据集中和存储于数据库中并在计算机网络上传输，如没有适当的安全措施，这些数据在通信过程中易被截取，存储时也可能被取出、复制、非法删除、更改。

密码技术是保证数据安全，特别是数据安全通信的唯一实用方法，通常由密码装置来实现；主要包括密码算法和密钥管理。

密码算法是指数据加密和脱密的运算过程，目前最著名的密码算法是 DES 和 RSA。

2. 计算机病毒防治

（1）计算机病毒是一段程序，当它进入计算机系统后，能在计算机内部反复地自我繁殖及扩散到其他程序当中，它的活动会使计算机系统发生故障以至瘫痪。病毒的特点：

1）传染性，病毒程序能主动地将自身复制品或变种传染给系统中其他程序，也通过网络传染；

2）破坏性，病毒可破坏系统，占用系统资源，干扰系统运行，造成工作瘫痪或数据大量丢失；

3）隐蔽性，病毒侵入系统后，往往经过繁殖经过一定时间或满足一定条件才发生作用。

（2）预防病毒的方法

1）基本隔离法，不允许信息共享；

2）分割法，把用户分割成不能相互传递的信息封闭子集；

3）限制解释法，对系统采用固定的解释模

式，如加密等。

另外，采用较快更新的杀毒软件对系统进行查杀病毒也是常用的有效方法。

4.3.7 计算机辅助设计 CAD

计算机辅助设计 CAD（Computer Aided Design）是用计算机硬件和软件实现工程和产品的设计。采用 CAD 技术可以显著缩短设计周期、提高设计质量和劳动生产率，是加速产品更新换代的有效手段。

机械 CAD 开始于 20 世纪 50 年代末期，现已渗透到机械领域的各个部门。机械 CAD 可用计算机实现产品的最优设计；计算机辅助制造（CAM）是根据最优设计的信息，用机床自动加工工件；计算机辅助测试（CAT）是用计算机检验产品的机械动作，实现产品检验和测试的自动化；计算机辅助工程（CAE）是包括 CAD/CAM/CAT 系统的流水线信息的技术组合；计算机集成制造系统 CIMS 则是在信息技术、自动化技术和制造技术基础上形成的智能化制造系统。由这几部分构成的广义机械 CAD 组成模块如图 11.4-20 所示。

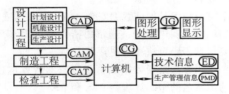

图 11.4-20 广义机械 CAD 组成模块

4.3.8 智能机械人

机器人是一种能灵活完成特定的操作和运动任务并可再编程序的多功能操作器。一般模拟生物（人）的动作和行为的机械电子装置统称为机器人（Robot）。

按发展过程，机器人可分为几种类型：

（1）遥控操作器 由人操作主动臂，使在远距离外的从动臂完成指定的操作；

（2）专业机器人 是按事先编好的程序，重复进行操作的装置；

（3）智能机器人 利用感知传感器对环境进行识别、理解并能做出决策和行动，实现预定目标的高级机器人。

智能机器人的硬件和软件系统示意图见图 11.4-21、图 11.4-22。

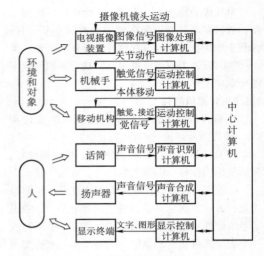

图 11.4-21 智能机器人硬件系统

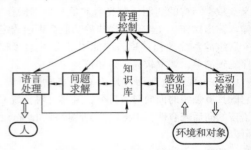

图 11.4-22 智能机器人软件系统

由图 11.4-22 可见，智能机器人系统具有运动机能（手、脚）、感知机能（眼、耳）、思维机能（理解、判断、规划、推理）和人机通信机能（智能接口）。这些功能均经多级计算机实现；软件系统则综合运用了人工智能的主要技术。

4.3.9 计算机网络

1. 计算机网络体系结构 计算机网络是指地理上分散的具有自主功能的多个计算机系统，通过通信设备和线路连接起来，实现不同用户对网络硬件、软件和数据资源共享、可互操作和协作处理的系统。

计算机网络是按网络层次结构的概念进行设计的，有两个基本内容：

（1）将网络功能分解为若干层次，在每个功能层次中，通信双方要遵守一定的约定和规则，称为同步协议或同等协议，简称为协议；

（2）相邻层次之间规定若干交互活动关系，

即接口关系，称为相邻层之间的服务关系。

网络体系结构就是指这种具有层次结构的协议和服务的总和。

2. 计算机网络类型

（1）按传输距离（地域范围）分类：

1）局域网 范围较小，如一个建筑物或单位内部、校园内部；

2）城域网 作用范围为一个城市（约几十千米）；

3）广域网（几百千米至几千千米）因特网（Internet）是几近全球的、世界上最大的广域网，也称全球网。

（2）按组建属性分类 一般分为国家电信部门组建和经营管理、提供大众服务的公用网和由一个部门或公司组建经营的专用网。

（3）按拓扑结构分类

1）广播网络，有总线型、环型；

2）点到点网络，有星形、环型、树型、完整型、相切型、不规则型等，见图 11.4-23。

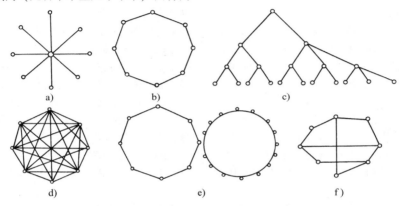

图 11.4-23　点到点子网的拓扑结构

a）星型　b）环型　c）树型　d）完整型　e）相切型　f）不规则型

（4）网络标准化 ISO/OSI 基本参考模型是国际标准化组织（ISO）建议，被称为 ISO/OSI 开放系统互联参考模型，简称为 OSI 模型，见图 11.4-24。

（5）网络互联

1）网桥 用于互联两个局域网络，它工作于数据链路层。不同局域网由于访问协议不同、帧的格式与最大帧长不同、传输速率不同而产生的寻址和路由等问题都由网桥解决。

2）路由器 路由器工作的协议层次比网桥高一层，在网络层对网络进行互联。它能检查报文内的网络层路径选择信息，可进行过滤，并由最优路径把报文发送到目的地。当一个网际网上有多种协议，而特定协议的报文必须限定在某个区域时就必须采用路由器。

3）网关 任何比网络层高的层次上的互联设备，称为网络连接器或网关。它用于连接网络层之上执行不同协议的

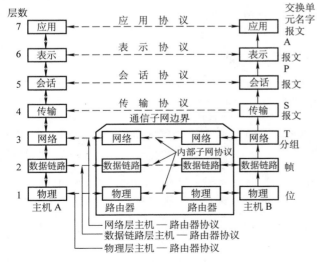

图 11.4-24　ISO/OSI 基本参考模型

子网，组成异构型的互联网，它具有对不兼容的高层协议的转换功能。

由于工作复杂，使用网关互联网络时效率较低，透明性不好，故仅用于针对某种特殊用途的专用连接。

（6）网络应用

1）因特网服务 首先流行于学术界，政府和工业研究人员之间，1995 年前后，一种全新的万维网（World Wide Web-WWW）开始为居家的个人服务，主要是访问远程信息、个人间通信和交互式娱乐。

访问远程信息，涉及人和远程数据库的交往，例如：访问金融财务部门，用电子形式支付账单、管理银行账户和进行投资，浏览联机货单、网上购物、电子报纸、在线数字图书馆；访问信息系统，WWW 包含了艺术、军事、商业、餐饮、政府、卫生、体育、旅游等各方面的信息；文件传输服务，例如通过 FTP 程序，用户将整个文件副本从因特网上的一台计算机传送到另一台计算机，以获取大量的文章、数据和其他信息。

人际交互应用主要有电子邮件，包括声音、图象与文本一起传送。

娱乐，包括多媒体、视频点播 VOD 和因特网上多媒体系统 MBone，游戏等。

2）万维网 万维网是由庞大的、世界范围的文档支持而成，简称为页面（Web Page），用户可以通过浏览器的交互式应用来查找程序，并允许用鼠标选择移动到另一页。万维网是一个支持交互式访问的分布式超媒体系统，它不改变下层的任何设施，只是让它们更好用。

为了能使用万维网的浏览器，机器必须连接到因特网上，由客户端的浏览器与页面所在的机器建立一个 TCP 连接，并在此连接上发出一则信息要来这一页，每个服务器站点都有一个服务器监听 TCP80 端口，看是否有客户端过来的连接。一旦连接，每当客户发出一个请求，服务器就应发出一个应答，然后释放连接。定义合法的请求与应答的协议为 HTTP 协议。HTTP 是一个 ASCⅡ码超文本传输协议。

（7）网络安全 保证网络安全不仅是使它没有编辑错误，还要防范有恶意的人试图从网络捞到好处或为损害别人而故意实施的破坏。

网络安全性分别为 4 个相互交织的部分：保密、鉴别、及拒认和完整性控制。

网络安全策略必须能覆盖数据在计算机网络系统中存储、传递和处理的各个环节。

1）加密技术 可采用公开密钥加密法、鉴别协议以及数字签名等；网络加密系统应遵循两条原则：一是所有的加密信息都包含有冗余信息；二是采取措施防止主动入侵者发回归的信息。

2）防火墙 是建立互不信任的单位之间的网络连接时的最重要的安全工具。

参 考 文 献

[1] 机械工程手册电机工程手册编辑委员会. 电机工程手册：第 3 卷. 2 版 [M]. 北京：机械工业出版社, 1996.

[2] 机械工程手册电机工程手册编辑委员会. 机械工程手册：第 9 卷. 2 版 [M]. 北京：机械工业出版社, 1997.

[3] 汤蕴璆、史乃、姚守献，等. 电机学 [M]. 西安：西安交通大学出版社, 1993.

[4] 清华大学电子学教研室，童诗白. 模拟电子技术基础 [M]：高等学校教材. 第 2 版. 北京：高等教育出版社, 1988.

[5] 清华大学电子学教研室，阎石. 数字. 电子技术基础：高等学校教材. 第 4 版 [M]. 北京：高等教育出版社, 1998.

[6] 王兆安、黄俊. 电力电子技术 [M]. 北京：机械工业出版社, 2000.

第 12 篇　刚 体 力 学

主　　编　　邓惠和

1 刚体力学基础[1,3]

1.1 受力分析

1.1.1 力的基本性质

力是物体间的相互作用，其效果是使物体的运动状态发生变化，或使物体变形。

不计变形的物体被视为刚体。对于刚体，力的作用只改变其运动状态。

1. 力的三要素 力对物体的作用效果取决于力的大小、方向和作用点三个要素。力是矢量，其单位为 N（牛顿）。

2. 力的基本性质

（1）只受两力作用的刚体，处于平衡的必要充分条件是两力等值、反向和共线。

（2）在同一作用点作用的两个力，其合力的大小与方向按平行四边形法则或力三角形法则确定，作用点与原力相同。

（3）作用力与反作用力同时存在，且等值、反向、共线，分别作用在不同的物体上。

1.1.2 力矩与力偶

1. 力对点之矩 力对点之矩定义为

$$m_o(F) = r \times F \qquad (12.1\text{-}1)$$

式中，r 为力作用点 A 的矢径，O 点为矩心。力对点之矩 $m_o(F)$ 为一定位矢量，其单位为 N·m。

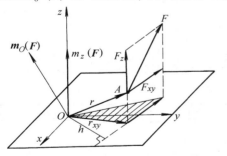

图 12.1-1 力对点之矩、力对轴之矩

2. 力对轴之矩 力对轴之矩定义为：力在垂直于轴的平面上的投影对轴与平面交点之矩。即

$$m_z(F) = m_o(F_{xy}) \qquad (12.1\text{-}2)$$

力对点之矩矢量在通过该点之轴上的投影等于力对该轴之矩。

$$\begin{aligned}
m_o(F) = r \times F &= \begin{vmatrix} i & j & k \\ x & y & z \\ X & Y & Z \end{vmatrix} \\
&= (yZ - zY)i + (zX - xZ)j \\
&\quad + (xY - yX)k \\
&= m_x(F)i + m_y(F)j + m_z(F)k
\end{aligned}$$

$$(12.1\text{-}3)$$

式中 x、y、z——力 F 作用点 A 的坐标；

X、Y、Z——力 F 在轴上的投影。

3. 合力矩定理 合力对某点（轴）之矩，等于其分力对该点（轴）之矩的矢量（代数）和。

4. 力偶 大小相等、方向相反、作用线平行但不共线的两个力称为力偶。两力作用线所在平面称为力偶作用面，线间的距离为力偶臂。力偶矩的大小为力和力偶臂的乘积。

力偶的三要素为力偶矩的大小、作用面的方位和力偶的转向。力偶矩矢按右手法则确定，是一自由矢量。

1.1.3 约束、约束力

预先给定的限制物体运动的几何条件（其他物体）称为原物体的约束。

约束加给被约束物体的力称为约束力、也称为约束反力。几种典型的约束结构及约束力的表示见表 12.1-1。

1.1.4 受力图

受力图是描述某一物体（或物体系统）所受全部力的计算简图。画受力图的步骤如下：

（1）取分离体。将选定的一个或若干个物体作为研究对象，把它从周围的物体中分离出来，其形状与尺寸大体与实际相符画出、称之为取分离体。

（2）画受力图。将作用在分离体上的力（包括主动力和约束反力）全部画出，并用黑体字标出每个力矢量。

图 12.1-2 为自卸载重汽车翻斗的受力图。

表 12.1-1 几种典型的约束结构及约束力的表示

类别	简 图	约束力的表示	备 注
柔性体约束	不计质量的吊索、带等	T	约束力 T 沿拉直后的柔性体中心线作用，且只能使物体受拉
		T_1 T_2	约束力 T_1、T_2 沿与支承体相切的受拉方向作用
光滑接触约束	车床导轨、滑块等	N	约束力 N 垂直于支承面，作用线的位置待定
	凸轮、滚轮等	N	约束力 N 垂直于两物体接触处的公切面，且通过其切点
光滑铰链约束	圆柱铰	R_y R_x	约束力 R 通过铰链中心，方向待定，一般用它的两个正交分力 R_x、R_y 或其投影 X、Y 表示
	球铰	R_z R_y R_x	约束力 R 通过铰链中心，方向待定，一般用它的三个正交分力 R_x、R_y、R_z 或其投影 X、Y、Z 表示
	辊轴支座	R	约束力 R 通过铰链中心，并垂直于支承面
固定端（插入端）约束	A	N_x A M N_y	在平面力系作用下，约束力一般以作用在根部的力 N_x、N_y 和力偶 M 表示
	A	N_z M_z M_y A N_y M_x N_x	在空间力系作用下，约束力一般以作用在根部的力 N_x、N_y、N_z 和力偶 M_x、M_y、M_z 表示

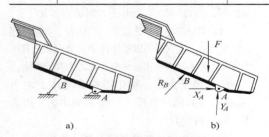

图 12.1-2 自卸载重汽车翻斗受力图

1.2 刚体质量分布的几何性质

1.2.1 质心

1. 确定质心位置的坐标计算公式 质量中心简称为质心，在坐标系中其矢径 r_C 由下式确定：

$$r_C = \frac{\sum m_i r_i}{\sum m_i} \tag{12.1-4}$$

式中 m_i——各分块的质量；

r_i——各分块质心的矢径。

式（12.1-4）投影到直角坐标轴上，则有

$$
\left.
\begin{array}{l}
x_C = \dfrac{\sum m_i x_i}{\sum m_i} \\[2mm]
y_C = \dfrac{\sum m_i y_i}{\sum m_i} \\[2mm]
z_C = \dfrac{\sum m_i y_i}{\sum m_i}
\end{array}
\right\} \qquad (12.1\text{-}5)
$$

在均匀重力场中，质心与重心重合。对于匀质物体的质心（重心）与其密度无关，质心的位置仅取决于物体的几何形状和尺寸，故又称形心。匀质体、匀质薄板和匀质细杆，它们的质心坐标计算公式分别为

匀质体

$$
x_C = \frac{\sum V_i x_i}{\sum V_i}, \quad y_C = \frac{\sum V_i y_i}{\sum V_i}, \quad z_C = \frac{\sum V_i z_i}{\sum V_i};
$$

匀质薄板

$$
x_C = \frac{\sum a_i x_i}{\sum a_i}, \quad y_C = \frac{\sum a_i y_i}{\sum a_i}, \quad z_C = \frac{\sum a_i z_i}{\sum a_i};
$$

匀质细杆

$$
x_C = \frac{\sum l_i x_i}{\sum l_i}, \quad y_C = \frac{\sum l_i y_i}{\sum l_i}, \quad z_C = \frac{\sum l_i z_i}{\sum l_i}。
$$

式中　V_i、a_i、l_i ——各组成部分的体积、面积、长度；

x_i、y_i、z_i ——各部分质心的坐标。

常用的匀质平面图形的质心位置见表 12.1-2。

表 12.1-2　匀质平面图形的质心位置

平面图形	质心 C 的位置
三角形周界	位于三边中点的连线所构成的三角形内切圆的圆心 $y_C = \dfrac{H}{2} \cdot \dfrac{BD + DA}{AB + BD + DA}$
弓形平板	$x_C = \dfrac{4r\sin^3\alpha}{3(2\alpha - \sin 2\alpha)}$
梯形平板	位于平行边中点的连线上 $y_C = \dfrac{Ha + 2b}{3a + b}$

（续）

平面图形	质心 C 的位置
扇形平板	$x_C = \dfrac{2r\sin\alpha}{3\alpha}$
三角形平板	位于三中线的交点（三角形的中心） $y_C = \dfrac{H}{3}$
四边形平板	位于 $C_1 C_2$ 和 $C_3 C_4$ 的交点（C_1、C_2、C_3、C_4 分别为 $\triangle ABD$、$\triangle BDE$、$\triangle ADE$、$\triangle ABE$ 的质心）
圆弧线段	$x_C = \dfrac{r\sin\alpha}{\alpha}$
抛物线平板	$x_{C_1} = \dfrac{3}{5}a$, $y_{C_1} = \dfrac{3}{8}b$ $x_{C_2} = \dfrac{3}{10}a$, $y_{C_2} = \dfrac{3}{4}b$

注：表中 α 的单位均为 rad。

2. 组合体的质心　对于复杂的物体，可以把它分成若干个简单形状的物体，然后按质心坐标公式计算。

3. 物体质心位置的测定（表 12.1-3）

1.2.2　转动惯量

1. 转动惯量的计算公式

a. 物体对任意点上的三个直角坐标轴的转动惯量

$$\left. \begin{array}{l} I_x = \Sigma m(y^2 + z^2) \\ I_y = \Sigma m(z^2 + x^2) \\ I_z = \Sigma m(x^2 + y^2) \end{array} \right\} 或 \left. \begin{array}{l} I_x = \int (y^2 + z^2)\,\mathrm{d}m \\ I_y = \int (z^2 + x^2)\,\mathrm{d}m \\ I_z = \int (x^2 + y^2)\,\mathrm{d}m \end{array} \right\}$$

(12.1-6)

式中　m、$\mathrm{d}m$——物体上微元的质量；

x、y、z——微元在直角坐标系中的坐标。
转动惯量的单位为 kg·m²。

b. 对坐标平面的离心转动惯量（惯性积）

$$\left. \begin{array}{l} I_{xy} = \Sigma mxy \\ I_{yz} = \Sigma myz \\ I_{zx} = \Sigma mzx \end{array} \right\} 或 \left. \begin{array}{l} I_{xy} = \int xy\,\mathrm{d}m \\ I_{yz} = \int yz\,\mathrm{d}m \\ I_{zx} = \int zx\,\mathrm{d}m \end{array} \right\}$$

(12.1-7)

表 12.1-3　确定质心位置的实测法

类别	实例	图　　示	实　测　方　法
悬挂法	测定叶片截面的质心	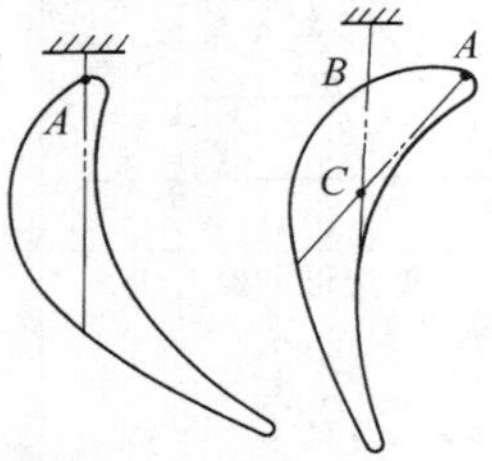 a)　　　b)	1. 用均质板按一定比例做成模拟用的叶片截面 2. 作第一次悬挂（图a），并过叶片截面上的悬挂点 A 画铅垂线（图示点划线） 3. 作第二次悬挂（图b），并过叶片截面上的悬挂点 B 画铅垂线 4. 两铅垂线的交点 C 就是叶片截面的质心 5. 有时作第三次悬挂，以作校验之用
秤重法	测定连杆的质心	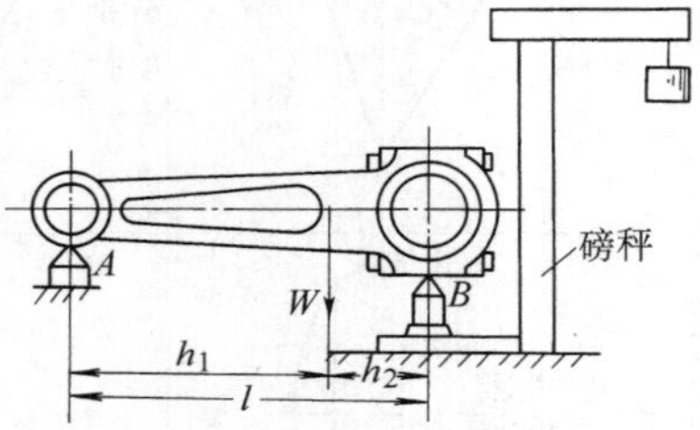	1. 先秤得连杆重力为 W，测得连杆两头轴心的间距 l 2. 将连杆大头的一端按图示位置放在磅秤上，测得大头处的反力 R_B 3. 连杆质心必在两轴心的连线上，与轴心 A 的间距 h_1 为 $$h_1 = \frac{R_B}{W}l$$ 4. 若秤得连杆小头处的反力 R_A，则间距 h_2 为 $$h_2 = \frac{R_A}{W}l$$ 此可作校验之用
秤重法	测定汽车的质心	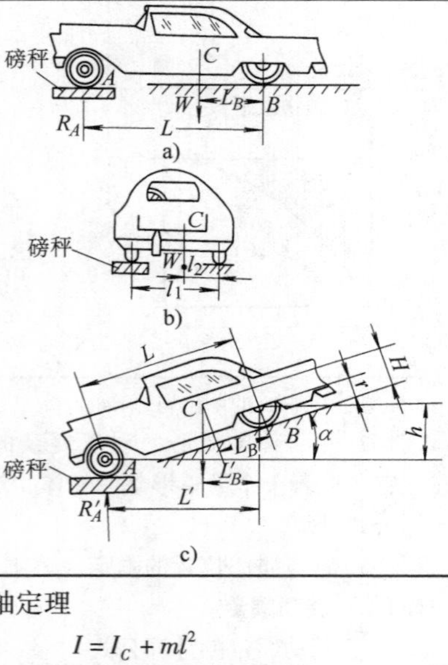 a) b) c)	1. 先秤得汽车重力为 W 和测得汽车前后轮间距 L（图a）及左右侧轮距 l_1（图b） 2. 将前轮停放在磅秤上（图a），测得前轮处反力 R_A，则质心 C 到后轮的间距 L_B 为 $$L_B = \frac{R_A}{W}L$$ 3. 将左侧前后轮停放在磅秤上（图b），测得左侧轮处的反力 R_1，则质心 C 到右侧轮轴的间距 l_2 为 $$l_2 = \frac{R_1}{W}l_1$$ 4. 抬起汽车后轮（图c），测得抬起高度 h 及前轮处的反力 R_A'，则质心到后轮轴的间距 L_B' 为 $$L_B' = \frac{R_A'}{W}L' \quad (L' = \sqrt{L^2 - h^2})$$ 5. 由 L_B 和 L_B' 可直接测得汽车质心 C 的高度 H，或按如下关系式算得 H 为 $$H = \left(\frac{L_B'}{\cos\alpha} - L_B\right)\cot\alpha + r$$

c. 平行轴定理

$$I = I_C + ml^2$$

式中　I_C——对过质心轴的转动惯量；

　　　m——物体的质量；

l——两平行轴间的距离。

d. 转轴定理　对任意轴 L 的转动惯量

$$I_L = I_x\cos^2\alpha + I_y\cos^2\beta + I_z\cos^2\gamma - 2I_{xy}\cos\alpha\cos\beta -$$
$$2I_{yz}\cos\beta\cos\gamma - 2I_{zx}\cos\gamma\cos\alpha \quad (12.1-8)$$

式中　α、β、γ——轴 L 与坐标轴 x、y、z 之间的夹角。

2. 主惯性轴，中心主惯性轴

（1）刚体上某轴 x 是主惯性轴的必要充分条件是

$$I_{xy} = I_{zx} = 0$$

（2）在刚体的任意点上，总能找到三个互相垂直的主惯性轴。垂直于刚体质量对称面的轴都是主惯性轴。

（3）在质心 C 点上的主惯性轴称为中心主惯性轴。

3. 回转半径　回转半径是一个假想的长度，用以表征刚体的转动惯量，其值可由下式计算：

$$\rho = \sqrt{I/M} \qquad (12.1\text{-}9)$$

转动惯量也可由 $I = M\rho^2$ 算得。

4. 简单形状匀质体的转动惯量　见表 12.1-4。

5. 转动惯量的实验测定（表 12.1-5）

表 12.1-4　简单匀质形体的转动惯量

质体形状	算　　式
细直杆	$I_x = I_z = \dfrac{1}{12} m_s l^2$ $\rho = \dfrac{l}{2\sqrt{3}}$
	$I'_x = I'_z = \dfrac{1}{3} m_s l^2$ $\rho = \dfrac{l}{\sqrt{3}}$
薄圆板	$I_x = I_y = \dfrac{1}{4} m_s R^2$ $\rho = \dfrac{1}{2} R$
	$I_z = \dfrac{1}{2} m_s R^2$ $\rho = \dfrac{R}{\sqrt{2}}$
薄板	$I_x = \dfrac{1}{12} m_s b^2$ $\rho = \dfrac{b}{2\sqrt{3}}$
	$I_y = \dfrac{1}{12} m_s a^2$ $\rho = \dfrac{a}{2\sqrt{3}}$
	$I_z = \dfrac{1}{12} m_s (a^2 + b^2)$ $\rho = \sqrt{\dfrac{a^2 + b^2}{12}}$

（续）

质体形状	算　　式
椭球	$I_x = \dfrac{1}{5} m_s (b^2 + d^2)$ $\rho = \sqrt{\dfrac{b^2 + d^2}{5}}$
	$I_y = \dfrac{1}{5} m_s (d^2 + a^2)$ $\rho = \sqrt{\dfrac{d^2 + a^2}{5}}$
	$I_z = \dfrac{1}{5} m_s (a^2 + b^2)$ $\rho = \sqrt{\dfrac{a^2 + b^2}{5}}$
空心圆柱体	$I_y = \dfrac{1}{2} m_s (R^2 + r^2)$ $\rho = \sqrt{\dfrac{R^2 + r^2}{2}}$
	$I_x = I_z = \dfrac{1}{12} m_s [l^2 + 3(R^2 + r^2)]$ $\rho = \sqrt{\dfrac{l^2 + 3(R^2 + r^2)}{12}}$
长方体	$I_x = \dfrac{1}{12} m_s (b^2 + h^2)$ $\rho = \sqrt{\dfrac{b^2 + h^2}{12}}$
	$I_y = \dfrac{1}{12} m_s (a^2 + h^2)$ $\rho = \sqrt{\dfrac{a^2 + h^2}{12}}$
	$I_z = \dfrac{1}{12} m_s (a^2 + b^2)$ $\rho = \sqrt{\dfrac{a^2 + b^2}{12}}$
薄圆环	$I_x = I_y = \dfrac{1}{2} m_s R^2$ $\rho = \dfrac{R}{\sqrt{2}}$
	$I_z = m_s R^2$ $\rho = R$
圆环	$I_x = I_y = \dfrac{1}{8} m_s (4R^2 + 5r^2)$ $\rho = \sqrt{\dfrac{4R^2 + 5r^2}{8}}$
	$I_z = \dfrac{1}{4} m_s (4R^2 + 3r^2)$ $\rho = \dfrac{1}{2} \sqrt{4R^2 + 3r^2}$

（续）　　　　　　　　　　　　　　　　　　　　　　　　　　　　　　　　（续）

质体形状	算　　式
圆柱体	$I_x = I_z = \dfrac{1}{12} m_s (3R^2 + h^2)$ $\rho = \sqrt{\dfrac{3R^2 + h^2}{12}}$ $I_y = \dfrac{1}{12} m_s R^2$ $\rho = \dfrac{R}{\sqrt{2}}$

质体形状	算　　式
圆锥体	$I_x = I_y = \dfrac{3}{20} m_s (R^2 + 4h^2)$ $\rho = \sqrt{\dfrac{3(R^2 + 4h^2)}{20}}$ $I_z = \dfrac{3}{10} m_s R^2$ $\rho = \sqrt{\dfrac{3}{10}} R$

注：I—转动惯量；m_s—刚体质量；ρ—回转半径。

表 12.1-5　测定转动惯量的常用方法

类别	图　　　示	实 测 方 法	换 算 关 系
摆 动 法		1. 将被测构件支承在水平的三角刀口 A 上，并使它作微幅摆动 2. 测出摆动的周期 T	由微幅摆动方程导出转动惯量 I_A（绕 A 轴的）、I_C（绕刚体质心轴 C 的，C 轴与 A 轴平行）与周期 T 的关系为 $I_A = \dfrac{Wl T^2}{4\pi^2}$ $I_C = I_A - \dfrac{W}{g} l^2$
摆 动 法		1. 将被测构件用轴承水平地放置 2. 在轴的一端悬挂一个转动惯量已知为 I_z' 的构件，并使它与被测构件一起作微幅摆动 3. 测出摆动的周期 T	由微幅摆动方程导出被测构件的转动惯量 I_z 与 I_z'、T 的关系为 $I_z = \dfrac{Wb T^2}{4\pi^2} - I_z'$
扭 振 法		1. 将被测构件用一根扭转刚度为 k 的钢丝悬挂起来，并使构件作微幅扭振 2. 测出扭振的周期 T_1	由微幅扭振方程导出被测构件的转动惯量 I_z 与 T_1 的关系为 $I_z = \dfrac{k T_1^2}{4\pi^2}$
		如钢丝的扭转刚度 k 是未知的，则在测出周期 T_1 后，再在被测构件上半径为 R 的对称位置固定地放置重各为 W_0 的附加配重，并测出其微幅扭振的周期 T_2	I_z 与 T_1、T_2 的关系为 $I_z = \dfrac{2 W_0 R^2 T_1^2}{g (T_2^2 - T_1^2)}$
		1. 用三根（或两根）等长的钢丝把被测构件悬挂起来，悬挂点 A、B、D 三等分半径为 r 的圆周（如用两根钢丝悬挂，则悬挂点对分该圆周） 2. 使被测构件作微幅扭振，并测出周期 T	由微幅扭振方程导出 I_z 与 T 的关系为 $I_z = \dfrac{W r^2 T^2}{4\pi^2 l}$ 式中　W——被测构件的重力 　　　l——钢丝的长度

（续）

类别	图　　示	实　测　方　法	换　算　关　系
落体法	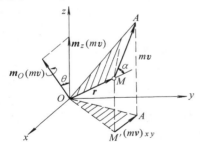	1. 将被测构件用轴承水平地放置。轴的一端安装绕有细绳的滑轮，重物挂在细绳上。当重物下落时，带动被测构件转动 2. 测出重物由静止下落 h 高度所经的时间 t	由动力学方程导出被测构件的转动惯量 I_z 与 h、t、W（挂重）的关系为 $$I_z = \dfrac{WR^2t^2}{2h} - \dfrac{W}{g}R^2 - I_z'$$ 式中　I_z'——滑轮对 z 轴的转动惯量（已知）
滚摆法	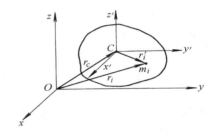	1. 将被测构件水平地放置在半径为 R 的圆弧形支架上 2. 使构件作微幅滚摆 3. 测出周期 T	由构件的运动微分方程导出 I_z 与 T 的关系为 $$I_z = \dfrac{Wr^2T^2}{4\pi^2(R-r)} - \dfrac{W}{g}r^2$$

1.3　动量、动量矩

1.3.1　动量的计算

质点的动量为 $m\boldsymbol{v}$，它是一个矢量，单位是 kg·m/s。

质点系的动量是质点系中各质点动量的矢量和，即

$$\boldsymbol{K} = \Sigma m_i\boldsymbol{v}_i = M\boldsymbol{v}_C \qquad (12.1\text{-}10)$$

式中　$\boldsymbol{v}_C$——质点系质心的速度；

　　　M——质点系的质量。

1.3.2　动量矩的计算

1. 质点的动量矩　类似于力对点（轴）之矩，见图 12.1-3。

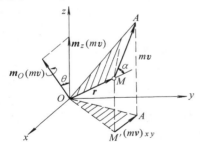

图 12.1-3　质点动量矩

$$\boldsymbol{m}_O(m\boldsymbol{v}) = \boldsymbol{r} \times m\boldsymbol{v}$$
$$= [\boldsymbol{m}_O(m\boldsymbol{v})]_x\boldsymbol{i} + [\boldsymbol{m}_O(m\boldsymbol{v})]_y\boldsymbol{j}$$
$$+ [\boldsymbol{m}_O(m\boldsymbol{v})]_z\boldsymbol{k}$$
$$= m_x(m\boldsymbol{v})\boldsymbol{i} + m_y(m\boldsymbol{v})\boldsymbol{j} + m_z(m\boldsymbol{v})\boldsymbol{k}$$
$$(12.1\text{-}11)$$

动量矩是一个矢量，它的单位是 kg·m²/s。

2. 质点系的动量矩

a. 对固定点的动量矩

$$\boldsymbol{L}_O = \Sigma\boldsymbol{m}_O(m\boldsymbol{v}) = \Sigma\boldsymbol{r}_i \times m_i\boldsymbol{v}_i \qquad (12.1\text{-}12)$$

b. 质点系对质心的动量矩　在质心 C 上建立平动坐标系 $Cx'y'z'$，见图 12.1-4。质点系中各质点的速度为 $\boldsymbol{v}_i = \boldsymbol{v}_C + \boldsymbol{v}_i'$。

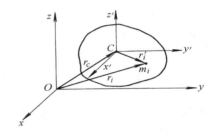

图 12.1-4　质点系对质心的动量矩

$$\boldsymbol{L}_C = \Sigma\boldsymbol{r}_i' \times m_i\boldsymbol{v}_i = \Sigma\boldsymbol{r}_i' \times m_i(\boldsymbol{v}_C + \boldsymbol{v}_i')$$
$$= \Sigma\boldsymbol{r}_i' \times m_i\boldsymbol{v}_C + \Sigma\boldsymbol{r}_i' \times m\boldsymbol{v}_i' = \Sigma\boldsymbol{r}_i' \times m_i\boldsymbol{v}_i'$$
$$= \overrightarrow{\boldsymbol{L}_C'} \qquad (12.1\text{-}13)$$

$$\Sigma\boldsymbol{r}_i' \times m_i\boldsymbol{v}_C = \Sigma m_i\boldsymbol{r}_i' \times \boldsymbol{v}_C, \quad \Sigma m_i\boldsymbol{r}_i' = m\boldsymbol{r}_C' = 0$$

式中　$\boldsymbol{r}_C'$——质心在平动坐标系中的矢径。

质点系的绝对运动对质心的动量矩等于它的相对运动对质心的动量矩。

c. 对质心的动量矩与对 O 点的动量矩间的关系

$$\boldsymbol{L}_O = \Sigma\boldsymbol{r}_i \times m_i\boldsymbol{v}_i = \Sigma(\boldsymbol{r}_C + \boldsymbol{r}_i') \times m_i\boldsymbol{v}_i$$
$$= \Sigma\boldsymbol{r}_C \times m_i\boldsymbol{v}_i + \Sigma\boldsymbol{r}_i' \times m_i\boldsymbol{v}_i$$
$$= \boldsymbol{r}_C \times \Sigma m_i\boldsymbol{v}_i + \Sigma\boldsymbol{r}_i' \times m_i\boldsymbol{v}_i$$
$$= \boldsymbol{r}_C \times m\boldsymbol{v}_C + \boldsymbol{L}_C$$
$$= \boldsymbol{r}_C \times \boldsymbol{K} + \boldsymbol{L}_C' \qquad (12.1\text{-}14)$$

即质点系对 O 点的动量矩等于质点系对质心的

动量矩与质点系的动量（位于质心）对 O 点之矩的矢量和。

3. 刚体运动时的动量矩

a. 刚体平动时的动量矩

$$L_O = r_c \times m v_c$$

b. 刚体定轴转动时的动量矩

$$L_O = \Sigma r_i \times m_i v_i = \Sigma r_i \times m_i (\omega \times r_i)$$

$$r_i = x_i i + y_i j + z_i k$$

$$\omega = \omega k$$

当转动轴 z 轴为非主惯性轴时，

$$L_O = -I_{zx}\omega i - I_{yz}\omega j + I_z\omega k \qquad (12.1\text{-}15)$$

当转动轴 z 轴为主惯性轴时，

$$\vec{L_O} = I_z\omega k \qquad (12.1\text{-}16)$$

此时，可把物体简化为平面图形，动量矩表示为，$L_O = I_O\omega$，转向与 ω 相同。

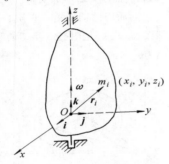

图 12.1-5　刚体定轴转动时的动量矩

c. 刚体作平面运动时的动量矩　建立质心平动坐标系 $Cx'y'z'$，其中 Cz' 垂直于刚体的运动平面。刚体相对动系绕 Cz' 轴转动。

$$L_C = L_C' = -I_{x'y'}\omega i - I_{y'z'}\omega j + I_z\omega k$$

$$(12.1\text{-}17)$$

如果平面运动刚体沿对称平面运动，则 cz' 轴为主惯性轴，这时

$$L_C = I_C\omega \qquad (12.1\text{-}18)$$

平面运动刚体对其他点的动量矩则按式 (12.1-13) 计算。

d. 刚体定点转动时的动量矩

$$L_O = \Sigma r_i \times m v_i = \Sigma r_i \times m (\omega \times r_i)$$

$$r_i = x_i i + y_i j + z_i k$$

$$\omega = \omega_x i + \omega_y j + \omega_z k$$

于是

$$L_O = L_x i + L_y j + L_z k$$

$$\begin{bmatrix} L_x \\ L_y \\ L_z \end{bmatrix} = \begin{bmatrix} I_x & -I_{xy} & -I_{zx} \\ -I_{xy} & I_y & -I_{yz} \\ -I_{zx} & -I_{yz} & I_z \end{bmatrix} \begin{bmatrix} \omega_x \\ \omega_y \\ \omega_z \end{bmatrix}$$

$$(12.1\text{-}19)$$

当 x、y、z 是以 O 为原点的固定坐标系时，I_x、I_y、I_z、I_{xy}、I_{yz}、I_{zx} 都是变量。当 $Oxyz$ 与刚体固连时，则上述各量均与时间无关，为不变的常量。

当 $Oxyz$ 为过 O 点的主惯性轴系时，

$$L_O = I_x\omega_x i + I_y\omega_y j + I_z\omega_z k \qquad (12.1\text{-}20)$$

e. 刚体作一般运动时的动量矩　在质心 C 上建立平动坐标系，刚体一般运动分解为随质心 C 的平动和绕质心 C 的定点转动，对 O 点的动量矩为

$$L_O = L_C + r_c \times M v_c \qquad (12.1\text{-}21)$$

1.4　动能、功及功率

1.4.1　动能的计算

1. 质点的动能

$$T = \frac{1}{2}mv^2$$

2. 质点系的动能

$$T = \Sigma \frac{1}{2}mv^2$$

3. 平动刚体的动能

$$T = \frac{1}{2}Mv^2 \qquad (12.1\text{-}22)$$

4. 定轴转动刚体的动能

$$T = \frac{1}{2}I_z\omega^2 \qquad (12.1\text{-}23)$$

5. 平面运动刚体的动能　按运动分解为随质心的平动和绕质心的转动计算，I_C 为刚体对质心的转动惯量。

$$T = \frac{1}{2}Mv_C^2 + \frac{1}{2}I_C\omega^2 \qquad (12.1\text{-}24)$$

按绕瞬时速度中心转动计算，I_P 为刚体对瞬时速度中心 P 点的转动惯量。

$$T = \frac{1}{2}I_P\omega^2 \qquad (12.1\text{-}25)$$

6. 计算动能的柯尼希（Koenig）定理　在质心 C 上建立平动坐标系 C_{xyz}，则质点系的动能

$$T = \frac{1}{2}Mv_C^2 + \frac{1}{2}\sum_{i=1}^{n} m_i v_{ri}^2 \qquad (12.1\text{-}26)$$

式中　M——质点系质量；

v_C——质点系质心的速度；

m_i——第 i 个质点的质量；

v_{ri}——第 i 个质点相对于质心 C 上平动坐标系的相对速度。

7. 定点运动刚体的动能

$$T = \frac{1}{2}(I_x\omega_x^2 + I_y\omega_y^2 + I_z\omega_z^2) \quad (12.1\text{-}27)$$

坐标系 $Oxyz$ 为固结在刚体上的主惯性坐标系。

8. 一般运动刚体的动能　在质心 C 上建立固结于刚体的三个中心主惯性轴系 $Cxyz$，则刚体的动能为

$$T = \frac{1}{2}Mv_C^2 + \frac{1}{2}(I_x\omega_x^2 + I_y\omega_y^2 + I_z\omega_z^2)$$

$$(12.1\text{-}28)$$

1.4.2　功、功率

1. 元功的计算

$$\delta W = \boldsymbol{F} \cdot d\boldsymbol{r} \quad (12.1\text{-}29)$$

其解析式为

$$\delta W = X \cdot dx + Y \cdot dy + Z \cdot dz \quad (12.1\text{-}30)$$

2. 力在一段路程上作的功　力 $\boldsymbol{F}$ 在路程 S 上所作的功

$$W = \int_{M_1}^{M_2} \boldsymbol{F} \cdot d\boldsymbol{r} = \int_S F_\tau \cdot dS$$

$$= \int_{M_1}^{M_2} (Xdx + Ydy + Zdz)$$

a. 重力的功

$$W = \pm mgh \quad (12.1\text{-}31)$$

式中　h——物体重心在始末位置的高度差，重心降低时取正号，升高时取负号。

b. 弹性力的功

$$W = \frac{1}{2}k(\delta_1^2 - \delta_2^2) \quad (12.1\text{-}32)$$

式中　k——弹簧常量（N/m）；

δ_1、δ_2——物体在初位置及末位置时弹簧的变形量。

c. 力矩、力偶的功

$$W = \int_{\varphi_1}^{\varphi_2} M \cdot d\varphi$$

3. 功率的计算　功率是单位时间内所作的功，用 P 表示

$$P = \frac{dW}{dt} \quad (12.1\text{-}33)$$

或

$$P = \boldsymbol{F} \cdot \boldsymbol{v} = F_\tau \cdot v \quad (12.1\text{-}34)$$
$$P = M \cdot \omega \quad (12.1\text{-}35)$$

2　静力学分析[1,2,3]

2.1　分析计算方法概述

1. 几何静力学方法　几何静力学方法是建立在力的矢量特性基础上的，通过力系的等效替换和简化，利用矢量投影的关系导出力系合成结果和平衡条件。当需要确定平衡系统所受的支承约束或系统内各刚体相互作用的约束力时，选择不同的分离体、画出受力图、利用平衡条件列出独立的平衡方程，求解出所需的约束力。这是一般常用的方法。

2. 分析静力学方法　以整个系统为研究对象，利用标量形式的广义坐标代替矢径，以对能量和功的分析代替力矢量的分析。不必将约束解除，利用虚位移原理即可确定作用在平衡机构上各主动力之间的关系。若需计算某个约束的约束力时，则将该约束解除代之以约束力，并将该约束力看作主动力处理。

2.2　系统平衡的几何静力学方法

2.2.1　力系的简化及合成结果

1. 汇交力系及力偶系合成

（1）汇交力系可以合成一个合力，合力的作用线通过力系的汇交点、合力的大小和方向取决于各分力的矢量和。即

$$\boldsymbol{R} = \Sigma \boldsymbol{F} \quad (12.2\text{-}1)$$

计算时采用在选定的坐标系中进行投影计算再求和的方法。即

合力 $\boldsymbol{R}$ 的大小：$R_x = \Sigma X$，$R_y = \Sigma Y$，$R_z = \Sigma Z$

$$R = \sqrt{(\Sigma X)^2 + (\Sigma Y)^2 + (\Sigma Z)^2}$$

合力 $\boldsymbol{R}$ 的方向：

$$\cos(\boldsymbol{R}, \boldsymbol{i}) = \frac{\Sigma X}{R}, \cos(\boldsymbol{R}, \boldsymbol{j}) = \frac{\Sigma Y}{R}, \cos(\boldsymbol{R}, \boldsymbol{k}) = \frac{\Sigma Z}{R}.$$

（2）作用在刚体上的多个力偶，可分别将其用力偶矩矢表示，由于力偶矩矢为一自由矢量，则可将它们挪至同一点，即汇交于一点，所以它们可以合成一个合力偶。合力偶矩矢等于各分力偶矩矢的矢量和。

$$M = \Sigma m \qquad (12.2\text{-}2)$$

计算方法同汇交力系。

2. 力系的简化

a. 力的平移定理　作用于刚体上的力向其它点平移时，必须增加一个附加力偶，其力偶矩等于原力对平移点之矩。

b. 力系的简化，主矢和主矩　力系向任意一点 O（称简化中心）简化，得到通过简化中心的一个力和一个力偶。力的大小、方向决定于力系的主矢，力偶矩矢决定于力系对简化中心 O 点的主矩。

力系中各力的矢量和称为力系的主矢。即

$$R' = \Sigma F$$

如以简化中心 O 为原点，建立坐标系 $Oxyz$，则

$$R' = \Sigma X i + \Sigma Y j + \Sigma Z k$$

力矢中各力对简化中心 O 点之矩的矢量和称为力系对简化中心的主矩。

$$\begin{aligned} M_O &= \Sigma m_o(F) \\ &= \Sigma m_x(F) i + \Sigma m_y(F) j + \Sigma m_z(F) k \end{aligned}$$
$$(12.2\text{-}3)$$

力系的主矢量 R 与简化中心的选择无关，它是力系的第一不变量。主矩则与简化中心的选择有关。但主矩与主矢的点积 $M_O \cdot R' =$（常量）也与简化中心选择无关，称为力系的第二不变量。

c. 力系的简化结果　见表 12.2-1。

表 12.2-1　力系的简化结果

力系向任一点 O 简化的情况		简化的最后结果	说　明
$M_O \cdot \vec{R'} = 0$	$R' \neq 0$		合力作用线通过简化中心
		$M_O = 0$	
		$M_O \neq 0$ $M_O \perp R'$	合力	合力作用线至简化中心距离 $d = \dfrac{M_O}{R'}$
	$R' = 0$	$M_O = 0$	平衡	
		$M \neq 0$	合力偶	合力偶矩与简化中心的选择无关

（续）

力系向任一点 O 简化的情况		简化的最后结果	说　明
$M_O \cdot R' \neq 0$	$M_O /\!/ R'$	力螺旋	中心轴通过简化中心
	$\angle(M_O, R') = \alpha$		中心轴至简化中心距离 $d = \dfrac{M_O \sin\alpha}{R'}$

2.2.2　力系的平衡条件

a. 各种力系平衡条件的基本形式　力系平衡的必要和充分条件是：力系的主矢为零及力系对任一点的主矩为零。当刚体受不同类型的力系而处于平衡时，平衡条件可表为不同形式的平衡方程和不同数量的独立方程。各类力系基本形式的平衡方程见表 12.2-2。

表 12.2-2　基本形式的平衡方程

力系名称		平　衡　方　程			独立方程的数目
共线力系		$\Sigma F = 0$			1
平面力系	力偶系	$\Sigma m = 0$			1
	汇交力系	$\Sigma X = 0$	$\Sigma Y = 0$		2
	平行力系	$\Sigma Y = 0$	$\Sigma m_O(F) = 0$		2
	任意力系	$\Sigma X = 0$	$\Sigma Y = 0$	$\Sigma m_O(F) = 0$	3
空间力系	力偶系	$\Sigma m_x = 0$	$\Sigma m_y = 0$	$\Sigma m_z = 0$	3
	汇交力系	$\Sigma X = 0$	$\Sigma Y = 0$	$\Sigma Z = 0$	3
	平行力系	$\Sigma Z = 0$	$\Sigma m_x(F) = 0$　$\Sigma m_y(F) = 0$		3
	任意力系	$\Sigma X = 0$　$\Sigma Y = 0$　$\Sigma Z = 0$ $\Sigma m_x(F) = 0$　$\Sigma m_y(F) = 0$　$\Sigma m_z(F) = 0$			6

b. 平衡方程的其他形式　在计算时，投影轴的取向，矩心或取矩轴位置的选取都比较灵活，目的是列一个平衡方程就求出一个未知量，避免列出全部平衡方程再联立求解。选择的原则是：投影坐标轴的取向与某些未知力垂直；取矩心选在未知力作用线的汇交点上；取矩轴与未知力共面等。这样做的结果就构成了其他形式的平衡方程，此时要注意保证每组方程的独立性条件。

平面力系的其他形式的平衡条件有：

二矩式

$$\Sigma m_A(F) = 0, \Sigma m_B(F) = 0, \Sigma X = 0$$

其中　A、B 两点连线与 x 轴不得垂直。

三矩式

$$\sum m_A(\boldsymbol{F}) = 0, \sum m_B(\boldsymbol{F}) = 0, \sum m_C(\boldsymbol{F}) = 0$$

其中 A、B、C 三点不共线。

空间力系的其他形式的平衡条件有四矩式、五矩式和六矩式。方程式的独立条件较为复杂，在此不一一列出。但在求解平衡问题时，只要设法使所列方程中只含一个新的未知量，则该方程组的方程是彼此独立的。

2.2.3 静定静不定

对每一种力系，它的独立的平衡方程式数目是一定的（见表 12.2-2），可求解的未知量数目也是一定的。对整个系统而言，若未知量数目（包括外力、内力）等于它的独立平衡方程的数目，这些未知量完全可由平衡方程确定，这类平衡问题称为静定问题。若未知量数目多于独立的平衡方程式数目，用平衡方程不能完全确定这些未知量，这类问题称为静不定问题或超静定问题。

2.2.4 不计摩擦的平衡问题举例

【例 12.2-1】 计算夹紧装置的夹紧力 N，已知 $\tan\alpha = \dfrac{3}{4}$。

解 先取 BE 为研究对象，受力图见图 12.2-1b。

$$\sum m_B(\boldsymbol{F}) = 0$$
$$0.30F + 0.08R_O\sin\alpha - 0.03R_O\cos\alpha = 0$$
$$R_O = -12.50F$$

再取整体为研究对象，受力图见图 12.2-1c。

$$\sum m_C(\boldsymbol{F}) = 0, \ 0.30F + 0.20R_O\sin\alpha + 0.12N = 0$$
$$N = 10.00F$$

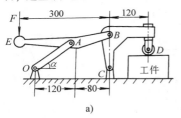
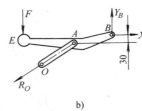
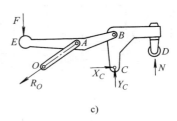

a)　　　　　　　　b)　　　　　　　　c)

图 12.2-1　夹紧装置

【例 12.2-2】 拱架尺寸如图 12.2-2 示，试计算拱架在力 F 和 Q 作用下，支座 A、B、C、D 所承受的力。

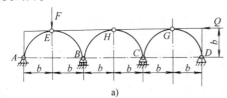

a)

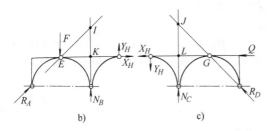

b)　　　　　　c)

图 12.2-2　三孔拱架

解 从 H 点处将拱架拆开成两部分，分别研究左右两部分，左半部分对 I 点取矩，右半部

分对 J 点取矩，得方程

$$\sum m_I(\boldsymbol{F}) = 0, \quad X_H b + Y_H b + Fb = 0$$
$$\sum m_J(\boldsymbol{F}) = 0, \quad -X_H b + Y_H b - Qb = 0$$

联立求解上式，得

$$Y_H = \frac{Q - F}{2}$$

再以左半部分为研究对象：

$$\sum m_E(\boldsymbol{F}) = 0, \ N_B b + Y_H 2b = 0$$
$$N_B = -2Y_H = F - Q$$

$$\sum m_K(\boldsymbol{F}) = 0, \ -R_A \frac{\sqrt{2}}{2}b + Fb + Y_H b = 0$$

$$R_A = \frac{\sqrt{2}}{2}(F + Q)$$

最后以右半部分为研究对象：

$$\sum m_G(\boldsymbol{F}) = 0, \ -N_C b + Y_H 2b = 0$$
$$N_C = 2Y_H = Q - F$$

$$\sum m_L(\boldsymbol{F}) = 0, \ R_D \frac{\sqrt{2}}{2}b + Y_H b = 0$$

$$R_D = \frac{\sqrt{2}}{2}(F - Q)$$

【**例 12.2-3**】 某厂生产的 CW6140 型车床主轴受力情况如图 12.2-3 示,齿轮 D 为直齿轮,径向力 $F_r = 0.36F$(F 为圆周力),齿轮 D、E 两中心的连线为铅垂。在切削试验时,工件直径 $d = 115\text{mm}$,切削力 $F_z = 17.6\text{kN}$,$F_Y = 7.04\text{kN}$,$F_X = 4.4\text{kN}$,略去主轴,卡盘及工件的质量,试计算齿轮 D 在传动中受到的圆周力 F,径向力 F_r 以及轴承的反力。

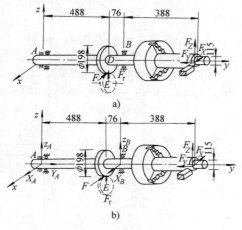

图 12.2-3 车床主轴

解 取车床主轴为研究对象,其受力图为图 12.2-3b。

$$\sum m_y(\boldsymbol{F}) = 0, \ F \times \frac{198}{2} - F_z \times \frac{115}{2} = 0$$

$$F = 10.22\text{kN}$$

$$F_r = 0.36F = 3.68\text{kN}$$

$$\sum m_x(\boldsymbol{F}) = 0, \ Z_B \times 564 + F_z \times 952 + F_r \times 488 = 0$$

$$Z_B = -32.89\text{kN}$$

$$\sum Z = 0, \ Z_A + Z_B + F_r + F_z = 0$$

$$Z_A = 32.93 - 3.68 - 17.6 = 11.61\text{kN}$$

$$\sum m_z(\boldsymbol{F}) = 0$$

$$-X_B \times 564 + F \times 488 + F_X \times 952 - F_Y \times 57.5 = 0$$

$$X_B = 15.56\text{kN}$$

$$\sum X = 0, \ X_A + X_B - F - F_X = 0$$

$$X_A = -0.94\text{kN}$$

$$\sum Y = 0, \ Y_A - F_Y = 0$$

$$Y_A = 7.04\text{kN}$$

【**例 12.2-4**】 矩形箱体用六根杆支撑,在箱体上作用有力偶 M_1 及 M_2,试计算六根支撑杆的内力。

解 以矩形箱体为研究对象,得

$$\sum m_z(\boldsymbol{F}) = 0, M_1 - bS_5\cos\alpha = 0$$

$$S_5 = \frac{\sqrt{a^2 + d^2}}{ab}M_1$$

$$\sum m_{y1}(\boldsymbol{F}) = 0, \ aS_1 - M_2 = 0$$

$$S_1 = \frac{M_2}{a}$$

$$\sum Y = 0, \ S_4 = 0$$

$$\sum m_x(\boldsymbol{F}) = 0, \ bS_6 + bS_5\sin\alpha = 0$$

$$S_6 = -\frac{d}{ab}M_1$$

$$\sum X = 0, \ -S_2\cos\alpha - S_5\cos\alpha = 0$$

$$S_2 = -S_5 = -\frac{\sqrt{a^2 + d^2}}{ab}M_1$$

$$\sum m_{y2}(\boldsymbol{F}) = 0, \ -M_2 - aS_3 - aS_b = 0$$

$$S_3 = \frac{d}{ab}M_1 - \frac{M_2}{a}$$

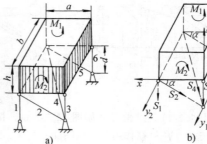

图 12.2-4 支撑杆的内力

2.2.5 考虑摩擦的平衡问题

1. **库伦摩擦定律**

a. **滑动摩擦** 当两物体的接触面是粗糙的且有相对滑动趋势时,在两物体的接触面间存在着阻止相对滑动的摩擦力,称为静滑动摩擦力。若两物体间产生了相对滑动,则摩擦力称为动滑动摩擦力。

静滑动摩擦力的作用线沿两物体接触面的公切线,方向与相对滑动趋势方向相反,摩擦力的大小由平衡方程式计算确定。且

$$0 \leqslant F \leqslant F_{max} \tag{12.2-4}$$

F_{max} 为相对滑动即将发生时的摩擦力,又称临界摩擦力。

$$F_{max} = \mu_s N \tag{12.2-5}$$

式中 μ_s——静滑动摩擦因数;

N——正压力(接触处的法向反力)。

如果两物体间产生了相对滑动，动摩擦力可近似地看成定值 F'，它也与正压力成正比，即

$$F' = \mu N$$

式中 μ——动滑动摩擦因数，一般 $\mu < \mu_s$。

b. 摩擦角与自锁现象　摩擦力与正压力的合力称为全反力。

$$R = F + N$$

当静滑动摩擦力达到最大值 F_{max} 时，全反力 R 与公法线之间的夹角称为摩擦角 φ_m

$$\tan\varphi_m = \frac{F_{max}}{N} = \mu_s \qquad (12.2\text{-}6)$$

即　摩擦角的正切等于静滑动摩擦因数。

当主动力（除全反力以外的其它力）的合力作用线与公法线之间的夹角小于摩擦角时，即主动力合力的作用线落在摩擦角以内，则不论主动力的大小如何，物体总是处于平衡状态，这种现象称为自锁。

c. 滚动摩阻　当两物体之间有相对滚动趋势时，接触处除有滑动摩擦力外，还存在滚动摩擦阻力偶，它的转向与相对滚动趋势的转向相反，大小也由平衡方程计算确定，且

$$0 \leqslant M \leqslant M_{max} \qquad (12.2\text{-}7)$$
$$M_{max} = \delta N \qquad (12.2\text{-}8)$$

式中 δ——滚动摩阻系数。

2. 考虑摩擦的平衡问题举例　具有摩擦的平衡问题大致可分为两类：（1）求平衡范围的问题（包括求极限平衡问题），（2）判断物体是否平衡问题。

求平衡范围的问题，补充方程可用 $F \leqslant \mu_s N$ 或 $M \leqslant \delta N$，解不等式，得到的解答是一个范围。有时为计算方便，也可用 $F = \mu_s N$ 或 $M = \delta N$ 为补充方程，求得极限状态下的平衡条件，再根据问题的性质判断平衡范围。如果所研究的物体或物体系统具有两个或两个以上的摩擦面，或者除了有滑动趋势

外，还有翻倒（或滚动）的趋势等等，在此情况下，确定系统平衡范围的方法较多，常用的方法是比较法，即分析该系统有哪几种可能运动的趋势，分别按各运动趋势计算其平衡范围，最后综合各种情况、分析确定系统的平衡范围。

求解判断物体是否平衡的问题时，可先假定物体静止平衡，假定物体运动趋势，确定摩擦力的方向，根据平衡条件求摩擦力，然后根据 $F \leqslant \mu_s N$ 来判断假设情况是否合理（即物体是否处于平衡），由摩擦力的正负号确定滑动趋势方向。

【**例 12.2-5**】　匀质货箱重力为 $W = 1000\text{N}$，宽度 $b = 0.2\text{m}$，高度 $h = 0.6\text{m}$，与地面的摩擦因数 $\mu_s = 0.2$，放置在与水平成 $\alpha = 30°$ 的斜面上，求使箱体保持平衡时的水平力 P。

解　箱体放在斜面上，在力 P 的作用下，可有向上滑动，向下滑动、向上翻倒和向下翻倒四种运动趋势，现分别按这四种情况进行计算。

考虑箱体有向上滑动的趋势（图 12.2-5b）：

$$\sum Y = 0，N - W\cos\alpha - P\sin\alpha = 0$$
$$N = W\cos\alpha + P\sin\alpha$$
$$\sum X = 0，P\cos\alpha - W\sin\alpha - F = 0$$
$$F = P\cos\alpha - W\sin\alpha$$

补充方程　　　　$F = \mu_s N$

解得

$$P = \frac{\sin\alpha + \mu_s\cos\alpha}{\cos\alpha - \mu_s\sin\alpha}W = 878.85\text{N}$$

考虑物体有向下滑动的趋势（图 12.2-5c）：

$$\sum Y = 0，N - W\cos\alpha - P\sin\alpha = 0$$
$$N = W\cos\alpha + P\sin\alpha$$
$$\sum X = 0，P\cos\alpha - W\sin\alpha + F = 0$$
$$F = W\sin\alpha - P\cos\alpha$$

补充方程　　　　$F = \mu_s N$

解得

$$P = \frac{\sin\alpha - \mu_s\cos\alpha}{\cos\alpha + \mu_s\sin\alpha}W = 338.29\text{N}$$

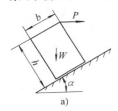
a)
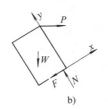
b)
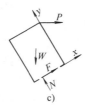
c)
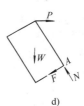
d)
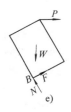
e)

图 12.2-5　放在斜面上的箱体

考虑箱体有向上倒的趋势（图 12.2-5d）：

$$\sum m_A(\boldsymbol{F}) = 0$$

$$W\cos\alpha \frac{b}{2} + W\sin\alpha \frac{h}{2} - P\cos\alpha h = 0$$

$$P = \frac{b\cos\alpha + h\sin\alpha}{2h\cos\alpha}W = 455.34\text{N}$$

考虑箱体有向下倒的趋势（图 12.2-5e）：

$$\sum m_B(\boldsymbol{F}) = 0$$

$$W\sin\alpha \frac{h}{2} - W\cos\alpha \frac{b}{2} - P\cos\alpha h - P\sin\alpha b = 0$$

$$P = \frac{h\sin\alpha - b\cos\alpha}{2(b\sin\alpha + h\cos\alpha)}W = 102.32\text{N}$$

综合比较这四种情况，得到

$$338.29\text{N} \leqslant P \leqslant 445.34\text{N}$$

【例 12.2-6】 一依靠摩擦力提起重物的夹具，由 ABC 和 DEF 两根相同弯杆组成，并由杆 BE 连接。B 和 E 均为铰链，AO、OD 均为绳索，尺寸如图 12.2-6 示，略去弯杆及连杆的质量，试求提起重物时，静摩擦因数 μ_s 应为多大。

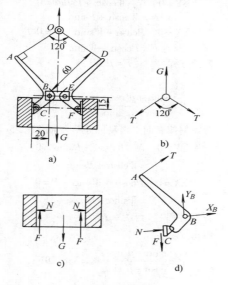

图 12.2-6　夹具

解 考虑临界情况，接触面 C、F 均达到最大摩擦力，注意到结构与受力均为对称的特点，考虑吊环平衡（图 12.2-6b），得

$$T = G$$

考虑重物平衡（图 12.2-6c），得

$$F = G/2$$

考虑弯杆平衡（图 12.2-6d），得

$$\sum m_B(\boldsymbol{F}) = 0, \quad 20F + 15N - 60T = 0$$

将 T、F 代入，解得

$$N = \frac{10}{3}G$$

补充方程　　　　$F = \mu_s N$

可求得

$$\mu_s = \frac{3}{20} = 0.15$$

分析上述结果可知，求得的摩擦因数是极小值。当 $\mu_s > 0.15$ 时，不管载荷 G 有多大，均不会破坏平衡而落下，系统处于摩擦自锁状态。

此题也可用几何法求解，当考虑全反力时物体上只受三个力的作用（例如例中的弯杆只在 A、B、C 三处受力），三个力平衡应该交于一点，全反力 R 与接触面法线间的夹角为摩擦角。在解决楔形滑动机构平衡问题时，常用几何法。

2.3　系统平衡的分析力学方法

2.3.1　虚功方程

具有完整、双面、定常、理想约束的质点系，在某一位置处于平衡的必要与充分条件为：所有作用于该质点系的主动力，在任何虚位移中所作的功之和等于零，即虚功方程

$$\delta W = \sum_{i=1}^{n} \boldsymbol{F}_i \cdot \delta \boldsymbol{r}_i = 0 \qquad (12.2\text{-}9)$$

$$\sum_{i=1}^{n} (X_i \delta x_i + Y_i \delta y_i + Z_i \delta z_i) = 0$$

$$(12.2\text{-}10)$$

式中　　X_i、Y_i、Z_i——i 点作用力的三个投影；

　　　　δx_i、δy_i、δz_i——i 点的虚位移。

2.3.2　虚功方程的应用举例

应用虚功方程解题时，首先要分析机构的自由度数，选择广义坐标，给出虚位移，再列虚功方程。列出虚功方程后，要找各点虚位移和广义坐标变分的关系才能解出所需力之间的关系。

如果约束为非理想约束，将约束力作为主动力处理。摩擦力的方向只取决于系统的运动趋势，与所给的虚位移方向无关。

计算弹性力在虚位移中的虚功时，弹性力的大小与虚位移的大小无关。

对于求约束反力或内力的问题，首先应解除约束（求哪个反力或内力、解除与之相对应的

约束），用对应的反力或内力替代约束对系统的作用，从而将反力或内力"转化"成主动力。

计算转动刚体（或平面运动刚体）上主动力的虚功时，一般将其转化为主动力对转动轴之力矩的虚功。

应用虚功方程解题，一般都是以整个系统为研究对象，各点虚位移 δr_i 与广义坐标变分（虚位移）之间的关系，可由下面二种方法确定。

1. 几何法　几何法又称虚速度法，对于定常约束，实位移是虚位移中的一组。这样就可选择一组实位移 dr_i，并用运动分析中分析速度的方法。寻求各点速度 $\boldsymbol{v}_i = \dfrac{dr_i}{dt}$ 间的关系而得到所对应的 δr_i 之间的关系。

2. 解析法　先选一静坐标系，用广义坐标写出主动力作用点的坐标分析表达式

$$x_i = x_i(q_1, q_2 \cdots\cdots q_k, t)$$
$$y_i = y_i(q_1, q_2 \cdots\cdots q_k, t)$$
$$z_i = z_i(q_1, q_2 \cdots\cdots q_k, t)$$

然后,再对广义坐标取变分得

$$\delta x_i = \sum_{j=1}^{k} \frac{\partial x_i}{\partial q_j} \delta q_j$$

$$\delta y_i = \sum_{j=1}^{k} \frac{\partial y_i}{\partial q_j} \delta q_j$$

$$\delta z_i = \sum_{j=1}^{k} \frac{\partial z_i}{\partial q_j} \delta q_j$$

【例 12.2-7】　在图 12.2-7a 所示螺旋压榨机中，手轮轴两端各有螺距均为 h，但方向相反的螺纹，螺纹上分别套上螺母 A 和 B，螺母又用销子分别与边长为 a 的菱形框架相连，框架上顶点不动，下顶点连在压榨机的水平钢板上。若在压榨机的手轮上作用一力偶矩 M，求当菱形框架的顶角为 2α 时，压榨机给予被压物体的压力。

解　解除被压物体对压榨机的约束，用反力 N 代替。此时，系统具有一个自由度。现用解析法求解。

以固定点 D 为坐标原点，建立 Dxy 轴系，选择 α 角为广义坐标，则

$$x_A = a\sin\alpha$$
$$y_C = 2a\cos\alpha$$

给 α 角一正的虚位移 $\delta\alpha$，则

$$\delta x_A = a\cos\alpha\delta\alpha$$
$$\delta y_C = -2a\sin\alpha\delta\alpha$$

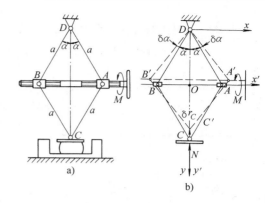

图 12.2-7　螺旋压榨机

手轮轴的螺距为 h，即手轮转一周螺母 A、B 沿水平方向移动 h，所以

$$\delta\varphi : (-\delta x_A) = 2\pi : h$$
$$\delta\varphi = -\frac{2\pi}{h}\delta x_A = -\frac{2\pi a}{h}\cos\alpha\delta\alpha$$

虚功方程

$$M\delta\varphi + (-N)\delta y_C = 0$$
$$M\left(-\frac{2\pi a}{h}\cos\alpha\delta\alpha\right) - N(-2a\sin\alpha\delta\alpha) = 0$$
$$\left(N\sin\alpha - \frac{\pi}{h}M\cos\alpha\right)2a\delta\alpha = 0$$

得

$$N = \frac{\pi}{h}M\cot\alpha$$

于是压榨机给于被压物体的压力

$$N' = N = \frac{\pi}{h}M\cot\alpha$$

【例 12.2-8】　计算拱架在力 F 和 Q 作用下，支座 A、B 所承受的力。

解　先求 X_A，解除 A 点水平方向的约束，换上力 X_A，见图 12.2-8b，并且绘出了各点的虚位移关系，现按力矩作功列虚功方程：

$$Qb\delta\varphi + Fb\delta\varphi - x_A 2b\delta\varphi = 0$$
$$X_A = \frac{F+Q}{2}$$

将 A 点的水平约束恢复。求 Y_A 时、解除 A 点铅垂方向的约束代之以约束力 Y_A，列虚功方程（见图 12.2-8c）：

$$Qb\delta\varphi + Fb\delta\varphi - Y_A 2b\delta\varphi = 0$$
$$Y_A = \frac{F+Q}{2}$$

最后求 B 点的反力 N_B（图 12.2-8d）

$$Qb\delta\varphi - Fb\delta\varphi + N_B \frac{b}{\cos 45°}\delta\varphi\cos 45° = 0$$

$$N_B = F - Q$$

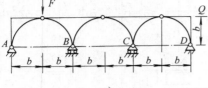

a)

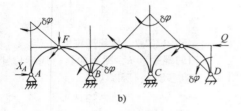

b)

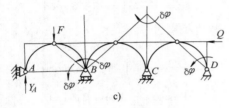

c)

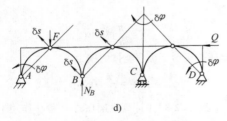

d)

图 12.2-8 拱架

2.3.3 以广义坐标表示的虚功方程、广义力

1. 以广义坐标表示的虚功方程

$$\delta_w = \sum_{j=1}^{k} Q_j \delta q_j = 0 \quad j = 1,2,\cdots,k$$

$$(12.2-11)$$

$$Q_j = \sum_{i=1}^{n} \boldsymbol{F}_i \frac{\partial \boldsymbol{r}_i}{\partial q_i} \qquad (12.2-12)$$

式中 k——系统的自由度数目；

Q_j——广义力。

系统平衡的必要和充分条件是：对应于所有广义坐标的广义力等于零。

2. 广义力的计算 广义力的数目等于系统的自由度数目，Q_j 为对应于广义坐标 q_j 的广义

力。广义力随所选取的广义坐标的不同而表示为不同的物理量，相应的单位为 N 或 N·m。广义力的计算可采用下列三种方法。

$$(1) \quad Q_j = \sum_{i=1}^{n}\left(X_i \frac{\partial x_i}{\partial q_j} + Y_i \frac{\partial y_i}{\partial q_j} + Z_i \frac{\partial z_i}{\partial q_j}\right)$$

$$j = 1,2\cdots k \qquad (12.2-13)$$

$$(2) \quad Q_j = \frac{\Sigma\delta W^{(j)}}{\delta q_j} \quad j = 1,2\cdots k \quad (12.2-14)$$

式中 $\Sigma\delta W^{(j)}$——只令广义坐标 q_j 改变，而其余广义坐标保持不变时，所有主动力在广义虚位移 δq_j 所做虚功之和。

(3) 在势力场中，系统为保守系统

$$Q_j = -\frac{\partial V}{\partial q_j} \quad j = 1,2\cdots k \qquad (12.2-15)$$

式中 V——系统在一般位置时的势能。

2.3.4 保守系统平衡的稳定性

保守系统处于平衡的必要充分条件是

$$\frac{\partial V}{\partial q_j} = 0, \ j = 1,\ 2\cdots k \qquad (12.2-16)$$

即势能 V 有驻值。而平衡位置是否为稳定平衡位置，则要看该平衡位置的势能是否为极小值，只有势能具有极小值，平衡才是稳定的，否则是不稳定的。

以单自由度系统为例，平衡时应有

$$\frac{dV}{dq} = 0$$

当 $\frac{d^2 V}{dq^2} > 0$ 时，此平衡位置是稳定的；当 $\frac{d^2 V}{dq^2} < 0$ 时，平衡是不稳定的；当 $\frac{d^2 V}{dq^2} = 0$ 时，需要分析更高阶的导数。

【例 12.2-9】 要使翻转式运料车的车斗能在铅垂的平衡位置上自动翻斗，车斗重心 C 的高度 h 应为多大？

解 为了能自动翻斗，铅直平衡位置应是不稳定的。

车斗是一个自由度系统，选 φ 为广义坐标，设平衡时水平加筋板上的 A 点与半圆形导轨顶点 A' 重合，当车斗转过角 φ 后，接触点移到 B' 点。选圆心 O 为势能的零点。

$$y_C = r\cos\varphi + \overline{AB}\sin\varphi + h\cos\varphi$$

$$\overline{AB} = \overparen{A'B'} = r\varphi$$

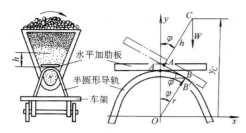

图 12.2-9 翻转式运料车

所以

$$V = W(r\cos\varphi + r\varphi\sin\varphi + h\cos\varphi)$$

平衡位置为

$$\frac{\mathrm{d}V}{\mathrm{d}\varphi} = W(r\varphi\cos\varphi - h\sin\varphi) = 0$$

即

$$r\varphi\cos\varphi - h\sin\varphi = 0$$

$\varphi = 0$ 时，$\dfrac{\mathrm{d}V}{\mathrm{d}\varphi} = 0$，铅垂位置正好是平衡位置，要使此平衡位置是不稳定的，必须令 $\left(\dfrac{\mathrm{d}^2 V}{\mathrm{d}\varphi^2}\right)_{\varphi=0} < 0$。

$$\frac{\mathrm{d}^2 V}{\mathrm{d}\varphi^2} = W(r\cos\varphi - r\varphi\sin\varphi - h\cos\varphi)$$

$$\left(\frac{\mathrm{d}^2 V}{\mathrm{d}\varphi^2}\right)_{\varphi=0} = W(r - h) < 0$$

即

$$r - h < 0$$

于是，为了使车斗能自动翻转，车斗装满料后，其重心的高度 h 应大于圆形导轨的半径 r。

3　运动学分析[1,3,4]

3.1　点的运动

3.1.1　用解析法分析点的运动

1. 点的运动方程建立的方法　动点位置随时间变化规律的数学表达式称为点的运动方程。

a. 运动方程常用的两种形式

（1）直角坐标形式：

$$\left.\begin{array}{l} x = f_1(t) \\ y = f_2(t) \\ z = f_3(t) \end{array}\right\} \tag{12.3-1}$$

（2）弧坐标形式（自然法）：已知点的轨迹，点沿轨迹的运动规律

$$S = f(t) \tag{12.3-2}$$

此外，运动方程还有极坐标、柱坐标、球坐标等其他形式。

b. 运动方程建立的方法　建立点的运动方程时，应先分析点的运动情况（约束条件），选择合适的坐标形式，如点的运动轨迹未知，一般选用直角坐标形式；如点的运动轨迹已知，则选用弧坐标较为简单。列写运动方程式时，要确定坐标原点及坐标轴的正向，并把点置于一般位置上。建立非自由质点运动方程时，根据约束条件，可直接选给定的已知随时间变化规律的独立几何参数为广义坐标，然后把点的坐标表为广义坐标的函数，便得到点的运动方程。

【例 12.3-1】　建立机构中 M 点的运动方程，已知 $O_1 M = R$，$OO_1 = R$，$\varphi = \omega t$。

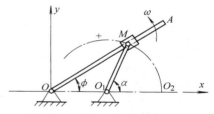

图 12.3-1　机构中点的运动方程

解　直角坐标法：选 O 点为坐标原点，建立坐标 Oxy，以 φ 为广义坐标，则

$$x_M = OM\cos\omega t = 2R\cos^2\omega t$$

$$y_M = OM\sin\omega t = R\sin 2\omega t$$

弧坐标法：由 $O_1 M$ 可以看出，M 点的轨迹是以 R 为半径的圆。已知轨迹，并在轨迹上选 O_2 点为弧坐标原点，定出正向，于是

$$S = \overset{\frown}{O_2 M} = R\alpha = 2R\omega t$$

式中　$\alpha = 2\varphi = 2\omega t$

2. 运动方程与点的速度 $\boldsymbol{v}$、加速度 $\boldsymbol{a}$ 之间的关系。

a. 直角坐标法

$$v_x = \frac{dx}{dt} = \dot{x}$$
$$v_y = \frac{dy}{dt} = \dot{y}$$
$$v_z = \frac{dz}{dt} = \dot{z}$$
(12.3-3)

$$v = \sqrt{v_x^2 + v_y^2 + v_z^2} = \sqrt{\dot{x}^2 + \dot{y}^2 + \dot{z}^2}$$

$$\cos(\boldsymbol{v},\boldsymbol{i}) = \frac{\dot{x}}{v}, \cos(\boldsymbol{v},\boldsymbol{j}) = \frac{\dot{y}}{v}, \cos(\boldsymbol{v},\boldsymbol{k}) = \frac{\dot{z}}{v}$$

$$a_x = \frac{dv_x}{dt} = \frac{d^2x}{dt^2} = \ddot{x}$$
$$a_y = \frac{dv_y}{dt} = \frac{d^2y}{dt^2} = \ddot{y}$$
$$a_z = \frac{dv_z}{dt} = \frac{d^2z}{dt^2} = \ddot{z}$$
(12.3-4)

$$a = \sqrt{a_x^2 + a_y^2 + a_z^2} = \sqrt{\ddot{x}^2 + \ddot{y}^2 + \ddot{z}^2}$$

$$\cos(\boldsymbol{a},\boldsymbol{i}) = \frac{\ddot{x}}{a}, \cos(\boldsymbol{a},\boldsymbol{j}) = \frac{\ddot{y}}{a}, \cos(\boldsymbol{a},\boldsymbol{k}) = \frac{\ddot{z}}{a}$$

b. 弧坐标法

$$\boldsymbol{v} = \frac{ds}{dt}\boldsymbol{\tau} = v\boldsymbol{\tau} \qquad (12.3\text{-}5)$$

$$v = \frac{ds}{dt}$$

$$\boldsymbol{a} = \boldsymbol{a}_\tau + \boldsymbol{a}_n = a_\tau \boldsymbol{\tau} + a_n \boldsymbol{n} \qquad (12.3\text{-}6)$$

$$a_\tau = \frac{dv}{dt} = \frac{d^2s}{dt^2}$$
$$a_n = \frac{v^2}{\rho}$$
(12.3-7)

$$a = \sqrt{a_\tau^2 + a_n^2}$$

$$\tan\alpha = \frac{|a_\tau|}{a_n}$$

式中 $\boldsymbol{\tau}$——轨迹切线方向的单位矢量；

n——主法线方向单位矢量。

3.1.2 用合成法分析点的运动

1. 运动的分解与合成

a. 绝对运动、相对运动、牵连运动 运动的分解与合成是指同一点相对两个有相对运动参考系的运动之间的关系。选定其中的一个参考系作为固定参考系，简称定系，工程上一般把固结在地球表面上的坐标系认作定系。另一个相对定系有运动的参考系就成为动参考系，简称动系。被研究的点就称为动点。动点相对于定系的运动方程、速度和加速度，称为动点的绝对运动方程、绝对速度和绝对加速度；动点相对于动系的运动方程、速度和加速度，称为动点的相对运动方程、相对速度和相对加速度。动系相对于定系

的运动称为牵连运动，它属于刚体的运动范畴。这三种运动之间的关系为：

$$(绝对运动)\xrightarrow[\text{合成}]{\text{分解}}(牵连运动)+(相对运动)$$

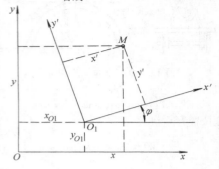

图 12.3-2 平面曲线运动

例如以 M 点作平面曲线运动（图 12.3-2）为例：

定坐标系：Oxy

动坐标系：$O_1x'y'$

相对运动：$x' = x'(t)$，$y' = y'(t)$

绝对运动：$x = x(t)$，$y = y(t)$

牵连运动：$x_{O1} = x_{O1}(t)$，$y_{O1} = y_{O1}(t)$，$\varphi = \varphi(t)$

由图上关系可得

$$x = x_{O1} + x'\cos\varphi - y'\sin\varphi$$
$$y = y_{O1} + x'_O\sin\varphi + y'\cos\varphi$$

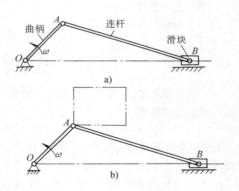

图 12.3-3 曲柄滑块机构

b. 动点、动系选取的原则 动系对定系要作确定的运动，最好为平动或定轴转动。动系可以从周围实际物体中选取，也可在周围有关的点上虚构出来（一般总是虚构出一个作平动的参考系最为简便）。例如在图 12.3-3 的曲柄滑块机构中。如果要分解滑块上铰链中心 B 点的绝对运动（直线运动）。那么可取曲柄为动系，也可

设想在 A 点铰接一个作平动的参考系作动系（虚线表示的方框），前者，牵连运动为曲柄所作的定轴转动，相对运动为以 A 为圆心，连杆长为半径的圆周运动；后者，牵连运动为虚设方框所作的平动，相对运动也为绕 A 点的圆周运动，但角速度，角加速度与前者不一样。

动点相对于动系运动的相对轨迹要易于确定或者是明显给出。在分析机构运动时，动点和动系的选择是相互关联的。一般动点可从两个运动构件的连结点或接触点中去选取，而动系则应取动点与其有清晰的相对轨迹的刚体。

2. 速度、加速度的分解与合成关系

a. 速度合成定理

$$v_a = v_e + v_r \qquad (12.3\text{-}8)$$

式中　v_r——动点的绝对速度；

　　　v_r——动点的相对速度；

　　　v_e——动点的牵连速度，它是在指定瞬时，动系上与动点相重合之点的速度。

b. 加速度合成定理　牵连运动为平动时，

$$a_a = a_e + a_r \qquad (12.3\text{-}9)$$

牵连运动为定轴转动或为更一般运动时，

$$a_a = a_e + a_r + a_k \qquad (12.3\text{-}10)$$

式中　a_a——动点的绝对加速度；

　　　a_r——动点的相对加速度；

　　　a_e——动点的牵连加速度，它是在指定瞬时，动系上与动点相重合之点的加速度；

　　　a_k——哥氏加速度，它是由于牵连运动有转动时，牵连运动与相对运动相互影响而产生的附加加速度。

哥氏加速度 a_k 的计算公式为

$$a_k = 2\boldsymbol{\omega} \times v_r \qquad (12.3\text{-}11)$$

式中，$\boldsymbol{\omega}$ 为牵连转动的角速度，v_r 为相对速度。

【例 12.3-2】　在牛头刨的滑道摇杆机构（图 12.3-4）中，曲柄 OA 以匀角速度 ω_0 逆时针方向转动，已知 $OA = r$，$OD = \sqrt{3}r$，$h = 2\sqrt{3}r$，且 O 点与 D 点在同一铅直线上，试求曲柄 OA 转至图示水平位置时，水平滑道中滑块 C 的速度和加速度。

解　欲求 C 点的运动，要先分析摆杆 BC 的动，由于杆件连接点处有滑动，采用点的合成运

动法求解，选地面为定参考系，取绕 D 轴转动的滑块 D 为动参考系，在其上固结坐标系 $Dx'y'$，然后依次选择滑块 A 和 C 为动点，它们相对于动系的运动为沿 CD 的直线运动。

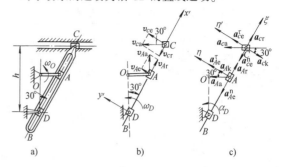

图 12.3-4　滑道摆杆机构

1）求速度。先分析动点 A 的运动与速度。A 点的绝对运动为 A 点绕 O 点的匀速圆周运动，$v_{Aa} = r\omega_0$。相对运动为沿 DC 作直线运动。牵连运动为滑块 D 作定轴转动，牵连速度为此瞬时与 A 点重合的点 A' 绕定轴转动的速度 $v_{Ae} = DA \cdot \omega_D$。根据速度合成定理

$$v_{Aa} = v_{Ae} + v_{Ar}$$

上式中，考虑各速度的大小、方向，只有 v_{Ar} 和 v_{Ae} 二个未知量，利用矢量合成的几何关系，可得

$$v_{Ar} = v_{Aa}\cos 30° = \frac{\sqrt{3}}{2}r\omega_0 \quad \text{方向沿 } AC,\text{指向 } C \text{ 点}$$

$$v_{Ae} = v_{Aa}\sin 30° = \frac{1}{2}r\omega_0 \quad \text{方向} \perp DA,\text{指向左上方}$$

由　$v_{Ae} = DA \cdot \omega_D = \dfrac{r}{\sin 30°}\omega_D$，求得

$$\omega_D = \frac{1}{2}\omega_0 \sin 30° = \frac{1}{4}\omega_0 \quad \text{逆时针方向转动}$$

再分析 C 点的运动与速度。C 点的绝对运动为沿水平作直线运动，相对运动为沿 DAC 作直线运动，牵连运动仍为滑块 D 作定轴转动，牵连速度 $v_{Ce} = DC \cdot \omega_D = \dfrac{h}{\cos 30°}\omega_D = r\omega_0$。根据速度合成定理，有

$$v_{Ca} = v_{Ce} + v_{Cr}$$

考虑速度的大小、方向，该式中只有 v_{Ca} 和 v_{Cr} 两个未知量，利用矢量合成的几何关系，得

$$v_{Ca} = \frac{v_{Ce}}{\cos 30°} = \frac{2\sqrt{3}}{3}r\omega_0 \quad \text{方向为水平向左}$$

$$v_{Cr} = v_{Ce}/\tan 30° = \frac{\sqrt{3}}{3}r\omega_O \text{ 方向沿 } CD, \text{指向 } D \text{ 点}$$

2）求加速度。滑块 A 的加速度、各加速大小，方向的已知情况如表 12.3-1。

表 12.3-1　滑块 A 的加速度

	a_{Aa}	a_{Ae}		a_{Ak}		a_{Ar}
		a_{Ae}^{τ}	a_{Ae}^{n}			
大小	$r\omega_O^2$	未知	$DA\omega_D^2$	$2\,v_{Ar}$	$\omega_D\sin 90°$	未知
方向	指向 O 点	$\perp AD$	指向 D 点	$\perp OA$,	指向如图	沿 DA

其中，

$$a_{Ae}^n = DA \cdot \omega_D^2 = \frac{1}{8}r\omega_O^2, \quad a_{Ae}^{\tau} = DA\alpha_D$$

$$a_{Ak} = 2v_{Ar}\omega_D = \frac{\sqrt{3}}{4}r\omega_O^2$$

根据加速度合成定理，有

$$\boldsymbol{a}_{Aa} = \boldsymbol{a}_{Ae}^{\tau} + \boldsymbol{a}_{Ae}^n + \boldsymbol{a}_{Ar} + \boldsymbol{a}_{Ak} \tag{1}$$

在此平面矢量合成式中，仅有二个未知量。由于矢量数目多，采用解析法求解。选坐标轴 ξ、η 分别垂直于未知量 $\boldsymbol{a}_{Ae}^{\tau}$ 和 $\boldsymbol{a}_{Ar}$，按式（1）投影到 η 轴上，有

$$a_{Aa}\cos 30° = a_{Ae}^{\tau} + a_{Ak}$$

将 a_{Aa}，a_{Ak} 及 $a_{Ae}^{\tau} = DA \cdot \alpha_D = 2r\alpha_D$ 代入，求得

$$\alpha_D = \frac{\sqrt{3}}{8}\omega_O^2 \text{ 转向为逆时针}$$

用相同的方法分析 C 点的加速度，C 点的加速度情况见表 12.3-2。

表 12.3-2　C 点的加速度

	a_{Ca}	a_{Ce}		a_{Cr}	a_{Ck}
		a_{Ce}^{τ}	a_{Ce}^{n}		
大小	未知	$CD\alpha_D$	$CD\omega_D^2$	未知	$2v_{Cr}\omega_D$
方向	沿水平方向	$\perp CD$ 与 α_D 一致	指向 D 点	沿 CD	$\perp CD$, 指向如图

其中

$$a_{Ce}^n = CD \cdot \omega_D^2 = \frac{1}{4}r\omega_O^2, \quad a_{Ce}^{\tau} = CD \cdot \alpha_D = \frac{\sqrt{3}}{2}r\omega_O^2$$

$$a_{Ck} = 2v_{Cr}\omega_D = \frac{\sqrt{3}}{6}r\omega_O^2$$

由加速度合成定理，有

$$\boldsymbol{a}_{Ca} = \boldsymbol{a}_{Ce}^{\tau} + \boldsymbol{a}_{Ce}^n + \boldsymbol{a}_{Cr} + \boldsymbol{a}_{Ck} \tag{2}$$

取 η' 轴垂直于未知量 a_{Cr}，将式（2）向 η' 轴投影，有

$$a_{Ca}\cos 30° = a_{Ce}^{\tau} - a_{Ck}$$

将 a_{Ce}^{τ}、a_{Ck} 数值代入，得

$$a_{Ca} = \frac{2}{3}r\omega_O^2, \text{ 方向为水平向左。}$$

3.2　刚体的运动

3.2.1　刚体运动的分类

约束能限制刚体某些方向的运动，改变受约束的方式，可使刚体实现不同形式的运动。按约束限制物体运动的特点，把非自由刚体的运动分为以下几类。

（1）平行移动（平动）：当刚体运动时，体内任意直线的方位始终不变。

（2）定轴转动：刚体运动时，体内（或扩大部分）有一直线保持不动。

（3）平面运动：刚体运动时，体内任意点与某固定平面的距离保持不变。

（4）定点运动：刚体运动时，体内有一点始终静止不动。

（5）一般运动：完全不受约束的自由刚体，可在空间作任意的运动。

3.2.2　平动刚体的运动分析与计算

平动刚体的运动特点是：刚体上各点的轨迹相同，在同一瞬时各点的速度、加速度相同。因此，平动刚体的运动可归结为刚体上任一点的运动。

3.2.3　定轴转动刚体的运动分析与计算

1. 转动方程、角速度、角加速度　刚体作定轴转动时，一般用它绕定轴转动的角位移坐标 φ 描述其运动，φ 以弧度计。刚体绕定轴转动运动方程为

$$\varphi = f(t) \tag{12.3-12}$$

刚体的角速度

$$\omega = \frac{\mathrm{d}\varphi}{\mathrm{d}t} \tag{12.3-13}$$

单位为 rad/s，工程上常用 $n(\mathrm{r/min})$ 表示转速，它与 ω 的关系为

$$\omega = \frac{n\pi}{30} \tag{12.3-14}$$

刚体的角加速度

$$\alpha = \frac{\mathrm{d}\omega}{\mathrm{d}t} = \frac{\mathrm{d}^2\varphi}{\mathrm{d}t^2} \tag{12.3-15}$$

单位为 rad/s^2。

φ、ω、α 均为代数量，$\omega > 0$，$\alpha > 0$，表示转向与 φ 相同，反之则相反。

用矢量表示刚体的角速度、角加速度。

在讨论某些复杂问题时，把角速度、角加速

度定义为矢量则比较方便，若 $\boldsymbol{\omega}$、$\boldsymbol{\alpha}$ 分别表示某瞬时刚体的角速矢量和角加速度矢量，则规定 $\boldsymbol{\omega}$、$\boldsymbol{\alpha}$ 矢量的作用线都沿刚体的转轴，它们的模则表示该瞬时角速度和角加速度的大小，矢量的指向按转向由右手螺旋法则确定，如以 $\boldsymbol{k}$ 表示沿转动轴的单位矢量，且其指向与转动坐标 φ 符合右手螺旋法则。则

$$\boldsymbol{\omega} = \omega \boldsymbol{k} = \dot{\varphi}\,\boldsymbol{k}$$

$$\boldsymbol{\alpha} = \alpha \boldsymbol{k} = \dot{\omega}\boldsymbol{k} = \ddot{\varphi}\,\boldsymbol{k}$$

2. 转动刚体上点的速度和加速度　刚体作定轴转动时，其上各点都在垂直于转轴的平面上作圆周运动，半径为该点到转轴的距离 R。刚体上任一点的速度，切向与法向加速度分别为

$v = R\omega$，方向与 ω 转向一致；

$a_\tau = R\alpha$，方向与 α 转向一致；

$a_n = R\omega^2$，方向指向转轴。

当用矢量表示角速度及角加速度时，速度及切向、法向加速度的矢量为

$$\boldsymbol{v} = \boldsymbol{\omega} \times \boldsymbol{r}$$

$$\boldsymbol{a}_\tau = \boldsymbol{\alpha} \times \boldsymbol{r}$$

$$\boldsymbol{a}_n = \boldsymbol{\omega} \times \boldsymbol{v}$$

式中 r 为由转轴上任一点引向该点的矢径。

3.2.4 平面运动刚体的运动分析与计算

1. 平面图形的运动方程　刚体的平面运动可用平面图形在自身平面内的运动来代表。在任一瞬时，平面图形的位置由基点的坐标及绕基点的转角来决定。平面图形(图 12.3-5)的运动方程为

$$\left.\begin{aligned} x_A &= f_1(t) \\ y_A &= f_2(t) \\ \varphi &= f_3(t) \end{aligned}\right\} \qquad (12.3\text{-}16)$$

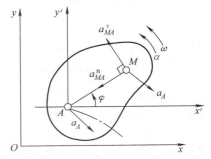

图 12.3-5　平面图形的运动方程

在基点 A 上建立作平动的平动坐标系 $Ax'y'$ 则平面运动可看成为随基点 A 的平动与绕基点 A 的定轴转动的合成。随基点 A 的平动与基点的选择有关，绕基点的转动与基点的选择无关。即转

动角速度 ω、角加速度 α 与基点的选择无关，称为图形的角速度及角加速度。

2. 用基点法计算点的速度及加速度

a. 基点法（合成法）求点的速度　平面图形上任一点 M（见图 12.3-6）的速度等于随基点 A 的速度 $\boldsymbol{v}_A$ 与该点绕基点转动的速度 $\boldsymbol{v}_{MA}$ 的矢量和，即

$$\boldsymbol{v}_M = \boldsymbol{v}_A + \boldsymbol{v}_{MA} \qquad (12.3\text{-}17)$$

其中 $\boldsymbol{v}_{MA} \perp \overline{MA}$，大小等于 $AM \cdot \omega$，ω 为图形的角速度。

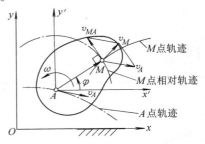

图 12.3-6　基点法求点的速度

b. 速度投影定理　平面图形内任意两点 A、M 的速度 $\boldsymbol{v}_A$、$\boldsymbol{v}_M$ 在两点连线上的投影彼此相等，即

$$\left[\boldsymbol{v}_A \right]_{AM} = \left[\boldsymbol{v}_M \right]_{AM} \qquad (12.3\text{-}18)$$

c. 基点法求点的加速度　平面图形上任一点 M（图 12.3-7）的加速度 $\boldsymbol{a}_M$ 等于随基点的加速度 $\boldsymbol{a}_A$ 与该点绕基点转动的加速度 $\boldsymbol{a}_{MA}$ 的矢量和

$$\boldsymbol{a}_M = \boldsymbol{a}_A + \boldsymbol{a}_{MA} = \boldsymbol{a}_A + \boldsymbol{a}_{MA}^\tau + \boldsymbol{a}_{MA}^n \qquad (12.3\text{-}19)$$

其中　$a_{MA}^\tau = MA \cdot \alpha$　方向垂直于 MA，指向与 α 转向一致；

$a_{MA}^n = MA \cdot \omega^2$　方向由 M 指向 A 点。

由于矢量较多,计算时应用矢量投影定理求解。

图 12.3-7　基点法求点的加速度

【例 12.3-3】 四连杆机构如图 12.3-8a 示，已知曲柄 OA 长 r，连杆 AB 长 $2r$，摇杆 O_1B 长 $2\sqrt{3}r$，在给定瞬时，四连杆运动到图 12.3-8a 示位置，点 O、B、O_1 在同一水平线上，而曲柄 OA 与水平线垂直，如曲柄的角速度为 ω_0，角加速度 $\alpha_0 = \sqrt{3}\omega_0^2$，求点 B 的速度和加速度。

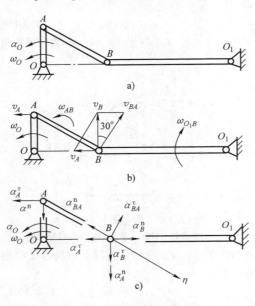

图 12.3-8　四连杆机构

解　先求 B 点的速度。

已知 $v_A = r\omega_0$，以 A 为基点，则

$$\boldsymbol{v}_B = \boldsymbol{v}_A + \boldsymbol{v}_{BA}$$

作矢量合成图 12.3-8b。由几何关系得

$$v_{BA} \cdot \sin 30° = v_A$$

得

$$v_{BA} = 2r\omega_0$$

又

$$v_A = v_B \tan 30°$$

$$v_B = \sqrt{3}r\omega_0$$

由 $v_{BA} = BA \cdot \omega_{AB} = 2r\omega_0$ 得

$$\omega_{AB} = \frac{v_{BA}}{AB} = \omega_0 \quad \text{转向为逆时针}$$

$$\omega_{O_1B} = v_B/O_1B = \omega_0/2 \quad \text{转向为顺时针。}$$

再求 B 点的加速度。以 A 为基点，有

$$\boldsymbol{a}_B^{\tau} + \boldsymbol{a}_B^{n} = \boldsymbol{a}_A^{\tau} + \boldsymbol{a}_A^{n} + \boldsymbol{a}_{BA}^{\tau} + \boldsymbol{a}_{BA}^{n}$$

式中各量的情况见表 12.3-3。矢量合成见图 12.3-8c

表 12.3-3　各量的情况

	a_B^{τ}	a_B^{n}	a_A^{τ}	a_A^{n}	a_{BA}^{τ}	a_{BA}^{n}
大小	未知	$O_1B\omega_{O_1B}^2$	$r\alpha_0$	$r\omega_0^2$	未知	$AB\omega_{AB}^2$
方向	$\perp BO_1$	指向 O_1	水平向左	指向 O 点	$\perp AB$	指向 A 点

其中　$a_B^{n} = \dfrac{\sqrt{3}}{2}r\omega_0^2$；

$$a_A^{\tau} = r\alpha_0 = \sqrt{3}r\omega_0^2；\quad a_A^{n} = r\omega_0^2；$$

$$a_{BA}^{n} = 2r\omega_0^2。$$

按要求只需求出 a_B^{τ}，故选择与 a_{BA}^{τ} 垂直的 η 轴，将合成公式向 η 轴投影，有

$$a_B^{\tau}\sin 30° + a_B^{n}\cos 30° = -a_A^{\tau}\cos 30° + a_A^{n}\sin 30° - a_{BA}^{n}$$

由此求得

$$a_B^{\tau} = -\frac{15}{2}r\omega_0^2$$

B 点的加速度

$$a_B = \sqrt{(a_B^{\tau})^2 + (a_B^{n})^2} = \sqrt{57}r\omega_0^2 = 7.56r\omega_0^2$$

$$\tan(\boldsymbol{a}_B, \boldsymbol{a}_B^{n}) = \frac{|a_B^{\tau}|}{a_B^{n}} = 8.66$$

3. 用瞬心法计算点的速度和加速度

a. 速度瞬心　在任意瞬时、平面图形上速度为零的点称为速度瞬心，也称瞬时速度中心或称瞬心，用点 P 表示。平面图形在该瞬时的运动可视为绕速度中心的转动。图形上任一点 M 的速度 $\boldsymbol{v}_m$，其方向垂直于 PM 连线，且与图形的角速度 ω 转向一致，而大小则为

$$v_m = PM\omega$$

不同情况下，确定速度瞬心的方法见表 12.3-4。

表 12.3-4　速度瞬心的确定

条件	沿固定表面只滚不滑	已知 $\boldsymbol{v}_A$ 及图形的角速度 ω
方法		
条件	已知 $\boldsymbol{v}_A$ 及 $\boldsymbol{v}_B$ 的速度方位，但不平行	已知 $\boldsymbol{v}_A \perp \boldsymbol{v}_B$，作瞬时平动
方法		

条件	已知 v_A ∥ v_B 且反向, 并⊥AB	已知 v_A ∥ v_B , 并⊥AB, 但大小不等
方法		

（续）

b. 加速度瞬心　在任意瞬时，平面图形上加速度为零的点称为加速度瞬心，或称瞬时加速度中心，用点 Q 表示。平面图形上各点加速度的分布情况就像图形绕加速度瞬心 Q 作定轴转动时加速度分布情况一样。任意点 M 的加速度

$$a_M = a_{MQ}^\tau + a_{MQ}^n$$

式中　$a_{MQ}^\tau = MQ\alpha$，方向⊥MQ，指向与 α 转向一致

$$a_{MQ}^n = MQ\omega^2 \quad 方向指向 Q 点$$

必须注意，速度瞬心与加速度瞬心是两个不同的点，一般并不重合。

确定加速度瞬心的位置一般并不容易，只有在特殊情况下才能较方便地确定，例如，当该瞬时，图形转动的角速度 $\omega = 0$ 即瞬时平动时，此时，图形上各点只有 a_{MQ}^n，因此可以仿照求速度瞬心类似的方法，过各点作各点加速度的垂线，垂线交点即为加速度瞬心；当图形的角加速度 $\alpha = 0$ 时，各点只有 a_{MQ}^τ，所有各点的加速度都汇交一点，一般只要图形上有三个点的加速度汇交一点，则该点即为加速度中心。确定加速度瞬心位置的一般方法可参阅有关书籍。

【例 12.3-4】　一行星轮减速机构（图 12.3-9）的太阳轮 1 绕 O_1 轴转动，带动行星轮 2 沿固定齿圈 3 滚动，行星轮 2 又带动其轴架 H（系杆）绕 O_H 轴转动，已知各齿轮节圆半径 r_1、r_2、r_3，求传动比 i_{1H}（即 ω_1/ω_H）。

解　在机构中，轮 1 和系杆 H 作定轴转动，行星轮 2 作平面运动，轮 2 沿齿圈 3 滚而不滑，啮合点 P 就是轮 2 的速度瞬心。于是

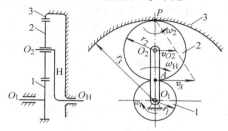

图 12.3-9　减速机构

$$v_A = O_1A\omega_1 = PA\omega_2$$

即

$$r_1\omega_1 = 2r_2\omega_2 \tag{1}$$

又

$$v_{O_2} = PO_2\omega_2 = O_1O_2\omega_H = (r_1 + r_2)\omega_H$$

即

$$r_2\omega_2 = (r_1 + r_2)\omega_H \tag{2}$$

联立式（1）和式（2），求得

$$r_1\omega_1 = 2(r_1 + r_2)\omega_H = (r_1 + r_3)\omega_H$$

所以

$$i_{1H} = \frac{\omega_1}{\omega_H} = \frac{r_1 + r_3}{r_1} = \frac{z_1 + z_3}{z_1}$$

式中　z_1、z_3 分别为齿轮 1、齿圈 3 的齿数。

【例 12.3-5】　在椭圆规机构（图 12.3-10）中，曲柄 OD 以匀角速度绕 O 轴转动。$OD = AD = BD = l$，求 $\varphi = 60°$ 时，尺 AB 的角速度、角加速度和点 A 的速度、加速度。

解　尺 AB 作平面运动，先求速度瞬心。作 AB 两点速度的垂线，得速度瞬心 P 点，于是，D 点的速度

$$v_D = OD\omega = PD\omega_{AB}$$

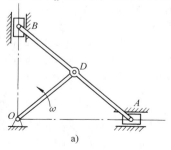

a)

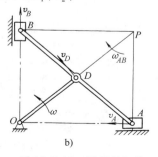

b)

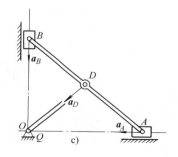

c)

图 12.3-10　椭圆规机构

由于 $OD = PD$，所以

$$\omega_{AB} = \omega \quad \text{转向为顺时针}$$

$$v_A = PA\omega_{AB} = 2l\cos30°\omega = \sqrt{3}l\omega \quad \text{方向水平向左}$$

再求加速度。由约束条件知 a_A 和 a_B 汇交于 O 点，再由 OD 为匀角速度转动、D 点的加速度只有 $a_D^n = l\omega^2$，指向 O 点，因此在 AB 杆上有 A、B、D 三点的加速度汇交于 O 点，O 点即为尺 AB 在此瞬时的加速度瞬心 Q，于是

$$\alpha_{AB} = 0$$

$$a_A = a_{AQ}^n = AQ\omega_{AB}^2 = l\omega^2 \quad \text{方向水平向左}$$

3.2.5 定点运动刚体的运动分析与计算

1. 绕定点运动刚体的运动方程

a. 运动方程 描述刚体的定点运动(图 12.3-11)，除固定坐标系 $Oxyz$ 外，在刚体上作一个固结于它的动坐标系 $Ox'y'z'$，称为连体坐标系。确定了动坐标系 $Ox'y'z'$ 相对于定坐标系的位置，也就确定了刚体的位置。动坐标平面 $Ox'y'$ 与定坐标平面 Oxy 的交线 ON 称为节线，刚体的位置由三个欧拉角确定。三个欧拉角是：绕 OZ 轴转动的进动角 ψ，绕节线 ON 转动的章动角 θ 和绕 Oz' 轴转动的自转角 φ，三个欧拉角都按右手法则确定其正负。于是，刚体绕定点的运动方程为

$$\left.\begin{array}{l}\psi = f_1(t)\\\theta = f_2(t)\\\varphi = f_3(t)\end{array}\right\} \qquad (12.3\text{-}20)$$

b. 刚体绕定点运动的瞬时角速度矢量、瞬时角加速度矢量 定点运动刚体在每瞬时的运动，可以看成是绕某一瞬时轴的瞬时转动，瞬时转动轴通过刚体的定点，在不同瞬时，瞬时轴在空间据有不同位置，并且它在刚体内的位置也是变化的。找到了瞬时轴，刚体上各点的速度分布就像刚体绕瞬时转动轴作定轴转动一样。

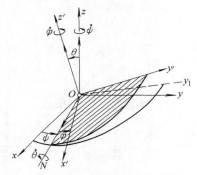

图 12.3-11 绕定点运动刚体

已知运动方程，角速度矢 $\boldsymbol{\omega}$ 由下式确定：

$$\boldsymbol{\omega} = \dot{\boldsymbol{\psi}} + \dot{\boldsymbol{\theta}} + \dot{\boldsymbol{\varphi}}$$

角速度矢 $\boldsymbol{\omega}$ 在动坐标系 $Ox'y'z'$ 上的投影为

$$\left.\begin{array}{l}\omega_{x'} = \dot{\psi}\sin\theta\sin\varphi + \dot{\theta}\cos\varphi\\\omega_{y'} = \dot{\psi}\sin\theta\cos\varphi - \dot{\theta}\sin\varphi\\\omega_{z'} = \dot{\psi}\cos\theta + \dot{\varphi}\end{array}\right\} \quad (12.3\text{-}21)$$

角速度矢为

$$\boldsymbol{\omega} = \omega_{x'}\boldsymbol{i}' + \omega_{y'}\boldsymbol{j}' + \omega_{z'}\boldsymbol{k}'$$

瞬时角速度的大小为

$$\omega = \sqrt{\omega_{x'}^2 + \omega_{y'}^2 + \omega_{z'}^2}$$

其方向用它在动坐标系 $Ox'y'z'$ 中的方向余弦确定。

刚体绕定点运动的瞬时角加速度矢

$$\boldsymbol{\alpha} = \frac{\mathrm{d}\boldsymbol{\omega}}{\mathrm{d}t} = \frac{\widetilde{\mathrm{d}\boldsymbol{\omega}}}{\mathrm{d}t} + \boldsymbol{\omega}\times\boldsymbol{\omega} = \frac{\widetilde{\mathrm{d}\boldsymbol{\omega}}}{\mathrm{d}t}$$

式中，$\dfrac{\widetilde{\mathrm{d}\boldsymbol{\omega}}}{\mathrm{d}t}$ 为相对导数。

通常 $\boldsymbol{\alpha}$ 与 $\boldsymbol{\omega}$ 不重合，$\boldsymbol{\alpha}$ 在动坐标系 $Ox'y'z'$ 轴上的投影为

$$\alpha_{x'} = \frac{\mathrm{d}\omega_{x'}}{\mathrm{d}t}, \quad \alpha_{y'} = \frac{\mathrm{d}\omega_{y'}}{\mathrm{d}t}, \quad \alpha_{z'} = \frac{\mathrm{d}\omega_{z'}}{\mathrm{d}t}$$

2. 定点运动刚体内各点的速度及加速度

在每瞬时，刚体绕定点运动可看成以角速度 $\boldsymbol{\omega}$ 绕瞬时轴转动，刚体上各点的速度为

$$\boldsymbol{v} = \boldsymbol{\omega}\times\boldsymbol{r} \qquad (12.3\text{-}22)$$

它在动坐标系 $Ox'y'z'$ 各轴上的投影为

$$v_{x'} = \omega_{y'}z' - \omega_{z'}y'$$
$$v_{y'} = \omega_{z'}x' - \omega_{x'}z'$$
$$v_{z'} = \omega_{x'}y' - \omega_{y'}x'$$

速度大小为

$$v = \sqrt{v_{x'}^2 + v_{y'}^2 + v_{z'}^2}$$

$\boldsymbol{v}$ 的方向用它在动坐标系中的方向余弦确定。

定点运动刚体内各点的加速度

$$\boldsymbol{a} = \boldsymbol{\alpha}\times\boldsymbol{r} + \boldsymbol{\omega}\times\boldsymbol{v} \qquad (12.3\text{-}23)$$

式中 $\boldsymbol{\alpha}\times\boldsymbol{r}$——旋转加速度；

$\boldsymbol{\omega}\times\boldsymbol{v}$——向轴加速度。

将其投影到坐标系 $Ox'y'z'$ 上为

$$a_{x'} = \alpha_{y'}z' - \alpha_{z'}y' + \omega_{x'}(\omega_{x'}x' + \omega_{y'}y' + \omega_{z'}z') - \omega^2x'$$
$$a_{y'} = \alpha_{z'}x' - \alpha_{x'}z' + \omega_{y'}(\omega_{x'}x' + \omega_{y'}y' + \omega_{z'}z') - \omega^2y'$$
$$a_{z'} = \alpha_{x'}y' - \alpha_{y'}x' + \omega_{z'}(\omega_{x'}x' + \omega_{y'}y' + \omega_{z'}z') - \omega^2z'$$

点的全加速度 $\boldsymbol{a}$ 的大小为

$$a = \sqrt{a_{x'}^2 + a_{y'}^2 + a_{z'}^2}$$

$\boldsymbol{a}$ 的方向用它在动坐标系中的方向余弦确定。

【**例 12.3-6**】 圆锥滚子在水平的圆锥环形支座上作无滑动的滚动（图 12.3-12），滚子底

面半径 $R = 10\sqrt{2}$cm，顶角 $2\alpha = 90°$，滚子中心 A 沿其轨道的速度为常数 $v_A = 20$cm/s，求圆锥滚子上 B 点和 C 点的速度及加速度。

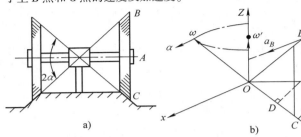

图 12.3-12

解 先确定瞬时转动轴 ω 及角加速度矢 ε，圆锥只滚不滑，C 点的速度为零，所以 OC 即为瞬时转动轴。由 A 点向 OC 作垂线 AD，则

$$v_A = \omega AD = \omega R\cos 45°$$

得

$$\omega = \frac{v_A}{R\cos 45°} = 2\text{rad/s}$$

瞬时角速度矢量

$$\boldsymbol{\omega} = (-\sqrt{2}\boldsymbol{j} + \sqrt{2}\boldsymbol{k})\,\text{rad/s}$$

当滚子滚动时，矢量 $\boldsymbol{\omega}$ 大小不变，但绕 Oz 轴作圆锥运动，圆锥运动的角速度

$$\omega' = \frac{v_A}{OA} = \frac{v_A}{R} = \sqrt{2}\text{rad/s}$$

由角加速度 $\boldsymbol{\alpha} = \dfrac{\mathrm{d}\boldsymbol{\omega}}{\mathrm{d}t}$ 为矢量 $\boldsymbol{\omega}$ 端点的速度，于是

$$\alpha = \omega\sin 45°\omega' = 2\text{rad/s}^2$$

方向如图示，顺 x 轴正向。所以角加速度矢量

$$\boldsymbol{\alpha} = 2\boldsymbol{i}\ \text{rad/s}^2$$

现在再来求 B、C 两点的速度及加速度。

B 点：

$$\boldsymbol{r}_B = (10\sqrt{2}\boldsymbol{j} + 10\sqrt{2}\boldsymbol{k})\ \text{cm}$$

$$\boldsymbol{v}_B = \boldsymbol{\omega} \times \boldsymbol{r}_B = 40\boldsymbol{i}\ \text{cm/s}$$

$$\boldsymbol{a}_B = \boldsymbol{\alpha} \times \boldsymbol{r}_B + \boldsymbol{\omega} \times \boldsymbol{v}_B$$

$$= (-60\sqrt{2}\boldsymbol{j} - 20\sqrt{2}\boldsymbol{k})\ \text{cm/s}^2$$

C 点：

$$\boldsymbol{r}_C = (10\sqrt{2}\boldsymbol{j} - 10\sqrt{2}\boldsymbol{k})\ \text{cm}$$

$$\boldsymbol{v}_C = \boldsymbol{\omega} \times \boldsymbol{r}_C = 0$$

$$\boldsymbol{a}_C = \boldsymbol{\alpha} \times \boldsymbol{r}_C = (20\sqrt{2}\boldsymbol{j} + 20\sqrt{2}\boldsymbol{k})\ \text{cm/s}^2$$

3.2.6 一般运动刚体的运动分析与计算

在刚体上任选一基点 O'，建立一平动坐标系 $O'x'y'z'$ 与固定坐标系 $Oxyz$ 平行。于是，自由刚体在空间的一般运动可以分解为随任选基点的平动和绕基点的定点运动。

自由刚体的运动方程

$$\left.\begin{array}{l} x'_O = x'_O(t) \quad y'_O = y'_O(t) \quad z'_O = z'_O(t) \\ \psi = \psi(t) \quad \theta = \theta(t) \quad \varphi = \varphi(t) \end{array}\right\}$$

$$(12.3\text{-}24)$$

式中，x'_O, y'_O, z'_O 为基点 O' 的三个坐标，$\varphi\ \theta\ \varphi$ 为刚体绕 O' 点转动的欧拉角。

按照点的合成运动的方法，可求得点的速度及加速度

$$\boldsymbol{v} = \boldsymbol{v}_{O'} + \boldsymbol{\omega} \times \boldsymbol{r}'\qquad(12.3\text{-}25)$$

$$\boldsymbol{a} = \boldsymbol{a}_{O'} + \boldsymbol{\alpha} \times \boldsymbol{r}' + \boldsymbol{\omega} \times \boldsymbol{v}_r$$

$$= \boldsymbol{a}_{O'} + \boldsymbol{\alpha} \times \boldsymbol{r}' + \boldsymbol{\omega} \times (\boldsymbol{\omega} \times \boldsymbol{r}')\qquad(12.3\text{-}26)$$

式中 $\boldsymbol{r}'$ 为点在动坐标系中的矢径。

【**例 12.3-7**】 一空间飞行器在空间飞行（图 12.3-13），设中心点 O 的速度 $\boldsymbol{v}_0$ 为常数，$O'x'y'z'$ 为平动坐标系，在飞行器的运动稳定以前，它以匀角速度 $\Omega = \frac{1}{2}$rad/s 绕 Oz' 轴转动，如果将动坐标 $O'x'y'z'$ 固结在飞行器的壳体上，则太阳能电池翼板相对于壳体以角速度 $\dot{\theta} = \frac{1}{4}$rad/s 绕 Oy' 轴转动，试计算太阳能电池翼板的绝对角速度 $\boldsymbol{\omega}$ 和角加速度 $\boldsymbol{\alpha}$，并确定 $\theta = 30°$ 时电池翼板上 A 点的加速度。

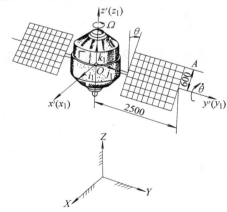

图 12.3-13 空间飞行器（单位：mm）

解 电池翼板的绝对角速度为

$$\boldsymbol{\omega} = \boldsymbol{\Omega} + \dot{\boldsymbol{\theta}} = \Omega\boldsymbol{k} + \dot{\theta}\boldsymbol{j} = \left(\frac{1}{2}\boldsymbol{k} - \frac{1}{4}\boldsymbol{j}\right)\text{rad/s}$$

$$\boldsymbol{\alpha} = \frac{\mathrm{d}\boldsymbol{\omega}}{\mathrm{d}t} = \Omega \frac{\mathrm{d}\boldsymbol{k}}{\mathrm{d}t} - \dot{\theta} \frac{\mathrm{d}\boldsymbol{j}}{\mathrm{d}t} = \Omega \cdot \Omega \times \boldsymbol{k} - \dot{\theta} \cdot \Omega \times \boldsymbol{j}$$

$$= \Omega^2 \boldsymbol{k} \times \boldsymbol{k} - \dot{\theta}\Omega \cdot \boldsymbol{k} \times \boldsymbol{j} = \dot{\theta}\Omega \boldsymbol{i}$$

$$= \frac{1}{8}\boldsymbol{i}\,(\mathrm{rad/s}^2)$$

电池翼板上 A 点的加速度为

$$\boldsymbol{a}_A = \boldsymbol{a}_0 + \boldsymbol{a}_r = \boldsymbol{a}_0 + \boldsymbol{\alpha} \times \boldsymbol{r}_1 + \boldsymbol{\omega} \times \boldsymbol{v}_r$$

当 $\theta = 30°$ 时，A 点相对于动坐标系的矢径为

$$\boldsymbol{r} = 600 \times \sin 30° \boldsymbol{i} + 2500\boldsymbol{j} + 600\cos 30\boldsymbol{k}$$

$$= -300\boldsymbol{i} + 2500\boldsymbol{j} + 519.6\boldsymbol{k} \qquad \mathrm{mm}$$

于是

$$\boldsymbol{v}_r = \boldsymbol{\omega} \times \boldsymbol{r}_1 = \left(-\frac{1}{4}\boldsymbol{j} + \frac{1}{2}\boldsymbol{k}\right)$$

$$\times (-300\boldsymbol{i} + 2500\boldsymbol{j} + 519.6\boldsymbol{k})\,\mathrm{mm/s}$$

$$= (-1380\boldsymbol{i} - 150\boldsymbol{j} - 75\boldsymbol{k})\,\mathrm{mm/s}$$

$$\boldsymbol{a}_A = \boldsymbol{a}_0 + \boldsymbol{\alpha} \times \boldsymbol{r}_1 + \boldsymbol{\omega} \times \boldsymbol{v}_r$$

$$= \left[0 + \frac{1}{8}\boldsymbol{i} \times (-300\boldsymbol{i} + 2500\boldsymbol{j} + 519.6\boldsymbol{k})\right.$$

$$+ \left(-\frac{1}{4}\boldsymbol{j} + \frac{1}{2}\boldsymbol{k}\right)$$

$$\left. \times (-1380\boldsymbol{i} - 150\boldsymbol{j} - 75\boldsymbol{k})\right]\mathrm{mm/s}^2$$

$$= (93.8\boldsymbol{i} - 755\boldsymbol{j} - 32.5\boldsymbol{k})\,\mathrm{mm/s}^2$$

A 点加速度大小为

$$a_A = \sqrt{(93.8)^2 + (755)^2 + (32.5)^2}$$

$$= 762 \qquad \mathrm{mm/s}^2$$

4   动 力 学 分 析 [2,3,4]

4.1   求解动力学问题的方法

1. 动力学的两类基本问题

（1）已知物体的运动规律，求作用在此物体上的力。这是动力学的第一类问题。

（2）已知作用在此物体上的力，求此物体产生的运动。这是动力学的第二类问题。

2. 求解动力学问题的基本方法

（1）建立物体及系统的运动微分方程；

（2）综合应用动力学普遍定理；

（3）惯性力法；

（4）应用拉格朗日方程。

4.2   建立物体及系统的运动微分方程

1. 质点、平动刚体

a. 质点

$$\left.\begin{array}{r} m\ddot{x} = \Sigma X \\ m\ddot{y} = \Sigma Y \\ m\ddot{z} = \Sigma Z \end{array}\right\} \qquad (12.4\text{-}1)$$

b. 平动刚体

$$\left.\begin{array}{r} M\ddot{x}_C = \Sigma X \\ M\ddot{y}_C = \Sigma Y \\ M\ddot{z}_C = \Sigma Z \end{array}\right\} \qquad (12.4\text{-}2)$$

2. 绕定轴转动的刚体

$$I_z\ddot{\varphi} = M_z = \Sigma m_z(\boldsymbol{F}) \qquad (12.4\text{-}3)$$

3. 平面运动刚体

$$\left.\begin{array}{r} M\ddot{x}_C = \Sigma X \\ M\ddot{y}_C = \Sigma Y \\ I_C\ddot{\varphi} = \Sigma m_C(\boldsymbol{F}) \end{array}\right\} \qquad (12.4\text{-}4)$$

4. 定点运动刚体

$$\frac{\mathrm{d}\boldsymbol{L}_O}{\mathrm{d}t} = \Sigma \boldsymbol{m}_O(\boldsymbol{F}) \qquad (12.4\text{-}5)$$

5. 单自由度系统

a. 应用动能定理

$$\frac{\mathrm{d}T}{\mathrm{d}t} = P \qquad (12.4\text{-}6)$$

$$\frac{\mathrm{d}}{\mathrm{d}t}(T - T_0) = \frac{\mathrm{d}W}{\mathrm{d}t} \qquad (12.4\text{-}7)$$

b. 应用动量矩定理

$$\frac{\mathrm{d}\boldsymbol{L}_O}{\mathrm{d}t} = \Sigma \boldsymbol{m}_O(\boldsymbol{F})$$

6. 多自由度系统   应用拉格朗日方程

$$\frac{\mathrm{d}}{\mathrm{d}t}\left(\frac{\partial T}{\partial \dot{q}_j}\right) - \frac{\partial T}{\partial q_j} = Q_j \quad j = 1,2\cdots k \qquad (12.4\text{-}8)$$

【例 12.4-1】   均质鼓轮重力为 P_1，半径为 R，对转动轴的回转半径为 ρ，在半径为 r 的轴颈上缠一不可伸长的细绳，绳端系一重力为 P_2 的重物。可变形的细绳简化为一弹性刚度系数为 k 的弹簧绕于轮缘上（图 12.4-1），试列写系统运动微分方程。

解   以鼓轮及重物所组成的系统为研究对象。系统具有一个自由度，选鼓轮转角 φ 为广义坐标，顺时针为正，零点位于弹簧静变形处，

即在静平衡位置满足

$$kR^2\varphi_s = P_2 r$$

当 φ 取任意值时，系统所受外力如图（12.4-1）。由质系对固定点的动量矩定理建立系统运动微分方程

$$\frac{\mathrm{d}}{\mathrm{d}t}\left[\left(\frac{P_1}{g}\rho^2 + \frac{P_2}{g}r^2\right)\dot\varphi\right] = -kR^2(\varphi_s + \varphi) + P_2 r$$

得

$$\left(\frac{P_1}{g}\rho^2 + \frac{P_2}{g}r^2\right)\ddot\varphi + kR^2\varphi = 0$$

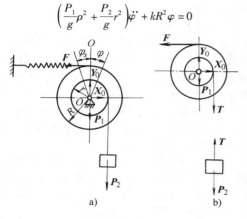

图 12.4-1

对于具有一固定轴的单自由度系统，可以整个系统为研究对象，用动量矩定理直接建立系统的运动微分方程，而不需拆开研究。

【例12.4-2】 均质半圆柱体，质心为 C，与圆心 O_1 的距离为 e，柱体半径为 R，质量为 m，对质心的回转半径为 ρ_c，在固定平面上作无滑动的滚动（图12.4-2）。列写该系统的运动微分方程。

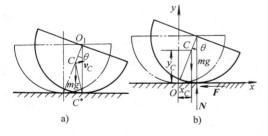

图 12.4-2

解一 系统为单自由度系统，应用动能定理建立其运动微分方程。选 θ 为广义坐标

$$T = \frac{1}{2}mv_c^2 + \frac{1}{2}I_C\omega^2$$

$$v_c = \overline{CP}\cdot\dot\theta = (e^2 + R^2 - 2Re\cos\theta)^{1/2}\dot\theta$$

$$\omega = \dot\theta$$

$$I_C = m\rho_c^2$$

所以

$$T = \frac{1}{2}m(e^2 + R^2 - 2Re\cos\theta)\dot\theta^2 + \frac{1}{2}m\rho_c^2\dot\theta^2$$

重力的元功为：

$$\delta W = -mge\sin\theta\,\mathrm{d}\theta$$

代入 $\dfrac{\mathrm{d}T}{\mathrm{d}t} = \dfrac{\delta W}{\mathrm{d}t} = P$，有

$$m(e^2 + R^2 + \rho_c^2)\dot\theta\,\ddot\theta - 2mRe\cos\theta\,\dot\theta\,\ddot\theta + mRe\dot\theta^2\sin\theta\,\dot\theta$$
$$= -mge\sin\theta\,\dot\theta$$

$\dot\theta \neq 0$，两边同除以 $\dot\theta$，得微分方程

$$m(e^2 + R^2 + \rho_c^2 - 2Re\cos\theta)\ddot\theta + mRe\sin\theta\,\dot\theta^2$$
$$+ mge\sin\theta = 0$$

若为小摆动，$\sin\theta \approx \theta$，$\cos\theta \approx 1$，并略去二阶以上微量，方程可线性化为

$$[(R-e)^2 + \rho_c^2]\ddot\theta + ge\theta = 0$$

解二 用平面运动微分方程求解。系统的受力图及运动分析如图12.4-2b 示，列微分方程

$$m\ddot x_c = -F \tag{1}$$

$$m\ddot y_c = N - mg \tag{2}$$

$$m\rho_c^2\ddot\theta = F(R - e\cos\theta) - Ne\sin\theta \tag{3}$$

三个方程式包含 $\ddot x_c$、$\ddot y_c$、$\ddot\theta$、F、N 五个未知数，因此必须补充运动学关系。

$$x_c = R\theta - e\sin\theta \tag{4}$$

$$y_c = R - e\cos\theta \tag{5}$$

将式(4)、式(5)，求二阶导数，得

$$\ddot x_c = R\ddot\theta - e\cos\theta\,\ddot\theta + e\sin\theta\,\dot\theta^2 \tag{6}$$

$$\ddot y_c = e\sin\theta\,\ddot\theta + e\cos\theta\,\dot\theta^2 \tag{7}$$

联立求解式(1)、(2)、(3)、(6)、(7)，消去未知约束力 F、N 得

$$m(R^2 + e^2 - 2Re\cos\theta + \rho_c^2)\ddot\theta + mRe\dot\theta^2\sin\theta$$
$$+ mge\sin\theta = 0$$

方程线性化，得

$$[(R-e)^2 + \rho_c^2]\ddot\theta + ge\theta = 0$$

4.3 综合应用动力学普遍定理

4.3.1 动力学普遍定理

1. 动量定理

微分形式 $\qquad \dfrac{\mathrm{d}K}{\mathrm{d}t} = \Sigma F^e \tag{12.4-9}$

积分形式 $\qquad K - K_0 = \Sigma S^e \tag{12.4-10}$

式中 ΣF^e 为外力主矢，ΣS^e 为外力冲量的矢量和。

当 $\Sigma F^e = 0$，即 $R^e = 0$ 时，$K = \Sigma mv = $ 常量，质

点系动量守恒。

当 $\Sigma X = 0$ 时，$K_x = \Sigma mv_x =$ 常量，即外力在某一轴上投影之和始终为零时，则动量在该轴上的投影保持为常量。

2. 质心运动定理

$$Ma_C = \Sigma ma = \Sigma F^e = R^e \qquad (12.4-11)$$

若 $\Sigma F^e = 0$ 时，质心作惯性运动，即 $v_C =$ 常量。

若 $\Sigma X = 0$，则有 $v_{cx} =$ 常量。

若 $\Sigma X = 0$，且 $v_{cox} = 0$，则质心位置 $x_c =$ 常数。

3. 动量矩定理 对固定点，

$$\frac{d\boldsymbol{L}_0}{dt} = \frac{d}{dt}\left[\Sigma \boldsymbol{m}_o(m\boldsymbol{v})\right] = \Sigma \boldsymbol{m}_o(\boldsymbol{F}^e)$$

当 $\Sigma \boldsymbol{m}_o(\boldsymbol{F}^e) = 0$ 时，$\Sigma \boldsymbol{m}_o(m\boldsymbol{v}) =$ 常量。

对固定轴，例如定轴 z，

$$\frac{dL_z}{dt} = \frac{d}{dt}\left[\Sigma m_z(m\boldsymbol{v})\right] = \Sigma m_z(\boldsymbol{F})$$

当 $\Sigma m_z(\boldsymbol{F}) = 0$ 时，$\Sigma m_z(m\boldsymbol{v}) =$ 常量。

对质心的动量矩定理

$$\frac{d\boldsymbol{L}_C}{dt} = \Sigma \boldsymbol{m}_C(\boldsymbol{F})$$

4. 动能定理

微分形式 $dT = \delta W$

或

$$\frac{dT}{dt} = P = \frac{\delta W}{dt}$$

积分形式 $T - T_0 = W \qquad (12.4-12)$

在动能定理的应用中，作用于质点系的力按主动力与约束反力分类，理想约束的反力作功和为零。通常这样的约束有：不可伸长的柔索、光滑约束以及刚体沿固定面只滚不滑时，其静滑动摩擦力及法向反力作功为零的情况。

5. 机械能守恒

$$T + V = \text{常量}$$

式中 V 为势能。常用的重力场、弹性力场势能为：

（1）重力的势能（以 $z_C = 0$ 为零势能点）

$$V = Pz_C = mgz_C$$

（2）弹性力的势能（以弹簧无变形，即 $\delta = 0$ 处为零势能点）

$$V = \frac{1}{2}k\delta^2$$

4.3.2 综合应用动力学普遍定理求解动力学问题

1. 一般原则 应用普遍定理求解动力学问题时，要正确理解各个定理，并对系统内的各物体进行运动分析和受力分析，从问题中各未知量与已知量之间的关系去选用合适的定理。在许多较为复杂的问题中，往往需要联合应用几个普遍定理才能求得问题的解答。大多数工程问题既需要求物体的运动情况又需要求未知的约束反力。这时，应先尽量避免涉及未知力将物体运动求出来，然后再去求未知的约束反力。在单自由度理想约束的系统中，应用动能定理常可以先将运动求出，然后再用动量定理，质心运动定理或动量矩定理求出未知的约束反力。

2. 应用举例

【例 12.4-3】 均质圆盘可绕 O 轴在铅垂面内转动（图 12.4-3），它的质量为 m，半径为 R，在圆盘的质心 C 点上连接一弹簧常数为 k 的水平弹簧，弹簧的另一端固定在 A 点，$CA = 2R$ 为弹簧原长，圆盘在常力偶矩 M 作用下，由最低位置无初速度地绕 O 轴向上转动，试求圆盘到达最高位置时，轴承 O 的反力。

解 本题为单自由度系统，用动能定理求出到最高位置时的 ω，但由于该位置是个特殊位置，不能用求导的办法求 α，只能用转动方程求 α，最后用质心运动定理求反力。

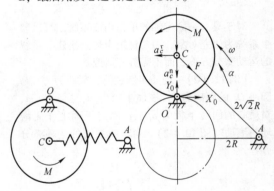

图 12.4-3

（1）求转至最高位置时的角速度 ω。

圆盘的动能

$$T = \frac{1}{2}I_0\omega^2 \qquad T_0 = 0$$

$$I_0 = \frac{1}{2}mR^2 + mR^2 = \frac{3}{2}mR^2$$

所以 $$T = \frac{3}{4}mR^2\omega^2$$

作用在圆盘上力所作的功

重力的功 $W_1 = -mg2R$

弹性力的功

$$\delta_1 = 0 \quad \delta_2 = 2\sqrt{2}R - 2R = 2R(\sqrt{2} - 1)$$

$$W_2 = \frac{1}{2}k(\delta_1^2 - \delta_2^2) = -2kR^2(3 - 2\sqrt{2})$$

力偶的功　　$W_3 = M\varphi = M\pi$

所有主动力作功之和为

$$W = W_1 + W_2 + W_3$$

$$= M\pi - 2mgR - 2kR^2(3 - 2\sqrt{2})$$

将 T、T_0、W 代入 $T - T_0 = W$ 得

$$\frac{1}{2}I_0\omega^2 - O = M\pi - 2mgR - 2kR^2(3 - 2\sqrt{2})$$

$$\omega^2 = \frac{4}{3}\frac{\left[M\pi - 2mgR - 2kR^2(3 - 2\sqrt{2})\right]}{mR^2}$$

（2）求最高位置时的 α。

$$I_0\alpha = M - F\cos 45°R$$

$$F = K\delta_2 = 2kR(\sqrt{2} - 1)$$

于是

$$\frac{3}{2}mR^2\alpha = M - 2kR^2(\sqrt{2} - 1)\frac{\sqrt{2}}{2}$$

$$\alpha = \frac{2}{3}\frac{M - kR^2(2 - \sqrt{2})}{mR^2}$$

（3）求质心的加速度。

$$a_C^\tau = R\alpha = \frac{2}{3}\frac{M - kR^2(2 - \sqrt{2})}{mR}$$

$$a_C^n = R\omega^2$$

$$= \frac{4}{3}\frac{\left[M\pi - 2mgR - 2kR^2(3 - 2\sqrt{2})\right]}{mR}$$

（4）用质心运动定理求约束反力。

$$ma_{cx} = \Sigma X, \quad -ma_c^\tau = X_0 + F\cos 45°$$

$$X_0 = -ma_c^\tau - F\cos 45°$$

$$= -\left[kR(2 - \sqrt{2}) + \frac{2}{3}\right.$$

$$\left.\frac{M - kR^2(2 - \sqrt{2})}{R}\right]$$

$$ma_{cy} = \Sigma Y, \quad -ma_c^n = Y_0 - mg - F\cos 45°$$

$$Y_0 = mg + F\cos 45° - ma_c^n$$

$$= mg + KR(2 - \sqrt{2})$$

$$- \frac{4}{3}\frac{\left[M\pi - 2gRm - 2kR^2(3 - 2\sqrt{2})\right]}{R}$$

【例 12.4-4】 传动机构（图 12.4-4）中，OA 杆的质量 $m_1 = 40\text{kg}$，质心 C 与 O 点距离 $l = 1\text{m}$，对质心的回转半径 $\rho_C = 0.5\text{m}$。小车包括货物的质量 $m_2 = 200\text{kg}$，其余构件的质量不计。滑杆 DB 的高度 $h = 1.5\text{m}$，$\theta = \theta_0$ 时系统静止，若在 OA 杆上作用一力偶 $M = 1046\text{N} \cdot \text{m}$，试求小车在 $\theta = 90°$ 时的加速度。设所有接触处皆光滑。

解 系统为单自由度系统，受的是理想约束。以系统为研究对象，用动能定理求解。

系统的动能

$$T = \frac{1}{2}I_0\dot\theta^2 + \frac{1}{2}m_2v^2, \quad T_0 = 0$$

主动力所作功为

$$W = m_1gl(\sin\theta_0 - \sin\theta) + M(\theta - \theta_0)$$

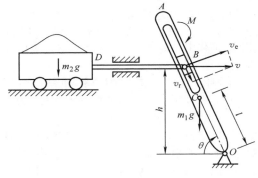

图 12.4-4　传动机构

于是动能定理的方程为

$$\frac{1}{2}I_0\dot\theta^2 + \frac{1}{2}m_2v^2 = m_1gl(\sin\theta_0 - \sin\theta)$$
$$+ M(\theta - \theta_0)$$

式中　$I_0 = m_1(\rho_C^2 + l^2)$

将上式对 t 求导，得

$$I_0\dot\theta\ddot\theta + m_2va = -m_1gl\cos\theta\,\dot\theta + M\dot\theta \quad (1)$$

现在寻找运动学补充方程。分析滑块 B 的运动，

$$\boldsymbol{v} = \boldsymbol{v}_e + \boldsymbol{v}_r$$

解得　　　　　$v_e = v\sin\theta$

而　　　　　$v_e = \omega OB = \dot\theta\frac{h}{\sin\theta}$

于是可得

$$\dot\theta = \frac{v\sin^2\theta}{h}$$

将 $\dot\theta$ 对 t 求导，得

$$\ddot\theta = \frac{a\sin^2\theta}{h} + \frac{v^2\sin^2\theta\sin 2\theta}{h^2}$$

将 I_0、$\dot\theta$、$\ddot\theta$ 代入式（1），得

$$a = \frac{M - m_1gl\cos\theta - m_1(\rho_C^2 + l^2)v^2\sin^2\theta\sin 2\theta/h^2}{m_1(\rho_C^2 + l^2)\sin^2\theta/h + m_2h/\sin^2\theta}$$

$\theta = 90°$ 时，$\sin 2\theta = 0$，上式的第三项为零，求得

$$a = 3.14\text{m/s}^2$$

4.4　用惯性力法求解动力学问题

4.4.1　惯性力系的简化

应用惯性力法求解动力学问题首先涉及到惯

性力系的简化问题。

惯性力系的主矢量

$$R_Q = -\Sigma m_i a_i = -M a_C \quad (12.4\text{-}13)$$

主矢量 R_Q 与简化中心选择无关，只决定于系统的质量和质心加速度、方向永远和质心加速度方向相反。

惯性力系对 O 点的主矩

$$M_{QO} = -\Sigma r_i \times m_i a_i \quad (12.4\text{-}14)$$

主矩与简化中心选择有关。式中 r_i 为各质点的矢径。

在刚体力学中，刚体的惯性力系简化结果为：

（1）平动刚体，惯性力向质心简化，得一力

$$R_Q = -M a_C$$

（2）定轴转动刚体，惯性力系向坐标原点 O 简化，得一惯性力和一惯性力偶（见图 12.4-5a），它们在直角坐标系 $Oxyz$ 上的投影分别为

$$\left. \begin{array}{l} R_{Qx} = M(\omega^2 x_C + \alpha y_C) \\ R_{Qy} = M(\omega^2 y_C - \alpha x_C) \\ R_{Qz} = 0 \\ M_{QOx} = I_{xy}\alpha - I_{yz}\omega^2 \\ M_{QOy} = I_{yz}\alpha + I_{xz}\omega^2 \\ M_{QOz} = -I_z \alpha \end{array} \right\} \quad (12.4\text{-}15)$$

式中 $I_{xz} = \Sigma m xz$，$I_{yz} = \Sigma m yz$ 分别为刚体对 x、z 轴和对 y、z 轴的惯性积。

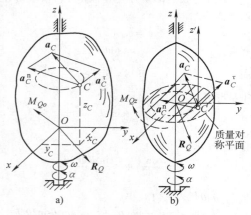

图 12.4-5 定轴转动刚体

具有质量对称面，且转轴垂直于该对称面的刚体（图 12.4-5b）惯性力系向轴与对称面的交点 O 简化，有

$$R_Q = -M a_C = -M(a_C^e + a_C^n)$$

$$M_{QO} = M_{Qz} = -I_z \alpha$$

应该注意：此时惯性力 R_Q 的大小、方向虽取决于质心的加速度，但其作用线并非通过质心，而是通过简化中心 O 点（见图 12.4-5b）。

当然，也可将质心选为简化中心，即将惯性力系向质心 C 简化，得到

$$R_Q = -M a_C = -M(a_C^\tau + a_C^n)$$

$$M_{QC} = -I_{z'C}\alpha$$

此时，R_Q 作用在质心，但 $I_{z'C}$ 为刚体对过质心 C 且垂直于对称面的 z' 轴的转动惯量

$$I_{z'C} = I_z - M\overline{OC}^2$$

（3）平面运动刚体：具有质量对称面的刚体，作平行对称面的平面运动时，惯性力系向质心 C 简化，得

$$R_Q = -M a_C$$

$$M_{QC} = -I_{zc}\alpha$$

此时，惯性力 R_Q 作用线过质心，I_{zc} 为刚体对过质心 C 且垂直于对称平面的 z 轴的转动惯量。

4.4.2 惯性力法（达朗伯原理）

惯性力法（达朗伯原理）是在被研究的系统上虚加上该系统的惯性力系，则作用在系统上的主动力系、约束反力系和虚加的惯性力系构成平衡力系，用静力学平衡条件表示，即

$$\Sigma F_i + \Sigma N_i + \Sigma F_{Qi} = 0$$

$$\Sigma m_O(F_i) + \Sigma m_O(N_i) + \Sigma m_O(F_{Qi}) = 0$$

式中 ΣF_i、ΣN_i、ΣF_{Qi}——分别为主动力系，约束反力系和虚加的惯性力系的主矢量；

$\Sigma m_O(F_i)$、$\Sigma m_O(N_i)$、$\Sigma m_O(F_{Qi})$——分别为该三力系对 O 点的主矩。

应用时，质点按质点的运动加惯性力，刚体则按其运动情况加惯性力及惯性力偶。在计算时，根据力系类型，应用静力学方法，选择平衡方程。

【例12.4-5】 长为 l，质量为 m 的均质杆 AB 的一端焊接于半径为 r 的圆盘边缘上（图 12.4-6），若已知图示瞬时圆盘的角速度 ω 及角加速度 α，求焊缝 A 处的附加动约束力。

解 分析 AB 杆。AB 杆绕定轴转动。质心加速度

$$a_C^\tau = OC \cdot \alpha ; \quad a_C^n = OC \cdot \omega^2$$

式中

$$OC = \sqrt{r^2 + \frac{l^2}{4}}$$

将惯性力向轴 O 简化，惯性力主矢加在 O 点，还有惯性力主矩（见图 12.4-6b）。

$$F_Q^\tau = m \cdot a_C^\tau = m \cdot OC \cdot \alpha$$
$$F_Q^n = m a_C^n = m \cdot OC \cdot \omega^2$$
$$M_Q = I_O \alpha = (I_C + m \overline{OC^2}) \alpha$$

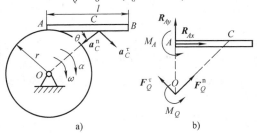

图 12.4-6

画出 AB 杆的受力图，由于计算附加动反力，图上将重力略去了。A 端焊接视为固定端约束。列平衡方程有

$$\Sigma X = 0, \ R_{Ax} + F_Q^n \cos\theta - F_Q^\tau \sin\theta = 0$$
$$\Sigma Y = 0, \ R_{Ay} + F_Q^n \sin\theta + F_Q^\tau \sin\theta = 0$$
$$\Sigma m_A(\boldsymbol{F}) = 0, \ M_A + M_Q + F_Q^n \cos\theta \cdot r - F_Q^\tau \sin\theta \cdot r = 0$$

式中 $\sin\theta = \dfrac{r}{OC}, \cos\theta = \dfrac{l}{2OC}$。于是解得

$$R_{Ax} = mr\alpha - \frac{1}{2}ml\omega^2$$
$$R_{Ay} = -\frac{1}{2}ml\alpha - mr\omega^2$$
$$M_A = -\frac{1}{3}ml^2\alpha - \frac{1}{2}mr\omega^2$$

4.4.3 动平衡

为了消除绕定轴转动刚体轴承的附加动反力，必须使惯性力自成平衡力系（式 12.4-15），即质心的加速度为零，且 $I_{xz} = I_{yz} = 0$。也就是说质心应在转轴上，转轴必须是中心惯性主轴。对于一个高速旋转的转子来说，在加工组装以后，它的转轴不再是中心惯性主轴，因此在工作时，对轴承产生一种与转速有关的动压力，数值很大，且引起机器的振动。为了消除或减少这种动反力，必须在运转条件下对转子部件进行质量均衡调试工作，使转轴成为中心惯性主轴，这个调试过程称为动平衡。调试过程中，转子运转的速度比较低（一般小于转子第一阶固有频率对应的转速的 0.5 倍），转子的

弹性变形比较小，可以略去不计，称为刚性转子动平衡。调试运行的转速较高，接近一、二阶固有频率所对应的转速时，需考虑转子的弹性变形，称为柔性转子动平衡。

4.5 拉格朗日方程

4.5.1 约束

在动力学里，约束除对质点位置限制外，还对某些质点的速度施加限制，约束还有可能是随时间而变化。随着约束方程中所含变量的不同，我们从不同的角度对约束进行分类。

（1）几何约束：约束方程中不显含速度。

（2）运动约束：约束方程中显含速度。

（3）定常约束：约束方程中不显含时间。

（4）非定常约束：约束方程中显含时间。

（5）完整约束：几何约束和可积分的运动约束。

（6）非完整约束：不可积分的运动约束。

受完整约束的系统称为完整系统。只要系统所受的约束中有一个非完整约束，该系统就称为非完整系统。对完整系统与非完整系统应严加区别，因为对两种系统的问题，处理方法是不同的。完整系统的自由度数与广义坐标的数目相等，而非完整系统的自由度数却少于广义坐标数目。

4.5.2 完整系统的拉格朗日方程

拉格朗日方程的基本形式：

$$\frac{\mathrm{d}}{\mathrm{d}t}\left(\frac{\partial T}{\partial \dot{q}_j}\right) - \frac{\partial T}{\partial q_j} = Q_j \quad j = 1, 2\cdots k$$

$$(12.4\text{-}16)$$

式中 T——系统的动能；

q_j、$\dot{q}_j$——广义坐标，广义速度；

Q_j——对应于广义坐标 q_j 的广义力；

k——系统自由度数。

当作用在质点系上的主动力为有势力时，系统为保守系统。此时，拉格朗日方程式形式为：

$$\frac{\mathrm{d}}{\mathrm{d}t}\left(\frac{\partial L}{\partial \dot{q}_j}\right) - \frac{\partial L}{\partial q_j} = 0 \quad (12.4\text{-}17)$$

式中，$L = T - V$，为系统动能和势能之差，称为拉格朗日函数，又称动势。

4.5.3 拉格朗日方程的初积分

1. 循环积分 在拉氏函数中不显含某一广义坐标 q_a 时，q_a 称为循环坐标，此时有循环积分

$$\frac{\partial L}{\partial \dot{q}_a} = \frac{\partial T}{\partial \dot{q}_a} = p_a = \text{常量} \quad (12.4\text{-}18)$$

其中，p_a 称为广义动量。具有循环积分时即存在广义动量守恒。

2. 能量积分 当系统内主动力都是有势力（保守系），拉氏函数中不含时间 t 时，有广义能量积分

$$\sum_{j=1}^{k} \frac{\partial L}{\partial \dot{q}_j}\dot{q}_j - L = T_2 - T_0 + V = 常量$$

(12.4-19)

式中，T_2、T_0 分别为动能的广义速度的齐二次式与齐零次式。

如约束还为定常约束，即有机械能守恒。

$$T + V = E \qquad (12.4\text{-}20)$$

循环积分和能量积分都是由原来的二阶微分方程积分一次而得到的。应用拉格朗日方程解题时，发现有循环积分和能量积分可直接写出，这样可使求解过程简化。但是应该注意：一个系统的能量积分只可能有一个，而循环积分则可能不止一个，有几个循环坐标，就有几个相应的循环积分。

【例 12.4-6】 质量为 m，半径为 r 的均质薄圆环可沿水平直线轨道作无滑动的滚动。一质量为 M、长为 $l = \sqrt{2}r$ 的均质细杆 AB，可在圆环内滑动（图 12.4-7）。忽略圆环与杆间的摩擦，写出系统的运动微分方程式，并求首次积分。

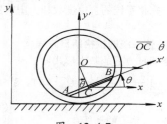

图 12.4-7

解 系统的自由度数为 2，选择圆环中心 O 点的 x 坐标与 AB 杆转角 θ 为广义坐标，根据题给条件，可知 $OC = \dfrac{\sqrt{2}}{2}r$。

系统的动能与势能为

$$T = \frac{1}{2}m\dot{x}^2 + \frac{1}{2}(mr^2)\left(\frac{\dot{x}}{r}\right)^2$$
$$+ \frac{1}{2}M\left[\left(\dot{x} + \frac{\sqrt{2}}{2}r\dot{\theta}\cos\theta\right)^2\right.$$
$$\left. + \left(\frac{\sqrt{2}}{2}r\dot{\theta}\sin\theta\right)^2\right] + \frac{1}{2}\frac{1}{12}M(\sqrt{2}r)^2\dot{\theta}^2$$
$$= m\dot{x}^2 + \frac{1}{2}M\left(\dot{x}^2 + \sqrt{2}r\dot{\theta}\dot{x}\cos\theta + \frac{2}{3}r^2\dot{\theta}^2\right)$$
$$V = -Mg\frac{\sqrt{2}}{2}r\cos\theta$$

拉氏函数

$$L = T - V = m\dot{x}^2 + \frac{1}{2}M\left(\dot{x}^2 + \sqrt{2}r\dot{\theta}\dot{x}\cos\theta + \right.$$
$$\left. \frac{2}{3}r^2\dot{\theta}^2\right) + Mg\frac{\sqrt{2}}{2}r\cos\theta$$

代入拉氏方程

$$\frac{\mathrm{d}}{\mathrm{d}t}\left(\frac{\partial L}{\partial \dot{x}}\right) - \frac{\partial L}{\partial x} = 0$$

$$(M + 2m)\ddot{x} + \frac{\sqrt{2}}{2}Mr(\ddot{\theta}\cos\theta - \dot{\theta}^2\sin\theta) = 0$$

$$\frac{\mathrm{d}}{\mathrm{d}t}\left(\frac{\partial L}{\partial \dot{\theta}}\right) - \frac{\partial L}{\partial \theta} = 0$$

$$\ddot{x}\cos\theta + \frac{2\sqrt{2}}{3}r\ddot{\theta} + g\sin\theta = 0$$

拉氏函数中不显含广义坐标 x，所以有循环积分

$$\frac{\partial L}{\partial \dot{x}} = C$$

即

$$\left(m + \frac{M}{2}\right)\dot{x} + \frac{\sqrt{2}}{2}Mr\dot{\theta}\cos\theta = 常数$$

系统为保守系统、定常约束，有能量积分，机械能守恒 $T + V = 常数$：

$$\left(m + \frac{M}{2}\right)\dot{x}^2 + \frac{\sqrt{2}}{2}Mr\dot{x}\dot{\theta}\cos\theta + \frac{1}{3}Mr^2\dot{\theta}^2$$
$$- Mg\frac{\sqrt{2}}{2}r\cos\theta = E$$

4.6 碰撞

4.6.1 分析计算碰撞问题时的一些简化

物体运动速度发生突变的现象称为碰撞。碰撞的特点为：碰撞过程的时间极短；碰撞力非常巨大，变化规律极其复杂、难以度量。因此在研究碰撞问题时不是以力而是以冲量来度量碰撞的作用。

研究碰撞问题的两点假设：

（1）在碰撞问题中，时间极短，不计非碰撞力的冲量。

（2）由于时间极短，在碰撞过程中不计物体的位移。

4.6.2 恢复因数

碰撞过程大体可分为两个阶段：变形阶段和恢复变形阶段。碰撞过程中，物体产生弹性变形和塑性变形。因此碰撞前后物体的机械能一般不守恒。碰撞过程的物理性质由恢复阶段的碰撞冲量的模 S' 与变形阶段冲量的模 S 的比值决定。

$$e = \frac{|S'|}{|S|} \qquad (12.4\text{-}21)$$

e 称为恢复因数。它主要取决于碰撞物体材料的性质。一般 $0 \le e \le 1$，恢复因数由实验确定。

恢复因数还可表示为：

$$e = \frac{|u_{2n} - u_{1n}|}{|v_{2n} - v_{1n}|} \qquad (12.4\text{-}22)$$

式中，u_{1n}，u_{2n}，v_{1n}，v_{2n} 分别表示 1、2 两物体接触点碰撞后和碰撞前的速度在公法线上的投影。

恢复因数 $e = 1$ 的碰撞称为完全弹性碰撞，这种碰撞没有动能损失。$e = 0$ 称为塑性碰撞，这时全部动能都要损失掉。一般 $0 \le e \le 1$ 时，称为弹性碰撞，其恢复因数见表 12.4-1。

表 12.4-1　恢复因数

相碰撞物体的材料组合	恢复因数 e
铁对铅	0.14
铅对铅	0.20
木衬对胶木	0.26
钢对钢	0.56
铁对铁	0.66
玻璃对玻璃	0.94

4.6.3　动力学普遍定理在碰撞中的应用

1. 动量定理和质心运动定理

质点动量定理：

$$m\boldsymbol{u} - m\boldsymbol{v} = \int_0^t \boldsymbol{F} \mathrm{d}t = \boldsymbol{S}$$

式中　$\boldsymbol{u}$——碰撞后的速度；

　　　$\boldsymbol{v}$——碰撞前的速度；

　　　$\boldsymbol{S}$——碰撞冲量。

质点系动量定理：

$$\Sigma m\boldsymbol{u} - \Sigma m\boldsymbol{v} = \Sigma \boldsymbol{S}^e$$

或　　　　$M\boldsymbol{u}_C - M\boldsymbol{v}_C = \Sigma \boldsymbol{S}^e$

式中　$\boldsymbol{u}_C$——碰撞后质点系质心速度；

　　　$\boldsymbol{v}_C$——碰撞前质点系质心速度；

　　　$\Sigma \boldsymbol{S}^e$——外碰撞冲量的矢量和。

2. 动量矩定理

质点：（对固定点 O）

$$\boldsymbol{m}_O(m\boldsymbol{u}) - \boldsymbol{m}_O(m\boldsymbol{v}) = \boldsymbol{m}_O(\boldsymbol{S})$$

式中　$\boldsymbol{m}_O(m\boldsymbol{u})$——碰撞终止时质点的动量矩；

　　　$\boldsymbol{m}_O(m\boldsymbol{v})$——碰撞开始时质点的动量矩；

　　　$\boldsymbol{m}_O(\boldsymbol{S})$——冲量矩。

质点系：

对固定点 O 点：

$$\Sigma \boldsymbol{m}_O(m\boldsymbol{u}) - \Sigma \boldsymbol{m}_O(m\boldsymbol{v}) = \Sigma \boldsymbol{m}_O(\boldsymbol{S}^e)$$

对质心 C 点：

$$\Sigma \boldsymbol{m}_C(m\boldsymbol{u}) - \Sigma \boldsymbol{m}_C(m\boldsymbol{v}) = \Sigma \boldsymbol{m}_C(\boldsymbol{S}^e)$$

定轴转动刚体及平面运动刚体在碰撞时的动力学方程。

绕定轴 Z 转动的刚体：

$$I_z \omega - I_z \omega_0 = \Sigma m_z(\boldsymbol{S}^e)$$

平面运动刚体：

$$Mu_{cx} - Mv_{cx} = \Sigma S_x^e$$
$$Mu_{cy} - Mv_{cy} = \Sigma S_y^e$$
$$I_C \omega - I_C \omega_0 = \Sigma m_C(\boldsymbol{S}^e)$$

式中　$\boldsymbol{S}^e$——外碰撞冲量。

3. 动能定理

$$T - T_0 = \Sigma W_S$$

式中　ΣW_S 为所有碰撞冲量作的功，包括外碰撞冲量和内碰撞冲量。

碰撞力的功等于它对应的冲量与作用点在碰撞始末的平均速度的标积，即

$$W_S = \frac{1}{2}(\boldsymbol{u} + \boldsymbol{v}) \cdot \boldsymbol{S} \qquad (12.4\text{-}23)$$

【例 12.4-7】　平面机构由杆 OA、BC 滑块 B 和物块 C 以及铰链 O、A、B、C 构成，并由 OA 带动，角速度为 ω，杆长 $OA = AB = AC = l = 1\mathrm{m}$，各部件质量 $m_{OA} = m_B = m_C = \frac{1}{2}m_{BC} = m = 2\mathrm{kg}$，其中杆件可视为刚性细长杆，滑块可视为质点。当 $\varphi = 30°$ 时，在滑块 B 上按图示方向施以碰撞冲量 $S = 2.8\mathrm{N} \cdot \mathrm{s}$，求碰撞后，杆 OA 的角速度 ω 的增量 $\Delta\omega$，机构图示于图 12.4-8。

解一　分别以整体及 BC 杆为研究对象，应用动量矩定理求解。

以整体为研究对象，对 O 点取矩，得

$$\frac{1}{3}ml^2 \Delta\omega - \left[\frac{1}{12}(2m)(2l)^2 \Delta\omega + 2ml^2 \Delta\omega\right]$$
$$+ 4ml^2 \Delta\omega = S_n \cdot 2l\cos\varphi$$

以 BC 杆为研究对象，对 A 点取矩，得

$$\left[\frac{1}{12}(2m)(2l)^2 + 2ml^2\right]\Delta\omega = S_n l\cos\varphi - Sl\sin\varphi$$

两方程联立求解，得

$$\Delta\omega = \frac{2\sin\varphi \cdot S}{7ml} = 0.2\mathrm{rad/s}$$

解二　应用动能定理求解。

系统的动能：

$$T = \frac{1}{2} \cdot \frac{1}{3}ml^2 \omega^2 + \frac{1}{2}(4m)l^2 \omega^2$$
$$+ \frac{1}{2}\left[\frac{1}{12}(2m)(2l)^2 + 2ml^2\right]\omega^2$$
$$= \frac{7}{2}ml^2 \omega^2$$

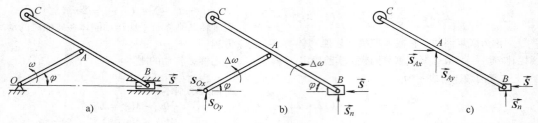

图 12.4-8   平面机构

碰撞冲量 S 作的功

$$X_B = 2l\cos\varphi$$

$$v_B = -2l\sin\varphi\omega, \quad v_{BO} = -2l\sin\varphi\omega_0$$

$$W = \frac{1}{2}(v_B + v_{BO})S = \frac{1}{2}(2l\sin\varphi)(\omega + \omega_0)S$$

代入动能定理,有

$$\frac{7}{2}ml^2(\omega^2 - \omega_0^2) = l\sin\varphi(\omega + \omega_0) \cdot S$$

$$\Delta\omega = \omega - \omega_0 = \frac{2}{7}\frac{\sin\varphi}{ml} \cdot S = 0.2\,\text{rad/s}$$

【例 12.4-8】 传输带沿倾角为 α 的斜面以匀速 v_0 送下一匀质正方形物块,设其质量为 m,边长为 a,如图 12.4-9 示。当物块到达下端时,其棱边恰好碰在挡架的支点 A 上。假设接触点无滑动,碰撞是塑性的。为使物体能绕 A 点转动到水平传输带上,求所需的最小速度 v_0,并求挡架所受的碰撞冲量 S_A。

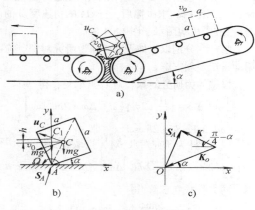

图 12.4-9   传输带

解   碰撞前物块作平动,速度 v_0,$K_0 = mv_0$。碰撞后物块绕 A 点转动,设其角速度为 ω,质心速度为 $u_C = \frac{\sqrt{2}}{2}a\omega$,$K = mu_C$。碰撞冲量作用在 A 点。现对 A 点取矩,有

$$I_A\omega - mv_0\frac{a}{2} = 0$$

$$I_A = \frac{1}{6}ma^2 + m\left(\frac{\sqrt{2}}{2} \cdot a\right)^2 = \frac{2}{3}ma^2$$

所以

$$\omega = \frac{3v_0}{4a}$$

物体能否翻转到水平传输带上决定于 ω 的大小,考察物块的对角线 AC 由图示位置转到铅直位置 AC_1,应用动能定理

$$T_0 = \frac{1}{2}I_A\omega^2 = \frac{1}{2} \cdot \frac{2}{3}ma^2 \cdot \left(\frac{3v_0}{4a}\right)^2 = \frac{3}{16}mv_0^2$$

重力的功

$$W = -mgh = -mg\frac{\sqrt{2}}{2}a\left[1 - \sin\left(\frac{\pi}{4} + \alpha\right)\right]$$

$$= -\frac{1}{2}mga(\sqrt{2} - \cos\alpha - \sin\alpha)$$

由

$$T - T_0 = W$$

$$T = W + T_0$$

$$= \frac{3}{16}mv_0^2 - \frac{1}{2}mga(\sqrt{2} - \cos\alpha - \sin\alpha)$$

只要 $T \geq 0$,物块就可翻到水传输带上,于是

$$\frac{3}{16}mv_0^2 - \frac{1}{2}mga(\sqrt{2} - \cos\alpha - \sin\alpha) \geq 0$$

$$v_0 \geq \sqrt{\frac{8}{3}ga(\sqrt{2} - \cos\alpha - \sin\alpha)}$$

最小速度为

$$v_0 = \sqrt{\frac{8}{3}ga(\sqrt{2} - \cos\alpha - \sin\alpha)}$$

求碰撞冲量 S_A

$$K - K_0 = S_A \quad \text{或} \quad mu_C - mv_C = S_A$$

$$u_C = \frac{\sqrt{2}}{2}a \cdot \omega = \frac{\sqrt{2}}{2} \cdot a \cdot \frac{3v_0}{4a} = \frac{3\sqrt{2}}{8}v_0$$

投影到 x、y 轴上,得

$$S_{Ax} = -mu_C\cos\left(\frac{\pi}{4} - \alpha\right) + mv_0\cos\alpha$$

$$= \frac{mv_0}{8}(5\cos\alpha - 3\sin\alpha)$$

$$S_{Ay} = mu_C\sin\left(\frac{\pi}{4} - \alpha\right) + mv_0\sin\alpha$$

$$= \frac{mv_0}{8}(3\cos\alpha - 5\sin\alpha)$$

4.6.4   两物体对心正碰撞过程中的动能损失

碰撞过程动能损失:

$$\Delta T = T_0 - T = \frac{m_1 m_2}{2(m_1 + m_2)}(1 - e^2)(v_1 - v_2)^2$$

$$= \frac{1-e}{1+e}\left[\frac{1}{2}m_1(v_1 - u_1)^2 + \frac{1}{2}m_2(v_2 - u_2)^2\right]$$

由式可知，当完全弹性碰撞 $e = 1$ 时，没有动能损失。当 $e = 0$ 时，动能损失最大。

对于塑性碰撞，若第二物体起初处于静止即 $v_2 = 0$，则

$$\Delta T = \frac{m_2}{m_1 + m_2}\cdot\frac{1}{2}m_1 v_1^2 = \frac{1}{1+\frac{m_1}{m_2}}T_0$$

由此可知，动能损失的多少，取决于两物体质量 m_1 与 m_2 的比值。通常用来计算锻打和打桩的效率。

锻打时

$$\eta = \frac{碰撞过程中的动能损失}{碰撞开始时的动能} = \frac{\Delta T}{T_0} = \frac{1}{1+\frac{m_1}{m_2}}$$

要使效率高，则需 $m_2 \gg m_1$。

打桩时

$$\eta = \frac{碰撞过程中剩余的动能}{碰撞开始的动能} = \frac{T_0 - \Delta T}{T_0} = \frac{1}{1+\frac{m_2}{m_1}}$$

要使效率高，则必 $m_2 \ll m_1$。

4.6.5　撞击中心

作定轴转动的物体在受到冲击时，若转轴处的碰撞冲量为零，则外冲量在物体质心和轴连线上的作用点 K 称为撞击中心（见图 12.4-10）。

$$OK = h = \frac{I_O}{ma} = a + \frac{I_C}{ma}$$

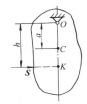

图 12.4-10　撞击中心

4.7　陀螺运动的近似理论

4.7.1　陀螺运动的特性

具有旋转对称轴的均质刚体，绕轴上一固定点的高速转动称为陀螺运动（图 12.4-11）。陀螺绕其对称轴自转角速度为 ω，自转轴在空间定轴转动的进动角速度为 Ω。假设 $\omega \gg \Omega$，计算其对 O 点的动量矩时，可以近似地认为 L_O 与自转轴重合，即

$$\boldsymbol{L}_O = I_{z_1}\boldsymbol{\omega} \qquad (12.4-24)$$

式中　z_1 为陀螺的自转轴

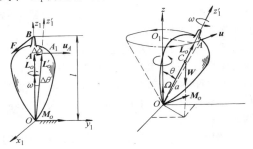

图 12.4-11　陀螺运动

1. 赖柴尔（Re'sal）定理　如果把动量矩矢 $\boldsymbol{L}_O$ 理解为对称轴上点 A 的矢径 $\boldsymbol{OA}$，则由运动学知，该矢径的一阶导数等于矢径端点 A 的速度 $\boldsymbol{u}_A$，即

$$\boldsymbol{u}_A = \frac{\mathrm{d}\boldsymbol{L}_O}{\mathrm{d}t} = \boldsymbol{M}_O^{(e)} \qquad (12.4-25)$$

此式为质点系动量矩定理的运动学解释，称为赖柴尔定理，即质点系对某固定点的动量矩矢径端点的速度，等于外力对同一点的主矩。

2. 陀螺运动的特性

（1）高速旋转陀螺具有保持其对称轴方向基本不变的特性。根据赖柴尔定理，高速旋转的陀螺在有限常力 F 作用下，陀螺的对称轴开始向垂直于力的方向倾斜，倾斜的角度与 ω 成反比，即陀螺的自转角速度 ω 愈高，受到短时间的力矩作用后，对称轴偏离角愈小。

（2）陀螺受外力矩作用，自转轴 z、会绕固定点 O 发生转动，称为进动，进动角速度设为 Ω，则

$$\boldsymbol{u}_A = \boldsymbol{\Omega}\times I_{z_1}\boldsymbol{\omega} = \boldsymbol{M}_O^{(e)}$$

$$\Omega = \frac{M_O}{I_{z_1}\omega\sin\theta}$$

式中　θ 为自转轴 Oz_1 与进动轴 Oz 之间的夹角，称为偏移角。

4.7.2　陀螺效应和陀螺力矩

陀螺效应是在高速转动的机械中，当转子对称轴的方位改变时发生的一种物理现象。

设转子以 ω 绕对称轴高速旋转 $L = I_{z_1}\boldsymbol{\omega}$，当对称轴改变方向时，如果 z_1 绕 z 轴转动，转动角速度为 Ω，则动量矩矢端获得速度 u。

$$u = \Omega \times L = M_O^e$$

根据赖柴尔定理，有力矩作用在转子上。而据作用与反作用定律，陀螺对迫使其改变运动状态的物体必施加一反作用力矩，以 M_O 表示，

$$M_O = -M_O^e = I_{z_1}\omega \times \Omega \quad (12.4\text{-}26)$$

此力矩称为陀螺力矩。

当对称轴被迫在空间改变方向时，必产生陀螺力矩作用在迫使其对称轴改变方向的物体上，这种效应称为陀螺效应。陀螺效应可能使机器零件（特别是轴承）由于附加压力过大而损坏，因此要加以考虑。

【例 12.4-9】 喷气飞机的涡轮转子（图 12.4-12）转速为 $n = 10000\text{r/min}$，设转动惯量 $Iz_1 = 22.55\text{kg} \cdot \text{m}^2$，转轴与机身纵轴一致。如飞机以速度 $v = 950\text{km/h}$，沿半径 $\rho = 1000\text{m}$ 的水平圆弧转弯，并设轴承间距离 $l = 60\text{cm}$，求转子轴承所受的压力。

解 转子高速自转，

$$L_O = I_{z_1}\omega$$

飞机在水平圆弧内转弯，设角速度为 Ω，$\Omega \perp \omega$，引起陀螺力矩

$$M_O = I_{z_1}\omega \cdot \Omega$$

代入数据

$$\omega = \frac{2\pi n}{60} = 1047\text{rad/s}$$

$$\Omega = \frac{v}{\rho} = 0.264\text{rad/s}$$

$$M_O = Iz_1\omega \cdot \Omega = 62.3 \times 10^2\text{N} \cdot \text{m}$$

轴承的压力

$$N' = N = \frac{M_O}{l} = 10.4\text{kN}$$

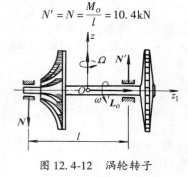

图 12.4-12 涡轮转子

5 振动分析基础[5]

5.1 振动系统的简化和振动的分类

5.1.1 振动系统的简化

机械振动是物体在其平衡位置附近来回往复的运动。在工程技术中机械振动非常普遍，大多数情况下它是有害的，影响产品质量，加剧构件的疲劳和磨损，甚至发生大变形而破坏，强烈的振动噪声也形成严重的公害。但是机械振动也有它的有利的一面，在振动输送、筛选、研磨、打桩等方面出现了许多利用机械振动的生产装备，极大地改善了劳动条件，提高了生产率。

任何机器、结构或它们的零部件，由于具有弹性和质量，都可发生振动，都是振动系统。振动系统的模型有两类：离散系统（集中参数系统）与连续系统（分布参数系统）。

离散系统基本的集中参数元件为质量、弹簧与阻尼器。

质量（包括转动惯量）模型，只有惯性。

弹簧模型只具有弹性，本身质量可略去不计。弹性力和变形的一次方成正比的弹簧、称为线性弹簧。

阻尼器模型是一个耗能元件，在运动时产生阻力，在线性阻尼的条件下，产生的阻力正比于两端点的相对速度。

连续系统都由弹性体元件组成，典型的弹性体元件有杆、梁、轴、板壳等等。

5.1.2 振动的分类

振动分类的方法较多。按参数特性分，可分为常参数系统与变参数系统；按系统响应分，可分为定则振动与随机振动；按系统简化模型线性化程度，可分为线性振动与非线性振动。

在许多情形下，只要振幅不大、线性弹簧和线性阻尼的假设可以得出足够准确的有用结论。但也有不少振动过程，如果不考虑非线性，现象就无法说明，问题也得不到解决。在有的装备中，还特意引入或加强非线性因素，来达到改进

性能和提高工效的目的。

限于篇幅，本节只讨论、离散、常参数线性系统、介绍单自由度系统、多自由度系统的自由振动与受迫振动。

自由振动是振动系统偏离平衡位置后，不再受到外界的激扰，只在恢复力作用下发生的振动。

受迫振动是振动系统受到外界控制的激扰作用下发生的振动。

5.2　单自由度系统的振动

5.2.1　自由振动

1. 运动方程及其解　单自由度振动系统自由振动方程为：

$$m\ddot{x} + kx = 0$$

或

$$\ddot{x} + \omega_n^2 x = 0 \qquad (12.5\text{-}1)$$

方程的解为

$$x = x_0 \cos\omega_n t + \frac{\dot{x}_0}{\omega_n} \sin\omega_n t \qquad (12.5\text{-}2)$$

$$\omega_n = \sqrt{\frac{k}{m}}$$

式中　ω_n——圆频率,固有频率;

x_0——初始位移;

$\dot{x}_0$——初始速度。

式(2.5-2)也可写为

$$x = A\sin(\omega_n t + \phi) \qquad (12.5\text{-}3)$$

$$A = \sqrt{x_0^2 + \left(\frac{\dot{x}_0}{\omega_n}\right)^2}$$

$$\phi = \arctan\frac{\dot{x}_0}{\omega_n x_0}$$

式中　A——振幅;

ϕ——初位相角。

自由振动的时间历程图见图12.5-1。

振动的周期

$$T = \frac{2\pi}{\omega_n} = 2\pi\sqrt{\frac{m}{k}}$$

振动频率

$$f = \frac{1}{T} = \frac{1}{2\pi}\sqrt{\frac{k}{m}} = \frac{1}{2\pi}\omega_n^2$$

2. 常用弹性元件的刚度与扭转刚度　见表12.5-1 和表12.5-2。

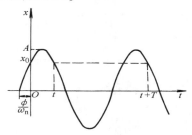

图 12.5-1　自由振动时间历程

3. 振动系统的固有频率 ω_n　在表12.5-3中列出了一些单自由度振动系统的固有频率。

4. 具有粘性阻尼的自由振动　有阻尼的振动运动方程式为

$$m\ddot{x} + c\dot{x} + kx = 0$$

c 为阻尼系数，它取决于物体的形状、尺寸和润滑剂的物理性质、表12.5-4给出了有关结构的阻尼系数，表12.5-5则给出了在扭转振动情况下的扭转阻尼系数。

表 12.5-1　弹性元件的刚度

序号	简　　图	说　　明	刚　　度 k				
1		圆柱形拉伸或压缩弹簧	圆形截面　$k = \dfrac{Gd^4}{8ND^3}$				
			矩形截面　$k = \dfrac{4Ghb^3\eta}{\pi Nd^3}$				
			h/b	1	1.5	2	3	4
			η	0.141	0.196	0.229	0.263	0.287
2	D_1—大端中径(m)　D_2—小端中径(m)	圆锥形拉伸弹簧	圆形截面　$k = \dfrac{Gd^4}{2N(D_1^2 + D_2^2)(D_1 + D_2)}$				
			矩形截面　$k = \dfrac{16Ghb^3\eta}{\pi N(D_1^2 + D_2^2)(D_1 + D_2)}$				
			$\eta = \dfrac{0.276\left(\dfrac{h}{b}\right)^2}{1 + \left(\dfrac{h}{b}\right)^2}$				

（续）

序号	简　　图	说　　明	刚　　度 k
3		两个串联弹簧	$\dfrac{1}{k} = \dfrac{1}{k_1} + \dfrac{1}{k_2}$
		N 个串联弹簧	$\dfrac{1}{k} = \dfrac{1}{k_1} + \dfrac{1}{k_2} + \cdots + \dfrac{1}{k_N} = \sum\limits_{i=1}^{N} \dfrac{1}{k_i}$
4		两个并联弹簧	$k = k_1 + k_2$
		N 个并联弹簧	$k = k_1 + k_2 + \cdots + k_N = \sum\limits_{i=1}^{N} k_i$
5		混联弹簧	$k = \dfrac{(k_1 + k_2) k_3}{k_1 + k_2 + k_3}$
6		等截面悬臂梁	圆形截面　$k = \dfrac{3\pi d^4 E}{64 l^3}$ 矩形截面　$k = \dfrac{bh^3 E}{4 l^3}$
7		等厚三角形悬臂梁	$k = \dfrac{bh^3 E}{6 l^3}$
8		悬臂板簧组（各板排列成等强度梁）	$k = \dfrac{nbh^3 E}{6 l^3}$ n—钢板数
9		简支梁	$k = \dfrac{3 E I_a l}{l_1^2 l_2^2}$ 当 $l_1 = l_2$，$k = \dfrac{48 E I_a}{l^3}$

（续）

序号	简　　图	说　　明	刚　　度 k
10		两端固定的梁	$k = \dfrac{3EI_a l^3}{l_1^3 l_2^3}$ 当 $l_1 = l_2$，$k = \dfrac{192EI_a}{l^3}$
备注	D—弹簧中径（m）；d—钢丝直径（m）；E—弹性模量（Pa）；G—切变模量（Pa）；I_a—惯性矩（m⁴）；N—弹簧有效圈数		

表 12.5-2　弹性元件的扭转刚度

序号	简　　图	说　　明	扭转刚度 k_θ
1		圆柱形扭转弹簧	$k_\theta = \dfrac{Ed^4}{64ND}$
2		卷簧	$k_\theta = \dfrac{EI_a}{l}$ l—钢丝总长
3		两端受扭的实心圆轴	$k_\theta = \dfrac{G\pi D^4}{32l}$
4		两端受扭的空心圆轴	$k_\theta = \dfrac{G\pi(D^4 - d^4)}{32l}$
5		两端受扭的方轴	$k_\theta = 1.43\,\dfrac{G\pi a^4}{32l}$
6		两端受扭的六角轴	$k_\theta = 1.18\,\dfrac{G\pi D_1^4}{32l}$
7		两端受扭的八角轴	$k_\theta = 1.10\,\dfrac{G\pi D_1^4}{32l}$
8		两端受扭的阶梯轴	$\dfrac{1}{k_\theta} = \dfrac{1}{k_{\theta1}} + \dfrac{1}{k_{\theta2}}$
9		两端受扭的两同心管构成的轴	$k_\theta = k_{\theta1} + k_{\theta2}$
备注	D—弹簧中径（m），轴的直径（m）；d—钢丝直径（m），空心圆轴内直径（m）；E—弹性模量（Pa）；G—切变模量（Pa）；N—弹簧有效圈数		

表 12.5-3　单自由度振动系统的固有频率

序号	系　统　简　图	说　　　　明	固有频率 ω_n
1		一个质量块一个弹簧的系统	$\omega_n = \sqrt{\dfrac{k}{m}}$ 如果计及弹簧的质量 m_s，则 $\omega_n = \sqrt{\dfrac{3k}{3m + m_s}}$
2		一个质量块两个弹簧并联的系统	$\omega_n = \sqrt{\dfrac{k_1 + k_2}{m}}$
		一个质量块 n 个弹簧并联的系统	$\omega_n = \sqrt{\dfrac{k_1 + k_2 + \cdots + k_n}{m}}$
3		一个质量块两个弹簧串联的系统	$\omega_n = \sqrt{\dfrac{k_1 k_2}{m(k_1 + k_2)}}$
		一个质量块 n 个弹簧串联的系统	$\omega_n = \sqrt{\dfrac{1}{m\left(\sum\limits_{i=1}^{n} \dfrac{1}{k_i}\right)}}$
4		直线振动与摇摆振动的联合系统	$\omega_n^2 = \dfrac{1}{2}(\omega_y^2 + \omega_O^2) \mp \dfrac{1}{2}\sqrt{(\omega_y^2 - \omega_O^2)^2 + 4\omega_y^4 \varepsilon^2}$ 式中　$\omega_y^2 = \dfrac{2k_2}{m}$ $\omega_O^2 = \dfrac{2k_1 l^2 + 2k_2 h^2}{I}$ $\varepsilon^2 = \dfrac{mh^2}{I}$
5		一个质量块为三个弹簧所支持的系统（质量块的中心与各弹簧的中心线在同一平面内）	$\omega_n^2 = \dfrac{1}{2}(\omega_{xx}^2 + \omega_{yy}^2) \mp \dfrac{1}{2}\sqrt{(\omega_{xx}^2 - \omega_{yy}^2)^2 + 4\omega_{xy}^4}$ 式中　$\omega_{xx}^2 = \dfrac{\sum\limits_i k_i \cos^2 \alpha_i}{m}$ $\omega_{yy}^2 = \dfrac{\sum\limits_i k_i \sin^2 \alpha_i}{m}$ $\omega_{xy}^2 = \dfrac{\sum\limits_i k_i \sin\alpha_i \cos\alpha_i}{m}$

（续）

序号	系 统 简 图	说　明	固有频率 ω_n
6		双簧摆	$\omega_n = \sqrt{\dfrac{ka^2}{ml^2} + \dfrac{g}{l}}$
7		倒立双簧摆	$\omega_n = \sqrt{\dfrac{ka^2}{ml^2} - \dfrac{g}{l}}$
8		离心摆	$\omega_n = \dfrac{\pi n}{30}\sqrt{\dfrac{l+r}{l}}$ 式中　n—转轴的转速（$\min^{-1}$）
9		圆柱体在弧面上摆动	$\omega_n = \sqrt{\dfrac{2g}{3(R-r)}}$
10		装上圆盘的轴在弧面上摆动	$\omega_n = \sqrt{\dfrac{g}{(R-r)\left(1+\dfrac{\rho^2}{r^2}\right)}}$ 式中　ρ—圆盘和轴的回转半径（m）

（续）

序号	系 统 简 图	说　明	固有频率 ω_n
11		一质量块在一铰支和一弹簧支承支持着的刚性梁上所构成的系统	$\omega_n = \dfrac{l}{a}\sqrt{\dfrac{k}{m}}$ 式中　l—铰支至弹簧中心线的距离 　　　a—铰支至质量块中心的距离 　　　不计及刚性梁的质量
12		单　摆	$\omega_n = \sqrt{\dfrac{g}{l}}$ 式中　l—摆锤中心至转轴中心的距离
13		物 理 摆	$\omega_n = \sqrt{\dfrac{gl}{\rho^2 + l^2}}$ 式中　l—摆的重心至转轴中心的距离
14		倾 斜 摆	$\omega_n = \sqrt{\dfrac{g\sin\beta}{l}}$ 式中　β—转轴中心线与悬垂线所成之角

（续）

序号	系 统 简 图	说 明	固有频率 ω_n
15	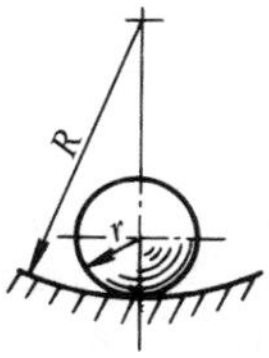	球在弧面上摆动	$\omega_n = \sqrt{\dfrac{5g}{7(R-r)}}$
16	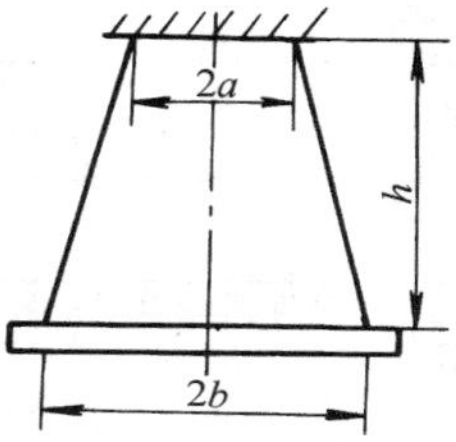	两根对称的弦吊着一水平杆	$\omega_n = \sqrt{\dfrac{gab}{\rho^2 h}}$ 式中 ρ—杆的回转半径（m）
17	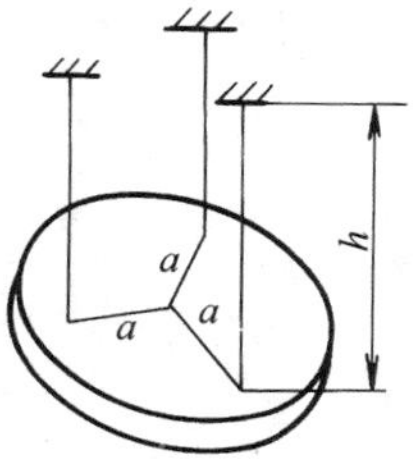	三根等长的平行弦吊着一水平板	$\omega_n = \sqrt{\dfrac{ga^2}{\rho^2 h}}$ 式中 ρ—板的回转半径（m）
备注	g—重力加速度（m/s²）；k—弹簧的刚度（N/m）；m—振动体的质量（kg）；ρ—振动体的回转半径（m）		

表 12.5-4　粘性阻尼系数

（续）

序号	简 图	说明	粘性阻尼系数 c	序号	简 图	说明	粘性阻尼系数 c
1		液体介于具有相对运动的两平行板之间	$c = \dfrac{\eta A}{\delta}$ A—上板与液体接触面积（m²） δ—液层厚度（m）	2		板在液体中平行移动	$c = \dfrac{2\eta A}{\delta}$ A—动板的一侧与液体的接触面积（m²）

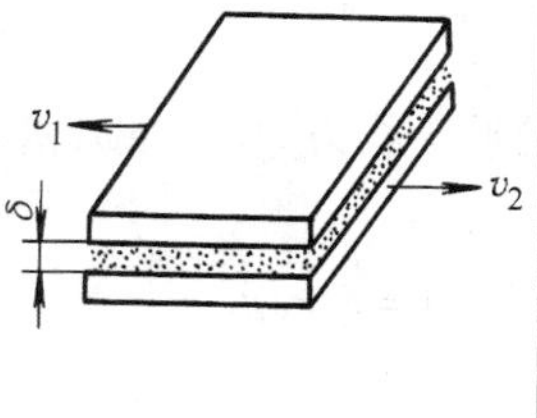

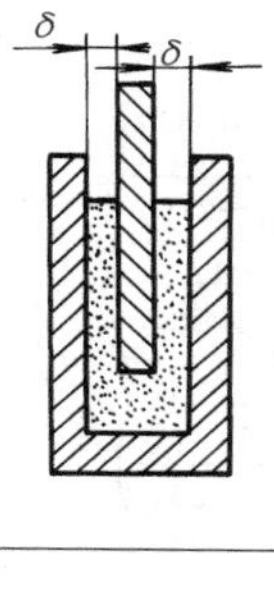

（续）

序号	简　图	说明	粘性阻尼系数 c
3	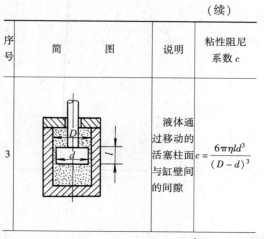	液体通过移动的活塞柱面与缸壁间的间隙	$c = \dfrac{6\pi\eta l d^3}{(D-d)^3}$

（续）

序号	简　图	说明	粘性阻尼系数 c
4	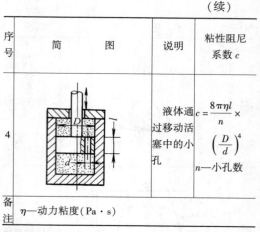	液体通过移动活塞中的小孔	$c = \dfrac{8\pi\eta l}{n} \times$ $\left(\dfrac{D}{d}\right)^4$ n—小孔数
备注	η—动力粘度（Pa·s）		

表 12.5-5　粘性扭转阻尼系数

序号	简　图	说　明	粘性扭转阻尼系数 c_θ
1		液体介于具有相对运动的两同心圆柱面之间	$c_\theta = \dfrac{\pi\eta l D_2^3}{4\delta}$ $t = \dfrac{D_1 - D_2}{2}$
2		液体介于具有相对运动的两同心圆盘之间	$c_\theta = \dfrac{\pi\eta}{32\delta}(D_1^4 - D_2^4)$
备注	η—动力粘度（Pa·s）		

引入临界阻尼系数 $c_c = 2\sqrt{mk} = 2m\omega_n$，阻尼比 $\zeta = \dfrac{c}{c_c} = \dfrac{\alpha}{\omega_n}$，衰减系数 $\alpha = \dfrac{c}{m}$，方程可写为

$$\ddot{x} + 2\alpha\dot{x} + \omega_n^2 x = 0 \qquad (12.5\text{-}4)$$

或

$$\ddot{x} + 2\zeta\omega_n\dot{x} + \omega_n^2 x = 0$$

在 $\zeta < 1, \alpha < \omega_n$ 时，方程的解才有准振动现象，这时解为

$$x = Ae^{-\alpha t}\sin(\omega_d t + \phi) \qquad (12.5\text{-}5)$$

$$A = \sqrt{x_0^2 + \left(\dfrac{\dot{x}_0 + \alpha x_0}{\omega_d}\right)^2}$$

$$\omega_d = \sqrt{\omega_n^2 - \alpha^2} = \sqrt{1 - \zeta^2}\,\omega_n$$

$$\phi = \arctan\left(\dfrac{x_0\omega_d}{\dot{x}_0 + \alpha x_0}\right)$$

式中　ω_d——有阻尼时的圆频率。

阻尼对自由振动的频率影响不大，当 $\zeta \ll 1$ 时，$\omega_d \approx \omega_n$，$T_d \approx T$。

阻尼对振幅的影响较大。振动是衰减振动（图 12.5-2），振动中任意两个相邻振幅幅值比的自然对数称为对数减缩，用 δ 表示。

$$\delta = \ln\dfrac{x_1}{x_2} = \zeta\omega_n T_d = 2\pi\zeta\dfrac{\omega_n}{\omega_d} \approx 2\pi\zeta \qquad (12.5\text{-}6)$$

5.2.2　受迫振动

当振动系统受简谐干扰力 $Q = F\sin\omega t$ 作用时，运动方程式为：

$$m\ddot{x} + c\dot{x} + kx = F\sin\omega t$$

即

$$\ddot{x} + 2\alpha\dot{x} + \omega_n^2 x = q\sin\omega t \qquad (12.5\text{-}7)$$

式中 $\alpha = \dfrac{c}{2m}$，$\omega_n^2 = \dfrac{k}{m}$，$q = \dfrac{F}{m}$，方程式的稳定解为

$$x = B\sin(\omega t - \psi) \qquad (12.5\text{-}8)$$

$$B = \frac{B_0}{\sqrt{(1-\lambda^2)^2 + (2\zeta\lambda)^2}}$$

$$\lambda = \frac{\omega}{\omega_n}$$

$$B_0 = \frac{q}{\omega_n^2} = \frac{F}{k}$$

$$\tan\psi = \frac{2\zeta\lambda}{1-\lambda^2}$$

式中　B——振幅；
　　　λ——频率比；
　　　B_0——静力偏移；
　　　ψ——位相差。

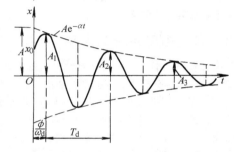

图 12.5-2　衰减振动

受迫振动的振幅 B 和位相差 ψ 只决定于系统本身的特性和干扰力的特性，与运动的初始条件无关。为了讨论一般情况，令 $B/B_0 = \beta$ 为动力放大因子，

$$\beta = \frac{B}{B_0} = \frac{1}{\sqrt{(1-\lambda^2)^2 + (2\zeta\lambda)^2}} \qquad (12.5\text{-}9)$$

β 随频率比变化的曲线——共振曲线见图 12.5-3。

当 $\lambda = \lambda_0 = \sqrt{1-2\zeta^2}$ 时，动力放大因子 β 取极大值

$$\beta = \beta_{max} = \frac{B_{max}}{B_0} = \frac{1}{2\zeta\sqrt{1-\zeta^2}} \qquad (12.5\text{-}10)$$

即当干扰力频率等于或略小于系统固有频率 ω_n 时，振幅 B 达到最大值，系统振动最强烈，称为共振。在许多实际问题中，阻尼都较小，即 ζ 值较小，共振时可以近似地认为 $\lambda_0 = 1$，也就是干扰力频率和系统固有频率相等，此时

$$\beta = \beta_{max} = \frac{1}{2\zeta} \qquad (12.5\text{-}11)$$

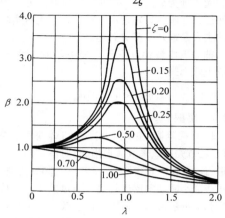

图 12.5-3　共振曲线

若系统无阻尼存在，则当 $\omega < \omega_n$ 时，受迫振动位移与激励同相位（$\psi = 0$），当 $\omega > \omega_n$ 时，二者相位相反（$\psi = 180°$）；当 $\omega = \omega_n$ 时，共振点前后相位突然变化。若系统有阻尼存在，则共振点前后的相位变化渐趋平缓，阻尼越大变化越慢，在共振点上，受迫振动的位移总是滞后激励 $90°$，即 $\psi = 90°$，而与阻尼大小无关。相位随频率变的曲线见图 12.5-4。

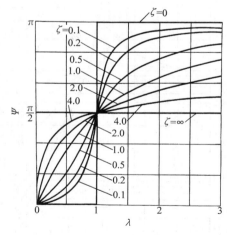

图 12.5-4　相频曲线

5.2.3　临界转速

旋转机械的转轴，在转速达到某些特定值时会发生共振。临界转速就是轴发生共振时的转速。在不考虑陀螺效应和工作环境等因素时，轴的临界转速与轴的横向振动的固有频率相同。一

根轴在理论上有无穷多个临界转速，按其数值由小到大排列为 n_{c1}、n_{c2}……等，分别称为一阶临界转速，二阶临界转速……等。工程上有实际意义的主要是前几阶临界转速。

轴的工作转速 n 应避开临界转速 n_c，一般应按下式选择

$$1.4 n_{ck} < n < 0.7 n_{ck+1}$$

5.2.4 隔振

1. 积极隔振（主动隔振） 对于本身就是振源的机器，首先应该采取减振措施，对不均衡的运转件进行动平衡。其次要把自己与地基隔离起来，以防止或减小振动向周围传播。通过减小力的传递来达到隔振的目的。积极隔振的效果是由隔振后与隔振前地基上所受到的附加动反力的幅值比来衡量。该比值称为隔振系数，用 η 表示。

$$\eta = \frac{F_T}{F} = \sqrt{\frac{1+(2\zeta\lambda)^2}{(1-\lambda^2)^2+(2\zeta\lambda)^2}}$$

$$(12.5\text{-}12)$$

式中 F 是振源的干扰力幅值，F_T 为隔振后传到地基上的附加动反力的幅值。

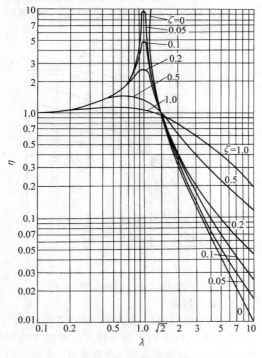

图 12.5-5 隔振系数曲线

2. 消极隔振（被动隔振） 对只允许振动很小的精密仪器和设备采取保护措施，使其尽量防止和减小周围振动通过地基对它的影响，其效果由减振后与减振前被保护对象的受迫振动的振幅比来衡量，该比值也称隔振系数，也用 η 表示，即

$$\eta = \frac{B}{B_0} = \sqrt{\frac{1+(2\zeta\lambda)^2}{(1-\lambda^2)^2+(2\zeta\lambda)^2}}$$

式中 B_0 为外界传来的支座振动的振幅。B 为被隔离对象由于支座激扰引起的受迫振动的振幅。

3. 隔振系数，隔振效率 隔振系数 η 随频率比 λ 的变化曲线图 12.5-5。无论是积极隔振还是消极隔振，只有当 $\lambda = \dfrac{\omega}{\omega_n} > \sqrt{2}$ 时 η 才小于 1，隔振才有效果（ω_n 为加隔振器后系统的固有频率）。

为了表示隔振效果，隔振效率定义为

$$\xi = (1-\eta)100\%$$

它表示隔振装置所隔离振动的百分比。

5.3 多自由度系统的振动

求解有限多个自由度振动系统的振动问题，主要采用主坐标分析法，即振型叠加法。这一方法的核心是利用振型矩阵（模态矩阵）进行坐标变换，使得原来耦合着的 n 个运动方程解耦，变成用主坐标表示的 n 个独立的方程。于是可对每个主坐标用单自由度振动理论求解。然后再反变换求得原坐标表示的运动规律。由于方程书写繁杂，我们采用矩阵形式表示。

5.3.1 多自由度振动系统的运动方程式

常见的有限多个自由度振动系统的运动方程式有两种形式，即作用力方程和位移方程。自由振动的作用力方程形式为：

$$[M]\{\ddot{x}\} + [K]\{x\} = \{0\} \quad (12.5\text{-}13)$$

式中，$[M]$ 为质量矩阵，它是定正的，

$$[M] = \begin{bmatrix} m_{11} & m_{12} & \cdots & m_{1n} \\ m_{21} & m_{22} & \cdots & m_{2n} \\ \vdots & & & \\ m_{n1} & m_{n2} & \cdots & m_{nn} \end{bmatrix} \quad m_{ij} = m_{ji}$$

$[K]$ 为刚度矩阵，它是定正的或半定正的，

$$[K] = \begin{bmatrix} k_{11} & k_{12} & \cdots & k_{1n} \\ k_{21} & k_{22} & \cdots & k_{2n} \\ \vdots & & & \\ k_{n1} & k_{n2} & \cdots & k_{nn} \end{bmatrix} \quad k_{ij} = k_{ji}$$

$\{x\}$ 为位移列阵，$\{x\} = [x_1 x_2 \cdots\cdots x_n]^\mathrm{T}$。

自由振动的位移方程形式为

$$[\delta][M]\{\ddot{x}\} + \{x\} = \{0\} \quad (12.5\text{-}14)$$

式中，$[\delta]$ 为柔度矩阵

$$[\delta] = \begin{bmatrix} \delta_{11} & \delta_{12} & \cdots & \delta_{1n} \\ \delta_{21} & \delta_{22} & \cdots & \delta_{2n} \\ \vdots & & & \\ \delta_{n1} & \delta_{n2} & \cdots & \delta_{nn} \end{bmatrix} \quad \delta_{ij} = \delta_{ji}$$

当刚度矩阵为定正时，$[\delta] = [K]^{-1}$，即刚度矩阵 $[K]$ 与柔度矩阵 $[\delta]$ 互为逆矩阵，当刚度矩阵是奇异的，即半正定时，不存在逆矩阵，即无柔度矩阵，此时系统存在有刚体整体运动。

5.3.2　固有频率和振型

以作用力方程式（12.5-13）为例，设系统偏离平衡位置作自由振动，各点均按同一频率，同一位相角 ϕ 运动，即设

$$\{x\} = \{A\}\sin(\omega_\mathrm{n} t + \varphi)$$

将其代入式（12.5-13），并消去 $\sin(\omega_\mathrm{n} t + \varphi)$，得到

$$[K]\{A\} - \omega_\mathrm{n}^2[M]\{A\} = \{0\}$$

或

$$([K] - \omega_\mathrm{n}^2[M])\{A\} = \{0\} \quad (12.5\text{-}15)$$

要使 $\{A\}$ 有不全等于零的解，必须使系数行列式为零，于是得到系统的特征方程或频率方程

$$|[K] - \omega_\mathrm{n}^2[M]| = 0 \quad (12.5\text{-}16)$$

这是关于 ω_n^2 的 n 次多项式，可以求出 n 个特征值（固有频率）ω_n^2，即 n 个自由度系统具有 n 个固有频率。大多数实际振动系统，n 个固有频率的值互不相等，将其由小到大按次序排列为：

$$0 \leqslant \omega_{\mathrm{n}1} \leqslant \omega_{\mathrm{n}2} \leqslant \cdots \leqslant \omega_{\mathrm{n}n-1} \leqslant \omega_{\mathrm{n}n}$$

$\omega_{\mathrm{n}1}$ 称为一阶固有频率，或称作基频，其它的依次称作二阶、三阶……。

将各个固有频率（特征值）代入方程（12.5-15），可求得相应的 $\{A\}$ 值

$$([K] - \omega_{\mathrm{n}i}^2[M])\{A^{(i)}\} = \{0\}$$

$$(12.5\text{-}17)$$

$\{A^{(i)}\}$ 为对应于特征值 $\omega_{\mathrm{n}i}$ 的特征矢量，它表示系统在以 $\omega_{\mathrm{n}i}$ 的频率作自由振动时，各质点振幅 $A_1^{(i)}$、$A_2^{(i)} \cdots A_n^{(i)}$ 的相对大小，称为系统的主振型，简称为振型或模态。对于任何一个 n 自由

度系统，总可找到 n 个固有频率和与之对应的 n 个主振型（模态）。

系统的主振型（模态）也可以从矩阵（$[K] - \omega_\mathrm{n}^2[M]$）的伴随矩阵求得，即

$$\{A^{(i)}\} = \mathrm{adj}([K] - \omega_{\mathrm{n}i}^2[M]) \quad (12.5\text{-}18)$$

取其中任一非全为零的列，归一化即为振型。

【例 12.5-1】 图 12.5-6 为一三自由度系统，已知 $m_1 = 2m$，$m_2 = 1.5m$，$m_3 = m$；$k_1 = 3k$，$k_2 = 2k$，$k_3 = k$，求系统的固有频率及主振型。

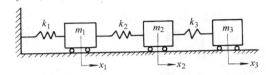

图 12.5-6　三自由度系统

解　选择三个物块质心坐标为广义坐标，则

$$[M] = \begin{bmatrix} 2m & 0 & 0 \\ 0 & 1.5m & 0 \\ 0 & 0 & m \end{bmatrix}$$

$$[K] = \begin{bmatrix} 5k & -2k & 0 \\ -2k & 3k & -k \\ 0 & -k & k \end{bmatrix}$$

将 $[K]$、$[M]$ 代入频率方程 $|[K] - \omega_\mathrm{n}^2[M]| = 0$，得

$$\begin{vmatrix} 5k - 2m\omega_\mathrm{n}^2 & -2k & 0 \\ -2k & 3k - 1.5m\omega_\mathrm{n}^2 & -k \\ 0 & -k & k - m\omega_\mathrm{n}^2 \end{vmatrix} = 0$$

展开并整理，得

$$(\omega_\mathrm{n}^2)^3 - 5.5\frac{k}{m}(\omega_\mathrm{n}^2)^2 + 7.5\left(\frac{k}{m}\right)^2(\omega_\mathrm{n}^2)$$

$$- 2\left(\frac{k}{m}\right)^3 = 0$$

用数值解法求出 ω_n^2 的三个根

$$\omega_{\mathrm{n}1}^2 = 0.351\frac{k}{m}, \omega_{\mathrm{n}1} = 0.593\sqrt{\frac{k}{m}};$$

$$\omega_{\mathrm{n}2}^2 = 1.607\frac{k}{m}, \omega_{\mathrm{n}2} = 1.268\sqrt{\frac{k}{m}};$$

$$\omega_{\mathrm{n}3}^2 = 3.542\frac{k}{m}, \omega_{\mathrm{n}3} = 1.882\sqrt{\frac{k}{m}}$$

再求伴随矩阵 $\mathrm{adj}([K] - \omega_\mathrm{n}^2[M])$，然后将各个频率代入，并归一化，得各阶主振型为：

$$\{A^{(1)}\} = \begin{Bmatrix} 0.3019 \\ 0.6485 \\ 1.0000 \end{Bmatrix}, \{A^{(2)}\} = \begin{Bmatrix} -0.6790 \\ -0.6065 \\ 1.0000 \end{Bmatrix}$$

$$\{A^{(3)}\} = \left\{ \begin{array}{c} 2.4396 \\ -2.5419 \\ 1.0000 \end{array} \right\}$$

5.3.3 计算固有频率和振型的近似方法

1. 瑞利能量法 瑞利能量法用于估算系统的一阶固有频率,这时需要假设第一阶振型 $\{A\}$,于是

$$\omega_{n1}^2 = \frac{\{A\}^T[K]\{A\}}{\{A\}^T[M]\{A\}} = R(A) \quad (12.5-19)$$

式（12.5-19）又称瑞利商。

瑞利—里兹法。欲需求前几阶频率及振型,瑞利—里兹法利用瑞利商在每个特征值附近取驻值的条件,将系统的自由度数折减,然后求出折减后的频率及振型。其具体做法是,先假设几个假设模态 $\{\psi_i\}$,而各阶振型为有限个假设模态的线性和,即

$$\{A\} = [\psi]\{a\}$$

式中 $[\psi]$——假设模态矩阵；

$\{a\}$——待定系数阵。

将 $\{A\}$ 代入瑞利商,利用 $\dfrac{\partial R(A)}{\partial a_j} = 0, j = 1,2\cdots$ s 的条件,得到关于 $\{a\}$ 的方程。

$$[K^*]\{a\} - \omega_n^2[M^*]\{a\} = 0 \quad (12.5-20)$$

$$[K^*] = [\psi]^T[K][\psi]$$

$$[M^*] = [\psi]^T[M][\psi]$$

求解式（12.5-20）可得系统的前 s 阶频率及振型,系统的前 s 阶振型为

$$\{A^{(i)}\} = [\psi]\{a^{(i)}\} \quad i = 1,2,\cdots,s$$
$$(12.5-21)$$

【例 12.5-2】 由四个相等质量以及四个刚度为 k 的弹簧组成的振动系统（图 12.5-7）,用能量法求前两阶固有频率及振型。

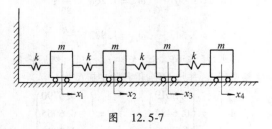

图 12.5-7

解 系统的质量矩阵及刚度矩阵为

$$[M] = \begin{bmatrix} m & 0 & 0 & 0 \\ 0 & m & 0 & 0 \\ 0 & 0 & m & 0 \\ 0 & 0 & 0 & m \end{bmatrix}$$

$$[K] = \begin{bmatrix} 2k & -k & 0 & 0 \\ -k & 2k & -k & 0 \\ 0 & -k & 2k & -k \\ 0 & 0 & -k & k \end{bmatrix}$$

现设二个假设模态

$$\{\psi_1\} = (0.25 \quad 0.50 \quad 0.75 \quad 1.0)^T$$
$$\{\psi_2\} = (0 \quad 0.2 \quad 0.6 \quad 1.0)^T$$

于是求得

$$[M^*] = [\psi]^T[M][\psi] = m\begin{bmatrix} 1.875 & 1.55 \\ 1.55 & 1.4 \end{bmatrix}$$

$$[K^*] = [\psi]^T[K][\psi] = k\begin{bmatrix} 0.25 & 0.25 \\ 0.25 & 0.36 \end{bmatrix}$$

由特征方程 $[[K^*] - \omega_n^2[M^*]]\{a\} = \{0\}$ 求得

$$\omega_{n1} = 0.3516\sqrt{\frac{k}{m}} \quad \{a^{(1)}\} = \left\{ \begin{array}{c} -3.1999 \\ 1.0000 \end{array} \right\}$$

$$\omega_{n2} = \sqrt{\frac{k}{m}} \quad \{a^{(2)}\} = \left\{ \begin{array}{c} 0.8000 \\ 1.0000 \end{array} \right\}$$

于是一阶振型

$$\{A^{(1)}\} = [\psi]\{a^{(1)}\}$$
$$= (0.3635、0.6361、0.8177、1.0000)^T$$
$$\{A^{(2)}\} = [\psi]\{a^{(2)}\}$$
$$= (-1.0000、-1.0000、0.0000、1.0000)^T$$

2. 矩阵迭代法 矩阵迭代法采用位移方程,适用于只需求出最低几阶频率和振型的情形。将位移方程变为

$$\{x\} = -[\delta][M]\{\ddot{x}\}$$

设方程的解为 $\{x\} = \{A\}\sin\omega_n t$,代入并消去 $\sin\omega_n t$ 得

$$\frac{1}{\omega_n^2}\{A\} = [\delta][M]\{A\} = [D]\{A\}$$

$$(12.5-22)$$

式中,$[D] = [\delta][M] = [K]^{-1}[M]$ 为系统的动力矩阵。

迭代法是利用动力矩阵进行的。先取某个经过基准化的假设模态 $\{\psi\}$，左乘以动力矩阵 $[D]$，得

$$\{B\}_1 = [D]\{\psi\}$$

将 $\{B\}_1$ 基准化，例如，用 Bn_1 去除 $\{B\}_1$ 中各项，得

$$\{\psi\}_1 = \frac{1}{Bn_1}\{B\}_1$$

再以 $\{\psi\}_1$ 作为假设模态进行迭代，得

$$\{B\}_2 = [D]\{\psi\}_1$$

基准化后，得

$$\{\psi\}_2 = \frac{1}{Bn_2}\{B\}_2$$

按上述过程迭代，直到 $\{\psi\}_k = \{\psi\}_{k-1}$ 为止，此时

$$\{A^{(1)}\} = \{\psi\}_k,\quad \frac{1}{\omega_{n1}^2} = \frac{1}{B_{nk}}$$

矩阵迭代法，迭代过程收敛于最低频率及振型，欲求较高阶频率及振型时，必须在假设模态中清除低阶振型、例如求第二阶频率及振型时，必须在迭代过程中清除一阶振型，其清除振型是

$$\left[[I] - \frac{\{A^{(1)}\}\{A^{(1)}\}^{\mathrm{T}}[M]}{M_1} \right]$$

清除前 r 阶频率和振型的清除矩阵为

$$\left[[I] - \sum_{j=1}^{r} \frac{\{A^{(j)}\}\{A^{(j)}\}^{\mathrm{T}}[M]}{M_j} \right]$$

在迭代过程中难免会引入一些低价振型分量，因次在每次迭代前都必须进行清除运算。实际上可将迭代运算和清除低阶振型合在一起，即将清除矩阵并入动力矩阵 $[D]$ 中去得到新的动力矩阵 $[D^*]$

$$[D^*] = \left[[D] - \sum_{j=1}^{r} \frac{\{A^{(j)}\}\{A^{(j)}\}^{\mathrm{T}}[M]}{M_j \omega_{nj}^2} \right]$$

$$(12.5\text{-}23)$$

$M_j = \{A^{(j)}\}^{\mathrm{T}}[M]\{A^j\}$ 为第 j 阶模态质量。

3. 子空间迭代法 子空间迭代法可以同时求出前 P 阶振型和频率、且具有可靠、精度高的优点，为大型复杂结构振动分析的最有效方法之一。它是对一组假设模态反复地使用迭代法和里兹法的过程。

如需求前 P 阶振型和频率，按照里兹法先假设 r 个假设模态，$r > P$。

$$[A]_o = [\{\psi\}_1 \{\psi\}_2 \cdots \{\psi\}_r]$$

进行迭代，得

$$[\psi]_I = [\delta][M][A]。$$

然后按里兹法，求

$$[M^*] = [\psi]_I^{\mathrm{T}}[M][\psi]_I$$

$$[K^*] = [\psi]_I^{\mathrm{T}}[k][\psi]_I$$

解方程

$$[[K^*]_I - \omega_n^2[M^*]_I]\{a\} = \{0\}$$

可得 r 个频率及 r 个特征矢量 $\{a\}_I$，于是得

$$[A]_I = [\psi]_I[a]_I$$

再取 $[A]_I$ 作为假设振型，进行迭代，得

$$[\psi]_{II} = [\delta][M][A]_I$$

然后再用里兹法求特征值及特征矢量得 $[a]_{II}$，于是又得到

$$[A]_{II} = [\psi]_{II}[a]_{II}$$

不断地重复矩阵迭代和里兹法的过程，就可得到所需精度的振型和固有频率。

5.3.4 多自由度振动系统的自由振动

1. 主振型的正交性、主坐标及正则坐标

在多自由度振动系统中、质量矩阵 $[M]$ 和刚度矩阵 $[K]$ 一般都不是对角阵。方程组既有动力耦合也有静力耦合。选择主坐标或正则坐标，可同时使质量矩阵和刚度矩阵变成对角阵。使方程组解耦。每个方程都可单独求解。

一个 n 自由度的振动系统的 n 个主振型之间存在着关于质量矩阵与刚度矩阵的加权正交性，常称为主振型的正交性。即

$$\{A^{(i)}\}^{\mathrm{T}}[M][A^{(j)}] = \begin{cases} 0 & (i \neq j) \\ M_{pi} & (i = j) \end{cases}$$

$$\{A^{(i)}\}^{\mathrm{T}}[K][A^{(j)}] = \begin{cases} 0 & (i \neq j) \\ K_{pi} & (i = j) \end{cases}$$

式中 M_{pi}——模态质量；

K_{pi}——模态刚度。

主振型矩阵 $[A_p]$ 为

$$[A_p] = (\{A^{(1)}\}\{A^{(2)}\}\cdots\{A^{(n)}\})$$

根据主振型关于 $[M]$、$[K]$ 的正交性，有

$$[A_p]^{\mathrm{T}}[M][A_p] = \begin{bmatrix} \ddots & & \\ & M_p & \\ & & \ddots \end{bmatrix}$$

$$[A_p]^{\mathrm{T}}[K][A_p] = \begin{bmatrix} \ddots & & \\ & k_p & \\ & & \ddots \end{bmatrix}$$

$[M_p]$ 和 $[K_p]$ 分别主质量（模态质量）矩阵和

主刚度(模态刚度)矩阵,它们都是对角阵。

将主振型除以其对应的模态质量的平方根值,可得正则振型。即

$$\{A_N^{(i)}\} = \frac{1}{\sqrt{M_{pi}}}\{A_p^{(i)}\}$$

正则振型关于 $[M]$、$[K]$ 的正交性为:

$$\{A_N^{(i)}\}^T[M][A_N^{(j)}] = \begin{cases} 0 & (i \neq j) \\ 1 & (i = j) \end{cases}$$

$$\{A_N^{(i)}\}^T[K][A_N^{(j)}] = \begin{cases} 0 & (i \neq j) \\ \omega_{ni}^2 & (i = j) \end{cases}$$

正则振型矩阵

$$[A_N] = (\{A_N^{(1)}\} \{A_N^{(2)}\} \cdots \{A_N^{(n)}\})$$

由正交性可以导出:

$$[A_N]^T[M][A_N] = \begin{bmatrix} \ddots & & \\ & 1 & \\ & & \ddots \end{bmatrix}$$

$$[A_N]^T[K][A_N] = \begin{bmatrix} \ddots & & \\ & \omega_n^2 & \\ & & \ddots \end{bmatrix}$$

式中 $\begin{bmatrix} \ddots & & \\ & 1 & \\ & & \ddots \end{bmatrix}$ 为单位矩阵,$\begin{bmatrix} \ddots & & \\ & \omega_n^2 & \\ & & \ddots \end{bmatrix}$ 为

以固有频率 $\omega_{n1}^2, \omega_{n2}^2 \cdots \omega_{nn}^2$ 组成的对角阵。

利用振型的正交性,通过线性变换、可使方程组解耦。

利用主振型矩阵进行坐标变换,即

$$\{x\} = [A_p]\{x_p\} \quad \{\ddot{x}\} = [A_p]\{\ddot{x}_p\}$$

将其代入自由振动方程,

$$[M]\{\ddot{x}\} + [K]\{x\} = \{0\}$$

并前乘以 $[A_p]^T$,有

$$[A_p]^T[M][A_p]\{\ddot{x}_p\} + [A_p]^T[K][A_p]\{x\} = \{0\}$$

即

$$\begin{bmatrix} \ddots & & \\ & M_p & \\ & & \ddots \end{bmatrix}\{\ddot{x}_p\} + \begin{bmatrix} \ddots & & \\ & k_p & \\ & & \ddots \end{bmatrix}\{x_p\} = \{0\}$$

$$(12.5-24)$$

此式为互相独立的 n 个单自由度振动方程。

利用正则振型矩阵进行坐标变换,即设

$$\{x\} = [A_N]\{x_N\}, \quad \{\ddot{x}\} = [A_N]\{\ddot{x}_N\}$$

代入振动方程,并前乘以矩阵 $[A_N]^T$,得

$$[A_N]^T[M][A_N]\{\ddot{x}_N\} + [A_N]^T[K][A_N]\{x_N\} = \{0\}$$

即

$$\{\ddot{x}_N\} + \begin{bmatrix} \ddots & & \\ & \omega_n^2 & \\ & & \ddots \end{bmatrix}\{x_N\} = \{0\}$$

$$(12.5-25)$$

2. 对初始条件的响应 设 $t = 0$ 时,系统的初始条件为,初位移 $\{x_0\}$,初速度为 $\{\dot{x}_0\}$。先利用坐标变换,将方程式变成式(12.5-24)或(12.5-25)的形式,然后利用单自由度自由振动的解式(12.5-2)求得主坐标或正则坐标的解,最后再将坐标变换成原物理坐标,求得系统的自由振动。

设方程已用正则坐标变为

$$\{\ddot{x}_N\} + \begin{bmatrix} \ddots & & \\ & \omega_n^2 & \\ & & \ddots \end{bmatrix}\{x_N\} = \{0\}$$

其自由振动的解为

$$x_{Ni} = x_{Ni0}\cos\omega_{ni}t + \frac{\dot{x}_{Ni0}}{\omega_{ni}}\sin\omega_{ni}t \quad (12.5-26)$$

式中运动的初始条件,由变换

$$\{x\} = [A_N]\{x_N\}$$

得

$$\{x_N\} = [A_N]^{-1}\{x\} = [A_N]^T[M]\{x\}$$

于是

$$\left.\begin{array}{l} \{x_{N0}\} = [A_N]^{-1}[M]\{x_0\} \\ \{\ddot{x}_{N0}\} = [A_N]^{-1}[M]\{\dot{x}_0\} \end{array}\right\} \quad (12.5-27)$$

最后,再用坐标变换,返回原物理坐标

$$\{x\} = [A_N]\{x_N\}$$

【例 12.5-3】 求例 12.5-1 中的振动系统,对初始条件 $t = 0$ 时 $\{x_0\} = (1, 0, 0)^T$,$\{\dot{x}_0\} = (0, 0, 1)^T$ 的响应。

解 在例 12.5-1 中已求得

$$[M] = \begin{bmatrix} 2m & 0 & 0 \\ 0 & 1.5m & 0 \\ 0 & 0 & m \end{bmatrix}$$

$$\omega_{n1} = 0.593\sqrt{\frac{k}{m}}$$

$$\omega_{n2} = 1.268\sqrt{\frac{k}{m}}$$

$$\omega_{n3} = 1.882\sqrt{\frac{k}{m}}$$

$$[A_p] = \begin{bmatrix} 0.3019 & 0.6790 & 2.4396 \\ 0.6485 & -0.6065 & -2.5419 \\ 1.0000 & 1.0000 & 1.0000 \end{bmatrix}$$

主质量矩阵

$$\begin{bmatrix} \ddots & & \\ & M_p & \\ & & \ddots \end{bmatrix} = [A_p]^T [M][A_p]$$

$$= \begin{bmatrix} 1.8131 & 0 & 0 \\ 0 & 2.4739 & 0 \\ 0 & 0 & 22.5957 \end{bmatrix} m$$

正则振型矩阵

$$[A_N] = \frac{1}{\sqrt{m}} \begin{bmatrix} 0.2242 & -0.4317 & 0.5132 \\ 0.4816 & -0.3857 & -0.5348 \\ 0.7427 & 0.6357 & 0.2104 \end{bmatrix}$$

$$[A_N]^{-1} = [A_N]^T [M]$$

$$= \sqrt{m} \begin{bmatrix} 0.4483 & 0.7225 & 0.7427 \\ -0.8633 & -0.5785 & 0.6358 \\ 1.0265 & -0.8021 & 0.2104 \end{bmatrix}$$

于是对应于正则坐标的运动初始条件是

$$\{x_{N0}\} = [A_N]^{-1}\{x_0\}$$
$$= \sqrt{m}(0.4483, -0.8634, 1.0265)^T$$
$$\{\ddot{x}_{N0}\} = [A_N]^{-1}\{\ddot{x}_0\}$$
$$= \sqrt{m}(0.7427, 0.6358, 0.2104)^T$$

用正则坐标表示的自由振动为

$$\{x_N\} = \sqrt{m} \left\{ \begin{array}{l} 0.4483\cos\omega_{n1}t + \dfrac{0.7427}{\omega_{n1}}\sin\omega_{n1}t \\[2mm] -0.8634\cos\omega_{n2}t + \dfrac{0.6358}{\omega_{n2}}\sin\omega_{n2}t \\[2mm] 1.0265\cos\omega_{n3}t + \dfrac{0.2104}{\omega_{n3}}\sin\omega_{n3}t \end{array} \right\}$$

最后,利用 $\{x\} = [A_N]\{x_N\}$ 返回原物理坐标,得

$$x_1 = 0.1005\cos\omega_{n1}t + \frac{0.1665}{\omega_{n1}}\sin\omega_{n1}t$$
$$+ 0.3727\cos\omega_{n2}t - \frac{0.2744}{\omega_{n2}}\sin\omega_{n2}t$$
$$+ 0.5208\cos\omega_{n3}t + \frac{0.1079}{\omega_{n3}}\sin\omega_{n3}t$$

$$x_2 = 0.2159\cos\omega_{n1}t + \frac{0.3577}{\omega_{n1}}\sin\omega_{n1}t$$
$$+ 0.3329\cos\omega_{n2}t + \frac{0.2452}{\omega_{n2}}\sin\omega_{n2}t$$
$$- 0.5489\cos\omega_{n3}t - \frac{0.1125}{\omega_{n3}}\sin\omega_{n3}t$$

$$x_3 = 0.329\cos\omega_{n1}t + \frac{0.5515}{\omega_{n1}}\sin\omega_{n1}t$$
$$- 0.5489\cos\omega_{n2}t + \frac{0.4042}{\omega_{n2}}\sin\omega_{n2}t$$
$$+ 0.2159\cos\omega_{n3}t + \frac{0.0443}{\omega_{n3}}\sin\omega_{n3}t$$

结果表明:系统的自由振动,同时包含了三种主振动的分量。包含主振动分量的多少,取决于系统的运动初始条件,如果初始位移正比于某阶振型,且初速为零,则系统的自由振动就只含该阶主振动。

5.3.5　多自由度振动系统的受迫振动

1. 无阻尼系统的受迫振动　若在振动系统上作用有干扰力矢 $\{f\}$。假设各干扰力为具有同一频率的简函数,即 $\{f\} = \{F\}\sin\omega t$,系统的受迫振动方程为

$$[M]\{\ddot{x}\} + [K]\{x\} = \{f\} \quad (12.5\text{-}28)$$

利用主坐标变换 $\{x\} = [A_p]\{x_p\}$,可得

$$\begin{bmatrix} \ddots & & \\ & M_p & \\ & & \ddots \end{bmatrix}\{\ddot{x}_p\} + \begin{bmatrix} \ddots & & \\ & K_p & \\ & & \ddots \end{bmatrix}\{x_p\} = \{Q\}\sin\omega t$$

$$\{Q\} = [A_p]^T\{F\}$$

这是一组 n 个独立的以主坐标形式表示的受迫振动方程,其解为

$$x_{pi} = x_{pi}\sin\omega t$$

式中

$$x_{pi} = \frac{Q_i}{K_{pi} - M_{pi}\omega^2} = \frac{Q_i}{M_{pi}(\omega_{ni}^2 - \omega^2)} = \beta_i Q_i$$
$$(12.5\text{-}29)$$

其中

$$\beta_i = \frac{1}{K_{pi} - M_{pi}\omega^2} = \frac{1}{M_{pi}(\omega_{ni}^2 - \omega^2)}$$

为模态动力放大因子。

于是主坐标形式的受迫振动解为

$$\{x_p\} = \text{diag}[\beta_i]\{Q\}\sin\omega t$$
$$= \text{diag}[\beta_i][A_p]^T\{F\}\sin\omega t \quad (12.5\text{-}30)$$

再返回原物理坐标,

$$\{x\} = [A_p]\{x_p\} = [A_p]\text{diag}[\beta_i][A_p]^T\{f\}$$

2. 有阻尼系统的受迫振动　有阻尼系统的受迫振动方程为:

$$[M]\{\ddot{x}\}+[C]\{\dot{x}\}+[k]\{x\}=\{f\}$$
$$(12.5\text{-}31)$$

为了求解简单,对阻尼矩阵 $[C]$ 作了比例阻尼的假设,即

$$[C]=a[M]+b[K]$$

于是可利用主坐标变换或正则坐标变换、使阻尼矩阵变为对角阵,使方程解耦。

$$[A_P]^{\mathrm{T}}[C][A_p]=a\begin{bmatrix}\ddots&&\\&M_p&\\&&\ddots\end{bmatrix}+b\begin{bmatrix}\ddots&&\\&K_p&\\&&\ddots\end{bmatrix}$$

$$=\begin{bmatrix}\ddots&&\\&aM_{pi}&\\&&\ddots\end{bmatrix}+\begin{bmatrix}\ddots&&\\&bK_{pi}&\\&&\ddots\end{bmatrix}$$

$$=\begin{bmatrix}\ddots&&\\&aM_{pi}+bK_{pi}&\\&&\ddots\end{bmatrix}$$

$$=\begin{bmatrix}\ddots&&\\&C_{pi}&\\&&\ddots\end{bmatrix}$$

$$C_{pi}=aM_{pi}+bK_{pi}\qquad(12.5\text{-}32)$$

当系统中的阻尼矩阵为比例阻尼时,利用主坐标变换 $\{x\}=[A_p]\{x_p\}$,可得:

$$\begin{bmatrix}\ddots&&\\&M_p&\\&&\ddots\end{bmatrix}\{\ddot{x}_p\}+\begin{bmatrix}\ddots&&\\&C_p&\\&&\ddots\end{bmatrix}\{\ddot{x}_p\}+\begin{bmatrix}\ddots&&\\&K_p&\\&&\ddots\end{bmatrix}$$

$$\times\{x_p\}=[A_p]^{\mathrm{T}}\{f\}$$
$$=[A_p]^{\mathrm{T}}\{F\}\sin\omega t$$
$$=\{Q\}\sin\omega t$$
$$(12.5\text{-}33)$$

当系统存在阻尼时,受迫振动与干扰力之间有位相差,为使方程简单些,采用复数求解,设

$$\{f\}=\{F\}\mathrm{e}^{\mathrm{j}\omega t}$$

式中 $j=\sqrt{-1}$,方程式(2.5-33)变为

$$\begin{bmatrix}\ddots&&\\&M_p&\\&&\ddots\end{bmatrix}\{\ddot{x}_p\}+\begin{bmatrix}\ddots&&\\&C_p&\\&&\ddots\end{bmatrix}\{\ddot{x}_p\}$$

$$+\begin{bmatrix}\ddots&&\\&K_p&\\&&\ddots\end{bmatrix}\{x_p\}=\{Q\}\mathrm{e}^{\mathrm{j}\omega t}$$

设解为　$\{x_p\}=\{x_p\}\mathrm{e}^{\mathrm{j}\omega t}$,代入方程,可求得

$$\{x_p\}=\mathrm{diag}\begin{bmatrix}\ddots&&\\&\beta_i&\\&&\ddots\end{bmatrix}\{Q\}\mathrm{e}^{\mathrm{j}\omega t}$$

$$\beta_i=\frac{1}{K_{pi}-M_{pi}\omega^2+\mathrm{j}\omega C_{pi}}$$

$$x_{pi}=\beta_i Q_i$$

最后返回原物理坐标,

$$\{x\}=[A_p]\{x_p\}=[A_p]\mathrm{diag}[\beta_i]\{Q\}\mathrm{e}^{\mathrm{j}\omega t}$$

$$=[A_p]\mathrm{diag}[\beta_i][A_p]^{\mathrm{T}}\{F\}\mathrm{e}^{\mathrm{j}\omega t}$$

对于实际系统更方便的办法是,通过实验确定各个模态(振型)的阻尼比 ζ_i。在列方程式时,先不考虑阻尼,经过正则坐标变换后,在正则坐标运动方程式中引入阻尼比 ζ_i,直接写出有阻尼存在时的正则坐标运动方程。这一方法具有很大的实用价值,适用于小阻尼系统,即 $\zeta_i\leqslant0.2$ 的情形。

【例 12.5-4】 图 12.5-8 为有阻尼质量弹簧振动系统,如 $m_1=m_2=m_3=m$,$k_1=k_2=k_3=k$,各质量上作用有外力 $F_1=F_2=F_3=F\sin\omega t$,其中 $\omega=1.25\sqrt{\dfrac{k}{m}}$,各阶振型阻尼比 $\zeta_1=\zeta_2=\zeta_3=\zeta=0.1$,求系统的受迫振动。

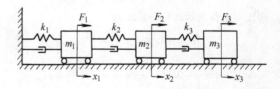

图 12.5-8　有阻尼质量弹簧振动系统

解　选择 x_1、x_2、x_3 为广义坐标,则系统无阻尼受迫振动方程为

$$[M]\{\ddot{x}\}+[K]\{x\}=\{f\}$$

式中

$$[M]=m\begin{bmatrix}1&0&0\\0&1&0\\0&0&1\end{bmatrix},[K]=k\begin{bmatrix}2&-1&0\\-1&2&-1\\0&-1&1\end{bmatrix}$$

$$\{f\}=F\sin\omega t\begin{Bmatrix}1\\1\\1\end{Bmatrix}$$

求固有频率及振型,按频率方程 $|[k]-\omega_n^2[M]|=0$,求得

$$\omega_{n1} = 0.445 \sqrt{\frac{k}{m}} \quad \omega_{n2} = 1.247 \sqrt{\frac{k}{m}}$$

$$\omega_{n3} = 1.802 \sqrt{\frac{k}{m}}$$

主振型矩阵 $[A_p]$ 为

$$[A_p] = \begin{bmatrix} 0.445 & -1.247 & 1.802 \\ 0.802 & -0.555 & -2.247 \\ 1.000 & 1.000 & 1.000 \end{bmatrix}$$

主质量矩阵

$$\begin{bmatrix} \ddots & & \\ & M_p & \\ & & \ddots \end{bmatrix} = [A_p]^T[M][A_p]$$

$$= \begin{bmatrix} 9.296m & 0 & 0 \\ 0 & 1.841m & 0 \\ 0 & 0 & 2.863m \end{bmatrix}$$

正则振型矩阵 $[A_N]$ 为

$$[A_N] = \frac{1}{\sqrt{m}} \begin{bmatrix} 0.328 & -0.737 & 0.591 \\ 0.591 & -0.328 & -0.737 \\ 0.737 & 0.591 & 0.328 \end{bmatrix}$$

采用正则坐标变换,即令 $\{x\} = [A_N]\{x\}$,得

$$\{\ddot{x}_N\} + \begin{bmatrix} \ddots & & \\ & \omega_n^2 & \\ & & \ddots \end{bmatrix} \{x_N\} = \{q\}$$

式中 $\{q\} = [A_N]^T\{f\}$

现在,再引入振型阻尼比 ζ_i,得到有阻尼的受迫振动方程。

$$\ddot{x}_{Ni} + 2\zeta_i\omega_{ni}\dot{x}_{Ni} + \omega_{ni}^2 x_{Ni} = q_i(t) \quad i = 1,2,3。$$

即

$$\begin{Bmatrix} \ddot{x}_{N1} \\ \ddot{x}_{N2} \\ \ddot{x}_{N3} \end{Bmatrix} + 2\zeta \begin{bmatrix} \omega_{n1} & 0 & 0 \\ 0 & \omega_{n2} & 0 \\ 0 & 0 & \omega_{n3} \end{bmatrix} \begin{Bmatrix} \dot{x}_{N1} \\ \dot{x}_{N2} \\ \dot{x}_{N3} \end{Bmatrix}$$

$$+ \begin{bmatrix} \omega_{n1}^2 & 0 & 0 \\ 0 & \omega_{n2}^2 & 0 \\ 0 & 0 & \omega_{n3}^2 \end{bmatrix} \begin{Bmatrix} x_{N1} \\ x_{N2} \\ x_{N3} \end{Bmatrix} = [A_N]^T \begin{Bmatrix} 1 \\ 1 \\ 1 \end{Bmatrix} F\sin\omega t$$

$$= \frac{F}{\sqrt{m}} \begin{Bmatrix} 1.656 \\ -0.474 \\ 0.182 \end{Bmatrix} \sin\omega t$$

现求解该正则坐标方程。按公式,各阶振型的频率比,动力放大因子,位相差为

$$\beta_{ni}^N = \frac{1}{\omega_{ni}^2} \frac{1}{\sqrt{(1-\lambda_i^2)^2 + (2\zeta\lambda_i)^2}} \quad \lambda_i = \frac{\omega}{\omega_{ni}}$$

$$\psi_i = \arctan\frac{2\zeta\lambda_i}{1-\lambda_i^2}$$

本题各阶频率比、放大因子、位相差为:

$$\lambda_1 = 2.809, \beta_{N1} = 0.732\frac{m}{k}, \psi_1 = 179°32'';$$

$$\lambda_2 = 1.0024, \beta_{N2} = 31.190\frac{m}{k}, \psi_2 = 103°31';$$

$$\lambda_3 = 0.6937, \beta_{N3} = 0.593\frac{m}{k}, \psi_3 = 1°32'。$$

所以

$$\{x_N\} = \begin{bmatrix} \ddots & & \\ & \beta_{Ni} & \\ & & \ddots \end{bmatrix} \{q_i(t)\}$$

$$= \frac{m}{k} \begin{bmatrix} 0.732 & 0 & 0 \\ 0 & 31.19 & 0 \\ 0 & 0 & 0.593 \end{bmatrix}$$

$$\times \frac{F}{\sqrt{m}} \begin{Bmatrix} 1.656 \\ -0.474 \\ 0.182 \end{Bmatrix} \sin\omega t$$

$$= \frac{\sqrt{m}}{k} F \begin{Bmatrix} 1.2136\sin(\omega t - \psi_1) \\ -14.784\sin(\omega t - \psi_2) \\ 0.1080\sin(\omega t - \psi_3) \end{Bmatrix}$$

再返回到原物理坐标 $\{x\}$

$$\{x\} = [A_N]\{x_N\}$$

$$= \frac{F}{k} \begin{bmatrix} 0.328 & -0.737 & 0.591 \\ 0.591 & -0.328 & -0.737 \\ 0.737 & 0.591 & 0.328 \end{bmatrix}$$

$$\times \begin{Bmatrix} 1.2136\sin(\omega t - \psi_1) \\ -14.784\sin(\omega t - \psi_2) \\ 0.1080\sin(\omega t - \psi_3) \end{Bmatrix}$$

$$= \frac{F}{k} \begin{Bmatrix} 0.398 \\ 0.717 \\ 0.894 \end{Bmatrix} \sin(\omega t - \psi_1)$$

$$+ \frac{F}{k} \begin{Bmatrix} 10.890 \\ 4.849 \\ 8.737 \end{Bmatrix} \sin(\omega t - \psi_2)$$

$$+ \frac{F}{k} \begin{Bmatrix} 0.064 \\ -0.080 \\ 0.035 \end{Bmatrix} \sin(\omega t - \psi_3)$$

由于本题中外加干扰力的频率非常接近系统的第二阶固有频率,所以第二阶振型为主要部分。

5.4 振动的危害与控制

5.4.1 振动的危害

机器、机械结构或机械仪器、仪表不论其工作过程中产生的振动或由外界环境传入的振动都可能引起以下的一些危害：

（1）振动使预期的工作效率降低、功能参数达不到预期指标。超出规范标准的、持续的振动会使机械系统丧失其工作能力，甚至损坏。

（2）振动使零件或构件的变形、应力增大，特别是当某些零、部件的固有频率与振动频率相接近时，该零、部件变形加大或破坏。缩短寿命，浪费投资或增加成本。

（3）机械加工设备中，刀具、工件和夹具的刚度匹配不当或切削用量选择不合理时，机床产生的自激振动有可能使加工无法正常进行，工件加工尺寸精度或表面质量达不到要求。机床运动部件的过早磨损或损坏。

（4）由回转部件不平衡或齿轮啮合传动等引起的旋转轴的弯曲振动或扭转振动、使轴承间隙变化、油膜消失形成干摩擦或磁悬浮、气悬浮轴承系统的破坏。齿轮局部啮合应力加大，加速齿轮的磨损。

（5）振动使部件结合面松动，降低刚度、结合螺钉松动，机器变形，影响机器的精度和寿命。

（6）振动及其产生的噪声对操作工人和附近的其它机器造成不良影响。

5.4.2 振动的控制

1. 主动控制 根据被控制系统的动态特性、采取由外部输入能量的控制方式使被控制系统实现减振为主动控制。在控制过程中，被控制系统的参数可以根据控制要求变化。可以控制激振力、控制振动系统的质量、刚度或阻尼，增加能够减小或抵消激振力的其它可控力，使振动尽量减小或不发生。这些工作与机械系统各结构的参数设计与选择有关，需要有较多的经验和可靠的资料，或者通过实验或接近实际的计算机仿真结果。主动控制还可采用测量振动响应，计算或预置改变和调整可调参数的策略，形成一个反馈的闭路控制系统，使振动得到控制。还可以设置一个随振动而自动改变系统的装置，称为自适应控制系统。

2. 被动控制 当系统振动产生以后，系统

的质量、刚度等参数无法改变时，采用一些附加措施来减少振动的影响。这些措施有：

（1）减振器——在于消耗振动系统的能量，从而减低运动质量的振幅。这类减振器有：固体摩擦阻尼减振器、液体摩擦减振器、电磁场与涡流阻尼减振器、液体联轴器、带有液压缸或气缸的冲击活塞减振器等。

（2）隔振器——对振动的传递途径进行控制，即隔离其它设备的振动经地基传给本设备及其相反。在振动传递地层结构中可采用防震沟。在保护对象上设计减振基础，其他多采用各种型式的橡胶、塑料、软木、弹簧或其软垫制成的隔振器，选用时须测得振源的频率和振幅，经简单计算才能有效。

（3）阻尼器——用粘弹性聚合物或滞弹性松弛高阻尼合金附着在振源处吸收振动的能量将其转变为热量耗散。

5.5 振动的利用[6,7,8]

振动不只是有害的现象，也有广泛的可利用之处。振动能使物料松散，结构松弛，也能使松散的物料紧密，冲击振动能在瞬间释放巨大的能量。这就使振动由工作过程中可能产生的现象改变为有意识的设计为机器的基本工作原理。

除了在日常生活中已被日渐广泛使用的振动医疗、振动除尘，超声波清洗、振动用品（牙刷等）、振动玩具和广告装饰品外，在机械工程中已经有以下一些类型：

（1）振动加工。例如，在普通车床的刀架上安装微幅高频激振器，使车刀尖在切削速度方向上产生振动，改变了切屑形成过程，提高了瞬时切削力，对于难加工淬硬钢的车削效率和表面质量有大幅度的改善。在超精磨削中，小直径深孔精镗中都附加了刀具或磨具的振动运动，改善了加工质量。在塑性材料的拉伸、拔丝、冲裁、压印中都有附加振动而提高加工质量的效果。

（2）振动光饰。利用研磨介质和机械加工件、冲压件和铸锻件的频繁冲击和相互摩擦，可以除掉毛刺、氧化皮，倒圆角和抛光。尤其可以做一些内孔抛光。在超声振动研磨上也取得了较好的工艺效果。

（3）铸锻件或焊接件的内应力，可以利用振

动或敲击使其内部形变晶粒重新排列而降低。振动时效使生产周期缩短。

(4) 在自动加工中，中小型零件的排列、调头、输送、装卡和拆卸过程中用振动的料槽、料架、料斗有其良好的方便性、可靠性。加工后的零件油污和毛刺、尖角也可用液体中的超声波振动清洗和爆裂而达到要求。

(5) 在液压伺服控制阀中，为了提高阀芯的灵敏度，减小阀芯与阀孔的阻力，有的附加一个微幅的高频振动，降低其响应的滞后时间。

(6) 物料的筛分、选别、脱水、冷却和干燥，如铸造用的各种型砂等。振动可使物料由紧密而散开，松散地、均匀地分布于工作面上，在重力、冲击力、摩擦力、惯性力的作用下，物料不断翻滚跳跃，加速释放出热量和水分，达到冷却和干燥的效果。

(7) 物料的输送。利用振动的管道、槽体，可使物料沿指定方向运动达到输送物料的目的。封闭的管道还可以防止灰尘或有害气体的污染。此外，还便于输送高温物料。

(8) 松散物料的成型与紧实、土壤的夯实、振捣和沉拔桩等。振动可以显著地减小物料的内摩系数，增加其"流动性"使物料易于成型和紧实。振动可以减小土壤、砂石和其它混合物的内摩擦力，可降低土壤对贯入物体的阻力，因而可以有效地完成振动沉桩和振动拔桩的工作。

(9) 仪器、机器及其零部件的测试。利用激振器对机件进行振动试验；利用振动试验台或振动测量仪器测定仪器、机器及其零部件的参数；利用振动原理对回转零部件进行动平衡试验等。

(10) 利用测得的振动信号，可对机器及其零部件或结构内部的故障（如裂纹等）进行诊断，因而可以完成状态监测和故障预报等工作。

6 非线性振动简介[1,9,10,11]

6.1 非线性振动

描述振动系统的微分方程式中，惯性力、阻尼力和弹性力不是与加速度、速度和位移的一次方成正比；有非线性关系出现，这一类振动称为非线性振动。

非线性程度较大的系统称为强非线性系统。非线性程度不大的系统，即接近于线性的系统称为拟线性系统。严格地讲，几乎所有机械工程中的振动都属于非线性振动。只有当振幅微小到可以忽略非线性项的振动才被认为是线性振动。

6.1.1 非线性因素

非线性因素来自物理和几何两个方面。

物理非线性因素可来自运动中质量的变化、材料的应力应变关系不符合胡克定律、阻尼不是粘滞阻尼和结构各部分的连接等。

几何非线性因素来源于大幅度的振动或振动系统构造上的原因。

机械工程中常见的非线性因素见表12.6-1。

表 12.6-1 机械振动系统中的非线性因素

| 非线性因素 | 非线性特性 | | 举 例 |
	分类	特性曲线	(结构简图或简化模型)
非线性恢复力	软特性		

（续）

非线性因素	非线性特性		举 例 （结构简图或简化模型）
	分类	特性曲线	
非线性恢复力	软特性	受压橡胶块	
	硬特性	弹性悬挂装置	
		受压圆锥弹簧	
	分段线性		

（续）

非线性因素	非线性特性		举例
	分类	特性曲线	（结构简图或简化模型）
非线性阻尼力	干摩擦	$\phi(\dot{x})$ 曲线，ϕ_0，O，$-\phi_0$，$\dot{x}$	
		$\phi(v_0-\dot{x})$ 曲线，O，$(v_0-\dot{x})$	
	流体摩擦	$\phi(\dot{x})$ 曲线，O，$\dot{x}$ 阻尼力与运动速度的平方成正比	当物体运动速度较高时，空气、液体等流体对物体的阻力
	材料内阻	应力 - 应变 迟滞回线图 根据所耗能量计算阻尼	高内耗的粘弹性材料，每变形一周由于迟滞所耗能量为迟滞回线内的面积

6.1.2 非线性振动的几个实例

1. 复摆的大振幅振动　设复摆重力为 mg，绕定轴 o 转动，转动惯量为 I_0，重心 c 到 o 点的距离为 r，取 ϕ 角为坐标，运动微分方程式为：

$$I_0\ddot{\phi} + mgr\sin\phi = 0 \qquad (12.6\text{-}1)$$

这是一个非线性微分方程，可直接用椭圆积分求解。

当 $\phi \ll 1$ 时，$\sin\phi = \phi - \dfrac{\phi^3}{3!} + \dfrac{\phi^5}{5!} + \cdots$。略去高次项，可得线性方程

$$I_0\ddot{\phi} + mgr\phi = 0 \qquad (12.6\text{-}2)$$

就是这样线性化后，当振幅很小时（如 $\phi \leqslant 5°$）摆振频率值的误差小于 0.05%。而当 $\phi = 30°$

时，误差就达到 1.7%。所以大振幅时，摆的振动必须求解非线性方程。

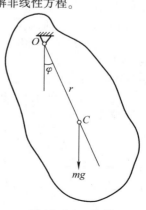

图 12.6-1　复摆

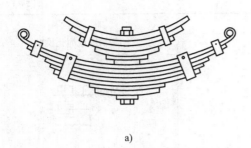

图 12.6-2 双层弹簧
a) 弹簧 b) 弹簧特性

2. 非线性弹簧上车厢的振动 载重卡车车厢为了在不同载重的情况下，取得较好的隔振效果，采用双层弹簧，载荷小时只主弹簧起作用，载荷大时两层弹簧都起作用。弹簧结构及位移与恢复力关系如图 12.6-2 所示。

这种位移、恢复力关系称为分段线弹性。此时运动微分方程要分段列出：

$$\left. \begin{array}{ll} m\ddot{x} + k_1 x = 0 & 0 < x \leqslant x_1 \\ m\ddot{x} + k_2 x - (k_2 - k_1)x_1 = 0 & x_1 \leqslant x \end{array} \right\}$$

$$(12.6\text{-}3)$$

3. 刀具的切削振动 在机床上切削工件时，有时会发生振动。以车床为例，分析刀具刀架的振动，设 m 为刀具刀架的质量，以刀尖的静平衡位置为坐标原点，y 为工件变形，刀尖受力可分解为 F_y 和 F_z，图 12.6-3，其中 F_y 影响较大。根据大量实验结果的研究和分析。F_y 可表示为：

$$F_y = R - ry + a_1 B\left(\frac{\dot{y}}{v}\right) + a_2 B\left(\frac{\dot{y}}{v}\right)^2 - a_3 B\left(\frac{\dot{y}}{v}\right)^3$$

式中 R——静平衡时 F_y 的大小；

     $-ry$——工件对刀具的弹性压力；

     B——进给量；

     v——切削速度；

a_1，a_2，a_3——与切削材料和刀具形状有关的正常数。

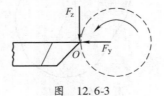

图 12.6-3

此外，刀具和刀架的弹性恢复力为 $(-R - Ky)$，K 为刀架的刚度系数，阻尼力为 $-c\dot{y}$，则振动运动微分方程为：

$$m\ddot{y} = F_y - R - Ky - c\dot{y}$$

$$= -(K + r)y - \left(c - a_1\frac{B}{v}\right)\dot{y} +$$

$$a_2 B\left(\frac{\dot{y}}{v}\right)^2 - a_3 B\left(\frac{\dot{y}}{v}\right)^3$$

化简后为：

$$\ddot{y} + \frac{K + r}{m}y + \frac{cv - a_1 B}{mv}\dot{y} - \frac{a_2 B}{mv^2}\dot{y}^2 + \frac{a_3 B}{mv^3}\dot{y}^3 = 0$$

$$(12.6\text{-}4)$$

这是一个非线性微分方程。

6.2 非线性振动的研究方法

非线性振动研究的方法有实验研究、理论分析、数值分析 3 种。

实验研究可分为模型实验和实物实验两种。实验研究除可验证理论分析中抽象化，模型化的正确性外，在过于复杂的问题中，理论方法尚不能解决，甚至无从着手时，实验就成为研究的主要手段，它能直接得到一些规律性的结论。

数值分析是伴随计算机的广泛使用和各种计算方法不断完善而兴起的研究方式，它用数值计算求出非线性微分方程所描述运动的时间历程。由于适应性强、精度高，在非线性振动的研究中起着越来越重要的作用。

非线性振动理论中，没有适应各种不同类型方程的通用解法，主要数学工具是微分方程，起主要作用的则是微分方程定性方法和定量方法。

定性方法是用相平面法作出微分方程所定义

积分曲线的相轨迹，引入稳定性理论，研究奇点和极限环。在发展的过程中，一方面在理论上形成了许多讨论奇点、周期解和极限环的定理、判据，另一方面形成了一些实用的作图方法，例如等倾线法、利埃纳（Liénard）法、点映射法等。另外，相平面法还可对强非线性系统进行研究。

定量方法中主要包括摄动法，渐近法（KBM 法）、多尺度法、谐波平衡法。

摄动法也称小参数法。微分方程可以分为两个部分，一部分为线性，另一部分为非线性的微小项，称为摄动项，这样的系统为弱非线性系统或拟线性系统。如引入小参数 ε，则摄动项可以写成与 ε 成比例的方程，如

$$\ddot{x} + \omega_0^2 x = \varepsilon f(x, \dot{x}) \qquad (12.6\text{-}5)$$

当 $\varepsilon = 0$ 时，系统有频率为 ω_0 的周期振动，而带有 ε 的小项是对系统周期运动的一种摄动。将解按小参数的幂级数展开，消去永年项（长期项）可得满足一定误差的近似解。

渐近法（KBM 法）是借用二阶线性系统简谐解的形式，把振幅、相位的导数和解本身都用小参数的幂级数来表示。对于多种不同的情况适用性强，因此在非线性振动的研究中应用很广。

多尺度法是把常微分方程原来的自变量用多个尺度不同的自变量来代替，尺度不同的自变量由原自变量和小参数的不同幂次组合的乘积组成，原来的常微分方程问题变成了偏微分方程问题。

谐波平衡法是把周期解设为傅氏级数的形式，代入原方程之后，比较诸谐波的因数，可得所需傅氏因数相当的代数方程，从而确定周期解。

针对不同情况使用的常用方法见表 12.6-2。

表 12.6-2　分析非线性振动的常用方法

分类		名称	适用范围
精确解法		特殊函数法	可用椭圆函数或 Γ 函数等求得精确解的少数特殊问题
		接合法	分段线性系统
近似解法	图解法	等倾线法	强非线性和拟线性自治系统
		列纳法	阻尼为非线性的自治系统
		绘底法线段法	恢复力和阻尼力为非线性的自治系统
		相平面位移法	强非线性、拟线性的自治和非自治系统，但不宜用于变化缓慢的振动

（续）

分类		名称	适用范围
近似解法	解析法	小参数法	求拟线性系统的定常周期解
		渐近法	求拟线性系统的周期解和非定常解，高阶近似较繁
		平均法	求拟线性系统的周期解和非定常解，高阶近似较简单
		多尺度法	求拟线性系统的周期解和非定常解
		谐波平衡法	求强非线性系统和拟线性系统的定常周期解，但必须已知解的谐波成份
		等效线性化法	求拟线性系统的定常周期解和非定常解
		伽辽金法	求解拟线性系统，多取一些项也可求解强非线性系统
	数值解法	数值解析法	求拟线性系统和强非线性系统
		直接数值积分法	求拟线性系统和强非线性系统

6.3　非线性振动的基本特性

非线性振动有许多与线性振动不同的基本特性，现择要简单介绍如下：

（1）叠加原理对非线性系统不适用。

（2）振动系统的频率 ω_n 随振幅的大小而变化。若非线性弹簧为硬弹性（刚度系数随位移增大而提高），则频率随振幅增大而提高；反之，如为软弹性，则频率随振幅增大而减小。图 12.6-4 所示为非线性弹簧的变形——恢复力关系和具有非线性恢复力系统的频率——振幅关系。

（3）在线性系统中，因为阻尼的存在，自由振动总是被衰减掉，而在非线性系统中，在有阻尼的情况下，无干扰力时也有定常的周期振动。如自激振动。

（4）跳跃现象。对线性系统而言，干扰力幅值保持不变而逐渐改变干扰力的频率时，不论干扰力的频率值是由小到大变化，还是由大到小变化，受迫振动振幅的变化是连续的。而非线性系统（以硬弹性为例，图 12.6-5c）干扰力幅值不变，频率由小到大变化，振幅也随着增大，增大

到 a 点后，再增大频率则振幅将突然从 a 点降到 b 点，发生一个突变。如频率是从高频向低频变化，则振幅将沿 bc 到达 c 点，再继续降低频率，振幅又将突然由 c 点升到 d 点，又发生一次突变，然后再随频率的减小而趋于静位置值。对于软弹性的非线性系统，也会发生类似的现象。这种突变现象称为跳跃现象。

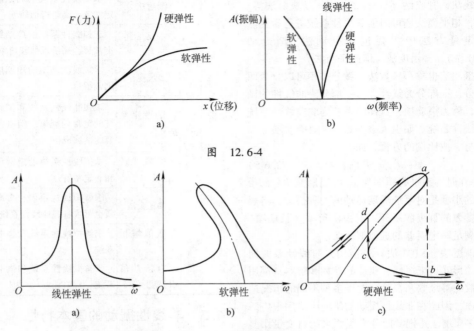

图　12.6-4

图 12.6-5　幅频特性曲线

（5）次谐振动和超谐振动。线性系统在干扰力 $Q = F\sin\omega t$ 作用下，受迫振动仅发生频率为 ω 的谐响应，当 ω 接近于固有频率 ω_n 时，系统发生共振。而在非线性振动系统中，除有频率为 ω 的谐波响应外，还会有 $\dfrac{\omega}{n}$ 的次谐波和 $n\omega$（n 为正整数）的超谐波响应。系统中究竟发生哪些次谐振动和超谐振动，须视具体条件而定。由于次谐和超谐振动的存在，在 $\omega = \omega_n$ 时，非线性系统中，除 $\omega = \omega_n$ 的谐波共振外，还会发生 $\omega = n\omega_n$ 的次谐共振和 $\omega = \dfrac{\omega_n}{n}$ 的超谐共振。

（6）组合频率振动。当系统受到两个或两个以上简谐干扰力的作用时，设两个干扰力的频率为 ω_1 和 ω_2，非线性系统不仅可能产生两个频率的 ω_1，ω_2；$n\omega_1$，$n\omega_2$ 以及 $\dfrac{\omega_1}{n}$，$\dfrac{\omega_2}{n}$ 的次谐和超谐响应，还会出现 $l\omega_1 \pm n\omega_2$（l，n 为正整数）

的组合频率的振动。

（7）出现分叉和浑沌现象。分叉现象是指振动系统的定性行为随着系统参数的改变而发生质的变化。在非线性系统中对应于平衡状态和周期振动的定常解一般有几个，同一非线性方程由其中参量取值不同，解的形式可完全不同，参量在取某一临界值的两侧时解的性质发生本质性的变化。

浑沌是指在确定性系统中出现的类似随机过程，具有不可预测性的非周期解。从数学上讲，确定性系统对于给定的初始状态有一个确定性的解，但在某些系统中，这个过程可能对初始值的任何微小扰动极端敏感，从物理上看，得到的像是随机过程的结果。

（8）频率俘获。如果在系统中同时存在频率为 ω_0 和 ω 的两个简谐振动，当 ω 比较接近 ω_0 时，线性系统会产生拍振。当 $\omega = \omega_0$ 时拍振消失。而对非线性系统，当其以频率 ω_0 进行自激振动，再加上一个频率为 $\omega = \omega_0 \pm \Delta\omega$ 的简谐振动时，拍频消失，两个振动合成一个简谐振动，ω 与 ω_0 进入同步，这个现象称为频率俘获，也称为频率诱导。$\Delta\omega$ 则表示频率俘获带域。工程中两个以上并联的激振器的同步（又称自同步），检验钟表准确性等都利用了频率俘获。

7　自激振动的概念[1,9,10]

7.1　自激振动的基本特性

由其自身运动控制的振动称为自激振动，也可简称为自振。

一个能产生自激振动的机械系统通常都由 3 部分组成：能源、振动系统、具有反馈特性的控制和调节系统（图 12.7-1）。振动系统与控制系统间的联系，有纯机械的联系（如内燃机中的调速器，机械钟表中的擒纵机构），也有力学的和物理的联系，如车床切削中的滞后的弹性恢复力和机床爬行中的干摩擦等。

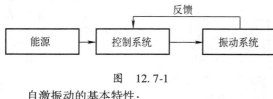

图　12.7-1

自激振动的基本特性：

自激振动是一种比较特殊的振动现象，它不同于受迫振动，因为在系统上并没有固定的周期性交变的外干扰力作用。自激振动的频率基本上取决于系统的特性。系统内有阻尼存在时，自激振动的振幅不随时间增大而衰减。维持振动的能量不是一次性输入，而是像受迫振动那样持续地输入。在受迫振动中系统没有初始运动也会产生受迫振动，但在自激振动的情形下，系统没有初始运动就不会引起自激振动。而且当基本系统的振动停止后，自激振动也就不再产生。

7.2　工程中常见的自激振动

生活中见到的自激振动比较多例如由机械控制的自激振动，如钟表、电铃、定时器及工业中广泛应用的各种撞击工具、风镐、风铲、铆钉锤等。由摩擦力维持的自激振动有琴弦的振动（提琴、胡琴）、切削自振等等。

机械工程中一些自振现象及其特性见表 12.7-1。

表 12.7-1　机械工程中的一些自振现象及其特性

序号	自振现象	机械系统	机械系统与控制系统相互联系的示意图	反馈控制特性和产生自振条件的简单说明
1	机床切削自振			振动系统的动刚度不足或主振方向（k_1、k_2）与切削力的相对位置不适宜时，由位移 x 的联系产生维持自振的交变切削力 $\tilde{F}$ 切削力具有随切削速度增加而下降的特性时，由速度 $\dot{x}$ 的联系产生交变切削力 $\tilde{F}$

（续）

序号	自振现象	机械系统	机械系统与控制系统相互联系的示意图	反馈控制特性和产生自振条件的简单说明
2	低速运动部件爬行	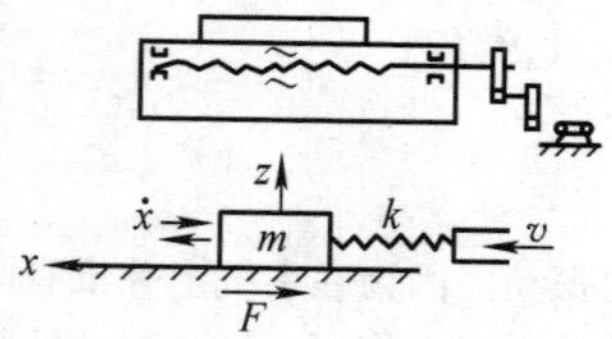	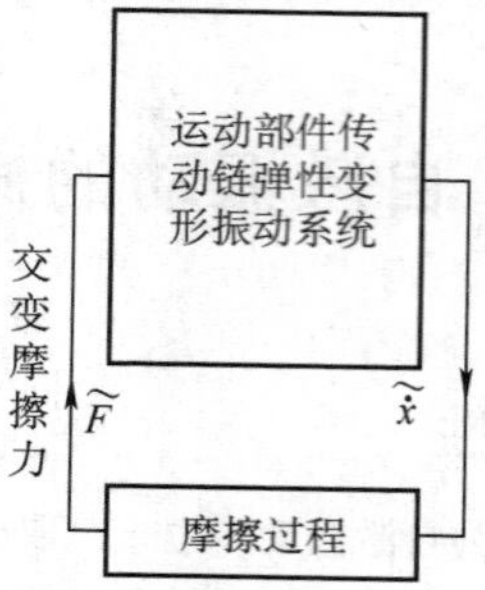 交变摩擦力：运动部件传动链弹性变形振动系统；摩擦过程；$\widetilde{F}$、$\widetilde{x}$	摩擦力具有随运动速度增加而下降的特性时，由振动速度 $\dot{x}$ 和运动速度 v 的联系产生维持自振的交变摩擦力 $\widetilde{F}$
3	高速转轴的弓状回转自振	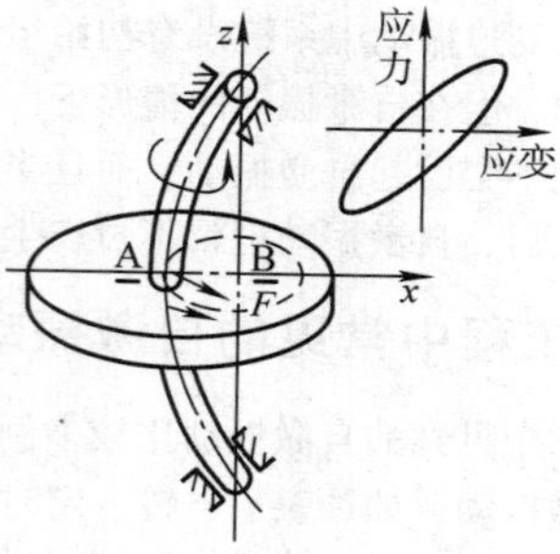	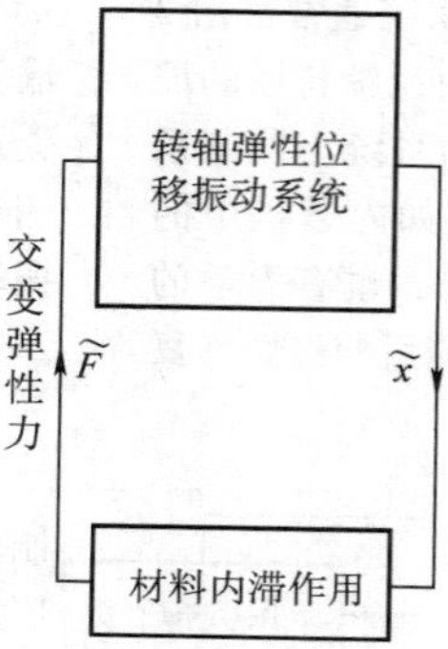 交变弹性力：转轴弹性位移振动系统；材料内滞作用；$\widetilde{F}$、$\widetilde{x}$	转轴材料的内滞作用使应力和应变不成线性关系。圆盘与轴配合较松时，内滞更明显。轴转动时，轴上所受的弹性力 F 不通过中心 B，而使轴心 A 产生绕 B 点（轴线 z）作弓状回旋运动（图中虚线所示）。轴速大于轴的临界转速时，产生自振，其频率在数值上等于临界转速
4	液压随动系统的自振	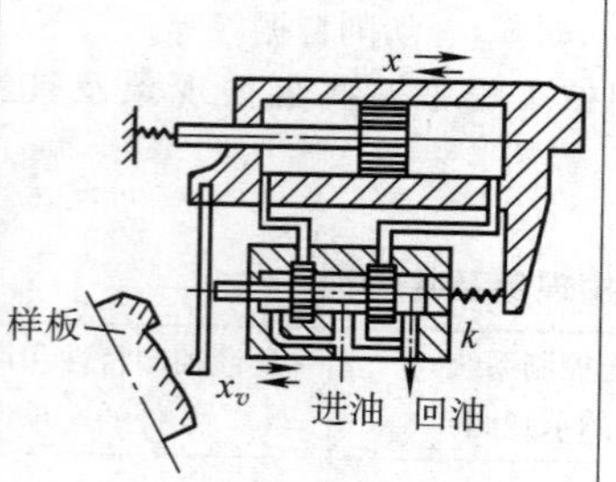	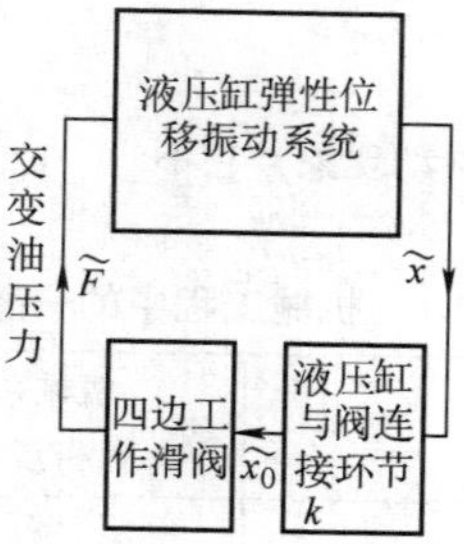 交变油压力：液压缸弹性位移振动系统；四边工作滑阀 $\widetilde{x}_0$；液压缸与阀连接环节 k；$\widetilde{F}$、$\widetilde{x}$	缸体与阀反馈连接的环节 k 的刚度不足或存在间隙时，缸体弹性位移 x 会产生维持自振的交变油压力 $\widetilde{p}$
5	带横向自振	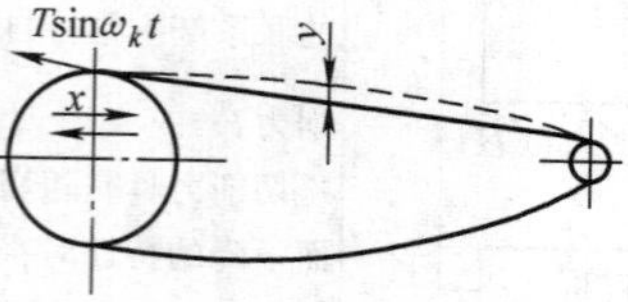	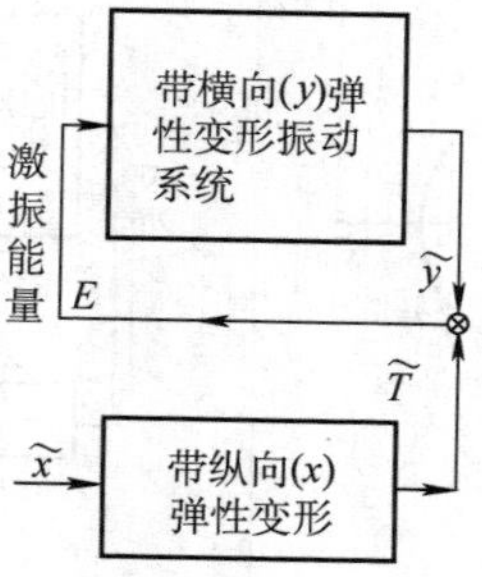 激振能量：带横向(y)弹性变形振动系统；带纵向(x)弹性变形；E、$\widetilde{y}$、$\widetilde{T}$、$\widetilde{x}$	带轮振动位移 x 引起带张力 T 变化，当 x 和 T 的振动频率 ω_k 为带横向（y）弹性变形振动系统的固有弹簧 ω_n 的二倍时，产生横向 y 的参数自振，y 的振动频率为 ω_n

（续）

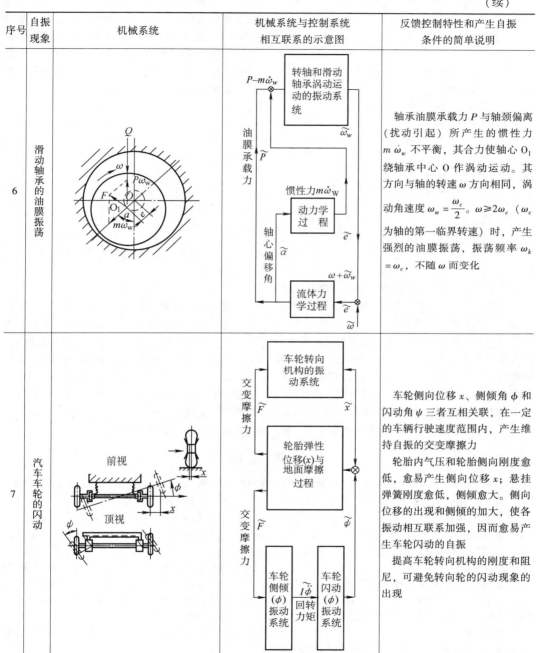

序号	自振现象	机械系统	机械系统与控制系统相互联系的示意图	反馈控制特性和产生自振条件的简单说明
6	滑动轴承的油膜振荡			轴承油膜承载力 P 与轴颈偏离（扰动引起）所产生的惯性力 $m\dot{\omega}_w$ 不平衡，其合力使轴心 O_1 绕轴承中心 O 作涡动运动。其方向与轴的转速 ω 方向相同，涡动角速度 $\omega_w = \dfrac{\omega_c}{2}$。$\omega \geqslant 2\omega_c$（$\omega_c$ 为轴的第一临界转速）时，产生强烈的油膜振荡，振荡频率 $\omega_k = \omega_c$，不随 ω 而变化
7	汽车车轮的闪动			车轮侧向位移 x、侧倾角 ϕ 和闪动角 ψ 三者互相关联，在一定的车辆行驶速度范围内，产生维持自振的交变摩擦力 轮胎内气压和轮胎侧向刚度愈低，愈易产生侧向位移 x；悬挂弹簧刚度愈低，侧倾角愈大。侧向位移的出现和侧倾的加大，使各振动相互联系加强，因而愈易产生车轮闪动的自振 提高车轮转向机构的刚度和阻尼，可避免转向轮的闪动现象的出现

7.3 自激振动的力学模型

自激振动中比较典型的一个模型是摩擦自振或负阻尼自振（图 12.7-2）。带以等速 v_0 按图示方向运动，假定物体处在由摩擦力及弹张力所决定的平衡位置上。实验证明这个平衡位置是不稳定的，质量 m 将产生水平方向的振动，振动微分方程式为

$$m\ddot{x} + c\dot{x} + kx - u(v_0 - \dot{x}) = 0 \quad (12.7-1)$$

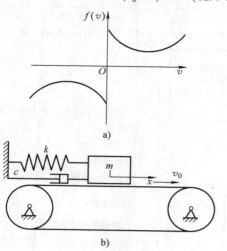

图 12.7-2

式中 $(v_0 - \dot{x})$ 为相对滑动速度，摩擦力 F 的方向永远和 v_0 的方向相同，但它的大小随相对速度的大小变化。当质量块 m 向 v_0 方向运动时的摩擦力较比 m 作与 v_0 相反方向运动时为大，即当相对滑动速度较小时摩擦力较大；相对滑动速度较大时摩擦力较小。可以看出，同方向运动时摩擦力作正功，反方向运动时摩擦力作负功。在整个振动一周中，摩擦力 F 对质量块 m 所作的净功是正功，自激振动的振幅将逐渐增大，振

幅大到一定数值后，输入能量一定要等于消耗能量而保持定常振动，否则振幅将无限增大。如果以 E'' 表示输入能量，E' 表示耗散能量，则 E' 和 E'' 与振幅 A 的关系大致如图 12.7-3 所示。不论初始振幅大小（是 A_1 或 A_2），振动最终必然趋向于定常振幅 A_D。

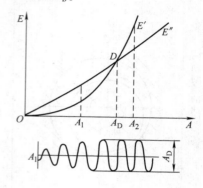

图 12.7-3

普通的正值阻尼力是与振动速度成正比而方向与速度方向相反的力，它消耗能量。负阻尼力同样与速度成正比但方向与振动速度方向相同，它作正功，可以从外界吸入能量而使振幅增加。

很多工程技术中的自激振动问题，将不是去求振动的振幅，而是探讨自激振动发生的条件，进而设法避免它，因而对可能发生自激振动的系统要进行运动稳定性的研究。

参 考 文 献

[1] 机械工程手册电机工程手册编辑委员会. 机械工程手册：基础理论卷[M]. 第 2 版，北京：机械工业出版社，1996.

[2] 清华大学理论力学教研室，理论力学[M]. 第 4 版，官飞、李苹、罗远祥修订. 北京：高等教育出版社，1995.

[3] 萧龙翔，贾启芬，邓惠和，理论力学[M]，天津：天津大学出版社，1995.

[4] 刘延柱，杨海兴，理论力学[M]，北京：高等教育出版社，1991.

[5] 振动与冲击手册编辑委员会：振动与冲击手册；第 1 卷，基本理论和分析方法[M]，北京：国防工业出版社，1988.

[6] 闻邦椿，刘凤翘，振动机械的理论及其应用，北京：机械工业出版社，1982.

[7] 李祥林，薛万夫，张日升，振动切削及其在机械加工中的应用[M]，北京：北京科学技术出版社，1985.

[8] 振动与冲击手册编辑委员会，振动与冲击手册，第 3 卷，工程应用[M]，北京：国防工业出版社，1991.

[9] 陈予恕，非线性振动[M]，天津：天津科学技术出版社，1983.

[10] 王海期，非线性振动[M]，北京：高等教育出版社，1992.

[11] 刘延柱，陈立群，非线性振动，北京：高等教育出版社，2001.

第 13 篇　材料力学

主　编　苏翼林

1 应力和应变[1,6]

1.1 外力

组成结构或机械的构件承受的载荷，从与所研究的构件有连系的构件传来的力或力偶，以及支座提供的反力统称为外力。按作用方式分，外力可分为体积力（自重，惯性力），表面力（流体压力），集中力和集中力偶。按所加的力随时间的变化可分为静载荷和动载荷。前者指载荷从零开始缓慢地增长到最后值。后者包括：（1）加载过程中出现不可忽略的加速度；（2）加载过程很短而加速度变化极大的冲击载荷；（3）随时间作周期变化的交变载荷。

1.2 内力与截面法

构件由于外力作用在其内部引起的力是内力。用截面法可求出内力。设想沿某一横截面将构件切开为两部分，考虑其中的一部分。在切开的截面上有一片分布力，即是弃去部分对保留部分的作用力，也就是内力。这一片分布内力的合力，可根据保留部分的平衡条件求出其分量，通常称之为内力分量。这些分量是轴力 F_{Nx}、剪力 F_{sy} 和 F_{sz}、扭矩 T_x、弯矩 M_y 和 M_z，见图 13.1-1。此处 x 为杆轴，y 和 z 为横截面形心主惯轴。表示内力随截面位置 x 的变化图形称为内力图，包括有轴力图，剪力图，扭矩图和弯矩图。

1.3 应力与应力状态

截面上分布内力的集度称为应力。将截面上某点的总应力分解为与截面垂直的正应力（法向应力）σ 和切于截面的切应力 τ。围绕受力物体的某一点切出一尺寸为无穷小的正六面体（单元体），其各侧面上的应力分量如图 13.1-2。应力分量的第一个下标指明应力作用面的法线方向，切应力 τ 的第二个下标指明它的方向，如 τ_{xz} 指与 x 轴正交的侧面上与 z 轴平行的切应力。

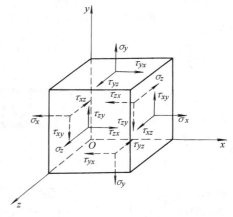

图 13.1-2 单元体上的应力分量

1.3.1 主单元体、主应力、主方向

过受力物体的任一点取出不同方位的单元体，其上的应力将随方位而改变。但总可以找出一个特殊取向的单元体，其所有侧面上不存在切应力而只有正应力作用。这一单元体称为主单元体，其侧面称为主平面，其上的正应力称为主应力，主应力的方向称为主方向。主应力的标号为 σ_1、σ_2、σ_3，并按代数值大小排列：$\sigma_1 \geqslant \sigma_2 \geqslant \sigma_3$，图 13.1-3。当三个主应力均不为零时称为三向应力状态，有一个主应力为零时称为二向应力状态，有两个主应力为零时称为单向应力状态。应

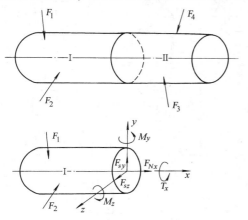

图 13.1-1 截面上的内力分量

力状态的实例见表 13.1-1。

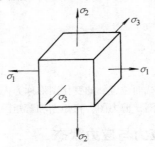

图 13.1-3 主单元体

1.3.2 切应力互等

在单元体互相正交的两个侧面上与该两侧面交线垂直的切应力相等，它们的矢向或指向交线或背离交线，即图 13.1-2 中有 $\tau_{xy} = \tau_{yx}$，$\tau_{yz} = \tau_{zy}$，$\tau_{zx} = \tau_{xz}$。

1.3.3 二向应力状态与应力圆

当图 13.1-2 中的 $\sigma_z = \tau_{zx} = \tau_{zy} = 0$ 时即得到图 13.1-4 的单元体。过单元体取与 z 轴平行的任一斜截面，其外法线 n 与 x 轴夹 α 角（以反时针为正），其上的应力分量为

表 13.1-1 应力状态分类与实例

应力状态	实　例		应力状态图示
单向应力状态（线应力状态）	拉杆		
	纯弯曲梁		
二向应力状态（平面应力状态）	高压气瓶		
	受扭杆		
	旋转盘		
三向应力状态（空间应力状态）	滚柱轴承接触点		

$$\left.\begin{array}{l}\sigma_\alpha = \dfrac{\sigma_x + \sigma_y}{2} + \dfrac{\sigma_x - \sigma_y}{2}\cos2\alpha - \tau_{xy}\sin2\alpha \\[4mm] \tau_\alpha = \dfrac{\sigma_x - \sigma_y}{2}\sin2\alpha + \tau_{xy}\cos2\alpha \end{array}\right\}$$

$$(13.1\text{-}1)$$

主方向与 x 轴的夹角为 α_0，

$$\tan2\alpha_0 = -\frac{2\tau_{xy}}{\sigma_x - \sigma_y} \qquad (13.1\text{-}2)$$

在两个主平面上的正应力，一个是 σ_{max}，一个是 σ_{min}，

$$\left.\begin{array}{l}\sigma_{max} \\ \sigma_{min}\end{array}\right\} = \frac{\sigma_x + \sigma_y}{2} \pm \sqrt{\left(\frac{\sigma_x - \sigma_y}{2}\right)^2 + \tau_{xy}^2}$$

$$(13.1\text{-}3)$$

此时要根据 σ_{max}，σ_{min} 和另一零值主应力（单元体前后侧面上正应力为零）的代数值大小按 $\sigma_1 \geqslant \sigma_2 \geqslant \sigma_3$ 来命名。

单元体中最大和最小切应力是

$$\left.\begin{array}{l}\tau_{max} \\ \tau_{min}\end{array}\right\} = \pm \sqrt{\left(\frac{\sigma_x - \sigma_y}{2}\right)^2 + \tau_{xy}^2} \quad (13.1\text{-}4)$$

τ_{max} 和 τ_{min} 作用面的外法线与 x 轴夹 α_1 角，

$$\tan2\alpha_1 = \frac{\sigma_x - \sigma_y}{2\tau_{xy}} \qquad (13.1\text{-}5)$$

由式 (13.1-2) 和 (13.1-5) 可知 $\tan2\alpha_0 \tan2\alpha_1 = -1$，故知 α_0 和 α_1 相差 45°，即 τ_{max} 和 τ_{min} 作用面的外法线平分两个非零的主应力方向。

对于二向应力状态可按应力圆来求解，见图 13.1-4b。在画应力圆时采用的符号规则是：正应力以拉伸为正，压缩为负；相对的两侧面上的切应力如构成顺时针转动时定为正号的，反之定为负号的。在图 13.1-4b 上按选定的应力比例尺画出 $D(\sigma_x, \tau_{xy})$，$D'(\sigma_y, \tau_{yx})$ 两点；连此两点交横轴于 C；以 C 为心，CD 为半径画圆即是应力圆。在图 13.1-4a 中由 x 轴反时针转 α 角到外法线 n，则在图 13.1-4b 中由 D 点也反时针沿圆周转 2α 角到 E 点，则 $OF = \sigma_\alpha$，$FE = \tau_\alpha$。

利用应力圆也可以由图解法求主应力及主单元体方位，见图 13.1-5。在图 13.1-5b 中，$OA_1 = \sigma_1$，$OA_2 = \sigma_2$。又 $\angle DCA_1 = 2\alpha_0$，故在图 13.1-5a 中由 x 轴顺时针转 α_0 角得到 σ_1 作用面的外法线 n_1。同理，定出 n_2，于是定出主单元体 1234。

在图 13.1-4a 中，如 $\tau_{xy} = \sigma_y = 0$，则得到单向应力状态（如直杆简单拉伸或压缩）；如 $\sigma_x = \sigma_y = 0$，则得到纯剪单元体（圆轴扭转）；如 τ_{xy}

$= \tau_{yx} = 0$，即是二向应力状态中已知主单元体的情况；如 $\sigma_y = 0$，则得到轴向拉（压）与纯剪的组合（承受扭弯联合的传动轴），这种受力的单元体及对应的应力圆画在图 13.1-6 中。这时的主应力及主方向是

$$\left.\begin{array}{l}\sigma_1 \\ \sigma_3\end{array}\right\} = \frac{\sigma_x}{2} \pm \sqrt{\left(\frac{\sigma_x}{2}\right)^2 + \tau_{xy}^2}, \ \sigma_2 = 0$$

$$(13.1\text{-}6)$$

$$\tan2\alpha_0 = -\frac{2\tau_{xy}}{\sigma_x} \qquad (13.1\text{-}7)$$

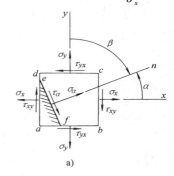

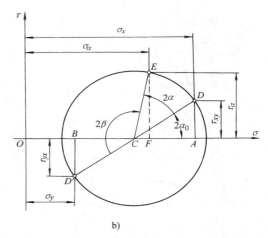

图 13.1-4 二向应力状态

a) 二向应力状态的单元体 b) 应力圆

1.3.4 三向应力简介

在三向应力状态，当三个主应力 $\sigma_1 \geqslant \sigma_2 \geqslant \sigma_3$ 已知时，可以画出三个应力圆。与图 13.1-3 主单元体对应的应力圆见图 13.1-7。单元体中凡与 σ_1（或 σ_2 或 σ_3）方向平行的诸截面，其上的应力由圆 A_2A_3（或 A_3A_1 或 A_1A_2）上的点代表。与三个主方向斜交的截面，其上的应力由上述三个圆所围的月形面积内的点来代表。由此图可知三向应

力状态下切应力的极值与最大应力圆上的 F 和 F' 点对应，所以

$$\left.\begin{array}{r}\tau_{max}\\\tau_{min}\end{array}\right\} = \pm\frac{\sigma_1 - \sigma_3}{2} \qquad (13.1\text{-}8)$$

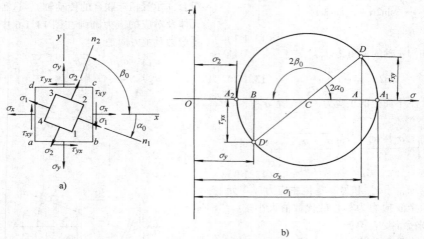

图 13.1-5　用应力圆求主单元体
a) 主单元体方位　b) 应力圆

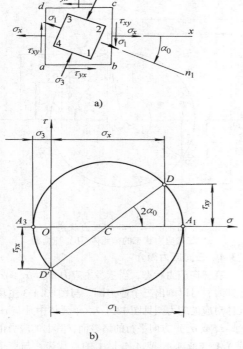

图 13.1-6　轴向拉（压）与纯剪的组合
a) 单元体受力及主单元体　b) 应力圆

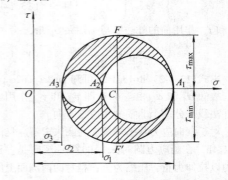

图 13.1-7　三向应力圆

1.4　应变

1.4.1　均匀应变

1. 直杆轴向拉伸（或压缩）　直杆沿杆轴承受拉力时（图13.1-8），在横截面上出现均匀拉应力

$$\sigma = \frac{F}{A} = \frac{F_N}{A} \qquad (13.1\text{-}9)$$

式中　F_N 为轴力，A 为横截面面积。此时沿整个杆出现均匀的纵向线应变 ε 和横向线应变 ε_t，即

$$\varepsilon = \frac{l_1 - l}{l} = \frac{\Delta l}{l}, \quad \varepsilon_t = \frac{d_1 - d}{d} = \frac{\Delta d}{d}$$

$$(13.1\text{-}10)$$

在弹性范围内有

$$\Delta l = \frac{F_N l}{EA} \qquad (13.1\text{-}11)$$

$$\sigma = E\varepsilon, \varepsilon_t = -\mu\varepsilon = -\mu\frac{\sigma}{E} \quad (13.1\text{-}12)$$

式中 E 称为弹性模量，EA 称为杆的拉压刚度，μ 称为泊松比。上列三式均称为胡克定律，亦即单向应力状态下的应力-应变关系。

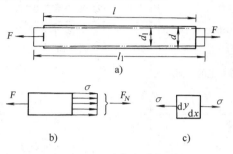

图 13.1-8　直杆轴向拉伸

a) 受力及变形　b) 横截面应力

c) 单向受力单元体

2. 薄壁圆筒扭转　当薄壁圆筒（$\delta \leqslant r/10$）承受加于两端面上的力偶 M 时（图 13.1-9），在横截面上出现沿圆周和沿壁厚两方向都是均匀分布的切应力

$$\tau = Mr/I_p \qquad (13.1\text{-}13)$$

式中 $I_p = 2\pi r^3 \delta$ 为圆环截面的极惯矩。此时沿整个圆筒出现均匀切应变，而切应变即指单元体直角的角度改变（图 13.1-9c）

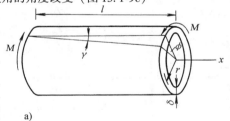

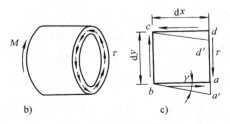

图 13.1-9　薄壁圆筒扭转

a) 受力及变形　b) 横截面应力

c) 纯剪单元体

$$\gamma = \tan\gamma = \frac{aa'}{ab}$$

在弹性范围内有

$$\phi = \frac{Ml}{GI_p} \qquad (13.1\text{-}14)$$

$$\tau = G\gamma \qquad (13.1\text{-}15)$$

式中 G 称为切变模量。式（13.1-15）称为剪切胡克定律。常用材料的弹性常数 E、μ、G 值见表 13.1-2。此外，对于各向同性材料，弹性常数 E、μ、G 之间有关系式

$$G = \frac{E}{2(1+\mu)} \qquad (13.1\text{-}16)$$

表 13.1-2　常用材料的 E、μ、G 值 [6]

材料名称	E/GPa	μ	G/GPa
碳　　钢	196~206	0.24~0.28	78.5~79.4
合 金 钢	194~206	0.25~0.30	78.5~79.4
灰口铸铁	113~157	0.23~0.27	44.1
白口铸铁	113~157	0.23~0.27	44.1
纯　　铜	108~127	0.31~0.34	39.2~48.0
青　　铜	113	0.32~0.34	41.2
冷拔黄铜	88.2~97	0.32~0.42	34.4~36.3
硬铝合金	69.6	—	26.5
轧 制 铝	65.7~67.6	0.26~0.36	25.5~26.5
混 凝 土	15.2~35.8	0.16~0.18	—
橡　　胶	0.00785	0.461	—
木材（顺纹）	9.8~11.8	0.0539	—
木材（横纹）	0.49~0.98		—

1.4.2 非均匀应变

对于非均匀应变，则应取单元体来分析。对于二向应变（图 13.1-10），其三个应变分量是线应变 ε_x、ε_y 和切应变 γ_{xy}。此时，在单元体内与 x 方向成 α 角的线段 OD 的线应变 ε_α 以及直角 DOE 的角度改变（切应变）γ_α 分别是

$$\varepsilon_\alpha = \frac{\varepsilon_x + \varepsilon_y}{2} + \frac{\varepsilon_x - \varepsilon_y}{2}\cos 2\alpha - \frac{\gamma_{xy}}{2}\sin 2\alpha$$

$$(13.1\text{-}17)$$

图 13.1-10　二向应变

$$\gamma_\alpha = (\varepsilon_x - \varepsilon_y)\sin 2\alpha + \gamma_{xy}\cos 2\alpha$$

$$(13.1\text{-}18)$$

广义胡克定律，见表 13.1-3。对于各向同性材料沿三个主应力方向的应变即是主应变，并用 ε_1、ε_2、ε_3 表示。

1.5 广义胡克定律

在弹性范围内线性的应力-应变关系常称为

表 13.1-3 广义胡克定律

应 力 状 态	以应力表示应变	以应变表示应力
单向应力状态 	纵向主应变 $$\varepsilon_1 = \frac{\sigma_1}{E}$$ 在垂直于主应变 ε_1 方向上的横向应变 $$\varepsilon_2 = \varepsilon_3 = -\mu\varepsilon_1 = -\mu\frac{\sigma_1}{E}$$	主应力 $$\sigma_1 = E\varepsilon_1$$
二向应力状态 已知主应力或主应变 	主应变 $$\varepsilon_1 = \frac{1}{E}(\sigma_1 - \mu\sigma_2)$$ $$\varepsilon_2 = \frac{1}{E}(\sigma_2 - \mu\sigma_1)$$ $$\varepsilon_3 = -\frac{\mu}{E}(\sigma_1 + \sigma_2)$$	主应力 $$\sigma_1 = \frac{E}{1-\mu^2}(\varepsilon_1 + \mu\varepsilon_2)$$ $$\sigma_2 = \frac{E}{1-\mu^2}(\varepsilon_2 + \mu\varepsilon_1)$$ $$\sigma_3 = 0$$
已知一般应力或应变 	应变分量 $$\varepsilon_x = \frac{1}{E}(\sigma_x - \mu\sigma_y)$$ $$\varepsilon_y = \frac{1}{E}(\sigma_y - \mu\sigma_x)$$ $$\varepsilon_z = -\frac{\mu}{E}(\sigma_x + \sigma_y)$$ $$\gamma_{xy} = \frac{\tau_{xy}}{G}$$ $$\gamma_{xz} = \gamma_{yz} = 0$$	应力分量 $$\sigma_x = \frac{E}{1-\mu^2}(\varepsilon_x + \mu\varepsilon_y)$$ $$\sigma_y = \frac{E}{1-\mu^2}(\varepsilon_y + \mu\varepsilon_x)$$ $$\tau_{xy} = G\gamma_{xy}$$ $$\sigma_z = \tau_{zx} = \tau_{zy} = 0$$
三向应力状态 已知主应力或主应变 	主应变 $$\varepsilon_1 = \frac{1}{E}[\sigma_1 - \mu(\sigma_2 + \sigma_3)]$$ $$\varepsilon_2 = \frac{1}{E}[\sigma_2 - \mu(\sigma_3 + \sigma_1)]$$ $$\varepsilon_3 = \frac{1}{E}[\sigma_3 - \mu(\sigma_1 + \sigma_2)]$$	主应力 $$\sigma_1 = 2G\varepsilon_1 + \lambda\theta$$ $$\sigma_2 = 2G\varepsilon_2 + \lambda\theta$$ $$\sigma_3 = 2G\varepsilon_3 + \lambda\theta$$ 式中 $\theta = \varepsilon_1 + \varepsilon_2 + \varepsilon_3$ $$\lambda = \frac{\mu E}{(1+\mu)(1-2\mu)}$$

1.6 应变能

在弹性范围内构件在变形状态下储存有能量，当外力卸掉时此能量可全部释放出来。这种能量称为应变能。材料单位体积所存有的能量称为应变能密度。不同应力状态下应变能密度的表达式见表 13.1-4。

表 13.1-4　应变能密度

应力状态		应 变 能 密 度
单向应力状态		$v_\varepsilon = \dfrac{1}{2}\sigma\varepsilon = \dfrac{1}{2}E\varepsilon^2 = \dfrac{1}{2}\dfrac{\sigma^2}{E}$
纯剪应力状态		$v_\varepsilon = \dfrac{1}{2}\tau\gamma = \dfrac{1}{2}G\gamma^2 = \dfrac{1}{2}\dfrac{\tau^2}{G}$
三向应力状态	总能密度	$v_\varepsilon = \dfrac{1}{2E}[\sigma_1^2 + \sigma_2^2 + \sigma_3^2 - 2\mu(\sigma_1\sigma_2 + \sigma_2\sigma_3 + \sigma_3\sigma_1)]$
	体积改变能密度	$v_{\varepsilon v} = \dfrac{1-2\mu}{6E}(\sigma_1 + \sigma_2 + \sigma_3)^2$
	畸变能密度	$v_{\varepsilon d} = \dfrac{1+\mu}{3E}(\sigma_1^2 + \sigma_2^2 + \sigma_3^2 - \sigma_1\sigma_2 - \sigma_2\sigma_3 - \sigma_3\sigma_1) = \dfrac{1+\mu}{6E}[(\sigma_1 - \sigma_2)^2 + (\sigma_2 - \sigma_3)^2 + (\sigma_3 - \sigma_1)^2]$

2　材料强度和许用应力[1,6]

2.1　材料的力学性能

材料最基本的力学性能是指在常温、静载下的力学性能。

2.1.1　低碳钢力-伸长曲线与应力-应变曲线

对圆截面标准试件（图 13.2-1，标距 $l = 5d$ 或 $10d$）进行静力拉伸试验得到的拉力与伸长的曲线，即 F-Δl 曲线，称为力-伸长曲线（图 13.2-2a）。将 F、Δl 分别除以试件横截面面积 A 和标距 l 可得到应力-应变曲线或 σ-ε 曲线，图 13.2-2b。

当 $\sigma \leqslant \sigma_p$（比例极限）时胡克定律 $\sigma = E\varepsilon$ 成立。当 $\sigma \leqslant \sigma_e$（弹性极限）时只产生弹性变形。由于 $\sigma_e \approx \sigma_p$，故两者通常不区分。

当 $\sigma = \sigma_s$（屈服极限，或屈服点）时出现应变自动增长的屈服现象。

当应力接近 D 点时出现试件局部变细，即缩颈现象。D 点对应的应力 σ_b 叫抗拉强度极限。

根据试件断裂后的标距长度 l_1 和缩颈处的截面面积 A_1 可确定出伸长率 δ 和截面收缩率 ψ 两个塑性指标，即

$$\delta = \frac{l_1 - l}{l} \times 100\%$$

$$\psi = \frac{A - A_1}{A} \times 100\%$$

通常把 $\delta > 5\%$ 的材料称为塑性材料或延性材料，$\delta < 5\%$ 的材料称为脆性材料。

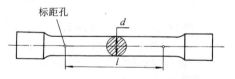

图 13.2-1　圆截面标准拉力试件

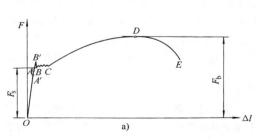

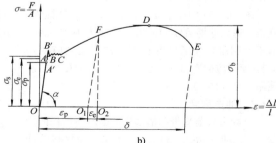

图 13.2-2　低碳钢拉伸试验

a）力-伸长曲线　b）应力-应变曲线

2.1.2 低碳钢压缩时的应力-应变曲线

低碳钢试件压缩时可得到图 13.2-3 的应力-应变曲线。这时可得到与拉伸试验相同的 σ_p、σ_s 和 E 值。

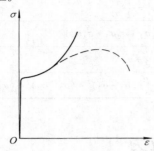

图 13.2-3 低碳钢压缩时
的应力-应变曲线

2.1.3 铸铁拉伸与压缩时的应力-应变曲线

图 13.2-4 示出铸铁试件在拉伸和压缩下的应力-应变曲线。铸铁压缩时的强度极限 σ_{bc} 约是拉伸时的强度极限 σ_{bt} 的 3 ~ 5 倍。

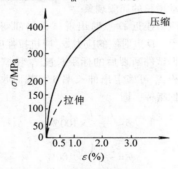

图 13.2-4 铸铁拉伸和压缩
时的应力-应变曲线

2.1.4 其他材料的应力-应变曲线

图 13.2-5a 中曲线 1、2、3、4 分别是锰钢、硬铝、退火球墨铸铁和低碳钢的应力-应变曲线。对于无屈服现象的塑性材料，常用残余应变是 0.2% 所对应的应力 $\sigma_{0.2}$ 定义为名义屈服极限，或屈服强度（图 13.2-5b）。

2.1.5 冲击韧度

以冲击载荷将带凹槽试件冲断时所消耗的能量 E 除以凹槽处横截面面积 A 定义为材料的冲击韧度 α_K，即

$$\alpha_K = E/A$$

一般塑性材料的 α_K 值远比脆性材料的为大。

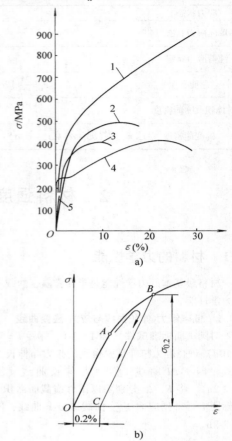

图 13.2-5 几种常用金属材料
的应力-应变曲线
a) 应力-应变曲线 b) 名义屈服极限

2.1.6 应力集中

构件由于必要的切口，切槽、圆角、油孔、键槽等造成截面的急剧变化，因而导致最小横截面上的应力出现局部增大的现象，称为应力集中（图 13.2-6）。最小截面上局部应力的最大值 σ_{max} 与不考虑应力集中而按材料力学公式算出的名义应力 σ_{nom} 之比称为理论应力集中因数 K，即

$$K = \frac{\sigma_{max}}{\sigma_{nom}} > 1$$

实验结果表明，截面尺寸改变得越急剧，应力集中就越严重。因此应尽可能地采取截面的平缓过渡以降低应力集中。

此外，在静载作用下，塑性材料制成的构件

可不考虑应力集中的影响，对于组织比较均匀的脆性材料构件则应考虑应力集中的影响。

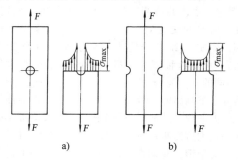

图 13.2-6　应力集中

a）有中心圆孔的拉杆　b）两侧开有半圆槽的拉杆

2.2　材料破坏的种类

1. 塑性破坏（延性破坏）　构件在静载作用下破坏前经历比较明显的塑性变形，例如碳钢试件的扭转破坏和拉断破坏。

2. 脆性破坏（脆断）　构件在静载作用下破坏前只经历很小的塑性变形，例如铸铁试件的扭转破坏和拉伸破坏。

3. 疲劳破坏　构件在交变应力作用下经历足够的应力循环次数后而发生的突然断裂。既使是塑性材料在疲劳破坏时也无明显的塑性变形。

2.3　强度理论

2.3.1　常用的强度理论

对于材料破坏原因而提出的假说称为强度理论。根据不同的强度理论可将强度条件统一写成

$$\sigma_r \leqslant [\sigma] \tag{13.2-1}$$

其中　σ_r——相当应力；

$[\sigma]$——许用应力。

目前常用的强度理论及其相当应力见表 13.2-1。

2.3.2　强度理论的适用范围

（1）对于塑性材料建议采用第四强度理论，但是第三强度理论也能给出满意的结果。两种理论给出的结果相差不超过 15%。

（2）对于脆性材料建议采用莫尔强度理论。

（3）对于承受二向或三向拉伸的脆性材料建议采用第一强度理论。

表 13.2-1　强度理论及其相当应力

强度理论名称	基　本　假　设	相　当　应　力
第一强度理论（最大拉应力理论）	最大拉应力是引起材料断裂的原因	$\sigma_{r1} = \sigma_1$
第二强度理论（最大拉应变理论）	最大拉应变是引起材料断裂的原因	$\sigma_{r2} = \sigma_1 - \mu(\sigma_2 + \sigma_3)$
第三强度理论（最大切应力理论）	最大切应力是引起材料屈服的原因	$\sigma_{r3} = \sigma_1 - \sigma_3$
第四强度理论（畸变能理论）	畸变能是引起材料屈服的原因	$\sigma_{r4} = \sqrt{\dfrac{1}{2}\left[(\sigma_1 - \sigma_2)^2 + (\sigma_2 - \sigma_3)^2 + (\sigma_3 - \sigma_1)^2\right]}$
莫尔强度理论（修正的第三强度理论）	材料沿某一断面破坏的条件是该面上的 τ 和 σ 满足某一关系式 $\tau = f(\sigma)$	$\sigma_{rM} = \sigma_1 - \dfrac{\sigma_{bt}}{\sigma_{bc}}\sigma_3$ σ_{bt}——抗拉强度极限 σ_{bc}——抗压强度极限

2.4　疲劳强度

金属构件承受周期性变化的应力叫交变应力，应力在最大应力和最小应力之间交替变化。在交变应力作用下构件的破坏常称为疲劳破坏。其破坏特点是：（1）金属构件的疲劳强度远比静强度为低；（2）无论塑性材料还是脆性材料发生疲劳破坏时均无明显的塑性变形，并且经历一定的应力循环次数后发生突然性脆断；（3）在构件的断口上有明显的粗糙区和光滑区，在光滑区可

以看到位于断口周边的疲劳源（裂纹源）及裂纹向断面内部逐渐扩展的迹线。故金属构件疲劳破坏的形成是裂纹萌生和逐渐缓慢扩展的过程。

2.4.1　交变应力的基本参数和类型

图 13.2-7 示出交变应力中的最大应力和最小应力随时间的变化。其中，平均应力 σ_m、应力幅度 σ_a 和应力比（循环特性）r 分别是：

$$\left.\begin{array}{c}\sigma_m \\ \sigma_a\end{array}\right\} = \frac{1}{2}(\sigma_{max} \pm \sigma_{min})$$

$$r = \sigma_{min}/\sigma_{max}$$

$$\left.\begin{array}{c}\sigma_{\max}\\\sigma_{\min}\end{array}\right\}=\sigma_m\pm\sigma_a$$

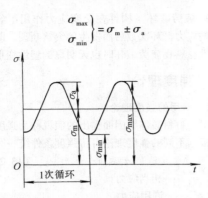

图 13.2-7 交变应力随时间的变化

上述定义同样适用于交变切应力。对于 $r=-1$ 的交变应力称为对称循环，对于 $r\neq-1$ 的交变应力统称为非对称循环。在表 13.2-2 给出典型的交变应力。

2.4.2 S-N 曲线和材料的持久极限

对同一材料的一组标准试件在指定的应力比 r 下进行多次的疲劳试验。每一次试验时使试件在一指定的交变应力（$\sigma_{\max}$，$r\sigma_{\max}$）下发生破坏，测定它经受的应力循环次数 N（称为寿命）。重复这种试验，将获得的多组试验数据（不同的 $\sigma_{\max}$ 及与之对应的 N 值）在 $\sigma_{\max}-\lg N$ 坐标系下画出即得到图 13.2-8 的应力-寿命曲线或 S-N 曲线。试件可经受无限次应力循环而不破坏的最大应力叫材料的持久极限（或疲劳极限）σ_r。对于钢，通常在 S-N 曲线上与 $N_0=10^7$ 对应的应力值即视为是 σ_r；对于有色金属以指定寿命 $N_0=(5\sim10)\times10^7$ 所对应的应力作为持久极限，称为名义持久极限。弯曲对称循环和脉动循环下的持久极限分别是 σ_{-1} 和 σ_0，扭转时的对应量是 τ_{-1} 和 τ_0。

表 13.2-2 几种典型的交变应力变化规律

序号	循环名称	循环特征	应力特点	图 示
1	对称循环	$r=-1$	$\sigma_{\max}=-\sigma_{\min}$ $\sigma_m=0$ $\sigma_a=\sigma_{\max}=-\sigma_{\min}$	
2	脉动循环	$r=0$	$\sigma_{\max}\neq0$ $\sigma_{\min}=0$ $\sigma_m=\sigma_a=\dfrac{1}{2}\sigma_{\max}$	
3	不对称循环	$1>r>-1$	$\sigma_{\max}=\sigma_m+\sigma_a$ $\sigma_{\min}=\sigma_m-\sigma_a$	
4	静载荷	$r=1$	$\sigma_{\max}=\sigma_{\min}=\sigma_m$ $\sigma_a=0$	

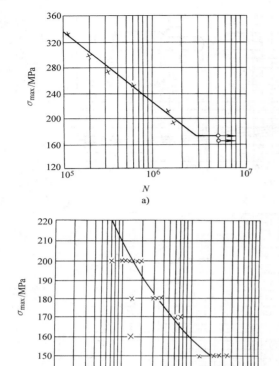

图 13.2-8 材料的应力-寿命曲线

a) 20 钢的 *S-N* 曲线 b) LY11 硬铝的 *S-N* 曲线

2.4.3 影响持久极限的因素

1. 构件外形引起的应力集中的影响 构件上由于有键槽、小孔、轴肩（不同轴径的过渡）等在构件截面的变化处出现应力集中。有应力集中源的构件的持久极限将明显降低。在对称循环下，光滑试件的持久极限 $(\sigma_{-1})_d$ 与同样尺寸但有应力集中的试件的持久极限 $(\sigma_{-1})_d^k$ 之比称为有效应力集中因数 K_σ，即

$$K_\sigma = \frac{(\sigma_{-1})_d}{(\sigma_{-1})_d^k}$$

图 13.2-9 和图 13.2-10 给出轴径过渡时的有效应力集中因数，图 13.2-11 和图 13.2-12 给出螺纹、键槽、横孔的有效应力集中因数。

2. 构件尺寸的影响 通常持久极限值随着构件横向尺寸的加大而降低。在对称循环下光滑小试件的持久极限为 σ_{-1}，光滑大试件的持久极限为 $(\sigma_{-1})_d$，则比值

$$\varepsilon_\sigma = \frac{(\sigma_{-1})_d}{\sigma_{-1}}$$

称为尺寸因数，其值可查图 13.2-13。

3. 构件表面质量的影响 构件表面加工的质量对持久极限有程度不同的影响。若表面磨光的试件的持久极限为 $(\sigma_{-1})_d$，而表面为其他加工情况时构件的持久极限为 $(\sigma_{-1})_\beta$，则比值

$$\beta = \frac{(\sigma_{-1})_\beta}{(\sigma_{-1})_d}$$

称为表面质量因数，其值可查图 13.2-14。另一方面，如构件经过淬火、渗碳、氮化等化学处理或滚压、喷丸等机械处理，这时会使构件的持久极限提高，即上面的 $\beta > 1$。各种强化方法的表面质量因数见表 13.2-3。

综合上述三种因素可知对称循环下构件的持久极限应是

$$(\sigma_{-1})_{构件} = \frac{\varepsilon_\sigma \beta}{K_\sigma} \sigma_{-1}$$

2.4.4 交变应力的强度校核

交变应力的强度校核按表 13.2-4 的公式进行，其中包括疲劳强度和屈服强度两种。对于 $r < 0$ 的构件通常只需作疲劳强度校核。对于对称循环，可令表中公式中的 $\sigma_m = \tau_m = 0$，而将 σ_a、τ_a 分别换为 σ_{max}、τ_{max}。

【例 13.2-1】[6] 试校核落砂机工作轴的疲劳强度。此轴上安装两个偏心重块，重力 $P = 1.6kN$，轴转动时重块的离心力 $F_c = 2.1kN$。轴的材料为 45 钢，$\sigma_b = 650MPa$，$\sigma_{-1} = 350MPa$，$\sigma_s = 360MPa$，材料常数 $\psi_\sigma = 0.2$，轴直径 $d = 60mm$，螺栓孔径 $d_0 = 16mm$，表面质量因数 $\beta = 1$，疲劳许用安全因数 $[n] = 2.0$。

解 当重块转到轴的下方时，载荷 $F = F_c + P = 3.7kN$。当重块转到轴的上方时，载荷 $F = F_c - P = 0.5kN$。在这两种情况下的弯矩图见图 13.2-15c,d。这时维持此轴作等速转动的力矩 M_e 值很小，可不考虑。

通过螺栓孔处轴的横截面（图 13.2-15b）可近似看成为圆截面减去一狭矩形，所以截面对中性轴 z 的惯矩是

$$I_z = \frac{\pi d^4}{64} - \frac{d_0}{12} \left(\sqrt{d^2 - d_0^2}\right)^3$$

$$= \frac{\pi}{40} \times 60^4 - \frac{1}{12} \times 16 \left(\sqrt{60^2 - 16^2}\right)^3$$

$$= 378.7 \times 10^3 mm^4$$

$$W_z = \frac{378.7 \times 10^3}{0.5 \sqrt{60^2 - 16^2}} = 13.1 \times 10^3 mm^3$$

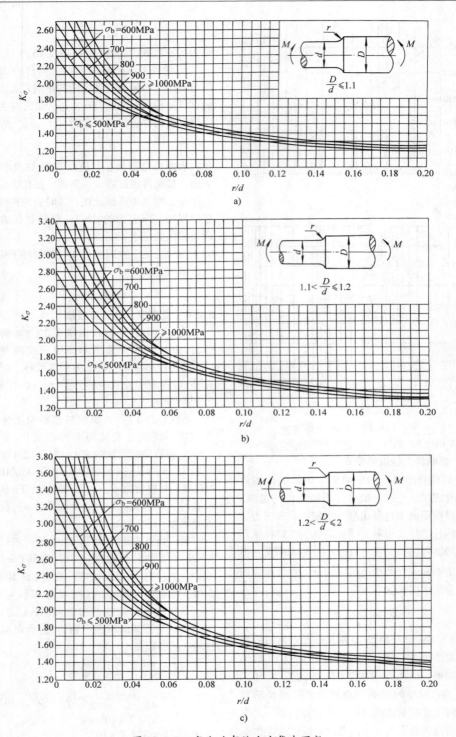

图 13.2-9 弯曲时有效应力集中因数

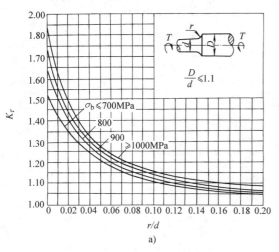

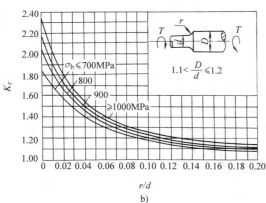

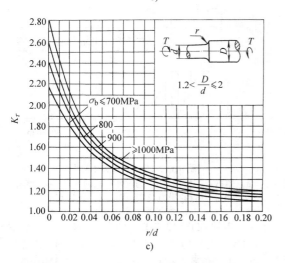

图 13.2-10 扭转时有效应力集中因数

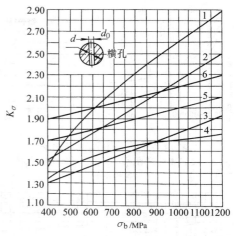

图 13.2-11 弯曲(拉伸)时,螺纹、
键槽、横孔的有效应力集中因数

1—螺纹 2—键槽(端铣刀加工) 3—键槽
(盘铣刀加工) 4—花键 5—横孔
$(d_0/d = 0.15 \sim 0.25)$ 6—横孔
$(d_0/d = 0.05 \sim 0.15)$

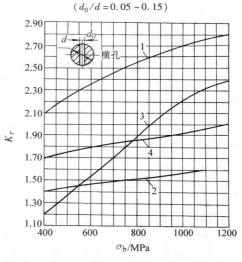

图 13.2-12 扭转时螺纹、键槽、横孔
的有效应力集中因数

1—矩形花键 2—渐开线花键 3—键槽
4—横孔 $(d_0/d = 0.05 \sim 0.25)$

计算交变应力中的 σ_{max} 和 σ_{min}:

$$\sigma_{max} = \frac{1480 \times 10^3}{13100} = 113 \text{MPa},$$

$$\sigma_{min} = \frac{200 \times 10^3}{13100} = 15.3 \text{MPa}$$

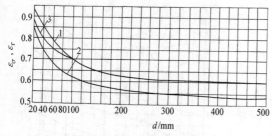

图 13.2-13　构件的尺寸因数

1—$\sigma_b = 500$MPa 钢的 ε_σ　2—$\sigma_b = 1200$MPa 的 ε_σ

3—各种钢的 ε_τ

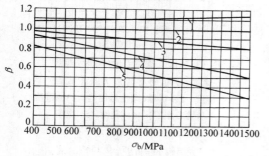

图 13.2-14　构件表面加工的表面质量因数

1—抛光　2—磨削　3—精车

4—粗车　5—轧制

表 13.2-3　表面强化时的表面质量因数 β

强化方法	心部强度 $\sigma_b/$ MPa	β		
		光滑试件	有应力集中的试件	
			$K_\sigma \leqslant$ 1.5 时	$K_\sigma \geqslant$ 1.8~2 时
高频淬火	600~800	1.5~1.7	1.6~1.7	2.4~2.8
	800~1000	1.3~1.55	1.4~1.5	2.1~2.4
氮化	900~1200	1.1~1.25	1.5~1.7	1.7~2.1
渗碳	400~600	1.8~2.0	3.0	3.5
	700~800	1.4~1.5	2.3	2.7
	1000~1200	1.2~1.3	2.0	2.3
喷丸	600~1500	1.1~1.25	1.5~1.6	1.7~2.1
滚压	600~1500	1.1~1.3	1.3~1.5	1.6~2.0

注：1. 高频淬火的数据系根据直径为 10~20mm、硬层厚度为（0.05~0.20）d 的试件实验求得；对大尺寸试件，强化因数的值有所降低。

　　2. 氮化层厚度为 0.01d 时用小值；为（0.03~0.04）d 时用大值。

　　3. 喷丸强化的数据系根据厚度为 8~40mm 的试件求得，喷丸速度低时用小值，速度高时用大值。

　　4. 滚压强化的数据，系根据直径为 17~130mm 的试件求得。

表 13.2-4　交变应力的强度校核

受力情况	疲劳强度条件	屈服强度条件（只限于塑性材料）
弯曲或拉、压交变应力	$n_\sigma = \dfrac{\sigma_{-1}}{\dfrac{K_\sigma}{\varepsilon_\sigma \beta}\sigma_a + \psi_\sigma \sigma_m} \geqslant [n]$	$\sigma_{max} \leqslant [\sigma]$ 或 $\dfrac{\sigma_s}{\sigma_{max}} \geqslant n_s$
扭转交变应力	$n_\tau = \dfrac{\tau_{-1}}{\dfrac{K_\tau}{\varepsilon_\tau \beta}\tau_a + \psi_\tau \tau_m} \geqslant [n]$	$\tau_{max} \leqslant [\tau]$ 或 $\dfrac{\tau_s}{\tau_{max}} \geqslant n_s$
扭弯联合交变应力	$n_{\sigma\tau} = \dfrac{n_\sigma n_\tau}{\sqrt{n_\sigma^2 + n_\tau^2}} \geqslant [n]$	按本篇 4.2 节

注：n_σ、n_τ—疲劳安全因数；n_s—以屈服极限作为极限应力时的安全因数；$[n]$—疲劳许用安全因数；K_σ、K_τ—有效应力集中因数；ε_σ、ε_τ—尺寸因数；β—表面质量因数；ψ_σ、ψ_τ—反映材料性质的材料常数，

$$\psi_\sigma = \frac{\sigma_{-1} - 0.5\sigma_0}{0.5\sigma_0}, \quad \psi_\tau = \frac{\tau_{-1} - 0.5\tau_0}{0.5\tau_0}$$

对于碳钢 $\psi_\sigma = 0.1 \sim 0.2$，$\psi_\tau = 0.05 \sim 0.10$；对于合金钢 $\psi_\sigma = 0.25$，$\psi_\tau = 0.15$

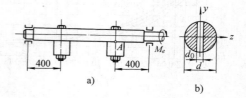

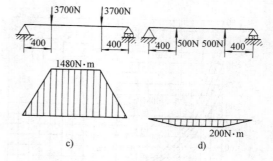

图 13.2-15　例 13.2-1 图

a) 落砂机工作轴　b) 通过螺栓孔的截面　c) 重块在下方时的受力及弯矩图　d) 重块在上方时的受力及弯矩图

　　当轴在图 13.2-15a 的位置时，A 点承受 113MPa 的拉应力。当轴再转过 180° 时，A 点转到最上的位置，在此位置 A 点承受 15.3MPa 的拉应力（因此时弯矩为负）。故知危险点 A 的平均

应力和应力幅值是

$$\left.\begin{array}{r}\sigma_{\mathrm{m}}\\ \sigma_{\mathrm{a}}\end{array}\right\}=\frac{1}{2}(113\pm15.3)=\left\{\begin{array}{l}64.2\mathrm{MPa}\\ 48.9\mathrm{MPa}\end{array}\right.$$

由图 13.2-13 用内插法查出直径 $d = 60\mathrm{mm}$, $\sigma_{\mathrm{b}} = 650\mathrm{MPa}$ 时的尺寸因数 $\varepsilon_{\sigma} = 0.76$。根据 $d_0/d = 16/60 = 0.27$, 由图 13.2-11 查出 $d_0/d = 0.25$ 时的 $K_{\sigma} = 1.83$, 此值近似作为 $d_0/d = 0.27$ 时的有效应力集中因数。利用表 13.2-4 的公式,

$$n_{\sigma} = \frac{\sigma_{-1}}{\dfrac{K_{\sigma}}{\varepsilon_{\sigma}\beta}\sigma_{\mathrm{a}} + \psi_{\sigma}\sigma_{\mathrm{m}}} = \frac{350}{\dfrac{1.83}{0.76\times1}\times48.9 + 0.2\times64.2}$$

$$= 2.68 > 2$$

$$\frac{\sigma_{\mathrm{s}}}{\sigma_{\mathrm{max}}} = \frac{360}{113} = 3.19 > 2.68$$

即屈服的安全度比疲劳的为大, 故知本例的工作轴, 其疲劳破坏的危险程度比屈服的为大。

【例 13.2-2】[5]　一阶梯轴, $D = 60\mathrm{mm}$, $d = 50\mathrm{mm}$, $r = 5\mathrm{mm}$。材料为合金钢, $\sigma_{\mathrm{b}} = 900\mathrm{MPa}$, $\sigma_{-1} = 410\mathrm{MPa}$, $\tau_{-1} = 240\mathrm{MPa}$。作用于轴上的弯矩为对称循环, $M_{\mathrm{max}} = -M_{\mathrm{min}} = 1\mathrm{kN\cdot m}$, 扭矩为脉动循环, $T_{\mathrm{max}} = 1.5\mathrm{kN\cdot m}$, $T_{\mathrm{min}} = 0$。许用疲劳安全因数 $[n] = 2$, 试校核此轴的疲劳强度。轴的表面为磨削加工。

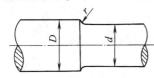

图 13.2-16　例 13.2-2 图

解　首先计算轴的工作应力

$$W = \frac{\pi d^3}{32} = \frac{\pi}{32}\times50^3 = 12.3\times10^3\mathrm{mm}^3$$

$$\sigma_{\mathrm{max}} = -\sigma_{\mathrm{min}} = \frac{1\times10^6}{12.3\times10^3} = 81.3\mathrm{MPa},$$

$$\sigma_{\mathrm{a}} = 81.3\mathrm{MPa}, \quad \sigma_{\mathrm{m}} = 0$$

$$W_{\mathrm{p}} = \frac{\pi d^3}{16} = \frac{\pi}{16}\times50^3 = 24.6\times10^3\mathrm{mm}^3$$

$$\tau_{\mathrm{max}} = \frac{1.5\times10^6}{24.6\times10^3} = 61\mathrm{MPa}, \quad \tau_{\mathrm{min}} = 0,$$

$$\tau_{\mathrm{a}} = \tau_{\mathrm{m}} = \frac{1}{2}\tau_{\mathrm{max}} = 30.5\mathrm{MPa}$$

根据 $D/d = 60/50 = 1.2$, $r/d = 5/50 = 0.1$, 由图 13.2-9 和图 13.2-10 查出 $K_{\sigma} = 1.55$, $K_{\tau} = 1.23$。再由图 13.2-13 查出轴径 $d = 50\mathrm{mm}$ 的 $\varepsilon_{\sigma} = 0.76$, $\varepsilon_{\tau} = 0.77$。由图 13.2-14 查出 $\beta = 1$, 对

于合金钢 $\psi_{\tau} = 0.15$。按照表 13.2-4 公式

$$n_{\sigma} = \frac{\sigma_{-1}}{\dfrac{K_{\sigma}}{\varepsilon_{\sigma}\beta}\sigma_{\mathrm{a}}} = \frac{410}{\dfrac{1.55}{0.76\times1}\times81.3} = 2.47$$

$$n_{\tau} = \frac{\tau_{-1}}{\dfrac{K_{\tau}}{\varepsilon_{\tau}\beta}\tau_{\mathrm{a}} + \psi_{\tau}\tau_{\mathrm{m}}}$$

$$= \frac{240}{\dfrac{1.23}{0.77\times1}\times30.5 + 0.15\times30.5}$$

$$= 4.51$$

$$n_{\sigma\tau} = \frac{n_{\sigma}n_{\tau}}{\sqrt{n_{\sigma}^2 + n_{\tau}^2}} = \frac{2.47\times4.51}{\sqrt{2.47^2 + 4.51^2}} = 2.16$$

此值大于 $[n]$, 所以轴的疲劳强度符合要求。

2.5　许用应力与安全因数

2.5.1　常温静载荷下的安全因数

将实际测定的材料极限应力 σ_{lim} 除以大于 1 的因数 n(安全因数)作为材料的许用应力

$$[\sigma] = \sigma_{\mathrm{lim}}/n$$

由于在设计载荷的估计及应力计算的准确上均不可能绝对无误, 再有材料组织也不可能完全均匀, 所以必须采用安全因数使构件具有必要的强度储备。一般

$$\left.\begin{array}{l}\text{塑性材料}[\sigma] = \sigma_{\mathrm{s}}/n_{\mathrm{s}}\\ \text{脆性材料}[\sigma] = \sigma_{\mathrm{b}}/n_{\mathrm{b}}\end{array}\right\} \quad (13.2\text{-}2)$$

式中　σ_{s}、σ_{b}——材料的屈服极限及抗拉强度极限;
　　　n_{s}、n_{b}——屈服及断裂的安全因数。

常温、静载下的安全因数及弯曲、扭转、剪切、挤压许用应力与拉伸许用应力的近似关系分别见表 13.2-5 和表 13.2-6。

表 13.2-5　静载下安全因数的推荐值

n_{s}		n_{b}	
轧、锻钢件	铸钢件	钢	铸铁
1.2~2.2	1.6~3.0	2.0~2.5	4

2.5.2　动载荷下的安全因数

(1) 受动载荷或冲击载荷作用的构件, 其动应力 σ_{d} 等于对应静载荷引起的静应力 σ_{st} 乘以动荷因数 K_{d}, 即 $\sigma_{\mathrm{d}} = K_{\mathrm{d}}\sigma_{\mathrm{st}}$。强度条件 $\sigma_{\mathrm{d}} \leqslant [\sigma]$ 常写成

$$\sigma_{\mathrm{st}} \leqslant [\sigma]/K_{\mathrm{d}} \quad (13.2\text{-}3)$$

(2) 许用疲劳安全因数 $[n]$ 的推荐值为:材质

均匀,计算精确时,$[n]=1.3\sim1.5$;材质不够均匀,计算精度较低时,$[n]=1.5\sim1.8$;材质较差, 计算精度很低时,$[n]=1.8\sim2.5$。

表 13.2-6 弯曲、扭转、剪切、挤压许用应力与拉伸许用应力的近似关系

变形情况	弯曲$[\sigma_f]$	扭转$[\tau]$	剪切$[\tau_{sh}]$	挤压$[\sigma_{bs}]$
塑性材料	$(1.0\sim1.2)[\sigma]$	$(0.5\sim0.6)[\sigma]$	$(0.6\sim0.8)[\sigma]$	$(1.5\sim2.5)[\sigma]$
脆性材料	$1.0[\sigma]$	$(0.8\sim1.0)[\sigma]$	$(0.8\sim1.0)[\sigma]$	$(0.9\sim1.5)[\sigma]$

3 梁[1,2]

3.1 梁的种类，支座及载荷

处于弯曲变形的杆件称为梁。在下列条件下杆将产生平面弯曲(即杆轴弯曲后变为一平面曲线)：

(1) 对于实心截面杆，当所有垂直于杆轴的外力（即横向外力）均位于截面的一个形心主惯性平面之内，其特例是截面至少有一个对称轴（如矩形，圆形，T形截面等）而外力均位于一个对称平面之内；(2) 对于薄壁截面杆件，当所有横向外力均通过截面剪切中心并且与截面的形心主惯轴之一平行。

梁的支反力由平衡方程可以确定时则为静定梁，其种类如图 13.3-1 所示。关于梁的支座参见第 12 篇。

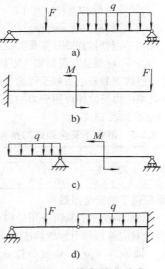

图 13.3-1 静定梁的种类
a) 简支梁 b) 悬臂梁
c) 外伸梁 d) 铰接梁

梁上承受的载荷有：集中力，力偶和分布载荷。当梁上某段作用有线分布载荷 q（力/长度）时，分布载荷的合力等于分布载荷图的面积。分布载荷对某点的力矩可用其合力对该点的力矩来代替，而分布载荷的合力的作用线则通过该段分布载荷图的形心。

3.2 梁的内力和内力图

梁横截面上的内力有剪力 F_s 和弯矩 M。某截面的剪力等于该截面一侧（左侧或右侧）所有横向外力的代数和，而弯矩等于该截面一侧所有外力对该截面形心取矩的代数和，即

$$F_s=\sum_{-侧}F_y,M=\sum_{-侧}M \qquad (13.3\text{-}1)$$

剪力与弯矩的符号规定按图 13.3-2。

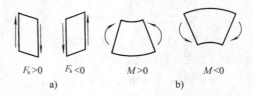

图 13.3-2 剪力与弯矩的符号规则
a) 剪力 b) 弯矩

剪力和弯矩均是截面位置 x 的函数：$F_s=F_s(x),M=M(x)$。它们称为剪力方程和弯矩方程。由这些方程可绘出剪力和弯矩随截面位置 x 的变化图形，即是剪力图和弯矩图。

剪力 F_s、弯矩 M 与分布载荷集度 q 之间有下列微分关系：

$$\frac{dF_s(x)}{dx}=q(x),\frac{dM(x)}{dx}=F_s(x),\frac{d^2M(x)}{dx^2}=q(x)$$

$$(13.3\text{-}2)$$

注意分布载荷集度 q 规定以向上作为正号的。由上列诸式可知:在某一截面处,$F_s(x)$ 图的斜率等于该截面处的 $q(x)$ 值,而 $M(x)$ 图的斜率等于该截面处的 $F_s(x)$ 值。当梁上某段 $q=0$ 时,该段的 F_s 图为水平线,M 图为斜直线。当梁上某段有向下的均匀分布载荷时(q 为一负常量),该段的 F_s 图为向下的斜直线,M 图为上凸的二次抛物线。

如果梁上有几种载荷,例如集中载荷和分布载荷,也可以分别画出每一种载荷下的内力图,将它们叠加即是诸载荷同时作用的内力图。这种方法叫做叠加法。

常见梁的剪力图和弯矩图可查表 13.3-1。

3.3 梁的应力

梁平面弯曲时存在一长度不变的中性层,中性层与横截面的交线称为中性轴 z,中性轴通过截面的形心。在横截面上沿截面高度出现线性分布的正应力和抛物线分布的切应力 (图 13.3-3)。

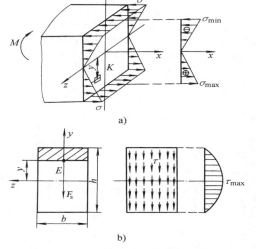

图 13.3-3 梁横截面上的应力分布图
a) 正应力分布 b) 切应力分布

$$\sigma = \frac{My}{I_z} \qquad (13.3\text{-}3)$$

$$\tau = \frac{F_s S_z}{I_z b} \qquad (13.3\text{-}4)$$

式中 F_s、M——截面的剪力与弯矩;

y——点 K 至中性轴 z 的距离;

I_z——横截面对中性轴 z 的惯矩 (见表 13.3-7);

S_z——过点 E 的横线以上或以下面积对中性轴 z 的静矩;

b——点 E 处截面的宽度。

梁的强度条件是

$$\sigma_{max} = \frac{M_{max} y_{max}}{I_z} = \frac{M_{max}}{W_z} \leqslant [\sigma] \qquad (13.3\text{-}5)$$

$$\tau_{max} = \frac{F_{smax} S_{zmax}}{I_z b} \leqslant [\tau] \qquad (13.3\text{-}6)$$

式中 y_{max}——上或下边缘至中性轴的距离;

W_z——弯曲截面系数 (见表 13.3-7);

S_{zmax}——中性轴一侧截面面积对中性轴的静矩。

式 (13.3-5) 适用于拉、压同强度的材料。对于拉、压不同强度的材料,应按下式进行强度校核:

$$\left. \begin{array}{c} \sigma_{tmax} = \dfrac{M_{max} y_1}{I_z} \leqslant [\sigma_t] \\[2mm] \sigma_{cmax} = \dfrac{M_{max} y_2}{I_z} \leqslant [\sigma_c] \end{array} \right\} \qquad (13.3\text{-}7)$$

式中 y_1, y_2——截面受拉侧,受压侧的边缘至中性轴的距离;

$[\sigma_t]$,$[\sigma_c]$——拉伸许用应力,压缩许用应力。

通常情况下只须对梁的正应力进行强度校核。只在下列情况时尚须补充作剪应力强度校核:(1)梁的跨度较短,或在支座附近施加有大的集中载荷;(2)铆接或焊接的工字梁,如腹板较薄而截面高度较大,此情况还须对铆钉或焊缝作剪切强度校核。

弯曲时最大切应力计算公式见表 13.3-2。

【例 13.3-1】[6] 一铸铁悬臂梁,材料的许用拉、压应力分别是 $[\sigma_t]=40MPa$,$[\sigma_c]=160MPa$,试校核梁的正应力强度。

解 首先以 T 形截面的下底作为参考轴定出截面的形心 C:

$$(200 \times 30 + 200 \times 30) y_1 = 200 \times$$
$$30 \times 100 + 200 \times 30 \times 215$$
$$\therefore \quad y_1 = 157.5mm$$

利用平行轴公式计算截面对中性轴 z 的惯矩:

$$I_z = \frac{1}{12} \times 30 \times 200^3 + 200 \times 30(157.5 - 100)^2 +$$
$$\frac{1}{12} \times 200 \times 30^3 + 200 \times 30(215 - 157.5)^2$$
$$= 60.13 \times 10^6 mm^4$$

表 13.3-1　等截面静定梁的支反力、

序号	梁的剪力图和弯矩图	支反力	弯矩方程式
1		$M_A = M_e$	$M(x) = -M_e$
2		$F_{Ay} = F$ $M_A = Fl$	$M(x) = F(x-l)$
3		$F_{Ay} = F$ $M_A = Fa$	$M(x) = F(x-a)$ $(0 \leqslant x \leqslant a)$ $M(x) = 0$ $(a \leqslant x \leqslant l)$
4		$F_{Ay} = ql$ $M_A = \dfrac{1}{2}ql^2$	$M(x) = q\left(lx - \dfrac{l^2 + x^2}{2}\right)$
5		$F_{Ay} = F_{By} = \dfrac{F}{2}$	$M(x) = \dfrac{Fx}{2}$ $\left(0 \leqslant x \leqslant \dfrac{l}{2}\right)$

内力图及变形的计算公式

挠曲线方程	梁端转角	最大挠度
$v = -\dfrac{M_e x^2}{2EI}$	$\theta_B = -\dfrac{M_e l}{EI}$	在 $x = l$ 处 $$v_{\max} = -\dfrac{M_e l^2}{2EI}$$
$v = -\dfrac{Fl^3}{6EI}\left(3\,\dfrac{x^2}{l^2} - \dfrac{x^3}{l^3}\right)$	$\theta_B = -\dfrac{Fl^2}{2EI}$	在 $x = l$ 处 $$v_{\max} = -\dfrac{Fl^3}{3EI}$$
$v = -\dfrac{Fx^2}{6EI}(3a - x)$ $(0 \leqslant x \leqslant a)$ $v = -\dfrac{Fa^2}{6EI}(3x - a)$ $(a \leqslant x \leqslant l)$	$\theta_B = -\dfrac{Fa^2}{2EI}$	在 $x = l$ 处 $$v_{\max} = -\dfrac{Fa^2}{6EI}(3l - a)$$
$v = -\dfrac{ql^4}{24EI}\left(6\,\dfrac{x^2}{l^2} - 4\,\dfrac{x^3}{l^3} + \dfrac{x^4}{l^4}\right)$	$\theta_B = -\dfrac{ql^3}{6EI}$	在 $x = l$ 处 $$v_{\max} = -\dfrac{ql^4}{8EI}$$
$v = -\dfrac{Fl^3}{48EI}\left(3\,\dfrac{x}{l} - 4\,\dfrac{x^3}{l^3}\right)$ $\left(0 \leqslant x \leqslant \dfrac{l}{2}\right)$	$\theta_A = -\theta_B = -\dfrac{Fl^2}{16EI}$	在 $x = \dfrac{l}{2}$ 处 $$v_{\max} = -\dfrac{Fl^3}{48EI}$$

序号	梁的剪力图和弯矩图	支反力	弯矩方程式
6		$F_{Ay} = \dfrac{Fb}{l}$ $F_{By} = \dfrac{Fa}{l}$	$M(x) = \dfrac{Fbx}{l}$ $(0 \leqslant x \leqslant a)$ $M(x) = \dfrac{Fbx}{l} - F(x - a)$ $(a \leqslant x \leqslant l)$
7		$F_{Ay} = \dfrac{M_e}{l}$ $F_{By} = \dfrac{M_e}{l}$	$M(x) = M_e \left(1 - \dfrac{x}{l}\right)$
8		$F_{Ay} = \dfrac{M_e}{l}$ $F_{By} = \dfrac{M_e}{l}$	$M(x) = \dfrac{M_e x}{l}$
9		$F_{Ay} = \dfrac{M_e}{l}$ $F_{By} = \dfrac{M_e}{l}$	$M(x) = -\dfrac{M_e}{l}x$ $(0 \leqslant x \leqslant a)$ $M(x) = M_e \left(1 - \dfrac{x}{l}\right)$ $(a \leqslant x \leqslant l)$
10		$F_{Ay} = F_{By} = \dfrac{1}{2}ql$	$M(x) = \dfrac{qx}{2}(l - x)$

（续）

挠曲线方程	梁端转角	最大挠度
$v = -\dfrac{Fbx}{6EIl}(l^2 - x^2 - b^2)$ $(0 \le x \le a)$ $v = -\dfrac{Fb}{6EIl}\left[(l^2 - b^2)x - x^3 + \dfrac{l}{b}(x-a)^3\right]$ $(a \le x \le l)$	$\theta_A = -\dfrac{Fab(l+b)}{6EIl}$ $\theta_B = \dfrac{Fab(l+a)}{6EIl}$	若 $a > b$，在 $x = \sqrt{\dfrac{l^2 - b^2}{3}}$ 处 $v_{max} = -\dfrac{Fb}{9\sqrt{3}EIl}(l^2 - b^2)^{3/2}$ 在 $x = \dfrac{l}{2}$ 处 $v_{l/2} = -\dfrac{Fb}{48EI}(3l^2 - 4b^2)$
$v = -\dfrac{M_e l^2}{6EI}\left(2\dfrac{x}{l} - 3\dfrac{x^2}{l^2} + \dfrac{x^3}{l^3}\right)$	$\theta_A = -\dfrac{M_e l}{3EI}$ $\theta_B = \dfrac{M_e l}{6EI}$	在 $x = \left(1 - \dfrac{1}{\sqrt{3}}\right)l$ 处 $v_{max} = -\dfrac{M_e l^2}{9\sqrt{3}EI}$ 在 $x = \dfrac{l}{2}$ 处 $v_{l/2} = -\dfrac{M_e l^2}{16EI}$
$v = -\dfrac{M_e l^2}{6EI}\left(\dfrac{x}{l} - \dfrac{x^3}{l^3}\right)$	$\theta_A = -\dfrac{M_e l}{6EI}$ $\theta_B = \dfrac{M_e l}{3EI}$	在 $x = \dfrac{l}{\sqrt{3}}$ 处 $v_{max} = -\dfrac{M_e l^2}{9\sqrt{3}EI}$ 在 $x = \dfrac{l}{2}$ 处 $v_{l/2} = -\dfrac{M_e l^2}{16EI}$
$v = \dfrac{M_e x}{6EIl}(l^2 - 3b^2 - x^2)$ $(0 \le x \le a)$ $v = -\dfrac{M_e(l-x)}{6EIl}[l^2 - 3a^2 - (l-x)^2]$ $(a \le x \le l)$	$\theta_A = \dfrac{M_e}{6EIl}(l^2 - 3b^2)$ $\theta_B = \dfrac{M_e}{6EIl}(l^2 - 3a^2)$ $\theta_C = -\dfrac{M_e}{6EIl}(3a^2 + 3b^2 - l^2)$	在 $x = \sqrt{\dfrac{l^2 - 3b^2}{3}}$ 处 $v_{1max} = \dfrac{M_e(l^2 - 3b^2)^{3/2}}{9\sqrt{3}EIl}$ 在 $x = \sqrt{\dfrac{l^2 - 3a^2}{3}}$ 处 $v_{2max} = -\dfrac{M_e(l^2 - 3a^2)^{3/2}}{9\sqrt{3}EIl}$
$v = -\dfrac{qx}{24EI}(l^3 - 2lx^2 + x^3)$	$\theta_A = -\theta_B = -\dfrac{ql^3}{24EI}$	在 $x = \dfrac{l}{2}$ 处 $v_{max} = -\dfrac{5ql^4}{384EI}$

序号	梁的剪力图和弯矩图	支反力	弯矩方程式
11		$F_{Ay} = q\,\dfrac{b}{l}\left(\dfrac{b}{2}+c\right)$ $F_{By} = q\,\dfrac{b}{l}\left(\dfrac{b}{2}+a\right)$	$M(x) = \dfrac{qb}{l}\left(\dfrac{b}{2}+c\right)x$ $(0 \leqslant x \leqslant a)$ $M(x) = \dfrac{qb}{l}\left(\dfrac{b}{2}+c\right)x - \dfrac{q}{2}(x-a)^2$ $(a \leqslant x \leqslant a+b)$ $M_{\max} = \dfrac{qb}{l}\left(\dfrac{b}{2}+c\right)\left[a+\dfrac{b}{2l}\left(\dfrac{b}{2}+c\right)\right]$ $\left[在 x = a + \dfrac{b}{l}\left(\dfrac{b}{2}+c\right)处\right]$
12		$F_{Ay} = \dfrac{qb^2}{2l}$ $F_{By} = qb\left(1-\dfrac{b}{2l}\right)$	$M(x) = \dfrac{qb^2}{2l}x$ $(0 \leqslant x \leqslant a)$ $M(x) = \dfrac{qb^2}{2l}x - \dfrac{q}{2}(x-a)^2$ $(a \leqslant x \leqslant l)$
13		$F_{Ay} = F_{By} = F$	$M(x) = Fx$ $(0 \leqslant x \leqslant a)$ $M = Fa$ $(a \leqslant x \leqslant l-a)$
14		$F_{Ay} = \dfrac{Fa}{l}$ $F_{By} = \dfrac{F(a+l)}{l}$	$M(x) = -\dfrac{Fax}{l}$ $(0 \leqslant x \leqslant l)$ $M(x) = -F(l+a-x)$ $(l \leqslant x \leqslant l+a)$
15		$F_{Ay} = \dfrac{1}{2}\dfrac{qa^2}{l}$ $F_{By} = qa\left(1+\dfrac{a}{2l}\right)$	$M(x) = -\dfrac{qa^2}{2l}x$ $(0 \leqslant x \leqslant l)$ $M(x) = -\dfrac{q}{2}(l+a-x)^2$ $(l \leqslant x \leqslant l+a)$

（续）

挠曲线方程	梁端转角	最大挠度
$v = -\dfrac{qbx}{6EIl}\left(\dfrac{b}{2}+c\right)\left[l^2 - \left(\dfrac{b}{2}+c\right)^2 \right.$ $\left. -\dfrac{1}{4}b^2 - x^2\right]$ $(0 \leqslant x \leqslant a)$ $v = -\dfrac{qb}{6EIl}\left\{\left(\dfrac{b}{2}+c\right)x\left[l^2 - \left(\dfrac{b}{2}+c\right)^2\right.\right.$ $\left.\left. -\dfrac{1}{4}b^2 - x^2\right] + \dfrac{l}{4b}(x-a)^4\right\}$ $(a \leqslant x \leqslant a+b)$ $v = -\dfrac{qb}{6EIl}(a+b)(l-x)\left[l^2 - \left(a+\dfrac{b}{2}\right)^2\right.$ $\left. -\dfrac{1}{4}b^2 - (l-x)^2\right]$ $(a+b \leqslant x \leqslant l)$	$\theta_A = -\dfrac{qb}{6EIl}\left(\dfrac{b}{2}+c\right)$ $\times\left[l^2 - \left(\dfrac{b}{2}+c\right)^2 - \dfrac{b^2}{4}\right]$ $\theta_B = \dfrac{qb}{6EIl}(a+b)$ $\times\left[l^2 - \left(a+\dfrac{b}{2}\right)^2 - \dfrac{b^2}{4}\right]$	在 $a \leqslant x \leqslant a+b$ 令 $v' = 0$，求出 x 的数值解，代入 v 方程 即得 v_{max}
$v = -\dfrac{qb^5}{24EIl}\left[\dfrac{x}{b}\left(2\dfrac{l^2}{b^2}-1\right) - 2\dfrac{x^3}{b^3}\right]$ $(0 \leqslant x \leqslant a)$ $v = -\dfrac{q}{24EIl}\left[b^2 x(2l^2-b^2) - 2b^2 x^3\right.$ $\left. + l(x-a)^4\right]$ $(a \leqslant x \leqslant l)$	$\theta_A = -\dfrac{qb^2(2l^2-b^2)}{24EIl}$ $\theta_B = \dfrac{qb^2(2l-b)^2}{24EIl}$	若 $a > b$，在 $x = \dfrac{l}{2}$ 处 $v_{l/2} = \dfrac{qb^5}{24EIl}\left(\dfrac{3}{4}\dfrac{l^3}{b^3} - \dfrac{l}{2b}\right)$ 若 $a < b$，在 $x = \dfrac{l}{2}$ 处 $v_{l/2} = -\dfrac{qb^5}{24EIl}\times\left[\dfrac{3}{4}\dfrac{l^3}{b^3} - \dfrac{l}{2b}\right.$ $\left. + \dfrac{1}{16}\dfrac{l^5}{b^5}\left(1 - \dfrac{2a}{l}\right)^4\right]$
$v = -\dfrac{Fx}{6EI}\left[3a(l-a) - x^2\right]$ $(0 \leqslant x \leqslant a)$ $v = -\dfrac{Fa}{6EI}\left[3x(l-x) - a^2\right]$ $(a \leqslant x \leqslant l-a)$	$\theta_A = -\theta_B = -\dfrac{Fa}{2EI}(l-a)$	在 $x = \dfrac{l}{2}$ 处 $v_{max} = -\dfrac{Fa}{24EI}(3l^2 - 4a^2)$
$v = \dfrac{Fal^2}{6EI}\left(\dfrac{x}{l} - \dfrac{x^3}{l^3}\right)$ $(0 \leqslant x \leqslant l)$ $v = \dfrac{F}{6EIl}\left[al^2 x - ax^3 + (a+l)(x-l)^3\right]$ $(l \leqslant x \leqslant l+a)$	$\theta_A = \dfrac{Fal}{6EI}$ $\theta_B = -\dfrac{Fal}{3EI}$ $\theta_D = -\dfrac{Fa}{6EI}(2l+3a)$	在 $x = l+a$ 处 $v_{max} = -\dfrac{Fa^2}{3EI}(l+a)$ 在 $x = \dfrac{l}{2}$ 处 $v_{l/2} = \dfrac{Fal^2}{16EI}$
$v = \dfrac{qa^2 l^2}{12EI}\left(\dfrac{x}{l} - \dfrac{x^3}{l^3}\right)$ $(0 \leqslant x \leqslant l)$ $v = -\dfrac{qa^2}{12EIl}\left[-l^2 x + x^3\right.$ $\left. -\dfrac{(a+2l)(x-l)^3}{a} - \dfrac{l}{2a^2}(x-l)^4\right]$ $(l \leqslant x \leqslant l+a)$	$\theta_A = \dfrac{qa^2 l}{12EI}$ $\theta_B = -\dfrac{qa^2 l}{6EI}$ $\theta_D = -\dfrac{qa^2}{6EI}(l+a)$	在 $x = \dfrac{l}{2}$ 处 $v_{l/2} = \dfrac{qa^2 l^2}{32EI}$ 在 $x = l+a$ 处 $v_{max} = -\dfrac{qa^3}{24EI}(3a+4l)$

序号	梁的剪力图和弯矩图	支反力	弯矩方程式
16		$F_{Ay} = F_{By} = F$	$M(x) = -Fx$ $(0 \leq x \leq a)$ $M = -Fa$ $(0 \leq x \leq l+a)$
17		$F_{Ay} = \dfrac{M_e}{l}$ $F_{By} = \dfrac{M_e}{l}$	$M(x) = \dfrac{M_e}{l}x$ $(0 \leq x \leq l)$ $M = M_e$ $(l \leq x \leq l+a)$
18		$F_{Ay} = F_{By} = q\left(\dfrac{l}{2}+a\right)$	$M(x) = -\dfrac{qx^2}{2}\ (0 \leq x \leq a)$ $M(x) = q(x-a)\left(\dfrac{l}{2}+a\right)-\dfrac{qx^2}{2}$ $(a \leq x \leq a+l)$
19		$F_{By} = qa$ $M_B = -qa\left(l-\dfrac{a}{2}\right)$	$M(x) = -\dfrac{qx^2}{2}$ $(0 \leq x \leq a)$ $M(x) = -qa\left(x-\dfrac{a}{2}\right)$ $(a \leq x \leq l)$
20		$F_{By} = qb$ $M_B = -qb\left(c+\dfrac{b}{2}\right)$	$M(x) = 0\quad(0 \leq x \leq a)$ $M(x) = -\dfrac{q(x-a)^2}{2}$ $(a \leq x \leq a+b)$ $M(x) = -qb\left[x-\left(a+\dfrac{b}{2}\right)\right]$ $[(a+b) \leq x \leq l]$

注：式中 x 为从梁左端起量的横坐标，v 轴以向上为正。

（续）

挠曲线方程	梁端转角	最大挠度
$v = -\dfrac{F}{6EI}\left[a^2(2a+3l)-3a(a+l)x+x^3\right]$ $(0\leqslant x\leqslant a)$ $v = \dfrac{F}{6EI}\left[3a(a+l)x-a^2(2a+3l)\right.$ $\left. -x^3+(x-a)^3\right]$ $(a\leqslant x\leqslant l+a)$	$\theta_A = -\theta_B = \dfrac{Fal}{2EI}$ $\theta_E = -\theta_D = \dfrac{Fa(l+a)}{2EI}$	$v_D = v_E = -\dfrac{Fa^2(2a+3l)}{6EI}$ 在 $x = a+\dfrac{l}{2}$ 处 $v_C = \dfrac{Fal^2}{8EI}$
$v = -\dfrac{M_e l^2}{6EI}\left(\dfrac{x}{l}-\dfrac{x^3}{l^3}\right)$ $(0\leqslant x\leqslant l)$ $v = \dfrac{M_e}{6EI}(l-3x)(l-x)$ $(l\leqslant x\leqslant l+a)$	$\theta_A = -\dfrac{M_e l}{6EI}$ $\theta_B = \dfrac{M_e l}{3EI}$ $\theta_D = \dfrac{M_e}{3EI}(l+3a)$	在 $x = \dfrac{l}{2}$ 处 $v_{l/2} = -\dfrac{M_e l^2}{16EI}$ $v_D = \dfrac{M_e}{6EI}(2la+3a^2)$
$v(x) = \dfrac{qx}{24EI}(6a^2x+4ax^2+x^3+$ $l^3-6a^2l)$ $(0\leqslant x\leqslant a)$ $v(x) = \dfrac{qx}{24EI}\left[6a^2(x-l)-2lx^2+\right.$ $\left. x^3+l^3\right]$ $(0\leqslant x\leqslant a+l)$	$\theta_A = -\theta_B = -\dfrac{ql^3}{24EI}\left(1-6\,\dfrac{a^2}{l^2}\right)$	$v_{\left(a+\frac{l}{2}\right)} = v_{\max} = -\dfrac{ql^4}{384EI}\left(5-24\,\dfrac{a^2}{l^2}\right)$ $v_C = v_D = -\dfrac{qal^3}{24EI}\left(6\,\dfrac{a^2}{l^2}+3\,\dfrac{a^3}{l^3}-1\right)$
$v(x) = -\dfrac{ql^4}{24EI}\left[3-4\,\dfrac{a^3}{l^3}+\dfrac{a^4}{l^4}-4\left(1-\right.\right.$ $\left.\left.\dfrac{a^3}{l^3}\right)\times\dfrac{x}{l}+\dfrac{x^4}{l^4}\right]$ $(0\leqslant x\leqslant a)$ $v(x) = -\dfrac{ql^4}{24EI}\left[3-4\,\dfrac{a^3}{l^3}+\dfrac{a^4}{l^4}-4\left(1-\right.\right.$ $\left.\left.\dfrac{a^3}{l^3}\right)\times\dfrac{x}{l}+\dfrac{x^4}{l^4}-\dfrac{(x-b)^4}{l^4}\right]$ $(a\leqslant x\leqslant l)$	$\theta_A = \dfrac{ql^3}{6EI}\left(1-\dfrac{a^3}{l^3}\right)$	$v_A = v_{\max} = -\dfrac{ql^4}{24EI}\left(3-4\,\dfrac{a^3}{l^3}+\dfrac{a^4}{l^4}\right)$
	$\theta_A = \dfrac{qb}{24EI}\left[12\left(c+\dfrac{b}{2}\right)^2+b^2\right]$	$v_A = v_{\max} = -\dfrac{qb}{24EI}\left[12l\left(c+\dfrac{b}{2}\right)^2\right.$ $\left. -4\left(c+\dfrac{b}{2}\right)^3+\left(a+\dfrac{b}{2}\right)b^2\right]$

画出梁的弯矩图(图 13.3-4b)。最大的负弯矩发生在 B 截面,其正应力分布如图 13.3-4c。B 截面 a 点有最大拉应力,b 点有最大压应力:

$$\sigma_a = \frac{M_B y_2}{I_z} = \frac{30 \times 10^6 (230 - 157.5)}{60.13 \times 10^6}$$

$$= 36.2\text{MPa} < [\sigma_t]$$

$$\sigma_b = \frac{M_B y_1}{I_z} = \frac{30 \times 10^6 \times 157.5}{60.13 \times 10^6}$$

$$= 78.6\text{MPa} < [\sigma_c]$$

截面 A 的弯矩值虽比截面 B 的小,但由 A 截面的正应力分布图可知此截面 d 点的最大拉应力大于最大压应力,于是

$$\sigma_d = \frac{M_A y_1}{I_z} = \frac{150 \times 10^6 \times 157.5}{60.13 \times 10^6} = 39.3\text{MPa} < [\sigma_t]$$

此梁的剪力 $F_s = 15\text{kN}$,τ_{max} 发生在中性轴 z 处,即

$$\tau_{max} = \frac{F_s S_z}{I_z b} = \frac{15 \times 10^3 \times 157.5 \times 30 \times 157.5/2}{60.13 \times 10^6 \times 30}$$

$$= 3.1\text{MPa}$$

故知此梁的切应力很小,一般梁都不作切应力校核。

表 13.3-2 弯曲切应力的计算公式

序号	横截面形状与切应力分布图	切应力与最大切应力计算公式
1		$\tau_y = \dfrac{3}{2}\dfrac{F_s}{A}\left[1 - 4\left(\dfrac{y}{h}\right)^2\right]$ $\tau_{max} = \dfrac{3}{2}\dfrac{F_s}{A}$ ($y = 0$ 处)
2		$\tau_y = \dfrac{4}{3}\dfrac{F_s}{A}\left[1 - \left(\dfrac{y}{r}\right)^2\right]$ $\tau_{max} = \dfrac{4}{3}\dfrac{F_s}{A}$ ($y = 0$ 处)
3		$\tau_y = \dfrac{2F_s}{A}\left[1 - \left(\dfrac{y}{r}\right)^2\right]$ $\tau_{max} = \dfrac{2F_s}{A}$ ($y = 0$ 处) (薄环,$r \geqslant 10\delta$)
4		$\tau_y = \dfrac{4F_s}{3\pi(r_2^4 - r_1^4)}(r_2^2 - y^2)$ ($r_1 \leqslant y \leqslant r_2$) $\tau_y = \dfrac{4F_s}{3\pi(r_2^4 - r_1^4)}\left[r_2^2 + r_1^2 - 2y^2 + \sqrt{(r_2^2 - y^2)(r_1^2 - y^2)}\right]$ ($0 \leqslant y \leqslant r_1$) $\tau_{max} = \dfrac{F_s}{A}\dfrac{4(r_2^2 + r_2 r_1 + r_1^2)}{3(r_2^2 + r_1^2)}$ ($y = 0$ 处)
5		$\tau_y = \dfrac{3F_s}{2[Bh_1^3 - b(h_1 - \delta_1)^3 + \delta_2 h_2^3]}(h_2^2 - y^2)$ $\tau_{max} = \dfrac{3F_s h_2^2}{2[Bh_1^3 - b(h_1 - \delta_1)^3 + \delta_2 h_2^3]}$

（续）

序号	横截面形状与切应力分布图	切应力与最大切应力计算公式
6	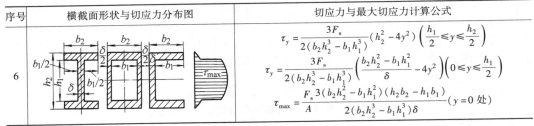	$\tau_y = \dfrac{3F_s}{2(b_2 h_2^3 - b_1 h_1^3)}\left(h_2^2 - 4y^2\right)\left(\dfrac{h_1}{2} \leqslant y \leqslant \dfrac{h_2}{2}\right)$ $\tau_y = \dfrac{3F_s}{2(b_2 h_2^3 - b_1 h_1^3)}\left(\dfrac{b_2 h_2^2 - b_1 h_1^2}{\delta} - 4y^2\right)\left(0 \leqslant y \leqslant \dfrac{h_1}{2}\right)$ $\tau_{max} = \dfrac{F_s\,3(b_2 h_2^2 - b_1 h_1^2)(h_2 b_2 - h_1 b_1)}{A\ 2(b_2 h_2^3 - b_1 h_1^3)\delta}$（$y=0$ 处）

注：F_s—横截上的切力；τ_y—沿 y 向的切应力；A—横截面面积。

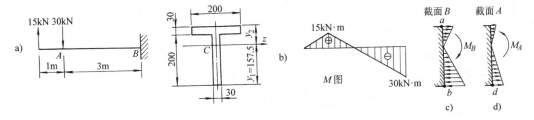

图 13.3-4 例 13.3-1 图

a）悬臂梁及其横截面 b）弯矩图 c）截面 B 的正应力分布 d）截面 A 的正应力分布

3.4 薄壁截面梁的剪切中心

对于开口薄壁截面梁，在截面上有一特殊点称为剪切中心（或弯曲中心），只有载荷通过此点并与截面的形心主惯轴之一平行时梁才发生平面弯曲。表 13.3-3 给出几种薄壁截面剪切中心的位置。当截面有两个对称轴时（如工字形，环形），剪切中心与形心重合。

表 13.3-3 几种薄壁截面的剪切中心

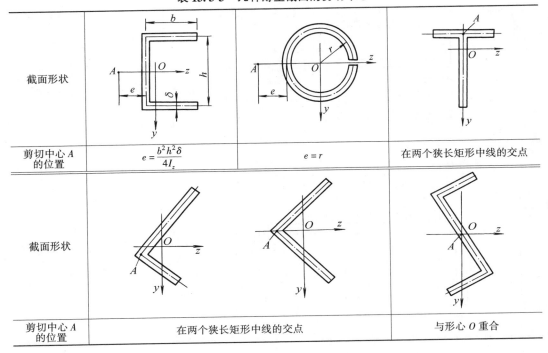

截面形状			
剪切中心 A 的位置	$e = \dfrac{b^2 h^2 \delta}{4 I_z}$	$e = r$	在两个狭长矩形中线的交点
截面形状			
剪切中心 A 的位置	在两个狭长矩形中线的交点		与形心 O 重合

3.5 等强度梁

对于变截面梁，当梁的每一截面上的最大正应力均达到材料的许用应力时，这种梁称为等强度梁，其截面变化规律应按照下式

$$\frac{M(x)}{W(x)} \leqslant [\sigma] \qquad (13.3\text{-}8)$$

表 13.3-4 给出最常用的等强度梁。对于全跨度承受均匀分布力，或在跨度中点承受集中力的两端简支等强度梁，其截面变化规律对跨度中点对称，其左半梁的截面变化可利用表13.3-4。

表 13.3-4 等强度梁的截面尺寸与挠度计算公式

序号	梁 的 形 状	计算公式	
		截面尺寸	最大挠度
1	等宽截面悬臂梁受集中力	$h(x) = \sqrt{\dfrac{6Fx}{b[\sigma]}}$ $h = \sqrt{\dfrac{6Fl}{b[\sigma]}}$ $h_{min} = \dfrac{3F}{2b[\tau]}$	$v_{max} = \dfrac{8Fl^3}{Ebh^3}$
2	等宽截面悬臂梁受均布力	$h(x) = \left(\sqrt{\dfrac{3q}{b[\sigma]}}\right)x$ $h = \left(\sqrt{\dfrac{3q}{b[\sigma]}}\right)l$ h_{min} 按结构决定	$v_{max} = -\dfrac{6ql^4}{Ebh^3}$
3	等高截面悬臂梁受集中力	$b(x) = \dfrac{6Fx}{h^2[\sigma]}$ $b = \dfrac{6Fl}{h^2[\sigma]}$ $b_{min} = \dfrac{3F}{2h[\tau]}$	$v_{max} = \dfrac{6Fl^3}{Ebh^3}$
4	等高截面悬臂梁受均布力	$b(x) = \dfrac{3qx^2}{h^2[\sigma]}$ $b = \dfrac{3ql^2}{h^2[\sigma]}$ b_{min} 按结构决定	$v_{max} = \dfrac{3ql^4}{Ebh^3}$

3.6 斜弯曲

当横向外力 F 不与截面形心主惯轴 y、z 重合时产生斜弯曲，即在两个主惯性平面内的平面弯曲的组合（图 13.3-5）。此时任一截面将出现由分力 $F_y = F\cos\varphi$、$F_z = F\sin\varphi$ 分别产生的两个弯矩 $M_z = F_y (l-x)$，$M_y = F_z (l-x)$。故该截面上任一点 $A (y, z)$ 的正应力是

$$\sigma = -\frac{M_y}{I_y}z + \frac{M_z}{I_z}y$$

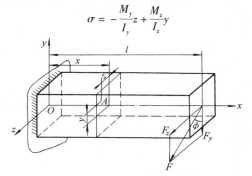

图 13.3-5 悬臂梁承受斜弯曲

注意在计算应力的点，每一平面弯曲引起的正应力的符号均由观察定出。对于图 13.3-5 的梁，在固定端截面的左下角和右上角分别出现最大压应力和最大拉应力。

对于 $I_y = I_z$（如圆截面，方截面等）的杆件承受两个方向的平面弯曲时，可将两个方向的弯矩合成，$M_合 = \sqrt{M_y^2 + M_z^2}$，然后即按通常的平面弯曲处理。

3.7 拉伸(压缩)与弯曲的组合

杆件承受轴力 F_N 与弯矩 M_z 的共同作用时，截面上、下边缘处的正应力是

$$\sigma = \pm\frac{F_N}{A} \pm \frac{M_z}{W_z}$$

式中第一项的符号取决于轴力是拉力还是压力，第二项符号根据弯矩由观察来确定

3.8 偏心拉伸或压缩

当平行杆轴的 F 力的作用点 $B (y_P, z_P)$ 不通过截面形心时出现偏心拉伸（或压缩），见图 13.3-6。此时任一截面上任一点 $A (y, z)$ 的正应力是

$$\sigma = \frac{F}{A} + \frac{Fy_P}{I_z}y + \frac{Fz_P}{I_y}z$$

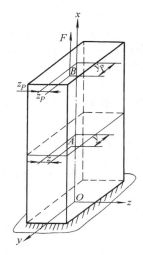

图 13.3-6 偏心拉伸

注意式中后两项的符号应根据杆轴线的弯向由观察确定。

3.9 梁的变形

3.9.1 挠度与转角

在平面弯曲下梁的轴线变为位于形心主惯性平面内的一条平面曲线，称为弹性曲线或挠曲线。梁任一截面的形心的竖直位移 v 称为挠度，截面的倾角 θ 称为转角，此角显然等于挠曲线在该截面形心处的切线 t 与 x 轴的夹角，图 13.3-7。在小变形的条件下 $\theta = \tan\theta = \mathrm{d}v/\mathrm{d}x$。

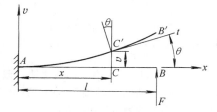

图 13.3-7 梁的弹性曲线

3.9.2 梁的刚度条件

机械中的某些构件，除强度条件外尚要求有足够的刚度。例如机床主轴的挠度过大将影响加工精度，传动轴在支承处的转角过大将加速轴承的磨损。梁的刚度条件是

$$\left.\begin{array}{r}|\theta|_{max} \leqslant [\theta] \\ |v|_{max} \leqslant [f]\end{array}\right\} \qquad (13.3\text{-}9)$$

式中 $[\theta]$ 和 $[f]$ 分别是许用转角和许用挠度，例如

普通机床主轴 $[f] = (0.0001 \sim 0.0005)l$

$\qquad [\theta] = 0.001 \sim 0.005 \text{rad}$

起重机大梁 $[f] = (0.001 \sim 0.002)l$

发动机凸轮轴 $[f] = 0.05 \sim 0.06 \text{mm}$

式中 l 是梁的跨度。

3.9.3 等截面静定梁的挠度和转角公式

等截面静定梁的挠度和转角公式见表 13.3-1，公式中的 EI 称为弯曲刚度。

利用表 13.3-1 及叠加法即可求得其他比较复杂情况下梁的变形。所谓叠加法即是分别求出每一种载荷引起的变形然后再代数相加或几何相加而得出诸载荷同时作用下的变形。

【例 13.3-2】 [6] 对于图 13.3-8 的变截面梁，试用叠加法求 B 端的转角 θ_B 和挠度 v_B。

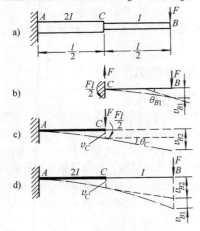

图 13.3-8 例 13.3-2 图

a) 变截面悬臂梁 b) 右半段梁 c) 左半段梁

d) 左右两半段梁的拼合

解 首先设想将此梁在截面变化处 C 截开。把 CB 段暂时看作是在 C 截面固定的悬臂梁，由表 13.3-1 查出 B 端的转角和挠度：

$$\theta_{B1} = \frac{F(l/2)^2}{2EI} = \frac{Fl^2}{8EI}(\searrow),$$

$$v_{B1} = \frac{F(l/2)^3}{3EI} = \frac{Fl^3}{24EI}(\downarrow)$$

截开后 AC 段仍是一悬臂梁，在 C 截面作用有剪力 $F_s = F$ 和弯矩 $M = Fl/2$。利用叠加法，C 截面的转角和挠度分别是

$$\theta_C = \frac{F(l/2)^2}{2E(2I)} + \frac{(Fl/2)(l/2)}{E(2I)} = \frac{3Fl^2}{16EI}(\searrow)$$

$$v_C = \frac{F(l/2)^3}{3E(2I)} + \frac{(Fl/2)(l/2)^2}{2E(2I)} = \frac{5Fl^3}{96EI}(\downarrow)$$

此后把 CB 段梁下移 v_C，再使 CB 段整体转动 θ_C 角，则 CB 段即与 AC 段衔接而得到整个梁的变形。在此拼合过程 B 端又获得额外的转角 θ_{B2} 和挠度 v_{B2}：

$$\theta_{B2} = \theta_C (\searrow)$$

$$v_{B2} = v_C + \theta_C \cdot \frac{l}{2} = \frac{7Fl^3}{48EI}(\downarrow)$$

最后 B 端的转角和挠度是

$$\theta_B = \theta_{B1} + \theta_{B2} = \frac{5Fl^2}{16EI}(\searrow)$$

$$v_B = v_{B1} + v_{B2} = \frac{3Fl^3}{16EI}(\downarrow)$$

【例 13.3-3】 对于图 13.3-9 的悬臂梁，承受三角形分布载荷，载荷集度的最大值是 q_0，试求自由端的挠度。已知梁的弯曲刚度 EI 为常量。

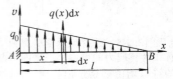

图 13.3-9 例 13.3-3 图

解 在距 A 端为 x 处的分布载荷集度 $q(x)$ 为

$$q(x) = \frac{q_0}{l}(l - x)$$

把梁长分成无数微段，在 x 处的微段 dx 上的总力 $q(x)dx = q_0(l - x)dx/l$ 可看成为集中力，它在自由端引起的挠度由表 13.3-1 可知为

$$dv_B = \frac{q_0(l - x)}{l}dx \cdot \frac{x^2}{6EI}(3l - x)$$

这样，整个分布载荷在自由端引起的挠度是

$$v_B = \int dv_B = \int_0^l \frac{q_0(l - x)(3l - x)x^2}{6EIl}dx$$

$$= \frac{q_0 l^4}{30EI}(\uparrow)$$

3.10 平面图形的几何性质

3.10.1 静矩、惯矩、惯积、极惯矩⊖ (表 13.3-5)

3.10.2 主惯轴及主惯矩

平面图形对通过面内任一点的某一对坐标轴的惯积如果为零时，这一对轴称为图形过该点的

⊖ 惯矩、惯积、极惯矩是惯性矩、惯性积、极惯性矩的简称，本手册采用简称。

主惯轴,图形对两个主惯轴的惯矩称为主惯矩。图形对过某点的所有轴的惯矩中主惯矩具有极值,即其中一个主惯矩有极大值,另一个主惯矩有极小值。最常用的是通过形心的主惯轴和形心主

惯矩。

3.10.3 平行轴公式和转轴公式(表 13.3-6)

3.10.4 常用平面图形几何性质计算公式(表 13.3-7)

表 13.3-5　静矩、惯矩、惯积、极惯矩定义

	单个图形	组合图形
平面图形几何性质		
静矩	$S_x = \displaystyle\int_A y \mathrm{d}A = A y_C$ $S_y = \displaystyle\int_A x \mathrm{d}A = A x_C$	$S_x = \Sigma A_i y_i = A y_C$ $S_y = \Sigma A_i x_i = A x_C$
惯矩	$I_x = \displaystyle\int_A y^2 \mathrm{d}A$ $I_y = \displaystyle\int_A x^2 \mathrm{d}A$	$I_x = \Sigma \displaystyle\int_{A_i} y^2 \mathrm{d}A = \Sigma (I_x)_i$ $I_y = \Sigma \displaystyle\int_{A_i} x^2 \mathrm{d}A = \Sigma (I_y)_i$
惯积	$I_{xy} = \displaystyle\int_A xy \mathrm{d}A$	$I_{xy} = \Sigma \displaystyle\int_{A_i} xy \mathrm{d}A = \Sigma (I_{xy})_i$
极惯矩	$I_P = \displaystyle\int_A \rho^2 \mathrm{d}A$	$I_P = \Sigma \displaystyle\int_{A_i} \rho^2 \mathrm{d}A$

表 13.3-6　惯矩与惯积的平行轴公式和转轴公式

图形与坐标轴	公　式
x_0、y_0——通过形心的坐标轴 x、y——平行于 x_0、y_0 的坐标轴 a、b——形心在 x,y 坐标系下的坐标	平行移轴公式 $I_x = I_{x_0} + b^2 A$ $I_y = I_{y_0} + a^2 A$ $I_{xy} = I_{x_0 y_0} + abA$
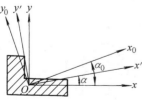 x、y——基本坐标轴 x'、y'——基本坐标轴绕 O 点旋转 α 角后的位置,α 角逆时针转为正,反之为负 x_0、y_0——通过 O 点的主惯轴	转轴公式 $I_{x'} = \dfrac{I_x + I_y}{2} + \dfrac{I_x - I_y}{2}\cos 2\alpha - I_{xy}\sin 2\alpha$ $I_{y'} = \dfrac{I_x + I_y}{2} - \dfrac{I_x - I_y}{2}\cos 2\alpha + I_{xy}\sin 2\alpha$ $I_{x'y'} = \dfrac{I_x - I_y}{2}\sin 2\alpha + I_{xy}\cos 2\alpha$ 主惯轴位置和主惯矩公式 $\tan 2\alpha_0 = -\dfrac{2I_{xy}}{I_x - I_y}$($\alpha_0$ 有两个主值,对应两个主惯轴) $I_{max} = \dfrac{1}{2}(I_x + I_y) + \dfrac{1}{2}\sqrt{(I_x - I_y)^2 + 4I_{xy}^2}$ $I_{min} = \dfrac{1}{2}(I_x + I_y) - \dfrac{1}{2}\sqrt{(I_x - I_y)^2 + 4I_{xy}^2}$

表13.3-7　常用平面图形几何性质的计算公式

序号 简图	面积 A	惯矩 I_x、I_y	形心至边界距离 e_x、e_y	弯曲截面系数 W_x、W_y	惯性半径 i_x、i_y
1 正方形	$A = a^2$	$I_x = I_y = \dfrac{a^4}{12}$	$e_y = \dfrac{a}{2}$ $e_{y1} = 0.7071a$	$W_x = \dfrac{a^3}{6}$ $W_{x1} = 0.1179a^3$	$i = 0.289a$
2 矩形	$A = bh$	$I_x = \dfrac{bh^3}{12}$ $I_y = \dfrac{b^3 h}{12}$	$e_y = \dfrac{h}{2}$ $e_x = \dfrac{b}{2}$	$W_x = \dfrac{bh^2}{6}$ $W_y = \dfrac{hb^2}{6}$	$i_x = 0.289h$ $i_y = 0.289b$
3 空心正方形	$A = a^2 - b^2$	$I_x = I_y = \dfrac{a^4 - b^4}{12}$	$e_y = \dfrac{a}{2}$ $e_{y1} = 0.7071a$	$W_x = \dfrac{a^4 - b^4}{6a}$ $W_{x1} = 0.1179\dfrac{a^4 - b^4}{a}$	$i = 0.289\sqrt{a^2 + b^2}$
4 三角形	$A = \dfrac{bh}{2}$	$I_x = \dfrac{bh^3}{36}$	$e_y = \dfrac{2}{3}h$	$W_x = \dfrac{bh^2}{24}$	$i = 0.236h$

（续）

序号	简图	面积 A	惯矩 I_x、I_y	形心至边界距离 e_x、e_y	弯曲截面系数 W_x、W_y	惯性半径 i_x、i_y
5 梯形		$A = \dfrac{h(a+b)}{2}$	$I_x = \dfrac{h^3(a^2+4ab+b^2)}{36(a+b)}$	$e_y = \dfrac{h(a+2b)}{3(a+b)}$	$W_x = \dfrac{h^2(a^2+4ab+b^2)}{12(a+2b)}$	$i = \dfrac{h}{3(a+b)} \times \sqrt{\dfrac{a^2+4ab+b^2}{2}}$
6 圆		$A = \dfrac{\pi}{4}d^2$	$I_x = I_y = \dfrac{\pi}{64}d^4$	$e_y = \dfrac{d}{2}$	$W = \dfrac{\pi}{32}d^3 = \dfrac{\pi R^3}{4}$ $\approx 0.1d^4$	$i = \dfrac{d}{4}$
7 空心圆		$A = \dfrac{\pi}{4}(D^2-d^2)$ $\approx 0.393D^2(1-a^2)$ $a = \dfrac{d}{D}$	$I_x = I_y = \dfrac{\pi}{64}(D^4-d^4)$ $= \dfrac{\pi D^4}{64}(1-a^4)$ $a = \dfrac{d}{D}$	$e_y = \dfrac{D}{2}$	$W = \dfrac{\pi}{32D}(D^4-d^4)$ $= \dfrac{\pi D^3}{32}(1-a^4)$ $a = \dfrac{d}{D}$	$i = \dfrac{1}{4}\sqrt{D^2+d^2}$
8 半圆环		$A = \dfrac{\pi}{8}(D^2-d^2)$ $\approx 0.393D^2(1-a^2)$ $a = \dfrac{d}{D}$	$I_x \approx 0.00686(D^4-d^4) - \dfrac{0.0177D^2d^2(D-d)}{d+D}$ $= 0.00686D^4 \times$ $\left(1-a^4-2.58a^2\dfrac{1-a}{1+a}\right)$ $I_y = \dfrac{\pi(D^4-d^4)}{128}$ $= \dfrac{\pi D^4}{128}\times(1-a^4)$ $\approx 0.0245D^4\times(1-a^4)$	$e_x = \dfrac{D}{2}$ $e_y = \dfrac{2}{3\pi}\times\dfrac{D^2+Dd+d^2}{D+d}$ $e_y \approx D\times$ $\left(0.288-0.212\dfrac{a^2}{1+a}\right)$	$W_x \approx 0.00686D^3 \times$ $\dfrac{(1-a^4)(1+a)-2.58a^2(1-a)}{0.288(1+a)-0.212a^2}$ （对顶边） $W_x \approx 0.0323D^3 \times$ $\dfrac{(1-a^4)(1+a)-2.58a^2(1-a)}{1+a+a^2}$ （对底边） $W_y = \dfrac{\pi D^3}{64}(1-a^4)$ $\approx 0.05D^3(1-a^4)$	$i_x = \sqrt{\dfrac{I_x}{A}}$ $i_y = \dfrac{D}{4}\sqrt{1+a^2}$

（续）

序号	简图	面积 A	惯矩 I_x, I_y	形心至边界距离 e_x, e_y	弯曲截面系数 W_x, W_y	惯性半径 i_x, i_y
9 半圆		$A = \dfrac{\pi d^2}{8} \approx 0.393 d^2$	$I_x \approx \dfrac{d^4}{16}\left(\dfrac{\pi}{8} - \dfrac{8}{9\pi}\right)$ $\approx 0.00686 d^4$ $I_y = \dfrac{\pi d^4}{128} = \dfrac{\pi r^4}{8}$ $\approx 0.0246 d^4$	$e_x = \dfrac{d}{2}$ $e_y = \dfrac{2d}{3\pi} \approx 0.212d$ $e_{y'} \approx 0.288d$	$W_x \approx 0.0324 d^3$ （对底边） $W_x \approx 0.0239 d^3$ （对顶边） $W_y = \dfrac{\pi d^3}{64} \approx 0.05 d^3$	$i_x = 0.132d$ $i_y = \dfrac{d}{4}$
10 薄壁正方形		$A \approx 4a\delta$ $\delta < \dfrac{a}{15}$	$I_x = I_y = \dfrac{2}{3}a^3\delta$	$e_x = e_y = \dfrac{a}{2}$	$W_x = W_y = \dfrac{4}{3}a^2\delta$	$i_x = i_y = \dfrac{a}{\sqrt{6}}$ $= 0.408a$
11 侧置正方形		$A = a^2$	$I_x = I_y = \dfrac{a^4}{12}$	$e_x = e_y = \dfrac{a}{\sqrt{2}}$ $= 0.707a$	$W_x = W_y = \dfrac{a^3}{6\sqrt{2}}$ $= 0.118a^3$	$i_x = i_y = 0.289a$
12 单键圆截面		$A = \dfrac{\pi}{4}d^2 - bt$	$I_x = \dfrac{\pi d^4}{64} - \dfrac{bt(d-t)^2}{4}$ $I_y = \dfrac{\pi d^4}{64} - \dfrac{tb^3}{12}$	$e_y = \dfrac{d}{2}$ $e_x = \dfrac{d}{2}$	$W_x = \dfrac{\pi d^3}{32} - \dfrac{bt(d-t)^2}{2d}$ $W_y = \dfrac{\pi d^3}{32} - \dfrac{tb^3}{6d}$	$i_x = \dfrac{1}{4}\sqrt{\dfrac{\pi d^4 - 16bt(d-t)^2}{\pi d^2 - 4bt}}$ $i_y = \dfrac{1}{8}\sqrt{\dfrac{4(3\pi d^4 - 16tb^3)}{3(\pi d^2 - 4bt)}}$

（续）

序号	简　图	面积 A	惯矩 I_x, I_y	形心至边界距离 e_x, e_y	弯曲截面系数 W_x, W_y	惯性半径 i_x, i_y
13 双键圆截面		$A = \dfrac{\pi}{4}d^2 - 2bt$	$I_x = \dfrac{\pi d^4}{64} - \dfrac{bt(d-t)^2}{2}$ $I_y = \dfrac{\pi d^4}{64} - \dfrac{tb^3}{6}$	$e_y \approx \dfrac{d}{2}$ $e_x = \dfrac{d}{2}$	$W_x = \dfrac{\pi d^3}{32} - \dfrac{bt(d-t)^2}{d}$ $W_y = \dfrac{\pi d^3}{32} - \dfrac{tb^3}{3d}$	$i = \sqrt{\dfrac{I}{A}}$
14 带横孔的圆		$A = \dfrac{\pi}{4}d^2 - d_1 d$	$I_x = \dfrac{\pi d^4}{64}(1 - 1.69\beta)$ $I_y = \dfrac{\pi d^4}{64}(1 - 1.69\beta^3)$ $\beta = \dfrac{d_1}{d}$	$e_y \approx \dfrac{d}{2}$ $e_x = \dfrac{d}{2}$	$W_x = \dfrac{\pi d^3}{32}(1 - 1.69\beta)$ $W_y = \dfrac{\pi d^3}{32}(1 - 1.69\beta^3)$	$i = \sqrt{\dfrac{I}{A}}$
15 花键		$A = \dfrac{\pi}{4}d^2 + \dfrac{zb(D-d)}{2}$ （z—花键齿数）	$I_x = \dfrac{\pi d^4}{64}$ $+ \dfrac{bz(D-d)(D+d)^2}{64}$	$e_y = \dfrac{D}{2}$ $e_x = \dfrac{d}{2}$	$W_x = \dfrac{\pi d^4 + bz(D-d)(D+d)^2}{32D}$	$i_x = \dfrac{1}{4}\sqrt{\dfrac{J}{K}}$ $J = \pi d^4 + bz(D-d)$ $\times (D+d)^2$ $K = \pi d^2 + 2zb(D-d)$
16 型钢截面		$A = BH + bh$	$I_x = \dfrac{BH^3 + bh^3}{12}$	$e_y = \dfrac{H}{2}$	$W_x = \dfrac{BH^3 + bh^3}{6H}$	$i_x = \sqrt{\dfrac{I_x}{A}}$

（续）

序号	简 图	面积 A	惯矩 I_x、I_y	形心至边界距离 e_x、e_y	弯曲截面系数 W_x、W_y	惯性半径 i_x、i_y
17 型钢截面		$A = BH - b(e_{y_2} + h)$	$I_x = \frac{1}{3}\left(Be_{y_1}^3 + ae_{y_2}^3 - bh^3\right)$	$e_{y_1} = \dfrac{aH^2 + bd^2}{2(aH + bd)}$ $e_{y_2} = H - e_{y_1}$	$W_{x_1} = \dfrac{I_x}{e_{y_1}}$ $W_{x_2} = \dfrac{I_x}{e_{y_2}}$	$i_x = \sqrt{\dfrac{I_x}{A}}$
18 型钢截面		$A = BH - bh$	$I_x = \dfrac{BH^3 - bh^3}{12}$	$e_y = \dfrac{H}{2}$	$W_x = \dfrac{BH^3 - bh^3}{6H}$	$i_x = \sqrt{\dfrac{I_x}{A}}$

3.11　曲梁

对于轴线是圆弧的曲梁（图 13.3-10），当轴线半径 R_0 与曲梁截面高度 h 之比 $R_0/h \geqslant 5$ 时为小曲率梁，可按直梁处理。当 $R_0/h < 5$ 时为大曲率梁。此类曲梁承受纯弯曲时截面内外边缘处的正应力数值分别是

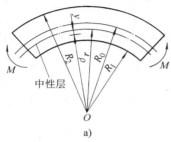

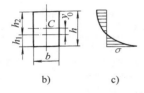

图 13.3-10　曲梁
a）曲梁承受纯弯曲　b）曲梁截面
c）正应力分布

$$\left.\begin{array}{ll} \text{内边} & \sigma = \dfrac{M h_1}{A y_0 R_1} \\[3mm] \text{外边} & \sigma = \dfrac{M h_2}{A y_0 R_2} \end{array}\right\} \qquad (13.3\text{-}10)$$

式中　M——截面上弯矩；
h_1、h_2——内、外边缘到中性轴 z 的距离；
A——截面面积；
y_0——截面形心到中性轴的距离，$y_0 = R_0 - r$；

R_0——曲梁轴线半径（查表 13.3-8）；
r——中性层曲率半径（查表 13.3-8）；
R_1、R_2——曲梁的内、外半径。
内、外边缘处正应力的符号根据截面上弯矩由观察确定。

表 13.3-8　曲梁中性层和轴线的曲率半径

序号	横截面形状	中性层的曲率半径
1	（矩形截面图）	$r = \dfrac{h}{\ln \dfrac{R_2}{R_1}}$　　$R_0 = \dfrac{R_1 + R_2}{2}$
2	（圆形截面图）	$r = \dfrac{d^2}{8 R_0 \left[1 - \sqrt{1 - \left(\dfrac{d}{2 R_0} \right)^2} \right]}$
3	（梯形截面图）	$r = \dfrac{\dfrac{1}{2} h (b_1 + b_2)}{\dfrac{b_1 R_2 - b_2 R_1}{h} \ln \dfrac{R_2}{R_1} - (b_1 - b_2)}$　　$R_0 = \dfrac{R_1 (2 b_1 + b_2) + R_2 (2 b_2 + b_1)}{3 (b_1 + b_2)}$

4　轴

4.1　圆轴扭转

4.1.1　圆轴的扭转应力

圆轴在与杆轴正交的两个平面内承受一对反向力偶作用时产生扭转变形，见图 13.4-1。

轴承受的力偶 M（N·m）与传递的功率 P（kW）、轴的转速 n（r/min）的关系是

$$M = \frac{30 \times 10^3}{\pi} \cdot \frac{P}{n} = 9549 \frac{P}{n} \qquad (13.4\text{-}1)$$

圆轴横截面任一半径上的切应力与半径正

交，且呈线性变化。任一点 K 的切应力（图 13.4-1b）和最大切应力分别为

$$\left.\begin{array}{l} \tau = \dfrac{T\rho}{I_p} \\[2mm] \tau_{max} = \dfrac{T\rho_{max}}{I_p} = \dfrac{T}{W_p} \end{array}\right\} \quad (13.4\text{-}2)$$

式中 T——截面的扭矩；

ρ——点 K 至圆心的距离；

I_p——圆截面的极惯矩；

W_p——圆截面的扭转截面系数。

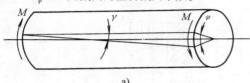

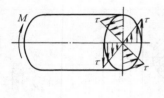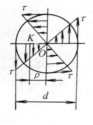

b)

图 13.4-1 圆轴扭转

a）扭转变形 b）横截面切应力分布

对于直径为 d 的实心圆，$I_p = \pi d^4/32$，$W_p = \pi d^3/16$；对于内外径为 d 和 D 的空心圆，$I_p = \pi D^4 \times (1-\alpha^4)/32$，$W_p = \pi D^3 (1-\alpha^4)/16$，其中 $\alpha = d/D$。

如果材料的许用切应力为 $[\tau]$，则扭转时的强度条件为

$$\tau_{max} = \frac{T}{W_p} \le [\tau] \quad (13.4\text{-}3)$$

4.1.2 圆轴的扭转变形

相距为 l 的两截面的相对扭转角为

$$\phi = \frac{Tl}{GI_p} \quad (13.4\text{-}4)$$

对于要求控制变形的圆轴，还要求满足刚度条件，即单位轴长的扭转角 θ 不超过许用扭转角 $[\theta]$，

$$\theta = \frac{T}{GI_p} \le [\theta] \quad (13.4\text{-}5)$$

式中 G 为切变模量。GI_p 称为扭转刚度。如果

力和长度分别用 N 和 mm 为单位，则上式左端 θ 的单位是 rad/mm，而许用扭转角 $[\theta]$ 通常用度/米（（°）/m）为单位，故上式左方须乘以（180/π）$\times 10^3$。

4.2 圆轴的扭转与弯曲的组合

工程中的传动轴大多承受扭转与弯曲的同时作用，须要按照强度理论进行强度计算，见表 13.4-1。

表 13.4-1 圆轴扭弯组合下的强度条件

强度理论	相当应力	强度条件
第三理论	$\sigma_{r3} = \sqrt{\sigma^2 + 4\tau^2}$	$\sigma_{r3} = \dfrac{1}{W}\sqrt{M^2 + T^2} \le [\sigma]$
第四理论	$\sigma_{r4} = \sqrt{\sigma^2 + 3\tau^2}$	$\sigma_{r4} = \dfrac{1}{W}\sqrt{M^2 + 0.75T^2} \le [\sigma]$
莫尔理论	$\sigma_{rM} = \dfrac{1-s}{2}\sigma + \dfrac{1+s}{2} \times \sqrt{\sigma^2 + 4\tau^2}$	$\sigma_{rM} = \dfrac{1-s}{2W}M + \dfrac{1+s}{2W} \times \sqrt{M^2 + T^2} \le [\sigma]$

注：σ—危险截面上最大弯曲正应力；τ—危险截面上最大扭转切应力；s—脆性材料的拉伸与压缩强度极限之比 σ_{bt}/σ_{bc}；W—圆截面的弯曲截面系数；M—危险截面的合成弯矩，即 $M = \sqrt{M_y^2 + M_z^2}$；T—危险截面的扭矩；$[\sigma]$—强度许用应力。

【例 13.4-1】[6] 图 13.4-2 为一带传动。主动轮半径 $R_1 = 300$mm，重力 $P_1 = 250$N，其上传动带与 z 轴平行。由电动机传来的功率 $P = 13.5$kW。从动轮半径 $R_2 = 200$mm，重力 $P_2 = 150$N，其上传动带与 z 轴成 45°。轴的转速 $n = 240$r/min，$[\sigma] = 80$MPa，试按第三强度理论设计轴的直径 d。

解 加于轮上的力矩是

$$M = \frac{30 \times 10^3}{\pi} \times \frac{P}{n} = 537.3 \text{N} \cdot \text{m}$$

此力矩是由传动带上的拉力传送的，即 $M = (2F_1 - F_1)R_1 = (2F_2 - F_2)R_2$，于是

$$F_1 = \frac{M}{R_1} = 1.791 \text{kN}$$

$$F_2 = \frac{M}{R_2} = 2.687 \text{kN}$$

把传动带的拉力向轮心简化得到图 13.4-3a，其中 $3F_1 = 5.373$kN，$3F_2 = 8.06$kN。再把 C 点的 8.06kN 力沿 y、z 方向分解，把 y 向分力与轮 C 的重力 0.15kN 合并，最后得到轴的受力图，图

13.4-3b。根据此图求出轴承处的反力：

$F_{Ay} = 4.39\text{kN}$，$F_{By} = 1.71\text{kN}$，$F_{Az} = 6.329\text{kN}$，$F_{Bz} = 4.744\text{kN}$。然后画出水平面和竖直面内的弯矩图，合成弯矩图及扭矩图，见图 13.4-3c、d、e、f。最后可知 C 截面稍偏右是轴

的危险截面，按第三强度理论

$$\sigma_{r3} = \frac{\sqrt{(3.081)^2 + (0.5373)^2} \times 10^6}{\pi d^3 / 32}$$

$$\leqslant 80\text{MPa}$$

$$\therefore \quad d \geqslant 73.6\text{mm} \approx 74\text{mm}$$

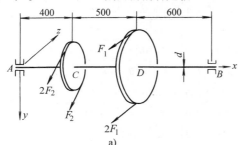
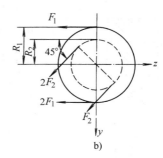

图 13.4-2　例 13.4-1 图

a）传动轴空间布置图　b）侧视图

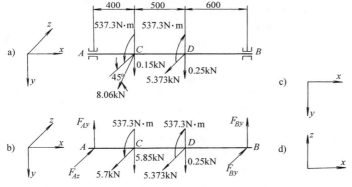
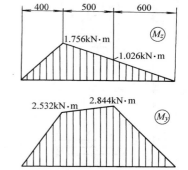
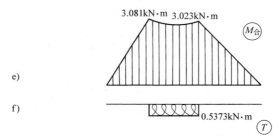

图 13.4-3　传动轴的受力图及内力图

a）、b）受力图　c）M_z 图　d）M_y 图　e）合成弯矩图　f）扭矩图

4.3　非圆截面杆的扭转

非圆截面杆扭转时的最大切应力和单位长度的扭转角为

$$\tau_{max} = \frac{T}{W_t}, \theta = \frac{T}{GI_t}$$

式中　W_t——非圆截面的扭转截面系数；

　　　I_t——非圆截面的相当惯矩。

常见的非圆截面扭转的 W_t 和 I_t 值见表 13.4-2。

表 13.4-2 非圆截面的 I_t、W_t 值

序号	截面形状	I_t							W_t							备 注

1 矩形

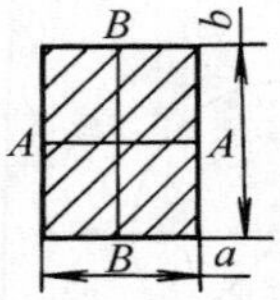

$\dfrac{b}{a} \geqslant 1$

$I_t = \beta a^3 b$

b/a	1	1.2	1.5	1.75	2	2.5	3
α	0.208	0.219	0.231	0.239	0.246	0.258	0.267
β	0.141	0.166	0.196	0.214	0.229	0.249	0.263
γ	1.0	0.930	0.860	0.820	0.795	0.766	0.753
b/a	4	5	6	8	10	∞	
α	0.282	0.291	0.299	0.307	0.312	0.333	
β	0.281	0.291	0.299	0.307	0.312	0.333	
γ	0.745	0.744	0.743	0.742	0.742	0.742	

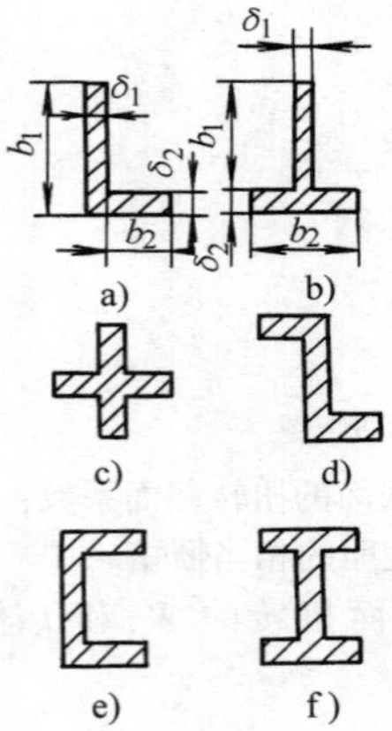

$W_t = \alpha a^2 b$

备注：τ_{max} 在长边中点 A 处，短边中点 B 的应力为 $\tau_B = \gamma \tau_{max}$

2 空心矩形

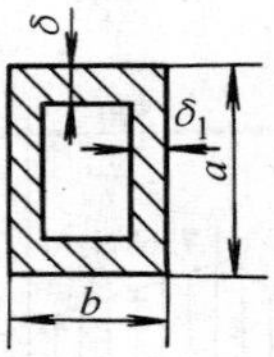

$I_t = \dfrac{2\delta\delta_1(a-\delta)^2(b-\delta_1)^2}{a\delta + b\delta_1 - \delta^2 - \delta_1^2}$

长边中点
$W_t = 2\delta_1(a-\delta)(b-\delta_1)$
短边中点
$W_t = 2\delta(a-\delta)(b-\delta_1)$

备注：τ_{max} 在长边中点

3 狭长矩形

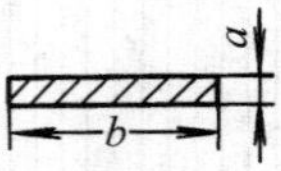

$I_t = \dfrac{1}{3}\left(\dfrac{b}{a} - 0.63\right)a^4$

$W_t = \dfrac{1}{3}\left(\dfrac{b}{a} - 0.63\right)a^3$

备注：τ_{max} 在长边中点

4 型钢截面

a) b) c) d) e) f)

$I_t = \dfrac{\eta}{3}\Sigma b_i \delta_i^3$, $W_t = \dfrac{I_t}{\delta_{max}}$

截面号	a	b	c	d	e	f
η	0.97	1.08	1.17	1.17	1.3	1.3

4.4 圆截面螺旋弹簧的应力和变形

图 13.4-4 示一簧圈半径为 R，簧丝直径为 d 的螺旋弹簧受轴向拉力 F 的作用。当螺旋角 $\alpha < 5° \sim 9°$ 则为密圈螺旋弹簧。在簧丝截面 nn 上作用有弯矩 $M_w = M\sin\alpha = FR\sin\alpha$ 和扭矩 $T = M\cos\alpha = FR\cos\alpha$ 以及竖向力 $F_s = F$。当 α 角比较小时簧丝截面上主要应力是由扭矩 $T \approx FR$ 引起的切应力。最大切应力 τ_{max} 和弹簧的轴向变形 λ 分别是

$$\tau_{max} = \left(\frac{4c-1}{4c-4} + \frac{0.615}{c}\right)\frac{16FR}{\pi d^3}$$

$$\text{(13.4-6)}$$

$$\lambda = \frac{64FR^3n}{Gd^4} \qquad \text{(13.4-7)}$$

式中　c——弹簧指数（$= 2R/d$）；

　　　n——弹簧圈数；

　　　G——切变模量。

当 $\alpha > 9°$ 则称为大螺旋角弹簧，其应力仍可近似用式（13.4-6），但轴向变形应按下式

$$\lambda = \frac{64FR^3n}{Gd^4}\left(\frac{2G}{E} \cdot \frac{\sin^2\alpha}{\cos\alpha} + \cos\alpha\right) \text{(13.4-8)}$$

式中　E——弹性模量。

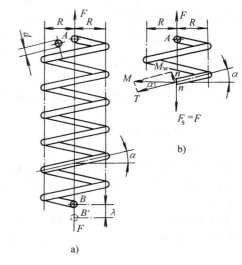

图 13.4-4　螺旋弹簧

a) 弹簧尺寸及受力　b) 簧丝截面上内力

5　能量法和超静定问题[3,4]

作用于弹性体的外力由零逐渐增加至最后值时，外力完成的功在数值上等于储存于弹性体内的应变能。此原理即弹性体的功能原理。

5.1 杆件基本变形下的应变能

轴向拉（压）杆的应变能

$$\left.\begin{array}{l}V_\varepsilon = \dfrac{F_N \cdot \Delta l}{2} = \dfrac{F_N^2 l}{2EA} = \dfrac{(\Delta l)^2 EA}{2l} \\[2mm] \text{圆轴扭转的应变能} \\[1mm] V_\varepsilon = \dfrac{T\phi}{2} = \dfrac{T^2 l}{2GI_p} = \dfrac{\phi^2 GI_p}{2l} \\[2mm] \text{弯曲杆件的应变能} \\[1mm] V_\varepsilon = \displaystyle\int_l \dfrac{M(x)\mathrm{d}\theta}{2} = \int_l \dfrac{[M(x)]^2\mathrm{d}x}{2EI} \\[2mm] \quad = \dfrac{1}{2}\displaystyle\int_l EI(v'')^2\mathrm{d}x\end{array}\right\} \text{(13.5-1)}$$

在杆件弯曲时对应切应力的应变能很小，一般均略去。

5.2 单位载荷法

对于梁或刚架，欲求杆轴线上某一点沿某一方向的位移，可在指定点沿指定方向加一单位载荷（单位力），所求的位移是

$$\Delta = \sum \int_l \frac{\overline{M}(x)M(x)}{EI}\mathrm{d}x \qquad \text{(13.5-2)}$$

式中　$\overline{M}(x)$——单位载荷单独作用时任一截面的弯矩；

　　　$M(x)$——同一截面由真实载荷引起的弯矩；

　　　EI——杆的弯曲刚度。

如果欲求某一截面的转角，则在该截面加一单位力偶载荷，仍利用上式，只是式中 $\overline{M}(x)$ 是单位力偶单独作用时任一截面的弯矩，而 Δ 应理解为该截面的转角，即角位移。

如果式（13.5-2）的右方得正号（或负号），则说明位移 Δ 的方向与单位载荷的矢向一致（或相反）。

式（13.5-2）的积分称为莫尔积分。

对于只在节点承受载荷的桁架，欲求某一节点沿某一方向的位移时，仍在该节点沿指定方向加单位载荷，所求的位移是

$$\Delta = \sum \frac{\overline{F}_{Ni} F_{Ni} l_i}{E_i A_i} \qquad (13.5\text{-}3)$$

式中　$\overline{F}_{Ni}$——单位载荷单独作用时桁架第 i 杆的轴力；

　　　F_{Ni}——由真实载荷作用时桁架第 i 杆轴力；

　　　l_i——第 i 杆的杆长；

　　　$E_i A_i$——第 i 杆的拉压刚度。

上式中的求和应遍及桁架的所有杆。如上式右方得正号则表明所求位移的矢向与单位载荷的矢向一致。

【例 13.5-1】[6]　图 13.5-1 为一外伸梁，其弯曲刚度为 EI，试用莫尔积分法求 C 端挠度及转角。

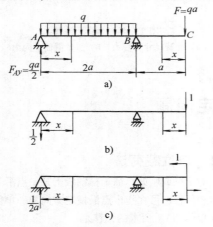

图 13.5-1　例 13.5-1 图
a) 梁承受的实际载荷　b) 单位力作用的梁
c) 单位力偶作用的梁

解　欲求 C 端挠度，在 C 点加一向下的单位力，图 13.5-1b。对照图 13.5-1a、b 可分别写出 AB 段和 BC 段的弯矩：

AB 段　$M(x) = \dfrac{qa}{2}x - \dfrac{q}{2}x^2,\ \overline{M}(x) = -\dfrac{x}{2}$

BC 段　$M(x) = -qax,\ \overline{M}(x) = -x$

按式(13.5-2)

$$\Delta_{VC} = \frac{1}{EI}\left[\int_0^{2a}\left(\frac{qa}{2}x - \frac{q}{2}x^2\right)\left(-\frac{x}{2}\right)\mathrm{d}x\right.$$
$$\left. + \int_0^a (-qax)(-x)\mathrm{d}x\right]$$

$$= \frac{2qa^4}{3EI}$$

正号表示 C 点挠度与单位力矢向一致，即向下。

同理，求 C 截面转角，在该处加一反时针单位力偶，图 13.5-1c，于是

$$\theta_C = \frac{1}{EI}\left[\int_0^{2a}\left(\frac{qa}{2}x - \frac{q}{2}x^2\right)\frac{x}{2a}\mathrm{d}x\right.$$
$$\left. + \int_0^a (-qax)\times 1 \times \mathrm{d}x\right]$$

$$= -\frac{5qa^3}{6EI}$$

θ_C 得负号说明 C 截面是顺时针转动。

5.3　曲杆变形

对于小曲率圆弧形曲杆（即曲杆轴线的曲率半径 R 与曲杆截面高度 h 之比 $R/h > 5$）仍可采用单位载荷法求其变形，只是将式（13.5-2）中的 $\mathrm{d}x$ 换为曲杆的弧元 $\mathrm{d}s$，即

$$\Delta = \int_l \frac{\overline{M}(s)M(s)}{EI}\mathrm{d}s \qquad (13.5\text{-}4)$$

【例 13.5-2】[6]　图 13.5-2a 为一圆弧形曲杆，$\angle AOB = 90°$，杆的弯曲刚度为 EI，用莫尔积分法求 B 截面竖直位移 Δ_{VB} 和转角 θ_B。

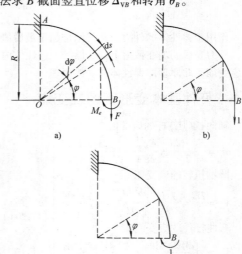

图 13.5-2　例 13.5-2 图
a) 曲杆受力图　b) 竖直单位力加于 B 点
c) 单位力偶加于 B 截面

解　先在 B 点加向下的单位力,对于 φ 角处的截面分别写出载荷和单位力各自引起的弯矩:

$$M(\varphi) = M_e + FR(1 - \cos\varphi), \quad \overline{M}(\varphi) = R(1 - \cos\varphi)$$

代入式(13.5-4),注意 $ds = Rd\varphi$,并利用表 13.5-1 得到

$$\Delta_{VB} = \frac{1}{EI}\int_0^{\pi/2}\left[M_e + FR(1 - \cos\varphi)\right] \times$$

$$R(1 - \cos\varphi)Rd\varphi$$

$$= \frac{M_e R^2}{EI}\left(\frac{\pi}{2} - 1\right) + \frac{FR^3}{EI}\left(\frac{3\pi}{4} - 2\right)$$

同理,在 B 处加一单位力偶(图 13.5-2c),可得到

$$\theta_B = \frac{1}{EI}\int_0^{\pi/2}\left[M_e + FR(1 - \cos\varphi)\right]Rd\varphi$$

$$= \frac{\pi M_e R}{2EI} + \frac{FR^2}{EI}\left(\frac{\pi}{2} - 1\right)$$

表 13.5-1　计算圆弧曲杆变形的积分表[4]

$f(\varphi)$	$\int_0^\varphi f(\varphi)\,d\varphi$	$\int_0^{\pi/2} f(\varphi)\,d\varphi$	$\int_0^\pi f(\varphi)\,d\varphi$	$\int_0^{3\pi/2}(f\varphi)\,d\varphi$	$\int_0^{2\pi} f(\varphi)\,d\varphi$
$\sin\varphi$	$1 - \cos\varphi$	1	2	1	0
$\cos\varphi$	$\sin\varphi$	1	0	-1	0
$\sin^2\varphi$	$\frac{1}{2}\left(\varphi - \frac{1}{2}\sin2\varphi\right)$	$\frac{\pi}{4}$	$\frac{\pi}{2}$	$\frac{3}{4}\pi$	π
$\cos^2\varphi$	$\frac{1}{2}\left(\varphi + \frac{1}{2}\sin2\varphi\right)$	$\frac{\pi}{4}$	$\frac{\pi}{2}$	$\frac{3}{4}\pi$	π
$\sin\varphi\cos\varphi$	$\frac{1}{2}\sin^2\varphi$	$\frac{1}{2}$	0	$\frac{1}{2}$	0
$1 - \cos\varphi$	$\varphi - \sin\varphi$	$\frac{\pi}{2} - 1$	π	$\frac{3}{2}\pi + 1$	2π
$(1 - \cos\varphi)^2$	$\frac{3}{2}\varphi - 2\sin\varphi + \frac{1}{4}\sin2\varphi$	$\frac{3}{4}\pi - 2$	$\frac{3}{2}\pi$	$\frac{9}{4}\pi + 2$	3π
$(1 - \cos\varphi)\sin\varphi$	$1 - \cos\varphi - \frac{1}{2}\sin^2\varphi$	$\frac{1}{2}$	2	$\frac{1}{2}$	0
$(1 - \sin\varphi)\cos\varphi$	$\sin\varphi - \frac{1}{2}\sin^2\varphi$	$\frac{1}{2}$	0	$\frac{1}{2}$	0

5.4　图形互乘法

对于等截面直杆,EI 为常量,式(13.5-2)的积分可用图形互乘来代替,即

$$\Delta = \Sigma\frac{\omega\,\overline{M}_c}{EI} \tag{13.5-5}$$

式中　ω——实际载荷作用下弯矩图的面积;

$\overline{M}_c$——单位载荷弯矩图中与载荷弯矩图的形心 C 对应处的 $\overline{M}$ 值。

在采用图乘法时,正弯矩图的面积应作为正号的,同样,$\overline{M}_c$ 值也应代以该值的符号。又当单位载荷弯矩图(即 $\overline{M}$ 图)如由几段直线组成时,则应分别就每一直线段完成图乘,然后再相加。对于弯矩图中最常见的图形面积和形心位置见表 13.5-2。

【例 13.5-3】[6]　图 13.5-3 为一外伸梁,用图乘法求 D 点竖直位移,梁的 EI 为常量。

解　在 D 点加一竖向单位力,然后分别画出载荷和单位力引起的弯矩图,图 13.5-3b 和 d。图 13.5-3b 的左段弯矩图为三角形;右段的为二次抛物线;中段可利用图中画出的辅助线,将它看成正弯矩图 123 和负弯矩图 124 叠加。和每一部分图形形心对应的 $\overline{M}_c$ 值标注在图 13.5-3d 上。于是利用式(13.5-5)

$$\Delta_D = \frac{1}{EI}\left[\frac{qa^2}{4}\times a\times\frac{1}{2}\left(-\frac{a}{3}\right) + \frac{qa^2}{4}\times a\right.$$

$$\times\frac{1}{2}\left(-\frac{2}{3}a\right) + \left(-\frac{qa^2}{2}\times a\times\frac{1}{2}\right)\left(-\frac{5}{6}a\right)$$

$$\left. + \left(-\frac{qa^2}{2}\times a\times\frac{1}{3}\right)\left(-\frac{3}{4}a\right)\right] = \frac{5qa^4}{24EI}$$

上式得正号表明 D 点挠度是向下的。

由此例可看出,当载荷弯矩图与单位力弯矩图位于梁的同侧时,则图乘后得正值;如位于梁的异侧时,则图乘后得负值。

此例也可分别画出集中载荷和分布载荷的弯矩图,将每一弯矩图分别与单位力弯矩图互乘后再相加。

表 13.5-2 常见图形面积及形心位置

图　形		面积 A	形心位置 C
矩形	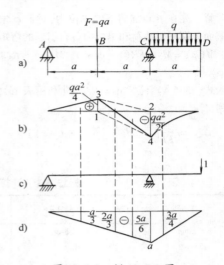	bh	$\dfrac{b}{2}$
直角三角形		$\dfrac{1}{2}bh$	$\dfrac{b}{3}$
三角形		$\dfrac{1}{2}lh$	$c_1 = \dfrac{1}{3}(l+a)$ $c_2 = \dfrac{1}{3}(l+b)$
二次抛物线		$\dfrac{1}{3}bh$	$\dfrac{b}{4}$
三次抛物线		$\dfrac{1}{4}bh$	$\dfrac{b}{5}$
二次抛物线		$\dfrac{2}{3}bh$	$\dfrac{3}{8}b$
二次抛物线		$\dfrac{2}{3}bh$	$\dfrac{b}{2}$

图 13.5-3　例 13.5-3 图

a) 梁的载荷图　b) 载荷弯矩图（M 图）

c) 梁承受单位力　d) 单位力

弯矩图（$\overline{M}$ 图）

【例 13.5-4】[6]　图 13.5-4 为一静定刚架，两杆的弯曲刚度都是 EI，试用图乘法求 C 点竖直位移和水平位移。

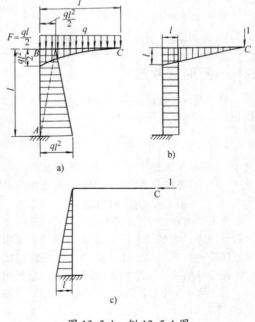

图 13.5-4　例 13.5-4 图

a) 刚架载荷及其弯矩图　b) 刚架受竖直单位力的

弯矩图　c) 刚架受水平单位力的弯矩图

解　在 C 点加竖直单位力和水平单位力，然后分别画出载荷弯矩图及两个单位力的弯矩图。我们规定把弯矩图画在杆件受压纤维的一侧。这样，在图乘时，M 图和 $\overline{M}$ 图如果位于杆件的同侧，则乘积 $\omega\overline{M}_c$ 得正，如位于异侧则乘积得负。再有 AB 杆的 M 图是一梯形，可将它分为两个三角形后分别与 $\overline{M}$ 图互乘。于是

$$\Delta_{VC} = \frac{1}{EI}\left[\frac{1}{3}\times\frac{ql^2}{2}\times l\times\frac{3}{4}l + \frac{ql^2}{2}\times l\times\right.$$
$$\left.\frac{1}{2}\times l + ql^2\times l\times\frac{1}{2}\times l\right] = \frac{7ql^4}{8EI}$$

$$\Delta_{HC} = \frac{1}{EI}\left[-\frac{ql^2}{2}\times l\times\frac{1}{2}\times\frac{l}{3} - ql^2\times l\times\frac{1}{2}\times\right.$$
$$\left.\frac{2l}{3}\right] = -\frac{5ql^4}{12EI}$$

C 点竖直位移向下，水平位移向右。这两个分位移的几何和即是 C 点的总位移。

5.5　超静定问题[1,2]

5.5.1　超静定问题的概念及解法

结构中的支座反力或构件内力只用静力平衡方程即能求解时称为静定结构，对应的问题叫静定问题；如果只用平衡方程不能求解时则称为超静定结构，对应的问题即是超静定问题。也可以说超静定问题具有多余约束。具有一个多余约束即为一次超静定，具有两个多余约束即为二次超静定。

在超静定结构中如将多余约束暂时去掉则必然得到一静定结构，称为基本结构。在基本结构上，使之承受已知的给定载荷外，再把对应多余约束的未知力（多余反力或多余内力）也加上去。这样得到的称为基本体系，对此体系写出多余约束处的变形协调条件，再将力和变形的物理关系引入该条件即得到补充方程（这种方程实质是以力表达的变形协调条件），配合静力方程即可求出所有未知力。此法称为力法。

【**例 13.5-5**】　拉压刚度为 E_1A_1 的钢螺栓与拉压刚度为 E_2A_2 的铜管组装在一起，图 13.5-5。现将螺母拧紧 δ 距离（注意 $\delta\ll l$），然后沿螺栓轴线两端加拉力 F，试求钢螺栓和铜管中的轴力 F_{N1} 和 F_{N2}。

解　首先假想铜管先未套上，而将右端螺母由距离 l 处旋进 δ 距离，此后再将铜管套入。这样，由于左右两螺母间的距离小于铜管的原长

度，故套入后的螺栓将受拉力而铜管则受压力。此时再将拉力 F 加于螺栓的两端，螺栓将有所伸长，因而导致铜管的受压程度有所缓解但仍处于压缩状态（自然，这要求 F 力的大小有所限制）。在最后状态，设螺栓承受的拉力为 F_{N1}，伸长量为 Δl_1，铜管所受的压力为 F_{N2}，缩短量为 Δl_2。由图 13.5-5b、c 可写出平衡方程和变形协调关系：

$$F_{N1} - F_{N2} - F = 0$$
$$\Delta l_1 + \Delta l_2 = \frac{F_{N1}l}{E_1A_1} + \frac{F_{N2}l}{E_2A_2} = \delta$$

联立解此两式可得

$$F_{N1} = \frac{\delta + FC_2}{C_1 + C_2},\quad F_{N2} = \frac{\delta - FC_1}{C_1 + C_2}$$

其中　$C_1 = l/(E_1A_1)$，$C_2 = l/(E_2A_2)$。只要 $F < \delta/C_1 = \delta E_1A_1/l$[或即 $Fl/(E_1A_1) < \delta$]，则 $F_{N2} > 0$，即 N_2 确实为压力，故上面的解成立。如果 $F > \delta/C_1$，则 $F_{N2} < 0$，这说明铜管将由承受压力改为承受拉力，但这是不可能的，故当 $F \geqslant \delta/C_1$ 时 $F_{N2} = 0$ 而 $F_{N1} = F$，即此时拉力全部由螺栓承担。

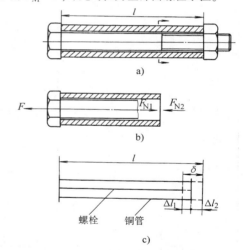

图 13.5-5　例 13.5-5 图
a）钢螺栓与铜管的组合　b）截开后左部分受力图　c）变形协调关系图

5.5.2　简单超静定梁　（表 13.5-3）

5.5.3　连续梁

具有多个支座的梁称为连续梁。机械工程中最常用的是双跨度梁，即支于三个支座的三支点梁，其计算公式见表 13.5-4。

5.5.4　简单超静定刚架（见表 13.5-5 和表 13.5-6）

5.5.5　圆环　（见表 13.5-7）

表 13.5-3　超静定梁的计算公式

序号	简图	支座反力	弯矩	挠曲线方程、最大挠度、梁端转角
1		$F_{Ay} = \dfrac{Fb^2(3l-b)}{2l^3}$ $F_{By} = F - F_{Ay}$ $M_B = \dfrac{Fab(l+a)}{2l^2}$	$M = F_{Ay}x$　　　　$(0 \le x \le a)$ $M = F_{Ay}x - F(x-a)$,　$(a \le x \le l)$ 在 C 截面处： $M_{max} = F_{Ay}a$ 在 B 截面处： $(-M)_{max} = -M_B$	$v = -\dfrac{l}{6EI}\big[F_{Ay}(x^3-3l^2x)+3Fb^2x\big]$　$(0 \le x \le a)$ $v = -\dfrac{1}{6EI}\big\{F_{Ay}(x^3-3l^2x)+F[3b^2x$　$(a \le x \le l)$ 　　$-(x-a)^3]\big\}$ 当 $b=0.586l$ 时，在 C 截面处： $v_{max} = 0.0098\dfrac{Fl^3}{EI}$ 在 A 截面处： $\theta_{max} = \dfrac{Fb^2a}{4EIl}$
2		$F_{Ay} = \dfrac{3}{8}ql$ $F_{By} = \dfrac{5}{8}ql$ $M_B = \dfrac{1}{8}ql^2$	$M = F_{Ay}x - \dfrac{qx^2}{2}$ $M_{max} = \dfrac{9}{128}ql^2$ 在 B 截面处： $(-M)_{max} = -\dfrac{1}{8}ql^2$	$v = \dfrac{q}{48EI}(2x^4 - 3lx^3 + l^3x)$ 在 $x=0.421l$ 处： $v_{max} = 0.0054\dfrac{ql^4}{EI}$ 在 A 截面处： $\theta_{max} = \dfrac{ql^3}{48EI}$
3		$F_{Ay} = -F_{By}$ $= -\dfrac{3M_e}{2l}\left(1 - \dfrac{a^2}{l^2}\right)$ $M_B = \dfrac{1}{2}M_e\left(1 - 3\dfrac{a^2}{l^2}\right)$	$M = F_{Ay}x$,　　　$(0 \le x \le a)$ $M = F_{Ay}x + M_e$,　$(a \le x \le l)$ 在 C 截面稍右处： $M_{max} = M_e\left[1 - \dfrac{3a(l^2-a^2)}{2l^3}\right]$ 当 $a<0.275l$ 时，在 B 截面处： $(-M)_{max} = -M_B$ 当 $a>0.275l$ 时，在 C 截面稍左处： $(-M)_{max} = F_{Ay}a$	$v = \dfrac{M_e}{EI}\left[\dfrac{l^2-a^2}{4l^3}(x^3-3l^2x)+(l-a)x\right]$　$(0 \le x \le a)$ $v = \dfrac{M_e}{EI}\left[\dfrac{l^2-a^2}{4l^3}(x^3-3l^2x)+lx-\dfrac{x^2+a^2}{2}\right]$　$(a \le x \le l)$ 在 A 截面处： $\theta_{max} = \dfrac{M_e}{EI}\left(\dfrac{a}{l}-\dfrac{1}{4}-\dfrac{3}{4}\dfrac{a^2}{l^2}\right)$

（续）

序号	简图	支座反力	弯矩	挠曲线方程、最大挠度、梁端转角
4		$F_{Ay} = \dfrac{Fb^2}{l^3}(3a+b)$ $F_{By} = \dfrac{Fa^2}{l^3}(3b+a)$ $M_A = \dfrac{Fab^2}{l^2}$ $M_B = \dfrac{Fa^2b}{l^2}$	$M = -F\dfrac{ab^2}{l^2} + F_{Ay}x$　$(0 \leqslant x \leqslant a)$ $M = -F\dfrac{ab^2}{l^2} + F_{Ay}x - F(x-a)$ $(a \leqslant x \leqslant l)$ 在 C 截面处:$M_{max} = -F\dfrac{ab^2}{l^2} + F_{Ay}a$ 若 $a<b$ 时:$(-M)_{max} = -M_A$ 若 $a>b$ 时:$(-M)_{max} = -M_B$	$v = \dfrac{Fb^2x^2}{6EIl^3}(3al - 3ax - bx)$　$(0 \leqslant x \leqslant a)$ $v = \dfrac{Fa^2(l-x)^2}{6EIl^3}\left[3bl - (3b+a)(l-x)\right]$ $(a \leqslant x \leqslant l)$ 在 $x = \dfrac{2al}{3a+b}$ 处:(若 $a>b$) $v_{max} = \dfrac{2F}{3EI} \cdot \dfrac{a^3b^2}{(3a+b)^2}$ 在 $x = l - \dfrac{2bl}{3b+a}$ 处:(若 $a<b$) $v_{max} = \dfrac{2F}{3EI} \cdot \dfrac{a^2b^3}{(3b+a)^2}$
5		$F_{Ay} = F_{By} = \dfrac{ql}{2}$ $M_A = M_B = \dfrac{ql^2}{12}$	$M = \dfrac{ql^2}{12}\left(\dfrac{6x}{l} - \dfrac{6x^2}{l^2} - 1\right)$ 在 $x = \dfrac{l}{2}$ 处:$M_{max} = \dfrac{ql^2}{24}$ 在 A 和 B 截面处 $(-M)_{max} = -\dfrac{ql^2}{12}$	$v = \dfrac{qx^2}{24EI}(x^2 - 2lx + l^2)$ 在 $x = \dfrac{l}{2}$ 处: $v_{max} = \dfrac{ql^4}{384EI}$
6		$F_{Ay} = -6\dfrac{M_e a}{l^3}(l-a)$ $F_{By} = 6\dfrac{M_e a}{l^3}(l-a)$ $M_A = -\dfrac{M_e b}{l^2}(3a-l)$ $M_B = \dfrac{M_e a}{l^2}(2l-3a)$	$M = -M_A + F_{Ay}x\,(0 \leqslant x \leqslant a)$ $M = -M_A + F_{Ay}x + M_e\,(a \leqslant x \leqslant l)$ 在 C 截面稍右处: $M_{max} = M_e\left(4\dfrac{a}{l} - 9\dfrac{a^2}{l^2} + 6\dfrac{a^3}{l^3}\right)$ 在 C 截面稍左处: $(-M)_{max} = M_e\left(4\dfrac{a}{l} - 9\dfrac{a^2}{l^2} + 6\dfrac{a^3}{l^3} - 1\right)$	$v = -\dfrac{1}{6EI}(F_{Ay}x^3 - 3M_Ax^2)$　$(0 \leqslant x \leqslant a)$ $v = \dfrac{1}{6EI}\big[(M_e - M_A)(3x^2 - 6lx + 3l^2)$ $- F_{Ay}(3l^2x - x^3 - 2l^3)\big]$　$(a \leqslant x \leqslant l)$ 向上(或向下)的最大挠度在 $x = \dfrac{2M_A}{F_{Ay}}$ 处 $\left(或在 x = l - \dfrac{2M_B}{F_{By}}处\right)$

表 13.5-4 简单双等跨度连续梁计算公式

支座弯矩：$M_B = \alpha_1 q l^2$（或 $\alpha_1 Fl$）

跨内最大弯矩：AB 跨 $M_{\text{I},\max} = \alpha_2 q l^2$（或 $\alpha_2 Fl$）

$\qquad\qquad\qquad BC$ 跨 $M_{\text{II},\max} = \alpha_3 q l^2$（或 $\alpha_3 Fl$）

支座反力：$F_{Ay} = \beta_1 ql$（或 $\beta_1 F$）

$\qquad\qquad F_{By} = \beta_2 ql$（或 $\beta_2 F$）

$\qquad\qquad F_{Cy} = \beta_3 ql$（或 $\beta_3 F$）

最大挠度：$v_{\max} = \gamma \dfrac{q l^4}{EI}$（或 $\gamma \dfrac{F l^3}{EI}$）

受力简图	α_1	α_2	α_3	β_1	β_2	β_3	γ
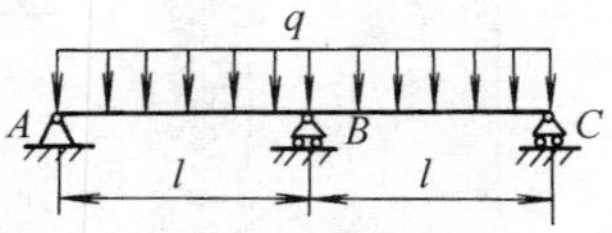	-0.125	0.070	0.070	0.375	1.250	0.375	0.00520
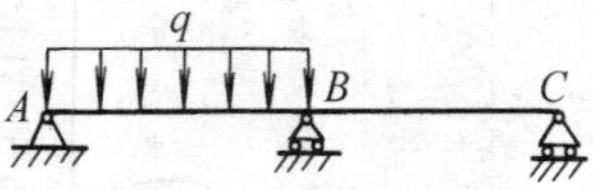	-0.063	0.096	—	0.438	0.625	-0.063	0.00906
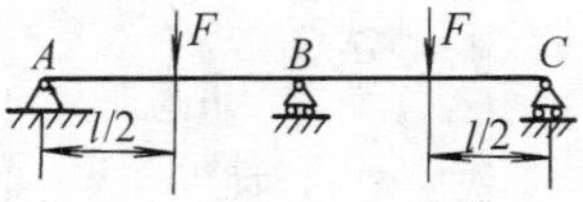	-0.188	0.156	0.156	0.313	1.375	0.313	0.00915
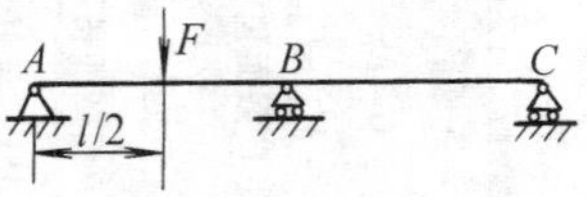	-0.094	0.203	—	0.406	0.688	-0.094	0.01502
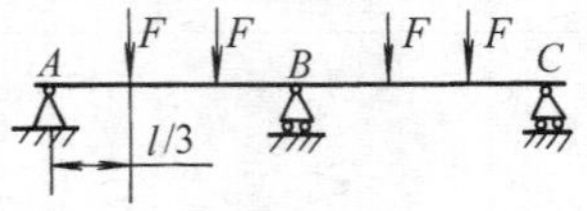	-0.333	0.222	0.222	0.667	2.667	0.667	0.01470
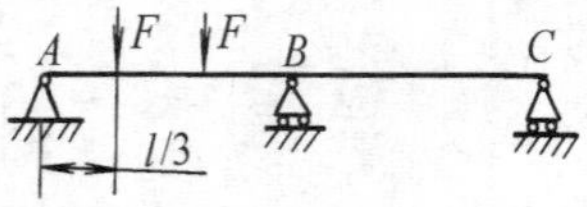	-0.167	0.278	—	0.833	1.333	-0.167	0.02503

表 13.5-5 简单超静定刚架的计算公式 （续）

序号	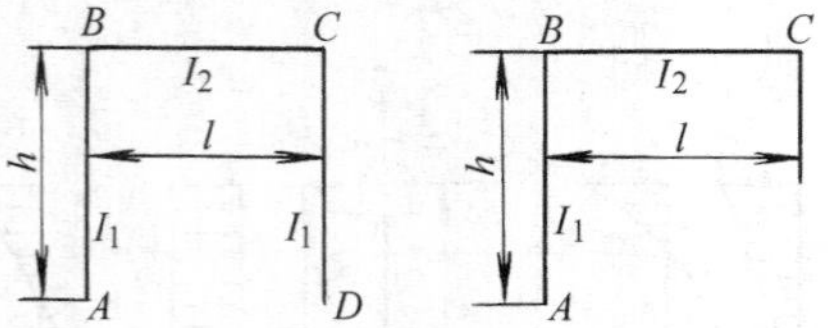	
		$k = \dfrac{I_2}{I_1}\dfrac{h}{l}; N = 2k+3$
1	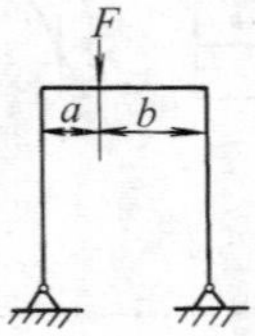	$M_B = M_C = -\dfrac{Fab}{l}\dfrac{3}{2N}$ $M_P = \dfrac{Fab}{l} + M_B$
2	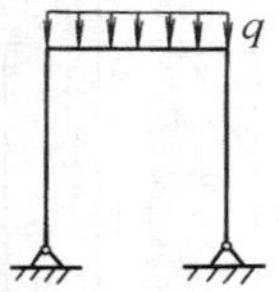	$M_B = M_C = -\dfrac{ql^2}{4N}$ $M_{\max} = \dfrac{ql^2}{8} + M_B$
3	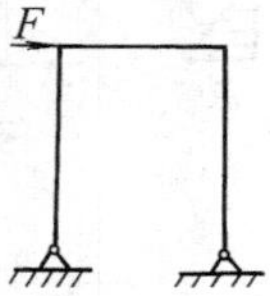	$M_B = \dfrac{Fh}{2}$ $M_C = -\dfrac{Fh}{2}$

（续）

序号	$k = \dfrac{I_2}{I_1}\dfrac{h}{l};\ N = 2k+3$
4	$\beta = \dfrac{b}{h};$ $M_B = \dfrac{Fa}{2}\left[-\dfrac{(2-\beta)\beta k}{N}+1\right]$ $M_C = \dfrac{Fa}{2}\left[-\dfrac{(2-\beta)\beta k}{N}-1\right]$ $M_F = (1-\beta)(Fb+M_B)$
5	$M_B = \dfrac{qh^2}{4}\left(-\dfrac{k}{2N}+1\right)$ $M_C = \dfrac{qh^2}{4}\left(-\dfrac{k}{2N}-1\right)$

	$k = \dfrac{I_2}{I_1}\cdot\dfrac{h}{l};\ N = k+1$
6	$\beta = \dfrac{b}{l};\ M_B = -\dfrac{Fa\beta(1+\beta)}{2N}$ $M_F = (Fa+M_B)\beta$
7	$M_B = -\dfrac{ql^2}{8N}$
8	$M_B = \dfrac{\alpha(2-\alpha)kb}{2N}F$ $\alpha = \dfrac{a}{h}$

	$k = \dfrac{I_2}{I_1}\cdot\dfrac{h}{l};\ N = 3k+4$
9	$\beta = \dfrac{b}{l};\ M_A = \dfrac{Fa\beta(1+\beta)}{N}$ $M_B = -2M_A$ $M_F = (Fa+M_B)\beta$
10	$\beta = \dfrac{b}{h};$ $M_A = -\dfrac{Fab}{h}\dfrac{3\beta k+2(1+\beta)}{N}$ $M_B = -\dfrac{Fab}{h}\dfrac{3(1-\beta)k}{N}$ $M_F = \dfrac{Fab}{h}+\beta M_A+(1-\beta)M_B$
11	$M_A = -\dfrac{M_B}{2}$ $M_B = -\dfrac{ql^2}{2N}$

（续）

序号	$k = \dfrac{I_2}{I_1}\cdot\dfrac{h}{l};\ N = 3k+4$
12	$M_A = -\dfrac{qh^2(k+2)}{4N}$ $M_B = -\dfrac{qh^2 k}{4N}$

	$k = \dfrac{I_2}{I_1}\cdot\dfrac{h}{l};\ N = k+1$
13	$\beta = \dfrac{b}{l};$ $M_A = -\dfrac{M_B}{2}\quad M_B = -\dfrac{Fab}{l}\cdot\dfrac{\beta}{N}$ $M_C = -\dfrac{Fab(2-\beta)k+2(1-\beta)}{l\quad 2N}$ $M_F = \dfrac{Fab}{l}+\beta M_B+(1-\beta)M_C$
14	$M_A = -\dfrac{M_B}{2}$ $M_B = -\dfrac{ql^2}{12N}$ $M_C = -\dfrac{ql^2(3k+2)}{24N}$

	$k = \dfrac{I_2}{I_1}\cdot\dfrac{h}{l};\ N_1 = k+2;\ N_2 = 6k+1;\ \beta = \dfrac{b}{l}$
15	$M_A = \dfrac{Fab}{l}\left(\dfrac{1}{2N_1}-\dfrac{2\beta-1}{2N_2}\right)$ $M_B = -\dfrac{Fab}{l}\left(\dfrac{1}{N_1}+\dfrac{2\beta-1}{2N_2}\right)$ $M_C = -\dfrac{Fab}{l}\left(\dfrac{1}{N_1}-\dfrac{2\beta-1}{2N_2}\right)$ $M_D = \dfrac{Fab}{l}\left(\dfrac{1}{2N_1}+\dfrac{2\beta-1}{2N_2}\right)$
16	$M_A = M_D = \dfrac{ql^2}{12N_1}$ $M_B = M_C = -\dfrac{ql^2}{6N_1}$ $M_{max} = \dfrac{ql^2}{8}+M_B$
17	$M_A = -\dfrac{Fh}{2}\dfrac{3k+1}{N_2}$ $M_B = \dfrac{Fh}{2}\dfrac{3k}{N_2}$ $M_C = -M_B$ $M_D = -M_A$
18	$\left.\begin{array}{c}M_A\\M_D\end{array}\right\} = -X_1 \mp \left(\dfrac{Fa}{2}-X_3\right)$ $\left.\begin{array}{c}M_B\\M_C\end{array}\right\} = -X_2 \pm X_3$ $X_1 = \dfrac{Fab}{h}\dfrac{1+\beta+\beta k}{2N_1}$ $X_2 = \dfrac{Fab}{h}\dfrac{(1-\beta)k}{2N_1}$ $X_3 = \dfrac{3Fa(1-\beta)k}{2N_2}$

表 13.5-6 矩形闭合刚架计算公式

序号		
	$k = \dfrac{I_1}{I_2} \cdot \dfrac{h}{l};m = \dfrac{I_1}{I_3};\alpha = \dfrac{a}{l};\nu = (2 + k) + \dfrac{m}{k}(3 + 2k);\mu = 1 + 6k + m$	
1		$\left.\begin{array}{c}M_A \\ M_D\end{array}\right\} = \dfrac{Fl}{2}\alpha(1 - \alpha)\left(\dfrac{1}{\nu} \mp \dfrac{1 - 2\alpha}{\mu}\right)$ $\left.\begin{array}{c}M_B \\ M_C\end{array}\right\} = \dfrac{Fl}{2}\alpha(1 - \alpha)\left(-\dfrac{2k + 3m}{k\nu} \mp \dfrac{1 - 2\alpha}{\mu}\right)$
2		$\left.\begin{array}{c}M_A \\ M_D\end{array}\right\} = \dfrac{Fl}{2}\alpha(1 - \alpha)m\left(\dfrac{3 + 2k}{k\nu} \pm \dfrac{1 - 2\alpha}{\mu}\right)$ $\left.\begin{array}{c}M_B \\ M_C\end{array}\right\} = -\dfrac{Fl}{2}\alpha(1 - \alpha)m\left(\dfrac{1}{\nu} \mp \dfrac{1 - 2\alpha}{\mu}\right)$
	$k = \dfrac{I_1}{I_2} \cdot \dfrac{h}{l};m = \dfrac{I_1}{I_3};\nu = (2 + k) + \dfrac{m}{k}(3 + 2k);\mu = 1 + 6k + m$	
3		$\eta = \dfrac{y}{h};\left.\begin{array}{c}M_A \\ M_D\end{array}\right\} = \dfrac{Fh}{2}\eta\left\{\dfrac{1 - \eta}{\nu}[(1 + k)\eta - (2 + k)] \mp \dfrac{1 + 3k(2 - \eta)}{\mu}\right\}$ $\left.\begin{array}{c}M_B \\ M_C\end{array}\right\} = \dfrac{Fh}{2}\eta\left\{\dfrac{1 - \eta}{\nu}[(k + m)\eta + m] \mp \dfrac{3k\eta + m}{\mu}\right\}$
4		$\left.\begin{array}{c}M_A \\ M_D\end{array}\right\} = \dfrac{qh^2}{4}\left(-\dfrac{3 + k}{6\nu} \mp \dfrac{1 + 4k}{\mu}\right)$ $\left.\begin{array}{c}M_B \\ M_C\end{array}\right\} = \dfrac{qh^2}{4}\left(-\dfrac{k + 3m}{6\nu} + \dfrac{2k + m}{\mu}\right)$
5		1. 载荷在构件 BC 上 $M_A = M_D = \dfrac{ql^2}{12}\dfrac{1}{\nu} \qquad M_B = M_C = -\dfrac{ql^2}{12}\dfrac{2k + 3m}{k\nu}$ 2. 载荷在构件 AD 上 $M_A = M_D = \dfrac{ql^2}{12}m\dfrac{3 + 2k}{k\nu} \qquad M_B = M_C = -\dfrac{ql^2}{12}\dfrac{m}{\nu}$

表 13.5-7 圆环的内力和变形[2]

F_N、F_s、M——位于 ϕ 角所确定的截面上的轴力、剪力和弯矩,图示的矢向是内力素的正方向;

EI——杆的弯曲刚度;

δ_x、δ_y——圆环直径在 x 和 y 方向的改变量

受 力 图	内 力	变 形
	$F_N = \dfrac{1}{2}F\sin\phi$ $F_s = \dfrac{1}{2}F\cos\phi$ $M = -FR\left(0.3183 - \dfrac{1}{2}\sin\phi\right)$	$\delta_x = 0.149\dfrac{FR^3}{EI}$ $\delta_y = -0.137\dfrac{FR^3}{EI}$
	$F_N = \dfrac{1}{2}F\sin\phi$ $F_s = \dfrac{1}{2}F\cos\phi$ $M = \dfrac{\pi-2}{2}\cdot\dfrac{FR^2}{2a+R\pi}$ $\quad - \dfrac{1}{2}FR(1-\sin\phi)$	$\delta_x = \dfrac{FR^3}{4EI}\cdot\dfrac{\left[(3\pi-8)2a+(\pi^2-8)R\right]}{2a+\pi R}$ $\delta_y = -\dfrac{FR^2}{2EI}\cdot\dfrac{\left[(4-\pi)R^2+2Ra+(\pi-2)a^2\right]}{2a+\pi R}$

6 圆 筒[1,2]

当圆筒的外半径 b 和内半径 a 之比 $b/a > 1.1$ 时称为厚壁筒,$b/a < 1.1$ 时称为薄壁筒。圆筒主要作为承受内压或外压的容器。

6.1 厚壁筒

图 13.6-1a 为一同时承受均匀内压强 p_1 和均匀外压强 p_2 的厚壁筒。任一半径为 r 的圆柱面变形后变为半径是 $r+u$ 的圆柱面,u 即是半径 r 处的径向位移。在图 13.6-1b 示出厚壁筒中任一单元体,其上作用有径向应力 σ_r 和环向(切向)应力 σ_θ。应力和位移的计算公式见表 13.6-1。

在表中的第二种情形下,让 $a = 0$ 即得到实心圆轴承受均匀外压。

6.2 组合筒

图 13.6-2a、b 是两个圆筒,筒 2 的内半径比筒 1 的外半径小 Δ,此值称为半径过盈。将 2 筒加热后套在 1 筒上,冷却至室温后即在两筒接触的圆柱面之间出现装配压强 p_3。这样,内筒承受外压,外筒承受内压,在这一组合筒内出现装配应力(初应力),如图 13.6-2c。装配压强 p_3 与半径过盈 Δ 之间的关系是

$$p_3 c\left[\frac{1}{E_2}\left(\frac{b^2+c^2}{b^2-c^2}+\mu_2\right)+\frac{1}{E_1}\left(\frac{c^2+a^2}{c^2-a^2}-\mu_1\right)\right] = \Delta$$

(13.6-1)

式中 E_1、μ_1 和 E_2、μ_2 分别是内筒和外筒材料的弹性模量和泊松比。如果两筒材料相同,则 $E_1 =$

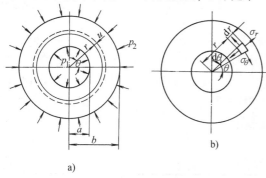

图 13.6-1 厚壁筒
a)厚壁筒受内外压 b)单元体的应力

$E_2 = E$, $\mu_1 = \mu_2 = \mu$, 上式变为

$$p_3 = \frac{E\Delta}{2c^3} \cdot \frac{(b^2 - c^2)(c^2 - a^2)}{b^2 - a^2} \quad (13.6\text{-}2)$$

当组合筒再承受内压（即工作压强）时，可把组合筒视为一整体按表 13.6-1 计算由工作压强引起的应力，此应力与初应力叠加即是最后的应力。在内侧半径 a 处受力最大的点，工作压力与装配压力两者引起的环向应力是反号的（图 13.6-3）。因此组合筒比一般厚壁筒能承担较大的

工作内压。

过盈配合时的压入力

$$F = 2p_3 \pi clf \quad (13.6\text{-}3)$$

式中 l——压入面长度；

f——摩擦因数。

组合筒在热套时须将外筒的温度加热至 t，如线膨胀系数为 α，则

$$t = \Delta / (ac) \quad (13.6\text{-}4)$$

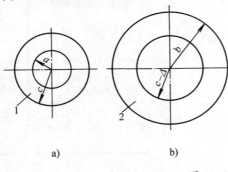

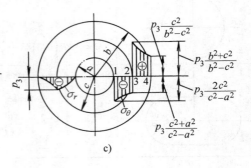

图 13.6-2 组合筒

a）内筒 b）外筒 c）组合筒的装配应力

表 13.6-1 厚壁筒的应力和位移

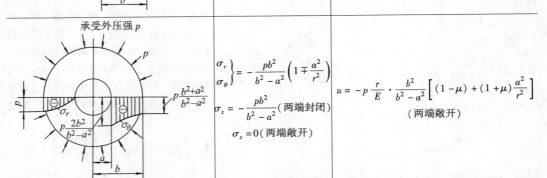

载 荷 情 况	应 力	径 向 位 移
承受内压强 p	$\left.\begin{array}{c}\sigma_r\\\sigma_\theta\end{array}\right\} = \frac{pa^2}{b^2-a^2}\left(1 \mp \frac{b^2}{r^2}\right)$ $\sigma_z = \frac{pa^2}{b^2-a^2}$（两端封闭） $\sigma_z = 0$（两端敞开）	$u = p\frac{r}{E} \cdot \frac{a^2}{b^2-a^2}\left[(1-\mu)+(1+\mu)\frac{b^2}{r^2}\right]$ （两端敞开）
承受外压强 p	$\left.\begin{array}{c}\sigma_r\\\sigma_\theta\end{array}\right\} = -\frac{pb^2}{b^2-a^2}\left(1 \mp \frac{a^2}{r^2}\right)$ $\sigma_z = -\frac{pb^2}{b^2-a^2}$（两端封闭） $\sigma_z = 0$（两端敞开）	$u = -p\frac{r}{E} \cdot \frac{b^2}{b^2-a^2}\left[(1-\mu)+(1+\mu)\frac{a^2}{r^2}\right]$ （两端敞开）

注：a—圆筒内半径；b—圆筒外半径；σ_z—沿圆筒轴线 z 方向的轴向应力；r—由圆筒轴线至任一点的径向距离；E—弹性模量；μ—泊松比。

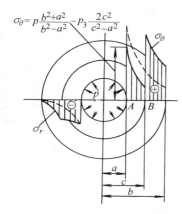

$$\sigma_\theta = p\frac{b^2+a^2}{b^2-a^2} - p_3\frac{2c^2}{c^2-a^2}$$

图 13.6-3 组合筒的组合应力

6.3 厚壁筒受内压时的强度条件
（见表 13.6-2）

表 13.6-2 厚壁筒受内压时的强度条件

强度理论	闭 口 圆 筒
第三理论	$\sigma_{r3} = \sigma_\theta - \sigma_r = p\dfrac{2b^2}{b^2-a^2} \leqslant [\sigma]$
第四理论	$\sigma_{r4} = \left\{ \dfrac{1}{2}[(\sigma_\theta-\sigma_z)^2 + (\sigma_z-\sigma_r)^2 + (\sigma_r-\sigma_\theta)^2] \right\}^{1/2}$ $= p\dfrac{\sqrt{3}b^2}{b^2-a^2} \leqslant [\sigma]$
莫尔理论	$\sigma_{rM} = \sigma_\theta - s\sigma_r = p\dfrac{(1+s)b^2+(1-s)a^2}{b^2-a^2} \leqslant [\sigma]$ $s = \sigma_{bt}/\sigma_{bc}$
强度理论	开 口 圆 筒
第三理论	$\sigma_{r3} = \sigma_\theta - \sigma_r = p\dfrac{2b^2}{b^2-a^2} \leqslant [\sigma]$
第四理论	$\sigma_{r4} = \left\{ \dfrac{1}{2}[\sigma_\theta^2 + \sigma_r^2 + (\sigma_r-\sigma_\theta)^2] \right\}^{1/2}$ $= p\dfrac{\sqrt{3b^4+a^4}}{b^2-a^2} \leqslant [\sigma]$
莫尔理论	$\sigma_{rM} = \sigma_\theta - s\sigma_r = p\dfrac{(1+s)b^2+(1-s)a^2}{b^2-a^2} \leqslant [\sigma]$ $s = \sigma_{bt}/\sigma_{bc}$

【例 13.6-1】[6] 对照图 13.6-2，设 $a=5$cm，$b=10$cm，$c=7$cm，半径过盈 $\Delta=2/1000$cm，工作内压强 $p=60$MPa，$E=210$GPa。设材料的 $[\sigma]=160$MPa，按第三强度理论校核强度。

解 先由式（13.6-2）确定装配压强

$$p_3/\text{MPa} = \frac{210\times10^3}{2\times7^3} \times \frac{2}{1000} \times$$
$$\frac{(10^2-7^2)(7^2-5^2)}{10^2-5^2} = 10$$

计算图 13.6-2c 中 1、2、3、4 四点的初应力：

1 点 $\quad \sigma_\theta'/\text{MPa} = -10\times\dfrac{2\times7^2}{7^2-5^2} = -40.8,$

$$\sigma_r' = 0$$

2 点 $\quad \sigma_\theta'/\text{MPa} = -10\times\dfrac{7^2+5^2}{7^2-5^2} = -30.8,$

$$\sigma_r' = -10\text{MPa}$$

3 点 $\quad \sigma_\theta'/\text{MPa} = 10\times\dfrac{10^2+7^2}{10^2-7^2} = 29.2,$

$$\sigma_r' = -10\text{MPa}$$

4 点 $\quad \sigma_\theta'/\text{MPa} = 10\times\dfrac{2\times7^2}{10^2-7^2} = 19.2,$

$$\sigma_r' = 0$$

再计算由工作内压在 1、2、3、4 点引起的工作应力：

1 点 $\quad \sigma_\theta''/\text{MPa} = 60\times\dfrac{10^2+5^2}{10^2-5^2} = 100,$

$$\sigma_r'' = -60\text{MPa}$$

2 点和 3 点 $\quad \left.\begin{array}{l}\sigma_\theta''/\text{MPa}\\[4pt]\sigma_r''/\text{MPa}\end{array}\right\} = \dfrac{60\times5^2}{10^2-5^2}\left(1\pm\dfrac{10^2}{7^2}\right)$

$$= \begin{cases} 60.8 \\ -20.8 \end{cases}$$

4 点 $\quad \sigma_\theta''/\text{MPa} = 60\times\dfrac{2\times5^2}{10^2-5^2} = 40, \sigma_r'' = 0$

以上两种应力叠加后的结果画在图 13.6-4 上。再按第三强度理论计算 1、2、3 点的相当应力：

1 点（内筒内侧）$\sigma_{r3}/\text{MPa} = 59.2-(-60) = 119.2 < 160$

2 点（内筒外侧）$\sigma_{r3}/\text{MPa} = 30-(-30.8) = 60.8$

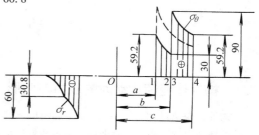

图 13.6-4 例 13.6-1 的组合应力（应力单位：MPa）

3 点(外筒内侧)$\sigma_{r3}/\mathrm{MPa} = 90 - (-30.8) = 120.8 < 160$

如果不采用组合筒,只用一个内半径 $a = 5\mathrm{cm}$,外半径 $b = 10\mathrm{cm}$ 的厚壁筒,承受内压 $p = 60\mathrm{MPa}$ 时,1、2 两点的相当应力分别是

1 点(筒内侧)$\sigma_{r3}/\mathrm{MPa} = 100 - (-60) = 160$

2 点($r = 7\mathrm{cm}$ 处)$\sigma_{r3}/\mathrm{MPa} = 60.8 - (-20.8) = 81.6$

由于采用组合筒,相当应力的最大值降低$(160 - 120.8)/160 = 24.5\%$。实际上此组合筒的工作内压可超过 $60\mathrm{MPa}$,实际可达 $75\mathrm{MPa}$,即 $60\mathrm{MPa}$ 的 1.25 倍。当内压为 $75\mathrm{MPa}$ 时,工作应力是

1 点 $\sigma_{\theta}''/\mathrm{MPa} = 100 \times 1.25 = 125, \sigma_r''/\mathrm{MPa} = -60 \times 1.25 = -75$

3 点 $\sigma_{\theta}''/\mathrm{MPa} = 60.8 \times 1.25 = 76, \sigma_r''/\mathrm{MPa} = -20.8 \times 1.25 = -26$

工作应力与初应力叠加

1 点 $\sigma_{\theta}/\mathrm{MPa} = 125 - 40.8 = 84.2, \sigma_r/\mathrm{MPa} = -75 + 0 = -75$

3 点 $\sigma_{\theta}/\mathrm{MPa} = 76 + 29.2 = 105.2, \sigma_r/\mathrm{MPa} = -26 - 10 = -36$

1 点的相当应力 $\sigma_{r3}/\mathrm{MPa} = 84.2 - (-75) = 159.2 \approx [\sigma]/\mathrm{MPa} = 160$

对于承受内压 p 的组合筒(图 13.6-2),如果半径过盈量 Δ 和内压 p 满足下列关系

$$\Delta = \frac{2p}{E} \cdot \frac{cb^2(c^2 - a^2)}{b^2(c^2 - a^2) + c^2(b^2 - c^2)}$$

$$(13.6\text{-}5)$$

则内筒内侧和外筒内侧将具有相同的相当应力(按照第三强度理论)。如果再选择 c,使 $c = \sqrt{ab}$ 时则此相当应力有最小值$(\sigma_{r3})_{\min} = pb/(b - a)$。

6.4　薄壁圆筒

6.4.1　薄壁圆筒受内压时的应力和变形

对于外径 D_2 与内径 D_1 之比 $D_2/D_1 \leqslant 1.1$ 时可按薄壁圆筒来考虑。承受内压 p 的薄壁圆筒(图 13.6-5)的应力和变形是

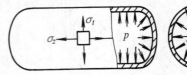

图 13.6-5　承受内压的薄壁筒

环向应力

$$\sigma_{\theta} = \frac{pD_1}{2\delta}$$

轴向应力

$$\sigma_z = \frac{pD_1}{4\delta}\text{(筒两端封闭)}$$

环向应变

$$\varepsilon_{\theta} = \frac{pD_1}{4\delta E}(2 - \mu)\qquad\text{(两端封闭)}$$

$$\varepsilon_{\theta} = \frac{pD_1}{2\delta E}\qquad\text{(两端敞开)}$$

上述公式中的内径 D_1 也可用中径 $D_m = (D_1 + D_2)/2$ 代替。

6.4.2　薄壁组合圆筒

当内外圆筒的壁厚 δ_1、δ_2 和接触半径 r 相比很小时,由半径过盈量 Δ 引起的两筒之间的接触压强 p_3 为

$$p_3 = \frac{\Delta \delta_1 \delta_2 E_1 E_2}{r^2(\delta_1 E_1 + \delta_2 E_2)}$$

此组合圆筒再承受内压 p 时,内外筒的环向应力分别是

$$\sigma_1 = -\frac{\delta_2 E_1 E_2}{\delta_1 E_1 + \delta_2 E_2}\left(\frac{\Delta}{r} - \frac{pr}{\delta_2 E_2}\right)$$

$$\sigma_2 = \frac{\delta_1 E_1 E_2}{\delta_1 E_1 + \delta_2 E_2}\left(\frac{\Delta}{r} + \frac{pr}{\delta_1 E_1}\right)$$

7　动　应　力[1,4]

7.1　构件作变速运动时的应力与变形

构件作变速运动时,构件内产生加速度。把构件的惯性力加于构件上后即可按动静法处理动力学问题。此即达朗勃原理。

动应力下的强度条件可写为

$$\sigma_{d\max} = K_d \sigma_{st\max} \leqslant [\sigma]$$

或

$$\sigma_{st\max} \leqslant [\sigma]/K_d$$

此处 K_d 为动荷因数。

表 13.7-1 给出几个典型的例题。

表 13.7-1　由惯性力引起的动应力

序号	运动状况	实 例	计 算 公 式
1	构件作等加速运动	起重机吊索以等加速上升 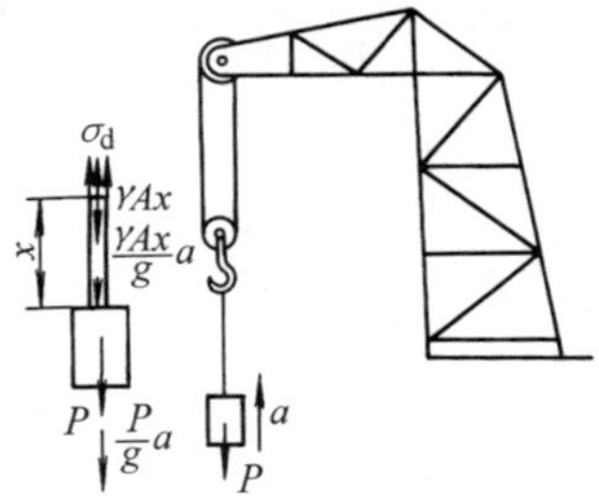	$\sigma_{\mathrm{d}} = \dfrac{P + \gamma Ax}{A}\left(1 + \dfrac{a}{g}\right) = \sigma_{\mathrm{st}} K_{\mathrm{d}}$ $\Delta l_{\mathrm{d}} = \Delta l_{\mathrm{st}} K_{\mathrm{d}}$ $K_{\mathrm{d}} = 1 + \dfrac{a}{g}$ $\gamma = \rho g$
2	构件作等角速转动	（1）杆轴与旋转轴垂直的构件，如汽轮机叶片 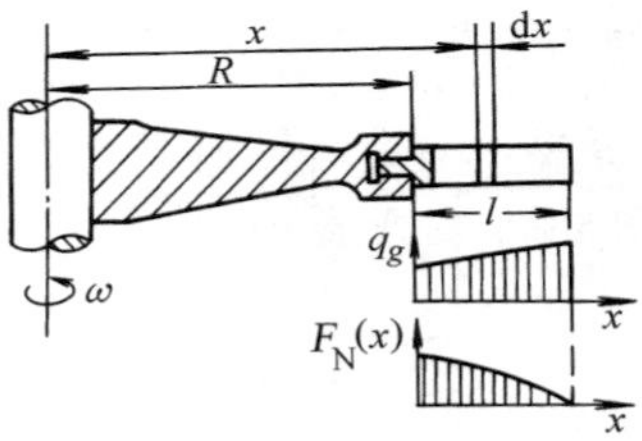	在距旋转轴为 x 的截面上 $\sigma(x) = \dfrac{\rho\omega^2}{2}\left[(R+l)^2 - x^2\right]$ 在叶片根部 $\sigma_{\mathrm{dmax}} = \dfrac{\rho\omega^2}{2}(2R+l)l$
3		（2）杆轴与旋转轴平行的构件，如图示绕 CD 轴旋转的 AB 铰接杆 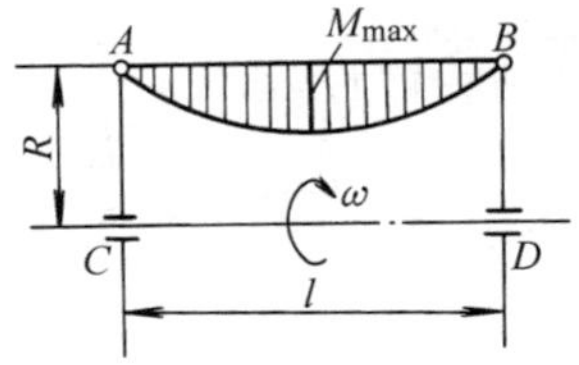	对于 AB 杆 $\sigma_{\mathrm{dmax}} = \dfrac{\rho\omega^2 ARl^2}{8W}$ 对于 AC、BD 杆，可按本表实例 1 计算，但在杆端部需附加 AB 梁引起的集中力 $F_{\mathrm{d}} = \dfrac{1}{2}\rho AR\omega^2 l$
4		（3）绕中心轴旋转的薄壁圆环 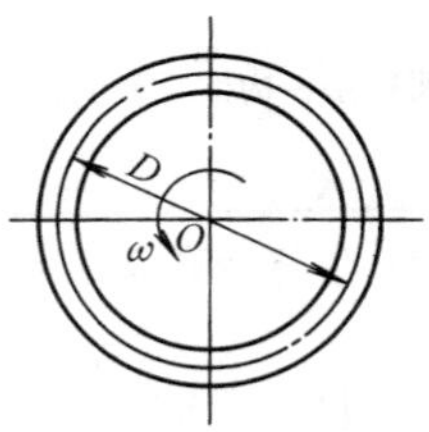	圆环横截面上的应力 $\sigma_{\mathrm{d}} = \rho\omega^2 R^2 = \rho v^2$ 直径变形 $\Delta D = \dfrac{D}{E}\cdot\sigma_{\mathrm{d}}$ 圆环圆周速度 v 与应力 σ_{d} 的关系表（$\rho = 7.85\times10^3\,\mathrm{kg/m^3}$）

$v/\mathrm{m}\cdot\mathrm{s}^{-1}$	25	50	75	100	150	200	250	300
$\sigma_{\mathrm{d}}/\mathrm{MPa}$	4.9	19.6	44.2	78.5	176.6	314.0	490.6	706.5

（续）

序号	运动状况	实例	计算公式
5	构件作等角速转动	（4）以直径为旋转轴的薄壁圆环	圆环 AB 截面上的应力 $$\sigma_{\text{dmax}} = \rho\omega^2 R^2 + \frac{\rho\omega^2 AR^3}{4W} = \rho v^2\left(1 + \frac{AR}{4W}\right)$$
6	构件作等角加速度转动	飞轮轴受 T 作用使飞轮以等角加速度 ε 转动	轴横截面上最大切应力 $$\tau_{\text{dmax}} = \frac{T}{W_{\text{p}}} = \frac{I_0\varepsilon}{W_{\text{p}}}$$
7	构件作变加速运动	机车车轮连杆	当连杆与曲柄垂直时应力最大 $$\sigma_{\text{dmax}} = \frac{\rho Al^2 R\omega^2}{8W}$$
8	构件作平面运动	发动机连杆	当连杆与曲柄垂直时应力最大 $$\sigma_{\text{dmax}} = \frac{\rho Al^2 R\omega^2}{9\sqrt{3}W}$$
备注	\multicolumn	σ_{d}—动应力；σ_{st}—静应力；a—加速度；ω—角速度；ε—角加速度；ρ—构件材料的密度；A—横截面面积；W—弯曲截面系数；W_{p}—扭转截面系数；I_0—转动惯量	

7.2 冲击应力

当重物以很大的速度作用到构件上则称为冲击载荷，在构件中引起的应力即冲击应力。在不考虑冲击过程中的能量损失这一假定下可近似求出冲击变形 Δ_{d} 和冲击应力 σ_{d}，即

$$\Delta_{\text{d}} = K_{\text{d}}\Delta_{\text{st}}, \quad \sigma_{\text{d}} = K_{\text{d}}\sigma_{\text{st}}$$

$$K_{\text{d}} = \begin{cases} 1 + \sqrt{1 + \dfrac{2h}{\Delta_{\text{st}}}} \\[2mm] 1 + \sqrt{1 + \dfrac{v^2}{g\Delta_{\text{st}}}} \end{cases} \text{（用于图 13.7-1）}$$

图 13.7-1 竖直冲击

$$K_{d} = \sqrt{\frac{v^2}{g\Delta_{st}}} \qquad (\text{用于图 13.7-2})$$

式中 Δ_{st}, σ_{st}——当重力 P 以静载方式作用于构件上时引起的静变形和静应力;

K_{d}——冲击下的动荷因数;

h——冲击物自由下落的高度;

v——冲击物刚冲到构件时的速度。

在图 13.7-1 中,当 $h = 0$ 时即为突加载荷,此情形 $K_{d} = 2$。

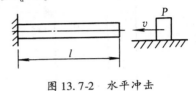

图 13.7-2 水平冲击

8 压 杆 稳 定[1,6]

对于沿杆轴线受压的直杆,压力 F 有一个临界值 F_{cr},当 $F < F_{cr}$ 时杆件直立形式的平衡是稳定的;当 $F > F_{cr}$ 时直立形式的平衡是不稳定的,此时由于杆轴线不是理想直线(初曲率)、载荷不可能绝对对中(难免有很小偏心)以及杆件材料不是理想均匀(例如由于冷、热加工而引起的残余应力)等因素,压杆极易过渡到弯曲状态,谓之丧失稳定或屈曲。F_{cr} 称为临界载荷或临界力。以横截面积 A 去除 F_{cr},即 F_{cr}/A 称为临界应力 σ_{cr}。

8.1 中心压杆的稳定性

8.1.1 在比例极限内压杆的临界力

在杆件材料的比例极限 σ_p 以内,压杆的临界力和临界应力分别是

$$F_{cr} = \frac{\pi^2 EI}{(\mu l)^2} = \eta \frac{EI}{l^2} \qquad (13.8\text{-}1)$$

$$\sigma_{cr} = \frac{\pi^2 E}{\lambda^2} \qquad (13.8\text{-}2)$$

$$\lambda = \mu l/i, i = \sqrt{I/A} \qquad (13.8\text{-}3)$$

式中 EI——压杆的弯曲刚度;

μ——考虑杆两端约束情况的长度因数（见表 13.8-1）;

l——杆长;

λ——杆的长细比(柔度);

i——惯性半径;

A——压杆的横截面面积;

η——稳定因数。

σ_{cr} 和 λ 的关系,即式(13.8-2)是双曲线。对于 Q235($\sigma_s = 235$MPa)钢此双曲线画在图 13.8-1 中为 $ABCD$。

(1)式(13.8-1)只有当临界应力小于比例极限 σ_p 时才适用,即 $\sigma_{cr} \leq \sigma_p$,或即要求 $\lambda \geq \pi \sqrt{E/\sigma_p} = \lambda_p$。对于 Q235 钢 $\lambda_p \approx 100$。式(13.8-1)和式(13.8-2)均称为欧拉公式。

(2)杆端的约束情况有时不是理想情况,例如图 13.8-2 的车床丝杠,当轴套长度 l_0 与轴承套内径 d_0 之比 $l_0/d_0 \leq 1.5$ 时,则可视为铰支端;$l_0/d_0 > 3.0$ 时则接近于固定端;当 $1.5 < l_0/d_0 < 3$ 时,如丝杠两端均为不完全固定时,取 $\mu = 0.75$;如一端为固定,另一端为不完全固定,取 $\mu = 0.6$。

(3)通常压杆在两个形心主惯性平面内都有失稳的可能,例如图 13.8-3 的连杆,在 yz 面内失稳时,其长细比是

$$\lambda_x = \frac{1 \times l_x}{\sqrt{I_x/A}}$$

在 xz 面内失稳时，其长细比是

$$\lambda_y = \frac{0.5 l_y}{\sqrt{I_y/A}}$$

此情况应取两长细比中的大值进行稳定计算。

如果在两个主惯性平面内压杆的杆端约束相同，则应取最小的主惯矩来计算长细比。

表 13.8-1 等截面压杆的长度因数

序 号	1	2	3	4	5
杆端支承情况	两端固定	一端固定 一端铰支	两端铰支	一端固定 一端自由	一端固定,一端可横向小量移动,但不能转动
加载方式					
μ	0.5	0.7	1	2	1

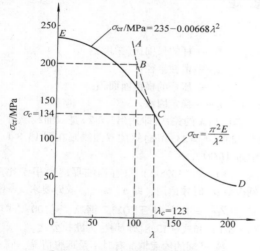

图 13.8-1 Q235 钢的临界应力图

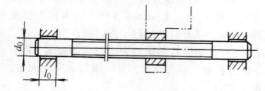

图 13.8-2 车床丝杠

8.1.2 超过比例极限的压杆的临界力

此情况多采用以实验为基础的经验公式来求临界力。目前采用的经验公式有抛物线公式

$$\sigma_{cr} = a - b\lambda^2 \qquad (13.8-4)$$

式中 a、b 为与材料有关的常数，见表 13.8-2。

对于 Q235 钢，式（13.8-4）为

$$\sigma_{cr}/\text{MPa} = 235 - 0.00668\lambda^2$$

此式画在图 13.8-1 中得到抛物线 EC。图 13.8-1 即是 Q235 钢的临界应力图。抛物线 EC 与欧拉双曲线交于 C 点，C 点的横坐标为 $\lambda_c = 123$。故对于 Q235 钢抛物线公式的适用范围是 $\lambda = 0 \sim 123$，而欧拉公式的适用范围是 $\lambda > 123$。通常将欧拉公式适用的压杆称为细长杆，而抛物线公式适用的压杆则称为非细长杆。

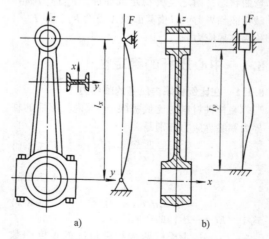

图 13.8-3 受压的连杆

a）在 yz 面内失稳 b）在 xz 面内失稳

表 13.8-2 抛物线公式的 a、b 值

材料	σ_p/MPa	σ_b/MPa	a/MPa	b/MPa	公式适用范围 λ
Q235A	235.2	372.4	235.2	0.6684×10^{-2}	0 ~ 123
Q275	274.4	490.0	274.4	0.8546×10^{-2}	0 ~ 96
16Mn	343.0	509.6	343.0	1.4181×10^{-2}	0 ~ 102
铸铁	—	392.0	392.0	1.8914×10^{-2}	0 ~ 102

8.2 中心压杆的稳定校核

8.2.1 安全因数法

$$F \leq \frac{F_{cr}}{n_{st}} \text{ 或 } n = \frac{F_{cr}}{F} \geq n_{st} \qquad (13.8-5)$$

式中 F——工作载荷；

       F_{cr}——临界载荷；

       n_{st}——稳定安全因数,见表 13.8-3。

表 13.8-3 稳定安全因数[6]

压杆类型	n_{st}
金属结构中的压杆	1.8 ~ 3.0
矿山、冶金设备中的压杆	4 ~ 8
机床的丝杠	2.5 ~ 4
水平长丝杠或精密丝杠	>4
磨床油缸活塞杆	4 ~ 6
低速发动机挺杆	4 ~ 6
高速发动机挺杆	2 ~ 5
拖拉机转向纵、横推杆	>5

通常稳定安全因数高于强度安全因数。这是因为一些难于避免的因素，如前面提到的杆轴不绝对平直、压力偏心，材料和支座缺陷等，都将严重地影响着压杆的稳定性。

压杆截面如有局部削弱（如螺栓孔，铆钉孔等），在计算其临界力时仍用毛面积，因为局部削弱对临界力的影响很小。但在作强度校核时仍需采用削弱后的净面积。

8.2.2 折减因数法

用压杆的横截面面积去除式（13.8-5）的两端，

$$\frac{F}{A} \leq \frac{F_{cr}}{An_{st}} = \frac{\sigma_{cr}}{n_{st}} = [\sigma_{st}]$$

将稳定许用应力 $[\sigma_{st}]$ 与强度许用应力 $[\sigma]$ 之比叫做 φ，则 $[\sigma_{st}] = \varphi[\sigma]$，代入上式则有

$$\frac{F}{A\varphi} \leq [\sigma] \qquad (13.8-6)$$

通常钢结构中的压杆多采用上式作稳定校核。φ 称为折减因数，其值随长细比 λ 而变。对于通常有双对称轴的压杆截面，Q235 钢的 φ 值列在表 13.8-4。

表 13.8-4 Q235 钢中心受压直杆的折减因数 φ

λ	0	1.0	2.0	3.0	4.0	5.0	6.0	7.0	8.0	9.0
0	1.000	1.000	1.000	0.999	0.999	0.998	0.997	0.996	0.995	0.994
10	0.992	0.991	0.989	0.987	0.985	0.983	0.981	0.978	0.976	0.973
20	0.970	0.967	0.963	0.960	0.957	0.953	0.950	0.946	0.943	0.939
30	0.936	0.932	0.929	0.925	0.922	0.918	0.914	0.910	0.906	0.903
40	0.899	0.895	0.891	0.887	0.882	0.878	0.874	0.870	0.865	0.861
50	0.856	0.852	0.847	0.842	0.838	0.833	0.828	0.823	0.818	0.813
60	0.807	0.802	0.797	0.791	0.786	0.780	0.774	0.769	0.763	0.757
70	0.751	0.745	0.739	0.732	0.726	0.720	0.714	0.707	0.701	0.694
80	0.688	0.681	0.675	0.668	0.661	0.655	0.648	0.641	0.635	0.628
90	0.621	0.614	0.608	0.601	0.594	0.588	0.581	0.575	0.568	0.561
100	0.555	0.549	0.542	0.536	0.529	0.523	0.517	0.511	0.505	0.499
110	0.493	0.487	0.481	0.475	0.470	0.464	0.458	0.453	0.447	0.442
120	0.437	0.432	0.426	0.421	0.416	0.411	0.406	0.402	0.397	0.392
130	0.387	0.383	0.378	0.374	0.370	0.365	0.361	0.357	0.353	0.349
140	0.345	0.341	0.337	0.333	0.329	0.326	0.322	0.318	0.315	0.311
150	0.308	0.304	0.301	0.298	0.295	0.291	0.288	0.285	0.282	0.279
160	0.276	0.273	0.270	0.267	0.265	0.262	0.259	0.256	0.254	0.251
170	0.249	0.246	0.244	0.241	0.239	0.236	0.234	0.232	0.229	0.227
180	0.225	0.223	0.220	0.218	0.216	0.214	0.212	0.210	0.208	0.206
190	0.204	0.202	0.200	0.198	0.197	0.195	0.193	0.191	0.190	0.188
200	0.186	0.184	0.183	0.181	0.180	0.178	0.176	0.175	0.173	0.172
210	0.170	0.169	0.167	0.166	0.165	0.163	0.162	0.160	0.159	0.158
220	0.156	0.155	0.154	0.153	0.151	0.150	0.149	0.148	0.146	0.145
230	0.144	0.143	0.142	0.141	0.140	0.138	0.137	0.136	0.135	0.134
240	0.133	0.132	0.131	0.130	0.129	0.128	0.127	0.126	0.125	0.124
250	0.123									

【例 13.8-1】 一端固定，一端自由的压杆（图 13.8-4），材料为 Q235 钢，已知 $F = 240$kN，$l = 1.5$m，$[\sigma] = 160$MPa，试按折减因数法选一工字钢截面。

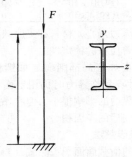

图 13.8-4 例 13.8-1 图

解 因为工字钢截面型号为未知，这样就不能计算 λ，也就不知道 φ，也还不能用式（13.8-6）作校核。可先从强度方面估算截面面积：

$$A/\text{mm}^2 \geqslant \frac{240 \times 10^3}{160} = 1500$$

从型钢表中按估算面积的二倍（30cm^2）初选 20a 号工字钢，$A = 35.5\text{cm}^2$，最小惯性半径 $i_y = 2.12$cm，于是

$$\lambda = \frac{\mu l}{i} = \frac{2 \times 150}{2.12} = 142$$

由表 13.8-4 查出对应的 $\varphi = 0.337$，

$$\frac{F}{\varphi A} = \frac{240 \times 10^3}{0.337 \times 3550}\text{MPa} = 200.6\text{MPa} > [\sigma]$$

重选 22a 号工字钢，$A = 42\text{cm}^2$，$i_y = 2.31$cm，

$$\lambda = \frac{2 \times 150}{2.31} = 130, \varphi = 0.387$$

$$\frac{F}{\varphi A} = \frac{240 \times 10^3}{0.387 \times 4200}\text{MPa} = 148\text{MPa} < [\sigma]$$

【例 13.8-2】 [6] 一搓丝机连杆，尺寸如图 13.8-5，材料为 Q235 钢，连杆承受压力 $F = 120$kN，稳定安全因数 $n_{\text{st}} = 2$，试校核连杆的稳定性。

解 如连杆在 xy 面内失稳，连杆两端为铰支，$\mu = 1$，此时截面的 z 轴为中性轴，惯性半径

$$i_z = \sqrt{\frac{I_z}{A}} = \sqrt{\frac{bh^3}{12} \cdot \frac{1}{bh}} = \frac{h}{2\sqrt{3}} = 1.732\text{cm}$$

$$\lambda_z = \frac{\mu l}{i_z} = \frac{1 \times 94}{1.732} = 54.3$$

此外，连杆也可能在 xz 面内失稳，曲柄销与滑块销的约束接近于固定端，$\mu = 0.5$，此时截面以 y 轴为中性轴，于是

$$i_y = \sqrt{\frac{I_y}{A}} = \frac{b}{2\sqrt{3}} = 0.722\text{cm}$$

$$\lambda_y = \frac{\mu l_1}{i_y} = \frac{0.5 \times 88}{0.722} = 61 > \lambda_z$$

由于 $\lambda_y > \lambda_z$，故连杆在 xz 面失稳先于在 xy 面内失稳，所以应以 λ_y 来求临界力。由于 $\lambda_y = 61 < 123$，按表 13.8-2

$$\sigma_{\text{cr}}/\text{MPa} = 235.2 - 0.006684 \times 61^2 = 210$$

$$F_{\text{cr}}/\text{N} = 210 \times 60 \times 25 = 315 \times 10^3$$

按式（13.8-5）

$$\frac{F_{\text{cr}}}{F} = \frac{315}{120} = 2.63 > n_{\text{st}}$$

此例中如果要求连杆在 xy 和 xz 面内的临界力相等，则必须使 $\lambda_y = \lambda_z$，亦即

$$\frac{l}{\sqrt{I_z/A}} = \frac{0.5 l_1}{\sqrt{I_y/A}}$$

由于 $l_1 \approx l$，故上式给出 $I_z \approx 4I_y$。

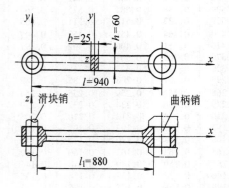

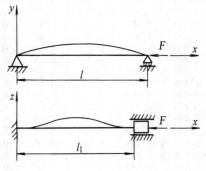

图 13.8-5 例 13.8-2 图

8.3 等截面压杆的临界力（见表13.8-5）

表13.8-5 几种等截面压杆临界力

序号	杆件及受力图	临界力 F_{cr},稳定性因数 η

序号 1

临界力公式 $F_{cr} = \dfrac{\pi^2 EI}{(\mu l)^2} = \eta \dfrac{EI}{l^2}$

b/l	0	0.1	0.2	0.3	0.4	0.5	0.6	0.7	0.8	0.9
η	2.467	2.832	3.283	3.845	4.551	5.438	6.511	7.726	8.874	9.637

序号 2

b/l	0	0.1	0.2	0.3	0.4	0.5	0.6	0.7	0.8	0.9
η	2.467	2.883	3.414	4.105	5.021	6.26	7.99	10.39	13.59	17.24

序号 3

b/l	0	0.1	0.2	0.3	0.4	0.5	0.6	0.7	0.8	0.9
η	20.19	23.23	27.06	31.75	36.80	39.48	36.80	31.75	27.04	23.23

序号 4

b/l	0	0.1	0.2	0.3	0.4	0.5	0.6	0.7	0.8	0.9
η	20.19	23.63	28.09	33.96	41.68	51.12	58.84	58.92	51.97	45.27

序号 5

b/l	0	0.1	0.2	0.3	0.4	0.5	0.6	0.7	0.8	0.9
η	39.48	46.13	54.45	64.56	75.22	80.76	75.22	64.56	54.45	46.13

序号 6

b/l	0	0.1	0.2	0.3	0.4	0.5	0.6	0.7	0.8	0.9
η	9.87	11.83	13.11	15.26	17.72	20.19	21.88	22.14	21.40	20.55

序号 7

b/l	0	0.1	0.2	0.3	0.4	0.5	0.6	0.7	0.8	0.9
η	9.87	11.53	13.65	16.37	19.90	24.42	29.82	35.10	38.41	39.40

序号 8

$F_{cr} = (F_1 + F_2)_{cr} = \eta \dfrac{EI}{l^2}$, η 见下表

F_2/F_1	0	0.25	0.5	0.75	1.0	2.0
η	9.8696	10.93	11.92	12.46	13.04	14.68

序号 9

$F_{cr} = (F_1 + F_2)_{cr} = \eta \dfrac{EI}{l^2}$, η 见下表

b/l	F_2/F_1							
	0	0.1	0.2	0.5	1	2	5	10
0	2.467	2.714	2.961	3.701	4.935	7.402	14.80	27.14
0.3	2.467	2.703	2.936	3.622	4.712	6.769	11.70	16.82
0.5	2.467	2.665	2.856	3.384	4.136	5.268	7.060	8.210
0.6	2.467	2.635	2.793	3.211	3.759	4.497	5.504	6.048
0.7	2.467	2.599	2.715	3.020	3.385	3.830	4.376	4.660
0.8	2.467	2.557	2.636	2.821	3.040	3.280	3.551	3.685
0.9	2.467	2.513	2.551	2.641	2.734	2.832	2.936	2.986

8.4 变截面压杆的临界力(见表 13.8-6)

表 13.8-6 几种变截面压杆临界力

序号	杆件及受力图	临界力 F_{cr},稳定性系数 η

序号 1

$$F_{cr} = \eta \frac{EI_2}{l^2},\ \eta\ 见下表$$

b/l	$(I_2 - I_1)/I_1$								
	0.1	0.2	0.5	1.0	2.0	5.0	10	20	50
0.3	2.363	2.262	2.013	1.692	1.277	0.7293	0.4237	0.2302	0.0971
0.4	2.396	2.327	2.141	1.879	1.499	0.9174	0.5498	0.3064	0.1309
0.5	2.423	2.379	2.256	2.068	1.756	1.178	0.7462	0.4268	0.1860
0.6	2.444	2.420	2.350	2.235	2.025	1.531	1.052	0.6330	0.2848
0.7	2.457	2.446	2.415	2.356	2.256	1.950	1.530	1.018	0.488
0.8	2.464	2.461	2.453	2.440	2.402	2.297	2.106	1.730	0.9991
0.9	2.467	2.466	2.465	2.465	2.459	2.446	2.424	2.374	2.189
1.0	2.467	2.467	2.467	2.467	2.467	2.467	2.467	2.467	2.467

序号 2

$$F_{cr} = (F_1 + F_2)_{cr} = \eta \frac{EI_2}{l^2},\ \eta\ 见下表$$

I_2/I_1	$(F_1 + F_2)/F_1$				
	1.00	1.25	1.50	1.75	2.00
1.00	9.87	10.9	11.9	12.6	13.0
1.25	8.79	9.77	10.5	11.2	11.8
1.50	7.87	8.79	9.49	10.1	10.7
1.75	7.09	8.01	8.62	9.13	9.77
2.00	6.42	7.33	7.87	8.46	8.40

序号 3

$$F_{cr} = \eta \frac{EI_2}{l^2},\ \eta\ 见下表$$

I_1/I_2	b/l				
	0.2	0.4	0.6	0.8	1.0
0.01	0.153	0.27	0.598	2.26	π^2
0.1	1.47	2.40	4.50	8.59	π^2
0.2	2.80	4.22	6.69	9.33	π^2
0.4	5.09	6.63	8.51	9.67	π^2
0.6	6.98	8.19	9.24	9.78	π^2
0.8	8.55	9.18	9.63	9.84	π^2
1.0	π^2	π^2	π^2	π^2	π^2

序号 4

$$F_{cr} = \eta = \frac{EI_2}{l^2},\ \eta\ 见下表$$

I_1/I_2	b/l				
	0.2	0.4	0.6	0.8	1.0
0.01	0.614	1.08	2.39	8.48	$4\pi^2$
0.1	5.87	9.48	15.2	17.1	$4\pi^2$
0.2	11.1	16.3	20.5	21.1	$4\pi^2$
0.4	20.2	24.9	26.3	27.5	$4\pi^2$
0.6	27.7	30.6	31.1	32.5	$4\pi^2$
0.8	34.0	35.3	35.4	36.4	$4\pi^2$
1.0	$4\pi^2$	$4\pi^2$	$4\pi^2$	$4\pi^2$	$4\pi^2$

9　剪切与挤压

为了构件之间的联系,常用铆钉、螺栓、销钉等相对短粗的连接件。图13.9-1所示为两块钢板的铆钉接合。在合理的铆接工艺下,通常假设每一铆钉受力均相同,即每一铆钉受力为 $F_1 = F/n$,其中 n 为传递 F 力的铆钉个数,对于图13.9-1a 的搭接情形 $n = 3$,对于图13.9-1b 的对接情形 $n = 4$。

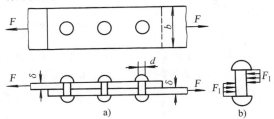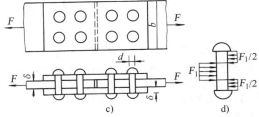

图 13.9-1　钢板的铆钉接合
a) 搭接　b) 铆钉受单剪　c) 对接　d) 铆钉受双剪

为了铆钉不被剪断,要求剪切强度条件

$$\tau = \frac{F_1}{A} \leqslant [\tau]$$

式中　$[\tau]$——许用切应力;

　　　A——铆钉受剪面积,对于图13.9-1a、b 的单剪情况,$A = \pi d^2/4$;对于图13.9-1c、d 的双剪情况,$A = 2(\pi d^2/4)$,d 为铆钉直径。

此外,为了接合的紧密性,避免铆钉被压坏或孔壁被压皱,还需验算挤压(或承压)强度条件

$$\sigma_{bs} = \frac{F_1}{A_{bs}} \leqslant [\sigma_{bs}]$$

式中　A_{bs}——挤压面积,对于图13.9-1所示的钉杆以挤压的半圆柱面的投影面积作为挤压面积,即 $A_{bs} = d\delta$,δ 为钢板厚度;

　　　$[\sigma_{bs}]$——许用挤压应力。

最后,尚需验算钢板的拉伸强度,例如图13.9-1c,主板被铆钉孔削弱后的横截面面积为 $(b-2d)\delta$,故拉伸强度条件为

$$\sigma = \frac{F}{(b-2d)\delta} \leqslant [\sigma]$$

【例 13.9-1】[8]　图13.9-2a所示为一钢板,用9只直径为 d 的铆钉固定在连接板上。已知 $l = 8a$（a 为铆钉间距）。试求铆钉内的最大切应力。

解　先将 F 力向铆钉群的形心 C 简化,可知铆钉群承受通过形心 C 的中心力 F 和一个扭转力偶 Fl

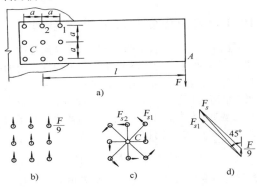

图 13.9-2　例 13.9-1 图
a) 结构受力　b) 铆钉由中心载荷引起的均等剪力
c) 铆钉由扭转力偶引起的剪力
d) 铆钉 1 承受的总剪力

通过铆钉群截面形心 C 的 F 力在每一铆钉内引起相等的剪力 $F/9$（即假定每一铆钉受力相等）,矢向向上,如图13.9-2b。

力偶 Fl 有使钢板作顺时针转动的趋势。通常假定任一铆钉的受力大小与其离形心 C 的距离成正比,而力的方向与该铆钉至形心 C 的连线正交。力偶 Fl 在铆钉群引起的剪力如图13.9-2c,由力矩平衡得出

$$4F_{s1} \times \sqrt{2}a + 4F_{s2}a = Fl$$

$$F_{s1}/F_{s2} = \sqrt{2}a/a = \sqrt{2}$$

$$\therefore \quad F_{s2} = \frac{Fl}{12a} = \frac{2}{3}F, \quad F_{s1} = \frac{2\sqrt{2}}{3}F$$

铆钉 1 最危险，其总剪力为（图 13.9-2d）

$$F_s = \left[\left(\frac{\sqrt{2}}{2} \cdot \frac{2\sqrt{2}}{3}F \right)^2 \right.$$

$$\left. + \left(\frac{\sqrt{2}}{2} \cdot \frac{2\sqrt{2}}{3}F + \frac{F}{9} \right)^2 \right]^{\frac{1}{2}}$$

$$= 1.024F$$

$$\therefore \quad \tau_{max} = \frac{F_s}{A} = \frac{4.096F}{\pi d^2}$$

10　电　测　法[7]

电测法是通过实验测定机械或结构构件的应力的一种常用方法。它的原理是通过贴于构件上的电阻应变片把贴片处的应变测出，然后再根据应变计算测点（即贴片处）应力。此法可在模型上进行（模型实验），也可在实际结构上进行（应力实测）。其优点有：测量标距小，应变片的最小标距可达 0.2mm；精确度高，可以测得的最小应变是 1×10^{-6}；可以测量静、动载荷下的应变；还可以在高温、高压等环境下进行应变测量。

10.1　电阻应变片及其转换原理

图 13.10-1 是常用的电阻应变片（简称应变片）。在构件未受力时将应变片贴于构件表面的测点处，其方向沿需测应变的方向。构件受力后测点沿应变片的长度方向发生了线应变 ε，应变片也遭受同样的应变。应变片的电阻由初始值 R 改变为 $R + \Delta R$，并且

$$\frac{\Delta R}{R} = K\varepsilon$$

K 称为应变片的灵敏因数，一般 K 值在 2 左右。

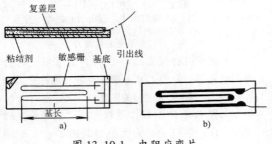

图 13.10-1　电阻应变片
a）线绕式　b）箔片式

10.2　应变指示器

应变的测量需利用应变指示器，它是按惠斯登电桥原理（图 13.10-2）设计而成。其中 R_1、R_2、R_3、R_4 是四个桥臂的电阻，G 是检流计。

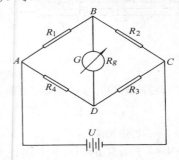

图 13.10-2　惠斯登电桥

当 $R_1R_3 = R_2R_4$ 时通过 G 的电流为零，即电桥平衡。假设 $R_1 = R_2 = R_3 = R_4$，四个应变片遭受的应变分别为 ε_1、ε_2、ε_3、ε_4，那么通过检流计的电流与 $(\varepsilon_1 + \varepsilon_3 - \varepsilon_2 - \varepsilon_4)$ 成比例。如检流计的刻度按应变来标定，则由应变指示器的表盘可直接测出应变读数

$$\varepsilon_{re} = \varepsilon_1 + \varepsilon_3 - \varepsilon_2 - \varepsilon_4 \quad (13.10\text{-}1)$$

（1）如果只有应变片 R_1 的测点发生应变 ε_1，而其余桥臂不遭受应变，则有 $\varepsilon_{re} = \varepsilon_1$。

（2）由上式可知应变指示器的读数 ε_{re} 反映电桥邻臂的应变之差，或电桥对臂的应变之和。

（3）当任何两个邻臂的电阻发生相同的相对改变时，或当任何两个对臂的电阻发生同值异号的相对改变时，均不影响电桥的平衡。

10.3　温度补偿

如果图 13.10-2 中的 R_1 是贴于构件上某测点的应变片（称为工作片），再把与 R_1 同型号的应变贴在与构件材料相同的试件上，把它作为

R_2（称为温度补偿片），并把此试件放在与 R_1 相同的环境中。R_1 和 R_2 将经受相同的温度变化而产生了温度应变，但并不反映在应变指示器的读数中。

10.4 测量桥的接法

如果图 13.10-2 中的四个桥臂均是同一型号的应变片，此种接法称为全桥接法。如果 R_1 和 R_2 接上相同的应变片，而 R_3 和 R_4 是应变指示器内部的固定电阻，这种接法称为半桥接法。利用这两种接法可提高测量精度，或在构件的组合变形中只测量某一内力量而消除另一内力量。几种常见的电桥连接方法见表 13.10-1。

表 13.10-1 几种常见变形下的电桥连接方法

变形形式	需测应变	应变片的粘贴位置	电桥连接方法	仪器读数 ε_{re} 及需测应变 ε 的关系	备 注
拉（压）	拉（压）			$\varepsilon = \varepsilon_{re}$	R_1 为工作片，R_2 为补偿片
				$\varepsilon = \dfrac{\varepsilon_{re}}{1+\mu}$	R_1 为工作片，R_2 为丁字补偿片，μ 为泊松比
弯曲	弯曲			$\varepsilon = \dfrac{\varepsilon_{re}}{2}$	R_1 与 R_2 均为工作片
				$\varepsilon = \dfrac{\varepsilon_{re}}{1+\mu}$	R_1 为工作片，R_2 为丁字补偿片
扭转	扭转主应变			$\varepsilon = \dfrac{\varepsilon_{re}}{2}$	R_1 和 R_2 均为工作片
拉（压）弯组合	拉（压）			$\varepsilon = \varepsilon_{re}$	R_1 和 R_2 均为工作片，R 为补偿片
	弯曲			$\varepsilon = \dfrac{\varepsilon_{re}}{2}$	R_1 和 R_2 均为工作片
拉压扭组合	扭转主应变			$\varepsilon = \dfrac{\varepsilon_{re}}{2}$	R_1 和 R_2 均为工作片

（续）

变形形式	需测应变	应变片的粘贴位置	电桥连接方法	仪器读数 ε_{re} 及需测应变 ε 的关系	备注
拉（压）扭组合	拉（压）	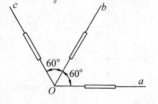		$\varepsilon = \dfrac{\varepsilon_{re}}{1+\mu}$	R_1、R_2、R_3、R_4 均为工作片
扭弯组合	扭转主应变			$\varepsilon = \dfrac{\varepsilon_{re}}{4}$	R_1、R_2、R_3、R_4 均为工作片
	弯曲			$\varepsilon = \dfrac{\varepsilon_{re}}{2}$	R_1 和 R_2 均为工作片

10.5 两向应力状态下的应力测定

1. 两个主方向已知的情况　如构件表面上某测点的两个主应力方向已知，那么沿这两个主方向各贴一个应变片，测出对应的应变 ε_1 和 ε_2，利用下式求出主应力

$$\left.\begin{array}{l} \sigma_1 = \dfrac{E}{1-\mu^2}(\varepsilon_1 + \mu\varepsilon_2) \\[2mm] \sigma_2 = \dfrac{E}{1-\mu^2}(\varepsilon_2 + \mu\varepsilon_1) \end{array}\right\} \quad (13.10\text{-}2)$$

E、μ 为材料的弹性模量和泊松比。

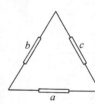

图 13.10-3　60°应变花

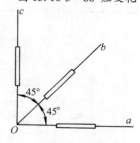

图 13.10-4　45°应变花

2. 两个主方向未知的情况　这时可在测点贴 60°应变花（图 13.10-3）或 45°应变花（图 13.10-4）。由 a、b、c 三个应变片测出应变 ε_a、ε_b、ε_c 后按下列公式计算主应力及其方向

$$\left.\begin{array}{l} \sigma_{max} \\ \sigma_{min} \end{array}\right\} = \dfrac{E}{1-\mu}A \pm \dfrac{E}{1+\mu}\sqrt{B^2+C^2}$$

$$(13.10\text{-}3)$$

$$\alpha_1 = \dfrac{1}{2}\arctan\dfrac{C}{B} \qquad (13.10\text{-}4)$$

式中的 A、B、C 列在表 13.10-2 中。满足式（13.10-4）的角度的主值设为 α_1，即 $-\pi/4 < \alpha_1 < \pi/4$。对于 60°应变花，当 $\varepsilon_a > (\varepsilon_b + \varepsilon_c)/2$ 时，则主值 α_1 确定的方向对应着 σ_{max}；当 $\varepsilon_a < (\varepsilon_b + \varepsilon_c)/2$ 时，则 α_1 对应着 σ_{min}。对于 45°应变花，当 $\varepsilon_a > \varepsilon_c$ 时，则主值 α_1 对应着 σ_{max}；当 $\varepsilon_a < \varepsilon_c$ 时，则 α_1 对应 σ_{min}。如 α_1 为正号则由 Oa 方向反时针量取此角。

表 13.10-2　用于应变花计算的 A、B、C 值

	60°应变花	45°应变花
A	$\dfrac{1}{3}(\varepsilon_a + \varepsilon_b + \varepsilon_c)$	$\dfrac{1}{2}(\varepsilon_a + \varepsilon_c)$
B	$\varepsilon_a - \dfrac{1}{3}(\varepsilon_a + \varepsilon_b + \varepsilon_c)$	$\dfrac{1}{2}(\varepsilon_a - \varepsilon_c)$
C	$\dfrac{1}{\sqrt{3}}(\varepsilon_b - \varepsilon_c)$	$\dfrac{1}{2}[2\varepsilon_b - (\varepsilon_a + \varepsilon_c)]$

11 有限元法简介[1,9]

对于实际工程结构或机械零件，由于它们的几何形状和受力情况都比较复杂，它们的边界条件也难于表达为解析形式。在这种情况下寻求应力和变形的解析解比较困难，而数值方法能够获得满足工程需要的结果。本章介绍数值方法中的有限元法，这种方法是用代数方程组代替原来的微分方程。我们以弹性力学中的平面问题介绍有限元法中的位移法，此法以节点位移作为基本未知量，其解题步骤为

（1）将结构物，即连续体离散成有限个单元，相互间以节点连接。

（2）选取以节点位移表示单元内任意点位移的位移函数，此函数须满足单元之间位移的连续性。

（3）建立单元节点力与节点位移的关系，计算各单元的刚度矩阵（简称单元刚阵）。

（4）计算作用在每个节点上的等效节点载荷。

（5）列出所有节点力与所有节点位移的关系，建立总刚度矩阵（简称总刚阵）。

（6）求解节点位移，并求各单元的应力。

对于平面问题的离散化可取三角形单元。图13.11-1 示出一典型三角形单元，三个节点 i，j，k 的编号按逆时针方向。单元的节点力和节点位移分别如图 13.11-1b 和 c。表 13.11-1 给出常应变三角形单元的计算公式，然后通过典型例题说明具体演算过程。至于公式的推导可通过虚功原理得出，可看专著。

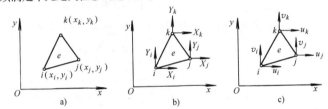

图 13.11-1 平面问题三角形单元

a）节点编号 b）节点力 c）节点位移

表 13.11-1 常应变三角形单元的分析公式

序号	类　别	符号	公　　式
1	节点力矢量	$\boldsymbol{F}^e$	$\boldsymbol{F}^e = \begin{bmatrix} X_i & Y_i & X_j & Y_j & X_k & Y_k \end{bmatrix}^{\mathrm{T}}$
2	节点位移矢量	$\boldsymbol{\delta}^e$	$\boldsymbol{\delta}^e = \begin{bmatrix} u_i & v_i & u_j & v_j & u_k & v_k \end{bmatrix}^{\mathrm{T}}$
3	位移函数	$\boldsymbol{u}$ $\boldsymbol{v}$	$u = \begin{bmatrix} N_i & N_j & N_k \end{bmatrix} \begin{Bmatrix} u_i \\ u_j \\ u_k \end{Bmatrix}, \boldsymbol{v} = \begin{bmatrix} N_i & N_j & N_k \end{bmatrix} \begin{Bmatrix} v_i \\ v_j \\ v_k \end{Bmatrix}$ $N_i = \dfrac{1}{2\Delta}(a_i + b_i x + c_i y) \quad N_j = \dfrac{1}{2\Delta}(a_j + b_j x + c_j y) \quad N_k = \dfrac{1}{2\Delta}(a_k + b_k x + c_k y)$ $\begin{cases} a_i = x_j y_k - x_k y_j & b_i = y_j - y_k & c_i = x_k - x_j \\ a_j = x_k y_i - x_i y_k & b_j = y_k - y_i & c_j = x_i - x_k \\ a_k = x_i y_j - x_j y_i & b_k = y_i - y_j & c_k = x_j - x_i \end{cases}$ $\Delta = \dfrac{1}{2}(b_i c_j - b_j c_i)$
4	应　变	$\boldsymbol{\varepsilon}^e$	$\boldsymbol{\varepsilon}^e = \begin{bmatrix} \varepsilon_x & \varepsilon_y & \gamma_{xy} \end{bmatrix}^{\mathrm{T}} = \boldsymbol{B}\boldsymbol{\delta}^e$ $\boldsymbol{B} = \dfrac{1}{2\Delta} \begin{bmatrix} b_i & 0 & b_j & 0 & b_k & 0 \\ 0 & c_i & 0 & c_j & 0 & c_k \\ c_i & b_i & c_j & b_j & c_k & b_k \end{bmatrix}$

（续）

序号	类　别	符号	公　　式
5	应　力	$\boldsymbol{\sigma}^e$	$\boldsymbol{\sigma}^e = \begin{bmatrix} \sigma_x & \sigma_y & \tau_{xy} \end{bmatrix}^T = \boldsymbol{D}\boldsymbol{\varepsilon}^e = \boldsymbol{DB}\boldsymbol{\delta}^e = \boldsymbol{S}\boldsymbol{\delta}^e$ 平面应力问题 $$\boldsymbol{D} = \frac{E}{1-\mu^2} \begin{bmatrix} 1 & \mu & 0 \\ \mu & 1 & 0 \\ 0 & 0 & \dfrac{1-\mu}{2} \end{bmatrix}$$ $$\boldsymbol{S} = \frac{E}{2(1-\mu^2)\Delta} \begin{bmatrix} b_i & \mu c_i & b_j & \mu c_j & b_k & \mu c_k \\ \mu b_i & c_i & \mu b_j & c_j & \mu b_k & c_k \\ \dfrac{1-\mu}{2}c_i & \dfrac{1-\mu}{2}b_i & \dfrac{1-\mu}{2}c_j & \dfrac{1-\mu}{2}b_j & \dfrac{1-\mu}{2}c_k & \dfrac{1-\mu}{2}b_k \end{bmatrix}$$ 平面应变问题 将 $\boldsymbol{D}$ 和 $\boldsymbol{S}$ 式中的 E 和 μ 分别换成 $E/(1-\mu^2)$ 和 $\mu/(1-\mu)$ 即可
6	单元刚度矩阵	$\overline{\boldsymbol{K}}^e$	$$\overline{\boldsymbol{K}}^e = \boldsymbol{B}^T \boldsymbol{DB}d\Delta = \begin{bmatrix} [k_{ii}^e] & [k_{ij}^e] & [k_{ik}^e] \\ [k_{ji}^e] & [k_{jj}^e] & [k_{jk}^e] \\ [k_{ki}^e] & [k_{kj}^e] & [k_{kk}^e] \end{bmatrix}$$ 平面应力问题 $$\boldsymbol{k}_{rs}^e = \frac{Ed}{4(1-\mu^2)\Delta} \begin{bmatrix} b_r b_s + \dfrac{1-\mu}{2}c_r c_s & \mu b_r c_s + \dfrac{1-\mu}{2}c_r b_s \\ \mu c_r b_s + \dfrac{1-\mu}{2}b_r c_s & c_r c_s + \dfrac{1-\mu}{2}b_r b_s \end{bmatrix}$$ $$(r=i,j,k; s=i,j,k)$$ 平面应变问题 将上式中的 E 和 μ 分别换成 $E/(1-\mu^2)$ 和 $\mu/(1-\mu)$ 即可
7	总刚度矩阵	$\boldsymbol{K}$	$$\boldsymbol{K} = \sum_{e=1}^{m} \boldsymbol{K}^e$$ $$\boldsymbol{K}^e = \begin{matrix} & 1 & i & j & k & n & \\ & \begin{bmatrix} \vdots & \vdots & \vdots & \vdots & \vdots \\ \cdots & k_{ii}^e & k_{ij}^e & k_{ik}^e & \cdots \\ \cdots & k_{ji}^e & k_{jj}^e & k_{jk}^e & \cdots \\ \cdots & k_{ki}^e & k_{kj}^e & k_{kk}^e & \cdots \\ \vdots & \vdots & \vdots & \vdots & \vdots \end{bmatrix} & \begin{matrix} 1 \\ i \\ j \\ k \\ n \end{matrix} \end{matrix}$$
8	整体平衡方程		$$\boldsymbol{KU} = \boldsymbol{F}$$ $$\boldsymbol{U} = \begin{bmatrix} u_1 & v_1 & u_2 & v_2 & \cdots & u_{2n} & v_{2n} \end{bmatrix}^T$$ $$\boldsymbol{F} = \begin{bmatrix} X_1 & Y_1 & X_2 & Y_2 & \cdots & X_{2n} & Y_{2n} \end{bmatrix}^T$$
9	节点等效载荷		集中力 与 X 轴平行的三角形分布面力

（续）

序号	类　别	符号	公　　式
9	节点等效载荷		与 X 轴平行的均布面力 体积力

备注　N_i、N_j、N_k—单元的形状函数，简称形函数；Δ—三角形单元的面积；$\boldsymbol{B}$—几何矩阵，其各元素均为常量；$\boldsymbol{D}$—弹性矩阵；$\boldsymbol{S}$—应力矩阵；d—单元厚度；m—单元数；$\boldsymbol{K}^e$—$\overline{\boldsymbol{K}}^e$ 扩充成的 $2n \times 2n$ 阶单元贡献矩阵；n—节点数；$\boldsymbol{U}$—所有节点的位移矢量；$\boldsymbol{F}$—所有节点的节点力矢量，为直接作用于节点上的集中载荷矢量与等效节点载荷矢量之和

【例 13.11-1】 图 13.11-2 示一对角受压方板，载荷 $2F$ 沿厚度（垂直图面的 z 方向）均匀分布，$2F = 2\text{kN/m}$，板厚 $d = 1\text{m}$，波松比 $\mu = 1/4$。

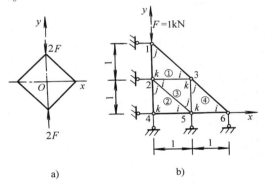

图 13.11-2　对角受压正方形板（长度单位:m）
a) 方板受力　b) 单元划分图

解　（1）离散化。由于 xz 面及 yz 面都是方板的对称面，所以只取 1/4 部分作为计算对象，并将该部分分为四个三角形单元，并标出总的节点编码，如图 13.11-2b。由于 y 轴上的节点的水平位移为零，故在 1，2，4 节点放置水平支杆；同理在 x 轴上的节点的竖直位移为零，故在 4，5，6 节点处安置竖直支杆。在图 13.11-2 的每一三角形内角处按反时标出局部号码 i，j，k。

（2）计算单元刚度矩阵。根据节点坐标，按表 13.11-1 的序号 3 计算位移函数中的系数和单元面积，见表 13.11-2。

再按表 13.11-1 序号 6，平面应力问题，计算单元刚阵中的子阵，例如单元①

$$\frac{Ed}{4(1-\mu^2)\Delta} = \frac{E \times 1}{4(1-1/16) \times 0.5} = \frac{8E}{15} = E',$$

$$\frac{1-\mu}{2} = \frac{3}{8}$$

表 13.11-2　单 元 数 据

单元	节点编号 i,j,k	节点坐标/m x_i, y_i	x_j, y_j	x_k, y_k	系　　数 $a_i/\text{m}^2, a_j/\text{m}^2, a_k/\text{m}^2$	$b_i/\text{m}, b_j/\text{m}, b_k/\text{m}$	$c_i/\text{m}, c_j/\text{m}, c_k/\text{m}$	面积 $/\text{m}^2$
1	3,1,2	1,1	0,2	0,1	0,−1,2	1,0,−1	0,1,−1	0.5
2	5,2,4	1,0	0,1	0,0	0,0,1	1,0,−1	0,1,−1	0.5
3	2,5,3	0,1	1,0	1,1	1,1,−1	−1,0,1	0,−1,1	0.5
4	6,3,5	2,0	1,1	1,0	−1,0,2	1,0,−1	0,1,−1	0.5

$$[k_{ii}^1] = E' \begin{bmatrix} 1 \times 1 + \dfrac{3}{8} \times 0 \times 0 & \dfrac{1}{4} \times 1 \times 0 + \dfrac{3}{8} \times 0 \times 1 \\ \dfrac{1}{4} \times 0 \times 1 + \dfrac{3}{8} \times 1 \times 0 & 0 \times 0 + \dfrac{3}{8} \times 1 \times 1 \end{bmatrix} = E' \begin{bmatrix} 1 & 0 \\ 0 & \dfrac{3}{8} \end{bmatrix}$$

$$[k_{ij}^1] = E' \begin{bmatrix} 1 \times 0 + \dfrac{3}{8} \times 0 \times 1 & \dfrac{1}{4} \times 1 \times 1 + \dfrac{3}{8} \times 0 \times 0 \\ \dfrac{1}{4} \times 0 \times 0 + \dfrac{3}{8} \times 1 \times 1 & 0 \times 1 + \dfrac{3}{8} \times 1 \times 0 \end{bmatrix} = E' \begin{bmatrix} 0 & \dfrac{1}{4} \\ \dfrac{3}{8} & 0 \end{bmatrix}$$

类似地求出 $[k_{ik}^1], \cdots, [k_{kk}^1]$，然后组成单元①的单元刚阵：

$$\overline{K}^1 = \begin{bmatrix} [k_{ii}^1] & [k_{ij}^1] & [k_{ik}^1] \\ [k_{ji}^1] & [k_{jj}^1] & [k_{jk}^1] \\ [k_{ki}^1] & [k_{kj}^1] & [k_{kk}^1] \end{bmatrix} = E' \begin{bmatrix} 1 & 0 & 0 & 1/4 & -1 & -1/4 \\ 0 & 3/8 & 3/8 & 0 & -3/8 & -3/8 \\ 0 & 3/8 & 3/8 & 0 & -3/8 & -3/8 \\ 1/4 & 0 & 0 & 1 & -1/4 & -1 \\ -1 & -3/8 & -3/8 & -1/4 & 11/8 & 5/8 \\ -1/4 & -3/8 & -3/8 & -1 & 5/8 & 11/8 \end{bmatrix}$$

同理求出其他的单元刚阵，发现 $\overline{K}^1 = \overline{K}^2 = \overline{K}^3 = \overline{K}^4$。注意单元刚阵是对称矩阵。

（3）建立总刚阵。首先将单元刚阵扩充成单元贡献矩阵。在扩充成单元贡献矩阵时，节点位移要按结构的总体节点编码排序，单元刚阵的子阵也应按这一顺序迁移到正确位置。现以单元②为例，它的局部编码 i, j, k 分别是 5, 2, 4。其贡献矩阵是式（a），在式（a）中示出单元②的刚阵的子阵的位置。在式（a）中所有空白均是二阶零子阵。单元②的贡献矩阵表示为 K^2。

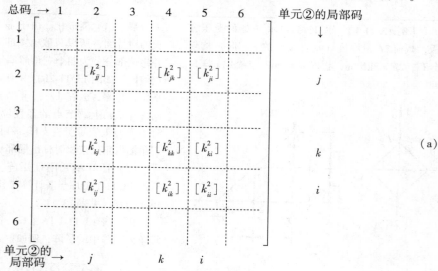

将各单元刚阵均扩充成贡献矩阵，按表 13.11-1 的序号 7 将它们相加即得总刚阵 $K = \sum K^e$，即是式（b）中的 12×12 阶矩阵。总刚阵也是对称矩阵。

（4）整体节点外力矢量 F 和整体节点位移矢量 U。先看整体节点外力矢量。例如节点 1 的 X_1 是该节点的未知支杆反力（沿水平方向），$Y_1 = -1$kN 是该节点的竖直向下载荷。节点 2 的 X_2 是该节点的未知支杆反力（沿 x 方向），而 $Y_2 = 0$。其余可对照图 13.11-2b 类似考虑。最后所有节点外力矢量是

$$F = [X_1 \ -1 \ X_2 \ 0 \ 0 \ 0 \ X_4 \ Y_4 \ 0 \ Y_5 \ 0 \ Y_6]^\mathrm{T}$$

符号 T 表示矩阵转置。再考虑整体节点位移矢量，注意安置支杆的节点沿支杆方向的位移是零，由图 13.11-2b 可知 $u_1 = u_2 = u_4 = v_4 = v_5 = v_6 = 0$，于是整体节点位移矢量是

$$U = [0 \ v_1 \ 0 \ v_2 \ u_3 \ v_3 \ 0 \ 0 \ u_5 \ 0 \ u_6 \ 0]^\mathrm{T}$$

（5）按表 13.11-1 序号 8 写出 $KU = F$，即式（b），式中总刚阵的空白均是二阶零子阵。

$$
E'
\begin{bmatrix}
3/8 & 0 & -3/8 & -3/8 & 0 & 3/8 & & & & & & \\
0 & 1 & -1/4 & -1 & 1/4 & 0 & & & & & & \\
-3/8 & -1/4 & 11/4 & 5/8 & -2 & -5/8 & -3/8 & -3/8 & 0 & 5/8 & & \\
-3/8 & -1 & 5/8 & 11/4 & -5/8 & -3/4 & -1/4 & -1 & 5/8 & 0 & & \\
0 & 1/4 & -2 & -5/8 & 11/4 & 5/8 & & & -3/4 & -5/8 & 0 & 3/8 \\
3/8 & 0 & -5/8 & -3/4 & 5/8 & 11/4 & & & -5/8 & -2 & 1/4 & 0 \\
-3/8 & -1/4 & & & & & 11/8 & 5/8 & -1 & -3/8 & & \\
-3/8 & -1 & & & & & 5/8 & 11/8 & -1/4 & -3/8 & & \\
0 & 5/8 & -3/4 & -5/8 & -1 & -1/4 & 11/4 & 5/8 & -1 & -3/8 & & \\
5/8 & 0 & -5/8 & -2 & -3/8 & -3/8 & 5/8 & 11/4 & -1/4 & -3/8 & & \\
0 & 1/4 & & & & & -1 & -1/4 & 1 & 0 & & \\
3/8 & 0 & & & & & -3/8 & -3/8 & 0 & 3/8 & &
\end{bmatrix}
\begin{Bmatrix}
0 \\ v_1 \\ 0 \\ v_2 \\ u_3 \\ v_3 \\ 0 \\ 0 \\ u_5 \\ u_6 \\ 0 \\ 0
\end{Bmatrix}
=
\begin{Bmatrix}
X_1 \\ -1 \\ X_2 \\ 0 \\ 0 \\ 0 \\ X_4 \\ Y_4 \\ 0 \\ Y_5 \\ 0 \\ Y_6
\end{Bmatrix}
\quad (b)
$$

(6) 求解节点位移。式（b）是一个包含 12 个方程的线性方程组。由式（b）可看出，凡是位移已知时，对应的节点外力就是未知的；而位移未知时，对应的节点外力就是已知的。先看式（b）的第一个方程

$$
\frac{3}{8}E' \times 0 + 0 \times v_1 - \frac{3}{8}E' \times 0 - \frac{3}{8}E'v_2 + 0 \times u_3 + \frac{3}{8}E'v_3 = X_1 \quad (c)
$$

式（b）中的第三，第七，第八，第十，第十二个方程和上面的式（c）相仿，方程右端都是未知的支杆反力。由于我们不需求这些反力，所以这些方程可不考虑，这就相当于在式（b）左方将第一、三、七、八、十、十二诸行划去，在式（b）右方节点外力矢量 **F** 中也将这些行对应的元素划去。又总刚阵 **K** 中的第一列的元素在展开时与 u_1 相乘，而 $u_1 = 0$，故总刚阵的第一列可划掉。同理将 **K** 中与 $u_2 (=0)$，$u_4 (=0)$，$v_4 (=0)$，$v_5 (=0)$，$v_6 (=0)$ 分别相乘的第三、七、八、十、十二诸列也都划掉。然后将式（b）展开得到包含六个未知节点位移的线性方程组：

$$
\left.
\begin{aligned}
& E'v_1 - E'v_2 + \frac{1}{4}E'u_3 + 0 + 0 + 0 = -1 \\
& -E'v_1 + \frac{11}{4}E'v_2 - \frac{5}{8}E'u_3 - \frac{3}{4}E'v_3 + \frac{5}{8}E'u_5 + 0 = 0 \\
& \frac{1}{4}E'v_1 - \frac{5}{8}E'v_2 + \frac{11}{4}E'u_3 + \frac{5}{8}E'v_3 - \frac{3}{4}E'u_5 + 0 = 0 \\
& 0 - \frac{3}{4}E'v_2 + \frac{5}{8}E'u_3 + \frac{11}{4}E'v_3 - \frac{5}{8}E'u_5 + \frac{1}{4}E'u_6 = 0 \\
& 0 + \frac{5}{8}E'v_2 - \frac{3}{4}E'u_3 - \frac{5}{8}E'v_3 + \frac{11}{4}E'u_5 - E'u_6 = 0 \\
& 0 + 0 + 0 + \frac{1}{4}E'v_3 - E'u_5 + E'u_6 = 0
\end{aligned}
\right\}
\quad (d)
$$

将 $E' = 8E/15$ 代入式（d）解此方程组，再将已知的节点位移一并列入得

$$
\left.
\begin{aligned}
& u_1 = 0, \ v_1 = -3.285/E, \ u_2 = 0, \ v_2 = -1.358/E, \ u_3 = +0.207/E \\
& v_3 = -0.358/E, \ u_4 = 0, \ v_4 = 0, \ u_5 = +0.497/E, \ v_5 = 0 \\
& u_6 = +0.586/E, \ v_6 = 0
\end{aligned}
\right\}
\quad (e)
$$

(7) 计算各单元应力。先看单元①，利用表 13.11-1 序号 5，平面应力问题，计算应力矩阵。

$$
\frac{E}{2(1-\mu^2)\Delta} = \frac{16}{15}E
$$

$$S^1 = \frac{16}{15}E \begin{bmatrix} 1 & 0 & 0 & \frac{1}{4} & -1 & -\frac{1}{4} \\ \frac{1}{4} & 0 & 0 & 1 & -\frac{1}{4} & -1 \\ 0 & \frac{3}{8} & \frac{3}{8} & 0 & -\frac{3}{8} & -\frac{3}{8} \end{bmatrix}$$

(f)

注意单元①的 $i=3, j=1, k=2$，故单元①的节点位移矢量是

$$\boldsymbol{\delta}^1 = \left[\frac{0.207}{E} \quad -\frac{0.358}{E} \quad 0 \quad -\frac{3.285}{E} \quad 0 \quad -\frac{1.358}{E} \right]^T$$

(g)

将式(f),(g)代入 $\boldsymbol{\sigma}^e = \boldsymbol{S}\boldsymbol{\delta}^e$ 得到单元①的应力分量:

$$\sigma_x/kPa = \frac{16}{15}E \left[1 \times \frac{0.207}{E} + \frac{1}{4}\left(-\frac{3.285}{E} \right) \right.$$
$$\left. -\frac{1}{4}\left(-\frac{1.358}{E} \right) \right]$$
$$= -0.293$$

$$\sigma_y/kPa = \frac{16}{15}E \left[\frac{1}{4} \times \frac{0.207}{E} + 1 \times \left(-\frac{3.285}{E} \right) \right.$$
$$\left. -1 \times \left(-\frac{1.358}{E} \right) \right]$$
$$= -2.00$$

$$\tau_{xy}/kPa = \frac{16}{15}E \left[\frac{3}{8}\left(-\frac{0.358}{E} \right) - \right.$$
$$\left. \frac{3}{8}\left(-\frac{1.358}{E} \right) \right]$$
$$= 0.4$$

其他单元的应力可类似计算,最后结果见表 13.11-3。

表 13.11-3　例 13.11-1 各单元的应力

单元号	①	②	③	④
σ_x/kPa	-0.293	0.168	0.125	≈0
σ_y/kPa	-2.00	-1.316	-0.327	-0.358
τ_{xy}/kPa	0.4	0	0.284	-0.116

这个例题共划分四个单元,共包括六个节点,因而计算结果不准确,目的只是说明有限元法的解题步骤。例题中设板厚 $d=1m$,只是为了计算方便而已。

在解具体问题中,要划分大量的单元,其计算须用计算机和软件完成。在机械工程中,目前常用 ANSYS, MATLAB 等软件。单元的划分,可以自动完成。单元划分愈细,结果愈精确。在结构的不同部位可采用大小不同的单元,如在应力集中处,单元划分得细一些。为避免过大的误差,划分单元时,每个三角形的三边边长不宜相差过大。

对于弹性力学平面问题除了三角形单元外,还有矩形单元,六节点三角形单元。对于空间问题可采用四面体单元,六面体单元等,可查阅专业书籍[9,10,11]。

有限元分析计算由于经常是简化结构实际构造进行的,因此,做为方案比较是很有力的工具;对实际结构虽有一定的误差,但通常能满足工程要求。

参 考 文 献

[1] 机械工程手册电机工程手册编辑委员会.机械工程手册:基础理论卷[M].2 版.北京:机械工业出版社,1996.

[2] (苏)皮萨连科, 等.材料力学手册[M].范钦珊等译.北京:中国建筑工业出版社,1981.

[3] Timoshenko S, Gere J. Mechanics of Materials[M]. New York:Reinhold, 1973.

[4] феодосьев В. И. Сопротивление Материалов [M].Москва:Наука, 1986.

[5] 刘鸿文.材料力学[M].北京:高等教育出版社,1992.

[6] 苏翼林.材料力学[M].天津:天津大学出版社,

2005.

[7] 贾有权.材料力学实验[M].北京:高等教育出版社,1984.

[8] 苏翼林.材料力学难题分析[M].北京:高等教育出版社,1988.

[9] 谢贻权,何福保.弹性和塑性力学中的有限单元法.北京:机械工业出版社,1981.

[10] 龙驭球, 等.新型有限元论[M].北京:清华大学出版社,2003.

[11] 廖伯瑜, 等.现代机械动力学及其工程应用[M].北京:机械工业出版社,2004.

第14篇　数　　学

主　编　齐植兰

1　代　数[1,2]

1.1　恒等式与不等式

(1) $a^n - b^n = (a - b)(a^{n-1} + a^{n-2}b + a^{n-3}b^2 + \cdots + ab^{n-2} + b^{n-1})$

（n 为正整数）

(2) $a^n - b^n = (a + b)(a^{n-1} - a^{n-2}b + a^{n-3}b^2 - \cdots + ab^{n-2} - b^{n-1})$

（n 为偶数）

(3) $a^n + b^n = (a + b)(a^{n-1} - a^{n-2}b + a^{n-3}b^2 - \cdots - ab^{n-2} + b^{n-1})$

（n 为奇数）

(4) $a^3 + b^3 + c^3 - 3abc = (a + b + c)(a^2 + b^2 + c^2 - ab - bc - ca)$

(5) $a^4 + a^2b^2 + b^4 = (a^2 + ab + b^2)(a^2 - ab + b^2)$

(6) $a^2 + b^2 + c^2 - ab - bc - ca = \dfrac{1}{2}\{(a - b)^2 + (b - c)^2 + (c - a)^2\}$

(7) $(a - b)^3 + (b - c)^3 + (c - a)^3 = 3(a - b)(b - c)(c - a)$

(8) $(a + b)^n = a^n + na^{n-1}b + \dfrac{n(n-1)}{2!}a^{n-2}b^2 + \cdots + \dfrac{n(n-1)\cdots(n-k+1)}{k!}a^{n-k}b^k + \cdots + b^n$

（n 为正整数）

(9) 设 $a_i (i = 1, 2, \cdots, n)$ 都是正数，则

1) $\dfrac{a_1 + a_2 + \cdots + a_n}{n} \geqslant \sqrt[n]{a_1 a_2 \cdots a_n}$

2) $\left(\dfrac{a_1 + a_2 + \cdots + a_n}{n}\right)^k \leqslant \dfrac{a_1^k + a_2^k + \cdots + a_n^k}{n}$

$k \geqslant 1$

$\left(\dfrac{a_1 + a_2 + \cdots + a_n}{n}\right)^k \geqslant \dfrac{a_1^k + a_2^k + \cdots + a_n^k}{n}$

$0 < k \leqslant 1$

(10) 若 $\dfrac{a}{b} = \dfrac{c}{d}$，$a$、$b$、$c$、$d$ 都不等于零，则

$\dfrac{a + b}{a - b} = \dfrac{c + d}{c - d}$，$\dfrac{a}{b} = \dfrac{a + c}{b + d} = \dfrac{c}{d}$

(11) 若 $\dfrac{a}{b} < \dfrac{c}{d}$，且 b、d 同号，则

$\dfrac{a}{b} < \dfrac{a + c}{b + d} < \dfrac{c}{d}$

(12) $|a \pm b| \leqslant |a| + |b|$，$|a \pm b| \geqslant |a| - |b|$

(13) 若 $|a| \leqslant b$，则 $-b \leqslant a \leqslant b$，反之也成立，若 $|a| > b$（$b \geqslant 0$），则 $a > b$ 或 $a < -b$

1.2　指数与对数

1. 指数　设 a、b 为正数，x、y 为实数，则

(1) $a^x a^y = a^{x+y}$　　(2) $\dfrac{a^x}{a^y} = a^{x-y}$

(3) $(a^x)^y = a^{xy}$　　(4) $a^x \cdot b^x = (ab)^x$

2. 对数　设 a 为正数，$a \neq 1$，则

(1) $\log_a(xy) = \log_a x + \log_a y$

(2) $\log_a\left(\dfrac{x}{y}\right) = \log_a x - \log_a y$

(3) $\log_a x^\alpha = \alpha \log_a x$（$\alpha$ 为任意实数）

(4) $\log_a b \log_b a = 1$

(5) $\log_a x = \dfrac{\log_b x}{\log_b a} = \log_b x \log_a b$

(6) $\log_{10} x = \lg x = \log_e x \log_{10} e = \ln x \lg e$

其中　$e = 2.71828\cdots$，$\lg e = 0.43429$，$\ln 10 = 2.30258$

1.3　数列

1. 等差数列　$a, a + d, a + 2d, \cdots, a + (n-1)d, \cdots$ 前 n 项和 $S_n = \left[a + \dfrac{1}{2}(n-1)d\right]n$

2. 等比数列　$a, aq, aq^2, \cdots, aq^{n-1}, \cdots$，前 n 项和 $S_n = a(1 - q^n)/(1 - q)$，当 $|q| < 1$，无穷等比数列的和即等比级数的和 $S = \lim\limits_{n \to \infty} S_n = a/(1 - q)$

3. 某些特殊数列的和

(1) $1 + 2 + 3 + \cdots + n = \dfrac{1}{2}n(n + 1)$

(2) $1^2 + 2^2 + 3^2 + \cdots + n^2 = \dfrac{1}{6}n(n+1)(2n+1)$

(3) $1^3 + 2^3 + 3^3 + \cdots + n^3 = \left[\dfrac{1}{2}n(n+1)\right]^2$

(4) $1 + 3 + 5 + \cdots + (2n - 1) = n^2$

(5) $1^2 + 3^2 + 5^2 + \cdots + (2n-1)^2$

$\quad = \dfrac{1}{3}n(2n-1)(2n+1)$

(6) $1^3 + 3^3 + 5^3 + \cdots + (2n-1)^3 = n^2(2n^2 - 1)$

(7) $1 \cdot 2 + 2 \cdot 3 + 3 \cdot 4 + \cdots + n(n+1)$

$\quad = \dfrac{1}{3}n(n+1)(n+2)$

(8) $1 \cdot 2 \cdot 3 + 2 \cdot 3 \cdot 4 + \cdots + n(n+1)(n+2) = \dfrac{1}{4}n(n+1)(n+2)(n+3)$

(9) $\dfrac{1}{1 \cdot 2} + \dfrac{1}{2 \cdot 3} + \dfrac{1}{3 \cdot 4} + \cdots + \dfrac{1}{n(n+1)}$

$\quad = 1 - \dfrac{1}{n+1} = \dfrac{n}{n+1}$

(10) $\dfrac{1}{1 \cdot 2 \cdot 3} + \dfrac{1}{2 \cdot 3 \cdot 4} + \dfrac{1}{3 \cdot 4 \cdot 5} + \cdots$

$\quad + \dfrac{1}{n(n+1)(n+2)}$

$\quad = \dfrac{1}{2}\left[\dfrac{1}{1 \cdot 2} - \dfrac{1}{(n+1)(n+2)} \right]$

1.4 排列与组合

1. 排列 从 m 个不同元素中，取出 n ($n < m$) 个元素的排列数

$A_m^n = m(m-1)(m-2)\cdots(m-(n-1))$

$\quad = \dfrac{m!}{(m-n)!}$

2. 全排列 n 个元素的全排列数

$P_n = A_n^n = n(n-1)(n-2)\cdots 3 \cdot 2 \cdot 1 = n!$

3. 组合 从 m 个不同元素中，取出 n 个不同元素的组合数

$C_m^n = \dfrac{A_m^n}{P_n} = \dfrac{m!}{n!(m-n)!}$

C_m^n 满足：

(1) $C_m^n = C_m^{m-n}$

(2) $C_m^n + C_m^{n-1} = C_{m+1}^n$

(3) $C_n^0 + C_n^1 + C_n^2 + \cdots + C_n^n = 2^n$

从 m 个不同元素中，取出 n 个元素且容许重复的组合数

$H_m^n = \dfrac{m(m+1) \cdots (m+n-1)}{n!} = C_{m+n-1}^n$

1.5 二项式定理

(1) $(a+b)^n = a^n + C_n^1 a^{n-1} b + C_n^2 a^{n-2} b^2 + \cdots + C_n^k a^{n-k} b^k + \cdots + C_n^{n-1} ab^{n-1} + b^n$

(2) $(1+x)^n = 1 + C_n^1 x + C_n^2 x^2 + \cdots + C_n^{n-1} x^{n-1} + x^n$

2 三 角[1,2]

2.1 三角函数与反三角函数（表 14.2-1）

表 14.2-1 三角函数与反三角函数

名称	记号	周期	反函数	主值区间
正弦	$y = \sin x$	2π	$y = \arcsin x$	$-\dfrac{\pi}{2} \leqslant y \leqslant \dfrac{\pi}{2}$
余弦	$y = \cos x$	2π	$y = \arccos x$	$0 \leqslant y \leqslant \pi$
正切	$y = \tan x$	π	$y = \arctan x$	$-\dfrac{\pi}{2} < y < \dfrac{\pi}{2}$
余切	$y = \cot x$	π	$y = \text{arccot} x$	$0 < y < \pi$
正割	$y = \sec x$ $= \dfrac{1}{\cos x}$	2π	$y = \text{arcsec} x$	当 $x \geqslant 1$, $0 \leqslant y < \dfrac{\pi}{2}$ 当 $x \leqslant -1$, $-\pi \leqslant y < -\dfrac{\pi}{2}$

（续）

名称	记号	周期	反函数	主值区间
余割	$y = \text{cosec} x$ $= \dfrac{1}{\sin x}$	2π	$y = \text{arccosec} x$	当 $x \geqslant 1$, $0 < y \leqslant \dfrac{\pi}{2}$ 当 $x \leqslant -1$, $-\pi < y \leqslant -\dfrac{\pi}{2}$

2.2 基本恒等式

1. 同角的三角函数关系式

(1) $\sin\alpha \text{cosec}\alpha = 1$ (2) $\cos\alpha \sec\alpha = 1$

(3) $\tan\alpha \cot\alpha = 1$ (4) $\tan\alpha = \dfrac{\sin\alpha}{\cos\alpha}$

(5) $\cot\alpha = \dfrac{\cos\alpha}{\sin\alpha}$ (6) $\sin^2\alpha + \cos^2\alpha = 1$

(7) $\sec^2\alpha - \tan^2\alpha = 1$ (8) $\text{cosec}^2\alpha - \cot^2\alpha = 1$

2. 和（差）角公式

（1）$\sin(\alpha \pm \beta) = \sin\alpha\cos\beta \pm \cos\alpha\sin\beta$

（2）$\cos(\alpha \pm \beta) = \cos\alpha\cos\beta \mp \sin\alpha\sin\beta$

（3）$\tan(\alpha \pm \beta) = \dfrac{\tan\alpha \pm \tan\beta}{1 \mp \tan\alpha\tan\beta}$

（4）$\cot(\alpha \pm \beta) = \dfrac{\cot\alpha\cot\beta \mp 1}{\cot\beta \pm \cot\alpha}$

（5）$\sin\alpha \pm \sin\beta$
$$= 2\sin\frac{1}{2}(\alpha \pm \beta)\cos\frac{1}{2}(\alpha \mp \beta)$$

（6）$\cos\alpha + \cos\beta$
$$= 2\cos\frac{1}{2}(\alpha + \beta)\cos\frac{1}{2}(\alpha - \beta)$$

（7）$\cos\alpha - \cos\beta$
$$= -2\sin\frac{1}{2}(\alpha + \beta)\sin\frac{1}{2}(\alpha - \beta)$$

（8）$\tan\alpha \pm \tan\beta = \sin(\alpha \pm \beta)/(\cos\alpha\cos\beta)$

（9）$\cot\alpha \pm \cot\beta = \sin(\beta \pm \alpha)/(\sin\alpha\sin\beta)$

（10）$\sin\alpha\sin\beta = \dfrac{1}{2}\left[\cos(\alpha - \beta) - \cos(\alpha + \beta)\right]$

（11）$\cos\alpha\cos\beta = \dfrac{1}{2}\left[\cos(\alpha - \beta) + \cos(\alpha + \beta)\right]$

（12）$\sin\alpha\cos\beta = \dfrac{1}{2}\left[\sin(\alpha + \beta) + \sin(\alpha - \beta)\right]$

3. 倍（半）角公式

（1）$\sin2\alpha = 2\sin\alpha\cos\alpha$

（2）$\sin3\alpha = 3\sin\alpha - 4\sin^3\alpha$

（3）$\cos2\alpha = \cos^2\alpha - \sin^2\alpha$
$$= 2\cos^2\alpha - 1 = 1 - 2\sin^2\alpha$$

（4）$\cos3\alpha = 4\cos^3\alpha - 3\cos\alpha$

（5）$\tan2\alpha = 2\tan\alpha/(1 - \tan^2\alpha)$

（6）$\tan3\alpha = (3\tan\alpha - \tan^3\alpha)/(1 - 3\tan^2\alpha)$

（7）$\sin\dfrac{\alpha}{2} = \pm\sqrt{(1 - \cos\alpha)/2}$

（8）$\cos\dfrac{\alpha}{2} = \pm\sqrt{(1 + \cos\alpha)/2}$

（9）$\tan\dfrac{\alpha}{2} = \pm\sqrt{(1 - \cos\alpha)/(1 + \cos\alpha)}$
$$= \sin\alpha/(1 + \cos\alpha)$$
$$= (1 - \cos\alpha)/\sin\alpha$$

4. 关于反三角函数的恒等式

（1）$\sin(\arcsin x) = \cos(\arccos x)$
$$= \tan(\arctan x) = x$$

（2）$\sin(\arccos x) = \sqrt{1 - x^2}$

（3）$\tan(\arcsin x) = x/\sqrt{1 - x^2}$

（4）$\cos(\text{arccot}\,x) = x/\sqrt{1 + x^2}$

（5）$\arcsin x + \arccos x = \dfrac{\pi}{2}$

（6）$\arctan x + \text{arccot}\,x = \dfrac{\pi}{2}$

2.3 斜三角形的边角关系（图 14.2-1）

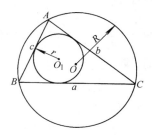

图 14.2-1　斜三角形边角关系

（1）正弦定理　$\dfrac{a}{\sin A} = \dfrac{b}{\sin B} = \dfrac{c}{\sin C} = 2R$

（2）余弦定理　$a^2 = b^2 + c^2 - 2bc\cos A$
$$b^2 = c^2 + a^2 - 2ca\cos B$$
$$c^2 = a^2 + b^2 - 2ab\cos C$$

（3）正切定理　$\dfrac{a - b}{a + b} = \tan\dfrac{A - B}{2}\Big/\tan\dfrac{A + B}{2}$

（4）半角公式　$\sin\dfrac{A}{2} = \sqrt{\dfrac{(p - b)(p - c)}{bc}}$

$\cos\dfrac{A}{2} = \sqrt{\dfrac{p(p - a)}{bc}}\quad \tan\dfrac{A}{2} = \sqrt{\dfrac{(p - b)(p - c)}{p(p - a)}}$

其中　$2p = a + b + c$，为三角形周长。

（5）三角形面积　$S = \dfrac{1}{2}ab\sin C =$

$\dfrac{1}{2}\dfrac{c^2\sin A\sin B}{\sin(A + B)} = \sqrt{p(p - a)(p - b)(p - c)}$

（6）外接圆半径　$R = \dfrac{a}{2\sin A} = \dfrac{abc}{4S}$

（7）内切圆半径

$$r = \dfrac{S}{p} = \sqrt{\dfrac{(p - a)(p - b)(p - c)}{p}}$$

$$= p\tan\dfrac{A}{2}\tan\dfrac{B}{2}\tan\dfrac{C}{2}$$

3 线性方程组与高次代数方程式[2,3]

3.1 行列式的定义及重要性质

1. 二阶行列式

$$|A| = \begin{vmatrix} a_{11} & a_{12} \\ a_{21} & a_{22} \end{vmatrix} = a_{11}a_{22} - a_{12}a_{21}$$

2. 三阶行列式

$$|A| = \begin{vmatrix} a_{11} & a_{12} & a_{13} \\ a_{21} & a_{22} & a_{23} \\ a_{31} & a_{32} & a_{33} \end{vmatrix} = a_{11}a_{22}a_{33} + a_{12}a_{23}a_{31} + a_{13}a_{21}a_{32} - a_{13}a_{22}a_{31} - a_{12}a_{21}a_{33} - a_{11}a_{23}a_{32}$$

3. n 阶行列式

$$|A| = \begin{vmatrix} a_{11} & a_{12} & \cdots & a_{1n} \\ a_{21} & a_{22} & \cdots & a_{2n} \\ \vdots & \vdots & & \vdots \\ a_{n1} & a_{n2} & \cdots & a_{nn} \end{vmatrix}$$

$$= \sum_{(i_1 i_2 \cdots i_n)} (-1)^{\tau(i_1 i_2 \cdots i_n)} a_{1i_1} a_{2i_2} \cdots a_{ni_n}$$

式中 $\tau(i_1 i_2 \cdots i_n)$ 表示 $(1,2,\cdots,n)$ 这 n 个文字的排列 $(i_1 i_2 \cdots i_n)$ 的逆序数;和号 $\sum\limits_{(i_1 i_2 \cdots i_n)}$ 是对 n 个文字的所有排列 $(i_1 i_2 \cdots i_n)$ 求和,共有 $n!$ 项。

在 n 阶行列式 $|A|$ 中,划去 a_{ij} 所在的第 i 行第 j 列后得一个 $n-1$ 阶子行列式,称为元素 a_{ij} 的余子式,记作 M_{ij};$A_{ij} = (-1)^{i+j} M_{ij}$ 称为元素 a_{ij} 的代数余子式。

行列式 $|A|$ 可依某一行（例如第 i 行）或某一列（例如第 j 列）展开为

$$|A| = a_{i1}A_{i1} + a_{i2}A_{i2} + \cdots + a_{in}A_{in}$$
$$(i = 1, 2, \cdots, n)$$
$$= a_{1j}A_{1j} + a_{2j}A_{2j} + \cdots + a_{nj}A_{nj}$$
$$(j = 1, 2, \cdots, n)$$

3.2 线性方程组的行列式解法——克拉默（Cramer）法则

含 n 个未知量 x_i $(i = 1, 2, \cdots, n)$, n 个方程的线性方程组

$$\sum_{j=1}^{n} a_{ij}x_j = b_i, i = 1, 2, \cdots, n$$

当系数行列式 $D = |a_{ij}| \neq 0$ 时,方程组有解

$$x_1 = \frac{D_1}{D}, \; x_2 = \frac{D_2}{D}, \; \cdots, \; x_n = \frac{D_n}{D},$$

其中 D_k $(k = 1, 2, \cdots, n)$ 为用方程组右边的常数项 b_1, b_2, $\cdots$, b_n 相应地替换行列式 D 中的第 k 列 a_{1k}, a_{2k}, $\cdots$, a_{nk} 所得到的行列式。

3.3 矩阵及其运算

1. 矩阵　mn 个元素 a_{ij} $(i = 1, 2, \cdots, m;$ $j = 1, 2, \cdots, n)$ 排成 m 行 n 列的矩阵,记作 $A_{m \times n} = (a_{ij})_{m \times n}$, 或简记作 $A = (a_{ij})$, 即

$$A = \begin{pmatrix} a_{11} & a_{12} & \cdots & a_{1n} \\ a_{21} & a_{22} & \cdots & a_{2n} \\ \vdots & \vdots & & \vdots \\ a_{m1} & a_{m2} & \cdots & a_{mn} \end{pmatrix}$$

当 $m = n$ 时称 A 为 n 阶方阵。n 阶方阵 A 所对应的行列式记作 $\det A$。

2. 矩阵的运算

（1）矩阵的相等、加减法与数乘。若 $A = (a_{ij})_{m \times n}$, $B = (b_{ij})_{m \times n}$ 则

$$A = B, \text{当且仅当 } a_{ij} = b_{ij}$$

$A \pm B = (a_{ij} \pm b_{ij})_{m \times n}$ 满足交换律 $A + B = B + A$,结合律 $A + (B + C) = (A + B) + C$

$kA = (ka_{ij})_{m \times n}$,其中 k 为数,满足 $k(A + B) = kA + kB$; $(k + l)A = kA + lA$; $k(lA) = (kl)A$

（2）乘法。若 $A = (a_{ij})_{m \times n}$, $B = (b_{ij})_{n \times s}$,则

$AB = C_{m \times s} = (c_{ij})_{m \times s}$，其中 $c_{ij} = \sum\limits_{k=1}^{n} a_{ik}b_{kj}$，$i = 1$，$2, \cdots, m$，$j = 1, 2, \cdots, s$；满足结合律 $A(BC) = (AB)C$ 及分配律 $A(B + C) = AB + AC$，但不满足交换律。

（3）若 A、B 都是 n 阶方阵，则 $\det(AB) = \det A \cdot \det B$，$\det(kA) = k^n \det A$。

（4）转置矩阵。若 $A = (a_{ij})_{m \times n}$ 则转置矩阵

$$A^{\mathrm{T}} = \begin{pmatrix} a_{11} & a_{21} & \cdots & a_{m1} \\ a_{12} & a_{22} & \cdots & a_{m2} \\ \cdots & \cdots & & \cdots \\ a_{1n} & a_{2n} & \cdots & a_{mn} \end{pmatrix}_{n \times m}$$

满足 $(A^{\mathrm{T}})^{\mathrm{T}} = A$，$(A + B)^{\mathrm{T}} = A^{\mathrm{T}} + B^{\mathrm{T}}$，$(AB)^{\mathrm{T}} = B^{\mathrm{T}}A^{\mathrm{T}}$。

3.4　伴随矩阵与逆矩阵

若 A 为 n 阶方阵，$A = (a_{ij})_{n \times n}$，$A_{ij}$ 是行列式 $\det A$ 中元素 a_{ij} 的代数余子式，则矩阵

$$A^{*} = \begin{pmatrix} A_{11} & A_{21} & \cdots & A_{n1} \\ A_{12} & A_{22} & \cdots & A_{n2} \\ \vdots & \vdots & & \vdots \\ A_{1n} & A_{2n} & \cdots & A_{nn} \end{pmatrix}$$

称为 A 的伴随矩阵。

对于 n 阶方阵 A，若存在 n 阶方阵 B，使 $AB = BA = E$，则称矩阵 A 是可逆的，称 B 为 A 的逆矩阵，记作 $B = A^{-1}$。

矩阵 A 可逆的充分必要条件是 $\det A \neq 0$。当 A 可逆，则 $A^{-1} = \dfrac{1}{\det A}A^{*}$。

逆矩阵具有性质：$(A^{-1})^{-1} = A$，$(A^{-1})^{\mathrm{T}} = (A^{\mathrm{T}})^{-1}$，$(kA)^{-1} = k^{-1}A^{-1}$（数 $k \neq 0$），$(AB)^{-1} = B^{-1}A^{-1}$，$\det(A^{-1}) = (\det A)^{-1}$。

3.5　矩阵的初等变换与矩阵的秩

1. 矩阵的初等变换　下列变换称为矩阵的初等变换：

（1）交换矩阵中两行（列）的位置；

（2）用不为零的数乘矩阵的某一行（列）中所有元素；

（3）用一个数乘矩阵的某一行（列）的所有元素加到另一行（列）的对应元素上。

2. 矩阵的子式与秩　在矩阵 $A = (a_{ij})_{m \times n}$ 中任取 k 行和 k 列（$k \leqslant \min(m, n)$），位于这 k 行 k 列的交点上的 k^2 个元素按原来的次序组成的行列式，称为矩阵 A 的一个 k 阶子式。

矩阵 A 中不为零的子式的最大阶数，称为矩阵 A 的秩，记作 $r(A)$。

3. 初等变换的性质

（1）任何矩阵 A 都可经有限次行与列的初等变换化为标准形

$$A_{m \times n} \longrightarrow \begin{pmatrix} E_r & O \\ O & O \end{pmatrix}_{m \times n}$$

其中，E_r 为 r 阶单位方阵，O 为零矩阵，且矩阵 A 的秩 $r(A) = r$，即对角线上 1 的个数为 r。

（2）矩阵经初等变换后，其秩不变。

（3）若 A 为可逆矩阵，则经初等变换 A 化为单位矩阵 E，且用初等行变换将矩阵 (A, E) 化为 (E, B)，则 $A^{-1} = B$。

3.6　线性方程组有解的判别法和解法

含 n 个未知量 $x_1, x_2, \cdots, x_n$，m 个方程的线性方程组

$$\sum_{j=1}^{n} a_{ij}x_j = b_i \quad (i = 1, 2, \cdots, m)$$

其矩阵形式为 $AX = b$，其中 $A = (a_{ij})_{m \times n}$，$b = (b_i)_{m \times 1}$，$X = (x_j)_{n \times 1}$。$A$ 称为方程组的系数矩阵，$B = (A \; b)_{m \times (n+1)}$ 称为增广矩阵，对应的齐次方程组的矩阵形式为 $AX = O$，$O = (0)_{m \times 1}$ 为零矩阵。

1. 线性方程组有解的判别定理

（1）方程组 $AX = b$ 有解的充分必要条件是系数矩阵 A 与增广矩阵 B 的秩相等；即 $r(A) = r(B)$。

1）当 $m = n$，且 $r(A) = n$，即 $\det A \neq 0$ 时方程组有唯一解 $X = A^{-1}b$；

2）当 $r(A) = r(B) = r < n$ 时，方程组有无穷多组解。

（2）齐次方程组 $AX = O$ 有非零解的充分必要条件是系数矩阵 A 的秩小于 n，即 $r(A) < n$。

2. 线性方程组的解法及解的结构

（1）当 $m = n$ 且 $r(A) = n$ 即 $\det A = D \neq 0$，由 3.2 节知方程组 $AX = b$ 有唯一解 $x_i = \dfrac{D_i}{D}$（$i = 1, 2, \cdots, n$）；齐次方程组 $AX = O$ 只有零解。

（2）当 $r(A) = r(B) = r < n$，此时 m 个方程中只有 r 个是线性无关的，即其余 $n - r$ 个方程可以由这 r 个方程的线性组合给出。不妨设前 r 个方程线性无关，且设前 r 未知量的系数 a_{ij}（$i, j = 1, 2, \cdots, r$）构成的行列式 $\Delta_r = |a_{ij}|_r \neq 0$，方程组 $AX = b$ 化为

$$
\begin{cases}
a_{11}x_1 + a_{12}x_2 + \cdots + a_{1r}x_r = b_1 - \\
\qquad a_{1\,r+1}x_{r+1} - \cdots - a_{1n}x_n \\
a_{21}x_1 + a_{22}x_2 + \cdots + a_{2r}x_r = b_2 - \\
\qquad a_{2\,r+1}x_{r+1} - \cdots - a_{2n}x_n \\
\text{---} \\
a_{r1}x_1 + a_{r2}x_2 + \cdots + a_{rr}x_r = b_r - \\
\qquad a_{r\,r+1}x_{r+1} - \cdots - a_{rn}x_n
\end{cases}
$$

按 3.2 节用克拉默法则可得到方程组的解，其中 $x_{r+1}, x_{r+2}, \cdots, x_n$ 可取任一值，从而方程组有无穷多组解，且每个解中 $x_1, x_2, \cdots, x_r$ 都可由 $x_{r+1}, x_{r+2}, \cdots, x_n$ 的线性组合表示。相应的齐次方程组 $AX = O$（即相当于 $b_1 = b_2 = \cdots = b_n = 0$ 的情形）也有无穷多组解，每个解中 $x_1, x_2, \cdots, x_r$ 也都由 $x_{r+1}, x_{r+2}, \cdots, x_n$ 的线性组合表示。令 $x_{r+1}, x_{r+2}, \cdots, x_n$ 中某个未知量取 1，其余未知量取 0，例如令 $x_{r+i} = 1$，其余未知量为 0（$i = 1, 2, \cdots, n - r$）得到 $n - r$ 组线性无关的解 $X^{(i)} = (x_1^{(i)}, x_2^{(i)}, \cdots, x_n^{(i)})$（$i = 1, 2, \cdots, n - r$）称为齐次方程组 $AX = O$ 的基础解系，$AX = O$ 的任一组解都可以由基础解系的线性组合表示。即 $AX = O$ 的一般解是

$$X = C_1 X^{(1)} + C_2 X^{(2)} + \cdots + C_{n-r} X^{(n-r)}$$

式中 $C_1、C_2、\cdots、C_{n-r}$，为任意常数。

若 $X^{(0)} = (x_1^{(0)}, x_2^{(0)}, \cdots, x_n^{(0)})$ 是方程组 $AX = b$ 的一个特解（即任意一个解），则 $AX = b$ 的全部解可以表示成

$$X = X^{(0)} + C_1 X^{(1)} + C_2 X^{(2)} + \cdots + C_{n-r} X^{(n-r)}$$

式中 $C_1、C_2、\cdots、C_{n-r}$，为任意常数。

3.7　高次代数方程

1. 一元二次方程 $ax^2 + bx + c = 0$ 的根为

$$x_1 = \frac{-b + \sqrt{b^2 - 4ac}}{2a}, \quad x_2 = \frac{-b - \sqrt{b^2 - 4ac}}{2a}$$

根 x_1、x_2 与方程的系数之间具有关系：

$$x_1 + x_2 = -\frac{b}{a}, \quad x_1 x_2 = \frac{c}{a}$$

判别式 $\Delta = b^2 - 4ac$，$\Delta > 0$ 时方程有两个不相等的实根；$\Delta = 0$ 时方程有二相等实根；$\Delta < 0$ 时方程有两个共轭复根。

2. 三次方程

（1）$x^3 - 1 = 0$ 的三个根为

$$x_1 = 1, \quad x_2 = \omega = \frac{-1 + \sqrt{3}i}{2},$$

$$x_3 = \omega^2 = \frac{-1 - \sqrt{3}i}{2}$$

（2）一般三次方程 $x^3 + ax^2 + bx + c = 0$，令 $x = y - \dfrac{a}{3}$，可将方程化为 $y^3 + py + q = 0$，记 $\Delta = \left(\dfrac{q}{2}\right)^2 + \left(\dfrac{p}{3}\right)^3$，则方程 $y^3 + py + q = 0$ 的三个根为

$$y_1 = \sqrt[3]{-\frac{q}{2} + \sqrt{\Delta}} + \sqrt[3]{-\frac{q}{2} - \sqrt{\Delta}},$$

$$y_2 = \omega \sqrt[3]{-\frac{q}{2} + \sqrt{\Delta}} + \omega^2 \sqrt[3]{-\frac{q}{2} - \sqrt{\Delta}},$$

$$y_3 = \omega^2 \sqrt[3]{-\frac{q}{2} + \sqrt{\Delta}} + \omega \sqrt[3]{-\frac{q}{2} - \sqrt{\Delta}}$$

3. 四次方程 $x^4 + bx^3 + cx^2 + dx + e = 0$ 其四个根分别满足下列两个二次方程

$$x^2 + \left(b + \sqrt{8y + b^2 - 4c}\right)\frac{x}{2} + \left(y + \frac{by - d}{\sqrt{8y + b^2 - 4c}}\right) = 0$$

$$x^2 + \left(b - \sqrt{8y + b^2 - 4c}\right)\frac{x}{2} + \left(y - \frac{by - d}{\sqrt{8y + b^2 - 4c}}\right) = 0$$

式中的 y 是三次方程

$$8y^3 - 4cy^2 + (2bd - 8e)y + e(4c - b^2) - d^2 = 0$$

的任一实根。

4. 五次以及更高次的代数方程　没有一般公式解法，只能用数值解求出根的近似值。

4 几 何[1,4]

4.1 平面解析几何

4.1.1 直线

（1）一般式：$Ax + By + C = 0$，（A，B 不同时为零）

（2）斜截式：$y = kx + b$，$k = \tan\alpha$ 为直线的斜率，α 为直线与 x 轴正向的夹角，b 为直线在 y 轴上的截距。

（3）截距式：$\dfrac{x}{a} + \dfrac{y}{b} = 1$，$a$、$b$ 分别为直线在 x、y 轴上的截距。

（4）点斜式：$y - y_0 = k(x - x_0)$，直线过点 (x_0, y_0)，斜率为 k。

（5）两点式：$\dfrac{y - y_1}{x - x_1} = \dfrac{y_2 - y_1}{x_2 - x_1}$，$(x_1, y_1)$，$(x_2, y_2)$ 为直线通过的两点。

（6）法线式：$x\cos\theta + y\sin\theta - p = 0$，或 $\dfrac{Ax + By + C}{\pm\sqrt{A^2 + B^2}} = 0$，根式前的符号取与 C 异号，当 $C = 0$ 时取与 B 同号，当 $C = B = 0$ 时取与 A 同号。

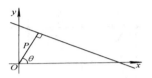

图 14.4-1　法线式

（7）参数式：$\begin{cases} x = x_0 + lt \\ y = y_0 + mt \end{cases}$，直线过点 (x_0, y_0)，斜率 $k = \dfrac{m}{l}$。

4.1.2 二次曲线

1. 圆　圆的一般方程为 $x^2 + y^2 + Ax + By + C = 0$，圆的各种形式的方程见表 14.4-1。

2. 椭圆、双曲线、抛物线（见表 14.4-2）

4.1.3 螺线

1. 阿基米德（Archimedes）螺线（等进螺线）

极坐标方程：$\rho = a\theta$

作图方法：参见图 14.4-2，以半径 $OA = 2a\pi$ 作圆，将圆周 n 等分，半径也 n 等分。从点 O 向各分点作射线，在第 k 条射线上由点 O 起截取长度等于点 O 到半径上第 k 个分点的距离，即 $2a\pi k/n$，就得到相应的螺线上的各点。

表 14.4-1　圆 的 方 程

直角坐标方程	圆心	半径	极坐标方程	参数方程	
$x^2 + y^2 = R^2$	$(0,0)$	R	$\rho = R$	$\begin{cases} x = R\cos t \\ y = R\sin t \end{cases}$	$(0 \leqslant t \leqslant 2\pi)$
$(x - a)^2 + (y - b)^2 = R^2$	(a,b)	R	$\rho^2 - 2\rho\rho_0\cos(\theta - \theta_0) + \rho_0^2 = R^2$ 圆心 (ρ_0, θ_0)	$\begin{cases} x = a + R\cos t \\ y = b + R\sin t \end{cases}$	$(0 \leqslant t \leqslant 2\pi)$
$x^2 + y^2 = ax$	$\left(\dfrac{a}{2}, 0\right)$	$\dfrac{a}{2}$	$\rho = a\cos\theta$ $\left(-\dfrac{\pi}{2} \leqslant \theta \leqslant \dfrac{\pi}{2}\right)$	$\begin{cases} x = \dfrac{a}{2}(1 + \cos t) \\ y = \dfrac{a}{2}\sin t \end{cases}$	$(0 \leqslant t \leqslant 2\pi)$
$x^2 + y^2 = ay$	$\left(0, \dfrac{a}{2}\right)$	$\dfrac{a}{2}$	$\rho = a\sin\theta \, (0 \leqslant \theta \leqslant \pi)$	$\begin{cases} x = \dfrac{a}{2}\cos t \\ y = \dfrac{a}{2}(1 + \sin t) \end{cases}$	$(0 \leqslant t \leqslant 2\pi)$

表 14.4-2　椭圆、双曲线、抛物线定义、方程及图形

名称	椭 圆	双 曲 线	抛 物 线
定义	动点 P 到两定点 F_1、F_2（焦点）的距离之和为一常量，P 的轨迹为椭圆 $|PF_1| + |PF_2| = 2a$	动点 P 到两定点 F_1、F_2（焦点）的距离之差为一常量，P 的轨迹为双曲线 $||PF_1| - |PF_2|| = 2a$	动点 P 到定点 F（焦点）和定直线 l（准线）的距离相等，P 的轨迹为抛物线 $|PF| = |PQ|$

（续）

名称	椭　　圆	双　曲　线	抛　物　线
图形			
直角坐标方程	$\dfrac{x^2}{a^2}+\dfrac{y^2}{b^2}=1$ 长轴 $2a$，短轴 $2b$，焦距 $2c$，$c=\sqrt{a^2-b^2}$	$\dfrac{x^2}{a^2}-\dfrac{y^2}{b^2}=1$ 实轴 $2a$，虚轴 $2b$，焦距 $2c$，$c=\sqrt{a^2+b^2}$	$y^2=2px\,(p>o)$ 焦参数 $=\lvert FK\rvert=p$
参数方程	$\begin{cases}x=a\cos t\\ y=b\sin t\end{cases}$	$\begin{cases}x=a\cosh t\\ y=b\sinh t\end{cases}$	$\begin{cases}x=2pt^2\\ y=2pt\end{cases}$
极坐标方程	$\rho^2=\dfrac{b^2}{1-e^2\cos^2\theta}$	$\rho^2=\dfrac{-b^2}{1-e^2\cos^2\theta}$	$\rho=\dfrac{2p\cos\theta}{1-\cos^2\theta}$
离心率	$e=\dfrac{c}{a}<1$	$e=\dfrac{c}{a}>1$	$e=1$
顶点	$A_1(-a,0),A_2(a,0)$ $B_1(0,-b),B_2(0,b)$	$A_1(-a,0),A_2(a,0)$	$0(0,0)$
焦点	$F_1(-c,0),F_2(c,0)$	$F_1(-c,0),F_2(c,0)$	$F\left(\dfrac{p}{2},0\right)$
准线	$l_1:x=-\dfrac{a^2}{c},l_2:x=\dfrac{a^2}{c}$	$l_1:x=-\dfrac{a^2}{c},l_2:x=\dfrac{a^2}{c}$	$l:x=-\dfrac{p}{2}$
渐近线		$y=\dfrac{b}{a}x,y=-\dfrac{b}{a}x$	
切线	$\dfrac{x_o x}{a^2}+\dfrac{y_o y}{b^2}=1$，切点 (x_o,y_o)	$\dfrac{x_o x}{a^2}-\dfrac{y_o y}{b^2}=1$，切点 (x_o,y_o)	$yy_o=p(x+x_o)$，切点 (x_o,y_o)

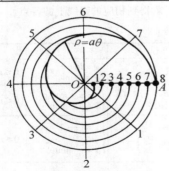

图 14.4-2　阿基米德螺线

2. 对数螺线（等角螺线）

极坐标方程：$\rho=a\mathrm{e}^{m\theta}$

特性：过螺线上任一点的切线与极径所夹的角 $\alpha=\operatorname{arccot}m$ 为一常数（图 14.4-3），因此用对数螺线作为成形铲齿铣刀铲背的轮廓线时，前角恒不改变。

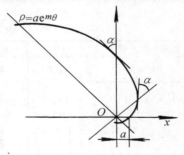

图 14.4-3　对数螺线

3. 圆柱螺旋线　动点 M 绕定轴 z 以等角速度 ω 回转，同时沿 z 轴以等速 v 平移，M 的轨迹就是圆柱螺旋线（图 14.4-4），其参数方程为

$$\begin{cases}x=r\cos\theta\\ y=r\sin\theta\\ z=\pm\dfrac{h}{2\pi}\theta\end{cases}$$

其中 r 为圆柱底半径,β 为螺旋角,h 为导程;$h = 2\pi r \cot\beta$。z 式右端取"$+$"("$-$")号时,为右(左)螺旋线。

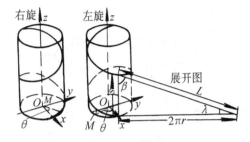

图 14.4-4 圆柱螺旋线

4.1.4 摆线

一动圆沿一曲线 c 作无滑动滚动时,与动圆相对固定的一点 P(可以在圆周上,也可以在圆内或圆外)的运动轨迹称为摆线,c 称为导曲线。

1. 普通摆线 导曲线 c 为直线,取为 x 轴,设动圆半径为 a,点 P 与圆的圆心距离为 b,动圆与 x 轴的切点为坐标原点 O,P 点的起始位置及坐标系如图 14.4-5a 所示,此时 P 点的运动轨迹方程为

$$\begin{cases} x = a\theta - b\sin\theta \\ y = a - b\cos\theta \end{cases}$$

当 $b = a$(P 的起始位置为 O),称为普通摆线(图 14.4-5b),方程为

$$\begin{cases} x = a(\theta - \sin\theta) \\ y = a(1 - \cos\theta) \end{cases}$$

当 $b > a$(或 $b < a$)时,称为长幅(或短幅)普通摆线(图 14.4-5c)。

2. 内摆线、外摆线 导线为定圆 c,点 P 与动圆的圆心距离为 d,定圆 c 的半径为 a,动圆半径为 b,定圆 c 的圆心为坐标原点 O,P 的起始位置和动圆圆心皆在 Ox 轴上。

a. 内摆线 当动圆在定圆内滚动时,P 点的轨迹方程为

$$\begin{cases} x = (a - b)\cos\theta + d\cos\dfrac{a-b}{b}\theta \\ y = (a - b)\sin\theta - d\sin\dfrac{a-b}{b}\theta \end{cases}$$

当 $d = b$ 时,即点 P 在动圆的圆周上时,称为内摆线。当 $d > b$(或 $d < b$)时,称为长(短)幅内摆线。

b. 外摆线 当动圆在定圆外滚动时,P 点的轨迹方程为

$$\begin{cases} x = (a + b)\cos\theta - d\cos\dfrac{a+b}{b}\theta \\ y = (a + b)\sin\theta - d\sin\dfrac{a+b}{b}\theta \end{cases}$$

当 $d = b$ 时,即点 P 在动圆的圆周上时,称为外摆线。当 $d > b$(或 $d < b$)时,称为长(短)幅外摆线。

在内外摆线中,若 $\dfrac{a}{b} = n$(n 为正整数),则 P 点的轨迹由 n 瓣组成,动点描完 n 瓣后回到起始点。

几种常见的内、外摆线的图形见表 14.4-3、表 14.4-4。

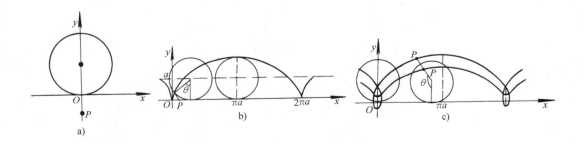

图 14.4-5 普通摆线

表 14.4-3　内　摆　线

$n = \dfrac{a}{b}$	$d = b$	$d \neq b$
2		
3		
4		

表 14.4-4　外　摆　线

$n = \dfrac{a}{b}$	$d = b$	$d \neq b$
1		
2		

（续）

$n = \dfrac{a}{b}$	$d = b$	$d \neq b$
3	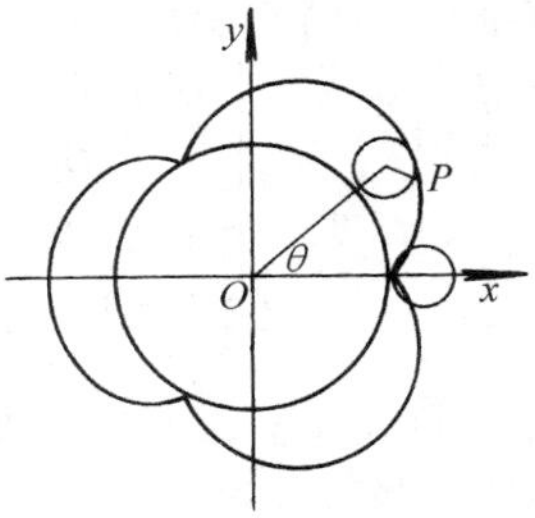	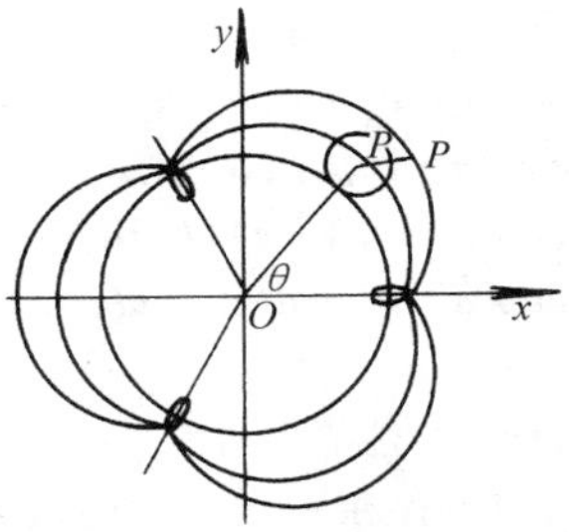

4.2 空间解析几何

4.2.1 矢量及其运算

1. 矢量 三维矢量 $a = \{x, y, z\} = xi + yj + zk$，$i, j, k$ 表示坐标单位矢量。e_a 表示 a 的单位矢量，$|e_a| = 1$，$a = |a|e_a$。$e_a = \cos\alpha i + \cos\beta j + \cos\gamma k$，$\alpha, \beta, \gamma$ 为矢量 a 的方向角。$\cos\alpha, \cos\beta, \cos\gamma$ 称为矢量 a 的方向余弦。$|a| = \sqrt{x^2 + y^2 + z^2}$

以点 $A(x_1, y_1, z_1)$ 为起点，以点 $B(x_2, y_2, z_2)$ 为终点的矢量 $\overrightarrow{AB} = (x_2 - x_1)i + (y_2 - y_1)j + (z_2 - z_1)k$

一般地，n 维矢量 a 可表示为 $a = \{a_1, a_2, \cdots, a_n\}$，其中 $a_i (i = 1, 2, \cdots, n)$ 表示 a 的第 i 个坐标（分量）。

2. 矢量的加法和数乘 若 $a = x_1 i + y_1 j + z_1 k$，$b = x_2 i + y_2 j + z_2 k$，则 $a \pm b = (x_1 \pm x_2)i + (y_1 \pm y_2)j + (z_1 \pm z_2)k$，$ka = kx_1 i + ky_1 j + kz_1 k$

加法与数乘具有以下性质：

$a + b = b + a, (a + b) + c = a + (b + c), a + o = a,$
$(k_1 + k_2)a = k_1 a + k_2 a, k_1(k_2 a) = (k_1 k_2)a, k(a + b) = ka + kb, |a + b| \leqslant |a| + |b|, |ka| = |k||a|$

3. 矢量的数量积和矢量积 若 $a = x_1 i + y_1 j + z_1 k, b = x_2 i + y_2 j + z_2 k$，$a, b$ 的夹角记作 $(\widehat{a, b})$，则 a, b 的数量积（内积）

$$a \cdot b = |a||b| \cos(\widehat{a, b}) = x_1 x_2 + y_1 y_2 + z_1 z_2$$

数量积具有以下性质：

$$a \cdot a = |a|^2, a \cdot b = b \cdot a,$$
$$a \cdot (b + c) = a \cdot b + a \cdot c,$$

$a \perp b$ 的充分必要条件是 $a \cdot b = 0$。

a 与 b 的矢量积（叉积）

$$a \times b = |a||b| \sin(\widehat{a, b}) e$$

其中 e 表示垂直于 a, b 二矢量的单位矢量，方向服从右手坐标系。

$|a \times b|$ 等于以 a, b 为边的平行四边形的面积（图 14.4-6）。

$$a \times b = \begin{vmatrix} i & j & k \\ x_1 & y_1 & z_1 \\ x_2 & y_2 & z_2 \end{vmatrix}$$

$$= \begin{vmatrix} y_1 & z_1 \\ y_2 & z_2 \end{vmatrix} i + \begin{vmatrix} z_1 & x_1 \\ z_2 & x_2 \end{vmatrix} j + \begin{vmatrix} x_1 & y_1 \\ x_2 & y_2 \end{vmatrix} k$$

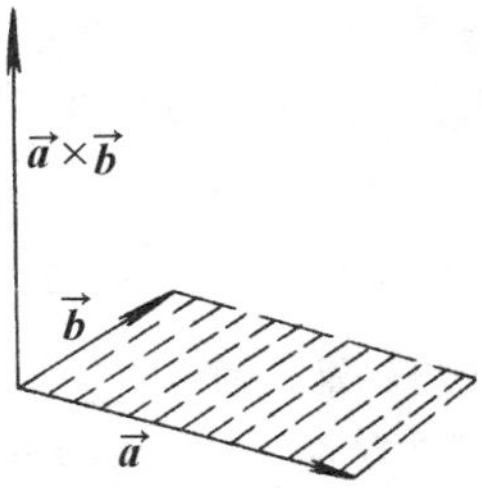

图 14.4-6 矢量积

矢量积具有以下性质：

$$a \times a = 0, a \times b = -(b \times a),$$
$$a \times (b + c) = a \times b + a \times c$$

a, b 共线的充分必要条件是 $a \times b = 0$

4. 三个矢量的乘积 设 $a = a_x i + a_y j + a_z k, b = b_x i + b_y j + b_z k, c = c_x i + c_y j + c_z k$

（1）混合积：

$$a \cdot (b \times c) = (a \times b) \cdot c = \begin{vmatrix} a_x & a_y & a_z \\ b_x & b_y & b_z \\ c_x & c_y & c_z \end{vmatrix}$$

记作(abc)，具有性质：$(abc)=(bca)=(cab)$，其绝对值等于以a、b、c为棱的平行六面体的体积。a、b、c三矢量共面的充分必要条件是$(abc)=0$。

（2）三重矢积与多重积：

$$a \times (b \times c) = (a \cdot c)b - (a \cdot b)c$$
$$(a \times b) \times c = (a \cdot c)b - (b \cdot c)a$$
$$(a \times b) \cdot (c \times d) = (a \cdot c)(b \cdot d) - (a \cdot d)(b \cdot c)$$
$$(a \times b) \times (c \times d) = (abd)c - (abc)d$$
$$(acd)b - (bcd)a$$

5. 矢量的线性关系和秩　一组n维矢量a_1，$a_2, \cdots, a_m$，如果存在不全为零的数$k_1, k_2, \cdots, k_m$使$k_1 a_1 + k_2 a_2 + \cdots + k_m a_m = 0$成立，则称这组矢量线性相关，否则称为线性无关。

矢量组$a_1, a_2, \cdots, a_m$中，最大线性无关组所含矢量的个数称为该矢量组的秩。三个矢量a、b、c共面的充分必要条件是这个矢量组线性相关，即存在不全为零的数m, n, p使$ma + nb + pc = 0$。

4.2.2　空间平面与直线

1. 平面方程

a. 一般方程　$Ax + By + Cz + D = 0$，A、B、C不同时为零，A、B、C表示平面法线的方向数，即与法线的方向余弦成比例的一组数。$D = 0$，平面过原点；$C = 0$，平面平行于z轴；$C = D = 0$，平面过z轴；$B = C = 0$，平面平行于yoz平面（与x轴垂直）。

b. 点法式　$A(x - x_0) + B(y - y_0) + C(z - z_0) = 0$，平面过$(x_0, y_0, z_0)$点且法线的方向数为$A$、$B$、$C$。

c. 截距式　$\dfrac{x}{a} + \dfrac{y}{b} + \dfrac{z}{c} = 1$，$a$、$b$、$c$分别表示平面在三个坐标轴上的截距。

d. 法线式　$x\cos\alpha + y\cos\beta + z\cos\gamma - P = 0$，$\alpha$、$\beta$、$\gamma$表示平面法线的方向角，$P$表示原点到平面的距离。

e. 三点式

$$\begin{vmatrix} x & y & z & 1 \\ x_1 & y_1 & z_1 & 1 \\ x_2 & y_2 & z_2 & 1 \\ x_3 & y_3 & z_3 & 1 \end{vmatrix} = 0 \quad \text{或}$$

$$\begin{vmatrix} x - x_3 & y - y_3 & z - z_3 \\ x_1 - x_3 & y_1 - y_3 & z_1 - z_3 \\ x_2 - x_3 & y_2 - y_3 & z_2 - z_3 \end{vmatrix} = 0$$

式中　$(x_i, y_i, z_i)(i = 1, 2, 3)$为平面通过的三个点。

2. 直线方程

a. 一般方程

$$\begin{cases} A_1 x + B_1 y + C_1 z + D_1 = 0 \\ A_2 x + B_2 y + C_2 z + D_2 = 0 \end{cases}$$

直线作为两个平面的交线，其方向数为

$$l = \begin{vmatrix} B_1 & C_1 \\ B_2 & C_2 \end{vmatrix}, m = \begin{vmatrix} C_1 & A_1 \\ C_2 & A_2 \end{vmatrix}, n = \begin{vmatrix} A_1 & B_1 \\ A_2 & B_2 \end{vmatrix}$$

b. 标准式

$$\frac{x - x_0}{l} = \frac{y - y_0}{m} = \frac{z - z_0}{n}$$

直线过点(x_0, y_0, z_0)，方向数为l, m, n。

c. 两点式

$$\frac{x - x_1}{x_2 - x_1} = \frac{y - y_1}{y_2 - y_1} = \frac{z - z_1}{z_2 - z_1}$$

直线过两点(x_1, y_1, z_1)，(x_2, y_2, z_2)。

d. 参数式

$$\begin{cases} x = x_0 + lt \\ y = y_0 + mt \\ z = z_0 + nt \end{cases}$$

直线过(x_0, y_0, z_0)点方向数为l, m, n。

3. 空间点、平面、直线间的关系　已知点：$P_0(x_0, y_0, z_0)$，$P_1(x_1, y_1, z_1)$，$P_2(x_2, y_2, z_2)$，直线$L_1: \dfrac{x - x_1}{l_1} = \dfrac{y - y_1}{m_1} = \dfrac{z - z_1}{n_1}$，$L_2: \dfrac{x - x_2}{l_2} = \dfrac{y - y_2}{m_2} = \dfrac{z - z_2}{n_2}$，平面$\pi_1: A_1 x + B_1 y + C_1 z + D_1 = 0$，$\pi_2: A_2 x + B_2 y + C_2 z + D_2 = 0$

a. 距离

P_1、P_2的距离

$$d = \sqrt{(x_1 - x_2)^2 + (y_1 - y_2)^2 + (z_1 - z_2)^2}$$

P_0与L_1的距离

$$d = \frac{\sqrt{\begin{vmatrix} y_0 - y_1 & z_0 - z_1 \\ m_1 & n_1 \end{vmatrix}^2 + \begin{vmatrix} z_0 - z_1 & x_0 - x_1 \\ n_1 & l_1 \end{vmatrix}^2 + \begin{vmatrix} x_0 - x_1 & y_0 - y_1 \\ l_1 & m_1 \end{vmatrix}^2}}{\sqrt{l_1^2 + m_1^2 + n_1^2}}$$

P_0与π_1的距离

$$d = \frac{|A_1 x_0 + B_1 y_0 + C_1 z_0 + D_1|}{\sqrt{A_1^2 + B_1^2 + C_1^2}}$$

L_1与L_2的距离

$$d = \frac{\begin{vmatrix} x_2 - x_1 & y_2 - y_1 & z_2 - z_1 \\ l_1 & m_1 & n_1 \\ l_2 & m_2 & n_2 \end{vmatrix}}{\sqrt{\begin{vmatrix} m_1 & n_1 \\ m_2 & n_2 \end{vmatrix}^2 + \begin{vmatrix} n_1 & l_1 \\ n_2 & l_2 \end{vmatrix}^2 + \begin{vmatrix} l_1 & m_1 \\ l_2 & m_2 \end{vmatrix}^2}}$$

b. 交角 φ

L_1 与 π_1：

$$\sin\varphi = \frac{|A_1 l_1 + B_1 m_1 + C_1 n_1|}{\sqrt{A_1^2 + B_1^2 + C_1^2}\sqrt{l_1^2 + m_1^2 + n_1^2}}$$

L_1 与 L_2：

$$\cos\varphi = \frac{l_1 l_2 + m_1 m_2 + n_1 n_2}{\sqrt{l_1^2 + m_1^2 + n_1^2}\sqrt{l_2^2 + m_2^2 + n_2^2}}$$

π_1 与 π_2：

$$\cos\varphi = \frac{A_1 A_2 + B_1 B_2 + C_1 C_2}{\sqrt{A_1^2 + B_1^2 + C_1^2}\sqrt{A_2^2 + B_2^2 + C_2^2}}$$

c. 平行、垂直条件

$$L_1 \parallel \pi_1: \quad l_1 A_1 + m_1 B_1 + n_1 C_1 = 0,$$

$$L_1 \perp \pi_1: \quad \frac{l_1}{A_1} = \frac{m_1}{B_1} = \frac{n_1}{C_1}$$

$$L_1 \parallel L_2: \quad \frac{l_1}{l_2} = \frac{m_1}{m_2} = \frac{n_1}{n_2},$$

$$L_1 \perp L_2: \quad l_1 l_2 + m_1 m_2 + n_1 n_2 = 0$$

$$\pi_1 \parallel \pi_2: \quad \frac{A_1}{A_2} = \frac{B_1}{B_2} = \frac{C_1}{C_2},$$

$$\pi_1 \perp \pi_2: \quad A_1 A_2 + B_1 B_2 + C_1 C_2 = 0$$

4. 二直线共面：

L_1 与 L_2 共面条件：

$$\begin{vmatrix} x_1 - x_2 & y_1 - y_2 & z_1 - z_2 \\ l_1 & m_1 & n_1 \\ l_2 & m_2 & n_2 \end{vmatrix} = 0,$$

所在平面方程为

$$\begin{vmatrix} x - x_1 & y - y_1 & z - z_1 \\ l_1 & m_1 & n_1 \\ l_2 & m_2 & n_2 \end{vmatrix} = 0$$

4.2.3 曲面

1. 二次曲面　常用二次曲面见表 14.4-5。

2. 常用螺旋曲面　见表 14.4-6。

表 14.4-5　常用二次曲面

名　称	椭圆柱面	椭球面	椭圆抛物面
图形			
方程	$\dfrac{x^2}{a^2} + \dfrac{y^2}{b^2} = 1$　$a = b, x^2 + y^2 = a^2$ 为圆柱面	$\dfrac{x^2}{a^2} + \dfrac{y^2}{b^2} + \dfrac{z^2}{c^2} = 1$ [1]　$a = b, \dfrac{x^2 + y^2}{a^2} + \dfrac{z^2}{c^2} = 1$ 为旋转椭球面	$\dfrac{x^2}{a^2} + \dfrac{y^2}{b^2} = z$　$a = b, x^2 + y^2 = a^2 z$ 为旋转抛物面
名　称	单叶双曲面	双叶双曲面	圆锥面
图形			
方程	$\dfrac{x^2}{a^2} + \dfrac{y^2}{b^2} - \dfrac{z^2}{c^2} = 1$　$a = b, \dfrac{x^2 + y^2}{a^2} - \dfrac{z^2}{c^2} = 1$ 为旋转单叶双曲面	$\dfrac{x^2}{a^2} + \dfrac{y^2}{b^2} - \dfrac{z^2}{c^2} = -1$　$a = b, \dfrac{x^2 + y^2}{a^2} - \dfrac{z^2}{c^2} = -1$ 为旋转双叶双曲面	$x^2 + y^2 = z^2 \tan\alpha$

（续）

名　称	双曲柱面	抛物柱面	双曲抛物面
图形	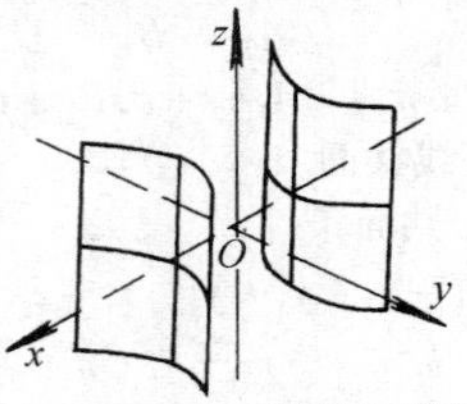	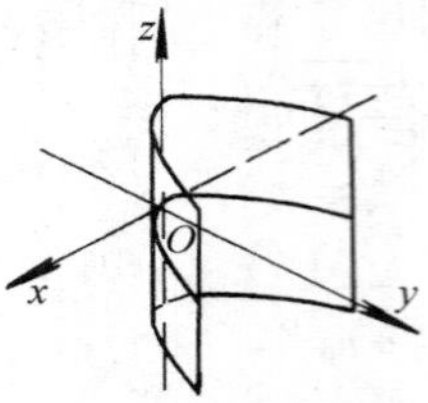	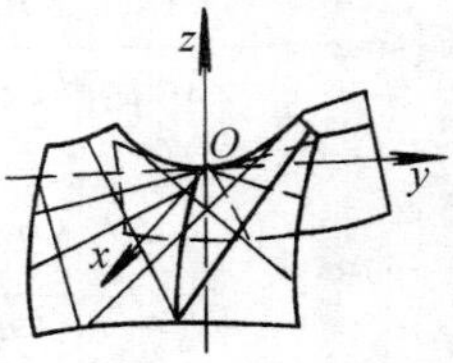
方程	$\dfrac{x^2}{a^2} - \dfrac{y^2}{b^2} = 1$	$x^2 = 2py$	$\dfrac{x^2}{a^2} - \dfrac{y^2}{b^2} = z$

① $a = b = c, x^2 + y^2 + z^2 = a^2$ 为半径为 a 的球面。

表 14.4-6　常用螺旋曲面

名　称	图　形	方　程	说　明
正螺旋面	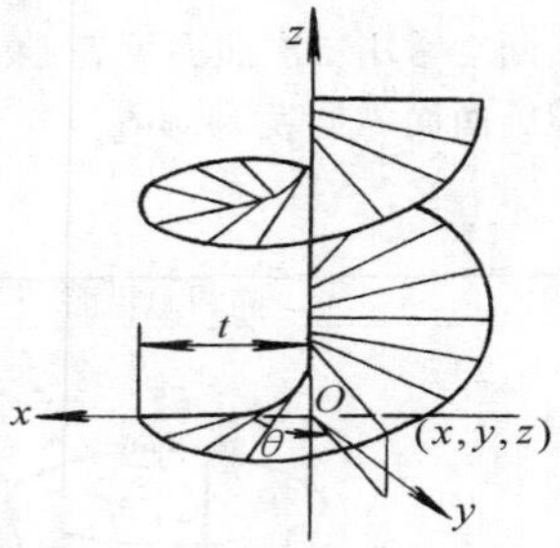	$\begin{cases} x = t\cos\theta \\ y = t\sin\theta \\ z = b\theta \end{cases}$ $t \text{、} \theta$ 为参变量 直角坐标方程　$y = x\tan\dfrac{z}{b}$ 柱坐标方程　　$z = b\theta$	由垂直于 z 轴的直母线 $x = t, y = z = 0$ 绕 z 轴作螺旋运动生成
阿基米德螺旋面	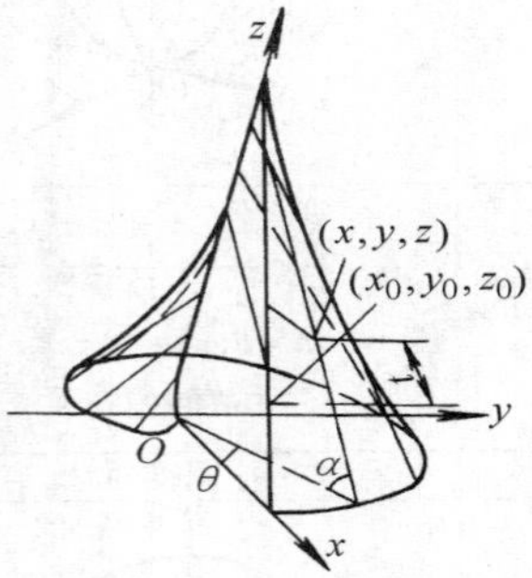	$\begin{cases} x = (x_0 - t\cos\alpha)\cos\theta \\ y = (y_0 - t\cos\alpha)\sin\theta \\ z = z_0 + t\sin\alpha + b\theta \end{cases}$ t, θ 为参变量	1. 由与 xoy 平面成定角 α 的直母线 $\begin{cases} x = x_0 - t\cos\alpha \\ y = 0 \\ z = z_0 + t\sin\alpha \end{cases}$ 绕 z 轴作螺旋运动生成 2. 与垂直于 z 轴的平面相交截口为阿基米德螺线 3. 用作螺杆齿曲面
渐开线螺旋面	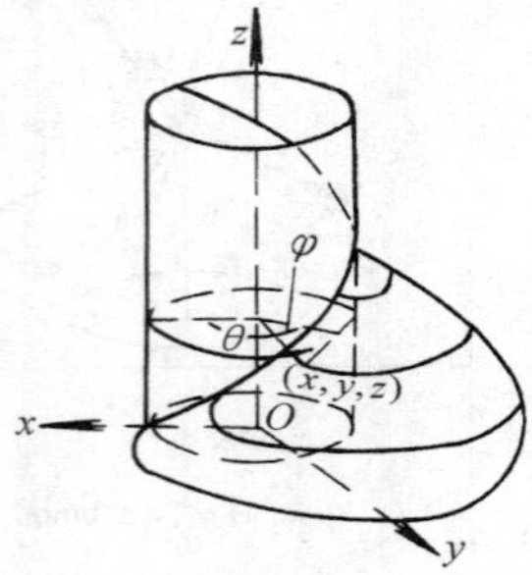	$\begin{cases} x = a[\cos(\theta+\varphi) + \varphi\sin(\theta+\varphi)] \\ y = a[\sin(\theta+\varphi) - \varphi\cos(\theta+\varphi)] \\ z = b\theta \end{cases}$ θ, φ 为参变量	1. 由平面渐开线 $\begin{cases} x = a(\cos\varphi + \varphi\sin\varphi) \\ y = a(\sin\varphi - \varphi\cos\varphi) \\ z = 0 \end{cases}$ 绕 z 轴作螺旋运动生成 2. 用作齿曲面可得等速比传动

5 微分与积分[1,2,4]

5.1 导数与微分的定义和运算法则

5.1.1 定义

函数 $y = f(x)$ 的导数

$$y' = f'(x) = \frac{dy}{dx} = \lim_{\Delta x \to 0} \frac{\Delta y}{\Delta x}$$

$$= \lim_{\Delta x \to 0} \frac{f(x + \Delta x) - f(x)}{\Delta x}$$

函数 $y = f(x)$ 的微分　$dy = f'(x) \Delta x = f'(x) dx$

5.1.2 微分法则

设 u、v 都是 x 的函数，c 为常数。

(1) $(cu)' = cu'$　　　$d(cu) = cdu$

(2) $(u \pm v)' = u' \pm v'$　　$d(u \pm v) = du \pm dv$

(3) $(uv)' = u'v + uv'$　　$d(uv) = vdu + udv$

(4) $\left(\dfrac{u}{v}\right)' = \dfrac{u'v - uv'}{v^2}$　$d\left(\dfrac{u}{v}\right) = \dfrac{vdu - udv}{v^2}$

(5) 若 $y = f(u)$，$u = \varphi(x)$，则复合函数 $y = f(\varphi(x))$ 的导数 $y' = f'(u)\varphi'(x)$ 或 $\dfrac{dy}{dx} = \dfrac{dy}{du} \cdot \dfrac{du}{dx}$。二阶导数 $\dfrac{d^2 y}{dx^2} = \dfrac{d^2 y}{du^2}\left(\dfrac{du}{dx}\right)^2 + \dfrac{dy}{du} \cdot \dfrac{d^2 u}{dx^2}$。微分 $dy = f'(u)du = f'(u)\varphi'(x)dx$。

(6) 若 $x = g(y)$ 是 $y = f(x)$ 的反函数，则 $g'(y) = \dfrac{1}{f'(x)}$，或 $\dfrac{dx}{dy} = \dfrac{1}{\dfrac{dy}{dx}}$。二阶导数 $\dfrac{d^2 x}{dy^2} = -\dfrac{d^2 y}{dx^2} \Big/ \left(\dfrac{dy}{dx}\right)^3$。微分 $dx = g'(y)dy = \dfrac{1}{f'(x)}dy$。

(7) 参数方程 $x = f(t)$，$y = g(t)$ 确定的函数 $y = y(x)$ 的导数 $\dfrac{dy}{dx} = \dfrac{dy}{dt}\Big/\dfrac{dx}{dt} = g'(t)/f'(t)$。二阶导数 $\dfrac{d^2 y}{dx^2} = \dfrac{f'(t)g''(t) - f''(t)g'(t)}{[f'(t)]^3}$。微分 $dy = \dfrac{g'(t)}{f'(t)}dx$。

5.2 导数公式

5.2.1 一阶导数公式

(1) $(x^\alpha)' = \alpha x^{\alpha - 1}$

(2) $(a^x)' = a^x \ln a$

(3) $(e^x)' = e^x$

(4) $(\log_a x)' = \dfrac{1}{x}\log_a e$

(5) $(\ln x)' = \dfrac{1}{x}$

(6) $(\sin x)' = \cos x$

(7) $(\cos x)' = -\sin x$

(8) $(\tan x)' = \sec^2 x$

(9) $(\cot x)' = -\csc^2 x$

(10) $(\sec x)' = \sec x \tan x$

(11) $(\csc x)' = -\csc x \cot x$

(12) $(\arcsin x)' = \dfrac{1}{\sqrt{1 - x^2}}$

(13) $(\arccos x)' = -\dfrac{1}{\sqrt{1 - x^2}}$

(14) $(\arctan x)' = \dfrac{1}{1 + x^2}$

(15) $(\text{arccot} x)' = -\dfrac{1}{1 + x^2}$

(16) $(\text{arcsec} x)' = \dfrac{1}{x\sqrt{x^2 - 1}}$

(17) $(\text{arccosec} x)' = -\dfrac{1}{x\sqrt{x^2 - 1}}$

(18) $(\sinh x)' = \cosh x$

(19) $(\cosh x)' = \sinh x$

(20) $(\tanh x)' = \text{sech}^2 x$

(21) $(\coth x)' = -\text{cosech}^2 x$

(22) $(\text{sech} x)' = -\tanh x \,\text{sech} x$

(23) $(\text{cosech} x)' = -\text{cosech} x \coth x$

(24) $(\text{arcsinh} x)' = \dfrac{1}{\sqrt{1 + x^2}}$

(25) $(\text{arccosh} x)' = \pm\dfrac{1}{\sqrt{x^2 - 1}}$

(26) $(\text{arctanh} x)' = \dfrac{1}{1 - x^2}$

(27) $(\text{arccoth} x)' = \dfrac{1}{1 - x^2}$

(28) $(\text{arcsech} x)' = \pm\dfrac{1}{x\sqrt{1 - x^2}}$

(29) $(\text{arccosech}x)' = -\dfrac{1}{x\sqrt{1+x^2}}$

5.2.2 常用的高阶导数公式

(1) $(x^{\alpha})^{(n)} = \alpha(\alpha-1)\cdots(\alpha-n+1)x^{\alpha-n}$

(2) $(a^x)^{(n)} = a^x(\ln a)^n, (e^{kx})^{(n)} = k^n e^{kx}$

(3) $(\log_a x)^{(n)} = (-1)^{n-1}(n-1)! \ x^{-n}$
$\log_a e, (\ln x)^{(n)} = (-1)^{n-1}(n-1)! \ x^{-n}$

(4) $(\sin kx)^{(n)} = k^n \sin\left(kx + \dfrac{n\pi}{2}\right)$

(5) $(\cos kx)^{(n)} = k^n \cos\left(kx + \dfrac{n\pi}{2}\right)$

5.3 多元函数与矢量函数的导数

5.3.1 多元函数的偏导数与全微分

1. 偏导数 设 $u = f(x,y)$ 则

$$\frac{\partial u}{\partial x} = \lim_{\Delta x \to 0} \frac{f(x+\Delta x, y) - f(x,y)}{\Delta x},$$

$$\frac{\partial u}{\partial y} = \lim_{\Delta y \to 0} \frac{f(x, y+\Delta y) - f(x,y)}{\Delta y}$$

求 $\dfrac{\partial u}{\partial x}$ 时将 y 看作常量，求 $\dfrac{\partial u}{\partial y}$ 时将 x 看作常量，按一元函数求导数的法则求出偏导数。

2. 全微分 若 $u = f(x,y)$, $\mathrm{d}u = \dfrac{\partial u}{\partial x}\mathrm{d}x + \dfrac{\partial u}{\partial y}$

$\mathrm{d}y$。一般地，若 $u = f(x_1, x_2, \cdots, x_n)$, $\mathrm{d}u = \displaystyle\sum_{i=1}^{n}$

$\dfrac{\partial u}{\partial x_i}\mathrm{d}x_i$。

3. 复合函数微分法 若 $u = f(x,y)$, $x = x(s,t)$, $y = y(s,t)$, 则

$$\begin{cases} \dfrac{\partial u}{\partial s} = \dfrac{\partial u}{\partial x}\dfrac{\partial x}{\partial s} + \dfrac{\partial u}{\partial y}\dfrac{\partial y}{\partial s} \\ \dfrac{\partial u}{\partial t} = \dfrac{\partial u}{\partial x}\dfrac{\partial x}{\partial t} + \dfrac{\partial u}{\partial y}\dfrac{\partial y}{\partial t} \end{cases}$$

一般地，若 $u = f(x_1, x_2, \cdots, x_k)$, $x_i = x_i(t_1, t_2, \cdots, t_n)$ $(i = 1, 2, \cdots, k)$

则 $\dfrac{\partial u}{\partial t_j} = \displaystyle\sum_{i=1}^{k}\dfrac{\partial u}{\partial x_i}\dfrac{\partial x_i}{\partial t_j}$ $j = 1, 2, \cdots, n$

4. 隐函数微分法

(1) $F(x,y) = 0$ 确定 $y = y(x)$,

$$\frac{\mathrm{d}y}{\mathrm{d}x} = -\frac{\partial F}{\partial x}\bigg/\frac{\partial F}{\partial y}$$

(2) $F(x,y,z) = 0$ 确定 $z = z(x,y)$,

$$\frac{\partial z}{\partial x} = -\frac{\partial F}{\partial x}\bigg/\frac{\partial F}{\partial z}, \frac{\partial z}{\partial y} = -\frac{\partial F}{\partial y}\bigg/\frac{\partial F}{\partial z}$$

(3) $\begin{cases} F(x,y,z) = 0 \\ G(x,y,z) = 0 \end{cases}$ 确定 $\begin{cases} y = y(x) \\ z = z(x) \end{cases}$

$$\frac{\mathrm{d}y}{\mathrm{d}x} = \frac{\dfrac{\partial F}{\partial z}\dfrac{\partial G}{\partial x} - \dfrac{\partial F}{\partial x}\dfrac{\partial G}{\partial z}}{\dfrac{\partial F}{\partial y}\dfrac{\partial G}{\partial z} - \dfrac{\partial F}{\partial z}\dfrac{\partial G}{\partial y}},$$

$$\frac{\mathrm{d}z}{\mathrm{d}x} = \frac{\dfrac{\partial F}{\partial x}\dfrac{\partial G}{\partial y} - \dfrac{\partial F}{\partial y}\dfrac{\partial G}{\partial x}}{\dfrac{\partial F}{\partial y}\dfrac{\partial G}{\partial z} - \dfrac{\partial F}{\partial z}\dfrac{\partial G}{\partial y}}$$

5.3.2 矢量函数的导数

矢量函数 $\boldsymbol{u}(t) = u_x(t)\boldsymbol{i} + u_y(t)\boldsymbol{j} + u_z(t)\boldsymbol{k}$ 的导数

$$\frac{\mathrm{d}\boldsymbol{u}(t)}{\mathrm{d}t} = \frac{\mathrm{d}u_x(t)}{\mathrm{d}t}\boldsymbol{i} + \frac{\mathrm{d}u_y(t)}{\mathrm{d}t}\boldsymbol{j} + \frac{\mathrm{d}u_z(t)}{\mathrm{d}t}\boldsymbol{k}$$

1. 微分法公式 $\boldsymbol{u}(t)$、$\boldsymbol{v}(t)$ 为矢量函数

(1) $\dfrac{\mathrm{d}\boldsymbol{c}}{\mathrm{d}t} = 0$ ($\boldsymbol{c}$ 为常矢量)

(2) $\dfrac{\mathrm{d}(k\boldsymbol{u}(t))}{\mathrm{d}t} = k\dfrac{\mathrm{d}\boldsymbol{u}(t)}{\mathrm{d}t}$ (k 为常量)

(3) $\dfrac{\mathrm{d}}{\mathrm{d}t}(\boldsymbol{u}(t) \pm \boldsymbol{v}(t)) = \dfrac{\mathrm{d}\boldsymbol{u}(t)}{\mathrm{d}t} \pm \dfrac{\mathrm{d}\boldsymbol{v}(t)}{\mathrm{d}t}$

(4) $\dfrac{\mathrm{d}}{\mathrm{d}t}(\varphi(t)\boldsymbol{u}(t)) = \dfrac{\mathrm{d}\varphi(t)}{\mathrm{d}t}\boldsymbol{u}(t) + \varphi(t)$
$\dfrac{\mathrm{d}\boldsymbol{u}(t)}{\mathrm{d}t}$
($\varphi(t)$ 为数量函数)

(5) $\dfrac{\mathrm{d}}{\mathrm{d}t}(\boldsymbol{u}(t) \cdot \boldsymbol{v}(t)) = \dfrac{\mathrm{d}\boldsymbol{u}(t)}{\mathrm{d}t} \cdot \boldsymbol{v}(t) + \boldsymbol{u}(t) \cdot \dfrac{\mathrm{d}\boldsymbol{v}(t)}{\mathrm{d}t}$

(6) $\dfrac{\mathrm{d}}{\mathrm{d}t}(\boldsymbol{u}(t) \times \boldsymbol{v}(t)) = \dfrac{\mathrm{d}\boldsymbol{u}(t)}{\mathrm{d}t} \times \boldsymbol{v}(t) + \boldsymbol{u}(t) \times \dfrac{\mathrm{d}\boldsymbol{v}(t)}{\mathrm{d}t}$

(7) $\dfrac{\mathrm{d}}{\mathrm{d}t}\boldsymbol{u}(\varphi(t)) = \dfrac{\mathrm{d}\boldsymbol{u}}{\mathrm{d}\varphi}\dfrac{\mathrm{d}\varphi}{\mathrm{d}t}$

2. 数量场的梯度 数量场 $u = u(x,y,z)$ 的梯度

$$\mathbf{grad}u = \frac{\partial u}{\partial x}\boldsymbol{i} + \frac{\partial u}{\partial y}\boldsymbol{j} + \frac{\partial u}{\partial z}\boldsymbol{k} = \nabla u$$

其中 $\nabla = \dfrac{\partial}{\partial x}\boldsymbol{i} + \dfrac{\partial}{\partial y}\boldsymbol{j} + \dfrac{\partial}{\partial z}\boldsymbol{k}$ 称为那勃勒(Nabla)算子，也称为哈密顿(Hamilton)算子。梯度具有以下性质：

$\mathbf{grad}(au + bv) = a\,\mathbf{grad}u + b\,\mathbf{grad}v$ (a, b 为常量)

$\mathbf{grad}(uv) = u\,\mathbf{grad}v + v\,\mathbf{grad}u$

$\mathbf{grad}f(u) = f'(u)\,\mathbf{grad}u$

3. 矢量场的散度与旋度 矢量场 $\boldsymbol{\alpha}(x,y,z) =$

$P(x,y,z)\boldsymbol{i}+Q(x,y,z)\boldsymbol{j}+R(x,y,z)\boldsymbol{k}$ 的散度

$$\mathrm{div}\boldsymbol{\alpha}=\frac{\partial P}{\partial x}+\frac{\partial Q}{\partial y}+\frac{\partial R}{\partial z}=\nabla\cdot\boldsymbol{\alpha}$$

旋度 $\mathrm{rot}\boldsymbol{\alpha}=\left(\dfrac{\partial R}{\partial y}-\dfrac{\partial Q}{\partial z}\right)\boldsymbol{i}+\left(\dfrac{\partial P}{\partial z}-\dfrac{\partial R}{\partial x}\right)\boldsymbol{j}+$

$$\left(\frac{\partial Q}{\partial x}-\frac{\partial P}{\partial y}\right)\boldsymbol{k}=\begin{vmatrix}\boldsymbol{i}&\boldsymbol{j}&\boldsymbol{k}\\\dfrac{\partial}{\partial x}&\dfrac{\partial}{\partial y}&\dfrac{\partial}{\partial z}\\P&Q&R\end{vmatrix}$$

$$=\nabla\times\boldsymbol{\alpha}=\mathrm{curl}\boldsymbol{\alpha}$$

散度和旋度具有以下性质：

$\mathrm{div}(k\boldsymbol{\alpha}+l\boldsymbol{\beta})=k\mathrm{div}\boldsymbol{\alpha}+l\mathrm{div}\boldsymbol{\beta}$ （k、l 为常量）

$\mathrm{div}(\varphi\boldsymbol{\alpha})=\varphi\,\mathrm{div}\boldsymbol{\alpha}+\boldsymbol{\alpha}\cdot\mathrm{grad}\varphi$ （φ 为数量函数）

$\mathrm{div}(\boldsymbol{\alpha}\times\boldsymbol{\beta})=\boldsymbol{\beta}\cdot\mathrm{rot}\boldsymbol{\alpha}-\boldsymbol{\alpha}\cdot\mathrm{rot}\boldsymbol{\beta}$

$\mathrm{rot}(k\boldsymbol{\alpha}+l\boldsymbol{\beta})=k\mathrm{rot}\boldsymbol{\alpha}+l\mathrm{rot}\boldsymbol{\beta}$ （k、l 为常量）

$\mathrm{rot}(\varphi\boldsymbol{\alpha})=\varphi\,\mathrm{rot}\boldsymbol{\alpha}+\mathrm{grad}\varphi\times\boldsymbol{\alpha}$

$\mathrm{rot}(\boldsymbol{\alpha}\times\boldsymbol{\beta})=(\boldsymbol{\beta}\cdot\nabla)\boldsymbol{\alpha}-(\boldsymbol{\alpha}\cdot\nabla)\boldsymbol{\beta}+$
$\qquad(\mathrm{div}\boldsymbol{\beta})\boldsymbol{\alpha}-(\mathrm{div}\boldsymbol{\alpha})\boldsymbol{\beta}$

$\mathrm{div}(\mathrm{rot}\boldsymbol{\alpha})=0 \quad \mathrm{rot}(\mathrm{grad}\varphi)=0$

$$\mathrm{div}(\mathrm{grad}\varphi)=\frac{\partial^2\varphi}{\partial x^2}+\frac{\partial^2\varphi}{\partial y^2}+\frac{\partial^2\varphi}{\partial z^2}=\triangle\varphi$$

其中 $\triangle=\nabla\cdot\nabla=\nabla^2=\dfrac{\partial^2}{\partial x^2}+\dfrac{\partial^2}{\partial y^2}+\dfrac{\partial^2}{\partial z^2}$ 称

为拉普拉斯（Laplace）算子。

5.4 平面曲线的曲率、曲率中心、渐开线

5.4.1 曲率、曲率中心

曲线 c 上点 $M(x,y)$ 处的曲率 k，等于其切线的方向角对于弧长的变化率（绝对值），当曲率不为零时，曲率的倒数为曲率半径 R。即

$$k=\lim_{\Delta s\to0}\left|\frac{\Delta\alpha}{\Delta s}\right|=\left|\frac{\mathrm{d}\alpha}{\mathrm{d}s}\right|,\ R=\frac{1}{k}=\left|\frac{\mathrm{d}s}{\mathrm{d}\alpha}\right|$$

与曲线 c 在 M 点相切，半径等于该点的曲率半径，且有相同凹向的圆，称为点 M 处的曲率圆，曲率圆的圆心 (a,b) 称为曲率中心，它位于曲线 c 在 M 点的法线上。曲率及曲率中心计算公式见表 14.5-1。

5.4.2 渐屈线与渐开线

1. 渐开线定义 曲线 c 的曲率中心的轨迹 L 称为曲线 c 的渐屈线，曲线 c 本身对于它的渐屈线 L 而言称为渐开线。

渐开线具有以下性质：

（1）渐屈线上的切线是渐开线上的法线。

（2）渐屈线上弧长的增量等于渐开线上曲率半径的对应增量。

2. 圆的渐开线 一直线 L 贴在圆周（基圆）上作无滑动滚动时，其上定点的轨迹就是圆的渐开线，L 两侧任一定点的轨迹就是圆的长幅或短幅渐开线。圆的渐开线方程和作图法见表 14.5-2。

表 14.5-1 曲率及曲率中心计算公式

曲线方程	曲率 k	曲率中心 (a,b)
$y=f(x)$	$k=\dfrac{\|y''\|}{(1+y'^2)^{3/2}}$	$a=x-\dfrac{y'(1+y'^2)}{y''},b=y+\dfrac{1+y'^2}{y''}$
$\begin{cases}x=x(t)\\y=y(t)\end{cases}$	$k=\dfrac{[x'(t)y''(t)-x''(t)y'(t)]}{[x'(t)^2+y'(t)^2]^{3/2}}$	$a=x-\dfrac{y'(t)(x'(t)^2+y'(t)^2)}{x'(t)y''(t)-x''(t)y'(t)},b=y+\dfrac{x'(t)(x'(t)^2+y'(t)^2)}{x'(t)y''(t)-x''(t)y'(t)}$
$\rho=\rho(\theta)$	$k=\dfrac{\|\rho^2+2\rho'^2-\rho\rho''\|}{(\rho^2+\rho'^2)^{3/2}}$	$a=\rho\cos\theta-\dfrac{(\rho^2+\rho'^2)(\rho\cos\theta+\rho'\sin\theta)}{\rho^2+2\rho'^2-\rho\rho''},b=\rho\sin\theta-\dfrac{(\rho^2+\rho'^2)(\rho\sin\theta-\rho'\cos\theta)}{\rho^2+2\rho'^2-\rho\rho''}$

表 14.5-2 圆的渐开线方程和作图法

图 形	方 程	作 图 法
	$\rho=a/\cos\alpha$ $\theta=\tan\alpha-\alpha$ a——基圆半径 α——压力角 $x=a(\cos t+t\sin t)$ $y=a(\sin t-t\cos t)$ $t=\theta+\alpha$	在圆弧各分点 $1,2,\cdots,$ 处作切线，在各切线上分别截取 $11'=\overset{\frown}{A1}$，$22'=\overset{\frown}{A2},\cdots,$ 用光滑曲线连结 $A,1',$ $2',\cdots$ 即得圆的渐开线

（续）

图　形	方　程	作　图　法
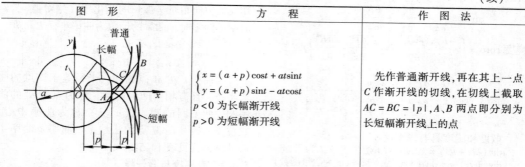	$\begin{cases} x = (a+p)\cos t + at\sin t \\ y = (a+p)\sin t - at\cos t \end{cases}$ $p < 0$ 为长幅渐开线 $p > 0$ 为短幅渐开线	先作普通渐开线，再在其上一点 C 作渐开线的切线，在切线上截取 $AC = BC = |p|$，A、B 两点即分别为长短幅渐开线上的点

　　渐开线是常见的齿廓曲线，$\tan\alpha - \alpha$ 称为渐开线函数，记作 $\mathrm{inv}\alpha$，有专门函数表供查用。

5.5　空间曲线的曲率、挠率和弗利耐公式

　　空间曲线的参数方程为
$$\begin{cases} x = x(t) \\ y = y(t) \\ z = z(t) \end{cases} \text{或} \begin{cases} x = x(s) \\ y = y(s) \\ z = z(s) \end{cases}$$
式中　t 为任意参数，s 为弧长参数，x、y、z 对 t 求导数记作 $\dot{x}$、$\dot{y}$、$\dot{z}$，对 s 求导数记为 x'、y'、z'，s 与 t 的关系是

$$s = \int_{t_0}^{t} \sqrt{\dot{x}^2 + \dot{y}^2 + \dot{z}^2}\,\mathrm{d}t, \quad s = \sqrt{\dot{x}^2 + \dot{y}^2 + \dot{z}^2}$$

5.5.1　空间曲线的弗利耐标形和伴随三面形

　　在空间曲线的任一点 M 处的单位切线矢量 $\boldsymbol{\tau}$ 单位主法线矢量 $\boldsymbol{n}$ 和单位副法线矢量 $\boldsymbol{b}$ 组成该点的弗利耐（Frenet）标形，分别垂直于 $\boldsymbol{\tau}$、$\boldsymbol{n}$、$\boldsymbol{b}$ 的三个平面，即法平面、从切平面、密切平面，在 M 点上形成一个三面形，称为 M 点的伴随三面形（见图 14.5-1）。伴随三面形各个元素及其方程见表 14.5-3。

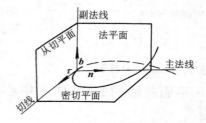

图 14.5-1　弗利耐标形和伴随三面形

5.5.2　空间曲线的曲率、挠率

　　1. 定义　曲线 c 上点 $M(x,y,z)$ 处的曲率 k 为该点的切线方向对弧长的变化率的绝对值，挠率 T 为副法线方向对弧长的变化率的绝对值。

　　2. 计算公式　见表 14.5-4。

表 14.5-3　伴随三面形诸元素及其方程

名　称	定　义	方　程
切线	M' 是 C 上点 M 的邻近点，当 M' 沿 C 趋于 M 时，割线 MM' 的极限位置就是 C 在点 M 处的切线	$\dfrac{X-x}{\dot{x}} = \dfrac{Y-y}{\dot{y}} = \dfrac{Z-z}{\dot{z}}$
密切平面	M'、M'' 为 C 上点 M 的邻近点，当 M'、M'' 沿 C 趋于 M 时，平面 $MM'M''$ 的极限位置，就是 C 在点 M 处的密切平面	$\begin{vmatrix} X-x & Y-y & Z-z \\ \dot{x} & \dot{y} & \dot{z} \\ \ddot{x} & \ddot{y} & \ddot{z} \end{vmatrix} = 0$
法平面	过点 M 且垂直于 M 点的切线的直线称为曲线 C 在 M 点的法线，点 M 处全体法线构成的平面，称为 C 在点 M 处的法平面	$(X-x)\dot{x} + (Y-y)\dot{y} + (Z-z)\dot{z} = 0$

（续）

名　称	定　义	方　程
主法线	在点 M 的密切平面上的法线,称为 C 在 M 点的主法线	$\dfrac{X-x}{\begin{vmatrix}\dot{s}&\dot{x}\\\ddot{s}&\ddot{x}\end{vmatrix}}=\dfrac{Y-y}{\begin{vmatrix}\dot{s}&\dot{y}\\\ddot{s}&\ddot{y}\end{vmatrix}}=\dfrac{Z-z}{\begin{vmatrix}\dot{s}&\dot{z}\\\ddot{s}&\ddot{z}\end{vmatrix}}$
副法线	垂直于点 M 的密切平面的法线,称为 C 在 M 点的副法线	$\dfrac{X-x}{\begin{vmatrix}\dot{y}&\dot{z}\\\ddot{y}&\ddot{z}\end{vmatrix}}=\dfrac{Y-y}{\begin{vmatrix}\dot{z}&\dot{x}\\\ddot{z}&\ddot{x}\end{vmatrix}}=\dfrac{Z-z}{\begin{vmatrix}\dot{x}&\dot{y}\\\ddot{x}&\ddot{y}\end{vmatrix}}$
从切平面	过点 M 处的切线和副法线的平面,称为 C 在 M 点的从切平面	$(X-x)\begin{vmatrix}\dot{s}&\dot{x}\\\ddot{s}&\ddot{x}\end{vmatrix}+(Y-y)\begin{vmatrix}\dot{s}&\dot{y}\\\ddot{s}&\ddot{y}\end{vmatrix}+(Z-z)\begin{vmatrix}\dot{s}&\dot{z}\\\ddot{s}&\ddot{z}\end{vmatrix}=0$

注：1. (x,y,z) 为定点 M 的坐标,(X,Y,Z) 表示流动点的坐标。

2. 若记 $\triangle=\sqrt{\begin{vmatrix}\dot{y}&\dot{z}\\\ddot{y}&\ddot{z}\end{vmatrix}^2+\begin{vmatrix}\dot{z}&\dot{x}\\\ddot{z}&\ddot{x}\end{vmatrix}^2+\begin{vmatrix}\dot{x}&\dot{y}\\\ddot{x}&\ddot{y}\end{vmatrix}^2}$,则

$$\boldsymbol{\tau}=\frac{1}{\dot{s}}(\dot{x}\boldsymbol{i}+\dot{y}\boldsymbol{j}+\dot{z}\boldsymbol{k})$$

$$\boldsymbol{n}=\frac{1}{\triangle}\left\{\begin{vmatrix}\dot{s}&\dot{x}\\\ddot{s}&\ddot{x}\end{vmatrix}\boldsymbol{i}+\begin{vmatrix}\dot{s}&\dot{y}\\\ddot{s}&\ddot{y}\end{vmatrix}\boldsymbol{j}+\begin{vmatrix}\dot{s}&\dot{z}\\\ddot{s}&\ddot{z}\end{vmatrix}\boldsymbol{k}\right\}$$

$$\boldsymbol{b}=\frac{1}{\triangle}\left\{\begin{vmatrix}\dot{y}&\dot{z}\\\ddot{y}&\ddot{z}\end{vmatrix}\boldsymbol{i}+\begin{vmatrix}\dot{z}&\dot{x}\\\ddot{z}&\ddot{x}\end{vmatrix}\boldsymbol{j}+\begin{vmatrix}\dot{x}&\dot{y}\\\ddot{x}&\ddot{y}\end{vmatrix}\boldsymbol{k}\right\}$$

表 14.5-4　曲率和挠率计算公式

曲线方程	曲　率　公　式	挠　率　公　式
$\begin{cases}x=x(t)\\y=y(t)\\z=z(t)\end{cases}$	$k=\dfrac{\sqrt{\begin{vmatrix}\dot{y}&\dot{z}\\\ddot{y}&\ddot{z}\end{vmatrix}^2+\begin{vmatrix}\dot{z}&\dot{x}\\\ddot{z}&\ddot{x}\end{vmatrix}^2+\begin{vmatrix}\dot{x}&\dot{y}\\\ddot{x}&\ddot{y}\end{vmatrix}^2}}{(\dot{x}^2+\dot{y}^2+\dot{z}^2)^{3/2}}$	$T=\dfrac{\begin{vmatrix}\dot{x}&\dot{y}&\dot{z}\\\ddot{x}&\ddot{y}&\ddot{z}\\\dddot{x}&\dddot{y}&\dddot{z}\end{vmatrix}}{k^2(\dot{x}^2+\dot{y}^2+\dot{z}^2)^3}$
$\begin{cases}x=x(s)\\y=y(s)\\z=z(s)\end{cases}$	$k=\sqrt{x''^2+y''^2+z''^2}$	$T=\dfrac{\begin{vmatrix}x'&y'&z'\\x''&y''&z''\\x'''&y'''&z'''\end{vmatrix}}{x''^2+y''^2+z''^2}$

3. 弗利耐(Frenet)公式　当点 M 沿曲线 c(取弧长 s 为参数)移动时,弗利耐标形的运动满足

$$\begin{cases}\dfrac{\mathrm{d}\boldsymbol{\tau}}{\mathrm{d}s}=k\boldsymbol{n}\\[2mm]\dfrac{\mathrm{d}\boldsymbol{n}}{\mathrm{d}s}=-k\boldsymbol{\tau}+T\boldsymbol{b}\\[2mm]\dfrac{\mathrm{d}\boldsymbol{b}}{\mathrm{d}s}=-T\boldsymbol{n}\end{cases}$$

5.6　不定积分

5.6.1　不定积分定义与法则

1. 不定积分定义　若在区间 I 上,$F'(x)=f(x)$,则称 $F(x)$ 为函数 $f(x)$ 的原函数,$f(x)$ 的全体原函数 $F(x)+C$ 称为 $f(x)$ 的不定积分,即

$$\int f(x)\mathrm{d}x=F(x)+C$$

2. 不定积分法则

(1) $\displaystyle\int f'(x)\mathrm{d}x=f(x)+C$

(2) $\displaystyle\int\sum_{i=1}^{n}k_if_i(x)\mathrm{d}x=\sum_{i=1}^{n}k_i\int f_i(x)\mathrm{d}x$

(3) $\displaystyle\int uv'\mathrm{d}x=uv-\int vu'\mathrm{d}x$

(4) $\displaystyle\int f(\varphi(x))\varphi'(x)\mathrm{d}x=\int f(u)\mathrm{d}u$

5.6.2　一些常用的积分公式

(1) $\displaystyle\int\frac{\mathrm{d}x}{a+bx}=\frac{1}{b}\ln|a+bx|+C$

(2) $\int (a + bx)^{\alpha} dx = \dfrac{1}{(\alpha + 1) b}(a + bx)^{\alpha+1} + C$ $(\alpha \neq -1)$

(3) $\int \dfrac{x^m}{a + bx} dx = \dfrac{x^m}{mb} - \dfrac{a}{b} \int \dfrac{x^{m-1}}{a + bx} dx$

(4) $\int \dfrac{x^m}{(a + bx)^2} dx = \dfrac{1}{b} \int \dfrac{x^{m-1}}{a + bx} dx - \dfrac{a}{b} \int \dfrac{x^{m-1}}{(a + bx)^2} dx$

(5) $\int \dfrac{dx}{x(a + bx)} = -\dfrac{1}{a} \ln \left| \dfrac{a + bx}{x} \right| + C$

(6) $\int \dfrac{dx}{x^2(a + bx)} = -\dfrac{1}{ax} + \dfrac{b}{a^2} \ln \left| \dfrac{a + bx}{x} \right| + C$

(7) $\int \dfrac{dx}{x^2(a + bx)^2} = -\dfrac{1}{a^3} \left[\dfrac{a + bx}{x} - 2b \ln \left| \dfrac{a + bx}{x} \right| - \dfrac{b^2 x}{a + bx} \right] + C$

(8) $\int \dfrac{dx}{a^2 + b^2 x^2} = \dfrac{1}{ab} \arctan \dfrac{b}{a} x + C$

(9) $\int \dfrac{dx}{a^2 - b^2 x^2} = \dfrac{1}{2ab} \ln \left| \dfrac{a + bx}{a - bx} \right| + C$

(10) $\int \dfrac{dx}{x(a^2 \pm b^2 x^2)} = \dfrac{1}{2a^2} \ln \dfrac{x^2}{a^2 \pm b^2 x^2} + C$

(11) $\int x^m \sqrt{a + bx} dx = \dfrac{2x^m(a + bx)^{3/2}}{b(2m + 3)} - \dfrac{2am}{b(2m + 3)} \int x^{m-1} \sqrt{a + bx} dx$

(12) $\int \dfrac{x^m}{\sqrt{a + bx}} dx = \dfrac{2x^m \sqrt{a + bx}}{b(2m + 1)} - \dfrac{2am}{b(2m + 1)} \int \dfrac{x^{m-1}}{\sqrt{a + bx}} dx$

(13) $\int \sqrt{x^2 \pm a^2} dx = \dfrac{x}{2} \sqrt{x^2 \pm a^2} \pm \dfrac{a^2}{2} \ln(x + \sqrt{x^2 \pm a^2}) + C$

(14) $\int \sqrt{a^2 - x^2} dx = \dfrac{x}{2} \sqrt{a^2 - x^2} + \dfrac{a^2}{2} \arcsin \dfrac{x}{a} + C$

(15) $\int \dfrac{dx}{\sqrt{x^2 \pm a^2}} = \ln(x + \sqrt{x^2 \pm a^2}) + C$

(16) $\int \dfrac{dx}{\sqrt{a^2 - x^2}} = \arcsin \dfrac{x}{a} + C$

(17) $\int \dfrac{dx}{x \sqrt{a^2 \pm x^2}} = -\dfrac{1}{a} \ln \dfrac{a + \sqrt{a^2 \pm x^2}}{x} + C$

(18) $\int \dfrac{dx}{x \sqrt{x^2 - a^2}} = \dfrac{1}{a} \arccos \dfrac{a}{x} + C$

(19) $\int \dfrac{\sqrt{a^2 \pm x^2}}{x} dx = \sqrt{a^2 \pm x^2} - a \ln \dfrac{a + \sqrt{a^2 \pm x^2}}{x} + C$

(20) $\int \dfrac{\sqrt{x^2 - a^2}}{x} dx = \sqrt{x^2 - a^2} - a \arccos \dfrac{a}{x} + C$

(21) $\int x^p e^{ax} dx = \dfrac{x^p e^{ax}}{a} - \dfrac{p}{a} \int x^{p-1} e^{ax} dx$

(22) $\int x^p \ln x dx = x^{p+1} \left[\dfrac{\ln x}{p + 1} - \dfrac{1}{(p + 1)^2} \right] + C$ $(p \neq -1)$

(23) $\int \dfrac{(\ln x)^p}{x} dx = \dfrac{1}{p + 1}(\ln x)^{p+1} + C$ $(p \neq -1)$

(24) $\int \sin ax dx = -\dfrac{1}{a} \cos ax + C$

(25) $\int \cos ax dx = \dfrac{1}{a} \sin ax + C$

(26) $\int \tan ax dx = -\dfrac{1}{a} \ln | \cos ax | + C$

(27) $\int \cot ax dx = \dfrac{1}{a} \ln | \sin ax | + C$

(28) $\int \sec ax dx = \dfrac{1}{a} \ln | \sec ax + \tan ax | + C = \dfrac{1}{a} \ln \tan \left(\dfrac{ax}{2} + \dfrac{\pi}{4} \right) + C$

(29) $\int \operatorname{cosec} ax dx = \dfrac{1}{a} \ln | \operatorname{cosec} ax - \cot ax | + C = \dfrac{1}{a} \ln \tan \dfrac{ax}{2} + C$

(30) $\int \sin^p x dx = -\dfrac{1}{p} \sin^{p-1} x \cos x + \dfrac{p - 1}{p} \int \sin^{p-2} x dx$

(31) $\int\cos^p x\mathrm{d}x$

$$= \frac{1}{p}\cos^{p-1}x\sin x + \frac{p-1}{p}\int\cos^{p-2}x\mathrm{d}x$$

(32) $\int\arcsin x\mathrm{d}x = x\arcsin x + \sqrt{1-x^2} + C$

(33) $\int\arccos x\mathrm{d}x = x\arccos x - \sqrt{1-x^2} + C$

(34) $\int\arctan x\mathrm{d}x$

$$= x\arctan x - \ln\sqrt{1+x^2} + C$$

(35) $\int\mathrm{arccot}x\mathrm{d}x$

$$= x\mathrm{arccot}x + \ln\sqrt{1+x^2} + C$$

(36) $\int\mathrm{arcsec}x\mathrm{d}x$

$$= x\mathrm{arcsec}x - \ln\left(x + \sqrt{x^2-1}\right) + C$$

(37) $\int\mathrm{arccosec}x\mathrm{d}x$

$$= x\mathrm{arccosec}x + \ln\left(x + \sqrt{x^2-1}\right) + C$$

(38) $\int\sinh x\mathrm{d}x = \cosh x + C$

(39) $\int\cosh x\mathrm{d}x = \sinh x + C$

(40) $\int\tanh x\mathrm{d}x = \ln\cosh x + C$

(41) $\int\coth x\mathrm{d}x = \ln\sinh x + C$

(42) $\int\mathrm{sech}x\mathrm{d}x = \arctan(\sinh x) + C$

$$= 2\arctan e^x + C$$

(43) $\int\mathrm{cosech}x\mathrm{d}x = \ln\tanh\dfrac{x}{2} + C$

5.7 定积分

5.7.1 定积分的定义与性质

1. 定积分的定义

$$\int_a^b f(x)\,\mathrm{d}x = \lim_{\lambda\to 0}\sum_{i=1}^n f(\xi_i)\triangle x_i$$

其中 $a = x_0 < x_1 < \cdots < x_{n-1} < x_n = b$, $\triangle x_i = x_i - x_{i-1}$, $x_{i-1}\leqslant\xi_i\leqslant x_i$, $\lambda = \max\limits_{1\leqslant i\leqslant n}\triangle x_i$。

2. 定积分的性质

(1) $\int_a^b f(x)\,\mathrm{d}x = -\int_b^a f(x)\,\mathrm{d}x$

(2) $\int_a^b f(x)\,\mathrm{d}x = \int_a^c f(x)\,\mathrm{d}x + \int_c^b f(x)\,\mathrm{d}x$

(3) $\int_a^b\left(\sum_{i=1}^n k_i f_i(x)\right)\mathrm{d}x = \sum_{i=1}^n k_i\int_a^b f_i(x)\,\mathrm{d}x$

(4) 若 $a < b$，且 $m\leqslant f(x)\leqslant M$，则

$$m\leqslant\frac{1}{b-a}\int_a^b f(x)\,\mathrm{d}x\leqslant M$$

(5) 若 $a < b$，则 $\left|\int_a^b f(x)\,\mathrm{d}x\right|\leqslant\int_a^b |f(x)|\,\mathrm{d}x$

(6) $\left[\int_a^b f(x)g(x)\,\mathrm{d}x\right]^2\leqslant$

$$\int_a^b[f(x)]^2\mathrm{d}x\int_a^b[g(x)]^2\mathrm{d}x$$

5.7.2 积分中值定理

(1) 若 $f(x)$ 在 $[a,b]$ 上连续，则至少存在一点 ζ，使

$$\int_a^b f(x)\,\mathrm{d}x = (b-a)f(\zeta),\ a\leqslant\zeta\leqslant b$$

(2) $f(x)$ 在 $[a,b]$ 上不变号且可积，$g(x)$ 在 $[a,b]$ 上连续，则

$$\int_a^b f(x)g(x)\,\mathrm{d}x = g(\zeta)\int_a^b f(x)\,\mathrm{d}x,\ a\leqslant\zeta\leqslant b$$

(3) 在 $[a,b]$ 上 $f(x)$ 单调，$g(x)$ 可积，则

$$\int_a^b f(x)g(x)\,\mathrm{d}x$$

$$= f(a)\int_a^\zeta g(x)\,\mathrm{d}x + f(b)\int_\zeta^b g(x)\,\mathrm{d}x,\quad a\leqslant\zeta\leqslant b$$

5.7.3 定积分的计算

1. 基本公式 若 $F'(x) = f(x)$，则

$$\int_a^b f(x)\,\mathrm{d}x = F(b) - F(a)$$

2. 换元公式

$$\int_a^b f(\varphi(x))\varphi'(x)\,\mathrm{d}x = \int_{u_1}^{u_2} f(u)\,\mathrm{d}u$$

其中 $u_1 = \varphi(a)$，$u_2 = \varphi(b)$。

3. 分部积分公式

$$\int_a^b u(x)v'(x)\,\mathrm{d}x = u(x)v(x)\Big|_a^b - \int_a^b v(x)u'(x)\,\mathrm{d}x$$

4. 奇偶函数的积分

$f(x)$ 为奇函数，即 $f(-x) = -f(x)$，则

$$\int_{-a}^{a} f(x)\,dx = 0$$

$f(x)$ 为偶函数,即 $f(-x) = f(x)$,则

$$\int_{-a}^{a} f(x)\,dx = 2\int_{0}^{a} f(x)\,dx$$

5. 周期函数的积分 若 $f(x)$ 的周期为 T,则

$$\int_{a}^{a+nT} f(x)\,dx = n\int_{0}^{T} f(x)\,dx$$

5.7.4 广义积分存在准则

1. 无穷区间上的广义积分 设 $f(x)$ 在 $[a, +\infty]$ 上为非负连续函数 ($a > 0$),常数 m、$M > 0$。

(1) 若 $f(x) \leqslant \dfrac{M}{x^m}$,且 $m > 1$,则 $\int_{a}^{+\infty} f(x)\,dx$ 收敛;

(2) 若 $f(x) \geqslant \dfrac{M}{x^m}$,且 $m \leqslant 1$,则 $\int_{a}^{+\infty} f(x)\,dx$ 发散。

2. 无界函数的广义积分 设 $f(x)$ 在 $(a, b]$ 上连续,$\lim\limits_{x \to a} f(x) = \infty$。

(1) 若 $0 \leqslant f(x) \leqslant \dfrac{N}{(x-a)^q}$,$0 < q < 1$,则 $\int_{a}^{b} f(x)\,dx$ 收敛;

(2) 若 $f(x) \geqslant \dfrac{N}{(x-a)^q}$,$q \geqslant 1$,则 $\int_{a}^{b} f(x)\,dx$ 发散。

5.7.5 常用的定积分公式

(1) $I_n = \int_{0}^{\frac{\pi}{2}} \sin^n x\,dx = \int_{0}^{\frac{\pi}{2}} \cos^n x\,dx$

$\qquad = \dfrac{n-1}{n} I_{n-2}$

$\qquad I_0 = \dfrac{\pi}{2},\ I_1 = 1$

(2) $\int_{0}^{\frac{\pi}{2}} \cos^n x \sin nx\,dx = \dfrac{1}{2^{n+1}} \sum\limits_{k=1}^{n} \dfrac{2^k}{k}$

(3) $\int_{0}^{\frac{\pi}{2}} \cos^n x \cos nx\,dx = \dfrac{\pi}{2^{n+1}}$

(4) $\int_{0}^{\frac{\pi}{2}} \dfrac{\sin x}{\sqrt{1 - k^2 \sin^2 x}}\,dx = \dfrac{1}{2k} \ln \dfrac{1+k}{1-k}$

$\qquad\qquad\qquad\qquad (|k| < 1)$

(5) $\int_{0}^{\frac{\pi}{2}} \dfrac{\cos x}{\sqrt{1 - k^2 \sin^2 x}}\,dx = \dfrac{1}{k} \arcsin k$

$\qquad\qquad\qquad\qquad (|k| < 1)$

(6) $\int_{0}^{\frac{\pi}{2}} \dfrac{1}{a^2 \cos^2 x + b^2 \sin^2 x}\,dx = \dfrac{\pi}{2ab}$

(7) $\int_{0}^{\pi} \dfrac{1}{a + b\cos x}\,dx = \dfrac{\pi}{\sqrt{a^2 - b^2}}$

$\qquad\qquad\qquad\qquad (a > b > 0)$

(8) $\int_{0}^{1} \dfrac{\ln x}{x-1}\,dx = \dfrac{\pi^2}{6}$

(9) $\int_{0}^{1} \dfrac{\ln x}{x+1}\,dx = -\int_{0}^{1} \dfrac{\ln(1+x)}{x}\,dx = -\dfrac{\pi^2}{12}$

(10) $\int_{0}^{1} \dfrac{\ln(1+x)}{1+x^2}\,dx = \int_{0}^{\frac{\pi}{4}} \ln(1 + \tan x)\,dx$

$\qquad\qquad\qquad\qquad = \dfrac{\pi}{8} \ln 2$

(11) $\int_{0}^{1} \ln x \ln(1-x)\,dx = 2 - \dfrac{\pi^2}{6}$

(12) $\int_{0}^{1} \ln x \ln(1+x)\,dx = 2 - 2\ln 2 - \dfrac{\pi^2}{12}$

(13) $\int_{0}^{1} \ln|\ln x|\,dx = -C = -0.5772157$

$\qquad\qquad\qquad\qquad (C - 欧拉常数)。$

(14) $\int_{0}^{+\infty} \dfrac{\sin ax}{x}\,dx = \int_{0}^{+\infty} \dfrac{\tan ax}{x}\,dx$

$\qquad\qquad = \begin{cases} \dfrac{\pi}{2} & a > 0 \\[2mm] -\dfrac{\pi}{2} & a < 0 \end{cases}$

(15) $\int_{0}^{+\infty} \dfrac{\sin ax \cos bx}{x}\,dx = \begin{cases} \dfrac{\pi}{2} & (0 < b < a) \\[2mm] 0 & (0 < a < b) \\[2mm] \dfrac{\pi}{4} & (0 < a = b) \end{cases}$

(16) $\int_{0}^{+\infty} \dfrac{\sin ax \sin bx}{x}\,dx = \dfrac{1}{2} \ln \left| \dfrac{a+b}{a-b} \right|$

(17) $\int_{0}^{+\infty} \dfrac{\cos ax - \cos bx}{x}\,dx = \ln \dfrac{b}{a}$

(18) $\int_{0}^{+\infty} \sin(x^2)\,dx = \int_{0}^{+\infty} \cos(x^2)\,dx$

$\qquad\qquad\qquad\qquad = \dfrac{1}{2} \sqrt{\dfrac{\pi}{2}}$

(19) $\int_{0}^{1} \dfrac{\arcsin x}{x}\,dx = \dfrac{\pi}{2} \ln 2$

$$(20) \int_0^{+\infty} e^{-a^2 x^2} dx = \frac{\sqrt{\pi}}{2a} \qquad (a > 0)$$

$$(21) \int_0^{+\infty} x^2 e^{-a^2 x^2} dx = \frac{\sqrt{\pi}}{4a^3} \qquad (a > 0)$$

$$(22) \int_0^{+\infty} e^{-x^2 - \frac{a^2}{x^2}} dx = \frac{\sqrt{\pi}}{2} e^{-2a} \qquad (a > 0)$$

$$(23) \int_0^{+\infty} \frac{e^{-ax} \sin x}{x} dx = \arctan \frac{1}{a} \qquad (a > 0)$$

$$(24) \int_0^{+\infty} \frac{e^{-ax} - e^{-bx}}{x} dx = \ln \frac{b}{a}$$
$$(a > 0, b > 0)$$

$$(25) \int_0^{+\infty} e^{-ax} \cos bx dx = \frac{a}{a^2 + b^2} \qquad (a > 0)$$

$$(26) \int_0^{+\infty} e^{-ax} \sin bx dx = \frac{b}{a^2 + b^2} \qquad (a > 0)$$

$$(27) \int_0^{+\infty} e^{-a^2 x^2} \cos bx dx = \frac{\sqrt{\pi}}{2a} e^{-\frac{b^2}{4a^2}} \qquad (a > 0)$$

$$(28) \int_0^{\frac{\pi}{2}} \ln \sin x dx = \int_0^{\frac{\pi}{2}} \ln \cos x dx$$
$$= -\int_0^{\frac{\pi}{2}} \frac{x}{\tan x} dx$$
$$= -\frac{\pi}{2} \ln 2$$

5.8 级数

5.8.1 函数的幂级数展开式

1. 泰勒（Taylor）级数 若 $f(x)$ 在 x_0 的邻域上有任意阶导数，则 $f(x)$ 的泰勒级数为

$$f(x_0) + \frac{f'(x_0)}{1!}(x - x_0) + \frac{f''(x_0)}{2!}(x - x_0)^2$$
$$+ \cdots + \frac{f^{(n)}(x_0)}{n!}(x - x_0)^n + \cdots$$

当 $x_0 = 0$ 时，上式称为 $f(x)$ 的麦克劳林（Maclaurin）级数。

2. 常用函数的幂级数展开式

$$(1) \ e^x = 1 + x + \frac{x^2}{2!} + \cdots + \frac{x^n}{n!} + \cdots$$
$$-\infty < x < +\infty$$

$$(2) \ \frac{1}{1+x} = 1 - x + x^2 - \cdots + (-1)^n x^n + \cdots$$
$$|x| < 1$$

$$(3) \ \ln(1 \pm x) = \pm x - \frac{x^2}{2} \pm \frac{x^3}{3} - \frac{x^4}{4} \pm \cdots$$
$$|x| < 1$$

$$(4) \ \ln\left(\frac{1+x}{1-x}\right) = 2\left(x + \frac{x^3}{3} + \cdots + \frac{x^{2n-1}}{2n-1} + \cdots\right) \qquad |x| < 1$$

$$(5) \ \ln\left(x + \sqrt{1+x^2}\right) = x - \frac{1}{2} \cdot \frac{x^3}{3} + \frac{1 \cdot 3}{2 \cdot 4} \frac{x^5}{5} - \frac{1 \cdot 3 \cdot 5}{2 \cdot 4 \cdot 6} \frac{x^7}{7} + \cdots \qquad |x| < 1$$

$$(6) \ (1+x)^\alpha = 1 + \alpha x + \frac{\alpha(\alpha-1)}{2!} x^2 + \cdots + \frac{\alpha(\alpha-1)\cdots(\alpha-k+1)}{k!} x^k + \cdots \qquad |x| < 1$$

$$(7) \ \sin x = x - \frac{x^3}{3!} + \frac{x^5}{5!} - \cdots + (-1)^{n-1} \frac{x^{2n-1}}{(2n-1)!} + \cdots$$
$$-\infty < x < +\infty$$

$$(8) \ \cos x = 1 - \frac{x^2}{2!} + \frac{x^4}{4!} - \cdots + (-1)^n \frac{x^{2n}}{(2n)!} + \cdots$$
$$-\infty < x < +\infty$$

$$(9) \ \text{arc } \sin x = x + \frac{1}{2} \frac{x^3}{3} + \frac{1 \cdot 3}{2 \cdot 4} \frac{x^5}{5} + \frac{1 \cdot 3 \cdot 5}{2 \cdot 4 \cdot 6} \frac{x^7}{7} + \cdots \quad |x| < 1$$

$$(10) \ \text{arc } \tan x = x - \frac{x^3}{3} + \frac{x^5}{5} - \frac{x^7}{7} + \cdots + (-1)^{n-1} \frac{x^{2n-1}}{2n-1} + \cdots \qquad |x| \leqslant 1$$

$$(11) \ \sinh x = x + \frac{x^3}{3!} + \frac{x^5}{5!} + \cdots + \frac{x^{2n-1}}{(2n-1)!} + \cdots$$
$$-\infty < x < +\infty$$

$$(12) \ \cosh x = 1 + \frac{x^2}{2!} + \frac{x^4}{4!} + \cdots + \frac{x^{2n}}{(2n)!} + \cdots \qquad -\infty < x < +\infty$$

$$(13) \ \text{arcsinh} x = x - \frac{1}{2} \frac{x^3}{3} + \frac{1 \cdot 3}{2 \cdot 4} \frac{x^5}{5} -$$

$$\frac{1 \cdot 3 \cdot 5}{2 \cdot 4 \cdot 6} \frac{x^7}{7} + \cdots \quad |x| < 1$$

（14） $\text{arc tanh} x = x + \dfrac{x^3}{3} + \dfrac{x^5}{5} + \dfrac{x^7}{7} + \cdots +$

$$\frac{x^{2n-1}}{2n-1} + \cdots \qquad |x| < 1$$

5.8.2 一些重要的级数的和

（1） $\displaystyle\sum_{n=1}^{\infty} \frac{1}{n(n+1)} = 1$

（2） $\displaystyle\sum_{n=1}^{\infty} \frac{1}{(2n-1)(2n+1)} = \frac{1}{2}$

（3） $\displaystyle\sum_{n=1}^{\infty} \frac{1}{n(n+1)(n+2)} = \frac{1}{4}$

（4） $\displaystyle\sum_{n=1}^{\infty} (-1)^{n-1} \frac{1}{n} = \ln 2$

（5） $\displaystyle\sum_{n=1}^{\infty} (-1)^{n-1} \frac{1}{2n-1} = \frac{\pi}{4}$

（6） $\displaystyle\sum_{n=1}^{\infty} \frac{1}{n^2} = \frac{\pi^2}{6}$

（7） $\displaystyle\sum_{n=1}^{\infty} (-1)^{n-1} \frac{1}{n^2} = \frac{\pi^2}{12}$

（8） $\displaystyle\sum_{n=1}^{\infty} \frac{1}{(2n-1)^2} = \frac{\pi^2}{8}$

（9） $\displaystyle\sum_{n=1}^{\infty} \frac{1}{n^4} = \frac{\pi^4}{90}$

（10） $\displaystyle\sum_{n=1}^{\infty} (-1)^{n-1} \frac{1}{n^4} = \frac{7\pi^4}{720}$

5.8.3 函数的傅里叶级数展开式

1. 傅里叶（Fourier）级数 若函数 $f(x)$ 在 $[-l, l]$ 上绝对可积，$f(x)$ 在 $[-l, l]$ 上的傅里叶级数为

$$\frac{a_0}{2} + \sum_{n=1}^{\infty} \left(a_n \cos \frac{n\pi}{l} x + b_n \sin \frac{n\pi}{l} x \right)$$

其中

$$a_n = \frac{1}{l} \int_{-l}^{l} f(x) \cos \frac{n\pi}{l} x \, dx, n = 0, 1, 2, \cdots$$

$$b_n = \frac{1}{l} \int_{-l}^{l} f(x) \sin \frac{n\pi}{l} x \, dx, n = 1, 2, \cdots$$

当 $f(x)$ 在 $[-l, l]$ 上至多有有限个第一类间

断点和极值点，则 $f(x)$ 的傅里叶级数必收敛，且

$$\frac{a_0}{2} + \sum_{n=1}^{\infty} \left(a_n \cos \frac{n\pi}{l} x + b_n \sin \frac{n\pi}{l} x \right) =$$

$$\begin{cases} f(x), & x \text{ 是 } f(x) \text{ 的连续点,} \\ \dfrac{f(x-0) + f(x+0)}{2}, & x \text{ 是 } f(x) \text{ 的间断点,} \\ \dfrac{f(-l+0) + f(l-0)}{2}, & x = \pm l_{\circ} \end{cases}$$

2. 常用函数的傅里叶级数展开式

（1） $2\left(\dfrac{\sin x}{1} - \dfrac{\sin 2x}{2} + \dfrac{\sin 3x}{3} - \cdots \right) = x,$

$$-\pi < x < \pi$$

（2） $\dfrac{\pi}{2} - \dfrac{4}{\pi}\left(\cos x + \dfrac{\cos 3x}{3^2} + \dfrac{\cos 5x}{5^2} + \cdots \right)$

$$= \begin{cases} x, & 0 \leqslant x \leqslant \pi \\ 2\pi - x, & \pi < x \leqslant 2\pi \end{cases}$$

（3） $\dfrac{4a}{\pi}\left(\sin x + \dfrac{\sin 3x}{3} + \dfrac{\sin 5x}{5} + \cdots \right) =$

$$\begin{cases} a, & 0 < x < \pi \\ -a, & \pi < x < 2\pi \end{cases}$$

（4） $\dfrac{\pi^2}{3} - 4\left(\dfrac{\cos x}{1^2} - \dfrac{\cos 2x}{2^2} + \right.$

$$\left. \dfrac{\cos 3x}{3^2} - \cdots \right) = x^2, \quad -\pi \leqslant x \leqslant \pi$$

（5） $\dfrac{\pi^2}{6} - \left(\dfrac{\cos 2x}{1^2} + \dfrac{\cos 4x}{2^2} + \right.$

$$\left. \dfrac{\cos 6x}{3^2} + \cdots \right) = x(\pi - x), \quad 0 \leqslant x \leqslant \pi$$

（6） $\dfrac{2}{\pi} - \dfrac{4}{\pi}\left(\dfrac{\cos 2x}{1 \cdot 3} + \dfrac{\cos 4x}{3 \cdot 5} + \right.$

$$\left. \dfrac{\cos 6x}{5 \cdot 7} + \cdots \right) = \sin x \quad 0 \leqslant x \leqslant \pi$$

（7） $\dfrac{4}{\pi}\left(\dfrac{2\sin 2x}{1 \cdot 3} + \dfrac{4\sin 4x}{3 \cdot 5} + \right.$

$$\left. \dfrac{6\sin 6x}{5 \cdot 7} + \cdots \right) = \cos x \quad 0 < x < \pi$$

（8） $\dfrac{1}{\pi} + \dfrac{1}{2}\sin x - \dfrac{2}{\pi}\left(\dfrac{\cos 2x}{1 \cdot 3} + \dfrac{\cos 4x}{3 \cdot 5} + \right.$

$$\left. \dfrac{\cos 6x}{5 \cdot 7} + \cdots \right) = \begin{cases} \sin x, & 0 < x \leqslant \pi \\ 0, & \pi < x \leqslant 2\pi \end{cases}$$

6 积分变换[2,5]

6.1 拉普拉斯变换

6.1.1 定义和性质

1. **定义** 若 $f(t)$ 满足:当 $t<0$ 时 $f(t)=0$,当 $t\geqslant 0$ 时 $f(t)$ 及 $f'(t)$ 除有限个第一类间断点外处处连续,且存在常数 M 及 $s_0\geqslant 0$,使 $|f(t)|\leqslant Me^{s_0 t}$ $(0<t<\infty)$,则称

$$F(s)=\int_0^{+\infty}e^{-st}f(t)\,\mathrm{d}t$$

为 $f(t)$ 的拉普拉斯(Laplace)变换,$F(s)$ 称为 $f(t)$ 的象函数,记作 $F(s)=L[f(t)]$,且

$$f(t)=\frac{1}{2\pi i}\int_{a-i\infty}^{a+i\infty}F(s)e^{st}\,\mathrm{d}s \quad (a=\mathrm{Re}s>s_0)$$

称为 $F(s)$ 的拉普拉斯反变换,$f(t)$ 称为象原函数,记作 $f(t)=L^{-1}[F(s)]$。

2. **性质** 设 $L[f(t)]=F(s)$,a、b 为常数。

(1) $L[af_1(t)+bf_2(t)]=aL[f_1(t)]+bL[f_2(t)]$

(2) $L[f(at)]=\dfrac{1}{a}F\left(\dfrac{s}{a}\right)$ $(a>0)$

(3) $L[f'(t)]=sL[f(t)]-f(0)$

(4) $L[f^{(n)}(t)]=s^nL[f(t)]-s^{n-1}f(0)-s^{n-2}f'(0)-\cdots-f^{(n-1)}(0)$

(5) $L\left[\int_0^t f(\tau)\,\mathrm{d}\tau\right]=F(s)/s$

(6) $L[(-t)^n f(t)]=F^{(n)}(s)$

(7) $L\left[\dfrac{f(t)}{t}\right]=\int_s^\infty F(p)\,\mathrm{d}p$

(8) $L[f(t\pm t_0)]=e^{\pm st_0}F(s)$

(9) $L[e^{-at}f(t)]=F(s+a)$

(10) $L[f(t)*g(t)]=L[f(t)]L[g(t)]$

其中 $f(t)*g(t)=\int_0^t f(u)g(t-u)\,\mathrm{d}u$

$$=\int_0^t f(t-u)g(u)\,\mathrm{d}u$$

6.1.2 拉普拉斯变换简表(表 14.6-1)

表 14.6-1 拉普拉斯变换简表

$f(t)$	$F(s)$	$f(t)$	$F(s)$
1	$\dfrac{1}{s}$	$t^k\,(k>-1)$	$\dfrac{\Gamma(k+1)}{s^{k+1}}$
e^{at}	$\dfrac{1}{s-a}$	$t^k e^{at}\,(k>-1)$	$\dfrac{\Gamma(k+1)}{(s-a)^{k+1}}$
$\sin kt$	$\dfrac{k}{s^2+k^2}$	$e^{-at}\sin kt$	$\dfrac{k}{(s+a)^2+k^2}$
$\cos kt$	$\dfrac{s}{s^2+k^2}$	$e^{-at}\cos kt$	$\dfrac{s+a}{(s+a)^2+k^2}$
$\sqrt{t}$	$\dfrac{\sqrt{\pi}}{2\sqrt{s^3}}$	$\dfrac{1}{\sqrt{t}}$	$\sqrt{\dfrac{\pi}{s}}$
$\sinh kt$	$\dfrac{k}{s^2-k^2}$	$\cosh kt$	$\dfrac{s}{s^2-k^2}$

6.2 傅里叶变换

6.2.1 定义和性质

1. **定义** 设 $g(t)$ 在 $(-\infty,+\infty)$ 内分段光滑,且 $\int_{-\infty}^{+\infty}|g(t)|\,\mathrm{d}t$ 存在,则称

$$G(\omega)=\int_{-\infty}^{+\infty}g(t)e^{-i\omega t}\,\mathrm{d}t$$

为 $g(t)$ 的傅里叶(Fourier)变换,记作 $G(\omega)=F[g(t)]$,且

$$g(t)=\frac{1}{2\pi}\int_{-\infty}^{+\infty}G(\omega)e^{i\omega t}\,\mathrm{d}\omega$$

称为 $G(\omega)$ 的傅里叶反变换,记为

$$g(t)=F^{-1}[G(\omega)]$$

2. **性质** 设 $F[g(t)]=G(\omega)$,a、b 为常数。

(1) $F[ag_1(t)+bg_2(t)]=aF[g_1(t)]+bF[g_2(t)]$

(2) $F[g(-t)]=G(-\omega)$

(3) $F[\overline{g(t)}]=\overline{G(-\omega)}$

(4) $F[g(at)]=\dfrac{1}{|a|}G\left(\dfrac{\omega}{a}\right)$

(5) $F[g(t\pm t_0)]=G(\omega)e^{\pm i\omega t_0}$
$F^{-1}[G(\omega\pm\omega_0)]=g(t)e^{\mp i\omega_0 t}$

(6) $F[g^{(n)}(t)]=(i\omega)^n G(\omega)$
$F^{-1}[G^{(n)}(\omega)]=(-it)^n g(t)$

(7) $F[g_1(t)*g_2(t)]=F[g_1(t)]F[g_2(t)]$

其中　　$g_1(t) * g_2(t) = \int_{-\infty}^{+\infty} g_1(\lambda) g_2(t-\lambda) \mathrm{d}\lambda$

$$= \int_{-\infty}^{+\infty} g_1(t-\lambda) g_2(\lambda) \mathrm{d}\lambda$$

(8) $\int_{-\infty}^{+\infty} |g(t)|^2 \mathrm{d}t = \dfrac{1}{2\pi} \int_{-\infty}^{+\infty} |G(\omega)|^2 \mathrm{d}\omega$

6.2.2　傅里叶变换简表(表 1.6-2)

表 1.6-2　傅里叶变换简表

$g(t)$	$G(\omega)$
$\delta_A(t) = \begin{cases} \dfrac{A}{a}, & \|t\| \leqslant a/2 \\ 0, & \|t\| > a/2 \end{cases}$	$\dfrac{A}{a} \cdot \dfrac{2\sin \dfrac{a}{2}\omega}{\omega}$
$\delta(t) = \begin{cases} \infty, & t=0 \\ 0, & t \neq 0 \end{cases}$	1
1	$2\pi\delta(\omega)$
$e^{-a^2 t^2}$	$\dfrac{\sqrt{\pi}}{a} e^{-\frac{\omega^2}{4a^2}}$
$\sin at^2$	$\sqrt{\dfrac{\pi}{a}} \cos\left(\dfrac{\omega^2}{4a} + \dfrac{\pi}{4} \right)$
$\cos at^2$	$\sqrt{\dfrac{\pi}{a}} \cos\left(\dfrac{\omega^2}{4a} - \dfrac{\pi}{4} \right)$
$g(t) = \begin{cases} 0, & \|t\| > \dfrac{\pi}{2\omega_0} \\ \cos\omega_0 t, & \|t\| \leqslant \dfrac{\pi}{2\omega_0} \end{cases}$	$2\omega_0 \dfrac{\cos \dfrac{\pi\omega}{2\omega_0}}{(\omega_0^2 - \omega^2)}$
$g(t) = \begin{cases} 0, & t<0 \\ e^{-at}, & t \geqslant 0 \end{cases} (a>0)$	$\dfrac{1}{a+i\omega}$

(续)

$g(t)$	$G(\omega)$
$g(t) = \begin{cases} 0, & t<0 \\ 1, & t \geqslant 0 \end{cases}$	$\dfrac{1}{i\omega}$
$\dfrac{1}{t^2 + a^2}$	$\dfrac{\pi}{a} e^{-a\|\omega\|}$
$\dfrac{1}{\sqrt{\|t\|}}$	$\sqrt{\dfrac{2\pi}{\|\omega\|}}$
$\dfrac{1}{\sqrt{\|t\|}} e^{-a\|t\|}$	$\sqrt{\dfrac{2\pi}{\omega^2 + a^2}} \left[(\omega^2 + a^2)^{\frac{1}{2}} + a \right]^{\frac{1}{2}}$
$\dfrac{\sinh at}{\sinh \pi t}, \ -\pi < a < \pi$	$\dfrac{\sin a}{\cosh\omega + \cos a}$
$\dfrac{\sinh at}{\cosh \pi t}, \ -\pi < a < \pi$	$-2i \dfrac{\sin\dfrac{a}{2}\sinh\dfrac{\omega}{2}}{\cosh\omega + \cos a}$
$\dfrac{\cosh at}{\cosh \pi t}, \ -\pi < a < \pi$	$2 \dfrac{\cos\dfrac{a}{2}\cosh\dfrac{\omega}{2}}{\cosh\omega + \cos a}$
$\dfrac{1}{\cosh at}$	$\dfrac{\pi}{a} \dfrac{1}{\cosh\dfrac{\pi\omega}{2a}}$
$\dfrac{\sin at}{t}, \ a>0$	$G(\omega) = \begin{cases} \pi, & \|\omega\| \leqslant a \\ 0, & \|\omega\| > a \end{cases}$
$\dfrac{\sin^2 at}{t^2}, \ a>0$	$G(\omega) = \begin{cases} \pi\left(a - \dfrac{\|\omega\|}{2}\right), & \|\omega\| \leqslant 2a \\ 0, & \|\omega\| > 2a \end{cases}$

7　微 分 方 程 [2,4,5,6]

7.1　一阶常微分方程

7.1.1　一阶常微分方程的解

一阶方程的一般形式为 $F(x, y, y') = 0$，若将 y' 解出可表示为 $y' = f(x, y)$ 或 $M(x, y)\mathrm{d}x + N(x, y)\mathrm{d}y = 0$。含一个任意常量的解 $\varphi(x, y, C) = 0$ 称为方程的通解，也称为方程的积分曲线族。积分曲线族的包络称为方程的奇解；即由 $\varphi(x, y, C) = 0$ 及 $\dfrac{\partial\varphi}{\partial C} = 0$ 消去 C 所得到的 C-判别曲线若为微分方程的解，则它是方程的奇解。也可由方程 $F(x, y, p) = 0$（在微分方程中令 $y' = p$）及 $\dfrac{\partial F}{\partial p} = 0$ 消去 p 得到 p-判别曲线，若为方程的解，也是方程的奇解。

7.1.2　一阶常微分方程的可积类型及其通解

1. 变量分离方程

$$f_1(x)g_1(y)\mathrm{d}x + f_2(x)g_2(y)\mathrm{d}y = 0$$

等式两端除以 $g_1(y)f_2(x)$ 再积分，得通解

$$\int \dfrac{f_1(x)}{f_2(x)}\mathrm{d}x + \int \dfrac{g_2(y)}{g_1(y)}\mathrm{d}y = C$$

若 $f_2(x_0) = 0, g_1(y_0) = 0$，则 $x = x_0, y = y_0$ 是方程

的解,可能含在通解中,也可能是方程的奇解。

2. 齐次方程

$$\frac{\mathrm{d}y}{\mathrm{d}x} = f\left(\frac{y}{x}\right)$$

令 $\dfrac{y}{x} = u(x)$,方程化为变量分离型,通解为

$$\int \frac{\mathrm{d}u}{f(u) - u} = \int \frac{\mathrm{d}x}{x} = \ln Cx$$

若 $f(u_0) - u_0 = 0$,则 $y = u_0 x$ 是方程的奇解。

3. 准齐次方程

$$\frac{\mathrm{d}y}{\mathrm{d}x} = f\left(\frac{a_1 x + b_1 y + C_1}{a_2 x + b_2 y + C_2}\right)$$

若 $a_1 b_2 - a_2 b_1 = 0$,令 $a_2 x + b_2 y = z$,方程化为变量分离型方程 $\dfrac{\mathrm{d}z}{\mathrm{d}x} = a_2 + b_2 g(z)$。

若 $a_1 b_2 - a_2 b_1 \neq 0$,令 $x = \zeta + \alpha, y = \eta + \beta$,其中 α, β 满足 $a_1 \alpha + b_1 \beta + C_1 = 0$ 及 $a_2 \alpha + b_2 \beta + C_2 = 0$,方程化为齐次方程 $\dfrac{\mathrm{d}\eta}{\mathrm{d}\zeta} = g\left(\dfrac{\eta}{\zeta}\right)$。

4. 线性方程

$$\frac{\mathrm{d}y}{\mathrm{d}x} + p(x)y = Q(x)$$

当 $Q(x) = 0$,称为线性齐次方程,通解为

$$y = Ce^{-\int p(x)\mathrm{d}x}$$

当 $Q(x) \neq 0$,称为线性非齐次方程,通解为

$$y = e^{-\int p(x)\mathrm{d}x}\left[\int Q(x)e^{\int p(x)\mathrm{d}x}\mathrm{d}x + C\right]$$

5. 伯努利(Bernoulli)方程

$$\frac{\mathrm{d}y}{\mathrm{d}x} + p(x)y = Q(x)y^n, \quad n \neq 0, 1$$

方程变形为 $y^{-n}\dfrac{\mathrm{d}y}{\mathrm{d}x} + p(x)y^{1-n} = Q(x)$,令 $z = y^{1-n}$,方程化为线性方程,通解为

$$y^{1-n} = e^{(n-1)\int p(x)\mathrm{d}x}\left[\int (1 - n)Q(x)e^{(1-n)\int p(x)\mathrm{d}x}\mathrm{d}x + C\right]$$

6. 全微分方程

$$M(x, y)\mathrm{d}x + N(x, y)\mathrm{d}y = 0$$

其中 $M、N$ 满足 $\dfrac{\partial M(x, y)}{\partial y} = \dfrac{\partial N(x, y)}{\partial x}$

通解为 $\displaystyle\int_{x_o}^{x} M(x, y)\mathrm{d}x + \int_{y_o}^{y} N(x_o, y)\mathrm{d}y = C$

7. 黎卡笛(Riccati)方程

$$\frac{\mathrm{d}y}{\mathrm{d}x} = p(x)y^2 + q(x)y + r(x), p(x) \neq 0, r(x) \neq 0$$

若已知方程的一个特解 $y = y_1(x)$,令 $y = y_1(x) + \dfrac{1}{u}$ 方程可化为线性方程

$$\frac{\mathrm{d}u}{\mathrm{d}x} + [q(x) + 2p(x)y_1]u = -p(x)$$

8. 拉格朗日(Lagrange)方程

$$y = xf_1(p) + f_2(p)$$

式中 $p = \dfrac{\mathrm{d}y}{\mathrm{d}x}$,方程化为 x 的线性方程

$$\frac{\mathrm{d}x}{\mathrm{d}p} - \frac{f_1'(p)}{p - f_1(p)}x = \frac{f_2'(p)}{p - f_1(p)}$$

9. 克莱洛(Clairaut)方程

$$y = xp + f(p), \quad p = \frac{\mathrm{d}y}{\mathrm{d}x}$$

通解为 $y = Cx + f(C)$
方程还可能有奇解。

7.2　高阶常系数线性方程

n 阶常系数线性微分方程一般形式为

$$y^{(n)} + a_1 y^{(n-1)} + a_2 y^{(n-2)} + \cdots + a_{n-1} y' + a_n y = f(x)$$

当 $f(x) \equiv 0$ 时为线性齐次方程,其通解为

$$y = C_1 y_1(x) + C_2 y_2(x) + \cdots + C_n y_n(x)$$

其中 $C_i(i = 1, 2, \cdots, n)$ 为任意常数,$y_i(x)(i = 1, 2, \cdots, n)$ 为齐次方程的 n 个线性无关的特解,即齐次方程的一个基本解组。

当 $f(x) \neq 0$ 时为线性非齐次方程,其通解为

$$y = y^*(x) + C_1 y_1(x) + C_2 y_2(x) + \cdots + C_n y_n(x)$$

式中 $y^*(x)$——非齐次方程的一个特解;

$\displaystyle\sum_{k=1}^{n} C_k y_k(x)$——对应齐次方程的通解。

7.2.1　二阶线性方程

1. 二阶常系数线性齐次方程 $y'' + py' + qy = 0$
特征方程 $r^2 + pr + q = 0$ 的两个根为 $r_1、r_2$。
(1) 当 $r_1 \neq r_2$(实根),通解为

$$y = C_1 e^{r_1 x} + C_2 e^{r_2 x}$$

(2) 当 $r_1 = r_2 = r$,通解为 $y = (C_1 + C_2 x)e^{rx}$
(3) 当 $r_1 = \alpha + \beta i, r_2 = \alpha - \beta i$,通解为

$$y = e^{\alpha x}(C_1 \cos\beta x + C_2 \sin\beta x)$$

2. 二阶常系数线性非齐次方程 $y'' + py' + gy$

$=f(x)$ 设 $y^*(x)$ 为它的特解，$Y(x)$ 为它对应的齐次方程的通解，则它的通解为

$$y = y^*(x) + Y(x)$$

（1）若 $f(x) = e^{\lambda x} P_n(x)$，其中 $P_n(x)$ 为 n 次多项式，则特解 $y^*(x) = x^m e^{\lambda x} Q_n(x)$，其中 $Q_n(x)$ 为 n 次多项式，其系数用待定系数法确定，且 $m = 0$，当 λ 不是特征根；$m = 1$，当 λ 是特征方程的单根；$m = 2$，当 λ 是特征方程的二重根。

（2）$f(x) = e^{\alpha x}(P_n(x)\cos\beta x + Q_l(x)\sin\beta x)$，其中 $P_n(x)$、$Q_l(x)$ 分别是 n 次和 l 次多项式，则特解 $y^*(x) = x^m e^{\alpha x}(R_s(x)\cos\beta x + T_s(x)\sin\beta x)$，式中 $R_s(x)$、$T_s(x)$ 都是 s 次多项式，其系数由待定系数法确定，$s = \max(n,l)$；且 $m = 0$，当 $\alpha \pm \beta i$ 不是特征根；$m = 1$，当 $\alpha \pm \beta i$ 是特征根。

（3）**常数变易法** 若对应齐次方程 $y'' + py' + qy = 0$ 的通解为 $y = C_1 y_1(x) + C_2 y_2(x)$，则非齐次方程 $y'' + py' + qy = f(x)$ 有一个特解 $y^*(x) = C_1(x)y_1(x) + C_2(x)y_2(x)$，其中 $C_1(x)$、$C_2(x)$ 由方程组

$$\begin{cases} C_1'(x)y_1(x) + C_2'(x)y_2(x) = 0 \\ C_1'(x)y_1'(x) + C_2'(x)y_2'(x) = f(x) \end{cases}$$

确定。

7.2.2 *n* 阶线性方程

1. *n* 阶常系数线性齐次方程

$$y^{(n)} + a_1 y^{(n-1)} + a_2 y^{(n-2)} + \cdots + a_{n-1}y' + a_n y = 0$$

特征方程为

$$r^n + a_1 r^{n-1} + a_2 r^{n-2} + \cdots + a_{n-1}r + a_n = 0。$$

当 r 是特征方程的 k 重实根，齐次方程有 k 个线性无关的特解 $y_i(x) = x^{i-1}e^{rx}$，$(i = 1, 2, \cdots, k)$。

当 $r = \alpha \pm \beta i$ 是特征方程的 k 重共轭复根，齐次方程有 $2k$ 个线性无关的特解

$$y_i(x) = x^{i-1}e^{\alpha x}\cos\beta x,$$
$$y_{k+i}(x) = x^{i-1}e^{\alpha x}\sin\beta x, \quad (i = 1, 2, \cdots, k)$$

2. *n* 阶常系数线性非齐次方程

$$y^{(n)} + a_1 y^{(n-1)} + a_2 y^{(n-2)} + \cdots + a_{n-1}y' + a_n y = f(x)$$

（1）若 $f(x) = e^{\lambda x} P_n(x)$，$P_n(x)$ 为 n 次多项式，则 $y^*(x) = x^m e^{\lambda x} Q_n(x)$，其中 $Q_n(x)$ 为 n 次多项式，其系数由待定系数法确定，$m = 0$，当 λ 不是特征根；$m = k$，当 λ 是特征方程的 k 重根。

（2）$f(x) = e^{\alpha x}(P_n(x)\cos\beta x + Q_l(x)\sin\beta x)$，其中

$P_n(x)$、$Q_l(x)$ 分别为 n 次和 l 次多项式，则 $y^*(x) = x^m e^{\alpha x}(R_s(x)\cos\beta x + T_s(x)\sin\beta x)$，式中 $R_s(x)$、$T_s(x)$ 是 s 次多项式，$s = \max(n,l)$ 且 $m = 0$，当 $\alpha \pm \beta i$ 不是特征根；$m = k$，当 $\alpha \pm \beta i$ 是 k 重特征根。

3. **常数变易法** 若对应齐次方程的通解为 $y = C_1 y_1(x) + C_2 y_2(x) + \cdots + C_n y_n(x)$，则非齐次方程有一个特解 $y^*(x) = C_1(x)y_1(x) + C_2(x)y_2(x) + \cdots + C_n(x)y_n(x)$，其中 $C_i(x)$（$i = 1, 2, \cdots, n$）由方程组

$$\begin{cases} C_1'(x)y_1(x) + C_2'(x)y_2(x) + \cdots + C_n'(x)y_n(x) = 0 \\ C_1'(x)y_1'(x) + C_2'(x)y_2'(x) + \cdots + C_n'(x)y_n'(x) = 0 \\ \cdots\cdots\cdots\cdots\cdots\cdots\cdots\cdots\cdots\cdots \\ C_1'(x)y_1^{(n-2)}(x) + C_2'(x)y_2^{(n-2)}(x) + \cdots + \\ \qquad C_n'(x)y_n^{(n-2)}(x) = 0 \\ C_1'(x)y_1^{(n-1)}(x) + C_2'(x)y_2^{(n-1)}(x) + \cdots + \\ \qquad C_n'(x)y_n^{(n-1)}(x) = f(x) \end{cases}$$

确定。

7.3 欧拉方程

$$x^n y^{(n)} + a_1 x^{n-1} y^{(n-1)} + a_2 x^{n-2} y^{(n-2)} + \cdots + a_{n-1}xy' + a_n y = f(x)$$

称为欧拉（Euler）方程，其中 $a_i(i = 1, 2, \cdots, n)$ 为常量。作变换 $x = e^t$ 即 $t = \ln x$，可将方程化为未知函数 y 关于变量 t 的常系数线性微分方程。

7.4 线性常系数方程组

$$\begin{cases} \dfrac{\mathrm{d}y_1}{\mathrm{d}x} = a_{11}y_1 + a_{12}y_2 + \cdots + a_{1n}y_n + f_1(x) \\ \dfrac{\mathrm{d}y_2}{\mathrm{d}x} = a_{21}y_1 + a_{22}y_2 + \cdots + a_{2n}y_n + f_2(x) \\ \cdots\cdots\cdots\cdots\cdots\cdots\cdots\cdots\cdots\cdots \\ \dfrac{\mathrm{d}y_n}{\mathrm{d}x} = a_{n1}y_1 + a_{n2}y_2 + \cdots + a_{nn}y_n + f_n(x) \end{cases}$$

是一个线性常系数方程组，用矩阵符号可简记作

$$\frac{\mathrm{d}\boldsymbol{Y}}{\mathrm{d}x} = \boldsymbol{A}\boldsymbol{Y} + \boldsymbol{f}$$

其中 $\boldsymbol{Y} = (y_1, y_2, \cdots, y_n)^{\mathrm{T}}$，$\dfrac{\mathrm{d}\boldsymbol{Y}}{\mathrm{d}x} = \left(\dfrac{\mathrm{d}y_1}{\mathrm{d}x}, \dfrac{\mathrm{d}y_2}{\mathrm{d}x},\right.$

$\cdots,\dfrac{\mathrm{d}y_n}{\mathrm{d}x}\Big)^{\mathrm{T}}$，$f=(f_1,f_2,\cdots,f_n)^{\mathrm{T}}$，$\boldsymbol{A}=(a_{ij})_{n\times n}$。当 $f(x)\equiv\boldsymbol{O}$（矩阵）称为齐次方程组，$f(x)\not\equiv\boldsymbol{O}$ 称为非齐次方程组。

7.4.1　线性齐次方程组的解法

若 $\boldsymbol{Y}^{(1)}(x)$，$\boldsymbol{Y}^{(2)}(x)$，$\cdots$，$\boldsymbol{Y}^{(n)}(x)$ 是齐次方程组的 n 个线性无关的解，则齐次方程组的通解为

$$\boldsymbol{Y}=C_1\boldsymbol{Y}^{(1)}(x)+C_2\boldsymbol{Y}^{(2)}(x)+\cdots+C_n\boldsymbol{Y}^{(n)}(x)$$

齐次方程组 $\dfrac{\mathrm{d}\boldsymbol{Y}}{\mathrm{d}x}=\boldsymbol{A}\boldsymbol{Y}$ 的特征方程为 $\det(\boldsymbol{A}-\lambda\boldsymbol{E})=0$，即

$$\begin{vmatrix} a_{11}-\lambda & a_{12} & \cdots & a_{1n}\\ a_{21} & a_{22}-\lambda & \cdots & a_{2n}\\ \vdots & \vdots & & \vdots\\ a_{n1} & a_{n2} & \cdots & a_{nn}-\lambda \end{vmatrix}=0$$

（1）当 λ 是特征方程的 r 重实根，则齐次方程组有特解

$$\boldsymbol{Y}(x)=(P_1(x),P_2(x),\cdots,P_n(x))^{\mathrm{T}}\mathrm{e}^{\lambda x}$$

（2）当 $\lambda=\alpha\pm\beta i$ 是特征方程的 r 重共轭复根，则齐次方程有特解

$$\boldsymbol{Y}(x)=\mathrm{e}^{\alpha x}(Q_1(x)\cos\beta x+R_1(x)\sin\beta x,\cdots,Q_n(x)\cos\beta x+R_n(x)\sin\beta x)^{\mathrm{T}}$$

其中 $P_i(x)$、$Q_i(x)$、$R_i(x)(i=1,2,\cdots,n)$ 都是 $r-1$ 次多项式，且系数待定。

7.4.2　线性非齐次方程组的解法

若 $\boldsymbol{Y}^*(x)=(y_1^*(x),y_2^*(x),\cdots,y_n^*(x))^{\mathrm{T}}$ 是非齐次方程组 $\dfrac{\mathrm{d}\boldsymbol{Y}}{\mathrm{d}x}=\boldsymbol{A}\boldsymbol{Y}+f$ 的一个特解，$\overline{\boldsymbol{Y}}$ 是对应齐次方程组的通解，则 $\boldsymbol{Y}=\boldsymbol{Y}^*+\overline{\boldsymbol{Y}}$ 是非齐次方程组的通解，可以仿照 7.2.2 节中的待定系数法和常数变易法，求出非齐次方程组的特解 $\boldsymbol{Y}^*(x)$。

7.5　贝塞尔方程与勒让德方程

7.5.1　贝塞尔方程

方程 $x^2y''+xy'+(x^2-l^2)y=0$ 称为 l 阶贝塞尔（Bessel）方程。当 l 不是整数时，通解为 $y(x)=C_1\mathrm{J}_l(x)+C_2\mathrm{J}_{-l}(x)$；当 l 为整数 n（包括零）时，通解为 $y(x)=C_1\mathrm{J}_l(x)+C_2\mathrm{N}_l(x)$，（$C_1$，$C_2$ 为任意常数）。其中

$$\mathrm{J}_l(x)=\sum_{k=0}^{\infty}\frac{(-1)^k}{k!\Gamma(l+k+1)}\left(\frac{x}{2}\right)^{l+2k}$$

$$\mathrm{J}_{-l}(x)=\sum_{k=0}^{\infty}\frac{(-1)^k}{k!\Gamma(-l+k+1)}\left(\frac{x}{2}\right)^{-l+2k}$$

$$\mathrm{N}_l(x)=\lim_{k\to l}\frac{1}{\sin k\pi}[\mathrm{J}_k(x)\cos k\pi-\mathrm{J}_{-k}(x)]$$

$\mathrm{J}_l(x)$，$\mathrm{N}_l(x)$ 分别称为第一类贝塞尔函数和第二类贝塞尔函数。

贝塞尔函数的递推公式：

（1）$\mathrm{J}_{l-1}(x)+\mathrm{J}_{l+1}(x)=\dfrac{2l}{x}\mathrm{J}_l(x)$

（2）$\dfrac{\mathrm{d}}{\mathrm{d}x}(x^l\mathrm{J}_l(x))=x^l\mathrm{J}_{l-1}(x)$

（3）$\dfrac{\mathrm{d}}{\mathrm{d}x}(x^{-l}\mathrm{J}_l(x))=-x^{-l}\mathrm{J}_{l+1}(x)$

7.5.2　勒让德方程

方程 $(1-x^2)y''-2xy'+n(n+1)y=0$ 称为勒让德（Legendre）方程。n 为整数时，通解为 $y(x)=C_1P_n(x)+C_2Q_n(x)$，（C_1、C_2 为任意常数），其中

$$P_n(x)=\frac{1}{2^nn!}\frac{\mathrm{d}^n}{\mathrm{d}x^n}(x^2-1)^n$$

$$=\sum_{k=0}^{N}\frac{(-1)^k(2n-2k)!}{2^nk!(n-k)!(n-2k)!}x^{n-2k}$$

式中 N：当 n 为偶数时，$N=\dfrac{n}{2}$；n 为奇数时，$N=\dfrac{n-1}{2}$

$$Q_n(x)=\frac{1}{2}P_n(x)\ln\frac{x+1}{x-1}-\sum_{k=1}^{N}\frac{2n-4k+3}{(2k-1)(n-k+1)}P_{n-2k+1}(x)$$

式中 N：当 n 为偶数时，$N=\dfrac{n}{2}$；n 为奇数时，$N=\dfrac{n+1}{2}$。$P_n(x)$、$Q_n(x)$ 分别称为第一类勒让德函数（勒让德多项式）、第二类勒让德函数。

勒让德多项式的递推公式（$n\geqslant1$）

（1）$(n+1)P_{n+1}(x)-(2n+1)xP_n(x)+nP_{n-1}(x)=0$

（2）$xP_n'(x)-P_{n-1}'(x)=nP_n(x)$

（3）$P_{n+1}'(x)-P_{n-1}'(x)=(2n+1)P_n(x)$

7.6　偏微分方程

含两个自变量的二阶线性偏微分方程的一般形式为

$$a_{11}\frac{\partial^2 u}{\partial x^2} + 2a_{12}\frac{\partial^2 u}{\partial x\partial y} + a_{22}\frac{\partial^2 u}{\partial y^2} + b_1\frac{\partial u}{\partial x} +$$

$$b_2\frac{\partial u}{\partial y} + cu = f(x) \qquad (*)$$

式中　a_{11}、a_{12}、a_{22}、b_1、b_2、c、f 都是 x、y 的已知函数。

$\Delta = a_{11}a_{22} - a_{12}^2$ 称为方程 ($*$) 的判别式,若在某个区域 D 中 $\Delta < 0$,则在 D 中称方程为双曲型的; $\Delta = 0$,称方程为抛物型的; $\Delta > 0$,称方程为椭圆型的。

常微分方程 $a_{11}\mathrm{d}y^2 - 2a_{12}\mathrm{d}x\mathrm{d}y + a_{22}\mathrm{d}x^2 = 0$ 的积分曲线称为偏微分方程 ($*$) 的特征线。双曲型方程有两族实特征线;抛物型方程具有一族实特征线;椭圆型方程没有实特征线。

7.6.1　波动方程(双曲型)定解问题及其解

波动方程 $\dfrac{\partial^2 u}{\partial t^2} - a^2\dfrac{\partial^2 u}{\partial x^2} = 0$ 是双曲型方程,

通解为　$u(x,t) = f(x - at) + g(x + at)$
其中　f 与 g 是两个任意二阶可微函数。

1. 一维波动方程柯西(Cauchy)问题

$$\begin{cases} \dfrac{\partial^2 u}{\partial t^2} = a^2\dfrac{\partial^2 u}{\partial x^2} + f(x,t) \\ u(x,0) = \varphi(x), \dfrac{\partial u(x,0)}{\partial t} = \psi(x) \end{cases}$$

解为　$u(x,t) = \dfrac{1}{2}\left[\varphi(x - at) + \varphi(x + at)\right] +$

$$\frac{1}{2a}\int_{x-at}^{x+at}\psi(\zeta)\mathrm{d}\zeta + \frac{1}{2a}\int_0^t\int_{x-a(t-\tau)}^{x+a(t-\tau)}f(\zeta,\tau)\mathrm{d}\zeta\mathrm{d}\tau$$

2. 定解问题

$$\begin{cases} \dfrac{\partial^2 u}{\partial t^2} = a^2\dfrac{\partial^2 u}{\partial x^2} \\ u(x,0) = \varphi(x), \dfrac{\partial u(x,0)}{\partial t} = \psi(x) \\ u(0,t) = u(l,t) = 0 \end{cases}$$

解为　$u(x,t) = \displaystyle\sum_{n=1}^{\infty}\left(A_n\cos\dfrac{n\pi a}{l}t +\right.$

$$\left. B_n\sin\frac{n\pi a}{l}t\right)\sin\frac{n\pi}{l}x$$

式中　$A_n = \dfrac{2}{l}\displaystyle\int_o^l\varphi(\zeta)\sin\dfrac{n\pi}{l}\zeta\mathrm{d}\zeta,$

$$B_n = \frac{2}{n\pi a}\int_o^l\psi(\zeta)\sin\frac{n\pi}{l}\zeta\mathrm{d}\zeta$$

3. 定解问题

$$\begin{cases} \dfrac{\partial^2 u}{\partial t^2} = a^2\dfrac{\partial^2 u}{\partial x^2} + f(x,t) \\ u(x,0) = \varphi(x), \dfrac{\partial u(x,0)}{\partial t} = \psi(x) \\ u(0,t) = u(l,t) = 0 \end{cases}$$

解为　$u(x,t) = v(x,t) + \omega(x,t)$

式中　$v(x,t) = \displaystyle\sum_{n=1}^{\infty}T_n(t)\sin\dfrac{n\pi}{l}x$

且　$T_n(t) = \dfrac{2}{n\pi a}\displaystyle\int_0^t\mathrm{d}\tau\int_0^l f(\zeta,\tau)\sin\left[\dfrac{n\pi a}{l}(t - \right.$

$$\left.\tau)\right]\sin\frac{n\pi}{l}\zeta\mathrm{d}\zeta$$

$\omega(x,t)$ 是类型 2 定解问题的解。

4. 定解问题

$$\begin{cases} \dfrac{\partial^2 u}{\partial t^2} = a^2\dfrac{\partial^2 u}{\partial x^2} + f(x,t) \\ u(x,0) = \varphi(x), \dfrac{\partial u(x,0)}{\partial t} = \psi(x) \\ u(0,t) = \mu_1(t), u(l,t) = \mu_2(t) \end{cases}$$

解为　$u(x,t) = v(x,t) + \bar{u}(x,t)$

式中　$\bar{u}(x,t) = \mu_1(t) + \dfrac{x}{l}\left[\mu_2(t) - \mu_1(t)\right]$

$v(x,t)$ 满足类型 3 定解问题

$$\begin{cases} \dfrac{\partial^2 v}{\partial t^2} = a^2\dfrac{\partial^2 v}{\partial x^2} + f(x,t) - \mu_1''(t) - \dfrac{x}{l}\left[\mu_2''(t) - \mu_1''(t)\right] \\ v(x,0) = \varphi(x) - \mu_1(0) - \dfrac{x}{l}\left[\mu_2(0) - \mu_1(0)\right] \\ \dfrac{\partial v(x,0)}{\partial t} = \psi(x) - \mu_1'(0) - \dfrac{x}{l}\left[\mu_2'(0) - \mu_1'(0)\right] \\ v(0,t) = v(l,t) = 0 \end{cases}$$

5. 二维波动方程柯西问题

$$\begin{cases} \dfrac{\partial^2 u}{\partial t^2} = a^2\left(\dfrac{\partial^2 u}{\partial x^2} + \dfrac{\partial^2 u}{\partial y^2}\right) \\ u\Big|_{t=0} = \varphi(x,y), \dfrac{\partial u}{\partial t}\Big|_{t=0} = \psi(x,y) \end{cases}$$

解为　$u(x,y,t) =$

$$\frac{1}{2\pi a}\left[\frac{\partial}{\partial t}\int_0^{at}\int_0^{2\pi}\frac{\varphi(x + r\cos\theta, y + r\sin\theta)}{\sqrt{(at)^2 - r^2}}r\mathrm{d}r\mathrm{d}\theta\right.$$

$$\left. + \int_0^{at}\int_0^{2\pi}\frac{\psi(x + r\cos\theta, y + r\sin\theta)}{\sqrt{(at)^2 - r^2}}r\mathrm{d}r\mathrm{d}\theta\right]$$

6. 三维波动方程柯西问题

$$\begin{cases} \dfrac{\partial^2 u}{\partial t^2} = a^2 \left(\dfrac{\partial^2 u}{\partial x^2} + \dfrac{\partial^2 u}{\partial y^2} + \dfrac{\partial^2 u}{\partial z^2} \right) \\ u|_{t=0} = \varphi(x,y,z), \dfrac{\partial u}{\partial t}\bigg|_{t=0} = \psi(x,y,z) \end{cases}$$

解为　$u(x,y,z,t) = \dfrac{\partial}{\partial t}\left[\dfrac{t}{4\pi} \int_0^{2\pi} \int_0^{\pi} \varphi(\alpha,\beta,\gamma)\mathrm{d}\sigma \right] +$

$$\dfrac{t}{4\pi} \int_0^{2\pi} \int_0^{\pi} \psi(\alpha,\beta,\gamma)\mathrm{d}\sigma$$

式中　$\mathrm{d}\sigma = \sin\theta \mathrm{d}\theta \mathrm{d}\varphi, \alpha = x + at\sin\theta\cos\varphi,$

$\qquad \beta = y + at\sin\theta\sin\varphi,$

$\qquad \gamma = z + at\cos\theta(0 \leqslant \theta \leqslant \pi, 0 \leqslant \varphi \leqslant 2\pi)$。

7.6.2　热传导方程（抛物型）定解问题及其解

1. 一维热传导方程柯西问题

$$\begin{cases} \dfrac{\partial u}{\partial t} = a^2 \dfrac{\partial^2 u}{\partial x^2} + f(x,t) \\ u(x,0) = \varphi(x) \end{cases}$$

解为

$$u(x,t) = \dfrac{1}{2a\sqrt{\pi t}} \int_{-\infty}^{+\infty} \varphi(\zeta)\mathrm{e}^{-\frac{(x-\zeta)^2}{4a^2 t}}\mathrm{d}\zeta +$$

$$\dfrac{1}{2a\sqrt{\pi}} \int_0^t \int_{-\infty}^{+\infty} \dfrac{f(\zeta,\tau)}{\sqrt{t-\tau}}\mathrm{e}^{-\frac{(x-\zeta)^2}{4a^2(t-\tau)}}\mathrm{d}\zeta\mathrm{d}\tau$$

2. 定解问题

$$\begin{cases} \dfrac{\partial u}{\partial t} = a^2 \dfrac{\partial^2 u}{\partial x^2} \\ u(x,0) = \varphi(x) \\ u(0,t) = u(l,t) = 0 \end{cases}$$

解为　$u(x,t) = \displaystyle\sum_{n=1}^{\infty} a_n \mathrm{e}^{-a^2 \left(\frac{n\pi}{l} \right)^2 t} \sin\dfrac{n\pi}{l}x$

其中　$a_n = \dfrac{2}{l} \displaystyle\int_0^l \varphi(\zeta)\sin\dfrac{n\pi}{l}\zeta\mathrm{d}\zeta$

3. 定解问题

$$\begin{cases} \dfrac{\partial u}{\partial t} = a^2 \dfrac{\partial^2 u}{\partial x^2} \\ u(x,0) = \varphi(x) \\ u(0,t) = u_0, u(l,t) = u_1 \end{cases}$$

解为　$u(x,t) = v(x,t) + \left[u_0 + \dfrac{x}{l}(u_1 - u_0) \right]$

$v(x,t)$ 是类型 2 定解问题的解，即

$$\begin{cases} \dfrac{\partial v}{\partial t} = a^2 \dfrac{\partial^2 v}{\partial x^2} \\ v(x,0) = \varphi(x) - u_0 - \dfrac{x}{l}(u_1 - u_0) \\ v(0,t) = u(l,t) = 0 \end{cases}$$

4. 二维热传导方程柯西问题

$$\begin{cases} \dfrac{\partial u}{\partial t} = a^2 \left(\dfrac{\partial^2 u}{\partial x^2} + \dfrac{\partial^2 u}{\partial y^2} \right) \\ u|_{t=0} = \varphi(x,y) \end{cases}$$

解为　$u(x,y,t) =$

$$\dfrac{1}{4a^2 \pi t} \int_{-\infty}^{+\infty} \int_{-\infty}^{+\infty} \varphi(\zeta,\eta) \mathrm{e}^{-\frac{(x-\zeta)^2+(y-\eta)^2}{4a^2 t}}\mathrm{d}\zeta\mathrm{d}\eta$$

5. 三维热传导方程柯西问题

$$\begin{cases} \dfrac{\partial u}{\partial t} = a^2 \left(\dfrac{\partial^2 u}{\partial x^2} + \dfrac{\partial^2 u}{\partial y^2} + \dfrac{\partial^2 u}{\partial z^2} \right) \\ u|_{t=0} = \varphi(x,y,z) \end{cases}$$

解为　$u(x,y,z,t) =$

$$\dfrac{1}{(2a\sqrt{\pi t})^3} \int_{-\infty}^{+\infty} \int_{-\infty}^{+\infty} \int_{-\infty}^{+\infty} \varphi(\xi,\eta,$$

$$\zeta)\mathrm{e}^{-\frac{(x-\xi)^2+(y-\eta)^2+(z-\zeta)^2}{4a^2 t}}\mathrm{d}\xi\mathrm{d}\eta\mathrm{d}\zeta$$

7.6.3　拉普拉斯方程（椭圆型）边值问题及其解

三维拉普拉斯方程 $\Delta u \equiv \dfrac{\partial^2 u}{\partial x^2} + \dfrac{\partial^2 u}{\partial y^2} + \dfrac{\partial^2 u}{\partial z^2}$

$= 0$ 具有基本解

$$u(x,y,z) = \dfrac{1}{r}$$

$$= \dfrac{1}{\sqrt{(x-x_0)^2 + (y-y_0)^2 + (z-z_0)^2}}$$

二维拉普拉斯方程

$$\Delta u \equiv \dfrac{\partial^2 u}{\partial x^2} + \dfrac{\partial^2 u}{\partial y^2} = 0$$ 具有基本解

$$u = \ln\dfrac{1}{r} = \ln\dfrac{1}{\sqrt{(x-x_0)^2 + (y-y_0)^2}}$$

1. 圆域上拉普拉斯方程的边值问题

$$\begin{cases} \dfrac{1}{r}\dfrac{\partial}{\partial r}\left(r\dfrac{\partial u}{\partial r} \right) + \dfrac{1}{r^2}\dfrac{\partial^2 u}{\partial \theta^2} = 0 \\ u|_{r=a} = f(\theta) \end{cases}$$

解为

$$u(r,\theta) = \dfrac{1}{2\pi} \int_{-\pi}^{\pi} f(\varphi) \dfrac{a^2 - r^2}{r^2 - 2ar\cos(\theta - \varphi) + a^2}\mathrm{d}\varphi$$

$$(r < a)$$

或

$$u(r,\theta) = \dfrac{1}{2\pi} \int_{-\pi}^{\pi} f(\varphi) \dfrac{r^2 - a^2}{r^2 - 2ar\cos(\theta - \varphi) + a^2}\mathrm{d}\varphi$$

$$(r > a)$$

2. 球域上拉普拉斯方程的边值问题

$$\begin{cases} \dfrac{\partial}{\partial r}\left(r^2\dfrac{\partial u}{\partial r}\right) + \dfrac{1}{\sin\theta}\dfrac{\partial}{\partial\theta}\left(\sin\theta\dfrac{\partial u}{\partial\theta}\right) + \\ \quad \dfrac{1}{\sin^2\theta}\dfrac{\partial^2 u}{\partial\varphi^2} = 0 \\ u(r,\theta,\varphi)\Big|_{r=R} = f(\theta,\varphi) \end{cases}$$

解为

$$u(r_0,\theta_0,\varphi_0) =$$

$$\frac{R}{4\pi}\int_0^{2\pi}\int_0^{\pi} f(\theta,\varphi)\frac{R^2 - r_0^2}{(R^2 - 2r_0 R\cos\gamma + r_0^2)^{3/2}}\sin\theta\mathrm{d}\theta\mathrm{d}\varphi$$

$$(r_0 < R)$$

或　$u(r_0,\theta_0,\varphi_0) =$

$$\frac{R}{4\pi}\int_0^{2\pi}\int_0^{\pi} f(\theta,\varphi)\frac{r_0^2 - R^2}{(R^2 - 2r_0 R\cos\gamma + r_0^2)^{3/2}}\sin\theta\mathrm{d}\theta\mathrm{d}\varphi$$

$$(r_0 > R)$$

式中　$\cos\gamma = \cos\theta\cos\theta_0 + \sin\theta\sin\theta_0\cos(\varphi - \varphi_0)$

3. 半平面上拉普拉斯方程的边值问题

$$\begin{cases} \dfrac{\partial^2 u}{\partial x^2} + \dfrac{\partial^2 u}{\partial y^2} = 0 \\ u\Big|_{y=0} = f(x) \end{cases}$$

解为　$u(x,y) = \dfrac{y}{\pi}\displaystyle\int_{-\infty}^{+\infty}\dfrac{f(\zeta)}{(\zeta - x)^2 + y^2}\mathrm{d}\zeta$

$$(y > 0)$$

4. 半空间域上拉普拉斯方程的边值问题

$$\begin{cases} \dfrac{\partial^2 u}{\partial x^2} + \dfrac{\partial^2 u}{\partial y^2} + \dfrac{\partial^2 u}{\partial z^2} = 0 \\ u\Big|_{z=0} = f(x,y) \end{cases}$$

解为　$u(x,y,z) =$

$$\frac{z}{2\pi}\int_{-\infty}^{+\infty}\int_{-\infty}^{+\infty}\frac{f(\zeta,\eta)}{[(\zeta - x)^2 + (\eta - y)^2 + z^2]^{3/2}}\mathrm{d}\zeta\mathrm{d}\eta$$

$$(z > 0)$$

8　数 值 计 算[7,8,9]

8.1　误差

若 $\bar{x}$ 是 x 的近似值，绝对误差 $\varepsilon(\bar{x}) = |x - \bar{x}|$，相对误差 $\varepsilon_r(\bar{x}) = \left|\dfrac{x - \bar{x}}{\bar{x}}\right|$，当以 $\bar{x}_1,\bar{x}_2,\cdots,\bar{x}_n$ 分别代替相互独立的初始量 $x_1,x_2,\cdots,x_n$ 参加运算时，所得结果 $\bar{u} = f(\bar{x}_1,\bar{x}_2,\cdots,\bar{x}_n)$ 的误差估计

$$\varepsilon(\bar{u}) = |f(x_1,x_2,\cdots,x_n) - f(\bar{x}_1,\bar{x}_2,\cdots,\bar{x}_n)|$$

$$\approx \left|\sum_{j=1}^n \frac{\partial f(\bar{x}_1,\bar{x}_2,\cdots,\bar{x}_n)}{\partial x_j}(x_j - \bar{x}_j)\right|$$

所以　$\varepsilon(\bar{u}) \leqslant \displaystyle\sum_{j=1}^n \left|\frac{\partial f}{\partial x_j}\right|\varepsilon(\bar{x}_j)$，

$$\varepsilon_r(\bar{u}) \leqslant \frac{1}{|\bar{u}|}\sum_{j=1}^n \left|\frac{\partial f}{\partial x_j}\right|\varepsilon(\bar{x}_j)$$

四则运算的误差

$$\varepsilon(\bar{x}_1 \pm \bar{x}_2) \leqslant \varepsilon(\bar{x}_1) + \varepsilon(\bar{x}_2),$$

$$\varepsilon_r(\bar{x}_1 + \bar{x}_2) = \max\left(\frac{\varepsilon(\bar{x}_1)}{|\bar{x}_1|}, \frac{\varepsilon(\bar{x}_2)}{|\bar{x}_2|}\right)$$

$\varepsilon_r(\bar{x}_1 - \bar{x}_2)$ 当 $x_1 \gg x_2$ 时取为 $\dfrac{\varepsilon(\bar{x}_1)}{|\bar{x}_1|}$

$$\varepsilon(\bar{x}_1 \cdot \bar{x}_2) \leqslant |\bar{x}_1|\varepsilon(\bar{x}_2) + |\bar{x}_2|\varepsilon(\bar{x}_1),$$

$$\varepsilon_r(\bar{x}_1 \cdot \bar{x}_2) = \frac{\varepsilon(\bar{x}_1)}{|\bar{x}_1|} + \frac{\varepsilon(\bar{x}_2)}{|\bar{x}_2|}$$

$$\varepsilon\left(\frac{\bar{x}_1}{\bar{x}_2}\right) \leqslant \frac{|\bar{x}_1|\varepsilon(\bar{x}_2) + |\bar{x}_2|\varepsilon(\bar{x}_1)}{|\bar{x}_2|^2},$$

$$\varepsilon_r\left(\frac{\bar{x}_1}{\bar{x}_2}\right) = \frac{\varepsilon(\bar{x}_1)}{|\bar{x}_1|} + \frac{\varepsilon(\bar{x}_2)}{|\bar{x}_2|}$$

8.2　线性代数方程组的解法

线性方程组 $\displaystyle\sum_{j=1}^n a_{ij} x_j = b_i (i = 1,2,\cdots,n)$，用矩阵表示为 $\boldsymbol{AX} = \boldsymbol{b}$，$\boldsymbol{A} = (a_{ij})_{n\times n}$，$\boldsymbol{X} = (x_1,x_2,\cdots,x_n)^{\mathrm{T}}$，$\boldsymbol{b} = (b_1,b_2,\cdots,b_n)^{\mathrm{T}}$，其中 $\boldsymbol{A}$ 为 n 阶非奇异方阵，即 $\det\boldsymbol{A} \neq 0$；并假定 $\boldsymbol{A}$ 的各阶顺序主子式不为零。

8.2.1　直接法

1. 高斯(Gauss)消元法

消元公式

$$\begin{cases} m_{ik} = a_{ik}^{(k)}/a_{kk}^{(k)}, & k = 1,2,\cdots,n-1 \\ a_{ij}^{(k+1)} = a_{ij}^{(k)} - m_{ik}a_{kj}^{(k)}, & i = k+1,\cdots,n \\ b_i^{(k+1)} = b_i^{(k)} - m_{ik}b_k^{(k)}, & j = k+1,\cdots,n \end{cases}$$

其中 $a_{ij}^{(1)} = a_{ij}, i,j = 1,2,\cdots,n$

回代公式

$$x_n = b_n^{(n)}/a_{nn}^{(n)},$$

$$x_k = \left(b_k^{(k)} - \sum_{j=k+1}^{n} a_{kj}^{(k)}x_j\right)/a_{kk}^{(k)},$$

$$k = n-1, n-2, \cdots, 1$$

2. **直接三角法** 将矩阵 A 分解成下三角矩阵 L 与上三角矩阵 U 的乘积,即 $A = LU$,其中

$$L = \begin{pmatrix} 1 & & & \\ l_{21} & 1 & & \\ \cdots & \cdots & \ddots & \\ l_{n1} & l_{n2} & \cdots & 1 \end{pmatrix}, U = \begin{pmatrix} u_{11} & u_{12} & \cdots & u_{1n} \\ & u_{22} & \cdots & u_{2n} \\ & & \ddots & \vdots \\ & & & u_{nn} \end{pmatrix}$$

解方程组 $AX = b$,等价于解 $LY = b$ 及 $UX = Y$

分解公式

$$\begin{cases} u_{1j} = a_{1j}, j = 1,2,\cdots,n \\ l_{i1} = a_{i1}/u_{11}, i = 2,3,\cdots,n \\ u_{ij} = a_{ij} - \sum_{k=1}^{i-1} l_{ik}u_{kj}, \quad j = i, i+1, \cdots, n \\ l_{ij} = \left(a_{ij} - \sum_{k=1}^{j-1} l_{ik}u_{kj}\right)/u_{jj}, \quad i = j+1, \cdots, n \end{cases}$$

回代公式 $\begin{cases} y_1 = b_1, \\ y_i = b_i - \sum_{k=1}^{i-1} l_{ik}y_k, \quad i = 2,3,\cdots,n \end{cases}$

$$\begin{cases} x_n = y_n/u_{nn}, \\ x_i = \left(y_i - \sum_{k=i+1}^{n} u_{ik}x_k\right)/u_{ii}, \end{cases}$$

$$i = n-1, n-2, \cdots, 1$$

8.2.2 迭代法

假设线性方程组 $AX = b$ 的系数矩阵 A 非奇异,且主对角元素 $a_{ii} \neq 0 (i = 1,2,\cdots,n)$,记

$$L = \begin{pmatrix} 0 & & & \\ a_{21} & 0 & & \\ \cdots & \cdots & \ddots & \\ a_{n1} & a_{n2} & \cdots & 0 \end{pmatrix} D = \begin{pmatrix} a_{11} & & & \\ & a_{22} & & \\ & & \ddots & \\ & & & a_{nn} \end{pmatrix}$$

$$U = \begin{pmatrix} 0 & a_{12} & \cdots & a_{1n} \\ & 0 & \cdots & a_{2n} \\ & & \ddots & \cdots \\ & & & a_{nn} \end{pmatrix}$$

则 $A = L + D + U$

1. **简单迭代法(雅可比 Jacobi 迭代法)** 迭代公式 $x_i^{(k+1)} = \dfrac{1}{a_{ii}}\left(b_i - \sum_{\substack{j=1 \\ j \neq i}}^{n} a_{ij}x_j^{(k)}\right),$

$$i = 1,2,\cdots,n; k = 0,1,2,\cdots$$

迭代矩阵 $G = -D^{-1}(L + U)$

2. **高斯—赛德尔(Gauss-Seidel)迭代法** 迭代公式

$$x_i^{(k+1)} = \frac{1}{a_{ii}}\left(b_i - \sum_{j=1}^{i-1} a_{ij}x_j^{(k+1)} - \sum_{j=i+1}^{n} a_{ij}x_j^{(k)}\right)$$

$$i = 1,2,\cdots,n; k = 0,1,2,\cdots$$

迭代矩阵 $G = -(D + L)^{-1}U$

3. **超松弛法(SOR 法)**

迭代公式

$$x_i^{(k+1)} = (1-\omega)x_i^{(k)} + \frac{\omega}{a_{ii}}\left(b_i - \sum_{j=1}^{i-1} a_{ij}x_j^{(k+1)} - \sum_{j=i+1}^{n} a_{ij}x_j^{(k)}\right)$$

$$i = 1,2,\cdots,n; k = 0,1,2,\cdots$$

其中松弛因子 ω 满足 $0 < \omega < 2$,当 $\omega = 1$ 时 SOR 法就是高斯—赛德尔迭代法。迭代矩阵

$$G = (D + \omega L)^{-1}[(1-\omega)D - \omega U]$$

以上迭代法收敛的充分条件是迭代矩阵 G 的范数 $\|G\| < 1$。若系数矩阵 A 是严格对角占优阵,则雅可比迭代法和高斯—赛德尔迭代法必收敛。

8.3 非线性方程的解法

8.3.1 二分法

关于非线性方程 $f(x) = 0$ 求根常用二分法。若 $f(x)$ 在 $[a,b]$ 上连续且 $f(a)f(b) < 0$,则每次对分根的所在区间 $[a,b]$,取中点作为根的近似值得到点列 $\{x_n\}$ 收敛于 $f(x) = 0$ 的根,即若 $f(a)f(b) < 0$,取 $x_1 = (a+b)/2$。若 $f(a)f(x_1) < 0$,以 x_1 代替 b(否则以 x_1 代替 a)。继续在新的 $[a,b]$ 上重复以上作法得 x_2,继续作下去得 $\{x_n\}$。

8.3.2 迭代法

将方程 $f(x) = 0$ 化为同解方程 $x = g(x)$，使 $g(x)$ 满足：当 $a \leqslant x \leqslant b$ 时，$a \leqslant g(x) \leqslant b$，存在正常数 $L < 1$，对任意 $x_1, x_2 \in [a, b]$ 有 $|g(x_1) - g(x_2)| \leqslant L|x_1 - x_2|$ 或 $|g'(x)| \leqslant q < 1$，则对任意初值 x_0，由迭代式 $x_{n+1} = g(x_n), (n = 0, 1, 2, \cdots)$ 所生成的序列收敛于 $x = g(x)$ 的根。

1. 牛顿（Newton）迭代法　若 $f(x)$ 在零点 x^* 附近有连续二阶导数 $f''(x)$，且 $f'(x) \neq 0$，取 8.3.2 中 $g(x) = x - \dfrac{f(x)}{f'(x)}$ 得牛顿迭代公式

$$x_{n+1} = x_n - \frac{f(x_n)}{f'(x_n)}, \quad n = 0, 1, 2, \cdots$$

2. 割线法　将牛顿迭代公式中的导数 $f'(x)$ 用差商代替，得割线法迭代公式

$$x_{n+1} = x_n - \frac{f(x_n)(x_n - x_{n-1})}{f(x_n) - f(x_{n-1})}, \quad n = 1, 2, \cdots$$

用割线法迭代公式进行计算，需要两个初值 x_0 和 x_1。

8.4 数值积分

数值积分的一般形式为 $\displaystyle\int_a^b f(x)\,\mathrm{d}x \approx \sum_{k=0}^{n} A_k f(x_k)$。以不同方法确定节点 x_k 及系数 A_k 就得到不同的求积公式。现等分积分区间 $[a, b]$ 为 n 份，节点 $x_k = a + kh, h = \dfrac{b - a}{n}$。

8.4.1 牛顿—科茨（Newston-Cotes）求积公式

$$\int_a^b f(x)\,\mathrm{d}x \approx (b - a) \sum_{k=0}^{n} C_k^{(n)} f\left(a + k \cdot \frac{b - a}{n}\right)$$

式中　$C_k^{(n)}$ 为科茨系数，其部分值及求积公式误差 R_n 如表 14.8-1。

表 14.8-1　科茨系数、误差

n	科茨系数 $C_k^{(n)}$						误差 R_n
1	$\dfrac{1}{2}$	$\dfrac{1}{2}$					$\dfrac{h^3}{12} M_2$
2	$\dfrac{1}{6}$	$\dfrac{4}{6}$	$\dfrac{1}{6}$				$\dfrac{h^5}{90} M_4$
3	$\dfrac{1}{8}$	$\dfrac{3}{8}$	$\dfrac{3}{8}$	$\dfrac{1}{8}$			$\dfrac{3}{80} h^5 M_4$
4	$\dfrac{7}{90}$	$\dfrac{16}{45}$	$\dfrac{2}{15}$	$\dfrac{16}{45}$	$\dfrac{7}{90}$		$\dfrac{8}{945} h^7 M_6$
5	$\dfrac{19}{288}$	$\dfrac{25}{96}$	$\dfrac{25}{144}$	$\dfrac{25}{144}$	$\dfrac{25}{96}$	$\dfrac{19}{288}$	$\dfrac{275}{12096} h^7 M_6$

（续）

n	科茨系数 $C_k^{(n)}$							误差 R_n
6	$\dfrac{41}{840}$	$\dfrac{9}{35}$	$\dfrac{9}{280}$	$\dfrac{34}{105}$	$\dfrac{9}{280}$	$\dfrac{9}{35}$	$\dfrac{41}{840}$	$\dfrac{9}{1400} h^9 M_8$

注：表中 $M_l = \max\limits_{[a,b]} |f^{(l)}|$。牛顿—科茨公式对于大的 n 值是不稳定的，因此多节点的牛顿-科茨公式不宜使用。

8.4.2 复合梯形求积公式

$$\int_a^b f(x)\,\mathrm{d}x \approx \frac{h}{2}\left[f(a) + 2\sum_{k=1}^{n-1} f(x_k) + f(b)\right]$$

误差为 $\dfrac{b-a}{12} h^2 M_2, M_2 = \max\limits_{[a,b]} |f''(x)|$。

8.4.3 复合辛普森（Simpson）求积公式

$$\int_a^b f(x)\,\mathrm{d}x \approx \frac{h}{6}\left[f(a) + 4\sum_{k=0}^{n-1} f(x_{k+\frac{1}{2}}) + 2\sum_{k=1}^{n-1} f(x_k) + f(b)\right]$$

其中半节点 $x_{k+\frac{1}{2}} = x_k + \dfrac{h}{2}$，误差为 $\dfrac{b-a}{2880} h^4 M_4$，$M_4 = \max\limits_{[a,b]} |f^{(4)}(x)|$

8.4.4 龙贝格（Romberg）算法

龙贝格算法的计算步骤为

$$T_0^{(0)} = \frac{b - a}{2}[f(a) + f(b)]$$

$$T_0^{(k)} = \frac{1}{2}T_0^{(k-1)} + \frac{b - a}{2^k}\sum_{i=1}^{2^{k-1}} f\left(a + (2i - 1)\frac{b - a}{2^k}\right), k = 1, 2, \cdots$$

$$T_m^{(k)} = \frac{4^m T_{m-1}^{(k+1)} - T_{m-1}^{(k)}}{4^m - 1},$$
$$m = 1, 2, \cdots, k = 0, 1, \cdots$$

$$\int_a^b f(x)\,\mathrm{d}x \approx T_m^{(k)}$$

8.5 常微分方程初值问题的数值解法

一阶常微分方程的初值问题

$$\begin{cases} \dfrac{\mathrm{d}y}{\mathrm{d}x} = f(x, y), x_0 \leqslant x \leqslant X \\ y(x_0) = y_0 \end{cases}$$

的数值解法是求 $y(x)$ 在一系列节点 $x_0 < x_1 < x_2 < \cdots < x_M = X$ 处的近似值，主要应用 $f(x, y(x))$ 的泰勒级数展开式及数值积分法，得到相应的计

算公式。

8.5.1 欧拉(Euler)方法

设 h 为步长，$x_n = x_0 + nh$，$n = 0,1,2,\cdots,M$，$y(x)$ 在节点 x_n 处的近似值记作 y_n，$n = 0,1,2,\cdots,M$。

1. 欧拉折线法公式

$$\begin{cases} y_{n+1} = y_n + hf(x_n,y_n), n = 0,1,\cdots,M-1 \\ y_0 = y(x_0) \quad\quad 截断误差 o(h^2) \end{cases}$$

2. 梯形公式

$$y_{n+1} = y_n + \frac{h}{2}[f(x_n,y_n) + f(x_{n+1},y_{n+1})],$$
$$n = 0,1,\cdots,M-1$$

求 y_{n+1} 一般要用迭代法，即

$$y_{n+1}^{(k+1)} = y_n + \frac{h}{2}[f(x_n,y_n) + f(x_{n+1},y_{n+1}^{(k)})], k = 0,1,\cdots$$

迭代初值 $y_{n+1}^{(0)}$ 可由欧拉公式提供。

$$y_{n+1}^{(o)} = y_n + hf(x_n,y_n) \quad 截断误差 o(h^3)$$

3. 改进的欧拉公式

$$\begin{cases} \tilde{y}_{n+1} = y_n + hf(x_n,y_n) \\ y_{n+1} = y_n + \frac{h}{2}[f(x_n,y_n) + \\ \quad f(x_{n+1},\tilde{y}_{n+1})] \quad n = 0,1,\cdots,M-1 \end{cases}$$

即梯形公式用迭代法求 y_{n+1} 时，每步只迭代一次。

8.5.2 龙格—库塔(Runge-Kutta)方法

1. 二阶龙格—库塔方法

$$\begin{cases} y_{n+1} = y_n + hk_2 \\ k_1 = f(x_n,y_n) \\ k_2 = f\left(x_n + \frac{h}{2}, y_n + \frac{h}{2}k_1\right) \quad 截断误差 o(h^3) \end{cases}$$

2. 四阶龙格—库塔方法

$$\begin{cases} y_{n+1} = y_n + \frac{h}{6}(k_1 + 2k_2 + 2k_3 + k_4) \\ k_1 = f(x_n,y_n) \\ k_2 = f\left(x_n + \frac{h}{2}, y_n + \frac{h}{2}k_1\right) \\ k_3 = f\left(x_n + \frac{h}{2}, y_n + \frac{h}{2}k_2\right) \\ k_4 = f(x_n + h, y_n + hk_3) \quad 截断误差 o(h^5) \end{cases}$$

8.5.3 阿达姆斯(Adams)方法

1. 阿达姆斯四阶精度显式

$$y_{n+4} = y_{n+3} + \frac{h}{24}(55f_{n+3} - 59f_{n+2} + 37f_{n+1} - 9f_n)$$

其中 $f_n = f(x_n,y_n)$，也称为四步外推公式；需要四个初值 y_0,y_1,y_2,y_3 进行计算，除 $y_0 = y(x_0)$ 外，其余三个初值可由其他方法(如梯形法等)提供，截截误差为 $o(h^5)$。

2. 四阶精度予估校正式

$$y_{n+3}^{(0)} = y_{n+2} + \frac{h}{12}(23f_{n+2} - 16f_{n+1} + 5f_n)$$

$$y_{n+3} = y_{n+2} + \frac{h}{24}(9f_{n+3}^{(0)} + 19f_{n+2} - 5f_{n+1} + f_n)$$

其中 $f_{n+3}^{(0)} = f(x_{n+3},y_{n+3}^{(0)})$，截断误差 $o(h^5)$。

以上各种数值计算方法都可以利用数学软件和常用的计算机语言通过计算机完成，参考[7]、[9]。

9　概率论与数理统计[10,11,12]

9.1　随机事件的概率

9.1.1　随机试验与样本空间

具有以下 3 个特点的试验称为随机试验，记作 E。

(1) 试验可以在相同条件下重复进行；

(2) 试验的可能结果不止一个，并且所有可能结果是预先知道的；

(3) 进行一次试验之前不能确定哪一个结果会出现。

在一个随机试验 E 中,试验的所有可能结果组成的集合称为随机试验 E 的样本空间,用 Ω 表示。Ω 中的元素称为样本点,用 ω 表示。

9.1.2 随机事件

在一个随机试验中可能发生也可能不发生的事情称为随机事件。一个随机试验的每一个可能结果都是一个随机事件,它们是随机试验中最简单的随机事件,称为基本事件。由若干个可能结果组成的事件称为复合事件。

一个随机事件 A 可用样本空间 Ω 的子集表示,该子集中任一样本点 ω 发生时事件 A 即发生。

随机试验中每次试验一定发生的事件称为必然事件,用 Ω 表示(样本空间中任一样本点 ω 发生时必然事件都发生,必然事件就是样本空间)。

每次试验一定不发生的事件称为不可能事件,用 $\varnothing$ 表示(空集 $\varnothing$ 中不含样本点)。

事件的运算关系如下。

1. 包含 若事件 A 发生必导致事件 B 发生,则称事件 B 包含事件 A,记作 $B \supset A$ 或 $A \subset B$。

2. 相等 若事件 A 包含事件 B,事件 B 也包含事件 A,则称事件 A 与事件 B 相等,记作 $A = B$。

3. 和 "事件 A 与事件 B 至少有一个发生"这一事件称为事件 A 与事件 B 的和,记作 $A \cup B$。

4. 积 "事件 A 与事件 B 同时发生"这一事件称为事件 A 与事件 B 的积,记作 $A \cap B$ 或 AB。

5. 差 "事件 A 发生而事件 B 不发生"这一事件称为事件 A 与 B 的差,记作 $A - B$。

6. 互不相容 若事件 A 与 B 不可能同时发生,即 $AB = \varnothing$,则称 A 与 B 为互不相容事件。基本事件是互不相容的。

7. 对立 若事件 A 与 B 互不相容,$AB = \varnothing$,且 A 与 B 必然有一个发生,即 $A \cup B = \Omega$,则称事件 B 为事件 A 的对立事件,同样 A 也是 B 的对立事件,记作 $B = \bar{A}$ 或 $A = \bar{B}$。

9.1.3 概率的定义及性质

1. 概率的古典定义 设一个试验 E 的样本空间中,等可能性的基本事件(即每一个基本事件发生的可能性相同)的总数为 n,而事件 A 含有 m 个基本事件,则比值 $\dfrac{m}{n}$ 称为事件 A 的概

率,记作

$$P(A) = \frac{m}{n}$$

2. 概率的统计定义 设随机事件 A 在 n 次试验中出现 n_A 次,比值 $f_n(A) = n_A/n$ 称为事件 A 在这 n 次试验中出现的频率。当 n 充分大时 $f_n(A)$ 逐渐稳定于某个常数 $P(A)$,则称 $P(A)$ 为事件 A 的概率。$P(A) \approx f_n(A) = \dfrac{n_A}{n}$。

3. 概率的性质

(1) $0 \leqslant P(A) \leqslant 1$

(2) $P(\Omega) = 1$,$P(\varnothing) = 0$

(3) 若 $A \subset B$,则 $P(A) \leqslant P(B)$

(4) A 与其对立事件 $\bar{A}$ 有 $P(A) + P(\bar{A}) = 1$

9.1.4 概率的基本运算

1. 加法公式

(1) $P(A \cup B) = P(A) + P(B) - P(AB)$

(2) 若 $AB = \varnothing$,则 $P(A \cup B) = P(A) + P(B)$

(3) $P\left(\bigcup\limits_{i=1}^{n} A_i \right) = \sum\limits_{i=1}^{n} P(A_i) - \sum\limits_{1 \leqslant i < j \leqslant n} P(A_i A_j) + \sum\limits_{1 \leqslant i < j < k \leqslant n} P(A_i A_j A_k) - \cdots + (-1)^{n-1} P(A_1 A_2 \cdots A_n)$

(4) 若 $\bigcup\limits_{i=1}^{n} A_i = \Omega$,$A_i A_j = \varnothing (i \neq j)$,则

$$P(A_1) + P(A_2) + \cdots + P(A_n) = 1$$

2. 条件概率与乘法公式

(1) 条件概率:在事件 A 已发生的条件下,事件 B 发生的概率称为 B 对于 A 的条件概率,记作 $P(B|A)$,则

$$P(B|A) = P(AB)/P(A)$$

(2) 乘法公式

$$P(AB) = P(A)P(B|A) = P(B)P(A|B)$$

$$P(A_1 A_2 \cdots A_n) = P(A_1) P(A_2 | A_1) P(A_3 | A_1 A_2) \cdots \cdots P(A_n | A_1 A_2 \cdots A_{n-1})$$

(3) 如果二事件中任一事件的发生不影响另一事件的概率,则称二事件是相互独立的,若 A 与 B 为相互独立事件,则

$$P(AB) = P(A)P(B)$$

3. 全概率公式与贝叶斯(Bayes)公式

(1) 全概率公式 若 $B_1, B_2, \cdots, B_n$ 是一组事件满足 $B_i B_j = \varnothing (i \neq j)$,$\bigcup\limits_{i=1}^{n} B_i = \Omega$,$P(B_i) > 0 (i = 1, 2, \cdots, n)$,事件 A 当且仅当事件 $B_1, B_2, \cdots, B_n$

中的任一事件发生时才可能有发生,则

$$P(A) = \sum_{i=1}^{n} P(B_i)P(A \mid B_i)$$

(2)贝叶斯公式 若事件 $A,B_1,B_2,\cdots,B_n$ 满足全概率公式中所要求的条件,如果进行一次试验,事件 A 确实发生了,即 $P(A)>0$,则事件 B_i 在事件 A 已发生的条件下的条件概率为

$$P(B_i \mid A) = \frac{P(B_i)P(A \mid B_i)}{\sum\limits_{j=1}^{n} P(B_j)P(A \mid B_j)}, (i=1,2,\cdots,n)$$

9.1.5 独立重复试验

伯努利(Bernoulli)概型 若每次试验只有两种可能的结果,事件 A 发生或者不发生,这种试验称为伯努利试验,将伯努利试验独立地重复进行 n 次的随机试验称为 n 重伯努利试验,即伯努利概型。

伯努利定理 在独立重复试验中,若每次试验事件 A 发生的概率为 p,则 n 次试验中事件 A 发生 k 次的概率 $P_n(k)$ 为

$$P_n(k) = C_n^k p^k q^{n-k} (k=0,1,2,\cdots,n)$$

式中 $q=1-p$

当 n 与 k 都很大时,

$$P_n(k) \approx \frac{1}{\sqrt{2\pi npq}} e^{-\frac{(k-np)^2}{2npq}}$$

且

$$\sum_{k=k_1}^{k_2} P_n(k) \approx \frac{1}{\sqrt{2\pi}} \int_{x_1}^{x_2} e^{-\frac{x^2}{2}} dx$$

其中 $x_i = \dfrac{k_i - np}{\sqrt{npq}}, (i=1,2)$

当 n 很大且 p 很小时,有近似公式

$$P_n(k) \approx \frac{\lambda^k}{k!} e^{-\lambda}, \text{式中 } \lambda = np$$

9.2 随机变量

9.2.1 随机变量及其分布

1. 随机变量 若每次试验的结果可以用一个变量 X 的数值来表示,而且 X 取哪些值或哪个值的概率是确定的,则称 X 为随机变量,即随机变量是定义在样本空间 Ω 上的实值函数。

2. 分布函数 随机变量 X 取值不超过实数 x 的概率 $P(X \leq x)$ 是 x 的函数,称为 X 的分布函数,记作 $F(x)$,即 $F(x) = P(X \leq x)$。

分布函数 $F(x)$ 具有性质:

(1)$0 \leq F(x) \leq 1$

(2)若 $x_1 < x_2$,则 $F(x_1) \leq F(x_2)$(单调性)

(3)$F(-\infty)=0, F(+\infty)=1$

(4)$F(x+0)=F(x)$(右连续性)

3. 离散随机变量 若随机变量 X 只取有限个或可列个数值 $x_1,x_2,\cdots,x_n,\cdots$,并且对应这些值有确定的概率 $P(X=x_i)=p_i,(i=1,2,\cdots)$,则称 X 为离散随机变量,$\{p_i\}$ 称为 X 的概率分布,满足条件 $p_i \geq 0, \sum\limits_{i} p_i = 1$。

4. 连续随机变量 若存在一个非负函数 $f(x)$,使随机变量 X 的分布函数 $F(x)$ 可表示为

$$F(x) = \int_{-\infty}^{x} f(t) dt$$

则称 X 为连续随机变量,$f(x)$ 称为 X 的概率密度,具有以下性质:

(1)$f(x) \geq 0$

(2)$\int_{-\infty}^{+\infty} f(x) dx = 1$

(3)$P(x_1 < X \leq x_2) = F(x_2) - F(x_1)$
$$= \int_{x_1}^{x_2} f(x) dx$$

9.2.2 随机变量的数字特征

1. 数学期望(平均值)

(1)若离散随机变量 X 的概率分布为 $P(X=x_i)=p_i (i=1,2,\cdots)$,则 X 的数学期望 $EX = \sum\limits_{i} x_i p_i$(这里要求 $\sum\limits_{i} x_i p_i$ 绝对收敛)。

(2)若连续随机变量 X 的概率密度为 $f(x)$,则 X 的数学期望 $EX = \int_{-\infty}^{+\infty} xf(x) dx$(这里要求广义积分 $\int_{-\infty}^{+\infty} xf(x) dx$ 绝对收敛)。

2. 方差与均方差 随机变量 $(X-EX)^2$ 的数学期望 $E(X-EX)^2$ 称为 X 的方差,即

$$DX = E(X-EX)^2 = EX^2 - (EX)^2$$

(1)离散随机变量 X 的方差

$$DX = \sum_{i} (x_i - EX)^2 p_i$$

(2)连续随机变量 X 的方差

$$DX = \int_{-\infty}^{+\infty} (x-EX)^2 f(x) dx$$

（3）均方差（标准差）$\sigma = \sqrt{DX}$

3. 数学期望与方差的运算

（1）$EC = C, DC = 0$，其中 C 为常数。

（2）$E(CX) = CEX, D(CX) = C^2 DX$

（3）$E(X + Y) = EX + EY$

（4）若 X, Y 相互独立，则
$$E(XY) = EXEY,$$
$$D(X + Y) = DX + DY$$

（5）$E(XY) = EXEY + \text{cov}(X,Y)$

式中　$\text{cov}(X,Y) = E[(X - EX)(Y - EY)]$
$$= \int_{-\infty}^{+\infty}\int_{-\infty}^{+\infty}(x - EX)(y - EY)f(x,y)\mathrm{d}x\mathrm{d}y$$

$\text{cov}(X,Y)$ 称为随机变量(X,Y) 的协方差，$f(x,y)$ 是(X,Y) 的概率密度，若 X,Y 独立，则 $\text{cov}(X,Y) = 0$。

（6）$D(X + Y) = DX + DY + 2\text{cov}(X,Y)$

9.2.3　几种常用的概率分布（见表 14.9-1）

表 14.9-1　几种常用的概率分布

分布名称及记号	概率分布或概率密度	数学期望	方　　差
二项分布 $B(n,p)$	$P(X = k) = C_n^k p^k q^{n-k}\ (k = 0,1,2,\cdots,n)$ $(0 < p < 1, p + q = 1)$	np	npq
泊松（Poisson）分布 $P(\lambda)$	$P(X = k) = \dfrac{\lambda^k}{k!}\mathrm{e}^{-\lambda}\ (k = 0,1,2,\cdots)\quad (\lambda > 0)$	λ	λ
几何分布 $G(p)$	$P(X = k) = pq^{k-1}\ (k = 1,2,\cdots)\quad (0 < p < 1, p + q = 1)$	$\dfrac{1}{p}$	$\dfrac{q}{p^2}$
超几何分布 $H(n,M,N)$	$P(X = k) = \dfrac{C_M^k C_{N-M}^{n-k}}{C_N^n}\quad (k = 0,1,\cdots,\min(n,M))$ $(0 \leqslant n \leqslant N, 0 \leqslant M \leqslant N, N, M, n\text{——正整数})$	$\dfrac{nM}{N}$	$\dfrac{nM(N-M)(N-n)}{N^2(N-1)}$
均匀分布 $\overline{U}(a,b)$	$f(x) = \begin{cases} \dfrac{1}{b-a}, & a \leqslant x \leqslant b \\ 0, & x < a\ \text{或}\ x > b \end{cases}$	$\dfrac{a+b}{2}$	$\dfrac{(b-a)^2}{12}$
标准正态分布 $N(0,1)$	$f(x) = \dfrac{1}{\sqrt{2\pi}}\mathrm{e}^{-\frac{x^2}{2}}$	0	1
正态分布 $N(\mu,\sigma^2)$	$f(x) = \dfrac{1}{\sqrt{2\pi}\sigma}\mathrm{e}^{-\frac{(x-\mu)^2}{2\sigma^2}}\quad (\sigma > 0)$	μ	σ^2
瑞利（Rayleigh）分布 $R(\sigma)$	$f(x) = \begin{cases} \dfrac{x}{\sigma^2}\mathrm{e}^{-\frac{x^2}{2\sigma^2}}, & x > 0 \\ 0, & x \leqslant 0 \end{cases}\quad (\sigma > 0)$	$\sqrt{\dfrac{\pi}{2}}\sigma$	$\dfrac{4-\pi}{2}\sigma^2$
指数分布 $e(\lambda)$	$f(x) = \begin{cases} \lambda\mathrm{e}^{-\lambda x}, & x > 0 \\ 0, & x \leqslant 0 \end{cases}\quad (\lambda > 0)$	$\dfrac{1}{\lambda}$	$\dfrac{1}{\lambda^2}$
Γ 分布 $\Gamma(\beta,\alpha)$	$f(x) = \begin{cases} \dfrac{\beta^\alpha}{\Gamma(\alpha)}x^{\alpha-1}\mathrm{e}^{-\beta x}, & x > 0 \\ 0, & x \leqslant 0 \end{cases}\quad (\alpha > 0, \beta > 0)$	$\dfrac{\alpha}{\beta}$	$\dfrac{\alpha}{\beta^2}$

9.2.4　几种特殊随机变量函数的分布

1. χ^2 分布

（1）若随机变量 $X_1, X_2, \cdots, X_n$ 相互独立，且都服从正态分布 $N(\mu,\sigma^2)$，则随机变量函数
$$Y = \frac{1}{\sigma^2}\sum_{i=1}^{n}(X_i - \mu)^2$$

服从自由度为 n 的 χ^2 分布，记作 $Y \sim \chi^2(n)$；其概率密度为

$$f(y) = \begin{cases} \dfrac{1}{2^{\frac{n}{2}}\Gamma\left(\dfrac{n}{2}\right)}y^{\frac{n}{2}-1}\mathrm{e}^{-\frac{y}{2}}, & y > 0 \\ 0, & y \leqslant 0 \end{cases}$$

其中　$\Gamma\left(\dfrac{n}{2}\right) = \int_0^{+\infty}t^{\frac{n}{2}-1}\mathrm{e}^{-t}\mathrm{d}t\ .\chi^2$ 分布 $\chi^2(n)$ 就是 $\alpha = \dfrac{n}{2}, \beta = \dfrac{1}{2}$ 的 Γ 分布 $\Gamma\left(\dfrac{1}{2},\dfrac{n}{2}\right), EY = n, DY = 2n$。

（2）若随机变量 $X_1, X_2, \cdots, X_n$ 相互独立，且

都服从正态分布 $N(\mu, \sigma^2)$,则随机变量函数

$$u = \frac{1}{\sigma^2} \sum_{i=1}^{n} (X_i - \bar{X})^2$$

服从自由度为 $n-1$ 的 χ^2 分布 $\chi^2(n-1)$,其中 $\bar{X} = \frac{1}{n} \sum_{i=1}^{n} X_i$。

2. t 分布　若随机变量 X, Y 相互独立,X 服从 $N(0,1)$ 分布,Y 服从 $\chi^2(n)$ 分布,则随机变量函数

$$t = \frac{X}{\sqrt{Y/n}}$$

服从自由度为 n 的 t 分布,记作 $t \sim t(n)$。

自由度为 n 的 t 分布 $t(n)$ 的概率密度为

$$f(x) = \frac{\Gamma\left(\frac{n+1}{2}\right)}{\sqrt{n\pi}\,\Gamma\left(\frac{n}{2}\right)} \left(1 + \frac{x^2}{n}\right)^{-\frac{n+1}{2}}$$

当 $n \to \infty$ 时 t 分布以标准正态分布 $N(0,1)$ 为极限。

3. F 分布　若随机变量 X, Y 相互独立,且分别服从自由度为 n_1, n_2 的 χ^2 分布,即 $X \sim \chi^2(n_1)$,$Y \sim \chi^2(n_2)$,则随机变量

$$F = \frac{X/n_1}{Y/n_2}$$

服从自由度 (n_1, n_2) 的 F 分布,记作 $F \sim F(n_1, n_2)$,$F(n_1, n_2)$ 分布的概率密度为

$$f(x) = \begin{cases} \dfrac{\Gamma[(n_1+n_2)/2]}{\Gamma(n_1/2)\,\Gamma(n_2/2)} \left(\dfrac{n_1}{n_2}\right)^{\frac{n_1}{2}} x^{\frac{n_1}{2}-1} \left(1 + \dfrac{n_1}{n_2}x\right)^{-\frac{n_1+n_2}{2}}, & x > 0 \\ 0, & x \le 0 \end{cases}$$

9.3　总体与样本

9.3.1　总体与样本

在数理统计中,研究对象的所有可能观测结果称为总体,组成总体的每个单元称为个体;从总体中抽出个体 $X_1, X_2, \cdots, X_n$ 组成的集合称为总体的一个样本。样本中个体的个数称为样本的容量。

9.3.2　样本的特征数

经过 n 次试验得到一个样本 $X_1, X_2, \cdots, X_n$,它们是 n 个相互独立的同分布的随机变量。

1. 样本平均数　$\bar{X} = \dfrac{1}{n} \sum_{i=1}^{n} X_i$

2. 样本方差　$S^2 = \dfrac{1}{n-1} \sum_{i=1}^{n} (X_i - \bar{X})^2$

3. 样本标准差　$S = \sqrt{\dfrac{1}{n-1} \sum_{i=1}^{n} (X_i - \bar{X})^2}$

4. 样本 k 阶原点矩　$V_k = \dfrac{1}{n} \sum_{i=1}^{n} X_i^k$

5. 样本 k 阶中心矩　$U_k = \dfrac{1}{n} \sum_{i=1}^{n} (X_i - \bar{X})^k$

9.3.3　总体的参数估计

1. 点估计

(1) 矩估计法　用样本矩作为相应的总体的矩估计值。即若样本 $X_1, X_2, \cdots, X_n$ 的观测值 $x_1, x_2, \cdots, x_n$,则

$$EX \approx \bar{x} = \frac{1}{n} \sum_{i=1}^{n} x_i$$

$$DX \approx s^2 = \frac{1}{n-1} \sum_{i=1}^{n} (x_i - \bar{x})^2$$

$$EX^k \approx \frac{1}{n} \sum_{i=1}^{n} x_i^k$$

(2) 最大似然估计　设总体 X 的概率密度 $f(x, \theta_1, \theta_2, \cdots, \theta_k)$ 已知,$\theta_1, \theta_2, \cdots, \theta_k$ 是待估计的参数;对于样本观测值 $x_1, x_2, \cdots, x_n$ 有似然函数

$$L(\theta_1, \theta_2, \cdots, \theta_k) = \prod_{i=1}^{n} f(x_i, \theta_1, \theta_2, \cdots, \theta_k)$$

由方程组 $\dfrac{\partial L}{\partial \theta_j} = 0$ 或 $\dfrac{\partial(\ln L)}{\partial \theta_j} = 0 (j = 1, 2, \cdots, k)$ 解出 $\theta_1, \theta_2, \cdots, \theta_k$,它们是 $x_1, x_2, \cdots, x_n$ 的函数。使 $L(\theta_1, \theta_2, \cdots, \theta_k)$ 达到最大值的 $\theta_i(x_1, x_2, \cdots, x_n)$ 记作 $\hat{\theta}_i(x_1, x_2, \cdots, x_n) (i = 1, 2, \cdots, k)$,它们分别是总体参数 $\theta_1, \theta_2, \cdots, \theta_k$ 的最大似然估计值。

2. 区间估计　设总体 X 的分布中含有未知参数 θ,如果对于给定的概率 $1 - \alpha (0 < \alpha < 1)$,可以由样本 $X_1, X_2, \cdots, X_n$ 确定两个统计量 $\hat{\theta}_1$ 和 $\hat{\theta}_2$,使 $p(\hat{\theta}_1 < \theta < \hat{\theta}_2) = 1 - \alpha$,则随机区间 $(\hat{\theta}_1, \hat{\theta}_2)$ 称为参数 θ 的置信水平为 $1 - \alpha$ 的置信区间。

(1) 正态总体均值 μ 的区间估计

1) 已知总体方差 σ^2,总体数学期望 $\mu = EX$ 的区间估计　给定置信水平 $1 - \alpha$,μ 的置信区间为

$$(\bar{X} - u_{\alpha/2}\sigma/\sqrt{n}, \bar{X} + u_{\alpha/2}\sigma/\sqrt{n})$$

式中 $u_{\alpha/2}$ 由给定的 α 依 $\dfrac{1}{\sqrt{2\pi}} \int_{-\infty}^{u_{\alpha/2}} e^{-\frac{x^2}{2}} dx = 1 - \dfrac{\alpha}{2}$

从正态分布表查得。

2) 未知总体方差 σ^2, 总体数学期望 μ 的区间估计 给定置信水平 $1-\alpha$, μ 的置信区间为

$$\left(\overline{X} - \frac{S}{\sqrt{n}} t_{\alpha/2}(n-1), \overline{X} + \frac{S}{\sqrt{n}} t_{\alpha/2}(n-1)\right)$$

其中 $S^2 = \frac{1}{n-1} \sum_{i=1}^{n}(X_i - \overline{X})^2$, $t_{\alpha/2}(n-1)$ 由给定的 α 依 $P(t > t_{\alpha/2}(n-1)) = \frac{\alpha}{2}$ 从 t 分布表查得。

(2) 正态总体方差 σ^2 的区间估计

1) 已知总体数学期望 μ, 总体方差 σ^2 的区间估计 给定置信水平 $1-\alpha$, 总体方差 σ^2 的置信区间为

$$\left(\frac{1}{\chi_{\alpha/2}^2(n)} \sum_{i=1}^{n}(X_i - \mu)^2, \frac{1}{\chi_{1-\frac{\alpha}{2}}^2(n)} \sum_{i=1}^{n}(X_i - \mu)^2\right)$$

式中 $\chi_{\alpha/2}^2(n)$ $\chi_{1-\frac{\alpha}{2}}^2(n)$ 分别依 $P(\chi^2 > \chi_{\alpha/2}^2(n)) = \frac{\alpha}{2}$ 及 $P(\chi^2 > \chi_{1-\frac{\alpha}{2}}^2(n)) = 1 - \frac{\alpha}{2}$, 从 χ^2 分布表查得。

2) 未知总体数学期望 μ, 总体方差 σ^2 的区间估计 给定置信水平 $1-\alpha$, 总体方差 σ^2 的置信区间为

$$\left(\frac{1}{\chi_{\alpha/2}^2(n-1)} \sum_{i=1}^{n}(X_i - \overline{X})^2, \frac{1}{\chi_{1-\frac{\alpha}{2}}^2(n-1)} \sum_{i=1}^{n}(X_i - \overline{X})^2\right)$$

式中 $\chi_{\alpha/2}^2(n-1)$ $\chi_{1-\frac{\alpha}{2}}^2(n-1)$ 分别依 $P(\chi^2 > \chi_{\alpha/2}^2(n-1)) = \frac{\alpha}{2}$ 及 $P(\chi^2 > \chi_{1-\frac{\alpha}{2}}^2(n-1)) = 1 - \frac{\alpha}{2}$, 从 χ^2 分布表查得。

9.4 假设检验

9.4.1 假设检验的基本思想

假设检验是对总体的概率分布或分布参数作某些假设, 然后利用样本观测值检验所作假设是否正确。

例如某工厂生产直径为 $\mu_0 = 2\text{cm}$ 的汽车零件, 已知零件直径服从正态分布 $N(2, 0.1^2)$, 现采用新工艺生产了 100 个零件, 测得平均直径为 1.978cm, 即样本均值 $\overline{x} = 1.978\text{cm}$。问工艺改变对零件直径有无影响? 也就是 $\overline{x}$ 与 μ_0 的差异是偶然因素的影响引起的随机误差, 还是由于工艺

条件的改变即条件误差造成的。

若工艺改变对零件直径没有影响, 则样本均值 $\overline{x}$ 与 μ_0 的差异是随机误差, 也就是样本(这 100 个零件)仍可看成是由原来总体抽取的, 故 $\overline{x}$ 应服从正态分布 $N\left(\mu_0, \frac{\sigma^2}{n}\right)$ ($\sigma = 0.01$, $n = 100$), 即统计量 $u = \frac{\overline{x} - \mu_0}{\sigma/\sqrt{n}} \sim N(0, 1)$。给定一个较小值 α, 则在原假设成立的条件下, 由 $P(|u| > u_{\alpha/2}) = \alpha$ 可确定临界值 $u_{\alpha/2}$。例如当 $\alpha = 0.05$, 查正态分布表得 $u_{\alpha/2} = 1.96$, 于是得出 $\overline{x}$ 落在区间 $\left(\mu_0 - 1.96 \frac{\sigma}{\sqrt{n}}, \mu_0 + 1.96 \frac{\sigma}{\sqrt{n}}\right) = (1.98, 2.02)$ 之外的概率为 0.05, 这是小概率事件。但现仅做了一次试验得 $\overline{x} = 1.978$ 落在以上区间之外, 故推翻了工艺改变对零件直径无影响的假设, 即推翻了 $\mu = \mu_0$ 的假设, 认为工艺改变使零件直径偏小。这就是假设检验的基本思想。通常取 $\alpha = 0.05$ 或 0.01, 称 α 为显著性水平。

假设检验的一般步骤:

(1) 根据实际问题提出需要检验的假设 H_0;

(2) 选取统计量, 并在 H_0 成立的条件下确定统计量的分布;

(3) 给定适当的显著性水平 α, 根据统计量的分布查表, 确定对应于 α 的临界值;

(4) 由样本观测值算出统计量的值;

(5) 将统计量的值与临界值比较, 从而对拒绝或接受 H_0 作出判断。

9.4.2 正态总体参数的假设检验

设总体 $X \sim N(\mu, \sigma^2)$, $X_1, X_2, \cdots, X_n$ 是取自总体 X 的样本, 样本均值 $\overline{X} = \frac{1}{n} \sum_{i=1}^{n} X_i$, 样本方差 $S^2 = \frac{1}{n-1} \sum_{i=1}^{n}(X_i - \overline{X})^2$。

(1) 假设 H_0: 总体数学期望 $\mu = \mu_0$, 已知方差 σ_0^2。

统计量 $u = \frac{\overline{X} - \mu_0}{\sigma/\sqrt{n}} \sim N(0, 1)$, 给出显著性水平 α, 依 $\frac{1}{\sqrt{2\pi}} \int_{-\infty}^{u_{\alpha/2}} e^{-\frac{x^2}{2}} dx = 1 - \frac{\alpha}{2}$, 查正态分布表确定 $u_{\alpha/2}$, 否定区域 $|u| \geqslant u_{\alpha/2}$。

（2）假设 $H_0 : \mu = \mu_0$，未知方差 σ^2。

统计量 $t = \dfrac{\overline{X} - \mu_0}{S / \sqrt{n}} \sim t(n-1)$，给出显著性水平 α，依 $P(t > t_{\alpha/2}(n-1)) = \dfrac{\alpha}{2}$，查 t 分布表确定 $t_{\alpha/2}(n-1)$，否定区域 $|t| \geqslant t_{\alpha/2}(n-1)$。

（3）假设 $H_0 :$ 总体方差 $\sigma^2 \leqslant \sigma_0^2$，已知数学期望 μ。

统计量 $\chi^2 = \dfrac{1}{\sigma_0^2} \sum_{i=1}^{n} (X_i - \mu)^2 \sim \chi^2(n)$，给出显著性水平 α，依 $P(\chi^2 > \chi_\alpha^2(n)) = \alpha$，查 χ^2 分布表确定 $\chi_\alpha^2(n)$，否定区域 $\chi^2 \geqslant \chi_\alpha^2(n)$。

（4）假设 $H_0 : \sigma^2 \leqslant \sigma_0^2$，未知数学期望 μ。

统计量 $\chi^2 = \dfrac{1}{\sigma_0^2} \sum_{i=1}^{n} (X_i - \overline{X})^2 \sim \chi^2(n-1)$，给出显著性水平 α，依 $P(\chi^2 > \chi_\alpha^2(n-1)) = \alpha$，查 χ^2 分布表确定 $\chi_\alpha^2(n-1)$，否定区域 $\chi^2 \geqslant \chi_\alpha^2(n-1)$。

9.4.3　两个正态总体参数的假设检验

设有两个正态总体 $X \sim N(\mu_1, \sigma_1^2)$，$Y \sim N(\mu_2, \sigma_2^2)$，$X_1, X_2, \cdots, X_m$ 是取自总体 X 的样本，$Y_1, Y_2, \cdots, Y_n$ 是取自 Y 的样本。样本均值与方差分别为 $\overline{X} = \dfrac{1}{m} \sum_{i=1}^{m} X_i$，$\overline{Y} = \dfrac{1}{n} \sum_{j=1}^{n} Y_j$，$S_1^2 = \dfrac{1}{m-1} \sum_{i=1}^{m} (X_i - \overline{X})^2$，$S_2^2 = \dfrac{1}{n-1} \sum_{j=1}^{n} (Y_j - \overline{Y})^2$。

（1）假设 $H_0 : \mu_1 = \mu_2$，已知 σ_1^2 与 σ_2^2。

统计量 $u = (\overline{X} - \overline{Y}) \Big/ \sqrt{\dfrac{\sigma_1^2}{m} + \dfrac{\sigma_2^2}{n}} \sim N(0,1)$，给出显著性水平 α，依 $\dfrac{1}{\sqrt{2\pi}} \int_{-\infty}^{u_{\alpha/2}} e^{-\frac{x^2}{2}} dx = 1 - \dfrac{\alpha}{2}$，查正态分布表确定 $u_{\alpha/2}$，否定区域 $|u| \geqslant u_{\alpha/2}$。

（2）假设 $H_0 : \mu_1 = \mu_2$，σ_1^2 和 σ_2^2 的值未知，但已知 $\sigma_1^2 = \sigma_2^2$。

统计量
$$t = \dfrac{\overline{X} - \overline{Y}}{\sqrt{(m-1)S_1^2 + (n-1)S_2^2}} \sqrt{\dfrac{mn(m+n-2)}{m+n}} \sim t(m+n-2),$$
给出显著性水平 α，依 $P(t > t_{\alpha/2}(m+n-2)) = \dfrac{\alpha}{2}$，查 t 分布表确定 $t_{\alpha/2}(m+n-2)$，否定区域 $|t| > t_{\alpha/2}(m+n-2)$。

（3）假设 $H_0 : \sigma_1^2 = \sigma_2^2$，已知 μ_1 与 μ_2。

统计量 $F = \dfrac{\sum_{i=1}^{m} (X_i - \mu_1)^2 / m}{\sum_{j=1}^{n} (Y_j - \mu_2)^2 / n} \sim F(m, n)$，给出显著性水平 α，依 $P(F > F_{\alpha/2}(m, n)) = \dfrac{\alpha}{2}$ 及 $P(F > F_{1-\alpha/2}(m, n)) = 1 - \dfrac{\alpha}{2}$，查 F 分布表分别确定 $F_{\alpha/2}(m, n)$ 及 $F_{1-\alpha/2}(m, n)$，否定区域 $F > F_{\alpha/2}(m, n)$，$F < F_{1-\alpha/2}(m, n)$。

（4）假设 $H_0 : \sigma_1^2 = \sigma_2^2$，$\mu_1$ 和 μ_2 的值未知。

统计量 $F = S_1^2 / S_2^2 \sim F(m-1, n-1)$，给出显著性水平 α，依 $P(F > F_{\alpha/2}(m-1, n-1)) = \dfrac{\alpha}{2}$ 与 $P(F > F_{1-\alpha/2}(m-1, n-1)) = 1 - \dfrac{\alpha}{2}$，查 F 分布表分别确定 $F_{\alpha/2}(m-1, n-1)$ 及 $F_{1-\alpha/2}(m-1, n-1)$。否定区域 $F > F_{\alpha/2}(m-1, n-1)$，$F < F_{1-\alpha/2}(m-1, n-1)$。

9.5　回归分析

9.5.1　相关关系与回归函数

变量之间的关系大致分为两类，一类是确定性的关系，即函数关系，一类是非确定性的关系。例如炼钢时钢水的含碳量与冶炼时间，刀具的磨损厚度与切削时间等；这种非确定性的关系称为相关关系。研究变量之间相关关系的有效方法之一就是回归分析。

两个变量 X 和 Y，X 是可以测量或控制的非随机变量，Y 是随机变量，当 X 取值 x 时 Y 的概率分布与 x 有关，取 Y 的数学期望 $E(Y|X=x) = \mu(x)$ 作为 Y 的估计值，记作 $\hat{y}$，则 $\hat{y} = \mu(x)$ 描述了 Y 与 X 之间的相关关系。$\mu(x)$ 称为 Y 关于 X 的回归函数，方程 $\hat{y} = \mu(x)$ 称为 Y 关于 X 的回归方程。

通常总假设当 X 取任一可能值 x 时，Y 服从正态分布 $N(\mu(x), \sigma^2)$，其中 σ^2 是不依赖于 x 的常数。

9.5.2　最小二乘法

在确定了回归函数的类型后，设回归函数 $\mu(x)$ 含 k 个待定参数，$\mu(x) = \mu(x, a_1, a_2, \cdots, a_k)$。现进行 n 次独立试验，即对 X 的 n 个不同值 $x_1, x_2, \cdots, x_n$，得随机变量 Y 的 n 个相应值 y_1，

$y_2, \cdots, y_n$, 于是得到样本 (x_1, y_1), (x_2, y_2), $\cdots$, (x_n, y_n)。为求参数 $a_1, a_2, \cdots, a_k$ 的估计值，根据最大似然估计法，应使由 $\mu(x_i, a_1, \cdots, a_k)$ 得到的值 $\hat{y}_i$ 与试验数据 $y_i (i = 1, 2, \cdots, n)$ 的偏差平方和

$$S = \sum_{i=1}^{n} [y_i - \mu(x_i, a_1, a_2, \cdots, a_k)]^2$$ 取最小值。

解方程组 $\dfrac{\partial S}{\partial a_j} = 0 (j = 1, 2, \cdots, k)$, 得出 $a_1, a_2, \cdots, a_k$, 从而得到回归方程 $y = \mu(x)$。

9.5.3 线性回归函数

若变量 Y 与 X 之间存在线性相关关系，则由试验数据得到的点 (x_1, y_1), (x_2, y_2), $\cdots$, (x_n, y_n) 将散落在一直线的周围，因此可以用线性方程 $\hat{y} = a + bx$ 描述变量 Y 与 X 之间的相关关系，即此时 $\mu(x) = a + bx$, 随机变量 Y 服从正态分布 $N(a + bx, \sigma^2)$。由偏差平方和 $S = \sum_{i=1}^{n} (y_i - a - bx_i)^2$ 取最小值得出 a, b 的估计值 $\hat{a}, \hat{b}$。

$$\hat{b} = l_{xy}/l_{xx}, \hat{a} = \bar{y} - \hat{b}\bar{x}$$

其中 $\quad \bar{x} = \dfrac{1}{n} \sum_{i=1}^{n} x_i, \bar{y} = \dfrac{1}{n} \sum_{i=1}^{n} y_i$

$$l_{xx} = \sum_{i=1}^{n} (x_i - \bar{x})^2 = (n-1)s_x^2$$

$$l_{xy} = \sum_{i=1}^{n} (x_i - \bar{x})(y_i - \bar{y}) = \sum_{i=1}^{n} x_i y_i - n\bar{x}\bar{y}$$

s_x^2 是观测值 $x_1, x_2, \cdots, x_n$ 的样本方差。

线性回归方程为 $\hat{y} = \hat{a} + \hat{b}x$ 或 $\hat{y} = \bar{y} + \hat{b}(x - \bar{x})$。$\hat{b}$ 称为线性回归系数，$\hat{y} = \hat{a} + \hat{b}x$ 称为回归直线，回归直线过点 $(\bar{x}, \bar{y})$。

9.5.4 线性相关的显著性检验

用最小二乘法求出的线性回归方程，仅当 Y 与 X 之间线性相关关系显著，即样本点大致呈一条直线时才有价值。除了用散点图直观判断外，通常要利用线性相关的显著性检验，判断 Y 与 X 之间线性关系的明显程度。

1. 线性相关的 F 检验法　记 $l_{yy} = \sum_{i=1}^{n} (y_i - \bar{y})^2 = (n-1)s_y^2$, s_y^2 为观测值 $y_1, y_2, \cdots, y_n$ 的样本方差。

$$S_R = \sum_{i=1}^{n} (\hat{y}_i - \bar{y})^2 = \frac{l_{xy}^2}{l_{xx}}, \text{其中 } \hat{y}_i = \hat{a} + \hat{b}x_i (i = 1, 2, \cdots, n)$$

$$S_e = \sum_{i=1}^{n} (y_i - \hat{y}_i)^2 = l_{yy} - \frac{l_{xy}^2}{l_{xx}}$$

S_R 称为回归平方和，S_e 称为剩余平方和。

统计量 $F = \dfrac{S_R}{S_e/(n-2)} \sim F(1, n-2)$, 给出显著性水平 α, 由 $P(F > F_\alpha(1, n-2)) = \alpha$ 查 F 分布表确定 $F_\alpha(1, n-2)$。当 $F > F_\alpha(1, n-2)$ 则认为 Y 与 X 之间线性相关关系显著，当 $F \leqslant F_\alpha(1, n-2)$ 则认为 Y 与 X 之间线性相关关系不显著，即 Y 与 X 之间不存在线性相关关系。

2. 相关系数 r 检验法　记 $r = \dfrac{l_{xy}}{\sqrt{l_{xx}}\sqrt{l_{yy}}}$ 称为样本相关系数，统计量 r 与 F 检验法中统计量 F 的关系为 $|r| = \sqrt{\dfrac{F}{F + n - 2}}$。给定显著性水平 α, 由 F 的临界值 $F_\alpha(1, n-2)$ 可计算出 r 的临界值，记作 $r_\alpha(n-2)$。当 $|r| > r_\alpha(n-2)$ 则认为 Y 与 X 之间线性相关关系显著，当 $|r| \leqslant r_\alpha(n-2)$ 则认为 Y 与 X 之间线性相关关系不显著。

9.5.5 非线性回归分析

若由试验数据得出的散点图看出两个变量 X 与 Y 有某种非线性关系，或由理论上得知二变量之间存在相关关系，但不是线性关系，则要用适当的非线性回归方程描述它们的关系。处理这种非线性回归问题一般是通过变量置换将其化为线性回归问题。常用的非线性回归函数及相应的变量置换有以下几种。

(1) 双曲线函数 $\dfrac{1}{y} = a + b\dfrac{1}{x}$。令 $u = \dfrac{1}{x}$, $v = \dfrac{1}{y}$, 得线性函数 $v = a + bu$。

(2) 幂函数 $y = Ax^b$。令 $u = \ln x$, $v = \ln y$, 得 $v = a + bu$, 其中 $a = \ln A$。

(3) 指数函数 $y = Ae^{bx}$。令 $v = \ln y$, 得 $v = a + bx$, 其中 $a = \ln A$。

(4) 负指数函数 $y = Ae^{\frac{b}{x}}$。令 $u = \dfrac{1}{x}$, $v = \ln y$, 得 $v = a + bu$, 其中 $a = \ln A$。

(5) 对数函数 $y = a + b\ln x$。令 $u = \ln x$, 得 $y = a + bu$。

(6) 函数 $y = \dfrac{1}{a + be^{-x}}$。令 $u = e^{-x}$, $v = \dfrac{1}{y}$, 得 $v = a + bu$。

例1 在机械加工中用硬质合金刀切普通结构钢，欲求主切削力 F_z 与背吃刀量 a_p 和进给量 f 的关系。

在机械制造中处理此类问题常常是将一个参数定为常数，现固定 a_p，取 $a_p = 1$。做一系列车削，最后对数坐标纸上描出（$\log f$, $\log F_z$）所对应的点，从散点图看二者关系近似是线性的，即

$$\log F_z = a + b\log f$$

令 $u = \log f$, $v = \log F_z$，由试验得到（u, v）的数据（u_i, v_i）（$i = 1, 2, \cdots, n$）可以求得 $\hat{a}$, $\hat{b}$，例如依据某组试验数据得出 $v = 3.2061 + 0.84u$，即得 $F_z = 1607.2f^{0.84}$。

对于非线性回归问题，重要的是正确选择回归曲线类型，有时可以选择几种不同类型的回归方程，求出后分别计算剩余平方和 $S_e = \sum\limits_{i=1}^{n}(y_i - \hat{y}_i)^2$ 比较大小，S_e 最小者为最佳回归曲线方程。

例2 对变量 X 与 Y 测得试验数据如表 14.9-2。

表 14.9-2

x_i	y_i	x_i	y_i	x_i	y_i
2	6.42	7	10.00	12	10.60
3	8.20	8	9.93	13	10.80
4	9.58	9	9.99	14	10.60
5	9.50	10	10.49	15	10.90
6	9.70	11	10.59	16	10.76

从散点图看，可以选配下列曲线方程：

（1）$\dfrac{1}{y} = a + \dfrac{b}{x}$；

（2）$y = Ae^{\frac{b}{x}}$；

（3）$y = a + b\ln x$。

利用剩余平方和 S_e 选出最佳回归曲线方程。

（1）令 $\dfrac{1}{x} = u$, $\dfrac{1}{y} = v$，得线性回归方程 $v = a + bu$。由试验数据得 $\bar{u} = 0.1587$, $\bar{v} = 0.1031$, $l_{uu} = 0.2065$, $l_{vv} = 0.0038$, $l_{uv} = 0.0272$。

$$\hat{b} = \frac{0.0272}{0.2065} \approx 0.1317,\ \hat{a} = \bar{v} - \hat{b}\,\bar{u} \approx 0.0822$$

回归方程为 $\dfrac{1}{y} = 0.0822 + \dfrac{0.1317}{x}$

$$S_e = \sum_{i=1}^{15}(y_i - \hat{y}_i)^2 = 1.46$$

（2）令 $\dfrac{1}{x} = u$, $\ln y = v$，得 $v = a + bu$，其中 $a = \ln A$。求出 $\hat{b} \approx -1.1080$, $\hat{a} \approx 2.4573$，回归方程为

$$\ln y = 2.4573 - \frac{1.1080}{x}$$

得

$$y = 11.673e^{-\frac{1.1080}{x}}$$

$$S_e = 0.89$$

（3）令 $\ln x = u$, $y = v$，得 $v = a + bu$

求出 $\hat{b} \approx 1.7757$, $\hat{a} \approx 6.2398$，回归方程为

$$y = 6.2398 + 1.7757\ln x$$

$$S_e = 2.56$$

比较以上3种情况，最佳回归曲线方程为

$$y = 11.673e^{-\frac{1.1080}{x}}$$

统计学在实际工作中有广泛的应用，但要进行大量的计算。事实上总体的参数估计，假设检验，回归分析都可以利用应用数学软件包快速准确地处理数据。例如可以利用 SAS（统计分析系统）软件包、MATLAB 统计软件包或 Mathcal2001 来完成。参考［9］、［11］、［12］。

10 集合与布尔代数[13,14]

10.1 集合及其运算

10.1.1 集合

1. **集合概念** 一些具有某种属性的事物组成的集体称为集合，记为 A。A 中的某个事物 a 称为 A 中的元素，记为 $a \in A$（a 属于 A），b 不是 A 中的元素记为 $b\,\bar{\in}\,A$ 或 $b \notin A$（b 不属于 A）（图 14.10-1a）。

集合 A 的表示法有两种。

（1）**穷举法** 将集合 A 中的元素一一列出，

例如集合 A 中有五个元素 0，1，2，3，4，可以表示为 $A = \{0, 1, 2, 3, 4\}$。

（2）特性描述法　用 x 表示集合 A 中的元素，用 $P(x)$ 表示 x 具有的属性，则 A 可表示为 $A = \{x | P(x)\}$。例如 $A = \{x | |x| < 1$ 且为实数$\}$，$A = \{x | x$ 为素数$\}$，$A = \{x | a \leqslant x \leqslant b\}$ 等。

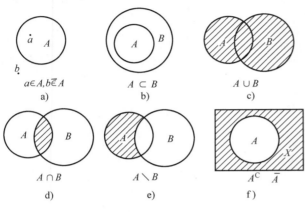

图 14.10-1　（集合的 Venn 图）

不包含任何元素的集合称为空集，记作 $\varnothing$。若讨论的问题所涉及的全部集合，其元素均在某一确定的集合中，这个确定的集合称为全集，记作 X；也就是包含所讨论的全部元素的集合称为全集 X。

2. 包含　两个集合 A、B，若 A 的所有元素都是 B 的元素，即若 $x \in A$ 必有 $x \in B$，则称 A 含于 B 或称 B 包含 A，记作 $A \subset B$，或 $B \supset A$；也称 A 为 B 的子集（图 14.10-1b）。空集是任何集合的子集。

全体自然数集合记作 $\mathbf{N}$，全体整数集合记作 $\mathbf{Z}$，全体有理数集合记作 $\mathbf{Q}$，全体实数集合记作 $\mathbf{R}$，全体复数集合记作 $\mathbf{C}$。

显然，$\mathbf{N} \subset \mathbf{Z}$，$\mathbf{Z} \subset \mathbf{Q}$，$\mathbf{Q} \subset \mathbf{R}$，$\mathbf{R} \subset \mathbf{C}$。

3. 相等　若集合 $A \subset B$ 且 $B \subset A$，则称 A 与 B 相等，记作 $A = B$。

10.1.2 集合的运算

1. 并集（和集）　二集合 A、B 中所有元素组成的集合 S 称为二集合 A、B 的并集或 A、B 的和集，记作 $S = A \cup B$；即 $S = A \cup B = \{x | x \in A$ 或 $x \in B\}$。也可以记作 $S = A + B$（图 14.10-1c）。n 个集合 A_i（$i = 1, 2, \cdots, n$）的并集记作 $\bigcup\limits_{i=1}^{n} A_i$ 或 $\sum\limits_{i=1}^{n} A_i$。

由并集定义知，若 A_1，A_2，$\cdots$，$A_n \subset B$，则 $\bigcup\limits_{i=1}^{n} A_i \subset B$。

2. 交集（通集）　二集合 A、B 中所有公共元素组成的的集合 P 称为二集合 A、B 的交集或二集合 A、B 的通集，记作 $P = A \cap B$；即 $P = A \cap B = \{x | x \in A$ 且 $x \in B\}$，也可记为 $P = A \cdot B$（图 14.10-1d）。n 个集合 A_i（$i = 1, 2, \cdots, n$）的交集记作 $\bigcap\limits_{i=1}^{n} A_i$。

由交集定义知，若 A_1，A_2，$\cdots$，$A_n \supset B$，则 $\bigcap\limits_{i=1}^{n} A_i \supset B$。

3. 差集与补集（余集）　属于集合 A 而不属于集合 B 的一切元素构成的集合 D 称为 A 与 B 的差集，记作 $D = A \setminus B$；即 $A \setminus B = \{x | x \in A$ 且 $x \bar\in B\}$。也可以记为 $A - B$（图 14.10-1e）。

若 $B \subset A$，则称 $A \setminus B$ 为 B 关于 A 的补集或余集，记作 $C_A B$。集合 A 是全集 X 的子集，A 关于全集 X 的补集记作 A^c 或 $\overline{A}$，即 $\overline{A} = X \setminus A$，也简称 $\overline{A}$ 为 A 的补集（图 14.10-1f）。

补集具有以下性质：

（1）$A \cup \overline{A} = X$，$A \cap \overline{A} = \varnothing$，$A \cap X = A$

（2）狄摩根（DeMorgan）定律　$\overline{A \cup B} = \overline{A} \cap \overline{B}$，$\overline{A \cap B} = \overline{A} \cup \overline{B}$

4. 集合的直积　由集合 A、B 中的元素构成的有序数组的全体组成的集合，称为 A 与 B 的直积集合，记作 $A \times B$；即

$$A \times B = \{(x, y) | x \in A, y \in B\}$$

例如 $\mathbf{R}$ 为实数集合 $\mathbf{R}^n = \mathbf{R} \times \mathbf{R} \times \cdots \times \mathbf{R} = \{(x_1, x_2, \cdots, x_n) | x_i \in \mathbf{R}$（$i = 1, 2, \cdots, n$）$\}$ 是 n 维实空间。

10.2　布尔（Boole）代数

10.2.1　代数系统的概念

1. 定义在集合上的运算　由直积集合 $S \times S$ 到集合 S 上的函数称为定义在 S 上的二元运算；由 S 到 S 的函数称为定义在 S 上的一元运算。例如实数集 $\mathbf{R}$ 上的加法运算、乘法运算都是 $\mathbf{R}$ 上的二元运算；对于 $\mathbf{R}$ 上的数 x，变号运算 $-x$ 是

R 上的一元运算。

又若集合 $S = \{a_1, a_2, \cdots, a_n\}$，定义在 S 上的二元运算。可以用方块表表示，简明而直观。见表 14.10-1。

表 14.10-1 方 块 表

	a_1	a_2	$\cdots$	a_j	$\cdots$	a_n
a_1	$a_1 \circ a_1$	$a_1 \circ a_2$		$a_1 \circ a_j$	$\cdots$	$a_1 \circ a_n$
a_2	$a_2 \circ a_1$	$a_2 \circ a_2$		$a_2 \circ a_j$	$\cdots$	$a_2 \circ a_n$
$\vdots$	$\vdots$	$\vdots$		$\vdots$		$\vdots$
a_i	$a_i \circ a_1$	$a_i \circ a_2$		$a_i \circ a_j$	$\cdots$	$a_i \circ a_n$
$\vdots$	$\vdots$	$\vdots$		$\vdots$		$\vdots$
a_n	$a_n \circ a_1$	$a_n \circ a_2$	$\cdots$	$a_n \circ a_j$	$\cdots$	$a_n \circ a_n$

2. 集合中的特殊元 若 $\circ$ 是定义在集合 S 上的二元运算。

（1）若元 $1 \in S$，对任意 $x \in S$ 有 $1 \circ x = x \circ 1 = x$，则称 1 为关于运算 $\circ$ 的单位元。

（2）若元 $0 \in S$，对任意 $x \in S$ 有 $0 \circ x = x \circ 0 = 0$，则称 0 为关于运算 $\circ$ 的零元。

单位元与零元都是集 S 中的特殊元。

3. 代数系统 由集合及定义在集合上的运算与集合中的特殊元组成的系统，称为代数系统，集合中的特殊元称为代数系统中的常数。

例 1 实数集 **R** 与 **R** 上的加法"$+$"、乘法"$\times$"及变号运算"$-$"与常数 0 和 1 组成一个代数系统，记作 $< \mathbf{R}, +, \times, -, 0, 1 >$。常数 0 是运算"$+$"的单位元，同时是运算"$\times$"的零元，常数 1 是运算"$\times$"的单位元。

例 2 集合 $S = \{0, 1\}$ 上定义两个二元运算"$+$"与"$\cdot$"，一个一元运算"$-$"，如表 14.10-2。

表 14.10-2 集合 $S = \{0, 1\}$ 上的方块表

$+$	0	1		$\cdot$	0	1		$-$	0	1
0	0	1		0	0	0			1	0
1	1	1		1	0	1				

即
$$0 + 0 = 0 \qquad 0 \cdot 0 = 0 \qquad \bar{0} = 1$$
$$0 + 1 = 1 \qquad 0 \cdot 1 = 0 \qquad \bar{1} = 0$$
$$1 + 0 = 1 \qquad 1 \cdot 0 = 0$$
$$1 + 1 = 1 \qquad 1 \cdot 1 = 1$$

按以上定义构成一个代数系统，0 是运算"$+$"的单位元且是运算"$\cdot$"的零元，1 是运算"$+$"的零元且是运算"$\cdot$"的单位元。该代数系统记作 $< \{0,1\}, +, \cdot, -, 0, 1 >$，称为二元代数。

10.2.2 布尔代数的定义

集合 B 中至少含两个不同元素，且在 B 上定义了两个二元运算"$+$""$\cdot$"的代数系统 $< B, +, \cdot, 0, 1 >$ 满足以下公理：

（1）交换律 对任意 $a, b \in B$ 有
$$a + b = b + a, a \cdot b = b \cdot a (也可写为 ab = ba)$$

（2）结合律 对任意 $a, b, c \in B$ 有
$$(a + b) + c = a + (b + c),$$
$$(a \cdot b) \cdot c = a \cdot (b \cdot c)$$

（3）分配律 对任意 $a, b, c \in B$ 有

第一分配律 $a \cdot (b + c) = a \cdot b + a \cdot c$

第二分配律 $a + (b \cdot c) = (a + b) \cdot (a + c)$

（4）$0 - 1$ 律 0 是运算"$+$"的单位元，称为零元，1 是运算"$\cdot$"的单位元；即对任意 $a \in B$ 有 $a + 0 = a, a \cdot 1 = a$。

（5）补元存在 即对任意 $a \in B$ 存在 $\bar{a} \in B$ 满足 $a + \bar{a} = 1, a \cdot \bar{a} = 0$

则系统 $< B, +, \cdot, 0, 1 >$ 称为布尔代数。

例如 10.2.1 中的例 2，二元代数 $< \{0, 1\}, +, \cdot, -, 0, 1 >$ 是布尔代数，"$+$""$\cdot$"运算满足公理（1）～（4），且 $\bar{0} = 1, \bar{1} = 0$，满足公理（5）。

例 4 A 是非空集合，A 的一切子集构成的集合记作 2^A。以集合的并 $\cup$ 与交 $\cap$ 分别作为二元代数运算 $+$ 与 $\cdot$，以空集 $\varnothing$ 作为零元，以集合 A 作为单位元，以补集作为补元，则集代数 $< 2^A, \cup, \cap, \varnothing, A >$ 满足公理（1）～（5），是布尔代数。

10.2.3 布尔代数的性质

（1）零元与单位元是唯一的，任一元素的补元也是唯一的。

（2）$a + 1 = 1, a \cdot 0 = 0$

（3）幂等律 $a \cdot a = a, a + a = a$

（4）吸收律 $a \cdot (a + b) = a, a + a \cdot b = a$

（5）狄摩根对偶律 $\overline{a \cdot b} = \bar{a} + \bar{b}$，
$$\overline{a + b} = \bar{a} \cdot \bar{b}$$

（6）重叠律 $a + \bar{a} \cdot b = a + b$，
$$a \cdot (\bar{a} + b) = a \cdot b$$

10.3 布尔函数

1. 布尔函数的定义 $B_2 = < \{0,1\}, +, \cdot, -, 0, 1 >$ 为二元布尔代数。仅在布尔代数 B_2 中

取值的变量称为布尔变量，此处布尔变量是仅取 0，1 值的变量。自变量与因变量都是布尔变量的函数称为布尔函数。

定义 由集合 $\{0,1\}^n$ 到 $\{0,1\}$ 的一个映射 f 称为 n 元布尔函数，记作 $y = f(x_1, x_2, \cdots, x_n)$。

例如 $c(x) = \bar{x}$ 称为"补函数"，即 $c(0) = 1$，$c(1) = 0$。$\vee(x, y) = x + y$ 称为"或函数"，即 $\vee(0,0) = 0$，$\vee(0,1) = \vee(1,0) = \vee(1,1) = 1$。$\wedge(x, y) = x \cdot y$ 称为"与函数"，即 $\wedge(0,0) = \wedge(0,1) = \wedge(1,0) = 0$，$\wedge(1,1) = 1$。

又如 $f(x_1, x_2, x_3) = \bar{x}_1 + \bar{x}_2 \cdot x_3$。$f$ 的取值可列表，见表 14.10-3，称为 $f(x_1, x_2, x_3)$ 的真值表。

表 14.10-3　f 的真值表

x_1	x_2	x_3	$f = \bar{x}_1 + \bar{x}_2 \cdot x_3$
0	0	0	1
0	0	1	1
0	1	0	1
0	1	1	1
1	0	0	0
1	0	1	1
1	1	0	0
1	1	1	0

2. 布尔函数的简化 对于给定的布尔函数可以如上写出它的真值表，了解它的取值情况，还可以利用布尔代数的性质简化布尔函数。

例如，化简布尔函数 $f = x_1 \cdot x_2 + \bar{x}_1 \cdot x_3 + x_1 \cdot x_2 \cdot x_4 + x_2 \cdot x_3 \cdot x_4$。由于 $x_1 \cdot x_2 + x_1 \cdot x_2 \cdot x_4 = x_1 \cdot x_2 \cdot (1 + x_4) = x_1 \cdot x_2 \cdot 1 = x_1 \cdot x_2$，得

$$x_1 \cdot x_2 + \bar{x}_1 \cdot x_3 + x_1 \cdot x_2 \cdot x_4 + x_2 \cdot x_3 \cdot x_4$$
$$= x_1 \cdot x_2 + \bar{x}_1 \cdot x_3 + x_2 \cdot x_3 \cdot x_4$$
$$= x_1 \cdot x_2 + \bar{x}_1 \cdot x_3 + (x_1 + \bar{x}_1) \cdot x_2 \cdot x_3 \cdot x_4$$
$$= x_1 \cdot x_2 \cdot (1 + x_3 x_4) + \bar{x}_1 \cdot x_3 \cdot (1 + x_2 \cdot x_4)$$
$$= x_1 \cdot x_2 \cdot 1 + \bar{x}_1 \cdot x_3 \cdot 1 = x_1 \cdot x_2 + \bar{x}_1 \cdot x_3$$

10.4　逻辑运算与逻辑线路

10.4.1　逻辑运算

1. 命题 肯定或否定事物具有某种属性称为判断，表达判断的语言称为命题。符合客观实际的判断语言称为真命题，否则称为假命题。例如 "8 是偶数" 为真命题，"8 是素数" 为假命题。若命题 A 为真，记作 $A = 1$；若命题 B 为假，记作 $B = 0$。

2. 逻辑运算

(1) "或" 运算 若命题 P 的真假依赖于命题 A 及命题 B 的真假按以下规则确定：当 A、B 中只要有一个为真时，P 为真；当 A、B 同时为假时，P 为假，则 P 称为 "A 或 B"，记作 $P = A \vee B$，或 $P = A + B$。"$\vee$"（"$+$"）称为 "或" 运算，也称为逻辑加运算。

(2) "与" 运算 若命题 P 的真假依赖于命题 A 及命题 B 的真假按以下规则确定：当 A、B 同时为真时，P 为真，当 A、B 中只要有一个为假时，P 为假，则 P 称为 "A 与 B"，记作 $P = A \wedge B$，或 $P = A \cdot B$。"$\wedge$"（"$\cdot$"）称为 "与" 运算，也称为逻辑乘运算。

(3) "非" 运算 若命题 P 的真假依赖于命题 A 的真假，当 A 为真时，P 为假；当 A 为假时，P 为真，则称 P 为 "非 A"，记作 $P = \bar{A}$，或 $P = A'$。"$-$"（"$'$"）称为 "非" 运算，也称为逻辑非运算。

逻辑加、逻辑乘、逻辑非运算见表 14.10-4。

表 14.10-4　逻辑运算表

A B	$P = A \vee B$	A B	$P = A \wedge B$	A	$P = \bar{A}$
0　0	0	0　0	0	0	1
0　1	1	0　1	0	1	0
1　0	1	1　0	0		
1　1	1	1　1	1		

不难看出逻辑运算 "或 $\vee$"、"与 $\wedge$"、"非 $-$" 与 10.2.1 代数系统例 2 $< \{0, 1\}$，$+$，$\cdot$，$-$，0，1 $>$ 中的运算 "$+$"、"$\cdot$"、"$-$" 完全一致。因此逻辑运算代数系统 $< \{0, 1\}$，$\vee$，$\wedge$，$-$，0，1 $>$ 仍为布尔代数，也称为逻辑代数。

10.4.2　逻辑门与逻辑线路

逻辑线路中的基本元件称为逻辑门，有 "或门"、"与门"、"非门"、或门用符号表示如图 14.10-2a，x_1，x_2，$\cdots$，x_n 为输入变量，y 为输出变量。或门的逻辑功能为：当输入端中有一个输入信号为 1，则输出为 1，只有当每一个输入信号均为 0 时，输出才为 0。因此按逻辑运算有

$$y = x_1 \vee x_2 \vee \cdots \vee x_n = x_1 + x_2 + \cdots + x_n$$

是一个布尔函数。

与门用符号表示如图 14.10-2b 所示，其逻辑功能为：当输入端中每一个输入信号皆为 1 时，输出才为 1，否则输出为 0。按逻辑运算

$$y = x_1 \wedge x_2 \wedge \cdots \wedge x_n = x_1 \cdot x_2 \cdot \cdots \cdot x_n$$

非门用符号表示如图 14.10-2c 所示，其逻辑功能为：输出总与输入信号相反，按逻辑运算

$$y = \bar{x} = x'$$

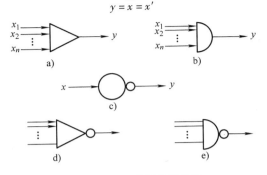

a)　　　　　　b)

c)

d)　　　　　　e)

图 14.10-2　逻辑门符号图

a) 或门　b) 与门　c) 非门　d) 或非门　e) 与非门

或非门、与非门在逻辑线路中分别用图 14.10-2 中 d、e 的符号表示。

例如布尔函数 $y = (x_1 + x_2) \cdot (\overline{x_1 \cdot x_2})$ 的逻辑线路图如图 14.10-3 所示。

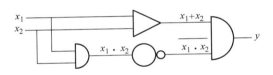

图 14.10-3　逻辑线路图

例 4　设计二进制半加器线路。

半加器是由 a、b 相加，求出和数 s 及进位数 c；即有两个输入端 a、b 及两个输出端 s、c。由二进制加法知 $0 + 0 = 0$，$0 + 1 = 1$，$1 + 0 = 1$，$1 + 1 = 10$，即 s、c 是 a、b 的布尔函数，其真值表如表 14.10-5 所示。

表 14.10-5　s、c 真值表

a	b	s	c
0	0	0	0
0	1	1	0
1	0	1	0
1	1	0	1

由真值表知，仅当 a、b 皆为 1 时，c 才为 1，故 $c = a \cdot b$，而仅当 a、b 中有一个为 1 时，s 才为 1，故 $s = \bar{a} \cdot b + a \cdot \bar{b}$，所求逻辑线路图如图 14.10-4 所示。

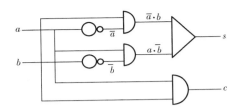

图 14.10-4　半加器线路图

例 5　故障树分析。分析生产系统或作业中可能出现的事故条件及可能导致的灾害后果，可以按工艺流程的先后次序及因果关系给出程序方框图，以表示导致事故的各种因素间的逻辑关系。程序图由输入符号及逻辑符号组成，这就是故障树。图 14.10-5 是未经化简的故障树。

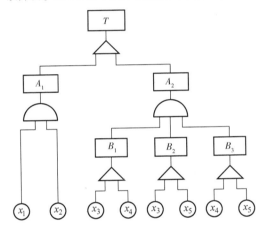

图 14.10-5　未经化简的故障树

要分析的对象为 T 称为顶上事件，x_1，x_2，x_3，x_4，x_5 为基本事件，由逻辑符号可以找出 T 与 x_i（$i = 1, 2, \cdots, 5$）的关系，即布尔函数。

$$T = A_1 + A_2 = A_1 + B_1 \cdot B_2 \cdot B_3$$
$$= x_1 \cdot x_2 + (x_3 + x_4) \cdot (x_3 + x_5) \cdot (x_4 + x_5)$$

按逻辑运算将其简化，得

$$T = x_1 \cdot x_2 + (x_3 + x_4 \cdot x_5)(x_4 + x_5)$$
$$= x_1 \cdot x_2 + x_3 \cdot x_4 + x_3 \cdot x_5 + x_4 \cdot x_5$$

这就给出了顶上事件 T 发生的一种可能渠道，从而查明事故原因。

10.5　开关电路与布尔代数

一个开关具有两种状态，"闭合"与"断开"。当开关 x 与电源、电灯按图14.10-6连接，

则开关 x 闭合时灯亮，开关 x 断开时灯灭。用数 1 表示开关的闭合状态，用数 0 表示开关的断开状态，则开关 x 是布尔变量。

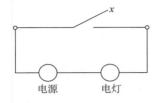

图 14.10-6

当两个开关 x、y 串联，仅当 x、y 都取 1 时，灯才亮（图 14.10-7a），即串联电路的功能相当于布尔变量 x、y 的"与函数" $x \cdot y$，也称为布尔变量 x、y 之积。

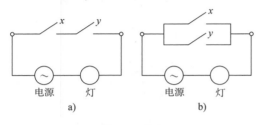

图 14.10-7

当两个开关 x、y 并联，则只要 x、y 有一个取 1，则灯亮（图 14.10-7b），即并联电路的功能相当于布尔变量 x、y 的"或函数" $x + y$，即布尔变量 x、y 之和。

例如，布尔表达式

$$x + (\bar{y} + z) \cdot (x + y + z)$$

描述图 14.10-8 所示的开关电路。依据布尔代数的性质，将其简化，可以找出与其等价的更简单的电路。

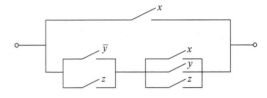

图 14.10-8 开关电路

$$x + (\bar{y} + z) \cdot (x + y + z) = x + (\bar{y} + z) \cdot x + (\bar{y} + z) \cdot (y + z) = x \cdot (\bar{y} + z + 1) + (\bar{y} \cdot y + z) = x \cdot 1 + (0 + z) = x + z$$

由此可知，图 14.10-8 所示的开关电路等价于开关 x、z 并联的电路。

11 模 糊 数 学[1,15,16]

11.1 模糊集合

11.1.1 模糊集合的定义

论域 U（讨论涉及的对象范围）上的模糊集合 A，是指对任一 $u \in U$ 有一个 $[0,1]$ 上的实数 $\mu_A(u)$ 与之对应，$\mu_A(u)$ 称为 u 对集合 A 的隶属度。u 对应 $\mu_A(u)$ 用记号 $u \rightarrow \mu_A(u)$ 表示，映射 $\mu_A : U \rightarrow [0,1]$ 称为 A 的隶属函数。当 U 由有限个元素 $u_1, u_2, \cdots, u_n$ 组成，对每一个元素 u_i，有一个隶属度 $\mu_A(u_i)$，便确定了一个模糊集合 A，记作

$$A = \mu_A(u_1)/u_1 + \mu_A(u_2)/u_2 + \cdots + \mu_A(u_n)/u_n$$

11.1.2 模糊集合的运算

1. 包含 $A \subseteq B$ 当且仅当 $\mu_A(u) \leqslant \mu_B(u)$。
2. 并集 并集 $A \cup B$ 的隶属函数 $\mu_{A \cup B}(u) = $ $\max(\mu_A(u), \mu_B(u))$。

3. 交集 交集 $A \cap B$ 的隶属函数 $\mu_{A \cap B}(u) = \min(\mu_A(u), \mu_B(u))$。

4. 余集 余集 A^c 的隶属函数 $\mu_{A^c}(u) = 1 - \mu_A(u)$。

11.1.3 最大隶属原则

设 $A_1, A_2, \cdots, A_n$ 是论域 U 上的模糊集合，其隶属函数分别为 $\mu_{A_1}(u), \mu_{A_2}(u), \cdots, \mu_{A_n}(u)$。若 $u_0 \in U$，存在 $i \in \{1, 2, \cdots, n\}$ 使 $\mu_{A_i}(u_0) = \max(\mu_{A_1}(u_0), \mu_{A_2}(u_0), \cdots, \mu_{A_n}(u_0))$，则认为 u_0 相对隶属于 A_i。

11.1.4 隶属度与模糊统计

在 U 中选一固定元素 u_0，可以用模糊统计试验确定 u_0 对模糊集合 A 的隶属度。设在每一次

模糊统计试验中有 U 中的一个普通集合 A^* 与模糊集合 $\underset{\sim}{A}$(相应于模糊概念 α)相联系,要对 u_0 是否属于 A^* 做出判断。若独立地进行 n 次试验得到 n 个 A^*,每次模糊统计试验中 u_0 固定 A^* 在变,u_0 有时属于 A^*,有时不属于 A^*,则

u_0 对 $\underset{\sim}{A}$ 的隶属频率 = "$u_0 \in A^*$"的次数$/n$

当 n 增大时隶属频率呈现稳定性,其稳定值就是 u_0 对 $\underset{\sim}{A}$ 的隶属度 $\mu_{\underset{\sim}{A}}(u_0)$。对任意 $u \in U$ 作模糊统计试验就得到 $\underset{\sim}{A}$ 的隶属函数。

11.1.5 常见的模糊分布

当 U 是实数域 R 时,R 上模糊集合 $\underset{\sim}{A}$ 的隶属函数 $\mu_{\underset{\sim}{A}}(x)$ 也称为模糊分布。常见的模糊分布见表 14.11-1。

表 14.11-1 常见的模糊分布及其图形

名　称	$\mu(x)$	图　形
降半 Γ – 分布	$\mu(x) = \begin{cases} 1 & x \le a \\ e^{-k(x-a)} & x > a \end{cases} \quad (k > 0)$	
降半正态分布	$\mu(x) = \begin{cases} 1 & x \le a \\ e^{-k(x-a)^2} & x > a \end{cases} \quad (k > 0)$	
降半梯形分布	$\mu(x) = \begin{cases} 1 & x \le a_1 \\ \dfrac{a_2 - x}{a_2 - a_1} & a_1 < x \le a_2 \\ 0 & x > a_2 \end{cases}$	
升半 Γ – 分布	$\mu(x) = \begin{cases} 0 & x \le a \\ 1 - e^{-k(x-a)} & x > a \end{cases} \quad (k > 0)$	
升半正态分布	$\mu(x) = \begin{cases} 0 & x \le a \\ 1 - e^{-k(x-a)^2} & x > a \end{cases} \quad (k > 0)$	

（续）

名　　称	$\mu(x)$	图　　形
升半梯形分布	$\mu(x)=\begin{cases} 0 & x\leqslant a_1 \\ \dfrac{x-a_1}{a_2-a_1} & a_1<x\leqslant a_2 \\ 1 & x>a_2 \end{cases}$	
尖 Γ - 分布	$\mu(x)=\begin{cases} \mathrm{e}^{k(x-a)} & x\leqslant a \\ \mathrm{e}^{-k(x-a)} & x>a \end{cases}\quad(k>0)$	
正态分布	$\mu(x)=\mathrm{e}^{-k(x-a)^2}\quad(k>0)$	
哥西分布	$\mu(x)=\dfrac{1}{1+\alpha(x-a)^{\beta}}$ （$\alpha>0,\beta$ 为正偶数）	
梯形分布	$\mu(x)=\begin{cases} 0 & x\leqslant a-a_2 \\ \dfrac{a_2+x-a}{a_2-a_1} & a-a_2<x\leqslant a-a_1 \\ 1 & a-a_1<x\leqslant a+a_1 \\ \dfrac{a_2-x+a}{a_2-a_1} & a+a_1<x\leqslant a+a_2 \\ 0 & x>a+a_2 \end{cases}$	

11.2　模糊关系

11.2.1　模糊关系与模糊矩阵

U、V 的直积 $U\times V=\{(u,v)\mid u\in U,v\in V\}$ 中的一个模糊子集 $\underset{\sim}{R}$，称为 U 到 V 的一个模糊关系。模糊关系 $\underset{\sim}{R}$ 由其隶属函数 $\mu_{\underset{\sim}{R}}(u,v)$ 完全描述，$\mu_{\underset{\sim}{R}}(u,v)$ 就是 (u,v) 具有关系 $\underset{\sim}{R}$ 的程度。

当 $U=\{u_1,u_2,\cdots,u_m\}$，$V=\{v_1,v_2,\cdots,v_n\}$ 时，记 $r_{ij}=\mu_{\underset{\sim}{R}}(u_i,v_j)(i=1,2,\cdots,m;j=1,2,\cdots,n,0\leqslant r_{ij}\leqslant 1)$，则模糊关系 $\underset{\sim}{R}$ 用矩阵 $\boldsymbol{R}=(r_{ij})_{m\times n}$ 表示，称为模糊矩阵。

11.2.2　模糊矩阵的运算

若 $\boldsymbol{R}=(r_{ij})_{m\times n}$，$\boldsymbol{S}=(s_{ij})_{m\times n}$ 为两个 m 行 n 列模糊矩阵，记 $a\vee b=\max(a,b)$，$a\wedge b=\min(a,b)$。

1. 并矩阵　$\boldsymbol{R}\cup\boldsymbol{S}=(r_{ij}\vee s_{ij})$

2. 交矩阵　$R \cap S = (r_{ij} \wedge s_{ij})$

3. 余矩阵　$R^C = (1 - r_{ij})$

4. 模糊矩阵的乘积　若 $R = (r_{ij})_{m \times l}$，$S = (s_{ij})_{l \times n}$ 为两个模糊矩阵，R 与 S 的乘积 $R \cdot S$ 为模糊矩阵 $Q = (q_{ij})_{m \times n}$，即 $Q = R \cdot S$，其中

$$q_{ik} = \bigvee_{j=1}^{l} (r_{ij} \wedge s_{jk}) \quad (i = 1, 2, \cdots, m, k = 1, 2, \cdots, n)$$

11.3　模糊概率

11.3.1　模糊事件的概率

1. 模糊事件　论域 U 上的模糊集合 $\underset{\sim}{A}$，其隶属函数为 $\mu_{\underset{\sim}{A}}(u)$，当 $\mu_{\underset{\sim}{A}}(u)$ 为随机变量且具有一定的概率分布时，称 $\underset{\sim}{A}$ 为模糊事件。

2. 离散论域上模糊事件的概率　设 $U = \{u_1, u_2, \cdots, u_n, \cdots\}$ 上模糊事件，$\underset{\sim}{A} = \mu_{\underset{\sim}{A}}(u_1)/u_1 + \mu_{\underset{\sim}{A}}(u_2)/u_2 + \cdots + \mu_{\underset{\sim}{A}}(u_n)/u_n + \cdots$，$u_i$ 发生的概率为 p_i，即 $P(u = u_i) = p_i, i = 1, 2, \cdots, n, \cdots$，则模糊事件 $\underset{\sim}{A}$ 的概率定义为

$$P(\underset{\sim}{A}) = \sum_{i=1}^{\infty} \mu_{\underset{\sim}{A}}(u_i) p_i$$

3. 实数域上模糊事件的概率　设 $U = (-\infty, +\infty)$ 上模糊事件 $\underset{\sim}{A}$ 的隶属函数为 $\mu_{\underset{\sim}{A}}(u)$，且 U 上概率分布已知，其概率密度为 $f(u)$，则模糊事件 $\underset{\sim}{A}$ 的概率定义为

$$P(\underset{\sim}{A}) = \int_{-\infty}^{+\infty} \mu_{\underset{\sim}{A}}(u) f(u) \mathrm{d}u$$

由 2、3 给出的定义知，模糊事件 $\underset{\sim}{A}$ 的概率就是其隶属函数 $\mu_{\underset{\sim}{A}}(u)$ 的数学期望。

$$P(\underset{\sim}{A}) = E(\mu_{\underset{\sim}{A}}(u))$$

4. 模糊事件概率的性质

(1) $\underset{\sim}{A} \subseteq \underset{\sim}{B}$ 时，$P(\underset{\sim}{A}) \leqslant P(\underset{\sim}{B})$

(2) $P(\underset{\sim}{A}^C) = 1 - P(\underset{\sim}{A})$

(3) $P(\underset{\sim}{A} \cup \underset{\sim}{B}) = P(\underset{\sim}{A}) + P(\underset{\sim}{B}) - P(\underset{\sim}{A} \cap \underset{\sim}{B})$

11.3.2　事件的模糊概率

事件是确切的，估计事件发生的可能性用语言来描述，取事件出现的可能性为语言变量，它的语言值就是"很可能"（概率很大），"很不可能"（概率很小），"不很可能"，"稍许可能"等，这种语言值就是刻划事件出现可能性的语言概率，即模糊概率，它完全由隶属函数 $\mu_{\underset{\sim}{P}}(p)$ 刻划。

1. "很可能"　其隶属函数定义为"很可能"

$$(p) = \begin{cases} 0 & 0 \leqslant p \leqslant a \\ 2\left(\dfrac{p-a}{1-a}\right)^2 & a \leqslant p \leqslant \dfrac{a+1}{2} \\ 1 - 2\left(\dfrac{p-1}{1-a}\right)^2 & \dfrac{a+1}{2} \leqslant p \leqslant 1 \end{cases}$$

其中参数 $a > \dfrac{1}{2}$。

2. "很不可能"　其隶属函数"很不可能"(p) 定义为"很可能"$(1-p)$，即"很不可能"

$$(p) = \begin{cases} 1 - 2\left(\dfrac{1-p-1}{1-a}\right)^2 & 0 \leqslant p \leqslant \dfrac{1-a}{2} \\ 2\left(\dfrac{1-p-a}{1-a}\right)^2 & \dfrac{1-a}{2} \leqslant p \leqslant 1-a \\ 0 & 1-a \leqslant p \leqslant 1 \end{cases}$$

3. "不很可能"　其隶属函数"不很可能"$(p) = [("很可能")^C](p) = 1 - "很可能"(p)$。

4. "稍许可能"其隶属函数"稍许可能"$(p) = ["很可能"(p)]^{1/2}$。

5. "完全可能"　其隶属函数"完全可能"$(p) = ["很可能"(p)]^2$。

6. "几乎不可能"　其隶属函数定义为

$$"几乎不可能"(p) = \begin{cases} \mathrm{e}^{-p^2} & p \leqslant \delta \\ 0 & p > \delta \end{cases}$$

其中　$0 < \delta < 1$。

7. "几乎一定"　其隶属函数"几乎一定"$(p) = "几乎不可能"(1-p)$。

11.4　模糊综合评判模型

设对某产品的某些因素 $\{u_1, u_2, \cdots, u_m\}$ 进行评判，对这些因素作出评语 $\{v_1, v_2, \cdots, v_n\}$，即 $U = \{u_1, u_2, \cdots, u_m\}$ 代表综合评判因素所组成的集合，$V = \{v_1, v_2, \cdots, v_n\}$ 代表评语组成的集合。对每个 u_i 按论域 V 作出评判 $v_{i1}, v_{i2}, \cdots, v_{in}$，得到模糊矩阵 $R = (v_{ij})_{m \times n}(i = 1, 2, \cdots, m, j = 1, 2, \cdots, n)$，对每个 u_i 赋予一个权 $x_i \left(\sum\limits_{i=1}^{m} x_i = 1\right)$，得 $X = (x_1, x_2, \cdots, x_m)$，则

$$Y = X \cdot R$$

就是评判结果。

例如评判电视机，综合评判因素 $U = \{$图象(u_1)，声音(u_2)，价格$(u_3)\}$，评语 $V = \{$很好(v_1)，

较好(v_2)，可以(v_3)，不好(v_4)$\}$。选定一台电视机，请一些专门人员进行评判，对图象有 50% 的人认为很好，40% 认为较好，10% 认为可以，无人认为不好，得图象评判结果为：

$$(0.5, 0.4, 0.1, 0)$$

又对声音进行评判，得评判结果为：

$$(0.4, 0.3, 0.2, 0.1)$$

对价格进行评判，得评判结果为：

$$(0, 0.1, 0.3, 0.6)$$

这就构成模糊矩阵

$$R = \begin{pmatrix} 0.5 & 0.4 & 0.1 & 0 \\ 0.4 & 0.3 & 0.2 & 0.1 \\ 0 & 0.1 & 0.3 & 0.6 \end{pmatrix}$$

假设一类顾客要求图象清晰，价格便宜，声音稍差

不要紧，则可对图象，声音，价格赋予权

$$X = (0.5 \quad 0.2 \quad 0.3)$$

评判结果为

$$
\begin{aligned}
Y &= X \cdot R \\
&= (0.5 \quad 0.2 \quad 0.3) \begin{pmatrix} 0.5 & 0.4 & 0.1 & 0 \\ 0.4 & 0.3 & 0.2 & 0.1 \\ 0 & 0.1 & 0.3 & 0.6 \end{pmatrix} \\
&= (0.5 \quad 0.4 \quad 0.3 \quad 0.3)
\end{aligned}
$$

作归一化处理　$0.5 + 0.4 + 0.3 + 0.3 = 1.5$，用 1.5 除各项得最终评判结果为

$$(0.33 \quad 0.27 \quad 0.20 \quad 0.20)$$

这个评判结果表明，将图象、声音、价格三者同时考虑，这台电视机仍是"很好"占的比例最大。

参 考 文 献

[1]　机械工程手册电机工程手册编辑委员会. 机械工程手册：基础理论卷[M]. 第 2 版. 北京：机械工业出版社，1996.

[2]　数学手册编写组. 数学手册[M]. 北京：高等教育出版社，1984.

[3]　同济大学应用数学系. 线性代数[M]. 第 4 版. 北京：高等教育出版社，2003.

[4]　同济大学应用数学系. 高等数学[M]. 第 5 版[M]. 北京：高等教育出版社，2002.

[5]　杨奇林. 数学物理方程与特殊函数[M]. 北京：清华大学出版社，2004.

[6]　彭芳麟. 数学物理方程的 MATLAB 解法及可视化[M]. 北京：清华大学出版社，2004.

[7]　凌永祥，陈明逵. 计算方法教程[M]. 第 2 版. 西安：西安交通大学出版社，2005.

[8]　魏毅强，张建国，张洪斌等. 数值计算方法[M]. 北京：科学出版社，2004.

[9]　王正东. 数学软件与数学实验[M]. 北京：科学出版社，2004.

[10]　沈恒范. 概率论与数理统计教程[M]. 第 4 版[M]. 北京：高等教育出版社，2003.

[11]　李子强，黄斌，王晓芬. 概率论与数理统计[M]. 北京：科学出版社，2004.

[12]　郝黎仁，李宝麟等. Mathcad 2001 及概率统计应用[M]. 北京：中国水利水电出版社，2002.

[13]　吕家俊，朱月秋，孙耕田. 布尔代数[M]. 济南：山东教育出版社，1982.

[14]　陈国勋，刘书芳，周文俊. 离散数学[M]. 北京：机械工业出版社，2005.

[15]　谢季坚，刘承平. 模糊数学方法及其应用[M]. 第 2 版. 武汉：华中科技大学出版社，2000.

[16]　李士勇. 工程模糊数学及应用[M]. 哈尔滨：哈尔滨工业大学出版社，2004.

附　　录

主　编　朱梦周

附表 1 希腊字母及读音

希腊字母	英文读音	
Aα∝①	alpha	['ælfə]
Bβ	beta	['biːtə, 'beitə]
Γγ	gamma	['gæmə]
Δδϑ①	delta	['deltə]
Eε	epsilon	['epsilən, ep'sailən]
Zζ	zeta	['ziːtə]
Hη	eta	['iːtə, 'eitə]
Θθϑ①	theta	['θiːtə]
Iι	iota	[ai'outə]
Kκ	kappa	['kæpə]
Λλ	lambda	['læmdə]
Mμ	mu	[mjuː]
Nν	nu	[njuː]
Ξξ	xi	[ksai, gzai, zai]
Oo	omicron	[ou'maikrən]
Ππ	pi	[pai]
Pρ	rho	[rou]
Σσs②	sigma	['sigmə]
Tτ	tau	[tau]
Yυ	upsilon	['juːpsilən, juːp'sailən]
Φφϕ①	phi	[fai]
Xχ	chi	[kai]
Ψψ	psi	[psiː]
Ωω	omega	['oumigə, ou'miːgə]

① 老体字母。
② 字尾字母。

附表 2 我国国家标准代号及其含义[1]

标准代号	含义	标准代号	含义
GB	国家标准(强制性)	GJB	国家军用标准
GBn	国家内部标准	GB/T	国家标准(推荐性)
GBJ	国家工程建设标准	GSB	国家实物标准
GBW	国家卫生标准		

附表 3 我国原专业标准代号及其含义

标准代号	含义	标准代号	含义
ZB	专业标准(不分类)	ZBY	仪器仪表专业标准
ZB×××	专业标准(分类)	ZJB	专业军用标准

附表 4 原专业标准分类

标准代号	含义
ZB A××	综合
ZB B××	农业,林业,水产
ZB C××	医药卫生,劳动保护
ZB D××	矿业
ZB E××	石油
ZB F××	能源,核技术
ZB G××	化工
ZB H××	冶金
ZB J××	机械
ZB K××	电工

（续）

标准代号	含义
ZB L××	电子,信息技术
ZB M××	通信,广播
ZB N××	仪器,仪表
ZB P××	工程建设
ZB Q××	建筑材料
ZB R××	公路,水路运输
ZB S××	铁路
ZB T××	汽车,拖拉机等车辆
ZB U××	船舶
ZB V××	航空,航天
ZB W××	纺织
ZB X××	食品
ZB Y××	轻工,文化,生活用品
ZB Z××	环境保护

附表 5 机械系统的企业内部标准代号及其含义

代号	含义
JB/CQ	轴承企业内部标准
ZQ	轴承企业内部标准
JB/DQ	电工企业内部标准
JB/GQ	机床工具企业内部标准
JB/JQ	机械基础件企业内部标准
JB/NQ	农业机械企业内部标准
JB/SQ	工程机械企业内部标准
JB/TQ	通用机械企业内部标准
JB/YQ	仪器仪表企业内部标准
JB/ZQ	重型矿山机械企业内部标准

附表 6 部分国际的、国家的、组织的标准代号或缩写

代号或缩写	名称
ISO	国际标准化组织的标准
IEC	国际电工委员会的标准
EN	欧洲标准化委员会的标准
ANSI	美国国家标准
AS	澳大利亚标准
BS	英国标准
CSA	加拿大标准
CSK	朝鲜标准
ГOCT	前苏联标准(GOST)
DIN	德国标准
DS	丹麦标准
GB	中国国家标准
IS	印度标准
JIS	日本工业标准
KS	韩国标准
S.I	以色列标准
SNV	瑞士标准
S.S	新加坡标准
NF	法国标准
UNI	意大利标准
AAA	美国汽车协会
ACM	美国计算机协会
AGMA	美国齿轮制造商协会
AWS	美国焊接协会
DVS	德国焊接技术协会
EIA	美国电子工业协会
IEE	英国电气工程师学会
IEEE	美国电气电子工程师学会

（续）

代号或缩写	名　　称
IP	英国石油学会
JASO	日本汽车标准
JEC	日本电气学会标准
JEM	日本电机工业会标准
JIC	美国工业联合委员会
MAS	日本机床工业会标准
NBS	美国国家标准局
SAE	美国机动车工程师协会
TAS	日本工具工业会标准
VDE	德国电气工程师学会标准
VDI	德国工程师学会规范
VDMA	德国机械制造业标准

附表7　我国行业标准代号

序　号	行　业　标　准	代　号
1	船舶	CB
2	测绘	CH
3	新闻出版	CY
4	档案工作	DA
5	电力	DL
6	地质矿产	DZ
7	核工业	EJ
8	纺织	FZ
9	公共安全	GA
10	广播电影电视	GY
11	航空	HB
12	化工	HG
13	环境保护	HJ
14	海洋工作	HY
15	机械	JB
16	建材	JC
17	建筑	JG
18	金融工作	JR
19	交通	JT
20	教育	JY
21	劳动与劳动安全	LD
22	林业	LY
23	民用航空	MH
24	煤炭	MT
25	民政工作	MZ
26	农业	NY
27	轻工	QB
28	汽车	QC
29	航天	QJ
30	水产	SC
31	石油化工	SH
32	电子	SJ
33	水利	SL
34	石油天然气	SY
35	铁路运输	TB
36	土地管理	TD
37	兵工民品	WJ
38	冶金	YB
39	烟草	YC
40	通信	YD
41	有色冶金	YS
42	医药	YY
43	邮政	YZ

附表8　国际单位制SI基本单位

量的名称	单位名称	单位符号
长度	米	m

（续）

量的名称	单位名称	单位符号
质量	千克(公斤)	kg
时间	秒	s
电流	安[培]	A
热力学温度	开[尔文]	K
物质的量	摩[尔]	mol
发光强度	坎[德拉]	cd

注：1.（SI）Le Systèm International d'Unités 国际单位制。

2. 圆括号中的名称，是它前面的名称的同义词，下同。

3. 无方括号的量的名称与单位名称均为全称。方括号中的字，在不致引起混淆、误解的情况下，可以省略。去掉方括号中的字即为其名称的简称，下同。

4. 人民生活和贸易中，质量习惯称为重量，技术文件中须称为质量。

附表9　SI 词头

十进倍数	词头名称		符　　号
	原文	中文	
10^{24}	Yotta	尧[它]	Y
10^{21}	Zetta	泽[它]	Z
10^{18}	Exa	艾[可萨]	E
10^{15}	Peta	拍[它]	P
10^{12}	Tera	太[拉]	T
10^{9}	Giga	吉[咖]	G
10^{6}	Mega	兆	M
10^{3}	kilo	千	k
10^{2}	hecto	百	h
10^{1}	deca	十	da

十进分数	词头名称		符　　号
	原文	中文	
10^{-24}	yocto	幺[科托]	y
10^{-21}	zepto	仄[普托]	z
10^{-18}	atto	阿[托]	a
10^{-15}	femto	飞[母托]	f
10^{-12}	pico	皮[可]	p
10^{-9}	nano	纳[诺]	n
10^{-6}	micro	微	μ
10^{-3}	milli	毫	m
10^{-2}	centi	厘	c
10^{-1}	deci	分	d

注：1. 十进倍数的词头源于希腊语，十进分数的词头源于拉丁语。

2. 10^4 我国称为万，10^8 称为亿，10^{12} 称为万亿，不受词头影响，也不与词头混淆。

3. million 英、法、德称百万，10^6 即兆，德国缩写为 Mill 或 Mio；billion 英、法、德称万亿，10^{12} 即兆兆，美、俄、法（旧称）称十亿，10^9 千兆或吉 G。

附表 10　具有专门名称的 SI 导出单位

量的名称	SI 导出单位			
	名　称	符　号	其他表示式	
			用 SI 单位示例	用 SI 基本单位
频率	赫［兹］	Hz	—	s^{-1}
力，重力	牛［顿］	N	—	$m \cdot kg \cdot s^{-2}$
压力，压强，应力	帕［斯卡］	Pa	N/m^2	$m^{-1} \cdot kg \cdot s^{-2}$
能［量］，功，热量	焦［耳］	J	$N \cdot m$	$m^2 \cdot kg \cdot s^{-2}$
功率，辐［射能］通量	瓦［特］	W	J/s	$m^2 \cdot kg \cdot s^{-3}$
电荷［量］	库［仑］	C	—	$s \cdot A$
电压，电动势，电位，（电势）	伏［特］	V	W/A	$m^2 \cdot kg \cdot s^{-3} \cdot A^{-1}$
电容	法［拉］	F	C/V	$m^{-2} \cdot kg^{-1} \cdot s^4 \cdot A^2$
电阻	欧［姆］	Ω	V/A	$m^2 \cdot kg \cdot s^{-3} \cdot A^{-2}$
电导	西［门子］	S	A/V	$m^{-2} \cdot kg^{-1} \cdot s^3 \cdot A^2$
磁通［量］	韦［伯］	Wb	$V \cdot s$	$m^2 \cdot kg \cdot s^{-2} \cdot A^{-1}$
磁通［量］密度，磁感应	特［斯拉］	T	Wb/m^2	$kg \cdot s^{-2} \cdot A^{-1}$
电感	亨［利］	H	Wb/A	$m^2 \cdot kg \cdot s^{-2} \cdot A^{-2}$
摄氏温度	摄氏度	℃	—	K
光通量	流［明］	lm	—	$cd \cdot sr$
［光］照度	勒［克斯］	lx	lm/m^2	$m^{-2} \cdot cd \cdot sr$

注：cd 为 candela 新烛光，sr 为 sterad 球面［角］度，（立体角单位）。

附表 11　SI、CGS 制与重力制单位对照

量的名称	SI	CGS 制	重力制	量的名称	SI	CGS 制	重力制
长度	m	cm	m	应力	Pa 或 N/m^2	dyn/cm^2	kgf/m^2
质量	kg	g	$kgf \cdot s^2/m$	压力	Pa	dyn/cm^2	kgf/m^2
时间	s	s	s	能量	J	erg	$kgf \cdot m$
加速度	m/s^2	Gal	m/s^2	功率	W	erg/s	$kgf \cdot m/s$
力	N	dyn	kgf	温度	K	℃	℃

附表 12　可与 SI 单位并用的我国法定计量单位[2]

量的名称	单位名称	单位符号	与 SI 单位的关系
时间	分	min	$1min = 60s$
	［小］时	h	$1h = 60min = 3600s$
	天,（日）	d	$1d = 24h = 86400s$
［平面］角	度	(°)	$1° = (\pi/180)\,rad$
	［角］分	(′)	$1′ = (1/60)° = (\pi/10800)\,rad$
	［角］秒	(″)	$1″ = (1/60)′ = (\pi/648000)\,rad$
体积	升	l, L	$1l = 1dm^3 = 10^{-3}m^3$
质量	吨	t	$1t = 10^3 kg$
	原子质量单位	u	$1u \approx 1.6605655 \times 10^{-27} kg$
旋转速度	转每分	r/min	$1r/min = (1/60)s^{-1}$
长度	海里	n mile	$1n\ mile = 1852m$（只用于航行）
速度	节	kn	$1kn = 1n\ mile/h = (1852/3600)m/s$（只用于航行）
能	电子伏	eV	$1eV \approx 1.602177 \times 10^{-19} J$
级差	分贝	dB	
线密度	特［克斯］	tex	$1tex = 10^{-6} kg/m$
土地面积	公顷	hm^2	$1hm^2 = 10^4 m^2$

注：1. 平面角单位度、分、秒的符号，在组合单位中应采用(°),(′),(″)的形式。例如，不用°/s 而用(°)/s。

　　2. 升的两个符号小写字母 l 为备用符号。

　　3. 公顷的国际通用符号为 ha。

附表 13　常用空间、时间和周期的量和单位

量的名称	符号	法定计量单位		非法定计量单位		换算关系	备　注
		单位名称	单位符号	单位名称	单位符号		
[平面]角	α、β、γ、θ、ψ 等	弧度度[角]分[角]秒	rad(°)(′)(″)			$1° = 0.0174533\,\text{rad}$ $1\,\text{gon} = \dfrac{\pi}{200}\,\text{rad}$	度优先使用十进制小数,其符号标在数字之后,如 15.27°,弧度不得称为弪
立体角	Ω	球面度	sr				球面度不得称为立径
长度宽度高度厚度半径直径程长距离笛卡儿坐标曲率半径	l,L b h d,δ r,R d,D s d,r x,y,z ρ	米海里	m n mile	天文单位[距离]秒差距埃英尺英里密耳	A pc Å ft in mile mil	$1\text{Å} = 1.49597870 \times 10^{11}\,\text{m}$ $1\text{pc} = 206265\text{Å}$ $\quad = 3.0857 \times 10^{16}\,\text{m}$ $1\text{Å} = 10^{-10}\,\text{m} = 0.1\,\text{nm}$ $1\text{ft} = 0.3048\,\text{m}$ $1\text{in} = 0.0254\,\text{m}$ $1\text{mile} = 1609.344\,\text{m}$ $1\text{mil} = 25.4 \times 10^{-6}\,\text{m}$	千米俗称公里,米不得称为公尺
面积	$A,(S)$	平方米	m²	公亩公顷平方英尺平方英寸平方英里	a ha ft² in² mile²	$1\text{a} = 100\,\text{m}^2$ $1\text{ha} = 10^4\,\text{m}^2 = 100\text{a}$ $1\text{ft}^2 = 0.0929030\,\text{m}^2$ $1\text{in}^2 = 6.4516 \times 10^{-4}\,\text{m}^2$ $1\text{mile}^2 = 2.58999 \times 10^6\,\text{m}^2$	平方米不得简称为平米
体积,容积	V	立方米升	m³ L,(l)	立方英尺立方英寸英加仑美加仑桶(石油)	ft³ in³ UKgal USgal bar(oil)	$1\text{L} = 10^{-3}\,\text{m}^3$ $1\text{ft}^3 = 0.0283168\,\text{m}^3$ $1\text{in}^3 = 1.63871 \times 10^{-5}\,\text{m}^3$ $1\text{bar} = 42\text{USgal}$	立方米不得称为方米立方厘米的符号用 cm³,而不是 cc
时间,时间间隔,持续时间	t	秒分[小]时天[日]	s min h d			$1\text{h} = 3600\,\text{s}$ $1\text{d} = 86400\,\text{s}$	其他单位如年、月、周(星期)是一般常用单位。年的符号为 a(自法文),不应采用 y 或 yr
角速度	Ω	弧度每秒	rad/s				
角加速度	a	弧度每二次方秒	rad/s²				
速度	v u,w c	米每秒千米每小时节	m/s km/h kn	英尺每秒英寸每秒英里每小时	ft/s in/s mile/h	$1\text{km/h} = \dfrac{1}{3.6}\,\text{m/s}$ $\quad = 0.277778\,\text{m/s}$ $1\text{kn} = 0.514444\,\text{m/s}$ $1\text{ft/s} = 0.3048\,\text{m/s}$ $1\text{in/s} = 0.0254\,\text{m/s}$	节只用于航行
加速度,重力加速度,自由落体加速度	a g	米每二次方秒	m/s²	伽英尺每二次方秒	Gal ft/s²	$1\text{Gal} = 0.01\,\text{m/s}^2$ $1\text{ft/s}^2 = 0.3048\,\text{m/s}^2$	伽仅用于量 g,特别是毫伽,通常用于大地测量学
周期	T	秒	s				
频率旋转速度(转速)旋转频率	$f,(\nu)$ n	赫[兹]每秒转每分	Hz s⁻¹ r/min			$1\text{Hz} = 1\text{s}^{-1}$ $1\text{r/min} = \dfrac{\pi}{30}\,\text{rad/s}$ $1\text{r/s} = 2\pi\,\text{rad/s}$	转每分(r/min)通常用作转速的单位 r/min 不能写成 rpm
角频率,圆频率	ω	弧度每秒每秒	rad/s s⁻¹				
波长	λ	米	m	埃	Å	$1\text{Å} = 0.1\,\text{nm}$ $\quad = 10^{-10}\,\text{m}$	
波数圆波数,角波数	σ k	每米	m⁻¹				弧度每米(rad/m)通常用作圆波数的单位

附表 14　常用力学的量和单位

量的名称	符号	法定计量单位		非法定计量单位		换算关系	备　注
		单位名称	单位符号	单位名称	单位符号		
质量	m	千克(公斤) 吨 原子质量单位	kg t u	磅 英担 英吨 短吨	lb cwt tn sh tn	$1t=1000kg$ $1u=1.6605655\times10^{-27}$ kg $1lb=0.45359237kg$ $1cwt=50.8023kg$ $1tn=1016.05kg$	表示力的概念时,应称为重力 $1kg$ 不应写成 kG, t 不应写成 T
密度	ρ	千克每立方米 吨每立方米 千克每升	kg/m³ t/m³ kg/L	磅每立方英尺 磅每立方英寸	lb/ft³ lb/in³	$1g/cm^3=10^3kg/m^3$ $1t/m^3=1000kg/m^3$ $1kg/L=1000kg/m^3$ $1lb/ft^3=16.0185kg/m^3$ $1lb/in^3=27679.9kg/m^3$	在实际中,对液体和固体更多地使用 g/cm^3 这样的倍数单位
线密度	ρ_l	千克每米 特[克斯]	kg/m tex	磅每英尺 磅每英寸	lb/ft lb/in	$1tex=10^{-6}kg/m$ $1lb/ft=1.48816kg/m$ $1lb/in=17.8580kg/m$	特[克斯]用于纺织业,不应把 tex 称之为特数
动量	p	千克米每秒	kg·m/s	达因秒 磅英尺每秒	dyn·s lb·ft/s	$1dyn·s=10^{-5}·m/s$ $1lb·ft/s$ $=0.138255kg·m/s$	
角动量, (动量矩)	L	千克二次方米每秒	kg·m²/s	尔格秒 磅二次方英尺每秒	erg·s lb·ft²/s	$1erg·s=10^{-7}kg·m^2/s$ $1lb·ft^2/s$ $=0.0421401kg·m^2/s$	
转动惯量	$J,(I)$	千克二次方米	kg·m²	磅二次方英尺 磅二次方英寸	lb·ft² lb·in²	$1g·cm^2=10^{-7}kg·m^2$ $1lb·ft^2$ $=0.042140lkg·m^2$ $1lb·in^2$ $=2.92640\times10^{-4}kg·m^2$	
力 重力	F $W,(P,G)$	牛[顿]	N	达因 千克力 磅力	dyn kgf lbf	$1dyn=10^{-5}N$ $1kgf=9.80665N$ $1lbf=4.44822N$	
力矩, 力偶矩 转矩	M T	牛[顿]米	N·m	千克力米 磅力英尺 磅力英寸	kgf·m lbf·ft lbf·in	$1dyn·cm=10^{-7}N·m$ $1kgf=9.80665N·m$ $1lbf·ft=1.35582N·m$ $1lbf·in=0.112985N·m$	力矩的单位不应用 mN,以免误解为毫牛 力偶矩不应称为偶矩
压力,压强 正应力 切应力	p σ τ	帕[斯卡]	Pa	巴 千克力每平方厘米 毫米水柱 毫米汞柱 托 工程大气压 标准大气压 磅力每平方英尺 磅力每平方英寸	bar kgf/cm² mmH₂O mmHg Torr at atm lbf/ft² lbf/in²	$1Pa=1N·m^{-2}$ $1bar=10^5Pa$ $1dyn·cm^{-2}=10^{-1}Pa$ $1kgf/cm^2$ $=0.0980665MPa$ $1mmH_2O=9.80665Pa$ $1mmHg=133.322Pa$ $1Torr=133.322Pa$ $1at=98066.5Pa$ $1atm=101325Pa$ $1lbf/ft^2=47.8803Pa$ $1lbf/in^2=6894.76Pa$	压强常用 MPa
线应变 切应变, 体积应变	ε,e γ θ						此量为量纲1
泊松比	μ,ν						此量为量纲1
弹性模量 切变模量, 体积模量	E G K	帕[斯卡]	Pa	达因每平方厘米		$1dyn·cm^{-2}=10^{-1}Pa$	

（续）

量的名称	符号	法定计量单位		非法定计量单位		换算关系	备　注
		单位名称	单位符号	单位名称	单位符号		
压缩系数	κ	每帕[斯卡]	Pa^{-1}			$1 dyn^{-1} \cdot s^2 = 10 Pa^{-1}$	
[截面]惯性矩 [截面]极惯性矩	$I_a,(I)$ I_p	四次方米	m^4	四次方英寸	in^4	$1 cm^4 = 10^{-8} m^4$ $1 in^4 = 41.62314 \times 10^{-8} m^4$	截面惯性矩规定可以简称为惯性矩
截面系数	W,Z	三次方米	m^3	三次方英寸	in^3	$1 in^3 = 16.387064 \times 10^{-6} m^3$	
[动力]粘度	$\eta,(\mu)$	帕[斯卡]秒	$Pa \cdot s$	泊 厘泊 千克力秒每平方米 磅力秒每平方英尺 磅力秒每平方英寸	P,Po cP kgf·s/m² lbf·s/ft² lbf·s/in²	$1P = 10^{-1} Pa \cdot s$ $1cP = 10^{-3} Pa \cdot s$ $1 kgf \cdot s/m^2$ $= 9.80665 Pa \cdot s$ $1 lbf \cdot s/ft^2$ $= 47.8803 Pa \cdot s$ $1 lbf \cdot s/in^2$ $= 6894.76 Pa \cdot s$	
运动粘度	ν	二次方米每秒	m^2/s	斯[托克斯] 厘斯[托克斯] 二次方英尺每秒 二次方英寸每秒	St cSt ft²/s in²/s	$1St = 10^{-4} m^2/s$ $1cSt = 10^{-6} m^2/s$ $1ft^2/s = 9.29030 \times 10^{-2} m^2/s$ $1 in^2/s = 6.4516 \times 10^{-4} m^2/s$	运动粘度过去广泛使用的单位 cSt，在改用 SI 后，等于 mm^2/s
表面张力	γ,σ	牛[顿]每米	N/m	达因每厘米	dyn/cm	$1 dyn/cm = 10^{-3} N/m$	
功 能[量] 势能,位能 动能	$W,(A)$ $E,$ $E_p',$ E_k'	焦[耳] 电子伏	J eV	尔格 千克力米 英马力小时 卡 热化学卡 马力小时,米制 电工马力小时 英热单位	erg kgf·m hp·h cal cal_th Btu	$1eV = 1.60219 \times 10^{-19} J$ $1 erg = 10^{-7} J$ $1 kgf \cdot m = 9.80665 J$ $1 hp \cdot h = 2.68452 MJ$ $1 cal = 4.1868 J$ $1 cal_{th} = 4.1840 J$ 1 马力小时 $= 2.64779 MJ$ 1 电工马力小时 $= 2.68560 MJ$ $1 Btu = 1055.06 J$	
功率	P	瓦[特]	W	千克力米每秒 马力,米制马力 英马力 电工马力 卡每秒 千卡每小时 热化学卡每秒 伏安 乏	kgf·m/s 法 ch,CV 德 PS hp cal/s kcal/h cal_th/s V·A var	$1 erg/s = 10^{-7} W$ $1 kgf \cdot m/s = 9.80665 W$ $1 ch = 735.499 W$ $1 hp = 745.700 W$ 1 电工马力 $= 746 W$ $1 cal/s = 4.1868 W$ $1 kcal/h = 1.163 W$ $1 cal_{th} = 4.184 W$ $1 VA = 1 W$ $1 var = 1 W$	不应用匹作为功率单位,马力二字不应作为功率的同义词使用
质量流量	q_m	千克每秒	kg/s	磅每秒 磅每小时	lb/s lb/h	$1 g/s = 10^{-3} kg/s$ $1 lb/s = 0.453592 kg/s$ $1 lb/h = 1.25998 \times 10^{-4} kg/s$	
体积流量	q_V	立方米每秒 升每秒	m^3/s L/s	立方英尺每秒 立方英寸每小时	ft³/s in³/h	$1 cm^3/s = 10^{-6} m^3/s$ $1 ft^3/s = 0.0283168 m^3/s$ $1 in^3/h = 4.55196 \times 10^{-6} L/s$	

附表 15　平面角单位换算

弧度（rad）	直角（∟）	度（°）	分（′）	秒（″）	冈（gon·gr）
1	0.636620	57.2958	3437.75	206265	63.6620
1.57080	1	90	5400	324000	100
0.0174533	0.0111111	1	60	3600	1.11111
2.90888×10^{-4}	1.85185×10^{-4}	0.0166667	1	60	1.85185×10^{-2}
4.84814×10^{-6}	3.08642×10^{-6}	2.77778×10^{-4}	0.0166667	1	3.08642×10^{-4}
0.0157080	0.01	0.9	54	3240	1

附表 16　长度单位换算

米 （m）	英寸 （in）	英尺 （ft）	码 （yd）	英里 （mile）	英海里 （UK nautical mile）	（国际）海里 （n mile）	千米（公里） （km）
1	39.3701	3.28084	1.09361	6.21371×10^{-4}	5.39612×10^{-4}	5.39957×10^{-4}	1×10^{-3}
0.0254	1	0.0833333	0.0277778	1.57828×10^{-5}	1.37061×10^{-5}	1.37149×10^{-5}	2.54×10^{-5}
0.3048	12	1	0.333333	1.89394×10^{-4}	1.64474×10^{-4}	1.64579×10^{-4}	3.048×10^{-4}
0.9144	36	3	1	5.68182×10^{-4}	4.93421×10^{-4}	4.93737×10^{-4}	9.144×10^{-4}
1609.344	63360	5280	1760		0.868421	0.868976	1.60934
1853.18	72960	6080	2026.67	1.15152		1.00064	1.85318
1852	72913.4	6076.1	2025.37	1.15078	0.999361	1	1.852
1000	39370.1	3280.84	1093.61	0.621371	0.539612	0.539957	1

说明：1. 附表 15—附表 35 是一类型的表格，可以用软件 MATLAB 计算出。

2. 这一类型表格的单位换算中，由于各单位间保持一个比例关系，计算比较简单。当只需要对个别单位间偶然换算一次，则可用任何一个计算器工具即可算出。当需要经常多项单位间任意给定一个单位的数据，要想迅速找出另一个或多个单位的数据时，就会相当复杂。因此，可以用计算机中常用的 Excel 软件将本附录中这种类型换算表的首行单位名称和符号分别输入到 Excel 表格的 1，2 各单元格 A1、B1、…和 A2、B2、…中。例如，将上表 16 输入为如下表：

| 计算结果 = 1.20E + 01(= 12) | 确定 | 取消 | 可移动条 |
| 三 | 居中 | , | +.0 .00
.00 +.0 | 常规数，小数点位 |

B5	▼	×	√	=	= C5/C3 * B3	
	A	**B**	**C**	**D**	…	
1	米	英寸	英尺	码	…	
2	（m）	（in）	（ft）	（yd）	…	
3	1(A3)	39.3701 * A3	3.28084 * A3	1.09361 * A3	…	
4	= B4/B3*A3	1	= B4/B3 * C3	=B4/B3 * D3	…	
5	= B5/B3*A3	=C5/C3 * B3	1	=C5/C3 * D3	…	
6	= B6/B3*A3	= D6/D3 * B3	= D6/D3 * C3	1	…	
⋮						

表中为 Excel 的一部分，表中只需输入第 3 行的数据，即附表 16 的第 1 行数据，由于第一个数据 1m 以后可能改变为任意需要的数据，故在 Excel 的第 3 行各单元格中均加以乘（ * ）A3 的形式，第 4 行如果以英寸为换算单位则在 B4 单元格中输入 1，依次各行类推。此后，由于 $\dfrac{B4}{B3} = \dfrac{A4}{A3}$，故 A4 = B4/B3 * A3，其中由于 B3，A3 均为 1，故 A4 极易求出，当 A3 或 B4 为任意数值时，A4 亦可立即算出。这个比例适用于全行而且数据简单，故 C4、D4 均可输入。第 5 行以英尺为换算单位，同上述输入即可。其实只要任意取两行的比例关系都可以求出，因此，Excel 还有一种功能，点击 B5 出黑框，以右下角出现 + 符号时，向左拖动，或点击 D5 向右拖动，则其余本行各单元格均可自动填入关系式。当第 3 行有数据时，有一个可移动条的框中就给出了计算结果。通常都以"科学记数"方式给出，如需一般带小数点的常规数给出，则点击 ⎡, ⎤ ⎢+.0 .00⎥ ⎣.00 +.0⎦ 按钮，并可增、减小数点后的有效值位数。此表格中的全部数据均可自动给出。将此表格"复制"、"粘贴"在另一"新建"的表格中，只要将前三行的单位、符号和数据改成新表格规定的内容，表格内的全部数据依照前一表格复制的关系式立即显示出新的数据，十分方便。多余的原单位或缺少的新单位，在新表格中删、补。如果要恢复"科学记数"形式，依次点击"格式"、"单元格"、"科学记数"、"确定"。"保存"这些表格文件于计算机中，使用时，无需再计算。

3. 为方便一般查阅，附表中仍给出各表格的　　全部内容。

附表 17　面积与地积单位换算

米²(m²)	公顷(ha)	英寸²(in²)	英尺²(ft²)	英亩(acre)
1	1×10^{-4}	1550.00	10.7639	2.47105×10^{-4}
10000	1	1550.00×10^4	107639	2.47105
6.4516×10^{-4}	6.4516×10^{-3}	1	6.94444×10^{-3}	1.59423×10^{-7}
0.0929030	9.29030×10^{-6}	144	1	2.29568×10^{-5}
4046.86	0.404686	6272640	43560	1

附表 18　体积单位换算

米³ (m³)	分米³(升) [dm³(L)]	英寸³ (in³)	英尺³ (ft³)	英加仑 (UKgal)	美加仑 (USgal)
1	1000	61023.7	35.3147	219.969	264.172
0.001	1	61.0237	0.0353147	0.219969	0.264172
1.63871×10^{-5}	0.0163871	1	5.78704×10^{-4}	3.60465×10^{-3}	4.32900×10^{-3}
0.0283168	28.3168	1728	1	6.22883	7.48052
4.54609×10^{-3}	4.54609	277.420	0.160544	1	1.20095
3.78541×10^{-3}	3.78541	231	0.133681	0.832674	1

附表 19　体积流量单位换算 （续）

立方米/秒 (m³/s)	立方米/分 (m³/min)	立方米/小时 (m³/h)
1	60	3600
0.0166667	1	60
2.77778×10^{-4}	0.0166667	1
1×10^{-6}	6×10^{-5}	3.6×10^{-3}
0.001	0.06	3.6
1.66667×10^{-5}	1×10^{-3}	0.06
0.277778×10^{-6}	0.166667×10^{-4}	0.001
0.0283168	1.69902	101.941
0.471947×10^{-3}	0.0283168	1.69902
7.86579×10^{-6}	0.471947×10^{-3}	0.0283168

立方厘米/秒 (cm³/s)	升/秒 (L/s)	升/分 (L/min)	升/小时 (L/h)
1×10^6	1000	6×10^4	3.6×10^6
0.166667×10^5	16.6667	1000	6×10^4
277.778	0.277778	16.6667	1000
1	1×10^{-3}	0.06	3.6
1000	1	60	3600

立方厘米/秒 (cm³/s)	升/秒 (L/s)	升/分 (L/min)	升/小时 (L/h)
16.6667	0.0166667	1	60
0.277778	0.277778×10^{-3}	0.0166667	1
0.283169×10^8	28.3168	1699.01	101940
0.471947×10^6	0.471947	28.3168	1699.02
7.86579	7.86579×10^{-3}	0.471947	28.3168

立方英尺/秒 (ft³/s)	立方英尺/分 (ft³/mm)	立方英尺/小时 (ft³/h)
35.3147	0.211888×10^4	0.127133×10^6
0.588578	35.3147	2118.88
9.80963×10^{-3}	0.588578	35.3147
3.53147×10^{-5}	0.211888×10^{-2}	0.127133
0.0353147	2.11888	127.133
5.88578×10^{-4}	0.0353147	2.11888
9.80963×10^{-6}	0.588578×10^{-3}	0.0353147
1	60	3600
0.0166667	1	60
0.277778×10^{-3}	0.0166667	1

附表 20　质量单位换算

千克(kg)	吨(t)	磅(lb)	英吨(tn)	美吨(shtn)
1	0.001	2.2046	9.84207×10^{-4}	1.10231×10^{-3}
1000	1	2204.62	0.984207	1.10231
0.453592	4.53592×10^{-4}	1	4.46429×10^{-4}	0.0005
1016.05	1.01605	2240	1	1.12
907.185	0.907183	2000	0.892857	1

注：英吨又名长吨(longton)；美吨又名短吨(shortton)。

附表 21　质量流量单位换算

千克/秒 (kg/s)	克/分 (g/min)	克/秒 (g/s)	吨/小时 (t/h)	吨/分 (t/min)	千克/小时 (kg/h)	千克/分 (kg/min)	英吨/小时 (tn/h)	美吨/小时 (shtn/h)
1	6×10^4	1000	3.6	0.06	3600	60	3.54315	3.96832
1.66667×10^{-5}	1	0.0166667	6×10^{-5}	1×10^{-5}	0.06	1×10^{-3}	5.90524×10^{-5}	6.61386×10^{-5}
0.001	60	1	0.0036	6×10^{-5}	3.6	0.08	0.354315×10^{-2}	0.396832×10^{-2}
0.277778	0.166667×10^5	277.778	1	0.0166667	1000	16.6667	0.984207	1.10231

（续）

千克/秒 （kg/s）	克/分 （g/min）	克/秒 （g/s）	吨/小时 （t/h）	吨/分 （t/min）	千克/小时 （kg/h）	千克/分 （kg/min）	英吨/小时 （tn/h）	美吨/小时 （shtn/h）
16.6667	1×10^6	1.66667×10^4	60	1	6×10^4	1000	59.0524	66.1386
0.277778×10^{-3}	16.6667	0.277778	1×10^{-3}	1.66667×10^{-5}	1	0.0166667	0.984207×10^{-3}	1.10231×10^{-3}
0.0166667	1000	16.6667	0.06	0.001	60	1	0.0590524	0.0661386
0.282236	0.169342×10^5	282.236	1.01605	1.69342×10^{-2}	1016.05	16.9342	1	1.12
0.251996	15119.8	251.996	0.907185	0.0151198	907.185	15.1198	0.892859	1

附表 22　密度单位换算

千克/米³（kg/m³）	磅/英寸³（lb/in³）	磅/英尺³（lb/ft³）	磅/英加仑（lb/UKgal）	磅/美加仑（lb/USgal）
1	3.61273×10^{-5}	0.062428	0.0100224	0.008354
27679.9	1	1728	277.42	231
16.0185	5.78704×10^{-4}	1	0.160544	0.133681
99.7763	0.0036	6.22883	1	0.832674
119.8	0.004329	7.48052	1.20095	1

附表 23　速度单位换算

米/秒 （m/s）	千米/时 （km/h）	英尺/秒 （ft/s）	英尺/分 （ft/min）	英寸/秒 （in/s）	英里/时 （mile/h）	节 （kn）
1	3.6	3.28084	196.850	39.3701	2.23694	1.94384
0.277778	1	0.911344	54.6807	10.9361	0.621371	0.539957
0.3048	1.09728	1	60	12	0.681818	0.592484
0.00508	0.018288	0.0166667	1	0.2	0.0113636	9.87473×10^{-5}
0.0254	0.09144	0.0833333	5	1	0.0568182	4.93737×10^{-2}
0.44704	1.609344	1.46667	88	17.6	1	0.868976
0.514444	1.852	1.68781	101.269	20.2537	1.15078	1

附表 24　角速度单位换算

弧度/秒（rad/s）	弧度/分（rad/min）	转/秒（r/s）	转/分（r/min）	度/秒［(°)/s］	度/分［(°)/min］
1	60	0.159155	9.54930	57.2958	3437.75
0.0166667	1	0.00265258	0.159155	0.954930	57.2958
6.28319	376.991	1	60	360	21600
0.104720	6.28319	0.0166667	1	6	360
0.0174533	1.04720	0.00277778	0.166667	1	60
2.90888×10^{-4}	0.0174533	4.62963×10^{-5}	2.77778×10^{-3}	0.0166667	1

附表 25　力单位换算

牛（N）	千克力（kgf）	达因（dyn）	吨力（tf）	磅达（pdl）	磅力（lbf）
1	0.101972	100000	1.01972×10^{-4}	7.23301	0.224809
9.80665	1	980665	10^{-3}	70.9316	2.20462
10^{-5}	0.101972×10^{-5}	1	0.101972×10^{-8}	7.23301×10^{-5}	2.24809×10^{-6}
9.80665	1000	980665×10^3	1	70931.6	2204.62
0.138255	0.0140981	13825.5	1.40981×10^{-5}	1	0.0310810
4.44822	0.453592	444822	4.53592×10^{-4}	32.1740	1

附表 26　力矩与转矩单位换算

牛·米 （N·m）	千克力·米 （kgf·m）	磅达·英尺 （pdl·ft）	磅力·英尺 （lbf·ft）	牛·米 （N·m）	千克力·米 （kgf·m）	磅达·英尺 （pdl·ft）	磅力·英尺 （lbf·ft）
1	0.101972	23.7304	0.737562	0.0421401	4.29710×10^{-3}	1	0.0310810
9.80665	1	232.715	7.23301	1.35582	0.138255	32.1740	1

附表 27　功率单位换算

瓦 （W）	千克力·米/秒 （kgf·m/s）	米制马力 （PS）	英尺·磅力/秒 （ft·lbf/s）	英制马力 （hp）	卡/秒 （cal/s）	千卡/时 （kcal/h）	英热单位/时 （Btu/h）
1	0.101972	1.35962×10^{-3}	0.737562	1.34102×10^{-3}	0.238846	0.859845	3.41214
9.80665	1	0.0133333	7.23301	0.0131509	2.34228	8.43220	33.4617
735.499	75	1	542.476	0.986320	175.671	632.415	2509.63
1.35582	0.138255	1.84340×10^{-3}	1	1.81818×10^{-3}	0.323832	1.16579	4.62624
745.700	76.0402	1.01387	550	1	178.107	641.186	2544.43

（续）

瓦 （W）	千克力·米/秒 （kgf·m/s）	米制马力 （PS）	英尺·磅力/秒 （ft·lbf/s）	英制马力 （hp）	卡/秒 （cal/s）	千卡/时 （kcal/h）	英热单位/时 （Btu/h）
4.1868	0.426935	5.69246×10^{-3}	3.08803	5.61459×10^{-3}	1	3.6	14.2860
1.163	0.118593	1.58124×10^{-3}	0.857785	1.55961×10^{-3}	0.277778	1	3.96832
0.293071	2.98849×10^{-2}	3.98466×10^{-3}	0.216158	3.93015×10^{-4}	0.0699988	0.251996	1

注：米制马力无国际符号,PS 为德国符号。

附表28　功、能与热量单位换算

焦 （J）	千瓦·时 （kW·h）	千克力·米 （kgf·m）	英尺·磅力 （ft·lbf）	米制马力·时 （PS·h）	英制马力·时 （hp·h）	千卡 （$kcal_{IT}$）①	英热单位 （Btu）
1	2.77778×10^{-7}	0.101972	0.737562	3.77673×10^{-7}	3.72506×10^{-7}	2.38846×10^{-4}	9.47813×10^{-4}
3600000	1	367098	2655220	1.35962	1.34102	859.845	3412.14
9.80665	2.72407×10^{-6}	1	7.23301	3.70370×10^{-6}	3.65304×10^{-6}	2.34228×10^{-3}	9.2949×10^{-3}
1.35582	3.76616×10^{-7}	0.138255	1	5.12055×10^{-7}	5.05051×10^{-7}	3.23832×10^{-4}	1.28507×10^{-3}
2647790	0.735499	270000	1952193	1	0.986321	632.415	2509.62
2684520	0.745699	273745	1980000	1.01387	1	641.186	2544.43
4186.80	1.163×10^{-3}	426.935	3088.03	1.58124×10^{-3}	1.55961×10^{-3}	1	3.96832
1055.06	2.93071×10^{-4}	107.66	778.169	3.98467×10^{-4}	3.93015×10^{-4}	0.251996	1

注：米制马力无国际符号,PS 为德国符号。
① $kcal_{IT}$ 是指国际蒸汽表卡。

附表29　比热力学能单位换算

焦/千克 （J/kg）	千卡/千克 （$kcal_{IT}$/kg）	热化学千卡/千克 （$kcal_{th}$/kg）	15℃千卡/千克 （$kcal_{15}$/kg）	英热单位/磅 （Btu/lb）	英尺·磅力/磅 （ft·lbf/lb）	千克力·米/千克 （kgf·m/kg）
1	0.238846×10^{-3}	0.239006×10^{-3}	0.238920×10^{-3}	0.429923×10^{-3}	0.334553	0.101972
4186.8	1	1.00067	1.00031	1.8	1400.70	426.935
4184	0.999331	1	0.999642	1.79880	1399.77	426.649
4185.5	0.999690	1.00036	1	1.79944	1400.27	426.802
2326	0.555556	0.555927	0.555728	1	778.169	237.186
2.98907	7.13926×10^{-4}	7.14404×10^{-4}	7.14148×10^{-4}	1.28507×10^{-3}	1	0.3048
9.80665	2.34228×10^{-3}	2.34385×10^{-3}	2.34301×10^{-3}	4.21610×10^{-3}	3.28084	1

附表30　比热容与比熵单位换算

焦/(千克·开) [J/(kg·K)]	千卡/(千克·开) [$kcal_{IT}$/(kg·K)]	热化学千卡/(千克·开) [$kcal_{th}$/(kg·K)]	15℃千卡/(千克·开) [$kcal_{15}$/(kg·K)]	英热单位/(磅·°F) [Btu/(lb·°F)]	英尺·磅力/(磅·°F) [ft·lbf/(lb·°F)]	(千克力·米)/(千克·开) [kgf·m/(kg·K)]
1	0.238846×10^{-3}	0.239006×10^{-3}	0.238920×10^{-3}	0.238846×10^{-3}	0.185863	0.101972
4186.8	1	1.00067	1.00031	1	778.169	426.935
4184	0.999331	1	0.999642	0.999331	777.649	426.649
4185.5	0.999690	1.00036	1	0.999690	777.928	426.802
4186.8	1	1.00067	1.00031	1	778.169	426.935
5.38032	1.28507×10^{-3}	1.28593×10^{-3}	1.28547×10^{-3}	1.28507×10^{-3}	1	0.54864
9.80665	2.34228×10^{-3}	2.34385×10^{-3}	2.34301×10^{-3}	2.34228×10^{-3}	1.82269	1

附表31　传热系数单位换算

瓦/(米²·开) [W/(m²·K)]	卡/(厘米²·秒·开) [cal/(cm²·s·K)]	千卡/(米²·小时·开) [kcal/(m²·h·K)]	英热单位/(英尺²·时·°F) [Btu/(ft²·h·°F)]
1	0.238846×10^{-4}	0.859845	0.176110
41868	1	36000	7373.38
1.163	2.77778×10^{-5}	1	0.204816
5.67826	1.35623×10^{-4}	4.88243	1

附表32　热导率单位换算

瓦/(米·开) [W/(m·K)]	卡/(厘米·秒·开) [cal/(cm·s·K)]	千卡/(米·时·开) [kcal/(m·h·K)]	英热单位/ (英尺·时·°F) [Btu/(ft·h·°F)]	英热单位·英寸/ (英尺²·时·°F) [Btu·in/(ft²·h·°F)]
1	0.238846×10^{-2}	0.859845	0.577789	6.93347
418.68	1	360	241.909	2902.91
1.163	2.77778×10^{-3}	1	0.671969	8.06363
1.73073	4.13379×10^{-3}	1.48816	1	12
0.144228	3.44482×10^{-4}	0.124014	0.0833333	1

附表 33　运动粘度单位换算

米²/秒(m²/s)	厘斯(cSt)	英寸²/秒(in²/s)	英尺²/秒(ft²/s)	米²/时(m²/h)
1	1×10^6	1.55000×10^3	10.7639	3600
1×10^{-6}	1	1.55000×10^{-3}	1.07639×10^{-5}	0.0036
6.4516×10^{-4}	645.16		6.94444×10^{-3}	2.32258
9.29030×10^{-2}	92903.0	144	1	334.451
2.77778×10^{-4}	277.778	0.430556	2.98998×10^{-3}	1

附表 34　动力粘度单位换算

帕·秒 (Pa·s)	厘泊 (cP)	千克力·秒/米² (kgf·s/m²)	磅达·秒/英尺² (pdl·s/ft²)	磅力·秒/英尺² (lbf·s/ft²)
1	1000	0.101972	0.671969	2.08854×10^{-2}
0.001	1	1.01972×10^{-4}	6.71969×10^{-4}	2.08854×10^{-5}
9.80665	9806.65	1	6.58976	0.204816
1.48816	1488.16	0.151750	1	0.0310810
47.8803	47880.3	4.88243	32.1740	1

附表 35　压力与应力单位换算

帕 (Pa)	兆帕 (MPa)	毫巴 (mbar)	巴 (bar)	标准大气压 (atm)	工程大气压 (at)	千克力/厘米² (kgf/cm²)
1	0.000001	0.01	0.00001	0.0000099	0.0000102	0.0000102
1000000	1	10000	10	9.9	10.2	10.2
100	0.0001	1	0.001	0.00099	0.00102	0.00102
100000	0.1	1000	1	0.99	1.02	1.02
101010.101	0.101010101	1010.10101	1.01010101	1	1.03030303	1.03030303
98039.21569	0.098039216	980.392157	0.980392157	0.970588235	1	1
98039.21569	0.098039216	980.392157	0.980392157	0.970588235	1	1
9.803921569	9.80392E-06	0.09803922	9.80392E-05	9.70588E-05	0.0001	0.0001
249.0660025	0.000249066	2.49066002	0.00249066	0.002465753	0.002540473	0.002540473
133.3333333	0.000133333	1.33333333	0.001333333	0.00132	0.00136	0.00136
133.322	0.000133322	1.33322	0.00133322	0.001319888	0.001359884	0.001359884
6894.76	0.00689476	68.9476	0.0689476	0.068028124	0.070326552	0.070326552
47.8803	4.78803E-05	0.478803	0.000478803	0.000474015	0.000488379	0.000488379

毫米水柱 (mmH₂O)	英寸水柱 (inH₂O)	毫米汞柱 (mmHg)	拖 (Torr)	磅力/英寸² (lbf/in²)	磅力/英尺² (lbf/ft²)
0.102	0.004015	0.0075	0.0075	0.000145	0.02089
102000	4015	7500	7500.63755	145.037681	20885.4163
10.2	0.4015	0.75	0.75006376	0.01450377	2.08854163
10200	401.5	750	750.063755	14.5037681	2088.54163
10303.0303	405.555556	757.575758	757.640157	14.6502708	2109.63801
10000	393.627451	735.294118	735.356623	14.2193805	2047.58984
10000	393.627451	735.294118	735.356623	14.2193805	2047.58984
1	0.03936275	0.07352941	0.07353566	0.00142194	0.20475898
25.4047323	1	1.86799502	1.86815381	0.03612396	5.20184716
13.6	0.53533333	1	1.00008501	0.01933836	2.78472218
13.598844	0.53528783	0.999915		0.01933671	2.78448548
703.26552	27.6824614	51.7107	51.7150958	1	143.999933
4.8837906	0.1922394	0.35910225	0.35913278	0.00694445	1

1 帕(Pa)=1 牛/米²(N/m²)
1 微巴(μbar)=1 达因/厘米²(dyn/cm²)
1 毫米水柱(mmH₂O)(4℃时)=1 公斤力/米²(kgf/m²)
1 工程大气压(at)=1 千克力/厘米²(kgf/cm²)

1 毫米汞柱(mmHg)=1Torr
1 磅达/英尺²(pdl/ft²)=1.488 牛/米²(N/m²)
1 英尺水柱(ftH₂O)=2989.07 牛/米²(N/m²)
1 英寸汞柱(inHg)=3386.39 牛/米²(N/m²)

注：表中为计算机计算值，由于删进位，故略有误差。
　　标准大气压即物理大气压。

附表 36　温度换算公式

开[尔文](K)	摄氏度(℃)	华氏度(°F)	兰氏度①(°R)
K	$K-273.15$②	$\dfrac{9}{5}K-459.67$	$\dfrac{9}{5}K$
$℃+273.15$②	$℃$	$\dfrac{9}{5}℃+32$	$\dfrac{9}{5}℃+491.67$
$\dfrac{5}{9}(F+459.67)$	$\dfrac{5}{9}(F-32)$	F	$F+459.67$

（续）

开[尔文]（K）	摄氏度（℃）	华氏度（°F）	兰氏度①（°R）
$\frac{5}{9}$R	$\frac{5}{9}$（R－491.67）	R－459.67	R

① 原文是 Rankine。
② 摄氏温度的标定是以水的冰点为一个参照点作为 0℃，相对于热力学温度上的 273.15K。热力学温度的标定是以水的三相点为一个参照点作为 273.16K，相对于 0.01℃（即水的三相点高于水的冰点 0.01℃）。

注：附表 36 中各单位的换算公式不同。因此，用 Excel 软件时，不能拖动单元格，只能单个输入。任意改变为 1 的单元格数据，点击本行另一单元格即可使全行数据相应的改变，使用极为方便。

计算结果 = 33.8°F			确定	取消	↕可移动条
▼	×	√	=	= 9/5 * B4 + 32（ = 33.8°F）	

	A	B	C	D	…
1	开（尔文）	摄氏度	华氏度	兰氏度	
2	（K）	（℃）	（°F）	（°R）	
3	1	= A3 － 273.15	= 9/5 * A3 － 459.67	= 9/5 * A3	
4	= B4 + 273.15	1	= 9/5 * B4 + 32	= 9/5 * B4 + 491.67	
5	= 5/9 * （C5 + 459.67）	= 5/9 * （C5 － 32）	1	= C5 + 459.67	
6	= 5/9 * D6	= 5/9 * （D6 － 491.67）	= D6 － 459.67	1	
⋮					

附表 37　市制单位换算

类别	名称	对主单位的比	折合米制	备注	类别	名称	对主单位的比	折合米制	备注
长度	市尺	主单位	0.3333m	1 市尺 = $\frac{1}{3}$m	体积和容积	市升	容积主单位	1L	
	市丈	10 市尺	3.3333m			市尺³	体积主单位	0.0370m³	
	市里	1500 市尺	0.5km			市石	100 市升	100L	
面积和地积	市尺²	面积主单位	0.1111m²	1 市尺² = $\frac{1}{9}$m²	质量	市两	0.1 市斤	50g	
	市亩	地积主单位	666.7m²			市斤	主单位	0.5kg	
	市里²	375 市亩	0.25km²			市担	100 市斤	50kg	

注：需用时，此表也可用 Excel 软件建立市制与米制相应的换算表，不另述。

附表 38　基本物理常量表

名　称	符号	供计算用值	最佳值
真空中光速	c	3.00×10^8 m/s	2.99792458×10^8 m/s
万有引力常量	G	6.67×10^{-11} m³/（s²·kg）	6.6720×10^{-11} m³/（s²·kg）
阿伏伽德罗常量	N_A	6.02×10^{23} /mol	6.022045×10^{23} /mol
玻尔兹曼常量	k	1.38×10^{-23} J/K	1.380662×10^{-23} J/K
摩尔气体常量	R	8.31 J/（mol.K）	8.31441 J/（mol·K）
标准状态下理想气体的摩尔体积	V_m	2.24×10^{-2} m³/mol	2.41383×10^{-2} m³/mol
基本电荷	e	1.60×10^{-19} C	$1.6021892 \times 10^{-19}$ C
电子静止质量	m_e	9.11×10^{-31} kg	9.109534×10^{-31} kg
真空电容率	ε_0	8.85×10^{-12} F/m	$8.854187818 \times 10^{-12}$ F/m
磁学常量	μ_0	1.26×10^{-6} H/m	$4\pi \times 10^{-7}$ H/m
电子比荷	e/m_e	1.76×10^{11} C/kg	1.759×10^{11} C/kg
质子静止质量	m_p	1.67×10^{-27} kg	$1.6726485 \times 10^{-27}$ kg
中子静止质量	m_n	1.68×10^{-27} kg	$1.6749543 \times 10^{-27}$ kg
μ 子静止质量	m_μ	1.88×10^{-28} kg	1.883566×10^{-28} kg
原子质量单位	u	1.66×10^{-27} kg	$1.6605655 \times 10^{-27}$ kg
法拉第常量	F	9.65×10^4 C/mol	9.648456×10^4 C/mol
普朗克常量	h	6.63×10^{-34} J·s	6.626176×10^{-34} J·s
斯特藩-玻尔兹曼常量	σ	5.67×10^{-8} W/（m²·K⁴）	5.67032×10^{-8} W/（m²·K⁴）
氢的里德伯常量	R_H	1.10×10^7 /m	1.097373177×10^7 /m
玻尔半径	a_0	5.29×10^{-11} m	$5.2917706 \times 10^{-11}$ m
电子磁矩	μ_e	9.28×10^{-24} J/T	9.284832×10^{-24} J/T
质子磁矩	μ_p	1.41×10^{-26} J/T	$1.4106171 \times 10^{-26}$ J/T
玻尔磁子	μ_B	9.27×10^{-24} J/T	9.274078×10^{-24} J/T

附表 39　平面图形计算公式　　　　　　　　　　　　　　　　（续）

图　形	计　算　公　式	图　形	计　算　公　式
直角三角形	面积 $A = \dfrac{ab}{2}$ $c = \sqrt{a^2 + b^2}$ $a = \sqrt{c^2 - b^2}$ $b = \sqrt{c^2 - a^2}$	菱形	$A = \dfrac{Dd}{2}$ $D^2 + d^2 = 4a^2$
锐角三角形	$A = \dfrac{bh}{2}$ $= \dfrac{b}{2}\sqrt{a^2 - \left(\dfrac{a^2 + b^2 - c^2}{2b}\right)^2}$ 设 $S = \dfrac{1}{2}(a + b + c)$ 则 $A =$ $\sqrt{S(S-a)(S-b)(S-c)}$	梯形	$A = \dfrac{(a + b)h}{2}$
钝角三角形	$A = \dfrac{bh}{2}$ $= \dfrac{b}{2}\sqrt{a^2 - \left(\dfrac{c^2 - a^2 - b^2}{2b}\right)^2}$ 设 $S = \dfrac{1}{2}(a + b + c)$ 则 $A =$ $\sqrt{S(S-a)(S-b)(S-c)}$	任意四边形	$A = \dfrac{(H + h)a + bh + cH}{2}$ 任意四边形的面积也可分成两个三角形，将其面积相加得出
正方形	$A = a^2$ $A = \dfrac{1}{2}d^2$ $a = 0.7071d$ $d = 1.414a$	正六角形	$A = 2.598a^2 = 2.598R^2$ $r = 0.866a = 0.866R$ $a = R = 1.155r$
矩形	$A = ab$ $A = a\sqrt{d^2 - a^2} = b\sqrt{d^2 - b^2}$ $d = \sqrt{a^2 + b^2}$ $a = \sqrt{d^2 - b^2}$ $b = \sqrt{d^2 - a^2}$	正多角形	多角形边长 $S = D\sin\dfrac{180°}{n} = DK$① n—等分数，多角形边数 K—圆周等分系数 面积 $A = \dfrac{nS}{4}\sqrt{D^2 - S^2}$ $= \dfrac{n}{4}D^2 K\sqrt{1 - K^2}$
平行四边形	$A = bh$	圆	C—圆周长 $A = \pi r^2 = 3.1416r^2 = 0.7854d^2$ $C = 2\pi r = 6.2832r = 3.1416d$

（续）　　　　　　　　　　　　　　　　（续）

图　形	计　算　公　式
扇形	$A = \dfrac{1}{2}rl = 0.008727\alpha r^2$ $l = \dfrac{3.1416 r\alpha}{18c} = 0.01745 r\alpha$
弓形	$A = \dfrac{1}{2}\left[rl - c(r-h) \right]$ $= \dfrac{r^2}{2}\left(\dfrac{\pi\alpha}{180} - \sin\alpha \right)$ $c = 2\sqrt{h(2r-h)}$ $= 2r\sin\dfrac{\alpha}{2}$ $r = \dfrac{c^2 + 4h^2}{8h}$ $h = r \pm \dfrac{1}{2}\sqrt{4r^2 - c^2}$ $= r\left(1 - \cos\dfrac{\alpha}{2} \right)$ 式中"＋"号为弓形大于半圆时;"－"号为弓形小于半圆时 $l = 0.01745 r\alpha$ $\alpha = 57.296 l/r$
环形	$A = \pi(R^2 - r^2)$ $= 3.1416(R^2 - r^2)$ $= 3.1416(R+r)(R-r)$ $= 0.7854(D^2 - d^2)$ $= 0.7854(D+d)$ $\times (D-d)$
环式扇形	$A = \dfrac{\alpha\pi}{360}(R^2 - r^2)$ $= 0.00873\alpha(R^2 - r^2)$ $= \dfrac{\alpha\pi}{4\times 360}(D^2 - d^2)$ $= 0.00218\alpha(D^2 - d^2)$
角橡	$A = r^2 - \dfrac{\pi r^2}{4} = 0.2146 r^2$ $= 0.1073 c^2$

图　形	计　算　公　式
椭圆	$A = \pi ab = 3.1416 ab$ $P = \pi(a+b)$ $\times \left[1 + \dfrac{1}{4}\left(\dfrac{a-b}{a+b} \right)^2 \right.$ $\left. + \dfrac{1}{64}\left(\dfrac{a-b}{a+b} \right)^4 + \cdots \right]$ 或 $P \approx 3.1416\sqrt{2(a^2 + b^2)}$ （当 a 与 b 相差很小时可用此公式） P—椭圆周长
双曲线	$A = \dfrac{xy}{2} - \dfrac{ab}{2}\ln\left(\dfrac{x}{a} + \dfrac{y}{b} \right)$
抛物线	$l = \dfrac{p}{2}\left[\sqrt{\dfrac{2x}{p}\left(1 + \dfrac{2x}{p} \right)} + \right.$ $\left. \ln\left(\sqrt{\dfrac{2x}{p}} + \sqrt{1 + \dfrac{2x}{p}} \right) \right]$ $l \approx y\left[1 + \dfrac{2}{3}\left(\dfrac{x}{y} \right)^2 \right.$ $\left. - \dfrac{2}{5}\left(\dfrac{x}{y} \right)^4 \right]$ 或 $l \approx \sqrt{y^2 + \dfrac{4}{3}x^2}$
抛物线	$A = \dfrac{2}{3}xy$
抛物线弓形	$A = 面积\ BFC = \dfrac{2}{3}\square BCDE$ 设 FG 是弓形的高,$FG \perp BC$ 则 $A = \dfrac{2}{3}BC \times FG$
摆线	$A = 3\pi r^2 = 9.4248 r^2 = 2.3562 d^2$ $l = 8r = 4d$

注:A—面积。

① 此公式常适用于求解等分圆上多个孔的中心距 S。

附表 40　立体图形计算公式　　　　　　　　　　　　（续）

图　形	计　算　公　式	图　形	计　算　公　式
正方体	$V = a^3$ $A_n = 6a^2$ $A_0 = 4a^2$ $A = A_s = a^2$ $x = a/2$ $d = \sqrt{3}\,a = 1.7321a$	楔形体	$V = \dfrac{bh}{6}(2a + a_1)$ $A_n = $ 二个梯形面积 　　 + 二个三角形 　　 面积 + 底面积 $x = \dfrac{h(a + a_1)}{2(2a + a_1)}$ 底为矩形
长方体	$V = abh$ $A_n = 2(ab + ah + bh)$ $A_0 = 2h(a + b)$ $x = \dfrac{h}{2}$ $d = \sqrt{a^2 + b^2 + h^2}$	四面体	$V = \dfrac{1}{6}abh$ $A_n = $ 四个三角形面 　　 积之和 $x = \dfrac{1}{4}h$ $a \perp b$
正六角体	$V = 2.598a^2 h$ $A_n = 5.1963a^2 + 6ah$ $A_0 = 6ah$ $x = \dfrac{h}{2}$ $d = \sqrt{h^2 + 4a^2}$	矩形棱锥体	$V = \dfrac{1}{3}abh$ $A_n = $ 四个三角形面积 + 　　 底面积 $x = \dfrac{1}{4}h$ 底为矩形
平截四角锥体	$V = \dfrac{h}{6}(2ab + ab_1 + a_1 b + 2a_1 b_1)$ 底为矩形 $x = \dfrac{h(ab + ab_1 + a_1 b + 3a_1 b_1)}{2(2ab + ab_1 + a_1 b + 2a_1 b_1)}$	圆柱体	$V = \dfrac{\pi}{4}D^2 h$ $= 0.785D^2 h = \pi r^2 h$ $A_0 = \pi D h = 2\pi r h$ $x = \dfrac{h}{2}$ $A_n = 2\pi r(r + h)$
正角锥体	$V = \dfrac{hA_s}{3}$ ① $A_0 = \dfrac{1}{2}pH = \dfrac{1}{2}naH$ $x = \dfrac{h}{4}$ p—底面周长 n—侧面的面数	斜截圆柱	$V = \pi R^2 \dfrac{h_1 + h_2}{2}$ $A_0 = \pi R(h_1 + h_2)$ $D = $ $\sqrt{4R^2 + (h_2 - h_1)^2}$ $x = \dfrac{h_2 + h_1}{4}$ $+ \dfrac{(h_2 - h_1)^2}{16(h_2 + h_1)}$ $y = \dfrac{R(h_2 - h_1)}{4(h_2 + h_1)}$
平截正角锥体	$V = \dfrac{h}{3}(A + \sqrt{AA_s} + A_s)$ ② $A_0 = \dfrac{1}{2}H(na_1 + na)$ $x = \dfrac{h}{4}\dfrac{A_s + 2\sqrt{AA_s} + 3A}{A_s + \sqrt{AA_s} + A}$ n—侧面的面数		

（续） | | （续）
| | |

图　形	计 算 公 式

空心圆柱

$$V = \frac{\pi}{4}h(D^2 - d^2)$$

$$A_0 = \pi h(D + d)$$

$$= 2\pi h(R + r)$$

$$x = \frac{h}{2}$$

圆锥体

$$V = \frac{\pi R^2 h}{3}$$

$$A_0 = \pi RL$$

$$= \pi R\sqrt{R^2 + h^2}$$

$$x = \frac{h}{4}$$

$$L = \sqrt{R^2 + h^2}$$

平截圆锥体

$$V = \frac{\pi}{12}h(D^2 + Dd + d^2)$$

$$= \frac{\pi}{3}h(R^2 + r^2 + Rr)$$

$$A_0 = \frac{\pi}{2}L(D + d)$$

$$= \pi L(R + r)$$

$$L = \sqrt{\left(\frac{D-d}{2}\right)^2 + h^2}$$

$$x = \frac{h(D^2 + 2Dd + 3d^2)}{4(D^2 + Dd + d^2)}$$

平截空心圆锥体

$$V = \frac{\pi h}{12}h(D_2^2 - D_1^2 + D_2 d_2$$

$$- D_1 d_1 + d_2^2 - d_1^2)$$

$$A_0 = \frac{\pi}{2}[L_2(D_2 + d_2)$$

$$+ L_1(D_1 + d_1)]$$

$$X = \frac{h}{4}\left(\frac{D_2^2 - D_1^2 + 2(D_2 d_2 - D_1 d_1)^2 + 3(d_2^2 - d_1^2)}{D_2^2 - D_1^2 + D_2 d_2 - D_1 d_1 + d_2^2 - d_1^2}\right)$$

圆球

$$V = \frac{4}{3}\pi r^3$$

$$= \frac{\pi d^3}{6} = 0.5236 d^3$$

$$A_n = 4\pi r^2 = \pi d^2$$

图　形	计 算 公 式

半圆球体

$$V = \frac{2}{3}\pi r^3$$

$$A_n = 3\pi r^2$$

$$x = \frac{3}{8}r$$

球楔体

$$V = \frac{2\pi r^2 h}{3}$$

$$A_n = \pi r(a + 2h)$$

$$x = \frac{3}{8}(2r - h)$$

缺球体

$$V = \frac{\pi h}{6}(3a^2 + h^2)$$

$$= \frac{\pi h^2}{3}(3r - h)$$

$$A_n = \pi(2a^2 + h^2)$$

$$= \pi(2rh + a^2)$$

$$x = \frac{h(2a^2 + h^2)}{2(3a^2 + h^2)}$$

$$x = \frac{h(4r - h)}{4(3r - h)}$$

$$A_0 = 2\pi rh = \pi(a^2 + h^2)$$

平截球台体

$$V = \frac{\pi h}{6}(3a^2 + 3b^2 + h^2)$$

$$A_0 = 2\pi Rh$$

$$R^2 = b^2 + \left(\frac{b^2 - a^2 - h^2}{2h}\right)^2$$

$$x = \frac{3(b^4 - a^4)}{2h(3a^2 + 3b^2 + h^2)}$$

$$\pm \frac{b^2 - a^2 - h^2}{2h}$$

式中"＋"号为球心在球台体之内"－"号为球心在球台体之外

抛物线体

$$V = \frac{\pi R^2 h}{2}$$

$$A_0 = \frac{2\pi}{3P}\left[\sqrt{(R^2 + P^2)^3}\right.$$

$$\left. - P^3\right]$$

其中　$P = \frac{R^2}{2h}$

$$x = \frac{1}{3}h$$

（续）

图　形	计　算　公　式
平截抛物线体 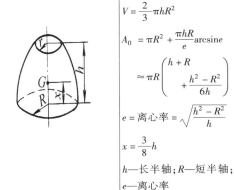	$V = \dfrac{\pi}{2}(R^2 + r^2)h$ $A_0 = \dfrac{2\pi}{3P}\left[\sqrt{(R^2+P^2)^3} - \sqrt{(r^2+P^2)^3}\right]$ $P = \dfrac{R^2 - r^2}{2h}$ $x = \dfrac{h(R^2 + 2r^2)}{3(R^2 + r^2)}$
半椭圆球体	$V = \dfrac{2}{3}\pi h R^2$ $A_0 = \pi R^2 + \dfrac{\pi h R}{e}\arcsin e$ $\approx \pi R\left(h + R + \dfrac{h^2 - R^2}{6h}\right)$ $e = $ 离心率 $= \sqrt{\dfrac{h^2 - R^2}{h}}$ $x = \dfrac{3}{8}h$ h—长半轴；R—短半轴； e—离心率

（续）

图　形	计　算　公　式
圆环体	$V = 2\pi^2 R r^2 = \dfrac{1}{4}\pi^2 D d^2$ $= 2.4674 D d^2$ $A_n = 4\pi^2 R r = \pi^2 D d$
椭圆体	$V = \dfrac{4}{3}\pi a b c$
桶形体	对于抛物线形桶： $V = \dfrac{\pi h}{15}\left(2D^2 + Dd + \dfrac{3}{4}d^2\right)$ 对于圆形桶： $V = \dfrac{1}{12}\pi h(2D^2 + d^2)$

注：V—容积；A_n—全面积；A_0—侧面积；A_s—底面积；A—顶面积；G—重心的位置。
① 此公式也适用于底面积为任意多边形的角锥体。
② 此公式也适用于底面积为任意多边形的平截角锥体。

参 考 文 献

[1] 机械工程手册电机工程手册编辑部. 机电技术常用标准手册[M]. 北京:机械工业出版社,1992

[2] 机械工程手册电机工程手册编辑委员会. 机械工程手册:基础理论卷[M]. 第 2 版. 北京:机械工业出版社,1996

[3] 中国机械设计大典编委会. 中国机械设计大典[M]. 南昌:江西科学技术出版社,2002.

[4] 陈怀琛. MATLAB 及其在理工课程中的应用指南[M]. 西安:西安电子科技大学出版社,2000.

[5] 诸葛向彬. 工程物理学[M]. 杭州:浙江大学出版社,2003.